HISTOIRE
UNIVERSELLE
DU REGNE VÉGÉTAL.

HISTOIRE
UNIVERSELLE
DU REGNE VÉGÉTAL;
OU
NOUVEAU DICTIONNAIRE
PHYSIQUE ET ÉCONOMIQUE

De toutes les Plantes qui croissent sur la surface du Globe:

CONTENANT leurs noms Botaniques & Triviaux dans toutes les Langues, leurs Claſſes, leurs Familles, leurs Genres & leurs Eſpèces; les endroits où on les trouve le plus communément; leur culture; les animaux auxquels elles peuvent ſervir de nourriture; leurs analyſes chymiques; la manière de les employer pour nos alimens, tant ſolides que liquides; leurs propriétés, non-ſeulement pour la Médecine des hommes, mais encore pour celle des animaux; les doſes & la manière de les formuler, & les différens uſages pour leſquels on peut s'en ſervir dans les Arts & Métiers, &c. &c. &c.

ON y a joint une Bibliothèque raiſonnée de tous les livres de Botanique, l'explication des différens termes uſités dans cette partie de l'Hiſtoire Naturelle; une notice de tous les ſyſtêmes, & enfin la liſte des Profeſſeurs & des Jardins Botaniques de l'Europe.

Ouvrage orné de 1100 Planches gravées en taille-douce par les meilleurs Maîtres, & deſſinées d'après nature.

Par M. BUC'HOZ, Docteur en Médecine, Médecin Botaniſte, & de Quartier en ſurvivance de Monſieur, ancien Médecin de Quartier de Monſeigneur le Comte d'Artois, & Médecin ordinaire de feu Sa Majeſté le Roi de Pologne, Aggrégé au Collège Royal & à la Faculté de Médecine de Nancy, Aſſocié des Académies de Mayence, de Châlons, d'Angers, de Dijon, de Beziers, de Caen, de Bordeaux & de Metz, Correſpondant de celle de Rouen & de Toulouſe; Membre de la Société Royale d'Agriculture de Rouen.

TOME SEPTIÈME DU DISCOURS.

A PARIS,

Chez BRUNET, Libraire, rue des Écrivains, vis-à-vis le Cloître Saint-Jacques-la-Boucherie.

M. DCC. LXXVII.

AVEC APPROBATION, ET PRIVILÈGE DU ROI.

HISTOIRE UNIVERSELLE DU REGNE VÉGÉTAL,

Ou Nouveau Dictionnaire Physique & Economique de toutes les Plantes qui croissent sur la surface du Globe.

CORYLUS, *le Coudrier.*

NOMS GÉNÉRIQUES.

CE genre de plantes est connu sous les noms de *Corylus Gall. Leptochacuron*, *Diosc. Avellana. Fuchs.* En François, l'Avelinier, le Coudrier, le Noisettier. En Anglois, *Hazel; Filbert-trée; Hazel nut-trée.*

Description générique.

Le caractère générique est de porter des fleurs mâles & femelles sur un même individu; les fleurs mâles sont grouppées sur un filet commun, forment des chatons écailleux, dont les écailles couvrent de fort petites étamines; à d'autres endroits du même arbre s'ouvrent des boutons presque sphériques, qui contiennent les fleurs femelles, formées d'un calice découpé par les bords, d'où sort une houppe de filets ordinairement purpurins, qui se réunissant forment le pistil, dont la base devient le fruit appellé *noisette* & noix, ou peut-être noix dans quelques provinces, qui n'est autre chose qu'un noyau. Il repose sur une substance charnue, assez épaisse, d'où part une enveloppe membraneuse, qui n'est point fermée par le haut, mais assez profondément découpée. La forme de ce noyau varie; on trouve dans son intérieur une amande bonne à manger, l'enveloppe membraneuse & la substance charnue d'où elle part, & sur laquelle repose le noyau, sont formées par le calice, qui croît avec le fruit.

CLASSE.

Ce genre fait partie de la dix-neuvième Classe de Tournefort, qui comprend les arbres & arbrisseaux à fleurs à chatons, & de la vingt-unième Classe de Linnæus destinée aux plantes monoeciques polyandriques. Cet auteur n'en admet que deux espèces.

PREMIERE ESPÈCE.

La première est le Noisettier des bois. *Corylus Avellana. Corylus stipulis ovatis obtusis. Linn. Sp. Plant. 1417. Hort. Cliff. 448. Flor. Suec. 787. 873. Mat. Med. 431. Hort. Ups. 286. Roy. Lugdb. 81. Dalib. Paris. 294. Gmelin Sib. 1. p. 150. Haller. Corylus Sylvestris. Bauh. Pin. 418. Avellana Nux Sylvestris, Fuchs. Hist. 398.* En Anglois, *Hasel nut-trée.* En Allemand, *Hasel Nüsse*, *Hackel Nusse.* En Suédois, *Hæssel.* Et en Danois, *Hassel*, *Halt.*

Description.

C'est un arbrisseau qui s'éleve peu; sa racine est rameuse & ligneuse; ses tiges sont pareillement rameuses & droites; son écorce est tachetée, couverte d'un duvet sur les jeunes branches; ses feuilles sont presque rondes, assez grandes, dentelées sur les bords par de grandes dentelures qui sont elles-mêmes dentelées plus finement; elles sont posées alternativement sur les branches, & couvertes d'un duvet très-fin, qui les fait paroître comme veloutées quand on les touche; on apperçoit dans les aisselles de gros boutons; ceux d'où doivent sortir les fleurs femelles sont presque sphériques. Son fruit est à-peu-près rond, enveloppé d'une membrane assez courte, & dont toutes les dentelures sont fines. L'écorce des tiges & des branches est fine, rougeâtre, marquetée de blanc.

Figure.

Cette espèce est représentée dans la deuxième partie de cet ouvrage.

Lieu de sa naissance.

Elle croît naturellement dans la plupart des bois de la France, & même de toute l'Europe.

Variétés.

On en cultive dans les jardins plusieurs variétés, que les Jardiniers nomment espèces: la première variété est *le Cluster-nut des Anglois*, *Corylus nuci-*

bus in racemum congestis. Pin. au lieu que les fruits de l'espèce principale naissent dans les aisselles des feuilles sur le corps des branches. Celui-ci porte ses fruits par gros bouquets à l'extrêmité des branches.

La deuxième variété est l'Avelinier proprement dit. *Corylus sativa, fructu rotundo maximo. Pin.* Son fruit est rond & fort gros. Cette variété vient originairement du Levant.

La troisième variété est l'Avelinier d'Espagne. *Corylus Hispanica, fructu majore anguloso. Pluk.* Son fruit est rond, gros & anguleux.

La quatrième est le Noisettier franc de nos jardins. L'Avellinier de Provence. *Corylus sativa, fructu albo minore sive vulgaris. Pind.* Son fruit est petit, blanc, oblong & revêtu d'une enveloppe plus longue, & moins finement dentelée que celles des variétés précédentes.

La cinquième est le noisettier franc dont le fruit est long. *Corylus sativa, fructu oblongo. Pin.* Dans cette variété le fruit est couvert d'une pellicule tantôt blanche, tantôt rouge. En général cet arbrisseau pousse plus droit que les arbrisseaux des autres variétés. Quelques-uns nomment son fruit *Cornulie.*

DEUXIEME ESPECE.

La deuxième espèce est le noisettier du Levant. *Corylus colurna. Corylus stipulis linearibus acutis. Linn. Sp. Plant.* 1417. *Hort. Cliff.* 448. *Roy. Lugdb.* 81. *Corylus Bysantina. Herm. Lugdb.* 191. *Seb. Muss.* 1. *Avellana peregrina humilis. Bauh. Pin.* 458. *Avellana pumilla, Bysantina. Clus. Hist.* 1. *p.* 11.

Description.

Les fruits de cette espèce sont fort gros, à-peu-près ronds, & leur enveloppe qui les couvre presqu'entiérement, est profondement découpée.

Figure.

Cette espèce est représentée dans le *Musæum* de Seba, pl. 27, fig. 2.

Lieu de sa naissance.

Elle croît naturellement au Levant.

Insectes qui se nourrissent sur cet arbrisseau.

Il se trouve plusieurs insectes sur cet arbre. Le premier est la chrysomele du Coudrier. *Chrysomela Coryli. Chrysomela cylindrica, thorace, elytrisque testaceis, pedibus nigris. Linn. Syst. Nat.* 1. *p.* 598. Cette chrysomele est cylindrique; son corcelet & ses étuis sont testacés; ses pieds sont noirs.

Le deuxième est le charanson du peuplier. *Curculio populi. Linn. Syst. Nat. edit. XII.* 611. Il se trouve également sur le coudrier & le peuplier: nous en donnerons la description à l'article *Peuplier.*

Le troisieme est le charanson des noyaux de l'aveline, le charanson trompette. *Curculio nucum. Curculio longirostris, femoribus dentatis, corpore griseo, longitudine rostri. Linn. Syst. Nat. edit. XII.* 613. Cet insecte a un écusson blanc & une trompe alongée en alêne. Cette trompe varie pour la grandeur; ordinairement elle égale la longueur du corps de l'animal, souvent elle le surpasse d'un bon tiers. Elle est fine, mince & déliée. Quant à la grandeur de l'insecte, elle varie beaucoup; sa couleur est d'un roux foncé; son corps se termine en pointe; ses étuis sont légérement striés & chargés d'un duvet roux fort court, mais distribué par plaques, ce qui rend le corps bariolé & comme marbré. Les pattes sont grandes & longues pour le corps. Cet insecte attaque les noisettes.

Le quatrième est le charanson à écailles vertes. *Curculio argentatus. Linn.* Nous l'avons décrit à l'art. Bouleau, *Betula.*

Le cinquième est la tête écorchée. *Attelabus Coryli, Attelabus niger, elytris rubris, Linn. Syst. Nat. edit. XII.* 619. *Rhinomacer. Geoff.* La trompe de cette espèce est grosse & courte; elle n'égale pas la moitié de la longueur de sa tête. Les antennes posées sur le milieu de cette trompe sont aussi assez courtes, & ne surpassent guère la longueur de la tête. Celle-ci est longue & presque d'une forme triangulaire alongée, dont la pointe tiendroit au corcelet, & dont la base donneroit naissance à la trompe, ayant à ses deux angles les deux yeux. Cette forme de tête, dont l'articulation avec le corcelet est comme étranglée, & qui va ensuite en s'élargissant, le fait ressembler à un squelette ou à une tête écorchée. Le dessous du corps est noir, ainsi que la tête, les antennes, le devant du corcelet, l'écusson & les jambes; les cuisses, les étuis & les deux tiers postérieurs du corcelet sont d'un beau rouge. On voit sur les étuis des stries formées par des pointes. Cet insecte se trouve sur les feuilles du Coudrier qu'il roule en cylindre.

Le sixième est l'escarbot de l'aveline. *Attelabus avellana. Attelabus niger, elytris thorace pedibusque rubris. Linn. Syst. Nat. edit. XII.* 619. C'est, suivant M. Geoffroi, un becmare, comme l'insecte précédent; il lui est semblable, excepté seulement que son corcelet & ses pieds, excepté les genoux, sont noirs.

Le septième est l'escarbot à forme de charanson. *Attelabus curculioides. Attelabus niger, thorace elytrisque rubris. Linn. Syst. Nat. edit. XII.* 619. Il est semblable au sixième, mais plus petit.

Le huitième est la cigale du noisettier. *Cicada Coryli. Cicada alis fuscis convolutis. Fascia albida pene maculam cordatam cærulescentem. Linn. Syst. Nat. edit. XII.* 712. Les aîles de cette cigale sont cendrées, repliées avec une bande blanche derrière une tache en forme de cœur, bleuâtre.

Le neuvième est la punaise du Coudrier. *Cimex Coryli. Cimex oblongus niger, pedibus antennisque setaceis flavis. Linn. Syst. Nat.* 733. Cette punaise est oblongue, noire; ses pieds & ses antennes sont en forme de soie, jaunes.

Le dixième est la cochenille du Coudrier. *Coccus Coryli avellanæ. Linn. Syst. Nat. edit. XII.* 741.

L'onzième est le papillon, que Linnæus nomme *Papilio nymphalis maturna. Papilio alis dentatis purpurascentibus nigro-maculatis, subtus fasciis tribus flavis. Syst. Nat. edit. XIII.* 784. Ses aîles sont dentelées, pourpres, d'un noir-maculé, avec trois bandes jaunes en-dessous.

Le douzième est la phalène-paon. *Phalæna attacus Pavonia. Linn. Syst.* 810. Nous en donnerons la description à l'article *Rose.*

Le treizième est la phalène du fresne, qui se trouve aussi sur le Noisettier: *Phalæna bombyx fagi. Linn.* Nous en parlerons à l'article *Fagus.*

Le quatorzième est la phalène du peuplier. *Phalæna bombyx populi. Linn.* Voy. art. *Peuplier.*

Le quinzième est la phalène du Coudrier. *Phalæna bombyx Coryli. Phalæna Bombyx elinguis, thorace variegato, alis antice griseo nebulosis; postice cærulescenti-glaucis, antennis flavis. Linn. Syst. Nat. edit. XII.* 823. Cette phalène est assez jolie, quoique ses couleurs soient mornes & sombres; elle a des antennes à filets coniques, & une trompe qui n'est pas fort longue; elle porte les aîles en toit. La couleur fondamentale est d'un gris-cendré & blanchâtre. Sur la moitié antérieure du dessus des aîles ſupérieures, on voit une grande tache ou aire, d'un brun obſcur, bordée de noir, & ſur cette aire vers le bord extérieur, il y a une tache ovale griſe, qui a au milieu une petite tache noire, & qui eſt bordée de noir. La moitié de ces aîles eſt par conſéquent d'un brun obſcur, & l'autre moitié eſt d'un gris-blanchâtre. La moitié griſe eſt traverſée d'une raie ondée d'un brun-clair, & la baſe des mêmes aîles eſt bordée d'une ſuite de taches noirâtres; le deſſus des inférieures & le deſſous de toutes les quatre aîles ſont de couleur griſâtre & unie. Le corcelet eſt gros & très-touffu; il eſt garni de beaucoup de bois & d'écailles à long pédicule, & rayé tranſverſalement de bandes brunes. Les antennes ſont brunes, & les yeux ſont noirs; les cuiſſes & les jambes ſont tres velues, & les pieds ſont tachetés de noir. Le deſſus du ventre eſt noirâtre, & ſur deux des anneaux antérieurs on voit une petite huppe ou broſſe élevée. Cette deſcription eſt de M. Gier.

Le ſeizième eſt la phalène ſurnommée patte étendue. *Phalæna bombyx pudibunda. Phalæna bombyx elinguis criſtata, alis cineraſcentibus; faſciis tribus fuſcis linearibus undulatis. Linn. Syſt. Nat.* 824. Nous en parlerons à l'art. *Pommier.*

Le dix-ſeptième eſt la phalène dromadaire. *Phalæna bombyx dromadarius. Phalæna bombyx elinguis, alis deflexis: ſuperioribus nebuloſis dorſo dentatis: littura baſeos anique flaveſcentibus. Linn. Syſt. Nat.* 827. Ses aîles ſont brunâtres à deux raies pâles, & une poſtérieure pourpre.

Le dix-huitième eſt la phalène pſi. *Phalæna noctua pſi. Phalena noctua ſpirilinguis criſtata, alis deflexis canis: ſuperioribus characteribus Ψ nigris. Linn. Syſt. Nat. edit. XII.* 846. Tout le corps de cet inſecte eſt gris, ſes yeux ſeuls ſont noirs; ſes aîles ſupérieures ont trois ou quatre taches noires qui repréſentent chacune la figure renverſée de la lettre grecque appellée *pſi*. Celle de ces taches qui eſt vers la baſe de l'aîle, prend ſa naiſſance d'une longue ligne noire, qui partant de l'œil, deſcend le long du corcelet. Proche le milieu du bord extérieur de l'aîle une de ces taches a un petit cercle qui lui eſt attaché, & qui paroît plus dans la femelle que dans le mâle, ſur lequel les Ψ ſont plus noirs & plus marqués. Les aîles inférieures ont en-deſſous dans leur milieu un point noir. La chenille de cette phalène eſt noire & a peu de poils; elle a ſeize pattes, & ſur le milieu de ſon dos on voit une eſpèce de corne ou d'élévation noire. Sur le long de ſon dos regne une bande citron, & ſur les côtés pluſieurs taches rougeâtres. On trouve auſſi cet inſecte ſur les arbres fruitiers.

Le dix-neuvième eſt la phalène qu'on nomme bordure entrecoupée. *Phalæna geometra marginata. Phalæna geometra ſeticornis, alis omnibus albis: margine exteriore limbo fuſco interrupto. Linn. Syſt. Nat. edit. XII.* 870. Cet inſecte a ſix lignes de longueur ſur onze de largeur; ſes pattes, ſes antennes & tout ſon corps ſont bruns, à l'exception des yeux qui ſont noirs. Ses aîles ſont blanches, bordées de bandes brunes entrecoupées. Dans les aîles de deſſus, le bord inférieur a une large bande, inégale pour la largeur; au bord extérieur il y a d'abord une aſſez longue bande qui part de la baſe; enſuite après un intervalle vuide, eſt une ſeconde bande courte, irrégulière, & enfin après un autre intervalle, ſe trouve l'extrémité de la bande du bord inférieur. Les aîles de deſſous n'ont que deux bandes ou taches au bord inférieur. Le deſſous de l'inſecte eſt ſemblable au deſſus, ſi ce n'eſt que le brun eſt plus clair.

Le vingtième & dernier inſecte eſt la phalène que Linnæus nomme *Phalena tortrix avellana. Phalana tortrix alis ſuperioribus teſtaceis; faſciis ferrugineis ſeſquitertiis. Syſt. Nat. edit. XII.* 877. Les aîles ſupérieures ſont teſtacées en bandes ferrugineuſes d'un demi-tiers.

Culture.

Le Noiſettier vient en toute ſorte de terre, d'air & d'expoſition: il aime cependant mieux les lieux maigres, ſablonneux & humides, où l'on puiſſe facilement l'arroſer; il en porte plus de fruits, dure davantage, & fournit plus de rejettons, qui ſervent à multiplier le plant. On met ordinairement le Coudrier dans quelques coins du jardin au frais, ou bien on en fait une paliſſade qu'on expoſe au couchant, ou enfin on le met auprès de quelques rivières & dans les bois, mais il faut prendre garde qu'il n'y ſoit étouffé & affamé par les grands arbres, ce qui eſt cauſe que d'ordinaire il ne donne pas beaucoup de fruit. Celui qui fournit les avelines veut être labouré, cultivé, & avoir plus d'air que les autres. On prétend que l'avelinier de ſemence eſt celui qui vaut le mieux.

On multiplie les Noiſettiers de noyaux, de boutures, de marcottes & de plants enracinés. Quand on en plante de boutures, il faut les choiſir belles, hautes de trois à quatre pieds, groſſes comme le doigt, d'une écorce bien unie, garnie de nœuds près les uns des autres & qu'il y ait plus de bois de deux fèves que de la dernière pouſſe. On les coupe enſuite en talus, à la hauteur d'un demi-pied, d'un côté ſeulement; & après les avoir élaguées, on tord le bout qui doit prendre racine, & on les met un peu en pente dans les rigoles, dont on preſſe la terre avec les pieds, pour qu'elles s'enracinent mieux; ou bien, au lieu de les tordre, on les fend en croix par le bout.

On plante les noiſettiers en automne, ou à la fin de l'hiver. Il faut qu'ils aient le plus de racine que faire ſe pourra, & quelques branches au haut de la tige; ils reprendront bientôt, & ſe fortifieront davantage. On les laboure tous les printemps; & comme ils viennent par touffes & drageonnent beaucoup, il ne faut laiſſer ſur chaque ſouche que quatre ou cinq belles tiges qui garniront aſſez; & même pour qu'elles viennent bien droites & fructifient davantage, il ne faut laiſſer aucune branche, qu'à deux pieds de la tête de chaque tronc: ſi on les laiſſoit pouſſer, ils ne jetteroient que du bois & des feuilles, & le fruit couleroit preſque toujours, comme il arrive dans les forêts.

Analyſe chymique.

Les avelines, les noiſettes, *nuculæ avellanæ, nuces ponticæ, nuces præneſtinæ, nuces heracleoticæ*, donnent par l'analyſe chymique une portion médiocre de phlegme, ſoit acide, ſoit urineux, beaucoup d'huile, tant ſubtile qu'épaiſſe, & plus de la moitié d'huile réſineuſe, peu de terre & de ſel fixe.

Propriétés alimentaires.

On mange les amandes du Coudrier dans leur primeur & leur parfaite maturité; les noiſettes & les avelines ſont plus agréables. Un Juif de Bordeaux fatigué de chaleur & de voyage, devint épileptique pour avoir mangé beaucoup de noiſettes ſans boire, après vingt-quatre heures de jeûne, ſuivant qu'il eſt rapporté dans la trente-huitième feuille de la Gazette Salutaire de 1761, ce qui prouve qu'il faut manger de ce fruit avec diſcrétion.

Préparations alimentaires.

1°. *Biſcuits d'avelines.* Pilez très-fin un quarteron

d'avelines, après les avoir échaudées; arrosez-les en les pilant avec un peu de blanc d'œuf, ensuite mettez-y un quarteron de sucre, que vous pilez avec les avelines, jusqu'à ce que le tout soit mêlé ensemble; après quoi vous y mettez quatre blancs d'œufs fouettés que vous délayez peu-à-peu avec les avelines & le sucre. Finissez vos biscuits de la même façon que ceux des amandes amères.

2°. *Conserve d'aveline.* Vous prenez un demi-quarteron d'avelines que vous échaudez & vous les coupez en travers le plus mince que vous pouvez; vous faites cuire une livre de sucre à la grande plume; vous l'ôtez du feu quand il sera un peu refroidi; vous y mettez les avelines, que vous remuez bien avec une spatule jusqu'à ce qu'elles soient incorporées avec le sucre; vous dressez votre conserve dans des moules de papier: lorsqu'elle sera froide, vous la couperez par tablettes à votre usage.

3°. *Dragées d'avelines.* Echaudez des avelines, suivant la quantité que vous en voulez faire, & mettez-les sécher à l'étuve; vous les mettrez dans une grande poële à provision sur un bon feu, & les remuerez bien jusqu'à ce qu'elles soient bien séchées, ensuite vous y jetterez peu-à-peu un sucre gommé fait de cette façon. Vous faites fondre de la gomme Arabique avec de l'eau; lorsqu'elle est fondue & passée dans un linge, vous la mêlez avec autant de sucre cuit au lissé; jettez-y de ce sucre, & remuez toujours les avelines sur un moyen feu, jusqu'à ce qu'elles se soient attachées après. Lorsqu'elles commencent à être seches, vous y remettrez encore de ce même sucre, jusqu'à ce que vous voyiez qu'elles en aient assez; vous les continuerez pour lors avec un autre sucre cuit au lissé, sans être gommé, & vous leur donnerez de cette façon une douzaine de couches. Quand la dernière sera bien seche, vous ôterez les avelines de la poële: lavez la poële, & faites-la sécher; remettez-y les avelines pour les faire lisser, en y jettant encore du sucre cuit au lissé; vous les remuerez fortement sur la fin, sans les faire sauter, & vous acheverez de les faire sécher à l'étuve.

4°. *Grillages d'avelines.* Echaudez une livre d'avelines, & mettez-les dans une poële avec un peu d'eau & une livre de sucre; faites-les bouillir jusqu'à ce qu'elles pétillent; ôtez-les du feu, & remuez-les sans cesse avec la spatule; quand elles seront ainsi pralinées, mettez-y un peu de nompareille mêlée avec du citron confit haché, & un peu d'anis, mêlez bien le tout ensemble & promptement, jettez votre grillage sur une feuille frottée avec un peu d'huile d'olive; étendez-le par morceaux de la grandeur que vous jugerez à propos, & les mettez à l'étuve.

5°. *Beurre de Noisettes.* Pilez une vingtaine de noisettes tirées de leurs coques, mettez-y une demi-livre de beurre fondu, une grande assiettée de sucre en poudre, un peu d'eau de fleurs d'orange; pilez le tout ensemble, & le dressez sur une assiette en telle forme que vous voudrez.

Propriétés médicinales.

Les Auteurs prétendent que l'aveline est nourrissante & pectorale par l'huile dont elle abonde; les chatons & fleurs de noisettiers sont astringens & propres dans les cours de ventre; quelques-uns prétendent qu'ils poussent les urines, & que les fruits ont la même vertu. Un Auteur Anglois assure que le guy qui se trouve sur les Coudriers, & les chatons de cet arbre pris intérieurement à la dose d'un scrupule, & même d'un demi gros en poudre, est un remède éprouvé pour l'épilepsie; mais il faut auparavant faire prendre au malade un vomitif, & le purger après le remède avec un purgatif convenable. Quercetan prend un gros de la poudre de la coque du noyau, qui passe pour astringente; il la mêle avec autant de poudre de corail, qu'il délaye dans cinq ou six onces d'eau de chardon bénit, ou celle de coquelicot, pour faire boire à ceux qui sont attaqués de pleurésie: il prétend que c'est un bon remède.

On croit que l'*oleum heraclinum* de Rulland se tire par la distillation *per descensum* du bois du noisettier: c'est le sentiment de Schröder, d'Ettmuller, & de quelques Auteurs modernes. Rulland nous donne cette huile pour un remède excellent contre l'épilepsie & les vers; elle calme aussi les douleurs des dents.

On tire encore des noisettes & des avelines une huile par expression: cette huile est propre pour faire revenir les cheveux aux tempes; ceux qui ont la tête chauve s'en trouvent très-bien; elle est encore adoucissante, anodine, béchique, & utile dans les âcretés de la poitrine, lorsqu'elle est nouvelle, à la dose d'une demi-once: elle entre dans la composition de quelques remèdes. On cueille les noisettes franches & longues encore vertes pour les mettre dans de l'eau avec du sel, comme des olives; on donne de cette confiture à des malades, pour leur rafraîchir la bouche. On prétend que l'eau distillée d'avelines nouvelles, prise intérieurement à la dose de deux gros, est un excellent remède contre la colique & les tranchées.

Formules.

Prenez une once de *noyaux de noisettes* pelées & lavées dans de l'eau chaude: pilez-les dans un mortier de marbre, en versant peu-à-peu par-dessus cinq onces de vin blanc: on ajoutera à la décoction une once de syrop de fleurs de tussilage: pour une émulsion à prendre dans la toux invétérée.

Propriétés économiques.

Dans l'économie champêtre on fait avec les branches du Coudrier des espèces d'arcs, qu'on appelle dans plusieurs Provinces *sauterelles*, & avec lesquels on attrappe les oiseaux; on en fait aussi des fourches: les Tonneliers les emploient pour des cercles de barils, ils en font des bossets; les branches sont aussi d'usage pour les bâtons des lignes; les Chandeliers s'en servent pour faire la chandelle commune, nommée *à la baguette*; le coudrier nous fournit en outre du fagot, & sur-tout des harts; on en fait du charbon assez bon, & employé par les peintres pour esquisser leurs dessins.

George Agricole, dans son savant Traité *De re Metallicâ*, dit que quelques Charlatans se vantent de pouvoir connoître l'endroit où sont les métaux, par le moyen d'une baguette fourchue de noisettier, principalement pour les mines d'argent. On empoigne les deux cornes, en tenant le troisième bout élevé, & marchant dans le terrein où sont les mines: la verge tourne à l'endroit où sont les veines des métaux. Ce savant homme, après bien des recherches, s'est assuré que le fait est une imposture; dans le siècle éclairé où nous sommes, on n'ajoute pas plus de foi à cette baguette divinatoire, qu'à celle du fameux Jacques Aymar, qui a voulu par ce moyen découvrir le vol & les voleurs. M. l'Abbé de Valmont a fait un Traité sur la baguette divinatoire dans lequel on lit des faits bien hasardés.

Propriétés d'ornemens.

Le Coudrier est très-propre à garnir les massifs des

des petits bosquets; l'huile qu'on tire de ses fruits est très-propre pour adoucir la peau, & resserrer les pores; elle passe pour rendre le teint plus uni.

CORYMBIUM, *la Corymbe.*

NOMS GÉNÉRIQUES.

Ce genre des Plantes est connu sous les noms de *Corymbium. Linn. Burm. Buplevri folia, Pluk. Contarena, Adans.*

Description.

Le caractère générique est d'avoir le perianthe du calice à deux pièces, à une fleur, inférieur, long, prismatique, à six angles; ses folioles sont droites, se réunissant longitudinalement, triangulaires au dos, tronquées, à trois dents fanées, persistentes, dont deux sont très-petites vers la base; la corolle est monopétale, égale, le tube très-court; le lymbe est partagé en cinq lobes lancéolés, & s'ouvre; les filamens des étamines sont au nombre de cinq, simples, droits, appuyés sur le tube; les anthères sont oblongues, droites, plus courtes que la corolle, réunies en cylindre; le germe du pistil est entre le calice, inférieur à la petite corolle, hérissé; le stile est simple, droit, de la longueur de la corolle; le stigmate est oblong, partagé en deux, s'ouvrant; le péricarpe n'est autre chose que le calice changé. La semence est solitaire, oblongue, presque de la longueur du calice, couverte de laine en forme d'aigrette; le receptacle est nud.

CLASSE.

Ce genre fait partie de la dix-neuvième Classe de Linnæus, qui comprend les plantes syngenesiques monogamiques. Cet Auteur en admet deux espèces.

PREMIÈRE ESPÈCE.

La première espèce est la Corymbe raboteuse. *Corymbium scabrum. Corymbium caule scabro. Linn. Syst. Veg. edit. XIII. Murray 665. Mant. 120. Corymbium foliis ad radium longissimis lyratis. Burm. Afric. 189. Buplevrifolia semine papposo valerianoides umbellata, caulicubo scabro. Pluk. Alm. 73.*

Description.

Le bulbe est un peu globuleux provenant des racines fanées des feuilles; la tige est pourpre, raboteuse; les feuilles sont radicales, filiformes, jonquées ou soyeuses, sans être un peu larges ou canellées; le corymbe ou bouquet est serré; les fleurs sont au nombre de deux, près l'une de l'autre; les bractées sont au nombre de quatre ou cinq, linéaires; le calice est en forme de massue, à valvules naviculaires, sans qu'elles s'enveloppent.

Figure.

Cette espèce est représentée dans l'*Almag.* de Plukenet, pl. 272, fig. 5, dans les Plantes d'Afrique de Burmann, pl. 70, fig. 1.

Lieu de sa naissance.

Elle est vivace, & croît au Cap de Bonne-Espérance.

Culture.

On la multiplie par graines qu'on seme dès qu'on les a reçues du pays où elle croît naturellement, dans un petit pot plein de terreau; on enterre ce pot dans une couche de tan, dont la chaleur soit un peu dissipée; on couvre cette couche pendant l'hiver de chassis pour garantir les graines de la gelée, des neiges & des pluies fortes; au printemps on remet le pot où on les a semés dans une autre couche chaude, les graines y levent bientôt; quand les jeunes plantes ont environ un pouce de hauteur, on les transplante chacune séparément dans un petit pot, ayant la précaution de les tenir à l'ombre jusqu'à ce qu'elles soient reprises; après quoi on les habitue insensiblement en plein air, & en Juin on les place entiérement dehors jusqu'en Octobre à une bonne exposition; ensuite on les met dans la serre.

DEUXIEME ESPÈCE.

La deuxième espèce est la Corymbe glabre. *Corymbium glabrum. Corymbium caule levi, axillis lanatis. Linn. Syst. Veg. edit. XIII. Murray. 665. Buplevri similis planta Æthiopica, ad caulium nodos tomentosa. Pluk. Almag. 73.*

Description.

Sa panicule est lâche, versée; ses fleurs sont distinctes, à deux ou trois bractées menues; son calice est cylindrique, une valvule embrassant l'autre.

Figure.

Cette espèce est représentée dans l'*Almag.* de Plukenet, pl. 272, fig. 4.

CORYPHA, *la Coryphe.*

NOMS GÉNÉRIQUES.

Ce genre de plantes est connu sous les noms de *Codda-pana. Hort. Mal. Caretala. Bram. Talagas. Zeil. Saribus; licuala, Rumph. Corypha. Linn.*

Description.

Le caractère de ce genre de plantes est d'avoir la spathe universelle composée, le spade rameux, la corolle partagée en trois; les petales ovales, obtus, s'ouvrant; les filamens des étamines au nombre de six, en forme d'alêne, plus longs que la corolle, surmontés d'anthères. Le germe du pistil est un peu rond; le stil en forme d'alêne, court; le stigmate simple; la baie globuleuse, grande, à une loge; les semences sont solitaires, osseuses, grandes, globuleuses.

Observation.

Browne définit différemment sa Coryphe, peut-être est-ce un autre genre; le spade est, suivant lui, simplement rameux, composé de spathes particulières disposées en forme de tuile; on ne remarque ni perianthe, ni corolle; les filamens des étamines sont au nombre de six, courts, attachés aux côtés du germe; les anthères sont oblongues. Le germe du pistil est globuleux, petit; le stil est simple, court; le stigmate est en tête, un peu en forme d'entonnoir;

le pericarpe eſt un fruit à noyau & à une loge ; la ſemence eſt une noix à noyau oſſeux : on n'en connoît qu'une eſpèce ; cette eſpèce eſt placée dans l'Appendix du Syſtême de Linnæus, & eſt, ſuivant lui, un palmier.

ESPECE.

On nomme cette eſpèce *Corypha umbraculifera. Corypha frondibus pinnato palmatis-plicatis filo interjectis. Linn. Sp. Plant. 1657. Hort. Cliff. 482. Flor. Zeyl. 394. Roy. Lugdb. 4. Palma montana, folio plicatili flabeliformi maximo ſemel tantum frugifera. Rai. Hiſt. 1363. Codda-pana. Rheed. Mal. 3. P. 1. Saribus. Rumph. Amb. 1. P. 42. Palma Zeylanica, folio longiſſimo, latiſſimo, tala & talaghas dicta. Burm. Zeyl. 181. Palma montana Malabarica, folio magno complicato acuto, flore albo racemoſo, fructu rotundo. Comm. Flor. 50. Plum. Gen. 3. Brachm. Karetela, Cingalenſibus talagas & talagaija, Luſitanis arvare dos ſombreiros, ideſt, arbor umbroſa.*

Deſcription.

Le tronc de cet arbre s'éleve droit à la hauteur de 60 à 70 pieds, ſous la forme d'un cylindre égal de deux pieds environ de diametre, liſſe, luiſant, couronné par un faiſceau de huit à dix feuilles en paraſol qui lui forment une tête ſphérique de 40 pieds de diametre ; les feuilles ne ſont dans toute leur grandeur, que lorſque l'arbre a acquis toute ſa hauteur de 60 à 70 pieds, c'eſt-à-dire, à 35 ou 36 ans ; elles forment pour lors chacune un éventail de 15 pieds environ de largeur, ſur 20 pieds de longueur, compoſé de 50 à 60 plis ſéparés à ſon milieu en deux rangs chacun de 25 à 30 par une côte fort mince, le long de laquelle elles ſont comme aîlées, étant ſéparées les unes des autres ſeulement à leur extrêmité, juſqu'au quart de leur longueur, où elles laiſſent échapper un filet qui faiſoit leur union ; le pedicule qui porte chaque feuille eſt égal à leur longueur, creuſé en demi-cylindre, convexe en dehors, concave en dedans, dentelé ſur les bords de dents montantes, plus large à ſon extrêmité ſupérieure, qui eſt triangulaire, pointue, & formant à ſon origine une gaîne non pas entière, mais fendue entiérement d'un côté. Les feuilles qui précédent cet accroiſſement entier de l'arbre, & celles qui le ſuivent, ſont beaucoup plus petites ; celles-ci commencent même à tomber ſucceſſivement, ſans être remplacées par de nouvelles.

Ce n'eſt que dans ce temps, vers l'âge de 35 à 36 ans, que cet arbre commence à porter fleurs & fruits ; il n'en porte qu'une ſeule fois, & dépérit enſuite peu-à-peu ; alors il produit ſes fleurs, mais d'une manière des plus ſingulières ; du ſommet de ſon tronc au milieu de ſes feuilles s'éleve à la hauteur de 30 pieds comme une autre tige droite, conique, couverte entiérement par une trentaine d'écailles imbriquées, très-ſerrées, dont chacune renferme une gaîne elliptique, comprimée, obtuſe, preſque deux fois plus longue que large, entière comme une gaîne de couteau, percée par le dos vers ſon extrêmité d'un trou par où ſort un épi de vingt pieds de longueur, écarté ſous un angle de 60 à 70 degrés d'ouverture, entiérement couvert de ſix à quinze écailles cylindriques, engaînées les unes dans les autres, fendues d'un ſeul côté ſur toute leur longueur, contenant chacune un régime en panicule de deux à trois pieds de longueur, compoſé d'une cinquantaine d'épis pédunculés, cylindriques, pendans, longs de ſix à neuf pouces, portant chacun deux cens fleurs ſeſſiles, blanchâtres, rapprochées quatre à quatre par petits paquets. Chaque gaîne contient donc environ quinze régimes, & plus de 150000 fleurs ; chaque fleur eſt hermaphrodite, placée autour de l'ovaire ; elle conſiſte en un calice à ſix diviſions, dont trois extérieures plus petites, ouvertes ſous un angle de quarante-cinq dégrés en étoiles de quatre lignes de diametre, en ſix étamines d'un quart plus longues, & en un ovaire ſphérique deux fois plus petit ; couronné par un ſtil, dont le ſtigmate forme un ſillon velouté ſur ſa face extérieure ; l'ovaire en mûriſſant devient une baie ſphérique d'un pouce & demi de diametre, liſſe, verte, à chair ſucculente, graſſe, un peu amère, de deux lignes de diametre, à une loge, contenant un offelet, blanchâtre, liſſe, à amande blanche, charnue, ferme, ſuſceptible de poli comme l'ivoire, d'un pouce de diametre, ayant à ſon centre une petite cavité de trois lignes de diametre.

Figure.

Cette eſpèce eſt repréſentée dans l'*Hort. Malab.* tome 3, planche 1 - 12 ; dans l'*Herb. Amboinenſe*, tome 1, planche 8, & dans la deuxième partie de cet Ouvrage.

Obſervation.

Le Palmier de Thébaïque, *Palma Thebaïca Pocock. Orient. 1. p. 281*, a beaucoup de rapport avec celui-ci ; il eſt gravé dans la ſoixante & treizieme planche.

Lieu de ſa naiſſance.

Il croît naturellement au Malabar, ſur-tout dans la province de Mangarti, Tirtjonc, Katour & autres lieux ſur les montagnes entre les rochers ; on le voit auſſi à Ceylan, dans les provinces de Meuda, Corta, Agros, & près de Baoudhon-Malac, c'eſt-à-dire, du Pic-Adam.

Propriétés médicinales.

Le ſuc exprimé des branches de ſes régimes eſt un vomitif qui ſe donne aux perſonnes que les morſures des ſerpens venimeux ont fait tomber dans le vertige & le délire. La gaîne de ſes fleurs, encore tendre, rend, lorſqu'on la caſſe, une liqueur qui, ſéchée au ſoleil, devient une eſpèce de gomme émétique que les femmes groſſes emploient ordinairement pour faire ſortir l'enfant mort, & dont d'autres abuſent quelquefois pour ſe procurer l'avortement.

Propriétés économiques.

C'eſt des feuilles de cet arbre que ſont compoſés les livres des Malabares ; ils écrivent deſſus en y traçant avec un ſtylet de fer des caractères qui, pénétrant leur épiderme ſupérieur, deviennent ineffaçables ; les mêmes feuilles leur ſervent de parapluies & de paraſols, capables de couvrir vingt perſonnes ; ils en couvrent auſſi leurs maiſons.

Propriétés d'ornemens.

Les noyaux ou plutôt les amandes de ſes fruits ſe tournent & ſe poliſſent pour faire des colliers qui, peints en rouge, imitent beaucoup le corail.

COSTUS, *le Coſtus.*

NOMS GÉNÉRIQUES.

Ce genre de plante eſt connu ſous les noms de

Costus, *Plin. Costos*, *Theoph. Colostos*, *Clus. Paco-caatinga. Marg. Jacuakanga. Pis. Tsjanakua H. Mal. Ponvo. Bram.*

Description.

Le caractère de ce genre de plante est d'avoir le perianthe du calice à trois dents, très-petit, supérieur. Les pétales de la corolle sont au nombre de trois, lancéolés, un peu droits, concaves, égaux; le nectaire est monophylle, grand, oblong, tubuleux, enflé, à deux levres; la levre inférieure est plus large, plus longue que la corolle; le lymbe s'ouvre, est fendu en trois; la partie intermédiaire est partagée en trois; la levre supérieure est lancéolée, plus courte, faisant l'office de filamens, à laquelle est attachée une anthère qui se partage en deux; le germe du pistil est inférieur, un peu rond; le stil est filiforme, de la longueur des filamens; le stigmate est en tête, applati, échancré; la capsule est un peu ronde, couronnée, à trois loges & à trois valves; les semences sont nombreuses, triangulaires.

CLASSE.

Cette plante fait partie de la première Classe de Linnæus; cet Auteur n'en admet qu'une espèce.

ESPÈCE.

Cette espèce est le Costus Arabique. *Costus Arabicus. Linn. Sp. Plant.* 2. *Hort. Cliff.* 2. *Hort. Ups.* 2. *Flor. Zeyl.* 5. *Mat. Med.* 4. *Roy. Lugdb.* 11. *Hill. Pl.* 149. *Costus Arabicus. Bauh. Pin.* 36. *Meri. Surin.* 36. *edit. Nost. Alpinia floribus spicatis: bracteis ovalibus. Jacq. Ameri.* 11. *Zinziber sylvestre majus, fructu in pediculo singulari. Sloan. Jam.* 61. *Hist.* 1. *p.* 165. *Amomum minus, scapo vestito, floribus spicatis. Brow. Jam.* 113. *Paco caatinga. Marcgr. Bras.* 48. *Tsjsna kua. Rheed. Mal.* 11. *p.* 15. *Costus officinarnm. Dal. Pharm.* 366. *Comm. Flor.* 23.

Description.

La racine récente est blanche, tubéreuse, fongueuse, tendre, fibrée, remplie d'un suc aqueux: il s'en éleve plusieurs tiges de trois ou quatre pieds, cylindriques, grosses comme le doigt, luisantes, lisses, noueuses, de couleur de sang, vertes en-dedans. Près des nœuds sortent des feuilles étroites, longues de dix à douze pouces, pointues, nerveuses, creusées en gouttière, molles, succulentes, luisantes & vertes. La tige qui porte des fleurs est terminée par une tête écailleuse, dont les écailles, qui ne tombent pas, sont ovales, obtuses, concaves, & ne renferment chacune qu'une fleur: les écailles sont d'un rouge de corail dans le Malabar, & vertes dans les Jardins d'Europe; de chaque écaille sort une seule fleur, dont le calice qui couronne la tête de l'embryon est d'une seule pièce, très-petit, à trois dentelures colorées. La fleur est composée de trois pétales réunis par leur base, droits, égaux, concaves, oblongs, terminés en pointe; la fleur a aussi un nectaire d'une seule pièce, oblong, en forme de tuyau renflé. L'embryon posé sur le placenta de la fleur est arrondi, & devient en mûrissant une capsule arrondie, couronnée par le calice qui subsiste; elle est partagée en trois loges, où sont contenues plusieurs graines triangulaires placées les unes près des autres, bleues d'abord, ensuite brunes, blanches en-dedans, ayant l'odeur du gingembre, & fort peu de saveur.

On trouve dans les boutiques la racine de cette plante coupée en morceaux oblongs, de l'épaisseur d'un pouce, légers, poreux & cependant durs, mais friables, un peu résineux, blanchâtres, & quelquefois d'un jaune gris; d'un goût âcre, aromatique & un peu amer; d'une odeur agréable, qui approche de celle de l'iris de Florence, ou de la violette.

Figure.

Cette espèce est représentée dans le Systême Vég. de Hill. pl. 3; dans l'Histoire des insectes de Surinam, par Mademoiselle de Merian, édition de Desnos que nous avons publiée, pl. 36; dans l'Histoire de la Jamaïque, par Sloane, tome 1, pl. 105, fig. 2, dans l'*Hort. Mal.* tome 11, pl. 15, fig. 8, & dans les planches de Garsault.

Lieu de sa naissance.

Elle croît dans les deux Indes, à Malabar, au Brésil & à Surinam.

Insecte qui se nourrit sur cette plante.

Mademoiselle de Merian a trouvé sur cette plante une chenille brune, tachetée de blanc & de noir, qui en mangeoit les feuilles. Cette chenille s'est transformée en nymphe, & il en est sorti un papillon brun & blanc, qui avoit quatre taches couleur d'orange sur les deux aîles de derrière. Il y avoit aussi sur cette plante de petites bêtes blanches, qui traînoient après elles leur peau qu'elles avoient quittée; elles se nourrissoient de certains poux verds que Gœdart a décrits dans son premier volume, page 90; elles se firent un cocon d'où sortirent des mouches couleur de bois: ces insectes sont gravés dans la trente-sixième planche de Mademoiselle de Merian, de l'édition que nous avons publiée chez Desnos.

Culture.

Le temps de la floraison de cette plante est très-incertain, car quelquefois elle fleurit en hiver, & d'autres fois en été; elle ne donne point de semences en France; on la multiplie en partageant ses racines; la meilleure saison pour cette opération est le printemps, avant que les racines aient poussé de nouvelles tiges; il ne faut pas que les mottes qu'on détache soient trop petites, car la plante n'auroit pas assez de force pour fleurir. On plante les mottes dans des pots pleins de terreau; on met ces pots dans une couche de tan, & dans la serre chaude ou l'étuve, & on les gouverne au surplus comme le gingembre. Voy. art. *Amomum.*

Analyse chymique.

La racine de Costus, qui est la seule partie en usage dans la Médecine, donne par la distillation, selon M. Vogel, une huile éthérée.

Observation sur la racine de Costus.

La racine de cette plante qu'on trouve dans les boutiques est bien différente de celle qu'on y vendoit autrefois, si on en peut juger par la description des anciens: Dioscoride distingue trois espèces de Costus, l'Arabique, l'Indien & le Syriaque; il dit que l'Arabique est blanc, léger, d'une odeur très-suave, d'un goût brûlant & mordant; que l'Indien est léger, plein & noir; que le Syriaque est pesant, d'une couleur de buis, & que son odeur porte à la tête. Galien, dans son Livre des Antidotes, recommande le Costus Arabique blanc; & dans son Traité des vertus des remedes simples, il reconnoît dans le Costus une certaine amertume, mais très-légère, & une si grande âcreté, qu'il cause des ulcères. Pline dit que le Costus est une racine d'un certain arbrisseau dont le goût est brûlant & l'odeur excellente; il en établit deux genres : savoir, le noir, & le blanc qui est le meilleur. Les anciens Arabes, tels que Serapion & Avicenne, n'ont pas fait mention de la distinction que l'on fait aujourd'hui du Costus doux & du Costus amer; mais ils ont pris de Dioscoride tout ce qu'ils nous ont laissé sur le Costus, comme si celui dont ils se servoient eût été le même que celui des anciens Grecs. Serapion sur-tout ne dit rien qu'il n'ait transcrit de l'Auteur Grec : Avicenne y ajoute quelque chose; ainsi il dit que le Costus Arabique est blanc, qu'il tire sur le rouge ou la couleur de citron; que le Costus des Indes est plus léger que celui d'Arabie; qu'il est amer, d'une odeur forte d'ail, & tirant sur le noir; & enfin que celui de Syrie est de couleur de buis, & a une odeur forte: il lui donne le nom de *Romain*. Les Auteurs Grecs & Latins qui ont écrit quelque chose depuis 500 ans sur la matière médicale, font mention de deux genres de Costus, dont l'un est doux & l'autre amer. Auctuarius & les autres nouveaux Grecs distinguent le Κοσὸς γλυχὸς & le Κοσὸς πιχρὸς. Le Poëte Macer, dans son Traité des plantes exotiques, s'exprime ainsi : « Il y a deux sortes de Costus; l'un est rouge, pesant & fort amer : il s'appelle *Indien;* l'autre est léger, doux, & d'une couleur blanche ». On croit par-là que cette sorte de Costus, qui est le seul employé pour le vrai Costus depuis quelques siecles, n'est pas de la même nature que le Costus des anciens. Dioscoride en effet ne marque aucune amertume dans le Costus; Galien en reconnoît un peu; mais elle est, selon lui, très-légère. Il est vrai qu'Avicenne dit, selon Dioscoride, que le Costus d'Arabie est blanc; mais il ajoute de lui-même qu'il tire vers le rouge, qui étoit la couleur du Costus dont on se servoit pour lors. Il dit aussi que l'Indien est noir, selon Dioscoride; mais il ajoute de plus, qu'il est amer : Macer dit que le Costus Indien est rougeâtre, & non pas noir, comme le dit Avicenne, & il ajoute qu'il est fort amer; de plus, le Costus des anciens étoit très-odorant, de sorte qu'il portoit à la tête : ils s'en servoient pour faire des aromates & des parfums; ils le brûloient sur l'autel comme l'encens; aussi Properce dit : Donnez-moi du Costus, dont l'odeur est si douce, & de l'encens, qui est si agréable.

Pline s'exprime aussi de cette façon : qu'on achete ces drogues à cause de leur odeur, pour en faire des onguens pour servir aux délices, & même, si l'on veut, à cause de la superstition; puisque nous faisons des prieres publiques avec l'encens & le Costus, nous ne reconnoissons point cette odeur si excellente & si forte dont parlent Dioscoride, Galien & Pline, dans le Costus de nos boutiq[illegible] pourquoi nous croyons qu'il est entièremen[illegible] rent de celui des anciens Grecs. Les Parfumeurs même ne conviennent pas entr'eux du vrai Costus, puisqu'on en trouve dans leurs boutiques trois espèces sous les noms *d'Arabique*, *d'amer & de doux*, que Pierre Pomet rapporte dans son Histoire des remèdes simples, & qu'il décrit ainsi :

Le Costus Arabique, dit-il, est une racine oblongue, pesante, de couleur cendrée ou blanchâtre en-dehors, rougeâtre en-dedans, difficile à rompre, d'une odeur agréable, d'un goût aromatique & un peu amer; le Costus amer est une grosse racine, compacte, dure, ligneuse, légère, brillante, qui ressemble plutôt à un morceau de bois qu'à une racine. Le Costus doux est au contraire une petite racine jaune, qui ressemble assez par sa couleur, sa figure & sa grosseur, à la racine de *curcuma :* mais ou les descriptions ne sont pas exactes, ou elles ne conviennent pas au Costus dont on se sert aujourd'hui dans les boutiques d'Apothicaires, & que nous avons décrit ci-dessus.

Propriétés médicinales.

La racine dont il s'agit est amie de la tête, & est bonne contre les maladies du genre nerveux; on la recommande dans l'apoplexie & la paralysie provenant de cause froide; elle passe pour atténuante, incisive, diurétique, diaphorétique; elle dissipe les vents & les flatuosités, fortifie l'estomac : quelques-uns la regardent comme un excellent prophylactique contre les maladies contagieuses. La dose est d'un demi-gros en substance, & de deux gros jusqu'à une demi-once en infusion. Cependant le Costus n'est plus actuellement en usage que dans les grandes compositions pharmaceutiques, telles que le *mithridate*, la *thériaque*, &c.

COTYLEDON, *le Nombril de Vénus.*

NOMS GÉNÉRIQUES.

Ce genre de plantes est connu sous les noms de *Cotyledon. Linn. Tour. Dill. Cotuledon*, *Cumbalion*, *Omphalos*, *Scutalion*, *Stichis. Diosc. Umbellicus Veneris. Latin. Fabaria. Cæs.* En François, Nombril de Vénus.

Description générique.

Le caractère générique est d'avoir le périanthe du calice monophyle, découpé par moitié en cinq, aigu, très-petit; la corolle est à un pétale campanulé, découpé par moitié en cinq; le nectaire est formé par une écaille concave, qui se trouve vers la base extérieure de chaque germe; les filamens des étamines sont au nombre de dix, en forme d'alêne, droits, de la longueur de la corolle; les anthères sont droites, à quatre sillons; les germes du pistil sont au nombre de cinq, oblongs, un peu épais, se terminant en stils en forme d'alêne, plus longs que les étamines; les stigmates sont simples; le péricarpe est formé par cinq capsules oblongues, ventrues, pointues, univalves, s'ouvrant longitudinalement en-dedans; les semences sont nombreuses, petites.

CLASSE.

Ce genre fait partie de la première Classe de Tournefort, qui comprend les fleurs campaniformes, & de la dixième de Linnæus, destinée aux plantes décandriques pentagyniques; cet Auteur en admet sept espèces.

PREMIERE ESPECE.

La première espèce est le Cotyledon ou Nombril de Vénus orbiculé. *Cotyledon orbiculata. Cotyledon foliis subrotundis planis integerrimis. Linn. Sp. Plant.* 614. *Hort. Cliff.* 276. *Roy. Lugdb.* 454. *Cotyledon Africanum frutescens incanum, orbiculatis foliis. Herm. Lugdb.* 349. *Moris. Hist.* 3. *p.* 474. *Sect.* 12. *Cotyledon Africana frutescens, foliis orbiculatis, lymbo, purpureo cinctis. Tour. Inst.* 90. *Bœrrh. Lugdb.* 1. *p.* 287. *Sedum arborescens, promonterii bonæ spei. Seap. Theoph.* 335.

Description.

Cette espèce s'éleve à la hauteur d'un arbrisseau; sa racine est succulente, longue, branchue, forte, brunâtre,

brunâtre, quelquefois blanche, garnie de plusieurs fibres; sa tige est de l'épaisseur d'un pouce, rameuse, d'un verd blanchâtre; elle est environnée à sa partie inférieure de feuilles rassemblées plusieurs ensemble, sans petioles, orbiculées, épaisses, succulentes, quelquefois de la grandeur de la paume de la main, d'un verd-d'eau, dont le bord est tantôt rouge, tantôt pâle; la partie supérieure de la tige est nue, avec un petit nœud; elle se divise dans cet endroit en plusieurs petits rameaux longs d'un doigt, & d'un palme, d'où pendent des fleurs oblongues de couleur rouge ou incarnate, & à étamines jaunes.

Figure.

Elle est représentée dans l'*Herm. Hort. Lugdb.* pl. 551, & dans l'Histoire des Plantes par Morison, tome 3, sect. 12, pl. 7, fig. 39.

Lieu de sa naissance.

Elle croît naturellement au Cap de Bonne-Espérance; elle fleurit en Juillet, Août & Septembre, mais ses semences ne mûrissent point en France.

DEUXIÈME ESPÈCE.

La deuxième espèce est le Cotyledon bâtard. *Cotyledon spuria. Cotyledon foliis spatulato lanceolatis carnosis integerrimis caule fruticoso. Linn. Syst. Veg. edit. XIII. Murray. 358. Mant. 388. Sedum Africanum teretifolium, flore hemerocallidis. Moris. Hist. 3. p. 474. sect. 12. Cotyledon Africana frutescens, folio longo & angusto, flore flavescente. Comm. Rar. 23. Burm. Afric. Cotyledon Africana, foliis depressis cruciatis. Walth. Hort. 16.*

Description.

Sa tige est très-grosse, à rameaux obtus, seulement feuillés au sommet; ses feuilles sont naturellement opposées, spatulées, lancéolées, charnues, obtuses, petiolées; les monstrueuses sont alternes; la hampe est terminale, haute d'un pied, un peu ombellée, écartée; les fleurs sont flottantes, jaunes; le lymbe est replié & parsemé intérieurement d'atomes rouges; les étamines sont un peu plus longues que le tube; les anthères sont rouges.

Figure.

Cette espèce est représentée dans les plantes rares de Commelin, pl. 23; dans les Plantes d'Afrique, par Burmann, pl. 18, 19, fig. 1 & pl. 22, fig. 1, & dans l'Histoire des Plantes, par Morison, tome 3, sect. 12, pl. 7, fig. 40.

Lieu de sa naissance.

Elle croît naturellement au Cap de Bonne-Espérance.

TROISIEME ESPECE.

La troisième espèce est le Cotyledon hémisphérique. *Cotyledon hemisphæricus. Cotyledon foliis semiglobosis. Linn. Sp. Plant. 614. Hort. Cliff. 176. Roy. Lugdb. 454. Cotyledon Capensis, folio semi-globato. Dill. Hort. Elth. 112.*

Description.

Ses petites tiges sont charnues, lentes; elles ne montent pas droit, mais elles sont souvent recourbées & quelquefois tortueuses, lisses, rouges, avec quelques lignes cendrées, tantôt transverses, tantôt placées inégalement; elles sont garnies par-ci par-là de feuilles solitaires, & elles en ont plusieurs rassemblées en haut. Ces feuilles tombent au plus léger tact; elles sont glabres, d'un verd-cendré, & tendent à une couleur qui approche un peu du verd-d'eau; elles sont pointillées de chaque côté, & épaisses, plus rondes vers le bas, & plus planes vers le haut; succulentes, d'une saveur acerbe & astringente. Cette plante ne porte des fleurs qu'avec peine; sa hampe est de neuf pouces, un peu cylindrique, glabre, d'un verd-passé, avec quelques petits boutons dans sa longueur; à sa sommité paroissent six ou sept fleurs marquées par cinq lignes imprimées, verdâtres, pourpres à l'extrêmité.

Figure.

Cette espèce est représentée dans le *Dill. Hort. Elth.* pl. 95. fig. 111.

Lieu de sa naissance.

Elle croît naturellement dans l'Ethiopie.

QUATRIÈME ESPÈCE.

La quatrième espèce est le Cotyledon découpé à dents de scie. *Cotyledon serrata. Cotyledon foliis ovalibus crenatis, caule spicato. Linn. Sp. Plant. 614. Cotyledon foliis radicalibus lanceolatis crenatis caulinis subulatis. Hort. Cliff. 497. Roy. Lugdb. 454. Cotyledon cretica, folio oblongo fimbriato. Dill. Elth. 113.*

Description.

Ses tiges sortent tantôt solitaires, tantôt en nombre, d'une même racine oblongue, fibreuse; garnies de feuilles en plus grande quantité vers la base, & plus larges, disposées en rond, plus étroites le long de la tige, & moins fréquentes, disposées alternativement & légérement crenellées vers les bords. Ces feuilles sont un peu épaisses & planes; les fleurs sont pourpres, disposées en épis longs, tantôt seulement au nombre de deux ou trois, tantôt au nombre de quatre ou cinq.

Figure.

Cette espèce est représentée dans le *Dill. Hort. Elth.* pl. 95, fig. 112.

Lieu de sa naissance.

Elle croît naturellement dans la Crête & la Sibérie.

Culture.

Cette plante fleurit en Juin, & ses semences mûrissent en automne, si on la seme sur un mur, elle vient beaucoup mieux qu'en terre, elle est moins sujette à être endommagée par la gelée; & quand ses graines tombent d'elles-mêmes dans quelques endroits, elles y réussissent beaucoup mieux que si on les semoit.

CINQUIÈME ESPÈCE.

La cinquième espèce est le Cotyledon ombilic. *Cotyledon ombilicus. Cotyledon foliis canullato-peltatis, serrato-dentatis alternis, caule ramoso, floribus erectis. Linn. Sp. Plant. 615. Gron. Orient. 141. Cotyledon foliis peltatis. Virid. Cliff. 39. Roy. Lugdb. 454.*

Cotyledon flore luteo, radice repente. Dod. Mem. 265. Cotyledon radice tuberosa longa repente. Morif. Præl. 253. Cotyledon luteum umbilicatum spicatum, radice repente majus. Morif. Hist. 3. p. 471. Umbilicus repens. Cam. Epit. 858. Cotyledon vera radice tuberosa. Bauh. Hist. 3. p. 683. Cotyledon major. Bauh. Pin. 285. Rai. Hist. 1878. Cotyledon umbilicus veneris. Cluf. Hist. 2. p. 63. Sedum luteum murale spicatum, folio umbilicato rotundo. Morif. Hist. 3. p. 470. f. 12. En Allemand, *Nabel-kraut.* En Italien, *Umbilico di venere.* En Anglois, *Navel-wort.*

Description.

La racine de cette eſpèce eſt tantôt bulbeuſe, charnue; tantôt traçante, ſelon la variété, blanche, garnie en-deſſous de petites fibres; ſes feuilles ſont épaiſſes, charnues, graſſes, rondes, tendres, creuſées en baſſin, pleines de ſuc, ſans nervures par-deſſus, ſoutenues par un long pétiole qui eſt attaché au côté inférieur de la feuille, un peu au-delà du centre ou près du bord; du milieu de ces feuilles s'éleve une tige ſimple menue, haute d'environ un pied, quelquefois rampante, quelquefois diviſée en pluſieurs rameaux qui portent des fleurs diſpoſées en grappes; monopétales, campaniformes, tubulées, découpées à l'extrêmité, dont le nectaire eſt à la baſe du germe en forme d'écaille commune; le fruit eſt une gaîne membraneuſe, univalve, s'ouvrant depuis la baſe juſqu'à la pointe, pour laiſſer ſortir des ſemences petites & charnues.

Figure.

Cette eſpèce & ſes variétés ſont repréſentées dans les Mémoires de Dodart, pl. 73, & dans l'Hiſtoire des Plantes, par Moriſ. tome 3, ſect. 12, planche. 10, fig. 4.

Lieu de ſa naiſſance.

Elle croît communément en Paleſtine, en Portugal, en Eſpagne & en Angleterre, ſur les rochers humides, ſur les vieux murs.

Culture.

Cette plante fleurit en Juin; elle demande un terrein ſec, mêlé de décombres, & une expoſition ombragée; elle eſt biſannuelle, & périt ordinairement quand ſes ſemences ſont mûres. Si ces ſemences viennent à ſe répandre ſur des mûrs & des bâtimens, ou ſi même on les y ſeme, elles levent & réuſſiſſent beaucoup mieux que lorſqu'on les ſeme en terre; & quand elles ont une fois levées ſur les vieilles murailles, & qu'elles s'y ſont habituées, elles s'y perpétuent, & même beaucoup mieux que ſi on les y cultivoit.

Propriétés médicinales.

Les feuilles de cette plante ont un goût viſqueux, inſipide & aqueux; elles ſont rafraîchiſſantes, délayantes & diurétiques; on s'en ſert ſur-tout contre les duretés des mammelles; ſon ſuc a le même uſage; on les emploie auſſi pour les inflammations, les brûlures & les hémorroïdes.

SIXIÈME ESPÈCE.

La ſixième eſpèce eſt le Cotyledon d'Eſpagne. *Cotyledon Hiſpanica. Cotyledon foliis oblongis ſubteretibus, floribus faſciculatis. Linn. Sp. Plant. 615. Lœfl. It. T. 1. Cotyledon Maritima, ſedi folio, flore carneo, fibroſa radice. Tour. Inſt. Rei Herb. 90. Cotyledon Hiſpanica, ſedi teretiſolii folio, flore umbellato, rubro, fibroſâ radice Minuart Sched. 3. Cotyledon paluſtris, ſedi folio, floribus rubris longioribus. Shaw. Afric. 177.*

Deſcription.

La racine de cette eſpèce eſt fibreuſe; ſa tige eſt ſimple, cylindrique, un peu droite, digitale; ſes feuilles ſont oblongues, un peu cylindriques, un peu obtuſes, ſeſſiles, un peu poileuſes, ſupérieurement un peu planes, pointillées de roux. Ses fleurs ſont en faiſceaux à corymbe terminal; leurs corolles ſont en forme d'entonnoir, extérieurement rouſſâtres, un peu poileuſes; le lymbe eſt partagé en cinq, plane, aigu, incarnat en-deſſus, à trois ſtries pourpres, & à ſommet de même. Les filamens ſont un peu épais & un peu élevés; les anthères ſont très-petites; le calice eſt court; le port de cette plante eſt celui du *ſedum* blanc.

Figure.

Cette eſpèce eſt repréſentée dans le Voyage de Lœfling, planche 1.

Variétés.

Linnæus rapporte pour variété de cette plante, celle qui ſe nomme *Cotyledon paluſtris, ſedi folio, floribus luteis brevioribus. Shaw. Afr. 178.*

Figure.

Elle eſt repréſentée dans la planche 138 des Plantes d'Afrique, par Shaw.

Lieu de ſa naiſſance.

Cette eſpèce eſt biſannuelle; on la trouve en Afrique, au Levant & en Eſpagne.

SEPTIÈME ESPÈCE.

La ſeptième eſpèce eſt le Cotyledon à feuilles laciniées. *Cotyledon laciniata. Cotyledon foliis trifidis, floribus quadrifidis. Linn. Sp. Plant. 615. Hort. Cliff. 175. Roy. Lugdb. 454. Cotyledon Afra, folio craſſo lato laciniato, floſculo aureo. Bauh. Lugdb. 1. p. 288. Telephium Africanum, anguſtiori folio, flore auranthiaco. Pluk. Alm. 362. Telephium Indicum. Bont. Jav. 132. Planta anatis. Rumph. Amb. 5. p. 275.* A Malaca, *Tſjaccar bebu, ſaccar beba.* A Amboine, *Ayhuaa Kitsjil* & *Ayhuaa mahina.* A Ternate, *Alabobo, cubi mangon.*

Obſervation.

Linnæus obſerve dans ſon *Hort. Cliff.* que cette plante diffère viſiblement des autres eſpèces de ſon genre en ce que ſa fructification exclut un cinquième de nombre, enſorte qu'elle a le calice ſeulement fendu en quatre; la corolle à lymbe ſeulement fendue en quatre; les étamines au nombre de huit; les piſtils & les capſules au nombre de quatre; le tube de la corolle, d'abord ovale, oblong, eſt à quatre côtes, & droit.

Figure.

Cette eſpèce eſt repréſentée dans l'*Index Hort. Lugdb.* de Boerrhave, planche 288; dans l'*Almag.* de Plukenet, planche 228, figure 3; dans l'*Her-*

bari. Amboinense, planche 95, & dans la deuxième partie de cet Ouvrage.

Lieu de sa naissance.

Elle est vivace, & croît en Egypte, dans l'Inde.

Propriétés médicinales.

Elle est rafraîchissante; ses vertus sont les mêmes que celles du *sedum* ou jonbarbe; ses feuilles brisées & appliquées en forme de cataplasme sur le front, sont très-bonnes contre la cephalalgie occasionnée par la chaleur; on prend intérieurement le suc de cette plante pour appaiser l'effervescence de la fièvre, & on applique sur le pouls cette même plante broyée.

Culture générale.

On multiplie tous les Cotyledons qui nous viennent d'Afrique par boutures, qu'on fait en tout temps pendant l'été; après les avoir coupées de la plante, on les laisse pendant quinze jours ou trois semaines dans un endroit sec avant de les planter, pour que la partie coupée se cicatrise; la terre qui convient à ces boutures est une terre mêlangée, composée d'un tiers de terreau, d'un tiers de sable, & d'un tiers de décombre & de tan pourri; on mêle bien le tout, & on laisse ce mêlange en tas pendant cinq ou six mois avant de s'en servir, ayant la précaution de le remuer cinq ou six fois pendant cet intervalle de temps, pour que le mêlange puisse mieux se faire; & avant d'en faire usage, on passe cette terre à travers une claye pour en séparer les grosses pierres, les mottes.

La terre ainsi préparée, & les boutures en état d'être plantées, on remplit de cette terre autant de petits pots qu'on a de boutures à faire; on les met au milieu de chaque pot à environ deux ou trois pouces de profondeur ou davantage, suivant la force de la plante; après quoi on les arrose légérement pour bien fixer la terre auprès des racines, & on place les pots dans un endroit chaud & à l'ombré, pendant environ huit jours, pour disposer les boutures à prendre racine; après quoi on enfonce ces pots dans une couche tempérée de tan: rien ne contribue plus à leur faire prendre racine en peu de temps; mais il faut observer de leur donner de l'air en relevant les vitres toutes les fois que le temps le permet, & de les couvrir pendant la chaleur du jour. Au bout de six semaines ou de deux mois, les boutures ont pris racine; on commence pour lors à les exposer à l'air par degrés, en retirant les pots du tan, & en les plaçant par-dessus; on leve pour lors les vitres très-haut pendant le jour, & environ au bout de huit jours, on met les pots dans une serre; les plantes s'y endurcissent pendant une autre huitaine, après quoi on peut les exposer en plein air dans un endroit bien abrité; il ne faut cependant pas les exposer trop tôt au grand soleil, il faut auparavant les avoir habitués pendant quelque tems au grand air.

Au commencement d'Octobre, on met ces plantes dans une serre; on les place d'abord aussi près qu'on peut des fenêtres, pour donner de l'air aux plantes autant que le temps le permet; en les ouvrant, on diminue pour lors les arrosemens, on ne donne même que très-peu d'eau, & seulement autant qu'il en faut pour que les feuilles ne se resserrent pas faute d'humidité. La serre chaude est préférable à une serre ordinaire pour ces plantes; elles doivent être placées à côté des ficoïdes, des sedum d'Afrique, des opuntia, des aloés & des cierges; elles demandent à-peu-près la même culture & le même degré de chaleur.

Propriétés d'ornemens.

Les Curieux cultivent ces plantes pour faire variété parmi leurs plantes exotiques; la fleur de quelques-unes est assez belle pour obtenir une place distinguée dans les jardins.

COUBLANDIA, *la Coublande.*

Description générique.

Le caractère de ce genre de plante est d'avoir le périanthe du calice d'une seule pièce, tubuleux, à quatre dents aiguës; la corolle est monopétale, ayant le tube oblong, inséré au fond du calice; le lymbe fendu en quatre, dont les lobes sont petits, aigus; les filamens des étamines sont au nombre de vingt-cinq, réunis par la base, insérés au fond du calice; les anthères sont oblongues, à deux loges; le germe du pistil est oblong; le stil est de la longueur des étamines; le stigmate est obtus; le péricarpe est un légume noueux, à petits nœuds interrompus, orbiculés; la semence est unique, sphérique, verte dans chaque petit nœud.

CLASSE.

Ce genre fait partie de la vingt-troisième Classe de Linnæus, destinée aux plantes polygamiques monoeciques; M. Aublet, qui nous a fait connoître ce genre, n'en admet qu'une espèce.

ESPECE.

Cette espèce est la Courbande en arbrisseau. *Coublandia frutescens. Aublet, tom. 2. p. 937.*

Description.

Le tronc de cet arbrisseau s'élève de cinq à six pieds, sur cinq à six pouces de diametre; son écorce est grisâtre, raboteuse; son bois est blanchâtre; il pousse à son sommet plusieurs longues branches rameuses, garnies de feuilles alternes, aîlées, à deux rangs de folioles opposées, terminées par une impaire; le nombre des folioles est de deux de chaque côté; elles sont vertes, lisses, ovales, entières, terminées par une pointe mousse; leur pédicule est court; elles sont portées sur une côte qui est convexe en-dessous, & creusée d'un sillon en-dessous. Celle-ci porte à sa base deux petites stipules; de l'aisselle des feuilles & de l'extrémité des rameaux naissent des épis couverts de fleurs blanches; le calice est d'une seule pièce, évasé en quatre petites dentelures: il y a à sa base une petite écaille; la corolle est monopétale: c'est un tube partagé à son lymbe en quatre petits lobes aigus; il est attaché à la paroi interne & inférieure du calice; les étamines sont au nombre de plus de vingt-cinq; leurs filets sont longs, blancs, unis ensemble par le bas, & placés au fond du calice. L'anthère est ovoïde, jaune, à deux bourses séparées par un sillon; le pistil est un ovaire alongé, surmonté d'un stil de la largeur des étamines; il est terminé par un stigmate obtus; l'ovaire devient une silique longue, noueuse, dont les nœuds sont arrondis & écartés les uns des autres. Cette silique ne s'ouvre pas: on trouve dans chaque nœud un pois vert & sphérique. Cet arbrisseau est en fleur & en fruit dans presque tous les mois de l'année.

Figure.

Il est représenté dans la trois cent cinquante-sixième planche de l'Histoire de la Guiane Françoise, par M. Aublet.

Lieu de sa naissance.

Il croît naturellement dans l'Isle de Cayenne, sur les bords de la Crique fouillée, du côté de la Descoublandière.

COUCEVEIBA, *le Couceveibe.*

Description générique.

Le caractère de ce genre de plantes est d'avoir des fleurs mâles & femelles sur différens pieds; M. Aublet, qui a découvert ce genre, ne nous a pas fait connoître les fleurs mâles; mais il décrit ainsi les parties de la fructification des fleurs femelles: le périanthe de leur calice est monophyle, inférieurement à trois côtés, charnu, à cinq dents épaisses, aiguës, munies chacune intérieurement vers la base d'une petite glande. Il y a aussi trois petites glandes épaisses vers la base du calice; on ne remarque point de corolle à cette fleur; le germe du pistil est à trois angles; les stigmates sont au nombre de trois, épaisses, courbées, concaves, sillonnées; la capsule est à trois loges, s'ouvrant en trois; chaque petite loge est bivalve; la semence est solitaire, un peu ronde, enveloppée supérieurement par une coëffe charnue, blanche, douce, & qu'on peut manger.

CLASSE.

Ce genre fait partie de la vingt-deuxième Classe de Linnæus; M. Aublet n'en rapporte qu'une espèce.

ESPÈCE.

Cette espèce est le Couceveiba de la Guiane. *Couceveiba Guianensis. Couceveiba Caribæorum. Oubarouna Brasil.*

Description.

C'est un arbre de moyenne grandeur, dont le tronc a environ un pied de diametre, & dix à douze pieds de hauteur; son écorce est grise, & son bois est blanc; sa tige jette des branches qui se répandent en tout sens, & sont garnies d'un grand nombre de rameaux, sur lesquels sont placées des feuilles qui naissent alternativement à des distances inégales; leur pédicule est long, garni à sa base de deux stipules qui tombent. Les feuilles sont ovales, terminées par une longue pointe, dentelées sur leurs bords, & partagées par une côte saillante en-dessous, d'où partent des nervures alternes & quelquefois presqu'opposées, qui viennent se perdre à chaque dentelure; elles sont fermes, de couleur verte en-dessus, & blanchâtres en-dessous; les plus grandes ont cinq pouces & demi de longueur, sur environ deux pouces de largeur. M. Aublet dit n'avoir rencontré que l'individu femelle; il étoit en fleur dans le mois de Mai; il l'a trouvé ensuite en Mars & Avril en fleurs, & avec des fruits en parfaite maturité. Ses fruits étoient portés à l'extrêmité des rameaux sur une petite tige triangulaire, charnue, de trois pouces de long, qui à sa naissance étoit comme articulée, garnie de quelques écailles qui tombent; les fleurs formoient par leur disposition un épi: chaque fleur a un calice charnu, triangulaire, qui naît de la tige entre trois grosses glandes, qui a environ deux lignes de longueur, & est divisé à son sommet en cinq parties aiguës, charnues; & à la base de chaque division, il y a intérieurement une glande appliquée contre l'ovaire. Celui-ci est charnu, triangulaire, surmonté de trois stigmates larges, recourbés en-dedans, marqués d'un sillon qui les partage comme en deux portions. L'ovaire en mûrissant devient une coque ferme, seche, triangulaire, marquée de trois côtes saillantes, & de trois sillons; elle s'ouvre en trois valves, qui chacune se divisent en deux, chaque loge contient une graine semblable à celle du raisin, mais recouverte, & enveloppée d'une matière pulpeuse, blanche, douce. Pour peu qu'on entame l'écorce de cet arbre, ou qu'on arrache des feuilles, il en découle un suc verdâtre.

Figure.

Cette espèce est représentée dans la trois cent cinquante-troisième planche de l'Histoire des Plantes de la Guiane Françoise, par M. Aublet.

Lieu de sa naissance.

Elle croît au bord des rivières de Sinemari, de la Crique des Galibis, à environ cinquante lieues du bord de la mer, & au Pérou.

Propriétés alimentaires.

On mange dans le pays la pulpe qui enveloppe la graine.

COUEPIA, *le Couepi.*

Description générique.

Le perianthe du calice est monophylle; il est renflé vers sa partie supérieure; son lymbe est partagé en cinq lobes inégaux, un peu ronds: on ne remarque aucune corolle; les filamens des étamines sont en nombre dans le concours du disque circulaire qui couronne le tube du calice; les anthères sont très-petites, ovales, à deux loges; le germe du pistil est ovale, pédiculé; le stil est long, en forme de filet; le stigmate est aigu; le péricarpe est un fruit à noyau sec, ovale, à écorce épaisse, coriacée, fibreuse; la semence est solitaire, renfermée dans une coque fragile.

CLASSE.

Ce genre fait partie de la douzième Classe de Linnæus, qui comprend les plantes icosandriques; M. Aublet, qui a publié ce genre, n'en admet qu'une espèce.

ESPECE.

Cette espèce est le Couepi de la Guiane. *Couepia Guianensis. Aublet, 519.*

Description.

C'est un arbre qui est très-grand; son tronc a environ

environ soixante pieds de hauteur; son écorce est grise, lisse; son bois est rougeâtre, dur & pesant; sa tête est formée par des branches tortueuses qui se répandent en tout sens; elles donnent naissance à un grand nombre de rameaux garnis de feuilles alternes, minces, ondées à leur bord, vertes, longues de deux pouces & demi, sur un & plus de largeur; le pédicule est fort court, & chargé de poils roux. Les fleurs naissent par bouquets à l'extrêmité des rameaux; leur calice est un tube courbe, long d'un demi-pouce, plus renflé en sa partie postérieure, qui se divise en cinq portions; les pétales étoient tombées quand M. Aublet a rencontré cet arbre; les étamines sont en grand nombre; leurs filets sont longs; les anthères sont très-petites; toutes les étamines naissent d'un disque qui couronne l'ouverture du calice; le pistil est un ovaire situé sur le bord du disque, au-dessous des divisions inférieures du calice; cet ovaire est surmonté d'un stil long, courbé & terminé par un petit stigmate aigu; l'ovaire devient un fruit gros comme une noix, avec son brou porté sur le calice qui pour-lors est plein & solide. Son écorce est épaisse, un peu ligneuse, fibreuse, pointillée & gersée; elle couvre une coque mince, cassante, dans laquelle est une amande amère, oblongue, arrondie, qui se partage en deux lobes, & est recouverte d'une membrane roussâtre.

Figure.

Cet arbre est représenté dans la deux cent septième planche de l'Histoire des Plantes de la Guiane Françoise, par M. Aublet.

Lieu de sa naissance.

Elle vient dans les forêts de Sinemari, éloignées de 30 lieues des bords de la mer.

Propriétés économiques.

Les Galibis détachent l'écorce de cet arbre, ils la font sécher, & s'en servent pour cuire leur poterie.

COUMA, *le Coumier.*

Observation.

M. Aublet qui nous a donné ce genre, n'a pu remarquer dans la fleur du Coumier, ni calice, ni étamines, ni pistil; quand il l'a vu, il étoit pour lors en fruit; c'est pourquoi il n'a pu classer ce genre; aussi l'a-t-il placé dans son Supplément: il n'en a trouvé qu'une espèce.

ESPECE.

Cette espèce est le Coumier de la Guiane, le poirier du pays. *Couma Guianensis. Aubl. 39. Ficus folio citrei acutiore, viridi. Barr. France Equinox. p. 52.*

Description.

C'est un arbre dont le tronc s'élève à plus de 30 pieds dans les forêts; il a environ deux pieds de diametre; son écorce est grise, épaisse, & rend abondamment par incision un suc laiteux qui se fige, se durcit en peu de temps. Sa tête est branchue, fort rameuse; les rameaux sont triangulaires, & portent à chaque nœud trois feuilles, du centre desquelles sortent deux, trois ou quatre bourgeons; & à mesure qu'ils se multiplient & s'alongent, les feuilles inférieures tombent, ce qui forme des nœuds à l'endroit où elles étoient attachées; les feuilles sont ovales, pointues, d'un beau verd en-dessus, un peu moins vertes en-dessous, & lisses; elles ont un court pédicule creusé en gouttière en-dessus, & convexe en-dessous: lorsqu'on les déchire, elles rendent un suc laiteux. Les fruits sortent de l'aisselle des feuilles qui tombent; ils naissent plusieurs ensemble, portés chacun sur un long péduncule; ils sont arrondis, comprimés à leur sommet, & de la grosseur d'une noix garnie de son brou; leur peau est fine & roussâtre; la chair est de la même couleur, fondante, & un peu pâteuse, d'un goût fort agréable; avant sa maturité, il est rempli d'un suc âcre & laiteux; il contient trois, quatre ou cinq pepins ronds & un peu applatis.

Figure.

Cette espèce est représentée dans l'Histoire des plantes de la Guiane Françoise, par M. Aublet, planche 392.

Lieu de sa naissance.

Il y a de ces arbres dans l'Isle de Cayenne & dans la Terre-Ferme; on les trouve à Aroura, & dans les forêts qui s'étendent de la Crique des Galibis jusqu'à Sinemari.

Propriétés alimentaires.

Les Negres portent du fruit de cet arbre dans les marchés de la Cayenne, & les Créoles en ornent leurs desserts, les mettant au nombre des bons fruits du pays.

Observation.

Le suc laiteux du Coumier ayant paru à M. Aublet, lorsqu'il est figé, être une résine qui a beaucoup de rapport à l'ambre-gris, il a chargé M. Rouelle de vouloir bien en faire l'analyse, & de la comparer à celle de l'ambre: nous allons rapporter ici cette analyse comparée.

Analyse de la résine du Coumier.

1°. Cette résine est d'un gris-blanchâtre, un peu plus colorée à l'extérieur que dans l'intérieur: elle est assez légère, peu compacte, s'écrase facilement, nage sur l'eau, & ne ressemble à aucune de nos résines connues, soit intérieurement, soit extérieurement.

2°. Quoiqu'elle ne soit pas absolument dépourvue d'odeur, on ne peut cependant pas la regarder comme aromatique.

3°. La seule substance à laquelle on peut la comparer, c'est l'ambre-gris, dont elle differe toutefois par son odeur, par sa couleur, qui est un peu plus blanchâtre, & par un peu plus de légéreté.

4°. Un morceau de cette résine présenté à l'action d'une bougie allumée, se liquéfie & s'enflamme un peu; la portion qui se fond est d'un brun-foncé & transparent. Cette même portion ainsi fondue, se ramollit par la mastication, comme fait le mastic.

5°. L'ambre-gris se liquéfie & s'enflamme un peu plus facilement à la bougie, prend un corps résineux, & est un peu plus liant que la nouvelle résine par la mastication, comme fait le mastic.

6°. Cette résine étant réduite en poudre, & traitée avec de l'eau distillée par la digestion & l'ébullition dans un petit matras, il s'est manifesté dans cette ébullition une légère odeur qui n'étoit point désagréable; l'eau s'est légérement colorée, & est devenue un peu amère; la résine s'est ramollie, s'est réunie en petites masses qui se sont précipitées au fond de l'eau: maniée entre les doigts, elle s'est un peu ramollie, & a pris un peu de corps; par la mastication, elle a produit le même effet que le mastic. L'eau séparée de la résine & filtrée, avoit un léger goût d'amertume: évaporée, elle a terni à peine le verre.

7°. L'ambre-gris traité de même avec l'eau distillée, a légérement coloré comme la nouvelle résine; il s'est plus amolli qu'elle par l'ébullition, & a toujours nagé sur l'eau, qui, séparée de l'ambre-gris, filtrée & mise à évaporer, n'a presque point terni la capsule.

8°. La nouvelle résine n'est pas totalement soluble dans l'esprit-de-vin; la partie qui s'y dissout demande une grande quantité de ce dissolvant; les premières dissolutions ou teintures sont légérement ambrées; les suivantes sont à peine colorées: l'esprit-de-vin à la fin ne paroît point changer de couleur; cependant il tient un peu de résine en dissolution, puisqu'il blanchit avec l'eau. Toutes ces teintures qui ont été filtrées chaque fois qu'elles ont été faites, ont déposé peu-à-peu, par le refroidissement & le repos, une matière blanche résineuse qui a pris un arrangement salin. Cette matière qui est très-blanche est en même temps très-légère & très-volumineuse.

Si on la fait chauffer un peu dans une petite capsule de verre, elle se liquéfie, & devient transparente. Mise sur les charbons, elle répand une odeur légérement aromatique: elle est très-cassante, & se réduit en poudre quand on la frotte entre les doigts.

J'ai dit que la nouvelle résine n'étoit pas totalement soluble dans l'esprit-de-vin; la portion qui reste est assez grise, & un peu salie par les ordures. Cette portion qui paroît insoluble dans l'esprit-de-vin, s'y dissout tant qu'il est bouillant; mais l'esprit-de-vin étant refroidi, elle se dépose totalement sous la forme de cette matière blanchâtre dont il est parlé ci-dessus, ce qui démontre que cette résine est composée de deux substances résineuses: celle qui est blanche est en moindre quantité que celle qui reste dissoute dans l'esprit-de-vin.

Les teintures ci-dessus laissent après l'évaporation une résine qui se ramollit facilement par la mastication, comme fait le mastic.

9°. La teinture de l'ambre-gris, lorsqu'elle est bien chargée, dépose une matière blanche, comme la nouvelle résine.

10°. L'espèce de dépôt que fait la teinture ou dissolution de cette résine, ne lui est pas plus particulier que l'ambre-gris; plusieurs autres résines présentent la même chose: c'est une crystalisation qui se voit bien dans les teintures composées, ou vernis, où il se forme des crystaux très-grands & très-beaux: la plupart des résines ont en effet des rapports différens avec l'esprit-de-vin en raison de leur solubilité, suivant toute apparence; mais outre ces rapports du plus au moins des différentes résines avec l'esprit-de-vin, il y a encore plusieurs résines qui contiennent deux sortes de substances résineuses, dont l'une est à peine soluble dans l'esprit-de-vin, & celle qui l'est moins que l'autre se sépare souvent par la crystallisation, ou se précipite aux parois ou au fond des vaisseaux.

11°. La nouvelle résine ayant été soumise à la distillation, a donné d'abord un phlegme insipide, ensuite un esprit acide, une huile pesante, jaune, & d'une odeur assez agréable. Le résidu qui a resté dans la cornue est une matière charbonneuse, en tout semblable au *caput mortuum* des substances résineuses; en un mot elle fournit les mêmes produits exactement que l'ambre a donnés à M. Geoffroy, ainsi qu'à MM. Herman & Grimm dans les Ephémérides des Curieux de la Nature, excepté un sel volatil concret, assez semblable à celui du succin que ces deux Auteurs ont également tiré de l'ambre-gris, & que nous n'avons pas pu obtenir de la trop petite quantité de notre résine que nous avons pu analyser.

Quoique la nouvelle résine n'ait pas exactement tous les rapports possibles avec l'ambre-gris, & ne présente pas précisément les mêmes phénomènes, elle paroît néanmoins lui être analogue à beaucoup d'égards; 1°. par les deux matières très-distinctes qui la composent; 2°. par la manière de se dissoudre & de se précipiter dans l'esprit-de-vin; 3°. par son odeur qui approche beaucoup de celle de l'ambre-gris; & si cette odeur est moins forte, on sait aussi que l'on trouve fréquemment de l'ambre qui n'en a point du tout; il est même à présumer que celui qui en est chargé l'a reçu artificiellement, & la tient de quelque préparation particulière.

On trouve encore un quatrième rapport entre la nouvelle résine & l'ambre-gris, dans l'égale facilité qu'ils ont l'un & l'autre à prendre l'odeur du musc, & dans l'identité de celle que cette substance animale développe dans ces deux matières résineuses.

Il y a des Auteurs, & M. Geoffroy entr'autres, qui ont prétendu que l'ambre-gris étoit un bitume minéral qui, coulant du sein de la terre dans la mer, s'y condensoit peu-à-peu, & formoit ces pains & ces masses plus ou moins solides, plus ou moins considérables que nous lui voyons; & Geoffroy nous le répete, qu'on y trouve souvent enfermés non-seulement des petits coquillages & des pierres, mais encore des os d'animaux, des becs & des ongles d'oiseaux, bien plus des rayons de cire d'abeilles encore chargés de leur miel, & enfin d'autres substances qui indiquent visiblement que l'état de fluidité ou de mollesse étoit l'état primitif de l'ambre-gris; mais si l'ambre-gris sortoit fluide du sein de la terre, & qu'il fût transporté de-là, comme on le dit, dans la mer, comment y trouveroit-on enfermés des rayons d'abeilles, & comment les eaux de la mer n'en auroient pas dissout le miel? Il nous semble donc que tous ces corps étrangers que l'ambre-gris entraine avec lui, tout en un mot, jusqu'à la forme de ses pains plus ou moins arrondis, annoncent une matière d'origine végétale, & qui, lorsqu'elle étoit encore fluide ou molle, a découlé à terre & au pied de l'arbre qui l'a produite.

De ce que l'ambre-gris trouvé dans la mer, ou celui que les flots ont jetté sur la côte, ne ressemble pas parfaitement à la nouvelle résine dont il est ici question, on n'en doit pas cependant conclure que celle-ci n'est point sa congenere; il est à présumer que les eaux de la mer où l'ambre-gris a séjourné souvent très-long-temps, & les transports considérables qu'il a soufferts sur les flots, puisqu'on en a trouvé sur les côtes d'Angleterre, d'Ecosse & même de la Norwege, ont pu y opérer quelque changement, & être la seule cause de cette différence.

Rumphius, dans son Herbier d'Amboine, fait mention d'un genre d'arbres connu sous le nom générique de *Canarium* ou *Canari*, dont il donne une description très-détaillée, & dont il fait plusieurs espèces. Ces arbres, dit-il, donnent deux résines, l'une blanchâtre qui découle du haut du tronc & des grosses branches où on la trouve sous la forme d'une matière seche & aride, comme de la chaux ou du camphre en grains, & l'autre qui sort du bas du tronc & du pied de l'arbre. Celle-ci est plus ou moins glutineuse & grasse, plus ou moins grise, noire & colorée. Lorsque cette matière résineuse a coulé & s'est imbibée dans la terre, elle y prend une odeur d'ambre-gris souvent très-caractérisée.

Cet Auteur fait mention, entr'autres, de deux espèces de ces arbres qu'il appelle *Nanarium minimum sive oleosum;* en langue Malaise ou du pays, *Nanari minjac*, & *Canarium odoriferum;* en Malais, *Camacoan*. Ce sont ces deux arbres qui non-seulement donnent une résine dont l'odeur approche beaucoup de celle de l'ambre-gris, mais qui est telle qu'on a cru souvent que c'étoit là véritablement la source & l'origine de cette résine.

Cet arbre, dit-il en parlant du *Nanari*, s'élève droit & fort haut; il n'est pas commun même dans les lieux où on le trouve; il aime les terreins pierreux, élevés & le voisinage de la mer: il croît à Amboine, mais sur-tout à Manipa, Kelanga & à Bonoa; l'huile & la résine qui en découlent dans ces derniers endroits, sont plus abondantes & plus odorantes qu'à Amboine.

Cette résine prend sur-tout l'odeur & la ressemblance de l'ambre lorsqu'elle a découlé à terre, qu'elle s'y est imbibée, ou qu'elle en a été recouverte. On découvrit en 1681 un petit terrein à Manipa, auprès d'un lieu appellé *Luhu*, qui avoit singuliérement cette odeur: on le nomma Terre-d'Ambre; les habitans ont cru long-temps que c'étoit l'odeur propre de cette terre, & cela d'autant plus qu'ils ne voyoient point d'arbres autour qui eussent pu lui communiquer cette propriété, & que le terrein qui répandoit une telle odeur étoit d'un très-petit espace. Le Propriétaire s'étoit persuadé qu'il possédoit là une source d'ambre; mais on s'est apperçu dans la suite, à force de recherches, en creusant, que cette odeur étoit superficielle & étrangère au sol, & que la terre la contractoit du voisinage & auprès du canari odoriférant, & sur-tout du nanari dont on trouva plusieurs arbres dans cette Isle.

Rumphius présume aussi qu'il croît à l'Isle Maurice des arbres qui donnent une résine semblable, ayant l'odeur de l'ambre-gris. «Ces arbres, écrivoit un jour le Facteur Hollandois à ses supérieurs, sont très-considérables; ils viennent sur le rivage, & poussent leurs racines principalement du côté de la mer: il en transude une gomme odorante qui découlant dans la mer & s'y mêlant avec le cailloutage, les coquillages, &c. forme de l'ambre». En un mot ce Facteur croyoit avoir trouvé la véritable origine de l'ambre. Cela n'empêche pas cependant Rumphius de croire que l'ambre-gris naturel, c'est-à-dire celui qu'on pêche & qu'on trouve sur les bords de la mer, est une production ou comme un excrément (*projectum*) de cet élément.

Toutes les espèces de ce genre d'arbres donnent deux sortes de résine, mais elles n'ont pas toutes la même odeur, ni les mêmes propriétés; il y en a qui ont l'odeur, la tenacité & le gluten de la gomme-élemi, & qui forment comme des pains ou stalactites pendues aux branches & au tronc des arbres d'où elles ont découlé. Telle est une espèce semblable qu'on trouve à l'Isle de France.

M. Aublet a trouvé en effet à l'Isle de France & à l'Isle de Bourbon deux espèces d'arbres du même genre, & qu'il dit être l'amyris de Linnæus. Ces arbres viennent en haute-futaie, & ont jusqu'à trois pieds & plus de diametre; ils donnent l'un une résine qui, dans la première espèce, a l'odeur du citron, & plus agréable encore: odeur qu'elle conserve même dans la terre où elle s'imbibe à mesure qu'elle découle de l'arbre; l'autre donne une résine dont l'odeur approche de celle de l'élemi. Ces résines qui sont, en perçant l'écorce, d'une consistance molle, bitumeuse & de couleur blanchâtre, se dessechent ensuite, forment de grosses masses seches, friables, & se dissolvent entiérement dans l'esprit-de-vin. Dans les ouragans, ces résines sont entraînées par les eaux dans les ravines, les rivières & dans la mer, où elles deviennent encore plus compactes, plus séches, plus friables, jaunes comme de la poix-résine, & d'un parfum plus radouci. On prend celle que la mer rejette à la côte pour la brûler dans les Eglises.

Feu M. de la Bourdonnaye en faisoit amasser à Madagascar, à Bourbon & à l'Isle de France; il en fit entrer dans le goudron qu'il composa pour calfater & radouber l'escadre avec laquelle il fut prendre Madras.

Il y a des espèces dont la résine a une odeur très-vive, très-pénétrante, qui porte à la tête & qui incommode, tandis que dans d'autres au contraire l'odeur est douce & très-suave: en un mot il y a à cet égard beaucoup de variétés, ainsi que pour la couleur, qui est plus ou moins blanche, plus ou moins grise, enfin plus ou moins noire, suivant l'âge & l'espèce différente des individus; ensorte que si l'ambre-gris doit véritablement son origine à quelqu'une des espèces de ce genre d'arbres, il ne sera pas dès-lors difficile de trouver la source de l'ambre-noir, qui est plus mauvais, & que M. Geoffroy prétend n'être tel qu'à cause de la vase dont il est imprégné, ou avec laquelle il a été alongé.

M. Geoffroy nous a donné une analyse de l'ambre-gris; il a trouvé qu'en le traitant par l'esprit-de-vin il y avoit une matière noire & tenace comme de la poix, qui étoit insoluble dans ce menstrue; il a observé le dépôt blanc qui se précipite par le refroidissement & le repos, & qui en se desséchant prend une apparence de terre foliée brillante, assez semblable au blanc de baleine.

Par la distillation l'ambre-gris lui a donné d'abord un phlegme insipide, un esprit acide, une huile jaune très-odorante, avec une petite portion de sel acide volatil assez semblable à celui du succin. Ce qui reste dans la cornue est, dit-il, une matière noire, luisante & bitumineuse; mais il paroît qu'à cet égard M. Geoffroy n'a pas poussé la distillation jusqu'à la fin.

COUMAROUNA, *le Coumarou.*

Description générique.

Le caractère de ce genre de plante est d'avoir le perianthe du calice monophylle, en forme de toupie, d'une couleur pourpre, coriacé, partagé en trois, dont les deux lobes supérieurs sont droits, amples, ovales-oblongs, concaves, & le lobe inférieur très-petit, aigu; la corolle est à cinq pétales, papilionacée, pourpre, insérée au fond du calice: trois de ces pétales sont supérieurement élevés, nuancés de veines violettes; les deux autres sont inférieurs, plus petits, courbés, ouverts; les filamens des étamines sont au nombre de huit, rassemblés en tube qui se fend supérieurement en huit, inférés au fond du calice; les anthères sont petites, un peu rondes, à deux loges; le péricarpe est un légume ovale, oblong, aigu, charnu, un peu jaune, à une loge, partagé en deux; la semence est solitaire, ovale, oblongue, renfermée dans une coque fragile, d'une odeur aromatique qui approche de celle des amandes amères, mais plus fortes.

CLASSE.

Cette plante fait partie de la dix-septième Classe de Linnæus, qui comprend les plantes diadelphiques octandriques; M. Aublet qui a publié ce genre, n'en a donné qu'une espèce.

ESPECE.

Cette espèce est le Coumarou de la Guiane. *Coumarouna odorata. Aublet 740.* Le Coumarou des Garipons, le Gaiac des Créoles.

Description.

Le tronc de cet arbre s'éleve à soixante & même jusqu'à quatre-vingts pieds, sur environ trois pieds & demi de diametre; son écorce est dure, lisse, blanchâtre; son bois extérieur est blanc, l'intérieur est de couleur brune; l'un & l'autre sont durs & compactes. Ce tronc pousse à son sommet un grand nombre de grosses branches tortueuses & rameuses qui s'élevent & s'étendent en tout sens; les rameaux sont garnis de feuilles alternes, aîlées, à deux rangs de folioles alternes, portées sur une côte roussâtre, longue de quatorze pouces; elle est convexe en-dessous, & applatie en-dessus, bordée de deux côtés d'un petit feuillet, & creusée en demi-canal au-dessous des folioles; elle est terminée par une longue pointe; les folioles sont au nombre de deux ou trois de chaque côté; elles sont entières, verdâtres, lisses, fermes, ovales, terminées en pointe; leur pédicule est très-court, & comme articulé sur la côte; la nervure longitudinale, qui est un peu saillante, ne les partage pas en deux portions égales; les fleurs naissent par grappes aux aisselles des feuilles & à l'extrêmité des rameaux; le calice est d'une seule pièce, rougeâtre, arrondi à sa base, & divisé en trois parties, dont deux superieures, fort larges, épaisses & concaves; l'inférieure est très-courte & obtuse; la corolle est à cinq pétales, de couleur pourpre lavé de violet; les trois pétales supérieurs sont larges, veinés, relevés & écartés; les deux inférieurs sont plus courts; ils sont attachés par un onglet sur la paroi interne & inférieure du calice; les étamines sont au nombre de huit; leurs filets sont en partie réunis en un faisceau qui forme une gaîne; ils sont séparés au-dessus de cette gaîne, & portent une petite anthère jaune & à deux bourses; cette gaîne est placée au-dessous de l'insertion des pétales; le pistil est un ovaire oblong, comprimé, renfermé dans la gaîne des étamines; il est surmonté d'un stil courbe, terminé par un stigmate obtus; l'ovaire devient une baie ovoïde; son écorce est jaunâtre, charnue, filandreuse, épaisse, adhérente, a un noyau dur, sec, qui contient une amande blanche, enveloppée d'une membrane roussâtre; cette amande exhale une odeur amère & très-agréable.

Figure.

Cette espèce est représentée dans l'Histoire des plantes de la Guiane Françoise, par M. Aublet, planche 296.

Lieu de sa naissance.

Cet arbre croît dans les grandes forêts de la Guiane; on en voit à Caux, dans le Comté de Gênes & à Sinemari; il fleurit dans le mois de Juin, & est en fruit dans les mois d'Avril & de Mai.

Propriétés médicinales.

L'écorce & le bois intérieur du tronc sont employés dans la Médecine au même usage qu'on emploie le gayac: aussi l'appelle-t-on dans le pays gayac.

Propriétés économiques.

Les Créoles en mettent dans leurs armoires pour les préserver des insectes, & leur communiquer une bonne odeur.

Propriétés d'ornemens.

Les Naturels enfilent les amandes, & s'en forment des colliers pour se parfumer.

COUPONI, *le Couponi.*

Observation.

M. Aublet qui nous a fait connoître ce genre, n'a pu le classer, parce qu'il n'a pas vu les parties de la fructification: il n'en rapporte qu'une espèce.

ESPECE.

Cette espèce est le Couponi aquatique. *Couponi. Aubl. Suppl. 16.* Chez les Garipons, *Couponi-rana.*

Description.

C'est un grand arbre dont l'écorce du tronc est verdâtre, le bois mol & blanc; les branches sont éparses, nues, & n'ont de feuilles qu'à leur extrêmité; les feuilles sont portées sur un long pedicule; elles ont jusqu'à un pied dix pouces de longueur, sur neuf pouces de largeur; leur face supérieure est lisse, l'inférieure est un peu âpre; elles sont partagées par une côte saillante, d'où partent des nervures qui vont se perdre au fond de la feuille. Le fruit n'étoit pas en parfaite maturité lorsque M. Aublet l'a vu; il étoit placé à l'extrêmité des branches entre les feuilles; sa forme approchoit de celle d'un citron; il étoit vert & couronné par cinq lobes du calice; il ne renfermoit qu'une seule amande. Cet arbre étoit en fruit au mois de Mai.

Figure.

Cette espèce est représentée dans la trois cent soixante-dix-septième planche de l'Histoire des plantes de la Guiane Françoise, par M. Aublet.

Lieu de sa naissance.

Elle croît au bord de la Crique des Galibis.

COURATORI, *le Couratori.*

CLASSE.

Ce genre de plantes, dont M. Aublet ne nous rapporte qu'une espèce, & qu'il n'a pas vu en fleur, est cependant, suivant lui, de la Classe seizième de Linnæus, qui comprend les plantes monadelphiques polyandriques.

ESPECE.

Cette espèce est le Couratori de la Guiane, le Balata blanc, le maou des Nègres. *Couratori Guianensis.*

Description.

Description.

C'eſt un arbre qui s'élève fort haut; ſon tronc a plus de ſoixante pieds de longueur, & quatre pieds de diametre; ſon écorce extérieure eſt gerſée; l'intérieure eſt compoſée de pluſieurs feuillets très-minces qui ſe ſéparent, & qui en ſe deſſéchant deviennent d'une couleur de cannelle; ſon bois eſt ordinairement blanchâtre à la circonférence, & rouge vers le centre; les branches qui terminent le tronc ſont en grand nombre, & forment une tête conſidérable; ſes feuilles ſont alternes, entières, ovales, terminées par une longue pointe; elles ont ſix pouces de longueur, & deux pouces & plus de largeur; leur couleur eſt d'un verd-jaunâtre; & nouvellement développées, elles ſont rougeâtres. M. Aublet n'a pas vu les fleurs de cet arbre; ſon fruit qu'il a ſouvent trouvé ſur la terre eſt une coque ligneuſe, de figure conique, à trois angles obtus, marqués de quelques lignes qui s'étendent depuis l'inſertion de l'attache du calice juſqu'à la naiſſance du peduncule; cette coque eſt fermée par un poinçon ligneux, triangulaire, qui ſe prolonge juſqu'au fond de la coque, & porte ſur chaque face des graines oblongues, applaties, bordées d'un feuillet membraneux; la tête de ce poinçon eſt convexe, ſillonnée, marquée dans ſon milieu d'un petit tubercule qui ſoutenoit le ſtil; elle eſt arrondie, & ferme entiérement l'ouverture de la coque: la couleur de cette coque eſt brune.

Figure.

Cette eſpèce eſt repréſentée dans la planche deux cent quatre vingt dixième de l'Hiſtoire des plantes de la Guiane Françoiſe, par M. Aublet.

Lieu de ſa naiſſance.

Elle croît, ſelon M. Aublet, dans pluſieurs lieux de la Terre-Ferme; il dit l'avoir vu à Atoura, à la Crique des Galibis, à Sinemari.

Propriétés économiques.

Les Galibis & les autres nations de la Guiane ſe ſervent de l'écorce de cet arbre, qu'ils coupent par larges bandes, dont ils forment une corde en forme d'anneau autour du tronc de grands arbres, & par le moyen de laquelle, en ſe plaçant entre le tronc & la corde, ils parviennent à grimper juſqu'au ſommet.

COURIMARI, *le Courimari.*

Obſervation.

Ce genre de plante, publié par M. Aublet, n'a pu être claſſé par cet Auteur, n'ayant pu voir ni les étamines, ni le piſtil; il obſerve ſeulement que le perianthe du calice eſt monophylle, partagé en cinq lobes aigus; les pétales ſont au nombre de cinq, placés entre les lobes du calice; le péricarpe eſt une capſule orbiculée, rouſſâtre, à cinq loges; les ſemences ſont ſolitaires: notre Auteur n'en rapporte qu'une eſpèce.

ESPECE.

Cette eſpèce eſt le Courimari de la Guiane, le Courimari des Noiragues. *Courimari Guianenſis. Aublet. 27. Oulemari arbor, citrei folio ſplendente, cortice interiori foliato. Bar. Hiſt. Fr. Equin. p. 84.*

Deſcription.

Le Courimari eſt un très-grand arbre, dont le tronc eſt porté ſur des arcabas qui ont ſix ou ſept pieds de hauteur, & quelquefois quinze pieds de large vers le bas, où ils ſe couchent dans la terre: ce ſont des côtes applaties qui, en ſe prolongeant & s'étendant, forment des triangles; ils ont ſept ou huit pouces, plus ou moins d'épaiſſeur; le tronc eſt formé par la réunion de tous les arcabas du ſommet deſquels il s'éleve; ces acabas ſont écartés les uns des autres de manière qu'il y a de l'un à l'autre un eſpace qui eſt plus ou moins grand, ſuivant le nombre, la direction qu'ils prennent, & l'étendue qu'ils ont, & c'eſt-là ordinairement où les bêtes fauves ſe retirent; le tronc a environ vingt pieds de hauteur, ſur quatre pieds de diametre; ſon écorce eſt gerſée, ridée, épaiſſe, de couleur brune; ſon bois eſt blanc, tendre & léger; du ſommet du tronc partent de groſſes branches qui ſe diviſent & ſe ſubdiviſent en pluſieurs rameaux, dont les pouſſes annuelles ſont long-temps marquées par un bourlet ridé qui ſe trouve à leur naiſſance; les nouvelles pouſſes ſont velues, de couleur de tan, & portent des feuilles alternes, entières, ovales, vertes & liſſes en-dedans, rouſſâtres & velues en-dehors, garnies de nervures très-ſaillantes; elles ſont longues d'environ cinq pouces, & ont près de trois pouces de largeur; leur pédicule a environ un pouce de longueur, il eſt creuſé en gouttière à ſa face ſupérieure; les fleurs étoient paſſées & le fruit déja formé lorſque M. Aublet fit abattre un de ces arbres pour connoître le caractère des parties de la fructification; les fruits naiſſent ſur les rameaux; le calice qui ſubſiſtoit adhérent au fruit, étoit diviſé en cinq petites parties aiguës, entre leſquelles étoient placés encore cinq pétales deſſéchés, taillés en feuille de myrthe; ſon fruit qui n'étoit pas en maturité pour lors, étoit de la groſſeur d'une prune, coupée en travers; il étoit diviſé en cinq loges qui contenoient chacune une ſemence; le calice, les pétales & le fruit étoient couleur de tan.

Figure.

Cette eſpèce eſt repréſentée dans la trois cent quatre-vingt-quatrième planche de l'Hiſtoire de la Guiane Françoiſe.

Lieu de ſa naiſſance.

Elle croît naturellement en pluſieurs lieux, & ſur-tout à Sinemari, à la Crique des Galibis, à Caux & autres terreins humides de la Guiane.

Propriétés économiques.

Les Galibis & autres nations de la Guiane tirent de l'écorce intérieure de cet arbre des feuillets minces avec leſquels ils enveloppent le tabac pour fumer, ce qui leur tient lieu de pipe, & s'appelle *cigale* ou *chironce:* ils font avec les arcabas qu'ils amincissent, des planches, des pagaies qui leur tiennent lieu de râmes pour naviguer, des gouvernails & des pyrogues.

COUROUPITA, *le Couroupite.*

Deſcription générique.

Le caractere de ce genre de plantes eſt d'avoir le

perianthe du calice monophylle, en forme de toupie, partagé en six découpures, un peu rondes, concaves, qui tombent; la corolle est monopétale, fendue en six lobes très-grands, dont les deux supérieurs sont plus grands, droits; les quatre inférieurs sont ouverts, tous attachés à un disque charnu & perforé dans le milieu; cette corolle est insérée à la circonférence du germe vers le sommet à la base des lobes du calice; les filamens des étamines sont charnus, très-courts, en très-grand nombre, couvrant toute la superficie du disque; les anthères sont oblongues, aiguës; le disque depuis le côté inférieur est allongé en un corps un peu rond, épais, charnu, en forme de langue, supérieurement convexe, couvert par-dessus de petites lames épaisses, étroites, pointues, très-fréquentes, disposées en forme de tuiles, couvrant le stil & les étamines; le germe du pistil est inférieur, attaché au fond du calice, se terminant supérieurement en un corps à onglet, ovale, perçant le disque de la corolle; le stil est très-court; le stigmate a six stries; le péricarpe est une capsule sphérique, très-ample, ligneuse, fragile, environnée vers le sommet des rudimens des découpures du calice, au-dessous de cette partie à laquelle la corolle étoit attachée, & par-dessus laquelle est appuyé l'opercule qui ne tombe point; la cavité de cette capsule renferme une autre capsule globuleuse, enveloppée d'une pulpe molle, fibreuse & succulente; d'ailleurs cette capsule est fragile, à six loges séparées par une cloison membraneuse; les semences sont nombreuses, un peu rondes, applaties & renfermées dans une pulpe molle.

Figure.

Cet arbre est représenté dans la deux cent quatre-vingt-deuxième planche de l'Histoire des plantes de la Guiane Françoise, par M. Aublet.

Lieu de sa naissance.

Il se trouve dans l'Isle de Cayenne; il y est en fleurs & en fruits presque dans toutes les saisons de l'année.

Propriétés alimentaires.

On peut manger la pulpe de ce fruit lorsqu'elle est mûre, elle n'est pas d'un goût désagréable.

Propriétés d'ornemens.

Les fleurs de cet arbre sont belles à la vue, & répandent une odeur très-suave.

Observations.

Les Créoles & les Negres ont donné à ce fruit le nom de *boulet de canon*, auquel il ressemble à beaucoup d'égards; quelques-uns le nomment *abricot sauvage;* & suivant Barrere, l'arbre est appellé *Couroupitourtoumou* par quelques nations sauvages de la Guiane. M. Aublet ne pense pas, quoique l'avance Barrere, qu'on doive rapporter cet arbre au pekia de Marcgrave. Braf. App. pag. 293.

COUSSAPOA, *le Coussapier.*

Observation.

M. Aublet qui a publié ce nouveau genre, n'a pu en décrire la fleur, ne l'ayant pas vu; cela n'empêche cependant pas cet Auteur de placer cet arbre dans la vingt-troisième Classe de Linnæus, destinée aux polygamiques triœciques; le péricarpe de son fruit est une baie sphérique; ses semences sont nombreuses, très-petites, enveloppées d'une pulpe, rassemblées en petite tête, attachées au placenta commun. M. Aublet en rapporte deux espèces.

PREMIERE ESPÈCE.

La première espèce est le Coussapier à large feuille. *Coussapoa latifolia. Aubl. 955.* Par les Galibis, *Coussapoui.*

Description.

Le tronc de cet arbre s'éleve à soixante & dix pieds, sur trois pieds de diametre; son écorce est grisâtre & gersée; son bois est roussâtre & peu compacte; il pousse à son sommet plusieurs branches droites, écartées, un peu inclinées; elles sont chargées de rameaux garnis de feuilles alternes, lisses, entières, ovales, fermes, vertes en-dessus, & roussâtres en-dessous; les nervures sont fort saillantes; les plus grandes feuilles ont cinq pouces de longueur, sur trois pouces de largeur; leur pédicule est long d'un pouce, convexe en-dessous, applati en-dessus; elles ont à leur naissance une stipule longue qui entoure la tige & enveloppe le bourgeon; cette stipule, qui est en forme de spathe, tombe de bonne-heure; elle s'ouvre du côté opposé à la feuille, & laisse son impression marquée tout-autour du rameau. On voit à toutes les extrêmités des rameaux cette stipule qui contient le bourgeon; les fleurs naissent à l'aisselle des feuilles sur un ou deux petits bouquets; elles sont ramassées ensemble en forme de petite tête sphérique; les fruits sont des têtes sphériques composées d'une membrane succulente: toutes ses semences sont attachées sur un placenta sphérique.

Figure.

Cette espèce est représentée dans la trois cent soixante-deuxième planche de l'Histoire des plantes de la Guiane Françoise.

Lieu de sa naissance.

Elle croît dans les grandes forêts de la Guiane, qui s'étendent sur le bord de la rivière de Sinemari, à cinquante lieues à son embouchure.

Observation.

L'écorce & les pédicules des feuilles entamées ou coupées, laissent couler une liqueur jaunâtre.

DEUXIEME ESPECE.

La deuxième espèce est le Coussapier à feuilles étroites. *Coussapoa angustifolia. Coussapoa foliis ovato-oblongis, subtus ferrugineis, fructu nigro, globoso, solitario, pedunculato. Aubl. 956.*

Description.

Cette espèce differe par ses feuilles plus obtuses, plus étroites par le bas, par ses nervures qui sont moins nombreuses; les plus grandes ont trois pouces de longueur, sur environ deux pouces de largeur, & par ses fruits, qui sont beaucoup plus gros, solitaires ou deux à deux, attachés chacun à un pédicule particulier. Cet arbre porte son fruit en Novembre, de même que le précédent.

Figure.

Cette espèce est représentée dans la trois cent soixante-troisième planche de l'Histoire des plantes de la Guiane Françoise, par M. Aublet.

COUSSAREA, *le Coussari.*

Description générique.

Le caractère de ce genre de plantes est d'avoir le perianthe du calice monophylle, en forme de toupie, découpée à cinq dents; la corolle est monopétale, blanche; son tube est court, inséré au disque par-dessus le germe; son limbe est fendu en quatre lobes oblongs, aigus; les filamens des étamines sont au nombre de quatre, insérés au tube, en-dessous des découpures du limbe; les anthères sont oblongues, à deux loges; le germe du pistil est rond, attaché au calice, couronné par le disque; le stil est long; le stigmate est à quatre ou cinq pointes; le péricarpe est une baie ovale, violette, ombiliquée, à une loge; la semence est solitaire, coriacée, ronde.

CLASSE.

Ce genre de plantes fait partie de la quatrième classe de Linnæus, destinée aux plantes tétrandriques monogyniques; cet Auteur n'en admet qu'une seule espèce.

ESPECE.

Cette espèce est le Coussari violet. *Coussarea violacea. Aubl. 98.*

Description.

Cet arbrisseau s'éleve de sept à huit pieds; son tronc a environ trois pouces de diametre; son écorce est grisâtre; son bois est blanc & dur; à deux pieds au-dessus de la terre il pousse des branches opposées; elles sont chargées de rameaux également opposés; les branches & les rameaux sont garnis de deux feuilles opposées & disposées en croix, vertes, lisses, fermes, entières, luisantes, ovales, terminées par une longue pointe; leur pédicule est court, & entre leur insertion il y a de chaque côté une stipule large & aiguë; les fleurs naissent à l'extrêmité des rameaux; elles sont ramassées en petits bouquets sur un péduncule long de deux ou trois lignes; le calice de la fleur est en forme de coupe, & son limbe est divisé en cinq petites parties; la corolle est blanche, monopétale, attachée sur l'ovaire autour d'un disque; son tube est court; l'anthère est longue & à deux bourses; le pistil est un ovaire qui fait corps avec le calice; il est couronné d'un disque du centre duquel sort un stil terminé par un stigmate à quatre ou cinq pointes; l'ovaire devient une baie violette, dont la peau couvre une substance jaune, adhérente, à une coque, dans laquelle est une semence dure & coriace.

Figure.

Cet arbrisseau est représenté dans la trente-huitième planche de l'Histoire des plantes de la Guiane Françoise, par M. Aublet.

Lieu de sa naissance.

Il croît dans les grandes forêts de la Guiane, quartier de Caux.

COUTAREA, *le Coutar.*

Description générique.

Le caractère de ce genre de plantes est d'avoir le perianthe du calice monophylle, oblong, turbiné ou en forme de toupie, un peu applati, strié, garni vers la base de deux arêtes opposées, droites; le bord de la supérieure est coupé en six ou sept déchiquetures très-étroites, oblongues; la corolle est monopétale, en forme d'entonnoir; le tube est long, grossissant insensiblement, ventru, courbé, inséré au disque par-dessus le germe; le limbe est découpé en six ou sept lobes courts, un peu ronds, aigus, recourbés; la bouche est ample, s'ouvrant; les filamens des étamines sont au nombre de six ou sept, de la longueur du tube, insérés vers sa base; les anthères sont très-longues, linéaires, à deux loges, s'élevant au-dehors de la corolle; le germe du pistil est inférieur, applati, attaché au fond du calice, couronné par le disque; le stil est très-long; le stigmate est en tête, sillonné; le péricarpe est une capsule couronnée par les petites portions du calice, sillonnée longitudinalement, ovale, applatie, à deux loges, partagée en deux longitudinalement; chaque petite loge est polysperme, bivalve; les valvules s'ouvrent par le sommet; les semences sont nombreuses, imbriquées, orbiculées, planes, aîlées, attachées au côté intérieur des valvules par un bord large, membraneux.

CLASSE.

Ce genre fait partie de la sixième Classe de Linnæus, qui comprend les plantes hexandriques monogyniques; M. Aublet, qui le premier a mieux décrit ce genre, ne nous en donne qu'une espèce.

ESPÈCE.

Cette espèce est le Coutar de la Guiane. *Coutarea speciosa. Aubl. 314. Silacoïdes lauri folio, flore carneo. Barr. Fran. Equinox. 67. Portlandria hexandra. Portlandia floribus hexandris. Jacq. Amer. p. 63. Linn. Mant. 45.*

Observation.

Linnæus a placé cette plante dans le genre du *portlandia;* mais M. Aublet qui lui a remarqué six étamines, tandis que dans le portlandia il y en a seulement cinq, en a fait un genre particulier; par conséquent si nous venons à parler à l'art. *Portlandia* de *Portlandia hexandra*, c'est la même plante que celle dont il s'agit ici.

Description.

Cet arbrisseau s'éleve à la hauteur de dix à douze pieds; son tronc a quatre pouces & plus de diametre; il est chargé dans toute sa longueur de branches & de rameaux opposés qui s'élevent de tous côtés; les feuilles sont vertes, ovales, terminées en pointe, longues de trois ou quatre pouces, & larges de deux; elles sont opposées, & dans l'intervalle qui se trouve entre leur pédicule qui est très-court, il y a de chaque côté du rameau une stipule intermédiaire aiguë; les fleurs naissent trois à trois à l'extrêmité des rameaux & à l'aisselle des feuilles sur des tiges applaties, qui ont à leurs bases deux petites stipules, & à leur sommet qui est plus large, deux petites feuilles, du milieu desquelles s'élevent trois pédoncules gresles, applatis, longs d'environ un demi-pouce, qui portent chacun une fleur; le calice est un tube court, comprimé, rougeâtre, qui porte à sa naissance deux stipules longues & étroites; il se divise à son sommet en six ou sept lanières longues, étroites, aiguës; la corolle est d'une seule pièce en forme d'entonnoir, dont le tube est étroit, comprimé par le calice, & en le débordant elle se renfle, se courbe, s'alonge d'un pouce, s'évase de presqu'autant, & s'épanouit en six ou sept lobes égaux; cette corolle est de couleur purpurine, tirant sur le violet; elle est emboîtée autour d'un disque qui couronne l'ovaire; les étamines sont au nombre de six ou de sept; elles naissent de la partie inférieure de la corolle, dans l'endroit où elle commence à se renfler; leurs filets sont longs, gresles, blancs & inclinés dans la courbure de la corolle; les anthères sont jaunes, étroites, longues d'un demi-pouce & plus, & sortant de l'ouverture de la corolle; le pistil est un ovaire comprimé, creusé dans son milieu, & tant soit peu convexe, ou renflé de chaque côté sur les deux faces; il est uni avec la partie postérieure du calice, couronné d'un disque, du centre duquel s'éleve un stil un peu plus long que les étamines, terminé par un stigmate arrondi en manière de tête, marqué d'un sillon; l'ovaire devient une capsule seche, oblongue, comprimée, en forme ovale, & à deux loges renflées dans leur milieu, qui se séparent de la pointe à la base; chaque loge s'ouvre par le sommet, & le bord interne est à deux valves. Ces loges contiennent des semences brunes, lenticulaires, bordées d'un feuillet membraneux, couchées les unes sur les autres, & attachées au bord des valves.

Figure.

Cette espèce est représentée dans la deux cent vingt-deuxième planche de l'Histoire des plantes de la Guiane Françoise.

Lieu de sa naissance.

Elle croît dans les forêts de Sinemari; elle y acquiert une hauteur & une grosseur considérables.

Observation.

Il est bon d'observer que les rameaux de cet arbre qui portent les fleurs, ont toujours les feuilles du rang inférieur & supérieur plus petites, & que celles des rangs intermédiaires sont plus grandes & plus larges.

COUTOUBEA, *la Coutoubée.*

Description générique.

Le caractère de ce genre de plantes est d'avoir le périanthe du calice monophylle, partagé en quatre, à lanières oblongues, aiguës; la corolle est monopétale; le tube est court, inféré au receptacle du pistil; le limbe est fendu en quatre, ayant les lobes oblongs, aigus; les filamens des étamines sont au nombre de quatre, appuyés par leur base sur un corps à capuchon, insérés au tube de la corolle; les anthères sont oblongues, à deux loges; le germe du pistil est oblong; le stil est long, épais; le stigmate est à deux lames, le péricarpe est une capsule ronde, bivalve; les semences sont nombreuses, très-menues, attachées au placenta.

CLASSE.

Ce genre fait partie de la quatrième Classe de Linnæus, qui comprend les plantes tétrandriques monogyniques; M. Aublet qui a décrit ce genre, en admet deux espèces.

PREMIERE ESPECE.

La première espèce est la Coutoubée blanche. *Coutoubea spicata. Coutoubea foliis ovato-oblongis, acutis, floribus albis. Aubl. 72. Gentiana valerianæ Hortensis folio, flore albo, spicato, Barr. Fran. Equinox. p. 54.*

Description.

C'est une plante annuelle, de trois pieds & plus de hauteur; sa racine est rameuse, fibreuse & un peu ligneuse; l'écorce est blanche en-dehors; les tiges sont à quatre angles mousses; les feuilles qui embrassent la tige sont opposées, d'un verd luisant, molles, oblongues, terminées en pointe; quelquefois elles se trouvent trois à trois, & forment un anneau qui entoure la tige; elles ont environ trois pouces de longueur, & un pouce de largeur dans leur milieu; les fleurs naissent à l'extrêmité des tiges, en forme d'épis; les deux premières inférieures sont opposées; les deux suivantes sont presqu'alternes; celles qui suivent jusqu'à l'extrêmité sont quatre à quatre, disposées en anneaux; toutes sont soutenues par trois petites écailles étroites, aiguës, vertes, une inférieure & deux latérales; le calice est d'une seule pièce, à quatre divisions grêles, fermes, aiguës, très-profondes, qui s'allongent jusqu'à l'ouverture du tube; la corolle est d'une seule pièce; son tube est court; son limbe s'évase & se divise en quatre parties égales, aiguës & blanches; les étamines sont au nombre de quatre, portées chacune sur un corps particulier en forme de capuchon, attaché à la paroi interne du tube de la corolle; leurs filets sont blancs, & les anthères en forme de fer de fleche, s'ouvrant par deux sillons qui répandent une poussière jaune; le pistil qui est placé dans le fond de la fleur est un ovaire oblong, qui se termine par un stil assez long, dont le stigmate est divisé en deux lames; le stigmate déborde la fleur; l'ovaire devient une capsule qui s'ouvre en deux valves, & qui renferme un placenta chargé de menues semences; la fleur ne tombe pas, & on voit sur le fruit, après sa maturité, le stil & le stigmate qui y subsistent.

Figure.

Cette espèce est représentée dans la vingt-septième planche de l'Histoire des plantes de la Guiane Françoise.

Lieu de sa naissance.

Elle croît au bord des chemins, dans les abattis; dans la terre ferme de la Guiane, au bord des ruisseaux & des rivières.

Propriétés médicinales.

Toute la plante est fort amère; on l'emploie avec succès pour rétablir le cours des regles, pour guérir plusieurs maladies d'estomac qui dépendent du défaut de digestion ou des obstructions des viscères du bas-ventre, & spécialement pour tuer les vers.

DEUXIEME ESPECE.

La deuxième espèce est la Coutoubée purpurine. *Coutoubea*

Coutoubea ramosa. Coutoubea foliis angustis acuminatis, flore purpurascente. Aubl. 74.

Description.

Cette espèce differe de la précédente en ce qu'elle est branchue, rameuse; que ses fleurs sont portées sur des péduncules courts, & toujours deux à deux aux aisselles des feuilles; celles-ci sont plus larges vers l'origine des branches & diminuant à mesure qu'elles approchent de l'extrémité des rameaux, de manière qu'elles y sont menues & étroites; les dernières ne paroissent que comme des petites écailles; le fruit est plus large, plus renflé, & marqué d'un sillon de chaque côté dans toute sa longueur; la couleur de la corolle est purpurine.

Figure.

Elle est représentée dans la vingt-huitième planche de l'*Histoire Naturelle des Plantes de la Guiane Françoise.*

Lieu de sa naissance.

Elle vient au bord des ruisseaux, dans les déserts de la Guiane, sur-tout à Sinemari.

Propriétés médicinales.

Toute la plante est amère; ses propriétés sont les mêmes que celles de l'espèce précédente.

CRAMBE, *le Chou Maritime.*

NOMS GÉNÉRIQUES.

Ce genre est connu sous les noms de *Crambe. Linn. Tourn. Krambe. Hypocr. Rapistrum. Tour.* En Anglois, *Sea Cabbage* & *Sea Kale.*

Description générique.

Le caractère de ce genre est d'avoir le périanthe du calice à quatre pièces ou folioles ovales, cannelées, s'ouvrant un peu, qui tombent; la corolle est à quatre pétales, en forme de croix; les pétales sont grands, obtus, larges, s'ouvrans; les onglets sont droits, ouverts, de la longueur du calice; les filamens des étamines sont au nombre de six, dont deux de la longueur du calice, & quatre plus longs par leur pointe fendue en deux; les anthères sont simples sur le rameau extérieur des filamens; la petite glande mellifere ou le nectaire se trouve entre la corolle & les étamines plus longues de chaque côté; le germe du pistil est oblong, sans stil; le stigmate est un peu gros; le péricarpe est une baie seche, rond, à une loge qui tombe; la semence est solitaire, ronde.

Observation.

Le caractère essentiel de ce genre consiste dans ses filamens qui sont fendus par le sommet.

CLASSE.

Il fait partie de la cinquième Classe de Linnæus, qui comprend les plantes cruciformes, & de la quinzième de Linnæus destinée aux plantes tétradynamiques siliqueuses; cet Auteur en admet trois espèces.

PREMIERE ESPECE.

La première espèce est le Chou maritime proprement dit. *Crambe maritima. Crambe foliis cauleque glabris. Linn. Sp. Plant. 937. Flor. Suec. 570. 615. Crambe foliis cordatis crispis carnosis. Hort. Cliff. 340. Roy. Lugdb. 329. Brassica maritima monospermos. Bauh. Pin. 112. Brassica marina sylvestris multiflora monospermos. Lob. Crambe maritima brassice folio. Inst. Rei Herb.*

Description.

La racine de cette espèce est napiforme; sa tige est herbacée, cylindrique, rameuse, de la hauteur de trois pieds; ses feuilles sont alternes, cordiformes, crêpues, charnues, lisses, grandes, sinuées, quelquefois ailées; il n'y a aucun support; ses fleurs sont au sommet des rameaux, disposées en grappe, cruciformes; leurs pétales sont grands, obtus, ouverts; les onglets sont de la longueur du calice, qui est découpé en quatre folioles ovales, concaves, ouvertes; le fruit est une seule semence sous-orbiculaire, renfermée dans une petite silique, espèce de baie seche, obronde.

Figure.

Cette espèce est représentée dans les planches de Lobel, pl. 245, & dans le *Flora Danica*, pl. 316.

Lieu de sa naissance.

Elle est vivace, & croît sur les bords de l'Océan septentrional.

Culture.

On peut semer la graine de cette plante, dès qu'elle est mûre, dans un terrein de sable ou de gravier; la plante y réussit très-bien, & se multiplie beaucoup d'elle-même par les traces de ses racines; il ne faut pour lors couper ce Chou qu'au bout d'un an. Pour en jouir dans sa bonté, il est à propos de mettre quatre ou cinq pouces de sable ou de gravier sur toute la planche où il est, vers la fin de Septembre, au moyen de quoi on pourra couper des jeunes pousses avant qu'elles sortent, ainsi que le font les Anglois. Ce soin renouvellé tous les ans en automne, est la seule culture que demande cette plante; on peut laisser croître quelques plantes pour graine.

Propriétés alimentaires.

Cette espèce a un assez bon goût; elle convient très-bien dans les climats froids; on le mange comme d'autres Choux; les Anglois des Provinces de Sussex & d'Orset, dont les côtes sont particuliérement couvertes de cette plante, ont grande attention à la cueillir au printemps; & comme elle vient ordinairement sur les grèves baignées par le flux, ses pousses soulevent le gravier pour sortir; on les découvre pour lors, on les coupe pour manger, & on trouve qu'elles sont tendres, douces & aussi délicates que si on les eût fait blanchir; mais quand elles deviennent vertes naturellement, faute d'être cueillies avant que l'air agît sur elles, les feuilles sont dures & amères.

Propriétés médicinales.

On dit cette plante résolutive; ses vertus ne sont pas suffisamment reconnues; il est douteux qu'elle jouisse des mêmes propriétés que les véritables choux.

Propriétés d'ornemens.

Les bouquets de ses fleurs font un assez bel effet dans un jardin.

DEUXIÈME ESPÈCE.

La deuxième espèce est le Choux maritime du Levant. *Crambe orientalis. Crambe foliis scabris, caule glabro. Linn. Sp. plant. 937. Crambe foliis & foliolis alternative pinnatifidis. Roy. Lugdb. 330. Rapistrum orientale, acanthi folio. Tour. Cor. 14.*

Description.

Sa racine est vivace; au printemps cette plante se garnit de feuilles grisâtres, découpées jusqu'à la côte en lobes alternes, qui étant pareillement découpées dans le même ordre, donnent à chaque feuille l'air de feuilles empennées; les tiges sont branchues & hautes d'environ deux pieds; les fleurs sont petites, blanches, & paroissent en Juin; la graine mûrit en automne.

Lieu de sa naissance.

Cette espèce croît d'elle-même au Levant.

TROISIÈME ESPÈCE.

La troisième espèce est le Crambé d'Espagne. *Crambe Hispanica. Crambe foliis cauleque scabris. Linn. Sp. plant. 937. Hort. Upf. 193. Crambe foliis subcordatis crenatis scabris. Hort. Cliff. 340. Roy. Lugdb. 329. Rapistrum maximum rotundifolium monospermum. Corn-Canad. 147. Morif. Hist. 2. p. 266. sect. 3. Tourn. Inst. 211. Boerrh. Lugdb. 2. p. 2. Rapistrum maximum monospermum, gemma lutea, flore niveo. Barr. Rar. 38. Myagrum spherocarpum. Jacq. Observ. 2. p. 20. Myagrum siliculis lævibus, globosis, æqualibus, foliis auriculatis. Ibid.*

Description.

La racine de cette plante est blanche, annuelle, fusiforme; à peine de la grosseur du doigt; il s'en éleve une tige qui se partage en rameaux; ceux-ci sont anguleux, deviennent raboteux, par leurs poils roides, piquans, réfléchis, & se terminent en grappes vergées, dont les premieres sont très-simples, plus longues; les suivantes sont rameuses; les feuilles sont un peu rondes, veineuses, ridées, un peu raboteuses, dentées inégalement, à pétioles angulés, augmentées supérieurement par un appendice unique de chaque côté; les fleurs sont en bouquets; leurs pétales sont d'un blanc couleur de neige, & leurs calices sont jaunâtres; les siliques sont brunâtres, parfaitement globuleuses, monospermes, luisantes & égales, appuyées sur un corps cylindrique & stérile; les péduncules sont longs d'un pouce, disposés lâchement & sans ordre sur des grappes allongées.

Figure.

Cette espèce est représentée dans la deuxième partie des Observations de Jacquin, pl. 41; dans les plantes du Canada, par Cornute, pl. 148, & dans les plantes rares de Barrelier, pl. 387.

Lieu de sa naissance.

Elle croît naturellement en Espagne & en Italie; elle fleurit en Juin, & les semences mûrissent en automne.

Culture.

La culture de ces deux dernieres espèces est la même que celle de la première.

CRAMERIA, *la Cramer.*

Description générique.

Le caractère de ce genre de plantes est d'être sans calice, d'avoir une corolle à quatre pétales; le nectaire supérieur est partagé en trois, l'inférieur est à deux pièces; la baie est seche, hérissée, à une seule semence.

CLASSE.

Ce genre fait partie de la quatrième classe de Linnæus, qui comprend les plantes tétrandriques monogyniques; Murray, dans la treizième édition du *Systema Veget.* n'en admet qu'une espèce.

ESPECE.

Cette espèce est la Cramer ixine. *Crameria ixina. Linn. Syst. Veg. edit. XIII. Murray. 138. Ixina Lœfling. Cardillo cumanensium.*

Description.

Ses racines sont fibreuses; ses tiges sont en arbrisseau se couchant inférieurement, épaisses de chaque côté, montantes d'abord, vergées, un peu divisées inférieurement, supérieurement à petits rameaux vagues, droits; les feuilles sont alternes, lancéolées; les supérieures linéaires, aiguës, sessiles; les fleurs sont alternes, terminées en une grappe, à péduncules axillaires, munies au milieu de deux petites bractées aiguës, linéaires; la corolle est d'un rose-pourpre; le nectaire supérieur est pâle au sommet; l'inférieur est d'un noir-pourpre; cette plante est d'un blanc-brunâtre; elle n'a aucun calice, à moins qu'on ne prenne pour calice la corolle; celle-ci est à quatre pétales, s'ouvrant, inégale; ses pétales sont oblongs, aigus; le supérieur s'ouvre davantage; les latéraux sont ovales: il y a deux nectaires; le supérieur est droit, linéaire, découpé en trois parties linéaires, un peu épaisses, ovales par le sommet, membraneuses au-dessus des étamines; l'inférieur est sous le germe, à deux pièces ou folioles convexes, à petites lignes élevées, ridées; les filamens des étamines sont au nombre de quatre, entre le nectaire supérieur, inclinés, ascendans, en forme d'alêne, dont deux extérieurs sont un peu plus longs; les anthères sont petites, ouvertes à leur sommet de deux trous; le germe du pistil est ovale, le stil en forme d'alêne, ascendant, de la longueur & dans la position des étamines; le stigmate est aigu; le péricarpe est un fruit globuleux, hérissé de chaque côté de poils roides & âpres par derrière, à une loge, ne s'ouvrant point, sec; la semence est unique, ovale, glabre & dure.

Lieu de sa naissance.

On trouve cette plante dans l'Amérique aux environs de Cumana.

CRANIOLARIA, *la Craniolaire.*

NOMS GÉNÉRIQUES.

Ce genre de plantes eſt connu ſous les noms de *Martynia. Houſt. Proboſcidea. Juſſ. Craniolaria. Linn.*

Deſcription.

Le caractère de ce genre eſt d'avoir le périanthe inférieur du calice à quatre folioles linéaires, courtes, ouvertes, perſiſtantes; le périanthe ſupérieur eſt ovale, enflé, grand, diſſéqué longitudinalement par un côté; la corolle eſt monopétale, inégale; le tube eſt très-long, très-étroit; le limbe eſt plane, à deux lèvres; la lèvre ſupérieure eſt entière, ronde, ſemblable aux autres déchiquetures, mais plus grande; la lèvre inférieure eſt fendue en trois, à déchiquetures rondes, dont celle du milieu eſt la plus large; les filamens des étamines ſont au nombre de quatre, de la longueur du tube de la corolle, dont deux un peu plus courts; les anthères ſont ſimples; le germe du piſtil eſt ovale; le ſtil eſt filiforme, de la longueur du tube de la corolle; le ſtigmate eſt un peu gros, aigu; le péricarpe eſt coriacé, ovale, aigu de chaque côté, bivalve; la ſemence eſt une noix ligneuſe, applatie, pointue de chaque côté, à pointe recourbée & partagée en deux; cette noix a auſſi de chaque côté trois ſillons dentelés, & eſt fendue en deux par les côtés; ſa figure reſſemble au crâne de quelque bête féroce.

Obſervation.

Ce genre approche beaucoup de celui du martynia, mais ſa corolle eſt plus égale.

CLASSE.

Il fait partie de la quatorzième claſſe de Linnæus, qui comprend les plantes didynamiques angioſpermiques; cet Auteur en admet deux eſpèces.

PREMIERE ESPÈCE.

La première eſpèce eſt la Craniolaire en arbriſſeau. *Craniolaria fructicoſa. Craniolaria foliis lanceolatis dentatis. Linn. Sp. plant. 861. Geſnera arboreſcens, amplo flore fimbriato & maculoſo. Plum. Gen. 27.*

Deſcription.

Cette plante eſt en arbre; ſes feuilles ſont ſolitaires, lancéolées, dentelées à dents de ſcie; ſes péduncules ſortent de la tige, ſont très-longs & à pluſieurs fleurs; ſa corolle eſt oblongue, inégale, pointillée intérieurement, à bord crépu ou cilié, renfermé dans un calice fendu en cinq, & qui perſiſte.

Figure.

Elle eſt repréſentée dans les plantes du P. Plumier, par Burmann, pl. 137.

Lieu de ſa naiſſance.

Elle croît naturellement à la Havane, & dans quelques autres Iſles de l'Amérique méridionale.

Culture.

On la multiplie de ſemences qu'il faut ſe procurer des pays où elle croît naturellement; on les ſeme ſur une couche chaude au printemps; lorſque les jeunes plantes qui en proviennent ſont aſſez fortes, on les tranſplante chacune dans un petit pot plein de terreau, & on enfonce ces pots dans une couche chaude nouvellement faite, ayant la précaution de garantir les jeunes plantes du ſoleil, juſqu'à ce qu'elles ſoient bien repriſes; on leur donne pour lors de l'air, ſuivant la chaleur de la ſaiſon, & on les arroſe ſouvent pendant l'été; en automne on les met dans une couche de tan & dans la ſerre chaude; on les arroſe peu en hiver, & on peut les gouverner de la même manière que les autres plantes délicates de ces pays. En Angleterre, elles ne fleuriſſent guère que la troiſième année; & comme elles n'y produiſent point de ſemences, il eſt difficile de conſerver l'eſpèce, d'autant qu'on n'a point d'autres voies pour la multiplier.

Propriétés d'ornemens.

Elle mérite cependant d'être conſervée par la beauté de ſes fleurs, qui peuvent aller de pair avec les fleurs les plus brillantes, tant à cauſe de leur calice long qui s'ouvre, que par rapport à leur corolle frangée & à leurs pétales pointillées élégamment dans leur intérieur.

DEUXIEME ESPÈCE.

La deuxième eſpèce eſt la Craniolaire annuelle. *Craniolaria annua. Craniolaria foliis cordatis angulatis lobatis. Mill. Dict. Martynia annua villoſa & viſcoſa, aceris folio, flore albo, tubo longiſſimo. Ehret. Pict. 1. fig. 1. Jacq. Hiſt. 173.*

Deſcription.

Cette plante eſt annuelle, haute de deux pieds; totalement velue & très-viſqueuſe; ſa tige eſt unique, très-courte; elle ſe diviſe en rameaux fourchus, cylindriques, gros, couchés ſur la baſe, droits vers le haut; ſes feuilles ſont grandes, pétiolées, oppoſées, à baſe en forme de cœur, découpées par moitié en cinq lobes un peu ovales, courbés, dentelés, aigus; le pétiole eſt un peu rouge, poileux, diviſé en deux, environnant de chaque côté le bord de la feuille vers ſa baſe; les grappes ſont ſimples, lâches, droites, d'environ dix fleurs, preſque de la longueur d'un pied, placées dans toutes les fourchures des tiges; & au même endroit vers la baſe il ſe trouve encore un péduncule à une fleur, & ſolitaire; d'autres grappes plus courtes & irrégulières terminent tous les petits rameaux, & ſont appuyées ſur les aiſſelles de quelques feuilles; les fleurs ſont inodores, belles, hériſſées, longues de ſept pouces, dans leſquelles il y a une ſpathe; la corolle eſt blanche; elle a trois grandes taches d'un noir pourpre dans le fond de ſon ouverture; le rudiment du cinquième filament eſt très-court au-deſſous de la diviſion de la lèvre ſupérieure dans le fond de ſon ouverture; le péricarpe qui eſt au commencement verd, devient jaune en mûriſſant; la noix eſt noire, d'une figure ſingulière; elle perſiſte encore quelques jours après la chûte du péricarpe; ſa racine eſt blanche, cylindrique, charnue, groſſe, diviſée en petits rameaux, d'une ſaveur douce.

Figure.

Cette eſpèce eſt repréſentée dans les plantes d'Ehret, figure 1, & dans l'Hiſtoire des plantes, par Jacquin, pl. 110.

Lieu de sa naissance.

Elle est annuelle; elle croît dans l'Amérique, aux environs de Carthagène, dans la Nouvelle-Espagne.

Culture.

On seme au printemps les graines de cette plante sur une couche chaude; & quand les jeunes plantes qui en proviennent sont bonnes à être transplantées, on les met chacune dans un petit pot plein de terreau, & on enfonce ce pot dans une couche modérément chaude, ayant la précaution de tenir les jeunes plantes à l'ombre, jusqu'à ce qu'elles soient reprises; on leur donne ensuite de l'air à proportion de la chaleur de la saison, après quoi on les gouverne de la même manière que les autres plantes exotiques délicates; quand les plantes sont trop grandes pour pouvoir rester sous les chassis, on les met dans la serre chaude, & on les enfonce dans une couche de tan; elles y fleurissent en Juillet; & en y apportant les soins convenables, leurs semences mûrissent bien en automne; on laisse ces semences sur le pied jusqu'à ce qu'elles tombent, autrement elles ne leveroient point.

Propriétés alimentaires.

Les habitans du pays servent sur la table cette racine cuite avec la viande de bœuf, ou ils la confisent au sucre pour le dessert.

Propriétés médicinales.

Les Médecins se servent de cette racine en guise de celle de scorsonère pour les maladies.

CRASSULA, *la Crassule.*

Description générique.

Le caractère de ce genre de plantes est d'avoir le périanthe du calice à cinq folioles lancéolées, cannelées, concaves, droites, aiguës, rassemblées en tube, persistantes; la corolle est formée par cinq pétales, ayant leurs onglets longs, linéaires, droits, rassemblés, réunis à la base; les bractées du limbe sont ovales, réfléchies, s'ouvrantes; les nectaires sont au nombre de cinq; chacun est une écaille très-petite, échancrée, attachée en-dehors à la base du germe; les filamens des étamines sont au nombre de cinq, en forme d'alêne, de la longueur du tube, insérés aux onglets de la corolle; les anthères sont simples; les germes du pistil sont au nombre de cinq, oblongs, pointus, se terminant dans des stils en forme d'alêne, de la longueur des étamines; les stigmates sont obtus; les capsules du péricarpe sont au nombre de cinq, oblongues, pointues, droites, applaties, s'ouvrant longitudinalement en-dedans; les semences sont nombreuses, petites.

Observation.

Ce genre a beaucoup de ressemblance avec le *sedum*, mais elle en diffère par le nombre des étamines.

CLASSE.

Il fait partie de la sixième classe de Tournefort, qui comprend les plantes à fleurs rosacées, & de la cinquième de Linnæus, destinée aux plantes pentandriques pentagyniques; cet Auteur en admet vingt-cinq espèces, dont les dix premières sont en arbres.

PREMIERE ESPECE.

La première espèce est la Crassule écarlate. *Crassula coccinea. Crassula foliis planis cartilagineo-ciliatis, basi connato vaginantibus. Linn. Sp. Plant.* 404. *Virid. Cliff.* 26. *Hort. Cliff.* 116. *Roy. Lugdb.* 454. *Cotyledon Africana frutescens, flore umbellato coccineo. Comm. Rai.* 24. *Bradl. Succul.* 5. *p.* 7. *Cotyledon Africana frutescens, flore carneo amplo. Breyn. Prodr.* 3. *p.* 30.

Description.

Cette grassette a le tronc rond, rougeâtre, & presque articulé: ce tronc est divisé en rameaux garnis de feuilles opposées qui les embrassent; ces feuilles sont succulentes, larges, pointues & un peu hérissées; les extrémités des petits rameaux sont ornées de très-belles fleurs nombreuses, couleur d'écarlate, disposées en ombelle, droites, monopétales, en tube & fendues en cinq; le calice des fleurs est pareillement succulent & fendu en cinq; le fruit est formé par des petites gaînes qui renferment une semence très-menue; cette plante fleurit pendant tout l'été.

Figure.

Elle est représentée dans les Plantes rares de Commelin, planche 24; dans les Plantes succulentes de Bradley, planche 50, & dans le *Breygnii Prodr.* planche 20, figure 1.

Lieu de sa naissance.

Elle croît naturellement dans l'Afrique, dans l'Ethiopie.

Culture.

On la multiplie par boutures en tout temps pendant l'été; on coupe ces boutures environ quinze jours avant de les planter, on les met dans un endroit sec, jusqu'à ce que la partie coupée puisse être cicatrisée; on plante pour lors ces boutures dans un petit pot plein de terreau mêlé de sable, & on enfonce ce pot dans une couche chaude, on arrose légérement ces boutures; il ne faut que six semaines pour qu'elles soient bien enracinées; quand elles ont pris racine, elles poussent, on leur donne dans ce temps de l'air en les y habituant insensiblement, on place ensuite les pots où elles sont à une exposition bien arbritée jusqu'en automne; on les met pour l'hiver dans une serre vitrée & bien airée, pour que ces plantes jouissent des rayons du soleil le plus qu'il sera possible, & qu'elles soient en même temps à l'abri de l'humidité & du froid; on les arrose pendant les chaleurs de l'été deux ou trois fois la semaine, mais très-peu en hiver, de peur qu'elles ne pourrissent.

Propriétés d'ornemens.

Cette plante plaît aux Amateurs par la beauté de ses fleurs.

DEUXIÈME ESPÈCE.

La deuxième espece est la Crassule à bouquet. *Crassula cimosa. Crassula caule suffruticoso, foliis linearibus cartilagineo-ciliatis connato-vaginantibus, cyma terminali. Linn. Syst. Veg. edit. XIII. Murray.* 252. *Mant.* 222.

Description.

Description.

Ses tiges font de la hauteur de neuf pouces, droites, glabres, annuelles; fa racine eft vivace; fes feuilles font oppofées, linéaires, glabres, raffemblées en gaîne, à bord cartilagineux, écailleux; le bouquet eft terminal, petit.

Lieu de fa naiffance.

Elle eft vivace, & croît naturellement au Cap de Bonne-Efpérance..

TROISIEME ESPECE.

La troifième efpèce eft la Craffule à fleurs jaunes. *Craffula flava. Craffula foliis planis connato perfoliatis lævibus, floribus corimbofo-paniculatis. Linn. Syft. Veg. edit. XIII. Murray.* 252. *Mant.* 60. *Craffula foliis teretibus, floribus in infimo caule luteis. Burm. Afric.* 37. *Sedum Africanum umbellatum, flore flavefcente, glabrum. Pluk. Alm.* 340.

Description.

La tige de cette efpèce eft droite, femblable à celle de la première efpèce, perfeuillée, à feuilles non-ciliées; les fleurs font à faifceaux, mais chacun eft pédiculé; les pétales font jaunes, droits.

Figure.

Cette efpèce eft repréfentée dans les plantes d'Afrique par Burmann, pl. 23, fig. 2, & dans l'*Almag.* de Plukenet, pl. 314, fig. 2.

Lieu de fa naiffance.

Elle eft vivace, & croît naturellement au Cap de Bonne-Efpérance.

QUATRIEME ESPECE.

La quatrième efpèce eft la Craffule à gelée blanche. *Craffula pruinofa. Craffula foliis fubulatis pruinofo-fcabris, floribus corimbofis, caule fruticofo. Linn. Syft. Nat. edit. XIII. Murray.* 252. *Mant.* 60.

Description.

C'eft une efpèce d'arbriffeau haut d'un pied, fourchu, à petits rameaux cylindriques, fanguins, parfemé comme toute la plante de gelée cryftalline; fes feuilles font oppofées, linéaires, charnues, fupérieurement planes, de la longueur des internœuds; les bouquets font terminaux, inégaux, petits; les pétales font blancs, lancéolés, s'ouvrans.

Lieu de fa naiffance.

Cet arbriffeau croît au Cap de Bonne-Efpérance.

CINQUIEME ESPÈCE.

La cinquième efpèce eft la Craffule raboteufe. *Craffula fcabra. Craffula foliis oppofitis patentibus connatis fcabris ciliatis, caule retrorfum fcabro. Linn. Sp. plant.* 405. *Craffula mefembrianthemi facie, foliis longioribus afperis. Dill. Hort. Elth.* 117. *Cotyledon Africana frutefcens, foliis afperis anguftis acuminatis, flore virefcente. Marty. Cent.* 24. *Ficoides afrum frutefcens, foliis afperis longis anguftis acutis, cruciatim pofitis. Boer. Ind. Alt.* 1. *p.* 292. *n°.* 11.

Description.

Les feuilles de cette efpèce font oblongues, aigües dans les plantes les plus jeunes; elles font plus fréquentes, réfléchies dans celles d'une année & dans les rameaux; plus petites, plus larges & moins réfléchies dans les petits rameaux à fleurs; elles font toutes oppofées, couvertes de tubercules & de poils rudes; les tiges font auffi garnies de poils rudes; les fleurs font jaunâtres, raffemblées en ombelle à l'extrêmité des petits rameaux; les étamines font au nombre de cinq, blanches, furmontées d'anthères couleur de fafran; les filicules font au nombre de cinq, ramaffées en petites têtes.

Figure.

Cette efpèce eft repréfentée dans le *Dillenii Hort. Elth.* pl. 99, fig. 117, & dans les Centuries de Martyn, planche 24.

Lieu de fa naiffance.

Elle croît fans doute dans l'Afrique.

Culture.

On peut la multiplier par boutures, ou la mettre dans des pots pour pouvoir la mettre dans la ferre pendant l'hiver.

SIXIÈME ESPÈCE.

La fixième efpèce eft la Craffule perfeuillée. *Craffula perfoliata. Craffula foliis lanceolato-fubulatis feffilibus connatis plano canaliculatis: fubtus convexis. Hort. Cliff.* 116. *Roy. Lugdb.* 455. *Craffula altiffima perfoliata. Dill. Elth.* 114. *Mill. Icones. ad Dict. Aloë Africana caulefcens perfoliata glabra glauca & non fpinofa. Comm. Præl.* 74.

Description.

Les racines de cette efpèce font en nombre & fibreufes; fa tige eft haute d'un pied, couleur de verd-d'eau, de même que les feuilles; celles-ci font ordinairement longues de fix pouces, larges d'un pouce, oppofées, embraffant tellement la tige qu'on prendroit les deux feuilles pour une feule; dans la partie où les feuilles font larges, elles font excavées avec un nerf qui regne le long du canal longitudinal, & vers leurs extrêmités elles deviennent planes; toute la plante eft charnue & infipide, mais pas trop fucculente.

Figure.

Elle eft repréfentée dans le *Dillenii Hort. Elth.* pl. 96. fig. 113; dans les Planches de Miller, pl. 108; dans les Prélections de Commelin, pl. 23, & dans la deuxième partie de cet Ouvrage.

Lieu de fa naiffance.

Elle croît naturellement dans l'Ethiopie.

Culture.

On multiplie cette plante par boutures, de même que toutes les Craffules; il lui faut pour l'hiver la ferre chaude.

Propriétés d'ornemens.

Elle plaît aux Amateurs tant par fon beau feuillage que par ses fleurs ; elle fait variété parmi les plantes grosses.

SEPTIEME ESPECE.

La septième espèce est la Crassule en arbrisseau. *Crassula fruticosa. Crassula foliis oppositis subulatis acutis patentibus subrecurvatis*, *caule fruticoso. Linn. Syst. Veg. edit. XIII. Murray.* 252. *Mant.* 61.

Description.

Elle approche beaucoup par son port de l'espèce suivante, mais elle en differe en ce que sa tige est seulement haute d'un pied ; elle est droite, verte, sans être roussâtre ; les rameaux sont menus, presqu'en forme de filets ; les feuilles sont opposées, horizontales, oblongues, cylindriques, pointues, sans être applaties en-dessus, mais plutôt en-dessous, & un peu en arc à l'extérieur.

Lieu de sa naissance.

Elle est vivace, & croît naturellement au Cap de Bonne-Espérance.

Variétés.

On donne pour variété de cette espèce la Crassule caffre. *Crassula caffra. Crassula caule suffruticoso*, *foliis oppositis subulatis recurvatis. Linn. Syst. Veg. edit. XIII. Murray.* 252. *Mant.* 222.

Description.

Sa tige est en arbrisseau, haute d'un pied, divisée, lisse, de l'épaisseur du doigt ; ses feuilles sont opposées, sessiles, en alêne, charnues, cylindriques, convexes de chaque côté, supérieurement plus convexes, s'ouvrant beaucoup, lisses, pointues, recourbées ; ses péduncules sont terminaux, filiformes, solitaires, beaucoup plus longs que les feuilles, à une paire ou deux de feuilles, en ombelle ; les bractées sont opposées, menues ; les fleurs sont petites, blanches, en cloche ; le calice est partagé en cinq, ovale, droit, deux fois plus court que la corolle ; les pétales sont au nombre de cinq, blancs, oblongs, ovales, sessiles, concaves, aigus ; les étamines sont au nombre de cinq, surmontées d'anthères couleur de sang ou roussâtres ; les pistils sont au nombre de cinq, blancs, à germes raboteux.

Lieu de sa naissance.

Cette espèce se trouve naturellement au Cap de Bonne-Espérance ; elle est vivace.

Culture.

On la multiplie par boutures, de même que la plupart des autres espèces.

HUITIEME ESPECE.

La huitième espèce est la Crassule tétragone. *Crassula tetragona. Crassula foliis subulatis obsolete tetragonis. Linn. Sp. plant.* 404. *Hort. Cliff.* 116. *Roy. Lugdb.* 455. *Cotyledonoïdes Africanum. Bradl. Succul.* 5. *p.* 118.

Description.

La tige de cette espèce est lisse, haute de trois pieds ; elle prend racines par des fibres ; les feuilles sont opposées, s'ouvrantes, un peu courbées, de l'épaisseur d'une plume d'oye ; le péduncule est terminal, nud, cylindrique ; le bouquet est divisé en trois, très-rameux, en paquet ; les corolles sont blanches ; les anthères sont pourpres.

Figure.

Cette espèce est représentée dans les plantes grosses de Bradley, pl. 11, fig. 41.

Lieu de sa naissance.

Elle croît naturellement dans l'Ethiopie.

NEUVIEME ESPECE.

La neuvième espèce est la Crassule entourée comme d'un rempart. *Crassula obvallata. Crassula foliis oppositis sublanceolatis cultratis sessilibus approximatis. Linn. Sp. plant.* 61.

Description.

Cette espèce est très-semblable à la suivante, & même aux plus épaisses, à cause de ses fleurs, dont les pétales sont blancs, spatulés, & ne se développent point ; mais elle en differe par sa tige, haute d'un palme, plus courte, s'ouvrant ; par ses feuilles, qui sont deux fois plus longues & plus grandes, moins serrées à la base, plus opposées, très-rassemblées & peu éloignées, dont les bords, sur-tout dans les plus jeunes, sont à très-petites crenellures, & très-peu obliques.

Lieu de sa naissance.

Elle croît naturellement au Cap de Bonne-Espérance.

DIXIEME ESPECE.

La dixième espèce est la Crassule en forme de couteau. *Crassula cultrata. Crassula foliis oppositis obtusè ovatis integerrimis*, *hinc angustioribus. Linn. Sp. plant.* 405. *Hort. Cliff.* 496. *Roy. Lugdb.* 455. *Crassula anacampserotis folio. Dill. Elth.* 115.

Description.

Les tiges de cette espèce sont hautes d'un pied, fongueuses, ligneuses, très-peu rameuses, inégales & tortueuses, couchées, à moins qu'on ne les soutienne, dénuées de feuilles jusqu'au milieu, articulées, de la grosseur du petit doigt, d'une couleur un peu noirâtre ; les rameaux qui sont en petit nombre, sont assez épais, verdâtres, articulés ; les feuilles de ces rameaux sont un peu éloignées les unes des autres, disposées en forme de croix, glabres, épaisses & roides, presque semblables à celles de l'anacampseros, mais sans être dentelées en scie par les bords, d'un verd gai de chaque côté, pointillées imperceptiblement, sur-tout à la partie inférieure ; les fleurs sont en grappe le long d'une hampe, petites, musqueuses, blanches, appuyées sur des petits peduncules, fermées & jamais ouvertes, divisées jusqu'à la base en cinq petits pétales terminés en pointe, réunis dans un calice court à cinq feuilles ; si on sépare les pétales les uns des autres, ils se terminent à leur sommet en une petite pointe ; ils sont plus larges vers le milieu, resserrés vers la base, imitant les écailles du fruit de bouleau ; du fond de la fleur entre les intervalles des pétales, naissent cinq étamines courtes qui ne sortent pas hors de la fleur, surmontées d'anthères petites, jaunâtres ; il se trouve cinq silicules au milieu, rassemblées en petite tête, qui ne viennent point en maturité dans le pays. *Cette description est de Dillen.*

Figure.

Cette espèce est représentée dans le *Dillenii Hort. Elth.* pl. 98, fig. 116.

Lieu de sa naissance.

Elle est vivace, & croît naturellement dans l'Ethiopie.

Culture.

Elle fleurit en Juin & Juillet; on la multiplie par boutures: elle n'est pas délicate, il suffit de faire les boutures dans une platebande, on met les boutures, lorsqu'elles sont reprises, dans des pots pour pouvoir les abriter pendant l'hiver.

ONZIEME ESPECE.

L'onzième espèce est la Crassule épineuse, & c'est la première des Crassules herbacées, celles dont nous avons parlé étant des Crassules en arbre. *Crassula spinosa. Crassula caule simplissimo, foliis mucronatis, floribus sessilibus lateralibus. Linn. Syst. Veg. edit. XIII. Murray. 252. Mant. 388. Crassula foliis planiusculis mucronatis. Gmel. Sib. 4. p. 173. Cotyledon spinosa. Sp. plant. 615.*

Description.

Ses feuilles radicales viennent en rond; elles sont presque toutes en forme d'alêne, planes par-dessus, à sommet à épine molle; la tige est droite, très-simple, haute d'un pied, composée de feuilles disposées en spirale & en forme d'écailles; les fleurs sont axillaires, sessiles, au nombre de trois ou cinq, blanches, sortant des aisselles des feuilles; les pétales sont lancéolés, deux fois plus longs que le calice, au nombre de cinq; les étamines sont aussi au nombre de cinq, blanches, à anthères jaunes.

Figure.

Cette espèce est représentée dans le *Flora Siberica* de Gmelin, pl. 67, fig. 2.

Lieu de sa naissance.

Elle croît naturellement dans la Sibérie.

DOUZIÈME ESPÈCE.

La douzième espèce est la Crassule en forme de centaurée. *Crassula centauroides. Crassula caule herbaceo dichotomo, foliis cordatis sessilibus, pedunculis unifloris. Linn. Sp. plant. 404. Amœn. Acad. 6. Afric. 8. Sedoides Africana annua centauroides. Herm. Parad. 169.*

Description.

Sa tige est un peu cylindrique, branchue, poileuse; ses feuilles sont sessiles, le plus souvent opposées, ovales, charnues, aiguës, luisantes, à pointes excavées par-dessus; les fleurs sortent des aisselles des feuilles, elles sont pédunculées, plus courtes que les rameaux.

Lieu de sa naissance.

Elle est annuelle, & croît naturellement dans l'Ethiopie.

TREIZIEME ESPECE.

La treizième espèce est la Crassule fourchue. *Crassula dichotoma. Crassula caule herbaceo dichotomo, foliis ovato-lanceolatis, pedunculis unifloris. Linn. Sp. plant. 404. Amœn. Acad. 6. Afric. 8. Sedum Africanum, annuum, centauri minoris folio, flore aureo. Herm. Lugdb. 550.*

Description.

Elle est semblable à la précédente, mais les feuilles sont plus étroites & les fleurs sont plus grandes.

Figure.

Elle est représentée dans l'*Herm. Hort. Lugdb.* pl. 553.

Lieu de sa naissance.

Elle croît naturellement dans l'Ethiopie, elle est annuelle.

QUATORZIEME ESPECE.

La quatorzième espèce est la Crassule en peloton. *Crassula glomerata. Crassula caule herbaceo dichotomo scabro, foliis lanceolatis, floribus ultimis subfasciculatis, petalis calicibus minoribus. Linn. Syst. Veg. edit. XIII. Murray. 252. Mantiss. 60. Crassula scleranthoides. Burm. Prodr. 8. ficoides Africana annua minima muscosa. Herm. Parad. 170.*

Description.

Sa tige est herbacée, haute d'un palme, droite, fourchue, raboteuse, cylindrique, pourpre; les feuilles sont opposées, lancéolées, charnues, sessiles, s'ouvrant beaucoup, un peu aiguës; les fleurs sortent de la bifourchure, sont solitaires, un peu pédunculées, de la grandeur du policarpe; les fleurs terminent les petits rameaux, & sont rassemblées en tête comme dans la valériane; le calice est monophylle, partagé en cinq; il est formé par des folioles ovales, convexes, aiguës, droites, ouvertes; les pétales sont au nombre de cinq, ovales, blancs, trois fois plus petits que le calice, & conséquemment menus; les étamines sont au nombre de cinq, deux fois plus petites que les pétales, à anthères jaunes; les pistils sont pareillement au nombre de cinq; à peine y a-t-il des stils; les stigmates sont plus courts que les étamines; les fleurs sont par-ci par là un peu ciliées à la base; la plante, quand elle est adulte, est roussâtre, excepté les pétioles.

Lieu de sa naissance.

Elle est annuelle, & croît au Cap de Bonne-Espérance.

QUINZIÈME ESPÈCE.

La quinzième espèce est la Crassule maigre. *Crassula strigosa. Crassula caule herbaceo erecto, ramis dichotomis foliis oppositis obovatis strigosis, pedunculis unifloris. Linn. Sp. plant. 405. Amœn. Acad. 6. Afric. 9.*

Description.

Sa racine est annuelle; sa tige est haute de neuf pouces, herbacée, un peu hérissée; ses feuilles sont opposées, ovales, obtuses, rayées, très-entières; les inférieures sont souvent pétiolées; les rameaux font fourchus; les fleurs font fourchues, nombreufes vers le fommet des rameaux, pédunculées, à une fleur; les calices font fecs; les pétales font ovales, de la longueur du calice.

Lieu de fa naiffance.

Cette efpèce croît naturellement dans l'Ethiopie.

SEIZIEME ESPÈCE.

La feizième efpèce eft la Craffule mufqueufe. *Craffula mufcofa. Craffula caule herbaceo proftrato, foliis oppofitis ovatis gibbis imbricatis, floribus feffilibus folitariis. Linn. Sp. plant.* 405. *Amœn. Acad.* 6. *Afric.* 10.

Defcription.

Ses tiges font filiformes, le plus rarement rameufes, couvertes de feuilles très-petites, ovales, oppofées, feffiles, charnues, un peu obtufes; quand elles font feches, on remarque fous le bord des feuilles un rang de points; les fleurs fortent des aiffelles; elles font folitaires, les plus menues de toutes, de la longueur des feuilles.

Lieu de fa naiffance.

Elle eft annuelle, & croît dans l'Ethiopie.

DIX-SEPTIEME ESPECE.

La dix-feptième efpèce eft la Craffule ciliée. *Craffula ciliata. Craffula foliis oppofitis ovalibus planiufculis diftinctis ciliatis, corymbis terminalibus. Linn. Sp. plant.* 405. *Hort. Cliff.* 496. *Roy. Lugdb.* 455. *Craffula caulefcens, foliis femper vivi cruciatis. Dill. Elth.* 116. *Sedum Africanum montanum, foliis fubrotundis: dentibus albis ferratis confertim natis. Boerh. Lugd.* 1. *p.* 286.

Defcription.

Sa racine eft menue, fibreufe; il s'en éleve des tiges courtes qui fe terminent en quelques petits rameaux feuillés, lefquels s'allongent en jets d'environ neuf pouces, cylindriques, garnis de feuilles plus éloignées les unes des autres que celles des tiges, mais femblables, divifées ordinairement en deux pédicules qui fupportent des fleurs d'une couleur un peu jaune; les feuilles de la tige font oppofées, oblongues, un peu planes, diftinctes, ciliées; la plante eft très-foible, & à peine peut-elle fe foutenir.

Figure.

Elle eft repréfentée dans le *Dillenii Hort. Elth.* planche 98, figure 116.

Lieu de fa naiffance.

Elle croît naturellement dans l'Ethiopie; elle eft vivace.

DIX-HUITIEME ESPÈCE.

La dix-huitième efpèce eft la Craffule pointillée. *Craffula punctata. Craffula foliis oppofitis ovatis punctatis ciliatis: inferioribus oblongis. Linn. Sp. plant.* 406. *Craffula caule flaccido, foliis connatis cordatis fucculentis, floribus confertis. Mill. Dict. Telephium frutefcens, floribus fpicatis minimis, folio triangulari craffo. Rai. Suppl.* 118.

Defcription.

Sa tige eft cylindrique, liffe, fimple; fes feuilles font oppofées, partagées en deux, oblongues, feffiles, charnues, excavées, ponctuées, convexes endeffous, très-légérement ciliées; les feuilles florales font ovales; les bouquets font axillaires, très-courts, en faifceaux; les corolles font campanullées, blanches, à limbe réfléchi; les anthères font pourpres.

Lieu de fa naiffance.

Elle croît naturellement dans l'Ethiopie, au Cap de Bonne-Efpérance.

Culture.

On la multiplie par boutures, de même que les autres efpèces; elle fleurit deux fois l'année, au printemps & fur la fin de l'été.

DIX-NEUVIÈME ESPÈCE.

La dix-neuvième efpèce eft la Craffule en forme d'alêne. *Craffula fubulata. Craffula foliis fubulatis, teretibus patentibus, caule herbaceo. Linn. Syft. Veg. edit. XIII. Murray.* 253. *Mantif.* 360. *Spiræa Capenfis comofa, flore albo. Pet. Gaz. Craffula fubulata. Berg. Cap.* 83. *Sed floribus coccineis.*

Defcription.

La tige eft couverte des gaînes tronquées, ciliées des feuilles; celles-ci font linéaires, charnues, obtufes, cartilagineufes, ciliées; les épis font en tête, terminaux, feffiles, à enveloppes difpofées en forme de tuiles.

Figure.

Cette efpèce eft repréfentée dans Petiver, planche 89, figure 8.

Lieu de fa naiffance.

Elle vient naturellement au Cap de Bonne-Efpérance.

VINGTIEME ESPÈCE.

La vingtième efpèce eft la Craffule à feuilles alternes. *Craffula alternifolia. Craffula foliis ferrato-dentatis planis alternis, caule fimpliciffimo, floribus pendulis. Linn. Sp. plant.* 405. *Hort. Cliff.* 497. *Roy. Lugdb.* 455. *Craffula foliis oblongis acutis dentatis, flore ex alis folitario flavo. Burm. Afric.* 58. *Cotyledon flore luteo, media. Herm. Lugdb.* 191.

Defcription.

La racine de cette efpèce eft menue, fibreufe, noirâtre; elle pouffe des rameaux de deux pieds, lâches, pourpres, hériffés, garnis de feuilles alternes, larges à leur bafe, très-aiguës en haut, dentées aux limbes, feffiles; des aiffelles des feuilles il fort une fleur folitaire, appuyée fur un pétiole très-court, ou qui en dépend, reçue dans un calice grand, large & fendu en cinq, qui fe divife en cinq lobes oblongs, aigus, d'une couleur jaune, & produit des fruits divifés, très-menus, renfermant des femences rondes, petites, un peu brunâtres.

Figure.

Cette efpèce eft repréfentée dans les plantes d'Afrique de Burmann, pl. 24, fig. 1.

Lieu de sa naissance.

Elle croît naturellement dans l'Ethiopie.

VINGT-UNIEME ESPÈCE.

La vingt-unième espèce est la Crassule rouge. *Crassula rubens. Crassula foliis fusiformibus subdepressis, cima quadrifida foliosa, floribus sessilibus, staminibus reflexis. Linn. Syst. Veg. 253. edit. XIII. Murr. 253. Œd. Dan. 82. Sedum rubens. Sp. pl. 619.*

Description.

Sa tige est digitale, simple, à poils rares, visqueux; les feuilles sont éparses, s'ouvrantes, oblongues, obtuses, charnues; les inférieures sont quatre à quatre; le bouquet est fendu en trois ou quatre, à rameaux recourbés; les fleurs sont sessiles, blanches, rougeâtres en-dessous, à carêne; les étamines sont au nombre de cinq, d'abord recourbées; les germes sont un peu poileux; les fruits sont rougeâtres; d'ailleurs cette plante est très-semblable, par son port, au sédum annuel.

Figure.

Cette espèce est représentée dans le *Flora Danica*, pl. 82; & dans les Voyages des Alpes par Scheuchzer, tome 1, pl. 6, fig. 3 & 4.

Lieu de sa naissance.

Elle croît naturellement dans le Danemarck, la Suisse & la partie méridionale de l'Europe.

VINGT-DEUXIEME ESPECE.

La vingt-deuxième espèce est la Crassule verticillaire. *Crassula verticillaris. Crassula caule herbaceo, foliis patentibus, floribus verticillatis aristatis. Linn. Syst. Veg. edit. XIII. Murray. 253. Syst. Nat. 3. p. 230. Mant. 361. Sedum annuum minimum stellatum rubrum. Magn. Monsp. 233. Tillæa erecta. Hort. Ups. 24.*

Description.

Sa tige est très-rameuse, couchée, de la longueur du doigt, à rameaux opposés; ses feuilles sont opposées, rassemblées, oblongues, ovales, sessiles, bossues, couvertes de très-petits boutons, raboteuses au sommet, s'ouvrantes; les fleurs sont axillaires, sessiles, très-menues; le calice est de la longueur de la corolle, en forme d'alêne; les pétales sont au nombre de cinq, plus courts que le calice, lancéolés, pointus; presqu'à arête, rouges au milieu; les étamines sont très-courtes, rouges au sommet; les stigmates sont rouges.

Figure.

Cette espèce est représentée dans le *Botanicon Monsp.* de Magnol, pl. 237.

Lieu de sa naissance.

Elle croît naturellement aux environs de Montpellier.

VINGT-TROISIÈME ESPÈCE.

La vingt-troisième espèce est la Crassule à tiges nues. *Crassula nudicaulis. Crassula foliis subulatis radicalibus, caule nudo. Linn. Sp. plant. 405. Hort. Cliff. 116. Roy. Lugdb. 455. Crassula cespitosa longifolia. Dill. Hort. Elth. 116.*

Description.

La racine de cette espèce est grosse, brunâtre, se terminant en plusieurs fibres menues; il s'en éleve de petites plantes sessiles, formées d'une infinité de feuilles conjuguées, rassemblées en forme de gazon; du milieu de ces feuilles il pousse au cœur de l'hiver dans la serre de petites tiges herbacées, cylindriques, hautes d'un palme, de neuf pouces & insensiblement d'un pied, ayant quelques articulations recouvertes de quatre folioles; au milieu de ces tiges & à leurs parties supérieures il sort de petits pédicules longs d'un pouce & demi dans les plus longues tiges, & d'un demi-pouce dans les plus petites, à deux, à trois ou à quatre rangs; ils supportent de petites têtes formées par plusieurs fleurs petites, musqueuses, herbacées, sans être ouvertes; chaque fleur est composée de cinq pétales bractés, herbacés, terminés par un petit sommet herbacé, blanc; renfermée dans un calice fendu en cinq; on trouve dans les fleurs cinq étamines courtes qui naissent à la base des pétales, surmontées d'anthères jaunâtres, & autant de petites siliques qui sont réunies; les feuilles sont cylindriques, applaties, excavées par de petites fossettes, glabres, d'un verd blanchâtre, succulentes, fragiles, plus ouvertes dans les plantes qui fleurissent que dans d'autres, d'une saveur austère & un peu acide.

Figure.

Cette espèce est représentée dans le *Dillenii Hort. Elth.* pl. 98, fig. 115.

Lieu de sa naissance.

Elle croît naturellement dans l'Ethiopie, au Cap de Bonne-Espérance : elle est vivace.

Culture.

On la multiplie en coupant les jets latéraux qu'on laisse sécher pendant trois ou quatre jours avant de les planter; sa culture est la même que celle des autres espèces les moins délicates.

VINGT-QUATRIÈME ESPÈCE.

La vingt-quatrième espèce est la Crassule orbiculaire. *Crassula orbicularis. Crassula flore flavido polifero determinate folioso, foliis patentissimis imbricatis. Linn. Sp. plant. 406. Hort. Cliff. 496. Roy. Lugdb. 455. Crassula orbicularis repens, foliis sempervivi. Dill. Hort. Elth. 119.*

Description.

Ses feuilles sont radicales, formant des rosettes, ovales, charnues, bossues, lisses, un peu aiguës, ciliées en arrière, à cils cartagineux, très-menus; la racine jette des filets latéraux, filiformes, couchés, prenant racines par leurs sommets; la hampe est à peine plus longue que les feuilles, droite, sans feuilles; l'épi est branchu, verticillé; les fleurs sont petites; les pétales sont d'un blanc rougeâtre; les stigmates sont pourpres.

Figure.

Cette espèce est représentée dans le *Dillenii Hort. Elth.* pl. 100, fig. 118.

Lieu de sa naissance.

Elle est vivace & croît naturellement dans l'Ethiopie.

VINGT-CINQUIEME ESPECE.

La vingt-cinquième & dernière espèce est la Crassule transparente. *Crassula pellucida. Crassula flore flaccido repente, foliis oppositis. Linn. Sp. plant.* 406. *Crassula portulacæ facie, repens. Dill. Hort. Elth.* 119.

Description.

Les petites tiges de cette espèce sont cylindriques, glabres, longues d'un palme, de neuf pouces & d'un pied, d'un rouge-clair, & presque transparentes, soutenues par un nerf intérieurement rouge, couchées, ayant des petites racines fibreuses, menues aux articulations qui sont en terre & aux articulations qui sont exposées à l'air; & hors de terre, au lieu de racines il pousse des feuilles conjuguées, épaisses, succulentes, plus pointues que celles du pourpier, & un peu dentelées par les bords; les feuilles, avant que la plante fleurisse, & lorsqu'elle est encore jeune, ont environ un demi-pouce de longueur & de largeur, étroites à la partie antérieure & postérieure, planes ou légérement concaves, d'un verd-clair, d'une saveur aqueuse & très-legérement astringente; quand la plante est adulte & lorsqu'elle fleurit, les feuilles dessechent & tombent, il en reste seulement les supérieures & celles qui naissent des aisselles des inférieures; les fleurs naissent du sommet des petits rameaux sur des pédicules qui sortent des aisselles des feuilles; elles sont solitaires, au nombre de deux ou de trois; plusieurs de ses petits pédicules réunis forment une espèce d'ombelle; les fleurs sont à cinq pétales, d'un blanc-pourpre, c'est-à-dire blancs vers la base, & depuis le milieu jusqu'à l'extrêmité teints d'un pourpre vif-clair entre les pétales & les petites siliques; il sort cinq étamines courtes, surmontées d'anthères petites, jaunes, placées dans les interstices des pétales; les fleurs ne tombent point; les calices se divisent jusqu'au fond en cinq segmens étroits; au milieu des fleurs il y a cinq silicules réunies ensemble qui lors de leur maturité laissent sortir deux ou trois semences petites, cylindriques. *Cette description est de Dillen.*

Figure.

Cette espèce est représentée dans le *Dill. Hort. Elth.* pl. 100, fig. 119.

Lieu de sa naissance.

Elle croît naturellement dans l'Ethiopie.

Culture.

Elle fleurit en différens temps de l'été; elle donne souvent des semences qui levent facilement; on la multiplie ordinairement par ses branches qui tracent; il faut la renouveller souvent; au surplus sa culture est la même que celle des autres espèces de plantes exotiques succulentes; on met pendant l'hiver dans la serre chaude les plus délicates.

Propriétés d'ornemens.

On ne cultive ces plantes dans les jardins des Curieux que pour faire variété; elles plaisent plus par leur apparence extérieure que par la beauté de leurs fleurs, si on en excepte néanmoins la première espèce, dont les fleurs sont d'une belle couleur écarlate, & viennent en bouquets serrés à l'extrêmité des branches; aussi cette plante fait un très-bel effet lorsque plusieurs de ses branches sont garnies en même temps de fleurs; celles-ci conservent long-temps leur éclat; mais les fleurs des autres espèces sont petites, & la plupart d'une couleur herbacée: aussi ne sont-elles pas de grande apparence.

CRATŒGUS, *l'Alisier.*

NOMS GÉNÉRIQUES.

Ce genre de plantes est connu sous les noms de *Cratægus. Linn. Crataigos. Aria. Theph. Hamamalis. Athen. Terminalis. Plin. Mespilus. Tourn.* En François, Alier, Alisier, Anotes.

Description.

Le caractère de ce genre de plantes est d'avoir le périanthe du calice à une seule pièce, concave, s'ouvrant, à cinq dents, persistant; les pétales de la corolle sont au nombre de cinq, ronds, concaves, sessiles, insérés au calice; les filamens des étamines sont au nombre de vingt, en forme d'alêne, insérés au calice; les anthères sont rondes; le germe du pistil est inférieur; les stils sont au nombre de deux, filiformes, droits; les stigmates sont en tête; le péricarpe est une baie charnue, ronde, ombiliquée; les semences sont au nombre de deux, un peu oblongues, distinctes, cartilagineuses.

CLASSE.

Ce genre fait partie de la vingt-unième Classe de Tournefort, qui comprend les arbres & arbustes à feuilles rosacées, & de la douzième de Linnæus, destinée aux plantes icosandriques monogyniques; cet Auteur en admet neuf espèces.

PREMIERE ESPECE.

La première espèce est le Drouillier, le Drullier, l'Alleuche de Bourgogne. *Cratægus aria. Cratægus foliis ovatis inæqualiter serratis, subtus tomentosis. Linn. Sp. plant.* 681. *Hort. Cliff.* 187. *Flor. Suec.* 398. 433. *Virid. Cliff.* 43. *Mat. Med.* 234. *Roy. Lugdb.* 271. *Sauv. Monsp.* 306. *Cratægus folio subrotundo serrato subtus incano. Tourn. Alni effigie, lanato folio major. Bauh. Pin.* 452. *Aria. Dalech. Hist.* 202. *Sorbus Alpina. Bauh. Hist.* 1. *p.* 65. En Allemand, *Arolsbeer. Wilder sperber baum. At las baum.* En Suédois, *Oxel.* En Danois, *Axelbær. Bornholms. Rosiner. Oxolbær. Oxelbær. Axelbær. Axaldbær. Selje. Asald.* En Anglois, *White-Beamtrée. White-Thorn.*

Description.

Cet arbre conserve la beauté de ses feuilles plus long-temps que les autres espèces de ce genre; il est très-branchu, & de la même hauteur & grosseur que l'espèce suivante; les jeunes branches ont l'écorce brune, garnie de duvet très-blanc; ce duvet couvre pareillement les pédicules & les calices des fleurs; l'embryon devient un fruit ovale qui n'a intérieurement qu'une seule loge où sont renfermées trois ou quatre semences; la fleur paroît au mois de Mai.

Variétés.

Linnæus donne pour variété de cette espèce

l'Alisier de Suède. *Cratœgus Suecica. Cratœgus inermis, foliis ellipticis serratis, transversaliter sinuatis, subtus villosis. Flor. Lapp.* 199. *Sorbus sylvestris Anglica. Rai, Hist.* 1439.

Figure.

L'espèce principale est représentée dans la seconde partie de cet Ouvrage; dans notre Traité historique des Plantes de la Lorraine, & dans le *Flora Danica*, pl. 302.

Lieu de sa naissance.

Elle croît naturellement en France, dans la Bourgogne & la Lorraine, dans les Montagnes de la Suisse: la variété est commune en Suède & en Angleterre.

Insectes qui se trouvent sur cet arbre & sur les espèces suivantes.

On trouve sur les *Cratœgus* plusieurs insectes: le premier est le gazé. *Papilio helicanius Cratœgi. Papilio heliconius alis integerrimis rotundatis albis: venis nigris. Linn. Syst. Nat. edit. XIII.* 758. *Faun. Suec.* 1034. *Ic. Gost.* 182. Cette espèce est blanche tant en-dessus qu'en-dessous; les nervures seules sont noires, & s'élargissent un peu au bord des aîles supérieures; les nervures noires sur un fond blanc, font ressembler ce papillon à une gaze; sa chenille est velue, noire, chargée de poils courts qui partent immédiatement de son corps. Ces poils blancs & jaunes forment de chaque côté du corps une espèce de bande de la même couleur.

Le deuxième est la phalêne du Cratœgus. *Phalœna bombyx Cratœgi. Phalœna bombyx elinguis, alis deflexis cinereis rotundatis; fascia obscuriore, ano barbato. Linn. Syst. Nat. edit. XII.* 823. Cette phalêne a une large bande brune sur les aîles supérieures; le bout de son ventre a la forme d'une large queue fourchue dans le mâle, & est arrondi dans la femelle.

Le troisième est la phalêne étoilée. *Phalœna bombyx antiqua. Phalœna bombyx elinguis, alis planiusculis; superioribus ferrugineis lunula alba anguli postici; fœmina aptera. Linn. Syst. Nat. edit. XII.* 825. Le mâle a ses antennes grandes, noires & pectinées; ses aîles sont arrondies, & il les porte un peu étendues; les supérieures sont en-dessus d'un fauve nébuleux, taché & ondé de brun, avec une tache blanche arrondie & apparente vers l'angle de l'aîle qui touche l'anus; le dessous des aîles, ainsi que les aîles inférieures, est d'un jaune un peu roux. La femelle a ses antennes pectinées, & est de couleur cendrée; elle n'a point d'aîles, mais seulement des moignons d'aîles attachés à un corps gros & court, ensorte qu'on ne la prendroit jamais pour une phalêne; la chenille est à brosse; elle a seize pattes, est velue, & a le long du dos des brosses blanches, outre deux longues aigrettes aux deux côtés de la tête, & une sur la queue de couleur noire; les poils de ces aigrettes sont longs, & se terminent en bouton par le bout.

Le quatrième est la phalêne teigne de l'Oxyacantha. *Phalœna tinea Oxyacantella. Phalœna tinea alis fusco-nebulosis, striga albida, margine postico albo. Linn. Syst. Nat. edit. XII.* 886. Les aîles de cette espèce sont d'un brun-nébuleux, avec une raie au milieu, ou plutôt postérieure, d'un jaune-blanc ondulé; le bord supérieur, sur-tout des aîles inférieures, est à cils blancs.

Le cinquième est la teigne du petit Cratœgus. *Phalœna tinea Cratœgata. Phalœna tinea alis albidis, fasciis duabus tertiaque terminali nigricantibus. Linn. Syst. Nat. edit. XII.* 885. Cette teigne est presque blanche, à atomes cendrés; les bandes sont au nombre de deux, brunâtres, égales, tranversales; une troisième est courbée au sommet des aîles.

Le sixième est la cochenille du Cratœgus oxyacanthe. *Coccus Cratœgi oxyacanthœ. Linn. Syst. Nat. edit. XII.* 741. Cette galle insecte est à nid cotonneux; elle est commune sur l'aubepine.

Le septième est la phalêne de l'oxyacantha. *Phalœna noctua oxyacanthœ. Phalœna noctua spirilinguis cristata, alis deflexis bimaculatis margine tenuiore cœrulescente. Linn. Syst. Nat. edit. XII.* 852. La corne de cette phalêne est inégale, panachée de blanc & de noir, à queue bossue; vers le bord postérieur de l'aîle supérieure de la phalêne, il regne une ligne blanche longitudinale.

Le huitième est la citronelle rouillée. *Phalœna geometra cratœgata. Phalœna geometra seticornis, alis flavissimis: anterioribus maculis costalibus tribus ferrugineis, media subargentea. Linn. Syst. Nat. edit. XII.* 868. Cet insecte a sept lignes de longueur sur quinze lignes de largeur; ses antennes, sa trompe, son corps & ses pattes sont d'une couleur safranée, & ses yeux sont noirs; ses aîles fort arrondies sont d'un jaune citronné, avec deux bandes transverses de points ou petites taches cendrées sur chacune, & de plus, les aîles de dessus ont leur bord extérieur d'un jaune couleur de rouille, avec deux taches semblables qui vont se confondre avec le bord. Cet insecte se trouve principalement sur la première espèce que nous avons décrite.

Le neuvième est la phalêne verte. *Phalœna geometra viridata. Phalœna geometra seticornis, ali sangulatis omnibus viridibus: striga pallida. Linn. Syst. Nat. edit. XII.* 865. Cette phalêne se trouve également sur l'oxyacantha & le chêne; nous la décrirons en parlant du chêne.

Culture.

Cette espèce aime les terreins maigres, crétacés; il y croît même fort vîte, & pour lors son bois est fort blanc & d'une grande dureté, au surplus sa culture est la même que celle de l'espèce suivante; ses propriétés sont aussi les mêmes.

DEUXIEME ESPECE.

La deuxième espèce est l'Alisier à feuilles découpées. *Cratœgus terminalis. Cratœgus foliis cordatis septangulis: lobis infimis divaricatis. Linn. Sp. plant.* 631. *Cratœgus foliis cordatis acutis: lacinulis acutis serratis. Hort. Cliff.* 187. *Roy. Lugdb.* 271. *Sauv. Monsp.* 286. *Sorbus terminalis & Cratœgus. Theophrasti. Bauh. Hist.* 1. *p.* 63. *Sorbus terminalis. Cam. Epit.* 162. *Edw. Av.* 212. *Mespilus, apii folio, sylvestris non spinosa, seu sorbus terminalis. Bauh. Pin.* 454. *Cratœgus folio laciniato. Tourn. Inst.* 633. *Boerh. Lugdb.* 2. *p.* 248. *Sorbus terminalis Plinii. Clus. Hist.* 1. *p.* 10. *Lob. Hist.* 1. *p.* 63. En Anglois, *Wild service-tre.* En Allemand, *Adelsbeer. Atlasbeer. Elsbeer. Wilder. Sperber baum.*

Description.

Cet arbre s'éleve à la hauteur de trente ou quarante pieds, il devient gros & forme une belle tête; sa racine est d'un beau noir; ses jeunes branches ont l'écorce purpurine, tachée de blanc; la feuille portée par une assez longue queue est d'un verd brillant en-dessus, échancrée, de sorte que les bords forment ordinairement sept ou neuf grandes dents pointues, qui sont outre cela finement dentelées tout-autour. Il y a des stipules au bas des feuilles sur les jeunes branches ; cet arbre commence à fleurir vers la mi-Mai ; sa fleur est blanche, plus petite que celle du poirier, & attachée à un plus long pédicule, il y a très-souvent deux ou trois semences dans chaque loge.

Figure.

Cette espèce est représentée dans le Traité des Arbres & Arbustes de M. Duhamel, p. 196.

Lieu de sa naissance.

Elle vient naturellement dans l'Angleterre, l'Allemagne, la Suisse & la Bourgogne.

Culture.

L'Alisier se plaît dans les terres fortes & qui ont beaucoup de fond ; ses semences levent d'elles-mêmes dans les bois sous les gros arbres ; on peut le multiplier en semant la graine aussi-tôt qu'elle est mûre ; si on lui donnoit le temps de se sécher, elle pourroit être une année entière sans lever ; on gouverne le jeune plant de même que celui de l'aubépine ; mais il y a des cultivateurs qui veulent qu'on ne l'étete jamais : on peut encore faire des marcottes d'Alisier, en choisissant pour cela le jeune bois. Ces marcottes sont deux ans à faire des racines suffisantes pour que l'on puisse les transplanter. M. Miller a fait des boutures d'Alisier, qu'il avoit planté à l'ombre en automne, mais il n'y en eut qu'un huitième qui réussit. L'Alisier & le poirier se greffent bien l'un sur l'autre ; quoique l'Alisier prenne aussi sur le nefflier, il n'y réussit pas bien & subsiste moins long-temps ; on espace les Alisiers à quinze ou dix-huit pieds dans les bonnes terres ; leurs branches s'étendent beaucoup, & l'ombrage en est agréable.

Propriétés alimentaires.

Quand les Alises sont molles comme des nefles, elles sont assez agréables à manger ; on en fait du vin passable, soit en l'exprimant, soit en le mettant entier dans un tonneau, où l'on verse de l'eau à proportion, en le laissant ainsi fermenter deux ou trois jours.

Propriétés médicinales.

Le fruit de l'Alisier est astringent, & propre pour arrêter toute sorte de flux, même la dyssenterie. Ettmuler prépare avec ce fruit un rob, qu'il prescrit dans la diarrhée épidémique.

Propriétés économiques.

Le bois d'Alisier est fort dur, mais il n'a point de couleur ; on l'emploie en charpente pour faire des alluchons & des fuseaux dans les rouages des moulins ; les Tourneurs le recherchent ; les Menuisiers l'emploient pour leurs outils ; les jeunes branches sont bonnes pour faire des flûtes & des fifres.

Propriétés d'ornemens.

Cet arbre est d'une très-belle venue, il peut servir à faire de très-belles allées dans les parcs ; il convient parfaitement bien dans les taillis où son fruit attire les oiseaux ; les bouquets de ses fleurs lui font faire un très-bel effet dans les bosquets du printemps.

TROISIEME ESPÈCE.

La troisième espèce est l'Alisier à fruit couleur d'écarlate ; le nefflier du Canada à feuilles d'Alisier ; l'azerolier du Canada, l'épine à fleurs blanches des Jardiniers. *Cratœgus coccinea. Cratœgus foliis cordatis repando angulatis serratis glabris. Linn. Sp. plant. 632. Hort. Cliff. 187. Hort. Ups. 126. Gron. Virg. 54. Roy. Lugdb. 272. Mespilus foliis cordatis ovatis acuminatis, marginibus acute serratis, ramis spinosis. Mill. Dict. Mespilus, apii folio, Virginiana spinis horrida, fructu amplo coccineo. Pluk. Alm. 229. Mespilus Virginiana, colore rutilo. Bauh. Pin. 453. Mespilus spinosa, seu oxyacantha Virginiana maxima. Angl. Hort. 49. Oxycantha spina sancta dicta. Rai. Hist. 1799. Mespilus Canadensis sorbi terminalis facie. Tourn. Inst. Rei Herb.*

Description.

Ses rameaux sont parsemés de petis points vagues ; ses épines sont axillaires, fortes, s'ouvrant beaucoup, sortant des rudimens des rameaux ; ses feuilles sont en forme de coin, ovales, à lobes, découpées, à dents de scie ; ses péduncules sont poileux, en bouquets ; ses fruits sont d'un beau rouge.

Figure.

Cette espèce est représentée dans le Dictionnaire de Miller, planche 179 ; dans l'*Almag.* de Plukenet, planche 46, figure 4 ; & dans le Jardin d'Angleterre, planche 13, figure 1.

Lieu de sa naissance.

Elle croît naturellement dans la Virginie, le Canada.

Culture.

Sa culture est la même que celle de la huitième espèce.

Propriétés d'ornemens.

Cet arbrisseau fait un arbre assez joli dans le mois de Mai, quand il en fleurs, il convient donc de le mettre dans les bosquets du printemps, il est aussi agréable en automne à cause de ses beaux fruits rouges ; mais comme dans cette saison les feuilles ont presque toujours perdu leur éclat, nous n'osons conseiller d'en mettre dans les bosquets de cette saison.

Propriétés alimentaires pour les oiseaux.

Les oiseaux sont fort friands du fruit de cet arbre.

QUATRIEME ESPÈCE.

La quatrième espèce est l'Alisier verd, l'azerolier du Canada. *Cratœgus viridis. Cratœgus foliis lanceolatis-ovatis subtrilobis serratis glabris, caule inermi. Linn. Sp. plant. 683. Mespilus inermis, foliis oblongis integris acuminatis serratis parvis, utrinque viridibus. Gron. Virg. 76.*

Description.

Cette espèce n'a point d'épines ou très-peu ; ses feuilles sont lancéolées, ovales, à trois lobes, découpées à dents de scie, glabres ; ses stipules sont en demi-cœur ; son fruit est bien arrondi, d'un beau rouge.

Observation.

Gronovius prétend que c'est une variété de l'espèce précédente.

Lieu de sa naissance.

Elle croît naturellement dans la Virginie.

CINQUIÈME ESPÈCE.

La cinquième espèce est l'azerolier de Virginie, l'épine à longs dards. *Cratægus crus galli. Cratægus foliis lanceolato-ovatis serratis, glabris, ramis spinosis. Linn. Sp. plant. 682. Mespilus foliis lanceolatis serratis, spinis robustioribus, floribus corymbosis. Mill. Dict. Mespilus aculeata pyrifolia denticulata splendens, fructu insigni rutilo, virginensis. Pluk. Alm. 249. Mespilus pruni foliis, spinis longissimis fortibus, fructu rubro magno. Clayt. Virg. 55.*

Description.

La fleur de cette espèce est de huit à neuf lignes de diametre, de quinze à vingt étamines, avec trois pistils, rarement deux ou quatre; le calice ressemble à celui de la fleur du poirier; il est divisé en cinq échancrures, longues & très-étroites; les feuilles se terminent en pointe longue & aiguë du côté de la queue, & sont ordinairement accompagnées à leur naissance de deux stipules frangées & découpées; l'autre extrêmité est large, cependant terminée par une petite pointe; vers cette extrêmité, les bords sont divisés en plusieurs découpures, ordinairement petites & peu profondes, garnies de dents aiguës & surdentelées. Ces feuilles sont fermes & étoffées; sous l'aisselle de chacune il y a un bouton, ou une grande & forte épine; son fruit est gros, d'une odeur & d'une saveur approchant de celle d'une mauvaise pomme, jaune-pâle; applati par les extrêmités, anguleux, ou relevé de côté sur son diametre.

Figure.

Cette espèce est représentée dans le Dictionnaire de Miller, pl. 178, fig. 2; & dans l'*Almag.* de Plukenet, pl. 46, fig. 1.

Lieu de sa naissance.

Elle croît naturellement dans la Virginie.

Culture.

On greffe cette espèce de même que toutes les espèces curieuses sur la première espèce; elles y réussissent très-bien: le fruit n'est pas bon en France, sans doute, faute de maturité.

Propriétés d'ornemens.

Cet arbrisseau fait un très-bel effet dans les bosquets d'automne.

SIXIEME ESPÈCE.

La sixième espèce est l'Alisier cotonneux. *Cratægus tomentosa. Cratægus foliis cuneiformi ovatis serratis subangulatis subtus villosis, ramis spinosis. Linn. Sp. plant. 632. Mespilus inermis, foliis ovato-oblongis serratis subtus tomentosis. Gron. Virg. 55. Mespilus Caroliniana, apii folio, vulgari similis major, fructu luteo. Trew. Ehr. Mespilus Virginiana, grossulariæ foliis. Pluk. Phyt. 100.*

Observation.

Trew prétend que cette espèce n'est qu'une variété de l'espèce d'Europe, mais la seule différence, c'est que son fruit est jaune; les feuilles sont oblongues, pointues, d'un verd-gai, blanchâtres en-dessous.

Description.

Les calices sont feuillés; les fleurs sont solitaires; les feuilles sont semblables à celles de la groseille; ses épines sont longues, étroites.

Figure.

Cette espèce est représentée dans le *Phytographier* de Plukenet, planche 100, figure 1; & dans les Planches de Trew, pl. 17.

Lieu de sa naissance.

Elle croît naturellement dans la Virginie.

Culture.

Cette espèce fleurit au commencement de Juin, & son fruit est mûr sur la fin de l'automne; on peut la multiplier de la même manière que la première & la deuxième espèce; mais il lui faut une terre forte, autrement elle ne réussit point.

SEPTIEME ESPECE.

La septième espèce est l'Alisier des Indes. *Cratægus Indica. Cratægus foliis lanceolatis serratis, caule inermi, corymbis squamosis. Linn. Sp. plant. 683.*

Description.

C'est un grand arbre, dont les rameaux n'ont point d'épines; ses feuilles sont larges, lancéolées, obtuses, découpées à dents de scie, un peu épaisses, pétiolées; ses bouquets sont terminaux, à péduncules écailleux, à bractées en forme d'alêne.

Lieu de sa naissance.

Il croît naturellement dans l'Inde.

HUITIÈME ESPÈCE.

La huitième espèce est l'aubépine, l'aubépin, le senellier, l'épine blanche, la noble épine. *Cratægus oxyacantha. Cratægus foliis obtusis subtrifidis serratis. Linn. Sp. plant. 683. Hort. Cliff. 188. Flor. Suec. 399. 434. Roy. Lugdb. 272. Mespilus apii folio, sylvestris spinosa, sive oxyacantha. Bauh. Pin. 454. Oxyacantha seu spina alba. Dod. Pempt. 751. Dalech. Hist. 136. Spina appendix Plinii. Clus. Hist. 1. p. 121. Oxyacantha. Lob. Hist. 614. Cæs. Syst. 99. Oxyacantha vulgaris. Rupp. jen. 109. Oxyacantha vulgaris seu spinus albus. Bauh. Hist. 1. p. 49.* En Allemand, *Weissdorn.* En Anglois, *Haw-thorn, White-thorn.* En Italien, *Spinalba, Spina bianca.* En Danois *Hautorn, Hogetorn.* En Suédois, *Hagtorn, Hastorn.*

Description.

C'est un grand arbrisseau, dont la racine est tortueuse, rameuse, ligneuse; ses tiges sont pareillement tortueuses, armées de fortes épines, ayant l'écorce blanchâtre; ses feuilles sont alternes, obtuses, pétiolées, dentées en manière de scie, découpées deux fois, divisées en trois, lisses, d'un verd brillant; ses fleurs sont semblables à celles du neflier; la différence qu'il y a, c'est que les pétales de l'aubépine sont sessiles, & qu'on ne remarque dans sa fleur que deux pistils, tandis qu'il y en a cinq dans celles du neflier. Le fruit de cet arbrisseau est une baie rouge, charnue, obronde, ombiliquée, renfermant deux semences oblongues, distinctes, cartilagineuses.

Variétés.

On en trouve des variétés à fleurs rouges & à fleurs doubles. *Mespilus spinosa, seu oxyacantha flore pleno. Tour.*

Figure.

Nous avons fait graver dans la seconde partie de cet Ouvrage la belle aubépine à fleurs incarnates & doubles qu'on cultivoit à Trianon, & qui plaisoit beaucoup à Louis XV, de glorieuse mémoire.

Lieu de sa naissance.

L'aubépine croît naturellement dans les haies, les bois, les champs de la France, de l'Allemagne, de la Suède, du Danemarck, de l'Angleterre.

Insectes qui se nourrissent sur cet arbrisseau.

On trouve sur cet arbrisseau tous les insectes qui rongent les arbres fruitiers, & de la plupart desquels nous avons parlé au commencement de cet article. En parlant des poiriers & des pommiers, nous rapporterons la manière de les détruire.

Culture.

On multiplie l'aubépine par graine; on en replante aussi de rejettons dont les racines sont chevelues; on les met dans une rigole à distance de trois ou quatre doigts l'une de l'autre; on les laboure trois ou quatre fois l'an. Il n'y a point de meilleur plant que cet arbrisseau pour bien fermer un champ; il croît très-vîte; il sert à faire des haies, dont il défend l'approche par ses pointes.

Manière d'élever des haies vives.

Quoiqu'on emploie ordinairement pour composer les haies vives les ronces, les rosiers sauvages, le houx, les aubépins, cependant ces derniers sont ceux auxquels on donne la préférence; outre que l'aubépin forme une haie épaisse & forte, il dure encore long-temps. Après avoir choisi un terrein plus sec qu'humide, le long d'un cordeau qu'on aura tendu, on creusera une rigole d'un pied de profondeur, & de la largeur d'un fer de bêche; on y mettra du plant d'aubépin, espacé à quatre doigts, qu'on recouvrira aussi-tôt de terre, en foulant avec les pieds le premier lit qu'on y en aura jetté, de peur que laissant trop de jour entre la terre & les racines de ce plant, elles ne vinssent à s'éventer. Cela fait, on achevera d'enterrer l'aubépin jusqu'à trois ou quatre doigts, mettant pour lors la terre toute à l'uni, & observant de n'y point laisser de mottes; le plant doit avoir beaucoup de chevelu, & être choisi de la grosseur d'un pouce; on met d'abord une rangée de plant un peu couché dans la rigole, & on le recouvre avec la terre d'une seconde rigole pareille; on met d'autre plant à-peu-près au milieu des intervalles de la première rangée: quelques-uns en font une troisième, mais pour l'ordinaire on se contente de deux; quand elles sont bien couvertes de terre, on les entoure d'une haie seche, suffisamment enfoncée & forte pour les garantir du bétail. Le temps de cette plantation est depuis le commencement de Février jusqu'à la fin de Mars, ou depuis Septembre jusqu'au commencement de Décembre; il n'est pas mal d'entremêler dans la haie vive quelques arbres élevés en pépinière; & leur réussite est plus certaine, lorsqu'on les plante avec la haie, que si on le fait au bout de deux ou trois ans, comme le conseillent certains Auteurs; dans les cas où l'on craindroit que de grands arbres ne fissent tort à l'aubépin, on pourroit leur substituer des houx, qui décoreront assez bien le dehors d'un parc. On doit laisser pousser le plant d'aubépin pendant deux ans en toute liberté, & lui donner chaque année trois ou quatre légers labours; au bout de deux ans on commence à tondre l'aubépin, dans le mois de Mai, avec un croissant ou des ciseaux de Jardinier, à deux doigts de la tige, pour que le pied se garnisse; quelques-uns le recepent à fleurs de terre quand il a trois ans, & prétendent qu'ensuite il pousse en une ou deux années autant qu'il eût fait en sept, si on l'avoit abandonné à lui-même; mais le recepage ne convient que quand la haie languit. Au reste il convient de tondre cette haie tous les ans par le côté, jusqu'à ce qu'elle soit parvenue à la hauteur que l'on souhaite; après quoi la tonte des années suivantes se fait seulement & du côté de l'héritage & par-dessus avec le ciseau, afin que le dehors & le pied se maintiennent toujours de manière qu'une poule même y trouve difficilement un passage. Le croissant fait une tonte très-propre, & convient aux jardins; mais la serpe suffit pour l'ordinaire dans les champs.

Lorsqu'on veut faire des haies d'aubépine à peu de frais & en même temps belles & agréables, on laboure en alignement avec la charrue deux pieds de large autour de la terre que l'on veut clorre; on leve du premier coup de charrue toute la bonne terre qui est au-dessus, & on la jette d'un côté à droite avec les pêles de bois ferrées; du second coup de charrue on leve un pied de mauvaise terre, & on la jette à la gauche. Si on a du vieux terreau, des curures de vieux fossés, d'étangs ou de marais, qui en soient proche, on en met un lit dans le fond de la tranchée; si on n'en a pas, on y met la moitié de la bonne terre, & on couvre de l'autre moitié la racine du plant; on achevera de remplir la tranchée de la mauvaise terre, & on couvrira de l'autre moitié la racine du plant. La mauvaise terre deviendra bonne lorsqu'elle aura été exposée au soleil, & imbibée de la pluie; on plante une tranchée des deux en quinconce: l'essentiel est d'avoir de bon plant d'épine blanche pour gagner du temps.

Il y a des personnes qui greffent les branches les unes sur les autres, ce qui forme une haie extrêmement serrée; il est probable que c'est de la sorte que sont faites en Ecosse celles dont parle Evelin, qui renferment des lapins aussi sûrement que des enceintes de planches. Tant qu'une haie est jeune, l'on doit avoir soin de détruire, tous les deux ans vers le milieu de l'été, les plantes ou herbes qui peuvent lui nuire; les labours de la terre voisine lui sont toujours favorables. Deux choses peuvent faire beaucoup de tort à une jeune haie, la dent du bétail & les chenilles; la haie seche dont on l'environne d'abord sert à la garantir d'être broutée par les bestiaux; à l'égard du second accident, nous en traiterons en parlant des arbres fruitiers, ainsi que nous l'avons déja dit.

C'est une bonne économie que d'élever des pépinieres d'aubépin que l'on vend à trois ou quatre ans pour former des haies. On peut ainsi occuper utilement un coin de terre négligé; si cette terre est légère & exposée au midi, le plant devient très-beau.

Propriétés économiques.

Comme l'aubépin a de grandes épines, & qu'il souffre le ciseau & le croissant, les haies que l'on en fait ont le double avantage d'être fortes & très-jolies, quand on a soin de les tondre; cet arbrisseau a d'ailleurs l'avantage de ne craindre ni le froid ni le chaud, de ne point tracer & de durer long-temps; son tronc est plus ou moins gros, suivant son âge; les vieilles souches, lorsqu'il n'y a point de bornes, servent pour aligner les haies où elles se trouvent; on peut greffer sur l'aubépine des neffliers, épine-vinettes, cornouilliers.

Propriétés d'ornemens.

Les aubépins sont très-agréables dans le mois de Mai, temps auquel ils sont en fleurs; plusieurs variétés répandent une odeur fort gracieuse; on peut en mettre dans les bosquets du printemps, sur-tout l'aubépin à fleurs doubles & incarnates, qui est charmant dans le temps de sa fleur; les variétés privées d'odeur ont les feuilles plus brillantes que les autres; on fait avec ces arbrisseaux pour décorer les jardins, des palissades: on taille dans les espèces de haies ou palissades des fenêtres de distance en distance, des colonnes & autres figures en forme de galerie.

Propriétés alimentaires pour les animaux.

Les jeunes bourgeons & feuilles d'aubépine forment une excellente nourriture pour les chevres; les abeilles sont friandes des fleurs; les baies servent de nourriture aux oiseaux, principalement aux grives.

Propriétés nuisibles aux animaux.

On prétend que les fleurs de ces arbrisseaux font corrompre le poisson.

Propriétés médicinales.

Les fleurs d'aubépine ont une odeur aromatique très-agréable; les feuilles ont un goût visqueux; la pulpe est molle, glutineuse, douceâtre & astringente. On emploie la poudre des fruits desséchés; on en tire une eau distillée qui est diurétique: on vante beaucoup le syrop d'aubépine dans les rhumes.

Formule.

Prenez des racines de raifort une once, de la poudre de fruits desséchés d'*aubépine* deux gros; faites infuser le tout pendant la nuit sur les cendres chaudes dans quatre onces de vin blanc; coulez le lendemain pour une potion à prendre le matin à jeûn, dans les embarras des reins & de la vessie.

NEUVIÈME ESPÈCE.

La neuvième espèce est l'Azerolier, l'Azerolier blanc d'Italie. *Cratœgus azerolus. Cratœgus foliis obtusis subtrifidis subdentatis. Linn. Sp. plant. 683. Mespilus apii folio laciniato. Bauh. Pin 453. Mespilus aronia veterum. Bauh. Hist. 1. p. 67. Mespilus apii folio fructu majore.*

Description.

Cet azerolier devient à-peu-près de la même grandeur que l'aubépine; il donne rarement du fruit dans ce climat, s'il n'est planté en espalier à une bonne exposition; ses bourgeons sont gros, couverts d'un duvet blanchâtre, très-garnis de feuilles, & souvent de quelques épines longues de six à quinze lignes, & grosses à leur naissance; ses boutons sont ronds, gros, couverts d'écailles brunes; ses fleurs sont rassemblées par bouquets sur une tige qui porte quatre fleurs à son extrêmité; des deux côtés de cette tige sortent de l'aisselle d'une feuille quatre petites branches ou ramifications dans un ordre alterne, dont chacune longue de dix-huit à vingt-quatre lignes, porte à son extrêmité deux ou trois fleurs; de sorte que le bouquet est composé de douze à seize fleurs. Chaque fleur est d'environ sept lignes de diametre: elle a 1°. un calice charnu divisé en cinq échancrures courtes & terminées en pointe; 2°. cinq pétales blancs, ronds, très-concaves ou creusés en cueilleron, ayant environ trois lignes de hauteur & autant de largeur; 3°. quinze à vingt-cinq étamines blanches, terminées par des sommets de même couleur; 4°. deux pistils, rarement trois, & plus rarement un surmonté de stigmates d'un verd-gai, figuré comme une petite tête plate de clou. Ces fleurs ne s'ouvrent que vers la mi-Mai.

Les feuilles sont alternes, divisées en trois découpures; celle du milieu plus longue & plus large que les autres, se termine ordinairement par trois grandes dents aiguës. Les deux découpures ont rarement quelque dent; elles s'écartent beaucoup de celle du milieu, & viennent former un angle aigu sur le pédicule; de sorte que si l'on étend une feuille, & que de la pointe d'une découpure latétale à celle de l'autre on tire une ligne droite, on aura un triangle presque équilatéral, dont chaque côté sera d'environ de deux pouces dans les grandes feuilles. Elles sont d'un verd-gai en-dedans, & blanchâtres en-dehors; leurs nervures sont peu sensibles. Leur queue est courte & assez grosse; elles se tiennent fermes sans se plier en aucun sens. Les petites feuilles, celles des branches & des boutons à fruit, sont longuettes, beaucoup moins larges que les grandes; leurs découpures sont moins profondes; celle du milieu est plus longue que les deux autres, terminée comme elles, & non pas divisée en trois dents comme celle des grandes feuilles. Quoique le bouquet de fleurs en contienne quinze ou seize, il est rare qu'il arrête plus de six ou sept fruits sur une même tige; des fruits, les uns sont ronds, les autres un peu turbinés; leur grosseur varie beaucoup suivant les terreins, les années & l'exposition; ils sont beaux dans notre climat, lorsqu'ils ont dix lignes de diametre sur une pareille hauteur. Quelques-uns sont sphériques, applatis par les extrêmités, ayant environ une ligne de diametre plus que de hauteur; tous ont la tête applatie, comme la plupart des fruits de cette famille, & terminée par un ombilic très-large, bordé des échancrures du calice. La queue est de moyenne grosseur, longue d'une à huit lignes, plantée à fleur de fruit; la peau est très-lisse, & un peu luisante; le côté de l'ombre est blanchâtre, ou d'un jaune-pâle, quelquefois très-légérement lavé de rouge; l'autre côté est d'un rouge peu foncé; la chair est d'un jaune-clair, pâteuse & peu délicate; l'eau très-peu abondante est un peu aigrelette; on trouve dans ce fruit deux gros noyaux inégaux, osseux & très-durs, applatis sur le côté où ils sont appliqués l'un contre l'autre, arrondis de l'autre côté, qui est souvent creusé d'un petit sillon ou cannellure, suivant sa hauteur; ils sont tantôt raccourcis, tantôt allongés, suivant les proportions du fruit; quelquefois il n'y a qu'un gros noyau qui est presque rond; quelquefois aussi il y a trois noyaux; sa maturité est vers la mi-Octobre.

Figure.

Cette espèce est représentée dans le Traité des arbres fruitiers de M. Duhamel, tome 1, page 334, planche 1.

Variétés.

M. Duhamel rapporte plusieurs variétés de cette espèce ; il donne même pour variétés quelques plantes que nous n'avons données ci-dessus que comme espèces, telles que la quatrième & la sixième espèces ; il y en a une, entr'autres, à gros fruits très-rouges. *Mespilus apii folio laciniato, fructu majore, intensiùs rubro, gratioris saporis. H. Cath.* Le fruit est presqu'aussi gros que celui de la principale espèce, plus applati par les extrêmités, d'un rouge-ponceau clair, teint d'un rouge vif en quelques endroits; il en subsiste encore un pied dans le jardin du Val, qu'on assure que Louis XIV a planté lui-même ; quelques-uns l'appellent *l'épine d'Espagne*, sans doute parce que celui du jardin du Val fut envoyé d'Espagne à Louis XIV.

M. Duhamel pense qu'on pourroit ajouter aux variétés de l'azerolier ; l'azerolier poirier, dont la feuille est ellyptique, longue d'environ cinq pouces, & large de trois pouces, beaucoup plus étroite par les extrêmités que par le milieu, dentelée finement, & peu profondement vers la queue, qui est menue, longue de quinze à vingt lignes ; l'autre extrêmité est garnie de grandes dents surdentelées ; le dedans est d'un vert un peu luisant ; le dehors est blanchâtre, couvert d'un duvet fin ; son fruit est de la forme d'une petite poire, bien arrondie sur son diametre, applatie par la tête, où l'œil est placé presqu'à fleur ; il n'est pas plus ouvert que celui des poires ; il se termine réguliérement en pointe vers la queue, qui est menue, longue de sept à quinze lignes ; son diametre est de dix à onze lignes, & sa hauteur de douze à treize lignes ; sa peau est lavée de rouge du côté du soleil, d'un jaune rougeâtre de l'autre côté ; sa chair est jaune, un peu pierreuse ; son eau n'est pas désagréable ; dans l'intérieur on trouve, comme dans les poires, cinq loges & dix petits pepins. L'azerole-poire mûrit vers la mi-Septembre. Plusieurs Botanistes regardent cet arbre comme un vrai poirier, & en effet il en a tous les caractères.

Linnæus donne pour variété de l'espèce précédente l'azerolier du Levant. *Mespilus aronia. Mespilus orientalis, apii folio subtus hirsuto. Poch. Orient. 189.* Cette variété est gravée dans Pochok, planche 85.

Lieu de sa naissance.

L'azerolier vient naturellement aux environs de Florence & de Montpellier, dans la Provence, & même dans la Franche-Comté.

Culture.

Les azeroliers réussissent mieux à une exposition chaude qu'ailleurs ; on les greffe en fente ou en écusson sur aubépin, poirier sauvage & nefflier proprement dit. Pour avoir de plus gros fruits, plus hâtifs & en abondance, on les greffe sur coignassier ; on peut planter des azeroliers en espalier ; on les choisit pour cet effet depuis deux pouces & demi jusqu'à quatre de grosseur par bas ; cette dernière proportion est la plus avantageuse : qu'ils soient greffés nouvellement, ou depuis trois ans, c'est égal ; ces arbres s'accommodent assez de toutes sortes de terre ; cependant ils ne font que languir dans un terrein trop sec. On les éleve de graines & quelquefois de plant ; leur semence ne leve que la deuxième année ; cependant si on met dès la fin de Septembre les fruits aussi-tôt qu'ils sont mûrs, lits par lits, avec de la terre un peu humide, & si on les seme au printemps suivant sur couche, ils levent dès la première année.

Propriétés alimentaires.

Les azeroles sont fort estimées en Italie, où on les mange crues ; elles sont aigrelettes ; on les confit, soit au sucre, soit au vinaigre, quand on ne veut pas les manger crues ; on voit assez généralement une année abondante de prunes, l'être aussi en azeroles. On orne de leurs baies les desserts, quoiqu'elles soient fades.

Propriétés médicinales.

On attribue à ces fruits la vertu de fortifier l'estomac, & d'arrêter le vomissement & le flux de ventre.

Propriétés d'ornemens.

L'azerolier mérite d'être placé dans les bosquets du printemps, par la beauté de sa fleur ; il pourroit aussi occuper une place dans les bosquets d'automne à cause de son fruit ; les azeroliers conviennent aussi quelquefois dans les remises, ils attirent le gibier par leurs fruits ; on en cultive quelquefois dans les jardins potagers.

CRATŒRA, *le Tapia.*

NOMS GÉNÉRIQUES.

Ce genre de plantes est connu sous les noms de *Tapia Bras. Plum. Nirvala. Malab. Apioschorodon. Pluk. Cratæra. Linn.*

Description générique.

Le caractere de ce genre de plantes est d'avoir le périanthe du calice monophylle, à demi fendu en quatre, tombant, plane à la base ; les découpures s'ouvrent, sont ovales, inégales ; les pétales de la corolle sont au nombre de quatre, oblongs, repliés du même côté, à onglets menus, de la longueur du calice, insérés aux découpures ; les filamens des étamines sont au nombre de seize, & même plus, soyeux, inclinés vers le côté opposé aux pétales, plus courts que la corolle ; les anthères sont droites, oblongues ; le germe du pistil est ovale, à pedicule filiforme, très-long ; il n'y a point de stil ; le stigmate est sessile, en tête ; le péricarpe est une baie charnue, globuleuse, très-grande, à deux loges, pédiculée ; les semences sont nombreuses, rondes, échancrées, se nichant.

CLASSE.

Ce genre fait partie de l'onzième Classe de Linnæus, qui comprend les plantes dodecandriques monogyniques ; cet Auteur en admet trois espèces.

PREMIERE ESPÈCE.

La première espèce est le Tapia gynandrique. *Cratæra gynandra. Cratæra inermis, foliis integerrimis, floribus gynandris. Linn. Sp. plant. 636. Cratæra arborea triphylla, foliis ovatis glabris, racemis terminalibus. Brow. Jam. 246. Arbor Americana triphylla, numerosis staminibus purpureis apicibus prœditis, floris umbilicum occupantibus. Pluk. Phytog. 147.*

Description.

Description.

Cette espèce differe de la suivante par ses feuilles qui sont menues sans être épaisses, par ses pétales qui sont lancéolés sans être ovales, mais surtout en ce que la colonne éleve les étamines de la longueur du calice, comme dans le *Cleome gynandra*. Browne donne de cette plante les caractères suivans dans son Histoire de la Jamaïque. Le périanthe de son calice est, dit-il, monophylle, campanulé, épaissi vers le bord, garni de quatre folioles linéaires; la corolle est à quatre pétales étroits, inégaux, inclinés, garnis d'onglets menus depuis le bord intérieur du calice, & opposés aux interstices des feuilles du périanthe; les filamens des étamines sont au nombre de dix-huit ou plus, sortant du fond du support du germe, deux fois plus longs que la corolle, inclinés; les anthères sont oblongues; le support du pistil est inférieurement gros, en forme de stil, aminci supérieurement, & de la longueur des étamines; le germe est rond, petit; il n'y a point de stil au-dessus; le stigmate est un peu obtus, placé sur le germe; le péricarpe est une capsule charnue, en forme de baie quand elle est mûre, partagée en deux loges, séparée par moitié par une cloison membraneuse, renfermant plusieurs semences.

Figure.

Cette espèce est représentée dans le *Phytographia* de Plukenet, pl. 147, fig. 6.

Lieu de sa naissance.

Elle est vivace, & croît naturellement dans la Jamaïque.

DEUXIEME ESPECE.

La deuxième espèce est le Tapia proprement dit, l'Anona à trois feuilles. *Cratœva Tapia. Cratœva inermis, foliis integerrimis, foliolis lateralibus basi antica brevioribus. Linn. Sp. plant. 637. Cratœva inermis. Flor. Zeyl. 211. Sp. pl. 1. p. 444. Hort. Cliff. 484. Apioscorodon, seu arbor Americana triphyllos, allii odore, poma ferens. Pluk. Alm. 34. Malus Americana trifolia, fructu pomi aurantii instar colorato. Comm. Hort. 1. p. 129. Anona trifolia, flore stamineo, fructu sphærico ferrugineo scabro minore, allii odore. Sloan. Jam. 208. Hist. 2. p. 169. Rai Dendr. 79. Nürrvala. Rheed. Hort. Mal. 3. p. 49. Tapia arborea triphylla. Plum. Gen. 22. Tapia. Marg. Bras. 98. Pis. Bras. 68. Arbor Americana trifolia pomifera, seminibus reniformibus. Kigg. Beaum. 10. Pomifera Indica trifolia fructu pruniformi caudato. Rai. Hist. 1. p. 116. 442. An acacy nappil aurantiis parvis similis fructus. J. B. p. 806.* Chez les Brames, *Ranabelou* & *Pratonou.* En Portugais, *Pee do morto;* & en Hollandois, *Bombeenen.*

Description.

Cet arbre est fort haut; il parvient à la hauteur de trente ou quarante pieds, n'ayant que quelques rameaux étendus en rond; son écorce est glabre, cendrée, avec quelques petits points blancs; son bois est dur, jaunâtre; sa racine est blanchâtre, couverte d'une écorce cendrée, d'une odeur forte & presqu'insipide; ses feuilles sont ternées à pétioles cylindriques & longs de neuf pouces, oblongues, rondes & se terminant en pointe, glabres, luisantes, acides, broyées avec les mains donnant une odeur agréable; de la côte du milieu de ces feuilles, qui est considérable, partent plusieurs nervures qui vont aboutir parallélement & par ordre, en forme d'arc, aux bords de ces mêmes feuilles; les fleurs sont aux extrêmités des rameaux; elles ont des péduncules menus, oblongs, glabres, verds; ordinairement ses fleurs sont formées par quatre feuilles oblongues, rondes, pointues, blanchâtres & striées, & ses feuilles sont garnies intérieurement d'autant d'autres folioles petites, pointues, vertes; le milieu de la fleur & l'ombilic sont remplis d'une infinité de petites étamines vertes & rouges, surmontées par des anthères pourpres, oblongues, parmi lesquelles s'éleve un stil verd, oblong, épais, droit, joliment orné d'un sommet rond, d'un verd foncé, d'où sort ensuite le fruit; l'odeur en est très-douce & vineuse; les fruits sont suspendus par des pétioles verds, oblongs, gros, ronds, ligneux, qui se joignent par articulation aux pédicules des fleurs, de même que ceux-ci sont attachés par nœuds aux petits rameaux; ces fruits sont oblongs, ronds, verds, couverts d'une écorce cendrée, mince, ayant intérieurement la chair humide, blanche, séparée en quatre, d'une odeur & d'une saveur vineuse, renfermant plusieurs semences jaunes, très-dures, anguleuses & planes.

Observation.

Linnæus observe dans son *Hort. Cliff.* qu'il n'a trouvé que dix étamines dans une fleur seche de cet arbre; le P. Plumier n'en représente que huit, quoique Rheede prétende qu'elles sont en grand nombre, ainsi qu'on peut le voir par la description de cet Auteur, que nous venons de rapporter.

Figure.

Cette espèce est représentée dans l'Histoire des Plantes du Brésil, par Pison, pl. 69; dans l'*Almag.* de Plukenet, pl. 137, fig. 7; & dans l'*Hortus Malab.* planche 42.

Lieu de sa naissance.

Elle croît naturellement dans la Jamaïque & à Malabar.

Culture.

On multiplie cette espèce par semences qu'il faut se procurer du pays où cet arbre croît naturellement; on les seme sur une couche chaude au printemps; lorsque les plantes levent, on les gouverne de la même maniere que les anonas. Voy. art. *Anona.*

Observation.

Le fruit de cet arbre a une odeur si forte d'ail, qu'elle se communique aux animaux qui s'en nourrissent; les naturels du pays appellent cet arbre *Arach-Simmeron.*

Propriétés alimentaires.

On sert dans le pays ces fruits au dessert, quoiqu'ils ne soient pas des plus délicieux.

Propriétés médicinales.

Le suc de ses feuilles reçu dans des linges & appliqué sur les aines, fait uriner; ses fruits brisés & réduits en forme de cataplasme avec le sel, le camphre & la fiente de chat, produisent aussi le même effet. L'écorce macérée dans l'eau & cuite avec du gingembre & du poivre-long dans du lait de vache & de l'huile de sesame jusqu'à consomption, fournit un excellent liniment pour dessécher les humeurs froides; la semence cuite avec de l'infusion de riz, contuse ensuite avec du beurre récent, & appliquée en forme de cataplasme sur les abcès, les amollit puissamment, & les fait ouvrir.

TROISIÈME ESPÈCE.

La troisième espèce est le Tapia marmelos. *Cratœva marmelos. Cratœra spinosa, foliis serratis. Linn. Sp. plant. 637. Flor. Zeyl. 212. Cucurbitifera trifolia spinosa medica, fructu pulpa cydonii æmulo. Pluk. Alm. 125. Cydonia exotica. Bauh. Pin. 435. Bilacus. Rumph. Amb. 1. p. 197. Covalam. Rheed. Malab. 3. p. 37. Cydonia exotica quæ marmelos arbor. Burm. Zey. 84. Bali. Belighas. Herm. Zeyl. 46. 60. Covalam seu cydonia exotica. Pin. p. 435. Ville vitte Malab. Petiv. Act. Phil. Lond. vol. 22. 271.* Chez les Brames, *Belon.* En Portugais, *Marmeleira.* En Hollandois, *Slymappels.* A Baleya, *Bilak.* A Java, *Madja* & *Maja.* A Malaca, *Tangkulo.* A Macassar, *Bila* & *Madja - bim - wila.*

Description.

Cet arbre vient haut; son tronc est d'un blanc-jaunâtre, panaché, gros, très-dur, jettant plusieurs rameaux; ces rameaux sont recouverts d'une écorce épaisse, ligneuse, & garnis d'épines oblongues, pointues; les rameaux les plus vieux sont d'un rouge brunâtre; les plus tendres sont verds d'un côté, & rouges du côté exposé au soleil, de même que les épines; la racine est fibreuse, blanche & revêtue d'une écorce roussâtre, d'une odeur forte, d'une saveur douce & ensuite un peu amère; les feuilles naissent trois ensemble du même pédicule, oblongues, cylindriques, crenellées à leur circonférence, d'un verd-luisant, odoriférantes, austères, onctueuses en les broyant dans les mains: depuis le pédicule jusqu'à la pointe de la feuille, il regne une côte remarquable, qui jette de chaque côté plusieurs petites nervures; les fleurs sont odoriférantes; elles sont au nombre de six ou sept sur un même pédoncule; leur calice est verd, découpé en lobe; les pétales de la corolle sont au nombre de cinq, oblongues, rondes, épaisses, réfléchies, vertes à l'extérieur, intérieurement d'un blanc-verd, renfermant dans leur milieu plusieurs petites étamines surmontées d'anthères vertes; au milieu de ces étamines s'éleve un stil oblong, épais, droit, qui est le rudiment des fruits; ceux-ci ressemblent, par la forme extérieure, à des pommes rondes; ils sont recouverts d'une écorce verte, mince; & par-dessous celle-ci, d'une autre très-dure, ligneuse & presqu'osseuse, renfermant une chair visqueuse, jaune, humide, d'une saveur acide, douce, dans laquelle se trouvent des semences planes, oblongues, blanches, pleines d'un suc gommeux, transparent.

Figure.

Cette espèce est représentée dans l'*Almag.* de Plukenet, pl. 170, fig. 5; dans l'*Hort. Malab.* tome 3, pl. 37; dans l'*Herbarium Amboinense*, tome 1, pl. 81; & dans la deuxième partie de cet Ouvrage.

Lieu de sa naissance.

Elle croît naturellement dans l'Inde, à Malabar.

Culture.

On multiplie cet arbre par graines qu'on tire des pays où il croît naturellement; on seme cette graine au printemps sur une couche chaude; & quand les jeunes plants qui en proviennent sont bons à être transplantés, on les met chacun séparément dans un petit pot rempli de bonne terre de potager, & on enfonce les pots dans une couche chaude de tan; on les garantit du soleil jusqu'à ce qu'ils soient bien repris, & on les gouverne comme les anonas; il ne faut les arroser que très-peu pendant l'hiver.

Propriétés alimentaires.

La pulpe a un goût délicieux, quand le fruit est mûr: aussi les Indiens aiment beaucoup ce fruit; ils le servent sur les tables au dessert avec du sucre & des oranges; c'est, suivant eux, un mets très-délicat. Quand on mange ces fruits cruds, il faut prendre garde de ne pas manger la pelure. Les habitans de Zurate envoyent ces fruits par présent au Roi de Macassar. On fait avec ces fruits des confitures comme avec les coings, & différentes marmelades qui passent pour être excellentes, & qu'on apporte pour les Grands de la terre jusqu'aux climats les plus éloignés.

Propriétés médicinales.

On tire par la distillation au bain-marie des fleurs de cet arbre, qui sont très-odorantes, une eau pareillement odorante, qui ranime les esprits vitaux, & qui est tout à-la-fois cordiale & alexipharmaque. Dans le Laboratoire de Ceylan par Grimaldi, on trouve différentes préparations par le moyen desquelles on fait avec la pulpe des fruits des marmelades cordiales, céphaliques, stomachiques, pectorales, hépatiques, spléniques, néphrétiques, laxatives & anti-hydropiques, en y ajoutant la gomme gutte; avec l'écorce de l'arbre & les petites racines, on fait par le moyen de l'eau, une décoction qu'on vante dans le pays contre la mélancolie hypocondriaque, la palpitation de cœur & la syncope; la décoction des feuilles est bonne contre l'asthme; les fruits à peine mûrs, arrêtent la diarrhée & la dyssenterie; l'écorce réduite en poudre subtile mêlée avec du miel, forme un excellent électuaire propre à faciliter la digestion, & à enlever les maux de tête & les vertiges.

CRENEA, *la Crenée.*

Description générique.

Le caractère de ce genre de plantes est d'avoir le périanthe du calice monophylle, concave, partagé en quatre lobes ronds, aigus; la corolle a quatre pétales blancs, ronds, inférés entre les découpures du calice; les filamens des étamines sont au nombre de quatorze, oblongs, inférés au calice au-dessous des pétales; les anthères sont rondes, à deux loges; le germe du pistil est orbiculé, attaché au fond du calice; le stil est long; le stigmate est oblong, un peu épais; la capsule est à cinq loges, enveloppée par le calice, & renfermant plusieurs semences très-menues.

CLASSE.

Ce genre fait partie de la douzième classe de Linnæus, qui comprend les plantes icosandriques polyginiques; M. Aublet, qui a publié ce nouveau genre, n'en rapporte qu'une espèce.

ESPECE.

Cette espèce est la Crenée maritime. *Crenea maritima. Aubl. 523.*

Description.

Elle pousse de sa racine plusieurs tiges hautes de deux ou trois pieds, noueuses, à quatre angles, bordées d'un petit feuillet membraneux; elles sont garnies à chaque nœud de deux feuilles opposées & disposées en croix. Ces feuilles sont vertes, lisses, entières, ovales, oblongues, obtuses & rétrécies en approchant de leur attache; les fleurs naissent à l'aisselle des feuilles de chaque côté; il y a souvent deux péduncules qui partent de la même aisselle; ils sont grêles, & se partagent à leur extrémité en deux ou trois péduncules très-petits, & qui portent chacun une fleur; ils sont garnis d'une écaille à leur base, & dans leur partie moyenne ils ont deux écailles opposées; le calice de la fleur est d'une seule pièce, en forme de coupe, & divisé en son bord en quatre parties larges, vertes, aiguës & égales; la corolle est à quatre pétales blancs, arrondis, attachés entre les divisions du calice; les étamines sont au nombre de quatorze, rangées sur la paroi supérieure du calice, au-dessous des pétales; leur filet est long, blanc; l'anthère est jaune, à deux bourses; lorsque la fleur est épanouie, les étamines se portent toutes du même côté; le pistil est un ovaire sphérique qui occupe le fond du calice; il est surmonté d'un long stil blanc, courbé & terminé par un stigmate oblong & rouge; l'ovaire devient une capsule verte, aiguë, renfermée en partie dans le calice; elle est à cinq loges remplies de semences très-menues.

Figure.

Cette espèce est représentée dans l'Histoire des plantes de la Guiane Françoise, par M. Aublet, pl. 209.

Lieu de sa naissance.

Elle croît naturellement daus l'eau saumâtre sur les bords de la Crique fouillée qui partage l'Isle de Cayenne.

CREPIS, *la Chichoracée.*

NOMS GÉNÉRIQUES.

Ce genre est connu sous les noms de *Crepis. Linn. Hieracioïdes, Vaill. Tolpis. Adans. Hieracium. Col. Ecphr.*

Description générique.

Le caractère de ce genre de plantes est d'avoir le calice commun double, l'extérieur est très-court, ouvert, tombant; l'intérieur est ovale, simple, sillonné, persistant, à écailles linéaires, conniventes; la corolle composée est imbriquée, uniforme; les petites corolles sont hermaphrodites, en nombre, égales; la corolle propre est monopétale, en forme de langue, linéaire, tronquée, à cinq dents; les filamens des étamines sont au nombre de cinq, capillaires, très-courts; l'anthère est cylindrique, tubuleuse; le germe du pistil est ovale; le stil est filiforme, de la longueur des étamines; les stigmates sont au nombre de deux, réfléchis; le péricarpe n'est autre chose que le calice; les semences sont solitaires, oblongues; l'aigrette est poileuse, à tige; le réceptacle est nud.

CLASSE.

Ce genre fait partie de la treizième Classe de Tournefort, qui comprend les plantes à fleurs semiflosculeuses, & de la dix-neuvième de Linnæus, destinée aux plantes syngénésiques, polygamiques, égales; cet Auteur en admet seize espèces.

PREMIÈRE ESPÈCE.

La première espèce est la Chichoracée pigmée. *Crepis pigmæa. Crepis foliis ovatis integris villosis petiolatis, caule procumbente. Linn. Sp. plant. 1131. Hieracium Alpinum incanum saxatile, brunella foliis integris. Boccon. Mus. 2. p. 33. Raí. Suppl. 142.*

Description.

La tige de cette espèce est couchée; ses feuilles sont ovales, velues, blanchâtres, entières, pétiolées, semblables à celles de la brunelle.

Figure.

Cette espèce est représentée dans le *Musæum* de Boccone, tome 2, pl. 24.

Lieu de sa naissance.

Elle croît sur les Alpes d'Italie aux environs de Nursia, proche le lac de Pilate.

DEUXIEME ESPECE.

La deuxième espèce est la Chichoracée à feuilles de bourse à pasteur. *Crepis bursifolia. Crepis foliis pinnatifidis crenatis, scapo nudo paucifloro. Linn. Sp. plant. 1131. Hieracium Siculum, bursæ pastoris folio. Bocc. Mus. 2. p. 147. Rai Supplem. 142. Hieracium minus Panormitanum, cichorei folio. Cap. Cath. 95. Suppl. 3.*

Description.

Les feuilles de cette espèce sont découpées en aîles, crenellées, semblables à celles de la bourse à pasteur; la hampe est nue, & n'a qu'un petit nombre de fleurs.

Figure.

Elle est représentée dans le *Musæum* de Boccone, tome 2, pl. 106 & 112.

Lieu de sa naissance.

Elle est vivace, & croît naturellement dans la Sicile.

TROISIEME ESPECE.

La troisième espèce est la Chichoracée barbue. *Crepis barbata. Crepis involucris calice longioribus: squamis setaceis sparsis. Linn. Sp. plant. 1131. Hort. Ups. 239. Gouan. Monsp. 414. Hieracium calicibus setis longissimis distantibus patentibus obvallatis. Hort. Cliff. 307. Sauv. Monsp. 83. Hieracium proliferum falcatum. Bauh. Pin. 128. Hieracium calice barbato. Column. Ecph. 2. p. 28.*

Description.

Ses feuilles sont lancéolées, glabres, un peu dentelées; les petits rameaux sont plus étroits par la base, comme si l'un sortoit de l'autre; les fleurs sont jaunes, pourpres vers la base & dans le disque; tous les fleurons sont presque d'un noir pourpre; le calice extérieur est plus long que la corolle; les femences font cylindriques, couronnées d'un bord ciliaire très-menu, & de deux foies fimples, longues.

Figure.

Cette efpèce eft repréfentée dans le *Columnæ Ecphr.* tome 2, planche 27, figure 1, & dans l'*Herm. Paradifus*, pl. 185.

Lieu de fa naiffance.

Elle eft bifannuelle, & croît naturellement aux environs de Montpellier, du Véfuve dans la Sicile, auprès de Meffine, dans les endroits fablonneux & maritimes.

Obfervation.

Quoique cette plante foit bifannuelle, elle vit quelquefois plus long-temps lorfqu'elle eft dans un terrein maigre; toute la plante étant pilée, exhale une odeur forte de caftoreum; quand on la cultive dans les jardins, ce n'eft que pour faire variété.

Culture.

On la multiplie par femences; & dès qu'elle eft levée une fois dans quelqu'endroit, elle s'y reproduit d'elle-même par fes femences qui tombent; il faut fimplement l'éclaircir quand elle croît en trop grande quantité; on nettoie auffi les mauvaifes herbes.

QUATRIEME ESPECE.

La quatrième efpèce eft la Chichoracée à veffies. *Crepis veficaria. Crepis involucris ovatis concavis obtufis patentibus. Linn. Sp. plant. 1132. Hieracium montanum rapifolium. Bauh. Pin. 129. Prodr. 749. Rai Hift. 237. Morif. Hift. 3. p. 65.*

Defcription.

La racine de cette efpèce eft groffe; fes feuilles font en lyre, anguleufes, dentelées, raboteufes; fa tige eft courte; fes rameaux font londs, nuds, fendus en deux ou en trois, à une fleur; les bractées des péduncules font ovales, folitaires, concaves, entières, pâles; les fleurs font jaunes; chaque calice eft environné d'une enveloppe de la longueur du calice, formée par cinq ou fix folioles qui s'ouvrent, ovales, obtufes, concaves, membraneufes, pâles.

Variété.

On donne pour variété de cette efpèce la plante connue fous les phrafes de *Cichorium pratenfe hirfutum veficarium. Bauh. Pin. 126. Cichorium fylveftre veficarium pratenfe. Column. Ecph. 1. p. 238.*

Obfervation.

Cette efpèce differe de la précédente par fes feuilles; mais fes fleurs font les mêmes.

Figure.

Elle eft repréfentée dans le *Columnæ Ecphrafis*, tome 5, pl. 237.

Lieu de fa naiffance.

Elle croît naturellement dans la Pouille; l'efpèce principale vient dans la Suiffe.

CINQUIEME ESPECE.

La cinquième efpèce eft la Chichoracée des Alpes. *Crepis Alpina. Crepis foliis amplexicaulibus oblongis acuminatis, inferioribus fuperne denticulatis. Linn. Sp. plant. 1134. Hort. Upf. 238. Hieracioides annua, endiviæ folio, capite magno. Vaill. Act. 1721. p. 246. Hieracium Alpinum fcorfoneræ folio. Tourn. Inft. 472. Leontodon calice toto erecto; inferiore fquammis ficcis, foliis amplexicaulibus. Gmelin. Sib. 2. p. 16.*

Defcription.

Les feuilles de cette efpèce font amplexicaules, oblongues, pointues; les inférieures font dentelées fupérieurement; les fupérieures le font inférieurement; le calice eft poileux, formé par des folioles ovales, glabres, arides.

Figure.

Cette efpèce eft repréfentée dans le *Flora Siberica* de Gmelin, tome 2, pl. 5.

Lieu de fa naiffance.

Elle eft annuelle, & croît naturellement dans les Alpes de l'Italie.

Culture.

Sa culture eft la même que la Chichoracée rouge; elle fe reproduit d'elle-même par fes femences qui tombent en automne; elle fleurit en Juin.

SIXIÈME ESPECE.

La fixième efpèce eft la Chichoracée rouge. *Crepis rubra. Crepis foliis amplexicaulibus lyrato-runcinatis. Linn. Sp. plant. 1132. Virid. Cliff. 79. Hort. Upf. 239. Sauv. Monfp. 295. Gouan. Monf. 414. Hieracium foliis caulinis finuatis, calicibus ante florefcentiam nutantibus. Hort. Cliff. 388.*

Defcription.

Ses feuilles font amplexicaules, en lyre, polies; fa fleur eft d'un rouge tendre; fon aigrette a une petite tige; fon calice flotte avant la floraifon.

Lieu de fa naiffance.

Elle croît naturellement dans la Pouille; elle eft annuelle, & périt dès que les femences font mûres.

Obfervation.

Si on la pile, il s'en exhale une odeur femblable à celle des amandes amères.

Culture.

Elle fleurit en Juin & Juillet; fes graines font mûres en automne, on la multiplie par leur moyen; on les feme au printemps dans une plate-bande à demeure: cinq ou fix graines fuffifent pour chaque plate-bande d'un jardin à fleur; il ne faut d'autre culture à cette plante que de la débarraffer des mauvaifes herbes; on met auprès une petite baguette pour la foutenir, de peur que le vent ou les pluies ne la brifent. Si on feme les graines en automne, ou fi on les laiffe tomber d'elles-mêmes, elles levent incontinent, & fleuriffent au commencement du printemps: l'hiver ne leur fait point de tort.

Propriétés d'ornemens.

On cultive cette espèce pour l'ornement des jardins.

SEPTIEME ESPECE.

La septième espèce est la Chichoracée puante. *Crepis fœtida. Crepis foliis runcinato pinnatis hirtis, petiolis dentatis. Linn. Sp. plant 1133. Roy. Lugdb. 126. Gouan Monsp. 415. Hieracium luteum, cichorii sylvestris folio, amygdalas amaras olens. Moris. Hist. 3. p. 63. s. 7. Hieracium foliis cichorii sylvestris villosis odore castorii. Mag. Monsp. 129. Hieracium castorii odore Monspeliensium. Rai Hist. 232. Hieracium Orientale altissimum, folio cichorii sylvestris, odore castorii, flore magno. Tourn. Coroll. 35. Hieracium maximum erucæ folio. Tourn. Inst. 469. Glabrum. Rai. Suppl. 176. Jacobœa sylvatica tomentosa, cichorii sylvestris folio. Moris. Hist. 3. p. 109. Senecio hirsutus. Bauh. Pin. 131. Erigeron tertium. Dod. Pempt. 611.*

Description.

Cette espèce croît fort haut; ses feuilles sont aîlées, hérissées avec des pétioles dentelés, assez semblables à celles de la chicorée sauvage, d'une odeur d'amande amère; les fleurs sont grandes, & flottent avant leur épanouissement.

Figure.

Cette espèce est représentée dans l'Histoire des Plantes par Morison, t. 3, sect. 7, pl. 4, fig. 4.

Lieu de sa naissance.

Elle croît naturellement dans les terres labourables de la France & de l'Angleterre : elle est annuelle.

HUITIEME ESPECE.

La huitième espèce est la Chichoracée à tige rude. *Crepis aspera. Crepis foliis dentatis: inferioribus ovatis auriculatis, superioribus sagittatis, caule setis rigidis sparsis. Linn. Sp. plant. 1132. Hieracioides Sicula, cichorii folio, flore parvo flavescente. Vaill. Act. 714.*

Description.

La tige de cette espèce est nue, rameuse, rude, à soies en forme d'alêne, roides, épaisses, s'ouvrantes; les fleurs sont presqu'en bouquet, ayant des pédicules roides; elles sont sessiles, alternes, excepté la dernière; le calice est petit, ovale, hérissé, bordé; l'extérieur est plus court que les folioles, qui sont ovales, membraneuses & qui tombent.

Lieu de sa naissance.

On trouve cette espèce au Levant, dans la Sicile & la Palestine.

NEUVIEME ESPECE.

La neuvième espèce est la Chichoracée rhagadioloïde. *Crepis rhagadioloïdes. Crepis foliis integris amplexicaulibus oblongis, calicibus interioribus torulosa articulatis hispidis, foliolis cymbiformibus. Linn. Syst. Veg. edit XIII. Murray. 599. Mant. 108.*

Description.

Sa tige est haute d'un demi-pied, droite, striée, raboteuse, rameuse; ses feuilles sont oblongues, entières, amplexicaules, lisses; ses pédoncules sont allongés, raboteux, à une fleur, nuds; son calice est caliculé; l'extérieur est à plusieurs folioles linéaires, obtuses, deux fois plus courtes que le calice, inégales par leur insertion; l'intérieur est cordonné & divisé en treize parties parallèles, dont chaque foliole est en forme de nacelle, applatie, ayant le dos hérissé de pointes; la corolle est jaune, pourpre extérieurement; toutes les semences sont à aigrettes poileuses.

DIXIÈME ESPÈCE.

La dixième espèce est la Chichoracée de Sibérie. *Crepis Siberica. Crepis foliis amplexicaulibus oblongis, amplexicaulibus dentatis, caule hirto, calicibus carina ciliatis. Linn. Sp. plant. 1135. Crepis foliis ovatis denticulatis, petiolis alatis amplexicaulibus dentatis. Hort. Ups. 239. Hieracium caule ramoso, foliis infirmis, infimis petiolatis, reliquis ex ovato-lanceolatis: omnibus sinuosis, petiolorum instar dentatis. Gmel. Sib. 2. p. 26.*

Description.

Sa racine est cendrée & presque noirâtre, petite, pénétrant en terre plus profondement par ses tiges un peu épaisses & longues, pleine d'un suc laiteux, de même que la plante entière; la tige s'éleve depuis une aune jusqu'à la hauteur d'un homme, pleine de moëlle blanche, ferme, de l'épaisseur d'une plume d'oye, verte inférieurement, & parsemée de taches rougeâtres, totalement rouge vers le milieu, ensuite verte vers l'extrêmité, striée & rude, à poils roides, garnie dans les deux tiers de sa hauteur de deux, trois, quatre ou cinq rameaux de différente grandeur, de neuf pouces, d'un demi-pied, d'une palme, qui s'étendent en large, qui sont hérissés, plus menus que la tige, fendus rarement en d'autres plus petits, nuds, ou garnis de côté & d'autre de petites languettes; les fleurs radicales different entre un demi-pied & une coudée de longueur; elles sont assez semblables à celles de la dent de lion, mais plus amples, rarement dentelées, quelquefois veineuses, d'un verd obscur supérieurement, inférieurement plus pâles, très-hérissées vers les côtés, & sur-tout vers les principales veines qui en sortent, attachés à des pétioles longs, dentelés; les feuilles caulinaires sont semblables, mais plus larges, & sinuées ou découpées à dents de scie rares, aiguës & triangulaires, souvent ondulées par le bord, souvent rouges aux environs des côtes & des veines, sur-tout dans le voisinage de la tige rouge: plus elles sont au haut de la tige, moins elles sont grandes & moins découpées à dents de scie; les supérieures de toutes sont très-entières & très-étroites; les fleurs sont au haut des tiges, rameaux & petits rameaux, d'un jaune-pâle, belles, ayant presque deux pouces de diametre.

Figure.

Cette espèce est représentée dans le *Flora Siberica*, tome 2, pl. 10.

Lieu de sa naissance.

Elle croît naturellement dans la Sibérie.

Propriétés alimentaires pour l'homme.

Les habitans du pays mangent cette herbe crue, en place de plante potagère.

Propriétés d'ornemens.

Cette plante, qui fleurit pendant tout le mois de Juin, & dont les fleurs sont très-belles, pourroit servir de décoration dans les grands parterres.

ONZIÈME ESPÈCE.

L'onzième espèce est la Chichoracée des toits. *Crepis tectorum. Crepis foliis lanceolato-runcinatis sessilibus lævibus, inferioribus dentatis, caule glabro. Linn. Sp. plant. 1135. Flor. Suec. 640. 705. Dalib. Parif. 238. Gmel. Sib. 2. p. 28. Hieracium foliis radicalibus pinnato-dentatis, caulinis lanceolatis subdenticulatis. Flor. Lapp. 286. Hort. Cliff. 387. Hieracium luteum glabrum, seu minus hirsutum. J. B. Rai. Angl. 3. p. 165. Hieracium chondrillæ folio hirsutum. Bauh. Pin. 127. A Tabern. Hieracium chondrillæ folio, glabrum. Bauh. Pin. 127. Hieracium 11. Tabern. Hist. 491. Hieracioides vulgatissima pene glabra annua, folio longo dentato. Vaill. Act. 1718. Cichorium pratense luteum lævius. Bauh. Pin. 126.*

Description.

Cette espèce est très-commune, d'un verd-cendré; sa tige est anguleuse, sillonnée, ayant ses rameaux de la longueur de la tige; ses feuilles radicales sont semblables à celles du taraxacum; les caulinaires ressemblent à celles du léontodon automnal, ayant les dents de leurs bases droites, plus longues; les feuilles des rameaux sont entières, linéaires, sagittées, à bords repliés; les fleurs ne flottent jamais; elles ont le port de celles du *lampsana;* les stils sont dans les anthères, brunâtres, avec une marque particulière; au surplus la plante est polymorphe; le calice est caliculé, sillonné, parsemé longitudinalement de poils qui portent du gluten.

Figure.

Cette espèce est représentée dans *Tabernæmontanus 461*, & dans le *Flora Danica* d'Æder, pl. 501.

Lieu de sa naissance.

Elle est annuelle, & croît naturellement par toute l'Europe, dans les endroits arides, & sur les toits.

DOUZIEME ESPECE.

La douzième espèce est la Chichoracée bisannuelle. *Crepis Alpina. Crepis foliis amplexicaulibus oblongis acuminatis inferioribus supernè, summis infernè denticulatis. Linn. Sp. plant. 1134. Hort. Ups. 238. Hieracioides annua, endiviæ folio, capite magno. Vaill. Act. 1721. p. 246. Hieracium Alpinum, scorzoneræ folio. Tourn. Inst. 472. Leontodon calice toto erecto; inferiore squamimis siccis, foliis amplexicaulibus. Gmelin. Sib. 2. p. 16.*

Description.

Le calice est caliculé, sillonné, disposé en forme de chaussetrappe longitudinalement, à pointes molles; toutes les feuilles sont en forme de lyre, ailées, hérissées en-dessous; la tige est anguleuse, raboteuse, presque de la hauteur humaine, ou haute de quatre pieds, fragile.

Lieu de sa naissance.

Cette espèce est bisannuelle, & croît naturellement dans les prés de la Scanie & de la partie méridionale de l'Europe.

TREIZIEME ESPÈCE.

La treizième espèce est la Chichoracée verte. *Crepis virens. Crepis foliis runcinatis glabris amplexicaulibus, calicibus subtomentosis. Linn. Sp. plant. 1134. Lapsana capillaris. Sp. plant 1. p. 812. Gouan. Monsp. 418. Hieracium minus glabrum, foliis eleganter virentibus. Bauh. Pin. 127. Prodr. 63. Hieracium dentis leonis folio hirsutum, flore luteo extus purpurascente. Tourn. Paris. 99.*

Description.

Les feuilles radicales de cette espèce sont lancéolées, obtuses, glabres, dentelées; les caulinaires sont lancéolées, en forme de fleche, amplexicaules, très-entières, aiguës, petites; les tiges sont hautes de neuf pouces, droites, filiformes, un peu fourchues; les fleurs sont petites, jaunes; les calices seuls sont cotonneux.

Observation.

Cette espèce paroît être une variété de l'espèce suivante.

Lieu de sa naissance.

Elle croît dans les champs de la Suisse & de l'Italie; on en trouve aux environs de Paris.

QUATORZIEME ESPÈCE.

La quatorzième espèce est la Chichoracée de Dioscoride. *Crepis Dioscoridis. Crepis foliis radicalibus runcinatis, caulinis hastatis, calicibus subtomentosis. Linn. Sp. plant. 1133. Hieracioides vulgaris annua, cichorii folio, flore luteo subtus purpurascente. Vaill. Act. 715. Paris. 102. Hieracium majus erectum angustifolium, caule lævi. Bauh. Pin. 127. Hieracium 1. Tabern. Hist. 491.*

Description.

Sa tige est haute d'un pied, anguleuse, un peu lisse, à rameaux plus rares, cylindriques, s'ouvrant; ses feuilles radicales sont en forme de lyre, dentelées, à peine ciliées; les feuilles caulinaires sont amplexicaules, en forme de fleche, linéaires, lancéolées; leur disque inférieur a une tache pourpre; leurs oreillettes sont fort dentelées à la base; les feuilles des rameaux sont linéaires, ayant une dent à leur base; les péduncules sont longs, nuds, montans, à une fleur, à peine grossis au sommet; les calices sont farineux; ils ne flottent point avant la fleuraison; ils ont un calicule linéaire; la corolle est jaune avant l'épanouissement, ou pourpre en-dessous.

Lieu de sa naissance.

Cette espèce est annuelle; elle croît par toute la France.

QUINZIEME ESPECE.

La quinzième espèce est la belle Chichoracée. *Crepis pulchra. Crepis foliis sagittatis dentatis, caule paniculato, calicibus pyramidatis glabris. Linn. Sp. plant.* 1134. *Gouan. Monsp.* 414. *Crepis foliis sagittatis dentatis; pedunculis supernè turbinato-inflatis. Guet. Stamp.* 378. *Dalib. Parif.* 238. *n°.* 1. *Chondrilla hieracii folio, annua. Tourn. Inft. Rei Herb.* 238. *Hieracium pulchrum. Bauh. Hift.* 2. *p.* 1025. *Hieracium montanum hirfutum minus. Pin. Rai. Hift.* 234. *Hieracioides annua glutinofa, floribus parvis. Vaill. Act.* 1721.

Defcription.

La tige de cette efpèce eft paniculée; fes feuilles font en forme de fleches, dentelées; fes péduncules font gonflés fupérieurement; fon calice eft liffe, étroit, anguleux, augmenté par des écailles très-menues, vertes.

Variété.

On donne pour variété de cette efpèce la plante connue fous les phrafes de *Lapfana chondrilloides calicibus pyramidatis, feminibus papposis, foliis oblongis fubdentatis fcabris. Hort. Upf.* 245. *Hieracium montanum alterum leptomacrocaulon. Colum. Ecph.* 1. *p.* 248. *Rai. Hift.* 234. *Hieracium annuum montanum, caule canaliculato. Morif. Hift.* 3. *p.* 68. *fect.* 7.

Figure.

Cette variété eft repréfentée dans le *Columnæ Ecph.* tome 1, pl. 249, & dans l'Hiftoire des plantes, par Morifon, t. 3, pl. 5, fig. 37.

Lieu de fa naiffance.

Elle eft annuelle, & croît naturellement en France, en Italie.

SEIZIÈME ESPÈCE.

La feizième efpèce eft la Chichoracée négligée. *Crepis neglecta. Crepis foliis amplexicaulibus runcinatis fubpilofis, caule paniculato. Linn. Syft. Veg. edit. XIII. Murray.* 600. *Mantif.* 107.

Defcription.

Sa tige eft haute d'un pied, rameufe, un peu poileufe, droite; fes feuilles radicales font ovales, oblongues, dentelées, un peu poileufes; fes feuilles caulinaires font amplexicaules, polies, un peu poileufes, ayant les dents allongées, même celles de la bafe; les feuilles d'en haut font en forme de fleche; les rameaux à fleurs font allongés, nuds, liffes, à deux fleurs au fommet, ou fendus en deux; le calice extérieur eft très-court, aigu; l'intérieur a huit ou dix folioles avec une ou deux épines qui ne piquent point, au milieu.

Obfervation.

Elle convient avec la précédente par fa grandeur & par fes petites fleurs; mais elle en differe par fes feuilles, qui ne font point entières, dentelées, vifqueufes, mais polies, dentelées, poileufes.

CRESCENTIA, *le Calebaffier d'Amérique.*

NOMS GÉNÉRIQUES.

Ce genre de plantes eft connu fous les noms de *Crefcentia Linn. Brow. Arbor cucurbitifera Sloan. Cujete. Plum. Baya. Car.*

Defcription générique.

Le caractère de ce genre eft d'avoir le périanthe du calice monophylle, partagé en deux, court, qui tombe; les découpures font rondes, concaves, obtufes, égales; la corolle eft monopétale, inégale; le tube eft boffu, courbé, cordonné; le limbe eft droit, partagé en cinq, ayant les découpures inégales, dentelées, finueufes; les filamens des étamines font au nombre de quatre, en forme d'alêne, de la longueur de la corolle, ouverts, dont deux un peu plus courts; les anthères font couchées, obtufes, didymes; le germe du piftil eft pédiculé, ovale; le ftil eft filiforme, de la longueur de la corolle; le ftigmate eft en tête; le péricarpe eft une baie ovale, dure, à une loge; les femences font nombreufes, en forme de cœur, renfermées dans la baie, à deux loges.

CLASSE.

Ce genre fait partie de la vingtième claffe de Tournefort, & de fa fection première de cette claffe, qui comprend les arbres à fleurs monopétales, dont les fleurs fe changent en fruits, molles; & de la quatorzième de Linnæus, deftinée aux plantes didynamiques gymnofpermiques; cet Auteur n'en admet que deux efpèces.

PREMIERE ESPÈCE.

La première efpèce eft le Calebaffier-cujate. *Crefcentia cujete. Crefcentia foliis cuneato-lanceolatis. Linn. Syft. Veg. edit. XIII. Murray.* 872. *Lœfl. Ic.* 225. *Jacq. Hift. Crefcentia foliis lanceolatis utrinque aculeatis. Hort. Cliff.* 327. *Mill. Dict. n°.* 1. *Cujete foliis oblongis & anguftis, magno fructu ovato. Plum. Gen.* 23. *Arbor Americana cucurbitifera, folio longo mucronato, fructu oblongo. Commel. Hort.* 1. *p.* 137.

Defcription.

Cette efpèce ne differe de la fuivante que par fes feuilles, qui font oblongues & étroites, & par fes fruits, qui font gros & ovales.

Figure.

Elle eft repréfentée dans les planches de Miller, par Burmann, pl. 109.

Lieu de fa naiffance.

Elle croît naturellement dans la Virginie, la Jamaïque & le Bréfil.

DEUXIÈME ESPÈCE.

La deuxième efpèce eft le vrai Calebaffier de l'Amérique. *Crefcentia cucurbitina. Crefcentia foliis lanceolato-ovatis. Linn. Syft. Veg. edit. XIII. Murr.* 472. *Mant.* 250. *Crefcentia foliis oblongo-ovatis, fructu rotundo, cortice fragili. Mill. Dict.* 2. *Cujete latifolia, fructu pectamine fragili. Plum. Gen.* 23. *Ic.* 109. *Cucurbitifera arbor, fubrotundis foliis confertis, fructu ovali. Pluk. Alm.* 124. *Arbor cucurbitifera Americana, folio fubrotundo. Sloan. Jam.* 206. *Hift.* 2. *p.* 172. *Rai. Hift.* 1667.

Defcription.

C'eft un grand arbre qui croît de la groffeur d'un

pommier; son tronc est tortueux, ainsi que ses branches, qui prennent presque toujours une situation horizontale; son écorce est grisâtre, raboteuse; son bois est blanc, coriace; ses feuilles sont d'un verd-luisant, depuis trois jusqu'à six pouces de longueur, ayant deux pouces dans leur plus grande largeur, attachées sans pétiole immédiatement aux branches, arrondies au sommet, qui est terminé par une petite pointe, diminuant insensiblement de large jusqu'à la base, sans dentelure, divisées dans toute leur longueur par une côte saillante à laquelle aboutissent plusieurs petites nervures presque droites; les fleurs naissent non-seulement sur toutes les branches, mais encore autour du tronc de l'arbre; elles sont monopétales, anomales, faites en cloches, découpées dans leur contour en plusieurs parties, blanchâtres, portées sur un calice séparé en deux segmens verdâtres, oblongs, creusés en cuilliers; le pistil s'éleve du fond du calice, environné de quatre étamines, dont les anthères sont fortes & arquées; à ces fleurs succedent des fruits sphériques plus ou moins gros; l'écorce est verte, unie, mince, ligneuse, coriace; elle couvre une pulpe molasse, blanche, d'un goût aigrelet, d'une odeur vineuse, remplie de quantité de petites graines plates, cordiformes, qui étant mises en terre, deviennent de nouveaux calebassiers.

Figure.

Cette espèce est représentée dans les Plantes de Plumier, par Burmann, pl. 109, & dans l'*Almag.* de Plukenet, pl. 171, fig. 2.

Lieu de sa naissance.

Elle croît naturellement dans les mêmes endroits que l'espèce précédente; elle vient indifféremment dans les marnes & les plaines.

Observation.

On reconnoît que les fruits ou calebasses sont mûrs quand le pédicule qui les attache à l'arbre se flétrit & se noircit: on peut pour lors les détacher; il y a dans le pays des habitans qui varient la forme de la calebasse: lorsqu'elle est à moitié mûre, ils la serrent avec force, selon la figure à laquelle ils veulent l'assujettir; ce fruit est nommé par l'Emery *Calebasse de Guinée ou d'Afrique*, parce que cet arbre qui y a été apporté d'Amérique, y est aussi cultivé; on nomme ce fruit *Machamona* en Guinée, *Choyne*, ou *Cuieté*, ou *Hyguero* dans la Nouvelle-Espagne, & *Couis* dans nos Colonies Françoises.

Culture.

Ces différentes espèces d'arbres sont trop délicates pour pouvoir rester en plein air dans nos climats, par conséquent il faut toujours les tenir dans une serre chaude; on les multiplie aisément par graines qu'on tire des pays où ils croissent naturellement, mais il faut faire venir le fruit entier lorsqu'il est parfaitement mûr; car si on tire les graines du fruit avant de les embarquer, elles perdent leur vertu reproductive; on les seme au printemps sur une couche chaude; & lorsque les jeunes plants qui en proviennent sont assez forts, on les transplante chacun séparément dans un petit pot plein de terreau mêlé de sable, & on enfonce ces pots dans une couche de tan, & on garantit ces replants du soleil, jusqu'à ce qu'ils soient repris; on peut pour lors les gouverner de la même façon que les autres plantes exotiques délicates qui nous viennent de ce pays; en hiver on les met dans la serre chaude & dans une couche de tan; en été on les arrose modérément deux ou trois fois la semaine, selon la chaleur de la saison, & on leur donne de l'air suffisamment. Au moyen de ces précautions, ces arbres viennent très-vîte, mais ils ne fleurissent que rarement dans ces climats.

Propriétés alimentaires pour l'homme.

La chair de fruit de Calebassier desséché, dit l'Emery, a un goût aussi agréable que le pain d'épice; on pourroit conséquemment fort bien en manger.

Propriétés alimentaires pour les oiseaux.

Les oiseaux du pays où croît le Calebassier, qui ont le bec fort & robuste, percent ce fruit pour en manger la chair dont ils sont fort friands.

Propriétés médicinales.

Les habitans regardent la pulpe de ce fruit comme une panacée pour un grand nombre de maladies & d'accidens; ils en retirent une liqueur semblable à notre limonade. Aujourd'hui on est dans l'usage de faire bouillir cette pulpe, d'en passer la décoction par un linge, ensuite de la mêler avec du sucre, & d'en former un syrop laxatif, dont on fait grand usage aux Isles pour faire vuider le sang caillé. Ce syrop devient commun actuellement en France, où on l'emploie pour la poitrine.

Propriétés économiques.

On creuse les calebasses d'Amérique en y jettant de l'eau bouillante pour faire macérer la pulpe, afin de les vuider, & pour lors elles sont d'excellentes bouteilles. Les Indiens polissent l'écorce de ce fruit desséché, & ils en font divers vases pour boire & pour manger, qu'ils émaillent agréablement avec du roucou, de l'indigo & autres belles couleurs apprêtées dans de la gomme d'Acajou; leurs dessins à la sauvage sont assez justes pour des gens qui ne font usage ni de regles, ni de compas: on voit quelquefois de ces ouvrages dans les cabinets des Curieux; on fait avec ces fruits ou couis divers ustensiles de cuisine, notamment des plats; & quoiqu'ils soient de bois, on ne laisse pas que d'y faire chauffer de l'eau. Le Calebassier fournit seul la plus grande partie des petits meubles des ménages des Caraïbes, de nos negres & des étrangers qui vont aux Isles. Le coyemboue, si utile aux negres & aux sauvages pour serrer & conserver proprement leur mangeaille, n'est qu'une calebasse vuidée ayant une ouverture à pouvoir y passer la main; on bouche exactement cette ouverture au moyen d'un morceau de calebasse taillé en calotte.

Propriétés superstitieuses.

L'Emery dit que les Cannibales en font de petits vases qu'ils emploient particuliérement pour un mystère qui regarde leur Divinité; ils les creusent également, & les emplissent de mays & d'autres semences, ou de petites pierres, & les ornent au-dehors de plusieurs sortes de plumes; puis les ayant percés par le bas, ils y mettent un petit bâton, & les fichent en terre. Ces peuples ont coutume de garder avec beaucoup de respect trois ou quatre de ces fruits ainsi accommodés, dans chacune de leurs cabanes; ils les appellent *maraka* & *tamaraka*; ils croient, quand ils manient ce fruit & l'entendent faire quelque bruit, à cause des grains & des petites

pierres

pierres qui sont dedans, qu'ils parlent avec leur Toupan, c'est-à-dire, avec leur Dieu, & qu'ils ont de lui certaines réponses. Ils sont entretenus dans cette superstition par leur *Paigi* ou *Devin*, qui leur fait croire qu'avec le parfum du tabac & certains enchantemens & marmottemens, ils donnent une vertu divine à leur *tamaraka*.

CRESSA, *la Cresse*.

NOMS GÉNÉRIQUES.

Ce genre de plante est connu sous le nom de *Cressa. Linn. Anthyllis. Magn.*

Description générique.

Son caractère est d'avoir le périanthe du calice à cinq pièces ou folioles ovales, obtuses, couchées, persistantes; la corolle est monopétale, en forme de tasse; le tube est de la longueur du calice, inférieurement gonflé; le lymbe est partagé en cinq lobes ovales, aigus, qui s'ouvrent; les filamens des étamines sont au nombre de cinq, capillaires, longs, appuyés sur le tube de la corolle; les anthères sont rondes; le germe du pistil est ovale; les stils sont au nombre de deux, filiformes, de la longueur des semences; les stigmates sont simples; le péricarpe est une capsule ovale, à une loge, à deux valves, un peu plus longue que le calice; la semence est solitaire, ovale, oblongue.

CLASSE.

Ce genre fait partie de la cinquième classe de Linnæus, qui comprend les plantes pentandriques dyginiques; il n'y en a qu'une espèce.

ESPECE.

Cette espèce est la Cresse de Candie. *Cressa Cretica. Linn. Sp. plant.* 325. *Amœn. Acad.* 1. *p.* 395. *Sauv. Monsp.* 92. *Anthyllis Alp. Exot.* 157. *Rai. Hist.* 215. *Magn. Char.* 212. *Quamoclit minima humifusa palustris, herniariæ folio. Tourn. Coroll.* 4. *Chamæpithys incana, exiguo folio. Bauh. Pin.* 249. *Lysimachiæ spicatæ purpureæ affinis, flosculis in cacumine caulis, pluribus quasi in nodos junctis. Pluk. Alm.* 236.

Description.

Cette plante est très-petite, couchée à terre; ses feuilles sont semblables à celles de l'herniaire.

Figure.

Elle est représentée dans les plantes exotiques d'Alpin, pl. 156.

Lieu de sa naissance.

Elle croît naturellement sur les rivages salés de l'Isle de Candie, aux portes de Rome.

CRINUM, *le Crinon.*

NOMS GÉNÉRIQUES.

Ce genre de plantes est connu sous les noms de *Crinum. Linn. Tanghekolli belutta pola. Hort. Malab. Lilioasphodelus. Commel.*

Description générique.

Le caractère de ce genre de plantes est d'avoir son enveloppe en forme de spathe, à deux feuilles, oblongue, ombellifere, réfléchie après l'épanouissement; la corolle est monopétale, en forme d'entonnoir; le tube est oblong, cylindrique, replié; le lymbe est partagé en six lobes lancéolés, linéaires, obtus, concaves, réfléchis, dont trois alternes sont distincts par un petit appendice en forme de crochet; les filamens des étamines sont au nombre de six, en forme d'alêne, connivens, partant de la base du lymbe, & de la longueur de ce même lymbe; les anthères sont oblongues, linéaires, s'élevant; le germe du pistil est au fond de la corolle; le stil est en forme d'alêne, plus court que les étamines; le stigmate est fendu en trois, très-petit; le péricarpe est une capsule ovale, à trois loges; les semences sont nombreuses.

CLASSE.

Ce genre fait partie de la neuvième classe de Tournefort, qui comprend les fleurs liliacées, & de la sixième de Linnæus, destinée aux plantes hexandriques monogyniques; cet Auteur en admet plusieurs espèces.

PREMIERE ESPECE.

La première espèce est le Crinon à larges feuilles. *Crinum latifolium. Crinum foliis ovato-lanceolatis acuminatis sessilibus planis. Linn. Sp. plant.* 419. *Sjovanna-pola-tali. Rheed. Hort. Mal.* 11. *p.* 77. *Rudb. Elys.* 2. *p.* 91. Chez les Brames, *Gola kondo.*

Description.

Sa racine est bulbeuse & blanche, garnie en-dessous de plusieurs fibres blanches, fongueuses & humides, d'une saveur aqueuse & amère; ses feuilles sont larges de trois ou quatre travers de doigt; elles s'amincissent insensiblement depuis la base; les anthères sont filiformes, linéaires, en forme de cœur, de la longueur d'un demi-filament ou de la corolle; celle-ci est monopétale, blanche; longue environ de quatre ou cinq pouces, large d'un, strié en long, d'une odeur foible, mais agréable.

Figure.

Cette espèce est représentée dans l'*Hort. Malab.* tome 11, pl. 39, & dans les Champs-Elysées de Rudbeck, tome 2, fig. 12.

Lieu de sa naissance.

Elle est vivace, & croît naturellement dans les champs sablonneux de l'Asie, & des deux Indes.

Culture.

Elle est très-délicate, par conséquent il faut la laisser dans la serre chaude, si on veut qu'elle réussisse en France. On la multiplie facilement par ses rejets, qui poussent des racines; autrement par ses cayeux; on plante ces cayeux dans des pots remplis de terre grasse, & on enfonce ces pots dans une couche de tan faite dans la serre chaude: c'est au printemps qu'on transplante cette plante, & qu'on lui ôte ses cayeux, de peur que les pots ne soient trop remplis de racine, & que les rejets ne fassent périr la plante principale; on l'arrose fréquemment, sans cependant lui donner trop d'eau à la fois, sur tout en hiver.

Propriétés d'ornemens.

Cette espèce est très-belle; elle sert de décoration aux serres, & les parfume par l'odeur agréable de ses fleurs; elle a de plus l'avantage de fleurir pendant toute l'année.

Propriétés médicinales.

La racine bulbeuse de cette plante étant broyée & rôtie, est très-bonne pour appliquer sur les hémorrhoïdes, & pour faire ouvrir & mûrir les abcès; les feuilles rôties & appliquées sur les charbons, appaisent les douleurs qui en proviennent, & guérissent les ongles déchirés.

Observation.

Le bulbe de cette plante rôti & donné à un chien, lui fait tomber les dents.

DEUXIEME ESPECE.

La deuxième espèce est le Crinon d'Asie. *Crinum Asiaticum. Crinum foliis carinatis. Linn. Sp. plant. 419. Flor. Zeyl. 127. Mill. Dict. t. 110. Osbeck. It. 94. Lilium Zeylanicum bulbiferum & umbelliferum. Herm. Lugdb. 682. Rudb. Elys. 2. p. 182. Radix toxicaria. Rumph. Amb. 11. p. 155. Amaryllis bulbisperma, amaryllis spatha multiflora, corollis campanulatis aqualibus, genitalibus declinatis, pericarpio bulbigero. Burm. Prodr. 9. Belutta pola taly. Rheed. Mal. 11. Rudb. Elys. 2.*

Description.

Le bulbe de la racine est sphérique, conique, solide; la tige sort des feuilles qui sont en gaîne; les feuilles radicales viennent de l'enveloppe du bulbe, sont charnues, très-glabres, rayées de nerfs parallèles, larges de trois pouces à leur origine, de la longueur de cinq pieds; la tige est droite, haute de deux pieds, applatie; la hampe s'éleve du côté du bulbe jusqu'au plane des feuilles; elle est haute de trois pieds, très-glabre, à taches d'un verd pourpre; les spathes du calice sont bivalves, lancéolées, se fanant; les fleurs partent du même centre, sont terminales, à pédicule, au nombre de huit, dont quatre sont fertiles, couleur de pourpre, ayant les bords de leurs pétales blanchâtres; la corolle est égale, ayant un tube de trois pouces, d'un verd-rougeâtre, un limbe en cloche fendu en six, les lobes intérieurs un peu plus larges; les filamens des étamines sont au nombre de six, plus courts que la corolle, inclinés, s'élevant par leurs sommets; les anthères sont oblongues, didymes; le germe du pistil est inférieur; le stil est simple, de la longueur de la corolle; le stigmate est fendu en trois, en forme de toupie; le péricarpe est une capsule contenant un suc membraneux, dans lequel est renfermé un bulbe orbiculé, plane, qui germe après l'espace d'un mois, & qui sert de semences à la plante, ce qui la distingue des autres plantes; elle differe aussi de toutes celles de son genre par ses feuilles, qui sont très-longues, & qui ne se fanent point, restantes pendant toute l'année.

Figure.

Cette espèce est représentée dans l'*Hort. Malab.* tome 11, pl. 38; dans les Champs Elisées de Rudbeck, t. 2, pl. 90; dans les planches pour le Dictionnaire de Miller, pl. 110; dans l'*Herbarium Amboinense*, tome 2, pl. 69; & dans la seconde partie de cet Ouvrage.

Lieu de sa naissance.

Elle est vivace, & croît naturellement à Malabar, à Ceylan, au Cap de Bonne-Espérance & dans l'Amérique.

Culture.

La racine de cette espèce est un gros bulbe, ainsi que nous l'avons déja observé; les fleurs étant passées, le germe qui est situé au fond du tube devient une grande capsule ronde à trois angles & à trois cellules, dont deux ne renferment communément aucun bulbe; mais le troisième en renferme un ou deux irréguliers. C'est en plantant les bulbes qu'on multiplie cette plante, ou par cayeux qu'on sépare du bulbe principal qui forme la racine; sa culture est la même que celle de l'espèce précédente.

Propriétés médicinales.

On broye cette plante, & on la brûle, ensuite on la met dans deux petits nouets qu'on applique sur chaque mâchoire pour guérir le spasme cynique.

Propriétés d'ornemens.

Cette plante fait un très-joli ornement dans les jardins, par la beauté de sa fleur.

TROISIEME ESPECE.

La troisième espèce est le Crinon de Ceylan. *Crinum Zeylanicum. Crinum foliis scabro-dentatis, scapo compressiusculo. Linn. Syst. Veg. edit. XIII. Murray. 263. Amaryllis Zeylanica. Sp. plant. 321. Amaryllis spatha multiflora, corollis campanulatis æqualibus, scapo tereti æquali. Mill. Dict. Lilio-narcissus Africanus, scillæ foliis, flore niveo, linea purpurea striato. Ehret. Pict. 5. Trew. Ehret. Lilio narcissus Zeylanicus latifolius, flore niveo externe linea purpurea striato. Comm. Hort. 1. p. 73. Rudb. Elys. 2. p. 181.*

Description.

Son port est le même que celui du Crinon d'Amérique; ses feuilles sont semblables à celles du scille des boutiques, charnues, raboteuses, à bords dentelés; la spathe est bivalve; les germes sont sessiles; le tube de la corolle est de la même couleur que la hampe, roussâtre; le limbe est blanc, à pétales lancéolés, recourbés, rouges en-dessous, & en carêne; les filamens & le stil sont sanguins.

Figure.

Cette espèce est représentée dans les planches peintes d'Ehret, pl. 5, fig. 2; dans les planches de Trew, pl. 13; dans l'*Hort. Amsteld.* tome 1, pl. 37, & dans les Champs Elysées de Rudbeck, pl. 9.

Lieu de sa naissance.

Elle croît naturellement dans l'Inde orientale.

Culture.

La culture est la même que celle de la première espèce.

QUATRIEME ESPECE.

La quatrième eſpèce eſt le Crinon d'Amérique. *Crinum Americanum. Crinum corollarum apicibus introrſum unguiculatis. Linn. Sp. plant. 419. Crinum Hort. Cliff. 127. Hort. Upſ. 76. Roy. Lugdb. 37. Lilio-aſphodelus Americanus ſemper virens maximus polyanthus albus. Comm. Rar. 14. Dill. Elth. 194.*

Deſcription.

Ses racines ſont blanches & groſſes ; le tronc qui en provient eſt rond, de la groſſeur du bras, fongueux & d'un blanc-jaunâtre, que le reſte des feuilles qui tombent rend inégales & à tuniques ; ſon ſommet eſt composé de feuilles de trois pieds de long, qui ſont larges de deux pouces à la baſe, de cinq vers le ventre, & qui ſe terminent en pointe ; elles ſont un peu excavées en-dedans, & s'élevent en-dehors ; pendant l'été il ſort de leur milieu une hampe haute de trois pieds, qui ſoutient pluſieurs fleurs blanches qui viennent du même endroit, & qui ſont tubulées inférieurement, diviſées ſupérieurement en ſix parties, du milieu deſquelles partent ſix étamines ſurmontées de ſommets & d'anthères jaunes tranſverſales.

Figure.

Cette eſpèce eſt repréſentée dans les Plantes rares de Commelin, pl. 14, & dans le *Dillenii Hort. Elth.* pl. 160, fig. 195.

Lieu de ſa naiſſance.

Elle croît naturellement dans l'Amérique ; elle eſt vivace.

Variété.

Linnæus donne pour variété de cette eſpèce la plante connue dans les Plantes rares de Commelin ſous le nom de *Lilio-aſphodelus Americanus ſemper virens minor albus. pl. 15.*

Culture.

C'eſt la même que celle des eſpèces précédentes.

CINQUIEME ESPÈCE.

La cinquième eſpèce eſt le Crinon d'Afrique. *Crinum Africanum. Crinum foliis ſublanceolatis planis, corollis obtuſis. Linn. Sp. plant. 419. Polyanthus floribus umbellatis. Vir. Cliff. 29. Hort. Cliff. 126. Roy. Lugdb. 27. Mill. Dict. T. 210. Hyacinthus Africanus tuberoſus flore cæruleo umbellato. Breynii Prodr. 1. p. 25. Comm. Hort. 2. p. 133. Seb. Theſ. 1. p. 29. Hyacintho affinis, tuberoſa radice, Africana, umbella cærulea inodora. Pluk. Alm. 187.*

Deſcription.

La racine eſt tubéreuſe, blanche ou cendrée, ayant des fibres longues & épaiſſes ; les feuilles ſont vertes, oblongues, ſemblables à celles de l'hyacinthe oriental ; ſa tige eſt ronde, nue, haute d'un demi-pied & même plus, ſans être groſſe ; dans leur ſommet il ſe trouve dix ou onze fleurs, tantôt plus, tantôt moins, ſemblables pour la grandeur & la figure à la jacinthe tubéreuſe des Indes, diſpoſées en ombelle, & d'une couleur bleue.

Figure.

Cette eſpèce eſt repréſentée dans le Dictionnaire de Miller, pl. 210 ; dans le *Breynii Prodr.* pl. 10 ; dans l'*Hort. Amſteld.*, tome 2, pl. 67 ; dans le *Sebæ Theſ.* tome 1, pl. 19, fig. 4, & dans l'*Almag.* de Plukenet, pl. 195, fig. 1.

Lieu de ſa naiſſance.

Elle croît naturellement dans l'Ethiopie ; elle eſt vivace.

Culture.

On multiplie cette eſpèce par cayeux, qui viennent latéralement autour du vieux pied ; on les ſépare ſur la fin de Juin des vieilles racines, & on prend garde d'en caſſer la tête. Quand ces cayeux ſont trop adhérens aux vieux pieds pour en être ſéparés, on les coupe avec un canif ; lorſque cette opération eſt une fois faite, on les plante chacun ſéparément dans un pot plein de terre à potager, que l'on place à une expoſition ombragée, & ſeulement au ſoleil levant ; s'il fait ſec, on arroſe les pots deux fois la ſemaine ; il faut cependant prendre garde que la terre ne ſoit trop humide, elle feroit pourrir les racines ; il faut environ ſix mois pour que les cayeux ou rejets des racines ſoient bien repris ; on expoſe pour lors les pots à un ſoleil plus ardent, & on leur donne un peu plus d'eau, pour que la fleur en ſoit plus belle ; les tiges à fleurs pouſſent en Septembre, & les fleurs s'épanouiſſent ſur la fin du même mois ; s'il ne fait pas beau, on les met ſous un abri pour garantir les feuilles de la gelée ou d'une trop grande humidité ; ſur la fin d'Octobre, on met les pots dans une ſerre pendant l'hiver, & on les arroſe quand ils ſont ſecs. Ces plantes ne demandent que d'être garanties de la gelée & de l'humidité.

Propriétés d'ornemens.

Les fleurs de cette plante, qui ſont d'un bleu brillant, & viennent en ombelles, font un très-bel effet ; elles commencent à fleurir en Septembre, & ſouvent elles perſiſtent dans leur beauté juſqu'au printemps.

CRITHMUM, *la Paſſepierre.*

NOMS GÉNÉRIQUES.

Ce genre de plantes eſt connu ſous les noms de *Crithmum. Tour. Batis. Plin. Baticula & Baciucco. Cæſalp.*

Deſcription générique.

Le caractère de ce genre de plante eſt d'avoir l'ombelle univerſelle du calice double, hémiſphérique, & la partielle ſemblable ; l'enveloppe univerſelle eſt à pluſieurs folioles lancéolées, obtuſes, réfléchies ; la partielle eſt lancéolée, linéaire, de la longueur de la petite ombelle ; le périanthe propre eſt à peine viſible ; la corolle univerſelle eſt uniforme ; tous les fleurons ſont fertiles ; le propre eſt à cinq pétales, ovales réfléchis, preſqu'égaux ; les filamens des étamines ſont au nombre de cinq, ſimples, plus longs que la corolle ; les anthères ſont rondes ; le germe du piſtil eſt inférieur ; les ſtils ſont au nombre de deux, réfléchis ; les ſtigmates ſont obtus ; le fruit est ovale, applati, partagé en deux ; les semences sont au nombre de deux, ellyptiques, applaties, planes, striées.

CLASSE.

Ce genre fait partie de la septième classe de Tournefort, qui comprend les plantes ombelliferes, & de la cinquième de Linnæus, destinée aux plantes pentandriques dyginiques ; cet Auteur n'en admet que deux espèces.

PREMIERE ESPÈCE.

La première espèce est la Percepierre, le Criste marin, le Fenouil marin, la Bacile, l'herbe de Saint Pierre. *Crithmum maritimum. Crithmum foliolis lanceolatis carnosis. Linn. Sp. plant. 354. Hort. Ups. 61. Roy. Lugdb. 98. Sauv. Monsp. 258. Crithmum, fœniculum maritimum minus. Bauh. Pin. 288. Fœniculum marinum seu empetrum, seu calcifraga lob.* En Allemand, *Meer-fenchel.* En Anglois, *Sampire.* En Italien, *Bacivechio.*

Description.

C'est une plante dont la racine est grosse & longue, ligneuse, blanchâtre, garnie de quelques fibres ; ses tiges sont longues de quinze à dix-huit pouces, rameuses, grosses, ligneuses, se renversant ordinairement sur terre ; ses fleurs sont découpées, menues, étroites, fermes, charnues, subdivisées trois à trois, d'un verd-d'eau, d'une odeur d'ache, & d'un goût salé ; ses fleurs naissent en ombelles, composées chacune de cinq pétales blancs & disposés en rose ; après que la fleur est passée, le calice se change en un fruit rempli de graines qui sont jointes deux à deux, plates, rayées sur le dos, blanches, odorantes, & d'un goût âcre.

Figure.

Cette plante est représentée dans Lobel, pl. 392.

Lieu de sa naissance.

Elle croît naturellement sur les bords de l'Océan.

Culture.

On la cultive dans les jardins ; elle s'y multiplie de graines qu'on seme sur couches au mois de Mars ; quand elle est assez forte, on la transplante au pied d'un mur à l'exposition du midi ou du levant ; le grand air & le froid lui sont pernicieux ; il faut la couvrir de feuillages pendant les gelées ; on coupe ses feuilles sur la fin de l'été.

Propriétés alimentaires.

On les confit au vinaigre de la même façon que les cornichons ; on les mange ensuite en salade, & on les mêle dans certains mets pour réveiller l'appétit.

Propriétés médicinales.

Cette plante n'est pas beaucoup d'usage en Pharmacie ; on la regarde comme apéritive & propre pour emporter les obstructions des visceres ; on prétend aussi qu'elle est bonne contre la gravelle.

DEUXIÈME ESPÈCE.

La deuxième espèce est la Percepierre des Pyrénées. *Crithmum Pyrenaicum. Crithmum foliolis lateralibus bis trifidis. Linn. Sp. plant. 354. Hort. Cliff. 98. Roy. Lugdb. 58. Apium Pyrenaicum, thapsiæ facie. Tourn. Inst. Rei Herb. 305.*

Observation.

Haller prétend que cette plante n'est autre chose que l'*athamantha libanotis*, quand il vieillit ; les folioles sont latérales, fendues en deux ou trois.

CROCUS, *le Safran.*

NOMS GÉNÉRIQUES.

Ce genre de plantes est connu sous les noms de *Crocus, Crocos. Diosc. Zafferanum. Italorum.*

Description.

Le caractère de ce genre est d'avoir la spathe du calice monophylle ; le tube de la corolle est simple, long ; le lymbe est partagé en six, droit ; les lobes sont ovales, oblongs, égaux ; les filamens des étamines sont au nombre de trois, en forme d'alêne, plus courts que la corolle ; les anthères sont en forme de fleches ; le germe du pistil est inférieur, rond ; le stil est filiforme, de la longueur des étamines ; les stigmates sont au nombre de trois, retortillés, à dents de scie ; le péricarpe est une capsule ronde, à trois lobes, à trois loges & à trois valves ; les semences sont nombreuses, rondes.

CLASSE.

Ce genre fait partie de la neuvième classe de Tournefort, qui comprend les plantes à fleurs liliacées, & de la troisième de Linnæus, destinée aux plantes triandriques monogyniques ; cet Auteur n'en admet qu'une espèce.

ESPECE.

Cette espèce est le safran cultivé. *Crocus sativus. Crocus spatha univalvi radicali, corollæ tubo longissimo. Linn. Sp. plant. 50. Crocus floribus fructus impositis, tubo longissimo. Roy. Lugdb. 41. Hort. Ups. 15. Mat. Med. 27. Crocus flore fructui imposito. Hort. Cliff. 18. Crocus autumnalis sativus. Moris. Hist. 2. p. 335. s. 4. Crocus sativus. Bauh. Pin. 65.* En Allemand, *Safran.* En Anglois, *Safron.* En Italien, *Zaferano.*

Description.

C'est une plante dont la racine est tubéreuse, charnue, de la grosseur d'une aveline, & quelquefois d'une noix, blanche, douce, double, dont la supérieure est plus petite, & l'inférieure plus grosse & plus chevelue, couvertes l'une & l'autre de tuniques arides & roussâtres. Cette racine donne plusieurs feuilles longues de six, sept ou huit pouces, très-étroites, & d'un verd-foncé, du milieu desquelles s'éleve une tige courte, qui soutient une fleur liliacée, d'une seule pièce, & d'une couleur qui approche du gris-de-lin, fistuleuse par sa partie inférieure, & évasée à la partie supérieure, partagée en six segmens arrondis : on remarque au milieu de cette fleur trois étamines dont les sommets sont jaunâtres, & un pistil blanchâtre qui se divise en trois branches d'un rouge-foncé ; les trois branches s'élargissent à leurs extrêmités supérieures, & sont découpées en manière de crête ; ce sont ces productions

tions ou ces allongemens du pistil auxquels on donne proprement le nom de safran. Lorsque la fleur est passée, il lui succède un fruit oblong, à trois angles, partagé en trois loges qui contiennent des semences arrondies.

Figure.

Cette espèce est représentée dans l'Histoire des Plantes par Morison, sect. 4, pl. 2, fig. 1.

Variétés.

Linnæus donne pour variété de cette espèce le Safran printanier. *Crocus vernus latifolius* 1-*x*1. & 1-6. *Bauh. Pin.* 65. 66.

Lieu de sa naissance.

Le Safran est vivace; il croît naturellement dans les Alpes de la Suisse, des Pyrenées, du Portugal & de la Thrace. On le cultive dans le Gâtinois, l'Angoumois, le Languedoc & le Poitou; le Safran du Gâtinois a la préférence.

Culture.

Les terres légères sont les plus propres à la culture du Safran; cette plante ne réussiroit pas également bien dans les sables maigres, ni dans les terres trop fortes, argilleuses & humides; mais les terres pierreuses ne doivent point être rejettées, pourvu toutefois qu'on ait attention d'en ôter toutes les pierres qui seroient plus grosses que des petites noix; ce travail est pénible à la vérité, mais un peu de soin en fait l'affaire, & les habitans du Gâtinois l'exécutent avec beaucoup d'exactitude, ainsi on peut y réussir partout.

En général deux sortes de terrein sont spécialement propres au safran, les terres noires, légères & un peu sablonneuses, & les terres roussâtres; mais il faut au moins que l'une ou l'autre espèce ait huit à neuf pouces de fond; en effet on remarque que les oignons prosperent bien dans les terres noires qui ont un peu de substance; ils y deviennent fort gros, & y produisent de très-beaux cayeux; mais les terres roussâtres conviennent encore davantage à cette culture, étant plus propres pour fournir de la fleur: objet essentiel & unique pour le commerce du safran; c'est aussi ce que les Fleuristes observent généralement. Les oignons se fortifient dans les terres un peu fortes & qui ont de la substance; mais la tige & l'oignon acquérant plus de force, ne fournissent pas d'aussi belles fleurs, au lieu que les fleurs deviennent plus belles dans les terres un peu maigres & légeres, où l'oignon n'attire pas à lui tant de sucs; on trouve aussi d'ordinaire dans la même terre deux sortes d'oignons; les uns larges & applatis, fournissent plus de cayeux; les autres arrondis donnent plus de fleurs; il y a aussi des oignons qui ont leur robe ou enveloppe d'une couleur fauve, rouge & foncée, & d'autres qui l'ont plus blanchâtre; mais ces petites qualités n'influent en rien sur les productions tant en fleurs qu'en oignons. On prépare les terres qu'on destine au safran par trois bons labours qu'on donne dans l'espace d'une année avec la houe, ou la pioche, ou autre instrument à main, & l'on remue ainsi la terre jusqu'à neuf ou dix pouces de profondeur. Enfin pour connoître si la terre est bien préparée, elle doit être presqu'aussi meuble que de la cendre; en conséquence on a grand soin de l'épierrer & de l'émotter. Le premier labour, qu'on nomme *entre-hiver*, se fait vers Noël; le second, qui s'appelle *biner*, se fait vers le mois d'Avril, & le troisième, que l'on désigne indifféremment par le terme de *rabiner* ou de *recouler*, se fait un peu avant de planter. Au surplus il n'y auroit point de mal à donner plus de labours; par exemple il seroit souvent bon d'ouvrir la terre par un second labour dès le mois de Mars, & ainsi aux premiers beaux jours du printemps; par-là on la rendroit plus propre à recevoir le bienfait des pluies ordinaires dans cette saison. Mais tout ce que l'on peut prescrire de mieux sur ce point, est de donner aux terres destinées au Safran autant de façons qu'il sera nécessaire pour l'ameublir au dernier point possible.

Cette attention est d'autant plus essentielle, qu'il est absolument inutile de répandre des fumiers sur les terres que l'on prépare pour la culture du Safran. Il est vrai qu'à en croire quelques Auteurs, on doit fumer ces sortes de terreins. Un certain Auteur dit que de son temps dans l'Angoumois, on fumoit deux fois les terres à Safran avec du fumier très-pourri & réduit en terreau, & l'on ne rejettoit pour cet engrais que le fumier de pourceau; ceux de brebis, de chevaux & même de bêtes à corne étoient bons, pourvu qu'ils fussent bien pourris; mais c'est sans doute cette méthode de fumer les terres qui fait que le Safran de nos diverses Provinces n'est pas si fort estimé que celui du Gâtinois, où l'on ne fume jamais les terres consacrées à cette culture; la raison dépend de ce que nous avons remarqué ci-dessus, que plus la terre est forte, plus l'oignon grossit, mais moins les sucs se portent à la fleur; au lieu que dans un terrein plus maigre la fleur profite en quelque sorte de tous les sucs, & il semble qu'ils ne soient destinés que pour elle, de manière qu'elle y devient de toute beauté.

Pline, en parlant du Safran, observe que l'on doit fouler aux pieds les terres qui en sont plantées; cette remarque est absolument mauvaise, & le précepte ne pourroit être suivi qu'avec risque; on doit au contraire éviter même de marcher & encore plus de faire passer aucun animal dans les safranieres, sur-tout quand la terre est humide. Les pieds des chevaux & des bœufs seroient trop dans le cas d'endommager les oignons; d'ailleurs le pas des hommes endurcit la terre, & forme dès-lors un obstacle au passage de la fleur, qu'il est au contraire important de faciliter. Les oignons souffrent beaucoup, lorsqu'on retranche l'herbe ou la fane du Safran; c'est pourquoi on doit faire ensorte que les pâtres apportent l'attention la plus exacte à empêcher les bestiaux de la paître. C'est aussi dans cette même vue que quelques cultivateurs entourent leurs champs de fossés ou de haies: ces moyens, il est vrai, sont bons pour les défendre du bétail, mais ils ne suffisent pas pour arrêter les lievres & les lapins, qui sont très-friands de l'herbe de Safran. Ainsi lorsqu'une safraniere est exposée aux incursions de ce gibier, il est nécessaire de l'entourer avec des polis ou échalas placés assez près les uns des autres & assez bien garnis par le pied pour qu'un lievre ou un lapin n'y puisse entrer.

On pourroit encore avec avantage élever de petits murs de la terre même des fossés que l'on creuseroit autour du champ. En un mot, de quelque manière que l'on s'y prenne pour défendre sa safraniere des rapines du gibier, tout est égal, pourvu qu'on y réussisse sans gros frais.

On doit aussi faire la guerre aux taupes; il est vrai qu'elles ne font pas grand tort au Safran, puisqu'elles ne mangent point les oignons; mais leurs routes souterraines servent de retraite & de passage aux mulots, aux rats & aux souris, & ces animaux en profitent sans peine pour arriver aux oignons, dont ils font alors leur nourriture à leur aise; c'est aussi pour cette raison que les safranières réussissent pour l'ordinaire assez mal, lorsqu'elles sont situées près des habitations; au surplus on peut avec attention se débarrasser tant des taupes que des souris.

Lorsque la terre a été bien ameublie par trois ou quatre bons labours, on peut mettre en terre les oignons du Safran. Cette plantation se fait ordinairement dans les mois de Juin, Juillet & Août, mais pas plus tard, telle en est la méthode. Un ouvrier commence à ouvrir avec la houe, à un bout de champ, une tranchée en forme de sillon, de sept pouces de profondeur; il est suivi par une femme ou quelqu'enfant qui a des oignons dans son tablier ou dans un panier, & qui les arrange dans cette tranchée à un pouce de distance les uns des autres. Cette premiere tranchée va d'un bout du champ à l'autre; lorsqu'elle est finie, l'homme qui la mene se retourne, & forme à côté un autre sillon; il rejette la terre pour combler le premier, de manière que les premiers oignons plantés se trouvent tout de suite recouverts de six pouces de terre; il faut aussi que cet ouvrier ait d'ailleurs l'attention que le second sillon qu'il forme à côté du premier en soit éloigné de six à sept pouces; il en doit être ainsi du troisième sillon & de tous les autres, de sorte que toutes les rangées d'oignons soient à une même distance de six ou sept pouces les unes des autres; pour peu que l'ouvrier ait d'habitude à ce travail, quoiqu'il ne le fasse qu'à vue d'œil, cependant les sillons se trouvent si exactement placés, & les oignons y sont aussi réguliérement arrangés, que s'ils avoient été plantés au cordeau, ce qui forme un coup-d'œil fort agréable, lorsque la plante vient à pousser.

Les oignons dont on se sert pour la plantation exigent aussi pour eux-mêmes quelques attentions particulières; en effet il est un choix d'usage & même nécessaire, tant pour la qualité de l'oignon que pour la manière de l'employer à cette plantation.

D'abord on peut replanter les oignons presqu'aussi-tôt qu'ils ont été arrachés de terre; ceux qui suivent cet usage prétendent qu'ils tournent mieux à fleurs; d'autres qui ont semé les oignons en Juillet ne les remettent en terre qu'en Septembre suivant, les laissant ainsi se dessécher pendant la belle saison, dans l'idée qu'étant ainsi desséchés, ils sont moins sujets à pourrir en terre. Cependant comme rien ne porte à devoir faire pourrir les oignons plutôt la premiere année qu'on les met en terre que la seconde & la troisième, il semble que la première méthode est préférable, & qu'ainsi on peut avantageusement se servir pour sa plantation des oignons qu'on a levés en un autre terrein quelques jours auparavant.

En second lieu, la plupart des personnes qui s'adonnent à la culture du Safran mettent leurs oignons en terre avec leurs enveloppes; d'autres au contraire les en dépouillent, parce qu'en voyant le corps de l'oignon à découvert, ils sont en état de rejetter ceux qui sont viciés de quelques maladies; ou bien si le mal ne pénetre pas trop avant, & qu'il n'y ait que quelques endroits de l'oignon qui en soient attaqués, ils emportent pour lors avec un couteau les places affectées, de manière qu'ils ne réservent que ce qu'il y a de sain. Cette opération d'éplucher ainsi les oignons nous paroît des plus importantes; elle obvie à la propagation de la maladie: ainsi quelque longue & vétilleuse qu'elle soit, on ne peut trop conseiller de la suivre. Quelques-uns prétendent qu'on peut avantageusement se contenter de planter des quartiers d'oignons, & à cet effet ils coupent les plus gros en deux ou trois parties, moyennant quoi ils multiplient considérablement le nombre de leurs oignons. Dans le fait; il peut fort bien se faire qu'en coupant un gros oignon en plusieurs portions, chacune fasse quelque production, pourvu qu'on ait l'attention en les coupant de le faire de façon que chaque portion d'oignon ait pour le moins un mamelon d'où puissent sortir les feuilles & les fleurs; cependant on ne peut aucunement conseiller de suivre cette pratique, fort sujette à faire manquer des plants; il est au contraire certainement beaucoup plus avantageux d'avoir un petit nombre d'oignons bien conditionnés, que d'en avoir un grand nombre de mauvais, ou du moins de moins bons; ainsi il vaut mieux proportionner l'étendue de la safraniere à ce que l'on a d'oignons entiers, que de les partager en plusieurs portions pour augmenter son terrein; car il est moralement sûr que dans ce cas, le plus petit terrein produira au moins autant & peut-être davantage que le plus étendu.

Peu de temps après que le Safran a été planté, il produit des racines; & lorsque les pluies de l'automne commencent à pénétrer & humecter la terre, la fleur part, & commence à s'élever; c'est alors le moment de donner à la safraniere un labour superficiel ou ratissage, qui ne doit s'étendre qu'à environ deux pouces de profondeur, ayant sur-tout grand soin d'éviter, en faisant ce labour, de couper les fleurs avec le tranchant de la houe; ce travail donne plus de facilité aux fleurs de sortir hors de terre; elles paroissent au commencement d'Octobre; lorsqu'elles sont venues, on les cueille & on les épluche.

Quand les fleurs sont passées, les feuilles se montrent, & pour lors les champs de Safran restent verts pendant tout l'hiver. Vers la fin de Mai, lorsque les feuilles sont presque desséchées, on les arrache; en cet état elles sont encore bonnes à donner aux vaches; mais pendant tout le temps qu'elles demeurent sur terre, il est absolument inutile de donner aucune façon à la terre qui les porte.

Les oignons qui ont produit des fleurs la première année de leur plantation, sont encore propres à en donner de nouvelles les deux années suivantes; ainsi vers la mi-Juin de cette première année, toutes les feuilles étant enlevées, on donne un premier labour à la profondeur de trois ou quatre pouces; on en donne encore un pareil à la fin du mois d'Août; vers la fin de Septembre, on donne le troisième, qui ne doit être qu'une sorte de ratissage propre à remuer souvent deux pouces de terre.

Au moyen de ces précautions, on voit paroître la fleur dès le commencement d'Octobre; on continue ensuite cette même culture pour l'année suivante, de sorte que ce n'est que dans la quatrième année qu'on releve les oignons. Cette opération s'exécute ordinairement dans les mois de Juin, Juillet & Août. Pour semer, on arrache les oignons, on suit l'une après l'autre toutes les rangées; on les découvre avec la houe, en prenant bien garde d'endommager les oignons. Pour cet effet il s'agit d'ouvrir la tranchée plus profondement que l'endroit où l'oignon étoit posé; ainsi comme la première tranchée étoit au plus de sept pouces, celle-ci doit pénétrer à huit ou neuf; des femmes ou des enfans suivent l'ouvrier qui mene la houe, en ramassant soigneusement tous les oignons que cet instrument souleve & met à découvert; ils les mettent à mesure dans des paniers, que l'on porte ensuite vers quelque coin du champ, où on les vuide pour faire de gros monceaux d'oignons, dont on se servira au temps nécessaire, & suivant l'usage de chaque cultivateur. En effet, quelques-uns portent des sacs près ces monceaux, & après les avoir remplis, les transportent au grenier, où on laisse sécher les oignons à l'ombre, en les y remuant comme des noix; mais dans le Gâtinois, où cependant viennent les plus beaux Safrans, ceux qui s'appliquent à cette branche d'agriculture ne prennent point toutes ces précautions; les uns laiſſent leurs oignons ainſi amoncelés ſur le champ pendant un mois ou ſix ſemaines, après lequel temps ils les replantent; d'autres ne les laiſſent en repos que quelques jours, & ainſi ils les replantent preſqu'auſſi-tôt qu'ils ont été levés de terre. Quelques-uns les dépouillent de leur orbe avant de les replanter; d'autres les mettent en terre ſans les dépouiller: chacun ſuit ainſi ſa routine particulière, mais tous s'accordent à changer de champ pour les planter; car le Safran effrete tellement la terre, que celle qui en a porté trois années de ſuite a beſoin de ſe repoſer, ou plutôt d'être miſe à d'autre culture pendant une quinzaine ou même une vingtaine d'années, avant de recevoir de nouveaux oignons de Safran, en ſorte que l'on n'en voit, pour ainſi dire, plus dans les cantons où l'on en cultivoit précédemment une grande quantité. Ces cantons produiſent naturellement du bled; mais en ſuivant la méthode que nous allons indiquer, au bout d'un long eſpace de temps ces mêmes terres ſeront encore en état d'être remiſes en Safran.

On ſeme ordinairement ſur les arraches du Safran de l'avoine avec du ſainfoin; on laiſſe ſubſiſter ce pré artificiel pendant ſept, huit ou neuf ans, ſelon que l'herbage y demeure en ſa beauté; & quand on vient à retourner ce champ, on le met en vigne. Si le terrein, par ſa diſpoſition ou ſon grain, ou la nature du climat, n'étoit pas propre à cet arbuſte, on pourroit, après les ſainfoins, ſemer avantageuſement de l'orge & enſuite du froment.

Il n'eſt pas ſans doute beſoin de faire ſentir ici l'abſolue néceſſité de bien amander le terrein où étoit la ſafranière, pendant qu'elle eſt en ſainfoin, ſe ſervant pour cet effet du temps des gelées, & ſur-tout d'y prodiguer les engrais, lorſqu'on eſt venu à le remettre en grains. Effectivement comme les ſucs de la terre ont été épuiſés par la production des Safrans, il eſt important de lui en rendre de nouveaux par de bons fumiers bien conſommés; peut-être même que ſi l'on fumoit les ſafranières avant d'y planter les premiers oignons, & pendant les trois premières années qu'on emploie la terre à cette culture, on pourroit la mettre plutôt en état de recevoir de nouveaux Safrans; mais on riſqueroit alors de ſe procurer des fleurs moins belles; ainſi il convient mieux de laiſſer un peu la terre perdre de ſes ſucs naturels, qu'on réuſſira à lui rendre dans la ſuite par le moyen de bons fumiers, dont on fait enſorte de le pourvoir abondamment.

Au ſurplus, comme la première année de la plantation des oignons de Safran la terre n'eſt pas fournie de toute la quantité d'oignons qu'elle pourroit nourrir, la récolte des fleurs n'eſt pas par conſéquent ſi abondante qu'elle le ſera l'année ſuivante; elle deviendra donc beaucoup plus avantageuſe dans cette ſeconde année; & par une ſuite néceſſaire, il y aura encore plus de fleurs à recueillir dans la troiſième année; cependant les dernières fleurs ne ſeront pas tout-à-fait ſi belles que celles de l'année précédente, parce que le terrein ſe trouve déja aſſez effrêté, & d'ailleurs étant plus ſurchargé d'oignons, chaque année produiſant des cayeux autour du principal oignon qui rempliſſent les vuides entre les ſillons. C'eſt auſſi pour cette raiſon qu'on releve les oignons la quatrième année pour les placer ailleurs: un demi-arpent en fournit ordinairement aſſez pour en replanter un en plein. Quelques Auteurs propoſent de ne lever les oignons que dans la cinquième année; mais pour lors il y auroit trop à craindre que les oignons qui ſe trouvoient de beaucoup trop preſſés les uns par les autres, en fuſſent très-petits, & que la fleur n'en fût plus ſuffiſamment belle. Les oignons ſe multiplient en effet avec la plus grande force; l'on a même éprouvé pluſieurs fois que ſix boiſſeaux en ont produit treize la deuxième année, & cinq boiſſeaux en ont fourni vingt lors de l'arrachement qu'on en fit après la troiſième récolte, c'eſt-à-dire, dans l'été de la quatrième année.

Ce n'eſt pas non plus ſans raiſon que l'on a recommandé de planter les oignons à ſept pouces de profondeur; en effet, lorſque les hivers ſont doux, il y auroit de l'avantage à ne planter les oignons qu'à cinq pouces de profondeur, parce que les fleurs pourroient alors ſortir plus aiſément de terre; mais comme les oignons de Safran ſont très-ſenſibles à la gelée, & que chaque année ils ſe ſoulevent de leur épaiſſeur, c'eſt-à-dire, d'un pouce ou environ, il vaut mieux, pour éviter de les perdre, lorſqu'il ſurvient un hiver rigoureux, les placer à ſept & même huit pouces de profondeur, quoiqu'en ce cas la fleur ait un peu plus de peine la première année à ſe faire jour pour pénétrer hors de terre.

Quoique les fleurs de Safran paroiſſent ordinairement au commencement d'Octobre, cependant elles retardent ou avancent, & ſe montrent ainſi plutôt ou plus tard, ſelon que les automnes ſont plus ou moins ſeches ou humides, chaudes ou froides. Lorſque vers la fin de Septembre il ſurvient des pluies douces, & qu'il s'y joint un air chaud, les fleurs paroiſſent avec une abondance extraordinaire. Tous les matins les champs préſentent le plus charmant coup-d'œil; ils ſemblent être recouverts d'un tapis gris-de-lin: c'eſt alors qu'on eſt ſurchargé de travail pour la cueillette des fleurs, & que les gens de la campagne n'ont de r pos ni jour ni nuit: encore arrive-t-il, malgré les ſoins qu'ils ſe donnent, qu'ils perdent une partie des fleurs, ſur-tout lorſqu'il ſurvient du vent ou de la pluie: le vent les meurtrit, & la pluie les fait bientôt pourrir; & ce qui augmente bien plus l'embarras de cette récolte, c'eſt lorſqu'elle ſe rencontre dans le même temps que les vendanges, ce qui arrive dans les années tardives; mais lorſque les fleurs du Safran ne paroiſſent qu'après les vendanges faites, ou qu'elles ne ſe montrent que les unes après les autres, alors, comme leur récolte dure plus long-temps, on a le loiſir de tout éplucher ſans laiſſer rien perdre.

Comme les fleurs donnent dans un temps où l'air commence à ſe refroidir, on ne doit point totalement ſe déſeſpérer lorſqu'il ſurvient des gelées; pour l'ordinaire elles ne ſont point la perte abſolue des fleurs, elles ne font que les arrêter. En effet, quand les gelées ſont fortes, on eſt quelquefois quinze jours ſans voir paroître de nouvelles fleurs, & l'on eſt tenté de croire que la récolte eſt finie; mais les gelées ne pouvant être de longue durée, dès que le temps vient à ſe radoucir, les fleurs reparoiſſent les unes après les autres, & les récoltes de ces années ſi tardives ne laiſſent pas d'être à-peu-près auſſi abondantes que celles où le temps a été plus favorable. On pourroit même croire que ces gelées, pourvu qu'elles ne ſoient ni trop longues ni trop fortes, ſont aſſez avantageuſes, en ce qu'elles donnent le temps d'éplucher les Safrans, au lieu que lorſque le mois d'Octobre eſt plus chaud & plus doux, les fleurs paroiſſent trop coup-ſur-coup, & l'on ne peut ſuffire à leur cueillette, & encore moins à les éplucher. Au reſte, année commun , & lorſque la température de l'air eſt plus modérée, on doit toujours compter ſur au moins trois ſemaines, même ſur un mois, & par conſéquent ſur tout le mois d'Octobre pour la durée de la récolte des fleurs de

Safran. Quant à cette récolte, voici comme elle se fait : des gens de journée, & sur-tout des femmes, entrent dès la pointe du jour dans des champs de Safran avec des paniers à leurs bras & des mannes garnis d'anses; ces cueilleuses embrassent avec leurs jambes les sillons ou rangées de Safran, ayant soin de placer leurs pieds de manière à ne froisser aucune tige, & principalement de ménager la fleur; en cette situation elles cueillent les fleurs en les rompant au-dessous de leur bassin; lorsque leur main droite en est remplie, elles les mettent dans le panier qu'elles portent au bras gauche; dès que le panier est plein, elles en reprennent un autre, & d'autres personnes le prennent pour le vuider, soit dans les mannes, soit dans les grands paniers garnis d'anse, à l'aide desquels on les porte de côtés & d'autres dans le champ.

Ce sont des hommes qui ont cet emploi, & ils doivent avoir attention de faire leur travail le plus légérement qu'il est possible, les fleurs devant être versées doucement de manière à n'être pas flétries. Lorsqu'on a une assez grande quantité de mannes remplies, on les transporte à la maison, où d'autres ouvriers s'occupent à éplucher les fleurs.

La cueillette doit s'en faire tout aussi-tôt qu'elles paroissent, & avant qu'elles soient épanouies : si l'on différoit plus long-temps, on auroit beaucoup de difficulté à les éplucher; & comme les fleurs passent promptement, & qu'il est important de les cueillir dans toute leur fraîcheur, on commencera à le faire avant que la rosée du matin soit essuyée, & l'on cesse lorsque le soleil a atteint une certaine hauteur; mais quand on est dans le fort de la récolte, & que la trop grande abondance de fleurs commande le travail, on reprend la cueillette après le soleil couché; cependant les fleurs cueillies le matin sont plus belles & plus fermes, d'où il suit qu'il est essentiel de pousser la cueillette dès ce moment, d'autant mieux que le Safran est une plante d'automne qui croît plus pendant la nuit que pendant le jour. Il y a deux façons de cueillir la fleur; les uns prétendent qu'il faut la couper avec l'ongle, fondés sur ce que si on la rompt au lieu de la couper ainsi, le pistil est dans le cas de rester, & qu'alors la fleur rendue à la maison, se trouve vuide; & enfin qu'il peut très-bien arriver que l'eau, en s'insinuant par cette rupture, pourrisse par la suite l'oignon; d'autres, & c'est la méthode du Gâtinois, croiroient mal faire de couper les fleurs de Safran avec leurs ongles; mais après les avoir saisies près de terre entre le pouce & le milieu du second doigt, ils plient la fleur, & la rompent aisément; de cette façon le pistil ne reste jamais attaché à l'oignon, & jamais on ne s'apperçoit que ces oignons viennent à pourrir. Il faut, pour bien faire, que cette cueillette se fasse avec célérité; aussi est-il ordinaire dans les pays où la culture du Safran est en honneur, que les ouvriers qu'on emploie à cette cueillette exécutent cette opération avec tant d'adresse & de promptitude, que l'œil a de la peine à suivre la main de la cueilleuse. A mesure que les fleurs arrivent à la maison, on doit se mettre à les éplucher; cependant si, faute de monde, ou lorsque le temps presse trop on ne peut faire sur le champ cet épluchement, il faut étendre les fleurs sur le plancher d'un grenier, le moins épais qu'il soit possible, sur des draps, faisant ensorte que le soleil n'y donne point; par ce moyen, on peut conserver les fleurs d'un jour à l'autre : sans cette précaution, elles s'échaufferoient, & il ne seroit presque plus possible de les éplucher.

Aussi-tôt que les fleurs ont été transportées à la maison, on les répand sur de grandes tables, autour desquelles sont assises les éplucheuses, qui ont une assiette à leur main droite; elles portent la fleur à la main gauche, qui la saisit à l'endroit où commence l'évasement du tuyau; elles y coupent le pétale, après quoi saisissant les stigmates, elles les séparent du pistil, & les jettent tous trois ensemble sur l'assiette. Les habiles éplucheuses coupent le pistil environ deux ou trois lignes au-dessous des stigmates; si elles le coupoient plus bas, il resteroit un long filet blond qui n'ayant point d'odeur, & étant d'une couleur si différente du Safran, lui ôteroit de son prix. Au contraire, au cas qu'elles les coupassent au-dessus de la division des stigmates, de manière à laisser subsister tout au plus une ligne du filet blanc, d'autant mieux que les connoisseurs ne sont pas fâchés de voir un petit bout du blanc, qui prouve que le Safran est naturel; car il arrive quelquefois qu'on mêle du *safranum* avec du Safran, ce qui est une fraude considérable. Or ce petit bout blanc du filet sert à reconnoître qu'il n'y a point de fraude dans le Safran, où il se trouve. En effet, on ne pourroit jamais contrefaire ce petit blanc.

Au reste on doit soigneusement éviter de laisser parmi les stigmates quelques parcelles du pétale qui les soutenoit; si on avoit assez d'inattention pour en laisser, le Safran en seroit d'autant moins estimé, parce que les acheteurs redoutent avec raison de trouver des fragmens de pétale dans leur Safran, attendu que les parties sont plus sujettes à moisir, & que leur moisissure est dans le cas de communiquer une mauvaise odeur au Safran. D'ailleurs comme les étamines n'ont aucune odeur, elles doivent aussi conséquemment être regardées comme des parties étrangères, ou tout au moins comme des parties absolument inutiles; ainsi lorsque les éplucheuses s'apperçoivent qu'il en reste quelques-unes attachées au pistil, elles les font tomber en frappant de la main droite sur la table; mais tout cela s'exécute si promptement, qu'une éplucheuse habile peut charger son assiette d'une livre de Safran verd dans l'espace d'une journée; on verra bientôt que le Safran verd n'est autre chose que du Safran nouvellement cueilli.

Quoiqu'une famille entière soit occupée jour & nuit à éplucher les fleurs du Safran, ceux qui en recueillent une quantité un peu considérable sont obligés de louer des cueilleuses pour tout le temps que dure la récolte, ce qui prend à-peu-près un mois tout entier. On voit dans ce temps-là transporter dans les villes & villages où on ne cultive point de Safran, des charretées de fleurs à éplucher, sans compter ce qu'on fait travailler de surplus à la maison par des femmes de journée : on paie ordinairement cet épluchement à cinq ou six sols la livre; mais aussi le travail ne se fait-il pas d'autres fois à moins de 40 ou 50 sols la livre, suivant que la floraison est abondante, ou que les fleurs sont plus ou moins difficiles à éplucher.

A mesure que l'on épluche les fleurs du Safran, il faut les faire sécher au feu; mais comme cette opération exige beaucoup d'attention, c'est ordinairement le maître ou la maîtresse de la maison qui prend ce soin, parce qu'un feu trop vif pourroit tout perdre. Dans quelques Provinces, pour faire sécher le Safran, on le met dans des terrines dont le bord est coupé d'un côté; d'autres le font sécher dans des espèces de tourtières. La pratique du Gatinois est différente; dans ce canton on étend les fleurs de Safran dans un tamis de crin, à l'épaisseur tout au plus de trois doigts, & l'on suspend ce tamis avec des cordes à environ un pied & demi de terre. On met au-dessous de la braise allumée, couverte de cendres chaudes, & à mesure que le Safran perd son humidité, on le remue doucement, & on le retourne. Cette façon de faire sécher le

froment

froment est très-vétilleuse ; en effet, si le feu étoit trop vif, le Safran se brûleroit, & seroit presqu'entiérement perdu ; & d'un autre côté, la fumée lui communiqueroit une fort mauvaise odeur, & lui feroit perdre l'éclat de sa couleur. Nous croirions que le meilleur moyen d'éviter tous les risques, seroit de chauffer le four à un dégré de chaleur très-doux, & de le garnir de fleurs de Safran dans des corbeilles plates, ou dans des tamis de crin ou de corde.

Au surplus, de quelque manière que l'on procede au dessèchement des fleurs du Safran, lorsqu'elles sont seches au point de se briser entre les doigts, on les met dans des boëtes garnies de papier, faites assez justes pour fermer exactement : or il faut cinq livres de Safran verd pour en faire une de sec, tant les fleurs perdent de leurs poids en se desséchant. C'est en cet état de sécheresse que doit être le Safran, pour pouvoir être long-temps de garde ; mais, par malheur, l'esprit d'intérêt qui anime presque toutes personnes de profession, fait qu'on ne le vend jamais bien sec. En effet, lorsque les paysans sont sur le point de mettre leurs fleurs en vente, ils mettent pendant un jour ou deux à la cour les boëtes qui en sont remplies, afin que l'air humide qui regne dans les endroits souterrains gonfle le Safran & augmente son poids ; mais cette petite fraude n'est encore rien auprès de celle pratiquée le plus souvent par les facteurs ou les commissionnaires qui se mêlent d'aller ramasser le Safran chez les cultivateurs. En effet, ces facteurs sont dans l'usage d'humecter le Safran, ce qu'ils font quelquefois au point de le faire pourrir. Le Safran, pour être réputé bon, doit être fort sec, de gros brin, d'un rouge vif, sans fragmens de pétales, ni de filets, ou d'étamines; & non sophistiqué avec le *safranum*. De plus, son odeur doit être forte & absolument exempte du goût de fumée. Un arpent garni d'oignons de Safran, produit tout au plus quatre livres de Safran sec dans la première année de la plantation ; mais la seconde & la troisième année, il donne jusqu'à vingt livres, ce qui forme un gros bénéfice pour le cultivateur, tous frais de plantation, de culture, de cueillette, d'épluchement & de desséchement prélevés.

Telles sont toutes les observations qui paroissent nécessaires pour mettre au fait de la culture de cette plante ; mais comme la connoissance des maladies auxquelles elle est le plus sujette est absolument dépendante de la culture, nous croyons convenable d'en traiter dans cet endroit, & d'insister sur les moyens qu'on peut employer pour les guérir & pour en arrêter les progrès.

On distingue principalement trois maladies qui attaquent le plus ordinairement la plante de Safran, ou, pour mieux dire, il est sujet à deux sortes de maux, car le troisième est le comble de tous, n'étant autre chose que la mort même ; les deux autres sont connus par des noms particuliers : savoir, le fausset & le tacon.

Le fausset est une production ou excroissance monstrueuse, qui se forme auprès du jeune oignon, dont elle arrête la végétation, & s'approprie la substance ; on lui a donné le nom de fausset, parce qu'elle en a à-peu-près la forme. Cette maladie est d'autant plus dangereuse, qu'elle s'oppose à la multiplication des oignons ; elle paroît occasionnée par une surabondance de seve, qui en se fixant en un endroit de l'oignon, y produit une espèce de tumeur anevrismale ; lorsque cette tumeur a fait peu de progrès, on peut, lorsqu'on arrache les oignons, remédier à ce mal, en faisant l'amputation : aussi avons-nous remarqué que c'étoit une pratique excellente d'emporter avec un couteau les endroits de chaque oignon qui se trouvent infectés de quelque pourriture ou de quelque corps étranger. Au reste, le fausset est par lui-même une maladie assez peu à craindre dans les safranières, parce qu'elle n'est pas contagieuse, & qu'ainsi ne se communiquant point d'un oignon à un autre, elle cause peu de dommage.

Le tacon est une carie qui attaque le corps même de l'oignon, & qui est d'autant plus redoutable, qu'elle ravage l'intérieur de cet oignon, sans se manifester sur les enveloppes. Cette carie commence par une tache pourpre ou brune qui dégénère en un ulcère sec qui entame de plus en plus la substance de l'oignon, sans se manifester sur les enveloppes, & qui en le consommant, gagne le cœur & le fait périr entiérement.

On ne sait pas trop encore ce qui peut être la première cause productive de cette maladie ; il paroît seulement qu'elle est plus fréquente dans les terres roussâtres que dans les noires, & l'on prétend même qu'elle n'est devenue commune dans le Gâtinois que depuis une trentaine d'années. Le seul moyen qu'on puisse employer pour guérir les oignons attaqués de cette maladie, est d'emporter l'ulcère avec la pointe d'un couteau, & de laisser l'oignon se dessécher un peu avant de le mettre en terre, mais il faut pour cela que l'ulcère n'ait pas pénétré trop avant dans la substance de l'oignon ; quelques-uns même regardent cette maladie comme tellement contagieuse, que pour couper toute communication avec les oignons sains, ils font planter à part les oignons entamés. Au reste, lorsqu'on a pris soin de bien nettoyer les oignons, on peut se flatter d'en trouver une bonne partie entiérement guérie l'année d'après leur replantation.

La maladie à laquelle on a donné le nom de mort devroit plutôt porter celui de peste ; elle est en effet pour les Safrans, comme pour plusieurs autres plantes, ce que la peste est pour les hommes & les animaux ; dès qu'un oignon est attaqué de cette maladie, il devient contagieux & meurtrier pour les oignons voisins ; & ce qu'il y a de plus terrible dans ce fléau, c'est que cette maladie se communique de proche en proche, & fait périr tous les oignons dans un espace circulaire, dont le premier oignon attaqué est le centre & en même temps le foyer ; de plus, un seul oignon vicié de cette maladie, est capable de gâter tout un champ ; ensorte que si l'on en plante un seul dans un champ sain, la maladie s'y établit en peu de temps, & elle y fait les plus grands ravages, y faisant périr tous les oignons qui viennent à en être attaqués. Ce n'est pas encore tout : une pelletée de terre prise dans un endroit infecté de cette maladie, & jettée sur un champ dont les plantes sont saines, y porte la contagion. La peste a-t-elle un caractère plus décidé ? On ne connoît pas au juste la vraie cause de cette fatale maladie ; on a seulement remarqué qu'elle attaque d'abord les enveloppes de l'oignon, qu'elle les rend violettes & hérissées de petits filamens ; elle pénetre ensuite la substance de l'oignon même, & le détruit totalement, ce qui cause la perte absolue de la plante. D'ailleurs ce désordre est d'autant plus dangereux, que lorsqu'il se passe dans l'intérieur de l'oignon, il n'est pas visible, parce que cette partie du Safran est en terre, cependant il s'annonce au-dehors par des signes évidens, qui sont les précurseurs de la mort du Safran ; en effet, dès que l'oignon est attaqué de ce fléau, ses feuilles jaunissent & se dessechent, & les fleurs ne paroissent point ; ensorte que, sans qu'il soit besoin de lever tous les oignons, on distingue tout de suite par les feuilles quels sont ceux qui sont viciés.

Le plus grand mal est qu'on ne connoisse point de remede pour les oignons attaqués de cette maladie; on sait seulement les en préserver par la même précaution qu'on emploie pour arrêter les progrès de la peste; pour cet effet on fouille dans le mois de Mai tout-autour des endroits infectés, des tranchées profondes d'un pied, & l'on jette la terre que l'on en tire sur celle où les oignons paroissent : de cette sorte on coupe toute communication avec les oignons sains & ceux qui sont malades, ce qui est d'autant plus intéressant, que le progrès de la contagion est tel, qu'en une année de temps un seul oignon infecté fait périr ceux qui l'entourent à un pied de distance; d'ailleurs, quelle que soit la cause de cette maladie, il faut qu'elle impregne une qualité bien pernicieuse & bien durable au terrein qui a porté les oignons mal-sains, pour que la malignité subsiste aussi long-temps. En effet, l'impression de cette contagion est tellement adhérente au terrein, que les oignons qu'on voudroit y planter au bout de douze, quinze ou vingt ans, quelque sains qu'ils pourroient être, se trouveroient en peu de temps attaqués de cette même maladie.

Enfin, ce qu'il y a de plus fâcheux, c'est que cette peste est universelle, & se fait sentir dans tous les pays où on cultive les Safrans. Il seroit d'un très-grand avantage pour le commerce, que l'on pût connoître quelle peut être au juste la véritable cause de ce fléau, afin d'y apporter, s'il se peut, les remedes les plus propres à la détourner. On a déja fait plusieurs tentatives à cet effet, qui, si elles n'ont pas totalement réussi, préparent néanmoins les voies à plusieurs expériences. Celui de tous les Physiciens dont les recherches nous paroissent faites avec le plus de sagacité, est M. Duhamel; cet Académicien a des biens dans le Gâtinois; il a examiné la marche de la nature dans la propagation de cette maladie pestilentielle. Or en observant avec la plus grande application la superficie de la terre, il n'a découvert aucun insecte, aucune espèce de mousse, aucune plante parasite proprement dite, enfin aucune autre particularité qui ne se trouvât par-tout ailleurs. Pour cela, il a fait fouiller la terre en différens endroits; & au moyen de ces fouilles, il a mis à découvert beaucoup d'oignons de Safran; mais toutes ces recherches lui ont semblé vaines, n'ayant rien apperçu qui fût digne d'une attention particulière. Cependant ses tentatives lui ont procuré l'occasion de faire une remarque qui mérite quelque considération : savoir, que les oignons qui occupoient le centre d'un endroit infecté, ceux qui étoient à la partie moyenne, & ceux des bords, étoient en trois états différens, suivant les progrès que la maladie avoit faits sur eux; les oignons du centre se trouvoient totalement détruits; leurs enveloppes étoient d'un brun-terreux, fort désagréable à la vue; une grande quantité de corps glanduleux, gros comme des fèves, & d'un rouge obscur, les couvroit extérieurement; le corps de l'oignon étoit réduit en une substance terreuse, dans laquelle on apperçevoit encore les principales fibres du bulbe.

Les oignons de la circonférence ou des bords de l'endroit infecté, qui étoient ceux de tous qui paroissoient les moins attaqués de la maladie, n'avoient d'autres marques de contagion que quelques filets violets qui traversoient les mèmbranes de leurs tégumens. Quelques autres oignons d'entre ceux-ci avoient sur leurs tégumens, ou entre les lames qui les ferment, quelques-uns de ces corps glanduleux dont les oignons totalement perdus étoient couverts; on n'appercevoit d'ailleurs sur les enveloppes de ces oignons que quelques violettes qui indiquoient le commencement du mal. Les oignons qui étoient à la partie moyenne des endroits contagieux, c'est-à-dire entre le centre & la circonférence de ces endroits, étoient aussi dans un état mitoyen de maladie, mais la terre étoit entiérement traversée par des filets violets extrêmement déliés & aisés à rompre.

Comme ces corps glanduleux & ces filets violets ne se rencontroient que dans les parties du terrein qui étoient attaquées de la contagion, cette particularité donna lieu à M. Duhamel de soupçonner qu'ils pourroient être, sinon la cause, du moins l'effet de la maladie; mais pour éclairer davantage ce soupçon, il falloit examiner exactement la nature & la conformation de ces corps étrangers; pour cet effet il falloit les débarrasser de la terre qui les environnoit, ce qui étoit très-difficile. Néanmoins, à l'aide de diverses lotions répétées, on parvint à chasser toutes les parties terrestres; il fut pour lors plus facile de considérer les corps glanduleux & les fibres ou filets. Les premiers ressemblent assez à de petites truffes, mais leur superficie est velue; leur plus forte grosseur n'excede pas celle d'une noisette ordinaire; ils ont l'odeur de champignon, avec un retour terreux : les uns étoient adhérens aux oignons de Safran, & les autres en étoient éloignés de deux à trois pouces; pour l'ordinaire les filets se sont trouvés de la grosseur d'un fil fin; ils sont d'une couleur violette, & velus, comme les corps glanduleux; quelques-uns s'étendent d'une glande à l'autre, d'autres vont s'insérer entre les tégumens des oignons, se partagent en plusieurs ramifications, & pénetrent jusqu'au corps du bulbe, sans paroître y entrer sensiblement; ils forment dans cette route une infinité de divisions ou de plus petits filamens, & sont parsemés de petits nœuds ou ganglions qui ne paroissent être autre chose qu'un amas de petites filandres ou de la laine insensible qui recouvre tant les corps glanduleux que les filets, & qui par conséquent les font paroître velus.

Ces observations donnent à penser que les tubercules sont de vraies plantes parasites qui se nourrissent de la substance de l'oignon, & qui, comme les truffes, se multiplient dans l'intérieur de la terre, sans se montrer à la superficie. En effet, il paroît certain que cette espèce de truffe se nourrit aux dépens de l'oignon de Safran, d'autant que les racines ou suçoirs pénetrent ses enveloppes, & s'attachent à sa propre substance, qui dépérit à proportion du progrès que ses racines font sur lui.

Une autre observation vient à l'appui de ce sentiment; la maladie dont il est ici question fait presque tout son progrès pendant trois mois de printemps, d'où il suit que cette plante parasite & inconnue en est la véritable cause; en effet, c'est au printemps que les racines des plantes végetent beaucoup, & s'étendent le plus. Pour s'assurer davantage de ce fait, M. Duhamel essaya une expérience, ce fut de planter quelques-uns de ces tubercules dans des pots où il avoit mis de la terre saine avec des oignons de différentes fleurs; en un an de temps ces tubercules se sont multipliés dans ces pots, & ont attaqué les oignons qui y étoient plantés.

En examinant encore plus attentivement l'intérieur de la terre auprès du pied de diverses plantes, on rencontre très-souvent cette même plante parasite faisant son ravage dans les hiebles, dans l'arrête-bœuf, & mieux encore dans les plants d'asperges. Il suit donc de ces observations que cette petite truffe tire sa nourriture de la substance de plusieurs plantes d'espèces fort différentes, selon qu'elle trouve occasion de s'y attacher; mais elle n'est point de nature à attaquer les plantes annuelles, ni celles qui n'ont leurs racines qu'à la superficie de la terre. Cette même découverte prouve exactement que ce font ces petits tubercules qui font la caufe unique & principale de la corruption des oignons du Safran, parce qu'en enfonçant leur fuçoir dans l'oignon, ils en tirent peu à peu la fubftance.

Ces obfervations détruifent donc tout le merveilleux de la maladie dont il eft queftion pour le préfent; en effet ces tubercules qu'on remarque fur les oignons infectés étant des efpèces de truffes, il eft naturel que cette plante parafite s'étende circulairement autour des oignons malades, puifqu'elle fait fes progrès par l'allongement de fes racines & par la production de nouveaux tubercules. D'un autre côté, rien de plus fimple qu'un feul oignon malade ou même une pelletée de terre où font péris quelques-uns de ces oignons, puiffe établir cette maladie dans un champ fain; en effet, en y tranfportant foit l'oignon malade, foit la terre infectée, on y tranfporte en même temps la femence de la plante contagieufe. Or fi l'on a été jufqu'ici fans avoir des lumières auffi nettes fur l'origine de cette maladie, c'eft que tout le mal que font ces petits tubercules fe fait, pour ainfi dire, dans le fecret, ces plantes ne fe manifeftant pas au-dehors.

Une fuite auffi fimple & auffi naturelle de ces confidérations, eft la confirmation du feul remède qui puiffe être employé jufqu'ici contre cette contagion. En effet, le meilleur moyen d'arrêter fes progrès paroît être de creufer une tranchée tout-autour de l'endroit infecté; par-là on empêche que les racines meurtrières des tubercules ne puiffent s'étendre & pénétrer jufqu'aux oignons fains, & ainfi ne viennent à corrompre tout un champ de Safran. Peut-être réuffiroit-on à faire périr ces tubercules & leurs filets, en mêlangeant de la chaux dans les endroits infectés : pour cela nous eftimerions qu'il s'agiroit, après avoir formé la tranchée environnante, de culbuter tout le terrein, & d'y répandre une certaine quantité de chaux : ceci n'eft qu'une préfomption, mais qui, par analogie, femble avoir quelque prétention à la réalité.

Telles font toutes les maladies qui traverfent la culture du Safran, & qui l'empêchent de devenir auffi commun qu'il le pourroit être, eu égard à la fécondité de la multiplication de ces oignons.

Analyfe chymique.

Suivant M. Baumé, le Safran eft compofé de molécules huileufes & fpiritueufes très-mobiles; mais il eft difficile de déterminer fi cette fubftance tient plus de la nature gommeufe que la réfineufe : ces deux principes paroiffent s'y trouver dans une telle proportion que les menftrues aqueux & les fpiritueux agiffent également fur le Safran, ce qui paroît facile à prouver, puifque la teinture qu'on en obtient, foit par l'eau, foit par l'efprit-de-vin, eft également chargée de la couleur & de l'odeur de Safran. Néanmoins on pourroit dire que le Safran tient plus de la nature gommeufe que de la réfineufe, puifque l'œther, continue le même Auteur, n'en tire qu'une légere couleur ambrée, & que cette couleur précipite fous la forme d'une matière gommeufe liquide, la teinture de Safran faite par l'efprit-de-vin. L'odeur du Safran eft des plus pénétrantes & très-aromatique, elle enyvre même très-fouvent : c'eft ce qu'on remarque dans les perfonnes qui font chargées d'en faire la récolte. Pour ce qui eft de fa faveur, elle eft âcre, fubtile, & laiffe fur la langue une impreffion particulière, & qu'il feroit fort difficile de définir.

Propriétés alimentaires.

Plufieurs peuples fe fervent du Safran pour affaifonner les viandes, principalement les habitans du Nord; les gens de la campagne l'emploient pour donner plus de couleur aux beurres qu'ils battent pendant l'hiver : on en fait ufage en France dans les offices; le Safran entre dans les gaufres, dans les bifcuits, dans les paftilles, &c. Il fait encore partie des drogues qui compofent la liqueur du fcuba.

Préparations d'office.

1°. *Le fcuba.* Pour faire cette liqueur, faites infufer dans fix pintes d'eau-de-vie deux onces de Safran, une once de baie de genièvre, une once d'anis, une once de coriandre, une once de cannelle, deux gros de racine d'angelique, un gros de macis, huit clous de girofle, douze jujubes; concaffez toutes ces drogues; ajoutez une demi-livre de fucre par pinte d'eau-de-vie; caffez le fucre par morceau; trempez chaque morceau dans l'eau commune avant de jetter dans l'infufion; bouchez bien la cruche; placez-la dans un lieu tempéré; remuez-la fouvent : au bout de trois femaines voyez fi votre fucre eft entiérement fondu; s'il ne l'eft pas, vous l'écraferez; goûtez fi votre liqueur eft fuffifamment fucrée; fi vous appercevez un défaut de fucre, fuppléez par une addition nouvelle; & fi la teinture du fafran vous paroît maigre & trop peu épaiffe, ajoutez-en encore une demi-once pour la renforcer; remettez le tout en infufion pendant trois autres femaines, après quoi paffez votre fcuba par la chauffe : une feule fois fuffira; peut-être fera-t-il louche, épais, onctueux : vous ne devez pas le fouhaiter autrement. Le caractère particulier de cette liqueur eft d'avoir beaucoup de corps; il eft à préfumer qu'en obfervant avec foin les dofes & le procédé de cette recette, votre fcuba fera d'un goût plus général que celui que l'on vend communément; on vante beaucoup cette liqueur pour les indigeftions & pour les vapeurs; elle eft cordiale & carminative.

2°. *Elixir de garus, ratafiat.* Prenez myrrhe, aloës, de chacun un gros & demi; girofles, mufcades, de chacun trois gros; *Safran* une once, canelle fix gros, efprit-de-vin rectifié dix livres; concaffez toutes ces fubftances, faites-les infufer dans l'efprit-de-vin pendant vingt-quatre heures; diftillez pour lors au bain-marie jufqu'à ficcité; rectifiez cette liqueur fpiritueufe & aromatique pour en tirer neuf livres d'efprit. Prenez capillaire de Canada quatre onces, régliffe coupée groffiérement demi-once, figues graffes trois onces, eau bouillante huit livres, fucre douze livres, eau de fleurs d'orange douze onces; hachez groffiérement le capillaire, mettez-le dans un vaiffeau convenable avec la régliffe coupée & les figues graffes auffi coupées en deux; verfez par-deffus l'eau bouillante; couvrez le vaiffeau; laiffez infufer le mêlange pendant vingt-quatre heures; paffez enfuite, en exprimant légérement le marc; ajoutez l'eau de fleurs d'orange; faites diffoudre à froid le fucre dans cette infufion; mêlez enfuite deux parties de ce fyrop fur une d'efprit-de-vin en poids & non en mefure; agitez le mêlange, pour qu'il foit exact; confervez-le dans une bouteille, & tirez-le par inclination quelques mois après, ou lorfqu'il eft fuffifamment clair. Cet élixir eft ftomachique, bon dans les indigeftions, les foibleffes d'eftomac, les coliques venteufes.

3°. *Eau fingulière, liqueur.* Prenez les zeftes d'un gros cedras ou de deux moyens, ou, à leur défaut, de trois bons citrons, l'écorce de deux oranges de Portugal, deux onces de canelle, deux gros de macis, neuf cloux de girofle, une demi-once d'anis & autant de coriandre, deux gros de racines d'angelique de Bohème, un gros de *Safran*, une demi-once de genièvre; pilez, concaffez & écrafez toutes ces drogues; mettez-les en infusion dans neuf pintes d'eau-de-vie au moins pendant un mois au soleil, ou dans un lieu tempéré, & vous remuerez souvent la cruche. Après le temps de l'infusion, versez ces matières dans la cucurbite; adaptez le chapiteau, & luttez bien toutes les jointures, puis distillez au bain-marie d'abord au fort filet, & après avoir retiré six pintes, vous cohoberez; continuez la distillation au filet médiocre; pour lors les esprits seront bien imprégnés d'huile aromatique. Ayant tiré cinq pintes, vous les mêlerez avec le syrop de cinq livres de sucre, de trois pintes d'eau & de deux pintes d'eau de fleurs d'orange double, en remuant bien le tout. Vous goûterez si rien ne domine, à l'exception de la fleur d'orange, qui doit s'annoncer un peu plus que les autres; & s'il est nécessaire de fortifier les autres aromates, vous aurez des quintessences de cedra, de girofle, de canelle, ou simplement des esprits bien imprégnés de ces drogues; vous en verserez dans votre composition autant qu'il sera nécessaire pour établir l'équilibre dans les aromates; & quand la liqueur sera montée au ton convenable, vous la colorerez en rouge-pourpre avec le phytolaca; ou prenez trois gros de cochenille, un demi-gros d'alun de glace, & quatre ou six pains de tournesol; pilez bien ces teintures dans un mortier de marbre, en versant de temps en temps de l'eau bouillante pour les délayer plus facilement, & ajoutez la dissolution à la totalité des liqueurs; filtrez-la ensuite avec patience, & vous aurez une eau singulière, parfaite, délicieuse & très-salutaire.

Propriétés médicinales.

Plusieurs Médecins regardent le Safran comme le roi des végétaux, & l'appellent la panacée végétale, à cause de ses vertus excellentes; & en effet il mérite d'être rangé parmi les remèdes calmans, anti-spasmodiques, carminatifs, cordiaux, stomachiques & emmenagogues. Les observations qu'on a faites sur le Safran démontrent qu'il a acquis à juste titre toutes ces qualités.

Le Safran est un des plus grands calmans; il agit à-peu-près de même que les narcotiques pour appaiser les mouvemens anti-spasmodiques; mais il faut beaucoup de prudence dans celui qui le prescrit, car l'espèce d'yvresse qu'il cause peut causer des accidens funestes, & à-peu-près semblables à ceux de l'*opium*.

Les Anciens prétendent que le Safran est l'ennemi de la tristesse, qu'il occasionne même quelquefois une si grande joie, qu'elle dégénere souvent en ris immodérés, sur-tout si on prend cette substance à dose trop forte.

M. Boerrhave est du même sentiment que les Anciens; il assure que l'extrait de Safran produit cet effet: nous ne pouvons pas assurer ce fait; on n'apperçoit rien dans l'usage ordinaire qui puisse faire soupçonner cette propriété; c'est ici le lieu de rapporter le sentiment des Auteurs sur le danger qu'il y a de le prescrire à trop forte dose. Galien assure que la seule odeur du Safran fait mal à la tête, il range même ce remède parmi ceux qui troublent l'esprit; il ajoute, dans son cinquième Livre des simples, que le Safran pris en trop grande quantité, ne fait pas seulement perdre l'esprit, mais qu'il est un vrai poison, & qu'il cause même la mort.

Jean Michaëlis dit que plusieurs sont tombés dans l'yvresse par l'odeur trop forte du Safran, ou pour en avoir fait trop d'usage. Borelli rapporte qu'un domestique d'un riche Marchand, qui avoit l'habitude de s'endormir auprès d'un magasin de Safran, en avoit contracté un si grand mal de tête & une si grande foiblesse de cœur, qu'il auroit regardé la mort préférable à une vie aussi languissante.

L'acoste raconte que plusieurs femmes moururent pour avoir fait usage de petits sacs de Safran en forme d'oreillers; Emmanuel Tonig, Professeur de Médecine à Bâle, rapporte une observation qui pourroit confirmer le sentiment des Anciens & de Boerrhave sur la propriété qu'ils attribuent au Safran, d'exciter des ris immodérés. Il dit que quelques Citoyens de la ville de Bâle furent attaqués d'un ris excessif & involontaire pour avoir fait usage d'une trop grande dose de Safran mêlé avec du vin.

Amatus Lusitanus fait mention d'un pareil fait. Un Parfumeur, dit-il, fit de si grands éclats de rire, que peu s'en fallut qu'il n'en mourût, pour avoir mangé de la viande qu'il avoit assaisonné de trop de Safran. Simon Pauli assure qu'une fille fut affligée pendant toute sa vie de continuelles douleurs de tête, pour avoir usé de Safran pendant long-temps.

De toutes ces observations on peut conclure qu'il faut être fort circonspect sur l'usage du Safran, & qu'il ne doit être employé que par des personnes prudentes & des gens de l'Art; la dose en substance est depuis deux, trois, quatre grains jusqu'à dix ou douze, & même quelquefois jusqu'à un scrupule; on augmente cette dose lorsqu'on prescrit le Safran en infusion dans l'eau ou le vin.

Rien ne convient mieux dans les maladies de l'estomac qui proviennent d'une trop grande atonie, que le Safran en raison de ses principes actifs; la facilité qu'a cette substance de se mêler avec les liqueurs aqueuses, la rend très-propre à se porter dans les vaisseaux les plus déliés; c'est par cette raison qu'elle communique son activité à l'*uterus*. Personne n'ignore que le Safran est un des remèdes les plus propres à solliciter les vaisseaux de la matrice, & à faciliter l'éruption des menstrues; plusieurs femmes en usent avec succès, soit en substance, soit en infusion théiforme, dans leurs temps critiques. M. Cartheuser rapporte, d'après le Docteur Ferdinand Hertodt, une expérience singulière qui prouve la facilité qu'a le Safran de se porter dans les plus petits vaisseaux, principalement dans ceux de la matrice; M. Hertodt mêla dans les alimens d'une chienne qui étoit pleine une certaine quantité de Safran; il lui fit même prendre jusqu'à deux gros de cette substance, les trois derniers jours qui précéderent celui où elle devoit mettre bas; il l'ouvrit, & trouva la liqueur de l'amnios teinte en jaune; la peau des petits chiens qui s'y trouverent étoit aussi teinte d'une couleur safranée en plusieurs endroits; le chile qu'il trouva dans les vaisseaux lactés de cette chienne, avoit sa blancheur ordinaire.

Amatus Lusitanus rapporte une observation qui a beaucoup de ressemblance à l'expérience du Docteur Hertodt: une femme ayant beaucoup de difficulté d'accoucher, prit des emmenagogues parmi lesquels se trouvoit le Safran; elle accoucha aussitôt de deux filles de couleur jaune; cette couleur se dissipa aussi-tôt, en les lavant avec de l'eau chaude.

Puisque le Safran a une vertu emmenagogue, il faut bien se garder d'en prescrire aux femmes enceintes; nous l'avons employé plusieurs fois avec succès dans le chlorosis & la suppression des menstrues; nous le faisons incorporer dans les opiates apéritives & stomachiques avec les préparations martiales. Le Safran coupé, même sans être pilé, infusé dans du bouillon ou quelqu'autre liqueur appropriée, n'est pas seulement bon pour pousser les mois, mais il convient aussi dans les maladies des poumons; on le fait pour lors infuser dans du lait à la dose de cinq ou six grains; cependant Riviere a observé qu'il ne convient point dans le crachement de de sang des pulmoniques, parce qu'il pourroit exciter une hémorrhagie dangereuse, à cause de sa trop grande activité. Le même Auteur le prescrit avec succès aux asthmatiques en substance, à la dose d'un scrupule délayé dans du vin.

Boyle le conseille dans la même maladie, en poudre ou en pilules, à la dose de huit ou dix grains, avec un peu de syrop de violettes, le soir en se couchant.

M. Chomel assure avoir vu réussir pour l'extinction de voix le remède suivant : on prend une pincée de Safran, on le fait bouillir dans un demi-septier de lait, & on le donne au malade aussi chaud qu'il pourra le boire. Toutes les vertus pectorales qu'on a trouvées dans le Safran lui ont fait donner par plusieurs le surnom de l'ame des poumons. Nous ne parlerons point ici de l'élixir blanc de propriété de Garus, dont le Safran fait la base ; nous avons exposé la manière de le faire en parlant des propriétés alimentaires; nous observerons seulement ici que cet élixir est un excellent remède pour les estomacs foibles & délicats, dont la digestion se fait lentement & avec peine, de même que dans les coliques venteuses & les indigestions; il faut prendre garde en prescrivant ce remède, au tempérament du malade, car il échauffe beaucoup.

On prescrit aussi la teinture de Safran, & quelquefois même son extrait, la Pharmacopée de Paris en rapporte les procédés; la dose de la teinture est depuis quatre gouttes jusqu'à vingt, & celle de l'extrait est depuis deux grains jusqu'à dix. Jacques Bontius, dans son Traité de la Médecine des Indiens, recommande cet extrait, comme un excellent spécifique dans la dyssenterie.

On emploie encore le Safran à l'extérieur, comme discussif & résolutif; on s'en sert sur-tout dans les collyres qu'on prescrit contre les petites-véroles, pour empêcher l'impression que la matière varioleuse peut faire sur les yeux; ces collyres se font avec une légère teinture de Safran, l'eau de rose & le plantain; on fait aussi entrer le Safran dans les cataplasmes résolutifs qu'on fait avec le lait & la mie de pain, & qu'on applique sur les tumeurs pour en appaiser l'inflammation. L'application extérieure du Safran n'est pas moins dénuée de danger que l'intérieure, & on ne doit s'en servir qu'avec précaution.

C. Hoffmann conseille de ne pas se servir de l'emplâtre *oxycrocum* dans les fractures, lorsqu'on craint encore la fluxion, parce que l'expérience a appris que cet emplâtre causoit souvent de grands maux, à cause du Safran qui y entre : Simon Pauli confirme ce fait par sa propre expérience.

Formules.

1°. Prenez *Safran* un demi-scrupule, cannelle un scrupule, dictamne de Crète un demi-gros; mêlez, faites une poudre pour donner dans l'accouchement difficile.

2°. Prenez *Safran* en poudre quinze grains, myrrhe & borax, de chacun un demi-scrupule; mêlez avec suffisante quantité de conserve de fleurs de lavande ou de souci; faites un bol.

3°. Prenez *Safran*, camphre, de chacun un demi-gros; renfermez-les ensemble dans un petit sac d'écarlate que vous suspendrez au col vis-à-vis la fossette du cœur, comme une amulette pour chasser la fièvre.

4°. Prenez *Safran* un demi-gros, gomme tacamaque un gros, suie deux gros, térébenthine suffisante quantité; faites un emplâtre que l'on appliquera aux corps de ceux qui ont la fièvre, un peu avant l'accès.

5°. Prenez *Safran* en poudre, myrrhe, de chacun quinze grains, aloès un scrupule; faites un bol avec le syrop d'armoise, pour rappeller les règles.

6°. Prenez mie de pain blanc écrasée dans les mains une livre, lait de vache suffisante quantité; faites cuire en remuant continuellement : ajoutez sur la fin un jaune d'œuf & une once de *Safran* réduit en poudre fine; faites un cataplasme anodin pour résoudre les tumeurs inflammatoires & appaiser la douleur.

7°. *Pilules balsamiques de Morton.* Prenez cloportes trois gros, gomme ammoniac purifiée un gros & demi, fleurs de benjoin un gros, *Safran*, baume du Pérou, de chacun quinze grains, baume de soufre suffisante quantité; faites une masse de pilules : la dose est de dix-huit grains trois fois le jour dans la toux chronique, écrouelleuse, phthysique, & pour prévenir les tubercules cruds du poumon.

8°. Prenez *Safran* un scrupule, anti-hectique de Poterius deux gros, racines d'iris de Florence un demi-gros, baume de soufre anisé vingt gouttes, conserve d'*enula campana* une demi-once; mêlez, faites une opiate, dont la dose est d'un gros deux ou trois fois le jour, pour la phthysie commençante.

9°. Prenez *Safran* en poudre un gros, graines d'ancholie six gros, tartre vitriolé un demi gros, conserve de cynorrhodon suffisante quantité; faites une opiate molle à partager en sept doses à prendre en autant de jours le matin à jeûn, pour la jaunisse.

10°. Prenez *Safran*, sel volatil de succin, fleurs de benjoin, de chacun un demi-gros, gomme ammoniac un gros, conserve de fleurs de romarin une demi-once; mêlez, faites un bol, dont la dose est d'un gros deux ou trois fois le jour, pour l'asthme.

Propriétés vétérinaires.

Quand on prescrit le Safran aux animaux dans les cas analogues à ceux de l'homme, c'est depuis la dose d'une once jusqu'à quatre en infusion, & d'une demi-once jusqu'à une once & demie en substance.

Propriétés économiques.

Les Peintres se servent de Safran pour faire un très-beau jaune qu'ils emploient dans les miniatures; les Teinturiers en font aussi usage pour teindre les étoffes; on pourroit encore faire de l'amidon avec l'oignon de Safran; mais comme il seroit difficile de se procurer des oignons en assez grande quantité pour servir de base à l'amidon, le prix de cette composition seroit trop cher, & conséquemment d'un mauvais débit.

Propriétés d'ornemens.

Le Safran du printemps fait un très-joli effet dans les parterres de cette saison; c'est une des premières fleurs qui y paroissent; il fleurit même souvent sous la neige.

CROTALARIA, *la Crotalaire.*

Description générique.

Le caractère de ce genre de plantes est d'avoir le périanthe du calice partagé en trois, grand, un peu plus court que la corolle; les deux découpures supérieures lancéolées, appuyées sur l'étendart; la troisième est lancéolée, concave, soutenant la carêne, fendue en trois ; la corolle est papilionacée ; l'étendart est en forme de cœur, aigu, grand, à côtés applatis ; les aîles sont ovales, deux fois plus courtes que l'étendart ; la carêne est pointue, de la longueur des aîles ; les filamens des étamines sont au nombre de dix, réunis ensemble, s'élevant, séparés par une ligne dorsale & par la base qui s'ouvre ; les anthères sont simples ; le germe du pistil est oblong, réfléchi, hérissé ; le stil est simple, s'élevant ; le stigmate est obtus ; le péricarpe est un légume court, gonflé, à une loge & à deux valves ; la semence est une ou deux, globuleuse, en forme de rein.

Observation.

Ce genre a beaucoup d'affinité avec les arrête-bœufs.

CLASSE.

Il fait partie de la Classe des plantes papilionacées de Tournefort, & de la dix-septième de Linnæus, qui comprend les plantes diadelphiques décandriques ; cet Auteur en admet dix-huit espèces ; M. Aublet y en ajoute une nouvelle, ce qui fait en tout dix-neuf, dont les douze premières sont à feuilles simples, & les sept dernières à feuilles composées.

PREMIERE ESPECE.

La première espèce est la Crotalaire perforée. *Crotalaria perforata. Crotalaria foliis perfoliatis cordatis denticulatis. Linn. Syst. Veg. edit. XIII. Murray. 540. Mant. 439.*

Description.

Cet arbre croît à la hauteur de huit pieds ; sa tige est lisse, à rameaux alternes ; ses feuilles sont perfoliées, en forme de cœur, dentelées ; les fleurs sont un peu en ombelle, terminales, jaunes ; l'étendart est blanc, poileux à l'extérieur ; le légume est applati, glabre, sans pédicule, aigu.

Lieu de sa naissance.

Cette espèce croît au Cap de Bonne-Espérance.

DEUXIÈME ESPÈCE.

La deuxième espèce est la Crotalaire perfoliée. *Crotalaria perfoliata. Crotalaria foliis perfoliatis cordato-ovatis. Linn. Sp. plant. 1003. Crotalaria perfoliatæ folio. Dill. Elth. 122.*

Description.

Les feuilles de cette espèce sont semblables à celles du percefeuille ou du buplevrum rond ; elles sont percées de même par la tige de la plante, & elles sont en forme de cœur, ovales ; ses rameaux sont longs d'un pied & quelquefois plus longs, bifourchus, ligneux par où passent les feuilles ; ils sont revêtus d'une écorce cendrée, glabre ; des commissures des feuilles sortent des fleurs solitaires à peine de la grandeur de celles d'un pois, à étendart un peu large, à aîles & à carêne aussi assez amples, d'un verd-jaune ; il leur succède des siliques courtes, enflées, glabres, cartilagineuses & brunâtres.

Figure.

Cette espèce est représentée dans le *Dillenii Hort. Elth.* pl. 102, fig. 122.

Lieu de sa naissance.

Elle croît naturellement au midi de la Caroline.

Culture.

On la multiplie par graines que l'on seme au printemps sur une couche chaude, & que l'on tire du pays où la plante croît naturellement ; car cette plante, quoiqu'elle fleurisse en France, n'y donne point de siliques & conséquemment de semences ; quand elle est seulement crue de la hauteur d'un pouce, on la repique sur une autre couche : elle s'y fortifie ; après quoi on la transplante dans un pot rempli de bon terreau, & on place le pot dans la serre chaude ou l'étuve pour que la plante pousse plus vîte.

TROISIEME ESPÈCE.

La troisième espèce est la Crotalaire à feuilles qui embrassent la tige. *Crotalaria amplexicaulis. Crotalaria foliis caulinis amplexicaulibus cordatis alternis, foliis oppositis reniformibus. Linn. Sp. plant. 1003. Amœn. Acad. 6. Afric. 39. Genista perfoliata, orbiculatis foliis. Seb. Thes. 1.*

Description.

Cet arbrisseau est glabre ; ses feuilles sont amplexicaules, en forme de cœur, glabres ; ses rameaux sont à fleurs, fourchus, garnis de feuilles opposées, en forme de reins, ou orbiculés en forme de cœur, sessiles ; ses fleurs sortant de la bifourchure sont solitaires, pédunculées, jaunes.

Figure.

Il est représenté dans le *Thesaurus* de Seba, planche 24, figure 5.

Lieu de sa naissance.

Il croît naturellement dans l'Ethiopie.

QUATRIEME ESPÈCE.

La quatrième espèce est la Crotalaire en fleche. *Crotalaria sagittalis. Crotalaria foliis simplicibus lanceolatis, stipulis solitariis decurrentibus bidentatis. Linn. Sp. plant. 1003. Hort. Cliff. 357. Gron. Virg. 105. Roy. Lugdb. 374. Crotalaria Americana, caule alato, foliis pilosis, floribus in thyrso luteis. Mart. Cent. 43. Crotalaria hirsuta minor Americana herbacea, caule ad summum sagittato. Herm. Lugdb. 202. Pluk. Alm. 122. Sagittaria cordialis. Marcg. Bras. 55.*

Description.

Les feuilles inférieures de cette plante sont ovales, à pétioles simples ; les feuilles des rameaux regnent le long de ces rameaux par une membrane plus large que la tige, ce qui fait paroître cette tige comme triangulaire ; au sommet de la principale tige ou des rameaux naissent les fleurs disposées en grappe très-simple, droite, dont le périanthe est monophylle, partagé deux fois en deux levres presqu'égales, dont la supérieure est profondément fendue en trois lobes plus étroits; l'enveloppe est à deux folioles linéaires, de moitié plus courtes que le périanthe qu'elle reçoit; l'étendart est rond, de la longueur du périanthe, à onglet très-court, jaune; chaque aîle a la forme de la moitié de l'étendart, & n'est pas attachée par la carêne; celle-ci est bossue par le milieu, pointue, à deux pétales, à sommet entortillé; le germe est lancéolé, recourbé; le stil est droit, sans être divisé; le stigmate est vers le sommet du stil, du côté intérieur.

Figure.

Cette espèce est représentée dans les Centuries de Martyn, pl. 43; dans l'*Herm. Hort. Lugdb.* pl. 203; & dans l'*Almag.* de Plukenet, pl. 169, fig. 6.

Variété.

On trouve aussi dans l'*Almagestum* de Plukenet, cité pl. 277, fig. 2, une variété de cette espèce sous le nom de *Crotalaria sagittalis glabra longioribus foliis, Americana.*

Lieu de sa naissance.

Elle croît naturellement au Brésil, dans la Virginie.

Culture.

Elle est annuelle; sa culture est la même que celle de l'onzième espèce.

CINQUIEME ESPECE.

La cinquième espèce est la Crotalaire de la Chine. *Crotalaria Chinensis. Crotalaria foliis simplicibus ovatis subpetiolatis, stipulis minutissimis. Linn. Sp. plant.* 1003.

Description.

Les tiges & les rameaux sont poileux, cylindriques; les feuilles sont ovales, un peu obtuses, très-entières, un peu poileuses de chaque côté; les grappes ne sont garnies que de très-peu de fleurs, hérissées; les bractées sont lancéolées, de la longueur des péduncules; les calices sont hérissés, de la longueur de la corolle; les corolles sont jaunes, à étendart strié; les stipules sont très-menues, en forme d'alêne.

Lieu de sa naissance.

Elle croît naturellement dans la Chine; c'est un arbrisseau.

SIXIEME ESPÈCE.

La sixième espèce est la Crotalaire à jonc. *Crotalaria juncea. Crotalaria foliis simplicibus lanceolatis petiolato-sessilibus, caule striato. Linn. Sp. plant.* 1004. *Hort. Cliff.* 357. *Hort. Ups.* 210. *Roy. Lugdb.* 374. *Trew. Ehret. t.* 47. *Crotalaria Benghalensis, foliis genistæ hirsutis. Pluk. Alm.* 122. *Tandela cotti. Rheed. Hort. Malab.* 9. *p.* 47. Chez les Brames, *Butta gageri.*

Description.

Ses tiges sont hautes de trois pieds, en forme de jonc, serrées, rameuses par la base; la levre supérieure du calice est partagée en deux; la levre inférieure est en forme de nacelle, à trois dents fanées; les corolles ressemblent à celle du jonc marin, sont jaunes, ayant les aisselles des aîles noires.

Figure.

Cette espèce est représentée dans les Plantes choisies de Trew, pl. 47; dans l'*Almag.* de Plukenet, planche 169, fig. 5; & dans l'*Hort. Malab.* tome 9, planche 36.

Lieu de sa naissance.

Elle croît naturellement dans l'Inde, à Malabar; elle est annuelle.

Culture.

Quoique cette plante soit annuelle en France, il paroît par la partie inférieure qui devient ligneuse, qu'elle doit durer plus long-temps dans le pays où elle croît naturellement; cependant elle ne passe pas l'hiver en France; car si on la met pendant cette saison dans une serre chaude, la chaleur est trop forte pour elle, & dans une serre ordinaire, elle est très-sujette à se moisir, principalement dans les temps humides. Miller a semé les graines de cette plante en pleine terre; les plantes qui en ont levé sont parvenues à la hauteur de trois pieds, & ont très-bien fleuri, mais elles n'ont point produit de gousses; & quand ces plantes ont été élevées plus délicatement, elles ont encore poussé davantage & donné un plus grand nombre de fleurs, mais sans fournir de semences; le seul moyen qui a toujours réussi à Miller pour se procurer des semences, a été de faire croître les plants dans des pots sur une couche chaude; au commencement de Juillet on les ôte de ces pots, & on les plante en pleine terre dans une plate-bande bien exposée à l'abri d'un mur; de cette manière ces plantes fleurissent très-bien, & il peut mûrir quelques gousses.

SEPTIEME ESPECE.

La septième espèce est la Crotalaire imbriquée. *Crotalaria imbricata. Crotalaria foliis simplicibus ovatis, acutis, villosis, sessilibus, floribus subsessilibus. Linn. Sp. plant.* 1004. *Amœn. Acad.* 6. *Afric.* 40. *Berg. Cap.* 192. *Cytiso affinis. Pluk. Mant.* 63.

Description.

Cet arbrisseau est verruqueux, à nœuds formés par la chûte des feuilles; ses feuilles sont serrées, disposées en forme de tuiles rangées, sessiles, simples, ovales, aiguës, cotonneuses, velues, soyeuses, petites, sans stipules; les fleurs sont sessiles, solitaires, pourpres.

Figure.

Cette espèce est représentée dans le *Mantissa* de Plukenet, pl. 388, fig. 3.

Lieu de sa naissance.

C'est un arbrisseau qui croît au Cap de Bonne-Espérance.

HUITIEME ESPECE.

La huitième espèce est la Crotalaire émoussée. *Crotalaria retusa. Crotalaria foliis simplicibus oblongis cuneiformibus retusis. Linn. Sp. plant.* 1004. *Flor. Zeyl.* 276. *Crotalaria Asiatica, floribus luteis, folio singulari cordiformi. Herm. Lugdb.* 200. *Crotalaria major. Rumph. Amb.* 5. *p.* 278. *Tandale cotti. Rheed.*

Hort. Mal. 9. p. 45. Chez les Brames, *Schamapuspi.* A Malaca, *Kering Keringan Kering, Kering.* A Java, *Pradjiltan.* A Baley, *Gering, Geringan.* A Macassar, *Karing, Kering.*

Description.

Les feuilles de cette espèce sont ovales, à pointe recourbée; ses stipules sont très-petites, en forme d'alêne; les fleurs sont jaunes; l'étendart est au-dessus, souvent pourpre; le légume est cylindrique, glabre, horizontal.

Figure.

Cette espèce est représentée dans l'*Herm. Hort. Lugdb.* pl. 201; dans l'*Herbarium Amboinense*, t. 5, pl. 96, fig. 1; & dans l'*Hort. Malab.* t. 9, pl. 25.

Lieu de sa naissance.

Elle croît naturellement dans l'Inde, à Java, à Baley, à Macassar, à Malabar, rarement à Amboine.

Culture.

Elle fleurit en Juillet; ses semences mûrissent en automne, pourvu qu'on puisse les semer au premier printemps, & qu'on les gouverne ensuite de la même manière qui sera dite ci-après, pour l'onzième espèce; elle est annuelle, & meurt dès que sa graine est mûre.

Propriétés alimentaires.

On fait cuire les fleurs, & on les mange en guise de potage: c'est un légume fort doux.

Propriétés médicinales.

On preserit la décoction de cette plante pour les fièvres intermittentes, sur-tout pour les tierces; la racine donnée en décoction provoque la pituite, chasse les vents; broyée avec du vin, c'est un excellent remède contre la colique néphrétique; le suc des feuilles pris intérieurement enleve par le vomissement les fièvres symptomatiques provenantes de la colique; il purifie aussi le sang.

Propriétés économiques.

Quelques Auteurs rapportent que dans le Bengale on fait avec l'écorce de cette plante du fil qui est en usage pour construire des filets propres à prendre du poisson.

Propriétés d'ornemens.

La plupart des espèces de Crotalaires peuvent servir de décoration dans les parterres, à cause de leurs fleurs.

NEUVIEME ESPECE.

La neuvième espèce est la Crotalaire à fleurs sessiles. *Crotalaria sessiliflora. Crotalaria foliis simplicibus lanceolatis subsessilibus, floribus sessilibus lateralibus, caule æquali. Linn. Sp. plant.* 1004.

Description.

Cette plante a à peine un pied de haut; sa tige est droite, cylindrique, striée, sillonnée, moins rameuse; ses feuilles sont lancéolées, presque sessiles, supérieurement glabres, poileuses par-dessous; ses stipules sont à peine visibles; ses fleurs sont axillaires, sessiles, bleues; ses bractées sont au nombre de deux, un peu longues.

Lieu de sa naissance.

Elle croît naturellement dans la Chine.

DIXIEME ESPECE.

La dixième espèce est la Crotalaire à trois fleurs: *Crotalaria triflora. Crotalaria foliis simplicibus ovatis sessilibus glabris, ramis angulatis, pedunculis ternis lateralibus unifloris. Linn. Sp. plant.* 1004. *Berg. Cap.* 193.

Description.

Toute cette plante est glabre; ses feuilles sont à peine hautes d'un palme; ses bractées sortent des aisselles des feuilles vers la sommité; elles sont au nombre de trois, un peu plus petites que les feuilles, de la longueur des fleurs.

Lieu de sa naissance.

Elle croît au Cap de Bonne-Espérance.

ONZIEME ESPECE.

L'onzième espèce est la Crotalaire verruqueuse: *Crotalaria verrucosa. Crotalaria foliis simplicibus ovatis, stipulis lunatis declinatis, ramis tetragonis. Linn. Sp. plant.* 1005. *Flor. Zeyl.* 277. *Crotalaria foliis ovatis, petiolis duplici stipula auctis, ramis tetragonis. Hort. Cliff.* 337. *Crotalaria foliis solitariis ovatis acutis, caule sulcato. Burm. Zeyl.* 81. *Crotalaria Asiatica, folio singulari verrucoso, floribus cæruleis. Herm. Lugdb.* 199. *Rai. Hist.* 1893. *Pee-tandale-cotte. Rheed. Hort. Mal. 9. p. 53. Genista major indica, alni folio, flore cæruleo spicato. Breyn. Prodr.* 250. Chez les Brames, *Butta gageri.*

Description.

Sa tige est herbacée, droite, flexible, anguleuse; ses rameaux sortent des aisselles supérieures; les stipules sont en forme de demi-cœur, obtuses; les feuilles sont alternes, ovales, se terminant en pétioles; la grappe est terminale; les fleurs sont alternes, glabres.

Figure.

Cette espèce est représentée dans l'*Herm. Hort. Lugdb.* pl. 199; dans l'*Hort. Malab.* t. 9, pl. 29; & dans le *Burm. Thes. Zeyl.* pl. 34.

Lieu de sa naissance.

Elle croît naturellement dans l'Inde, dans l'Isle de Ceylan, sur la côte de Malabar.

Culture.

Cette plante est annuelle; elle fleurit en Juillet & Août; ses semences sont mûres en automne; on la multiplie par graines qu'on seme au printemps sur une couche chaude; & quand les jeunes plants qui en proviennent sont parvenus à un pouce de haut, on les repique sur une autre couche chaude pour les faire croître plus vîte, observant cependant de les garantir du soleil jusqu'à ce qu'ils soient bien repris; après quoi on leur donne de l'air proportionnellement à la saison, pour qu'ils se fortifient; quand ces plantes sont assez fortes, on les enleve avec leurs mottes,

mottes, & on les met chacune séparément dans un pot plein de terreau ; on enfonce le pot dans une couche de tan modérément chaude, & on les garantit des rayons du soleil jusqu'à ce qu'elles soient bien reprises ; on les gouverne pour lors de la même manière que les autres plantes exotiques, en leur donnant de l'air & de l'eau quand il fait chaud ; quand les plantes sont trop hautes pour pouvoir rester sous des chassis, on transporte les pots dans une serre chaude ; on leur donne seulement de l'air quand il fait bien chaud. C'est ainsi qu'on parvient à faire fleurir les plantes en Juillet, & qu'elles continuent à donner de nouveaux épis de fleurs jusqu'à la fin du mois d'Août ; les premiers épis ont leurs semences mûres en Septembre, dès que la plante meurt.

Propriétés médicinales.

La racine de cette plante brisée & mise sur les yeux, rappelle & corrige la mémoire ; le suc des feuilles diminue la fluidité du mercure.

DOUZIÈME ESPÈCE.

La douzième espèce est la Crotalaire à deux fleurs. *Crotalaria biflora. Crotalaria foliis simplicibus obtusis, caulibus prostatis herbaceis, pedunculis bifloris. Linn. Sp. plant.* 540. *Mant.* 570. *Crotalaria nana, foliis simplicibus oblongis sessilibus glabris, pedunculis lateralibus trifloris. Burm. Ind.* 156. *Crotalaria Maderasp. Pilosellæ folio. Pet. Gaz. Astragalus biflorus. Mant.* 273. *Crotalaria nana. Burm. Ind.* 156.

Description.

Sa racine est fibreuse ; sa tige est droite, haute d'un palme, cylindrique, poileuse, terminée par un péduncule ; les rameaux sortent de la base de la tige, sont nombreux, alternes, couchés, simples, beaucoup plus longs que la tige ; les feuilles sont alternes, à pétioles très-courts, elliptiques ou ovales, oblongs, obtus, un peu poileux, longs d'un pouce ; les péduncules sont à deux fleurs, terminaux, mais dans les rameaux le rameau ultérieur croît pour laisser sortir les collatéraux ; la corolle est jaune ; les étamines sont celles de la Crotalaire ; son fruit est presque globuleux ; il est cylindrique dans les jardins.

Figure.

Cette espèce est représentée dans le *Burm. Flor. Ind.* pl. 48, fig. 2.

Lieu de sa naissance.

Elle croît naturellement dans l'Inde.

TREIZIEME ESPECE.

La treizième espèce est la Crotalaire à larges feuilles. *Crotalaria latifolia. Crotalaria foliis ternatis obovatis, floribus lateralibus subracemosis. Crotalaria latifolio, flore parvo variegato. Dill. Elth.* 121. *Crotalaria trifolia fructicosa, foliis glabris, flore è luteo viridi minore. Sloan. Jam.* 114. *Hist.* 2. *p.* 33.

Description.

Toute cette plante est glabre, ligneuse ; ses feuilles sont ternes, ovales ; les fleurs sont latérales, en grappes, petites, d'un jaune-verdâtre, panachées ; les légumes sont sessiles dans le calice.

Figure.

Cette espèce est représentée dans le *Dillenii Hort. Elth.* pl. 102, fig. 121 ; & dans l'Histoire de la Jamaïque par Sloane, tome 2, planche 176, figure 1, 2.

Lieu de sa naissance.

Elle croît naturellement dans la Jamaïque.

QUATORZIEME ESPECE.

La quatorzième espèce est la Crotalaire lunaire. *Crotalaria lunaris. Crotalaria foliis ternatis ovatis acutis, stipulis semicordatis lunatis. Linn. Sp. plant.* 1005. *Crotalaria foliis ternatis, foliolis sessilibus, petiolis stipula duplici acutis. Hort. Cliff.* 357.

Description.

Sa tige est filiforme, droite, réfléchie alternativement le long des articulations, rameuse, ligneuse ; les feuilles sont ternées sur des pétioles communs, plus longs même que les internœuds des rameaux, sortant à angles droits ; à chaque aisselle il se trouve une paire de stipules, dont chacune a la figure d'une moitié de cœur dont la pointe regarde la feuille ; vers la sommité des rameaux il sort par-ci par-là un péduncule opposé au pétiole, & de la même longueur avec le pétiole, afin que le rameau puisse croître entre le pétiole & le péduncule, & pour lors les stipules s'éloignent davantage du pétiole, & s'approchent plus du péduncule. Chaque foliole est ovale, pointue, sessile sur un pétiole commun, glabre en-dessus, & verte, blanche en-dessous, velue, luisante ; une fleur solitaire termine le péduncule, dont l'enveloppe est à trois pièces, en forme d'alêne, plus courte que le pétiole ; le périanthe est à deux lèvres ; la supérieure est plus courte, partagée en deux, s'ouvrant ; l'inférieure est plus longue, linéaire, fendue par moitié en trois lobes égaux ; la corolle de la carène est un peu plus courte ; l'étendart est montant aux côtés ; le milieu de la carêne est bossu ; le sommet est obtus ; le germe est hérissé, un peu réfléchi.

Lieu de sa naissance.

Cette espèce croît naturellement dans l'Afrique.

QUINZIÈME ESPÈCE.

La quinzième espèce est la Crotalaire à feuilles de laburnum. *Crotalaria laburnifolia. Crotalaria foliis ternatis ovatis acuminatis, stipulis nullis, leguminibus pedicillatis. Linn. Sp. plant.* 1005. *Flor. Zeyl.* 278. *Crotalaria Asiatica frutescens, foliis luteis amplis, trifolia. Herm. Lugdb.* 196. *Rai. Hist.* 1893. *Crotalaria arborescens trifoliata glabra viridis. Burm. Zeyl.* 82. *Nella tandale colti. Rheed. Mal.* 9. *p.* 49. *Cytisus glabra, arborescens, siliquis bullatis. Herb. Herm. Anonis Zeylanica, arborescens, flore luteo, siliquis bullatis cytisi habitu. Hort. Catal. Semin. Cytisus Zeylanicus, arborescens, glaber, flore luteo, siliquis bullatis. Muf. Zeyl. pag.* 40. *Cytisus Zeylanicus siliquis bullatis, pediculis longissimis. Ibid. p.* 49. *Cytisus pediculis longissimis, siliquis pendentibus. Ibid. p.* 59. *Jakberya Zeylanensibus.*

Description.

Les feuilles de cette espèce sont ternes, glabres, d'un verd-gai de chaque côté, appuyées sur des péduncules très-longs qui sortent de l'écorce jaune, glabre, couvrant le bois blanc ; les fleurs sont nombreuses, disposées sur des épis très-longs & très-forts ; elles sont grandes, belles, d'une couleur d'un jaune-pourpre, papilionacées, dont l'étendart est court, couleur de soufre ; les aîles très-petites, la carêne est large, très-longue, réfléchie, d'un pourpre-foncé ; les siliques sont enflées.

Figure.

Cette espèce est représentée dans l'*Herm. Hort.*

Lugdb. planche 197 ; & dans l'*Hort. Malab.* tome 9, planche 27.

Lieu de sa naissance.

Elle croît naturellement dans l'Inde.

Culture.

On multiplie cette espèce par boutures ; on les fait dans des pots qu'on enfonce dans une couche modérément chaude ; on les arrose souvent, & on les couvre jusqu'à ce qu'elles aient pris racines ; durant les mois de Juillet, d'Août & de Septembre, on les place en plein air dans une exposition bien abritée ; elles y donnent beaucoup de fleurs ; en automne on les serre dans une serre tempérée pour les conserver pendant l'hiver.

Propriétés d'ornemens.

Cette espèce fait un assez joli effet lorsqu'elle est en fleur, c'est la raison pour laquelle on la cultive dans quelques jardins de Fleuristes.

SEIZIEME ESPÈCE.

La seizième espèce est la Crotalaire à feuilles en forme de cœur. *Crotalaria Cordifolia. Crotalaria foliis ternatis obcordatis mucronatis, floribus corymbosis, caule fruticoso. Linn. Syst. Veg. edit. XIII. Murray 541. Mantis. 266. Spartium sophoroïdes. Berg. Cap. 198.*

Description.

Cet arbrisseau est haut de huit pieds, rameux ; les rameaux sont anguleux, à cicatrices tronquées ; les feuilles sont ternées, pétiolées ; les folioles sont en forme de cœur, pointues par le sinus, glabres, aiguës à la base, égales ; les pétioles sont plus courts que les feuilles ; les stipules sont soyeuses, menues ; les bouquets sont terminaux, solitaires, ovales ; les péduncules, les calices & les corolles sont violets ; la fleur est semblable à celle du *sophora biflora* ; les étamines sont réunies.

Lieu de sa naissance.

Elle croît sur les rochers du Cap de Bonne-Espérance.

DIX-SEPTIEME ESPECE.

La dix-septième espèce est la Crotalaire blanchâtre. *Crotalaria incana. Crotalaria foliis ternatis ovatis acuminatis, stipulis setaceis, leguminibus hirsutis. Linn. Syst. Veg. edit. XIII. Murray. 541. Crotalaria trifolia. Rivin. Tetr. 138.*

Description.

La tige est roide, poileuse, comme les pétioles ; les folioles sont ovales, lisses en-dessus, poileuses en-dessous ; les stipules sont solitaires, tombant ; les bractées sont au nombre de deux, sétacées, le long du calice ; les fleurs sont en grappes ; les corolles sont jaunes ; l'étendart est en-dessous fauve ; les bords de la carêne sont blancs, laineux ; les étamines sont réunies.

Figure.

Elle est représentée dans les *Tetrandriques* de Rivin, planche 138.

DIX-HUITIEME ESPÈCE.

La dix-huitième espèce est la Crotalaire à cinq feuilles. *Crotalaria quinquefolia. Crotalaria foliis quinatis. Linn. Sp. plant. 1006. Wellia-taudale-cotti. Rheed. Hort. Malab. 9. p. 51. Rai. Suppl. 465.*

Description.

Les folioles de cette espèce sont étroites, lancéolées, obtuses, souvent émoussées, nues ; les latérales sont plus courtes ; les calices sont en cloche ; les fleurs sont en grappe, alternes, glabres.

Figure.

Elle est représentée dans l'*Hort. Malab.* pl. 28.

Lieu de sa naissance.

Elle croît naturellement dans l'Inde.

DIX-NEUVIÈME ESPÈCE.

La dix-neuvième espèce est la Crotalaire de Guiane. *Crotalaria Guianensis. Crotalaria foliis ternatis, oblongis, legumine quadrangulari, flore purpurascente. Aubl. 761.*

Description.

Cette plante pousse de sa racine, qui est vivace, des tiges lisses, simples, hautes d'un pied & plus, & garnies de feuilles lisses, jaunâtres, alternes, presque sessiles, qui ont à leur naissance deux stipules ; chaque feuille est composée de trois folioles accompagnées chacune de deux petites stipules longues & aiguës ; la foliole du milieu est beaucoup plus longue que les deux autres ; sa longueur est de cinq pouces, & sa largeur est d'un pouce ; elles sont obtuses, & terminées chacune par une petite pointe ; de l'aisselle des feuilles sortent plusieurs fleurs portées chacune sur un court péduncule particulier, accompagné d'une stipule ; le calice est entouré à sa base par deux stipules ; il est allongé & divisé à son sommet en cinq parties inégales & aiguës ; la corolle est légumineuse, composée de cinq pétales de couleur purpurine ; le plus grand, qui forme l'étendart, est arrondi & relevé ; les latéraux sont étendus sur les côtés en forme d'aîle, & les deux inférieurs, réunis ensemble en forme de nacelle, soutiennent le paquet des étamines. Tous les pétales sont attachés au fond du calice ; les étamines sont attachées au fond au-dessous des pétales, sont au nombre de dix, réunies ensemble, & forment une gaîne dont l'extrêmité supérieure se partage en dix filets courts qui portent chacun une longue anthère à deux bourses ; le pistil est un ovaire oblong qui s'éleve du fond du calice ; il est surmonté d'un stil, terminé par un stigmate frangé & recourbé ; l'ovaire devient une silique seche, pointue, à quatre angles, qui s'ouvre avec élasticité en deux cosses, dans laquelle on trouve environ huit graines arrondies, attachées quatre à quatre au bord de l'une & de l'autre valve.

Figure.

Cette espèce est représentée dans la trois cent cinquième planche de l'Histoire Naturelle des Plantes de la Guiane Françoise.

Lieu de sa naissance.

On la trouve dans les Savanes qui sont aux environs de Couron, dans la Terre-Ferme.

CROTON, *le Croton.*

NOMS GÉNÉRIQUES.

Ce genre est connu sous les noms de *Curcas. Amer. Clus. Dendr. Arab. Tiglia grana, Tilli Offic. Mundui guacu. Marcg. Ricinoïdes. Tour. Croton. Linn.* En François, Pignon d'Inde.

Description générique.

Le caractère de ce genre de plantes est d'avoir des fleurs mâles & femelles séparées sur la même plante ; les fleurs mâles sont plus petites que les femelles; le périanthe de leurs calices est à cinq folioles ovales, oblongues, droites; les pétales de la corolle sont dans quelques-unes au nombre de cinq, à peine plus grands que le calice, oblongs, obtus; le nectaire est formé par cinq glandes attachées au receptacle, petites; les filamens des étamines sont au nombre de dix ou de quinze, en forme d'alêne, attachés à la base, de la longueur de la fleur; les anthères sont rondes, didymes.

Les fleurs femelles sont séparées des mâles; le périanthe est le même que dans les fleurs mâles; les pétales de la corolle sont aussi les mêmes, mais à peine visibles; le germe du pistil est rond; les stils sont au nombre de trois, réfléchis, s'ouvrant, de la longueur de la fleur, à demi fendus en deux; les stigmates sont réfléchis, fendus en deux; le péricarpe est une capsule ronde, à trois lobes aux côtés, & à trois loges, dont chacune est bivalve, de la grandeur du calice; les semences sont solitaires, ovales, grandes.

Observation.

Parmi les différentes espèces de ce genre, les unes sont à pétales, d'autres sont sans pétales.

CLASSE.

Tournefort a placé ce genre dans son Appendix, & Linnæus dans sa vingt-unième Classe, qui comprend les plantes monœciques monadelphiques; cet Auteur en admet vingt-trois espèces; M. Aublet y en ajoute deux, ce qui fait en tout vingt-cinq; nous commencerons par les deux nouvelles espèces de M. Aublet.

PREMIERE ESPECE.

La première espèce est le Croton blanc. *Croton Matourense. Croton foliis ovatis, acutis, subtùs incanis biglandulosis. Aubl. 879.*

Description.

Le tronc de cet arbre s'éleve de huit à dix pieds sur neuf pouces de diametre; son bois est blanc & léger; son écorce est lisse, cendrée; il pousse à son sommet des branches, les unes droites, les autres inclinées, qui se répandent en tout sens; les rameaux sont tendres, cassans & moëlleux intérieurement; ils sont chargés de feuilles alternes, ovales, entières, terminées par une longue pointe; elles sont longues de six pouces, & larges d'environ trois pouces, vertes en-dessus, & d'un blanc-satiné en-dessous, portées sur un long pédicule, & garnies à leur naissance de chaque côté d'un petit corps glanduleux; les fleurs naissent sur de longs épis cendrés & velus; elles sont aussi de couleur cendrée; il y a sur chaque épi des fleurs mâles & des fleurs femelles; les fleurs mâles sont à la partie supérieure de l'épi, & les fleurs femelles sont placées au-dessous; à la naissance de chaque fleur on remarque des petits corps glanduleux, blanchâtres; la fleur mâle est portée sur un petit péduncule entre deux folioles dentelées; son calice est d'une seule pièce, divisé profondément en cinq parties grêles; la corolle est à cinq pétales cendrées, placées entre les divisions du calice; les étamines qui naissent du fond du calice, où elles semblent réunies par leurs bases, sont au nombre de onze; leur filet est blanc, garni de poils à sa base; les anthères sont droites, à quatre angles; la fleur femelle a également un petit peduncule avec deux folioles; le calice est divisé profondément en cinq parties frangées; il n'y a point de corolle; le pistil est un ovaire triangulaire à trois côtes convexes, qui portent chacune quatre ou cinq stigmates recourbées en dedans; l'ovaire devient une petite coupe seule, triangulaire, un peu comprimée à son sommet, & à trois loges, qui s'ouvrent en trois valves; chaque loge contient une graine convexe d'une part, & applatie sur les deux faces opposées.

Figure.

Cette espèce est représentée dans la trois cent trente-huitième planche de l'Histoire Naturelle des Plantes de la Guiane Françoise.

Lieu de sa naissance.

Elle croît à la Cayenne dans les Savanes qui sont au-delà du pont de la Crique fouillée.

DEUXIEME ESPÈCE.

La deuxième espèce est le Croton jaune. *Croton Guianense. Croton foliis ovato-acutis serratis, subtus flavescentibus, biglandulosis. Aubl. 882.*

Description.

Cet arbre differe du précédent parce qu'il ne s'éleve pas si haut, que son tronc a tout au plus six pouces de diametre, qu'il est intérieurement moëlleux; ses feuilles sont alternes, ovales, dentelées à leurs bords, longues de cinq pouces & demi, & larges d'environ trois pouces, terminées par une pointe allongée; à leur naissance sur le pédicule auprès de la côte, elles ont en-dessous deux petits corps glanduleux; leur couleur est verte à leur face supérieure, jaune à l'inférieure; le pédicule est long de deux pouces & demi, creusé en-dessous, & porte à sa base deux stipules qui tombent; les fleurs naissent sur plusieurs épis qui partent de l'extrêmité des branches & de l'aisselle des feuilles qui les terminent; elles different encore du précédent, parce qu'elles sont plus petites, que leur couleur est blanchâtre, que les fruits ne sont point velus, qu'ils sont plus petits, de même que toutes les parties de l'arbre.

Figure.

Cet arbre est représenté dans la trois cent trente-neuvième planche de l'Histoire des Plantes de la Guiane Françoise.

Lieu de sa naissance.

Il croît dans les mêmes endroits que l'arbre précédent.

TROISIÈME ESPÈCE.

La troisième espèce est le Croton panaché. *Croton variegatum. Croton foliis lanceolatis integerrimis glabris pictis petiolatis. Linn. Sp. plant. 1424. Codiæum Chrysostichum. Rumph. Amboin. 4. p. 65. Tsieremaram. Rheed. Malab. 6. p. 69.* Chez les Brachmanes, *Quelastro.* En Portugais, *Folhas da China.* En Flamand, *Meerling.* A Ternate, *Codibo, Dahingora, Codiho.* A Amboine, *Aytette Malayhe.* Dans la Mauritanie, *Aytette, Obtte sue olite.* A Banda, *Canderassa, Cuning.* A Hitoé, *Sosa* ou *Sosal.*

Description.

La racine de cette espèce est blanchâtre, épaisse & fibreuse; ses feuilles sont lancéolées, très-entières, glabres, panachées, pétiolées; rarement apperçoit-on les fleurs & les fruits dans cette plante; cependant quelquefois à l'extrêmité de ses rameaux il croît un pétiole long de neuf pouces, orné de petites têtes, dont quelques unes sont blanches, & s'ouvrent en fleurons d'un jaune-pâle; leurs étamines sont blanches & courtes; au bout de quelques années cette plante devient un petit arbre, dont le tronc est ordinairement courbé, plein de nœuds & de trous, de l'épaisseur d'environ un pied, & de la hauteur de deux hommes; toute sa cime est garnie de feuilles dorées, entremêlées de verd, ce qui la rend très-agréable à la vue.

Figure.

Cette espèce est représentée dans l'*Herbar. Amboin.* tome 4, planche 25; & dans l'*Hort. Malab.* tome 6, planche 61.

Lieu de sa naissance.

Elle croît naturellement à Amboine.

Propriétés d'ornemens.

On orne les lits, les arcs de triomphe, les portes, les couronnes dans les jours de mariage & de cérémonie, avec les petits rameaux de cette plante; on en couvre aussi dans le pays les cercueils des enfans & des célibataires.

Variétés.

Linnæus rapporte deux variétés de cette espèce, dont l'une est connue sous la phrase de *Codiæum tenuiosum. Rump. Amb. 4. p. 68*; & l'autre, sous celle de *Codiæum sylvestre. Rump. Amb. 4. p. 69.*

QUATRIEME ESPÈCE.

La quatrième espèce est la Cascarille. *Croton cascarilla. Croton foliis lanceolatis acutis integerrimis petiolatis subtus tomentosis, caule arboreo. Linn. Sp. plant. 1424. Amœn. Acad. 5. p. 411. Croton erectum glabrum foliis longis angustis subtus incanis margine reflexis. Brow. Jam. 347. Ricinioïdes eleagni folio. Catesb. Car. 2. p. 46. Plum. Spec. 20. Ricino affinis odorifera fruticosa major, rorismarini folio, fructu tricocco albido. Sloan. Jam. 44. Hist. 1. p. 133. Cascarilla. Mat. Med. 470.*

Description.

C'est un arbrisseau; ses feuilles sont alternes, mais parsemées aux bifourchures des rameaux, pétiolées, glabres, cotonneuses en-dessous, blanches; vers la base de la feuille même, au côté supérieur, il y a trois glandes cylindriques, allongées, tronquées par la base, concaves. *Cette description est tirée des Amœnit. Acad.* de Linnæus. Catesby décrit cet arbrisseau de la manière suivante. Il passe rarement, dit-il, la hauteur de dix pieds, & on en voit peu d'aussi gros que la jambe d'un homme, quoiqu'il soit probable qu'avant qu'on en eût tiré une aussi grande quantité des endroits où il croît naturellement, il s'en trouvoit de plus gros. Leurs feuilles sont longues; étroites, piquantes, & d'un verd-clair & fort pâle. A l'extrêmité de chacune des plus petites branches naissent des épis de petites fleurs hexapétales, blanches, avec des sommets jaunes; il leur succede des baies divisées en trois capsules, d'un verd-pâle, & de la grosseur d'un pois. Ces baies contiennent trois petits grains noirs, un dans chaque capsule.

Figure.

Cette espèce est représentée dans l'Histoire de la Caroline par Catesby, tome 2, pl. 46; dans les plantes de Plumier par Burmann, planche 240, fig. 1; & dans l'Histoire de la Jamaïque par Sloane, tome 1, pl. 86, fig. 1.

Lieu de sa naissance.

Elle croît naturellement dans l'Amérique, dans la plupart des Isles Bahama.

Propriétés médicinales.

L'écorce de cet arbre étant brûlée, répand un parfum exquis; & infusée dans du vin ou de l'eau, elle donne un amer délicat & aromatique; on la substitue au quinquina pour les fievres intermittentes: on nous la vend dans les boutiques sous le nom de Cascarille; nous allons rapporter ici l'histoire de cette écorce.

De la Cascarille.

La Cascarille ou Chacril, *Kina, Kina aromatica, Cascarilla, Schacarilla, Cortex peruvianus griseus, & Zagarilla Off. Cortex eleuterii. Joan. Andreæ Stisseri, China China falsa, & Cortex eleuterii, Dale Pharmacol. Elutheria. Linn. Hort. Cliff. 486*, est une écorce roulée en petits tuyaux de la largeur d'un doigt ou d'un pouce, de la longueur de deux, trois & quatre pouces, & de l'épaisseur d'une ou de deux lignes. Elle est à l'extérieur de couleur cendrée, tirant sur le blanc, & intérieurement de couleur de rouille de fer, d'un goût amer & aromatique, & d'une odeur aromatique très-agréable lorsqu'on la brûle, & qui approche un peu de l'odeur de l'ambre. On nous l'apporte de quelques contrées de l'Amérique méridionale, sur-tout de celle qu'on appelle *Paraguay*.

J. And. Stisser, Docteur & Professeur en Médecine dans l'Université de Juliers, est le premier qui a fait mention de cette écorce. Il rapporte dans son *Specimen Autor. laboratorii Chymici*, seconde année 1693, publiée à Helmstdot, que cette écorce qui est d'une odeur & d'un goût aromatique, & chargée de particules balsamiques résineuses, nommée *l'écorce éleuthérienne*, lui avoit été donnée par une personne de distinction qui revenoit d'Angleterre, qui lui avoit dit que c'étoit alors la coutume dans ce royaume de mêler la poudre de cette écorce avec le tabac, afin de corriger par sa bonne odeur ce qu'il y a de désagréable dans la fumée du tabac. Il ajoute que peu après J. de Breyer, célebre Marchand d'Amsterdam, curieux & habile dans la connoissance des plantes exotiques, lui avoit aussi fait présent de cette même écorce, & qu'il ne lui en avoit rien dit, sinon qu'en fumant la poudre de cette écorce avec le tabac, on corrigeoit un peu la mauvaise odeur du tabac, mais qu'elle enyvroit si on en mettoit un peu trop. Quelques années après, des Marchands vendirent cette même écorce pour l'écorce de quinquina à la foire de Brunswick; elle fut ainsi connue en Allemagne pour un fébrifuge.

Il paroît que Stisser est le premier qui l'a mis en usage. Voici ce qu'il en dit: Quoique la vertu fébrifuge de cette écorce ne soit pas bien grande, il ne faut pas pour cela en rejetter tout-à-fait l'usage, parce qu'elle est remplie de parties résineuses & balsamiques très-amies de notre corps.

Il en a préparé une teinture avec le sel de tartre & l'esprit-de-vin, dont il s'est servi heureusement pour la pierre, l'asthme, la phthysie, le scorbut, la goutte & plusieurs autres maladies, & il a reconnu par l'expérience qu'elle avoit la vertu diurétique & carminative.

Il en a préparé encore une autre teinture avec le sel volatil de corne de cerf & l'esprit-de-vin; elle n'étoit point inférieure à la précédente, quoiqu'elle fût d'une couleur moins foncée; il prescrivoit l'une & l'autre teinture le matin à jeûn, ou une heure avant le repas, jusqu'à vingt ou trente gouttes dans une boisson chaude, comme du thé ou du café; & cela a procuré du soulagement aux goutteux, aux personnes attaquées du scorbut ou de la pierre.

Des personnes qui avoient pris pendant le repas, ou immédiatement après, de cette teinture préparée avec le sel de tartre dans du vin ou de la bierre, en ont été un peu enyvrées, mais cependant sans aucun danger.

Jean-Louis Alpinus, Médecin d'Hers

pruch, vante beaucoup

beaucoup la vertu fébrifuge, cordiale & alexipharmaque de cette écorce, dans la Relation historique qu'il fit imprimer à Nuremberg l'an 1697, où il fait l'histoire de la fievre épidémique qui régna en *1694* & en *1695* dans l'Hersbruch, ville de la Norique, & qui tourna enfin en fievre pétéchiale.

Cette fievre épidémique, dont il croit que les pluies fréquentes, qui commencerent au mois d'Août de l'année 1694, & qui continuerent jusqu'au mois de Décembre, furent la cause, étoit très-peu de chose dans son commencement; elle ressembloit à une fievre intermittente, tierce ou double-tierce. Elle n'attaqua d'abord que les enfans, & les femmes enceintes & pauvres; mais il rapporte que cette peste épidémique s'accrut dès le commencement de l'année *1695*, & qu'elle fit paroître des taches pétéchiales, dont il attribue la cause au changement de la tempérie de l'air, & au froid très-vif, qui étant survenu tout d'un coup, arrêta la transpiration, & épaissit les humeurs séreuses. Quand l'été fut venu, & que la chaleur du jour se fit sentir avec force, il survint une dyssenterie qui semble avoir fait disparoître cette fievre pétéchiale. Ensuite la chaleur s'étant modérée, elle reprit son ancienne forme, mais elle fut plus rare; enfin les vents d'orient ayant commencé à souffler, elle disparut tout-à-fait vers l'automne.

Il essaya d'abord de guérir les fievres intermittentes par des alexipharmaques & des sudorifiques, après avoir préalablement purgé l'estomac & les intestins par haut & par bas. Nonobstant cela, la fievre ne diminua pas; c'est ce qui l'engagea de joindre aux autres remedes une dose convenable de cascarille en poudre ou en extrait; & fondé sur une heureuse expérience, il vanta fort son efficacité pour guérir ces sortes de fievres, de quelques symptômes qu'elles fussent accompagnées; il avoue qu'il a guéri des fievres même pétéchiales avec cette écorce, en augmentant seulement la dose, & qu'il a procuré du soulagement dans les dyssenteries qui avoient suivi. Il faisoit prendre la cascarille jusqu'à un gros, & il en donnoit tantôt jusqu'à deux, tantôt jusqu'à trois ou quatre prises par jour, & par-là il faisoit beaucoup sur ses malades. Il a préparé quelquefois l'extrait de cette écorce avec de l'eau simple, & il loua beaucoup sa vertu pour guérir les fievres; c'est pour cela qu'il le nomma *spécifique lexipyrete*, parce qu'il faisoit cesser les fievres.

Voici quelle étoit la maniere de donner cet extrait. Après avoir vuidé l'estomac par un vomitif, si le cas le demandoit, il faisoit prendre d'abord l'écorce en substance; ou même laissant là l'écorce, il donnoit cinq ou six grains, plus ou moins, de l'extrait lexypirete, sous la forme de bol, ou délayé dans une boisson; on réitéroit la même dose de six heures en six heures, ou du moins le matin & le soir, si la maladie étoit peu considérable. Il y en a beaucoup qui ont été guéris dès la seconde ou la troisieme prise, ou ils étoient en un état où la nature pouvoit aisément achever ce qui restoit à faire, tous les symptômes les plus fâcheux & les plus terribles étant disparus. La plupart, après avoir pris cette écorce en substance, ou seulement de son extrait, ont sué abondamment sans incommodité & sans diminution de leurs forces. Outre cette opération évidente qui se faisoit par les sueurs, les malades conservoient toujours leur ventre libre; & quand quelqu'un étoit plus difficile à suer, son ventre se déchargeoit trois ou quatre fois amplement par les selles, comme s'il eût pris un purgatif. Il a fait revenir les regles aux femmes que la fievre avoit supprimées, & il a rétabli le flux hémorrhoïdal qui s'étoit arrêté. On se sert souvent en Allemagne de cette écorce au lieu de quinquina. Les médecins lui attribuent les vertus résolutives, diaphorétiques, toniques & calmantes; ces vertus lui viennent de ses principales parties, tant de celles qui sont sulphureuses, subtiles, vaporeuses, que de celles qui sont résineuses, terrestres & un peu astringentes, que l'on connoît assez par leur odeur, leur goût & l'analyse chymique.

Le célebre Stahl en particulier a trouvé que cette écorce étoit excellente dans les maladies de poitrine, parce qu'elle adoucit, qu'elle nettoye & qu'elle calme; dans la péripneumonie, la pleurésie & sur-tout dans la diarrhée causée par les fievres aigues, qu'elle calme plus efficacement qu'aucun autre remede.

Il prescrivoit dans le commencement l'essence de l'écorce de cascarille avec un résolutif & un discussif des catarrhes, par exemple, mêlée avec de la pimprenelle blanche, depuis trente gouttes jusqu'à quarante; mais dans l'accroissement & l'état, il faisoit prendre la poudre résolutive que l'on va décrire; savoir, le matin & le soir, depuis demi-scrupule jusqu'à un scrupule; & vers le déclin, il donnoit la cascarille réduite en poudre subtile, mais dont la dose étoit diminuée & moins répétée, savoir, depuis dix grains jusqu'à quinze.

Prenez poudre résolutive faite des parties égales de coquillages préparés sans feu, d'antimoine diaphorétique, de nitre purifié, une once & demie.

Extrait de cascarille tiré avec l'eau, demi-once; mêlez, faites une poudre.

On recommande encore la poudre de cascarille avec les pilules balsamiques dans la fievre inflammatoire des intestins qui vient du mesentère ou de la dyssenterie.

Jean Juncker, Médecin de Halle, dans son Traité intitulé *Conspectus Therapeiæ generalis*, dit que la vertu de cette écorce pour guérir les fievres malignes & contagieuses, si vantée par Apinus, ne répond pas aux vœux des Médecins; il assure qu'il l'a employée avec plus de succès dans les fievres intermittentes; & que lorsqu'elle est unie avec d'autres remedes convenables, elle ne manque guere de les guérir: en quoi elle est préférable au quinquina, qui est astringent, & nuisible à plusieurs, si on ne le donne avec précaution. Qu'il nous soit permis d'observer ici en passant que les fievres pétéchiales pour lesquelles Apinus a fait une si heureuse épreuve de cette écorce, quoique malignes, étoient cependant de la nature des fievres intermittentes, comme tierces, doubles-tierces & subintrantes. Or nous avons remarqué avec Morton, que cette écorce est spécifique pour les guérir, pourvu qu'on ne la donne pas trop tard; c'est pourquoi il faut distinguer avec soin les fievres malignes auxquelles cette écorce convient, d'avec celles où elle est absolument inutile. Nous concluons donc des observations d'Apinus & de Juncker, que cette écorce est fort bonne pour les fievres intermittentes, soit qu'il y ait de la malignité ou qu'il n'y en ait pas, & qu'elle ne sert de rien dans les fievres continues, malignes & contagieuses.

Juncker assure encore qu'elle est bonne dans toutes les inflammations, excepté l'angine, lorsqu'elle est trop vive, dans les douleurs, les spasmes hypocondriaques, hystériques, pour les regles des femmes & les hémorrhoïdes qui sont dérangées, l'hémorrhagie interne, le vomissement de sang, les lochies trop abondantes, le crachement de sang, la migraine, la foiblesse d'estomac qui reste après les maladies, les vomissemens trop considérables, & pour toutes les espèces de flux de ventre & autres maladies; & quoiqu'elle ne produise pas toujours son effet sur le champ, cependant, par sa vertu tonique & légérement anodine, elle procure quelque soulagement aux malades, du moins elle vaut mieux, & elle est plus sûre que les remedes faits avec l'opium.

Il faut seulement prendre garde de la donner à propos, & en la maniere qu'il convient, & de n'en point trop donner, parce qu'elle échauffe.

Lorsqu'on brûle la cascarille, elle répand une odeur qui n'est pas désagréable, quoique l'on ait remarqué que sa fumée est contraire à plusieurs personnes, & qu'elle attaque la tête.

Les Allemands font usage de cette écorce en poudre, en essence, en extrait & en infusion.

La poudre se prescrit dans les maladies dont nous venons de parler, depuis six grains jusqu'à demi-scrupule ou un scrupule; l'infusion jusqu'à demi-gros ou un gros dans une liqueur appropriée; l'essence ou la teinture préparée avec l'esprit-de-vin, depuis dix gouttes jusqu'à vingt, & l'extrait depuis trois grains jusqu'à six ou huit.

Michel Alberti, Professeur en Médecine à Halle, dans son *Introduction à la Médecine*, rapporte les mêmes choses de cette écorce; il ajoute aussi que sa vertu n'est pas si spécifique pour guérir les fievres épidémiques, que le prétend Apinus, mais qu'elle peut être de quelque utilité pour guérir les petites fievres intermittentes, après avoir fait précéder une évacuation suffisante.

Dagner dit que cette écorce est bonne dans les flux de ventre & contre les ascarides; elle contient, disent Hoffman & Boehmer, une huile éthérée.

CINQUIÈME ESPÈCE.

La cinquieme espèce est le Croton benjoin. *Croton benzoë. Croton foliis linearibus subrepandis nudis, venis rubris. Linn. Syst. Veg. edit. XIII. Murray. 721. Mantiss. 297.*

Description.

La tige de cette espèce est ligneuse; les rameaux sont alternes, simples, poileux, déterminés; les feuilles sont serrées, sortant des sommets des rameaux, pétiolées, linéaires ou en forme d'épée, palmées, recourbées, poileuses en dessous, à veines rouges, larges, entrelassées; les feuilles, quand elles sont jaunes ou mortes, deviennent entiérement couleur de sang.

Observation.

Linnæus dit n'avoir jamais vu la fructification de cette plante; mais par son port, par le lait qu'elle donne, par ses rameaux, par la cascarille même, il la regarde comme une espèce de Croton, & en effet la figure de ses feuilles en approche beaucoup; le benjoin des boutiques provient, suivant Commelin, du laurier benjoin : nous en parlerons à l'article *Laurus.*

Figure.

Cette espèce est représentée dans le *Phytographia* de Plukenet, pl. 207, fig. 1.

Lieu de sa naissance.

Elle croît naturellement dans l'Inde orientale.

SIXIÈME ESPÈCE.

La sixième espèce est le Croton à feuilles de chataigne. *Croton castanifolium. Croton foliis lanceolatis obtusis serratis petiolatis glabris. Linn. Sp. pl. 1424. Roy. Lugdb. 201.*

Description.

Ses feuilles sont lancéolées, obtuses, découpées à dents de scie, pétiolées, glabres, semblables à celles de chataigne.

Lieu de sa naissance.

Cette espèce croît naturellement dans l'Amérique méridionale.

SEPTIEME ESPECE.

La septième espèce est le Croton des marais. *Croton palustre. Croton foliis ovatis-lanceolatis, plicatis serratis scabris. Linn. Sp. pl. 1424. Hort. Cliff. 445. Roy. Lugdb. 201. Ricinoides palustre, foliis oblongis serratis, fructu hispido. Mart. Cent. 38.*

Description.

Les feuilles de cette espèce sont ovales lancéolées, pliées, découpées à dents de scie, raboteuses; son fruit est hérissé.

Figure.

Elle est représentée dans la Centurie de Martyn, planche 38.

Lieu de sa naissance.

Elle est annuelle, & croît dans les endroits marécageux, à la Vera-Crux.

HUITIEME ESPECE.

La huitième espèce est le Croton un peu glabre. *Croton glabellum. Croton foliis ovatis obtusiusculis integerrimis levibus, fructibus pedunculatis. Linn. Sp. pl. 1425. Amæn. Acad. 5. p. 409. Croton fruticosum, foliis subrotundo-ovatis subtus subincanis alternis, spicillis axillaribus. Brow. Jam. 348. Mali folio arbor artemisiæ odore & flore. Sloan. Jam. 139. Hist. 2. p. 30. Rai. Dendr. 91.*

Description.

Ses feuilles sont alternes, pétiolées, glabres, tendres, luisantes, d'un verd de mer en-dessous; ses péduncules sont un peu longs; son fruit est lisse.

Figure.

Cette espèce est représentée dans l'Histoire des plantes de la Jamaïque, tome 2, planche 174, figure 3 & 4.

Lieu de sa naissance.

Elle croît naturellement dans la Jamaïque.

NEUVIÈME ESPÈCE.

La neuvième espèce est le Croton des Teinturiers, l'Héliotrope. *Croton Tinctorium. Croton foliis rhombeis repandis, capsulis pendulis, caule herbaceo. Linn. Sp. plant. 1425. Hort. Ups. 290. Mat. Med. 441. Gouan. Monsp. 495. Gron. Oriental. 298. Croton foliis ovatis plicatis scabris, capsulis è pedunculo ramoso pendulis. Roy. Lugdb. 332. Sauv. Monsp. 305. Ricinoïdes ex qua paratur tournesol gallorum. T. Niss. Act. 1712. p. 337. Heliotropium tricoceum. Bauh. Pin. 253. Rai. Hist. 165. Heliotropium minus. Diosc. & Math. Heliotropium minus tricoceum. Clus. Heliotropium vulgare, tournesol gallorum, sive Plinii tricoceon. Pen. & lob.*

Description.

La racine de cette plante est blanche, ronde, ordinairement droite & longue, garnie de quelques petites fibres à son extrêmité, sur-tout aux pieds les plus élevés, car il en est plusieurs qui n'en ont point du tout; elle pousse une tige ronde de différente hauteur, suivant le terrein qu'elle occupe, qui se divise en plusieurs branches, la plupart desquelles sortent des aisselles des feuilles. Clusius avoit raison, dit M. Niſſolle, lorſqu'il a dit que les feuilles de cette plante avoient quelque rapport avec les feuilles du *xanthium;* mais il s'eſt trompé, lorſqu'il a cru qu'elles en avoient beaucoup plus avec celles du *ſolanum ſomniferum :* auſſi bien que Lobel, lorſqu'il les a comparées à celles du calament de montagnes; elles ſont d'un verd-pâle, & preſque cendrées, attachées à un fort long pédicule; les fleurs ſont renfermées dans des petits boutons qui forment une eſpèce de grappe, qui ſort d'entre les aiſſelles de chaque branche & de leur extrêmité; elles ſont de deux différentes manières, dont les unes ſont ſtériles & les autres fécondes. Les ſtériles qui occupent les ſommités de cette grappe, ſont contenues dans un calice diviſé en cinq parties découpées juſqu'au centre; elles ſont compoſées de cinq petites feuilles jaunes, placées autour d'un petit ſtil rond, ſurmonté de quelques étamines de même couleur, diſpoſées en aigrette; comme elles ſont attachées par un fort petit pédicule, qui ſeche à meſure que la grappe croît & s'éleve, elles ſe fanent & tombent en fort peu de temps. Le calice de celles qui en occupent la baſe & qui ſont fécondes, eſt diviſé en dix pièces fendues pareillement juſqu'au centre; elles ſont compoſées de cinq petites étamines jaunes, ſurmontées d'un petit ſommet, chacune de même couleur; elles ſont placées autour du piſtil, qui eſt chargé de trois filets fourchus & jaunes. Ce piſtil qui eſt dans le fond du calice devient dans la ſuite un fruit rond, raboteux, d'un verd-foncé, dont les inégalités ſont blanchâtres, diviſé en trois loges qui renferment chacune une ſemence ronde & blanche; il eſt attaché avec ſon calice à un pédicule aſſez long, de ſorte que lorſque les premières fleurs ont paſſé, & que le fruit eſt arrivé à ſa juſte groſſeur, il pend des aiſſelles des branches, & ſemble y être né ſans aucune fleur, & c'eſt ce qui en a impoſé à tous ceux qui ont avancé que les fleurs & les fruits de cette plante naiſſent ſur des pieds différens.

Figure.

Cette eſpèce eſt repréſentée dans les Mémoires de l'Académie Royale des Sciences, année *1712*, planche 17.

Lieu de ſa naiſſance.

Elle croît naturellement aux environs de Montpellier; elle eſt annuelle.

Culture.

Cette plante fleurit en Juin; mais ſi on n'accélere pas ſa végétation ſur une couche chaude, ſes ſemences ne mûriſſent point dans nos contrées. On ſeme ſes graines en automne, dès qu'elles ſont mûres, dans un petit pot plein de terreau, & on enfonce ce pot dans une couche chaude ſous un abri, pour le garantir des froids de l'hiver. Au printemps ſuivant, on met ce pot dans une nouvelle couche : les graines levent; on donne journellement de l'air aux jeunes plantes qui en proviennent, ſuivant la chaleur de la ſaiſon, & on ne les arroſe que fort peu; au moyen de quoi elles fleuriſſent, & donnent de bonnes ſemences.

Propriétés médicinales.

La Médecine ne tire pas de grands ſecours de cette plante pour la guériſon des maladies; car quoique Dioſcoride ait avancé qu'elle étoit excellente pour chaſſer du corps toute ſorte de vers, en prenant un breuvage de ſa décoction, à laquelle il dit qu'il en faut ajouter le fruit, avec du nitre, de l'hyſſope & du creſſon, & qu'il la loue auſſi beaucoup pour la guériſon de cette eſpèce de verrue, que les Grecs appellent ἀχρακορδων, en la frottant de ſon ſuc mêlé avec un peu de ſel; cependant nous ne voyons pas de nos jours qu'elle ſoit employée par les Médecins; cependant Pena & Lobel rapportent que les payſans qui la cueillent aux environs de Maſſilargues & Lunel, la vendent chérement & aux Teinturiers & à certains Chirurgiens, qui diſent qu'elle a des vertus pour la guériſon de pluſieurs maladies au-delà de tout ce qu'on en pourroit dire.

Propriétés économiques.

Son principal uſage roule ſur la teinture; & ceux qui en ont écrit ſous le nom d'*heliotropium*, ont eu raiſon de dire que le ſuc de ſon fruit donnoit une couleur d'un verd fort éclatant, qui ſe changeoit en très-peu de temps dans un fort beau bleu; le ſuc des grappes des fleurs fait la même choſe, ce qui n'arrive point à celui des feuilles.

On fait diverſes préparations dont on prétend que le fruit de cette plante eſt la baſe, & qu'on vend ſous le nom de *tourneſol:* ſavoir, le tourneſol en drapeau, en pâte & en pain. Nous nous contenterons de parler ici de celui qu'on prépare à Gallargues, village du diocèſe de Nîmes, à quatre ou cinq lieues de Montpellier, dont on dit qu'on ſe ſert en Allemagne, en Angleterre & dans la Hollande, pour donner une agréable couleur aux confitures, gelées, vins & autres liqueurs: uſage que Simon Pauli déſapprouve beaucoup, & contre lequel il crie fortement dans ſon *Quadripartitum Botanicon.*

L'Emery, dans ſon Traité des drogues, s'eſt trompé d'après Pomet qu'il cite, & auquel il renvoie tous ceux qui ſouhaiteront ſur cette matière de plus amples inſtructions que celles qu'il en a données, lorſqu'il a avancé que le tourneſol en drapeau ſe faiſoit avec des chiffons imbibés & empreints d'une teinture rouge préparée avec le ſuc des fruits de l'*heliotropium*, & un peu de liqueur acide; il ne ſe trompe pas moins lorſqu'il dit qu'il en vient en Hollande : cependant il peut arriver que les Hollandois renvoient en France celui qu'ils ont reçu du Languedoc.

Voici la véritable manière dont on le prépare à Gallargues : les payſans de ce village ramaſſent au commencement du mois d'Août les ſommités du *ricinoides*, qu'ils appellent en langue vulgaire *de la maurelle;* ils les font moudre dans des moulins faits exprès, aſſez ſemblables à nos moulins à huile; quand elles ont été bien moulues, ils les mettent dans des cabas, & de ces cabas à une preſſe pour en exprimer le ſuc, qu'ils expoſent au ſoleil pendant une heure ou environ; après quoi ils y trempent des chiffons, qu'on étend enſuite ſur une haie, juſqu'à ce qu'ils ſoient bien ſecs. Cela fait, on prend environ dix livres de chaux vive qu'on met dans une cuve de pierre, y jettant par-deſſus une ſuffiſante quantité d'urine à éteindre ladite chaux : on place des bâtons dans la même cuve à la hauteur d'un pied de la liqueur, ſur leſquels on étend les chiffons qu'on avoit déja fait ſécher; & après qu'ils y ont reſté quelque temps, c'eſt-à-dire, juſqu'à ce qu'ils aient été humectés par la vapeur de l'urine & de la chaux, on les tire de la cuve, on les remet ſécher au ſoleil, & après qu'ils ſont bien ſecs, on les retrempe, comme auparavant, dans du nouveau ſuc, on les fait reſécher, après quoi on les envoie en différens endroits de l'Europe.

Il y a quelqu'apparence que les autres eſpèces de tourneſol, ſavoir, en pâte & en pain, qu'on envoie de Hollande, de Lyon & d'Auvergne, ſe font ou avec les mêmes chiffons qu'on leur envoie de Montpellier, ou avec quelqu'autre drogue.

L'eſpèce de plante dont il s'agit ici pourroit ſans contredit être de la plus grande utilité aux Teinturiers, s'ils vouloient ſe donner la peine de la mettre en usage; M. Nissolle en a fait deux essais qui lui ont assez bien réussi. Il a pris deux poignées de sommités du ricinoïdes, qui contenoient & les fleurs & les fruits; il a mis chaque poignée dans deux différens pots de terre, & après les avoir remplis d'eau, il a mis dans chaque pot deux échantillons d'étoffe blanche, un de laine & l'autre de soie; il a ajouté dans l'un des deux une demi-once d'alun, & dans l'autre une demi-once de crystal de tartre; il les a placés auprès du feu, & après les avoir laissé bouillir pendant un demi-quart d'heure ou environ, il a retiré les échantillons, qui ont été d'une assez belle couleur de belette. La couleur de ceux qui avoient bouilli avec le crystal de tartre étoit plus foncée & plus vive que celle de ceux qui avoient bouilli avec l'alun, & celle de l'étoffe de soie étoit aussi plus éclatante que celle de l'étoffe de laine.

DIXIÈME ESPÈCE.

La dixième espèce est le Croton glanduleux. *Croton glandulosum. Croton foliis oblongis serratis basi biglandulosis, fructibus sessilibus. Linn. Sp. plant. 1425. Amœn. Acad. 5. p. 409. Croton minus trichotomum subhirsutum foliis oblongis dentatis, spicis ad divaricationes ramorum. Brow. Jam. 346.*

Description.

Cette espèce a le port de l'espèce précédente; sa tige est en premier & en second lieu à trois fourches, & en troisième & quatrième, à deux; enfin les épis sont alternes; entre les feuilles opposées & les premiers se forment les bifourchures de la tige; les feuilles sont ovales, oblongues, un peu obtuses, découpées profondement à dents de scie, supérieurement raboteuses, à poils étoilés, sur-tout au-dessus des veines, & davantage au-dessous; la petite glande est en godet, jaune vers la base des feuilles de chaque côté.

Lieu de sa naissance.

Elle vient naturellement dans la Jamaïque.

ONZIÈME ESPECE.

L'onzième espece est le Croton argenté. *Croton argenteum. Croton foliis cordato-ovatis subtus tomentosis integris subserratis. Linn. Sp. pl. 1425. Hort. Cliff. 444. Roy. Lugdb. 201.*

Description.

La racine de cette espèce est annuelle; sa tige est droite, haute de neuf pouces ou d'un pied, terminée par la petite tête des fleurs; les feuilles sont alternes, ovales, découpées à dents de scie, cotonneuses, supérieurement vertes, argentées en-dessous, appuyées sur des pétioles plus courts que la moitié de la feuille, s'ouvrantes, de la longueur de quatre travers de doigts. La première fleuraison étant finie, il croît plusieurs rameaux sous la petite tête de chaque aisselle des feuilles supérieures, qui inférieurement sont nuds, ont vers leurs sommets quelques feuilles alternes, & sont terminés chacun par une petite tête de fleurs. Cette seconde floraison étant finie, il sort ensuite des aisselles des feuilles des rameaux d'autres petits rameaux avec des fleurs. Cette plante conserve par conséquent toujours la forme d'un bouquet; les stipules sont linéaires, aiguës, poileuses, tombantes; chaque petite tête est ronde; sa partie inférieure n'est formée que de rameaux qui n'en proviennent point; la partie extérieure ou l'intermédiaire est composée de fleurs femelles, dont le calice est par moitié, seulement posé du côté extérieur, partagé en trois, cotonneux, déchiqueté à déchiquetures oblongues; le germe est cotonneux, assez grand, globuleux, à trois sillons; les stils sont au nombre de trois, supérieurement deux fois partagés en deux, à stigmates simples, sans pétales; les fleurs mâles qui occupent le sommet de la tête ont un calice semblable à celui des fleurs femelles, mais beaucoup plus petit, ayant ses déchiquetures ovales, concaves, entières; sa corolle est très-menue, partagée en cinq, pâle, ayant ses découpures extérieures opposées avec le calice; elle est d'ailleurs régulière, presque plus courte que le calice; les étamines sont au nombre de sept & même plus, plus longues que la fleur; les petites glandes nectariennes sont dans le réceptacle.

Lieu de sa naissance.

Elle croît naturellement dans l'Amérique.

DOUZIÈME ESPÈCE.

La douzième espèce est le Croton qui porte du suif, l'arbre à suif. *Croton sebiferum. Croton foliis rhombeo-rotundatis utrinque mucronatis integerrimis glabris. Linn. Sp. plant. 1425. Obs. It. 245. Ricinus Chinensis sebifera, populi nigræ folio. Pet. Gaz. 53. Evonymo affinis sinnarum populi nigræ folio tricapsularis, granis nigris candidissima substantia obductis, sebifera. Pluk. Amalth. 76. Arbor sebifera Chinensis Kiu Yeu. Martin le Compte.*

Description.

Cet arbre s'éleve à la hauteur d'un grand cerisier; ses feuilles sont semblables à celles du peuplier noir, mais plus petites & plus menues; il y a deux petites glandes sur la base des feuilles; son fruit est à trois capsules; il renferme des grains noirs de la grosseur d'une noisette, remplis d'une substance très-blanche.

Figure.

Il est représenté dans Petiver, planche 34, fig. 3, & dans l'*Amalthum* de Plukenet, pl. 390, fig. 2.

Lieu de sa naissance.

Il croît dans les endroits humides de la Chine, & dans la Guiane, sur la rivière d'Yapock.

Propriétés économiques.

La chair des grains du fruit de cet arbre a les qualités du suif; on la fait fondre avec de l'huile ordinaire, & on en fait des chandelles que l'on trempe dans de la cire tirée de l'arbre à cire: la croûte qui se forme autour du suif l'empêche de couler.

TREIZIEME ESPÈCE.

La treizième espèce est le Pignon d'Inde, le Ricin Indien. *Croton triglium. Croton foliis ovatis glabris acuminatis serratis, caule arboreo. Linn. Sp. pl. 1426. Flor. Zeyl. 343. Mat. Med. 440. Ricinoides Indica, folio lucido, fructu glabro grana tiglia officinis dicto. Burm. Zeyl. 200. Pinus Indica, nucleo purgante, Bauh. Pin. 492. Lignum Molucense, foliis malvæ, fructu avellanæ minore, cortice molliore & nigricante, pavana incolis. Bauh. Pin. 393. Granum Moluccum, bovi. Rumph. Amb. 4. p. 98. Cadel-avanacu. Rheed. Hort. Malab. 2. p. 61. Rai. Hist. 167, 1855. Suppl. 112. 666. Ricinoides Indica, folio lucido, fructu glabro, grana tiglia officinis dicto. Herb. Hort. Tab. Go. Ricinus arbor, fructu glabro, grana tiglia officinis dicto. Par Bat. pag. 376. & Commel. Fl. Malab. p. 58. Ricinus arbor Indica, caustica, purgans. Mus. Zeyl. p. 15. Lignum Molucense, seu pavana garciæ ibid. p. 30. Pignoli di maluco acost. edit. Ital. p. 233.*

Quauhayohuatli

Quauhayohuatli tertia, seu semine arboris cucurbitinæ, nuclei pinus forma, purgante. Hern. Hist. Mexic. p. 87. Ricinus Indicus, foliis subrotundis, mucronatis, glabris, pediculis longis insidentibus, fructu oblongo, glabro. Bob. tom. 3. Hist. Oxon. p. 349. Pinei nuclei Moluccani & lignum pavana, Acost. Hist. Arom. pag. 278. Ricinus Americanus Clus. in monard. p. 320. Lignum Moluccense pavana dictum, fructu avellanæ. J. Bauh. t. 1. p. 342. Ricinus Orientalis, cujus fructus sunt pinei nuclei Molucani à nobis putati, & grana tilli officinarum. Thes. Zeyl. A Malabar, *Japalu.* A Ceylan, *Gajapala*, *Nepalam*, *Wayapali.* A Ternate, *Jets*, *Boruro*, *Tsjamart-kien*; & en Flamand, *Schytnootjes.* En Portugais, *Grant de Molucca.* A Amboine, à Leytimore, *Ayoccor.* A Hitoé, *Ayoccoli.* A Luhua, *Uparion.* Dans l'Isle de Canarie, *Gepalu.* A Macassar, *Kamandre.*

Description.

Cet arbrisseau a des tiges simples qui ne donnent point de branches latérales; ses feuilles sont ovalaires, pointues, lisses, finement dentelées, soutenues par des pédicules d'un pouce de long, molles, tendres, garnies de nervures; au sommet des tiges naissent des fleurs en épis; la partie inférieure de l'épi est occupée par les fleurs femelles, & la supérieure par les fleurs mâles. Les premières sont portées sur un calice découpé, avec un embryon triangulaire qui devient un fruit capsulaire, rond, à trois loges, dans chacune desquelles est renfermée une graine oblongue, cannellée, lisse, luisante, applatie d'un côté, recourbée de l'autre; sous une coque mince se trouve une amande blanche, huileuse, d'une saveur âcre & brûlante. Les fleurs mâles, qui n'ont ni calice, ni pistil, & qui ne donnent point de fruit, sont à huit pétales & à huit étamines.

Figure.

Cette espèce est représentée dans le *Burm. Thes. Zeyl.* pl. 90; dans l'*Herbar. Amboin.* t. 4, pl. 42; & dans l'*Hort. Malab.* t. 2, pl. 75.

Lieu de sa naissance.

Elle croît communément dans l'Inde, le Malabar & dans l'Isle de Ceylan, où on la cultive.

Observation.

On trouve dans les boutiques les graines de cette plante sous les noms de *pignons d'Inde*, *de graines de Tilli ou des Moluques*, *pinei nuclei Moluccani sive purgatorii*, & *grana Tiglia. Offic.* Ce sont des graines oblongues, de la figure d'un œuf, de la grosseur & de la figure du ricin ordinaire, convexes d'un côté, un peu applaties de l'autre, marquées légérement de quatre angles, composées d'une coque mince, grise, parsemée de côté & d'autre de taches brunes, renfermant une amande grasse, solide, blanchâtre, d'un goût âcre, brûlant, & qui cause des nausées.

Propriétés médicinales.

Les bois & les graines sont en usage dans la Médecine; le bois qui s'appelle *panava* ou *pavana* est spongieux, non compacte, pâle, couvert d'une écorce mince, cendrée, d'un goût âcre, mordant & caustique, d'une odeur qui cause des nausées. Quand il est récent & encore verd, il est si puissant, qu'il chasse les humeurs séreuses, tant par le vomissement que par les selles, laissant dans l'anus une inflammation à cause de sa grande âcreté; mais quand il est sec, il purge plus doucement; & si on le donne en petite dose, il excite la sueur. Paul Herman le recommande comme un spécifique dans l'hydropisie, la leucophlegmatie, & dans plusieurs maladies chroniques.

Quand on veut purger, on donne le bois récent en substance depuis un scrupule jusqu'à un demi-gros; & lorsqu'il est vieux, jusqu'à un gros, & en infusion ou en décoction, jusqu'à une demi-once. Lorsqu'on veut exciter la sueur, on le donne en substance depuis un demi-scrupule jusqu'à un scrupule, & en infusion, jusqu'à deux onces ou trois; on peut l'ajouter aux décoctions sudorifiques comme un stimulant; les graines incisent si puissamment les humeurs séreuses, & les chassent par haut & par bas si fortement qu'elles surpassent en cela la coloquinte même. Leur plus grande vertu paroît consister en deux certaines membranes ou petites feuilles qui germent les premières, qui sont cachées dans le milieu de la substance de ces graines. On donne la substance entière de ces amandes, après avoir rejetté l'écorce extérieure, quoique purgative, depuis trois grains jusqu'à cinq; chaque graine, dit P. Hermann, procure une selle, si on boit par-dessus de l'eau chaude ou un bouillon, de sorte néanmoins que trois grains procurent cinq selles; mais le ventre est resserré dans l'instant, si l'on boit un grand verre d'eau froide, ou si l'on trempe, ou si on lave les pieds ou les mains dans de l'eau froide: un seul grain des membranes suffit pour purger. On donne aussi l'huile de ces graines tirée par expression jusqu'à un grain, car elle purge plus violemment que l'huile que l'on exprime du ricin ordinaire.

Les graines causent l'inflammation de la gorge, du palais & quelquefois de l'anus, à cause de leur très-grande acrimonie: c'est pour cette raison qu'on les donne le plus souvent sous la forme de pilules; les Indiens les font cuire dans de l'urine ou du vinaigre; on les corrige très-bien avec la réglisse, des amandes douces, du suc de limon, des bouillons gras, & toutes les autres choses qui peuvent émousser la trop grande acrimonie; on en tempere encore la vertu en les raréfiant sous les cendres.

On fait plus souvent usage à l'extérieur de l'huile tirée par expression; on en frotte le nombril, lorsque le ventre est trop resserré. On rend le ventre libre par un liniment préparé de cette manière: on prend de l'huile par expression de grains de tilli douze gouttes, de l'huile de coloquinte un gros & demi, onguent d'arthanita un gros; on mêle pour faire un liniment, dont on frotte le bas-ventre.

C'est avec cette même huile que les Indiens préparent une pomme royale purgative, dont la seule odeur purge ceux qui sont délicats; on fait macérer une orange ou un citron dans l'huile de tilli tirée par expression, pendant un mois; on la retire ensuite. Si on la frotte fortement dans les mains jusqu'à ce qu'elle s'échauffe, qu'on l'approche des narines, & que l'on en tire fortement l'odeur, le ventre se remuera bientôt après.

Cohausen s'est servi des grains de tilli pour procurer la sortie du ver solitaire; on en donne quatre grains mêlés avec du sucre, & l'on boit ensuite du lait. M. Vogel dit les avoir prescrits dans une maladie pituiteuse grave, sans que le malade en ait été incommodé.

QUATORZIEME ESPÈCE.

La quatorzième espèce est le Croton luisant. *Croton lucidum. Croton foliis ovatis glabris, floribus spicatis, stylis multifidis, depresso-pubescentibus frutescens. Linn. Syst. Veg. edit. XIII. Murray. 722. Læfl. It. 234. Mant. 497. Croton foliis ovatis glabris, ramis nudis, racemis spicatis. Berg. Act. Lond. 58. (1768) p. 172.*

Description.

Les rameaux de cette espèce sont nuds; les feuilles sont ovales, glabres; les fleurs sont en épis, terminales; le calice de la fleur mâle est à dix pièces, sans corolle; les étamines sont au nombre de douze; le calice de la fleur femelle est à cinq pièces; le germe est hérissé; les stils sont au nombre de trois, partagés en six.

Figure.

Cette espèce est représentée dans les Transactions Philosophiques, année 1768, pl. 7.

Lieu de sa naissance.

Elle croît naturellement dans la Jamaïque.

QUINZIEME ESPECE.

La quinzième espèce est le Croton qui donne la lacque. *Croton lacciferum. Croton foliis ovatis tomentosis serrulatis petiolatis, calycibus tomentosis. Linn. Sp. plant. 1426. Flor. Zeyl. 344. Ricinoides aromatica arbor, circœæ foliis hirsutis, floribus spicatis, major. Burm. Zeyl. 201. Ricinus aromaticus spicatus, folio circœæ, spinis ad imum duplicatis armato, laccam in granis fundens. Pluk. Alm. 320. Rai. Suppl. 113. Halecus terrestris. Rumph. Amb. 3. p. 197. Ricinus arbor Indica, aromatica, subhirsuta, laccam in granis fundens, fructibus subhirsutis, minimis, kaeppethya. Herm. Bobart. Hist. Oxon. t. 3. p. 349. Ricinus Indicus, aromaticus, fructu rotundo, parvo, cum petiolo instar cubebæ, coloris ochroleuci. Amm. H. Bosian. p. 21. Ricinus arbor aromatica fructu glabro, media, kaeppethya. Herm. apud Ray. t. 3. Arbuscula Zeylanica, acris, gummi laccæ fundens kaeppethya Zeylonensibus. Herb. Herm. Arbor Zeylanica aromatica, acris, laccam fundens, major. Mus. Zeyl. pag. 46.*

Description.

Cet arbre a des rameaux anguleux, rudes; ses feuilles sont éparses par le rameau; des aisselles des feuilles les plus grandes sortent de petits rameaux qui portent des feuilles plus petites, ovales, velues, veineuses, découpées à dents de scie, attachées à des pétioles d'un pouce, solitaires; les fleurs sont en épis, & terminent les sommités des petits rameaux; elles sont formées d'un calice à cinq feuilles, de cinq pétales & de vingt étamines : ce sont les fleurs mâles; les fleurs femelles ont des pistils parsemés entre les petites écailles; les fruits sont petits, ronds, extérieurement velus, & de même que les ricins, ils s'ouvrent lors de leur maturité en trois parties, & renferment trois semences semblables à celles du chanvre.

Figure.

Cette espèce est représentée dans le *Burm. Thes. Zeyl.* pl. 91; dans l'*Herb. Amboin.* t. 3, pl. 127, & dans la seconde partie de cet Ouvrage.

Lieu de sa naissance.

Elle croît naturellement dans l'Inde.

Propriétés médicinales.

Les feuilles de cet arbre infusées dans de l'eau chaude ou du lait, purgent par haut & par bas.

Propriétés économiques.

Cet arbre distille de lui-même une lacque très-belle qui paroît comme une petite perle ou bourgeon à la naissance des rameaux; les habitans de l'Isle de Ceylan emploient cette lacque pour en enduire les perches, les lances, les manches de couteaux. Cette lacque est meilleure & plus pure que celle qu'on ramasse à Siam & Peya, & qui est l'ouvrage d'une espèce de fourmi.

SEIZIÈME ESPÈCE.

La seizième espèce est le Croton balsamique, le petit baume. *Croton balsamiferum. Croton foliis ovato-lanceolatis integerrimis scabris subtus tomentosis. Linn. Syst. Veg. edit. XIII. Murr. 722. Mant. 125. Croton foliis lanceolatis acuminatis integris utrinque tomentosis, ramis tomentosis. Jacq. Americ. 255.*

Description.

Les rameaux de cette espèce sont cotonneux; les feuilles sont alternes, pétiolées, ovales, lancéolées, pointues, cotonneuses en-dessous : cette plante est très-semblable à la dix-huitième espèce, mais ses feuilles ne sont pas en forme de cœur.

Figure.

Cette espèce est représentée dans l'Histoire des Plantes de l'Amérique, par Jacquin, planche 162, fig. 3.

Lieu de sa naissance.

Elle croît naturellement dans la Martinique, la Jamaïque, à Curaçao.

Propriétés médicinales.

Les habitans de la Martinique tirent de cette plante distillée avec du vin, une liqueur spiritueuse qu'ils appellent eau de Mantes, & qu'ils destinent pour provoquer les mois.

DIX-SEPTIÈME ESPECE.

La dix-septième espèce est le Croton aromatique. *Croton aromaticum. Croton foliis cordatis scabris subserratis petiolatis, caule arboreo. Linn. Sp. plant. 1427. Flor. Zeyl. 345. Ricinoides arbor aromatica, circœæ foliis, media. Zeyl. 202. 11. Wœlkœppethya. Herm. Zeyl. 11.*

Description.

C'est un petit arbre; ses feuilles sont alternes, en forme de cœur, pétiolées, nerveuses, plus ou moins découpées visiblement à dents de scie, rudes, vertes de chaque côté; les grappes sont terminales, très-simples, un peu droites, longues, à fleurs très-nombreuses, dont les fleurs femelles sont inférieures; les supérieures sont mâles, à étamines aussi très-nombreuses, velues à la base.

Figure.

Ce petit arbre est représenté dans l'*Herb. Amboin.* tome 3, pl. 126.

Lieu de sa naissance.

Il croît dans l'Isle de Ceylan.

DIX-HUITIEME ESPECE.

La dix-huitième espèce est le Croton nain. *Croton humile. Croton foliis cordatis integerrimis subciliatis scabris, subtus tomentosis, caule fructicoso. Linn. Sp. pl. 1427. Amœn. Acad. 5. p. 410. Croton fructicosum minus, foliis villosis cordatis acuminatis, ramulis gracilibus glabris. Brow. Jam. 347.*

Description.

Ce Croton est semblable à celui des Moluques; sa tige est composée; ses feuilles sont veineuses, très-peu cotonneuses en-dessus, recourbées vers le bord.

Lieu de sa naissance.

Il croît naturellement dans la Jamaïque.

DIX-NEUVIEME ESPÈCE.

La dix-neuvième espèce est le Croton ricinocarpe. *Croton ricinocarpos. Croton foliis subcordatis crenatis, pedunculis racemosis oppositifoliis, caule herbaceo. Linn. Sp. plant. 1426. Mercurialis androgyna. Virid. Cliff. 98. Roy. Lugdb. 203. Ricinocarpos Americana, flore albo spicato, folio circææ acutiore. Boerrh. Lugdb. 1. p. 254.*

Description.

La tige de cette espèce est haute d'un pouce; ses rameaux sont alternes; ses feuilles sont pareillement alternes, pétiolées, en forme de cœur, nues, crenellées; ses péduncules sont à feuilles opposées, plus longs que les feuilles; la grappe est à fleurs ramassées par-ci par-là, mâles & femelles mêlées ensemble; le calice est à trois pièces, étroit, blanc.

Lieu de sa naissance.

Ce Croton est annuel; il vient naturellement à Surinam.

VINGTIEME ESPÈCE.

La vingtième espèce est le Croton des Moluques. *Croton Moluccanum. Croton foliis cordatis angulatis scabris bifidis subtus tomentosis. Linn. Sp. pl. 1427. Flor. Zeyl. 346. Nux juglans Moluccana bifida. Burm. Zeyl. 170. Kathakækuna. Herm. Zeyl. 6.*

Description.

Les feuilles de cette espèce sont alternes, pétiolées, en forme de cœur, pointues, raboteuses en-dessus, cotonneuses en-dessous, dentelées à leurs bords recourbés; les grappes sont longues, rameuses, portant au sommet quelques fleurs à calice hérissé, à cinq pétales, à dix-sept étamines ou environ, capillaires, hérissées à la base; ses fruits sont des noix plus grosses que notre noix ordinaire, composées d'une coquille, d'une écorce dure & d'un noyau.

Figure.

Cette espèce est représentée dans l'*Almag.* de Plukenet, pl. 220, fig. 5.

Lieu de sa naissance.

Elle croît naturellement à Ceylan, dans les Moluques.

Propriétés économiques.

On tire du noyau des fruits de cet arbre une huile très-abondante, qu'on emploie dans le pays pour les usages économiques.

VINGT-UNIEME ESPÈCE.

La vingt-unième espèce est le Croton jaunâtre. *Croton flavens. Croton foliis cordatis oblongis integerrimis utrinque tomentosis, ramulis densius tomentosis. Linn. Sp. pl. 1426. Amœn. Acad. 5. p. 410. Croton fruticulosum & villosum, foliis cordatis acuminatis, ramulis crassius tomentosis. Brow. Jam. 347.*

Description.

Ses rameaux sont couverts d'un duvet très-épais; ses feuilles sont en forme de cœur, oblongues, pointues, cotonneuses de chaque côté; les pétioles sont plus courts que la feuille; les épis sont aux bifourchures de la tige; tout le duvet est formé de petites étoiles péduculées.

Lieu de sa naissance.

Elle croît naturellement dans la Jamaïque.

VINGT-DEUXIEME ESPECE.

La vingt-deuxième espèce est le Croton en fleche. *Croton hastatum. Croton foliis trilobo hastatis lanceolatis dentatis. Linn. Sp. pl. 1427. Ricinus asperior, alcæ venetæ foliis aliquatenus accedens. Pluk. Alm. 320.*

Description.

Les feuilles de cette espèce sont à trois lobes, en forme de fleche, lancéolées, dentelées.

Figure.

Elle est représentée dans l'*Almag.* de Plukenet, planche 220, fig. 2.

Lieu de sa naissance.

Elle croît naturellement dans l'Inde.

VINGT-TROISIÈME ESPÈCE.

La vingt-troisième espèce est le Croton à lobe. *Croton lobatum. Croton foliis inermiserratis, inferioribus quinquelobis, superioribus trilobis. Linn. Sp. pl. 1427. Hort. Cliff. 445. Roy. Lugdb. 201. Ricinoides herbaceum, foliis trifidis seu quinquefidis & serratis. Mart. Cent. 46.*

Description.

Dans cette espèce les feuilles d'en bas sont entières; les autres sont à demi fendues en trois ou en cinq; sous la base de la feuille dans la partie supérieure du pistil il se trouve deux petites bandes, & quelquefois deux autres plus bas.

Figure.

Elle est représentée dans la Centurie de Martin, planche 46.

Lieu de sa naissance.

Elle croît naturellement à la Vera Crux; elle est annuelle.

VINGT-QUATRIÈME ESPÈCE.

La vingt-quatrième espèce est le Croton épineux. *Croton spinosum. Croton foliis palmatis quinquelobis trilobisque spinoso-serratis, floribus cauli adspersis subsessilibus. Linn. Sp. plant. 1427. Flor. Zeyl. p. 238. Ricinus Maderaspatanus, quinquefidis durioribus foliis margine spinosis. Pluk. Alm. 320.*

Description.

Les feuilles de cette espèce sont palmées, à cinq lobes & à trois, épineuses, découpées à dents de scie; ses fleurs sont sessiles, parsemées sur la tige.

Figure.

Cette espèce est représentée dans l'*Almag.* de Plukenet, pl. 108, fig. 3.

Lieu de sa naissance.

Elle croît naturellement dans l'Inde.

VINGT-CINQUIEME ESPECE.

La vingt-cinquième & dernière espèce est le Croton brûlant. *Croton urens. Croton foliis ternatis serratis lanceolatis. Linn. Sp. plant. 1428. Ricinus urens, cannabinis foliis triphyllos. Pluk. Alm. 320.*

Description.

Les feuilles de cette espèce sont ternées, semblables à celles du chanvre, découpées à dents de scie, lancéolées, brûlantes.

Figure.

Elle est représentée dans l'*Almag.* de Plukenet, planche 120, fig. 6.

Lieu de sa naissance.

Elle croît naturellement dans l'Inde.

Culture générale.

Presque toutes ces espèces sont natives des pays chauds, par conséquent elles ne viennent point en France, si on en excepte celle de Montpellier; cependant si on les gouverne délicatement, & si on les multiplie par graines, celles qui sont annuelles en donnent de mûres dans notre climat; mais on réussit très-rarement à faire donner de la graine aux espèces qui sont en arbre; on tire par conséquent des graines des pays où ces plantes croissent naturellement; on les seme au commencement du printemps sur une couche chaude; & lorsque les jeunes plants qui en proviennent sont en état d'être transplantés, on les met chacun séparément dans un petit pot, & on enfonce ce pot dans une couche chaude de tan; on garantit les jeunes plants du soleil jusqu'à ce qu'ils soient repris; on leur donne ensuite de l'air tous les jours proportionellement à la chaleur de la saison; on les arrose aussi souvent. Quand ces jeunes plants sont devenus trop grands pour rester sur couche, on les transporte dans la serre chaude, & on les enfonce toujours dans une couche de tan qu'on y pratique.

Propriétés d'ornemens.

Comme ces plantes gardent leurs feuilles pendant toute l'année, elles forment une très-belle variété pendant l'hiver, sur-tout si on les entremêle avec d'autres plantes, dont les feuilles sont d'une couleur & d'une forme différente.

CRUCIANELLA, *la petite Croisette.*

NOMS GÉNÉRIQUES.

Ce genre de plantes est connu sous les noms de *Rubeola. Tourn. Crucialis. Cæs. Rubia. C. B. Prodr. Crucianella. Linn.*

Description générique.

Le caractère de ce genre est d'avoir le périanthe du calice inférieur, à deux pièces ou folioles lancéolées, à carêne, pointues, roides, conniventes, applaties; sa corolle est monopétale, en forme d'entonnoir; le tube est cylindrique, filiforme, plus long que le calice; le lymbe est fendu en quatre lobes à queue, pointus, repliés; les filamens des étamines sont au nombre de quatre, disposés dans l'ouverture du tube; les anthères sont simples; le germe du pistil est applati entre le calice & la corolle; le stil est fendu en deux, filiforme, de la longueur du tube; les stigmates sont au nombre de deux, obtus, oblongs; les capsules sont aussi au nombre de deux, réunies; les semences sont solitaires, oblongues.

CLASSE.

Ce genre fait partie de la deuxième classe de Tournefort, qui comprend les fleurs monopétales infundibuliformes, & de la quatrième de Linnæus, destinée aux plantes tétrandriques monogyniques; cet Auteur en admet six espèces.

PREMIÈRE ESPÈCE.

La première espèce est la petite Croisette à feuilles étroites. *Crucianella angustifolia. Crucianella erecta, foliis senis linearibus, floribus spicatis. Linn. Sp. pl. 157. Hort. Ups. 27. Sauv. Monsp. 164. Crucianella foliis linearibus. Hort. Cliff. 32. Rubia angustifolia spicata. Bauh. Pin. 334. Prodr. 145. Rubeola angustiore folio. Tourn. Inst. Rei Herb. 140.*

Description.

La tige de cette espèce est droite, tétragonale; ses feuilles sont six à six, linéaires, aiguës, droites.

Figure.

Cette espèce est représentée dans l'Histoire des plantes, par Morison, tome 3, sect. 9, pl. 22, fig. 3; & dans les Plantes rares de Barrelier, fig. 550.

Lieu de sa naissance.

Elle est annuelle, & croît naturellement à Montpellier.

Culture.

On seme les graines de cette espèce au commencement du printemps, dans une plate-bande garnie de terreau, & à demeure; on éclaircit les jeunes plants dans les endroits où ils sont trop épais, & on les débarrasse des mauvaises herbes; souvent même ces plantes se multiplient d'elles-mêmes par les graines qui en tombent, & qui germent au printemps suivant.

DEUXIÈME ESPÈCE.

La deuxième espèce est la petite Croisette à larges feuilles. *Crucianella latifolia. Crucianella procumbens, foliis quaternis lanceolatis, floribus spicatis. Linn. Sp. plant. 158. Hort. Ups. 27. Sauv. Monsp. 164. Crucianella foliis lanceolatis. Hort. Cliff. 33. Rubia latifolia spicata. Bauh. Pin. 334. Rubia spicata latifolia. Barr. Rar. f. 549. Rubia spicata cretica. Clus. Hort. 2. p. 177. Rubia spicata. Bauh. Hist. 3. p. 727. Rubeola latiore folio. Tourn. Inst. 130. Boerrh. Lugdb. 1. p. 150. Pseudo rubia latifolia spicata. Moris. Hist. 3. p. 333. sect. 9.*

Description.

Cette espèce est couchée; ses feuilles sont quatre à quatre, lancéolées, larges; ses fleurs sont en épis: c'est l'épi qui fait le caractère distinctif de ce genre de plantes.

Figure.

Elle est représentée dans l'Histoire des Plantes, par Morison, tome 3, pl. 22, fig. 2; & dans les Plantes rares de Barrelier, fig. 549.

Lieu de sa naissance.

Elle croît naturellement à Montpellier, dans l'Isle de Candie.

Culture.

On multiplie cette plante par graines qu'on seme à demeure au commencement du printemps, dans une planche garnie de terreau; on débarrasse les mauvaise herbes, & on éclaircit les jeunes plantes, si elles se trouvent trop épaisses. Cette plante se reproduit même d'elle-même par ses graines qui tombent tout naturellement.

TROISIÈME ESPÈCE.

La troisième espèce est la petite Croisette d'Egypte. *Crucianella Ægyptiaca. Crucianella foliis quaternis sublinearibus, floribus subspicatis quinquefidis. Linn. Syst. Veg. edit. XIII. Murr. 128. Mant. 38.*

Description.

Ses tiges sont hautes d'un palme, droites, ouvertes, couchées vers la racine; ses feuilles sont quatre à quatre, repliées par les côtés, raboteuses par-dessus & au bord; celles d'en bas sont ovales; les inférieures sont lancéolées, les autres sont linéaires; les épis sont terminaux, solitaires, plus lâches; les bractées sont lancéolées, sans carène; les fleurs sont menues, plus longues que les bractées, d'un jaune blanc, fendues en cinq, & barbues; la racine est annuelle; la tige est très-peu ligneuse.

Lieu de sa naissance.

Elle croît naturellement en Egypte.

QUATRIEME ESPECE.

La quatrième espèce est la petite Croisette ouverte. *Crucianella patula. Crucianella diffusa, foliis senis, floribus sparsis. Linn. Sp. plant. 158. Amœn. Acad. 3. p. 401. Lœfl. It. 68.*

Description.

Les rameaux de cette espèce sont ouverts; les feuilles sont six à six, raboteuses, linéaires; les fleurs sont axillaires, & se trouvent dans les petits rameaux particuliers, fourchus, feuillés; les corolles sont jaunes, fendues en cinq, fermées.

Lieu de sa naissance.

Elle est annuelle, & croît naturellement en Espagne.

CINQUIEME ESPECE.

La cinquième espèce est la petite Croisette maritime. *Crucianella maritima. Crucianella procumbens suffruticosa, foliis quaternis, floribus oppositis quinquefidis. Linn. Sp. plant. 158. Crucianella erecta, foliis quaternis, corolla ad solem connivente. Sauv. Monsp. 164. Rubia maritima. Bauh. Pin. 334. Dod. Pempt. 357. Clus. Hist. 2. p. 176.*

Description.

Ses tiges sont vivaces, ligneuses, roulées; ses feuilles sont quatre à quatre, lancéolées, roides, aiguës; les bractées sont ovales; les corolles sont fendues en cinq, à arêtes; les anthères sont noires; les fleurs sont tristes, jaunâtres, fermées de jour, s'ouvrans pendant la nuit.

Lieu de sa naissance.

Cette plante croît naturellement dans l'Isle de Candie, & aux environs de Montpellier.

Culture.

Sa culture est la même que celle de la deuxième espèce; ses semences ne mûrissent aux environs de Paris qu'autant que l'automne est favorable.

SIXIÈME ESPECE.

La sixième espèce est la Crucianelle ou petite Croisette de Montpellier. *Crucianella Monspeliaca. Crucianella procumbens, foliis acutis, caulinis quaternis ovatis, ramis subquinatis linearibus, floribus spicatis. Linn. Sp. plant. 158. Crucianella repens, foliis senis, spicis longis. Sauv. Monsp. 225. Rubia spicata repens. Magn. Monsp. 225.*

Description.

Ses tiges sont un peu épaisses, couchées; ses rameaux sont alternes, droits, plus simples; les feuilles inférieures sont quatre à quatre, ovales, roides, aiguës; les supérieures sont cinq à cinq ou six à six, linéaires, aiguës, ses péduncules sont nuds; les épis sont terminaux, semblables à ceux de la première espèce.

Lieu de sa naissance.

Cette espèce croît naturellement dans la Palestine, aux environs de Montpellier.

Propriétés économiques.

Il n'est pas douteux qu'on pourroit tirer des racines de cette plante une teinture rouge, de même que de celles de la garance.

CRUCITA, *la Crucite.*

Description générique.

Le caractère de ce genre de plantes est d'avoir le périanthe du calice persistant, à trois feuilles; l'antérieure est linéaire, aiguë; les latérales sont ovales, concaves; les pétales de la corolle sont au nombre de quatre, ayant la forme de calice, ovales, concaves; les deux extérieurs sont très-entiers; les intérieurs ont le bord très-mince, déchiqueté; les filamens des étamines sont au nombre de quatre, capillaires, un peu plus courts que le calice; les anthères sont petites; le germe du pistil est ovale, obtus, applati; le stil est très-court, partagé en deux, ayant les découpures qui s'ouvrent; les stigmates sont simples; le péricarpe n'est autre chose que la corolle connivente, qui tombe avec la semence; celle-ci est unique, nue.

CLASSE.

Ce genre fait partie de la quatrième classe de Linnæus, qui comprend les plantes tétrandiques dyginiques; il n'y a qu'une espèce.

ESPECE.

Cette espèce est la Crucite d'Espagne. *Crucita Hispanica. Lœfl. It. 203. Linn. Sp. plant. 179.*

Description.

La tige de cette plante est haute; les feuilles sont opposées, très-entières; les fleurs sont en épis, amassées en pédicules.

Lieu de sa naissance.

Elle croît naturellement à Cumana, dans l'Amérique.

CUCUBALUS, *le Caulichon.*

NOMS GÉNÉRIQUES.

Le caractère de ce genre de plantes est d'avoir le périanthe du calice monophyle, tubuleux, à cinq dents, persistant; les pétales de la corolle sont au nombre de cinq; les onglets sont de la longueur du calice; le lymbe est plane, à lames souvent fendues en deux; il n'y a point de nectaire qui couronne la corolle; les filamens des étamines sont au nombre de dix, en forme d'alêne; les anthères sont oblongues; le germe du pistil est un peu long; les stils font au nombre de trois, plus longs que les étamines, en forme d'alêne; les ftigmates font poileux, oblongs, pliés au revers du foleil; le péricarpe eft une capfule couverte, pointue, à trois loges, s'ouvrant en cinq côtés au fommet; les femences font nombreufes, rondes.

CLASSE.

Ce genre fait partie de la huitième claffe de Linnæus, qui comprend les plantes à fleurs caryophyllées, & de la dixième de Linnæus deftinée aux plantes décandriques trigyniques; cet Auteur en admet quinze efpèces.

PREMIERE ESPECE.

La première efpèce eft le Caulichon à bayes. *Cucubalus bacciferus. Cucubalus calicibus campanulatis, petalis diftantibus, pericarpiis coloratis, ramis divaricatis. Linn. Sp. plant. 591. Cucubalus caule ramofo, floribus trigynis, fructu colorato globofo. Hort. Cliff. 170. Hort. Upf. 109. Roy. Lugdb. 448. Sauv. Monfp. 152. Alfine fcandens baccifera. Bauh. Pin. 250. Alfine repens. Dod. Pempt. 403.*

Defcription.

La racine de cette plante eft vivace; elle s'étend beaucoup; fa tige eft rameufe; fes rameaux font écartés; fes calices font campanulés; les pétales des corolles font diftans; le fruit eft coloré, globuleux & fucculent, femblable à la baye du folanum.

Figure.

Cette efpèce eft repréfentée dans l'Hiftoire de Lobel, fig. 3, p. 136; & dans l'Hiftoire des Plantes, par Morifon, fect. 1, pl. 1, fig. 7.

Lieu de fa naiffance.

Elle croît naturellement dans les haies & endroits ombrageux, à Francfort-fur-Mein, dans l'Italie, dans la Tartarie & aux environs de Narbonne.

Culture.

Elle fleurit en Juin; fes femences mûriffent en automne; elle fe multiplie par fa racine, qui ne croît que trop vîte dans les jardins; elle fe plaît à l'ombre, & vient dans prefque tous les terreins.

DEUXIEME ESPECE.

La deuxième efpèce eft le Behen blanc. *Cucubalus behen. Cucubalus calicibus fubglobofis glabris reticulato-venofis, capfulis trilocularibus, corollis fubnudis. Linn. Sp. plant. 591. Flor. Suec. 360. 385. Cucubalus floribus trigynis, calicibus glabris, capfulis trilocularibus. Hort. Cliff. 176. Roy. Lugdb. 448. Cucubalus calicibus ovatis hermaphroditis. Flor. Lapp. 180. Lychnis fylveftris, quæ Behen album vulgo. Bauh. Pin. 205. Papaver fpumeum. Lob. It. 340. Lychnis maritima repens. It. Goil. 197.* En Anglois, *Campion*, *Spatling Poppy*, *White ben.* En Allemand, *Spielglætte*, *Schnaller*, *Spyffpettel*, *Gliedweich*, *Schaumræflein*, *Wild Seiffenkraut*, *Wiedarflos*, *Schachtkaut*, *Eifleben*, *Gliedkraut*, *Taubenkrop.* En Suédois, *Smœtion*, *Tarald*, *Harpungar.* En Danois, *Smelleblomfter*, *Auguftblomme*, *Mangeblom*, *Blæreurt*, *Smelpunger*, *Pungier Aakerkaal*, *Smellegræs*, *Guftegræs*, *Hermannskaal.* En Italien, *Been.* En Provençal, *Cernillet.*

Defcription.

Les racines de cette plante font fimples, menues; la tige eft haute d'un pied, herbacée, cylindrique, rameufe; les feuilles font oppofées, feffiles, fimples; entières, un peu arrondies, d'un verd-clair; les fleurs font au fommet ou axillaires, portées par des péduncules dichotomes, c'eft-à-dire, qui fe divifent en deux; elles font caryophyllées, à cinq pétales, ayant des onglets de la longueur du calice; le lymbe eft plane, tronqué; le calice eft monophylle, globuleux, glabre, veiné en manière de réfeau; le fruit eft une capfule pointue, triloculaire, s'ouvrant au fommet en cinq parties, renfermant plufieurs femences oblongues.

Figure.

Cette efpèce eft repréfentée dans les Plantes de Lobel, planche 340; & dans la feconde partie de cet Ouvrage.

Lieu de fa naiffance.

Elle croît prefque par toute l'Europe, fur le bord des champs & dans les prés fecs; on en voit aux environs de Paris, dans la Provence, l'Alface, la Lorraine, la Franche-Comté, la Bourgogne & par-tout ailleurs.

Propriétés médicinales.

En Gotlande on l'emploie à l'extérieur contre l'éréfypèle; en France elle n'eft pas en ufage en Médecine.

TROISIEME ESPECE.

La troifième efpèce eft le Cucubale ou Lychnide à feuilles d'Orpin. *Cucubalus fabarius. Cucubalus foliis obovatis carnofis. Linn. Sp. plant. 591. Roy. Lugdb. 448. Lychnis maritima faxatilis, folio anacampferotis. Tourn. Cor. 24. Boerrh. Lugdb. 1. p. 214. Behen album feu polemonium faxatile, fabariæ folio, ficulum. Bocc. Muf. 133.*

Defcription.

Les feuilles de cette efpèce font glabres, épaiffes & amples, femblables à celles de l'orpin.

Figure.

Elle eft repréfentée dans le *Mufæum* de Boccone, planche 91.

Lieu de fa naiffance.

Elle croît naturellement dans la Sicile, fur une montagne peu éloignée de Palerme.

QUATRIEME ESPECE.

La quatrième efpèce eft le cucubale vifqueux, le Lychnide Oriental. *Cucubalus vifcofus. Cucubalus floribus lateralibus undique decumbentibus, caule indivifo, foliis bafi reflexis. Linn. Sp. plant. 592. Flor. Suec. 2. n°. 386. Cucubalus foliis amplexicaulibus, floribus verticillatis, pedunculis erectis. Roy. Lugdb. 448. Lychnis montana vifcofa noctiflora hirfuta latifolia alba, floribus abfque appendicibus. Tilli Pif. 105. Lychnis Orientalis maxima, Bugloffi folio undulato. Tourn. Cor. 24. Itin. 2. p. 361.*

Defcription.

Tournefort décrit ainfi cette plante dans fon Voyage du Levant: fa racine eft longue d'un pied & demi, blanchâtre, partagée en groffes fibres affez chevelues, groffe au collet comme le pouce, divifée en plufieurs têtes, d'où naiffent des tiges hautes de trois pieds, droites, fermes, épaiffes de quatre lignes, creufes, d'un vert-pâle, velues, gluantes, garnies de feuilles deux à deux, longues d'environ cinq pouces fur un pouce de large, femblables à celles de la bugloffe, ondées, frifées fur les bords, relevées en-deffous d'une côte affez groffe, laquelle fournit plusieurs vaisseaux répandus dans la longueur des feuilles; elles diminuent considérablement; vers le milieu de la tige & de leurs aisselles naissent de chaque côté des branches ou brins partagés ordinairement en trois pédicules, dont chacun soutient une fleur: ainsi toutes ces fleurs paroissent disposées comme par étage. Chaque fleur est à cinq feuilles blanches, longues d'environ deux pouces, larges vers le haut de demi-pouce, échancrées profondément, & terminées en-bas par une queue verdâtre. Du milieu de ces feuilles sort une touffe d'étamines de même couleur, menues, mais beaucoup plus longues que les feuilles, & chargées de sommets céladon; le calice est le tuyau, d'un pouce de long sur trois lignes de large, blanchâtre, rayé de vert, découpé en pointes, du fond duquel sort un pistil de quatre lignes de long sur une ligne d'épaisseur, vert-pâle, surmonté de trois filets blancs aussi longs que les étamines.

Figure.

Cette espèce est représentée dans le Voyage du Levant, par Tournefort, t. 2, page 361.

Lieu de sa naissance.

Elle croît naturellement en Suède, en Angleterre, en Italie, sur la montagne d'Ararat au Levant; elle est bisannuelle.

Culture.

Elle fleurit en Juin, & quelquefois ses semences mûrissent en automne; elle meurt aussi-tôt que ses semences sont mûres. Pour qu'elle puisse passer l'hiver dans nos climats, il faut la semer sur des décombres des vieux murs, & à une bonne exposition; elle périt ordinairement dans la bonne terre.

CINQUIEME ESPÈCE.

La cinquième espèce est le Cucubale ou le Lychnide étoilé. *Cucubalus stellatus. Cucubalus foliis quaternis. Linn. Sp. plant. 592. Hort. Ups. 110. Drypis foliis quaternis. Cold. Noveb. 106. Silene foliis quaternis. Gron. Virg. 50. Lychnis cariophyllæus Virginianus, gentianæ foliis glabris quatuor ex singulis geniculis caulem amplexantibus, flore amplo fimbriato. Rai. Hist. 1895. Lychnis plumaria alba, foliis ad genicula quatuor cruciatim positis, thecis florum tumentibus D. Banister. Rai. Suppl. 489. Pluck. Alm. 233. Lychnis Virginiana cruciata, petalis laciniatis. Petiv. Sicc. 30.*

Description.

Les feuilles de cette espèce sont longues, pointues; elles environnent en forme de croix les nœuds des tiges; les fleurs sont blanches; elles pendent au haut des tiges; les pétales sont joliment frangés, sans couronne, divisés en quatre lobes qui se partagent en deux; les calices s'enflent; le fruit est un petit vase sphérique en forme de baie.

Figure.

Elle est représentée dans l'*Almag.* de Plukenet, planche 43, figure 4.

Lieu de sa naissance.

Elle croît naturellement dans la Virginie, le Canada.

SIXIEME ESPECE.

La sixième espèce est le cucubale d'Egypte. *Cucubalus Egyptiacus. Cucubalus floribus erectis, petalis emarginatis retroflexis, utrinque denticulo notatis. Linn. Sp. plant. 592. Hasselq.*

Description.

Sa tige est foible, rameuse, penchée vers la terre; ses feuilles sont linéaires, sans être glabres; les plus jeunes sont ciliées à la base; les fleurs sont axillaires, solitaires, sessiles; le calice est cylindrique, ovale dans le fruit, à dix côtes, dont les interstices sont membraneuses; les dents sont petites; les pétales sont menus, à peine plus longs que le calice; les stils sont souvent au nombre de quatre.

Lieu de sa naissance.

Cette espèce croît naturellement en Egypte.

SEPTIEME ESPECE.

La septième espèce est le Cucubale d'Italie. *Cucubalus Italicus. Cucubalus calicibus clavatis, petalis semibifidis, panicula dichotoma erecta, genitalibus declinatis, caule incano. Linn. Sp. pl. 593.*

Description.

Ses feuilles sont lancéolées, un peu obtuses, nues; sa tige sur-tout à l'inférieur est garnie d'un duvet blanchâtre à peine visible; sa panicule est fourchue; ses fleurs sont pédunculées, droites; ses calices sont droits, en massue, sillonnés de dix sillons; ses pétales sont à demi fendus en deux, un peu larges, blancs, plombés en-dessous; ses étamines sont blanches.

Lieu de sa naissance.

Cette espèce est bisannuelle, & croît naturellement en Italie.

Culture.

On la multiplie par graines que l'on seme à demeure; elle vient dans toute sorte de terreins & à toute sorte d'expositions.

HUITIÈME ESPÈCE.

La huitième espèce est le Cucubale de Tartarie. *Cucubalus Tartaricus. Cucubalus petalis bipartitis, floribus secundis decumbentibus pedunculis oppositis solitariis erectis, caule simplicissimo. Linn. Sp. plant. 592. Hort. Ups. 111. Gort. Flor. Ingr. 68. Lychnis Septemtrionalium foliis hyssopi, floribus uno versu positis albis. Hall. Gort. 33. Silene foliis ex lineari-lanceolatis, pedunculis ramosis, floribus veluti verticillatis trigynis. Gmel. Sib. Mss. Lychnis fruticosa hyssopi folio. Gerb. Tan. Lychnis ruthenica frutescens & perennis, hyssopi foliis, flore ex albido. Gerb. Samar. 177.*

Description.

Sa racine est vivace; ses tiges sont hautes de trois pieds, droites, élevées, cylindriques, nouées, très-simples; ses feuilles sont opposées, linéaires, pointues, en forme de carêne; les rudimens des petits rameaux sortent des aisselles des feuilles; les pédoncules sont opposés, solitaires, droits, applatis à la tige, le plus souvent simples, le plus rarement à trois fleurs, articulés vers la base, à deux stipules opposées; les calices sont oblongs, horizontaux, sillonnés; les pétales sont au nombre de cinq, à lymbes fendus en deux lobes linéaires, obtus, blancs, sans nectaire.

Lieu de sa naissance.

Cette espèce croît naturellement dans la Tartarie.

NEUVIEME ESPECE.

La neuvième espèce est le Cucubale ou Lychnide de Sibérie. *Cucubalus Sibiricus. Cucubalus petalis emarginatis, floribus subverticillatis, verticillis umbellatis aphillis. Linn. Sp. plant. 592. Gmelin, Sib. 4. p. 140. Viscago foliis imis petiolatis ovatis, floribus paniculatis, petalis emarginatis. Hall. Gott. 1. p. 150.*

Description.

Dans cette espèce les feuilles d'en-bas sont pétiolées, ovales; ses fleurs sont verticillées, ayant leurs anneaux en ombelles, sans feuilles; leurs pétales sont échancrés; les étamines sont plus longues que la fleur.

Figure.

Elle est représentée dans l'*Hort. Gotting.* d'Haller.

Lieu de sa naissance.

Elle vient naturellement dans les déserts de Tacorow, entre Woroniz & Bielgrod.

DIXIEME ESPECE.

La dixième espèce est le Lychnide catholique. *Cucubalus catholicus. Cucubalus petalis bipartitis, floribus paniculatis, staminibus longis, foliis lanceolato-ovatis. Linn. Sp. plant. 593. Hort. Upf. 111. Silene foliis ovatis utrinque acutis, caule paniculato, floribus nutantibus tenuissimis. Roy. Lugdb. 447. Lychnis viscosa altissima flore muscoso, ocymastri facie. Cupan. Cath. 110.*

Description.

Sa racine est vivace; sa tige est haute de trois pieds, branchue, très-rameuse, nue, articulée; les rameaux d'en-haut sont fourchus; les péduncules sortent de la bifourchure; ils sont solitaires, à une fleur, longs, très-menus; les calices sont en massue, lisses, pourpres; la corolle est nue, à lymbe partagé en deux; les étamines sont blanches, presque plus longues que les pétales; les feuilles sont lancéolées-ovales, ou larges-lancéolées, vertes, mais raboteuses.

Figure.

Cette espèce est représentée dans le Jardin de Vienne, pl. 59.

Lieu de sa naissance.

Elle croît naturellement en Sicile, dans l'Italie.

Variété.

Linnæus donne pour variété de cette espece la plante connue en Botanique sous la phrase de *Lychnis nocturna non viscosa, herbaceo flore. Dill. Hort. Elth. 425. Tab. 316. fig. 403.*

Culture.

Sa culture est la même que celle de la douzième espèce; on la multiplie par graines.

ONZIÈME ESPÈCE.

L'onzième espèce est le Cucubale très-mou. *Cucubalus mollissimus. Cucubalus petalis semibifidis, panicula brachiata dichotoma, caule foliisque holosericeis, radicalibus spatulatis. Linn. Sp. plant. 593. Lychnis maritima pulverulenta, folio carnoso. Tour. Inst. Rei Herb. 338. Lychnis erecta, veronicæ foliis Bocc. Mus. 170, an.*

Description.

Ses tiges sont nombreuses, un peu roides, hautes d'un pied, cotonneuses, très-molles, à rameaux inférieurement alternes, plus courts; les tiges stériles qui se trouvent mêlées parmi les autres sont de moitié plus courtes, droites, ayant des feuilles rassemblées au sommet; les feuilles inférieures sont en spatule, les autres sont lancéolées; toutes sont charnues, très-molles, cotonneuses, un peu obtuses, réfléchies au sommet, s'ouvrantes; la panicule est visqueuse, à petits rameaux, à trois fleurs; les calices sont à dents obtuses, droits, en forme de massue, très-mous; les fleurs sont droites, blanches, ayant les ongletes de la corolle plus longues que le calice; les étamines sont de la longueur du calice; les stils sont plus longs que la corolle.

Figure.

Cette espèce est représentée dans le *Musæum* de Boccone, pl. 118.

Lieu de sa naissance.

Elle est vivace, & croît en Italie, sur les bords de la mer.

DOUZIEME ESPECE.

La douzième espèce est le Cucubale ou Lychnide à fleurs musqueuses. *Cucubalus otites. Cucubalus floribus dioicis, petalis linearibus indivisis. Linn. Sp. pl. 594. Hort. Cliff. 272. Roy. Lugdb. 445. Lychnis viscosa, flore muscoso. Bauh. Pin. 206. Lychnis sylvestris sesamoides minor, flore muscoso. Mentz. pug. t. 3. Sesamoides magnum salmenticum. Clus. Hist. 1. p. 295.*

Description.

Dans cette espèce les fleurs sont dioiques, musqueuses; les pétales sont linéaires, sans division.

Figure.

Elle est représentée dans Mentzillius, pl. 3, fig. 2; & dans le *Flora Danica*, pl. 518.

Lieu de sa naissance.

Elle croît naturellement dans la Silésie, l'Autriche, le Valais, l'Angleterre, la France, la Sibérie; elle est vivace.

Culture.

Elle fleurit en Juin; les semences sont mûres en automne: on la multiplie par graines que l'on seme à demeure; car comme cette plante pousse ses racines profondément en terre; elle supporte difficilement le transplant, à moins qu'elle ne soit bien jeune; au surplus elle n'est point délicate, elle vient à toute sorte d'exposition & dans toute sorte de terrein, mais plus particuliérement dans un terrein sec; comme dans cette espèce les fleurs mâles & les femelles sont sur des individus différens, il faut, pour que la semence soit féconde, qu'il se trouve des pieds mâles auprès des pieds femelles.

TREIZIEME ESPECE.

La treizième espèce est le Cucubale ou Lychnide réfléchi. *Cucubalus reflexus. Cucubalus floribus spicatis alternis secundis subsessilibus, corollis obsoletis nudis. Linn. Sp. plant. 594. Hort. Upf. 112. Lychnis sylvestris alba, spica reflexa. Magn. Monsp. 171. Lychnis meridionalium annua hirsuta, floribus uno versu dispositis. Moris. Hist. 2. p. 544. Rai. Hist. 996.*

Description.

Sa racine est annuelle; sa tige est haute d'un pied; ses feuilles sont lancéolées; ses rameaux sont petits; ses fleurs sont alternes, sessiles; la corolle est à peine visible, très-courte, & à pétales fendus en deux, à peine visibles.

Figure.

Figure.

Cette espece est représentée dans l'*Hort. Monsp.* de Magnol, pl. 170.

Lieu de sa naissance.

Elle croît naturellement aux environs de Montpellier.

QUATORZIÈME ESPÈCE.

La quatorzième espèce est le Cucubale saxifrage. *Cucubalus saxifragus. Cucubalus petalis bifidis, calicibus striatis, terminalibus, subsessilibus, lateralibus, pedunculatis. Linn. Syst. Veg. edit. XIII. Murray. 358. Mant. 71. Lichnis Orientalis minima, cariophylli folio, calyce purpurascente striato. Tourn. Cor.* 24.

Description.

La tige de cette espèce est haute d'un palme, à folioles linéaires; sa fleur est terminale, sessile; ses fleurs latérales sont opposées, pédunculées; le calice est tout entier entre deux folioles, sessile, des aisselles desquelles il sort souvent de nouveaux pétioles.

Figure.

Cette espèce est représentée dans la neuvième Décade de Schreber, pl. 5.

Lieu de sa naissance.

Elle croît naturellement au Levant.

QUINZIÈME ESPECE.

La quinzième espèce est le Cucubale des Alpes. *Cucubalus pumilio. Cucubalus caulibus unifloris, flore brevioribus. Linn. Syst. Veg. edit. XIII. Murray. 350. Mant. 71. Caryophyllus Alpinus, calice oblongo hirsuto. Bauh. Pin. 209. Cariophillus sylvestris VII. Clus. Hist. 1. p. 285.*

Description.

Les feuilles radicales sont rassemblées en gazon, linéaires, obtuses, lisses; les tiges sont très-simples, très-courtes, à une fleur, souvent à trois articulations; le calice est oblong, en cloche, ouvert, obtus, poileux, de la longueur de la tige.

Lieu de sa naissance.

Elle croît naturellement dans les Alpes d'Italie & de Moravie, selon Ardouin; elle est vivace.

CUCUMIS, *Cocombre.*

NOMS GÉNÉRIQUES.

Ce genre de plantes est connu sous les noms de *Cucumis. Linn. Tourn. Melo. Tourn. Colocynthis. Tourn. Anguria. Tourn.*

Description générique.

Son caractère est d'avoir des fleurs mâles & des fleurs femelles sur le même pied; dans les fleurs mâles, le périanthe du calice est monophylle, en cloche, ayant le bord terminé par cinq dents en forme d'alêne; la corolle est partagée en cinq, attachée au calice, campanulée; les lobes sont ovales, veineux, ridés; les filamens des étamines sont au nombre de trois, très-courts, insérés au calice, connivens, dont deux sont fendus par le sommet; les antheres sont des lignes traçantes en-dessus & sur le dos, attachées en-dehors; le receptacle est à trois côtes, tronqué, dans le centre de la fleur.

Le perianthe des fleurs femelles est, comme dans les mâles, supérieur, tombant; la corolle est aussi de même; il n'y a point d'étamines, mais seulement des filamens au nombre de trois, pointus, très-petits, sans antheres; le germe du pistil est inférieur, grand; le stil est cylindrique, très-court; les stigmates sont au nombre de trois, gros, bossus, partagés en deux, tournés en-dehors; le péricarpe est une pomme à trois loges membraneuses, molles, séparées; les semences sont nombreuses, ovales, aiguës, applaties, disposées à double rang.

CLASSE.

Ce genre fait partie de la première classe de Tournefort, qui comprend les fleurs campaniformes, & de la vingt-unieme de Linnæus, destinée aux plantes monœciques syngenesiques; cet Auteur en admet onze especes.

PREMIERE ESPECE.

La première espèce est la Coloquinte ordinaire. *Cucumis colocynthis. Cucumis foliis multifidis, pomis globosis glabris. Linn. Sp. plant. 1435. Hort. Ups. 293. Mat. Med. 446. Roy. Lugdb. 263. Cucumis foliis multifidis. Roy. Lugdb. 263. Colocynthis, fructu rotundo, major. Bauh. Pin. 313. Colocynthis. Camer. Epit. 982.* En Allemand, *Coloquinta.* En Anglois, *The Bitter gourd.* En Italien, *Coloquintida.*

Description.

La racine de cette espèce est fusiforme, peu fibreuse; ses tiges sont rudes au toucher, cannelées, sarmenteuses, rampantes; ses feuilles sont rudes, blanchâtres, velues & très-découpées; ses vrilles & ses fleurs sont axillaires; elles sont monopétales, campaniformes, évasées & découpées profondément en cinq parties terminées en pointes; les fleurs mâles sont séparées des femelles sur un même pied; son fruit est sphérique, de la grosseur du poing, lisse, ayant l'écorce mince, coriace; il renferme une moëlle blanche, fongueuse, divisée en trois parties, dont chacune contient deux loges, dans lesquelles sont des graines oblongues & applaties.

Figure.

Cette espèce est représentée dans les Planches de Garsault, & dans la plupart des Collections gravées de plantes usuelles.

Lieu de sa naissance.

Elle vient naturellement en Egypte, dans l'Inde, la Perse, l'Arménie, la Syrie, dans les isles de l'Archipel; elle fleurit en été : elle est annuelle.

Culture.

On multiplie cette espece par sa graine qu'on plante au printemps sur couche; quand elle est assez forte, on la transplante à demeure dans une planche garnie de terreau. Le fruit de celle qu'on cultive en France n'a presque point de vertu, aussi ne s'en sert-on point dans la Médecine. Les habitans des contrées où cette plante croît naturellement en cueillent les fruits dès qu'ils commencent a pâlir, & les font sécher, après en avoir ôté la peau.

Choix du fruit.

On nous apporte en Europe ce fruit pour les usages médicinaux, après l'avoir dépouillé de son écorce, qui est jaunâtre; on choisit par préférence celle dont la moëlle est blanche, seche, spongieuse, légere, fort amere & âcre.

Analyse chymique.

Dans l'analyse chymique faite par M. Geoffroy, de deux livres sept onces de Coloquinte dont on avoit ôté les graines, il est sorti neuf onces sept gros & demi de phlegme limpide, insipide & sans odeur, qui contenoit cependant un peu de sel alkali urineux, puisqu'il rendoit trouble & légerement laiteuse la solution du sublimé-corrosif; trois onces un gros & demi de liqueur empyreumatique, roussâtre, soit acide, soit urineuse; un once six gros & demi d'esprit urineux; trois onces douze grains d'huile fétide, amere & âcre. La masse qui est restée au fond de la cornue, noire comme du charbon, & tout-à-fait insipide, pesoit dix onces quatre gros & demi, laquelle étant calcinée pendant huit jours au feu de réverbere, ne pesoit plus que quatre onces deux gros & demi; on en a retiré par la lixiviation trois gros, soixante grains de sel purement alkali & caustique, qui a précipité une poudre fort jaune, mêlée avec la solution du sublimé-corrosif. La perte qui s'est faite dans la distillation a été d'environ douze onces un gros, & dans la calcination, six onces deux gros.

Les principes de la Coloquinte qui se manifestent dans cette analyse, mêlés entr'eux, font, dit M. Geoffroy, un composé résineux gommeux: savoir, le sel alkali qui abonde dans ce fruit est uni avec une portion d'huile âcre, & a la consistance de gomme, tandis qu'une autre portion médiocre d'huile forme une résine avec très-peu de sel acide; & ces parties étant mêlées ensemble, & condensées avec de la terre, il en résulte un composé résineux, gommeux & âcre, ce qui est confirmé par différentes expériences de M. Boulduc, rapportées dans les Mémoires de l'Académie Royale des Sciences, année 1701.

De huit onces de pulpe de Coloquinte, il a presque retiré trois onces d'extrait gommeux, & de la même quantité de pulpe il a retiré une demi-once d'extrait résineux par le moyen de l'esprit-de-vin. Ayant versé de l'esprit-de-vin sur la pulpe qui avoit été macérée très-long-temps dans l'eau bouillante, & dont la substance gommeuse avoit été séparée, il n'en a tiré aucune teinture; au contraire, ayant macéré cette pulpe dans de l'esprit-de-vin, & ayant ôté la teinture résineuse, il a encore tiré, par le moyen de l'eau, un extrait gommeux de près de deux onces. La décoction de Coloquinte a donné dans la distillation une eau limpide, sans odeur, & insipide, qui n'avoit point la vertu purgative. Mais de huit onces de pulpe de Coloquinte qu'on a fait infuser dans six onces de moût, & fermenter pendant douze jours, on a retiré de cette liqueur fermentée par la distillation, premiérement huit onces de liqueur spiritueuse, odorante & amere au goût; ensuite quelques portions d'une liqueur moins amere, & après cela un phlegme purement insipide. Enfin la liqueur qui restoit dans l'alambic étant bien passée & évaporée jusqu'à la consistance d'extrait solide, a laissé deux onces & demie d'une matiere gommeuse. Ce n'est pas seulement de la Coloquinte qu'on a tiré cet extrait, mais c'est aussi le produit d'une grande portion de résine. Ayant fait boire une once de cette liqueur spiritueuse à un homme robuste, elle excita des nausées & des coliques dans le ventre, sans causer aucune évacuation: mais deux onces de ce même esprit ont purgé violemment, avec de grandes douleurs de ventre; & dix grains d'extrait ont purgé doucement, sans violence & sans douleur. L'extrait résineux purge très-bien, mais il excite de très-grandes douleurs dans le ventre, & l'extrait gommeux purge plus doucement & plus copieusement; plus violemment cependant que l'extrait de la pulpe fermentée, dont nous avons parlé ci-dessus.

Enfin si l'on fait bouillir une livre de pulpe de Coloquinte, dont on auroit ôté les graines, dans deux livres d'eau claire pendant six ou huit heures, que l'on en fasse la colature en exprimant fortement, qu'on verse la même quantité de nouvelle eau sur la masse qui reste, qu'elle bouille pendant douze heures, qu'on passe la liqueur, & qu'enfin la pulpe qui reste bouille une troisieme fois dans huit livres d'eau pendant quatorze heures, qu'on la passe en exprimant fortement, le marc qui restera dans le couloir pesera à peine un quarteron. Mais les décoctions mêlées ensemble & évaporées jusqu'à la moitié, & ensuite refroidies, formeront une masse mucilagineuse, comme de la glu, ferme & dense, qui étant encore évaporée, se seche en un extrait solide que l'on doit arroser de quelque huile essentielle aromatique, que l'on peut garder comme un véritable & excellent extrait de Coloquinte, & qui purge doucement depuis quatre grains jusqu'à quinze.

Corollaire.

De tout ce que nous venons de dire on peut conclure, dit M. Geoffroy, qu'il y a deux sortes de parties dans la Coloquinte, desquelles dépend principalement sa vertu purgative, savoir, les parties huileuses & les parties âcres salines; on ne remarque pas seulement ces principes dans la Coloquinte, mais encore dans tous les remedes purgatifs violens, dans le tabac, par exemple, dans l'ellebore & autres. Ces remedes contiennent une huile très-âcre, propre à irriter les nerfs & à les secouer violemment. Car si on met dans la plaie d'un animal la plus petite goutte d'huile de tabac, il tombe aussi-tôt dans des convulsions de tout son corps, dans lesquelles il meurt bientôt. Ce n'est pas seulement dans les purgatifs violens qu'on découvre cette huile âcre & ennemie des nerfs; la plupart des amers tirés des végétaux en sont aussi ennemis, & ils attaquent & secouent les nerfs de certains animaux, sur-tout des oiseaux, avec tant de violence, qu'ils leur causent la mort. Or cette amertume de ces mixtes dépend principalement d'une huile âcre, comme le prouve l'analyse que l'on en a fait.

Ainsi l'action des purgatifs violens dépend sur-tout de ces particules huileuses, car elles secouent violemment les membranes nerveuses des intestins & les nerfs des autres visceres: c'est pourquoi toutes les glandes des visceres étant comprimées plus fortement, expriment & chassent dans les intestins les humeurs qui y croupissoient à cause de leur épaississement. L'autre principe que l'on découvre dans les purgatifs n'y contribue pas peu aussi, savoir, les particules salines âcres, soit fixes, soit volatiles, car elles entrent par les petites ouvertures des vaisseaux, elles les parcourent, elles se mêlent avec les sucs, elles les dissolvent & les fondent; bien plus, souvent elles rendent un peu plus fluide la masse du sang. C'est de là que vient cette abondance de sérosités qui se rend de toutes les parties du corps dans les intestins, qui sont déja irrités par les parties huileuses; & c'est de-là que viennent ces copieuses évacuations, après avoir pris des purgatifs.

Mais ces parties huileuses trop abondantes forment un concret résineux par le moyen des sels acides; en se développant & s'étendant sur les membranes nerveuses, y causent une plus grande irritation, d'où viennent les douleurs des intestins & les mouvemens convulsifs qui ne sont suivis que de peu de déjections, à cause de l'épaississement des humeurs: mais au contraire, les sels âcres, qui forment la plus grande partie du concret gommeux, unis avec peu de particules huileuses & fort développées, n'irritent pas tant les membranes nerveuses, qu'ils dissolvent & rendent fluides les sucs avec lesquels ils se mêlent; cependant elles ont besoin d'un aiguillon résineux pour exciter les intestins qui sont engourdis, & pour chasser plus fortement par cette irritation les humeurs qui ont été dissoutes. Les purgatifs réussissent plus heureusement, si l'on ne sépare pas les parties résineuses des parties gommeuses, que si l'on donnoit l'un des deux concrets séparément.

Les parties huileuses, ameres & ennemies des nerfs, qui se trouvent en grande quantité dans la Coloquinte, soit qu'elles soient condensées en résine avec les sels acides, soit qu'elles soient développées & forment une substance gommeuse par les sels âcres, soit qu'elles aient été séparées de ces sels par le moyen de la distillation, soit qu'elles soient plus raréfiées, & que par le moyen de la fermentation elles aient été changées en un esprit éthéré & très-subtil, elles retiennent toujours leur caractere, savoir, leur amertume & la force d'irriter les nerfs.

Propriétés médicinales.

La Coloquinte est un médicament aussi ancien que la Médecine; ce médicament étoit connu des anciens, d'Hypocrate, de Dioscoride, de Galien, de Pline, des Grecs & enfin des Arabes; mais c'est un purgatif des plus forts & des plus violens: il purge si fort, que donné mal-à-propos, il cause la dyssenterie, quand même on n'en mettroit qu'un gros dans la décoction d'un clystere; aussi l'emploie-t-on rarement seul, on l'ajoute seulement à petite dose dans les purgatifs doux pour leur donner plus d'activité, par exemple, un, deux ou trois grains, encore l'unit-on avec le mucilage de gomme adragant. On recommande sur-tout la Coloquinte dans les maladies causées par l'abondance des humeurs, & principalement dans celles de la tête & de la matrice. Timée, d'après ses propres expériences, la vante pour la suppression des regles, Vanhelmont pour la vérole, Garmann & Juncker pour la mélancolie sous la forme d'extrait; plusieurs la prescrivent pour tuer les vers, tant intérieurement qu'extérieurement; en clystere, elle remédie aux hernies.

On ne se sert point en Médecine des semences contenues dans le fruit; cependant Wedelius dit qu'elles ont aussi une vertu purgative, & il fait mention d'un Chirurgien qui, en les mettant infuser seules dans de la bierre, avoit guéri plusieurs personnes de la vérole, mais ce fait a besoin de confirmation.

On ne donne ordinairement la Coloquinte, quoiqu'en petite dose, que quand il faut secouer vivement, comme dans l'hydropisie, la leucophlegmatie, les coliques de peintre. On fait entrer la pulpe de Coloquinte dans un lavement purgatif; on la prescrit par grains en infusion ou en décoction; on peut aussi la mêler avec d'autres purgatifs.

La Coloquinte fait la base des trochisques Alhandal, qui sont recommandés dans les maladies chroniques, l'asthme humoral & les engorgemens de la poitrine; on n'en fait pas grand usage actuellement; on associe pour l'ordinaire ces trochisques avec les fondans. Pour les affections comateuses, on fait entrer dans les lavemens irritans de la pulpe de Coloquinte depuis un demi-gros jusqu'à un gros; cette pulpe fait partie des *pilules de Coloquinte* de la pharmacopée de Londres, & de l'*extrait cachectique ou de Rudius* de la même pharmacopée; on l'emploie encore pour la *confection hamech*, *l'hiere*, nommée *diacolocynthidos*, de la pharmacopée de Paris.

Formules.

1°. *Trochisques Alhandal.* Prenez pulpe de *Coloquinte* blanche, légere, & dont on aura ôté les graines à volonté; coupez-la avec des ciseaux comme il convient; ensuite frottez-la dans les mains avec suffisante quantité d'huile d'amandes douces; pilez-la dans un mortier jusqu'à ce qu'elle soit réduite en une poudre très-fine que vous mêlerez avec suffisante quantité de mucilage de gomme adragant, extrait avec de l'eau-rose; formez de petits trochisques que l'on séchera à l'ombre, & que l'on réduira de nouveau en une poudre très-fine, dont on fera encore des trochisques avec le même mucilage, ce que l'on répetera jusqu'à trois fois, & l'on fera des trochisques que l'on gardera pour l'usage. La dose est depuis six grains jusqu'à un demi-gros.

On substitue pour l'ordinaire ces trochisques à la *Coloquinte* pure dans toutes les compositions de pharmacie où l'on demande la Coloquinte.

2°. Prenez pulpe de *Coloquinte* coupée par très-petits morceaux un demi-gros; infusez dans six onces de vin blanc; macérez pendant la nuit; passez le vin sur le papier gris; faites fondre manne de Calabre une once; faites une potion purgative.

3°. Prenez trochisques d'*Alhandal* dix grains, scammonée six grains, électuaire diaprun une demi-once; mêlez, faites un bol.

4°. Prenez pulpe de *Coloquinte* un gros & demi, racine de pyrethre une demi-once; faites bouillir dans suffisante quantité d'eau commune réduite à douze onces; ajoutez à la colature vin émétique trois onces, sel-gemme deux gros; faites un lavement pour les affections vaporeuses & pour l'apoplexie.

5°. Prenez trochisques d'*Alhandal* six grains, jalap en poudre quinze grains, *aquila alba* dix grains, conserve de roses suffisante quantité; mêlez, faites un bol.

6°. Prenez extrait de *Coloquinte* six grains, aloès lavé un scrupule, safran en poudre quinze grains; mêlez avec suffisante quantité de syrop d'absynthe; faites un bol pour rappeller les regles.

Observation.

Il est à observer que la vertu purgative de la Coloquinte est si grande, que si on en applique la pulpe extérieurement sur le nombril avec le fiel de boeuf, non-seulement elle purge, mais encore elle tue les vers qui sont dans les intestins, & les fait sortir; on dit même qu'elle purge par son odeur, & même en la touchant.

Propriétés vétérinaires.

La pulpe de Coloquinte a été donnée par gradation à un cheval morveux, depuis une demi-once jusqu'à deux onces & demie; elle agit simplement comme altérant; cependant c'est le seul remede qui ait, jusqu'à ce jour, produit en bien quelque changement sensible dans l'animal. Le temps & l'expérience pourront peut-être un jour en apprendre davantage.

DEUXIEME ESPECE.

La deuxième espèce est la Coloquinte des Prophetes. *Cucumis Prophetarum. Cucumis foliis cordatis quinquelobis denticulatis obtusis, parvis globosis spinoso-muricatis. Linn. Sp. plant. 1436. Amœn. Acad. 4. p. 295. Colocynthis pumila echinata Arabica, striis duodecim luteis & viridibus variegata. Shaw. Affric. 164.*

Description.

Cette plante a le port d'un melon, mais elle est petite; ses feuilles sont semblables à celles du grofeuilier, en forme de cœur, obtuses, découpées en trois lobes profondément au-delà du milieu; leur sinus est obtus; les lobes latéraux en ont deux autres qui sont découpés moins profondément; leur bord est dentelé, raboteux, avec des veines en-dessus plus hérissées; la tige est rampante ou grimpante, à cinq angles; la pomme est globuleuse, ayant de chaque côté des épines éloignées.

Lieu de sa naissance.

Cette espèce croît dans l'Arabie.

TROISIEME ESPECE.

La troisième espèce est le Melon d'eau ou la Pasteque d'Amérique. *Cucumis anguria. Cucumis foliis palmato-sinuatis, pomis globosis echinatis. Linn. Sp. pl. 1436. Hort. Upf. 292. Cucumis foliis palmatis. Roy. Lugdb. 263. Cucumis subhirsutus minor, foliis profundè sinuatis, fructibus muricatis. Brow. Jam. 353. Cucumis sylvestris Americanus, angustiore folio, fructu ovi figurâ; spinosis tuberculis momordicæ instar muricato. Pluk. Phyt. 170. Cucumis anguriæ folio latiore aspero, fructu minore candido, spinulis obtusis muricato. Sloan. Jam. 103. Anguria Americana, fructu echinato eduli. Mill. Diction. Cucumis echinatus, Colocynthidis folio. Herm. Parad. 134.*

Description.

Les feuilles de cette espèce sont larges & rudes; le fruit est gros comme un œuf & de la même forme, pâle quand il est mûr, & garni de tubercules armés d'épines peu piquantes.

Figure.

Cette espèce est représentée dans le *Phytogr.* de Plukenet, pl. 170, fig. 3, & dans le Dictionnaire de Miller, planche 33.

Lieu de sa naissance.

Elle est annuelle, & croît naturellement dans la Jamaïque.

Culture.

Sa culture est la même que celle du melon.

Propriétés alimentaires.

On mange le fruit de cette espèce, de même que ceux des autres melons d'eau.

QUATRIEME ESPECE.

La quatrième espèce est le Concombre à angles aigus. *Cucumis acutangulus. Cucumis foliis rotundato-angulatis, pomis acutangulis. Linn. Sp. pl. 1436. Cucumis Indicus longus. Grew. Muf. 229. Cucumis Indicus striatus operculo donatus, corticoso putamine tectus. Pluk. Alm. 123. Petola Bengalensis. Rumph. Amb. 5. p. 408.* A Malaca, *Djingi* & *Petola Bengala.* En Portugais, *Petola Visca.*

Description.

Les fleurs sont jaunes, appuyées sur des pédoncules à plusieurs fleurs; les pommes ou fruits sont oblongs, à dix angles, applatis, souvent dentelés, à une loge; les feuilles sont en forme de cœur, aiguës, anguleuses, découpées à dents de scie; sa tige est pentagonale, aiguë, grimpante; les semences sont noires, comme mâchées.

Figure.

Cette espèce est représentée dans le *Musæum* de Grew, pl. 17, fig. 2, & dans le cinquième volume de l'*Herb. Amb.* pl. 149.

Lieu de sa naissance.

Elle est annuelle, & croît naturellement dans la Tartarie, la Chine.

Propriétés alimentaires.

On n'emploie en alimens les fruits de cette plante que lorsqu'ils ne sont qu'à moitié mûrs; on en coupe les pointes, & on les fait cuire, comme les autres pétales; lorsqu'ils rougissent & qu'ils deviennent ligneux, ils ne sont plus d'aucun usage; les habitans du Bengale les assaisonnent tellement de poivre & d'autres aromates, qu'ils brûlent la bouche.

CINQUIEME ESPECE.

La cinquième espèce est le Melon. *Cucumis Melo. Cucumis foliorum angulis rotundis, pomis torulosis. Linn. Sp. pl. 1436. Hort. Cliff. 151. Hort. Upf. 292. Mat. Med. 444. Roy. Lugdb. 263. Melo vulgaris. Bauh. Pin. 310. Melo. Bauh. Hist. 2. p. 242.* En Allemand, *Malons.* En Anglois, *Melon.* En Italien, *Melone.*

Description.

La racine de cette espèce est branchue, fibreuse; les tiges sont longues, rampantes, sarmenteuses, rudes au toucher, anguleuses, arrondies, plus petites que celles du concombre cultivé dont il sera parlé ci-après; les fleurs sont axillaires, les mêmes aussi que celles du concombre, mais plus grandes, mâles & femelles; le fruit est renflé, ayant une surface raboteuse, à côtes d'un verd jaunâtre, divisé en trois loges, & renfermant des semences presqu'ovales & applaties.

Figure.

Le Melon est représenté dans les Planches de Garsault, & dans le Dictionnaire de Matière médicale où se trouvent ces Planches.

Variétés.

Parmi les différentes variétés de Melon qu'on cultive en France, on en distingue ordinairement neuf qui méritent la préférence; la première variété est le *Melon françois*, autrement le *Melon maraicher*, dont on distingue plusieurs sous-variétés; on en voit de régulièrement ronds, d'applatis, de forme alongée; il y en a qui brodent plus, d'autres qui brodent moins; à ceux-ci le feuillage est plus découpé, à ceux-là il l'est moins; les uns sont plus hâtifs, les autres plus tardifs; en général le Melon maraicher a la peau extrêmement brodée dans toute sa circonférence, sans côtes marquées, & il est fort plein; il differe en ce point des Melons des pays chauds, qui tous ont la côte sensiblement marquée & très-épaisse, & qui sont autant vuides que pleins, ayant par conséquent peu de chair, quoique délicieuse; la couleur en est fort rouge; il a beaucoup d'eau, mais le goût (article essentiel) n'en est pas toujours également bon. Dans les années seches & chaudes, il est vineux & assez sucré; dans les années froides & pluvieuses, l'art le fait venir à la vérité, mais il ne peut lui donner toute la qualité qu'il pourroit avoir dans les années seches.

La deuxième est le *Melon long des Carmes*; il vient originairement de Saumur, de même que le rond; il fut apporté au potager du Roi, d'où il passa chez les Carmes, qui s'appliquerent particuliérement à le cultiver; il est d'une forme ovale, de moyenne grosseur, médiocrement brodé & sans aucune côte marquée; sa chair est plus ou moins rouge, pleine d'une eau fort sucrée, d'un goût relevé; mais elle est quelquefois un peu molle & pâteuse; il ne faut pas le laisser

laiſſer trop mûrir : ſa peau jaunit un peu en mûriſſant.

La troiſième eſt le *Saint-Nicolas ;* il a la forme alongée, la couleur un peu verdâtre, les côtes réguliérement marquées, la groſſeur médiocre, la côte fort mince, la chair ferme, rouge, pleine d'eau, ſucrée, vineuſe & ſupérieure en fineſſe aux deux autres dont nous venons de parler ; il mérite la préférence. Le *Melon d'Avignon* eſt le même que le *Saint-Nicolas.*

La quatrième eſt le *Melon d'Angers ;* il porte le nom du pays où il a été plutôt connu, s'il n'y a pas pris naiſſance ; ſa forme eſt un peu alongée ; il eſt marqué réguliérement à côtes, d'un gros verd en naiſſant, & d'un jaune doré en mûriſſant ; ſa groſſeur varie ſuivant les années ; il eſt quelquefois fort petit, & il vient d'autres fois auſſi gros que celui des maraichers ; il eſt ſujet de même à broder plus ou moins, & quelquefois il ne brode point du tout ; ſa chair eſt rouge & ferme ; ſon goût ſucré eſt vineux : il a beaucoup d'eau, & eſt fort rempli.

La cinquième eſt le *Melon à graine blanche :* c'eſt une ſous-variété du *Melon des Carmes*, fort hâtive ; ſa forme eſt ovale, de moyenne groſſeur ; ſa peau eſt verte & liſſe, elle ne change que fort peu en mûriſſant ; ſa chair eſt pleine d'eau ſucrée, mais pas aſſez relevée ; il eſt fort délicat à élever ; ſa graine eſt blanche, & lui a fait donner ſon nom.

La ſixième eſt le *Melon à graine rouge :* il eſt rond, de moyenne groſſeur ; ſa chair eſt ferme, rouge & d'un goût ſucré & vineux ; il mûrit en Juillet ; ſa graine eſt d'un jaune-doré preſque rouge.

La ſeptieme, le *Melon marin*, eſt une eſpèce de Melon maraicher d'une forme ronde, un peu applatie, ayant une eſpèce de couronne autour de l'œil ; ſa chair eſt ferme & rouge, ſon goût ſucré & vineux ; il eſt fort plein ; il brode parfaitement, & dévance ordinairement pour la maturité le maraicher de quinze jours.

La huitième, le *Melon de Florence*, dont le nom propre eſt *Cantalupe ;* il y en a de quatre ſous-variétés, le verd, le noir, l'orangé & le blanc ; tous les quatre ſont également marqués à côtes, très-pleins & très-hâtifs ; ils different entr'eux en ce qui ſuit : le verd eſt petit, un peu alongé, ayant quelques verrues, la peau verte, peu brodée, la chair rouge & ſucrée ; il jaunit un peu en mûriſſant du côté du ſoleil ; ſon défaut eſt de fendre quand il mûrit parfaitement : c'eſt un excellent Melon. Le noir eſt d'un verd plus foncé, rond & petit, chargé de même de verrues ; il fend auſſi, mais il ne change pas de couleur en mûriſſant : c'eſt le plus eſtimé des quatre ; on l'appelle en Italie le *Melon des Saints.* L'orangé a la forme alongée, ſans verrues ; il jaunit en mûriſſant, brode un peu, & ne fend point, mais ſon goût eſt un peu moins relevé que celui des deux précédens. Le blanc a la forme ronde, & il eſt marqué à côtes comme les autres, mais il eſt plus gros ; ſa chair eſt blanche, pleine d'eau & fort ſucrée ; ſa côte eſt aſſez épaiſſe, il a par conſéquent moins de chair.

La neuvième, le *gros Sucrin de Tours*, eſt de la groſſeur des Maraichers, extraordinairement brodé & inégalement rond, ayant des côtes imperceptiblement marquées ; ſa chair eſt ferme & rouge, d'un goût ſucré & relevé, pleine d'eau ; il jaunit peu en mûriſſant : c'eſt un excellent Melon. Il y a une ſous-variété de Sucrin de Tours, qu'on nomme *petit Sucrin*, dont la petiteſſe diminue le mérite.

Culture.

Les pays méridionaux ſont les plus favorables à ce fruit ; auſſi ſon goût y eſt beaucoup plus relevé qu'ailleurs, & il ne demande preſqu'aucun ſoin pour ſa culture ; on le ſeme en pleine terre, comme tous les légumes, & on le laiſſe venir à ſa liberté, ſans aucune culture, que de le ſerfouir une fois ou deux ; le ſoleil fait le reſte, & lui donne une qualité que les nôtres n'ont jamais au même degré ; cependant il y a des années où les nôtres en approchent fort. Sa culture demande beaucoup de ſoins dans nos climats : voici comment on s'y prend pour faire réuſſir cette plante. On prépare au commencement de Janvier la couche pour ſemer les Melons ; on lui donne ordinairement neuf pieds de longueur ; on place vingt cloches ſur la longueur, & on peut mettre vingt-cinq à trente grains ſous chaque cloche. Quand on ne veut pas élever tant de pieds de Melons, on ſeme de la laitue & des concombres ſous des cloches qui ſont de reſte. La couche ne doit avoir que deux pieds & demi ou trois de largeur, pour être plus facile à réchauffer, & trois pieds & demi de hauteur avant d'être chargée de terreau. On ne met que trois pouces de terreau par-deſſus la couche, enſuite on la dreſſe. Le terreau, pour qu'il ſoit bon, doit être de deux ans, qui n'ait encore rien produit, & qui ait été ſouvent remué.

Les Maraichers en général ne commencent à ſemer les gros Melons qu'à la fin de Février, ils s'épargnent par-là un mois de ſoins, mais le fruit en eſt d'un mois plus tardif. Quand la couche eſt faite, on la couvre pendant quelques jours pour l'échauffer ; lorſqu'elle eſt aſſez chaude, on plante la graine de Melons ſous cloche dans des trous qu'on fait avec le doigt, & qu'on eſpace à deux pouces l'un de l'autre ; on met deux ou trois grains dans chacun, ſans les recouvrir, ou du moins fort légérement.

Il eſt à ſouhaiter que le jour que l'on ſeme ſe trouve beau, on laiſſe pour lors la couche découverte juſqu'au coucher du ſoleil, mais on ne peut pas différer, quelque temps qu'il faſſe, quand elle eſt à ſon point de chaleur ; dans le cas où on ſe trouve menacé de neige ou de verglas, ou que la gelée vient ſubitement, il faut couvrir auſſi-tôt qu'on a ſemé, & border les cloches, c'eſt-à-dire, les emmaillotter avec de la litiere ou du regain, de façon qu'elles en ſoient entiérement couvertes, & doubler les couvertures pendant la nuit, ſuivant que le temps le demande ; on doit auſſi avoir attention d'enfoncer un peu les cloches dans le terreau, pour qu'il n'y entre point d'air ; quinze jours après, il faut encore en ſemer quelques cloches ſur un autre bout de couche, & continuer de quinze en quinze jours juſqu'à la fin de Mars, pour ſuppléer au défaut des premiers lorſqu'ils viennent à périr, & pour en avoir en même temps qui ſe ſuccedent juſqu'au mois de Septembre ; ſouvent ceux qui viennent dans l'arriere-ſaiſon ſont meilleurs que les premiers, la raiſon en eſt qu'ils ont pris naiſſance dans le beau temps, & qu'une ſuite de beaux jours les a formés.

La première ſemence bien ſoignée leve ſix à ſept jours après qu'elle eſt miſe en terre, quelque rigueur de temps qu'il faſſe ; quand le plant commence à ſe fortifier, il faut le chauffer, c'eſt-à-dire, approcher avec le doigt un peu de terreau au pied, & le preſſer légérement ; le plus difficile eſt de conſerver ce plant : une chaleur trop vive ou trop rallentie le fait fondre ; le trop ou trop peu d'air produit le même effet ; il faut une grande juſteſſe pour entretenir ce degré de chaleur, pour le faire reſpirer à propos : on doit prendre les momens, pour ainſi dire, à la volée. Dans les fortes gelées, le ſoleil ſe montre aſſez ordinairement ; il faut en profiter, & découvrir le cul des cloches depuis dix heures du matin environ juſqu'à trois heures de l'après-midi, mais le bas doit toujours demeurer borné ; quelquefois il fait des froids noirs ſans ſoleil, ce qui eſt très-mauvais ; on choiſit pour lors quelques heures de la journée pour découvrir un peu les cloches, sans quoi le plant jaunit & fond sous les couvertures; mais s'il fait un brouillard épais, ou s'il tombe, soit de la neige, soit de la pluie froide, tant que ce temps dure, il faut laisser tout couvert.

Lorsqu'il survient quelques beaux jours, doux & tranquilles, il faut en profiter le plus qu'on peut pour donner un peu d'air au plant; une heure après le lever du soleil, on retire la litiere qui est entre les cloches, en tout ou en plus grande partie, & trois heures après on donne un travers de doigt de jour à la cloche du côté opposé au vent; on la rabaisse une heure avant son coucher, & on remet les couvertures plus ou moins épaisses, suivant les changemens de temps.

Ce qui contribue essentiellement à maintenir le plant en vigueur, c'est d'entretenir la chaleur de la couche par le moyen des réchauds; on enfonce tous les jours la main dans le milieu, & aussi-tôt qu'on s'apperçoit qu'elle est froide, il faut la réchauffer. Quelques jours après, quand la chaleur de ce premier réchaud est considérablement diminuée, il faut le remanier & toujours le mouiller à mesure qu'on le change ou qu'on le remanie. Si les fumiers sont secs, on ne négligera pas sur-tout d'avoir des couvertures pour mettre sur les cloches, & par-dessus des paillassons pour pouvoir facilement secouer les neiges lorsqu'il en tombe, & pour empêcher les pluies de pénétrer dans les couches; ces paillassons sont aussi très-utiles pour mettre à couvert les couches des giboulées du mois de Mars, qui sont meurtrieres pour les plants : rien ne les refroidit davantage; on retire les paillassons aussi-tôt que la giboulée est passée.

Quand les grands froids sont finis, il faut toujours, pendant le gros du jour, donner un peu d'air aux cloches, un travers de doigt suffit, mais lorsque le temps commence à s'échauffer, on laisse la même quantité d'air nuit & jour; il est cependant à propos de baisser les cloches pendant la nuit jusqu'à la fin d'Avril.

Il y a encore une autre méthode d'élever les jeunes plants de Melon; on seme la graine sur un bout de couche avant que le feu de cette couche soit passé : au bout de quatre ou cinq jours la graine leve; quinze jours après, le plant se trouve assez fort pour être repiqué sur une autre couche qu'il faut préparer auparavant : on le repique beaucoup plus clair. La couche ne doit pas être si chaude que pour la premiere semence.

On le laisse en cet état pendant trois semaines; il se fortifie, & on le repique encore sur une autre couche où il doit être plus à son aise : sept ou huit pieds suffisent pour chaque cloche; on le laisse sur cette troisieme couche jusqu'à ce qu'il soit assez fort pour être replanté en place : quinze jours le perfectionnent, pour peu que le tems soit doux. Cette méthode accélere beaucoup les pieds de Melon; on peut les mettre sur place au commencement de Mars, tandis que, suivant l'ancienne méthode, cela ne se peut guere avant la fin de Mars, encore faut-il que les plants soient de la premiere semence de Janvier, car ceux de Février ne sont bons qu'en Avril.

Vous faites enfin votre plantation dans les mois de Mars ou d'Avril; vous préparez pour cet effet les couches : elles doivent avoir quatre pieds & demi de largeur, qui se réduisent à quatre à cause des bordures; deux pieds de hauteur suffisent dans cette saison, après avoir marché les couches; on n'en met qu'un pied sous chaque cloche, & on forme deux rangs de cloches en échiquier; on le leve avec de la motte par le moyen d'un transplantoir, & on le remet de suite sur place sans déranger la racine, ils n'en sont pas fatigués; on ne les mouille point, mais on tient les cloches baissées & couvertes d'un peu de litiere jusqu'à ce qu'ils soient bien repris, & s'il fait de la chaleur, on les couvre de paillassons.

Si le plant est fort, il faut donner la premiere taille aussi-tôt qu'il est repris, c'est-à-dire, sept ou huit jours après qu'il est replanté, mais non pas en même temps qu'on le plante; il ne faut couvrir les couches à replant que de trois pouces de terreau; quand la couche de replant est trop chaude, on la larde, & on donne un peu d'air aux cloches.

Aussi-tôt que le plant est bien repris, on lui fait la premiere opération, qui est de tailler son montant à la seconde feuille, & de lui couper les oreilles; mais si la tige n'est pas assez formée, on la laisse profiter jusqu'à ce qu'elle soit en état de souffrir la taille.

Lorsque les pieds commencent à faire leurs bras, il faut les pincer à deux yeux, & à mesure qu'ils poussent de nouvelles branches, les retailler toujours de même avec un petit couteau bien affilé; il faut se prescrire pour regle de ne laisser que deux bras sur chaque pied, & un troisieme qu'on appelle *faux bras*, parce qu'il sort de la tige entre les bons bras; tout ce qui pousse de plus autour du pied doit être retranché : on conserve toujours un de ces faux bras par l'expérience qu'on a qu'ils fruitent souvent plutôt que les bons.

Les fausses fleurs commencent à paroître après la seconde taille; il faut les ôter soigneusement, de même que les vrilles qui poussent sur les bras; il faut aussi couper les gourmands qui poussent ordinairement tout droits du milieu du pied; ils ruinent les bonnes branches : on les distingue facilement par leur grosseur & leur vivacité. Il arrive souvent qu'en les supprimant il se forme un vuide sur le pied, il faut pour lors retourner quelques branches ou feuilles voisines, de façon qu'elles le mettent à l'ombre, sans quoi le soleil l'altere & souvent le fait périr; & si les branches sont tellement disposées qu'on ne puisse pas les ramener, il faut en ce cas avoir recours à quelques feuilles coupées dont on le couvre. Il y a une mauvaise espece de feuilles qu'on appelle *feuilles dures*, qui sortent des bras, & qui consomment plus de seve que quatre bonnes; il faut les couper près de la tige : elles se connoissent à leur couleur plus foncée que celle des autres, à leur épaisseur & à leur forme plus pointue. Après la premiere ou la seconde taille, il pousse assez communément plusieurs branches dont le tuyau a cinq ou six pouces de longueur, sans yeux; il faut les couper, car cette espece de branche ne donne jamais ou rarement du fruit. Le véritable bon bois à fruit doit être court, c'est-à-dire, qu'il doit avoir les yeux près-à-près; & plus il est voisin du pied, plus le fruit a de grosseur & de qualité, & mieux il retient. Toute branche qui a le bois plat est également mauvaise de sa nature, il faut la supprimer.

Pendant le cours de ces différentes opérations, les pieds prennent de la force, & les branches se multiplient; il faut les éclaircir pour éviter la confusion, & ménager la nourriture pour celles qui paroissent plus disposées à donner le fruit. On se sert alors de fourchettes pour soutenir les cloches qui demandent d'être un peu élevées : ces fourchettes sont des morceaux de bois de douve de tonneau, aiguisés par un bout, & entaillés par l'autre; on les enfonce dans la couche plus ou moins en avant, suivant qu'on veut donner plus ou moins d'air aux plantes, & le bord de la cloche se repose sur l'entaille, qui la retient en même temps contre les grands vents; on place ordinairement ces fourchettes du côté opposé au vent, & on baisse les cloches tant qu'on peut pendant qu'il est violent. Quand le temps est serein, on les met du côté du soleil levant, en observant que toutes les branches se trouvent renfermées sous la cloche du côté opposé jusqu'à ce que le fruit soit arrêté; mais on en laisse échapper quelques-unes à l'autre bord où est la fourchette. En faisant les tailles, il faut distribuer les branches de façon qu'aucune ne s'alonge sur les sentiers; on les rejette sur les côtés & dans le milieu, & on appuie de temps en temps les deux mains un peu ferme autour du pied pour le renfoncer dans le terreau.

Lorsqu'on commence à voir quelque fruit qui arrête, si c'est hors de la cloche, il faut plier la branche de façon qu'il soit à couvert; & s'il arrête si loin du pied qu'on ne puisse pas le ramener sans risquer de forcer la branche, en ce cas on prend une autre cloche & on le couvre, car il est extrêmement important pour la bonté des fruits, que ni l'eau des pluies ni celle des arrosemens ne tombent jamais dessus jusqu'à leur parfaite maturité. A mesure qu'il paroît du fruit, soit à la premiere, soit à la seconde ou troisieme seve, il faut toujours tailler la branche à un œil au-dessus; mais s'il en arrête plusieurs au bout d'un certain temps, on n'en doit laisser qu'un de la premiere seve, & on choisit le plus fort, le mieux placé & le mieux fait; quinze jours ou trois semaines après, on fait choix d'un second sur ceux de la seconde seve, & on supprime tout le reste; on feroit même mieux de ne laisser que celui de la premiere seve, sur-tout dans les années froides & pluvieuses.

Lorsque ce fruit est arrivé à une certaine grosseur, beaucoup de particuliers sont dans l'usage de le poser sur un morceau de tuile, dans l'idée que l'humidité que lui communique le terreau nuit à sa bonté; on pourroit substituer à ces tuiles de petits paniers plats de huit à dix pouces de long, sur quatre à cinq de large, avec un rebord d'un pouce; on les remplit de menue paille, & on les met sous les Melons: ces paniers valent infiniment mieux que les tuiles.

La taille du melon se détermine par le besoin; rien n'est plus préjudiciable au pied & au fruit que la confusion des branches, il faut les décharger exactement; dans le cours ordinaire, ils demandent d'être travaillés au moins une fois toutes les semaines, & quand ils sont vigoureux, tous les quatre jours. On s'épargne beaucoup de peine lorsque dès sa naissance on pince exactement les branches sans leur laisser prendre trop d'étendue, & les branches à fruit s'en montrent même bien plutôt.

En faisant ces différentes tailles, il faut appliquer sur la plaie du terreau sec pulvérisé, de peur qu'il ne se forme un chancre à l'endroit de la coupe, ou bien un petit morceau de feuille de la plante, on arrête par-là l'écoulement de la seve; cette sujétion n'est nécessaire que pour les grosses branches.

On est quelquefois obligé de réchauffer les couches de Melon jusqu'au mois de Mai, quoique la saison soit avancée, si le temps l'exige: il ne faut pas négliger ce moyen; mais si la chaleur survient aussitôt qu'on a fait ces réchauds, pour lors il faut les ôter, ou donner de l'air aux cloches, & faire des especes de ventouses.

Si les chaleurs du mois de Mai sont telles que les plants de Melons aient besoin d'eau, il faut leur donner quelques légers arrosemens, mais avec beaucoup de précaution & de retenue, en évitant de les arroser pendant le grand soleil; il ne faut jamais arroser les Melons avec de l'eau fraîchement tirée d'un puits ou de quelqu'autre réservoir, il faut la laisser tiédir au soleil, au moins pendant un jour.

Il arrive quelquefois qu'il se trouve des Melons contrefaits ou d'autres qui ont une disposition à être mauvais sans ressource, ce qu'on reconnoît à leur forme, qui est presque ronde & d'un gros verd-noir; il faut retrancher ces sortes de fruit, & avoir recours à ceux de la seconde seve & même de la troisieme. S'il est nécessaire, on fera très-bien de couvrir les premiers fruits qui arrêtent avec une feuille.

Il survient quelquefois en Mai & Juin des orages violens, on couvrira pour lors les couches avec des paillassons.

Avant de finir la culture des Melons, nous observerons, 1°. qu'il faut prendre garde aux coups de soleil, qui sont assez ordinaires dans les premiers jours de chaleur qui succedent aux froids en Mars & en Avril, ses rayons vifs en avertissent; on jettera pour lors un peu de litiere sur le cul des cloches, en conservant un peu d'air dessous.

2°. Lorsqu'on visite la racine des pieds qui languissent, si on la trouve chancrée, il faut enfoncer le pied plus avant; alors il repousse du collet des racines qui le rétablissent.

3°. Il faut être attentif aux changemens de temps qui arrivent souvent dans les mois d'Avril & de Mai; il tombe dans ce tems des pluies chaudes qui redonnent une nouvelle chaleur aux couches; on donnera alors de l'air au plant, suivant qu'il en aura besoin.

4°. On peut faire avec les branches qu'on a taillées au Melon, des boutures qui remplacent très-bien les pieds de Melons des dernieres semences.

5°. Lorsque les couches sont toutes garnies, on peut mettre en pleine terre le reste des pieds qu'on pourroit avoir, souvent ils réussissent mieux que ceux des couches; on mettra seulement à l'endroit où on les plantera une poignée de terreau, suivant l'avis de l'Auteur du Jardin potager.

6°. Souvent au mois de Mai les feuilles sont toutes nuillées: si on ne peut pas les nettoyer par un léger arrosement sur les feuilles, on fera bien de les couper.

7°. Lorsque le fruit approche de la maturité, pour empêcher qu'il ne se fende & qu'il ne creve, il faut déchirer la tige à demi-bois avec les ongles, à deux pouces du fruit, cela empêche la seve d'entrer si abondamment.

8°. Pour avancer le fruit lorsqu'il est brodé & à son point de grosseur, il faut ôter la moitié des vieux réchauds, & en mettre de nouveaux.

9°. Les taons & les courtillieres font beaucoup de ravages dans les couches; on parvient à les découvrir par la recherche qu'on en fait, & on les tue; on attrape à force de pieges les rats & les mulots, qui font aussi beaucoup de ravages.

Il y a plusieurs indices pour reconnoître la maturité d'un Melon; quelquefois elle s'annonce par un changement de couleur, c'est-à-dire, que le Melon passe du verd au jaune, ou, pour mieux dire, à un verd jaunâtre ou roussâtre, d'autres fois à l'odeur & quelquefois à la gersure qui paroît dans les intervalles de la broderie, semblable à des coups d'ongles que l'on y auroit enfoncés; mais tous ces signes sont équivoques: le signe le plus sûr c'est lorsque la queue semble vouloir se détacher du fruit. Pour qu'un Melon soit bon, il doit avoir la queue grosse & courte, l'air bien nourri; il faut qu'il soit pesant à la main, ferme sous le doigt, & qu'il ne soit pas mûr prématurément; un Melon est meilleur à manger deux ou trois jours après qu'il a été coupé, que lorsqu'il l'est fraîchement.

La graine qu'on doit conserver dans un Melon est celle de la partie supérieure; on choisit pour cet effet les meilleurs Melons, on nettoie cette graine, & on la fait sécher à l'ombre ; elle se conserve sept ou huit ans.

Quand on veut envoyer des Melons au loin, on les cueille un peu verds, & on leur laisse une queue assez longue avec quelques feuilles.

Propriétés alimentaires.

Le Melon se mange crud ; quand il est à son point de maturité, c'est un manger agréable, rafraîchissant, & facile à digérer lorsqu'on en mange modérément ; mais l'excès produit des vents, des coliques, suivies quelquefois de dyssenteries & de cours de ventre difficiles à guérir ; on voit aussi des fievres quartes très-opiniâtres naître de l'usage immodéré des Melons, sur-tout parmi les gens d'un certain âge, qui doivent s'en abstenir, & ceux qui sont d'un tempérament pituiteux ou mélancolique. Les Italiens font une confiture excellente des côtes de ce fruit. On confit au vinaigre les jeunes Melons, lorsqu'ils ne sont pas plus gros qu'une olive.

Propriétés alimentaires pour les animaux.

Il y a des chats qui sont très-friands des Melons quand ils sont plus que mûrs ; dans cet état, ce fruit engraisse les mulets & les ânes ; on donne communément aux chevaux des écorces pour les ragoûter.

Propriétés médicinales.

La graine de Melon est une des quatre semences froides ; on l'emploie dans toutes les émulsions pour rafraîchir, tempérer l'ardeur de la fievre & provoquer les urines ; elle entre aussi dans la composition de l'orgeat. L'huile qu'on tire de la graine de Melon est anodine, bonne pour les âcretés des reins & de la poitrine ; elle est aussi d'usage à l'extérieur pour remplir les cavités que laisse la petite-vérole, & effacer les taches du visage. Dans toute la Perse on conseille aux malades l'usage des Melons.

Formules.

1°. Prenez une douzaine d'amandes douces sans écorce, des semences de *Melon* & de courges, de chacune un gros & demi ; une demi-once de semences de pavots blancs ; pilez le tout dans un mortier de pierre, versant peu-à-peu par-dessus cinq onces de décoction d'orge ; délayez dans la décoction six gros de syrop de nenuphar, pour une émulsion à prendre le soir, en se couchant, dans la toux & les affections de poitrine ; elle est aussi très-efficace contre les ardeurs d'urine, la dyssenterie, la petite-vérole, en un mot, dans tous les cas où il faut rafraîchir en adoucissant le sang & calmer les douleurs qui viennent de son âcreté & de sa dissolution.

2°. Prenez semences de *Melon* un gros, semences d'ancholie deux scrupules, cinq onces d'eau de pavots rouges ; faites une émulsion dans laquelle on délayera une once de syrop de coquelicot, pour prendre contre la rougeole & la petite-vérole.

3°. Prenez amandes douces pelées une demi-once, graines d'oseille, de *Melon* & de chardon bénit, de chacune deux gros ; pilez dans un mortier de marbre, en versant peu à peu de l'eau scabieuse, d'*ulmaria* & de scorsonaire, de chacune quatre onces ; faites une émulsion pour deux doses, ajoutant à chacune une demi-once de syrop d'œillets, à prendre soir & matin dans les fievres malignes & la petite-vérole.

4°. Prenez orge mondé une demi-once, faites cuire jusqu'à ce qu'il soit crevé ; ajoutez six amandes pelées, graines de *Melon* trois gros ; pilez dans une livre de décoction d'orge ; ajoutez à la décoction deux onces de syrop de guimauve ou de nenuphar, & deux gros de fleurs d'orange ; faites une émulsion adoucissante & rafraîchissante pour trois doses.

SIXIÈME ESPÈCE.

La sixième espèce est le Melon de Perse à odeur ; le Cocombre dudaim. *Cucumis dudaim. Cucumis foliorum angulis rotundatis, pomis sphœricis, umbilico retuso. Linn. Sp. plant.* 1437. *Melo variegatus, aurantii figurâ, odoratissimus. Dill. Elth.* 223. *Melo Persicus minimus odoratissimus. Rai. Suppl.* 333. *Melo pusillus odoratus, fructu pomiformi, cortice variegato, à Persia. Pluk. Alm.* 143. *Cucumis Orientalis, fructu citriformi. Walth. Hort.* 133.

Description.

Les angles des feuilles dans cette espèce sont arrondis ; le fruit est de la grosseur d'une pomme commune, très-odorant, mais fade ; son écorce est panachée.

Figure.

Cette espèce est représentée dans le *Dillenii Hort. Elth.* planche 177, figure 218 ; & dans le *Walth. Hort.* planche 21.

Lieu de sa naissance.

Elle est annuelle, & croît naturellement au Levant, dans la Perse.

SEPTIÈME ESPÈCE.

La septième espèce est la Chate, le Concombre d'Egypte. *Cucumis chate. Cucumis hirsutus, foliorum angulis integris dentatis, pomis fusiformibus hirtis utrinque attenuatis. Linn. Sp. plant.* 1437. *Hasselq. It.* 491. *Cucumis Egyptius rotundifolius. Bauh. Pin.* 310. *Chate. Alp. Egypt.* 114. *Vesl. Egypt.* 47.

Description.

Ses tiges se couchent, ont des vrilles, & sont à cinq angles ; elles sont parsemées de poils blancs, luisans, droits ; les feuilles, les calices, toutes les parties externes, & même toute la plante sont garnis de poils mols & serrés ; le germe est le même que celui du Melon commun ; le fruit est ventru, hérissé de poils blancs, droits, & terminé en pointe à chaque extrêmité.

Figure.

Cette espèce est représentée dans les Plantes d'Egypte, par Alpin, pl. 116.

Lieu de sa naissance.

Elle est annuelle, & croît naturellement dans l'Egypte & l'Arabie.

Propriétés alimentaires.

On prétend que les fruits de cette plante sont une fort bonne nourriture & même très-salubre en Egypte.

Propriétés médicinales.

Quelques Médecins de ce pays permettent d'en manger, même des cruds, aux personnes qui ont la fievre, & même aux pestiférés. Quand ces fruits sont cuits, ils rafraîchissent & humectent, & conséquemment ils sont très-bien indiqués dans les fievres ardentes ; cuits dans du lait, ils conviennent dans les maladies chaudes des reins & de la vessie ; le lait exprimé des semences de ces fruits s'emploie pour les mêmes maladies ; on emploie la pulpe de ces fruits, mêlée avec du lait, contre les inflammations des yeux & des autres parties ; on fait auſſi uſage de ce ſuc avec le lait & l'huile roſat pour appaiſer les douleurs de la goutte occaſionnée par des cauſes chaudes ; l'eau diſtillée de cette plante a été priſe intérieurement avec ſuccès à la doſe d'une livre pendant pluſieurs jours contre l'inflammation du foie & celle des reins, même contre la gravelle.

HUITIEME ESPECE.

La huitième eſpèce eſt le Concombre ordinaire. *Cucumis ſativus. Cucumis foliorum angulis erectis, pomis ovato oblongis ſcabris. Linn. Sp. plant. 1437. Hort. Cliff. 451. Hort. Upſ. 292. Mat. Med. 443. Roy. Lugdb. 263. Cucumis ſativus vulgaris. Bauh. Pin. 310. Cucumis vulgaris. Dod. Pempt. 66.* En Allemand, *Melone.* En Anglois, *Melon.* En Italien, *Melone.*

Deſcription.

C'eſt une plante annuelle dont les racines ſont droites, garnies de fibres; ſes tiges ſont ſarmenteuſes, velues, groſſes, longues, branchues, rampantes ; ſes feuilles naiſſent alternativement ; elles ſont palmées, en forme de cœur, dentelées, à angles droits, rudes au toucher ; il ſort des aiſſelles des feuilles des vrilles ou mains & des fleurs monopétales, campaniformes, évaſées & decoupées profondément en cinq parties terminées en pointe, d'un jaune pâle, dont les unes ſont ſtériles & ne ſont pas portées ſur des embryons (ce ſont les fleurs mâles); les autres ſont fertiles, ſoutenues ſur des embryons, qui ſe changent en un fruit long d'un demi-pied & plus, cylindrique, arrondi aux deux bouts, le plus ſouvent recourbé, anguleux, parſemé de petites verrues, verd d'abord, enſuite jaunâtre ou blanchâtre, charnu, dont l'écorce eſt mince & la chair ferme, diviſée intérieurement en trois loges, remplie d'une pulpe qui contient pluſieurs ſemences ovales, pointues, comprimées.

Culture.

On cultive cette plante dans les jardins de la France; on l'éleve pour l'ordinaire ſur couche pour en jouir plutôt ; on en met douze ou quinze grains ſous chaque cloche dès le mois de Mars ou au commencement d'Avril ; quand la plante eſt aſſez forte, c'eſt-à-dire, vers la fin d'Avril ou au commencement de Mai, on la replante en pleine terre, après avoir bien préparé la place, ou pour l'ordinaire ſur des couches ſourdes, à deux pieds de diſtance, en échiquier; d'autres ſe contentent de faire des trous d'un pied en quarré, qu'ils rempliſſent de fumier conſommé, avec deux jointées de terreau par-deſſus : elle réuſſit également bien d'une façon comme de l'autre ; on la tient couverte pendant quelques jours, juſqu'à ce qu'elle ſoit bien repriſe : on l'abandonne auſſi en plein air. Ceux qui n'ont point de couche ſement cette plante en place à la mi-Avril dans des trous diſpoſés comme nous avons dit, mais elle eſt plus tardive. Si on avoit des cloches en ſuffiſance, ce ſeroit une ſage précaution de couvrir chaque pied juſqu'à la fin de Mai, pour le préſerver des gelées qui ſurviennent quelquefois pendant ce mois, ſur-tout aux environs de cette capitale ; à défaut de cloche, on peut y ſubſtituer de petits manequins : ce mois paſſé, le Concombre ne demande plus que d'être mouillé abondamment & ſouvent taillé, pour le diſpoſer à donner plus de fruit.

Les Jardiniers printaniers cultivent une eſpece de Concombre hâtif, qui eſt plutôt une variété ; on ſeme cette eſpece ſur couche dans les mois de Novembre ou Décembre; on en place quinze à vingt grains ſous chaque cloche : les uns font des trous avec le doigt, & en mettent deux dans chaque trou qu'ils recouvrent fort légérement, ou même point du tout ; d'autres, après avoir rangé leurs graines à diſtance égale, l'enfoncent avec le bout du doigt, & laiſſent les trous à l'air : l'une & l'autre façon eſt arbitraire ; il faut que la couche ſoit d'une bonne chaleur, & que le terreau ſoit fin, & de la hauteur d'environ quatre pouces.

Auſſi-tôt ſemé, on baiſſe les cloches, & on les borne même, ſi le temps le demande ; on les couvre pendant la nuit, & on y donne les mêmes ſoins qu'aux Melons. Voyez ci-deſſus *Melon.*

Trois ſemaines ou un mois après avoir été ſemés, les Concombres doivent être en état d'être repiqués ſur une couche neuve, & pour lors on n'en met que ſix ſous chaque cloche, pour qu'ils puiſſent mieux profiter ; ils ſe fortifient ſur cette ſeconde couche : & pourvu qu'on la réchauffe exactement, & qu'on donne de l'air au plant autant que le temps peut le permettre, il eſt en état, un mois après, d'être replanté en place ſur une troiſieme couche pour y demeurer.

Il faut charger cette derniere couche de ſept à huit pouces de terreau, & mettre au dernier lit de la couche le fumier le plus menu ; on eſpace les jeunes replants à deux pieds l'un de l'autre en échiquier, & on n'emploie que les cloches les plus claires ; cinq ou ſix jours après, ſi les pieds ſont aſſez forts, on leur fait la premiere taille, c'eſt-à-dire, on coupe les oreilles, & on pince la tige au-deſſus de la ſeconde feuille, ou, pour mieux dire, on la coupe ; il ne faut pas négliger d'entretenir la chaleur de la couche par le moyen des réchauds : on couvre & on découvre chaque pied à propos, ſuivant le temps, & on fait jouir le plant de la vue du ſoleil autant de fois qu'il ſe montre, car l'air lui eſt autant néceſſaire que la chaleur. On arroſe ordinairement cette plante quand le fruit eſt arrêté, à moins qu'elle ne l'exige auparavant, ce qu'on connoît par ſa longueur ; pour lors il faut l'arroſer avec de l'eau tiede.

Auſſi-tôt que les pieds commencent à faire leurs bras, il faut les arrêter à deux yeux ; & quand les ſecondes branches montrent du fruit, il faut les pincer à un œil au-deſſus, & toujours les retailler de même, à meſure qu'il en pouſſe d'autres ; il faut auſſi avoir ſoin que les branches ne ſoient trop confuſes, qu'il n'y en ait point de gourmandes, & qu'elles ne cauſent point d'embarras ni d'ombrages au fruit.

Dès que les premiers fruits paroiſſent, il faut donner un peu d'air aux cloches, & les y accoutumer peu-à-peu ; lorſqu'enſuite les bras demandent à s'étendre, il faut les laiſſer ſortir librement ; & en cas de gelée, on couvrira la couche avec des paillaſſons, par le moyen d'un treillage qui les ſoutient. Le mois d'Avril arrivé, le fruit commence à ſe fortifier, & pour lors il faut mouiller copieuſement la plante, ſur-tout ſi on commence à avoir des jours de chaleur, & ne pas négliger à la tailler réguliérement : c'eſt même le vrai moyen d'avoir du fruit pendant deux ou trois mois ; les premiers fruits ſont ordinairement bons à couper au commencement de Mai.

En Angleterre & en Hollande, on avance beaucoup plus le fruit qu'on ne fait communément en France, & on prolonge également ſa durée de trois mois de plus ; on en a dans ces pays dès le commencement d'Avril juſqu'à Noël ; pour les avoir précoces, ils les ſement dans les premiers jours d'Octobre en pleine terre, & ils ont ſoin de les couvrir pendant les nuits & dans les jours de mauvais temps.

Le mois ſuivant ils replantent chaque pied ſéparément dans un petit pot qu'ils mettent ſur une couche chaude à couvert des chassis; ils la réchauffent exactement au besoin, & donnent au plant tous les soins qu'il demande; ce plant se trouve fort quand les grandes gelées arrivent. Bradley assure, d'après l'expérience, que la plante s'étant ainsi fortifiée, résiste beaucoup mieux aux rigueurs de l'hiver, ensorte qu'elle fleurit en Février, & donne son fruit au commencement d'Avril.

Pour prolonger la durée de ce fruit jusqu'à Noël, on en seme au commencement de Juillet sur une couche faite de fumier sec & de litiere fraîche, mêlées ensemble, qu'on charge de dix pouces de terre, sans aucune autre précaution; au mois de Novembre suivant, on couvre le plant avec des cloches ou chassis, & au besoin, on jette des paillassons; le pied commence à produire dès la fin de ce mois, & continue à donner jusqu'aux grandes gelées.

Le Concombre est sujet à une maladie qu'on appelle *le blanc* ou *le meunier*, parce que ses feuilles se farinent, & en périssant font avorter le fruit; les fraîcheurs sont la cause de ce dommage : pour le prévenir, on couvre les planches de paillassons ou de grande litiere dans les temps froids, & sur-tout pendant les nuits; si nonobstant ce préservatif, ou faute de ce préservatif, le mal est arrivé, le seul remede est de couper toutes les feuilles infectées.

On ne cueille la graine que lorsque les pieds qu'on a réservés commencent à tomber en pourriture; on la lave à plusieurs eaux pour en détacher le limon, & on la met sécher pendant quelques jours avant de l'enfermer : elle se conserve bonne sept à huit ans.

Analyse chymique.

Dans l'analyse chymique que M. Geoffroy a faite de cette plante, de cinq livres de ses fruits, qui n'étoient pas encore mûrs, distillés à la cornue, il est sorti trois livres huit onces quatre gros dix-huit grains de liqueur limpide, d'une odeur & d'une saveur d'abord d'huile verte, ensuite de Concombre, obscurément acide, un peu austere; cinq gros cinquante-six grains de liqueur rousse, imprégnée de sel volatil urineux; deux gros dix-huit grains d'huile fluide : la masse noire qui est restée dans la cornue pesoit une once trois gros vingt-quatre grains, laquelle étant calcinée, a laissé quatre gros quarante-huit grains de cendres, dont on a tiré par la lixiviation deux gros trente-six grains de sel fixe purement alkali. Il n'y a presque rien eu de perdu dans la distillation, & la perte des parties dans la calcination a été de six gros quarante-huit grains. Les Concombres contiennent donc un peu de sel tartareux délayé dans beaucoup de phlegme visqueux.

Propriétés alimentaires.

On fait grand usage du Concombre parmi les alimens. Quelques Auteurs qui ont travaillé sans doute sur d'anciennes & fausses traditions, l'ont accusé d'avoir plusieurs qualités vicieuses & même venimeuses; il se peut dans son origine qu'il les ait eues; mais cette plante, comme bien d'autres, étant venue à se naturaliser dans ce climat, qui s'est trouvé lui être favorable, a perdu sans doute ses mauvaises qualités, en les supposant vraies; & son fruit est actuellement reconnu bon pour tout le monde, excepté pour les estomacs froids, à cause de sa qualité froide.

Les cornichons sont des petits Concombres qu'on a cueillis avant qu'ils eussent acquis toute leur grosseur & leur maturité, pour les confire; on les prépare de la maniere indiquée dans les préparations ci-dessous.

On mange le Concombre crud ou cuit de vingt façons différentes, tant en gras qu'en maigre; on en garnit les soupes; & quand ils sont farcis, la farce les releve beaucoup : on les met sous des poulets ou des poulardes, & c'est un ragoût distingué; on les met encore sous des viandes rôties, après les avoir fait cuire & égoutter; on les hache avec différentes viandes, de même qu'avec le poisson, & on en fait une farce très-délicate; on les fricasse à la poële avec le beurre, l'oignon : on les apprête aussi dans la casserole avec la crême, le persil & la ciboule; enfin les Cuisiniers ont un plaisir particulier à varier le goût & l'assaisonnement de ce légume, qui est goûté & souhaité sur les meilleures tables.

Pour le manger crud en salade, il y a deux façons différentes de le préparer; les uns, après l'avoir pelé & coupé par tranches, le saupoudrent de gros sel entre deux plats, & le remuent de temps en temps, jusqu'à ce que la liqueur aqueuse en ait découlé; ils l'assaisonnent ensuite de vinaigre, d'huile & de poivre; les autres coupent le fruit par tranches, & le laissent pendant une nuit entre deux plats; le lendemain ils le pressent avec les mains pour en faire sortir le suc; & quand ils veulent le manger, ils répandent dessus l'huile & le vinaigre avec le poivre & le sel, & quelques fines herbes hachées menu; de l'une & de l'autre maniere, ils sont très-bons au goût.

Préparations alimentaires.

1°. *Cornichons confits.* Eclatez ou coupez leur queue, & mettez-les dans un linge blanc, en les frottant les uns contre les autres pour les dépouiller de leur duvet; faites-les blanchir ensuite, c'est-à-dire, jettez-les dans une eau bouillante pendant l'espace de quatre minutes, & remettez-les tout de suite dans de l'eau fraîche; retirez-les, & faites-les égoutter sur un linge blanc; remettez-les ensuite dans le vaisseau où vous voulez qu'ils demeurent, soit cruche ou bouteille; rangez-les dedans le mieux qu'il se pourra, en entremêlant quelques feuilles de laurier franc & quelques poivres longs; versez du vinaigre blanc par-dessus jusqu'à la superficie, après l'avoir fait un peu bouillir dans un poëlon; ajoutez-y ensuite une once de sel environ sur chaque pinte de vinaigre, & couvrez le vaisseau avec un parchemin double lié autour : huit jours après ils seront bons à manger, & se conserveront d'une année à l'autre. Les Cornichons ainsi confits sont agréables au goût, mais on en doit user sobrement, car ils sont difficiles à digérer, quoique néanmoins ils ne sont pas si nuisibles que les salades ordinaires de Concombres.

2°. *Concombres farcis à la matelotte.* Faites une farce de blanc de volailles ou de veau haché, avec lard blanchi & graisse blanche, jambon cuit, champignons, truffes, fines herbes bien assaisonnées; farcissez vos *Concombres;* faites-les cuire avec du bouillon gras ou du bon jus, & servez avec le jus de bœuf dessous. On peut encore, après avoir dégraissé la soupe, y mettre un bon coulis & un filet de vinaigre; on les sert encore farcis en ragoût ou à la sauce blanche.

3°. *Concombres fricassés.* Coupez-les par rouelles avec un oignon coupé de même; passez-les à la casserole avec du beurre, sel, poivre, persil haché; laissez mitonner le tout, & servez avec un jaune d'œuf délayé dans le verjus ou dans la crême douce.

4°. *Ragoût de Concombres.* Coupez par tranches, faites mariner pendant deux heures avec sel, poivre & vinaigre, deux oignons en tranches; faites égoutter, & passez à la casserole avec lard fondu; mouillez de jus, & laissez mitonner à petit feu; dégraissez & liez d'un coulis de veau & de jambon; servez pour toute sorte d'entrées aux *Con combres*, soit à la broche, soit à la braise.

5°. *Concombres farcis en maigre.* Faites une farce avec chair de carpes, d'anguilles, champignons & truffes, le tout bien haché & assaisonné de sel, poivre, cloux, fines herbes, bon beurre, un peu de mie de pain trempée dans de la crême, deux jaunes d'œufs cruds, le tout pilé ensemble: farcissez-en vos *Concombres*, vuidés de leurs semences par un des bouts, & bien pelés; faites-les cuire ensuite à petit feu dans une casserole avec bouillon de poisson ou purée claire; étant cuits, dressez-les dans un plat, coupés par la moitié dans leur longueur, & servez avec un coulis de champignons dessous; au lieu d'un coulis de champignons, vous pourrez vous servir d'un ragoût de laitance & de champignons.

6°. *Potage de Concombres en maigre.* Faites-les blanchir, & mettez-les cuire dans de bons bouillons de purée avec un oignon piqué de cloux, quelques racines, & de petites herbes; vous y ferez une liaison avec jaunes d'œufs; cela fait, vous dressez votre potage, que vous garnissez de vos *Concombres*; on peut aussi les farcir de poisson ou d'herbes.

7°. *Concombres farcis pour piquer une entrée de piece de bœuf.* Choisissez des *Concombres* qui ne soient pas bien gros, pelez-les bien & les vuidez de leurs semences sans les couper; faites une farce de chair composée de blanc de volaille, & si vous voulez, d'un morceau de veau, le tout bien haché avec du lard blanchi & un peu de graisse blanche, du jambon cuit haché, des champignons, des trufles & toutes sortes de fines herbes; tout cela bien haché & bien assaisonné, farcissez-en vos *Concombres*, que vous aurez un peu blanchis; mettez-les cuire dans de bon jus ou bouillon gras; étant cuits, tirez-les, coupez-les en deux, & les laissez refroidir; faites ensuite une pâte à beignets, de farine délayée avec de l'eau, un peu de sel, gros comme une noix ou deux de beurre fondu, & un œuf, le tout bien battu ensemble; faites après cela de petites brochettes, passez les morceaux de *Concombres* au travers, de façon que les bouts soient tous du même côté pour les pouvoir piquer dans une piece de bœuf; trempez-les dans cette pâte; faites-les frire dans du beurre affiné ou saindoux que vous aurez tout prêt, qu'ils aient belle couleur; votre piece de bœuf étant dressée avec une sauce hachée de jambon, & les marinades par-dessus, piquez-la de ces *Concombres* farcis; si vous avez de la farce de reste, roulez-la avec la main trempée dans de la farine, frottez-en de petites boules comme un œuf, faites-les cuire en même temps que vos *Concombres*, le tout doucement, afin que la farce se tienne. On les fait ensuite de la même maniere.

Propriétés médicinales.

L'usage du Concombre est favorable en particulier aux personnes dont les visceres sont échauffés: c'est sa propriété essentielle de rafraîchir dans les maladies des reins & de la vessie, & sur-tout on en recommande l'usage dans le calcul; mais dans ces sortes de cas, il faut qu'il soit cuit: sa pulpe pilée & rafraîchie dans la glace, appliquée sur la tête fraîchement rasée, est, au rapport de deux grands Médecins, un spécifique dans la frénésie.

Sa semence est une des quatre majeures & des plus rafraîchissantes; on l'emploie dans les émulsions & dans l'eau de poulet émulsionnée, qu'on ordonne assez utilement dans les fievres ardentes, dans l'inflammation des visceres, dans la difficulté d'uriner, & dans la grande effervescence du sang & des humeurs.

On prend un poulet entre deux âges, on lui coupe les extrêmités, on le vuide & on l'écorche; on le remplit ensuite d'une once des quatre semences froides majeures; on y ajoute quelquefois une cuillerée de riz ou d'orge mondé, & une ou deux douzaines d'amandes, lorsqu'on veut le rendre plus humectant & plus nourrissant; on fait ensuite bouillir ce poulet dans quatre ou six livres d'eau, c'est-à-dire, deux ou trois pintes, à la consomption d'un tiers; on coule le bouillon avec expression, & on en fait prendre aux malades trois ou quatre onces pendant la journée entre les bouillons ordinaires.

Propriétés économiques.

Les Jardiniers emploient l'écorce séchée des Concombres; ils la brûlent le soir au printemps aux pieds des arbres fruitiers: ils prétendent que la fumée de cette écorce fait mourir les chenilles. Quelques personnes frottent avec ce fruit le bois de leurs lits, elles prétendent en expulser par-là les punaises.

Propriétés d'ornemens.

Le suc de ce fruit, mêlé avec sa graine & de la farine, puis épaissi au soleil, nettoie & blanchit bien la peau. M. Gendron, le neveu, a publié une Lettre sur plusieurs maladies des yeux, causées par l'usage du rouge ou du blanc, dans laquelle il parle d'une Demoiselle à qui cette pommade occasionnoit promptement une légere rougeur dans l'œil, qui se dissipoit le lendemain, dès que le visage étoit lavé.

Préparations cosmetiques.

1°. *Eau de fraîcheur.* Prenez trois pieds de veau bien hachés, trois melons d'une moyenne grosseur, trois *Concombres*, quatre œufs frais, une tranche de citrouille, deux citrons, une chopine de petit-lait, un demi-septier d'eau de rose, une pinte d'eau de nenuphar, une chopine d'eau de plantain & d'argentine, une demi-once de borax; faites distiller le tout ensemble au bain-marie, vous aurez pour lors ce qu'on appelle *eau de fraîcheur.*

2°. *Eau pour conserver le teint.* On mêle ensemble eau de nenuphar, de feves, de melon, de *Concombres* & jus de limon, de chacune une once; on y joint une poignée de bryone, autant de chicorée sauvage, de fleurs-de-lys, de bourrache & de feves; on prend sept ou huit pigeons blancs, on les plume, & on en retranche la tête & le bout des aîles: le reste est haché bien menu & mis dans un alambic avec les ingrédiens ci-dessus. On ajoute à ce mêlange quatre onces de sucre royal en poudre, un gros de borax, autant de camphre, la mie de trois petits pains blancs d'une demi-livre chacun; on laisse digérer ces matieres dans l'alambic pendant dix-huit ou vingt jours; ensuite on distille le tout, & l'eau qui en provient est mise en des vaisseaux propres pour s'en servir. Avant de s'en laver le visage, il faut avoir soin de le dégraisser avec la composition suivante: Prenez un quarteron de mie de pain de seigle sortant du four, les blancs de quatre œufs frais, & une chopine de vinaigre; battez bien le tout ensemble, & passez-le ensuite par un linge. L'usage de ces deux préparations nettoie parfaitement la peau, l'entretient fraîche, la blanchit & l'empêche de se rider.

3°. *Pommade de Concombres.* Prenez graisse de porc deux livres, melons bien mûrs, *Concombres*, de chacun six livres, verjus une livre, pommes de rainette *n°.* 4, lait de vache deux livres; on coupe grossiérement la chair des melons, des *Concombres* & les pommes de rainette, on sépare seulement les écorces; on écrase le verjus; on met toutes ces choses dans le bain-marie d'un alambic avec le lait & la graisse de porc; on fait chauffer le mêlange au bain-marie pendant huit ou dix heures; on passe pour lors avec expression, tandis que le mêlange est chaud; on expose la pommade dans un endroit frais, pour la faire figer;

on la sépare d'avec l'humidité qui se trouve dessous; on la lave dans plusieurs eaux, jusqu'à ce que la derniere soit claire; on fait refondre cette pommade au bain-marie à plusieurs reprises, pour la séparer de toutes ses fleurs & de toute son humidité, sans quoi elle ranciroit en peu de temps : on la conserve dans des pots.

4°. *Autre pommade.* On fait encore une pommade simple de *Concombres* en faisant chauffer ensemble de la graisse de porc & des *Concombres* pilés & coupés par morceaux; on procede pour le reste de la préparation comme cela se pratique pour les *pommades des levres*, & on la conserve dans des pots.

NEUVIÈME ESPÈCE.

La neuvième espèce est le Concombre en forme de serpent. *Cucumis anguinus. Cucumis foliis lobatis, pomis cylindricis, longissimis, lævibus, contortuplicatis. Linn. Sp. plant. 1437. Petola anguina. Rumph. Herb. Amb. 5. p. 407.* A Malaca, *Petola ular, Ubi ular.*

Description.

Les feuilles de cette espèce sont à lobes; les fruits sont cylindriques, très-longs, lisses, entortillés.

Figure.

Elle est représentée dans l'*Herb. Amboin.* tome 5, planche 148, & dans la deuxieme partie de cet Ouvrage.

Lieu de sa naissance.

Elle croît naturellement dans l'Inde; elle est annuelle.

Propriétés alimentaires.

Quoique cette plante soit puante, elle fournit cependant un potage assez agréable, si on fait seulement usage de ses fruits avant leur maturité, lorsqu'ils n'ont pas plus d'un pied de long, si on coupe ces fruits en morceaux, & si on les fait cuire dans de l'eau qui en devient amere.

DIXIEME ESPECE.

La dixième espèce est le Concombre flexible. *Cucumis flexuosus. Cucumis foliis angulato-sublobatis, pomis cylindricis sulcatis curvatis. Linn. Sp. plant. 1437. Cucumis flexuosus. Bauh. Pin. 310. Cucumis oblongus. Bauh. Hist. 2. p. 247. Dod. Pempt. 662.*

Description.

Les tiges & les feuilles de cette espèce sont plus longues que celles du Concombre commun; son fruit est un, a ordinairement le double de la longueur de celui-là, & est plus ou moins verd-pâle.

Lieu de sa naissance.

Cette espèce croît naturellement dans l'Inde; elle est annuelle.

ONZIEME ESPECE.

L'onzième & dernière espèce est le Concombre à très-petit fruit. *Cucumis Maderaspatanus. Cucumis foliis cordatis integris denticulatis, pomis globosis glabris. Linn. Sp. plant. 1438. Hort. Ups. 293. Bryonia foliis cordatis oblongis angulatis dentatis glabris. Flor. Zeyl. 356. Cucumis Maderaspatensis, fructu minimo. Pluk. Alm. 123. Bryonia folio angulofo acuto glabro. Burm. Zeyl. 48. An? Telankœkiui. Herm. Zeyl. 23.*

Description.

Sa tige est herbacée, mince, anguleuse; ses feuilles sont en forme de cœur, souvent anguleuses vers la base, oblongues, aiguës, dentelées, glabres, amplexicaules, pétiolées; les vrilles & les péduncules sortent des aisselles.

Figure.

Cette espèce est représentée dans l'*Almag.* de Plukenet, pl. 170, fig. 2.

Lieu de sa naissance.

Elle est annuelle, & croît naturellement dans l'Inde.

CUCURBITA, *la Courge.*

NOMS GÉNÉRIQUES.

Ce genre de plantes est connu sous les noms de *Cucurbita. Plin. Morif. Tourn. Pepo. Tourn. Melopepo. Tourn. Cameraria longa. Lat. Plebeia rotunda. Lat.* En François, Courge, Calebasse, Citrouille.

Description générique.

Le caractère de ce genre de plantes est d'avoir des fleurs mâles & femelles séparées sur le même pied; le périanthe du calice des fleurs mâles est monophylle, campanulé, ayant le bord terminé par cinq dents en forme d'alêne; la corolle est divisée en cinq, attachée au calice, campanulée, ayant ses lobes veineux, raboteux; le nectaire est une petite glande dans le centre de la fleur, concave, triangulaire. Les filamens des étamines sont au nombre de trois, connivens, supérieurement convexes, inférieurement distincts, attachés au calice; les antheres sont rampantes en-dessus & en-dessous, linéaires. Le périanthe des fleurs femelles est comme dans les fleurs mâles, supérieur, tombant; la corolle est aussi la même. La petite glande nectarienne est concave, s'ouvrante; au lieu d'étamines il y a un bord qui environne le pistil, & qui se termine en trois pointes très-courtes; le germe du pistil est grand, inférieur; le stil est conique, fendu en trois par le sommet; le stigmate est unique, à bord épais, convexe, rampant en-dessus & en-dessous, fendu en trois; le péricarpe est une pomme à trois loges membraneuses, molles, distinctes; les semences sont nombreuses, applaties, gonflées, obtuses, placées sur un double rang.

CLASSE.

Ce genre fait partie de la première Classe de Tournefort, qui comprend les plantes campaniformes, & de la vingt-unième de Linnæus, destinée aux plantes monœciques syngenesiques. Cet Auteur en admet six espèces.

PREMIERE ESPECE.

La première espèce est la Calebasse, la Courge. *Cucurbita lagenaria. Cucurbita foliis cordatis denticulatis tomentosis basi subtus biglandulosis, pomis lignosis. Linn. Sp. plant. 1434. Cucurbita seminibus obsolete bicornibus. Hort. Cliff. 451. Hort. Ups. 291. Mat. Med. 442. Roy. Lugdb. 263. Hasselq. It. 488. Cucurbita villosa foliis subangulatis basi biglandulosis, fructu pyriformi minor. Brow. Jam. 354. Cucurbita oblonga, flore albo, folio molli. Bauh. Pin. 313.*

313. *Cucurbita lagenaria, flore albo. Moris. Hist.* 2. *p.* 23. *S.* 1. *Rumph. Amb.* 5. *p.* 397. *Cappa schora. Hort. Malab. T. VIII.* Chez les Bracmanes, *Culivo dudi.* En Portugais, *Bobara Calbassa.* En Flamand, *Fles-appalen.*

Description.

C'est une plante cucurbitacée, qui pousse une ou plusieurs tiges vertes, velues, blanchâtres, anguleuses, rameuses, tortues, rampantes, garnies de mains ou tenons, avec lesquelles elle s'attache aux plantes ou échalas circonvoisins. Ses feuilles sont larges, amples, molles, d'une odeur de musc, faites en maniere de cœur, arrondies, finissant par une petite pointe, crenelées d'une laine blanchâtre qui les rend douces & comme veloutées; les fleurs de cette plante sont d'une seule piece en forme de cloche, & ont ordinairement cinq découpures, de façon qu'elles paroissent composées de cinq pétales: de ces fleurs les unes sont stériles, & n'ont pas d'embryons qui les soutiennent; elles renferment seulement les étamines ou les parties mâles de la génération: les autres sont fécondes, & portées sur un embryon qui devient un fruit, quelquefois de forme cylindrique, mais qui le plus souvent a la forme d'une poire ou d'une bouteille; son écorce est dure & solide; sa pulpe est divisée en six loges où sont les semences.

Figure.

Cette espèce est représentée dans l'Histoire des Plantes, par Morison, tome 2, sect. 1, planche 5, figure 3; & dans l'*Herbarium Amboin.* tome 5, planche 144.

Lieu de sa naissance.

Elle vient naturellement dans les endroits raboteux de l'Amérique.

Culture.

On la plante d'abord sur couche au printemps; quand elle est levée, & lorsqu'elle se trouve avoir environ trois ou quatre feuilles, on la transplante dans l'endroit qu'on lui destine, ayant soin auparavant de bien terreauter & ameublir la terre; on l'arrose pendant les chaleurs: voilà toute sa culture. En automne, lorsque le fruit est mûr, on le fait dessécher, on vuide la pulpe, & on en tire la graine.

Propriétés médicinales.

Cette graine est rafraîchissante, apéritive, pectorale; c'est une des quatre grandes semences froides dont on se sert si utilement dans les émulsions.

Propriétés économiques.

Le fruit de cette plante vuidé, ainsi que nous l'avons dit, s'emploie en guise de bouteille pour mettre du vin, de l'eau ou d'autres liqueurs; les pauvres gens s'en servent pour leurs voyages.

Propriétés d'ornemens.

On tire par expression de la semence une huile propre à adoucir la peau.

DEUXIEME ESPÈCE.

La deuxième espèce est la Cucurbite ou Courge qui porte des œufs. *Cucurbita ovifera. Cucurbita foliis lobatis, pomis obovatis, cirrhis digitato septanis. Linn. Sp. plant.* 126. *Cucurbita, aspero folio, amara turbinata flava candicantibus lineis inscripta parva. Bauh. Hist.* 2. *p.* 229. *An?*

Description.

L'herbe & les fleurs sont très-semblables à l'espèce suivante, mais moins raboteuses; les feuilles ne sont pas fendues, & les fruits ne sont pas amers; les vrilles sont droites, terminées au sommet par d'autres vrilles plus petites, spirales, le plus souvent au nombre de sept; les fruits sont ovales, lisses, de la grandeur & de la figure d'un œuf de poule, ayant la pellicule de son écorce dure, qu'on peut à peine couper avec le couteau, peinte longitudinalement de dix lignes de la couleur du lait.

Observation.

On diroit à voir cette plante, qu'elle est la fille adultérine provenante de la bryonne découpée.

Lieu de sa naissance.

Cette espèce se trouve dans la Sibérie.

TROISIEME ESPECE.

La troisième espèce est la Citrouille. *Cucurbita pepo. Cucurbita foliis lobatis, pomis lævibus. Linn. Sp. plant.* 1435. *Cucurbita seminum margine tumido. Hort. Cliff.* 452. *Hort. Ups.* 291. *Roy. Lugdb.* 263. *Cucurbita major rotunda, flore luteo, folio aspero. Bauh. Pin.* 213. *Cucurbita indica rotunda. Dalech. Hist.* 616. *Pepo oblongus. Bauh. Pin.* 311. En Allemand, *Kürbis.* En Anglois, *Gourd.* En Italien, *Zucca.*

Description.

La racine de cette plante est menue, droite, fibreuse, chevelue; ses tiges sont rudes, raboteuses, cannellées, creuses, rampantes; ses feuilles sont très-grandes, rudes, hérissées, divisées en lobes obtus & profondément découpés; les fleurs, ainsi que les vrilles, sont axillaires; elles sont mâles & femelles, comme celles du Melon, mais plus larges; dans le centre de la fleur mâle se trouve un nectaire en forme de glande concave, triangulaire; & dans la femelle, une petite glande concave & ouverte; le fruit est une pomme triloculaire, grosse, arrondie, lisse, renfermant des semences comprimées & obtuses.

Figure.

M. Duchesne, connu par son Manuel de Botanique & par son Traité des Fraisiers, a désigné & même peint plusieurs variétés de cette plante, qu'il se propose de faire graver.

Culture.

On la multiplie par graines; on les trempe avant de les semer; on en met deux dans un même trou: si toutes les deux poussent des tiges, on en arrache une. On éleve les Citrouilles sur couche, & on les replante comme les melons & les concombres, mais communément en pleine terre; on éloigne les pieds d'environ deux toises: dans chaque trou on met deux boisseaux de petit fumier, & on les arrose bien. Le temps de cueillir le fruit est lorsqu'il est en parfaite maturité: bien loin de se gâter sur terre, il y mûrit de plus en plus; on les cueillera le matin aux premieres fraîcheurs, & on les exposera à la chaleur du jour, pour qu'ils se ressuient; on les ferrera ensuite dans un lieu tempéré, & on aura soin qu'ils ne se touchent point; il faut aussi avoir soin de les garantir de la gelée.

Analyse chymique.

Dans l'analyse chymique qu'on a faite de cette

plante, de cinq livres de sa chair distillée à la cornue, il est sorti sept onces sept gros quarante-huit grains de liqueur limpide, d'une odeur & d'une saveur d'herbe, obscurément salée; deux livres cinq onces quatre gros quarante-deux grains de liqueur limpide, obscurément acide; deux livres deux gros soixante-six grains de liqueur manifestement acide, & enfin fort acide; cinq gros de liqueur roussâtre, alkaline, urineuse; deux gros trente-six grains d'huile épaisse & pesante; la masse noire qui est restée dans la cornue, déja à demi calcinée, pesoit sept gros soixante-deux grains, laquelle étant bien calcinée, a laissé quatre gros douze grains de cendres, dont on a tiré par la lixiviation deux gros vingt-six grains de sel fixe purement alkali. La perte des parties dans la distillation a été d'un gros trente-quatre grains, & dans la calcination, de trois gros cinquante grains. On peut conclure de-là que la citrouille contient beaucoup de phlegme, une médiocre partie de sel essentiel tartareux & ammoniacal, un peu d'huile tellement divisée par le sel essentiel, qu'elle compose une liqueur un peu mucilagineuse. Cette liqueur acquiert une saveur un peu vineuse par la fermentation, qui développe le sel acide & l'huile, qui sont délayés dans beaucoup de phlegme.

Propriétés alimentaires.

La chair de la Citrouille est semblable à celle du concombre; elle est ferme & d'un goût agréable, mais elle n'est pas nourrissante : ce n'est, à proprement parler, dit M. Andry, qu'une espèce d'eau figée, dont le propre est de rafraîchir extrêmement; c'est pourquoi cet aliment, ajoute-t-il, ne convient guère avec le poisson, & n'accommode nullement les tempéramens froids & les estomacs trop humides; mais les personnes naturellement seches & pleines de feu, s'en doivent bien trouver, sur-tout lorsque le ventre est resserré; la citrouille sert à faire des potages, des fricassées, même du pain : la semence entre dans la composition de cette boisson rafraîchissante, qu'on boit en été autant pour le plaisir que pour la santé, & qu'on appelle *orgeat*, parce qu'anciennement l'eau d'orgeat en étoit la base, mais actuellement elle n'y entre plus.

Préparations alimentaires.

1°. *Méthode pour faire l'orgeat.* Prenez une demi-livre de semences froides, qui sont la graine de *Citrouille*, de courges, de concombre & de melon; lavez-les & les essuyez bien; joignez-y six onces d'amandes douces & deux onces d'amandes ameres, que vous ferez un peu tremper dans une eau tiede pour en ôter la peau; mettez le tout dans un mortier de pierre, & pilez-le bien; jettez-y ensuite deux livres de sucre avec la pellicule d'un citron levé légérement, que vous broyerez avec les semences; cela composera une pâte que vous mettrez bien pressée dans un vase de terre ou de fayance, & que vous pouvez conserver un mois & plus dans un lieu sec pour vous en servir au besoin; vous en prendrez sur chaque pinte d'eau de la grosseur d'un œuf de poule, que vous mettrez dans une étamine de serge & que vous délayerez avec une cuillere; vous passerez ensuite le marc avec les deux mains, & vous jetterez sur la liqueur quelques gouttes de fleurs d'orange; vous la transvaserez ensuite dans quelques cruches ou bouteilles, que vous ferez rafraîchir avant de la boire.

2°. *Pain de Citrouille.* Si vous avez une grande quantité de Citrouille, ou plus qu'il n'en faut pour nourrir votre famille, vous en mettrez dans le pain des domestiques, même dans le vôtre. Pour le faire, vous ferez bouillir la *Citrouille* de la même façon que celle que l'on veut fricasser; il faut pourtant qu'elle soit un peu plus cuite; puis vous la passerez à travers un gros linge pour retirer de petites fibres qui s'y rencontrent; après quoi vous détremperez votre farine avec cette Citrouille passée, ajoutant, s'il est nécessaire, de l'eau dans laquelle elle aura cuit, & vous en ferez du pain de la même maniere que l'on fait le pain ordinaire. Ce pain est jaunâtre, de bon goût, un peu gras cuit, & très-sain pour ceux qui ont besoin de rafraîchissement.

3°. *Citrouille en andouillettes.* Faites-la bien cuire & égoutter; mangez-la avec du beurre frais, des jaunes d'œufs durs, persil & fines herbes hachées, sel, poivre & girofle en poudre; formez-en des andouillettes, mettez-les dans une terrine au four avec beaucoup de beurre; quand elles sont cuites, dégraissez-les & les faites rissoler.

4°. *Citrouille fricassée.* Coupez en morceaux; faites bouillir dans l'eau suffisamment pour l'amollir; faites égoutter, & fricassez avec lait, beurre, sel & poivre; ajoutez sur la fin deux jaunes d'œufs; délayez dans la crême.

5°. *Potage au lait de Citrouille.* Coupez votre Citrouille en petits morceaux; passez à la poële au beurre blanc avec sel, poivre, cerfeuil & autres fines herbes hachées; mettez-la ensuite dans un pot de terre avec du lait bouillant; faites-lui faire quelques bouillons; dressez votre potage avec un peu de poivre blanc garni de croutons frits.

Propriétés alimentaires pour les animaux.

La graine de Citrouille se conserve bonne sept à huit ans; elle sert d'appât aux rats, aux souris, aux mulots, aux loirs & autres animaux nuisibles, qui en sont très-friands.

Propriétés médicinales.

C'est une des quatre semences froides majeures; on s'en sert utilement dans les émulsions; elle adoucit & rafraîchit le sang, elle tempere l'ardeur de l'urine; elle convient dans le calcul & l'ulcération des reins & de la vessie; on mêle quelquefois cette graine avec les remedes purgatifs pour en réprimer la violence.

Formules.

1°. Prenez semences de *Citrouille* & de melon, de chacune un gros, graines de pavot blanc un demi-gros; pilez dans un mortier de marbre, en versant peu-à-peu eau de laitue, de pourpier ou de coquelicot, de chacune six onces; passez en exprimant, & délayez dans la colature syrop de nenuphar ou de diacode, de chacune six gros; faites une émulsion, dont on fera usage à l'heure du sommeil, pour calmer le bouillonnement du sang, & procurer le sommeil.

2°. Prenez semences de *Citrouille*, de concombre, de courges & de Melon, de chacun un gros, amandes douces pelées *n°. 12;* pilez en versant peu-à-peu deux livres de décoction d'orge ou d'eau de laitue & de pourpier; passez en exprimant, & délayez dans la colature deux onces de syrop de guimauve ou de nenuphar : le malade prendra un verre de cette émulsion entre les bouillons, dans les fievres ardentes & les maladies des reins & de la vessie.

3°. Prenez des *quatre grandes semences froides* une demi-once, graine de chardon bénit un gros, décoction de scorsonere ou eau d'ulmaire, de scabieuse ou de buglosse; faites une émulsion, dans laquelle vous délayerez syrop d'œillet ou d'écorce de citron une once; partagez en deux prises, à chacune desquelles on peut ajouter diaphorétique minéral quinze grains, ou confection d'alkermes un demi-gros dans les fievres malignes ou pestilentielles.

4°. Prenez des *quatre grandes semences froides* une once; pilez-les & les renfermez dans le ventre d'un poulet; faites bouillir dans trois livres d'eau commune réduites à deux livres: c'est ce qu'on appelle *eau de poulet*, que l'on prend par verrées entre les bouillons dans les fievres.

Propriétés de luxe & d'ornement.

On tire de la graine de Citrouille une huile qui amollit la peau, la rend unie, & efface les taches: aussi l'emploie-t-on communément dans les pomades cosmetiques.

Préparations cosmetiques.

1°. *Eau de Venise contrefaite à Bagdad.* Prenez douze citrons sans écorce, & coupez-les par tranches; douze œufs frais, six pieds de moutons, quatre onces de sucre candy, une bonne tranche de melon & autant de Citrouille, deux gros de borax; distillez le tout dans un alambic de verre dont la chappe soit à plomb.

2°. *Eau de fraîcheur.* Prenez trois pieds de veau bien hachés, trois melons d'une moyenne grosseur, trois concombres, quatre œufs frais, une tranche de *Citrouille*, deux citrons, une chopine de petit lait, un demi-septier d'eau de rose, une pinte d'eau de nenuphar, une chopine d'eau de plantain & d'argentine, une demi-once de borax; faites distiller le tout ensemble au bain-marie.

QUATRIEME ESPÈCE.

La quatrième espèce est le Potiron à verrues. *Cucurbita verrucosa. Cucurbita foliis lobatis, pomis nodoso-verrucosis. Linn. Sp. plant.* 1435. *Cucurbita verrucosa. Bauh. Hist.* 2. *p.* 222. *Melopepo verrucosus. Tourn. Inst. Rei Herb.* 106.

Description.

La plante, la fleur, les semences, &c. sont les mêmes que celles de l'espèce précédente; le fruit est plus petit, à écorce plus dure, presque ligneuse, couverte de verrues.

Culture.

La culture est la même que celle de l'espèce précédente.

CINQUIEME ESPÈCE.

La cinquième espèce est le Melon potiron. *Cucurbita melopepo. Cucurbita foliis lobatis, caule erecto, pomis depresso-nodosis. Linn. Sp. plant.* 1435. *Melopepo clypeiformis. Bauh. Pin.* 312. *Cucurbita clypeiformis, seu Siciliana. Bauh. Hist.* 2. *p.* 224.

Description.

Les feuilles de cette espèce sont à lobes; les fruits sont applatis, noueux; les vrilles sont dans la tige, quoiqu'elle ne grimpe pas, & qu'elle ne soit pas couchée.

SIXIÈME ESPECE.

La sixième espèce est le Melon d'eau ou pasteque. *Cucurbita citrullus. Cucurbita foliis multipartitis. Linn. Sp. plant.* 1435. *Hort. Upf.* 3. *Mat. Med.* 443. *Hasselq. It.* 488. *Cucurbita seminum margine, basi dilatato. Hort. Cliff.* 452. *Roy. Lugdb.* 264. *Anguria Indica. Rumph. Amb.* 5. *p.* 400. *Anguria citrullus dicta. Bauh. Pin.* 312. *Citrullus folio colocynthidis secto, semine nigro. Bauh. Hist.* 2. *p.* 235. En Anglois, *Water Melon.* En Flamand, *Water-Meloeum.* En Arabe, *Baltich hiudi*, *Itein*, *Chirbaz.* Dans l'Indostan, *Calangari.* En Portugais & à Malaca, *Balteca.* A Java, *Samanca* & *Tsjamanca.* A Baleya, *Sumanca.* A Ternate, *Samanca.* En Chinois, *Sikoæ.*

Description.

Les feuilles de cette espèce sont profondément découpées en plusieurs lobes, à chacune desquelles sont des découpures médiocrement arrondies, comme à la feuille du chêne, d'un verd qui tire sur celui de mer, larges comme la main quand elles sont ouvertes, & de forme presque triangulaire; la tige rampe assez loin, & est fort délicate, ensorte que si on l'écrase en marchant, le fruit meurt, & qu'il s'échaude pour peu qu'on le froisse; le fruit est à-peu-près rond, & de différentes grosseurs: il s'en trouve qui pesent plus de trente livres; la plupart pesent au moins dix livres: il y en a de longs, qui sont moins estimés; plusieurs ont la peau extérieure verte & lisse, la chair d'un rouge cramoisi, & la graine noire.

Figure.

Cette espèce est représentée dans l'*Herb. Amb.* tome 5, planche 146; & dans la seconde partie de cet Ouvrage.

Lieu de sa naissance.

Elle croît naturellement dans la Pouille, la Calabre, la Sicile; elle est annuelle.

Culture.

On la cultive comme le melon; elle demande néanmoins d'être plus aérée, sans quoi elle languit & fond; on l'arrose souvent, mais peu à la fois; sa graine semée moins âgée que de trois ou de quatre ans, produit de belles plantes; mais des plantes médiocres, telles que celles venues de graine plus vieille, donnent plus de fruit.

Propriétés alimentaires.

M. Decombes dit qu'il n'est pas mangeable dans un climat tel que celui de Paris, & à peine même en Provence & en Italie, pour ceux dont le goût n'y est pas accoutumé de jeunesse, quoique ce soit le véritable climat de cette plante. Le principal mérite de ce fruit est d'avoir beaucoup d'eau, qui rafraîchit, mais il est fade, & n'a rien qui flatte ni qui réveille; on en fait de très-belles confitures.

CUMINUM, *Cumin.*

NOMS GÉNÉRIQUES.

Ce genre de plante est connu sous le nom de *Cuminum. Latin. Officin. Cuminon. Græc. Carnabadium. Bass.* En François, Cumin.

Description générique.

Le caractère de ce genre de plante est d'avoir l'ombelle universelle du calice, & les partielles le plus souvent partagées en quatre; l'enveloppe universelle a autant de folioles, très-longues, très-entières, dont quelques-unes sont fendues en trois; la partielle est semblable; le périanthe propre est à peine visible; tous les fleurons sont fertiles; la corolle universelle est uniforme; la propre est à cinq pétales réfléchis, échancrés, inégaux; les filamens des étamines sont au nombre de cinq, simples; les antheres sont simples; le germe du pistil est ovale, plus grand que la fleur, inférieur; les stils sont au nombre de deux, très-petits; les stigmates sont simples; il n'y a point de péricarpes; le fruit est ovale, strié; les semences sont au nombre de deux, ovales, convexes, striées d'un côté, planes de l'autre.

CLASSE.

Ce genre fait partie de la septième Classe de Tournefort, qui comprend les plantes ombelliferes, & de la cinquième de Linnæus, destinée aux plantes pentandriques dyginiques; cet Auteur n'en admet qu'une espèce.

ESPECE.

Cette espèce est le Cumin cultivé. *Cuminum cyminum. Linn. Sp. plant. 365. Mat. Med. 139. Cuminum semine longiore. Bauh. Pin. 146. Cuminum sativum. Cam. Epit. 518. Cuminum sive cyminum sativum. J. B. 3. 22. Cuminum Dioscor. Lob. Icon. 741. Fœniculum Orientale, Cuminum dictum. Inst. Rei Herb. 312.*

Description.

Cette espèce est annuelle, à peine de la hauteur d'un pied; sa racine est menue, blanche, fibrée; ses feuilles sont peu nombreuses, capillaires, semblables à celles du fenouil, mais plus petites, ayant les découpures moins fines; ses fleurs sont petites, blanches, en rose, & disposées en parasol arrondi; il succede à ces fleurs des graines oblongues, étroites, cannelées, d'un gros brun, longues de trois lignes, composées de deux parties, dont l'une est convexe & l'autre plate, d'une saveur un peu amere, aromatique, âcre, désagréable, d'une odeur vive & très-forte qui n'est pas désagréable.

Figure.

Cette espèce est représentée dans les Plantes de Garsault, & dans le Dictionnaire de Matiere médicale.

Lieu de sa naissance.

Elle croît naturellement dans l'Inde, la Perse, l'Egypte & l'Ethiopie; on la cultive dans l'Isle de Malthe.

Culture.

Elle est annuelle; elle périt dès que ses graines sont mûres: on les seme dans des petits pots pleins de terreau sur une couche modérément chaude, pour les faire lever plus vîte; on habitue insensiblement les jeunes plantes au grand air par degrés; après quoi on les ôte des pots, & on les plante en motte dans une plate-bande garnie de bonne terre grasse; on nettoie ensuite les mauvaises herbes qui croissent dans cette plante; par ce moyen, les jeunes plantes fleurissent très-vîte, & conséquemment leurs semences ont le temps de mûrir.

Analyse chymique.

Suivant l'analyse chymique, la graine de Cumin donne beaucoup d'huile & de phlegme acide & urineux; elle contient conséquemment un sel essentiel ammoniacal, huileux & aromatique.

Propriétés alimentaires.

On emploie quelquefois comme aromates & assaisonnemens les semences de Cumin; elles sont de la même nature que celles du carvi, quoiqu'elles ne soient pas si agréables.

Propriétés médicinales.

On se sert en Médecine de la graine de cette plante, qui est une des quatre semences chaudes; la meilleure nous vient d'Italie. Le Cumin convient en tout avec l'anis; aujourd'hui on le regarde spécialement comme stomachique, & un remède assuré dans les fleurs blanches; on le mêle avec les astringens & autres stomachiques. Un Médecin ancien vante l'infusion de deux graines de Cumin dans un verre de vin blanc donnée tous les matins pendant huit jours à une femme pour la stérilité, & il défend d'user du lait pendant l'usage: on peut l'éprouver si l'on veut, cela ne peut point faire de mal.

Il est utile dans la foiblesse des visceres, appaise les douleurs de colique, chasse les vers, remédie à l'ouie dure & à la douleur des dents, calme les douleurs de tête; pour cet effet, on l'applique sur le front mêlé avec du pain. On l'emploie extérieurement dans des sachets pour dissoudre le lait caillé & fondre les autres humeurs épaissies.

Formule.

Prenez graine de Cumin pilée à volonté, renfermez-la dans un petit sac, & l'arrosez de vin chaud ou d'eau-de-vie, & appliquez sur l'estomac distendu par les vents, ou sur le bas-ventre, pour appaiser les tranchées.

Propriétés alimentaires pour les animaux.

Les pigeons sont très-friands des graines de cette plante.

CUNILA, *la Mappée.*

NOMS GÉNÉRIQUES.

Ce genre de plantes est connu sous les noms de *Mappia Heist. Cunila. Linn. Calamintha. Pluk. Hedyosmos. Royen. Mitch.*

Description générique.

Le caractère de ce genre de plantes est d'avoir le périanthe du calice monophylle, cylindrique, persistant, à dix stries, à bord labié, à cinq dents; la corolle est monopétale, se ridant; la levre supérieure est droite, un peu plane, échancrée; la levre inférieure est partagée en trois lobes ronds, dont celui du milieu est échancré; les filamens des étamines sont au nombre de deux, filiformes; il y a aussi deux rudimens de filamens; les anthères sont rondes, didymes; le germe du pistil est partagé en quatre; le stil est filiforme, de la longueur des étamines; le stigmate est fendu en deux, aigu; le péricarpe n'est autre chose que le calice à bouche fermée par des poils; les semences sont au nombre de quatre, ovales, menues.

CLASSE.

Ce genre fait partie de la deuxième classe de Linnæus, qui comprend les plantes diandriques monogyniques; cet Auteur en admet trois espèces.

PREMIERE ESPÈCE.

La première espèce est la Mappée de Marie. *Cunila Mariena. Cunila foliis ovatis serratis, corymbis terminalibus dichotomis. Linn. Sp. plant. 30. Saturcia origanoides. Sp. pl. 1. p. 568. Hedyosmos. Mitch. Eph. Nat. Curios. 1748. App. 211. Thymus foliis ovatis acuminatis serratis, corymbis lateralibus terminalibus pedunculatis. Gron. Virg. 64. Calamintha mariana, mucronatis rigidioribus & crenatis foliis, flosculorum calyculis villis argenteis, Pluk. Mant. 34.*

Calamintha erecta Virginiana, mucronato folio glabro. Morif. Hift. 3. p. 413. fect. 11.

Defcription.

Les feuilles de cette efpèce font ovales, pointues, découpées à dents de fcie, odorantes; les bouquets font latéraux, terminaux & péduncules; la fleur eft pourpre; le calice eft intérieurement cotonneux, & fermé par un duvet.

Figure.

Cette efpèce eft repréfentée dans le *Mantiffa* de Plukenet, planche 344, figure 1; & dans l'Hiftoire des Plantes, par Morifon, tome 3, fection 11, planche 19, figure 7.

Lieu de fa naiffance.

Elle eft vivace, & croît naturellement dans la Virginie.

Propriétés médicinales.

Cette plante eft febrifuge.

DEUXIEME ESPECE.

La deuxième efpèce eft la Mappée à feuilles de pouliot. *Cunila pulegioides. Cunila foliis oblongis unidentatis, floribus verticillatis. Linn. Sp. plant. 30. Meliffa pulegioides. Sp. plant. 1. p. 593. Meliffa floribus verticillatis glomeratis fecundùm longitudinem caulis, foliis tomentofis. Gron. Virg. 167. Kalm. It. 2. p. 314.*

Defcription.

La plante eft haute de neuf pouces, branchue; les feuilles font lancéolées, ovales, un peu raboteufes, à une ou deux dents; les fupérieures font plus étroites; les verticilles ou anneaux font difpofés fuivant toute la longueur de la plante; le calice eft à dix ftries, raboteux; la levre fupérieure eft fendue en trois, pointue; l'inférieure eft foyeufe; la corolle eft blanche à gueule violette; la levre fupérieure eft échancrée; les étamines font au nombre de deux, plus courtes que la corolle, fertiles, & les autres filamens font au nombre de deux, plus petits, fans anthères; il y a deux bractées de chaque côté, plus grandes que la fleur, outre d'autres qui font menues.

Lieu de fa naiffance.

Cette efpèce croît naturellement dans les endroits fecs & arides de la Virginie & du Canada; elle eft annuelle.

TROISIÈME ESPÈCE.

La troifième efpèce eft la Mappée à feuilles de thym. *Cunila thymoides. Cunila foliis ovalibus integerrimis, floribus verticillatis, caule tetragono. Linn. Sp. pl. 31. Thymus pulegoides. Sp. plant. 1. p. 192. Acinos thymi folio & facie, floribus inexpanfis. Morif. Hift. 3. pag. 404. fect. 11.*

Defcription.

Le port eft le même que celui de l'efpèce précédente; fa tige eft droite, haute de neuf pouces; fes rameaux font en petit nombre, fimples & courts; fes feuilles font ovales, obtufes, glabres, ftriées intérieurement; les verticilles ou anneaux regnent fuivant toute la longueur de la tige.

Figure.

Cette efpèce eft repréfentée dans l'Hiftoire des Plantes par Morifon, t. 3, fect. 11, pl. 19. fig. 6.

Lieu de fa naiffance.

Elle eft annuelle, & croît naturellement à Montpellier.

CUNONIA, *la Cunone.*

Defcription générique.

Le caractère de ce genre eft d'avoir le périanthe du calice très-petit, à cinq feuilles concaves, aiguës; les pétales de la corolle font au nombre de cinq, ovales, feffiles, s'ouvrans; les filamens des étamines font au nombre de dix, en forme d'alêne, de la longueur de la corolle; les antheres font rondes, didymes; le germe du piftil eft conique; les ftils font au nombre de deux, en forme d'alêne, plus longs que la corolle; les ftigmates font obtus; le péricarpe eft une capfule oblongue, pointue, à deux loges; les femences font nombreufes, rondes.

CLASSE.

Ce genre fait partie de la dixième claffe de Linnæus, qui comprend les plantes décandriques digyniques; cet Auteur n'en admet qu'une efpèce.

ESPÈCE.

Cette efpèce eft la Cunone du Cap. *Cunonia Capenfis. Linn. Sp. pl. 569. Oofterdykia floribus fpicatis pentapetalis, foliis oblongis fubincanis ferratis. Burm. Afric. 259. Arbufcula, arbuti alatis foliis, Africana. Pluk. Alm. 45.*

Defcription.

Ses feuilles font oppofées, aîlées, avec une impaire feffile, qui n'eft pas plus longue; les folioles font fouvent au nombre de fept, lancéolées, glabres, découpées à dents de fcie; la petite glande eft très-grande, de la forme d'une fpatule, ovale, très-entière, applatie, feuillée, à pétiole anguleux, fortant tantôt de chaque aiffelle des feuilles, tantôt plus grande entre les péduncules; les grappes font terminales, au nombre de deux, fimples; les petits péduncules font nombreux, à une fleur, fortans de chaque point épars.

Figure.

Cette efpèce eft repréfentée dans les Plantes d'Afrique par Burmann, pl. 96; & dans l'*Almag.* de Plukenet, pl. 191, fig. 4.

Lieu de fa naiffance.

Elle croît naturellement au Cap de Bonne-Efpérance.

Culture.

Cette plante eft trop tendre pour venir en plein air dans nos climats; auffi en plante-t-on les racines dans des pots pleins de terreau, & on laiffe ces pots en plein air jufqu'en Octobre; on les met pour lors à l'abri, ou dans une ferre vitrée & aérée, ou fur une couche chaude; les feuilles y pouffent pendant l'hiver, & au printemps paroiffent des tiges & des fleurs. En hiver on n'arrofe que très-peu cette plante, mais au printemps on le fait plus fouvent. Quand les fleurs font paffées, on met la plante en plein air pour faire mûrir les femences: le temps de leur maturité eft pour l'ordinaire la fin de Juin, après quoi les tiges périffent, & la racine refte dans l'inaction jufqu'en Septembre. Quand les tiges font péries, on enleve les racines de terre, & on les garde dans un endroit sec jusqu'à la fin d'Août ; on les plante pour lors de nouveau ; au surplus on multiplie facilement cette plante par ses rejets qu'elle donne en quantité, ou par ses graines que l'on seme dans des pots vers la mi-Août ; on les place à l'exposition du soleil levant ; on les arrose modérément pendant la sécheresse, en Septembre on place les pots à l'exposition du midi, & en Octobre on les met sous un abri pour les garantir de la gelée & des grosses pluies, mais il faut qu'elles jouissent d'un air libre quand il fait beau ; elles poussent en Octobre, & continuent de le faire pendant tout l'hiver ; en Juin les feuilles meurent : on les enleve pour lors, & on en plante trois ou quatre racines dans chaque pot, jusqu'à ce qu'elles aient poussé une seconde année ; on les met pour lors chacune dans un pot séparé ; on mettra pareillement à l'abri pendant l'hiver les jeunes plantes provenues de graines, de même que les vieilles racines ; elles fleurissent la troisieme année.

Propriétés d'ornemens.

Les fleurs de cette plante sont d'une belle couleur d'écarlate, aussi font-elles un très-bel effet dans nos jardins sur la fin d'Avril ou au commencement de Mai, qui est précisément le temps de sa fleuraison.

CUPANIA, *la Cupane.*

Description générique.

Le caractère de ce genre de plantes est d'avoir le périanthe du calice plane, persistant, à trois folioles ovales, aiguës, surpassant la corolle par sa grandeur ; les pétales de la corolle sont au nombre de cinq, orbiculés, plus courts que le calice, s'ouvrans ; les filamens des étamines sont au nombre de cinq, en forme d'alêne, de la longueur de la corolle ; les antheres sont rondes ; le germe du pistil est ovale, le stil très-petit, fendu en trois, les stigmates obtus ; le péricarpe est une capsule coriacée, turbinée, ovale, à une loge & à trois valves ; les semences sont au nombre de six, rondes ; l'enveloppe ou épiderme est campanulée, crenellée, embrassant la semence en forme de calice.

CLASSE.

Ce genre fait partie de la cinquieme classe de Linnæus, qui comprend les plantes pétandriques monogyniques ; il ne s'en trouve qu'une espece.

ESPECE.

Cette espèce est la Cupane d'Amérique. *Cupania Americana. Cupania castaneæ folio, fructu sericeo & ramoso. Linn. Sp. pl. 290. Plum. Gen. 45.*

Description.

Ses feuilles sont alternes, ovales, oblongues, obtuses, dentelées en forme de scie, ayant des nervures transversales, épaisses ; ses fleurs sont monoïques, suivant la figure de Plumier.

Figure.

Cette espèce est représentée dans les Plantes du P. Plumier, planche 110.

Lieu de sa naissance.

Elle croît naturellement dans la partie méridionale de l'Amérique.

CUPRESSUS, *le Cyprès.*

NOMS GÉNÉRIQUES.

Ce genre de plantes est connu sous les noms de *Cupressus. Plin. Cuparissos, Hipocr. Cyparissus Latin. Galbulæ. Pin.* En François, Cyprès.

Description générique.

Le caractère de ce genre est d'avoir des fleurs mâles & femelles sur le même pied ; les fleurs mâles sont rassemblées en chaton ovale ; le chaton commun du calice est ovale, composé de fleurs éparses, & ayant des écailles à une fleur, rondes, pointues antérieurement, en forme de bouclier, au nombre de vingt ou environ ; il n'y a point de corolle ; il n'y a point aussi de filamens, la petite écaille du calice les remplace ; à chaque écaille naissent inférieurement quatre antheres. Les fleurs femelles sont rassemblées en cône rond ; le cône commun du calice est rond, composé depuis huit jusqu'à dix fleurons, & ayant des écailles à une fleur, opposées, ovales, convexes en-dessus, s'ouvrant ; il n'y a point de corolle ; le germe du pistil est à peine visible ; les points sont nombreux entre chaque écaille du calice, tronqués, concaves au sommet, ce sont peut-être des stils ; le péricarpe est un cône globuleux, fermé, s'ouvrant par des écailles orbiculées, angulées, en forme de bouclier, sous lesquelles se trouve une noix anguleuse, pointue, petite.

CLASSE.

Ce genre fait partie de la dix-neuvieme classe de Tournefort, qui comprend les arbres amentacés, & de la vingt-unieme de Linnæus, destinée aux plantes monœciques monadelphiques.

PREMIERE ESPECE.

La première espèce est le Cyprès toujours verd, dont il y a deux variétés. *Cupressus sempervirens. Cupressus floribus imbricatis, frondibus quadrangulis. Linn. Sp. plant. 1422. Gouan. Monsp. 495. Cupressus foliis imbricatis erectis. Hort. Cliff. 449. Hort. Ups. 288. Mat. Med. 433. Roy. Lugdb. 88. Dalib. Paris. 295.*

Premiere Variété.

La premiere variété est le Cyprès improprement appellé femelle. *Cupressus meta in fastigium convoluta, quæ fœmina Plinii, Inst. Rei Herb. 587. Cupressus. Bauh. Pin. 488. Cam. Epit. 52.* En Allemand, *Cypressen-Baum.* En Anglois, *Cypres-tree.* En Italien, *Cipresso.*

Description.

La racine de cette espèce, qui est un grand arbre, est ligneuse, rameuse ; sa tête forme une pyramide ; ses branches sont resserrées les unes contre les autres ; le bois est odoriférant, presque incorruptible ; les feuilles sont opposées, toujours vertes, en forme de petites écailles verdâtres, pointues, rangées en maniere de tuile le long de petits rameaux quadrangulaires ; les fleurs sont amentacées, mâles & femelles sur le même pied, d'où l'on voit qu'il est improprement appellé femelle ; les mâles sont composées de qautre antheres ou sommets d'étamines, attachés à la base d'une écaille obronde, aiguë ; l'assemblage des écailles formant un chaton ovale ; les femelles sont rassemblées en forme de petits cônes écailleux, obronds, composés de germes à peine visibles, placés à la base de chaque écaille, qui est ovale & convexe en-dessous; le fruit est un cône presque rond, composé de portions orbiculées, anguleuses, qui se séparent dans la maturité, & entre lesquelles on trouve de petites semences anguleuses, aiguës.

Deuxieme variété.

La deuxieme variété est le Cyprès improprement appellé mâle. *Cupressus ramos extra se spargens, seu mas. Tourn. Inst. 587. Cupressus semper virens mas.*

Description.

Cette variété ne differe de l'autre qu'en ce qu'elle étend ses branches çà & là, au lieu que le Cyprès femelle les rassemble à son sommet; il porte des fleurs mâles & des femelles, il est donc improprement appellé Cyprès mâle.

Figure.

Ces deux variétés sont représentées dans les *Plantæ Selectæ* de Trew, & dans la deuxieme partie de cet Ouvrage.

Lieu de sa naissance.

Elles croissent naturellement dans l'Isle de Candie.

DEUXIÈME ESPÈCE.

La deuxième espèce est le Cyprès de Virginie. *Cupressus disticha. Cupressus foliis distichis patentibus. Linn. Sp. plant. 1422. Hort. Cliff. 499. Hort. Upf. 289. Gron. Virg. 153. Roy. Lugdb. 88. Cupressus Americana. Catesb. Carol. 1. p. 11. Cupressus Virginiana, foliis acaciæ deciduis. Comm. Hort. 1. p. 113. Cupressus Virginiana, foliis acaciæ cornigeræ paribus & deciduis. Pluk. Almag. 125.*

Description.

Cet arbre est le plus haut & le plus gros qu'il y ait dans la Caroline, suivant Catesby, excepté l'arbre qui porte des tulipes; quelques-uns ont trente pieds de circonférence près de terre; ils s'élevent en diminuant toujours jusqu'à la hauteur de six pieds, où réduits au tiers de la grosseur dont ils sont au pied, ils continuent de croître ordinairement soixante ou soixante & dix pieds jusqu'à la tige avec la même proportion que les autres arbres; il sort d'une maniere singuliere, à quatre ou cinq pieds autour de cet arbre, plusieurs chicots de différentes formes & de différentes grandeurs, quelques-uns un peu au-dessus de terre, & d'autres depuis un pied de haut jusqu'à quatre, dont les têtes rondes sont couvertes d'une écorce rouge & unie. Ces chicots sortent des racines de l'arbre, & cependant ne produisent ni feuilles, ni branches, car l'arbre ne vient que de sa semence, qui est de la même forme que celle des Cyprès ordinaires, & contient une substance balsamique & odoriférante.

Figure.

Cette espèce est représentée dans le premier volume de l'Histoire Naturelle de la Caroline, par Catesby, tome 1., pl. 11; dans l'*Hort. Elth.* de Commelin, tome 1, planche 59; & dans l'*Almag.* de Plukenet, pl. 85, fig. 6.

Lieu de sa naissance.

Elle croît naturellement dans la Virginie, le Canada.

TROISIÈME ESPÈCE.

La troisième espèce est le Cyprès en forme de thuia. *Cupressus thyoides. Cupressus foliis imbricatis, frondibus ancipitibus. Linn. Sp. plant. 1422. Kalm. It. 2. p. 175. & 3. p. 114. Mill. Dict. 5. Cupressus nana marina, fructu cæruleo parvo. Pluk. Mant. 61.*

Description.

La feuillaison ou les rameaux avec les feuilles sont imbriqués & applatis exactement de la même maniere que le thuia, & le fruit qui est de la grosseur des baies de genievre, se fend comme dans le Cyprès.

Figure.

Cette espèce est représentée dans le *Mantissa* de Plukenet, pl. 345, fig. 1.

Lieu de sa naissance.

Elle croît naturellement dans les endroits humides du Canada.

QUATRIEME ESPECE.

La quatrième espèce est le Cyprès en forme de genevrier. *Cupressus juniperoides. Cupressus foliis oppositis decussatis subulatis patulis. Linn. Sp. plant. 2422. Cupressus foliis linearibus simplicibus cruciatim positis. Mill. Dict. n°. 6.*

Description.

Les feuilles de ce Cyprès sont simples, en forme d'alêne, ouvertes, disposées en forme de croix.

Lieu de sa naissance.

Il croît naturellement au Cap de Bonne-Espérance.

Culture générale.

On seme le Cyprès au commencement du printemps; il faut faire choix d'une planche de terre sablonneuse, seche & chaude; il faut bien l'applanir, puis on y semera la graine de ces arbres assez épais, après quoi on la couvrira d'un quart de pouce de la même terre tamisée. Si le temps est sec, on fera bien d'arroser ce semis, mais le plus doucement que faire se peut, de crainte de déterrer la graine, qui leve, si elle est bonne, au bout d'un mois ou environ; on nettoie pour lors soigneusement ce semis, & on réitere souvent les arrosemens, si le tems continue à être sec; on prendra cependant garde en arrosant de ne pas déchausser les petits arbres, qui ne tiennent en terre que par un petit nombre de fibres très-délicates. Il est hors de doute que si on seme la graine de Cyprès sur une couche tempérée, elle levera beaucoup plus promptement & plus sûrement qu'en pleine terre. Ces petits arbres peuvent rester deux ans dans le semis; au bout de ce temps on les mettra en pépiniere : il faut choisir pour cette opération un temps doux, & qui nous annonce de la pluie, sur-tout au commencement d'Avril, lorsque les vents desséchans de Mars cessent de se faire sentir.

La terre qu'on destine pour en faire une pépiniere doit être pierreuse & sablonneuse. Après l'avoir préparée par un labour, & l'avoir nettoyée de toutes les mauvaises racines qui peuvent s'y trouver, on tracera, par le moyen du cordeau, des rigoles à trois pieds de distance, le long desquelles on plantera, à huit pouces les uns des autres, les jeunes Cyprès, qu'on aura eu soin préalablement d'arracher avec leurs racines bien entieres, & s'il se peut en mottes.

Quand les jeunes pieds seront plantés, on ferrera la terre autour, & on entourera le bas de leur tige & le dessous de leurs racines de menue paille, après quoi on les arrosera pour coller la terre, ce qu'on réitérera deux fois par semaine, jusqu'à ce qu'ils soient entiérement repris.

Ces arbres peuvent rester trois ou quatre ans dans la pépiniere, plus ou moins, selon qu'ils auront bien ou mal poussé. Si on les y laisse plus long-temps, il faut pour lors de deux en ôter un le long des rangées, sans quoi leurs racines s'entrelaceroient tellement les unes dans les autres, qu'il ne seroit plus possible de les arracher, & par conséquent de les transplanter. Pour le faire à demeure, il faut les enlever en motte : voici comme on s'y prendra : vous ferez faire un fossé circulaire autour de chacun de ces jeunes Cyprès; vous couperez toutes les racines latérales qui passent, après quoi vous détacherez la motte par-dessous en l'amincissant avec la bêche, & vous couperez la racine qui pivote. Cela fait, vous ôterez toute la terre de dessus la motte jusqu'aux premieres racines latérales; & pour rendre les mottes encore plus légeres, vous ôterez par les côtés autant de terre qu'il sera possible, ensorte qu'il n'en reste que ce que les racines en peuvent soutenir; alors deux hommes pourront aisément porter l'arbre sur une civiere jusqu'à l'endroit où vous voulez le placer, ayant soin qu'on n'éboule pas la terre des mottes en les portant, par des mouvemens trop brusques. Si l'endroit destiné à la plantation est éloigné, il faudra mettre les mottes dans des paniers, & les envelopper de paille. Si on destine les jeunes plants à donner un jour du bois de construction, il faut les espacer à dix-huit ou vingt pieds en tout sens les uns des autres. Après les avoir plantés, serrez bien la terre contre les racines; mettez ensuite de la litiere autour du pied pour prévenir le desséchement, après quoi arrosez-les, ce que vous réitérerez quelquefois jusqu'à ce qu'ils soient bien repris. Votre plantation ainsi faite, ces arbres ne demandent alors pour tout soin que d'arracher de temps en temps les mauvaises herbes qui peuvent croître autour de leurs pieds. Le Cyprès femelle ne donne de bonnes semences que dans nos Provinces méridionales, d'où nous le faisons venir pour les semis qu'on fait à Paris. Cette semence vient dans des cônes, & on l'y laisse jusqu'au temps de la semaille, elle s'y conserve mieux; pour la tirer de ces cônes, on les expose à un feu doux. La semence de Cyprès mâle mûrit très-bien à Paris; la plupart des Botanistes ont regardé jusqu'à présent le Cyprès mâle & le Cyprès femelle comme deux espèces, mais ils sont actuellement revenus de leur erreur, puisque l'expérience nous apprend que la graine qui vient d'un de ces Cyprès, en produit des deux sortes. Il est cependant difficile à concevoir, si cela est, pourquoi le Cyprès mâle est plus dur que le Cyprès femelle; & pourquoi la graine du premier mûrit-elle plutôt à Paris que celle du second?

Pour ce qui concerne la culture du Cyprès d'Amérique, on le multiplie par ses graines; vous les semez au printemps dans une caisse garnie d'une terre légere & fraîche; vous placez cette caisse à l'exposition du levant; vous arrachez soigneusement les mauvaises herbes qui pourroient y croître, & vous l'arrosez convenablement, suivant que l'exige le plus ou le moins de sécheresse. Sur la fin de Septembre, vous changez cette caisse de place, vous l'abritez auprès d'un mur ou d'une haie, & vous la laissez ainsi passer l'hiver jusqu'au printemps suivant, temps où les jeunes arbres commencent seulement à lever; car ordinairement la graine reste un an en terre avant de pousser, à moins d'en accélérer la germination, en plaçant cette caisse sur une couche tempérée. Dans ce dernier cas, au troisième printemps, à compter depuis le moment que vous avez semé la graine, vous habituez peu-à-peu vos jeunes arbres à l'air libre; vous ôtez pour cet effet au mois de Mai de dessus la couche, la caisse où sont les petits Cyprès, vous la mettez dans un lieu ombragé, & vous ne l'exposez qu'au soleil levant. Tant qu'ils sont dans cette caisse, vous les sarclez souvent, & les arrosez de temps en temps; l'hiver suivant vous leur donnez l'exposition du midi, & vous les abritez d'un mur, car les jeunes plants sont délicats dans leur jeunesse, quoiqu'ils deviennent fort durs à la suite.

Sur la fin de Mars ou au commencement d'Avril, peu de temps avant que les jeunes arbres ne poussent, vous préparez un terrein pour en former une pépiniere; vous choisissez à cette fin une terre fraîche, & qui soit néanmoins située dans une exposition chaude; vous y plantez vos jeunes plants à un pied les uns des autres dans des rigoles espacées de dix-huit pouces. Le temps propre à cette transplantation est un temps nébuleux ou pluvieux; il est dangereux de la faire dans un temps sec, & lorsque le vent d'est domine. Si, malgré la saison indiquée, l'air ne se trouve pas encore assez doux & assez humide, vous agirez prudemment de retarder d'une quinzaine cette opération, plutôt que de mettre vos jeunes plants dans un danger imminent. Le replant fini, vous arrosez vos petits arbres, c'est le vrai moyen de coller la terre contre leur racine; vous répandez ensuite de la menue paille sur toute la terre nue de votre pépiniere, afin d'empêcher la sécheresse de pénétrer jusqu'aux fibres délicates des racines de ces arbres, ce qui seroit très-nuisible. Comme il y a à craindre un pareil inconvénient, lorsqu'on transplante ces jeunes plants, vous n'arrachez de la caisse qu'un seul Cyprès à la fois, à l'instant même que vous êtes prêt à le mettre en terre.

Pour agir encore avec plus de précaution, vous placez au sortir du semis chacun de vos arbres dans un petit pot rempli d'une terre forte & limonneuse; vous mettez ces pots sur une couche tempérée, garnie d'une arcade de cercles, par-dessus lesquels vous posez des paillassons, pour pouvoir donner de l'ombre à ces petits Cyprès, jusqu'à ce qu'ils soient bien enracinés : c'est là le vrai moyen de les faire reprendre, ils réussissent mieux qu'en pleine terre; il n'y a pour lors aucun accident à craindre qui les fasse périr lorsqu'on les ôte de ces pots, car il est facile de les en tirer en motte.

L'été suivant vous pouvez encore laisser ces pots enterrés dans une vieille couche, pourvu néanmoins que vous ayez soin de les bien arroser dans les temps secs, car ces sortes de Cyprès qui croissent dans les terres humides & dans les contrées basses & marécageuses de l'Amérique, périssent facilement pendant l'été, lorsqu'ils manquent d'eau. Le plus grand avantage qu'on tire des Cyprès d'Amérique, c'est que le plus grand froid ne peut leur nuire; mais ils périssent dans une terre seche : c'est pourquoi on doit avoir attention en les plantant de ne les jamais placer dans une pareille terre, ils y mourroient immanquablement faute d'eau pendant les chaleurs de l'été.

Comme ces arbres sont très-difficiles à reprendre lorsqu'on les transplante, on fera bien de les laisser dans des pots jusqu'à ce qu'ils soient parvenus à être assez forts pour être placés à demeure.

Les rameaux des Cyprès de l'Amérique ou de la troisième espèce, sont garnis de feuilles plates, toujours vertes, assez semblables à celles de l'arbre de de vie; ses cônes ne sont pas plus gros que ceux des cedres, c'est ce qui est cause que plusieurs Botanistes ont rangé cet arbre dans la famille des cedres, & qu'ils le désignent communément sous le nom de *Cedre blanc de Virginie*.

Si vous plantez cet arbre dans un endroit gras & humide, il croîtra très-vîte, fournira en peu du bois propre pour la construction, & deviendra pareillement l'ornement & la décoration des plantations d'arbres toujours verds.

La plupart des principes que nous venons d'exposer sur la culture du Cyprès, sont fondés sur les observations de Miller, Agriculteur Anglois; mais comme le climat n'est pas le même en France qu'en Angleterre, que d'ailleurs il varie même dans les différentes Provinces du Royaume, nous allons rapporter ici quelques essais qui ont été faits dans une de nos Provinces septentrionales sur la culture des Cyprès; ces essais pourront servir par la suite à poser des principes généraux : ils ont été rendus publics par M. le Bailly de Tschoudy.

« Me trouvant auprès de Milan, dit cet Auteur, au mois de Janvier 1765, je fis cueillir des cônes d'un beau Cyprès pyramidal qui étoit auprès d'une roche exposée au midi : je fus fort étonné de les trouver encore tout verts, je ne savois si je voulois les emporter; mais l'espérance que je conçus pour lors qu'ils pourroient mûrir pendant le transport, me décida, & en effet dans le voyage ils ont jauni; leurs écailles se sont entr'ouvertes d'elles-mêmes, & j'en ai tiré une assez grande quantité de graines; ces graines étoient creuses pour la plupart; je semai seulement celles qui se trouverent bonnes, & je suivis la méthode de M. Miller : cependant j'observai de les enterrer moins que les plus petites graines de pin, d'autant que ces graines étoient fort plates : elles m'ont donné vingt-trois petits Cyprès, dont les uns rassembloient & d'autres étendoient leurs branches; je m'apperçus que les Cyprès nouvellement levés demandent plus d'ombre que les melezes, car ayant découvert les uns & les autres aux mêmes heures, plusieurs des premiers furent grillés en un instant; il ne m'en resta que dix, qui passerent fort bien l'hiver dans une serre où il géloit un peu moins que dehors; mais les ayant mis sur une couche tempérée au commencement de Mars, j'en vis tous les jours sécher quelques-uns par le hâle de ce mois, quoiqu'ils fussent presque toujours couverts : un seul m'est resté, qui est à présent très-vigoureux; aussi est-il de l'espèce qui a ses branches horizontales. J'ai reçu de la Provence de la graine de Cyprès, continue M. de Tschoudy, elle a fort bien levé; j'en ai aussi reçu près de deux livres de Gênes, qui n'avoit pas été conservée dans les cônes, & qui ne m'est arrivée que sur la fin de Mai; j'en semai sur le champ quatre onces, & pareille quantité dans le mois de Juin. Cette graine leva bien plutôt que n'auroit fait celle que j'avois semée au mois d'Avril de l'année précédente, & en si grande quantité, que mes terrines ressembloient à des espèces de brosses vertes.

Ces petits Cyprès crurent avec une vîtesse étonnante, & ils se maintinrent en très-bon état jusqu'au temps où il fallut les garantir du froid; j'en fis placer une partie dans une serre, & je mis les autres sur une couche à vitrage. La terre des terrines qui étoient dans la serre dessécha extrêmement, & devint dure comme une pierre, ayant été battue par les arrosemens, & faute d'avoir eu la précaution de mettre des écailles d'huitre & de la brocaille au fond des terrines; cependant il ne fut pas possible de les arroser, attendu la forte gelée qu'il faisoit alors : premier inconvénient. 2°. Ma serre étant fort petite, & ayant cependant été obligé d'y ranger trois cens pots remplis de terre, il n'est pas douteux que l'air y étoit humide : autre inconvénient. 3°. On fut obligé de fermer les volets des fenêtres de la serre, à cause du grand froid qu'il faisoit à Metz en cette année 1767, puisque la nuit du 10 au 11 Janvier, le froid fut à 16 degrés & demi, tandis que dans la même ville en 1709, il ne fut qu'à 14 degrés & demi. Personne n'ignore que la lumiere donne aux plantes la couleur, & peut-être la consistance; on peut donc juger combien fut funeste pour les Cyprès la clôture des volets. 4°. Mes jeunes éleves se trouvoient en si grand nombre dans les terrines, qu'ils se touchoient; conséquemment les premiers endommagés communiquerent la contagion aux autres. Qu'est-il arrivé de tout cela? Les sommités de quelques-uns de ces éleves ont noirci de pourriture, & successivement toutes les parties de leurs tiges, & de-là tous les autres; en en tirant quelques-uns de terre, j'ai trouvé les fibres de leurs racines desséchées. Au mois de Février, je les fis néanmoins arroser; l'eau passa à travers la terre des terrines comme à travers un tamis; cette terre ne put s'humecter qu'à force d'eau, & elle devint pour lors comme de la boue, ce qui fit périr mes jeunes arbres plus vîte. Je les fis placer ensuite sur la fin de Mars, auprès des vitres ouvertes, cela les acheva. J'ai pensé pour lors que la gelée avoit eu le moins de part à leur destruction; ainsi de trois cent petits Cyprès que j'avois dans la serre, il ne m'en est pas resté un seul.

La terre des terrines que j'avois enterrées dans la couche à vitrage, ne se dessécha pas entiérement, mais la gelée y eût plus facilement accès que dans dans la serre; elle fit périr presque tous les petits Cyprès : il ne m'en restoit plus que dix-sept pour le premier Avril; de ces dix-sept il en mourut encore quelques-uns par les coups de soleil, & il ne m'en demeure plus actuellement que dix qui se portent bien, qui sont même très-vigoureux. Le reste de ma graine a été semée ce printemps pour réparer mes pertes; & comme je l'avois conservée dans du sable fin & sec, elle a levé aussi bien qu'elle avoit fait l'année précédente.

On voit par ces observations, conclut M. le Bailly de Tschoudy, que la graine de Cyprès tirée des pays chauds, leve fort aisément, mais que la difficulté consiste à faire passer le premier hiver aux jeunes plants; que le second printemps est encore l'époque d'une crise dont il n'est pas aisé d'éviter les mauvaises suites. Pour obvier à tout cela, je fais ôter au mois de Juillet de dessus la couche ombragée, les terrines où sont mes Cyprès nouvellement éclos; je les abrite auprès d'un mur exposé au soleil levant jusqu'aux fortes gelées; je les mets alors auprès d'un mur qui a l'exposition du midi. Si le froid est trop rude, je les couvre de feuilles seches. Au second printemps, je remets les caisses à l'exposition du levant, ainsi que l'année d'auparavant, & j'en plante le plus grand nombre dans des pots pour les y laisser jusqu'à ce qu'ils soient propres pour être mis sur place, conformément aux principes de l'Agriculteur Miller ».

M. de Tschoudy a observé que lorsqu'on tire de terre un Cyprès au mois d'Octobre, ses racines se trouvent terminées par un bouton noir; au mois de Mars le bouton s'enfle, s'alonge & blanchit. C'est par le développement de ces boutons que les racines de ces arbres se continuent. Si l'on retranche ces boutons des racines, elles ne s'alongent plus, & n'en poussent point d'autres des bords de la coupure. Il est facile par cette observation de démontrer de quelle importance il est de transplanter ces arbres avec leurs racines entières quand ils sont petits, & avec leurs mottes quand ils sont un peu forts.

Tel est le détail des observations de M. de Tschoudy pour les années 1766 & 1767; mais ce célebre Cultivateur n'en resta pas là, il renouvella ses expériences en 1768, & en voici le résultat.

1°. De la graine de Cyprès, dit-il, semée dans des caisses sur une couche tempérée, ombragée & couverte de bois pourri, mêlée d'une terre sablonneuse, a réussi au-delà de mes espérances; mes caisses en étoient si garnies, qu'elles avoient l'air d'une forêt en miniature: une sur-tout me fit beaucoup de plaisir, parce que les Cyprès y étoient plus hauts du double que les autres, ce qui provenoit sans doute de ce que j'avois distribué la graine également.

2°. De la graine de Cyprès de trois ans qui me venoit de Milan, & que j'avois conservée dans du sable fin & sec, a été semée en des caisses enterrées les unes contre une haie exposée au levant, les autres contre un mur à pareille exposition, sans autre couverture qu'un filet pour empêcher les oiseaux, les chats & autres animaux d'y gratter. Cette graine a levé fort épais, & les petits Cyprès qui en sont provenus ont très-bien profité, quoiqu'ils n'aient été arrosés que très-rarement. Comme ils ont été moins rechauffés que ceux de l'expérience précédente, ils sont un peu moins vigoureux, & quelques-uns se sont desséchés.

3°. Les caisses contenant des Cyprès élevés sur couche, ont été placées pour passer l'hiver sous une grande caisse à vitrage; ces jeunes arbres s'y sont parfaitement bien conservés: une de ces caisses a été mise dans la serre, & n'a pas non plus périclité; cependant il y a gelé pendant l'hiver 1768 autant que pendant l'hiver 1767, où tous mes jeunes Cyprès y sont morts, ce qui provient sans doute de ce que les jeunes Cyprès que j'ai élevés cette année étoient plus forts que ceux de l'année précédente, ayant été semés plutôt & rechauffés plus souvent.

4°. Des Cyprès de l'année, contenus dans une caisse qu'on a enterrée pour passer l'hiver contre un mur exposé au midi, ne paroissent pas jusqu'à présent avoir beaucoup souffert: c'étoit à la fin du printemps.

5°. Un Cyprès pyramidal de trois ans ayant été placé à la même exposition, mais un peu loin du mur, a perdu sa fleche; & dix Cyprès qui n'avoient que deux ans, posés à côté de celui-là, se sont très-bien conservés.

6°. Ayant levé vers la S. Jean des petits Cyprès âgés de deux mois au plus des caisses où ils étoient nés pour les planter dans d'autres caisses à deux pouces les uns des autres, & les ayant tenus à l'ombre jusqu'à ce qu'ils fussent repris, la plupart ont réussi; ils ne sont pas devenus si hauts que ceux qui ont été laissés dans le semis, mais ils sont plus gros & plus rameux.

Insecte qui se trouve sur le Cyprès.

On trouve, suivant M. Gouan, dans le bois du Cyprès le capricorne triste. *Carambyx tristis. Carambyx thorace spinoso niger, elytris fuscis maculis duabus atris, antennis mediocribus. Linn. Syst. Nat. edit. XII. 629.* Les antennes de ce capricorne sont noires; le corcelet est supérieurement roussâtre; les étuis sont brunâtres, & ont deux taches noires, dont l'une antérieure, & l'autre postérieure.

Analyse chymique.

M. Geoffroy a analysé les fruits du Cyprès qui sont les seules parties en usage en Médecine, & qu'on connoît sous les noms de *Nuces Cupressi, pilulæ Cupressi, galbuli, & gallulæ.* De cinq livres de noix de Cyprès, fraîches & distillées à la cornue, il est sorti deux livres quinze onces cinq gros vingt-quatre grains de liqueur limpide d'une odeur de résine & de térébenthine, un peu acide, ensuite roussâtre, d'une odeur & d'une saveur un peu empyreumatique, fort acide & austere; deux onces quatre gros douze grains de liqueur roussâtre, imprégnée de beaucoup de sel volatil urineux; trois onces cinq gros quinze grains d'huile en partie fluide & jaunâtre, qui nageoit sur l'eau, & en partie de la consistance de graisse, & qui alloit au fond de l'eau.

La masse noire qui est restée dans la cornue pesoit quatorze onces six gros trente-six grains, laquelle étant calcinée, a laissé deux onces dix-huit grains de cendres, dont on a tiré par la lixiviation une once quarante-neuf grains de sel fixe purement alkali. La perte des parties dans la distillation, a été de sept onces sept gros, & dans la calcination de douze onces six gros dix-huit grains.

Propriétés médicinales.

Le fruit du Cyprès est des plus astringens; si on le pulvérise & si on l'applique extérieurement sur les plaies, il en arrête l'hémorrhagie. On prétend que cette même poudre prise intérieurement est un fébrifuge. Dioscoride conseilloit ce fruit dans les diarrhées & la dyssenterie; on le donne pour lors en décoction dans du vin à la dose d'un gros. Ses feuilles mises en poudre & arrosées de vin qui n'a pas cuvé, sont recommandées par plusieurs Praticiens comme un excellent cataplasme pour les écrouelles, les tumeurs œdemateuses & les hernies; on réitere tous les jours ce cataplasme jusqu'à parfaite guérison. De savans Auteurs nous vantent beaucoup la vertu qu'a le Cyprès de bonnifier l'air, en le chargeant d'exhalaisons balsamiques très-saines aux poumons; c'est pourquoi les anciens Médecins des pays orientaux avoient coutume d'envoyer dans l'Isle de Candie, alors pleine de ces arbres, les poitrinaires les moins curables, qui s'en retournoient ordinairement guéris par la seule vertu de l'air qu'ils venoient de respirer.

Propriétés économiques.

Il y a peu d'arbres dont on puisse retirer plus d'utilité que du Cyprès; on fait en Orient grand usage de son bois pour la charpente & la construction des bâtimens. Cet arbre n'est pas d'une petite valeur lorsqu'il est assez gros pour en faire des planches; & suivant ce qu'assure M. Miller, il ne lui faut pas plus de temps pour parvenir à ce point qu'à un chêne. On appelle dans l'Isle de Candie *dos filiæ* les plantations de Cyprès, & en effet les Candiots les donnent pour dot à leurs filles. On peut substituer au cedre le bois de cet arbre, qui est très-odorant; il passe pour incorruptible, & n'est sujet ni à être carié ni dévoré par les insectes; il empêche même que les mittes ne gâtent les étoffes de laine qui se trouvent renfermées dans les caisses qu'on en a construites; plusieurs Menuisiers l'emploient souvent à ce dessein, lorsqu'il s'agit de faire des garderobes.

M. Duhamel, ce grand Cultivateur de la France, dit avoir dans sa terre un enclos fermé par des poteaux de Cyprès, qui, malgré qu'ils soient fichés en terre depuis plus de trente ans, sont encore actuellement aussi sains que si on venoit seulement de les y mettre. Quel bois pourroit-on trouver qui puisse se conserver aussi long-temps? C'est pourquoi cet Auteur observe avec raison que des Cyprès qui auroient sept ou huit pouces de diametre, seroient très-propres pour faire des contr'espaliers, pour palissader des villes de guerre, & pour beaucoup d'autres usages où le chêne ne dure guère plus que sept à huit ans; les jeunes branches de ces arbres pourroient aussi convenir à faire des échalas & des treillages d'espalier. Théophraste nous apprend que les portes du Temple d'Ephese étoient faites de ce bois incorruptible. L'Histoire rapporte aussi que les portes de S. Pierre à Rome, qui en étoient, ont duré depuis Constantin le Grand jusqu'au temps du Pape Eugene IV, c'est-à-dire pendant l'espace de onze cens ans, & ces portes étoient encore très-bonnes lorsque le Pape les a fait remplacer par des portes d'airain. C'étoit avec des Cyprès, si l'on en croit Thucydide, qu'on faisoit les cercueils dans lesquels les Athéniens brûloient leurs héros. Les caisses où l'on enferme les momies qu'on nous envoie d'Egypte sont aussi de ce bois; son odeur forte & balsamique ne contribue pas peu à la conservation des cadavres; & même dans les pays chauds on tire de leurs branches par incision une résine qui, suivant Bellon, est très-propre pour embaumer les corps morts. Ceux qu'on cultive en France ne nous fournissent point de résine; mais l'écorce des jeunes branches de ces arbres laisse transuder une petite quantité de substance qui paroît comme des points blancs à la vue, mais qui examinés à la loupe, ressemblent à des petits morceaux de gomme adragante: les abeilles se donnent bien de la peine pour les détacher: peut-être emploient-elles cette matière pour leur propolis. Les Romains ont consacré les Cyprès à Pluton; on en mettoit anciennement à la porte des maisons où il y avoit quelques personnes de qualité mortes.

Il seroit donc très-avantageux à la France de pouvoir cultiver les Cyprès ordinaires; le Cyprès de la deuxième espèce y seroit aussi très-favorable. Comme il croît dans les endroits aquatiques, quelle plantation pourroit-on trouver meilleure pour les terreins marécageux, où rarement les arbres résineux peuvent subsister? Cette espèce parvient à une hauteur & à une grosseur considérables; il s'en trouve qui ont jusqu'à soixante & dix pieds de haut, & quelques toises de tour. Lord Catesby, qui nous a donné l'Histoire Naturelle de la Caroline, assure que cet arbre croît dans les endroits où il y a jusqu'à quatorze pieds d'eau. Le Cyprès de la troisième espèce réussiroit aussi à merveille en France; les Naturels du pays l'emploient à différens usages.

Propriétés d'ornemens.

Le Cyprès n'est pas seulement utile, mais il est encore agréable; on en voit de belles avenues dans le Languedoc, la Provence. Cet arbre fait un si bel effet dans les jardins, qu'on peut dire qu'il manque quelque chose aux plus parfaits lorsqu'ils en sont dépourvus. Les maisons de campagne des Italiens doivent une partie de leurs agrémens à ces arbres; leurs tiges pyramidales s'élevent fort haut sans branches qui puissent gêner la vue, accompagnent merveilleusement les bâtimens, auxquels ils donnent un certain air pittoresque par le bel effet de leurs rameaux d'un verd-noir, qui se peignent sur les murs blancs; par-tout où il y a des maisons, des orangeries, des cabinets à la Campagne, il faut y placer des Cyprès: rien ne figure mieux dans les Jardins, si on fait les y mettre avec goût. Le Cyprès de la troisième espèce mérite, par son port régulier, d'obtenir aussi une place parmi les arbres toujours verds, dont il augmente la diversité.

CURATELLA, *la Curatelle.*

Description générique.

Le caractère de ce genre de plantes est d'avoir le périanthe du calice monophyle, s'ouvrant, extérieurement velu, partagé en quatre ou cinq lobes ronds, dont les deux plus grands se trouvent dans celui qui est partagé en quatre, & seulement un plus grand dans celui qui est partagé en cinq; les pétales de la corolle sont blancs, au nombre de quatre ou cinq, suivant le nombre des lobes du calice, concaves, ronds, insérés aux onglets par le réceptacle des étamines & du pistil; les filamens des étamines sont nombreux, au nombre de soixante, oblongs, disposés au-dessous du pistil en plusieurs ordres; les antheres sont ovales, à deux loges; les germes du pistil sont au nombre de deux, ronds, hérissés, réunis à la base; les stils sont aussi au nombre de deux, oblongs; les stigmates sont en forme de tête; les capsules du péricarpe sont au nombre de deux, charnues, hérissées; chacune est à une loge, bivalve, s'ouvrant en dehors.

CLASSE.

Ce genre fait partie de la treizième classe de Linnæus, qui comprend les plantes polyandriques monogyniques; cet Auteur n'en admet qu'une espèce.

ESPECE.

Cette espèce est la Curatelle de l'Amerique. *Curatella Americana. Linn. Sp. plant. 748. Læfl. It. 260. Curatella polygonum arborescens? Carata vulgo. Læfl. It. pag. 260. n°. 135. Aubl. 579.*

Description.

Le tronc de cet arbre s'éleve de sept à huit pieds sur huit à dix pouces de diametre: il n'est jamais bien droit, on le trouve toujours tortueux; son écorce est roussâtre, épaisse, ridée, gersée, & tombe par plaques plus ou moins grandes; son bois est rougeâtre & compacte; il pousse à son sommet des branches tortueuses, raboteuses & rameuses, chargées à leur extrêmité de fleurs & de feuilles rangées au-dessus alternativement près-à-près; les feuilles sont sessiles, vertes en-dessus, & très-âpres au toucher, plus pâles en-dessous & moins âpres, de forme ovale, pliées & ondées; leurs bords sont inégalement sinués, chaque sinuosité est terminée par une pointe à laquelle aboutit une nervure latérale. Les bourgeons sont formés par des feuilles naissantes qui sont dans cet état chargées d'un léger duvet soyeux & blanchâtre; les fleurs naissent en grappes précisément au-dessous de l'impression qu'ont laissée les feuilles de l'année précédente après leur chûte; elles sont en grand nombre, & garnissent alternativement une grande partie des rameaux au-dessous des feuilles qu'elles terminent; les grappes ont à leur naissance deux écailles longues, étroites & aiguës; leurs branches, les péduncules de chaque fleur en ont deux pareilles à leur base; le calice est d'une seule pièce, divisé profondément en quatre ou cinq parties verdâtres, arrondies, concaves, extérieurement velues; lorsqu'il y a cinq divisions, il y en a une plus grande que les quatre autres. La corolle est à quatre ou cinq pétales blancs, suivant les divisions du calice; ils sont concaves, arrondis & attachés au support des étamines & du pistil par un petit onglet; les étamines sont en grand nombre,

M. Aublet en a compté environ soixante sur plusieurs fleurs ; elles sont placées sur plusieurs rangs près-à-près sur le support du pistil dont elles couvrent le bas; leur filet est grêle, blanc, long ; l'anthere est jaune, ovoïde & à deux bourses ; le pistil est composé de deux ovaires réunis ensemble à leur base, & ensuite écartés l'un de l'autre ; ils sont ovoïdes, hérissés de poils, surmontés d'un stil blanc, charnu, terminés chacun par un stigmate vert & arrondi; les deux ovaires deviennent deux capsules molles, arrondies, couvertes d'un poil cendré; elles s'ouvrent en deux valves de la pointe à la base, du côté de leur face interne ; elles contiennent chacune deux semences oblongues, lisses, brunes, arrondies & enveloppées d'une membrane charnue & blanche ; elles tiennent par cette membrane au fond de chaque loge : ces capsules, en se desséchant sur l'arbre, s'ouvrent & laissent tomber les deux semences qu'elles contiennent.

Figure.

Cette espèce est représentée dans l'Histoire des Plantes de la Guyane Françoise, par M. Aublet, planche 232.

Lieu de sa naissance.

Elle croît naturellement dans l'Amérique; M. Aublet en a trouvé dans les Savanes qui sont auprès de la montagne de Courou, peu éloignés des Cerbets des Galibis qui habitent ce canton. Cet arbre est en fleur & en fruit dans le mois d'Août.

Propriétés économiques.

Les Galibis se servent de ses feuilles pour polir leur couis, leurs arcs & leurs boutous ou assommoires.

CURCUMA, *le Curcuma.*

NOMS GÉNÉRIQUES.

Ce genre de plante est connu sous les noms génériques de *Curcuma Plin. Offic. Kua. Hort. Malab. Akua. Bram. Kuning. Rumph. 5. Allouia. Plum. Curcuma longa. Officin. Monjellakua. Hort. Mal. Aladi. Bram. Kaa. Zeyl. Terra merita. Offic. Maujakua. Hort. Mal. 11. Dauikua. Bram. Zerumbet. Offic. Rumph. 5. Katsjula kelengu. H. Mal. 11. Sonchorus. Rumph. 5. Tsjonkor. Jav. Sonchorus. Rumph. 5. Tsjonkor. Jav. Vanom. Kæmpf. 902. Aroorchis. Burm. Zeyl. Kæmpf. Linn. Curcuma rotunda. Offic. Malankua H. Mal. Bents Japo. Bram. Kanior. Jav. Lavandou. Sin. Zedoaria rotunda. Pin. Mala Inschikua. Hort. Mal. 11. Giri koliniane. Bram.* Tous ces noms sont, suivant M. Adanson, les synonymes du Curcuma ; M. Linnæus les rapporte cependant à plusieurs genres.

Description générique.

Le caractere de ce genre est d'avoir le périanthe du calice supérieur, fané ; le tube du pétale est étroit, le lymbe partagé en trois lobes lancéolés, qui s'ouvrent, mais qui s'ouvrent davantage à un sinus; le nectaire est monophyle, ovale, pointu, plus grand que les lobes du pétale, inséré au sinus de ce pétale qui s'ouvre le plus ; les filamens des étamines sont au nombre de cinq, dont quatre droits, linéaires, sans anthere ; le cinquième est entre le nectaire, linéaire, en forme de pétale, à sommet fendu en deux, avec une anthere ; le germe du pistil est rond, inférieur ; le stil est de la longueur des étamines ; le stigmate est simple, crochu ; la capsule est ronde, à trois loges & à trois valves ; les semences sont nombreuses.

CLASSE.

Cette plante fait partie de la premiere classe de Linnæus; cet Auteur en admet deux espèces.

PREMIERE ESPECE.

La première espèce est le Curcuma rond. *Curcuma rotunda. Curcuma foliis lanceolatis ovatis, nervis lateralibus rarissimis. Linn. Sp. plant. 3. Curcuma foliis ovatis utrinque acuminatis, nervis lateralibus paucissimis. Roy. Lugdb. 12. Flor. Zeyl. 6. Curcuma. Rumph. Amb. 5. p. 162. Manja-kua. Rheed. Hort. Malab. 11. p. 19.* A Malabar, *Manja.* Chez les Brames, *Davikua.* Chez les Portugais, *Raiz do Zafrao.* A Malaca & Macassar, *Cuning, Cunjet.* A Java, *Cunyn.* A Baleya, *Cunit.* A Bandi, *Cunil.* A Amboine, *Unin.* A Ternate, *Goratschi.* En Chine, *Uin-kion.* En Hollande, *Boribori wortel, Bori bori, Curcuma & Carcumani, Avic.*

Description.

Cette espèce ne differe de la suivante que par sa racine, qui est ronde, & par les nervures latérales, qui sont en plus petit nombre.

Figure.

Elle est représentée dans l'*Hort. Malab.* tome 11, pl. 67; dans l'*Herbarium Amboinense*, t. 5, pl. 67, & dans la deuxième partie de cet Ouvrage.

Lieu de sa naissance.

Elle croît naturellement dans l'Inde, à Malabar, à Amboine, à Ceylan.

Observation.

On ne trouve dans les boutiques que la racine de cette plante, & même fort rarement ; elle est tubéreuse, arrondie, grosse comme le pouce, compacte, charnue, jaune en-dehors ; en la coupant transversalement, on y remarque des cercles jaunes, rouges; elle a le goût & l'odeur du safran & du gingembre, mais d'une manière plus foible que l'espèce suivante; ses vertus sont aussi plus foibles ; aussi n'est-elle point en usage dans la Médecine.

DEUXIEME ESPECE.

La deuxième espèce est le Curcuma long, le Souchet des Indes, le Safran des Indes. *Curcuma longa. Curcuma foliis lanceolatis, nervis lateralibus numerosissimis. Linn. Sp. plant. 3. Curcuma foliis lanceolatis utrinque acuminatis, nervis lateralibus numerosissimis. Roy. Lugdb. 12. Flor. Zeyl. 7. Mat. Med. 5. Curcuma radice longa. Herm. Lugdb. 208. Manjella kua. Rheed. Hort. Mal. 2. p. 21. Curcumæ flos. Mus. Zeyl. 30. Cannacorus radice crocea, sive Curcuma officin. Inst. Rei Herb. p. 367. Curcuma, sive crocus Indicus, subterrestris, Lusitanis safranda tierra Ammon. H. Boston. Safrano dell' Indie. Acost. edit. Ital. p. 193. Curcuma foliis longioribus & angustioribus. Breyn. Prodr. 2. p. 40. Cyperus Indicus Dioscoridis. Matth. p. 27. Zinziberis facie radix longa, intus flava, Malaicè kunhet linschot, part. 3. Ind. Orient. Cap. 14. Cypira. Plin. Crocus Indicus, Arabibus curcum, officinis nostris radix curcumæ dictus Bontii. Curcuma longa seu terra merita officin. Cyperus Indicus zingiberis facie. Diosc.*

Description.

La racine de cette espèce est tubéreuse, ronde, coudée

coudée comme celle du gingembre, de la grosseur du doigt, noueuse, avec quelques fibres un peu grosses qui naissent de côté & d'autre de chaque nœud, pâle en-dehors, & un peu rude, jaune en-dedans, & à la suite du temps tirant sur le pourpre, pesante, solide & d'une substance jaune, compacte, en manière de suc bien condensé, d'un goût huileux, âcre & amer, d'une odeur agréable; chacun de ses nœuds pousse des feuilles d'un beau verd, applaties, longues de sept à huit pouces, larges de cinq à six, terminées en pointe, ayant une infinité de nervures latérales; du milieu de ces fleurs s'éleve une tige à la hauteur de neuf pouces, grosse comme une plume à écrire, succulente, cylindrique, nue inférieurement, mais depuis le milieu elle est garnie de petites feuilles disposées comme par écailles les unes sur les autres, ce qui donne à cette portion supérieure de la tige la forme d'un gros épi; entre ces écailles naissent des fleurs que nous avons décrites ci-dessus, en donnant la description du genre.

Figure.

Cette espèce est représentée dans l'*Herm. Lugdb.* planche 209; & dans l'*Hort. Malab.* tome 2, planche 11.

Lieu de sa naissance.

Elle croît naturellement dans le Malabar, le Cananor, le Calecut, l'Isle de Ceylan, où elle est très-commune.

Culture.

Elle fleurit rarement en France, mais elle n'y donne point de graines; l'une & l'autre espèce sont très-délicates: elles ne vivent point dans nos contrées, à moins qu'on ne les tienne dans une serre chaude. On les multiplie par leurs racines qu'on partage; la meilleure saison pour cette opération est le printemps, avant que les racines aient poussé de nouvelles feuilles; on plante ces racines dans des pots garnis de terreau; on met ces pots dans la serre chaude, & on les enfonce dans le tan. En été, quand ces plantes poussent, on les arrose souvent, mais on ne leur donne pas beaucoup d'eau à la fois; on leur donne aussi beaucoup d'air lorsqu'il fait bien chaud. Quand les feuilles sont tombées, on les arrose bien peu, & on les tient à une chaleur tempérée, sinon elles périssent. Ces plantes fleurissent pour l'ordinaire en Août; mais il n'y a que les racines fortes qui fleurissent, par conséquent il ne faut pas les diviser en petites portions, si l'on veut avoir des fleurs.

Analyse chymique.

La racine, qui est la seule partie en usage en Médecine, est composée de parties terreuses, résineuses, gommeuses, huileuses & spiritueuses, camphrées. On ne peut guère faire voir le camphre en substance dans la racine trop seche; on en tire de la fraîche en petite quantité à la vérité, encore faut-il beaucoup de cette racine. L'huile éthérée, qui est d'une couleur d'or, d'une saveur & d'une odeur assez fortes, s'y trouve en très-petite quantité, & on en tire à peine un scrupule ou un demi-gros d'une livre entière. La première infusion aqueuse est d'une couleur jaune spadiée, d'un goût un peu amer & balsamique, nauséeux, de l'odeur de la racine. L'extrait qui en résulte, après qu'on l'a fait épaissir, a l'odeur du Curcuma, & d'une couleur rousse, tirant sur le noir, d'une saveur douce, aromatique, un peu amère & salée, c'est là même le goût qui domine le plus: une once en donne environ deux gros. La première infusion spiritueuse est d'un fort beau rouge, teint cependant en jaune les doigts, les parois du verre, les vases d'argent, &c.; elle a plus l'odeur de l'esprit-de-vin que du Curcuma; elle est d'un goût assez âcre, aromatique & en même temps nauséante. Les analyses font voir que le principe gommeux & le résineux qui s'y trouvent presqu'en même quantité, sont tellement mêlés ensemble, qu'il n'est guère possible de les séparer; & même tout ce qu'on en tire fait voir que la vertu de cette racine ne dépend pas moins de son principe fixe résineux gommeux, que de son principe volatil, huileux, spiritueux.

Propriétés alimentaires.

Il n'y a dans l'Orient aucune famille qui n'emploie cette racine comme un bon assaisonnement dans tous leurs mets; aussi l'y cultive-t-on par-tout: elle sert à ces peuples de safran, de poivre & de gingembre; on la fait infuser dans des liqueurs & ratafiats, pour leur donner une belle couleur & de la force.

Propriétés médicinales.

Cette racine passe en Médecine pour être apéritive, diurétique, fondante, tonique, stimulante & antiscorbutique; on la donne en substance à la dose d'un demi-gros au plus, mais le plus communément on la mêle à quinze ou vingt grains avec les autres apéritifs antiscorbutiques; on la donne en infusion à la dose d'un gros ou de deux dans une chopine de vin blanc: c'est la meilleure façon de l'employer; on peut aussi l'ordonner en décoction dans de l'eau à la même dose, & il faut la faire bouillir une heure. On ordonne cette racine comme spécifique dans le scorbut, & on l'associe avec les autres antiscorbutiques; on la mêle à la dose de douze grains avec le zédoaire & la rhubarbe. Quand il s'agit de rétablir un estomac froid, on la donne une heure avant le repas. On mêle le Curcuma aux opiates fébrifuges. Comme stimulant, il convient dans l'hydropisie & la leucophlegmatie. Le Curcuma est contraire aux tempéramens bilieux, secs, & dont l'estomac est chaud. Les préparations du Curcuma ne sont point d'usage; quelques-uns cependant le recommandent dans la jaunisse.

M. Vogel prétend que le Curcuma est incisif, résolutif; aussi, selon lui, est-il très-propre pour les obstructions des visceres du bas-ventre, & comme un spécifique pour lever les engorgemens des canaux biliaires; il est emmenagogue, il fait couler les urines, & leur donne en même temps une couleur jaune. Réduite en poudre, la dose de cette racine est depuis un demi-gros jusqu'à un gros, & en infusion jusqu'à une once.

Formules.

1°. Prenez *Curcuma* pulvérisé un demi-gros, safran cinq grains, sel volatil de corne de cerf fixe dix grains, syrop des cinq racines apéritives ou d'armoise suffisante quantité; faites un bol pour la jaunisse, l'obstruction de la matrice & la suppression des regles.

2°. Prenez *Curcuma* une demi-once, trochisques de vipere trois gros, rhubarbe pulvérisée & safran, de chacun un demi-gros, conserve de grande chelidoine une once, syrop de fumeterre suffisante quantité; faites une opiate, dont la dose est de deux gros deux fois le jour pour guérir la jaunisse; ou bien,

3°. Prenez *Curcuma* une demi-once, safran quinze grains, rhubarbe deux gros; infusez à froid dans douze onces de bon vin pendant douze heures; passez la liqueur, & partagez-la pour deux fois.

Propriétés économiques.

La racine de cette espèce teint en jaune comme le safran; cette couleur est belle, mais elle passe facilement, & n'est pas aussi durable que la gaude; cette racine est admirable pour rehausser la couleur rouge des étoffes teintes avec la cochenille ou le kermès, comme les écarlattes. Les Indiens emploient cette racine, comme nous, pour la teinture; les Teinturiers, les Gantiers, les Parfumeurs & plusieurs autres Artistes ont éprouvé que la racine de la première espèce coloroit ou teignoit moins bien en jaune que le Curcuma long, qui, mis en poudre, est d'un jaune-rouge. Quelques Artistes ont l'art de fixer sa teinte jaune sur certains métaux, pour leur donner une couleur d'or; on l'emploie aussi pour jaunir les boutons de bois qu'on veut couvrir de fil ou de trait d'or.

Propriétés d'ornemens.

Les Indiens mettent du Curcuma avec des fleurs odorantes dans les pommades dont ils se frottent le corps.

CUSCUTA, *la Cuscute.*

NOMS GÉNÉRIQUES.

Ce genre de plantes est connu sous les noms de *Cuscuta. Camer. Kassura, Kadula, Kadutas, Kedois, Epitumen Diosc. Embolucrum Rom. Podagra Lini. Cæs. Linodesmon. Gesn.*

Description générique.

Le caractère de ce genre de plantes est d'avoir le périanthe du calice monophylle, en forme de verre, fendu par moitié en quatre, obtus, charnu par la base; la corolle est monopétale, ovale, un peu plus longue que le calice, à bouche fendue en quatre, obtuse; le nectaire est formé de quatre écailles linéaires, fendues en deux, aiguës, attachées à la corolle vers la base des étamines; les filamens des étamines sont au nombre de quatre, en forme d'alêne, de la longueur du calice, les anthères sont rondes; le germe du pistil est rond; les stils sont au nombre de deux, droits, courts; les stigmates sont simples; le péricarpe est charnu, rond, à deux loges, environné autour; les semences sont au nombre de deux.

CLASSE.

Ce genre fait partie de l'Appendix de Tournefort, & de la quatrième classe de Linnæus, qui comprend les plantes tetandriques digyniques; cet Auteur en admet trois espèces.

PREMIERE ESPECE.

La première espèce est la Cuscute d'Europe. *Cuscuta Europæa. Cuscuta floribus sessilibus. Linn. Sp. pl. 180. Cuscuta nuda repens filiformis. Flor. Suec. 138. 144. Mat. Med. 55. Dalib. Paris. 53. Cuscuta nuda repens funiformis. Sauv. Monsp. 11. Cuscuta Cam. Epit. 984. Cuscuta major. Pin. 63. Tourn. Inst. Rei Herb. 652. Edit. Lugdb. Cels. Ups. 9. Muralt. 664. Zanich. 75. It. 138. Bross. 47. Hist. Lugdb. Edit. Gall. 544. Fig. Tourn. Hist. Plant. Paris. Vaill. Bot. Paris. Prodr. & Bot. Par. Garid. Hist. plant. Aquisext. Hort. Reg. Par. Part. Prior. Magn. Ind. Plant. Circa Monspel. Cuscuta sive cassuta. Dodder. G. 577. 10. Merr. Pinn. Cassitha. Tabern. It. 901. Lob. Observ. 233. Advers. 182. Cassyta. Gesn. Hort. 2. 251. B. Cassuta. Ruell. 444. Fusch. Hist. Plant. C. CXXXII. Fig. & Plant. Affig. 196. Dod. Pempt. 554. Fig. Cassuta sive Cuscuta. J. B. 3. 266. Fig. Cassuta Plinii, Cuscuta Officin. Lob. 427. Lugdb. Cuscuta foliis cordatis, alternis, floribus conglobatis. Guett. Act. Acad. Scient. 1774. p. 180.* En Anglois, *Dotter. Hell Weed. Devel's guts.* En Allemand, *Seide, Seidenkraut, Flacht Seide, Vogel Seide, Fravenhaar, Filtzkraut, range.* En Suédois, *Snarreswa, Skort, Hummelbinda, Silke, Tœbengrœs.* En Danois, *Horsilke.*

Description.

M. Guettard décrit ainsi cette plante dans les Mémoires de l'Académie Royale des Sciences, année 1744. C'est, dit-il, une plante qui jette de longues tiges, qui, par le moyen de petits tubercules, s'attachent, s'entortillent autour des autres plantes du bas en haut, ou bien sur lesquelles elles s'étendent horizontalement, ou en pendant de la longueur d'un pied ou deux, & même plus. Cette plante a d'abord pour toute racine un filet qui pénetre la terre, où il se desseche bientôt; alors elle n'a pour racines que des tubercules coniques d'environ une ligne de longueur & d'une demie dans leur plus grande largeur, arrangés au nombre de deux, trois ou quatre, jusqu'à celui de douze, quinze ou vingt sur la partie concave des courbures de la tige, qui est dans ces endroits plus grosse, plus renflée que dans le reste. Les tubercules sont d'abord fermés à leur pointe, ensuite ils s'ouvrent, s'évasent, prennent la forme d'une ventouse, dont les bords seroient chagrinés, & s'attachent à la plante qui doit nourrir la Cuscute.

Les tiges de celles-ci sont rondes, cassantes, épaisses d'une ligne au plus, longues depuis un demi-pied jusqu'à un ou deux pieds, & même plus, coupées de plusieurs nœuds qui donnent naissance à des branches semblables aux tiges, & qui poussent de leurs nœuds d'autres branches qui se ramifient ainsi plusieurs fois; à chacun des nœuds se trouve placée alternativement de chaque côté des tiges & des branches, une petite feuille courbe, large dans son milieu d'environ une ligne, qui finit en pointe, & qui embrasse une ou plusieurs jeunes branches, selon qu'il en a poussé, & souvent un bouquet composé de dix, douze ou quinze fleurs qui, par leur réunion, forment un corps demi-sphérique.

Le calice de ces fleurs est d'une seule pièce en forme de cloche, épais & solide dans son fond, découpé en quatre ou cinq parties pointues qui n'ont point de nervures; la fleur est d'une seule pièce de la forme du calice, divisée également en quatre ou cinq parties semblables, sans nervures; ces parties s'ouvrent beaucoup, & s'étendent horizontalement lorsque la fleur est avancée; elles sont placées, par rapport à celles du calice, de façon qu'une de la fleur se trouve entre deux de celles du calice: la fleur ne tombe point.

Les étamines sont quatre ou cinq en nombre; leurs filets sont coniques, attachés à la fleur depuis son fond jusqu'à l'endroit où elle commence à se diviser, & placés dans la sinuosité de l'échancrure; elles sont de la longueur de la fleur, courbées d'abord vers le pistil, & droites lorsque le sommet de la poussière est tombé; ces sommets sont jaunes en-dedans, pourpres en-dehors, oblongs, à deux bourses qui s'ouvrent par les côtés, & qui ont dans ces endroits un petit sillon; ils sont attachés aux filets par leur partie moyenne & extérieure; leur poussière est très-menue; elle paroît à la loupe être composée de petits grains sphériques & jaunes.

On observe à l'endroit où les étamines sont attachées à la fleur, une frange découpée dans son pourtour en quatre ou cinq parties qui ont la figure d'une portion de cercle, & placées à la base de chaque étamine ; elles sont larges environ d'une ligne, découpées elles-mêmes en plusieurs petits filets obtus, courbés, de même que les étamines, vers le pistil, de façon qu'elles couvrent l'embryon jusqu'à sa maturité : cette frange fait, suivant le sentiment de M. Guettard, les fonctions de *nectarium* ou *d'alvéole*, quoiqu'on ne remarque intérieurement aucune liqueur, ni de glande qui pût en fournir, à moins que les filets de chaque découpure de la frange ne fussent eux-mêmes les glandes ou leurs vaisseaux excrétoires, & alors il pourroit y avoir un temps où on pourroit trouver de la liqueur dans l'alvéole.

Le pistil est placé au milieu de cette fleur & sur son fond, qu'il perce de sorte qu'on l'enleve aisément avec la fleur ; il a deux stils cylindriques qui s'éloignent un peu l'un de l'autre à environ un tiers de leur longueur, & paroissent former un y grec qui s'ouvre de plus en plus, à proportion que l'embryon grossit, de sorte qu'ils se trouvent écartés jusqu'à leur base. Les deux tiers de la longueur sont pourpres, l'autre tiers est de la couleur des autres parties de la fleur.

L'embryon est une capsule qui devient un fruit arrondi, applati en-dessus, qui s'ouvre horizontalement, qui renferme quatre semences arrondies par un bout, & qui à l'autre bout finissent par une petite pointe courbe, par laquelle elles sont attachées au fond de la capsule ; la plantule est contournée dans le sens de la courbure de la semence ; le gros bout de celle-ci renferme celui de la plantule & la petite courbure de la semence, le petit bout de la plantule ; celui-ci sort de terre en portant à son extrêmité le corps de la semence ; l'autre forme la premiere racine : la Cuscute est par conséquent *monocotyledone*, c'est-à-dire qu'elle ne pousse d'abord qu'une feuille, que l'on appelle *séminale*, ou plutôt qu'une tige, à qui on peut aussi donner ce nom.

Première Observation.

Cette description a été faite sur la Cuscute attachée à la lavande ou à l'hysope ; elle n'est pas si forte que lorsqu'elle l'est à l'ortie. Quoiqu'on dût croire qu'étant alors si bien nourrie les parties de la fleur seroient plus faciles à reconnoître, cependant cet embonpoint en fait presque disparoître quelques-unes ; la frange, par exemple, qui se trouve à la base des étamines, est presque totalement détruite, il n'y en a, pour ainsi dire, que les vestiges ; ce ne sont que de petits corps oblongs, irréguliers, qui n'ont qu'une ou deux découpures très-courtes ; de plus, la fleur n'est ordinairement divisée qu'en quatre parties, de même que le calice, & n'a ainsi que quatre étamines ; cependant on trouve des fleurs qui ont cinq étamines, cinq découpures à la fleur, & autant au calice : mais cela est aussi rare qu'il l'est de ne trouver que le nombre de quatre dans les parties de la fleur de la petite Cuscute ou Epithym, qui, dans le *Syst. Veget.* fait la seconde espèce. M. Vaillant avoit déja observé cette différence. Voy. son *Bot. Parif. in-fol.* Cependant il est plus facile de voir les quatre semences sur la grande Cuscute, elles y sont beaucoup plus grosses. M. Guettard n'en a jamais trouvé que quatre ; ce nombre lui paroît le plus constant, comme celui de cinq étamines, de cinq découpures à la fleur, au calice & à l'alvéole, & l'on doit s'attacher à ce qui s'observe sur la petite Cuscute (voy. deuxième espèce), qui, suivant M. Guettard, n'est que la même trop bien nourrie dans toutes ses autres parties, ce qui en fait disparoître quelques-unes de la fleur.

Deuxième Observation.

Dans la description que nous avons rapportée ici d'après M. Guettard, nous nous sommes contentés avec cet Académicien, en parlant des mammelons ou tubercules avec lesquels la Cuscute s'attache, de dire qu'ils étoient d'abord coniques, que la pointe du cône s'ouvroit ensuite, que l'ouverture s'évasoit, & qu'elle formoit une espèce d'empâtement, dont les bords étoient chagrinés ; que les mammelons étoient arrangés sur la partie concave d'une courbure de la tige qui se renfloit dans ces endroits ; mais comme dans cette description nous avons expliqué le méchanisme de l'adhérence de cette plante sur les autres, & la façon dont elle en tire de quoi se nourrir, nous n'avons pas parlé de la partie qui se trouve renfermée dans l'intérieur des mammelons, & qui tire de la plante nourricière l'aliment nécessaire pour faire subsister la plante parasite ; nous appellerons cette partie *suçoir :* pour mieux la faire connoître, nous allons rapporter, d'après M. Guettard, la description de l'intérieur d'une tige de Cuscute.

Si l'on coupe donc horizontalement une tige, & si on regarde à la loupe la section qui en a été faite, le centre du cercle formé par la coupe paroît distingué du reste par un grand espace de parenchyme ou de vésicule, & l'on juge facilement que ce centre n'est qu'un composé de vaisseaux ; on s'en assure en faisant une section longitudinale : on distingue d'autant plus aisément alors ces parties, qu'on les voit au transparent, & qu'on peut, en pressant un peu, applatir la partie de la tige que l'on observe. Cette partie ainsi applatie fait voir, sur-tout si la tige est rouge, une peau très-fine & très-délicate, qui recouvre une quantité de parenchyme qui, par rapport au reste, est très-considérable. Ce parenchyme, à cause de la section longitudinale & de l'applatissement de la tige, se trouve de chaque côté du paquet des vaisseaux : les différens vaisseaux qui le composent sont séparés les uns des autres par une petite portion de vésicules parenchymateuses, & dans cet ordre il y a d'abord un vaisseau, ou peut-être un petit faisceau de vaisseaux, ensuite un espace de parenchyme moins considérable que le premier, puis un vaisseau qui est séparé d'un autre par du parenchyme, & ainsi jusqu'à trois, quatre, cinq fois & même plus, selon la grosseur de la tige ; les vésicules de la masse extérieure du parenchyme communiquent avec celles qui séparent les vaisseaux, dont l'assemblage forme le paquet qui est au milieu.

Maintenant que l'on s'imagine qu'une tige de Cuscute qui n'a point de mammelons s'entortille d'elle-même, ou qu'on l'entortille autour d'une branche, d'un pédicule de feuille ou sur une feuille, alors les endroits contournés de la tige se gonflent, deviennent plus gros que le reste, se courbent de plus en plus ; la peau de la partie concave de la courbure se ride, s'ouvre, & donne issue aux vésicules parenchymateuses qu'elle recouvroit. On voit pour lors un petit mammelon formé de ces vésicules qui sortent & qui font écarter de plus en plus la peau. Lorsque le mammelon est entiérement formé, il n'est pas ordinairement encore ouvert, il s'ouvre ensuite par sa pointe ; si dans ce temps ou peu après on l'observe à la loupe, on ne remarque rien dans son milieu, mais s'il s'est écoulé un jour ou deux depuis qu'il s'est ouvert, on commence à y voir un petit corps qui s'alonge insensiblement : c'est ce corps qui s'appelle le suçoir ; il est composé de fibres longitudinales qui sont entourées par le parenchyme dont le mammelon est formé.

Pour s'assurer que le suçoir ne doit son origine qu'aux vaisseaux longitudinaux, il n'y a qu'à disséquer une des courbures où il se trouve un ou plusieurs mammelons, & enlever pour cet effet en-dessus plusieurs lames plus ou moins épaisses; si la premiere que l'on enlevera est mince, on s'appercevra que les vaisseaux longitudinaux n'ont de courbure que celle que la tige a prise dans ces endroits; si on enleve une seconde lame, ou que la premiere soit profonde, les vaisseaux sont alors plus contournés, & se plongent vers l'intérieur. Si l'on pénetre jusqu'à ce qu'un mammelon se fasse reconnoître, on observe des vaisseaux qui entrent dans la composition de ce mammelon, & que ce sont ceux de la partie concave de la courbure; ceux de la convexité s'étendent au-delà, & ceux des côtés s'écartent des vaisseaux qui entrent dans le mammelon; ils se détournent de leur direction pour se rapprocher ensuite, de façon qu'ils forment au mammelon un rebord qu'il est aisé de remarquer en coupant le mammelon transversalement. S'il y a un rang de mammelons, & si on enleve une lame profonde de toute la partie renflée où ils sont, on observe que plusieurs de ces vaisseaux se courbent pour former le premier, que les autres se détournent pour aller former le second, le troisieme, & ainsi de suite; de sorte que si l'on coupe, non en-dessus, mais latéralement, cette section représentera une courbe à plusieurs sinuosités, composée d'un faisceau de fibres dont il se détache à chaque mammelon quelques-unes qui forment dans le milieu du mammelon un petit corps dont la grosseur est proportionnelle à la quantité de fibres qui sont entrées dans sa composition, & la longueur au temps qu'il y a qu'il a commencé à se faire; ce corps est donc le suçoir, qui est en quelque chose distinct du mammelon, quoique, généralement parlant, on puisse dire qu'il ne fait qu'un tout avec lui.

Les mammelons sont dans la partie concave des contours que les tiges ont pris en s'entortillant, & il n'y en a ordinairement qu'un rang, sur-tout dans la petite Cuscute; dans la grande, souvent, outre ce rang, il y en a un de chaque côté, dont les mammelons sont plus petits; dans le rang du milieu on en remarque aussi très-souvent un petit proche un grand, ou deux petits à côté l'un de l'autre; la grosseur d'un chacun est la moitié de celle d'un gros; quelquefois un mammelon est divisé en deux, ou plutôt ce sont deux petits mammelons réunis par le haut: souvent il en sort par les côtés des courbures, & quelquefois même de la partie convexe.

L'explication de ces faits doit se tirer de la figure de la plante sur laquelle la Cuscute s'est attachée, ou de la façon dont elle s'y entortille; si la plante nourriciere a une tige relevée de plusieurs côtes, comme l'ortie, & que le mammelon qui naît se trouve précisément sur le tranchant d'une de ces côtes, alors il doit s'en former deux petits, plus ou moins égaux, plus ou moins séparés, selon qu'ils seront également ou profondément divisés par le tranchant de la côte. La Cuscute s'entortille en formant une espèce de spirale, ainsi il doit se trouver de ces mammelons irrégulièrement posés, selon que les tours de la spirale seront plus ou moins approchés. Lorsque les tours sont alongés, il doit alors en sortir souvent des côtés, & quelquefois même de la partie convexe de la courbure, si par l'adhérence intime de cette courbure, ou par son gonflement, la peau a été ouverte en-dessus. Il sera également aisé d'expliquer les différens accidens qui pourront se rencontrer dans les mammelons; si, par exemple, au lieu d'être coniques ils étoient plats, on verra facilement que ce n'est que parce qu'ils auront été comprimés par d'autres mammelons ou par quelqu'autre corps.

Il n'est guere plus difficile de trouver la cause de la sortie & de la formation des mammelons; il n'y a pas lieu de douter qu'elles ne soient dues à l'action du suc nourricier qui s'accumule dans les parties de la tige qui sont contournées. Les endroits pressés par ceux de la plante où la Cuscute s'étend, doivent grossir par la partie extérieure qui ne touche pas, & augmenter leur courbure. La peau de la concavité de ces courbures doit nécessairement alors se rider, s'ouvrir & faciliter ainsi l'extension des parties parenchymateuses, le suc nourricier devant s'y porter en plus grande quantité, puisque les vésicules ne sont plus retenues par la peau; cette distension doit même venir jusqu'à un point qu'elles soient forcées de s'ouvrir, & par conséquent le mammelon qui a pour lors assez la figure d'une ventouse. Cette ouverture faite, les vaisseaux longitudinaux doivent se gonfler, se courber de ce côté, & s'alonger pour former le suçoir.

Telle est l'idée qu'on doit se former, dit M. Guettard, de la formation des mammelons ou du suçoir; mais ces mammelons s'insinuent-ils dans l'écorce, comme l'a prétendu M. de Tournefort, ou bien n'est-ce que le suçoir, les mammelons ne servant que d'attaches? Et supposé que ce soit l'un ou l'autre, ou tous les deux, n'y a-t-il pas quelqu'endroit particulier de la plante où ils pénetrent?

Il est aisé de détacher une branche de Cuscute dont les mammelons sont adhérens depuis peu; on peut s'assurer pour lors que les mammelons n'ont point pénétré l'écorce; & si on examine cette écorce à la loupe, qu'il n'y a aucune ouverture; aussi la partie qui doit s'y introduire n'est-elle pas assez grande, c'est le suçoir seul qui doit s'y faire une entrée; ainsi si l'on détache une branche qui soit adhérente depuis plusieurs jours, & que le suçoir se soit insinué dans l'écorce, alors il faut avoir pris une certaine précaution pour n'avoir point arraché ce suçoir, & il arrive plus souvent qu'il reste dans l'écorce, qu'il n'arrive que ce soit dans le mammelon; quelquefois cependant il ne se détache pas de celui-ci, & c'est alors qu'il y a peu de temps qu'il a pénétré l'écorce; il est alors ouvert par son bout; dans le cas où il reste attaché à l'écorce, on peut, sans beaucoup de peine, s'assurer qu'il s'y insinue; outre l'ouverture oblongue qu'il y a faite, on le voit lui-même au milieu de cette ouverture, sur-tout si on regarde de côté la tige qu'il a ouverte; de plus, il n'y a qu'à enlever l'écorce de la plante où la Cuscute s'est entortillée (ce qui se fait facilement sur l'ortie), & regarder l'intérieur de cette écorce, on distingue la partie du mammelon qui a pénétré, on s'assure qu'il n'y a que le suçoir, & on voit de quelle façon cette introduction se fait.

Il auroit été trop difficile de pénétrer les vaisseaux même de l'écorce; par leur dureté ils auroient résisté à l'action du suçoir: les parties parenchymateuses sont moins solides, elles sont plus propres à souffrir l'action du suçoir; aussi est-ce dans cette partie de l'écorce qu'il se fait un passage. On voit très-distinctement dans l'écorce détachée que les vaisseaux sont simplement écartés par le suçoir; ils se courbent dans cet endroit; & s'il y a plusieurs mammelons, il arrive par ses différens écartemens des vaisseaux des étranglemens à l'écorce, qui suivent le contour de l'entortillement des branches de la Cuscute: le suçoir pénetre plus ou moins, quelquefois il n'a pas été plus loin que l'écorce, quelquefois il a entamé le corps ligneux. Les fibres ligneuses sont, de même que celles de l'écorce, séparées par des vésicules parenchymateuses; aussi est-ce sur celles-ci que le suçoir agit; & les fibres ligneuses du bois souffrent les mêmes effets que celles de l'écorce.

Il seroit superflu de rechercher quelle est l'action du suçoir sur les vésicules parenchymateuses; on pe-

peut voir de la façon dont le suçoir pénetre, & s'assurer qu'il est le seul qui le fasse, mais il n'est guère possible de pousser plus loin ces recherches; aussi me contenterai-je de faire quelques remarques sur l'usage des mammelons, qu'[illegible] est plus aisé d'expliquer lorsqu'ils ne sont point encore ouverts. La Cuscute tient peu aux plante[illegible] [illegible]le se trouve, ou plutôt elle n'y tiendroit pas, [illegible] ces mammelons n'étoient fermés que par ses [illegible]ortillemens; mais lorsque ces mammelons sont ouverts, l'adhérence devient plus grande, quand même aucun des suçoirs ne seroit entré dans la plante; ils ont alors une figure approchante d'une ventouse conique; ils en ont l'effet, & ils doivent ainsi affermir la Cuscute: cette action des mammelons pourroit même être aidée par un suc, comme Borel l'a imaginé; les bords des mammelons sont chagrinés, & lorsqu'on les observe à la loupe, ce chagriné paroît être composé de vésicules, dont la plupart sont ouvertes; elles peuvent donc jetter un suc qui serviroit à rendre l'attache encore plus forte, ou bien être elles-mêmes autant de petites ventouses; quoi qu'il en soit, la Cuscute tient alors assez intimément; mais son adhésion n'est jamais plus grande que lorsque les suçoirs se sont insinués dans la plante nourriciere, elle est telle qu'il est plus rare de détacher les mammelons avec les suçoirs, que de les avoir sans eux. On peut encore remarquer que si on entortilloit des branches de Cuscute autour d'une autre plante, ces brins s'y attacheroient facilement: on pourroit avoir en même temps pensé qu'il y a beaucoup d'art dans cette pratique, & qu'il faut avoir recours à quelqu'industrie qui équivale aux différentes greffes des arbres. Rien de plus simple que ce que demande la Cuscute: des branches jettées sans presqu'aucun soin sur celles d'une autre plante, & qui s'y entortillent, y prennent aisément; mais comme les branches de Cuscute doivent être quelques jours sans tirer d'aliment de la plante sur laquelle on les a mises, il est bon que celle-ci soit à couvert des grands coups de soleil, qui feroient bientôt sécher la Cuscute; ou bien, si on veut la faire attacher sur un fruit, sur une grappe de raisin, il faut choisir quelques-uns de ces fruits qui soient mis à l'abri par plusieurs feuilles, & ainsi à couvert des mêmes effets du soleil; lorsqu'elle est une fois adhérente, elle ne craint plus le grand soleil, il semble même qu'il lui soit favorable. On trouve celle qui vient naturellement à la campagne plutôt dans des endroits découverts que dans ceux qui sont à l'ombre.

Il est encore à observer, & nous l'avons déja dit, que la Cuscute se seme en terre, qu'elle ne germe pas immédiatement sur les plantes qui la doivent nourrir, comme fait le gui sur les arbres. Les semences de la Cuscute ne sont point entourées d'une glu semblable à celle qui enveloppe les semences du gui, & qui leur permet de s'attacher facilement aux arbres sur lesquels elles tombent; les semences de la Cuscute sont seches: c'est en terre qu'elles germent; elles poussent une petite racine qui pénetre la terre, & un long filet qui s'éleve hors de terre, & qui va chercher une plante voisine à laquelle il puisse s'attacher, ce qui sans doute doit se faire de la même façon que nous l'avons dit ci-dessus. Il n'en est pas de même des semences du gui, elles sont gluantes (*au surplus c'est le commencement du Mémoire*); le gui pousse également ses tiges en tout sens, toute direction lui est bonne; il en est de même de la Cuscute, elle grimpe jusqu'au haut de la plante à laquelle elle est adhérente, si cela lui est plus facile. Si la plante est basse, comme le thym ou le serpolet, elle s'y étend horizontalement; si la plante est très-haute, & qu'elle puisse pousser vers le bas, elle jette de longs filets qui semblent vouloir chercher la terre, c'est ce qui arrive lorsqu'elle est attachée à une grappe de raisin; on diroit qu'alors elle affecte de laisser pendre ses tiges, qui deviennent très-longues, & qui par leur entrelacement forment une masse qui va toujours en se rétrécissant, & qui donne à cette grappe de raisin un certain air de monstruosité qui en a imposé, & qui lui a fait donner le nom de *raisin monstrueux*, *barbu* ou *chevelu*. Lycosthme, dont l'esprit paroît avoir été beaucoup porté pour le merveilleux, n'a vu dans ce fait naturel qu'une monstruosité; tous ceux qui l'ont suivi, jusqu'à Pierre Borel, ont vu par les mêmes yeux; la nature a paru à Jean Bauhin s'écarter des loix générales; Licet, dans son Traité sur les monstres, n'a pas douté à regarder ce raisin comme un vrai monstre; voulant prouver qu'il y en avoit dans tous les genres d'être, il s'est servi de ces grappes de raisin pour exemple de ceux qui arrivent parmi les plantes.

Borel est le premier qui ait reconnu que cette prétendue monstruosité n'étoit due qu'à la Cuscute qui s'attachoit à la grappe du raisin, qui, selon lui, s'y aglutinoit; l'usage qu'il vouloit faire de ce fait le lui a sans doute fait observer un peu plus attentivement que ceux qui l'avoient précédé. . . . . Cette observation, quoique très-incomplette, devoit pour toujours constater que la Cuscute étoit la cause de ce fait. Schachs, Médecin de l'Académie des Curieux de la nature, n'a cependant d'abord pris d'autres idées sur les raisins barbus, que celle que lui avoit donnée la lecture de Jean Bauhin, dont il rapporte un passage dans son Ampelographie, ou Traité sur la vigne. Il est vrai que dans une addition au même Ouvrage il reconnoît que ce n'est que de la Cuscute attachée au raisin, & il explique cette adhérence de même que Borel, dont le sentiment lui avoit fait sans doute changer les premieres idées qu'il avoit eues, ce qui a pu coûter à un Auteur qui devoit être flatté de pouvoir parler de ce raisin comme d'une espece admirable & monstrueuse dans un Ouvrage où il ramasse avec le soin le plus scrupuleux tout ce qui avoit été dit avant lui de vrai ou de faux, de sensé ou de ridicule sur la vigne, son fruit, & le suc qu'on en tire; il n'y a plus maintenant de Botaniste qui doute que la prétendue monstruosité de ce raisin soit due à la Cuscute, mais c'est une vérité qui n'est guère connue que d'eux; le commun des hommes est encore frappé de cet accident, comme d'une chose qui tient du merveilleux; souvent quiconque voit de la Cuscute attachée sur d'autres plantes sans y rien reconnoître d'extraordinaire, ne pense pas de même lorsqu'il la trouve attachée à une grappe de raisin, & regarde ce fait comme dépendant du raisin plutôt que de la Cuscute. Les observations rapportées dans ce Mémoire prouvent que la Cuscute méritoit d'être observée avec soin; car outre qu'elles peuvent servir à renverser un préjugé, ou tenir en garde contre ceux qu'on pourroit & qu'on est encore maintenant capable de prendre par rapport aux différens fruits où elle pourroit se trouver, on fait voir que la Cuscute est *monocotyledone*, ce qui n'est pas à négliger dans l'arrangement général des plantes; que le caractere générique de cette plante en sera mieux établi; que la Cuscute est une parasite d'une espece singuliere, puisqu'elle ne le devient qu'après avoir tiré de terre sa premiere nourriture, en quoi elle differe du gui: différence qui peut faire établir une distinction méthodique entre ces sortes de plantes, savoir, les parasites qui se sement & vivent sur d'autres plantes, comme le gui; d'autres qui se sement en terre, s'accrochent ensuite aux plantes voisines, & s'y entortillent, comme la Cuscute; des troisiemes qui se sement en terre, y germent & s'attachent sur les racines d'une autre plante, comme les orobanches; on pourroit faire un quatrieme genre de celles qui vivent sur les autres plantes, mais peut-être sans en tirer d'aliment, puisqu'elles peuvent venir également sur terre, ou être attachées à d'autres corps, comme à des rochers, à des murs, telles que les lichens, les fucus, &c.

Figure.

Les figures que l'on a de cette plante sont plus ou moins exactes, & paroissent être une copie l'une de l'autre; il en est de même de la figure que l'on a donnée du raisin barbu; Tabernæmontanus est le premier qui l'ait fait graver; Jean Bauhin & Licet l'ont copiée: on trouve néanmoins une très-bonne figure de cette plante dans le *Flora Danica* d'Œder, pl. 199.

Lieu de sa naissance.

La Cuscute se trouve dans les pays froids comme dans ceux qui sont tempérés & même chauds; elle vient en Suede, dans les Alpes, en Suisse, en Angleterre, en Provence, en Italie, en Egypte; elle est commune aux environs de Paris & d'Etampes, où M. Descurain l'a trouvée.

Analyse chymique.

Dans l'analyse chymique que M. Geoffroy a faite de cinq livres de Cuscute fraîche fleurie, il est sorti une livre trois onces trois gros de liqueur limpide, presqu'insipide, ensuite un peu acide & brune; deux livres quatorze onces sept gros soixante grains de liqueur manifestement acide & austere; trois onces trente grains de liqueur d'abord roussâtre, fort acide, ensuite rousse, imprégnée de beaucoup de sel volatil urineux; une once trois gros trente-six grains d'huile grasse, & de la consistence d'extrait; la masse noire qui est restée dans la cornue pesoit sept onces un gros, laquelle étant calcinée pendant huit heures, a laissé une once deux gros douze grains de cendres noirâtres, dont on a tiré par la lixiviation quatre gros cinquante grains de sel fixe purement alkali. La perte des parties dans la distillation a été de deux onces dix-huit grains, & dans la calcination de cinq onces six gros soixante grains; par conséquent la Cuscute abonde en soufre & en sel essentiel tartareux un peu astringent.

Propriétés médicinales.

On prétend que cette plante est purgative; mais cette qualité est si foible, qu'on n'en fait plus usage: M. de Tournefort la place avec raison parmi les apéritives qui conviennent aux maladies mélancoliques, hypocondriaques & scorbutiques; quelques Auteurs disent qu'elle est utile dans les obstructions de la rate & du foie, dans la jaunisse & la galle; sa dose est depuis une pincée jusqu'à trois dans six ou huit onces de liqueurs appropriées; on prétend encore qu'elle purifie le sang; on la dit aussi bonne contre les rhumatismes & la goutte.

Observation.

On croit que la Cuscute participe du tempérament des plantes sur lesquelles elle vient; par conséquent celle qui vient sur le lin est plus humide; celle du genest est diurétique, celle de la garance est astringente; celle de l'ortie est plus efficace pour faire couler les urines, selon la remarque de Lobel, & après lui, de Parkinson.

DEUXIÈME ESPÈCE.

La deuxième espèce est la Cuscute épithim. *Cuscuta epithymum. Cuscuta floribus sessilibus quinquefidis bracteis obvallatis. Linn. Syst. Veg. edit. XIII. Murray. 140. Cuscuta nuda repens filiformis. Sauv. Monsp. 11. Epithymum, seu Cuscuta minor. Bauh. Pin. 219.*

Figure.

Cette plant[illegible] représentée dans le *Flora Danica*, planche [illegible]

[illegible]bservation.

Elle n'est, s[illegible] quelques Auteurs, qu'une variété de la prem[illegible] : c'est celle dont on fait le plus d'usage en Médecine.

Formules.

1°. Prenez *épithim* deux pincées, des cinq capillaires une poignée; infusez pendant la nuit sur les cendres chaudes dans une suffisante quantité d'eau de fontaine: dissolvez dans six onces de la colature, extrait de rhubarbe un scrupule, syrop de pommes composé une once.

2°. Prenez *épithim* trois pincées, écorce de caprier & de frêne de chacun une demi-once, feuilles de marrube & de melisse de chacune une poignée; faites bouillir dans suffisante quantité d'eau commune; délayez dans la colature six gros de tartre chalybé soluble; faites un apozeme pour trois prises, qu'on donnera dans les pâles couleurs ou l'obstruction des visceres.

Propriétés économiques.

On tire de la Cuscute une teinture roussâtre, foible & peu usitée.

TROISIEME ESPECE.

La troisième espèce est la Cuscute d'Amérique. *Cuscuta Americana. Cuscuta floribus pedunculatis. Linn. Sp. plant. 180. Lœfl. It. 216. Cuscuta caule aphyllo volubili repente. Gron. Virg. 18. Cuscuta inter majorem & minorem media, filamentis longis & floribus late super arbores & campos se extendens. Sloan. Jam. 85. Hist. 1. p. 201. Cuscuta aquatica caulibus aureis, fruticibus se longe implicans. Clayt. n°. 215 & 794.*

Description.

Cette espèce tient le milieu entre la première & la deuxième espèce; elle s'étend en large sur les arbres & les champs; elle a les filamens longs, & les tiges dorées.

Figure.

Elle est représentée dans l'Histoire des Plantes de la Jamaïque, par Sloane, tome 1, planche 128, figure 4.

Lieu de sa naissance.

Elle croît naturellement dans la Virginie.

CYCAS, *l'Arbre à Sagou.*

Description générique.

Le caractère de ce genre de plantes est d'avoir des fleurs mâles & femelles sur des individus différens; dans les fleurs mâles il n'y a ni spathe, ni spade; le chaton est fait en forme de pomme de pin, ovale, raboteux, imbriqué d'écailles; les écailles sont en forme de spatule, lisses, charnues, colorées, en forme de carêne en-dessous, ayant leur pointe réfléchie, distante; il n'y a point aussi de corolle, ni filamens, ni antheres; on remarque seulement une poussière parsemée sur la page supérieure des écailles du chaton, qui est sessile, très-copieuse, très-serrée, globuleuse, à une loge, s'ouvrant longitudinalement d'un côté. Dans les femelles le calice n'a point de spathe; le spade est très-simple, applati, long, pointu; on ne remarque aucun périanthe; il n'y a point de corolle; les germes sont solitaires, enfoncés par les angles du spade au-delà du milieu, éloignés, ronds; le stil est cylindrique, très-court; le stigmate est simple; le péricarpe est un fruit à noyau, ovale, à une loge; la semence est une noix ligneuse, à une loge.

CLASSE.

Ce genre fait partie de la vingt-quatrième classe de Linnæus, qui comprend les plantes cryptogamiques; cet Auteur n'en admet qu'une espèce.

ESPECE.

Cette espèce est le Cycas ailé, le Zagoe d'Amboine, l'arbre à Sagou. *Cycas circinalis. Cycas frondibus pinnatis circinalibus, foliolis linearibus planis. Linn. Sp. plant. 1658. Cycas frondibus pinnatis, foliolis lineari-lanceolatis, stipitibus spinosis. Hort. Cliff. 482. Flor. Zeyl. 393. Roy. Lugdb. 3. Palma Indica, caudice in annulos protuberante distincto. Ray. Hist. 1360. Arbor Zagoë Amboinensis. Seb. Thes. 1. p. 39. Tessio. Kæmpf. Jap. 897. Olus calappoides. Rumph. Amb. 1. p. 86. Todda-pana seu mouta panna. Rheed. Hort. Mal. 3. p. 9. Palma farinifera Japonica, sotitsou Japonensibus. Breyn. Prodr. 2. p. 8. Palma prunifera Japonica. Herm. Lugdb. 472. Plum. Gen. 3. Palma Japponica, spinosis pediculis, polypodii folio. Herm. Prodr. 361. Boerrh. Lugdb. 2. p. 170. Palma vinifera belgarum. Breyn. Prod. 1. p. 43. Osmunda arborescens Latin.* A Malaca, *Sajor calappa utam.* A Amboine, *Utta niwel* & *Utta nuer.* A Ternate, *Diudjaru, Madjongutu.* A Banda, *Sajor radjæ.* A Java, *Pakis rady.* Chez les Brachmanes, *Andexa motha panna.* Au Japon, *Soteetsou.* En Portugais, *Armatoria das Igrezias, Palma d'igresia.* Dans les Isles Moluques, *Landan.* En François, l'arbre à Sagou.

Description.

La description que nous allons rapporter de cet arbre est tirée du *Thesaurus* de Seba. Cet arbre, qui ne croît, dit cet Auteur, les premières années qu'à la hauteur d'un arbrisseau, forme insensiblement un tronc de la hauteur de quinze à vingt pieds; sa racine pousse d'abord plus ou moins de rejettons, qui avec le temps forment diverses tiges qui s'élevent en haut; les feuilles longues de deux pieds & au-delà sont composées d'autres feuilles plus petites & plus tendres; elles sont attachées deux à deux à une queue très-dure, ligneuse, ronde par derriere, assez semblable à une plume de cygne ou de canard; les feuilles situées au commencement de cette queue sont les plus courtes; celles du milieu sont les plus longues, & se terminent insensiblement en pointe, en devenant aussi plus minces. Toutes les petites feuilles latérales sont hérissées de petites épines piquantes; de la pointe du tronc la plus élevée sortent au milieu des feuilles des calices d'un pourpre-clair, formés en grappe, auxquels succede un fruit peu différent de celui du pin, adhérent comme une poire à une longue queue qui le soutient. Si les plus grandes feuilles du bas du tronc sechent & tombent, il n'en naît aucune au haut de l'arbre jusqu'à ce qu'il soit parvenu à son point d'accroissement. Le tronc du milieu est au moins large de deux pieds, au lieu que les autres rameaux n'ont que la moitié de cette largeur; ils sont creux en-dedans, ainsi qu'une gaîne, diminuant jusqu'au bout.

Figure.

Cet arbre est représenté dans le *Thesaurus* de Seba, tome 1, pl. 25, fig. 1; dans l'*Herbarium Amboinense*, tome 1, pl. 22 & 23; dans l'*Hort. Malab.* t. 3, pl. 13, 14, 15, 16, 17, 18, 19, 20 & 21; & dans la seconde partie de cet Ouvrage.

Lieu de sa naissance.

Il croît naturellement dans les endroits montueux, sablonneux & pierreux de Malabar, d'Amboine & de l'Amérique.

Culture.

Cet arbre demande dans ce pays le tan & la serre chaude; on l'arrosera souvent pendant les grandes chaleurs de l'été; mais on ne lui donnera que très-peu d'eau pendant l'automne & l'hiver: on le multiplie par boutures.

Propriétés alimentaires.

On en tire une liqueur assez agréable; mais la substance la plus précieuse qu'il nous fournit est le Sagou; on trouve différens détails sur le Sagou dans l'*Herbarium Amboinense*, dans Valentin & dans deux Theses de Médecine, l'une soutenue dans les écoles de Médecine de Paris sous la présidence de M. Mallouin, *An Sagou phthisicis prodest? 1734*; & l'autre dans celles de Strasbourg, par M. Steck.

Lorsque les arbres à Sagou ou Landaus paroissent avoir pris tout leur accroissement, qui est précisément le temps où leur moëlle est la plus farineuse, on en fait l'épreuve en perçant le corps de l'arbre, d'où l'on tire un peu de la moëlle que l'on détrempe avec de l'eau dans la main; si l'on voit qu'elle se dissolve en mucilage sans déposer de fécule blanche, on juge que la moëlle est plus gommeuse que farineuse, & qu'elle n'est pas encore dans sa maturité; si au contraire elle est pleine de filandres, qui ne se dissolvent point, c'est qu'elle se passe, c'est que l'arbre est trop vieux, alors la moëlle contient peu de farine: enfin on connoît que la moëlle est prise à propos, qu'elle contient beaucoup de farine, si la dissolution qu'on en fait est blanche, & s'il s'en dépose beaucoup de fécule dans la main; en un mot il faut prendre cette moëlle la plus farineuse & par conséquent la moins gommeuse, & sur-tout la moins filandreuse qu'il est possible. Lorsqu'elle est en cet état, on peut conclure qu'elle est bonne; on juge aussi de sa maturité quand les feuilles des arbres sagouferes se couvrent d'une poudre blanchâtre, & que plusieurs épines, tant du sommet que des feuilles, commencent à tomber; on abat pour lors dans l'un & l'autre cas ces arbres, on les coupe en plusieurs tronçons ou morceaux de sept pieds de long, & on les fend par quartiers, à l'aide d'un instrument rond, appellé *nany*, & qui est fait de roseau de bambou; on arrache la moëlle, on la dépouille de ses enveloppes, on l'écrase, & on la met dans un trou ou moule fait d'écorce d'arbre, qu'on appelle *coercerong*, & dont l'orifice est plus large d'un bout que de l'autre; on l'assujettit sur un tamis de crin; on agite fortement la pâte qui est dans le moule avec de l'eau, jusqu'à ce que cette eau soit devenue laiteuse; enfin on la retire, & on fait passer cette bouillie ainsi préparée & délayée, au travers des trous de tamis; on jette aux pourceaux les filandres qui restent sur la toile: c'est ce qu'on appelle *olla.* On met la colature dans un pot appellé *praauw*, afin que la farine se dépose; on décante l'eau, soit en inclinant le vase, soit au moyen d'un trou qu'on a ménagé exprès sur les côtés. On retire cette fécule très-blanche, très-fine,

& on la fait dessécher par portions dans de petites corbeilles couvertes de feuillages. Cette pâte se nomme alors *sagumenta;* mais afin qu'elle se conserve dans les voyages de long cours sur mer & sur terre, on est obligé de la passer & mouler avec des platines perforées, faites de terre cuite, & appellées dans le pays *battu papoudi;* ensuite on les desseche dans le feu: la pâte est alors en petits grains; par le moyen du feu, elle s'est un peu gonflée, & a pris extérieurement une petite couleur rousse. Telle est la maniere de préparer le Sagou en grains.

Dans toutes les Isles Moluques, aux Manilles, aux Philippines, &c. on en forme aussi avec la pâte molle des pains mollets de demi-pied en quarré, & d'un doigt d'épaisseur; on en attache, en forme de chapelet, dix ou vingt ensemble, & on les vend ainsi par les rues des villes & fauxbourgs d'Amboine. Les habitans de cette contrée font une espece de *poudingue* assez agréable pour les convalescens, avec cette pâte encore molle, mêlangée de jus de poisson, de suc de limon & de quelques aromates; ils ont aussi l'art de la réduire en grains, & c'est-là la véritable préparation du Sagou médicinal qu'ils devroient vendre aux Européens; mais les Hollandois qui trafiquent particuliérement dans cette contrée, ne nous apportent guère que celui qui n'est point aromatisé, parce qu'il leur coûte moins; ils l'achetent sous le nom de *Pappeda* ou de *Zuppia.* Ces grains prennent dans leurs mains le nom de *vrai Sagou;* il y en a dont la grosseur est semblable à des grains de coriandre, & d'autres à ceux de millet; ils sont d'une couleur fauve à l'extérieur, blanchâtres en-dedans, sans odeur, mais d'une saveur d'orge, fort durs, tenaces, se réduisant difficilement en poudre, se corrompant dans un lieu humide, mais se conservant plusieurs années dans un endroit sec. Bien des personnes font usage du Sagou dans la soupe, comme du riz, ou de l'orge, ou du vermicelle; cette pâte de l'Inde augmente considérablement de volume dans le bouillon, elle devient transparente: cuite dans le lait & le sucre, elle forme un aliment assez agréable, mais bien peu nourrissant; Seba la recommande comme la premiere nourriture utile aux enfans: c'est une nourriture saine pour les vieillards.

Le pain de Sagou est meilleur lorsqu'il est chaud que lorsqu'il est froid; il devient si dur en le gardant, que souvent on se trouve plus fatigué que rassasié en le mangeant. Le pain de Sagou peut tenir lieu de biscuit; les Hollandois en font usage comme de biscuit sur la mer, pour les voyages de long cours, & pour leurs soldats dans les Colonies. Le pain de Sagou, quoique très-dur, mitonne aisément, & il enfle en trempant.

M. le Marquis de Montmorency, qui a vu une partie des Indes, dit que les habitans de ces pays estiment en général que le Sagou est rafraîchissant, & qu'ils croient le Salep échauffant; communément ils prennent le Sagou pour la poitrine, & le salep pour l'estomac; ils en font ordinairement leur souper, parce que c'est une nourriture très-légere, & parce que l'on est fort sujet dans ce pays aux indigestions du souper, & les indigestions y sont particuliérement dangereuses.

M. Malouin, qui est un des premiers qui a fait connoître le Sagou en France, donne dans l'Art du Boulanger la maniere de le préparer & de s'en servir; il faut d'abord, dit-il, l'époudrer & l'éplucher comme on épluche les lentilles, en choisissant les grains les plus beaux & les plus blancs; ensuite on le lave dans de l'eau qui soit tiede seulement; si l'eau étoit trop chaude, elle amolliroit la surface des grains de Sagou, & la poussiere s'y colleroit.

Quand on veut faire cuire du Sagou, on en met, par exemple, plein une cueillere ordinaire dans une livre d'eau chaude, c'est-à-dire, dans un demi septier, & on l'y laisse, sans y toucher, tremper pendant une heure à un feu égal, qui ne fasse pas bouillir; ensuite on augmente le feu par degrés, jusqu'à faire bouillir l'eau, & on continue de faire bouillir doucement pendant une demi-heure. Durant cette demi-heure, on écrase le Sagou avec une cuillere, afin de le bien délayer en une espèce de gelée rougeâtre; & pour le dissoudre entiérement, on le passe par un tamis en pressant avec le bout de la cuillere, & en y versant peu-à-peu de l'eau bouillante; enfin on remue au feu le Sagou ainsi délayé ou passé, & l'on y ajoute peu-à-peu du lait, si on le prend au lait. Il faut employer moins d'eau pour la préparation du Sagou, lorsqu'on veut y mettre du lait, que lorsqu'on veut le prendre à l'eau, & même on peut le faire cuire entiérement dans du lait, sans eau.

On peut, en cuisant le Sagou, y mettre de la canelle, ou du safran, ou de l'écorce de citron confite; & lorsqu'il est cuit, on y ajoute, avant de le retirer du feu, ou du sucre, ou du miel; lorsqu'il est hors de dessus le feu, & que l'on est prêt à le manger, on pourra l'aromatiser avec de l'eau de fleurs d'orange, ou avec de l'eau-rose, qui convient ordinairement dans les cas où l'on donne le Sagou.

On peut aussi faire cuire le Sagou dans de l'eau de veau ou de poulet, ou dans du bouillon ordinaire nouvellement fait, & qui n'ait pas même eu le temps de se refroidir. On fait cuire le Sagou avec du bouillon, comme on fait cuire la semoule ou le riz au gras; on l'y fait bouillir pendant une demi-heure ou trois quarts d'heure, en remuant doucement, & en y reversant du bouillon bouillant qu'on a tout prêt à verser à mesure qu'il s'en consume; ensuite on cesse de le faire bouillir, en diminuant le feu, & on le laisse pendant encore une demi-heure à un feu doux, sans le remuer.

On fait aussi le Sagou plus ou moins épais, selon l'état, le besoin & le goût de ceux pour lesquels on le prépare; on peut faire une quantité de Sagou pour plusieurs prises à la fois, comme on fait dans un même pot du bouillon pour plusieurs prises, on met chauffer dans le besoin du Sagou cuit, comme on met chauffer un bouillon; & même le Sagou à l'eau vaut mieux, lorsqu'il y a quelque temps qu'il est fait; il n'en est pas de même du bouillon: dans les cas, dit M. Malouin, où je fais prendre le Sagou froid, comme les fibres des vaisseaux du corps sont trop lâches par les sucs qui les entretiennent, je conseille de mêler au Sagou un peu de vin que l'on choisit, selon la circonstance dans laquelle on prend le Sagou, & selon le tempérament & le goût de celui qui en use.

Propriétés médicinales.

En général le Sagou est bon contre les maladies de fluxion, sur quelque partie du corps que se fasse la fluxion de l'humeur, depuis la poitrine, d'où résulte quelquefois la pulmonie, jusqu'aux pieds, où se forme souvent la goutte. Le Sagou est un aliment & un médicament préservatif de la phtysie & de la goutte, comme est le lait, auquel il n'y a rien de supérieur contre ces maladies; mais tout le monde n'a pas le bonheur de s'accommoder du lait: il ne convient pas dans tous les cas de maladies, au lieu que ces inconvéniens ne se trouvent point par rapport au Sagou; on a vu plusieurs fois des malades à l'extrêmité, qui ne pouvant plus supporter ni le lait, ni le bouillon, ni la gelée la plus fine, ont été entretenus encore long-temps en vie par le moyen seul du Sagou cuit à l'eau, & un peu sucré.

M. Fitzes, Médecin de Monseigneur le Duc d'Orléans,

d'Orléans, a dit à MM. de Jussieu qu'ayant sa mere décrépite, & la poitrine très-affectée, il en a prolongé la vie pendant deux ans par l'usage du Sagou, dont il lui faisoit prendre trois prises chaque jour. Pour préparer le Sagou, ce Médecin le faisoit mettre dans de l'eau bouillante, & l'y laissoit pendant une demi-heure; ensuite il retiroit le Sagou de cette eau, & enfin il le jettoit dans du bouillon, & l'y laissoit bouillir doucement pendant deux heures.

Propriétés alimentaires pour les animaux.

Les animaux vont souvent endommager l'écorce des arbres à Sagou pour en manger la moëlle, qui est fort de leur goût; on jette aux pourceaux, ainsi que nous l'avons déja observé, les filandres qui restent sur le tamis par lequel on a passé la bouillie préparée & délayée du Sagou.

Propriétés économiques.

Les feuilles du palmier Sagou sont chargées d'une espèce de duvet dont les Insulaires font des étoffes; les feuilles servent à couvrir les maisons; leurs nervures tiennent lieu de chanvre pour faire des cordes.

CYCLAMEN, *Pain de pourceau.*

NOMS GÉNÉRIQUES.

Ce genre de plantes est connu sous les noms de *Cyclamen*, *Cylaminus*, *Panis porcinus arthanita*, *Rapum terræ*, *Umbilicus terræ*, *Malum terræ*, *Tuber. Latin. Cuclamen*, *Cuclaminos*, *Ichtuotera*, *Cissantemon*, *Cissophulon*, *Chelonion Diosc. Artanita Mesues. Panis porcinus. Cæsalp.*

Description générique.

Le caractère de ce genre de plante est d'avoir le périanthe du calice à demi-fendu en cinq, rond, persistant, ayant ses lobes ovales; la corolle est monopétale; le tube est globuleux, deux fois plus grand que le calice, petit, flottant; le lymbe est réfléchi en haut, très-grand, partagé en cinq lobes lancéolés; le collet déborde; les filamens des étamines sont au nombre de cinq, très-petits, dans le tube de la corolle; les antheres sont droites, aiguës, conniventes dans le col de la corolle; le germe du pistil est rond; le stil est filiforme, droit, plus long que les étamines; le stigmate est aigu; le péricarpe est une baie globuleuse, à une loge, s'ouvrant de cinq côtés par le sommet, recouverte d'une coque capsulaire; les semences sont nombreuses, ovales, anguleuses; le receptacle est ovale, libre.

CLASSE.

Ce genre fait partie de la deuxième classe de Tournefort, qui comprend les plantes à fleurs infundibuliformes, & de la cinquième de Linnæus, destinée aux plantes pentandriques monogyniques; cet Auteur en admet deux espèces.

PREMIERE ESPECE.

La première espèce est le Pain de pourceau d'Europe. *Cyclamen Europæum. Cyclamen corolla retroflexa. Linn. Sp. plant.* 207. *Cyclamen foliis cordatis, corolla reflexa. Hort. Ups.* 47. *Mat. Med.* 65. *Cyclamen. Hort. Cliff.* 49. *Roy. Lugdb.* 414. *Cyclamina omnia.* 1-13. *Bauh. Hist.* 307. *Cyclamenus. Cam. Epit.* 35. *Cyclamen orbiculato folio inferne purpurascente. Bauh. Pin.* 308. *Cyclaminus, folio rotundiore, vulgatior. Bauh. Hist.* 3. *p.* 551. *Cyclaminus odorato purpureo folio. Clus. Hist.* 1. *p.* 264. En Allemand, *Schwein-Brod.* En Anglois, *Sowbrede.* En Italien, *Pane porcino.*

Description.

La racine de cette espèce est tubéreuse, quelquefois ronde, souvent irrégulière, noire en-dehors, blanche dans l'intérieur; la tige part de la racine; elle est roulée en spirale, ne porte qu'une fleur à son sommet; elle est droite pendant que la fleur subsiste, courbée lorsque le fruit est formé; les feuilles sont radicales, presque rondes, entières, vertes en-dessus, rougeâtres en-dessous, portées par de longs pétioles; les fleurs sont monopétales, en forme de roue; le tube globuleux est deux fois plus grand que le calice; le lymbe est replié en-dessus, divisé en cinq parties, très-grand; toute la corolle est rougeâtre; le fruit est une baie globuleuse, uniloculaire, membraneuse, s'ouvrant en cinq parties, renfermant des semences ovales, anguleuses, reposant sur un receptacle ovale.

Observation.

Les racines de cette plante, gardées dans la chambre, poussent des feuilles & des fleurs, sans eau ni soins.

Variétés.

On distingue plusieurs variétés de cette plante, que d'autres prennent pour des espèces; Rai en distingue sept, Bauhin treize, Boerrhave quinze, Morison vingt-six, Tournefort trente-deux, & plusieurs Fleuristes d'Harlem en distinguent encore davantage, tandis que Linnæus n'en admet que deux espèces; la première est celle que nous venons de décrire, la seconde est celle des Indes, dont nous parlerons ci-après; les treize variétés que rapporte Gaspard Bauhin sont 1°. le *Cyclamen orbiculato folio inferne ex viridi palescente. Bauh. Pin.* 308; 2°. le *Cyclamen radice maxima, foliis inferne rubentibus. Bauh. Pin.* 308; 3°. le *Cyclamen folio anguloso. Bauh. Pin.* 308; 4°. le *Cyclamen orbiculato folio inferne purpurascente. Bauh. Pin.* 308; 5°. le *Cyclamen odoratum, æstivo solstitio florens, folio maculato. Bauh. Pin.* 308; 6°. le *Cyclamen hederæ folio. Pin.* 308; 7°. le *Cyclamen folio hederæ polyanthes. Pin.* 308; 8°. le *Cyclamen radice castaneæ magnitudinis. Bauh. Pin.* 308; 9°. le *Cyclamen oblonga radice. Bauh. Pin.* 308; 10°. le *Cyclamen vernum album. Pin.* 308. Les trois autres espèces de Bauhin ne sont, à proprement parler, que des sous-variétés des variétés même.

On distingue dans les jardins des Curieux les Cyclamens ou Pain de pourceau en Cyclamens de printemps, d'automne & d'hiver; les Cyclamens d'Afrique donnent des fleurs presque toute l'année, lesquelles sont de couleur pourpre; nous en avons de Perse qui fleurissent en hiver & au printemps; leur fleur est grande, purpurine à la base, & blanche ou de couleur de chair; ils ont la feuille anguleuse. Au printemps on voit fleurir le Cyclamen oriental, celui d'Antioche, à fleur blanche bordée de pourpre, & quelques autres; en été le Cyclamen romain, le Cyclamen odorant, l'un & l'autre à feuille tachetée; ceux de Vérone, de Constantinople ou Byzantin, &c. l'automne en fournit plusieurs: tels sont les Hugueteaux ou Cyclamens de Syrie, celui de Corfou, celui de Poitiers ou de M. de Bertinieres, celui du Mont-Liban, un d'Antioche à fleur pourpre, double. Les Cyclamens d'hiver sont principalement celui de Chio, que l'on nomme aussi Coüs, & les Cyclamens de Perse: ces derniers sont encore en fleur au printemps.

Figure.

Les différentes variétés de Cyclamen se trouvent gravées dans un Traité sur les plantes bulbeuses & liliacées que nous avons publié chez Desnos à la suite de la nouvelle édition de l'Histoire des insectes de Surinam & de l'Europe.

Lieu de sa naissance.

La première espèce dont il s'agit ici, croît dans les endroits secs, ombrageux de l'Autriche, de la Tartarie, de l'Europe méridionale.

DEUXIEME ESPÈCE.

La deuxième espèce est le Cyclamen des Indes. *Cyclamen Indicum. Cyclamen corollæ limbo nutante. Linn. Flor. Zeyl.* 401. *Sp. plant.* 207. *Cyclaminis species, urula Zeylonensibus. Burm. Zeyl.* 84. *Urula. Herm. Zeyl.* 50. *Urulu. Herm. Zeyl.* 57.

Observation.

Cette plante se trouve parmi les plantes peintes d'Hermann; il n'y a aucun doute qu'elle ne soit la deuxième espèce des Cyclamens, la racine, les feuilles en forme de cœur, crenellées, les fleurs & les hampes en forme de compas, l'indiquent suffisamment; il n'y a que la corolle qui ne soit pas réfléchie; elle differe seulement par ses lobes, qui panchent en-dehors, & par leur grandeur, qui surpasse de beaucoup l'espèce ordinaire.

Culture.

On multiplie les Cyclamens par graines qu'on seme en Septembre & Octobre; il faut le faire dans de grands pots de terre fort légere, mais substantieuse, mêlée de terreau. La semence est mûre & en état d'être cueillie lorsque les feuilles sont tombées, & que le péduncule qui soutient le fruit se contourne en spirale & s'abaisse contre terre. Au printemps on seme les Cyclamens de cette saison, & en automne ceux d'automne; il suffit que la semence soit couverte d'un ou tout au plus deux doigts de terre. Les beaux Cyclamens reçoivent beaucoup de dommage du froid; ceux d'automne réussissent très-bien à l'ombre & dans des endroits où ils n'ont que peu de soleil; ceux du printemps demandent une exposition plus chaude; on arrose les uns & les autres quand ils en ont besoin; ce n'est que trois ans après qu'ils ont été semés qu'on les transplante communément; l'indice qui peut servir de regle pour cela, est lorsqu'on voit que la plante a jetté quantité de feuilles qui excedent le pot où on l'a semée; en les transplantant, on doit avoir soin d'enlever la terre voisine où se sont distribués les chevelus; on ne les met qu'à deux doigts de profondeur. Ceux d'automne se transplantent au mois de Mai, & les printaniers à la fin de Juin.

Une autre manière de multiplier ces plantes est de faire plusieurs morceaux d'une seule racine; on attend pour cela que les feuilles soient tombées. En séparant la racine, on a soin que chaque morceau ait un œil sain & entier, après quoi on les conserve séchement dans un lieu frais, jusqu'à ce qu'il se forme une membrane épaisse sur les endroits qui ont été découverts par l'opération; alors on y applique un enduit de cire & de térébenthine, après quoi on dépose cette racine dans un pot avec la terre, lorsque la saison est venue, observant toujours de la mettre inclinée du côté de la plaie, afin que l'humidité ne l'abscède pas; on ne met aussi de ce côté que de la terre fort aride & maigre, que l'on environne ensuite de bonne terre; on n'arrose la plante que dans le temps qu'elle commence à pousser.

Analyse chymique.

Dans l'analyse chymique qu'a fait M. Geoffroi de cinq livres de racines fraîches de Pain de pourceau, il est sorti deux livres deux onces six gros de liqueur limpide, d'abord presqu'insipide, d'une odeur agréable, obscurement salée, ensuite un peu acide sur la fin; deux livres deux onces dix-neuf grains de liqueur d'abord roussâtre, manifestement acide, un peu austere, avec quelqu'âcreté, d'une odeur & d'une saveur semblable au pain des gens de la campagne, ensuite brune, d'une odeur & d'une saveur empyreumatique, fort acide & fort austere; une once deux gros trente-six grains de liqueur rousse, imprégnée de beaucoup de sel volatil urineux; une once deux gros douze grains d'huile épaisse comme de l'extrait; la masse noire qui est restée dans la cornue pesoit sept onces un gros, laquelle étant bien calcinée a laissé une once un gros quarante-huit grains de cendres, dont on a tiré par la lixiviation quatre gros trente-huit grains de sel fixe purement alkali. La perte des parties dans la distillation a été d'une once trois gros soixante-cinq grains, & dans la calcination de cinq onces sept gros vingt-quatre grains. Cette racine fraîche est fort âcre; mais lorsqu'elle est seche, on n'y apperçoit aucune âcreté : elle contient un sel essentiel tartareux, uni avec une huile, soit subtile & très-âcre, soit grossiere.

Propriétés médicinales.

On place la racine de Cyclamen parmi les purgatifs violens; elle évacue la bile & les sérosités. Quoiqu'elle purge avec beaucoup de violence, cependant elle agit lentement à cause de ses particules terrestres. Les paysans robustes en prennent un gros en poudre, & une demi-once en décoction. On la corrige avec des aromates & des stomachiques, & on l'aiguillonne avec le cabaret, le diagrede ou la crême de tartre; mais son usage interne est peu sûr, car elle excite des inflammations à la gorge, à l'estomac, aux intestins & à l'anus.

On fait plus d'usage de cette racine à l'extérieur & avec moins de danger; elle incise, résout & déterge puissamment; on la pile toute fraîche, & on l'applique utilement en forme de cataplasme sur les tumeurs dures schirreuses & écrouelleuses, & sur la rate durcie & gonflée. Si on frotte le ventre du suc de cette racine, il fait aller à la selle, évacue les eaux des hydropiques, fait revenir les regles, chasse quelquefois le fœtus, & tue les vers. Ce même suc est utile pour amollir & résoudre les schirres & les tumeurs dures, & pour les tumeurs écrouelleuses & celles des parties externes : c'est pourquoi quelques-uns le font épaissir avec la gomme ammoniaque, & cuire jusqu'à la consistance d'emplâtre; il entre dans plusieurs emplâtres & onguens émolliens & résolutifs.

On fait avec le suc de cette racine le célebre onguent de *arthanitâ*, que l'on recommande appliqué extérieurement sur le ventre pour amollir sur-tout les tumeurs schirreuses, & faire sortir les eaux des hydropiques. Cet onguent fait vomir étant appliqué sur la région de l'estomac, purge quand on le met sur le ventre, & excite les urines, appliqué sur les reins, sur-tout si on y mêle de l'huile exprimée des graines de pignon d'Inde.

Matthiole rapporte que l'eau distillée de pain de pourceau, tirée par les narines, arrête le sang; & il assure qu'étant bue au poids de six onces avec une once de sucre, elle arrête merveilleusement le sang qui sort de la poitrine, du foie & de l'estomac.

Propriétés d'ornemens.

Les Fleuristes cultivent les différentes variétés de ces plantes à cause de leurs fleurs qui se succedent successivement les unes aux autres dans toutes les saisons de l'année, suivant les différentes variétés.

CYMBARIA, *la Cymbaire.*

Description générique.

Le caractère de ce genre de plantes est d'avoir le périanthe du calice droit, persistant, partagé en plusieurs lobes, dont deux opposés sont plus forts & s'ouvrent davantage, & dix droits & linéaires; la corolle est monopétale, ridée; le tube est oblong, ventru; le lymbe est à deux levres, dont la levre supérieure est partagée en deux, réfléchie, obtuse; l'inférieure est fendue en trois, obtuse; les filamens des étamines sont au nombre de quatre, de la longueur du tube; les antheres sont fendues en deux, prominentes; le germe du pistil est oval; le stil est filiforme, de la longueur des étamines, à sommet recourbé; le stigmate est obtus; le péricarpe est une capsule ovale, à une loge & à deux valves; le receptacle est quadrangulaire; les semences sont nombreuses, anguleuses & lisses.

Observation.

Cette plante se distingue de toute autre par le seul calice.

CLASSE.

Elle fait partie de la quatorzième classe de Linnæus, qui comprend les plantes didynamiques angiospermiques; cet Auteur n'en admet qu'une espèce.

ESPECE.

Cette espèce est la Cymbaire daurique. *Cymbaria daurica. Linn. Sp. plant. 861. Cymbarica daurica pumila incana, linariæ folio, magno flore luteo guttato. Amm. Ruth. 47.*

Description.

Elle approche beaucoup de l'antirrhinum; toute la plante est poileuse, cendrée; les rameaux sont opposés, stériles; les fleurs sont latérales, en petit nombre, sessiles, grandes; le calice est à dix dents, ce qui la distingue des autres plantes qui se rident; la corolle se ride; la levre supérieure est en voûte, à sommet fendu en deux; la levre inférieure est égale, fendue en trois; le palais est bossu.

Figure.

Cette espèce est représentée dans *Amman. Plant. Ruth.* pl. 1, fig. 2.

Lieu de sa naissance.

Elle croît naturellement dans les endroits montagneux, escarpés, sur les rochers de la Daurie.

CYNANCHUM, *l'Etrangle-chien.*

Description générique.

Le caractère de ce genre de plante est d'avoir le périanthe du calice monophylle, à cinq dents, droit, très-petit, persistant; la corolle est monopétale; à peine y a-t-il un tube; le lymbe est plane, fendu en cinq lobes linéaires, longs; le nectaire est dans le centre de la fleur, de la longueur de la corolle, droit, cylindrique, ayant la bouche à cinq dents; les filamens des étamines sont au nombre de cinq, de la longueur du nectaire, paralleles; les antheres sont contiguës, entre la bouche de la corolle; le germe du pistil est oblong, fendu en deux; à peine y a-t-il un stil; les stigmates sont au nombre de deux, obtus; le péricarpe est formé par deux follicules oblongues, pointues, à une loge, s'ouvrant longitudinalement; les semences sont nombreuses, oblongues, couronnées d'une aigrette, imbriquées.

CLASSE.

Ce genre fait partie de la cinquième classe de Linnæus, qui comprend les plantes pentandriques monogyniques; cet Auteur en admet dix espèces.

PREMIÈRE ESPÈCE.

La première espèce est l'Etrangle-chien à tige qui s'entortille. *Cynanchum viminale. Cynanchum caule volubili perenni aphyllo. Linn. Syst. Veg. edit. XIII. 212. Mant. 394. Syst. Nat. edit. 3. p. 235. Euphorbia viminalis. Euphorbia inermis nuda fruticosa filiformis volubilis cicatricibus oppositis. Linn. Sp. plant. 649. Hort. Cliff. 197. Hort. Upf. 140. Amœn. Acad. 3. p. 110. Tithymalus Indicus vimineus, penitus aphyllos. Boerrh. Lugdb. 1. p. 259. Tithymalus ramosissimus non frutescens pene aphyllus. Comm. Præl. 23. Felfel davil. Alp. Ægyp. 190. Dill. Hort. Elth. 368. Apocynum Guinense mere aphyllum flore albo tetrapetalo odoratissimo. Herm. Parad. 61.*

Description.

La tige de cet arbrisseau est vivace, dénuée de feuilles, haute depuis trois pieds jusqu'à six, partout également grosse comme une plume d'oye, verte, à rameaux rares, très-longs, qui s'entortillent comme une corde; au lieu de feuilles on remarque de petites cicatrices opposées qu'on prendroit pour des endroits dont les feuilles sont tombées; le calice de la fleur est très-petit, partagé en cinq; la corolle est en roue, comme l'asclepias, le bord est membraneux, & enveloppe les parties de la fructification; les nectaires sont au nombre de cinq, en forme de pétales, droits, posés en rond, ayant intérieurement un grain jaune perforé avec un petit onglet; le stil est cylindrique, en tête; les antheres sont menues, roussâtres, appuyées sur une petite tête.

Figure.

Cette espèce est représentée dans les plantes d'Egypte, par Alpin, pl. 190.

Lieu de sa naissance.

Elle croît naturellement dans l'Afrique, sur les bords de la mer.

Propriétés médicinales.

Cette plante est très-âcre & chaude; on s'en sert en Egypte en guise d'emplâtre contre les douleurs froides des articulations, & pour en corriger la trop grande chaleur; on la corrige avec de l'huile de rose ou de myrthe.

DEUXIEME ESPECE.

La deuxième espèce est l'Etrangle-chien aigu. *Cynanchum acutum. Cynanchum caule volubili herbaceo, foliis cordato oblongis glabris. Linn. Sp. plant. 310. Hort. Cliff. 79. Hort. Upf. 54. Roy. Lugdb. 409.*

Scammoniæ Monspeliacæ affinis, foliis acutioribus. Bauh. Pin. 294. *Apocynum tertium latifolium. Clus. Hist.* 1. *p.* 125. *Periploca Monspeliaca, foliis acutioribus. Tourn. Inst.* 93. *Boerrh. Lugdb.* 1. *p.* 315. *Apocynum latifolium amplexicaule. Bauh. Hist.* 2. *p.* 135. *Vincetoxicum volubile, foliis acutioribus. Rupp. Jen.* 20. *Periploca prior. Dod. Pempt.* 408.

Observation.

Il est probable que cette espèce n'est qu'une variété de la huitième, quoique M. Murray, & avant lui M. Linnœus, en ait fait une espèce.

Lieu de sa naissance.

Elle croît naturellement dans la Sicile & l'Espagne, à Astracan : elle est vivace; on en voit aussi aux environs de Montpellier.

Culture & Propriété.

Voyez la huitième espèce.

TROISIEME ESPECE.

La troisième espèce est le Cynanchon ou l'Etrangle-chien à feuilles planes. *Cynanchum planifolium. Cynanchum caule volubili, foliis cordatis glabris subtus tomentosis, pedunculis subracemosis. Linn. Syst. Veg. edit. XIII. Murray.* 310. *Jacq. Hist. Am.* 82.

Description.

La tige de cette espèce s'entortille; ses feuilles sont en forme de cœur, glabres, cotonneuses en-dessous; ses péduncules sont en grappes.

Figure.

Cette espèce est représentée dans les Plantes de l'Amérique, par Jacquin, pl. 55.

Lieu de sa naissance.

Elle croît naturellement aux environs de Carthagene; elle est vivace.

QUATRIEME ESPECE.

La quatrième espèce est le Cynanchon ou l'Etrangle-chien en grappe. *Cynanchum racemosum. Cynanchum caule volubili, foliis cordatis glabris acutis, racemis simplicibus. Jacq. Americ.* 81. *Syst. Veg. edit. XIII. Murr.* 212. *Mant.* 54.

Description.

Les tiges de cette espèce sont herbacées, s'entortillant, glabres, grimpantes, pleines d'un lait blanc; les feuilles sont en forme de cœur, pointues, très-entières, luisantes, légérement ondulées, d'un verd gai, rouillées sur le dos, opposées, pétiolées, longues de quatre pouces; les grappes sont simples, latérales, longues de trois pouces, solitaires, aux côtés desquelles il sort un nouveau petit rameau chargé de fleurs; celles-ci sont petites, inodores, à corolles blanches.

Figure.

Cette espèce est représentée dans l'Histoire des Plantes de l'Amérique, par Jacquin, pl. 54.

Lieu de sa naissance.

Elle croît aux environs de Carthagene.

CINQUIEME ESPÈCE.

La cinquième espèce est le Cynanchon ou l'Etrangle-chien maritime. *Cynanchum maritimum. Cynanchum caule volubili, foliis cordatis hirsutis subtus tomentosis, pedunculis aggregatis. Linn. Syst. Veg. edit. XIII. Murr.* 212. *Mant.* 54.

Description.

Cette plante est hérissée; ses péduncules sont nombreux, à une fleur, rassemblés comme dans une petite ombelle sessile; sa corolle est d'un noir pourpre.

Figure.

Cette espèce est représentée dans l'Histoire des Plantes de l'Amérique, par Jacquin, pl. 56.

Lieu de sa naissance.

Elle est vivace, & croît naturellement dans la terre *Bomba.*

SIXIÈME ESPECE.

La sixième espèce est le Cynanchon en forme de liege. *Cynanchum suberosum. Cynanchum caule volubili inferne suberoso fisso, foliis cordatis acuminatis. Linn. Sp. plant.* 310. *Hort. Cliff.* 79. *Roy. Lugdb.* 409. *Gron. Virg.* 27. *Periploca Caroliniensis, flore minore stellato. Dill. Hort. Elth.* 300. *Apocynum scandens fruticosum, fungoso cortice, Brasilianum. Herm. Parad.* 53.

Description.

La tige de cette espèce étoit haute de trois pieds quand on l'a décrit; elle n'avoit que six mois; elle s'entortille; elle est vivace; l'écorce, depuis un pied de la racine, est de l'épaisseur d'une ligne, couleur de neige, fendue longitudinalement & inégalement molle, seche, supérieurement cylindrique, verte, à peine hérissée de poils; les feuilles sont en forme de cœur, opposées, supérieurement vertes, inférieurement d'un verd-pâle luisant, & presqu'argentées, pointues, ayant les lobes qui se couchent presque vers la base, à peine couvertes de poils, & à peine puantes, à moins qu'on ne les broye entre les doigts.

Figure.

Cette espèce est représentée dans le *Dillenii Hort. Elth.* pl. 229, fig. 296.

Lieu de sa naissance.

Elle croît naturellement dans la partie méridionale de l'Amérique, dans la Caroline.

SEPTIEME ESPECE.

La septième espèce est le Cynanchon hérissé. *Cynanchum hirtum. Cynanchum caule volubili fructicoso, inferne suberoso fisso, foliis ovato-cordatis. Linn. Sp. plant.* 310. *Hort. Cliff.* 79. *Roy. Lugdb.* 410. *Periploca scandens, folio citrei, fructu maximo Plum. Sp.* 2. *Apocynum scandens Virginianum rugosum, pullis amplis floribus capsulis alatis. Moris. Hist.* 3. *p.* 611. *f.* 15. *Apocynum scandens fruticosum, fungoso cortice, Surinamense. Herm. Parad.* 53. *Pipu simeron Surinamensibus, armen duyvel vulgo.*

Description.

La tige de cette espèce est cylindrique; elle est couverte vers la base d'une écorce blanche, fendue, flexible, supérieurement verte; cette écorce, de même que les feuilles, leurs nervures & leurs pétioles, sont garnis de poils de deux lignes de longueur, roussâtres,

rouſſâtres, s'étendant horizontalement de chaque côté; d'ailleurs la tige ſe trouve partagée en dix articulations, dont les ſupérieures ſont communément deux fois plus grandes que l'inférieure la plus proche ; les pétioles des feuilles ſont oppoſées ; les feuilles pendent, à la vérité ovales, mais diviſées à la baſe comme une feuille en cœur, & pointues au ſommet, à bord entier; toute la plante ſent très-mauvais.

Figure.

Cette eſpèce eſt repréſentée dans l'Hiſtoire des Plantes, par Moriſon, tome 3, ſection 15, planche 3, figure 61.

Lieu de ſa naiſſance.

Elle croît naturellement dans l'Amérique, peut-être à Surinam & dans la Virginie.

HUITIÈME ESPÈCE.

La huitième eſpèce eſt le Cynanchon ou Etrangle-chien de Montpellier, la Scammonée de Montpellier. *Cynanchum Monſpeliacum. Cynanchum caule volubili herbaceo, foliis reniformi caudatis acutis. Linn. Sp. plant.* 311. *Hort. Cliff.* 79. *Roy. Lugdb.* 409. *Sauv. Monſp.* 133. *Scammonea Monſpeliaca, foliis rotundioribus. Bauh. Pin.* 294. *Apocynum IV. latifolium, Scammonea valentina. Cluſ. Hiſt.* 1. *p.* 126. *Periploca Monſpeliaca, foliis rotundioribus. Tourn. Inſt. Rei Herb.* 93. *Boerrh. Lugdb.* 1. *p.* 315. *Scammonea Monſpeliaca, flore parvo. Bauh. Hiſt.* 2. *p.* 136. *Scammonia maritima Monſpeliaca. Richier. Volubilis marina, convolvulus Scammonia Monſpeliaca dictus, Scammonia Monſpelienſis floribus exiguis. Quorumd. Scammoneum, ſive Scammonium Monſpeliacum Offic.*

Deſcription.

La racine de cette eſpèce eſt groſſe environ comme le doigt, longue, blanche, fibreuſe, rampant & ſerpentant au loin ſous terre, remplie, de même que toute la plante, d'un ſuc laiteux; les tiges qui s'en élevent de la hauteur de trois pieds, ſont rondes, grêles, branchues, pliantes; elles s'attachent à tous les corps qui les avoiſinent; ſes feuilles qui naiſſent oppoſées, ſont larges, épaiſſes, blanchâtres, liſſes, pointues, ſoutenues par de longs pédicules; de l'aiſſelle des feuilles naiſſent de petites fleurs blanches, découpées en cinq parties, réunies comme en pelotons, portées ſur un long pédicule. Chaque fleur ſe change en un fruit à deux graines qui s'ouvrent d'elles-mêmes en mûriſſant; il contient des ſemences aigrettées, couchées ſur une matière lanugineuſe.

Figure.

Cette eſpèce eſt repréſentée dans les Planches de Garſault.

Lieu de ſa naiſſance.

Elle croît le long de la mer, près de Montpellier, dans le territoire de Narbonne & en Eſpagne, au Royaume de Valence, ſur les côtes de la mer; ſa fleur paroît en Juin, Juillet & Août.

Culture.

Elle ſe multiplie facilement dans les jardins par ſes racines qui ne tracent que trop On tranſplante ces racines en tout temps, auſſi-tôt que les tiges ſont fanées, juſqu'à ce qu'il en pouſſe d'autres au printemps.

Propriétés médicinales.

On tire de cette plante un ſuc laiteux qui en s'épaiſſiſſant devient une ſubſtance noirâtre; cette ſubſtance poſſede les mêmes vertus médicinales que la Scammonée orientale, dont il eſt fait mention à l'article qui la concerne; mais les vertus en ſont moins foibles, ce qui fait que la doſe en doit être plus forte. Les Marchands, qui, par intérêt, ſont toujours portés à tromper, la mêlent avec la Scammonée orientale, qu'ils vendent alors moins cher; mais par ce mêlange frauduleux, ce concret réſineux perd de ſes vertus, & n'opere plus le même effet.

NEUVIÈME ESPÈCE.

La neuvième eſpèce eſt le Cynanchon ondulé. *Cynanchum undulatum. Cynanchum caule volubili, foliis lanceolatis ovatis, glabris, umbellis globoſis. Linn. Syſt. Veg. edit. XIII. Murr.* 213. *Mant.* 54. *Jacq. Americ.* 85.

Deſcription.

Toute cette plante eſt glabre & pleine de lait; ſes tiges ſont cylindriques & s'entortillent; les feuilles ſont ovales, pointues de chaque côté, très-entières, glabres, graſſes au toucher, très-ondulées, ayant des pétioles très-courts, oppoſées, longues de quatre pouces; ſur un péduncule commun, cylindrique, un peu épais, latéral, & un peu plus long que les pétioles, eſt appuyée une ombelle ſolitaire, globuleuſe, épaiſſe & petite; les fleurs ſont petites, ſans odeur, roides, ayant les calices cendrés, & les corolles extérieurement cendrées, & intérieurement d'un pourpre ſale.

Figure.

Cette eſpèce eſt repréſentée dans les Plantes de l'Amérique, par Jacquin, pl. 58.

Lieu de ſa naiſſance.

Elle eſt vivace, & croît naturellement aux environs de Carthagene.

DIXIÈME ESPÈCE.

La dixième eſpèce eſt l'Etrangle-chien droit. *Cynanchum erectum. Cynanchum caule erecto divaricato, foliis cordatis glabris. Linn. Sp. plant.* 311. *Hort. Cliff.* 79. *Roy. Lugdb.* 409. *Sauv. Monſp.* 133. *Apocynum folio ſubrotundo. Bauh. Pin.* 302. *Apocynum* 1. *latifolium. Cluſ. Hiſt.* 1. *p.* 124. *Apocynum folio rotundiore, flore ex albo palleſcente. Bauh. Hiſt.* 2. *p.* 134. *Apocynum erectum fruticoſum, folio ſubrotundo glauco. Herm. Parad.* 37. *Boerrh. Lugdb.* 1. *p.* 314. *Apocynum Periploca Græca. Lob. Hiſt.* 357. *Vincetoxicum folio ſubrotundo populneo. Rupp. Jen.* 20.

Deſcription.

La tige de cette eſpèce eſt droite, écartée; les feuilles ſont en forme de cœur, glabres, ſemblables à celles du peuplier; les fleurs ſont d'un blanc pâle.

Figure.

Cette eſpece eſt repréſentée dans le Jardin de Vienne, par Jacquin, pl. 38.

Lieu de ſa naiſſance.

Elle croît naturellement dans la Syrie; elle eſt vivace.

Culture.

Elle ſe multiplie par ſes racines qu'on partage au printemps avant qu'elles ne pouſſent; il [illegible] à cette plante une bonne expoſition, autrement [illegible] auroit de la peine à vivre en plein air dans ces climats. La quatrième eſpèce, qui eſt celle de Montpellier, ſe multiplie très-promptement par ſes racines, qui s'étendent au loin; on peut les partager en tout temps de l'année, excepté dans le temps de leur pouſſée. Les eſpèces qui nous viennent des pays chauds demandent le tan & la serre chaude, & exigent les mêmes soins que les autres plantes délicates qui nous viennent de ces contrées; il ne leur faut que très-peu d'eau en hiver; on les multiplie par marcottes.

Propriétés nuisibles.

Toutes ces espèces sont nuisibles aux chiens & aux bêtes féroces, ce qui leur a fait donner le nom de *Cynanchum*.

CYNARA, *l'Artichaut*.

Description générique.

Le caractère de ce genre de plantes est d'avoir le calice commun ventru, imbriqué, à écailles nombreuses, rondes, charnues, augmenté au sommet par une petite appendice en forme d'écailles, qui s'ouvre, qui est plus grande, cannellée, ronde, échancrée avec une épine; la corolle composée est tubuleuse, uniforme; les petites corolles sont hermaphrodites, égales; la corolle propre est monopétale, en forme d'entonnoir; le tube est très-menu; le lymbe est droit, ovale, fendu en cinq lobes linéaires, dont l'un est séparé plus profondément; les filamens des étamines sont au nombre de cinq, capillaires, très-courts; l'anthere est cylindrique, tubuleuse, de la longueur de la petite corolle, à cinq dents; le germe du pistil est ovale; le stil est filiforme, plus long que les étamines; le stigmate est simple, oblong, échancré; le péricarpe n'est autre chose que le calice un peu connivent; les semences sont solitaires, oblongues-ovales, à quatre côtés, applaties; l'aigrette est sessile, longue; le receptacle est soyeux.

CLASSE.

Ce genre fait partie de la douzième classe de Tournefort, qui comprend les plantes flosculeuses, & de la dix-neuvième de Linnæus, destinée aux plantes syngénésiques polygamiques; cet Auteur en distingue quatre espèces.

PREMIERE ESPECE.

La première espèce est l'artichaut des jardins. *Cynara scolymus. Cynara foliis subspinosis pinnatis indivisisque, calycinis squamnis ovatis. Linn. Sp. plant.* 1159. *Gouan. Monsp.* 425. *Cynara foliis pinnatis, laciniis serratis. Hort. Cliff.* 394. *Hort. Upsf.* 251. *Roy. Lugdb.* 135. *Cynara sylvestris latifolia. Bauh. Pin.* 384. *Cynara hortensis aculeata. Bauh. Pin.* 33. *Scolymus Dioscoridis. Clus. Hist.* 2. *p.* 153. *Cynara hortensis, foliis non aculeatis. Bauh. Pin.* 383. En Allemand, *Artischocke, Strobel dorn.* En Anglois, *Artichoke.* En Italien, *Carcioffolo*, *Carciaffo*, *Articiocco.*

Description.

L'Artichaut est une plante dont la racine est épaisse, ferme, fusiforme; la tige est de la hauteur de deux pieds, cannellée, cotonneuse, épineuse dans une variété; les feuilles sont alternes, un peu épineuses, presqu'ailées, découpées ou indivises, ayant les découpures dentelées, & la surface inférieure un peu velue & blanchâtre; la fleur est sur un péduncule épais & feuillé au sommet des tiges, & souvent solitaire; elle est composée, flosculeuse; les fleurons sont tubulés, hermaphrodites dans le disque & la circonférence, égaux, rassemblés dans un calice renflé, évasé, grand & tuilé, ayant les écailles obrondes, ovales; le fruit n'a point de péricarpe; le calice contient des semences solitaires, ovales, oblongues, tétragones, couronnées d'une aigrette sessile & longue, placées sur un receptacle plane, couvert de poils.

Figure.

Cette espèce est représentée parmi les Plantes de Garsault.

Lieu de sa naissance.

Elle croît naturellement aux environs de Narbonne, dans les champs de la Sicile & de l'Italie; on la cultive dans les jardins; comme plante potagere.

Variétés.

On connoît chez les Maraichers cinq variétés d'Artichaut qu'on cultive en France plus ou moins, le blanc, le verd, le violet, le rouge & le sucré de Gênes; le blanc est le plus hâtif, & est assez tendre, mais il est fort petit; le cœur de sa pomme est enfoncé comme celui de la joubarbe, & ses écailles sont hérissées de pointes piquantes; son défaut est d'être fort délicat à élever, & ce n'est qu'avec grand soin & dans une terre favorable qu'on peut le conserver l'hiver: c'est pourquoi on le cultive rarement. Le verd est celui dont on fait plus d'usage; il vient d'une grosseur extraordinaire quand il est dans une bonne terre & bien cultivée; sa forme est un peu applatie, & ses écailles sont plus ouvertes qu'aux autres variétés; on en voit dont la base, qu'on appelle plus communément le cul, porte jusqu'à cinq pouces de diametre; il est fort tendre, & d'un bon goût.

Le violet est d'une médiocre grosseur: c'est celui dont on fait plus d'usage dans certaines Provinces; sa forme est plus pointue que n'est celle du verd; & ses écailles, dont le fond est rond avec un petit piquant au bout, sont fouettés d'un rouge-violet à leur extrêmité; il est aussi bon & aussi tendre que le verd, mais il s'en faut bien qu'il fasse autant de profit; on le confond souvent avec le verd, auquel on donne le même nom de violet, parce qu'on y apperçoit, comme à l'autre, quelques ombres violettes; mais la différence est assez marquée d'ailleurs par sa forme & sa grosseur.

Le rouge, que mal-à-propos beaucoup de gens appellent aussi violet, est véritablement d'un rouge pourpré dans tout son extérieur; mais le cœur est jaune, & sa chair plus délicate que celle des autres, étant mangée crue, qui est la seule façon qui lui convienne; sa forme est fort petite, & il n'est bon que dans sa naissance; quand on le laisse un peu grossir, sa chair devient dure & indigeste.

Le sucré de Gênes, ainsi nommé parce qu'il a effectivement le goût fin & sucré, est encore préférable au rouge par sa délicatesse, & n'est bon, de même, que crud; sa pomme est fort petite, hérissée de pointes piquantes, sa couleur d'un verd-pâle, & sa chair fort jaune; on tire les œilletons de Gênes par la voie des courriers: son défaut est de dégénérer dès la seconde année, c'est pourquoi on n'en voit que dans les jardins de quelques curieux. Les Jardiniers ont gagné toutes ces variétés par la culture; Linnæus en distingue trois variétés, le sauvage à larges feuilles, qui est la vraie espèce, & celui de jardin à feuilles pointues, & l'autre à feuilles sans pointe.

Culture.

La culture des Artichauts exige beaucoup de détails; ils viennent de graines qu'on seme au mois de Mars, mais c'est ordinairement d'œilletons qu'on les multiplie en France; on les sevre des vieux pieds qui ont passé l'hiver: cette voie est bien plus courte; on n'a recours à la graine que lorsque les fortes gelées ont fait périr les vieux pieds; en ce cas on prend de la graine bien mûre, on la seme par un beau temps au mois de Mars dans une terre bien préparée avec du terreau, dressée en plates-bandes, & dans laquelle on a fait avec un plantoir des trous d'un pouce de profondeur & de trois ou quatre de distance en tout sens; on met deux ou trois grains dans chaque trou, & on les recouvre exactement avec le rateau. Quand les Artichauts sont levés, on les sarcle & on les arrose avec soin jusqu'à la fin du mois de Mai; on les transplante ensuite, lorsqu'ils sont assez forts, en pleine terre dans des carreaux bien exposés au soleil.

Comme la manière de transplanter les jeunes pieds est la même que celle des œilletons, tout ce que nous allons dire sur ces objets concernera les uns & & les autres; nous observerons seulement ici que les œilletons ne sont rien autre chose que les productions que les vieux pieds d'Artichauts jettent au printemps; on les sépare tous, & on les transplante au commencement d'Avril, afin qu'ils reprennent avant les chaleurs; on laboure dès le mois d'Octobre la terre où on les doit mettre: on la fume si elle est maigre; si elle a du corps, elle peut se passer de fumier; on peut pour lors se contenter de la fouiller à trois pieds de profondeur. Plus la terre est défoncée, plus le fruit de cette plante est beau, tendre & de bon goût, & moins elle a besoin d'être arrosée; on dresse ensuite les planches, & on marque la place des œilletons à trois pieds de distance en tout sens; on en met deux rangs dans chaque planche; on garnit la place marquée d'une poignée de terreau, & on y met deux œilletons à six pouces l'un de l'autre, & à six pouces de profondeur. Si les deux œilletons réussissent, on ôte, un mois après, le plus foible; on occupe l'intervalle de chaque rangée par des cardes - poirées, ou des laitues, ou des raves, pour ne point perdre de terrein. L'Artichaut exige deux ou trois labours pendant l'année, avant ou après une pluie. Si l'on veut en avoir en automne, il faut les planter au commencement du printemps, & les arroser souvent; mais si on n'en veut avoir que pour le printemps suivant, il faut les planter fort tard, & ne les arroser que pour les empêcher de mourir.

Pour avoir de beaux Artichauts, il ne faut laisser qu'une seule pomme à chaque montant, & couper toutes les secondes qui poussent autour de la tige; il faut aussi rogner l'extrêmité de toutes les feuilles d'un tiers ou environ; la seve se porte dans le fruit, & le fait grossir.

Les Artichauts ne montent pas tous en même temps; ils se succedent jusqu'aux gelées. Quand les pommes ne sont pas encore formées à l'arrivée des grands froids, on arrache les pieds en motte, & on les met dans la serre; elles y grossissent très-bien, pourvu qu'on ait soin de donner de l'air de temps en temps. L'Artichaut n'est pas fort difficile à conduire pendant l'été; mais l'hiver est pour lui un ennemi redoutable, sur-tout dans nos Provinces septentrionales; il faut prendre bien des précautions pour l'en garantir, encore souvent n'y réussit - on pas. Il faut d'abord, à la fin de Novembre, les labourer; & si la terre est légere, il faut les butter, c'est-à-dire élever sept à huit pouces de terre tout autour; mais si la terre est forte, il faut bien s'en garder, car cette méthode tendroit à les faire pourrir. Plusieurs ne les labourent pas, ils se contentent seulement de les biner à la fin de Septembre pour détruire les mauvaises herbes: cette opération est préférable à tous égards; la gelée pénetre moins en terre; & l'eau de pluie, si pernicieuse à cette plante, ne se porte pas si aisément autour du pied.

On couvre ensuite les pieds d'Artichaut pendant les gelées, soit avec de la grande litiere, soit avec des feuilles ou des roseaux brisés, suivant qu'on a ces matieres à sa portée. Nous observerons seulement ici que la litiere qu'on sort fraîchement de l'écurie s'échauffe quelquefois, & fait souffrir la plante; elle attire aussi le mulot, qui est friand des Artichauts; les pigeons même y viennent gratter, & découvrent le cœur. Les feuilles ne sont pas non plus exemptes d'inconvéniens, elles sont sujettes à pourrir ou à être emportées par le vent; les roseaux brisés ne sont pas assez compactes, la gelée les pénetre. Pour obvier à cela, il faut faire provision pendant l'été de fumier long, & le faire bien sécher: il ne s'échauffera pas, & on en couvrira l'Artichaut, après avoir mis auparavant une tuile sur le pied; on remet de la nouvelle litiere à mesure que la gelée augmente, & on ne l'ôte tout-à-fait qu'au mois d'Avril, pour ne pas risquer trop tôt la plante. Il arrive que l'Artichaut demeure pendant trois mois étouffé sous la couverture, ce qui le fait blanchir, & quelquefois pourrir. Pour prévenir cet inconvénient, il faut, pendant ces trois mois, découvrir un peu le cœur du côté du midi, lorsque le temps le permet, & le recouvrir exactement dès que le froid revient.

Au mois d'Avril, on commence par découvrir d'abord le cœur; quelques jours après, on dérange la couverture du côté du soleil, & au bout de huit jours on ôte tout, & on la transporte dehors; on laboure ensuite les quarreaux, ayant soin de mettre la terre la plus meuble autour des pieds, & on les déchausse s'ils ont été buttés; ils verdissent bientôt, & on les œilletonne. Dès que les œilletons sont assez forts pour le faire, on déchausse le pied avec la bêche, de sorte que la souche soit à découvert; on éclate ensuite avec le pouce tous les œilletons qui se trouvent autour du cœur, le plus net qu'on peut, & jusque sur le gros de la souche; on se sert quelquefois de couteau: on coupe en même temps les vieux montans de l'année précédente qui se trouvent entre deux terres; on nettoie ensuite la souche très-exactement. Si le cœur a péri pendant l'hiver, on laisse à la place le meilleur œilleton parmi ceux qui prennent naissance du bas de la souche; on forme un petit bassin autour, & on l'arrose amplement: dès le mois de Mai les vieux pieds donnent des pommes; mais comme dans ce mois les gelées blanches sont à craindre, il faut, lorsqu'on en est menacé, couvrir de litiere seche les jeunes pommes d'Artichaut, qui sont très-susceptibles degeler. Après que le fruit est cueilli, il faut couper les montans le plus bas qu'on peut, ou les éclater avec le pied; si l'on a cette attention, & qu'on arrose souvent le pied, il donne un second fruit pour l'automne suivant.

Le mulot, la mouche & le puceron déclarent souvent à l'Artichaut une guerre violente. Le premier exerce ses ravages pendant l'hiver; on a coutume, pour y obvier, de planter autour du quarreau des bettes blondes, le mulot s'y attache préférablement à l'Artichaut; on les prend aussi par le moyen de quelques machines à appâts: la graine de potiron est la nourriture dont les mulots sont plus friands. La mouche & le puceron sont d'autant plus redoutables, qu'on n'a encore pu parvenir à trouver aucun secret pour les détruire: on assure que les fréquens arrosemens les éloignent. Tout ce qu'on a seulement observé, c'est que les terres fortes y sont moins sujettes que les légeres.

Les Artichauts veulent être renouvellés tous les trois ou quatre ans; il est vrai que passé ce temps ils ne périssent pas radicalement, mais ils ne donnent que du fruit misérable: il est à propos pour lors de détruire le quarreau; mais pour tirer du profit de ces vieux pieds sur la fin de l'hiver, on ne laisse sur chaque pied qu'un œilleton ; on le laisse profiter jusqu'en Septembre & Octobre ; on le lie ensuite, & on l'empaille : cela vous donne une carde qui est blanche dans un mois ; mais pour en jouir plus longtemps, il ne faut empailler les vieux pieds qu'à proportion de son besoin, & en garder jusqu'aux grandes gelées ; on les emporte dans la serre, on les met dans le sable, ils y acquierent leur blancheur. On recueille rarement à Paris de la graine d'Artichauts, on la tire des Provinces méridionales du royaume.

Analyse chymique.

Dans l'analyse chymique qu'a faite M. Geoffroy, de cinq livres de culs d'Artichauts tendres & frais, dépouillés des écailles & des semences, distillées à la cornue, il est sorti deux livres quatre gros trente-six grains de liqueur limpide, d'une odeur & d'une saveur d'herbe, insipide, obscurément acide ; une livre onze onces deux gros neuf grains de liqueur d'abord limpide, manifestement acide, fort acide sur la fin, austere, roussâtre, empyreumatique ; deux onces trois gros soixante grains de liqueur empyreumatique rousse, d'abord fort acide, ensuite un peu salée & imprégnée de beaucoup de sel alkali urineux ; quatre gros quarante-huit grains d'huile épaisse comme du syrop. La masse noire qui est restée dans la cornue pesoit cinq onces cinq gros trente-six grains, laquelle étant calcinée pendant dix heures, a laissé une once trente-six grains de cendres, dont on a tiré, par la lixiviation, quatre gros dix huit grains de sel fixe purement alkali. La perte des parties dans la distillation a été de onze onces trois gros vingt-sept grains ; & dans la calcination, de quatre onces cinq gros. Cette substance charnue a une saveur douceâtre, austere, & elle noircit la dissolution du vitriol : elle contient donc un sel essentiel tartareux, uni avec beaucoup de terre astringente & d'huile douceâtre.

Propriétés alimentaires.

L'Artichaut est un légume qui sert de nourriture à l'homme ; le riche & le pauvre en jouissent également, mais il a la mauvaise qualité d'échauffer & de donner des vents, c'est pourquoi ceux qui sont venteux & d'un tempérament chaud en doivent user modérément. On emploie l'Artichaut à plusieurs sausses dans la cuisine ; on le conserve sec toute l'année de la maniere suivante : on éclate de force les pommes de leurs tiges sans les couper, on les jette ensuite dans de l'eau bouillante, & on les laisse cuire à moitié. Quand on les a retirés de l'eau, on arrache les feuilles, on ôte le foin avec une cuillere, on coupe le dessous à l'épaisseur d'une ligne, on les jette ensuite dans de l'eau froide : deux heures après on les retire, on les fait égoutter sur des claies exposées au soleil ; on les y laisse deux jours, après quoi on les met dans un four tiede pour achever de sécher ; on les enferme ensuite dans un endroit convenable. Pour s'en servir, on les fait revenir dans de l'eau tiede pendant quelques heures, & on les fait cuire à l'eau bouillante. Cet aliment est peu délicat.

Préparations alimentaires.

1°. *Artichauts en gras.* Prenez de bons coulis, mettez-y un morceau de beurre, un filet de vinaigre, sel, gros poivre ; faites lier la sausse sur le feu ; mettez-les dans les Artichauts, & servez pour entremets.

2°. *Artichauts en maigre.* Au lieu de coulis, vous pourrez y mettre une sausse blanche, telle qu'on les fait ordinairement.

3°. *Artichauts à l'huile & au vinaigre.* Lorsque les Artichauts sont entiérement refroidis, faites une sausse, avec l'huile & vinaigre, poivre & sel.

4°. *Potage de croûtes aux culs d'Artichauts.* Tournez deux ou trois douzaines de petits culs d'Artichauts aussi égaux qu'il est possible ; faites-les blanchir à l'eau blanche, qui se fait avec beurre manié, farine, sel & eau, autant qu'il en faut pour blanchir les culs d'Artichauts ; ôtez-en le foin, parez-les proprement, mettez-les mitonner dans un coulis clair de veau & de jambon ; mitonnez des croûtes avec du jus de veau, & les laissez attacher ; bordez le plat des culs d'Artichauts ; mettez le plus grand nombre au milieu ; jettez par-dessus les croûtes le coulis de veau & de jambon, & servez chaudement.

5°. *Façon de conserver les Artichauts.* Prenez une saumure avec deux tiers d'eau & un tiers de vinaigre, & plusieurs livres de sel, suivant la quantité de saumure, une livre pour trois pintes ; faites chauffer la saumure sur le feu jusqu'à ce que le sel soit fondu ; laissez-la reposer, & tirez-la au clair ; prenez des Artichauts la quantité que vous voudrez confire, les plus tendres, les moins filandreux, bien épluchés ; faites-les cuire dans l'eau bouillante ; mettez-les après dans l'eau pour les refroidir ; retirez-les, laissez-les égoutter, essuyez-les bien, & les mettez dans les pots qui leur sont destinés : que ces pots soient sur-tout bien propres. Mettez votre saumure par-dessus jusqu'au bord des pots, versez par-dessus de l'huile ou du beurre fondu, qui, se figeant sur la saumure, empêche les Artichauts de prendre l'évent ; mettez les pots dans un endroit qui ne soit ni trop chaud ni trop froid ; ne les ouvrez que quand vous voudrez vous en servir. Lorsque vous voudrez employer des Artichauts ainsi confits, il faut les dessaler dans l'eau fraîche.

6°. *Potage de culs d'Artichauts maigres.* Prenez deux ou trois douzaines de petits Artichauts les plus égaux que vous pourrez trouver ; tournez-les proprement, faites-les cuire dans une eau blanche jusqu'à ce que le foin se retire ; tirez-les de la marmite ; & quand vous les aurez bien nettoyés & parés tout-autour avec un couteau, achevez de les faire cuire à petit feu dans du bouillon de poisson : mitonnez des croûtes dans le plat où vous voulez servir le potage de bouillon de poisson. Le potage étant bien mitonné & d'un bon goût, garnissez votre plat d'Artichauts en mettant le gros au milieu ; mêlez par-dessus un coulis d'écrevisse à demi-roux, & servez chaudement ; ou bien,

Quand les Artichauts sont cuits & parés, farcissez-les d'une farce de poisson ; pannez-les de mie de pain ; beurrez une tourtiere, arrangez-les dedans ; faites-les cuire au feu ou sous un couvercle, afin qu'ils aient belle couleur ; garnissez-en le bord du potage, & servez chaudement.

7°. *Tourte d'Artichauts.* Prenez des culs d'Artichauts, faites-les cuire, empâtez-les avec des fines herbes, ciboules menues, poivre, sel & beurre ; couvrez votre tourte, faites-la cuire, & servez-la au jus ; ou bien,

Pilez les culs d'Artichauts, passez à l'étamine avec beurre ou lard fondu, pour en faire comme une crême ; ajoutez-y deux jaunes d'œufs cruds, avec sel ; mettez le tout sur une abaisse fine, couvrez d'une autre abaisse à l'ordinaire ; faites cuire & servez avec un jus de mouton. On peut aussi dans cette crême d'Artichauts mettre un macaron pilé, du sucre, de l'écorce de citron confit, un peu de crême & de sel;

faites votre tourte sans la couvrir; quand elle est cuite, poudrez-la de sucre; arrosez d'un peu d'eau de fleur d'orange, & servez.

8°. *Artichauts à la sausse blanche.* Faites cuire vos Artichauts dans de l'eau & du sel; passez les culs dans une casserole avec beurre & persil, poivre blanc & sel; faites une sausse avec jaunes d'œufs, filet de vinaigre & bouillon.

9°. *Artichauts à la crême.* Faites cuire vos Artichauts à l'eau bouillante, passez les au beurre dans la casserole; mêlez-y de la crême avec un paquet de ciboules & de persil, un jaune d'œuf pour liaison, & de bons assaisonnemens; servez pour hors-d'œuvre & entremets.

10°. *Artichauts frits.* Coupez vos Artichauts par morceaux, ôtez le foin, mariez-les dans une casserole avec une petite poignée de farine, deux œufs, blanc & jaune, un filet de vinaigre, sel, poivre; faites-les cuire jusqu'à ce qu'ils soient jaunes, & servez avec persil fort, ou bien faites-les seulement bouillir trois ou quatre tours dans l'eau; faites-les tremper avec vinaigre, poivre & sel; farinez-les comme ci-dessus, & faites frire dans du sain-doux ou beurre affiné.

11°. *Artichauts à la saingaras de jambon.* Prenez tranches de jambon battues, passez-les avec un peu de lard & de farine, un bouquet de fines herbes & du bon jus qui ne soit pas salé; faites cuire le tout ensemble; mettez-y un filet de vinaigre; liez cette sausse avec un peu de coulis de pain; jettez la sausse sur vos Artichauts avec les tranches de jambon, ayant bien dégraissé.

12°. *Artichauts en fricassée de poulet.* Coupez vos Artichauts par morceaux, faites-les cuire dans l'eau un quart d'heure; remettez-les à l'eau fraîche, accommodez les en fricassée de poulet; quand ils seront cuits, mettez-y une liaison.

13°. *Artichauts à la Minime.* Parez-les & les faites blanchir jusqu'à ce que vous puissiez en ôter le foin; levez-les & les mettez dans une casserole avec un demi-verre d'huile, sel, gros poivre, persil, ciboules, champignons, truffes, une pointe d'ail, un verre de vin de Champagne; faites-les cuire à petit feu: quand ils sont cuits, pressez-y du jus de citron, dressez-les dans un plat avec leur sausse assaisonnée de bon goût.

14°. *Artichauts à la Sultane.* Parez-les, faites-les blanchir jusqu'à ce que vous puissiez en tirer le foin; foncez une casserole de bardes de lard, de tranches de veau & de jambon; mettez les Artichauts dessus avec des tranches d'oignons, un bouquet de persil, ciboules, ail, thym, laurier, basilic, clous de girofle, sel & poivre; mouillez avec un verre de vin de Champagne, & faites cuire à la braise; quand ils sont cuits, dressez-les dans un plat avec une sausse à la Sultane.

15°. *Artichauts à la Gascogne.* Parez-les à l'ordinaire; mettez-les ensuite cuire avec de l'eau, du sel, poivre, oignons en tranches, deux gousses d'ail, persil, ciboules, feuilles de laurier; laissez-les cuire jusqu'à ce que vous puissiez en ôter le foin; égouttez les ensuite; mettez dans une casserole un demi-verre d'huile avec persil, ciboules, champignons hachés, sel, gros poivre; passez-les un moment sur le feu; foncez une tourtiere de bardes de lard; mettez les Artichauts dessus & les fines herbes, avec l'huile dans les Artichauts; couvrez-les de bardes de lard, mettez-les cuire au four; quand ils sont de belle couleur, ôtez les bardes de lard, & servez.

16°. *Artichauts à la barigoulle.* Coupez le verd de dessous & la moitié des feuilles; mettez-les dans une casserole avec eau ou bouillon, deux cuillerées de bonne huile, un peu de sel & de poivre, un oignon, deux racines, un bouquet garni; quand ils sont cuits, & qu'il n'y a plus de sausse, laissez-les rissoler un peu dans l'huile; mettez-les ensuite sur une tourtiere avec l'huile qui reste dans la casserole; ôtez le foin, couvrez-les d'un couvercle de tourtiere bien chaud, du feu sur le couvercle pour faire griller les feuilles, ou bien mettez-les dans le four. Quand elles seront d'une belle couleur, servez avec une sausse à l'huile, vinaigre, sel & gros poivre.

17°. *Artichauts au verjus en graine.* Otez le verd de dessous; coupez à moitié les feuilles de dessus; faites-les cuire dans une petite braise; assaisonnez légérement; faites-les égoutter; ôtez le foin: cela fait, mettez dans une casserole un morceau de beurre, une pincée de farine, deux jaunes d'œufs, verjus, sel, gros poivre; liez la sausse sur le feu; mettez-y du verjus en grain que vous ferez bouillir un instant sur le feu, & servez.

18°. *Artichauts en purée.* Faites cuire dans de l'eau avec un morceau de beurre pêtri avec farine & sel, vos culs d'Artichauts bien lavés, jusqu'à ce qu'ils soient comme en bouillie; retirez-les, passez-les dans une passoire à petits trous, comme les pois; faites-les mitonner à petit feu avec beurre frais, sel, poivre, muscade, clous battus, bouquets de fines herbes; prenez amandes douces bien pilées, écorce de citron confit, biscuit d'amandes ameres, jaunes d'œufs durs, quantité convenable de sucre en poudre; mêlez bien le tout ensemble avec eau de fleurs d'orange; incorporez ce mélange dans votre purée d'Artichauts; remettez un moment sur le feu, & servez.

19°. *Artichauts bouillis.* Parez-les, faites-les cuire avec de l'eau, du sel, un morceau de beurre; quand ils sont cuits & égouttés, vuidez-les de leur foin; mettez dans une essence un morceau de beurre, un filet de vinaigre, sel & gros poivre; faites lier la sausse, & servez avec les Artichauts.

20°. *Artichauts en crystaux.* Prenez des Artichauts violets, parez-les, dressez les sur un plat sens dessus dessous; mettez par-dessus des morceaux de glace bien blanche, & servez.

21°. *Artichauts à l'esplanade.* Coupez-les comme si vous vouliez les frire; faites-les cuire avec huile, persil, ciboules, champignons, une pointe d'ail, le tout bien haché, & du bouillon; quand ils sont cuits, dégraissez-les, mettez-y un peu de jus, liez-les d'un coulis, & servez avec un jus de citron.

22°. *Artichauts à l'estouffade.* Parez-les à l'ordinaire; foncez une casserole de bardes de lard; assaisonnez de sel, poivre, & d'un bouquet; arrangez les Artichauts dessus; mouillez de bouillon, couvrez de bardes de lard, & faites cuire à la braise en mettant du feu sur le couvercle, pour que les feuilles soient bien rissolées; vuidez-les de leur foin, & servez avec une essence & un filet de vinaigre dedans.

23°. *Artichauts à la fagit.* Coupez de l'oignon en gros dez; passez-le au beurre plus qu'à demi-roux; assaisonnez de sel, poivre, & laissez refroidir dans le beurre. Faites cuire des culs d'Artichauts bien blancs; quand ils sont égouttés, emplissez-les de votre oignon; saupoudrez de mie de pain ou de parmesan; donnez-leur couleur au four, & servez à sec.

24°. *Culs d'Artichauts à la Villeroy.* Tournez-les, faites-les blanchir & cuire dans un blanc; finissez comme les Artichauts à la fagit, voyez le n°. précédent.

25°. *Artichauts tournés au jus.* Tournez les

Artichauts en coupant avec la pointe d'un couteau, jusqu'à ce que vous ayez attrappé le foin, jettez-les à mesure dans de l'eau ; faites-les cuire dans un blanc de farine avec sel, poivre, du bouillon, la moitié d'un citron pilé, coupé par tranches ; quand ils sont cuits, ôtez-en le foin, faites-leur faire un bouillon dans du jus, liez d'une essence ; pressez-y un jus de citron, & servez.

26°. *Artichauts au jus.* Faites-les cuire dans une braise avec un peu de jus, un morceau de beurre & un bouquet ; vuidez-les ensuite de leur foin ; mettez-y suer une tranche de jambon, mouillez - la de moitié jus & moitié bouillon ; faites réduire la sausse, & servez sur les Artichauts.

27°. *Artichauts à l'Italienne.* Parez-les à l'ordinaire ; faites-les cuire dans une casserole avec huile, sel, poivre, un bouquet & du bouillon ; couvrez les Artichauts ; faites-les cuire à la braise, que les feuilles soient rissolées ; vuidez-les de leur foin, & servez avec une sausse chaude à l'huile & au vinaigre, sel & gros poivre.

28°. *Artichauts grillés à la Provençale.* Parez-les, laissez-les entiers, ôtez-en le foin, lavez-les bien, faites-les mariner avec sel & huile ; faites une caisse de papier ; faites-les griller à petit feu pendant une heure & demie : quand ils sont cuits, faites griller un peu les feuilles, & servez avec un peu d'huile par-dessus. On peut les faire frire avant de les griller ; quand ils sont grillés, on les sert de même avec un peu d'huile.

29°. *Artichauts à la polaque.* Parez les Artichauts, coupez-les par quartiers, faites les blanchir ensuite pour en ôter l'amertume, mettez-les à l'eau fraîche, égouttez-les, faites-les cuire dans une casserole avec lard, veau, jambon bien nourris, un peu d'huile, deux gousses d'ail ; laissez cuire : quand ils sont cuits, égouttez - les, dressez - les dans un plat, & servez avec une sausse hachée à l'Italienne, un jus de citron, ou bien avec leur fond dégraissé.

30°. *Artichauts à la galérienne.* Coupez-les par quartiers, ôtez le foin & les herbes, à la réserve d'une ; faites-les blanchir, mettez-les ensuite dans une casserole avec du persil, ciboules, champignons, échalottes hachées, deux gousses d'ail entieres, une tranche de citron & de l'huile : quand ils sont passés, mouillez - les d'un verre de vin de Champagne, de jus de veau, & laissez cuire, que la feuille tienne de façon qu'on puisse les porter à la bouche ; quand ils sont cuits & dégraissés, liez-les d'une essence légere, & servez avec un jus de citron, bien arrangé dans un plat la feuille en l'air : vous pouvez les servir avec leur sausse claire dessous, sans liaison.

31°. *Artichauts à la Saint - Geran.* Choisissez de gros Artichauts, coupez-les en deux, faites-les blanchir & cuire ensuite dans une bonne braise, un peu de haut goût & bien nourris ; quand ils sont cuits & égouttés, farinez-les, faites les frire, & servez, garnis de persil frit.

32°. *Artichauts farcis.* Parez-les, ôtez-en le foin sans les casser, faites - les blanchir, égouttez-les ensuite, & les remplissez d'une bonne farce, telle que vous jugerez à propos ; unissez le dessus avec un couteau trempé dans un œuf battu ; poudrez-les de mie de pain, couvrez-les de bardes de lard ; foncez une casserole de bardes de lard, mettez les Artichauts dessus avec bouillon, sel, poivre, un bouquet, & faites cuire à petit feu ; quand ils sont cuits, égouttez-les bien de leur graisse, & servez avec une essence.

33°. *Artichauts en surprise.* Choisissez les plus petits pigeons que vous pourrez trouver, échaudez, troussez - leur les pattes dans le corps, & faites-les blanchir ; mettez-les cuire dans un blanc avec autant de crêtes que vous avez de pigeons ; passez des champignons & des ris de veau coupés comme un salpicon ; mouillez de bouillon, dégraissez & liez d'un coulis ; mettez vos pigeons dans le ragoût, & le laissez refroidir : prenez autant d'Artichauts que de pigeons, parez-les à l'ordinaire, faites-les blanchir, mettez-les dans de l'eau fraîche, vuidez-les de leur foin, & les mettez égoutter. Quand le ragoût est froid, mettez un pigeon dans chaque Artichaut avec un peu de ragoût ; couvrez le dessus de chaque Artichaut d'une farce faite avec du poulet cuit, un peu de veau passé avec du persil, ciboules, champignons hachés, un morceau de beurre, une pointe d'ail, de la graisse de veau & du lard blanchi, six jaunes d'œufs pour liaison & bons assaisonnemens ; jettez un peu de mie de pain sur cette farce ; foncez un plat d'argent de tranches de veau & de jambon bien minces, & d'une barde de lard ; arrangez dessus les Artichauts & les faites cuire au four ; quand ils sont cuits, servez-les avec une bonne essence, & sur chaque Artichaut coupez un peu la farce pour faire tenir une crête bien droite.

34°. *Artichauts frits en surprise.* Vuidez - les de leur foin, & après les avoir blanchis, faites-les cuire dans une braise ; laissez-les refroidir, remplissez-les d'un ragoût avec un petit pigeon, comme dans le *n°.* précédent ; couvrez-les de même farce, frottez-les bien par-tout d'une pâte faite avec de la farine, des œufs & un peu de sel, faites les frire ensuite dans une friture neuve & bien chaude. Quand ils sont frits, servez-les garnis de persil frit à l'entour ; il faut mettre la friture dans une casserole ronde bien creuse, afin que les Artichauts soient couverts de friture.

35°. *Artichauts en surprise à la Sainte - Menehould.* Ils se font de même que les précédens, excepté qu'il faut mettre un petit pigeon dans le ragoût, & le servir avec une essence. Il faut aussi quelques jaunes d'œufs dans la Sainte-Menehould.

36°. *Artichauts à la poivrade.* Prenez des Artichauts qui soient tendres, coupez-les par quartiers, ôtez-en le foin & les petites feuilles ; pelez aussi le dessous, ne laissez que les grandes feuilles ; & à mesure qu'ils sont pelés, jettez-les dans de l'eau fraîche pour empêcher qu'ils ne se noircissent, & ne deviennent amers ; on les sert dans un plat ou sur une assiette arrosée d'eau ; on sert en même temps du poivre & du sel battus ensemble.

37°. *Cardes d'Artichauts verds.* On les épluche bien, & on n'y laisse rien que de bon ; cela fait, on les coupe par morceaux, & après qu'on les a lavées & blanchies dans l'eau avec du sel, du poivre & quelques tranches de lard, on les tire pour être servies avec une sausse blanche ; ou bien on prend dans une casserole du jus de mouton, dans lequel on les met avec de fines herbes, de la moëlle de bœuf hachée, le tout assaisonné de sel & de poivre ; étant cuites, on les dresse dans un plat, après y avoir mis un filet de vinaigre ; ou bien,

D'autres, après avoir lavé les cardes, les lient par petites bottes pour les faire cuire, jusqu'à ce qu'elles soient médiocrement molles, dans un pot avec de l'eau & du sel ; ils y ajoutent une mie de pain & un morceau de beurre, afin qu'elles soient plus blanches & de meilleur goût ; étant bien cuites & égouttées, on les met dans une sausse au beurre qu'on assaisonne de sel, vinaigre & muscade ; on y ajoute aussi de la chapelure de pain, puis on les fait bouillir un peu : ou bien quand elles ont cuit dans l'eau, on les met dans une sausse au beurre roux avec du jus de bœuf, du sel & du poivre, que vous liez avec de la farine frite, puis vous les arrangez sur le plat, & vous leur faites prendre une belle couleur avec la pelle rouge.

38°. *Méthode pour conserver pendant quelque temps les Artichauts entiers.* Faites-les blanchir jusqu'à ce que vous en puissiez tirer le foin; mettez-les pour lors dans de l'eau fraîche, & quand ils seront refroidis, ôtez-en le foin, puis arrangez-les dans un barril, remplissez-le de saumure; fermez-le bien, & le tenez en un lieu frais: pour en manger, vous les ferez chauffer dans l'eau bouillante, & les servirez avec une sausse blanche, ou avec de l'huile & du vinaigre.

39°. *Artichauts aux oignons.* Tournez six culs d'Artichauts que vous faites blanchir un quart d'heure dans l'eau, ôtez-en le foin, & les faites cuire avec du bouillon, bardes de lard, du verjus en grains, ou la moitié d'un citron en tranches, & du sel; passez sur le feu des oignons coupés en dez avec un morceau de beurre, jusqu'à ce qu'ils soient cuits à forfait; mettez dedans un anchois haché avec deux jaunes d'œufs délayés dans du bouillon; faites lier, & mettez ce ragoût sur les culs d'Artichauts; pannez moitié mie de pain, & par mesure; faites prendre couleur au four ou sous un couvercle de tourtiere: servez sans sausse.

40°. *Salade d'Artichauts.* Faites cuire cinq culs d'Artichauts avec de l'eau, un peu de beurre manié de farine, du sel; après-quoi ôtez-en le foin & les essuyez avec un linge blanc; dressez sur le plat que vous devez servir, mettez autour de la petite fourniture de salade, & sur la fourniture des filets d'anchois; dressez proprement, assaisonnez avec de l'huile, vinaigre, gros poivre, point de sel.

41. *Artichauts pannés au blond de veau.* Prenez six culs d'Artichauts que vous faites cuire aux trois quarts avec de l'eau, un morceau de beurre manié de farine; assaisonnez de sel, poivre, un bouquet. Quand ils sont presque cuits, ôtez-en le foin & essuyez-les; mettez des bardes de lard dans le fond d'une tourtiere; hachez persil, ciboules, échalottes, rocamboles que vous mêlez avec un morceau de bon beurre, deux jaunes d'œufs cruds, un peu de mie de pain, sel, gros poivre; mettez cet appareil sur les Artichauts, unissez avec de l'œuf battu, pannez de mies de pain, dressez les Artichauts sur les bardes de lard, faites prendre couleur au four ou sous un couvercle de tourtiere, essuyez de leur graisse, servez avec une sausse légere au blond de veau & au jus de citron.

42°. *Culs d'Artichauts à la gelée.* Otez le foin de six culs d'Artichauts après les avoir fait blanchir un quart d'heure dans l'eau; faites cuire avec du bouillon, bardes de lard, du verjus en grain, ou la moitié d'un citron en tranches & du sel. Quand ils sont cuits & bien essuyés, dressez sur le plat que vous devez servir, mettez dessus une gelée de veau que vous faites, en mettant dans une petite marmite la moitié d'un jarret de veau, une tranche de jambon, carottes, pannais, oignons, un bouquet de persil, ciboules, deux rocamboles, des champignons; faites cuire & réduire à un bon verre; passez cette sausse sur les Artichauts, mettez au frais pour faire prendre en gelée; servez.

43°. *Artichauts au fromage.* Faites cuire pendant un quart d'heure dans de l'eau six culs d'Artichauts; rachevez de les faire cuire avec du bouillon, un bouquet, point de sel; après mettez-les refroidir; mettez dans une casserole un peu de blond de veau avec du beurre, du gros poivre; faites lier sur le feu; versez de cette sausse dans le fond du plat que vous devez servir, & du fromage de bruyere rapé par-dessus; dressez sur le fromage les culs d'Artichauts avec des filets de pain passés au beurre; arrosez avec le restant de la sausse, couvrez de fromage rapé, faites prendre couleur au four; servez à courte sausse.

44°. *Artichauts à la Piémontoise.* Prenez quatre moyens Artichauts que vous appropriez dessus & dessous; coupez-les en six morceaux, ôtez-en le foin & les feuilles les plus vertes, faites cuire un quart d'heure dans l'eau, rachevez de cuire dans une braise, & les dressez sur le plat; mettez dessus une sausse que vous faites avec persil, ciboules, échalottes, rocamboles, le tout haché, un peu d'huile; passez sur le feu, mettez-y une pincée de farine, mouillez avec un verre de vin blanc, autant de bouillon, sel, gros poivre; faites cuire jusqu'à ce que la sausse soit assez réduite; dégraissez un peu, servez avec un jus de citron.

45°. *Artichauts jumeaux.* Tournez proprement huit culs d'Artichauts, faites-les cuire un quart d'heure dans l'eau, ôtez-en le foin, faites cuire avec bon bouillon, sel, poivre, un bouquet de persil, ciboules, deux clous de girofle, une gousse d'ail, un peu de beurre; la cuisson faite, mettez refroidir. Vous avez un petit ragoût de salpicon fait avec des champignons, des foies gras, truffes, que vous mettez dans une casserole avec un morceau de bon beurre & un bouquet; passez sur le feu, mettez-y une pincée de farine, mouillez avec du bouillon, un demi-verre de vin blanc, sel, gros poivre; faites cuire & réduire toute la sausse, mettez refroidir; prenez un cul d'Artichaut pour y mettre de ce ragoût, & couvrez-le avec un autre; soudez les bords avec de l'œuf battu, faites-en autant aux trois autres, trempez-les par-tout dans de l'œuf battu, pannez avec de la mie de pain, faites frire dans du sain-doux, servez, garni de persil frit.

Propriétés médicinales.

Les vertus médicinales de l'Artichaut sont contestées; on lui attribue cependant avec raison une vertu cordiale & apéritive; la décoction de sa racine dans du vin est très-diurétique; sa feuille pilée avec du sucre, & appliquée sur les plaies, est vulnéraire: d'ailleurs l'Artichaut échauffe beaucoup, comme nous l'avons dit, & excite à l'amour; mais il est agréable au goût. Konig assure que les feuilles d'Artichauts cuites dans le vinaigre avec celles de tanaisie & d'absynthe, appliquées en cataplasme sur le bas-ventre, & mêlées avec un peu de mithridate, sont capables de tuer les vers. On extrait le suc des feuilles d'Artichaut, & on le prescrit avec succès intérieurement dans les hydropisies.

Propriétés économiques.

On se sert des fleurons de l'Artichaut en guise de presure pour cailler le lait.

DEUXIEME ESPECE.

La deuxième espèce est le Cardon. *Cynara cardunculus. Cynara foliis spinosis, omnibus pinnatifidis, calycinis squamis ovatis. Linn. Sp. plant.* 1159. *Cynara foliis pinnatis, foliolis oblongis indivisis, caule spinoso. Sauv. Meth.* 239. *Cynara spinosa, cujus pediculi esitantur. Bauh. Pin.* 383. *Scolymus aculeatus. Tabern. Hist.* 1075. En Allemand, *Spanische Artischoke.* En Anglois, *Cardoore-Thistle.*

Description.

C'est une plante dont la racine est épaisse & charnue, la tige épineuse, plus élevée que celle de l'Artichaut, plus épaisse, plus blanche; ses feuilles sont alternes, très-épineuses, & semblables à celles de l'Artichaut, cependant un peu plus grandes, & d'un verd plus blanc, toujours découpées en forme d'aîles; leurs pétioles plus épais, plus succulens; les fleurs & le fruit aussi de la même forme que celles de l'artichaut, mais plus petits.

Figure.

Cette espèce est représentée dans les Collections gravées de plantes potageres & légumineuses.

Lieu de sa naissance.

Elle est vivace, & croît naturellement dans l'Isle de Crête.

Culture.

Les Cardons se multiplient de graines; on en a au printemps, en automne & en hiver; ceux du printemps s'élevent sur couche; on les seme sous cloche au mois de Janvier, & quand ils ont poussé deux bonnes feuilles, on les repique plus à l'aise sous d'autres cloches & sur une couche nouvelle qui ait huit à neuf pouces de terreau. Pour bien faire, il faut les laisser sous cette seconde cloche, jusqu'à ce qu'ils soient bons à mettre en place sur une troisieme couche, où l'on met des fumiers à demi-consommés; on charge cette couche d'environ un pied de terreau, auquel on a mêlé un tiers de terre; on attend quelques jours pour donner à ce terreau & à ce fumier le temps de passer son plus grand feu; on y range ensuite le plant à une distance de deux pieds & demi ou trois pieds; on couvre chaque plant d'une cloche qu'on laisse jusqu'à ce qu'il soit bien repris; on fait de petits treillages des deux côtés de la cloche, qui servent d'appui à des paillassons qui les couvrent pendant la nuit & dans les temps froids.

Les couches doivent avoir quatre pieds & demi de large, sur deux & demi de haut; il faut les disposer & les couvrir de façon que leur ombrage n'incommode pas les autres qui sont derriere.

Le Cardon demande d'être arrosé souvent; quand il est parvenu à sa grandeur, on le lie dans un beau jour avec trois ou quatre paquets de paille bien serrés; on le garnit de paille tout autour : la litiere secouée vaut encore mieux; on la lie bien fort, & on ne laisse à l'air que l'extrêmité des feuilles; on les laisse trois semaines dans cet empaillage : ce temps suffit, pourvu qu'on ait soin de verser l'eau dans le cœur de la plante; on retire ensuite la paille ou litiere, qu'on peut faire sécher pour servir à d'autres, & on la coupe.

De ce même plant qu'on a élevé sur couche, on en replante d'autres en pleine terre au mois de Mars; la terre qui a le plus de fond & qui est nouvellement défoncée, est la meilleure. On fait des trous d'un pied en profondeur & en largeur, à la distance de trois pieds l'un de l'autre; on les remplit de fumier bien consommé avec quelques pouces de terreau par-dessus; on met un pied dans chaque trou : dès qu'ils sont plantés, on les arrose & on les couvre ou d'un pot renversé, ou de quelques feuillages qu'on leur laisse jusqu'à ce qu'ils soient bien repris; on leur donne ensuite un petit binage au pied, & on les mouille de temps en temps; ceux qui ne montent pas sont bons à lier en Juin & Juillet.

Ceux qu'on mange en automne & en hiver se sement à la mi-Avril; on fait des planches de six pieds de largeur, & on prépare des trous dans lesquels on met trois ou quatre grains, laissant entre chacun une distance de deux pouces; on les enfonce un peu avec le doigt. Quand ils ont poussé, on laisse les plus vigoureux, & on arrache les autres; il est cependant bon d'en conserver quelques-uns pour remplacer ceux qui périssent, car la fourmi rouge & le ver de hanneton en détruisent quelquefois beaucoup; la mouche leur fait aussi beaucoup de mal : on les préserve de la guerre qu'elle leur fait en les arrosant souvent à la fin du jour. Il faut les serfouir quand il en est besoin, & leur donner beaucoup d'eau pendant l'été. On commence au mois d'Octobre à lier les plus forts, on les garnit de paille tout de suite, & on continue jusqu'aux approches des gelées, en prenant toujours les plus forts; il faut pour lors les lier sans les empailler, leur donner un appui contre les vents, les laisser sur pied tant qu'il est possible, & les couvrir grossiérement de litiere; lorsque les gelées commencent à se faire sentir, quand le froid est trop fort, on les arrache en motte. Si on n'a pas de serre, on choisit le terrein le plus sec, on y fait une tranchée de trois pieds de profondeur sur quatre pieds de largeur; on fait au bout de la tranchée ce qu'on appelle un chevet de paille, en élevant un peu de paille longue, à laquelle on adosse trois ou quatre pieds de Cardons, ensuite un autre chevet de paille & un second rang de Cardons; on laisse à l'air l'extrêmité des feuilles, jusqu'à ce que les gelées deviennent plus fortes; on couvre pour lors toute la tranchée de litiere ou de feuilles. Si on a des paillassons, on les dispose par-dessus en talus, pour empêcher la pluie de pénétrer dans le cœur de la plante; on les conserve ainsi jusqu'en carême.

Propriétés alimentaires.

Les feuilles, les côtes & les racines de Cardons servent d'aliment; on les mange en gras & en maigre, & sur-tout au jus dans les entremets; on la sert aussi sous l'aloyau & le gigot : c'est un mets très-estimé des gens de goût; le commun des hommes en fait peu d'usage, parce que l'assaisonnement en est trop coûteux.

Propriétés économiques.

La fleur de cette plante a la vertu de faire cailler le lait, comme la presure, on s'en sert même par préférence; on fait sécher cette fleur à l'ombre, & on en met une pincée, plus ou moins, suivant la quantité du lait.

TROISIÈME ESPÈCE.

La troisième espèce est l'Artichaut nain, le Chardon de Tanger à fleurs bleues. *Cynara humilis. Cynara foliis spinosis pinnatifidis subtus tomentosis, calicibus squamis subulatis. Linn. Sp. plant. 1159. Cynara sylvestris Bœtica. Clus. Cur. 35. Carduus Tingitanus, flore magno cæruleo, folio atractylidis divisura subtus incano, spinis durioribus horrido. Pluk. Alm. 85. Carduus humilis tingitanus cæruleus, magno strobilo, tenuius laciniatus. Moris. Hist. 3. p. 158.*

Description.

La tige est à peine de la longueur des feuilles; celles-ci sont épineuses, fendues en aîles, cotonneuses en-dessus; sa fleur est grande, bleue; son calice est à écailles ovales-oblongues, qui s'ouvrent; les semences sont beaucoup plus longues que celles des autres espèces, & singulières.

Figure.

Cette espèce est représentée dans l'*Almag.* de Plukenet, pl. 81, fig. 2.

Lieu de sa naissance.

Elle est vivace, & croît naturellement aux environs de Tanger, dans la Béotie.

Observation.

Observation.

On pourroit très-bien rapporter à cette espèce, en l'examinant de près, la plante connue sous le nom de *Carduus Andalusiacus Pluk. Alm. 85. Morif. Hist. 3. p. 158.*

QUATRIEME ESPECE.

La quatrième espèce est l'Artichaut sans tige. *Cynara acaulis. Cynara acaulos, foliis pinnatis inermibus supra glabris. Linn. Sp. plant. 1160. Cynara acaulos Tunetana Tafga dicta, magno flore suaviter olente. Till. Pis. 41.*

Description.

La racine de cette espèce est grosse, ligneuse & presque sans fibres; il n'y a point de tige; les feuilles sont cendrées, sans épines, blanchâtres en-dessous, supérieurement vertes, laciniées; la fleur a une odeur agréable; elle est presque sessile.

Figure.

Cette espèce est représentée dans l'*Hort. Pis.*, planche 19, figure 1.

Lieu de sa naissance.

Elle croît dans la Barbarie, dans le Royaume de Tunis; on l'y appelle *Tafga.*

Propriétés vétérinaires.

Les habitans du pays se servent des feuilles de cette plante mêlées avec de l'orge pour en donner à leurs chevaux dans les maladies qui proviennent de chaleur.

CYNOGLOSSUM, *la Cynoglosse.*

NOMS GÉNÉRIQUES.

Ce genre de plantes est connu sous les noms de *Cynoglossum Tourn. Omphalodes Tourn. Cunoglosson, Caballation, Futon Diosc.* En François, Cynoglosse, Langue de chien.

Description générique.

Le caractère de ce genre est d'avoir le périanthe du calice oblong, aigu, persistant, partagé en cinq; la corolle est monopétale, en forme d'entonnoir, de la longueur du calice; le tube est cylindrique, plus court que le lymbe; le lymbe est à demi fendu en cinq, obtus; la gueule est fermée à cinq petites écailles, convexes, prominentes, conniventes; les filamens des étamines sont au nombre decinq, très-courts, dans la gueule de la corolle; les antheres sont rondes, nues; les germes du pistil sont au nombre de quatre; le stil est en forme d'alêne, de la longueur des étamines, persistant; le stigmate est échancré; il n'y a point de péricarpe, mais les quatre capsules ou arilles des semences sont applaties, rondes, plus obtuses en-dehors, raboteuses, ne s'ouvrant pas, un peu planes au côté extérieur, attachées au sommet; les semences sont aussi au nombre de quatre, ovales, bossues, pointues, glabres.

CLASSE.

Ce genre fait partie de la deuxième classe de Tournefort, qui comprend les plantes à fleurs infundibuliformes, & de la cinquième de Linnæus, destinée aux plantes pentandriques monogyniques; cet Auteur en admet huit espèces.

PREMIERE ESPECE.

La première espèce est la Cynoglosse des boutiques, la Cynoglosse commune. *Cynoglossum officinale. Cynoglossum staminibus corolla brevioribus, foliis lato-lanceolatis, tomentosis, sessilibus. Linn. Sp. plant. 192. Cynoglossum foliis lanceolato-ovatis, corollis calycem æquantibus. Roy. Lugdb. 406. Flor. Suec. 154. 162. Mat. Med. 154. Cynoglossum foliis ovato-lanceolatis. Hort. Cliff. 47. Cynoglossum majus vulgare. Bauh. Pin. 257. Cynoglossum vulgare. I. Bauh. 3. 598. Cynoglossum. Dod. Pempt. 54. Cynoglossa major. Brunsfels. Lycopsis. Lacun.* En Allemand, *Hundszunge.* En Anglois, *Hound'stongue.* En Italien, *Cinoglossa.* En Suédois, *Hundtunga, Monklofs.* En Danois, *Hundetunge, Uldborre.*

Description.

La racine de cette espèce est pivotante, napiforme, épaisse, noirâtre en-dehors, blanchâtre en-dedans; ses tiges s'élevent jusqu'à deux coudées; elles sont creuses, branchues; les feuilles sont alternes, en large fer de lance, cotonneuses, sessiles; la fleur est au sommet des rameaux, monopétale, infundibuliforme, divisée en cinq parties; la corolle est plus courte que les étamines; le fruit est formé par quatre capsules un peu applaties, hérissées, fixées au stil par le côté intérieur; ses semences sont aussi au nombre de quatre, solitaires, bossues, pointues, lisses.

Figure.

Cette espèce est représentée dans toutes les Collections de plantes indigènes & usuelles.

Lieu de sa naissance.

Elle est annuelle, & croît naturellement dans les endroits escarpés de l'Europe.

Variétés.

Linnæus donne pour variétés de cette espèce, 1°. le *Cynoglossum maximum Belgicum. Bauh. Pin. 257.* 2°. le *Cynoglossum semper virens. Bauh. Pin. 257.*

Analyse chymique.

Dans l'analyse chymique que M. Geoffroy a faite de cette plante, de cinq livres de feuilles de Cynoglosse desséchées, il est sorti trois livres trois onces sept gros huit grains de liqueur limpide, d'une odeur & d'une saveur d'herbe, obscurément salée & alkaline; sept onces six gros seize grains de liqueur limpide, un peu salée & un peu acide; sept onces sept gros seize grains de liqueur roussâtre, acide, un peu salée; une once six gros cinq grains de liqueur rousse imprégnée de beaucoup de sel volatil urineux; soixante-six grains de sel volatil urineux concret; une once cinq gros quarante grains d'huile de la consistance de la graisse.

La masse noire qui est restée dans la cornue pesoit six onces quarante-quatre grains, laquelle étant calcinée, a laissé trois onces quarante-un grains de cendres, dont on a tiré par la lixiviation cinq gros quarante-quatre grains de sel fixe purement alkali. La perte des parties dans la distillation a été de deux onces six gros un grain, & dans la calcination de trois onces vingt-trois grains. L'écorce de la racine est un peu amère, salée, styptique & gluante; elle rougit le papier bleu; elle paroît contenir un sel essentiel ammoniacal, tempéré par de la terre & de l'huile fétide, & beaucoup de phlegme.

Propriétés médicinales.

La racine & les feuilles de Cynogloſſe s'emploient comme rafraîchiſſantes, émollientes, pectorales, vulnéraires & aſtringentes. Dans la dyſſenterie, le cours de ventre, l'ardeur d'urine & la toux convulſive, la décoction, l'infuſion & la tiſane faites avec la racine, ſont très-utiles : elles adouciſſent les humeurs âcres, arrêtent les pertes de ſang & toutes ſortes d'hémorrhagies; elles deſſechent les ulceres internes, & ſur-tout ceux des proſtates dans la gonorrhée virulente ; on ajoute les feuilles dans les décoctions & les cataplaſmes émolliens & réſolutifs. La racine de Cynogloſſe ou de Langue de chien a donné le nom aux pilules de Cynogloſſe, dont la vertu eſt d'adoucir le ſang & de provoquer le ſommeil; mais cette propriété eſt due à l'*opium* & à la ſemence de juſquiame qui entrent dans ces pilules : on doit leur préférer le *laudanum ;* la doſe ordinaire de ces pilules eſt de quatre à cinq grains, dans leſquels il y a environ un grain d'opium. L'Auteur de la Gazette Salutaire rapporte un effet ſingulier des pilules de Cynogloſſe que Roſinus Lentilius a obſervé : Ayant été appellé, dit cet Auteur, pour une femme veuve, d'environ 45 ans, qui avoit une toux occaſionnée par des humeurs âcres qui lui tomboient dans le goſier, je lui ordonnai, entr'autres remedes, des pilules de Cynogloſſe, combinées avec quelqu'aromatique, l'extrait de régliſſe & de ſafran, & le ſyrop de pavot: cette femme en prit trois fois, & trois fois elle fut purgée à cinq ou ſix repriſes ſans tranchées, mais avec anxiétés & défaillances, quoiqu'il n'entre dans la compoſition de ces pilules aucune drogue purgative ; je lui en nommai tous les ingrédiens, & elle m'aſſura qu'elle n'avoit aucune antipathie pour aucun; enfin je lui demandai ſi elle n'étoit pas ſujette à quelque diarrhée critique, elle me répondit qu'elle en avoit une les deux jours qui précédoient ſes regles ; mais elle avoit pris les pilules de Cynogloſſe immédiatement après l'évacuation périodique. Les Auteurs de la Gazette Salutaire ajoutent qu'ils ont obſervé le même effet dans un jeune homme, après avoir pris le *laudanum* liquide de Sydenham.

On applique auſſi à l'extérieur la plante de Cynogloſſe, elle amollit & réſout les tumeurs, & eſt utile pour toutes ſortes de plaies & d'ulceres, dans leſquels on l'applique en cataplaſme ou en emplâtre avec grand ſuccès. Tragus vante fort un onguent fait de ſon ſuc avec le miel & la térébenthine pour les vieux ulceres malins & fiſtuleux. Quelques-uns recommandent la racine de Cynogloſſe, tant intérieurement qu'extérieurement, en cataplaſme pour les écrouelles & les glandes écrouelleuſes. Mais J. Ray rapporte que l'enfant d'une pauvre femme, attaqué d'écrouelles & d'une grande quantité de poux à la tête & dans les habits, avoit porté au col de la racine de Cynogloſſe, qui avoit bien chaſſé les poux par ſa puanteur, mais qui n'avoit point guéri les écrouelles.

Quand on preſcrit les pilules de Cynogloſſe, c'eſt ordinairement depuis la doſe de quatre grains juſqu'à dix ; elles conviennent pour arrêter les catarrhes, appaiſer la toux ferine & les mouvemens épileptiques des enfans, pour procurer le ſommeil & calmer toute ſorte de douleurs.

Quelques Auteurs regardent la Cynogloſſe comme un narcotique dangereux, & ils en redoutent l'uſage, mais mal-à-propos, comme J. Ray l'obſerve, puiſque le fréquent uſage que l'on fait avec ſuccès des pilules de Cynogloſſe, prouve qu'on en peut uſer ſûrement à l'intérieur.

Formule.

Prenez feuilles de *Cynogloſſe* quatre poignées, hyſſope, capillaire, tuſſilage, de chacun une poignée, régliſſe deux gros, riz une once ; faites bouillir dans ſix livres d'eau commune réduites à quatre livres; ajoutez ſur la fin miel de Narbonne deux onces ; faites un apozême que l'on donnera par verrées dans la toux ferine.

Propriétés vétérinaires.

Quand on donne aux animaux la décoction des feuilles de Cynogloſſe dans les cas analogues à ceux de l'homme, c'eſt à la doſe de deux poignées ſur deux livres d'eau.

DEUXIÈME ESPÈCE.

La deuxième eſpèce eſt la Cynogloſſe de Virginie. *Cynogloſſum Virginicum. Cynogloſſum foliis ſpatulato-lanceolatis lucidis baſi trinerviis, bractea pedunculorum amplexicauli. Linn. Syſt. Veg. edit. XIII. Murray. 157. Cynogloſſum foliis amplexicaulibus. Gron. Virg. 19. Moriſ. Hiſt. 3. S. 11.*

Deſcription.

Cette eſpèce approche beaucoup de la précédente ; on ne la diſtingue que par ſes feuilles, qui ſont luiſantes en-deſſus.

Figure.

Elle eſt repréſentée dans l'Hiſtoire des Plantes, par Moriſon, tome 3, ſection 11, planche 30, figure 9.

Lieu de ſa naiſſance.

Elle eſt annuelle, & croît naturellement dans la Virginie.

Propriétés médicinales.

La racine eſt vulnéraire; elle arrête la diarrhée, la dyſſenterie & toute ſorte de flux.

TROISIÈME ESPÈCE.

La troiſième eſpèce eſt la Cynogloſſe de Crête. *Cynogloſſum cheiriſolium. Cynogloſſum corollis calyce duplo longioribus, foliis lanceolatis. Linn. Sp. plant. 193. Roy. Lugdb. 406. Sauv. Monſp. 64. Cynogloſſum Creticum, argenteo anguſto folio, Bauh. Pin. 257. Hort. Cliff. 47. Cynogloſſum Creticum 1 Cluſ. Hiſt. 2. p. 162.*

Deſcription.

Les feuilles de cette eſpèce ſont lancéolées, argentées ; les corolles ſont deux fois plus longues que le calice, blanches, avec des veines couleur de ſang.

Lieu de ſa naiſſance.

Elle croît naturellement dans l'Iſle de Candie, en Eſpagne, au Levant, en Provence.

Propriétés médicinales.

Ses feuilles ſont vulnéraires & déterſives; on les applique avec ſuccès ſur les plaies & les ulceres; on fait avec cette eſpèce, de même qu'avec la première, un onguent excellent pour les ulceres malins, en mêlant le ſuc exprimé de toute la plante avec une quantité ſuffiſante de miel & de térébenthine.

QUATRIEME ESPECE.

La quatrième eſpèce eſt la Cynogloſſe des

Apennins. *Cynogloſſum Apeninum. Cynogloſſum ſtaminibus corollam æquantibus. Linn. Sp. plant. 193. Hort. Upſ. 33. Sauv. Monſp. 64. Cynogloſſa montana maxima frigidarum regionum. Col. Ecphr. 1. p. 168.*

Deſcription.

La racine de cette eſpèce eſt biſannuelle; elle porte la ſeconde année une tige chargée de fleurs, & en forme de maſſue; les calices ſont de la longueur preſque de la corolle; les étamines ſont auſſi de la longueur de la corolle, ou un peu plus longues; au ſurplus toute cette plante a le port de la Cynogloſſe commune.

Figure.

Cette eſpèce eſt repréſentée dans le *Columnæ Ecphraſis*, planche 170.

Lieu de ſa naiſſance.

Elle croît dans les endroits ombrageux, ſur les monts Apennins, Champclair.

CINQUIEME ESPECE.

La cinquième eſpèce eſt la Cynogloſſe liſſe. *Cynogloſſum lævigatum. Cynogloſſum foliis lanceolato-ovatis glabriuſculis, calycibus tomentoſis, ſeminibus lævibus. Linn. Syſt. Veg. edit. XIII. Murray. 157. Rindera tetraſpis. Pall. It. 1. p. 486. F. fig. 1. 2.*

Deſcription.

Les feuilles de cette eſpèce ſont lancéolées, ovales, un peu glabres; les calices ſont cotonneux; les ſemences ſont liſſes.

Figure.

Cette eſpèce eſt repréſentée dans les Voyages de Pallas, fig. F. 1 & 2.

SIXIÈME ESPÈCE.

La ſixième eſpèce eſt la Cynogloſſe de Portugal. *Cynogloſſum Luſitanicum. Cynogloſſum foliis lineari lanceolatis ſcabris. Linn. Sp. plant. 193. Cynogloſſum caule erecto ramoſo, foliis lanceolatis ſcabris ſeſſilibus, ſpicis florum longiſſimis. Mill. Dict. n°. 6. Omphalodes Luſitanica elatior, Cynogloſſi folio. Tourn. Inſt. Rei Herb. 140.*

Deſcription.

La tige de cette eſpèce eſt rameuſe; ſes feuilles ſont linéaires, lancéolées, raboteuſes, ſeſſiles; les épis des fleurs ſont très-longs; elle reſſemble beaucoup à l'eſpèce ſuivante, mais elle eſt plus grande & plus âpre.

Lieu de ſa naiſſance.

Elle croît naturellement dans le Portugal.

SEPTIÈME ESPÈCE.

La ſeptième eſpèce eſt la Cynogloſſe à feuilles de lin. *Cynogloſſum linifolium. Cynogloſſum foliis lineari-lanceolatis glabris. Linn. Sp. plant. 193. Hort. Cliff. 47. Hort. Upſ. 33. Roy. Lugdb. 406. Cynogloſſum minus album, lini foliis glaucis, ſemine umbilicato. Moriſ. Hiſt. 3. p. 449. ſect. 11.*

Deſcription.

Les feuilles de cette eſpèce ſont linéaires, lancéolées, glabres, d'un verd d'eau; ſes ſemences ſont ombiliquées.

Figure.

Cette eſpèce eſt repréſentée dans l'Hiſtoire des Plantes de Moriſon, tome 3, ſection 11, pl. 30, fig. 11.

Lieu de ſa naiſſance.

Elle croît naturellement dans le Portugal.

Culture.

On multiplie cette plante, de même que l'eſpèce précédente, par graines, comme toutes celles qui ſont annuelles; on les ſeme en automne, car celles qu'on ſeme au printemps avortent ſouvent, ſur-tout dans les temps de ſéchereſſe; d'ailleurs celles qui ſont ſemées en automne deviennent toujours plus grandes que celles que l'on ſeme au printemps, & fleuriſſent de meilleure heure. On les ſeme à demeure, car elles ne peuvent pas être tranſplantées, ſinon lorſqu'elles ſont encore bien jeunes; au ſurplus elles n'exigent point d'autre culture que d'être éclaircies dans les endroits où elles ſont trop épaiſſes, & d'être débarraſſées des mauvaiſes herbes. Elle fleurit en Juin & Juillet; ſes ſemences ſont mûres en automne.

Propriétés d'ornemens.

Ces plantes ſe cultivent dans les jardins des Curieux pour l'ornement des parterres.

HUITIEME ESPECE.

La huitième eſpèce eſt la Cynogloſſe omphalodes, la petite Bourrache. *Cynogloſſum omphalodes. Cynogloſſum repens, foliis radicalibus cordatis. Linn. Sp. plant. 193. Hort. Cliff. 47. Roy. Lugdb. 406. Borrago minor repens verna, folio lævi. Moriſ. Hiſt. 3. p. 457. ſ. 11. Symphitum minus, Borraginis facie. Bauh. Pin. 209.*

Deſcription.

La racine de cette plante eſt rameuſe, napiforme; ſa tige eſt rampante, rameuſe, cylindrique; les feuilles radicales ſont cordiformes; les caulinaires imitent celles de la grande conſoude; les fleurs naiſſent de côté, & ſont ſolitaires, monopétales, infundibuliformes, reſſemblant à une roue découpée en pluſieurs parties, à-peu-près ſemblables à celles de la Cynogloſſe commune.

Figure.

Cette eſpèce eſt repréſentée dans l'Hiſtoire des Plantes, par Moriſon, tome 3, ſection 11, pl. 26, fig. 3.

Lieu de ſa naiſſance.

Elle croît naturellement dans les bois du Portugal; elle n'eſt vivace dans nos Provinces qu'autant qu'on la préſerve des hivers.

Culture.

Cette plante fleurit dans ſon pays natal ordinairement vers Noël, mais un peu plus tard en France; ſes branches ſont rampantes; elles pouſſent des racines par leurs articulations, enſorte que cette plante ſe multiplie très-promptement; il lui faut une expoſition froide & humide.

Propriétés médicinales.

Les feuilles de cette eſpèce ont un goût doux, mais un peu âpre; elles ſont vulnéraires & détersives; on ne se sert que de ses feuilles pour l'intérieur, ou en décoction, à la dose d'une poignée sur une livre d'eau.

Propriétés d'ornemens.

Cette plante peut servir d'ornement au printemps pour les petits parterres.

Insectes qui se trouvent sur la Cynoglosse.

On trouve sur les Cynoglosses 1°. un insecte que Linnæus nomme *Phalæna noctua dommula. Phalæna noctua spirilinguis, alis atris sericeis, maculis albo flavescentibus, inferioribus rubris nigro maculatis. Syst. Nat. edit. XII. 834.* Comme cette phalene se trouve pareillement sur le frêne & sur le saule, nous en donnerons la description dans l'un ou l'autre de ces articles. 2°. Un autre insecte aussi du genre des phalenes, connu sous le nom de *Phalæna bombyx aulica. Phalæna bombyx spirilinguis, alis deflexis, superioribus griseis flavo punctatis, inferioribus fulvis nigro maculatis. Linn. Syst. Nat. edit. XII.* Voyez, pour la description de cet insecte, l'article *Urtica.*

CYNOMETRA, *l'Iripa.*

NOMS GÉNÉRIQUES.

Ce genre est connu sous les noms d'*Iripa, Malab. Namnam. Valent. Cynomorium. Rumph. Lammuta. Rumph. Cynometra. Linn.*

Description générique.

Le caractère de ce genre de plantes est d'avoir le périanthe du calice partagé en quatre, obtus, coloré, grand, ayant deux folioles opposées plus larges, concaves; les pétales de la corolle sont au nombre de cinq, lancéolés, aigus; les filamens des étamines sont au nombre de dix, deux fois plus longs que la corolle; les antheres sont simples; le germe du pistil est en forme de barque; le stil est simple; le stigmate est obtus; le péricarpe est un légume lunulé, applati, charnu, tuberculé; la semence est unique, en forme de rein, grande.

CLASSE.

Ce genre fait partie de la dixième Classe de Linnæus, qui comprend les plantes décandriques monogyniques; cet Auteur n'en admet que deux espèces.

PREMIERE ESPECE.

La première espèce est l'Iripa dont le tronc porte des fleurs. *Cynometra cauliflora. Cynometra trunco florifero. Linn. Sp. plant. 547. Act. Upſ. 1741. p. 79. Flor. Zeyl. 166. Cynomarium Rumph. Amb. 1. p. 163. Namnam arbor Val. Muſ. 72.* A Malaca, *Pucki andjing Namnam.* A Amboine, *Lammut & Lammuta.* En Hollandois, *Honds-Volten.*

Description.

Cet arbre croît à la hauteur du limonier; son tronc est irrégulier, sans être glabre; il paroît comme composé de plusieurs troncs; il est inégal, à sillons profonds, & plein de nœuds, se divisant supérieurement en des troncs particuliers, qui sont tous couverts d'une écorce raboteuse & noirâtre; ses racines noueuses & les plus grandes s'élevent pour l'ordinaire au-dessus de la terre; les plus petites intermédiaires paroissent aussi quelquefois; elles ressemblent à des queues de porc en forme d'arc, ou réfléchies, ce qui est agréable à la vue; sa tête n'est pas ample, mais épaisse, & composée de plusieurs rameaux longs & fermes; ses feuilles naissent toujours deux à deux sur un court pétiole, & ont une forme particulière bien différente des autres feuilles; les deux feuilles sont si bien unies, qu'elles paroissent n'en former qu'une, séparée seulement au milieu, & découpée, ce qui fait que la grande nervure ne passe jamais directement par leur milieu, mais elle est toujours plus proche de la partie intérieure, qui est opposée à l'autre feuille. Ces feuilles se terminent en un sommet obtus, ordinairement fendu en deux; elles sont fermes, glabres & d'un verd-pâle, longues de cinq ou six pouces, larges d'un demi-pouce; elles ornent de chaque côté les branches, & forment avec elles une tête ou chevelure petite, mais belle, qui sert seulement pour faire la forme de l'arbre, d'autant qu'il ne s'y trouve ni fleurs, ni fruits, puisque ceux-ci sortent du tronc même, & que le tronc a depuis sa racine jusqu'à la naissance des petits rameaux, plusieurs tubercules, d'où pullulent des fleurs formées de plusieurs petits fleurons rassemblés plusieurs ensemble, & s'appuyant sur un pétiole court & ligneux; les pétales extérieurs de ces fleurs sont rouges, & se réfléchissent, & les cinq autres s'élevent, & sont aigus; au milieu de ces pétales sont placées neuf étamines blanches avec des sommets jaunâtres, & au milieu de ces étamines s'éleve un pistil avec un germe brunâtre, d'où se forme le fruit; toutes ces fleurs paroissent seulement autour du tronc dans les nœuds ou tubercules, & quelquefois aussi dans les rameaux inférieurs & les plus épais. Si les racines de cet arbre sont nues sur la terre, on y apperçoit pareillement des nœuds, des fleurs & des fruits, mais fort rarement: le fruit est aussi d'une forme irrégulière; il paroît avoir la forme d'une demi-lune; il est plane, & presque large d'un palme, mais un peu plus long, & garni de plusieurs tubercules & petites fosses, d'une couleur mêlée de verd & de jaune; si on la touche, on s'apperçoit qu'il est raboteux & poileux comme du cuir; son côté intérieur ou droit est sillonné obscurément, & un peu excavé en forme de barque; sa chair extérieure est à peine épaisse d'un demi-doigt, comme les prunes, mais plus dure, plus seche & plus acide & astringente, comme des verjus. Quand le fruit est mûr, on peut le manger, mais il est d'une saveur austere; au milieu du fruit est un noyau grand & plane, ayant la même forme que le fruit, & couvert d'une pellicule mince; la chair qui se sépare facilement en deux petites lames, est seche & d'une saveur ingrate & astringente; l'écorce de l'arbre est d'un noir brunâtre, & intérieurement d'un beau rouge; le bois est pâle comme celui du buis, solide & très-dur auprès des tubercules & des nœuds.

Figure.

Cette espèce est représentée dans l'*Herbar. Amboin.* tome 1, pl. 62.

Lieu de sa naissance.

Elle croît naturellement dans l'Inde, dans les Isles Moluques, à Amboine, à Leytimar & dans les Isles de Celebe, autour de Macassar & de Marum.

Culture dans les Indes.

Cet arbre croît très-lentement; il faut le planter dans une terre molle, sablonneuse & en même temps grasse, aux environs des maisons.

Propriétés

Propriétés alimentaires.

Quand ses fruits sont mûrs, on les mange cruds pour appaiser la soif; on les fait aussi frire avec du vin & du sucre, après leur avoir ôté la peau & les avoir coupés en morceaux; on se procure par-là un mets très-salubre & agréable, propre à fortifier l'estomac, & très-bien indiqué dans les cas de diarrhées.

DEUXIEME ESPECE.

La deuxième espèce est l'Iripa dont les rameaux portent des fleurs. *Cynometra ramiflora. Cynometra ramis floriferis. Linn. Sp. plant. 547. Act. Upf. 1741. p. 79. Flor. Zeyl. 167. Cynomorium sylvestre, Rumph. 1. p. 164. Iripa. Rheed. Hort. Malab. 4. p. 65. Malus Indica, pomo cucurbitæ-formi, monopyreno. Ray. Hist. pl. 1675. Fructus exoticus secundus. Clus. Exot. p. 52. Nam nam Sylvestris. Valent. n°. XX. p. 173.* Chez les Brachmanes, *Iripon.* En Portugais, *Fruita Bolsa.* En Hollandois, *Tas noten.* A Malaca, *Nam nam utan.* A Amboine, *Lammutabbal.*

Description.

Cet arbre est fort haut; il croît à la hauteur d'environ soixante pieds; son tronc est gros, couvert d'une écorce épaisse, cendrée, noirâtre, rouge intérieurement, & garni de plusieurs petits rameaux cendrés & verds; la racine est rouge, recouverte d'une écorce jaunâtre, s'étendant en large sous terre par ses petits fibres, d'une saveur âcre & sans odeur; les feuilles sont attachées deux à deux aux petits rameaux en ordre parallele; elles sont oblongues, rondes, glabres, épaisses, luisantes supérieurement, d'une couleur noire-verte, & inférieurement d'un verd plus clair, d'une saveur astringente sans odeur; les fleurs paroissent entre les feuilles par-ci par-là autour des petits rameaux; elles sont petites, blanches, sans odeur, composées de quatre folioles pointues, au milieu desquelles se trouvent huit petites étamines blanches avec des antheres rouges & un stil blanc qui est le rudiment du fruit; celui-ci est oblong, rond, applati, inégal & sillonné, assez semblable pour la forme aux cucurbites, couvert d'une écorce épaisse, coriacée, charnue, molle & poudreuse à la façon des amandes; quand le fruit mûrit, cette enveloppe s'ouvre des deux côtés, & laisse sortir un noyau blanchâtre, environné d'une petite peau mince, épais, compacte, sans odeur, & d'une saveur astringente.

Figure.

Cette espèce est représentée dans l'*Herbarium Amboinense*, tome 1, planche 63; dans l'*Hort. Malab.* tome 4, planche 31; & dans la seconde partie de cet Ouvrage.

Lieu de sa naissance.

Elle croît naturellement à Amboine, à Malabar; elle fleurit toutes les années, porte du fruit, & est toujours verte.

Propriétés médicinales.

On prétend que les racines de cet arbre sont légérement purgatives; on attribue à la décoction des feuilles la vertu de guérir de la lepre, de la galle & des maladies de la peau; on tire aussi des fruits de cet arbre une huile contre les mêmes maladies.

CYNOMORIUM, *le Champignon de Malte.*

Description générique.

Le caractère de ce genre de plantes est d'avoir des fleurs mâles & femelles rassemblées ensemble en un chaton commun, droit, en forme de masse, couvert de chaque côté de fleurons; le périanthe propre dans les fleurs mâles est à quatre folioles, dont trois en forme de massue, & la quatrième d'en-bas plus grande, très-obtuse, cannelée. On ne remarque point de corolles, mais seulement un seul firmament ferme, droit, plus long que l'autre du calice, avec une anthère didyme. Dans les fleurs femelles le périanthe propre est supérieur, à quatre folioles en forme de masse, tuberculés, égales, persistantes. On ne leur trouve point non plus de corolles, mais au lieu d'étamine il s'y trouve un pistil composé d'un germe ovale inférieur, d'un style unique, droit, ferme, s'ouvrant de la longueur de l'écaille du calice & d'un stigmate obtus. Il n'y a point de péricarpe, la semence est unique, ronde.

CLASSE.

Ce genre fait partie de la vingt-unième Classe de Linnæus, qui comprend les plantes monoeciques, monandriques. Cet auteur n'en admet qu'une espèce.

ESPÈCE.

Cette espèce est le Cynomorium couleur d'écarlate, le vrai Champignon de Malte. *Cynomorium coccineum. Linn. Sp. plant. 1375. Amœn. Acad. 4. p. 351. Mat. Med. 534. Cynomorium erectum breve cylindricum nudum prima ætate squammatam. Brow. Jam. 334. Cynomorium purpureum officinarum. Mich. gen. 17. Fungus Mauritanicus verrucosus ruber. Peti. Gaz. Fungus typhoïdes liburnensis. Til. Pis. 64. Fungus typhoïdes coccineus tuberosus melitensis. Bocc. Mus. 2. p. 69. Fungus melitensis. Act. Bon.* Chez les Maltois, *Heeritztal general.* Dans la Mauritanie, *Turtooths-Bargarham*, & par les habitans de Trapano, *Sanguinaria.*

Description.

C'est une plante parasite qui n'a presque point de racines, mais sa tige est presque immédiatement aux racines des autres plantes; quelquefois le long de la base il sort quelques petites fibres très-simples, de même que quelques plantes bulbeuses au-dessus de leur bulbe. La tige est communément haute d'un demi-pied, droite, un peu solide, tenace, de l'épaisseur du doigt, & couverte, quand elle est jeune, d'écailles ovales, aiguës, imbriquées, blanches, qu'elle dépose lors de sa plus grande fleuraison, ensorte qu'elle paroît toute nue, inégale, vuidée & entiérement pourpre, après qu'elle est desséchée: elle retient cependant ces écailles sous terre; au surplus sa tige ou hampe est très-simple & dénuée de tous les rameaux; l'épi termine la tige, il est souvent de la longueur de la tige même, mais deux fois plus gros. Il est formé par des bractées ou écailles ovales, pourpres, imbriquées très-fortement; dans leur sein sont attachés des fleurons sessiles.

Figure.

Cette espece est représentée dans les *Amœnit. Acad.* tome 4, pl. 2, dans les genres de Michieli, pl. 12, dans le *Gazopogr.* de Petiver, pl. 39, fig. 8, dans l'*Hort. Pisanus* de Tilli, pl. 25, dans le *Musæum* de Boccone, tome 2, pl. 81.

Lieu de sa naissance.

Elle croît naturellement dans la Jamaïque, la Mauritanie, dans l'île de Malte, en Sicile, dans l'île de Gaula.

Propriétés médicinales.

On prétend qu'il n'y a aucune plante qui l'emporte sur cette espèce par ses grandes vertus médicinales; elle est très-astringente, & convient spécialement dans les flux de sang ou la pleurésie, après l'avoir fait sécher, & on en prend un scrupule, & même davantage, délayé dans du vin ou du bouillon. Boccone dit en avoir expérimenté avec succès dans les dyssenteries; J. F. Habela l'assure de même. J. Labasii & J. Farrantes disent que le sirop de ce fungus, pris à la dose d'une once, ou sa poudre à la dose d'un gros, n'avoit jamais manqué d'efficacité dans aucune dyssenterie. J. Zamonit & ses éleves ont proclamé vivement la vertu de ce fungus contre cette maladie. On recommande aussi beaucoup la poudre de cette plante dans les ulceres cachétiques: on prépare une excellente poudre dentrifique avec ce fungus, du sucre, du musc & de l'ambre; on la vante beaucoup quand les gencives fluent. Boccone dit que rien n'est meilleur contre le vomissement de sang, que trois gros de cette poudre, pris intérieurement en trois doses, & délayés dans de l'eau. M. Abr. Bœck, président du college royal des médecins de Suede, dit avoir prescrit, avec le plus grand succès, un de ces fungus presque tout entier, réduit en poudre, à une femme qui, depuis très-long-tems, avoit une perte très-forte, dont aucun remede ne l'avoit pu guérir.

Observation médicinale sur cette plante.

On trouve dans les Mémoires de l'Académie de Bologne, tome 1, une observation de Stancarius qui confirme les vertus de cette plante, & qui mérite d'être rapportée ici. Les médecins qui ont donné ces mémoires, soit anciens, soit modernes, proposent plusieurs remedes pour arrêter le sang, de quelque partie qu'il coule, entr'autres, des opiats, de l'alun, du vitriol. On recommande sur-tout, dans ce cas, les os d'un certain poisson que les Espagnols appellent *poisson-femme*, & qui nous viennent du Brésil, de même que les os d'hyppopotame, ou une certaine eau de Londres que je ne connois pas; mais Vanhedius observe que ces remedes ne font rien contre les flux de sang, ou du moins fort peu de chose. On met aussi au nombre de ces remedes un certain fungus de Malte que personne n'a décrit que Paul Boccone, & qu'il nomme *typhoïdes coccineus*. Les habitans de Malte vantent beaucoup ce fungus contre les flux de sang; c'est pourquoi, quand ils ont besoin de les arrêter, ils boivent aussi-tôt du vin ou du bouillon dans lequel ils délaient de ce fungus en poudre: ils disent avoir appris ce remede de leurs ancêtres. Les médecins de Bologne n'ont pas commencé d'abord à employer ce fungus; ils ne l'ont fait que quand les expériences ont tellement répondu à l'opinion qu'on en avoit, qu'il a paru pour lors qu'il méritoit d'être préféré à tout autre remede propre à arrêter le sang. L'Académie tenoit pour lors ses séances dans l'hôtel de Marsyli. Ce remede si facile parut pourtant mériter l'attention de Jean-Antoine Stancarius; il voulut l'étudier, afin qu'à la suite les médecins ne l'emploient pas sans connoissance de cause. Comme la plupart des remedes qui arrêtent le sang ont cela de commun, qu'on ne peut les prendre intérieurement qu'avec danger, parce qu'ils changent la masse du sang, & qu'il est cependant nécessaire de le faire, d'autant que le siege de la maladie est souvent intérieur, par conséquent on doit préférer & regarder comme moins dangereux ceux qui changent le moins la masse du sang, & qui cependant arrêtent son écoulement. Stancarius a voulu donc essayer, parmi les remedes les plus vantés pour arrêter le sang, tels que le vitriol, l'alun, le fungus de Malte, celui qui étoit le moins dangereux, & examiner quel changement ils pouvoient faire dans du sang nouvellement tiré de la veine, dans la persuasion qu'il étoit que l'effet seroit le même intérieurement que celui qu'il auroit produit sur le sang nouvellement tiré. La plupart des médecins tirent ordinairement de pareilles conjectures. Il prépara par conséquent cinq vaisseaux de verre, dont chacun pouvoit recevoir une once de sang. Il jetta le premier dans un demi-gros de poudre de champignon de Malte, dans un autre du vitriol, dans un troisieme de l'alun, dans le quatrieme de l'alun & du vitriol ensemble, dans le cinquieme enfin de la semence de jusquiame, du pavot & un peu d'opium. Il a fait ensuite remplir chacun de ces vaisseaux du sang qu'on tira d'un homme qui avoit une fievre tierce, dans les jours d'intermission. Après avoir rempli ces vaisseaux, on conserva dans un sixieme vase le reste du sang qu'on tira, sans y rien mettre, pour s'en servir comme de comparaison, & pour examiner dans quel vaisseau il se trouvoit le moindre changement. On mit tous les vaisseaux à part dans un endroit tranquille, & on remit pour le jour suivant le vaisseau où la partie séreuse du sang s'étoit séparée le mieux & plus facilement de la partie qui a coutume de s'épaissir, quoique cette opération se soit même devancée dans le vaisseau où on avoit mis des narcotiques; car aussitôt dans celui-ci une grande quantité de sang se sépara du séreux, tandis qu'au contraire dans les autres vaisseaux le sang parut se conglutiner plutôt & s'épaissir: cependant Stancarius remit l'observation qu'il avoit à faire jusqu'au lendemain, en présence d'Héraclius Manfredi & de Baccari.

Dans le vaisseau où étoient les narcotiques, la quantité du serum séparée parut, non-seulement aussi grande que le jour précédent, mais même plus grande, & presque toute s'étoit épaissie en gelée en forme de gelée de corne de cerf, ou de ce concret qu'on observe dans le sang des pleurétiques; car sa couleur tendoit au jaune, quoique plus obscur; & la constitution approchoit presque de la polypose, & toute la superficie étoit couverte comme d'une certaine membrane qui pouvoit échapper à la pointe d'un scalpel. On doit d'autant plus faire ces observations, que non-seulement elles démontrent les effets des narcotiques sur le sang, mais aussi ce qu'on doit penser de ce concret qu'on remarque dans le sang des pleurétiques. Dans le vaisseau où l'on avoit mis du vitriol & de l'alun ensemble, le sang s'étoit épaissi dans une masse très-dure & sans aucune secrétion de sérosité. Dans toute sa superficie il étoit presque rouge, excepté dans cette partie où les poudres s'étoient portées, & où la concrétion paroissoit livide & plus dure en forme d'escharre; & on observe la même chose dans le fond, où la plus grande partie des poudres s'étoit rassemblée; & quoique dans le fond le sang ne se trouvât plus si dur, cependant il étoit totalement obscur & en grumeaux; & ce que l'alun & le vitriol réunis ensemble avoient formé, chacun séparément, a occasionné un autre changement; car dans le vaisseau où on avoit jetté de l'alun seul, une très-grande partie de la sérosité étoit séparée de l'épais, & cet épais étoit obscur & très-dur: mais dans le vaisseau où on avoit seulement mis le vitriol, il ne se sépara qu'une partie médiocre de sérosité, & l'épais étoit comme séparé

& divisé en plusieurs grumeaux, dont plusieurs formoient une concrétion d'escharre. Dans le vaisseau dans lequel on avoit mis la poudre du champignon de Malte, on ne remarquoit d'autre changement que celui qu'on observe dans le sang tiré de la veine. Le séreux étoit modique, un peu jaunâtre, l'épais étoit de consistance médiocre, la couleur depuis le haut du vase jusqu'au fond étoit luisante & pourpre, ensorte que ce sang méritoit la préférence sur celui qui fut conservé dans le sixieme vase sans aucun mêlange, & il étoit presqu'aussi bon que celui d'un homme en santé, excepté seulement qu'il se trouvoit un peu moins de séreux que dans le sang d'un homme sain.

Tout cela démontre évidemment que les narcotiques, le vitriol, l'alun, forment un grand changement dans le sang, & conséquemment qu'il y a du danger d'en faire usage; & que si le champignon de Malte produisoit le même effet, on auroit raison d'avoir la même crainte; mais quand ces premieres substances apportent au sang un si grand changement, tandis que le champignon de Malte n'en apporte aucun ou presqu'aucun, il n'est pas douteux qu'il ne faille le préférer à tout autre remede : la raison le veut & l'expérience le démontre.

CYNOSURUS, *le Cynosure.*

NOMS GÉNÉRIQUES.

Ce genre de plante est connu sous le nom de *Cynosurus. Linn. Gramen. Bauh. Cristata. Scheuchz.*

Description générique.

Le caractère de ce genre est d'avoir l'enveloppe du calice partiel latéral, souvent à trois feuilles, grand; la balle est à plusieurs fleurs, bivalve, les valvules sont linéaires, pointues, égales; la corolle est bivalve, l'extérieure est concave, plus longue, l'intérieure est plane, sans barbe; les filamens des étamines sont au nombre de trois, capillaires; les antheres sont oblongues. Le germe du pistil est turbiné; les stiles sont au nombre de deux, velus, réfléchis. Les stigmates sont simples; le péricarpe n'est autre chose que la corolle qui enveloppe artistement la semence sans s'ouvrir : celle-ci est unique, oblongue, pointue de chaque côté.

Observation.

Les enveloppes dans plusieurs sont découpées en ailes ou en forme de peigne.

CLASSE.

Ce genre fait partie de la quinzieme Classe de Tournefort, qui comprend les plantes dont les fleurs sont à étamines, & de la troisieme de Linnæus, destinée aux plantes triandriques digyniques. Cet Auteur en admet dix espèces.

PREMIERE ESPÈCE.

La premiere espèce est la queue de chien à crête. *Cynosurus cristatus. Cynosurus bracteis pinnatifidis. Linn. Sp. Plant. 105. Hort. Cliff. 473. Flor. Suec. 81. 88. Roy. Lugdb. 64. Schreb. Gram. 69. Stillingfleet Miscellanea. 11. Œd. Flor. Dan. 238. Gramen pratense cristatum, seu spica cristata lævi. Bauh. Pin. 2. Prodr. 8. Scheuch. Gram. 79. Gramen cristatum. Bauh. Hist. 2. p. 468.* En Suédois, *Kamb-exing*, En Allemand, *Gefiedertes Kamgraff.* En Danois, *Hanckamm-Græs.*

Description.

La tige est haute d'un pied, nue; ses feuilles sont glabres, larges d'une ligne; son épi est presqu'à deux rangs; cependant il y a quelquefois trois ou quatre rangs de fleurs à courts pétioles qui naissent à l'hampe. Celle-ci est alternativement flexible; un pétiole produit une, même deux & plusieurs balles, & deux ou trois folioles ailées toutes vertes, avec blancheur : les dernieres des ailes sont plus courtes, ensorte qu'on prendroit toute la plante pour une petite plume émoussée; les premieres sont à arrêtes: les fleurs sont depuis trois jusqu'à cinq dans la balle.

Figure.

Cette espèce est représentée dans le Traité des Chiendents par Schreber, pl. 8, fig. 2, dans les Mêlanges de Stillingfleet, pl. 11, & dans le *Flora Danica*, 238.

Lieu de sa naissance.

Elle croît naturellement dans les prairies humides de l'Europe; elle est vivace.

DEUXIEME ESPÈCE.

La deuxieme espèce est la queue de chien hérissée. *Cynosurus echinatus. Cynosurus bracteis pinnato-paleaceis cristatis. Linn. Sp. plant. 105. Roy. Lugdb. 64. Gramen alopecuroïdes, spica aspera. Bauh. pin. 4. Scheuch. Gram. 80. Gramen alopecurum, spica aspera. Barr. Rar. tab. 123.*

Description.

La grappe est conglomerée, seconde. Les bractées sont seulement extérieurement vers les fleurs, alternativement ailées, à une fleur & rayon qui se terminent en arête. Le calice est à deux valves, à deux fleurs, membraneux, fort aminci par le sommet. La corolle est à deux valves, ayant une arête droite sur le sommet extérieur; le stile est fendu en deux.

Figure.

Cette espèce est représentée dans les plantes de Barrelier, pl. 123.

Lieu de sa naissance.

Elle croît naturellement au Levant, dans la partie méridionale de l'Europe.

TROISIEME ESPECE.

La troisieme espèce est la queue de chien de Lima. *Cynosurus Limæ. Cynosurus spica secunda, calicis gluma interiore spiculis subjecta. Linn. Sp. plant. 105. Lœfl. It. 41.*

Description.

Ce chiendent a à peine neuf pouces; les gaînes des feuilles sont un peu gonflées, tandis que la feuille est petite; l'épi est fécond, étroitement imbriqué, oblong, formé de fleurs fécondes, sessiles, à double rang, applaties, à cornes. La valvule extérieure du calice est applatie, plus grande; chaque fleur est composée de cinq fleurons.

Lieu de sa naissance.

Cette espèce est annuelle, & croît naturellement en Espagne.

QUATRIEME ESPÈCE.

La quatrieme espèce est la queue de chien dure. *Cynosurus durus. Cynosurus spiculis alternis secundis sessilibus rigidis obtusis appressis. Linn. Sp. plant. 105. Gramen arvense, polypodii panicula crassiore. Barr. Rar. 1213.*

Description.

Les tiges ou chalumeaux se couchent ; ils sortent en petit nombre de la même racine ; ils ont à peine un palme : les feuilles sont lisses, l'épi est fécond, ayant les petits épis féconds, à deux rangs, sans enveloppe : ces petits épis sont roides, à trois fleurs, linéaires, obtus, lisses. Les fleurons sont applatis, sans barbe.

Figure.

Cette espèce est représentée dans les plantes rares de Barrelier, planche 50.

Lieu de sa naissance.

Elle croît naturellement dans l'Europe méridionale.

CINQUIEME ESPECE.

La cinquieme espèce est la queue de chien bleue. *Cynosurus cœruleus. Cynosurus bracteis integris. Linn. Sp. plant. 106. Hort. Cliff. 495. Flor. Suec. 82. 89. Roy. Lugdb. 64. Gramen glumis variis. Bauh. pin. 10. Prodr. 21. Scheuch. Gram. 83. Sesleria. Scop. Carn. 189.*

Description.

La racine de cette plante étouffe les genevriers & les autres arbrisseaux ; ses tiges s'élevent obliquement ; ses feuilles sont d'un vert bleu, & forment des ronds de chiendent plus larges, connues communement en Suede sous le nom de *sauts de tritons.*

Figure.

Elle est représentée dans le *Specimen* d'Ardouin, planche 6, fig. 3, 4 & 5.

Lieu de sa naissance.

Elle croît naturellement dans les prairies humides de l'Europe.

SIXIEME ESPECE.

La sixieme espèce est la queue de chien coracan. *Cynosurus coracanus. Cynosurus spicis digitatis incurvatis, culmo erecto compresso, foliis suboppositis. Linn. Sp. plant. 106. Gramen Dactylon Ægyptiacum. Bauh. Pin. 7. Theatr. 110. Gramen Dactylon Americanum minus Scheuch. Gram. 107. Gramen Dactylon orientale majus frumentaceum, semine napi. Pluk. Alm. p. 174. Roy. Suppl. 606. Panicum gramineum Suec. Naatsjoni. Rumph. Amb. 5. p. 203. Noëm. & Sabil. Vesl. Ægypt. 52. Tsjetti Pullus. Rheed. Hort. Malab. 12, p. 149.* A Amboine, *Hottong Bengala.* A Java, *Dialli.* A Baleya, *Godam & Godom.*

Description.

Les tiges sont hautes de quatre pieds, droites, applaties, couvertes des pétioles des feuilles ; les feuilles sont plus longues, à deux faces, velues à poils longs rares, au bord & à la page supérieure, ayant leurs gaînes applaties, opposées, amplexicaules ; les échines des petits épis sont abaissés à leurs côtés intérieurs, & ont des fleurs alternes, sessiles en dehors ; les fleurs sont ovales-oblongues, applaties, sans barbes ; les calices sont à quatre fleurs, ayant la valvule intérieure plus basse & plus petite : toutes les deux sont applaties, en carêne, comme la corolle ; les semences sont globuleuses, grandes ; se gonflant, à quatre rangs, nues.

Figure.

Cette espèce est représentée dans l'*Almag.* de Plukenet, planche 91, fig. 2 ; dans l'*Herbarium Amboinense*, tome 5, pl. 76, fig. 2 ; dans les plantes d'Egypte, par Nesler, pl. 53 ; dans l'*Hort. Malab.* tome 12, pl. 78, & dans la seconde partie de cet Ouvrage.

Lieu de sa naissance.

Elle est annuelle, & croît naturellement dans l'Inde.

Culture.

Il faut à cette plante une terre grasse, on la seme autour des champs de riz ; elle s'y plaît très-bien. Quand le terroir où on la seme est trop garni, on en arrache des pieds qu'on transplante ailleurs. Lorsque les épis sont mûrs, on les bat avec les pieds, ou on les frotte entre les mains pour en faire sortir les grains, & pour s'en servir pour l'usage.

Propriétés alimentaires.

Quand la semence est nouvelle, on la fait cuire avec sa balle ; ce qui fait qu'elle occasionne un bruit singulier en la mangeant, comme si on mangeoit des pédicules. Quand elle est vieille, on la macere dans l'eau, on ôte les balles, & on la cuit en forme de bouillie.

Propriétés médicinales.

On prépare, dit Rheede, avec la farine de cette plante, une emplâtre qu'on applique sur la tête contre la manie. Cette même farine, mêlée avec un blanc d'œuf ou la noix d'Inde, fait très-bien dans les luxations. On fait encore avec cette farine, un cataplasme propre à appaiser la douleur des membres. La semence, liée dans un nouet & cuite dans l'eau, s'emploie avec succès dans le *cholera.*

SEPTIEME ESPECE.

La septieme espèce est le Cynosurus ou queue de chien d'Egypte. *Cynosurus Ægyptius. Cynosurus spicis quaternis obtusis patentibus dimidiatis, calicibus mucronatis, caule repente. Linn. Sp. plant. 106. Cynosurus spicis quaternis terminalibus horizontalibus. Roy. Lugdb. 64. Gramen Ischæmum Malabaricum speciosius longioribus mucronatis foliis. Pluk. Alm. 175. Gramen Dactylon Ægyptiacum. Bauh. Pin. 7. Theatr. 110. Roy. Lugdb. 109. Moris. Hist. 3, p. 184. Sect. 8. Scheuch. Gram. 109.*

Description.

La tige de cette espèce est lisse, articulée, se couchant sur les genoux ; les petits épis sont au nombre de quatre ou cinq, horizontaux ; la côte ou eschine de l'épi est pointue, étendue au-delà des fleurs ; les fleurs sont alternes, partagées en deux ; les calices sont à deux fleurs, sans barbes.

Figure.

Cette espèce est représentée dans l'*Almag.* de Plukenet, planche 300, fig. 8, & dans l'Histoire des Plantes, par Morison, tome 3, section 3, planche 3, fig. 7.

Lieu de sa naissance.

Elle croît naturellement dans l'Afrique, l'Asie & l'Amérique.

HUITIEME ESPECE.

La huitieme espèce est le Cynosurus ou queue de chien des Indes. *Cynosurus Indicus. Cynosurus spicis digitatis linearibus, culmis compressis declinatis basi nodosis, foliis alternis. Linn. Sp. plant. 106. Cynosurus spicis aggregatis terminalibus deorsum aristatis. Roy. Lugdb. 65. Gramen dactyloides spicis deorsum aristatis. Burm. Zeyl. 106. Gramen Vaccinum fœmina. Rumph. Amb. 6.*

Amb. 6. p. 10. Kavaru Pullu. Rheed. Hort. Mal. 12. p. 131. A Malaca, *Rompot. Carbou.* A Amboine, *Hobotu Aman.* A Ternate, *Fartago & Fertago.* A Balay, *Padangh Bilulongh, Balulangh.*]

Description.

Les épis des fleurs sortent de la même tige comme d'un même point, au nombre de cinq, six ou sept ensemble; l'un ou l'autre sort quelquefois à court espace éloigné de la tige; tous les épis sont oblongs, digitaux, droits ou légérement recourbés, hétéromales vers le côté inférieur, ils sont composés de balles disposées alternativement sans barbe; deux ou trois sont exceptés dans le calice commun sans barbe; la tige est haute d'un palme & demi, lisse, striée, glabre; les feuilles atteignent souvent la longueur de la tige, raboteuses vers le bord, ayant la même largeur dans toute leur longueur, striées, lisses.

Figure.

Cette espèce est représentée dans le *Burm. Thes. Zeyl.* planche 47, fig. 1, dans l'*Herbarium Amboinense*, tome 6, planche 4, fig. 2, dans l'*Hort. Malab.* tome 12, planche 69, & dans la seconde partie de cet Ouvrage.

Lieu de sa naissance.

Elle est annuelle, & croît naturellement dans les Indes.

Propriétés alimentaires pour l'homme.

La graine de cette plante, quand elle est mûre, peut nous servir d'aliment: on la cuit en bouillie, & on la mange comme du pain. On en fait un grand usage sur les côtes de Coromandel & dans les autres royaumes de l'Indostan.

Propriétés alimentaires pour les animaux.

Les vaches se nourrissent des feuilles de cette plante quand elles sont tendres; les petits oiseaux aiment beaucoup sa graine.

Propriétés médicinales.

Sa racine est très-bonne contre toutes sortes de diarrhée: on broie cette même racine dans l'eau, & on la mêle avec de la rappure de Calappus, pour faire un liniment sur la tête, & pour empêcher par-là les cheveux de tomber.

NEUVIEME ESPECE.

La neuvième espèce est la Queue de Chien vergée. *Cynosurus virgatus. Cynosurus panicula ramis simplicibus, floribus sessilibus subsexfloris: ultimo sterili: infimis subaristatis. Linn. Sp. plant. 106. Amœn. Acad. 5. p. 393. Gramen liliaceum panicula e spicis simplicibus teretibus, spicillis minimis compressis, distichis alternis. Brown. Jam. 137. Gramen dactylon panicula longa è spicis plurimis gracilioribus mollibus constante. Sloan. Jam. 34. Hort. 1. p. 113.*

Description.

Ce Chiendent est droit; la panicule est large, en faisceau, verticillée, à pédicules très-simples; les fleurs sont alternes, sessiles, applaties; les calices sont à cinq ou six fleurs, à valvules pointues, applaties, raboteuses par la carêne; les fleurons sont au nombre de deux, les plus bas terminés par une arête très-courte; le dernier fleuron est très-petit, dénué d'étamines & de pistils.

Figure.

Cette espèce est représentée dans l'Histoire de la Jamaïque, tome 1, planche 70, fig. 2.

Elle croît naturellement dans la Jamaïque.

DIXIEME ESPECE.

La dixième espèce est la Queue de Chien dorée. *Cynosurus aureus. Cynosurus panicula spiculis sterilibus, pendulis ternatis, floribus aristatis. Linn. Sp. plant. 107. Gramen Barcinonense, panicula densa aurea. Tourn. Inst. Rei. Herb. 525. Shaw. Afric. 232. Gramen panicula pendula aurea. Bauh. Pin. 3. Theatr. 33. Scheuch. Gram. 149. Gramen Sciurum seu alopecudum minus, heteromalla panicula. Barr. Rar. 1180.*

Description.

Les petits épis de cette espèce sont ternes, stériles, à calice bivalve, linéaire, pointu, enveloppant plusieurs balles solitaires alternes, ovales, obtuses, concaves, sans petite valvule, étamines ou pistils, ensorte qu'on ne peut pas les appeller fleurs, mais plutôt des enveloppes; les fleurs sont au nombre de deux vers la base des petits épis, ayant le calice linéaire, de la longueur des fleurons, à deux fleurs; le fleuron inférieur est sessile: la balle extérieure est ovale, à arête longue, droite en-dessous du sommet; l'intérieure est très-étroite; l'autre fleuron a le péduncule de la longueur du premier fleuron, plus petit, très-semblable; il paroît seulement le rudiment du troisième fleuron.

Figure.

Cette espèce est représentée dans les Plantes d'Afrique, par Shaw, fig. 232, & dans les Plantes de Barrelier, planche 4.

Lieu de sa naissance.

Elle croît naturellement dans la partie méridionale de l'Europe, entre les cailloux & les rochers, & au Levant: elle est annuelle.

Propriétés générales alimentaires pour les bestiaux.

Les chevaux, les vaches, les chevres & les brebis mangent plusieurs espèces de Cynosurus, entr'autres, le *cristatus*, le *cœruleus* & le *paniculatus*.

CYPERUS, *le Souchet.*

NOMS GÉNÉRIQUES.

Ce genre de plante est connu sous les noms de *Cyperus, Plin. Tourn. Mich. Cuperos, Cupeiros, Malinatella, Mnasion, Sari, Théoph. Cyperis, Cypiros, Noccus, Trasi, Zizola, Melanoschœnos, Cæs.*

Description générique.

Le caractère de ce genre est de n'avoir point de pétioles, comme sont toutes les plantes graminées, & le calice de chacune de ses fleurs est une seule corole anguleuse par le dos; ses fleurs sont rassemblées aux épis qui forment un panicule plus ou moins applati; au bas de l'épi sont quelquefois deux fleurs avortées, dont les écailles représentent pour lors une sorte de calice commun; dans l'intérieur de chaque fleur non avortée sont deux ou trois étamines & un stile divisé en deux ou trois stigmates cylyndriques. Ce défaut d'uniformité influe sur la figure des semences qui sont petites, aigues, triangulaires, lorsque le style a été divisé en trois & applaties, & à-peu-près ovales, quand il n'y a eu que deux divisions. La gaîne des feuilles de ces plantes est entiere & sans aucune fente; les tiges sont ordinairement triangulaies.

CLASSE.

Ce genre fait partie de la quinzième Classe de Tournefort, qui comprend les plantes dont les fleurs sont à étamines, & de la troisième de Linnæus, destinée aux plantes triandriques monogyniques. Cet Auteur en admet vingt-six espèces, dont les deux premières sont à tiges cylindriques, & les autres à tiges triangulaires.

PREMIERE ESPECE.

La première espèce est le Souchet articulé. *Cyperus articulatus. Cyperus culmo tereti nudo articulato. Linn. Sp. plant. 66. Cyperus culmo nudo articuloso. Roy. Lugdb. 51. Juncus Cyperoïdes creberrimè geniculatus medulla farctus aquaticus, radice rubra tuberosa odorata. Sloan. Jam. 36. Hist. 1, p. 121.*

Description.

La racine de ce Souchet est rouge, tubéreuse, odorante; sa tige est cylindrique, nue, articulée, pleine de moëlle.

Figure.

Elle est représentée dans l'Histoire de la Jamaïque, par Sloane, tome 1, planche 81, fig. 2.

Lieu de sa naissance.

Elle croît naturellement dans les petits ruisseaux de la Jamaïque : elle est vivace.

DEUXIEME ESPECE.

La deuxième espèce est le Souchet très-petit. *Cyperus minimus. Cyperus culmo tereti nudo, spicis sub apice. Linn. Sp. plant. 66. Cyperus culmo tereti, spicas sub apice ferente. Linn. Cliff. 21. Roy. Lugdb. 49. Gramen Junceum per pusillum, capillaceis foliis, Æthiopicum. Pluk. Alm. 179. Gramen Cyperoïdes minimum, spicis pluribus compactis ex oblongo rotundis. Sloan. Jam. 36. Hist. 1. p. 120. Raj. Hist. 3. p. 625.*

Description.

Ses feuilles radicales sont très-nombreuses; rassemblées en gazons, elles sont semblables à la hampe, mais un peu plus petites; l'hampe est nue, cylindrique, semblable à une soie de porc, foible, se couchent communément, longue d'un doigt ou de neuf pouces; les épis sont au nombre de trois ou de cinq dans l'espace d'un travers de pouce, placés au-dessous du sommet; ils sortent tous d'un seul & même point, & sont en partie sessiles, en partie attachés à des pédicules très-courts; chaque épi est ovale, imbriqué de toute part; la semence est sous chaque écaille, à trois côtés, sans aucun poil.

Figure.

Cette espèce est représentée dans l'*Almagestum* de Plukenet, planche 300, fig. 5, & dans l'Histoire de la Jamaïque, par Sloane, tome 1, planche 79, fig. 3.

Lieu de sa naissance.

Elle croît naturellement dans la Jamaïque, l'Afrique.

TROISIEME ESPECE.

La troisième espèce est le Souchet monostachys. *Cyperus monostachyos. Cyperus culmo triquetro nudo, spica simplici ovata terminali, squamis mucronatis. Linn. Sist. Veg. édit. XIII. Murr. 82. Mant. 180.*

Description.

Ses feuilles sont radicales, nombreuses, linéaires, très-étroites, lisses, lâches, longues de neuf pouces; sa tige est filiforme, à trois côtes, nue, frêle, à peine longue d'un pied; l'épi est simple, terminal, ovale, imbriqué, un peu applati, lisse, de la longueur d'une graine de concombre, à écailles en carêne, pointues. Sous l'épi se trouve une foliole, plus rarement deux, en forme d'alêne, de la longueur de l'épi.

Lieu de sa naissance.

Elle croît communément dans l'Inde Orientale.

QUATRIEME ESPECE.

La quatrième espèce est le Souchet lisse. *Cyperus lævigatus. Cyperus culmo triquetro nudo, capitulo diphyllo, floribus lævigatis. Linn. Hist. Veg. édit. XIII. Murr. 82. Mant. 179.*

Description.

Ses tiges ou chalumeaux sont à trois côtes, lisses, longs de deux pieds; ses feuilles sont probablement triangulaires, droites, aiguës; sa tête est terminale, ronde, formée par plusieurs petits épis sessiles; l'enveloppe de la petite tête est à deux folioles planes, cannelées, en forme d'alêne, plus longues que la petite tête, un peu serrées; la plus grande est droite, l'inférieure est ouverte; les épis ou fleurs sont oblongues-ovales, imbriquées, très-glabres, un peu obtuses, à écailles ovales.

Lieu de sa naissance.

Elle croît naturellement au cap de Bonne-Espérance.

CINQUIEME ESPECE.

La cinquième espèce est le Souchet haspan. *Cyperus haspan. Cyperus culmo triquetro folioso, umbella supra decomposita, spiculis umbellato sessilibus. Linn. Sp. plant. 66. Flor. Zeyl. 37. Gramen Cyperoïdes maderaspatanum, panicula magis sparsa & speciosa. Pluk. Almag. 179. Gramen Cyperinum junceum longissimum haspan vocatum. Burm. Zeyl. 108.*

Description.

La tige est haute d'un pied, à trois côtes aiguës, nue : il n'y a presque point de feuilles vers sa racine ou elles sont ovales; l'ombelle est trois fois prolifere; les petits épis sortent du même centre aux sommets; ils sont sessiles; l'enveloppe est fendue en deux, à peine plus longue que l'ombelle.

Figure.

Cette espèce est représentée dans l'*Almag.* de Plukenet, planche 192, fig. 2.

Lieu de sa naissance.

Elle est vivace, & croît naturellement dans l'Inde, l'Ethiopie.

SIXIEME ESPECE.

La sixième espèce est le Souchet long. *Cyperus longus. Cyperus culmo triquetro folioso, umbella foliosa supradecomposita, pedunculis nudis, spicis alternis. Linn. Sp. plant. 67. Roy. Lugdb. 50. Mat. Med. 29. Dalib. Paris. 14. Cyperus odoratus radice longa, seu Cyperus Officin. Bauh. Pin. 14. Scheuch. Gram. 378. Moris. Hist. 3. p. 237. sect. 8.* En Allemand, *lange Cyperwarz.* En Anglois, *lang-rooted Cyperus.* En Italien, *Cypero longo, Zizzola.*

Description.

Sa racine est longue & fibreuse; son chaton est feuillé, triangulaire; ses feuilles sont longues, roides, terminées en pointe; les fleurs sont au sommet, en épis alternes, sans pédoncules, formant une espèce d'ombelle feuillée, décomposée par le haut; elles sont apétales, à trois étamines, rassemblées en épis, qui sont divisés par étages, séparées les unes des autres par des écailles ovales, en carêne, planes & courbées.

Figure.

Cette espèce est représentée dans l'Histoire des Plantes, par Morison, tome 3, section 8, planche 11, fig. 13.

Lieu de sa naissance.

Elle croît naturellement dans les marais de l'Italie & de la France : elle est vivace.

Culture.

On la multiplie par ses racines, qu'on sépare au printemps, & qu'on plante à une exposition chaude.

Analyse chymique.

La racine du Souchet, qui est la partie la plus usitée de cette plante, paroît être composée d'un sel volatil, huileux, aromatique, enveloppé de parties visqueuses & terrestres.

Propriétés médicinales.

Cette racine atténue & divise les humeurs; elle leve les obstructions, excite les urines & les regles, fortifie merveilleusement l'estomac, affoibli par le relâchement des fibres, & remédie à l'hydropisie commençante. C. Hoffman la recommande dans les maladies de la poitrine accompagnées de toux; elle seche & consolide les ulceres de la bouche & de la vessie. Jean Meibomius, au rapport de Simon Pauli, employoit le jonc odorant & les racines du Souchet, comme un spécifique pour les ulceres de la vessie. Hipocrate les préfere dans les ulceres de la matrice; les racines, mises en poudre avec la fleur de la lavande, à la dose d'un gros, font sortir le fœtus & l'arriere-faix, au rapport de Jean Ray, très-savant Botaniste. Quelques-uns veulent que les racines soient nouvelles & fraîches, de peur qu'elles n'échauffent trop. Il est vrai que celles qui sont fraîches sont moins odorantes que celles qui sont seches; mais elles sont aussi moins actives, étant chargées d'une plus grande quantité de phlegme inutile. Rhasès avertit qu'elles brûlent trop le sang, lorsqu'on en fait usage intérieurement; desorte que, selon lui, elles peuvent causer la lepre.

Le Souchet long entre dans l'*eau impériale*, *l'eau thériacale*, *&c.* du Dispensaire de Paris.

Formule.

Prenez racines de *Souchet long*, de galanga, & sommités d'absynthe, de chacune un gros, sucre blanc deux gros, huile de cannelle cinq gouttes; faites une poudre dont on prendra un gros dans du vin, le matin, à jeûn, ou avant le repos.

Propriétés vétérinaires.

Quand on donne la racine de cette plante aux chevaux, dans les cas analogues à ceux de l'homme, c'est à la dose de deux gros.

Propriétés d'ornemens.

Les Parfumeurs macerent cette racine dans le vinaigre, la font sécher & pulvériser pour faire des parfums.

Préparations cosmétiques de toilette & autres.

1°. *Eau de Bouquet*, *ou Eau de Toilette.* Prenez eau de miel odorante une once, eau sanspareille deux onces, eau de jasmin quatre gros & demi, eau de girofle & de violette, de chacune une demi-once, eau de *Souchet long*, de calamus aromaticus, de lavande, de chacune deux gros, esprit de Néroli dix gouttes; mêlez toutes ces liqueurs ensemble, & conservez le mélange dans une bouteille bien bouchée. Cette eau a une odeur très-agréable; elle sert uniquement pour la toilette, & n'est d'aucun usage en médecine.

2°. *Eau Divine & Cordiale.* Pour la faire, prenez au commencement du mois de Mars racines de vrai acorus, de betoine, d'iris de Florence, de *Souchet long*, de gentiane, de scabieuse, de chacune deux onces, cannelle & santal citrin, de chacun un gros, macis deux gros, baies de génievre une once, coriandre six gros; pilez ces drogues, & ajoutez-y les restes de six beaux citrons & de six belles oranges de Portugal; mettez le tout dans un grand vaisseau, avec dix pintes de bon esprit-de-vin; remuez-le bien; après quoi, bouchez exactement le vaisseau, jusqu'à la saison des fleurs; & dans le temps que chaque fleur est dans sa force, mettez-y alors une demi-poignée de chacune des fleurs suivantes : violette, jacinthe, giroflée jaune, jonquille, rose rouge, rose pâle, rose blanche & musquée, œillet, orange, jasmin, tubéreuse, romarin, sauge, thym, lavande, marjolaine, genêt, sureau, millepertuis, souci, camomille, nicotiane, muguet, narcisse, chevre-feuille, bourrache, buglosse. Il faut trois saisons pour voir fleurir ces fleurs, le printemps, l'été & l'automne; ce qui fait un temps considérable. Chaque fois que vous mettrez une partie de vos fleurs, vous mêlerez le tout ensemble. Vous en userez ainsi depuis la première jusqu'à la dernière; & trois jours après la dernière des fleurs, mettez le tout dans une cucurbite couverte de son chapiteau, bien luttée, mise au bain-marie & à un feu tempéré: rafraîchissez souvent; vous en tirerez cinq pintes d'eau d'une rare qualité, soit pour remede, qui est beaucoup plus efficace que l'eau de melisse, soit pour l'odeur. Cette eau est une des meilleures.

3°. *Pot-pourri à sec.* Prenez fleurs d'orange une livre, roses communes, dont on ôte le pédicule qui est jaune, une livre, œillets rouges, dont on ôte aussi le petit bout de chaque feuille qui est blanc, une demi-livre, marjolaine & myrthe épluchées, de chacune demi-livre, roses muscades, thym, lavande, romarin, sauge, camomille, melilot, hyssope, basilic, baume, de chacun deux onces, laurier quinze ou vingt feuilles, jasmin deux ou trois poignées, autant de petites oranges, sel une demi-livre; mettez le tout dans un vase, & laissez-le pendant un mois, ayant soin de le remuer deux fois par jour avec une spatule ou cuiller de bois. Au bout d'un mois ajoutez iris en poudre douze onces, & autant de benjoin, clous de girofle & cannelle en poudre, de chacun deux onces; macis, storax, calamus, poudre de Chypre, de chacun une once; santal-citrin & *Souchet* de Chypre six gros; mêlez le tout comme ci-devant, & vous aurez un pot-pourri d'une odeur très-agréable.

4°. *Grosse Poudre de Violettes.* Concassez en particulier les drogues suivantes avant de les mêler ensemble : ces drogues sont huit onces de fleurs d'orange seches, quatre onces d'écorces de citron seches, quatre de bois de santal-citrin, quatre de roses muscades, quatre de benjoin, trois de lavande, deux de bois de rose, deux de calamus, deux de *Souchet*, deux de storax, une de marjolaine, une demi-once de clous de girofle, & enfin deux livres d'iris de Provence & une livre de roses de Provins: cela fait, si vous voulez en remplir des sachets, vous pilerez un gros de musc, un demi de civette, un peu de gomme adraganthe détrempée avec de l'eau d'ange; & après avoir ajouté un peu d'eau de senteur à tout cela, avant de remplir vos sachets, vous employerez cette composition à en frotter le dedans.

5°. *Autre.* Vous mêlerez une livre d'iris de Florence, huit onces de fleurs d'orange seches, quatre de bois de santal-citrin, deux de coriandre, deux de marc d'eau d'ange, deux de *Souchet*, une demi-once de calamus & une de clous de girofle. Après avoir concassé toutes ces drogues, vous les employerez au besoin.

6°. *Poudre pour conserver les cheveux.* Prenez racines de *Souchet long*, calamus aromatique, roses rouges, de chacun une once & demie, benjoin une once, bois d'aloès six gros, corail rouge & succin, de chacun une demi-once, farine de feves quatre onces, racines d'iris de Florence huit onces; mêlez le tout ensemble; faites-en une poudre très-fine, & ajoutez-y cinq grains de musc & autant de civette. Cette poudre, dont on se parfume la tête, facilite la régénération des cheveux, & fortifie leurs racines. On lui donne encore la propriété d'égayer l'imagination & de fortifier la mémoire.

7°. *Recette contre la puanteur des pieds & des aisselles.* Il faut d'abord qu'on ait un soin particulier de se bien laver les pieds, & de renouveller souvent ses chaussons & toutes ses chaussures. Prenez vingt livres de lessive de cendres de laurier, trois poignées de feuilles de laurier, une poignée de *Souchet*, autant de calamus aromatique & de dictamne de Crete; faites bouillir le tout ensemble; passez & ajoutez quatre livres de bon vin; mettez tremper vos pieds dans cette décoction, une heure tous les jours : au bout de quelque temps ils ne seront plus sujets à exhaler une mauvaise odeur.

8°. *Eau Thériacale.* Prenez racines d'aunée, d'angélique de Bohême, de *Souchet long*, de chacune une once, racines de zedoaire, de contrayerva, d'impératoire, de valeriane sauvage, de viperine, de chacune une once, écorces récentes de citron, d'orange, girofle, cannelle, galanga, baies de genievre, de laurier, sommités de sauge, de romarin, de rhue, de chacune demi-once, esprit-de-vin rectifié, eau de noix, de chacune trois livres, thériaque huit onces; concassez & coupez grossiérement les substances qui doivent l'être; faites-les macérer deux ou trois jours dans l'esprit-de-vin & l'eau de noix : au bout de ce temps ajoutez la thériaque, délayée auparavant dans trois ou quatre onces d'esprit-de-vin; distillez ensuite au bain-marie pour tirer tout ce qu'il y a de spiritueux : on ne rectifie point cette liqueur.

Cette eau est sudorifique, cordiale, stomachique; elle chasse le mauvais air; elle corrige la mauvaise odeur de la bouche : on s'en sert dans l'apoplexie, la paralysie; la dose est depuis un gros jusqu'à quatre.

SEPTIEME ESPECE.

La septième espèce est le Souchet bon à manger. *Cyperus esculentus. Cyperus culmo triquetro nudo, umbella foliosa, radicum tuberibus ovatis, zonis imbricatis. Linn. Sp. plant. 67. Roy. Lugdb. 51. Cyperus rotundus esculentus augustifolius. Bauh. Pin. 14. Theatr. 222. Scheuch. Gram. 382. Morif. Hist. 3. p. 236. sect. 8. Cyperus rotundus. Lob. Ic. 75. Dod. Pempt. 338. Thrast. Bauh. Hist. 2. p. 504.* A Vérone & à Venise, *Trasi.* En Afrique, *Lab-Alselim.*

Description.

Cette espèce croît beaucoup; les truffes de ses racines sont ovales; les zones sont imbriquées; la tige est à trois côtes, nue; les feuilles sont étroites; l'ombelle est feuillée.

Figure.

Elle est représentée dans l'Histoire des Plantes, par Morison, tome 3, section 8, planche 11, fig. 10, & dans Lobel, planche 75.

Lieu de sa naissance.

Elle croît naturellement à Montpellier, en Italie, au Levant : elle est vivace.

Propriétés alimentaires.

On mange en Espagne les tubercules des racines; ils ont une saveur agréable : les Vénitiens & les habitans de Vérone les mangent, soit cuits, soit cruds, au dessert.

Propriétés médicinales.

Lobel dit qu'on en recommande l'usage dans les fluxions d'humeurs âcres; & pour cet effet on en fait quelquefois une tisane, où l'on ajoute de la graine de coriandre & un peu d'anis.

HUITIEME ESPECE.

La huitième espèce est le Souchet rond. *Cyperus rotundus. Cyperus culmo triquetro subnudo, umbella decomposita, spicis alternis linearibus. Linn. Sp. plant. 67. Flor. Zeyl. 36. Mat. Med. 30. Cyperus orientalis, radice olivari, spicis longis è spadice purpurascentibus. Scheuch. Gram. 391. Cyperus rotundus vulgaris. Pin.* En Allemand, *Runde Cyperwukz.* En Anglois, *Round-Rooted Cyperus.* En Italien, *Cypero rotundo.*

Description.

La racine de cette espèce est fibreuse; sa tige ou chaume est triangulaire, d'un ou deux pieds de haut; les feuilles sont étroites, pointues, embrassant la tige par leur base; ses fleurs sont au sommet, rassemblées en épi ou panicule obronde & feuillée; elles sont apétales, à trois étamines, rassemblées en un épi tuilé, séparées les unes des autres par des écailles ovales, planes, recourbées; les écailles sont divisées en trois parties, dont celle du milieu est en forme d'alêne; son fruit est une semence triangulaire, aiguë, garnie de poils plus courts que le calice.

Lieu de sa naissance.

Cette espèce est vivace; elle croît naturellement dans l'Inde : on en trouve sur les bords de la mer, des étangs & dans les endroits humides.

Propriétés médicinales.

Ses propriétés sont les mêmes que celles du Souchet long : on prépare les racines de l'une & l'autre de la maniere suivante. On en prend une suffisante quantité au printemps, on les met dans une cucurbite de verre, adaptée à son récipient; on y mêle une suffisante quantité d'eau : on distille à feu gradué, jusqu'à faire bouillir ce qui est dans le vaisseau; & lorsque la racine sera cuite & molle, on la confit au sucre. Pour en faire un remede propre à fortifier l'estomac, on pourra aussi battre la racine dans un mortier de marbre, & la passer par le tamis, pour en tirer la pulpe & en faire une conserve. L'eau qu'on auroit tirée par la distillation de la racine, étant de nouveau distillée, fournira une eau spiritueuse & un sel volatil dont elle est empreinte, & qui ont une vertu apéritive pour dégager les reins & la vessie du phlegme qui les embarrasse. Après avoir tiré l'esprit & l'eau spiritueuse, on évapore ce qui reste dans le vaisseau, jusqu'à la consistance d'extrait, qui, retenant la vertu de ce qu'il y a de fixe dans cette racine, fortifie particuliérement l'estomac & aide la digestion.

NEUVIEME

NEUVIEME ESPECE.

La neuvième espèce est le Souchet rude au toucher. *Cyperus squarrosus. Cyperus culmo triquetro folioso, umbella foliosa glomerata, spicis striatis squarrosis. Linn. Sp. plant. 66. Amœn. Acad. 4. p. 303. Gramen Cyperoides Maderasp. Minimum Ischæmi paniculis cum aristis. Pluk. Amalth. 114.*

Description.

Les racines de cette espèce sont capillaires, les chalumeaux sont nombreux, serrés, à trois côtes, à peine longs d'un pouce; les feuilles sont graminées de la longueur de la plante, couvrant inférieurement les chalumeaux. Il n'y a aucune ombelle distincte, mais les ombelles du rayon sont garnies de toute part de petits épis serrés; ces petits épis sont ovales, ferrugineux, sortant de dessous des écailles striées, pointues, recourbées; les enveloppes sont à trois ou quatre feuilles.

Figure.

Elle est représentée dans l'*Amaltheum* de Plukenet, planche 397, fig. 2.

Lieu de sa naissance.

Elle croît naturellement dans l'Inde.

DIXIEME ESPECE.

La dixième espèce est le Souchet difforme. *Cyperus difformis. Cyperus culmo triquetro subnudo, umbella diphylla simplici trifida, spicis cuspidatis intermedia sessili. Linn. Sp. plant. 67. Amœn. Acad. 4. p. 302. Gramen Cyperoïdes elegans vassumbo curri Malabayorum. Pluk. Amalth.*

Description.

La tige est haute d'un pied, à trois côtes, nue; son enveloppe est à deux folioles, dont une est plus longue; les épis sont sessiles, nombreux, lancéolés, ayant les écailles ovales, concaves, raboteuses au côté.

Figure.

Cette espèce est représentée dans l'*Amaltheum* de Plukenet, planche 317. fig. 5.

Lieu de sa naissance.

Elle croît naturellement dans l'Inde.

ONZIEME ESPECE.

L'onzième espèce est le Souchet iria. *Cyperus iria. Cyperus culmo triquetro seminudo; umbella foliosa decomposita, spiculis alternis, granis distinctis. Linn. Sp. plant. 67. Gramen Cyperoides Indiæ Orientalis elatius, panicula sparsa pallescente. Pluk. Alm. 179. Iria seu balari. Rheed. Hort. Malab. 12. p. 105.* Chez les Brachmanes, *Derpu.*

Description.

La tige de cette espèce est à trois côtes, à demi-nue. Il se trouve plusieurs péduncules dans l'ombelle qui portent au sommet de petites ombelles: l'ombelle est formée de trois ou quatre rayons qui portent alternativement de petits épis de grains à trois côtes, très-obtus, à peine revêtus d'une lame apparente, peu distans.

Figure.

Cette espèce est représentée dans l'*Almag.* de Plukenet, planche 191, fig. 7, & dans l'*Hort. Malab.* tome 12, planche 56.

Lieu de sa naissance.

Elle croît naturellement dans l'Inde.

DOUZIEME ESPECE.

La douzième espèce est le Souchet élevé. *Cyperus elatus. Cyperus culmo triquetro nudo, umbella foliosa supradecomposita, spicis digitalibus imbricatis, spiculis subulatis. Linn. Sp. plant. 67. Amœn. Acad. 4. p. 301.*

Description.

Ce Chiendent est grand; sa tige est à trois côtes, lisse; son ombelle est seule, décomposée, égale; l'enveloppe universelle est polyphille, très-longue, les partielles sont plus courtes que les épis; les épis sont sessiles, non-seulement aux ombelles universelles, mais encore aux partielles, de la longueur du doigt, ferrugineux, imbriqués de petits épis tendres, en forme d'alêne, fendus en deux.

Lieu de sa naissance.

Cette espèce croît naturellement dans l'Inde.

TREIZIEME ESPECE.

La treizième espèce est le Souchet congloméré. *Cyperus glomeratus. Cyperus culmo triquetro nudo, umbella triphylla supradecomposita, spicis glomerato-rotundatis, spiculis subulatis. Linn. Sp. plant. 68. Amœn. Acad. 4. p. 301. Cyperus aquaticus italicus procerior, locustis tenuissimis in racemum densè congestis. Mich. Gen. 45. Segu. Veron. 3. p. 68. Cyperus capitulis glomeratim congestis, seminibus aristatis. Mont. Gram. 14.*

Description.

Cette espèce a le port de l'espèce précédente; elle en provient probablement; mais, comme elle a crû dans un endroit plus froid, elle n'est pas devenue si grande; ses épis sont rassemblés, conglomerés, sans être alongés.

Figure.

Elle est représentée dans les plantes de Vérone, par Séguier, tome 3, planche 2, fig. 2, & dans les Chiendents de Monti, planche 1, fig. 1.

Lieu de sa naissance.

Elle est vivace, & croît naturellement dans les endroits marécageux de l'Italie.

QUATORZIEME ESPECE.

La quatorzième espèce est le Souchet glabre. *Cyperus glaber. Cyperus culmo triquetro nudo lævi, umbella triphylla, floribus glomeratis, inferioribus brachiatis, foliis glabris. Linn. Sp. plant. 179. Cyperus parvus, panicula conglobata, spicis compressis spadiceo viridibus. Seg. Suppl. 66.*

Description.

Cette espèce a la tige ou chalumeau haut d'un palme, glabre, à trois côtes, sans feuilles; les feuilles sont radicales, droites, toutes glabres, de la longueur du chalumeau; l'enveloppe est à trois feuilles, plus longue que le chalumeau: il y a en outre trois folioles en forme d'alêne, courtes; l'ombelle est simple, ayant au sommet des fleurs alternes, sessiles: celles d'en bas sont pédiculées; les fleurs sont ovales, applaties, imbriquées, brunâtres dans leur maturité.

Figure.

Elle est représentée dans le Supplément de Séguier, planche 2, fig. 1.

Lieu de sa naissance.

Elle croît naturellement dans les endroits humides, aux environs de Vérone : elle est annuelle.

QUINZIEME ESPECE.

La quinzième espèce est le Souchet élégant. *Cyperus elegans. Cyperus culmo triquetro nudo, umbella foliosa, pedunculis nudis proliferis, spicis confertis mucronibus patulis. Linn. Sp. plant. 68. Roy. Lugdb. 51. Cyperus panicula maxima sparsa ferruginea compressa elegantissima. Sloan. Jam. 35. Hist. 1. p. 117. Roy. Suppl. 623.*

Description.

Ce Souchet est très-beau ; sa tige est à trois côtes nues ; son ombelle est feuillée ; les péduncules sont nuds, proliferes ; les épis sont serrés, ouverts par leurs pointes, d'une couleur ferrugineuse.

Figure.

Cette espèce est représentée dans l'Histoire de la Jamaïque, par Sloane, tome 1, planche 75, fig. 1.

Lieu de sa naissance.

Elle croît naturellement dans la Jamaïque, aux environs de la mer, dans les marais.

SEIZIEME ESPECE.

La seizième espèce est le Souchet à odeur. *Cyperus odoratus. Cyperus culmo triquetro nudo, umbella decomposita simpliciter foliosa, pedicellis disticho spicatis. Linn. Sp. plant. 68. Cyperus culmo triquetro nudo, umbella duplicata foliosa, pedunculis propriis disticho spicatis. Roy. Lugdb. 50. Gron. Virg. 131. Cyperus longus odoratus, panicula sparsa, spicis strigosioribus viridibus. Sloan. Jam. 35. Hist. 1. p. 116. An acorus Brasiliensis aromaticus minor capicatinga, aliis jacave catinga Pisonis. Bob. Hist. Ox. Part. 3. p. 246 ? Gramen Cyperoïdes aquaticum. Clayt. n°. 509.*

Description.

Ce Souchet est aromatique ; sa tige est à trois côtes, nue ; l'ombelle est décomposée, simplement feuillée ; les péduncules sont en épis partagés en deux ; ils sont verds.

Observation.

Il pourroit bien être le petit Acorus aromatique du Brésil ; du moins Sloane en doute.

Figure.

Il est représenté dans l'Histoire de la Jamaïque, par Sloane, tome 1, planche 74, fig. 1.

Lieu de sa naissance.

Il croît dans la Jamaïque, la Virginie, sur le bord des rivieres.

DIX-SEPTIEME ESPECE.

La dix-septième espèce est le Souchet applati. *Cyperus compressus. Cyperus culmo triquetro nudo, umbella universali triphylla, glumis mucronatis latere membranaceis. Linn. Sp. plant. 68. Cyperus culmo triquetro nudo, panicula foliosa, pedunculis simplicibus, spicis alternis, subulatis distichis. Roy. Lugdb. 51. Gron. Virg. 131. Cyperus rotundus gramineus fere inodorus panicula sparsa compressa viridi. Sloan. 35. Hist. 1. p. 117. Roy. Suppl. 623.*

Description.

On reconnoît cette espèce par sa panicule & ses épis verds, par ses balles pointues sans être ouvertes, & par ses bords latéraux membraneux : les ombelles partielles sont nues, l'universelle est conglomérée.

Figure.

Elle est représentée dans l'Histoire de la Jamaïque, par Sloane, tome 1, planche 76, fig. 1.

Lieu de sa naissance.

Elle croît naturellement dans les prés sablonneux de l'Amérique Septentrionale.

DIX-HUITIEME ESPECE.

La dix-huitième espèce est le Souchet jaunâtre. *Cyperus flavescens. Cyperus culmo triquetro nudo, umbella triphylla, pedunculis simplicibus, inæqualibus, spicis confertis lanceolatis. Linn. Sp. plant. 68. Cyperus culmo triquetro nudo, panicula foliosa supradecomposita, spicis confertis disticho compressis. Dalib. Paris. 14. Cyperus minimus, panicula sparsa flavescente. Tour. Scheuch. Gram. 385. Hall. Helv. Edit. 1. 246. Cyperus minor pulcher, panicula latere compressa subflavescente. Moris. Hist. 3. p. 239. s. 8. Gramen Cyperoides minus panicula sparsa subflava. Bauh. Pin. 6. Theat. 88.* En Allemand, *Galbes Cyperngrass.*

Description.

Ses petites racines ont des petits bulbes qui leur sont attachés ; ses petites tiges sont en gazon, hautes de neuf pouces, quelquefois très-hautes : dans chaque tige à peine y a-t-il une feuille en forme de carêne, large d'une demi-ligne : sous l'ombelle il y a deux feuilles, même trois, dont deux surpassent l'ombelle, & la troisième est très-longue. Il y a plusieurs épis, ordinairement au nombre de quinze, allant en divers sens, & formant une ombelle ; cependant ils ne naissent pas tous d'un même point, mais en ordre ; ils sont sessiles vers la pointe qui est flexible, très-planes, à deux rangs, d'un verd jaune. Il n'y a aucune balle du calice ; les balles florales sont compliquées, concaves, applaties, ovales, obtuses, aux environs de quinze ; les étamines sont au nombre de trois ; la semence est conique.

Figure.

Cette espèce est représentée dans l'Histoire des Plantes, par Morison, tome 3, section 8, planche 11, fig. 37.

Lieu de sa naissance.

Elle croît naturellement dans les endroits marécageux, en Allemagne, en Suisse, en France & en Italie.

DIX-NEUVIEME ESPECE.

La dix-neuvième espèce est le Souchet brunâtre. *Cyperus fuscus. Cyperus culmo triquetro nudo, umbella trifida, pedunculis simplicibus inæqualibus, spicis confertis linearibus. Linn. Sp. plant. 69. Jacq. Vind. 206. Œder. Flora Danica. 179. Cyperus culmo triquetro nudo, panicula diphylla supradecomposita, spicis strigosioribus confertis disticho compressis. Dalib. Paris. 15. Cyperus minimus, panicula sparsa nigricante. Tour. Scheuch. Gram. 384. Cyperus minor pulcher, panicula compressa nigricante. Moris. Hist. 3. p. 239. s. 8. Gramen Cyperoides minus, panicula sparsa nigricante. Bauh. Pin. 6.* En Allemand, *Braunes Cyperngrass.*

Description.

Cette espèce differe à peine de la précédente par ses petits épis plus étroits, brunâtres, & par ses feuilles plus raboteuses.

Figure.

Elle est représentée dans l'Histoire des Plantes, par Morison, tome 3, section 8, planche 9, fig. 38.

Lieu de sa naissance.

Elle croit naturellement dans les prés humides de la France, de l'Allemagne & de la Suisse.

VINGTIEME ESPECE.

La vingtième espèce est le Souchet nain. *Cyperus pumilus. Cyperus culmo triquetro nudo, umbella diphylla composita, spiculis alternis digitatis lanceolatis: Glumis mucronatis. Linn. Sp. plant. 69. Amœn. Acad. 4. p. 302. Gramen Cyperoïdes pumilum elegans e Maderaspatan. Pluk. Almag. 179.*

Description.

Cette espèce est semblable à la dix-septième, mais plus courte, distincte par ses balles qui sont moins imbriquées & pointues au sommet; les enveloppes sont plus longues que les ombelles; les petits épis sont à peine alternes, & presque digités.

Figure.

Elle est représentée dans l'*Almag.* de Plukenet, planche 191, fig. 8.

Lieu de sa naissance.

Elle croît naturellement dans l'Inde.

VINGTUNIEME ESPECE.

La vingt-unième espèce est le Souchet à trois fleurs. *Cyperus triflorus. Cyperus culmo triquetro nudo, umbella triflachya, intermedia sessili, spiculis lævigatis. Linn. Sp. plant. 83. Mant. 180.*

Description.

Les chalumeaux sont à trois côtes, nuds, lisses, hauts d'un pied; son enveloppe est terminal, diphylle, plus court que l'épi, en forme d'alêne; les épis sont terminaux, au nombre de trois, ovales, applatis, lisses, aigus des deux côtés, à écailles pointues; l'épi intermédiaire est sessile; les latéraux sont pédunculés, à péduncules plus longs que l'épi.

Lieu de sa naissance.

Cette espèce est vivace; elle croît dans l'Inde Orientale.

VINGT-DEUXIEME ESPECE.

La vingt-deuxième espèce est le Souchet sec. *Cyperus strigosus. Cyperus culmo triquetro nudo, umbella simplici, spiculis linearibus confertissimis horizontalibus. Linn. Sp. plant. 69. Cyperus rotundus, panicula sparsa, spicis strigosis ferrugineis. Sloan. Jam. 35. Hist. 1. p. 116.*

Description.

La racine de cette espèce est ronde; les rayons de l'ombelle sont simples, un peu droits, garnis de petits épis linéaires, un peu longs, ferrugineux, très-serrés, très-nombreux, s'étendant horizontalement depuis le péduncule commun, ou flétris vers le dos.

Figure.

Cette espèce est représentée dans l'Histoire de la Jamaïque, par Sloane, tome 1, pl. 74, fig. 2, 3.

Lieu de sa naissance.

Elle croît naturellement dans les marais de la Jamaïque & de la Virginie.

VINGT-TROISIEME ESPECE.

La vingt-troisième espèce est le Souchet en courroie. *Cyperus ligularis. Cyperus culmo triquetro, umbella spiculis capitulis oblongis sessilibus, involucris longissimis serrato asperis. Linn. Sp. plant. 70. Amœn. Acad. 5. p. 391. Cyperus maximus, panicula minus sparsa ferruginea, capitulis compactis crassioribus. Sloan. Jam. 35. Hist. 1. p. 36.*

Description.

L'enveloppe de cette espèce est très-longue, de quatre pieds; les folioles ont des pointes très-menues au bord & à la carêne, les rayons de l'ombelle sont nombreux, à trois côtes, lisses, d'une longueur inégale; les épis sont nombreux, pédiculés, oblongs, en tête, souvent posés en croix, avec les petites têtes vers leur base: ces petites têtes sont formées par de petits épis en forme d'alêne, sessiles, serrés de chaque côté.

Figure.

Cette espèce est représentée dans l'Histoire des Plantes de la Jamaïque, par Sloane, tome 1, planche 9.

Lieu de sa naissance.

Elle croît naturellement à la Jamaïque.

VINGT-QUATRIÈME ESPECE.

La vingt-quatrième espèce est le Souchet papier. *Cyperus papyrus. Cyperus culmo triquetro nudo, umbella simplici foliosa, pedunculis simplicissimis vaginatis distiche spicatis. Linn. Sp. plant. 70. Roy. Lugdb. 50. Cyperus omnium maximus papyrus dictus. Mont. Gram. 14. Locustis minimis. Mich. Gen. 44. Cyperus e nodis nudus, culmis e vaginis brevibus prodeuntibus, spicis tenerioribus. Scheuch. Gram. 387. Cyperus niloticus vel Syriacus maximus papyraceus. Moris. Hist. 3. p. 239. sect. 8. Papyrus Syriaca & Siciliana. Bauh. Pin. 19. Theatr. 333.*

Description.

La tige ou chalumeau de cette espèce est à trois côtés, nud; l'enveloppe est plus courte que l'ombelle, à huit folioles, dont les quatre extérieures sont plus larges; l'ombelle universelle est égale, très-abondante, ayant les rayons engaînés à la base; la petite enveloppe est à trois folioles, soyeux, droits, de la longueur de l'enveloppe universelle, les petites ombelles sont à péduncules ternes, très-courts; les petits épis sont nombreux, alternes, en forme d'alêne, sessiles.

Figure.

Cette espèce est représentée dans l'*Agrostographia* de Scheuchzer, tome 8, pl. 14, dans l'Histoire des Plantes, par Morison, tome 3, section 8, pl. 11, fig. 41, & dans la Dissertation sur le *Papyrus*, par M. le Comte de Caylus.

Lieu de sa naissance.

Elle croît naturellement dans la Calabre, la Sicile, la Syrie & l'Egypte.

Propriétés économiques.

On faisoit anciennement avec cette plante le papier dont on se servoit autrefois pour écrire, comme nous faisons aujourd'hui du nôtre.

Observation.

Un préjugé assez répandu en Europe, a fait croire que cette plante est aujourd'hui perdue ; cependant il n'y a pas encore deux cens ans que Guilandin & Prosper Alpin l'observerent sur les bords du Nil. Les changemens survenus dans le terrein de l'Egypte, & les soins des habitans pour profiter des terres susceptibles de culture, ont pu effectivement rendre cette plante moins commune ; mais, étant naturellement aquatique, elle est à l'abri d'une entiere destruction. M. le Comte de Caylus a publié, en 1758, une savante Dissertation sur le *Papyrus*, où il rapporte plusieurs observations de M. Bernard de Jussieu à son sujet. Comme cette Dissertation n'est pas fort étendue, nous croyons faire plaisir à nos lecteurs, que de la rapporter ici. Cet Ouvrage est une Encyclopédie végétale; on ne doit donc rien négliger pour la rendre complette.

Dissertation sur le Papyrus, par M. le Comte de Caylus.

Si tous les usages des Anciens doivent se trouver successivement dans nos Mémoires, il y en a toujours quelques-uns qui semblent avoir plus de droit d'y paroître : tel est le papier d'Egypte, dont il est si souvent fait mention dans les ouvrages modernes, & qui a servi à nous transmettre les Auteurs anciens. Je sais que cette matiere a déja été traitée par le P. Montfaucon ; mais il a eu plus en vue la description des manuscrits que le temps a conservés, que l'explication de la fabrique du papier, & la recherche de la plante qui la produisoit ; il n'a pas même examiné les passages des Auteurs qui pouvoient convenir au titre de son Mémoire. Le nombre des Commentateurs qui l'avoient précédé, ne l'a point dégoûté de son entreprise, & le sujet me paroît encore assez neuf pour être examiné de nouveau.

Je n'ignore ni le nombre ni le mérite des savans modernes qui ont écrit sur cette matiere ; mais ils ne l'ont pas toujours envisagée du même côté que moi. Le P. Mabillon & le Marquis Maffei ne sont point entrés dans le détail de la fabrique du papier d'Egypte. Les Benédictins, dans leur nouveau traité de Diplomatique, ont un peu plus approfondi la matiere ; mais il me semble que l'on peut desirer un plus grand éclaircissement sur une chose que le temps rend déja fort obscure, & à l'intelligence de laquelle je crois même qu'on ne peut arriver que par les réflexions sur la pratique ; c'est du moins ce qui pourroit me persuader que j'en ai un peu plus approché que les autres. M. Guettard, de l'Académie des Sciences, a donné, dans le Journal Economique, aux mois de Juillet & d'Août 1751, deux Mémoires très-curieux sur des matieres nouvelles propres à faire le papier. Tout ce qu'il dit est plein de sagacité & de vues dignes d'un citoyen, en un mot, d'un homme qui sait lire la nature. Son objet n'étoit point le *Papyrus* des Egyptiens ; il n'en parle que très-légérement : ainsi les idées que les Auteurs anciens m'ont données, les conjectures que j'ai pu établir sur ce qu'ils ont écrit, jointes au secours que j'ai tiré d'un des plus grands Botanistes de l'Europe, m'ont paru donner un nouveau jour à cette matiere.

La plus grande partie de ce que je vais rapporter n'est point de moi ; j'ai suivi sur plusieurs points Guilandin, auteur du seizième siecle. Je conviens que, selon l'usage des Commentateurs de son temps, il a souvent abandonné son Auteur pour parler de lui-même, & mettre au jour des idées qui n'ont aucun rapport à son objet ; mais il est fort savant, & il est un de ceux qui a le plus amplement parlé du *Papyrus*, en commentant les passages de Théophraste & de Pline. Ces raisons seroient suffisantes pour me servir d'excuses ; car il n'est point ordinaire dans l'académie de s'appuyer autant sur un Auteur moderne, quand on y traite quelques points de l'antiquité ; mais il faut se souvenir que celui-ci a voyagé, & qu'il parle de ce qu'il a vu. Il a fait des observations dans le pays même, & il dit avoir examiné la plante dont il est question. Il est vrai qu'il ne l'a point décrite, & qu'il n'en a point donné la figure ; ainsi, le plus grand secours que je pourrai retirer de ce Commentateur, sera de me fournir des points de discussion sur cette plante & sur la fabrique du papier, en les opposant au développement que nous a donné Pline, l'Auteur le plus étendu que nous ayons sur cette matiere. On verra que je ne suis pas toujours de l'avis de Guilandin, & que j'ai soin de relever quelques injustices qu'il a faites à Pline. Mais, ce que je préfere avec raison, ce sont les additions que M. Bernard de Jussieu a bien voulu faire à ce Mémoire, & les éclaircissemens qu'il y a joints. Les descriptions & les réflexions d'un homme aussi sage que lumineux, me mettent en état d'avancer qu'on ne peut plus méconnoître ni confondre le *Papyrus* d'Egypte, & que le voyageur le moins lettré pourra très-aisément la démontrer à l'Europe dans toutes les circonstances. Qui sait même si nous ne pourrons pas en cultiver la plante ?

Prius tamen quàm digrediamur de Ægypto, & papyri natura dicetur, cum chartæ usu maximè humanitas vitæ constet & memoria. Avant que de quitter l'Egypte, nous parlerons de la nature du *Papyrus*. C'est à l'usage qu'on a fait du papier, que l'homme est principalement redevable du commerce de la vie civile & de la mémoire des événemens.

Ce seroit ici le lieu de distinguer toutes les matieres sur lesquelles les Anciens ont écrit ; mais ce seroit aussi trop répéter ce que l'on trouve par-tout : il n'en est point dans ce nombre qui présente autant d'avantages que le papier, soit par rapport à sa légéreté, soit par rapport à la facilité de sa fabrique, enfin c'étoit un présent simple de la nature, & le produit d'une plante qui n'exigeoit ni soin ni culture. Voilà bien des raisons pour la préférer & la rendre d'un usage presque général dans le monde connu ou plutôt civilisé. Sans entrer dans des détails qui ne regardent point mon objet, il n'est pas douteux que l'écriture, une fois trouvée, n'ait été employée sur tout ce qui pouvoit la recevoir. Les matieres ont varié selon les pays : on peut dire cependant que l'on a préféré, pour une chose si nécessaire, ce qu'il y avoit de plus commnn & de plus facile à transporter : ainsi le parchemin, le papier & les tablettes de cire ont été d'un usage plus constant & plus étendu, & par la même raison le plomb doit avoir eu la préférence sur les autres métaux. Quelques Auteurs ont admis sur ces faits un merveilleux que les hommes ont aimé de tous les temps à se persuader. Tel est celui qui a rapporté que l'Iliade & l'Odyssée avoient été écrites en lettres d'or sur le boyau d'un dragon long de cent vingt pieds. Mais, comme les romans conservent toujours des parties d'usage & de vérité, on voit par-là que les Anciens ont écrit sur des boyaux ; ce qui, dans le fond, est fort naturel. On peut avoir écrit des ouvrages sur l'ivoire ; mais, indépendamment de la rareté dont cette matiere étoit autrefois, ces feuilles, d'une épaisseur aussi médiocre que la chose est possible, auroient encore produit un prix excessif. Dans la portée des feuilles ordinaires, elles se seroient rompues. On ne peut donc s'imaginer que cet usage ait été commun : ainsi je ne traduirois pas *libri elephantini* par livres d'ivoire ; je croirois plutôt que leurs couvertures

ou

ou les boîtes qui les renfermoient, étoient de cette matiere, par magnificence & par distinction. Cependant il est certain que les Romains écrivoient sur des tablettes d'ivoire les lettres missives, & sur-tout leurs affaires domestiques; usage qui s'est même conservé jusqu'à nous; & nous savons d'ailleurs qu'à l'exemple des Grecs, ils ont été, pour ainsi dire, adorateurs de l'ivoire. Il est donc à présumer qu'ils ont connu tous les moyens possibles de le travailler & de le réduire à la moindre de toutes les épaisseurs. Ils auront, par conséquent, pu trouver des moyens que la nécessité fait toujours suggérer pour attacher & réunir les feuilles de cette matiere: ainsi les *libri elephantini* peuvent, absolument parlant, avoir été composés de feuillets d'ivoire; mais je le répéterai toujours, les ouvrages d'une certaine étendue ont au moins été d'une très-difficile exécution, & par conséquent d'une très-grande rareté.

Et hanc Alexandri magni victoriâ repertam autor est M. Varro, conditâ in Ægypto Alexandriâ; découverte que M. Varron place dans le temps des victoires d'Alexandre le Grand, lorsque ce Prince eut fondé la ville d'Alexandrie en Egypte.

Il est certain qu'en reportant son esprit sur les Egyptiens avant le temps d'Alexandre, on voit ce peuple bien grand, bien sage, bien gouverné, bien éclairé sur presque toutes les connoissances. Il avoit bâti les pyramides; d'ailleurs les secours que l'on tiroit du *Papyrus* ne peuvent que répandre des doutes sur le sentiment de Varron, & le rendre très-difficile à croire. Mais Guilandin en prouve l'erreur ou la fausseté, en rapportant les citations d'un grand nombre d'Auteurs Grecs qui parlent du *Papyrus*, & qui ont précédé le regne d'Alexandre. Il est vrai qu'ils lui donnent le nom de *biblos bibliaria, &c.* mais on ne peut douter que *biblos* & *Papyrus* ne soient la même chose: ainsi l'on pourroit dire, selon Varron, que ce seroit vers le temps des conquêtes d'Alexandre qu'on auroit commencé à fabriquer le papier, quoique le *Papyrus* fût connu depuis long-temps: *Antea non fuisse chartarum usum: in palmarum foliis primò scriptum deinde quarumdam arborum libris.* Auparavant on ne se servoit point de papier; on écrivoit en premier lieu sur des feuilles de palmier, ensuite sur la pellicule intérieure de l'écorce de quelques arbres.

Guilandin veut qu'au lieu de *palmarum*, on lise *malvarum*, des feuilles de mauve; il assure qu'aucun Auteur, avant Varron, n'a cité le palmier pour l'écriture. Il ajoute que les feuilles de palmier étoient trop dures, & que leurs côtes empêchoient qu'on ne les employât à cet usage. Cela peut être, quant aux feuilles de palmier d'Egypte & de la côte d'Afrique; mais on conserve à la bibliotheque du Roi des manuscrits de l'intérieur de l'Inde, qui sont écrits avec beaucoup de netteté sur les feuilles de cet arbre: elles sont fort étroites, & disposées d'une façon différente des volumes des Anciens & de nos livres; mais la forme ne change rien à la nature.

Postea publica monumenta plumbeis voluminibus, mox & privata linteis confici cepta, aut ceris: ensuite on écrivit les actes publics sur des lames de plomb, & les affaires particulieres sur la toile ou la cire. A l'égard de l'écriture sur la toile, il est à présumer que les mumies ouvertes & décrites par les Modernes, ainsi que celles dont j'ai eu occasion de parler, étoient d'une antiquité très-reculée par rapport à Pline. Cependant le morceau dont j'ai rapporté l'écriture dans le Recueil d'Antiquités, est écrit sur une toile simple qui m'a paru de coton. Cette remarque ne prouve rien contre le sentiment de Pline, puisqu'il ne fait mention de ces toiles que comme d'une matiere employée en général, & nullement par rapport aux Egyptiens en particulier. On sait d'ailleurs qu'ils n'ont point écrit leurs affaires publiques sur le plomb; du moins nous n'en avons aucune trace: les marbres les plus durs & les blocs les plus étendus, satisfaisoient à peine les idées qui les faisoient agir pour la postérité; mais cette toile établie en Egypte & servant à l'écriture, me conduit à une espèce de digression nécessaire aux autres vues de ce Mémoire.

Je crois devoir dire en premier lieu que l'on peut examiner la toile que je viens de citer, & voir si elle est de coton. On la conserve avec soin dans le cabinet de Sainte-Genevieve; on l'a mise sous un verre, après l'avoir collée sur un papier fort épais. Quand elle étoit à moi, elle étoit roulée: c'est ainsi qu'elle m'étoit parvenue, & ce n'est point ce qui a pu causer les petites altérations qu'on y peut remarquer. Ce détail & cette remarque en général seroient fort inutiles, si l'on ne pouvoit en conclure que les Egyptiens se servoient pour écrire d'autre chose que du papier. On dira peut-être que l'usage du coton a précédé celui de cette plante; mais, indépendamment du peu de variété que l'on remarque dans cette nation, le *Papyrus* étoit si connu par toutes les utilités que les Egyptiens en retiroient, & dont on va voir le détail, que l'on ne peut raisonnablement mettre en doute qu'ils n'aient su que les écorces les plus déliées de cette plante pouvoient servir à l'écriture. Cette réflexion m'a donc présenté la nécessité indispensable de coller ou de gommer cette toile pour empêcher l'encre, ou plutôt la couleur, de s'étendre & de faire ce qu'on appelle communément *boire*. Enfin, quoique la qualité de l'encre puisse y entrer pour quelque chose, il est aisé de se convaincre de cette nécessité, & l'on peut en juger par l'effet que les caractères formés par un liquide produisent sur une mousseline qui n'a point été préparée. Or, tous les caractères écrits sur les toiles trouvées dans l'intérieur des caisses des mumies étant de la plus grande netteté, il en résulte la preuve d'une colle pratiquée très-anciennement par les Egyptiens, & qui, selon Pline même, paroît avoir précédé l'usage ou l'invention du papier.

Il est cependant nécessaire, avant que d'aller plus loin, de considérer en général les espèces de toiles dont les Egyptiens faisoient usage. Voici ce que dit Pline à l'égard du lin & du coton. *Ægyptio lino minimum firmitatis, plurimum lucri: quatuor ibi genera, Taniticum ac Pelusiacum, Buticum, Tentyriticum cum regionum nominibus, in quibus nascuntur, superior pars Ægypti in Arabiam vergens gignit fruticem quem aliqui gossipion vocant, plures xylon, & ideo lina inde facta xylina: parvus est, similemque barbatæ nucis defert fructum, cujus ex interiore bombyce lanugo netur. Nec ulla sunt eis candore mollitiave preferenda: vestes inde sacerdotibus Ægyptiis gratissima.*

Ce que Pline nous apprend du coton, est appuyé par Prosper Alpin. Il dit: *Gossipium Ægyptii ad ipsorum usum aliunde advehunt; neque enim apud ipsos herbacea illa planta, ex quâ Syri vel Cyprii gossipium colligunt, adnascitur.* A l'égard du lin, indépendamment de tout ce que les Auteurs anciens nous en disent, comme ayant été fort en usage en Egypte, il peut soutenir les plus grandes chaleurs. Il a été cultivé avec succès au Sénegal & à la Martinique: Prosper Alpin le compte même parmi les plantes d'Egypte. Les toiles qui remplissoient les oiseaux embaumés que j'ai ouverts, étoient plus fréquemment de vieux chiffons de toile de coton; ce qui prouve seulement qu'elle étoit plus commune que celle de lin.

Pugillarium enim usum fuisse etiam ante Trojana tempora invenimus apud Homerum. Illo vero prodente, ne terra quidem ipsa, quæ nunc Ægyptus, intelligitur, cum in Sebennytico saltem ejus nomo nonnisi Charta nascatur, postea adaggerata Nilo; siquidem a Pharo insula, quæ nunc Alexandriæ ponte jungitur, noctis, dieique velifico navigii cursu terram fuisse prodidit. Guilandin, en corrigeant ce passage tiré de Dalechamp, met *absuisse* au lieu de *fuisse ;* ce qui sert beaucoup à l'intelligence du texte dont voici la traduction. « Car nous voyons dans Homere que l'usage des tablettes est antérieur à la guerre de Troye, & ses écrits font connoître que le terrein qu'on appelle aujourd'hui d'*Egypte*, n'existoit point de son temps, & qu'il ne s'est formé que depuis par les dépôts du Nil. Or, le nom *Sebennytique* qui en fait partie, ne produit presque que du papier. Ce qui prouve que cette partie de l'Egypte n'existoit pas encore du temps d'Homere, c'est que cet Auteur avance que depuis l'isle de Pharos qui est actuellement réunie à Alexandrie par un pont, il y avoit, jusqu'au continent de l'Egypte, une étendue de mer aussi grande qu'une vaisseau à la voile en pourroit faire en un jour & une nuit ».

Guilandin fait encore au texte de Pline une correction qui pourroit avoir quelque fondement : il dit qu'il faut lire *Saïtique* au lieu de *Sebennytique ;* il convient que suivant Ptolomée & Strabon, on trouve dans le Delto *Sebennytica regio* aussi-bien que *Saïtica regio ;* mais il opine pour le dernier nom dans cette circonstance, parce qu'il ne trouve point de papier qui porte le nom du premier canton, & que Pline ne parle que de *Saïtica-charta*, de la ville de Saïs où le *Papyrus* se trouvoit en grande quantité.

Je ne m'arrêterai point sur les preuves que Pline rapporte de cet accroissement de terre donné par le Nil ; ce point d'histoire naturelle a trop été discuté : de plus il s'écarte absolument de mon objet.

Mox æmulatione circa bibliothecas Regum Ptolemæi & Eumenis supprimente chartas Ptolomæo, idem Varro membranas Pergami tradidit repertas, postea promiscuè patuit usus rei, quâ constat immortalitas hominum. « Dans la suite l'émulation des Rois Ptolomée & Eumenes pour former des bibliotheques, ayant porté Ptolomée à interdire le transport du papier, on inventa dans Pergame, selon Varron, la façon du parchemin ; & dans ce nouvel usage, qui fut bientôt répandu par-tout, consiste le vrai moyen de procurer aux hommes l'immortalité ».

Cette espèce de tyrannie & ce genre de guerre entre deux Rois, sont trop singuliers pour n'être pas relevés. Malgré la répétition que l'on remarque dans tous les événemens, celui-ci, je crois, sera toujours unique. A l'égard du parchemin dont Pline, sur le rapport de Varron, attribue l'invention à la jalousie de ces Princes, il me semble que c'est en donner une idée qui n'est pas juste, & que c'est placer bien bas la découverte d'une chose dont l'usage est établi bien auparavant dans tous les Auteurs anciens. C'est aussi le sentiment de Guilandin, qui conclut à cette occasion que ce qu'on appelloit *diphtera* ne différoit point de *membrana* que l'on nomma dans la suite *Pergamenes*, & que l'invention du parchemin, aussi-bien que celle du papier, remonte plus haut que ne le dit Varron, & le Commentateur le prouve par un grand nombre de citations authentiques. Il seroit trop long & même inutile de les rapporter ici ; on peut les voir toutes réunies dans l'ouvrage de Guilandin. On pourroit cependant dire, pour accorder ce passage avec les idées données par les Auteurs, que le parchemin de Pergame fut d'une meilleure condition que ceux qu'on avoit fabriqués précédemment, & que la fabrique qui s'établit dans cette ville devint fameuse, & dut son établissement à la défense de Ptolomée de laisser sortir du papier d'Egypte. Il se pourroit aussi que Pline, peu satisfait des détails qu'on lui avoit envoyés sur cette plante, n'eût pas voulu prendre sur son compte ce qu'il en a dit, & qu'il eût mieux aimé en rendre Varron responsable ; mais cette phrase à la louange du parchemin est de lui : *Postea promiscuè patuit usus rei, quâ constat immortalitas hominum.* Il sembleroit que le papier ne pouvoit avoir la même utilité ; ce papier dont il vient de dire un peu plus haut : *Cum chartæ usu maximè humanitas vitæ constet & memoria*, je conviens que ce petit reproche ne peut tomber que sur l'habitude d'un style éloquent ; car dans le fond Pline a raison : il a voulu faire entendre que le parchemin présentoit une matiere plus durable, & que par conséquent il étoit destiné à perpétuer les événemens & à les rendre, pour ainsi dire, immortels.

Papyrum *ergo nascitur in palus tribus Ægypti aut quiescentibus Nili aquis, ubi evagatæ stagnant, duo cubita non excedente altitudine gurgitum brachiali radicis obliquæ crassitudine, triangulis lateribus, decem non ampliùs cubitorum longitudine.* « Le *Papyrus* croît dans les marais de l'Egypte, ou même au milieu des eaux dormantes que le Nil laisse après son inondation, pourvu qu'elles n'aient pas plus de deux coudées de profondeur. La racine est tortueuse & de la grosseur du poignet ; la tige est triangulaire & ne s'éleve pas à plus de dix coudées ».

Guilandin, qui remarque & qui le prétend avec raison que Pline a traduit Théophraste dans la description de cette plante, lui reproche en cet endroit de ne point parler, comme cet Auteur, de donner dix coudées à la tige du *Papyrus*, & de confondre par conséquent cette mesure avec celle des racines, & il ajoute : *Lorsque je voyageois en Egypte, & que je faisois avec grand soin des recherches sur toutes les plantes de ce pays, je ne pus jamais trouver de* Papyrus *dont les thyrses ou les tiges eussent plus de sept coudées.* Prosper Alpin leur donne six ou sept coudées au-dessus de l'eau : *Supra aquam sex septemve cubitis assurgens.* Si, en suivant ce calcul, on ajoute à la plus grande mesure les deux coudées que l'eau couvre ordinairement, on aura, pour la longueur totale des tiges du *Papyrus*, neuf coudées ; ce qui s'éloigne peu de la mesure rapportée par Pline : *Decem non ampliùs cubitorum longitudine.*

In gracilitatem fastigiatum, thyrsi modo cacumen includens, semine nullo, aut usu ejus alio, quam floris ad Deos coronandos. « Elle va toujours en diminuant, & aboutit en pointe ; le haut en forme de thyrse, sans aucune graine & sans aucun usage, si ce n'est que sa fleur sert à couronner les Dieux ».

Guilandin accuse encore ici Pline de n'avoir pas suivi Théophraste ; ou de s'être trompé en traduisant ces mots : *Comam inutilem debilemque sustinentes* par *thyrsi modo cacumen includens ;* ce qui ne rend pas l'expression de Théophraste, qui dit que le *Papyrus* porte une chevelure, un panache, & non un peloton, un épi, *globum*, *spicam*, qui forme le thyrse dont nous avons parlé. Strabon est d'accord avec Théophraste sur cette explication.

Il est naturel, avant que d'entamer la matiere, de dire un mot de l'opinion assez généralement reçue en Europe, sur la perte de cette plante : on n'a pas besoin de nouvelles preuves pour savoir que les bruits populaires ne sont pas toujours fondés sur les possibilités physiques ; mais, en supposant cette perte possible, on ne pourroit au moins la faire remonter fort haut ; car il n'y a pas encore deux cens ans que Guilandin & Prosper Alpin observerent cette plante sur les bords du Nil, & que Guilandin vit les habitans du pays en manger la partie inférieure & succulente de la tige, comme on le pratiquoit anciennement ; particularité qui peut servir à nous faire connoître le *Papyrus*, & dont il ne paroît pas que les voyageurs aient profité. Cet usage & ceux qui sont rapportés par Prosper Alpin, nous apprennent que cette plante n'est pas tout-à-fait inutile, quoiqu'elle ait perdu son principal mérite en cessant d'être employée à la fabrique du papier.

Les changemens survenus dans le terrein de l'Egypte, & le soin des habitans pour profiter des terres qui peuvent être cultivées, ont rendu vraisemblablement la plante du *Papyrus* moins commune; mais les causes qui peuvent être admises à l'égard de quelques parties du pays, n'ont pu occasionner la destruction entiere du *Papyrus*, d'autant plus qu'étant du nombre des plantes aquatiques, il est à l'abri d'un semblable événement. Le silence des Auteurs les plus récens qui ont écrit sur l'Egypte, ne peut être avancé comme une preuve de la destruction entiere du *Papyrus*. On peut dire, pour les excuser, qu'ils ne s'étoient pas proposé ces objets dans leurs recherches, ou que n'étant pas assez instruits, ils l'ont négligé; mais il est étonnant que Maillet, homme de lettres, qui paroît même avoir fait des recherches à ce sujet, n'ait pu découvrir le *Papyrus*, & qu'il l'ait confondu avec le *musa*, connu en françois sous le nom de *figuier d'Adam*, & que les Arabes appellent *mons*, plante qui est très-différente, ce dont il devoit s'appercevoir en lisant Théophraste ou Pline.

Prosper Alpin est le premier qui nous ait donné une figure du *Papyrus*, que les Egyptiens appellent *berd*. Quelque mauvaise qu'on puisse la soupçonner, elle paroît néanmoins convenir à la description de la plante dont parle Théophraste. Les Botanistes anciens avoient placé le *Papyrus* parmi les plantes graminées ou les chiendents, ignorant à quel genre il devoit appartenir: ils se sont contentés de le désigner sous le nom ancien de *Papyrus*, dont ils ont fait deux espèces, l'une d'Egypte, l'autre de Sicile; mais les nouveaux ont reconnu que ces deux plantes étoient une seule & même espèce de *Cyperus*: c'est sous ce genre qu'on la trouve dans les Catalogues & Histoires des plantes publiées après l'édition de l'Ouvrage de Morison, où le *Papyrus* est nommé *Cyperus Niloticus vel Syriacus maximus papyraceus*.

En décrivant cette plante, il dit qu'on conserve dans le cabinet de médecine à Oxford, parmi d'autres curiosités, un grand morceau de la tige du *Papyrus*, *frustum caulis scapive, sex circiter pedes longum, leve, externè durum ac politum, internè medulla porosa juncea seu arundinacea farctum, in schola medicinæ inter alia curiosa asservatur*.

On a cru aussi reconnoître dans l'Ouvrage de Scheuchzer sur les chiendents, les joncs & les autres graminées, une description du panache que porte le *Papyrus*; elle est sous la dénomination suivante: *Cyperus enodis nudus, culmis è vaginis brevibus prodeuntibus, spicis tenuioribus*. Cet Auteur a considéré le panache comme formant la plante entiere prise au-dessus de la racine, & les longs pédicules qui portent les épis comme autant de tiges particulieres. Il ajoute, en finissant, qu'il ignore d'où cette plante lui a été envoyée, & de qui il l'a reçue. Ce panache nous paroît être celui du *Papyrus Siciliana*, que les Botanistes, comme nous l'avons observé ci-dessus, ne distinguent pas du *Papyrus Nilotica*. M. Monti, dans son Catalogue des plantes qui croissent aux environs de Bologne en Italie, l'indique sous la dénomination suivante: *Cyperus omnium maximus Papyrus dicta*; & Michieli, dans ses *Nova genera*, en rapportant la même phrase, y ajoute seulement ces deux termes *locustis minimis*; & à la planche 19 il a fait représenter un des pédicules qui forment le panache, & qui portent les épis des fleurs. La mort de cet Auteur, arrivée quelque temps après l'édition de la premiere partie de son Ouvrage, nous a fait perdre des éclaircissemens sur le *Papyrus*, qu'il promettoit de donner dans la deuxième partie qui n'a point encore paru. Enfin M. Van Royen, Professeur de botanique, a inséré dans le Catalogue des plantes du jardin de Leyde le *Papyrus*, & le nomme *Cyperus culmo triquetro nudo, umbella simplici foliosa, pedunculis simplicissimis distinctè spicatis*. Il est de même rapporté dans les *Species plantarum* de M. Linnæus. Dans les manuscrits qui nous restent d'après les lettres & les remarques de M. Lippi, Médecin de la Faculté de Paris, qui accompagnoit M. du Roule, Envoyé du Roi Louis XIV à l'Empereur d'Abyssinie, on trouve la description d'un *Cyperus* qu'il avoit observé sur les bords du Nil en 1704. Après avoir parlé des fleurs, il dit que plusieurs épis couverts de quelques jeunes feuilles, sont portés sur un pédicule assez long, & que plusieurs de ces pédicules, également chargés, venant à se réunir, forment un aspect de parasol. Le disque de ce parasol est environné de quantité de feuilles qui couronnent la tige sur laquelle il porte; la tige est un prisme fort long, dont les angles sont un peu arrondis, & les feuilles représentent parfaitement une lame d'épée, non pas de celles qui font la gouttiere, mais de celles dont le plus grand côté soutient une cannelure; les racines sont noires & chevelues. Il nomme cette plante *Cyperus Niliacus major, umbella multiplici*.

Le même Lippi en avoit remarqué une autre espèce qui ne s'éleve pas aussi haut, dont la tige & les feuilles étoient les mêmes, & dont les épis formoient plutôt une espèce de tige qu'une ombelle. Cette tête étoit fort douce, luisante, & comme dorée, riche & fort chargée; elle pose sur de longs pédicules, dont la base se réunit en parasol, & il l'appelle *Cyperus Niliacus major, aurea divisa panicula*.

Ces deux sortes de *Cyperus* ont entr'elles une ressemblance marquée par leurs feuilles, leur tige, le panache en parasol qui les couronne, & les lieux marécageux où elles croissent. La seule différence consiste dans la forme des épis; ce qui sert à les distinguer l'une de l'autre. Toutes deux ont quelques rapports avec le *Papyrus*, & le *sari*, tels qu'ils sont décrits par les anciens Auteurs: la première pourroit être le *Papyrus* & la seconde le *sari*; mais ce n'est qu'une conjecture, & je ne pense pas qu'on puisse l'admettre. Cependant si elle étoit reçue, le *Papyrus* & le *sari* ne seroient plus confondus & regardés comme étant d'une même espèce, ainsi que l'ont jugé plusieurs Botanistes.

Le *Papyrus* qui croissoit dans le milieu des eaux, ne donnoit point de graine; son panache étoit composé de pédicules foibles, fort longs, semblables à des cheveux: *Coma inutili exilique*, dit Théophraste. Cette particularité se montre également dans le *Papyrus* de Sicile; nous la connoissons encore dans une autre espèce de *Papyrus* apportée de Madagascar par M. Pierre, Correspondant de l'Académie royale des Sciences. Les panaches de l'une & l'autre espèce que nous avons, sont dépourvus d'épis, de fleurs, & par conséquent stériles. Bodæus à Stapel, dans ses Commentaires sur Théophraste, a fait représenter la tige & les panaches du *Papyrus* en cet état, & le dessin en avoit été envoyé d'Egypte à Saumaise.

Ce panache ressemble à celui de la plante de Sicile, conservé dans un herbier de Boccone. De pareils changemens ne sont point rares dans les plantes aquatiques. Le *Papyrus* de Madagascar croît dans une riviere appellée *Tartas* par les Molgaches: ce nom est aussi celui du papier. A l'égard de la plante, ils la nomment *fanga-fanga*, & ils en emploient l'écorce pour faire des nattes. Celles que nous avons vues sont travaillées avec goût, & les compartimens en sont très-bien exécutés: les autres usages ne nous sont pas connus, mais nous apprenons qu'on en fait aussi des cordes.

Au reste je pense que tout ce qui vient d'être rapporté au sujet du *Papyrus*, devoit précéder la discussion du texte de Pline que je vais continuer.

Radicibus incolæ pro ligno utuntur. Nec ignis tantum gratia, sed ad alia quoque utensilia vasorum. Ex ipso quidem papyro navigia texunt, & è libro vela, tegetesque, nec non & vestem, etiam stragulam ac funes. Les habitans emploient les racines pour du bois, non-seulement à brûler, mais encore propre à faire différens vases à leurs usages; de la tige du *Papyrus* entrelacé en façon de tissu, ils construisent des barques; & de l'écorce intérieure ou *liber*, ils font pareillement des voiles, des nattes, des habillemens, des couvertures de lit & des cordes.

Ces barques ressembloient, par leur construction, à de grands paniers dont le tissu devoit être fort serré; & pour empêcher l'eau de les pénétrer, il faut supposer qu'elles étoient enduites, au moins à l'extérieur, d'une couche de résine ou de bitume; ce qui les mettoit en état de servir à la navigation sur le fleuve, ou plutôt sur son inondation. Le panier dans lequel Moyse, enfant, fut exposé, me paroît appuyer & confirmer le texte de Théophraste traduit par Pline. Ce passage, en nous donnant des éclaircissemens, nous apprend quels étoient les cordages des vaisseaux d'Antigonus dont je parlerai plus bas.

Guilandin copie Théophraste, lorsqu'il dit que les racines du *Papyrus* ont dix coudées de longueur & ne sont point enfoncées, c'est-à-dire, qu'elles ne piquent point en terre, mais qu'elles s'étendent & rompent à très-peu de profondeur. Voici les paroles de l'Auteur ancien: *Radix longitudine super dena cubita provenit super terram ipsam, radices obliquas tenues densasque in linum demittens.* Mais Guilandin ajoute: ces racines ont à droite & à gauche quantité d'autres petites racines qui soutiennent la plante contre l'impétuosité du vent & le cours du Nil. Théophraste dit que les tiges triangulaires sortent de la racine, & Guilandin ajoute encore que les feuilles sont semblables à celles du typhon des marais, & qu'elles ne sont cependant pas pointues, mais obtuses. Il cite à ce sujet Elkavi qui nomme le *Papyrus Bubikir*, en deux endroits de son livre.

Guilandin attaque Pline sur ce qu'il dit *è libro vela tegetesque texunt*, pendant que Théophraste a écrit *è biblo*; donc, ajoute-t-il, Pline se trompe & se met en contradiction avec lui-même; car il dit, dans un autre endroit, on fait ce papier de la tige de *Papyrus*, divisée en feuilles très-minces & très-larges; & ajoute, tant s'en faut que l'écorce soit bonne à faire le papier, on n'en fait pas même des cordes. S'il faut expliquer, continue-t-il, ce mot de Théophraste *biblos* par *liber* écorce, *è biblo*, c'est lui faire dire que de l'écorce on fait le papier; ce qui se contredit; car ce que Pline nie manifestement, Théophraste, suivant l'interprétation de Pline, le dit positivement. Mais, ajoute encore Guilandin, le texte de Théophraste a été altéré; ce que Pline en traduisant a bien senti, sans s'embarrasser de le corriger. Pline, continue-t-il, a mauvaise grace de prêter à Théophraste un pareil défaut d'exactitude, lui qui ayant emprunté de cet Auteur toute la description du *Papyrus*, s'est lourdement trompé. Pline, toujours selon Guilandin, ayant traduit de Théophraste, ils font les vaisseaux, *ex papyro*, s'est endormi, ou a été distrait par quelqu'autre occupation; & à son réveil continuant à traduire, il a trouvé, ils font les voiles, *è biblo*: il a cru que Théophraste entendoit par *papyrus* autre chose que par *biblus*; il a traduit mal-à-propos *biblo* par *libro*. La méprise est de lui, non de Théophraste, qui ne dit point que l'on fit de l'écorce *vela tegetesque*. Le reproche que Guilandin fait à Pline, & sa vive critique, ne me paroissent pas trop bien fondés. Pline, en traduisant le mot *biblos* par celui de *liber*, a désigné une partie de la tige du *Papyrus* qui n'est pas l'écorce proprement dite *cortex*, mais qui est sous l'écorce extérieure; c'est le *liber*. En considérant les couches intérieures de la tige du *Papyrus*, on voit qu'elles sont de même nature, & que ce qui a été appellé *biblos*, n'est qu'un *liber* formé de plusieurs couches ou lames. Ces tiges n'ayant point de parties ligneuses, tout ce qui a été caché sous l'écorce extérieure peut porter le nom de *liber*. Pline lui-même a fait cette distinction, en nommant la première *cortex*, & la seconde intérieure *liber*, & on ne voit pas qu'il soit tombé dans aucune contradiction. Enfin, quoique Pline parle de *naves papyraceæ*, il ne faut pas croire, dit encore Guilandin, que les vaisseaux fussent faits en entier *ex papyro*. Suivant un passage d'Hérodote, les vaisseaux de charge des Egyptiens étoient de bois d'épine, c'est-à-dire, les œuvres, les membres de deux cardées réunis & attachés avec des clous; par-dessus ils faisoient ce que nous appellons l'abordage, avec de grandes planches. Ils ne se servent point de pièces de bois recourbées en forme d'arc, *sed introrsum compages biblo innectunt*. Le mât est aussi d'épine, les voiles *è biblo*.

On trouvera à la fin de ce Mémoire quelques indications sur les parties du *Papyrus* qui fournissoient ces voiles, ces habits & les autres objets rapportés dans ce passage; mais je ne terminerai point cette discussion sur les vaisseaux Egyptiens, sans exposer un autre sentiment de Guilandin qui me paroît important: il cite un passage du Prophete Isaïe qui menace l'Egypte: *Malheur à la terre*, dit il, *qui envoie des Lieutenans sur mer & dans des vaisseaux de* Papyrus! Les Septante, au lieu de vaisseaux de *Papyrus*, lisent ἐπιστολὰς βιβλίνας qu'ils expliquent par ἐντολὰς βιβλίνας des ordres écrits sur le papier. Ce passage, dit le Commentateur, détruit le sentiment de Varron, & prouve, selon lui, à tout homme qui n'est point entêté, qu'on écrivoit sur le papier bien long-temps avant Ptolomée Philadelphe.

Mandunt quoque crudum decoctumque, succum tantum devorantes. Ils mâchent aussi cette plante crûe ou cuite, dont ils n'avalent que le suc.

Guilandin nous apprend plus positivement quelle étoit la partie de cette plante que les Egyptiens mettoient à cet usage. Voici ses paroles: « Qu'on ne s'imagine pas que les Egyptiens mangent la tige entiere; je les ai vu ne manger que les parties les plus proches de la racine »; ce qui est conforme au témoignage d'Hérodote, qui dit, quand les Egyptiens ont coupé le *biblus* d'un an, ils coupent la partie supérieure qu'ils emploient à différens usages; ils mangent ou vendent la partie inférieure de la longueur d'une coudée. Ceux qui veulent rendre le mets plus délicat, le font rôtir au four: aussi Dioscoride & Pierius Valerianus se trompent quand ils disent que l'on mange les racines. La partie du *Papyrus* que mangent les Egyptiens est hors de la terre; elle est tendre & pleine d'un suc abondant & agréable: les Egyptiens l'appellent *æstus*. Eschyle donne à la tige entiere le nom de ΚΑΡΠΟΣ, c'est-à-dire, fruit. Enfin Guilandin rapporte, d'après Horus-Apollo, que les Egyptiens exprimoient dans leurs hiéroglyphes, l'ancienneté de leur origine par un fagot de *Papyrus*, comme leur première nourriture. On ignoroit en quel temps leurs ancêtres avoient commencé à en manger.

Nascitur & in Syria, circa quem odoratus ille calamus lacum. Il croît encore (le *Papyrus*) en Syrie, aux environs d'un lac où croît la canne aromatique. Pline n'a fait que répéter en cette occasion ce que Théophraste avoit dit long-temps auparavant sur le *calamus aromaticus*. Cette plante n'est pas bien connue, du moins celle dont il est question dans ce passage. Guilandin n'a point vu de ces roseaux dans ses

ses voyages, & ce fut un *Papyrus* semblable à celui d'Egypte qu'il arracha dans les marais, au confluent du Tygre & de l'Euphrate. Au reste le *calamus* n'est peut-être pas celui avec lequel on écrivoit; mais cette espèce de canne ressemble trop, & a en effet trop de rapport au sujet de ce Mémoire, pour ne pas dire à son occasion ce que le *calamus* des Anciens me fait penser.

Il passe pour constant que l'on n'écrivoit chez les Anciens qu'avec des roseaux ou des cannes, c'est-à-dire, sur le papier ou sur le parchemin. Apulée même dit au commencement de ses Métamorphoses, qu'il écrit sur du papier d'Egypte avec une canne du Nil. Il ne faut pas recourir à Memphis pour avoir de pareils instrumens propres à écrire; ces espèces de cannes se trouvent par-tout, & nos étangs m'ont fourni cent fois le moyen de dessiner, en taillant ces cannes & les fendant comme nos plumes. Ces roseaux ôtent toute idée de sécheresse dans les traits, mais ils s'émoussent aisément, & il faut les retailler trop souvent. L'usage que j'en ai fait me met en état d'avancer que le manuscrit Egyptien sur une toile de coton dont j'ai parlé plus haut, & quelques autres Grecs ou Latins de la bibliotheque du Roi, ou que j'ai pu voir ailleurs, & qui sont écrits sur le papier d'Egypte, n'ont pas certainement été écrits avec des roseaux; les caractères en sont trop égaux & les liaisons trop fines, pour n'avoir pas été tracés avec des plumes comme les nôtres ou de quelqu'autre oiseau.

Neque aliis usus est, quam inde, funibus Rex Antigonus in navalibus rebus, nondum sparto communicato. « C'est de ce *Papyrus* que le Roi Antigonus fit usage pour les cordages de sa marine, le sparte n'ayant pas encore été apporté dans ce pays ».

Le sparte est, selon les Botanistes, une espèce de chiendent; Tournefort, dans ses Instituts, le nomme *gramen spicatum quod spartum Plinii*; & Clusius, dans son Histoire des plantes d'Espagne, *spartum herba Plinii*, page CCXX de l'édition *in-fol.* *spartum Plinii* dans l'édition *in-8°.* page 504. On y trouve la description de la plante, sa figure & ses usages qui s'accordent avec ceux qu'indique Pline.

Cependant il ne faut pas inférer de la nature des cordages qu'Antigonus employoit pour ses vaisseaux, qu'ils n'eussent pas autant de force que ceux du chanvre dont nous faisons usage. J'ai vu plus d'une fois des cordes faites d'écorces de joncs & de parties d'autres plantes par les Indiens & les Sauvages; elles ne peuvent être plus unies ni mieux travaillées. En les comparant avec les nôtres, il étoit difficile de s'appercevoir de la différence. On en peut voir la preuve dans les cordes d'un hameçon; elles sont médiocres à la vérité, mais on sait qu'en multipliant les petites parties dont le cable le plus fort est composé, on le proportionne à la plus grande résistance & au plus grand effort: celles des vaisseaux d'Antigonus pouvoient être aussi bien préparées que les cordes des Indiens dont je viens de rapporter l'exemple.

Nuper & in Euphrate nascens circa Babylonem, Papyrum, intellectum est eundem usum habere chartæ. « On a appris, depuis peu de temps, que le *Papyrus* croissoit dans l'Euphrate, aux environs de Babylone, & qu'on s'en servoit pour faire du papier.

Guilandin ajoute qu'il croissoit aussi dans l'Inde; mais il parle d'après Strabon.

Et tamen malunt adhuc Parthi vestibus litteras intexere. « Cependant les Parthes aiment mieux employer encore pour l'écriture les peaux qui leur servent d'habillement ». Je crois qu'ils n'étoient pas les seuls de leur temps.

Indépendamment des soins nécessaires pour faire transporter le papier, l'habitude & l'usage ont toujours eu de grands droits sur l'humanité.

Præparantur ex eo chartæ, diviso acu, in prætenues, sed quam latissimas philuras. « De la tige du *Papyrus*, divisée avec une aiguille en lames (ou feuillets) fort minces & aussi larges qu'il est possible, on compose les feuilles de papier ».

Tous les Auteurs & les Commentateurs sont d'accord sur cette façon de travailler le *Papyrus.* Pour éviter les répétitions, on trouvera à la fin de ce Mémoire un résumé de ce qu'il contient; je me contenterai de dire ici, sur ce passage, que Pline, selon Guilandin, présente plusieurs obscurités dans tout ce qu'il dit sur le *Papyrus*; se servant de douze expressions différentes pour la même chose; telles *philura*, *ramentum*, *papyrum*, *tabula*, *scheda*, *cutis*, que Guilandin substitue au mot *crates* employé par Pline, *plagula*, *corium*, *stamen*, *subtemen*, *pagina*, *tænia*. Ce reproche me paroît très-mal fondé: plusieurs des mots qu'il releve expriment des nuances dans l'opération, & c'est ainsi qu'il est possible de décrire une manœuvre & de faire sentir les différens dégrés que la même matiere reçoit avant que d'arriver à sa perfection. Ce n'est donc point ici une abondance superflue & une affectation de richesse dans le style que l'on pourroit quelquefois reprocher à Pline. En un mot *pelures*, *lames*, *feuilles*, *&c.* étoit ce qu'on levoit sur la tige du *Papyrus*, après en avoir coupé les deux extrémités, la supérieure portant un panache dont on n'auroit pu tirer que des pelures fort étroites, & la partie inférieure qu'on appelloit *pomum*, parce qu'on la mâchoit, étant trop remplie de pores & de cavités pour être employée aux feuilles destinées pour l'écriture.

Principatus medio, atque inde scissuræ ordine. Hieratica appellabatur antiquitus, religiosis tantum voluminibus dicata. « Les lames du milieu sont préférées, & ensuite selon l'ordre de la division. Ce papier étoit anciennement appellé *hiératique*, & ne servoit que pour les livres de la religion ».

Ces usages ne regardoient que les Egyptiens.

Quæ ablutione Augusti nomen accepit: sicut secunda Liviæ à conjuge ejus. Ita descendit Hieratica in tertium nomen. Proximum Amphitheatricæ datum fuerat à confecturæ loco. Excepit hanc Romæ Fannii sagax officina, tenuatamque curiosa interpolatione principalem fecit è plebeia & nomen ei dedit. Quæ non esset ita recurata in suo mansit Amphitheatrica. « Ce même papier étant lavé, prit le nom d'Auguste, & porta celui de Livie sa femme, après avoir été lavé une seconde fois. Ainsi le papier hiératique descendit du premier rang au troisième: un autre fort semblable avoit été appellé *Amphithéatrique*, du lieu où on le faisoit. Porté à Rome dans la boutique de Fannius, dont les ouvriers étoient fort habiles, il fit de ce papier commun, rendu plus fin par une manœuvre particulière, un papier qui surpassoit les autres, & auquel il donna son nom. L'Amphithéatrique, qui n'avoit pas été préparé de la même façon, conserva le sien ».

Ces distinctions, dans les préparations faites à Rome avec plus ou moins de soin, intéressoient les Romains pour lesquels Pline écrivoit; elles nous sont inutiles en elles-mêmes: cependant il ne faut point en inférer une différence dans les matieres, c'est-à-dire, qu'on n'ait jamais employé à Rome d'autre papier que celui d'Egypte. Guilandin, dans la section déja citée, dit positivement qu'il y a deux sortes de *Papyrus*, *est verò Papyrus duplex*, l'un d'Egypte, & l'autre d'Italie qu'il appelle *sari biblus altera.* Du premier on faisoit autrefois le papier, & nullement du second, ce que plusieurs Auteurs ont ignoré; & de-là ils ont cru que le *Papyrus* ou *biblus Ægyptia* venoit aussi en Italie; ce qui est très-faux. *Ex priore fiebant quondam chartæ, ex posteriore non item : quod nescientes nonnulli, crediderunt Papyrum quæ biblus est Ægyptia provenire in Italia, quo nihil falsum magis.*

Il ne paroît pas que Guilandin ait observé ou connu le *Papyrus* d'Italie ; car ayant vu celui de l'Egypte, il n'auroit pas manqué d'exposer en quoi les deux plantes different ; il se feroit expliqué d'une façon plus affirmative, & il n'auroit pas dit simplement, *suspicor utramque plantam, ob eam quam inter se habent affinitatem uno eodemque Papyri nomine appellatam fuisse.*

Il est fort singulier que Guilandin n'ait point remarqué le sari sur les bords du Nil, lorsqu'il examinoit si soigneusement le *Papyrus. Sari circa Nilum nascens*, dit Pline ; car ce qu'il avance comme certain par rapport au sari, se trouve douteux quelques lignes ensuite : *hoc sari illa est planta quam Sicilia in qua copiose nascitur, Calabria, & Apulia vulgo Papyrum nominat, unius litteræ diversitate à papyro quam Strabo, lib. V. In quibusdam Etruriæ lacubus inveniri testatur ;* & plus bas *Eustathius prima, & vicesima Odyssea, bibli duo genera statuit alteram Ægyptiam ex qua chartæ, alteram ei simillimam quam ego pro sari interpretor.* Si le *Papyrus* de Sicile a été de quelque usage chez les Romains, c'est ce que nous ignorons. Il est nommé *Papero* en Italie, &, selon Césalpin, *Pipero.* On en trouve la description dans les *Adversaria* de Lobel, & dans un Ouvrage de Césalpin sur les plantes.

Lobel s'explique de la maniere suivante (*Adversaria nova, &c.* dont il y a eu plusieurs éditions, la premiere en 1570, & les autres en 1571, 1572, & enfin 1605, à la page 38 & 39) : il nomme cette plante *Papyrus Nilotica* qui, comme nous le ferons voir, est le *Papyrus Siciliana ;* & il commence ainsi : *Le* Papyrus *est une plante d'une grandeur considérable ; elle a tout le port du Cyperus : elle croît dans les mêmes lieux, & comme le dernier, elle vient en Egypte, le long des bords du Nil, dans les endroits marécageux. On ne trouve pas le* Papyrus *dans le milieu des eaux profondes, mais il s'éleve à une grande hauteur, dans celles que l'on peut passer à gué, auprès du rivage de ce fleuve ; ce qui est conforme avec le rapport de la façon dont Moyse, encore enfant, fut exposé sur le Nil, entre les tiges du* Papyrus, *ainsi qu'il nous a été transmis par les Historiens sacrés. Nous avons vu,* continue Lobel, *dans le jardin de Pise, le plus agréable de la Toscane & le plus riche en plantes rares, la plante du* Papyrus *du Nil qui s'y étoit comme naturalisée, après avoir été apportée d'Egypte, & telle qu'elle est décrite par Théophraste & Pline. Nous en avons cueilli des tiges avec leurs fleurs qui nous furent accordées avec bonté par le savant Césalpin, Professeur dans l'Université de la même ville, & par son conseil nous en avons aussi envoyé à Gesner de pareilles tiges avec d'autres plantes rares. Cet homme incomparable du côté de la modestie & de l'érudition, nous marqua, par l'une de ses lettres, combien ce présent lui avoit été agréable, sur-tout le* Papyrus *du Nil & une autre plante qui, comme à nous, lui étoit inconnue. Je n'aurois jamais pu,* écrivoit Gesner, *reconnoître la première, si vous ne m'eussiez pas dit que c'étoit le* Papyrus *du Nil, tiré du jardin de Pise. Pline paroît en indiquer deux espèces, l'une d'Egypte & l'autre de Babylone, desquelles on divisoit les tiges, avec une aiguille, en lames fort minces & aussi larges qu'il étoit possible, pour ensuite les employer à la fabrique des feuilles du papier. Je ne sais pas au reste si l'on pourroit préparer de même la plante que vous m'avez envoyée ; les feuilles de papier, selon Pline, sont mises en presse, & jamais il n'y en a plus de vingt à la main. Je ne comprends pas bien les autres détails que Pline fait sur ce sujet, & je ne peux pas, pour le présent, en faire la comparaison avec le texte de Théophraste ; mais, ce que je desirerois apprendre, c'est quelle est la forme des feuilles de la plante envoyée, & si cette plante n'est pas une espèce de Cyperus, afin que je puisse la faire représenter dans mon Ouvrage lorsqu'il paroîtra, & annoncer que je tiens de vous toutes ces connoissances. Il n'est pas étonnant,* ajoute Lobel, *que Gesner ait pensé que cette plante étoit du genre du Cyperus, puisqu'elle lui ressemble & qu'elle en a tout le port ; mais elle est beaucoup plus belle : sa tige, qui differe peu de celle du jonc ou du roseau, est triangulaire, remplie de moëlle spongieuse, laquelle étant pilée & réduite en une espece de colle, servoit à la composition des feuilles du papier ou de la feuille simple qui, par l'addition d'un autre feuillet appliquée dessus, formoit une feuille de papier plus épaisse & à l'usage de l'écriture, de même que notre papier fait de chiffons de toile de lin brisés, pilés & réduits en une espèce de bouillie claire de couleur blanche...... Cette plante pousse un grand nombre de tiges lisses ou unies, nues ou sans feuilles, si ce n'est à leur base, près de la racine, & elles s'élevent à la hauteur de six ou sept coudées. Les feuilles qui sortent immédiatement de la racine, sont courbées, & ressemblent à celles du Cyperus ou du sparganium* (le ruban d'eau) ; *les racines comme celles du roseau sont fibreuses. L'on nous assuroit qu'elles avoient été apportées d'Egypte ; & qu'on ne les avoit pas élevées de graine dans ce jardin-là, parce que la plante n'en donne point ; cependant elle y fleurit bien, & l'assemblage de ses fleurs forme un beau panache composé d'un grand nombre de pédicules grêles ou menus en maniere d'une chevelure épaisse, mais égale & saillante par son extrêmité supérieure ; ces pédicules sont rassemblés comme ceux des fleurs de la férule, & non épars comme ceux des fleurs du souchet : ils sont néanmoins, de même que dans cette plante, entourés, à l'endroit d'où ils naissent, d'une couronne de feuilles disposées en forme de rayons, & beaucoup plus petites que celles qui se trouvent vers le bas de la tige. Il est donc très-vraisemblable que cette plante est le* Papyrus *dont parle Théophraste, & que la description qu'en donne Pline, est défectueuse, composée de deux plantes différentes qu'il confond ; savoir, notre* Papyrus *d'Egypte & celui de Babylone dont plusieurs Auteurs font mention ; car, comme le nom & la chose même le font connoître, le* Papyrus *de Théophraste n'est pas différent de celui de Dioscoride, qui étoit généralement connu, dont on se servoit dans la fabrique du papier & avec succès dans la médecine...... Mais, lorsque Pline dit que le* Papyrus *vient dans l'Euphrate, aux environs de Babylone, il paroît décrire ou indiquer une plante différente qui avoit néanmoins le même usage, c'est-à-dire, qu'on en faisoit aussi des feuilles de papier, &c.* La figure du *Papyrus* que l'on voit dans l'Ouvrage de Lobel, ressemble fort à celle qui a été donnée par Prosper Alpin.

Jean Bauhin, dans son Histoire générale des plantes, parle du *Papyrus Nilotica*, & dit, en commençant, que cette plante lui est inconnue ; qu'il ne l'a jamais vue, & que, pour la décrire, il suivra le même ordre qui est dans les Auteurs qui nous l'ont fait connoître : *Cum nobis incognita hæc sit nec unquam visa, placuit in ea pertractanda eum ordinem observare quo ab ipsis authoribus est manifestata ;* & tout de suite il copie presqu'entiérement, mot pour mot, le texte de Lobel. Ayant manqué d'en avertir, il s'y trouve une contradiction dont on ne s'étoit point apperçu ; car, comme Bauhin avoit annoncé qu'il n'avoit jamais vu le *Papyrus*, en suivant le texte dont il se pare, on lit ces mots, *vidi & florentem legi*, qu'il a substitué à ceux de Lobel, *vidimus & florentem legimus.* La figure de la plante est tirée de Lobel ; & dans l'énumération des Auteurs qui ont écrit sur cette plante, il y place les *Adversaria nova, &c.* de Lobel. Ray, dans son Histoire des plantes publiée en 1688, pense que si le *Papyrus* n'avoit pas un nom particulier, on pourroit le rapporter au genre du *Cyperus*, à cause de sa tige triangulaire, & il le nomme *Papyrus Nilotica*, d'après Gerarde & Jean Bauhin, dans la description qu'il fait de cette plante. Il avertit qu'elle est tirée de Veslingius, de Césalpin, & en partie de Jean Bauhin ; mais il n'avoit pas remarqué la contradiction où est tombé Jean Bauhin, puisqu'il le désigne comme ayant vu la plante que Césalpin cultivoit dans le jardin de Pise, apportée des marais de Sicile, & non d'Egypte, comme l'ont écrit Lobel & ensuite Jean Bauhin : *Papyrus quam Cesalpinus in horto Pisano aluit, ex Siciliæ paluſtribus delatum .... quam Joannes Bauhinus in horto dicto Cesalpini benevolentiâ vidit.* Après ces mots, il ajoute que cette plante ne lui paroît pas différer du *Papyrus Nilotica* des Anciens, si ce n'est que cette dernière est plus grande, & par rapport à d'autres accidens qui dépendent de la différence du lieu ; & même Jean Bauhin & Césalpin ne la distinguent que par la grandeur : *Non aliter differre videtur à Papyro Nilotica veterum quam magnitudine aliisque accidentibus à loci diversitate ortis, neque Joannes Bauhinus aut etiam Cesalpinus ipse, distinguunt aliter quam magnitudine.* Le reste regarde les usages & les vertus du *Papyrus.* Il finit, en fixant l'époque de l'invention de notre papier de chiffons à l'année 1470.

Dans l'Histoire générale des plantes imprimée en 1586, connue sous le titre de *Historia Lugdunensis*, publiée d'après les manuscrits de Dalechamp, & dont la traduction françoise, faite par Desmoulins, a paru en 1615, il y a un chapitre fort long sur le *Papyrus*, qui, dans l'édition latine, commence à la page 1878, & finit à la page 1884 du tome II : il est dans la françoise, tome II, page 697 & suivantes. L'Auteur a rassemblé dans ce chapitre tout ce que Théophraste & Pline avoient écrit au sujet du *Papyrus*, de sa forme, de la grandeur de ses tiges, de son panache, de l'emploi de ses racines, des lieux où la plante croissoit, où elle avoit été observée, de la façon de diviser les tiges en lames fort minces, d'en préparer & fabriquer le papier, des noms des différentes sortes de papier chez les Egyptiens & chez les Romains, de leurs qualités ou défauts, en un mot des usages de cette plante pour la nourriture ou pour la médecine. L'Editeur de cet Ouvrage a inséré, en différens endroits du texte de Pline, les remarques de Guilandin & les observations de Daleschamp sur ces mêmes remarques, avec le jugement qu'il en a porté. Il y a joint l'explication de quelques passages qui paroissent obscurs. Vers la fin de ce chapitre on voit la figure du *Papyrus* que l'Auteur désigne sous le nom de *papyrus Ægyptia Penæ*, & en François, *papier d'Egypte de Pena.* On en lit à côté la description attribuée pareillement à Pena, sans faire aucune mention de Lobel, quoique la même figure & la description qui n'est ici qu'en abrégé, se trouvent dans les *Adversaria Nova.* Mais cet Ouvrage n'est pas entiérement de Lobel, & Pena l'avoit beaucoup aidé de son propre travail; le titre de la première page l'indique assez clairement. Le voici : *Petri Penæ & Matthiæ de Lobel, Stirpium Adversaria Nova.* De-là Dalechamp a pu nommer plus particuliérement Pena qui étoit annoncé le premier, & qui d'ailleurs étoit très-savant. Tel est le sentiment de Tournefort : *Isagoge in rem Herbariam*, Inst. page 42. *Lobelius autem auxilio fretus Petri Penæ Gallo provincialis, viri doctissimi, &c.* Dalechamp remarque encore que Pena avoit vu, dans le jardin de Pise, la plante du *Papyrus* apportée d'Egypte, & qu'il en avoit cueilli des tiges avec leur panache & leurs fleurs qui lui furent accordées par Césalpin.

La plante qui étoit cultivée à Pise, n'avoit point été apportée d'Egypte; elle étoit des marais de Sicile, & sur ce point il s'est glissé une erreur introduite par le récit de Pena & de Lobel, & adoptée par Jean Bauhin. C'est un fait dont on peut se convaincre par ce qu'en a écrit Césalpin, le même Professeur à Pise, dans son Ouvrage *de Plantis.* Selon lui, le *Papyrus* que l'on nomme vulgairement *Papero* en Sicile, pousse des tiges plus longues & plus grosses que celles du Souchet (Cyperus), hautes quelquefois de quatre coudées & à angles obtus; elles sont garnies à leur base de feuilles courtes qui naissent de la racine. On n'en voit aucune sur la tige, lors même qu'elle est entiérement développée; mais elle porte à son sommet un large panache qui ressemble à une grosse touffe de cheveux épars ; il est composé d'un grand nombre de pédicules triangulaires en forme de joncs, à l'extrêmité desquels sont placés, entre trois petites feuilles, des épis de fleurs de couleur rousse, comme dans le Souchet; ses racines sont ligneuses, aussi grosses que celles du roseau, & genouillées ; elles jettent une infinité de branches qui s'étendent obliquement : par leur odeur & leur saveur elles approchent de celles du Souchet; mais elles sont d'une couleur moins brune : de l'autre face inférieure sortent plusieurs racines menues & fibreuses, & de la supérieure s'élevent des tiges nombreuses qui, tant qu'elles sont tendres, contiennent un suc doux. Cette plante a été apportée des marais de Sicile dans le jardin de Pise : *Venit in hortum Pisanum ex Siciliæ paluſtribus.* Théophraste décrit deux plantes, différentes seulement par leur grandeur, qui ont du rapport avec notre *Papyrus*; savoir, le *Papyrus* & le *Sari.* L'Auteur copie ensuite le texte de Théophraste, & donne par extrait celui de Pline, & ce que les Anciens ont dit de l'usage qu'avoit le *Papyrus* en médecine. Le panache du *Papyrus* de Sicile est assez bien représenté, quoique fort en raccourci, dans la seconde partie du *Musæum* de Boccone, tab. VII, fig. 6. Ce panache est une touffe ou assemblage d'une très-grande quantité de longs pédicules fort menus qui naissent d'un même point de division, disposés en maniere de parasol, & qui portent à leur extrêmité supérieure trois feuilles longues & étroites, du milieu desquelles sortent d'autres pédicules plus courts, chargés vers le haut de plusieurs paquets ou épis de fleurs. Michieli, dans ses *Nova plantarum genera*, imprimés à Florence en 1728, a fait graver un de ces longs pédicules de grandeur naturelle : il est d'abord enveloppé à la base par une gaîne qui a un pouce & plus de longueur; ensuite, vers son extrêmité supérieure, il supporte trois feuilles longues & étroites, & quatre pédicules où sont attachés les paquets de fleurs; ce qui se voit à la planche 19 : chaque pédicule de fleurs a une très-petite gaîne à sa base. Enfin on trouve dans l'*Agrostographia* de Scheuchzer, une description fort détaillée du panache d'une espèce de *Cyperus* qui paroît être celui de la plante de Sicile ; & ce qui confirme une pareille conjecture, c'est la fig. 14 de la planche 8 qui ne présente à la vérité qu'une portion d'un des pédicules du panache d'où sortent les trois feuilles & les autres pédicules qui soutiennent les fleurs.

De tout ce qui vient d'être exposé, je crois qu'on peut conclure que le *Papyrus* de Sicile est, à peu de chose près, bien connu en botanique. Il seroit à souhaiter qu'on eût autant de connoissances sûres à l'égard du *Papyrus* d'Egypte. Néanmoins il faut avouer que ces deux plantes ont entr'elles une grande affinité, puisqu'on les a souvent confondues, ainsi que le Sari & le *Papyrus Nilotica* qui, suivant Théophraste, ont un caractère de ressemblance bien marqué, & ne different qu'en ce que le *Papyrus* pousse des tiges fort hautes & fort grosses qui, étant divisées en lames minces, servent à la composition des feuilles de papier, & que le Sari au contraire a ses tiges plus menues ; moins élevées, dont on ne peut faire usage pour la fabrique du papier.

Le *Papyrus* de Sicile vient aussi dans la Calabre & dans la Pouille ; mais on ne doit pas le confondre avec le *Papyrus* qu'on employoit anciennement pour faire le papier ; car, selon Strabon, le *Papyrus* ne croissoit que dans l'Egypte & dans l'Inde, *in Ægypto & sola India.* La plupart des Botanistes ont cru que la plante de Sicile étoit le Sari dont parle Théophraste ; d'autres ont avancé que le *Papyrus* d'Egypte & le Sari étoient une même plante considérée seulement en deux états différens, & relativement à leur plus ou moins de grandeur ; ce qui, selon eux, pouvoit dépendre de la qualité du terrein & de la différence du climat ou d'autres accidens, les épis qui croissoient au milieu des eaux ayant les tiges plus hautes, plus grosses, & un panache en forme d'une touffe de cheveux, très-longs, foibles & sans aucunes graines, pendant que d'autres pieds qui naissoient sur le bord des rivieres, des marais ou des lacs, portoient des tiges plus basses, plus grêles, & un panache moins long, moins foible, chargé de fleurs & de graines par conséquent.

Ces sentimens, quelque vraisemblables qu'ils puissent paroître, offrent néanmoins bien des difficultés ; car la tige du Sari, selon Théophraste, n'a que deux coudées, *ex qua (radice), ea quæ Sari vocant exeunt, his longitudo duorum cubitorum, crassitudo pollicaris.* Les tiges du *Papyrus* de Sicile, cultivé dans le jardin de Pise, au rapport de Césalpin, ont quelquefois environ quatre coudées de hauteur, *ad quaterna aliquando cubita accedentes.* Le Sari venoit en Egypte, comme le *Papyrus*, dans les mêmes endroits, *& Sari circa Nilum nascens, Sari in aquis provenit circa paludes, planaque ubi amnis recesserit.* Ainsi la différence de ces deux plantes ne dépendoit pas du climat ou de la qualité du terrein. Enfin du *Papyrus* on tiroit des lames minces dont on fabriquoit ensuite le papier : on ne pouvoit pas employer le Sari à cet usage. On peut donc inférer de ces observations, que le *Papyrus* de Sicile differe du Sari ; qu'il ne sauroit être confondu avec le *Papyrus* des Anciens, qu'on assuroit ne venir que dans l'Egypte & dans l'Inde, & que le Sari, malgré les rapports qu'il a avec le *Papyrus*, n'est pas la même plante qui auroit changé de forme.

Parmi un grand nombre de plantes desséchées en herbier, & recueillies dans les Indes Orientales par M. Poivre, il s'est trouvé une espèce de *Papyrus* fort différente de la plante de Sicile ; il porte un panache composé d'une touffe considérable de pédicules très-longs, foibles, menus, & délicats comme de simples filets, terminés le plus souvent par deux ou trois petites feuilles très-étroites, mais entre lesquelles on n'apperçoit aucun épi ou paquet de fleurs ; ainsi le panache auroit été stérile & n'auroit produit aucune graine. Ces pédicules ou filets sont chacun garnis à leur base d'une gaîne membraneuse assez longue, dans laquelle ils sont, pour ainsi dire, emboîtés, & ils naissent tous du même point de division en forme de parasol. Le panache est à sa naissance environné de feuilles disposées en rayons en maniere de couronne ; la tige qui le soutenoit étoit, suivant le rapport de M. Poivre, haute de dix pieds & plus, lorsqu'elle croissoit dans l'eau à la profondeur d'environ deux pieds, & de forme triangulaire, mais à angles fort mousses ; par sa grosseur elle imitoit assez bien un bâton qu'on peut entourer avec la main plus ou moins exactement : sa substance intérieure, quoique moëlleuse, pleine de fibres, étoit solide, de couleur blanche : par ce moyen la tige avoit un certain dégré de force, & elle résistoit à de petits efforts ; on l'employoit sans la rompre : on pouvoit encore s'en servir en guise de canne, étant fort légere. Le même M. Poivre n'en porta point d'autres pendant plusieurs mois de séjour à Madagascar. Cette tige n'est pas dans toute sa longueur également grosse, elle diminue insensiblement de grosseur vers le haut ; elle est sans nœud & fort lisse. Lorsque cette plante croît hors de l'eau, dans les endroits simplement humides, elle est beaucoup plus petite ; ses tiges sont fort basses, & le panache qui les termine est composé de filets ou pédicules plus courts, lesquels, à leur extrémité supérieure, sont partagés en trois feuilles fort étroites, & un peu plus longues que celles qui sont à l'extrémité des filets du panache de la plante qui a crû dans le milieu des eaux. De la base de ces trois feuilles sortent de petits paquets de fleurs rangées de la même façon que celles du Souchet ; mais ces petits paquets ne sont point élevés sur des pédicules ; ils occupent immédiatement le centre des trois feuilles entre lesquelles ils sont placés, & y forment une petite tête : les feuilles qui naissent de la racine & au bas des tiges, ressemblent à celles du Souchet. Cette plante, que les Malgaches nomment *sanga-sanga*, vient en grande abondance dans les rivieres & sur leurs bords, mais particuliérement dans la riviere de Tartas, auprès de Foulepointe, à Madagascar. Les Malgaches emploient l'écorce des tiges pour faire leurs nattes ; ils en font aussi les voiles & les cordages de leurs bateaux de pêche & des cordes pour leurs filets.

Cette espèce de *Papyrus*, jusqu'ici inconnue & différente du *Papyrus* de Sicile par la disposition de ses paquets de fleurs, nous montre qu'il y a, parmi les espèces de *Cyperus*, deux sortes de plantes qui peuvent aisément se confondre avec le *Papyrus* des Egyptiens, soit qu'on les considere du côté des usages particuliers, auxquels les habitans des lieux où elles croissent les ont destinées, soit qu'on compare leur forme, leur maniere de croître, & tous les points par lesquels elles paroissent se ressembler, comparaison qui peut se faire par le moyen des traditions, telles qu'on les a dans Théophraste & dans Pline, & encore à l'aide de la figure & de la description du *Papyrus* du Nil que Prosper Alpin a données, après l'avoir observé sur les lieux ; mais si l'on a égard au témoignage de Strabon, *qui Papyrum non nisi in Ægypto & sola India gigni pro constanti affirmat*, on ne sera pas éloigné de croire que le *Papyrus* de l'isle de Madagascar, située à l'entrée de l'Inde, pourroit être le même que celui d'Egypte.

Un examen fait avec une aussi grande exactitude, & établi avec une aussi grande solidité que celui de M. Bernard de Jussieu, facilite, non-seulement de retrouver le véritable *Papyrus* d'Egypte par la comparaison des espèces, mais il donne lieu d'espérer de le découvrir dans d'autres climats. En attendant ces éclaircissemens, on doit se persuader que le papier étoit apporté d'Egypte à Rome sans autre préparation que celle qu'il recevoit dans ce pays, & qui sans doute étoit grossiere. Il seroit difficile d'avoir une plus forte preuve de la négligence des Egyptiens sur ce point, que les soins que l'on se donnoit à Rome pour le laver, le battre & le lisser, en un mot, pour le rendre plus parfait. On agissoit donc en ce temps comme nous agissons à l'égard de nos papiers d'Auvergne & des autres manufactures de nos provinces. Au reste les secondes préparations firent donner au papier des noms particuliers, & c'est un détail dans lequel je vais entrer dans quelques momens.

Post hanc Saïtica, ab oppido ubi maxima fertilitas, ex vilioribus ramentis. Ensuite vient le papier de Saïs, composé des rognures de rebut dont cette ville est abondamment fournie.

Guilandin veut qu'on lise *Tanitica* au lieu de *Saïtica*, Pline ayant assuré qu'on ne trouve le *Papyrus* que

que dans le *Delta* où la ville de Tanis est en effet placée. Mais, 1°. Saïs étoit aussi située dans le *Delta* ; 2°. si l'on veut réfléchir sur ces paroles de Pline, *ubi maxima fertilitas, ex vilioribus ramentis*, elles peuvent faire croire que cet Auteur a voulu simplement dire que les tiges du *Papyrus* qui croissoit en grande abondance aux environs de Saïs, ou que l'on apportoit dans cette ville, ne pouvoient mieux être comparées qu'à cette portion de la tige que l'on retranche comme inutile pour la fabrique du beau papier, & que l'on divisoit encore en lames grossieres pour faire le papier de Saïs.

Propior etiamnum cortici leneotica, à vicino loco, pondere jam hæc, non bonitate venalis ; nam emporetica inutilis scribendo, involucris Chartarum, segestriumque in mercibus usum præbet, ideà mercatoribus cognominato. « Enfin le papier lénéotique, ainsi nommé d'un lieu voisin : il est fait de lames qui touchent de plus près l'écorce, & il se vend au poids, n'ayant aucun dégré de bonté ; car c'est un papier (brouillard) sur lequel on ne peut écrire ; on l'emploie pour couvrir les feuilles de papier ou pour envelopper les marchandises ; c'est pour cela qu'il est appellé *emporétique* ou papier marchand ».

Post hanc papyrum est, extremumque ejus scirpo simile, ac ne funibus quidem, nisi in humore utile. « Au-dessous de l'écorce & de la lame qui la touche immédiatement (c'est-à-dire, après les lames du papier lénéotique), est la matiere propre du papier : ce qui est au-dessus ressemble au grand jonc des marais (scirpus), & ne peut servir qu'à des cordes qui trempent dans l'eau ».

On ne voit pas trop clairement dans ce passage ce que Pline a voulu désigner par ces mots, *extremumque ejus* ; savoir, s'il entend parler de la partie supérieure de la tige du *Papyrus* que l'on retranchoit ; *scirpo simile*, ou de la partie inférieure que l'on mangeoit, & dont on n'avaloit que le suc ; *nisi in humore utile*, partie trop succulente pour pouvoir servir à faire des cordes. *Ac ne funibus quidem.*

Le scirpus, auquel Pline compare la portion supérieure de la tige du *Papyrus*, est, selon toute apparence, le grand jonc des marais, nommé par Tournefort, dans ses Institutions de Botanique, *scirpus palustris altissimus.* Cette espèce de jonc a en effet beaucoup de rapport avec le *Papyrus*, & elle le représente assez bien avec ses tiges droites, nues, lisses, sans aucuns nœuds, & dont le sommet est aussi garni d'un panache par le corps qui en compose l'intérieur, & qui est d'une substance blanche, fibreuse, moëlleuse & spongieuse, couverte d'une écorce mince & de couleur verte. Cette plante d'ailleurs est pareillement aquatique, & croît plus volontiers dans les lacs, les étangs, les lieux marécageux, & sur le bord des rivieres : elle imite encore le *Papyrus* par la longueur de ses tiges qui, dans les plus hautes, est de six à sept pieds, & par l'épaisseur qui, vers le bas, est d'environ un pouce, & quelquefois plus. Mais, pour que les tiges parviennent à cet état d'embonpoint, il faut que la plante naisse au milieu des eaux, & qu'elle en soit continuellement baignée, sans cependant en être trop surchargée ; car alors, bien loin de produire des tiges, elle ne pousse que des feuilles très-longues & fort étroites ; changement bien singulier dont ne s'étoit pas apperçu Tournefort, puisque, dans l'Ouvrage déja cité, il indique cette variété comme une plante particuliere sous le genre des algues, & à laquelle il donne le nom d'*alga fluviatilis gramine à longissimo folio.* Si au contraire le scirpus vient hors de l'eau, dans des terreins simplement humides, ses tiges ne sont jamais aussi élevées ni aussi grosses, & les feuilles qui, par leur pédicule en forme de gaîne, couvrent la base de ces mêmes tiges, sont très-courtes & fort peu apparentes. On peut les comparer à un petit bec qui termineroit d'un seul côté le bout supérieur d'un tuyau membraneux. Quant à la figure des tiges, elles sont rondes comme un bâton, mais elles diminuent de grosseur d'une maniere insensible, & vont aboutir en pointe à l'extrêmité supérieure. Le panache qu'elles portent n'est pas considérable, il est composé de quelques pédicules courts, épars, simples ou rameux, auxquels sont attachés de petits épis écailleux ou paquets de fleurs arrondis en forme d'œuf, & de couleur brune foncée ou roussâtre : ces pédicules ne sont point, à leur naissance, entourés de feuilles telles qu'on en trouve à la base du panache du *Papyrus.* La partie inférieure des tiges du scirpus est blanche, tendre, succulente, douce au goût, & d'une saveur approchante de celle de la châtaigne : les enfans la mangent avec plaisir. Les racines de cette plante, cachée sous l'eau plus ou moins profondément, rampent & s'étendent fort loin sur le fond des lacs & des rivieres, d'où elles poussent un grand nombre de tiges, de façon que par rapport à leur prodigieuse multitude, on peut très-bien en comparer le coup d'œil à une forêt de mâts ou de plantes sans branches & sans feuilles ; comparaison dont Cassiodore s'est servi pour exprimer celui qu'offrent les tiges du *Papyrus.*

Après tous ces détails, nous allons examiner quels étoient les usages du *scirpus*, sur-tout en Italie & chez les Romains. Pline nous apprend qu'on en fabriquoit des bonnets ou espèces de chapeaux, des nattes, des couvertures pour les maisons, des voiles pour les vaisseaux ; & qu'après avoir détaché & enlevé l'écorce de la tige de cette plante, on employoit la partie intérieure, moëlleuse & spongieuse, comme une meche propre pour les flambeaux qu'on portoit dans les funérailles. Voici les paroles de Pline : *Nec in fruticum, nec in veprium cauliumve, neque in herbarum, aut alio ullo quam suo genere numerentur jure scirpi fragiles, palustresque ad tegulum* (*tegillum*, espèce de bonnet selon un des meilleurs manuscrits), *tegetesque è quo detracto cortice, candelæ luminibus & funeribus serviunt : firmior quibusdam in locis eorum rigor ; namque iis velificant non in Pado tantum. Nautici, verum & in mari piscator Africus præpostero more vela intra malos suspendens, & Mapalia sua Mauri tegunt.*

L'interprete de Théocrite a fait observer qu'on tenoit de semblables flambeaux allumés autour du cadavre tant qu'il restoit exposé ; & Antipater nous apprend que la meche de jonc & de *Papyrus* étoit enduite de cire : *Facem ceream tunicam habentem, Saturni ardentem lychnum, junco & tenui constrictum papyro.* Cet endroit ainsi traduit est cité par Saumaise. *Antipater Pisoni fert pro munere facem indutam tunica cerea, Saturni ardentem lychum, junco & tenui constrictum papyro.* Anthol. liv. 6, chap. 10.

Dalechamp, dans son Histoire des Plantes, indique deux espèces de jonc dont on tiroit une moëlle d'une substance spongieuse, assez compacte, très-flexible, un peu seche & de couleur blanche, laquelle étoit employée à des meches pour les lampes. Nous avons vu à Paris, depuis quelques années, reparoître cette sorte de meche que l'on présentoit aux passans, & que l'on annonçoit pour des meches éternelles. Lorsqu'on veut tirer la moëlle des tiges du jonc, on se sert de deux épingles que l'on passe à travers le bout inférieur d'une tige, de maniere qu'elles se croisent ; on les tient ensuite assujetties dans cette position, & après on prend le petit bout qui se trouve au-dessus des épingles ; on le tire comme si l'on vouloit partager la tige en quatre parties égales ; mais à mesure qu'elle se partage, l'écorce abandonne la moëlle, qui, à la fin de l'opération, reste entiere, pendant que l'écorce est séparée en quatre lanieres.

A la suite du même passage de Pline, conformément à l'édition qu'en a publiée Dalechamp, on lit: *Proximoque æstimanti hoc videantur esse quo inferiore Nili parte papyri sunt usu*; ce que le Traducteur de l'Histoire des Plantes du même Auteur explique ainsi: *de sorte que, considérant de près la nature de ce jonc, il semble qu'on puisse s'en servir comme l'on fait du Papyrus dans la basse Egypte*. Mais cette leçon varie; car un ancien manuscrit la donne ainsi: *Proximè æstimanti hoc videatur esse quod in interiore parte mundum papyrum usui*. En conséquence de ces variétés de leçons, Saumaise, persuadé que le texte étoit altéré, pense qu'il faut le corriger de la maniere suivante: *Pro maximoque æstimanti hoc videatur esse quod in interiore parte mundum papyrum usui det*. Il s'explique après, en disant que si l'on examine avec attention les usages du scirpus, on trouvera de plus que sa substance intérieure peut servir à faire un beau papier; ce qui, en quelque maniere, pourroit être vrai; car, ayant séparé la tige du scirpus en différentes lames par le moyen d'une aiguille, nous avons eu des lames fort blanches, & même plus fines que celles qu'on séparoit anciennement de la tige du *Papyrus* d'Egypte; & étant desséchées, elles étoient également flexibles. En écrivant sur l'une de leurs faces, on ne s'est pas apperçu que l'encre passât à travers, ni qu'elle s'étendît ou fît des bavures: aussi Hermolaus remarque fort à propos que plusieurs Auteurs ont confondu le scirpus avec la plante que les Grecs ont nommée *biblos* ou *Papyrus*; confusion de nom qui paroît avoir été chez les Romains & chez les Grecs. On a tout lieu de le conjecturer par ce vers de Martial, *Ad titullum. Farctus Papyro dum tibi thorus crescit*; & par un passage de Strabon, où, en parlant de certains lacs de la Toscane, il dit: *Et typhæ & Papyrus & anthela multa affertur Romam per flumina quæ demittunt lacus usque Tiberim*; & selon une autre traduction, *Typha etiam & Papyrus & anthela copiosè Romam per fluvios deportantur quos lacus usque in Tiberim effundunt*. On voit, par ce passage, que dans les lacs de la Toscane il croissoit une plante à laquelle on donnoit le nom de *Papyrus*, & dont on faisoit à Rome des consommations bien considérables, puisqu'on l'apportoit en grande quantité, *copiosè*; mais on pourra demander à quoi les Romains employoient cette plante & les deux autres conjointement citées; savoir, le *typha* ou masse d'eau, & l'*anthela*, que l'on pense n'être autre chose que le panache des fleurs d'une espèce de roseau aquatique auquel les Grecs ont donné le nom de ἀνθήλη, par rapport à ses fleurs qui sont chargées ou environnées d'un duvet fin & soyeux. Quoiqu'il ne soit pas aisé de répondre à cette question, les Anciens ne s'étant pas assez expliqués sur ce sujet, on peut cependant y satisfaire en quelque sorte, mais sur-tout par rapport à cette espèce de *Papyrus*, si l'on fait réflexion sur certaines pratiques que les Romains observoient dans leurs funérailles. Nous apprenons, par les vers de Martial, que les lits des morts qu'on portoit sur le bûcher, étoient remplis de *Papyrus*: *Farctus papyro dum tibi thorus crescit*. Voilà sans doute le *Papyrus* dont parle Strabon, & un des usages qu'on en faisoit à Rome; mais il ne faut pas croire, comme Guilandin semble l'avancer, que ces lits fussent composés des racines du *Papyrus* apportées d'Egypte: cette matiere étoit trop utile, trop nécessaire, & si l'on peut dire trop précieuse dans le pays, à cause de la rareté des autres bois, pour qu'il eût été possible d'en transporter ailleurs une certaine quantité. C'est donc un *Papyrus* commun & assez abondant dont on a pu faire usage à Rome: tel est celui dont parle Strabon qui venoit des lacs de la Toscane, & par les rivieres qui se dégorgent dans le Tibre. On se persuadera peut-être que ce *Papyrus* doit être l'espèce qui se trouve communément dans les marais de Sicile, de la Calabre & de la Pouille. Cette opinion paroît d'abord fort vraisemblable, & elle a eu ses partisans: néanmoins nous ne croyons pas qu'on puisse l'adopter; car il faudroit, pour en prouver la vérité, que l'on eût découvert la plante de Sicile dans les lacs de Toscane, & nous ne croyons pas qu'aucun Botaniste l'ait observée autre part qu'en Sicile, dans la Calabre & dans la Pouille; ce qui semble nous annoncer que le *Papyrus* de Strabon est une plante toute différente. Le savant Micheli, qui vivoit à Florence, étoit le Botaniste le plus à portée de faire cette recherche: cependant il avoue qu'il n'avoit pas encore pu visiter les lacs dont parle Strabon: *In Calabriæ palustribus, sponte crescere vidimus, in Perusio per Trasimenum lacum ubi Strabo, lib. V, crescere asserit nondum perquisimus*. Il faut espérer que les Botanistes qui vivent actuellement en Italie, s'empresseront d'éclaircir un point aussi curieux qu'il est intéressant.

Le *Papyrus* de Sicile n'a commencé à être connu des Botanistes que vers les années 1570, 1572 & 1583, temps où ont paru les premieres éditions des Ouvrages de Lobel & Pena, de Guilandin, de Césalpin. Lobel & Pena le décrivent & le donnent pour le *Papyrus* du Nil. Guilandin, au contraire, prétend que c'est le sari de Théophraste & le *Papyrus* de Strabon. Césalpin se contente de le comparer avec le *Papyrus* du Nil & avec le sari, sans vouloir rien décider; & il ajoute que la plante qu'il cultivoit dans les jardins de Pise avoit été apportée des marais de Sicile; car il avoit été frappé par la ressemblance qu'elle a avec le *Papyrus* du Nil & le sari, tels que les a décrits Théophraste. Bien plus, si Pline eût connu cette plante, il n'auroit pas manqué, dans les chapitres où il traite du *Papyrus* du Nil & du sari, de nous apprendre tout ce qu'il auroit pu appercevoir de conforme entre ces différentes plantes. Enfin il paroîtra sans doute surprenant que Pline, pouvant très-facilement s'instruire de l'espèce de *Papyrus* indiquée par Strabon dans les lacs de Toscane, d'où elle étoit transportée à Rome en grande quantité, il n'en ait aucunement parlé, ni des usages auxquels elle étoit particuliérement destinée: cependant on cessera d'être étonné quand on viendra à examiner les usages & les propriétés du scirpus rapportés par Pline, & l'emploi du *Papyrus* désigné par le vers de Martial; car on reconnoîtra que le scirpus & le *Papyrus* avoient les mêmes usages, & qu'ainsi la même plante a pu être connue sous différens noms. Le récit de Strabon donne lieu à cette conjecture; mais ce que Saumaise pense sur ce sujet est des plus positifs: *Multi auctorum loci de hoc vulgari Papyro qui scirpus est accipiendi sunt, quos perperam de Ægyptio capiunt docti, ubicumque Papyrus pro charta sumitur apud auctores ibi de Ægyptio Papyro intelligi par est; ubi Papyrus in candelis ad lumina & funera usui esse memoratur, de communi Papyro hoc est scirpo sumere debemus. . . . . Nec enim Papyrus ad hos usus ex Ægypto afferebatur, sed ex indigena Papyro sive scirpo, candelæ fiebant.*

Je reviens au texte de Pline sur le *Papyrus* d'Egypte, & la maniere de le préparer.

Texuntur omnes tabulæ madentes Nili aqua: turbidus liquor vim glutini præbet, cum primo supina tabula scheda adlinitur longitudine papyri quæ potuit esse resegminibus utrinque amputatis: transversa postea crates peragitur, præmitur deinde prælis & siccantur sole plagulæ atque inter se junguntur, proximarum semper bonitatis diminutione ad deterrimas. Nunquàm plures scapo quam vicenæ. Si l'on consulte les anciens manuscrits, & si l'on a égard aux différentes leçons qui s'y trouvent par rapport à ce passage, il faudra faire quelques changemens dans le texte, & lire, au lieu de *tabulæ madentes*, *tabula madente*, de *vim glutini*, *vim glutinis*, de *præbet cumprimo*, *præbet in re cum primo*, de *supina tabula*, *supinæ tabulæ*, de *peragitur*, *peragit*; & ne pourroit-on pas admettre une correction en changeant le mot de *postea* en celui de *posita*, mot qui peut avoir été altéré ainsi par les Copistes, ou qui aura été mal lu? A l'égard de *transversa*, on doit le considérer comme un adverbe employé pour *transversè*. Selon cette restitution de l'ancien texte, on lira ce passage de la maniere suivante: *Texuntur omnes tabula madente Nili aqua; turbidus liquor vim glutinis. Præbet in re cum primo supinæ tabulæ scheda adlinitur, longitudine Papyri quæ potuit esse, resegminibus utrimque amputatis; transversa posita crates peragit, premitur deinde prælis.* « Tous les papiers sont tissus sur une table par le moyen de l'eau du Nil dont on les humecte. Ce liquide trouble ou limoneux fournit en effet une bonne colle. On forme d'abord sur la table horizontale une feuille de la longueur de la tige du *Papyrus*, autant que les rognures de part & d'autre ont pu le permettre. Cette feuille est croisée par une autre posée transversalement; ensuite on la met en presse». Le P. Hardouin a lu cet endroit de la maniere qui suit: *Texuntur omnes madente tabula Nili aqua. Turbidus liquor glutinis præbet vicem. Primo supina tabula scheda adlinitur longitudine Papyri, quæ potuit esse, resegminibus utrimque amputatis. Transversa postea crates peragit, premitur deinde prælis, &c.*

Le papier ainsi préparé est véritablement une sorte de tissu formé de plusieurs lames ou bandes réunies selon leur longueur, & qui sont croisées par d'autres lames posées transversalement, manœuvre bien exprimée par les paroles de Pline, *texuntur omnes*. Quant à l'eau du Nil, elle n'est désignée particuliérement que parce qu'elle étoit la seule qu'on pouvoit employer, ne s'en trouvant pas d'autres dans tous les pays d'Egypte où croissoit le *Papyrus*; & ce n'est pas, comme on pourroit le soupçonner, pour attribuer à l'eau de ce fleuve aucune qualité singuliere, ni pour lui donner des propriétés merveilleuses, telles que les Anciens se plaisoient à les donner à ce beau fleuve. On se servoit uniquement de cette eau simple pour humecter les lames du *Papyrus*, lorsqu'on vouloit en fabriquer les feuilles de papier; mais cette eau, en pénétrant les lames, délayoit les sucs qu'elles pouvoient contenir; par-là elle perdoit sa limpidité, elle devenoit trouble, & acquéroit vraisemblablement une certaine viscosité en se mêlant avec les sucs de la plante; viscosité suffisante pour tenir lieu de toute autre colle, *vim glutinis præbet in re*. Quoique Guilandin soit d'un sentiment contraire à celui de Turnebe & de Ruel, & qu'il reproche à ses Auteurs de n'avoir pas entendu le passage dont il est ici question, néanmoins nous pensons comme ces derniers, & nous estimons qu'on ne pouvoit mieux rendre le sens du texte de Pline; car on ne sauroit admettre l'explication que Guilandin nous donne du mot de *tabula* par celui de feuille & de *scheda*, comme un synonyme de *philura*, lame ou feuillet: ainsi nous croyons que pour former la feuille de papier, on rangeoit sur une table ou sur une planche les lames du *Papyrus*; opération que Pline fait bien connoître par les paroles *texuntur omnes tabulæ*, & mieux encore par les suivantes, *cum primo supinæ tabulæ scheda adlinitur*.

Ces lames étoient employées ou fraîchement séparées de la portion choisie de la tige du *Papyrus*, ou bien elles avoient été desséchées & conservées ensuite, jusqu'à ce qu'on pût les mettre en usage. On se décidera facilement pour ce dernier état, si, par le mot de *plagulæ* qui se trouve dans le même passage, on doit entendre les lames de la tige du *Papyrus*. En effet *plagula* est une petite feuille de papier; & Pline a bien pu, pour varier son style, désigner ainsi les lames ou feuillets du *Papyrus*, puisque ce sont autant de feuilles de papier. Il est dit qu'on les faisoit sécher au soleil: il étoit donc nécessaire de les humecter, peut-être même de les laisser tremper quelque temps dans l'eau du Nil avant de les employer à la fabrique du papier, *omnes*.... *madente aqua Nili*. Pline nous apprend de plus, dans ce passage, qu'il n'y avoit qu'une certaine portion de la tige du *Papyrus*, celle qui avoit des qualités reconnues propres à l'usage auquel on les destinoit, *scheda longitudine Papyri quæ potuit esse resegminibus utrimque amputatis*. En conséquence la partie inférieure trop succulente, connue sous le nom de Καρπὸς, fruit, étoit d'abord retranchée; ensuite la supérieure, *ramentum scirpo simile*, trop menue, d'une substance compacte, qui ne pouvoit fournir que des lames trop étroites, plus seches & cassantes, telles que celles du papier de Saïs, *nec malleo sufficit*; d'ailleurs les points de réunion, dans un papier formé de pareilles lames, auroient été trop multipliés. Ce n'a donc été que la partie intermédiaire de la tige que l'on choisissoit comme étant moins anguleuse, presque ronde, & assez grosse pour qu'on pût en tirer des lames d'une bonne largeur, propres à la fabrique du beau papier. Ces lames étoient en état, par leur viscosité naturelle, de s'unir ou de se coller les unes avec les autres, ayant été trempées dans l'eau, soit qu'on les joignît seulement par les côtés pour former la feuille simple, soit que, pour la doubler, on la couvrît de lames appliquées transversalement, d'où il résultoit un tissu en maniere de claie, *texuntur*.... *transversa posita crates peragit*. Cela fait, on la mettoit à la presse, & par ce moyen on en réunissoit mieux les parties; leur adhérence mutuelle devenoit plus intime & le tissu plus uni. *Et siccantur sole plagulæ, atque inter se junguntur, proximarum semper bonitatis diminutione ad deterrimas. Nunquam plures scapo quam vicenæ*, c'est-à-dire, on fait sécher les lames ou feuillets à la chaleur du soleil, & on les joint toujours ensemble, les meilleures d'abord, ensuite selon qu'elles diminuent de bonté, enfin les plus mauvaises. Il n'y en a jamais plus de vingt dans une tige.

Par ce récit, Pline nous enseigne qu'on faisoit sécher les lames ou feuillets du *Papyrus* en les exposant au soleil; on y voit aussi la confirmation de ce qu'il a dit plus haut, *texuntur omnes madente Nili aqua*; c'est que, pour en faire usage, il falloit les humecter avec de l'eau: l'addition du Nil ne regarde que les Egyptiens. A l'égard du desséchement de ces lames que l'on opéroit, en les exposant au soleil, deux choses peuvent l'avoir fait préférer, ou la promptitude avec laquelle ces lames étoient desséchées par le moyen de la chaleur du soleil, ou la conservation de leur blancheur que le soleil n'altéroit pas; la commodité ou la facilité qu'on trouvoit dans cette pratique, pouvoit encore y contribuer. Après que ces lames étoient tout-à-fait seches, on les séparoit & on les distinguoit, suivant le même Auteur, en bonnes, en médiocres & en celles de la plus mauvaise qualité; ensuite on les rassembloit, selon leur dégré de bonté, pour les employer aux différentes espèces de papier; mais on ne pouvoit séparer dans chaque tige plus de vingt lames, *nunquam plures scapo quam vicenæ*.

Magna in latitudine earum differentia: 13 digitorum optimis: duo detrahuntur hieraticæ. Fanniana denos habet: & uno minus amphitheatrica: pauciores Saïtica: nec malleo sufficit: nam emporeticæ brevitas sex digitos non excedit. « La largeur du papier varie extrêmement; elle est de treize doigts dans le plus beau, de onze dans le hiératique, de dix dans celui de Fannius, de neuf dans le papier d'amphithéâtre, & de moins encore dans celui de Saïs, qui a peine à soutenir le marteau. La largeur du papier des marchands ne passe pas six doigts.

Ce passage nous est inutile, &, comme je l'ai déja dit, ces détails ne regardent que les Romains. Il faut cependant remarquer que le plus beau de ces papiers étoit, sans contredit, composé de lames choisies & des plus larges; mais ces différences de grandeur ne venoient, à mon sens, que de la fabrique des papetiers qui le travailloient à Rome; car il paroît que celui d'Egypte a toujours eu une grandeur fixe, & les marchands Romains devoient convenir d'une grandeur pour établir les prix, & mettre le particulier en état de prendre des arrangemens pour chaque volume; & pour les assembler, on colloit plusieurs de ces feuilles, c'est-à-dire, qu'on les ajoutoit bout à bout l'une de l'autre, & par ce moyen on leur donnoit autant de longueur que l'on pouvoit en avoir besoin. Au reste, la mesure du papier des marchands étoit bien médiocre, & par conséquent bien incommode pour couvrir & emballer leurs marchandises.

Præterea spectantur in chartis, tenuitas, densitas, candor, lævor. « D'ailleurs, ce qu'on regarde dans le papier, c'est qu'il ait de la finesse, du corps, de la blancheur & du poli ».

Les qualités que Pline rapporte que l'on vouloit trouver au papier travaillé à Rome une seconde fois, sont absolument les mêmes que nous demandons à notre papier de chiffons, & j'avoue que cela me paroît singulier. La blancheur semble sur-tout avoir été difficile à trouver dans celui des Anciens. Je n'en juge point par celui qui nous est demeuré: son antiquité peut en avoir altéré la couleur, & l'avoir fait roussir; mais il me semble que sans quelque préparation, on ne peut accorder une extrême blancheur à des écorces sur lesquelles l'air produit très-facilement de l'altération. Cette blancheur pouvoit aussi ne paroître telle que par comparaison. A l'égard du poli ou du lisse, Pline va nous dire dans un moment le moyen que l'on employoit pour le donner.

Primatum mutavit Claudius Cæsar. L'Empereur Claude a privé du premier rang le papier d'Auguste, c'est-à-dire, qu'il en fit un meilleur, & cela n'étoit pas difficile; car, selon Pline, ce papier d'Auguste, beaucoup trop fin, ne soutenoit pas la plume du roseau: de plus, sa transparence faisoit craindre que les caractères ne s'effaçassent les uns les autres, sans compter l'œil désagréable d'une écriture qui s'apperçoit à travers la feuille. *Nimia quippe Augustæ tenuitas, tolerandis non sufficiebat calamis. Ad hoc transmittens litteras lituræ metum afferebat ex aversis: & aliàs indecoro visu pertransf. Lucida.*

Ce passage nous présente, en premier lieu, un détail qui donne encore au papier d'Egypte une ressemblance & une conformité avec le papier que nous employons: en effet, sa trop grande finesse & son peu de consistance, présentent les mêmes inconvéniens: en second lieu, la façon dont Pline dit que ce genre de papier ne soutenoit pas la plume du roseau, *calamis*, pourroit indiquer qu'il avoit d'autres instrumens pour écrire sur ce même papier: en troisième lieu, nous voyons que les Romains écrivoient quelquefois sur les deux côtés de la feuille; ce qui ne peut cependant avoir été pratiqué que pour les lettres & les affaires particulieres. L'écriture d'un seul côté me paroît avoir été toujours employée pour les livres & les ouvrages: le volume étant roulé, ne laisse aucun doute sur cet usage. Nous voyons pourtant dans Juvenal, Sat. I, une Tragédie d'Oreste qui remplit toute la feuille, & qui couvre tout le revers sans être encore finie:

. . . . . . *Summi plena jam margine libri*
Scriptus & in tergo necdum finitus Orestes.

Mais c'est un exemple que le Poëte cite pour le ridicule, & qui ne conclut rien pour l'usage.

Igitur è secundo corio statumina facta sunt: è primo subtemina: auxit & latitudinem, pedalis erat mensura, & cubitalis macrocollis: sed ratio deprehendit vitium, unius schedæ revulsione plures infestante paginas. Ob hæc prælata omnibus Claudia Augustæ in epistolis authoritas relicta; Liviana suam tenuit, cui nihil primæ erat sed omnia secundæ. Pline parle ici dans un sens figuré que notre langue nous permet également d'employer. *Donc de la seconde couche du papier on en fit la chaîne du tissu, & de la première on en forma la trame.* Il y a toute apparence que le papier de Claude avoit trois couches. Il augmenta aussi la largeur de la feuille qui n'étoit auparavant que d'un pied: les feuilles les plus larges, appellées *macrocolla*, avoient une coudée de largeur; mais l'expérience découvrit l'inconvénient, lorsqu'en ôtant de la presse une seule de ces feuilles, un grand nombre de pages se trouvoient gâtées; c'est pourquoi le papier d'Auguste continua d'être en usage pour les lettres particulieres, & le papier Livien s'est maintenu dans l'usage général, parce que, sans avoir le défaut du papier d'Auguste, il avoit toute la solidité du papier Livien.

On voit que j'ai fait une transposition dans la dernière phrase; mais il faudroit faire une correction pour établir ce que je crois que Pline a voulu dire; & l'on me passera plutôt une transposition dans un texte ancien qu'une correction de ma façon.

Ces détails nous apprennent que les Romains étoient parvenus à travailler le papier d'une maniere différente & plus parfaite que la première pratiquée en Egypte. Les passages suivans acheveront d'en donner la preuve. On a voulu plusieurs fois comparer les Egyptiens avec les Chinois, & leur trouver, sinon une source commune, du moins des rapports procurés par la communication. Je n'entre point dans ces détails, mais les premiers comme les seconds paroissent avoir tout connu de bonne heure & n'avoir rien poussé.

Scabritia lævigatur dente, conchâve: sed caducæ litteræ fiunt. Minus sorbet politurâ charta, magis splendet. « On donne le poli au papier par le moyen de l'ivoire ou de la coquille; mais les caractères sont sujets à se détacher. Le papier poli boit moins l'encre, mais il a plus d'éclat ».

L'ivoire a toujours été susceptible d'un poliment capable de le communiquer à des corps aussi mous que le papier: il en est de même de la coquille & de la dent de loup dont on se sert aujourd'hui plus communément. Toutes ces pratiques sont des espèces de calandres, & rendoient le papier des Romains pareil à celui qu'on emploie aujourd'hui dans la Perse & dans la Turquie, auquel il faut être accoutumé pour écrire couramment.

Rebellat sæpe humor incuriosè datus primo malleoque deprehenditur, aut etiam odore, cum fuerit indiligentior. « Quand dès la première opération il n'a pas été trempé avec précaution, il se refuse aux traits de celui qui écrit. Ce défaut de soin se fait sentir sous le marteau & même à l'odeur du papier ».

Le peu d'attention & de soin dans la préparation étoit capable de produire plusieurs altérations dans une matiere aussi légere; une des principales étoit causée sans doute par la maniere de mouiller les lames, & sur-tout par la trop grande quantité d'eau; elle pouvoit très-aisément altérer leur consistance, &

& leur donner cette mauvaise odeur que Pline reproche au papier d'Egypte.

Ce passage prouve encore que l'on pouvoit écrire sur le papier, tel qu'il sortoit de la fabrique d'Egypte. Pline a donc ici principalement en vue la friponnerie & la négligence des ouvriers Egyptiens qui exposoient les particuliers à des inconvéniens dans l'usage, auxquels on savoit remédier à Rome.

Deprehenditur & lentigo oculis : sed inserta mediis glutinamentis tænia fungo papyri bibula ; vix nisi littera fundente se : tantum inest fraudis. Alius iterum texendis labor. « Quand il y a des taches, on les découvre à la simple vue ; mais quand on a rapporté des morceaux pour boucher les trous (les fautes ou les déchirures), cette opération fait boire le papier, & l'on ne s'en apperçoit que dans le moment qu'on écrit. Telle est la mauvaise foi des ouvriers : aussi prend-on la peine de donner une nouvelle façon à ce papier ».

Ce passage, & généralement parlant ceux qui les précedent, regardent plus le papier travaillé en Egypte, c'est-à-dire, la matiere première ; d'ailleurs on ne sauroit trop s'étonner de voir que tous les détails du papier dont on se servoit alors conviennent aussi parfaitement à celui dont nous faisons usage. Pline nous donne ensuite la recette de la colle qui réparoit les défauts du papier : elle est bonne en elle-même, & confirme de plus en plus mon sentiment.

Glutinum vulgare è pollinis flore temperatur fervente aqua minimo aceti asperso : nam fabrile, gummisque fragilia sunt, diligentior cura : mollia panis fermentata colata aqua fervente : minimum hoc modo integerii : atque etiam lini lenitas superatur. « La colle ordinaire se prépare avec la fleur de farine détrempée dans de l'eau bouillante, sur laquelle on a jetté quelques gouttes de vinaigre ; car la colle des menuisiers & la gomme sont cassantes. Mais une meilleure préparation est celle qui se fait avec la mie de pain levé, détrempée dans de l'eau bouillante & passée par l'étamine. Le papier devient par ce moyen le plus uni qu'il se peut faire, & même plus lisse que la toile de lin ».

Omne autem glutinum, nec vetustius debet esse uno die, nec recentius. Postea malleo tenuatur & iterum glutine percurritur, iterumque constricta erugatur atque extenditur malleo. « Au reste, cette colle doit être employée un jour après avoir été faite, ni plutôt ni plus tard : ensuite on bat ce papier avec le marteau ; on y passe une seconde fois de la colle ; on la remet en presse pour le rendre plus lisse & uni, & on l'étend à coups de marteau ».

Toutes ces préparations, qui paroissent avoir été presque indispensables aux Romains pour rendre leur papier parfait, pourroient faire croire qu'il leur coûtoit fort cher. Mais par combien de mains ne faut-il pas que le nôtre passe pour être en état de nous servir? Cependant il n'est pas d'un grand prix. Les choses dont la consommation est grande & nécessaire, & dont par conséquent le débit est assuré, ne peuvent subsister que par la modicité de leur prix. Il est de l'intérêt du marchand de le tenir à portée de tout le monde.

Ita sunt longinqua monumenta Tiberii Caiique Gracchorum manus, quæ apud Pomponium secundum vatem civemque clarissimum vidi annos ferè post. C. C. Jam vero Ciceronis, ac divi Augusti Virgiliique sæpe numero videmus. « C'est ce papier qui donne une si longue durée aux ouvrages écrits de la propre main des Gracques, Tiberius & Caius ; je les ai vus chez Pomponius secundus, poëte & citoyen du premier mérite, près de deux cens ans après qu'ils avoient été écrits. Nous voyons communément ceux de Ciceron, d'Auguste & de Virgile ».

Je crois que les savans voudroient bien avoir à leur disposition cette bibliotheque de Pomponius secundus ; mais que diroit Pline s'il voyoit comme nous des feuilles de papier d'Egypte qui ont mille & douze cens ans d'antiquité ?

Je viens de rapporter le texte dans le plus grand détail ; j'y ai joint une traduction la plus exacte qu'il m'a été possible. Mais il est difficile de rendre clairement un Auteur aussi précis, & que son élégance n'abandonne jamais. Quels mots trouver, sur-tout lorsqu'il s'agit de faits & de petites pratiques impossibles à exprimer par des équivalens ? Au reste, il est bon de considérer qu'il y a constamment deux exposés dans le récit de Pline sur le *Papyrus*. Il ne s'en est point apperçu dans la rapidité de sa composition, où il n'a pas jugé à propos de les distinguer. Cette négligence est souvent arrivée à plusieurs Auteurs ; quand ils ont traité des matieres trop connues, ils en ont regardé le détail comme une chose inutile. Pline me paroît donc avoir confondu le papier tel qu'on le fabriquoit en Egypte, & le papier tel qu'on le travailloit à Rome. Ces deux points peuvent, à mon sens, se démêler dans son ouvrage ; je les ai même fait sentir quand l'occasion s'en est présentée ; ils sont l'objet des réflexions qui me restent à donner, & la source des conjectures qui vont terminer ce mémoire.

On a vu dans le texte de Pline, que pour les différentes espèces de bon papier qui se fabriquoient en Egypte, les lames du *Papyrus*, trempées dans l'eau du Nil, étoient tissues sur une table ou planche, *texuntur omnes tabulæ madente lini aqua.* Il faut retrancher le mérite de cette eau comme étant du Nil ; j'en ai dit les raisons ; & si l'on n'a employé que de l'eau pour détremper les lames du *Papyrus*, & faciliter l'expression du suc qu'elles renfermoient, toute espèce d'eau de riviere doit avoir été également bonne, quant à sa première préparation ; mais l'ivoire, la coquille, la dent de loup, l'opération du marteau, n'étoient dues qu'à la préparation donnée au papier par les marchands de Rome. Cependant les Egyptiens connoissoient l'usage de la colle ; j'en ai prouvé la nécessité, & par conséquent la pratique à l'occasion des toiles de coton sur lesquelles ils écrivoient : il est donc vraisemblable que les Egyptiens, l'ayant connue, l'auront employée à d'autres objets, & sur-tout à celui du papier dont l'emploi étoit infiniment varié & très-étendu.

Les lames ou feuillets avec lesquels on faisoit ce genre de papier, étoient tirées de la plante du *Papyrus*, dont la plus grosse tige pouvoit être renfermée dans la main sans peine. Ces lames avoient une longueur égale & d'une assez grande étendue ; car Pline nous assure que la tige avoit dix coudées de hauteur. Il est vrai que Guilandin ne lui en donne que sept, & que Théophraste a dit qu'elle n'en avoit que quatre. Il falloit toujours retrancher de cette longueur, telle qu'elle ait été, une coudée ou environ de la partie inférieure, & que le fruit occupoit : d'ailleurs la plante, en diminuant la longueur de la lame, ne pouvoit être également large. Les dimensions en ce sens ne causent aucun embarras. Il n'en est pas de même de sa largeur ; car il faut convenir que la largeur d'une circonférence que l'on tenoit à-peu-près dans la main, ne peut jamais être que de cinq pouces ou environ. D'un autre côté, Pline dit expressément *tranversa postea crates peragit.* On applique en sens contraire & à angle droit une seconde feuille qui acheve de former la claie ou le tissu ; alors la hauteur de cette dernière devient nécessairement sa largeur. L'opération décrite par Pline, comme on s'est contenté de l'entendre jusqu'ici, est d'autant plus impossible, selon les dimensions de la plante, que chaque feuille préparée pour écrire ayant jusqu'à treize pouces ou doigts de largeur, & sept ou environ de hauteur. On ne trouve aucune de ces dimensions complettes dans la proportion de la plante ; par conséquent les feuilles destinées pour l'écriture n'ont pu être formées d'une seule lame en premier lieu, & recouverte en second lieu d'une autre d'un seul morceau. Cet assemblage nécessairement multiplié, pourroit obliger de recourir, non-seulement à l'opération de l'eau quand la plante étoit fraîche, comme Pline nous l'apprend, mais encore à la colle : je ne dis pas pour les fabricans de Rome qui ne pouvoient se dispenser de s'en servir, mais pour les Egyptiens même. Quelle que soit la préparation que l'on veuille admettre, le mot *texuntur* dont Pline fait usage est expliqué; car on ne peut comprendre par une autre voie ces mots, *ils font un tissu, une claie.* On assembloit donc successivement des bandes plus ou moins larges, *philuræ*, & l'on produisoit le tissu selon les dimensions convenues. Enfin, pour dire tout ce que je pense sur le papier fait en Egypte, je crois qu'on choisissoit pour le meilleur, pour celui que Pline nomme *hiératique* ou *sacré*, les lanses du milieu de la tige, comme on la divisoit anciennement, & qu'en conséquence la feuille étoit composée d'un plus petit nombre de pieces ; & la même raison me persuade que le papier de Saïs, fait *ex vilioribus ramentis*, étoit composé d'un plus grand nombre de parties. On voit clairement que l'assemblage des plus petites rognures, pour en faire un tissu pareil à ceux dont il est question, peut être difficilement produit par le moyen de l'eau, & que l'usage de la colle y étoit absolument nécessaire. Je ne prétends point inférer de-là qu'on employât la colle pour les couvertures, les voiles, les habits & les souliers consacrés aux prêtres. L'usage y met un obstacle insurmontable; & les coutures ne pouvant être admises par leur extrême répétition & leur peu de solidité, on ne peut douter que toutes les choses de service n'aient été travaillées comme des nattes, dont même nous avons vu plus haut l'exemple donné par les Malgaches. Mais, pour revenir à mon sujet sur le papier préparé pour l'écriture, la fabrique des feuilles employées & qui sont venues jusqu'à nous, autorise mon sentiment; car, toujours égales entr'elles, elles se dépassent à chaque extrêmité d'environ un pouce. Cet excédent servoit à faire une liaison, par le moyen de la colle, pour continuer le volume ou le rouleau, & ne point interrompre l'écriture. Ces feuilles se joignoient si parfaitement, qu'on ne distinguoit pas leur réunion, & j'ai vu M. Mariette coller & arrêter des petites bandes détachées & prêtes à se séparer de la feuille qui faisoit leur base; il les a si bien accommodées & toujours avec de la colle, qu'il est impossible de distinguer les parties qu'il a rétablies. Cette adresse est d'autant plus étonnante, qu'il travailloit sur du papier d'Egypte fait depuis plusieurs siecles, & l'on ne peut douter que cette manœuvre, ainsi que toutes celles que le papier exigeoit, ne fussent plus faciles dans le temps que les lames étoient molles & cueillies nouvellement.

Le récit de Pline sur la colle employée dans les fabriques Romaines pour la perfection du papier, me met à portée de présenter encore quelques réflexions.

Les papiers d'Auguste, de Livie, de Fannius, d'amphithéâtre, enfin tous ceux qui portoient des dénominations Romaines, étoient constamment faits avec le *Papyrus* d'Egypte, mais préparés & travaillés de nouveau à Rome. Le plus grand avantage de ces papiers ne consistoit que dans la façon dont ils étoient battus, lavés, &c. On apperçoit, par le récit de Pline, une grande différence dans les grandeurs de chaque feuille, en les comparant au papier fabriqué en Egypte ; on voit même que les papiers travaillés à Rome sont de mesures variées, mais en général plus petites. Ce fait ne peut rien changer aux objections que j'ai faites & aux moyens que j'ai proposés pour réunir plusieurs lames en sens différent ; mais le papier de Claude ajoute beaucoup à tout ce que j'ai pu dire. Ce Prince augmenta la largeur du papier. Cette augmentation ne peut jamais avoir été faite que par le moyen de la colle & de la réunion de plusieurs parties, c'est-à-dire, par une décomposition de celui d'Egypte & un assemblage plus étendu. On doit d'autant plus admettre cette interprétation, que *macrocollum*, mot composé, ne peut être traduit que par ces mots, *alongé par la colle*; façon de parler qui ne laisse aucun doute sur l'opération, & qui autorise la plupart de mes conjectures.

Le Marquis Maffei cite le passage d'un Auteur qui m'est inconnu, & ce passage convient trop à mes conjectures pour ne le pas citer : *La carta di Papyro fatta di colla si chiama simplicemente carta privata; poiche ha ricevuto la soscrizione dell' Imperadore e noto nominarsi sacra*; Nilo Monacho discepolo di S. Chrisostomo, Diplomat. p. 78. « La feuille du *Papyrus* faite avec la colle, se nomme simplement *papier particulier* : d'abord qu'elle a reçu la signature de l'Empereur, on sait qu'elle est nommée *sacrée*. »

Il est vrai que ce passage pourroit s'entendre des simples feuilles de papier, aussi-bien que des feuilles réunies par leurs extrêmités, & qui, sans composer un volume, faisoient ce qu'on nommoit dans le bas temps *charta*, ordonnance ; mais, supposé qu'on ne voulût pas admettre cette preuve en faveur de mon sentiment, ce qui suit ne peut être contesté ; & quand j'aurois prié Cassiodore d'écrire, il n'auroit pas dit autre chose pour appuyer ce que j'ai avancé : il fait l'éloge des feuilles du *Papyrus* employées de son temps ; il dit qu'elles étoient blanches comme la neige, *tergo niveo*, & composées d'un grand nombre de petites pieces, sans qu'il parût aucune jointure.

Je finis par quelques traits de différens Auteurs qui me paroissent rappeller les divers procédés dont j'ai parlé. L'inscription suivante, trouvée autrefois à Naples, & rapportée par Pignonius, nous donne la certitude d'un colleur, soit pour la fabrique du papier, soit pour le seul assemblage des feuilles nécessaires à la composition des volumes : *M. ANNIO STICHIO TIBERII CÆSARIS GLUTINATORI.*

Pline fait aussi mention de cette espèce d'ouvriers. On trouve *pumicator* dans les gloses de Cyrille ; mais plusieurs Auteurs parlent de la pierre-ponce dont on se servoit pour polir le parchemin des livres :

> *Quoi dono lepidum novum libellum*
> *Arida modo pumice expolitum.*
>
> Catull. Epig. I.

Ovide, dans le premier livre des *Tristes*, où l'on peut voir plusieurs détails sur la forme & les ornemens des livres de son temps :

> *Nec fragili geminæ poliantur pumice frontes.*

c'est-à-dire, que le recto & le verso ne soient point polis avec la pierre-ponce.

On voit dans le digeste que si l'on a légué les livres, on doit comprendre dans le legs ceux qui ne sont point battus, ornés, collés, corrigés, & même ceux dont les feuilles ne sont pas encore cousues : *Nondum malleati, vel ornati, conglutinati, vel emendati, sed & membranæ nondum consutæ.* Les différens dégrés de cette profession étoient exercés par des hommes qui n'avoient qu'un emploi dont ils prenoient le titre.

On vient de lire *libri ornati*, & les ornemens dont il est question ne regardent en général que les lettres initiales que nous nommons *lettres grises*, pour lesquels les Anciens faisoient usage du *minium*. En effet les lettres rouges, *litteræ rubricæ*, que les Anciens employoient pour l'ornement de leurs livres, nous ont été transmises par tradition. On peut conjecturer que les Romains, & vraisemblablement les Grecs, étoient dans l'usage de confier les lettres grises à d'autres ouvriers qu'à ceux qu'ils employoient à la copie du texte, comme on a fait en général pour nos anciens manuscrits, & même pour les premiers livres imprimés.

J'ignore si les Egyptiens distinguoient ainsi les premieres lettres de leurs livres; mais j'ai vu beaucoup de caractères bleus, & principalement des rouges, assez indistinctement placés sur les toiles enfermées sous les bandelettes de leurs mumies ou dans leurs caisses. Il est vrai que les caractères noirs étoient toujours en plus grand nombre.

Ces derniers détails, que j'ai renvoyés à la fin de ce Mémoire, sont autant de preuves de l'extrême attention des Romains pour leurs livres, & confirment les soins qu'ils ont apportés pour perfectionner la première invention du *Papyrus*. Ce sont des preuves qu'on aime à rencontrer dans ces matieres qui sont l'objet de nos recherches.

Quand on est tombé dans une erreur, le seul parti qu'on ait à prendre est d'en avertir. J'avois trouvé par hasard dans Paris un grand morceau, & très-bien conservé, que je croyois la tige d'un *Papyrus* d'Egypte : sa hauteur de quatre pieds huit pouces, sa forme triangulaire, sa légéreté, sa diminution, tout concouroit à mon idée, & je me croyois possesseur d'une rareté en Europe; mais M. Bernard de Jussieu, à qui rien n'échappe, a fait évanouir mon trésor, & l'a reconnu pour la queue d'une feuille de palmier, connu sous le nom de *rondier*, dont on trouvera une description exacte dans la suite de l'Ouvrage que M. Adanson commence à nous donner de l'Histoire Naturelle du Sénégal.

VINGT-CINQUIEME ESPECE.

La vingt-cinquième espèce est le Souchet à spathe. *Cyperus spataceus. Cyperus culmo vaginis foliorum vestito, pedunculis pinnatis lateralibus. Linn. Sist. Veg. edit. XIII. Murr. 84. Schœnus spathaceus. Schœnus culmo tereti, spathis alternis mucronatis paniculis involventibus, spicis alternis patentibus. Linn. Sp. plant. 63. Cyperus ferrugineus. Sp. plant. 44. Cyperus racemis simplicibus lateralibus solitariis distichis, spicis alternis patentibus. Gron. Virg. 131. Gramen junceum elatius, caule articulato, Virginianum, Cyperi paniculis inter folia propè summitatem prodeuntibus. Pluk. Alm. 179.*

Description.

Cette espèce a la grandeur du sucre; ses spathes sont grandes, monophylles, alternes, tombantes; elles enveloppent des grappes à fleurs.

Figure.

Elle est représentée dans l'*Almag.* de Plukenet, pl. 301, fig. 1.

Lieu de sa naissance.

Elle croît naturellement en Virginie, au cap de Bonne-Espérance.

VINGT-SIXIEME ESPECE.

La vingt-sixième espèce est le Souchet à feuilles alternes. *Cyperus alternifolia. Cyperus culmo triquetro nudo apice alternatim folioso, pedunculis lateralibus proliferis. Linn. Sp. plant. 28. Gramen fluviatile geniculatum, panicula foliacea, Virginianum. Moris. Hist. 3. p. 183. sect. 7.*

Description.

Les tiges sont hautes d'un pied, à trois côtes, nues, ayant au sommet des feuilles alternes, serrées en forme d'épis, de la longueur d'un demi-pied, lisses, un peu raboteuses au bord; la bractée est en forme d'alêne, petite, partant de chaque aisselle; le péduncule sort de chaque aisselle de la feuille : il est filiforme, quatre fois plus court que la feuille, terminé par une épine ovale : quelques petits pédicules sortent de la base de l'épi, & portent à leur sommet un épi semblable; par conséquent il n'y a point d'ombelle.

Figure.

Cette espèce est représentée dans l'Histoire des Plantes, par Morison, tom. 3, sect. 7, pl. 3, fig. 17.

Lieu de sa naissance.

Elle est vivace, & croît naturellement dans la Virginie.

CYPRIPEDIUM, *le Sabot.*

NOMS GÉNÉRIQUES.

Ce genre de plante est connu sous les noms de *Cypripedium*, *Linn. Calceolus*, *Tourn. Helleborina*, *Morison.*

Description générique.

Le caractère de ce genre est d'avoir des spathes vagues; le spade simple sans périanthe; les pétales de la corolle sont au nombre de quatre ou cinq, lancéolés, linéaires, très-longs, s'ouvrant, droits; le nectaire est entre le pétale d'en-bas, en forme de sabot, enflé, obtus, concave, plus court que les pétales, plus large; la levre supérieure est ovale, plane, réfléchie, petite; les filamens des étamines sont au nombre de deux, très-courts, s'appuyant sur le pistil; les anthères sont droites, couvertes par la levre supérieure du nectaire; le germe du pistil est long, entortillé, inférieur; le stil est très-court, attaché à la levre supérieure du nectaire; le stigmate est fané; le péricarpe est une capsule ovale, à trois côtes obtuses, à trois sutures, sous les angles desquelles elle s'ouvre; elle a trois valves & une loge; les semences sont nombreuses, très-petites; le receptacle est linéaire, attaché longitudinalement à chaque valvule du péricarpe.

CLASSE.

Ce genre fait partie de la onzième Classe de Linnæus, qui comprend les fleurs monopétales, anomales, & de la deuxième de Linnæus, destinée aux plantes gynandriques-diandriques. Cet Auteur en admet deux espèces.

PREMIERE ESPECE.

La première espèce est le Soulier de Notre-Dame. *Cypripedium calceolus. Cypripedium radicibus fibrosis, foliis ovato-lanceolatis caulinis. Linn. Sp. plant. 1346. Act. Upf. 1740. p. 24. Flor. Suec. 735. 820. Cypripedium foliis ovato lanceolatis. Flor. Lapp. 318. Gron. Virg. 135. Calceolus foliis ovato-lanceolatis. Gmel. Sib. 1. p. 2. Calceolus marianus. Dod. Pempt. 180. Helleborine flore rotundo, seu calceolus. Bauh. Pin. 187.* En Anglois, *Ladi'es Stipper.* En Allemand, *Marienschuh.* En Suédois, *Guckuskor*, *Guckskor*, *Ormskalle.*

Description.

La racine de cette espèce est grosse & fibreuse; elle porte une tige haute d'environ un pied, portant quelques feuilles larges, alternes, & semblables à celles du plantain; son sommet est garni d'une fleur ou deux, composé de six pétales inégaux ; cinq occupent le milieu, & le sixième, plus ample, représente, en quelque maniere, un sabot ; elle est jaune ou purpurine : à cette fleur succede un fruit qui a la figure d'une lanterne à trois côtés, & qui contient des semences semblables à de la sciure de bois.

Figure.

Elle est représentée dans le *Flora Siberica* de Gmelin, tome 1, pl. 1, & dans les Pemptades de Dodoëns, fig. 1 & 2.

Variétés.

Linnæus rapporte trois variétés de cette espèce ; la première est celle qu'il nomme *Helleborine calceolus dicta mariana, caule folioso, flore luteo minor. Pluk. Mant. 101. Helleborine Virginiana seu calceolus flore luteo major. Moris. Hist. 3. p. 488. sect. 12.* Elle est représentée dans le *Mantis.* de Pluknet, pl. 418, fig. 2, & dans l'Histoire des Plantes, par Morison, tome 3, sect. 12, pl. 11, fig. 15.

La deuxième variété est connue sous les noms de *Calceolus marianus Canadensis. Corn. Canad. 204. Helleborine flore majore purpureo. Moris. Hist. 3. p. 488. sect. 12.* Celle-ci est représentée dans l'Histoire des Plantes, par Morison, tome 3, sect. 12, pl. 11, fig. 17.

La troisième & dernière variété s'appelle *Calceolus minor, flore vario. Amm. Ruth. 133. Calceolus foliis ovatis binis. Gmel. Sib. 1. p. 5.* Amman l'a représentée dans ses *Plant. Ruth.* pl. 22.

Lieu de sa naissance.

Le Sabot de Notre-Dame vient naturellement dans la partie septentrionale de l'Europe, de l'Asie & de l'Amérique ; il croît sur les montagnes, dans les forêts & dans les bois ; on en voit sur le mont Pata, sur les montagnes des Alpes, sur celles des Vosges.

Culture.

Cette espèce est fort difficile à conserver dans les jardins ; il faut la planter dans une terre argilleuse, & à une exposition où elle ne puisse avoir le soleil que le matin. On se la procure des pays où elle croît naturellement. On enleve rarement les racines ; car en la transportant on l'empêche de fleurir.

Propriétés médicinales.

On emploie, mais rarement, cette plante à l'extérieur ; elle passe pour déterfive & vulnéraire.

DEUXIEME ESPECE.

La deuxième espèce est le Sabot bulbeux. *Cypripedium bulbosum. Cypripedium bulbo subrotundo, folio subrotundo radicali. Linn. Sp. plant. 1347. Act. Ups. 1740. p. 25. Flor. Suec. 736. 821. Cypripedium folio subrotundo. Flor. Lapp. 319. Serapias scapo unifloro. Gmel. Sib. 1. p. 7. Orchis Lapponensis monofolia. Rudb. Elys. 2. p. 209.*

Description.

La racine de cette espèce est bulbeuse, solide, globuleuse, blanche ; la feuille est unique, radicale, ronde, à peine pointue, supérieurement verte, inférieurement roussâtre ; sa tige a à peine neuf pouces, est très-simple, enveloppée de quelques gaines, terminée par une fleur ; les pétales de la fleur sont presque lancéolés & pourpres ; le nectaire est cependant très-grand, d'un verd jaune mêlé de blanc, intérieurement pourpre.

Figure.

Cette espèce est représentée dans les Champs Elysés de Rudbeck, tome 2, fig. 10.

Lieu de sa naissance.

Elle croît naturellement dans la Laponie, la Russie & la Sibérie.

CYRILLA, *la Cyrille.*

Description générique.

Le caractère de ce genre est d'avoir les pétales aigus, insérés au receptacle, cinq étamines, un stil fendu en deux, persistant, à une capsule à deux loges.

CLASSE.

Ce genre fait partie de la cinquième Classe de Linnæus, qui comprend les plantes pentandriques-monogyniques. Cet Auteur n'en admet qu'une espèce.

ESPÈCE.

Cette espèce est la Cyrille à fleurs en grappes. *Cyrilla racemiflora. Linn. Syst. Veg. édit. XIII. Murr. 200. Mant. 50.*

Description.

C'est un arbrisseau de la hauteur d'une toise, à tiges & à rameaux composés ; ses feuilles sont alternes, pétiolées, sans stipules, lancéolées, très-entieres, glabres, supérieurement garnies de veines très-fines ; les grappes sont nombreuses, terminales sur les rameaux de l'année précédente, pendantes, longues de neuf pouces ; ses bractées sont soyeuses, de la longueur des petits pédicules ; les fleurs sont blanches, les pétales sont velus, à disque longitudinal.

Lieu de sa naissance.

Il croît dans les buissons humides de la Caroline.

CYRTANDRA, *la Cyrtandre.*

Description générique.

Le caractère de ce genre est d'avoir le périanthe monophylle inférieur, ovale, oblong, fendu en cinq, à deux levres, à lobes pointus, dont deux inférieurs sont divisés plus profondément ; la corolle est monopétale, irréguliere ; le tube est cylindrique, droit, ensuite un peu réfléchi, fendu obliquement par la base, grossi à l'ouverture, plus long que le calice ; le lymbe est partagé en cinq lobes orbiculés, dont deux supérieurs sont planes, plus petits, & trois sont inférieurs, s'ouvrans beaucoup, & sont concaves. Les filamens des étamines sont au nombre de deux, filiformes, courts, en spirale à l'ouverture de la corolle, attachés à la levre inférieure ; les anthères sont ovales, applaties ; deux rudimens des filamens sont menus ; au-dessus, des étamines fertiles, insérés au tube ; le germe du pistil est conique ; le stil est cylindrique, un peu droit, de la longueur du tube ; le stigmate est en massue, à deux levres ; le péricarpe est une baie oblongue, succulente, à deux loges ; les semences sont nombreuses, très-petites, placées dans des arcs enveloppés.

CLASSE.

Elle fait partie de la deuxième Classe de Linnæus, qui comprend les plantes diandriques-monogyniques. MM. Forster, qui nous ont fait connoître cette plante, n'en rapportent que deux espèces.

PREMIERE

PREMIERE ESPECE.

La première espèce est la Cyrtandrie à deux fleurs. *Cyrtandra biflora. Cyrtandra involucris bifloris. Forster. Charact. Gener. Plant. 6.*

DEUXIEME ESPECE.

La seconde espèce est la Cyrtandrie en bouquet. *Cyrtandra cymosa. Cyrtandra pedunculis nudis. Forster Charact. Gener. Plant. 6.*

Observation.

Ces deux espèces approchent beaucoup du basseria.

CYTINUS, *l'Hypociste.*

Description générique.

Le caractère de ce genre de plante est d'avoir le périanthe du calice monophylle, tubulé, campanulé, persistant; le tube est cylindrique, le lymbe est ouvert, partagé en quatre, un peu obtus, coloré. Il n'y a point de corolle; les étamines sont au nombre de huit, sans filamens; les anthères sont oblongues, bivalves; elles naissent au sommet du stil sous le stigmate; le germe du pistil est inférieur, rond; le stil est cylindrique, presque de la longueur du calice; le stigmate est fendu en haut, bossu, obtus; le péricarpe est une baie couronnée, ronde, coriacée, à huit loges; les semences sont nombreuses, menues, rondes.

CLASSE.

Ce genre fait partie de la première Classe de Tournefort, qui comprend les plantes à fleurs monopétales campaniformes, & de la vingtième de Linnæus, qui renferme les plantes à fleurs gynandriques hexandriques. Cet Auteur n'en admet qu'une espèce.

ESPECE.

Cette espèce est le vrai hypociste. *Cytinus hypocistis. Linn. Sist. Veg. edit. XIII. Murray. 688. Asarum hypocistis. Asarum foliis sessilibus imbricatis, floribus quadrifidis. Linn. Sp. plant. 633. Mat. Med. 220. Thyrsina. Gleditsch Verm. Abhandl. t. 1. 226. Tab. 2. Asarum aphyllum squammosum. Sauv. Monsp. 4. Hypocistis. Bauh. Pin. 465. Cam. Epit. 96. 97. Clus. Hist. 1. p. 68. 79. Duham. Arb. 1. p. 170.*

Description.

La tige de cette plante est grosse de quatre ou cinq lignes dans sa partie inférieure, d'un ou de deux pouces à son extrémité supérieure, & elle a trois ou quatre de hauteur; elle est charnue, pleine de suc, facile à rompre, blanchâtre, purpurine, ou de couleur jaunâtre, d'un goût âcre & fort astringent, couverte de petites feuilles ou écailles épaisses, longues d'un demi-pouce, larges de deux ou trois lignes, terminées en pointe mousse de différente couleur, dans les différentes variétés. Elle porte plusieurs fleurs à son sommet, garnies & enveloppées de beaucoup de petites feuilles épaisses, ou d'écailles semblables aux précédentes; la fleur ressemble à un calice de la fleur de grenadier; elle est d'une seule pièce, en cloche, longue de sept à huit lignes; sa partie inférieure peut être regardée comme le calice; la supérieure est divisée en cinq parties, longues de deux lignes, terminées en un globule cannelé, dont les cannelures, en s'ouvrant dans le temps convenable, jettent une poussiere très-fine: ainsi cette partie tient lieu de pistil, d'étamines & de sommet. La partie inférieure de la fleur grossit peu à peu, jusqu'à un demi-pouce d'épaisseur, & devient un fruit arrondi de même couleur que la fleur. Il est mou, partagé intérieurement comme par des rayons en six ou huit parties, plein d'un suc visqueux, gluant, limpide, d'un goût fade, & de plusieurs graines très-menues & poudreuses: ce globule cannelé, qui termine le pistil, demeure toujours attaché à ce fruit qui est sphérique. On enleve facilement cette tige des racines du côté sur lequel elle naît; alors il reste sur la racine une petite fosse lisse, sans aucun vestige de fleurs.

Figure.

Cette espèce est représentée dans le Traité des arbres, par M. Duhamel, tome 1, pl. 68, & dans les planches de M. Garsault.

Lieu de sa naissance.

Elle croît naturellement en Espagne, en Portugal & dans les Provinces méridionales de la France, telles que la Provence & le Languedoc.

Variétés.

M. de Tournefort a observé dans l'Isle de Crête des variétés d'Hypociste différentes par la couleur, comme on peut le voir dans le Corollaire de ses Elémens de Botanique; il n'y avoit que l'Hypociste à fleurs jaunes qui étoit odorant, & qui eût l'odeur de muguet, les autres variétés étoient sans odeur.

Observation.

Il n'est pas facile d'expliquer de quelle manière l'Hypociste se multiplie; cette plante ne croît jamais que sur les racines des arbustes appellés *cistes*, qui se plaisent dans les landes les plus seches des pays chauds. Environ deux pouces au-dessus du collet de ces arbustes, il sort, en manière d'œilleton, une plante bien différente du ciste; elle est charnue comme une asperge, accompagnée de quelques écailles au lieu de feuilles, & garnie d'un bouquet de fleurs en cloche, qui laissent chacune un fruit gros comme une noisette, assez rond, charnu, rempli de semences menues, couvertes d'une humeur gluante, qui se desseche lorsqu'elles sont mûres, mais qui revient quand on les humecte. Comme cette plante pousse au-dessus du collet de la racine, qui est quelquefois couvert d'environ un demi-pied de terre, il semble qu'il n'y a pas d'autre chemin pour y faire passer les graines que les crévasses de la terre; ces crévasses en été sont fort communes dans les landes des pays chauds, & se resserrent aux premières pluies; ainsi la glu dont elles sont enveloppées s'humectant peu-à-peu, ne les colle pas seulement contre les racines du ciste, mais elle les fait éclorre, & leur sert de première nourriture: c'est-là l'explication que donne M. de Tournefort de l'origine & de la multiplication de l'Hypociste.

Propriétés médicinales.

C'est de cette plante qu'on tire le suc qui porte le même nom, dans les boutiques, & qui est connu en Angleterre sous le nom de *rape of cistus*, en Italien, sous celui de *suchir d'Hypocistide*, & en Allemand, sous celui de *saft der Hypociste.* Ce suc desséché est d'un noir luisant, & d'une saveur astringente; on doit prendre garde qu'il ne soit brûlé. Pour le faire, on pile les fruits récens de cette plante, on en exprime le suc, on le fait ensuite sécher au soleil, &

on l'épaissit jusqu'à consistance d'extrait solide. Outre cette préparation de l'Hypociste, quelques-uns du temps de Dioscoride séchoient les rejettons de la plante, les piloient, les macéroient, les faisoient bouillir, les passoient, & en faisoient épaissir le suc jusqu'à consistance d'extrait.

L'Hypociste est presque composé des mêmes principes que l'acacia, & il a les mêmes vertus: c'est un puissant astringent, & on le recommande pour toutes les hémorrhagies, comme les crachemens de sang, les pertes de sang des femmes, les dyssenteries & la passion cœliaque; le suc d'Hypociste raffermit aussi & fortifie les parties affoiblies; c'est pour cette raison qu'on le mêle quelquefois aux épithêmes stomachiques & hépatiques, & qu'on l'ajoute à l'antidote fait de viperes, afin qu'il fortifie & affermisse le corps. On le prend intérieurement depuis un demi-gros jusqu'à un gros; on l'emploie dans les gargarismes répercussifs, comme l'acacia; il entre dans la thériaque & la mithridate.

Formules.

1°. Prenez *Hypociste* deux gros, syrop de grande consoude & d'épine-vinette de chacun une once, mucilage de gomme adragant pareille quantité, eau de plantain & de pourpier de chacun deux onces; faites un looch selon l'art, dont le malade prendra souvent une cuillerée dans le crachement de sang.

2°. Prenez *Hypociste* un gros, corail rouge, terre sigillée, pierre hematite préparée de chacun un scrupule; conserve de roses & de cynorrhodon de chacun deux gros, syrop d'épine-vinette suffisante quantité; mêlez, faites un opiat que l'on partagera en quatre doses, & que l'on donnera de quatre heures en quatre heures pour fortifier l'estomac, & pour arrêter la diarrhée, après avoir observé les choses nécessaires.

CYTISUS, *le Cytise*.

NOMS GÉNÉRIQUES.

Ce genre de plantes est connu sous les noms de *Cytisus. Linn. Cutisos aspalatos, Teline, Diaxulon Diosc. Verzinum. Cæsalp. Laburnum. Gall. Avornellum. Cæs.*

Description générique.

Le caractère de ce genre est d'avoir le périanthe du calice monophylle, campanulé, court, obtus à la base, à deux levres, dont la supérieure est fendue en deux, pointue; l'inférieure est à trois dents. La corolle est papilionacée; l'étendart est ovale, s'élevant, à côtes réfléchies; les aîles sont de la longueur de l'étendart, droites, obtuses; la carêne est un peu ventrue, pointue; les filamens des étamines sont diadelphiques, simples & fendus en neuf, s'élevant; les anthères sont simples; le germe du pystil est oblong; le stil est simple, s'élevant; le stigmate est obtus. Le péricarpe est un légume oblong, obtus, étroit à la base, roide, renfermant quelques semences en forme de reins, applatis.

CLASSE.

Ce genre fait partie de la vingt-deuxième classe de Tournefort, qui comprend les plantes à fleurs papilionacées, & de la dix-septième de Linnæus, destinée aux plantes diadelphiques décandriques; cet Auteur en admet dix espèces.

PREMIERE ESPECE.

La première espèce est le Cytise-aubour. *Cytisus laburnum. Cytisus racemis simplicibus pendulis, foliolis ovato-oblongis. Linn. Sp. plant. 1041. Hort. Cliff. 354. Hort. Ups. 210. Roy. Lugdb. 369. Hall. Helvet. edit. I. 591. Anagyris non fœtida major Alpina. Bauh. Pin. 391. Anagyris non fœtens minor. Bauh. Pin. 391. Laburnum arbor trifolia anagyridi similis. Bauh. Hist. 2. p. 361. Cytisus Alpinus latifolius, flore racemoso pendulo. Tourn. Inst. 648.* En Allemand, *Kleiner bohnen-baum ohne gestanck.* En Anglois, *Bean-trefoil-tree.* En Italien, *Citiso.*

Description.

Cet arbre croît ordinairement à la hauteur de dix pieds, quand il est abandonné à lui-même; ses feuilles sont ternées, elliptiques, très-entières, hérissées, à longs pétioles; ses rameaux se terminent en épis pendans, nuds, beaux; la fleur est suspendue par un long pétiole, jaune; l'étendart est échancré, réfléchi, ayant des taches intérieurement roussâtres; les aîles sont plus longues que la carêne, à hameçon; la silique est hérissée, & renferme jusqu'à six semences en forme de reins.

Variétés.

Miller distingue deux variétés de cette espèce; la première est l'Ebénier verd, l'Aubours ou Cytise des Alpes, à grappes courtes. *Cytisus foliis oblongo-ovatis, racemis brevioribus, pendulis caule arboreo. Mill.* En Anglois, *Broad leaved laburnum.* La deuxième est le Cytise des Alpes, l'Ebénier verd, ou Laburnum à longues grappes. *Cytisus foliis ovato-lanceolatis, racemis longioribus pendulis, caule fruticoso. Mill. Long-Spik'd laburnum* en Anglois.

Observation.

M. le Baron de Tschoudy, en parlant de ces deux variétés dans le deuxième volume du Supplément de l'*Encyclopédie*, observe que des folioles plus larges, des grappes de fleurs plus courtes, plus serrées, & qui pendent moins d'à-plomb, distinguent la première variété de la deuxième; celle-ci a ses grappes une fois aussi longues: les fleurs n'y sont pas moitié aussi proches les unes des autres, & elles tombent à angles droits du bas des rameaux; on la préfere à la première variété pour l'ornement des bosquets, mais je ne sais, dit M. le Baron de Tschoudy, auquel je donnerois la préférence, car les fleurs de la première variété étant plus serrées dans les grappes, & leur jaune étant un peu plus vif, elles me paroissent produire un meilleur effet; d'ailleurs l'arbre est plus vigoureux, & devient plus haut & plus droit; son écorce est d'un verd plus vif & plus luisant, & il s'accommode encore mieux que l'autre des plus mauvais sols. Du côté de l'utilité, l'on ne peut lui contester la prééminence sur tous les arbres de son genre, car il peut s'élever à la hauteur de vingt ou trente pieds, & grossir à proportion.

Figure.

Il est représenté dans l'*Hort. Aichstett.* planche 7, fig. 1.

Lieu de sa naissance.

Il croît naturellement dans la Suisse, la Sardaigne, sur les Alpes & les montagnes du Dauphiné & du Bugey.

Culture.

Quand on cultive le Cytise pour son bois, il convient de le semer à demeure, il en viendra une fois plus vite, & beaucoup plus droit & plus haut; sa semence se recueille à la fin de l'automne, & même pendant l'hiver: on peut l'employer dès lors, ou bien attendre jusqu'aux mois de Février ou de Mars. On la répandra sur une terre bien nettoyée, bêchée & houée, & on la couvrira avec le rateau; on peut la semer en plein, ou par petits cantons, ou enfin en rigoles, espacées de quatre ou cinq pieds. Ces deux dernières façons semblent préférables à M. le Baron de Tschoudy, laissant plus d'espace pour cultiver la terre les premières années, & pour enlever les mauvaises herbes.

Lorsqu'on ne se propose au contraire qu'un objet d'agrément dans la culture de ces Cytises, il convient de les faire passer le second printemps du semis dans une pépinière, où on les plantera à un pied & demi les uns des autres dans des rangées distantes de deux pieds & demi, & où on les laissera deux ou trois ans, ayant soin de les dresser & de les soutenir contre des tuteurs, & de ne les guère élaguer au bas de la tige avant de leur faire prendre du corps. Ces arbres qui auront subi plusieurs transplantations, porteront plutôt des fleurs, & en donneront davantage, & on pourra les faire figurer tout de suite dans les bosquets. Les fins d'Octobre & de Mars sont les temps les plus convenables pour les déplacer.

Le Duc de Queensburry a fait répandre une quantité prodigieuse de graines de la première variété aux côtés des Dunes dans sa terre d'Amesburry, dans le Comté de Wist. Le sol y étoit mauvais, & si peu profond, que très-peu d'espèces d'arbres y pouvoient subsister; ceux-ci ont acquis douze pieds de haut en quatre ans, & ont procuré aux autres plantations, par leur masse, un excellent abri contre les vents de mer. En semant des bouquets de ces Cytises dans les parcs, on pourroit compter sur un coup-d'œil charmant, & dans la suite on tireroit un grand parti de leur bois.

Les Cytises de cette espèce viennent aussi fort bien de marcottes & de boutures.

Propriétés médicinales.

Les fleurs & les semences sont regardées par quelques Auteurs comme purgatives, & même comme vomitives.

Propriétés économiques.

Le bois de ces arbres est extrêmement dur, & prend le plus beau poli; il est veiné de plusieurs nuances de verd, d'où lui est venu le nom d'*ébene verte* : il est très-précieux pour les Tabletiers & les Tourneurs, & peut-être aussi en feroit-on de jolis ouvrages de menuiserie.

Propriétés d'ornemens.

Ces Cytises sont le principal ornement des bosquets printaniers; leurs fleurs s'épanouissent vers la mi-Mai, & ils continuent de fleurir jusques vers le 10 de Juin. Ceux auxquels on a formé une tige peuvent être plantés à cinq, six ou huit pieds les uns des autres le long de petites allées de six ou huit pieds de large; on en doit aussi jetter quelques-uns vers les devants des massifs, ils y feront le plus bel effet dans les fonds, si on les laisse venir en cepées. On en peut aussi former de grandes masses dans les parties les plus étendues & les plus agrestes. Sous toutes ces formes, il convient de les interrompre, dit M. le Baron de Tschoudy, par des guainiers, qui sont couverts d'aigrettes rouges dans le temps que ceux-ci laissent pendre négligemment leurs grappes jaunes. On peut entremêler ces arbres avec le putier d'Amerique, qui donne dans le même temps des épis de fleurs blanches.

DEUXIEME ESPÈCE.

La deuxième espèce est le Cytise noir. *Cytisus nigricans. Cytisus racemis simplicibus erectis, foliolis ovato-oblongis. Linn. Sp. plant.* 1041. *Hort. Cliff.* 354. *Roy. Lugdb.* 369. *Sauv. Monsp.* 390. *Mill. Dict. T.* 107. *Cytisus glaber nigricans. Bauh. Pin.* 390. *Cytisus IV. Clus. Hist.* 1. *p.* 95. *Cytisus Gesneri. Dalech. Hist.* 260. *Cytisus Gesneri, cuiflores ferespicati. Bauh. Hist.* 1. *p.* 370. En Anglois, *Blackish smooth Cytisos.*

Description.

Cette espèce a la tige d'arbrisseau; ses folioles sont ovales, oblongues, blanchâtres en-dessous par leurs poils, supérieurement glabres : l'impaire est plus grande; ses grappes sont simples & droites.

Figure.

Elle est représentée dans le Dictionnaire de Miller, pl. 107, fig. 1.

Lieu de sa naissance.

Elle croît d'elle-même en Italie & en Autriche, aussi est-elle un peu tendre dans nos climats septentrionaux, des froids rigoureux font périr une partie de ses bourgeons.

Culture.

Elle se multiplie par sa graine, qu'on doit semer en Mars; il faut couvrir le semis durant l'hiver pour le parer de l'effet de la gelée; le troisième printemps on pourra en tirer les individus pour les placer où ils doivent demeurer. Comme ils poussent fort tard, cette transplantation peut se différer jusqu'aux derniers jours d'Avril.

TROISIÈME ESPÈCE.

La troisième espèce est le Cytise à feuilles sessiles. *Cytisus sessilifolius. Cytisus racemis erectis, calycibus bractea triplici, foliis floralibus sessilibus. Linn. Sp. pl.* 1041. *Cytisus foliis sæpius sessilibus, calicibus squamula triplici acutis. Virid. Cliff.* 7. *Hort. Cliff.* 355. *Roy. Lugdb.* 369. *Sauv. Monsp.* 191. *Cytisus glabris foliis subrotundis, pediculis brevissimis. Bauh. Pin.*

Description.

Ce Cytise s'élance sur une tige ligneuse, d'où sortent plusieurs branches droites & menues, couvertes d'une écorce brunâtre, & garnies de feuilles à trois folioles, ovale-renversées, qui naissent sur de petits pédicules, & qui sont sessiles sur les petits rameaux; les fleurs sont rassemblées en épis courts & serrés au bout des branches; elles s'épanouissent tantot à la fin de Mai, tantôt en Juin, & sont d'un jaune très-brillant; les légumes sont noirs.

Lieu de sa naissance.

Il croît naturellement au midi de la France, en Espagne & en Italie.

Culture.

Il peut atteindre à la hauteur de huit à dix pieds, & devient assez touffu; il n'est point délicat sur la nature du sol, ni sur l'exposition, il ne craint qu'une trop grande humidité; on le multiplie très-aisément de semences & de boutures, & assez difficilement par les marcottes.

Propriétés d'ornemens.

On doit lui donner une place distinguée dans les bosquets du printemps.

QUATRIEME ESPECE.

La quatrième espèce est le Cytise d'Amérique, le

pas de pigeon. *Cytisus cajan. Cytisus racemis axillaribus erectis, foliolis sublanceolatis tomentosis, intermedio longius petiolato. Linn. Sp. plant. 1041. Flor. Zeyl. 354. Hort. Upf. 211. Jacq. Spec. 1. Hugh. Berb. 199. Cytisus foliolis ovato-lanceolatis; intermedio petiolato, pedunculo ex alis multifloro. Hort. Cliff. 354. Roy. Lugdb. 369. Cytisus folio Molli incano, siliquis orobi contortis & acutis. Burm. Zeyl. 86. Cytisus frutescens. Plum. Sp. 19. Laburnum humilius, siliqua intergrana & grana juncta, semine esculento. Sloan. Jam. 139. Hist. 2. p. 31. Phaseolus erectus incanus, siliquis torosis. Pluk. Alm. 293. Thora paeru. Rheed. Hort. Mal. 6.*

Description.

Les feuilles sont très-molles, blanches quand on les examine d'un certain côté; la grappe est droite, le calice est poileux, la corolle est jaune, l'étendart est droit, les aîles sont planes horizontalement, la carêne est obtuse, les étamines sont diadelphiques, le légume est intercepté de stries obliquement transverses.

Figure.

Cette espèce est représentée dans le *Thesaur. Zeyl.* de Burman, pl. 37; dans les plantes de Plumier, par Burman, pl. 114, fig. 2; dans l'*Almag.* de Plukenet, pl. 213, fig. 3; & dans l'*Hort. Malab.* tome 6.

Lieu de sa naissance.

Elle croît dans les Indes, à Malabar, à Ceylan, dans la Jamaïque.

Culture.

Ce Cytise s'éleve dans les Isles de l'Amérique, à huit ou dix pieds; en France il faut le tenir en serre chaude, & le plonger dans des couches de tan.

Propriétés alimentaires pour les animaux.

Ses semences servent à nourrir les pigeons, qui en sont très-friands.

CINQUIEME ESPECE.

La cinquième espèce est le Cytise qui s'étend. *Cytisus patens. Cytisus floribus pedunculatis subbinatis lateralibus nutantibus. Linn. Syst. Veg. edit. XIII. Murr. 555. Cytisus Lusitanicus, medicæ folio, floribus in foliorum alis. Tourn. Inst. Rei Herb. 648.*

Description.

Ses rameaux sont très-étendus, vergés; ses pédoncules sont au nombre de deux, à une fleur; ses fleurs sont pendantes, jaunes.

Lieu de sa naissance.

Ce Cytise croît naturellement dans le Portugal.

SIXIÈME ESPÈCE.

La sixième espèce est le Cytise hérissé. *Cytisus hirsutus. Cytisus pedunculis simplicibus lateralibus, calicibus hirsutis trifidis, ventricoso-oblongis. Linn. Sp. plant. 1042. Cytisus calicibus hirsutis sessilibus, pedunculis simplicissimis brevissimis. Hort. Cliff. 355. Roy. Lugdb. 370. Sauv. Monsp. 190. Cytisus incanus, siliqua longiore. Bauh. Pin. 390. Cytisus foliis subrufa lanugine hirsutis. Bauh. Pin. 390. Cytisus. Clus. Hist. 1. p. 94.*

Description.

Les rameaux sont couchés; les feuilles sont hérissées en-dessous; les calices sont très-poileux.

Lieu de sa naissance.

Cette espèce croît naturellement en Espagne, en Sibérie, en Autriche, en Italie & au midi de la France.

Culture.

Il ne faut planter cette espèce que dans une terre seche & aride, & à une bonne exposition; elle n'est pas facile à transplanter quand elle a acquis une certaine étendue, parce que ses racines sont longues & pénetrent profondément en terre; & si, par hasard, on vient à casser les racines en les arrachant, la plante en périt.

SEPTIÈME ESPÈCE.

La septième espèce est le Cytise couché. *Cytisus supinus. Cytisus floribus umbellatis terminalibus, ramis decumbentibus, foliolis ovatis. Linn. Sp. plant. 1042. Roy. Lugdb. 376. Hort. Upf. 211. Jacq. Austr. t. 33. Cytisus supinus, foliis infra & siliquis molli lanugine pubescentibus. Bauh. Pin. 390. Cytisus VII. Species altera. Clus. Hist. 1. p. 96.*

Description.

La structure de la fleur de cette plante annonce une grande affinité avec l'espèce précédente; sa tige & ses pétioles sont poileux; ses feuilles sont un peu lisses; son calice est tubuleux, ventru, poileux, à deux levres.

Figure.

Cette espèce est représentée dans les plantes d'Autriche, par Jacquin, pl. 33.

Lieu de sa naissance.

Elle croît naturellement en Sibérie, en Autriche, en Italie, en Sicile & en Provence.

Culture.

Elle fleurit sur la fin de Juin; ses semences sont mûres en Septembre. On la multiplie par grains que l'on seme à demeure.

HUITIEME ESPECE.

La huitième espèce est le Cytise de Tartarie, le Cytise d'Autriche. *Cytisus Austriacus. Cytisus floribus umbellatis terminalibus, caulibus erectis, foliolis lanceolatis. Linn. Sp. plant. 1042. Cytisus floribus capitatis, foliolis ovato-oblongis, caule fruticoso. Mill. Dict. Cytisus Incanus, folio oblongo, Austriacus. Bauh. Pin. 390. Cytisus V. Clus. Hist. 1. p. 195.*

Description.

Cette espèce est semblable à la précédente, mais ses tiges sont élevées, très-rameuses, paniculées; ses folioles sont lancéolées, sans être ovales; elle s'éleve à environ quatre pieds de haut sur des tiges foibles & grêles, dont l'écorce est verte, & qui sont garnies de feuilles ovale-oblongues, velues & très-rapprochées. Au bout des branches naissent les fleurs en tête serrée, au-dessus d'un bouquet de feuilles; elles sont d'un jaune brillant, & quelquefois remplacées par des siliques courtes & velues, qui contiennent trois ou quatre semences réniformes.

Figure.

Elle est représentée parmi les plantes d'Autriche par Jacquin, pl. 21.

Lieu de sa naissance.

Elle croît naturellement en Sibérie, en Tartarie, en Autriche & en Italie.

Culture.

On la multiplie par ses graines qu'on seme au commencement du printemps dans une planche de terre très-exposée au levant; si on les semoit en plein soleil, les plantes ne profiteroient pas; M. le Baron de Tschoudy dit avoir l'expérience que ce Cytise ne fait que languir dans les terres seches & légeres.

NEUVIEME ESPECE.

La neuvième espèce est le Cytise argenté. *Cytisus argenteus. Cytisus floribus subsessilibus foliis tomentosis, caulibus herbaceis, stipulis minutis. Linn. Sp. pl. 1043. Ger. Prov. 484. n°. 4. Gouan. Hort. Monsp. 377. Cytisus acaulis, floribus solitariis, foliolis sericeis lanceolatis. Sauv. Monsp. 191. Lotus fruticosus incanus siliquosus. Bauh. Pin. 332. Lotus asperior fruticosa Narbonensis incana. Lob. Ic. 2. p. 41. Trifolium argenteum, floribus luteis. Bauh. Hist. 2. p. 359.*

Description.

Cette plante est blanchâtre, luisante; deux ou trois bractées naissent à la base du calice, les découpures ou lobes de celui-ci sont plus longs que dans les autres espèces de son genre; ses fleurs sont sessiles, solitaires, au nombre de deux ou trois; elles sortent des aisselles des rameaux: ceux-ci sont ligneux vers la racine, supérieurement herbacés; les légumes sont hérissés.

Figure.

Elle est représentée dans Lobel, pl. 2.

Lieu de sa naissance.

Elle croît naturellement dans nos Provinces méridionales & en Italie.

Culture.

On la seme au printemps; elle fleurit la seconde année.

DIXIEME ESPECE.

La dixième espèce est le Cytise grec. *Cytisus Græcus. Cytisus foliis simplicibus lanceolato-linearibus, ramis angulatis. Linn. Sp. plant. 1043. Barba Jovis, linariæ folio, flore luteo parvo. Tourn. Cor. 44.*

Description.

Les rameaux de cette espèce sont anguleux; ses feuilles sont simples, lancéolées, linéaires, semblables à celles de la linaire; ses fleurs sont jaunes, petites.

Lieu de sa naissance.

Elle croît naturellement dans les Isles de l'Archipel; elle y fleurit en Juillet & Août.

Culture.

On la multiplie par boutures; on les fait sur une couche au commencement de Juillet; on les couvre avec une cloche ou chassis; on les garantit du soleil pendant le jour; elles prennent racine au milieu ou à la fin de Septembre; on les enleve pour lors avec précaution, on les plante chacune séparément dans un petit pot, on les arrose & on les tient à l'ombre jusqu'à ce qu'elles soient reprises; on les place ensuite à une exposition abritée jusqu'à la fin d'Octobre; on les met sous un abri pendant l'hiver. Cette plante est trop délicate pour vivre en plein air aux environs de Paris.

ONZIÈME ESPÈCE.

Nous ajouterons à tous ces Cytises une nouvelle espèce que M. Aublet a découvert dans la Guiane Françoise: c'est le Cytise à fleurs violettes. *Cytisus violaceus. Cytisus foliis ternatis, oblongis, angustis, hirsutis, supra viridibus, subtus rufescentibus, leguminibus compressis, villosis. Aubl. 766.*

Description.

Cette espèce est vivace, & pousse de sa racine plusieurs tiges qui s'élevent de trois à quatre pieds; elles sont ligneuses, cannellées, velues, roussâtres, branchues; rameuses & garnies de feuilles; celles-ci sont alternes, composées de trois folioles, portées sur un court pédicule, qui est accompagné à sa base de deux stipules longues & aiguës, qui embrassent presque le pourtour de la tige. Ces folioles sont longues de deux pouces & plus, couvertes d'un léger duvet verdâtre, & en-dessous d'un duvet plus dense & roussâtre; la nervure qui les partage dans leur longueur est saillante, ainsi que les latérales; les fleurs sont légumineuses, & naissent sur des épis longs de deux à trois pouces à l'extrêmité des rameaux & à l'aisselle des feuilles; chaque fleur presque sessile sort de l'aisselle d'une petite écaille. Le calice est velu, arrondi par sa base, & évasé à son lymbe, qui est divisé en cinq parties inégales & aiguës; la corolle est à cinq pétales de couleur violette; les étamines sont au nombre de dix, dont neuf réunies forment une gaîne placée au fond du calice au-dessous de l'insertion des pétales; le pistil est un ovaire vert, arrondi, velu, surmonté d'un stil long, grêle, terminé par un stigmate obtus; l'ovaire devient une petite silique seche, velue & roussâtre, qui s'ouvre en deux valves, & renferme deux graines applaties, lisses & noires. Cette plante est en fleur & en fruit dans le mois de Juin.

Figure.

Elle est représentée dans l'Histoire des plantes de la Guiane Françoise, par M. Aublet, planche 306.

Lieu de sa naissance.

Elle croît abondamment dans les Savanes de Macouria, qui se trouvent dans la Guiane Françoise.

DACTYLIS, *le Dactyle.*

NOMS GÉNÉRIQUES.

Ce genre de plantes est connu sous les noms d'*Amaxitis. Theoph. Canaria. Plin. Gramen. Bauh. Prodr. Dactylis. Linn.*

Description générique.

Son caractère est d'avoir les balles du calice applaties, secondaires, en carêne, aiguës, dont une valvule est plus courte que le fleuron, l'autre plus longue; la corolle est une balle applatie, oblongue, aiguë, dont une valvule est plus longue entre la plus grande du calice, en carêne; les filamens des étamines sont au nombre de trois, capillaires, de la longueur de la corolle; les anthères sont bifourchues; le germe du pystil est turbiné; les stils sont au nombre de deux, capillaires, s'ouvrans, velus; les stigmates sont simples; le péricarpe n'est autre chose que la corolle qui renferme la semence; celle-ci est solitaire, applatie d'un côté, convexe de l'autre.

CLASSE.

Ce genre fait partie de la quinzième classe de Tournefort, qui comprend les plantes à fleurs sans pétales, & de la troisième de Linnæus, destinée aux plantes triandriques digyniques; cet Auteur en admet quatre espèces.

PREMIERE ESPECE.

La première espèce est le Dactyle en forme de queue de chien. *Dactylis cynosuroides. Dactylis spicis sparsis secundis scabris numerosis. Linn. Sp. plant. 104. Lœfl. It. 115. Gramen maritimum, spica crassa Dactyloide terminali, odore rancido, culmo albo. Gron. Virg. 135. Dactylis spicis alternis secundis incisis erectis approximatis, calycibus unifloris subulatis. Gron. Virg. 134. Spartum Essexiense, spica gemina. Rai. Angl. 3. p. 393.*

Description.

Son chalumeau est haut de deux pieds, arrondinacé; ses feuilles sont au nombre de six dans le chalumeau, larges, plus longues que le chalumeau, très-lisses, raboteuses au bord, recourbées; les intérieures sont d'un verd d'eau plus fort. Les épis sont au nombre de six, ou nombreux, secondaires, divergens, lamellés, ayant leurs fleurons imbriqués, raboteux par leur côté postérieur; les calices sont à une fleur, raboteux par la carêne, pointus, plus longs que le fleuron, sessiles, secondaires; les pistils sont velus, plus longs.

Figure.

Elle est représentée dans la première décade des plantes gravées par Linnæus, pl. 9.

Lieu de sa naissance.

Cette espèce croît naturellement dans la Virginie, le Canada; on en trouve à présent dans le Portugal, l'Angleterre; elle est vivace.

DEUXIÈME ESPÈCE.

La deuxième espèce est le Dactyle congloméré. *Dactylis glomerata. Dactylis panicula secunda glomerata. Linn. Sp. plant. 105. Flor. Suec. 1. n°. 87. Cynosurus panicula secunda glomerata. Flor. Suec. 2. n°. 85. Poa flosculis confertis uno versu dispositis. Hort. Cliff. 28. Roy. Lugdb. 62. Gramen spicatum, folio aspero. Bauh. Pin. 3. Prodr. 9. Scheuz. Gram. 299. Moris. Hist. 3. sect. 8.*

Description.

Le calice de cette espèce est à quatre fleurs, cependant à peine peut-elle être associée avec les fétus; ses feuilles sont âpres; sa panicule est congloméree.

Figure.

Elle est représentée dans les chiendents de Schreber, planche 8, figure 1; & dans l'Histoire des Plantes, par Morison, tome 3, section 8, planche 6, figure 38.

Lieu de sa naissance.

Elle est vivace, & croît naturellement dans les endroits escarpés & cultivés de l'Europe.

TROISIEME ESPECE.

La troisième espece est le Dactylè cilié. *Dactylis ciliaris. Dactylis spica capitata secunda, calycibus trifloris, caule repente. Linn. Syst. Veg. edit. XIII. Murr. 100. Mant. 185.*

Description.

Les tiges sont filiformes, articulées, traçantes par leurs petites racines blanches; les chalumeaux sont hauts d'un palme, montans, très-simples, lisses, à une seule articulation; les feuilles radicales sont enveloppées, filiformes, lisses, de la longueur du chalumeau; la feuille caulinaire est unique, lisse, de la longueur de la petite tête; la gaîne est ventrue; la tête est terminale, ovale, secondaire, à plusieurs fleurs sessiles; la base du calice est bivalve, à trois fleurs, applatie, pointue, de la longueur de la corolle, ayant au dos des poils parsemés sous le sommet; la balle de la corolle extérieure est ovale, striée, inférieurement barbue à poils blancs.

Lieu de sa naissance.

Cette espèce croît au Cap de Bonne-Espérance.

QUATRIEME ESPECE.

La quatrième espèce est le Dactyle en forme de queue de lievre. *Dactylis lagopoides. Dactylis spicis subrotundis pubescentibus, culmo prostrato ramoso. Linn. Syst. Veg. edit. XIII Murr. 100. Mant. 185.*

Description.

La racine de cette espèce est vivace, fibreuse; ses chalumeaux sont hauts d'un palme, nombreux, rameux; couverts de chaque côté des gaînes des feuilles; celles-ci s'étendent, sont en forme d'alêne comme des épines, resserrées par la base, plus étroites par leurs gaînes; l'épi est congloméré, ovale, poileux; les fleurs sont sessiles, à plusieurs fleurs, subsecondaires; le calice est à huit fleurs, le plus souvent à quatre, égal, à valvules aiguës, droites, striées; la valvule extérieure de la corolle est roide, striée, aiguë; l'intérieure est enveloppée, colorée.

Lieu de sa naissance.

Elle est vivace, & croît naturellement dans les champs de Malabar.

DAIS, *le Dais.*

Description générique.

Le caractère de ce genre de plantes est d'avoir l'enveloppe du calice sessile, à plusieurs fleurs & à quatre folioles, raboteuses, droites, sans périanthe; la corolle est monopétale, en forme d'entonnoir, plus longue que l'enveloppe; le tube est filiforme, rude; le lymbe est partagé en cinq lobes lancéolés, obtus; les filamens des étamines sont au nombre de dix, inférés à la gueule, plus courts que le lymbe; les alternes sont plus courtes: les antheres sont simples; le pystil est formé par un germe un peu oblong, attaché à la base de la corolle par un stil filiforme de la longueur du tube, & par un stigmate globuleux, ascendant; le péricarpe est une baie; la semence est unique.

CLASSE.

Ce genre fait partie de la dixième classe de Linnæus, qui comprend les plantes décandriques monogyniques. Cet Auteur en admet deux espèces.

PREMIERE ESPECE.

La premiere espèce est le Dais à feuilles de cotinus. *Dais cotinifolia. Linn. Sp. plant. 556. Royen.*

Description.

C'est un arbrisseau dont les feuilles sont opposées, ovales, très-entières, glabres, pétiolées; les fleurs sont rassemblées en faisceaux, terminales, poileuses, à quatre valves, ayant leur enveloppe en forme de bourgeon.

Observation.

Cet arbrisseau approche beaucoup du genre des passerina.

Lieu de sa naissance.

Il croît naturellement au Cap de Bonne-Espérance.

DEUXIEME ESPECE.

La deuxieme espèce est le Dais octandrique. *Dais octandra. Dais floribus quadrifidis octandris. Linn. Syst. Veg. edit. XIII. Murr. 336. Mant. 69. Burm. Ind.*

Description.

Les feuilles de cette espèce sont pétiolées, ellyptiques, oblongues, pointues, lisses; l'une ou l'autre enveloppe est terminale, pédunculée, plus courte que les fleurs; celles-ci sont glabres; les étamines sont au nombre de huit, au-dessus du tube, plus longues que la corolle, qui est fendue en quatre.

Figure.

Cette espèce est représentée dans le *Flora Indica* de Burmann, pl. 33, fig. 2.

Lieu de sa naissance.

Elle croît naturellement dans l'Inde.

DALECHAMPIA, *la Dalechamp.*

NOMS GÉNÉRIQUES.

Ce genre est connu sous les noms de *Dalechampia. Plum. Jacq. Convolvulo Tithymalus. Boerrh.*

Description générique.

Le caractère de ce genre est d'avoir des fleurs mâles & des fleurs femelles; les fleurs mâles sont nombreuses, entre deux bractées; l'enveloppe commune du calice est partagée en quatre folioles droites, obtuses; la feuille qui est au-dessous de leur nectaire est deux fois plus large que les autres; le périanthe est à six folioles ovales, réfléchies, repliées par le sommet; la corolle n'a point de pétales; le nectaire est large, à plusieurs petites lames ovales, planes, disposées en fil; les filamens des étamines sont nombreux, rassemblés en une colonne de la longueur du calice; les anthères sont rondes, à quatre sillons.

Il n'y a que très-peu de fleurs femelles entre les mêmes bractées avec les mâles; l'enveloppe commune de leur calice est à trois folioles droites, rondes, persistantes, dont l'extérieure est trois fois plus large que les autres; le périanthe propre est à dix folioles lancéolées, découpées à dents de scie, conniventes, persistantes; il n'y a point de corolle; le germe du pistil est rond, à trois sillons, plus court que le calice; le stil est filiforme, très-long, en forme d'arc autour des mâles; le stigmate est en tête; le péricarpe est une capsule à trois coques, ronde, à trois loges & à trois valves; les semences sont solitaires, globuleuses.

CLASSE.

Ce genre fait partie de la vingt-unième classe de Linnæus, qui comprend les plantes monœciques monadelphiques. Cet Auteur n'en admet qu'une espèce.

ESPECE.

Cette espèce est la Dalechamp grimpante. *Dalechampia scandens. Dalechampia foliis trifidis. Linn. Syst. Veg. edit. XIII. Murray 720. Mant. 496. Dalechampia. Linn. Sp. plant. 1423. Hort. Cliff. 485. Jacq. Americ. 31. Dalechampia scandens, lupuli foliis, fructu hispido tricocco. Plum. Gen. 17. Lupulus folio trifido, fructu tricocco hispido. Plum. Amer. 89. Convolvulo tithymalus. Boerrh. Lugdb. 2. p. 268.*

Description.

La tige de cette espèce est haute de deux toises, s'entortillant, contraire, poileuse, conservant ses poils, rameuse; ses feuilles sont alternes, pétiolées, éloignées, en forme de cœur, partagées en trois, très-veineuses, ridées, découpées à dents de scie, poileuses, à lobes lancéolés; les pétioles sont cylindriques, cannellés, de la longueur de la feuille; les stipules vraies sont en forme de demi-cœur, réfléchies, courtes; les stipules fausses sont au nombre de deux, au sinus de la base de la feuille, en forme d'alêne, droites, petites; le péduncule est axillaire, solitaire, très-court.

Observation.

Barrere rapporte une autre espèce de Dalechamp que personne n'a vu, & qu'il nomme *Dalechampia scandens, aristolochiæ foliis, fructu pruriginco. Barr. Æquin. 47.*

Figure.

La Dalechamp grimpante est gravée dans l'Histoire des plantes de l'Amérique, par Jacquin, pl. 160; dans les plantes de l'Amérique du P. Plumier, pl. 101, & parfaitement bien avec tous ses détails dans la seconde partie de cet Ouvrage.

Lieu de sa naissance.

Elle croît naturellement dans l'Amérique méridionale, dans la Jamaïque.

Culture.

On la multiplie par graines que l'on seme au printemps sur une couche chaude; & lorsque les plantes ont atteint la hauteur de trois pouces, on les transplante chacune dans un petit pot rempli de bon terreau, que l'on enfonce dans une couche chaude de tan, ayant soin de les garantir du soleil jusqu'à ce qu'elles soient reprises; après quoi on leve tous les jours les vitres de la couche chaude, suivant la chaleur de la saison, pour renouveller l'air. Quand les pots où sont les plantes sont totalement remplis de racines, on les met dans de plus grands, on les enterre dans une couche de tan, & on les place dans une étuve; on aura soin de placer les pots auprès d'un trillage, parce que ces plantes s'entortillent & s'élevent à la hauteur de huit à dix pieds; il leur faut toujours, pendant l'été comme pendant l'hiver, la serre chaude, parce qu'elles sont trop délicates pour supporter le plein air dans notre climat: placées auprès des murs, elles profitent beaucoup, & donnent des fleurs, souvent même leurs semences mûrissent dans notre climat; mais on aura la précaution de leur donner beaucoup d'air frais lorsqu'il fait chaud, en soulevant les vitrages; on leur donnera beaucoup d'eau en été, mais peu en hiver. Souvent ces plantes ne durent que deux ans, par conséquent on fera très-bien d'en élever toutes les années les jeunes pour conserver l'espèce.

DAPHNE, *la Daphné.*

NOMS GÉNÉRIQUES.

Ce genre de plantes est connu sous les noms de *Thymelæa. Latin. Tumelaia Cneoron*, *Cnestron*, *Coccos Cnidios*, *Chamaidaphne*, *Daphnoides*, *Eupetalon*, *Peplion. Diosc. Laureola Brunsf. Mesereon. Trag. Casia Matth. Miccia. Cæs. Daphne. Linn.* En François, Garou, Bois-gentil.

Description générique.

Le caractère de ce genre est de n'avoir point de calice; la corolle est monopétale, infundibuliforme; le tube est cylindrique, sans être perforé, plus long que le lymbe; le lymbe est fendu en quatre lobes ovales, aigus, planes, qui s'ouvrent; les filamens des étamines sont au nombre de huit, courts, insérés au tube: les alternes sont inférieurs; les anthères sont rondes, droites, à deux loges; le germe du pistil est ovale; le stil est très-court; le stigmate est en tête, applati, plane; la baie est ronde, à une loge; la semence est unique, ronde, charnue.

CLASSE.

Ce genre fait partie de la vingtième classe de Tournefort, qui comprend les arbres & arbrisseaux à fleurs monopétales, & de la huitieme de Linnæus, destinée aux plantes octandriques monogyniques; cet Auteur en admet treize espèces.

PREMIÈRE ESPÈCE.

La première espèce est le Mezereon, le Bois gentil, le joli Bois, le Laureole femelle. *Daphne Mezereum. Daphne floribus sessilibus ternis caulinis, foliis lanceolatis deciduis. Linn. Sp. Plant.* 509. *Daphne floribus sessilibus infra folia ellyptico-lanceolata. Flor. Lapp.* 140. *Flor. Suec.* 311. 338. *Mat. Med.* 179. *Hort. Cliff.* 147. *Roy. Lugdb.* 201. *Laureola folio deciduo, flore purpureo, officinis laureola fœmina. Bauh. Pin.* 462. *Daphnoides. Cam. Epit.* 937. En Allemand, *Kellers-Hals.* En Anglois, *Mezereon*, *Spurge-Olive.* En Suédois, *Kiællerhals*, *Tistbast*, *Tiurbast*, *Tivitbast*, *Tivelbast.* En Danois, *Kielderhals*, *Tived*, *Tused*, *Tysved*, *Kiusved.*

Description.

La tige de cette espèce est droite & peu subdivisée, s'éleve, suivant les lieux, de trois à sept pieds de haut; elle est couverte d'une écorce cendrée & polie; ses feuilles sont moins rapprochées que celles de l'espèce suivante; elles sont arrondies par le bout, un peu blanchâtres par-dessous, & d'un tissu léger; elles tombent en automne, mais elles commencent à poindre dans les derniers jours de l'hiver; c'est aussi pour lors, vers la fin de Février, qu'on commence à jouir de ses fleurs; leurs pétales sont d'un rouge-clair, & parsemés de petits globules gélatineux & brillans; elles naissent trois à trois aux côtés, & tout le long des pousses de l'année précédente.

Figure.

Cette espèce est représentée dans le *Flora Danica*, pl. 268, & dans notre Traité historique des plantes de la Lorraine, tome 2.

Lieu de sa naissance.

Elle croît naturellement dans les forêts de l'Europe septentrionale; on en trouve aux environs de Paris, dans la Lorraine, à l'Esperou auprès de Montpellier, en Provence, dans l'Alsace, la Bourgogne, sur le Mont-Pila, dans la Champagne, aux environs de Reims, au Bois-le-Sourd, à Sainte Barbe & au Bois - Fournier, de même que dans la Picardie, à cinq lieues d'Amiens.

Culture.

On multiplie cette espèce & on la cultive comme la septième espèce, mais il la faut transplanter en automne ou en Février; on propage ses variétés par les marcottes en Juillet, ou par la greffe en approche, au mois de Mai; lorsque les Bois-gentils sont livrés à leur naturel, ils croissent de préférence sous l'ombrage aux pieds des cepées, & ordinairement à l'exposition du nord; il convient donc de les placer de la même manière dans les bosquets. Quoiqu'on les rencontre dans les sables gras & même dans l'argile douce, où ils s'élevent à trois ou quatre pieds, c'est dans le terreau végétal qu'ils se plaisent le plus; leur hauteur, le nombre de leurs rameaux, la grosseur de leur tronc, le poli de leur écorce, l'abondance & l'éclat de leurs feuilles (dit M. le Baron de Tschoudy, dont la plume poétique nous retrace si joliment la belle nature) sont un langage muet qui donne assez à connoître leur goût décidé pour cet aliment; il est tel qu'à l'aide des forces qu'ils y puisent, ils peuvent braver les feux du jour; aussi M. de Tschoudy dit avoir vu dans des plates-bandes remplies d'excellent terreau des Bois-gentils de six à sept pieds de hauteur, & de la grosseur du poignet, quoiqu'ils fussent exposés à tous les aspects du soleil; ils souffroient même la serpette & le ciseau; on leur avoit formé par la tonte une touffe arrondie & élégante sur une tige droite & élancée: il suit de-là que l'ombrage & l'exposition du nord leur sont nécessaires dans les terres mauvaises ou médiocres; qu'ils peuvent s'en passer lorsque leur racine s'étend dans un excellent terreau, mais que ces avantages réunis pourroient seuls leur procurer la plus riche végétation dont ils soient susceptibles.

Propriétés médicinales.

On emploie extérieurement pour les maladies des yeux, en place de seton, la racine de Bois-gentil; on fait macérer dans le vinaigre ou dans une forte lessive un morceau de cette racine, long & arrondi comme une tente de charpie; on perce l'oreille, & on l'y insere: cela fait sortir une grande quantité de sérosités; on appaise par-là l'inflammation des yeux, & l'on prévient le plus souvent la cataracte.

Propriétés d'ornemens.

Ce bel arbuste, qui seroit remarqué dans les saisons les plus abondantes en fleurs, est ravissant, dit M. de Tschoudy, dans le temps où la nature nous l'offre;

l'offre; il ouvre à l'imagination la carriere brillante du printemps; & ses festons purpurins mêlés parmi les feuilles seches de chêne, font un contraste agréable; l'odorat reposé respire avec délices le parfum délicieux qu'il exhale: c'est la première odeur dont se pénetrent les vents printaniers.

DEUXIEME ESPECE.

La deuxième espèce est la Thymelée, le Garou à feuilles de polygala. *Daphne Thymelæa. Daphne floribus sessilibus axillaribus, foliis lanceolatis, caulibus simplicissimis. Linn. Sp. plant. 509. Daphne floribus tetrandris secundum caules simplicissimos. Sauv. Monsp. 56. Thymelæa foliis polygalæ Glabris. Bauh. Pin. 463. Thymelæa Alpina glabra, flosculis subluteis ad foliorum ortum sessilibus. Pluk. Alm. 366. Sanamunda viridis vel glabra. Bauh. Prodr. 160. Sanamunda glabra. Bauh. Hist. 1. p. 502.* En Anglois, *Thymælæa with Smooth, Milkwort leaves.*

Description.

Cette espèce s'éleve à trois ou quatre pieds sur une seule tige, dont l'écorce est de couleur claire; les feuilles sont lancéolées, glabres, semblables à celles du polygala; les fleurs qui naissent en grappes aux côtés des branches sont sessiles, d'un jaune verdâtre, & par conséquent de peu d'effet; il leur succede des baies citrines.

Figure.

Cette espèce est représentée dans le *Flora Gallo-Provinc.* par Gerard, pl. 17, fig. 2.

Lieu de sa naissance.

Elle croît naturellement en Espagne & aux environs de Montpellier.

Culture.

On plante les baies en automne trois à trois dans de petits paniers enterrés à demeure, ou bien une à une dans de petits pots qu'on enfoncera au printemps dans une couche tempérée. Lorsque les arbustes qu'elles auront produits seront d'une force convenable, on les fixera avec les mottes moulées par le pot dans les endroits qu'on leur a destinés; ils résisteront assez bien au froid de nos hivers ordinaires.

Propriétés médicinales.

Cette espèce est le purgatif ordinaire des paysans d'Arragon & de Catalogne; mais M. Milon, Médecin Espagnol, assure que cette plante leur occasionne souvent de cruelles tranchées.

TROISIÈME ESPÈCE.

La troisième espèce est le Daphné ou Garou poilleux. *Daphne pubescens. Daphne floribus sessilibus lateralibus aggregatis, foliis lanceolato-linearibus, caule pubescente. Linn. Syst. Veg. edit. XIII. Murray. 307. Mant. 66.*

Description.

Les tiges sont ligneuses par la base, simples, poileuses; les feuilles sont alternes, éloignées, linéaires, lancéolées, un peu nues, annuelles, pointues; les fleurs sont axillaires, sessiles, étroites, au nombre de cinq, & même en plus petit nombre, à tube filiforme, poileux, plus courtes que les feuilles.

Lieu de sa naissance.

Elle croît naturellement en Autriche.

QUATRIEME ESPECE.

La quatrième espèce est le Daphné velu. *Daphne villosa. Daphne floribus sessilibus lateralibus solitariis, foliis lanceolatis planis ciliatis pilosis confertis. Linn. Sp. plant. 510. Thymelæa villosa minor Lusitanica, poligoni folio. Tourn. Inst. Rei Herb. 594.*

Description.

Cet arbrisseau a les rameaux alternes; ses feuilles sont semblables à celles du polygonum, lancéolées, à peine pétiolées, ayant des poils blancs éloignés de chaque côté, peu à la partie supérieure, & plusieurs vers les bords; des aisselles sortent plusieurs rudimens feuillus des petits rameaux, ce qui les fait paroître comme verticillés; les fleurs sont étroites, petites, plus courtes que les feuilles.

Lieu de sa naissance.

Cette espèce croît naturellement en Portugal, en Espagne.

CINQUIEME ESPÈCE.

La cinquième espèce est la Tartone-raire des Marseillois. *Daphne Tartone-raira. Daphne floribus sessilibus aggregatis axillaribus, foliis ovatis utrinque pubescentibus nervosis. Linn. Sp. plant. 510. Flor. Orient. 125. Thymelæa foliis candicantibus & serici instar mollibus. Bauh. Pin. 463. Tartones-raire gallo provinciæ Monspeliensium. Lob. Ic. 371.* A Aix, *Herbo laurino.*

Description.

Ce n'est qu'un très petit buisson formé de plusieurs branches grêles qui s'étendent sans ordre, & dont les moins inclinées n'atteignent guère qu'à un pied de hauteur; ses feuilles sont petites, ovales, blanchâtres, douces au toucher, & luisantes comme du satin; elles naissent fort près les unes des autres: c'est de leur intervalle du côté des rameaux que sortent ses fleurs, qui sont blanches, rassemblées en grappes, étoffées & remplacées par des baies arrondies.

Figure.

Cette espèce est représentée dans les Plantes de Lobel, pl. 371.

Lieu de sa naissance.

Elle croît naturellement en Provence & dans tout le midi de la France.

Culture.

On la multiplie par ses baies qu'on plante en automne trois à trois dans de petits paniers enterrés à demeure, ou bien une à une dans de petits pots qu'on enfoncera au printemps dans une couche tempérée. Lorsque les arbustes qu'elles auront produites seront d'une force convenable, on les fixera avec les mottes moulées par le pot dans les endroits qu'on leur a destinés. Il est à observer que les branches de cet arbuste deviennent rarement boiseuses dans les pays situés au nord & à l'occident de l'Europe, & le fruit n'y mûrit pas; cependant cet arbuste peut y braver à un certain point, dit M. de Tschoudy d'après Miller, la rigueur du climat, si on a l'attention de le planter dans une terre seche à l'exposition du levant. Dans son pays originaire, il aime à sortir des crevasses des rochers; ainsi, ajoute M. de Tschoudy, la culture lui répugne: on ne remuera donc jamais la terre à son pied, on se contentera seulement d'arracher à l'entour les herbes qui pourroient l'affamer & l'étouffer.

Propriétés médicinales.

Cette plante est un purgatif usité parmi le menu peuple des environs d'Aix.

SIXIEME ESPECE.

La sixième espèce est le Daphné des Alpes, le Garou de Navarre à feuille de genévrier. *Dalphne Alpina. Daphne floribus sessilibus aggregatis lateralibus, foliis lanceolatis obtusiusculis subtus tomentosis. Linn. Sp. plant.* 510. *Chamælea pumila saxatilis, flore pallido. Barr. Ic.* 234. *Daphnoides foliis supinis hirsutis. Gesn. Fasc.* 6. *Thymelœa cantabrica juniperifolia, ramulis procumbentibus. Tourn. Inst.* 595. *Thymelæa floribus inter folia, folio utrinque hirsuto. Hall. Helv. edit.* 1. 187. *Sauv. Monsp.* 57. *Chamelæa Alpina, folio inferne incano. Bauh. Pin.* 1462. *Chamelæa Alpina incana. Lob. Ic.* 370. En Anglois, *Alpine Chamælæa with obtuse leaves hoary on their under-side.*

Description.

Cette espèce parvient à la hauteur d'environ trois pieds; ses feuilles sont figurées en lance émoussée par le bout, & leur dessous est velu; les fleurs naissent en grappes aux côtés des branches, & se montrent dès les premiers jours du printemps; il leur succede des baies ovales qui rougissent en mûrissant.

Figure.

Elle est représentée dans les plantes de Barrelier, planche 234; dans le *Fasciculus* de Gesner, pl. 3, fig. 7; & dans Lobel, pl. 370.

Variété.

Linnæus donne pour variété de cette espèce la plante connue sous les phrases de *Chamelæa sabaudica, folio utrinque incano, flore albo. Rai. Hist.* 1588. *Thymelæa incana, mezerei folio & facie, surculis admodum fragilibus. Pluk. Alm.* 366. *Tab.* 299. *fig.* 3.

Lieu de sa naissance.

Elle croît naturellement sur les montagnes de la Suisse, de Geneve, d'Italie, de Gênes & d'Autriche.

Culture.

Sa culture est la même que celle de l'espèce précédente.

SEPTIEME ESPECE.

La septieme espèce est le Laureole, le Thymelœa à feuilles de laurier, le Laurier purgatif. *Daphne laureola. Daphne racemis axillaribus, foliis lanceolatis glabris. Linn. Sp. plant.* 510. *Daphne racemis lateralibus, foliis lanceolatis integris. Hort. Cliff.* 147. *Hort. Ups.* 94. *Mat. Med.* 180. *Sauv. Monsp.* 57. *Laureola semper virens, flore viridi, quibusdam laureola mas. Bauh. Pin.* 662. *Laureola Dod. Pempt. Laureola mas, Laureola semper virens, & daphnoides officin. Thymelæa lauri folio semper virens, seu laureola mas. Tourn. Inst. Rei Herb.* 595. *Laureola semper virens flore luteolo. J. B.* 1. 564. *Laureola gerardi, parkinsonii. Rai. Hist.* 1587. *Daphnoides, sive Laureola. Adv. Lob.* 156. *Lugd.* 211. En Allemand, *Zeiland.* En Anglois, *Spurge Laurel.*

Description.

C'est un arbrisseau qui s'éleve au plus haut à la hauteur de deux pieds; sa racine est ligneuse, fibreuse; ses feuilles sont éparses, rassemblées au sommet, toujours vertes, sessiles, lancéolées, épaisses, grasses, glabres, luisantes; ses fleurs sont en grappes, axillaires, latérales; elles sont monopétales, sans calice : leur corolle est presqu'infundibuliforme, avec un tube cylindrique, imperforé; leur lymbe est découpé en quatre parties ovales, aiguës, planes, ouvertes; le fruit est une baie obronde, uniloculaire, renfermant une seule semence ovale, charnue.

Figure.

Cette espèce est gravée dans notre Traité historique des plantes de la Lorraine, tome 2, & dans les plantes de Garsault.

Lieu de sa naissance.

Elle croît en Angleterre, en Suisse, en France, sur la route de Dijon à Agey, & en plusieurs autres endroits de la Bourgogne, sur le Mont-Pila, dans le Lyonnois, dans le Languedoc près de Montpellier, en Alsace, aux environs d'Aix en Provence, aux environs d'Etampes, dans les bois du Fresne & dans les villages du Grand-Saint-Martin auprès de Malsherbe; autour de l'Aigle en Normandie : on en voit aussi dans la généralité de Paris, dans celle de Franche-Comté & de Lorraine.

Culture.

Dès que les baies sont mûres, il les faut semer, sans délai, dans des caisses remplies de terre fraîche & légere, qu'on aura soin d'enterrer à l'exposition du levant; on pourra aussi les placer ou sous l'ombrage de quelques arbres toujours verds, ou sous celui des arbres qui reprennent le plutôt leur verdure. Au retour de la belle saison, on peut laisser les petits Laureoles deux ans dans le semis, & les en tirer le troisième printemps pour les transplanter aux lieux qu'on leur destine; mais il est mieux de les faire passer la deuxième année du semis dans une petite pépinière. On choisira pour cet effet un morceau de terre fraîche dans une plate-bande exposée aux premiers rayons du soleil levant, ou bien sous quelqu'ombrage naturel ou artificiel : c'est-là qu'il faut planter ces frêles arbrisseaux, après les avoir arrachés avec beaucoup de précaution, de crainte de blesser leurs racines fibreuses latérales, d'où dépend leur reprise; on les espacera de cinq à six pouces pour pouvoir les lever en motte le printemps suivant, qu'il conviendra de les placer où l'on veut les fixer. Ces transplantations doivent se faire à la fin d'Avril par un temps doux & nébuleux.

Analyse chymique.

Dans l'analyse chymique qu'a faite M. Geoffroy, de cinq livres de feuilles fraîches de Laureole, distillées à la cornue, il est sorti onze onces deux gros cinquante-deux grains de liqueur limpide qui avoit l'odeur & la saveur d'herbe verte, obscurément acide; trois livres six gros quarante-cinq grains de liqueur d'abord limpide, manifestement acide, & de plus en plus roussâtre sur la fin, fort acide & austere; une once cinq gros neuf grains de liqueur rousse, empyreumatique, très-acide & obscurément salée; trois onces quatre gros quarante-cinq grains de liqueur rousse imprégnée d'une grande quantité de sel volatil urineux; deux onces sept gros quarante-cinq grains d'huile épaisse de la consistance d'extrait. La masse noire qui est restée dans la cornue pesoit sept onces sept gros neuf grains, laquelle étant bien calcinée, a laissé deux onces deux gros cinquante-quatre grains de cendres blanchâtres, dont on a tiré par la lixiviation trois gros deux grains de sel fixe purement alkali. La perte des parties dans la distillation a été de quatre onces six gros onze grains, & dans la calcination de cinq onces quatre gros vingt-sept grains.

Les graines, les feuilles & sur-tout les écorces, soit des tiges, soit des racines du Laureole & du Bois gentil dont nous avons parlé ci-dessus, sont très-âcres & si chaudes, qu'elles brûlent & enflamment la bouche & le gosier quand on les mâche, & y laissent une impression qui dure long-temps. Quand on mâche les feuilles vertes, elles sont un peu mucilagineuses : leur suc rougit le papier bleu. Elles contiennent un sel essentiel tartareux, uni à une grande quantité d'huile fétide & âcre, & enveloppé d'un phlegme visqueux. Il me semble que la vertu âcre, brûlante & purgative de toute la plante dépend plutôt d'une certaine portion huileuse & résineuse contenue dans les graines, les feuilles & l'écorce, que d'un sel alkali caustique que plusieurs lui attribuent, puisque presque tous les purgatifs les plus violens reçoivent cette vertu d'une substance sulphureuse ou résineuse, comme on peut le remarquer dans la scammonée, l'euphorbe, la gomme-gutte, l'ellebore, le jalap & les autres, dans lesquels la principale vertu purgative dépend des parties résineuses, & se conserve dans les extraits urineux.

Propriétés médicinales.

Les feuilles & les baies du Laureole mâle & de la plupart des Garoux purgent vigoureusement ; on les ordonne à la dose d'un gros en substance, & à celle de deux en infusion. Ce purgatif a besoin de correctif ; on se sert à cet effet de la crême de tartre, ou de quelque sel fixe & lixiviel ; on fait aussi macérer ces feuilles dans le vinaigre pendant vingt-quatre heures, ou dans le suc de grenade, de coings, de pourpier & même dans le mucilage des graines de psyllium ; d'autres les corrigent en les faisant infuser dans du vin : plusieurs prétendent que quand on les fait macérer dans le vinaigre, elles y doivent rester trois jours, encore faut-il avoir la précaution de les changer tous les jours, & de les bien laver ensuite dans l'eau. Malgré tous ces correctifs, il y a toujours du danger de se servir du Laureole, il est de la prudence d'un Médecin de ne l'employer qu'à défaut d'autres remedes ; cet arbuste est même si dangereux, que les Médecins de Mauritanie lui ont donné le nom de *lion de terre*, ou de plante qui fait les venins. Il est rapporté dans la Gazette salutaire de 1761 que François Bacchi périt, malgré tous les secours qu'on put apporter, pour s'être voulu purger avec un scrupule de la poudre de cette plante.

Observation.

Plusieurs Auteurs prétendent que les graines de gnide dont parlent Hypocrate & les anciens Grecs, ne sont autre chose que les graines du Laureole.

Propriétés alimentaires pour les animaux.

Les oiseaux en sont fort friands, c'est une excellente nourriture pour eux, quoique ce soit un purgatif dangereux pour les hommes, d'où l'on peut conclure qu'on ne doit pas user d'une plante inconnue, quoique les animaux en mangent sans danger, parce qu'elle peut devenir poison pour nous.

Propriétés économiques.

Les Teinturiers se servent du Laureole & des autres Garoux pour teindre leurs étoffes en jaune.

Propriétés d'ornemens.

Les Laureoles forment des touffes épaisses d'un verd grave & glacé, dont l'effet est très-agréable dans les bosquets d'hiver & d'Avril ; comme ils sont de la plus basse stature, il convient de les placer sous les devants des massifs ; ils ont le mérite singulier de se plaire à l'ombre : qu'on en garnisse donc le pied des arbres, qu'on en jette çà & là autour des hautes cepées, dans les taillis qui dégarnissent du bas, ils en r'habilleront le fond d'une manière très-gracieuse & très-pittoresque ; on peut les entremêler avec la variété à feuilles panachées que M. le Baron de Tschoudy a obtenue de graines.

HUITIEME ESPECE.

La huitième espèce est la Daphné pontique, la Thymelée à feuilles de Citron. *Daphne pontica. Daphne pedunculis lateralibus bifloris, foliis lanceolato-ovatis. Linn. Sp. plant. 511. Thymelæa pontica, citrei foliis. Tourn. Itin. 3. p. 180.*

Description.

La racine de cette espèce, qui a un demi-pied de long, est grosse au collet comme le petit doigt, dit M. de Tournefort, ligneuse, dure, divisée en quelques fibres, couverte d'une écorce couleur de citron ; cette racine produit une tige d'environ deux pieds de haut, branchue quelquefois dès sa naissance, épaisse d'environ trois lignes, ferme, mais si pliante qu'on ne sauroit la casser, revêtue d'une écorce grise, accompagnée vers le haut de feuilles disposées sans ordre, semblables par leur figure & par leur consistance, à celles du citronier ; les plus grandes ont environ quatre pouces de long sur deux pouces de large, pointues par les deux bouts, lisses, d'un vert-gai & luisant, relevées au-dessous d'une côte assez grosse, laquelle distribue des vaisseaux jusques vers les bords : de l'extrêmité des tiges & des branches poussent, sur la fin d'Avril, de jeunes jets terminés par de nouvelles feuilles, parmi lesquelles naissent les fleurs attachées ordinairement deux à deux sur une queue longue de neuf ou dix lignes ; chaque fleur est un tuyau jaune, verdâtre, tirant sur le citron, gros d'une ligne sur plus d'un demi-pouce de long, divisé en quatre parties opposées en croix, longues de près de cinq lignes sur une ligne de large, un peu pliées en gouttiere, & qui vont ordinairement jusqu'à la pointe : quatre étamines fort courtes se trouvent à l'entrée du tuyau, chargées de sommets blanchâtres & déliés, surmontées de quatre autres étamines de pareille forme ; le pystil qui est au fond du tuyau est un bouton ovale, long d'une ligne, vert-gai, lisse, terminé par une petite tête blanche. Le fruit n'étoit encore, quand M. de Tournefort a rencontré cette plante, qu'une baie verte & naissante, dans laquelle on distinguoit la jeune graine. Toute la plante est assez touffue ; les feuilles écrasées ont l'odeur de celles de sureau, & sont d'un goût mucilagineux, lequel laisse une impression de feu assez considérable, de même que tout le reste de la plante ; l'odeur de la fleur est douce, mais elle se passe facilement.

Figure.

Cette espèce est représentée dans le deuxième tome du Voyage de Tournefort au Levant, édition du Louvre, page 180.

Lieu de sa naissance.

Elle habite les pays situés le long de la mer Noire ; elle est extrêmement rare.

Observation.

Toutes les espèces de Daphnés que nous venons de décrire ont les fleurs latérales, les espèces suivantes les ont terminales.

NEUVIEME ESPECE.

La neuvième espèce est la Daphné des Indes. *Daphne Indica. Daphne capitulo terminali pedunculato, foliis oppositis oblongo - ovatis glabris. Linn. Sp. plant. 511. Osb. It. 246.*

Description.

Cet arbrisseau est petit; ses feuilles sont opposées, oblongues, ovales, très-entières, glabres; son péduncule est terminal, très-court, portant à son sommet des fleurs depuis six jusqu'à huit, sessiles.

Lieu de sa naissance.

Il croît naturellement dans la Chine.

DIXIEME ESPECE.

La dixième espèce est la Daphné des Alpes à fleurs pourpres & très-odorantes. *Daphne Cneorum. Daphne floribus congestis terminalibus sessilibus, foliis lanceolatis nudis. Linn. Sp. plant. 511. Daphne humifusa, foliis oblongis flores sessiles terminales subcingentibus. Sauv. Monsp. 57. Duham. Arb. 2. Thymelææ affinis facie externa. Bauh. Pin. 463. Thymelæa Alpina linifolia humilior, flore purpureo odoratissimo. Tourn. Inst. Rei Herb. Cneorum. Matth. Hist. 46. Clus. Hist. 89.*

Description.

Cet humble arbrisseau ne s'éleve guère qu'à un pied sur plusieurs tiges éparses, dont quelques-unes sont traînantes; ses feuilles sont étroites & semblables à celles du lin, mais plus courtes, d'un tissu plus fort, moins aiguës & plus rapprochées; elles subsistent durant l'hiver. Chaque branche est terminée par un bouton applati, entouré de feuilles; aux derniers jours d'Avril ce bouton s'ouvre, & donne naissance à une ombelle de fleurs d'un pourpre-clair très-brillant, qui durent ou se succedent tout le mois de Mai, & exhalent au loin une odeur délicieuse un peu analogue à celle des petits œillets ou mignardises; leurs tubes sont plus étroits que ceux du mezereon; les segmens de leur partie supérieure sont élevés, au lieu que dans ceux-là ils sont rabattus; leurs baies sont d'une forme cylindrique & d'une couleur blanchâtre; elles ne sont pas fort apparentes, parce qu'elles demeurent enveloppées dans des tubes desséchés des fleurs.

Figure.

Cette espèce est représentée dans le Traité des arbres, par M. Duhamel, tome 2, pl. 94.

Lieu de sa naissance.

Elle croît dans la Suisse, la Hongrie, sur les Pyrénées, le mont de Balde; c'est au plus haut des Alpes qu'on rencontre des tapis étendus de cette plante, qui est la parure & le baume des rochers.

Culture.

En Octobre ou en Février, dit M. le Baron de Tschoudy, enlevez ces arbustes par touffes avec une bonne motte de terre, & les plantez sur un tertre préparé exprès; vous y ferez des trous, au fond desquels vous plaquerez une pierre plate; ensuite vous jetterez sur cette pierre environ trois pouces d'un terreau consommé mêlé de bois pourri atténué; vous y placerez pour lors vos mottes, & vous acheverez de combler avec le même terreau mêlé avec de la terre locale: entourez le pied de vos arbustes de mousse comprimée, couvrez-les d'une petite arcade de rameaux de bruyere jusqu'à parfaite reprise, & arrosez légérement de temps à autre: avec ces soins, ils réussiront à merveille, surtout si vous les avez placés à l'exposition du nord ou nord-est; non-seulement ils fleuriront parfaitement, mais ils pourront même fructifier dans les années seches. Dès que les baies sont mûres, vous pouvez les semer dans de petites caisses que vous remplirez de terre légere, mêlée par moitié d'excellent terreau consommé. Comme elles sont très-menues, il ne faut les recouvrir que d'environ un quart de pouce de terreau mêlé de bois pourri, atténué & tamisé; vous enterrerez ces caisses rez-terre au levant jusqu'aux premiers jours froids, alors vous les placerez sous une caisse à vitrage pour y passer l'hiver, de crainte que l'action de la gelée ne souleve la terre de la superficie, & ne bouleverse les graines. Au commencement d'Avril vous mettrez ces caisses sur une couche temperée de même que les cyprès. Il convient de lui faire passer encore les deux hivers suivans sous des caisses vitrées, ensuite vous pourrez en tirer les petites Daphnés au commencement d'Avril pour les planter où vous voulez les fixer.

Propriétés d'ornemens.

Cette plante est vraiment digne, dit l'éloquent M. de Tschoudy, de porter le nom de la belle Nymphe de Penée; aussi attire-t-elle les regards des inspirés d'Apollon dans leurs promenades solitaires; son parfum éveille leur imagination & la transporte aux régions du beau idéal: c'est un ornement précieux pour les bosquets, & il n'est pas si difficile que le pense Miller de ravir cette couronne à la montagne, & d'en décorer nos jardins.

ONZIEME ESPECE.

L'onzième espèce est le Garou, le Garou à cautere, le sain-Bois, le Thymelea à feuilles de lin. *Daphne gnidium. Daphne panicula terminali, foliis lineari lanceolatis acuminatis. Linn. Sp. pl. 511. Daphne foliis lanceolatis basi angustioribus, racemo nudo terminali. Sauv. Monsp. 56. Daphne floribus racemosis, foliis lineari-lanceolatis acuminatis integris. Guett. Stamp. 2. p. 427. Thymelæa foliis lini. Bauh. Pin. 463. Thymelæa. Clus. Hist. 1. p. 87. Cam. Epit. 974.* A Montpellier, la Trintenelle, la Conteperdois.

Description.

Cette espèce s'éleve à environ deux pieds de haut sur une tige ligneuse & droite, couverte d'une écorce polie de couleur grise; cette tige se subdivise en un petit nombre de rameaux convergens; les feuilles sont étroites, semblables à celles du lin, & terminées en pointes aiguës; elles naissent près les unes des autres dans une position alterne, sur une ligne spirale; du bout des verges sortent en panicule des fleurs qui sont beaucoup plus petites que celles du mezereon, dont elles different encore en ce que leurs tubes sont enflés par le milieu, & resserrés vers le bout extérieur.

Figure.

Elle est représentée dans *Clusius*, page 87.

Lieu de sa naissance.

Elle croît naturellement en Espagne, en Italie & dans

dans les Provinces méridionales de la France; on en trouve à Fouras entre la Rochelle & Rochefort, dans les sables des bords de la mer, dans le pays d'Aunis du côté des terres, & des environs de Longueville, en allant à Jarre; auprès de Nantes dans les bois des Religieux Bernardins de la Blanche, en l'Isle de Noirmoutier, dans les endroits stériles de la Provence méridionale, aux environs de Montpellier, à Grammont & à Saint-George.

Culture.

On multiplie cette espèce par ses baies, & on la cultive comme la *Tarton-raire;* elle a pour racine un seul pivot ou navet, qui ne souffre pas d'être discontinué, ni même d'être dégarni de terre; ainsi la précaution d'en planter la baie ou dans des pots, ou dans les lieux où on veut fixer l'arbuste, est absolument nécessaire à l'égard de cette espèce.

Propriétés médicinales.

M. Leroy, Médecin de quartier de Son Altesse Royale MONSIEUR, a donné un Essai sur l'usage & les effets de l'écorce de cette espèce; il emploie ce remede extérieurement pour guérir les maladies les plus rébelles; les habitans d'Aunis en font grand usage en topique; ils placent sur la partie extérieure du bras au bas du muscle deltoïde, un morceau d'écorce de Garou récent, long d'un pouce, large de six à huit lignes; ils recouvrent cette écorce d'une feuille de lierre, & mettent par-dessus une compresse qu'ils assujettissent par une bande. Dans les premiers jours ils renouvellent l'écorce soir & matin; & quand l'exution (*nouveau mot inventé par M. Leroy, pour exprimer la manière d'opérer du remede*) est établie, ils ne la changent plus qu'une fois en vingt-quatre heures, ils font même dans l'usage de n'en mettre que de jour à autre, & laissent quelquefois de plus grands intervalles. Quand le Garou n'est pas récent, il faut le faire tremper dans du vinaigre, & même de l'eau commune, sept ou huit heures avant de s'en servir; on fend pour cet effet l'écorce circulairement jusqu'à la partie ligneuse, & longitudinalement ensuite, pour pouvoir enlever plus facilement le morceau qu'on se propose d'appliquer. Le sentiment le plus ordinaire que cause le Garou ainsi appliqué, est celui d'une démangeaison plus ou moins forte; elle a particuliérement lieu quand le temps change & qu'il veut pleuvoir. Dans les premières semaines de l'établissement des exutoires (*autre nouveau mot de l'Auteur*), on peut étuver la partie phlogosée avec l'eau tiede simple ou de guimauve, ce dont on peut se dispenser quand les douleurs des premiers pansemens sont passées, ce qui arrive communément du sixième au dixième jour; au reste les exutoires ne forment ni plaies, ni excavations, à moins cependant que les personnes qui s'en servent n'aient beaucoup de délicatesse dans la peau; l'épiderme seul est déchiré, & on n'apperçoit qu'une rougeur circonscrite ordinairement proportionnée à l'étendue de la feuille qui recouvre l'écorce. Si l'on manquoit de lierre, on pourroit y substituer une feuille de mauve, de bette, de plantain.

Les exutoires, ou l'application extérieure de l'écorce de Garou, conviennent, dit M. Leroy, dans tous les cas où les cauteres potentiels sont indiqués, ainsi que les setons, les ventouses scarifiées, les vésicatoires, & dans ceux où il s'agit de procurer une métastase salutaire, ou d'en éviter une dangereuse; lorsqu'il faut opérer une diversion & un déplacement utile contre les tumeurs froides, lentes, œdémateuses que l'on veut faire avorter, résoudre & rallentir dans leurs progrès; dans toutes les circonstances où la délitescence des humeurs seroit à craindre; contre les fluxions rebelles & invétérées des yeux, des oreilles, de la tête & de la poitrine même; enfin dans tous les cas où il est à propos de diviser, de partager un effort d'action trop concentré dans une partie vers laquelle sont déterminés des courans d'humeurs qu'il seroit dangereux de laisser fixer & accumuler, ou quand il faut l'augmenter dans une partie que le défaut de ressort & l'empatement jettent dans l'inertie. Il faut lire dans l'ouvrage même l'exposition des motifs qui méritent au Garou la préférence sur tous les autres moyens auxquels M. Leroy veut le faire substituer.

Les habitans d'Aunis se bornent à employer le Garou contre les ophtalmies les plus rébelles, contre les oreillons & quelques engorgemens glanduleux du col. Dans les ophtalmies on applique le Garou sur le bras du côté de l'œil malade; & si les deux yeux sont affectés, on fera bien, pour en hâter la guérison, de placer un exutoire sur chaque bras. Quand on aura pris ce parti, on peut se dispenser de recourir aux collyres les plus vantés; il suffira de laver les yeux avec de l'eau froide, une décoction légere de mauve, & d'y ajouter dans les premiers temps, si l'inflammation étoit forte, huit à dix gouttes d'extrait de saturne sur quatre cuillerées de décoction. Le Garou réussira aussi contre les chassies humides & seches, le larmoiement habituel, les reliquats de la petite-vérole, qui donnent lieu aux maladies des yeux chez les enfans; contre les accidens qui surviennent aux yeux après la repercussion des maladies cutanées. M. Leroy propose encore le Garou contre les tumeurs lymphatiques pituiteuses, froides, molles, les concrétions loupeuses, goîtreuses, ankilotiques, écrouelleuses; il s'arrête sur-tout aux écrouelles, & expose dans son Essai les raisons physiques qui lui font espérer des succès de l'application du Garou contre cette maladie.

Un fils de M. T. . . . . de Rochefort ayant été nourri d'un mauvais lait, tomba dans un dépérissement qui fit craindre pour sa vie. Vers sa quatrième année il parut perclus de tous ses membres, & perdit l'usage du bras droit, qui enfla: l'enfant ne ressentoit plus alors les douleurs qui précédemment avoient été aussi vives que fréquentes; on travailla vainement à résoudre l'engorgement, & dans une consultation il fut décidé de le lui ouvrir: il ne sortit que du sang, la plaie devint considérable, & l'humeur qu'elle fournissoit délabra tellement la main de cet enfant, qu'ayant rongé les parties molles, elle le perça d'outre en outre. Quelques portions d'os du métacarpe furent cariées, il sortit des esquilles au moment qu'on croyoit la plaie guérie; les doigts index & du milieu tomberent, les plaies resterent sanieuses pendant deux ans; cet enfant eut pour lors une petite-vérole d'une très-mauvaise espèce. Dans la convalescence il lui survint aux yeux une fluxion des plus inquiétantes; & après un usage de plusieurs années de toute sorte de remedes internes, des cauteres, des setons, des vésicatoires, on ne put parvenir à mettre fin à tant d'accidens; on ne put même parer à l'engorgement des glandes du col, qui se tuméfierent & s'ouvrirent bientôt. Il n'y eut que le Garou seul, & employé sans aucun régime particulier, qui put le remettre en parfaite santé.

Les dépôts laiteux externes qui ont éludé les traitemens ordinaires, s'ils ont cessé d'être inflammatoires & phlogosés, n'excluent point les exutoires, sur-tout lorsqu'on aura fait précéder l'application des émolliens propres à donner à la matière laiteuse la fluidité dont elle a besoin pour rentrer dans les vaisseaux de la circulation, & s'évacuer par les issues qu'établit le Garou; on conçoit qu'il faut aider ce travail par une boisson délayante, chargée de sel de *duobus*. On fera bien d'associer à ces moyens la magnesie blanche à grande dose, rendue purgative avec le diagrede, proportionnément à la constitution & aux forces des malades. Si les dépôts étoient ouverts, les exutoires seroient mieux indiqués encore.

Quoique M. Leroy ait dit dans son Ouvrage que les habitans de l'Aunis dirigeoient quelquefois le Garou contre les maladies des oreilles, cependant il ne veut pas qu'on s'en serve lorsqu'il y a eu suppuration ou suintement établi à la suite d'une inflammation qui aura suppuré, ou un dépôt dans les membranes qui tapissent l'intérieur de l'oreille, dont la matière se feroit fait jour. Le Garou est très-bon contre les engourdissemens du nerf auditif, & son relâchement.

Dans les affections graves de la peau, les exutoires ont le plus grand succès, & mettent à l'abri des repercussions redoutables qui arrivent d'elles-mêmes ou par la témérité d'un traitement propre à les occasionner.

En général on doit regarder le Garou comme un remede essentiel contre les incommodités multipliées des enfans : ses effets bien appréciés, dit l'Auteur, nous montrent des moyens aussi simples que propres à les détruire & à en préserver la jeunesse ; il propose aussi le Garou dans la petite-vérole & la teigne. M. Leroy emploie encore l'écorce de cette plante pour les maladies internes; il conseille aux personnes sujettes aux fluxions pituiteuses l'établissement d'un exutoire sur un bras. Dans la toux qui annonce concurremment avec quelques autres symptômes le premier degré de la phtysie, il faut promptement établir un exutoire sur les deux bras ; M. de B. . . . en fit établir un à une Dame Angloise à la suite d'une maladie de poitrine; ses crachats étoient puriformes ; & quatre mois après l'établissement de l'exutoire elle se trouva si bien, qu'on le supprima, après l'avoir purgée plusieurs fois; depuis ce temps elle a joui d'une parfaite santé.

Les exutoires conviennent encore préférablement dans toutes les affections de la poitrine qui dépendent des engorgemens séreux & visqueux, même dans les épanchemens; les personnes attaquées d'asthme humide peuvent en conséquence être soulagées par son action, sur-tout si l'on combine en même temps avec les exutoires le looch antiasthmatique du codex médicamentaire de Mons, composé de deux gros de gomme ammoniac en larmes, qu'on triture & qu'on dissout avec trois onces d'eau d'hyssope ; on prend ensuite un jaune d'œuf, on l'étend dans le mortier, après en avoir renversé la première dissolution, & on ajoute deux gros de baume verd de Copahu, qu'on agite avec l'œuf; on y mêle une once d'érysimum ou d'hyssope, & peu-à-peu, pour attendre & achever cette seconde dissolution ; on finit par l'addition de six gros d'eau vulnéraire spiritueuse ; on en fait prendre deux à trois cuillerées à bouche dans la journée. L'Auteur prétend que les exutoires pourroient être encore bons dans la mélancolie, la goutte, les ankiloses & l'épilepsie ; il donne des raisons satisfaisantes pour appuyer son opinion.

DOUZIÈME ESPÈCE.

La douzième espèce est la Daphné à feuilles rudes. *Daphne squarrosa. Daphne floribus terminalibus pedunculatis, foliis sparsis linearibus patentibus mucronatis. Linn. Sp. plant. 511. Thymelæa capitata lanuginosa, foliis creberrimis minimis aculeatis. Burm. Afric.* 134.

Description.

Ce joli arbrisseau a de gros rameaux ligneux, ronds, couverts d'une écorce cendrée, qui est totalement lanugineuse dans les petits rameaux; ceux-ci sont garnis d'une infinité de feuilles disposées sans ordre, étroites, aiguës, cendrées, sessiles, des aisselles desquelles sortent des folioles très-petites, qui se trouvent en si grande quantité au sommet des rameaux, qu'on les prendroit pour une plante en tête; des petites têtes de ces petits rameaux s'élevent plusieurs fleurs rassemblées ensemble, oblongues, tubuleuses, divisées supérieurement jusqu'au tiers en segmens très-petits, ronds, droits, d'une couleur blanchâtre.

Figure.

Cette espèce est représentée dans les plantes d'Afrique, par Burmann, pl. 49, fig. 1.

Lieu de sa naissance.

Elle croît naturellement en Ethiopie, au Cap de Bonne-Espérance.

Culture.

Elle ne peut subsister en pleine terre dans les pays occidentaux & septentrionaux de l'Europe ; on a même beaucoup de peine à la conserver dans les bonnes serres.

TREIZIEME ESPECE.

La treizième espèce est la Daphné oléoïde. *Daphne oleoides. Daphne floribus geminis terminalibus sessilibus, foliis elliptico-lanceolatis glabris. Linn. Syst. Veg. edit. XIII. Murray, 308. Mant. 66. Schreb. Dec. 13.*

Description.

La tige est ligneuse, composée; ses feuilles sont elliptiques, lancéolées, glabres; ses fleurs sont au nombre de deux, terminales, sessiles.

Figure.

Cette espèce est représentée dans les Décades de Schreber, planche 7.

Lieu de sa naissance.

Elle croît naturellement au Levant.

DATISCA, *le Datisc.*

NOMS GÉNÉRIQUES.

Ce genre est connu sous les noms de *Datisca. Linn. Cannabis. Prosp. Alp. Cannabina, Tourn.*

Description générique.

Le caractère de ce genre est d'avoir des fleurs mâles & femelles; dans les fleurs mâles le périanthe du calice est à sept folioles linéaires, aiguës, égales; il n'y a point de corolle; les étamines ont à peine des filamens; les anthères sont environ au nombre de quinze, oblongues, plusieurs fois plus longues que le calice, obtuses. Dans les fleurs femelles le périanthe du calice est à deux dents, la troisième dent manquant; il est droit, très-petit, supérieur, persistant : il n'y a point de corolle; le germe du pistil est oblong, inférieur, plus long que le calice ; les stils sont au nombre de trois, partagés en deux, courts ; les stigmates sont simples, oblongs, velus, de la longueur du germe ; le péricarpe est une capsule oblongue, triangulaire, à trois valves, à trois cornes, à une loge ; les semences sont nombreuses, petites, s'attachant de trois côtés longitudinalement à la capsule.

CLASSE.

Ce genre fait partie de la quinzième classe de Tournefort, qui comprend les fleurs sans pétales & à étamines, & de la vingt-deuxième de Linnæus, destinée aux plantes dioeciques dodecandriques; cet Auteur n'en admet que deux espèces.

PREMIÈRE ESPÈCE.

La première espèce est le Datisc à forme de chanvre. *Datisca cannabina. Datisca caule lævi. Linn. Sp. pl. 1469. Cannabis foliis pinnatis. Hort. Cliff. 457. Roy. Lugdb. 221. Cannabis lutea fertilis. Alp. Exot. 300. Morif. Hist. 3. p. 432. f. 8. Luteola herba sterilis. Bauh. Pin. 100. Cannabis lutea Cretica. Alp. Exot. 206. Cannabis lutea sterilis. Alp. Exot. 301. Luteola herba foliis cannabinis. Bauh. Pin. 100. Cannabina Cretica florifera. Tourn. Coroll. 52. Boerrh. Lugdb. 2. p. 105. Resedæ affinis Cretica, foliis cannabinis alterno situ pinnatis, floribus luteis. Pluk. Alm. 317. Luteola cannabinoides Cretica. Munt. Hist. 730.*

Description.

La racine de cette plante est vivace, dure, garnie de fibres; ses tiges sont nombreuses, de la grosseur du pouce, & presque même de celle du bras, hautes de six coudées, & même davantage, couvertes d'une écorce épaisse, qui ne se casse pas facilement, se divisant dès leur moitié en plusieurs rameaux longs, droits, disposés sans ordre, s'élevant en haut en pyramide; les feuilles sont longues, aîlées, d'un vert-jaune; les fleurs sont disposées en épis longs, très-petites, vertes.

Figure.

Cette espèce est représentée dans les plantes exotiques d'Alpin, pl. 295, 298 & 300.

Lieu de sa naissance.

Elle est vivace, & croît naturellement dans l'Isle de Candie & dans quelques autres endroits du Levant.

Culture.

Ses fleurs ne sont pas de grande apparence; elles paroissent en Juin; ses semences mûrissent en Septembre; les tiges meurent en automne, & il en pousse de nouvelles au printemps. On la multiplie par ses racines que l'on partage en automne, quand les tiges meurent, mais il ne faut pas les partager en trop petites parties; on les plante à demeure dans des platebandes, mais il ne faut pas qu'elles soient placées sous des arbres; elles n'exigent pour toute culture que d'être débarrassées des mauvaises herbes. On peut aussi les multiplier par graines, pourvu qu'on ait recueilli les graines dans le voisinage des plantes mâles, sinon elles ne réussiroient point. Il faut les semer en automne pour qu'elles levent la première année; lorsqu'elles sont levées, on arrachera de temps en temps les mauvaises herbes qui pourroient les avoisiner; on les transplantera à demeure l'automne suivant.

Propriétés économiques.

On pourroit faire usage de l'écorce de cette plante de la même manière dont on se sert de celle du chanvre.

DEUXIÈME ESPÈCE.

La deuxième espèce est le Datisc hérissé. *Datisca hirta. Datisca caule hirsuto. Linn. Sp. plant. 1469.*

Description.

Cette espèce est la plus grande; sa tige est hérissée de poils de chaque côté; ses feuilles sont aîlées, semblables en quelque façon à celles de la précédente; mais leurs folioles sont plus grandes, plus alternes & plus décourrantes à la base, & confluentes.

Lieu de sa naissance.

Elle croît naturellement en Pensylvanie.

Culture.

Elle n'est pas plus délicate que la première espèce; mais il lui faut une exposition plus ombragée & un sol plus humide.

DATURA, *la Pomme épineuse.*

NOMS GÉNÉRIQUES.

Ce genre de plantes est connu sous les noms de *Stramonion. Bauh. Anudron, Enoron, Manichon, Ortogion, Pentadruon, Perisson, Truaron, Diosc. Datura. Turk. Ippomane, Cratei. Stramonioides. Feuill.*

Description générique.

Le caractère de ce genre est d'avoir le périanthe du calice monophylle, oblong, tubulé, ventru, à cinq angles, à cinq dents, tombant horizontalement proche la base; la partie qui demeure est orbiculée, persistante; la corolle est monopétale, en forme d'entonnoir; le tube est cylindrique, à peine plus long que le calice; le lymbe est droit, ouvert, à cinq angles, à cinq plis, presqu'entier, pointu, à cinq dents; les filamens des étamines sont au nombre de cinq, en forme d'alêne, de la longueur du calice; les antheres sont oblongues, applaties, obtuses; le germe du pistil est ovale, à deux loges, à quatre valves, placé à la base du calice; les receptacles sont convexes, grands, pointillés, attachés à la cloison; les semences sont nombreuses, réniformes.

CLASSE.

Ce genre fait partie de la deuxième classe de Tournefort, qui comprend les plantes infundibuliformes, & de la cinquième de Linnæus, destinée aux plantes pentandriques monogyniques; cet Auteur en admet six espèces.

PREMIERE ESPECE.

La première espèce est la Pomme épineuse féroce. *Datura ferox. Datura pericarpiis spinosis erectis ovatis, spinis supremis maximis convergentibus. Linn. Sp. pl. 255. Amœn. Acad. 3. p. 403. Datura Cochinensis spinosissima. Zan. Hist. 1. p. 76. Stramonium seu Datura ferox, Pomo crassioribus aculeis robustioribus. Herm. Lugdb. 583. Morif. Hist. 3. p. 607. sect. 15. Rai. Hist. 738. Stramonium Ferox. Bocc. Sicil. 50. Stramonium longioribus aculeis. Barr. Rar. 109.*

Description.

Cette espèce est semblable à la suivante, mais elle est moins glabre, & les capsules ont les quatre épines d'en-haut très-grandes.

Figure.

Elle est représentée dans l'Histoire des Plantes, par Morison, tome 3, sect. 15, pl. 2, fig. 4; & dans les Plantes de Barrelier, pl. 1112.

Lieu de sa naissance.

Elle croît naturellement dans la Chine.

DEUXIEME ESPECE.

La deuxième espèce est la Pomme épineuse ou l'Endormie commune, l'herbe du Diable. *Datura Stramonium. Datura pericarpiis spinosis erectis ovatis, foliis ovatis glabris. Linn. Sp. plant. 255. Hort. Cliff. 55. Hort. Upf. 43. Flor. Suec. 185. 198. Gron. Virg. 23. Roy. Lugdb. 422. Dalib. Paris. 70. Solanum fœtidum, pomo spinoso oblongo, flore albo. Bauh. Pin. 168. Tourn. Inst. Rei Herb. Tartula. Cam. Epit. 176.* En Allemand, *Stech-Apfel.* En Anglois, *Thornapple.*

Description.

La racine de cette espèce est fibreuse, rameuse, ligneuse, blanche; sa tige s'éleve à la hauteur d'un homme; elle est branchue, tant soit peu velue, ronde, creuse; ses feuilles sont alternes, larges, anguleuses, pointues, soutenues par de longs pétioles; ses fleurs sont solitaires, infundibuliformes, ayant leur tube cylindrique, & le lymbe droit à cinq angles & à cinq plis, presqu'entier, en cinq pointes, la corolle blanche ou violette; le fruit est une capsule ovale, biloculaire, à quatre battans, dont l'écorce est armée de pointes courtes & grosses; les semences sont noires, applaties, en forme de rein.

Figure.

Cette espèce est représentée dans les Plantes de Garsault, & dans le *Flora Danica*, pl. 436.

Lieu de sa naissance.

Elle est annuelle, croît naturellement dans l'Amérique, & est actuellement très-commune par toute l'Europe.

Culture.

Elle se multiplie d'elle-même par ses graines, qui tombent & qui germent en quantité l'année suivante dans les endroits où se trouvoit l'ancien pied.

Propriétés médicinales.

Les feuilles de cette plante sont d'une puanteur assoupissante; ses semences & ses feuilles sont moins désagréables; on ne l'emploie qu'extérieurement: on se sert de ses feuilles avec du sain-doux pour faire un cataplasme ou onguent qu'on vante pour la brûlure & les hémorrhoïdes; on attribue à ce cataplasme une vertu adoucissante, résolutive, anodine & émolliente; on se sert utilement de cette plante dans les érésipeles, les inflammations, les ulceres carcinomateux. On prétend que le vinaigre où l'on a fait tremper ses graines pendant une nuit, est excellent pour les dartres vives & les ulceres ambulans.

Quant à l'intérieur, elle est beaucoup plus dangereuse que la jusquiame, la belladona & la cigue; ses contrepoisons sont les sels volatils, la thériaque, le vomitif & les acides. M. Storck, dont tout le monde connoît le zele pour l'humanité, & qui s'expose même au péril de sa vie pour trouver des remedes contre les maladies les plus désespérées dans les poisons même & dans les plantes venimeuses, a fait des expériences de cette plante, sans qu'il l'ait trouvé aussi dangereuse que les Auteurs le disent.

Ils prétendent unanimement que le Stramonium produit l'yvresse chez ceux même qui ne font que le sentir ou le flairer; il devenoit donc, dit M. Storck, dangereux d'en faire l'expérience; je n'en fus cependant point effrayé; le 23 Juin 1760 je sortis de chez moi de grand matin & à jeûn, j'allai chercher du Stramonium, & j'en fis une assez ample récolte.

Je frottai fortement entre mes doigts les feuilles & la tige de cette plante, & je la flairai fréquemment; il est vrai que je sentis une odeur forte & désagréable, & qui me donna des envies de vomir; mais je ne m'apperçus point qu'elle eût produit chez moi le moindre degré d'yvresse. Ce succès me fit plaisir, & me rendit plus hardi à continuer mes expériences.

Trois jours après je me fis apporter une très-grande quantité de cette plante, je la coupai moi-même en petits morceaux, après en avoir ôté les racines; ensuite je l'écrasai dans un mortier de marbre, & j'en exprimai le jus. Je n'en ressentis aucune incommodité, non plus que mon domestique qui étoit présent; je dormis même très bien cette nuit, à un petit mal de tête près, qui se dissipa le lendemain matin en déjeûnant.

J'avois retiré huit livres de jus de Stramonium; je fis mettre ce jus dans un vase de terre vernissé sur un feu doux, & je le fis réduire en consistance d'extrait: on le remuoit fort souvent avec une spatule de bois; il s'en élevoit une vapeur d'une odeur désagréable, mais qui n'incommoda ni moi ni mon domestique. L'extrait mis dans un lieu frais devint une masse noire, friable, dans laquelle on voyoit briller un nombre infini de particules salines, oblongues & pointues.

Je mis sur ma langue, continue toujours M. Storck, un grain & demi pesant de cette préparation de Stramonium, & comme je n'en éprouvai pas le moindre mal, je l'appliquai fortement contre mon palais, & en le tournant souvent dans ma bouche avec la langue, je le fis fondre.

La saveur que j'éprouvai alors étoit si désagréable & me soulevoit tellement l'estomac, que je l'aurois rejetté de ma bouche dès le premier moment, si je n'en eusse été détourné par l'envie de faire une expérience; l'extrait fondu, je l'avalai entier. Je sentis la saveur désagréable & fétide du Stramonium pendant un quart d'heure, puis elle se dissipa par degrés, & je ne remarquai en moi aucune suite mauvaise, ni le même jour, ni les jours suivans; je conclus donc qu'on pouvoit faire prendre sans danger aux hommes une petite dose de son extrait. Après avoir examiné dans les Auteurs les effets funestes de cette plante, je raisonnai ainsi: Si, suivant les Auteurs, le Stramonium fait devenir folles les personnes qui jouissent d'une bonne santé, ne pourroit-on pas tenter de voir si elle ne mettroit pas dans l'état sain ceux qui ont l'esprit aliéné & qui sont fous? En conséquence je fis prendre de cet extrait à des personnes attaquées de folie.

Observations médicinales.

La première à qui M. Storck en donna, fut une fille de douze ans, dont l'esprit étoit dérangé; il lui prescrivit d'abord un demi-grain de cet extrait le matin, & autant le soir, & par-dessus une tasse d'infusion de thé; elle continua cette dose pendant un mois, ensuite elle a pris trois fois par jour une pilule, toujours d'un demi-grain: au bout du second mois elle fut guérie.

La deuxième qui en prit fut une femme de quarante ans, attaquée de vertiges; elle en prit pendant cinq mois : elle fut d'abord soulagée ; mais comme sa maladie étoit incurable, à cause de l'ossification de la faulx qu'on découvrit en faisant l'ouverture de son cadavre, elle mourut d'apoplexie au bout des cinq mois.

La troisième personne fut un paysan âgé de trente-deux ans, sujet aux mouvemens épileptiques; il fut guéri de ces accès par l'usage des pilules de Stramonium.

La quatrième qui en usa fut une fille âgée de neuf ans, attaquée de mouvemens convulsifs; mais cette maladie étoit si singulière, qu'on ne put pas même lui en continuer l'usage.

La cinquième personne dont M. Storck fait mention, est un homme âgé de vingt-deux ans, sujet depuis un nombre d'années à l'épilepsie : il étoit sur le point d'être guéri, dit M. Storck, lorsque je fus obligé de lui discontinuer l'usage des pilules de Stramonium, n'en ayant plus, & la saison ne me permettant pas d'en pouvoir faire.

Quatorze épileptiques, dit J. L. Odhelius, ont été traités dans l'Hôpital Royal de Stockholm avec les pilules de Stramonium : ce remede en a guéri huit, appaisé le mal en cinq autres : un seul n'en a pas reçu de soulagement. La plupart de ces malades ont eu, en commençant le traitement, quelques maux de tête qui les faisoient un peu délirer ; les yeux s'obscurcissoient; ils avoient soif, mais les accidens se dissipoient peu-à-peu.

Une femme perdit totalement la raison après une couche, sans que l'on pût connoître la vraie cause de son mal. Les regles n'étoient point dérangées; mais elle avoit les nerfs très - sensibles, & avoit eu quelques accidens avant que d'être mariée : deux Médecins la traiterent suivant les regles de l'art; mais leurs remedes furent inutiles, ainsi que les remedes les plus puissans. Ils lui donnerent les pilules de Stramonium, en commençant par un demi-grain trois fois par jour, & augmentant peu-à-peu la dose jusqu'à six & huit grains dans un jour. On ne tarda pas à s'appercevoir des bons effets du remede; elle recouvra bientôt toute sa raison, & plusieurs années après on n'avoit apperçu en elle aucun dérangement d'esprit. L'usage des mêmes pilules a guéri un ouvrier attaqué de convulsions intermittentes.

Il y avoit neuf ans qu'une femme avoit eu à un doigt une éruption dartreuse très-opiniâtre, que l'on parvint cependant à guérir avec les emplâtres; la guérison fut suivie de fleurs blanches qui furent bientôt accompagnées d'accidens fâcheux : la tête déliroit, la poitrine étoit oppressée. Vers l'année 1764, elle ressentit au bas-ventre de fortes tranchées avec mouvemens convulsifs, vomissement, langue chargée, fréquentes douleurs dans le ventre. Les remedes ordinaires n'eurent aucun effet; on tenta inutilement de rappeller aux extrêmités l'humeur dartreuse, qu'on regardoit comme la cause du mal; les pilules de Stramonium ont calmé promptement les accès, & les ont rendus très-rares. Dès qu'ils reviennent, le même remede les appaise. La malade a pris les eaux de Settra; l'appétit, l'embonpoint, les forces lui sont revenues.

Propriétés économiques.

On prétend que les taupes n'approchent pas des endroits où croît cette plante; on feroit donc bien d'en semer dans les jardins où il y a beaucoup de ces animaux.

TROISIEME ESPÈCE.

La troisième espèce est le grand Stramonium pourpre. *Datura tatula. Datura pericarpiis spinosis erectis ovatis, foliis cordatis glabris dentatis. Linn. Sp. plant. 256. Solanum sativum, pomo spinoso oblongo, flore albo. Bauh. Pin. 168. Stramonium majus purpureum. Rai. Hist. 748.*

Description.

Cette espèce est semblable à la précédente, mais elle est deux fois plus grande; la tige est pourpre, parsemée de points blancs, divisée à angle aigu, lisse; ses corolles sont d'un bleu pâle; ses feuilles sont dentelées plus aigument : si on les applatit, elles sont en forme de cœur.

QUATRIEME ESPÈCE.

La quatrième espèce est la noix metelle. *Datura metel. Datura pericarpiis spinosis nutantibus globosis, foliis cordatis subintegris pubescentibus. Linn. Sp. pl. 256. Hort. Cliff. 55. Hort. Ups. 44. Flor. Zeyl. 86. Mat. Med. 85. Roy. Lugdb. 422. Datura alba. Rumph. Amb. 5. p. 242. Solanum pomo spinoso rotundo, longo flore. Bauh. Pin. 168. Hummatu. Rheed. Hort. Malab. 2. p. 47.* Chez les Brames, *Dotiro.* En Portugais, *Dutroa.* En Espagnol, *Burladora.* A Canara & aux environs de Goa, *Daturo*, *Datura.* En Turc & en Perse, *Datula.* En Grec, *Baryo kokolos.* En Italie, *Parococuli.* En Hollandois, *Dooren-appel.* En François, Pomme du Pérou. A Malaca, *Dutra* & *Cubsjubong.* A Java, à Baley & à Macassar, *Cutsjubong.* A Amboine, *Lutroa.* Dans la Chine, *Wantohoæ* & *Bantohoæ.*

Description.

Les feuilles de cette espèce sont à peine dentelées, cotonneuses; les fleurs sont souvent pourpres; les fruits sont penchés, épineux, à peine plus courts, velus; le calice n'est pas angulé, mais cylindrique, gonflé.

Figure.

Elle est représentée dans l'*Herbar. Amboinense*, tome 5, panche 87; dans l'*Hort. Malab.* tome 2, planche 28, & dans la deuxième partie de cet Ouvrage.

Lieu de sa naissance.

Elle croît naturellement en Asie, en Afrique; elle est annuelle.

Culture.

Cette espèce est plus délicate que les autres espèces; on seme ses graines au printemps sur une couche modérément chaude, après quoi on les gouverne comme la belle de nuit du Pérou; on les transplante en pleine terre sur la fin de Mai : elles fleurissent en Juillet; les semences mûrissent en automne.

CINQUIEME ESPECE.

La cinquième espèce est la Pomme épineuse fastueuse. *Datura fastuosa. Datura pericarpiis tuberculatis nutantibus globosis, foliis lævibus. Linn. Sp. pl. 256. Datura rubra. Rumph. Amb. 5. p. 243. Solanum fœtidum fructu spinoso rotundo, semine pallido. Bauh. Pin. 68. Nux metella. Cam. Epit. 175. Solanum Ægyptiacum, flore pleno. Bauh. Pin. 168. Stramonium fructu spinoso rotundo, flore duplici triplicive. Tourn. Inst. Rei Herb. 119.*

Description.

Les feuilles de cette espèce sont lisses; la corolle de la fleur est violette, double, intérieurement blanche, souvent au nombre de deux ou de trois l'une dans l'autre; les péricarpes sont tuberculés, panchés, globuleux.

Figure.

Cette espèce est représentée dans l'*Hort. Malab.* tome 2, planche 28.

Lieu de sa naissance.

Elle croît naturellement en Egypte & dans l'Inde; elle est annuelle.

Observation.

L'odeur de ses fleurs paroît d'abord agréable, mais peu après cette odeur devient désagréable, si on les flaire pendant quelque temps; elle est même narcotique.

Culture.

Elle se multiplie par graine qu'on seme au printemps sur une couche chaude; on les transplante en Juin dans une plate-bande garnie de terreau: elles fleurissent en Juillet & Août; & si on met par-dessus des vitrages, ses semences mûrissent.

Propriétés médicinales.

Les vertus de ces différentes espèces de Stramonium sont les mêmes que celles du Stramonium commun; dans le pays où elles croissent spontanément, on prétend qu'on ne les emploie que pour faire mourir, mais il faut pour cet effet en prendre en forte dose. Les Chirurgiens de Ternate prétendent guérir des maladies vénériennes & même de la gonorrhée en faisant faire usage tous les jours à leurs malades de racines de ces plantes, mais par degrés; les femmes publiques des Indes s'en servent comme d'un secret pour faire dormir les hommes; en en mettant un demi-gros dans leur manger & leur boisson, & pendant ce temps elles les volent, & elles profitent de l'absence de leur mari pour se livrer à leur plaisir: cela est néanmoins très-défendu dans le pays. Dans l'*Hort. Malab.* il est dit qu'on emploie le suc des feuilles de ces plantes mêlé avec du sucre connu en Portugais sous le nom de *jagra de cana*, contre l'épilepsie, en en oignant la partie affectée (*ce qui est probablement la partie du corps par où commence à se faire sentir le paroxisme*). A Amboine on applique sur les phlegmons les feuilles récentes de cette plante; & quand elles sont seches, on les remplace par d'autres.

Propriétés économiques.

On prétend que si on lave les bois de lit avec la décoction de cette plante, on parvient à en bannir les punaises; l'odeur de ces mêmes plantes éloigne aussi les taupes dans les jardins.

Propriétés d'ornemens.

Les Curieux cultivent pour la beauté de ses fleurs la cinquième espèce, principalement celle qui a deux ou trois corolles les unes dans les autres.

SIXIÈME ESPÈCE.

La sixième espèce est le Stramonium en arbre. *Datura arborea. Datura pericarpiis inermibus nutantibus, caule arboreo. Linn. Sp. plant. 256. Stramonioides arboreum, oblongo & integro folio, fructu lævi. Feuill. Peruv. 2. p. 161.* Au Perou, *Floripondio.*

Description.

Le P. Feuillée décrit ainsi cette plante: C'est, dit-il, un arbre à plein vent, qui s'éleve environ à la hauteur de deux toises; la grosseur de son tronc est à-peu-près de six pouces; il est droit, composé d'un corps blanchâtre, ayant à son centre une assez grosse moëlle. Ce tronc est terminé par plusieurs branches qui forment toutes ensemble une belle tête arrondie; elles sont chargées de feuilles qui naissent comme par bouquets; les moyennes ont environ sept pouces & demi de longueur, sur trois pouces & demi de largeur, portées à l'extrêmité d'une queue ronde, épaisse de deux lignes, & longue de deux pouces & demi; ces feuilles sont traversées d'un bout à l'autre par une côte arrondie des deux côtés, qui donne plusieurs nervures qui s'étendent vers leur contour, divisées & subdivisées, formant sur le plan des feuilles en réseau; le dessus de leur plan est parsemé d'un petit duvet blanchâtre; sa couleur est d'un verd foncé, & le dessous parsemé d'un même duvet & d'un verd clair.

Des bases des queues des feuilles sort un pédicule environ de deux pouces de longueur, & épais d'une ligne & demie, rond, d'un beau verd, couvert d'un petit duvet blanc. Ce pédicule porte à son extrêmité un calice en gaîne, ouvert par le haut à un pouce & demi de sa longueur par un angle fort aigu, & découpé à sa pointe en deux parties; du fond de cette gaîne sort une fleur en tuyau, long de six pouces, dont la partie extérieure s'évase & se découpe en cinq lobes blancs terminés en pointe, un peu recourbée en-dessous. Chaque lobe est traversé dans sa longueur par trois lignes jaunâtres paralleles, venant du fond du tuyau, dont celle du milieu va se terminer à la pointe, & les deux autres sur les bords. La largeur de cette fleur est d'un demi-pied; de l'intérieur du tuyau sortent cinq étamines blanches, chargées de sommets de la même couleur, longs de demi-pouce, & épais d'une ligne & demie. Lorsque la fleur est passée, le pistil qui s'emboîte dans le trou qui est au bas de la fleur, devient un fruit rond, long de deux pouces & demi, & épais de deux pouces un quart, couvert d'une écorce d'un verd grisâtre qui couvre un corps composé de plusieurs graines, renfermant une amande blanche. Ce fruit partagé par son milieu est divisé en-dedans en deux parties, dont chacune est subdivisée en six loges par des cloisons qui donnent autant de placenta; ces placenta sont chargés de graines.

Figure.

Cette espèce est représentée dans les plantes du Pérou, par le P. Feuillée, tom. 2. pl. 46.

Lieu de sa naissance.

Elle croît naturellement au Pérou, dans le Chili, à la *Vera-Crux.*

Culture.

Cet arbre est délicat, il lui faut la serre chaude dans le pays; on le multiplie par ses semences, qu'on tire du pays où ces arbres croissent naturellement, qu'il ne faut cueillir que quand elles sont parfaitement mûres, & qu'on arrangera de maniere à ce qu'elles ne soient point rongées par les vers. Je ne crois pas qu'il s'en trouve actuellement en France.

Propriétés médicinales.

On se sert dans le Chili des feuilles de cet arbre pour avancer la suppuration des tumeurs, ainsi qu'on fait du levain; elles sont adoucissantes, trèsémollientes & résolutives; elles ramollissent les fibres qui sont trop tendues, rétablissent leurs ressorts, font cesser les douleurs, & de quelque nature que soient les tumeurs, on ressent bientôt un bon effet de ce remede.

Propriétés d'ornemens.

Nous n'avons en Europe aucun arbre égal à celui-ci; lorsque ses fleurs sont épanouies, leur odeur surpasse toutes celles de nos fleurs, & un de ces arbres suffit dans un jardin pour l'embaumer entiérement.

DAUCUS, *la Carotte.*

NOMS GÉNÉRIQUES.

Ce genre de plante est connu sous les noms de *Daucus. Tour. Daucus Adorion. Gingidion. Stafulinos. Diosc. Babiron. Docisastron. Ægypt. Sicha. Tiricta Afric. Carota. Bisacutum. Rom. Antibellimon. Camer. Visnaga. Rai.*

Description générique.

Le caractère de ce genre est d'avoir l'ombelle universelle du calice multiple, plane, quand elle est en fleurs, concave, connivente, lorsqu'elle donne des fruits; la partielle est multiple, semblable; l'enveloppe universelle est à plusieurs feuilles, de la longueur de l'ombelle; les feuilles sont linéaires, découpées en ailes; l'enveloppe partielle est plus simple, de la longueur de la petite ombelle; le périanthe propre est à peine visible. La corolle universelle est différente, radiée; les fleurons du disc avortent; la corolle propre est à cinq pétales, réfléchie, en forme de cœur; les extérieurs sont plus grands, les filamens des étamines sont au nombre de cinq, capillaires; les anthères sont simples; le germe du pistil est inférieur, petit; les styles sont au nombre de deux, réfléchis; les stigmates sont obtus; il n'y a point de pericarpe, le fruit est oval, hérissé, couvert de chaque côté de poils roides, partagé en deux; les semences sont au nombre de deux, ovales, convexes d'un côté, hérissées, planes de l'autre.

CLASSE.

Ce genre fait partie de la septieme classe de Linnæus, qui comprend les plantes à fleurs ombilliferes, & de la cinquieme de Linnæus, destinée aux plantes pentandriques, dyginiques. Linnæus en distingue cinq espèces.

PREMIERE ESPÈCE.

La première espèce est la Carotte commune, la Carotte sauvage, le Chirouis. *Daucus Carotta. Daucus feminibus hispidis, petiolis subtus nervosis. Linn. Sp. pl. 348. Hort. Cliff. 89. Hort. Upf. 59. Flora Suec. 223. 237. Mat. med. 142. Roy. Lugdb. 97. Gron. Orient. 31. Dalib. Parif. 83. Daucus vulgaris. Clus. Hist. 2. p. 198. Pastinaca tenuifolia sylvestris Dioscoridis. Bauh. Pin. 151. Pastinaca sylvestris, sive Staphylinos. Gron. J. Bauh.* en Allemand, *Vogelnent, Meorrüben, Wilde Mochrun.* En Anglois, *Carrot, Birds nest.* En Suédois, *Moret.* En Danois, *Wilde guule rodder, Derreroed. Der reurt.*

Description.

Cette espèce ressemble au panais, mais sa racine est plus petite & plus âcre; ses tiges, qui s'élevent d'un pied & demi, sont branchues, velues, canelées; ses feuilles sont finement découpées, d'un verd foncé, velues en dessous; ses fleurs disposées en parasol, sont en rose à cinq pétales blancs, il leur succede des fruits arrondis, qui contiennent deux graines cendrées, canelées, garnies de poils, d'une odeur pénétrante, d'une saveur âcre & aromatique.

Lieu de sa naissance.

Elle croît naturellement dans les champs arides de l'Europe.

Analyse chymique.

Les semences de cette plante contiennent beaucoup de sel huileux aromatique, & donnent une grande quantité d'huile essentielle dans la distillation.

Propriétés alimentaires.

Le menu peuple mange sa racine au printems.

Propriétés médicinales.

Sa semence est carminative, apéritive, hystérique, stomachique & alexitère; on la substitue à celle du Daucus de Candie; elle est une des quatre petites semences chaudes. Tragus assure que les pieds de cette plante qui ont la fleur rouge dans le centre de l'ombelle, sont excellens pour l'épilepsie; l'infusion de sa semence à la même dose que celle de la Carotte commune, dans quelques liqueurs appropriées, est très-vantée pour les vapeurs; son huile essentielle, à la dose de huit à dix gouttes, fait le même effet; on recommande, sur-tout, cette semence dans la néphrétique pituiteuse, sablonneuse, la strangurie & les douleurs après l'accouchement. Un homme attaqué de la pierre, dit Van-Helmont, ayant fait usage de la semence de Carotte sauvage, vécut plusieurs années sans être incommodé de cette maladie. Le Continuateur de la Matiere médicale de Geoffroy, doute très-fort de la vertu lithontriptique de cette semence; cependant on en a fait usage depuis peu en Angleterre; les journaux ont été remplis, les années précédentes, d'observations sur l'effet merveilleux de cette plante dans la néphrétique & le calcul.

OBSERVATIONS MÉDICINALES.

Première Observation.

M. Butler ayant souffert pendant quatorze ans les douleurs les plus vives, causées par une pierre qui s'étoit formée dans les reins, prit dans l'espace de deux mois au moins quatre-vingt doses du remede prétendu salutaire de Mademoiselle Stephens, mais sans aucun succès ni soulagement, au contraire le mal empira toujours; ayant consulté l'ouvrage de Ray, il vit avec bien du plaisir que cet Auteur recommande beaucoup l'usage des Carottes sauvages contre les douleurs de la pierre; il faut cueillir cette plante dans le mois d'Août & la faire sécher à l'ombre; il ne faut se servir que de ses ombelles ou semences, mettre six ou sept ombelles dans la theyere, & verser dessus de l'eau bouillante, laisser déposer pendant quelques momens les feuilles de Carottes, & en prendre avec du sucre un demi-septier le matin & autant le soir, pendant trois, quatre, cinq ou six semaines, ou plus long-temps s'il est nécessaire; il seroit bon, suivant le conseil du Médecin Anglois, de s'abstenir de toutes sortes d'alimens salés & de bierre forte, mais on peut user modérément de vin, & boire de la bierre douce à sa soif. M. Butler, par l'usage de ces ombelles, a été parfaitement guéri & a cessé d'uriner du sang & des eaux noirâtres.

Deuxième Observation.

M. Fletcher attaqué également depuis plusieurs années de douleurs néphrétiques, avoit inutilement épuisé tous les remedes connus; mais ayant fait usage de la Carotte sauvage, il en a éprouvé une prompte guérison; comme son estomac étoit fort affoibli par les savonneux & les lixiviels caustiques, il ne lui fut pas possible de la prendre en infusion; il eut recours à un habile Chymiste, pour extraire de cette plante une huile essentielle, dont il mit deux onces avec une pinte d'esprit de miel, préparé par la distillation d'un quart d'eau-de-vie de France, mêlée avec deux livres de miel; il ajouta à cette boisson six cuillerées de jus de cerises, & deux cuillerées de miel, il prit quatre tasses par jour de l'infusion de Carottes sauvages, en mettant dans chaque tasse trois cuillerées de mélange mentionné ci-dessus.

Troisième Observation.

Plusieurs personnes en France ont fait usage de cette semence avec succès dans le calcul & la gravelle, entr'autres le sieur Bernier, Laboureur à Grecy près de Claye, qui a été guéri de cette maladie, après avoir fait usage de cette infusion pendant sept ou huit mois.

Variétés.

Linnæus donne pour variété de cette espece, 1°. la *Pastinaca tenuifolia, sativa radice lutea. Bauh. Pin. 151.* la Carotte cultivée à racines jaunes. 2°. *Daucus sativus, radice atro rubente. Tourn. Inst. rei herb. 307.* la Carotte cultivée à racines d'un noir rouge.

Description.

La carotte cultivée est une plante dont la racine est fusiforme, jaune ou rouge, suivant la variété; sa tige est herbacée, canelée, rameuse, velue; ses feuilles sont alternes, amplexicaules, aîlées, ayant des folioles aussi aîlées & très-découpées; ses fleurs sont rosacées, en ombelles, placées à l'extrêmité des branches, composées chacune de cinq pétales en cœur, recourbés, dont les pétales extérieurs sont plus grands que les intérieurs; l'ombelle universelle de la fleur, ainsi que la partielle, est formée d'un grand nombre de rayons presqu'égaux, un peu plus courts que le centre; l'enveloppe générale a plusieurs folioles linéaires & aîlées, de la longueur de l'ombelle; l'enveloppe partielle est simple & de la longueur des petites ombelles.

Culture.

On cultive la Carotte dans les jardins potagers & dans les champs; sa graine se seme en deux temps, au printemps & à la fin de Septembre; celle qu'on seme au printemps doit se semer lorsque la terre est légere, à la mi-Mars & à la mi-Avril seulement, lorsque la terre est forte, à cause des insectes qui dévorent cette plante quand elle leve. La seconde semence se fait du 15 au 30 Septembre; on la sarcle à la Toussaint, & on la couvre avec de la grande litiere ou des feuilles seches aux approches des gelées. Au mois de Mars suivant, quand elle commence à pousser, on l'éclaircit si elle est trop épaisse, & on la visite souvent pour arracher, aussi-tôt qu'on s'en apperçoit, celles qui montent, car les Maraichers prétendent qu'elles communiquent aux autres leur disposition naturelle à monter, si on ne les arrache pas. Pour éviter que cette graine ne monte trop tôt, on ne seme que de la graine vieille préférablement à de la nouvelle. Les Carottes semées au mois de Septembre sont bonnes à manger sur la fin d'Avril suivant, & fournissent jusqu'à ce que celles qu'on a semées au commencement du printemps soient assez fortes; mais comme cette plante est sujette à monter dès le mois de Juin, & qu'elle ne sert que pour remplacer l'intervalle de celle qu'on seme au printemps; il n'en faut semer qu'à proportion de la consommation qu'on peut faire.

On ne doit semer la Carotte qu'après deux bons labours; elle ne réussit jamais mieux que dans les terres nouvellement défrichées; on la seme à la volée, ou par rayon; on la marche quelques heures après qu'elle a été semée, pourvu qu'il fasse beau, & que la terre se hâle un peu. Pour la faire grossir, il faut souvent la sarcler & la mouiller dans sa jeunesse, & sur-tout l'espacer convenablement. Il faut pour cet effet l'éclaircir le plutôt qu'on peut, & laisser cinq à six pouces d'intervalle en tout sens de l'une à l'autre: plus elle est écartée, plus elle reçoit de nourriture. Pour la faire encore plus grossir, il faut couper deux fois pendant l'été sa fane, autrement ses feuilles. Le seul ennemi de cette plante est le ver du hanneton; il en coupe souvent la racine: on ne peut le détruire qu'en le cherchant au pied des carottes qu'on voit languissantes, &, pour ainsi dire, mortes.

Aux approches de Noël, on arrache une partie des Carottes, on les met en serre pour fournir pendant l'hiver, après les avoir lavées & laissées ressuyer, & on se contente de les ranger les unes sur les autres la tête en-dehors, sans les couvrir de sable: il ne faut pas que la serre soit trop chaude, il suffit seulement que la gelée ne pénetre pas dans le lieu où on les met: on sépare les plus grosses, les plus unies & les plus droites pour les replanter à la fin de Février à un pied de distance les unes des autres, & en échiquier. La Carotte ainsi replantée monte au mois de Mai; sa graine est mûre sur la fin d'Août: on la ramasse en plusieurs temps à mesure qu'elle seche; celle qui vient sur les premiers parasols ou ombelles est la meilleure & la plus franche. Avant de la nettoyer & de l'enfermer, on la laisse se perfectionner au soleil pendant quelques jours, & quand on la veut semer, il faut la froisser entre les mains, afin de faire tomber tous les petits poils dont elle est revêtue; elle se seme alors plus aisément & plus également. La semence de Carotte se conserve bonne pendant deux ans.

On éleve rarement la Carotte sur couche; cependant il y a des Jardiniers qui l'y cultivent: ils préparent, dès le commencement de Janvier, une couche qu'ils chargent de huit à dix pouces de terreau; quand la couche est prête à être semée, on seme la graine sous cloche, fort claire; on la soigne comme les autres semences de cette saison, en lui donnant de l'air à propos, & en la couvrant suivant le besoin; sur la fin de Mars, on peut commencer d'en jouir. Il y a des pays où l'on remplit des champs entiers de Carottes; les champs ainsi semés sont d'un grand rapport pour les Laboureurs; ils choisissent parmi leurs champs ceux dont le grain de terre est léger, un peu sablonneux, sans être trop froid, & profond pour le moins de sept à huit pieds; ils sement ordinairement leurs Carottes dans des anciens prés qu'ils défrichent par différens labours; c'est-là où les plantes fournissent des grosses racines; les laboureurs donnent deux labours à leurs champs, un au commencement de l'hiver, profond de seize à dix-huit pouces, & l'autre très-léger au printemps; ils sement la graine aussi épaisse que le bled, & passent la herse par-dessus très-légérement; ensuite ils y font rouler un gros cylindre pour un peu applanir la terre, & faire le même effet que si on avoit marché dessus; ils

ils sarclent ensuite cette plante de bonne heure pour la faire grossir, & ont soin de l'arroser à fond dans les temps de sécheresse, en détournant sur la superficie du champ les eaux de quelques ruisseaux voisins.

Pour conserver les Carottes pendant l'hiver, ils ne les mettent pas en serre, comme nous l'avons dit plus haut (la méthode que nous allons rapporter, se pratique aux environs de Metz), mais ils les enterrent; voici comment ils s'y prennent, ils arrachent les racines de Carotte avant les grandes gelées, dans un temps bien sec; ils pratiquent ensuite dans le champ même, des fosses de sept ou huit pieds de profondeur, ils jettent un peu de paille dans le fond du trou, & arrangent les Carottes par couches, & à côté les unes des autres, en les entremêlant d'un peu de paille, & ainsi de suite, jusqu'à la hauteur de trois ou quatre pieds; cela fait, ils recomblent le trou avec terre qu'ils en ont ôtée, en observant toujours qu'il y ait trois ou quatre pieds d'épaisseur par-dessus les Carottes, & ils la pilent bien pour empêcher les gelées de pénétrer jusqu'à elles.

Propriétés alimentaires.

La racine de Carotte qui est la principale partie de cette plante, dont on fait usage, est mise au nombre des alimens, elle donne un fort bon goût au bouillon & le rend doré; c'est de toutes les racines, la plus utile dans la cuisine, & le goût ménagé en plaît généralement, quoique beaucoup de personnes n'aiment pas à la manger séparément.

On fait avec les carottes, au temps des vendanges, une excellente confiture: elle se prépare ainsi; prenez des carottes ce que vous jugerez à propos, ratissez-les parfaitement, & les coupez de la même longueur & grosseur que l'on fait pour les mettre dans le pot; mettez de l'eau dans un chauderon sur le feu, & lorsqu'elle bouillira, jettez-y les Carottes & les y laissez un bon quart d'heure (c'est ce qu'on appelle *blanchir*) tirez ensuite, & faites-les égoutter & sécher sur des claies d'osier; les Carottes étant ainsi préparées, ayez du vin doux; plus il sera doux, plus la confiture sera bonne; faites bouillir le vin en l'écumant exactement, ensuite mettez-y les Carottes en assez grande quantité, pour que le vin surnage le fond de la hauteur d'une main; laissez ensuite bien cuire le tout sur un feu doux, jusqu'à ce qu'il ne reste plus de jus, que ce qui est nécessaire pour conserver la confiture; la marque pour connoître si le jus est à son juste dégré de cuisson, est lorsqu'il s'épaissit & brunit, quand il commence à se refroidir. Aussi-tôt que vous avez mis les Carottes cuire dans le vin, jettez-y de la canelle en branche, & mêlez-y de bon miel, après l'avoir auparavant fait rafiner.

Quelques cuisiniers font secher des Carottes, qu'ils emploient pour donner une couleur de roux à leur jus, après les avoir fait blanchir, de la façon que nous venons de dire pour les confitures; ils les mettent secher au four sur des claies d'osier, & quand elles sont bien seches, ils les gardent pour s'en servir au besoin.

Propriétés alimentaires pour les bestiaux.

La Carotte ne sert pas seulement de nourriture à l'homme, mais encore aux animaux; on ne peut rien trouver de meilleur que cette racine pour engraisser les boeufs; en y joignant un peu de foin, & en le détenant dans l'étable; quand les boeufs ont de la peine à les manger crues, on les habitue insensiblement à cette nourriture en les faisant d'abord bien cuire, & en diminuant insensiblement de jour à autre le dégré de cuisson, jusqu'à ce qu'enfin ils puissent les avaler avant d'être cuites.

Les Carottes sont aussi excellentes pour les vaches; elles augmentent leur lait, sur-tout pendant l'hiver & au commencement du printems, quand l'herbe est encore rare; on peut encore employer les Carottes pour engraisser les moutons & les brebis; les cochons sont pareillement fort friands de ces racines, cette nourriture les remplit promptement de chair & de graisse; on peut encore les employer pour nourrir les chiens de chasse; on les fait cuire avec un peu de lait écrêmé & de farine d'orge; on peut même se passer de lait écrêmé, & n'user simplement que de l'eau; les chiens qui mangent de cette nourriture, sont toujours en bon état, en haleine, & presque jamais malades.

La Carotte est une des nourritures les plus fortifiantes pour les chevaux coureurs; on en peut aussi donner indistinctement aux chevaux de labour & de harnois; ces racines sont même très-propres à donner aux chevaux l'haleine longue; les maquignons en font manger pour cet effet aux chevaux poussifs, quelque temps avant de les vendre. Rien ne convient mieux aux bêtes étiques, & qui ont souffert de la faim, que les Carottes; elles les engraissent bien vîte, & les mettent en état d'être vendues; mais il faut bien se garder d'employer les animaux ainsi nourris, sur-tout les chevaux, à quelque travail pénible, parce qu'ils pourroient en peu de temps devenir poussifs, & quelquefois pires; on doit auparavant les habituer à une nourriture seche, afin de les fortifier, & de les rendre par là plus propres à résister à tout travail raisonnable. Tout le monde sait que rien n'est plus propre pour engraisser promptement la volaille, qu'une pâte faite avec des Carottes cuites, de la farine de bled de Turquie, de seigle, de bled noir, d'orge, ou même de son, & un peu d'eau chaude; les feuilles de Carottes ne sont pas moins bonnes aux vaches que les racines; enfin on estime toute la plante comme une nourriture très-succulente pour les bêtes à corne.

Propriétés médicinales.

La Carotte est aussi quelquefois d'usage en Médecine, sa racine est très-bonne pour la poitrine, on la réduit en pâte, & on en exprime le jus; elle est encore apéritive, on l'associe pour lors avec la semence; on prétend qu'associées ensemble, elles aident à faire sortir la pierre, & provoquent les mois aux femmes; on les fait bouillir à cette fin dans l'eau, & on en présente aux malades quelques verres par jour; on assure que la semence guérit dans l'homme les accès hypocondriaques; la dose est de deux gros macérés dans du vin blanc. On attribue aux feuilles de cette plante une vertu vulnéraire & sudorifique.

On fait avec les Carottes un topique pour la guérison des cancers ulcérés; on prend à cet effet des carottes récentes, on les rape avec une rape à chapeler le pain; on en exprime le jus en le pressant dans la main seulement, on fait chauffer le marc dans un poëllon de terre, ou sur une assiette; on l'applique sur l'ulcere en guise de cataplasme bien épais. S'il y a des enfoncemens, des clapiers, &c. il faut les en remplir, de façon que ce remede touche immédiatement les chairs dans tous leurs points; on couvre le tout d'une serviette bien seche & un peu chaude; on renouvelle ce pansement deux fois en vingt-quatre heures, on enleve à chaque fois le vieux cataplasme, on lave & on nettoie en même temps l'ulcere avec un pinceau de charpie détrempée dans la décoction chaude de ciguë (*cicuta major fœtida*). L'effet de ce topique est de calmer les douleurs & de détruire en peu de temps l'odeur insupportable qui rendent les ulceres cancéreux; la suppuration diminue, & la plaie ne rend plus qu'un pus louable. A la longue, les bords durs & calleux de l'ulcere se ramollissent, la tumeur diminue & disparoît peu-à-peu, les chairs se régénerent, la cicatrice se forme, enfin l'ulcere est guéri. La guérison est lente, mais sûre: on pourroit la hâter, si pendant l'usage des Carottes à l'extérieur on faisoit prendre au malade en petite dose l'extrait de ciguë, la belladona, le quinquina ou tel autre altérant indiqué par la constitution du malade, ou par le caractère de la maladie. L'Auteur qui nous a communiqué ce remede s'est contenté de faire manger à ses malades des Carottes cuites au lait. *Au surplus nous n'ajoutons pas beaucoup de foi à ce remede.*

DEUXIEME ESPECE.

La deuxième espèce est la Carotte de Mauritanie. *Daucus Mauritanicus. Daucus feminibus hispidis, flosculo centrali sterili carnoso, receptaculo communi hemisphærico. Linn. Sp. plant. 348. Mant. 351. Pastinaca tenuifolia sicula hirsuta crispa. Moris. Hist. 3. p. 305. s. 7. Daucus Hispanicus, umbella magna. Tourn. Inst. 308. Pastinaca tenuifolia sylvestris, umbella majore. Bauh. Pin. 151.*

Description.

Cette espèce approche beaucoup de la Carotte cultivée; sa tige est entiérement hérissée; l'enveloppe est plus courte que l'ombelle, aîlée, fendue en cinq; la petite enveloppe est à trois dents; la corolle est radiée, à pétales réfléchis, fendus en deux, blancs.

Figure.

Cette espèce est représentée dans l'Histoire des Plantes, par Morison, tome 3, sect. 9, pl. 13, fig. 3.

Lieu de sa naissance.

Elle croît naturellement en Espagne, en Italie, en Mauritanie.

Culture.

On seme ses graines en automne, car celles qu'on seme au printemps sont très-sujettes à avorter, ou du moins elles restent en terre jusqu'à l'année suivante avant de lever. Ces plantes ne demandent point d'autre culture que d'être débarrassées des mauvaises herbes, & d'être éclaircies aux endroits où elles sont trop épaisses.

TROISIEME ESPECE.

La troisième espèce est le Visnage, le Fenouil annuel, le Curedent d'Espagne, l'herbe aux gencives. *Daucus visnaga. Daucus feminibus nudis. Linn. Sp. plant. 348. Hort. Cliff. 89. Roy. Lugdb. 97. Sauv. Monsp. 257. Gron. Orient. 23. Gingidium umbella oblonga. Bauh. Pin. 151. Gingidium alterum. Dod. Pempt. 792.*

Description.

La tige de cette espèce est lisse; la base de l'ombelle est un receptacle commun, solide, rond; l'enveloppe, qui est comme monophylle à la base, est polyphylle, unie avec le receptacle, ayant ses folioles fendues en trois; la petite enveloppe est polyphylle, sans division; les petites ombelles sont très-nombreuses; les fleurs sont égales, hermaphrodites; les pétales sont réfléchis, à deux lobes, blancs; les antheres sont pourpres; les receptacles propres sont d'un brun pourpre; le fruit est applati transversalement, oblong, strié, lisse.

Lieu de sa naissance.

Elle croît naturellement dans la partie méridionale de l'Europe, dans la Mauritanie, sur le Mont-Liban.

Propriétés médicinales.

On attribue à cette plante les mêmes propriétés médicinales qu'au fenouil.

Propriétés économiques.

Quand les pédicules de ses ombelles sont séchés, ils deviennent fermes, & il y a beaucoup de personnes, sur-tout en Espagne, qui s'en servent en guise de curedents: on choisit ceux qui sont lisses, de couleur jaunâtre, d'un goût assez agréable & d'une odeur douce.

QUATRIÈME ESPECE.

La quatrième espèce est le Daucus luisant. *Daucus gingidium. Daucus radiis involucris planis, laciniis recurvis. Linn. Sp. plant. 348. Roy. Lugdb. 97. Daucus maritimus lucidus. Tourn. Inst. Rei Herb. 307. Gingidium folio chœrophylli. Bauh. Pin. 151. Gingidium. Matth. Comm. 372. Pastinaca tenuifolia marina, foliis obscurè virentibus & quasi lucidis. Magn. Monsp. 199. Pastinaca folio œnanthes. Bocc. Sic. 74.*

Description.

Cette espèce s'éleve beaucoup; ses tiges sont moins velues que celles de la première espèce; ses feuilles sont découpées en lobes larges, épais, charnus & ordinairement très-luisans.

Figure.

Elle est représentée dans Matthiole sous le nom de *Gingidium.*

Lieu de sa naissance.

Elle est fort commune sur les bords de la Méditerranée, aux environs de Montpellier.

Culture.

Elle réussit très-bien, pourvu qu'on la seme en automne.

CINQUIEME ESPECE.

La cinquième espèce est le Daucus en forme de chausse-trappe. *Daucus muricatus. Daucus feminibus triglochidi aculeatis. Linn. Sist. Veg. edit. XIII. Murr. 228. Sp. plant. 349. Caucalis Monspeliaca, echinato magno fructu. Bauh. Pin. 153. Echinophora altera asperior platycarpos. Colum. Ecphr. 1. p. 95. Artedia muricata feminibus aculeatis. Hort. Cliff. 89. Sp. plant. 1. p. 242. Caucalis major daucoides tingitana. Moris. Hist. 3. p. 308. sect. 9. Rai. Hist. 469. Herm. Parad. 111. Echinophora tingitana. Rivin. Pent. 17.*

Description.

Cette espèce est très-semblable à la carotte par sa tige, ses feuilles, ses enveloppes, ses petites enveloppes & son ombelle resserrée lors de sa maturité; trois ou cinq fleurons des petites ombelles sont féconds, les autres sont stériles; les fleurs ne sont pas rayonnées; les semences sont à quatre crêtes longitudinales, rouges avant leur maturité.

Figure.

Elle est représentée dans l'Histoire des plantes, par Morison, tome 3, sect. 9, pl. 14, fig. 4; dans l'*Hermann. Parad.* pl. 111; dans les Pentapetales de Rivin, pl. 27; & dans le *Colum. Ecphr.* tome 1, pl. 94.

Variété.

Linnæus donne pour variété de cette espèce le *Daucus maritimus. Caucalis pumila maritima. Bauh. Pin. 153. Lappula Canaria, seu caucalis maritima. Bauh. Pin. Bauh. Hist. 3. p. 81. Caucalis umbella bifida, umbellatis dispermis, involucris semine brevioribus linearibus. Gouan Monsp. 135. Caucalis involucro universali diphyllo, partialibus pentaphyllis. Ger. Prov. 237.*

Figure.

Cette variété est représentée dans le *Flora Gallo-Provincialis*, planche 10.

Culture.

A moins qu'on ne seme les graines de cette espèce en automne, rarement elles mûrissent dans notre climat. Comme cette plante est fort tendre, les gelées d'automne viennent le plus souvent avant leur maturité, ce qui fait périr la plante.

DECUMARIA, *la Décumarie.*

Description générique.

Le caractère de ce genre est d'avoir le périanthe du calice supérieur, très-petit, à dix folioles ovales, colorées, aiguës, réfléchies; les pétales de la corolle sont au nombre de dix, lancéolés, obtus, égaux, en rond, s'ouvrans; les filamens des étamines sont depuis seize jusqu'à vingt-cinq, filiformes, de la longueur de la corolle; les anthères sont didymes, abaissées; le germe du pistil est en forme de toupie, inférieur; le stil est cylindrique, plus court que la corolle; le stigmate est bossu, environ à dix lobes.

CLASSE.

Ce genre fait partie de l'onzième Classe de Linnæus, qui comprend les plantes dodecandriques monogyniques. Cet Auteur n'en admet qu'une espèce.

ESPÈCE.

Cette espèce est la Décumarie barbare. *Decumaria barbara. Linn. Sp. plant. 1663. Villich. Observ. 75. Clusia minor. Tramp. Origin. Clusia foliis venosis. Fabr. Helmst. 2. p. 393.*

Description.

Ses rameaux sont raboteux, prenant racine à chacune de leurs articulations noueuses; sa panicule est en bouquet, terminale; ses fleurs sont semblables à celles du tilleul; le calice est à huit ou seize dents, supérieur; les feuilles sont coriacées, veineuses, découpées à dents de scie, éloignées vers la base; il n'y a point de stipule: on ne connoît pas le fruit.

Observation.

On ignore si cette plante n'est pas dioïque.

Lieu de sa naissance.

On croit qu'elle vient naturellement en Afrique.

DEGUCLIA, *le Degucle.*

Description générique.

Le caractère de cette plante est d'avoir le périanthe du calice monophylle, à deux levres, dont la supérieure est rondé, l'inférieure est partagée en trois lobes, étroits, aigus; la corolle est papilionacée; ses pétales sont au nombre de cinq, insérés au fond du calice, blancs; le pétale supérieur est incliné, les deux latéraux sont oblongs, étroits; les deux inférieurs sont concaves, connivens, oblongs, aigus; les filamens des étamines sont au nombre de dix, entre les pétales inférieurs, dont l'un est simple, & les neuf autres sont rassemblés dans une gaine membraneuse, insérés au fond du calice; les anthères sont oblongues, à deux loges; le germe du pistil est rond; le stil est long, entre la gaîne des étamines; le stigmate est aigu; le péricarpe est un légume globuleux, à une loge; la semence est unique, sphérique.

CLASSE.

Ce genre fait partie de la dix-septième Classe de Linnæus, qui comprend les plantes diadelphiques octandriques; M. Aublet, qui nous a fait connoître ce genre, n'en rapporte qu'une espèce.

ESPECE.

Cette espèce est le Degucle de la Guiane, l'Assa-Hapagara undeguelé des Galibis. *Deguclia scandens. Aublet. 750.*

Description.

Cet arbrisseau a un tronc haut de trois ou quatre pieds, sur quatre pouces de diametre; son écorce est grisâtre, ridée; son bois est blanc & dur; il pousse à son sommet & à mesure qu'il se prolonge des branches sarmenteuses qui se répandent & se roulent sur le tronc des arbres voisins & sur leurs sommets, d'où elles laissent pendre un nombre considérable de rameaux garnis de feuilles alternes, aîlées, à deux rangs de folioles opposées, terminées par une impaire: ces folioles sont vertes, entières, lisses, fermes, ovales, terminées en pointe; la côte sur laquelle elles sont rangées est longue de trois pouces; elle est renflée à sa naissance, & forme comme un talon dur & ligneux, accompagné de deux stipules qui tombent de bonne heure; les fleurs naissent en grand nombre sur de longs épis qui partent de l'aisselle des feuilles & de l'extrêmité des rameaux. Ces épis alors sont disposés en grande panicule; les branches qui portent des épis se roulent sur les branches des arbres, & servent alors comme de vrille. Le péduncule des fleurs est très-court; il est garni à sa base d'une petite écaille; le calice est d'une seule pièce, partagé à son lymbe en deux levres, dont la supérieure est large & obtuse; l'inférieure est plus longue, & divisée en trois petites lanières aiguës; la corolle est à cinq pétales blancs, un supérieur, large, incliné sur les quatre autres qu'il embrasse, deux latéraux longs & étroits, deux inférieurs en forme de nacelle, plus courts; ils sont attachés par un onglet sur la partie interne & inférieure du calice; les étamines sont dix, très-petites; neuf filets sont réunis en un faisceau, un seul est séparé; ces filets sont courts & velus; l'anthère est jaune, oblongue & à deux bourses; la gaine & le filet séparé sont placés au-dessous de l'insertion des pétales; le pistil est un ovaire arrondi, surmonté d'un stil, terminé par un stigmate obtus; l'ovaire devient une gousse roussâtre, épaisse, sphérique; elle s'ouvre en deux valves, & renferme une graine demi-sphérique qui est enveloppée d'une substance farineuse.

Figure.

Cet arbrisseau est représenté dans l'Histoire des plantes de la Guiane Françoise, par M. Aublet, pl. 300.

Lieu de sa naissance.

On le trouve en fleur dans le mois de Novembre sur les bords de la rivière de Sinemari.

DELIMA, *le Korosweł.*

Description générique.

Le caractère de ce genre est d'avoir le périanthe du calice à cinq folioles ovales, obtuses, égales, persistantes; il n'y a point de corolle; les filamens des étamines sont nombreux, capillaires, égaux par le calice; les anthères sont rondes; le germe du pistil est ovale; le stil est cylindrique, de la longueur de la fleur; le stigmate est simple, persistant; le péricarpe est peut-être un fruit à noyau, beaucoup plus long que le calice, ovale, pointu, bivalve, renfermant deux semences.

CLASSE.

Ce genre fait partie de la treizième Classe de Linnæus, qui comprend les plantes polyandriques monogyniques; ce genre ne renferme qu'une espèce.

ESPECE.

Cette espèce est le Koroswel sarmenteux. *Delima sarmentosa. Linn. Sp. plant. 736. Flor. Zeyl. 205. Amœnit. Acad. 1. p. 403. Peripu. Rheed. Hort. Mal. 7. Fructus Indicus sarmentosus, foliis hispidis rigidis. Burm. Zeyl. 201. Koroswel. Herm. Zeyl. 19.*

Description.

Cet arbre a les feuilles semblables à celles du hêtre, ovales, raboteuses, découpées à dents de scie, repliées, nerveuses, pétiolées, alternes; la panicule des fleurs est lâche, nue, plus longue que les feuilles, partant de chaque aîle, velue; les fleurs sont pédunculées.

Figure.

Il est représenté dans l'*Hort. Malab.* tome 7, pl. 34; & suivant Murray, dans le *Burm. Flor. Ind.* pl. 35, fig. 1; cependant l'arbre qui est représenté dans cette dernière planche ne nous a pas paru conforme à la description que nous avons rapportée ici d'après Linnæus.

Lieu de sa naissance.

Cet arbre croît dans l'Isle de Ceylan.

DELPHINIUM, *le Pied d'alouette.*

NOMS GÉNÉRIQUES.

Ce genre est connu sous les noms de *Delphinion. Græc. Delphinium Latin. Apantropon, Arsenota, Camaron, Cronion, Delphinias, Diachusis, Diachuton, Pseudopates, Sosandron, Tsasion Diosc. Ibesade. Ægypt. Buccinum galeni. Consolida regalis. Matth. Fior Cappucio. Ital. Delphinium Cæs. Staphisagria, pedicularis Latin. Staphisagria, Astaphis, Ftirioctonon, Ftirion. Diosc.* le Pied d'alouette, la Consoude royale, l'Herbe aux poux.

Description générique.

Dans les plantes de ce genre la fleur est irrégulière, composée de plusieurs pétales différens les uns des autres; celui d'en-haut est terminé postérieurement par un long éperon ou espèce de cornet assez ressemblant au crochet que les alouettes ont derriere le pied, & qui les distingue des autres oiseaux; au milieu de la fleur est un *nectarium* séparé en deux; il y a nombre de petites étamines inclinées dont les sommets sont droits; le pistil est formé de trois embryons de forme ovale, surmontés chacun d'un stil dont le stigmate est courbe; il y succede trois capsules jointes ensemble, qui s'ouvrent en travers, & qui ont chacune une seule loge où sont contenues des semences anguleuses.

CLASSE.

Ce genre fait partie de l'onzième Classe de Linnæus, qui comprend les fleurs polypétales anomales, & de la treizième de Linnæus, destinée aux plantes polyandriques polyginiques; cet Auteur en admet huit espèces; dont les trois premières sont à une capsule, & les autres à trois.

PREMIERE ESPECE.

La première espèce est la Consoude royale, la Delphinette, le Pied d'alouette commun, l'Eperon de Chevalier, l'herbe Sainte-Othilie. *Delphinium Consolida. Delphinium nectariis monophyllis, caule subdiviso. Linn. Sp. plant. 748. Hort. Cliff. 212. Flor. Suec. 446. 476. Mat. Med. 268. Roy. Lugdb. 482. Dalib. Paris. 158. Consolida regalis arvensis. Bauh. Pin. 142. Consolida regalis. Cam. Epit. 521. Flos regius sylvestris. Dod. Pempt. 252. Anthemis eranthemos, sive consolida regalis. Dalech. Hist. 970.* En Anglois, *Lerkspur.* En Allemand, *Rittersporn.* En Suédois, *Riddersporre.* En Danois, *Ridersporе, Hanesporе, Blaaknop, Knop i Kornet.* En Italien, *Fiora Cappucio.*

Description.

C'est une plante dont la racine est droite, rameuse, fibreuse, blanchâtre; sa tige est haute d'un pied, herbacée, cylindrique, rameuse; ses feuilles sont alternes, sessiles, divisées en folioles étroites, assez semblables à celles de l'aurone mâle; ses fleurs sont placées au sommet, disposées en grappes, avec des feuilles florales à la base de chaque péduncule; elles sont anomales, à cinq pétales inégaux, disposés en rond; le supérieur est échancré, antérieurement plus obtus que les autres, postérieurement tubulé, finissant en une corne longue; les autres pétales sont ovales, lancéolés, ouverts, presqu'égaux; on remarque dans cette plante un nectaire monophylle, divisé en deux, placé au milieu des pétales & prolongé en arrière; dans le tube du pétale supérieur, il n'y a aucun calice; la couleur de cette fleur est ordinairement blanche; son fruit est unicapsulaire, long, droit, recourbé à la pointe, univalve, contenant plusieurs semences anguleuses, rudes & noires.

Lieu de sa naissance.

Elle est annuelle, & croît naturellement par toute l'Europe, dans les champs.

Propriétés médicinales.

Le Pied d'alouette est un peu astringent & vulnéraire; on l'emploie utilement dans les accouchemens difficiles; Matthiole dit que ses fleurs fournissent par la distillation une eau dont on fait grand cas pour dissiper les nuages des yeux, & que prise intérieurement ou appliquée à l'extérieur, elle calme toutes les inflammations tant internes qu'externes; mais il ajoute que le suc même de la plante est encore plus efficace, ce qui est fort douteux, car son eau distillée n'a pas plus de vertus que de l'eau simple distillée.

Propriétés économiques.

Plusieurs personnes ont éprouvé avec succès les vertus du Pied d'alouette ou Delphinette pour la destruction du charanson. Cette plante que l'on a reconnue être ennemie de plusieurs insectes, fournit des semences qui sont d'un grand usage contre ces animaux. Pour un monceau de bled d'environ soixante septiers, on prend une livre de graines de Pied d'alouette, on la seme parmi le grain; & quand on veut se servir du bled, la séparation s'en fait aisément par le crible.

DEUXIEME ESPECE.

La deuxième espèce est la Delphinette d'Ajax. *Delphinium Ajacis. Delphinium nectariis monophyllis, caule simplici. Linn. Sp. plant. 748. Hort. Cliff. 213. Hort. Upf. 150. Roy. Lugdb. 482. Consolida regalis hortensis, flore magno & simplici. Bauh. Pin. 142. Consolida regalis hortensis, flore minore. Bauh. Pin. 142. Consolida regalis flore majore & multiplici. Bauh. Pin. 142. Flos regius. Dod. Pempt. 252. Delphinium hortense (Sp. 10-19). Boerrh. Lugdb. 1. p. 302 (Spic. 14-39) Tourn. Inst. 426. Flos Cappucio. Cæs. Syst. 267. Consolida regia sive calcaris flos recentiorum. Lob. Hist. 426. Consolida regalis erectior. Bauh. Hist. 3. p. 211. Delphinium elatius simplici & (pleno) flore. Clus. Hist. 2. p. 206.*

Description.

Cette espèce n'a pas ses feuilles en lobes, mais finement découpées; sa fleur est diversement colorée, & est tantôt simple, tantôt double; ses nectaires sont monophylles; sa tige est simple.

Figure.

Elle est représentée dans tous les Recueils gravés de fleurs qui se cultivent dans les jardins.

Culture.

Elle se seme d'elle-même, de même que la première espèce; mais lorsqu'on préfere de disposer de leurs graines, on les seme en automne en pleine terre, ou dans une plate-bande, & bien au large, parce que les plantes deviennent hautes. Si on ne les avoit pas semés en automne, à cause de quelque forte gelée ou de la pluie, on le pourroit faire au mois de Mars. La terre doit être bien préparée & fumée: on les seme par rangées distantes d'un pouce, dans des endroits où il n'y ait point d'oignons de fleurs; on les arrose à propos: ils ne réussissent point quand ils sont replantés. On dit que la graine se conserve quelquefois dix ans en terre.

Propriétés médicinales.

Suivant l'Emery, cette espèce est astringente, vulnéraire, consolidante, propre à tempérer les ophtalmies, & appaiser les ardeurs d'estomac & du bas-ventre; on s'en sert extérieurement & intérieurement.

Propriétés d'ornemens.

Elle sert d'ornement & de décoration dans nos jardins.

Observation.

Le lieu de la naissance de cette plante nous est inconnu; on prétend que c'est la vraie hyacinthe des Anciens, & l'ai ai; les Poëtes feignent qu'elle provient du sang d'Ajax, qui jouoit avec Apollon. Voyez ce que nous avons dit à ce sujet en parlant des jacinthes. De-là Ovide dans ses Métamorphoses, livre 10, s'exprime ainsi:

Ipse suos gemitus foliis inscribit, & ai ai
Flos habet inscriptum, funestaque littera ducta est.

& Theocrite, Idil. 9,

Nunc hyacinthe sonet tua littera, scilicet ai ai;
Nec tamen hoc satis est, ai ai plus ergo coquatur.
Literulasque velis foliis inscribere plures.

Ces lettres assez visibles sont représentées dans la partie inférieure du nectaire, ΑΙΑΙΑ, mais elles sont renversées, ou plutôt ce sont ΑΙΑΙΑ. Virgile dans ses Eglogues, parle de cette plante en ces termes:

Dic quibus in terris inscripti nomina Regum
Nascantur flores & Phyllida solus habeto.

TROISIÈME ESPÈCE.

La troisième espèce est la Delphinette de l'aconit. *Delphinium aconiti. Delphinium nectariis monophyllis anticè quadridentatis, capsulis solitariis ramulis unifloris. Linn. Syst. Veg. edit. XIII. Murr. 419. Delphinium Orientale annuum, flore singulari. Tourn. Coroll. 30.*

Description.

Cette espèce a le port de la première ou de la deuxième, mais ses corolles sont celles de l'aconit; sa tige est haute d'un pied, paniculée, rameuse, blanchâtre, poileuse; ses feuilles sont pétiolées, fendues en plusieurs parties, linéaires, blanchâtres; celles d'en haut sont seulement fendues en trois; les fleurs sont terminales, solitaires, pédunculées, petites, livides, panachées intérieurement de pourpre & de verd; le nectaire extérieur est tubuleux, plus long que les autres, très-obtus au sommet, alongé par la base, pour placer au milieu la levre antérieure horizontale; le nectaire intérieur renferme par sa base, qui est à lobe obtus de chaque côté, les étamines, mais il s'éleve antérieurement & supérieurement à un espace du nectaire extérieur par quatre dents égales, ayant à leurs bords une ligne pourpre; son sommet est entre l'extérieur, très-obtus, un peu gros, recourbé par son col resserré; les pétales inférieurs sont au nombre de quatre, ovales, lancéolés, égaux, verdâtres avec les côtes pourpres; les étamines sont de la longueur des pétales, pourpres: il n'y a qu'un germe.

Lieu de sa naissance.

Elle croît naturellement dans les Dardanelles.

QUATRIEME ESPECE.

La quatrième espèce est la Delphinette ambiguë. *Delphinium ambiguum. Delphinium nectariis monophyllis, corollis hexapetalis, capsulis ternis, foliis multi-*

partitis. Linn. Sp. plant. 749. Delphinium elatius, simplici flore. Clus. Hist. 2. p. 206. Consolida regalis, flore minore. Bauh. Pin. 142.

Description.

Cette espèce a le port de la seconde, mais elle est plus blanchâtre; ses rameaux sont écartés sur une tige simple; ses corolles sont bleues, extérieurement vertes; le nectaire est monophylle, fendu en deux lobes un peu aigus; l'éperon a souvent deux dents à son sommet.

Observation.

Elle differe des Delphinettes monogyniques par le nombre de ses capsules, & des trigyniques par son nectaire intérieur monophylle, ou son éperon intérieur, qui n'est pas partagé en deux; par conséquent on ne peut pas la séparer du genre des staphisaigres; les pistils varient dans la même plante, ils sont ou seuls, ou au nombre de deux, ensorte que le nombre en est à peine constant.

Lieu de sa naissance.

Elle croît naturellement dans la Mauritanie.

Culture.

Sa culture est la même que celle des espèces précédentes; mais comme cette espèce fleurit plus tard que les trois autres, on fera très-bien de ne pas l'entremêler avec elles. Pour empêcher que les fleurs des trois autres espèces ne dégénerent en simples, ou ne changent de couleur, il faut en automne en semer une couche de chaque espèce séparément; on les éclaircira quand elles seront levées à des distances convenables, & on les débarrassera de toute sorte de mauvaises herbes jusqu'au temps de leur fleuraison; on les visitera pour-lors tous les jours pour en arracher toutes celles dont les fleurs ne sont pas bien doubles, ni d'une belle couleur; car si on ne prend pas cette précaution, les poussières séminales de l'une s'entremêlent avec l'autre, & c'est ce qui les fait dégénérer, c'est ce qui fait aussi que les personnes qui se contentent seulement de marquer leurs bonnes fleurs propres à recueillir la semence auprès des autres qu'elles auroient dû arracher, se trouvent souvent frustrées dans leur espérance pour l'année suivante; ceux donc qui desirent avoir des fleurs en leur perfection, ne doivent jamais recueillir les semences de celles qui viennent dans les plates-bandes de jardins à fleurs, parce qu'il est impossible de les conserver aussi bien sans altération, que celles qui naissent sur des couches à une distance éloignée des autres espèces. Quand les capsules séminales deviennent brunes, on les visitera avec soin pour en faire la récolte avant qu'elles s'ouvrent & qu'elles n'aient perdu leurs semences; celles qui sont situées à la partie inférieure de la tige s'ouvrent long-temps après celles de la partie supérieure; c'est pourquoi on fera bien de faire la récolte des gousses de temps en temps à mesure qu'elles sont mûres, sans attendre qu'on arrache les tiges, comme le pratiquent quelques Jardiniers; les gousses de la partie inférieure de la tige sont préférables à celles de la supérieure; c'est pourquoi les vrais Curieux ne laissent jamais venir en semence la partie supérieure de la tige.

Propriétés d'ornemens.

Comme toutes les espèces du Pied d'alouette dont nous venons de parler sont peu délicates, & n'exigent presque point de culture, elles méritent une place dans tous les beaux jardins; il n'y a guère de plantes qui y produisent un plus bel effet qu'elles pendant leur fleuraison, & il n'y a aussi point de fleurs plus propres qu'elles à mettre dans des pots pour l'ornement des chambres, parce qu'ayant des tiges hautes & des épis longs, elles s'élevent convenablement au-dessus de la surface des pots; d'ailleurs étant de différentes couleurs & bien mêlangées, elles produisent le plus bel effet, & durent long-temps fleuries.

CINQUIEME ESPECE.

La cinquième espèce est le Pied d'alouette étranger. *Delphinium peregrinum. Delphinium nectariis diphyllis, corollis enneapetalis, capsulis ternis, foliis multipartito-obtusis. Linn. Sp. plant. 749. Hort. Cliff. 213. Consolida regalis latifolia, parvo flore. Bauh. Pin. 142. Prodr. 74. Moris. Hist. 3. p. 466. sect. 12. Delphinium nectariis diphyllis, floribus solitariis, foliis multipartitis, foliolis linearibus acuminatis. Allion. Nic. 200. Tourn. 71.*

Description.

La tige de cette espèce est simple, à rameaux vergés, nuds, serrés; les feuilles sont comme celles de la deuxième espèce; les bractées sont en forme d'alêne; la corolle est bleue, excepté les nectaires & les quatre pétales inférieurs; elle a en outre deux pétales latéraux ronds, attachés à de longs onglets qui se tournent vers les pétales extérieurs ou ceux d'en-bas, & qui s'appuient dessus; les nectaires n'ont aucune petite levre réfléchie; les capsules sont au nombre de trois.

Figure.

Cette espèce est représentée dans le *Bauhin. Prodr.* pl. 74; & dans l'Histoire des plantes, par Morison, tome 3, sect. 12, pl. 4, fig. 3.

Lieu de sa naissance.

Elle est annuelle, & croît naturellement dans la Sicile, l'Italie, l'Isle de Malthe, la Palestine, en Espagne.

Culture.

On seme ses graines au printemps, & on la gouverne comme les espèces précédentes; mais elle n'est pas des plus belles: on ne la cultive dans les jardins des Curieux uniquement que pour faire variété.

SIXIÈME ESPÈCE.

La sixième espèce est le Pied d'alouette à grandes fleurs. *Delphinium grandiflorum. Delphinium nectariis diphyllis, lobellis integris, floribus subsolitariis, foliis compositis lineari-multipartitis. Linn. Sp. plant. 749. Hort. Ups. 150. Mill. Icon. Gmel. Sib. 4. Delphinium Lusitanicum glabrum, aconiti folio, Rolof. Hort. 61. Delphinium elatius subincanum perenne, floribus amplis azureis. Amm. Ruth. 175. Dict. Mill. T. 119.*

Description.

La racine de cette espèce est vivace; sa tige est haute d'un demi-pied, divisée, & a le port du pied d'alouette de la première espèce; mais toutes ses parties sont plus grandes, & ses fleurs sont les plus belles de toutes les espèces de ce genre; d'ailleurs ses nectaires sont à deux feuilles: sa tige est cotonneuse, sans être serrée, mais souvent frêle; ses feuilles sont composées de trois feuilles, chacune est à trois fourches, linéaire, ovale, glabre, supérieurement luisante, sillonnée par une ligne; la corolle est grande, bleue; les nectaires sont bleus de même, mais à levres réfléchies, cachant totalement les étamines, entiers, jaunes, barbus vers la base, très-peu fendus en deux, ou barbus au sommet; l'éperon est un peu ridé.

Figure.

Cette espèce est représentée dans le Jardin de Rolof, pl. 3; dans le Dictionnaire de Miller, pl. 119 & 250, fig. 1; & dans le *Flor. Sib.* tome 4, planche 78.

Lieu de sa naissance.

Elle croît naturellement dans la Sibérie; elle est vivace, ainsi que nous l'avons observé.

SEPTIÈME ESPÈCE.

La septième espèce est le Pied d'alouette élevé. *Delphinium alatum. Delphinium nectariis diphyllis, lobellis bifidis apice barbatis, foliis incisis, caule erecto. Linn. Sp. plant. 749. Hort. Upf. 151. Mill. Icon. T. 250. Gmel. Sib. p. 187. Delphinium nectariis diphyllis, foliis peltatis multipartitis acutis. Hort. Cliff. 213. Delphinium perenne, aconiti folio ampliori, floribus cæruleis. Amm. Ruth. 174. Hall. Goett. 33. Aconitum cæruleum hirsutum, flore consolidæ regalis. Bauh. Pin. 181. Aconitum lycoctonum, flore Delphinii Silesiaci. Clus. Hist. 2. p. 94.*

Description.

La racine de cette espèce est vivace; la tige est lisse, de la hauteur d'un homme; les feuilles sont larges, fendues en trois, en cinq, découpées, glabres, à moins que quelquefois elles ne soient velues par les bords & les rides; les grappes sont longues, terminales; les nectaires sont ridés; la levre supérieure est brunâtre, l'inférieure est réfléchie, fendue en deux, barbue au milieu & aux sommets par une laine jaune; sous la petite levre il paroît des étamines.

Figure.

Cette espèce est représentée dans le Dictionnaire de Miller, pl. 250, fig. 2; dans le *Gmelin Flor. Sib.* tome 4, depuis la planche 75 jusqu'à la 80.

Lieu de sa naissance.

Elle croît naturellement dans la Suisse, la Sibérie & la Silésie.

Culture.

Cette espèce, de même que la précédente, se multiplient par graines; si on les seme en automne, elles réussissent beaucoup mieux que si c'est au printemps. Quand ces plantes sont levées, il faut les débarrasser des mauvaises herbes, & en arracher une partie quand elles se trouvent trop épaisses, pour donner de la place aux autres pour s'étendre; l'automne suivante on les transplante à demeure: elles fleurissent l'année suivante pendant l'été: ses racines durent plusieurs années; & comme elles s'étendent toujours davantage, elles donnent un plus grand nombre de tiges à fleurs.

Propriétés d'ornemens.

Ces deux espèces méritent d'être cultivées dans les grands parterres, par la beauté de leurs fleurs & de leurs feuillages.

HUITIEME ESPECE.

La huitième espèce est la Staphisaigre, l'Herbe aux poux. *Delphinium staphisagria. Delphinium nectariis diphyllis petalo brevioribus, foliis palmatis, lobis obtusis. Linn. Sp. plant. 750. Hort. Cliff. 213. Hort. Upf. 150. Mat. Med. 269. Roy. Lugdb. 482. Sauv. Monsp. 214. Staphisagria. Bauh. Pin. 324. Dod. Pempt. 366.* En Allemand, *Lause-kraut.* En Anglois, *Staves-acre.* En Italien, *Stafisagria, Strafusaria.*

Description.

La racine de cette espèce est blanche, longue & ligneuse; sa tige est ronde, droite, rameuse, noirâtre, haute d'environ deux pieds, accompagnée de feuilles vertes, brunes, découpées profondément comme celles de l'aconit, mais plus grandes; ses fleurs sont rangées en épis aux sommets des rameaux, composées chacune de huit feuilles, dont les cinq premières sont disposées en rond; la supérieure se termine par une espèce d'éperon, & reçoit l'éperon d'une autre feuille; elle contient dans son milieu un pistil qui se change dans la suite en trois capsules jointes ensemble, dans lesquelles on trouve des semences grosses comme des petits poils, rudes, ridées, de figure triangulaire, noires en-dehors, blanches en-dedans, d'un goût âcre, brûlant & désagréable; ses semences sont mûres en Septembre.

Figure.

Cette espèce est représentée dans la seconde partie de cet Ouvrage, & dans notre Traité historique des plantes de la Lorraine, tome 5.

Lieu de sa naissance.

Elle croît naturellement dans la Toscane, la Dalmatie, la Calabre, la Pouille, la Candie, la Provence, le Languedoc; on en voit beaucoup à Prades, aux environs de Montpellier.

Culture.

On la cultive dans quelques jardins de la France, à cause de la beauté de sa fleur: on la seme au printemps: elle demande une terre ameublie & arrosée, qui ne soit pas trop exposée au soleil du midi: elle est annuelle.

Propriétés médicinales.

Les seules semences de cette plante sont en usage en médecine; les Anciens s'en servoient extérieurement, comme émétique, depuis douze grains jusqu'à un scrupule. Mais comme ces semences échauffent & enflamment si vivement le gosier, qu'elles font craindre une suffocation, on les a totalement bannies de la Classe des purgatifs, avec d'autant plus de raison, qu'on en a des plus propres pour remplir les différentes indications des maladies. Son usage extérieur est le plus commun; on l'emploie comme salivant âcre; on l'enferme dans un nouet qu'on tient à la bouche, pour dégorger les glandes salivaires, par l'irritation qu'elle cause: cela peut procurer du soulagement dans la douleur des dents. On fait encore quelquefois bouillir cette semence, & on s'en sert en guise de gargarisme: elle est aussi un très-bon déterſif pour consumer les chairs baveuses des vieux ulceres. Sa principale propriété est de faire mourir les poux; on en saupoudre les cheveux, & en peu de temps cette vermine disparoît.

Propriétés économiques.

On assure que l'herbe aux poux est très-pernicieuse aux rats; on s'en sert même pour les empoisonner. On prend une partie de semence d'herbe aux poux, sur trois parties de farine d'avoine; on mêle le tout ensemble, on fait avec du miel une espèce de pâte, dont on met des morceaux dans les endroits que les rats fréquentent : nous en avons fait nous-mêmes l'épreuve.

Propriétés d'ornemens.

Cette plante peut figurer dans nos parterres, & en servir de décoration.

Insectes qui se trouvent sur le Pied d'alouette.

Le premier insecte est la Cuculle. *Notoxus Geoff. 1. p. 356. Meloë alatus, thorace in cornu supra caput expanso. Linn. Sist. Nat. edit. XII. 681.* M. Geoffroy décrit ainsi cet insecte. Il a deux lignes de longueur sur deux tiers de largeur ; sa forme singuliere le rend très-remarquable : sa couleur est jaunâtre ; ses yeux sont noirs & fort gros ; ses antennes sont de la longueur de la moitié de son corps, & filiformes ; le corcelet a en-dessus une grosse pointe qui revient en-devant, & recouvre la tête dans son milieu, s'avançant jusqu'à sa partie antérieure. Cette pointe forme une espèce de canulle ou coqueluchon ; son extrêmité est un peu noire ; le reste du corcelet est d'un jaune fauve ; les étuis sont de la même couleur, jaunes, avec quatre taches noires, deux sur chaque étui, une en haut, l'autre en bas, un peu avant l'extrêmité de l'étui. Outre cela, la suture des étuis est noire, & forme une bande qui, commençant à l'écusson par une tache assez large, devient plus étroite, & descend pour se confondre avec les deux taches inférieures qui, par cette jonction, forment une large bande transversale sur les étuis ; au lieu que les taches supérieures sont isolées ; les pattes & tout le dessous de l'insecte sont d'un jaune fauve.

Le second insecte est la Phalene du Pied-d'Alouette. *Phalena noctua Delphinii. Phalena noctua spirilinguis cristata, alis deflexis purpurascentibus, fasciis duobus flavescentibus, inferioribus obscuris. Linn. Sist. Nat. edit. XII. 857.* La larve de cette Phalene est nue, jaunâtre, pointillée de noir. La Phalene est à crête ; ses aîles sont réfléchies, pourpres, avec deux bandes jaunes ; ses inférieures sont obscures.

Le troisième insecte est la Phalene Chi. Elle se trouve pareillement sur l'ancholie & sur le laitron. *Voyez* leurs articles.

DENTARIA, *la Dentaire.*

Description générique.

Le caractère de ce genre est d'avoir le périanthe du calice à cinq folioles ovales-oblongues, paralleles, connivêntes, obtuses, qui tombent ; la corolle est à quatre pétales, cruciformes ; les pétales sont ronds, obtus, à peine échancrés, planes, se terminant en onglets, de la largeur du calice ; les filamens des étamines sont au nombre de six, en forme d'alêne, de la longueur du calice, dont deux sont plus courts ; les anthères sont en forme de cœur, oblongues, droites ; le germe du pistil est oblong, de la longueur des étamines ; le stil est très-court, gros ; le stigmate est obtus, échancré : le péricarpe est une silique longue, cylindrique, à deux loges, à deux valves, à cloison, un peu plus longues que les valves ; les semences sont nombreuses, ovales.

CLASSE.

Ce genre fait partie de la cinquième Classe de Tournefort, qui comprend les plantes cruciformes, & de la quinzième Classe de Linnæus, qui comprend le plantes tetradynamiques filiqueuses. Cet Auteur en admet trois espèces.

PREMIERE ESPECE.

La première espèce est la Dentaire à neuf feuilles. *Dentaria enneaphyllos. Dentaria foliis ternis ternatis. Linn. Sp. plant. 912. Jacq. Vind. 119. Dentaria foliis omnibus ternatis. Roy. Lugdb. 340. Dentaria triphyllos. Bauh. Pin. 322. Clus. Hist. 2. p. 121. n°. 5. Coralloïdes triphyllos. Gesn. Fasc. 4. Ceratia Plinii. Col. Ecphr. 1. p. 308.*

Description.

Les feuilles de cette espèce sont réunies trois à trois, & chacune de ces trois est ternée ; ce qui fait dire que cette plante est à neuf feuilles réunies.

Figure.

Elle est représentée dans le quatrième Fascicule de Gesner, pl. 2, fig. 4, & dans le *Colum. Ecphr.* tom. 1, pl. 307.

Lieu de sa naissance.

Elle croît naturellement dans les endroits ombrageux, montueux & stériles de l'Autriche : elle est vivace.

Culture.

On la multiplie, ou par semences, ou par ses racines, qu'on partage ; on seme les graines en automne, dès qu'elles sont mûres, dans une terre légere & sablonneuse, & à une exposition chaude. Au printemps, quand les jeunes plantes se trouvent trop près les unes des autres, on les transplante dans un terrein comme ci-dessus : lorsqu'elles sont bien reprises, elles n'ont besoin d'autre soin que d'être débarrassées des mauvaises herbes : elles fleurissent la seconde année, & quelquefois leurs semences mûrissent. Lorsqu'on transplante les racines, c'est en Octobre.

DEUXIEME ESPÈCE.

La deuxième espèce est la Dentaire qui porte des bulbes. *Dentaria bulbifera. Dentaria foliis inferioribus pinnatis, summis simplicibus. Linn. Sp. plant. 912. Hort. Cliff. 335. Flor. Suec. 565. 584. Roy. Lugdb. 340. Hall. Helv. 557. Dentaria heptaphyllos baccifera. Bauh. Pin. 2. p. 121. Dentaria IV. baccifera. Clus. Hist. 2. p. 121.*

Description.

Cette espèce est plus délicate que la suivante ; ses feuilles inférieures sont à sept folioles, ensuite à cinq, après à trois, & enfin solitaires, découpées à dents de scie, quelquefois entieres ; le calice est tubuleux, ayant toutes ses feuilles bossues parderriere, sur-tout deux, d'ailleurs vertes, dont les bords sont blancs ; les pétales sont elliptiques, d'un pourpre tendre. Il y a deux glandes à l'origine des étamines les plus courtes, & deux très-grandes vers l'intérieur des étamines les plus longues, une de chaque côté. Les siliques mûrissent rarement ; mais à leur place il y a sept à neuf boutons ou bulbes rassemblés en forme de baie à l'aisselle des feuilles.

Figure.

Elle est représentée dans l'*Hort. Aichstet*, partie d'été, pl. 12, fig. 2, & dans le *Flor. Dan.* planche 361.

Lieu de sa naissance.

Elle croît naturellement dans la partie méridionale de l'Europe, aux pieds des montagnes.

Variété.

Linnæus donne, pour variété de cette espèce, la plante connue sous le nom de *Dentaria baccifera, foliis ptarmicæ. Bauh. Pin.* 322.

Culture.

On multiplie cette espèce par ses bulbes qu'on plante, & qui forment de nouvelles plantes.

TROISIEME ESPECE.

La troisième espèce est la Dentaire à cinq feuilles. *Dentaria pentaphyllos. Dentaria foliis summis digitatis. Linn. Sp. plant.* 912, dont il y a trois variétés, suivant Linnæus; la première est connue sous les noms de *Dentaria foliis septenis, superioribus quinatis. Hall. Helv.* 556. *Dentaria foliis summis quinatis. Gesn. Fasc.* 1. *Dentaria heptaphyllos. Bauh. Pin.* 322. *Dentaria 8 heptaphyllos, Clus. Hist.* 2. *p.* 123. La deuxième a pour phrase *Dentaria pentaphyllos, foliis mollibus. Garid. Prov.* 152. *Dentaria pentaphyllos. Bauh. Pin.* 322; & la troisième est désignée sous les noms de *Dentaria pentaphyllos, foliis asperis. Tourn. Inst.* 225. *Dentaria 6 monophyllos.* 1. *Clus. Hist.* 2. *p.* 122. En Allemand, *Zahn-kraut.*

Description.

La racine de cette espèce est noueuse, couverte d'écailles tuilées, de la grosseur du pouce; sa tige est simple, de la hauteur de deux ou trois pieds, terminée par des fleurs disposées en grappes; ses feuilles sont alternes, pétiolées; les supérieures sont digitées; leurs folioles sont au nombre de cinq ou de sept, simples, entières, dentées, lancéolées, aiguës; ses fleurs sont purpurines, cruciformes, ayant les pétales obtus, obronds, à peine échancrés, & les onglets de la longueur du calice; son fruit est une silique longue, cylindrique, biloculaire, bivalve, ayant la cloison plus longue que les battans, & contenant des semences ovales.

Figure.

Cette espèce est représentée dans le premier Fascicule de Gesner, pl. 1, fig. 1; dans les Plantes de la Provence, par Garidel, pl. 29.

Lieu de sa naissance.

Elle croît sur les Alpes de la Suisse, de la Savoie & du Bugey; dans le territoire de Colmar, en Provence, au Mont-d'Or en Auvergne, & à l'Esperon dans le Languedoc.

Culture.

Elle se multiplie par ses racines qu'on partage en automne, & qu'on plante dans un terrein humide & ombragé; elle ne vit point dans un lieu sec, exposé au soleil.

Propriétés médicinales.

Elle est carminative, vulnéraire & détersive; on s'en sert rarement, on n'emploie que la racine. A Nuremberg on croit que cette racine est bonne contre l'épilepsie; on l'y vend en conséquence sur les marchés.

DENTELLA, *la Dentelle.*

Description générique.

Le caractère de ce genre est d'avoir le périanthe du calice supérieur partagé en cinq folioles, en forme d'alêne; la corolle est monopétale, tubuleuse, plus longue que le calice; le tube se dilate sensiblement dans un limbe fendu en cinq, qui s'ouvre; les lobes sont aigus, à trois petites dents, dont celle du milieu est la plus grande; les filamens des étamines sont au nombre de cinq, courts, en forme d'alêne, insérés vers la base du tube; les anthères sont petites; le germe du pistil est inférieur, velu; le stil est cylindrique, court, un peu gros; les stigmates sont au nombre de deux, plus gros que le stil, plus longs, s'ouvrans; le péricarpe est une capsule inférieure, globuleuse, couronnée par le calice, à deux loges; les semences sont nombreuses, ovales.

CLASSE.

Ce genre fait partie de la cinquième classe de Linnæus, qui comprend les plantes pentandriques monogyniques; il n'y en a qu'une espèce.

ESPECE.

Cette espèce est la Dentelle traçante. *Dentella repens. Forst. Caract. plant.* 26.

Figure.

Elle est représentée dans les Caractères de nouveaux genres publiés par MM. Forsters, pl. 13.

Lieu de sa naissance.

Elle croît naturellement dans les Isles Australes, où les Messieurs Forster l'ont trouvée pour la première fois.

DIALIUM, *le Dialion.*

Description générique.

Le caractère de ce genre de plantes est d'avoir la corolle à cinq pétales, sans calice, les étamines au nombre de deux vers le côté supérieur.

CLASSE.

Ce genre fait partie de la deuxième classe de Linnæus, qui comprend les plantes diandriques monogyniques. Cet Auteur n'en admet qu'une espèce.

ESPÈCE.

Cette espèce est le Dialion des Indes. *Dialium Indicum. Linn. Syst. Veg. edit. XIII. Murr.* 55. *Mantis.* 24. *Dialium Javanicum. Burm. Ind.* 12. *Cortex papetarius. Rumph. Amb.* A Malaca, *Cœlit papæda* & *Œbat papeda.* A Java, *Cotrandja.*

Description.

Les feuilles de cet arbre sont ailées, alternes; les folioles sont au nombre de sept, longues d'un palme, ovales, oblongues, pointues, très-entières, lisses, à pétioles très-courts; les fleurs sont rouges, paniculées, penchées.

Figure.

Cette espèce est représentée dans l'*Herb. Amboin.* tome 3, planche 137, & dans la deuxième partie de cet Ouvrage.

Lieu de sa naissance.

Elle croît naturellement dans l'Inde, à Java.

Propriétés économiques.

On emploie le bois de cet arbre, à défaut d'autres, pour faire des poutres.

DIANTHERA, *la Dianthère.*

Description générique.

Le caractère de ce genre est d'avoir le périanthe du calice monophylle, partagé en cinq, tubuleux, ayant les découpures lancéolées, égales, de la longueur du tube, persistantes; la corolle est monopétale, se ride; le tube est court; la levre supérieure est un peu plane, réfléchie, fendue en deux, très-obtuse; l'inférieure est partagée en trois lobes oblongs, égaux, obtus, distans; l'intermédiaire est le plus large. Les filamens des étamines sont au nombre de deux, filiformes, plus courts que la corolle, attachés au dos de la corolle, de la longueur de la levre supérieure; les anthères sont au nombre de deux à chaque filament, oblongues, dont l'une est plus haute que l'autre; le germe du pistil est oblong; le stil est filiforme, de la longueur des étamines; le stigmate est obtus; le péricarpe est une capsule bivalve, à deux loges, applatie supérieurement & inférieurement, mais alternativement, à valvules en forme de nacelle, à onglet élastique; ses semences sont solitaires, en forme de lentille.

CLASSE.

Ce genre fait partie de la deuxième classe de Linnæus, qui comprend les plantes diandriques monogyniques. Cet Auteur en admet deux espèces.

PREMIERE ESPECE.

La première espèce est la dianthère d'Amérique. *Dianthera Americana. Dianthera spicis solitariis alternis. Linn. Sp. plant.* 24. *Dianthera. Gron. Virg.* 6. *Gratiolæ affinis floridana, foliis, floribus & capsulis in spica brevi, pediculis è foliorum alis innixis. Pluk. Amalth.* 114.

Description.

La tige de cette espèce est très-simple; les feuilles sont linéaires; les péduncules sont alternes, de la longueur des feuilles; les épis sont ovales.

Figure.

Cette espèce est représentée dans l'*Amalthæum* de Plukenet, pl. 423, fig. 5.

Lieu de sa naissance.

Elle croît naturellement dans la Virginie, la Floride; elle est vivace.

Culture.

Elle fleurit sur la fin de Juillet, mais elle donne rarement des semences en France; on ne la conserve que très-difficilement dans ce climat, car quoiqu'elle puisse passer en plein air dans ces contrées, elle est très-sujette à se pourrir en hiver; & si on la place sous un abri, elle file aussi-tôt, pour se servir des termes de Jardinier, & meurt peu de temps après, ce qui rend cette plante très-rare.

DEUXIEME ESPECE.

La deuxième espèce est la Dianthère chevelue. *Dianthera comata. Dianthera spicis filiformibus verticillatis, inferioribus umbellatis. Linn. Sp. plant.* 24. *Dianthera foliis lanceolato-ovatis, racemo spatioso assurgente, spicillis verticillatis. Brow. Jam.* 118. *Antirrhinum minus angustifolium, flore dilute cæruleo. Sloan. Jam.* 49. *Hist.* 1. *p.* 160.

Description.

Les feuilles de cette espèce sont lancéolées, ovales; la grappe est spacieuse & s'éleve; les petits épis sont verticillés; la fleur est d'un pourpre clair; le périanthe du calice est monophylle, découpé presque vers la base en cinq lobes droits, étroits; la corolle est tubulée & se ride; le tube est gonflé; la levre supérieure est droite, ovale; l'inférieure se réfléchit, est à trois dents & à gueule panachée; les filamens des étamines sont au nombre de deux, presque de la longueur de la corolle; chacun a deux anthères distinctes, dont l'une est un peu plus grande que l'autre; le péricarpe est une capsule oblongue, ovale, à deux loges, à deux valves opposées par la cloison; dans chaque cloison il y a deux semences, applaties, qui y sont attachées.

Figure.

Cette espèce est représentée dans l'Histoire de la Jamaïque, par Sloane, tome 1, pl. 103, fig. 2.

Lieu de sa naissance.

Elle croît naturellement dans la Jamaïque.

DIANTHUS, *l'Œillet.*

NOMS GÉNÉRIQUES.

Ce genre de plante est connu sous les noms de *Tunica. Latin. Diophantos Theoph. Jovis flos Gazæ. Caryophyllus. Lob. Tunisia. Cæsalp. Dianthus. Linn.* l'Œillet.

Description générique.

Le caractère de ce genre est d'avoir le périanthe cylindrique, tubuleux, strié, persistant, à cinq dents, environné par la base de quatre petites écailles, dont deux opposées sont inférieures; les pétales de la corolle sont au nombre de cinq; les onglets sont de la longueur du calice, étroits, insérés au receptacle; le lymbe est plane; les lames sont plus larges en-dehors, obtuses, crenellées; les filamens des étamines sont au nombre de dix, en alêne, de la longueur du calice, à sommets ouverts; les anthères sont ovales, oblongues, applaties, se couchant; le germe du pistil est ovale; les stils sont au nombre de deux, en forme d'alêne, plus longs que les étamines; les stigmates sont recourbés, pointus; le péricarpe est une capsule cylindrique, couverte, à une loge, s'ouvrant par le sommet de quatre côtés; les semences sont nombreuses, applaties, rondes; le receptacle est libre, tétragonal, moitié plus court que le péricarpe.

Observation.

Dans les uns les stils à peine excedent la longueur

des étamines, dans les autres ils sont très-longs, mais tellement repliés, que l'inflexion de la fleur n'est pas nécessaire.

CLASSE.

Ce genre fait partie de la huitième classe de Tournefort, qui comprend les plantes caryophyllées, & de la dixième de Linnæus, qui comprend les plantes décandriques digyniques. Cet Auteur en admet vingt espèces, dont les cinq premières sont à fleurs rassemblées.

PREMIERE ESPECE.

La premiere espèce est l'Œillet barbu, l'Œillet poëte. *Dianthus barbatus. Dianthus floribus aggregatis fasciculatis, squamis calycinis ovato-subulatis tubum æquantibus, foliis lanceolatis. Linn. Sp. pl. 586. Hort. Cliff. 165. Hort. Upf. 165. Roy. Lugdb. 444. Sauv. Monf. 144. Caryophyllus hortensis barbatus latifolius. Bauh. Pin. 208. Thyrsis. Reneaulm. Specim. 47.* En Anglois, *Swert villiam.*

Description.

Les feuilles de cette espèce sont lancéolées, larges; les fleurs sont rassemblées par bouquets; les écailles de leur calice sont ovales, en forme d'alêne, & égalent le tube.

Variété.

Linnæus donne pour variété l'Œillet poëte à feuilles étroites. *Caryophyllus barbatus hortensis angustifolius. Bauh. Pin. 209. Armarius flos alter. Dod. Pempt. 176.* En Anglois, *Sweet johns.*

DEUXIEME ESPECE.

La deuxième espèce est l'Œillet des Chartreux. *Dianthus Carthusianorum. Dianthus floribus subaggregatis, squamis calycinis ovatis aristatis tubum subæquantibus, foliis linearibus trinerviis. Linn. Sp. plant. 586. Hort. Upf. 105. Dianthus floribus aggregatis, squammis calycinis lanceolatis, corollis crenatis. Guett. Stamp. 284. Caryophyllus sylvestris vulgaris latifolius. Bauh. Pin. 209. Caryophyllus arvensis, calyculo florum numeroso. Læs. Pruss. 37.*

Description.

Cette espèce differe de la précédente par ses feuilles qui sont de moitié plus étroites, plus roides, à trois nervures, sans être à une nervure; par sa tige, qui est un peu raboteuse, sans être très-lisse; par ses pétales, qui sont distans, velus en dessus, sans être glabres; par ses pistils, qui sont plus longs que le tube.

Figure.

Cette espèce est représentée dans le *Flor. Pruss.* de Lœsel, figure 7.

Variété.

Linnæus donne pour variété de cette espèce le *Caryophyllus sylvestris, flore rubro plurimo de summo caule prodeunte. Seg. Veron. 434.*

Lieu de sa naissance.

Cette variété croît dans les endroits stériles & escarpés de l'Allemagne, de l'Italie & de la Sicile.

TROISIEME ESPECE.

La troisième espèce est l'Œillet poëte du pays. *Dianthus armeria. Dianthus floribus aggregatis fasciculatis, squamis calycinis lanceolatis, villosis tubum æquantibus. Linn. Sp. plant. 586. Hort. Cliff. 165. Flor. Suec. 345. 381. It. Gotl. 301. Roy. Lugdb. 443. Sauv. Monsp. 144. Caryophyllus sylvestris barbatus. Bauh. Pin. 203. Armeria sylvestris altera. Lob. Ic. 448.*

Description.

Cette espèce est annuelle; ses fleurs rouges ont un calice à longues barbes, & viennent en bouquets serrés; ses pétales sont pointus, à une ou deux dents.

Figure.

Elle est représentée dans les Plantes de Lobel, pl. 448; & dans le *Flor. Danic.* pl. 230.

Lieu de sa naissance.

Elle croît naturellement dans les endroits stériles de la France, de la Gotlande, de l'Allemagne & de l'Italie.

QUATRIEME ESPECE.

La quatrième espèce est l'Œillet ferrugineux, l'Œillet d'Italie. *Dianthus ferrugineus. Dianthus floribus aggregatis, petalis bifidis, laciniis tridentatis. Linn. Syst. Veg. edit. XIII. Murr. 348. Mant. 563. Caryophyllus montanus umbellatus, foliis variis luteis ferrugineis, Italicus. Barr. Rar. 648.*

Description.

Ses fleurs sont ramassées en tête, jaunes & arrangées sur un même pied, crenellées à leurs bords, & ont un calice roide & barbu; sa tige s'éleve à la hauteur d'environ un pied & demi; ses feuilles sont fermes, d'un verd pâle, opposées des deux côtés de chaque articulation; les fleurs sont en état vers le mois de Juillet.

Observation.

Les racines reproduisent pendant plusieurs années de suite des plantes qui fleurissent & portent graines. Les jeunes plantes qui ont deux ans fleurissent mieux que les autres.

Figure.

Elle est représentée dans les plantes rares de Barrelier, pl. 497.

Lieu de sa naissance.

Elle croît naturellement en Italie.

CINQUIÈME ESPÈCE.

La cinquième espèce est l'Œillet prolifere. *Dianthus prolifer. Dianthus floribus aggregatis capitatis, squamis calycinis ovatis obtusis muticis tubum superantibus. Linn. Sp. plant. 587. Dianthus floribus aggregatis, capitulo magno, squamis calycinis ovatis obtusis magnis. Hort. Upf. 106. Sauv. Monsp. 144. Cariophyllus sylvestris prolifer. Bauh. Pin. 209 Segu. Veron. 26. Caryophyllus sylvestris annuus, multis capsulis simul junctis donatus. Moris. Hist. 2. p. 263.*

Description.

Cette espèce est bisannuelle; sa tige est haute d'un pied, droite, inférieurement rameuse; ses feuilles sont linéaires, très-étroites, éloignées; son calice est glabre, oblong, composé ou rassemblé; ses pétales sont très-petits, sans être crenellés, mais un peu échancrés, très-obtus.

Figure.

Elle eſt repréſentée dans les plantes de Vérone, par Séguier, pl. 7, fig. 1.

Lieu de ſa naiſſance.

Elle croît naturellement dans les prairies ſtériles de l'Allemagne, de la Suiſſe, de la France, de l'Italie, de la Sicile, de Madere.

Obſervation.

Toutes les eſpèces dont nous venons de parler ont leurs fleurs raſſemblées pluſieurs enſemble; les neuf ſuivantes les ont ſolitaires, quoique pluſieurs ſur la même tige.

SIXIÈME ESPECE.

La ſixième eſpèce eſt l'Œillet diminué. *Dianthus diminutus. Dianthus floribus ſolitariis, ſquamis calicinis octonis florem ſuperantibus. Linn. Sp. plant. 587. Caryophillo prolifero affinis, unico ex quolibet capitulo flore. Bauh. Pin. 219. Caryophillus Sylveſtris minimus.*

Deſcription.

Cette eſpèce reſſemble beaucoup à la précédente, mais ſes feuilles ſont plus étroites; ſa tige eſt rameuſe; ſes fleurs ſont terminales, ſimples, ſans être raſſemblées; le calice eſt à quatre paires d'écailles, dont les intérieures ſont ſenſiblement plus grandes, plus obtuſes; la corolle eſt très-courte; à peine s'éleve-t-elle au-delà du tube; par conſéquent ſa fructification eſt la même que celle de l'eſpèce précédente; mais elle n'eſt pas raſſemblée, elle eſt ſeulement ſimple.

Lieu de ſa naiſſance.

Elle croît naturellement en Allemagne: elle eſt annuelle.

Culture.

Toutes ces eſpèces ſe multiplient par graines que l'on ſeme au printemps ſur couche: quand elles ſont levées, on les repique à trois ou quatre pouces de diſtance les unes des autres dans une vieille couche de terreau, & quand les pieds ſont aſſez forts, on les place à demeure.

SEPTIEME ESPECE.

La ſeptième eſpèce eſt l'Œillet-girofle. *Dianthus caryophillus. Dianthus floribus ſolitariis, ſquamis calicinis ſubovatis breviſſimis, corollis crenatis. Linn. Sp. plant. 587. Hort. Cliff. 164. Hort. Upſ. 104. Mat. Med. 213. Roy. Lugdb. 443. Sauv. Monſp. 143.* En Allemand, *Nœglein.* En Anglois, *Cloves.* En Italien, *Garofano.*

Deſcription.

La racine de cette eſpèce eſt rameuſe, très-fibreuſe; ſa tige eſt haute de deux ou trois pieds, droite, liſſe, nerveuſe, ayant les nœuds d'un verd clair; les feuilles ſont raſſemblées au bas des tiges, oppoſées ſur leurs articulations, ſeſſiles, très-entieres, linéaires, pointues, d'un verd tendre; les fleurs ſont ſolitaires, ſimples ou doubles, de pluſieurs couleurs, que la culture fait varier agréablement, cariophillées, ayant cinq pétales, dont les onglets ſont de la longueur du calice, étroits, inſérés au receptacle; le lymbe eſt plane, élargi, & crenelé au ſommet; les étamines ſont au nombre de dix, comme dans toutes les caryophillées; le calice eſt cylindrique, alongé, découpé en cinq à ſon extrêmité, entouré à ſa baſe de quatre écailles courtes, preſqu'ovales.

Lieu de ſa naiſſance.

On croit cet Œillet originaire d'Italie; on le cultive dans tous les jardins.

Variétés.

Linnæus en rapporte cinq variétés. La premiere variété eſt l'Œillet à couronne. *Dianthus coronarius. Caryophillus hortenſis ſimplex, flore majore. Bauh. Pin. 208.* La ſeconde eſt le *Caryophillus altilis major. Bauh. Pin. 207.* La troiſième eſt le *Caryophillus maximus ruber & variegatus. Bauh. Pin. 209.* La quatrième eſt l'Œillet imbriqué. *Dianthus imbricatus. Caryophillus flore pleno ex ſquamis calicinis longiſſimis imbricatis. Hort. Cliff. L. C. Caryophillus ſpicam frumenti referens. E. N. C. Cent. 3. p. 368. Hort. Cliff. 164. Philoſ. Bot. 8.* La cinquième variété a pour phraſes *Tunica anguſtifolia procumbens, petalis ſerratis. Hall. Helv. 382. Caryophillus Sylveſtris biflorus. Bauh. Pin. 209. Prodr. 104. Caryophillus ſylveſtris, flore rubro inodoro, calice oblongo cum brevibus unguibus. Segu. Veron. 435. Dianthus inodorus. Linn.*

Figure.

La quatrième variété eſt repréſentée dans les Ephémérides des Curieux de la Nature, Cent. 3, pl. 9, & la cinquième dans les Plantes de Seguier, par Verone, pl. 7, fig. 3. On trouve pluſieurs variétés de ces Œillets repréſentées dans le *Theatrum Floræ*, dans le *Florilegium Suvertianum*, dans le *Florum Imagines*, dans le Traité des Plantes bulbeuſes & liliacées qui ſe trouvent à la ſuite de l'édition que nous avons publiée de l'Hiſtoire des Inſectes de Surinam & de toute l'Europe, par Mlle de Merian.

Obſervation.

La quatrième variété eſt des plus ſingulieres; puiſqu'elle a la forme d'un épi de froment.

Lieu de ſa naiſſance.

La cinquième variété croît en Italie, dans les Alpes de la Suiſſe: les autres variétés proviennent probablement de celle-ci.

Caractères d'un bel Œillet.

Les caractères diſtinctifs d'un bel Œillet ſont, ſuivant les Fleuriſtes, la forme, l'étendue, les panaches & l'odeur: ſa forme ou ſa figure dépend de l'abondance & de l'arrangement des pétales. Plus il y a des pétales, mieux ils ſont diſpoſés, & plus auſſi l'Œillet plaît par ſa forme. Si cette fleur s'arrondit bien en houppe, ſi elle ſe voûte en dôme régulier, ſi elle pomme uniment, on pourra pour lors qualifier cet Œillet de beau, bien différent en cela de celui qui, n'ayant que peu de pétales, les évaſe ſans grace, & reſte plat, ainſi qu'on le remarque dans les Œillets ſimples & ſemi-doubles. On excepte cependant de cette regle les Œillets auxquels l'excès de vigueur, ou une habitude qui leur eſt particuliere, fait pouſſer un gros bouton au centre de la fleur, ou pluſieurs petits boutons collatéraux: car en cela, quoique l'Œillet éleve moins ſa voûte, l'abondance des pétales plaît, & la main adroite du cultivateur peut faire un arrangement que ces Œillets ne reçoivent pas toujours de la nature.

Outre

Outre le nombre & la position des pétales, les connoisseurs exigent encore dans l'Œillet, que l'extrêmité de ses pétales soit à-peu-près arrondie, & proprement dentelée : les Œillets dont les feuilles s'alongent en pointe, leur paroissent difformes; ceux dont les dentelles & les cannelures sont inégales, leur déplaisent par un certain air hérissé qui les dépare.

La grandeur de l'Œillet ou l'étendue de ses feuilles est une des conditions de sa beauté. Cette grandeur doit être de trois ou quatre pouces de diametre, sur neuf ou douze de tour; il y en a même de sept pouces de diametre. L'adresse à habiller cette fleur, sert beaucoup à lui faire étaler sa pompe; cependant on ne doit pas conclure qu'il faille rejetter tout Œillet qui n'atteint pas à la mesure qu'on vient de déterminer; l'éclat des couleurs, la singularité des panaches, la rareté du sujet, la finesse des traits, font estimer & conserver plusieurs Œillets, dont la fleur n'a pas au-delà de deux pouces d'étendue; ils sont même plus estimés actuellement, parce qu'ils ne crevent point, & n'ont pas besoin d'ajustement pour se montrer & plaire.

Par couleur, quand il s'agit d'Œillet, on entend en général & celle de leur fond, & celle des panaches. Le fond est ordinairement pris pour la couleur dominante, & les panaches sont les autres couleurs qui brochent sur le fond. On exige, pour la beauté réguliere de cette fleur, que son fond & les panaches soient bien opposés en teinte; qu'ils ne soient nullement brouillés ou confondus par leur voisinage, mais tranchés avec précision & nettement. On veut de plus que les panaches naissent à la racine des feuilles, & qu'ils s'étendent, sans interruption, jusqu'à leur extrêmité. Plus ils occupent d'espace, plus ils sont estimés. Les panaches par quart ou par moitié des feuilles sont préférables aux petits & aux panaches à emporte-pièce ou à pièces plaquées, comme disent les Fleuristes, pour désigner les panaches isolés, qui n'aboutissent ni à la racine, ni à l'extrêmité des feuilles. Les dispositions contraires ôtent de son prix à l'Œillet; de petits panaches multipliés semblent le chiffonner; les couleurs qui s'imbibent entr'elles le salissent; trop de mouchetures le brouillent; ce qui doit s'entendre de la confusion, non de la variété : car plus un Œillet a de couleur, plus il est estimé; & quand les feuilles sont les unes comme les autres marquées de ces couleurs, c'est le dernier ou le plus haut dégré qu'on puisse desirer dans un Œillet, sur-tout lorsque le blanc qui se trouve parmi les autres couleurs est sans reproche, & ne paroît pas plombé.

M. Grotjean, Auteur Allemand, divise les beaux Œillets en six Classes, quant aux panaches, en bizarres, bizarres picotés, picotés, doublets, concordes & fanieux. Les bizarres ont depuis trois jusqu'à cinq couleurs distribuées par bandes; les bizarres picotés ou piquetés sont les Œillets sur lesquels on voit ces couleurs différentes, en petites raies ou taches; les picotés n'ont que deux couleurs, dont l'une est répandue sur l'autre en maniere de petits traits ou de petits points; les doublets ont deux couleurs, dont l'une est placée sur l'autre par larges bandes; les concordes sont ceux qui n'ont que deux rouges différens; les fanieux ont les feuilles rouges en-dedans & blanches en-dehors.

Le parfum délicieux que l'Œillet exhale n'est pas sa moindre qualité; son odeur aromatique le fait placer au-dessus de beaucoup d'autres fleurs. Le choix de ceux qui sont les plus odoriférans, dépend du goût des personnes qui en font cas.

Culture.

Les Œillets donnent une plus belle fleur en pots qu'en pleine terre. Les pots doivent être d'une capacité moyenne, ni trop grands, ni trop petits. On les prend ordinairement de dix pouces d'ouverture d'un bord à l'autre, & de dix pouces de hauteur extérieure. Les marcottes ou ceux qui sont nouvellement tirés de la pépiniere, demandent des pots plus petits; on se sert de pots de terre ou de faïance, vernissés ou non vernissés, n'importe : ces pots doivent être plus étroits dans le fond, & percés au milieu pour empêcher l'eau de croupir. Il faut les placer sur un gradin ou piedestal, & non à terre, tant pour empêcher que les Œillets ne pourrissent par le séjour de l'eau, que pour en éloigner les vers.

La meilleure terre pour les Œillets est celle qui est composée de terre de taupiniere, de terreau & de terre de saule pourri ou de feuilles d'arbres, le tout par tiers. Quand la plante est malade, on recharge le pot avec un mêlange de cendres faites de colsat ou pailles de feves, de fumier de cochon, de suie, & de quelques crottes de vers à soie. Toutes ces choses, employées par mesure & avec discrétion, mettant plus ou moins des unes que des autres, suivant l'exigence des cas, sont très-propres à écarter les insectes ennemis de la plante, & à rendre à la plante elle-même sa première vigueur. Il faut que le tout soit bien mêlangé, bien trillé & à couvert des pluies, auxquelles on substitue les arrosemens, afin d'exciter la fermentation & de ne faire qu'un corps, sans aucune distinction des parties. A défaut de cette terre, on se servira pour ranimer les plantes, de crottins de brebis qu'on mettra sur la surface de la terre, & qu'on arrosera aussi-tôt.

L'eau la plus propre pour arroser les Œillets est celle de pluie qu'on a eu soin de ramasser, & à son défaut celle de riviere ou de fontaine. On connoît que l'Œillet a besoin d'être arrosé, lorsque sa verdure pâlit; ses feuilles se rapprochent; les dards penchés perdent leur direction. Quand on l'arrose, il ne faut point verser l'eau à la hâte ni à flots, mais avec une succession modérée, qui lui donne le temps & la facilité de s'insinuer où l'on veut. Avant d'arroser, il faut becheter la surface du pot, sur-tout si la terre s'est formée en une espèce de croûte.

Il faut arroser au printemps les Œillets avec discrétion, c'est-à-dire, par mesure & en temps favorable, trois heures environ après le lever du soleil. En été il faut être plus libéral dans les arrosemens, qu'on fera ordinairement sur le déclin du soleil. En automne les arrosemens seront plus rares; on les diminuera selon la diminution des chaleurs. En hiver il ne faut arroser ces plantes que le moins qu'on pourra; & pour mieux faire, il faudroit seulement mettre les pots dans des terrines jusqu'à moitié, sans jetter l'eau par-dessus la superficie.

La meilleure exposition pour les Œillets est celle du levant, & quelquefois celle du couchant; mais pour l'exposition du midi ou du nord, elle leur est meurtriere. Aux premiers beaux jours du printemps, on ouvre les fenêtres de la serre où on avoit placé les pots d'Œillets pendant l'hiver. Si le temps continue à être beau, on les mettra à l'air quelque temps après : on les placera néanmoins les premiers jours à l'abri du vent & des frimats; on visitera ensuite chaque pot; on dépotera ceux qui n'en ont pas d'assez grand; on les mettra dans d'autres pots sans toucher aux racines, ayant auparavant la précaution de mettre quelques petites pierres ou morceaux de vases cassés au fond du pot, afin de favoriser l'écoulement des eaux. On n'enfoncera pas la plante trop avant dans les pots, & on ne laissera pas les racines découvertes. Si ce sont de vieux pieds dont on veut renouveller la terre, on rafraîchira les racines; après quoi on fera de temps en temps quelques labours, & on arrosera la plante au besoin. Elle poussera des montans pour donner la fleur, & de petits rejets propres à faire des marcottes. Si on veut que la fleur soit printaniere, on la hâtera en répandant par-dessus la superficie de la terre de la fiente de pigeon ou de brebis, ou même de la terre mêlangée, & en arrosant la plante deux ou trois fois avec de l'eau, dans laquelle on aura délayé de la fiente de vache. Si au contraire on veut retarder la fleur, on coupera les montans, & on ne laissera que des rejets : la seve se portera dans ces parties; & ces rejets, au lieu d'être propres en automne pour des marcottes, ne monteront en tiges que ce qu'il en faudra pour ne pas épuiser la plante. On les attachera à de petites baguettes, qu'on appuyera sur des cercles, & on ne laissera que le bouton du sommet de chaque montant, pour que la fleur ait plus de force & d'étendue. Lorsque le bouton est droit & pointu, c'est un signe que la fleur s'épanouira aisément; mais s'il est gros, bossu, il exigera quelques petits soins de la part du Fleuriste pour en faciliter l'ouverture, comme de la lier avec un petit fil, défendre avec une épingle les divisions du calice, afin d'aider, autant que faire se pourra, la nature. Quand l'Œillet commencera à s'épanouir, on l'arrangera sur une carte avec méthode & élégance, sur-tout si c'est un Œillet de l'espèce de ceux qui se crevent. Lorsque tous les pots d'Œillets seront fleuris, on les placera sur un amphithéâtre, qu'on aura soin de couvrir de toits ou de planches, pour mettre la fleur d'Œillet à l'abri du soleil & de la pluie, sans lui ôter cependant l'air. On nuancera les pots d'Œillets, autant que faire se pourra, pour le plaisir de la vue.

Un insecte qui fait un grand tort à l'Œillet, lorsqu'il est en fleur, est le perce-oreille. Pour en garantir les pots, il faut poser les montans de l'amphithéâtre sur des pierres creuses, qu'on remplira d'eau. Cette eau est une espèce d'ocean pour ces animaux; mais quand ils sont une fois sur les Œillets, il faut leur tendre des pieges. On met au bout haut des baguettes des onglets de pied de mouton; ces perce-oreilles aiment l'odeur de ces onglets, & s'y retirent pendant la chaleur du jour; il est aisé pour lors de les attraper.

Lorsque la fleur est passée, on coupe les montans qu'on ne destine pas pour porter semence. On nettoie les feuilles seches de la plante, on lui donne un petit labour, on l'arrose & on la met en plein air. A l'égard de ceux qui sont propres à donner de la graine, on les laisse, sans néanmoins les exposer d'abord au grand soleil qui pourroit leur nuire : en ayant été privées pendant quelque temps, on ne les habitue qu'insensiblement.

Les Œillets simples & les semi-doubles sont ceux qui donnent de la semence; car ceux qui sont doubles & qui décrevent en donnent rarement; on prétend qu'en mêlant les pots de beaux Œillets avec ceux des médiocres, la poussière des étamines des beaux Œillets se mêlant avec la liqueur du pistil des Œillets ordinaires, peut fournir de la semence capable de donner des Œillets nouveaux : cette semence se recueille en Juillet & Août; souvent on n'en trouve que deux ou trois sur chaque pied.

Quand l'hiver approche, on place, de même qu'au printemps, des pots d'Œillets sous des hangars à l'air : cela les met à l'abri des premières gelées; quand elles deviennent un peu plus fortes, on met des paillassons devant; & enfin pendant les plus grands frimats, on les transportera dans la serre, ou, à défaut de serre, dans quelques chambres. Au reste l'Œillet résiste assez bien aux gelées; ce qui lui fait le plus de tort, c'est la neige, & même quelquefois la bruine, dont on doit sur-tout le garantir. On multiplie l'Œillet par semence, marcotte & bouture : c'est ordinairement au printemps qu'on seme cette fleur; on ôte la graine de sa capsule uniquement dans le temps qu'on la seme, car elle s'y conserve mieux. Pour semer cette graine, on prend une terrine percée, on la remplit de terre mêlangée de taupinière & de terreau jusqu'aux deux tiers, l'autre tiers est destiné à y mettre la terre dont nous avons donné la préparation ci-dessus; on répand sur cette seconde terre, après l'avoir applatie avec la main, la semence d'Œillet; on la recouvre ensuite de trois lignes, toujours de cette même terre; on l'arrose, & on laisse le terrein à l'ombre pendant trois au quatre jours, après quoi on l'expose au soleil. Lorsque la plante est assez forte, on la repique; quelque temps après on la remet dans de petits pots jusqu'au printemps suivant, temps auquel on les dépote. Ces Œillets de semences fleurissent la seconde année; on leur donne de temps en temps de légers labours, & des arrosemens suivant le besoin.

Quant à la marcotte, qui est la seconde manière de multiplier l'Œillet, on attend pour la faire que l'écorce de la tige qu'on destine à cet usage soit de couleur ligneuse, ou semblable à la couleur du pied de l'Œillet; quand la tige ou marcotte est en cet état, on lui fait une entaille ordinairement à un pouce & demi ou environ au-dessus de la souche; cette entaille consiste à couper la branche sur un nœud jusqu'au milieu, mais jamais au-delà des deux tiers de l'épaisseur de ce nœud. Cette coupure ne doit point être directe dans le nœud, mais de biais, ou, comme quelques-uns le disent, en bec de flûte, ou prolongé; on étend la fente de trois ou quatre lignes depuis le nœud ouvert, tirant vers l'autre nœud, non du côté du pied, mais de la marcotte. Si on fend la branche trop avant, on l'expose à pourrir par la trop grande ouverture; si au contraire on ne l'entaille pas suffisamment, il n'est pas assuré que la marcotte prenne racine.

Pour tenir la plaie ouverte, on met dans cette fente le brin d'une feuille, on assouplit ensuite insensiblement la tige, & on la rend flexible avec les doigts : on la plie entre ses nœuds à diverses reprises; par ce soin ménagé prudemment, on conduit la marcotte où l'on veut, on l'arrête avec un petit crochet, & on recouvre la plaie d'environ deux pouces de terre; si les plantes ont des tiges qu'on ne pourroit courber, à cause de leur hauteur, sans les casser, on met pour lors les vieux pieds en pleine terre, qu'on enfonce suffisamment pour avoir la liberté d'opérer sur les branches. On a la méthode de rogner l'extrêmité des feuilles des tiges qu'on marcotte, sans toucher à celles du cœur. Quand la marcotte a pris racine, on la sépare du pied, & on l'empote, en évitant de rompre la petite motte de terre que les racines enlevent avec elles.

La troisième manière est la bouture. Voyez art. *Myrthe* pour cette opération.

Animaux nuisibles aux Œillets.

Il y a plusieurs animaux qui font la guerre à l'Œillet; le premier est le perce-oreille : nous en avons parlé plus haut.

Le deuxième est le puceron; ces insectes attaquent l'Œillet non par petits détachemens, mais en troupes nombreuses, & souvent de nuit, se cachant de jour sous les feuilles. Le seul moyen de se délivrer de ces insectes, est de les écraser.

Le troisième qui nuit à cette plante est une chenille grise; cette chenille a la ruse de se retirer sous terre à quelques lignes de profondeur, lorsqu'elle veut se cacher, tantôt elle cerne la plante par le pied, tantôt elle ronge les montans ou dards dès leur naissance. On trouvera cette chenille en bêchotant le vase avec attention, pourvu néanmoins que les yeux suivent l'outil, & par ce moyen on s'en délivrera.

Le quatrième insecte est la chenille verte: elle gravit sur les tiges & les dards; elle ronge & dévaste tout ce qu'elle rencontre, même le bouton de la fleur, dans lequel elle s'insinue; il faut chercher assidument cet insecte, & le détruire.

Le cinquième ennemi de l'Œillet est la fourmi: elle est facile à détruire; il n'y a qu'à mettre le pot d'Œillet quelque temps dans un seau d'eau pour les noyer.

Le sixième ennemi redoutable à l'Œillet est ce qui s'appelle l'écume printanière, qui s'attache après l'Œillet, ainsi qu'après plusieurs plantes; cette écume est l'excrément de la sauterelle-puce, qui lui sert d'enveloppe; il est d'autant plus facile d'en délivrer l'Œillet, qu'on peut facilement la trouver.

Le septième animal qui en veut à l'Œillet est le limaçon; on peut parvenir à le détruire après les pluies: c'est dans ce temps, & sur-tout au printemps, que le limaçon fait ses courses.

Le huitième insecte destructeur de cette belle fleur est celui qu'on appelle nuile; ce petit insecte désole les Œillets en plein été; il s'introduit dans le cœur, & pénetre jusques dans le fond le plus caché des feuilles; on reconnoît sa présence lorsque le feuillage des tiges attaquées mollit, cesse de s'ouvrir, & ne pousse qu'avec une langueur dont le prognostic ne peut être que sinistre. Le remede est d'ouvrir & de dilater l'intérieur des tiges, d'y verser quelques gouttes d'une décoction d'herbes amères, & de saupoudrer cette partie de la plante avec du tabac pulvérisé bien fin, ou à son défaut, avec de la cendre ou de la suie tamisée; vous délogerez par-là ce petit insecte presque imperceptible.

Le neuvième animal qui fait du tort aux Œillets est le rat; il y a mille moyens connus pour le détruire.

Maladies des Œillets.

Les Œillets sont sujets à plusieurs maladies; les plus ordinaires sont le blanc, la pourriture, le jaune & le hâle. Le blanc est une espèce de tache blanche qui s'attache aux fanes de l'Œillet, & qui peu-à peu, comme une peste, gagne le cœur, ensorte que la mort s'ensuit. Quelque diligence qu'on puisse apporter de couper ces fanes, ce venin est si mortel, que quand il ne paroîtroit qu'à l'extrêmité des fanes, il ne laisseroit pas de causer les mêmes ravages que s'il s'étoit d'abord attaché au corps de la plante: c'est ce qui fait croire à tous les Fleuristes que c'est une maladie interne qui vient de la racine, & qui se communique par la suite au reste de l'Œillet. Cette maladie vient d'une grande sécheresse, d'une mauvaise exposition, d'un mauvais arrosement, des brouillards & autres accidens.

Le blanc est une maladie incurable, on en peut cependant préserver l'Œillet en ne l'exposant point aux nuits froides, ni aux brouillards; le grand air lui est propre, & les Œillets élevés dans les jardins à la campagne sont moins susceptibles de blanc; on doit arroser plus abondamment & plus fréquemment les Œillets malades, & les laisser guérir d'eux-mêmes: enfin il faut s'attacher à reconnoître les Œillets qui sont sujets aux blancs, pour en avoir un soin tout particulier.

La pourriture est une espèce de gangrene qui ronge l'Œillet peu-à-peu; elle vient de la trop grande humidité de la terre, de trop d'ombre, de mauvaises eaux, de lieux humides, &c. Si la pourriture n'a point atteint le cœur de l'Œillet, & si elle demeure au pied, on peut le sauver, en coupant, avec le bout du canif, tout ce qui se trouve pourri aux pieds, jusqu'au vif; ensuite on bouche la plaie qu'on lui a faite avec de la cire molle, pour empêcher que l'air & l'humidité n'y puisse trouver entrée. On peut, par ce moyen, sauver les marcottes qui sont aux pieds, en les marcottant de bonne heure. Si quelques-unes des marcottes ont de la pourriture, on les retranche, afin qu'elles ne corrompent pas les autres, ni le pied.

Le jaune vient d'une eau retenue trop long-temps dans les pots, qui, par l'humidité excessive & maligne, a vicié la racine de l'Œillet, ensorte qu'il languit & devient jaune. Tout le remede qu'on peut donner à cette plante à demi-morte, est de l'exposer dans un lieu où le soleil darde ses rayons deux heures le matin, sans l'arroser ni lui donner la pluie du ciel, jusqu'à ce que cette grande humidité qui est dans le pied soit passée, & que la racine, qui étoit enfermée comme dans un cloaque de boue, soit desséchée. Cette maladie vient ordinairement de ce que le pot n'est pas percé; ce qui fait que l'eau y croupit.

Le hâle est une tache qui vient ordinairement sur les feuilles de l'Œillet, & gagne peu-à-peu jusqu'au cœur, si on n'a pas soin de couper celles qui en sont attaquées. Cette maladie vient communément dans le printemps & l'automne, par les brouillards & les pluies froides, quelquefois aussi durant l'hiver par l'humidité de la terre & du temps. Pour arrêter son progrès, on coupe les fanes qui en sont atteintes, & on les gratte avec la pointe du canif, afin d'éviter que la maladie ne se communique à la tige.

Analyse chymique.

Dans l'analyse chymique qu'en a faite M. Geoffroy, cinq livres de fleurs séparées de leur calice, distillées à la cornue, ont donné neuf onces deux gros douze grains de liqueur limpide, de l'odeur & de la saveur du clou de girofle, obscurément acide; trois livres huit gros trente-six grains de liqueur d'abord odorante, un peu acide, ensuite empyreumatique, manifestement acide & austère; une once six gros quarante-deux grains d'huile roussâtre, imprégnée de sel volatil urineux; deux onces trois gros quarante-quatre grains d'huile épaisse comme de l'extrait.

La masse noire qui est restée dans la cornue, pesoit cinq onces quatre gros quarante-huit grains, laquelle étant calcinée pendant dix heures, a laissé une once sept gros quarante-huit grains de cendres noirâtres, dont on a tiré par la lixivation cinq gros trente-six grains de sel fixe purement alkali. La perte des parties dans la distillation a été de quatre onces six gros vingt-quatre grains, & dans la calcination de trois onces quatre gros quarante-deux grains.

Les Œillets contiennent une assez grande portion d'huile subtile, comme on peut le conjecturer par leur odeur pénétrante, beaucoup d'huile rance, & susceptible de raréfaction, & un sel tartareux ammoniacal.

Propriétés alimentaires.

On fait avec les fleurs d'Œillet un ratafia excellent, dont on fait usage avec délice après les repas. Ce ratafia est même médicinal; il est vermifuge, & facilite la digestion. On le prépare ainsi à la façon Provençale. On prend ordinairement de petits Œil-

Œillets jaspés, ou peints de différentes couleurs, parce qu'ils ont plus de parfum que les autres; on les épluche bien, c'est-à-dire, qu'on en tire toutes les feuilles des fleurs & leurs pistils, qui sont les seules parties qu'on doit employer; on hache bien ces parties, en les coupant aussi menues qu'il est possible; on en pese ensuite la totalité, & sur chaque livre pesant on met une pinte d'eau-de-vie : la plus excellente doit être employée pour ces sortes de liqueurs. On laissera infuser le tout ensemble pendant quinze ou vingt jours, à la grande ardeur du soleil; & suivant que la saison sera plus ou moins chaude, on donnera à cette infusion plus ou moins de temps, de maniere que la fermentation puisse détacher des Œillets les parties spiritueuses, & les incorporer avec l'eau-de-vie.

Quand cette infusion sera faite, on passera la liqueur au travers d'un linge plié en quatre, ou au travers de la chausse; on pressera bien en même temps les Œillets avec les mains, pour en exprimer le plus de jus qu'on pourra, & on laissera reposer cette liqueur pendant trois ou quatre jours, avant de la changer de vase; car, quoiqu'elle ait été ainsi passée, on aura encore un petit sédiment qu'il faudra lui laisser déposer au fond.

On mêlera dans cette liqueur un peu de fleurs de safran, uniquement pour donner de la couleur; on ajoutera ensuite un tiers de jus de framboise, & une demi-livre de sucre par chaque pinte, mesure de Paris. Cela fait, on remettra le tout infuser au soleil le plus ardent, pendant le même espace de temps, pour que la liqueur soit bien mixtionnée; on la tirera ensuite au clair, en la faisant passer de nouveau à la chausse, ou à travers un linge quadruple; après quoi on la mettra dans des bouteilles de verre bien bouchées pour la conserver.

Propriétés médicinales.

On emploie en médecine les Œillets simples, les plus rouges & les plus odorans de ceux qu'on cultive dans les jardins; on en fait un sirop & une conserve qu'on ordonne sous le nom de *tunica*, depuis demi-once jusqu'à une once & demie. La décoction de ces fleurs passe pour un bon cordial : plusieurs personnes, suivant Simon Pauli, ont été guéries de fievres malignes par cette décoction; elle les faisoit uriner, leur fortifioit le cœur, & calmoit leur soif. Dans les potions cordiales les plus tempérées, on emploie le sirop d'Œillet, même en cas de fievres violentes; on le délaie simplement dans l'eau distillée *d'alleluia*. Ce sirop s'emploie fréquemment à la dose d'une once ou de deux dans les juleps & les potions cordiales. La conserve se donne depuis une demi-once jusqu'à une once & demie dans les électuaires céphaliques, cordiaux & antispasmodiques. On en tire aussi une eau distillée odorante, qui est très-propre pour exciter les sueurs & pour procurer l'éruption. Les fleurs macérées dans du vinaigre lui donnent la couleur rouge, une odeur suave, une saveur agréable, & une vertu cordiale. Dans le temps de peste, pour détourner la contagion, il faut porter des linges trempés dans ce vinaigre, & le flairer de temps en temps. On prend aussi utilement une ou deux cuillerées de ce même vinaigre le matin, pour se préserver du mauvais air.

Propriétés d'ornemens.

L'Œillet sert de décoration dans les jardins des Fleuristes, les dames en ornent leurs chambres, & le portent en bouquets.

HUITIEME ESPECE.

La huitième espèce est l'Œillet de midi. *Dianthus pomeridianus. Dianthus floribus solitariis, squamis calicinis binis cordatis brevissimis, corollis emarginatis subintegerrimis. Lin. Sp. plant. 1673. Caryophillus sylvestris & saxatilis, flore magno lacteo subtus ad spadium vergente. Tour. Corol. 23.*

Description.

Cette espèce est très-semblable à l'espèce précédente; sa racine à peine se multiplie; la tige est à trois ou quatre rameaux longs & à une fleur; les écailles du calice sont seulement au nombre de deux, courtes, aiguës, sans être pointues; la corolle est jaune, d'un verd blanc en-dessous; les pétales sont repliés aux côtés, de-là convexes sans être dilatés, mais distans, plus courts que le tube du calice, très-obtus, un peu échancrés, rayés; les étamines sont de la longueur du calice, blanches; enfin les pistils croissent en longueur de la corolle.

Observation.

Cet Œillet s'ouvre à midi & demi, & se ferme à dix heures du soir.

Lieu de sa naissance.

Il est vivace, & croît naturellement à Constantinople, dans la Palestine.

NEUVIEME ESPECE.

La neuvième espèce est l'Œillet deltoïde. *Dianthus deltoides. Dianthus floribus solitariis, squamis calicinis lanceolatis binis, corollis crenatis. Linn. Sp. plant. 588. Hort. Cliff. 164. Flor. Suec. 342. 382. Sauv. Monsp. 143. Caryophillus minor repens nostras. Rai. Hist. 988. Dill. Elth. 402. Caryophillus simplex supinus latifolius. Bauh. Pin. 209. Betonica coronaria, seu caryophillus minor, folio viridi nigricante, repens. Bauh. Hist. 3. p. 329.* En Allemand, *Kleine graff nelcke, Kriechende feld nægel.* En Suédois, *Ang næglikor.*

Description.

Les branches de cet Œillet sont si couchées, qu'on diroit qu'elles ont été affaissées par leur propre poids vers la terre; elles donnent à leur sommet un, deux, trois, & plus rarement quatre fleurs appuyées sur des péduncules particuliers qui s'élevent, & qui sont pour le moins de la longueur du calice; les pétales de cet Œillet se ferment pendant la nuit, & lorsque la pluie approche. Quand on cultive cet Œillet dans les jardins, il devient plus grand; les feuilles sont deux fois plus grandes, sur-tout celles de la tige, plus molles, plus flasques.

Figure.

Cette espèce est représentée dans le *Flora Danica*, pag. 377.

Lieu de sa naissance.

Elle vient naturellement dans les prés sablonneux de la Suède, sur-tout dans les endroits où il y a un monceau de fourmis; on en trouve aussi en France, en Angleterre, en Allemagne, en Danemarck.

DIXIEME ESPECE.

La dixième espèce est l'Œillet vert-d'eau. *Dianthus glaucus. Dianthus floribus subsolitariis, squammis calycinis lanceolatis quaternis brevibus, corollis crenatis. Linn. Sp. plant. 588. Hort. Cliff. 164. Hort. Upf. 104. Tunica ramosior, flore candido, cum corolla purpurea. Dill. Hort. Elth. 400.*

Description.

Description.

Cette espèce ressemble presqu'à la précédente, à la grandeur & à la couleur près; ses corolles sont verdâtres en-dessous, blanches en-dessus, à petit anneau couleur d'écarlate, dentelé; les anthères sont bleuâtres; la tige est plus longue, plus élevée.

Figure.

Elle est représentée dans le *Dillenii Hort. Elth.* pl. 298, fig. 248.

Lieu de sa naissance.

Elle croît naturellement en Angleterre; elle est vivace, & résiste en plein air.

ONZIEME ESPECE.

L'onzième espèce est l'Œillet de la Chine. *Dianthus Chinensis. Dianthus floribus solitariis, squammis calycinis subulatis petalis tubum æquantibus, corollis dentatis. Linn. Sp. plant. 588. Hort. Cliff. 164. Hort. Upf. 104. Roy. Lugdb. 443. Caryophyllus sinensis supinus, leucoii folio, flore unico. Tourn. Act. 1705. p. 348. Mill. Ic. 81.*

Description.

La racine de cette espèce est vivace, un peu traçante; ses tiges sont hautes d'un pied, un peu droites, supérieurement fourchues, lisses; ses feuilles sont lancéolées, étroites, glabres, pointues; les écailles du calice sont égales, presque de la longueur du tube, droites, ouvertes, linéaires & à base large, pointues; les corolles sont crenellées, verdâtres en-dessous, couleur de sang en-dessus, à bord incarnat, à anneau central, noir, crenellé; les anthères sont bleues; les stils sont réfléchis.

Figure.

Cette espèce est représentée dans notre Collection précieuse & enluminée des fleurs de la Chine, & dans les Mémoires de l'Académie, année 1705, pl. 5.

Lieu de sa naissance.

Elle croît naturellement dans la Chine.

Culture.

On multiplie cette plante par graines qu'on seme au printemps sur couche; on repique sur une autre couche les pieds qui en proviennent, & quand ils sont assez forts, on les transplante à demeure.

Propriétés d'ornemens.

Elle sert de décoration dans nos parterres.

DOUZIEME ESPECE.

La douzième espèce est l'Œillet de Montpellier. *Dianthus Monspessulanus. Dianthus floribus solitariis, squammis calycinis subulatis tubum æquantibus, petalis multifidis. Amæn. Acad. 4. p. 313.*

Description.

La racine de cet Œillet est fibreuse; sa tige est haute d'un pied; toutes ses feuilles sont graminées, vertes, sans être couleur de verd-d'eau, lâches, longues; les fleurs sont solitaires; les écailles du calice sont au nombre de quatre, lancéolées, en forme d'alêne, ouvertes, de la longueur du calice, roussâtres au sommet; le pétales sont découpés profondément, & fendus en plusieurs parties, comme dans les Œillets plumacés, mais moins que dans l'Œillet superbe, dont les écailles du calice sont courtes.

Lieu de sa naissance.

Il croît naturellement aux environs de Montpellier.

TREIZIÈME ESPÈCE.

La treizième espèce est l'Œillet superbe. *Diantus superbus. Dianthus floribus paniculatis, squammis calycinis brevibus acuminatis, corollis multifido capillaribus, caule erecto. Linn. Sp. plant. 589. Amæn. Acad. 4. p. 272. Flor. Suec. 2. p. 383. Jacq. Observ. 4. Œd. Dan. 578. Tunica montana altissima, flore tenuissime laciniato. Rupp. Jen. 2. p. 118. Cariophyllus simplex alter, flore laciniato odoratissimo. Bauh. Pin. 210. Caryophyllus sylvestris VI. Clus. Hist. 1. p. 284.*

Description.

Cette plante est si semblable à l'hyssope, lorsqu'elle n'est pas en fleur, qu'elle n'a pas besoin de description, mais qu'on la connoît aussi-tôt; sa tige est haute d'un demi-pied, fourchue au sommet, serrée, droite; ses feuilles sont vertes, sans être d'un verd-d'eau, plus larges que dans les autres espèces, à pétales fendus en plusieurs parties; les écailles du calice sont courtes, ovales, aiguës; les pétales de la corolle sont pourpres, profondément fendus en plusieurs lobes, gris, barbus au-dessous des onglets, réfléchis; les écailles sont d'un pourpre obscur; la corolle est plus découpée en segmens capillaires, & presque jusqu'à la base, que dans les autres espèces, & est très-belle à la vue; elle sent très-bon pendant la nuit.

Observation.

Elle differe de l'espèce suivante par sa tige droite, sans être inclinée, haute d'un demi-pied, & non d'un doigt; par ses rameaux à fleurs, raboteux par les bords, sans être cylindriques, lisses; par la tache des pétales, barbue, énervée, sans avoir trois nerfs supérieurement connivens; par ses feuilles plus larges, raboteuses au bord, sans être lisses.

Figure.

Elle est représentée dans les Observations de Jacquin, pl. 25; & dans le *Flora Danica*, pl. 578.

Lieu de sa naissance.

Elle croît naturellement en Allemagne, dans la France, dans le Danemarck.

Propriétés d'ornemens.

Elle mérite, par la beauté de ses fleurs & par leur bonne odeur, d'occuper une place dans nos parterres pour en servir de décoration.

QUATORZIEME ESPÈCE.

La quatorzième espèce est l'Œillet en forme de plume, la Maglonette. *Dianthus plumarius. Dianthus floribus solitariis, squammis calycinis subovatis brevissimis, corollis multifidis facie pubescentibus. Linn. Sp. plant. 589. Caryophyllus sylvestris, flore laciniato sine corniculis odoro. Bauh. Pin. 210. Dianthus floribus solitariis, petalis multifidis basi canaliculatis. Hort. Upf 105. Sauv. Monsp. 143. Dianthus floribus solitariis, corollis lacero partitis, squammis calycinis ovatis acutis. Flor. Suec. 344. Dianthus petalis multifidis. Flor. Lapp. 170. Hort. Cliff. 174. Roy. Lugdb. 443. Caryophyllus ſylveſtris, floribus lanuginoſis hirſutis. Bauh. Pin. 210. Caryophyllus ſylveſtris V, ſpecies alia. Cluſ. Hiſt. 1. p. 284.*

Deſcription.

La racine de cette eſpèce eſt vivace; ſes rejettons ſont en nombre, formant par leurs feuilles un gazon épais & large; les feuilles ſont vertes, couleur d'eau; les tiges ſont couchées, hautes d'un pied, rameuſes, écartées, vertes, couvertes d'une roſée qui les fait paroître d'un verd-d'eau; les écailles du calice ſont ovales, très-courtes, obtuſes, avec un angle aigu; le tube eſt ſouvent rouſſâtre; les pétales de la corolle ſont fendus juſqu'au milieu en pluſieurs parties, concaves, incarnat-blancs, s'ouvrant par la baſe; les anthères ſont pâles; les ſtils ſont longs, repliés; les pétales ſont parſemés endeſſus de poils à peine viſibles, éloignés: ils ſentent très-bon, ſur-tout pendant la nuit.

Lieu de ſa naiſſance.

Cette eſpèce croît communément dans les pâturages des bois, en Europe & en Canada.

Propriétés d'ornement.

Elle eſt vivace, & ſert pour l'ornement des plates-bandes des jardins.

Obſervation.

Les trois eſpèces ſuivantes n'ont leur tige qu'à une ſeule fleur, & herbacées, & les trois dernières ſont des arbuſtes.

QUINZIEME ESPECE.

La quinzième eſpèce eſt l'Œillet ſablonneux. *Dianthus arenarius. Dianthus caulibus ſubunifloris, ſquammis calycinis ovatis obtuſis, corollis multifidis, foliis linearibus. Linn. Sp. plant. 589. It. Gotl. 318. Flor. Suec. 343. 384. Dianthus caule ſimplici unifloro. Monn. Obſerv. 152. Dianthus foliis brevibus, ſquammis muticis, caule unifloro. Sauv. Monſp. 143. Caryophyllus ſylveſtris humilis, flore unico. Bauh. Pin. 209. Caryophyllus ſylveſtris I. Cluſ. Hiſt. 1. p. 282. Dill. Elth. 402. Armarius flos tertius. Dod. Pempt. 176.*

Deſcription.

Les pétales en forme de faulx indiquent aſſez que cette eſpèce a beaucoup d'affinité avec la précédente; ils ſont cependant plus longs, diviſés & déchiquetés au-delà du milieu du diſque, maculés à la baſe, aigus, parſemés de poils pourpres.

Lieu de ſa naiſſance.

Elle eſt vivace, & croît communément dans le ſable mouvant, dans la partie ſeptentrionale de l'Europe.

SEIZIEME ESPECE.

La ſeizième eſpèce eſt l'Œillet des Alpes. *Dianthus Alpinus. Dianthus caule unifloro, corollis crenatis, ſquammis calycinis exterioribus tubum æquantibus, foliis linearibus obtuſis. Linn. Sp. plant. 590. Caryophyllus pumilus latifolius. Bauh. Pin. 209. Prodr. 104. Burſ. XI. 95. Caryophyllus ſylveſtris, flore magno inodoro hirſuto. Bauh. Pin. 209. Caryophyllus ſylveſtris ſecundus. Cluſ. Hiſt. 1. p. 283.*

Deſcription.

Sa racine eſt ligneuſe, d'où partent pluſieurs tiges; ſa tige eſt de la longueur du doigt, ayant trois articulations; les feuilles de la tige ſont linéaires, un peu obtuſes, planes, lancéolé-linéaires vers la terre, où elles forment des gazons; les écailles extérieures du calice ſont de la longueur du tube du calice, les intérieures ſont deux fois plus courtes; ſa corolle eſt grande; les pétales ſont de la longueur du calice, ronds, crenellés, à dents très-courtes, nombreuſes, à gueule un peu velue.

Figure.

Cette eſpèce eſt repréſentée dans *Cluſius*, tome 1, fig. 1.

Lieu de ſa naiſſance.

Elle eſt vivace, & croît naturellement dans la Stirie, l'Autriche.

DIX-SEPTIÈME ESPECE.

La dix-ſeptième eſpèce eſt l'Œillet de Virginie. *Dianthus Virgineus. Dianthus caule ſubunifloro, corollis crenatis, ſquammis calycinis breviſſimis, foliis ſubulatis. Linn. Sp. plant. 590. Caryophyllus ſylveſtris repens multiflorus. Bauh. Pin. 209. Burſ. XI. 99.*

Deſcription.

La racine de cette eſpèce eſt vivace; ſes feuilles radicales ſont nombreuſes, droites, imbriquées en forme de gazon, pointues, preſque en forme de ſtatice; il s'éleve de ſes feuilles quelques tiges hautes de neuf pouces, ayant quatre articulations très-ſimples, garnies de feuilles plus petites; celles d'en-haut ſont principalement très-petites, & partent de la gaîne, qui eſt perfoliée; les écailles du calice ſont larges, ovales, aiguës, très-courtes, à paires éloignées; le lymbe de la corolle eſt moitié plus court que le tube du calice, rond, crenellé; il n'y a qu'une ſeule fleur dans la tige; quelquefois cependant il en ſort une autre de la feuille ſupérieure.

Variété.

Linnæus donne pour variété de cette eſpèce la plante connue ſous le nom de *Tunica rupeſtris, folio Cæſio molli, flore carneo. Dill. Hort. Elth. 401.*

Figure.

Cette variété eſt repréſentée dans le *Dill. Hort. Elth.* pl. 298, fig. 385.

Lieu de ſa naiſſance.

Elle croît naturellement aux environs de Montpellier.

DIX-HUITIEME ESPÈCE.

La dix-huitième eſpèce eſt l'Œillet en arbre. *Dianthus arboreus. Dianthus caule fruticoſo, foliis ſubulatis, petalis ſerratis. Linn. Sp. plant. 590. Caryophyllus arboreus ſylveſtris. Alp. Exot. 39. Caryophyllus arborſcens Creticus. Bauh. Pin. 208. Prodr. 104. Betonica coronaria arborea Cretica. Bauh. Hiſt. 3. p. 328.*

Deſcription.

Les tiges de cette eſpèce ſont dures, noueuſes, un peu groſſes & rameuſes; les feuilles ſont d'un verd-d'eau, longues d'environ un demi-pouce, étroites, roides, ſe terminant en une pointe aiguë

& piquante, placées seulement par paquets à l'extrêmité des branches; la fleur est parfaitement ronde, striée, d'une couleur clair-pourpre, rayée au milieu de chaque pétale d'un rouge plus foncé, au milieu de laquelle se trouvent des étamines de la même couleur.

Figure.

Cette espèce est représentée dans l'Histoire des Plantes, par Bauhin, tome 3, p. 328; & dans les Plantes exotiques, par Alpin, pl. 38.

Lieu de sa naissance.

Elle croît naturellement dans l'Isle de Candie.

Culture.

On la multiplie par semences & par marcottes; mais cette dernière voie est la plus commode: il lui faut la serre pendant l'hiver.

Propriétés d'ornemens.

Cet Œillet mérite d'être cultivé, tant par sa fleur que par sa singularité.

DIX-NEUVIEME ESPECE.

La dix-neuvième espèce est l'Œillet en arbrisseau. *Dianthus fruticosus. Dianthus caule fruticoso, foliis lanceolatis. Linn. Sp. plant. 591. Caryophyllus Græcus arboreus, leucoii folio peramaro. Tourn. Cor. 3. Itin. 1. p. 183.*

Description.

Tournefort décrit ainsi cet arbrisseau: sa racine est grosse comme le pouce, couverte d'une écorce brune, dure, ligneuse, divisée en plusieurs autres racines peu chevelues, & pousse au travers des fentes des rochers un tronc tortu, haut de deux pieds, gros d'environ deux pouces, ligneux, cassant, dur, blanc sale en-dedans, revêtu d'une écorce noirâtre, gersée, raboteuse, & comme relevée de quelques anneaux; ce tronc produit plusieurs tiges toutes branchues, brunes, si ce n'est vers le haut, où les jeunes jets sont verts-demer, garnies de feuilles de même couleur, longues d'un pouce, sur trois ou quatre lignes de largeur, obtuses à leur pointe, opposées deux à deux, charnues, cassantes, touffues, ameres comme du fiel; ces jets s'alongent de la hauteur d'un demi-pied, chargés de feuilles semblables aux précédentes, mais plus étroites, & soutiennent ordinairement une seconde fleur, quelquefois c'est un bouquet assez gros; chaque fleur est à cinq feuilles, longues d'un pouce & demi, qui ne débordent que de demi-pouce hors du calice, arrondies & découpées en crête de coq, gris-de-lin rayé de veines plus obscures, & marquées vers leur base d'autres raies purpurin-foncé; la queue de ces mêmes feuilles est étroite, blanche & renfermée dans le calice; ce calice est un tuyau long d'un pouce sur une ligne de diametre, un peu renflé vers le bas, où il est accompagné d'un autre calice à plusieurs écailles pointues, & couchées les unes sur les autres; du fond du grand calice s'élevent des étamines minces & blanches, chargées chacune d'un sommet gris-de-lin; le pistil n'a que cinq lignes de long, cylindrique, vert-pâle, terminé par deux cornes blanches qui surmontent les étamines; lorsque la fleur est passée, ce pistil devient une espèce de coque roussâtre dans sa maturité, renflée vers le milieu, laquelle s'ouvre par la pointe en cinq parties, & laisse voir des semences noires, plates, minces, blanches en-dedans, les unes ovales, les autres circulaires, attachées à de petits filets, qui du corps du placenta leur portent le suc nourricier.

Figure.

Cette espèce est représentée dans les Voyages de Tournefort, t. 1, pl. 9.

Lieu de sa naissance.

Elle croît naturellement dans la Grece.

Culture.

La culture de cette espèce est la même que celle de l'espèce précédente.

Propriétés d'ornemens.

Elle mérite d'être cultivée par la singularité de son espèce, & pour servir de décoration dans les jardins.

VINGTIEME ESPECE.

La vingtième espèce est l'Œillet piquant. *Dianthus pungens. Dianthus caule suffruticoso, foliis lineari-subulatis, petalis integris. Linn. Syst. Veg. edit. XIII. Murray 349. Dianthus maritimus foliis pungentibus. Duchesne Mss.*

Description.

Les tiges de cette espèce sont en arbrisseau, alternativement rameuses, épaisses; les feuilles caulinaires sont en gaîne par la base, serrées, couvrant les petits rameaux par leurs gaînes; les feuilles des rameaux sont légérement jointes ensemble par des gaînes distantes: toutes sont linéaires, un peu planes, étroites, pointues, piquantes; les pédoncules sortent du sommet des petits rameaux latéraux, à pédicules qui portent depuis une fleur jusqu'à trois; les écailles du calice sont au nombre de quatre, lancéolées, un peu plus courtes que le calice; les pétales sont très-entiers, à lames de la longueur des onglets.

Lieu de sa naissance.

Elle est vivace, & croît naturellement en Espagne, sur les bords de la mer.

DIAPENSIA, *la Remberte.*

NOMS GÉNÉRIQUES.

Ce genre de plantes est connu sous les noms de *Diapensia. Linn. Remberta. Linn. Æretia. Haller.*

Description générique.

Le caractère de ce genre est d'avoir le périanthe du calice à cinq folioles intérieures disposées en rond; les autres sont couchées & imbriquées; toutes sont égales, ovales, obtuses, droites, persistantes; la corolle est monopétale, en forme de tasse; le tube est cylindrique, ouvert, de la longueur du calice; le lymbe est fendu en cinq, obtus, plane; les filamens des étamines sont au nombre de cinq, applatis, linéaires, terminant le tube vers les découpures du calice, courts; les anthères sont simples, le germe du pistil est rond; le style est cylindrique, de la longueur des étamines; le stygmate est obtus; le péricarpe est une capsule ronde, à trois loges & à trois valves ; les semences sont nombreuses, rondes.

CLASSE.

Ce genre fait partie de la cinquième Classe de Linnæus, qui comprend les plantes pentandriques monogyniques. M. Murray n'en admet qu'une espèce.

ESPECE.

Cette espèce est la Remberte de Laponie. *Diapensia Laponia. Diapensia floribus pedunculatis. Linn. Sp. plant.* 202. *Diapensia. Flor. Lap.* 88. *Flor. Suec.* 172. 169. *Androsace alpina perennis angustifolia glabra, flore singulari. Tourn. Inst. Rei Herb.* 129. *Sedum alpinum gramineo folio, flore lacteo. Bauh. Pin.* 284. *Sedum alpinum* 3, *lacteo flore. Clus. Pan.* 490. *Sedum minimum alpinum muscoides. Park. Theatr.* 736.

Description.

La racine de cette espèce est fibreuse, vivace ; la tige s'élève d'abord de la racine, & se divise en plusieurs petits rameaux simples, couchés, au plus de la longueur du doigt ; garnis de feuilles de chaque côté ; les feuilles sont linéaires, obtuses, presque membraneuses, garnies d'un nerf longitudinal supérieurement concave, de la longueur d'un ongle, un peu plus larges en-dehors, se couchant les unes sur les autres vers la base en forme de tuile, s'ouvrant de chaque côté par la partie supérieure, vivaces, les inférieures se fannant seulement sans tomber ; le péduncule est de la longueur d'un travers de pouce ; il part du sommet des rameaux ; il est droit, mince, garni d'une seule fleur qui est remarquable par sa corolle blanche.

Observation.

A en juger par les rameaux de cette plante, on la prendroit pour un *sedum*. Tournefort l'a placée parmi les androsacées.

Figure.

Elle est représentée dans le *Flora Laponica*, pl. 1, fig. 1, & dans le *Flora Danica*, pl. 47.

Lieu de sa naissance.

Elle est vivace, & croît naturellement sur les Alpes de la Laponie.

AVIS.

Les Tomes VIII, IX, X, XI & XII sont actuellement sous presse, & presque sous le point de paroître ; on ne néglige rien, de la part de l'Auteur, pour accélérer cet Ouvrage, dont on n'aura vraiment la clef qu'à sa confection totale, lorsqu'on donnera l'explication des Planches, ses différentes Tables, les Notices, tant générales que particulieres, à son sujet, & un Supplément pour les omissions qu'on y aura faites, & pour la réforme des erreurs dans lesquelles on sera tombé : on fera ensorte de le perfectionner autant que faire se pourra, & de le rendre vraiment encyclopédique.

SUPPLÉMENT.

DANS le VIe volume nous avons omis de placer dans leur ordre cinq Plantes qui ont été découvertes par les Messieurs Forster, qui sont le petit Globe, *Codia*; le Commerson, *Commersonia*; la Puante, *Coprosma*; la Corynocarpe, *Corynocarpus*; & la Laciniée, *Crossostylis*.

1°. Le petit Globe, *Codia*, a pour caractère générique d'avoir le périanthe de sa petite tête à quatre folioles horizontales - oblongues, & le périanthe propre à quatre folioles elliptiques droites; les pétales de la corolle sont au nombre de quatre, très-minces, linéaires, à onglets filiformes; les filamens des étamines sont au nombre de huit, deux fois plus longs que le calice; les anthères sont rondes, le germe du pistil est petit, velu, supérieur, à quatre spermes; les stils sont au nombre de deux, en forme d'alêne, de la longueur des étamines; les stigmates sont simples. Les Messieurs Forster n'ont vu ni le péricarpe, ni la semence; ils n'en rapportent qu'une espèce qui est le petit Globe de montagne; elle est représentée dans la trente-unième planche des caractères de leurs nouveaux genres, & fait partie de la huitième Classe de Linnæus, qui comprend les plantes octandriques digyniques.

2°. Le Commerson, *Commersonia*. Le caractère de son genre est d'avoir le périanthe du calice monophille, partagé en cinq lobes ovales, aigus, & qui porte une corolle; les pétales de la corolle sont au nombre de cinq, linéaires, dilatés de chaque côté à la base par un lobe réfléchi; le nectaire est partagé en cinq, placé entre les étamines, à lobes lancéolés droits, à pétales plus courts; les corpuscules sont filiformes, au nombre de cinq, sortant des divisions. Les filamens des étamines sont au nombre de cinq vers les bases des pétales; les anthères sont petites, rondes, didymes; le germe du pistil est globuleux, velu, à cinq petites houppes; les stils sont au nombre de cinq, filiformes, approchés, courts; les stigmates sont globuleux; le péricarpe a une noix globuleuse, dure, à cinq loges, hérissés de soies longues, plumeuses, à petites loges dispermes; les sommets sont au nombre de deux, ovales. Messieurs Forster n'en rapportent qu'une espèce qu'ils nomment *Commersonia echinata*, & qui est précisément celle connue dans l'*Herbar. Amboin.* sous le nom de *rustiaria alba Rumph.* tom. 3, pl. 119, dont la figure est aussi représentée dans la seconde partie de cet Ouvrage, & dans la pl. 22 des caractères génériques des nouveaux genres découverts par Messieurs Forster. Cette plante fait partie de la cinquième Classe de Linnæus qui comprend les plantes pentandriques polyginiques.

3°. La Puante, *Coprosma*. Le caractère de ce genre est d'avoir des fleurs hermaphrodites & des fleurs mâles. Dans les fleurs hermaphrodites, le périanthe du calice est très-court, inférieur, persistant, à cinq petites dents aiguës distantes. La corolle est monopétale, turbinée, campanulée, fendue en cinq ou en sept lobes en forme d'alêne, aigus, droits; les filamens des étamines sont au nombre de cinq, six, sept, capillaires; les anthères sont oblongues, linéaires, aiguës, droites, fendues en deux à la base; le germe du pistil est oblong; les stils sont au nombre de deux, filiformes, s'attachant par la base, écartés au-delà de la corolle; les stigmates sont simples; le péricarpe est une baie ovale globuleuse, disperme; les semences sont au nombre de deux, ovales, planes d'un côté, convexes de l'autre; le calice, la corolle & les étamines sont les mêmes que ceux des fleurs hermaphrodites. Messieurs Forster rapportent deux espèces de ce genre; ils nomment la première *Coprosma fœtidissima floribus solitariis*, & la seconde *Coprosma lucida. Coprosma pedunculis compositis.* Le caractère de ce genre est gravé dans la 69e planche des caractères des genres de Messieurs Forster. Il fait partie de la Classe des polygamiques diœciques de Linnæus.

4°. La Corynocarpe, la Masse, *Corynocarpus.* Le caractère de ce genre est d'avoir le périanthe du calice inférieur, à cinq folioles oblongues, concaves, colorées; les pétales de la corolle sont au nombre de cinq, droits, concaves, à onglet étroit; les folioles du nectaire sont au nombre de cinq, montant, oblongues, aiguës, un peu plus petites que les pétales, grossies à la base par autant de glandes globuleuses; les filamens des étamines sont au nombre de cinq, en forme d'alêne, partant de la base des pétales; les anthères sont droites, oblongues; le germe du pistil est globuleux, supérieur; le stil est court, filiforme; le stigmate est obtus; le péricarpe est une noix turbinée, en forme de masse, monosperme; la semence est un noyau oblong. Messieurs Forster n'en admettent qu'une espèce, qu'ils nomment *Corynocarpus lævigata.* Cette plante est représentée dans la 6e planche des caractères des nouveaux genres, par Messieurs Forster, & fait partie de la cinquième Classe de Linnæus qui renferme les plantes pentandriques monogyniques.

5°. La Laciniée, *Crossostylis.* Le caractère de ce genre est d'avoir le périanthe du calice en forme de toupie, quadrangulaire, attaché au germe, partagé en quatre lobes ovales qui s'ouvrent, persistant; les pistils de la corolle sont au nombre de quatre, elliptiques, insérés au calice par un onglet étroit; le nectaire est formé par des corpuscules filiformes, ciliés, au nombre de vingt, entre les étamines; les filamens des étamines sont au nombre de vingt, filiformes, presque de la longueur du calice, réunis par la base en godet; les anthères sont petites, rondes; le germe du pistil est convexe, supérieur; le stil est cylindrique, persistant, de la longueur des étamines; le stigmate est une couronne formée de quatre déchiquetures qui sont très-ouvertes, fendues en trois; le péricarpe est une baie hémisphérique, à plusieurs stries, supérieure, à une loge; les semences sont nombreuses, globuleuses, placées autour du receptacle colomnaire dans le centre de la baie. Messieurs Forster n'en admettent qu'une espèce qu'ils nomment *Crossostylis biflora*, & qu'ils ont représentée dans la planche 44 des caractères de leurs nouveaux genres. Cette plante fait partie de la Classe des monodelphiques polyandriques de Linnæus.

CONTINUATION
DE LA LISTE DES PLANTES
DE L'HISTOIRE UNIVERSELLE DU REGNE VÉGÉTAL,

Et uniquement de celles dont il est parlé dans le septième Volume.

Nota. Les Annuelles seront toujours désignées par un A; les Bisannuelles par un B, & les Perennelles par un P.

427. 2443. *Corylus avellana*, le Noisettier des bois, page 1. P.
o. 2444. *Corylus colurna*, le Noisettier du Levant, 2. P.
428. 2445. *Corymbium scabrum*, la Corymbe raboteuse, 5. P.
o. 2446. *Corymbium glabrum*, la Corymbe glabre, *ibid.* P.
429. 2447. *Corypha umbraculifera*, la Coryphe, 6. P.
430. 2448. *Costus Arabicus*, le Costus Arabique, 7. P.
431. 2449. *Cotyledon orbiculata*, le Nombril de Vénus orbiculé, 8. P.
o. 2450. *Cotyledon spuria*, le Cotyledon bâtard, 9. P.
o. 2451. *Cotyledon hemisphericus*, le Cotyledon hémisphérique, *ibid.* P.
o. 2452. *Cotyledon serrata*, le Cotyledon découpé à dents de scie, *ibid.*
o. 2453. *Cotyledon umbilicus*, le Cotyledon ombilic, *ibid.* P.
o. 2454. *Cotyledon Hispanica*, le Cotyledon d'Espagne, 10. B.
o. 2455. *Cotyledon laciniata*, le Cotyledon à feuilles laciniées, *ibid.* P.
432. 2456. *Coublandia frutescens*, la Courbande en arbrisseau, 11. P.
433. 2457. *Couceveiba Guianensis*, le Couceveiba de la Guiane, 12. P.
434. 2458. *Couepia Guianensis*, le Couepi de la Guiane, *ibid.* P.
435. 2459. *Couma Guianensis*, le Coumier de la Guiane, le Poirier du pays, 13. P.
436. 2460. *Coumarouna odorata*, le Coumarou de la Guiane, 16. P.
437. 2461. *Couponi*, le Couponi aquatique, *ibid.* P.
438. 2462. *Couratori Guianensis*, le Couratori de la Guiane, *ibid.* P.
439. 2463. *Courimari Guianensis*, le Courimari de la Guiane, 17. P.
440. 2464. *Couroupita tourtoumou*, le Couroupite *ibid.* P.
441. 2465. *Coussapoa latifolia*, le Coussapier à large feuille, 18. P.
o. 2466. *Coussapoa angustifolia*, le Coussapier à feuille étroite, *ibid.* P.
442. 2467. *Coussarea violacea*, le Coussari violet, 19. P.
443. 2468. *Coutarea speciosa*, le Coutar de la Guiane, *ibid.* P.
444. 2469. *Coutoubea spicata*, la Coutoubée blanche, 20. A.
o. 2470. *Coutoubea ramosa*, la Coutoubée purpurine, *ibid.* A.
445. 2471. *Crambe maritima*, le Chou maritime proprement dit, 21. P.
o. 2472. *Crambe Orientalis*, le Chou maritime du Levant, 22. P.
o. 2473. *Crambe Hispanica*, le Crambé d'Espagne, *ibid.* A.
446. 2474. *Crameria ixina*, la Cramer ixine, *ibid.* P.
447. 2475. *Craniolaria fruticosa*, la Craniolaire en arbrisseau, 23. P.
o. 2476. *Craniolaria annua*, la Craniolaire annuelle, *ibid.* A.
448. 2477. *Crassula coccinea*, la Crassule écarlate, 24. P.
o. 2478. *Crassula cimosa*, la Crassule à bouquet, *ibid.* P.
o. 2479. *Crassula flava*, la Crassule à fleurs jaunes, 25. P.
o. 2480. *Crassula pruinosa*, la Crassule à gelée blanche, *ibid.* P.
o. 2481. *Crassula scabra*, la Crassule raboteuse, *ibid.*
o. 2482. *Crassula perfoliata*, la Crassule perfeuillée, *ibid.* P.
o. 2483. *Crassula fruticulosa*, la Crassule en arbrisseau, 26. P.
o. 2484. *Crassula tetragona*, la Crassule tétragone, *ibid.* P.
o. 2485. *Crassula obvallata*, la Crassule entourée comme d'un rempart, *ibid.* P.
o. 2486. *Crassula cultrata*, la Crassule en forme de couteau, *ibid.* P.
o. 2487. *Crassula spinosa*, la Crassule épineuse, 27. A.
o. 2488. *Crassula centauroides*, la Crassule en forme de centaurée, *ibid.* A.
o. 2489. *Crassula dichotoma*, la Crassule fourchue, *ibid.* A.
o. 2490. *Crassula glomerata*, la Crassule en peloton, *ibid.* A.
o. 2491. *Crassula strigosa*, la Crassule maigre, *ibid.*
o. 2492. *Crassula muscosa*, la Crassule musqueuse, 28. A.
o. 2493. *Crassula ciliata*, la Crassule ciliée, *ibid.* P.
o. 2494. *Crassula punctata*, la Crassule pointillée, *ibid.*
o. 2495. *Crassula subulata*, la Crassule en forme d'alêne, *ibid.* A.
o. 2496. *Crassula alternifolia*, la Crassule à feuilles alternes, *ibid.*
o. 2497. *Crassula rubens*, la Crassule rouge, 29. A.
o. 2498. *Crassula verticillaris*, la Crassule verticillaire, *ibid.* A.
o. 2499. *Crassula nudicaulis*, la Crassule à tiges nues, *ibid.* P.
o. 2500. *Crassula orbicularis*, la Crassule orbiculaire, *ibid.* P.
o. 2501. *Crassula pellucida*, la Crassule transparente, 30.
449. 2502. *Cratægus aria*, le Drouiller, l'Alleuche de Bourgogne, *ibid.* P.
o. 2503. *Cratægus torminalis*, l'Alisier à feuilles découpées, 31. P.

461. 2580. *Croton Moluccanum*, le Croton des Moluques, page 71.
o. 2581. *Croton flavens*, le Croton jaunâtre, ibid.
o. 2582. *Croton hastatum*, le Croton en fleche, ibid.
o. 2583. *Croton lobatum*, le Croton à lobe, ibid. A.
o. 2584 *Croton spinosum*, le Croton épineux, ibid.
o. 2585. *Croton urens*, le Croton brûlant, ibid.
462. 2586. *Crucianella angustifolia*, la petite Croisette à feuilles étroites, 72. A.
o. 2587. *Crucianella latifolia*, la petite Croisette à larges feuilles, ibid. A.
o. 2588. *Crucianella Ægyptiaca*, la petite Croisette d'Egypte, 73. A.
o. 2589. *Crucianella patula*, la petite Croisette ouverte, ibid. A.
o. 2590. *Crucianella maritima*, la petite Croisette maritime, ibid. P.
o. 2591. *Crucianella Monspeliaca*, la petite Croisette de Montpellier, ibid.
463. 2592. *Crucita Hispanica*, la Crucite d'Espagne, ibid.
464. 2593. *Cucubalus bacciferus*, le Caulichon à baies, 74. P.
o. 2594. *Cucubalus behen*, le Behen blanc, ibid. P.
o. 2595. *Cucubalus fabarius*, le Cucubale ou Lycharde à feuilles d'orpin, ibid.
o. 2596. *Cucubalus viscosus*, le Cucubale visqueux, ibid. B.
o. 2597. *Cucubalus stellatus*, le Lychnide étoilé, 75.
o. 2598. *Cucubalus Ægyptiacus*, le Cucubale d'Egypte, ibid.
o. 2599. *Cucubalus Italicus*, le Cucubale d'Italie, ibid. B.
o. 2600. *Cucubalus Tartaricus*, le Cucubale de Tartarie, ibid. P.
o. 2601. *Cucubalus Sibericus*, le Lychnide de Sibérie, ibid.
o. 2602. *Cucubalus catholicus*, le Lychnide catholique, 76. P.
o. 2603. *Cucubalus mollissimus*, le Cucubale très-mou, ibid. P.
o. 2604. *Cucubalus otites*, le Lychnide à fleurs musqueuses, ibid. P.
o. 2605. *Cucubalus reflexus*, le Lychnide réfléchi, ibid. P.
o. 2606. *Cucubalus saxifragus*, le Cucubale saxifrage, 77. P.
o. 2607. *Cucubalus pumilio*, le Cucubale des Alpes, ibid. P.
465. 2608. *Cucumis colocynthis*, la Coloquinte ordinaire, ibid. A.
o. 2609. *Cucumis Prophetarum*, la Coloquinte des Prophêtes, 79. A.
o. 2610. *Cucumis anguria*, le Melon d'eau, 80. A.
o. 2611. *Cucumis acutangulus*, le Concombre à angles aigus, ibid. A.
o. 2612. *Cucumis melo*, le Melon, ibid.
o. 2613. *Cucumis dudaim*, le Melon de Perse à odeur, le Concombre dudaim 84. A.
o. 2614. *Cucumis chate*, le Concombre d'Egypte, ibid. A.
o. 2615. *Cucumis sativus*, le Concombre ordinaire, 85. A.
o. 2616. *Cucumis anguinus*, le Concombre en forme de serpent, 88. A.
o. 2617. *Cucumis flexuosus*, le Concombre flexible, ibid. A.
o. 2618. *Cucumis Maderaspatanus*, le Concombre à très-petit fruit, ibid. A.
466. 2619. *Cucurbita lagenaria*, la Calebasse, ibid. A.
o. 2620. *Cucurbita ovifera*, la Cucurbite qui porte des œufs, 89.
o. 2621. *Cucurbita pepo*, la Citrouille, ibid. A.
o. 2622. *Cucurbita verrucosa*, le Potiron à verrues, 91. A.
o. 2623. *Cucurbita melopepo*, le Melon potiron, ibid. A.
o. 2624. *Cucurbita citrullus*, le Melon d'eau, ou Pasteque, ibid. A.
467. 2625. *Cuminum cyminum*, le Cumin cultivé, 92. A.
468. 2626. *Cunila Mariana*, la Mappée de Marie, ibid. P.
o. 2627. *Cunila pulegioides*, la Mappée à feuilles de pouliot, 93. A.
o. 2628. *Cunila thymoides*, la Mappée, ibid. A.
469. 2629. *Cunonia Capensis*, la Cunone du Cap, ibid. P.
470. 2630. *Cupania Americana*, la Cupane d'Amérique, 94. P.
471. 2631. *Cupressus semper virens*, le Cyprès toujours verd, ibid. P.
o. 2632. *Cupressus disticha*, le Cyprès de Virginie, 95. P.
o. 2633. *Cupressus thyoides*, le Cyprès en forme de thuia, ibid. P.
o. 2634. *Cupressus juniperoides*, le Cyprès en forme de genevrier, ibid. P.
472. 2635. *Curatella Americana*, la Curatelle de l'Amérique, 99. P.
473. 2636. *Curcuma rotunda*, le Curcuma rond, 100. P.
o. 2637. *Curcuma longa*, le Curcuma long, le Safran des Indes, ibid. P.
474. 2638. *Cuscuta Europæa*, la Cuscute d'Europe, 102. A.
o. 2639. *Cuscuta epithymon*, la Cuscute épithim, 106. A.
o. 2640. *Cuscuta Americana*, la Cuscute d'Amérique, ibid.
475. 2641. *Cycas circinalis*, le Cycas ailé, l'arbre à Sagou, 107. P.
476. 2642. *Cyclamen Europæum*, le Pain de pourceau d'Europe, 109. P.
o. 2643. *Cyclamen Indicum*, le Cyclamen des Indes, 110. P.
477. 2644. *Cymbaria daurica*, la Cymbaire daurique, 111.
478. 2645. *Cynanchum viminale*, l'Etrangle-chien à tige qui s'entortille, ibid. P.
o. 2646. *Cynanchum acutum*, l'Etrangle-chien aigu, ibid. P.
o. 2647. *Cynanchum planifolium*, le Cynanchon ou l'Etrangle-chien à feuilles planes, 112.
o. 2648. *Cynanchum racemosum*, l'Etrangle-chien en grappe, ibid. P.
o. 2649. *Cynanchum maritimum*, l'Etrangle-chien maritime, ibid. P.
o. 2650. *Cynanchum suberosum*, le Cynanchon en forme de liege, ibid.
o. 2651. *Cynanchum hirtum*, le Cynanchon hérissé, ibid. P.
o. 2652. *Cynanchum Monspeliacum*, l'Etrangle-chien de Montpellier, 113. P.
o. 2653. *Cynanchum undulatum*, le Cynanchon ondulé, ibid. P.
o. 2654. *Cynanchum erectum*, l'Etrangle-chien droit, ibid. P.
479. 2655. *Cynara scolimus*, l'Artichaut des jardins, 114. P.
o. 2656. *Cynara carduncellus*, le Cardon, 119. P.

Fin de la Table du septième Volume.

De l'Imprimerie de STOUPE, rue de la Harpe, 1777.

HISTOIRE
UNIVERSELLE
DU RÈGNE VÉGÉTAL.

HISTOIRE
UNIVERSELLE
DU RÈGNE VÉGÉTAL,
OU
NOUVEAU DICTIONNAIRE
PHYSIQUE ET ÉCONOMIQUE

DE TOUTES LES PLANTES QUI CROISSENT SUR LA SURFACE DU GLOBE:

CONTENANT leurs noms Botaniques & Triviaux dans toutes les Langues, leurs Claſſes, leurs Familles, leurs Genres & leurs Eſpèces; les endroits où on les trouve le plus communément; leur culture; les animaux auxquels elles peuvent ſervir de nourriture; leurs analyſes chymiques; la manière de les employer pour nos alimens, tant ſolides que liquides; leurs propriétés, non-ſeulement pour la Médecine des hommes, mais encore pour celle des animaux; les doſes & la manière de les formuler, & les différens uſages pour leſquels on peut s'en ſervir dans les Arts & Métiers, &c. &c. &c.

ON y a joint une Bibliothèque raiſonnée de tous les livres de Botanique, l'explication des différens termes uſités dans cette partie de l'Hiſtoire Naturelle, une notice de tous les ſyſtêmes, & enfin la liſte des Profeſſeurs & des Jardins Botaniques de l'Europe.

Ouvrage orné de 1200 Planches gravées en taille-douce par les meilleurs Maîtres, & deſſinées d'après nature.

Par M. BUC'HOZ, Docteur en Médecine, Médecin Botaniſte de Monſieur, & Médecin de Quartier Surnuméraire de ſa Maiſon; ancien Médecin de quartier de Monſeigneur le Comte d'Artois, & Médecin ordinaire de feu Sa Majeſté le Roi de Pologne; Aggrégé au Collège Royal & à la Faculté de Médecine de Nancy; Aſſocié des Académies de Mayence, de Châlons, d'Angers, de Dijon, de Béziers, de Caen, de Bordeaux & de Metz; Correſpondant de celles de Rouen & de Toulouſe; Membre de la Société Royale d'Agriculture de Rouen.

TOME HUITIEME DU DISCOURS.

A PARIS.

Chez BRUNET, Libraire, rue des Écrivains, vis-à-vis le Cloître Saint-Jacques-la-Boucherie.

M. DCC. LXXVII.

Avec Approbation, & Privilège du Roi.

2

HISTOIRE UNIVERSELLE DU RÈGNE VÉGÉTAL.

Ou nouveau Dictionnaire Physique & Économique de toutes les Plantes qui croissent sur la surface du Globe.

DICTAMNUS, *la Fraxinelle.*

NOMS GÉNÉRIQUES.

Ce genre de plante est connu sous les noms de *Fraxinella. Tourn. Dictamnus. Linn.* En François, la Fraxinelle, le Dictame blanc des boutiques.

Description.

Son caractère est d'avoir le périanthe du calice très-petit, à cinq pièces ou folioles oblongues, pointues, qui tombent. Les pétales de la corolle sont au nombre de cinq, ovales, lancéolés, pointus, ongulés, inégaux, dont deux s'élèvent; deux autres sont posés obliquement vers les côtés, & le cinquième est courbé. Les filamens des étamines sont au nombre de dix, en forme d'alêne, de la longueur de la corolle, courbés entre les deux pétales latéraux, inégaux. Les petites glandes sont en forme de points, parsemées de filamens. Les anthères sont à quatre côtés, montantes. Le germe du pistil est à cinq angles, élevé par le réceptacle. Le style est simple, court, courbé. Le stigmate est aigu, montant. Le péricarpe est formé par cinq capsules, rassemblées en-dedans par le bord, applaties, pointues, bivalves, à sommets éloignés les uns des autres. Les semences sont au nombre de deux, ovales, très-glabres, entre l'épiderme commun, bivalve, coupé.

CLASSE.

Ce genre fait partie de l'onzième classe de Tournefort, qui comprend les fleurs polypétales anomales, & de la dixième de Linnæus, destinée aux plantes décandriques monogyniques. Cet Auteur n'en admet qu'une espèce.

ESPECE.

Cette espèce est le Dictamne blanc, la Fraxinelle. *Dictamnus albus. Linn. Sp. Plant.* 548. *Hort. Cliff.* 161. *Hort. Upf.* 102. *Mat. Med.* 208. *Roy. Lugdb.* 463. *Sauv. Monsp.* 232. *Dictamnus albus*, *vulgò Fraxinella. Bauh. Pin.* 222. *Fraxinella. Reneal. Sp.* 121. En Anglois, *Whitedittany*; en Italien, *Dittamo bianco*; en Allemand, *Weisserdiptam*, *Gemeiner diptam*, *Aschwurtsel.*

Description.

Cette plante pousse des tiges garnies de poils un peu longs, & rudes au toucher, ligneuses, striées, cylindriques, d'un vert jaunâtre, remplies de moëlle, & hautes d'environ deux pieds. Les feuilles sont placées dans l'ordre alterne, le long des tiges, & composées de plusieurs rangs de folioles oblongues, faites à-peu-près en navette, terminées par une assez longue pointe, fermes, légèrement dentelées, disposées par paire le long d'un filet velu, creusé en gouttière, terminé par une impaire. Leur ensemble donnant à toute la feuille leur ressemblance avec celle du Fresne, on en a pris occasion d'appeller cette plante *Fraxinelle*, c'est-à-dire, *petit Fresne.* Sa racine est charnue, blanche, entrelacée, d'une odeur forte, assez amère, vivace. Elle pivote beaucoup, & acquiert tous les ans plus de grosseur par le haut. Les fleurs qui naissent au sommet de la plante, en forme d'épi lâche, qui peut avoir neuf à dix pouces de long, sont irrégulières, mais ordinairement à cinq pièces, tantôt blanches, tantôt d'un rouge pâle, veiné de pourpre. Le calice est formé de cinq pièces oblongues & aiguës. Il y a cinq pétales allongés, inégaux, dont deux s'élèvent; un tend en-bas, & les deux autres ont une direction oblique vers les côtés. Dix étamines inégales, & surmontées de sommets droits, obtus & quadrangulaires, entourent un embryon pentagone, dont le style, peu élevé, est courbé, & terminé en pointe. Cet embryon devient un fruit, composé de cinq capsules anguleuses, qui s'ouvrent extérieurement de la pointe à la base, & tiennent ensemble par le côté interne. Les graines sont communément noires, contournées, aiguës, & contenues dans des gaînes courbes, très-élastiques, qui en s'ouvrant prennent la forme de corne de Bélier. Ces gaînes sont enfermées dans les capsules.

Observation.

En touchant cette plante, même légèrement, les doigts demeurent empreints d'une odeur citronnée, & restent assez long-temps chargés d'une humeur balsamique. La vapeur qui transpire continuellement de cette plante, lorsqu'elle est au grand soleil, est abondante & subtile. C'est pourquoi dans les soirées des jours très-chauds, lorsque l'air frais commence à condenser cette vapeur, elle s'enflamme à l'approche d'une lumière, & se répand sur toute la plante, dont les feuilles ne paroissent ensuite nullement endommagées. La plante sèche n'a aucune odeur. Les feuilles sont très-friables, & n'ont qu'une très-foible saveur spiritueuse, mêlée de quelque amertume.

Figure.

Cette plante est représentée dans le *Specimen* de Rèneaulme, pl. 121; dans le Traité des Plantes Bulbeuses & Liliacées, que nous avons publié à la suite de la nouvelle édition des Insectes de Surinam & de l'Europe, par Mademoiselle de Merian, dans notre Traité Historique des Plantes de la Lorraine, & dans la seconde Partie de cet Ouvrage.

Lieu de sa naissance.

Elle croît dans les forêts, sur-tout dans les pays chauds, tels qu'en Languedoc, en Provence & en Italie. On en voit aussi au Mont Pila.

Culture.

On cultive cette plante dans nos jardins. Elle fleurit en Mai & Juin. Sa semence est mûre au mois de Septembre. Elle n'exige pas grand soin pour sa culture. On la multiplie ordinairement par graine, qu'il est essentiel de semer aussi-tôt qu'elle est mûre, soit en pleine terre, soit sur couche, d'où l'on transporte les jeunes plantes dans les parterres au mois de Mars, à moins qu'on n'aime mieux les laisser se fortifier pendant l'année entière. On les lève pour lors en automne, quand elles ont perdu leurs feuilles, & on les plante en pépinière, espacées à six pouces en tout sens, sur des planches larges de quatre pieds, & dont les sentiers en aient deux. Quand les plantes y ont resté deux ans bien sarclées, on les transporte dans les parterres en automne, au milieu des bordures. Elles y fleurissent l'année suivante, se soutiennent en place pendant trente à quarante ans, & donnent toujours de plus en plus, à mesure que leurs racines grossissent. Toute leur culture se réduit pour lors à les tenir nettes des herbes, qui les priveroient de nourriture, & à labourer le pied tous les ans pendant l'hiver.

Analyse chymique.

La racine de cette plante, qui est la principale partie en usage dans la Médecine, a été analysée par M. Geoffroy. De cinq livres de ses racines, nouvellement tirées de la terre au commencement du printemps, dit ce Chymiste, on retire par l'analyse chymique, une livre & quatre onces de phlegme, qui a l'odeur & le goût de la plante, & est rempli par conséquent d'une huile essentielle très-subtile; environ deux livres de phlegme acide & encore odorant; huit onces de phlegme urineux, avec environ vingt grains de sel concret; trois onces & trois gros d'huile fœtide; cinq onces de sel alkali fixe. Il reste trois onces & demie de *caput mortuum* par cette analyse; & par l'odeur & le goût de cette racine, il est clair que sa vertu dépend d'une huile essentielle, subtile, qui sort d'abord avec le phlegme; d'une huile épaisse & fœtide, qui est abondante, & d'une assez grande portion de sel essentiel, qui approche du sel ammoniac.

Propriétés médicinales.

Aussi cette racine est-elle cordiale & alexitère, sudorifique, diurétique, emmenagogue. M. Chomel rapporte deux cures opérées par cette plante, par un Herboriste de Sermaise, près de Noyon. Un Paysan, qui souffroit des douleurs d'entrailles excessives, avec une faim canine, jeta un ver de cinq ou six pieds de long, après avoir bu, pendant quelques jours, par le conseil de cet Herboriste, un syrop fait avec l'infusion de la racine de Fraxinelle. Un autre Paysan ayant pris pendant quinze jours de la racine de Fraxinelle, jeta par la bouche deux crapauds, dont l'un étoit déjà corrompu & assez gros, & l'autre vivant, de la grosseur d'une noix. Il rendit en même temps deux écuellées de sang, & fut aussi-tôt soulagé des syncopes & des foiblesses qui le tourmentoient depuis long-temps. Nous ne garantissons pas ces faits.

On se sert de l'infusion théiforme des feuilles & des fleurs de Fraxinelle, pour les vapeurs. On la dit aussi très-bonne dans l'épilepsie & les maladies du cerveau. L'eau distillée de toute cette plante est cosmétique. Zuvelfer & Charas substituent la Fraxinelle aux Orobes, pour les trochisques de Squille, qui entrent dans la Thériaque. Sa racine entre dans l'*Opiate de Salomon*, l'*Orviétan*, la *Poudre antispasmodique*, celle de *Guttete*, &c. du Dispensaire de Paris. Geoffroi, en parlant de cette racine, dit expressément qu'elle fait mourir les vers, sortir le fœtus & l'arrière-faix; qu'elle résiste à la pourriture, & qu'elle est très-utile contre la contagion de la peste, de quelque manière qu'on en fasse usage. On la recommande, ajoute-t-il, contre les poisons & les blessures faites avec des armes empoisonnées. La dose est depuis un demi-gros jusqu'à deux gros en substance, & jusqu'à une once en infusion.

On lève de terre cette racine au printemps pour les usages médicinaux. Lorsqu'on l'achète, il faut la choisir récente, blanche par-tout, bien nourrie, mondée de ses fibres. Il faut en outre qu'elle ait l'odeur de bouquin, qu'elle perd en vieillissant.

Formules.

1°. Prenez *Dictamne blanc* pulvérisé, une once; syrop d'Absynthe, suffisante quantité: mêlez; faites un bol pour faire mourir les vers.

2°. Prenez racines de *Fraxinelle* pulvérisée, deux gros: faites prendre à la malade dans du vin pur, pour faire sortir l'arrière-faix; & faites des fomentations sur la région de la matrice, avec la décoction de cette racine, & les feuilles de Pouliot.

Propriétés d'ornement.

La Fraxinelle mérite, par la beauté de sa fleur, & son port majestueux, d'être cultivée dans les jardins des Curieux.

DIGITALIS, *la Digitale.*

NOMS GÉNÉRIQUES.

Ce genre de plante est connu sous les noms de *Digitalis. Tourn. Linn. Virga regia. Cæsalp. Aralda. Hisp.* En François, Digitale.

Description générique.

Le caractère de ce genre de plante est d'avoir le périanthe du calice partagé en cinq pièces ou feuilles rondes, aiguës, persistentes, dont la supérieure est plus étroite que les autres. Sa corolle est monopétale, campanulée, dont le tube est grand, s'ouvrant, ventru par derrière. Sa base est cylindrique, serrée. Le limbe est petit, découpé en quatre, dont le lobe supérieur s'ouvre davantage, & est échancré; l'inférieur est plus grand. Les filamens des étamines sont au nombre de quatre, en forme d'alêne, insérés à la base de la corolle, inclinés, dont deux plus longs. Les anthères sont partagées en deux, pointues. Le germe du pistil est pointu. Le style est simple, dans la même position que les étamines. Le stigmate est aigu. Le péricarpe est une capsule ovale, de la longueur du calice, pointu, à deux loges, bivalve, dont les valves se rompent en deux. Les semences sont nombreuses, petites.

Observation.

Il se trouve des espèces dans lesquelles les découpures des corolles sont aiguës, plus apparentes; les lèvres supérieures & inférieures aiguës, & plus élevées.

CLASSE

Cette plante fait partie de la troisième classe de Tournefort, destinée aux plantes personnées ou en masque; & de la quatorzième classe de Linnæus, destinée aux plantes didynamiques angiospermiques. Cet Auteur en admet huit espèces.

PREMIÈRE ESPÈCE.

La première espèce est la Digitale couleur de pourpre, les Gants de Notre-Dame. *Digitalis purpurea. Digitalis calycinis foliolis, ovatis, acutis; corollis obtusis; labio superiore integro. Linn. Sp. Plant.* 866. *Hort. Ups.* 178. *Digitalis foliolis calycinis, ovatis. Hort. Cliff.* 318. *Dalib. Paris.* 192. *Acuminatis. Roy. Lugdb.* 292. *Gort. Gelr.* 371. *Digitalis purpurea; folio aspero. Bauh. Pin.* 243. *Digitalis purpurea. Dod. Pempt.* 168. *Campanula sylvestris. Trag.* 889. *Aralda Bononiensibus. Gesn. Virga regia, major, flore purpureo. Cæs.* 348. *Digitalis purpurea, vulgaris. Park.* En Allemand, *Fingerhut-Kraut*; en Anglois, *Foxgloves*; en Italien, *Digitella.*

Description.

La racine de cette plante est en forme de Navet, avec des radicales latérales, fibreuses. Sa tige est haute d'une coudée au plus, anguleuse, velue, rougeâtre, creuse. Ses feuilles sont ovales, aiguës, rudes; les radicales sont portées par de longs pétioles. Ses fleurs sont rangées sur un côté de la tige, pendantes, portées par de courts péduncules, à l'origine desquels on trouve des feuilles florales. Elles sont monopétales, irrégulières, campanulées. Leur tube est large, & renflé en-dehors, le limbe court, découpé en quatre parties, imitant la forme des lèvres par sa partie supérieure, qui est entière, & par l'inférieure. La corolle de la fleur est de couleur de pourpre, avec des taches blanches & des poils dans l'intérieur. Son fruit a une capsule arrondie, terminée en pointe, divisée en deux loges. Les semences sont menues, presque anguleuses.

Figure.

Cette espèce est représentée dans notre Traité Historique des plantes de la Lorraine, & dans la seconde Partie de cet Ouvrage.

Lieu de sa naissance.

Elle est bisannuelle. Elle croît dans la partie méridionale de l'Europe. On en trouve dans la Provence, sur les montagnes du Lyonnois, auprès de la Ferté; sur la route de Montmirail, dans la Brie; auprès de Saulieue, dans la Bourgogne; aux environs de Nantes en Bretagne, sur tous les chemins; & dans les champs, à l'Esperou auprès de Montpellier; aux environs d'Étampes, dans les collines du Rousset, dans les bois de la Barre, dans ceux de Torfou, & entre les rochers de Brissy sous Saint-Yon. Elle est aussi commune dans le Chaumontois, & dans la Sologne, Généralité d'Orléans. On en voit beaucoup le long de la chaussée, sur la route de Saumur. On en trouve encore dans le bas-Poitou, autour de Réaumur; & dans la Normandie, aux environs de l'Aigle; dans les montagnes des Vosges, auprès de Remiremont; sur le mont Rosberg, près Saint-Tamarin; dans les taillis, à Meudon, à Versailles, à Saint-Cyr & à Montmorency.

Culture.

Cette plante fleurit en Juin. Ses semences sont mûres en automne. Si on les laisse tomber d'elles-mêmes, elles lèvent au printemps, & deviennent une mauvaise herbe très-préjudiciable. Lorsqu'on veut cultiver cette plante, on sème ses graines en automne: celles qu'on sème au printemps réussissent rarement, ou sont pour le moins un an dans la terre avant de germer.

Analyse Chymique.

Dans l'analyse chymique, faite par M. Geoffroy, de cinq livres de feuilles fraîches de Digitale, distillées à la cornue, il est sorti une livre six onces sept gros quarante grains de liqueur d'abord roussâtre, sans odeur, ensuite limpide, d'une odeur & d'une saveur d'herbe un peu acide; trois livres deux onces sept gros de liqueur limpide, sans odeur, fort acide, austère; deux onces cinq gros douze grains de liqueur roussâtre, empyreumatique, fort acide, austère & un peu salée; une once deux gros de liqueur rousse, imprégnée de beaucoup de sel volatil-urineux, avec quelques grains de sel volatil-concret; une once un gros douze grains d'huile épaisse comme du syrop. La masse noire qui est restée dans la cornue, pesoit cinq onces quatre gros trente grains, laquelle étant calcinée, a laissé deux onces trente-six grains de cendres, dont on a tiré par la lixiviation trois gros quarante grains de sel fixe purement alkali. On n'a point apperçu qu'il se fût perdu des parties dans la distillation: au contraire le poids des substances que l'on a retirées, a surpassé de quatre onces trois gros quarante-deux grains le poids de la plante que l'on a prise pour distiller. La perte des parties dans la calcination a été de cinq onces un gros soixante-six grains. Les feuilles de Digitale sont amères. Elles contiennent un sel essentiel austère, ammoniacal, presque semblable au vitriol ammoniacal, uni avec beaucoup d'huile.

Propriétés médicinales.

J. Ray prétend que la fleur de la Digitale est émétique. Dodonée dit que quelques personnes, pour avoir mangé de cette plante mêlée avec d'autres, & des œufs dans des gâteaux, avoient vomi. Lobel rapporte que les pauvres de Sommerset en Angleterre, prennent de cette herbe, en guise de vomitif, lorsqu'ils ont la fièvre. Parkinson lui attribue une vertu anti-épileptique, & la prescrit à la dose de deux poignées, avec quatre onces de polypode de Chêne, bouillie dans une suffisante quantité de Bière. On fait boire deux fois la semaine aux épileptiques cette décoction. Plusieurs ont été guéris par l'usage de ce spécifique; mais suivant Ray, il faut que ceux qui usent de ce remède, soient extrêmement robustes. Si on en croît aussi Parkinson, la Digitale pilée & appliquée, ou son suc mêlé dans un onguent, guérit les tumeurs scrophuleuses. J. Ray dit aussi que plusieurs personnes ont beaucoup de confiance dans les fleurs de la Digitale, pour cette maladie. Quelques-uns mettent à volonté de ces fleurs dans du beurre fait au mois de Mai, & ils l'exposent au soleil pendant l'été; d'autres les mêlent avec du sain-doux, & les enfouissent dans la terre pendant quarante jours. Les uns & les autres laissent les fleurs dans l'onguent, qu'ils étendent sur du linge, & qu'ils appliquent sur les tumeurs. Ils disent qu'ils ont éprouvé que ce remède suffit pour dissiper & faire mûrir les tumeurs, & pour déterger & cicatriser les ulcères. Ils purgent en même temps, tous les cinq ou six jours, avec le Diacarthame, & ils font boire la décoction de l'Herbe-à-Robert. On frotte la partie rouge de l'ulcère avec la partie la plus fine de l'onguent, & on étend sur du linge la partie la plus grossière, que l'on ne change jamais. Il y a des personnes qui prennent les jeunes pousses de cette plante, en expriment le suc, & la font bouillir dans du beurre, jusqu'à ce qu'il soit tari. Ils remettent deux ou trois fois de nouveau suc, & le font bouillir de même. Il faut observer, 1°. qu'on doit préparer une suffisante quantité d'onguent, dans le temps que l'on peut avoir des fleurs; car quelquefois une année & même davantage ne suffit pas pour guérir entièrement. 2°. Il ne faut pas craindre, quoique les ulcères deviennent plus grands; car cet onguent, après avoir desséché & consommé toutes les tumeurs, les guérira & les cicatrisera. 3°. Cet onguent est utile dans les écrouelles humides, & d'où il découle du pus. Il est peu utile dans celles qui sont sèches; mais il faut avoir recours au Basilicum & au précipité. Il y a un ancien proverbe en Italie, qui dit que la Digitale guérit toutes les plaies.

Propriétés nuisibles à la volaille.

Dans l'Histoire de l'Académie Royale des Sciences, année 1748, on rapporte une observation qui prouve combien la Digitale est dangereuse à la volaille. M. Salerne, Médecin à Orléans, & Correspondant de cette Académie, ayant appris que plusieurs dindonnaux étoient morts, pour avoir mangé des feuilles de grande Digitale à fleurs rouges, qu'on leur avoit données par hasard pour du Bouillon-blanc, voulut s'assurer de ce qui en étoit. Il donna pour cet effet de ces mêmes feuilles à un gros dindon. Quoique cet animal fût fort & vigoureux, que la plante eût peu de vertu, tant parce que les feuilles étoient cueillies depuis sept à huit jours, que parce que l'expérience avoit été faite en hiver, & qu'il n'en eut mangé qu'une seule fois, il en fut néanmoins si malade, qu'il ne pouvoit se tenir sur ses jambes. Il paroissoit ivre, & rendoit des excrémens rougeâtres. Huit jours de bonne nourriture suffirent à peine pour le rétablir. M. Salerne jugea à propos de faire une seconde expérience, & de la pousser plus loin. Il donna, au mois de Décembre, des feuilles de la même plante hachées, mêlées avec du son de froment, à un coq-d'Inde vigoureux, & qui pesoit sept livres. Dès qu'il en eut mangé, il parut triste & mélancolique. Ses plumes étoient hérissées, & son col pâle & retiré. Cependant il en mangea encore pendant quatre jours, & en consomma une demi-poignée, qui avoit été cueillie depuis environ huit jours; &, comme nous l'avons dit, dans une saison très-avancée. Dès la première fois, on remarqua que les excrémens, naturellement verts & bien liés, étoient devenus rougeâtres & liquides, comme s'il eût été attaqué de la dyssenterie. L'animal ne voulut plus absolument manger de cette pâte, qui lui avoit été si nuisible. On fut obligé de lui donner du son délayé avec de l'eau; mais cependant il continua d'être triste & dégoûté. Il lui prenoit de temps en temps des convulsions si vives, qu'il se laissoit tomber. Lorsqu'il s'étoit relevé, il marchoit comme s'il eût été ivre. Quoiqu'il eût de quoi se percher, il se tenoit toujours à terre. Il poussoit presque sans cesse des cris plaintifs. Il refusoit tous les alimens, même l'Orge & l'Avoine, dont on sait que ces animaux sont très-friands. Au bout de cinq ou six jours, les excrémens devinrent blancs comme de la chaux nouvellement éteinte, puis jaunes, verdâtres & noirâtres. Enfin le dix-huitième jour de l'expérience, il mourut dans une maigreur si grande, que de sept livres qu'il pesoit, avant qu'il commençât à prendre de cette nourriture, il étoit réduit à trois. On l'ouvrit, & on trouva le cœur, le poumon, le foie & la vésicule du fiel flétris. L'estomac avoit son velouté; mais il étoit absolument vuide. Au moment qu'on l'ouvrit, il rendit par le bec & par l'anus une matière verte & liquide, semblable à de la lie d'huile d'Olive. Cette matière étoit plus épaisse dans le gosier & les intestins. On voit par ces expériences le dérangement que l'usage de cette plante peut causer dans les organes de ces animaux, & combien on doit être attentif à la détruire dans les endroits où on les élève.

Propriétés d'ornement.

La Digitale fait un très-bel effet dans les parterres, à cause de la beauté de sa fleur.

SECONDE ESPÈCE.

La seconde espèce est la petite Digitale. *Digitalis minor. Digitalis corollis obtusis, labio superiore subbilobo, foliis lævibus. Linn. Syst. Veg. edit. XIII. Murray.* 470. *Mant.* 567. *Digitalis purpurea, hispanica, minor. Tourn. Inst. Rei. Herb.* 165.

Description.

La tige de cette Digitale est deux fois plus courte que celle de la première espèce, lisse. Ses péduncules sont velus. Ses feuilles sont sessiles, lancéolées, sans être ridées, lisses, très-entières. Ses fleurs sont très-semblables pour la figure, la grandeur, la couleur, à l'espèce précédente, mais les points y sont plus abondans, sans iris pâle. La lèvre supérieure est découpée plus profondément en deux lobes. La lèvre inférieure est très-obtuse; les pétales latéraux sont réfléchis. Les anthères sont à points ferrugineux.

Lieu de sa naissance.

Cette espèce est vivace, & croît naturellement en Espagne.

TROISIEME ESPÈCE.

La troisième espèce est la Digitale du Thapsus. *Digitalis Thapsi. Digitalis foliis decurrentibus. Linn. Sp. Plant.* 867. *Digitalis Hispanica, purpurea, minor. Tourn. Inst. Rei. Herb.* 165. *Digitalis Verbasci folio, purpurea, minor, perennis, Hispanica. Barr. Ic.* 1185. *Digitalis angusto Verbasci folio, montana. Bocc. Mus.* 2, *p.* 108.

Description.

Cette espèce a le port de la première. Ses feuilles sont cotonneuses, veineuses, découpées à dents de scie; les inférieures sont lancéolées, ovales; les supérieures sont larges, lancéolées. Toutes règnent le long de la tige, & sont réfléchies par leurs côtés. La grappe & les fleurs sont les mêmes que celles de la première espèce. La corolle est pourpre, à ouverture pâle, parsemée de points sanguins. Le limbe est fendu en quatre. Le lobe supérieur ne se divise pas; mais l'inférieur est plus long, cilié.

Figure.

Elle est représentée dans Barrelier, pl. 1185; & dans le *Musæum* de Boccone, tom. 2, pl. 85.

Lieu de sa naissance.

Elle est vivace, & croît naturellement en Espagne.

Observation.

On doute si cette plante n'est pas provenue du mariage ou du mélange des parties de la fructification de la Digitale pourpre avec le *Verbascum Thapsus.*

QUATRIÈME ESPECE.

La quatrième espèce est la Digitale jaune. *Digitalis lutea. Digitalis calycinis foliolis, lanceolatis; corollis acutis; labio superiore bifido. Linn. Sp. Plant.* 867. *Digitalis foliis calycinis, subulatis; floribus imbricatis. Hort. Cliff.* 318. *Roy. Lugdb.* 293. *Dalib. Parif.* 192. *Digitalis major, lutea seu pallida, parvo flore. Bauh. Pin.* 224. *Digitalis lutea, minore flore. Morif. Hist.* 2, *p.* 479, *sect.* 5.

Description.

Ses feuilles sont larges. Ses fleurs sont en épis, jaunâtres. Les folioles de leurs calices sont lancéolées. Les corolles sont aiguës. La lèvre supérieure est fendue en deux. L'épi flotte d'abord par le sommet.

Figure.

Cette espèce est représentée dans l'Histoire des Plantes de la France, par Morison, tom. 2, sect. 5, pl. 8, fig. 5.

Lieu de sa naissance.

Elle croît sur les montagnes, aux environs de Genève & de Naples. On en trouve en plusieurs endroits de la France, sur-tout aux environs de Montpellier, sur la montagne de Capouladou.

CINQUIÈME ESPECE.

La cinquième espèce est la Digitale ambiguë. *Digitalis ambigua. Digitalis corollarum labio emarginato, foliis subtùs pubescentibus. Linn. Syst. Veg. edit. XIII. Murray.* 470. *Idem Goetting.* 62. *Digitalis foliis calycinis, lanceolatis; galeâ incisâ; faucibus maculatis. Hall. Flor.* 331. *Digitalis lutea, major. Bauh. Pin.* 224.

Observation.

Cette espèce diffère de la précédente par ses corolles qui sont beaucoup plus grandes. C'est à peine une espèce différente; mais tous aiment mieux en faire une, à cause de la grandeur de ses fleurs.

Propriétés d'ornement.

Elle peut servir de décoration aux grands jardins.

SIXIEME ESPECE.

La sixième espèce est la Digitale ferrugineuse. *Digitalis ferruginea. Digitalis calycinis foliolis, ovatis, obtusis; corollæ labio inferiore, longitudine floris. Linn. Sp. Plant.* 867. *Digitalis foliolis calycinis, ovatis, obtusis; corollis villosis; labio longissimo. Buttn. Cunon.* 226. *Digitalis foliolis calycinis, ovatis, obtusis. Roy. Lugdb.* 292. *Digitalis angustifolia, flore ferrugineo. Bauh. Pin.* 244. *Riv. Mon.* 98. *Digitalis latifolia, flore ferrugineo. Morif. Hist.* 2, *p.* 478, *sect.* 5. *Digitalis lutea, non ramosa, Scorsoneræ folio. Buxb. Cent.* 5, *p.* 25.

Description.

Sa tige est mince, lisse, haute de six pieds. Ses feuilles sont sessiles, lancéolées, lisses, rayées, très-entières. La grappe sort de chacune des aisselles supérieures. Elle est droite. Les bractées sont linéaires, lancéolées, réfléchies. Les petits pédicules sont très courts, solitaires. Les feuilles supérieures du calice, au nombre de trois, s'approchent les unes des autres. La corolle est ventrue, inférieurement bossue, un peu plus longue que le calice, poileuse, jaunâtre intérieurement. Les deux découpures supérieures sont foncées; les latérales sont aiguës; celle d'en-bas est la plus longue, barbue. Les étamines sont flexibles, sans le rudiment du cinquième. Le style est de la longueur de la fleur.

Figure.

Cette espèce est représentée dans la cinquième centurie de Buxbaum, pl. 49; & dans l'Histoire des Plantes, par Morison, sect. 5, pl. 8, fig. 2, 3.

Lieu de sa naissance.

Elle est vivace, & croît naturellement en Italie, à Constantinople.

SEPTIÈME ESPECE.

La septième espèce est la Digitale à fleur obscure. *Digitalis obscura. Digitalis foliis lineari-lanceolatis, integerrimis, glabris, basi adnatis. Linn. Sp. Plant.* 867. *Digitalis Hispanica, angustifolia, flore nigricante. Tourn. Inst.* 166. *Digitalis angustifolia, Hispanica. Bocc. Mus.* 2, *p.* 136.

Description.

Sa tige est un sous-arbrisseau, ligneuse. Ses rameaux sont opposés, en petit nombre. Ses feuilles sont étroites, lancéolées, presque attachées à la base, glabres, rassemblées dans les endroits où elle ne fleurit pas, autrement alternes. Les grappes sont terminales. Les bractées sont lancéolées. Le calice est à folioles ovales, un peu aiguës, ouvertes. Les corolles sont jaunâtres intérieurement, à fond réticulé, brunâtre. Elles sont d'un brun pâle à l'extérieur, sur-tout sur le dos. La lèvre supérieure est à demi fendue en deux; l'inférieure est partagée en trois. La partie du milieu est la plus longue.

Figure.

Cette espèce est représentée dans le *Musæum* de Boccone, tom. 2, pl. 198; & dans le Jardin de Jacquin, pl. 91.

Lieu de sa naissance.

Elle croît naturellement en Espagne.

HUITIÈME ESPECE.

La huitième & dernière espèce est la Digitale de Canarie. *Digitalis Canariensis. Digitalis calycinis foliolis, lanceolatis; corollis bilabiatis, acutis; caule fruticoso. Mill. Dict. Gesneria foliis lanceolatis, serratis; pedunculo terminali, laxè spicato. Hort. Cliff.* 318. *Digitalis acanthoïdes, Canariensis, frutescens, flore aureo. Commel. Hort.* 2, *p.* 105. *Digitali affinis Canariensis, solidaginis acutis foliis, leviter pilosis; flore aureo, cucullato. Pluk. Alm.* 40.

Description.

Ses feuilles sont lancéolées, découpées à dents de scie. Son péduncule est terminé en épi lâche. Sa fleur est d'un jaune doré. Les folioles de son calice sont lancéolées. Les corolles sont aiguës, doublement labiées.

Figure.

Cette espèce est représentée dans les Planches de

Miller, pl. 120, dans le *Commelin Hort. Amstel.*, tom. 2, pl. 53; & dans l'*Almag.* de Plukenet, pl. 325, fig. 2.

Lieu de sa naissance.

Elle croît naturellement dans les Isles de Canarie.

Culture.

On multiplie cette plante par graines, que l'on sème en automne dans des pots garnis de terreau, dès qu'elles sont mûres. On enfonce ces pots dans une vieille couche de tan, dont la chaleur est dissipée; & quand il fait doux, on ouvre les vitres, pour donner de l'air. On les couvre pendant les pluies fortes & la gelée. Ces graines lèvent au printemps. On leur donne pour lors de l'air, surtout s'il fait doux; mais il faut les garantir du froid. Quand ces plantes sont assez fortes pour être transplantées, on les plante chacune dans un petit pot plein de terreau, qu'on met à l'abri jusqu'à ce que la plante soit reprise. On les accoutume pour lors par degrés en plein air. On laisse pendant l'été les plantes dehors, à une exposition à l'abri; mais en hiver il faut les mettre dans la serre. Il ne faut néanmoins pas qu'elles y aient trop chaud: il suffit de les garantir de la gelée. Quand il fera doux, on leur donnera tous les jours de l'air; mais il faut prendre garde de ne leur en pas trop donner, si c'est l'hiver.

Propriétés d'ornement.

Cette plante mérite d'être cultivée par sa beauté. Elle commence à fleurir en Mai, & successivement jusqu'en hiver, ce qui augmente encore considérablement son prix.

Observation.

Toutes les espèces doivent être semées en automne; car si on les sème au printemps, elles avortent pour l'ordinaire, ou elles restent du moins une année entière dans la terre avant de végéter. Elles sont la plupart bisannuelles. Elles périssent aussi-tôt après la maturité des semences.

DILLENIA, *la Dillen.*

NOMS GÉNÉRIQUES.

Ce genre de plante est connu sous les noms de *Syalita. H. Mal. Songium. Rumph. Dillenia. Linn.*

Description générique.

Le caractère de cette plante est d'avoir le périanthe du calice à cinq folioles rondes, concaves, coriacées, grandes, persistentes. Les pétales de la corolle sont au nombre de cinq, un peu ronds, concaves, coriacés, grands. Les filamens des étamines sont très-nombreux, formant le globe. Les anthères sont oblongues, droites. Les germes des pistils sont au nombre de vingt ou environ, ovales, oblongs, pointus, applatis, réunis à l'intérieur. Il n'y a point de style. Les stigmates sont lancéolés, planes à l'extérieur, grands, persistans, formant ensemble une étoile. Le péricarpe est un peu rond, couvert à l'extérieur d'autant de capsules oblongues, longitudinales, sillonnées. A l'intérieur se trouve un réceptacle colomnaire, très-grand, pulpeux. Les semences sont nombreuses, très-petites, logées sous les capsules.

CLASSE.

Ce genre de plante fait partie de la treizième classe de Linnæus, qui comprend les plantes polyandriques polygyniques. Cet Auteur n'en admet qu'une espèce.

ESPÈCE.

Cette espèce est la Dillen des Indes. *Dillenia Indica. Linn. Sp. Plant.* 754. *Hort. Cliff.* 221. *Songium. Rumph.* 2, *p.* 14. *Syalita. Hort. Mal.* 3, *p.* 39. *Malus Rosea Malabarica, Syalita dicta. Pluk. Mant.* 124. *Arbor Indica, flore maximo, cui multæ innascuntur siliquæ. Raj. Hist.* 1707. Chez les Bramanes, *Karinbalapala;* chez les Portugais, *Fruita estrelada;* chez les Hollandois, *Roos appel.*

Description.

Cet arbre croît à la hauteur de quarante ou quarante-cinq pieds. Son tronc est très-gros, couvert d'une écorce épaisse, dont l'épiderme est cendrée, écailleuse. Cette écorce est blanche intérieurement, aqueuse. Dans l'endroit où on la coupe, il en sort une grande quantité d'eau astringente. Pareillement la racine de cet arbre est grosse, & couverte d'une écorce mince, rouge-noirâtre à l'extérieur, écailleuse, intérieurement pourpre vers la moëlle. Cette racine est garnie de fibres, qui s'étendent en large sous terre. Elle n'a point d'odeur, mais une saveur âcre. Les feuilles sont ovales-rondes, attachées chacune à leurs pétioles, caves intérieurement, & velues ou lanugineuses, ayant plus de neuf pouces de longueur, & un pouce de largeur. Ces feuilles sont supérieurement luisantes, sans l'être inférieurement. Leur couleur est d'un noir verdâtre. Au milieu de ces feuilles, règne une côte épaisse, qui s'élève au revers de la feuille, & d'où partent plusieurs nervures parallèles qui vont aboutir à la dentelure & au bord de cette même feuille. Entre ces feuilles, il sort, sur une tige épaisse, forte & quadrangulaire, un calice, qui parvenu à la grosseur d'une Orange, s'ouvre. Il est composé de cinq pièces ou feuilles en forme de coquilles, concaves, vertes, épaisses, fortes, luisantes. Ce calice renferme une fleur très-belle, composée de cinq pétales blanchâtres, glabres, concaves, ronds, coriacés, dans lesquels se trouvent plusieurs filamens blanchâtres, surmontés d'anthères jaunes; & au milieu de ces filamens s'élève supérieurement & élégamment un ombilic blanc, étoilé, à vingt angles. Après que la fleur ainsi ouverte, a été épanouie pendant sept ou huit jours, & a répandu dans les environs une odeur très-agréable, approchant de celle du Lys, les cinq pétales blancs resserrent étroitement l'ombilic étoilé & les étamines, à l'instar d'une tête de Chou. Ensuite les feuilles du calice renferment & enveloppent toutes les parties de la fleur, qui étant ainsi réunies, forment le fruit semblable à une grosse pomme.

Figure.

Cette espèce est représentée dans l'*Hort. Malab.* tom. 3, pl. 38 & 39; dans l'*Herbarium Amboinense*, tom. 2, pl. 45; & dans la seconde Partie de cet Ouvrage.

Lieu de sa naissance.

Elle croît dans plusieurs endroits du Malabar, aux environs de la Cochinchine & des Provinces de Moutan. Elle porte du fruit une fois l'année, en Décembre & Janvier, dès qu'elle a atteint l'âge de quatre ans jusqu'à cinquante.

Propriétés alimentaires.

On peut à peine manger les fruits de cet arbre, à cause de leur grande acidité; mais on s'en sert dans les préparations alimentaires du pays.

Propriétés médicinales.

On fait avec les feuilles une espèce de lessive, qui est bonne pour enlever la graisse des cheveux, & les ordures de la tête. Le suc exprimé des racines, appliqué avec des linges sur des tumeurs phlegmoneuses & œdémateuses, les résout. Quand les fruits sont tendres, on en exprime le jus, & on le mêle avec du sucre. On en prépare un syrop, qui divise & expulse les matières phlegmoneuses, appaise la toux, & est très-bon contre les aphthes & l'inflammation de la bouche. Quand les fruits sont plus mûrs, ils lâchent le ventre, & ils occasionnent quelquefois la diarrhée. Enfin l'écorce de cet arbre, brisée avec l'infusion de Riz, ce qu'on appelle dans le pays *Ambatacarnja*, & appliquée sur la partie goutteuse, la guérit pour l'ordinaire.

Propriétés économiques.

La lessive faite avec les feuilles est très-bonne pour nettoyer l'argenterie.

DIODIA, *la Diodienne.*

Description générique.

Le caractère de ce genre de plante est d'avoir le périanthe du calice à dix pièces ou folioles ovales, supérieures, égales, persistentes. La corolle est monopétale, en forme d'entonnoir. Le tube est menu, long. Le lymbe est petit, s'ouvrant, partagé en quatre lobes lancéolés. Les filamens des étamines sont au nombre de quatre, soyeux, droits. Les anthères sont versatiles. Le germe du pistil est rond, inférieur, à quatre côtes. Le style est filiforme, de la longueur des étamines. Le stigmate est fendu en deux. La capsule du péricarpe est ovale, à quatre côtes, couronnée par le calice plus grand, à deux loges & à deux valves. Les semences sont solitaires, ovales, oblongues, luisantes, convexes d'un côté, planes de l'autre.

CLASSE.

Ce genre fait partie de la seconde classe de Tournefort, qui comprend les fleurs monopétales, infundibuliformes; & de la quatrième classe de Linnæus, destinée aux plantes tétrandriques monogyniques. Ce genre ne renferme qu'une seule espèce.

ESPECE.

Cette espèce est la Diodienne de Virginie. *Diodia Virginiaca. Linn. Sp. Plant.* 151. *Hort. Cliff.* 493. *Gron. Virg.* 71.

Description.

Elle croît à la hauteur d'un pied. Ses tiges sont couchées, rougeâtres, quadrangulaires, rameuses. Les rameaux sont solitaires, alternes, & sortent des aisselles inférieures des feuilles. Les feuilles sont opposées, lancéolées, sessiles, droites, pointues, très-entières, ciliées souvent à petites dents vers la base, glabres, de la longueur des internœuds de la tige. Les fleurs sont latérales, solitaires, opposées, sessiles. Leur corolle est petite, blanche.

Lieu de sa naissance.

Elle aime les endroits aquatiques. On en trouve dans le sable sur le bord des grands fleuves de la Virginie.

DIONÆA, *la Dionée.*

Description générique.

Le caractère de ce genre de plante est d'avoir le périanthe de son calice à cinq pièces ou folioles droites, ovales, concaves, aiguës, plus petites que la corolle. Les pétales de la corolle sont au nombre de cinq, s'ouvrant, ovales, concaves, obtus, à bord réfléchi antérieurement & en-dedans, & à sept stries luisantes, presque parallèles. Les filamens des étamines sont au nombre de dix, égaux, filiformes, plus courts que les pétales. Les anthères sont rondes. A la loupe, la semence seminale paroît être à trois coques. Le germe du pistil est supérieur, rond, un peu applati, sillonné. Le style est filiforme, un peu plus court que les étamines. Le stigmate est ouvert, frangé par le bord. La capsule du péricarpe est longue, à une loge. Les semences sont nombreuses, menues, attachées au fond de la capsule.

CLASSE.

Elle fait partie de la première classe de Linnæus, qui comprend les plantes décandriques monogyniques. On n'en connoît qu'une espèce.

ESPECE.

Cette espèce est l'Attrappe-mouche-de-Vénus. *Dionœa muscipula. Linn. Syst. Veg. edit.* XIII. *Murray.* 335. En Anglois, *Venus s fly-trapp.*

Description.

Elle est herbacée. Ses racines sont vivaces, écailleuses, ayant peu de fibres, semblables aux petites racines de certaines plantes bulbeuses. Ses feuilles sont rassemblées plusieurs en rond, presque recourbées, succulentes, formées comme par deux articulations; l'inférieure, qui est attachée au pétiole, est oblongue, plane, en forme d'épée, & presqu'en forme de cœur, découpée à dents de scie au bord supérieur. Dans quelques pieds, l'articulation supérieure ou, pour mieux dire, la vraie feuille est à deux lobes. Ces lobes sont à demi-ovales, irritables, & s'approchant pour lors l'un de l'autre, ciliés à soies longues, vertes, qui se joignent ensemble l'un dans l'autre, en forme de × , quand la feuille se ferme. La page supérieure de ces lobes est couverte de très-petites glandes rouges, dont quelques-unes, vues au microscope, représentent la forme d'une baie d'Arbousier applatie. Au milieu de chaque lobe, entre les glandes, se trouvent trois petites pointes droites. Les lobes fermés ne s'ouvrent point, tant qu'ils renferment quelque chose qu'ils ont attrappé. Si on peut l'ôter facilement, ils s'ouvrent de nouveau; mais en employant la force, on ne peut jamais parvenir à les ouvrir, tant la nature les a doués de fibres roides; & un lobe se rompt plutôt que de céder à celui qui veut l'ouvrir. L'hampe est pour l'ordinaire haute de six pouces, droite, cylindrique, lisse & terminée par un bouquet de fleurs. Les fleurs sont couleur de lait, & appuyées sur des péduncules allongés. A chaque péduncule est jointe une petite bractée aiguë.

Figure.

Cette espèce est représentée dans une lettre d'Ellis à Linnæus, dans notre Nature Considérée, année 1773; & dans la seconde Partie de cet Ouvrage.

Lieu de sa naissance.

Elle croît naturellement dans les endroits marécageux de la Caroline septentrionale, frontière de la méridionale, environ sur le trente-cinquième degré de latitude, où l'hiver est court, & la chaleur de l'été très-forte.

Observation.

La singularité de cette plante, c'est d'avoir la feuille à deux lobes échancrés, ainsi qu'elle est décrite ci-dessus. Dès qu'un insecte les irrite, ils s'engrenent comme nos paupières. Il y a trois pointes au milieu qui servent à arrêter la proie. Ils ne s'ouvrent point, tant que l'insecte y est; mais si on trouve le moyen de le faire sortir des griffes de la plante, ce qui est difficile, parce que les lobes se cassent aisément, les feuilles se rouvrent. La plante tireroit-elle la nouriture de ces captures? C'est une question à proposer.

Culture.

On en conserve plusieurs pieds dans les serres de Londres. On en a cultivé dans les serres du Jardin Royal de Trianon, sous le règne de Louis XV. Il lui faut une terre noire, légère, mêlée de sable blanc. Comme elle est marécageuse, il faut la planter dans la partie du jardin qui regarde le nord-est, pour la mettre à l'abri des rayons du soleil du midi. Pendant l'hiver, quand le froid commence à se faire sentir, il faut la couvrir avec une cloche de verre; & pendant les plus gros froids, mettre pardessus du fumier ou des couvertures. On est parvenu par ce moyen à conserver plusieurs pieds de cette plante. Or il est à observer que l'irritabilité des feuilles augmente ou diminue, selon la chaleur de l'air, & la vigueur de la plante. L'été n'est pas assez chaud dans nos climats, pour que la semence mûrisse. Peut-être qu'on n'est pas encore parvenu à trouver la vraie façon de cultiver cette plante. Nous pensons que pour la faire mieux réussir, on feroit bien de la planter dans un baquet rempli de terre de marais, & couvert d'eau, placé dans une serre chaude, à laquelle on pourroit donner de l'air pendant l'été.

DIOSCOREA, *l'Inhame.*

NOMS GÉNÉRIQUES.

Ce genre de plante est connu sous les noms de *Dioscorea. Plum. Rizophora. Pluk. Herm. Inhame. Pet.*

Description générique.

Le caractère de ce genre est d'avoir des fleurs mâles & femelles sur différens individus. Dans les fleurs mâles, le périanthe du calice est monophylle, campanulé, partagé en six. Les découpures sont lancéolées, s'ouvrant supérieurement. Il n'y a point de corolle, à moins qu'on ne prenne pour elle le calice. Les filamens des étamines sont au nombre de six, capillaires, très-courts. Les anthères sont simples. Le périanthe dans les femelles est comme dans le mâle. Le germe est très-petit, à trois côtes. Les styles sont au nombre de trois, simples. Les stigmates sont simples. Le péricarpe est une capsule grande, triangulaire, à trois loges, à trois valves. Les semences sont au nombre de deux, applaties, entourées d'un grand bord membraneux.

CLASSE.

Ce genre fait partie de la vingt-deuxième classe de Linnæus, qui comprend les plantes diæciques hexandriques.

PREMIÈRE ESPÈCE.

La première espèce est l'Inhame à cinq feuilles. *Dioscorea pentaphylla. Dioscorea foliis digitatis. Linn. Hort. Cliff.* 459. *Sp. Plant.* 1462. *Flor. Zeyl.* 363. *Ricophora Pentaphyllos, caule spinoso; fructu oblongo, triquetro, Malabaræa. Pluk. Alm.* 321. *Nurem Kelengu. Rheed. Mal.* 7, 67. *Battala indica, caule spinoso, foliis digitatis, fructu triangulo cum tribus intùs seminibus compressis. Raj. App.* 173. *Ubium quinquefolium. Rumph.* 5, *p.* 359. Chez les Brames, *Connetti & Tilo carandi*; en Portugais, *Grabosa Ovada*; en Hollandois, *Ey-keilen*; à Malaca, *Ubiutan*; à Ternate, *Ubi pariaman, Ubi taun taun*; à Amboine, *Abey, Aywel & Ywel*; à Hitoë, *Pete*; à Macassar, *Abulo*; à Baley, *Samuan*; à Bima, *Kaëo*; à Bourone, *Lahi*; à Loeboë, *Jaë*; à Boegi, *Aforo.*

Description.

Les tiges de cet arbrisseau sont épineuses & menues. Les feuilles sont petites, d'une texture fine, planes, glabres, appuyées au nombre de cinq sur des pétioles striés intérieurement. Il règne le long de cette feuille, dans son milieu, une côte, d'où partent plusieurs autres, garnies de petites nervures. Les fleurs sont à cinq pétales au sommet des fruits, de couleur jaune, ensuite noirâtre. Elles forment l'ombilic du fruit. Celui-ci est petit, verd, oblong, triangulaire, renfermant dans chaque angle un fruit très-plane & applati.

Figure.

Cette espèce est représentée dans l'*Hort. Malab.*, tom. 7, pl. 35; dans l'*Herb. Amboinense*, tom. 5, pl. 128, & dans la seconde Partie de cet Ouvrage.

Lieu de sa naissance.

Elle croît naturellement à Malabar, dans les Isles Moluques.

SECONDE ESPÈCE.

La seconde espèce est l'Inhame à trois feuilles. *Dioscorea triphylla. Dioscorea foliis ternatis. Linn. Sp. Plant.* 1462. *Hort. Cliff.* 459. *Tsiageri Nuren. Rheed. Mal.* 7, *p.* 63. *Battata sylvestris, spinosa, trifolia, flore vidua, verrucosa; fructibus in spicis longis, rarioribus, triangularibus, ad pediculum reflexis. Raj. App.* 133. *Ubium sylvestre. Rumph.* 5, *p.* 361. Chez les Bramanes, *Carandi*; chez les Portugais, *Grabosa*; chez les Hollandois, *Keylen*; à Malaca & Java, *Gadong*; à Boëtons, *Ondo*; à Amboine, *Hayuro*; à Hitoë, *Hagula*; à Macassar, *Seappa*; à Celebe, *Bitule.*

Description.

Cette espèce est très-ressemblante à la précédente. Rhéede la décrit ainsi dans son *Hort. Malab.* C'est un arbrisseau, dit-il, dont la racine est semblable au Raifort d'Espagne. Ses tiges sont menues, rondes, glabres, épineuses. Ses feuilles sont ternes, & ont des pétioles oblongs. Elles sont d'un vert brunâtre à leur partie intérieure, & glabres & luisantes à leur partie opposée, avec des petites côtes blanches. Cette espèce ne porte point de fleurs, (c'est sans doute le mâle). Ses fruits sont en nombre, rassemblés & portés sur des péduncules oblongs. Ils

Ils paroissent aux aisselles des feuilles. Ils ont un pouce de longueur, sont triangulaires, pointus à leur sommet, verts & revêtus d'un duvet cendré. Chaque angle contient deux vésicules séminales, séparées par une cloison cartilagineuse, dans lesquelles on trouve une ou deux semences oblongues, rondes, planes, rouges, appuyées sur la cloison, garnie d'une membrane mince. Outre ces fruits, il s'en trouve d'autres qu'on peut qualifier de verrues ou faux fruits oblongs, raboteux, presqu'opposés à la base des feuilles, d'où il provient, de même que de la racine & de la semence, une nouvelle plante.

Figure.

Cette espèce est représentée dans l'*Hort. Malab.*, tom. 2, pl. 33; dans l'*Herb. Amboinense*, tom. 5, pl. 128; & dans la seconde Partie de cet Ouvrage.

Lieu de sa naissance.

Elle croît naturellement à Malabar, à Cotate, à Amboine.

Propriétés alimentaires.

On prépare la racine de cette plante de manière à pouvoir servir de nourriture à l'homme, quoiqu'elle renferme un suc si nuisible & si caustique, que si on le touche, il enlève l'épiderme, & occasionne des excoriations : aussi les sangliers n'y touchent jamais, & elle est par-là purement réservée pour l'homme qui sait la préparer.

Pour préparer cette racine, on la coupe par morceaux, lorsqu'elle est récente. On couvre ces morceaux, de cendres pendant vingt-quatre heures. On les lave ensuite, pour les mettre dans des corbeilles, & on met pardessus de grosses pierres. On les fait macérer pendant deux jours & deux nuits dans de l'eau de mer; après quoi, on les relave de nouveau avec de l'eau de pluie. On les fait sécher au soleil; on les remet macérer de nouveau dans de l'eau de mer, avec des pierres pardessus comme la première fois; on les relave, & on les fait encore sécher. On réitère cette opération, jusqu'à ce que cette racine ait perdu toutes ses qualités vénéneuses : ce qu'on reconnoît lorsque les poules en mangent sans ressentir des vertiges. Il faut dix jours entiers pour bien préparer cette racine. On peut pour lors la moudre, & en faire du pain. Quand elle est mal préparée, elle occasionne de la rougeur au visage, un mal-aise par tout le corps, & des vertiges. Le sang bouillonne ensuite; les membres enflent, & il s'ensuit une diarrhée, & quelquefois le vomissement. Le remède contre cet accident, c'est de boire de la lymphe de Calappus, de se laver le corps avec de l'eau froide, & de prendre un peu de corail. On guérit les crevasses & brulures des mains en les frottant avec de la cendre chaude.

Propriétés médicinales.

Rheede rapporte que les feuilles de cette plante guérissent la morsure des insectes. Il prétend que la décoction de la racine, employée en bain, ou prise en boisson, guérit les hémorrhoïdes. Si cela est, l'espèce de Rumphe n'est pas la même que celle de Rheede, quoique M. Murray ait pensé le contraire.

TROISIÈME ESPÈCE.

La troisième espèce est l'Inhame pointu. *Dioscorea aculeata. Dioscorea foliis cordatis; caule aculeato, bulbifero. Linn. Sp. Plant.* 1462. *Hort. Cliff.* 459. *Dioscorea Indiæ Orientalis, folio Tamni, longiore; floribus spicatis; spicis plurimis, ex uno pedunculo exeuntibus; scapo eorum medio geniculato. Amm. Herb.* 257. *Katu Kalengu. Rheed. Hort. Mal.* 7, *p.* 71. *Cera Francisc. Gart. Battata sylvestris, spinosa; Smilacis folio; floribus stamineis, racemosis, pro fructu verrucosam excrescentiam producens, Raj. App.* 133. Chez les Brames, *Carando*; en Portugais, *Fruita, Burruga penachoso*; en Hollandois, *Pluymkeylen.*

Description.

La racine de cette espèce est grande & grosse, à l'extérieur d'un rouge noirâtre, garnie par ci par-là de fibres menues, ayant intérieurement la chair blanche, un peu jaunâtre, épaisse, humide, un peu huileuse, tissue de filamens lâches, d'une saveur aqueuse, sans odeur, vivace, & produisant toujours de nouveaux jets. Les tiges sont menues, rondes, garnies d'épines dures & aiguës, articulées, inférieurement noirâtres. Les feuilles sont en forme de cœur, découpées profondément vers le pétiole, planes, glabres, molles. Il règne au milieu de ces feuilles une côte accompagnée de chaque côté de trois autres, qui décrivent une ligne oblique avec des veines transverses. Les fleurs sont placées aux aisselles des feuilles. Elles sont appuyées sur les pétioles très courts, & disposées en épis. Elles ne sont autre chose que des petits bourgeons qui ne donnent point de fruits. Il vient en même temps avec les fleurs des fruits un peu ronds, irréguliers, dont l'épiderme est mince & un peu amer, & l'intérieur est charnu, compacte, humide, solide, onctueux, jaune, d'une saveur aqueuse, n'ayant point de semence. Cette plante est toujours verte.

Figure.

Cette espèce est représentée dans l'*Hort. Malab.*, tom. 7, pl. 37.

Lieu de sa naissance.

Elle croît naturellement à Malabar, aux environs de Cochien.

Propriétés alimentaires.

Le peuple mange les fruits.

Propriétés médicinales.

La racine mêlée avec du Safran, & appliquée sur les enflures des jambes, les dissipe. Le suc des feuilles avec l'urine de vache, appaise les douleurs des oreilles.

QUATRIEME ESPÈCE.

La quatrième espèce est l'Inhame à bulbes. *Dioscorea bulbifera. Dioscorea foliis cordatis; caule lævi, bulbifero. Linn. Sp. Plant.* 1463. *Hort. Cliff.* 459. *Flor. Zeyl.* 359. *Rhizophora Zeylanica, Scamonii folio singulari, radice rotundâ. Herm. Parad.* 217. *Rhicophora Indica, Bryoniæ nigræ similis, ad foliorum ortum verrucosa. Pluk. Alm.* 321. *Tamnus tuberifera, radice fungiformi. Plum. Sp.* 3. *Battata sylvestris, foliis Smilacis, nervosis; flore viduâ; fructu triangulari, compresso, disperimo. Raj. App.* 133. *Katu-katsjil. Rheed. Hort. Mal.* 7, *p.* 69. *Katuwala. Herm. Zeyl.* 41. *Ubium pomiferum. Rumph., tom.* 5, *p.* 355. A Amboine, *Ahuo*; à Ternate, *Cabuwo* & *Cafuvo*; chez les Brames, *Karendi*; en Portugais, *Grabosa* & *Fruita Barruga*; en Hollandois, *Munniks Keylen.*

Description.

Ses tiges sont menues, ligneuses, s'enveloppant entr'elles avec sinuosité. Ses feuilles sont appuyées sur des pétioles longs, anguleux, & intérieurement sillonnés, avec quelques protubérances à leur naissance. Ces feuilles sont oblongues, molles, minces, plus longues d'un côté, profondément découpées vers le pétiole, garnies d'une côte au milieu, & quatre obliques de chaque côté, s'élevant par-derrière. On ne remarque point de fleurs; mais les fruits paroissent plusieurs ensemble. Ils sont triangulaires, à angles étendus en large, & très-amincis. Dans chacun il y a deux semences couchées l'une sur l'autre, sans séparation. Ces semences sont rondes, pleines, larges, & environnées d'une pellicule mince, ronde, d'abord vertes, ensuite tendantes au rougeâtre. Outre ces fruits, il s'en trouve de bâtards, qui viennent aux aisselles des feuilles sur de petites tiges, dont l'écorce est raboteuse, roussâtre; la chair compacte, verte aux environs de l'écorce, intérieurement blanche. L'humeur n'est rien moins que visqueuse.

Figure.

Cette espèce est représentée dans l'*Herm. Paradisus*, pl. 217; dans l'*Almag.* de Plukenet, pl. 220, fig. 6, dans l'*Hort. Malab.*, tom. 7, pl. 36, dans l'*Herb. Amb.*, tom. 5, pl. 124.

Lieu de sa naissance.

Elle croît naturellement dans les Indes Orientales; on la cultive dans les Occidentales.

Propriétés alimentaires.

On mange ses racines dans plusieurs pays.

Propriétés médicinales.

La décoction de ces mêmes racines avec la poudre des racines de *China* mondifie les ulcères, & les guérit.

CINQUIÈME ESPÈCE.

La cinquième espèce est l'Inhame aîlé. *Dioscorea alata. Dioscorea foliis cordatis; caule alato, bulbifero. Linn. Sp. Plant.* 1462. *Flor. Zeyl.* 260. *Volubilis rubra, caule membranulis extantibus alato; folio cordato, nervoso. Sloan. Jam.* 46. *Hist.* 1, *p.* 139. *Katsjil-Kelengu. Rheed. Malab.* 7, *p.* 71. *Raj. Suppl.* 134. *Welala. Herm. Zeyl.* 20. *Ricophora Indica, foliis Inhamæ rubræ, caule alato, Scammonii foliis nervosis, conjugatis. Herm. Prodr.* 370. *Pluk. Almag.* 321. *Burm. Zeyl.* 206. *Polygonum scandens, esculentum, Inhama dictum. Barrer. Amer.* 97. *Battata sylvestris, Indica; foliis Smilacis lævibus; caulibus alatis, flore viduo, pro fructu glandes tuberosas ad exortum foliorum emittens. Raj. App.* 134. *Caro Brasiliensis. Inhame de S. Thomæ congensibus quicquo aquicongo. Mareg. Bras.* 29. *Pis. Bras.* 93.

Description.

Les feuilles sont cordées très-profondément, glabres, à trois nervures, deux fois plus longues que larges, pointues. La tige est garnie de membranes longitudinales, de même que le Liseron Turbith. On ne remarque aucune fleur. Les fruits ont un épiderme rougeâtre, intérieurement couleur de sang. Ils ont la chair compacte, blanchâtre, visqueuse, appuyés sur des tiges aux aisselles des feuilles. Ce sont de vraies racines, puisqu'en les laissant sur terre, elles poussent des fibres radicales, des feuilles & des tiges.

Figure.

Cette espèce est représentée dans l'*Hort. Malab.*, tom. 7, pl. 38.

Lieu de sa naissance.

Elle croît naturellement dans les Indes Orientales, à Malabar, & dans les Indes Occidentales, à la Jamaïque, à Ceylan, au Brésil.

Propriétés alimentaires pour l'homme.

On mange dans le pays les racines de cette plante.

Propriétés alimentaires pour les bestiaux.

Les cochons sont fort friands de ces racines.

Propriétés médicinales.

Le suc des feuilles guérit la morsure des scorpions. La poudre de la racine, mêlée avec du *Catu-Panna-Kelengu*, répandue sur les ulcères malins, y réussit très-bien.

SIXIÈME ESPÈCE.

La sixième espèce est l'Inhame cultivé. *Dioscorea sativa. Dioscorea foliis cordatis, alternis; caule lævi, tereti. Linn. Sp. Plant.* 1463. *Hort. Cliff.* 459. *Flor. Zeyl.* 358. *Roy. Lugdb.* 527. *Brow. Jam.* 360. *Dioscorea scandens, foliis Tamni, fructu racemoso. Plum. Gen.* 9, *Ic.* 117. *Volubilis nigra; folio cordato, nervoso. Sloan. Jam.* 46. *Hist.* 1, *p.* 140. *Mu-Kelengu. Rheed. Mal.* 8, *p.* 97. *Rossakinda. Herm. Zeyl.* 207. *Ubium vulgare. Rumph. tom.* 5, 346. Chez les Brames, *Cenanga*; à Java, *Ubi*; à Ternate, *Ima*; à Macassar, *Lami*; à Amboine, *Uhi* & *Heri*; à Hitoë, *Hali*; à Banda, *Lutu*.

Description.

Cette plante s'entortille. Elle n'a aucun rameau. Ses tiges sont lisses, rondes. Ses feuilles sont solitaires, en forme de cœur, pointues, beaucoup plus longues que larges, nerveuses, avec plusieurs petites veines, glabres, vertes de chaque côté, pétiolées. Les fleurs viennent en longues grappes. Les fleurs mâles ont leur calice monophylle, fendu en six lobes aigus, qui s'ouvrent. Les étamines sont au nombre de six, très-courtes. Dans les fleurs femelles, le calice est semblable, presque sans aucun style. Le fruit est une capsule triangulaire, à trois loges & à trois valves, renfermant deux semences membraneuses dans chaque petite loge.

Figure.

Cette espèce est représentée dans l'*Hort. Cliff.*, pl. 28; dans les Plantes de Plumier, par Burman, pl. 117, fig. 1; dans l'*Hort. Malab.*, tom. 8, pl. 51; dans l'*Herb. Amb.*, pl. 120; & dans la seconde Partie de cet Ouvrage.

Lieu de sa naissance.

Elle croît naturellement dans les Indes.

Propriétés médicinales.

Les feuilles de cette espèce, macérées dans une décoction de Riz, guérissent les abcès.

SEPTIÈME ESPÈCE.

La septième espèce est l'Inhame velu. *Dioscorea villosa. Dioscorea foliis cordatis, alternis oppositisque; caule lævi. Linn. Sp. Plant.* 1463. *Dioscorea foliis cordatis, acuminatis; nervis lateralibus, ad medium folii terminatis. Gron. Virg.* 121, 146. *Polygonum scandens altissimum; foliis Tamni. Plum. Sp.* 1, *Ic.* 13. *Bryoniæ similis floridana; muscosis floribus, quernis; foliis subtùs lanugine villosis; medio nervo, in spinulam abeunte. Pluk. Almag.* 46. *Ubium anniversarium. Rumph. Herb. Amb.*, *lib.* 9, *cap.* 10.

Description.

Sa tige s'entortille, est flexible. Ses feuilles sont

opposées, en forme de cœur, pointues, entières, vénéneuses, à sept nervures, pétiolées. Les grappes des fleurs sortent chacune de chaque aisselle des feuilles. Elles sont simples, très-longues, garnies de fleurs lâches, pendantes, partagées en six.

Figure.

Cette espèce est représentée dans les Plantes de Plumier, par Burman, pl. 117, fig. 2; & dans l'*Almag.* de Plukenet, pl. 375, fig. 5.

Lieu de sa naissance.

Elle croît naturellement dans la Virginie, la Floride.

HUITIÈME ESPÈCE.

La huitième espèce est l'Inhame à feuilles opposées. *Dioscorea oppositifolia. Dioscorea foliis oppositis, ovatis, acuminatis. Linn. Sp. Plant.* 1463. *Flor. Zeyl.* 361. *Inhame Maderasp., foliis binis, pulchris, venenosis. Pet. Gaz.* 50. *Planta, Cinnamomi folio, convolvulacea; flosculis parvis, muscosis, racematim in pilis seu nucamentis dispositis. Herm. Zeyl.* 31. *Ubium vulgare. Rumph. tom.* 5, *p.* 341.

Description.

Elle a le port du Smilax. Sa tige est cylindrique, ligneuse, sarmenteuse, sans épines. Les feuilles sont opposées, ovales, pointues, à trois nervures, très-entières, glabres, pétiolées, pendantes. Les grappes sortent des aisselles des feuilles. Elles sont opposées, solitaires, un peu velues, composées de trois chatons cylindriques. Les fleurons sont sessiles. Le calice est à six pièces. Les folioles sont ovales, dont trois alternes sont plus petites. Les étamines sont au nombre de six de la même longueur: conséquemment cette espèce est le mâle.

Figure.

Cette espèce est représentée dans Pétiver, pl. 31, fig. 6; & dans l'*Herb. Amboin.*, tom. 5, pl. 120.

Lieu de sa naissance.

Elle croît dans les Indes. Elle est vivace.

Propriétés alimentaires.

La racine de cette plante est employée dans l'Amérique & dans les Indes Orientales, pour aliment. On la fait d'abord cuire, & on en enlève l'écorce extérieure; ensuite on la coupe en morceaux assez petits, & on en mange au lieu de Riz & de Ségu, avec les poissons & autres mets.

Propriétés médicinales.

On prétend que les racines sont astringentes.

Culture générale.

On multiplie toutes ces plantes par marcottes. Elles prennent racine en moins de six mois. On retranche pour lors les marcottes des vieux pieds, & on les met chacune séparément dans des pots. On enfonce ces pots dans une couche de tan. On ne leur donne que très-peu d'eau pendant l'hiver; mais pendant l'été, qui est le temps où ces plantes poussent vigoureusement, on les arrose trois ou quatre fois la semaine. Quand il fait chaud, on ouvre les vitres de l'étuve, pour leur donner de l'air. Ces plantes fleurissent rarement en France; mais on en envoie les semences de l'Amérique. Lorsqu'on les a reçues, on les sème aussi-tôt dans des pots, qu'on enfonce dans une couche chaude. Quand on sème ces graines au commencement du printemps, elles lèvent dans la même saison; mais si on les sème plus tard, elles restent dans la terre jusqu'au printemps suivant avant de lever. C'est pour cette raison qu'il faut garantir les pots de la gelée pendant l'hiver, quand les semences n'ont pas levé au printemps. L'hiver passé, on les met sur une couche. Si les semences sont bonnes, elles ne manquent pas pour lors de lever.

Dans l'Amérique, on multiplie toutes ces espèces par les racines ou bulbes, qu'on coupe en plusieurs parties. Chaque partie de la racine fournit une nouvelle plante. Cinq ou six mois après, on les arrache pour l'usage.

DIOSMA, *le Diosma.*

NOMS GÉNÉRIQUES.

Ce genre de plante est connu sous les noms de *Diosma. Linn. Spiræas. Com. Erica. Pluk.*

Description générique.

Le caractère de ce genre de plante est d'avoir le périanthe du calice partagé en cinq lobes menus, aigus, persistants. La base est plane. Les pétales de la corolle sont au nombre de cinq, ovales, obtus, sessiles, droits, ouverts de la grandeur du calice. Le nectaire est en forme de couronne, excavé où fendu en cinq, obtus, placé sur le germe. Les filamens des étamines sont au nombre de cinq, en forme d'alêne. Les anthères sont ovales, droites. Le germe du pistil est couronné par le nectaire. Le style est simple, de la longueur des étamines. Le stigmate est fané. Le péricarpe est formé par cinq capsules ovales, pointues, applaties, rassemblées intérieurement par le bord, distantes par les sommets, s'ouvrant par la suture supérieure. Les semences sont solitaires, oblongues, ovales, applaties, pointues par le sommet. L'épiderme est élastique, s'ouvrant, enveloppant chaque semence.

CLASSE.

Ce genre fait partie de la cinquième classe de Linnæus, qui comprend les plantes pentandriques monogyniques. Cet Auteur en admet cinq espèces.

PREMIERE ESPECE.

La première espèce est le Diosma à feuilles opposées. *Diosma oppositifolia. Diosma foliis subulatis, acutis, oppositis. Linn. Sp. Plant.* 286. *Hort. Cliff.* 71. *Roy. Lugdb.* 434. *Berg. Cap.* 62. *Spiræa Africana, foliis cruciatim positis. Comm. Rar.* 1. *Hypericum Africanum, vulgare. Seb. Thes.* 2, *p.* 41. *Bocho Hottentorum.*

Description.

Seba décrit ainsi cette plante. Elle porte de petites fleurs blanches, soutenues chacune par un pédicule en particulier, & composées de six pétales. Du milieu de la fleur sort le pistil ou l'ovaire, de couleur noirâtre, lequel se développant insensiblement, ressemble à une Tulipe prête à s'épanouir. Ses feuilles sont longues & menues, opposées, sans queues, & le long des tiges.

Figure.

Cette espèce est représentée dans les Plantes rares de Commelin, pl. 1; & dans le *Sebæ Thesaurus*, tom. 2, pl. 40, fig. 5.

Lieu de sa naissance.

Elle croît naturellement au Cap de Bonne-Espérance.

Propriétés médicinales.

Les Hottentots font grand cas de cette plante. Ils l'estiment même plus qu'aucune autre. Ils la regardent comme un préservatif contre toute sorte de maux. Les Habitans du Cap de Bonne-Espérance en tirent par la distillation une huile aromatique, fort pénétrante, propre à fortifier les nerfs, si l'on s'en sert extérieurement. On l'emploie aussi intérieurement dans les rétentions d'urine. M. Seba dit avoir appris par plusieurs expériences réitérées, qu'elle produit de bons effets dans ces cas.

Propriétés d'ornement.

Cette espèce fait un très-bel effet dans les jardins, en l'entremêlant avec les autres plantes exotiques en plein air.

SECONDE ESPÈCE.

La seconde espèce est le Diosma hérissé. *Diosma hirsuta. Diosma foliis linearibus, hirsutis. Linn. Sp. Plant.* 286. *Hort. Cliff.* 71. *Roy. Lugdb.* 434. *Berg. Cap.* 63. *Spiræa Affricana, odorata, foliis pilosis. Comm. Rar.* 3.

Description.

Cet arbrisseau atteint rarement la hauteur d'un homme. Sa tige est simple, en quelque sorte lisse, roussâtre, de la grosseur d'un pouce, du sommet de laquelle se dispersent les rameaux. Ceux-ci sont garnis de feuilles alternes, à peine éloignées d'une ligne les unes des autres, & qui ne tombent que la troisième année. Le rameau est simple la première année; la seconde année, il sort un petit rameau de chaque aisselle des feuilles vers le haut. Tous les rameaux sont lisses, flexibles, filiformes, pâles la première année. Les feuilles sont linéaires, filiformes, amincies vers le sommet, pointues, droites, sessiles, vertes, planes du côté qui reçoit la tige, cylindriques au revers, & couvertes de crins blancs, de la longueur de l'ongle d'un pouce d'homme. Les rameaux sont terminés par un petit nombre de feuilles, souvent solitaires, à petit calice vert hérissé, à pétales couleur de neige. Toute la plante a une odeur d'Anis étoilé.

Observation.

L'odeur très-agréable & aromatique des feuilles, sur-tout de la capsule, semblable à celle de l'Anis étoilé, & la figure du péricarpe divisé en cinq cornes, feroient douter si ce n'est pas une espèce d'Anis étoilé. Cependant les coëffes propres des semences prouvent pour la négative. Ce qu'il y a de singulier dans cette plante, c'est que la partie supérieure du germe fait l'office du nectaire, sculpté artistement en forme de couronne pentagonale.

Figure.

Cette espèce est représentée dans les Plantes rares de Commelin, pl. 3.

Lieu de sa naissance.

Elle croît naturellement au Cap de Bonne-Espérance.

Propriétés d'ornement.

Elle forme forme un joli arbrisseau, qui mérite qu'on prenne plaisir à le cultiver dans nos jardins. Les lobes de ses semences abondent en une résine qui répand une odeur très-agréable. Toute la plante a même une odeur d'Anis étoilé, ainsi que nous l'avons observé ci-dessus.

TROISIEME ESPECE.

La troisième espèce est le Diosma rouge. *Diosma rubra. Diosma foliis linearibus, mucronatis, glabris, carinatis, & subtùs bifariàm punctatis. Linn. Sp. Plant.* 287. *Burg. cap.* 65. *Diosma foliis setaceis, acutis. Hort. Cliff.* 72. *Spiræa Affricana, odorata; floribus suavè rubentibus. Comm. Rar.* 2. *Erica Æthiopica, Rosmarini sylvestris folio, eleganter punctato; flore tetrapetalo, purpureo. Pluk. Mant.* 68.

Description.

Le port de cette espèce est celui d'un Génevrier. Les feuilles en sont semblables, glabres, à trois côtés, percées en-dessous de points.

Figure.

Cette espèce est représentée dans les Plantes rares de Commelin, pl. 2; & dans le *Mantissa* de Plukenet, pl. 347, fig. 4.

Lieu de sa naissance.

Elle croît naturellement dans l'Éthiopie.

Culture.

On multiplie cette espèce, de même que la plupart des autres, par boutures, que l'on fait pendant l'été dans des pots garnis de terreau. On enfonce ces pots dans une couche modérément chaude. On a soin de les garantir du soleil pendant la chaleur du jour, & on les arrose souvent. Il ne faut qu'environ deux mois pour que ces boutures prennent racine. On les transplante pour lors chacune dans un petit pot, & on les place à une exposition ombragée jusqu'à ce qu'elles soient bien reprises. On les met pour lors à une exposition bien abritée, avec les autres plantes exotiques, jusqu'au mois d'Octobre, ou même plus tard, si le temps continue d'être favorable; car il suffit de les garantir de la gelée: aussi ces plantes se conservent-elles très-bien dans une orangerie pendant l'hiver, sans les mettre dans une serre chaude.

QUATRIÈME ESPÈCE.

La quatrième espèce est le Diosma en forme de Bruyère. *Diosma Ericoïdes. Diosma foliis lineari-lanceolatis, subtùs convexis, bifariàm imbricatis. Linn. Sp. Plant.* 287. *Berg. cap.* 65. *Spiræa Affricana, Ericæ bacciferæ foliis. Rai. Dendr.* 91. *Ericæformis, Coridis folio, Æthiopica, floribus pentapetalis in apicibus. Pluk. Amalth.* 236.

Description.

Sa tige est ligneuse, droite, haute d'un pied, un peu fourchue, inférieurement un peu ridée, cendrée, un peu raboteuse par les cicatrices des feuilles, supérieurement feuillée. Les petits rameaux sont en bouquets, courts, simples, à la sommité de la bifourchure. Les feuilles sont charnues, cylindriques, obtuses, à deux angles, avec une rainure latérale de chaque côté, élevée & longitudinale. Ces mêmes feuilles sont pointillées en-dessous, glabres, à courts pétioles, longues d'environ deux lignes, serrées les unes auprès des autres, disposées en forme de tuile. Les pétioles sont terminaux, très-courts, à deux fleurs. Les capsules sont à points diaphanes, parsemés.

Figure.

Cette espèce est représentée dans l'*Amaltheum* de Plukenet, pl. 279, fig. 5.

Lieu de sa naissance.

Elle est vivace, & croît naturellement dans l'Éthiopie.

Propriétés médicinales.

C'est cette plante qui rend les emplâtres des Hottentots si odorans.

CINQUIEME ESPECE.

La cinquième espèce est le Diosma du Cap. *Diosma Capensis. Diosma foliis linearibus, triquetris, subtùs punctatis. Linn. Syst. Veg. edit. XIII. Murray.* 178. *Hartologia Capensis. Syst. Nat. edit. XII,* 625. *Sp. Plant.* 288.

Description.

Ses feuilles sont opposées, en forme d'alêne, à trois côtés. Ses fleurs sont blanches, en bouquets.

Lieu de sa naissance.

Cette espèce croît naturellement au Cap.

SIXIEME ESPECE.

La sixième espèce est le Diosma en tête. *Diosma capitata. Diosma foliis linearibus, imbricatis, scabris, ciliatis; floribus capitato-spicatis. Linn. Syst. Veg., edit. XIII. Murray.* 199. *Mant.* 210.

Description.

La tige de cette espèce est prolifère, haute de deux pieds, droite, brune, ayant le port de la grande Bruyère. Ses feuilles sont serrées, éparses, disposées en forme de tuiles, à huit pans, extérieurement convexes, un peu raboteuses, bordées, ciliées. Ses fleurs sont pourpres, sessiles, en petite tête terminale. Le calice est composé de folioles disposées en forme de tuiles, ovales, poileuses à leurs bords. Les pétales sont au nombre de cinq, ronds, à onglets de la longueur du calice. Le nectaire est très-petit, sans corne.

Lieu de sa naissance.

Cette espèce fleurit en Septembre. Elle est vivace, & croît au Cap de Bonne-Espérance.

SEPTIÈME ESPÈCE.

La septième espèce est le Diosma à feuilles de Cyprès. *Diosma Cupressina. Diosma foliis ovatis, triquetris, imbricatis; floribus solitariis, terminalibus, sessilibus. Mant.* 50. *Brunia uniflora, floribus solitariis. Hort. Cliff.* 71. *Ericæformis Æthiopica, Cupressi foliis compressiusculis. Pluk. Almag.* 136.

Description.

Ses rameaux sont filiformes, droits, alternes, couverts de feuilles disposées en forme de tuiles, alternes, ovales, menues, exactement à trois côtes, raboteuses, sessiles, droites, terminées par un sommet calleux, coloré. La fleur est terminale, sessile. Le calice est membraneux, lancéolé, droit. Les pétales sont au nombre de cinq, souvent seulement au nombre de quatre, ovales, deux fois plus longs que le calice, se terminant sensiblement en onglets. Les étamines sont au nombre de cinq, droits, de la longueur du calice.

Figure.

Cette espèce est représentée dans l'*Almag.* de Plukenet, pl. 279, fig. 2.

Lieu de sa naissance.

Elle croît naturellement au Cap de Bonne-Espérance. Elle est vivace.

HUITIÈME ESPECE.

La huitième espèce est le Diosma à feuilles disposées en forme de tuiles. *Diosma imbricata. Diosma foliis ovatis, mucronatis, imbricatis, ciliatis. Linn. Syst. Veg. edit. XIII. Murray.* 199. *Hartologia foliis ovatis, mucronatis, imbricatis. Linn. Mant.* 124.

Description.

Cette espèce est semblable à la onzième; mais les pétales sont pourpres, ronds, à onglets trois fois plus longs que le calice. Les feuilles sont en carène, disposées en forme de tuiles.

Lieu de sa naissance.

Elle croît naturellement au Cap de Bonne-Espérance.

NEUVIÈME ESPECE.

La neuvième espèce est le Diosma lancéolé. *Diosma lanceolata. Diosma foliis lanceolatis, glabris. Linn. Syst. Veg. edit. XII,* 287. *Spiræa Affricana, Satureiæ foliis brevioribus. Raj. Dendr.* 91. *Hartologia lanceolata. Syst. Nat. edit XII,* 625.

Description.

Les feuilles sont un peu obtuses, à poils rares de chaque côté.

Lieu de sa naissance.

Elle croît naturellement dans l'Éthiopie.

DIXIÈME ESPÈCE.

La dixième espèce est le Diosma cilié. *Diosma ciliata. Diosma foliis lanceolatis, ciliatis, rugosis. Linn. Sp. Plant.* 287. *Spiræa forte genus Affricanum, Serpilli hirsutis foliis, fruticosum; floribus albis, umbellatis. Pluk. Amalth.* 197. *Seb. Mus.* 2. *Hartologia foliis lanceolatis, ciliatis. Linn. Syst. Nat. edit. XII,* 625.

Description.

Ses feuilles sont lancéolées, aiguës, ciliées par le bord & la carène. Ses pétales sont oblongs, à onglets à peine plus longs que le calice.

Figure.

Cette espèce est représentée dans l'*Amaltheum* de Plukenet, pl. 411, fig. 3; & dans le *Musæum* de Seba, tom. 2, pl. 17, fig. 3.

Lieu de sa naissance.

Elle croît naturellement dans l'Ethiopie. Elle est vivace.

ONZIEME ESPECE.

L'onzième espèce est le Diosma crénelé. *Diosma crenata. Diosma foliis lanceolato-ovalibus, oppositis, glanduloso-crenatis; floribus solitariis. Linn. Sp. Plant.* 287. *Amæn. Acad.* 4, *p.* 208. *Hartologia Betulina. Berg. Cap.* 67.

Description.

Cet arbrisseau a le port du Bouleau nain. Ses rameaux sont cylindriques, striés, couverts d'une écorce ferrugineuse. Ses petits rameaux sont axillaires, opposés, plus tendres. Les feuilles sont renversées, ovales, crénelées, rondes, obtuses, parsemées par tout le disque de petits points salis, marquées seulement d'un petit point diaphane dans sa circonférence sous chaque crénelure, onguiculaires, ou même plus, à courts pétioles, opposées, glabres, veineuses, de la longueur de l'internœud. Les fleurs sont en grappes, terminales dans les petits rameaux, pédiculées. Les grappes sont courtes, paniculées. Les petits pédicules sont opposés, courts, à écailles ovales. Le périanthe du calice est partagé en cinq, petit. Ses folioles sont lancéolées, aiguës, concaves, à carène, ciliée, très-menue, s'ouvrante. La corolle est blanche. Les pétales sont au nombre de cinq, ovales, oblongs, obtus, s'ouvrant, à onglets courts. Les pétales du nectaire sont au nombre de cinq, linéaires, lancéolés, ciliés, blancs, qui tombent, insérés au réceptacle des étamines, trois fois plus courts que les pétales, à sommets calleux, bossus du côté intérieur, & à-demi percés par une fossette. Les filamens des étamines sont au nombre de cinq, en forme d'alêne, hérissés, droits, plus courts que la corolle. Les anthères sont ovales, obtuses, rondes, tétragonales. Le germe du pistil est pentagonal, rond, un peu concave par le haut du sommet, cilié, hérissé, fendu en cinq, à découpures rondes. Le style est filiforme, de la longueur des étamines, hérissé, supérieurement glabre. Le stigmate est obtus. Le péricarpe est formé par cinq capsules à une loge. Chacune est couronnée de chaque découpure du sommet du germe. L'odeur de cette espèce est très-forte.

Lieu de sa naissance.

Elle croît naturellement dans l'Ethiopie.

DOUZIÈME ESPÈCE.

La douzième espèce est le Diosma à une fleur. *Diosma uniflora. Diosma foliis ovato-oblongis; floribus solitariis, terminalibus. Linn. Sp. Plant.* 287. *Berg. Cap.* 71. *Cistus humilis, Æthiopicus; inferioribus foliis Rosmarini sylvestris, punctatis; cæteris autem Serpilli subrotundis; flore carneo. Pluk. Mant.* 49.

Description.

Ses feuilles sont plus roides, & beaucoup plus grandes que dans les espèces précédentes. La fleur est aussi six fois plus grande, pointue par le bord & au-dessous. Les folioles du calice sont ovales, grandes, & presqu'aussi larges que les feuilles.

Figure.

Cette espèce est représentée dans le *Mantissa* de Plukenet, pl. 342, fig. 5.

Lieu de sa naissance.

Elle croît naturellement dans l'Ethiopie.

TREIZIÈME ESPECE.

La treizième espèce est le Diosma très-beau. *Diosma pulchella. Diosma foliis ovatis, obtusis, glanduloso-crenatis; floribus geminis, axillaribus. Linn. Sp. Pl.* 288. *Hartologia pulchella. Linn. Syst. Nat. edit. XII,* 625.

Description.

Ce petit arbrisseau est très-beau. Ses rameaux sont vergés. Ses feuilles sont ovales, obtuses, glanduleuses, crénelées. Ses fleurs sont hermaphrodites, bleues, très-petites, axillaires, au nombre de deux, soutenues chacune par leur péduncule. Son fruit est à trois loges. Ses cornes sont terminées par deux petites glandes.

Lieu de sa naissance.

Il croît naturellement dans l'Éthiopie.

Culture.

On multiplie en général toutes ces espèces par boutures, qu'on fait pendant l'été dans des pots pleins de terreau. On enfonce ces pots sur une couche modérément chaude, & on a soin de les garantir du soleil pendant la chaleur du jour. On les arrose souvent. Il ne faut qu'environ deux mois pour qu'elles prennent racine. On les sépare pour lors chacune dans un petit pot, & on les met à l'ombre jusqu'à ce qu'elles soient entièrement reprises; après quoi on place les pots à une bonne exposition jusqu'au mois d'Octobre, & même plus tard, si la saison le permet: car il suffit uniquement de garantir ces plantes de la gelée. L'orangerie leur suffit. Quand on veut multiplier par graines celles qui en portent en France, il faut semer ces graines aussi-tôt leur maturité; car si on diffère plus long-temps, elles sont une année entière à lever.

Propriétés d'ornement.

La plupart de ces espèces plaisent assez parmi les autres plantes exotiques. Entremêlées avec elles, elles y fournissent de très-belles variétés.

DIOSPYROS, *le Plaqueminier.*

NOMS GÉNÉRIQUES.

Ce genre de plante est connu sous les noms de *Diospuros. Theophr. Diospyros. Latin. Ermellinus. Cæs. Guiacana. Tourn.*

Description générique.

Le caractère de ce genre de plante est d'avoir des fleurs hermaphrodites sur un pied, & des fleurs mâles sur un autre. Dans les hermaphrodites, le périanthe du calice est monophylle, fendu en quatre, grand, obtus, persistant. La corolle est monopétale, en forme de godet, plus grande, fendue en quatre, ayant les découpures aiguës, & qui s'ouvrent. Les filamens des étamines sont au nombre de huit, sétacés, courts, insérés fermement au réceptacle. Les anthères sont oblongues, maigres. Le germe du pistil est rond. Le style est unique, à-demi fendu en quatre, persistant, plus long que les étamines. Les stigmates sont obtus, fendus en deux. Le péricarpe est une baie globuleuse, grande, à huit loges, appuyé sur le calice, qui est très-grand, & qui s'ouvre. La semence est solitaire, ronde, applatie, très-dure. Les fleurs mâles sont sur un individu différent. Le périanthe de leur calice est monophylle, fendu en quatre, aigu, droit, petit. La corolle est monopétale, en godet, coriacée, tétragonale, fendue en quatre. Les découpures sont rondes, retortillées. Les filamens des étamines sont au nombre de huit, très-courts, insérés au réceptacle. Les anthères sont au nombre de deux, longues, aiguës; les intérieures sont plus petites. Le pistil est le rudiment du germe.

CLASSE.

Ce genre fait partie de la vingtième classe de Tournefort, qui comprend les arbres & arbustes à fleurs monopétales; & de la vingt-troisième de Linnæus, destinée aux plantes polygamiques diœciques. Cet Auteur en admet deux espèces.

PREMIÈRE ESPÈCE.

La première eſpèce eſt le Plaqueminier à petit fruit & à larges feuilles. *Dioſpyros foliorum paginis diſcoloribus. Mill. Dict. t.* 116. *Dioſpyros foliis utrinque bicoloribus. Roy. Lugdb.* 441. *Dioſpyros foliis utrinque diversè coloratis. Hort. Cliff.* 149. *Lotus Affricana, latifolia. Bauh. Pin.* 47. *Pseudolotus. Cam. epit.* 156. *Guajacum Patavinum. Lob. Hiſt. Ermellinus. Caeſ. Syſt.* 104. *Dyoſpyros ſive Faba Græca, latifolia. Pſeudolotus Mathioli. Dalech. Hiſt.* 349. *Quajacana. J. B.*

Deſcription.

Cet arbre devient grand, & porte un aſſez beau feuillage. Ses feuilles, qui ſont ovales, entières, un peu velues, & de différentes couleurs de chaque côté, ſont poſées alternativement ſur les branches. Les fleurs ſortent une à une des aiſſelles des feuilles, & paroiſſent dans le mois de Juin. Elles ſont formées d'un calice diviſé en quatre parties qui ſont plus grandes que le pétale, & d'un pétale en forme de cloche. Ce pétale eſt diviſé en quatre, quelquefois ſi profondément, qu'il paroît formé de quatre pétales aſſez grands. Le pétale tombe quand le fruit noue. On trouve dans l'intérieur huit petites étamines attachées au pétale. Elles ont des pédicules très-courts, & des ſommets allongés; elles ne débordent point le pétale. On y voit encore un piſtil formé d'un embryon arrondi, & de quatre ſtyles qui ſe réuniſſent en un. L'embryon devient un fruit ſucculent, qui reſte entouré du calice, & dans lequel ſe trouvent quelques ſemences ovales & pointues.

Figure.

Cette eſpèce eſt repréſentée dans les planches pour le Dictionnaire de Miller, pl. 116; & dans le Traité des Arbres & Arbuſtes de M. Duhamel, tom. 1, p. 284.

Variété.

On en trouve une variété à feuilles étroites. Cette variété ſe nomme *Lotus Affricana, anguſtifolia, ſeu fœmina. Bauh. Pin.* 447. *Lotus Affricana, altera. Cam. epit.* 157. *Guaicana anguſtiore folio. Tourn. Inſt.* 600. *Boerrh. Lugdb.* 2, *p.* 220. *Dyoſpyros ſive Faba Græca, anguſtifolia, ſeu Lotus Affricana. Dalech. Hiſt.* 349. Elle ne diffère de l'eſpèce que par ſes feuilles, qui ſont plus étroites.

Figure.

Cette variété eſt repréſentée dans le *Camerarii Epitome*, p. 157.

Lieu de ſa naiſſance.

Cette eſpèce avec ſa variété croît naturellement dans pluſieurs endroits de l'Afrique & de l'Italie, de même que dans les haies aux environs de Rome & de Montpellier.

Obſervation.

Quelques Auteurs prétendent que cet arbre eſt le *Lotus* ou Lotier, dont les fruits tentèrent ſi fort les compagnons d'Ulyſſe, qu'ils préférèrent d'habiter le pays où ils en trouvèrent pour en manger, que de retourner avec leurs compagnons; mais on ne ſait en quoi conſiſte la bonté de ſes baies, qui ſont sèches.

Culture.

Cet arbre s'élève de ſemence. Quand il eſt un peu gros, il produit des rejets enracinés. Quoique cet arbre ſupporte bien nos hivers, il faut avoir la précaution, quand il eſt jeune, de mettre vers la fin de l'automne un peu de litière ſur les racines.

Propriétés médicinales.

La décoction de ſes feuilles paſſe pour être aſtringente.

Propriétés économiques.

Son bois eſt dur & d'un bon uſage.

Propriétés d'ornement.

Quoique ſa fleur n'ait pas un grand éclat, comme ſes fleurs ſont belles, on fera bien d'en mettre dans les boſquets d'été: ils y deviennent fort grands.

SECONDE ESPÈCE.

La ſeconde eſpèce eſt le Plaqueminier de Virginie, nommé Pishamin, ou Pinqueminier de la Louiſiane, à gros fruit. *Dioſpyros Virginiana. Dioſpyros foliorum paginis concoloribus. Linn. Sp. Plant.* 1510. *Kalm. It.* 2, *p.* 200, 255, 437. *Dioſpyros foliis utrinque concoloribus. Hort. Cliff.* 149. *Roy. Lugdb.* 441. *Dioſpyros foliis divicis. Gron. Virg.* 156. *Guajacana Loto arbori affinis Virginiana, Pishomia dicta. Pluk. Alm.* 180. *Raj. Hiſt.* 1918. *Guajacana Catesby. Car.* 2, *p.* 76. *Loti Affricanæ ſimilis Indica. Bauh. Pin.* 448.

Deſcription.

Catesby décrit ainſi cet arbre. Il croît, dit-il, depuis quatorze juſqu'à dix-huit & quelquefois vingt pieds de haut. Son tronc a rarement plus de dix pouces de diamètre, & ſes feuilles ſont ſemblables à celles du Poirier. Les fleurs paroiſſent en Avril. Elles ſont attachées par des pédicules fort courts, tout le long des côtés des branches. Elles ſont monopétales, pleines de ſuc, vertes, & diviſées en quatre ſegmens, au milieu deſquels eſt l'ovaire. Lorſque le fruit eſt parvenu à ſa maturité, il eſt preſqu'auſſi gros qu'une Prune d'Orléans. A meſure que le fruit s'enfle, les quatre pétales qui compoſoient la fleur, s'étendent & deviennent durs & ſecs. Le fruit qui eſt tranſparent, & d'un jaune tirant ſur le rouge, renferme ou contient quatre noyaux plats. Ces fruits mûriſſent en différens temps, les uns dans le mois d'Août, les autres dans celui de Novembre; & ils demeurent attachés à l'arbre après la chûte des feuilles juſqu'en Décembre. Ayant pour lors perdu leurs parties les plus aqueuſes, ils ſe rident, ſe candiſſent, ſont extrêmement douceâtres, & reſſemblent par le goût & leur conſiſtence aux raiſins ſecs.

Obſervation.

Si l'on fend le noyau en deux, on y apperçoit l'arbre en embryon, avec ſa tige & ſon tronc, & ſes deux *folia ſeminalia*, d'une manière plus diſtincte que dans aucune autre ſemence. Murray obſerve que dans cette eſpèce les étamines de la fleur mâle ſont au nombre de ſeize, dont huit inférieures.

Figure.

Cette eſpèce eſt repréſentée dans la cent vingtſixième planche de Miller; dans l'Hiſtoire de la Caroline, par Catesby, tom. 2, pl. 76; dans l'*Almag.* de Plukenet, pl. 244, fig. 5; & dans le Traité des arbres & arbuſtes de M. Duhamel, tom. 1, p. 284, n°. 2.

Lieu de ſa naiſſance.

Elle croît naturellement & en abondance dans la Caroline, la Virginie, & dans la plupart des Colonies de l'Amérique ſeptentrionale.

Culture.

On multiplie cette espèce, ainsi que nous avons dit de la précédente, par semences qui réussissent très-bien en pleine terre; mais quand on veut les faire venir plus vîte, il est à propos de les semer sur une couche modérément chaude: & dans ce cas on sème les graines dans des pots pleins de terreau, & on enfonce ces pots dans la couche. Quand les jeunes plantes sont levées, & qu'elles commencent à grandir, on les habitue insensiblement à l'air; & en Juin on les y laisse tout-à-fait jusqu'en Novembre. On met pour lors ces pots sous un abri de couche chaude, pour garantir ces jeunes plants des gelées, qui pourroient faire périr leurs sommités encore trop tendres. On leur donnera cependant de temps en temps de l'air pendant l'hiver, quand le temps le permet. Au printemps suivant, on les transplante en pépinière à une bonne exposition. On peut les y laisser pendant deux ans, & pour lors on les place à demeure. Quoique cette espèce soit assez dure pour résister à nos climats, on fera bien de mettre pendant l'hiver un peu de litière sur les racines.

Propriétés alimentaires pour l'homme.

Les fruits de cette espèce sont gros comme des œufs. On les mange à la Louisiane, quand ils sont moux, comme des nèfles. Un Normand qui alla s'établir daus ce pays, parvint à faire un bon cidre de ce fruit.

Propriétés alimentaires pour les animaux.

Le fruit de cet arbre est d'une grande ressource pour les oiseaux, les écureuils, & plusieurs autres animaux. *Catesby* donne la description des écureuils qui s'en nourrissent spécialement. Il les nomme *écureuils blancs*. Ils sont, dit-ils, à-peu-près de la grosseur de l'écureuil de terre; mais ils ont le corps & la tête un peu plus courts. Leurs oreilles sont rondes; leurs yeux noirs & grands. Leur corps est couvert d'un poil fort fin, aussi doux que celui d'une taupe, quoique plus long, & de couleur de souris claire. Sa queue est longue, large, plate, & garnie de poil extrêmement fin & doux. Ces écureuils n'ont pas des aîles membraneuses, comme celles d'une chauve-souris, dont ils puissent se servir pour voler à une grande distance; ils n'ont que des membranes couvertes de poils, attachées à leurs jambes, & s'étendent de chaque côté de leurs corps. Lorsqu'ils sautent d'un arbre à l'autre, ils se soutiennent en l'air par l'extension de ces membranes.

Propriétés médicinales.

La décoction des feuilles passe pour être astringente. A la Louisiane, on se sert de la pulpe pour faire des espèces de galettes fort minces, qui ont un goût assez agréable, & qui arrêtent les diarrhées. Pour faire ces galettes, on écrase les fruits dans des tamis fort clairs, qui séparent la chair de la peau & des pépins. La chair étant ainsi réduite en bouillie épaisse ou en pâte, on en fait des pains longs d'un pied & demi, larges d'un pied, & épais d'un doigt, que l'on met sécher au soleil, ou au feu sur un gril. Ces galettes ont meilleur goût, quand on les a séchées au soleil.

Propriétés d'ornement.

Ces arbres fleurissent vers le milieu de Juin. Leur fleur n'est pas d'un grand éclat; mais leurs feuilles sont belles, & l'on fera bien d'en mettre dans les bosquets d'été. Ils deviennent fort grands.

DIPSACUS, *le Chardon à Bonnetier ou à Foulon.*

NOMS GÉNÉRIQUES.

Ce genre de plante est connu sous les noms de *Dipsacus. Linn. Moris. Cheir, Meleta, Onocardion. Diosc. Labrum Veneris, Rom. Seiter. Dæc.*

Description générique.

Le caractère de ce genre de plante est d'avoir le périanthe du calice commun, à plusieurs fleurs, & à plusieurs feuilles plus longues que le fleuron, lâches, persistentes. Le périanthe propre est à peine visible, supérieur. La corolle propre universelle est égale, monopétale, tubuleuse. Le limbe est fendu en quatre, droit. La découpure extérieure est plus grande, plus aiguë. Les filamens des étamines sont au nombre de quatre, capillaires, plus longs que la corolle. Les anthères se couchent. Le germe du pistil est inférieur. Le style est filiforme, de la longueur de la corolle. Le stigmate est simple. Les semences sont solitaires, colomnaires, couronnées par le bord entier du calice. Le réceptacle commun est conique, distinct par des lames plus longues.

CLASSE.

Ce genre fait partie de la douzième classe de Tournefort, qui comprend les plantes à fleurs flosculeuses; & de la quatrième de Linnæus, destinée aux plantes tétrandriques monogyniques. Cet Auteur en admet trois espèces.

PREMIERE ESPÈCE.

La première espèce est le Chardon à Bonnetier commun, dont il s'en trouve de sauvages, & d'autres qu'on cultive; le Chardon à foulon; la Cardière; la Cave de Vénus; le Chardon à carder; la Chardonnerette. *Dipsacus fullonum. Dipsacus foliis sessilibus, serratis. Linn. Sp. Plant.* 140. *Dipsacus foliis connato-perfoliatis. Hort. Ups.* 25. *Aristis fructus erectis. Sauv. Monsp.* 156. *Dipsacus capitulis florum conicis. Hort. Cliff.* 29. *Gron. Virg.* 15. *Roy. Lugdb.* 188. *Dalib. Paris.* 44. *Dipsacus sylvestris aut Virga Pastoris major. Bauh. Pin.* 385. *Dipsacus sylvestris. Dod. Pempt.* 735. *Dipsacus sativus. Bauh. Pin.* 385. *Aristis fructus hamatis. Sauv. Monsp.* 156. *Dipsacus sylvestris sive Labrum Veneris. Bauh. Hist.* 3, *p.* 74. En Allemand, *Weber-kante, Weber-distel, Karten-distel*; en Anglois, *Manured Teasel*; en Italien, *Cardo da Scardassere, Dipsaco*; en Danois, *Karde Tidstel, Klaakuse.*

Description.

C'est une plante dont la racine est fusiforme, unie, blanche. Sa tige est haute de trois ou quatre pieds, roide, creuse, cannelée, hérissée de quelques épines. Ses feuilles sont opposées, deux à deux, sessiles, perfeuillées de manière qu'elles forment autour de la tige une petite cuvette, presque toujours remplie d'une eau claire & limpide, dentées, épineuses en leurs bords, avec une côte dans le milieu, armées en-dessus d'épines dures. Sa fleur est composée, flosculeuse. Ses fleurons n'ont pas leurs étamines réunies par les sommets; ils sont tubulés, irréguliers, comme ceux de la Scabieuse, divisés par leurs limbes en quatre parties, rassemblés en tête ovale, sur un calice commun, composé de de folioles ténues, lâches, plus longues que la fleur. Chaque fleuron est porté par des calices propres, à peine visibles, insérés au germe, & distribués sur un réceptacle conique, remarquable par des lames très longues. Ses semences sont en forme de colonne, couronnées par le rebord du calice propre de chaque fleuron.

Figure.

Cette espèce est représentée dans notre Traité Historique des Plantes de la Lorraine, & dans la seconde Partie de cet Ouvrage.

Lieu de sa naissance.

Elle est bisannuelle. Elle se trouve naturellement en France, en Angleterre & en Italie.

Insecte qui se nourrit sur cette plante.

On remarque ordinairement sur le Chardon à foulon une chenille qui a quelques poils courts, le corps gris, la tête noire, & quelques taches jaunes autour du col. Elle se métamorphose en un papillon, qu'on nomme le Plein-chant. *Papilio alis divaricatis, denticulatis, nigris, albo punctatis. Geoff. 67.* Son corps & ses aîles sont en-dessus d'un brun noir, & les aîles sont parsemées de points blancs quarrés, dont plusieurs se touchent. Ces points ressemblent par leur forme & leur position à des notes de plein-chant. Les aîles sont bordées d'une frange noire & blanche, ce qui les fait paroître dentelées. Les aîles & le corps sont en-dessus d'un gris brun, & l'on voit sur le dessous des aîles des taches blanches, mais moins régulières qu'en-dessus.

Culture.

Les Chardons à Bonnetier se sèment en Mars. On les lève au mois d'Août pour les planter par rayons, & on ne fait la récolte des têtes qu'en Juillet & Août de la seconde année. On leur laisse une queue d'environ un pied; on les range par bottes de cinquante, qu'on suspend pour faire sécher. Il faut avoir grand soin, lorsqu'ils sont coupés, de les mettre à l'abri de la pluie qui les pourriroit, ou du soleil qui les rougiroit. M. Barate, Correspondant de la Société d'Agriculture de Rouen, prétend dans un Mémoire qu'il a donné sur le Chardon à Bonnetier, qu'une terre cultivée en Chardons, rapporte les deux tiers de plus qu'une terre ensemencée en Blé. Il en donne le calcul d'après l'expérience qu'il en a faite. Ce calcul est rapporté dans la soixante-dix-neuvième page de la Gazette d'Agriculture de 1767. Au reste cette plante exige une exposition au midi, une terre douce & substantielle. Elle ne craint que les grandes gelées en hiver, & la *bruine* en été. Il y a une plante parasite qui incommode beaucoup le Chardon à Bonnetier. C'est une espèce d'*orobanche*, qui vivant sur la racine de ce Chardon, en épuise la substance. Elle sort de terre sous la forme d'une Asperge. Les Paysans Normans la nomment le *gras*. Dès qu'elle paroît, on a grand soin de la détacher de la racine du Chardon; mais on ne la trouve guère que dans des terres grasses & bien fumées. Pour ramasser la graine de Chardon à Bonnetier, il suffit de secouer légèrement les têtes, quand elles sont sèches. On la trouve même assez souvent dans le grenier sous les paquets de ces têtes. Cette graine se conserve long-temps; mais il est d'usage de n'en pas semer qui ait plus de deux ans.

Observation.

Quoique nous ayons confondu avec Linnæus les noms synonymes du Chardon à Bonnetier cultivé avec ceux du sauvage, cependant le premier diffère essentiellement du second, en ce que les pointes des écailles qui forment sa tête, sont roides & crochues. M. Miller, qui a cultivé ces deux plantes pendant plus de trente ans, n'a jamais vu que les semences aient varié en leurs productions: aussi, selon lui, ce sont deux espèces distinctes, & même suivant Tournefort.

Propriétés alimentaires, tant pour l'homme que pour les animaux.

Les abeilles sont fort friandes des fleurs de cette plante, & elles se désaltèrent dans l'eau que conservent les feuilles, qui forment une espèce de cuvette à chaque nœud de la plante. Les Chasseurs & les Voyageurs ont aussi souvent recours à cette eau, qui est limpide, & n'acquiert aucun mauvais goût. En automne, les chardonnerets se posent sur cette plante par préférence à toute autre: c'est pour cette raison qu'on l'a appellée la Chardonnerette. Ils se nourrissent aussi de ses graines.

Propriétés médicinales.

On attribue à ces Chardons une vertu astringente & dessicative. Ils agglutinent & consolident promptement les plaies, ulcères & fistules, tant internes qu'externes; arrêtent les flux de ventre, la dyssenterie, les pertes des femmes, & tout flux de sang; ils guérissent les inflammations & ulcères de la bouche. On assure que le vin où ces plantes ont bouilli, fait évacuer abondamment les sérosités par les voies des urines. On prétend sur-tout que les têtes de ces Chardons & les racines sont diurétiques & sudorifiques. On en tire une eau distillée, qu'on croit ophtalmique.

Propriétés économiques.

Les têtes qu'en plusieurs endroits on nomme *bosses*, sont d'un grand service dans les Manufactures de laineries, pour tirer la laine du fond des étoffes à la superficie, & les rendre ainsi plus mollettes, plus chaudes, & d'un débit plus avantageux. On se sert fort rarement des têtes du Chardon à Bonnetier sauvage, parce que leurs pointes n'ont pas la roideur & la force convenables, & qu'elles sont dénuées de crochets. Les crochets de l'espèce cultivée la font préférer généralement. Les têtes de Picardie, d'Artois, de Flandres, de Sotteville, & de quelques autres endroits de Normandie, sont particulièrement estimées par leur force, & la durée de leur service: qualités qu'on ne trouve point dans les Chardons des pays étrangers. Les plus grosses sont appellées Chardon mâle dans le commerce, & sont communément réservées aux Bonnetiers. On emploie volontiers les moyennes & les petites pour les draps & autres semblables étoffes. On doit avoir soin de tenir toutes les têtes dans un endroit bien sec: l'humidité les met hors d'état de servir.

La tige sert à faire des buhots. On donne, en terme de Manufacture, le nom de boîte ou poche de navette, à la partie creuse qui est au milieu de la navette, & où on renferme l'*espoule*, c'est-à-dire, une portion du fil de la trame d'une étoffe ou d'une toile, devidée sur un petit morceau de roseau, ou espèce de bobine sans bords; & c'est-là ce qu'on appelle buhot. Cette bobine est souvent faite de tige de Chardon à foulon.

Propriétés d'ornement.

La liqueur que contient le bassin des feuilles de la tige, est regardée comme un bon cosmétique. C'est ce qui a fait donner à la plante, même par les Latins, le nom de *Bain* ou *Cuve de Vénus*.

SECONDE ESPECE.

La seconde espèce est le Chardon à Bonnetier lacinié. *Carduus laciniatus. Carduus foliis connatis, sinuatis. Linn. Sp. Plant.* 141. *Dipsacus folio laciniato. Bauh. Pin.* 385. *Moris. Hist.* 3, *p.* 158, *s.* 7.

Description.

Cette espèce a les feuilles profondément découpées. Chaque rang de celles de la tige est formé d'une seule feuille, dont le bassin, haut du bord, baigne la tige, & représente un vase allongé. Les pointes des têtes sont comme celles de la première espèce sauvage.

Figure.

Elle est représentée dans l'Histoire des Plantes, par Morison, pl. 36, fig. 4.

Lieu de sa naissance.

Elle croît naturellement en Alsace, à Azow, dans la Carniole. Elle est bisannuelle.

TROISIEME ESPECE.

La troisième espèce est la Verge à Pasteur. *Dipsacus pilosus. Dipsacus foliis petiolatis, appendiculatis. Linn. Sp. Plant.* 141. *Hort. Ups.* 25. *Roy. Lugdb.* 188. *Dalib. Paris.* 44. *Dipsacus capitulis florum subglobosis. Hort. Cliff.* 30. *Roy. Lugdb.* 108. *Dipsacus sylvestris, capitulo minore, seu Virga Pastoris minor. Bauh. Pin.* 385. *Moris. Hist.* 3, *p.* 138, *sect.* 7. *Boerh. Lugdb.* 3, *p.* 133. *Dipsacus tertius. Dod. Pempt.* 735. *Succisa Hirsuta, Lapathi folio, flore albo. Vaill. Act.* 1722, *p.* 238. En Allemand, *Kleine, Wilde, Karten-distel*; en Anglois, *Shepherds-rod.*

Description.

Cette espèce est moins haute, moins épineuse, plus rameuse, moins cannelée que dans la première espèce. Les têtes ou bouquets de fleurs sont plus petites, plus arrondies, & chargées de filets, qui les font paroître velues. Elles sont formées par la réunion des fleurons. Les feuilles sont ovales, oblongues, avec des appendices. Les inférieures sont pétiolées.

Figure.

Elle est représentée dans l'Histoire des Plantes, par Morison, tom. 3, sect. 7, pl. 36, fig. 5.

Lieu de sa naissance.

Elle croît naturellement en France, en Angleterre, sur les bords des fossés humides. Elle est bisannuelle.

DIRCA, *le Bois de plomb.*

NOMS GÉNÉRIQUES.

Ce genre de plante est connu sous les noms de *Dosia. Adans. Thymælea. Gron. Dirca. Linn.*

Description générique.

Le caractère de ce genre est de n'avoir point de calice. Sa corolle est monopétale, en forme de massue. Son tube est supérieurement plus gonflé. Il n'y a point de limbe. Le bord est inégal. Les filamens des étamines sont au nombre de huit, capillaires, insérés au tube du milieu, plus longs que la corolle. Les anthères sont rondes, droites. Le germe du pistil est ovale, à sommets obliques. Le style est filiforme, plus long que les étamines, courbé par le sommet. Le stigmate est simple. Le péricarpe est une baie à une loge. Il n'y a qu'une seule semence.

CLASSE.

Il fait partie de la huitième classe de Linnæus, qui comprend les plantes octandriques monogyniques. Cet Auteur n'en admet qu'une espèce.

ESPECE.

Cette espèce est le Bois de plomb des marais. *Dirca palustris. Linn. Sp. Plant.* 512. *Amœn. Acad.* 3, *p.* 12. *Kalm. It.* 3, *p.* 88. *Duham. Arb.* I. *Thymelæa floribus albis.* 1°. *Vere erumpentibus foliis oblongis, acuminatis; viminibus & cortice valde tenacibus. Gron. Virg.* 155. En Anglois, *Lead vood* ou *Moowood.*

Description.

Cet arbrisseau ne parvient guère qu'à cinq ou six pieds de hauteur. Les branches sont tellement articulées, qu'on les prendroit pour des chevilles qui entrent les unes dans les autres. Les feuilles sont grandes & ovales. Les fleurs sortent ordinairement au nombre de trois de chaque bouton. Elles semblent partir d'un pédicule commun. Elles sont recourbées vers le bas, & paroissent avant les feuilles.

Figure.

Cette espèce est représentée dans le troisième volume des *Amœn. Acad.* de Linnæus, pl. I, fig. 7; & dans le Traité des Arbres, par M. Duhamel, tom. I, pl. 212.

Lieu de sa naissance.

Elle croît dans les endroits marécageux de la Virginie, du Canada & d'autres contrées de l'Amérique septentrionale.

Culture.

Cet arbrisseau est très-difficile à multiplier en Europe; car comme il n'y donne point de semences, on n'a d'autres ressources que les marcottes ou les boutures, qui ne prennent ordinairement racine qu'au bout de deux ans. D'ailleurs comme ces arbrisseaux croissent naturellement dans des endroits très-humides, on a de la peine à les faire croître dans les jardins, à moins que la terre n'en soit bien humide. Cependant ils sont rarement endommagés du froid.

Observation.

M. Duhamel dit que cet arbre est trop rare, pour qu'on puisse décider de l'usage qu'on en pourroit faire pour la décoration des jardins. Il remarque seulement que comme il fleurit de très-bonne heure, il annonce le printemps, ce qui est toujours agréable. Il ne paroît pas qu'il puisse être d'une grande utilité pour les Arts, non-seulement parce qu'il ne forme qu'un arbrisseau, mais encore parce que son bois est fort tendre & léger. M. Sarrazin n'ayant pu savoir des Indiens pourquoi ils nommoient cet arbrisseau *Bois de plomb*, est porté à croire que ce n'est que par opposition qu'ils lui ont donné ce nom.

DISANDRA, *la Disandre.*

Description générique.

Le caractère de ce genre de plante est d'avoir le périanthe du calice monophylle, partagé depuis cinq jusqu'à huit, persistant. Ses lobes sont un peu droits. La corolle est monopétale, en roue. Le tube est très-court. Le limbe est à cinq lobes ovales. Les filamens des étamines sont depuis cinq jusqu'à huit, soyeux, droits, ouverts, plus courts que la corolle. Les anthères sont en forme de flèche. Le germe du pistil est ovale. Le style est filiforme, de la longueur des étamines. Le stigmate est simple. Le péricarpe est une capsule ovale, de la longueur du calice, à deux loges. Les semences sont nombreuses, ovales.

Observation.

La fleur varie beaucoup par le nombre.

CLASSE.

Ce genre fait partie de la septième classe de Linnæus, qui comprend les plantes heptandriques monogyniques. Il n'y en a qu'une espèce.

ESPECE.

Cette espèce est la Disandre couchée. *Disandra prostrata. Linn. Syst. Veg. edit. XIII.* 290. *Sibthorpia peregrina, foliis reniformibus, crenatis; pedunculis geminis. Syst. Nat.* 421. *Sp. Plant.* 880. *Amœn. Acad.* 3, *p.* 22.

Description.

Les tiges de cette espèce sont hautes d'un ou deux pieds, couchées, cylindriques, poileuses. Les feuilles sont alternes, pétiolées, réniformes, orbiculées, à trente crénelures poileuses. Les pédoncules sont axillaires, au nombre de deux, plus rarement un ou trois, droits, filiformes, à une fleur, plus hauts que les pétioles. Les corolles sont jaunes. Toutes les parties de cette plante varient par le nombre. Le plus fréquent est celui de sept, & le plus naturel celui de neuf; mais il est en même temps le plus rare.

Figure.

Cette plante est représentée dans la *Phytographie* de Plukenet, pl. 257, fig. 5.

Lieu de sa naissance.

Elle croît naturellement au Levant.

DODARTIA, *la Dodart.*

Description générique.

Le caractère de ce genre de plante est d'avoir le périanthe du calice monophylle, campanulé, fendu en cinq, à dix angles, tubuleux, égal, plane, persistant. La corolle est monopétale, se ridant. Le tube est cylindrique, réfléchi, beaucoup plus long que le calice. La lèvre supérieure est petite, échancrée, ascendante. La lèvre inférieure s'ouvre, est plus large & fendue en trois, deux fois plus longue. La découpure intermédiaire est plus étroite. Les filamens des étamines sont au nombre de quatre, montans vers la lèvre supérieure, & plus courts qu'elle. Les anthères sont petites, rondes, didymes. Le germe du pistil est rond. Le style est en forme d'alêne, de la longueur de la corolle. Le stigmate est applati, oblong, obtus, fendu en deux, à petites lames conniventes. Le péricarpe est une capsule globuleuse, à deux loges. Les semences sont nombreuses, très-petites. Le réceptacle est convexe, uni à la cloison.

CLASSE.

Ce genre de plante fait partie de la treizième classe de Tournefort, qui comprend les herbes & plantes à fleurs à demi-fleurons; & de la quatorzième classe de Linnæus, destinée aux plantes didynamiques angiospermiques. Cet Auteur en admet deux espèces.

PREMIÈRE ESPECE.

La première espèce est la Dodart Orientale. *Dodartia Orientalis. Dodartia foliis linearibus, integerrimis, glabris. Linn. Sp. Plant.* 883. *Mill. Dict. Dodartia. Hort. Cliff.* 326. *Roy. Lugdb.* 297. *Dodartia Orientalis, flore purpurascente. Tourn. Cor.* 47. *Itin.* 3, *p.* 208.

Description.

Tournefort décrit ainsi cette plante. Elle pousse, dit-il, des tiges d'un pied & demi de haut, droites, fermes, lisses, ligneuses, d'un vert gai, épaisses de deux lignes, branchues dès le bas, arrondies en buisson, & garnies de feuilles longues d'un pouce ou quinze lignes, sur deux ou trois lignes de large, un peu charnues, dentées sur les bords, principalement vers le bas de la plante; car ensuite elles sont plus étroites, & moins crénelées. Il y en a même qui sont aussi menues que celles de la Linaire commune. Le haut des branches est garni de fleurs dans les aisselles des feuilles. Chaque fleur est un masque violet-foncé, long de huit ou neuf lignes, dont la dernière est un tuyau d'une ligne de diamètre, évasé en deux lèvres. La supérieure est un cueilleron renversé, long d'une ligne & demie, fendu en deux pièces assez pointues; l'inférieure est longue de trois lignes, assez arrondie, mais découpée en trois parties, dont celle du milieu est la plus petite & la plus pointue. Cette lèvre est relevée vers le milieu de quelques poils blancs & duvetés. Le calice est un godet lisse, haut de deux lignes, découpé en cinq pointes. Il pousse un pistil sphérique, de près d'une ligne de diamètre, lequel s'insère dans le tuyau de la fleur, comme par gomphose, surmonté par un filet assez menu, & devient dans la suite une coque sphérique de trois lignes de diamètre, terminée en pointe. Cette coque est roussâtre, dure, partagée en deux loges par un cloison mitoyenne, dont les deux parois sont garnies d'un placenta charnu, creusé de quelques fosses, lesquelles reçoivent des graines brunes & menues.

Figure.

Cette espèce est représentée dans le Dictionnaire de Miller, pl. 27; & dans le Voyage de Tournefort, tom. 2, pag. 350.

Lieu de sa naissance.

Elle a été découverte près du Mont Ararat, en Arménie. On en trouve aussi en Tartarie. Elle est vivace par sa racine, qui s'étend sous la surface de la terre.

Culture.

Elle fleurit en Juillet; mais elle donne rarement

des semences en France. On la multiplie très-vîte par ses racines. Aussi dès qu'il y en a une fois dans un jardin, elle s'y propage beaucoup. Il lui faut une terre légère & sablonneuse. On la transplante en automne, après que les tiges sont desséchées, ou au printemps, avant qu'il en croisse d'autres.

SECONDE ESPECE.

La seconde espèce est le Dodart des Indes. *Dodartia Indica. Dodartia foliis ovatis, serratis, villosis. Linn. Sp. Plant.* 883.

Description.

Ses tiges sont un peu cylindriques, velues, rameuses. Ses feuilles sont ovales, pétiolées, à dents de scie obtuses, velues, plus larges que le pouce. La grappe est terminale, à fleurs plus petites. Les fleurs sont opposées, secondaires, sessiles. Le calice est obtus, velu. La corolle est jaune, ayant la lèvre extérieure droite, courte.

Lieu de sa naissance.

Elle croît naturellement dans les Indes.

DODECATHEON, *la Mead.*

Description générique.

Le caractère de ce genre de plante est d'avoir l'enveloppe à plusieurs pièces, à plusieurs fleurs, & très-petit. Le périanthe est monophylle, à demi-fendu en cinq, persistant. Les lobes ou découpures sont réfléchis, enfin plus longs, persistans. La corolle est monopétale, partagée en cinq. Le tube est plus court que le calice. Le limbe est réfléchi en arrière, ayant des lobes très-longs, lancéolés. Les filamens des étamines sont au nombre de cinq, très-courts, obtus, appuyés sur le tube. Les anthères sont en flèche, conniventes en forme de bec. Le germe est conique. Le style est filiforme, plus long que les étamines. Le stigmate est obtus. Le péricarpe est une capsule ovale, oblongue, à une loge, s'ouvrant par le sommet. Les semences sont nombreuses, petites. Le réceptacle est libre, petit.

CLASSE.

Ce genre fait partie de la cinquième classe de Linnæus, qui comprend les plantes pentandriques monogyniques. Cet Auteur n'en admet qu'une espèce.

ESPECE.

Cette espèce est la Méad proprement dite. *Dodecatheon Meadia. Linn. Sp. Plant.* 207. *Meadia. Catesby. Car.* 3, *p.* 1. *Threw-Erhret. tom.* 12. *Mill. Dict. pl.* 174. *Auricula ursi Virginiana floribus Boraginis instar rostratis, Cyclaminum more reflexis. Pluk. Alm.* 62.

Description.

Les feuilles de cette plante sont d'un vert pâle, & ressemblent à celles de la Laitue commune de nos jardins. Du milieu des feuilles s'élève une tige unique, de la hauteur à-peu-près d'un pied, sur le sommet de laquelle sont attachés ensemble divers pédicules panchés, au bout de chacun desquels pend une fleur unique; & le tout forme une espèce de groupe ou de bouquet, qui en contient vingt ou environ. La fleur consiste en un calice divisé en cinq parties, & un pétale réfléchi, divisé, presque jusqu'au bout, par cinq segmens, à la manière du Pain-de-pourceau d'automne. Les sommets sont liés ensemble dans un point. Quoique les fleurs soient pendantes, les vaisseaux de la semence se relèvent dans la suite, & se dressent sur leurs pédicules. La semence est contenue dans une capsule longue & membraneuse, qui s'ouvre en quatre parties, & se décharge ainsi de ses très-petites graines. Telle est la description de cette plante que donne Catesby. Linnæus la décrit ainsi. Son port est celui du Primevere. Les fleurs sont celles du Cyclamen. La racine est vivace. Les feuilles sont radicales, ovales, découpées à dents de scie, glabres, enveloppées. La hampe est nue, plus longue que les feuilles, dans une enveloppe très-petite. L'ombelle est simple, à fleurs péduncules Les fleurs sont des embryons droits, d'abord flottans, ensuite élevés, panchés, & enfin flottans.

Figure.

Cette espèce est représentée dans l'Histoire Naturelle de la Caroline, par Catesby, tom. 3, pl 1; dans les Plantes de Trew, pl. 12; dans les Planches pour le Dictionnaire de Miller, pl. 174; & dans l'*Almag.* de Plukenet, pl. 79, fig. 6.

Lieu de sa naissance.

Elle est vivace, & croît naturellement dans la Virginie, & autres pays du nord de l'Amérique.

Culture.

Elle fleurit au commencement de Mai. Ses semences sont mûres en Juillet, & aussi-tôt après les tiges & les feuilles meurent. Les racines restent dans l'inaction jusqu'au printemps suivant. On multiplie cette plante par ses rejets, qui s'élèvent des racines en quantité, quand elle se trouve dans une bonne terre, & à une exposition ombragée. La saison la plus favorable pour lever les racines, & en détacher les jets, est le mois d'Août, lorsque les feuilles & les tiges sont desséchées. On la multiplie aussi par graines. On les sème en automne, aussi-tôt après leur maturité, dans une planche ombragée & humide, ou dans des pots, que l'on place à l'ombre. Elles lèvent au printemps. Quand elles sont levées, on nettoie les mauvaises herbes; & lorsque la saison est sèche, on arrose souvent ces jeunes plantes. Il ne faut pas qu'elles soient exposées au soleil; car tandis qu'elles sont jeunes, elles ne peuvent pas supporter la grande chaleur. On attend que les feuilles soient fanées pour les transplanter. On les enlève pour lors avec précaution, & on les plante dans une planche ombragée & humide, à huit pouces de distance l'une de l'autre. On les laissera ainsi une année entière, passé lequel temps elles seront assez fortes pour donner des fleurs. On les transplante pour lors à demeure dans les plate-bandes du jardin. La Méad résiste aux plus fortes gelées de nos hivers. Elle se plaît parfaitement bien en France, pourvu qu'elle ne soit pas dans un terrain trop sec, ni placé au soleil du midi.

Propriétés d'ornement.

Cette plante orne très-bien les petits parterres, dans le temps de sa floraison.

DODONÆA, *la Dodonée.*

Description générique.

Le caractère de ce genre de plante est d'avoir le périanthe du calice qui tombe, à quatre pièces ou folioles

folioles ovales, concaves, obtuses, qui s'ouvrent, inégales par la largeur. Il n'y a point de corolle. Les filamens sont au nombre de huit, les plus courts de tous. Les anthères sont oblongues, aiguës, sillonnées de chaque côté longitudinalement, en forme d'arc, conniventes, de la longueur du calice. Le germe du pistil est à trois côtés, de la longueur du calice. Le style est épais, très-long, à trois sillons, droit. Le stigmate est fendu en trois, un peu aigu. Le péricarpe est une capsule à trois sillons, enflé, garni de trois aîles rondes, membraneuses & grandes, à trois loges. Les semences sont au nombre de deux dans chaque loge, rondes, attachées aux sillons profonds de la cloison ovale, pointue de chaque côté, & sillonnée.

CLASSE.

Ce genre fait partie de la huitième classe de Linnæus, qui comprend les plantes octandriques monogyniques. Cet Auteur n'en admet qu'une espèce.

ESPECE.

Cette espèce est la Dodonée visqueuse. *Dodonæa viscosa. Linn. Syst. Veg. edit. XIII. Murray.* 299. *Hort. Cliff.* 144. *Jacq. Americ.* 109. *Fabric. Hemst.* 2, *p.* 430. *Ptelea viscosa. Sp. Plant.* 173. *Staphylodendron foliis Lauri angustis. Pluk. Ico.* 247, *f.* 2. *Thlaspioides arborescens, fructu racemoso. Barrer. Æquin.* 109. *Aceri vel paliuro affinis angusto, oblongo, Salicis folio; flore tetrapetalo, herbaceo. Sloa. Hist. Jam.* 2, *p.* 27. *Triopteris erecta, fructicosa; foliis oblongis, acuminatis; ramulis gracilibus. Brow. Jam.* 1, *p.* 1c. *Triopteris Jamaicensis, angusto Salicis folio; fructu minore, fusco. Pluk. Alm.* 377. *Frutex innominatus, primus. Murray. Carpinus forte, viscosa; Salicis folio integro; oblongo. Burm. Zeyl.* 55. *Triopteris Œlæagyni foliis viscosis; lætè virentibus, Americana. Pluk. Mant.* 185. *Arbuscula viscosa, Œlæagni foliis lætè virentibus, Americana tricoccos. Pluk. Phyt.* 141. *Caryophyllaster littoreus. Rumph. Amb.* 4, *p.* 210. A Malaca, *Tsjenke laut*; en Flamand, *Strand-nagelboom*; à Ternate, *Diolomadjico*; à Amboine, *Utta Hatoe*; à Baleya, *Ringan ringan.*

Description.

C'est un arbrisseau qui est droit, rameux, haut de cinq pieds, presque tout visqueux & puant. Ses jeunes branches sont anguleuses. Il a les feuilles oblongues, un peu pointues, amincies à la base, très-entières, alternes, presque sans aucun pétiole, tandis que la plante est encore tendre. Les feuilles qui ont poussé les premiers mois, sont ordinairement courbées & dentées en forme de scie. Les fleurs sont en grappe, & varient beaucoup sur les mêmes petits rameaux. On en trouve dont les calices sont à trois folioles, & d'autres où il s'en trouve cinq. Dans chaque calice le pistil n'a communément que deux parties au lieu de trois. La capsule est aussi quelquefois à deux loges, au lieu d'être à trois. Les étamines sont très-souvent au nombre de sept, & très-rarement au nombre de six.

Figure.

Cette espèce est représentée dans l'Histoire des Plantes de la Jamaïque, par Sloane, tom. 2, pl. 162, fig. 3; & par Browne, pl. 18, fig. 1; dans les Planches de Plumier, par Burman, pl. 247, fig. 2; & dans l'*Almag.* de Plukenet, pl. 447, fig. 5.

Lieu de sa naissance.

Elle croît naturellement dans la Jamaïque & au territoire de Carthagène.

Culture.

On multiplie cet arbrisseau par graines, qu'on tire des pays étrangers. On les sème sur une couche chaude, où elles lèvent très-bien. Quand les jeunes plants qui en proviennent, sont assez grands pour être transplantés, on les plante chacun séparément dans un petit pot rempli de terreau mélangé avec de l'argille. On enfonce ces pots dans une couche chaude de tan, & on garantit ces jeunes plants du soleil, jusqu'à ce qu'ils soient repris. On leur donne pour lors tous les jours de l'air, proportionnellement à la chaleur de la saison, si on veut les empêcher de languir; mais il ne faut pas leur donner trop d'eau. En automne, on les met dans la serre chaude; & pendant l'hiver, on ne les arrose que très-peu. A mesure que ces plants grandissent, ils deviennent moins délicats: aussi peut-on les mettre hors de la serre au moins pendant trois mois de l'été, mais à une bonne exposition. Cependant il faudra toujours les mettre dans la serre chaude pendant l'hiver.

DOLICHOS, *le Dolichos.*

NOMS GÉNÉRIQUES.

Ce genre de plante est connu sous les noms de *Lablab. Ægypt. Leplab. Clus. Mandatia. Bras. Dolichos. Linn.* Il est de la famille des Haricots.

Description générique.

Le caractère de ce genre est d'avoir le périanthe du calice monophylle, très-court, à quatre dents, égal. La dent supérieure est échancrée. La corolle est papillonacée. L'étendard est rond, grand, échancré, totalement réfléchi. Les aîles sont ovales, obtuses, de la longueur de la carène. La carène est en forme de lune, applatie, étroitement conniventе par le bas, de la longueur des aîles, montant par le sommet. Les filamens des étamines sont diadelphiques, dont l'un est simple, & l'autre fendu en neuf. Le simple est courbé vers la base. Les anthères sont simples. Le germe du pistil est linéaire, applati. Le style est ascendant. Le stigmate est barbu. Le sommet du style est calleux antérieurement, obtus. Le péricarpe est un légume pointu, grand, oblong, bivalve, à deux loges. Les semences sont nombreuses, ellyptiques, le plus souvent applaties.

Observation.

Ce genre a le port du Haricot. Il n'en est distingué que par la carène, qui n'est pas spirale.

CLASSE.

Il fait partie de la dixième classe de Tournefort, qui renferme les plantes à fleurs papillonacées; & de la dix-septième classe de Linnæus, destinée aux plantes diadelphiques décandriques. Cet Auteur en admet vingt-six espèces, dont les vingt-une premières s'entortillent de même que le Liseron, & les cinq autres viennent droites.

PREMIÈRE ESPÈCE.

La première espèce est l'Haricot Lablab. *Dolichos Lablab. Dolichos volubilis, leguminibus ovato-acinaci-formibus; seminibus ovatis, hilo arcuato versùs alteram extremitatem. Roy. Lugdb.* 368. *Hort. Upf.* 214. *Hasselq. It.* 483. *Phaseolus Ægyptius, nigro femine. Bauh. Pin.* 451. *Phaseolus niger Lablab. Alp. Ægypt.* 74. *Vest. Ægypt.* 27.

Description.

C'est un arbre sarmenteux, qui croît de la grandeur d'une Vigne, & qui s'étend aussi par ses sarmens en forme de Vigne. Il ressemble assez par sa figure à un Haricot commun. Il porte des fleurs deux fois l'année, au printemps & en automne. Ses tiges & ses rameaux sont cylindriques, raboteux par derrière. Les péduncules sont à demi-verticillés. Les légumes sont raboteux par le dos. Les semences ou fèves sont noires.

Figure.

Il est représenté dans les Plantes d'Égypte, par Alpin, pl. 75.

Lieu de sa naissance.

Il est annuel, suivant Linnæus; & selon Alpin, cet arbre vit plus de cent ans, & est toujours vert. Il croît naturellement en Égypte.

Culture.

On cultive cette plante dans les pays chauds pour servir d'alimens; mais elle donne rarement des grains mûrs en France. C'est pour cette raison que l'on ne l'y cultive pas, avec d'autant plus de raison qu'il y a des espèces d'Haricots meilleures. Sa culture n'est cependant pas difficile. On l'élève ordinairement auprès d'un mur garni de treillage. Il lui faut la serre chaude.

Propriétés alimentaires.

Les Égyptiens mangent ces Haricots, qui ne sont pas moins agréables au goût que ceux de notre pays, selon Alpin.

Propriétés médicinales.

Les femmes de ce pays se servent de la décoction de cette plante avec le Safran, pour exciter les mois. Cette décoction est aussi très-bonne contre la toux, & pour faire uriner.

SECONDE ESPECE.

La seconde espèce est le Haricot de la Chine. *Dolichos sinensis. Dolichos volubilis, pedunculis multifloris, erectis; leguminibus pendulis, cylindricis, torulosis. Amœn. Acad.* 4, *p.* 326. *Dolichos sinensis. Rump. Amb.* 5. *p.* 375. A Malaca, *Kat-Jangsina*; en Chinois, *Tsjattau*; en Hollandois, *Sineeze Boontjes.*

Description.

Cette espèce a une tige qui s'entortille. Ses péduncules sont à plusieurs fleurs, droits. Ses légumes sont pendans, cylindriques, noueux. Il s'en trouve ordinairement deux ou trois sur un même péduncule.

Figure.

Elle est représentée dans l'*Herbarium Amboinense*, tome 5, pl. 134; & dans la seconde Partie de cet Ouvrage.

Lieu de sa naissance.

On en trouve dans toute l'Inde. Elle est annuelle.

Propriétés alimentaires.

Les Matelots achètent dans la Chine ces Haricots pour leurs alimens. Les Chinois mangent les siliques vertes, de même que nous faisons en France des siliques de nos Haricots communs. Elles sont très-bonnes cuites avec du lard.

TROISIEME ESPECE.

La troisième espèce est le Haricot à crochets. *Dolichos uncinatus. Dolichos volubilis, pedunculis multifloris; leguminibus cylindricis, hirsutis, apice unguiculo subulato, hamato, caule hirto. Linn. Sp. Plant.* 1019. *Phaseolus hirsutis siliquis, erectis & aduncis. Plum. Sp.* 8. *Ic.* 221. *Glycine caule piloso, foliis ovato-oblongis, leguminibus cylindricis, hirtis, aduncis. Burm. Plant. Americ.*

Description.

Cette espèce est grimpante, sarmenteuse. Ses tiges & ses rameaux sont hérissés, avec les siliques. Les feuilles sont ternées, ovales, oblongues, pétiolées, nerveuses. Les épis sont latéraux & axillaires, très-longs, hérissés. Ils portent des fleurs supérieurement lâches. Ses fleurs sont plus rares dans les petits bouquets. Leur périanthe est petit, partagé en cinq. La corolle est légumineuse. Son étendard est réfléchi, & ses ailes sont droites. Le fruit est un légume long, cylindrique, hérissé, à crochet par son sommet, à plusieurs loges, à deux valves. Les semences sont nombreuses, en forme de reins.

Figure.

Elle est représentée dans les Plantes de Plumier, par Burman, pl. 221.

Lieu de sa naissance.

Elle croît naturellement dans l'Amérique.

Culture.

Sa culture est la même que celle de la première espèce.

QUATRIEME ESPECE.

La quatrième espèce est l'Haricot à onglets. *Dolichos unguiculatus. Dolichos volubilis; leguminibus capitatis, subcylindraceis; apice recurvo, concavo. Linn. Sp. Plant.* 1019. *Hort. Ups.* 214. *Cacara nigra. Rumph. Amb.* 5, *p.* 381. *Phaseolus Barbadensis, siliquâ tenui, rectâ; semine ex purpuro nigricante.* A Malaca, *Cacara Jule* & *Djule*; à Amboine, *Maoha.*

Description.

Cette espèce est pareillement sarmenteuse. Ses fleurs sont pourpres. Ses légumes sont en tête, cylindriques. Leur pointe est recourbée, concave.

Figure.

Elle est représentée dans l'*Herbarium Amboinense*, tom. 5, pl. 138; dans la seconde Partie de cet Ouvrage; & dans le Jardin de Vienne par Jacquin, pl. 23.

Lieu de sa naissance.

Elle croît naturellement aux Isles Barbades.

Propriétés alimentaires.

Cette plante est potagère, mais il faut la préparer pour la manger; car ses Haricots ou osselets donnent des vertiges & enivrent, si on ne leur enlève pas leurs qualités nuisibles. On fait cuire ces grains, récemment tirés de la silique, lorsqu'ils deviennent rouges, dans de l'eau. On enlève leur pellicule extérieure, & on les lave ensuite avec de l'eau de pluie. Quand ils sont mûrs, il faut aussi les faire bien bouillir, pour en enlever leur pellicule noire. On les laisse macérer pendant vingt-quatre heures dans de l'eau qu'on renouvelle deux ou trois fois. Ensuite on les frotte: cela leur enlève leurs qualités nuisibles. On peut mêler sans danger les feuilles vertes & tendres avec les autres plantes potagères pour manger. Les Habitans de Java font cuire sous la cendre ou griller ces grains, jusqu'à ce que la pellicule s'enlève; & ils les mangent ensuite. Ces grains ont pour lors l'odeur & la saveur du Café brûlé.

Propriétés nuisibles aux animaux.

Il faut prendre garde de laisser manger de ces grains à la volaille & aux autres animaux. Il leur sont pernicieux.

CINQUIÈME ESPÈCE.

La cinquième espèce est le Dolichos d'un demi-pied. *Dolichos sesquipedalis. Dolichos volubilis; leguminibus subcylindricis, lævibus, longissimis. Linn. Sp. Plant.* 1019.

Description.

Son port est celui d'un Haricot. Les fleurs sont à étendard supérieurement pâle, intérieurement roussâtre. Le légume est d'un demi-pied & au-delà, un peu cylindrique. Sa pointe est à onglet obtus, bossu.

Figure.

Cette espèce est représentée dans le Jardin de Vienne, par Jacquin, pl. 67.

Lieu de sa naissance.

Elle croît naturellement dans l'Amérique. Elle est annuelle.

SIXIEME ESPECE.

La sixième espèce est le Dolichos très-haut. *Dolichos altissimus. Dolichos volubilis, leguminibus racemosis, hirtis, æqualibus; seminibus hilo-cinctis, Linn. Sp. Plant.* 1019. *Jacq. Americ.* 203. *Kakuvalli. Rheed. Hort. Mal.* 8, *p.* 63. En Portugais, *Faba Costira*; en Hollandois, *Groot Mangdekruid.*

Description.

Cette plante grimpe aux arbres les plus élevés, des feuillages desquels il pend sur la tête des Voyageurs de jolies couronnes de fleurs, qui font plaisir à la vue, & qui sont placées en grappes & épis aux extrémités des péduncules communs, dont la longueur a quelquefois plus de douze pieds. Les péduncules propres sont courts & ternes. Les fleurs sont inodores, d'un demi-pouce. Leur calice est ferrugineux. L'étendard & les aîles sont d'un bleu violet. La carène est jaunâtre. Les étamines & le pistil montent singulièrement, & sont renfermés dans l'étendard, qui est entortillé.

Figure.

Cette espèce est représentée dans l'Histoire des Plantes de l'Amérique, par Jacquin, pl. 182, fig. 85; & dans l'*Hort. Malab.*, tom. 8, pl. 36.

Lieu de sa naissance.

Elle croît naturellement dans les Indes.

Propriétés médicinales.

A Malabar, on emploie cette plante dans la Médecine. Sa principale vertu est contre la goutte. Ses feuilles guérissent les maux de tête des femmes enceintes; & leur décoction dans l'eau de Riz dessèche les humeurs superflues. Son écorce broyée avec le Gingembre sec & le fruit de Caringola, & cuite dans l'huile de *Fosçele de Enferno & le Bepu*, fournit une huile dont on oint la moëlle épinière, dans les affections catharreuses. Le noyau du fruit de cette plante, après en avoir ôté la petite peau intérieure, cuit dans du lait & dans du beurre frais, & réduit en consistence d'onguent, est excellent contre les pustules & les petits ulcères qui se forment aux parties génitales des femmes. Le même fruit, avec la plante qu'on nomme à Malabar, *Felis oculis*, cuit dans l'eau de Riz & dans le lait écrémé, fournit un onguent excellent contre les maladies des articulations. La racine fait le même effet, si on s'en sert en forme de liniment, avec la racine de *Carimbola* & de *Caniram*, & les feuilles de *Munia*: ou si on la pulvérise avec de l'écorce de Tamarin & le suc de Gingembre, & si on la fait cuire, en forme de liniment, avec du petit-lait, ensuite avec de l'huile de Bépu. *Ces usages sont extraits de l'Hortus Malabaricus.*

SEPTIEME ESPÈCE.

La septième espèce est le Dolichos en forme d'épée. *Dolichos ensiformis. Dolichos caule suberecto; leguminibus gladiatis, tricarinatis; seminibus arillatis. Linn. Sp. Plant.* 1022. *Hort. Cliff.* 360. *Phaseolus suberectus, major; siliquis maximis, oblongis, glabris. Sutura altera, nervo majore utrinque. Brow. Jam.* 291. *Phaseolus maximus; siliquâ ensiformi, nervis insignitâ; semine albo, membranulâ incluso. Sloan. Jam. Hist.* 1, *p.* 177. *Lobus Machæroïdes. Rumph. Amb.* 5, *p.* 376. *Bara Mareka. Rheed. Hort. Mal.* 8. En langue Brame, *Dala Vallu*; en Portugais, *Favas dos paros sativo*; en Hollandois, *Tamme Crimphoren.*

Description.

Cette plante est vivace, toujours verte, toujours couverte de fleurs, à petite racine fibreuse, ramifiée, noire. Sa tige est grimpante, sinueuse, longue de vingt à trente pieds, cylindrique, de quatre lignes de diamètre, s'entortillant autour des arbres, d'un vert jaune, lisse, ramifiée par intervalles d'un pied. Ses feuilles sont alternes, composées de trois folioles, assez égales, semblables à celles du Haricot, taillées en cœur, très-obtuses à leur origine, pointues à l'extrémité opposée, longues de quatre à cinq pouces, de moitié moins larges, d'un vert clair, relevées en-dessous d'une nervure médiocre, ramifiée en cinq à six paires de côtes alternes, & portées au bout d'un pédicule commun, cylindrique, un peu plus court qu'elles. Leur disposition sur les tiges est circulaire, & à des distances d'un pied les unes des autres. De l'aisselle des fleurs moyennes, sort un épi un peu plus long qu'elles, c'est-à-dire, d'un pied, portant dans sa moitié supérieure quinze à vingt fleurs presque sessiles, pendantes, rapprochées deux à deux, & d'un rouge purpurin ou bleuâtre. Chaque fleur est hermaphrodite, & disposée autour de l'ovaire un peu au-dessous de lui. Elle consiste en un calice cylindrique, épais, allongé, d'une seule pièce, divisé à ses bords en cinq dentelures courtes, vert-clair, inégales, formant deux lèvres, avec lesquelles il semble pincer la corolle. Celle-ci est irrégulière, composée de quatre pétales inégaux, imitant un papillon volant, d'un pouce & demi de longueur & de largeur. Au-dedans de la corolle, sont couchées, vers sa partie inférieure, dix étamines, dont une simple, & neuf réunies par leurs filets, jusqu'aux trois quarts de leur longueur, en un cylindre arqué, fendu en-dessus sur toute sa longueur d'une fente dans laquelle se couche la dixième étamine. Leurs anthères sont jaunes. L'ovaire enfile cette espèce de tuyau fendu des étamines. Il en est éloigné & porté au-dessus du fond ou du réceptacle du calice par un péduncule assez court. L'ovaire en mûrissant devient une gousse ou légume taillé en sabre, long d'un pied, six à sept fois moins large ou moins profond, comprimé par les côtés, un peu courbe & tranchant en-dessous, presque droit en-dessus, & comme applati, avec trois grosses nervures, vert d'abord, ensuite d'un vert jaunâtre ou brun, s'ouvrant pardessous en deux valves, coriaces, épaisses, doublées intérieurement d'une seconde peau ou tunique épaisse, blanchâtre, partagée en quatorze ou quinze loges, qui contiennent chacune une graine ellyptique, obtuse, médiocrément applatie, longue de quinze lignes, de moitié moins large, brun-roux, lisse; portant sur la moitié de sa longueur, du côté où elle est un peu échancrée, un cordon ombilical, par lequel elle est attachée au bord supérieur du légume, & pendante de manière que sa longueur coupe en travers la largeur de ce légume.

Figure.

Cette espèce est représentée dans l'Histoire de la Jamaïque, par Sloane, tom. 1, pl. 114, fig. 1, 2, 4; dans l'*Herbarium Amboinense*, tom. 5, pl. 135, fig. 1; & dans l'*Hort. Malab.*, tom. 8, pl. 44.

Lieu de sa naissance.

Elle croît dans les sables à Angiécaimal & autres lieux de la côte de Malabar. Elle y fleurit vers la fin de l'hiver, & y mûrit au commencement de l'été.

Propriétés alimentaires.

Ses fleurs ont une odeur mielleuse, assez agréable. Ses fèves sont douces au goût, mais toujours un peu fermes & dures. On les mange dans le pays.

Propriétés médicinales.

Ces fèves s'y emploient aussi communément en Médecine. Elles sont sur-tout souveraines pour la goutte, employées en forme de liniment, qui se fait en les pilant dépouillées de leur pellicule, soit avec l'écorce du Moringo ou Béen, soit avec la racine de Watta, du *Calamus*, & celle du fruit mûr de l'Arek, mêlées avec l'eau de Riz Potsjeri: ou encore avec le Curcuma, le lait de Coco: ou enfin avec un mélange de l'eau de Riz & du suc de trois espèces de figuier, appelées *Alu*. On fait encore avec la farine de ces mêmes graines, mêlée avec le Gingembre sec & le Poivre long, des pillules antispasmodiques. Le suc de ses feuilles, pilées dans l'eau de Riz ou dans le lait du jeune Coco, se boit dans la cachexie.

HUITIÈME ESPÈCE.

La huitième espèce est le Dolichos quadrangulaire. *Dolichos tetragonolobus. Dolichos volubilis, leguminibus membranaceo-quadrangulatis. Linn. Sp. Plant.* 1020. *Lobus quadrangularis. Rumph. Amb.* 5, *p.* 374. A Malaca & à Java, *Botor*; à Banda, *Culebet*; à Baleya, *Culoncan*.

Description.

Cette plante grimpe comme les autres espèces de fèves. Ses feuilles sont glabres, oblongues, d'un vert pâle, sans être ridées. Ses fleurs sont très-grandes, en petite quantité. Elles ne s'ouvrent qu'avant midi. Ses fruits sont des siliques longues de neuf pouces, quadrangulaires, à peine larges d'un doigt, couvertes de pellicules sinueuses, aîlées vers les bords, d'abord d'un vert pâle, ensuite de couleur de fumée, dures, ayant une peau épaisse, renfermant intérieurement depuis six jusqu'à dix fèves applaties, rondes-oblongues, d'un jaune pâle, glabres, intérieurement blanches, & fendues en deux. La racine a la forme d'une Rave oblongue.

Figure.

Cette espèce est représentée dans l'*Herbarium Amboinense*, tom. 5, pl. 133.

Lieu de sa naissance.

Elle croît naturellement à Java & à Baleya. On la cultive à Amboine.

Propriétés alimentaires.

On mange dans le pays les siliques, lorsqu'elles sont encore tendres & vertes. On les coupe en petits morceaux, & on les fait cuire au jus. Les fèves, quand elles sont mûres, se mangent rarement: elles chargent la tête. On mange aussi sa racine, après l'avoir fait bouillir; mais il faut pour lors l'arracher avant que la plante ne donne du fruit.

NEUVIÈME ESPÈCE.

La neuvième espèce est le Dolichos qui donne des démangeaisons, le Pois à gratter. *Dolichos pruriens. Dolichos volubilis, leguminibus racemosis; valvulis subcarinatis, hirtis; pedunculis ternis. Linn. Sp. Plant.* 1019. *Jacq. Hist.* 201. *Phaseolus Americanus, folio molli, lanugine obsitis, siliquis pungentibus; semine fusco, punctato. Pluk. Phyt.* 214. *Phaseolus utriusque Indiæ, lobis villosis, pungentibus, minor. Sloan. Strizolobium spicis multis pendulis, alaribus, floribus ternis. Brow. Jam.* 290. *Cacara pruritus. Rumph. Amb.* 6, *p.* 393. *Nai Corana. Rheed. Hort. Mal.* 8, *p.* 61. *Flor. Zeyl.* 539. Chez les Brames, *Guilo*; en Portugais, *Fabas Cuseira*; en Hollandois, *Maagde Kruyt*.

Description.

Les tiges de cette espèce sont cylindriques, poileuses, s'entortillant. Les feuilles sont ternées, ayant leurs folioles très-entières, pointues, glabres, hérissées sur le revers; les latérales sont ovales; celle du milieu est rhomboïdale. Les grappes sont simples, lâches, suspendues, cylindriques, poileuses, axillaires, solitaires, longues d'un pied ou d'un demi-pied. Les péduncules propres sont à une fleur, courts, ternes. Les fleurs sont sans odeur, d'un demi-pouce, au nombre d'environ trente-six sur chaque grappe, cependant en plus petit nombre dans les mauvais terrains. Le calice de ces fleurs est rouge, l'étendard couleur de chair; les aîles pourpres ou violettes, la carène d'un vert blanchâtre. Le légume a trois pouces, à peine de la grosseur du doigt. Il est garni de poils hérissés, de couleur de fer cendré, & luisans. Quand on les applique sur la peau, fort épais, ils occasionnent une démangeaison brûlante & insupportable, redoutable même aux Sauvages & aux Ethiopiens, qui ont la peau dure. Les graines ou fèves sont panachées de brun & de noir, avec une petite tache blanche.

Voici

Voici actuellement les caractères de cette plante, suivant Jacquin. Le périanthe de son calice est monophylle, en cloche, lâche, cotonneux, à deux lèvres. La lèvre supérieure est semi-ovale, bossue à la base, ouverte, échancrée au sommet. La lèvre inférieure est fendue en trois lobes lancéolés, aigus, dont les latéraux sont réfléchis & courts. Celui du milieu est droit & de la longueur de la lèvre supérieure. La corolle est papillonacée. L'étendard est ovale, entier, concave, obtus, s'ouvrant, connivent par les côtés, deux fois plus long que le calice. Les aîles sont au nombre de deux, oblongues, obtuses, concaves, droites, deux fois plus longues que l'étendard. La carène est en forme d'alêne, droite, applatie, garnie de chaque côté au-dessus des angles d'une petite appendice, calleuse à la base, à sommet sillonné, de la longueur des aîles. Les filamens des étamines sont au nombre de dix, diadelphiques; les alternes sont plus longs, & quatre fois plus larges. Les anthères sont oblongues, droites & grandes sur les filamens les plus courts, couchées sur les plus longs. Le germe du pistil est oblong, velu. Le style est en alêne, velu, de la longueur & dans la situation des étamines. Le stigmate est obtus, orbiculé. Le péricarpe est un légume oblong, un peu cylindrique, recourbé à la base & au sommet sur les côtés opposés, garni fortement de poils hérissés, à une loge, à une valve. Les semences sont nombreuses, oblongues, applaties légèrement.

Figure.

Cette espèce est représentée dans l'Histoire des Plantes de l'Amérique, par Jacquin, pl. 122; dans le *Phytog.* de Plukenet, pl. 214, fig. 1; dans l'*Hort. Malab.*, tom. 2, pl. 35; dans l'*Hort. Amboin.*, tom. 6, pl. 142; & dans la seconde Partie de cet Ouvrage.

Lieu de sa naissance.

Elle croît naturellement dans les Indes.

Culture.

On cultive quelquefois cette espèce dans les jardins de botanique, mais principalement l'espèce suivante. L'une & l'autre sont délicates pour vivre en plein air dans la France. Aussi, lorsqu'on veut qu'elles réussissent, on sème en Mars leurs graines sur une couche chaude, sous des chassis. Quand les jeunes plants qui en proviennent, sont assez forts, on les plante chacun séparément dans un petit pot, que l'on enfonce de nouveau dans une couche chaude, ayant la précaution de garantir ces jeunes plants du soleil, jusqu'à ce qu'ils soient repris; après quoi, on leur donne de l'air frais journellement, & proportionnellement à la chaleur de la saison. Quand ils sont trop grands pour pouvoir rester sur la couche chaude, on les met dans une étuve de tan. S'ils ont de la place pour s'élever, ils fleurissent & donnent des semences mûres.

Propriétés médicinales.

La décoction de la racine de cette plante fait uriner. Cette même racine, cuite avec de l'huile, appaise les douleurs de la goutte. Son onction guérit l'épylepsie, au rapport de Rhéede. C'est en outre un excellent remède contre l'urine purulente, en l'associant avec la racine de Cocinil & l'huile. Ses feuilles froissées & appliquées s'emploient avec succès contre les ulcères. Les fèves mangées excitent à l'amour. Douze de ses siliques, infusées dans deux setiers de bière, & partagées en quatre doses à prendre chacune tous les matins, fournissent un remède très-sûr contre l'hydropisie.

La plupart des Ouvrages périodiques font mention de cette plante, comme d'un vermifuge, sous le nom de *Couhaye*, *Cowitch*, *Cadjuct*. M. Bencroft, dans *son Essai d'Histoire Naturelle de la Guiane, dans l'Amérique méridionale*, après avoir parlé des maladies causées si fréquemment dans ce pays par les vers, s'exprime ainsi.

» Quelle que soit la cause des vers, ils sont si nombreux, que les remèdes ordinaires sont insuffisans pour les détruire; c'est pour cette raison que les Colons ont recours au Cowitch. J'ignore qui le premier a suggéré l'usage de ce végétal; mais on ne peut douter de son efficacité. La partie dont on se sert, est le poil des gousses. On en mêle avec du syrop ordinaire, ou mélasse, autant qu'il en faut pour faire un opiate, dont un enfant de deux ou trois ans prend une cuillerée à thé le matin à jeun, en le répétant les deux jours suivans. Un adulte en prend double dose; & le malade évacue ordinairement, dès la seconde dose, une très grande quantité de vers: & quoique j'aie craint que ces poils, appliqués contre les parois de l'estomac & des intestins, n'occasionnassent des accidens fâcheux, & qu'en conséquence de cette crainte, j'aie suivi avec la plus grande attention les personnes qui avoient fait usage de ce remède, je puis assurer que je n'ai jamais rien découvert d'extraordinaire, & que plusieurs milliers de malades l'ont pris avec succès, & sans risquer les inconvéniens qu'entraînent si souvent les autres vermifuges.

DIXIEME ESPECE.

La dixième espèce est le Dolichos brûlant. *Dolichos urens. Dolichos volubilis, leguminibus racemosis, hirtis, transversìm lamellatis; seminibus hilo cinctis. Linn. Sp. Plant.* 1020. *Jacq. Americ.* 27. *Phaseolus Americanus, frutescens; foliis glabris; lobis pluribus villosis, pungentibus; fructu orbiculari, plano, hilo nigro, ambiente. Pluk. Phyt.* 213. *Phaseolus Brasilianus, frutescens; lobis villosis, pungentibus, maximis. Sloan. Jam.* 68. *Hist.* 1, *p.* 178. *Phaseolus hirsutus, siliquis articulatis. Plum. Sp.* 8. *Zoophthalmum siliquis majoribus, hirtis, transversè sulcatis; pedunculis communibus, longissimis, flexibilibus. Brow. Jam.* 195. *Mucana. Marcg. Bras.* 19.

Description.

Ses tiges sont cylindriques, sarmenteuses. Ses feuilles sont composées de trois folioles ovales, très-entières, se terminant en pointe, glabres en-dessus, garnies en-dessous de coton argenté, à peine visible & luisant. Ses grappes sont simples, pendantes. Les péduncules propres sont à une fleur, ternes, disposés à l'extrémité de la grappe: ce qui forme une couronne de fleurs, d'environ dix huit, très-belle. Les fleurs sont inodores, de deux pouces, ayant le calice ferrugineux, la corolle jaune, le bord des aîles inférieures rouge. Le légume a sept pouces, couvert de soies brûlantes & roides. Les François nomment ces grains *Yeux-bourrique*, à cause de leur ressemblance avec les yeux d'un âne.

Figure.

Cette plante est représentée dans l'Histoire des Plantes de l'Amérique, par Jacquin, pl. 182, fig. 84; & dans les Plantes du P. Plumier, par Burman, pl. 107.

Lieu de sa naissance.

Elle croît naturellement dans l'Amérique méridionale, aux Antilles.

Propriétés médicinales.

Les feuilles de cette plante garantissent les femmes grosses des vertiges. Leur décoction dans l'eau de Riz chasse les humeurs superflues. L'écorce broyée avec le Gingembre sec, & le fruit connu sous le nom de *Caringola*, & bouillie ensuite dans de l'huile qu'on nomme dans le pays, *Foscula de enfermo & bepu*, forme un liniment, qui, appliqué sur la moëlle épinière, calme les rhumes & les catarrhes dangereux. La fève pelée, bouillie avec du lait & du beurre frais, & réduite en forme de liniment, s'emploie avec succès contre les boutons qui viennent aux parties naturelles des femmes. Si on fait bouillir cette fève dans des lavûres de Riz, & dans du lait de beurre, avec l'herbe nommée *Felis oculus*, on en fait un très-bon cataplasme contre la goutte. On obtient aussi de très-bons effets dans ce cas, d'un liniment préparé avec la racine de cette plante, celle de *Carimbola*, le *Capiron* & les feuilles de *Munia*. On fait aussi bouillir pour la même fin dans l'huile de Bépu, cette même racine, avec l'écorce de Tamarin & du Gingembre sec, réduits en poudre, & délayés dans du petit-lait.

Propriétés économiques.

On fait avec le bois de cet arbre des tabatières. Le suc des feuilles s'emploie pour teindre en noir les hamacs de coton. On fait avec les fèves, des boutons pour les habits, qu'on couvre quelquefois d'argent.

Observation.

On fait la récolte de ces fèves sur les bords de la mer, où elles ont été portées par les flots des rivières où elles avoient tombé. Leurs gousses incommodent très-fort les Voyageurs; elles les piquent ou brûlent en passant. Pison dit qu'ayant été piqué au visage & aux mains par ces gousses, il s'y forma des pustules, qui résistèrent pendant huit jours à l'usage des remèdes anodins & rafraîchissans.

ONZIÈME ESPÈCE.

L'onzième espèce est la fève très-petite. *Dolichos minimus. Dolichos volubilis, leguminibus racemosis, compressis, tetraspermis; foliis rhombeis. Linn. Sp. Plant.* 1020. *Dolichos minimus, floribus luteis. Hort. Cliff.* 360. *Hort. Upf.* 214. *Phaseolus exiguus, glaber, trifolii foliis; siliquâ planâ, compressâ. Burm. Zeyl.* 288. *Phaseolus minimus, fœtidus, floribus spicatis, è viridi luteis; semine maculato. Sloan. Jam. Hist.* 1, *p.* 182.

Description.

La tige de cette espèce est filiforme, & de la grosseur d'un fil, striée, anguleuse, un peu entortillée, grimpante en spirale, de la hauteur d'un homme. Les rameaux sortent solitaires de chaque aisselle de la feuille. Plus ils sont près de la racine, plus ils sont longs, ayant la même conformation que la tige. Les feuilles sont ternées, pétiolées. Le pétiole est de la longueur de deux travers de doigt, pentagonal, excavé au côté supérieur, un peu épais à la base. La foliole du milieu est ovale, rhomboïde, ayant l'angle de l'insertion plus obtus & plus court, glabre de chaque côté. Les folioles latérales sont insérées à la distance d'un demi-doigt, depuis le sommet du pétiole, très-semblables à celles du milieu, mais ayant le côté du dedans moins bossu; d'ailleurs elles sont plus petites; elles sont attachées chacune à des pétioles propres très-courts. Une paire de stipules est appuyée de toute part sur une tige vers la naissance du pétiole; & une paire beaucoup plus petite se trouve vers la naissance des folioles latérales qui sortent du pétiole; une dernière paire se trouve vers la fin du pétiole commun, où est insérée la foliole impaire. Le péduncule sort seul des mêmes aisselles que les rameaux. Vers le côté du rameau, il est de la longueur de la moitié du doigt, cylindrique, droit, garni de cinq ou six fleurs qui pendent. La corolle de chaque fleur est toute jaune. La carène est à deux pièces. Les légumes sont petits, applatis, suspendus, à trois ou quatre spermes. Les semences sont rondes, cendrées, à points brunâtres.

Figure.

Cette espèce est représentée dans le *Thesaurus Zeyl.* de Burman, plan. 84, fig. 2; dans l'Histoire de la Jamaïque, par Sloane, tome 1, pl. 115, fig. 1; & dans l'Histoire des Plantes, par Jacquin, pl. 22.

Lieu de sa naissance.

Elle croît naturellement dans la Jamaïque, dans l'Isle de Ceylan.

DOUZIEME ESPÈCE.

La douzième espèce est la Fève du Cap. *Dolichos Capensis. Dolichos volubilis, pedunculis subbifloris; leguminibus ellypticis, compressis; foliis glabris. Linn. Sp. Plant.* 1020. *Amœn. Acad.* 6, *Affric.* 44. *Phaseolus Affricanus, luteus; siliquis brevibus, depressis. Herm. Affric.* 17.

Description.

La tige de cette espèce est filiforme ou un peu plus grosse, anguleuse, lisse, sarmenteuse. Les stipules sont ovales, aiguës, striées, très-petites. Les feuilles sont ternées, pétiolées, ayant leurs folioles ovales, oblongues, pointues, glabres, veineuses. Les péduncules sont longs, à deux fleurs au sommet. Les légumes sont ovales, aigus de chaque côté, ayant la suture dorsale plus droite, glabres, applatis. Les semences sont le plus souvent au nombre de deux.

Lieu de sa naissance.

Elle croît naturellement au Cap de Bonne-Espérance.

TREIZIÈME ESPÈCE.

La treizième espèce est le Dolichos ou le Phaséole en forme de Scarabé. *Dolichos Scaraboïdes. Dolichos volubilis, foliis ovatis, tomentosis; floribus solitariis; feminibus bicornibus. Linn. Sp. Plant.* 1020. *Flor. Zeyl.* 282. *Phaseolus minimus, bisnagaricus; foliis argenteo-villosis; siliquis torosis, brevibus, spadiceâ hirsutie pubescentibus; fructu parvo, Scarabæoide, nigro. Pluk. Alm.* 290. *Phaseolus Zeylanicus, tomentosus, Salviæ foliis; lobis parvis, obliquè articulatis, alter. Burm. Zeyl.* 188. *Wælundu, Wælunduwæl. Herm. Zeyl.* 6.

Description.

Sa tige est rude, & s'entortille. Ses feuilles sont pétiolées, ternées, ayant leurs folioles ovales, obtuses, veineuses en-dessous, cotonneuses de chaque côté, molles. Les fleurs sortent des aisselles. Elles sont solitaires. Les fèves portent deux antennes semblables à celles des insectes.

Figure.

Cette espèce est représentée dans l'*Almag.* de Plukenet, pl. 52, fig. 3.

Lieu de sa naissance.

Elle croît naturellement dans l'Inde.

QUATORZIÈME ESPÈCE.

La quatorzième espèce est le Phaséole ou Dolichos bulbeux. *Dolichos bulbosus. Dolichos volubilis; foliis glabris, multangulis, dentatis. Linn. Sp. Plant.* 1021. *Phaseolus Nervicensis, foliis multangulis, tuberosâ radice. Pluk. Almag.* 292. *Caraca bulbosa. Rumph. Amboin.* 5, *p.* 373. A Amboine, *Ingomaas, Singomaas, Angcoa*; en Chine, *Coa rotunda.*

Description.

Ses racines sont tubéreuses, semblables à celles des Raves. Ses tiges sont glabres, minces, & s'entortillent. Ses feuilles sont ternées, flasques & pâles. Ses fleurs sont en grappes, semblables à celles des Phaséoles, d'une couleur de Rose.

Figure.

Cette espèce est représentée dans l'*Almag.* de Plukenet, pl. 52, fig. 4; & dans l'*Herb. Amboin.*, tome 5, pl. 132.

Lieu de sa naissance.

Elle croît naturellement dans les Indes.

Culture.

A Amboine, on plante ses graines comme des Haricots, dans de la bonne terre, après l'avoir préparée auparavant par de bons labours. On en arrache les racines, lorsque la plante est dans sa vigueur, avant que les fruits mûrissent. Les racines en sont alors plus molles, plus délicates, & bonnes à manger. A l'égard des pieds qu'on destine pour la multiplication de l'espèce, on les laisse jusqu'à ce que les siliques deviennent noires. Ses racines sont alors plus sèches, & ne sont propres à rien.

Propriétés alimentaires.

On racle les racines de cette plante, & on peut les manger crues, de même que les Raves; mais c'est un fort mauvais aliment: quand elles sont cuites, elles sont beaucoup meilleures. On en prépare un mets très-délicat, si on les coupe en morceaux, & si on les fait cuire avec du beurre, du sucre & de la cannelle. On mange aussi les grains de cette plante.

QUINZIEME ESPECE.

La quinzième espèce est le Phaséole à trois lobes. *Dolichos trilobus. Dolichos volubilis, foliis lateralibus, extrorsùm gibbis, intermedio trilobo. Linn. Sp. Plant.* 548. *Hort. Cliff.* 360. *Phaseolus Maderaspatanus, foliis glabris, trilobis; floribus exiguis; longis petiolis ex eodem puncto geminis. Pluk. Alm.* 292.

Description.

Cette plante s'entortille. Ses feuilles sont glabres, à trois lobes, ayant leurs folioles latérales bossues en-dehors.

Figure.

Elle est représentée dans l'*Almag.* de Plukenet, pl. 214, fig. 5.

Lieu de sa naissance.

Elle croît naturellement dans l'Inde.

SEIZIÈME ESPÈCE.

La seizième espèce est le Dolichos à arète. *Dolichos aristatus. Dolichos volubilis; pedunculis bifloris, axillaribus; leguminibus linearibus, compressis aristâ terminali, rectâ. Linn. Sp. Plant.* 1021.

Description.

Sa tige est cylindrique. Ses folioles sont lisses, ovales, oblongues, pointues. Ses péduncules sont axillaires, à deux fleurs. Les légumes sont serrés, terminés par une arète filiforme, droits, aigus, de la longueur d'un pouce.

Lieu de sa naissance.

Cette espèce est annuelle, & croît naturellement dans l'Amérique.

DIX-SEPTIÈME ESPÈCE.

La dix-septième espèce est le Dolichos en forme de filet. *Dolichos filiformis. Dolichos volubilis, foliolis linearibus, obtusis, mucronatis, glabris, subtùs pubescentibus. Linn. Sp. Plant.* 1021. *Amœn. Acad.* 5, *p.* 402. *Dolichos herbaceus minor, foliis linearibus; siliquâ polyspermâ, compressâ. Brow. Jam.* 294.

Description.

Les tiges sont filiformes, sarmenteuses, à peine manifestement poileuses. Ses feuilles sont ternées, linéaires, obtuses, pointues, à peine visiblement soyeuses, de la longueur d'un ongle, de la largeur d'une ligne; celle du milieu est deux fois plus longue.

Lieu de sa naissance.

Elle croît naturellement dans la Jamaïque.

Propriétés alimentaires.

Cette plante est en usage dans les tisannes purgatives, chez les Habitans de Moucentserat. On la dit très-bonne dans les cas d'hydropisie.

DIX-HUITIÈME ESPÈCE.

La dix-huitième espèce est le Dolichos pourpre. *Dolichos purpureus. Dolichos volubilis, caule glabro; petiolis pubescentibus, corollæ alis patentibus. Linn. Sp. Plant.* 1021.

Description.

Sa tige est pourpre. Ses folioles sont en forme de cœur, glabres, réticulées en-dessous de veines pourpres. Ses calices sont couverts de deux bractées. La corolle est d'un pourpre gai. Les aîles sont horisontalement ouvertes. La carène est violette sous le sommet. Le légume est applati.

Lieu de sa naissance.

Il croît naturellement dans les Indes.

DIX-NEUVIÈME ESPÈCE.

La dix-neuvième espèce est le Dolichos ou Phaséole régulier. *Dolichos regularis. Dolichos volubilis, foliis ovatis, obtusis; pedunculis multifloris; petalis æqualis magnitudinis figuræque. Gron. Flor. Virg.* 82. *Wild-pense. Clayt.*

Description.

Cette plante s'entortille. Sa fleur est belle, rouge. Son étendard est ample, proportionnellement à la fleur. Son pédicule est long de cinq ou six pouces, droit. Sa silique est simple, glabre, s'enflant.

Lieu de sa naissance.

Elle croît naturellement dans la Virginie.

VINGTIEME ESPECE.

La vingtième espèce est le Dolichos ou Phaséole ligneux, la Fève de sept ans. *Dolichos lignosus. Dolichos volubilis, caule perenni, pedunculis capitatis, leguminibus strictis, linearibus. Linn. Sp. Plant.* 1022. *Dolichos caule perenni, lignoso. Hort. Cliff.* 360. *Phaseolus Indicus, perennis; floribus purpurascentibus. Eich. Carol.* 36. *Cacara seu Phaseolus perennis. Rumph. Amb.* 5, *p.* 378. En Arabe, *Phul girgir;* en Hébreu, *Ful;* en Hollandois, *Karkaren.*

Description.

Cette plante est en arbre, grimpante à la hauteur de plus d'un homme. Sa tige est cylindrique, entortillée, à peine striée, à plusieurs rameaux minces. Ses feuilles sont ternées vers l'extrémité des rameaux, s'appuyantes sur un pétiole commun; celle du milieu est ovale, en forme de cœur, pointue, de la largeur du pouce, glabre, s'appuyant sur un pétiole propre, quatre fois plus long que celui des autres; les latérales sont plus dilatées à leur côté extérieur, & moitié plus étroites à l'intérieur. Les fleurs sont en petit nombre sur le péduncule. La corolle est rouge ou pourpre.

Figure.

Cette espèce est représentée dans l'*Hort. Cliff.*, pl. 58, p. 21; & dans l'*Herb. Amboinense*, tom. 5, pl. 136.

Lieu de sa naissance.

Elle vient naturellement dans l'Inde.

Culture à Amboine.

Comme cette plante s'étend beaucoup, elle n'est pas bonne dans les jardins; car elle jette par-tout ses sarmens, monte après les arbres & les haies, & y forme un entrelacement même admirable: c'est pourquoi il faut la planter en pleine campagne, & la diriger sur de petites planches, qu'elle couvre bien vîte, & qu'elle cache avec sa feuillaison épaisse; & après que cette plante s'est bien étendue, elle commence à donner du fruit. On coupera les sarmens d'en-bas, & même ailleurs par-ci par-là, afin que le vent puisse souffler, & le soleil atteindre les siliques de ses rayons; & pour lors elle donne du fruit toute l'année. A la troisième année, on coupera plusieurs vieux sarmens, on couvrira la racine avec de la nouvelle terre, & on renouvellera toutes les années les petites planches, parce qu'elles sont sujettes à pourrir à cause de la feuillaison épaisse.

Cette plante croît dans toute sorte de terrain, pourvu qu'on l'ait labouré auparavant. On ne plantera pas ses grains ou fèves aussi-tôt qu'on en aura fait la récolte; mais on les conservera au logis pendant un mois ou deux. On les plantera au mois d'Août, qui est le dernier mois de pluie. Cette plante est si fertile, que sur un seul & même rameau on trouve en même temps des fleurs & des fruits à demi-mûrs, & totalement mûrs: ce qui lui est particulier avec l'Oranger.

Elle dure pendant sept ans; si on la rapproche quelquefois, & si on en coupe les vieux sarmens, elle peut même vivre jusqu'à dix ans.

Insectes qui se trouvent sur cette plante.

Elle est pour l'ordinaire couverte de poux d'arbres, qui sont noirs & luisans. Si on touche ces poux, ils répandent une odeur aussi forte que les punaises. Pour en diminuer le nombre, & les chasser, on fait du feu & de la fumée sous la plante, & on en nettoie avec soin les vieilles branches & les feuilles.

Propriétés alimentaires.

Les siliques de cette plante sont très en usage par toute l'Inde, mais elles n'ont pas une aussi bonne saveur que celles des Phaséoles d'Europe. Il faut, pour les cuire, beaucoup de graisse. Quand elles sont vertes, on les coupe par petits morceaux; rarement on en mange, quand elles sont mûres. Les feuilles tendres s'emploient aussi en guise de plantes potagères.

VINGT-UNIÈME ESPÈCE.

La vingt-unième espèce est le Dolichos ou Phaséole à plusieurs épis. *Dolichos polystrachios. Dolichos volubilis, caule perenni, spicis longissimis, pedicellis geminis; leguminibus acuminatis, compressis. Linn. Sp. Plant.* 1022. *Gron. Virg.* 2, *p.* 106. *Dolichos caule lignoso, pedunculis ex alâ plurimis, floribus spicatis, legumine longo, apice seorsùm acuminato. Gron. Virg.* 1, *p.* 172.

Description.

La tige de cette espèce est ligneuse & vivace. Ses feuilles sont amples. Ses péduncules sortent en nombre de l'aisselle. Ses fleurs sont en épis, pourpres. Ses siliques sont pointues, applaties, semblables à celles du Pois des jardins.

Lieu de sa naissance.

Elle croît naturellement dans la Virginie.

VINGT-DEUXIÈME ESPÈCE.

La vingt-deuxième espèce est le Dolichos en forme d'épée. *Dolichos ensiformis. Dolichos caule suberecto; leguminibus gladiatis, tricarinatis; seminibus arillatis. Linn. Sp. Plant.* 1022. *Hort. Cliff.* 360. *Phaseolus suberectus, major; siliquis maximis, oblongis, glabris; suturâ alterâ, nervo majore utrinque, Brow. Jam.* 291. *Phaseolus maximus; siliquâ ensiformi, nervis insignitâ; semine albo, membranulâ incluso. Sloan. Hist.* 1, *p.* 177. *Lobus Machæroides. Rumph. Amb.* 5, *p.* 376. *Bara Mareka. Hort. Mal.* 8. A Malaca, *Cacera Parrang;* en Portugais, *Favas dos paros sativo;* en Hollandois, *Tamme Cricupbonen.*

Description.

Description.

Cette plante eſt vivace, toujours verte, toujours couverte de fleurs, à petite racine fibreuſe, ramifiée, noire. Sa tige eſt grimpante, ſinueuſe, longue de vingt à trente pieds, cylindrique, de quatre lignes de diamètre, s'entortillant autour des arbres, vert-jaune, liſſe, ramifiée par intervalles d'un pied. Ses feuilles ſont alternes, compoſées de trois folioles aſſez égales, ſemblables à celles du Haricot, taillées en cœur, très-obtuſes à leur origine, pointues à l'extrémité oppoſée, longues de quatre à cinq pouces, de moitié moins larges, d'un vert-clair, relevées en-deſſous d'une nervure médiocre, ramifiée en cinq à ſix paires de côtes alternes, & portées au bout d'un pédicule commun, cylindrique, un peu plus court qu'elles. Leur diſpoſition ſur les tiges eſt circulaire, & à des diſtances d'un pied les unes des autres. De l'aiſſelle des fleurs moyennes, ſort un épi un peu plus long qu'elles, c'eſt-à-dire, d'un pied, portant dans ſa moitié ſupérieure quinze à vingt fleurs preſque ſeſſiles, pendantes, rapprochées deux à deux, & d'un rouge purpurin ou bleuâtre. Chaque fleur eſt hermaphrodite, & diſpoſée autour de l'ovaire, un peu au-deſſous de lui. Elle conſiſte en un calice cylindrique, épais, allongé, d'une ſeule pièce, diviſé à ſes bords en cinq dentelures courtes, vert-clair, inégales, formant deux lèvres, avec leſquelles il ſemble pincer la corolle. Celle-ci eſt irrégulière, compoſée de quatre pétales inégaux, imitant un papillon volant, d'un pouce & demi de longueur & de largeur. Au dedans de la corolle, ſont couchées, vers ſa partie inférieure, dix étamines, dont une ſimple, & neuf réunies par leurs filets, juſqu'aux trois quarts de leur longueur, en un cylindre arqué, fendu en-deſſus ſur toute ſa longueur d'une fente dans laquelle ſe couche la dixième étamine. Quatre des neuf filets ainſi réunis ſont plus longs que les autres, & égalent la dixième étamine. Leurs anthères ſont jaunes. L'ovaire enfile cette eſpèce de tuyau fendu des étamines. Il en eſt éloigné, & porté au-deſſus du fond ou du réceptacle du calice par un péduncule aſſez court. L'ovaire, en mûriſſant, devient une gouſſe ou légume taillé en ſabre long d'un pied, ſix à ſept fois moins large ou moins profond, comprimé par les côtés, un peu courbe & tranchant en-deſſous, preſque droit en-deſſus, & comme applati avec trois groſſes nervures, vert d'abord, enſuite d'un vert jaunâtre ou brun, s'ouvrant pardeſſous en deux valves coriaces, épaiſſes, doublées intérieurement d'une ſeconde peau ou tunique épaiſſe, blanchâtre, partagée en quatorze ou quinze loges, qui contiennent chacune une graine ellyptique, obtuſe, médiocrement applatie, longue de quinze lignes, de moitié moins large, brun-roux, liſſe, portant ſur la moitié de ſa longueur, du côté où elle eſt un peu échancrée, un cordon ombilical, par lequel elle eſt attachée au bord ſupérieur du légume, & pendante de manière que ſa longueur coupe en travers la largeur de ce légume.

Figure.

Cette eſpèce eſt repréſentée dans l'Hiſtoire de la Jamaïque, par Sloane, tom. 1, pl. 114, fig. 1, 2 & 4; dans l'*Hort. Malab.*, pl. 44; dans l'*Herbarium Amboinenſe*, tom. 5, pl. 135, fig. 1; & dans la ſeconde partie de cet Ouvrage.

Lieu de ſa naiſſance.

Elle croît dans les ſables à Angiecaimal & autres lieux de la Côte de Malabar, où elle fleurit vers la fin de l'hiver, & fructifie au commencement de l'été. On en trouve auſſi dans la Jamaïque.

Propriétés alimentaires.

Ses fleurs ont une odeur mielleuſe, aſſez agréable. Ses fèves ſont douces au toucher, mais toujours un peu fermes & dures. On s'en ſert en guiſe d'alimens.

Propriétés médicinales.

Elles ſont ſouveraines pour la goutte, employées en forme de liniment, qui ſe fait en les pilant, dépouillées de leur pellicule, ſoit avec l'écorce du Moringo ou Béen, ſoit avec la racine de Walta, du Calamus & celle du fruit mûr de l'Arek, mêlées avec l'eau de Riz Patsjeri, ou encore avec le Curcuma, le lait du Coco, ou enfin avec un mélange de l'eau de Riz, & du ſuc des trois eſpèces de Figuier appelées *Alu*. On fait encore avec la farine de ces mêmes graines, mêlées avec le Gingembre ſec & le Poivre long, des pilules antiſpaſmodiques. Le ſuc de ſes feuilles, pilées dans l'eau de Riz ou dans le lait du jeune Coco, ſe boit dans la cachexie. Sloane dit que les femmes emploient la décoction de ſes fèves avec le Safran pour provoquer les règles. On s'en ſert auſſi, ſelon lui, pour la toux, la difficulté de reſpirer, & la ſuppreſſion d'urine.

VINGT-TROISIÈME ESPÈCE.

La vingt-troiſième eſpèce eſt le Dolichos ou Phaſéole ſoja. *Dolichos ſoja. Dolichos caule erecto, flexuoſo; racemis axillaribus, erectis; leguminibus pendulis, hiſpidis, ſubdiſpermis. Linn. Sp. Plant.* 1023. *Flor. Zeyl.* 534. *Mat. Med.* 363. *Phaſeolus erectus, ſiliquis Lupini, fructu piſi majoris candido. Kæmpf. Amænit.* 837. *Soja officinarum. Dal. Pharm.* 238. *Rioku & Rok, vulgò Jajenari Saſagi.*

Description.

Sa tige eſt droite, flexible. Ses grappes ſont axillaires, droites. Ses légumes pendent, ſont hériſſés, à deux ſpermes. La fève eſt blanche comme un gros Pois.

Figure.

Cette eſpèce eſt repréſentée dans les *Amænit. Exot.* de Kempfer, pl. 838.

Lieu de ſa naiſſance.

Elle croît naturellement dans l'Inde.

Propriétés alimentaires.

On ſe ſert de ſes fèves en guiſe d'alimens; on en prépare différens mets.

Propriétés médicinales.

Elles conviennent dans l'inappétence.

VINGT-QUATRIEME ESPÈCE.

La vingt-quatrième eſpèce eſt le Dolichos ou Phaſéole Catiang. *Dolichos Catiang. Dolichos caule erecto; leguminibus geminis, linearibus, erectiuſculis. Linn. Sp. Plant.* 548. *Burm. Ind.* 161. *Phaſeolus minor. Rumph. Amboinenſ.* 5, *p.* 383. *Pæru. Rheed. Hort. Mal.*, *t.* 8, *p.* 75, *tab.* 41. *Phaſeolus Zeylanicus tenellus; ſiliquis anguſtis. Herm. Zeyl.* 44. *Burm.*

Zeyl. 189. *Phaseolus Indicus, flore cæruleo; siliquis crassis, gemellis; fructu parvo, rufescente. Pluk. Alm.* 290. *Phaseolus Indicus, trifoliatus, minor; flore cæruleo; siliquâ longâ, angustissimâ; foliis membranis, transversis, dissepiis Raj. tom.* 3, *p.* 444. *Wallunæ Zeylan.* Chez les Brachmanes, *Sanvali*; en Portugais, *Graos da nossa senhora*; en Hollandois, *Heylbonen, Roode, Of Amboinenze Boontjes*; à Malaca, *Katjang Mera*; à Amboine, *Arile & Æhoë Ila*; à Bandi, *Vot*; en Chinois, *Taü.*

Description.

La tige est droite. La fleur est bleue. Les légumes sont deux à deux, linéaires, un peu droits, étroits. Le fruit est petit, roussâtre.

Figure.

Cette espèce est représentée dans l'*Herbarium Amboinense*, tom. 5, pl. 139; dans l'*Hort. Malab.*, tom. 8, pl. 48; & dans la seconde partie de cet Ouvrage.

Lieu de sa naissance.

Elle croît naturellement dans l'Inde.

Propriétés alimentaires.

Le fruit de cette plante est dans l'Inde, l'aliment le plus en usage après le Riz, tant dans les familles, que sur les navires. Celui qui est blanc, est préféré à tous les autres.

Propriétés médicinales.

Les fèves du Catiang, cuites, selon l'Art, dans l'eau avec les deux *Sandal*, & la semence de Cumin, broyées ensemble, font une potion très-utile contre la gonorrhée. On prépare avec ces mêmes fèves, cuites dans du lait de vache, conjointement avec le fruit *Mottenga* ou *Nelica*, & l'écorce du *Patsjolti* & le *Mara Monjel*, un bain vaporeux & céphalique. On pulvérise encore ces fèves, & on mêle la poudre avec les deux espèces de *Sandal*, ou avec la racine & les petites fibres contuses des Tamarins. On le sucre avec la Réglisse. Cette mixture est très-bonne contre le mal de tête qui provient d'une pituite visqueuse, & contre le phlegmon des yeux. Cette même poudre, mêlée avec la semence de Cumin & le miel, corrige la mauvaise haleine. On donne encore cette poudre contre le hoquet, avec les fleurs de Néli & le suc de Limon. On prescrit aussi ces fèves, avec le froment rôti & réduit en farine, les Figues d'Inde pulvérisées, & le sucre blanc, dans l'effervescence de la bile, dans le vertige, l'opacité des yeux, le phlegmon & la nausée. Si on les mange avec des Figues sans être mûres, du miel & d'autres drogues, elles arrêtent le hoquet. On prépare avec ces fèves, l'Ail & l'huile de *Sergelim, Bépu & Foule de enferno*, c'est-à-dire, les feuilles de Ricin ou *Citavanacu*, un onguent propre dans la lassitude des membres, & la douleur des articulations, le tremblement, la paralysie, le spasme & les autres maladies occasionnées par des humeurs froides. La racine de ce Phaséole, conjointement avec celle de *Corumdati*, & le Gingembre, cuite dans l'eau, & prise intérieurement avec du beurre, ou employée en forme de liniment avec des feuilles de *Semper-vivum*, enlève les douleurs de la tête.

VINGT-CINQUIÈME ESPÈCE.

La vingt-cinquième espèce est le Dolichos ou Phaséole à deux fleurs. *Dolichos biflorus. Dolichos caule perenni, lævi; pedunculis bifloris, leguminibus erectis. Linn. Sp. Plant.* 1023. *Roy. Lugdb.* 368. *Phaseolus vulgaris, Lableb effigie; flore parvo, ochroleuco; siliquis falcatis, gemellis, Pluk. Alm.* 291.

Description.

La tige de cette espèce est vivace, lisse. Ses péduncules sont à deux fleurs. Sa fleur est petite, couleur d'ochre. Ses siliques ou légumes sont droits, au nombre de deux.

Figure.

Elle est représentée dans l'*Almag.* de Plukenet, pl. 213, fig. 4.

Lieu de sa naissance.

Elle croît naturellement dans l'Inde.

VINGT-SIXIÈME ESPÈCE.

La vingt-sixième & dernière espèce est le Dolichos ou Phaséole rampant. *Dolichos repens. Dolichos caule repente; foliis pubescentibus, ovatis; floribus racemosis, geminis; leguminibus linearibus, teretibus. Linn. Sp. Plant.* 1022. *Amœn. Acad.* 5, *p.* 402. *Dolichos maritimus, minor, repens; pedunculis longioribus; siliquis polyspermibus, gracilibus, teretibus. Brow. Jam.* 293.

Description.

Toute cette plante est poileuse. La tige est rampante. Ses feuilles sont ovales. Les fleurs sont en grappes, au nombre de deux. Les légumes sont linéaires, cylindriques, grêles.

Lieu de sa naissance.

Elle croît naturellement dans la Jamaïque.

DONATIA, *la Donate.*

Description générique.

Le caractère de ce genre de plante est d'avoir le périanthe du calice à trois folioles en forme d'alêne, courtes, éloignées. Les pétales de la corolle sont au nombre de neuf, linéaires, oblongs, deux fois plus longs que le calice, insérés au bord du réceptacle, s'ouvrans. Les filamens des étamines sont au nombre de trois, en forme d'alêne, de la longueur du calice, partans de la base du réceptacle. Les anthères sont globuleuses, fourchues à deux lobes par la base. Le germe du pistil est très-petit. Les styles sont au nombre de trois, filiformes, un peu plus longs que les filamens. Les stigmates sont un peu obtus.

CLASSE.

Ce genre fait partie de la troisième classe de Linnæus, qui comprend les plantes triandriques. Cet Auteur n'en admet qu'une espèce.

ESPECE.

Cette espèce est la Donate fasciculaire. *Donatia fascicularis. Forst. Caract. Plant.* 10.

Étymologie.

On a donné à cette plante le nom du célèbre

Naturaliste Donat, désigné Professeur de Turin, qui fut envoyé en Asie par ordre du Roi, & qui mourut dans la traversée sur la mer d'Éthiopie.

DORONICUM, *le Doronic.*

NOMS GÉNÉRIQUES.

Ce genre de plante est connu sous les noms de *Doronicon. Diosc. Affric. Scorpios Teluphonon. Theoph. Arnabo, Mamiras, Ægin. Belenion, Velenion, Cæs. Bellidastrum. Mich.*

Description générique.

Le caractère de ce genre est d'avoir le calice commun à folioles lancéolées, en forme d'alêne, environ au nombre de vingt, égales, droites, à double rang, le plus souvent de la longueur du rayon de la corolle. La corolle composée est radiée. Les petites corolles sont hermaphrodites, tubuleuses, nombreuses dans le disque. Les petites corolles femelles sont en forme de langue, au même nombre que les feuilles du calice dans le rayon. La corolle propre de l'hermaphrodite est en forme d'entonnoir, ayant le limbe fendu en cinq, ouvert; la femelle est en forme de langue, lancéolée, à trois dents. Dans les hermaphrodites, les filamens des étamines sont au nombre de cinq, capillaires, très-courts. L'anthère est cylindrique, tubuleuse. Le pistil est composé d'un germe oblong, d'un style filiforme de la longueur des étamines, & d'un stigmate échancré. Dans les fleurs femelles, le germe est oblong. Le style est filiforme, de la longueur de l'hermaphrodite. Les stigmates sont au nombre de deux, refléchis. Le péricarpe n'est autre chose que le calice connivent légèrement. Les semences, dans les hermaphrodites, sont solitaires, ovales, applaties, sillonnées. L'aigrette est poileuse. Dans les femelles, elles sont solitaires, ovales, sillonnées, un peu applaties. L'aigrette est pareillement poileuse. Le réceptacle est nud, plane.

CLASSE.

Ce genre fait partie de la quatorzième classe, qui comprend les plantes à fleurs radiées; & de la dix-neuvième de Linnæus, destinée aux plantes singénésiques polygamiques superflues. Cet Auteur en admet trois espèces.

PREMIÈRE ESPÈCE.

La première espèce est le vrai Doronic, le Doronic des boutiques, le Doronic Romain. *Doronicum pardalienches. Doronicum foliis cordatis, obtusis, denticulatis; radicalibus petiolatis; caulinis amplexicaulibus. Linn. Sp. Plant.* 1447. *Mat. Med.* 394. *Mill. Dict. t.* 128. *Gouan. Monsp.* 446. *Doronicum foliis cordatis, denticulatis; caule ramoso. Hort. Cliff.* 411. *Roy. Lugdb.* 159. *Doronicum maximum, foliis caulem amplexantibus. Bauh. Pin.* 185. *Cam. epit.* 823. *Doronicum VII. Austriacum* 3. *Clus. Hist.* 2, *p.* 16. *Aconitum pardalianches. Dod. Purg.* 305. *Doronicum Romanorum. Blakwell. Spreading leopars. Bane. Hill.* 11. En Allemand, *Gemsen-wurtz*; en Anglois, *Leopors Bæne*; en Italien, *Bellidastro, Velenio.*

Description.

La racine de cette plante est presque tubéreuse, stolonifère, semblable à la queue du Scorpion. Sa tige est rameuse. Les rameaux portent deux fleurs pédunculées. Les feuilles sont alternes, simples, entières, cordiformes, obtuses; les radicales sont pétiolées, les caulinaires amplexicaules. Les fleurs sont radiées, composées de fleurons hermaphrodites dans le disque, & de demi fleurons femelles à la circonférence. Les fleurons sont ouverts, divisés en cinq; les demi-fleurons lancéolés à trois dentelures. Le calice est composé de deux rangs d'écailles lancéolées, en forme d'alêne, égales, plus longues que le rayon, terminées en pointe. Les semences des fleurons sont solitaires, ovoïdes, applaties, sillonnées, couronnées d'une aigrette composée de poils; les semences des fleurons femelles moins applaties, renfermées les unes & les autres dans le calice resserré, sur un réceptacle nud & plane.

Figure.

Cette espèce est représentée dans le second volume du *Syst. Veg.* de Hill, pl. 24; & dans Blakwell, pl. 239.

Lieu de sa naissance.

Elle croît naturellement sur les montagnes de la Suisse, sur les Alpes, sur celles de Hongrie & du Valois. Elle est vivace.

Culture.

On la cultive dans quelques jardins. Elle fleurit en Mai. Ses semences sont mûres en Juillet. Elles sont surmontées d'une aigrette, qui les rend propres à être transportées au loin. On multiplie cette plante très-promptement par ses racines, qui s'étendent au loin; & si on laisse tomber d'elles-mêmes ses semences, elles lèvent par-tout où elles se trouvent. On a même bien de la peine à la détruire dans les endroits où il y en a eu. Il lui faut une terre humide & une exposition ombragée.

Observations.

C'est de cette plante dont on tire le Doronic qu'on nous vend dans les boutiques, & qui est une racine tubéreuse, genouillée & comme articulée, composée de différens nœuds, qui n'ont pas tout-à-fait la grosseur d'une petite noisette, & qui sont garnis de fibres jaunâtres en-dehors, blanchâtres en-dedans, d'un goût douceâtre, visqueux, & un peu stiptique.

Il s'est élevé anciennement une question importante parmi les Botanistes, au sujet de cette racine, savoir, si c'est un poison ou un alexipharmaque; les uns pensent d'une façon, les autres de l'autre. Pena, Lobel, Camérarius, Renaudot, Frédéric Hoffman; le Collège des Médecins de Boulogne, d'Amsterdam, de Londres, de Lyon, d'Anvers; Cordus, dans son Dispensaire de Nuremberg; Schroder, dans sa Pharmacopée; Charas, dans la Pharmacopée Royale, soutiennent qu'elle est alexitère. Au contraire Marante, Aldrovande, Cortuse, Jean Bauhin, Matthiole, C. Hoffman, le Collège de Florence & d'Utrecht déclarent qu'elle est nuisible. Cortuse dit avoir éprouvé plusieurs fois que les chiens mouroient immanquablement après avoir mangé de cette racine. Matthiole a aussi expérimenté son mauvais effet dans un chien, qui mourut sept heures après en avoir mangé. Gesner rapporte, dans ses lettres XX & XXII, qu'ayant pris deux gros de cette racine, il n'en avoit point été incommodé pendant huit heures; mais qu'après ce temps, il s'étoit apperçu que son estomac & son bas-ventre s'étoient enflés, & qu'il avoit senti une foiblesse vers l'orifice de l'estomac, & tout le corps foible, comme il lui étoit arrivé plus d'une fois après avoir bu de l'eau froide. Il ajoute que ces symptômes ayant duré deux jours, & ne paroissant pas qu'ils dussent cesser d'eux-mêmes, il s'étoit mis dans un tonneau plein d'eau chaude, & qu'il s'étoit ainsi guéri, quoi qu'en dise Costou, qui prétend que Gesner mourut pour avoir fait usage de cette racine; ce qui est faux, puisque Gesner est mort de la peste à Zurich en 1565. Par conséquent, de l'aveu même de Gesner, la racine de Doronic est nuisible; peut-être même que s'il en eût fait usage à plus forte dose, elle auroit pu lui causer la mort. Quelques Auteurs, pour justifier la racine de cette plante, veulent qu'elle ne soit nuisible, que quand elle est fraîche & succulente; mais qu'elle n'est plus dangereuse, lorsqu'elle est desséchée, puisqu'on la fait entrer dans le *Diombra de Mesué*, le *Diamargaritum Chaud d'Avicenne*, le *Diamoschus*, l'*Electuaire de perles*, l'*Electuaire réjouissant*, la *Confection délivrante*, & que ces compositions, loin d'être nuisibles, se donnent depuis bien des années, & soulagent beaucoup les malades. L'usage qu'on en fait dans les boutiques, ne peut prouver qu'elle soit salutaire, puisque dans ces compositions on n'en met qu'une petite dose; encore la méle-t-on avec des alexitères, qui en répriment la vertu destructive. Si on veut donc faire une expérience sur cette plante, il la faut prendre seule; mais qui osera en faire l'essai? Il y a toujours du danger d'employer des remèdes douteux. Nous avons tant de plantes, dont les effets sont connus, & qui sont exemptes de danger; ne vaut-il pas mieux y avoir recours, & bannir le Doronic de la Pharmacie, en lui substituant, de l'aveu d'Avicenne lui-même, le Zurembeth, le Zédoaire ou les Œillets aromatiques. Cependant on croit que la racine de Doronic remédie à la foiblesse de la tête & de la matrice, & qu'elle est spécifiquement utile contre le vertige; mais M. Haller nous apprend que les Habitans des Alpes ne s'en servent plus, & Ludovic a éprouvé qu'elle n'est d'aucune utilité dans les maladies de la tête.

SECONDE ESPÈCE.

La seconde espèce est le Doronic à feuilles de Plantain. *Doronicum Plantagineum. Doronicum foliis ovatis, acutis, subdentatis; ramis alternis. Linn. Sp. Plant.* 1247. *Hort. Cliff.* 411. *Roy. Lugdb.* 160. *Dalib. Paris.* 256. *Gouan. Monsp.* 446. *Doronicum Plantaginis folio. Bauh. Pin.* 184. *Doronicum minus officinarum. Dalech. Hist.* 1202. *Doronicum Plantaginis folio, Lusitanicum. Tourn. Inst. Rei. Herb.* 438. *Doronicum folio ferè Plantaginis oblongo. Bauh. Hist.* 3, *p.* 18.

Description.

La tige de cette espèce est rameuse. Les rameaux sont alternes. Les feuilles sont ovales, aiguës, dentelées, semblables à celles du Plantain.

Figure.

Cette espèce est représentée dans l'Histoire des Plantes, par Morison, tom. 3, pl. 24, fig. 9.

Lieu de sa naissance.

Elle croît naturellement en France, en Espagne, en Portugal.

Culture.

Elle n'est pas plus délicate que l'espèce précédente. Elle se multiplie par ses racines, qui tracent beaucoup.

TROISIÈME ESPÈCE.

La troisième espèce est le Doronic Pasquerette. *Doronicum bellidastrum. Doronicum scapo nudo, simplicissimo, unifloro. Hort. Cliff.* 500. *Roy. Lugdb.* 160. *Jacq. Vind.* 285. *Bellidastrum Alpinum, foliis brevioribus, hirsutis; caule palmari; flore albo. Mich. Gen. Bellis sylvestris, media, caule carens. Bauh. Pin.* 261. *Bellis media. Clus. Hist.* 2, *p.* 44. *Cam. Epitome.* 654. *Hall. Opuscul.* 174. *Bellis caule pedali seu pidelali, nudo; foliis magnis, latis; floribus rubris & albis. Ment. Pug.*

Description.

Ses feuilles sont très-courtes, hérissées. Sa hampe est nue, très-simple, à une fleur, haute d'un pied ou de deux. Sa fleur est blanche. Les semences du rayon sont aigrettées.

Figure.

Cette espèce est représentée dans le *Mich. Gener.* pl. 29; & dans le *Mentzilii Pugill*, pl. 8.

Lieu de sa naissance.

Elle croît naturellement dans les montagnes de la Suisse, de l'Italie & du Tyrol, principalement aux environs de Vérone. On en voit aussi sur les Pyrenées. Elle est vivace.

Culture.

On ne la cultive que pour la variété dans les jardins botaniques. Il lui faut une exposition ombragée & une terre humide; autrement elle ne profite point dans nos contrées. On la multiplie par ses racines, qu'on partage.

DORSTENIA, *le Contrajerva.*

NOMS GÉNÉRIQUES.

Ce genre de plante est connu sous les noms de *Dorstenia. Plum. Houst. Dracena. Clus. Contrajerva. Monard. Tuzpatlis. Mexic.* le vrai Contrajerva des Espagnols.

Description générique.

Son caractère est d'avoir le périanthe commun du calice plane, anguleux, très-grand, couvert du réceptacle, à fleurons très-nombreux, très-petits, placés dans le disque. Le périanthe propre est quadrangulaire, concave, enfoncé dans le réceptacle, & rassemblé avec lui. On ne lui remarque aucune corolle. Les filamens des étamines sont au nombre de quatre, filiformes, très-courts. Les anthères sont rondes. Le germe du pistil est rond. Le style est simple. Le stigmate est obtus. Il n'y a point de péricarpe. C'est le réceptacle commun qui devient charnu. Les semences sont solitaires, rondes, pointues.

Observation.

Ceux qui peuvent voir cette plante en vie & en fleurs, sont priés d'examiner si quelques fleurons femelles ne se trouvent pas mêlés avec des hermaphrodites, comme dans la Pariétaire; car cette plante paroît tenir le milieu entre le Figuier

Figuier & la Pariétaire. Elle paroît même une Figue développée.

CLASSE.

Ce genre fait partie de la quatrième classe de Linnæus, qui comprend les plantes tétrandriques monogyniques. Cet Auteur en admet quatre espèces.

PREMIERE ESPECE.

La première espèce est le vrai Contrajerva. *Dorstenia contrajerva. Dorstenia acaulis, foliis pinnatifido-palmatis, serratis; floribus quadrangulis. Linn. Sp. Pl.* 176. *Dorstenia scapis radicatis. Hort. Cliff.* 32. *Mat. Méd.* 53. *Dorstenia Sphondylii folio, Dentariæ radice. Plum. Gen.* 29. *Drakena Radix. Clus. Exot.* 83. *Cyperus longus, odoratus, pervanus. Bauh. Pin.* 14. *Tuzpatlis. Herm. Mex.* 147. *Dorstenia Dentariæ radice, Sphondylii folio, placentâ ovali. Houst. Philos. Transf. n°.* 421, *an.* 1731. *Clematis Passionis, sive Granadillæ affinis. Dal.* 257. *Contrajerva Hispanorum, sive Drakena Radix. Clus. Park.* En Anglois, *Contrayerva-root*; en Italien, *Radice di Contrayerva*; en Allemand, *Peruvianische Griff. Wurtsel.*

Description.

La racine de cette plante, selon le P. Plumier, ressemble beaucoup aux racines du Sceau-de-Salomon ordinaire, & même de la Dentaire; car elle est écailleuse & noueuse, ou elle pousse plusieurs nœuds qui paroissent écailleux. Elle s'enfonce obliquement dans la terre, & y répand beaucoup de fibres branchues, qui s'étendent de tous côtés. Enfin elle a un goût brûlant, comme celui de la Pyrèthre ordinaire. Il sort communément de son sommet cinq ou six feuilles; & selon Houston, six ou huit semblables à celles de la Beru, quoique beaucoup plus petites, découpées profondément, un peu rudes au toucher, d'un vert brun en-dessous & en-dessus, portées sur des pédicules de cinq à six pouces. Du sommet de la même racine, s'élèvent trois ou quatre pédicules, plus longs que ceux des feuilles, lesquels soutiennent des fleurs d'une figure particulière. Chaque pédicule, selon M. Linnæus, s'évase vers son extrémité, & forme une enveloppe commune, unie, anguleuse, très-grande, un peu renflée en-dessous, lisse & verte, & presqu'applatie en-dessus, sur laquelle naît un placenta commun, où sont logées beaucoup de fleurs très-petites, qui en occupent le centre. Elles sont entourées de petites écailles noirâtres, qui bordent la circonférence. Ces fleurs sont sans pétales; elles ont seulement un calice (ou enveloppe particulière à chaque fleur) quadrangulaire, concave, plongé dans le placenta, & faisant corps avec lui, garni de quatre étamines ou filets très-courts, dont les sommets sont un peu arrondis. L'embryon est arrondi ou sphérique, & porte un style simple & un stigmate obtus. Le placenta devient une substance charnue, dans laquelle sont nichées à la superficie plusieurs graines arrondies & pointues, très-tendres & très-blanches.

Figure.

Cette espèce est représentée par Houston, dans les Mémoires de l'Académie, p. 421, pl. 1, 2.

Lieu de sa naissance.

Le P. Plumier a trouvé cette plante, au mois de Juin, dans l'Isle de Saint-Vincent. Elle croît aussi dans le Pérou & le Mexique, d'où la racine nous a été apportée par les Espagnols. M. Houston, Chirurgien Anglois, en a trouvé auprès de l'ancienne *Vera-Cruz*.

Culture.

Cette espèce, de même que les suivantes, sont très-difficiles à se procurer dans le continent, d'autant que les semences n'y mûrissent point, & que les graines qu'on nous apporte en Europe des pays étrangers, ne lèvent point ici. Il n'y a donc qu'une seule méthode pour s'en procurer; c'est de lever les racines de cette plante, lorsque les feuilles commencent à se dessécher, & de les planter, serrées les unes près des autres, dans des caisses garnies de terre. On les peut ainsi envoyer en France en toute sûreté, pourvu qu'on ne les arrose pas trop souvent, & qu'on les garantisse de l'eau de la mer. Lorsqu'elles sont arrivées, on met chacune de ces racines dans un pot rempli de terreau; on enfonce ces pots dans une couche de tan, & on leur conserve toujours une chaleur tempérée. On arrose souvent ces plantes pendant l'été; mais pendant l'hiver on ne leur donne pas tant d'eau. Les feuilles périssent pour lors. Par le moyen de ces précautions, on peut très-bien conserver ces plantes, & même les multiplier, en séparant les racines au printemps, avant la pousse des feuilles.

Principes chymiques.

A l'odeur & au goût de la racine de cette plante, qui est la seule partie en usage dans la Médecine, il est croyable qu'elle est composée d'une portion médiocre de sel volatil-aromatique-huileux, un peu enveloppée de parties de terre.

Propriétés médicinales.

Le Contrajerva est tonique, & légèrement détersif. Cette racine passe encore pour alexitère, diaphorétique & sudorifique. On en fait plus d'usage en Angleterre qu'en France. On l'emploie dans les fièvres pétéchiales & malignes. Le moins versé dans la Médecine n'ignore pas que les cordiaux & les sudorifiques sont quelquefois utiles dans ces maladies; mais que souvent aussi ils sont non-seulement inutiles, mais même dangereux. Ce sont les indications qu'un Médecin prudent sait saisir, qui déterminent l'usage de ces remèdes actifs & chauds, auxquels on a donné proprement le nom de sudorifiques & de cordiaux. Au surplus, la racine de *Contrajerva* est un cordial tempéré, ainsi que son odeur & sa saveur l'indiquent. Son goût, légèrement astringent, montre qu'elle peut convenir dans les fièvres accompagnées de diarrhée, & d'autres accidens qui font craindre la colliquation. Le Contrajerva est aussi stomachique. La dose ordinaire de cette racine est en substance depuis un scrupule jusqu'à deux, & même un gros; & en infusion, depuis un gros jusqu'à deux. Le Contrajerva entre dans la *Poudre composée* qui porte son nom, de la Pharmacopée de Londres, & dans l'*Eau Thériacale*, l'Opiate de Salomon de la Pharmacopée de Paris. Son extrait entre dans la Thériaque céleste.

Formules.

1°. Prenez racine de *Contrajerva* pulvérisée, un demi-gros; perles & corne de cerf préparée philosophiquement, de chacun un scrupule: mêlez dans de l'eau de Melisse ou de Chardon bénit. Le malade en prendra dans le flux de ventre, & au commencement de la petite vérole.

2°. Prenez racine de *Contrajerva* concaſſée, un gros; Santal rouge, deux gros : faites infuſer dans dix onces de vin blanc: paſſez & faites boire au malade.

3°. Prenez rapure de corne de cerf, une once; faites bouillir dans ſuffiſante quantité d'eau commune juſqu'à la doſe d'une livre & demie: ajoutez ſur la fin racine de *Contrajerva* concaſſée, une once & demie; Cochenille, un demi-gros: paſſez la liqueur: mêlez Eau de Cannelle, une once & demie; Syrop d'Œillets de jardin, deux onces. Le malade boira de temps en temps de cette liqueur dans la petite vérole & la rougeole.

SECONDE ESPECE.

La ſeconde eſpèce eſt le Contrajerva d'Houſton. *Dorſtenia Houſtonii. Dorſtenia acaulis, foliis cordatis, angulatis, acutis; floribus quadrangulis. Linn. Sp. Plant.* 176. *Dorſtenia Dentariæ radice, folio minùs laciniato, placentâ quadrangulari & undulatâ. Houſt. Act. Angl.* 421.

Obſervation.

Du premier coup d'œil, cette plante paroîtroit une eſpèce très-diſtinguée; mais en conſidérant ſa figure, la manière dont elle croît, ſes vertus & tout ce qui la concerne, on ne remarque pas en quoi elle peut différencier. Cependant il eſt vrai de dire que ſa feuille eſt moins découpée; mais cela ne fait pas un caractère diſtinctif. Quant à ce que le placenta eſt ovale dans la première eſpèce, & qu'il eſt quadrangulaire & ondé dans celle-ci, cela paroît provenir uniquement de ce que le réceptacle commun ſe développe plus ou moins, ſelon qu'il eſt plus ou moins mûr.

Propriétés médicinales.

Les propriétés de cette eſpèce ſont les mêmes que celles de la précédente. Cluſius aſſure que ſes feuilles ſont un puiſſant poiſon, & que la racine en eſt, non-ſeulement le contre-poiſon, mais encore un antidote contre tous les autres poiſons: ce qu'il faut entendre de ceux qui coagulent le ſang. On aſſure qu'elle guérit les fièvres malignes & la peſte même, & on la préfère au Bezoar, à la Thurique & aux autres antidotes; mais il n'eſt pas douteux qu'on vante trop ſes vertus.

TROISIÈME ESPÈCE.

La troiſième eſpèce eſt le Contrajerva Drakena. *Dorſtenia Drakena. Dorſtenia acaulis, foliis pinnatifido-palmatis, integerrimis; floribus ovalibus. Linn. Sp. Plant.* 176. *Dorſtenia Dentariæ radice, Sphondylii folio, placentâ ovali. Houſt. Act.* n°. 421.

Obſervation.

Cette eſpèce ne paroît être autre choſe que la première. Il paroît que M. Linnæus, & après lui M. Murray, auroient pu ſe diſpenſer d'en faire une eſpèce.

Figure.

Cette prétendue eſpèce eſt repréſentée, de même que la ſuivante, dans les *Tranſactions Philoſoph.*, n. 421, fig. 1 & 2.

Lieu de ſa naiſſance.

Cette eſpèce croît naturellement à la Vera-Crux. Elle eſt vivace, de même que la précédente. On trouve celle-ci à Campêche.

QUATRIÈME ESPÈCE.

La quatrième eſpèce eſt le Contrajerva à tige. *Dorſtenia caulescens. Dorſtenia pedunculis caulinis. Linn. Sp. Plant.* 176. *Hort. Cliff.* 32. *Parietaria racemoſa, foliis Adotas villoſis. Plum. Sp.* 10.

Deſcription.

Cette plante eſt baſſe. Elle pouſſe une tige ſimple. Sa racine eſt fibreuſe, raſſemblée en différentes petites fibres & faiſceaux. Ses feuilles ſont ovales, ſinueuſes, dentelées, pétiolées, oppoſées de chaque côté à la tige. Les pétioles ſont très-longs. Les fleurs ſont pédunculées, ramaſſées en globe. Les mâles ſéparées dans le globe ou placenta paroiſſent groſſir; leur calice eſt à quatre pièces, & elles ont quatre étamines. Les fleurs femelles paroiſſent raſſemblées dans le placenta.

Figure.

Cette eſpèce eſt repréſentée dans les Plantes de Plumier, par Burman, pl. 120.

DRABA, *le Draba.*

NOMS GÉNÉRIQUES.

Ce genre de plante eſt connu ſous les noms de *Gansblum, Germ. Alyſſum & Draba. Linn.*

Deſcription générique.

Le caractère de ce genre de plante eſt d'avoir le périanthe du calice à quatre folioles ovales, concaves, droites, ouvertes, qui tombent. La corolle eſt à quatre pétales, en forme de croix. Les pétales ſont oblongs, s'ouvrans un peu. Les onglets ſont très-menus. Les filamens des étamines ſont au nombre de ſix, de la longueur du calice; les quatre oppoſés ſont un peu plus longs, droits, s'ouvrans. Les anthères ſont ſimples. Le germe du piſtil eſt ovale, à peine ſans ſtyle. Le ſtigmate eſt en tête, plane. Le péricarpe eſt une ſilicule ellyptique, oblongue, applatie, entière, ſans ſtyle, à deux loges, ayant la ſéparation du milieu parallèle aux valves. Les valvules ſont planes, concaves. Les ſemences ſont nombreuſes, petites, rondes.

Obſervation.

Le caractère eſſentiel de cette plante conſiſte dans ſa ſilicule ovale, oblongue, applatie, preſque dénuée de ſtyle, ce qui la diſtingue de l'Alyſſum, de la Sabulaire & de la Lunaire.

CLASSE.

Ce genre fait partie de la cinquième claſſe de Tournefort, qui comprend les plantes cruciformes; & de la quatrième de Linnæus, deſtinée aux plantes tétradynamiques. Cet Auteur en admet huit eſpèces.

PREMIERE ESPECE.

La première eſpèce eſt la Drabe aizoïde. *Draba aizoïdes. Draba ſcapo nudo, ſimplici; foliis enſifor-*

mibus, ciliatis carinâ lævi. Linn. Syst. Veg. edit. XIII. Murray. 489. *Mant.* 91. *Alyssum Alpinum, luteum, hirsutum. Tourn. Mill. Dict. Sedum Alpinum, hirsutum, luteum. Bauh. Pin.* 284. *Leucoium luteum, aizoïdes, montanum. Col. Ecphr.* 2, *p.* 62. *Bursa Pastoris, Alpina, rosea, lutea. Moris. Hist.* 2, *p.* 36, *sect.* 3.

Description.

Cette espèce est très-semblable à la troisième, dont elle diffère néanmoins par ses feuilles lisses, linéaires, en carène, ciliées, sans être ovales, oblongues, hérissées, sans carène. Elle diffère de la seconde espèce par ses feuilles radicales rassemblées en gazon & par sa carène lisse, n'ayant pas des feuilles alternes aux rameaux, & une carène ciliée. Ses fleurs sont jaunes, comme celles de la troisième espèce.

Figure.

Elle est représentée dans le Dictionnaire de Miller, pl. 20, fig. 2; & dans l'Histoire des Plantes, par Morison, pl. 20, fig. 6.

Lieu de sa naissance.

Elle est vivace, & croît naturellement sur les Alpes.

SECONDE ESPECE.

La seconde espèce est la Drabe à cils. *Draba ciliaris. Draba caule subnudo, foliis linearibus, margine carinâque ciliatis; petiolis integris. Linn. Syst. Veg. edit. XIII. Murr.* 489. *Mant.* 91. *Ger. Prov.* 344.

Description.

Ses feuilles radicales sont rassemblées en gazon, imbriquées, serrées, lisses, à carène, distinctement ciliées. Ses pétales sont oblongs, entiers, blancs. Le style est plus long que les étamines.

Observation.

Cette espèce diffère de la première par ses feuilles plus étroites, glabres, & par ses pétales, qui sont très-peu échancrés; cultivée, elle pousse des rameaux à feuilles éloignées.

Figure.

Elle est représentée dans le *Flor. Gall. Prov.* de Gérard, pl. 13, fig. 1.

Lieu de sa naissance.

Elle croît sur les Alpes de Barcelone.

TROISIEME ESPECE.

La troisième espèce est la Drabe des Alpes. *Draba Alpina. Draba scapo nudo, simplici; foliis lanceolatis, integerrimis. Linn. Sp. Plant.* 896. *Flor. Lapp.* 255, 570. *Flor. Suec.* 524. *Hort. Cliff.* 333. *Jacq. Vind.* 254. *Alyssum Dalechampi. Œd. Dan.* 56.

Description.

Toutes ses feuilles sont radicales, s'ouvrantes, lancéolées, parsemées de poils pardessus, disposées à la façon de l'Androsace, très-peu imbriquées, soit linéaires, soit ciliées ou lisses en dessus. La tige est sans feuilles, parsemée de poils éloignés, sans être monophylle ou lisse. Les pétales sont légèrement échancrés, & ne sont pas entiers.

Figure.

Cette espèce est représentée dans le *Flor. Dan.* pl. 56.

Lieu de sa naissance.

Elle croît naturellement sur les Alpes.

Culture.

Elle fleurit en Mars. Ses semences mûrissent au commencement de Juin. On la multiplie aisément par ses racines, qu'on partage en automne. Il lui faut une terre humide, & une exposition ombragée, moyennant quoi, elle profite beaucoup, & fleurit tous les ans. Il ne s'agit pour toute culture, que de la débarrasser des mauvaises herbes. La culture des deux espèces précédentes est la même.

QUATRIEME ESPÈCE.

La quatrième espèce est la Drabe du printemps. *Draba verna. Draba scapis nudis, foliis lanceolatis, subincisis. Linn. Sp. Plant.* 896. *Hort. Cliff.* 333. *Flor. Suec.* 523, 567. *Roy. Lugdb.* 333. *Hall. Helv. edit.* 1, 538. *Gron. Virg.* 76. *Bursa Pastoris minor, loculo oblongo. Bauh. Pin.* 108. *Alysson vulgare, Polygoni folio, caule nudo. T. Seg. Ver. t.* 1, *p.* 575. *Pilosella minor. Thal. Harc.* 84. En Allemand, *Whitlowgrass*; en Flamand, *Hunger blumen, Nægelkraut, Klein Vogelkraut, Gænseblümlein*; en Suédois, *Rangblomma*; en Danois, *Gaaseblommer, Gæslingeblomster, Nægleurt.*

Description.

Ses feuilles sont plus menues, oblongues, pointues, légèrement velues, découpées, couchées sphériquement sur terre. Sa tige est nue. Ses siliques sont plus courtes & plus larges. Elle fleurit au premier printemps.

Figure.

Cette espèce est représentée dans les Plantes de Vérone, pl. 4, fig. 3.

Lieu de sa naissance.

Elle croît naturellement dans les endroits arides de l'Europe, & dans l'Amérique septentrionale. On en voit sur les murs. On ne la cultive jamais dans les jardins.

CINQUIÈME ESPECE.

La cinquième espèce est la Drabe des Pyrénées, la petite Alysson vivace des Pyrénées. *Draba Pyrenaica. Draba scapo nudo, foliis cuneiformibus, trilobis. Linn. Sp. Plant.* 896. *Læfl. It.* 61. *Jacq. Vind.* 255. *Alysson Pyrenaicum, perenne, minimum, foliis trifidis. Tourn. Inst. Rei. Herb.* 217. *Allioni Pedem.*

Description.

Ses feuilles sont radicales, imbriquées, en forme de langue, fendues en trois. Les hampes sont nues, à quatre ou cinq fleurs. Les fleurs sont pourpres.

Figure.

Cette espèce est représentée parmi les Plantes du Piémont, par Allioni, pl. 6.

Lieu de sa naissance.

On la trouve sur les Pyrénées & en Piémont. Elle est vivace.

Culture.

On la multiplie par ses racines, qu'on partage en automne. Il lui faut une terre humide & une exposition ombragée. Toute sa culture ne consiste qu'à nettoyer les mauvaises herbes.

Propriétés d'ornement.

Elle figure assez bien dans les jardins, de même que quelques autres espèces de ce genre.

SIXIÈME ESPÈCE.

La sixième espèce est la Drabe des murailles, la grande Bourse à Pasteur. *Draba muralis. Draba caule ramoso, foliis cordatis, dentatis, amplexicaulibus. Linn. Sp. Plant.* 897. *Roy. Lugdb.* 33. *It. Goth.* 192. *Flor. Suec.* 525, 569. *Hall. Helv. edit.* 1, 539. *Bursa Pastoris major, loculo oblongo. Bauh. Pin.* 108. *Prodr.* 50. *Bursæ Pastoris sublongo loculo affinis pulchra Planta. Bauh. Hist.* 2, *p.* 939.

Description.

Sa tige est rameuse. Ses feuilles sont en forme de cœur, dentelées, amplexicaules. Ses péduncules portent des fruits, qui sont horisontaux, plus longs que les silicules. Les fleurs sont jaunes ou blanches.

Figure.

Cette espèce est représentée dans le *Bauh. Prodr.* pl. 50.

Variété.

Linnæus donne pour variété de cette espèce la plante connue sous le nom de *Draba nemorosa. Linn. Sp. Plant.* 1, *p.* 643. *Draba minima, muralis, discoides. Col. Ecph.* 1, *p.* 274. Cette variété est représentée dans l'*Ecphrasis*, pl. 272.

Lieu de sa naissance.

Elle est annuelle, & croît naturellement dans les bois touffus, dans plusieurs contrées de l'Europe.

Culture.

On ne la cultive que rarement dans les jardins, à moins que ce ne soit pour la variété. Cette plante annuelle fleurit au commencement de Mai. Ses semences mûrissent en Juin. Les plantes meurent aussi-tôt après. Si on laisse tomber les semences d'elles-mêmes, elles lèvent sans aucune culture. Il faut à cette plante une exposition ombragée, & un terrain humide.

SEPTIÈME ESPECE.

La septième espèce est la Drabe hérissée. *Draba hirta. Draba scapo unifolio, foliis subhirsutis, siliculis obliquis, pedicellatis. Linn. Sp. Plant.* 897. *Draba foliis hirsutis, incanis, ad terram ovatis, ad caulem paucissimis dentatis. Hall. Helv. edit,* 1, 539. *Jacq. Aust. fig.* 3. *Bursa Pastoris Alpina, hirsuta. Bauh. Pin.* 108. *Prodr.* 51.

Description.

Cette espèce est très-semblable à la suivante; mais sa tige est nue: il y a seulement dans son milieu une feuille lancéolée. Ses pétales sont blancs, échancrés. Ses silicules sont plus glabres & ovales, à péduncule de moitié plus court que la silique, sans être sessiles.

Figure.

Cette espèce est représentée dans le *Flora Austriaca* de Jacquin, fig. 3; dans le *Bauh. Prodr.*, pl. 51; & dans le *Flor. Danica*, pl. 152.

Lieu de sa naissance.

Elle croît sur les montagnes de la Suisse, de la Lapponie, au rapport de Solander.

HUITIÈME ESPÈCE.

La huitième espèce est la Drabe blanchâtre. *Draba incana. Draba foliis caulinis, numerosis, incanis; siliculis oblongis, obliquis. Linn. Sp. Plant.* 897. *Flor. Suec.* 526, 568. *It. Goth.* 192. *Hudf. Angl.* 244. *Draba caule ramoso, folioso, foliis dentatis. Flor. Lapp.* 254. *Hort. Cliff.* 334. *Leucoium seu Lunaria vasculo oblongo, intorto. Pluk. Alm.* 215. *Draba Alpina, hirsuta. Celf. Upf.* 19. *Lunaria contorta, major. Raj. Angl.* 3, *p.* 291.

Description.

Sa racine est bisannuelle, longue d'un palme. Ses feuilles radicales sont très-nombreuses, rassemblées en rose comme l'androsacé, lancéolées, cotonneuses & hérissées, entières, aiguës. Sa tige est haute d'un palme, serrée, blanchâtre, garnie de feuilles nombreuses, le plus souvent au-delà de trente, très-semblables aux radicales, mais plus courtes, en sorte que celles d'en haut deviennent ovales, sessiles, légèrement dentelées; dans la partie inférieure de la tige, elles sont plus rassemblées. Le bouquet est terminal, petit. Les pétales sont blancs, à échancrures fanées. La grappe des fruits est composée de silicules droites, ovales, oblongues, obliques, réfléchies contre le soleil, applaties, nues, blanchâtres, appuyées sur des péduncules trois fois plus courts qu'elles, roides près de la tige.

Figure.

Cette espèce est représentée dans le *Flor. Danic.* pl. 130; dans l'*Almag.* de Plukenet, pl. 42, fig. 1.

Lieu de sa naissance.

Elle est bisannuelle, & croît naturellement sur les Alpes & les montagnes Alpines de l'Europe, en Suède, en Lapponie.

Culture.

Si on sème les graines de cette plante en automne à l'ombre, les semences lèvent au printemps. En les laissant tomber d'elles-mêmes, elles lèvent même sans aucun soin.

DRACOCEPHALUM, *la fausse Digitale.*

NOMS GÉNERIQUES,

Ce genre de plante est connu sous les noms de *Dracocephalum. Tourn. Linn. Pseudo-Digitalis quarumd. Maldavica. Tourn.*

Description

Description générique.

Le caractère de ce genre de plante est d'avoir le périanthe du calice monophylle, tubulé, persistent, très-court. La corolle est monopétale, se ridant. Le tube est de la longueur du calice. La gueule est très-grande, oblongue, gonflée, s'ouvrant, un peu applatie par le dos. La lèvre supérieure est droite, repliée, obtuse; la lèvre inférieure est fendue en trois lobes, dont les deux latéraux sont droits, & semblables à ceux de la gueule. Le lobe du milieu est suspendu, petit, s'élevant antérieurement à la base, rond, échancré. Les filamens sont au nombre de quatre, en forme d'alêne, cachés sous la lèvre supérieure de la corolle, dont deux un peu plus courts. Les anthères sont en forme de cœur. Le germe du pistil est partagé en quatre. Le style est filiforme, placé comme les étamines; le stigmate fendu en deux, aigu, menu, réfléchi. Le péricarpe n'est autre chose que le calice qui nourrit des semences au fond. Les semences sont au nombre de quatre, ovales, oblongues, à trois côtes.

CLASSE.

Ce genre fait partie de la quatrième classe de Tournefort, qui comprend les plantes à fleurs labiées; & de la quatorzième classe de Linnæus, destinée aux plantes didynamiques gymnospermites. Ce genre comprend quatorze espèces.

PREMIERE ESPECE.

La première espèce est la Cataleptique, la Digitale d'Amérique pourprée. *Dracocephalum Virginiacum. Dracocephalum floribus spicatis; foliis lanceolatis, serratis. Linn. Sp. Plant.* 828. *Dracocephalum foliis simplicibus, floribus spicatis. Hort. Cliff.* 308. *Roy. Lugdb.* 311. *Dracocephalum. Breyn. Ic.* 33. *Hir. Act.* 1712, *p.* 276. *Dracocephalus angustifolius, folio glabro, serrato. Morif. Hist.* 3, *p.* 407, *sect.* 11. *Pseudo-Digitalis Persicæ foliis. Bocc. Sicc.* 12. *Digitalis Americana, purpurea, foliis serratis. Dod. Mem.* 272. *Lysimachia galericulata, spicata, purpurea, Canadensis. Barr. Ic.* 1152.

Description.

La racine de cette plante, dit M. Dodart, est blanche & fibreuse. Elle pousse une seule tige, haute de quatre pieds, quarrée, noueuse en distances égales d'un pouce & demi, & moëlleuse. Les feuilles sont longues de trois pouces, & larges d'un demi-pouce, fort pointues, dentelées, lisses, d'un vert brun, avec une côte blanche. Elles sortent des nœuds de la tige, deux à deux, opposées l'une à l'autre, en sorte que celles d'un nœud croisent celles de l'autre. Du haut de la tige, naissent des branches opposées deux à deux, les unes croisant les autres, revêtues vers le haut de quantité de cornets gris de Lin, longs environ d'un pouce, étroits dans leur origine, d'où ils vont s'élargissant jusqu'au bout, où ils sont divisés en deux lèvres. Celle du milieu est la plus grande, & tachetée de pourpre, comme à la Digitale commune. A la lèvre supérieure, sont attachés quatre filets couleur de Citron, qui naissent du fond de la fleur, & ne s'en détachent que vers l'extrémité. Ils ont chacun un sommet de la même couleur. Chaque fleur naît d'un calice divisé en cinq, lequel venant à se grossir, est rempli de quatre graines brunes, triangulaires.

Figure.

Cette plante est représentée dans *Breynii Cent.*, pl. 37; dans les Mémoires de l'Académie, année 1712, pl. 11; dans l'Histoire des Plantes, par Morison, tom. 3, pl. 4, fig. 1; dans les Plantes de Sicile de Boccone, pl. 6, fig. 3; dans les Mémoires de Dodart, pag. 79; & dans les Plantes de Barrelier, pl. 1151.

Lieu de sa naissance.

Elle croît naturellement dans l'Amérique septentrionale.

Culture.

Elle est vivace. Elle fleurit en Juillet. Elle vient également bien à l'ombre & au soleil; mais il lui faut une bonne terre. On la peut semer en automne en pleine terre, ou sur couche au printemps.

Qualités.

Sa racine paroît d'abord insipide; mais quand on l'a beaucoup mâchée, elle fait sentir une âcreté considérable, mêlée de quelque amertume. Les feuilles aussi sont assez âcres; mais on n'y remarque que cette saveur.

Observation.

M. de la Hire le cadet a publié dans les Mémoires de l'Académie Royale des Sciences, année 1712, un phénomène sur la fleur de cette plante, qui a du rapport avec le signe pathognomonique des cataleptiques. Il faut entendre lui-même cet Auteur à ce sujet.

« Voulant, dit-il, dessiner le *Dracocephalon Americanum. Breyn. Prodr.* 1, 34, & cherchant une position avantageuse aux fleurs de cette plante, je m'avisai d'en vouloir ranger quelques-unes, & je m'apperçus alors qu'elles restoient dans la position où je les mettois. Je crus d'abord qu'elles étoient passées, & qu'elles ne tenoient plus à leurs pédicules; mais les ayant considérées de plus près, je reconnus qu'elles étoient encore dans leur état naturel, ce qui me donna occasion d'examiner si toutes les fleurs de cette plante avoient la même propriété que je venois d'observer dans quelques-unes, & je trouvai qu'elles étoient toutes semblables.

La propriété de ces fleurs est, que si on les fait aller & venir horisontalement dans l'espace d'un demi-cercle, elles restent en quelqu'endroit que ce soit de cet espace, si-tôt que l'on cesse de les pousser; & à cause que le phénomène a du rapport avec la maladie que les Médecins ont appellée *catalepsie*, j'ai cru pouvoir donner à la fleur de cette plante le nom de *Cataleptique*, principalement personne que je sache n'ayant encore remarqué une semblable propriété dans les fleurs des plantes en général.

La seule description de la situation de ces fleurs, & de la manière dont elles sont attachées à la tige de la plante qui les porte, fera connoître la cause d'un effet qui paroît singulier. Les fleurs de cette espèce de plante sont en gueule, & sont rangées deux à deux, alternativement opposées, le long d'une tige quarrée, dont elles occupent la partie supérieure. La longueur de ces fleurs est d'environ un pouce. Le calice d'où elles sortent, tient à un pédicule mollet, flexible, un peu applati dans son épaisseur, long d'environ une ligne, & qui naît de l'aisselle d'une petite feuille dure, roide, sans pédicule, large à sa base, & creuse au-dessus en cet endroit-là, & à-peu-près horisontale, mais un peu plus relevée, sur laquelle le calice de la fleur s'appuie par sa base. Ce calice, aussi bien que son pédicule, sont hérissés de petits poils, qui rendent leur superficie un peu rude. De plus, pendant que la fleur subsiste, son pédicule tend par son ressort naturel à abaisser la fleur en en-bas; mais trouvant la petite feuille qui est au-dessous de son calice, & que j'ai dit être dure & roide, la fleur fait un effort sur cette feuille qui lui sert d'appui. Or il est aisé de conclure, 1°. que le pédicule de la fleur étant mollet & flexible, il peut être facilement mu à droite & à gauche, sans être rompu, ce qui n'arrive pas aux fleurs des autres espèces de plantes, qui ont ordinairement le pédicule roide & faisant du ressort; 2°. que le pédicule de cette fleur, tendant à l'abaisser en en-bas, sa pesanteur y contribuant aussi, le calice s'appuie sur la petite feuille qui le soutient, & s'y accroche par les petits poils dont sa base est garnie. Ainsi, toutes les fois que l'on fera mouvoir la fleur horisontalement, elle doit nécessairement s'arrêter dès-qu'on cessera de la pousser.

Pour preuve de ce que je viens d'avancer, on n'a qu'à arracher la feuille qui soutient le calice de la fleur, & alors le jeu de cette fleur cessera. La fleur s'abaissera vers la tige de la plante par son propre poids, & par le ressort de son pédicule, qui la tire en en-bas, & l'on sentira que la fleur résiste, lorsqu'on voudra la relever: ce qui prouve que le calice de cette fleur s'appuyoit sur cette petite feuille avant que cette feuille fût ôtée.

Tout ce que je viens de dire est plutôt curieux qu'il n'est utile; mais voici une observation où les Botanistes pourront s'arrêter. Outre la figure d'une tête de dragon, à quoi M. Tournefort dit que la fleur du *Dracocephalon* ressemble, & en quoi il fait consister toute la différence générique qu'il établit entre ce genre de plante & presque tous les autres dont les feuilles sont en gueule, auxquelles il succède, après que la fleur est passée, quatre semences renfermées au fond du calice de la fleur, j'ai observé qu'il y a à la base des semences, entre les semences & le côté inférieur du calice, une espèce de corne ou de dent pointue, courbée par le bout en en-haut, arrondie pardessous, creusée pardessus, ayant une arête dans le milieu suivant sa longueur. Cette partie se distingue aisément d'avec les embryons des semences, non seulement par sa figure, mais par sa couleur. On peut même l'appercevoir à la vue simple, quoique les embryons des semences soient encore très-petits; car elle a presqu'autant de volume elle seule, que les embryons en ont tous quatre ensemble, & elle excède ordinairement leur grandeur. M. Marchand avoit aussi fait cette remarque ».

SECONDE ESPÈCE.

La seconde espèce est la Tête-de-dragon ou le Dracocéphale de Canarie. *Dracocephalum Canariense. Dracocephalum floribus spicatis, foliis compositis. Linn. Sp. Plant.* 829. *Hort. Cliff.* 308. *Mat. Med.* 293. *Dracocephalo affinis Americana, trifoliata, Terebinthinæ odore. Volk. Norib.* 145. *Camphorasma. Moris. Hist.* 3, *p.* 366, *s.* 11. *Melissa forte, Canariana, triphyllos, odorem Camphoræ spirans, penetrantissimum. Pluk. Alm.* 401. *Cedronella Canariensis, viscosa, foliis plerumque ex eodem pedicello ternis. Comm. Hort.* 2, *p.* 81. *Moldavica Americana, trifolia, odore gravi. Tourn. Inst. Rei. Herb.* 184. *Boerrh. Lugdb.* 1, *p.* 169.

Description.

Les tiges sont hautes d'une coudée ou de deux, anguleuses, articulées, grêles. Ses feuilles sont au nombre de trois sur un même pédicule, se terminant depuis la base la plus large dans une pointe aiguë, découpées à dents de scie dans la circonférence, d'un vert noir, qui, broyées entre les mains, répandent une odeur de Térébenthine. Les pédicules sur lesquels sont appuyées les feuilles, sont quelquefois poileux. Les sommités des tiges sont terminées par un très-bel épi, très-épais, garni de plusieurs fleurs d'un blanc incarnat, monopétales, ayant leur gueule ouverte. Le casque supérieur est réfléchi, fendu en deux, & la barbe inférieure est à trois lobes. Il succède à ces fleurs des semences nues, au nombre de quatre, noirâtres, lisses, ayant la même odeur que la plante, se cachant sous le périanthe ouvert.

Figure.

Cette espèce est représentée dans le *Flora Norib.* de Volkramer; dans l'Histoire des Plantes, par Morison, tom. 3, sect. 11, pl. 11, dernière figure; dans l'*Almag.* de Plukenet, pl. 325, fig. 5; & dans le second volume de l'*Hort. Amsteld.*, pl. 41.

Lieu de sa naissance.

Elle croît naturellement dans l'Amérique. Il s'en trouve dans les Isles de Canarie.

Culture.

Elle est vivace. Elle fleurit presque pendant tout l'été, & donne des semences mûres en France. On la conserve communément dans les serres; cependant elle se conserve en-dehors pendant l'hiver, pourvu qu'on l'ait plantée dans des plate-bandes bien exposées; & celles que l'on met dans des pots, profitent beaucoup mieux quand elles sont simplement abritées, que d'être dans une serre, parce qu'il leur faut beaucoup d'air, & qu'elles ne demandent seulement que d'être garanties des gelées un peu fortes. On multiplie cette plante par graines, que l'on sème en automne préférablement au printemps. Si on les sème dans des pots, il faut mettre ces pots à l'abri pendant l'hiver; & quand ces plantes ne lèvent pas dès l'automne, elle lèvent au printemps suivant. On les multiplie aussi par boutures, qu'on fait dans une plate-bande ombragée pendant l'été. Elles prennent racine très-promptement, & fournissent quantité de plants enracinés.

Propriétés médicinales.

Cette plante a une odeur de camphre très-agréable. Elle est douée d'une vertu nervine, résolutive. On peut l'employer contre la cachexie & la céphalalgie.

Propriétés d'ornement.

Elle plaît aux curieux par la beauté de ses épis.

TROISIÈME ESPÈCE.

La troisième espèce est le Dracocéphale ailé. *Dracocephalum pinnatum. Dracocephalum floribus spicatis; foliis cordatis, pinnato-sinuatis. Linn. Sp. Plant.* 829. *Dracocephalum foliis pinnato-sinuatis, obtusis, floralibus, spicatis, villosis, coloratis. Hort. Ups.* 165.

Description.

Les tiges ſont en arbriſſeau, couchées. Les feuilles ſont en forme de cœur, tranſverſalement découpées en aîle, obtuſes, à lobes éloignés, à longs pétioles. L'épi eſt le même que celui du Mélampyre champêtre. Les bractées ſont lancéolées, dentelées, ſoyeuſes, ſouvent rouges. Les corolles ſont petites. Les ſtyles ſont deux fois plus longs que les fleurs.

Figure.

Cette plante eſt repréſentée dans le *Gmelin Flor. Sibir.*, tom. 3, pl. 52.

Lieu de ſa naiſſance.

Steller l'a trouvée auprès de Jetkatſch, dans la Sibérie.

QUATRIEME ESPECE.

La quatrième eſpèce eſt le Dracocéphale étranger. *Dracocephalum peregrinum. Dracocephalum floribus ſuſpicatis; foliis caulinis, ovato-oblongis, inciſis; racemis lineari-lanceolatis, denticulo-ſpinoſis. Linn. Sp. Plant.* 829. *Gmel. Sib.* 3, *p.* 237. *Dracocephalum floribus oppoſitis; bracteis lanceolatis, integerrimis; foliis lanceolatis, mucronatis, dentatis. Amœn. Acad.* 4, *p.* 318. *Dracocephalum foliis ex lanceolato-linearibus, radice dentatis. Act. Goët.* 3. *p.* 436.

Deſcription.

La tige de cette eſpèce eſt haute d'un demi-pied, branchue, à quatre côtes obtuſes, liſſe. Les feuilles ſont oppoſées, pétiolées, glabres, pointues, dentelées de chaque côté de trois ou quatre petites dents épineuſes. Les fleurs ſont oppoſées vers les ſommets des petits rameaux, à péduncules très-courts. Les bractées ſont au nombre de deux, petites, lancéolées, très-entières. La lèvre ſupérieure du calice eſt fendue en deux, courbée, aiguë; l'inférieure eſt partagée en trois, égale. La corolle eſt bleue. La lèvre ſupérieure eſt fourchue, échancrée; l'inférieure eſt à trois lobes; l'intermédiaire eſt large, émouſſée. La gueule eſt gonflée. Le ſtigmate eſt fendu en deux.

Lieu de ſa naiſſance.

Cette eſpèce eſt vivace. Elle croît naturellement dans la Sibérie.

CINQUIÈME ESPÈCE.

La cinquième eſpèce eſt le Dracocéphale d'Autriche. *Dracocephalum Auſtriacum. Dracocephalum floribus ſpicatis; foliis bracteiſque linearibus, partitis, ſpinoſis. Linn. Sp. Plant.* 829. *Hyſſopus ſpicis interruptis. Hort. Cliff.* 364. *Hyſſopus Auſtriacus, magno flore, folio Chamæpithyos. Herm. Lugdb.* 330. *Ruyſchiana hirſuta, foliis laciniatis. Amm. Ruth.* 50. *Chamæpithys cærulea, Auſtriaca. Bauh. Pin.* 250. *Chamæpithys Auſtriaca. Cluſ. Hiſt.* 2. *p.* 185. *Chamæpithys ſpuria. Volck. Norib.* 102. *Brunella cærulea, perelegans. Chamæpithys Auſtriaca dicta. Pluk. Almag.* 70. *Prunella Hyſſopi folio, viridi, amplo; flore cæruleo. Moriſ. Hiſt.* 3, *p.* 364, *ſect.* 11.

Deſcription.

Les feuilles & les bractées de cette eſpèce ſont linéaires, partagées, épineuſes, ſemblables à celles du Chamæpithys. Les fleurs ſont grandes, bleues, & diſpoſées en épis.

Figure.

Cette eſpèce eſt repréſentée dans l'Hiſtoire des Plantes, par Moriſon, tom. 3, ſect. 11, pl. 5, fig. 9.

Lieu de ſa naiſſance.

Elle croît naturellement en Autriche, aux environs de Vienne.

SIXIÈME ESPÈCE.

La ſixième eſpèce eſt le Dracocéphale ou la Tête-de-dragon de Ruyſch. *Dracocephalum Ruyſchiana. Dracocephalum floribus ſpicatis; foliis bracteiſque lanceolatis, indiviſis, muticis. Linn. Sp. Plant.* 830. *Flor. Suec.* 2, *n°.* 537. *Dracocephalum foliis linearibus, indiviſis, integerrimis; floribus ſpicatis. Hort. Upſ.* 165. *Ruyſchiana glabra, foliis integris. Amm. Ruth.* 50. *Ruyſchiana flore cæruleo magno. Boerrh. Lugd.* 1, *p.* 172. *Pſeudo-Chamæpithys Auſtriaca. Riv. Mon.* 106.

Deſcription.

Sa racine eſt vivace. Sa tige eſt droite, liſſe. Ses feuilles ſont linéaires & lancéolées; quand elles ſont cultivées, un peu obtuſes, très-entières, glabres, oppoſées, ſans être verticillées, repliées par les bords. Les rudimens des petits rameaux ſortent des aiſſelles des feuilles. L'épi eſt oblong, à bractées ovales, cotonneuſes par les bords. Les calices ſont fendus en cinq. La lèvre ſupérieure eſt fendue en trois. Le lobe du milieu eſt plus large. La lèvre inférieure eſt plus étroite.

Figure.

Cette eſpèce eſt repréſentée dans le *Flora Danica*, pl. 121.

Lieu de ſa naiſſance.

Elle croît naturellement en Suède & en Sibérie.

SEPTIÈME ESPÈCE.

La ſeptième eſpèce eſt le Dracocéphale ou Tête-de-dragon à grandes fleurs. *Dracocephalum grandiflorum. Dracocephalum floribus verticillatis; foliis ovatis, inciſo-crenatis, lanceolatis, integerrimis. Linn. Sp. Plant.* 830. *Dracocephalum floribus verticillatis; foliis oblongis, obtuſis, ſinuato-crenatis; bracteis oblongis. Gmel. Sib.* 3, *p.* 232.

Deſcription.

Ses feuilles ſont ovales ou ovalaires, découpées à dents de ſcie profondes & obtuſes, nues. Les feuilles de la tige ſont à trois nervures; les florales ſont très-entières. Les bractées ſont lancéolées, très-entières, petites, parſemées de poils. La corolle eſt très-grande, bleue.

Lieu de ſa naiſſance.

Elle croît naturellement dans la Sibérie. Elle eſt annuelle.

Culture.

On multiplie toutes ces eſpèces par graines, que l'on sème en automne ou au printemps à demeure.

HUITIÈME ESPECE.

La huitième eſpèce eſt le Dracocéphale de Sibérie. *Dracocephalum Sibiricum. Dracocephalum floribus ſubverticillatis ; pedunculis bifidis, ſecundis ; foliis cordato-oblongis, acuminatis, nudis. Linn. Sp. Plant.* 830. *Nepeta corymbis geminis, pedunculatis, axillaribus ; foliis cordato-oblongis, acuminatis, ſerratis. Hort. Upſ.* 164. *Cataria montana, foliis Veronicæ pratenſis. Buxb. Cent.* 3, *p.* 27.

Deſcription.

La gueule de la corolle eſt large & preſque gonflée. La lèvre ſupérieure eſt applatie, fendue en deux; la lèvre inférieure eſt dentelée, antérieurement velue. Les deux étamines ſupérieures ſont hériſſées par la baſe.

Figure.

Cette eſpèce eſt repréſentée dans le *Flor. Sib.* tom. 3, pl. 51.

Lieu de ſa naiſſance.

Elle croît naturellement en Sibérie. Elle eſt vivace.

NEUVIEME ESPÈCE.

La neuvième eſpèce eſt la Moldavique. *Dracocephalum Moldavicum. Dracocephalum floribus verticillatis, bracteis lanceolatis, ſerraturis capillaceis. Linn. Sp. Plant.* 830. *Hort. Upſ.* 166. *Mat. Med.* 292. *Dracocephalum floribus verticillatis, foliis ovato-lanceolatis. Hort. Cliff.* 308. *Roy. Lugdb.* 312. *Meliſſa peregrina, folio oblongo. Bauh. Pin.* 229. *Meliſſa Moldavica. Cam. epit.* 576. *Moldavica Betonicæ folio, flore cæruleo & albo. Tourn. Inſt. Rei. Herb.* 184.

Deſcription.

La racine de cette eſpèce eſt annuelle. Ses tiges ſont hautes d'un pied, à quatre côtes, nues, rameuſes, branchues. Ses feuilles ſont en forme de cœur, oblongues, pétiolées, découpées à dents de ſcie profondes & obtuſes, excepté celles de la baſe, qui ſont plus aigues, & qui dans les feuilles ſupérieures, ſe terminent en cheveux. Les fleurs ſont verticillées, au nombre de ſix, ayant chacune leur péduncule particulier. Les calices ſont un peu droits, ſtriés. La lèvre ſuperieure eſt fendue en trois, égale, pointue, obtuſe; l'inférieure eſt plus étroite, pointue, fendue en deux plus profondément. Le tube de la corolle eſt plus court que le calice. La lèvre ſupérieure s'ouvre & eſt échancrée; l'inférieure eſt fendue en trois; l'intermédiaire eſt fendue en deux, mais elle a deux tubercules qui s'élèvent vers la baſe. L'odeur eſt très-forte.

Lieu de ſa naiſſance.

Elle croît naturellement dans la Moldavie, la Turquie.

Culture.

Elle eſt annuelle, fleurit en Juillet, & continue de le faire juſqu'à la mi-Août. Ses ſemences mûriſſent en automne. Elles ont une odeur de baume très-marquée, qui plaît fort à quelques perſonnes. On en sème les graines au printemps à demeure dans des plate-bandes. Quand elles ſont levées, on éclaircit les jeunes plantes dans les endroits où

elles ſont trop épaiſſes, & on les débarraſſe des mauvaiſes herbes.

Propriétés alimentaires.

On fait un ratafiat très-ſtomachique avec la Méliſſe de Moldavie.

Propriétés médicinales.

Ses propriétés médicinales ſont les mêmes que celles de la Méliſſe ordinaire.

DIXIEME ESPECE.

La dixième eſpèce eſt le Dracocéphale blanchâtre. *Dracocephalum caneſcens. Dracocephalum floribus verticillatis, bracteis oblongis, ſerraturis ſpinoſis, foliis ſubtomentoſis. Linn. Sp. Plant.* 831. *Hort. Upſ.* 66. *Mill. Dict. t.* 129. *Dracocephalum floribus verticillatis, foliis lanceolatis, floribus oblongis. Hort. Cliff.* 308. *Roy. Lugdb.* 312. *Moldavica Orientalis, Betonicæ folio, flore magno, violaceo. Tourn. Coroll.* 11. *Comm. Rar.* 28. *Sideritis incana, Oleæ folio, floſculis ex incarnato candicantibus, montis Libani. Volk. Norib.* 353. *Sideritis annua, flore luteo, utriculis & foliis longioribus. Moriſ. Hiſt.* 3, *p.* 389, *ſ.* 11.

Deſcription.

La deſcription de cette eſpèce eſt annuelle. Sa tige eſt droite, haute d'un demi-pied, branchue inférieurement, obtuſe, à quatre côtes, un peu cotonneuſe. Les feuilles ſont ovales, lancéolées ou oblongues, découpées à dents de ſcie obtuſes, ſtriées, à longs pétioles, cotonneuſes, épaiſſes. L'odeur eſt aromatique. Les bractées ſont oblongues ou ovales, épineuſes, découpées à dents de ſcie. Les verticilles ou anneaux ſont droits, parallèles avec la tige. Les calices ſont cylindriques, ſtriés, cotonneux, de la longueur du tube de la corolle, à bouche fendue en cinq. La découpure ſupérieure eſt un peu plus large; les deux inférieures ſont un peu plus étroites. La corolle eſt blanche. La gueule eſt gonflée. La lèvre ſupérieure eſt convexe, ayant les côtés fermés. Elle eſt fendue en deux, & a à chaque côté un bord réfléchi. La lèvre inférieure eſt crénelée, plus fléchie que dans les autres eſpèces. Les anthères ſont jaunes.

Figure.

Cette eſpèce eſt repréſentée dans les Planches du Dictionnaire de Miller, pl. 129; dans les Plantes rares de Commelin, pl. 28; dans le *Flora Noriburgenſis* de Volkamer, pl. 353; & dans l'Hiſtoire des Plantes, par Moriſon, tom. 3, ſect 11, pl. 8, fig. 18.

Lieu de ſa naiſſance.

Elle croît naturellement au Levant. Elle eſt annuelle; cependant ſes racines vivent deux ans, ſi elles ſont dans un terrein ſec.

Culture.

On la sème au printemps dans une plate-bande garnie de terreau & à demeure. Elle n'exige d'autre culture que celle des plantes annuelles.

Propriétés d'ornement.

Cette plante mérite d'occuper une place dans nos parterres à cauſe de ſes fleurs, qui ſont très-belles & très-apparentes.

ONZIEME

ONZIÈME ESPÈCE.

La onzième espèce est le Dracocéphale en forme de bouclier. *Dracocephalum peltatum. Dracocephalum floribus verticillatis, bracteis orbiculatis, serrato-ciliatis. Linn. Sp. Plant.* 831. *Hort. Upſ.* 166. *Dracocephalum floribus verticillatis; foliis floralibus orbiculatis. Hort. Cliff.* 309. *Roy. Lugdb.* 312. *Moldavica Orientalis, Salicis folio, parvo flore cæruleo. Tourn. Carol.* 11.

Description.

La racine de cette espèce est annuelle ou elle dure trois ans. Sa tige est droite, branchue, à peine haute d'un pied, nue. Ses feuilles sont oblongues, se terminant en pétioles, obtuses, découpées à dents de scie, nues. Les stipules sont orbiculées, découpées à dents de scie aiguës; les dents formant des soies moins roides. Les anneaux ou verticilles sont formés de six ou huit fleurs pétiolées. Les calices sont striés, sans être cotonneux, ayant le bord fendu en cinq lobes, dont celui d'en-haut est plus large, & les deux d'en-bas sont plus étroits. La corolle est bleue, à peine plus longue que le calice. La lèvre supérieure est fendue en deux, connivente longitudinalement. Les côtés & le sommet sont réfléchis: l'inférieure est comme dans les autres espèces; mais les côtés sont plus réfléchis & un peu crénelés. La lèvre supérieure du calice est ronde; les latérales sont plus étroites; celles d'en-bas le sont beaucoup.

Lieu de sa naissance.

Elle croît naturellement au Levant.

Culture.

Elle se multiplie par graines, que l'on sème à demeure, ou en automne, ou au printemps.

DOUZIEME ESPÈCE.

La douzième espèce est le Dracocéphale d'Altajar. *Dracocephalum Altajense. Dracocephalum foliis crenatis; radicalibus cordatis; caulinis orbiculatis, sessilibus; bracteis laciniatis, oblongis. Linn. Syſt. Veg. edit. XIII. Murray.* 454.

Description.

Les feuilles sont crénelées; les radicales sont en forme de cœur; celles de la tige sont orbiculées, sessiles; les bractées & les feuilles florales sont laciniées, oblongues, violettes.

Figure.

Cette espèce est représentée dans les Mémoires de l'Académie de Péterſbourg, pl. 29, fig. 3.

Lieu de sa naissance.

Elle croît naturellement aux environs d'Altajar.

TREIZIÈME ESPECE.

La treizième espèce est le Dracocéphale penché. *Dracocephalum nutans. Dracocephalum floribus verticillatis; bracteis oblongis, ovatis, integerrimis; corollis majusculis nutantibus. Linn. Sp. Plant.* 831. *Hort. Upſ.* 167, n°. 6. *Gmel. Flor. Sib.* 3, *p.* 231. *Moldavica Betonicæ folio; floribus minoribus, cæruleis, pendulis. Amm. Ruth.* 44.

Description.

Cette espèce est annuelle. Ses tiges sont hautes d'un pied, à quatre côtes, obtuses, nues, rameuses. Ses feuilles sont opposées, ovales ou ovales-oblongues, découpées à dents de scie un peu obtuses, vertes, à longs pétioles. Les fleurs sont verticillées vers les sommités des rameaux & de la tige. Les verticilles sont composées de dix fleurs à péduncules particuliers. Les calices sont recourbés à seize ou dix-sept stries raboteuses. La lèvre supérieure est large, ronde, obtuse, pointue; les autres sont pointues, égales; celles d'en-bas sont plus étroites. Les corolles sont bleues, flottantes, à tube plus long que le calice. La lèvre supérieure est fendue en deux, obtuse, applatie; l'inférieure est fendue en trois; l'intermédiaire est fendue en deux, ronde; les latérales sont réfléchies. La gueule est enflée, comprimée, fermée. Deux des étamines sont plus courtes; les supérieures sont presque de la longueur de la lèvre supérieure de la corolle. Les anthères sont oblongues, applaties, noires, blanches au bord inférieur. Les stigmates sont ovales, fendues en deux. Les bractées sont ovales, oblongues, très-entières, pointues.

Observation.

Cette plante est peut-être une plante bâtarde, qui provient de la Cataire, dont elle a la corolle, & du Dracocéphale, dont elle a le calice.

Figure.

Elle est représentée dans le *Flora Sibirica*, de Gmelin, tom. 3, pl. 49.

Lieu de sa naissance.

Elle est annuelle, & croît naturellement dans la Sibérie.

QUATORZIÈME ESPÈCE.

La quatorzième espèce est le Dracocéphale à fleurs de Thym. *Dracocephalum Thymiflorum. Dracocephalum floribus verticillatis; bracteis oblongis, integerrimis; corollis vix calice majoribus. Linn. Sp. Plant.* 831. *Gmel. Sib.* 3, *p.* 233. *Hort. Upſ.* 162. *Cedronella Tartarica, perennis, Urticæ foliis; floſculis minoribus, ex cæruleo rubentibus. Roy. Lugdb.* 537. *Moldavica Orientalis minima, Ocyami folio. Comm. Rarr.* 29. *Moldavica Betonicæ folio; floribus minimis, pallidè cæruleis. Amm. Ruth.* 46.

Description.

La tige de cette espèce est annuelle. Ses tiges sont hautes d'un pied, à quatre côtes rameuses, obtuses, nues. Ses feuilles sont opposées, ovales-oblongues, se terminant en pétioles, striées, un peu obtuses, découpées à dents de scie, vertes. Les verticilles ou anneaux sont ovales, oblongs vers les sommités de la tige & des rameaux, ou larges, lancéolés, très-entiers, striés ou nerveux. Les calices sont les mêmes que ceux de l'espèce précédente. Les corolles sont d'un bleu pâle. La lèvre supérieure s'ouvre sans être applatie, échancrée & obtuse. La lèvre inférieure est semblable à celle de l'espèce précédente. Les corolles sont à peine plus longues que le calice. Les anthères sont rouges. La plante est petite, un peu plus odorante que l'espèce précédente.

Observation.

Cette plante paroît aussi être de la nature des plantes bâtardes.

Figure.

Elle est représentée dans le *Gmelin Flor. Sib.*, tom. 3, pl. 30.

Lieu de sa naissance.

Elle croît naturellement dans la Sibérie.

DRACONTIUM, *la Monstère.*

NOMS GÉNÉRIQUES.

Ce genre de plante est connu sous les noms de *Monstera. Adonf. Arum. Plum. Dracontium. Linn.*

Description générique.

Le caractère de ce genre de plante est d'avoir la spathe en forme de nacelle, coriacée, trivalve, très-grande. Le spade est très-simple, cylindrique, très-court, couvert de chaque côté de fructifications rassemblées en petite tête, dont il n'y a aucun périanthe particulier, à moins qu'on ne prenne pour tel la corolle. La corolle propre est concave, à cinq pétales ovales, obtus, égaux, colorés. Les filamens des étamines sont au nombre de sept, linéaires, applatis, droits, égaux, plus longs que la petite corolle. Les anthères sont quadrangulaires, didymes, oblongues, obtuses, droites. Le germe du pistil est oval. Le style est cylindrique, droit, de la longueur des étamines. Le stigmate est fané, à trois côtes. La baie est ronde. Les semences sont nombreuses.

CLASSE.

Ce genre fait partie de la treizième classe de Tournefort, qui comprend les plantes monopétales personnées; & de la vingtième de Linnæus, destinée aux plantes gynandriques polygamiques. Cet Auteur en admet cinq espèces.

PREMIÈRE ESPÈCE.

La première espèce est la Monstère à plusieurs feuilles. *Dracontium polyphyllum. Dracontium scapo brevissimo; petiolo radicato, lauro; foliolis tripartitis; laciniis pinnatifidis. Linn. Sp. Plant.* 1372. *Hort. Cliff.* 434. *Roy. Lugdb.* 6. *Arum polyphyllum, caule scabro, punicante. Herm. Parad.* 93. *Arum polyphyllum, Surinamense; caule atro, rubente, glabro, & eleganter variegato. Pluk. Alm.* 52.

Description.

Le pétiole de cette espèce est haut d'un pied, panaché de cendré, vert & blanc, ayant son épiderme presque déchiré, inégale. Du sommet du pétiole, s'étend une feuille, qui s'ouvre de chaque côté, à la façon des Fougères, divisée en trois parties vers la base, & chaque partie se divise en trois autres, mais moins profondément; & chaque neuvième partie est comme divisée en aîles par ses déchiquetures opposées, décourantes. Chaque année cette feuille périt ordinairement; & quand elle est fanée, il en pousse une autre, qui diffère très-peu par la figure de la précédente. Au mois d'Avril, la feuille qui avoit crû au mois d'Août précédent dans le jardin de Cliffort, dit Linnæus, se fana entièrement, & il poussa pour lors immédiatement de la racine une fleur dont la spathe est coriacée, dure, anguleuse, noire, pointue, recourbée, à péduncule très-petit, ayant à peine la dixième partie de la longueur de la spathe. Après quelques jours, la spathe s'est ouverte en longueur, sur-tout dans le milieu. Elle étoit violette, & répandoit une si forte odeur de cadavre pourri, que ceux qui la sentoient, en demeuroient tout étourdis & cataleptiques; mais ce qu'il y a de surprenant, lorsque les anthères ont eu commencé à répandre pendant quelques jours leur farine, la puanteur s'est fait sentir entièrement & fortement au même instant, en sorte qu'un instant après on ne s'en appercevoit plus.

Figure.

Cette espèce est représentée dans l'*Herm. Paradisus*, pl. 43; & dans l'*Almag.* de Plukenet, pl. 149, fig. 1.

Lieu de sa naissance.

Elle croît naturellement à Surinam. Elle est vivace.

Culture.

Elle est délicate; aussi demande-t-elle d'être tenue dans une serre chaude. On plante ses racines dans des pots remplis de terreau; on enfonce ces pots dans une couche de tan, & on les y laisse toujours. On les arrose très-peu en hiver; mais pendant l'été, lorsqu'il fait chaud, & que les plantes sont assez fortes, on leur donne souvent de l'eau, quoique modérément à chaque fois. Au moyen de ces petits soins, cette plante fleurit dans nos contrées; mais ses racines ne s'y multiplient point.

SECONDE ESPECE.

La seconde espèce est la Monstère épineuse. *Dracontium spinosum. Dracontium foliis sagittatis, pedunculis petiolisque aculeatis. Linn. Sp. Plant.* 1372. *Flor. Zeyl.* 328. *Arum Zeylanicum spinosum, Sagittæ foliis. Herm. Parad.* 75. *Arum minus Zeylanicum, Sagittariæ foliis. Raj. Suppl.* 575. *Arum Zeylanicum, maximum, spinosum; radice longâ, repente. Burm. Thes. Zeyl.* 34. *Kohi Wila Zeylonensibus.*

Description.

Les feuilles de cette espèce sont sagittées. Les péduncules & les pétioles sont pointus. La racine est longue, rampante.

Lieu de sa naissance.

Cette espèce croît naturellement dans l'Isle de Ceylan, & dans plusieurs contrées de l'Inde.

Culture.

C'est une plante délicate, qui demande la même culture que la précédente.

Propriétés alimentaires.

Les Habitans du pays font avec la racine de cette plante une farine, qui est pour eux d'une grande utilité.

TROISIÈME ESPÈCE.

La troisième espèce est la Monstère puante. *Dracontium fœtidum. Dracontium foliis subrotundis, concavis. Cold. Noveb.* 214. *Kalm. It.* 3, *p.* 47. *Gron. Virg.* 141. *Calla aquatilis, odore Allii, vehementer prædita. Gron. Virg.* 1, *p.* 186. *Arum Americanum, Betæ folio. Catesby. Car.* 2, *p.* 71.

Description.

Le caractère de ce genre de plante est d'avoir pour calice commun une spathe noire, purpurine, pointue, repliée vers la base, se fanant très-vîte. La partielle a quatre folioles épaisses, succulentes, brunâtres, courtes, pointues, excavées, réfléchies, de la longueur du style, persistantes. Il n'y a point de corolle. Le spade est ovale, orbiculé, pédunculé, deux fois plus court que la spathe, environné de chaque côté des étamines & des folioles du calice, se couchant dans le limbe lors de la maturité. Les filamens des étamines sont au nombre de quatre, droits, de la longueur du style, persistans. Les anthères sont jaunes, droites. Le germe du pistil est rond au-dessus du style qui est caché dans le spade. Le style est roussâtre, conique. Le stigmate est obtus, à peine visible. La semence est une baie unique, charnue, globuleuse, monosperme, brunâtre en-dehors. Cette plante a une odeur forte d'Ail.

Figure.

Cette espèce est représentée dans l'Histoire de la Caroline, par Catesby, tom. 2, pl. 71.

Lieu de sa naissance.

Elle est vivace, & croît naturellement dans les eaux de la Virginie, de la Caroline.

QUATRIÈME ESPÈCE.

La quatrième espèce est la Monstère de Camtschata. *Dracontium Camtschatense. Dracontium foliis lanceolatis. Linn. Sp. Plant.* 1372. *Amæn. Acad.* 2, *p.* 360.

Description.

Les feuilles sont lancéolées, ovales, vertes, longues de neuf pouces, amincies inférieurement en pétioles dilatés par la base. La spathe est membraneuse, colorée, lancéolée, inférieurement repliée. Le spade est presque de la longueur de la spathe, nud, terminé par un épi ovale, très-épais, composé de fleurons sessiles, très-nombreux, distincts. Les périanthes sont propres, à quatre feuilles, obtus, entre lesquels se trouvent quatre anthères avec un stigmate obtus, sans style.

Observation.

Cette espèce paroît avoir tant de rapport avec l'espèce précédente, qu'on pourroit fort bien la prendre pour elle.

Lieu de sa naissance.

Elle croît naturellement dans la Sibérie.

Figure.

Cette espèce ne demande qu'une exposition ombragée. Elle résiste aux plus grands froids de notre climat, bien différente en cela des autres espèces, qui sont très-délicates.

CINQUIÈME ESPÈCE.

La cinquième espèce est la Monstère ou Serpentaire à feuilles percées. *Arum pertusum. Arum foliis pertusis, caule scandente. Linn. Sp. Plant.* 1372. *Arum hederaceum, amplis foliis, perforatis. Plum. Amer.* 40. *Mill. Icon.* 197.

Description.

Cette espèce s'attache, dit le P. Plumier, contre les troncs des arbres de la même façon que nos Lierres. Sa tige qui monte en serpentant, a un peu plus d'un pouce de grosseur, & paroît comme écaillée, à cause des marques des feuilles qui en sont tombées. Elle est un peu ridée. Son fond est de couleur de cendre, & les marques des feuilles sont vertes, & picotées de quantité de petits points plus foncés. Elle jette de part & d'autre quantité de racines, qui s'attachent contre les troncs des arbres, dont la plupart sont fort menues & courtes, & quelques-autres sont fort longues, & un peu plus épaisses qu'une plume à écrire. Elles sont rousses, fort simples, & fort adhérentes aux troncs des arbres. La substance intérieure de cette tige est fort blanche, charnue, & mêlée de fibres. Elle pousse des feuilles alternativement fort proches les unes des autres, sur-tout vers le haut, d'environ un pied & demi de longueur, & de neuf à dix pouces de largeur. Elles sont presque pointues au bout, & arrondies vers le pédicule, qui a environ un pied de long, & qui est gros comme le petit doigt, cannelé depuis le milieu jusqu'au bas, mais arrondi dans le reste, & un peu tumifié dans l'endroit où il s'insère dans la feuille. Ces feuilles sont lisses & membraneuses, tendres, d'un vert fort agréable, plus clair pardessus que pardessous, qui est chargé d'une nervure & de plusieurs côtes obliques & élevées. La manière dont elles sont percées parmi leurs côtes est remarquable. On trouve une grande fente dans l'espace compris entre deux de ces côtes, qui ressemble en quelque façon à une plaie ouverte & rebordée en-dedans, & toute la feuille a quelque apparence d'un masque assez grotesque. Il sort du sein des feuilles supérieures une espèce d'enveloppe, qui est une feuille un peu plus épaisse que les autres, & semblable à celle qui renferme le fruit du Pied-de-veau commun. Elle a plus de demi-pied de long. Sa substance est membraneuse, verte pardehors, jaune, luisante & fort unie en-dedans. Quand elle s'ouvre, on découvre un fruit d'une structure admirable, fait à peu près comme un épi de blé de Turquie, de forme cylindrique, mais arrondi par le bout. Il a environ cinq pouces de long sur un pouce de diamètre. Il est fort tendre, fort poli, de couleur d'or, & comme buriné par quarreaux, à six pans, de la grandeur d'une Lentille, disposés comme les cellules d'une ruche de mouches à miel. Au milieu de chaque quarreau, il y a une petite bossette un peu plus longue que large, de couleur d'azur, de façon qu'il semble que ce soit un saphir enchassé dans un chaton doré.

Figure.

Cette espèce est représentée dans le Dictionnaire de Miller, pl. 896; & dans les Plantes de l'Amérique du P. Plumier, pl. 56, 57.

Lieu de sa naissance.

Elle croît naturellement dans l'Amérique méridionale, dans plusieurs endroits de la Martinique, mais plus particulièrement le long du ruisseau du Fort Saint-Pierre.

Observation.

C'est, suivant le P. Plumier, le Bois-des-couleuvres du P. Duterne, dans son Histoire Naturelle des Antilles, trait. 3, chap. 3, parag. 13. C'est le *Clematis Malabarensis, foliis Vitis, colore Dracunculi*, de Gasp. Bauh. C'est enfin le *Lignum Colubrinum, primum, acostæ. Lugdb. lib.* 18, *cap.* 140, où il dit qu'on estime ce bois comme un remède souverain contre la morsure des couleuvres & des vipères, & que les Habitans du pays allant à la campagne, ont coutume la plupart de le porter avec eux, persuadés, à ce qu'ils disent, qu'il chasse les serpens par sa seule odeur, & que les couleuvres crèvent, s'ils les peuvent atteindre avec ce bois.

Culture.

Cette espèce, de même que la plupart des précédentes, sont fort délicates. Par conséquent elles ne vivent point en France, à moins qu'on ne les conserve dans des serres chaudes. Les espèces grimpantes s'entortillent d'elles-mêmes autour des troncs des arbres, & s'y attachent par des racines qui poussent de leurs articulations. Elle s'élèvent jusqu'à la hauteur de trente à quarante pieds. Ces espèces se multiplient facilement par boutures. Comme elles sont fort succulentes, on peut les apporter en France dans des boîtes remplies de foin bien sec. On les empaquette de façon qu'elles soient séparées les unes des autres; autrement elles pourroient s'endommager les unes & les autres par l'humidité qui sort de l'endroit coupé: & en effet cette humidité peut occasionner une fermentation, & faire pourrir en conséquence ces boutures. Lorsqu'elles sont arrivées, on les plante dans des petits pots pleins de terreau frais. On enfonce ces pots dans une couche chaude de tan, & on ne leur donne que très-peu d'eau jusqu'à ce qu'elles aient pris racine. Quand elles sont reprises, on les arrose pour lors souvent; & quand elles sont suffisamment grandes, on les met dans la serre chaude, mais toujours dans une couche de tan. On les place auprès de quelques plantes assez fortes, pour qu'elles puissent s'y attacher, sinon elles ne profitent point; car, quoiqu'elles poussent à leurs articulations des racines qui s'attachent au mur de la serre, elles ne réussissent pas si bien que lorsqu'elles s'attachent à une plante forte, d'où elles peuvent tirer une nourriture. Les autres espèces se multiplient par des rejets qui poussent de leurs racines. On peut s'en procurer des pays où ces plantes viennent naturellement, & on les plante dans des caisses remplies de terreau, environ un mois avant que de les mettre sur les vaisseaux pour les transporter. Il faut à ces caisses une exposition ombragée, jusqu'à ce que les jeunes plantes soient bien reprises. Pendant la traversée, on aura grand soin de les garantir de l'eau de la mer, & on évitera aussi de les arroser trop; car s'il ne faut dans les climats chauds, à ces plantes, que deux ou trois arrosemens par semaine, on ne doit au plus les arroser dans la route que chaque quinze jours: encore ne faut-il leur donner de l'eau que très-peu à la fois, de peur qu'elles ne pourrissent; & quand même pendant la traversée les sommités se trouveroient fanées faute d'eau, ces plantes ne laisseront pas de se rétablir dans ces contrées, en employant les soins convenables.

Lorsqu'elles sont arrivées, on les transplante dans des pots pleins de terreau frais, & on enfonce ces pots dans une couche chaude de tan. On les arrose modérément jusqu'à ce qu'elles aient pris de bonnes racines; après quoi elles demandent d'être arrosées souvent: mais comme leurs tiges sont fort succulentes, il faut prendre garde de leur donner trop d'humidité. On tient toujours ces plantes dans la serre chaude, ayant seulement la précaution de leur donner un peu d'air pendant les grandes chaleurs; mais il faut les tenir chaudement pendant l'hiver, sans quoi on ne peut les conserver dans notre climat.

Propriétés d'ornement.

Ces plantes s'élèvent à la hauteur de trois, quatre ou cinq pieds, & font une belle variété dans une serre chaude auprès des autres plantes exotiques délicates. D'ailleurs les feuilles de la cinquième espèce sont perforées d'une façon si remarquable, qu'elles produisent un effet singulier.

SIXIÈME ESPÈCE.

La sixième espèce est la Monstère de la Guiane. *Dracontium pentaphyllum. Dracontium caule scandente. Aublet.* 837.

Description.

Cette plante, dit M. Aublet, pousse des tiges noueuses, sarmenteuses, qui serpentent sur les troncs des grands arbres. De chaque nœud, sortent plusieurs racines simples & fibreuses, qui s'insinuent dans les fentes & gersures de leur écorce. De ces mêmes nœuds, sortent des feuilles & un épi de fleurs, enveloppé d'une longue spathe. Les feuilles & le péduncule qui porte les fleurs, sortent d'une gaîne fendue d'un seul côté dans toute sa longueur, & se termine en bec d'oiseau. Les feuilles sont palmées, composées de cinq folioles vertes, lisses, ovales, terminées en pointe. Elles sont plus étroites à leur origine, qui est convexe en-dessous, & creusée en gouttière en-dessus. Les folioles sont disposées en main ouverte, portées sur un pédicule cylindrique, fendu en sa partie intérieure & inférieure. Les bords de cette fente sont membraneux. Le pédicule est long de huit pouces. Les plus grandes folioles ont neuf pouces de longueur, sur quatre de largeur. L'épi de la fleur est cylindrique, garni à sa base d'une spathe longue & étroite, porté sur un péduncule épais & charnu. Les fleurs sont petites, rangées près-à-près. Leur calice est divisé en six parties longues & étroites. Les étamines sont au nombre de six, attachées au fond du calice, & placées à l'opposite de chacune de ces parties. Leur filet est court. Les anthères sont longues & à deux bourses. Le pistil est un ovaire ovoïde, surmonté d'un stigmate large, arrondi & un peu concave.

Figure.

Cette espèce est représentée dans l'Histoire Naturelle des Plantes de la Guiane Françoise, par M. Aublet, pl. 326.

Lieu de sa naissance.

Elle croît sur les troncs des vieux arbres, dans l'Isle de Cayenne & de la Grande Terre.

DRIMYS,

DRIMYS, *la Plante-âcre.*

Description générique.

Le caractère de ce genre de plante est d'avoir le périanthe du calice inférieur, monophylle, entier, s'ouvrant. Les pétales de la corolle sont au nombre de six, s'ouvrans. Les filamens des étamines sont nombreux, cylindriques, plus épais au sommet, courts. Les anthères sont didymes, à lobes qui se réunissent seulement par leur sommet, & qui tiennent au sommet des filamens. Les germes du pistil sont au nombre de quatre, sans style. Les stigmates sont planes, applatis, attachés au germe. Les baies sont au nombre de quatre, ovales, pédiculées, à quatre spermes. Les semences sont au nombre de quatre, ovales, à trois côtes.

CLASSE.

Ce genre fait partie de la treizième classe de Linnæus, qui comprend les plantes polyandriques tétragyniques. Il y en a deux espèces.

PREMIÈRE ESPÈCE.

La première espèce est la Plante-âcre de Vinter. *Drimys Winteri. Drimys pedunculis aggregatis, terminalibus. Caract. Plant. Forst.* 84.

Description.

Les péduncules de cette espèce sont réunis, terminaux. L'écorce est très-âcre & piquante.

SECONDE ESPECE.

La seconde espèce est la Plante-âcre axillaire. *Drimys axillaris. Drimys pedunculis subternis, axillaribus. Caracth. Gen. Plant. Forst.* 64.

Description.

Les péduncules de cette espèce sont ternes, axillaires.

Figure.

Les caractères génériques de ces deux espèces sont représentés dans la quarante-deuxième planche des Plantes des Terres Australes, par MM. Forster.

Lieu de sa naissance.

L'une & l'autre espèces croissent dans les Isles de la mer Australe.

DROSERA, *le Rossolis.*

NOMS GÉNÉRIQUES.

Ce genre de plante est connu sous les noms de *Drosera. Cord. Linn. Rossolis. Dod. Tourn. Rorilla. Tab. Solsirora, Sponsa solis, Droston quorumd.*

Description générique.

Le caractère de ce genre est d'avoir le périanthe du calice monophylle, fendu en cinq, aigu, droit, persistent. La corolle est en forme d'entonnoir. Les pétales sont au nombre de cinq, ovales, obtus, un peu plus grands que le calice. Les filamens des étamines sont au nombre de cinq, en forme d'alêne, de la longueur du calice. Les anthères sont petites. Le germe du pistil est rond. Les styles sont au nombre de cinq, simples, de la longueur des étamines. Les stigmates sont simples. Le péricarpe est une capsule ovale, à une loge, ayant cinq valves au sommet. Les semences sont nombreuses, très-petites, ovales.

CLASSE.

Ce genre fait partie de la sixième classe, qui comprend les fleurs rosacées; & de la cinquième de Linnæus, qui renferme les plantes pentandriques pentagyniques. Ce genre renferme six espèces.

PREMIERE ESPÈCE.

La première espèce est le Rossolis à feuilles rondes, la Rosée du soleil, la Rorelle, l'Herbe de la goutte. *Drosera rotundifolia. Drosera scapis radicatis, foliis orbiculatis. Linn. Sp. Plant.* 402. *Flor. Lapp.* 109. *Flor. Suec.* 257, 273. *Mat. Med.* 158. *Flor. Zeyl.* 120. *Gron. Virg.* 35. *Roy. Lugdb.* 120. *Ros solis folio subrotundo. Bauh. Pin* 357. *Solsirora seu Ros solis. Thal. Herc. t.* 9. En Allemand, *Sonnenthau;* en Italien, *Risoli;* en Anglois, *Sundaw.*

Description.

C'est une plante qui a une racine fibreuse & mince comme des cheveux, & qui pousse plusieurs queues longues, velues, déliées, garnies de petites feuilles presque rondes, concaves en forme de cure-oreille, d'un vert-pâle, revêtues de poils rougeâtres, fistuleux, d'où transudent quelques petites gouttes de liqueurs dans les cavités des feuilles, de sorte qu'on observe que ces feuilles & leurs poils sont toujours couverts d'une espèce de rosée, même pendant la plus grande sécheresse & la plus grande ardeur du soleil. Il s'élève du milieu des feuilles deux ou trois tiges, hautes d'environ un pied & demi, grêles, rondes, délicates, d'une couleur rouge, sans aucune feuille, qui donnent à leurs sommets de petites fleurs, composées de plusieurs pétales disposés en rose, blanchâtres, inclinés, ayant les calices formés en cornets dentelés. Son fruit est de la grosseur & de la figure d'un grain de blé, qui renferme plusieurs semences.

Figure.

Cette espèce est représentée dans notre Traité Historique des Plantes de la Lorraine.

Lieu de sa naissance.

Elle croît naturellement dans les marais de l'Europe, de l'Asie & de l'Amérique. On en trouve dans plusieurs endroits de la France; à Meudon, autour de l'étang de la garenne; à Montmorency, aux environs du Château de la Chasse; aux environs de Nantes en Bretagne; dans les fontaines de Forges & de Beauvais, en Picardie; dans les lieux marécageux; sur les Alpes & le Mont Pilar; dans les Vosges; entre Remiremont & Epinal, dans l'Alsace; à l'Esperou, dans le Languedoc; à Malsherbe, dans les Landes de Joui, auprès d'Etampes.

Observation.

Cette espèce est gluante & visqueuse, de même

que la suivante. Le temps propre pour les cueillir, est lorsqu'elles sont en fleur, pendant la grande chaleur du jour. J. Bauhin rapporte avec surprise que si l'on touche du bout du doigt les gouttes de liqueur qui en découlent, on tire de cette espèce de glu des petits filamens soyeux & blanchâtres, qui acquièrent au même moment une consistance permanente.

Propriétés médicinales.

Toute la plante est pectorale, & très en usage pour l'asthme, la toux invétérée, & l'ulcère du poumon. On l'ordonne ou en infusion, à la dose de deux gros, ou en poudre, à celle d'un gros. On compose dans les boutiques un syrop simple & un syrop composé de Rossolis. La préparation de l'un & de l'autre est rapportée dans le Codex de Paris. On le prescrit pour les maladies ci-dessus à la dose d'une once, ou seul, ou mêlé avec quelques potions béchiques.

Boerrhave attribue à cette plante une vertu céphalique. Il vante beaucoup l'infusion de ses feuilles dans la migraine, l'épilepsie & les maladies des yeux. On compose une liqueur qu'on nomme mal-à-propos Rossolis, puisqu'il n'y entre aucune partie de cette plante.

Propriétés nuisibles aux brebis.

Le Rossolis est, dit-on, un poison pour les moutons. Il leur attaque le foie & le poumon, & leur occasionne une toux, qui les fait périr insensiblement, ce qui mérite d'être confirmé dans les lieux où croît cette plante assez rare.

SECONDE ESPÈCE.

La seconde espèce est le Rossolis à feuilles longues. *Drosera longifolia. Drosera scapis radicatis, foliis oblongis. Linn. Sp. Plant.* 403. *Flor. Lapp.* 110. *Flor. Suec.* 258, 274. *Roy. Lugdb.* 417. *Ros solis, folio oblongo. Bauh. Pin.* 357. *Solsirora seu Sponsa solis, seu Rorella. Thal. Herc.* 116.

Observation.

Cette espèce ne diffère de la précédente, que par ses feuilles oblongues. C'est plutôt, suivant nous, une variété qu'une espèce.

Lieu de sa naissance.

Elle croît communément dans les mêmes endroits que l'espèce précédente. On en voit dans les petits ruisseaux qui coulent dans les pâtis de l'Arché, proche Saint-Léger, en Yvelines; aux environs de Nantes & de Beauvais; dans les prés, proche Saclas; dans les environs d'Étampes; en Alsace & en Lorraine.

TROISIEME ESPECE.

La troisième espèce est le Rossolis du Cap. *Drosera Capensis. Drosera scapis radicatis, foliis lanceolatis. Linn. Sp. Plant.* 403. *Drosera foliis ad radicem longissimis, floribus spicatis. Burm. Affric.* 209. *Rossolis Affricanus, foliis prælongis; caule nudo, altissimo. Raj. Suppl.* 515. *Rossolis Affricanus, folio lato & longo. Herm. Affric.* 19.

Description.

La racine, dans cette espèce, jette de petits filets disposés en ligne spirale. Les feuilles sont tuberculées, raboteuses en-dessous. Les fleurs sont violettes.

Figure.

Cette espèce est représentée dans les Plantes d'Afrique, par Burmann, pl. 75, fig. 1.

Lieu de sa naissance.

Elle croît naturellement dans l'Éthiopie.

QUATRIÈME ESPÈCE.

La quatrième espèce est le Rossolis de Portugal. *Drosera Lusitanica. Drosera scapis radicatis, foliis subulatis, subtùs convexis; floribus decandris. Linn. Sp. Plant.* 403. *Ros solis Lusitanicus, foliis Asphodali minoris. Moris. Hist.* 3, *p.* 620, *s.* 15. *Pluk. Alm.* 323. *Raj. Suppl.* 551.

Description.

La hampe de cette espèce est garnie de quelques feuilles. Il se trouve à son sommet deux ou quatre fleurs pédunculées. La capsule est deux fois plus longue que le calice. Toute la plante est à soies glanduleuses au sommet.

Observation.

Ray prétend que cette espèce n'est pas du genre du Rossolis. Alstræmer lui a observé constamment dix étamines, en sorte qu'on la prendroit pour la plante connue sous le nom d'*Oxalis*, si ses fleurs étoient ombellées.

Figure.

Cette espèce est représentée dans l'Histoire des Plantes, par Morison, tom. 3, sect. 15, pl. 4, fig. 4; & dans l'*Almag.* de Plukenet, pl. 117, fig. 2.

Lieu de sa naissance.

Elle croît naturellement dans le Portugal.

CINQUIÈME ESPÈCE.

La cinquième espèce est le Rossolis à feuilles de Ciste. *Drosera Cistiflora. Drosera caule simplici, folioso; foliis lanceolatis. Linn. Sp. Plant.* 403. *Amœn. Acad.* 6. *Affric.* 7. *Drosera foliis ad caulem oblongis, alternis; flore amplo, purpureo. Burm. Affric.* 210. *Ros solis folio angusto, flore amplo. Breyn. Prodr.* 3. *Ros solis Affricanus, Cisti flore albo, caule folioso. Raj. Suppl.* 515.

Description.

Le fond des fleurs est noir. Les étamines sont noires, de la longueur du calice. Les anthères sont jaunes, en forme de cœur. Le pistil est noir. Le germe est oval. Autour de ce germe, se trouvent cinq styles nuds, de la longueur de la corolle, fourchus au sommet, comme en cheveux.

Figure.

Cette espèce est représentée dans les Plantes d'Afrique, par Burmann, pl. 75, fig. 2; & dans le *Breynii Prodromus*, pl. 22, fig. 2.

Lieu de sa naissance.

Elle croît naturellement au Cap de Bonne-Espérance.

SIXIÈME ESPECE.

La ſixième eſpèce eſt le Roſſolis des Indes. *Droſera Indica. Droſera caule ramoſo, folioſo, foliis linearibus. Linn. Sp. Plant.* 403. *Flor. Zeyl.* 121. *Ros ſolis ramoſus, caule folioſo. Burm. Zeyl.* 207. *Araca-puda. Rheede Hort. Malab.* 10, *p.* 39. *Alſine Myriophylli folio, flore carneo. Comm. Malab.* 10. *Ros ſolis Zeylanicus, ramoſus; foliolis roridis, pinnatis. Muſ. Zeyl. p.* 63. *Saxifraga Zeylanica, muſcoſa, minutiſſimo folio, flore albo. Herb. Hort.* A Ceylan, *Kandulæſſa.*

Deſcription.

La tige de cette eſpèce eſt herbacée, peu rameuſe. Les feuilles ſont linéaires, alternes, pétiolées. Les péduncules ſont à deux ou trois fleurs, & ſortent des aiſſelles.

Figure.

Cette eſpèce eſt repréſentée dans l'*Hort. Malab.*, tom. 10, pl. 20; & dans le *Burm. Theſaur. Zeyl.* pl. 94, fig. 1.

Lieu de ſa naiſſance.

Elle croît naturellement dans l'Inde, à Ceylan.

Propriétés médicinales.

Le ſel de cette plante convient dans les obſtructions du foie, de la rate & du méſantère.

DRYAS, *le Druas.*

NOMS GÉNÉRIQUES.

Ce genre de plante eſt connu ſous les noms de *Dryas. Dryadæa. Linn. Druas. Græc. Chamædrys. Cluſ.*

Deſcription générique.

Le caractère de ce genre de plante eſt d'avoir le périanthe du calice monophylle, partagé en huit ou cinq lobes, qui s'ouvrent, ſont linéaires, obtus, égaux, un peu plus courts que la corolle. Les pétales de la corolle ſont au nombre de huit ou de cinq, oblongs, échancrés, s'ouvrans, inſérés au calice. Les filamens des étamines ſont nombreux, capillaires, courts, inſérés au calice. Les anthères ſont petites. Les germes du piſtil ſont en nombre, ſerrés, petits. Les ſtyles ſont capillaires, inſérés au côté du germe. Les ſtigmates ſont ſimples. Les ſemences ſont nombreuſes, rondes, applaties, garnies de ſtyles très-longs, qui portent de la laine.

CLASSE.

Ce genre fait partie de la douzième claſſe de Linnæus, qui comprend les plantes icoſandriques polygyniques. Cet Auteur n'en admet que deux eſpèces.

PREMIÈRE ESPECE.

La première eſpèce eſt le Druas à cinq pétales. *Dryas pentapetala. Dryas floribus pentapetalis, foliis pinnatis. Linn. Sp. Plant.* 717. *Amœn. Acad.* 2, *p.* 353. *Caryophyllata pentaphyllea. Bauh. Hiſt.* 2, *p.* 398.

Deſcription.

La racine de cette eſpèce eſt vivace. Ses drageons ou jets ſont couchés, filiformes, ligneux & feuillés au ſommet. Ses feuilles ſont radicales, aîlées, glabres, ayant ſept ou neuf folioles toutes oblongues, linéaires, preſqu'en forme de coin, ſupérieurement découpées à dents de ſcie obtuſes; les inférieures ſont plus petites. Les ſtipules ſont filiformes, très-étroites. La hampe eſt filiforme, deux ou trois fois plus longue que les feuilles, nue, garnie quelquefois d'une ſeule feuille, ternée, ſeſſile, plus petite. Une fleur termine la hampe. Le périanthe du calice eſt monophylle, fendu en dix au-delà du milieu, ayant des ſegmens qui s'ouvrent & qui ſont aigus, dont les alternes ſont un peu plus petits. Les pétales de la corolle ſont au nombre de cinq, deux fois plus grands que le calice, ronds, obtus, s'ouvrans, blancs. Les filamens des étamines ſont nombreux, capillaires, plus courts que le calice, & inſérés au calice. Les anthères ſont rondes. Les germes du piſtil ſont nombreux. Les ſtyles ſont hériſſés, de la longueur des étamines. Les ſtigmates ſont obtus. Les ſemences ſont nombreuſes, en queue, à un fil hériſſé plus long que la fleur.

Obſervation.

Le port de cette eſpèce eſt celui du *Potentilla;* les feuilles, celles du *Pentaphilloïdes;* les fleurs, celles du *Fragaria* ou Fraiſier; & le fruit eſt le vrai fruit d'un Druas.

Figure.

Cette eſpèce eſt repréſentée dans l'Hiſtoire des Plantes de Jean Bauhin, p. 398.

Lieu de ſa naiſſance.

Elle croît à Camſchatka, dans l'Iſle d'Ecoſſe & d'Irlande.

SECONDE ESPECE.

La ſeconde eſpèce eſt le Druas proprement dit, le Druas à huit pétales. *Dryas octopetala. Dryas floribus octopetalis, foliis ſimplicibus. Linn. Sp. Plant.* 717. *Dryas. Flor. Lapp.* 215. *Flor. Suec.* 426. 462. *Hort. Cliff.* 195. *Roy. Lugdb.* 279. *Hall. Helv. edit.* 1. 335. *Segu. Veron.* 512. *Chamædrys tertia ſeu montana. Cluſ. Hiſt.* 2, *p.* 351. *Leucas, Chamædrys Alpina. Œd. Dan.* 31. *Caryophyllata Alpina, Chamædryos folio. Inſt. Rei. Herb. Scheuchz. It. I, p.* 33. *It. IV, p.* 332. *It. VII, p.* 511. *Manget. Pharm. t. I & t. V.* En Anglois, *Avens.*

Deſcription.

Sa racine eſt vivace, tubéreuſe, ligneuſe. Il en ſort pluſieurs feuilles & fleurs, qui forment une eſpèce de gazon. Les tiges ſont vivaces, ligneuſes, feuillées, hautes de neuf pouces. Les feuilles ſont dures, garnies en deſſous d'un court duvet, ovales, découpées à dents de ſcie rondes. Les pétioles qui portent des fleurs, n'en donnent qu'une. La fleur eſt ouverte, ayant le calice vert, en forme d'étoile. Les pétales ſont ellyptiques, obtus, tendres, blancs. Les tubes ſont mollement plumeux. Les étamines paſſent le nombre de cent. Les ſegmens des étamines ſont ovales, lancéolés. Les tubes ſont très-longs, plumeux.

Figure.

Cette espèce est représentée dans le *Flora Danica*, pl. 31.

Lieu de sa naissance.

Elle croît naturellement sur les Alpes de Laponie, de Suisse, d'Autriche, de Sardaigne, de Sibérie. Elle est vivace.

Propriétés médicinales.

Les Habitans de Kamtschada emploient la décoction de cette plante contre les douleurs & les tumeurs des cuisses.

DRYPIS, *le Drype.*

Description générique.

Le caractère de ce genre de plante est d'avoir le périanthe du calice monophylle, persistant, à cinq lobes. Les pétales de la corolle sont au nombre de cinq. Les onglets sont de la longueur du calice, étroits. Le limbe est plane. Les lames sont partagées en deux. Les lobes sont linéaires, obtus. L'ouverture est couronnée par deux petites dents de chaque pétale. Les filamens des étamines sont au nombre de cinq, de la longueur de la corolle. Les anthères sont simples, oblongues, se couchant. Le germe du pistil est ovale, comprimé. Les styles sont au nombre de trois, simples, ouverts. Les stigmates sont simples. Le péricarpe est une capsule ronde, couverte d'un calice, à une loge, petite, découpée autour. La semence est unique, en forme de rein, luisante.

CLASSE.

Ce genre fait partie de la cinquième classe de Linnæus, qui comprend les plantes pentandriques trigyniques. Cet Auteur n'en admet qu'une espèce.

ESPECE.

Cette espèce est le Drype épineux. *Drypis spinosa. Linn. Sp. Plant.* 390. *Ger. Emac.* 1312. *Drypis Italica, aculeata; floribus albis, umbellatis, compactis. Mich. Gen.* 24. *Drypis Theophrasti seu Anguillaræ. Dalech. Hist.* 1480. *Lob. Ic.* 789. *Tabern. Ic.* 44. *Bauh. Hist.* 3, *p.* 388. *Spina alba, foliis vidua. Bauh. Pin.* 388. *Carduus foliis tenuissimè spinosis ad instar Juniperi. Morif. Hist.* 3, *p.* 161, *s.* 7.

Description.

Les derniers rameaux portent des fleurs. Les péduncules sont plus courts que la fleur. Le calice est à demi-fendu en cinq, droit. Les pétales sont blancs, très-étroits, s'ouvrans. Les étamines sont droites. Les tiges, de sèches qu'elles sont, redeviennent vertes au printemps suivant.

Figure.

Cette espèce est représentée dans le *Michieli nova Genera*, pl. 23; dans Lobel, pl. 789; dans *Tabernæmontanus*, pl. 144; dans l'Histoire des Plantes, par Morison, tom. 3, sect. 7, pl. 32, fig. 8; & dans le Jardin de Vienne, par Jacquin, pl. 49.

Lieu de sa naissance.

Elle est bisannuelle, & croît naturellement dans la Mauritanie, en Italie.

DURANTA, *la Durante.*

NOMS GÉNÉRIQUES.

Ce genre de plante est connu sous les noms de *Duranta. Linn. Castorea. Plum. Ellisia. Brown.*

Description générique.

Le caractère de ce genre de plante est d'avoir le périanthe du calice monophylle, tubuleux, tronqué, à cinq dents. La corolle est monopétale. Le tube est plus long que le calice, courbé. Le limbe est ouvert, partagé en cinq, égal, rond. Les filamens des étamines sont au nombre de quatre, dont deux sont plus longs entre le tube. Les anthères sont rondes. Le germe du pistil est rond. Le style est filiforme, de la longueur des étamines. Le stigmate est un peu gros. Le péricarpe est une baie ronde, couvert par le calice. Les semences sont quatre noyaux, à deux loges.

CLASSE.

Ce genre fait partie de la troisième classe de Tournefort, qui comprend les plantes monopétales anomales; & de la quatorzième de Linnæus, qui comprend les plantes didynamiques angiospermiques. Il y en a deux espèces.

PREMIERE ESPECE.

La première espèce est la Durante de Plumier. *Duranta Plumieri. Duranta calicibus frutescentibus, contortis. Linn. Sp. Plant.* 888. *Jacq. Americ.* 26. *Duranta spinosa. Sp. Plant.* 1, *p.* 637. *Castorea repens, spinosa. Plum. Gen.* 30.

Description.

Ce petit arbuste a quinze pieds de haut. Ses rameaux sont alternes, droits ou inclinés. Ses épines sont en alêne, axillaires, opposées; mais le plus souvent il n'y en a point. Les feuilles sont ovales, aiguës, amincies en un pétiole court, découpées à dents de scie obtuses & inégales au-dessus de leur milieu, glabres, opposées, longues de deux pouces. Les grappes sont lâches, amples, inclinées, axillaires & terminales. Les fleurs sont inodores, nombreuses, à corolle bleue & à courts péduncules. Les fruits sont jaunes, & leur calice même jaunit & devient semblable à une baie, étant entièrement changé, & différent de sa première forme.

Figure.

Cette espèce est représentée dans l'Histoire des Plantes de l'Amérique, par Jacquin, pl. 176, fig. 76.

Lieu de sa naissance.

Elle croît naturellement dans les broussailles de Saint-Domingue.

Variété.

Linnæus donne pour variété de cette espèce la plante

plante connue sous le nom de *Duranta inermis. Sp. Plant. v, p. 637. Castorea racemosa, flore cæruleo, fructu croceo. Plum. Gen.* 30.

Description.

Cette plante est décrite dans les Plantes du P. Plumier, par Burmann. C'est, dit-il, un arbre qui porte des rameaux alternes, droits. Les feuilles caulinaires de même que les deux opposées, des rameaux inférieurs sont ovales, aiguës, découpées supérieurement à dents de scie; celles des rameaux à fleurs sont presque lancéolées, & supérieurement découpées à dents de scie, au nombre de quatre, ou, pour mieux dire, deux paires sont opposées l'une à l'autre, & disposées en croix. Les fleurs sont monopétales & anomales; la lèvre supérieure s'élève, & l'inférieure est divisée en trois parties, dont celle du milieu est encore fendue en deux. Le fruit est charnu, globuleux, se terminant supérieurement en trois sommets aigus, à une capsule, renfermant quatre semences.

Figure.

Cette variété est représentée dans les Plantes de Plumier, par Burmann, pl. 79.

SECONDE ESPECE.

La seconde espèce est la Durante élysienne. *Duranta ellisia. Duranta calicibus frutescentibus, erectis. Linn. Sp. Plant.* 888. *Jacq. Americ.* 26. *Ellisia acuta. Amœn. Acad.* 5, *p.* 400. *Læfl. It.* 194. *Ellisia frutescens, quandoque spinosa; foliis ovatis, utrinque acutis, ad apicem serratis; spicis alaribus. Brow. Jam.* 262.

Description.

Ce petit arbrisseau a les rameaux applatis, à quatre lobes. Ses feuilles sont opposées, pétiolées, lancéolées, ovales, découpées à dents de scie aiguës, glabres, pointues. Ses épines sont opposées, horisontales, placées au-dessus des feuilles & des rudimens des rameaux, & par conséquent au-dessus des rudimens des péduncules. Les grappes sortent des aisselles des feuilles supérieures, sont solitaires, simples, plus longues que les feuilles. Les fleurs sont flottantes.

Figure.

Cette espèce est représentée dans l'Histoire des Plantes de la Jamaïque, par Browne, pl. 29, fig. 1.

Lieu de sa naissance.

Elle croît naturellement dans la Jamaïque.

Culture.

Cette espèce & la précédente, étant originaires des pays chauds, demandent en France la serre chaude, pour pouvoir se conserver. On les multiplie par graines, qu'on sème dans des petits pots. On enfonce ces pots dans une couche chaude de tan; & lorsque les jeunes plantes sont bonnes à être transplantées, on les met chacune séparément dans un petit pot qu'on a rempli de terreau, & on enfonce de nouveau ce petit pot dans une couche chaude. On a la précaution de les couvrir jusqu'à ce qu'elles soient bien reprises; on les gouverne pour lors de la même manière que les autres plantes de la Jamaïque. On multiplie la seconde espèce par boutures, que l'on peut faire en tout temps pendant l'été. On les enfonce dans une couche modérément chaude, & on les couvre jusqu'à ce qu'elles aient pris racine. On les traite pour lors de la même manière que celles qui proviennent de graines. Cette espèce n'est point si délicate que la première; aussi peut-on la placer en plein air pendant la belle saison; & si en hiver on la met dans un endroit tempéré, elle réussit beaucoup mieux que s'il faisoit trop chaud.

DURIO, *le Durion.*

Description générique.

Le caractère de ce genre de plante est d'avoir le périanthe du calice monophylle, qui tombe, en godet, ayant cinq lobes ronds. Les pétales de la corolle sont au nombre de cinq, joints au calice, & plus petits que lui, concaves. Les filamens des étamines sont rassemblés en cinq corps, divisés en sept, en forme d'alêne, plus longs que la corolle. Les anthères sont entortillées. Le germe du pistil est rond, à tige. Le style est soyeux, de la longueur des étamines. Le péricarpe est une Pomme ronde, pointue de chaque côté, à pointes polyèdres, à cinq loges, s'ouvrant de cinq côtés différens. Cette pomme renferme quelques semences ovales, à épiderme musqueuse.

CLASSE.

Ce genre fait partie de la dix-huitième classe de Linnæus, qui comprend les plantes polyadelphiques pentandriques. Ce genre ne renferme qu'une espèce.

ESPECE.

Cette espèce est le Durion de Zibeth. *Durio Zibethinus, Linn. Syst. Veg. edit. XIII. Murray.* 581. *Rumph. Amb.* 1, *p.* 76. *Echinus arborescens.* A Malaca, *Duryon;* à Ternate, *Durein;* à Amboine & à Banda, *Dureyn.*

Description.

C'est un arbre élevé. Les feuilles sont alternes. Les fleurs sont au-dessous des feuilles.

Figure.

Il est représenté dans le premier volume de l'*Herbarium Amboinense*, pl. 29; & dans la seconde Partie de cet Ouvrage.

Lieu de sa naissance.

Il croît naturellement à Amboine, à Java, à Maduré, à Céleba & dans toutes les Isles Moluques.

Propriétés alimentaires pour l'homme.

On mange les fruits de cet arbre. Ils échauffent beaucoup; c'est pourquoi un ou deux peuvent suffire pour un homme, quoiqu'il s'en trouve qui en mangent neuf ou dix. On les fait cuire dans le feu, ou on les fait bouillir dans l'eau, & on les mange comme des Châtaignes. Ils rendent asthmatiques. Pour ce qui concerne la bonté de ce fruit, les naturels du pays prétendent qu'aucun ne l'emporte sur lui, tant pour l'odeur, que pour la saveur. Si on mange trop de ces fruits, ils occasionnent des exanthèmes, des petits charbons, des fièvres & la dyssenterie. Ils provoquent aussi les urines & la sueur, & rendent les hommes libertins.

Propriétés alimentaires pour les bestiaux.

Les chats Zibethes aiment tant les Durions, qu'on les emploie pour appâts.

Antidote.

Quand les fruits de Durion sont devenus nuisibles, pour y remédier, on applique sur la région de l'estomac du *Sirifolium*, & on fait manger du fruit de cette plante en abondance.

Observation.

Les Habitans du pays, pour s'enlever par envie les uns aux autres les fruits de Durion, font un trou dans l'arbre jusqu'à la moëlle, & remplissent ce trou d'Opium, ce qui fait tomber aussi-tôt les fruits de Durion, tant ceux qui sont mûrs, que ceux qui ne le sont pas; mais on punit bien celui qui fait ce trou, car l'arbre en périt. D'autres plus superstitieux, ont recours à des paroles pour faire tomber, disent-ils, ce fruit. En 1655 & 1656, il y eut pendant l'été de grosses chaleurs, qui furent suivies de pluie, ce qui occasionna des fièvres ardentes, & qui durèrent jusqu'en 1658 & 1659. Comme il y eut cette année beaucoup de fruits de Durion, il est passé depuis en proverbe dans le pays, que, dans les années d'abondance de fruits de Durion, il y a toujours des maladies & des fièvres malignes. L'écorce qu'on jette de ces fruits, sent une odeur si puante, qu'il est défendu expressément dans le pays d'en jeter par-tout où l'on passe.

Propriétés économiques.

Les Chinois brûlent le bois de cet arbre, pour en tirer des cendres, qui entrent dans la composition & la préparation du pigment oetomba. On emploie aussi l'infusion de cette cendre, pour enlever les taches du linge. On enveloppe aussi de cette cendre le *Baroe gemuto* ou l'arbre Sagur, pour le sécher, & en faire de l'Amadou. On vend les anciens troncs, pour en débiter du bois propre à bâtir; mais il faut employer ce bois au-dedans des maisons: car quand il est exposé à la pluie, il est sujet à se pourrir.

EBENUS, *l'Ébène.*

NOMS GÉNÉRIQUES.

Ce genre de plante est connu sous les noms de *Ebenus. Linn. Prop. Alp. Barba Jovis. Tourn.*

Description générique.

Le caractère de ce genre est d'avoir le périanthe du calice monophylle, en cloche, terminé par cinq dents en forme de filets, velues, égales, plus longues que le calice. La corolle est papillonnacée, de la longueur du calice. L'étendard est rond, droit, entier. Les rudimens des aîles sont passés, en forme de lune. La carène est en lune, bossue, montante par son sommet. Les filamens des étamines sont diadelphiques, toutes réunies dans une gaîne, à sommets distincts. Les anthères sont rondes. Le germe du pistil est rond, velu. Le style est capillaire. Le stigmate est terminal, pointu. Le péricarpe est un légume ovale. La semence est unique.

CLASSE.

Cet arbrisseau fait partie de la vingt-deuxième classe de Tournefort; & de la dix-septième de Linnæus, qui comprend les plantes diadelphiques décandriques. Cet Auteur en admet deux espèces.

PREMIERE ESPECE.

La première espèce est l'Ébène de Crête. *Ebenus Cretica. Ebenus foliis quinatis. Linn. Syst. Veg. edit. XIII. Murray. 545. Mant. 451. Ebenus Cretica. Alp. Exot. 279. Pon. Ital. 128. Trifolium spicis ovatis, villosis, caule fruticoso. Roy. Lugdb. 380. Anthyllis fruticosa, foliolis ternatis ac quinatis, lanceolatis, tomentosis. Sauv. Method. 237. Cytisus incanus, Creticus. Bauh. Pin. 390. Barba Jovis Cytisi folio, flore rubello. Barr. Rar. 1389. Loto affinis alata, folio & facie Pentaphylloidis fruticosi; floribus in spicam longiorem positis. Pluk. Almag. 227.*

Description.

Les feuilles sont ternées ou ailées, formées de cinq folioles, lancéolées. Les bractées sont ovales, aiguës, placées entre les fleurs dans l'épi, ce qui distingue ce genre du Treffle. Les calices sont sessiles, à dents sétacées, velues, de la longueur des fleurs.

Figure.

Cette espèce est représentée dans les Plantes Rares de Barrelier, pl. 377 & 913; & dans l'*Alm.* de Plukenet, pl. 67, fig. 5.

Lieu de sa naissance.

Elle croît naturellement dans la Candie & dans quelques Isles de l'Archipel.

Culture.

Elle fleurit en Juin & Juillet, & donne quelquefois des semences à Paris, quand l'été est chaud. On la multiplie par graines, que l'on sème en automne; car elles lèvent rarement, si on les sème au printemps. On les sème dans des pots que l'on place sous un abri en hiver, pour les garantir de la gelée. Elles lèvent pour lors au printemps. On arrache les mauvaises herbes, & on les arrose de temps en temps. Quand les jeunes plantes qui en proviennent, sont assez fortes pour être transplantées, on les met chacune séparément dans un petit pot plein de terreau, que l'on enfonce dans une couche médiocrement chaude. Quand elles sont bien reprises, on les habitue insensiblement au grand air; on les y laisse même totalement sur la fin de Mai. On les place à une exposition bien abritée. On les y laisse jusqu'en automne. On les met pour lors à couvert; car ces plantes aiment d'être abritées pendant l'hiver. Cependant il ne faut pas les traiter trop délicatement dans cette saison. Elle réussissent très-bien dans un endroit vitré & bien aëré, sans feu, où elles puissent jouir du soleil & de l'air. On les arrose peu en hiver, & souvent en été. Les autres soins sont les mêmes que ceux usités pour les plantes exotiques dures.

Propriétés d'ornement.

Cette espèce fait un très-bel effet parmi les autres

plantes exotiques, sur-tout quand les pieds sont forts & garnis de plusieurs épis de fleurs.

SECONDE ESPECE.

La seconde espèce est l'Ébène du Cap. *Ebenus Capensis. Ebenus foliis ternatis. Linn. Syst. Veg. edit. XIII. Murray. 545. Mant. 264. Spartium foliis alternis, petiolatis, ternatis; foliolis linearibus, obtusis, villosis; floribus racemosis. Berg. Cap. 193. Trifolium Affricanum, fruticans, folio angustiore, flore rubente. Commel. Hort. 2, p. 213. Lotus major, Affricanus, longioribus & angustis foliis. Pluk. Amalt.* 133.

Description.

Sa tige est ligneuse. Ses rameaux sont poileux, soyeux. Ses feuilles sont ternées, à pétioles plus longs. Leurs folioles sont linéaires, applaties, velues. Les grappes sont terminales. Les fleurs sont rouges. L'étendard de la corolle est grand, nerveux, à deux selles en-dessous de la base. Les aîles sont linéaires, à demi en flèche, plus courtes que l'étendard, à stries en arc. La carène est feuillée, plus longue que les aîles, à sommet velu. Les étamines sont réunies. Le stigmate est obtus. Le légume est monosperme. Il s'y trouve cependant plusieurs rudimens de semences.

Figure.

Cette espèce est représentée dans le Jardin de Commelin, tom. 2, pl. 107.

Lieu de sa naissance.

Elle est vivace, & croît naturellement au Cap de Bonne-Espérance.

ECHINOPHORA, *l'Echinophore.*

Description générique.

Le caractère de ce genre de plante est d'avoir l'ombelle universelle du calice à plusieurs rayons, dont les intermédiaires sont plus courts. La partielle est à fleurons sessiles, nombreux, recevant les germes entre les petits pédicules. L'enveloppe universelle est à quelques rayons aigus. La partielle est turbinée, monophylle, fendue en six, aiguë, inégale. Le périanthe propre est à cinq dents, persistent, très-petit. La corolle universelle est difforme, rayonnée. Les fleurons avortent. La corolle propre est à cinq pétales inégaux, ouverts. Les filamens des étamines sont au nombre de cinq, simples. Les anthères sont rondes. Le germe du pistil est oblong, inférieur, entre l'enveloppe. Les styles sont au nombre de deux, simples. Les stigmates sont simples. L'enveloppe, qui se durcit, & qui est pointue, tient lieu de péricarpe. Les semences sont oblongues, au nombre de deux.

Observation.

Différens fleurons avortent ou sont mâles.

CLASSE.

Ce genre fait partie de l'Appendix de Tournefort; & de la cinquième classe de Linnæus, qui comprend les plantes pétandriques dyginiques. Cet Auteur en admet deux espèces.

PREMIERE ESPECE.

La première espèce est l'Échinophore épineuse. *Echinophora spinosa. Echinophora foliolis subulato-spinosis, integerrimis. Linn. Sp. Plant. 344. Echinophora foliolis decompositis. Wach. Ultr. 200. Caucalis caule lignoso; foliolis subulato-spinosis, integerrimis. Roy. Lugdb. 96. Sauv. Monsp. 258. Erithemum maritimum, spinosum. Bauh. Pin. 288. Erithemum spinosum. Dod. Pempt. 705.*

Description.

Leurs racines sont vivaces. Elles s'étendent en terre. Leur tige est ligneuse. Les feuilles sont décomposées, ayant leurs folioles en alêne, épineuses, très-entières.

Lieu de sa naissance.

Cette espèce est vivace, & croît aux bords de la mer, sur-tout de la Méditerranée.

SECONDE ESPECE.

La seconde espèce est l'Échinophore à feuilles menues. *Echinophora tenuifolia. Echinophora foliolis incisis, inermibus. Linn. Sp. Plant. 344. Echinophora foliis supradecompositis. Wach. Ultr. 221. Caucalis caule lignoso, foliis incisis. Roy. Lugdb. 96. Pastinaca sylvestris, angustifolia, fructu echinato. Bauh. Pin. 151. Pastinaca Echinophora, apula. Columnn. Ecphr. 1, p. 98.*

Description.

Sa tige est ligneuse. Ses feuilles sont décomposées pardessus, ayant leurs folioles découpées, sans épines. Son fruit est hérissé.

Figure.

Cette espèce est représentée dans le *Columnæ Ecphræsis*, pl. 101.

Lieu de sa naissance.

Elle croît abondamment dans les endroits maritimes & secs de la Pouille. Elle est vivace.

Culture.

On multiplie ces espèces par leurs racines, qui s'étendent. Le meilleur temps pour les transplanter, est le mois de Mars, un peu avant qu'elles poussent. On plante ces racines dans une terre graveleuse ou sablonneuse, & à une bonne exposition. On les couvre pendant l'hiver, pour les empêcher de pourrir par la gelée.

ECHINOPS, *l'Échinope.*

NOMS GÉNÉRIQUES.

Ce genre de plante est connu sous les noms de *Echinops. Gesn. Gmel. Rutton. Chameleon niger. Crocodilion. Acantaleuke. Agriocinara. Donakilis. Erusiskeptron. Leucacante. Ischias. Remptaria. Dios. Ritro, Spina alba. Latin.*

Description générique.

Le caractère de ce genre de plante est d'avoir le

calice commun polyphylle, dont les écailles sont en forme d'alêne, réfléchies totalement, renfermant plusieurs fleurs. Le périanthe partiel est à une fleur, oblong, imbriqué, anguleux, ayant leurs folioles en forme d'alêne, supérieurement lâches, droites, persistentes. La corolle est monopétale, de la longueur du calice, en forme d'entonnoir, à limbe fendu en cinq, réfléchi, s'ouvrant. Les filamens sont au nombre de cinq, capillaires, très-courts. L'anthère est cylindrique, tubuleuse, à cinq dents. Le germe du pistil est oblong. Le style est filiforme, de la longueur de la corolle. Le stigmate est double, oblong, un peu applati, replié. Le péricarpe est le calice changé, plus grand. La semence est unique, ovale, oblongue, plus étroite à la base, à sommet obtus, velu. Le réceptacle commun est globuleux, soyeux, lamelleux.

CLASSE.

Ce genre fait partie de la douzième classe de Tournefort, qui comprend les plantes à fleurons; & de la dix-neuvième de Linnæus, destinée aux plantes singénésiques polygamiques. Cet Auteur en admet quatre espèces.

PREMIERE ESPÈCE.

La première espèce est la Boulette ou l'Échinope. *Echinops sphærocephalus. Echinops capitulis globosis, foliis pubescentibus. Linn. Sp. Plant. edit. secundâ*, 1314. *Echinops calicibus unifloris, caule multifloro, foliis spinosis, suprà nudis. Linn. Sp. Plant. edit.* 1, *p.* 814. *Echinops floribus capitatis, calicibus unifloris. Hort. Cliff.* 300. *Hort. Ups.* 248. *Dalib. Paris.* 245. *Echinops major. Bauh. Hist.* 3, *p.* 69. *Carduus sphærocephalus, latifolius, vulgaris. Bauh. Pin.* 381. *Chalcepos. Dalech. Hist.* 1480. En Allemand, *Grosse Eberwurz Spher-distal.* En Anglois, *Glove-Thistle.*

Description.

La racine de cette espèce est fusiforme. Sa tige est herbacée, haute de plusieurs pieds, cannelée, rameuse. Ses feuilles sont alternes, aîlées, épineuses, cotonneuses en-dessous, nues en-dessus. Ses fleurs sont au sommet, disposées en tête ronde, à fleurons infundibuliformes, dont le limbe est divisé en cinq parties ouvertes & recourbées. Tous les fleurons sont posés sur un réceptacle commun, en forme de boule, renfermés chacun dans un calice propre, oblong, tuilé, anguleux, composé de folioles droites, en forme d'alêne. Le fruit est une seule semence ovale, oblongue, étroite à la base, obtuse au sommet & velue, renfermée dans chaque calice un peu renflé.

Lieu de sa naissance.

Cette espèce croît naturellement dans l'Italie, l'Espagne, l'Autriche. Elle est vivace.

Culture.

On la multiplie facilement par graines, qu'on laisse tomber d'elles-mêmes. Elles lèvent très-bien. On en transplante quelques pieds dans l'endroit où on veut les voir en fleurs. Ces plantes n'exigent ensuite d'autre culture que d'être débarrassées des mauvaises herbes. Elles fleurissent & donnent des semences la seconde année. Les racines vivent encore deux ou trois ans après. Il n'est pas toujours à propos de laisser tomber les graines de cet Échinope; car la plante se multiplie quelquefois si fort dans un jardin, qu'on a bien de la peine ensuite de l'y détruire : aussi on a grand soin dans les jardins où on cultive cette plante par variété, d'en couper la tête, dès que les graines sont mûres. Les fleurs paroissent en Juin. Les semences sont mûres en Août.

Propriétés médicinales.

Cette plante est apéritive, jouit des mêmes vertus que les Chardons, & est cependant moins usitée en Médecine.

SECONDE ESPÈCE.

La seconde espèce est l'Échinope épineux. *Echinops spinosus. Echinops capitulis globosis, aculeatis, foliis undique tomentosis. Turr. Fars.* 13. *Carduus sphærocephalus, capite longis spinis armato. Bauh. Pin.* 382. *Carduus sphærocephalus, acutus. Dod. Pempt.* 722.

Description.

Cette espèce a le port de l'espèce précédente; mais sa tige & ses feuilles sont plus tendres. Sa tige est ligneuse, sans poils glanduleux. Ces petites têtes sont les mêmes que dans l'espèce précédente; mais les fleurons sont blancs, plus grands que les découpures, qui sont réfléchies, à crochets. Entre les fleurons, il se trouve par-ci par-là des épines provenantes de petits calices non développés, quatre fois plus longs que les fleurons, qui enfin se partagent en deux, & entre lesquels il s'élève un fleuron beaucoup plus court que l'épine.

Figure.

Cette espèce est représentée dans les Pemptades de Dodéens, p. 722.

Lieu de sa naissance.

Elle est vivace, & croît naturellement dans l'Égypte, l'Arabie.

TROISIÈME ESPÈCE.

La troisième espèce est l'Échinope à petite tête. *Echinops Ritro. Echinops capitulo globoso, foliis suprà glabris. Linn. Sp. Plant.* 1314. *Echinops caule subunifloro. Hort. Ups.* 248. *Mill. Dict. t.* 130. *Echinops caule subunifloro, foliis duplicato-pinnatifidis, foliolis latiusculis vicinis. Gmel. Flor. Sibir.* 2, *p.* 100. *Carduus sphærocephalus, cæruleus, minor. Bauh. Pin.* 381. *Ritro floribus cæruleis. Lob. Ic.* 2, *p.* 8. *Crocodylium Monspeliensium. Dalech. Hist.* 1476.

Description.

La tige de cette espèce est blanche, cotonneuse. Ses fleurs sont glabres en-dessus, cotonneuses & blanches en-dessous. Les écailles du calice sont ciliées jusqu'au sommet.

Figure.

Cette espèce est représentée dans les Planches pour le Dictionnaire de Miller, pl. 130; & dans les Planches de Lobel, pl. 2.

Lieu de sa naissance.

Elle croît naturellement dans les collines arides de la Sibérie, de l'Italie & de la France. Elle est vivace.

Variété.

Variété.

Linnæus donne pour variété de cette espèce la plante connue sous le nom d'*Echinops caule subuniforo, foliis duplicato-pinnatifidis, foliolis linearibus, remotis. Gmel. Sib. 2, p. 102. Tab. 46.*

Culture.

On multiplie cette espèce de même que la précédente. Elle se plaît dans toutes sortes de terreins & à toutes sortes d'expositions.

QUATRIÈME ESPÈCE.

La quatrième espèce est l'Échinope sec. *Echinops strigosus. Echinops capitulis fascicularibus; calicibus lateralibus, sterilibus, foliis suprà strigosis. Linn. Sp. Plant.* 1315. *Læfl. Hisp.* 159. *Carduus tomentosus, capitulo majore. Bauh. Pin.* 382. *Scabiosa carduifolia, annua. Herm. Parad.* 224. *Spina alba. Lob. Ic.* 2, *p.* 9.

Description.

Les feuilles de cette espèce sont découpées en ailes, un peu larges, cotonneuses en-dessous ; elles ont en-dessus des poils roides, & les lobes lancéolés, terminés par une épine très-petite. Les côtés sont sans épines. Les calices sont à écailles en forme de carène, supérieurement lisses, ciliés à la base, en faisceaux, sans cependant être rassemblés en tête globuleuse. Les calices latéraux ou inférieurs sont plus petits, stériles ou dénués de fleurons.

Figure.

Cette espèce est représentée dans l'*Herm. Parad.*, pl. 224; & dans Lobel, pl. 2.

Lieu de sa naissance.

Elle est annuelle, & croît naturellement en Espagne & en Portugal.

Culture.

Elle fleurit en Juillet & dans les années chaudes & sèches. Les semences sont mûres en automne. On sème ses graines au printemps à demeure dans une plate-bande garnie de terreau. Les plantes qui en proviennent, n'exigent d'autre soin que d'être éclaircies dans les endroits où elles sont trop épaisses.

ECHITES, *l'Échite.*

NOMS GÉNÉRIQUES.

Ce genre de plante est connu sous les noms d'*Echites. Jacq. Nerium. Brow. Plum. Apocynum. Catesby.*

Description générique.

Le caractère de ce genre de plante est d'avoir le périanthe du calice aigu, petit, partagé en cinq. Sa corolle est monopétale, en forme d'entonnoir, dont le limbe est fendu en cinq, plane, s'ouvrant beaucoup. Le nectaire est à cinq petites glandes, qui environnent le germe. Les filamens des étamines sont au nombre de cinq, minces, droits. Les anthères sont roides, oblongues, pointues, convergentes. Les germes du pistil sont au nombre de deux. Le style est filiforme, de la longueur des étamines. Le stigmate est oblong, en forme de tête, à deux lobes, attaché aux anthères par son gluten. Les follicules du péricarpe sont au nombre de deux, très-longs, à une loge, à une valve. Les semences sont nombreuses, imbriquées, couronnées par une aigrette longue.

CLASSE.

Ce genre fait partie de la cinquième classe de Linnæus, qui comprend les plantes pentandriques monogyniques. Cet Auteur en admet onze espèces.

PREMIÈRE ESPÈCE.

La première espèce est l'Échite à deux fleurs, la Liane Mangle des François. *Echites biflora. Echites pedunculis bifloris. Linn. Sp. Plant.* 307. *Jacq. Americ. Hist.* 30. *Apocynum scandens, flore Nerii folio. Plum. Americ.* 82.

Description.

Cet arbrisseau est rameux, plein de lait couleur de neige. Ses tiges sont en partie droites, & en partie sarmenteuses, par le moyen desquelles il s'attache aux arbres voisins, & il y grimpe jusqu'à la hauteur de vingt pieds. Ses feuilles sont oblongues, amincies à la base, obtuses, avec une petite pointe, longues de trois pouces. Les péduncules sont à deux fleurs, très-rarement à trois. Les fleurs sont belles, très-blanches, avec une gueule jaune. Les folioles du calice sont ovales, très-petites, tombantes. Le tube de la corolle est en forme d'entonnoir, inférieurement aminci. Les découpures du limbe sont très-grandes, ovales, tronquées, obliques. Les petites glandes sont ovales, concaves, presque de la longueur du germe. Les filamens des étamines sont très-courts, poileux, au milieu du tube. Les anthères sont lancéolées, poileuses au sommet. Les germes du pistil sont ovales, plus courts que le calice. Le stigmate est poileux. Les follicules ou feuillets du péricarpe sont cylindriques, obtus, droits. Les semences sont linéaires, longues.

Figure.

Cette espèce est représentée dans l'Histoire des Plantes de l'Amérique, par Jacquin, pl. 21; & dans les Plantes de l'Amérique, par Plumier, pl. 96.

Lieu de sa naissance.

Elle croît naturellement dans l'Amérique.

SECONDE ESPÈCE.

La seconde espèce est l'Échite quinquangulaire. *Echites quinquangularis. Echites pedunculis racemosis, foliis obovatis, acuminatis. Linn. Sp. Plant.* 307. *Jacq. Amer. Hist.* 32.

Description.

Ses tiges sont sarmenteuses, ligneuses, un peu raboteuses. Ses feuilles sont longues de trois pouces. Les grappes sont simples. Les fleurs sont environ au nombre de seize, verdâtres, grandes, à limbe un peu jaune, ayant le bord du tube pentagonal & blanc. Les folioles de son calice sont ovales, concaves, très-petites, à sommets réfléchis. Le tube de la corolle est cylindrique, long, grossi à la naissance du limbe en bord pentagonal. Les lobes du limbe sont oblongs, supérieurement plus larges, tronqués, obliques, deux fois plus courts que le tube. Les petites glandes sont ovales, applaties, de la longueur du germe. Les filamens des étamines sont très-courts, intérieurement velus, attachés au tube, un peu au-dessus de sa moitié. Les anthères sont en forme de flèche, lancéolées, de la longueur du tube. Les germes du pistil sont ovales, un peu plus courts que le calice.

Figure.

Cette espèce est représentée dans l'Histoire des Plantes de l'Amérique, par Jacquin, pl. 25.

Lieu de sa naissance.

Elle croît naturellement dans l'Amérique.

TROISIEME ESPECE.

La troisième espèce est l'Échite droite. *Echites suberecta. Echites pedunculis racemosis; foliis subovatis, obtusis, mucronatis. Linn. Sp. Plant.* 307. *Jacq. Hist. Amer.* 13. *Apocynum erectum, fruticosum; flore luteo, maximo & speciosissimo. Sloan. Jam.* 89. *Hist.* 1, *p.* 206. *Apocynum scandens, amplo flore, luteo, villoso, siliquis angustissimis. Plum. Sp.* 2.

Description.

Cette espèce est ligneuse, abonde en lait blanc, croît à la hauteur de dix pieds dans les buissons; & à la hauteur de trois pieds, & quelquefois seulement à celle d'un pied, dans les prairies plus sèches. Les tiges s'entortillent à peine, & grimpent. Elles sont penchées, quand elles ne sont pas appuyées. Les feuilles approchent plus ou moins de la figure ovale. Elles sont tantôt glabres de chaque côté, tantôt raboteuses sur le dos. Les pédoncules sont à plusieurs fleurs, & soutiennent un petit nombre de fleurs jaunes, grandes, hérissées extérieurement, & belles. Les folioles du calice sont lancéolées, tombantes. Le tube de la corolle est cylindrique, de la longueur du calice. La gueule est campanulée, très-ample. Les lobes du limbe sont inégalement ronds, obliques, de la longueur de la gueule. Les petites glandes sont oblongues, concaves, de la longueur du germe. Les filamens des étamines sont très-courts, insérés dans le limbe du tube jusqu'à l'origine de la gueule. Les anthères sont en forme de flèche. Les germes du pistil sont ovales, beaucoup plus courts que le calice. Les follicules du péricarpe sont cylindriques, obtuses, droites. Les semences sont oblongues, pointues de chaque côté.

Figure.

Cette espèce est représentée dans l'Histoire des Plantes de l'Amérique, par Jacquin, pl. 26; & dans celle de la Jamaïque, par Sloane, t. 1, pl. 130.

Lieu de sa naissance.

Elle croît naturellement dans la Jamaïque.

QUATRIEME ESPÈCE.

La quatrième espèce est l'Échite glutineux. *Echites agglutinata. Echites pedunculis racemosis; foliis ovatis, emarginatis, cum acumine. Linn. Syst. Veg. edit. XIII. Murray.* 210. *Jacq. Americ. p.* 31.

Description.

Les tiges de cette espèce sont ligneuses, s'entortillant. Les feuilles sont ovales, longues de quatre pouces. Les pédoncules communs sont de la longueur des feuilles, souvent difformes, quelquefois fendus en deux. Les fleurs sont petites, blanches. Si on sépare les follicules, ce qui se trouve très-légèrement, dans chaque point de la séparation, vers les sommets auxquels ils sont attachés, il découle une petite goutte de liquide aqueux & glutineux, dont abonde toute la plante. Les folioles du calice sont ovales, très-petites, persistentes. Le tube de la corolle est cylindrique, à cinq sillons, long, ventru au milieu. Les lobes du limbe sont lancéolés, pointus, un peu plus courts que le tube, obliques. Les petites glandes sont oblongues, un peu plus courtes que le germe. Les filamens sont très-courts dans la partie élargie du tube. Les anthères sont de la longueur du tube de la corolle. Les germes du pistil sont ovales, de la longueur du calice. Les follicules du péricarpe sont cylindriques, droits, à sommets agglutinés.

Figure.

Cette espèce est représentée dans la vingt-troisième planche de l'Histoire des Plantes de l'Amérique, par Jacquin.

Lieu de sa naissance.

Elle croît naturellement à Saint-Domingue, au Cap-François.

CINQUIÈME ESPECE.

La cinquième espèce est l'Échite charnue. *Echites torulosa. Echites pedunculis subracemosis, foliis lanceolatis, acuminatis. Linn. Sp. Plant.* 317. *Nerium sarmentosum, scandens; ramulis tenuibus; folliculis græcilibus, torosis. Brow. Jam.* 4, *p.* 181.

Description.

Toute cette plante abonde en lait. Ses tiges sont ligneuses, cylindriques, s'entortillant. Ses feuilles sont longues de deux pouces. Ses pédoncules portent environ six fleurs petites & jaunes. Les folioles de leur calice sont lancéolées, droites, s'ouvrant, persistentes. Le tube de la corolle est cylindrique, ventru au milieu, & pentagonal, presque du double plus long que le calice. Les lobes du limbe sont étroits à la base, très-larges au sommet, tronqués, obliques, de la longueur du tube. Les petites glandes sont rondes, deux fois plus courtes que le germe. Les filamens des étamines sont très-courts, dans le ventre du tube. Les anthères sont un peu plus courts que le tube. Les germes du pistil sont ovales, plus courtes que le calice. Les feuillets du péricarpe sont charnus, cylindriques, pointus & droits.

Figure.

Cette espèce est représentée dans l'Histoire des Plantes de l'Amérique, par Jacquin, pl. 27; & dans l'Histoire de la Jamaïque, par Browne, pl. 16, fig. 2.

Lieu de sa naissance.

Elle croît naturellement dans la Jamaïque, dans les forêts montagneuses de Liguané.

SIXIÈME ESPÈCE.

La sixième espèce est l'Échite ombellée. *Echites umbellata. Echites pedunculis umbellatis; foliis ovatis, obtusis, mucronatis, caule volubili. Linn. Sp. Plant.* 307. *Jacq. Hist.* 30. *Periploca alia, floribus amplis, crenatis & crispis, radice Bryoniæ tuberosâ. Plum. Ic.* 216. *Apocynum scandens majus, folio subrotundo. Sloan. Jam.* 89. *Hist.* 1, *p.* 207. *Echites scandens, foliis ovatis, nitidis, venosis; floribus herbaceis. Brow. Jam.* 182. *Apocynum scandens, folio cordato, flore albo. Catesb. Carol.* 1, *p.* 58.

Description.

Cette plante monte à la hauteur de près de quinze pieds, aux arbres voisins, par ses tiges ligneuses, s'entortillant, lentes, inférieurement ligneuses & rongées, supérieurement vertes, cylindriques & luisantes. Elle abonde dans un suc glutineux & de couleur d'eau. Les feuilles sont rondes, ovales, en forme de cœur à la base, longues de trois ou quatre pouces. Les péduncules communs portent à leur sommet des fleurs en ombelle depuis quatre jusqu'à sept, accompagnées de quelques stipules faisant l'office d'enveloppe. Les fleurs sont grandes, belles. Le limbe est blanc. Le tube est extérieurement vert. Les folioles du calice des fleurs sont ovales, très-petites, persistentes. Le tube est très-long, à cinq stries, cylindrique à la base, ensuite grossissant & devenant ventru, & enfin cylindrique & entortillé. Les petites glandes sont rondes, concaves, trois fois plus courtes que le germe. Les étamines sont très-courtes, très-grosses, dans le ventre du tube. Les germes du pistil sont ovales, un peu plus courts que le calice. Le style grossit supérieurement. Les follicules du péricarpe sont cylindriques, obtuses supérieurement, légèrement entortillées, intérieurement sillonnées longitudinalement, horisontalement réfléchies par les côtés obtus, anguleux. Les semences sont ovales, anguleuses.

Figure.

Cette espèce est représentée dans l'Histoire des Plantes de l'Amérique, par Jacquin, p. 22; dans les Plantes du P. Plumier, par Burmann, pl. 216, fig. 2; dans l'Histoire de la Jamaïque, tom. 1, pl. 131, fig. 2; & dans l'Histoire de la Caroline, par Catesby, tom. 1, pl. 58.

Lieu de sa naissance.

Elle croît naturellement dans les haies & les buissons de la Jamaïque, de Saint-Domingue, du Cuba, & dans les Isles Bahama.

SEPTIÈME ESPECE.

La septième espèce est l'Echite fendue en trois. *Echites trifida. Echites pedunculis trifidis, multifloris; foliis ovato-oblongis, acuminatis. Linn. Sp. Plant.* 308. *Jacq. Americ.* 13. *Hist.* 31.

Description.

Toute cette plante abonde en lait, & grimpe aux arbres jusqu'à la hauteur de douze pieds. Ses tiges sont ligneuses, s'entortillant. Ses feuilles sont oblongues, ovales, pointues, longues de trois pouces. Les péduncules communs sont courts, le plus souvent fendus en trois, à petits pédicules difformes. Les fleurs sont grandes, passablement belles, dont le tube est d'un pourpre sale Le limbe est vert. Les lobes du périanthe de leur calice sont ovales, concaves. Le tube de la corolle est inférieurement ovale, supérieurement cylindrique, long. Les lobes du limbe sont oblongs, plus larges au sommet, tronqués, deux fois plus courts que le tube, obliques. Les petites glandes sont rondes, applaties, de la longueur du germe. Les étamines sont très-courtes, intérieurement velues, au fond de la partie cylindrique du tube. Les germes du pistil sont ovales, deux fois plus courts que le calice.

Figure.

Cette espèce est représentée dans l'Histoire des Plantes de l'Amérique, par Jacquin, pl. 24.

Lieu de sa naissance.

Elle croît naturellement dans l'Amérique, aux environs de Carthagène, au pied de la montagne de la Popa.

HUITIEME ESPECE.

La huitième espèce est l'Échite en bouquet, le Gras-de-galle. *Echites corymbosa. Echites racemis corymbosis, staminibus eminentibus, foliis lanceolato-ovatis. Linn. Syst. Veg. edit. XIII. Murray.* 210. *Jacq. Hist. Plant. Americ.* 34.

Description.

Cette plante abonde en un lait glutineux & blanc. Elle grimpe aux arbres jusqu'à la hauteur de vingt pieds, par le moyen de ses tiges, qui s'entortillent. Ses feuilles sont ovales, aigues, nombreuses, longues de deux pouces. Elles garnissent les rameaux les plus jeunes, qui sont longs d'un pied, & opposés. Les fleurs sont rouges, nombreuses, petites, sur des grappes rameuses & en bouquet. Le style est marqué par un sillon longitudinal de chaque côté, & très-léger, le long duquel il peut facilement se séparer en deux parties. Le fruit est de la grosseur & de la longueur de celui de l'Echite ombellée. Quant aux caractères de la fructification, M. Jacquin les décrit ainsi. Les folioles du calice sont ovales, concaves, conniventes, de la même couleur que la corolle, persistentes. Le tube de la corolle est cylindrique, très-court. Les déchiquetures du limbe sont lancéolées, obtuses, réfléchies, trois fois plus longues que le calice. Les glandes sont ovales, petites. Les filamens des étamines viennent du fond du tube de la corolle, & sont un peu plus longs que le tube. Les anthères sont grandes, conniventes en cône pointu, qui a dix dents à la base. Au-delà du tube de la corolle, le germe du pistil est ovale, didyme. Les follicules du péricarpe sont convexes d'un côté, applaties de l'autre, réfléchies horisontalement. Les semences sont oblongues.

Figure.

Cette espèce est représentée dans l'Histoire des Plantes de l'Amérique, par Jacquin, pl. 30.

Lieu de sa naissance.

Elle croît naturellement dans les forêts de l'Isle de Saint-Domingue.

NEUVIEME ESPÈCE.

La neuvième espèce est l'Echite en épi. *Echites spicata. Echites spicis axillaribus, brevibus; staminibus eminentibus; foliis subovatis. Linn. Syst. Veg. edit. XIII. Murray.* 210. *Jacq. Americ.* 34.

Description.

Cette plante abonde en lait couleur de neige. Elle grimpe aux arbres voisins jusqu'à la hauteur de soixante pieds, & même plus. Ses tiges sont cylindriques, ligneuses, sarmenteuses, flexibles, s'entortillant, ayant un pouce de diamètre. Elles ont, à des distances différentes des petits rameaux alternes, d'un demi-pied, feuillés dans toute leur longueur. Les feuilles sont oblongues, veineuses, un peu glabres, se terminant en pointe; opposées, longues d'un demi-pied. Les épis sont axillaires, opposés, épais, longs d'un demi-pouce, solitaires, s'ouvrant, divisés plus rarement en deux. Ils portent des fleurs nombreuses, blanches, petites, sessiles, à peine odoriférantes. Les folioles du calice de ces fleurs sont ovales, concaves, un peu roides, de la même couleur que la corolle, conniventes, ayant les extérieures plus larges. Le tube de la corolle est en forme d'entonnoir, supérieurement fermé par plusieurs poils horisontalement connivens, un peu plus courts que le calice. Les découpures du limbe sont lancéolées, aiguës, repliées, le double plus longues que le tube. Les glandes sont oblongues, petites. Les filamens des étamines naissent au fond du tube de la corolle, & ils sont un peu plus longs. Les anthères sont conniventes, en cône un peu obtus, qui a cinq dents à sa base, & qui est droit hors du tube de la corolle. Le germe du pistil est ovale, velu. Le stigmate est pointu.

Figure.

Cette espèce est représentée dans l'Histoire des Plantes de l'Amérique, par Jacquin, pl. 29.

Lieu de sa naissance.

Elle fleurit en Juillet & Août, & croît aux environs de Carthagène.

DIXIÈME ESPÈCE.

La dixième espèce est l'Echite ou Liane à queue. *Echites caudata. Echites corollis infundibuliformibus; apicibus linearibus, longissimis. Linn. Syst. Veg. edit. XIII. Murray*, 210. *Mant.* 52. *Burm. Ind.* 68. *Frutex volubilis, flagellis sese figens aliis rebus. Comonga seu Mangoenong Incolis dicta. D. D. Kleinhof.*

Description.

La tige de cette espèce s'entortille, est striée. Les feuilles sont pétiolées, ovales, oblongues, très-entières, pointues, très-glabres. Les péduncules sont axillaires, fourchus. Le calice est petit, à cinq segmens pointus. Le tube de la corolle est court. Le limbe est gonflé. Il a à son sommet cinq filamens plus longs que la corolle. Les étamines sont au nombre de cinq. Il n'y a qu'un seul style.

Figure.

Cette espèce est représentée dans le *Flora Indica* de Burmann, pl. 26.

Lieu de sa naissance.

Elle croît naturellement dans les endroits les plus élevés de Java.

ONZIÈME ESPÈCE.

L'onzième espèce est l'Echite ou Liane des écoles. *Echites scholaris. Echites foliis subverticillatis, oblongis; folliculis filiformibus, longissimis; umbellis compositis. Linn. Syst. Veg. edit. XIII.* 210. *Mant.* 53. *Lignum scholare. Rumph. Amb.* 2, *p.* 246. En Flamand, *Schœl-bout*; à Malaca, *Pule*; à Ternate, *Hangi*; à Macassar, *Rita*; dans l'Isle d'Amboine, à Leytimor, *Rite*; à Hitoë & Hoëamohel, *Lite*, & *Lyitoba* à Banda Tewer; à Malabar, *Pela*; chez les Brachmanes, *Santenu*.

Description.

Cet arbre a des rameaux seulement feuillés aux articulations. Les feuilles sont verticillées à cinq ou sept articulations, ovales, lancéolées, coriacées, striées transversalement, très-entières, pétiolées. Quelques péduncules naissent entre les feuilles, & sont de leur longueur. L'ombelle est composée. Les fleurs sont petites. Les follicules sont au nombre de deux, d'un demi-pied, filiformes, trois fois plus longues que les feuilles, & ainsi plus longues qu'aucune follicule connue.

Figure.

Cette espèce est représentée dans l'*Herbarium Amboinense*, tom. 2, pl. 82.

Lieu de sa naissance.

Elle croît naturellement dans l'Inde.

Propriétés médicinales.

L'écorce de cet arbre a plusieurs propriétés médicinales. Cette écorce broyée avec du suc de Limon & un peu de sel, étant passée & prise intérieurement, nettoie l'estomac par sa vertu détergente & amère, & rétablit l'appétit; mais c'est une boisson fort désagréable. Cette même écorce broyée avec du vinaigre, guérit l'enflure du ventre. On broye aussi quelquefois cette écorce avec les feuilles de *Klitsji* & *Sombong* dans un peu d'eau; & on donne ce remède dans les fièvres lentes & continues. Les racines menues de cet arbre, mangées avec le Pinang, guérissent de la fausse pleurésie, & enlèvent les points du dos & de la poitrine. L'écorce intérieure, broyée dans l'eau, & prise intérieurement, fortifie l'estomac & les intestins. C'est la raison pour laquelle les principaux Habitans de Macassar mêlent de cette écorce broyée, soit verte, soit sèche, avec le Riz & les autres alimens, qu'ils mangent pour fortifier, disent-ils, leurs estomacs, & pour devenir gras. Les Habitans de Ternate broyent cette écorce avec du vinaigre, & en prennent contre la fièvre. Le lait de cet arbre, instillé dans les ulcères pleins de vers, fait périr ces animaux. On emploie ses racines pour guérir l'ulcère du nez.

Propriétés économiques.

Dans les endroits où il y a beaucoup de ces arbres, & lorsqu'ils ont des troncs assez gros, on les débite en planches & en madriers; on en construit des maisons. Ce bois est beau & blanc, & il rend dans les appartemens la voix sonore; mais il ne dure pas long-temps, à moins qu'il ne soit à l'abri de l'humidité. On fait ordinairement avec ce bois de petites planchettes, longues d'un pied & un peu plus, épaisses d'un doigt, ornées d'un côté de paysages, où il y a un trou pour les pendre. Les enfans se servent de ces planchettes pour écrire leurs leçons, & pour en recevoir de leurs maîtres. Quand

Quand elles sont ainsi employées, on efface l'écriture avec les feuilles d'Ampelacus; & elles reprennent par ce moyen leurs premières beautés. Les Habitans de Java & de Malaya font usage de ce bois pour les boîtes où ils mettent leurs parfums, & pour d'autres étuis. On fait aussi avec ce bois des tables & des plats. On emploie les morceaux du tronc pour les jambages des portes. Ils prennent racines, & vivent long-temps. L'écorce de cet arbre, mêlée avec celle de l'Ampacus & le suc de Limon, & parsemée sur les légumes, en détruit les vers & les chenilles.

Observation.

Cet arbre est, dit-on, si ennemi de l'Arbre-à-poison de Macassar, que, si on porte un petit rameau ou une feuille de l'arbre dont il s'agit, dans une chambre où se trouve suspendu le venin de l'Arbre de Macassar, il perd aussi sa vertu venimeuse.

ECHIUM, *la Vipérine.*

NOMS GÉNERIQUES.

Ce genre de plante est connu sous les noms d'*Echium. Echites. Arida. Diosc. Echias. Cæsalp.*

Description générique.

Le caractère de ce genre de plante est d'avoir le périanthe du calice droit, persistant, partagé en cinq lobes en forme d'alêne, & droits. La corolle est monopétale, campanulée. Le tube est très-court. Le limbe est droit, s'élargissant insensiblement, obtus, fendu en cinq lobes le plus souvent inégaux; les deux supérieurs sont plus longs; celui d'en-bas est plus petit, aigu, réfléchi. La gueule est ouverte. Les filamens des étamines sont au nombre de cinq, en forme d'alêne, de la longueur de la corolle, inclinés, inégaux. Les anthères sont oblongues, se couchans. Les germes du pistil sont au nombre de quatre. Le style est filiforme, de la longueur des étamines. Le stigmate est obtus, fendu en deux. Le calice devient plus roide, sert de péricarpe, & renferme dans son sein les semences. Celles-ci sont au nombre de quatre, rondes, pointues obliquement.

CLASSE.

Ce genre fait partie de la seconde classe de Tournefort, qui comprend les plantes à fleurs infundibuliformes; & de la cinquième de Linnæus, destinée aux plantes pentandriques monogyniques. Cet Auteur en admet onze espèces.

PREMIERE ESPECE.

La première espèce est la Vipérine en arbrisseau. *Echium fructicosum. Echium caule fructicoso. Linn. Sp. Plant.* 199. *Hort. Cliff.* 43. *Roy. Lugdb.* 407. *Echium Affricanum fruticans, foliis pilosis. Comm. Hort.* 2, *p.* 107.

Description.

La tige de cette espèce est ligneuse. Les feuilles sont poileuses. Les fleurs ont cinq étamines, & jamais quatre. La découpure supérieure de la corolle est échancrée.

Figure.

Cette espèce est représentée dans l'*Hort. Amstælod.*, tom. 2, pl. 54.

Lieu de sa naissance.

Elle croît naturellement au Cap de Bonne-Espérance.

Culture.

Elle fleurit en Mai & Juin; mais ses semences mûrissent rarement en France. On la multiplie par graines, quand on peut s'en procurer. On les sème, dès qu'on les a reçues du pays, dans des pots pleins de terreau mêlé avec du sable. On laisse ces pots en plein air jusqu'au commencement d'Octobre. On les met pour lors sous un abri, pour les garantir de la gelée. On les découvre les jours qu'il ne gèle point, pour empêcher les semences de germer pendant l'hiver; car, si cette plante levoit dans cette saison, la tige seroit trop foible, pleine de suc, & sujette à pourrir par l'humidité. Il est donc plus à propos que ses semences ne levent que vers le mois de Mars, qui est le vrai temps de la germination. Quand les jeunes plantes qui en proviennent, sont assez fortes pour être transplantées, on les met chacune séparément dans un petit pot plein de terreau, & on les place à l'ombre, pour qu'elles reprennent plus facilement: après quoi, on les habitue insensiblement au grand air; & sur la fin de Mai, on les met entièrement dehors à une exposition bien abritée. Elles y peuvent rester jusqu'au commencement d'Octobre. On les place pour lors dans l'Orangerie, & on les gouverne de la même manière que toutes les plantes du Cap.

SECONDE ESPÈCE.

La seconde espèce est la Vipérine argentée. *Echium argenteum. Echium foliis linearibus, albido-hirsutis, apice patulis. Linn. Syst. Veg. edit. XIII. Murray.* 160. *Mant.* 202. *Echium argenteum. Berg. Cap.* 40. *Buglossum Echioïdes, argenteum, floribus purpureis. Pluk. Mant.* 33.

Description.

Sa tige est déterminalement rameuse. Ses feuilles sont éparses, linéaires, aiguës, courbées en-dehors par le sommet, blanchissantes à poils blancs. Les fleurs sont pourpres.

Figure.

Cette espèce est représentée dans le *Mantissa* de Plukenet, pl. 341, fig. 8.

Lieu de sa naissance.

Elle croît naturellement sur les montagnes noires du Cap de Bonne-Espérance.

TROISIÈME ESPÈCE.

La troisième espèce est la Vipérine en-tête. *Echium capitatum. Echium caule piloso, floribus capitato-corymbosis, æqualibus; staminibus corollâ longioribus; foliis hispidis. Linn. Syst. Veg. edit. XIII. Murray.* 160. *Mant.* 42.

Description.

La tige est ligneuse, rameuse, poileuse. Les

feuilles sont lancéolées, parsemées de soies étendues, luisantes, bulbeuses à la base. Les fleurs sont rassemblées, épaisses, en petites têtes terminales. Les corolles sont régulières, en forme d'entonnoir, à peine plus grandes que celles du Lycopsis. Les étamines sont plus longues que les corolles, & le style deux fois plus long que les étamines.

Lieu de sa naissance.

Cette espèce est vivace, & croît naturellement au Cap de Bonne-Espérance.

QUATRIEME ESPECE.

La quatrième espèce est la Vipérine à feuilles de Plantain. *Echium Plantagineum. Echium foliis radicalibus, ovatis, lineatis, petiolatis. Linn. Syst. Veg. edit. XIII. Murray.* 160. *Mant.* 202. *Echium lato Plantaginis folio, Italicum. Barr. Rar.* 145.

Description.

Les feuilles sont supérieurement poileuses, molles, hérissées; les radicales sont ovales, semblables à celles du Plantain, rayées, très-entières, pétiolées, grandes; les caulinaires sont lancéolées, sessiles. Les tiges sont poileuses, à poils mous. Il se trouve des points sous les poils; mais ces points sont menus. Les corolles sont violettes. Les bractées sont entre les fleurs, en forme de demi-cœur, de la longueur du calice.

Figure.

Cette espèce est représentée dans les Plantes de Barrelier, pl. 1026.

Lieu de sa naissance.

Elle est annuelle, & croît en Italie.

CINQUIÈME ESPÈCE.

La cinquième espèce est la Vipérine-lisse. *Echium lævigatum. Echium caule lævi, foliis lanceolatis, nudis, margine, carinâ apiceque scabris. Linn. Sp. Plant.* 199. *Echium Affricanum, perenne, Lycopsis facie. Old. Aff.* 27. *Echium Affricanum, minus, foliis oblongis, glabris; floribus cæruleis. Herm. Affric.* 8.

Description.

Les tiges sont en sous-arbrisseau à la base, lisses, hautes d'un pied. Les feuilles sont lancéolées, glabres, à bord & à carène raboteuse, à points calleux en pointe. Les grappes sortent des aisselles des feuilles supérieures. Elles sont secondes, lisses. Les calices sont lisses. La corolle est un peu irrégulière. Les étamines sont inclinées. Les semences sont en forme de Chaussetrappe.

Variété.

M. Murray donne pour variété de cette espèce la Vipérine des Pyrénées. *Echium Pyrenaïcum. Mant.* 334. *Echium majus & asperius, flore diluto & purpureo. Tourn. Inst.* 135. *Lycopsis Monspelinea, flore diluto, purpureo. Moris. Blef.* 184.

Description.

Cette variété est très-semblable à la Vipérine d'Italie, & est hérissée. La corolle n'est pas plus large que le calice, incarnate, en forme d'entonnoir, presque régulière, deux fois plus longue que le calice, poileuse en-dehors, & plus pâle. Les filamens sont deux fois plus longs, d'un rouge foncé. Les anthères sont bleues. Les semences sont lisses, à trois dents au sommet, dont celle du milieu ou l'intérieure est plus avancée.

Lieu de sa naissance.

Cette espèce est vivace, & croît au Cap de Bonne-Espérance.

SIXIÈME ESPÈCE.

La sixième espèce est la Vipérine d'Italie. *Echium Italicum. Echium caule erecto, piloso; spicis hirsutis; corollis subæqualibus; staminibus longissimis. Linn. Sp. Plant.* 200. *Murr. Pl. Gott.* 143. *Hudson. Angl.* 70. *Echium corollis vix calicem excedentibus, margine villosis. Hort. Ups.* 35. *Sp. Plant.* 1, *p.* 139. *Echium majus & asperius, flore albo. Bauh. Pin.* 254. *Echium flore albo. Cam. Epit.* 738.

Observation.

Cette espèce ne diffère de la suivante que par ses feuilles plus pâles, plus étroites, plus lisses, par ses grappes plus petites, par ses corolles cendrées ou d'un blanc bleuâtre, à peine plus longues que le calice.

Lieu de sa naissance.

Elle croît naturellement dans les collines sèches de l'Angleterre, de l'Italie, aux environs de Montpellier.

SEPTIEME ESPECE.

La septième espèce est la Vipérine commune. *Echium vulgare. Echium caule tuberculato-hispido; foliis caulinis, lanceolatis, hispidis; floribus spicatis, lateralibus. Linn. Sp. Plant.* 200. *Hort. Cliff.* 43. *Flor. Suec.* 158, 168. *Roy. Lugdb.* 407. *Dalib. Paris.* 61. *Echium vulgare. Bauh. Pin.* 254. *Clus. Hist.* 2, *p.* 143. *Bauh. Hist.* 3, *p.* 585. *Moris. Hist.* 3, *p.* 440, *sect.* 11. *Boerrh. Lugdb.* 1, *p.* 194. En Allemand, *Wildo ochsen-zunge*; en Anglois, *Vipers Bugloss*; en Italien, *Viperina*; en Suédois, *Klaakunter*; en Danois, *Vild oxetunge*, *Slangehoved.*

Description.

La racine de cette espèce est longue, ligneuse, rameuse. Sa tige est de la hauteur de deux pieds, velue, ronde, ferme, marquetée de points rudes, noirs ou rouges. Les feuilles sont caulinaires, lancéolées, rudes au toucher, tachetées, placées sans ordre, longues, velues. Les fleurs sont en épis, placées sur les côtés, monopétales, infundibuliformes, découpées en cinq parties inégales, la supérieure étant la plus longue.

Figure.

Cette espèce est représentée dans l'Histoire des Plantes, par Morison, tom. 3, sect. 11, pl. 27, fig. 1; & dans le *Flora Danica* d'Œder, pl. 445.

Lieu de sa naissance.

Elle croît naturellement le long des champs & des chemins, par toute l'Europe. Elle est bisannuelle.

Propriétés médicinales.

Les vertus de cette plante ne sont pas des mieux connues. Nous passerons sous silence celles qui passent pour être douteuses: nous dirons seulement, avec quelques Médecins, que son infusion est bonne dans la petite vérole; qu'elle a les mêmes vertus que la Buglose, à laquelle on peut la substituer, mais cependant dans un moindre degré.

HUITIÈME ESPÈCE.

La huitième espèce est la Vipérine violette. *Echium violaceum. Echium corollis stamina æquantibus, tubo calice breviore. Linn. Syst. Veg. edit. XIII. Murr.* 160. *Mant.* 42. *Echium sylvestre, hirsutum, maculatum. Bauh. Pin.* 254. *Echium rubro flore. Clus. Hist.* 2, *p.* 164.

Description.

Cette espèce est très-semblable à la précédente; mais les corolles sont violettes. La tige est plus étendue. Les étamines ne sont pas plus longues que la corolle. Elles sont pourpres, cependant à style blanc, poileux. Le tube de la corolle est presque de la longueur du calice. La face est distincte.

Lieu de sa naissance.

Elle croît naturellement dans l'Autriche.

NEUVIEME ESPÈCE.

La neuvième espèce est la Vipérine de Candie. *Echium Creticum. Echium caule procumbente, calicibus frutescentibus, distantibus. Linn. Sp. Plant.* 200. *Hort. Ups.* 35. *Echium caule simplici, foliis caulinis, linearibus; floribus spicatis, ex alis. Hort. Cliff.* 43. *Echium Creticum, angustifolium, rubrum. Bauh. Pin.* 254. *Echium Creticum, latifolium, rubrum. Bauh. Pin.* 258. *Echium Creticum,* 12. *Clus. Hist.* 2, *p.* 165.

Observation.

Cette espèce diffère de la Vipérine commune par sa tige, qui est plus rameuse, plus feuillée; par ses feuilles plus ovales, & par ses corolles, qui sont très-grandes, rouges. Ses étamines ne sont pas plus longues que la lèvre la plus courte de la corolle.

Lieu de sa naissance.

Elle croît naturellement au Levant, dans l'Isle de Candie. Elle est annuelle.

Culture.

Elle est une des plus belles. On la multiplie par graines, qu'on sème toutes les années à demeure. Quand les semences sont levées, les jeunes plantes qui en proviennent, n'exigent d'autre soin que d'être débarrassées des mauvaises herbes, & d'être éclaircies aux endroits où elles sont trop épaisses. Ces plantes fleurissent en Juillet, & les semences mûrissent cinq ou six semaines après.

DIXIÈME ESPÈCE.

La dixième espèce est la Vipérine du Levant. *Echium Orientale. Echium caule ramoso, foliis caulinis, ovatis; floribus solitariis, lateralibus. Linn. Sp. Plant.* 200. *Hort. Cliff.* 43. *Roy. Lugdb.* 407. *Echium Orientale, Verbasci folio, flore maximo, campanulato. Tourn. Coroll.* 6. *Itin.* 3, *p.* 94.

Description.

M. Tournefort décrit ainsi cette espèce dans son Voyage du Levant. Sa racine a plus d'un pied de long. Elle est épaisse de deux pouces, accompagnée de grosses fibres blanchâtres en-dedans, mucilagineuse, douceâtre, couverte d'une écorce brune & gersée. La tige, qui est haute d'environ trois pieds, est grosse comme le pouce, vert-pâle, dure, solide, & remplie d'une chair gluante & comme glaireuse. Les feuilles inférieures ont quinze ou seize pouces de longueur, sur quatre à cinq pouces de largeur, pointues, vert-blanchâtre, douces, molles, velues, comme satinées en-dessus, cotonneuses pardessous, relevées d'une grosse côte, laquelle fournit une nervure assez semblable à celle des feuilles du Bouillon-blanc. Ces feuilles diminuent considérablement le long de la tige, où elles n'ont guère plus d'un demi-pied de long, moins cotonneuses que les premières, mais beaucoup plus pointues. De leurs aisselles, naissent des branches longues d'environ demi-pied, hérissées de poils assez fermes, de même que le haut de la tige, accompagnées de feuilles d'environ un pouce & demi de longueur. Toutes ces branches se divisent en petits brins recourbés en queue de scorpion, chargés des plus grandes fleurs qu'on ait observées jusqu'ici sur les espèces de ce genre. Chaque fleur a un pouce & demi de haut. Vers le bas, c'est un tuyau de quatre ou cinq lignes de diamètre, & tant soit peu courbé, lequel se dilate ensuite en manière de cloche, dont l'ouverture est divisée en cinq parties égales, taillées en arcade gothique. Cette fleur est bleu-pâle, tirant sur le gris de perle; mais trois de ses découpures sont traversées dans leur longueur par deux bandes rouges-sang de bœuf, sur un fond purpurin fort clair. Des bords intérieurs du tuyau, naissent cinq étamines blanches, recourbées en crochet, chargées chacune d'un sommet jaunâtre. Le calice est presqu'aussi long que la fleur, & découpé en cinq parties jusques vers le bas, lesquelles n'ont qu'environ deux lignes de large, pointues, vert-pâle, hérissées de poils fort gros. Le pistil pousse du fond de ce calice, formé par quatre embryons arrondis & verdâtres, du milieu desquels sort un filet presqu'aussi long que la fleur, légèrement velu, purpurin & fourchu. Les graines, quoique peu avancées, étoient assez semblables à celles d'une vipère. La fleur n'a point d'odeur. Les feuilles ont un goût d'herbe assez agréable.

Figure.

Elle est représentée dans le Voyage de Tournefort, tom. 2, p. 107, fig. 107.

Lieu de sa naissance.

Elle croît naturellement au Levant.

ONZIÈME ESPÈCE.

L'onzième espèce est la Vipérine de Portugal. *Echium Lusitanicum. Echium corollis stamine longioribus. Linn. Sp. Plant.* 200. *Echium caule simplici, foliis caulinis, lanceolatis, sericeis; floribus spicatis, lateralibus. Roy. Lugdb.* 407. *Echium amplissimo folio, Lusitanicum. Tourn. Inst. Rei. Herb.* 135.

Description.

La tige de cette espèce est simple. Les feuilles

de la tige sont lancéolées, soyeuses, très-longues. Les fleurs sont en épis, latérales. Les corolles sont plus longues que l'étamine.

Lieu de sa naissance.

Cette espèce est vivace, & croît naturellement dans la partie méridionale de l'Europe.

Insecte qui se trouve sur les Vipérines.

On trouve sur les Vipérines un insecte qui se nomme en François Altise jaune: *Chrysomela exsoleta. Chrysomela saltatoria, livida; pedibus testaceis; abdomine capiteque fusco. Linn. Sp. Plant.* 594. *Altica flava. Geoff.* Tout le corps de cette espèce est jaune. Cette couleur est plus pâle sur le corcelet, la tête & les étuis, & plus fauve aux pattes, aux antennes, & sur le dessous du corps. Les yeux seuls sont bruns.

ECLIPTA, *l'Éclipse.*

Description générique.

Le caractère de ce genre de plante est d'avoir le calice simple, la corolle composée, radiée; les petites corolles du disque fendues en quatre, nombreuses & hermaphrodites; les petites corolles du rayon, femelles, en petit nombre; les filamens des étamines au nombre de cinq, capillaires, très-courts; l'anthère cylindrique, tubuleuse. Le germe du pistil est un peu oblong. Son style est filiforme, de la longueur des étamines. Les stigmates sont au nombre de deux, réfléchis. Le péricarpe n'est autre chose que le calice changé. Les semences sont solitaires, un peu épaisses, anguleuses sans aigrette. Le réceptacle est cannelleux.

CLASSE.

Ce genre fait partie de la dix-neuvième classe de Linnæus, qui comprend les plantes syngénésiques polygamiques superflues. M. Murray, dans la treizième édition du *Systema Vegetabilium*, en admet deux espèces.

PREMIÈRE ESPÈCE.

La première espèce est l'Éclipse droite. *Eclipta erecta. Eclipta caule erecto, foliis basi deflexis, sessilibus. Linn. Syst. Veg. edit. XIII. Murray.* 286. *Verbesina alba. Sp. Plant.* 1272. *Mant.* 475. *Verbesina foliis lanceolatis, serratis, sessilibus. Hort. Cliff.* 500. *Gron. Virg.* 128. *Eupatorio Phalacrom, Balsaminæ fœminæ folio, flore albo, discoide. Vaill. Act.* 597. *Dill. Elth.* 138. *Scabiosa Conysoïdes, Americana, latifolia; capitulis & floribus albis, parvis. Pluk. Alm.* 335. *Moris. Hist.* 3, *p.* 47, *s.* 6. *Eclipta. Rumph. Amb.* 6. A Malaca, *Daun Sipat*; en Portugais, *Folho maco*; à Ternate, *Wangi*, *Wangi Maiho*; à Bandi, *Daun tinta.*

Description.

Cette espèce ressemble au *Coreopsis bidens.* Ses feuilles sont sessiles, lancéolées, découpées à dents de scie, à trois nervures, dont les paires sont éloignées. Les fleurs sortent au nombre de deux des aisselles alternes des feuilles. Elles ont un long péduncule lainé. Leur calice est simple. Les semences sont sans barbe.

Figure.

Cette espèce est représentée dans le *Dillenii Hort. Elth.*, pl. 113, fig. 137; dans l'*Almag.* de Plukenet, pl. 109, fig. 1; dans l'Histoire des Plantes, par Morison, tom. 3, sect. 6, pl. 23, fig. 16; dans l'*Herb. Amboin.*, tom. 6, pl. 18, fig. 1; & dans la seconde partie de cet Ouvrage.

Lieu de sa naissance.

Elle est bisannuelle, & croît naturellement dans la Virginie, à Surinam, à Amboine.

Propriétés alimentaires.

A Baleya, on se sert de cette plante en guise de Potage, qu'on mêle avec d'autres plantes potagères.

Propriétés médicinales.

Cette plante est rafraîchissante. Toute l'herbe broyée dans l'eau, & exposée pendant la nuit à la rosée, est très-bonne pour laver la tête le jour suivant, en y ajoutant de la rapure de moëlle de Calappus; mais il faut que le malade puisse la supporter aussi froide que faire se peut. Elle rafraîchit la tête, fait croître les cheveux, & les teint en noir. On fait avec ce même suc un liniment sur la tête des enfans nouveaux nés, pour qu'il leur croisse vite des cheveux noirs. Les femmes de Malaca se frottent aussi avec ce même suc leurs sourcils, pour les avoir épais & noirs. On frotte encore avec le suc les taches rouges des enfans. Les asthmatiques d'Amboine en prennent intérieurement contre cette maladie, & s'en frottent en même temps la poitrine. Les feuilles broyées avec un peu de sel, & appliquées sur le front, guérissent la céphalalgie.

SECONDE ESPECE.

La seconde espèce est l'Éclipse couchée. *Eclipta prostrata. Eclipta caule prostrato, foliis subundulatis, subpetiolis. Linn. Syst. Veg. edit. XIII. Murray.* 648. *Mant.* 286. *Verbesina prostrata. Verbesina foliis lanceolatis, serratis; floribus alternis, geminis, subsessilibus. Linn. Sp. Plant.* 1272. *Mant.* 473. *Eupatoriophalacron Menthæ arvensis folio. Vaill. Act.* 598. *Dill. Elth.* 139. *Chrysanthemum Maderaspatanum, Menthæ arvensis folio & facie; floribus bigemellis ad alas, pediculis curtis. Pluk. Alm.* 100.

Description.

Dans cette espèce, les corolles sont blanches, à anthères brunâtres. Les fleurs sont alternativement au nombre de deux, mais à péduncules très-courts; & l'herbe n'est pas droite.

Figure.

Cette espèce est représentée dans le *Dillenii Hort. Elth.*, pl. 113, fig. 138; & dans l'*Almag.* de Plukenet, pl. 118, fig. 5.

Lieu de sa naissance.

Elle croît naturellement dans l'Inde.

EHRETIA, *l'Ehret.*

Description générique.

Le caractère de ce genre de plante est d'avoir le périanthe du calice monophylle, campanulé, à demi-fendu demi-fendu en cinq, obtus, très-petit, persistant. La corolle est monopétale. Le tube est plus long que le calice. Le limbe est fendu en cinq lobes ovales, planes. Les filamens des étamines sont au nombre de cinq, en forme d'alène, ouverts, de la longueur de la corolle. Les anthères sont rondes, se couchant. Le germe du pistil est rond. Le style est filiforme, supérieurement plus gros, de la longueur des étamines. Le stigmate est obtus, échancré. Le péricarpe est une baie ronde, à une loge. Les semences sont au nombre de quatre, convexes d'un côté, anguleuses de l'autre.

CLASSE.

Ce genre fait partie de la cinquième classe de Linnæus, qui comprend les plantes pentandriques monogyniques. Cet Auteur en admet quatre espèces.

PREMIÈRE ESPECE.

La première espèce est l'Ehret à feuilles de Viourne-Tin. *Ehretia tinifolia. Ehretia foliis oblongo-ovatis, integerrimis, glabris; floribus paniculatis. Linn. Sp. Plant.* 274. *Amœn. Acad.* 5, *p.* 395. *Ehretia foliis alternis, oblongis, acuminatis; spicâ florum sparsâ; petalis reflexis, albis. Trew. Ehret. t.* 24. *Ehretia arborea, foliis oblongo-ovatis, alternis; racemis terminalibus. Brow. Jam.* 168. *Ceraso affinis arbor baccifera, racemosa; flore albo, pentapetalo; fructu flavo, monopyreno eduli dulci. Sloan. Jam.* 2, *p.* 94. *Rai. Dendr.* 45.

Description.

Cet arbre a le port du Laurier-Tin. Ses feuilles sont alternes, pétiolées, ovales, obtuses, très-entières, nues, un peu raboteuses, cotonneuses en-dessous. La panicule est terminale, en bouquet. Le calice est ovale, à demi-fendu en cinq.

Figure.

Cette espèce est représentée dans les Plantes Choisies de Trew, pl. 24; dans l'Histoire de la Jamaïque, par Browne, pl. 16, fig. 1; & dans celle de Sloane, tom. 2, pl. 203, fig. 1.

Lieu de sa naissance.

Elle croît naturellement dans la Jamaïque.

Culture.

Cette espèce, de même que les suivantes, est trop délicate pour vivre en plein air dans nos climats. Il lui faut pendant l'hiver la serre chaude; mais quand les jeunes plantes ont acquis assez de force, on peut les exposer au grand air pendant l'été, pourvu que ce soit un endroit abrité; & quand les soirées de l'automne commencent à devenir froides, on les renferme. On les multiplie par semences, quand on peut s'en procurer. On les sème dans des petits pots, qu'on enfonce dans une couche chaude. On les multiplie aussi par marcottes; mais il leur faut du temps pour prendre racine.

Propriétés d'ornement.

Cette espèce mérite d'être cultivée à cause de sa beauté.

SECONDE ESPÈCE.

La seconde espèce est l'Ehret épineux, le Cacaracara à Carthagène. *Ehretia spinosa. Linn. Sp. Plant.* 275. *Jacq. Americ.* 46.

Description.

Le tronc de cet arbre a souvent trois ou quatre pouces de diamètre, qui se divise, presque à la superficie de la terre, ordinairement en trois rameaux, dont chacun forme une espèce de tronc, qui parvient à la hauteur de vingt-cinq ou trente pieds. Ces rameaux, après en avoir jeté quelques-uns de part & d'autre, parviennent à peine à la hauteur de deux pieds, qu'ils ne peuvent plus se soutenir, à moins qu'ils ne soient appuyés auprès d'autres arbres, & qu'ils se courbent vers la terre. Ils sont garnis par-ci par-là de plusieurs petits rameaux latéraux & très-courts. Leur écorce est cendrée & glabre. Les épines sont axillaires dans les petits rameaux, parsemées dans le tronc & dans les principaux rameaux. Elles sont ligneuses, fortes, en forme d'alène, courtes, très-épaisses, dont les plus vieilles poussent ordinairement, de la moitié de leurs parties, un petit rameau perpendiculaire, feuillé, & de la même longueur. Les feuilles sont oblongues, amincies à la base, obtuses, entières, quelquefois courbées, luisantes, à courts pétioles, longues de trois ou quatre pouces. Elles sortent ordinairement cinq à six du même tubercule, & tombent toutes les années. Les grappes sont courtes, en bouquet, rameuses, appuyées sur des stipules en forme d'alène. Elles naissent du centre des tubercules, ordinairement avant la sortie des nouvelles feuilles. Ses fleurs sont nombreuses, petites, à corolles jaunâtres. Les découpures du style peuvent passer pour le stigmate même qui est partagé en deux. Les fruits sont rouges & de la grosseur des Pois.

Figure.

Cette espèce est représentée dans les Plantes de l'Amérique, par Jacquin, pl. 180, fig. 18.

Lieu de sa naissance.

Elle croît naturellement à Carthagène, dans les forêts épaisses de l'Amérique. Elle fleurit en Août, & donne du fruit mûr sur la fin d'Octobre.

TROISIEME ESPÈCE.

La troisième espèce est l'Ehret bourrer. *Ehretia bourreria. Ehretia foliis ovatis, integerrimis, lævibus; floribus subcorymbosis; calicibus glabris. Linn. Sp. Plant.* 275. *Cordia bourreria. Amœn. Acad.* 5, *p.* 395. *Bourreria fructibus succulentis. Jacq. Americ.* 14. *Bourreria arborea, foliis ovatis, alternis; racemis ramoribus, terminalibus. Brow. Jam.* 168. *Mespilus Americana, laurifolia, glabra; fructu rubro, mucaginoso. Comm. Hort.* 1, *p.* 153. *Pittoniæ similis, Laureolæ foliis, floribus albis, baccis rubris. Catesby. Carol.* 2, *p.* 79. *Jasmininum Periclymeni folio, flore albo; fructu flavo, rotundo, tetrapyreno. Sloan. Jam.* 169. *Hist.* 2, *p.* 96. *Raj. Dendr.* 63. *Strong Back* dans les Isles de Bahama.

Description.

C'est un arbrisseau qui s'élève à la hauteur de douze pieds plus ou moins. Ses feuilles sont alternes, placées sur de longues tiges, exactement ovales, lisses de chaque côté. Ses fleurs croissent plusieurs ensemble sur des pédicules d'un demi-pouce de long, à l'extrémité des branches. Elles sont tubuleuses, monopétales & divisées dans leur bord en cinq sections, de même que le calice. Il leur succède des baies rondes & rouges, de la grosseur qu'elles sont représentées, renfermant plusieurs semences, comme celles de l'épine blanche.

Figure.

Cette espèce est représentée dans l'Histoire de la Jamaïque, par Browne, pl. 15, fig. 2; dans l'*Hort. Amsteld.*, tom. 1, pl. 79; dans l'Histoire de la Caroline, par Catesby, tom. 2, pl. 79; & dans l'Histoire de la Jamaïque, par Browne, tom. 2, pl. 204, fig. 1.

Lieu de sa naissance.

Elle croît naturellement dans l'Amérique méridionale.

Propriétés médicinales.

Les Habitans des Isles Bahama font une décoction de l'écorce de cet arbrisseau. Ils en font grand usage, & ils lui attribuent les propriétés de fortifier l'estomac, de redonner l'appétit, &c.

Propriétés alimentaires pour les animaux.

Les lapins, les guannas & les oiseaux en aiment beaucoup les baies.

QUATRIÈME ESPÈCE.

La quatrième espèce est l'Ehret sans suc. *Ehretia exsucca. Ehretia foliis cuneiformi-lanceolatis, margine reflexis. Linn. Sp. Plant.* 275. *Bourreria exsucca, fructibus exsuccis, quadrifidis. Jacq. Americ.* 45. *Rhamnus cumanensis. Læfl. It.* 182.

Description.

Cet arbrisseau croît à la hauteur d'environ quinze pieds, quelquefois droit, quelquefois se soutenant aux arbres voisins. Ses feuilles sont ovales, aiguës, très-glabres, alternes, pétiolées, longues de deux pouces. Ses grappes sont en bouquet, terminales. Ses fleurs ont une odeur douce. Les corolles sont blanches, à lobes obtus, & à anthères ovales & grandes. Les baies sont vertes, tétragonales, ayant quatre légers sillons, se terminant en une pointe obtuse, n'ayant aucune pulpe, enfin d'un noir jaunâtre, s'ouvrant de quatre côtés avec les semences qui leur sont attachées.

Figure.

Cette espèce est représentée dans l'Histoire des Plantes de l'Amérique, par Jacquin, pl. 173, fig. 17.

Lieu de sa naissance.

Elle croît naturellement dans l'Amérique, aux environs de Carthagène.

ELŒAGNUS, *l'Olivier de Bohème.*

NOMS GÉNÉRIQUES.

Ce genre de plante est connu sous les noms d'*Elæagnus. Lat. Tourn. Zarneb. Rhez. Sasfas. Syr. Oleaster. Heist.*

Description générique.

Le caractère de ce genre est d'avoir le périanthe du calice monophylle, fendu en quatre, supérieur, droit, campanulé, extérieurement raboteux, intérieurement coloré, tombant. Il n'y a point de corolle. Les filamens des étamines sont au nombre de quatre, très-courts, insérés plus bas que les divisions du calice. Les anthères sont oblongues, se couchant. Le germe du pistil est rond, inférieur. Le style est simple, un peu plus court que le calice. Le stigmate est simple. Le péricarpe est un fruit à noyau, ovale, obtus, glabre, à sommet pointillé. La semence est une noix oblongue, obtuse.

CLASSE.

Ce genre fait partie de la vingtième classe de Tournefort, qui comprend les arbres à fleurs monopétales; & de la quatrième de Linnæus, destinée aux plantes tétandriques monogyniques. Cet Auteur en admet quatre espèces.

PREMIÈRE ESPÈCE.

La première espèce est l'Olivier sauvage ou de Bohème. *Elæagnus angustifolia. Elæagnus foliis lanceolatis. Linn. Sp. Plant.* 176. *Roy. Lugdb.* 250. *Hort. Upf.* 31. *Elæagnus. Cam. Epit.* 106. *Hort. Cliff.* 38. *Olea sylvestris, folio molli, incano. Bauh. Pin.* 472. *Olea sylvestris, septentrionalium. Lob. Hist.* 567. *Ziziphus Capadocia, quibusd. Olea Bohemica. Bauh. Hist.* 1, *p.* 27. *Ziziphus Capadocia. Dod. Pempt.* 807. *Ziziphus alba. Clus. Hist.* 1, *p.* 29. *Arbor tristis Sbardonii. Barr. Rar.*

Description.

Cet arbre croît à une hauteur médiocre. Sa racine est rameuse & ligneuse. Sa tige est droite. Ses jeunes rameaux sont blanchâtres. Le bois est blanc, tendre & cassant. Les feuilles sont ovales, lancéolées, portées sur de courts pétioles, blanchâtres sur-tout en-dessous, comme velues & douces au toucher. Les fleurs sont en très-grand nombre, disposées le long des jeunes tiges, & placées deux à deux, ou trois à trois, à l'insertion des feuilles qui sont alternes. Ces fleurs sont monopétales, jaunes, & répandent une odeur forte, mais agréable, qui, selon M. Duhamel, a fait appeller cet arbre par les Portugais, l'*Arbre du Paradis*. Dans ces fleurs, le calice tient lieu de corolle. Il est campanulé, divisé en quatre lobes aiguës, ouverts, jaunes en-dedans, blanchâtres en-dehors. On y remarque quatre étamines. Son fruit est à noyau. Il imite celui de l'Olivier, est ovale, obtus, glabre, marqué d'un point à son sommet, contenant un noyau oblong, obtus, dans lequel on trouve une amande.

Figure.

Cette espèce est représentée dans le Jardin d'Angleterre, pl. 19; & dans les Plantes de Barrelier, pl. 1196.

Lieu de sa naissance.

Elle croît naturellement dans la Bohème, la Syrie, l'Éthiopie, & sur le Mont Liban.

Culture.

On la multiplie par ses jeunes branches, qu'on marcotte en automne. Elles prennent racine dans l'espace d'un an. On les détache pour lors des vieux pieds, & on les transplante, ou dans une pépinière, pour les y élever pendant deux ou trois ans, ou dans des endroits à demeure. Le meilleur temps pour les transplanter, est la fin de Février, ou le commencement de Mars, quoiqu'on puisse aussi le faire au commencement d'Octobre, pourvu que les racines soient préservées des fortes gelées de l'hiver. On plante ces jeunes plantes à l'abri de la violence des vents; car, comme leurs branches sont très-délicates, elles sont fort sujettes à être rompues, quand les vents sont trop impétueux. Ces arbres ne sont pas de longue durée, aussi doit-on avoir soin d'en élever des jeunes plantes, tous les trois à quatre ans, pour les perpétuer.

Propriétés médicinales.

On prétend que les propriétés de cet Olivier sont les mêmes que celles de l'Olivier Franc. Voyez l'article qui le concerne.

Propriétés alimentaires pour les animaux.

Les abeilles sont fort friandes des fleurs de cet arbre; elles en sucent le nectar.

Propriétés d'ornement.

Ces arbres croissent communément à la hauteur de douze ou quatorze pieds. Quand ils se trouvent entremêlés avec d'autres arbres de la même hauteur, ils forment une belle variété. La couleur argentée de leurs feuilles les fait principalement distinguer.

SECONDE ESPECE.

La seconde espèce est l'Olivier sauvage du Levant. *Elæagnus Orientalis. Elæagnus foliis ovatis, oblongis, opacis. Linn. Syst. Veg. edit. XIII. Murr.* 137. *Elæagnus Orientalis, latifolius, fructu maximo. Tourn. coroll.* 33.

Description.

Le port de cette espèce est le même que celui de l'espèce précédente; mais ses feuilles sont deux fois plus larges, ovales, un peu oblongues, molles de chaque côté au toucher, pâles en-dessous, sans être luisantes ni argentées d'un côté ou de l'autre.

Lieu de sa naissance.

Elle croît naturellement au Levant. Ses fleurs, lorsqu'elles sont totalement épanouies, sont très-odorantes.

Culture.

Sa culture est la même que celle de l'espèce précédente. Ses propriétés sont aussi les mêmes. Son bois peut s'employer pour les ouvrages de marqueterie.

TROISIÈME ESPECE.

La troisième espèce est l'Olivier sauvage épineux. *Elæagnus spinosa. Elæagnus foliis ellipticis. Linn. Sp. Plant.* 177. *Amæn. Acad.* 4, *p.* 305. *Elæagnus Matthioli, Incolis seisesum. Rauw. It.* 112, 276.

Description.

Cette espèce diffère de la première par ses feuilles, qui sont de moitié plus courtes, sans être plus étroites, elliptiques, ou oblongues-ovales, de la figure & de la grandeur du *Vaccinium uliginosum*, supérieurement plus nues & vertes. Les fleurs sont quatre fois plus petites & plus aiguës. Il se trouve une épine forte à la naissance de chaque petit rameau. L'écorce est argentée dans l'herbe, rouge & glabre dans la tige.

Lieu de sa naissance.

Elle croît naturellement dans l'Egypte.

QUATRIEME ESPÈCE.

La quatrième espèce est l'Olivier sauvage de Ceylan. *Elæagnus latifolia. Elæagnus foliis ovatis. Linn. Sp. Plant.* 177. *Roy. Lugdb.* 250. *Flor. Zeyl.* 58. *Elæachnus foliis rotundis, maculatis. Burm. Zeyl.* 92. *Wælambilla. Herm. Zeyl.* 8. *Ziziphus Indica, argentea tota, Caryophylli aromatici flore. Herb. Herm. Zizyphus Zeylanica, argentea, spinis carens. Par. Bat. Pr. pag.* 386. *Amm. Char. pl. pag.* 618. *Zizyphus Indica & Zeylanica, argentea tota. Par. Bat. Pr. Mus. Zeyl. pag.* 8 & 37. *Zizyphus alba, argentea, Zeylanica Hermanni. Breyn. Prodr.* 2, *pag.* 105. *Zizyphus Zeylanica, argentea, Mali Cotoneæ folio, Wælembilia indigenis Hermanni. Ray. tom.* 3. *Dend. pag.* 44. *Olea sylvestris, argenteo folio. Pluk. Almag. p.* 269; & *Ray. tom.* 3. *Dendr. pag.* 47.

Description.

La tige de cette espèce est légèrement raboteuse. Il en sort alternativement des feuilles appuyées sur des pétioles d'un demi-pouce, cylindriques, supérieurement sillonnées. Ces feuilles sont rondes, supérieurement lisses, parsemées de taches pourpres, intérieurement argentées. Les fleurs avec les fruits, sortent des aisselles des feuilles sur des pédicules de grandeur moyenne. Elles sont d'une couleur extérieurement argentée, quand elles sont en bouton. Le fruit est oblong, sillonné, argenté, renfermant un noyau roussâtre, un peu mou. La pellicule qui enveloppe le noyau, est mouillée d'un peu d'humeur visqueuse.

Figure.

Cette espèce est représentée dans le *Burmanni Thesaur. Zeyl.*, pl. 39, fig. 2.

Lieu de sa naissance.

Elle croît naturellement dans l'Isle de Ceylan, & dans quelques autres contrées de l'Inde.

Culture.

Il lui faut une serre chaude, pour pouvoir la conserver dans nos climats. Elle est trop délicate, pour vivre en plein air, excepté seulement deux ou trois mois de l'été.

ELŒOCARPUS, *l'Éléocarpe.*

NOMS GÉNÉRIQUES.

Ce genre de plante est connu sous les noms de *Perinkara. Malab. Galidousa. Bram. Veralu. Zeyl. Elæocarpus. Burm.*

Description générique.

Le caractère de ce genre de plante est d'avoir le périanthe du calice à cinq folioles lancéolées, aiguës, égales. Les pétales de la corolle sont au nombre de cinq, laciniés, égaux, de la longueur du calice. Les filamens des étamines sont au nombre de vingt, très-courts, attachés au réceptacle. Les anthères sont linéaires, plus courtes que la corolle. Le germe du pistil est pointu. Le style est filiforme, de la longueur des étamines. Le stigmate est aigu. Le péricarpe est un fruit à noyau long. La semence est un noyau crépu, sphérique.

Observation.

Le nombre souvent exclut la cinquième partie dans les parties de la fleur.

CLASSE.

Ce genre fait partie de la treizième classe de Linnæus, qui comprend les plantes polyandriques monogyniques. Cet Auteur n'en admet qu'une espèce.

ESPECE.

Cette espèce est l'Éléocarpe à feuilles découpées à dents de scie. *Elæocarpus serrata. Linn. Sp. Plant.* 734. *Flor. Zeyl.* 206. *Elajocarpus foliis Lauri serratis, floribus spicatis. Bur. Zeyl.* 93. *Ganitrus. Rump. Amb.* 3, *p.* 160. *Perin-Kara. Rheed. Hort. Malab.* 4, *p.* 51. *Olea sylvestris, Malabarica, fructu dulci. Raj. Hist.* 1546. *Commel. Mal* 48. *Prunus Zeylanica, Lauri folio, Weralu Cingalensibus. Raj. Dendr.* 42. *Prunus racemosa, Celastri folio. Peti. Mus.* 672. *Weralu Zeylonensibus. Laurus Indica, serratifolia, inodora, fructu Olivæ magnitudine & formâ, nucleis crispis, lapideis; Lauro ceraso Clusii congener. Mus. Zeyl. pag.* 9. *Laurus Indica, serratifolia, inodora, fructibus Olivæ magnitudine & formâ, nucleis lapideis, crispis. Herb. Herm. an Arbor laurifolia, Indica, fructu ad caulem racemoso, Oleæ magnitudine & formâ, villoso, seminibus Anonæ nucleorum æmulis referto. Pluk. Mantiss. pag.* 21. *Baccifera Arbor, calyculata, foliis laurinis, fructu racemoso, esculento, subrotundo, monopyreno, pallide-luteo. Sloan. Hist. Jam. vol.* 2. A Malaca, Java & Baleja, *Ganitri* & *Ganiter*; à Célebe, *Boa sima*; à Amboine, *Aymanu*; chez les Brachmanes, *Gali dousa*; en Portugais, *Azeitones do Malavar*; en Anglois, *Wilde Olyven.*

Description.

C'est un arbre assez beau. Ses feuilles sont alternes, ovales, ou ovales-oblongues, un peu obtuses, glabres, veineuses, découpées obtusément à dents de scie, pétiolées, garnies à la base de deux glandes. Les grappes sont axillaires, simples, lâches, solitaires, de la longueur des feuilles.

Figure.

Cette espèce est représentée dans le *Thesaurus Zeyl.* de Burmann, pl. 40; dans l'*Hort. Malab.*, tom. 4, pl. 24; dans l'*Herbarium Amboinense*, tom. 3, pl. 101; dans l'Histoire de la Jamaïque par Sloane, tom. 2, pl. 198, fig. 2; & dans la seconde Partie de cet Ouvrage.

Lieu de sa naissance.

Elle croît naturellement dans les Indes, à Amboine, à Malabar, à Ceylan, dans la Jamaïque.

Propriétés alimentaires pour l'homme.

Les Habitans de Ceylan confisent dans de la saumure les fruits de cet arbre, avant leur maturité; & ils y ajoutent un peu d'huile d'olive, pour leur en donner le goût. Rumphe, dans l'*Herbarium Amboinense*, dit que ces fruits sont bons à manger; mais plutôt pour passer le temps, que pour se nourrir.

Propriétés alimentaires pour les animaux.

Les grands oiseaux sont friands de ces fruits; les vaches s'en nourrissent aussi.

Propriétés économiques.

Le bois de cet arbre sert quelquefois pour des bâtimens. On en fait des poutres & des solives.

Propriétés d'ornement.

On ramasse les noyaux, qui sont fort beaux, & de la grosseur d'un Pois. On les perce, & on en fait des colliers, pareils à ceux de Corail.

Propriétés religieuses.

En Éthiopie, on fait avec ces noyaux des espèces de Chapelets, pour réciter des prières.

ELAIS, *l'Élaïs.*

Description générique.

Le caractère de ce genre de plante est d'avoir des fleurs hermaphrodites stériles & des fleurs femelles sur le même individu. Dans les fleurs hermaphrodites, le spade est rameux, applati, en épis épais. Le périanthe est à six folioles ovales, concaves, obtuses, droites, conniventes. La corolle est monopétale. Le tube est ovale, droit. Le limbe est fendu en six, aigu, droit, de la longueur du périanthe. Les filamens sont au nombre de six, en forme d'alêne, à trois côtes, droits, presque de la longueur de la corolle. Les anthères sont oblongues, aiguës, grandes, réfléchies au-delà de la corolle. Les germes du pistil sont au nombre de trois, oblongs, droits, plus courts que le tube de la corolle. Les styles sont obtus, tronqués. Il n'y a point de stigmate. Le péricarpe avorte. Les pétales de la corolle, dans les fleurs femelles, sont au nombre de six. Le germe est oval, se terminant en un style un peu épais, court. Le stigmate est fendu en trois, réfléchi. Le péricarpe est coriacé, ovale, obtus, inégalement applati, anguleux, fibreux, abondant en huile, épais, à une loge. La semence est une noix ovale, pointue, à trois côtes, marquée à la base par trois trous, à une loge, & à trois valves. Le noyau est creux.

CLASSE.

Ce genre est un Palmier, que Linnæus a placé dans son Appendix. Il n'en reconnoît qu'une espèce.

ESPECE.

Cette espèce est l'Élaïs de Guinée. *Elaïs Guineensis. Elais frondibus pinnatis, dentato-spinosis, divergentibus; denticulis supremis, recurvatis. Linn. Syst. Veg. edit. XIII. Murray.* 828. *Mant.* 137. *Sloan. Hist.* 1, *p.* 120. *Palma caudice aculeatissimo, pinnis ad marginem spinosis. Brow. Jam.* 343. *Elæis Guineensis. Jacq. Americ.* 280. *Palma frondibus pinnatis,*

pinnatis ubique aculeatis, nigricantibus, fructu majore. Mill. Dict. 3.

Description.

M. Jacquin décrit ainsi cet arbre : il n'avoit que dix ans, & il étoit de trente pieds. Son tronc est droit & inégal. Ses feuilles sont ailées, ayant une côte roide, de quinze pieds, garnie au-dessous des folioles de chaque côté, dans les bords, à la longueur de quatre pieds, d'épines en forme d'alêne, dont les supérieures sont à hameçon & recourbées; les intermédiaires, droites; celles d'en-bas, ouvertes, & deux fois plus longues que les autres. Les folioles sont en forme d'épée, aiguës, sans épines, repliées à la base, longues d'un demi-pied, larges d'un pouce. Quand les feuilles se dessèchent, il en reste quelquefois la nervure du milieu, qui est roide, & semblable à une épine. Le spade est axillaire, long d'un pied, très-applati, droit. Il se divise environ en cinquante petits rameaux, longs d'un pouce, droits, de la grosseur d'un doigt, en épis compactes, disposés sans ordre, & imbriqués, à sommets triangulaires & pointus. Ils sont garnis, excepté au sommet, de petites fleurs, appuyées chacune à leur base par une bractée particulière, ronde & petite. Celle de la partie inférieure de chaque petit rameau est beaucoup plus grande que les autres, & a une pointe lancéolée. Les fleurs répandent au loin sur le soir une odeur singulière & très-forte, qu'on prendroit pour l'odeur d'Anis mêlé avec des feuilles de Cerfeuil. Le péricarpe est plus gros qu'un œuf de pigeon. Il est panaché de jaune, noir & rouge. Il abonde en huile, qui en transude, en le serrant légèrement avec le doigt. La noix est noire, marquée de stries blanches, longitudinales, interrompues.

Figure.

Cette espèce est représentée dans l'Histoire des Plantes de l'Amérique, par Jacquin, pl. 172.

Lieu de sa naissance.

Elle croît naturellement dans la Guinée, d'où elle a été transportée dans l'Amérique.

ELATE, *le petit Dattier.*

Description générique.

Le caractère de ce genre de plante est d'avoir des fleurs mâles & des fleurs femelles dans le même spade. Dans les fleurs mâles, la spathe est bivalve; le spade est rameux; les pétales sont au nombre de trois, ronds; les filamens des étamines sont au nombre de trois, simples; les anthères en naissent. Dans les fleurs femelles, la spathe du calice est commune avec les mâles. Les pétales de la corolle sont au nombre de trois, ronds, persistans. Le germe du pistil est rond. Le style est en forme d'alêne. Le stigmate est aigu. Le péricarpe est un fruit à noyau, pointu. La noix est ovale, sillonnée.

CLASSE.

Linnæus a placé ce genre dans son Appendix, n'ayant pu le faire entrer dans ses classes. Cet Auteur n'en admet qu'une espèce.

ESPECE.

Cette espèce est le petit Dattier sauvage. *Elate sylvestris. Elate frondibus pinnatis; foliolis oppositis. Linn. Sp. Plant.* 1659. *Palma Dactylifera, minor, humilis, fructu minore. Herm. Prodr.* 361. *Flor. Zeyl.* 397. *Burm. Zeyl.* 183. *Palma sylvestris, Malabarica, folio acuto, fructu Pruni facie. Raj. Hist.* 1364. *Katou Indel. Rheed. Hort. Mal.* 3, *p.* 15. *Hinindi. Herm.* 66, 69. *Palma Dactylifera, minor, Zeylanica, humilis. Mus. Zeyl. pag.* 66. Chez les Brachmanes, *Kasouri*; en Portugais, *Tamera do mato*; en Hollandois, *Wilde Dadelboom.*

Description.

Cet arbre est de moyenne grandeur, de la hauteur d'environ quatorze pieds, sans écorce, mais recouvert seulement d'une croute cendrée. Le bois est blanc, très-dur. Des rameaux feuillés sortent de la tige; les plus jeunes partent du sommet, pendant que les plus vieux, qui sont inférieurs, tombent. Ces rameaux sont verts, glabres & luisans, planes intérieurement, convexes extérieurement, & garnis d'épines oblongues & roides. La racine est blanchâtre, fibrée, d'une saveur onctueuse. Les feuilles sont attachées par de courts pédicules à l'opposite des petits rameaux. Elles sont nombreuses, oblongues, cylindriques, pointues, épaisses, glabres, luisantes, à leur naissance intérieurement fermées, & striées en long par de petites nervures très-fines. Les fleurs sont d'abord cachées dans des capsules roides, vertes & coriacées. Quand ces fleurs s'épanouissent, elles sortent en grand nombre de ces capsules. Elles sont petites, & appuyées sur un seul pédicule; composées de trois folioles rondes, d'un vert blanchâtre, & de trois petites étamines, blanches, lanugineuses. Elles n'ont point d'odeur. Leur saveur est austère. Les fruits sont oblongs, ronds, petits, semblables à des petites Prunes sauvages, ayant au sommet une pointe dure & ligneuse, & à la base un calice vert, découpé en trois loges, d'abord vertes, ensuite rouges; quand ils sont plus mûrs, d'un rouge-roussâtre, noirâtres & luisans, couverts d'une écorce menue, & renfermant une chair blanchâtre, douce, farineuse; entre laquelle se trouve un petit osselet oblong, roussâtre, sillonné profondément en long, renfermant un noyau blanc & amer. Ces fruits viennent sur des rameaux verts, glabres & luisans, longs de presque deux coudées, & larges de deux doigts, planes, roides & ligneux, sans écorce. Quand on coupe les plus tendres, il en sort une liqueur luisante & austère.

Figure.

Cette espèce est représentée dans l'*Hort. Malab.*, tom. 3, pl. 22, 23, 24 & 25.

Lieu de sa naissance.

Elle croît naturellement dans l'Inde, à Malabar.

Propriétés alimentaires pour l'homme.

Les pauvres mangent le fruit de cet arbre, de même que l'Areca avec la feuille de Bétel, & la chaux vive.

Propriétés alimentaires pour les animaux.

Les éléphans en desirent avidement, à cause de

ſa moëlle, qui eſt très-douce, & qui ſe trouve renfermée dans les rameaux.

Propriétés médicinales.

Les feuilles, le fruit & les autres parties de l'arbre ſont de forts aſtringents, & arrêtent très-puiſſamment les flux.

Propriétés économiques.

Les Habitans du pays font une eſpèce de chapeau avec les feuilles.

ELATERIUM, *l'Élatérion.*

Deſcription générique.

Le caractère de ce genre de plante eſt d'avoir des fleurs mâles & femelles ſur le même individu. Les fleurs mâles n'ont point de calice. La corolle eſt monopétale, en forme de Caſſe. Le tube eſt cylindrique. Le lymbe eſt fendu en cinq lobes lancéolés, cannelés par le dos, & garnis d'une petite dent. Le filament de l'étamine eſt unique, columnaire. L'anthère eſt linéaire, pliée cinq fois. Le calice & la corolle des fleurs femelles ſont les mêmes que des fleurs mâles. Le germe du piſtil eſt inférieur, hériſſé. Le ſtyle eſt columnaire, s'épaiſſiſſant. Le ſtigmate eſt en tête. Le péricarpe eſt une capſule inférieure, hériſſée, coriacée, remplie de pulpe, uniforme, à une loge bivalve, élaſtique. Les ſemences ſont nombreuſes.

CLASSE.

Ce genre fait partie de la vingt-unième claſſe de Linnæus, qui comprend les plantes monœciques monandriques. Cet Auteur en admet deux eſpèces.

PREMIERE ESPÈCE.

La première eſpèce eſt l'Élatérion de Carthagène. *Elaterium Carthaginenſe. Elaterium foliis cordatis, angulatis. Linn. Syſt. Veg. edit. XIII. Murr.* 701. *Elaterium Carthaginenſe. Jacq. Americ.* 32.

Deſcription.

Cette plante eſt peut-être annuelle. Ses tiges ſont cylindriques, glabres, herbacées, couchées, grimpantes, avec des vrilles fendues en deux, & latérales. Ses feuilles ſont en forme de cœur, anguleuſes, découpées à dents de ſcie très-menues, glabres en-deſſous, un peu raboteuſes, pétiolées, alternes, nombreuſes. Les péduncules des mâles ſont communs à pluſieurs fleurs, axillaires, ſolitaires, s'ouvrans, preſque de la longueur des feuilles, en grappes, ou ombellées. Le péduncule femelle ſort ſeul de la même aiſſelle. Il eſt court & à une fleur. Les fleurs ſont blanches, ſans odeur pendant le jour, mais odorantes pendant la nuit. Le fruit eſt vert, de la longueur d'un demi-pouce. Il renferme un peu de chair aqueuſe, & de l'odeur d'un Concombre. Quand il eſt mûr, il s'ouvre avec force au moindre tact, & il répand ſes ſemences. Lorſqu'il approche de ſa maturité, ſi on le ſerre dans la main, il s'ouvre avec impétuoſité. On pourroit peut-être le prendre pour une pomme bivalve. Une des valvules eſt compoſée de tous les côtés & de la partie antérieure du fruit; & de-là elle eſt ronde, à deux lobes, ou elle exprime par ſa figure la marque d'un chiffre 8 Arabe. Le dos du fruit forme l'autre partie, qui eſt par conſéquent oblongue. Elle s'augmente intérieurement vers le ſommet par une appendice lancéolée, très-élaſtique, garnie d'environ dix-huit petites dents, auxquelles ſont attachées autant de ſemences rouſsâtres.

Figure.

Cette eſpèce eſt repréſentée dans l'Hiſtoire des Plantes de l'Amérique, par Jacquin, pl. 154.

Lieu de ſa naiſſance.

Elle croît naturellement aux environs de Carthagène, ſur le ſommet de la montagne dite *de la Popa*, où par ſes tiges elle couvre preſque tous les buiſſons. Elle fleurit en Octobre & Novembre, & ſes fruits mûriſſent vîte.

Obſervation.

M. Jacquin obſerve que comme l'Élatérion de Boerrhave eſt une eſpèce de momordique, il a penſé devoir tranſporter ce nom à la plante dont il s'agit ici, & qui eſt très-diſtincte.

SECONDE ESPÈCE.

La ſeconde eſpèce eſt l'Élatérion à feuilles ternées. *Elaterium trifoliatum. Elaterium foliis ternatis, inciſis. Linn. Syſt. Veg. edit. XIII. Murray*, 701. *Mant.* 123. *Sicyos foliis ternatis. Gron. Virg.* 2, *p.* 154. *Linn. Hort. Cliff.* 452. *Sicyoïdes Americana, fructu echinato, foliis angulatis. Tourn. Inſt. Rei. Herb.* 103. *Bryonioïdes Canadenſis, villoſo fructu, monoſpermo. Herm. Parad.* 108. *Cucumis Canadenſis, monoſpermus, fructu echinato. Herm. Parad.*

Deſcription.

Cette plante eſt ſemblable au Liſeron. Elle eſt petite, ſe couche. Ses feuilles ſont à trois lobes, dont les deux latéraux ſont découpés, appuyés ſur de longs pétioles. Ses fleurs ſont blanches, petites, en forme de verre, monopétales, à péduncules longs, menus, ſortant des articulations de la tige. Le calice eſt à cinq feuilles, hériſſé à l'extérieur. La capſule eſt légèrement poileuſe, à une loge, à deux valves, renfermant une ſemence unique, ou au nombre de deux, ovale. Chaque valvule eſt intérieurement glabre, & s'ouvre avec élaſticité lors de la maturité.

Figure.

Cette eſpèce eſt repréſentée dans l'*Herm. Parad.*, pl. 133.

Lieu de ſa naiſſance.

Elle croît naturellement dans la Virginie.

ELATINE, *l'Alſinaſtron.*

NOMS GÉNÉRIQUES.

Ce genre de plante eſt connu ſous les noms d'*Elatine. Linn. Alſinaſtrum. Vaill. Potamopitus. Buxb.*

Description générique.

Le caractère de ce genre de plante est d'avoir le périanthe du calice à cinq folioles rondes, planes, de la longueur de la corolle, persistantes. Les pétales de la corolle sont au nombre de quatre, ovales, obtus, sessiles, s'ouvrans. Les filamens des étamines sont au nombre de huit, de la longueur de la corolle. Les anthères sont simples. Le germe du pistil est orbiculé, globuleux, applati. Les styles sont au nombre de quatre, droits, parallèles, de la longueur des étamines. Les stigmates sont simples. Le péricarpe est une capsule orbiculée, globuleuse, applatie, grande, à quatre loges & à quatre valves. Les semences sont nombreuses, lancéolées, droites, environnant, en forme de roue, le réceptacle.

CLASSE.

Ce genre fait partie de la sixième classe de Tournefort, qui comprend les fleurs en rose; & de la huitième de Linnæus, destinée aux plantes octandriques tétragyniques. Cet Auteur n'en admet que deux espèces.

PREMIERE ESPECE.

La première espèce est l'Alsinastron Poivre-d'eau. *Elatine hydropiper. Elatine foliis oppositis. Linn. Sp. Plant.* 527. *Flor. Lapp.* 156. *Flor. Suec.* 327, 348. *Gron. Virg.* 158. *Roy. Lugdb.* 452. *Hydropiper. Buxb. Cent.* 3, *p.* 35. *Alsinastrum serpillifolium, flore albo, tetrapetalo. Vaill. Parif.* 5.

Description.

M. Vaillant décrit ainsi cette plante. Elle forme souvent, dit-il, de petits gazons au fond de l'eau, & au bord. Ses racines sont de longs cheveux blancs, qui sortent par toupets, des nœuds inférieurs des tiges. Ces tiges rampent ordinairement sur la vase. Elles n'ont qu'environ une ligne d'épaisseur, & sont vert-pâle, rayées & entrecoupées de nœuds de trois lignes en trois lignes. De chaque nœud, sort une paire de feuilles opposée, & croisée par la paire supérieure. Ces feuilles ont depuis deux jusqu'à quatre & cinq lignes de long, sur environ une ligne de largeur dans leur partie moyenne. Leur vert est tendre & gai en-dessus, mais cendré en-dessous. Elles paroissent coupées en deux parties égales par une petite ligne, qui règne dans toute leur longueur, & sont taillées à-peu-près comme les feuilles de l'*Alsine aquis innatans, foliis longiusculis. J. B.* De l'aisselle d'une de ses feuilles, & quelquefois de toutes les deux, s'élève un pédicule, qui n'a souvent qu'une ligne de longueur, & qui soutient une fleur à quatre pétales blancs, qui ne s'épanouissent que rarement. Dans cet état, tout le bouton n'est guère plus gros que la tête d'une moyenne épingle, dont il a assez la figure; mais, quand le fruit est menu, le calice, qui est découpé en quatre pointes arrondies, dans les échancrures duquel étoient les pétales, a pour lors près de deux lignes de diamètre, & la capsule, qui est placée dans son centre, s'ouvre en quatre parties, pour laisser échapper des semences très-fines. Les plus longues tiges de cette plante n'ont guère plus de quatre pouces de longueur. Elle n'a que le goût de l'herbe. Elle fleurit en Juin & Juillet.

Figure.

Cette espèce est représentée dans le *Botanicon Parisiense* de Vaillant, pl. 2, fig. 2; dans la troisième Centurie de Buxbaum, pl. 37, fig. 3; & dans le *Flora Danica*, pl. 156.

Lieu de sa naissance.

Elle est annuelle, & croît naturellement dans les endroits inondés de l'Europe. On en trouve dans les petites marres des rochers de la forêt de Fontainebleau, & sur-tout dans celle d'autour de Franchard.

Variété.

Linnæus donne pour variété de cette espèce la plante connue sous le nom d'*Alsinastrum serpillifolium, flore roseo, tripetalo. Vaill. Parif.* 5.

Description.

Cette petite plante, dit Vaillant, rampe sur le limon autour des marres de Franchard, dans la forêt de Fontainebleau. Sa fleur n'a guère que demi-ligne de diamètre, à trois pétales, couleur de rose, arrondis, d'un tiers de ligne chacun, posés en rond dans les échancrures d'un calice découpé en trois lobes, est oblongue, & a environ deux lignes de long, sur une demi-ligne de large, assez semblable à celle du Serpolet ou du Thym. Les feuilles naissent opposées par paire à chaque nœud des tiges & des branches. Les nœuds sont éloignés les uns des autres d'environ une ligne ou deux. Les tiges ont depuis un jusqu'à deux pouces de longueur, sur un quart de ligne d'épaisseur à leur base. Chaque nœud pousse ordinairement de petits toupets de racines fibreuses, longues quelquefois de demi-pouce, presque aussi épaisses que la tige, blanches & luisantes. Le pistil devient une capsule, qui s'ouvre en trois parties du centre à la base. Les feuilles, regardées à la loupe, paroissent toutes pointillées, & comme chagrinées. Elles sont pleines de suc. Toute la plante mâchée n'a que le goût d'herbe.

Variété.

Cette variété est représentée dans le *Bot. Parif.*, pl. 2, fig. première.

SECONDE ESPÈCE.

La seconde espèce est l'Élatine-Alsinastron, l'Alsinastron à feuilles de Caille-lait. *Elatine-Alsinastrum. Elatine foliis verticillatis. Linn. Sp. Plant.* 527. *Flor. Suec.* 2, n°. 349. *Roy. Lugdb.* 452. *Sauv. Monsp.* 164. *Bœh. Lipf.* 127. *Elatine foliis emersis, linearibus, immersis, capillaceis. Sauv. Act. Monsp.* 1743. *p.* 50. *Ericoïdes facie Pinastellæ. Rupp. Jen.* 90. *Equisetum palustre, linariæ Scopariæ folio. Bauh. Pin.* 15. *Alsinastrum Galiifolio, Vaill. Parif.* 6.

Description.

Les racines, dit M. Vaillant, sont des cheveux blancs, qui sortent du tour des nœuds inférieurs de la tige, & ont jusqu'à deux pouces de longueur. Ils naissent par verticilles étagés. Cette tige a jusqu'à deux lignes d'épaisseur dans le bas, & s'allonge en s'étrécissant, jusqu'à ce qu'elle ait atteint la superficie des eaux, qu'elle surpasse ordinairement d'un pouce ou deux, quand elle est dans sa perfection. Cette tige est partagée intérieurement, & selon sa longueur, en dix cellules formées par des feuillets membraneux, disposés en rayons du centre à la circonférence. Cette tige est cannelée pardehors en long. Elle est pâle dans sa partie, qui sort de l'eau, & toute entrecoupée par étage de deux lignes en deux lignes, par des nœuds où sont attachées huit ou dix feuilles, & quelquefois douze, avant que la tige gagne le dessus de l'eau. Ces feuilles sont disposées en rayons, & n'ont qu'un tiers de ligne de largeur à leur base, sur huit ou dix lignes de longueur: celles qui débordent l'eau, sont beaucoup plus larges & plus courtes; car on en voit qui n'ont que deux ou trois lignes de long, sur la moitié moins de large, terminée en arcade Gothique par le haut, & taillée en manière de langue, d'un vert tendre & gai, sans nervures apparentes, & qui ressemblent en quelque façon aux feuilles du *Glaux maritima. Pin.* Des aisselles de quelques-unes de ses feuilles, naissent des fleurs à quatre pétales blancs, arrondis, qui ont environ une demi-ligne de diamètre, posée presque à plomb autour du pistil, & vis-à-vis des échancrures d'un calice découpé en quatre lobes égaux. Le diamètre de cette fleur n'est que d'une ligne, sur autant de hauteur. Le pistil est plat & sillonné en rayons, qui aboutissent à un même centre, un peu creusé en nombril. Le tour de ce pistil est environné de quatre étamines fort courtes, à sommets blancs. Le calice est un godet posé immédiatement dans l'aisselle de la feuille. Le pistil devient une capsule ronde & applatie, cannelée à côte de Melon, creusée en nombril sur le devant, & qui s'ouvre de-là jusques vers la base en quatre quartiers, qui laissent voir plusieurs semences oblongues, attachées à un pivot, qui s'élève du fond de la capsule.

Figure.

Cette espèce est représentée dans le *Botanicon Parisiense*, pl. 1, fig. 6.

Lieu de sa naissance.

Elle fleurit en Juillet & Août, & se trouve dans les marres du bois de Bondy, des landes de Chailly, de la forêt de Fontainebleau, & de celle de Sénart.

Variété.

Linnæus donne pour variété de cette espèce, l'*Alsinastrum Gratiolæ folio. Tourn. Inst. Rei. Herb.* 244. *Raj. Suppl.* 502.

Lieu de sa naissance.

Cette variété, de même que la principale espèce, se trouve aux environs d'Abo, de Leipsic, de Paris, de Montpellier, dans les fossés.

ELATOSTEMA, *l'Élastique.*

Description générique.

Le caractère de ce genre de plante est d'avoir des fleurs mâles & femelles dans le faisceau de la même plante. Dans les fleurs mâles, il n'y a point de calice. La corolle est partagée en cinq lobes ovales, aigus, qui s'ouvrent beaucoup. Les filamens des étamines sont au nombre de cinq, plus longs que la corolle, plus larges à la base, s'élevant en sautant. Les anthères sont en forme de cœur, didymes. Dans les fleurs femelles, il n'y a ni calice ni corolle. Le germe du pistil est très-petit. Le style est court, cylindrique. Les stigmates sont au nombre de trois, fendus en deux, plus longs que le style. Le péricarpe est une capsule très-petite, oblongue, bivalve, monosperme. La semence est unique, ovale. Le réceptacle commun se change en une baie globuleuse, portant des capsules nombreuses, répandues dans la superficie.

Observation.

Comme ce genre a beaucoup d'affinité avec la Dorstenie, nous laisserons le soin de déterminer l'un & l'autre genre à celui des Botanistes qui aura pu remarquer les parties de leur fructification.

CLASSE.

Ce genre fait partie de la vingt-unième classe de Linnæus, qui comprend les plantes monœciques monandriques. M. Forster, qui nous a fait connoître ce genre, en distingue deux espèces. Il en a fait graver le caractère dans la cinquante-troisième planche de celles qu'il a publiées sur les plantes des Terres Australes.

PREMIERE ESPECE.

La première espèce est l'Élastique péduncule. *Elatostema pedunculatum. Elatostema pentandrum. Forst.* 106. Cette espèce est à cinq étamines, & est pédunculée.

SECONDE ESPÈCE.

La seconde espèce est l'Élastique sessile. *Elatostema sessile. Elatostema tetrandum. Forst. Ibid.* Elle est sessile, & a quatre étamines.

Étymologie.

Forster a donné ce nom à cette plante, parce que ses étamines sont élastiques.

ELEPHANTOPUS, *le Pied-d'éléphant.*

Description générique.

Le caractère de ce genre de plante est d'avoir l'enveloppe du calice à trois folioles larges, aiguës, renfermant plusieurs fleurs, grand, persistant, sans ombelle. Le périanthe partiel est à quatre fleurs, oblong, imbriqué, ayant les écailles lancéolées, en forme d'alêne, pointues, droites, dont les quatre plus longues sont égales. La corolle composée est tubuleuse. Les petites corolles sont hermaphrodites, au nombre de quatre ou cinq, égales, rassemblées en rond. La corolle propre est monopétale, en forme de langue, à lymbe étroit, partagé en cinq, égal. Les filamens des étamines sont au nombre de cinq, capillaires, très-courts. L'anthère est cylindrique, tubuleuse. Le germe du pistil est ovale, couronné. Le style est filiforme, de la longueur des étamines. Les stigmates sont au nombre de deux, menus, s'étendant. Le péricarpe n'est autre chose que le calice changé. Les semences sont solitaires, applaties. L'aigrette est soyeuse.

CLASSE.

Ce genre fait partie de la dix-neuvième classe de Linnæus, qui comprend les plantes syngénésiques polygamiques. Cet Auteur en admet deux espèces.

PREMIÈRE

PREMIÈRE ESPÈCE.

La première espèce est le Pied-d'éléphant raboteux. *Elephantopus scaber. Elephantopus foliis oblongis, scabris. Linn. Sp. Plant.* 1313. *Hort. Cliff.* 390. *Hort. Upf.* 147. *Gron Virg.* 176. *Roy. Lugdb.* 131. *Elephantopus erectus, foliis oblongo ovatis, rugosis, ferratis; floralibus cordiformibus, ternatis; capitulis remotis, terminalibus. Brow. Jam.* 312. *Elephantopus Conizæ folio. Dill. Hort. Elth.* 126. *Bidens frutescens, foliis oblongis, utrinque acuminatis, venosis & lanuginosis. Breyn. Ic.* 32. *Echinophoræ Indicæ affinis, semine & floribus in capitulis lævibus, in caulium cymis. Pluk. Alm.* 132. *Anaschovadi. Rheed. Hort. Mal.* 10, *p.* 13. Chez les Brachmanes, *Aslipeda, Godjuva.*

Description.

Dans cette espèce, la racine est courte, un peu dure, ligneuse, environnée de petits anneaux velus, garnie de plusieurs fibres menues & blanches, d'une saveur âcre & amère. Ses feuilles sont oblongues, étroites, raboteuses; les inférieures sont disposées de telle sorte, qu'elles représentent comme les divisions d'un pied d'éléphant, ce qui a fait donner ce nom au genre de cette plante. Les fleurs viennent à l'extrémité des petites tiges qui s'élèvent de la racine, & qui sont ligneuses, vertes, poileuses, brunâtres. Les fleurs sont petites. Elles sont d'abord d'un bleu ou pourpre-rouge, ensuite d'un blanc-jaunâtre, & sans odeur.

Figure.

Cette espèce est représentée dans les Planches de Breynius, pl. 34; dans l'*Almag.* de Plukenet, pl. 388, fig. 6; & dans l'*Hort. Malab.*, tom. 10, pl. 7.

Lieu de sa naissance.

Elle croît naturellement dans les Indes Orientales & Occidentales. Ses fleurs paroissent en Juillet.

Culture.

La racine de cette espèce est vivace. Sa tige est annuelle. Si on plante cette plante dans des pots, & si on a soin de la garantir de la gelée pendant l'hiver, elle peut se conserver pendant plusieurs années, & fleurit tous les ans. On la multiplie par graines, que l'on sème sur une couche chaude au printemps. Quand les graines sont levées, on transplante les jeunes plantes qui en proviennent, dans des pots pleins de terreau. On enfonce ces pots dans une couche de tan, ayant la précaution de les arroser & de les garantir du soleil, jusqu'à ce qu'elles soient reprises. On leur donnera pour lors de l'air. Pendant les grandes chaleurs, on leur donnera souvent de l'eau.

Propriétés médicinales.

Cette plante est un bon vulnéraire. Les Habitans de Java s'en servent dans le cas de consomption; & dans les Isles Françoises, on l'emploie au même usage que le Chardon-bénit.

SECONDE ESPECE.

La seconde espèce est le Pied-d'éléphant cotonneux. *Elephantopus tomentosus. Elephantopus foliis ovatis, tomentosis. Linn. Sp. Plant.* 1314. *Gron. Virg.* 115. *Elephantopus erectus, hirsutus; foliis inferioribus, ovatis, utrinque productis; floribus oblongis; capitulis alaribus. Brow. Jam.* 311.

Description.

Cette espèce approche beaucoup de l'espèce précédente. Ses feuilles sont ovales, cotonneuses. Les fleurs sont oblongues. Leurs têtes sortent des aisselles.

Lieu de sa naissance.

Elle croît naturellement dans la Virginie, au midi de la Caroline.

Observation.

Cette plante, de même que la précédente, vient souvent, comme une mauvaise herbe, dans les caisses qui ont servi à envoyer d'autres plantes des Indes. Les fleurs ont peu d'apparence. Elles paroissent en Juillet; mais les semences ne mûrissent point dans notre climat.

ELLISIA, *l'Ellisienne.*

Description générique.

Le caractère de ce genre de plante est d'avoir le périanthe du calice à cinq folioles lancéolées, droites, ouvertes, persistantes. La corolle est monopétale, en forme d'entonnoir, de la longueur du calice. Le lymbe est fendu en cinq, obtus. Les filamens des étamines sont au nombre de cinq, plus courts que le tube. Les anthères sont rondes. Le germe du pistil est rond. Le style est filiforme, court. Le stigmate est fendu en deux, oblong. Le péricarpe est une baie charnue, ronde, velue, à deux loges. Les semences sont au nombre de deux, globuleuses, en forme de Chaussetrappe, l'une sur l'autre.

CLASSE.

Ce genre fait partie de la cinquième classe de Linnæus, qui comprend les plantes pentandriques monogyniques. Cet Auteur n'en admet qu'une espèce.

ESPECE.

Cette espèce est l'Ellisienne nyctelée. *Ellisia nyctelea. Linn. Syst. Veg. edit XIII. Murray.* 164. *Planta Litospermo affinis, E, N, C,* 1761, *p.* 330.

Description.

Cette plante approche beaucoup de l'*Hydrophyllum.* Sa racine est annuelle. Sa tige est herbacée, frêle, fourchue, très-rameuse, couchée, cylindrique. Ses feuilles sont alternes, pétiolées, fendues en ailes, imbriquées en dehors par la foliation, à lobes aigus, ayant une dent de chaque côté. Les pédoncules sont opposés aux feuilles, à une fleur, s'étendant, allongés, poileux. Les fleurs sont penchées. Le calice est monophylle, partagé en cinq, aigu, plus grand que la corolle, s'ouvrant. La corolle est monopétale, en forme d'entonnoir, fendue en cinq, blanche. Les lobes ont intérieurement des petits points menus, couleur de pourpre. La capsule est en forme de *Scrotum*, coriacée, bivalve, à deux loges, le calice étant pour lors très-grand, plane, en forme d'étoile. Les semences sont au nombre de deux dans chaque loge, globuleuses, noires, excavées, pointillées, placées l'une sur l'autre. Les loges sont à peine distinctes par la cloison transversale, ce qui est singulier.

Lieu de sa naissance.

Elle croît naturellement dans la Jamaïque, où elle forme une espèce de buisson de la hauteur d'environ six ou sept pieds.

Culture.

On peut la multiplier par boutures. Si on les fait en Juillet, dans des petits pots pleins de terreau, & si on enfonce ces pots dans une couche modérément chaude, qu'on couvre avec des chassis, elles prennent racine dans moins de deux mois. On peut pour lors les séparer & les mettre dans d'autres petits pots, qu'on enfonce de nouveau dans une couche chaude, pour qu'elles reprennent mieux; après quoi on les habitue insensiblement au grand air: mais au commencement d'Octobre, il faut les mettre dans la serre chaude. Quand on peut se procurer des graines du pays, on multiplie ces plantes par ces graines, que l'on sème sur une couche chaude. Lorsque les plantes qui en proviennent, sont assez fortes, on les met dans des pots, & on les gouverne de la même façon que les boutures.

ELYMUS, *le Sitospèle.*

NOMS GÉNÉRIQUES.

Ce genre de plante est connu sous les noms de *Sitospelos. Theoph. Gramen. Morif. Triticum. Gmel. Elymus. Linn.*

Description générique.

Le caractère de cette espèce de Chiendent est d'avoir le réceptacle commun du calice allongé en épis. La bâle est fendue en deux, à quatre folioles, dont deux sont sous chaque petit épi, en forme d'alêne. La corolle est bivalve. La valvule extérieure est plus grande, pointue, barbue; la valvule intérieure est plane. Les filamens des étamines sont au nombre de trois, capillaires, très-courts. Les anthères sont oblongues, fendues en deux à la base. Le germe du pistil est turbiné. Les styles sont au nombre de deux, écartés, poileux, réfléchis. Les stigmates sont simples. Le péricarpe est la corolle qui enveloppe la semence. La semence est unique, linéaire, couverte.

CLASSE.

Ce genre fait partie de la quinzième classe de Tournefort, qui comprend les plantes dont les fleurs sont à étamines; & de la troisième de Linnæus, qui renferme les plantes triandriques digyniques. Cet Auteur en admet neuf espèces.

PREMIERE ESPECE.

La première espèce est le Sitospèle sablonneux. *Elymus arenarius. Elymus spicâ erectâ, arctâ, calycibus tomentosis, flosculo longioribus. Linn. Sp. Plant.* 122. *Elymus foliis mucronato-pungentibus. It. Scan.* 336. *Secale spiculis geminatis. Flor. Suec.* 116, 111. *Triticum foliis acuminatis, pungentibus. Roy. Lugdb.* 71. *Gramen caninum, maritimum, spicâ triticeâ, nostras. Raj. Hist.* 1256. *Scheuch. Gram.* 6.

Description.

L'épi est droit, long, cotonneux. Les petits épis sont au nombre de deux, droits, à deux fleurs, sans barbe, plus courts que le calice. Les feuilles sont arondinacées, d'un vert couleur d'eau, ou blanches, enveloppées, pointues.

Lieu de sa naissance.

Cette espèce croît naturellement dans le sable, sur les bords de la mer, en Europe. Elle est vivace.

SECONDE ESPECE.

La seconde espèce est le Sitospèle de Sibérie. *Elymus Sibiricus. Elymus spicâ pendulâ, arctâ; spiculis binatis, calice longioribus. Linn. Sp. Plant.* 123. *Hort. Upf.* 21. *Amœn. Acad.* 3, *p.* 20. *Schreb. Gram.* 1. *Triticum radice perenni; spiculis binis, longissimè aristatis. Gmel. Sib.* 1, *p.* 123.

Description.

La racine de cette espèce est moins rampante. Le chalumeau est haut de deux pieds. Les feuilles sont arondinacées, vertes, mais plus molles, raboteuses en-dehors de chaque côté. L'épi est long de neuf pouces; mais comme le chalumeau qui est entre les petits épis, est applati & presque membraneux, l'épi principal ne peut rester droit, mais il est lâche & penche. La structure de l'épi convient assez avec celle de l'épi du *Secale spiculis geminatis, Flor. Suec.* 106, en ce qu'il y a à chaque dent du chalumeau deux petits épis posés l'un auprès de l'autre, dont chaque calice est formé de deux folioles plus courtes que le petit épi, barbues; par conséquent à chaque petite dent du chalumeau, il se trouve quatre folioles du calice.

Figure.

Cette espèce est représentée dans le *Flor. Sib.* de Gmelin, pl. 28.

Lieu de sa naissance.

Elle croît naturellement dans la Sibérie.

TROISIÈME ESPÈCE.

La troisième espèce est le Sitospèle de Philadelphie. *Elymus Philadelphicus. Elymus spicâ pendulâ, patulâ; spiculis sexfloris, inferioribus ternatis. Linn. Sp. Plant.* 122. *Amœn. Acad.* 4, *p.* 266.

Description.

Cette espèce a le port & toute la figure semblable au Sitospèle du Canada; mais son épi est totalement penché à son sommet au-delà de la base. Les petits épis sont à six fleurs, étendus, velus, barbus. Le calice est deux fois plus court que le petit épi.

Lieu de sa naissance.

Elle se trouve dans la Pensylvanie.

QUATRIÈME ESPÈCE.

La quatrième espèce est le Sitospèle de Canada. *Elymus Canadensis. Elymus spicâ nutante, patulâ; spiculis inferioribus ternatis, superioribus binatis. Linn. Sp. Plant.* 123. *Amæn. Acad.* 3, *p.* 20. *Gramen seca-*

linum, majus, altissimum, Virginianum. Morif. Hist. 3, *p.* 180, *sect.* 8. *Raj. Suppl.* 599.

Description.

Cette espèce convient en plusieurs choses avec le Sitospèle de Sibérie, dont elle diffère cependant, 1°. par ses petits épis velus, sans être nuds; 2°. par ses enveloppes, qui se terminent en barbe, plus longs que le petit épi même, tandis que dans le Sitospèle de Sibérie l'enveloppe est moins en forme d'alêne, mais presque lancéolée, se terminant en barbe, qui est beaucoup plus courte que le petit épi. 3°. Dans le Sitospèle de Canada, les épis sont inférieurement trois à trois, tandis que dans celui de Sibérie, ils ne sont toujours qu'au nombre de deux. 4°. Les petits épis, dans le Sitospèle de Canada, lorsqu'ils fleurissent, s'ouvrent depuis l'hampe ouverte; & dans celui de Sibérie, ils sont près de l'hampe. A la base de chaque fleuron, au côté intérieur des petits épis, est un point ou une tache d'un roux brunâtre. Les feuilles du Sitospèle de Canada sont couvertes d'une rosée bleuâtre, surtout en-dessous, ce qui n'arrive pas dans celui de Sibérie. Les barbes de la corolle, lorsque le fruit mûrit, sont réfléchies, ce qu'on ne remarque pas dans celui de Sibérie.

Figure.

Cette espèce est représentée dans l'Histoire des Plantes par Morison, tom. 3, sect. 10, fig. 2.

Lieu de sa naissance.

Elle est vivace, & croît naturellement dans le Canada.

CINQUIÈME ESPÈCE.

La cinquième espèce est le Sitospèle de chien. *Elymus caninus. Elymus spicâ nutante, erectâ; spiculis rectis, involucro destitutis; infimis geminis. Linn. Sp. Plant.* 124. *Flor. Suec.* 2, *p.* 112. *Triticum calycibus subulatis, quadrifloris, aristatis. Linn. Sp. Plant.* 1, *p.* 86. *Gramen caninum, non repens, elatius, spicâ aristatâ. Morif. Hist.* 3, *p.* 177, *s.* 8. *Buxb. Cent.* 4, *p.* 29. *Gramen loliaceum, fibrosâ radice, aristis donatum. Vaill. Parif.* 82.

Description.

Vaillant décrit ainsi ce Sitospèle ou Chiendent. Il est, dit-il, vivace, & pousse plusieurs chalumeaux qui épient en Juillet. Il s'élève depuis deux pieds jusqu'à quatre, & quelquefois davantage. Ses chalumeaux sont entrecoupés de plusieurs nœuds bruns, parsemés d'un petit poil folet fort court. Les feuilles sont vert-foncées, tantôt glabres, & tantôt velues en dessus. Les épis sont longs de trois ou quatre pouces, & quelquefois de six, formées par plusieurs paquets, qui se rangent alternativement sur deux colonnes opposées. Chaque paquet ou locuste n'est que de quatre ou cinq bâles, & ne renferme ordinairement que deux ou trois semences noirâtres, longues de trois lignes, arrondies sur le dos, & sillonnées en long du côté opposé. Elles sont fortement collées à leurs bâles, qui se terminent par une arête de sept à huit lignes de long. Les corps de ces bâles ont quatre ou cinq lignes de longueur. Chaque paquet est arrêté par le bas par deux autres bâles, comme dans une pince, qui ne tombent point, & qui les retiennent. Ces deux bâles sont terminées chacune par une arête, qui n'a qu'une ligne ou deux de longueur.

Figure.

Cette espèce est représentée dans l'Histoire des Plantes, par Morison, tom. 3, sect. 8, pl. 1, fig. 2; & dans la Centurie de Buxbaum, part. 4, pl. 50.

Lieu de sa naissance.

Elle croît naturellement par toute l'Europe, aux environs de Paris, en Suède. Elle est vivace.

SIXIÈME ESPECE.

La sixième espèce est le Sitospèle de Virginie. *Elymus Virginicus. Elymus spicâ erectâ, spiculis binatis, involucro longioribus. Linn. Sp. Plant.* 123. *Hort. Upf.* 22. *Hordeum flosculis omnibus hermaphroditis, involucris flosculos crassitie & longitudine superantibus. Gron. Virg.* 13.

Description.

L'épi est long de neuf pouces. Les enveloppes sont à quatre feuilles, c'est-à-dire, qu'il se trouve deux calices, posés l'un sur l'autre, à la même petite dent de l'épi. Celui-ci est droit. Les deux petits épis sont plus longs que l'enveloppe.

Lieu de sa naissance.

Cette espèce est vivace, & croît naturellement dans la Virginie.

SEPTIÈME ESPECE.

La septième espèce est le Sitospèle d'Europe. *Elymus Europæus. Elymus spicâ erectâ, spiculis bifloris, involucro æqualibus. Linn. Syst. Veg. edit. XIII. Murr.* 107. *Mant.* 35. *Gramen hordeaceum, montanum, spicâ strigosiore, breviùs aristatâ. Scheuch. Gram.* 16. *Prodr. tom.* 1. *Gramen hordeaceum, montanum, seu majus. Bauh. Pin.* 9. *Theat.* 135. *Raj. Angl.* 3, *p.* 393. *Hist.* 1258.

Description.

Ce Sitospèle est semblable à celui de Virginie; mais les feuilles de son enveloppe ne sont pas striées. Les fleurons sont au nombre de deux, plus longs que l'enveloppe avec l'arête.

Lieu de sa naissance.

Cette espèce est vivace, & croît naturellement en Allemagne.

HUITIÈME ESPECE.

La huitième espèce est le Sitospèle tête-de-Méduse. *Elymus caput Medusæ. Elymus spiculis bifloris; involucris setaceis, patentissimis. Linn. Sp. Plant.* 123. *Schreb. Gram.* 17. *Elymus involucris, reflexo-patentibus. Amœn. Acad.* 3, *p.* 21. *Avena Lusitanica, spicata, caput Medusæ referens. Morif. Hist.* 3, *p.* 210. *Raj. Suppl.* 611.

Description.

Sa tige est étroite, haute d'un pied. Son épi est oblong. Ses enveloppes sont particulières, à quatre feuilles, s'ouvrant beaucoup, ou réfléchies, soyeuses, de la longueur des fleurons avec leurs arêtes. Les petits épis sont au nombre de deux, à deux fleurs. Les deux fleurons sont barbus; mais l'intérieur est plus petit que les autres parties.

Figure.

Cette espèce est représentée dans le Traité des Chiendents, par Schreber, pl. 24, fig. 2.

Lieu de sa naissance.

Elle croît naturellement aux environs de la mer, en Portugal & en Espagne.

NEUVIÈME ESPECE.

La neuvième espèce est le Sitospèle porte-épi. *Elymus hystrix. Elymus spicâ erectâ, spiculis involucro destitutis. Linn. Sp. Plant.* 124. *Gramen Avenaceum, locustis aristatis; paniculis echinum referentibus. Gron.*

Description.

L'épi est composé de deux épis à chaque dent du chalumeau. Les petits épis portent quatre fleurons à arètes longues. On ne remarque point d'enveloppe, mais à leur place deux callosités.

EMBOTHRIUM, *l'Embothrion.*

Description générique.

Le caractère de ce genre est de n'avoir point de calice. Sa corolle est composée de quatre pétales linéaires, obliques, à sommet plus large, rond, concave, qui porte des étamines. Après la fécondation, ces pétales se replient. Le nectaire est une petite écaille tronquée, très-courte, attachée à la base du pistil. Quelquefois il n'y en a point. Les filamens des étamines sont au nombre de quatre, très-courts, chacun dans chaque pétale; ou il n'y en a point. Les anthères sont un peu grandes, oblongues, inférées entre la cavité du pétale. Le germe du pistil est linéaire, montant, réfléchi par le milieu, sans style. Le stigmate est rond, plane antérieurement, concave postérieurement, grand. Le péricarpe est une follicule cylindrique, à une loge, pointue de chaque côté. Les semences sont au nombre de quatre ou cinq, ovales, applaties, ayant postérieurement & à un côté une membrane qui les rend ailées.

CLASSE.

Ce genre fait partie de la quatrième classe de Linnæus, qui comprend les plantes tétrandriques monogyniques. MM. Forster, qui nous ont fait connoître ce genre, en distinguent deux espèces.

PREMIERE ESPECE.

La première espèce est l'Embothrion couleur d'écarlate. *Embothrium coccineum. Embothrium thyrsis terminalibus, corollis squammulâ nectareâ. Caract. Nov. Gen. Forst.* 16.

Description.

Les bouquets sont terminaux. Les corolles sont couleur d'écarlate, à petite écaille nectarienne.

SECONDE ESPÈCE.

La seconde espèce est l'Embothrion ombellifère. *Embothrium umbelliferum. Embothrium pedunculis umbellatis, antheris sessilibus.*

Description.

Dans cette espèce, les péduncules sont disposés en ombelle. Les anthères sont sessiles.

Figure.

Le caractère générique de ces deux plantes est représentée dans les nouveaux genres de Forster, planche 8.

Lieu de sa naissance.

Elles croissent naturellement dans les Isles de la Mer Australe.

EMPETRUM, *l'Empétron.*

Description générique.

Ce genre ressemble beaucoup à celui des Bruyères. L'Empetron porte trois sortes de fleurs, les unes hermaphrodites, les autres mâles, & les autres femelles. Les hermaphrodites ont un calice divisé en trois, un pareil nombre de pétales, trois étamines & un pistil composé d'un embryon arrondi & d'un style fort court. L'embryon devient une baie à-peu-près sphérique, dans laquelle on trouve neuf semences tranchantes d'un côté, arrondies de l'autre. Les fleurs mâles sont semblables aux précédentes, excepté qu'elles n'ont point de pistil, ce qui fait qu'elles ne donnent point de fruit. Les femelles au contraire n'ont point d'étamines, mais un pistil; & elles produisent des baies succulentes, qui renferment des semences.

CLASSE.

Ce genre fait partie de la dix-huitième classe de Tournefort, qui comprend les arbres & arbrisseaux à fleurs sans pétales; & de la vingt-deuxième de Linnæus, destinée aux plantes diœciques diandriques. Cet Auteur n'en admet que deux espèces.

PREMIÈRE ESPÈCE.

La première espèce est l'Empétron blanc. *Empetrum album. Empetrum erectum. Linn. Sp. Plant.* 1450. *Hort. Cliff.* 470. *Roy. Lugdb.* 206. *Empetrum Lusitanicum, fructu albo. Tourn. Inst. Rei. Herb.* 579. *Erica erecta, baccis candidis. Bauh. Pin.* 486. *Erica Coris folio X. Clus. Hist.* 1, *p.* 45.

Description.

Cet arbuste porte des tiges rameuses. Les rameaux sont poileux. Les feuilles sont longues, étroites, pointues, un peu raboteuses en-dessus, cannelées en-dessous. Les fleurs sont rassemblées en épis. Les baies sont blanches.

Lieu de sa naissance.

Il croît naturellement dans le Portugal.

SECONDE ESPECE.

La seconde espèce est l'Empétron noir, la grande Bruyère à fruits noirs. *Empetrum nigrum. Empetrum procumbens. Linn. Sp. Plant.* 1450. *Hort. Cliff.* 470.

Flor. Suec. 832, 904. *Roy. Lugdb.* 206. *Hall. Helv.* 162. *Jacq. Vindeb.* 298. *Empetrum. Flor. Lapp.* 379. *Erica baccifera, procumbens, nigrà. Bauh. Pin.* 436. *Erica baccifera. Cluſ. Pan.* 29.

Deſcription.

Cette eſpèce ne diffère de la précédente que par ſes rameaux, qui ne ſont pas poileux; par ſes feuilles, qui ſont moins longues, & qui ne ſont pas raboteuſes en-deſſus, ni cannelées en-deſſous; par ſon fruit, qui eſt noir; & par ſon attitude couchée.

Figure.

Cette eſpèce eſt repréſentée dans le Traité des Arbres & Arbuſtes de M. Duhamel, t. 1, p. 218.

Lieu de ſa naiſſance.

Elle croît dans les endroits marécageux & montueux de la partie la plus froide de l'Europe.

Culture.

Ces deux eſpèces peuvent ſe multiplier par ſemences & par marcottes. Elles ne demandent aucun choix de terrein; cependant la première eſpèce craint les fortes gelées. Ces arbuſtes reprennent difficilement, quand on les tranſplante.

Propriétés médicinales.

On fait avec les baies de la première eſpèce une ſorte de limonade, qui eſt agréable. On en donne à boire aux fébricitans.

Propriétés d'ornement.

L'Empétron forme un arbuſte, qui peut être mis dans les boſquets d'été.

ENOUREA, *l'Enourou.*

Deſcription générique.

Le caractère de ce genre de plante eſt d'avoir le périanthe du calice monophylle, partagé en quatre parties, dont deux ſont plus grandes. Les pétales de la corolle ſont au nombre de quatre, dont deux plus amples, ronds, blancs, inſérés par les onglets au fond du calice. Les petites écailles ſont au nombre de quatre. Chacune eſt jaune. Elles ſont inſérées à la baſe des pétales, velues. Les petites écailles des pétales les plus grands ſont les plus longues. Les glandes ſont au nombre de deux, groſſes, placées à l'onglet des pétales les plus grands. Les filamens des étamines ſont au nombre de treize, inégaux, réunis par la baſe, diſpoſés dans un même ſens, vers la baſe des pétales les plus petits, inſérés au diſque du germe. Les anthères ſont à deux loges. Le germe du piſtil eſt rond, à trois angles, ſans ſtyle. Les ſtigmates ſont au nombre de trois. Le péricarpe eſt une capſule orbiculée, à une loge & à trois valves. La ſemence eſt unique, ſphérique, ayant ſa pulpe farineuſe, cachée ſous une pellicule membraneuſe.

CLASSE.

Ce genre fait partie de la treizième claſſe de Linnæus, qui comprend les plantes polyandriques trigyniques. M. Aublet, qui nous a fait connoître ce genre, n'en reconnoît qu'une eſpèce.

ESPÈCE.

Cette eſpèce eſt l'Énourou à vrille. *Enourea capreolata. Aubl.* 587. *Eymara, Enouru* chez les Galibis.

Deſcription.

La racine de cet arbriſſeau pouſſe un tronc, qui s'élève à trois ou quatre pieds, ſur environ quatre pouces de diamètre. Son écorce eſt griſâtre. Son bois eſt blanc. A meſure qu'il ſe prolonge, il jette des branches ſarmenteuſes & rameuſes, qui ſe répandent ſur les arbres voiſins. Les branches & les rameaux ſont garnis de feuilles alternes, aîlées, à deux rangs de folioles terminées par une impaire. Leur nombre eſt de deux ſur chaque rang. Elles ſont oppoſées, & attachées par un court pédicule vers l'extrémité d'une côte cylindrique, longue de quatre pouces. Ces folioles ſont vertes en-deſſus, rouſsâtres en-deſſous, ovales, terminées par une pointe mouſſe. Les plus grandes ont trois pouces de longueur, ſur deux de largeur. De l'aiſſelle des feuilles, naît une vrille longue, applatie & roulée en ſpirale. Vers l'extrémité des branches, & du deſſus de cette vrille, ſort un épi de fleurs, long de ſix pouces. Le bout des rameaux eſt terminé par un grand nombre d'épis. Les fleurs y ſont rangées alternativement par petits paquets près-à-près. Le calice eſt d'une ſeule pièce, diviſé profondément en quatre parties, dont deux plus grandes que les deux autres. La corolle eſt à quatre pétales blancs. Deux ſont plus étendus, plus larges, & deux plus petits. Ils ſont attachés au fond du calice par un onglet, ſur lequel eſt placé un feuillet concave, & en forme de capuchon jaune, chargé de poils blancs. Les deux plus grands pétales ont à leur baſe deux groſſes glandes, & leur feuillet eſt plus long. Les étamines ſont au nombre de treize, rangées du côté des petits pétales, ſur un diſque, & réunies à leur baſe. En s'épanouiſſant, elles forment un éventail. Les filets ſont grèles, & d'inégale longueur; les plus longs ſont dans le milieu du faiſceau. Les anthères ſont jaunes & à deux bourſes. Le piſtil eſt un ovaire poſé ſur un diſque. Il eſt triangulaire, arrondi, & terminé par trois ſtigmates. L'ovaire devient une capſule arrondie, à une ſeule loge, qui s'ouvre en trois valves. Elle contient une ſeule graine. Le calice ne tombe pas. Les branches coupées, les feuilles déchirées & l'écorce entaillée rendent un ſuc laiteux.

Figure.

Cette eſpèce eſt repréſentée dans l'Hiſtoire des Plantes de la Guiane Françoiſe, pl. 235.

Lieu de ſa naiſſance.

Elle croît naturellement dans la Guiane Françoiſe. M. Aublet l'a trouvée répandue ſur des arbres qui avoient crû dans une petite Iſle, formée par la rivière de Sinemari, à quarante lieues de ſon embouchure.

EPERUA, *l'Épéru.*

Deſcription générique.

Le caractère de ce genre de plante eſt d'avoir le périanthe du calice monophylle, concave, partagé en quatre lobes larges, oblongs, obtus, concaves. La corolle n'a qu'un ſeul pétale rouge, large, s'ouvrant, rond, replié par la baſe aux côtés, inféré à la gueule du calice. Les filamens ſont au nombre de dix, très-longs, différemment réfléchis, inférés au calice, plus gros par la baſe, velus, raſſemblés inférieurement au nombre de neuf. Il y en a un qui eſt ſimple. Les anthères ſont oblongues, obtuſes, à deux loges, ſe penchant. Le germe du piſtil eſt ovale, pédiculé. Le ſtyle eſt très-long, recourbé. Le ſtigmate eſt obtus. Le péricarpe eſt un légume coriacé, applati, cotonneux, ferrugineux, long, en forme de faulx, à ſommet aigu & recourbé, à une loge bivalve, s'ouvrant élaſtiquement. Les ſemences ſont au nombre de trois ou quatre, grandes, applaties, coriacées, quelquefois échancrées à un côté.

CLASSE.

Ce genre fait partie de la dixième claſſe de Linnæus, qui comprend les plantes décandriques monogyniques. M. Aublet, qui nous a fait connoître ce genre, n'en admet qu'une eſpèce.

ESPECE.

Cette eſpèce eſt l'Épéru de la Guiane. *Eperua falcata. Aubl.* 369. *Vovapa-tabaca* des Galibis, le Pois-ſabre des Créoles.

Deſcription.

Le tronc de cet arbre s'élève à cinquante & quelquefois ſoixante pieds, ſur deux ou trois pieds de diamètre. Son écorce eſt rouſsâtre, ſon bois rougeâtre, dur & compacte. Il pouſſe à ſon ſommet un grand nombre de branches, qui s'élèvent & ſe répandent en tout ſens. Elles ſont chargées de rameaux garnis de feuilles alternes & aîlées, à deux rangs de folioles oppoſées, dont le nombre eſt de deux ou trois de chaque côté. Ces folioles ſont vertes, liſſes, luiſantes, entières, ovales, & terminées en pointe. Elles ſont articulées par un court pédicule, ſur une côte longue de quatre à cinq pouces. Les fleurs naiſſent ſur une verge nue, cylindrique, pendante, longue de trois pieds & plus, qui ſort de l'aiſſelle d'une feuille, ou qui eſt la continuité d'un rameau. Ce n'eſt que vers l'extrémité que ſont placés alternativement & par diſtance des bouquets de fleurs. Le calice eſt d'une ſeule pièce, arrondie & évaſée, diviſée en quatre larges parties, arrondies, épaiſſes, concaves, qui ſe recouvrent par un côté les unes les autres. La corolle eſt un ſeul pétale rouge, large, arrondi & frangé. Il embraſſe par ſon onglet les étamines & le piſtil. Il eſt attaché à la paroi interne & moyenne du calice. Les étamines ſont au nombre de dix. Neuf filets ſont réunis par le bas, & hériſſés de poils; un ſeul eſt ſéparé. Ils ſont violets, très-longs, courbés en différens ſens, & placés autour d'un piſtil, dans le fond du calice. Leurs anthères ſont jaunes, longues, à deux bourſes, ſéparées par un ſillon. Le piſtil eſt un ovaire porté ſur un petit pivot, qui s'élève du centre du calice. Il eſt comprimé, ſurmonté d'un ſtyle grêle, long de deux pouces, terminé par un ſtigmate obtus. L'ovaire devient une ſilique rouſsâtre, sèche, ligneuſe, coriace, qui a la forme d'une ſerpe. Elle s'ouvre avec élaſticité en deux coſſes. Elle contient une, deux, trois ou quatre fèves applaties, de forme irrégulière. Souvent les fèves avortent, & la ſilique eſt alors très-comprimée. La longueur de cette gouſſe eſt de ſept pouces, ſur deux & plus de largeur, dans toutes celles qui viennent à maturité.

Figure.

Cette eſpèce eſt repréſentée dans l'Hiſtoire des Plantes de la Guiane Françoiſe, pl. 142.

Lieu de ſa naiſſance.

Elle croît naturellement dans les forêts de la Guiane, & ſur le bord des rivières, à vingt-cinq lieues du rivage de la mer. M. Aublet l'a obſervée en fleurs & en fruits, dans les mois de Septembre & de Décembre.

Propriétés économiques.

Son bois eſt huileux. On le dit propre à réſiſter long-temps, enfoncé dans la vaſe ou dans la terre. Les Nègres ſont curieux d'en faire des manches pour leurs haches.

EPHEDRA, *l'Éphèdre.*

Deſcription générique.

Le caractère de ce genre de plante eſt d'avoir des fleurs mâles & femelles. Le chaton des fleurs mâles eſt compoſé d'un petit nombre d'écailles à une fleur, rondes, concaves, de la longueur du périanthe. Le périanthe eſt monophylle, à demi-fendu en deux parties ovales, rond, gonflé, petit, applati. Il n'y a point de corolle. Les filamens des étamines ſont au nombre de ſept, réunis en une colonne en forme d'alêne, diviſée par le ſommet, plus longue que le calice. Les anthères ſont rondes, verſées en-dehors, dont quatre inférieures, les autres trois ſupérieures.

Dans les fleurs femelles, le périanthe du calice eſt quintuple, placé l'un ſur l'autre, à découpures alternes, en forme ovale. Chacun eſt monophylle, ovale, partagé en deux; les extérieurs ſont plus petits. Il n'y a point de corolle. Le piſtil a deux germes ovales, de la grandeur du dernier périanthe, ſur lequel ils ſont placés. Les ſtyles ſont ſimples, filiformes, courts. Les ſtigmates ſont ſimples. Il n'y a point de péricarpe. Ce ſont ſeulement les écailles du calice, qui ſont toutes groſſies, ſucculentes, formant une baie diviſée. Les ſemences ſont au nombre de deux, ovales, aiguës, convexes d'un côté, planes de l'autre, applaties par un calice qui les couvre de chaque côté.

CLASSE.

Ce genre fait partie de l'Appendix de Tournefort, & de la vingt-deuxième claſſe de Linnæus, qui comprend les plantes diœciques monadelphiques. Cet Auteur n'en admet que deux eſpèces.

PREMIÈRE ESPÈCE.

La première eſpèce eſt l'Éphèdre ou le Raiſin-de-mer d'Eſpagne. *Ephedra diſtachya, Ephedra pedunculis oppoſitis, amentis geminis. Linn. Sp. Plant.* 1472. *Hort. Cliff.* 405. *Gouan. Monſp.* 510. *Polygonum bacciferum, maritimum, minus. Bauh. Pin.* 15. *Tragum. Cam. Hort.* 171. *Ephedra maritima, minor. Tourn.*

Description.

Cette espèce a de très-petites feuilles, presque cylindriques, & une grande quantité de rameaux d'un beau vert, semblables à ceux du Genêt, & interrompus par des articulations. La fleur n'a aucun mérite. Ses péduncules sont opposés. Les chatons sont doubles. Son fruit en mûrissant devient succulent comme une petite Mûre. Il a un goût aigrelet, sucré & agréable.

Figure.

Elle est représentée dans le *Camer. Hort.*, pl. 46; & dans le Traité des Arbres & Arbustes de M. Duhamel.

Lieu de sa naissance.

Elle croît communément dans les collines cailouteuses & maritimes de l'Espagne & de la Provence.

Culture.

Cet arbrisseau s'élève très-bien dans nos jardins, & il souffre d'être tondu au ciseau. Il trace & produit beaucoup de jets enracinés, par lesquels on le multiplie. Il lui faut, suivant Miller, une terre humide & forte. Il supporte très-bien le froid de nos hivers en plein air. Autrefois on le mettoit en pots, & on l'enfermoit pendant l'hiver dans la serre; mais on a appris par la suite qu'il profitoit mieux en pleine terre.

Propriétés médicinales.

Les fruits mûrs de cette espèce ont une acidité agréable. On les conseille pour tempérer l'ardeur de la bile.

Propriétés d'ornement.

Quoique les Éphèdres ne produisent presque point de feuilles, ils ne laissent pas de faire un arbrisseau toujours vert, & très-touffu par la grande quantité de ses branches. On doit donc le mettre dans des bosquets d'hiver. En les tondant au ciseau, on en fait de belles boules. On peut aussi leur former une tige, en faire des tapis d'un pied & demi ou deux pieds de hauteur, & les employer à différens usages pour la décoration des jardins.

SECONDE ESPECE.

La seconde espèce est l'Éphèdre de Sibérie. *Ephedra monostachya. Ephedra pedunculis pluribus, amentis solitariis. Linn. Sp. Plant.* 1472. *Gmelin. Sib.* 1, *p.* 171. *Ephedra minima, flagellis brevioribus & tenuioribus. Amm. Ruth.* 254. *Ephedra monospermos. Amm. Ruth.* 255.

Description.

La racine de cette espèce est brunâtre en-dehors, intérieurement blanche, ligneuse, sans suc, articulée, traçante, peu ou beaucoup fibreuse. La tige est ou seule, ou au nombre de deux ou trois, assez semblable à la racine jusqu'à la hauteur d'un pouce. Il en sort des rameaux cylindriques, verts, striés longitudinalement, articulés en plusieurs endroits, partie simples, partie rameux, tantôt couchés, tantôt droits. Souvent les rameaux de l'année précédente deviennent ligneux, & en jettent d'autres semblables à ce qu'ils étoient précédemment. Chaque articulation est garnie de deux écailles arides, pointues. Les fleurs & les fruits ne sont astreints à aucun lieu certain, tantôt en haut, tantôt au milieu, tantôt au bas des rameaux, mais toujours aux nœuds des rameaux ou petits rameaux.

Figure.

Cette espèce est représentée dans le *Flora Sib.* tom. 1, pl. 38, fig. 2.

Lieu de sa naissance.

Elle croît naturellement dans la Sibérie.

Propriétés d'ornement.

Comme elle est très-basse, on en pourroit former une espèce de gazon.

EPIDENDRUM, *la Vanille.*

NOMS GÉNÉRIQUES.

Ce genre de plante est connu sous les noms d'*Epidendrum. Linn. Vanilla. Plum. Merian. Epidendron. Herm. Angurek. Kœmpf. Volubilis. Catesb. Ceboletta. Jacq.*

Description générique.

Le caractère de ce genre de plante est d'avoir des spathes vagues, & un spade simple, sans périanthe. Les pétales de la corolle sont au nombre de cinq, oblongs, très-longs, s'ouvrans beaucoup. Le nectaire est tubulé par la base, turbiné, posé par le dos entre les pétales, à bouche oblique, fendue en deux, dont la lèvre supérieure est très-courte, fendue en trois; l'inférieure se termine en pointe. Les filamens des étamines sont au nombre de deux, très-courts, s'appuyans sur le pistil. Les anthères sont couvertes de la lèvre supérieure du nectaire. Le germe du pistil est menu, long, entortillé, inférieur. Le style est très-court, attaché à la lèvre supérieure du nectaire. Le stigmate est fané. Le péricarpe est une silique très-longue, cylindrique, charnue. Les semences sont nombreuses, très-menues.

CLASSE.

Ce genre fait partie de la vingtième classe de Linnæus, qui comprend les plantes gynandriques diandriques. Cet Auteur en admet trente espèces.

PREMIERE ESPECE.

La première espèce est la vraie Vanille. *Epidendrum Vanilla. Epidendrum scandens, foliis ovato-oblongis, nervosis, sessilibus, caulinis; cirrhis spiralibus. Linn. Sp. Plant.* 1347. *Roy. Lugdb.* 13. *Act. Ups.* 1740, *p.* 13. *Mat. Med.* 418. *Epidendrum scandens, foliis elliptico-ovatis, nitidissimis, subsessilibus, inferioribus claviculis jugatis, superioribus oppositis. Brown. Jam.* 326. *Vanilla flore viridi & albo, fructu nigricante. Plum. Gen.* 25. *Vanillas Piperis arbori Jamaïcensis, innascens. Pluk. Alm.* 381. *Vanilla. Merian. Surin.* 25. *Volubilis siliquosa, Plantaginis folio. Catesb. Car.* 3, *p.* 7. *Lobus aromaticus, subfuscus, Terebynthi corniculis similis. Bauh. Pin.* 404. *Lobus oblongus, aromaticus. Clus. Exot.* 72. *Sloan. Jam.* 70. *Hist.* 1, *p.* 180. *Lobus oblongus, aromaticus, odore ferè Belzvini. J. Bauh.* 428. *Lathyrus*

Mexicanus, *filiquis longiffimis*, *mofchatis*, *nigris*. *Amm. Char. Plant.* 456. *Aracus aromaticus. Tlixochitl*, *feu flos niger*, *Mexicanis dictus*. *Herm.* 38.

Defcription.

Les racines de cette plante font prefque de la groffeur du petit doigt, dit le P. Plumier, dont nous avons tiré cette defcription; longues d'environ deux pieds, plongées dans la terre au loin & au large, d'un roux pâle, tendres & fucculentes, jetant le plus fouvent une feule tige menue, qui, comme la Chematite, monte fort haut fur les grands arbres, & s'étend même au-deffus. Cette tige eft de la groffeur du doigt, cylindrique, verte, & remplie intérieurement d'une humeur vifqueufe. Elle eft noueufe, & chacun de fes nœuds donne naiffance à une feuille. Ses feuilles font molles, un peu âcres, difpofées alternativement, & pointues en forme de lance, longues de neuf ou dix pouces, larges de trois, liffes, d'un vert gai, creufées en gouttiere dans leur milieu, & garnies de nervures courbées en arc. Lorfque cette plante eft déjà fort avancée, des aiffelles des feuilles fupérieures, il fort de longs rameaux garnis de feuilles alternes, lefquels rameaux donnent naiffance à d'autres feuilles beaucoup plus petites.

De chaque aiffelle des feuilles qui font vers l'extrémité, il fort un petit rameau, différemment genouillé; & à chaque genouillere, fe trouve une très-belle fleur, polypétale, irréguliere, compofée de fix feuilles, dont cinq font femblables, & difpofées prefque en rofe. Les feuilles de la fleur font oblongues, étroites, tortillées, blanches en-dedans, verdâtres en-dehors. La fixième feuille ou la *Nectarium*, qui occupe le centre, eft roulée en maniere d'aiguiere, & portée fur un embryon charnu, un peu tors, femblable à une trompe. Les autres feuilles de la fleur font auffi pofées fur le même embryon, qui eft long, vert, cylindrique, charnu. Il fe change enfuite en fruit, ou efpèce de petite corne molle, charnue, prefque de la groffeur du petit doigt, d'un peu plus d'un demi-pied de longueur, noirâtre lorfqu'il eft mûr, & enfin rempli d'une infinité de très-petites graines noires. Les fleurs & les fruits de cette plante font fans odeur.

Hernandez nous a auffi donné la defcription de cette plante. Il prétend que c'eft une efpèce de Liferon, qui grimpe le long des arbres, & qui les embraffe. Ses feuilles ont, fuivant lui, onze pouces de longueur ou de largeur, font de la figure des feuilles du Plantain, mais plus groffes, plus longues, & d'un vert plus foncé. Elles naiffent de chaque côté de la ligne alternativement. Ses fleurs font noirâtres. La différence qu'il y a dans la defcription de l'un & de l'autre de ces Auteurs, c'eft que la fleur de la Vanille de Plumier eft blanche & un peu verte, & la gouffe eft fans odeur, tandis que celle de la Vanille d'Hernandez eft noire, & la gouffe d'une odeur agréable.

Obfervation.

Plufieurs Botaniftes foutiennent, dit M. le Chevalier de Jaucourt dans le Dictionnaire Encyclopédique, que la plante de la Vanille reffemble plus à la Vigne qu'à aucune autre: du moins c'eft ce qui a été certifié par le P. Fray Ignacio de Santa Terefa de Jéfus, Carme déchauffé, qui ayant long-temps réfidé dans la Nouvelle Efpagne, arriva à Cadix en 1721, pour paffer à Rome. Ce Religieux fe fit apporter par quelques Valets Indiens un grand cep de la plante, où croît la Vanille.

Comme il avoit déjà quelque connoiffance fur cette plante, il appliqua fon cep à un grand arbre, & entrelaça dans les branches de cet arbre tous les rejettons ou pampres du cep. Il en avoit coupé le bout inférieur élevé de quatre ou cinq doigts de terre, & l'avoit couvert d'un petit paquet de mouffe sèche, pour le défendre de l'air. En peu de temps, la sève de l'arbre pénétra le cep, & le fit reverdir. Au bout d'environ deux mois, il fortit à travers le paquet de mouffe cinq ou fix filamens qui fe jetterent en terre. C'étoient des racines qui devinrent groffes comme des tuyaux de plumes au plus. Au bout de deux ans, le cep produifit des fleurs, & puis des Vanilles, qui mûrirent.

Les feuilles font longues d'un demi-pied, larges de trois doigts, obtufes, d'un vert affez obfcur. Les fleurs font fimples, blanches, marquetées de rouge & de jaune. Quand elles tombent, les petites gouffes ou Vanilles commencent à pouffer. Elles font vertes d'abord; & quand elles jauniffent, on les cueille. Il faut que la plante ait trois ou quatre ans pour produire du fruit. Les farmens de la plante rampent fur la terre comme ceux de la Vigne, s'accrochent de même, s'entortillent aux arbres qu'ils rencontrent, & s'élèvent par leurs fecours. Le tronc, avec le temps, devient auffi dur que celui de la Vigne. Les racines s'étendent & tracent au loin dans la terre. Elles pouffent des rejettons qu'on tranfplante de boutures au pied de quelqu'arbre, & dans un lieu convenable. Cette plantation fe fait à la fin de l'hiver & au commencement du printemps.

Ce qu'il y a de fingulier, c'eft que, comme on a déjà vu que le pratiqua le P. Ignacio, on ne met pas le bout du farment en terre; il s'y pourriroit: la plante reçoit affez de nourriture de l'arbre auquel elle eft attachée, & n'a pas befoin des fucs que la terre fourniroit. La sève des arbres, dans les pays chauds de l'Amérique, eft fi forte & fi abondante, qu'une branche rompue par le vent, & jetée fur un arbre d'efpèce toute différente, s'y collera & s'y entera elle-même, comme fi elle l'avoit été par tout l'art de nos Jardiniers. Ce phénomène y eft commun.

C'en eft un autre auffi commun, que de gros arbres, qui de leurs plus hautes branches jettent de longs filaments jufqu'à terre, fe multiplient par le moyen de ces nouvelles racines, & font autour d'eux une petite forêt, où le premier arbre, pere ou aïeul de tous les autres, ne fe reconnoît plus. Ces fortes de générations répétées, rendent fouvent les bois impraticables aux chaffeurs.

Le P. Labat, dans fes Voyages d'Amérique, dit avoir trouvé dans l'Amérique une Vanille qu'il décrit ainfi. La fleur qu'elle produit eft prefque jaune, partagée en cinq feuilles, plus longues que larges, ondées & un peu découpées dans leur milieu. Il s'élève du centre un petit piftil rond & affez pointu, qui s'allonge & fe change en fruit. Cette fleur eft à-peu-près de la grandeur & de la confiftance de celle des Pois. Elle dure tout au plus cinq ou fix jours, après lefquels elle fe fanne, fe sèche, tombe & laiffe le piftil tout nud, qui devient peu à peu une filique de cinq, fix & fept pouces de long, plus plate que ronde, d'environ cinq lignes de large & deux lignes d'épaiffeur, de la figure à-peu-près de nos coffes d'Haricots.

Cette filique eft au commencement d'un beau vert. Elle jaunit à mefure qu'elle mûrit, & devient tout à fait brune, lorfqu'elle eft sèche. Le dedans eft rempli de petites graines rondes, prefque imperceptibles & impalpables, qui font rouges avant d'être mûres, & toutes noires dans leur maturité. Avant ce temps-là, elles n'ont aucune odeur fort fenfible, sensible, que celle de sentir le vert, [illegible] quand elles [illegible] ou qu'on les froisse entre les mains, elles rendent une petite odeur [illegible] fort [illegible] [illegible] des [illegible] [illegible] de l'Académie des [illegible], en 1714, [illegible] [illegible] à la Martinique, [illegible] [illegible] [illegible] de bouches, [illegible] de la Nouvelle Espagne, & [illegible]. Toutes les [illegible] rapportées, sont tirées de [illegible] M. le Chevalier de Jaucourt a fourni [illegible] l'Encyclopédie, [illegible] Auteur [illegible] aucune description [illegible] qui [illegible] la Vanille du Mexique, [illegible] nous ne [illegible] [illegible] [illegible] [illegible] [illegible]. Quelques [illegible] la [illegible] [illegible] [illegible] [illegible] [illegible] [illegible] est assez [illegible], sans être [illegible] [illegible] [illegible]. L'écorce [illegible] est tout [illegible] & fort verte. La tige est partagée par des nœuds éloignés les uns des autres de six à sept pouces, & est de [illegible] feuilles [illegible] couplées. [illegible] [illegible] en figure à celles du [illegible], [illegible] plus longues, plus larges [illegible] [illegible]. Leur longueur ordinaire est de [illegible] pouces, sur deux & demi de large. Elles sont fortes & [illegible] comme un cuir, d'un beau vert vif, & comme vernissées pardessus, & un peu plus pâles pardessous.

De toutes les descriptions que nous avons rapportées ici, nous n'en admettons qu'une pour l'espèce [illegible] [illegible] [illegible] M. [illegible]. Il l'a faite sur la plante [illegible], elle est par conséquent la plus [illegible]. Il [illegible] dans l'Isle de Saint-Domingue. Quant aux autres descriptions, elles peuvent convenir à la Vanille du Mexique, que nous ne connoissons pas encore bien, suivant M. le Chevalier de Jaucourt.

Figure.

Cette espèce est représentée dans les Plantes du P. Plumier, par Burmann, pl. 188; dans l'*Almag.* de Plucknet, pl. 320, fig. 4; dans l'Histoire des Insectes de Surinam, par Mademoiselle de Merian, pl. 25; & dans l'Histoire de la Caroline, par Catesby, tom. 3, pl. 7.

Variété.

Linnæus nomme pour variété de cette espèce l'*Epidendrum caule scandente, tereti, subramoso, foliis lanceolatis, petalis lanceolatis. Act. Ups.* 1740, *p.* 37. [illegible] *Amœn.* 867.

Description.

Cette variété est grimpante, cylindrique, rameuse. Ses feuilles sont lancéolées, de même que les pétales.

Figure.

Elle est représentée dans les *Amænitates* de Kœmpfer, pl. 869, fig. 1.

Lieu de sa naissance.

La Vanille est parasite; elle croît sur les arbres dans les Indes tant Orientales qu'Occidentales. Les endroits où on la trouve en plus grande quantité, sont la Côte de Caraque & de Carthagène, l'Isthme de Darien, & toute l'étendue qui est depuis cet Isthme & le Golfe de Saint-Michel, jusqu'à Panama, le Jucatan & les Honduras. On en trouve aussi en quelques autres lieux; mais elle n'est ni si bonne, ni en si grande quantité qu'au Mexique. On dit encore qu'il y en a beaucoup & de belle dans la terre ferme de Cayenne. Comme cette plante aime les endroits frais & ombragés, on ne la rencontre guères qu'auprès des rivières, & dans les lieux où la hauteur & l'épaisseur des bois la mettent à couvert des trop vives ardeurs du soleil.

Culture.

Cette plante étant parasite, on ne peut réussir à la multiplier dans ce continent. Malgré tous les soins que s'est donné Miller pour l'y multiplier, elle y est périe aussi tôt. Dans le pays, sa récolte commence vers la fin de Septembre: elle est dans sa force à la Toussaint, & dure jusqu'à la fin de Décembre. On ignore, dit M. de Jaucourt, si les Indiens cultivent cette plante, & comment ils la cultivent; mais l'on croit que toute la cérémonie qu'ils font pour la préparation du fruit, ne consiste qu'à le cueillir à temps; qu'ensuite ils le [illegible] quinze à vingt jours, pour en dissiper l'humidité superflue, ou plutôt dangereuse, car elle le feroit pourrir; qu'ils aident même à cette évaporation, en passant la Vanille entre les mains, & l'applatissant doucement: après quoi, ils finissent par la frotter d'huile de Coco ou de Celpa, & la mettent en paquets, qu'ils couvrent de feuilles de Balisier ou de Cachibou.

Insecte qui se trouve sur cette plante.

Mademoiselle Mérian a remarqué sur cette plante des chenilles brunes, rayées de jaune. Elle les a nourries avec des feuilles de Vanille. Elles se sont d'abord métamorphosées en nymphes, & ensuite en de beaux papillons, dont le dessous étoit couleur de Safran, & le dessus jaune, rouge & brun, avec des taches argentées. Cet insecte est connu sous le nom de *Papilio nymphalis Vanillæ. Papilio nymphalis, alis dentatis, flavis, nigro maculatis, subtus maculis triginta argenteis. Linn. Syst. Nat. edit. XII,* 787.

Analyse chymique.

La gousse de la Vanille, qui est la seule partie qu'on emploie, contient une certaine humeur huileuse, résineuse, subtile & odorante, que l'on extrait facilement par le moyen de l'esprit-de-vin. Après avoir tiré la teinture, la gousse reste sans odeur & sans suc. Dans l'analyse chymique, elle donne beaucoup d'huile essentielle, aromatique, une assez grande portion de liqueur acide, & peu de liqueur urineuse & de sel fixe.

Propriétés médicinales.

Hernandez attribue à la Vanille des vertus admirables; mais c'est un mauvais Juge: cependant les Auteurs de Matière Médicale n'ont presque fait que le copier. Ils prétendent que la Vanille fortifie l'estomac; qu'elle aide la digestion; qu'elle dissipe les vents; qu'elle cuit les humeurs crues; qu'elle est utile pour les maladies froides du cerveau, & pour les catharres. Ils ajoutent qu'elle provoque les règles; qu'elle facilite l'accouchement; qu'elle chasse l'arrière-faix. Tout cela est exagéré. La Vanille peut, par son aromate chaud, être un bon stomachique dans les occasions où il s'agit de ranimer les fibres de l'estomac affoibli; elle deviendra quelquefois par la même raison emménagogue & apéritive. Son huile balsamique, subtile & odorante, la rend souvent recommandable dans les maladies nerveuses, hystériques & hypocondriaques; c'est pourquoi quelques Anglois l'ont regardée, avec trop de précipitation, comme un spécifique dans ce genre de maladies. On la donne en substance jusqu'à un gros; & en infusion dans du vin, de l'eau ou quelqu'autre liqueur convenable, jusqu'à deux gros. Il faut considérer qu'elle échauffe beaucoup, quand on en prend une trop grande dose, ou qu'on en fait un usage immodéré; & cette considération doit servir pour indiquer les cas où il ne faut point la mettre en usage. On l'emploie rarement en France; on la laisse seulement en valeur dans la composition du chocolat, dont elle fait l'agrément principal.

Propriétés d'ornement.

On se servoit autrefois de la Vanille pour parfumer le Tabac; mais les parfums ont passé de mode: ils ne causent à présent que des vapeurs.

Observation.

Quoique les Espagnols tirent la Vanille, depuis près de deux siecles, du Mexique, ils ne savent pas même aussi bien que nous ce qui concerne les espèces, la culture, la multiplication & les propriétés de cette plante; ce n'est pas à eux que nous sommes redevables du peu de lumières que nous en avons. La Vanille qu'on trouve dans les boutiques, est du nombre de ces drogues dont on use beaucoup, & que l'on ne connoît qu'imparfaitement. On ne peut pas douter que ce ne soit une gousse ou silique, qui renferme la graine d'une plante; & de-là lui vient le nom Espagnol de *Vaguilla*, qui signifie *petite gaine*. Les Académiciens qui ont été au Pérou, ne nous ont point fourni les instructions qui nous manquent sur cette plante. Les Américains sont seuls en possession de la Vanille, qu'ils vendent aux Espagnols; & ils conservent soigneusement ce trésor qui leur est resté. On dit qu'ils ont fait serment entr'eux de ne révéler jamais rien aux Espagnols, fût-ce la plus grande de toutes les bagatelles. Ils souffriroient plutôt les plus rudes supplices, que de manquer à leurs paroles.

Noms & description de la Vanille des boutiques.

Elle est nommée par les Indiens, *Mecasubil*; & par nos Botanistes, *Vanilla*, *Vaniglia*, *Vagniglia*, *Vanilias*, *Piperis arbori Jamaicensis innascens. Pluk. Almag.* 301. C'est une petite gousse presque ronde, un peu applatie, longue d'environ six pouces, large de quatre lignes, ridée, roussâtre, mollasse, huileuse, grasse, cependant cassante, & comme coriace à l'extérieur. La pulpe qui est en-dedans, est roussâtre, remplie d'une infinité de petits grains noirs, luisans. Elle est un peu âcre, grasse, aromatique, ayant l'odeur agréable du Baume du Pérou; on nous l'apporte du Pérou & du Mexique. Elle vient dans les pays les plus chauds de l'Amérique, & principalement dans la Nouvelle-Espagne. On la prend sur des montagnes accessibles aux seuls Indiens, dans les lieux où il se trouve quelqu'humidité.

ESPÈCES.

On distingue trois sortes principales de Vanilles; la première est appellée par les Espagnols, *Pompona* ou *Bova*, c'est-à-dire, enflée ou bouffie; celle de *Leq*, la marchande ou de bon aloi; la *Simarona*, ou bâtarde. Les gousses de la *Pompona* sont grosses & courtes; celles de la Vanille de *Leq* sont plus déliées & plus longues; celles de la *Simarona* sont les plus petites en toute façon. La seule Vanille de *Leq* est la bonne. Elle doit être d'un rouge brun foncé, ni trop noire, ni trop rousse, ni trop gluante, ni trop desséchée. Il faut que ses gousses, quoique ridées, paroissent pleines, & qu'un paquet de cinquante pèse plus de cinq onces; celle qui en pèse huit, est la *Sobrebuena*, l'excellente. L'odeur en doit être pénétrante & agréable. Quand on ouvre une de ces gousses, bien conditionnée & fraîche, on la trouve remplie d'une liqueur noire, huileuse & balsamique, où nagent une infinité de petits grains noirs, presque absolument imperceptibles; & il en sort une odeur si vive, qu'elle assoupit, & cause une sorte d'ivresse. La *Pompona* a l'odeur plus forte, mais moins agréable. Elle donne des maux de tête, des vapeurs & des suffocations. La liqueur de la *Pompona* est plus fluide, & ses grains plus gros; ils égalent presque ceux de la Moutarde. La *Simarona* a peu d'odeur, de liqueur & de grains.

On ne vend point la *Pompona*, & encore moins la *Simarona*, si ce n'est que les Indiens en glissent adroitement quelques gousses parmi la Vanille de *Leq*. On doute si les trois sortes de Vanilles en question sont trois espèces, ou si ce n'en est qu'une seule, qui varie selon le terroir, la culture & la saison où elle a été cueillie.

Remarques.

Dans toute la Nouvelle-Espagne, on ne met point de *Vanille* au Chocolat; elle le rendroit malsain, & même insupportable: ce n'est plus la même chose, quand elle a été transportée en Europe. On a envoyé à nos Curieux des échantillons d'une Vanille de Caraca & de Maracayho, villes de l'Amérique Méridionale. Elle est plus courte que celle de *Leq*, moins grosse que la *Pompona*, & paroît de bonne qualité; c'est apparemment une espèce différente. On parle aussi d'une *Vanille* du Pérou, dont les gousses séchées sont larges de deux doigts, & longues de plus d'un pied; mais dont l'odeur n'approche point de celle des autres, & qui ne se conserve pas.

Prix & choix de la Vanille.

Le paquet de Vanilles, composé de cinquante gousses, se vend à Amsterdam depuis dix jusqu'à vingt florins, c'est-à-dire, depuis vingt-une liv. jusqu'à quarante-deux liv. de notre monnoie, suivant la rareté, la qualité ou la bonté. On donne un pour cent de déduction pour le prompt paiement. On choisit les Vanilles bien nourries, grosses, longues, nouvelles, odorantes, pesantes, un peu molles, non trop ridées ni trop huileuses à l'extérieur. Il ne faut pas qu'elles aient été mises dans un lieu humide; car alors elles tendroient à se moisir, ou le seroient déjà. Elles doivent non-seulement être exemptes du moisi; mais être d'une agréable odeur, grosses & souples. Il faut encore prendre garde qu'elles soient égales, parce que souvent le milieu des paquets n'est rempli que de petites Vanilles sèches & de nulle odeur. La graine du dedans, qui est extrêmement petite, doit être noire & luisante. On ne doit pas rejeter la Vanille qui se trouve couverte d'une fleur saline, ou de pointes salines très-fines, entièrement semblables aux fleurs de Benjoin. Cette fleur n'est autre chose qu'un sel essentiel, dont ce fruit est rempli, qui fort au-dehors, quand on l'apporte dans un temps trop chaud.

Quand on laisse la Vanille encore trop long-temps sur la plante sans la cueillir, elle crève, & il en distille une petite quantité de liqueur balsamique, noire & odorante, qui se condense en baume. On a soin de la ramasser dans de petits vases de terre, qu'on place sous les gousses. Nous ne voyons point en Europe de ce baume, soit parce qu'il ne se conserve pas dans le transport, soit parce que les gens du pays le retiennent pour eux, soit parce que les Espagnols se le réservent.

Falsification de la Vanille.

Dès qu'il n'en sort pas de liqueur balsamique, il y a des Mexicains qui, connoissant le prix qu'on donne en Europe à la *Vanille*, ont soin, après avoir cueilli ces sortes de gousses, de les remplir de poilettes & d'autres petits corps étrangers, & d'en boucher les ouvertures avec un peu de colle, ou de les coudre adroitement; ensuite ils les font sécher, & les entremêlent avec la bonne Vanille. Les gousses ainsi falsifiées n'ont ni bonté ni vertu, & nous ne manquons pas d'en rencontrer quelquefois de telles avec les autres bonnes siliques.

SECONDE ESPECE.

La seconde espèce est la Fleur-d'air. *Epidendrum flos aeris. Epidendrum caule scandente, tereti, subramoso; foliis lanceolatis, avenils; petalis linearibus, obtusis. Linn. Sp. Plant.* 1348. *Act. Ups.* 1740, *p.* 37. *Katong Ging. Kæmpf. Amæn.* 868. En Portugais, *Fouli lacra.*

Description.

La tige de cette espèce est grimpante, cylindrique, rameuse. Ses feuilles sont arondinacées, linéaires. Ses fleurs sont semblables à des araignées ou à des scorpions. Elles sont à cinq pétales linéaires, obtus, couleur de Citron, panachés de grandes taches pourpres, très-belles, longs de deux pouces, larges d'une plume d'oie, roides, gros, un peu plus larges à leur extrémité, en quelque façon recourbés. Parmi ces pétales, il s'en trouve un placé au milieu, plus long que les autres, & qui s'étend en ligne droite en forme de queue de scorpion; les autres sont deux de chaque côté, & s'éloignent de la queue en forme de lune, de sorte qu'on les prendroit pour les pieds d'un scorpion rampant. A la queue est opposée une trompe courbe & recourbée, plus grosse qu'une plume d'oie, supérieurement cylindrique, inférieurement concave & pourpre, placée de façon qu'on diroit que c'est la tête d'une petite bête. Sa structure est élégante. Elle a sa base décorée de trois découpures, qui l'environnent, courtes, droites, différentes entr'elles, réunies à leur naissance. Elle est fermée supérieurement par un opercule mince, concave, pourpre; en l'ôtant, on apperçoit une caroncule d'une figure pyramidale, ayant à son sommet deux petits globes. La fleur répand une odeur de musc si exquise & si abondante, qu'une seule fleur embaume toute une chambre; & ce qui est de plus singulier, c'est que cette odeur réside dans l'extrémité du pétale, qui représente la queue, en sorte que si on l'ôtoit, la fleur n'auroit plus d'odeur. *Cette Description est tirée des* Amœnitates Exoticæ *de Kæmpfer.*

Figure.

Cette espèce est représentée dans les *Amœnitates* de Kœmpfer, pag. 869, fig. 1.

Lieu de sa naissance.

Elle est parasite, & croît naturellement à Java.

Culture.

Il faut, dit Kœmpfer, des précautions singulières pour cultiver cette plante, la transplanter, la tailler & l'arroser. Elle aime d'être dans le voisinage du Pinang, au tronc duquel on attachera une certaine portion de ses farments, & on mettra de la terre ou un gazon sur sa partie inférieure; au moyen de quoi elle prendra de petites racines.

Propriétés d'ornement.

Cette plante est très-estimée à Java; on l'y cultive avec soin, soit à cause de l'odeur agréable de sa fleur, soit à cause de sa figure singulière.

TROISIEME ESPECE.

La troisième espèce est l'Epidendron à feuilles menues. *Epidendrum tenuifolium. Epidendrum foliis caulinis, subulatis, canaliculatis. Linn. Sp. Plant.* 1348. *Tsierou-mau-maravara. Rheed. Hort. Mal.* 12, *p.* 11. Chez les Brachmanes, *Ambo Kali.*

Description.

Les racines de cette plante sont longues, rondes, brunâtres, dures, minces, ligneuses. On la trouve sur l'arbre *Mangus*, d'où elle a pris son nom. Elle a une odeur de musc, une saveur astringente & amère. Sa tige s'élève en forme de Roseau, d'abord d'un vert clair, ensuite d'un vert brun, remplie d'une moelle verte, aqueuse, tissue de filamens blancs, lents, nerveux, qui commencent depuis la racine, & qui s'étendent le long de la tige jusqu'aux feuilles. Celles-ci sont très-étroites, concaves d'un côté, convexes extérieurement, d'un vert clair, glabres, épaisses, remplies d'une substance verte & visqueuse, sans saveur ou odeur. Les pétioles des fleurs viennent entre les feuilles & la tige; ils sont disposés en croix, au nombre de dix ou douze, tendres, ronds, ligneux, verts, marqués de points rouges. Les fleurs viennent ensemble avec leurs petites tiges, sans ordre; elles sont soutenues par un pétiole vert, à trois côtes, & réfléchi par la partie supérieure; elles ont six pétales de forme différente, dont cinq sont jaunes, ayant à leurs bords des filamens rouges; le sixième est blanc, ayant les bords rouges, mais qui deviennent ensuite d'un jaune qui disparoît insensiblement dans le blanc: en tout ces fleurs sont fort belles & très-agréables à la vue, & d'une odeur délicieuse. On apperçoit dans leur milieu un petit globe rond, applati, blanc, orné d'un pinceau jaune, plus élégant. Le fruit est très-petit, oblong, étroit, vert, à trois côtes, garni d'une suture entre les angles. Cette plante ne fleurit que fort tard; il faut qu'elle ait plusieurs années. C'est ordinairement en Janvier & Février que ses fleurs s'épanouissent; & quand elles le sont une fois, c'est pour quatre mois.

Figure.

Cette plante est représentée dans l'*Hort. Malab.*, tom. 12, pl. 5. Nous en avons tiré la description que nous venons de rapporter.

Lieu de sa naissance.

Elle croît naturellement dans l'Inde, à Malabar.

Propriétés médicinales.

Toute la plante s'emploie en forme de cataplasme, pour faire mûrir les abscès sans douleur. Sa poudre, délayée dans du vinaigre, convient dans la gonorrhée, les fleurs blanches & les pertes de sang.

QUATRIEME ESPECE.

La quatrième espèce est l'Épidendron en forme de spatule. *Epidendrum spatulatum. Epidendrum foliis caulinis, oblongis, alternis, obtusis, avenis; nectarii labio, bifido, divaricato. Linn. Sp. Plant.* 1348. *Helleborine amplissimo folio, vario. Plum. Sp.* 9. *Ponnampou-Maravara. Rheed. Hort. Mal.* 12, *p.* 7. *Rudb. Elys.* 2, *p.* 222. *Satyrium erectum, majus, caule subrotundo, foliis majoribus, amplexantibus, oblongis, spicâ terminali. Brow. Hist. Jam. p.* 326, *n°.* 12.

Description.

Cette plante est parasite; elle jette des racines très-longues, simples, filiformes, traçantes, & plusieurs tiges simples, droites, dénuées inférieurement de feuilles, écailleuses, & garnies supérieurement de feuilles alternes, amplexicaules, oblongues & obtuses. Les fleurs sont terminales, très-amples, composées de cinq pétales égaux. La lèvre du nectaire est grande & pendante, longue, fendue en deux & repliée. Le fruit est vertical, pendant, épais, charnu & sillonné, couronné de pétales fanés.

Figure.

Elle est représentée dans les Plantes du P. Plumier, par Burmann, pl. 18, fig. 2; dans l'*Hort. Malab.*, tom. 12, pl. 3; dans les Champs Elysées par Rudbeck, tom. 2, fig. 7.

Lieu de sa naissance.

Elle croît naturellement dans l'Inde.

Observation.

On peut conférer cette plante avec celle que Catesby nomme *Viscum caryophylloides, foliis longis, in apice incisis; floris lobello albo, trifido; petalis luteis, longis, angustissimis. Carol.* 2, *p.* 68, *t.* 68. *Bulbosum.*

CINQUIEME ESPECE.

La cinquième espèce est l'Épidendron noir. *Epidendrum furvum. Epidendrum caulescens, foliis imbricatis, lanceolatis, racemis axillaribus. Linn. Sp. Plant.* 1348. *Angræcum octavum seu furvum. Rumph. Amb.* 6, *p.* 104. *Thelia-Maravara. Rheed. Hort. Malab.* 12, *p.* 9. *Rudb. Elys.* 2, *p.* 122. *Raj. Suppl.* 590. Chez les Brachmanes, *Thali*; à Malaca, *Angree Kitsjil Glap.*

Description.

Les racines de cette espèce sont longues, ridées, simples, cendrées, charnues, à filamens fortement nerveux, remplies d'une humeur visqueuse & d'une substance verte, d'une odeur de mousse verte, & d'une saveur salée. La tige est ridée, verte, cendrée, remplie intérieurement de filamens ligneux, qui sont roussâtres, verts, mucilagineux. Les feuilles sont épaisses, & comme coriacées. Le suc qu'on en exprime, lorsqu'il est agité, s'enfle comme du savon. Sa saveur est salée; son odeur est gramínée. Le pétiole des fleurs est court, en tout roide & ligneux, d'abord vert, ensuite roussâtre, intérieurement blanc, sans humeur, ni odeur, ni saveur. Les fleurs se rassemblent en faisceaux. Elles sont petites, jaunes, comme ondulées de rayons jaunes, transversales, d'une odeur très-agréable. Ses fruits sont à trois angles. Cette plante dure long-temps, se multiplie toujours, fleurit au mois d'Octobre, une fois chaque année. Les fleurs, même séparées de la plante, se conservent fort long-temps.

Figure.

Cette espèce est représentée dans l'*Hort. Malab.* tom. 12, pl. 4; dans les Champs Elysées de Rudbeck, tom. 2, fig. 8; dans l'*Herb. Amboinense*, tom. 6, pl. 46; & dans la seconde Partie de cet Ouvrage.

Lieu de sa naissance.

Elle croît naturellement dans l'Inde.

Propriétés médicinales.

Sa racine broyée & réduite en poudre, s'emploie dans les fièvres ardentes, dans les petites véroles & rougeoles; & en effet elle est sudorifique. Le suc récent des feuilles, mêlé avec le miel, lâche le ventre.

SIXIEME ESPECE.

La sixième espèce est l'Épidendron couleur d'écarlate. *Epidendrum coccineum. Epidendrum foliis caulinis, subensiformibus, obtusis; pedunculis unifloris, axillaribus, confertis. Linn. Sp. Plant.* 1348. *Jacq. Americ.* 29. *Helleborine coccinea, multiflora. Plum. Sp.* 9.

Description.

Cette plante est tubéreuse, jetant des fibres simples, capillaires. La hampe est droite, simple, garnie inférieurement de feuilles en gaîne & plus petites; des aisselles desquelles sortent ensemble plusieurs pédoncules à une fleur, dont les fleurs sont à pétales planes, réguliers, fendus en cinq. Les feuilles caulinaires sont lancéolées, longues, épaisses, ayant un nerf au milieu. Le fruit est ovale & sillonné, renfermant des semences plus grandes, contre la nature des autres espèces de ce genre.

Figure.

Cette espèce est représentée dans les Plantes de Plumier, par Burmann, pl. 180; & dans les Plantes d'Amérique, par Jacquin, pl. 135.

Lieu de sa naissance.

Elle croît naturellement dans l'Amérique, dans les forêts humides de la Martinique.

SEPTIEME ESPECE.

La septième espèce est l'Épidendron fécond. *Epidendrum fecundum. Epidendrum foliis caulinis, oblongis, spicis fecundis, nectarii tubo longitudine corollæ. Linn. Sp. Plant.* 1349. *Jacq. Americ.* 224. *Helleborine purpurea, umbellata. Plum. Sp.* 9.

Description.

Cette espèce est une plante parasite, qui vient sur

fur les arbres. Elle eſt haute de deux pieds. Ses racines ſont fibreuſes, cylindriques, blanchâtres. Sa tige eſt cylindrique, rouge, glabre, feuillée. Ses feuilles ſont ovales, oblongues, échancrées, entières, luiſantes, coriacées, roides, amplexicaules, alternes, preſque de la longueur de trois pouces, d'un noir vert, parſemé d'un rouge léger. Les ſpathes inférieures ſont en gaîne, dans la partie nue du ſpade; les ſupérieures ſont ſeſſiles, très-petites. L'épi eſt lâche, ſecondaire. Les fleurs ſont totalement pourpres, ſans être roides, longues d'un pouce. La lèvre inférieure de leur nectaire eſt fendue en trois. La découpure du milieu eſt ronde, concave, échancrée, montante, de moitié plus courte que le tube; les latérales ſont échancrées, conniventes, un peu plus petites. Le reſte eſt de même que dans l'Épidendron difforme.

Figure.

Elle eſt repréſentée dans les Plantes de l'Amérique, par Jacquin, pl. 131, fig. 1; & dans les Eſpèces de Plumier, par Burmann, pl. 182, fig. 1.

Lieu de ſa naiſſance.

Elle croît naturellement dans l'Amérique.

HUITIÈME ESPÈCE.

La huitième eſpèce eſt l'Épidendron linéaire. *Epidendrum lineare. Epidendrum foliis caulinis, linearibus, obtuſis, emarginatis, caule ſimplici. Linn. Sp. Plant.* 1349. *Jacq. Americ.* 221. *Helleborine tenuifolia, repens. Plum. Sp.* 9.

Deſcription.

Cette plante vient ſur les arbres; elle eſt paraſite. Sa racine eſt traçante, fibreuſe, cylindrique, cendrée. Il s'en élève pluſieurs tiges feuillues, ſimples & cylindriques. L'épi eſt lâche, ordinairement à quatre fleurs. Les feuilles ſont linéaires, entières, échancrées, obtuſes, luiſantes, planes, coriacées, un peu roides, en gaînes, alternes, garniſſant toute la tige. Les fleurs ſont pourpres, petites.

Figure.

Elle eſt repréſentée dans l'Hiſtoire des Plantes de l'Amérique, par Jacquin, pl. 131, fig. 1; & dans les Plantes de Plumier, par Burmann, pl. 182, fig. 1.

Lieu de ſa naiſſance.

Elle croît naturellement dans les forêts épaiſſes de la Martinique.

NEUVIÈME ESPÈCE.

La neuvième eſpèce eſt l'Épidendron pointillé. *Epidendrum punctatum. Epidendrum foliis lanceolatis, nervoſis; vaginis imbricatis, ſcapo paniculato corolliſque punctatis. Linn. Sp. Plant.* 1349. *Helleborine ramoſiſſima, cauliculis & floribus maculatis. Plum. Sp.* 9.

Deſcription.

Cette plante donne une tige; elle a des bulbes ſimples, vermiformes. La tige eſt droite, ſimple, articulée, inférieurement garnie de feuilles en gaînes, épaiſſes, nerveuſes, ovales, pointillées ſupérieurement, deſquelles s'élèvent de chaque côté des feuilles très-grandes, en forme d'épée, ſupérieurement réfléchies ou courbées, diſtinctes par cinq nervures, épaiſſes, lancéolées & inférieurement ſillonnées. La hampe à fleur eſt latérale, radicale, très-longue, articulée & garnie de quelques écailles, ſupérieurement en grappe, où elle ſe trouve joliment maculée & pointillée avec les fleurs. Celles-ci ſont irrégulières. Leurs pétales ſont admirablement repliés & réfléchis, & ont beaucoup de rapport avec ceux de la Vanille commune. Leur lèvre ſupérieure eſt ſans taches, ſinueuſe & ovale. Les fruits ſont de grandes ſiliques ventrues, pendantes, diſtinctes en trois, plus grandes & ſillonnées.

Figure.

Cette eſpèce eſt repréſentée dans les Plantes de Plumier, par Burmann, pl. 187.

Lieu de ſa naiſſance.

Elle croît naturellement dans l'Amérique.

DIXIÈME ESPÈCE.

La dixième eſpèce eſt l'Épidendron en queue. *Epidendrum caudatum. Epidendrum foliis lanceolatis, nervoſis; ſcapo paniculato; petalis maculatis, caudatis, duobus longiſſimis. Linn. Sp. Plant.* 1349. *Helleborine ramoſiſſima, caulibus & floribus maculatis. Plum. Sp.* 9.

Deſcription.

Cette plante eſt paraſite. Elle a des racines en forme de vers, traçantes, par le moyen deſquelles elle s'attache aux arbres. Ses feuilles ſont radicales, épaiſſes, nerveuſes, réunies au nombre de deux, droites, lancéolées. La hampe s'élève ſimple, nue, garnie de quelques petites écailles droites, aiguës, qui ſe terminent ſupérieurement, où viennent les fleurs. Celles-ci ſont d'une forme admirable, joliment maculées, dont trois pétales ſont en forme de queue; deux ſont horiſontaux, très-courts; l'inférieur pend, & eſt plus long; les deux autres, ou les ſupérieurs, ſont très-longs, droits, en forme d'alène. Le capuchon eſt placé dans leur centre, tenant les étamines avec le germe. Le fruit eſt une ſilique oblongue, charnue, à cinq ſillons, portant ſupérieurement des pétales fanés.

Figure.

Cette eſpèce eſt repréſentée dans la cent-ſoixante-dix-ſeptième planche des Plantes de Plumier, par Burmann.

Lieu de ſa naiſſance.

Elle croît naturellement dans l'Amérique.

ONZIÈME ESPÈCE.

L'onzième eſpèce eſt l'Épidendron ovale. *Epidendrum ovatum. Epidendrum foliis caulinis, ovatis, acutis, nervoſis, amplexicaulibus, ſcapis paniculatis. Linn. Sp. Plant.* 1349. *Herba ſupplex, major, ſecunda. Rumph. Amb.* 6, *p.* 111. *Anantali-Maravara. Rheed. Hort. Mal.* 12, *p.* 15. *Rudb. Elyſ.* 2, *p.* 223; *Raj. Suppl.* 590.

Deſcription.

D'un amas ou d'un grouppe de racines fibreuſes, menues, blanches, dures, ligneuſes, courbées diverſement, longues de trois à quatre pouces, & qui s'attachent à l'écorce des vieux arbres, s'élèvent douze à quinze tiges cylindriques, hautes de trois à quatre pieds, simples, sans ramifications, de quatre à cinq lignes de diamètre, genouillées, onduleuses ou légèrement tortillées, vertes, marquées de cercles jaunes, à substance intérieure rouge-sanguin, croisée de filets blancs, & remplie au centre par une moëlle verte, soutenue pareillement par de grosses fibres roussâtres. Ces tiges sont couvertes, d'un bout à l'autre, de feuilles qui y sont disposées alternativement & circulairement fort près les unes des autres. Elles sont ellyptiques, pointues, longues de cinq à six pouces, une fois moins larges, épaisses, fermes, succulentes, entières, striées longitudinalement, d'un vert-clair, comme sessiles, mais portées sur un pédicule membraneux, deux fois plus court qu'elles, qui forme une gaîne cylindrique, entière, membraneuse, d'abord verte, ensuite cendrée, qui enveloppe les tiges, & reste même comme une seconde enveloppe après leur chûte. Les fleurs sortent immédiatement des racines, comme les tiges, sous la forme d'une panicule ou d'un épi ramifié, haut de trois à quatre pieds, comme les tiges, articulé ou genouillé de même, avec des gaînes, mais sans feuilles, de manière qu'il semble qu'elles seroient tombées, & que chaque branche ou épi de la panicule sortiroit de chacune de ces gaînes. On voit deux ou trois semblables panicules sous chaque pied. Elles portent chacune dix à douze branches ou épis, chacun de six à douze fleurs blanches, qui, avant de s'épanouïr, forment un bouton conoïde, dont la base est gonflée d'un côté en tubercule, & de l'autre en cornet, ce qui leur donne une forme assez agréable. Le péduncule qui les soutient, est vert, strié, & égal à leur longueur. Chaque fleur est composée de six feuilles, posées sur l'ovaire, épaisses, fermes, dont trois extérieures plus étroites, allongées, & trois intérieures plus larges & arrondies, toutes blanches, avec une ligne rougeâtre à leur milieu, semblable à une nervure plus épaisse. Au centre de ces feuilles, s'élève un style ou stigmate très-court, creusé en cueilleron, plein d'une liqueur mielleuse, & qui porte sur son dos une étamine ou anthère sessile à deux loges, qui contiennent la poussière fécondante. L'ovaire est au-dessous, fort menu, allongé, & devient par la suite une capsule ovoïde, à trois angles & trois nervures intermédiaires, qui la font paroître comme hexagone, longue d'un pouce & demi, deux fois moins large, à trois loges remplies de graines orbiculaires, membraneuses, extrêmement fines, & peu sensibles.

Observation.

Cette plante est vivace par ses racines, qui subsistent plusieurs années, pendant que ses tiges meurent tous les ans, après avoir fleuri, ce qui lui arrive une fois l'an vers le mois de Juin. Ses fleurs durent l'espace de cinq mois sans sécher ni tomber, à-peu-près comme feroient des feuilles, au point que si on en cueille la panicule lorsqu'elle n'est encore qu'en bouton, & qu'on la suspende dans un lieu sec, ces boutons grossissent & durent jusqu'à la maturité du fruit; ce qui prouve que cette plante, parvenue à ce point, n'a plus besoin de tirer aucune nourriture, aucune substance solide, que de l'air seul, pour pouvoir opérer l'acte de la génération, dont tous les principes sont contenus dans ces panicules, parvenues à ce point.

Figure.

Cette espèce est représentée dans l'*Herb. Amboin.*, tom. 6, pl. 51, fig. 2; dans l'*Hort. Malab.*, tom. 12, pl. 7; dans les *Campi Elysei* de Rudbeck, fig. 4; & dans la seconde Partie de cet Ouvrage.

Lieu de sa naissance.

Elle croît naturellement dans l'Inde, à Malabar.

Propriétés médicinales.

Toute la plante est sans saveur, sans odeur. Ses fleurs seules ont une odeur très-désagréable. Son suc, tiré par expression, & donné aussi-tôt, dissipe la colique & les douleurs de ventre de toute espèce, remue la bile, & lâche le ventre.

DOUZIÈME ESPECE.

La douzième espèce est l'Épidendron à cils, *Epidendrum ciliare. Epidendrum foliis oblongis, aveniis, nectarii labio tripartito, ciliato; laciniâ intermediâ, lineari; caule bifolio. Linn. Sp. Plant.* 1349. *Jacq. Americ.* 29. *Helleborine graminea, foliis rigidis, carinatis. Plum. Ic.* 179.

Description.

Cette espèce est parasite. Ses racines sont noueuses, très-rampantes. Ses feuilles sortent de la racine, sont radicales, épaisses, oblongues. Sa hampe est à deux fleurs, environnée d'écailles pointues en forme d'alêne. Les pétales des fleurs sont égaux, horisontaux, lancéolés. Il s'élève de leur centre une lèvre ovale, fendue en trois, ciliée, dont deux lobes sont latéraux, égaux, celui du milieu très-étroit, linéaire. Les fruits ou siliques sont glabres & sillonnés.

Figure.

Cette espèce est représentée dans les Plantes de Plumier, par Burmann, pl. 179, fig. 2.

Lieu de sa naissance.

Elle croît naturellement dans l'Amérique.

TREIZIÈME ESPÈCE.

La treizième espèce est l'Épidendron de nuit, *Epidendrum nocturnum. Epidendrum foliis oblongis, aveniis, nectarii labio tripartito, integerrimo; laciniâ intermediâ, lineari; caule multifolio. Jacq. Americ.* 29. *Viscum caryophylloïdes, foliis longis, in apice incisis; floris labio albo, trifido; petalis luteis, longis, angustis. Catesb. Carol.* 2, *p.* 68.

Description.

Catesby décrit ainsi cette plante: « Elle croît, dit-il, ordinairement jusqu'à la hauteur de dix-huit pouces, avec une & quelquefois deux tiges, toutes droites, garnies de feuilles alternes, longues & entaillées à leurs extrémités. La base de la feuille embrasse la tige. Du haut de cette plante, sortoient deux tiges, dont une soutenoit une fleur, & l'autre un fruit dans sa perfection. La fleur étoit composée de cinq pétales jaunes, longs & étroits, placés sur un ovaire qui étoit long, d'un vert pâle, & s'enfloit vers son sommet. Il s'élevoit du centre de ces cinq pétales, une tige blanche, cylindrique & succulente, qui portoit à son extrémité trois autres pétales blancs, dont celui du milieu étoit le plus long. L'autre tige portoit à son extrémité trois autres pétales blancs, dont la forme ressembloit assez à une quille, étant garnie de quatre côtes, qui s'avançoient, s'étendoient d'un bout à l'autre à des distances égales, & étoient divisées par des membranes minces ».

M. Jacquin décrit différemment cette plante, ce qui fait dire à M. Murray, qu'elle est un peu différente de l'espèce décrite par Catesby. Voici la description de M. Jacquin. Elle est à peine haute d'un pied, parasite aux arbres. Ses racines sont cylindriques, fibreuses. Sa tige est cylindrique, simple, glabre, ayant environ cinq feuilles. Ses feuilles sont oblongues, obtuses, très-entières, coriacées, luisantes, en gaîne, alternes, ayant presque trois pouces. Les fleurs sont aussi de trois pouces, sessiles dans un spade très-court, & garnies d'un petit nombre de spathes. Elles sont pour l'ordinaire au nombre de deux, très-rarement trois, sans odeur pendant le jour, & d'une odeur très-agréable pendant la nuit, approchante de celle des Lys blancs. Les pétales sont d'un vert jaune. Le nectaire est blanc. Ses découpures sont latérales, sans cils; ses pétales sont deux fois plus courts.

Figure.

Cette espèce est représentée dans l'Histoire des Plantes de l'Amérique, par Jacquin, pl. 139; & dans l'Histoire de la Caroline, par Catesby, tom. 2, pl. 68.

Lieu de sa naissance.

Elle croît naturellement dans l'Amérique, à la Martinique.

QUATORZIÈME ESPÈCE.

La quatorzième espèce est l'Épidendron en capuchon. *Epidendrum cucullatum. Epidendrum foliis subulatis, scapo unifloro, nectarii labio ovato, ciliato, acuminato, petalis elongatis. Linn. Sp. Plant.* 1350. *Helleborine floribus albis, cucullatis. Plum. Sp.* 9.

Description.

Cette plante est bulbeuse, à peine fibreuse. Sa hampe est simple, droite, couverte d'écailles, à une fleur. Ses feuilles sont radicales, en forme d'alêne, distinctes par une nervure au milieu. Les pétales de la fleur sont très-longs, linéaires, sinueux, réfléchis en arrière. La lèvre est simple, ovale, pointue, sillonnée & sinueuse, renfermant plusieurs semences très-menues.

Figure.

Cette espèce est représentée dans les Plantes de Plumier, par Burmann, pl. 79, fig. 1.

Lieu de sa naissance.

Elle croît dans l'Amérique.

Observation.

Les espèces suivantes ont la hampe nue, avec des feuilles radicales.

QUINZIÈME ESPECE.

La quinzième espèce est l'Epidendron noueux. *Epidendrum nodosum. Epidendrum folio unico, subradicali, spadice subquadrifloro. Linn. Sp. Plant.* 1350. *Jacq. Americ.* 29. *Epidendrum foliis radicalibus, subulatis, acutis, nodo radicatis. Act. Upf.* 1740. *p.* 36. *Jacq. Hist. t.* 140. *Epidendrum foliis subulatis. Hort. Cliff.* 430. *Epidendrum curassavicum, Orchidi affine, folio crasso, sulcato. Herm. Parad.* 187. *Viscum arboreum, seu Epidendrum, flore albo, spinoso; Americanum, folio forma siliquarum nerii. Pluk. Alm.* 390. *Viscum Delphinii flore minus, petalis angustioribus, radice fibrosâ. Sloan. Jam.* 120. *Hist.* 1. *p.* 257.

Description.

Cette plante est haute d'un pied, apparente, parasite sur les arbres. Elle n'a qu'une feuille linéaire, en forme d'alêne, aiguë, à demi cylindrique, ayant intérieurement un sillon aigu, glabre, d'un demi-pied plus ou moins, engaîné à la base par une spathe longue, cendrée, se terminant en un pétiole un peu cylindrique & en forme de tige, & partant d'un tubercule ou petit nœud, d'où sortent pareillement des racines grosses, cylindriques, longues, cendrées & à peine divisées. Le spade est simple, court, cylindrique, glabre, droit, à trois ou quatre fleurs, & sort du sinus de la feuille. Les fleurs sont sessiles, grandes, belles, presque sans odeur pendant le jour, ayant pendant la nuit une odeur très-agréable, ne le cédant presque à aucune, approchant beaucoup de celle du Lys blanc. Elles ont un nectaire couleur de neige. Le germe & les pétales sont jaunâtres.

Figure.

Cette espèce est représentée dans l'*Herm. Parad.*, pl. 207; dans l'*Almag.* de Plukenet, pl. 117, fig. 6; & dans l'Histoire de la Jamaïque par Sloane, pl. 125, fig. 3.

Lieu de sa naissance.

Elle croît naturellement dans l'Amérique Méridionale, dans les forêts de l'Isle de Bara.

SEIZIEME ESPECE.

La seizième espèce est l'Epidendron à carène. *Epidendrum carinatum. Epidendrum foliis oblongis, obtusis, compressis, articulatis. Linn. Sp. Plant.* 1350. *Act. Upf.* 1740. *p.* 36. *Bontia Luzonica, geniculis inferioribus, carinulatis. Pet. Gaz.* 44.

Description.

Les feuilles de cette espèce sont oblongues, obtuses, applaties, articulées; les articulations inférieures sont en carène.

Figure.

Elle est représentée dans le *Gazopographia* de Pétiver, fig. 10.

Lieu de sa naissance.

Elle est parasite, & croît dans les Isles de Luzons.

DIX-SEPTIEME ESPECE.

La dix-septième espèce est l'Epidendron en forme d'Aloës. *Epidendrum Aloifolium. Epidendrum foliis radicalibus, oblongis, obtusis, supernè latioribus. Linn. Sp. Plant.* 1340. *Act. Upf.* 1740. *p.* 36. *Orchis abortiva, flore majore rubro, folio Aloës. Rudb. Elys.* 2. *p.* 224. *Kansyram Maravara. Rheed. Hort. Malab. p.* 17. *Raj. Suppl.* 572. Chez les Brachmanes: *Sonon.*

Description.

La racine de cette espèce est grosse, fongueuse, à crins, charnue, noueuse, roussâtre, musqueuse, par laquelle elle s'attache aux écorces des arbres, d'une saveur amère, d'une odeur aqueuse. Plusieurs feuilles sortent du nœud de la racine, longues de deux ou trois pieds, larges de deux doigts, étroites à la base, plus larges à l'extrémité, obtuses, découpées par deux sutures, glabres, luisantes, d'un vert brunâtre, épaisses, sans côte, ayant la texture intérieure fort mince, remplies dans leur longueur de filamens oblongs, ayant leur substance verte & un suc visqueux d'une saveur amère sans odeur. Les tiges des fleurs sont en nombre, simples, sans division & sortant de la racine; elles sont garnies d'un nœud ou d'un petit faisceau de bourgeons, qui sont éloignés les uns des autres de la distance d'un pouce: ces tiges sont rondes, vertes, luisantes, couvertes d'une membrane mince, blanche, intérieurement blanches, ligneuses, remplies d'une eau claire, visqueuse. Les fleurs sont à six pétales, très distans les uns des autres, appuyés sur un pétiole garni de six lacunes; trois de ces pétales sont oblongs, étroits, intérieurement d'un beau rouge, à bords blancs, striés à la partie extérieure de blanc & de vert, entremêlés d'une couleur rougeâtre, ayant une suture protubérante; à la partie opposée de ces pétales, il s'en trouve un autre jaune, ayant comme des raies rougeâtres, à deux oreillettes réfléchies. L'étamine est d'un rouge couleur de sang, garnie de trois globules ronds, jaunes; les deux autres qui sont à côté ne sont pas si longs ni si aigus; ils sont crépus, blancs, d'une couleur rouge, sans odeur ni saveur. Les fruits sont gros, portant au sommet une couronne comme divisée, verts, remplis intérieurement de petits faisceaux soyeux, dans lesquels se trouvent renfermées des semences comme de la poussière, qui rougissent comme l'écorce des fruits.

Figure.

Cette espèce est représentée dans l'*Hort. Malab.* tom. 12, pl. 8.

Lieu de sa naissance.

Elle croît naturellement sur les arbres de Malabar.

Propriétés médicinales.

Cette plante réduite en poudre avec le gingembre, & prise dans de l'eau, excite le vomissement & la diarrhée. Elle guérit les maladies invétérées, le brouillard des yeux, le vertige & la paralysie.

DIX-HUITIÈME ESPÈCE.

La dix-huitième espèce est l'Epidendron à goutte. *Epidendrum guttatum. Epidendrum foliis radicalibus, lanceolatis; petalis cuneiformibus, retusis. Linn. Sp. Plant.* 1351. *Epidendrum caule tereti, erecto nudo, foliis lanceolatis, petalis cuneiformibus, obtusis. Act. Ups.* 1740. *p.* 31. *Viscum Delphinii flore albo, guttato, minus, radice fibrosâ. Sloan. Jam.* 120. *Hist.* 1, *p.* 251. *Helleborine foliis carnosis, carinatis & sulcatis. Plum. Sp.* 9.

Description.

Les feuilles de cette espèce sont radicales, lancéolées, cannelées. Sa tige est cylindrique, droite, nue. Sa racine est fibreuse, les pétales & la fleur sont en forme de coing, obtus.

Figure.

Elle est représentée dans l'Histoire de la Jamaïque par Sloane. pl. 148, fig. 2.

Lieu de sa naissance.

Elle est parasite, & croît naturellement dans la Jamaïque.

DIX-NEUVIEME ESPECE.

La dix-neuvième espèce est l'Epidendron noir. *Epidendrum furvum. Epidendrum caulescens, foliis imbricatis, lanceolatis; racemis axillaribus. Linn. Sp. Plant.* 1348. *Angræcum, octavum seu furvum. Rumph. Amb.* 6, *p.* 104. *Thalia maravara.* 12, *p.* 9. *Rudb. Elys.* 2, *p.* 122. *Raj. Suppl.* 590. Chez les Brachmanes, *Thali.* A Malacar, *Angrec*, *Kitsjil*, *Glap.*

Description.

Les racines de cette espèce sont rondes, ridées, simples, cendrées, charnues, garnies d'un filament fortement nerveux, d'une humeur visqueuse & d'une substance verte, ayant l'odeur de mousse verte & une saveur salée. Sa tige est plus ridée, verte & cendrée quand elle est plus vieille, remplie intérieurement de filamens ligneux, qui sont roussâtres & verdâtres, mucilagineux. Ses feuilles sont épaisses, coriacées; leur suc exprimé & agité tant soit peu avec une petite verge, écume comme du savon. Le pétiole des fleurs est court, totalement roide & ligneux, d'abord vert, ensuite roussâtre, intérieurement blanc, n'ayant ni odeur ni saveur. Les fleurs viennent en faisceau; elles sont petites, jaunes, comme ondulées transversalement de rayons rouges.

Figure.

Cette espèce est représentée dans l'*Herb. Amb.* de Rumphe, tom. 6, pl. 105, fig. 1; dans l'*Hort. Malab.* tom. 12, pl. 4; dans les *Campi Elysii* de Rudbeck, tom. 2, fig. 8; & dans la seconde partie de cet Ouvrage.

Lieu de sa naissance.

Elle croît naturellement dans l'Inde.

Propriétés médicinales.

La racine de cette espèce broyée & réduite en poudre, s'emploie dans les fièvres ardentes, les petites véroles; elle excite la sueur. Le suc récent des feuilles mêlé avec du miel lâche le ventre.

VINGTIEME ESPECE.

La vingtième espèce est l'Epidendron à feuilles de jonc. *Epidendrum juncifolium. Epidendrum foliis subulatis, sulcatis; scapo petalisque punctatis; labio immaculato, dilatato. Linn. Sp. Plant.* 1351. *Helleborine maculosa; foliis junceis & sulcatis. Plum. Sp.* 9.

Description.

Cette plante est parasitique, jettant des petites fibres radicales, sinueuses & bulbeuses. Les feuilles radicales sont très-longues & nombreuses, en forme d'alêne, & sillonnées, régnant dans leur milieu un gros nerf, & paroissent vers leur naissance enveloppées de gaînes lancéolées. Les hampes sont droites, portant au-delà de leur moitié supérieure des fleurs

fleurs alternes, dont les pétales sont maculés, de même que la partie supérieure de la hampe, excepté la levre qui est ovale, obtuse & fendue à trois lobes.

Figure.

Elle est représentée dans les Plantes du P. Plumier, par Burmann, pl. 184, fig. 2.

Lieu de sa naissance.

Elle croît naturellement dans l'Amérique.

VINGT-UNIÈME ESPÈCE.

La vingt-unième espèce est l'Epidendron écrit. *Epidendrum scriptum. Epidendrum foliis ovato-oblongis, trinerviis; floribus racemosis, maculatis. Linn. Sp. Plant.* 1351. *Angræcum scriptum. Rumph. Amb. tom.* 6. *Helleborine molucca. Latin.* A Malaca, *Angræk*, *Bonga Boki*, *Bonga Putri.* A Ternate, *Saja Raki*, id est, *Flos Principissæ*, *Saja Ngawa* & *Ngawan.* A Baley, *Angrec*, *Kring Sing.* A Java, *Rangrec.* En Portugais, *Fulha Alacra*, *Fulha Lacre.*

Description.

Les feuilles de cette espèce sont ovales, oblongues, à trois nervures. Les fleurs sont en grappe, maculées. Rumphe nous a donné une description fort étendue de cette plante. C'est, dit-il, une plante admirable qui croît sur les arbres de même que les fougeres. Elle vient sur les plus grosses branches, & presque toujours à leur naissance. Elle s'attache à leurs écorces par des petites fibres, & y éleve plusieurs sommets blancs en forme de cône, mais qui ne piquent point. De ces petites fibres il sort d'abord quelques bourses grandes, un peu planes, & en forme de cône, distinctes transversalement en articulations, sillonnées profondément & longitudinalement, ou striées, d'une substance herbacée & muqueuse, d'où se développent trois ou quatre feuilles longues & étroites, qui s'embrassent, semblables à celles de l'ellébore blanc, grosses, fermes, inférieurement étroites, dilatées sensiblement, longues de plus d'un pied, larges de trois doigts, distinctes par le milieu par trois nervures, dont celle du milieu forme intérieurement un sillon près de la bourse. Il s'élève de la racine une autre tige ronde & dénuée de feuilles, longue de quatre ou cinq pieds, supérieurement un peu recourbée, garnie de fleurs disposées régulièrement comme celles des Jacinthes, ayant chacune un péduncule particulier recourbé. Les fleurs ont une forme particulière, approchante de celle du Satyrion, de la grandeur de la fleur de Navette, composées de cinq pétales extérieurs, étroites inférieurement, supérieurement larges, dont certains sont jaunes, d'autres d'un vert jaune, tellement tachetés d'un rouge brun, qu'on prendroit ces taches pour des caractères hébreux. Au milieu il y a un autre pétale concave, replié en forme de tasse, d'une couleur plus pâle, strié de lignes pourpres, dans la concavité duquel s'élève un pystil orné d'un germe large; d'ailleurs la fleur est sans odeur. A ces fleurs succède un fruit long de six pouces, moitié moins gros, supérieurement très-large, soutenant la fleur qui est desséchée, inférieurement plus aigu, ayant son épiderme verte, épaisse & herbacée; sa partie intérieure est remplie de farine jaune & velue.

Figure.

Cette espèce est représentée dans l'*Herb. Amb.* tome 6, pl. 42; & dans la seconde partie de cet Ouvrage.

Lieu de sa naissance.

Elle croît naturellement dans l'Inde, à Amboine.

Propriétés médicinales.

La moëlle intérieure des bourses de cette plante, broyée & mêlée avec un peu de gingembre, mise sur le bas ventre, fait mourir les vers, chasse des intestins toutes les humeurs malignes, résout la rate endurcie; & appliquée sur les pieds enflés, elle fait disparoître l'œdème. La moëlle des bulbes mâchée de façon que le suc en sorte, & que la bouche en soit imbibée, est très-bonne contre les aphthes.

Propriétés d'ornement.

Les femmes de distinction de Ternate s'ornent la tête & les cheveux avec les fleurs de cette plante.

Propriétés superstitieuses.

Les Habitans d'Amboine font un philtre avec la farine jaune de ce fruit. Ils prétendent qu'une femme est nécessairement amoureuse de celui qui lui a donné ce philtre avec sa nourriture ou sa boisson.

VINGT-DEUXIEME ESPECE.

La vingt-deuxième espèce est l'Ansjeli-Maravara. *Epidendrum retusum. Epidendrum foliis radicalibus, linearibus, apice bifariàm retusis; floribus racemosis, maculatis. Linn. Sp. Plant.* 1351. *Ansichi Maravara. Rheed. Hort. Mal.* 12, *p.* 1. *Rudb. Elys.* 2, *p.* 220. *Raj. Suppl.* 588. En Langue Brame, *Ponossou-Keli.*

Description.

Cette plante s'élève à la hauteur de deux pieds & demi à trois pieds. Sa racine consiste en huit à dix fibres blanches, cylindriques, longues de quatre à six pouces, de trois à cinq lignes de diamètre, ligneuses, dures, ondées, tortueuses, peu ramifiées, mais couvertes, & comme velues, par une quantité de petites fibres, par lesquelles elles s'attachent & s'insinuent dans l'écorce des arbres. Du milieu de ces racines sort un faisceau de dix à douze feuilles alternes, mais écartées des deux côtés en éventail, longues de six à neuf pouces, huit à dix fois moins larges, charnues, très-épaisses, roides, lisses, convexes en dessous, creusées en dessus de deux demi-canaux, sans aucune veine ni nervure, tronquées à leur extrémité, comme si elles avoient été coupées; de sorte que leur largeur est à-peu-près égale par-tout, & forme par leur partie inférieure une gaîne entière autour de la tige, qui, après leur chûte, paroît comme un cylindre de deux pouces au plus de longueur sur six lignes de diamètre; de substance, non pas ligneuse, mais charnue, très-ferme, visqueuse, soutenue par nombre de fibres ligneuses, verte, lisse & cannelée en dehors.

De l'aisselle de chaque feuille sort un épi vert, charnu, visqueux, deux ou trois fois plus long qu'elles, couvert d'un bout à l'autre d'une centaine de fleurs, qui restent long-temps en boutons ovoïdes, blanchâtres, taillés en forme de rein. Lorsqu'elles sont épanouies, elles forment une étoile d'un bon pouce de diamètre, portée sur un péduncule de même longueur. Elles consistent chacune en six feuilles épaisses, roides, ellyptiques, blanches, mouchetées de rouge & de bleu livide, dont la sixième forme une espèce de bénitier, de bourse ou de creuset pendant en bas, bleu, rougeâtre extérieurement, & blanc au-dedans, avec des taches rouges & bleuâtres sur ses bords. Au centre de la fleur, à l'opposé de cette sixième feuille en bourse, s'élève le style de pistil; il est vert, taché de rouge & de bleu comme la fleur, & imite en quelque sorte la tête d'un pigeon qui seroit courbée vers la bourse. Sous cette courbure est creusé le stigmate en forme de cuilleron, plein d'une matière mielleuse; & ce qui forme la tête est le filet de l'étamine qui se termine en une espèce de crête blanche, aux deux côtés de laquelle les deux loges de l'anthère représentent les yeux. Au-dessous de la fleur est l'ovaire, d'abord très-mince & peu distinct du péduncule; mais par la suite il devient une capsule ovoïde, obtuse, longue d'un pouce & demi, une fois moins large, lisse, luisante, verte d'abord, ensuite rousse & brune, à neuf côtes & trois angles opposés aux trois feuilles extérieures du calice. Cette capsule est une écorce épaisse, blanche au-dedans, avec des lignes rouges; a une loge remplie par trois espèces de placenta blancs, comme cotonneux ou laineux, attachés aux trois angles qui restent comme autant de côtes, pendant que les trois panneaux intermédiaires tombent. C'est dans cette laine que sont attachées les graines semblables à une poussière fine, formée de petites feuilles roussâtres, bordées d'une membrane.

Observation.

Cette espèce, dit M. Adanson, n'est pas une Vanille, comme l'a pensé Linnæus; elle approche plutôt du Calceole ou Sabot, dont il seroit sans contredit une espèce, si ses feuilles, au lieu d'être radicales & disposées en éventail, étoient disposées circulairement le long d'une tige.

Figure.

Elle est représentée dans l'*Hort. Malab.* tom. 12, pl. 1; & dans les Champs Elysées de Rudbeck, tom. 2, pl. 5.

Lieu de sa naissance.

Elle croît naturellement dans l'Inde. Elle est vivace, & fleurit deux fois l'an, savoir, au commencement & à la fin de la saison des pluies, c'est-à-dire, en Avril & en Octobre. Ses fleurs durent plusieurs mois, & les épis qu'on en sépare pour les conserver dans les appartemens, en plongeant leur queue dans l'eau, durent un mois sans se sécher.

Propriétés médicinales.

Cette plante n'a qu'une odeur de mousse & une saveur aqueuse dans toutes ses parties. Ses fleurs seules répandent une odeur très-gracieuse; les Indiens n'en font aucun usage, pas même pour orner leurs Temples ou pour s'en parer; ils regardent cette plante comme un monstre qui s'exile lui-même de la nature: cependant ils s'en servent dans plusieurs maladies; ils le font cuire avec le beurre & le petit lait, pour guérir les tiraillemens de nerfs & toutes les convulsions spasmodiques des enfans. Sa poudre se boit dans l'eau de sucre pour fortifier le cerveau & dissiper les vertiges & les migraines qui annoncent les fièvres dont elles sont les avant-coureurs. La lessive de ses cendres se boit encore pour les palpitations de cœur. Ses feuilles pilées s'appliquent en cataplasme sur le nombril, pour procurer les règles, les urines, & faire sortir le gravier des reins de ceux qui sont attaqués de la gravelle. Sa racine pilée & cuite avec le miel se donne dans l'asthme & la phthysie. Le suc visqueux, exprimé de ses feuilles & de ses tiges, s'applique sur les tempes & sur les artères des mains pour appaiser l'ardeur de la fièvre.

VINGT-TROISIEME ESPECE.

La vingt-troisième espèce est l'Epidendron ou la Vanille aimable. *Epidendrum amabile. Epidendrum foliis radicalibus, lato-lanceolatis, aveniis; petalis lateralibus, orbiculatis. Linn. Sp. Plant.* 1351. *Angræcum, album, majus. Rumph. Amboin.* 6. *p.* 99. A Malaca, *Angrec Poeti Besar*, *Bombo Terbany.* En Hollandois, *Vliegende Duive.* A Baley, *Angrec Colan*, id est, *Mas.* A Læhaé, *Wanlecu.*

Description.

Ses racines sont grosses, en forme de corde, grimpantes sur les arbres. Ses feuilles sont semblables à celles du *Crinum* ou Scille des boutiques, larges, lancéolées, charnues, d'un demi pied. Son chalumeau ou tige est haut de deux pieds, nud, enveloppé de quelques écailles aiguës, très-courtes. Les fleurs sont couleur de neige, de la grandeur du Narcisse, composées de cinq pétales, dont deux latéraux sont orbiculés, les autres ovales. L'autre capuchon est à trois feuilles, dont deux latérales sont oblongues. L'intermédiaire est en forme de flèche, fendue en deux, à deux soies en forme d'alêne.

Figure.

Cette plante est représentée dans l'*Herb. Amb.* tom. 6, pl. 43; & dans la seconde partie de cet Ouvrage.

Lieu de sa naissance.

Elle croît naturellement dans l'Inde.

VINGT-QUATRIEME ESPECE.

La vingt-quatrième espèce est l'Epidendron en forme de coquille. *Epidendrum cochleatum. Epidendrum foliis oblongis, geminis, glabris, striatis, bulbo innatis; scapo multifloro, nectario cordato. Linn. Sp. Plant.* 1351. *Viscum, radice bulbosâ, minus; Delphinii flore rubro specioso. Sloan. Jam.* 119. *Hist.* 1, *p.* 250. *Viscum, caryophilloides; Lilii albi foliis; floris labello brevi, purpureo; cæteris petalis è luteo virescentibus. Catesb. Carol.* 2, *p.* 88. *Helleborine cochleato flore. Plum. Spec.* 9. *Icon.* 185.

Description.

Cette espèce est herbacée, bulbeuse. Ses feuilles sont radicales, en gaîne, lancéolées, très-longues, à trois nervures. Sa hampe s'élève du centre, simple & nue. Ses fleurs sont verticales, plus rares, portant des pétales très-longs, linéaires, & réfléchis en arrière, avec une lèvre plane en forme de cœur. Le fruit est une silique ovale & sillonnée, couronnée supérieurement de pétales fanés, portant des semences très-petites, compacte. Catesby décrit ainsi la même plante. Elle croît, dit-il, ordinairement à la hauteur de dix-huit pouces, avec une & quelquefois deux tiges toutes droites, garnies de feuilles alternes, longues & entaillées à leurs extrémités. La base de la feuille embrasse la tige. Du haut de cette plante sortoient deux tiges, dont l'une soutenoit une fleur, & l'autre un fruit en sa perfection. La fleur étoit composée de cinq pétales jaunes, longs & étroits, placés sur un ovaire qui étoit long, d'un vert pâle, & s'enfloit vers son sommet. Il s'élevoit du centre de ces cinq pétales une tige blanche, cylindrique & succulente, qui portoit à son extrémité trois autres pétales blancs, dont celui du milieu étoit le plus long. L'autre tige portoit à son extrémité un vaisseau féminaire, dont la forme ressembloit assez à une quille, étant garni de quatre côtes qui s'avançoient, s'étendoient d'un bout à l'autre à distances égales, & étoient divisées par des membranes minces. La fleur toute fanée étoit attachée au haut de ce vaisseau.

Figure.

Elle est représentée dans l'Histoire de la Jamaïque par Sloane, tom. 1, pl. 121, fig. 2; dans l'Hist. de la Caroline par Catesby, tom. 2, pl. 88; & dans les Plantes de Plumier par Burmann, pl. 185, fig. 2.

Lieu de sa naissance.

Elle croît naturellement dans l'Amérique.

VINGT-CINQUIEME ESPECE.

La vingt-cinquième espèce est l'Epidendron tubéreux. *Epidendrum tuberosum. Epidendrum foliis lato-lanceolatis, nervosis, membranaceis, bulbo innatis; scapo vaginato; nectario cymbiformi, bifido. Linn. Sp. Plant.* 1352. *Helleborine purpurea, tuberosâ radice. Plum. Sp.* 9. *Ic.* 186. *Angræcum, terrestre, primum. Rumph. Amb.* 6, *p.* 112. A Malaca, *Daun Corra Corra, Angrec Tana.* A Amboine, *Ahaan.*

Description.

Cette espèce est herbacée, tubéreuse & terrestre. Ses feuilles sont en gaîne, radicales, très-longues, lancéolées & à trois nervures. Sa hampe est latérale, droite, articulée. Les fleurs paroissent à la moitié supérieure de cette hampe. Elles sont alternes, pédunculées & jolies. Leurs pétales sont étendus, ouverts, oblongs, pourpres, avec une lèvre singulière, concave ou tubuleuse. Le fruit est une silique cylindrique & très-longue, différemment sillonnée.

Figure.

Elle est représentée dans les Plantes du P. Plumier, par Burmann, pl. 186, fig. 2; dans l'*Herbar. Amboin.* tom. 6, pl. 52, fig. 1; & dans la seconde partie de cet Ouvrage.

Lieu de sa naissance.

Elle croît naturellement dans les Indes.

Propriétés d'ornement.

Ses fleurs peuvent servir pour décorer les appartemens.

VINGT-SIXIEME ESPECE.

La vingt-sixième espèce est l'Epidendron nain. *Epidendrum pusillum. Epidendrum foliis ensiformibus, subcarnosis; scapo paucifloro. Linn. Sp. Plant.* 1352.

Description.

Sa racine est fibreuse. La plante est seulement haute d'un pouce. Ses feuilles sont en forme d'épée, disposées en forme d'iris, charnues, lisses, aiguës, toutes radicales. Les hampes sont solitaires entre chaque feuille, de la longueur des feuilles, parsemées de trois ou quatre folioles menues. Les fleurs sont terminales, au nombre de deux ou trois, partant d'une base qui est à trois valves. Les trois pétales supérieurs s'ouvrent, sont oblongs; celui d'en haut est très-petit. Les deux pétales intérieurs sont dentelés. La lèvre est fendue en trois lobes latéraux en forme de canne. L'intermédiaire est plus grand, fendu en deux. La capsule est sphérique, à six carènes.

Lieu de sa naissance.

Cette espèce croît naturellement à Surinam.

VINGT-SEPTIÈME ESPÈCE.

La vingt-septième espèce est l'Epidendron en forme d'épée. *Epidendrum ensifolium. Epidendrum caule tereti, lævi; foliis ensiformibus; petalis lanceolatis, glabris; labio recurvo, latiore. Linn. Sp. Plant.* 1352.

Description.

Cette espèce est terrestre sans être parasite. Ses feuilles sont étroites, striées, aiguës, nombreuses, sans être charnues. Sa hampe est aiguë des deux côtés, haute, cylindrique, nue; a quelques bractées, membraneuses, amplexicaules, pointues. Les feuilles sont alternes, sortent solitaires des aisselles des bractées, sont pédunculées, à pédoncules de la longueur de la fleur. La corolle est formée de cinq pétales lancéolés, s'ouvrans, lisses; le sixième est plus large, recourbé. Cette fleur sent très-bon.

Lieu de sa naissance.

Elle croît naturellement dans la Chine.

VINGT-HUITIÈME ESPECE.

La vingt-huitième espèce est l'Epidendron en forme de collier. *Epidendrum moniliforme. Epidendrum caule tereti, articulato, striato, moniliformi, nudo, simplicissimo; foliis linearibus, acutis. Linn. Sp. Plant.* 1352. *Act. Upf.* 1740, *p.* 37. *Fuoran. Kœmpf. Amœnit.* 864. *Iris pumila, aërobia; flore cucullato, albo, monococco; semine polinem referente. Kœmpf. Ibid.*

Description.

La tige de cette espèce est cylindrique, articulée, striée, en forme de collier, nue, très-simple, de la grosseur d'une plume d'oie, haute de neuf pouces. Sa racine est fibreuse, blanchâtre, environ de la longueur d'un palme. Ses feuilles sont linéaires, aiguës. Ses fleurs viennent au nombre de deux ou trois sur un même pédicule, formées de six pétales incarnats blancs.

Figure.

Elle est représentée dans les *Amœnit.* de Kœmpf. pl. 864.

Lieu de sa naissance.

Elle est parasite, & croît naturellement sur les rochers & les arbres du Japon.

Observation.

On fait dans le Japon des paquets avec les tiges & les feuilles de cette plante, qu'on suspend en dehors à l'entrée des maisons. Ces plantes ainsi suspendues fleurissent en l'air, comme si elles étoient sur les rochers.

VINGT-NEUVIÈME ESPÈCE.

La vingt-neuvième espèce est l'Epidendron en forme de Langue-de-Serpent. *Epidendrum ophioglossoïdes. Epidendrum caule unifolio; floribus racemosis, secundis. Linn. Sp. Plant.* 1353. *Jacq. Amer.* 29. *Helleborine ophioglosso similis. Plum. Sp.* 9.

Description.

Cette petite plante est parasite sur les arbres, haute de quatre pouces. Ses racines sont fibreuses, blanches, nombreuses. Sa feuille est caulinaire, lancéolée, aiguë, très-entière, coriacée, roide, plane, luisante, longue de deux ou trois pouces. De son sein sortent successivement trois ou quatre spades en grappe, simples, menus, droits, un peu plus longs que la feuille, d'environ dix fleurs, garnis vers la base de quelques spathes petites & florales. Les fleurs sont petites, secondaires, inodores, à courts péduncules, d'un jaune sale. M. Jacquin donne ainsi le caractère de ces fleurs. Les spathes, dit-il, sont vagues. Les spades sont simples. Il n'y a point de périanthe. Le germe soutient la fleur. La corolle est double; l'extérieure est monophylle, à base plane & triangulaire, fendue en trois lobes triangulaires, aigus, planes, ouverts, roides; l'intérieure est à deux pétales en forme de cœur, aigus, ouverts, très-petits. Le nectaire est monophylle, de la longueur de la corolle intérieure, à tube très-court, à deux lèvres. La lèvre supérieure est en capuchon, très-petite. La lèvre inférieure est semblable au pétale intérieur, & occupe la place du troisième. Les filamens des étamines sont au nombre de deux, très-courts, s'appuyans sur le pistil. Les anthères sont rondes, cachées dans le capuchon, à deux loges du nectaire. Le germe du pistil est oblong, très-petit, inférieur. Le style est attaché au tube du nectaire. Le stigmate est ouvert. Le péricarpe est une capsule ovale, à trois côtes, à trois sillons, dont le supérieur est à carène, à une loge & à trois valves. Les semences sont nombreuses, en forme de sciure.

Figure.

Cette espèce est représentée dans l'Hist. des Plantes de l'Amérique, par Jacquin, pl. 133, fig. 2; & dans les Plantes du P. Plumier, par Burmann, pl. 176, fig. 3.

Lieu de sa naissance.

Elle croît naturellement dans l'Amérique.

TRENTIÈME ESPECE.

La trentième espèce est l'Epidendron à feuilles de Houx Fresson. *Epidendrum ruscifolium. Epidendrum caule unifolio; pedunculis è sinu folii aggregatis. Linn. Sp. Plant.* 1353. *Jacq. Hist. Americ.* 226. *Helleborine Rusci majoris folio. Plum. Sp.* 9.

Description.

La tige de cette espèce est simple, terminée par une seule feuille, ovale, aiguë, très-entière, coriacée, roide, luisante, longue de quatre pouces, légèrement connivente, dans le sein duquel est un tubercule, d'où sortent, en forme de spade, plusieurs péduncules courts.

Figure.

Cette espèce est représentée dans l'Histoire des Plantes de l'Amérique, par Jacquin, pl. 133, fig. 3; & dans les Plantes de Plumier, par Burmann, pl. 176, fig. 2.

Lieu de sa naissance.

Elle croît naturellement dans les forêts épaisses de la Martinique.

TRENTE-UNIEME ESPECE.

La trente-unième espèce est l'Epidendron à feuilles de chiendent. *Epidendrum graminifolium. Epidendrum caule unifolio; floribus è sinu folii geminis. Linn. Sp. Plant.* 1353. *Helleborine graminea, repens, biflora. Plum. Sp.* 9.

Description.

Cette plante est herbacée, traçante. Ses racines sont simples, filiformes, sinueuses, traçantes en forme de vers. Sa tige est traçante, articulée, environnée de soies linéaires, qui croissent quelquefois aux articulations des hampes. Les hampes sont droites, nues, articulées, à deux fleurs pédunculées, & à feuille simple, linéaire, terminale.

Figure.

Elle est représentée dans les Plantes de Plumier, par Burmann, pl. 176, fig. 1.

Lieu de sa naissance.

Elle croît naturellement dans l'Amérique.

Observation.

Le genre des Epidendrons est très-obscur par le caractère, les différences & les synonymes, d'autant que ses fleurs desséchées se développent à peine, qu'on ne le cultive qu'à peine dans les jardins, & que les Auteurs qui en ont vu les espèces sur les lieux ne les ont pas suffisamment décrites.

Epigæa, l'Epigée.

NOMS GENERIQUES.

Ce genre de plante est connu sous les noms d'*Epigæa. Linn. Pyrolæ affinis. Pluk. Menecylum. Mich.*

Description générique.

Le caractère de ce genre est d'avoir le périanthe du calice double, près l'un de l'autre, persistant. Le périanthe extérieur est à trois folioles ovales, lancéolées, pointues; l'extérieure est plus grande. Le périanthe intérieur est droit, un peu plus long que l'extérieur, à cinq folioles, lancéolées, pointues. La corolle est monopétale, en forme de tasse. Le tube est cylindrique, à peine plus long que le calice, hérissé intérieurement. Le lymbe s'ouvre, & est partagé en cinq lobes ovales, oblongs. Les filamens des étamines sont au nombre de de dix, filiformes, de la longueur du tube, attachés à la base de la corolle. Les anthères sont oblongues, aiguës. Le germe du pystil est globuleux, velu. Le style est filiforme, de la longueur des étamines. Le stigmate est obtus, fendu en cinq. Le péricarpe est une capsule globuleuse, pentagonale, à cinq loges & à cinq valves, renfermant plusieurs semences rondes. Le receptacle est grand, partagé en cinq.

CLASSE.

Ce genre fait partie de la dixième classe de Linnæus, qui comprend les plantes décandriques monogyniques. Cet Auteur n'en admet qu'une espèce.

ESPECE.

Cette espèce est l'Epigée traçante. *Epigæa repens. Linn. Sp. Plant.* 565. *Amœn. Acad.* 3, *p.* 17. *Memecylum. Mich. Gen.* 13. *Arbutus foliis ovatis, integris; petiolis laxis longitudine foliorum. Gron. Virg.* 49. *Pyrolæ affinis, repens, fruticosa; foliis rigidis, scabritie exasperatis; flore pentapetaloide, fistuloso. Pluk. Alm.* 309. *Raj. Suppl.* 596.

Description.

Ce seul arbrisseau est rampant. Ses rameaux sont cylindriques, parsemés de poils roussâtres. Ses feuilles sont alternes, en forme de cœur, ovales, coriacées, très-entières, pétiolées, ayant les pétioles de la longueur presque des feuilles, supérieurement planes, parsemés de poils roussâtres ou ferrugineux. La grappe est terminale. Les fleurs sont couleur de chair.

Figure.

Elle est figurée dans l'*Almag.* de Pluk. pl. 107, fig. 1.

Lieu de sa naissance.

Elle croît naturellement dans la Virginie & le Canada, parmi les pins.

Culture.

Cette plante basse pousse des racines, des articulations de sa tige, qui rampe sur la terre, & se multiplie très-promptement lorsqu'elle est à une bonne exposition. Elle fleurit en Juillet; mais elle ne donne point de fruit dans notre climat. Pour les propager, on sépare du vieux pied les jeunes branches qui ont des racines, & on les plante dans une terre humide, à l'ombre. Le vrai temps pour cette opération est l'automne, pour que les jeunes plantes soient bien reprises pour le printemps. Quand l'hiver est rude, on les couvre avec quelques feuilles seches ou avec du fumier, pour empêcher qu'elles ne soient endommagées par la gelée. Après qu'elles sont bien enracinées, il ne leur faut plus d'autre soin, que de débarrasser les mauvaises herbes.

EPILOBIUM, *l'Herbe de S. Antoine.*

NOMS GÉNÉRIQUES.

Ce genre de plante est connu sous les noms de *Chamænerion. Gesn. Chamænerion. Græc. Oinotera, Onagra. Diosc. Epilobion, Antoniana, Filius ante patrem. Gesn.*

Description générique.

Le caractère de ce genre est d'avoir le périanthe du calice supérieur à quatre folioles oblongues, pointues, colorées, qui tombent. Les pétales sont au nombre de quatre, ronds, plus larges au-dehors, s'ouvrans. Les filamens sont au nombre de huit, en forme d'alêne; les alternes sont les plus courtes. Les anthères sont ovales, applaties, obtuses. Le germe du pystil est cylindrique, très-long, inférieur. Le style est filiforme. Le stigmate est fendu en quatre, gros, obtus, entortillé. Le péricarpe est une capsule très-longue, cylindrique, striée, à quatre loges & à quatre valves. Les semences sont nombreuses, oblongues, couronnées d'aigrettes. Le réceptacle est très-long, tétragonal, libre, flexible, coloré.

Observation.

Dans quelques espèces les étamines & le pystil sont droits; dans d'autres ils sont inclinés vers le côté inférieur.

CLASSE.

Ce genre fait partie de la sixième classe de Tournefort, qui comprend les plantes à fleurs rosacées, & de la huitième de Linnæus, destinée aux plantes octandriques monogyniques. Cet Auteur en admet sept espèces.

PREMIERE ESPECE.

La premiere espèce est le Chamœnerion à feuilles étroites; le petit laurier rose. *Epilobium angustifolium. Epilobium foliis sparsis, lineari-lanceolatis; floribus inæqualibus. Linn. Sp. Plant.* 493. *Epilobium floribus difformibus, pystillo declinato. Flor. Suec.* 304. 327. *Epilobium foliis lanceolatis, integerrimis. Flor. Lapp.* 146. *Hort. Cliff.* 154. *Roy. Lugdb.* 250. *Lisimachia Chamænerion, dicta angustifolia. Bauh. Pin.* 245. *Lisimachia Chamænerion, dicta latifolia. Bauh. Pin.* 245. *Lysimachia Chamænerion, dicta Alpina. Bauh. Pin.* 245. *Prodr.* 116. En Allemand, *Grosse Weiderich Ræslein.* En Anglois, *Rose Bay, Willow Herb.* En Italien, *Antoniana, Erba di S. Antonio.* En Suédois, *Kropp, Himmelgræs, Allenmœrka, Allmoke, Allmyke, Allmeke, Imiolke, Illermiolk, Eigerams, Gettstab, Kalfrumpa, Ræfrumpa, Miolkgræs, Raamiolkgræs, Abragæræst.* En Danois, *Dueurt, Lublind, Rodbue, Enemelk, Enemjolk, Giedderam, Giedske, Giedskogræs, Mjœlte græs, Mjolke, Kjegahola.*

Description.

C'est une plante dont la racine est simple, ligneuse, rameuse. Sa tige est herbacée, cylindrique. Ses feuilles sont éparses, sans aucun support, linéaires, lancéolées, entières. Ses fleurs sont axillaires, solitaires, pédunculées, rosacées, ayant quatre pétales obronds, plus larges au sommet & échancrés. Le calice est divisé en quatre folioles oblongues, aiguës, colorées. Le stigmate est recourbé. Leur corolle est purpurine, assez petite. Son fruit est une longue capsule cylindrique, à quatre battans & autant de loges, ayant les semences aigrettées, attachées à un placenta tétragone.

Figure.

Cette espèce est représentée dans le *Flora Danica d'Œder*, pl. 289; dans notre Traité historique des Plantes de la Lorraine, & dans la seconde Partie de cet Ouvrage.

Lieu de sa naissance.

Elle croît naturellement dans la partie septentrionale de l'Europe; elle eſt vivace; on en voit aux environs de Paris, dans le Languedoc, la Lorraine, la Bourgogne, aux bords du Rhône, de la riviere d'Aim.

Culture.

On multiplie cette eſpèce par ſes racines qui s'étendent beaucoup, & même plus qu'on ne deſire.

Propriétés médicinales.

Cette plante eſt vulnéraire & déterſive; elle a une ſaveur auſtère, gluante, un peu âcre, ſans odeur. Elle eſt de peu d'uſage en médecine; cependant on en fait des cataplaſmes & des décoctions.

Propriétés économiques.

Mᵉ. Michault, de l'Académie de Dijon, a donné quelques idées ſur l'uſage qu'on pourroit faire du coton de Chamœnerion, ou plutôt de ſes aigrettes. Conſultez les porte-feuilles de cette Académie.

Propriétés d'ornement.

On la cultivoit autrefois dans les jardins pour la beauté de ſes fleurs; mais comme ordinairement elle s'étend par ſes racines traçantes, de façon qu'elle empiète ſur toutes les plantes voiſines, elle a été expulſée de la plupart des jardins. Quoi qu'il en ſoit, ſi on place cette plante dans les endroits bas, humides & ombragés, elle eſt d'une très-belle apparence quand elle eſt en fleur; & ſes fleurs ſont même très-propres à être miſes dans des vaſes propres à orner les cheminées pendant l'été. Quand la ſaiſon n'eſt pas des plus chaudes, cette plante perſiſte dans toute ſa beauté pendant près d'un mois.

SECONDE ESPÈCE.

La ſeconde eſpèce eſt le Chamœnerion à larges feuilles. *Epilobium latifolium. Epilobium foliis alternis, lanceolato-ovatis; floribus inæqualibus. Linn. Sp. Plant.* 494.

Deſcription.

Cette eſpèce diffère de la précédente par ſes fleurs, qui ſont deux fois plus grandes, par ſes feuilles lancéolées, ovales, alternes, ſans être épaiſſes, très-molles, ayant un duvet très-liſſe de chaque côté.

Obſervation.

Cette eſpèce & la précédente diffèrent des ſuivantes en pluſieurs choſes; car celles-ci ont les fleurs inégales, à pétales entiers; les étamines conniventes par la baſe vers le ſtyle; le pyſtil incliné; les feuilles alternes; les feuilles qui ſortent, entortillées.

Figure.

Elle eſt repréſentée dans le *Flor. Dan.*, pl. 565.

Lieu de ſa naiſſance.

Elle croît naturellement dans la Sibérie. Elle eſt vivace.

TROISIÈME ESPÈCE.

La troiſième eſpèce eſt le Chamœnerion hériſſé. *Epilobium hirſutum. Epilobium foliis oppoſitis, lanceolatis, ſerratis, decurrenti-amplexicaulibus. Linn. Sp. Plant.* 494. *Hort. Cliff.* 145. *Flor. Suec.* 305. 328. *Gron. Virg.* 154. *Roy. Lugdb.* 251. *Liſimachia ſiliquoſa, hirſuta, magno flore. Bauh. Pin.* 245. *Lyſimachia purpurea. Fuſch. Hiſt.* 491. *Chamœnerion hirſutum, magno flore & ſpecioſo. Giſſ. Dill.* 131. *Chamœnerion villoſum, magno flore purpureo. Tourn. Inſt. Rei Herb.* 303. *Boerrh. Lugdb.* 1, *p.* 317. *Chamœnerion paluſtre, hirſutum, magno flore. Rupp. Jen.* 30. *Onagra in campeſtribus hirſuta, latiore folio. Cæſ. Syſt.* 268.

Deſcription.

Toute cette plante eſt hériſſée. La baſe moyenne des feuilles eſt plus haute que les latérales. Elles ſont oppoſées, lancéolées, découpées à dents de ſcie, décurrentes, amplexicaules. Sa tige eſt cylindrique, poileuſe; ſes rameaux ſont oppoſés; ſes grappes ſont terminales; ſes fleurs ſont alternes, pédunculées, ſolitaires; ſa bractée eſt lancéolée, ſeſſile, découpée à dents de ſcie; ſon germe eſt velu; ſes pétales ſont à demi fendus en deux.

Figure.

Elle eſt repréſentée dans le *Flor. Dan.* pl. 326.

Lieu de ſa naiſſance.

Elle eſt vivace, & croît naturellement dans les endroits un peu humides de l'Europe, ſur les bords des foſſés & des rivieres. On en voit en Angleterre.

Obſervation.

Les fleurs de cette eſpèce ſont moins belles que celles de la première, ce qui fait qu'on la cultive rarement dans les jardins, avec d'autant plus de raiſon qu'elle s'y étend trop. Si l'on frotte ſes feuilles, elles exhalent une odeur ſemblable à celle des pommes pourries.

Variété.

Linnæus donne pour variété de cette eſpèce la plante connue ſous le nom de *Lyſimachia ſiliquoſa, hirſuta, parvo flore. Bauh. Pin.* 345. *Prodr.* 116.

QUATRIEME ESPECE.

La quatrième eſpèce eſt le Chamœnerion de montagnes. *Epilobium montanum. Epilobium foliis oppoſitis, ovatis, dentatis. Linn. Sp. Plant.* 494. *Flor. Lapp.* 147. *Flor. Suec.* 306. 329. *Hort. Cliff.* 145. *Roy. Lugdb.* 251. *Lyſimachia ſiliquoſa, glabra, major. Bauh. Pin.* 245. *Pſeudo-Lyſimachium purpureum, primum. Dod. Pempt.* 85. *Chamœnerion glabrum, majus. Tourn. Inſt. Rei Herb.* 303.

Deſcription.

La tige de cette eſpèce eſt cylindrique, élevée, rouſsâtre, cotonneuſe. Les feuilles ſont ovales, dentelées, très-molles, à duvet à peine viſible, ſurtout en deſſous.

Lieu de ſa naiſſance.

Elle croît naturellement tant ſur les montagnes qu'aux pieds.

CINQUIÈME ESPECE.

La cinquième eſpèce eſt le Chamœnerion à quatre côtes. *Epilobium tetragonum. Epilobium foliis lanceolatis, denticulatis; imis oppoſitis, caule tetragono. Linn. Sp. Plant.* 494. *Sauv. Monſp.* 75. *Lyſi-*

machia siliquosa, glabra, minor. Bauh. Pin. 303. *Raj. Hist.* 801. *Lysimachia minor. Tabern. Ic.* 854.

Description.

La tige de cette espèce est à quatre côtes. Ses feuilles sont lancéolées, dentelées. Celles d'en bas sont opposées: quand elles sont tendres, elles ont une tache livide. La sommité, quand elle est encore un peu tendre, penche. Le stigmate est bien certainement très-entier.

Figure.

Cette espèce est représentée dans Tabernæmontanus, pl. 858.

Lieu de sa naissance.

Elle est vivace, & croît naturellement dans l'Europe.

SIXIÈME ESPÈCE.

La sixième espèce est le Chamœnerion des marais. *Epilobium palustre. Epilobium foliis oppositis, lanceolatis, integerrimis; petalis emarginatis, caule erecto. Linn. Sp. Plant.* 495. *Flor. Suec.* 307. 330. *Epilobium foliis linearibus. Flor. Lapp.* 149. *Lugdb.* 251. *Lysimachia siliquosa, glabra, angustifolia. Bauh. Pin.* 245.

Description.

La tige est droite. Les feuilles sont opposées, lancéolées, à dents fanées. Les pétales sont échancrés, roussâtres, sans être fendus par le milieu. Les siliques sont pédunculées.

Variété.

Linnæus donne pour variété de cette espèce la plante connue sous le nom d'*Epilobium foliis lanceolatis, ramose florens. Flor. Lapp.* 148.

Lieu de sa naissance.

Cette espèce croît naturellement dans les endroits un peu humides de l'Europe.

SEPTIÈME ESPECE.

La septième espèce est le Chamœnerion des Alpes. *Epilobium Alpinum. Epilobium foliis oppositis, ovato-lanceolatis, integerrimis; siliquis sessilibus; caule repente. Linn. Sp. Plant.* 495. *Epilobium foliis ovalibus, superioribus, attenuatis. Flor. Suec.* 308. 331. *Epilobium foliis ovato-oblongis, integerrimis. Flor. Lapp.* 150. *Epilobium foliis glabris, ovatis. Haller. Enumer. Plant. Helvet. Edit. II.* 426. *Chamœnerion Alpinum, Alsines foliis. Scheuch. Alp.* 132. 332. *Lysimachia siliquosa, nana, Prunellæ foliis. Bocc. Mus.* 2, *p.* 161.

Description.

La tige de cette espèce se couche d'abord, ensuite elle s'élève; elle ne croît qu'à la hauteur de neuf pouces & même moins. Ses feuilles sont glabres, ayant quelques dents; les inférieures sont ovales; les supérieures sont un peu plus étroites, plus aiguës. Les fleurs sont, au haut de la tige, pourpres; souvent il n'y en a qu'une dont les pétales sont d'un clair pourpre, en forme de cœur. Les siliques sont glabres, très-longues, quatre fois plus longues que les feuilles.

Figure.

Elle est représentée dans le *Musæum* de Boccone, pl. 108, & dans le *Flora Danica.*

Lieu de sa naissance.

Elle croît naturellement sur les montagnes de la Suisse & de la Laponie.

Insectes qui se trouvent sur ces plantes.

On trouve sur ces plantes deux sortes d'insectes: le premier est le Sphynx de la vigne. *Sphynx Elpenor. Sphynx alis integris, virescentibus; fasciis purpureis, variis; posticis rubris, basi atris. Linn. Syst. Nat. Edit. XII.* 801. Le corselet & le corps de cet animal sont mêlés de vert & de rouge, de façon cependant que le vert domine en dessus. Ses antennes sont jaunâtres. Ses aîles supérieures ont des bandes transversales, alternativement rouges & vertes. Les inférieures sont noires à leur base, & rouges vers le bout. Ce Sphynx vient d'une belle chenille de la vigne, appellée *la Cochone.* Elle est rase, noirâtre, veloutée, & a une corne sur le onzième anneau. Le devant de son corps est gros & comme enflé; & sa tête imite le grouin d'un cochon.

La seconde espèce est le Sphynx à bandes rouges, dentelées. *Sphynx Porcellus. Sphynx alis integris, margine rubris; posticis basi fuscis. Linn. Syst. Nat. Edit. XII.* 801. Le corps & le corselet de ce Sphynx sont d'un vert olive & bordés de pourpre. Le milieu des aîles est d'un même vert, avec quelques bandes transverses brunes; mais leur bord supérieur est rouge, & l'inférieur a aussi une grande bordure rouge dentelée. Les aîles inférieures & le dessous des aîles sont rouges.

EPIMEDIUM, *le Chapeau d'Evêque.*

NOMS GÉNÉRIQUES.

Ce genre de plante est connu sous les noms d'*Epimedion, Trios. Diosc. Vindicta Roman.*

Description générique.

Le caractère de ce genre est d'avoir le périanthe du calice à quatre folioles ovales, obtuses, concaves, s'ouvrant, petites, placées directement sous les pétales, caduques. Les pétales de la corolle sont au nombre de quatre, ovales, obtus, concaves, s'ouvrans. Les nectaires sont au nombre de quatre, en forme de verre, à fond obtus, de la grandeur des pétales, s'appuyans sur les pétales, attachés par le bord de la bouche au réceptacle. Les filamens des étamines sont au nombre de quatre, en forme d'alêne, pressans le style. Les anthères sont oblongues, droites, à deux loges, à deux valves, s'ouvrant depuis la base jusqu'au sommet, ayant une séparation ou cloison libre. Le germe du pystil est oblong. Le style est plus court que le germe, de la longueur des étamines. Le stigmate est simple. Le pericarpe est une silique oblongue, pointue, à une loge & à deux valves, renfermant plusieurs semences oblongues.

CLASSE.

Ce genre fait partie de la cinquième classe de

Tournefort, qui comprend les plantes cruciformes, & de la quatrième de Linnæus, destinée aux plantes tétrandiques monogyniques. Cet Auteur n'en admet qu'une espèce.

ESPECE.

Cette espèce est le Chapeau d'Evêque des Alpes. *Epimedium Alpinum. Linn. Sp. Plant.* 171. *Cit. Hort. Cliff.* 37. *Hort. Upf.* 29. *Roy. Lugdb.* 402. *Dod. Pempt.* 599. *Lob. Hist.* 176. En Allemand, *Bischoffs-hut.* En Anglois, *Baræn Wort.*

Description.

La racine de cette espèce est menue, noirâtre, d'une odeur forte, composée de fibres qui se propagent. La tige est basse, épineuse. Ses feuilles imitent celles du lierre; elles sont cordiformes, recourbées, au nombre de neuf sur un long pétiole. Les fleurs sont cruciformes. Les pétales sont ovales, obtus, concaves. Les nectaires sont au nombre de quatre en forme de tasse, adhérens aux pétales. Les étamines sont au nombre de quatre, égales. Le fruit est une silique alongée, pointue, bivalve, uniloculaire, contenant plusieurs semences oblongues.

Figure.

Cette espèce est représentée dans notre Traité Historique des Plantes de la Lorraine.

Lieu de sa naissance.

Elle est vivace, & croît naturellement dans les endroits humides des Alpes.

Culture.

Elle trace beaucoup; c'est pourquoi lorsqu'on plante le Chapeau d'Evêque dans une platebande ombragée, il est nécessaire de restreindre toutes les années sa racine & ses tiges, sans quoi elle garniroit tout un jardin. Elle fleurit en Mai; ses feuilles tombent en automne.

Propriétés médicinales.

Quoique Dodoëns, d'après Galien, regarde cette plante comme rafraîchissante, cependant Magnol assure qu'on ne connoît point encore ses vertus; aussi est-elle très peu en usage en médecine.

EQUISETUM, *la Presle.*

NOMS GENÉRIQUES.

Ce genre de plante est connu sous les noms d'*Equiseton. Equiselis. Latin. Hippuris, Anabasis, Cheradrenon, Faidron, Itiandendron, Trimachion, Gis. Diosc.* En France, *la Presle, la Queue de Cheval.*

Description générique.

Les fructifications de ce genre de plante sont rassemblées en épis ovales, oblongs. Chaque épi est orbiculé, s'ouvrant depuis la base, à plusieurs valvules réunies par le sommet plane, en forme de bouclier.

CLASSE.

Ce genre fait partie de la quinzième classe de

Tournefort, qui comprend les plantes dont les fleurs sont à étamines, & de la vingt-quatrième classe de Linnæus, qui comprend les plantes cryptogamiques. Cet Auteur en admet huit espèces.

PREMIERE ESPECE.

La première espèce est la Presle des forêts. *Equisetum sylvaticum. Equisetum caule spicato, frondibus compositis Linn. Sp. Plant.* 1516. *Flor. Suec.* 834. 927. *Equisetum setis ramosis, internodis multoties longioribus. Roy. Lugdb.* 496. *Equisetum sylvaticum. Flor. Lapp.* 391. *Tabern. Hist.* 562. *Equisetum sylvaticum, tenuissimis setis. Bauh. Pin.* 16. *Theobr.* 245. En Suédois, *Grangroœ, Hæstgroning.*

Description.

La tige de cette espèce est en épis, à feuillaison composée, totalement verticillée. Cette plante a presque la figure du Sapin.

Figure.

Elle est représentée dans les Champs Elisées de Rudbeck, part. 1, fig. 9.

Lieu de sa naissance.

Elle croît dans la Suède, la Laponie. Elle est très-commune dans les près qui se trouvent épars dans les forêts.

Propriétés alimentaires pour les animaux.

Elle est la première nourriture, parmi toutes les plantes, pour les chevaux d'une partie de la Suède.

SECONDE ESPECE.

La seconde espèce est la Presle, ou Queue de Cheval, champêtre. *Equisetum arvense. Equisetum scapo fructificante, nudo, sterili, frondoso. Linn. Sp. Plant.* 1516. *Equisetum scapo fructificante, nudo; caule sterili, ramis compositis. Flor. Suec.* 833. 928. *Mat. Med.* 479. *Dalib. Paris.* 308. *Equisetum setis quadrangularibus, internodiis longioribus; caulibus reptantibus. Guett. Stamp.* 1, *p.* 201. *Equisetum setis simplicibus, internodiis multoties longioribus. Roy. Lugdb.* 496. *Equisetum arvense. Flor. Lapp.* 390. *Hort. Cliff.* 471. *Gron. Virg.* 123. *Equisetum arvense, longioribus setis. Bauh. Pin.* 16. *Equisetum minus. Fuchs. Hist.* 323. *Equisetum minus, tenue. J. Bauh.* 3. 730. *Hippuris minor. Dod. Pempt.* 73. *Equisetum segetale. Gerard.* En Italien, *Coda Cavallina de campi.* En Anglois, *Corne Horse-tail.* En Allemand, *Konnenkraut. Dunop. Falbenrock. Katzenstert. Katzenzagel. Roschwantz. Pferde Schwantz. Katzenwdel. Pregbusch. Schachthalm. Schaofhen. Zinakraut.* En Suédois, *Ræsrumpa. Puggraaka. Giokbet.* En Danois, *Hestehale. Hesterumpe. Ekorasrumpe. Kiarriagrok. Hest Ficul. Studekna. Rœurumpe.*

Description.

La racine de cette espèce est menue, noire, articulée, rampante. La tige qui porte la fructification est une hampe surmontée d'un épi, qui ressemble à un chaton. Les tiges stériles sont feuillées. Les feuilles sont verticillées, très-longues, simples, marquées de quatre cannelures profondes, articulées comme celles de la Presle de riviere, ayant cependant les articulations beaucoup

coup plus longues. Ses fleurs & ses fruits sont semblables à ceux de la quatrième espèce.

Figure.

Elle est représentée dans la plupart des Collections gravées des plantes indigènes & usuelles.

Lieu de sa naissance.

Elle est vivace, & croît naturellement dans les champs & les prés de l'Europe & du Levant.

Analyse chymique.

Dans l'analyse chymique qu'a fait M. Geoffroy, de 5 livres de cette plante distillée à la cornue, il est sorti 4 livres 3 onces de liqueur limpide, d'une odeur & d'une saveur d'herbe un peu salée; une once 48 grains de liqueur limpide un peu salée & obscurément austère; une once 7 gros 54 grains de liqueur roussâtre, trouble, imprégnée de beaucoup de sel volatil urineux; 3 gros 48 grains d'huile. La masse noire qui est restée dans la cornue pesoit 7 onces 2 gros, laquelle étant calcinée a laissé 3 onces 4 gros 6 grains de cendres, dont on a tiré par la lixiviation 4 gros 15 grains de sel fixe salé. La perte des parties dans la distillation a été de 2 onces 1 gros 66 grains, & dans la calcination, de 3 onces 6 gros. La Presle a une saveur d'herbe un peu salée. Elle ne change point la couleur du papier bleu. Elle paroît contenir un sel ammoniacal mêlé avec beaucoup de terre astringente, & une petite portion d'huile.

Propriétés médicinales.

Tous les Praticiens, tant anciens que modernes, regardent la Presle comme vulnéraire & astringente. On s'en sert intérieurement, soit en poudre, à la dose d'un gros, soit en décoction, à la dose de 5 à 6 onces. On emploie encore son suc à la dose de 3 ou 4 onces. On prescrit cette plante dans le crachement de sang, dans les pertes, les hémorrhoïdes, la dyssenterie & toute sorte d'hémorrhagies. Nous nous en sommes servis avec succès dans des pertes invétérées qui avoient résisté à toutes sortes de remèdes. On conseille aussi dans la phthysie son suc soir & matin, à la dose de deux onces, ou sa décoction à celle de 3. Elle est pareillement très-bonne pour les hernies.

Dioscoride, avec plusieurs modernes, prétend qu'elle est diurétique. Appliquée extérieurement, elle devient un très-bon vulnéraire. Galien assure qu'elle consolide les plaies les plus profondes, lors même que les nerfs sont coupés. Simon Pauli en a fait usage avec succès dans une plaie du fond de la vessie, qu'il a guérie, en associant à cette plante d'autres vulnéraires. Il en faisoit boire la décoction au malade, & lui en faisoit donner les lavemens. Quoique ces plaies, suivant Hypocrate & l'expérience, soient ordinairement mortelles, celle-ci ne le fut pas. M. Garidel dit en avoir vu aussi deux autres qui se sont cicatrisées. On emploie aussi la Presle dans les pissemens de pus, les fleurs blanches & les gonorrhées.

On a reconnu par une longue expérience, dit *Ammonius*, *Medic. Herbar.*, p. 95, que la Presle guérit la gale de la vessie: il assure qu'un célèbre Lithotomiste a guéri cette maladie en faisant boire la décoction de cette plante. C. Hoffman dit avoir remarqué qu'elle fait aussi des merveilles en faisant boire sa décoction. Ses sommités, suivant Matthiole, sont employées dans la Toscane, tantôt au défaut des meilleurs alimens, tantôt pour arrêter les dyssenteries & les flux de ventre; & elles sont même tellement astringentes, qu'elles causent souvent des coliques très cruelles.

Formule.

Prenez des feuilles de *Presle*, de Plantain, de Bourse-à-Pasteur, de chaque une poignée, que vous ferez bouillir dans de l'eau de fontaine jusqu'à réduction à cinq onces; ajoutez à la décoction une once de syrop de coing, pour une potion à prendre dans le pissement de sang.

Propriétés vétérinaires.

On donne la décoction de cette plante aux bœufs & aux chevaux, à la dose de deux poignées sur deux livres d'eau, ou on leur en fait manger l'herbe verte. Cette plante est très-pernicieuse aux brebis.

Observation.

Pechlin a fait une observation sur cette plante, qui, si elle est vraie, mérite d'être consignée ici: c'est qu'elle est astringente & alumineuse, & que quand les bœufs en mangent, son suc fermente & trouble le ventre, & les amaigrit ou les empêche d'engraisser.

Propriétés économiques.

On s'en sert en plusieurs endroits pour récurer la vaisselle d'étain.

TROISIÈME ESPÈCE.

La troisième espèce est la Presle des marais. *Equisetum palustre. Equisetum caule angulato, frondibus simplicissimis. Linn. Sp. Plant.* 1516. *Equisetum setis simplicibus, internodia vix superantibus. Roy. Lugdb.* 496. *Flor. Suec.* 835. *Dalib. Paris.* 301. *Equisetum palustre. Flor. Lapp.* 392. *Equisetum palustre, brevioribus setis. Bauh. Pin.* 16. *Theatr.* 242. En Suédois, *Ronegræs.*

Description.

La tige de cette espèce est anguleuse. Les feuillaisons sont très-simples; à peine surpassent-elles les articulations.

Variété.

Linnæus donne pour variété de cette espèce l'*Equisetum palustre, minus, Polystachyon. Bauh. Pin.* 16. *Prodr.* 24. *Raj. Angl.* 3. *p.* 131.

Figure.

Cette plante est représentée dans les Plantes d'Angleterre, par Ray, pag. 131, pl. 5, fig. 3.

Lieu de sa naissance.

Elle est vivace, & croît naturellement par toute l'Europe dans les endroits aquatiques.

QUATRIEME ESPECE.

La quatrième espèce est la Presle des rivières. *Equisetum fluviatile. Equisetum caule striato, frondibus subsimplicibus. Linn. Sp. Plant.* 1517. *Equisetum caule non sulcato, latissimo; verticillis densissimis. Hall. Helv. tom.* 3. 1. *Flor. Suec.* 836. 930. *Dalib. Paris.*

307. *Equiſetum fluviatile. Flor Lapp.* 393. *Equiſetum paluſtre, longioribus ſetis. Bauh. Pin.* 15. *Theatr.* 242.

Deſcription.

Cette eſpèce eſt la plus belle & la plus grande de celles qu'on voit en Europe. Sa tige eſt haute de deux coudées, groſſe d'un pouce. Ses feuilles ſont, depuis le nombre de trente juſqu'à quarante, profondément ſillonnées, à quatre côtés, avec des articulations fréquentes, très-longues, qui produiſent auſſi des rameaux; d'ailleurs ſa tige eſt pâle, noire pendant l'été, molle, ſans être ſillonnée, fiſtuleuſe, creuſe, à fiſtules plus petites, diſpoſées autour du plus grand tube. Les gaînes ſont fendues en autant de petites dents aiguës, qu'il y a de feuilles. Toutes ces tiges ne fleuriſſent pas. Au printemps il pouſſe d'autres tiges ſans feuilles, très-grandes, hautes d'un pied, ayant des capſules ſemblables à celles d'une fleur roſacée, & la pouſſière ſeminale bleuâtre.

Figure.

Elle eſt repréſentée dans *Blackwel*, pl. 217.

Lieu de ſa naiſſance.

Elle eſt vivace, & croît par toute l'Europe ſur le bord des lacs & des rivières.

Propriétés alimentaires.

Les Romains ſe ſervoient, en guiſe d'aliment, des jeunes pouſſes comme des aſperges.

CINQUIÈME ESPÈCE.

La cinquième eſpèce eſt la Preſle limonneuſe. *Equiſetum limoſum. Equiſetum caule ſubnudo, levi. Linn. Sp. Plant.* 1517. *Flor. Suec.* 837. 931. *Dalib. Pariſ.* 308. *Equiſetum ſcapo nudo, ſimpliciſſimo. Roy. Lugdb.* 496. *Equiſetum nudum, levius, noſtras.*

Deſcription.

La tige de cette eſpèce eſt nue, liſſe, très-ſimple.

Figure.

Elle eſt repréſentée dans les Plantes d'Angleterre, par Ray, pl. 5, fig. 2.

Lieu de ſa naiſſance.

Elle croît naturellement dans les marais profonds, les tourbes de l'Europe. Elle eſt vivace.

SIXIÈME ESPECE.

La ſixième eſpèce eſt la Preſle d'hiver. *Equiſetum hyemale. Equiſetum caule nudo, ſcabro; baſi ſubramoſo. Linn. Sp. Plant.* 1517. *Flor. Suec.* 838. 931. *Dalib. Pariſ.* 308. *Equiſetum ſcapo nudo, ſimpliciſſimo. Roy. Lugdb.* 496. *Gron. Virg.* 196. *Equiſetum hyemale. Flor. Lapp.* 394. *Equiſetum foliis nudum, ramoſum. Bauh. Pin.* 16. *Equiſetum nudum, minus, variegatum, baſilienſe. Bauh. Pin.* 16. *Prodr.* 25. *Equiſetum foliis nudum, non ramoſum. Bauh. Pin.* 16. *Equiſetum Cam. Epit.* 770. *Fig.* A. En Anglois, *Schave Graſſ.* En Suédois, *Skæfte. Skurgræs. Skafror.* En Danois, *Skaugræs. Studekna. Stor Heſterumpe. Skiefte. Skurgræs.*

Deſcription.

Sa tige eſt verte, raboteuſe, raſante. Les gaînes des articulations ſont pâles, à baſe & à bord noirs, & à petites dents ſanées.

Figure.

Elle eſt repréſentée dans le *Camerarii Epitome*, fig. A, p. 770.

Lieu de ſa naiſſance.

Elle eſt vivace, & croît naturellement dans les forêts eſcarpées de l'Europe.

SEPTIEME ESPECE.

La ſeptième eſpèce eſt la Preſle giganteſque. *Equiſetum giganteum. Equiſetum caule ſtriato, arboreſcente; frondibus ſimplicibus, ſtriatis, ſpiciferis. Linn. Sp. Plant.* 1517. *Equiſetum altiſſimum, ramoſum. Plum. Spec.* 11.

Deſcription.

Cette eſpèce eſt ſans feuilles, haute & rameuſe. Sa tige eſt nue, ſtriée, articulée & verticillée ou rameuſe. Ses verticilles ſont très-longs, ſtriés, noueux, ſimples, fleuriſſans vers les ſommets, ou partans des épis.

Figure.

Elle eſt repréſentée dans les Plantes du P. Plumier, par Burmann, pl. 125, fig. 2.

Lieu de ſa naiſſance.

Elle croît naturellement dans l'Amérique.

ERANTHEMUM, *l'Eranthème.*

NOMS GENERIQUES.

Ce genre de plante eſt connu ſous les noms de *Pigafelta. Adanſ. Ephemerum. Herm. Eranthemum. Linn.*

Deſcription générique.

Le caractère de ce genre eſt d'avoir le périanthe du calice fendu en cinq, tubuleux, très-étroit, droit, court, pointu, perſiſtant. La corolle eſt monopétale, en forme d'entonnoir. Le tube eſt filiforme, très-long. Le lymbe eſt partagé en cinq, quelquefois en quatre, plane, ayant les déchiquetures ovales. Les étamines ont deux filamens très-courts, dans l'embouchure de la corolle. Les anthères ſont ovales, applaties au-delà du tube. Le germe du pyſtil eſt ovale, très-petit. Le ſtyle eſt filiforme, de la longueur des étamines. Le ſtigmate eſt ſimple.

CLASSE.

Ce genre fait partie de la ſeconde claſſe de Linnæus, qui renferme les plantes diandriques monogyniques. Cet Auteur en admet trois eſpèces.

RPEMIÈRE ESPÈCE.

La première eſpèce eſt l'Eranthème du Cap. *Eranthemum Capenſe. Linn. Sp. Plant.* 12. *Flor. Zeyl.* 15. *Amæn. Acad.* 385. *Ephemerum, Lychnidis flore, Affricanum. Herm. Parad.* 153. *Amæn. Herb.* 232. *Centaurium minus, foliis oblongis, acutis; flore patulo, puniceo majori. Raj. Suppl.* 527.

Description.

Cette plante a le port du Phlox, du Lychnis ou du Jalap. Ses feuilles sont lancéolées ovales ou ovales, aiguës de chaque côté, opposées, s'appuyant sur de longs pétioles, très-entières, glabres, veineuses, grandes. Les péduncules sont terminaux. Les tiges sont longues, terminées par un ou trois épis, formés par des bractées lancéolées, vertes, imbriquées; entre chacune se trouve une fleur longue, purpurine, qui a la figure du Phlox.

Lieu de sa naissance.

Elle croît naturellement dans l'Éthiopie.

SECONDE ESPECE.

La seconde espèce est l'Eranthème à feuilles étroites. *Eranthemum angustifolium. Eranthemum foliis linearibus, remotis petalis. Linn. Syst. Veg. Edit. XIII. Murray.* 55. *Selago racemo simplici, foliis linearibus, alternis; floribus diandris. Linn. Sp. Plant.* 877. *Thymelæa foliis angustissimis, linearibus; flosculis spicatis. Burm. Afric.* 130. *Thimelæa Æthiopica, spicata, glabra; foliis longioribus, angustis. Pluk. Mant.* 180. *Valerianoïdes parva, foliis in caule raris; spicâ in summo caule oblongâ, ex foliolis confertis compositâ. Raj. Suppl.* 245. *Valeriana Africana, fruticans, foliis Ericæ. Comm. Hort.* 2, *p.* 221.

Description.

La tige de cet arbrisseau est droite, rameuse. Les feuilles sont serrées, linéaires. Les grappes sont simples, terminales, très-longues, droites. Le tube de la corolle est filiforme, très-long, à lymbe partagé en cinq, petit, obtus. Le germe est ovale. Le stigmate est simple. Les étamines sont au nombre de deux. Entre le tube de la corolle les anthères se couchent, sont linéaires.

Figure.

Cette espèce est représentée dans les Plantes d'Afrique, par Burmann, pl. 47, fig. 3; dans le *Mantissa* de Plukenet, pl. 445, fig. 6; & dans l'*Hort. Amstelod.* de Commelin, tome 2, pl. 111.

Lieu de sa naissance.

Elle est vivace, & croît naturellement dans l'Éthiopie.

TROISIEME ESPECE.

La troisième espèce est l'Eranthème à feuilles petites. *Eranthemum parvifolium. Eranthemum foliis ovato-linearibus, imbricatis. Linn. Syst. Veg. Edit. XIII. Murray.* 55. *Berg. Cap.* 2. *Mant.* 171. *Frutex Affricanus, Ericæ folio, glutinosus; flore spicato, albo. Comm. Amstelod.* 2, *p.* 119.

Description.

Les feuilles de cette espèce sont courtes, ovales, linéaires, imbriquées, semblables à celles de la Bruyère. Les fleurs sont blanches, en épis. Les bractées sont ovales.

Figure.

Cette espèce est représentée dans l'*Hort. Amstel.* tom. 2, pl. 60.

Lieu de sa naissance.

Elle croît naturellement au Cap de Bonne-Espérance.

ERICA, *la Bruyère.*

NOMS GÉNÉRIQUES.

Ce genre de plante est connu sous les noms d'*Erica. Plin. Ereiké. Theoph.*

Description générique.

Son caractère est d'avoir le périanthe du calice à quatre folioles ovales, droites, colorées, persistantes. La corolle est monopétale, campanulée, fendue en quatre, souvent ventrue. Les filamens des étamines sont au nombre de huit, capillaires, insérés au réceptacle. Les anthères sont fendues en deux par le sommet. Le germe du pystil est rond. Le style est filiforme, droit, plus long que les étamines. Le stigmate est couronné, tétragone, fendu en quatre. Le péricarpe est une capsule ronde, plus petite que le calice, couverte, à quatre loges, quadrivalve. Les semences sont nombreuses, très-petites.

CLASSE.

Ce genre fait partie de la seconde classe de Tournefort, qui comprend les arbres monopétales, & de la huitième de Linnæus, qui comprend les plantes pétandriques monogyniques. Cet Auteur en admet soixante espèces.

Observation.

Les deux premières espèces ont les anthères barbues & les feuilles opposées.

PREMIERE ESPÈCE.

La première espèce est la Bruyère commune, la Brande, la Pétrole. *Erica vulgaris. Erica antheris bicornibus; inclusis; corollis inæqualibus, campanulatis, mediocribus; foliis oppositis, sagittatis. Linn. Sp. Plant.* 501. *Erica foliis quadrifariàm imbricatis, triquetris, glabris, erectis; corollis inæqualibus; calyce brevioribus. Hort. Cliff.* 146. *Flor. Suec.* 309. 336. *Roy. Lugdb.* 442. *Erica vulgaris, glabra. Bauh. Pin.* 485. *Flor. Lapp.* 141. En Allemand, *Geweine Heide.* En Anglois, *Common Heath.* En Italien, *Erica.* En Suédois, *Liung, Lyng. Long, Graunel, Rosling, Morie, Tachnas.* En Danois, *Lyng. Gemeen Lyng. Liung. Hestelyng, Bustelyng, Myrkreklyng, Roslyng, Bulyng, Roskielyng, Rosbærlyng, Jamnes Soster, Tachenas, Tachnasack.*

Description.

Cet arbrisseau s'élève à peine à la hauteur de deux pieds. Sa racine est ligneuse. Son écorce est rude & rougeâtre. Ses feuilles sont opposées, lisses, étroites, en forme de fer de flèche, terminées en pointe. Ses fleurs sont axillaires & disposées en grappes à l'extrémité des tiges, quelquefois blanches, monopétales, campanulées, droites, renflées, divisées en quatre parties, ayant le calice composé de quatre folioles ovales, droites, colorées. Ses étamines sont au nombre de huit, & ont les anthères fourchues. Le fruit est une capsule arrondie, plus petite que le calice, à quatre loges, à quatre valvules, renfermant des semences nombreuses & petites.

Figure.

Cette espèce est représentée dans notre Traité Historique des Plantes de la Lorraine.

Lieu de sa naissance.

Elle croît dans les terreins incultes & arides par toute l'Europe.

Variété.

Linnæus donne pour variété de cette espèce la Bruyère hérissée. *Erica Myricæ folio hirsuto. Bauh. Pin.* 385. *Erica vulgaris, hirsuta. Raj. Angl.* 3, *p.* 471.

Culture.

Les Bruyères se multiplient par marcottes, par drageons enracinés, par semences. Quand elles se plaisent dans un endroit, on a bien de la peine à les détruire ou à les empêcher de se multiplier trop: mais il est souvent difficile de les faire reprendre.

Insecte.

On trouve sur les Bruyères un papillon qu'on nomme Procris. *Papilio alis rotundatis, fulvis, oris fuscis, primariis subtùs ocello unico, secundariis subtùs albo cinereoque variegatis. Geoff.* 53. Ce papillon est en-dessus de couleur fauve, avec le bord des aîles brun; le bord est étroit; le dessous des aîles supérieures est de la même couleur avec un petit œil à l'angle extérieur, qui quelquefois paroît un peu en-dessus; les aîles inférieures sont en-dessous de couleur brune cendrée, avec une bande transverse, blanche, ondée; elles n'ont point d'yeux, ni en-dessus ni en-dessous. La chenille de ce papillon est noire, avec une tête rouge, & son corps est chargé de tubercules ornés de quelques poils. Les chenilles de cette espèce forment sur le gazon des toiles dans lesquelles elles vivent en société.

Propriétés médicinales.

On prétend que les feuilles & fleurs de la Bruyère sont apéritives, diurétiques & diaphorétiques. On les emploie en décoction. On dit encore que son eau distillée est ophtalmique, & que l'huile tirée de ses fleurs est bonne dans les maladies cutanées. On se sert en quelques endroits de la Bruyère blanche (voyez notre *Nature Considérée, année* 1774. *tome* 3.) contre la gangrène & toute sorte de tumeurs, abcès, blessures, morsures, &c. On la prépare de la manière suivante.

Formule.

Prenez la moitié d'une coquille d'œuf de *Bruyère blanche* (*non Gris-de-Lin*) tige & fleur, une poignée de Morelle, autant d'Absynthe, & pareille quantité de Rhue, le tout le plus frais qu'il est possible, & haché; mettez toutes ces plantes ensemble dans une casserole avec une pinte de vin blanc; faites-les bouillir doucement sur un fourneau jusqu'à réduction de moitié; ôtez-les ensuite du feu, & couvrez le vaisseau d'une serviette en quatre jusqu'à ce que la fumée soit abattue; passez le tout par un linge propre avec une forte expression, & mettez la liqueur dans une bouteille bien bouchée. La personne malade en prendra d'abord un premier verre tiède, & à jeun, & se tiendra chaudement au lit pour exciter la transpiration. On lui donnera un bouillon une heure & demie après; & le bouillon pris, elle restera encore au lit deux ou trois heures. Elle changera de linge en cas de transpiration; ou si le mal le lui permet, elle pourra sortir le même jour & vaquer à ses affaires. Le lendemain, elle en prendra un second verre, & le quatrième jour un troisième, chaque fois avec les mêmes précautions. Si au bout de huit ou dix jours elle n'est pas guérie, on recommencera la même chose. Lorsqu'on use de ce remède il faut n'en faire aucun autre, ni rien appliquer sur le mal qu'un linge de chanvre: on ne doit même prendre médecine que trois jours après.

Propriétés alimentaires pour les animaux.

Les abeilles font d'amples récoltes sur les feuilles de Bruyère; mais le miel qu'elles ramassent sur cet arbrisseau n'est pas estimé: il est jaune & syropeux.

Propriétés économiques.

C'est avec la Bruyère que l'on fait les petits balais que l'on présente aux vers-à-soie quand ils veulent monter pour se métamorphoser & former leur coque. On prépare avec les souches & les grosses racines de Bruyère, du charbon dont on fait une grande consommation à Bordeaux pour l'usage ordinaire. Certains Montagnards se font des lits assez mollets avec des branches de Bruyère, qui sont élastiques; ils les arrangent par couches les unes sur les autres, les feuilles en-dessus. Dans plusieurs Provinces où l'on a peu de bois, elles servent au chauffage, sur-tout lorsqu'elles ont séché sur le pied, ce qui se nomme des Brandes en Poitou.

On a présenté, il y a quelques années, à l'Académie Royale des Sciences, des cuirs de veau très-beaux, tannés avec les tiges de Bruyère: voici comme les sieurs Thomas Vankin & Scolle Varing préparent ces cuirs. On jette la Bruyère dans une grande chaudière pleine d'eau, & on la laisse bouillir environ trois heures, qui suffisent pour en faire sortir le suc; on transvase ensuite cette eau dans de grandes cuves qu'il faut placer de façon qu'on puisse en retirer l'eau une seconde fois; on doit avoir soin de mettre les peaux dans cette dernière eau, quand sa chaleur est égale à celle du sang d'un animal qu'on vient de tuer. Cette façon de procéder nourrit, pour ainsi dire, les peaux, & les tanne beaucoup plus aisément que par la méthode ordinaire, qui étoit de les jetter dans l'eau d'écorce froide. Il ne faut pas se servir de cuves de fer; elles durciroient & noirciroient le cuir. Les cuirs se tannent ainsi plus promptement & mieux que par aucune autre méthode où l'on emploie des écorces d'arbre, sur-tout si l'on change souvent l'eau de Bruyère, & qu'on ne lui laisse jamais que le degré de la chaleur animale. La Chambre des Communes de Londres a ordonné la publication de cette découverte.

Propriétés d'ornement.

Toutes les espèces de Bruyères forment des arbustes très-jolis dans les mois de Juin & de Juillet, temps auquel ils sont chargés de fleurs: il est cependant dangereux de les trop multiplier.

Moyen de détruire la Bruyère.

La Bruyère est sur-tout pernicieuse pour la plupart des jeunes arbres. Ses racines sucent & desséchent beaucoup la terre: il est donc important de

la

la fatiguer par des labours, après l'avoir détruite en grande partie par le feu, dans les endroits où l'on veut mettre du bois. Le commencement de l'automne est la vraie saison pour brûler les plantes qui se trouvent desséchées par le soleil de la canicule. Il faut le faire avec précaution pour que le feu ne s'étende pas plus loin qu'on ne juge à propos; car on a vu des deux mille arpens de bois absolument perdus & brûlés par la communication du feu, qui gagne de proche en proche quand l'herbe est sèche. Ces précautions consistent principalement à bien nettoyer l'herbe du côté de l'endroit où l'on craint que le feu se communique, & à former ainsi une lisière plus ou moins large qui empêche la communication. L'herbe que l'on a coupée étant répandue sur la partie qu'on veut brûler, & laissée sécher pendant plusieurs jours, sert ensuite à allumer le feu. Outre cette précaution, on choisit un temps serein, observant que le vent ne porte pas la flamme vers la forêt: alors on commence à mettre le feu avec des torches de paille du côté de l'endroit que l'on veut conserver; il s'en écarte à mesure qu'il fait de progrès. Il faut cependant veiller avec soin tant que le feu subsiste, afin d'être à portée de remédier aux inconvéniens. Si malgré les précautions le feu s'étendoit dans des endroits qu'on voudroit conserver, on pourroit arrêter l'incendie avec de l'eau, au cas qu'elle fût voisine; mais le plus sûr est de commencer par faire un fossé ou une tranchée large de deux ou trois toises sur un pied de profondeur, dont la terre répandue en dos du côté de la Bruyère empêche le feu de se communiquer. S'il y a de grosses flammèches qui se portent hors de la Bruyère, on y jette promptement de la terre. Il faut être sur ses gardes tant que le feu subsiste, car les accidens qu'il produit dans les forêts sont terribles, & on ne doit négliger aucune attention pour les prévenir. Lorsque le feu est éteint, on met la charrue dans le champ; on peut ensuite y semer de l'avoine, labourer encore le terrein dans le chaud de l'été pour faire périr les racines, puis semer du bois, ou planter de jeunes arbres; mais on doit ne pas épargner les labours, car il n'y a que ce moyen pour réduire la Bruyère: l'opération de la brûler ne suffit pas pour la faire périr.

Observation I.

Quoiqu'il soit généralement vrai que la Bruyère nuit beaucoup à l'avancement des jeunes arbres, M. Duhamel atteste que du gland jetté sans précaution dans un lieu où la Bruyère abonde, a levé en assez grande quantité, pour persuader que ces semis faits avec plus d'attention peuvent fournir de bons taillis. Ce grand Observateur dit encore qu'il a vu des Pins croître assez bien parmi les Bruyères. Il regarde même comme certain que si les champs couverts de cette plante se trouvoient à portée de grands Bouleaux, comme la graine de cet arbre lève dans les Bruyères, quand elle s'y sème d'elle-même, les jeunes Bouleaux parviendroient à étouffer la Bruyère, & que les Chênes pourroient bien s'élever à la longue sous ces Bouleaux.

Observation II.

M. le Baron de Tschoudy dit avoir vu dans la plaine de Paderborn, où l'Ems prend sa source, une Bruyère de cinq ou six pieds de haut, qui porte des fleurs d'un pourpre clair charmant, & trois ou quatre fois plus grosses que celles de l'espèce commune. Au milieu de cette même plaine, qui n'est qu'un désert, ajoute le Cultivateur, se trouve une habitation, autour de laquelle, à l'aide des cendres de Bruyère, on est parvenu à cultiver des graines & des légumes.

Observation III.

Wilman, dans son Traité des Abeilles, dit qu'en Westphalie, vers la fin de l'été, on a coutume de transporter les ruches près des grandes forêts ou des landes couvertes de Bruyère, dans la vue de mettre ces insectes précieux à portée de recueillir leur provision de miel pour l'hiver.

Observation IV.

En Danemarck, on fait avec la Bruyère une espèce de bière que l'on dit être agréable au goût, & à laquelle on attribue une grande vertu cordiale. Les mendians & les pâtres sont sujets à mettre le feu aux Bruyères pour se chauffer; mais les gardes & en général toutes autres personnes doivent y veiller attentivement, à cause des grands accidens qui peuvent en arriver. Dans les pays où la paille est rare, la Bruyère peut servir de litière aux brebis, aux bœufs & aux vaches: peut-être même qu'on l'emploieroit aux mêmes usages que le jonc marin. De pauvres gens chauffent leur four avec la Bruyère, & le pain en sort bien cuit.

SECONDE ESPECE.

La seconde espèce est la Bruyère jaune, *Erica lutea. Erica antheris aristatis, corollis ovatis, inflatis; stylo incluso, foliis ternis, floribus solitariis. Linn. Syst. Veg. Edit. XIII. Murray. 301. Mant. 234. Erica lutea. Berg. Cap. 115.*

Description.

La tige de cette espèce est à rameaux étroits. Les feuilles sont linéaires, applaties, presque imbriquées. Le calice est lancéolé, rond, coloré, jaune, deux fois plus court que la corolle, serré. La corolle est ovale, oblongue, en bec, jaune. Les anthères sont enfermées, barbues. Le style est enfermé. Le stigmate est tronqué, tétragonal, hérissé.

Lieu de sa naissance.

Cette espèce croît au Cap de Bonne-Espérance.

TROISIEME ESPECE.

La troisième espèce est la Bruyère Helicacabe. *Erica Helicacaba. Erica antheris bifidis, inclusis; corollis inflatis, maximis; foliis ternis, linearibus, levibus. Linn. Sp. Plant. 507. Amœn. Acad. 6. Affric. 15.*

Description.

Cet arbrisseau est haut. Ses rameaux sont pourpres, à petits rameaux cotonneux, blancs. Les feuilles sont ternes, très-serrées, lisses, raboteuses par le bord. Les péduncules sont plus courts que les feuilles. La corolle est pourpre, glabre, de la grosseur d'un gland de Chêne, ce qui la distingue de toutes les autres espèces. Son calice est semblable à celui du *Physalis* annuel, à folioles ovales, en carène, colorées, trois fois plus courtes que la corolle. Les étamines sont découpées profondément en deux, beaucoup plus courtes que la corolle.

Lieu de sa naissance.

Elle croît naturellement dans l'Ethiopie.

QUATRIEME ESPECE.

La quatrième espèce est la Bruyère qui se reproduit. *Erica regerminans. Erica antheris aristatis, inclusis; corollis ovatis, calycibus acutis, floribus racemosis, foliis ternis. Linn. Syst. Veg. Edit. XIII. Murr.* 301. *Mant.* 232.

Description.

La tige est en arbrisseau, déterminément rameuse, à rameaux en jonc. Ses feuilles sont ternes, linéaires, en forme d'alêne, pointues, lisses, ouvertes. Les fleurs sont en grappes, secondaires, penchées, à péduncules de la longueur de la fleur, incarnats, à braćtées éloignées, menues, colorées. Le calice est coloré, rouge, lancéolé, très-petit. La corolle est ovale, globuleuse, rouge, à bouche obtuse. Les anthères sont à arêtes, un peu plus courtes que la corolle. Le style est de la longueur de la corolle. Le stigmate est en forme de tête.

Lieu de sa naissance.

Cette espèce croît au Cap de Bonne-Espérance.

CINQUIEME ESPECE.

La cinquième espèce est la Bruyère muqueuse. *Erica mucosa. Erica antheris aristatis, corollis subglobosis, mucosis; stylo incluso, foliis ternis. Linn. Syst. Veg. Edit. XIII. Murray.* 301. *Mant.* 232. *Erica ferrea. Berg. Cap.* 112.

Description.

Sa tige est en arbrisseau, déterminativement rameuse, à lignes blanches, en forme d'alêne, décourrantes, sous les cicatrices des feuilles. Celles-ci sont serrées, linéaires, lisses, ternes, à peine plus longues que les interstices. Les fleurs sont terminales, en ombelle. Les péduncules sont de la longueur des fleurs. Les braćtées sont linéaires, menues, éloignées. Le calice est raboteux, muqueux, un peu plus court que la corolle, ovale, aigu. La corolle est globuleuse, muqueuse, obtuse. Les anthères sont à arêtes, ovales, courtes. Le style est court, cylindrique. Le stigmate est nud.

Lieu de sa naissance.

Cette espèce croît naturellement au Cap de Bonne-Espérance.

SIXIEME ESPECE.

La sixième espèce est la Bruyère de Bergius. *Erica Bergiana. Erica antheris aristatis, corollis campanulatis, stylo incluso, calycibus reflexis, foliis ternis. Linn. Syst. Veg. Edit. XIII. Murray.* 301. *Mantissa.* 235. *Berg.*

Description.

Cet arbrisseau est haut de deux pieds, poileux. Les feuilles sont ternes, linéaires, ciliées, droites. Les fleurs des petits rameaux sont terminales, solitaires, à péduncules très-courts. Le calice est à quatre pièces, lancéolé, aigu, trois fois plus court que la corolle, s'ouvrant ou réfléchi. La corolle est campanulée, pourpre, obtuse. Les étamines sont plus courtes que la corolle. Les anthères sont à arêtes. Le pistil est de la longueur de la corolle. Le stigmate est en tête.

Lieu de sa naissance.

Il croît au Cap de Bonne-Espérance.

SEPTIEME ESPECE.

La septième espèce est la Bruyère couchée. *Erica depressa. Erica antheris aristatis, inclusis; corollis campanulatis, floribus raris, foliis ternis, caule depresso. Linn. Syst. Veg. Edit. XIII. Murray.* 301. *Mant.* 230.

Description.

Les tiges sont couchées, nombreuses, longues d'un palme. Les feuilles sont ternes, lancéolées, un peu obtuses, lisses, en carêne. Les fleurs sont parsemées, solitaires. Le calice est raboteux, lancéolé, aigu, deux fois plus court que la corolle. La corolle est campanulée, obtuse, rouge, lisse. Les anthères sont à deux arêtes, renfermées, très-courtes. Le style est renfermé. Le stigmate est obtus.

Lieu de sa naissance.

Cette espèce croît naturellement au Cap de Bonne-Espérance.

HUITIÈME ESPÈCE.

La huitième espèce est la Bruyère à pilules. *Erica pilulifera. Erica antheris aristatis, corollis campanulatis, stylo incluso, foliis ternis, floribus umbellatis. Linn. Syst. Veg. Edit. XIII. Murray.* 301. *Erica antheris bifidis, inclusis; corollis globosis, glabris, quaternis; foliis quaternis, setaceis, patulis. Linn. Sp. Plant.* 507.

Description.

Les feuilles sont ternes. Les fleurs sont en ombelles. Les corolles sont globuleuses, campanulées. Les anthères sont à arêtes ou barbues. Le style est renfermé.

Lieu de sa naissance.

Cette espèce croît naturellement dans l'Éthiopie.

NEUVIÈME ESPECE.

La neuvième espèce est la Bruyère d'un vert pourpre. *Erica viridipurpurea. Erica antheris bicornibus, inclusis; corollis ovatis, longioribus; racemis corymbosis, secundis; foliis ternis. Linn. Sp. Plant.* 502. *Erica foliis lanceolatis, oppositis, imbricatis; floribus uno versu racemosis. Hort. Cliff.* 148. *Sauv. Monsp.* 170. *Erica major, floribus ex herbaceo-purpureis. Bauh. Pin.* 465. *Erica Corios folio* 3. *Clus. Hist.* 1, *p.* 42. *Erica foliis Corios quaternis, floribus herbaceis, dein ex albo purpurascentibus. Bauh. Hist.* 1, *p.* 356. *Erica major, floribus herbaceis, purpurascentibus. Lob. Hist.* 622.

Description.

Les feuilles de cette espèce sont tantôt ternes, tantôt quaternes. Les grappes sont en bouquets, secondaires. Les corolles sont ovales, plus longues, d'un vert pourpre. Les anthères sont à deux cornes, renfermées.

Lieu de sa naissance.

Elle croît naturellement dans le Portugal.

DIXIÈME ESPÈCE.

La dixième eſpèce eſt la Bruyère à cinq feuilles. *Erica pentaphylla. Erica antheris bifidis, incluſis; corollis ovatis, acutis; foliis quinis, levibus. Linn. Sp. Plant.* 506. *Erica Affricana, fruteſcens; Juniperi folio, flore urceolari, breviſſimo. Seb. Muſ.* 1, p. 32. *Erica lanceolaris. Berg. Cap.* 107.

Deſcription.

Cette eſpèce croît en rameaux ligneux, couverts d'une écorce rougeâtre & revêtus de beaucoup de feuilles très-étroites, qui ne reſſemblent pas mal à celles du Genevrier, & qui ſont placées ſans ordre. Les fleurs pouſſent preſque à l'extrémité des rameaux en forme d'épis, & entre les feuilles; elles ont la figure d'une cruche, ſont petites, blanchâtres, & leur bord eſt diviſé en quatre parties. Les étamines avec le pyſtil ſont cachées au fond de la fleur. Ni la loge des graines, ni les graines elles-mêmes ne ſont viſibles pour nous; cependant il n'y a preſque pas lieu de douter que cette plante ne ſoit à cet égard comme celles du même genre.

Figure.

Cette eſpèce eſt repréſentée dans le *Muſæum* de Séba, tom. 1, pl. 21, fig. 2.

Lieu de ſa naiſſance.

Elle croît naturellement dans l'Ethiopie.

ONZIÈME ESPÈCE.

L'onzième eſpèce eſt la Bruyère noire. *Erica nigrita. Erica antheris ariſtatis, corollis campanulatis, ſtylo incluſo, calycibus imbricatis, trifloris, ſeſſilibus. Linn. Syſt. Veg. Edit. XIII. Murray.* 302. *Mant.* 65. *Burm. Prodr. II. Erica Laricina. Berg. Cap.* 94. *Erica Affricana, folio Corios minore, flore albo. Seb. Muſ.* 2, p. 11.

Deſcription.

Les feuilles ſont ternes, à trois côtés, glabres, courtes, ouvertes. Les bractées ſont au nombre de trois, en forme de calice. Les fleurs ſont terminales, blanches. Les anthères ſont convexes, obtuſes, noires.

Figure.

Cette eſpèce eſt repréſentée dans le *Muſæum* de Séba, tom. 2, pl. 9, fig. 7.

DOUZIÈME ESPECE.

La douzième eſpèce eſt la Bruyère à feuilles planes. *Erica planifolia. Erica antheris ariſtatis, corollis campanulatis, ſtylo exſerto, foliis ternis, patentiſſimis. Linn. Syſt. Veg. Edit. XIII. Murray.* 302. *Berg. Cap.* 100. *Erica Affricana, hirſuta; Thymi foliis ternis. Pluk. Mant.* 69.

Deſcription.

Les rameaux ſont filiformes, rampans. Les fleurs ſont violettes. Les feuilles ſont ovales, aiguës, ciliées.

Figure.

Cette eſpèce eſt repréſentée dans le *Mantiſſa* de Plukenet, pl. 347, fig. 1.

Lieu de ſa naiſſance.

Elle croît naturellement dans l'Éthiopie.

TREIZIÈME ESPECE.

La treizième eſpèce eſt la Bruyère à Balai. *Erica ſcaparia. Erica antheris bicornibus, incluſis; corollis campanulatis, longioribus; foliis ternis, patentibus; ramis albis. Linn. Sp. Plant.* 512. *Erica erecta, foliis ternis, floribus ad alas ſeſſilibus, verticillatis. Sauv. Monſp.* 170. *Erica major, ſcaparia, foliis deciduis. Bauh. Pin.* 485. *Erica ſcaparia, floſculis herbaceis. Lob. Icon.* 2, p. 215. *Sauv. Monſp.* 46. En Provençal, *Bruſc.*

Deſcription.

Cette eſpèce s'élève à la hauteur de ſept ou huit pieds. Autour de chaque nœud des branches ſont quatre feuilles que quelques Auteurs comparent à celles du Thym vulgaire, avec la différence d'être un peu plus alongées. Les fleurs ſont fort petites, incarnates, placées au ſommet des branches, & naiſſent vers le mois de Juin. Comme les branches de cette plante ſont plus expoſées à l'air que celles de pluſieurs autres du même genre, on y remarque fréquemment des eſpèces de gales occaſionnées par des piqures d'inſectes; ces gales ſont en roſe, & ont leurs feuilles très garnies de longs filets blancs. Les racines de cette Bruyère ſont très-fortes, & s'enfoncent beaucoup en terre, de ſorte qu'on ne peut les tirer qu'à la pioche.

Obſervation.

Jacques & Paul Contant, dans leurs Commentaires ſur Dioſcoride, diſent que l'eſpèce nommée aujourd'hui φα α dans la Macédoine, ne peut être diſtinguée de celle-ci que par les racines, qui tracent près de la ſuperficie, & que l'on tire aiſément avec la main.

Figure.

Cette eſpèce eſt repréſentée dans les planches de Lobel, page 205.

Lieu de ſa naiſſance.

Elle croît naturellement dans les marais de l'Eſpagne, de la Provence, du Poitou & d'autres pays chauds.

Propriétés économiques.

On ſe ſert en pluſieurs Provinces de cette eſpèce pour faire des balais.

QUATORZIÈME ESPÈCE.

La quatorzième eſpèce eſt la Bruyère en arbre. *Erica arborea. Erica antheris ariſtatis, corollis campanulatis, ſtylo exſerto, foliis ternis, ramulis incanis. Linn. ſyſt. Veg. Edit. XIII. Murray.* 302. *Erica Corios folio* 1, *Cluſ. Hiſt.* 1, p. 4. *Erica foliis aceroſis, linearibus, patentiſſimis; corollis ovatis, ſtaminibus brevibus. Hort. Cliff.* 47. *Roy. Lugdb.* 442. *Erica maxima, alba. Bauh. Pin.* 485.

Deſcription.

Cet arbriſſeau eſt de la hauteur d'un homme; il a le port du Genevrier. Ses rameaux ſont menus, droits, rameux. Ses feuilles ſont quaternes, ſoyeuſes, linéaires, horizontalement ouvertes, trois ou quatre fois plus longues que les articulations des rameaux, glabres, presque obtuses, sillonnées supérieurement. Les fleurs au premier printemps sortent des sommets des rameaux ; elles sont petites, rapprochées, ayant leurs péduncules particuliers, sur lesquels se trouvent deux ou quatre soies blanches, réfléchies. Le calice est petit. La corolle est ronde, blanchâtre de même que le calice, fendue en quatre, égale, obtuse. Les étamines sont plus courtes que la corolle, & le pistil est plus long.

Lieu de sa naissance.

Il croît dans la partie méridionale de l'Europe, en Afrique.

Observation.

Toutes les espèces dont nous avons parlé sont à trois feuilles. Celles dont nous allons parler en ont quatre ; elles ont également leurs anthères à arêtes ou barbues.

QUINZIÈME ESPÈCE.

La quinzième espèce est la Bruyère à rameaux. *Erica ramentosa. Erica antheris aristatis, corollis globosis, stylo incluso, stigmate duplicato, foliis quaternis, setaceis. Linn. Syst. Veg. Edit. XIII. Murray.* 302. *Erica multùm bellifera. Berg. Cap.* 110.

Description.

Les rameaux sont filiformes, rameux, longs, ferrugineux. Les feuilles sont très-étroites, quaternes, droites, applaties. Le calice est plus court que les corolles, vert. Les corolles sont globuleuses, pourpres. Les anthères sont à deux cornes, ciliées, pointues en dehors, s'ouvrant en ovale aux côtés. Le style est pourpre. Le stigmate est double, inférieurement rond, supérieurement fendu en quatre.

Lieu de sa naissance.

Cette espèce croît naturellement au Cap de Bonne-Espérance.

SEIZIEME ESPECE.

La seizième espèce est la Bruyère parfaite. *Erica persoluta. Erica antheris aristatis, inclusis ; corollis campanulatis, calycibus ciliatis, foliis quaternis. Linn. Sp. Plant.* 302. *Mant.* 230. *Erica subdivaricata. Berg. Cap.* 114.

Description.

La tige est en arbrisseau, un peu lisse, à rameaux poileux. Les feuilles sont quaternes, linéaires, obtuses, droites, cannelées en dessous, de la longueur des articulations, hérissées ou raboteuses. Les fleurs sont en ombelles, dispersées à l'extrémité des petits rameaux. Le calice est très-menu, cilié. La corolle est campanulée, obtuse. Les anthères ont deux arêtes à la base, cachées. Le style est de la longueur de la corolle. Le stigmate est en tête.

Lieu de sa naissance.

Elle croît naturellement au Cap de Bonne-Espérance.

DIX-SEPTIEME ESPECE.

La dix-septième espèce est la Bruyère Tetralix. *Erica Tetralix. Erica antheris bicornibus, inclusis ; corollis subglobosis, confertis, folio longioribus ; foliis quaternis, ciliatis, patentibus. Linn. Sp. Plant.* 502. *Erica foliis subulatis, ciliatis, quaternis ; corollis globoso-ovatis, terminalibus, confertis. Hort. Cliff.* 143. *Flor. Suec.* 310. 337. *Roy. Lugdb.* 442. *Erica ex rubro nigricans, scoparia. Bauh. Pin.* 436.

Description.

Les feuilles de cette espèce sont ordinairement opposées en croix, & hérissées de longs poils sur leurs bords. Il y a de semblables poils au bord du calice & le long des tiges. Elle fleurit deux fois l'année.

Observation.

Il paroît que c'est la même dont parlent Jacques & Paul Contant, dans leurs Commentaires sur Dioscoride, comme étant cultivée en Normandie, particulièrement aux environs de Rugles, pour en faire des espèces de brosses ou vergettes. Ils la distinguent d'une autre espèce nommée *Bruhette*, dans le Duché de Châtellerault, qu'ils prétendent être l'*Erica* de Dioscoride, & qu'ils ne désignent qu'en disant qu'elle a les feuilles de Tamarisc, ou petit cyprès de jardin, & des fleurs incarnates depuis le milieu des tiges jusqu'au sommet.

Figure.

Elle est représentée dans le *Flora Danica*, pl. 81.

Lieu de sa naissance.

Elle croît naturellement dans les buissons marécageux, dans la partie septentrionale de l'Europe.

Propriétés économiques.

On cultive cette espèce pour faire des balais fins, ou espèces de brosses. Les Contant avertissent que dans l'espèce cultivée en Normandie, on ne doit se servir que des brins unis & où il n'y a point d'écailles, les autres étant sujets à se rompre en nettoyant les habits. Les Contant disent encore que la Bruyère de Châtellerault est quelquefois employée en époussettes ou vergettes, plus commodes pour nettoyer le velours que celles de fine Bruyère. On ne brûle pas cette plante dans les ménages, parce que ses cendres, disent-ils, ne valent rien ; les Boulangers seuls en chauffent leurs fours. Les racines servent à faire du charbon que l'on nomme en Poitou *Charbon de Cosse*, dont il n'y a que les Forgerons qui fassent usage, attendu qu'il ne brûle que quand on le souffle & mouille comme le charbon de pierre.

DIX-HUITIÈME ESPÈCE.

La dix-huitième espèce est la Bruyère poileuse. *Erica pubescens. Erica antheris aristatis, corollis ovatis, stylo incluso, foliis quaternis, scabris ; floribus sessilibus, lateralibus. Linn. Syst. Veg. Edit. XIII. Murray,* 302. *Sp. Plant.* 506.

Description.

Les feuilles de cette espèce sont quaternes, raboteuses. Les fleurs sont sessiles, latérales. Les corolles sont ovales, poileuses. Les anthères sont à arêtes. Le style est caché.

Variété.

M. Murray donne pour variété de cette espèce l'*Erica*

l'Erica parviflora, Erica antheris bifidis, inclusis; corollis subrotundis, longitudine calycis, foliis quaternis, ciliatis. Linn. Sp. Plant. 506.

Description.

Les feuilles sont linéaires, recourbées, hérissées. Les fleurs sont entre les feuilles, terminales, conniventes, plus courtes que les feuilles.

Lieu de sa naissance.

Elle croît naturellement au Cap de Bonne-Espérance.

DIX-NEUVIEME ESPECE.

La dix-neuvième espèce est la Bruyère de Sapin. *Erica Abietina. Erica antheris aristatis, corollis grossis, stylo incluso, folio quaternis, floribus sessilibus. Linn. Syst. Veg. edit. XIII. Murray.* 302. *Erica foliis Juniperi, floribus purpureis, oblongis. Buxb. Cent.* 4, *p.* 25. *Berg. Cap.* 105. *Erica antheris bifidis, inclusis; corollis ventricoso-cylindricis, glabris; floribus lateralibus, foliis quaternis, ciliatis. Linn. Sp. Plant.* 500. *Erica foliis subulatis, glabris, quinis, pleribusque verticillatis; floribus longissimis, terminalibus, confertis. Hort. Cliff.* 148. *Erica Affricana, Abietis folio longiore & tenuiore, floribus oblongis, saturate rubris. Raj. Dendr.* 96. *Seb. Mus.* 1, *p.* 31.

Description.

Cet arbrisseau est déterminément rameux. Ses feuilles sont quaternes, oblongues, en forme d'alêne, lisses, cannelées, aiguës. Ses fleurs sont latérales, à péduncules solitaires qui sortent des aisselles des feuilles. Le calice est à folioles ovales, pourpres. Les corolles sont longues, semblables à la Bruyère, à fleurs courbes mais droites, cylindriques, très-glabres, obtuses, deux fois plus longues que les feuilles.

Figure.

Cette espèce est représentée dans le *Musæum* de Séba, tome 1, pl. 21, fig. 1.

Lieu de sa naissance.

Elle croît naturellement en Éthiopie.

VINGTIÈME ESPÈCE.

La vingtième espèce est la Bruyère à mamelons. *Erica mammosa. Erica antheris aristatis, corollis grossis, stylo exserto, foliis quaternis. Linn. Syst. Veg. edit. XIII. Murray.* 313. *Mant.* 234.

Description.

La tige de cet arbrisseau est un peu roide, à lignes blanches, en forme d'alêne, produites par la cicatrice des feuilles qui règnent tout le long. Les feuilles sont quaternes, en forme d'alêne, un peu raboteuses au bord. Les fleurs sont en forme de tête, longues d'un pouce. Les péduncules sont très-courts, pourpres. Les bractées sont très-petites, éloignées. Le calice est coloré, sanguin, ovale, très-court. La corolle est ovale, cylindrique, sanguine, très-longue, à bouche obtuse. Les anthères sont à doubles arêtes, un peu plus courtes que la corolle, partagées en deux. Le style est filiforme, plus long que la corolle. Le stigmate est turbiné, en forme de tête, à quatre angles.

Lieu de sa naissance.

Cet arbrisseau croît au Cap de Bonne-Espérance.

VINGT-UNIEME ESPÈCE.

La vingt-unième espèce est la Bruyère Cafre. *Erica Caffra. Erica antheris bicornibus, inclusis; corollis subovatis, mediocribus, solitariis; foliis ternis, caule arboreo. Linn. Sp. Plant.* 502. *Erica foliis lineari-subulatis, ternis; corollis ovatis; calycibus acutis, patulis. Hort. Cliff.* 148.

Description.

Les feuilles sont linéaires, presque en forme d'alêne, droites, quatre fois plus longues que les articulations, ternes, glabres. Les fleurs sortent solitaires des aisselles, à péduncules plus courts que la feuille, à calice partagé en quatre, presque de la longueur de la corolle, à folioles lancéolées. La corolle est ovale, à petit lymbe, fendue en quatre. Les étamines sont plus courtes que la corolle. Toute cette plante a la grandeur du Genevrier.

Lieu de sa naissance.

Cette espèce croît naturellement en Afrique.

VINGT-DEUXIEME ESPECE.

La vingt-deuxième espèce est la Bruyère à trois fleurs. *Erica triflora. Erica antheris cristatis, corollis globoso-campanulatis, stylo incluso, foliis ternis, floribus terminalibus. Linn. Syst. Veg. edit. XIII. Murray.* 303.

Observation.

Cette espèce & les huit suivantes ont des anthères à crêtes & des feuilles ternes.

Description.

Les rameaux & les péduncules sont cotonneux. Les feuilles sont ternes. Les fleurs sont terminales. Les corolles sont globuleuses, campanulées, de la longueur du calice. Les anthères sont en forme de crête. Le style est caché.

Lieu de sa naissance.

Elle croît naturellement dans l'Éthiopie.

VINGT-TROISIÈME ESPÈCE.

La vingt-troisième espèce est la Bruyère à baie. *Erica baccans. Erica antheris cristatis, corollis globoso-campanulatis, ternis; stylo incluso, foliis ternis, imbricatis. Linn. Syst. Veg. edit. XIII. Murr.* 303. *Mant.* 233. *Erica Affricana, glabra, fruticosa; Arbuti flore. Seb. Mus.* 1, *p.* 32.

Description.

La tige est droite, rameuse. Les feuilles sont ternes, linéaires, un peu obtuses, raboteuses par le bord, imbriquées, plus longues que les internœuds, à pétioles blancs. Les fleurs sont terminales, penchées, de la grosseur d'un pois. Les péduncules sont pourpres, à bractées alternes, éloignées, incarnates. Le calice est coloré, incarnat, lancéolé, de la longueur de la corolle, à carène, réfléchi. La corolle est campanulée, globuleuse, obtuse, rouge. Les anthères sont sans barbe, très-courtes, en crète, jaunâtres. Le ſtyle eſt cylindrique, court. Le ſtigmate eſt en tête.

Figure.

Cette eſpèce eſt repréſentée dans le *Muſæum* de Séba, tom. 1, pl. 21, fig. 3.

Lieu de ſa naiſſance.

Elle croît naturellement au Cap de Bonne-Eſpérance.

VINGT-QUATRIEME ESPECE.

La vingt-quatrième eſpèce eſt la Bruyère Gnapheloïde. *Erica Gnapheloïdes. Erica antheris criſtatis, corollis ovatis, tectis; ſtylo incluſo, foliis ternis, ſtigmate quadripartito. Linn. Syſt. Veg. edit. XIII. Murr.* 303. *Berg. Cap.* 119. *Erica Affricana, tenuifolia, Unedonis flore. Pluk. Mant.* 68.

Deſcription.

Ses feuilles ſont ternes, menues. Ses corolles ſont ovales, couvertes. Ses anthères ſont en crète. Son ſtyle eſt caché. Son ſtigmate eſt partagé en quatre.

Figure.

Cette eſpèce eſt repréſentée dans le *Mantiſſa* de Plukenet, pl. 346, fig. 11.

Lieu de ſa naiſſance.

Elle croît naturellement dans l'Ethiopie.

VINGT-CINQUIEME ESPECE.

La vingt-cinquième eſpèce eſt la Bruyère à feuille des Coris. *Erica Coriſolia. Erica antheris criſtatis, corollis ovatis, ſtylo incluſo, calycibus turbinatis, foliis ternis, floribus umbellatis. Linn. Syſt. Veg. edit. XIII. Murr.* 303. *Berg. Cap.* 108. *Erica antheris bifidis, incluſis; corollis ovatis, calycibus planis, bracteis coloratis, foliis ternis, glabris. Linn. Sp. Plant.* 507. *Erica antheris bifidis, exſertis; corollis globoſis, mediocribus; pedunculis triphyllis, foliis quaternis. Syſt. Nat.* 2, *p.* 355. *Erica Affricana, glabra, frutiçoſa, Coris folio, Arbuti flore, dilute purpureo. Seb. Muſ.* 1, *p.* 32. *Erica Roſmarini foliis incanis, Æthiopica; floribus arbuteis, magno calyce incluſis. Pluk. Mant.* 68. *Erica Capenſis, Coridis folio, flore rubello. Pet. Gaz.* 7.

Deſcription.

Sa tige eſt en arbriſſeau, compoſée. Les feuilles ſont ternes, linéaires, glabres. Les fleurs ſont terminales ou en petite ombelle, ſeſſiles. Les bractées ſont au nombre de trois à chaque péduncule, alternes, ovales, pourpres, de la grandeur & du port d'une foliole du calice. Celui-ci s'ouvre, eſt à feuilles ovales, pourpres. La corolle eſt ovale, pourpre.

Figure.

Cette eſpèce eſt repréſentée dans le *Muſæum* de Séba, tome 1, pl. 21, fig. 3; dans le *Mantiſſa* de Plukenet, pl. 346, fig. 5; & dans le *Gazopographia* de Pétiver, pl. 3, fig. 7.

Lieu de ſa naiſſance.

Elle croît naturellement dans l'Ethiopie.

VINGT-SIXIEME ESPECE.

La vingt-ſixième eſpèce eſt la Bruyère articulée. *Erica articularis. Erica antheris criſtatis, corollis ovatis, acuminatis; ſtylo incluſo, calyce longiore, foliis ternis. Linn. Syſt. Veg. edit. XIII.* 303.

Deſcription.

Les feuilles ſont ternes. Le calice eſt lancéolé, plus long que la corolle, coloré. La corolle eſt ovale, pointue. Les anthères ſont à crète. Le ſtyle eſt caché, plus long que le calice.

VINGT-SEPTIÈME ESPÈCE.

La vingt-ſeptième eſpèce eſt la Bruyère à calice. *Erica calycina. Erica antheris criſtatis, corollis ovatis, ſtylo incluſo, calycibus patentiſſimis, rotatis; foliis ternis. Linn. Syſt. Veg. edit. XIII.* 303. *Erica antheris bifidis, incluſis; corollis ſubovatis, calyces coloratos æquantibus; foliis ternis, levibus. Linn. Sp. Plant.* 507. *Erica Affricana, humilis; flore albo, urceolari; Coris folio, calyce amplo. Sebæ Muſ.* 2, *p.* 13. *Erica Gnapheloïdes. Berg. Cap.* 119.

Deſcription.

Les feuilles ſont à trois côtes. Les bractées ſont alternes & blanches. Le calice eſt obtus, pareillement blanc. Les corolles ſont jaunes.

Figure.

Cette eſpèce eſt repréſentée dans le *Muſæum* de Séba, tome 2, pl. 11, fig. 7.

Lieu de ſa naiſſance.

Elle croît naturellement dans l'Éthiopie.

VINGT-HUITIÈME ESPÈCE.

La vingt-huitième eſpèce eſt la Bruyère cendrée. *Erica cinerea. Erica antheris criſtatis, corollis cylindricis, ſtylo exſerto, foliis ternis, patentibus. Linn. Syſt. Veg. edit. XIII. Murr.* 501. *Erica antheris bicornibus, incluſis; corollis ovatis, racemoſis; foliis ternis, glabris, linearibus. Linn. Sp. Plant.* 501. *Erica foliis linearibus, ternis; floribus globoſo-oblongis, laxè ſpicatis. Guett. Stamp.* 2, *p.* 110. *Erica foliis racemoſis, glabris, ternis; corollis oblongo-ovatis, ſtaminibus longioribus, verticillato-racemoſis. Læſl. It.* 137. *Erica humilis, cortice cinereo, Arbuti flore. Bauh. Pin.* 436. *Erica Coris folio*, 6. *Cluſ. Hiſt.* 1, *p.* 41.

Deſcription.

Cette plante a l'écorce cendrée, c'eſt-à-dire, couverte de filets blancs, très-courts. Les feuilles ſont fort étroites, pointues, roides, rangées par paquets en anneaux vers le haut des branches; plus bas, chaque paquet termine ordinairement une jeune branche: on en voit quelques feuilles trois à trois, mais plus ſouvent les cavités où elles étoient articulées. Ces branches naiſſent le long des tiges. Au ſommet de la plante naiſſent (en Juin, Juillet, Août & Septembre) des fleurs tantôt blanches, tantôt un peu lavées de rouge, tantôt gris de lin; elles ne ſont formées que d'un ſeul grelot. L'embryon eſt à quatre côtes légèrement ſillonnées. Les découpures du grelot ſe renverſent en dehors.

Figure.

Elle eſt repréſentée dans le *Flora Danica*, pl. 38.

Lieu de sa naissance.

Cette espèce est vivace, & croît au milieu de l'Europe.

Variété.

Murray donne pour variété de cette espèce la plante connue sous les phrases d'*Erica tenuis, per intervalla ramulis. Bauh. Pin.* 486. *Erica Coris folio. V. Clus. Hist.* 1, *p.* 43. Les fleurs en sont bleuâtres.

VINGT-NEUVIÈME ESPÈCE.

La vingt-neuvième espèce est la Bruyère paniculée. *Erica paniculata. Erica antheris cristatis, corollis campanulatis, stylo exserto, foliis ternis, floribus minutis. Linn. Syst. Veg. edit. XIII. Murr.* 508. *Erica antheris bifidis, inclusis; corollis campanulatis, subumbellatis; foliis quaternis, linearibus, levibus. Linn. Sp. Plant.* 508. *Erica tenuifolia, flosculis suavè rubellis. Pluk. Alm.* 136. *Erica Affricana, angustissimis foliis, flosculis in capitulum congestis. Seb. Mus.* 2, *p.* 46. *Erica milleflora. Berg. Cap.* 96.

Description.

Cet arbrisseau a les feuilles linéaires, droites, presque lisses. Ses fleurs sont petites, pourpres, de même que les calices & les péduncules, qui sont très-petits, & si nombreux, qu'ils couvrent presque toute la plante.

Figure.

Cette espèce est représentée dans le *Musæum* de Séba, tom. 2, pl. 9, fig. 10.

Lieu de sa naissance.

Elle croît naturellement dans l'Ethiopie.

TRENTIÈME ESPECE.

La trentième espèce est la Bruyère australe. *Erica australis. Erica antheris cristatis, inclusis; corollis cylindricis, calycibus duplicatis; foliis quaternis, patentibus. Linn. Syst. Veg. edit. XIII. Murr.* 303. *Mant.* 231.

Description.

Ce petit arbrisseau a sa tige roide, cylindrique. Ses feuilles sont quatre à quatre, linéaires, obtuses, un peu raboteuses par le bord, s'ouvrant. Les fleurs sont terminales, deux ou trois sessiles. Le calice est rude, aigu, en caréne, imbriqué, à bractées semblables. La corolle est cylindrique, blanchâtre, à peine en forme de massue, obtuse, trois fois plus longue que le calice. Les anthères sont à deux arêtes, en crête, cachées, fendues en deux. Le style paroît. Le stigmate est en tête.

Lieu de sa naissance.

Elle croît naturellement en Espagne.

TRENTE-UNIÈME ESPÈCE.

La trente-unième espèce est la Bruyère Physoïde. *Erica Physoïdes. Erica antheris cristatis, corollis ovatis, inflatis; stylo incluso, foliis quaternis, floribus subsolitariis. Linn. Syst. Veg. edit. XIII. Murr.* 304. *Berg. Cap.* 108. *Erica antheris bifidis, inclusis; corollis ovatis, inflatis, glabris; foliis quaternis, linearibus, glabris, obtusis. Sp. Plant.* 506.

Description.

Cette espèce a les feuilles ouvertes, larges, linéaires, en carêne. Les fleurs sont au sommet des rameaux, comme ombellées. Le calice est ovale, glabre, coloré, trois fois plus court que la corolle. Celle-ci est de la grosseur d'un pois, visqueuse.

Lieu de sa naissance.

Elle croît naturellement dans l'Éthiopie.

Observation.

L'espèce que nous venons de décrire & la suivante ont les anthères en crête, à feuilles quaternes.

TRENTE-DEUXIÈME ESPÈCE.

La trente-deuxième espèce est la Bruyère à feuilles d'Empetrum. *Erica Empetrifolia. Erica antheris aristatis, corollis ovatis, foliis quaternis, floribus sessilibus, lateralibus. Linn. Syst. Veg. edit. XIII. Murray.* 304. *Berg. Cap.* 28. *Erica antheris bifidis, inclusis; corollis ovatis, subsessilibus; foliis quinis, obtusis, ciliatis. Linn. Sp. Plant.* 507. *Erica Affricana, Coridis folio, pilosa; flosculis minutissimis, purpureis, inter ramulos dispersis. Pluk. Mant.* 68.

Description.

Les feuilles de cette espèce sont comme celles du Lycopedium, en forme de spirale, ce qui les rend innombrables. Les fleurs sont sessiles, latérales. Les corolles sont ovales. Les anthères sont en crête.

Lieu de sa naissance.

Cette espèce croît naturellement dans l'Ethiopie.

Observation.

Les dix-sept espèces suivantes ont les anthères sans barbe, cachées; & parmi ces dix-sept, la première a les feuilles opposées; les six suivantes les ont ternes, & les dix autres les ont quaternes.

TRENTE-TROISIEME ESPECE.

La trente-troisième espèce est la Bruyère à feuilles menues. *Erica tenuifolia. Erica antheris muticis, inclusis; corollâ calyceque sanguineis, foliis oppositis. Linn. Syst. Veg. edit. XIII. Murray.* 304. *Erica antheris bifidis, inclusis; corollis ovatis, calyces coloratos æquantibus; foliis oppositis, linearibus, appressis. Linn. Sp. Plant.* 507. *Erica Affricana, humilis, flore albo, urceolari; Coris folio, calyce amplo. Seb. Mus.* 2, *p.* 13.

Description.

Ses feuilles sont opposées, linéaires, en bas. Le calice & la corolle des fleurs sont couleur de sang. Les anthères sont fendues en deux, cachées de même que le style.

Figure.

Cette espèce est représentée dans le *Musæum* de Séba, tom. 2, pl. 2, fig. 8; & dans le *Mantissa* de Plukenet, pl. 346, fig. 11.

Lieu de sa naissance.

Elle croît naturellement dans l'Éthiopie.

TRENTE-QUATRIEME ESPECE.

La trente-quatrième espèce est la Bruyère blanche. *Erica albens. Erica antheris muticis, inclusis ; corollis ovatis, oblongis, acutis ; foliis ternis, racemis secundis. Linn. Syst. Veg. edit. XIII. Murray. 304. Mant. 233.*

Description.

La tige de cette espèce est en arbrisseau, à rameaux déterminés & vergés. Les feuilles sont ternes, linéaires, à trois côtés, droites, lisses, plus longues que les entrenœuds, un peu aiguës. Les fleurs sont en épis, secondaires, blanches. Les pétioles sont à bractées lancéolées, blanches. Le calice est raboteux, blanc, ovale, pointu, moitié plus court que la corolle. La corolle est oblongue, ovale, blanche. Le lymbe est partagé en quatre, étroit, aigu, en forme d'entonnoir. Les anthères sont sans barbe, fendues en deux, obtuses, courtes. Le style est plus court que la corolle. Le stigmate est obtus.

Lieu de sa naissance.

Cette espèce croît naturellement au Cap de Bonne-Espérance.

TRENTE-CINQUIEME ESPECE.

La trente-cinquième espèce est la Bruyère écumeuse. *Erica spumosa. Erica antheris muticis, inclusis, corollis ternis, calyce communi obtectis ; stylo exserto, foliis ternis. Linn. Syst. Veg. edit. XIII. Murray. 304. Berg. Cap. 103. Erica scariosa. Berg. Cap. 102. Erica antheris bifidis, inclusis ; calycibus trifloris, squammis inflatis, inflexis ; foliis ternis, levibus. Linn. Sp. Plant. 508. Amœn. Acad. 6. Affr. 14. Erica Affricana, flore rubro, plano. Seb. Mus. 2, p. 11.*

Description.

Les feuilles sont ternes. Le calice est imbriqué, sanguin. Les corolles sont en forme de cloche, jaunâtres. Le style est très-long, se penchant.

Figure.

Cette espèce est représentée dans le *Musœum* de Séba, tom. 2, pl. 9, fig. 10.

Lieu de sa naissance.

Elle croît naturellement dans l'Éthiopie.

TRENTE-SIXIEME ESPECE.

La trente-sixième espèce est la Bruyère en forme de tête. *Erica capitata. Erica antheris muticis, mediocribus ; corollis tectis, calyce lanato, foliis ternis, floribus sessilibus. Linn. Syst. Veg. edit. XIII. Murray. 304. Berg. Cap. 94. Erica antheris bifidis, exsertis ; corollis globosis, calycibus lanatis, coloratis ; foliis ternis, hirtis. Linn. Sp. Plant. 504. Erica carnea Promont. Cap. Spei, foliis & floribus villosis. Pet. Gaz. 5. Erica Affricana, calyce lanuginoso, ex viridi luteo, floribus concoloribus, exiguis, lanugine obsitis. Seb. Mus. 1, p. 30. Erica capitata, nodiflora ; globulis lanugine ex flavo virescente abductis. Raj. Dendr. 98.*

Description.

Les feuilles sont ternes. Les fleurs sont sessiles, globuleuses, recouvertes d'un duvet d'un jaune verdâtre. La corolle est à demi-fendue en quatre, obtuse, sans être plus longue que le calice.

Figure.

Cette espèce est représentée dans le *Gazopographia* de Pétiver, pl. 2, fig. 10; dans le *Musæum* de Séba, tom. 1, pl. 20, fig. 1.

Lieu de sa naissance.

Elle croît naturellement dans l'Éthiopie.

TRENTE-SEPTIEME ESPECE.

La trente-septième espèce est la Bruyère Mélanthère. *Erica Melanthera. Erica antheris muticis, mediocribus ; corollis campanulatis, calyce colorato longioribus ; stylo exserto, foliis ternis. Linn. Syst. Veg. edit. XIII. Murr. 304. Mant. 232.*

Description.

La tige est en arbrisseau, flexible. Les feuilles sont ternes, linéaires, obtuses, lisses, ouvertes. Les fleurs sont terminales, ombellées, parsemées par paquets, penchées. Les péduncules sont de la longueur de la corolle, pourpres. Les bractées sont lancéolées, alternes, colorées. Le calice est coloré, sanguin, ovale, plus large que long, en carêne au sommet avec une pointe. La corolle est campanulée, en forme de tasse, sanguine. Le tube est de la longueur du calice. Le lymbe s'ouvre ; il est à peine plus long que le tube, à découpures rondes, ovales. Les anthères sont sans barbe, fendues en deux, noires, de la longueur du lymbe & insérées au lymbe, sans être plus longues. Le style est inséré dedans la corolle, deux fois plus long que la corolle, soyeux. Le stigmate est obtus, tétragonal.

Lieu de sa naissance.

Elle croît naturellement au Cap de Bonne-Espérance.

TRENTE-HUITIEME ESPECE.

La trente-huitième espèce est la Bruyère en forme d'Absynthe. *Erica Absynthioïdes. Erica antheris muticis, inclusis ; corollis ovato-campanulatis, stylo exserto, stigmate infundibuliformi, foliis ternis. Linn. Syst. Veg. edit. XIII. Murray. 304. Mant. 66.*

Description.

Cet arbrisseau a le port d'Absynthe ; il est paniculé, à tige roussâtre, à rameaux ternes. Les feuilles sont ternes, linéaires, bossues en dehors, hérissées. Les fleurs terminent les petits rameaux. Les corolles sont pâles. Les anthères sont d'un noir pourpre, fendues en deux entre la bouche de la corolle. Le stigmate est éminent, pourpre, fendu en quatre.

Figure.

Il est représenté dans le *Phytographia* de Plukenet, pl. 47, fig. 17.

Lieu de sa naissance.

Il croît au Cap de Bonne-Espérance.

TRENTE-NEUVIEME ESPECE.

La trente-neuvième espèce est la Bruyère ciliaire.

Erica

Erica ciliaris. Erica antheris simplicibus, inclusis; corollis ovatis, irregularibus; floribus terno-racemosis, foliis ternis, ciliatis. Linn. Sp. Plant. 303. *Erica antheris muticis, inclusis; corollis ovatis, grossis; stylo exserto, foliis ternis, racemis secundis. Linn. Syst. Veg. edit. XIII. Murray.* 304. *Erica foliis ovatis, ciliatis, ternis; corollis ovatis, apice tubulosis, irregularibus, verticillato-racemosis. Lœfl. It.* 138. *Erica hirsuta, Anglica. Bauh. Pin.* 602. *Erica XII. Clus. Hist.* 1, *p.* 46.

Description.

Cette plante est en sous-arbrisseau, haute de deux pieds. Ses feuilles sont ternes, s'ouvrent, sont sessiles, ovales, oblongues, aiguës, réfléchies par le bord, ciliées. La grappe est terminale, terne, verticillée. La corolle est grande, ovale, à bouche serrée, inégale.

Lieu de sa naissance.

Elle croît naturellement dans le Portugal.

QUARANTIEME ESPECE.

La quarantième espèce est la Bruyère à fleurs en tube. *Erica tubiflora. Erica antheris bifidis, inclusis; corollis clavato-cylindricis, incurvatis, pubescentibus, acutis; foliis quaternis, ciliatis. Linn. Sp. Plant.* 505. *Erica spicata, floribus oblongis, carneo-purpureis. Pluk. Mant.* 67. *Erica Affricana, frutescens. Seb. Mus.* 2, *p.* 20. *Erica antheris muticis, inclusis; corollis ovatis, grossis; stylo exserto, foliis ternis, racemis secundis. Linn. Syst. Veg. edit. XIII. Murr.* 304.

Description.

Les feuilles sont linéaires, lisses; celles d'en haut sont ciliées. Les fleurs sont terminales, solitaires, sessiles. Les corolles sont pourpres, pointues, poileuses, plusieurs fois plus longues que le calice.

Figure.

Cette espèce est représentée dans le *Mantissa* de Plukenet, pl. 346. fig. 9; & dans le *Musæum* de Séba, tom. 2, pl. 19, fig. 5.

Lieu de sa naissance.

Elle croît naturellement dans l'Ethiopie.

QUARANTE-UNIÈME ESPÈCE.

La quarante-unième espèce est la Bruyère à fleurs courbes. *Erica curviflora. Erica antheris muticis, inclusis; corollis clavatis, grossis; stylo incluso, foliis quaternis, glabris. Linn. Syst. Veg. edit. XIII. Murr.* 305. *Erica antheris bifidis, exsertis; corollis clavato-cylindricis, curvis, solitariis; foliis ternis, glabris. Linn. Sp. Plant.* 505. *Erica foliis linearibus, quaternis, oppositis, villosis; corollis longissimis, solitariis. Hort. Cliff.* 148. *Erica fruticosa, Capensis. Seb. Mus.* 1, *p.* 32.

Description.

Les feuilles de cette espèce sont quaternes, glabres. Les rameaux sont poileux. Les corolles sont poileuses, à lobes lancéolés, en forme d'alêne.

Figure.

Elle est représentée dans le *Musæum* de Séba, tom. 2, pl. 19, fig. 5.

Lieu de sa naissance.

Elle croît naturellement dans l'Éthiopie.

QUARANTE-DEUXIÈME ESPÈCE.

La quarante-deuxième espèce est la Bruyère à fleurs d'écarlate. *Erica coccinea. Erica antheris muticis, subinclusis; corollis clavatis, grossis; stylo incluso, calycibus hirsutis, foliis quaternis. Linn. Syst. Veg. edit. XIII.* 305. *Erica antheris bifidis, exsertis; corollis clavatis, quadrifidis; calycibus imbricatis, foliis ternis, glabris. Linn. Sp. Plant.* 505. *Erica Affricana, angustifolia; floribus oblongis, tubulosis, dependentibus, coccineis, cum longissimis filamentis concoloribus. Raj. Dendr.* 98. *Seb. Mus.* 1, *p.* 32.

Description.

Cette espèce a le port de la Bruyère de Plukenet; mais sa tige est cotonneuse. Ses feuilles sont linéaires, courtes. Ses péduncules sont plus gros, plus courts. Le calice est imbriqué, a huit écailles ovales, opposées par paires, sans que les intérieures soient au nombre de quatre. La corolle est poileuse, semblable à celle de la Bruyère de Plukenet, mais divisée plus profondément. Les étamines sont aussi les mêmes, deux fois plus longues que la corolle.

Figure.

Elle est représentée dans le *Musæum* de Séba, tom. 1, pl. 21, fig. 4.

Lieu de sa naissance.

Elle croît naturellement dans l'Éthiopie.

QUARANTE-TROISIÈME ESPECE.

La quarante-troisième espèce est la Bruyère à forme de Cerinthe. *Erica Cerinthoïdes. Erica antheris bifidis, inclusis; corollis subclavatis, hirtis; floribus aggregatis, sessilibus; foliis quaternis, ciliatis. Linn. Sp. Plant.* 505. *Erica Affricana, flore purpureo. Barth. Act.* 2, *p.* 57. *Erica Coris folio, hispido, Cerinthoïdes, Affricana. Breyn. Cent.* 25. *Seb. Mus.* 2.

Description.

Cette espèce est à rameaux composés. Les feuilles sont quaternes, oblongues, convexes, lisses, sillonnées en dessous, ciliées de petites épines. Les fleurs sont grandes, rassemblées par le côté en forme de tête, sessiles, poileuses. Le calice est presque double, hérissé de poils blancs, à bouche fendue en quatre & fanée.

Figure.

Elle est représentée dans le *Breynii Cent.* pl. 33; & dans le *Musæum* de Séba, tom. 2, pl. 22, fig. 4; & pl. 34, fig. 6.

Lieu de sa naissance.

Elle croît naturellement dans l'Éthiopie.

QUARANTE-QUATRIÈME ESPECE.

La quarante-quatrième espèce est la Bruyère en faisceau. *Erica fastigiata. Erica antheris muticis, inclusis; corollis hypocrateri-formibus, fasciculatis; stylo incluso, foliis quaternis. Linn. Syst. Veg. edit. XIII.* 305. *Mant.* 66.

Description.

Cet arbrisseau est à rameaux lisses, striés de quatre côtés. Les feuilles sont quaternes, linéaires, pointues, à trois côtés, lisses, raboteuses par le bord, droites, de la longueur des internœuds. Celles d'en haut sont plus longues. Les fleurs sont en faisceaux, pointues, terminales. Le calice est semblable aux feuilles. La corolle est à tube cylindrique, ouvert, un peu plus long que les feuilles. Le lymbe est partagé en quatre, plane, rouge en dessous, blanc en dessus, à découpures en forme de cœur. Les étamines sont capillaires, plus longues que la corolle. Les anthères sont à peine échancrées.

Lieu de sa naissance.

Il croît naturellement au Cap de Bonne-Espérance.

QUARANTE-CINQUIÈME ESPÈCE.

La quarante-cinquième espèce est la Bruyère cubique. *Erica cubica. Erica antheris muticis, inclusis; corollis campanulatis, acutis; stylo incluso, calycibus tetragonis, foliis quaternis. Linn. Syst. Veg. edit. XIII. Murr.* 305. *Mant.* 233.

Description.

La tige de cette espèce est en arbrisseau, déterminément rameuse. Les feuilles sont quaternes, s'ouvrantes, linéaires, aiguës, plus longues que les intervalles entre les articulations, courbées, à pétioles blancs. Les fleurs sont terminales, en bouquets. Les péduncules sont cotonneux, ayant vers le milieu des bractées soyeuses. Le calice est raboteux, tétragonal, à folioles en forme de cœur, raboteuses, repliées en carêne, ayant la pointe réfléchie, rude. La corolle est campanulée, à demi fendue en quatre, aiguë, pourpre, pâle à la base, deux fois plus longue que le calice. Les anthères sont sans barbe, à deux cornes au sommet & pointues, très-courtes. Le style est de la longueur de la corolle. Le stigmate est obtus.

Lieu de sa naissance.

Elle croît au Cap de Bonne-Espérance.

QUARANTE-SIXIÈME ESPÈCE.

La quarante-sixième espèce est la Bruyère dentelée. *Erica denticulata. Erica antheris muticis, inclusis; corollis ovato-infundibuliformibus, calycibus denticulatis, foliis quaternis. Linn. Syst. Veg. edit. XIII. Murray.* 305. *Mant.* 229.

Description.

Les tiges sont contournées, semblables à celles de la Bruyère commune. Les feuilles sont quaternes, serrées, s'ouvrantes un peu, cylindriques, lisses. Les fleurs sont en tête, terminales, presque en faisceaux. Le calice est double, à folioles dentelées, en forme de scie. La corolle est en forme d'entonnoir. Le tube est oblong, ovale. Les découpures sont ovales, obtuses, s'ouvrantes. Les anthères n'ont point de barbe, sans être plus longues que la corolle, presque cachées. Le style est renfermé. Le stigmate est obtus.

Lieu de sa naissance.

Cette espèce croît au Cap de Bonne-Espérance.

QUARANTE-SEPTIÈME ESPÈCE.

La quarante-septième espèce est la Bruyère gluante. *Erica viscaria. Erica antheris muticis, inclusis; corollis ovato-infundibuliformibus, stylo incluso, calycibus denticulatis, foliis quaternis. Linn. Syst. Veg. edit. XIII. Murray.* 305. *Mant.* 231.

Description.

La tige est en arbrisseau, déterminément rameuse. Les feuilles sont quaternes, linéaires, droites, aiguës, plus longues que les interstices, raboteuses au bord. Les fleurs sont en grappes, ayant les bractées du calice rudes, qui s'approchent. Le calice est rude, en forme d'alêne, moitié plus court que la corolle. Celle-ci est campanulée, très-muqueuse, pourpre, à demi fendue en quatre lobes droits, aigus. Les anthères sont sans barbe, fendues en deux, s'ouvrantes en dehors par leur cavité, très-courtes. Le style est plus court que la corolle, deux fois plus long que les étamines, pourpre. Le stigmate est en forme de tête, à quatre lobes. Le germe est hérissé.

Lieu de sa naissance.

Cette espèce croît au Cap de Bonne-Espérance.

QUARANTE-HUITIEME ESPECE.

La quarante-huitième espèce est la Bruyère granulée. *Erica granulata. Erica antheris muticis, inclusis; corollis globosis, stylo incluso, calycibus subimbricatis, foliis quaternis. Linn. Syst. Veg. edit. XIII. Murray.* 305. *Mantiss.* 234.

Description.

Le tige est déterminément rameuse. Les feuilles sont quaternes, linéaires, droites. Les fleurs sont terminales, en petit nombre, pédunculées. Le calice est raboteux, très-court. La corolle est globuleuse, rouge. Les anthères sont sans barbe, renfermées, raboteuses, fendues en deux par le sommet comme deux cornes. Le style est renfermé. Le stigmate est en tête.

Lieu de sa naissance.

Cette espèce croît au Cap de Bonne-Espérance.

QUARANTE-NEUVIÈME ESPÈCE.

La quarante-neuvième espèce est la Bruyère chevelue. *Erica comosa. Erica antheris muticis, inclusis, corollis globosis, calycibus subimbricatis, foliis quaternis. Linn. Syst. Veg. edit. XIII. Murray.* 305. *Mant.* 234. *Erica transparens. Berg. Cap.*

Description.

La tige de cette espèce est à rameaux assemblés au-dessus des fleurs. Les feuilles sont quaternes, linéaires, un peu obtuses, droites. Les fleurs sont rassemblées au-dessous du sommet de la tige. Le calice est raboteux, diaphane, un peu obtus, droit. La corolle est ovale, cylindrique. Le lymbe est plane, un peu aigu. Les anthères sont sans barbe, renfermées, très-courtes. Le style est renfermé. Le stigmate est en forme de tête.

Observation.

La figure de la corolle est semblable à celle de la Bruyère blanche.

Lieu de sa naissance.

Elle croît au Cap de Bonne-Espérance.

Remarque.

Toutes les Bruyères dont nous allons parler ont les anthères sans barbe qui paroissent en dehors; & parmi ces Bruyères il y en a six à feuilles ternes, & cinq à quatre feuilles ou même à plusieurs. Celles-ci sont les dernières du genre.

CINQUANTIÈME ESPÈCE.

La cinquantième espèce est la Bruyère de Plukenet. *Erica Plukenetii. Erica antheris muticis, longissimis, exsertis; corollis cylindricis, stylo exserto, calycibus simplicibus, foliis ternis. Linn. Syst. Veg. edit. XIII. Murray.* 305. *Erica antheris bifidis, exsertis; corollis subcylindricis, subtruncatis, longioribus; calycibus simplicibus, foliis ternis, linearibus. Linn. Sp. Plant.* 504. *Chamæpytis Æthiopica, foliis latè virentibus, flore oblongo, Phœniceo, plusquàm eleganti, seu Plukenetii. Pluk. Mant.* 45. *Seb. Mus.* 2.

Description.

Les feuilles sont ternes, linéaires, serrées. Les fleurs sont pédunculées, penchées. Le calice est deux fois plus court que la corolle, en forme d'alêne, à carène. La corolle est cylindrique, longue, à bouche très-légèrement fendue en quatre. Les étamines sont presque membraneuses, linéaires, obtuses, deux fois plus longues que la corolle.

Observation.

Elle est semblable à la Bruyère de Pétiver, mais le calice est simple. La corolle est fendue en quatre, rouge.

Figure.

Cette espèce est représentée dans le *Mantissa* de Plukenet, pl. 344, fig. 3; & dans le *Musæum* de Séba, tom. 2, pl. 25, fig. 5.

Lieu de sa naissance.

Elle croît naturellement dans l'Éthiopie.

CINQUANTE-UNIÈME ESPÈCE.

La cinquante-unième espèce est la Bruyère de Pétiver. *Erica Petiveri. Erica antheris muticis, exsertis; corollis acutis, stylo exserto, calycibus imbricatis, foliis ternis. Linn. Syst. Veg. edit. XIII. Murray.* 306. *Mant.* 235. *Erica Plukenetii. Berg. Cap.* 91.

Description.

La tige de cet arbrisseau est roussâtre. Les rameaux sont couverts de trois petits rameaux serrés, très-courts, poileux, recouverts de feuilles écailleuses. Les feuilles sont ternes, serrées, en forme d'alêne, à trois côtés, raboteuses par le bord, ouvertes vers le sommet. Les fleurs sont solitaires, penchées, & terminent les rameaux; leur péduncule est court, poileux. Le calice est cartilagineux, anguleux, imbriqué de bractées semblables, ternes, plus courtes. La corolle est cylindrique, trois fois plus longue que les feuilles, jaune, à bouche fendue en quatre, aiguë. Les anthères sont linéaires, deux fois plus longues que la corolle, fendues en deux par le sommet, sans filamens apparens. Le style est filiforme, apparent, plus long que les étamines. Le stigmate est simple.

Observation.

Cette espèce est semblable par sa corolle & par la structure de ses étamines à l'espèce précédente; elle en diffère cependant par son calice qui est imbriqué sans être simple, par ses corolles qui sont jaunes, découpées en quatre plus profondément, un peu aiguës sans être rouges, fendues en quatre lobes fanés, obtuses par les feuilles qui sont en forme d'alêne, raboteuses, imbriquées sans être linéaires, distantes, droites.

Lieu de sa naissance.

Elle croît au Cap de Bonne-Espérance.

CINQUANTE-DEUXIEME ESPECE.

La cinquante-deuxième espèce est la Bruyère à fleurs nues. *Erica nudiflora. Erica antheris muticis, exsertis; corollis cylindricis, stylo exserto, foliis ternis, ramis tomentosis. Linn. Syst. Veg. edit. XIII. Murr.* 306. *Mant.* 229.

Description.

La tige de cette espèce est cotonneuse, déterminément rameuse, flexible. Les feuilles sont ternes, linéaires, lisses; les plus tendres sont ciliées à la base. Les fleurs sont éparses le long des rameaux, nombreuses. Les pédicules sont capillaires, de la longueur de la corolle. Le calice est simple, en forme d'alêne, lisse, le plus petit de tous. La corolle est cylindrique, de la longueur de la feuille, un peu obtuse. Les anthères paroissent en dehors, sont ovales, sans barbe. Le style paroît aussi en dehors, est capillaire. Le stigmate est obtus.

Lieu de sa naissance.

Cette espèce croît au Cap de Bonne-Espérance.

CINQUANTE-TROISIEME ESPECE.

La cinquante-troisième espèce est la Bruyère aromatique. *Erica Bruniades. Erica antheris bifidis, exsertis; corollis globosis, calyce lanato tectis; foliis ternis, subciliatis, patentibus. Linn. Sp. Plant.* 504. *Erica antheris muticis, exsertis; corollis tectis, calyce lanato, stylo exserto, foliis ternis, floribus sparsis. Linn. Syst. Veg. edit. XIII. Murray.* 306. *Erica Promont. Bon. Spei, floribus albidis, staminibus rubris. Pet. Gaz.* 5. *Eriocephalus Bruniades, Ericæformis, Monomotapensis, capitulis globulorum instar, interiùs cavis, & densâ lanugine tectis. Pluk. Mant.* 69. *Frutex Affricanus, aromaticus. Seb. Mus.* 2, *p.* 64.

Description.

Les feuilles sont linéaires, éloignées, ouvertes, parsemées de quelques poils. Les calices sont revêtus d'un duvet blanc, & couvrent toute la corolle qui est tronquée.

Figure.

Cette espèce est représentée dans le *Gazopographia* de Pétiver, pl. 2, fig. 9; dans le *Mantissa* de Plukenet, pl. 347, fig. 9; & dans le *Musæum* de Séba, tom. 2, pl. 63, fig. 7.

Lieu de sa naissance.

Elle croît naturellement dans l'Éthiopie.

CINQUANTE-QUATRIÈME ESPÈCE.

La cinquante-quatrième espèce est la Bruyère imbriquée. *Erica imbricata. Erica antheris muticis, exsertis; corollis campanulatis, calyce imbricatis; stylo exserto, foliis ternis. Linn. Syst. Veg. edit. XIII. Murray.* 305. *Erica antheris bifidis, exsertis; calycibus duplicatis, coloratis, acutis, corollâ longioribus; foliis ternis, levibus. Linn. Sp. Plant.* 503. *Erica quinquangularis. Berg. Cap.* 372.

Description.

Les feuilles sont ternes, lisses. Les fleurs sont latérales, blanches. Les corolles sont couvertes par le calice qui est aussi blanc.

Lieu de sa naissance.

Elle croît naturellement dans l'Éthiopie.

CINQUANTE-CINQUIEME ESPÈCE.

La cinquante-cinquième espèce est la Bruyère ombellée. *Erica umbellata. Erica antheris muticis, exsertis, corollis campanulatis, stylo exserto, foliis ternis, acerosis. Linn. Syst. Veg. edit. XIII. Murray.* 306. *Erica antheris bicornibus, exsertis; corollis globosis, umbellatis; foliis ternis, acerosis, glabris. Linn. Sp. Plant.* 501. *Erica foliis acerosis, glabris, ternis; corollis ovatis, staminibus brevioribus, terminalibus. Loefl. It.* 138.

Description.

Ce petit arbrisseau a le port de la Bruyère commune. Ses feuilles sont ternes, semblables à celles d'Erabe, courtes, glabres, rayées en dessous de blanc. Les petites ombelles sont nues, sans enveloppe. Le calice est composé. Les anthères sont à peine bossues à la base. La corolle est d'un bleu pâle, anguleuse.

Lieu de sa naissance.

Il croît naturellement en Portugal.

CINQUANTE-SIXIEME ESPÈCE.

La cinquante-sixième espèce est la Bruyère pourpre. *Erica purpurascens. Erica antheris muticis, exsertis; corollis campanulatis, stylo exserto, foliis quaternis, floribus sparsis. Linn. Syst. Veg. edit. XIII. Murray.* 503. *Erica foliis in summitate quinis, caule procumbente. Linn. Sp. Plant.* 503. *Seg. Veron.* 280. *Erica procumbens, dilectè purpurea. Bauh. Pin.* 486. *Raj. Hist.* 1715. *Erica foliis Corios, flore purpureo dilutioris coloris. Bauh. Hist.* 1, *p.* 358. *Erica Coris folio. VII. Clus. Hist.* 1, *p.* 43.

Description.

Le calice est en forme d'alêne. Les corolles sont cylindriques. Les anthères sont profondément fendues en deux. Les feuilles sont trois à trois ou quatre à quatre, & même au haut des petits rameaux cinq à cinq, ainsi que l'a observé Seguier.

Lieu de sa naissance.

Cette espèce croît dans la partie méridionale de l'Europe.

CINQUANTE-SEPTIEME ESPECE.

La cinquante-septième espèce est la Bruyère errante. *Erica vagans. Erica antheris muticis, exsertis; corollis campanulatis, stylo exserto, foliis quaternis, floribus solitariis. Linn. Syst. Veg. edit. XIII. Murray.* 306. *Mantiss.* 230.

Description.

La tige est en arbrisseau, un peu raboteuse. Les derniers rameaux sont blancs, écartés. Les feuilles sont quatre à quatre, le plus rarement cinq à cinq, linéaires, un peu obtuses, un peu lisses ou raboteuses, convexes en dessous & cannelées, un peu courtes, serrées. Les fleurs sont aux côtés des petits rameaux, éparses, pédunculées, solitaires. Le calice est coloré, droit, concave, très-court. La corolle est campanulée, obtuse. Les anthères sont à queues, sorties en dehors, partagées en deux. Le style paroît aussi en dehors. Le stigmate est simple.

Observation.

Cette espèce est semblable à la Bruyère herbacée, qui a des petits rameaux lisses, des feuilles aiguës, des corolles ovales, un peu aiguës, des calices qui s'ouvrent, de la longueur de la demi-corolle, des anthères linéaires, aiguës, deux fois plus longues, sans être bossues par la base.

Lieu de sa naissance.

Elle croît naturellement en Afrique. On en voit aux environs de Toulouse.

CINQUANTE-HUITIEME ESPECE.

La cinquante-huitième espèce est la Bruyère herbacée. *Erica herbacea. Erica antheris muticis, exsertis; corollis oblongis, stylo exserto, foliis quaternis, floribus secundis. Linn. Syst. Veg. edit. XIII. Murr.* 306. *Erica antheris bicornibus, inclusis; corollis campanulatis, mediocribus, secundis; foliis ternis, triquetris, patulis. Linn. Sp. Plant.* 501. *Erica procumbens, herbacea. Bauh. Pin.* 486. *Erica Coris folio.* 8. *Clus. Hist.* 1, *p.* 44.

Description.

Cette plante fleurit en hiver. Ses feuilles sont quatre à quatre. Ses fleurs sont secondes. Ses corolles sont oblongues. Ses anthères sont sans barbe, & paroissent en dehors, de même que son style. Elle a les tiges couchées.

Variété.

M. Murray donne pour variété de cette espèce la Bruyère couleur de chair. *Erica carnea. Erica antheris simplicibus, exsertis; corollis ovatis, sublongioribus; foliis quaternis, triangularibus, patentibus, glabris. Linn. Sp. Plant.* 504. *Erica procumbens, ternis foliis, carnea. Bauh. Pin.* 486. *Erica Coris folio. IX. Clus. Hist.* 1, *p.* 44.

Figure.

Cette variété fleurit au printemps, & est représentée dans le *Flora Austriaca* de Jacquin, pl. 32.

Lieu de sa naissance.

L'espèce principale croît dans la partie méridionale de l'Europe; la variété dans les endroits sablonneux de la Hongrie, de la Suisse, aux environs de Trente & de Balde.

CINQUANTE-NEUVIEME

CINQUANTE-NEUVIÈME ESPÈCE.

La cinquante-neuvième espèce est la Bruyère à plusieurs fleurs. *Erica multiflora, Erica antheris muticis, exsertis; corollis cylindricis, stylo exserto, foliis quinis, floribus sparsis. Linn. Syst. Veg. edit. XIII.* 307. *Erica antheris simplicibus, bifidis, exsertis, corollis cylindricis, foliis quinis, patentibus. Linn. Sp. Plant.* 503. *Erica foliis Corios, multiflora. Bauh. Hist.* 1, *p.* 356. *Raj. Angl.* 3, *p.* 471. *Erica maxima, purpurascens, longioribus foliis. Bauh. Pin.* 485. *Erica Juniperifolia, densa, fruticans, Narbonensis. Lob. Hist.* 620. *Garid. Aix.* 160. *Sauv. Monsp.* 46.

Description.

Les feuilles de cette espèce s'ouvrent, sont obtuses, bossues à la base, cinq à cinq. Les fleurs sont éparses; elles ont la corolle cylindrique. Les anthères sont sans barbes; elles paroissent en dehors ainsi que le style.

Figure.

Elle est représentée dans l'Histoire des Plantes de la Provence, par Garidel, pl. 32.

Lieu de sa naissance.

Elle croît naturellement en Angleterre, au Levant, aux environs de Narbonne.

SOIXANTIEME ESPECE.

La soixantième espèce est la Bruyère de la Méditerranée. *Erica Mediterranea. Erica antheris muticis, exsertis; corollis ovatis, stylo exserto, foliis quaternis, patentibus; floribus sparsis. Linn. Syst. Veg. edit. XIII. Murray.* 307. *Mant.* 229. *Erica maxima, purpurascens, longioribus foliis. Bauh. Pin.* 485. *Erica foliis Corios, quaternis; flore purpurascente. Bauh. Hist.* 1, *p.* 356. *Erica Coris folio.* 11. *Clus. Hist.* 1, *p.* 42.

Description.

La tige de cette espèce est à rameaux blanchâtres, anguleux. Les feuilles sont quaternes, lisses, s'ouvrantes, plus rarement cinq à cinq. Les fleurs sont latérales, éparses. Le calice est simple, coloré, lancéolé, aigu, de moitié plus court que la corolle: celle-ci est ovale. Les anthères paroissent en dehors, sont sans barbe. Le style paroît aussi, est deux fois plus long que la corolle. Le stigmate est très simple.

Lieu de sa naissance.

Cette plante croît naturellement sur les montagnes d'Autriche.

Culture.

Les Bruyères du Cap & de l'Éthiopie demandent pendant l'hiver l'orangerie.

ERIGERON, *l'Herbe de M. de Beaufort.*

NOMS GÉNÉRIQUES.

Ce genre de plante est connu sous les noms d'*Amellus. Colum. Ecphr. Coniza. Moris. Conyzella Dill. Erigeron. Linn. Conizoides. Dill.*

Description générique.

Le caractère de ce genre est d'avoir le calice commun oblong, cylindrique, imbriqué, à écailles, en forme d'alène, droites, plus longues, par degrés, égales. La corolle composée est radiée. Les petites corolles sont hermaphrodites, tubuleuses, dans le disque. Les femelles sont en forme de langue dans le rayon. La corolle propre de l'hermaphrodite est en forme d'entonnoir. Le lymbe est fendu en cinq. Celle de la femelle est en forme de langue, linéaire, en forme d'alène, droite, le plus souvent très-entière. Dans les hermaphrodites, les filamens des étamines sont au nombre de cinq, capillaires, très courts. L'anthère est cylindrique, tubuleuse. Le germe du pistil est petit, couronné d'une aigrette plus longue que la petite corolle. Le style est filiforme, de la longueur de l'aigrette. Les stigmates sont au nombre de deux, très-menus. Il n'y a point de péricarpe. Le calice est connivent. Dans les hermaphrodites comme dans les femelles, les semences sont oblongues, petites. L'aigrette est longue. Le réceptacle est nud, plane.

Observation.

Dillen a observé que les fleurons intérieurs ou intermédiaires du disque étoient le plus souvent mâles. Il s'en trouve une espèce à fleurons femelles nuds.

CLASSE.

Ce genre fait partie de la douzième classe de Tournefort, qui comprend les plantes à fleurs flosculeuses, & de la dix-neuvième de Linnæus destinée aux plantes syngénésiques polygamiques. Cet Auteur en admet dix-huit espèces.

PREMIERE ESPECE.

La première espèce est l'Herbe de M. Beaufort visqueuse. *Erigeron viscosum. Erigeron pedunculis unifloris, lateralibus; foliis lanceolatis, denticulatis, basi reflexis; calycibus squarrosis, corollis radiatis. Linn. Sp. Plant.* 1209. *Hort. Ups.* 258. *Gron. Orient.* 267. *Gouan. Monsp.* 437. *Aster foliis serratis, pedunculis, simplicibus, lateralibus, unifloris, longitudine folii, foliosis. Hort. Cliff.* 409. *Conyza major. Dod. Pempt.* 51. *Clus. Hist.* 2, *p.* 20. *Virga aurea major, foliis glutinosis, graveolentibus. Tourn. Inst.* 560. *Vaill. Act.* 579.

Description.

La tige de cette espèce est droite, serrée. Les feuilles sont amplexicaules, grosses, hérissées, parsemées de poils, ayant des glandes visqueuses, d'une odeur forte, réfléchies à la base. Les péduncules sont latéraux, à peine plus longs que les feuilles, à deux feuilles & à une fleur.

Figure.

Elle est représentée dans notre Traité Historique des Plantes de la Lorraine.

Lieu de sa naissance.

Elle croît naturellement en Espagne, en Italie, aux environs de Narbonne, le long des haies & des chemins.

Culture.

Sa racine est vivace. Ses fleurs ont une odeur

agréable ; elles paroissent en Juillet. Les semences mûrissent en automne. On la multiplie par graines qu'on sème en automne ; elle réussit pour lors beaucoup mieux que si on la semoit au printemps. Quand les jeunes plantes paroissent, on les éclaircit, si elles sont trop épaisses, & on les débarrasse des mauvaises herbes jusqu'en automne. On les transplante pour lors à demeure. Elles aiment un terrein sec & une bonne exposition. Ces plantes fleurissent la seconde année, & donnent des semences qui mûrissent ; mais les racines durent plusieurs années, & produisent annuellement des fleurs & des semences.

Propriétés d'ornement.

Cette plante pourroit occuper une place dans les parterres ; elle y fleuriroit précisément dans un temps où la plupart des fleurs sont passées.

SECONDE ESPÈCE.

La seconde espèce est l'Herbe de M. Beaufort à odeur forte. *Erigeron graveolens. Erigeron ramis lateralibus, multifloris ; foliis lanceolatis, integerrimis ; calycibus squarrosis. Linn. Sp. Plant.* 1210. *Amœn. Acad.* 4, *p.* 290. *Gouan. Monsp.* 437. *Virga aurea minor, foliis glutinosis & graveolentibus. Tourn. Inst. Rei Herb.* 484. *Conyza major Theophrasti, minor Dioscoridis. Bauh. Pin.* 261. *Conyza minor vera. Lob.* 346. *Barr.* 370.

Description.

Les tiges de cette espèce sont droites, pourpres. Les rameaux sont inférieurement alternes, simples. Les feuilles sont sessiles, lancéolées, très-entières, un peu raboteuses, parsemées de poils très-petits, visqueux au sommet, d'une odeur forte. Les péduncules sont supérieurement latéraux, solitaires, parsemés de folioles plus longues que les fleurs, ne supportant qu'une fleur. Le calice est oblong, à folioles ouvertes, droites avant la fleuraison, pourpres au sommet. La corolle est jaune, petite, à rayon menu, droit.

Figure.

Elle est représentée dans Lobel, pl. 346 ; & dans Barrelier, pl. 370.

Lieu de sa naissance.

Elle est annuelle, & croît au Levant, aux environs de Montpellier.

Culture.

Elle fleurit en Juillet. Ses semences mûrissent très-bien aux environs de Paris, pourvu que l'été soit chaud. On peut la multiplier en coupant la tige en plusieurs parties de longueur convenable. On les plante dans une platebande ombragée, & on les arrose convenablement : elles prennent racine. L'automne suivant on les transplante pour les placer à demeure dans les platebandes des jardins à fleurs.

Propriétés d'ornement.

Elle mérite une place honorable dans nos parterres.

TROISIEME ESPECE.

La troisième espèce est l'Erigeron glutineux. *Erigeron glutinosum. Erigeron foliis lanceolato-linearibus, piloso-rigidis ; pedunculis unifloris. Linn. Syst. Veg. edit. XIII. Murray.* 628. *Mant.* 112. *Ger. Prov.* 205. *Conyza montana, foliis glutinosis, pilosis. Bauh. Pin.* 265. *Raj. Hist.* 265. *Conyza montana, saxatilis ; Hyssopi folio villoso & glutinoso, Hispanica. Bar. Ic.* 158. *Conyza montana, Emyconis. Delch. Hist.* 1200.

Description.

Les péduncules sont alternes, à une fleur, en petit nombre. Les feuilles sont lancéolées, linéaires, très-entières, poileuses, visqueuses, semblables à celles de l'Hysope.

Figure.

Cette espèce est représentée dans Barrelier, pl. 158.

Lieu de sa naissance.

Elle croît naturellement sur les endroits montueux maritimes de l'Espagne, & dans nos Provinces méridionales. Elle est vivace.

QUATRIEME ESPECE.

La quatrième espèce est l'Erigeron de Sicile. *Erigeron Siculum. Erigeron calycinis squammis inferioribus, laxis, florem superantibus. Linn. Sp. Pl.* 1210. *Hort. Cliff.* 407. *Gouan. Monsp.* 438. *Conyza Sicula, annua, foliis atro-virentibus, caule rubente. Bocc. Sic.* 62. *Moris. Hist.* 3, *p.* 115, *sect.* 7, *Pluk. Phytog.* 168. *Conyza caulibus rubentibus, tenuioribus ; flore luteo, nudo. Magn. Monsp.* 77. *Conyzæ species foliis virgæ aureæ. Bauh. Hist.* 2, *p.* 1039.

Description.

Les tiges sont rougeâtres. Les fleurs de cette espèce sont sans rayon, plus petites. Les péduncules sont couverts de feuilles linéaires, recourbées, menues. Au surplus, cette espèce est très-semblable à la seconde excepté tout le rayon.

Figure.

Elle est représentée dans les Plantes de Sicile par Boccone, pl. 31, fig. 4 ; dans l'Histoire des Plantes par Morison, tome 3, sect. 7, pl. 29, fig. 28 ; dans le *Phytographia* de Plukenet, pl. 168, fig. 2 ; & dans le *Botanicon Monspeliense* de Magnol, pl. 76.

Lieu de sa naissance.

Elle croît naturellement dans les marais, dans la Sicile, aux environs de Montpellier. Elle est annuelle.

CINQUIÈME ESPECE.

La cinquième espèce est l'Erigeron de la Caroline. *Erigeron Carolinianum. Erigeron caule paniculato, floribus subsolitariis, terminalibus ; foliis linearibus, integerrimis. Linn. Sp. Plant.* 1210. *Virga aurea Carolinensis, Linariæ Monspessulanæ foliis. Dill. Elth.* 412.

Description.

La tige de cette espèce est paniculée. Les feuilles sont linéaires, très-entières, semblables à celles de la Linaire de Montpellier. Les fleurs sont solitaires, terminales.

Figure.

Cette espèce est représentée dans le *Dillenii Hort. Elth.* pl. 306, fig. 393.

Lieu de sa naissance.

Elle croît naturellement dans la Caroline.

SIXIÈME ESPÈCE.

La sixième espèce est l'Erigeron du Canada. *Erigeron Canadense. Erigeron caule floribusque paniculatis, hirtis; foliis lanceolatis, ciliatis. Linn. Syst. Veg. edit. XIII. Murray.* 628. *Erigeron caule floribusque paniculatis. Hort. Cliff.* 407. *Hort. Upf.* 258. *Gron. Virg.* 122. *Gort. Flor. Gelr.* 475. *Conyza annua, acris, alba, elatior, Linariæ foliis. Moris. Hist.* 3, *p.* 115, *sect.* 7. *Bocc. Sicil.* 85. *Virga aurea Virginiana, hirsuta; flore pallido. Zanon. Hist.* 1, *p.* 204.

Description.

Toute cette plante est odorante. Sa tige est garnie de plusieurs feuilles étroites, longues. Sa fleur est très-petite, d'un jaune clair, à peine visible, tantôt rayonnée, tantôt nue, à un petit nombre de petites barbes à peine visibles.

Figure.

Elle est représentée dans l'Histoire des Plantes par Morison, tom. 3, sect. 7, pl. 20, fig. 29; dans les Plantes de Sicile par Boccone, pl. 46; & dans l'Histoire des Plantes par Zanoni, pl. 78.

Lieu de sa naissance.

Elle est annuelle, & croît naturellement au Canada, dans la Virginie. Elle s'est naturalisée dans la partie méridionale de l'Europe.

SEPTIEME ESPECE.

La septième espèce est l'Erigeron de Bonaire. *Erigeron Bonariense. Erigeron foliis basi revolutis. Linn. Sp. Plant.* 1211. *Erigeron foliis inferioribus, dentato laciniatis, superioribus, integris. Hort. Cliff.* 407. *Hort. Upf.* 258. *Senecio Bonariensis, purpurascens, foliis imis Coronopi. Dill. Hort. Elth.* 344.

Description.

Cette espèce ne se multiplie que trop. Sa tige est pourpre. Ses feuilles d'en bas sont découpées profondément, semblables à celles de la Corne-de-Cerf. Les supérieures sont entières. Les fleurs sont jaunes.

Figure.

Elle est représentée dans le *Dillenii Hort. Elth.* pl. 257, fig. 334.

Lieu de sa naissance.

Elle est annuelle, & croît dans la partie méridionale de l'Europe.

HUITIÈME ESPÈCE.

La huitième espèce est l'Erigeron de la Jamaïque. *Erigeron Jamaïcense. Erigeron caule paucifloro, subvilloso; foliis cuneiformi-lanceolatis; superioribus utrinque dentatus. Linn. Sp. Plant.* 1210. *Amœn. Acad.* 5, *p.* 406. *Senecio tomentosus, foliis oblongo-ovatis, levissimè denticulatis; petiolis brevibus. Brow. Jam.* 320. *Senecio minor Bellidis majoris folio. Sloan. Jam.* 125. *Hist.* 1, *p.* 260.

Description.

Cette espèce est vivace. Ses feuilles radicales sont presque semblables à celles de la Pasquerette, lancéolées, en forme de coing, à pétioles plus longs, raboteuses de chaque coté, à deux dentelures supérieurement de chaque côté. La tige est de la hauteur du doigt, filiforme, poileuse. Les feuilles caulinaires sont aux environs de trois, semblables aux radicales; celle d'en haut est la plus étroite, très-entière. Les fleurs sont de la grandeur de l'Erigeron du Canada, au nombre de deux ou trois, terminales, pédunculées.

Figure.

Cette espèce est représentée dans l'Histoire de la Jamaïque par Sloane, tom. 1, pl. 152, fig. 2.

Lieu de sa naissance.

Elle croît naturellement dans la Jamaïque.

NEUVIÈME ESPECE.

La neuvième espèce est l'Erigeron de Philadelphie. *Erigeron Philadelphicum. Erigeron caule multifloro, foliis lanceolatis, subserratis; caulinis semiamplexicaulibus; flosculis radii capillaceis, longitudine disci. Linn. Syst. Veg. edit. XIII. Murray.* 628. *Sp. Plant.* 1211. *Gouan. Monsp.* 437.

Description.

Sa tige est haute d'un pied, un peu rameuse. Ses feuilles sont lancéolées, raboteuses, à une ou deux dents aiguës, en forme de scie. Les caulinaires sont à demi amplexicaules, plus courtes. Les fleurs sont souvent depuis sept jusqu'à huit, à rayons blancs ou pourpres, à aigrette blanche.

Lieu de sa naissance.

Elle croît naturellement au Canada. Elle est vivace.

DIXIÈME ESPÈCE.

La dixième espèce est l'Erigeron d'Egypte. *Erigeron Ægyptiacum. Erigeron foliis semiamplexicaulibus, spatulatis, dentatis; floribus globosis. Linn. Syst. Veg. edit. XIII. Murr.* 628. *Mant.* 112, 517. *Conyza capitata seu globosa. Bocc. Icon.* 13. *Moris. Hist.* 3, *p.* 114, *sect.* 7. *Jacobæa Ægyptiaca, folio glauco, Coronopi. Boerrh.*

Description.

Sa tige est simple, cendrée. Ses feuilles sont rayées. Ses fleurs sont paniculées. Le calice est à écailles poileuses, ouvertes par le sommet. Les fleurons femelles sont très courts; sans lymbe. Le style est fendu en deux, jaune, capillaire.

Figure.

Cette espèce est représentée dans l'Histoire des Plantes par Morison, tome 3, sect. 7, pl. 20; fig. 14.

Lieu de sa naissance.

Elle est annuelle, & croît naturellement en Sicile, en Egypte.

ONZIÈME ESPÈCE.

L'onzième espèce est l'Erigeron de Gouan. *Erigeron Gouani. Erigeron floribus congestis, calycibus scariosis ; foliis lanceolatis, subdentatis, margine scabris. Linn. Syst. Veg. edit. XIII. Murr.* 628.

Description.

La tige de cette espèce est droite, cylindrique, haute d'un pied, simple, à quelques poils droits. La racine est mordue. Les feuilles sont alternes, semiamplexicaules, en forme de spatule, lisses, à quelques dents, en forme de scie, un peu aiguës, à bords & à carêne ciliés. Les fleurs sont paniculées. Le calice est rond, imbriqué, à écailles lancéolées, nues, convexes, serrées, raboteuses au bord, un peu obtuses. Les petites corolles femelles sont sans pétales, plus nombreuses que les hermaphrodites. Le stigmate est fendu en deux, oblong.

DOUZIÈME ESPECE.

La douzième espèce est l'Erigeron âcre. *Erigeron acre. Erigeron pedunculis alternis, unifloris. Linn. Sp. Plant.* 1211. *Hort. Cliff.* 407. *Flor. Suec.* 691, 741. *Roy. Lugdb.* 165. *Erigeron vulgare. Flor. Lapp.* 308. *Conyza cærulea, acris, Bauh. Pin.* 265. *Amellus montanus Æquicolorum. Col. Ecphr.* 2, *p.* 25. *Conyzoïdes. Dill. Giss.* 154. *Gen.* 142. *Senecio integrifolia, purpurascens, acris. Dill. Elth.* 344. *Erigeron sive Senecio cæruleus, aliis Conyza cærulea. Bauh. Hist.* 2, *p.* 143. *Aster arvensis, cæruleus, acris. Tourn. Inst.* 481. *Vaill. Act.* 1720, *p.* 399. *Pont. Diss.* 227.

Description.

Les péduncules de cette espèce sont alternes, à une fleur. Les feuilles sont entières, âcres. Les fleurs sont bleues, & le plus souvent blanches.

Figure.

Cette espèce est représentée dans l'Histoire des Plantes par Morison, tom. 3, sect. 7, pl. 20, fig. 25 ; & dans le *Column. Ecphr.* tom. 2, pl. 26.

Lieu de sa naissance.

Elle croît naturellement par toute l'Europe, dans les endroits montueux, stériles & sablonneux.

TREIZIEME ESPECE.

La treizième espèce est l'Erigeron des Alpes. *Erigeron Alpinum. Erigeron caule subbifloro, calyce subhirsuto, foliis obtusis, subtùs villosis. Linn. Sp. Plant.* 1211. *Erigeron squammis, calycinis planis ; foliis obtusis, subtùs villosis. Ger. Prov.* 202. *Conyza cærulea, Alpina, major. Bauh. Pin.* 265. *Prodr.* 124. *Burs. XV.* 33. *Aster montano purpureo similis, sive Globulariæ. Bauh. Hist.* 2, *p.* 107.

Description.

La tige est à une fleur. Le calice est hérissé. La corolle est bleue. L'aigrette est d'un roux ferrugineux. Cette plante ressemble trop à la suivante, pour ne pas la regarder comme une variété.

Observation.

Elle varie au-delà des Alpes par sa tige paniculée, & par son calice glabre.

Figure.

Elle est représentée dans le *Flora Danica*, pl. 292.

Lieu de sa naissance.

Elle croît naturellement sur les montagnes des Alpes.

Culture.

On peut la multiplier par semence ; mais il lui faut une exposition ombragée & un terrein humide.

QUATORZIÈME ESPÈCE

La quatorzième espèce est l'Erigeron à une fleur. *Erigeron uniflorum. Erigeron caule unifloro, calyce piloso. Linn. Sp. Plant.* 1211. *Hort. Cliff.* 407. *Flor. Suec.* 692. 742. *Aster caule unifloro, calyce tomentoso. Hall. Helv. edit.* 1. 724. *Conyza cærulea, Alpina, minor. Bauh. Pin.* 265. *Prodr.* 124. *Burs. XV.* 34. *Aster montano purpureo similis, vel Globulariæ ; calyce villoso. Scheuchz. It. IV, p.* 329. *Aster montanus, cæruleus, omnium minimus. Raj. Hist. Oxon. III. p.* 120, *&c.*

Description.

La tige de cette espèce a à peine trois pouces. La fleur est grande, grosse, à écailles couvertes d'un duvet blanc, lancéolées, plus larges. Tous les demi-fleurons sont en langue, & il n'y en a aucun d'imparfait. Les fleurons sont jaunes, étroits.

Figure.

Cette espèce est représentée dans le *Flora Lapponica*, pl. 9, fig. 3.

Lieu de sa naissance.

Elle croît sur les Alpes les plus élevées.

QUINZIÈME ESPÈCE.

La quinzième espèce est l'Erigeron graminé. *Erigeron gramineum. Erigeron caule unifloro, foliis linearibus, ciliatis, scabris. Linn. Sp. Plant.* 1212. *Aster caule unifloro, longitudine foliorum linearium. Gmel. Sib.* 2, *p.* 174. *Aster acaulos, albus, foliis gramineis. Amm. Ruth.* 215.

Description.

Cettte plante est très-petite, garnie de feuilles fanées, arides, linéaires, ciliées. La tige ne porte qu'une fleur.

Figure.

Elle est représentée dans le *Flor. Sibir.* de Gmelin, tom. 2, pl. 76, fig. 2.

Lieu de sa naissance.

Elle est vivace, & croît naturellement dans la Sibérie.

SEIZIEME ESPECE.

La seizième espèce est l'Erigeron camphré, *Erigeron*

Erigeron camphoratum. Erigeron foliis lanceolato-ovatis, villosis ; serraturis apice cartilagineis. Linn. Sp. Plant. 1212. *Hort. Upf.* 259. *Gron. Virg.* 122. *Baccharis foliis ovato-lanceolatis, serratis ; caule herbaceo. Gron. Virg.* 1, *p.* 97.

Description.

Cette plante a une odeur de camphre. Ses feuilles sont amples, entières, vert-brunes, molles, odorantes. Sa tige est herbacée. Ses fleurs sont couleur de pourpre.

Lieu de sa naissance.

Cette espèce est annuelle, & croît naturellement dans la Virginie.

DIX-SEPTIEME ESPECE.

La dix-septième espèce est l'Erigeron à tubercules. *Erigeron tuberosum. Erigeron foliis linearibus, ramis unifloris, caule suffruticoso. Linn. Sp. Plant.* 1212. *Gron. Ori.* 266. *Gouan. Monsp.* 438. *Erigeron caule subunifloro, foliis lanceolato-linearibus, rigidis ; radice tuberosâ. Sauv. Monsp.* 55. *Erigeron foliis rigidis, caule sublignoso, paucifloro. Ger. Prov.* 205.

Description.

La racine de cette espèce paroît mordue. Sa tige est courte, ligneuse. Ses rameaux sont simples, à une fleur. Ses feuilles sont éparses, lancéolées, sous-pétiolées, très-entières. Les fleurs sont jaunes, terminales, sessiles, & ont le même port que celles de l'Aster. L'aigrette est grise ; elle tient le milieu entre les Asters & les Erigerons.

Variétés.

Il y a trois variétés de cette espèce : la première est connue sous les phrases de *Chondrilla bulbosa, Syriaca ; foliis angustioribus. Bauh. Pin.* 130. *Chondrilla altera Dioscoridis, pectata. Clus. Hist.* 2, *p.* 145. *Conyza marina. Moris. Hist.* 3, *p.* 114, *sect.* 7. La seconde a pour phrases *Chondrilla bulbosa, Syriaca ; foliis latioribus. Bauh. Pin.* 130. *Conyza tuberosa, lutea ; foliis angustis & rigidis. Magn. Monsp.* 77. *Moris. Hist.* 3, *p.* 114, *sect.* 7 ; & la troisième est nommée *Aster Conyzoides Gesneri. Moris. Hist.* 3, *p.* 118, *sect.* 7.

Figure.

Elles sont toutes les trois représentées dans l'Histoire des Plantes par Morison, tom. 3, sect. 7, pl. 19, fig. 20 ; pl. 20, fig. 15, & pl. 22, fig. 7.

Lieu de sa naissance.

Elle croît naturellement en Provence, aux environs de Narbonne, dans la Syrie.

DIX-HUITIÈME ESPÈCE.

La dix-huitième espèce est l'Erigeron puant. *Erigeron fœtidum. Erigeron foliis lanceolato-linearibus, retusis ; floribus corymbosis. Linn. Sp. Plant.* 1213. *Pseudo-elichrysum frutescens, Africanum ; retusis foliis, viridibus ; flore luteo, nudo. Moris. Hist.* 3, *p.* 90, *n.* 1. *Senecio Affricanus, folio retuso. Mill. Dict. Senecio fœtidus, Affricanus, perennis ; foliis confertim nascentibus. Pluk. Alm.* 343. *Conyza Affricana, Senecionis flore, retusis foliis. Herm. Lugdb.* 661.

Description.

Cette espèce approche beaucoup de l'*Inula* puant : voyez art. *Inula* ; mais ses fleurs sont à fleurons, ou destituées de rayons ; elles sont disposées en bouquet. Ses feuilles sont lancéolées, linéaires, émoussées.

Figure.

Elle est représentée dans le Dictionnaire de Miller, pl. 233 ; dans l'*Almag.* de Plukenet, pl. 223, fig. 4 ; & dans l'*Hermanni Hort. Lugdb.* pl. 662.

Lieu de sa naissance.

Elle croît naturellement en Afrique. Elle est vivace.

Culture.

Elle fleurit en automne, & continue plus de deux mois à rester en fleur. Elle est trop délicate pour résister en plein air dans la France ; c'est pourquoi on la met en pots. Si on la place en hiver sous un abri ordinaire où elle puisse seulement être garantie de la gelée, & avoir de l'air, lorsqu'il fait doux, elle réussit beaucoup mieux qu'en la traitant plus délicatement On la multiplie ordinairement par boutures que l'on fait en Mai ; elles prennent bien vîte racine, & les jeunes plantes qui en proviennent, fleurissent l'automne suivant.

Propriétés d'ornement.

Cette espèce mérite d'être cultivée, tant par rapport à sa fleur que par la durée de sa fleuraison. La plupart des autres espèces méritent aussi d'occuper une place dans nos parterres.

ERINUS, *l'Agerate.*

NOMS GÉNÉRIQUES.

Ce genre de plante est connu sous les noms d'*Erinus. Linn. Ageraton. Tourn.*

Description générique.

Le caractère de ce genre est d'avoir le périanthe du calice à cinq folioles lancéolées, droites, égales, persistantes. La corolle est monopétale, inégale. Le tube est ovale, cylindrique, de la longueur du calice, réfléchi. Le lymbe est plane, partagé en cinq lobes égaux, en forme de cœur. Les filamens des étamines sont au nombre de quatre, très-courts, entre le tube de la corolle, dont deux opposés un peu plus longs. Les anthères sont petites. Le germe du pistil est ovale. Le style est très-court. Le stigmate est en tête. Le péricarpe est une capsule ovale, enveloppée du calice, à deux loges, s'ouvrante de deux côtés. Les semences sont nombreuses, petites.

CLASSE.

Ce genre fait partie de l'Appendix de Tournefort, & de la quatorzième classe de Linnæus, destinée aux plantes didynamiques angiospermiques. Cet Auteur en admet quatre espèces.

PREMIÈRE ESPÈCE.

La première espèce est l'Agerate des Alpes.

Erinus Alpinus, *Erinus floribus racemosis. Linn. Sp. Plant.* 878. *Erinus. Sauv. Monsp.* 116. *Ageratum serratum*, *Alpinum. Bauh. Pin.* 221. *Ageratum purpureum. Dalech. Hist.* 1184.

Description.

Les feuilles radicales sont ramassées en gazon, toutes linéaires, spatulées, poileuses au sommet, avec quelques dents en forme de scie de chaque côté. Les tiges sont nombreuses, très-simples, hautes d'un palme, cylindriques, poileuses, droites, à feuilles alternes, éloignées. Les tiges latérales sont stériles, couchées. La grappe est terminale, simple, droite, de la longueur de la tige. Les fleurs sont alternes, distinctes par des feuilles semblables, plus petites. Le calice est campanulé, partagé en cinq, persistant, à lobes oblongs, droits. La corolle est en forme d'entonnoir. Le tube est réfléchi. Le lymbe est égal, ayant les lobes en forme de cœur, oblongs, égaux. Les étamines sont au nombre de quatre entre le tube. Le germe est rond. Le style est très-court. Le stigmate est en tête, à deux oreillettes rondes, opposées.

Variété.

Linnæus donne pour variété de cette espèce la plante connue sous le nom d'*Ageratum minus*, *saxatile*, *flore albo. Barr. Rar.* 23.

Figure.

Cette variété est représentée dans les Plantes du P. Barrelier, pl. 1192.

Lieu de sa naissance.

Elle croît naturellement sur les montagnes des Pyrénées, de la Suisse, & aux environs de Montpellier. Elle est vivace.

Culture.

C'est une plante très-basse qui fleurit en Mai, & donne quelquefois des semences mûres en Juillet. On la multiplie par ses racines qu'on partage. Le temps le plus propre pour cette opération est l'automne. Il lui faut une exposition ombragée & un terrein argilleux & maigre ; car dans les terreins gras elle est sujette à se pourrir.

SECONDE ESPECE.

La seconde espèce est l'Agerate d'Afrique. *Erinus Affricanus. Erinus floribus lateralibus*, *sessilibus*; *foliis lanceolatis*, *subdentatis. Linn. Sp. Plant.* 878. *Buchnera foliis obtusis serratis. Hort. Cliff.* 501. *Roy. Lugdb.* 300. *Lychnidea villosa*, *foliis ex alis floriferis*; *florum petalis cordatis. Burm. Affric.* 139. *Euphrasia Æthiopica*, *Drabæ foliis*, *summis oris flosculorum altiùs divisis. Pluk. Mant.* 73. *Raj. Sup.* 401.

Description.

Cette espèce est basse, haute d'environ un pied. Sa racine est ligneuse, garnie de petites fibres menues & simples. Ses rameaux s'élèvent de terre en nombre ; ils sont simples, ligneux, environnés de poils de chaque côté. Toute la plante est pareillement velue : ils sont garnis de feuilles alternes, oblongues, sensiblement plus larges & obtuses, crénelées vers les bords. Des aisselles des feuilles sur les plus grands rameaux, sortent d'autres petits semblables au plus grand, qui portent à leurs sommets des fleurs comme en épis. Chaque fleur sort de chaque aisselle des feuilles ; & celles qui tirent leur origine de la base la plus large, qu'on prendroit pour un embryon, sont élevées sur un tube très-étroit, & se divisent en haut en cinq pétales oblongs, découpés profondément en forme de cœur. Il leur succède une capsule oblongue, à deux loges.

Figure.

Cette espèce est représentée dans les Plantes d'Afrique par Burmann, pl. 58, fig. 1.

Lieu de sa naissance.

Elle croît naturellement dans l'Éthiopie.

TROISIEME ESPECE.

La troisième espèce est l'Agérate du Perou. *Erinus Peruvianus. Erinus foliis lanceolato-ovatis*, *serratis. Linn. Sp. Plant.* 879. *Lychnidea Veronicæ folio*, *flore coccineo. Few. Peruv.* 3, *p.* 25.

Description.

La racine de cette espèce a environ deux pouces de longueur sur trois lignes de largeur. Elle se divise, dit le P. Feuillée, dès le collet en deux bras chargés de quelques fibres. La tige s'élève jusqu'à neuf pouces : elle est épaisse environ de deux lignes, droite, parsemée d'un petit velu blanchâtre, qui rend sa couleur d'un vert blanchâtre. Les feuilles naissent deux à deux, opposées le long de la tige ; elles ont quinze lignes de longueur sur cinq lignes de largeur, terminées en pointes, dentelées dans leur contour, traversées dans leur longueur d'une côte arrondie au-dessous & sillonnée en dessus. Cette côte donne de chaque côté des nervures, qui s'étendent jusqu'à l'angle rentrant de la dentelure du contour des feuilles. Ces nervures sont subdivisées en plusieurs autres plus petites qui s'étendent sur le plan des feuilles, qui est parsemé d'un petit velu blanc, ce qui représente les feuilles d'un vert blanchâtre. Les fleurs qui forment un bouquet à l'extrémité de la tige sont des rosettes d'un beau rouge de sang, à quatre quartiers, chacun desquels a un angle rentrant dans le milieu de sa partie supérieure. Au centre de cette rosette il y a un trou par où cette fleur reçoit le pistil qui s'élève du milieu d'un calice long de six lignes sur une ligne d'épaisseur, découpé en quatre parties, vert, blanchâtre, du centre duquel partent quatre étamines blanches, à sommets jaunes. Lorsque la fleur est passée, ce pistil devient un fruit un peu oblong, qui renferme plusieurs petites graines.

Figure.

Cette espèce est représentée dans l'Histoire des Plantes médicinales du Pérou par Feuillée, pl. 25, fig. 3.

Lieu de sa naissance.

Elle croît naturellement au Cap de Bonne-Espérance, au Pérou. Le P. Feuillée en a trouvé dans les campagnes qui sont sur le bord septentrional de la rivière de *la Plata* dans le Paraguay.

QUATRIEME ESPECE.

La quatrième espèce est l'Agerate laciniée. *Erinus*

laciniatus. Erinus foliis laciniatis. Linn. Sp. Plant. 879. *Lychnidea Verbenæ tenuifoliæ folio. Few. Peruv.* 3, *p.* 35.

Description.

La racine de cette plante se divise dès son collet en plusieurs bras tortus subdivisés en d'autres plus petits, chargés de menues fibres. La tige qui n'a qu'une ligne d'épaisseur, s'élève à la hauteur d'environ un demi-pied; elle est ronde, d'un beau vert, & parsemée d'un petit velu, ainsi que les feuilles qu'elle soutient. Les branches qu'elle pousse sortent des aisselles des feuilles, & s'étendent obliquement sur les côtés. On ne peut guères mieux comparer ses feuilles qu'à celles de la petite Verveine. Les fleurs naissent en manière d'ombelle, à l'extrémité de la tige & des branches; elles sont incarnates; leur partie postérieure est un tuyau long de six lignes sur deux tiers de ligne d'épaisseur. Il s'évase sur le haut en manière de soucoupe, qui a un demi pouce de diamètre: là il se découpe en cinq parties échancrées en cœur, ce qui lui donne la figure de la fleur de Primevère. Son calice est un autre tuyau long de quatre lignes, sur trois quarts de lignes d'épaisseur, fendu en cinq parties sur son bord.

Figure.

Cette espèce est représentée dans les Observations Physiques du P. Feuillée, tom. 3, pl. 25.

Lieu de sa naissance.

Elle se trouve au Pérou. Le P. Feuillée l'a découverte dans les campagnes du Royaume de Chili, à 38 deg. 28 min. de hauteur du pôle austral.

Propriétés médicinales.

La décoction de cette plante provoque aux femmes leurs menstrues. Elles s'en servent encore, lorsqu'après leur accouchement l'arrière-faix demeure dans la matrice.

ERIOCAULON, *la Rondale.*

NOMS GÉNÉRIQUES.

Ce genre de plante est connu sous les noms d'*Eriocaulon. Linn. Globularia. Pluk. Rondalia. Pet.*

Description.

Son caractère est d'avoir le périanthe du calice commun globuleux, applati, imbriqué, à écailles lancéolées, égales, persistantes. La corolle universelle est uniforme, convexe. La propre est à trois pétales lancéolés, obtus, velus au sommet, amincis par la base, & réunis en un pédicule en forme de style, poileux. Les filamens des étamines sont au nombre de trois, capillaires, appuyés sur le germe. Les anthères sont oblongues, tournantes facilement. Le germe du pistil est mince, supérieur sous les étamines. Les styles sont au nombre de trois, capillaires, courts. Les stigmates sont simples. Il n'y a point de péricarpe, sinon le calice changé. Les semences sont solitaires, couronnées par la couronne. Le réceptacle est formé par plusieurs lames de la grandeur & de la figure des écailles du calice, à une fleur.

CLASSE.

Ce genre fait partie de la troisième classe de Linnæus, qui comprend les plantes triandriques trigyniques. Cet Auteur en admet cinq espèces.

PREMIERE ESPECE.

La première espèce est la Rondale triangulaire. *Eriocaulon triangulare. Eriocaulon culmo triangulari, foliis ensiformibus, capitulo ovato. Linn. Sp. Plant.* 128. *Plantaginella aurea, alopecuroïdes, Brasiliana; foliis gramineis. Breyn. Cent. tom.* 50. *Morif. Hist.* 3, *p.* 259.

Description.

La racine de cette plante est petite, garnie d'une infinité de fibres couleur de neige. Toutes ses folioles sont graminées & étroites; mais totalement glabres, radicales, disposées en rond. Il s'élève au milieu une infinité de tiges très-minces, ou même plus courtes, à l'extrémité desquelles sont des globules un peu longs, formés de poils très-doux, de couleur d'ochre, entre lesquels brillent des fleurons jaunes, menus, très-jolis, qu'on prendroit pour des petits points dorés, ce qui est très-agréable.

Figure.

Cette espèce est représentée dans le *Breynii Cent*, pl. 50; & dans l'Histoire des Plantes par Morison, tome 3, sect. 8, pl. 16, fig. 17.

Lieu de sa naissance.

Elle croît naturellement au Brésil.

SECONDE ESPECE.

La seconde espèce est la Rondale à cinq angles. *Eriocaulon quinquangulare. Eriocaulon culmo quinquangulari, foliis ensiformibus, calyce universali, pentaphyllo. Linn. Sp. Plant.* 129. *Flor. Zeyl.* 48. *Scabiosa graminea, nudicaulis, capitulis argenteis, seu statice minima, Maderaspatana. Pluk. Alm.* 366.

Description.

La tige de cette espèce est à cinq angles, nue. Ses feuilles sont en forme d'épée. Ses fleurs ont le calice universel à cinq feuilles, & sont disposées en petite tête de couleur blanche.

Figure.

Cette espèce est représentée dans l'*Almag.* de Plukenet, pl. 22, fig. 7.

Lieu de sa naissance.

Elle est vivace, & croît naturellement dans l'Inde.

TROISIEME ESPECE.

La troisième espèce est la Rondale à six angles. *Eriocaulon sexangulare. Eriocaulon culmo sexangulari, foliis ensiformibus. Linn. Sp. Plant.* 129. *Flor. Zeyl.* 49. *Gramen junceum, Indiæ orientalis, minus; capitulo rotundo, ex paleaceis spiculis in cacumine caulis glomerato. Pluk. Mant.* 48. *Gramen junceum, Chamæmeli capitulis aphyllis albis. Burm. Zeyl.* 108. *Kokmatia minor. Mus. Zeyl. p.* 20.

Description.

La tige ou chalumeau est à six angles. Les feuilles sont en forme d'épée. Les folioles qui renferment la petite tête des fleurs au lieu du calice universel, sont orbiculées sans être étroites.

Lieu de sa naissance.

Elle croît naturellement dans l'Inde Orientale.

QUATRIEME ESPECE.

La quatrième espèce est la Rondale soyeuse. *Eriocaulon setaceum. Eriocaulon culmo sexangulari, foliis setaceis. Linn. Sp. Plant.* 139. *Flor. Zeyl.* 50. *Rondalia Malabarica, Capillaceo folio. Petiv. Topic.* 344. *Statice minima Indiæ Orientalis, capillaceis foliis, capitulis argenteis. Amm. Herb.* 396. *Gramen junceum, Chamæmeli capitulis, albis aphyllis, minus. Burm. Zeyl.* 109. *Gramen junceum, foliis capillaceis, sericeis; capitulis minùs rotundis. Burm. Zeyl.* 109. *Tsceru-Kotsyeleti-Pullu. Rhéed. Hort. Malab.* 12, *p.* 129. *Commel. Mal.* 67. *Penda. Herm. Zeyl.* 8.

Description.

Les racines de cette espèce sont dispersées dans les eaux. Les chalumeaux sont à six angles. Une gaîne membraneuse les enveloppe vers la base en forme de spathe. Toutes les feuilles sont totalement soyeuses. Les petites têtes des fleurs sont blanches, sans feuilles, semblables à celles de la Camomille.

Figure.

Elle est représentée dans le *Gazopographia* de Pétiver, pl. 53, fig. 10; & dans *l'Hort. Malab.* tom. 12, pl. 63.

Lieu de sa naissance.

Elle croît naturellement dans l'Inde, à Malabar.

Propriétés médicinales.

Cette plante cuite dans l'huile de noix d'Inde, s'emploie très-efficacement pour guérir la gale.

CINQUIEME ESPECE.

La cinquième espèce est la Rondale à dix angles. *Eriocaulon decangulare. Eriocaulon culmo decangulari, foliis ensiformibus. Linn. Sp. Plant.* 129. *Eriocaulon Neveboracense, capitulo albo, globoso, seu Globularia Americana; staticis haud absimilis, cauliculis lanâ atro-nitente refertis. Pluk. Amalth. t.* 409. *Rondalia Americana, procerior. Pet. Gaz. Globulariæ affinis, aquatica; caule tenui, aphyllo gramineo, capitulis albicantibus, parvis, globosis; foliis paucis, humi stratis, gramineis. Gron. Virg.* 13.

Description.

Les feuilles sont au nombre de deux, en forme d'alêne, planes, cannelées, articulées. Les fleurs sont en tête, ayant des fleurons mâles au disque, & des femelles à la circonférence. Les pétales sont à point noir entre le sommet.

Observation.

Il reste encore à examiner le caractère du genre dans les autres espèces. M. Hope a examiné cette cinquième espèce attentivement. Il faut examiner de même les autres espèces avant d'en corriger le caractère.

Figure.

Cette espèce est représentée dans l'*Amalthæum* de Plukenet, pl. 409, fig. 5; & dans le *Gazopographia* de Pétiver, pl. 6, fig. 2.

Lieu de sa naissance.

Elle croît naturellement dans les marais de l'Amérique septentrionale.

ERIOCEPHALUS, *la Tête-dorée.*

NOMS GÉNÉRIQUES.

Ce genre de plante est connu sous les noms d'*Eriocephalus. Dill. Coma aurea. Boerrh.*

Description générique.

Le caractère de ce genre est d'avoir le calice commun, droit, à dix écailles ovales, égales, conniventes, dont les cinq extérieures sont à carène, les intérieures sont planes. La corolle composée est radiée. Les petites corolles hermaphrodites sont dans le disque, & deux fois plus nombreuses. Les femelles sont au nombre de cinq dans le rayon. La corolle propre de l'hermaphrodite est en forme d'entonnoir, à lymbe fendu en cinq, ouvert; celle du rayon en forme de langue & de cœur, ayant le sommet à trois lobes, égal. Dans les fleurs hermaphrodites, les filamens des étamines sont au nombre de cinq, capillaires, très-courts. L'anthère est cylindrique, tubuleuse. Le germe du pistil est très-petit, nud. Le style est simple. Le stigmate est fendu en deux, aigu. Dans les corolles femelles, le germe est ovale, nud. Le style est simple. Le stigmate est pointu, réfléchi. Le péricarpe est à peine le calice changé. Les fleurs hermaphrodites n'ont point de semences. Celles des fleurs femelles sont solitaires, ovales, nues. Le réceptacle est nud, plane. Le duvet du calice est à deux rangs, & se trouve entre les fleurons hermaphrodites & les fleurons femelles.

Observation.

Le corpuscule applati est attaché par la base à chaque petite écaille du calice.

CLASSE.

Ce genre fait partie de la dix-neuvième classe de Linnæus, qui comprend les plantes syngénésiques polygamiques nécessaires. Cet Auteur en admet deux espèces.

PREMIERE ESPECE.

La première espèce est l'Eriocéphale, ou la Chevelure dorée d'Afrique. *Eriocephalus Africanus. Eriocephalus foliis integris divisisque, floribus subcorymbosis. Linn. Sp. Plant.* 1310. *Hort. Cliff.* 424. *Roy. Lugdb.* 178. *Eriocephalus semper virens, foliis fasciculatis & digitatis. Dill. Hort. Elth.* 132. *Abrotanum Africanum, folio tereti, tridentato. Walth. Hort.* 1. *Coma aurea, Africana, fruticans; foliis glaucis, succulentis, digitatis, odoratis. Boerrh. Lugdb.* 1, *p.* 121. *Abrotanum Africanum, majus; folio crasso, tereti, tridentato. Eichr. Carolsr.*

Description.

Description.

Cette plante eſt ligneuſe : elle vient ordinairement à la hauteur de deux ou trois coudées : elle a pluſieurs rameaux droits, hauts d'un pied & plus longs, ordinairement au nombre de trois vers le bas. Chaque rameau eſt garni de pluſieurs feuilles raſſemblées en faiſceaux, épaiſſes & oblongues, longues à-peu-près d'un pouce, à peine auſſi larges que la tige, cylindriques, planes intérieurement, extérieurement élevées, ſans pédicule, ni ſans être hériſſées ni glabres, toujours vertes, d'une couleur cendrée vert d'eau, d'une odeur & d'une ſaveur aromatiques. Les feuilles qui ſont en bas ou à l'extérieur, ſont plus courtes, & diviſées ordinairement en trois parties. Celles qui occupent le centre ſont plus longues ſans être diviſées. Il arrive cependant quelquefois que les feuilles extérieures ſont entières, les intérieures diviſées en pluſieurs parties. Les fleurs ſont jaunes à l'extrémité des rameaux, ramaſſées en bouquet.

Figure.

Cette eſpèce eſt repréſentée dans le *Dillenii Hort. Elth.* pl. 110, fig. 134; & dans le Jardin de Walther, pl. 1.

Lieu de ſa naiſſance.

Elle croît naturellement dans l'Éthiopie.

Culture.

Elle fleurit en automne ; mais elle ne donne point de ſemence dans nos climats : auſſi la multiplie-t-on par boutures que l'on fait en tout temps, depuis le mois de Mai juſqu'à la mi-Août; car ſi on diffère plus long-temps, elles ne peuvent pas être enracinées pour l'hiver. On les arroſe deux ou trois fois la ſemaine, ſans néanmoins leur donner trop d'eau à la fois, d'autant qu'une trop grande humidité devient nuiſible à ces ſortes de plantes. Lorſque les boutures ſont repriſes, on les habitue inſenſiblement au grand air, afin que les tiges ne filent pas ; enſuite on les met à une expoſition abritée, quoiqu'en plein air, juſqu'en Octobre : on les place pour lors dans une ſerre vitrée, afin qu'elles aient du ſoleil autant qu'il eſt poſſible, & de l'air quand il fait beau. On a ſoin néanmoins de les garantir de la gelée & de l'humidité de l'air, car elles périſſent par l'une ou par l'autre. En hiver on ne les arroſera que très-peu. En été, lorſqu'elles ſont en plein air, on les arroſera plus ſouvent, ſur-tout pendant les chaleurs.

Propriétés d'ornement.

Comme cette plante conſerve toutes ſes feuilles pendant l'hiver, elle fait très-bien variété parmi les plantes exotiques ; d'ailleurs la beauté de ſa fleur doit engager à la cultiver.

SECONDE ESPÈCE.

La ſeconde eſpèce eſt l'Eriocephale en grappe. *Eriocephalus racemoſus. Eriocephalus foliis linearibus, indiviſis ; floribus racemoſis. Linn. Sp. Plant.* 1311. *Amœn. Acad.* 6. *Affric.* 87. *Abrotanum Affricanum, foliis argenteis, anguſtis ; floribus ſpicatis. Raj. Suppl.* 233.

Deſcription.

Cette eſpèce a la figure & le port de l'eſpèce précédente ; mais toutes ſes feuilles ſont ſans diviſion. Les fleurs ſont en grappes, à pédicules plus courts que le calice. Les écailles du calice extérieur ſont au nombre de quatre, ovales, cotonneuſes, du ſinus deſquelles il s'élève un duvet très-mol. Dans le milieu, entre le calice intérieur & le plus étroit, ſe trouvent des fleurons.

Lieu de ſa naiſſance.

Cet arbriſſeau croît au Cap de Bonne-Eſpérance.

ERIOPHORUM, *la Chevelue.*

NOMS GÉNÉRIQUES.

Ce genre de plante eſt connu ſous les noms de *Linagroſtis. Tab. Scheuch. Mich. Tourn. Schœnolaguros. Pin. Gramen. Moriſ. Eriophorum. Linn. Plumaria. Heiſt.*

Deſcription générique.

Le caractère de ce genre eſt d'avoir pour calice un épi imbriqué de chaque côté, à écailles ovales, oblongues, planes, réfléchies, membraneuſes, lâches, pointues, diſtinguant les fleurs. Il n'y a point de corolle. Les filamens des étamines ſont au nombre de trois, capillaires. Les anthères ſont droites, oblongues. Le germe du piſtil eſt très-petit. Le ſtyle eſt filiforme, de la longueur de l'écaille du calice. Les ſtigmates ſont au nombre de trois, plus longs que le ſtyle, réfléchis. Il n'y a point de péricarpe. La ſemence a trois côtés, pointue, garnie de poils plus longs que l'épi.

CLASSE.

L'Eriophore fait partie de l'Appendix de Tournefort & de la troiſième claſſe de Linnæus, qui comprend les plantes triandriques monogyniques. Cet Auteur en admet cinq eſpèces.

PREMIERE ESPECE.

La première eſpèce eſt la Chevelue en gaîne. *Eriophorum vaginatum. Eriophorum culmis vaginatis, teretibus ; ſpicâ ſcarioſâ. Linn. Sp. Plant.* 76. *Flor. Suec.* 45. 50. *Dalib. Pariſ.* 18. *Eriophorum ſpicâ erectâ, caule tereti. Flor. Lapp.* 23. *Roy. Lugdb.* 51. *Gramen tomentoſum, Alpinum & minus. Bauh. Pin.* 5. *Prodr.* 10. *Burſ.* 1. 43. *Juncus Alpinus, capitulo lanuginoſo, ſeu Schœnolagurus. Bauh. Pin.* 12. *Prodr.* 23. *Theatr.* 188. *Scheuchz. Gram.* 302. En Anglois, *Hares Tail Ruſh.* En Allemand, *Sumpf Dungraſſ.* En Suédois, *Har-ull. Hado. Swarthuſwed.*

Deſcription.

Sa racine eſt vivace. Ses feuilles ſont radicales, fanées, à trois côtes & ſtriées de deux, aiguës. La hampe eſt deux fois plus longue que les feuilles, cylindrique, un peu plane de l'autre côté, ſtriée. Les feuilles caulinaires ſont ſans pointes, en gaîne, un peu gonflées. Celles d'en haut ſont pourpres à leur baſe. L'épi eſt ovale, imbriqué de chaque côté d'écailles membraneuſes, brunâtres. Les inférieures ſont ſtériles. Les ſupérieures ſont laineuſes & portent du fruit.

Figure.

Cette eſpèce eſt repréſentée dans l'Hiſtoire des

Chiendents par Scheuchzer, pl. 7, fig. 1; dans l'Histoire des Plantes par Morison, tom. 3, sect. 8, pl. 9, fig. 9; & dans le *Flora Danica*, pl. 236.

Lieu de sa naissance.

Elle croît naturellement par toute l'Europe, dans les endroits froids, stériles & marécageux.

SECONDE ESPECE.

La seconde espèce est l'Eriophore ou la Chevelue des Pauvres. *Eriophorum Polystachion. Eriophorum culmo tereti, folioso; foliis planis, spicis pedunculatis. Linn. Sp. Plant.* 76. *Flor. Suec.* 44. 49. *Dalib. Parif.* 18. *Eriophorum spicis pendulis. Flor. Lapp.* 28. *Hort. Cliff.* 22. *Roy. Lugdb.* 51. *Gramen pratense, tomentosum; paniculo sparso. Bauh. Pin.* 4. *Linagostris paniculâ ampliore. Seuch. Hist.* 306. *Gramen pratense, tomentosum; paniculâ sparsâ. Bauh. Pin.* 4. *Theat.* 60. *Gramen Eriophorum. Dod. Pempt.* 562. En Anglois, *Cottongrass.* En Allemand, *Dungrass. Wiesendungrass. Flachsgrass. Wiesenwolle. Bensenseide. Wolgrass. Federbinsen. Quispelbiese. Moorseide. Binsenwatte. Wiensenwatte.* En Suédois, *Angull. Myrkulla. Haredun, Madun, Myrdun, Angdun, Hwithufwid, Chœchennivo.* En Danois, *Ageruld, Enguld, Kiœruld, Kiœrringrok, Myrlop, Myrskiane, Myrkol, Hvidloch, Myruld, Myrduun, Engeduun.*

Description.

La tige de cette espèce est feuillue, cylindrique. Les feuilles sont planes. La panicule est ample & soyeuse.

Variétés.

Linnæus rapporte deux variétés de cette espèce: il nomme la première *Linagrostis paniculâ minore. Tourn. Inst. Rei Herb.* 664. *Vaill. Parif.* 117: la seconde, *Linagrostis palustris, angustifolia, paniculâ sparsâ, pappo rariore. Scheuchz. Hist.* 308.

Figure.

Cette plante est représentée dans le *Botanicon Parif.* de Vaillant, pl. 16, fig. 1.

Lieu de sa naissance.

Elle croît naturellement par l'Europe, dans les endroits marécageux & pleins de tourbes.

Propriétés économiques.

Les pauvres emploient ses aigrettes pour faire des lits. On prétend qu'on pourroit s'en servir pour faire du papier, selon M. Guettard. Il est probable que c'est avec ce duvet que M. de Fontanes, Inspecteur des Manufactures de la Rochelle, a fait faire à Niort deux chapeaux. On opéra, dit-il, pour les faire comme si on les faisoit avec du poil de castor. La substance végétale & aigrettée fut humectée d'eau forte, adoucie avec de l'eau naturelle, passée au four, un peu cardée, harpée. Dans le reste de l'opération on suivit exactement toutes les méthodes usitées pour les autres espèces de chapeaux; mais ces chapeaux eurent le défaut d'avoir en quelques endroits de petits nœuds ou bouchons. Ils ne prirent pas non plus un bien beau noir, comme la plupart des matières végétales.

TROISIÈME ESPÈCE.

La troisième espèce est l'Eriophore de Virginie. *Eriophorum Virginicum. Eriophorum culmis foliosis, teretibus; foliis planis, spicâ erectâ. Linn. Sp. Plant.* 77. *Eriophorum spicâ compactâ, erectâ, foliaceâ; caule compresso. Gron. Virg.* 132. *Gramen tomentosum, Virginianum; paniculâ magis compactâ, erectâ, foliaceâ; caule compresso. Gron. Virg.* 132. *Gramen tomentosum, Virginianum; paniculâ magis compactâ, aureo colore persusâ. Pluk. Alm.* 179. *Gramen tomentosum, capitulo ampliore, fusco & foliaceo. Moris. Hist.* 3, *p.* 224, *sect.* 8.

Description.

Les tiges ou chalumeaux sont feuillus, cylindriques. Les feuilles sont planes. L'épi est droit, doré.

Figure.

Cette espèce est représentée dans l'*Almag.* de Plukenet, pl. 299, fig. 4; & dans l'Histoire des Plantes par Morison, tome 3, sect. 8, pl. 9, fig. 2.

Lieu de sa naissance.

Elle est vivace, & croît naturellement dans la Virginie.

QUATRIEME ESPECE.

La quatrième espèce est l'Eriophore Souchet. *Eriophorum Cyperinum. Eriophorum culmis teretibus, foliosis; paniculâ supradecompositâ, proliferâ; spiculis subternis. Linn. Sp. Plant.* 77. *Scirpus paniculatus, foliis floralibus, paniculam superantibus. Gron. Virg.* 12. *Cyperus miliaceus ex provinciâ Marianâ, paniculâ villosâ, aureâ. Pluk. Mant.* 62. *Cyperus miliaceus, Marylandicus; spicis seminiferis, magis confertis, rubentibus, lanuginosis. Raj. Suppl.* 620.

Description.

Cette espèce a totalement le port du Souchet, mais ses épis sont ceux du Scirpe, à moins que les semences en mûrissant ne donnassent une laine testacée, à peine plus longue que les petits épis.

Figure.

Elle est représentée dans le *Mantissa* de Plukenet, pl. 419, fig. 3.

Lieu de sa naissance.

Elle croît naturellement dans la partie septentrionale de l'Amérique.

CINQUIÈME ESPÈCE.

La cinquième espèce est l'Eriophore des Alpes. *Eriophorum Alpinum. Eriophorum culmis nudis, triquestris; spicâ pappo breviore. Linn. Sp. Plant.* 77. *Flor. Suec.* 46. 51. *Eriophorum spicâ erectâ, caule triquetro. Flor. Lapp.* 24. *Linagostris juncea, Alpina; capitulo parvo, tomento rariore. Scheuch. Gram.* 305. *Juncus Alpinus, bombycinus. Bauh. Pin.* 12. *Prodr.* 6. En Suédois, *Rump-ull. Snip.*

Description.

Les tiges ou chalumeaux de cette espèce sont nuds, à trois côtés. L'épi est droit, à une aigrette plus courte.

Figure.

Cette espèce est représentée dans l'*Agostographia* de Scheuchzer, pl. 7, fig. 4.

Lieu de sa naissance.

Elle est vivace, & croît naturellement sur les montagnes des Alpes & aux environs.

ERITHALIS, *l'Herrera.*

Description générique.

Le caractère de ce genre de plante est d'avoir le périanthe du calice monophylle, supérieur, en forme de tasse, à cinq dents, persistant. La corolle est monopétale, partagée en cinq lobes linéaires, étendus. Les filamens des étamines sont au nombre de cinq, en forme d'alêne, presque de la longueur de la corolle. Les anthères sont oblongues. Le germe du pistil est inférieur, oblong. Le style est filiforme, de la longueur des étamines. Le stigmate est aigu. Le péricarpe est une baie globuleuse, couronnée, à dix loges. Les semences sont petites.

CLASSE.

Ce genre fait partie de la cinquième classe de Linnæus, qui comprend les plantes pentandriques monogyniques. Cet Auteur n'en admet qu'une espèce.

ESPECE.

Cette espèce est l'Herrera en arbrisseau. *Erithalis fruticosa. Linn. Sp. Plant.* 251. *Erithalis fruticulosa, foliis obovatis, crassis, nitidis, oppositis; pedunculis ramosis ad alas superiores. Brow. Jam.* 165. *Erithalis odorifera, arborea, erecta. Jacq. Americ.* 72. *Sambucus ligno duro, odoratissimo, seu Santalum racemosum, foliis obtusis. Plum. Ic.*

Description.

Cet arbre est droit, joli, rameux, haut de quinze pieds. Ses feuilles sont ovales, obtuses, avec une petite pointe, luisantes, très-entières, d'un vert foncé, pétiolées, opposées, longues de trois pouces. Les grappes sont composées, en bouquet, axillaires, opposées. Les fleurs sont nombreuses, caduques, à pétales blancs. Les baies sont petites & couleur de pourpre. Les semences sont environ au nombre de neuf.

Figure.

Il est représenté dans l'Histoire de la Jamaïque par Brown, pl. 17, fig. 3; dans les Plantes de l'Amérique, par Jacquin, pl. 173, fig. 23; & dans les plantes du P. Plumier par Burmann, pl. 249, fig. 2.

Lieu de sa naissance.

Il croît naturellement dans la Jamaïque, la Martinique.

Observation.

Le bois de cet arbre est dur, très-odorant. C'est peut-être un Santal.

ERVUM, *l'Ers.*

Description générique.

Le caractère de ce genre de plante est d'avoir le périanthe du calice presque de la longueur du calice, partagé en cinq lobes linéaires, pointus, égaux. La corolle est papilionacée. L'étendard est plane, légèrement réfléchi, rond, plus grand. Les aîles sont obtuses, moitié plus courtes que l'étendard. La carêne est plus courte que les aîles, pointue. Les filamens des étamines sont diadelphiques (simples & fendus en neuf), s'élevans. Les anthères sont simples. Le germe du pistil est oblong. Le style est simple, s'élevant. Le stigmate est obtus, sans barbe. Le péricarpe est un légume oblong, obtus, cylindrique, noueux, à semences protubérantes. Les semences sont au nombre de quatre, presque rondes.

Observation.

Ce genre ne diffère de la vesce que par le seul stigmate.

CLASSE.

Il fait partie de la dixième classe de Tournefort, qui comprend les plantes papilionacées, & de la dix-septième de Linnæus, destinée aux plantes diadelphiques décandriques. Cet Auteur en admet six espèces.

PREMIERE ESPECE.

La première espèce est la Lentille. *Ervum lens. Ervum pedunculis subbifloris, seminibus compressis, convexis. Linn. Sp. Plant.* 1039. *Cicer pedunculis bifloris, foliolis integerrimis, stipulis indivisis. Hort. Upf.* 224. *Mat. Med.* 360. *Sauv. Monsp.* 233. *Cicer pedunculis bifloris, seminibus compressis. Hort. Cliff.* 370. *Dalib. Paris.* 346. *Lens vulgaris. Bauh. Pin.* 346. *Lens. Dod. Pempt.* 526. En Allemand, *Linsen.* En Anglois, *Lentils.* En Italien, *Lentiggine.*

Description.

La racine de cette espèce est fibreuse, rameuse. La tige est herbacée, de huit à neuf pouces, rameuse, velue, anguleuse. Les feuilles sont alternes, aîlées, ayant les folioles ovales, sessiles, entières. Les fleurs sont axillaires, papilionacées. Les péduncules sont de la grandeur des feuilles, & portent ordinairement quatre fleurs. Les stipules sont deux à deux, en forme de flèche. Les oreilles sont simples. Le fruit est un légume oblong, obtus, cylindrique, contenant quatre semences comprimées, convexes, ovales.

Figure.

Cette espèce est représentée dans le *Flora Danica* d'Œder, pl. 95.

Lieu de sa naissance.

On cultive cette plante en France dans les champs & les jardins. Elle est annuelle.

Culture.

La Lentille vient dans le terrein le plus pauvre, & même presque dénué de tout principe de végétation. Elle végète vigoureusement dans un terrein sablonneux, graveleux ou crétacé. Elle ne demande aucune humidité. Quelque peu de substance qu'ait la terre, elle y vient à merveille. Elle donne d'excellentes récoltes dans les sols argilleux; elle sert même à les améliorer. On sème les Lentilles au printemps vers la mi-Mars, ou au commencement d'Avril. Pour avoir de bonnes Lentilles propres à semer, il faut les choisir pesantes, lisses & luisantes. Un boisseau & demi suffit pour un acre de terre. On prépare le terrein par un bon labour; après quoi on sème à la volée, & on fait passer la herse & le rouleau par-dessus. La Lentille n'exige aucun soin jusqu'à sa maturité. On la coupe pour lors, on la fait sécher dans les champs par petits tas, & enfin on la bat en grange. On mêle quelquefois les Lentilles avec l'Orge & l'Avoine pour semer.

Analyse Chymique.

Dans l'analyse chymique qui a été faite, de cinq livres de Lentilles distillées à la cornue, il est sorti 10 onces de liqueur roussâtre, un peu austère, & obscurément alkaline; 6 onces 2 gros de liqueur rousse, obscure, âcre, trouble, remplie d'un acide austère & d'un alkali urineux; une livre 4 onces de liqueur rousse, obscure, empyreumatique, très-âcre, alkaline, urineuse & imprégnée d'une grande quantité de sel volatil urineux; 7 onces 4 gros d'huile. La masse noire qui est restée dans la cornue pesoit une livre 5 onces 7 gros, laquelle étant bien calcinée, a laissé une once 7 gros de cendres, dont on a tiré par la lixiviation 5 gros de sel fixe purement alkali. La perte des parties dans la distillation a été de 14 onces 3 gros, & dans la calcination, d'une livre 4 onces. Il paroît que les Lentilles contiennent un sel essentiel, vitriolique, ammoniacal, uni à une grande quantité d'huile grossière & épaisse.

Propriétés alimentaires pour l'homme.

On mange les Lentilles sèches, entières, ou en purée, fricassées au gras ou au maigre & en salade. Elles entrent dans les coulis, les potages. Par les écrits des anciens, il paroît que les Philosophes se faisoient autrefois un grand régal de Lentilles; car Athénée dit que c'étoit une maxime des Stoïciens, que *le Sage faisoit tout bien, & qu'il assaisonnoit parfaitement les Lentilles.* Esaü vendit son droit d'aînesse à Jacob pour un plat de Lentilles. Lorsqu'on a mêlé de l'orge & des Lentilles ensemble, on peut les moudre, & en faire une espèce de pain très-favorable à la santé & assez gracieux au goût.

Préparations alimentaires.

1°. *Coulis de Lentilles.* Epluchez & lavez; faites cuire avec du bon bouillon gras ou maigre, suivant l'emploi que vous en voulez faire; passez-les à l'étamis en les mouillant de leur bouillon, & vous en servez soit pour potage ou terrine; ou bien prenez des croutes de pain, carottes, panais, racine de persil, oignons coupés par tranches, passés à l'huile ou au beurre bien chaud. Si c'est en gras, mettez-y du lard bien roux, ajoutez-y des *Lentilles* cuites, & un peu de bouillon; assaisonnez de bon goût; ajoutez un morceau de citron; & après quelques bouillons passez votre coulis à l'étamis. Il sert pour les potages de *Lentilles*, &c. ou bien mettez un peu de beurre dans une casserole avec un oignon coupé par tranches, une carotte, un panais, & faites roussir; mouillez de bouillon de poisson, assaisonnez de deux ou trois cloux, d'un peu de basilic, persil, ciboule entière, deux rocamboles, quelques champignons, quelques croutes; laissez mitonner le tout ensemble; écrasez les *Lentilles* cuites dans du bouillon de racines; mettez-les dans le coulis; faites mitonner & passez à l'étamis pour employer au besoin.

2°. *Maniere d'apprêter les Lentilles.* Choisissez les *Lentilles* les mieux nourries, larges, d'un beau blond, qui se cuisent promptement. Après les avoir épluchées & lavées, faites les cuire dans de l'eau, & les fricassez comme les haricots blancs.

3°. *Potage de Lentilles au maigre.* Mettez cuire des Lentilles avec du bouillon maigre de racines; faites un coulis. Quand le coulis a été passé, mettez-y une cuillerée de *Lentilles* entières; mitonnez des croutes avec du bouillon de poisson; mettez un petit pain farci au milieu; jettez le coulis de *Lentilles* sur votre potage, & servez chaudement.

Propriétés alimentaires pour les bestiaux.

Le fourrage de Lentilles est excellent, soit sec, soit vert. Il est très-bon aux chevaux: il les engraisse & les tient en vigueur; mais il faut prendre garde qu'ils ne le mangent avec trop d'avidité en vert: il leur causeroit des maladies. Le plus sûr est de le leur donner en fourrage sec. La Lentille en fourrage est aussi très-estimée pour les vaches; elle leur donne beaucoup de lait. Les moutons & les cochons sont fort avides de sa graine. La paille de Lentilles est celle de toutes les plantes qui convient le mieux aux brebis.

Propriétés médicinales.

La farine de Lentilles passe pour résolutive. On en emploie la graine plutôt dans les cuisines que dans les pharmacies. Tragus assure que sa farine est très-bonne en cataplasme pour les tumeurs des mamelles & pour les parotides. La décoction légère de Lentilles lâche un peu le ventre: au contraire une décoction forte de ce légume, qui est pour lors une purée, le resserre. On la prescrit avec succès dans les flux lientériques. La décoction légère de Lentilles est aussi détersive & adoucissante. On l'emploie utilement pour bassiner le visage dans la petite vérole; mais il ne faut s'en servir qu'au moment de l'exsiccation.

Quelques-uns assurent que la décoction de Lentilles est diaphorétique, & propre dans la rougeole, la petite vérole, les fièvres malignes & le rhumatisme. On la fait prendre tiède en tisane. La même décoction, à la dose de quatre onces, avec deux onces de vin blanc, bue aussi chaudement qu'on le peut, au commencement de la chaleur qui suit le frisson, guérit en une ou deux fois la fièvre intermittente; du moins cela arrive assez souvent par l'augmentation de sueur qu'elle procure.

SECONDE ESPECE.

La seconde espèce est la petite Vesce des bleds, l'Ers tétraspermique. *Ervum tetraspermum. Ervum pedunculis subbifloris, seminibus globosis, quaternis. Linn. Sp. Plant.* 1039. *Flor. Suec.* 606. 655. *Dalib. Paris.* 227. *Vicia segetum, singularibus siliquis, glabris. Bauh. Pin.* 345. *Vicia minor segetum, cum siliquis paucis, glabris. Moris. Hist.* 2, *p.* 64, *sect.* 2. En Danois, *Tadder.*

Description.

La tige de cette espèce est tétragonale, anguleuse. Ses feuilles sont le plus souvent à dix folioles, ordinairement alternes. Son péduncule est presque capillaire, très-menu, à une ou deux fleurs. Sa fleur est menue, souvent sanguine, d'autres fois violette. Son légume est ovale, oblong, lisse.

Figure.

Elle est représentée dans l'Histoire des Plantes par Morison, pag. 64, sect. 2, pl. 4, fig. 16.

Lieu

Lieu de sa naissance.

Elle est annuelle, & croît naturellement parmi les bleds, dans les champs.

Propriétés alimentaires pour les bestiaux.

Cette plante est un excellent pâturage pour les chevaux, les vaches, les chèvres & les brebis.

TROISIEME ESPECE.

La troisième espèce est l'Ers hérissé. *Ervum hirsutum. Ervum pedunculis multifloris, seminibus globosis, binis. Linn. Sp. Plant.* 1039. *Cicer pedunculis multifloris, seminibus globosis. Hort. Cliff.* 370. *Flor. Suec.* 607. 656. *Roy. Lugdb.* 389. *Dalib. Parif.* 228. *Sauv. Monsp.* 233. *Vicia segetum cum siliquis plurimis, hirsutis. Bauh. Pin.* 345. *Cracca minor. Tabern. Ic.* 507.

Description.

Les feuilles de cette espèce sont linéaires. Les péduncules sont à trois ou quatre fleurs. Les siliques sont nombreuses, hérissées. Les semences sont orbiculées.

Figure.

Cette espèce est représentée dans *Tabernæmontanus*, pl. 507.

Lieu de sa naissance.

Elle croît naturellement au Levant, dans les champs de l'Europe. Elle est annuelle.

QUATRIEME ESPECE.

La quatrième espèce est l'Ers de Sologne. *Ervum Soloniense. Ervum pedunculis subbifloris, aristatis; petiolis acuminatis, foliolis obtusis. Linn. Sp. Plant.* 1040. *Amænit. Acad.* 4, *p.* 327. *Vicia pedunculis uni bifloris ve, petiolis diphyllis, brevissimè cirrhosis. Guett. Stamp.* 1, *p.* 235. *Vicia præcox, verna, minima, Soloniensis; semine hexaëdro. Moris. Blef.* 321. *Hist.* 2, *p.* 63. *Raj. Hist.* 902. *Vicia minima, præcox, Parisiensium. Tourn. Inst. Rei. Herb.* 397. *Vicia minima. Riv. Tetr.*

Description.

Les tiges de cette espèce sont hautes de neuf pouces, cotonneuses. Les pétioles se terminent non en vrilles, mais en pointes. Les folioles sont depuis quatre jusqu'à huit, lancéolées, obtuses. Les stipules sont pointues de chaque côté. Le péduncule est plus long que les feuilles, terminé par un fil sous lequel il y a deux fleurs alternes, pédiculées.

Figure.

Cette espèce est représentée dans l'Histoire des Plantes par Morison, sect. 2, pl. 4, fig. 14.

Lieu de sa naissance.

Elle est annuelle, & croît naturellement en France, en Angleterre.

Propriétés alimentaires pour les bestiaux.

Cette plante fournit un très-bon fourrage au bétail.

CINQUIÈME ESPECE.

La cinquième espèce est l'Ers Monanthe. *Ervum Monanthos. Ervum pedunculis unifloris. Linn. Sp. Plant.* 1040. *Vicia pedunculis unifloris, foliolis integerrimis, stipulis alternis, dentatis. Hort. Upf.* 219. *Lens Monanthos. Herm. Lugdb.* 360. *Vicia pedunculis unifloris. Kalm. Act. Stockh.* 1717, *p.* 60.

Description.

Cette espèce est très-difficile, deux fois plus grande que la Lentille commune, grimpant par le moyen de ses vrilles. Les folioles sont plus obtuses. Les calices de la corolle sont beaucoup plus courts. Les légumes sont à deux ou trois semences, plus longs. Les semences sont applaties, mais sans avoir le bord aigu, & sont blanches.

Lieu de sa naissance.

Elle se trouve dans l'Asie Russienne.

SIXIEME ESPECE.

La sixième espèce est la vraie Ers. *Ervum ervilia. Ervum germinibus undato-plicatis, foliis imparipinnatis. Linn. Sp. Plant.* 1040. *Hort. Upf.* 224. *Mat. Med.* 361. *Sauv. Monsp.* 237. *Ervum leguminibus pendulis. Hort. Cliff.* 370. *Ervum Camer. Epit.* 215. *Orobus siliquis articulatis, flore majore. Bauh. Pin.* 346. En Allemand, *Erwen*. En Anglois, *Bitter Vetch*. En Italien, *Ervo Moco*.

Description.

La racine de cette espèce est fibreuse, rameuse. Sa tige est herbacée, foible, pliante, rameuse, anguleuse. Les feuilles sont alternes, ailées, à dix ou seize petites folioles de chaque côté, ovales, échancrées au sommet. Les petites stipules sont sagittées. Les péduncules portent quatre fleurs axillaires, éloignées les unes des autres, papilionacées, ayant le germe plissé. Le légume est plus grand que celui de la Lentille, renfermant des semences au nombre de trois ou quatre, sous-orbiculaires. Cette plante n'a point de vrilles.

Lieu de sa naissance.

Elle est annuelle, & croît dans les haies du Levant, de la France & de l'Italie.

Propriétés médicinales.

Sa farine s'emploie dans la Médecine comme résolutive. Ses propriétés médicinales sont les mêmes que celles de la Vesce.

Propriétés alimentaires pour les animaux.

Elle fournit de l'excellent fourrage pour les bestiaux.

ERYNGIUM, *le Panicaut.*

NOMS GÉNÉRIQUES.

Ce genre de plante est connu sous les noms d'*Eryngium. Lat. Tourn. Linn. Moris. Sloan. Eryngion, Chida, Clonion, Erineris, Ermion, Gorgionion, Murakanta. Diosc. Crobusos. Ægypt. Sifaitos.*

Prof. Cherda. Affric. Sikupnoës. Dac. Iringum. Cæf. Scorpii Spina. Hurn. En François, *Panicaut*, *Chardon Roland.*

Description générique.

Le caractère de ce genre est d'avoir le réceptacle commun cônique, à lames qui distinguent les fleurons sessiles. L'enveloppe du réceptacle est polyphylle, plane, surpassant les fleurons. Le périanthe propre est à cinq feuilles, droit, aigu, surpassant la corolle, s'appuyant sur le germe. La corolle universelle est uniforme, ronde. Tous les fleurons sont fertiles. La corolle propre est à cinq pétales oblongs, à sommets réfléchis vers la base, serrée longitudinalement par une ligne. Les filamens des étamines sont au nombre de cinq, capillaires, droits, surpassant les fleurons. Les anthères sont oblongues. Le germe du pistil est hérissé, inférieur. Les styles sont au nombre de deux, filiformes, droits, de la longueur des étamines. Les stigmates sont simples. Le péricarpe est un fruit ovale, divisé de deux côtés. Les semences sont oblongues, cylindriques.

Observation.

Dans des espèces de ce genre, les semences sortent de la croûte du péricarpe. Dans d'autres, elles y restent renfermées.

CLASSE.

Ce genre fait partie de la septième classe de Tournefort, qui comprend les plantes à fleurs ombellifères; & de la cinquième de Linnæus destinée aux plantes pentandriques dyginiques. Cet Auteur en admet neuf espèces.

PREMIERE ESPÈCE.

La première espèce est le Panicaut puant. *Eryngium fœtidum. Eryngium foliis radicalibus, subensiformibus, serratis, floralibus, multifidis; caule dichotomo. Linn. Sp. Plant.* 336. *Eryngium foliis gladiatis, utrinque laxè-serratis; denticulis subulatis. Gron. Virg.* 30. *Eryngium fœtidum, foliis inferioribus, angustis, serratis; superioribus laciniatis & aculeatis. Brow. Jam.* 185. *Eryngium Americanum fœtidum. Herm. Lugdb.* 236. *Eryngium foliis angustis, serratis, fœtidum. Sloan. Jam.* 127. *Hist.* 1, *p.* 264.

Description.

Sa racine est annuelle ou bisannuelle. Ses feuilles radicales sont un peu obtuses, découpées à dents de scie, épineuses sans cependant nuire. Sa tige est haute d'un pied, verte, ongulée, fourchue, s'ouvrante, dont les derniers rameaux sont flexibles. Les feuilles des rameaux sont opposées, amplexicaules, en forme de coing, dentelées par le bord, à demi fendues en trois lobes lancéolés, ayant tous les angles terminés par une épine pourpre. Le péduncule sort des bifourchures, est droit, plus court que les articulations, triangulaire, ayant les côtés striés. Les enveloppes sont à six feuilles, horisontales, plus longues que la fleur. Les folioles sont lancéolées, nerveuses, épineuses au sommet, & à une ou deux dents en forme de scie. Le réceptacle commun est cylindrique, d'où la fleur est cylindrique. Le calice des fleurons est à cinq dents, de la longueur de la petite corolle. Les pétales sont au nombre de cinq, blancs, entortillés. Les filamens sont capillaires, deux fois plus longs que les pétales, blancs. Les anthères sont testacées. Le style est partagé en deux, persistent. Les semences sont couvertes de chaque côté de pointes hémisphériques. Les lames sont linéaires, pointues, de la longueur des fleurons. L'odeur de toute la plante est très-puante.

Figure.

Cette espèce est représentée dans l'*Herm. Hort. Lugdb.*, pl. 237; & dans l'Histoire de la Jamaïque par Sloane, tome 1, pl. 156, fig. 3. 4.

Lieu de sa naissance.

Elle est vivace, & croît naturellement dans la Virginie, la Jamaïque, le Mexique, l'Isle de Surinam.

Culture.

Comme cette plante est originaire des pays chauds, elle ne vient point en France, à moins qu'on ne la mette dans une serre chaude. On la multiplie par graines qu'on sème sur une couche chaude; & quand les plantes qui en proviennent sont bonnes à être transplantées, on les met chacune dans un petit pot que l'on enfonce dans une couche de tan: on les gouverne ensuite comme les autres plantes des pays chauds: elles fleurissent & donnent des semences la seconde année; après quoi elles ne tardent pas de mourir.

Propriétés médicinales.

Cette plante est un excellent remède contre les fièvres, ce qui lui a fait donner le nom d'Herbe de la fièvre. Elle est aussi antihystérique, antiépileptique, emménagogue & diurétique. La racine mise en poudre, & prise à la dose de trois gros dans dix onces d'eau, donne du ton aux fibres de l'estomac. Cette plante convient aussi dans les coliques venteuses, dans la passion iliaque, contre la morsure des serpens venimeux.

Observation.

Les serpens n'approchent jamais de cette plante.

SECONDE ESPÈCE.

La seconde espèce est le Panicaut aquatique, l'Herbe du Serpent-à-sonnettes. *Eryngium aquaticum. Eryngium foliis gladiatis, serratis, spinosis; floribus indivisis, caule simplici. Linn. Sp. Plant.* 336. *Eryngium foliis gladiatis, utrinque laxè-serratis; denticulis subulatis. Hort. Cliff.* 88. *Roy. Lugdb.* 529. *Eryngium foliis gladiatis, utrinque laxè-serratis; summis tantùm dentatis, subulatis. Gron. Virg.* 146. *Eryngium Americanum, Yuccæ folio, spinis ad oras molliusculis. Pluk. Alm.* 13. *Raj. Suppl.* 239. *Scorpii Spina. Herm. Mexic.* 22.

Description.

Les feuilles supérieures de cette espèce ont de petites dents en forme d'alêne. Les feuilles inférieures sont plus en forme d'alêne, & se terminent en pétioles. Elles sont découpées de même à dents de scie; mais elles sont sans barbe. Les lames des fleurs sont grandes.

Figure.

Cette espèce est représentée dans l'*Almag.* de Plukenet, pl. 175, fig. 4; & dans l'Histoire des Plantes par Morison, tome 3, sect. 7, pl. 37, fig. 21.

Variété.

Linnæus donne comme variété de cette espèce la plante connue sous la phrase d'*Eryngium lacustre, Virginianum ; floribus ex albido cæruleis, caule & foliis Ranunculi Flammi minoris. Pluk. Alm.* 137.

Figure.

Cette variété est représentée dans l'*Almag.* de Plukenet, pl. 396, fig. 3.

Lieu de sa naissance.

Elle croît naturellement dans la Virginie & la Caroline. Elle est vivace.

Culture.

Elle fleurit en Juillet ; mais à moins que l'été ne soit très chaud, elle ne donne point de semences en France. On la multiplie par graines qu'on sème dans des pots. On enfonce ces pots dans une couche modérément chaude. Les plantes lèvent pour lors plutôt que si on les semoit en pleine terre, & acquièrent plus de force avant l'hiver. Lorsqu'elles sont bonnes à être transplantées, on les met chacune séparément dans un petit pot rempli de terreau, & on enfonce ces pots dans une couche modérément chaude ; elles y reprennent plus vîte racine. On les habitue pour lors insensiblement à supporter le plein air, pour les y laisser tout-à-fait vers la fin de Mai. On les place pour lors avec les autres plantes exotiques qui ne sont pas délicates. Quand les pots se trouvent pleins de racines, on en place quelques pieds en pleine terre à une bonne exposition, & on met les autres pieds dans des pots plus grands. En automne on place ces pots sous un abri ordinaire, où les plantes puissent avoir de l'air quand il fait doux, & en même temps garanties de la gelée. Au printemps suivant, on peut les dépoter & les planter à une bonne exposition. Elles supportent pour lors très-bien le froid de nos hivers. On les couvre seulement pendant les grandes gelées, de pailles, de lisières, ou de quelques couvertures de laine.

Propriétés médicinales.

Les Médecins des Indes prescrivent la décoction des racines de cette plante sur la fin des fièvres intermittentes. On dit aussi cette plante bonne pour les rhumatismes & la goutte.

TROISIEME ESPECE.

La troisième espèce est le Panicaut nain. *Eryngium planum. Eryngium foliis radicalibus, ovalibus, planis, crenatis ; capitulis pedunculatis. Linn. Sp. Plant.* 336. *Hort. Cliff.* 87. *Roy. Lugdb.* 93. *Eryngium planum, minus. Bauh. Pin.* 386. *Eryngium pusillum, planum, Montoni. Clus. Hist.* 2, *p.* 158.

Description.

La tige de cette espèce est fourchue. Les feuilles radicales sont oblongues, découpées. Ses fleurs sont sessiles.

Figure.

Elle est représentée dans Dodoëns, page 732.

Lieu de sa naissance.

Elle croît naturellement en Espagne, au Levant.

Culture.

On multiplie cette espèce par graines, comme la plupart des autres espèces.

QUATRIÈME ESPÈCE.

La quatrième espèce est le Panicaut ou l'Eryngion à trois pointes. *Eryngium tricuspidatum. Eryngium foliis radicalibus, cordatis ; caulinis palmatis, auriculis retroflexis, paleis tricuspidatis. Linn. Sp. Plant.* 337. *Amœn. Acad.* 3, *p.* 405. *Eryngium foliis radicalibus, ovatis, crenatis, petiolatis ; capitulis pedunculatis. Gron. Orient.* 76. *Eryngium Syriacum, ramosius ; capitulis minoribus, cæruleis. Moris. Hist.* 3, *p.* 166, *sect.* 7. *Eryngium capitulis Psyllii. Bocc. Sic.* 80.

Description.

La racine de cette espèce est bisannuelle. Ses tiges sont très paniculées, & plus qu'en aucune autre. Les fleurs sont plus petites dans les aîles. Les rameaux sont très-longs, fourchus. La tige, depuis la sommité jusqu'à la base, est rameuse de chaque côté dans la panicule. Les fleurs sont d'abord blanches, ensuite bleuâtres. Les feuilles les plus vieilles blanchissent à leurs parties supérieures le long des nerfs. Les feuilles radicales sont en forme de cœur, peu découpées, à dents de scie, épineuses. Les feuilles caulinaires sont très-courtes, amplexicaules, réfléchies, ayant leurs lobes lancéolés, épineux, dentelés, à oreillons réfléchis en arrière. Les fleurs sont pédunculées. Les folioles de l'enveloppe sont garnies au milieu de chaque côté d'une petite dent, & à la base, de plusieurs épines. Toutes les lames sont à trois pointes. La plante est bisannuelle.

Figure.

Elle est représentée dans l'Histoire des Plantes par Morison, tome 3, sect. 7, pl. 37, fig. 13.

Lieu de sa naissance.

Elle croît naturellement en Espagne, en Sicile, au Levant.

CINQUIEME ESPECE.

La cinquième espèce est le Panicaut de mer. *Eryngium maritimum. Eryngium foliis radicalibus, subrotundis, plicatis, spinosis ; capitulis pedunculatis. Linn. Sp. Plant.* 337. *Hort. Cliff.* 87. *Flor. Suec.* 220. 233. *Roy. Lugdb.* 93. *Eryngium maritimum. Bauh. Pin.* 386. *Eryngium marinum. Clus. Hist.* 2, *p.* 169. *Cam. Epit.* 448. En Allemand, *Drachendistel.* En Anglois, *Eryngo.* En Italien, *Eringe marina.*

Description.

La racine de cette espèce est longue, rameuse, éparse, noueuse, blanchâtre, un peu odorante, perçant profondément en terre, & s'étendant beaucoup. La tige s'élève du milieu des feuilles à la hauteur d'un pied & plus, herbacée, branchue. Les feuilles sont alternes. Les radicales sont obrondes, plissées, épineuses, pétiolées. Les caulinaires sont amplexicaules.

Figure.

Cette espèce est représentée dans l'Histoire des Plantes par Morison, tome 3, sect. 7, pl. 36, fig. 6.

Lieu de sa naissance.

Elle croît naturellement sur les côtes d'Espagne, d'Italie, de la France méridionale, de l'Angleterre & de la Hollande.

Culture.

Les fleurs de cette espèce paroissent en Juillet, & les tiges meurent en automne. Ce Panicaut vient très-bien dans les jardins, & y fleurit tous les ans, pourvu qu'on le plante dans un terrein graveleux; cependant ses racines ne viennent pas à beaucoup près si grosses ou si charnues que quand elles viennent naturellement sur le bord de la mer, où elles sont couvertes d'eau pendant la marée. Le meilleur temps pour transplanter ces racines est l'automne, lorsque les feuilles tombent. Les jeunes racines sont beaucoup meilleures pour transplanter que les vieilles, d'autant que les fibres prennent plus facilement racine. Quand elles sont une fois affermies en terre, il ne faut à toute la plante pour culture que d'être débarrassée des mauvaises herbes.

Propriétés médicinales.

On confit à Londres les racines de cette plante avec du sucre, & on les emploie au même usage que celles de l'espèce suivante; elles leur sont même préférables. Cette espèce est même le vrai Eryngion.

SIXIÈME ESPÈCE.

La sixième espèce est le Panicaut commun, le Chardon Roland, le Chardon à cent têtes, le Chardon Roullant. *Eryngium campestre. Eryngium foliis amplexicaulibus, pinnato-laciniatis. Linn. Sp. Plant.* 337. *Hort. Cliff.* 87. *Mat. Med.* 114. *Roy. Lugdb.* 93. *Eryngium vulgare. Bauh. Pin.* 386. *Eryngium campestre, vulgare. Clus. Hist.* 2, *p.* 157. En Allemand, *Mannstreu, Raden Distel, Lauf Distel, Lang Distel, Bracken Distel.* En Danois, *Bergmanditroe, Mandsttræ, Mandshielp.* En Anglois, *Common Eryngo.* En Italien, *Cardone à cento capi.*

Description.

La racine de cette espèce est longue, rameuse, molle, blanche à l'intérieur, noirâtre au dehors. Sa tige est herbacée, droite, striée, rameuse, de la hauteur d'un pied ou de deux. Ses feuilles sont alternes, composées, dures, d'un vert foncé, avec de fortes nervures blanchâtres. Les caulinaires sont amplexicaules, plusieurs fois ailées. Les radicales sont pétiolées; leurs folioles subdivisées en trois; celles de l'extrémité courant sur le pétiole. Chaque dentelure est terminée par une épine blanche. Il se trouve un grand nombre de fleurs ramassées au sommet, en têtes arrondies & verdâtres, imitant des têtes de chardons. Elles sont rosacées, sessiles, sur un réceptacle cônique, séparées les unes des autres par des écailles. Les pétales sont au nombre de cinq, oblongs, recourbés à leur extrémité. L'enveloppe du réceptacle est polyphylle, plane, en forme d'alêne, plus longue que le réceptacle. Le périanthe des fleurs est inséré au germe, découpé en cinq folioles droites, aiguës, plus longues que la corolle. Le fruit est ovale, se divisant en deux parties. Les semences sont oblongues, cylindriques.

Figure.

Elle est représentée dans l'Histoire des Plantes par Morison, tome 3, sect. 7, pl. 36, fig. 1; & dans le *Flora Danica*, pl. 554.

Lieu de sa naissance.

Elle croît naturellement dans les endroits sablonneux & incultes par toute la France, la Bohême, l'Allemagne, l'Italie & l'Espagne.

Observation.

Quand cette plante est mûre, elle est arrachée par la violence du vent, & emportée au travers des champs, de sorte qu'on diroit que c'est un lièvre qui court.

Analyse chymique.

Dans l'analyse chymique, de cinq livres de racines de Chardon Roland, pleines de suc, distillées à la cornue, il est sorti une livre 5 onces 5 gros de liqueur limpide, d'une odeur & d'une saveur d'herbe un peu acide; 2 livres 8 onces 3 gros 36 grains de liqueur d'abord limpide, ensuite roussâtre, sur la fin fort acide & austère; 3 onces 5 gros 36 grains de liqueur rousse, soit acide, soit alkaline, & imprégnée de beaucoup de sel volatil urineux; une once 60 grains d'huile épaisse comme du syrop. La masse noire qui est restée dans la cornue pesoit 7 onces 2 gros 36 grains, laquelle étant bien calcinée, a laissé 2 onces 1 gros 24 grains de cendres, dont on a tiré par la lixiviation 3 gros 42 grains de sel fixe purement alkali. La perte des parties dans la distillation a été de 5 onces 6 gros 48 grains, & dans la calcination, de 5 onces 1 gros 12 grains. On découvre un peu d'acreté en mâchant le Chardon Roland. Il rougit un peu le papier bleu, & les racines le rougissent davantage. Il contient un sel tartareux-ammoniacal, uni avec beaucoup de soufre, & avec une assez grande portion de terre astringente.

Insectes qui se trouvent sur cette plante.

On trouve sur le Panicaut deux espèces de Punaise: la première se nomme Punaise rouge, à taches triangulaires. *Cimex oblongus, niger; thorace elytrisque rubris, elytrorum extremo, maculâ triangulari, nigrâ. Geoff. pag.* 459. Cette espèce a le dessous du corps, la tête, l'écusson, les antennes & les pattes noirs, à l'exception des jambes, dont le milieu tire sur le brun, & est moins noir. Le corselet est rouge avec une bande noire, transverse, & comme festonnée sur le devant. Les étuis qui sont aussi rouges, ont un peu avant leur extrémité une espèce d'étranglement où l'on voit une tache noire, triangulaire, dont une des portions regarde la tête. Les ailes sont noires & sans aucune tâche.

La seconde espèce se nomme Punaise Chartreuse. *Cimex oblongus, infrà niger, suprà albo-lacteus; antennis crassis, anticè porrectis; capite, pedibus antennisque nigris. Geoff.* 460. Cette espèce est noirâtre en dessous. Tout le dessous de son corps est finement & irrégulièrement pointillé, & il est d'un blanc de lait, à l'exception de sa tête qui est noire. Sur le corselet on apperçoit trois sillons longitudinaux, élevés. De plus, on ne voit aucune distinction entre le corselet & l'écusson qui sont tout-à-fait joints ensemble. Les pattes sont noires. Les antennes pareillement noires ont près de la moitié de la longueur du corps; elles sont grosses, composées de quatre articles: les deux premiers courts, & le troisième fort long.

Propriétés médicinales.

Les racines de Panicaut sont apéritives & diurétiques. On les emploie dans les bouillons, les tisanes & les apozèmes. On les associe quelquefois avec le fer & quelques fruits d'Alkekange. On met cette racine au nombre des cinq racines apéritives mineures, qui sont, le Chiendent, le Caprier, la Garence, l'Arrête-bœuf & la plante dont il est question. Simon Pauli lui attribue une vertu emménagogue; aussi la recommande-t-il pour les femmes, lorsque leurs règles sont tardives & dérangées. Ettmuller conseille la décoction de la même plante pour les maladies chroniques. Quelques-uns prétendent aussi que le Chardon Roland excite à l'amour. On préfère dans ce cas la graine à la racine. Velscius assure que les racines de Chardon Roland confites avec miel & sucre, sont très-propres pour la gonorrhée. Si on en croit J. Ray, & après lui Simon Simonius, ancien Professeur à Leipsick, la racine de Chardon Roland, appliquée en forme de Cataplasme sur le nombril, est usitée en Italie par les femmes pour empêcher l'avortement. Emmanuel Tonig dit qu'il la faut pour lors faire bouillir dans du vin.

J. Ray attribue aussi à la décoction de cette plante dans du vin la vertu d'arrêter les pertes des femmes. On lave avec cette décoction la malade soir & matin, & on applique sur la partie affectée des linges qui en sont imbibés. Ce remède opère plus par l'efficacité du vin que par la vertu de la plante, qui, prise intérieurement, agit même d'une façon tout-à-fait différente. Il seroit encore plus à propos de faire cuire cette plante dans du vinaigre.

Le même J. Ray dit qu'on commence la lotion ci-dessus prescrite, derrière les oreilles de la malade, ensuite sur le col, & tout le long de l'épine jusqu'à l'*Os Sacrum*, & enfin sur les flancs. Quelques femmes ont été guéries, dit-il, en trois jours par cette lotion.

Cette plante est aussi diurétique & antinéphrétique. Mappus assure que sa racine confite avec du sucre convient dans la Phthysie. Elle a une saveur douceâtre comme le Panais. A l'égard des racines du Panicaut de mer, quoiqu'elles soient peu en usage en France, cependant plusieurs personnes les préfèrent à celles du Chardon Roland, comme étant meilleures. Outre les vertus qu'elles ont de commun avec le Chardon Roland, J. Ray les croit utiles contre la peste & la contagion de l'air, prises le matin à jeun, confites avec le sucre. Il ajoute qu'elles sont utiles aux personnes maigres & desséchées, & qu'elles guérissent la vérole.

Formules.

1°. Prenez racines de *Chardon Roland* & de Chicorée sauvage, de chacune deux onces; feuilles d'aigremoine, de Scolopendre, de Capillaire, de Buglosse, de Cerfeuil, de chacune une poignée; sommités d'Absynthe, fleurs de Soucy, de chacune deux pincées: faites une décoction avec suffisante quantité d'eau de rivière pour six doses, dans chacune desquelles vous délaierez une once de syrop des cinq racines apéritives. On donnera les six doses à des distances convenables, aux personnes attaquées d'obstructions.

2°. Prenez racines d'*Eryngium*, d'Arrête-bœuf & de Garance, de chacune une once; feuilles d'Aigremoine, de Pimprenelle & de Capillaire, de chacune une poignée; Réglisse ratissée & concassée, une demi-once: faites cuire le tout dans trois chopines d'eau de fontaine pour une tisane à prendre dans les pâles couleurs.

3°. Prenez racines de *Chardon Roland* & de Chiendent, de chacune une once: faites bouillir dans trois pintes d'eau commune qu'on réduira aux deux tiers pour une tisane apéritive.

4°. Prenez racines de *Chardon Roland* & de Patience sauvage, de chacune deux onces; feuilles d'Aigremoine & de Véronique, de chacune une poignée: faites bouillir dans quatre livres d'eau commune réduites à deux livres; délayez dans la colature syrop des cinq racines apéritives, deux onces; *Arcanum duplicatum*, deux gros: faites un apozème apéritif que l'on prendra en quatre fois.

5°. Prenez racine de *Chardon Roland*, d'Arrête-bœuf, de chacune une demi-once; baies d'Alkekenge pilée, n°. 4: faites bouillir dans trois livres d'eau réduites à deux. Pilez dans la colature graines de *Chardon Roland* & de Melon, de chacune une demi-once: faites une émulsion diurétique dans laquelle on délaiera syrop de guimauve une once.

Propriétés vétérinaires.

Quand on ordonne la décoction de la racine fraîche de Chardon Roland dans les cas appropriés à ceux de l'homme, c'est à la dose de trois onces sur une livre de liqueur appropriée.

Propriétés économiques.

Mappus dit, d'après Garidel, que la semence de Chardon Roland cuite dans de l'eau avec de l'alun, teint en jaune.

SEPTIEME ESPECE.

La septième espèce est le Panicaut Améthyste. *Eryngium Amethystinum. Eryngium foliis trifidis, basi subpinnatis. Linn. Sp. Plant. 337. Eryngium montanum, Amethystinum. Bauh. Pin. 386. Moris. Hist. 3, p. 165, sect. 7. Eryngium totum cæruleum. Besl. Eyst. O. 11.*

Description.

Les feuilles de cette espèce sont linéaires, à demi fendues en trois, inférieurement ailées. Les enveloppes sont lancéolées, plus longues que la petite tête, garnies par intervalles de poils en forme d'alêne.

Figure.

Cette espèce est représentée dans l'Histoire des Plantes par Morison, tome 3, sect. 7, pl. 35, fig. 2; dans l'*Hort. Eyst.*, fig. 4.

Variété.

Linnæus donne pour variété de cette espèce l'*Eryngium minus, trifidum, Hispanicum. Barr. Ic. 36. Bocc. Mus. T. 71.*

Lieu de sa naissance.

Elle croît naturellement sur les montagnes de la Syrie & sur l'Apennin.

Culture.

On multiplie cette plante par graines que l'on sème en automne, dès qu'elles sont mûres: elles réussissent beaucoup mieux que si on diffère de les semer jusqu'au printemps. On les sème à demeure;

& lorsque les jeunes plantes sont levées. On les éclaircit quand elles sont trop épaisses, & on les débarrasse des mauvaises herbes. Tous les printemps on leur donne une espèce de sarclage.

Propriétés d'ornement.

Les fleurs de cette plante font un bel effet dans nos jardins; elles paroissent en Juillet, & sont suivies de semences qui mûrissent en Septembre, quand l'automne est sèche; mais dans les automnes humides elles ne parviennent jamais à leur maturité.

HUITIÈME ESPÈCE.

La huitième espèce est l'Eryngion des Alpes. *Eryngium Alpinum. Eryngium foliis digitatis, laciniatis, suborbiculatis; capitulo oblongo, polyphyllo; paleis setaceis; trifidis. Linn. Sp. Plant.* 224. *Mant.* 349. *Eryngium Alpinum, spinis horridum, Dipsaci capitulo. Tourn. Inst. Rei Herb.* 327. *Spina alba. Dalech. Hist.* 1462.

Description.

Les feuilles qui environnent cette plante sont presque orbiculées, partagées en cinq lobes bifourchus, épais, planes. Les péduncules sortent de la sommité sans bifourchure parfaite. Les enveloppes sont plus longues que la petite tête, nombreuses, ailées, épineuses. La petite tête est oblongue, à lames soyeuses, fendues en trois.

Lieu de sa naissance.

Cette espèce croît naturellement sur les Alpes.

ERYSIMUM, *le Vélar.*

NOMS GÉNÉRIQUES.

Ce genre de plante est connu sous les noms d'*Erysimon. Latin. Erusimon, Chamaiphion. Diosc. Eretmon. Ægypt. Irio. Rom. Cleome Octavii.* En François, *le Vélar, la Tortelle.*

Description générique.

Le caractère de ce genre est d'avoir le périanthe à quatre folioles ovales, oblongues, parallèles, conniventes, colorées, qui tombent. La corolle est cruciforme, à quatre pétales oblongs, planes, très-obtus au sommet, à onglets de la longueur du calice, droits. La glande qui porte le nectaire est double, entre le filament le plus court. Les filamens des étamines sont au nombre de six, de la longueur du calice, dont deux opposés sont plus courts. Les anthères sont simples. Le germe du pistil est linéaire, tétragonal, de la longueur des étamines. Le style est très-court. Le stigmate est en tête, persistent, petit. Le péricarpe est une silique longue, linéaire, serrée, tétragonale, à deux valves, à deux loges. Les semences sont nombreuses, petites, rondes.

CLASSE.

Ce genre fait partie de la cinquième classe de Tournefort, qui comprend les plantes cruciformes; & de la quinzième classe de Linnæus destinée aux plantes tétradynamiques siliqueuses. Ce genre renferme six espèces.

PREMIÈRE ESPÈCE.

La première espèce est le Vélar, la Tortelle, l'Herbe-au-chantre. *Erysimum officinale. Erysimum siliquis siliquæ appressis, foliis runcinatis. Linn. Sp. Plant.* 922. *Hort. Cliff.* 337. *Flor. Suec.* 554. 598. *Mat. Med.* 333. *Roy. Lugdb.* 342. *Dalib. Paris.* 200. *Erysimum vulgare. Bauh. Pin.* 100. *Verbena Mas. Fuchs. Hist.* 592. *Erysimum Tragi, flosculis luteis, juxta muros proveniens, J. B.* 2. 863. *Erysimum, Irio primum. Tab. Icon.* 448. *Hierobotane fœmina. Brunsf. Verbena fœmina & Sinapi septimum. Trag.* 102. *Cleome Octavii. Anguill. Eruca hirsuta, siliquâ cauli appressâ, Erysimum dicta. Rai. Hist.* 810. En Anglois, *Hedge Mustard.* En Allemand, *Wasserssenf, Wegesenf. Gelbeisenkraut.* En Danois, *Vildsenep.*

Description.

La racine de cette espèce est napiforme, blanche, ligneuse. Les tiges sont hautes de deux coudées, cylindriques, fermes, rudes & branchues. Les feuilles sont alternes, le plus communément en forme de lyre, terminées en pointe, un peu velues. Les siliques sont disposées en longs épis le long des rameaux, de même que les fleurs. Celles-ci sont cruciformes. Leurs pétales sont oblongs, obtus à leur sommet. Les onglets sont droits, de la longueur du calice, dont les folioles sont ovales, oblongues, colorées, & tombent. Son fruit est une silique linéaire, étroite, tétragone, biloculaire, bivalve, sessile. Les semences sont petites, rondes.

Figure.

Cette espèce est représentée dans le Traité Historique des Plantes de Lorraine, tome 3; & dans le *Flora Danica*, pl. 560.

Lieu de sa naissance.

Elle croît naturellement sur les chemins & sur les vieilles murailles dans la plupart des contrées de l'Angleterre, ce qui fait qu'on la cultive rarement dans les jardins. Dès qu'elle y est une fois introduite, elle devient une mauvaise herbe qu'on ne peut détruire.

Analyse chymique.

Dans l'analyse chymique qu'on a fait, de cinq livres de feuilles & de sommités de Vélar ordinaire distillées à la cornue, il est sorti 4 livres 3 onces 2 gros 18 grains de liqueur limpide, d'une odeur & d'une saveur d'herbe obscurément salée & alkaline; une once 2 gros de liqueur salée alkaline urineuse; 2 onces 3 gros 48 grains de liqueur rousse, imprégnée de beaucoup de sel volatil urineux; 6 gros 48 grains d'huile. La masse noire qui est restée dans la cornue pesoit 4 onces 5 gros, laquelle étant bien calcinée, a laissé 2 onces 5 gros 42 grains de cendres, dont on a tiré par la lixiviation une once 18 grains de sel fixe purement alkali. La perte des parties dans la distillation a été de 3 onces 4 gros 30 grains, & dans la calcination, de 2 onces 30 grains. Les feuilles de Vélar ont une saveur d'herbe un peu salée & un peu gluante. Leur suc rougit le papier bleu, quoiqu'elles donnent peu d'acide dans l'analyse chymique. Elles paroissent contenir un sel essentiel ammoniacal, enveloppé dans beaucoup de phlegme, de soufre & de terre.

Propriétés médicinales.

Elle est excellente pour résoudre & diviser les mucosités qui remplissent quelquefois le larynx & les bronches. C'est pour cette raison qu'on la prescrit avec succès contre l'enrouement, qui reconnoît souvent pour cause l'abondance du *mucus* de ces parties devenu trop épais; aussi Lobel & Pena la conseillent dans l'asthme, les maladies du poumon, la toux invétérée, l'enrouement & l'extinction de voix, qui vient d'une matière épaissie. Rondelet est le premier qui a mis cette plante en usage. C'est par son moyen qu'il a guéri en très-peu de temps plusieurs chantres qui avoient presque entièrement perdu la voix. C'est avec le Vélar qu'on prépare le fameux Syrop de Lobel, connu sous le nom de Syrop du Chantre, dans lequel, outre plusieurs plantes béchiques, il entre encore quelques céphaliques, telles que les fleurs de Romarin, de Stœchas & de Bétoine. Le Syrop de Vélar simple est aussi bon que le précédent. Il se fait simplement avec le suc de cette plante & du sucre, parties égales. Il se prescrit dans une tisane pectorale, depuis une demi-once jusqu'à une once. On fait aussi avec les fleurs & les feuilles de Vélar une tisane qui est très-bien indiquée dans les maladies de poitrine. Dioscoride & Lobel recommandent sa graine à ceux qui crachent des matières purulentes. Cette plante est encore très-bonne dans les coliques qui proviennent d'une pituite visqueuse qui s'est amassée dans l'estomac & les intestins. Riviere en a guéri plusieurs par la seule décoction du Vélar. Si on l'infuse dans du vin, elle est encore plus efficace. On doit toujours préférer l'infusion à la décoction, parce que le feu détruit les parties volatiles des plantes, & en détruit par-là l'efficacité.

Le Vélar est encore antiscorbutique, principalement sa graine. Ettmuler en faisoit usage à la dose d'un gros, pour guérir l'ischurie ou suppression d'urine. Cette plante est aussi un grand résolutif. Appliqué extérieurement, il convient pour le cancer non ulcéré & les tumeurs des mamelles. M. Atthalin, Doyen de la Faculté de Médecine de Besançon, en fait un grand usage.

Formules.

1°. Prenez feuilles de Tabouret, de *Vélar*, de Plantain, de Millefeuille, de chacune une suffisante quantité: pilez & réduisez en bouillie. Appliquez à la plante des pieds le cataplasme, au commencement de l'accès, dans les fièvres intermittentes accompagnées de mal de tête.

2°. Prenez feuilles fraîches de Cochléaria, de Roquette, de *Tortelle*, de Trefle d'eau, de chacune une poignée; semences fraîches broyées de Cresson de jardin, & de Raifort aussi de jardin, de chacune deux onces; fleurs de petite Centaurée, une once; racines de Raifort sauvage, cinq onces: hachez-les, & mettez dans un demi-muid de bière nouvelle & bouillante. Usez-en pour boisson ordinaire dans le scorbut.

SECONDE ESPECE.

La seconde espèce est l'Herbe de Sainte-Barbe. *Erysimum Barbarea. Erysimum foliis lyratis, extimo subrotundo. Linn. Sp. Plant.* 922. *Flor. Suec.* 557. 599. *Erysimum foliis basi pinnato-dentatis, apice subrotundis. Flor. Lapp.* 264. *Hort Cliff.* 338. *Roy. Lugdb.* 342. *Dalib. Parif.* 202. *Eruca lutea, latifolia seu Barbarea, Bauh. Pin.* 98. En Anglois, *Wintercressas*, *Rocket.* En Allemand, *Barbenkraut. Winterkresse.* En Suédois, *Winterkrasse.* En Danois, *Vinterkarse.* En François, *l'Herbe de Sainte-Barbe.*

Description.

La racine de cette espèce est napiforme, oblongue, blanche. Ses tiges sont hautes d'un pied & demi, herbacées, fermes, moëlleuses, rameuses, cylindriques. Ses feuilles sont alternes, en forme de lyre, arrondies au sommet, glabres. Les inférieures sont presque sessiles. Les supérieures embrassent la tige à moitié; toutes varient dans leurs découpures. Ses fleurs sont au sommet, jaunes, semblables à celles de l'espèce suivante. Son fruit est aussi de même.

Variété.

Linnæus donne pour variété de cette espèce le *Sisymbrium, Erucæ folio glabro, minus & procerius. Tourn. Inst. Rei Herb.* 226.

Lieu de sa naissance.

Elle est vivace, & croît naturellement en Europe aux bords des ruisseaux, dans les prés.

Propriétés alimentaires.

On la mangeoit autrefois dans les salades d'hiver, avant qu'on eût de meilleures plantes: on l'a rejettée depuis & avec raison, car elle a une odeur forte & un goût désagréable.

Propriétés médicinales.

La racine est plus âcre que les feuilles; elle est détersive, vulnéraire, antiscorbutique. Sa semence est apéritive. On emploie les feuilles en tisane ou en infusion, en guise de Thé. On fait infuser dans du vin blanc les semences concassées à la dose de cinq grains. Son suc sert pour déterger, dessécher les vieux ulcères. La plante légèrement pilée & macérée dans de l'huile d'olive, donne un baume excellent pour les blessures.

Propriétés vétérinaires.

On donne aux animaux les semences infusées dans du vinaigre, à la dose d'un gros sur cinq livres de vinaigre.

TROISIEME ESPECE.

La troisième espèce est l'Alliaire, l'Herbe aux Œillets. *Erysimum Alliaria. Erysimum foliis cordatis, Linn. Sp. Plant.* 922. *Hort. Cliff.* 338. *Flor. Suec.* 54. 600. *Mat. Med.* 334. *Roy. Lugdb.* 342. *Dalib. Parif.* 201. *Alliaria. Bauh. Pin.* 110. *Fuchs. Hist.* 104. *Camer. Epit.* 589. *Matth.* 843. *J. Bauh.* 2. 885. *Officin. Hesperis Allium redolens. Moris. Hist.* 252. *Tourn. Inst. Rei Herb.* 222. En Anglois, *Jack by the hedge. Sauce alone.* En Allemand, *Knoblauchskraut, Læuchel, Ramschel, Wurtzel.* En Danois, *Huid Logsurt, Gaslekaal.* En Italien, *Alliaria.*

Description.

La racine de cette espèce est napiforme. Sa tige s'élève à la hauteur de deux pieds; elle est cylindrique, un peu velue, lisse dans le haut. Ses feuilles sont alternes, cordiformes, pétiolées, dentelées, quelquefois réniformes au bas de la tige. Ses fleurs sont soutenues par de courts péduncules au sommet des tiges; elles sont cruciformes. Leurs pétales sont oblongs, obtus à la pointe. Les onglets sont de la longueur du calice, dont les folioles sont alongées, colorées. Il se trouve deux nectaires en forme de glandes entre les filets des étamines. La corolle est blanche.

Figure.

Cette espèce est représentée parmi les Plantes de Garsault.

Lieu de sa naissance.

Elle vient presque par toute l'Europe, sur-tout dans les haies, & quelquefois dans les prés.

Analyse chymique.

Dans l'analyse chymique qu'on a fait, de cinq livres de feuilles fraîches d'Alliaire il est sorti une livre 13 onces 3 gros de phlegme limpide, qui avoit un goût & une odeur foible d'ail, & qui étoit un peu acide; 2 livres 9 onces 4 gros 70 grains de liqueur roussâtre, d'abord acide, acerbe, ensuite empyreumatique, fort alkaline urineuse; une once 2 gros de liqueur brune, qui contenoit beaucoup de sel volatil urineux; 36 grains de sel volatil urineux concret; une once 60 grains de la consistance de la graisse. La masse noire qui est restée dans la cornue pesoit 4 onces 3 gros, laquelle étant calcinée au feu de réverbère, a laissé 2 onces 1 gros 6 grains de cendres, dont on a tiré 6 onces 50 grains de sel purement alkali. La perte des parties dans la distillation a été de 2 onces 1 gros 50 grains; & dans la calcination, 2 onces 1 gros 66 grains.

L'Alliaire est fort amère; elle sent l'ail, & donne la couleur rougeâtre au papier bleu; d'où nous pouvons conclure, aussi-bien que de son analyse, qu'elle contient un sel semblable au sel ammoniac enveloppé dans beaucoup de soufre.

Propriétés médicinales.

L'Alliaire résiste au poison. On prétend qu'elle a plus de vertus quand elle est sèche: on la fait pour lors bouillir dans du vin. Fraîche, elle fait uriner. On fait entrer ses feuilles dans des lavemens pour les coliques, la néphrétique, & les douleurs occasionnées par les vents. Sa graine pulvérisée est sternutatoire. Si on l'applique à la vulve en forme d'emplâtre, elle ranime & guérit les femmes qui sont attaquées d'un étranglement de matrice. Extérieurement elle résiste à la pourriture. Hildanus recueilloit cette plante au printemps: il la faisoit sécher à l'ombre pendant un jour; ensuite il la coupoit en petits morceaux; il la piloit dans un mortier, & il en exprimoit le suc dans un pressoir. Il gardoit ce suc dans des bouteilles, même jusqu'à trois ans, en versant pardessus un peu d'huile. Ce suc étoit selon lui un excellent remède pour les ulcères putrides ou sordides, & pour la gangrène.

QUATRIEME ESPECE.

La quatrième espèce est le Vélar recourbé. *Erysimum repandum. Erysimum foliis lanceolatis, dentatis; racemis oppositi-foliis, siliquis racemosis, subsessilibus; corollis minutis. Linn. Sp. Plant.* 923. *Amæn. Acad.* 3, *p.* 415.

Description.

Cette espèce est haute d'une coudée, annuelle: elle a le port du *Sisymbrium Polyceratium;* mais elle ne porte point de siliques dans les aisselles, mais élevées à longues grappes. Les feuilles radicales sont recourbées, dentelées. Les caulinaires sont lancéolées, entières. La tige est anguleuse.

Figure.

Elle est représentée dans le *Flora Austriaca* par Jacquin, pl. 22.

Lieu de sa naissance.

Elle est annuelle, & croît naturellement dans les champs de l'Espagne & de la Bohème.

Culture.

Cette espèce, de même que toutes les autres, se multiplie par graines que l'on sème en automne dans un endroit à demeure. Ces plantes n'exigent d'autres soins que d'être éclaircies & débarrassées des mauvaises herbes.

CINQUIÈME ESPÈCE.

La cinquième espèce est l'Erysimon ou Vélar Cheiranthoïde. *Erysimum Cheiranthoides. Erysimum foliis lanceolatis, integerrimis. Linn. Sp. Plant.* 923. *Flor. Lapp.* 263. *Hort. Cliff.* 337. *Flor. Suec.* 555. 601. *Roy. Lugdb.* 342. *Dalib. Parif.* 202. *Turritis foliis integris, lanceolatis. Guett. Stamp.* 2, *p.* 165. *Myagrum siliquâ longâ. Bauh. Pin.* 109. *Camelina, Myagrum alterum Thlaspi effigie. Lob. Ic.* 225.

Description.

Le port de cette espèce est très-semblable à celui du *Cheiranthus Erysimoïdes*, excepté les fleurs qui sont plus petites, & les siliques plus étendues. Les stigmates sont petits dans cette espèce, à peine divisés.

Figure.

Elle est représentée dans Lobel, pl. 225.

Lieu de sa naissance.

Elle croît naturellement dans les champs de l'Europe. Elle est annuelle.

SIXIEME ESPECE.

La sixième espèce est le Vélar à feuilles de Chicoracée. *Erysimum Hieracifolium. Erysimum foliis lanceolatis, serratis. Linn. Sp. Plant.* 923. *Roy. Lugdb.* 342. *Dalib. Parif.* 201. *Flor. Suec.* 2. n°. 602. *Leucoïum luteum, sylvestre, Hieracifolium. Bauh. Pin.* 201. *Prodr.* 102. *Leucoïum sylvestre, inodorum; flore parvo, pallidiore. Raj. Hist.* 781.

Description.

Cette espèce a les feuilles lancéolées, découpées à dents de scie. Ses fleurs sont petites, d'un jaune pâle.

Lieu de sa naissance.

Elle est ou vivace ou bisannuelle, & croît naturellement en France.

ERYTHRINA, *le Corallodendron.*

NOMS GÉNÉRIQUES.

Ce genre de plante est connu sous les noms d'*Erythrina. Linn. Corallodendrum. Tourn. Coral. Dill. Hort. Elth. Mouricou. Hort. Mal. Gelala. Rumph.*

Description générique.

Son caractère est d'avoir le périanthe du calice monophylle, entier, tubuleux, échancré supérieurement par le bord, garni inférieurement d'un pore mielleux. La corolle est papilionacée, à cinq pétales. L'étendart est lancéolé, à côtés réfléchis, montant, très-long. Les aîles sont ovales, à peine plus longues que le calice, à peine éminentes hors le tube de l'étendart, très-petites. La carêne est droite, de la longueur des aîles, à deux pétales, échancrée. Les filamens des étamines sont au nombre de dix, inférieurement réunis, un peu recourbés, de la longueur de la moitié d'un étendart, inégaux. Les anthères sont au nombre de dix, en forme de flèches. Le germe du pystil est pédiculé, aminci en un style en forme d'alêne, de la longueur des étamines. Le stigmate est terminal, simple. Le péricarpe est un légume très-long, s'élevant vers les semences, terminé par une pointe, à une loge. Les semences sont en forme de reins.

CLASSE.

Ce genre fait partie de l'Appendix de Tournefort, & de la dix-septième de Linnæus qui comprend les plantes diadelphiques décandriques. Cet Auteur en admet cinq espèces.

PREMIERE ESPECE.

La première espèce est le Corallodendron herbacé. *Erythrina herbacea. Erythrina foliis ternatis, caulibus simplicissimis, fruticoso-annuis. Linn. Sp. Plant.* 992. *Hort. Cliff.* 354. *Roy. Lugdb.* 373. *Corallodendron Caroliniensis, hastato folio. Dill. Hort. Elth.* 107. *Corallodendron humile, spicâ florum longissimâ, radice crassissimâ. Catesb. Carol.* 49. *Corallodendron foliis ternatis, caule simplicissimo, inermi. Trew. Ehret.*

Description.

Les tiges sont hautes de deux pieds, à peine rameuses, quelquefois vivaces. Les pétioles sont le plus souvent pointus en dessus. La pointe est communément sous le pétiole commun; dans la tige plus rarement. Il se trouve une ou deux pointes éparses dans la tige. Les grappes sont droites. Les petits pédicules sont ternes, à une fleur. Le calice n'est pas divisé, & n'a point de glande mellifère sous la base. L'étendart de la corolle est d'un rouge foncé. Les aîles & la carêne sont très-courtes. Les étamines sont vraiment diadelphiques. Le germe est pédiculé.

Figure.

Cette espèce est représentée dans les *Plantæ Selectæ* de Trew, pl. 58; dans le *Dillenii Hort. Elth.* pl. 90, fig 106; & dans l'Histoire de la Caroline par Catesby, pl. 49.

Lieu de sa naissance.

Elle est vivace, & croît naturellement dans la Caroline, sur le fleuve de Missisipi.

Observation.

Elle a des racines si grosses, qu'il s'en trouve qui pèsent au moins 20 livres.

SECONDE ESPECE.

La seconde espèce est le vrai Corallodendron à le Bois immortel. *Erythrina Corallodendron. Erythrina foliis ternatis, inermibus; caule arboreo, aculeato. Linn. Sp. Plant.* 992. *Hort. Cliff.* 354. *Hort. Ups.* 207. *Flor. Zeyl.* 275. *Roy. Lugdb.* 373. *Erythrina arborea, spinosa & non spinosa; foliis rhombeis, ternatis. Brow. Jam.* 288.

Description.

La tige de cette espèce est ligneuse, garnie d'épines. Ses feuilles sont ternes, sans être épineuses, rhomboïdes. Vers l'insertion des feuilles, on remarque deux paires de tubercules qui portent un nectaire sur un pétiole commun. Les fleurs sont très-rouges, semblables à du corail. Les fruits sont d'un rouge obscur.

Observation.

Les fleurs vers midi se resserrent & dorment.

Première Variété.

Linnæus admet deux variétés de cette espèce: la première est l'Occidentale. *Erythrina Occidentalis. Linn. Sp. Plant.* 992. *Ceratia seu Siliqua sylvestris, spinosa, arbor Indica. Bauh. Pin.* 402. *Coral arbor Americana. Commel. Hort.* 1, *p.* 211. *Corallodendron triphyllum, Americanum, spinosum; flore ruberrimo. Tourn. Inst.* 661. *Burm. Zeyl.* 74.

Figure.

Cette variété est représentée dans l'*Hort. Amst.* tome 1, pl. 108.

Seconde Variété.

La seconde variété est le Corallodendron Oriental. *Erythrina Orientalis. Mouricou. Rheed. Hort. Malab.* 6, *p.* 13. *Gelala littorea. Rumph. Amb.* 2, *p.* 230. Chez les Brachmanes, *Pangiro.* En Portugais, *Falsharda trinidale.* En Hollandois, *Slakhout, Washout, Eliphentes boom.*

Figure.

Cette espèce est représentée dans l'*Hort. Malab.* tome 6, pl. 7; dans l'*Herbarium Amboin.* de Rumphe, pl. 76; & dans la seconde partie de cet Ouvrage.

Observation.

Il y a quelque différence entre le Corallodendron Occidental & Oriental; mais la différence est à peine suffisante pour constituer une espèce. Les épines sont noires dans l'Oriental.

Culture.

La première espèce peut très-bien se conserver

dans l'orangerie, mais elle y fleurit rarement : il est plus à propos de la mettre dans une serre chaude : la seconde espèce l'exige absolument. On les multiplie l'une & l'autre, de même que les espèces suivantes, par graines que l'on tire des pays où ces plantes croissent naturellement ; car elles ne donnent point de graines dans ces contrées. On sème ces graines dans des petits pots qu'on enfonce dans une couche chaude. Quand les graines sont bonnes, il ne leur faut qu'un mois pour lever, ou cinq semaines au plus. Lorsque les jeunes plantes qui en proviennent, sont parvenues à la hauteur d'un pouce, on les enlève avec soin des pots, & on les plante chacune séparément dans un petit pot rempli de terreau qu'on enfonce dans une couche de tan ; & on les garantit du soleil jusqu'à ce qu'ils soient bien repris. On leur donne ensuite beaucoup d'air quand la chaleur de la saison le permet, pour qu'elles ne filent point ; & à mesure que ces plantes augmentent en force, on leur donnera une plus grande quantité d'air. Il faut les arroser souvent, mais en observant de ne pas leur donner trop d'eau à la fois, d'autant que la trop grande humidité fait pourrir leurs racines. En automne on met ces plantes dans une serre chaude, & même dans une étuve, pendant les deux ou trois premiers hivers, parce qu'elles demandent plus de chaleur, lorsqu'elles sont jeunes, que quand elles ont acquis assez de force. Tant & si long-temps qu'elles conservent leurs feuilles pendant l'hiver, on les arrose deux ou trois fois la semaine : mais dès qu'elles commenceront à s'en dépouiller, on ne leur donnera plus que quelque peu d'eau ; car l'humidité, comme nous l'avons déjà observé, leur est nuisible. On traite ces plantes plus durement à mesure qu'elles augmentent en force. Au moyen de tous ces petits soins on parviendra mieux à les faire fleurir. Nous en avons vu une en fleur dans le Jardin de la Reine à Trianon ; elle étoit de toute beauté. On multiplie aussi les espèces en arbres par boutures. On les fait dans des pots garnis de terreau, & on enfonce ces pots dans des couches chaudes. On préfère cependant & avec raison celles qui proviennent de semences.

Observation.

Cette plante perd toutes ses feuilles à l'instant que ses fleurs paroissent & ses fruits. On trouve toujours au pied de sa tige plusieurs limaçons.

Propriétés médicinales.

Les Habitans de Malabar emploient les fleurs de cette plante pour la confection de leur *Caril*. Ses feuilles pulvérisées, cuites avec de la noix d'Inde jusqu'à ce qu'elles aient acquis la consistance d'onguent, consument les bubons vénériens, & appaisent les douleurs des os. Ces mêmes feuilles broyées & appliquées sur les tempes guérissent les maux de tête & les ulcères; mêlées avec du sucre impur, que les Habitans nomment *Jugra*, & qui provient du suc du Palmier connu sous le nom de *Sura*, cuites & réduites en trochisques noirs, soulagent les douleurs de ventre, surtout aux femmes. L'écorce imbibée dans le vinaigre, & le noyau dépouillé de sa pellicule rouge, produisent les mêmes effets si on les avale. Le suc des feuilles pris avec l'huile *Sergelim*, appaise les douleurs vénériennes ; bu avec de l'infusion de riz, il arrête le dévoiement. Ce même suc réduit en pâte avec les feuilles de Beteleire, tue les petits vers dans les vieux ulcères.

Propriétés alimentaires pour les oiseaux.

Les oiseaux sont fort friands du suc qui se trouve dans les fleurs de cette plante : il en vient même de fort loin dans le temps de ses fleurs, pour sucer ce suc ; mais en revanche ces fleurs, quand elles tombent dans la mer, éloignent les poissons des environs.

Propriétés économiques.

Les Tourneurs emploient le bois de cet arbre comme étant mol & susceptible d'un beau poli. Les Habitans de Malabar en font les gaînes de leurs épées & de leurs couteaux. On plante dans les Indes plusieurs de ces plantes ; elles servent de support aux petites branches de Poivrier, qui s'attachant en forme de Lierre autour des tiges & des branches de Corallodendron, ne sont plus dans le cas de traîner à terre ; & comme les branches du Corallodendron poussent des racines & prennent de la croissance, elles sont de beaucoup préférables à des échalas ou perches, qui sont bientôt pourris dans un pays chaud où il pleut beaucoup.

Propriétés d'ornement.

On cultive dans les jardins des Curieux les Corallodendrons : ils y figurent sur-tout très bien dans le temps de leurs fleurs & de leurs fruits.

TROISIEME ESPECE.

La troisième espèce est le Corallodendron peint. *Erythrina picta. Erythrina foliis ternatis, aculeatis ; caule arboreo, aculeato. Linn. Sp. Plant.* 993. *Gelala alba. Rumph. Amboin.* 2, *p.* 234.

Description.

Cette espèce a paru à M. Linnæus très-semblable à l'espèce précédente : elle n'en diffère que par ses folioles qui sont blanchâtres & garnies d'épines ; tandis que les folioles de l'espèce précédente sont vertes & sans épines : d'ailleurs elle n'a pas deux glandes vers la base de la foliole impaire ; mais pour la tige & les pétioles, ils sont pointus dans l'une & l'autre espèce.

Figure.

Elle est représentée dans l'*Herbarium Amboinense*, tome 2, pl. 77 ; & dans la seconde partie de cet Ouvrage.

Lieu de sa naissance.

Elle croît naturellement dans l'Inde.

QUATRIEME ESPECE.

La quatrième espèce est le Corallodendron à crête de coq. *Erythrina crista galli. Erythrina foliis ternatis, petiolis subaculeatis, glandulosis ; caule arboreo, inermi. Linn. Syst. Veg. edit. XIII. Murr.* 539. *Mant.* 99. *Vandali Mss. Erythrina laurifolia. Jacq. Observ.* 3, *p.* 1. *Coral arbor non spinosa, trifolia. Pet. Mus.* 76. *Raj. Dendr.* 109.

Description.

Cet arbre a le tronc sans épine. Ses rameaux sont serrés. Ses feuilles sont ternées, à folioles oblongues, ovales, très-entières. Ses pétioles sont alongés, souvent à une ou deux pointes recourbées en dessous. Dans le pétiole, à la naissance des pédicules, est une glande de chaque côté, comme il se trouve pareillement deux glandes au milieu du pédicule intermédiaire. Les fleurs sont au nombre de deux ou trois, axillaires, pourpres, à péduncules propres, renversées. Le calice est campanulé, à deux lèvres, pointu à la lèvre inférieure. L'étendart est ovale, en forme de cœur, réfléchi, échancré. Les aîles sont très-petites, ovales, plus courtes que le calice. La carène est serrée, en forme de faulx, aiguë, applatie, presque de la longueur de l'étendart. Les étamines sont diadelphiques. Les inférieures sont au nombre de neuf, presque toutes réunies, de la longueur de la carène. Les anthères sont oblongues. Le germe est oblong, velu. Le style est en forme d'alêne. Le stigmate est à point menu.

Figure.

Elle est gravée dans la troisième partie des Observations de Jacquin, pl. 31.

Lieu de sa naissance.

Cette espèce croît naturellement au Brésil.

CINQUIEME ESPECE.

La cinquième espèce est le Corallodendron à siliques planes. *Erythrina planisiliqua. Erythrina foliis simplicibus, oblongis. Linn. Sp. Plant.* 993. *Corallodendron folio singulari, oblongo; siliquâ planâ. Plum. Spec.* 21.

Description.

Les feuilles sont en forme de cœur, ovales, pointues, très-entières, veineuses, courbées dans le pétiole, alternes. Les fleurs sont verticales, dans des péduncules très-longs, nombreuses, alternes. Les siliques sont pendantes, simples, planes, glabres, pointues. Les osselets ou fèves sont ronds, avec une petite marque noire.

Figure.

Cette espèce est représentée dans les Plantes de Plumier par Burmann, pl. 102.

Lieu de sa naissance.

Elle croît naturellement en Amérique.

ERYTHRONIUM, *la Dent-de-Chien.*

NOMS GÉNÉRIQUES.

Ce genre de plante est connu sous les noms de *Mithridation Cratæi. Diosc. Dens Canis. Dod. Tourn. Dentali. Clus. Erythronium. Linn.*

Description générique.

Le caractère de ce genre de plante est de n'avoir point de calice. Les pétales de la corolle sont au nombre de six, oblongs, lancéolés, pointus, se couchans alternativement vers la base, s'ouvrans insensiblement davantage, réfléchis depuis le milieu. Les nectaires sont deux tubercules obtus, calleux, attachés le long de la base à chaque pétale alterne & intérieur. Les filamens des étamines sont au nombre de six, en forme d'alêne, très courts. Les anthères sont oblongues. Le germe du pistil est turbiné. Le style est simple, plus court que la corolle, droit. Le stigmate est triple, s'ouvrant, obtus. Le péricarpe est une capsule globuleuse, plus étroite vers la base, à trois loges, à trois valves. Les semences sont nombreuses, ovales, pointues.

CLASSE.

Ce genre fait partie de la neuvième classe de Tournefort, qui comprend les plantes liliacées; & de la sixième de Linnæus, destinée aux plantes hexandriques monogyniques. Cet Auteur n'en admet qu'une espèce; mais il y a une infinité de variétés en couleur.

ESPECE.

Cette espèce est la Dent-de-Chien commune. *Erythronium Dens Canis. Linn. Sp. Plant.* 437. *Hort. Cliff.* 119. *Gmelin. Flor. Sibir.* 1, *p.* 39. *Roy. Lugdb.* 30. *Dens Canis latiore rotundioreque folio. Bauh. Pin.* 87. *Dens Canis. Dod. Pempt.* 203.

Description.

Cette plante a deux feuilles & quelquefois trois: elles sont rampantes, plus grosses, plus charnues & plus arrondies que celles du Lys des vallées, & marbrées en même temps de grandes taches blanches tirant sur le pourpre. Le pédicule qui sort d'entre les feuilles est haut comme la main, lisse, rouge, & supportant une belle fleur à six pétales oblongs, pointus, penchés & recoquillés vers le haut, quelquefois blancs, quelquefois purpurins, marqués en dedans de taches laiteuses, & garnis au milieu de six étamines purpurines. La fleur étant tombée, il lui succède un fruit presque rond & relevé à trois coins, de couleur verte, marbré de rouge. Il renferme en trois loges des semences oblongues & jaunâtres. Sa racine est oblongue, blanche, charnue, plus menue en haut qu'en bas, & ayant à-peu-près la figure de la dent d'un chien. Elle pousse plusieurs fibres.

Variétés.

Linnæus donne pour variétés, 1°. le *Dens Canis angustiore longioreque folio. Bauh. Pin.* 87; 2°. l'*Erythronium foliis ovato-oblongis, nigro-maculatis. Gron. Virg.* 151. *Flore flavo.*

Figure.

Cette espèce est représentée dans le *Flora Sibirica* de Gmelin, pl. 7; & dans le Traité des Plantes bulbeuses & liliacées, qui fait suite à l'Histoire des Insectes de Surinam & de toute l'Europe, que nous avons publiée chez Desnos.

Lieu de sa naissance.

Elle croît naturellement dans la Suisse, aux environs de Zurich, de Turin, dans la Sibérie & la Virginie. Elle est vivace.

Culture.

On multiplie cette plante par les cayeux que donnent les racines; mais comme ces cayeux ne viennent pas en grande quantité, cette plante ne peut pas être si commune dans les jardins que la plupart des autres plantes de la même saison: il lui faut une exposition ombragée & une terre un peu argilleuse. On peut la transplanter en tout temps & en séparer les cayeux, mais plus particulièrement depuis le commencement de Juin jusqu'au milieu de Septembre, qui est précisément le temps où les feuilles sont sèches. On ne gardera pas long-temps ses racines hors de terre, car rien n'est plus propre à les faire pourrir.

Propriétés d'ornement.

Ces plantes figurent très-bien dans les jardins; mais il ne faut pas les disposer çà & là dans les platebandes du parterre : on les mettra en planches les unes auprès des autres comme les Jacinthes, Tulipes, Renoncules : elles forment pour lors, quand elles sont en fleur, un joli coup d'œil.

ERYTHROXYLON, *l'Erythroxylon.*

Description générique.

Le caractère de ce genre de plante est d'avoir le périanthe du calice monophylle, turbiné, très-petit, se fanant, fendu en cinq lobes ovales, aigus. Les pétales de la corolle sont au nombre de cinq, ovales, concaves, s'ouvrans. Le nectaire est à cinq écailles échancrées, droites, colorées, insérées à la base des pétales. Les filamens des étamines sont au nombre de dix, de la longueur de la corolle, attachés à la base par une membrane tronquée. Les anthères sont en forme de cœur. Le germe du pistil est ovale. Les styles sont au nombre de trois, filiformes, distans, de la longueur des étamines. Les stigmates sont obtus, un peu gros. Le péricarpe est un fruit à noyau, ovale, à une loge. La semence est une noix oblongue, à quatre angles obtus.

CLASSE.

Ce genre fait partie de la dixième classe de Linnæus qui comprend les plantes décandriques trigyniques. Cet Auteur en admet deux espèces.

PREMIERE ESPECE.

La première espèce est l'Erythroxylon de Carthagène. *Erythroxylon areolatum. Linn. Sp. Plant.* 612. *Amæn. Acad.* 5, *p.* 397. *Erythroxylon foliis ovatis. Linn. Syst. Veg. edit. XIII. Murr.* 357. *Jacq. Americ.* 134. *Erythroxylon foliis ellypticis, lineis binis, longitudinalibus, subtùs notatis; fasciculis florum sparsis. Brow. Jam.* 278. *An Bucephalon Plumieri, an malifoliæ subtùs albicanti arbor baccifera? &c. Sloan. Cat.* 170, *& Hist. Tab.* 206. En Anglois, *Red-wood, or Iron-wood, With oval leaves.*

Description.

Cet arbre croît à la hauteur de douze pieds, dit Jacquin. Ses rameaux s'étendent, sont nombreux, couchés, serrés. Ils naissent souvent du tronc, ou d'abord sur terre, & sont revêtus d'une écorce d'un brun foncé. Le bois est d'un brun jaunâtre & solide. Les feuilles sont ovales, plus rarement rondes, échancrées, entières, luisantes, vertes en dessus, jaunâtres au revers, & rayées de trois lignes longitudinales, unies par la base & le sommet, alternes, pétiolées, longues d'un demi-pouce. Les péduncules sont à une fleur, courts, rassemblés sur de petits rameaux ligneux. Les fleurs sont très-nombreuses, couvrant souvent de petits rameaux entiers, ayant le diamètre presque d'un demi-pouce, & les pétales blancs d'une odeur très-suave, qui approche beaucoup de celle de la Jonquille, & plus douce. Le fruit est mol, rouge,

rempli aussi de suc rouge, qu'aucun animal ne mange, au rapport de Jacquin.

Figure.

Cette espèce est représentée dans l'Histoire de la Jamaïque par Brown, pl. 38, fig. 2; & dans l'Histoire de l'Amérique par Jacquin, pl. 87, fig. 1.

Lieu de sa naissance.

Elle croît naturellement dans la Jamaïque.

Propriétés économiques.

On emploie en charpente le bois de cet arbre.

SECONDE ESPECE.

La seconde espèce est l'Erythroxylon de Havane. *Erythroxylum Havanense. Erythroxylum foliis ovatis. Linn. Syst. Veg. edit. XIII. Murray.* 357. *Jacq. Amer.* 135.

Description.

Cet arbrisseau est haut de trois pieds. Il a à-peu-près le port de l'espèce précédente; mais ses feuilles sont ovales, obtuses, très-entières, sans aucune ligne en dessous. Son fruit est couleur d'orange.

Figure.

Il est représenté dans l'Histoire des Plantes de l'Amérique par Jacquin, pl. 87.

Lieu de sa naissance.

Il croît naturellement sur les rochers maritimes de la Havane.

ETHULIA, *le Sparganophore.*

Description générique.

Le caractère de ce genre de plante est d'avoir le périanthe du calice rond, simple, à quinze folioles linéaires, égales, qui s'ouvrent. La corolle composée est tubuleuse. Les petites corolles sont hermaphrodites, uniformes, ayant une espèce de distance l'une de l'autre. La corolle propre est en forme d'entonnoir, dont le lymbe est fendu en cinq, droit. Les filamens des étamines sont au nombre de cinq, très-courts, capillaires. L'anthère est cylindrique, tubuleuse. Le germe du pistil est prismatique. Le style est filiforme, de la longueur des étamines. Les stigmates sont au nombre de deux, recourbés. Le péricarpe n'est autre chose que le calice changé. Les semences sont solitaires, tronquées, turbinées, pentagonales, à cinq sillons. Il n'y a point d'aigrette, mais un bord qui s'élève un peu. Le réceptacle est nud, convexe, excavé de points.

CLASSE.

Ce genre fait partie de la dix-neuvième classe de Linnæus, qui comprend les plantes syngénésiques polygamiques égales. Cet Auteur en admet cinq espèces.

PREMIÈRE ESPÈCE.

La première espèce est le Sparganophore en forme

forme de Conyze. *Ethulia Conyzoïdes. Ethulia floribus paniculatis. Linn. Sp. Plant.* 1171. *Linn. Fil. Dec.* 1, *p.* 1.

Description.

Les cotyledons sont pétiolés, ronds, très-entiers, échancrés, glabres, très-petits. La racine est annuelle, fibreuse, blanchâtre. La tige est herbacée, de la grosseur du doigt, haute de quatre pieds, droite, cylindrique, supérieurement anguleuse, poileuse, creuse, rameuse. Les rameaux sont alternes, axillaires, courts, un peu droits: pour le reste, comme la tige. Les feuilles sont alternes, plus longues que les interstices, pétiolées, lancéolées, pointues, découpées également à dents de scie, glabres, poileuses en dessous, veineuses, s'ouvrant beaucoup, planes; celles d'en bas sont opposées. Les pétioles sont très-courts, à demi amplexicaules, cannelés, poileux. Les bouquets sont terminaux, trois fois plus courts que les feuilles, cylindriques, striés, droits, poileux. Les bractées sont en plus petit nombre, en forme d'alêne, recourbées vers la naissance des péduncules. Les fleurs sont à fleurons, petites, à disque convexe. Les fleurons sont au-delà de vingt, d'un bleu clair, hermaphrodites. Le calice commun est imbriqué, plus long que la fleur, persistent. Les écailles sont aiguës, linéaires, vertes, un peu glabres. Les corolles sont droites, uniformes, distantes, en forme d'entonnoir. Le tube est cylindrique, élargi par le haut. Le lymbe est fendu en cinq lobes ovales, ouverts. Les étamines & le pistil sont comme dans toutes les plantes syngénésiques. Les semences sont côniques, anguleuses, sillonnées, tronquées, nues, sans aigrette, glabres, petites. Le réceptacle est convexe, nud.

Observation.

Cette plante a le même port que celui de la Conyze. Sa fructification est en plusieurs points semblable à celle de l'Eupatoire & de l'Agerate: elle en diffère cependant en ce que les semences n'ont point d'aigrette. Ce qu'il y a de particulier à cette plante, c'est qu'elle montre des racines vers la base de sa tige, ce qui est très-rare dans une plante annuelle. Ses feuilles ont une odeur agréable. Cette plante aime beaucoup la chaleur, & ses feuilles deviennent pour lors ovales, lancéolées.

Figure.

Elle est représentée dans la première Décade de Linnæus fils, pl. 1.

Lieu de sa naissance.

Elle croît naturellement dans l'Isle de Ceylan.

Culture.

Cette plante se sème sur une couche chaude. Quand elle est levée, on la met dans la serre chaude, pour qu'elle puisse fleurir en automne & y donner de bonnes semences.

SECONDE ESPECE.

La seconde espèce est la vraie Sparganophore. *Ethulia Sparganophora. Ethulia floribus sessilibus, æqualibus. Linn. Sp. Plant.* 1171. *Sparganophoros Virgæ aureæ folio, floribus è foliorum alis, absque pediculis. Vaill. Act.* 368.

Description.

Les feuilles de cette espèce sont semblables à celles de la Verge d'or. Les fleurs sortent des aisselles, n'ont point de pédicule, & sont égales.

Lieu de sa naissance.

Elle croît naturellement dans l'Inde. Vaillant en a décrit le caractère, & donné la figure de ses fleurs dans les Mémoires de l'Académie.

TROISIÈME ESPECE.

La troisième espèce est la Sparganophore écartée. *Ethulia divaricata. Ethulia foliis linearibus, dentatis, decurrentibus; pedunculis oppositifloris, unifloris, caule divaricato. Linn. Syst. Veg. edit. XIII. Murray.* 612. *Mant.* 110 & 572. *Ethulia pedunculis oppositifoliis, unifloris; foliis linearibus, dentatis, decurrentibus, caule divaricato. Burm. Ind.* 176. *Chrysanthemum Bengalense, angustifolium, pusillum, summo caule, ramosum. Pluk. Alm.* 102.

Description.

Cette plante est annuelle, haute d'un palme. Sa tige est droite, en bouquet, inférieurement lisse, supérieurement poileuse, rameuse, à quatre angles aigus, ayant ses premiers rameaux plus courts. Les feuilles sont lancéolées, alternes, très entières, charnues, formant les angles de la tige par leur base décourante de chaque côté. Les calices sont terminaux, sessiles, imbriqués d'écailles en forme d'alêne, très-pointues, droites, pourpres. Le réceptacle est nud. Les semences sont nues. Les styles sont plus longs que la petite corolle.

Figure.

Cette espèce est représentée dans le *Flora Indica* de Burmann, pl. 58, fig. 1; & dans l'*Almag.* de Pluknet, pl. 21, fig. 4.

Lieu de sa naissance.

Elle est annuelle, & croît naturellement dans les champs de Malabar.

QUATRIEME ESPECE.

La quatrième espèce est la Sparganophore cotonneuse. *Ethulia tomentosa. Ethulia suffruticosa, foliis linearibus, integerrimis, tomentosis. Linn. Syst. Veg. edit. XIII. Murray.* 612. *Mant.* 110.

Description.

Ce petit arbrisseau est à tiges striées, rameuses. Ses feuilles sont alternes, sessiles, lancéolées, linéaires, très-entières, banchâtres ou très-légèrement cotonneuses, ayant la forme de la Lavande. Ses calices sont terminaux, sessiles, lâches, feuillus.

Lieu de sa naissance.

Il croît naturellement dans la Chine.

CINQUIEME ESPECE.

La cinquième espèce est la Sparganophore du Bidens. *Ethulia Bidentis. Ethulia racemulis secundis, calycibus subquinquefloris; foliis lanceolatis, oppositis. Linn. Syst. Veg. edit. XIII. Murray.* 612. *Mant.* 110. *Kallstroem. Hort. Reg.*

Description.

La tige de cette espèce est herbacée, droite, hexagonale, branchue. Les feuilles sont opposées, à trois nervures, pétiolées, lancéolées, découpées à dents de scie, glabres. Les grappes sont au nombre de deux ou de quatre: elles terminent la tige & les rameaux; elles sont branchues, garnies du côté supérieur de fleurs sessiles, étroites, jaunes, à cinq fleurons, alternes, soutenues en dessous par une bractée en forme d'alêne. Les semences sont oblongues, lisses, à quelques stries. Les fleurs sont petites, mais étroites.

Lieu de sa naissance.

Elle est annuelle, & croît naturellement dans l'Inde.

EUCLEA, *l'Euclée.*

Description générique.

Le caractère de ce genre de plante est d'avoir des fleurs mâles & femelles. Dans les fleurs mâles le calice est à cinq dents. La corolle est à cinq pétales. Les étamines sont au nombre de quinze. Dans les fleurs femelles, le calice & la corolle sont les mêmes que ceux du mâle. Le germe est supérieur. Les styles sont au nombre de deux. La baie est à deux loges.

CLASSE.

Ce genre fait partie de la vingt-deuxième classe de Linnæus, qui comprend les plantes dioeciques dodécandriques. Il n'y en a qu'une espèce.

ESPECE.

Cette espèce est l'Euclée en grappe. *Euclea racemosa. Linn. Syst. Veg. edit. XIII. Murray.* 747.

Observation.

Si la citation de Murray est vraie, cette espèce est un Géranion décrit par Burmann dans sa quatrième Décade des plantes d'Afrique, sous le nom de *Geranium tuberosum, radicalibus foliis, integris; cæteris pectinatis, floribus umbellatis*, & gravé dans la trente-deuxième planche de cet Ouvrage, fig. 2: mais comme nous ne sommes pas bien assurés de ce fait, que nous avons même des raisons pour nous en faire douter, nous n'en rapporterons pas ici la description. Nous regardons même ce genre comme fort équivoque.

EVEA, *l'Evé.*

Description générique.

Le caractère de ce genre de plante est d'avoir les fleurs en tête. L'enveloppe est à quatre feuilles, dont deux inférieures, plus larges, rondes, aiguës, opposées. Le périanthe du calice est monophylle, turbiné, s'étend, à quatre dents très-petites. La corolle est monopétale, blanche, en forme d'entonnoir. Le tube est long, inséré au disque au-dessus du germe. Le lymbe est fendu en quatre lobes aigus. Les filamens des étamines sont au nombre de quatre, très-courts, insérés au tube vers la base. Les anthères sont oblongues, linéaires, à deux loges. Le germe du pistil est inférieur, ovale, attaché au fond du calice, couronné par un disque. Le style est court. Le stigmate est à deux lobes.

CLASSE.

Ce genre fait partie de la quatrième classe de Linnæus, qui comprend les plantes tétrandriques monogyniques. M. Aublet, qui a publié ce nouveau genre, n'en rapporte qu'une espèce.

ESPÈCE.

Cette espèce est l'Evé de la Guiane. *Evea Guianensis. Aubl.* 100.

Description.

C'est un arbrisseau qui s'élève de sept à huit pieds. Son tronc a environ un pouce & demi de diamètre. Il est garni dès le bas de branches rameuses, noueuses & opposées. Elles sont à quatre angles, & garnies à chaque nœud de deux feuilles opposées & disposées en croix. Les branches & les rameaux naissent à trois lignes au-dessus de l'aisselle des feuilles: elles sont entières, vertes, lisses, luisantes, ovales, terminées par une longue pointe. Leur pédicule est très-court, convexe en dessous, creusé en gouttière en dessus. Entre les deux pédicules opposées, il y a de chaque côté une stipule longue & aiguë, qui en tombant y laisse l'impression de son attache. Les fleurs naissent à droite & à gauche, un peu au-dessus de l'aisselle des feuilles, sur un péduncule qui est garni à sa naissance de deux stipules opposées. Les fleurs sont ramassées en tête. Cette tête est enveloppée par quatre écailles, dont deux extérieures, larges, terminées par une pointe recourbée; & deux intérieures moins grandes & moins larges, qui par leur base forment une gaîne. En détachant ces écailles, on en trouve six ou sept autres étroites, longues, aiguës, qui entourent huit à dix fleurs. Le calice est d'une seule pièce, fort évasé à son lymbe qui est à quatre dentelures. La corolle est monopétale, blanche, attachée sur l'ovaire autour d'un disque. Son tube est grêle, fort long, renflé vers son pavillon, qui est partagé en quatre petits lobes. Les étamines sont au nombre de quatre, placées sur la paroi interne & inférieure du tube. Leur filet est court. L'anthère est longue & à deux bourses. Le pistil est un ovaire emboîté dans le fond du calice, avec lequel il fait corps. Il est couronné d'un disque du centre duquel sort un style court, terminé par un stigmate à deux lames. M. Aublet dit n'avoir pas vu l'ovaire dans sa maturité.

Figure.

Cette espèce est représentée dans l'Histoire des Plantes de la Guiane Françoise, pl. 39.

Lieu de sa naissance.

Elle croît dans les grandes forêts de la Guiane Françoise.

EUGENIA, *le Jambolier.*

NOMS GÉNÉRIQUES.

Ce genre de plante est connu sous les noms de *Jambos. Garz. Rumph. Malakkaschambu, Natis-*

chambu. Hort. Mal. Schambu , Bram. Tufat Indi. Arab. Alma. Turk. Eugenia. Mich. Linn.

Description générique.

Son caractère est d'avoir le périanthe du calice monophylle, supérieur, partagé en quatre lobes oblongs, obtus, concaves, persistens. Les pétales de la corolle sont au nombre de quatre, deux fois plus grands que le calice, oblongs, obtus, concaves. Les filamens des étamines sont nombreux, insérés au calice, de la longueur de la corolle. Les anthères sont petites. Le germe du pistil est turbiné, inférieur. Le style est simple. Le péricarpe est un fruit à noyau, à quatre angles, couronné, à une loge. La semence est une noix ronde, glabre.

CLASSE.

Ce genre fait partie de la douzième classe de Linnæus, qui comprend les plantes icosandriques monogyniques. Cet Auteur en admet huit espèces, auxquelles nous joindrons huit autres espèces découvertes par M. Aublet. Nous commencerons même par celles-ci.

PREMIÈRE ESPECE.

La première espèce est le Jambolier des montagnes. *Eugenia montana. Eugenia foliis ovatis, acutis, floribus terminalibus, fructu parvo, albo, punctis rubris notato. Aubl.* 495.

Description.

Cet arbre est de moyenne grandeur. Son tronc s'élève à cinq ou six pieds. Son écorce est cendrée. Son bois est dur, compact & blanc. Il pousse à son sommet des branches noueuses & rameuses, qui s'élèvent & se répandent horisontalement. Les feuilles sont placées sur les rameaux deux à deux, opposées & disposées en croix. Elles sont vertes, lisses, épaisses, ovales, terminées par une petite pointe: les plus grandes ont environ deux pouces de longueur sur un de large; elles sont partagées dans leur longueur par une nervure peu saillante en dessous. Les fleurs naissent à l'extrémité des rameaux sur une branche menue, rameuse, dont les rameaux sont opposés, & soutiennent chacun trois fleurs sessiles d'une odeur très-agréable, & garnies d'une petite écaille à leur base. Le calice est d'une seule pièce, arrondi par le bas, évasé par le haut, partagé en quatre parties concaves & pointues. La corolle est à quatre pétales blancs, légèrement teints de rouge, arrondis, concaves, attachés par un onglet entre & sous les divisions du calice. Les étamines sont en grand nombre, rangées au-dessous de l'insertion des pétales, sur la paroi supérieure & interne du calice. Le pistil est un ovaire arrondi qui fait corps avec le calice, & il est surmonté d'un style long, grêle, rougeâtre, terminé par un stigmate obtus. L'ovaire devient une baie blanche, pointillée de rouge, couronnée par les divisions du calice avec lequel elle fait corps. Elle est à une seule loge, qui contient une semence arrondie.

Figure.

Elle est représentée dans l'Histoire des Plantes de la Guiane Françoise par Aublet, pl. 195.

Lieu de sa naissance.

On trouve cet arbre sur le sommet de la montagne Serpent.

SECONDE ESPECE.

La seconde espèce est le Jambolier Coumeté. *Eugenia Coumete. Eugenia foliis latis, ovatis, acuminatis; floribus racemosis, fructu albo. Aubl.* 497.

Description.

Le tronc de cet arbre s'élève à quinze pieds. Son diamètre est de sept à huit pouces. Son écorce est roussâtre. Son bois est blanchâtre & dur. Il pousse à son sommet des branches rameuses qui se répandent en tout sens. Les feuilles sont deux à deux, opposées & disposées en croix: elles sont vertes, lisses, fermes, épaisses, ovales, terminées par une longue pointe. Les plus grandes ont cinq pouces de longueur sur environ deux & demi de largeur; elles sont criblées de points transparens, qu'on apperçoit quand on les observe au travers de la lumière; elles sont partagées dans toute leur longueur par une nervure saillante, de laquelle il en sort plusieurs latérales également saillantes. Les fleurs naissent à l'extrémité des rameaux & à l'aisselle des feuilles, ramassées en grappes éparses, dont les branches portent chacune trois fleurs. Le calice est arrondi à sa base, divisé à son lymbe en cinq parties concaves & aiguës. La corolle est à cinq pétales blancs, concaves & arrondis, attachés par un onglet entre & au-dessous des divisions du calice. Les étamines sont en grand nombre, rangées au-dessous de l'insertion des pétales à la paroi supérieure & interne du calice. Leurs filets sont blancs. Les anthères sont jaunes, à deux bourses. Le pistil est un ovaire qui fait corps avec le fond du calice; il est surmonté d'un style long, terminé par un stigmate obtus. L'ovaire conjointement avec le calice, devient une baie arrondie, couronnée par les divisions du calice. Son écorce est charnue, blanche, & renferme une seule graine couverte d'une membrane.

Figure.

Cette espèce est représentée dans l'Histoire des Plantes de la Guiane Françoise, pl. 196.

Lieu de sa naissance.

On la trouve dans les déserts qui sont situés à plus de 40 lieues des bords de la mer, en remontant la rivière de Sinemari.

TROISIEME ESPECE.

La troisième espèce est le Jambolier Mini. *Eugenia Mini. Eugenia foliis lanceolatis, floribus racemosis, fructu parvo, albo, & ex rubro variegato. Aubl.* 498.

Description.

Cet arbre est de moyenne grandeur. Son tronc a six pieds de hauteur sur six pouces & plus de diamètre. Son écorce est cendrée. Son bois est jaunâtre, compact & très-dur. Il est garni à son sommet de branches, dont les unes s'élèvent perpendiculairement, les autres se répandent horisontalement. Les branches sont rameuses, chargées de feuilles, deux à deux, opposées & en croix. Celles-ci sont lisses, vertes en dessus, & plus pâles en dessous, de forme ovale, alongées par une longue pointe, & criblées de points transparens que l'on apperçoit quand on les observe au travers de la lumière. Les fleurs naissent par petites grappes, à l'aisselle des feuilles & à l'extrémité des rameaux. Chaque rameau de la grappe porte trois fleurs, & à sa naissance deux petites écailles. Chaque fleur a un petit péduncule. Le calice est soutenu par deux petites écailles; il est arrondi à sa base, divisé en son lymbe en quatre parties concaves & aiguës. La corolle est à quatre pétales blancs, concaves & arrondis, attachés par un onglet entre & sous les divisions du calice. Les étamines sont en grand nombre, rangées au-dessous de l'insertion des pétales, sur la paroi supérieure & interne du calice. Les filets sont rougeâtres. Les anthères sont jaunes, à deux bourses. Le pistil est un ovaire qui fait corps avec le fond du calice; il est surmonté d'un style long, rougeâtre, terminé par un stigmate obtus. L'ovaire conjointement avec le calice devient une baie de la grosseur d'une groseille rouge. Son écorce qui est blanche & fouettée de rouge, est un peu charnue; elle n'a qu'une loge qui contient une ou deux semences couvertes d'une membrane sèche & verdâtre.

Figure.

Cet arbre est représenté dans la cent quatre-vingt-dix-septième planche de l'Histoire des Plantes de la Guiane Françoise.

Lieu de sa naissance.

On en trouve dans les forêts désertes voisines de la rivière de Sinemari, à quarante lieues de son embouchure. M. Aublet l'a ensuite observé à Loyola, dans l'Isle de Cayenne.

QUATRIEME ESPECE.

La quatrième espèce est le Jambolier de Sinemari. *Eugenia Sinemariensis. Eugenia foliis ovatis, acuminatis; floribus sessilibus, congestis, terminalibus & axillaribus; fructu rubro, trispermo. Aubl.* 501. Chez les Galibis, *Mariraon.*

Description.

Cet arbrisseau pousse de son tronc plusieurs branches droites & rameuses. Il a tout au plus un pied d'élévation au-dessus de la surface de la terre; il est couvert d'une écorce grisâtre. Son bois est fort dur & blanc. Ses branches & ses rameaux sont garnis de feuilles, deux à deux, & disposées en croix; elles sont presque sessiles, de figure ovale, terminées par une longue pointe; leur couleur est d'un vert foncé en dessus, plus pâle en dessous; elles sont fermes, lisses, entières, partagées dans leur longueur par une nervure saillante en dessous, qui donne naissance à plusieurs latérales. Les plus grandes feuilles ont six pouces de longueur sur deux de largeur. Les fleurs sortent plusieurs ensemble, ramassées près à près comme par grouppes, sessiles, de l'aisselle de chaque feuille, & terminent aussi les rameaux. Le calice est d'une seule pièce, arrondi en forme de coupe, à quatre ou cinq petites dentelures, garni à sa base de deux écailles. La corolle est à quatre ou cinq pétales égaux, arrondis, concaves, blancs, tachés de rouge, attachés par un onglet entre & sous les divisions du calice. Les étamines sont en grand nombre, rangées au-dessous de l'insertion des pétales, sur la paroi interne & supérieure du calice: leur filet est blanc, long, chargé d'une petite anthère jaune. Le pistil est un ovaire rond qui fait corps avec le calice, & il est surmonté d'un style terminé par un stigmate obtus. L'ovaire devient une baie rouge, couronnée par les divisions du calice; elle est à une loge qui renferme deux ou trois amandes appliquées les unes contre les autres, & couvertes d'une écorce roussâtre: cette baie est de la grosseur d'une azerole; elle se trouve par grouppes sur les branches & les rameaux dans les endroits dépourvus de feuilles. Il paroît qu'en grossissant elle occasionne la chûte de celles-ci.

Figure.

Cette espèce est représentée dans la planche 198 de l'Histoire naturelle de la Guiane Françoise.

Lieu de sa naissance.

On trouve cet arbrisseau sur le bord de la rivière de Sinemari, à environ 40 lieues de son embouchure.

CINQUIÈME ESPÈCE.

La cinquième espèce est le Jambolier à larges feuilles. *Eugenia latifolia. Eugenia foliis amplissimis, ovatis, acutis; fructu nigro. Aubl.* 502.

Description.

Cet arbrisseau pousse de sa racine plusieurs tiges droites, ligneuses, noueuses, hautes d'environ six à sept pieds; elles sont garnies à chaque nœud de deux feuilles opposées & disposées en croix. Ces feuilles sont lisses, vertes, épaisses, criblées de points transparens; elles sont partagées dans toute leur longueur par une nervure saillante, de laquelle prennent naissance plusieurs autres latérales également saillantes. Leur pédicule est très-court. Les fleurs naissent de l'aisselle de chaque feuille. Leur nombre varie; il est plus ou moins grand. Chaque fleur a son péduncule particulier, garni d'une écaille à sa naissance. Le calice est soutenu à sa base par deux petites écailles; il est arrondi, évasé à son lymbe, qui est divisé en quatre ou cinq parties concaves & aiguës. La corolle est à quatre ou cinq pétales, selon le nombre des divisions du calice. Ces pétales sont arrondis, concaves, blancs, rouges à leur bord, attachés par un onglet entre & sous les divisions du calice. Les étamines sont en grand nombre, arrangées au-dessous de l'insertion des pétales, à la paroi supérieure & interne du calice. Le filet est blanc, & leur anthère jaune, à deux bourses. Le pistil est un ovaire qui fait corps avec le calice; il est surmonté d'un style terminé par un stigmate obtus. L'ovaire, conjointement avec le calice, devient une baie de la grosseur d'un gland, & est couronné par les divisions du calice. Son écorce est charnue, verte d'abord, ensuite jaune & violette dans sa parfaite maturité; elle ne contient qu'une seule graine enveloppée d'une membrane verdâtre; elle est d'un goût astringent.

Figure.

Cette plante est représentée dans la cent quatre-vingt-dix-neuvième planche de l'Histoire des Plantes de la Guiane Françoise par M. Aublet.

Lieu de sa naissance.

Elle croît dans les haies, au bord des terreins défrichés de la Guiane Françoise.

SIXIEME ESPECE.

La sixième espèce est le Jambolier velu. *Eugenia tomentosa.*

tomentosa. Eugenia foliis ovatis, subsessilibus, floribus racemosis. Aubl. 504.

Description.

Cet arbrisseau pousse de sa racine plusieurs tiges ligneuses, branchues & rameuses, qui s'élèvent à la hauteur de trois ou quatre pieds; elles sont garnies de feuilles, deux à deux, opposées & disposées en croix. Ces feuilles, de même que les branches & les rameaux, sont couvertes d'un duvet verdâtre; elles sont ovales, entières, presque sessiles, vertes en dessus & plus pâles en dessous, criblées de pointes transparentes que l'on apperçoit en les tenant entre l'œil & la lumière. Les fleurs naissent en grappes à l'aisselle des feuilles; elles sont très-petites; leur calice est velu, d'une seule pièce, évasé, & fait corps avec l'ovaire; il est divisé à son lymbe en cinq parties aiguës. La corolle est à cinq pétales blancs, arrondis & concaves, attachés par un onglet entre les divisions du calice. Les étamines sont en grand nombre, rangées autour de la paroi interne du calice, au-dessous de l'insertion des pétales; leurs filets sont longs. Les anthères sont jaunes, arrondies, à deux bourses séparées par un sillon. Le pistil est un ovaire renfermé dans le fond du calice; il est surmonté d'un long style terminé par un stigmate obtus. L'ovaire devient un fruit que M. Aublet dit n'avoir pas vu dans sa maturité.

Figure.

Cette espèce est représentée dans l'Histoire des Plantes de la Guiane Françoise, pl. 200.

Lieu de sa naissance.

Elle croît naturellement au bord de la rivière de Sinemari, à deux ou trois lieues de son embouchure: elle y fleurit dans le mois de Novembre.

SEPTIEME ESPECE.

La septième espèce est le Jambolier de la Guiane. *Eugenia Guianensis. Eugenia foliis ovatis, obtusiusculis, subpetiolatis; pedunculis solitariis, bi & trifloris; fructu monospermo. Aubl.* 506.

Description.

Cet arbrisseau pousse de sa racine plusieurs tiges grêles, ligneuses, noueuses & rameuses, qui s'élèvent à la hauteur de trois ou quatre pieds. Les nœuds des tiges & des rameaux sont garnis de deux feuilles opposées & disposées en croix; elles sont entières, lisses, vertes, ovales, & le plus souvent obtuses. Quand on les regarde en les tenant entre l'œil & la lumière, elles paroissent criblées de petits points transparens. Les fleurs naissent à l'aisselle de deux feuilles opposées, & sont portées sur un long péduncule fort grêle, garni à sa naissance de deux petites écailles. Le calice est d'une pièce, en forme de coupe, divisé à son lymbe en cinq dents vertes & aiguës. La corolle est à cinq pétales blancs, arrondis & concaves, attachés par un onglet au-dessous des divisions du calice. Les étamines sont en grand nombre: leurs filets sont blancs, de longueur inégale, rangés au-dessous de l'insertion des pétales. L'anthère est arrondie, jaune, & à deux bourses séparées par un sillon. Le pistil est un ovaire qui fait corps avec le fond du calice; il est surmonté d'un style terminé par un stigmate aigu. L'ovaire devient une baie arrondie, rouge, couronnée par les pointes du calice, & de la grosseur d'une groseille rouge; elle contient une seule graine verte que l'on trouve souvent germée.

Figure.

Cette espèce est représentée dans l'Histoire des Plantes de la Guiane Françoise par M. Aublet, pl. 201.

Lieu de sa naissance.

Il croît dans les forêts du quartier d'Aroura, qu'on traverse en allant de l'Habitation de Madame Bertier à la montagne Serpent. Il porte des fleurs & du fruit au mois de Juin.

HUITIEME ESPECE.

La huitième espèce est le Jambolier à feuille ondée. *Eugenia undulata. Eugenia foliis ovato-oblongis, acuminatis; fructu parvo, rubro, olivæformi. Aubl.* 508. *Niamu Pommé*, chez les Galibis.

Description.

Le tronc de cet arbrisseau s'élève à deux ou trois pieds. Son écorce est cendrée, & son bois est blanc. Il pousse à son sommet plusieurs branches droites, rameuses, garnies de feuilles opposées, & quelques-unes alternes. Ses feuilles sont vertes, lisses, minces, fermes, légèrement ondées à leur bord, ovales, terminées par une longue pointe: leur pédicule est très-court. Les plus grandes ont six à sept pouces de longueur sur deux & demi de largeur. Quand on les regarde au travers de la lumière, elles paroissent criblées de points transparens. Elles ont une nervure longitudinale, saillante, qui les partage en deux portions. De cette nervure naissent plusieurs nervures latérales. Les fleurs sortent plusieurs ensemble de l'aisselle des feuilles. Chaque fleur a son péduncule particulier, garni à sa naissance d'une petite écaille. Le calice de la fleur est contenu par deux écailles; il est arrondi par le bas, partagé à son lymbe en cinq parties concaves & aiguës. La corolle est à cinq pétales arrondis, concaves, blancs, bordés de rouge, attachés par un onglet entre & sous les divisions du calice. Les étamines sont en grand nombre, rangées sous l'insertion des pétales, sur la paroi supérieure & interne du calice: leur filet est blanc, & les anthères sont jaunes, à deux bourses. Le pistil est un ovaire qui fait corps avec le fond du calice; il est surmonté d'un style long, blanc, terminé par un stigmate obtus. L'ovaire, conjointement avec le calice, devient une baie grosse comme une olive, couronnée par les divisions du calice. Son écorce est charnue, rouge; elle contient une seule graine, enveloppée d'une membrane sèche & roussâtre.

Figure.

Cet arbrisseau est représenté dans la 202e planche de l'Histoire des Plantes de la Guiane Françoise.

Lieu de sa naissance.

On le trouve en fleurs & en fruits, au mois d'Octobre, sur le bord de la rivière de Sinemari, à environ trente lieues de son embouchure.

NEUVIÈME ESPECE.

La neuvième espèce est le Jambolier Arivoa. *Eugenia Arivoa. Eugenia foliis crassis, ovato-oblongis, acutis. Aubl.* 510.

Description.

Ce Jambolier diffère du précédent par ses feuilles, qui sont plus fermes, plus épaisses, qui ne sont pas terminées en une longue pointe, & par ses fruits qui sont noirs dans leur maturité.

DIXIEME ESPÈCE.

La dixième espèce est le Jambolier de Malaca. *Eugenia Malaccensis. Eugenia foliis integerrimis, pedunculis ramosis, lateralibus. Linn. Sp. Plant.* 672. *Flor. Zeyl.* 187. *Persici officulo Fructus Malaccensis rubens. Bauh. Pin.* 441. *Jambosa domestica. Rumph. Amboin.* 1, *p.* 121. *Nati-Schambu. Rheed. Hort. Malab.* 1, *p.* 29. *Raj. Hist.* 1748. *Walgambu. Herm. Zeyl.* 67. *Jambos sylvestris, fructu rotundo, Cerasi magnitudine. Burm. Zeyl.* 125. *Prunus Malabarica, fructu umbilicato, pyriformi, Jambos dicta major. Raj. Hist.* 1478. *Comm. Mal.* 56. En Hollandois, *Tamme Jamboezen.* En Portugais, *Jambeiro.* Chez les Brachmanes, *Schamba.* Les Arabes & les Perses nomment le fruit de ce Jambolier *Tupha Indi.* Les Habitans de Malabar, *Jamboli.* Ceux de Malaca, *Jambo* & *Jambu.* A Ternate, *Gora.* A Amboine, *Rutton* & *Ruun*, *Ruun Mula.* A Hittoé, *Lutton.* A Macassar, *Jambu.* A Baley, *Miambu.* A Bonda, *Jambu Dayan.*

Description.

Les racines de cet arbre sont grosses, branchues. Le tronc est de la grosseur d'un homme, dont le bois est blanc & l'écorce raboteuse, d'un jaune verdâtre, molle, d'une saveur astringente, acide & vineuse. Les feuilles sont opposées, très-entières, ayant de gros pétioles, d'un tissu épais & solide, supérieurement planes & glabres, d'un vert foncé, & au revers d'un vert clair, d'une saveur astringente & plus acide, d'une odeur un peu acide, & jaunes quand elles se fanent. Les fleurs & les étamines sont d'un pourpre rouge, luisant, très-belles, d'abord sans odeur, & ensuite un peu acides quand elles se fanent. Le calice est à quatre pétales verds, intérieurement creux. Les fruits sont gros, ronds, oblongs, plus serrés vers le pétiole, couronnés par leurs sommets; par l'ombilic des fleurs, & par les feuilles vertes du calice qui sont serrées les unes près des autres : ils sont d'abord verts, ensuite d'un vert blanchâtre; enfin lorsqu'ils mûrissent, ils deviennent tout-à-fait blancs d'un côté, & rougeâtres de l'autre, ou, pour mieux dire, striés de rouge. Son écorce est très-mince, & sa chair est blanche & succulente, d'une odeur vineuse & agréable. Dans l'intérieur est un gros noyau qui remplit toute la cavité du fruit.

Figure.

Cette espèce est représentée dans l'*Hort. Malab.* tome 1, pl. 18; dans l'*Herbarium Amboinense*, pl. 37 & 38; & dans la seconde partie de cet Ouvrage.

Lieu de sa naissance.

Elle croît naturellement dans l'Inde, aux environs de Malaca : on en a transporté à Goa.

Culture.

On multiplie toutes les espèces de Jambolier par noyaux, quand on peut s'en procurer de frais du pays où ces arbres croissent naturellement. On plante ces noyaux dans de petits pots pleins de terreau : on enfonce ces pots dans une couche chaude, ayant seulement la précaution d'en tenir la terre humide. Ces noyaux lèvent environ au bout de six semaines; & quand les jeunes plantes qui en proviennent sont parvenues à la hauteur de quatre pouces, on les sépare avec soin, & on les plante chacune dans un petit pot qu'on enfonce de nouveau dans une couche chaude. On les garantit du soleil jusqu'à ce qu'ils soient repris; après quoi on les gouverne comme les autres plantes délicates des Indes, en les laissant toujours dans une couche de tan & dans la serre chaude. On les arrose très-peu en hiver, parce que le trop d'humidité les fait périr.

Propriétés alimentaires.

Dans les pays chauds on mange crud le fruit de cet arbre. Il est très-agréable & très-salutaire; il appaise la soif & fortifie l'estomac. On le coupe aussi en longues tranches; on couvre ces tranches de sucre; après quoi on les trempe dans du vin d'Espagne : c'est pour lors un mets excellent. On confit encore au sucre le fruit & les fleurs rouges. Ces sortes de confitures sont excellentes pour appaiser la soif, & conviennent dans les fièvres ardentes. Quelques-uns mangent de ces fleurs en guise de salade, à défaut d'autres plantes.

Propriétés médicinales.

L'écorce cuite dans du lait, & prise intérieurement, est excellente contre la dyssenterie.

Propriétés économiques.

Dans le pays on plante ces arbres dans les haies; ils y grossissent, & y servent d'excellens poteaux.

ONZIEME ESPECE.

L'onzième espèce est le Jambolier sauvage. *Eugenia Jambos. Eugenia foliis integerrimis, pedunculis ramosis, terminalibus. Linn. Sp. Plant.* 672. *Flor. Zeyl.* 188. *Persici officulo Fructus Malaccensis ex candido rubescens. Bauh. Pin.* 441. *Jambosa sylvestris, alba. Rumph. Amboin.* 1, *p.* 127. *Malacca Scambu. Rheed. Hort. Malab.* 1, *p.* 27. *Jambos Malaccensis, fructu aureo, rosam spirante. Burm. Zeyl.* 124. *Prunus Malabarica, fructu umbilicato, pyriformi, Jambos dicta minor. Raj. Hist.* 1478. *Comm. Mal.* 56. *Katagomba. Katagabba. Herm. Zeyl.* A Malaca, *Jamby Utan Puti.* A Amboine, *Aycau Laun Ela.* A Macassar, *Biawas* & *Cattammon.* A Baley, *Calampoack.*

Description.

Les feuilles de cette espèce sont opposées, pétiolées, très-entières : les inférieures sont ovales, sans être plus longues; celles d'en haut sont lancéolées, très-longues.

Figure.

Cette espèce est représentée dans l'*Herbarium Amboinense*, tome 1, pl. 39; dans l'*Hort. Malab.* tome 1, pl. 17; & dans la seconde partie de cet Ouvrage.

Lieu de sa naissance.

Elle croît naturellement dans l'Inde.

Propriétés alimentaires.

Les Habitans d'Amboine ne mangent que très-rarement du fruit de cet arbre. Le Peuple de Macaffa le mange crud. Quelques-uns le font confire dans la faumure avant de le manger.

Propriétés médicinales.

Les Habitans de Baley font bouillir dans l'eau l'écorce & les feuilles de cet arbre avec les feuilles de Condondong & la jeune Noix tombée de Calappus : rien n'eft meilleur, fuivant eux, que cette décoction pour tous les ulcères, fur-tout ceux des pieds.

Propriétés économiques.

Comme le bois de cet arbre eft ordinairement recourbé, on s'en fert pour faire des vaiffeaux.

DOUZIEME ESPECE.

La douzième efpèce eft le Goyavier bâtard. *Eugenia Pfeudopfidium. Eugenia foliis integerrimis, pedunculis unifloris, pluralibus, lateralibus terminalibufque. Linn. Syft. Veg. edit. XIII. Murray.* 384. *Jacq. Americ.* 152.

Defcription.

Cet arbre eft droit, haut de vingt pieds, affez femblable à un jeune Poirier d'Europe. Ses feuilles font lancéolées, ovales, à fommet pointu, & en faulx, très-entières, luifantes, à courts pétioles, oppofées, d'un vert gai, longues de trois ou quatre pouces. Les péduncules font à une fleur, plus longs qu'un pouce, raffemblés. Le calice eft profondément partagé en quatre. Les pétales font blancs. Les fruits font globuleux, paffant du vert aux différens degrés de jaune, & en mûriffant deviennent couleur d'écarlate. Leur pellicule eft mince. Leur chair eft molle, douce, rouge. La femence eft globuleufe, grande.

Figure.

Il eft repréfenté dans les Plantes de l'Amérique par Jacquin, pl. 93.

Lieu de fa naiffance.

Il croît naturellement dans les forêts montagneufes de l'Amérique. Il porte des fleurs en Octobre, & des fruits en Décembre & Janvier.

TREIZIEME ESPECE.

La treizième efpèce eft le Jambolier à une fleur. *Eugenia uniflora. Eugenia foliis integerrimis, pedunculis unifloris, lateralibus. Linn. Sp. Plant.* 673. *Flor. Zeyl.* 189. *Eugenia. Roy. Lugdb.* 265. *Eugenia Indica Myrti folio deciduo, flore albo, fructu fuavè rubente, molli, leviter fulcato & odoro. Mich. Gen.* 226. *Myrtus Indica, foliis rigefcentibus, latis ac recurvis, parùm odoratis. Till. Pif.* 117.

Defcription.

Les fleurs de cette efpèce font blanches, rofacées, à quatre pétales attachés à l'ovaire. Les feuilles font larges & recourbées le long des pédicules, peu odorantes, roides. Le fruit eft d'un rouge agréable, légèrement fillonné, mol & odorant.

Figure.

Elle eft repréfentée dans le *Michieli Nova Genera*, pl. 108; & dans l'*Hort. Pifanus* de Tilli, pl. 44.

Lieu de fa naiffance.

Elle croît naturellement dans l'Inde.

QUATORZIÈME ESPÈCE.

La quatorzième efpèce eft le Cerifier de Cayenne, le Jambolier à feuilles de Fuftet. *Eugenia Cotinifolia. Eugenia foliis ovatis, obtufis, integerrimis; pedunculis unifloris. Linn. Syft. Veg. edit. XIII. Murray.* 384. *Mant.* 243. *Jacq. Obferv.* 3, *p.* 3.

Defcription.

Les rameaux les plus jeunes font anguleux. Les feuilles font oppofées, pétiolées, luifantes, coriacées. Les péduncules font axillaires, au nombre d'un, de deux ou de trois. Les fruits font globuleux.

Figure.

Cette efpèce eft repréfentée dans la troifième partie des Obfervations de Jacquin, pl. 53.

Lieu de fa naiffance.

Elle croît naturellement à la Cayenne.

Propriétés alimentaires.

Le fruit de cet arbre préparé avec du fucre eft un mets excellent à la Martinique.

QUINZIÈME ESPECE.

La quinzième efpèce eft le Jambolier à angles aigus. *Eugenia acutangula. Eugenia foliis crenatis, pedunculis terminalibus, pomis oblongis, acutangulis. Linn. Sp. Plant.* 673. *Flor. Zeyl.* 190. *Butonica terreftris rubra. Rumph. Amboin.* 3, *p.* 181. *Tfjeria-Samftravadi. Rheed. Hort. Malab.* 4, *p.* 51. *Raj. Hift.* 1480. En Hollandois, *Beedelfnoeren.* En Portugais, *Rofairo Brama.* Chez les Brachmanes, *Gove-fada-pali.* A Amboine & à Malaca, *Huttum Leymuri & Huttum Garut.* A Macaffar, *Putsja, Sieota.* A Ternate, *Tupar.* A Leytimor, *Kenaffol.* A Java, *Bangung.*

Defcription.

Les feuilles font aux extrémités des rameaux, femblables à celles du Marronnier d'Inde, ovales, un peu aiguës, découpées à dents de fcie, menues. La grappe eft terminale, fimple, très-longue. Les fleurs font pourpres, petites. Les étamines & les piftils font un peu longs. Les fruits font quadrangulaires, d'une faveur un peu douce, enfuite amère & défagréable.

Figure.

Il eft repréfenté dans l'*Herbarium Amboinenfe*, tome 3, pl. 115; dans l'*Hort. Malab.* tome 4, pl. 7; & dans la feconde partie de cet Ouvrage.

Lieu de fa naiffance.

Il croît naturellement dans l'Inde, à Amboine, à Celèbe & à Java.

Propriétés alimentaires.

Dans ce pays, les feuilles tendres de cet arbre fe mangent crues avec les poiffons & le Bocaffan.

Propriétés médicinales.

L'écorce de cet arbre broyée s'emploie contre la gale.

Propriétés économiques.

Ses rameaux servent à faire des haies. Le bois en est dur & solide. On peut l'employer en menuiserie, en charpente.

SEIZIÈME ESPÈCE.

La seizième & dernière espèce est le Jambolier en grappes. *Eugenia racemosa. Eugenia foliis crenatis, racemis longissimis, pomis ovatis. Linn. Sp. Pl.* 673. *Flor. Zeyl.* 191. *Butonica sylvestris, alba. Rumph. Amboin.* 3, *p.* 181. *Samstravadi, seu Caibat Siumbu. Rheed. Hort. Malab.* 4, *p.* 11, *Raj. Hist.* 1479. A Malabar, *Samstravadi.* Chez les Brachmanes, *Sada-poli.* Chez les Portugais, *Rosairo de Jambu.* En Hollandois, *Wilde Jambaesen.*

Description.

Les péduncules sont simples, très-longs, plus longs que les feuilles, pendans. Les pommes sont rondes, sans être garnies d'angles aigus.

Figure.

Cette espèce est représentée dans l'*Herbarium Amboinense*, tome 3, pl. 116; dans l'*Hort. Malab.* tome 4, pl. 16; & dans la seconde partie de cet Ouvrage.

Lieu de sa naissance.

Elle croît naturellement dans l'Inde, à Amboine & à Malabar.

Propriétés alimentaires.

Les feuilles de cet arbre se mangent en salade.

Propriétés médicinales.

Le suc qu'on exprime de ces mêmes feuilles, cuit avec l'huile de Palmier en consistance d'onguent, guérit la gale, si on en oint la partie qui en est affectée. Les noyaux des fruits se réduisent en poudre; & cette poudre guérit la diarrhée, si on en prend mêlée avec de la fiente de chèvre, du sucre & du lait écrêmé. Si on l'associe avec du gingembre & du suc de limon, elle guérit le ténesme. Délayée dans de l'urine d'homme, c'est un excellent antidote contre toute sorte de venin; prise avec du vin, elle guérit la colique; délayée dans de l'eau, & prise intérieurement ou appliquée extérieurement, elle appaise les douleurs des hémorrhoïdes; enfin bue avec du lait de femme, elle excite le vomissement, & guérit la jaunisse & les autres affections bilieuses. Tous ces usages sont tirés de l'*Hortus Malabaricus.*

Propriétés superstitieuses.

Les Payens & les Voyageurs superstitieux s'ornent avec les tiges à fleurs & à fruits: ils les pendent à leur col, & les regardent comme quelque chose de sacré: ils se servent de ces tiges à fruits pour compter leurs prières.

EVODIA, *l'Odorante.*

Description générique.

Le caractère de ce genre de plante est d'avoir le périanthe du calice inférieur, à quatre folioles ovales, aiguës, persistentes. Les pétales de la corolle sont au nombre de quatre, en spatule, aigus, s'ouvrans. Le nectaire est menu, fendu en quatre, enveloppant les germes, à découpures échancrées. Les filamens sont au nombre de quatre, en forme d'alêne, de la longueur des pétales. Les anthères sont en forme de cœur. Les germes du pistil sont au nombre de quatre, globuleux, supérieurs. Le style est filiforme, de la longueur des étamines, s'élevant entre les germes. Le stigmate est fendu en quatre parties fanées. Les capsules du péricarpe sont au nombre de quatre, globuleuses, bivalves, ne renfermant qu'une semence.

CLASSE.

Ce genre fait partie de la quatrième classe de Linnæus, qui comprend les plantes tétrandriques monogyniques. MM. Forster, qui nous ont fait connoître ce genre, n'en rapportent qu'une espèce.

ESPECE.

Cette espèce est l'Odorante des jardins. *Evodia hortensis. Forster. Caract. Plant.* 13.

Figure.

Elle est représentée dans les nouveaux Caractères publiés par MM. Forster.

Lieu de sa naissance.

Elle croît naturellement dans les Isles des mers Australes.

EVOLVULUS, *la Liseroné.*

Description générique.

Le caractère de ce genre de plante est d'avoir le périanthe du calice à cinq folioles lancéolées, aiguës, persistentes. La corolle est monopétale, en roue, pliée, fendue en cinq. Les filamens des étamines sont au nombre de cinq, capillaires, s'étendans, presque de la longueur de la corolle. Les anthères sont un peu oblongues. Le germe du pistil est globuleux. Les styles sont au nombre de quatre, capillaires, divergens, de la longueur des étamines. Les stigmates sont simples. Le péricarpe est une capsule globuleuse, à quatre loges, à quatre valves. Les semences sont solitaires, rondes, anguleuses.

Observation.

Ce genre approche beaucoup des Liserons.

CLASSE.

Il fait partie de la cinquième classe de Linnæus, qui comprend les plantes pentandriques pentagyniques. Cet Auteur en admet cinq espèces.

PREMIERE ESPECE.

La première espèce est la Liseroné nummulaire. *Evolvulus nummularius. Evolvulus foliis subrotundis, caule repente, floribus subsessilibus. Linn. Sp. Plant. edit. II.* 391. *Convolvulus nummularius. Linn. Sp. Plant. edit. I.* 157. *Convolvulus minor, repens; Nummulariæ folio, flore cæruleo. Sloan. Jam.* 58, *Hist.* 1, *p.* 157. *Raj. Sup.* 382. *Convolvulus herbaceus, repens, foliis*

foliis subrotundis, floribus singularibus, axillaribus. Brow. Jam. 153. *Vestu Ilandi. Hort. Mal. p.* 71.

Description.

La tige de cette espèce est rampante. Ses feuilles sont rondes, semblables à celles de la Nummulaire. Ses fleurs sont axillaires, sessiles, bleues.

Figure.

Cette espèce est représentée dans l'Histoire de la Jamaïque par Sloane, tome 1, pl. 99, fig. 2; & dans l'*Hort. Malab.* pl. 64.

Lieu de sa naissance.

Elle croît naturellement dans les prairies de la Jamaïque & des Barbades.

SECONDE ESPECE.

La seconde espèce est la Liseroné du Gange. *Evolvulus Gangeticus. Evolvulus foliis cordatis, obtusis, mucronatis, petiolatis, villosis; caule diffuso, pedunculis unifloris. Linn. Sp. Plant.* 391. *Amœn. Acad.* 4, *p.* 306.

Description.

Ses tiges sont couchées, rameuses, longues de deux pieds. Ses fleurs sont en forme de cœur, souvent plus larges que le pouce, obtuses avec une pointe, pétiolées. Les feuilles sont tendres & les fleurs sont très-hérissées. Les péduncules sont capillaires, courts.

Lieu de sa naissance.

Cette espèce croît naturellement aux Indes.

TROISIEME ESPECE.

La troisième espèce est la Liseroné en forme d'Alsine. *Evolvulus Alsinoides. Evolvulus foliis obcordatis, obtusis, petiolatis, pilosis; caule diffuso, pedunculis trifloris. Linn. Sp. Plant.* 392. *Flor. Zeyl.* 76. *Convolvulus foliis ovatis, obtusis; caule filiformi. Hort. Cliff.* 68. *Alsine hirsuta major, foliis alternis, floribus solitariis. Burm. Zeyl.* 11. *Vistnu Clandi. Rheed. Hort. Malab.* 11, *p.* 131. *Convolvuli minima species, Bisnagarica, hirsuta, Alsines folio. Pluk. Almag.* 116. *Alsine Zeylanica, humi repens; foliis Auriculæ muris, flosculis cæruleis, siliquis pusillis, turgidis. Herb. Herm. Alsine Zeylanica, repens, Auriculæ muris folio, floribus cæruleis, liliaceis (siliquis), parvis, turgidis. Mus. Zeyl. p.* 11. *Alsine Zeylanica, rotundifolia, hirsuta, flosculis cæruleis. Ibid. p.* 37, *Alsine folio Pilosellæ, exiguis capitulis Lini. Ibid. p.* 150. *Myosotis foliis subrotundis, Herba Indiæ Orientalis. Pluk. Phyt. Wisnugarandi*, à Ceylan.

Description.

Cette plante, quoique très-petite, est cependant assez belle. Sa racine est fibreuse, traçante. Ses tiges, ses feuilles & les péduncules de ses fleurs sont couverts d'un duvet roussâtre. Les feuilles sont alternes, rondes, poileuses de chaque côté, attachées par un court péduncule à de petites tiges. De leurs aisselles naissent des fleurs solitaires appuyées sur un long pédicule, ayant le calice fendu en cinq; elles sont liliacées, à cinq pétales bleus, assez grandes proportionnellement à la plante. Quand elles sont tombées, il leur succède de petits vaisseaux séminaux, ronds, enflés, membraneux, renfermés dans un grand péricarpe découpé en cinq

parties. Dans ces petits vaisseaux se trouvent plusieurs semences très-petites, rondes, noirâtres.

Figure.

Cette espèce est représentée dans l'*Herm. Thes. Zeyl.* pl. 6, fig. 1, & pl. 9, fig. 1; dans l'*Hort. Malab.* tome 11, pl. 64; & dans l'*Almag.* de Plukenet, pl. 9, fig. 1.

Lieu de sa naissance.

Elle croît naturellement à Malabar, à Ceylan, à Bisnagaire, à Bahama.

Propriétés médicinales.

Cette plante est très-renommée à Ceylan contre la dyssenterie.

QUATRIEME ESPECE.

La quatrième espèce est la Liseroné à feuilles de Lin. *Evolvulus Linifolius. Evolvulus foliis lanceolatis, villosis, sessilibus; caule erecto, pedunculis trifloris, longis. Linn. Sp. Plant.* 392. *Syst. Nat.* 10, *p.* 923. *Amœn. Acad.* 4, *p.* 306, *n°.* 122. *Convolvulus herbaceus, erectus, foliis linearibus, pedunculis longis, tenuissimis, bibracteatis, alararibus. Brow. Jam.* 152.

Description.

Les tiges de cette espèce sont droites comme celles du Lin. Les feuilles sont lancéolées, velues. Les péduncules sont longs, filiformes, à trois fleurs, axillaires.

Figure.

Cette espèce est représentée dans l'Histoire des Plantes de la Jamaïque par Browne, pl. 10, fig. 2. Elle est annuelle.

Lieu de sa naissance.

Elle croît naturellement dans la Jamaïque.

CINQUIEME ESPECE.

La cinquième espèce est la Liseroné à trois dents. *Evolvulus tridentatus. Evolvulus foliis cuneiformibus, tricuspidatis, basi dilatatâ, dentatis; pedunculis unifloris. Linn. Sp. Plant. edit. II.* 392. *Burm. Ind. tom.* 16. *Convolvulus tridentatus. Linn. Sp. Pl. edit. I*, 157. *Convolvulus minor, procumbens, Acetosellæ foliis tricuspidatis, ad imum quaternis, summo apice tricuspidatis. Pluk. Mant.* 117. *Sendera Clandi. Rheed. Hort. Malab.* 11, *p.* 133.

Description.

La racine de cette espèce est menue, fibreuse, ayant une écorce d'un roux blanchâtre. Ses petites tiges sont à cinq angles, glabres, sans être poileuses, d'un vert roussâtre. Ses feuilles sont glabres de chaque côté, linéaires, en forme de coing, à trois pointes. Les péduncules sont à une fleur.

Figure.

Cette espèce est représentée dans le *Flora Indica* de Burmann, pl. 16, fig. 3; dans le *Mantissa* de Plukenet, pl. 167, fig. 5; & dans l'*Hort. Malab.* tome 11, pl. 65.

Variété.

Linnæus donne pour variété de cette espèce le *Convolvulus Indicus, barbatus, minor, foliorum apicibus lanceolatis. Pluk. Alm.* 117.

Figure.

Cette variété est représentée dans l'*Almag.* de Plukenet, pl. 276, fig. 6.

Lieu de sa naissance.

Elle croît naturellement dans l'Inde.

Propriétés médicinales.

La décoction de cette plante est antifébrile.

EVONYMUS, *le Fusain.*

NOMS GÉNÉRIQUES.

Ce genre de plante est connu sous les noms d'*Evonymus. Latin. Evonumos Tetragonia. Theoph. Quadratoria. Gaz. Fusago, Silium. Cæsalp.* En François, Bonnet de Prêtre, Fusain, Garas.

Description générique.

Le caractère de ce genre est d'avoir le périanthe du calice monophylle, plane, à cinq dents rondes, concaves. Les pétales de la corolle sont au nombre de cinq, ovales, planes, s'étendans, plus longs que le calice. Les filamens des étamines sont au nombre de cinq, en forme d'alêne, droits, plus courts que la corolle, placés sur le germe comme sur un réceptacle. Les anthères sont didymes. Le germe du pistil est pointu. Le style est court, simple. Le stigmate est obtus. Le péricarpe est une capsule succulente, colorée, pentagonale, à cinq angles, à cinq loges & à cinq valves. Les semences sont solitaires, enveloppées d'une épiderme en baie.

CLASSE.

Ce genre fait partie de la vingt-unième classe de Tournefort, qui comprend les plantes à fleurs rosacées, & de la cinquième de Linnæus destinée aux plantes pentandriques monogyniques. Cet Auteur en admet trois espèces.

PREMIERE ESPECE.

La première espèce est le Fusain, le Bonnet de Prêtre, le Bois à faire des lardoires, *lou Bounet de Capelan* chez les Provençaux. *Evonymus Europæus. Evonymus floribus plerisque quadrifidis. Linn. Sp. Plant.* 286. *Evonymus foliis oblongo-ovatis. Hort. Cliff.* 38. *Flor. Suec.* 133. 204. *Roy. Lugdb.* 436. *Hall. Helv. edit.* 1. 523. *Evonymus vulgaris, granis rubentibus. Bauh. Pin.* 428. *Evonymus.* 2. *Clus. Hist.* 1, *p.* 57. *Evonymus multis; aliis Tetragonia. Dalech. Hist.* 272. *Modoras. Kæmpf. Jap.* 390. En Anglois, *Spindel tree, Prickvood.* En Allemand, *Spilbaum, Spindelbaum, Pfaffenhœdgen, Hahnhœdgen, Pfaffenœhrlein, Pfaffenrœslein, Kœplein, Geckelkraut, Zweckholtz.* En Suédois, *Alster, Kœringetard, Benwed.* En Danois, *Beenved.*

Description.

Cet arbrisseau est passablement grand, de la hauteur de quatre ou cinq coudées, & même plus. Sa racine est longue, forte & ligneuse Son bois est dur, facile à fendre, d'un jaune clair, couvert d'une écorce verte. Ses branches paroissent être d'une forme quadrangulaire, à cause des éminences qui se trouvent dans leurs écorces. Ses feuilles sont entières, ovales, plus ou moins alongées, dentelées légèrement sur leurs bords, & disposées deux à deux. Ses fleurs sont composées d'un calice applati, divisé en cinq parties, au milieu duquel on remarque une espèce de rosette qui est l'embryon du pistil, d'où partent quatre ou cinq pétales, autant d'étamines & un style. L'embryon se change en un fruit quarré ou pentagonal, partagé en quatre ou cinq loges, dans chacune desquelles est une semence ovale, solide, de couleur saffranée en dehors, garnie d'une moëlle blanche ainsi que le Chenevis, d'un goût amer & désagréable.

Figure.

Il est représenté dans notre Traité Historique des Plantes de la Lorraine, tome 2.

Lieu de sa naissance.

Il croît naturellement par toute l'Europe: il s'en trouve beaucoup aux environs de Paris, de Montpellier, d'Orléans, d'Etampes, dans la garenne de Villemartin, dans la Bourgogne, dans la Champagne, au bois de Naisseman, à Laissy, dans le Lyonnois, la Provence, principalement dans les haies de Fenouillères, de la Thomassine, de la Beauvoisine, de Tholonnet, dans l'Alsace, la Lorraine.

Variété.

Linnæus donne pour variété de cette espece le Fusain à larges feuilles. *Evonymus latifolius. Bauh. Pin.* 428. *Evonymus* 1, *seu latifolia. Clus. Hist.* 2, *p.* 56.

Lieu de sa naissance.

Cette variété croît dans la Pannonie.

Culture.

Le Fusain n'est pas délicat: il s'élève facilement par semences & par marcottes, trace & fournit des drageons enracinés, & fleurit aux mois de Mai & de Juin. Son fruit mûrit en automne.

Propriétés médicinales.

On prétend que deux ou trois de ses fruits purgent abondamment par haut & par bas. Les gens de la campagne les réduisent en poudre, & en saupoudrent la tête des enfans pour faire mourir les poux. Ils se servent aussi extérieurement de leur décoction, pour rendre les cheveux blonds, & pour guérir la gratelle.

Propriétés vétérinaires.

Rien n'est meilleur pour détruire radicalement la gale des chevaux & des chiens, que le vinaigre dans lequel on a fait bouillir plusieurs fruits ou baies de Fusain. Matthiole, d'après Théophraste, dit que cet arbrisseau est nuisible aux bestiaux; & Ruel assure que la brebis & la chèvre n'en approchent point: Clusius prétend le contraire, ce que nous avons peine à croire, à cause de la mauvaise qualité & de l'odeur désagréable de cet arbrisseau.

Propriétés économiques.

Les Teinturiers en font un grand usage ; ils s'en servent pour trois couleurs, le vert, le jaune & le roux. Pour avoir la première, on en fait bouillir les grains encore verts avec un peu d'alun. Son bois est propre pour faire des fuseaux, des curedents, lardoires & autres instrumens. En Suisse & en Lorraine on fait avec ses branches des goupillons & des chasse-mouches, en les divisant par petits copeaux longs & étroits, frisés régulièrement & avec une adresse singulière. Les Dessinateurs font aussi grand usage de son charbon, qui est un très-bon crayon. On fend une tige de Fusain par morceaux de la grosseur du doigt ; on en remplit un canon de fer qu'on fait rougir ; on le laisse ensuite refroidir, & on en retire un charbon très-tendre & très-commode pour faire des esquisses. Au lieu de morceaux refendus, on peut se servir de baguettes de brin ; elles sont même préférables, pourvu que l'on fasse la pointe des crayons sur un des côtés à côté de la maille. Ces crayons sont droits, au lieu que ceux qui proviennent de morceaux de bois refendus, sont souvent rompus ou très-courbés, ce qui vient de ce que la circonférence de ces morceaux se retire plus que le centre.

Propriétés d'ornement.

Le Fusain mérite une place dans les bosquets par la beauté de son fruit, qui conserve sa belle couleur rouge ou violette jusqu'aux gelées.

SECONDE ESPECE.

La seconde espèce est le Fusain d'Amérique. *Evonymus Americanus. Evonymus floribus omnibus quinquefidis. Linn. Sp. Plant.* 286. *Evonymus foliis lato-lanceolatis, serratis. Hort. Upsf.* 30. *Evonymus foliis lanceolatis. Gron. Virg.* 17. *Evonymus Virginianus, Pyracanthæ foliis, capsulâ verucarum instar exasperatâ. Pluk. Alm.* 139. *Celastrus foliis oppositis, ovatis, integerrimis ; floribus subsolitariis. Hort. Cliff.* 32. *Rhus Virginianum, folio Myrthi. Comm. Hort.* 1, *p.* 157. *Raj. Dendr.* 57.

Description.

Les feuilles sont larges, lancéolées, découpées à dents de scie, semblables à celles du Pyracantha. Le calice, la corolle, les étamines, les loges du fruit sont partagés en cinq parties dans toutes les fleurs. La capsule du fruit est rouge.

Figure.

Cette espèce est représentée dans l'*Almag.* de Plukenet, pl. 115, fig. 5 ; & dans l'*Hort.* de Commelin, tome 1, pl. 81.

Lieu de sa naissance.

Elle croît naturellement dans la Virginie.

Culture.

Miller a observé que les fleurs de cette espèce avortent souvent en Angleterre. Au reste, sa culture est à-peu-près la même que celle de la première espèce ; elle s'élève de semences & de marcottes ; elle trace même quelquefois, & fournit des drageons enracinés. Au surplus, ce Fusain n'est pas délicat ; il réussit moins à l'ombre qu'au soleil. On sème sa graine en automne dès qu'elle est mûre. Si on diffère jusqu'au printems, elle est une année entière sans lever.

Insectes qui se trouvent sur le Fusain.

Il y a des chenilles rases, particulières aux Fusains, dont elles dévorent les feuilles presque tous les ans. Comme ces insectes se rassemblent durant la nuit par paquets, dans des espèces de bourses qu'ils se filent, on les détruit en cherchant ces bourses le matin à la fraîcheur.

Propriétés d'ornement.

Cette espèce ne quitte point ses feuilles, ce qui en relève le mérite. On la mettra conséquemment dans des bosquets où elle soit à l'abri des grandes gelées, car elle y est sensible.

TROISIÈME ESPÈCE.

La troisième espèce est le Fusain Colpoon. *Evonymus Colpoon. Evonymus floribus omnibus quadrifidis, foliis petiolatis, ovatis, obtusis. Linn. Syst. Veg. edit. XIII. Murray.* 198. *Mant.* 21ɔ. *Colpoon compressum. Berg. Cap.* 36. *Cratægus foliis subrotundis, sinuosis ; flore ac fructu racemoso. Burm. Aff.* 240.

Description.

Cet arbre est à racine très-grosse. Ses rameaux sont à quatre côtés, poileux. Ses feuilles sont opposées, à pétioles très-courts, ovales, lisses, à une ou deux crénelures, plus pâles en dessous. Des aisselles des feuilles naissent des bouquets fourchus, écartés, de la longueur des feuilles, à fleurs très-nombreuses. Le calice est partagé en quatre, s'étendant. Ses lobes sont ovales, aigus. La corolle est à pétales ovales, oblongs. Le bord du nectaire sort du réceptacle, & enveloppe le germe. Les filamens sont au nombre de quatre, un peu gros, sortans du bord du nectaire. Les anthères sont didymes. Le style est court. Le stigmate est partagé en quatre, un peu gros. La baie est quadrangulaire, à quatre coupes.

Observation.

Cette espèce diffère du *Celastrus Barbarus* en ce que les feuilles de celui-ci sont oblongues, dentelées, sessiles, & les péduncules à trois fleurs.

Figure.

Elle est représentée dans les Plantes du Cap par Bergen, pl. 1, fig. 1 ; & dans les Plantes d'Afrique de Burmann, pl. 86.

Lieu de sa naissance.

Elle croît naturellement au Cap de Bonne-Espérance sur le bord de la mer.

EUPATORIUM, *l'Eupatoire d'Avicenne.*

NOMS GÉNÉRIQUES.

Ce genre de plante est connu sous les noms d'*Eupatorion. Græc. Epatiis, Epatorion. Diosc. Critonia. Brown.*

Description générique.

Son caractère est d'avoir le calice commun,

oblong, imbriqué, à écailles linéaires, lancéolées, droites, inégales. La corolle composée est uniforme, tubuleuse. Les petites corolles sont hermaphrodites, égales. La corolle propre est en forme d'entonnoir. Le lymbe est fendu en cinq, ouvert. Les filamens des étamines sont au nombre de cinq, capillaires, très-courts. L'anthère est cylindrique, tubuleuse. Le germe du pistil est très-petit. Le style est filiforme, très-long, fendu en deux jusqu'aux étamines. Les stigmates sont minces. Le péricarpe n'est autre chose que le calice changé. Les semences sont oblongues. L'aigrette est plumeuse, longue. Le réceptacle est nud.

CLASSE.

Ce genre fait partie de la douzième classe de Tournefort, qui comprend les plantes à fleurs flosculeuses; & de la dix-neuvième de Linnæus, destinée aux plantes syngénésiques polygamiques égales. Cet Auteur en admet vingt-une espèces, dont les quatre premières ont les calices à quatre fleurons, les neuf suivantes à cinq fleurons; après quoi il leur en succède deux qui ont leurs calices à huit fleurons, & les six dernières à quinze ou plusieurs fleurons.

PREMIERE ESPECE.

La première espèce est l'Eupatoire Dalé. *Eupatorium Dalea. Eupatorium foliis lanceolatis, venosis, obsoletè-serratis, glabris; calycibus quadrifloris, caule fruticoso. Linn. Sp. Plant.* 1171. *Dalea fruticosa, foliis oppositis, oblongis, angustis, subserratis, utrinque productis; racemis terminalibus. Brow. Jam.* 314. En Anglois, *The Shrubby Dalea.*

Description.

Cet arbre croît à la hauteur de dix à douze pieds. Sa tige est assez grosse, ligneuse, & jette plusieurs branches. Ses feuilles sont lancéolées, veineuses, découpées à dents de scie, glabres. Ses grappes sont terminales. Ses fleurs ont le périanthe du calice commun, cônique, imbriqué, étroit. Les petites corolles sont à chaque périanthe au nombre de trois ou de quatre, tubuleuses, hermaphrodites, égales. Les semences sont côniques, en forme de cœur, couronnées d'une aigrette rameuse. Le réceptacle est très petit, nud.

Figure.

Il est représenté dans l'Histoire de la Jamaïque par Browne, pl. 34, fig. 1.

Lieu de sa naissance.

Il croît naturellement dans la Jamaïque.

SECONDE ESPECE.

La seconde espèce est l'Eupatoire à feuilles d'Hyssope. *Eupatorium Hyssopifolium. Eupatorium foliis lanceolato-linearibus, trinerviis, subintegerrimis. Linn. Sp. Plant.* 1171. *Eupatorium Virginianum, folio angusto, floribus albis. Dill. Hort. Elth.* 141. *Eupatorium Virginianum, flore albo, Hyssopi foliorum æmulum. Moris. Hist.* 3, *p.* 98. *Eupatoria hirsuta, Hyssopi foliorum æmula, Virginiana. Pluk. Alm.* 141. *Raj. Suppl.* 187.

Description.

Les feuilles de cette espèce sont lancéolées, linéaires, à trois nervures, très-entières, hérissées, semblables à celles de l'Hyssope. Les fleurs sont blanches, rassemblées au haut de la tige en ombelle, environnées d'un calice étroit.

Figure.

Cette espèce est représentée dans le *Dill. Hort. Elth.* pl. 115, fig. 140; & dans l'*Almag.* de Plukenet, pl. 88, fig. 2.

Lieu de sa naissance.

Elle croît naturellement en Virginie.

Culture.

Cette espèce est très-dure, par conséquent on peut semer ses graines en pleine terre dès qu'elles sont mûres. La planche où on les sème ne doit pas trop être exposée au soleil. Le levant est la meilleure exposition. Si le soleil est trop ardent, & que ces plantes soient placées à une exposition du midi, on les couvrira de nattes pendant la plus grande chaleur, & on entretiendra la terre humide; car comme ces sortes de plantes croissent naturellement dans les endroits humides & ombragés, elles réussissent beaucoup mieux lorsqu'on leur donne un sol & une exposition semblables. Lorsque les jeunes plantes sont levées, on les débarrasse des mauvaises herbes; & si elles sont trop épaisses, on en arrache plusieurs pieds, afin que les autres aient de la place pour croître: elles n'exigent plus alors aucun soin jusqu'à l'automne, qui est la saison pour les transplanter à demeure: on les espace pour lors à trois pieds de distance l'un de l'autre, & même à quatre. Elles se plaisent beaucoup mieux dans un terrein humide & argilleux que dans une terre légère & sèche.

On les multiplie encore par leurs racines qui tracent & qui poussent des rejets en grande quantité. On fait cette opération en automne, & on les couvre pendant l'hiver de tan ou de feuilles sèches pour les garantir de la gelée. Au printemps on bèche la terre tout autour des racines; & voilà toute la culture qu'elles exigent.

TROISIEME ESPECE.

La troisième espèce est l'Eupatoire grimpant. *Eupatorium scandens. Eupatorium caule volubili, foliis cordatis, dentatis, acutis. Linn. Sp. Plant.* 1171. *Hort. Cliff.* 396. *Hort. Upsf.* 253. *Roy. Lugdb.* 156. *Gron. Virg.* 120. *Colb. Noveb.* 182. *Conysa scandens, Solani folio anguloso. Plum. Ic.* 99. *Clematitis novum genus, Cucumeris folio, Virginianum. Pluk. Alm.* 109. *Eupatorium Americanum, scandens, hastato magis acuminato folio. Vaill. Act.* 1719, *p.* 401.

Description.

Cette espèce est grimpante. Ses feuilles sont en forme de cœur, crénelées, pointues, appuyées sur de longs péduncules. Ses fleurs sont blanches, odorantes.

Figure.

Elle est représentée dans l'*Almag.* de Plukenet, pl. 163, fig. 3.

Variétés.

M. Murray donne, dans la treizième édition du *Systema Vegetabilium* de Linnæus, pour treizième espèce, l'Eupatoire en forme de cœur. *Eupatorium cordatum. Eupatorium caule volubili, foliis peticlatis, cordatis, integerrimis; floribus paniculatis. Burm. Flor. Ind. pag.* 176. *Volubilis. D. Kleinhof.*

Description.

Description.

Les tiges de cette variété s'entortillent, sont très-glabres, à petits rameaux écartés, opposés. Les feuilles sont pétiolées, en forme de cœur. Les inférieures sont solitaires; les supérieures sont opposées. Les fleurs sont terminales, paniculées, au nombre de quatre dans chaque calice. L'aigrette est très-rouge.

Figure.

Cette variété est représentée dans le *Flora Indica*, pl. 58, fig. 2.

Lieu de sa naissance.

L'espèce principale croît naturellement dans la Virginie & à Java, & la variété se trouve à Java & à la Vera-Cruz.

Culture.

Cette plante pousse plusieurs tiges qui demandent d'être supportées. Dans le printemps, lorsque les racines commencent à pousser, on enfonce auprès d'elles quelques échalas sur lesquels on amène & on attache les jeunes tiges. Dans la suite, elles s'y attachent naturellement d'elles-mêmes, & s'élèvent à la hauteur de quatre ou cinq pieds, pourvu qu'on ait soin d'arroser cette plante dans l'été. Elle fleurit en Août. Ses fleurs sont blanches. Elle périt dans les hivers rudes, quand on n'a pas la précaution de la couvrir; c'est pourquoi on fera bien de couvrir pendant l'hiver les racines de tan. On la multiplie très-bien par ses racines traçantes, que l'on sépare tous les deux ans.

QUATRIÈME ESPÈCE.

La quatrième espèce est l'Eupatoire d'Houston. *Eupatorium Houstonis. Eupatorium caule volubili; foliis ovatis, integerrimis. Linn. Sp. Plant.* 1172. *Hort. Cliff.* 396. *Eupatorium foliis cordatis, acuminatis; caule volubili, floribus spicatis, racemosis. Mill. Dict.* 16. *Conyza Americana, scandens; foliis subrotundis, mucronatis; floribus spicatis, singulis quatuor flosculis constantibus. Amm. Herb.* 451.

Description.

La tige de cette espèce s'entortille. Ses feuilles sont ovales, pointues, très-entières, pétiolées, opposées. Les rameaux sortent des aisselles, sont solitaires, feuillés, droits, se terminans en une grappe composée de petits rameaux opposés. Chaque petit rameau est de la longueur du doigt. Les fleurs sont appuyées sur un pédicule particulier. Chaque calice est à quatre feuilles, égal, plus court que l'aigrette, garni de quatre fleurons. L'aigrette est simple, soyeuse. Le pistil est long, partagé en deux.

Lieu de sa naissance.

Cette espèce croît naturellement à la Vera-Cruz.

Culture.

Elle est grimpante, conséquemment elle demande d'être supportée; mais comme cette espèce est originaire des pays chauds, elle ne peut réussir dans ces climats, à moins qu'on ne la mette dans l'étuve. Conséquemment on la plantera dans un pot, & on enfoncera ce pot dans une couche de tan & dans

la serre chaude: elle croîtra bien vîte, & donnera des fleurs, pourvu qu'on ait soin de l'arroser pendant les grosses chaleurs.

CINQUIÈME ESPECE.

La cinquième espèce est l'Eupatoire de Ceylan. *Eupatorium Zeylanicum. Eupatorium foliis ovato-hastatis, petiolatis, dentatis. Linn. Sp. Plant.* 1172. *Flor. Zeyl.* 306. *Eupatorium Zeylanicum, foliis dentatis, ad pediculos breves auriculatis. Moris. Hist.* 3, *p.* 99. *Cocalia foliis auriculatis, serratis, suprà nigricantibus, infrà lanugine albâ obductis. Burm. Zeyl.* 52. *Jacobea Senecionis flore, Zeylanica, odorata. Raj. Suppl.* 188. *Burm. Zeyl.* 5.

Description.

Les feuilles de cette espèce sont alternes, pétiolées, ovales, crénelées, dentelées, plus étroites à la base, ayant deux oreillettes petites, courbées, rondes, supérieurement vertes, glabres, cotonneuses & veineuses. Les bouquets des fleurs sont totalement ceux de l'Eupatoire.

Figure.

Cette espèce est représentée dans le *Thesaurus Zeylanicus* de Burmann, pl. 21.

Lieu de sa naissance.

Elle croît naturellement dans l'Isle de Ceylan.

SIXIEME ESPECE.

La sixième espèce est l'Eupatoire à feuilles sessiles. *Eupatorium sessifolium. Eupatorium foliis sessilibus, amplexicaulibus, distinctis, lanceolatis. Linn. Sp. Plant.* 1172. *Hort. Ups.* 254. *Gron. Virg.* 118. *Eupatorium Virginianum, flore albo, foliis Menthæ angustioribus, sessilibus, minutim dentatis. Moris. Hist.* 3, *p.* 98. *Raj. Suppl.* 188.

Description.

Les feuilles de cette espèce sont sessiles, amplexicaules, distinctes, lancéolées, légèrement dentelées, plus étroites que les feuilles de Menthe. Il y a cinq fleurons dans chaque fleur: ils sont blancs, à anthères violettes.

Lieu de sa naissance.

Elle croît naturellement dans la Virginie.

SEPTIÈME ESPÈCE.

La septième espèce est l'Eupatoire blanc. *Eupatorium album. Eupatorium foliolis lanceolatis, calycum foliis lanceolatis, apice scariosis, coloratis. Linn. Syst. Veg. edit. XIII. Murray.* 613.

Description.

La tige de cette espèce est droite, striée, à peine poileuse. Les feuilles sont opposées, sessiles, larges, lancéolées, découpées à dents de scie, nues. Le bouquet est terminal; il sort de petits rameaux alternes; il est blanc. Les calices sont imbriqués, à folioles lancéolées, membraneuses au sommet & blanches. Les fleurons sont au nombre de cinq. L'aigrette est simple.

Lieu de sa naissance.

Elle croît naturellement dans la Pensylvanie.

HUITIEME ESPECE.

La huitième espèce est l'Eupatoire de la Chine. *Eupatorium Chinense. Eupatorium foliis ovatis, petiolatis, serratis. Linn. Sp. Plant.* 1172.

Description.

La tige de cette espèce est cylindrique, branchue, un peu nue. Les feuilles sont opposées, ovales, pointues, découpées à dents de scie, pétiolées, glabres, un peu plus pâles en dessous. Les bouquets sont terminaux, à cinq fleurons.

Lieu de sa naissance.

Cette espèce croît naturellement dans la Chine.

NEUVIÈME ESPÈCE.

La neuvième espèce est l'Eupatoire à feuilles rondes. *Eupatorium rotundifolium. Eupatorium foliis sessilibus, distinctis, subrotundo-cordatis. Linn. Sp. Plant.* 1173. *Eupatoria Valerianoïdes, Virginiensis; Trissaginis folio, absque pediculis. Pluk. Alm.* 141. *Raj. Suppl.* 189. *Cacalia foliis rotundioribus, ad caulem sessilibus. Moris. Hist.* 3, *p.* 94.

Description.

Les feuilles de cette espèce sont sessiles, distinctes, rondes, en forme de cœur.

Figure.

Elle est représentée dans l'*Almag.* de Plukenet, pl. 88, fig. 4.

Lieu de sa naissance.

Elle croît naturellement dans la Virginie, le Canada.

DIXIEME ESPECE.

La dixième espèce est l'Eupatoire très-haut. *Eupatorium altissimum. Eupatorium foliis lanceolatis, nervosis, inferioribus extimo-subserratis; caule suffruticoso. Hort. Ups.* 253. *Gron. Virg.* 118. *Eupatorium Virginianum, longissimis & angustissimis foliis. Moris. Hist.* 3, *p.* 97. *Raj. Suppl.* 187.

Description.

La racine est vivace. Les tiges sont de la hauteur d'un homme, ligneuses; mais elles paroissent toutes les années: elles sont cylindriques, pourpres. Les feuilles sont lancéolées, trois fois plus longues que les nœuds, veineuses en dessous, à trois nervures, dentelées vers la pointe. Le bouquet des fleurs est blanc, ayant les seules anthères d'un brun pourpre. Dans cette espèce il y a cinq fleurons dans chaque fleur. Les corolles sont blanches, à anthères violettes.

Lieu de sa naissance.

Elle croît naturellement dans la Virginie.

ONZIÈME ESPÈCE.

L'onzième espèce est l'Eupatoire d'Avicenne, l'Eupatoire commun, le Pentagrulion sauvage, l'Herbe Sainte-Cunégonde. *Eupatorium Cannabinum. Eupatorium foliis digitatis. Linn. Sp. Plant.* 1172. *Hort. Cliff.* 396. *Flor. Suec.* 665. 728. *Mat. Med.* 380. *Roy. Lugdb.* 155. *Eupatorium Cannabinum. Bauh. Pin.* 320. *Eupatorium adulterinum. Fuchs. Hist.* 265. En Anglois, *Dutch Agrimony Hemp, Agrimonu.* En Allemand, *Kunigundskraut, Wasserdost, Alpraut, Hirschgunsel, Schlosskraut.* En Suédois, *Flocks.*

Description.

Cette plante est vivace. Sa racine est fusiforme, avec de grosses fibres blanchâtres. Sa tige est herbacée; elle s'élève de trois ou quatre pieds; elle est cylindrique, velue, blanche, pleine de moëlle, rameuse. Ses feuilles sont sessiles, ternées, digitées, très-entières, quelquefois dentelées, imitant celles du Chanvre: les supérieures sont simples. Ses fleurs sont au sommet, disposées en corymbe, composées, flosculeuses, ayant les fleurons hermaphrodites dans le disque & à la circonférence, au nombre de cinq, infundibuliformes, & le lymbe ouvert, divisé en cinq, rassemblés dans un calice oblong, tuilé, composé d'écailles linéaires, lancéolées, droites, inégales. Ses semences sont oblongues, ornées d'une aigrette longue, contenues par le calice sur un réceptacle nud.

Figure.

Cette espèce est représentée dans les Plantes gravées de Gersault, & dans le Dictionnaire de Matière Médicale, tome 3, p. 218.

Lieu de sa naissance.

Elle croît naturellement par toute l'Europe, dans les endroits aquatiques.

Analyse chymique.

Dans l'analyse chymique qu'a fait M. Geoffroy, de 5 livres de feuilles d'Eupatoire d'Avicenne distillées à la cornue, il est sorti 2 livres 9 onces 2 gros 12 grains de liqueur limpide, d'une odeur & d'une saveur non désagréables, obscurément acides; une livre 9 onces 4 grains de liqueur manifestement acide, & de plus en plus obscurément austère; 2 onces 4 gros 18 grains de liqueur trouble, ensuite roussâtre, d'une odeur & d'une saveur légérement empyreumatiques, acides, un peu salées & un peu austères; une once 2 gros de liqueur rousse, imprégnée de sel volatil urineux; 1 gros 8 grains de sel volatil urineux concret; 2 gros 30 grains d'huile de la consistence de graisse. La masse noire qui est restée dans la cornue pesoit 4 onces 5 gros, laquelle étant bien calcinée, a laissé une once 6 gros 24 grains de cendres, dont on a tiré par la lixiviation 4 gros 60 grains de sel fixe. La perte des parties dans la distillation a été de 2 onces 4 gros 12 grains; & dans la calcination, de 2 onces 6 gros 48 grains. Les feuilles d'Eupatoire sont amères: elles ne changent point le papier bleu; elles paroissent contenir un sel essentiel, semblable au *Natrum* des Anciens, uni avec beaucoup de soufre & de terre.

Propriétés médicinales.

L'Eupatoire est, suivant les meilleurs Praticiens, hépatique, apéritif, hystérique, béchique & vulnéraire. Schroder l'estime propre dans la cachexie, la toux, le catharre: il prétend aussi qu'il est emménagogue, diurétique, & qu'il convient sur les plaies. On le mêle avec la Fumeterre dans le petit lait, pour les maladies de la peau & pour les pâles couleurs. On l'emploie comme un remède excellent, capable de lever les embarras des viscères qui succèdent aux longues maladies, sur-tout aux fièvres intermittentes, & qui font tomber les malades dans des bouffissures & des enflures qui les conduisent quelquefois à l'hydropisie. On donne le suc des feuilles d'Eupatoire à la dose de deux onces; son extrait à celle d'un gros; & l'on prépare une tisane avec une poignée de ses feuilles dans une pinte d'eau bouillie légèrement, en y ajoutant un peu de sucre ou demi-once de réglisse pour en corriger l'amertume. Lorsque l'hydropisie est confirmée, & après qu'on a fait la ponction aux malades, l'usage de l'Eupatoire en guise de Thé n'est pas moins utile. Cette décoction est aussi très-bonne pour bassiner leurs jambes. M. Chomel assure avoir guéri trois personnes enflées considérablement, par la seule tisane de cette plante. Les feuilles bouillies & appliquées en cataplasme sur les tumeurs, particulièrement sur celles du *scrotum*, les dissipent entièrement. Le même M. Chomel dit avoir vu des hydrocèles guéries sans ponction, par la seule application de cette herbe.

Formule.

Prenez feuilles & sommités d'Eupatoire d'Avicenne, deux poignées; Fumeterre, une poignée: faites bouillir légèrement dans deux livres de petit lait: faites prendre la colature, à des intervalles convenables, dans l'hydropisie qui commence & dans les maladies de la peau.

DOUZIÈME ESPECE.

La douzième espèce est l'Eupatoire en forme de lance. *Eupatorium hastatum. Eupatorium caule volubili, foliis cordato-hastatis, subdentatis, nudis; floribus spicatis. Linn. Sp. Plant.* 1172. *Amœn. Acad.* 405. *Kleinia scandens, foliis triangularibus, angulis acutis. Brow. Jam.* 316.

Description.

La tige de cette espèce s'entortille. Ses feuilles sont en flèche, dentelées, nues. Ses fleurs sont en épis. Leur périanthe commun est cylindrique, à peu d'écailles, telles que quatre, cinq ou six, étroites, droites, égales. Les petites corolles sont en petit nombre, hermaphrodites, tubulées. Les semences sont oblongues, anguleuses, striées, couronnées de soies menues & comme barbues. Le réceptacle est nud.

Figure.

Elle est représentée dans l'Histoire de la Jamaïque par Browne, pl. 34, fig. 3.

Lieu de sa naissance.

Elle croît naturellement dans la Jamaïque.

TREIZIEME ESPECE.

La treizième espèce est l'Eupatoire à trois feuilles. *Eupatorium trifoliatum. Eupatorium foliis ternis. Linn. Sp. Plant.* 1173. *Gron. Virg.* 119. *Eupatorium caule erecto, foliis ovato-lanceolatis, serratis, petiolatis, ternatis. Gron. Virg.* 1, *p.* 178. *Eupatorium Cannabinum, foliis in caule ad genicula ternis, Marylandicum. Raj. Suppl.* 189.

Description.

Les fleurs de cette espèce sont blanches, dispersées sur une panicule lâche qui termine. Les feuilles sont ovales, lancéolées, pétiolées, souvent ternées aux nœuds, distantes les unes des autres d'environ un demi-pied. La tige est singulière sans être rameuse.

Lieu de sa naissance.

Elle croît naturellement dans la Virginie.

QUATORZIEME ESPECE.

La quatorzième espèce est l'Eupatoire pourpre. *Eupatorium purpureum. Eupatorium foliis quaternis, scabris, lanceolato-ovatis, inæqualiter serratis, rugosis, petiolatis. Linn. Sp. Plant.* 1173. *Eupatorium foliis verticillatis. Cold. Noveb.* 180. *Eupatorium foliis ovato lanceolatis, obtuse-serratis, in petiolos desinentibus. Gron. Virg.* 119. *Eupatorium Enulæ folio. Corn. Canad.* 72. *Eupatorium Canadense, elatius, longioribus foliis, rugosis, integris & caulibus ferrugineis. Moris. Hist.* 3, *p.* 97, *sect.* 7.

Description.

La tige est cylindrique, droite, verte, pourpre à la naissance des pétioles. Les feuilles sont cinq à cinq, lancéolées, ovales, découpées à dents de scie, ridées, un peu raboteuses, pétiolées, vertes de chaque côté. Le bouquet est terminal. Les calices des fleurs sont incarnats. Les fleurons sont au nombre de huit, à corolles blanches, à anthères pourpres & à styles très-longs.

Figure.

Cette espèce est représentée dans les Plantes du Canada par Cornut, pl. 72; & dans l'Histoire des Plantes par Morison, tom. 3, sect. 7, pl. 13, fig. 4.

Lieu de sa naissance.

Elle est vivace, & croît naturellement dans l'Amérique Septentrionale.

Culture.

La culture est la même que celle des espèces précédentes.

QUINZIEME ESPECE.

La quinzième espèce est l'Eupatoire maculé. *Eupatorium maculatum. Eupatorium foliis quinis, subtomentosis, lanceolatis, æqualiter serratis, venosis, petiolatis. Linn. Sp. Plant.* 1174. *Amœn. Acad.* 4, *p.* 288. *Eupatorium foliis lanceolato-ovatis, serratis, petiolatis, caule erecto. Hort. Cliff.* 396. *Roy. Lugdb.* 155. *Eupatorium Novæ Angliæ, Urticæ foliis, floribus purpurascentibus, caule maculato. Herm. Parad.* 158. *Moris. Hist.* 3, *p.* 97, *sect.* 7. *Raj. Sup.* 187.

Description.

La tige est pointillée de lignes pourpres. Les feuilles sont cinq à six aux articulations, lancéolées, également découpées à dents de scie. Les fleurs sont pourpres. L'aigrette est poileuse.

Figure.

Cette espèce est représentée dans l'*Herm. Parad.* pl. 158; dans l'Histoire des Plantes par Morison, tome 3, sect. 7, pl. 18, fig. 3.

Lieu de sa naissance.

Elle croît naturellement dans l'Amérique Septentrionale. Elle n'est pas délicate.

SEIZIÈME ESPÈCE.

La seizième espèce est l'Eupatoire perfeuillé. *Eupatorium perfoliatum. Eupatorium foliis connato-perfoliatis, tomentosis. Linn. Sp. Plant.* 1174. *Hort. Cliff.* 396. *Hort. Upf.* 253. *Roy. Lugdb.* 156. *Gron. Virg.* 119. *Cold. Noveb.* 181. *Eupatorium Virginianum, Salviæ foliis, longissimis, acuminatis, perfoliatum. Pluk. Alm.* 140. *Raj. Suppl.* 189. *Eupatorium Virginianum, mucronatis, rugosis & longissimis foliis, perfoliatum. Morif. Hist.* 3, *p.* 97.

Description.

Les feuilles sont cotonneuses, très-longues, pointues, ridées, semblables à celles de la Sauge. Les fleurons sont le plus souvent dans chaque fleur, blancs, à anthères pourpres.

Figure.

Cette espèce est représentée dans l'*Almag.* de Plukenet, pl. 87, fig. 6.

Lieu de sa naissance.

Elle croît naturellement dans les endroits aquatiques de la Virginie.

DIX-SEPTIÈME ESPÈCE.

La dix-septième espèce est l'Eupatoire bleu-céleste. *Eupatorium cœlestinum. Eupatorium foliis cordato-ovatis, obtusè-ferratis, petiolatis; calycibus multifloris. Linn. Sp. Plant.* 1174. *Gron. Virg.* 119. *Eupatorium foliis cordatis, ferratis, petiolatis. Gron. Virg.* 1, *p.* 94. *Eupatorium Scorodoniæ folio, flore cæruleo. Dill. Hort. Elth.* 140. *Eupatorium marianum, Scrophulariæ foliis, capitulis globosis, colore cæleſtino. Pluk. Mant.* 71.

Description.

Les feuilles de cette espèce sont oblongues, ovales, découpées à dents de scie, pétiolées. Les fleurs sont belles, bleues, rassemblées en bouquets fort épais. Les tiges sont pour l'ordinaire couchées.

Figure.

Cette plante est représentée dans le *Dill. Hort. Elth.* pl. 114, fig. 139; & dans le *Mantissa* de Plukenet, pl. 394, fig.

Lieu de sa naissance.

Elle croît naturellement dans la Caroline, la Virginie.

DIX-HUITIÈME ESPÈCE.

La dix-huitième espèce est l'Eupatoire aromatique. *Eupatorium aromaticum. Eupatorium foliis ovatis, obtusè-ferratis, petiolatis, trinerviis; calycibus simplicibus. Linn. Sp. Plant.* 1175. *Gron. Virg.* 120. *Eupatorium caule erecto, ramoso; foliis ovatis, obtusè-ferratis, petiolatis. Gron. Virg.* 1, *p.* 177. *Eupatoria Valerianoïdes, flore niveo, Teucrii foliis, cum pediculis, Virginiana. Pluk. Alm.* 141. *Morif. Hist.* 3, *p.* 98.

Description.

La tige est cylindrique, haute de quatre pieds, serrée, à rameaux branchus. Ses feuilles sont ovales, obtuses, découpées à dents de scie, à trois nervures, ridées, pétiolées. Ses grappes sont terminales. Les fleurs sont deux fois plus longues que le calice, couleur de neige, depuis dix-huit jusqu'à vingt-huit fleurons, à styles à peine plus longs que le fleuron.

Figure.

Cette espèce est représentée dans l'*Almag.* de Plukenet, pl. 88, fig. 3.

Lieu de sa naissance.

Elle est vivace, & croît naturellement dans la Virginie.

DIX-NEUVIÈME ESPECE.

La dix-neuvième espèce est l'Eupatoire très-haut. *Eupatorium altissimum. Eupatorium foliis ovatis, ferratis, petiolatis; caule glabro. Linn. Syst. Veg. edit. XIII. Murray.* 614. *Hort. Upf.* 254. *Ageratum altissimum. Ageratum foliis ovato cordatis, rugosis, floralibus, alternis, caule glabro. Linn. Sp. Pl.* 1176. *Gron. Virg.* 120. *Eupatorium caule erecto, foliis cordatis, ferratis. Hort. Cliff.* 396. *Eupatorium Scrophulariæ foliis glabris, flore albo. Morif. Hist.* 2, *p.* 98, *sect.* 7. *Valeriana Urticæ folio, flore albo. Corn. Canad.* 20.

Description.

La tige est glabre. Les feuilles sont ovales, découpées à dents de scie, pétiolées. Les fleurons sont blancs de même que les anthères: ils sont au nombre de vingt.

Figure.

Cette espèce est représentée dans l'Histoire des Plantes par Morison, tome 3, sect. 7, pl. 18, fig. 11; & dans les Plantes du Canada par Cornute, pl. 21.

Lieu de sa naissance.

Elle croît naturellement dans le Canada, la Virginie.

Culture.

On la multiplie facilement par racines qui s'étendent beaucoup.

VINGTIÈME ESPÈCE.

La vingtième espèce est l'Eupatoire odorant. *Eupatorium odoratum. Eupatorium foliis deltoïdibus, infernè-dentatis; subtùs tomentosis; calycibus multifloris. Linn. Sp. Plant.* 1174. *Amœn. Acad.* 5, *p.* 405. *Eupatorium odoratum, hirsutum; foliis ovatis, acuminatis, basin versùs crenatis; floribus comosis. Brow. Jam.* 313. *Eupatoria Conyzoïdes, folio molli & incano, capitulis magnis, Americana. Pluk. Phytog.* 177.

Description.

La tige de cette espèce est droite, cotonneuse. Ses feuilles sont opposées, pétiolées, deltoïdes, transverses aux côtés, s'élevant par la base, découpées par le bord inférieur, à dents de scie, obtuses, grosses. Les fleurs sont en bouquets, & ont de l'odeur.

Figure.

Figure.

Elle est représentée dans le *Phytographia* de Plukenet, pl. 177, fig. 3.

Lieu de sa naissance.

Elle croît naturellement dans l'Amérique.

VINGT-UNIEME ESPÈCE.

La vingt-unième espèce est l'Eupatoire à feuilles d'Ive. *Eupatorium Ivæfolium. Eupatorium foliis angusto-lanceolatis, trinerviis, subserratis; calycibus squamosis, multifloris. Linn. Sp. Plant.* 1174. *Amœn. Acad.* 5, *p.* 405.

Description.

Elle est semblable à l'Eupatoire à feuilles d'Hyssope; mais ses feuilles sont à trois nervures, plus profondes, opposées, découpées par les bords en deux ou trois crans. Les calices sont raboteux, & renferment plus de dix-sept fleurons. Les styles sont plus longs.

Lieu de sa naissance.

Elle croît naturellement dans la Jamaïque.

EUPHORBIA, *l'Euphorbe.*

Étymologie.

CETTE plante a été ainsi nommée par le Roi *Juba*, pere de Ptolomée, du nom de son Médecin, qui s'appelloit *Euphorbe.* Il avoit un frère, nommé *Antonius Musa*, qui s'est servi de cette plante pour guérir Auguste.

NOMS GÉNÉRIQUES.

Ce genre est connu sous les noms de *Tithymalus. Latin. Titumalos, Titumelis, Amugdaloïdes, Apios, Canopikon, Carvites, Clema, Crambion, Cobios, Chamaïbalane, Characias, Cometes, Cuparissias, Elis-copios, Ippomanes, Laturis, Mursinites, Murtekias, Murtites, Paralios, Peplion, Peplon, Pituousa. Diosc. Vallaris, Solisequus, Lactaria, Lactariola. Roman. Alscebrn. Arab. Scebra. Serap. Torpharsadi. Affric. Esula Tragi. Euphorbia. Linn. Euphorbium. Isnard. Tithymalus, Tithymaloides. Tourn.* En François, *Tithymale, Euphorbe.*

Description générique.

Le caractère de ce genre est d'avoir le périanthe du calice monophylle, ventru, coloré, à quatre dents, persistent. Les pétales de la corolle sont au nombre de quatre; il y en a cinq dans quelques espèces, turbinés, bossus, épais, ternes, inégaux par leur position, alternes avec les dents du calice, placés par leurs onglets au bord du calice, persistens. Les filamens des étamines sont nombreux, au nombre de douze & même plus, filiformes, articulés, insérés au réceptacle, plus longs que la corolle, paroissans en différens temps. Les anthères sont didymes, rondes. Le germe du pistil est rond, à trois côtes, pédiculé. Les styles sont au nombre de trois, fendus en deux. Les stigmates sont obtus. La capsule est ronde, à trois coques, à trois loges, s'ouvrant élastiquement. Les semences sont solitaires, rondes.

Observation.

L'*Euphorbium* d'Isnard a une tige anguleuse ou charnue; & dans quelques-uns, il se trouve des pétales fendus en trois. La Tithymale de Tournefort a la tige feuillée. La Tithymaloïde du même a le périanthe du calice au côté inférieur, bossu, en forme de soulier. Dans quelques espèces, les fleurs mâles sont les premières. Les pétales sont le plus souvent au nombre de quatre, quelquefois au nombre de cinq, souvent dans la même plante: ils sont glanduleux dans la plupart des fleurs qui varient par le sexe; dans les autres, lancéolés ou dentelés; dans quelques-unes, minces comme une membrane, communément comme placée au-delà du calice. La capsule est lisse, ou hérissée, ou verruqueuse. Les étamines ne paroissent pas dans le même temps.

CLASSE.

Ce genre fait partie de la première classe de Tournefort, qui comprend les plantes à fleurs campaniformes, & de la onzième de Linnæus destinée aux plantes dodécandriques trigyniques. Cet Auteur en admet soixante-quatre espèces, dont les sept premières sont en arbrisseau, épineuses; les sept suivantes sont pareillement en arbrisseau, mais sans épines; les seize qui suivent n'ont point d'ombelles, ou elles les ont fendues en deux; après quoi il se trouve quatre espèces qui ont les ombelles fendues en trois; trois autres qui ont l'ombelle fendue en quatre, & toutes les autres l'ont fendue en cinq, excepté les deux dernières, dont l'ombelle est fendue en plusieurs parties.

PREMIERE ESPÈCE.

La première espèce est l'Euphorbe des Anciens. *Euphorbia Antiquorum. Euphorbia aculeata, subnuda, triangularis, articulata, ramis patentibus. Linn. Sp. Plant.* 646. *Hort. Cliff.* 196. *Hort. Upf.* 138. *Flor. Zeyl.* 199. *Mat. Med.* 154. *Roy. Lugdb.* 194. *Amœn. Acad.* 3, *p.* 106. *Euphorbium Antiquorum, verum. Comm. Hort.* 1, *p.* 23. *Schadidacalli. Rheed. Hort. Malab.* 2, *p.* 81. Chez les Brachmanes, *Pada Nivuli.*

Description.

Cet arbrisseau s'élève dans les terres sablonneuses à la hauteur de dix pieds & plus. Sa racine qui est grosse, s'enfonce droit en terre, & jette des fibres de tous côtés; elle est ligneuse, couverte d'une écorce brune, & d'un blanc de lait en dedans. Sa tige est simple, anguleuse & comme articulée, & entrecoupée de différens nœuds, garnie d'épines roides, pointues, droites, placées deux à deux. L'écorce de cette tige & des branches est d'un vert brun en dehors. Le dedans est rempli par une pulpe blanchâtre, laiteuse. De petites appendices épaisses, rondes, laiteuses, portées sur de courts pédicules, & placées seule à seule sous les épines, tiennent lieu de feuilles à ses branches. D'entre les épines sortent trois fleurs ensemble portées sur un petit pédicule cylindrique, vert, laiteux; elles sont composées d'un calyce d'une seule pièce partagée en cinq portions, & de cinq pétales de figure de poire, convexes, épais. Il s'élève du milieu de ces fleurs cinq ou six étamines fourchues, rouges par le haut. Le pistil est un simple style qui porte un petit embryon arrondi. A ces fleurs succèdent des fruits, ou capsules à trois loges, applaties, laiteuses, vertes d'abord, & qui dans la suite rougissent un peu, d'un goût astringent; ces fruits renferment trois semences rondes, cendrées extérieurement, blanchâtres intérieurement.

Figure.

Cette espèce est représentée dans le *Commelini Hort.* tom. 1, pl. 12 ; & dans l'*Hort. Malab.* tom. 1, pl. 42.

Variété.

Linnæus donne pour variété de cette espèce l'Euphorbe connu sous les phrases d'*Euphorbia aculeata, nuda, triangularis, articulata, ramis erectis. Mill. Dict. Euphorbium trigonum & tetragonum, spinosum, ramis compressis. Isn. Act.* 1720. *Tithymalus Aizoïdes, triangularis & quadrangularis, articulosus & spinosus, ramis compressis. Comm. Prælud.* 55.

Figure.

Cette variété est représentée dans les *Præludia* de Commelin, pl. 5.

Lieu de sa naissance.

Elle croît naturellement dans l'Inde, au Malabar, en Lybie, en Mauritanie, en Ethiopie, en Afrique.

Culture.

La culture est la même que celle des espèces suivantes, dont nous parlerons ci-après.

Observation.

Les Africains font des incisions le long des plus gros troncs, d'où il coule une grande quantité de suc laiteux, très-âcre, qui s'épaissit peu-à-peu, & forme la gomme-résine qu'on appelle *Euphorbe.*

Propriétés médicinales.

Les Anciens ne disent rien des vertus médicinales de l'Euphorbe. Les Habitans de Malabar préparent avec sa racine un emplâtre, en y ajoutant un peu d'*Assa-fœtida*, que l'on applique utilement sur le ventre des enfans, pour faire mourir les vers. Son écorce pilée & prise avec de l'eau, lâche le ventre. Son tronc & les branches étant pilées & bouillies dans l'eau, sont d'un grand secours dans les douleurs de la goutte, en exposant la partie malade à la fumée ou à la vapeur de cette décoction.

De l'Euphorbe.

Le suc d'Euphorbe, l'Euphorbe, *Euphorbium Officin. Euphorbion. Dioscorid. Euforbion & Forbion. Arab.*, est une gomme-résine en gouttes ou en larmes d'un jaune pâle ou de couleur d'or, brillantes, tantôt rondes, tantôt oblongues, branchues & caverneuses, d'un goût très-âcre, brûlant, qui cause des nausées, sans odeur. On l'apporte en Barbarie des pays de l'Afrique les plus éloignés de la mer, par la ville de Salé, d'où on le transporte en Europe. On choisit celui qui est pur, sec, pâle ou jaunâtre, âcre, & qui étant touché légèrement de la langue, allume le feu dans toute la bouche.

Analyse Chymique.

Dans l'analyse chymique, deux livres d'Euphorbe ont donné 3 onces 2 gros de liqueur limpide, d'une odeur désagréable, telle que celle qu'exhale de l'huile d'olive distillée, d'un goût âcre & un peu brûlant, sans acide ou alkali manifeste. Ce goût lui vient d'un certain esprit subtil, analogue aux liqueurs que l'on retire de l'Ellébore, du Safran, & d'autres plantes semblables. Il est sorti ensuite 3 onces 7 gros 54 grains de phlegme acide, limpide, roussâtre, d'une odeur & d'un goût empyreumatiques; une once 3 gros 12 grains de liqueur rousse, qui a donné des marques d'un acide & d'un alkali volatil-urineux très violent; 11 onces 2 gros 18 grains d'huile brune, soit fluide, soit d'une consistance épaisse.

La masse noire & compacte qui est restée dans la cornue, pesoit 8 onces 2 gros, laquelle étant calcinée dans un creuset pendant 19 heures, a laissé 2 onces 3 gros de cendres roussâtres, dont on a retiré 2 gros 58 grains de sel alkali fixe. La perte des parties dans la distillation a été de 3 onces 6 gros 60 grains, & dans la calcination de 5 onces 7 gros.

Propriétés médicinales.

Hyppocrate ne fait aucune mention du suc de l'Euphorbe. Galien & Dioscoride n'ont rien dit sur sa vertu purgative. Les nouveaux Grecs & les Arabes lui attribuent une grande vertu, de tirer la sérosité de tout le corps. C'est le plus âcre & le plus ardent de tous les hydragogues. Il ne purge pas sans faire de peine, & il cause la défaillance, une sueur froide, & souvent des ulcères dans les intestins : c'est pourquoi C. Hoffman avertit que l'usage intérieur de l'Euphorbe n'est point sûr, pas même lorsque les viscères sont refroidis. Mesué défend aussi de le donner intérieurement, comme un remède nuisible, si ce n'est, après l'avoir mêlé avec des remèdes qui puissent émousser son âcreté, qui est très-grande.

Fernel dit que l'on corrige les dangers de l'Euphorbe en le faisant macérer pendant un jour dans l'huile d'amandes douces, le plongeant ensuite dans un limon, que l'on recouvre ensuite, & que l'on fait cuire; & lorsqu'on veut en faire usage, on le donne depuis six grains jusqu'à dix, avec du mastic, de la cannelle & de l'aspic : mais quand le corps commence à en être troublé, il faut donner aussitôt une portion rafraîchissante & adoucissante. D'autres le réduisent en poudre fine, le renferment dans un coing, & le font cuire au four. D'autres le tempèrent avec du vinaigre, du suc de limon ou de grenade, ou dans le phlegme de vitriol; mais toutes ces corrections sont peu sûres. Nous pensons avec Ludovic, Hoffman, Wedelius, Timæus, Geoffroy & d'autres, qu'il ne faut pas employer ce purgatif, ou du moins qu'il faut seulement l'employer dans les maladies dans lesquelles les membranes des viscères sont attaquées de paralysie, & ne peuvent être ébranlées que par des remèdes très-forts & très-irritans, comme dans les affections soporeuses, la léthargie, l'apoplexie, la paralysie; & pour lors il faut le donner depuis deux ou trois grains jusqu'à six ou huit.

Serapion & Avicenne observent que si on en prend le poids de trois drachmes, il fait mourir en trois jours, après avoir rongé les intestins & l'estomac. Les particules de l'Euphorbe sont si subtiles, que sa seule odeur fait éternuer. Si on frotte les narines de son huile, il en découle beaucoup d'humeurs aqueuses. Si on en prend la poudre en guise de tabac, il excite une si forte irritation, que souvent il produit une très-grande hémorragie, & il enflamme quelquefois les membranes du cerveau.

Appliqué extérieurement, il incise les humeurs épaisses & visqueuses; il les digère, & ce qui est encore plus, il cause de la rougeur; il excite l'inflammation, & quelquefois il cause des ulcères: c'est pourquoi Mesué le recommande comme utile dans la résolution des nerfs, dans leur convulsion, leur engourdissement, leur tremblement, & toutes les autres maladies qui proviennent de froid: on le broye avec l'huile de Violier, & on en frote les parties malades. Il assure que si on en frotte le foie & la rate, il en guérit les douleurs qui viennent de froid ou de vent; & si on en frotte le derrière de la tête, il est utile dans la léthargie, & pour ceux qui perdent la mémoire. Selon Fernel, il est encore utile pour la sciatique & la paralysie: on le mêle pour lors avec des linimens & des onguens. Herman dissout les tumeurs squirrheuses en peu de jours, avec de l'Euphorbe dissous dans de l'huile.

On vante beaucoup l'usage de l'Euphorbe dans la carie des os & la piqure des nerfs. Etant pulvérisé, on en saupoudre les os cariés, ou seul, ou mêlé avec parties égales d'Iris de Florence, ou d'Aristoloche ronde, ou d'autres remèdes semblables.

L'Euphorbe entre dans l'*Onguent d'Arthenita*, & dans un des *Onguens Epispastiques* du Dispensaire de Paris. Le même Dispensaire en prépare une *Huile par infusion & décoction*, & le fait encore entrer dans l'*Emplâtre Diabotanum*, & dans un des *Emplâtres Epispastiques* dont il donne la préparation.

Formule.

Prenez *Euphorbe* choisi un scrupule, Térébenthine de Venise une demi-once, un peu de cire: faites un onguent qne l'on appliquera tout chaud sur le nerf piqué.

Observation.

L'acrimonie de l'Euphorbe est si violente qu'on ne peut le pulvériser qu'avec beaucoup de peine. Les Apothicaires qui savent cela, le font pulvériser par des Paysans ou des gens de basse condition, & ils les avertissent de détourner le visage de dessus le mortier. Cependant ils ne sont jamais hors d'atteinte de sa violence; car sa poudre fine & sa vapeur s'élevant en haut, frappent si fort les narines & le cerveau, que l'éternuement, l'acrimonie, la chaleur & la douleur viennent tout-à-la-fois.

SECONDE ESPECE.

La seconde espèce est l'Euphorbe de Canarie. *Euphorbia Canariensis. Euphorbia aculeata, nuda, subquadrangularis, aculeis geminatis. Linn. Sp. Plant.* 646. *Hort. Cliff.* 196. *Hort. Upf.* 138. *Roy. Lugdb.* 194. *Amœn. Acad.* 3, *p.* 107. *Tithymalus Aizoïdes fruticosus, Canariensis, aphyllus, quadrangularis & quinquangularis; spinis geminis, aduncis, atro nitentibus armatus. Commelini Hort.* 2, *p.* 207. *Tithymalus Aizoïdes, lactifluus, seu Euphorbia Canariensis, quadrilatera & quinquelatera, Cerei effigie. Pluk. Alm.* 370.

Description.

La fleur est au-dessous de la paire d'épines, sessile, ayant de chaque côté une bractée plus courte, ovale, concave, verte. Le calice est fermé par cinq lobes connivens, pourpres. Les pétales sont au nombre de cinq, placés hors du calice, d'un pourpre obscur, sessiles, charnus, entiers, très-obtus.

Figure.

Cette espèce est représentée dans l'*Hort. Amstel.* de Commelin, tome 2, pl. 104; & dans l'*Almag.* de Plukenet, pl. 320, fig. 2.

Lieu de sa naissance.

Elle croît naturellement dans les Isles de Canarie.

Observation.

Toutes les espèces d'Euphorbe sont plutôt cultivées dans les jardins des Curieux pour la singularité de la conformation, que pour aucune beauté réelle. Elles sont toutes remplies d'un suc laiteux, âcre, qui en sort quand on les casse en quelque endroit que ce soit. Ce suc appliqué sur quelque partie du corps que ce soit, y fait lever en peu de temps des vessies, & brûle le linge presque autant que l'eau-forte: conséquemment, on ne doit manier ces plantes qu'avec beaucoup de précaution, & on doit éviter d'endommager les extrémités de leurs branches; & s'il arrive qu'il s'en trouve quelques-unes d'endommagées, il faut les retrancher au plutôt, & même à l'endroit des articulations.

Culture.

Les différentes espèces d'Euphorbe nous sont venues pour la plupart en plant ou en bouture, parce qu'elles sont faciles à transporter dans des boîtes ou caisses: on prend seulement garde en les ajustant dans ces boîtes, qu'elles ne se nuisent les unes aux autres par leurs épines, qu'elles ne viennent à s'y casser, & qu'elles n'aient de l'humidité ou du froid; au moyen de ces précautions, on peut les conserver ainsi cinq ou six mois hors de terre. Quand elles sont arrivées à leur destination, on les plante: elles prennent racine, & profitent aussi bien que si on venoit de les couper d'après les vieux pieds; & comme ces plantes croissent naturellement dans des endroits pierreux & stériles, ou dans des terreins secs & sablonneux où il ne croît que très-peu de plantes, on se gardera bien de les planter dans une terre grasse & argilleuse, & on ne leur laissera pas prendre trop d'humidité: cela les feroit pourrir. Le meilleur mêlange de terre qu'on peut faire pour ces plantes, est un quart de décombre tamisé, un quart de sable de mer, & un quart de terreau frais: on mêle bien le tout ensemble en le tournant plusieurs fois dessus dessous avant de l'employer, pour que le tout s'incorpore. On pourra s'y prendre, pour faire ce mélange, un an avant d'en avoir besoin, afin que la gelée passe dessus, & que la chaleur de l'été l'adoucisse. Il sera aussi mieux imprégné d'air, & beaucoup meilleur pour l'usage.

On multiplie facilement les Euphorbes proprement dites, par boutures qu'on retranche en Juin des vieilles plantes. On les coupe à un nœud, autrement elles pourriroient; & comme en les détachant il sort du lait de la mère plante, il faudra mettre sur la partie blessée un peu de terre sèche ou de sable, ce qui endurcit & épaissit la sève. On met ensuite les boutures pendant douze ou quinze jours dans la partie la plus sèche de la serre chaude; & quand elles sont grosses & bien succulentes, on les y laisse même pendant trois semaines & davantage avant de les planter. C'est ainsi que ces boutures se cicatrisent, & qu'elles se conservent sans pourrir. Lorsqu'on plante ces boutures, on les met chacune dans un petit pot; on met au fond des pierres ou du décombre, & on les remplit avec le mélange ci-dessus indiqué; ensuite on enfonce ceux-ci dans une couche modérément chaude; & quand la chaleur du soleil est forte, on couvre les vitrages sur le midi. On arrose modérément ces boutures une ou deux fois la semaine, selon que l'on juge que la terre est desséchée; il ne leur faut qu'au plus six semaines pour prendre racine, ou deux mois; ainsi si la couche n'est pas fort chaude, les plantes peuvent y rester, pourvu qu'on leur donne tous les jours de l'air. On fera cependant mieux de les mettre dans une serre chaude ouverte pendant l'été, pour qu'elles s'endurcissent avant l'hiver: on ne leur donnera que très-peu d'eau dans cette saison. La première espèce demande plus de chaleur & moins d'eau que la seconde & les suivantes. Si on la gouverne bien, elle pousse jusqu'à la hauteur de sept ou huit pieds: on la laissera toujours pendant l'été dans la serre chaude: on lui donnera cependant beaucoup d'air pendant la grande chaleur du jour.

TROISIEME ESPECE.

La troisième espèce est l'Euphorbe à sept angles. *Euphorbia heptagona. Euphorbia aculeata, nuda, septemangularis; spinis solitariis, subulatis, floriferis. Linn. Sp. Plant.* 647. *Hort. Cliff.* 196. *Roy. Lugdb.* 194. *Amœn. Acad.* 3, *p.* 109. *Euphorbium heptagonum, spinis longissimis, in apice frugiferis. Boerrh. Lugdb.* 1, *p.* 258. *Euphorbium Capense, spinis longis, simplicibus. Bradl. Succul.* 2, *p.* 13.

Description.

La tige de cette espèce est heptagonale, obtuse, rameuse çà & là. Les épines sont soyeuses, roides, solitaires, sortant longitudinalement & par cils du dos de chaque angle. Les fleurs sortent quelquefois du sommet de l'épine, mais seules, d'une manière sans pareille.

Figure.

Cette espèce est représentée dans le *Boerrh. Hort. Lugdb.* tome 1, pl. 258; & dans les Plantes Succulentes de Bradley, tome 2, pl. 13.

Lieu de sa naissance.

Elle croît naturellement dans l'Éthiopie.

QUATRIEME ESPECE.

La quatrième espèce est l'Euphorbe mammillaire. *Euphorbia mammillaris. Euphorbia aculeata, nuda; angulis tuberosis, spinis interstinctis. Linn. Sp. Plant.* 647. *Amœn. Acad.* 3, *p.* 108. *Euphorbium polygonum, aculeis longioribus, ex tuberculorum internodiis prodeuntibus. Ifn. Act.* 1720, *p.* 386. *Tithymalus Aizoides, Affricanus, validissimis spinis, ex tuberculorum internodiis provenientibus. Com. Præl.* 59.

Observation.

Elle diffère de l'espèce précédente par ses angles doubles, bordés. Ses épines sont solitaires, rassemblées longitudinalement entre chaque tubercule.

Figure.

Elle est représentée dans le *Præludia* de Commelin, pl. 9.

Lieu de sa naissance.

Elle croît naturellement dans l'Éthiopie.

CINQUIÈME ESPÈCE.

La cinquième espèce est l'Euphorbe en forme de cierge. *Euphorbia cereiformis. Euphorbia aculeata, nuda, multangularis; spinis solitariis, subulatis. Linn. Sp. Plant.* 647. *Roy. Lugdb.* 195. *Amœn. Acad.* 3, *p.* 108. *Euphorbium cerei effigie, caulibus gracilioribus. Boerrh. Lugdb.* 1, *p.* 258. *Euphorbium aphyllum, angulosum; florum comâ densissimâ. Burm. Affric.* 19. *Tithymalus Affricanus, spinosus, cerei effigie. Morif. Hist.* 3, *p.* 245. *Pluk. Almag.* 370.

Description.

La tige de cette espèce est droite, anguleuse, glabre, d'un vert d'eau, striée, ayant les stries qui s'inclinent vers les angles, où elles se touchent mutuellement, & opposées à elles-mêmes, divisées régulièrement. Cette plante n'a point de feuilles. Ses fleurs viennent d'une façon singulière au haut de la tige, disposées régulièrement en forme d'étoiles, petites, à cinq pétales, blanches.

Figure.

Cette espèce est représentée dans les Plantes d'Afrique par Burmann, pl. 19, fig. 3; & dans l'*Almag.* de Plukenet, pl. 231, fig. 1.

Lieu de sa naissance.

Elle croît naturellement en Éthiopie.

SIXIEME ESPECE.

La sixième espèce est l'Euphorbe des boutiques. *Euphorbia officinarum. Euphorbia aculeata, nuda, multangularis; aculeis geminatis. Linn. Sp. Plant.* 647. *Hort. Cliff.* 196. *Hort. Upf.* 138. *Roy. Lugdb.* 195. *Amœn. Acad.* 3, *p.* 107. *Euphorbium polygonum, spinosum, cerei effigie. Ifn. Act.* 1720, *p.* 500. *Euphorbium cerei effigie, caulibus crassioribus, spinis validioribus armatum. Comm. Hort.* 1, *p.* 21. *Seb. Thes.* 1, *p.* 29. *Euphorbium. Bauh. Pin.* 387.

Description.

La tige de cette espèce est droite, cylindrique, le plus souvent simple, ayant longitudinalement dix-huit sillons & plus. Les épines sont au nombre de deux par-tout. Il n'y a point de feuilles; mais à leur place il y a un tubercule pointu au-dessus & auprès de la paire d'épines; & quand ces pointes ou épines sont encore tendres, elles ont presque la même forme que les feuilles; mais la feuille se fane, & les pointes ou épines s'endurcissent.

Figure.

Cette espèce est représentée dans les Mémoires de l'Académie Royale des Sciences, année 1720, pl. 10; dans l'*Hort.* de Commelin, tome 1, pl. 11; & dans le *Thes.* de Séba, tome 1, pl. 19, fig. 2.

Lieu de sa naissance.

Elle croît naturellement dans l'Éthiopie, & la partie de l'Afrique la plus chaude.

SEPTIEME ESPECE.

La septième espèce est l'Euphorbe à feuilles de Laurier-Rose. *Euphorbia Neriifolia. Euphorbia aculeata, semi-nuda; angulis obliquè-tuberculatis. Linn. Sp. Plant.* 648. *Hort. Cliff.* 196. *Hort. Upf.* 139. *Flor. Zeyl.* 200. *Roy. Lugdb.* 194. *Amœn. Acad.* 3, *p.* 109. *Euphorbium Affrum, spinosum; foliis latioribus, non spinosis. Seb. Thes.* 1, *p.* 18. *Tithymalus Aizoides, arbor spinosus, caudice angulari, Nerii folio. Comm. Præl.* 22. *Bradl. Suec.* 3, *p.* 10. *Tithymalus Indicus, spinosus, Nerii folio. Comm. Hort.* 1, *p.* 25. *Ligularia. Rumph. Amboin.* 4, *p.* 88. *Ela calli. Hort. Mal.* 2, *p.* 83. A Java & à Malaca, *Sudu Sudu*, & *Suru Daun Sudu Sudu*. A Amboine, *Ubat Dingin*. A Hitoé, *Ayhuaa*. Dans la Chine, *Quehadn*. A Bandi, *Carambaudina*. A Ternate, *Tsuggilida*. A Baley, *Baladong & Bladong*. Chez les Brachmanes, *Nivuli*.

Description.

La tige est un peu cylindrique, anguleuse, à tubercules élevés de cinq façons. Les angles montent lentement, spiralement au haut de la tige. Il y a des feuilles lancéolées. A leur base est une double épine. Quand les feuilles sont tombées, les épines restent avec la cicatrice, & un calus peu élevé.

Figure.

Cette espèce est représentée dans le *Musæum* de Séba, tome 1, pl. 9, fig. 6; dans les Mémoires de l'Académie, année 1720, pag. 501; dans les *Præludia* de Commelin, pl. 6; dans les Plantes succulentes de Bradley, tome 3, pl. 28; dans l'*Hort.* de Commelin, tome 1, pl. 13; dans l'*Hort. Malab.* tome 2, pl. 43; dans l'*Herbar. Amboin.* tome 4, pl. 40.

Lieu de sa naissance.

Elle croît naturellement dans l'Inde, à Malabar, à Amboine, dans la Chine.

Propriétés économiques.

On emploie dans l'Inde cette espèce pour en faire des haies.

HUITIEME ESPECE.

La huitième espèce est l'Euphorbe tête de Méduse. *Euphorbia caput Medusæ. Euphorbia inermis, imbricata, tuberculis foliolo lineari instructis. Linn. Sp. Plant.* 648. *Hort. Cliff.* 197. *Hort. Upf.* 139. *Roy. Lugdb.* 195. *Amæn. Acad.* 3, *p.* 110. *Planta lactaria Affricana. Commel. Hort.* 1, *p.* 33. *Tithymalus Aizoides, Affricanus; simplici, squamato caule; Chamænerii folio. Comm. Præl.* 58.

Description.

La racine de cette espèce est grosse, fibreuse. Sa tige vers la base a à peine un pouce & demi de grosseur; mais supérieurement elle en a six. Cette tige est tantôt d'un vert clair, tantôt d'un vert sombre, & en quelqu'endroit qu'on la blesse, elle répand du lait: elle paroît formée de diverses écailles qui s'élèvent un peu vers le haut, & qui ne sont autre chose que les excroissances auxquelles étoient attachées les feuilles. Celles-ci paroissent toujours vers le sommet de la tige, sont étroites & longues de cinq lignes, le long desquelles règne un nerf longitudinal. Au reste, cette plante est très-distincte par ses pétales palmés.

Figure.

Cette espèce est représentée dans l'*Hort. Amst.* tome 1, pl. 17; & dans le *Præludia* de Commelin, pl. 7 & 8.

Variétés.

Linnæus donne pour variétés 1°. l'*Euphorbium Anacanthum, squamosum; lobis florum tridentatis. Isn. Act.* 1720, *p.* 502. *Breyn. Prodr.* 3, *p.* 29: 2°. l'*Euphorbium erectum, aphyllum; ramis rotundis, tuberculis tetragonis. Burm. Affric.* 16: 3°. l'*Euphorbium procumbens, ramis plurimis, simplicibus, squamosis; foliis deciduis. Burm. Affric.* 17: 4°. l'*Euphorbium procumbens, ramis geminatis, caule glabro, oblongo, cinereo. Burm. Affric.* 18.

Figure.

La première variété est représentée dans les Mémoires de l'Académie 1720, pl. 11; & dans le *Breyn. Prodr.* pl. 19; la seconde variété dans les Plantes d'Afrique par Burmann, pl. 7, fig. 2; la troisième, dans les mêmes Plantes d'Afrique par Burmann, pl. 10, fig. 4; la quatrième aussi dans les Plantes d'Afrique, pl. 8; & la cinquième encore dans le même Ouvrage, pl. 9, fig. 1.

Lieu de sa naissance.

Elle croît naturellement dans l'Ethiopie.

Culture.

Cette espèce n'est pas absolument délicate: elle peut passer l'hiver dans l'orangerie, & l'été dans un endroit bien exposé: il ne lui faut point d'humidité, parce qu'elle est fort succulente; conséquemment si l'été est pluvieux, il faudra la mettre à l'abri de la pluie: il faut aussi à cette plante des supports, sans quoi la tête entraîneroit le pied.

NEUVIÈME ESPÈCE.

La neuvième espèce est l'Euphorbe de Mauritanie. *Euphorbia Mauritanica. Euphorbia inermis, seminuda, fruticosa, filiformis, flaccida; foliis alternis. Linn. Sp. Plant.* 649. *Hort. Cliff.* 197. *Hort. Upf.* 140. *Roy. Lugdb.* 195. *Amæn. Acad.* 3, *p.* 111. *Gron. Orient.* 160. *Tithymalus aphyllus Mauritaniæ. Dill. Hort. Elth.* 384.

Description.

La tige de cette espèce est vivace, filiforme, de la grosseur d'une plume d'oie, haute de cinq pieds, foible, plus rarement rameuse, droite, flasque. Les feuilles sont au haut des petits rameaux, alternes, lancéolées, sessiles.

Figure.

Cette espèce est représentée dans le *Dillenii Hort. Elth.* pl. 289.

Lieu de sa naissance.

Elle croît naturellement dans les endroits maritimes de l'Afrique.

DIXIEME ESPECE.

La dixième espèce est le Tirucalli. *Euphorbia Tirucalli. Euphorbia inermis, seminuda, fruticosa, filiformis, erecta; ramis patulis, determinatè confertis. Linn. Sp. Plant.* 649. *Hort. Cliff.* 197. *Hort. Upf.* 139. *Flor. Zeyl.* 197. *Roy. Lugdb.* 195. *Amæn. Acad.* 3, *p.* 111. *Tithymalus Indicus, frutescens. Commel. Hort.* 1, *p.* 27. *Tithymalus arborescens, caule aphyllo. Pluk. Phyt.* 319. *Offifraga lactea. Rumph. Amboin.* 7, *p.* 62. *Tirucalli. Rheed. Hort. Malab.* 2, *p.* 44. *Muwakitya. Herm. Zeyl.* 63. En Portugais, *Offoquebrado*. A Malaca, *Patta tulang*.

Description.

La tige de cette espèce est droite. Les rameaux sont rassemblés à des espaces certains & déterminés, s'étendans, cylindriques, nuds, aigus. Les feuilles sont au sommet des rameaux, lancéolées, linéaires, presque pétiolées : cette plante diffère par-là de l'espèce précédente, de même que par sa tige droite & plus rameuse.

Figure.

Elle est représentée dans l'*Hort. Amsteld.* tom. 1, pl. 14; dans l'*Hort. Malab.* tome 2, pl. 44; dans l'*Herbarium Amboinense*, tome 7, pl. 29; & dans la seconde partie de cet Ouvrage.

Lieu de sa naissance.

Elle croît naturellement dans l'Inde.

Propriétés médicinales.

L'écorce de cette plante est d'usage dans le pays contre la fracture des os.

Propriétés économiques.

On l'y emploie aussi pour former des haies.

ONZIÈME ESPÈCE.

L'onzième espèce est l'Euphorbe en forme de Tithymale. *Euphorbia Tithymaloïdes. Euphorbia inermis, fruticosa; foliis distichè-alternis, ovatis. Linn. Sp. Plant.* 649. *Hort. Cliff.* 198. *Roy. Lugdb.* 195. *Amœn. Acad.* 3, *p.* 111. *Euphorbia Myrtifolia. Tithymalus Curassavicus, Myrtifolius; flore coccineo, mellifluo. Herm. Parad.* 234. *Tithymalus Curassavicus, Myrtifolius, flore papilionaceo, coccineo, parvo. Comm. Hort.* 1, *p.* 31. *Pluk. Alm.* 369.

Description.

Cette espèce est sans épines, en arbrisseau. Ses feuilles sont alternes, ovales, semblables à celles du Myrthe. Sa fleur est petite, papilionacée, couleur d'écarlate.

Figure.

Cette espèce est représentée dans l'*Herm. Parad.* pl. 234; dans le *Com. Hort.* tome 1, pl. 16; dans l'*Almag.* de Plukenet, pl. 230, fig. 2; & dans les Plantes de l'Amérique par Jacquin, pl. 92.

Lieu de sa naissance.

Elle croît à Curassao.

Variété.

La variété de cette espèce est la plante connue sous les phrases de *Tithymaloïdes Laurocerasi folio non serrato. Dill. Hort. Elth.* 384. *Euphorbia Padifolia.*

Figure.

Elle est représentée dans le *Dillenii Hort. Elth.* pl. 288, fig. 372.

Lieu de sa naissance.

Elle croît naturellement dans l'Inde.

Observation.

Les fleurs singulières, horisontales, supérieurement bossues de ces deux plantes, annoncent qu'elles sont de la même espèce.

DOUZIÈME ESPECE.

La douzième espèce est l'Euphorbe hétérophylle, le Tithymale hétérophylle. *Euphorbia heterophylla. Euphorbia inermis, foliis serratis, petiolatis, difformibus, ovatis, lanceolatis, panduriformibus. Linn. Sp. Plant.* 649. *Amœn. Acad.* 3, *p.* 112. *Tithymalus heterophyllus. Plum. Icon.* 250. *Tithymalus Curassoïcus, Salicis & Atriplicis foliis variis, caulibus viridentibus. Pluk. Alm.* 369. *Tithymalus Curassavicus, Salicis & Atriplicis foliis hirsutis, caulibus subrubentibus. Moris. Hist.* 3, *p.* 336.

Description.

Cette plante est herbacée. Sa tige est droite, à peine rameuse. Sa racine est fibreuse, branchue, descendante. Ses feuilles sont difformes. Les caulinaires sont ovales ou lancéolées, pétiolées, sinueuses, découpées à dents de scie; celles des rameaux sont à fleurs tantôt lancéolées, sessiles, ombellées, tantôt en forme d'instrument, & plus découpées à dents de scie. Les fleurs terminent les petits rameaux; elles sont pédunculées, ombellées.

Figure.

Elle est représentée dans les Plantes d'Amérique de Plumier par Burmann, pl. 251, fig. 1; & dans le *Phytographia* de Plukenet, pl. 112, fig. 6.

Lieu de sa naissance.

Elle croît naturellement dans la partie la plus chaude de l'Amérique.

Culture.

Cette espèce est annuelle : on en sème les graines au printemps sur une couche chaude; & lorsque les plantes sont bonnes à être transplantées, on les met chacune dans un petit pot plein de terreau, & on les gouverne ensuite comme la plupart des autres espèces.

TREIZIEME ESPECE.

La treizième espèce est le Tithymale à feuilles de Fustet. *Euphorbia Cotinifolia. Euphorbia foliis oppositis, subcordatis, petiolatis, emarginatis, integerrimis; caule fruticoso. Linn. Sp. Plant.* 650. *Amœn. Acad.* 3, *p.* 112. *Euphorbia inermis, caule fruticoso, foliis oppositis, subcordatis, emarginatis; petiolis folio longioribus. Hort. Cliff.* 198. *Roy. Lugdb.* 196. *Tithymalus Curassavicus, folio Cotini triphyllos, petalis florum serratis. Pluk. Alm.* 369. *Tithymalus arboreus, Curassavicus, Cotini folio. Seb. Thes.* 1, *p.* 75. *Tithymalus arboreus, Americanus; Cotini folio. Comm. Hort.* 1, *p.* 29.

Description.

Les feuilles de cette espèce sont rondes, luisantes, roides, d'un jaune clair & d'un vert foncé, traversées de côtes épaisses & relevées : elles pendent deux à deux à de longues queues qui naissent des nœuds du tronc. Ses fleurs jointes plusieurs ensemble sont d'un vert tirant sur un jaune clair : elles sont soutenues par de longs pédunculés, & composées de cinq feuilles rondes à trois ou quatre étamines. Ses coques renferment des semences à trois coins, assez semblables au Cardamome de Java. Le tronc de ce Tithymale est noueux, couvert d'une écorce d'un châtain clair.

Figure.

Cette espèce est représentée dans l'*Almag.* de Plukenet, pl. 230, fig. 3; dans le *Thesaurus* de Séba, tome 1, pl. 46, fig. 4; & dans l'*Hort.* de Commelin, tome 1, pl. 15.

Lieu de sa naissance.

Elle croît naturellement à Curacao.

Culture.

Cette espèce est délicate, & demande d'être traitée comme les plus difficiles à conserver dans ce genre: il lui faut la serre chaude.

Propriétés délétères.

Les Ethiopiens & les Habitans de ces lieux-là empoisonnent les traits du suc laiteux de cet arbre, & rendent ainsi les blessures qu'ils font, bientôt mortelles par la grande inflammation qui y survient communément.

QUATORZIÈME ESPECE.

La quatorzième espèce est l'Euphorbe en forme de Basilic. *Euphorbia Ocymoïdes. Euphorbia inermis, herbacea, ramosa; foliis subcordatis, integerrimis, petiolo brevioribus; floribus solitariis. Linn. Sp. Plant.* 650. *Amœn. Acad.* 3, *p.* 112. *Euphorbia inermis, foliis subcordatis, obtusis, integerrimis, petiolatis; caule ramoso, erecto. Roy. Lugdb.* 199.

Description.

Cette espèce est sans épines, herbacée, rameuse. Sa tige est droite. Ses feuilles sont faites en forme de cœur, obtuses, pétiolées, très-entières. Ses fleurs sont solitaires.

Lieu de sa naissance.

Elle croît naturellement à Campèche.

Culture.

Elle est très-délicate: on la sème sur une couche chaude; & quand les jeunes plantes sont assez fortes pour être transplantées, on les met chacune séparément dans un pot, & on enfonce de nouveau ces pots dans une couche chaude.

QUINZIEME ESPECE.

La quinzième espèce est l'Euphorbe en forme d'Origan. *Euphorbia Origanoïdes. Euphorbia dichotoma, foliis serrulatis, ovatis, obtusis, trinerviis; paniculo terminali, caulibus simplicibus. Linn. Sp. Plant.* 650. *Amœn. Acad.* 3, *p.* 114.

Description.

Cette espèce ressemble si fort à un Origan, qu'au premier aspect on la prendroit pour telle. La tige est simple, haute de neuf pouces, cylindrique, articulée. Les feuilles sont rondes, ovales, à trois nervures, sessiles, glabres, découpées à petites dents de scie. Le côté extérieur de la superficie est pourpre. Il n'y a point de rameau. La panicule, comme dans l'Origan, termine la tige.

Lieu de sa naissance.

Elle croît naturellement dans l'Isle de l'Ascension.

SEIZIÈME ESPÈCE.

La seizième espèce est l'Euphorbe ou Tithymale à feuilles de Millepertuis. *Euphorbia Hypericifolia. Euphorbia dichotoma, foliis serratis, ovatis, oblongis, glabris; corymbis terminalibus, ramis divaricatis. Linn. Sp. Plant.* 650. *Amœn. Acad.* 3, *p.* 113. *Euphorbia inermis, foliis ovalibus, oppositis, hinc serratis, uniformibus; ramis alternis, caule erectiusculo. Hort. Cliff.* 198. *Hort. Ups.* 113. *Roy. Lugdb.* 196. *Euphorbia minima, reclinata; foliolis ovatis, denticulatis; floribus subumbellatis, terminalibus lateralibusque. Brow. Jam.* 235. *Tithymalus Americanus, flosculis albis. Comm. Præl.* 60. *Tithymalus erectus, acris; Parietariæ foliis glabris, floribus ad caulium nodos conglomeratis. Sloan. Jam.* 82. *Hist.* 1, *p.* 197.

Description.

Cette espèce a le port de l'*Hypericum*. Ses feuilles sont découpées à dents de scie d'un côté, & entières de l'autre. Ses fleurs sont à quatre pétales, entières, blanches, minces, couleur de neige. Elle varie par ses fleurs, qui sortent tantôt presque solitaires des aisselles, & tantôt rassemblées en forme de tête.

Figure.

Elle est représentée dans le *Præludia* de Commelin, pl. 60; dans l'Histoire de la Jamaïque par Sloane, tome 1, pl. 97; dans le *Thesaur. Zeylan.* de Burmann, pl. 105, fig. 2; & dans l'*Almag.* de Plukenet, 113, fig. 2.

Lieu de sa naissance.

Elle croît naturellement dans la Jamaïque, au Mexique, dans l'Inde Orientale.

Culture.

Elle est annuelle. On sème ses graines sur une couche chaude au printemps; & lorsque les jeunes plantes qui en proviennent sont bonnes à être transplantées, on les met chacune séparément dans un petit pot rempli de terreau. On enfonce ces pots dans une couche chaude, & on les gouverne de la même manière que les autres espèces.

DIX-SEPTIÈME ESPÈCE.

La dix-septième espèce est l'Euphorbe maculée. *Euphorbia maculata. Euphorbia dichotoma, foliis serratis, oblongis, pilosis; floribus axillaribus, solitariis; ramis patulis. Linn. Sp. Plant.* 652. *Euphorbia minima, supina, rufescens. Brow. Jam.* 236. *Tithymalus, seu Chamæsyce altera, Virginiana; foliis crenatis, & maculâ fuscâ eleganter notatis. Pluk. Alm.* 372. *Chamæsyce. Sloan. Jam.* 83. *Hist.* 1, *p.* 198.

Description.

Les tiges sont fourchues, à rameaux alternes, s'étendant, pourpres en dessus. Les feuilles sont ovales, oblongues, à trois nervures, poilues, découpées à dents de scie, très-entières d'un côté pour la plus grande partie; & lorsque la plante est encore tendre, elle est marquée d'une tache brunâtre. Les fleurs sont axillaires, solitaires, petites, à calice roussâtre. Le fruit est lisse.

Figure.

Cette eſpèce eſt repréſentée dans l'*Almag.* de Plukenet, pl. 68, fig. 8.

Lieu de ſa naiſſance.

Elle eſt annuelle, & croît naturellement dans l'Amérique méridionale, dans la Jamaïque.

DIX-HUITIÈME ESPÈCE.

La dix-huitième eſpèce eſt l'Euphorbe hériſſée. *Euphorbia hirta. Euphorbia dichotoma, foliis ſerrulatis, ovatis, acuminatis; pedunculis capitatis, axillaribus; caulibus piloſis. Linn. Sp. Plant.* 651. *Amœn. Acad.* 3, *p.* 114. *Euphorbia inermis, foliis ovalibus, oppoſitis, ovalibus, ſerratis, uniformibus; pedunculis capitatis, axillaribus. Flor. Zeyl.* 197. *Euphorbia reclinata, minor, ſubhirſuta; foliis ſerratis. Brow. Jam.* 234. *Tithymalus Botryoïdes, Zeylanicus; cauliculis villoſis. Burm. Zeyl.* 223. *Eſula eſculenta. Rumph. Amb.* 6, *p.* 54. A Malaca, *Daun Bidji Katjang.* A Amboine, *Hutta Ahuæ, Rampot Katjang, Katjang gramineum.*

Deſcription.

La tige eſt herbacée, poileuſe. Les feuilles ſont ovales, lancéolées, découpées à dents de ſcie, oppoſées, ſeſſiles, aiguës, alternes. Le péduncule porte des fleurs raſſemblées en globe.

Figure.

Cette eſpèce eſt repréſentée dans le *Burm. Theſ. Zeyl.* pl. 104; & dans l'*Herbar. Amb.* de Rumphe, tome 6, pl. 23, fig. 2.

Lieu de ſa naiſſance.

Elle croît naturellement dans l'Inde: elle eſt annuelle.

DIX-NEUVIÈME ESPECE.

La dix-neuvième eſpèce eſt l'Euphorbe qui porte des pilules. *Euphorbia pilulifera. Euphorbia dichotoma, foliis ſerratis, ovali-oblongis; pedunculis bicapitatis, axillaribus; caule erecto. Linn. Sp. Plant.* 651. *Amœn. Acad.* 3, *p.* 115. *Tithymalus Botryoïdes, erectus; florum capitulis conjugatis, & longiori pediculo inſidentibus. Burm. Zeyl.* 224. *Pet. Gaz. t.* 8.

Deſcription.

Cette eſpèce eſt annuelle. Sa tige eſt ſimple, cylindrique, velue, à poils rouſſâtres, haute d'un demi-pied. Ses feuilles ſont oppoſées, oblongues, à peine découpées à dents de ſcie, obtuſes. Des aiſſelles des feuilles s'élèvent des pétioles hauts d'un pouce, alternes, qui contiennent pluſieurs fleurons raſſemblés en deux petites têtes oppoſées.

Figure.

Elle eſt repréſentée dans le *Theſ. Zeyl.* pl. 105, fig. 1; & dans Pétiver, pl. 80, fig. 14.

Lieu de ſa naiſſance.

Elle eſt annuelle, & croît naturellement dans l'Inde.

VINGTIÈME ESPÈCE.

La vingtième eſpèce eſt l'Euphorbe à feuilles d'Hyſſope. *Euphorbia Hyſſopifolia. Euphorbia dichotoma, foliis ſubcrenatis, linearibus; floribus faſciculatis, terminalibus; caule erecto. Linn. Sp. Plant.* 651. *Euphorbia dichotoma, erecta, tenuis; foliis linearibus, floribus quaſi umbellatis, terminalibus. Brow. Jam.* 235.

Deſcription.

Cette eſpèce eſt fourchue. Sa tige eſt droite. Ses feuilles ſont crénelées, linéaires. Les fleurs ſont terminales, comme en ombelle.

Lieu de ſa naiſſance.

Elle croît naturellement dans la Jamaïque.

VINGT-UNIÈME ESPÈCE.

La vingt-unième eſpèce eſt l'Euphorbe à feuilles de Thym. *Euphorbia Thymifolia. Euphorbia dichotoma, foliis ſerratis, ovali-oblongis; capitulis axillaribus, glomeratis, ſubſeſſilibus; caulibus procumbentibus. Linn. Sp. Plant.* 651. *Amœn. Acad.* 3, *p.* 115. *Tithymalus foliis oppoſitis, obliquè-cordatis, obtuſis, ſerratis; pedunculis multifloris. Flor. Zeyl.* 198. *Tithymalus Indicus, annuus, dulcis; floribus albis, caulibus viridentibus & rubentibus. Pluk. Alm.* 372.

Deſcription.

Cette eſpèce a entièrement le port de la vingt-quatrième eſpèce: elle eſt glabre. Ses tiges ſont couchées. Ses feuilles ſont découpées à dents de ſcie, ovales, oblongues. Ses petites têtes ſont axillaires, conglomérées, ſeſſiles.

Figure.

Elle eſt repréſentée dans l'*Almag.* de Plukenet, pl. 113, fig. 2.

Lieu de ſa naiſſance.

Elle croît naturellement dans l'Inde.

Variété.

Linnæus donne pour variété de cette eſpèce la plante connue ſous la phraſe de *Tithymalus humilis, ramoſiſſimus, hirſutus; foliis Thymi ſerratis. Burm. Zeyl.* 225.

Figure.

Cette variété eſt repréſentée dans le *Burm. Theſ. Zeyl.* pl. 105, fig. 3.

VINGT-DEUXIEME ESPEÇE.

La vingt-deuxième eſpèce eſt l'Euphorbe à petites fleurs. *Euphorbia parviflora. Euphorbia ſubdichotoma, foliis ſerratis, oblongis, glabris; floribus ſolitariis, caule erectiuſculo, alternè-ramoſo. Linn. Spec. Plant.* 662. *Tithymalus erectus, floribus rarioribus, foliis oblongis, glabris, integris. Burm. Zeyl.* 224. A Ceylan, *Kiriwaënna.*

Deſcription.

La tige de cette eſpèce eſt droite, cylindrique, diviſée en cinq ou ſix articulations, glabre, verte, différemment rameuſe, à rameaux le plus ſouvent fendus en deux, qui portent des feuilles oppoſées, ovales, entières, légèrement découpées à dents de ſcie, obtuſes, glabres de chaque côté, vertes. Des aiſſelles des feuilles il ſort un pétiole commun, long d'un pouce, ſupportant quelques petites fleurs diſpoſées en faiſceaux. Ces pétioles ſortent alternativementdes aiſſelles des feuilles.

Figure.

Figure.

Cette eſpèce eſt repréſentée dans le *Theſ. Zeyl.* de Burmann, pl. 105, fig. 2.

Lieu de ſa naiſſance.

Elle eſt annuelle, & croît naturellement dans l'Inde.

VINGT-TROISIEME ESPECE.

La vingt-troiſième eſpèce eſt l'Euphorbe blanchâtre. *Euphorbia caneſcens. Euphorbia dichotoma, foliis integris, ſubrotundis, piloſis; floribus ſolitariis, axillaribus; caulibus procumbentibus. Linn. Sp. Plant.* 652. *Tithymalus exiguus, villoſus, Nummulariæ folio. Tourn. Inſt.* 87.

Deſcription.

Cette eſpèce approche beaucoup de la ſuivante; mais elle eſt blanche, velue de chaque côté. Les feuilles ſont à échancrures, fanées, crénelées.

Lieu de ſa naiſſance.

Elle croît naturellement en Eſpagne: elle eſt annuelle.

VINGT-QUATRIEME ESPECE.

La vingt-quatrième eſpèce eſt l'Euphorbe Chamœſice, le grand Tithymale velu. *Euphorbia Chamœſice. Euphorbia dichotoma, foliis crenulatis, ſubrotundis, glabris; floribus ſolitariis, axillaribus; caulibus procumbentibus. Linn. Sp. Plant.* 652. *Amœn. Acad.* 3, *p.* 115. *Euphorbia inermis, foliis obliquè-cordatis, ſerrulatis, uniformibus; ramis alternis, floribus ſolitariis. Hort. Cliff.* 198. *Roy. Lugdb.* 196. *Gmel. Flor. Sib.* 2, *p.* 237. *Gron. Orient.* 160. *Chamœſice. Bauh. Pin.* 293. *Cluſ. Hiſt.* 2, *p.* 187.

Deſcription.

La tige eſt abaiſſée, fourchue. Les feuilles ſont oppoſées, liſſes, crénelées, échancrées, ayant la baſe antérieure plus étroite. Les fleurs ſortent de la bifourchure. Le calice eſt rouſſâtre. Les pétales ſont blancs, crénelés. Le fruit eſt hériſſé.

Lieu de ſa naiſſance.

Cette eſpèce croît naturellement dans la partie méridionale de l'Europe, dans la Sibérie, la Méſopotamie, aux endroits arides.

VINGT-CINQUIEME ESPECE.

La vingt-cinquième eſpèce eſt le Peplion. *Euphorbia Peplis. Euphorbia dichotoma, foliis integerrimis, ſemicordatis; floribus ſolitariis, axillaribus; caulibus procumbentibus. Linn. Sp. Plant.* 652. *Amœn. Acad.* 3, *p.* 115. *Gron. Orient.* 163. *Euphorbia foliis ſubrotundis, obtuſis; floribus ſolitariis in foliorum alis. Guett. Stamp.* 2, *p.* 420. *Peplis maritima, folio obtuſo. Bauh. Pin.* 293. *Peplis. Cluſ. Hiſt.* 2, *p.* 187. *Cam. Epit.* 970. *Peplion. Dalech. Hiſt.* 970.

Deſcription.

Les tiges de cette eſpèce ſont couchées. Les feuilles ſont très-entières, la moitié en forme de cœur. Les fleurs ſont ſolitaires, axillaires.

Lieu de ſa naiſſance.

Elle eſt annuelle, & croît ſur les bords de la mer, en Eſpagne.

VINGT-SIXIEME ESPECE.

La vingt-ſixième eſpèce eſt l'Euphorbe ou le Tithymale à feuilles de Renouée. *Euphorbia Poligonifolia. Euphorbia foliis oppoſitis, integerrimis, lanceolatis, obtuſis; floribus ſolitariis, axillaribus; caulibus procumbentibus. Linn. Sp. Plant.* 653. *Amœn. Acad.* 3, *p.* 116. *Euphorbia procumbens, ramulis alternis, foliis lanceolato-linearibus, floribus ſolitariis. Gron. Virg.* 58. *Euphorbia minima, ramoſiſſima, anguſtifolia. Raj. Suppl.* 431.

Deſcription.

Le port & la figure ſont les mêmes que ceux de la vingt-quatrième eſpèce. Les tiges ſont couchées, fourchues, écartées. Les feuilles ſont lancéolées, égales, obtuſes. Les fleurs ſont ſolitaires, axillaires.

Lieu de ſa naiſſance.

Cette eſpèce croît naturellement dans le Canada, la Virginie: elle eſt annuelle.

VINGT-SEPTIEME ESPECE.

La vingt-ſeptième eſpèce eſt l'Euphorbe graminée. *Euphorbia graminea. Euphorbia dichotoma, foliis lanceolato-ellypticis, petiolatis, integerrimis, caule erecto; pedunculis dichotomis. Linn. Syſt. Veg. edit. XIII. Murr.* 375. *Jacq. Americ.* 151. *Obſerv.* 1, *p.* 5, *Mant.* 74.

Deſcription.

Cette eſpèce eſt herbacée, laiteuſe, droite, foible, toute verte & fourchue, un peu tendre, haute de deux ou trois pieds. Les feuilles ſont lancéolées, aiguës, luiſantes, longues d'un demi-pouce, peu nombreuſes, ayant des pétioles longs d'un pouce. Les péduncules communs ſont terminaux, fourchus, droits, menus. La corolle des fleurs eſt blanche. Les capſules ſont luiſantes, glabres, petites.

Figure.

Elle eſt repréſentée dans la première partie des Obſervations de Jacquin, pl. 31.

Lieu de ſa naiſſance.

Elle croît naturellement aux environs de Carthagène.

VINGT-HUITIEME ESPECE.

La vingt-huitième eſpèce eſt l'Euphorbe de l'Ipecacuanha. *Euphorbia Ipecacuanhæ. Euphorbia dichotoma, foliis integerrimis, lanceolatis; pedunculis axillaribus, unifloris, folia æquantibus, caule erecto. Linn. Sp. Plant.* 653. *Amœn. Acad.* 3, *p.* 117. *Tithymalus flore exiguo, viridi; apicibus flavis, antequàm folia emittit florens. Gron. Virg.* 58.

Deſcription.

La racine eſt traçante. Les tiges ſont hautes de neuf pouces, droites, fourchues. Les feuilles ſont oppoſées, lancéolées, liſſes, très-entières, de la longueur des internœuds. Les péduncules sont axillaires, solitaires, à une fleur, de la longueur des feuilles lorsqu'ils fleurissent, portans ensuite des fruits deux fois plus longs. Le calice est gros.

Lieu de sa naissance.

Cette espèce croît naturellement dans la Virginie, le Canada.

Propriétés médicinales.

Quelques Auteurs ont pris cette plante pour l'Ipecacuanha. Les Habitans des pays septentrionaux de l'Amérique s'en servent intérieurement, mais témérairement, pour les faire vomir.

VINGT-NEUVIÈME ESPÈCE.

La vingt-neuvième espèce est l'Euphorbe en forme de Pourpier. *Euphorbia Portucaloïdes. Euphorbia dichotoma, foliis integerrimis, ovalibus, retusis; pedunculis axillaribus, unifloris, folia æquantibus; caule erecto. Linn. Sp. Plant.* 653. *Amœn. Acad.* 3, *p.* 117. *Tithymalus perennis, Portulacæ folio. Feuill. Peruv.* 707.

Description.

Cette plante a sa racine oblique, ronde, couverte d'une écorce blanchâtre, sur laquelle on voit de petits tubercules, à côté de chacun desquels sort ordinairement une petite fibre assez longue de la même couleur que la racine. La racine a dans son centre un nerf blanc & ligneux. La tige s'élève à la hauteur d'un pied: elle a deux lignes d'épaisseur, est ronde, chargée pareillement de petits tubercules, & divisée vers son milieu en plusieurs rameaux, à l'origine desquels naissent trois feuilles en triangle d'un vert blanchâtre semblable à celui de toute la tige. Les feuilles sont sans queue: leur longueur est d'environ un pouce, & leur largeur de demi: leur pointe est émoussée: elles sont lisses, plattes, & il ne paroît sur leur plan que la seule côte qui les traverse dans leur longueur. Les fleurs sont d'une seule pièce, découpées sur leurs bords en cinq lobes arrondis, portées sur un petit pédicule fort court qui prend son origine aux aisselles des feuilles: elles sont noires, & larges d'environ deux lignes & demie. Du centre de ces fleurs naît une petite queue de trois ou quatre lignes de longueur, qui soutient à son extrémité un pistil couronné de trois pointes, composé de trois cellules, qui forment dans leurs jonctions des angles rentrans, & renferment chacune une petite graine noire & ronde.

Figure.

Cette espèce est représentée dans les Plantes du Pérou par le P. Feuillée, pl. 2.

Lieu de sa naissance.

Elle croît naturellement aux environs de Philadelphie, sur le bord de la mer dans le Royaume de Chily, dans le sable & les lieux secs.

Propriétés médicinales.

Les Peuples de Chily emploient cette plante pour se purger, & font pour lors usage tantôt du lait, tantôt de toute la tige. Lorsqu'ils se servent du lait, ils en mettent quelques gouttes dans un bouillon, & c'est-là toute la préparation de cette médecine. Quand ils font usage de la tige, ils la font bouillir dans de l'eau commune, & ils en prennent le matin un grand verre.

TRENTIEME ESPÈCE.

La trentième espèce est l'Euphorbe à feuilles de Myrte. *Euphorbia Myrtifolia. Euphorbia dichotoma, foliis integerrimis, subrotundis, emarginatis, subtùs incanis; floribus solitariis, caule erecto. Linn. Sp. Pl.* 653. *Euphorbia erecta; foliolis ovatis, oppositis; ramulis tenuibus, alaribus. Brow. Jam.* 235.

Description.

Cette espèce est fourchue. Ses feuilles sont très-entières, rondes, échancrées, blanchâtres en dessous. La tige est droite. Les fleurs sont solitaires.

Lieu de sa naissance.

Elle est annuelle, & croît naturellement dans la Jamaïque.

TRENTE-UNIEME ESPÈCE.

La trente-unième espèce est le Tithymale des vignes. *Euphorbia Peplus. Euphorbia umbellâ trifidâ, dichotoma, involucellis ovatis, foliis integerrimis, obovatis, petiolatis. Linn. Sp. Plant.* 653. *Amœn. Acad.* 3, *p.* 117. *Euphorbia foliis obverse-ovatis, integerrimis; umbellâ universali, trifidâ, triphyllâ; partialibus dichotomis, diphyllis. Hort. Cliff.* 190. *Flor. Suec.* 437. 426. *Roy. Lugdb.* 197. *Dalib. Parif.* 156. *Peplus, seu Esula rotunda. Bauh. Pin.* 292. *Peplus Fuchs. Hist.* 63. *Dod. Pempt.* 375. *Tithymalus rotundis foliis, non crenatis. Tourn.* 87.

Description.

La racine est annuelle. Les feuilles caulinaires sont ovales, très-entières, alternes. Toutes les enveloppes sont ovales. Toutes les fleurs sont hermaphrodites, à pétales, à deux cornes, à capsules glabres.

Lieu de sa naissance.

Cette espèce croît par-ci par-là dans les endroits cultivés de l'Europe, parmi les plantes potagères: on en voit aux environs de Paris, en Alsace, en Provence, & dans l'Orléanois.

TRENTE-DEUXIÈME ESPÈCE.

La trente-deuxième espèce est l'Euphorbe ou le Tithymale en forme de faux. *Euphorbia falcata. Euphorbia umbellâ trifidâ, dichotomâ; involucellis cordato-subfalcatis, acutis; foliis lanceolatis, obtusiusculis. Linn. Sp. Plant.* 654. *Amœn. Acad.* 3, *p.* 118. *Tithymalus annuus, supinus; folio rotundiore, acuminato. Tourn. Inst. Rei Herb.* 87. *Pithyusa minor, subrotundis & acutis foliis. Barr.* 751. *Tithymalus Esula exigua, Chalapensis, ramosior; foliis latioribus; lintriformibus. Moris. Hist.* 3, *p.* 339.

Description.

Les feuilles sont lancéolées, un peu obtuses, avec une pointe. L'ombelle universelle est fendue en trois, plus rarement en quatre. Les enveloppes particulières sont ovales, en forme de cœur, aigues, alternes, en forme de faux d'un côté, ce qui distingue cette espèce de toutes les autres. Les rayons de l'ombelle sont fendus en deux, ensuite simples.

Des côtés de la tige il sort de petits rameaux avec de petites ombelles.

Figure.

Cette espèce est représentée dans les Plantes de Barrelier, pl. 751.

Lieu de sa naissance.

Cette espèce croît naturellement dans la partie méridionale de toute l'Europe.

TRENTE-TROISIEME ESPECE.

La trente-troisième espèce est la petite Esule. *Euphorbia Esula. Euphorbia umbellâ trifidâ, dichotomâ; involucellis lanceolatis, foliis linearibus. Linn. Sp. Plant.* 654. *Amœn. Acad.* 3, *p.* 118. *Euphorbia inermis, foliis alternis, linearibus, acutis; umbellâ universali, trifidâ; partialibus dichotomis, diphyllis. Hort. Cliff.* 199. *Hort. Upf.* 143. *Roy. Lugdb.* 197. *Dalib. Parif.* 157. *Gort. Gelr.* 304. *Tithymalus. sive Esula exigua. Bauh. Pin.* 291. *Esula minima Tragi. Dalech. Hist.* 1656.

Variétés.

Linnæus rapporte deux variétés de cette espèce: 1°. le *Tithymalus. seu Esula exigua, foliis obtusis. Bauh. Pin.* 291. *Prodr.* 32: 2°. le *Tithymalus exiguus, saxatilis. Bauh. Pin.* 291. *Prodr.* 132. *Magn. Monsp.* 259.

Description.

La seconde variété est très-petite. La première est singulière par ses feuilles tronquées au sommet avec une pointe. Toutes ces variétés & l'espèce principale n'ont point de rameaux latéraux. Les fleurs sont à quatre pétales, à deux cornes. Les folioles de l'ombelle & des petites ombelles ne sont pas plus larges que les autres. Le fruit est glabre.

Figure.

L'espèce principale est représentée dans le *Flora Danica* d'*Œder*, pl. 22.

Lieu de sa naissance.

L'espèce principale croît naturellement dans la Lusace, la France, la Suisse, l'Espagne, entre les bleds; la première variété, aux environs de Montpellier dans les endroits caillouteux; & la seconde aux environs de Padoue & de Marseille.

TRENTE-QUATRIEME ESPECE.

La trente-quatrième espèce est l'Euphorbe ou le Tithymale tubéreux. *Euphorbia tuberosa. Euphorbia umbellâ trifidâ, involucro tetraphyllo, caule nudo, foliis oblongis, emarginatis. Linn. Sp. Plant.* 655. *Amœn. Acad.* 3, *p.* 117. *Euphorbia inermis, foliis oblongis, obtusis, emarginatis. Roy. Lugdb.* 199. *Tithymalus humilis, folio Lapathi. Buxb. Cent.* 2, *p.* 27. *Tithymalus tuberosus, acaulos; foliis oblongis, cucullatis & planis. Burm. Affric.* 9. *Tithymalus Affricanus, humilis; foliis latioribus, oblongis; tuberosâ radice. Raj. Suppl.* 933.

Description.

La racine de ce Tithymale est deux fois plus

grande que la plante même; car elle est grosse, noueuse, oblongue, longue de neuf pouces, grise, divisée aussi dans des nœuds plus grands, qui jettent différentes petites fibres latérales par lesquelles la plante se multiplie. Cette plante n'a point de tige; mais de sa racine il naît des feuilles & des fleurs appuyées sur des pétioles très-longs, plus longs que deux pouces, glabres, ronds, verts. Les feuilles qu'ils soutiennent sont oblongues, glabres, vertes, grosses, tantôt planes, tantôt resserrées, & en capuchon, quelquefois aussi crénelées, & fendues en deux au sommet, longues d'environ trois pouces, larges d'un, suspendues, & souvent aussi réfléchies. Les péduncules des fleurs sortent du même endroit que les pétioles des feuilles: ils sortent pour l'ordinaire du centre de la sommité de la racine, & s'élèvent un peu plus haut que les feuilles: ils soutiennent en haut quelques fleurs. Chaque fleur est appuyée sur son péduncule, à la bifourchure duquel se trouvent deux feuilles opposées, oblongues, aiguës. Les fleurs ont deux folioles semblables, opposées au lieu du calice, qui restent avec le fruit: elles sont jaunes, à quatre espèces de pétales, composées de segmens presqu'en forme de lune, produisant un petit vaisseau séminal, à trois côtes, à trois loges, à trois coques, & renfermant des semences oblongues, applaties, grises.

Figure.

Cette espèce est représentée dans la seconde Centurie de Buxbaum, pl. 23; & dans les Plantes d'Afrique par Burmann, pl. 4.

Lieu de sa naissance.

Elle croît naturellement dans l'Ethiopie.

TRENTE-CINQUIEME ESPECE.

La trente-cinquième espèce est l'Epurge. *Euphorbia Lathyris. Euphorbia umbellâ quadrifidâ, dichotomâ; foliis oppositis, integerrimis. Linn. Sp. Plant.* 655. *Amœn. Acad.* 3, *p.* 119. *Euphorbia inermis, foliis oppositis, lanceolatis, integerrimis; umbellâ universali, quadrifidâ, tetraphyllâ; ulterioribus dichotomis. Hort. Upf.* 140. *Mat. Med.* 256. *Euphorbia inermis, foliis oppositis, lanceolatis; umbellâ universali, trifidâ, polyphyllâ; partialibus tryphyllis, reliquis diphyllis. Hort. Cliff.* 198. *Roy. Lugdb.* 196. *Dalib. Parif.* 155. *Lathyris major. Bauh. Pin.* 293. *Lathyris. Cam. Epit.* 968. *Fuchs. Hist.* 454. En Allemand, *Springkœrner*. En Anglois, *Garden Spurge*.

Description.

La racine de cette espèce est garnie de quelques fibres capillaires. La tige s'élève ordinairement à la hauteur de deux ou trois pieds: elle est ronde, solide, d'un vert rougeâtre, rameuse dans le haut. Les feuilles sont très-entières, placées deux à deux ou trois à trois, longues, lisses. L'ombelle est divisée en quatre; elle se subdivise deux à deux. Les fleurs naissent au sommet des tiges, sont monopétales, campaniformes, divisées en quatre pièces égales, épaisses. Le fruit est triangulaire, divisé en trois loges. Ses semences sont presque rondes, remplies d'une moëlle blanche.

Figure.

Elle est représentée parmi les Plantes gravées de Garsault; & dans toutes les Collections gravées des Plantes usuelles.

Lieu de sa naissance.

Elle est bisannuelle, & croît aux bords des chemins, dans l'Italie & les Provinces méridionales de la France.

Culture.

Elle se plaît sur-tout dans les jardins où elle se multiplie tous les ans de graine, & même jusqu'à devenir incommode : elle fleurit en Juillet. Ses semences sont mûres en Août, en Septembre. Elle est bisannuelle : elle ne porte graines que la seconde année ; après quoi elle périt. Les frimats de l'hiver ne lui sont pas contraires.

Analyse chymique.

Elle abonde en suc laiteux & caustique, de même que toutes les espèces de Tithymales.

Propriétés médicinales.

Les Mendians en font ordinairement usage pour se défigurer la peau, & pour exciter par-là la commisération des riches. Sa semence purge abondamment par haut & par bas ; son usage est familier à la campagne : les Paysans en prennent dix ou douze grains pilés dans du vin, bouillon ou quelqu'autre liqueur. Ce purgatif est très-violent : il seroit à propos de le corriger par sa coction avec du sel d'absynthe ou quelqu'autre sel fixe. Le suc de l'Epurge est un grand dépilatoire, si l'on en humecte les parties velues.

Nous observerons ici qu'il ne faut jamais donner aux femmes enceintes des graines d'Epurge, parce que leur complexion est trop tendre & trop délicate. Les Charlatans le donnent indistinctement & sans préparation : il est plus à propos de ne pas s'en servir, avec d'autant plus de raison, que nous avons d'autres purgatifs qui sont pour le moins aussi efficaces & moins dangereux. On attribue au suc laiteux d'Epurge appliqué extérieurement, la vertu de consumer les verrues & de guérir les dartres.

Propriétés vétérinaires.

On peut donner intérieurement aux animaux depuis cent grains d'Epurge jusqu'à cent cinquante.

Qualités nuisibles aux poissons.

Les poissons qui mangent des fruits & des feuilles de cette plante jettées dans un étang, viennent aussi-tôt à la surface de l'eau, comme s'ils étoient morts ; on peut pour lors les prendre facilement à la main. Cette pêche est défendue sous les peines les plus sévères : on fait cependant bientôt revenir le poisson en le changeant d'eau.

TRENTE-SIXIEME ESPECE.

La trente-sixième espèce est le Tithymale de Terracine. *Euphorbia Terracina. Euphorbia umbellâ quadrifidâ, dichotomâ ; foliis alternis, lanceolatis, retusis, mucronatis. Linn. Sp. Plant.* 654. *Tithymalus marinus, folio retuso, Terracinus. Barr. Ic.* 833. *Euphorbia umbellâ quadrifidâ, bifidâ ; foliolis cuneiformi-linearibus, tridentatis. Allion. Corsic.* 209.

Description.

La tige est herbacée, haute d'un demi-pied & davantage, cylindrique. Les feuilles sont alternes, lancéolées, lisses, obliques, un peu raboteuses au bord, repliées au sommet, & comme tronquées, à pointe réfléchie. L'enveloppe est à quatre folioles, oblongues, ovales, obtuses, plus larges que la feuille, à peine découpées à dents de scie. Les petites enveloppes sont ovales, tronquées à la base. Les pétales sont jaunes, à deux ou trois dents. Les fruits sont glabres. Des aisselles inférieures des feuilles sortent de petits rameaux stériles.

Figure.

Cette espèce est représentée dans Barrelier, pl. 833 ; & dans les Plantes de Corse par Allioni, pl. 3.

Lieu de sa naissance.

Elle est annuelle, & croît naturellement en Espagne.

TRENTE-SEPTIÈME ESPECE.

La trente-septième espèce est le Tithymale tubéreux. *Euphorbia Apios. Euphorbia umbellâ quinquefidâ, bifidâ ; involucellis obcordatis. Linn. Sp. Plant.* 656. *Amæn. Acad.* 3, *p.* 120. *Tithymalus tuberosa, pyriformi radice. Bauh. Pin.* 292. *Tithymalus tuberosâ radice. Clus. Hist.* 2, *p.* 190.

Description.

Les rameaux stériles sont à feuilles linéaires, lancéolées, obtuses. Les rameaux à fleurs sont ronds, ovales. L'ombelle est fendue en quatre, en deux & jamais plus. L'enveloppe universelle est à quatre folioles rondes, à peine aiguës. Les premières petites enveloppes sont à folioles en forme de cœur : les dernières sont à folioles réniformes, à peine pointues.

Lieu de sa naissance.

Elle croît naturellement dans l'Isle de Candie.

TRENTE-HUITIÈME ESPÈCE.

La trente-huitième espèce est l'Euphorbe ou le Tithymale en forme de Genest. *Euphorbia Genistoïdes. Euphorbia umbellâ quinquefidâ, bifidâ ; involucellis ovatis, foliis linearibus, erectis ; caule frutescente. Linn. Syst. Veg. edit. XIII. Murray.* 376. *Berg. Cap.* 146.

Description.

Cet arbrisseau est droit, à rameaux alternes, serrés, très-simples, plus courts, même à fleurs au sommet. Les feuilles sont linéaires, un peu serrées, droites, glabres, très entières, petites. Les ombelles sont terminales, sessiles. L'enveloppe est à quatre folioles lancéolées, de la longueur de l'ombelle, fendue en cinq. Les petites enveloppes sont à deux feuilles, ovales, rhomboïdales. La petite enveloppe est fendue en deux, & jamais audelà. Les pétales sont en forme de lune. Les capsules sont glabres.

Lieu de sa naissance.

Il croît naturellement au Cap de Bonne Espérance.

TRENTE-NEUVIÈME ESPÈCE.

La trente-neuvième espèce est le Tithymale épineux. *Euphorbia spinosa. Euphorbia umbellâ subquinquefidâ,*

quefidâ, simplici; involucellis ovatis, primariis, triphyllis; foliis oblongis, integerrimis; caule fruticoso. Linn. Sp. Plant. 655. *Amœn. Acad.* 3, *p.* 120. *Euphorbia inermis, fruticosa; foliis lanceolatis, integerrimis; floribus solitariis, terminalibus; involucris triphyllis. Hort. Cliff.* 201. *Roy. Lugdb.* 196. *Euphorbia inermis, fruticosa; ramis siccis, pungens, foliis ad umbellas ternis, sæpiùs ovatis; floribus solitariis. Sauv. Monsp.* 51. *Tithymalus ragusinus, flore luteo, pentapetalo. Herm. Lugdb.* 600. *Tithymalus maritimus, spinosus. Bauh. Pin.* 291.

Description.

La tige est en arbrisseau. Les feuilles sont oblongues, très-entières. Les fleurs sont le plus souvent solitaires. Les pétales sont ronds. Le fruit est verruqueux.

Figure.

Cette espèce est représentée dans l'*Herm. Hort. Lugdb.* pl. 601.

Lieu de sa naissance.

Elle croît naturellement sur les côtes maritimes de la Candie & de la Provence.

QUARANTIEME ESPECE.

La quarantième espèce est le Tithymale à fruit d'Epithyme. *Euphorbia Epithymoides. Euphorbia umbellâ quinquefidâ, bifidâ; involucellis ovatis, foliis lanceolatis, obtusis, subtùs villosis. Linn. Sp. Plant.* 656. *Tithymalus Epithymi fructu. Columm. Ecph.* 1, *p.* 52. *Peplios altera species. Bauh. Pin.* 292.

Description.

Cette espèce approche beaucoup de la suivante; mais ses feuilles sont plus raboteuses au bord & velues en dessous. Les fruits sont hérissés, parsemés de soies en forme d'alêne, pourpres.

Figure.

Elle est représentée dans le *Columnæ Ecphr.* tome 1, pl. 51.

Lieu de sa naissance.

Elle croît naturellement en Italie.

QUARANTE-UNIEME ESPECE.

La quarante-unième espèce est le Tithymale doux des montagnes. *Euphorbia dulcis. Euphorbia umbellâ quinquefidâ, bifidâ; involucellis subovatis, foliis lanceolatis, obtusis, integerrimis. Linn. Sp. Pl.* 656. *Amœn. Acad.* 3, *p.* 122. *Tithymalus montanus, non acris. Bauh. Pin.* 292. *Pithyusa, seu Esula minor, altera; floribus rubris. Lob. Ic.* 358. *Tithymalus tuberosus, germanicus. Bauh. Pin.* 292. *Jussieu.*

Description.

La racine de cette espèce est noueuse. Ses feuilles ont un pouce & demi ou deux pouces de longueur, & quelquefois un bon pouce & demi de large. Ses tiges sont simples, & s'élèvent d'environ deux pieds. Les petites enveloppes sont découpées à dents de scie, fort petites. Le fruit est rouge, en forme de Chausse-trape. Les pétales sont entiers. Cette plante varie par ses feuilles velues. Quand elle est sèche, elle devient noire.

Figure.

Elle est représentée dans Lobel, pl. 358.

Lieu de sa naissance.

Elle croît naturellement dans les endroits ombrageux de l'Italie, de l'Allemagne, de la France. On en trouve au Puy de Dome & au Mont d'Or en Auvergne. On en voit aussi aux environs de Paris, au Capouladou, à S. Guillin-le-désert dans le Languedoc & dans les montagnes des Vosges.

QUARANTE-DEUXIEME ESPECE.

La quarante-deuxième espèce est le Tithymale à feuilles de Genièvre. *Euphorbia Pithyusa. Euphorbia umbellâ quinquefidâ, bifidâ; involucellis ovatis, mucronatis; foliis lanceolatis, infimis, revolutis, retrorsùm imbricatis. Amœn. Acad.* 3, *p.* 122. *Tithymalus foliis brevibus, aculeatis. Bauh. Pin.* 292. *Pithyusa Dalech. Hist.* 1652. *Tithymalus maritimus, Juniperi folio. Bocc. Sic.* 9. *Moris. Hist.* 3, *p.* 337, *sect.* 10.

Description.

Les feuilles sont lancéolées: celles d'en bas sont repliées en dehors, imbriquées. L'ombelle est fendue en cinq. Les petites enveloppes sont ovales, pointues.

Figure.

Cette espèce est représentée dans les Plantes de Sicile par Boccone, pl. 5; & dans l'Histoire des Plantes par Morison, tome 3, sect. 10, pl. 1, fig. 25.

Lieu de sa naissance.

Elle croît naturellement dans les endroits sablonneux de la Flandre, de l'Espagne, de l'Italie, & aux environs de Marseille. Elle est vivace.

QUARANTE-TROISIEME ESPECE.

La quarante-troisième espèce est le Tithymale Portlandique. *Euphorbia Portlandica. Euphorbia umbellâ quinquefidâ, dichotomâ; involucellis subcordatis, concavis; foliis lineari-lanceolatis, acutis, glabris, patentibus. Linn. Sp. Plant.* 656. *Hudf. Angl.* 183. *Tithymalus montanus, Esulæ folio, minor, Italicus. Barr. Ic.* 822. *Tithymalus maritimus, minor. Raj. Synops.* 3, *p.* 313.

Description.

Les tiges de cette espèce sont en arbrisseau, hautes d'un palme, glabres, cylindriques, rouges. Les feuilles sont alternes, sessiles, linéaires, lancéolées, pointues, glabres, s'étendantes, rouges en dessous à la base. Les petits rameaux sont latéraux, ceux des aisselles inférieures sont stériles, enfin croissent & couvrent la tige. Les ombelles sont terminales, fendues en cinq, fourchues, s'étendantes. L'enveloppe est semblable aux feuilles. Les petites enveloppes sont en forme de cœur, concaves, pointues. Les fleurs sont sessiles, jaunes: les premières & les secondes sont mâles, à pétales sans barbe, très-obtus: les autres sont hermaphrodites, à pétales à deux cornes. Les fruits sont glabres, anguleux.

Figure.

Cette espèce est représentée dans Barrelier, pl. 822; & dans le *Raji Synopsis*, t. 3, pl. 24, fig. 6.

Lieu de sa naissance.

Elle croît naturellement en Angleterre.

QUARANTE-QUATRIEME ESPECE.

La quarante-quatrième espèce est le Tithymale maritime. *Euphorbia Paralios. Euphorbia umbellâ subquinquefidâ, bifidâ; involucellis cordato-reniformibus; foliis sursùm imbricatis. Linn. Sp. Plant.* 657. *Amœn. Acad.* 3, *p.* 129. *Hudf. Angl.* 183. *Euphorbia inermis, foliis setaceo-linearibus, confertis, umbellâ universali, multifidâ; partialibus ramosè-bifidis. Hort. Cliff.* 200. *Roy. Lugdb.* 193. *Gort. Gelr.* 306. *Gron. Orient.* 162. *Tithymalus maritimus. Bauh. Pin.* 291. *Dod. Pempt.* 370. *Tithymalus Paralios. Cam. Epit.* 962.

Description.

Ses fruits sont bosselés. Ses feuilles sont soyeuses, linéaires, serrées. L'ombelle universelle est fendue en plusieurs. Les partielles sont rameuses, fendues en deux.

Figure.

Cette espèce est représentée dans les Pemptades de Dodoëns, fig. 1, 2.

Lieu de sa naissance.

Elle croît naturellement en Europe, sur le sable, aux bords de la mer.

QUARANTE-CINQUIEME ESPECE.

La quarante-cinquième espèce est l'Euphorbe d'Alep. *Euphorbia Aleppica. Euphorbia umbellâ quinquefidâ, dichotomâ; involucellis ovato-lanceolatis, mucronatis; foliis inferioribus, setaceis. Amœn. Acad.* 3, *p.* 122. *Linn. Sp. Plant.* 657. *Tithymalus foliis inferioribus, capillaceis; superioribus Myrto similibus. Morif. Hist.* 3, *p.* 338. *Tithymalus Cyparissius. Alp. Exot.* 65.

Description.

La racine de cette espèce est grosse, longue, imprégnée de lait: il en sort plusieurs tiges hautes d'une coudée, menues, grêles, en forme de jonc, garnies de petits filamens courts, nombreux, menus, semblables aux feuilles de Pin, nues auprès de la racine, mais maculées comme de points noirs. Elles se terminent en ombelles. Chaque tige, avant la naissance de l'ombelle, a de chaque côté une feuille semblable à celles du Myrte, mais plus petite & plus menue.

Figure.

Cette espèce est représentée dans les Plantes exotiques par Alpin, pl. 64.

Lieu de sa naissance.

Elle croît naturellement à Alep, dans l'Isle de Candie.

QUARANTE-SIXIEME ESPECE.

La quarante-sixième espèce est l'Euphorbe à feuilles de Pin. *Euphorbia Pinea. Euphorbia umbellâ quinquefidâ, dichotomâ; involucellis cordatis, foliis linearibus, acuminatis, confertis; capsulis leviusculis. Linn. Syst. Veg. edit. XIII. Murray.* 376.

Description.

Les feuilles sont linéaires, pointues, serrées. L'ombelle est fendue en cinq; elle est fourchue. Les petites enveloppes sont en forme de cœur. Les capsules sont un peu lisses.

QUARANTE-SEPTIÈME ESPÈCE.

La quarante-septième espèce est l'Euphorbe des bleds. *Euphorbia segetalis. Euphorbia umbellâ quinquefidâ, dichotomâ; involucellis cordatis, erectis; foliis lineari-lanceolatis, ramis floriferis. Linn. Sp. Plant.* 657. *Amœn. Acad.* 3, *p.* 121. *Hudson Angl.* 182. *Euphorbia inermis, foliis alternis, linearibus, acutis; partialibus umbellæ ovato-rhombeis, petalis bicornibus. Hort. Upf.* 142. *Euphorbia inermis, foliis linearibus, acutis, ad umbellam quinis, isocelibus, ad umbellulas ter dichotomas ovato-trigonis. Sauv. Monsp.* 46. *Tithymalus annuus, lunato flore, Linariæ folio longiore. Morif. Hist.* 3, *p.* 339. *sect.* 10. *Tithymalus segetum longifolius. Raj. Angl.* 3, *p.* 312.

Description.

La tige est haute d'un pied, inférieurement rouge. Les rameaux sont courts vers la racine de la tige. Les feuilles sont semblables à celles du Lin, linéaires, aiguës, alternes, d'un verd pâle. Les feuilles de l'ombelle sont lancéolées; celles des petites ombelles sont ovales, anguleuses aux côtés, comme quadrangulaires. Les pétales sont jaunes, à deux cornes. Des aisselles supérieures des feuilles sortent plusieurs péduncules alternes, portant de petites ombelles partielles.

Figure.

Cette espèce est représentée dans l'Histoire des Plantes par Morison, tome 3, sect. 10, pl. 2, fig. 3.

Lieu de sa naissance.

Elle est annuelle, & croît naturellement dans la Mauritanie.

QUARANTE-HUITIEME ESPECE.

La quarante-huitième espèce est l'Euphorbe Réveille-matin, le Réveille-matin. *Euphorbia helioscopia. Euphorbia umbellâ quinquefidâ, dichotomâ; involucellis obovatis, foliis cuneiformibus, serratis. Linn. Sp. Plant.* 658. *Amœn. Acad.* 3, *p.* 124. *Euphorbia foliis crenatis, umbellâ universali, quinquefidâ, pentaphyllâ; partialibus trifidis, propriis triphyllis. Hort. Cliff.* 198. *Flor. Suec.* 436. 425. *Roy. Lugdb.* 197. *Dalib. Paris.* 156. *Euphorbia inermis, foliis subrotundis, crenatis. Flor. Lapp.* 220. *Tithymalus helioscopicus. Bauh. Pin.* 291. *Fuchs. Hist.* 811.

Description.

Les feuilles sont en forme de coing, découpées à dents de scie. Les rayons de l'ombelle sont deux fois fendus en trois, ensuite fourchus. Les enveloppes sont semblables aux feuilles. Les pétales sont entiers. Le fruit est lisse.

Lieu de sa naissance.

Cette espèce croît naturellement dans les endroits cultivés de l'Europe. Elle est annuelle.

QUARANTE-NEUVIÈME ESPÈCE.

La quarante-neuvième espèce est l'Euphorbe découpée à dents de scie. *Euphorbia serrata. Euphorbia umbellâ quinquefidâ, trifidâ, dichotomâ; involucellis diphyllis, reniformibus; foliis amplexicaulibus, cordatis, ferratis. Linn. Sp. Plant.* 658. *Amœn. Acad.* 3, *p.* 125. *Euphorbia inermis, foliis denticulatis, caulinis lanceolatis, umbellarum cordatis. Hort. Cliff.* 200. *Hort. Upf.* 141. *Roy. Lugdb.* 197. *Tithymalus Characias, folio ferrato. Bauh. Pin.* 290. *Tithymalus Myrtites, Valentinus. Cluf. Hift.* 2, *p.* 189.

Defcription.

Les feuilles font amplexicaules, en forme de cœur, découpées à dents de fcie. L'ombelle eft univerfelle, fendue en cinq, à cinq feuilles. Les partielles font fendues en trois, à trois feuilles. Les propres font à deux feuilles fourchues. Les feuilles de l'ombelle font ovales, lancéolées : celles de la petite ombelle font ovales, toutes découpées à dents de fcie. Les pétales font au nombre de quatre, entiers. Toutes les fleurs font hermaphrodites. Le fruit eft glabre.

Lieu de fa naiffance.

Cette efpèce croît naturellement dans le Royaume de Valence, aux environs de Narbonne.

CINQUANTIÈME ESPÈCE.

La cinquantième efpèce eft l'Euphorbe à verrues. *Euphorbia verrucofa. Euphorbia umbellâ quinquefidâ, fubtrifidâ, bifidâ; involucellis ovatis, foliis lanceolatis, ferrulatis, villofis; capfulis verrucofis. Linn. Sp. Plant.* 658. *Amœn. Acad.* 3, *p.* 120. *Hudfon. Angl.* 183. *Euphorbia inermis, foliis linearibus, umbellâ univerfali, trifidâ, triphyllâ; partialibus trifidis, propriis dichotomis, diphyllis; foliolis fubrotundis. Guett. Stamp.* 269. *Dalib. Parif.* 154. *Tithymalus Myrfinites, fructu Verrucæ fimili. Bauh. Pin.* 291. *Tithymalus foliis fubhirfutis, ad caulem ellypticis, fubfloribus, binis, fubrotundis. Hall. Helv. edit.* 1. 191.

Defcription.

Les feuilles font lancéolées, découpées à dents de fcie, velues. Le fruit eft verruqueux & velu tout-à-la fois. Les tiges ont des filets. Le bord des feuilles a une crénelure & quelques filets. Le refte eft glabre.

Lieu de fa naiffance.

On trouve cette efpèce aux environs de Paris, dans le Berry, au Puy de Dome, & au Mont d'Or en Auvergne, dans la Lorraine, dans les Ifles de la Loire proche Saint-Didier, à la Pifcine & à la Vérune aux environs de Montpellier, dans la Provence & l'Alface.

CINQUANTE-UNIÈME ESPÈCE.

La cinquante-unième efpèce eft l'Euphorbe à corolle. *Euphorbia corollata. Euphorbia umbellâ quinquefidâ, trifidâ, dichotomâ; involucellis foliifque oblongis, obtufis; petalis membranaceis. Linn. Sp. Plant.* 659. *Amœn. Acad.* 3, *p.* 122. *Euphorbia inermis, foliis lanceolatis, obtufis, alternis; ramis floriferis, dichotomis; petalis maximis, fubrotundis. Gron. Virg.* 58. *Tithymalus Marianus, foliis anguftis, rigidis; fummo caule ramofus, foliis atque ramulis ad divaricationes ternis. Pluk. Mant.* 182.

Defcription.

La fleur eft petite, blanche. Les étamines font dorées. La tige eft rouge, divifée vers le fommet en plufieurs petits rameaux difpofés régulièrement. Les feuilles font oblongues, couleur d'eau.

Figure.

Cette efpèce eft repréfentée dans le *Mantiffa* de Plukenet, pl. 446, fig. 3.

Lieu de fa naiffance.

Elle croît naturellement dans la Virginie, au Canada.

CINQUANTE-DEUXIEME ESPECE.

La cinquante-deuxième efpèce eft l'Euphorbe ou Tithymale à tige de Corail. *Euphorbia Corallioïdes. Euphorbia umbellâ quinquefidâ, trifidâ, dichotomâ; involucellis ovatis, foliis lanceolatis, capfulis lanatis. Linn. Sp. Plant.* 659. *Amœn. Acad.* 3, *p.* 123. *Euphorbia inermis, fruticofa; foliis lanceolatis, involucro univerfali, quinquefido; partialibus trifidis, reliquis bifidis. Hort. Upf.* 142. *Roy. Lugdb.* 198. *Tithymalus arboreus, caule Corallino, folio Hyperici, pericarpio barbato. Boerrh. Lugdb.* 1, *p.* 256.

Defcription.

Les tiges font nombreufes, très-fimples, annuelles, cylindriques, hautes d'une aune, prefqu'en forme de jonc, droites. Les feuilles font larges, lancéolées, un peu obtufes, feffiles, alternes, très-entières, velues en deffous, fouvent rouffâtres au bord. L'ombelle eft univerfelle, fendue en cinq. La partielle eft fendue en trois, enfin fourchue. L'enveloppe univerfelle eft à cinq feuilles : fes partielles font à trois feuilles, enfin à deux. Les folioles font ovales, oblongues. Dans les ultérieures elles font ovales, tantôt un peu poileufes. La corolle eft à quatre pétales entiers. Les capfules font globuleufes, à peine fillonnées, couvertes d'un peu de laine blanche, longue.

Lieu de fa naiffance.

Elle eft vivace, & croît naturellement dans la Mauritanie, la Sicile, au Levant.

CINQUANTE-TROISIEME ESPECE.

La cinquante-troifième efpèce eft l'Euphorbe poileufe, le Tithymale poileux. *Euphorbia pilofa. Euphorbia umbellâ quinquefidâ, trifidâ, bifidâ; involucris ovatis, petalis integris, foliis lanceolatis, fubpilofis, apice ferrulatis. Linn. Sp. Plant.* 659. *Euphorbia foliis alternis, ex ovali lanceolatis; umbellis diphyllis, fubtrifloris; capfulis erectis, muricatis; caule fimplici. Gmel. Flor. Sibir.* 2, *p.* 226. *Tithymalus paluftris, villofus, mollior, erectus. Barr. Rar.* 41. *Tithymalus incanus, hirfutus. Bauh. Pin.* 292. *Prodr.* 135. *Tithymalus Characias, pratenfis, incanus. Magn. Monfp.* 255.

Defcription.

Les feuilles font larges, lancéolées, alternes, à peine poileufes vifiblement de chaque côté, découpées à dents de fcie, fi menues au fommet, qu'à peine peut-on les obferver. Les ombelles font tellement raffemblées avec les petites ombelles latérales, qu'il eft difficile de détacher la première : elles font jaunes aux pétales & aux enveloppes. Les premières fleurs font mâles, à cinq pétales : les autres font hermaphrodites, à quatre pétales transversalement ovales. Les fruits sont verruqueux & parsemés de poils blancs, très-fins. Les rameaux stériles sortent des aisselles des feuilles inférieures, comme les péduncules qui portent des ombelles sortent des aisselles supérieures.

Figure.

Cette espèce est représentée dans le *Gmel. Flor. Sibir.* tome 2, pl. 93; & dans les Plantes rares de Barrelier, pl. 885.

CINQUANTE-QUATRIEME ESPECE.

La cinquante-quatrième espèce est le Tithymale Oriental. *Euphorbia Orientalis. Euphorbia umbellâ quinquefidâ, quadrifidâ, dichotomâ; involucellis subrotundis, acutis; foliis lanceolatis. Linn. Sp. Plant.* 660. *Amœn. Acad.* 3, *p.* 123. *Euphorbia inermis, foliis lanceolatis, involucro universali, quinquefido, lanceolato; partiali tetraphyllo, subrotundo; propriis diphyllis. Roy. Lugdb.* 198. *Tithymalus Orientalis, Salicis folio, caule purpureo, flore magno. Tourn. Cor.* 2.

Description.

Les feuilles de cette espèce sont lancéolées. L'enveloppe universelle est fendue en cinq. La tige est pourpre. La fleur est grande.

Lieu de sa naissance.

Elle croît naturellement au Levant.

CINQUANTE-CINQUIEME ESPECE.

La cinquante-cinquième espèce est l'Euphorbe à feuilles larges. *Euphorbia platyphylla. Euphorbia umbellâ quinquefidâ, trifidâ, dichotomâ; involucris carinè-pilosis, foliis serratis, lanceolatis; capsulis verrucosis. Linn. Sp. Plant.* 662. *Syst. Nat.* 10, *p.* 1049. *n°.* 46. 47. *Euphorbia umbellâ quinquefidâ, subquadrifidâ, dichotomâ; involucellis primariis, tetraphyllis; foliis serratis, lanceolatis, sessilibus. Amœn. Acad.* 3, *p.* 124. *Euphorbia inermis, foliis alternis, lanceolatis, amplexicaulibus, subserratis, umbellâ universali, quinquefidâ, pentaphyllâ; partialibus bifidis. Hort. Upf.* 141. *Euphorbia inermis, foliis lanceolatis, umbellâ universali partialiumque primâ quinquefidis; secundâ trifidâ, reliquis bifidis. Roy. Lugdb.* 158. *Dalib. Paris.* 156. *Tithymalus arvensis, latifolius, Germanicus. Bauh. Pin.* 291. *Tithymalus platyphyllos. Fuschs. Hist.* 813.

Description.

La tige est droite, haute d'un pied, glabre. Les feuilles sont alternes, éloignées, s'étendantes, lancéolées, glabres, découpées à dents de scie, ayant la carêne garnie de poils très-rares: les inférieures sont pétiolées, plus larges vers le sommet; les supérieures sont échancrées à la base, & réfléchies vers les côtés au-dessus de la base. L'enveloppe est lancéolée. Les petites enveloppes partielles sont ovales, oblongues: les autres sont ovales, en forme de cœur: toutes sont découpées, à petites dents de scie. Les pétales sont orbiculés, jaunes. Les germes sont obscurément verruqueux. Des aisselles des feuilles sort une petite ombelle fendue en trois. La plante supérieure est verte, jaunâtre.

Figure.

Elle est représentée dans l'Histoire des Plantes par Fuchsius, p. 813.

Lieu de sa naissance.

Elle croît naturellement dans les champs de l'Angleterre, de la France & de l'Allemagne. Elle est annuelle.

CINQUANTE-SIXIEME ESPÈCE.

La cinquante-sixième espèce est l'Esule, la petite Esule. *Euphorbia Esula. Euphorbia umbellâ multifidâ, bifidâ; involucellis subcordatis, petalis subbicornibus, ramis sterilibus, foliis uniformibus. Linn. Sp. Plant.* 660. *Amœn. Acad.* 3, *p.* 127. *Euphorbia inermis, foliis lanceolato-linearibus, involucri universalis, foliis quinis, ovato-acutis; partialis semiorbiculatis. Hort. Upf.* 141. *Sauv. Monsp.* 47. *Euphorbia inermis, foliis ligulatis, patulis, ad umbellam quinis, ovato-oblongis; bracteis trigonis. Sauv. Monsp.* 516. *Tithymalus Lithospermi majoris folio. Magn. Monsp.* 304. *Esula minor. Dalech. Hist.* 1653. *Dod. Pempt.* 374. *Euphorbia umbellâ multifidâ, bifidâ; involucellis triangulari-cordatis; foliis superioribus, latioribus. Ger. Prov.* 540. *Tithymalus foliis Pini, fortè Dioscoridis Pithyusa. Bauh. Pin.* 292. *Tithymalus Amygdaloïdes, angustifolius. Tabern. Ic.* 541. *Vaill. Bot. Paris.* 192. *Tithymalo maritimo affinis, Linariæ folio. Bauh. Pin.* 291. *Esula. Riv. Tetrap.* 227.

Description.

Toutes les fleurs de cette plante sont fertiles. Les pétales sont jaunes, au nombre de quatre, à deux cornes fanées. Le fruit est glabre. Les ombelles latérales de la tige sont fourchues, selon la définition que nous en avons rapportée dans notre Dictionnaire des plantes, arbres & arbustes de la France. La racine de cette plante est de la grosseur du petit doigt, ligneuse, garnie de fibres, & le plus souvent rampante, d'une saveur âcre & mordicante. Ses tiges sont de la hauteur d'une coudée & branchues au sommet. Ses feuilles sont semblables à celles de la Linaire, molles & fort nombreuses. Ses fleurs naissent au haut des rameaux: elles sont disposées en parasol, verdâtres & divisées en quatre parties. Le fruit est petit.

Observation.

Cette espèce de Tithymale varie beaucoup selon les différentes saisons & selon son âge: c'est la raison pour laquelle la plupart des Botanistes en ont parlé fort confusément, & en ont fait différentes espèces; mais J. Ray & Tournefort ont développé les ténèbres, & n'en ont fait qu'une espèce. Nous avons donné pour phrase synonyme de cette plante celle que Tournefort appelle *Tithymalus foliis Pini, fortè Dioscoridis Pithyusa. Inst. Rei Herb.* 86; car elle est précisément la même: & s'il s'y trouve quelque différence, elle ne vient que de la racine qui est plus longue, plus grosse & moins fibrée.

Figure.

Elle est représentée dans *Tabernæmontanus*, pl 541.

Lieu de sa naissance.

Elle se plaît communément dans les lieux incultes, le long des chemins, auprès des jardins: on en voit dans l'Allemagne, la France, la Hollande; elle est annuelle.

Propriétés médicinales.

La racine d'Esule, & sur-tout son écorce, purge violemment

violemment les férosités par les selles; mais il est à craindre qu'elle ne cause des inflammations internes dans les viscères. Il est de la prudence des Médecins de ne la prescrire qu'après l'avoir corrigée & tempérée de la manière suivante. On macère cette écorce, lorsqu'elle est encore fraîche, pendant vingt-quatre heures dans du fort vinaigre, ou dans du suc de coing, ou de limon, ou d'épine-vinette; ensuite on la fait sécher. La dose de cette écorce ainsi préparée, est depuis un scrupule jusqu'à un gros en poudre, & jusqu'à deux en infusion. Elle convient dans l'hydropisie, la cachexie, la fièvre quarte, & dans toutes les fièvres intermittentes, sur-tout lorsque les remèdes tempérés n'ont pas réussi; & pour lors on ne l'ordonne qu'avec des stomachiques & des mucilagineux, pour en modérer la violence: il ne faut même jamais la prescrire, malgré ces précautions, aux tempéramens délicats & échauffés.

On prépare aussi un extrait des racines d'Esule, en les faisant macérer dans du vin blanc ou de l'esprit-de-vin, & en ajoutant à la macération quelques gouttes d'esprit de soufre ou d'huile d'anis. La dose est d'un scrupule. On prépare l'extrait des feuilles avec du vinaigre, la solution de crême de tartre & les sucs acides. Il n'est pas si violent que celui fait avec les racines. Le suc de toute la plante, lorsqu'on le met en digestion & qu'on le laisse épaissir, donne une matière équivalente à la Scammonée de Smyrne, qui est le plus souvent altérée par des sucs de plantes âcres mal préparés.

CINQUANTE-SEPTIEME ESPECE.

La cinquante-septième espèce est le Tithymale à feuilles de Chyprès. *Euphorbia Cyparissia. Euphorbia umbellâ trifidâ, dichotomâ; involucellis subcordatis, ramis sterilibus, foliis setaceis, caulinis lanceolatis. Linn. Sp. Plant.* 661. *Amœn. Acad.* 3, *p.* 127. *Euphorbia inermis, foliis confertis, linearibus; umbellâ universali, multifidâ; partialibus dichotomis, foliolis subrotundis. Hort. Cliff.* 199. *Hort. Upf.* 142. *Roy. Lugdb.* 197. *Dalib. Parif.* 155. *Gort. Gelr.* 105. *Tithymalus Cyparissius. Bauh. Pin.* 291. *Dal. Hist.* 1644. *Tithymalus Cypressinus. Tabern. Hist.* 990. En Allemand, *Wolfsmilch.*

Description.

Au premier printemps on diroit que cette espèce est semblable par son ombelle à la précédente; mais lorsque cette ombelle se desseche, les petits rameaux croissent comme le Pin, & ont les feuilles très-étroites, filiformes, plates. Les pétales sont en lune. Le fruit est lisse.

Figure.

Cette espèce est représentée dans notre Traité Historique des Plantes de la Lorraine, tome 2.

Lieu de sa naissance.

Elle est vivace, & croît dans les terreins humides, incultes, le long des chemins.

Qualités nuisibles.

Elle est mortelle aux brebis.

CINQUANTE-HUITIEME ESPECE.

La cinquante-huitième espèce est le Tithymale Myrsinite. *Tithymalus Myrsinites. Tithymalus umbellâ suboctifidâ, bifidâ; involucellis subovatis, foliis spatulatis, patentibus, carnosis, mucronatis, margine scabris. Linn. Sp. Plant.* 661. *Amœn. Acad.* 3, *p.* 128. *Euphorbia inermis, foliis superioribus, reflexis, latioribus, lanceolatis; umbellâ universali, trifidâ; partialibus bifidis. Hort. Cliff.* 199. *Hort. Upf.* 141. *Euphorbia inermis, foliis ligulatis, spinulâ terminatis, ad umbellam duodenis; bracteis trigonis, spinulâ terminatis. Sauv. Monsp.* 51. *Tithymalus Myrsinites, latifolius. Bauh. Pin.* 290. *Tithymalus Myrsinites, legitimus. Clus. Hist.* 2, *p.* 189.

Description.

Les tiges sont nombreuses, hautes d'un pied, réfléchies, vertes, inférieurement cicatrisées par la chûte des feuilles. Celles-ci sont alternes, spatulées, en forme de cuir, concaves, d'un vert d'eau, s'étendantes, pointues, raboteuses par le bord: les supérieures sont réfléchies. L'ombelle est depuis sept jusqu'à neuf rayons, & chaque rayon est une fois fendu en deux. L'enveloppe universelle est depuis sept jusqu'à neuf folioles ovales, plus minces, aiguës. Les petites enveloppes sont à deux feuilles, en forme de cœur, plus larges, concaves, aiguës, raboteuses par le bord. Les fleurs sont mâles entre les petites enveloppes premières & secondes: les autres sont hermaphrodites. Les calices sont découpés à dents de scie. Les pétales sont au nombre de quatre, jaunes, à deux cornes, à sommets cylindriques, luisans. Les capsules sont glabres.

Lieu de sa naissance.

Cette espèce est vivace: on la trouve dans la Calabre, aux environs de Montpellier.

CINQUANTE-NEUVIEME ESPÈCE.

La cinquante-neuvième espèce est l'Euphorbe ou Tithymale des marais. *Euphorbia palustris. Euphorbia umbellâ multifidâ, subtrifidâ, bifidâ; involucellis ovatis, foliis lanceolatis, ramis sterilibus. Linn. Sp. Plant.* 662. *Amœn. Acad.* 3, *p.* 126. *Euphorbia foliis lanceolatis, umbellâ universali, multifidâ, polyphyllâ; partialibus trifidis, triphyllis; propriis dichotomis. Hort. Cliff.* 200. *Flor. Suec.* 438. 427. *Mat. Med.* 255. *Roy. Lugdb.* 198. *Dalib. Parif.* 153. *Gort. Gelr.* 307. *Tithymalus palustris, fruticosus. Bauh. Pin.* 292. *Esula major. Dalech. Hist.* 1653. *Esula palustris. Riv. Tetr.* 230. En Italien, *Esula maggiore.*

Description.

La racine de cette espèce est très-grosse, blanche, ligneuse, rampante. Les tiges s'élèvent à la hauteur de deux ou trois pieds. Les feuilles sont alternes, lancéolées, unies. L'ombelle est divisée en deux, trois ou plusieurs parties. Les fleurs sont monopétales, campaniformes, découpées en quatre parties. Le fruit est relevé de trois coins en forme de verrue, divisé en trois cellules, qui renferment chacune une semence presque ronde.

Figure.

Cette espèce est représentée dans les Plantes Tétrapétales de Rivin, pl. 230.

Lieu de sa naissance.

Elle est vivace, & croît naturellement dans la partie méridionale de la Suède, de l'Allemagne, de la Flandre, en France, auprès d'Espify dans la

Généralité de Paris, aux environs de Strasbourg en Alsace, aux environs de Metz sur la Seille, & dans la Provence, dans les prés marécageux de Douc près de Corby en Picardie.

Propriétés médicinales.

Elle est empreinte d'une quantité de suc laiteux, âcre & caustique, qui cause à la bouche une inflammation qui dure long-temps; mais on ne se sert en médecine que de l'écorce de sa racine. La plus petite portion de cette écorce mâchée & avalée, laisse une impression de feu dans la gorge, dans l'œsophage, & même dans l'estomac. On tempère son âcreté en la faisant infuser dans des acides végétaux.

SOIXANTIÈME ESPÈCE.

La soixantième espèce est le Tithymale d'Islande. *Euphorbia Hyberna. Euphorbia umbellâ sexfidâ, dichotomâ; involucellis ovalibus, foliis integerrimis, ramis nullis, capsulis verrucosis. Linn. Sp. Plant.* 662. *Amœn. Acad.* 3, *p.* 128. *Hudf. Angl.* 185. *Tithymalus latifolius, Hispanicus. Bauh. Pin.* 291. *Tabern. Hist.* 987. *Tithymalus Hybernus, vasculis muricatis, erectis. Dill. Elth.* 387.

Description.

Cette espèce n'a point de rameaux. Ses feuilles sont oblongues, très-entières, tantôt hérissées, tantôt glabres. Le fruit est très-verruqueux.

Figure.

Elle est représentée dans le *Dillenii Hort. Elth.* pl. 290, fig. 374.

Lieu de sa naissance.

Elle croît naturellement dans l'Islande, la Sibérie, l'Autriche, sur les Pyrenées. Elle est vivace.

SOIXANTE-UNIÈME ESPÈCE.

La soixante-unième espèce est l'Euphorbe Dendroïde, le Tithymale en arbre à feuilles de Myrte. *Euphorbia Dendroides. Euphorbia umbellâ multifidâ, dichotomâ; involucellis subcordatis, primariis, triphyllis, caule arboreo. Amœn. Acad.* 3, *p.* 128. *Linn. Sp. Plant.* 662. *Tithymalus Myrtifolius, arboreus. Bauh. Pin.* 290. *Tithymalus Dendroïdes. Cam. Epit.* 965.

Description.

Les feuilles sont éparses, plus étroites, lancéolées. L'enveloppe universelle est polyphylle. Les premières partielles sont le plus souvent à trois feuilles; les autres à deux, en forme de cœur. La tige n'a point de petites ombelles latérales. La capsule est glabre.

Lieu de sa naissance.

Elle croît naturellement en Italie, dans l'Isle de Candie & celles d'Hyères.

SOIXANTE-DEUXIEME ESPECE.

La soixante-deuxième espèce est le Tithymale à feuilles d'Amandier. *Tithymalus Amygdaloïdes. Tithymalus umbellâ multifidâ, dichotomâ; involucellis perfoliatis, orbiculatis; foliis obtusis. Linn. Sp. Pl.* 662. *Amœn. Acad.* 3, *p.* 126. *Tithymalus Characias Amygdaloides. Bauh. Pin.* 290.

Description.

Cette espèce diffère de la suivante par ses petites enveloppes orbiculées, qui se trouvent dans la suivante plus alongées au sommet.

Lieu de sa naissance.

Elle croît naturellement dans la France, l'Allemagne.

SOIXANTE-TROISIÈME ESPÈCE.

La soixante-troisième espèce est le Tithymale des bois. *Euphorbia sylvatica. Euphorbia umbellâ quinquefidâ, bifidâ; involucellis perfoliatis, subcordatis, acutiusculis; foliis lanceolatis, integerrimis. Linn. Sp. Plant.* 663. *Tithymalus lunato flore. Bauh. Pin.* 290. *Morif. Hist.* 3, *p.* 235, *sect.* 15.

Description.

Cette espèce approche beaucoup de la suivante: aussi Haller, Allioni l'ont-ils confondue avec elle. Les folioles de la petite enveloppe sont réunies ensemble sans être échancrées.

Lieu de sa naissance.

Elle est vivace, & croît naturellement dans la partie méridionale de l'Europe.

SOIXANTE-QUATRIEME ESPECE.

La soixante-quatrième espèce est le Tithymale des ruisseaux. *Euphorbia Characias. Euphorbia umbellâ multifidâ, bifidâ; involucellis perfoliatis, emarginatis; foliis lanceolatis, integerrimis; caule perenni. Linn. Sp. Plant.* 662. *Amœn. Acad.* 3, *p.* 126. *Euphorbia inermis, foliis lanceolatis, umbellâ universali, multifidâ; partialibus dichotomis, involucris semibifidis, perfoliatis. Hort. Cliff.* 199. *Hort. Upf.* 142. *Roy. Lugdb.* 197. *Tithymalus Characias, rubens, peregrinus. Bauh. Pin.* 290. *Tithymalus Characias.* 1. *Cluf. Hist.* 2, *p.* 188.

Description.

Les tiges sont hautes de quatre pieds, ligneuses, rameuses, selon les années, de la grosseur du doigt. Les rameaux de l'année sont supérieurement plus gros, velus, parsemés au-dessous des feuilles de cicatrices transversales. Le rameau à fleurs croît au premier printemps du sommet des rameaux, fructifie, périt, tandis qu'aux côtés de la base il pousse de nouveaux rameaux. Les feuilles sont lancéolées, coriacées, cotonneuses, vertes, réfléchies par une nervure élevée de chaque côté, plus larges, plus obtuses vers les fleurs. L'ombelle est petite, serrée, terminale, sessile, à rayons nombreux, une fois fendue en deux. L'enveloppe universelle est polyphylle, lancéolée, petite, réfléchie. Les petites enveloppes sont perfeuillées, à demi fendues en deux. Les fleurs sont mâles entre les premières petites enveloppes: les autres sont hermaphrodites: toutes sont à quatre pétales pourpres, humides. Les germes sont velus.

Lieu de sa naissance.

Elle croît naturellement en France, en Espagne, en Italie & en Allemagne.

Culture générale.

La plupart des espèces de Tithymales se multiplient facilement par semences qui tombent d'elles-mêmes. Dès qu'il y en a une fois dans un endroit, on a bien de la peine à les détruire. On en multiplie aussi quelques espèces vivaces, par leurs racines qu'on sépare en automne. A l'égard des vrais Euphorbes, nous en avons rapporté la culture au commencement de cet article.

Propriétés médicinales générales.

Les Tithymales sont des purgatifs si violens, qu'il faudroit les bannir totalement de la matière médicale. On prétend cependant qu'on en corrige l'âcreté par les acides végétaux, & que par-là on peut les rendre utiles pour purger l'homme & les animaux: on assure même que la poudre d'Iroé n'est qu'un extrait corrigé de ces plantes: la poudre d'Alliaud pourroit aussi très-bien en être composée. Tout ce qui est de sûr, c'est que, suivant Miller, on peut très-bien substituer l'extrait de cette plante à la Scammonée, ce qui n'arrive même que trop souvent. La liqueur laiteuse de ces plantes s'emploie quelquefois extérieurement pour consumer & ronger les callosités qui viennent sur différentes parties du corps, telles que les verrues, les porreaux. L'écorce entre indistinctement dans la Bénédicte laxative de la Pharmacopée de Paris.

Observation médicinale sur les Tithymales.

M. Mangin, ancien Médecin de l'Hôpital militaire de Metz, nous a fait part dans le temps d'une observation qu'il a faite sur l'usage intérieur des Tithymales. Une personne du sexe, espérant trouver du soulagement dans un lavement purgatif, s'avisa, sans aucun conseil de médecin, d'en composer un avec la décoction de Tithymale: elle ne l'eut pas plutôt pris, qu'elle sentit des douleurs très-aigues & des tranchées dans la région du bas-ventre. Elle pensa pour lors que les tranchées ne pouvoient être occasionnées que par la petite dose du lavement, avec d'autant plus de raison, qu'elle ne s'appercevoit pas, malgré ses tranchées, qu'il opérât par les selles; c'est pourquoi elle le réitéra. Ses douleurs augmentèrent aussi-tôt accompagnées de superpurgations très-violentes. On appella M. Mangin, qui employa tout ce que l'art peut suggérer dans une circonstance pareille; mais l'inflammation des intestins étoit parvenue à un tel point, qu'on n'y put apporter aucun remède: aussi la malade périt-elle dans moins d'une demi-heure; tant il est toujours dangereux de s'en rapporter à ses propres lumières dans ses maladies, sans consulter les personnes qui y sont dévouées par science & par état.

Propriétés alimentaires pour les bestiaux.

Tous les animaux domestiques refusent de manger de ces plantes: il s'en trouve même des espèces qui sont mortelles pour les brebis. Il n'y a que la chèvre qui ose y toucher; encore quand elle en mange, son lait est extrêmement âcre, & un assez fort purgatif.

Insectes qui se trouvent sur les Tithymales.

On trouve sur les Tithymales plusieurs insectes: le premier est le Sphinx de l'Euphorbe: *Sphinx Euphorbiæ. Sphinx alis integris, fuscis; vittâ superioribus pallidâ, inferioribus rubrâ. Linn. Syst. Veg. edit. XIII.* 801. La larve de ce Sphinx est livide, à dix petits yeux de chaque côté, jaunâtres. L'iris est noire. Les aîles supérieures du Sphinx sont étroites par la base, à point noir très-petit au milieu du disque, ayant une bande longitudinale formée de trois. Les aîles inférieures sont au-dessus, à disque rouge divisé par des lignes noires.

Le second est la Phalène des camps. *Phalæna Bombyx castrensis. Phalæna Bombyx elinguis, alis reversis, griseis; strigis duabus pallidis, subtùs unicâ. Linn. Syst. Nat. edit. XII.* 818. La larve est poileuse, bleue, à deux lignes latérales, ferrugineuses, près l'une de l'autre de chaque côté, & une dorsale aussi de chaque côté, large, noire, veinulée. L'abdomen est maculé de blanc de chaque côté. La tête est cendrée. Les deux bandes des aîles de la Phalène sont sans point.

Le troisième est le Sphinx à bandes rouges dentelées. *Sphinx spirilinguis; alis viridi purpureoque fasciatis, fasciis serratis, transversis. Geoff.* 88. Le corselet & le corps de ce Sphinx sont d'un vert olive, & bordés de pourpre. Le milieu des aîles est de même vert avec quelques bandes transversales, brunes; mais leur bord supérieur est rouge, & l'inférieur a aussi une grande bordure rouge, dentelée. Les aîles inférieures & le dessous des aîles sont rouges. Mademoiselle de Mérian est la première qui ait découvert cet insecte.

EUPHRASIA, *l'Euphraise.*

NOMS GÉNÉRIQUES.

Ce genre de plante est connu sous les noms d'*Euphrasia. Tourn. Linn. Odontitis. Dill.*

Description générique.

Son caractère est d'avoir le périanthe du calice monophylle, cylindrique, fendu en quatre, inégal, persistent. La corolle est monopétale, se ride. Le tube est de la longueur du calice. La lèvre supérieure est concave, échancrée. La lèvre inférieure s'ouvre, est partagée en trois lobes égaux, obtus. Les filamens des étamines sont au nombre de quatre, filiformes, inclinés sous la lèvre supérieure. Les anthères sont à deux lobes, dont les inférieures sont terminées par le lobe inférieur en une petite épine. Le germe du pistil est ovale. Le style est filiforme, de la figure des étamines, & dans la même position. Le stigmate est obtus, entier. Le péricarpe est une capsule ovale, oblongue, applatie, à deux loges. Les semences sont nombreuses, très-petites, rondes.

CLASSE.

Ce genre fait partie de la troisième classe de Tournefort, qui comprend les plantes personnées, & de la quatorzième de Linnæus destinée aux plantes didynamiques angiospermiques. Cet Auteur en admet sept espèces.

PREMIERE ESPECE.

La première espèce est l'Euphraise à larges feuilles. *Euphrasia latifolia. Euphrasia foliis dentato-palmatis, floribus subcapitatis. Linn. Sp. Plant.* 841. *Euphrasia foliis ovatis, floribus spicatis. Sauv. Monsp.* 139. *Euphrasia purpurea, minor. Bauh. Pin.* 111. *Prodr.* 111. *Magn. Monsp.* 95. *Raj. Hist.* 774. *Euphrasia pratensis, latifolia, Italica. Bauh. Pin.* 234. *Morif. Hist.* 3, *p.* 430, *sect.* 11. *Raj. Hist.* 773. *Euphrasia tertia, latifolia, pratensis. Columm. Ecphr.* 200. *Odontites foliis circa radicem ovatis, serratis; cæteris lanceolatis, extremitate trifidis. Segu. Veron.* 1, *p.* 270.

Description.

Cette herbe eſt petite. Sa tige eſt haute d'un demi-pied, ſe diviſant dès ſa partie inférieure, quarrée, hériſſée, rougeâtre. Ses feuilles ſont par intervalles au nombre de deux, de la grandeur de l'ongle, preſque rondes, crêtées à leur circonférence, charnues & hériſſées. Les fleurs ſont entre les ſinus des feuilles & de la tige, de même que dans l'eſpèce commune, en épis de couleur pourpre.

Figure.

Elle eſt repréſentée dans le *Botanicon Monſpelienſe* de Magnol, pl. 94; dans l'Hiſtoire des Plantes par Moriſon, tome 3, pl. 24, fig. 8; & dans le *Column. Ecphraſ.* pl. 202, fig. 2.

Lieu de ſa naiſſance.

Elle croît naturellement dans la Pouille, l'Italie, aux environs de Montpellier.

SECONDE ESPECE.

La ſeconde eſpèce eſt l'Euphraiſe commune. *Euphraſia officinalis. Euphraſia foliis ovatis, lineatis, argutè dentatis. Linn. Sp. Plant.* 841. *Flor. Lapp.* 247. *Flor. Suec.* 516. 543. *Mat. Med.* 315. *Roy. Lugdb.* 299. *Hall. Helv. edit.* 1. 628. *Euphraſia caule ramoſo, foliis ovatis, acutè dentatis. Hort. Cliff.* 325. *Euphraſia officinarum. Bauh. Pin.* 234. *Euphraſia minor. Dill. App.* 53. *Euphraſia Cam. epit.* 767. *J. B.* 3. 432. *Dod. Pempt.* 54. *Eufragia Matth. Cœſalp.* 339. *Ophtalmica ſive Ocularia Euricii cordi.* En Allemand, *Augentroſt*. En Anglois, *Eyebright*. En Italien, *Eufraſia*. En Suédois, *Ogontroſt*, *Ajiamei*. En Danois, *Oyentroſt*, *Blodſtripp*.

Description.

Cette plante eſt annuelle. Sa racine eſt ſimple, menue, tortueuſe, ligneuſe, blanchâtre. Sa tige s'élève de quelques pouces : elle eſt cylindrique, velue, noirâtre, quelquefois ſimple, quelquefois branchue. Ses feuilles ſont ovales, à dents aiguës, liſſes, luiſantes, veinées. Les fleurs naiſſent au ſommet. On y remarque deux feuilles florales : elles ſont monopétales, perſonnées, tubulées, diviſées en deux lèvres, dont la ſupérieure eſt relevée & découpée. L'inférieure eſt diviſée en trois parties, dont chacune eſt ſubdiviſée en deux parties égales & obtuſes. La corolle eſt violette, & mêlée de blanc. Le fruit eſt une capſule, oblongue, arrondie, comprimée, biloculaire. Les ſemences ſont menues & arrondies.

Figure.

La figure de cette plante eſt gravée parmi les Plantes de Garſault, & dans toutes les Collections de plantes indigènes.

Lieu de ſa naiſſance.

L'Euphraiſe croît naturellement dans les terreins arides, au bord des bois, dans les bruyères.

Culture.

Cette plante ne ſe cultive que très-difficilement dans les jardins, ou pour mieux dire, on a bien de la peine à l'y faire réuſſir.

Analyſe chymique.

Dans l'analyſe chymique, de cinq livres de la plante entière fleurie, ſans les racines diſtillées à la cornue, il eſt ſorti d'abord 4 livres 1 once 5 gros 40 grains de liqueur d'abord limpide, preſque ſans odeur, d'une ſaveur d'herbe, obſcurément acide, enſuite manifeſtement acide, & de plus en plus, rouſſâtre ſur la fin, d'une odeur & d'une ſaveur empyreumatiques, & enfin auſtère; 3 onces 24 grains de liqueur rouſſâtre, imprégnée de beaucoup de ſel volatil urineux; une once 1 gros 60 grains d'huile épaiſſe comme de l'extrait. La maſſe noire qui eſt reſtée dans la cornue peſoit 6 onces 5 gros, laquelle étant bien calcinée, a laiſſé une once 6 gros 24 grains de cendres bleuâtres, dont on a tiré par la lixiviation 4 gros 50 grains de ſel fixe purement alkali. La perte des parties dans la diſtillation a été de 4 onces 3 gros, & dans la calcination, de 4 onces 6 gros 48 grains. Les feuilles d'Euphraiſe ſont amères. Leur ſuc rougit très-peu le papier bleu : elles contiennent un ſel eſſentiel tartareux ammoniacal uni avec beaucoup de ſoufre & de terre.

Propriétés médicinales.

On emploie toute la plante lorſqu'elle eſt en fleurs; elle fait circuler les humeurs plus facilement, & donne du ton aux fibres relâchées, ſurtout à celles des glandes du cerveau : auſſi donne-t-on l'Euphraiſe comme une plante ophtalmique & céphalique. Tous les jours des vieillards ſeptuagénaires, qui ont preſqu'entiérement perdu la vue par des veilles & de longues études, la recouvrent par l'uſage du ſuc exprimé de cette plante, infiltré dans les coins de l'œil ou pris intérieurement avec de la poudre de cloporte à l'heure du ſommeil. Quelques-uns fument l'Euphraiſe deſſéchée en guiſe de tabac. On en fait auſſi une eſpèce de vin, en la cuiſant avec du moût dans le temps des vendanges. Fabricius Hildanus, Auteur très-célèbre, eſt perſuadé de l'efficacité de l'Euphraiſe pour rétablir la vue affoiblie; mais nous ne ſommes pas bien perſuadés de cette qualité qu'on attribue à cette plante. Boerrhave n'en faiſoit pas grand cas, & Lobel rapporte qu'un de ſes amis étoit preſque devenu aveugle pour avoir fait uſage extérieurement pendant trois mois du vin d'Euphraiſe.

Formules.

1°. Prenez *Euphraiſe* ſèche en poudre, 2 onces; Macis en poudre, une demi-once : mêlez, faites une poudre fine dont on prendra une demi-cueillerée ou un gros avant le repas matin & ſoir, dans de l'eau de Verveine, de Fenouil, ou dans du vin.

2°. Prenez *Euphraiſe* en poudre, une once; ſemences de Fenouil doux, un demi-gros; ſucre candi réduit en poudre fine, une once : mêlez; faites une poudre qui guérit non-ſeulement la foibleſſe de la vue, mais qui eſt encore excellente pour les maux de tête, pourvu qu'on en prenne tous les jours dans du vin avant de ſe coucher, ſelon la remarque de Fuller.

3°. Prenez *Euphraiſe* en poudre, un ſcrupule; ſemences de Fenouil & cloportes préparés, de chacun un demi-ſcrupule; ſyrop de Stœchas, ſuffiſante quantité : mêlez, faites un bol. On prendra deux bols pareils en un même jour, pour l'obſcurciſſement de la vue, le glaucome ou la cataracte.

TROISIEME ESPECE.

La troiſième eſpèce eſt l'Euphraiſe à trois pointes.

Euphraſia

Euphrasia tricuspidata. Euphrasia foliis linearibus, tricuspidatis. Linn. Sp. Plant. 841. *Euphrasia angustis & tricuspidatis foliis, floribus ex albo purpureis. Pluk. Alm.* 142. *Zanon. Hist.* 110.

Description.

Les feuilles sont linéaires, à une dent aiguë de chaque côté. La corolle est semblable à l'Euphraise commune.

Figure.

Cette espèce est représentée dans l'*Almag.* de Plukenet, pl. 177, fig. 1; & dans l'Histoire de Zanoni, pl. 76.

Lieu de sa naissance.

Elle est annuelle, & croît naturellement en Italie.

QUATRIEME ESPÈCE.

La quatrième espèce est l'Euphraise Odontite, l'Euphraise pourpre de la petite espèce. *Euphrasia Odontites. Euphrasia foliis linearibus, omnibus serratis. Linn. Sp. Plant.* 841. *Hort. Cliff.* 326. *Flor. Suec.* 517. 544. *Roy. Lugdb.* 299. *Euphrasia pratensis, rubra. Bauh. Pin.* 234. *Euphrasia altera. Dod. Pempt.* 55. *Euphrasia* 2. *Dodonæi, sive Cratægonum alterum quorumd. Lob. Hist.* 261. *Odontites. Riv. Mon. Dill. Gen.* 117. *Giss.* 145. *Rupp. Jen.* 191. *Pedicularis serotina, purpurascente flore. Tourn. Inst. Rei Herb.* 172.

Description.

Les feullles de cette espèce sont linéaires, découpées à dents de scie. Les fleurs sont pourpres.

Figure.

Cette espèce est représentée dans l'Histoire des Plantes par Morison, t. 3, sect. 11, pl. 24, fig. 10.

Lieu de sa naissance.

Elle croît naturellement dans les pâturages les plus stériles & les plus froids de l'Europe.

Variété.

Linnæus donne pour variété de cette espèce la plante connue sous la phrase d'*Euphrasia sylvestris, major, purpurea, latifolia. Column. Ecphr.* 1, *p.* 201, *t.* 202, *fig.* 1.

Propriétés médicinales.

On prétend dans la Silésie que cette herbe broyée, mise dans les souliers, guérit les pertes.

CINQUIEME ESPECE.

La cinquième espèce est l'Euphraise jaune. *Euphrasia lutea. Euphrasia foliis linearibus, serratis; superioribus integerrimis. Linn. Sp. Plant.* 842. *Leyss. Hall.* 543. *Euphrasia pratensis, lutea. Bauh. Pin.* 234. *Moris. Hist.* 3, *p.* 432, *s.* 11. *Euphrasia lutea, montana, angustifolia, major, altera. Column. Ecphr.* 1, *p.* 204.

Description.

Les feuilles sont linéaires, découpées à dents de scie: les supérieures sont très entières. Les fleurs sont jaunes.

Figure.

Cette espèce est représentée dans l'Histoire des Plantes par Morison, tome 3, sect. 11, pl. 24, fig. 16; & dans le *Column. Ecphr.* tome 1, pl. 203.

Lieu de sa naissance.

Elle est annuelle, & croît naturellement dans les endroits montueux & arides de l'Europe méridionale.

SIXIEME ESPECE.

La sixième espèce est l'Euphraise à feuilles de Lin. *Euphrasia Linifolia. Euphrasia foliis linearibus, omnibus integerrimis, calycibus villoso-viscidis. Linn. Sp. Pl.* 842. *Ger. Flor. Gallo Prov.* 285. *Euphrasia foliis linearibus. Sauv. Monsp.* 138. *Euphrasia foliis Lini angustioribus. Bauh. Pin.* 234. *Euphrasia Linifolia. Column. Ecphr.* 2, *p.* 68.

Description.

Les feuilles sont linéaires, toutes très-entières; plus étroites que celles du Lin. Les calices sont velus, visqueux.

Figure.

Cette espèce est représentée dans le *Column. Ecph.* tome 2, pl. 64.

Lieu de sa naissance.

Elle croît naturellement en France, en Suisse, en Italie. Elle est annuelle.

SEPTIEME ESPECE.

La septième espèce est l'Euphraise visqueuse. *Euphrasia viscosa. Euphrasia foliis linearibus, calycibus glutinoso-hispidis. Linn. Syst. Veg. edit. XIII. Murray.* 460. *Mant.* 86. *Pedunculаris annua, lutea, tenuifolia, viscosa, pomum redolens. Garid. Aix.* 351.

Description.

Elle diffère de l'Euphraise jaune par ses feuilles linéaires, lancéolées sans être strictement linéaires; par ses calices velus, visqueux sans être glabres; par ses corolles fermées, qui ne sont pas plus courtes que l'étamine. Elle doit être distinguée de l'Euphraise à feuilles de Lin.

Figure.

Elle est représentée dans les Plantes d'Aix par Garidel, pl. 78.

Lieu de sa naissance.

Elle croît naturellement dans les endroits stériles & graveleux de la Provence.

EURYANDRA, *l'Euryandre.*

Description générique.

Le caractère de ce genre de plante est d'avoir le périanthe du calice à cinq folioles rondes, concaves, dont les deux extérieures sont plus petites.

Les pétales de la corolle sont au nombre de trois, ronds, concaves, plus longs que le calice. Les filamens des étamines sont nombreux, capillaires, très-dilatés par le sommet. Les anthères sont didymes, à lobes discrets attachés au sommet des filamens. Les germes du pistil sont au nombre de trois, ovales. Les styles sont au nombre de trois, très-courts. Les stigmates sont au nombre de deux, légèrement divisés. Le péricarpe est fermé par trois follicules ovales, divariqués, s'ouvrant longitudinalement au côté intérieur. Les semences sont en nombre.

CLASSE.

Ce genre fait partie de la treizième classe de Linnæus, qui comprend les plantes polyandriques monogyniques. MM. Forster, qui nous ont fait connoître ce genre, n'en rapportent qu'une espèce.

ESPECE.

Cette espèce est l'Euryandre grimpante. *Euryandra scandens. Forst. Caract. Plant.* 81.

Figure.

Elle est représentée dans les Caractères de Forster, pl. 41.

Lieu de sa naissance.

Elle croît naturellement dans les Isles de la mer Australe.

EXACUM, *la Centaurelle.*

Description générique.

Le caractère de ce genre de plante est d'avoir le périanthe du calice à quatre folioles ovales, obtuses, droites, étendues, persistentes. La corolle est monopétale, persistente. Le tube est globuleux, de la longueur du calice. Le lymbe est partagé en quatre lobes ronds, qui s'étendent. Les filamens des étamines sont au nombre de quatre, filiformes, s'appuyans sur le tube, de la longueur du lymbe. Les anthères sont rondes. Le germe du pistil est rond. Le style est droit, de la longueur du lymbe. Le stigmate est en tête. Le péricarpe est une capsule ronde, applatie, sillonnée de chaque côté, à deux loges de la longueur du calice. Les semences sont nombreuses, à réceptacle qui remplit la capsule.

CLASSE.

Ce genre fait partie de la quatrième classe de Linnæus, qui comprend les plantes tétrandriques monogyniques. Cet Auteur en admet deux espèces. M. Aublet en a découvert deux autres espèces, ce qui fait en tout quatre espèces.

PREMIERE ESPECE.

La première espèce est la Centaurelle sessile. *Exacum sessile. Exacum floribus sessilibus. Linn. Sp. Pl.* 163. *Flor. Zeyl.* 61. *Exacum. Amœn. Acad.* 1, *p.* 391. *Centaurium minus, aureum; flosculis numerosis, Æthiopicum. Pluk. Alm.* 57.

Description.

La tige est droite, haute de neuf pouces, tétragonale, lisse, simple, supérieurement fourchue. Les feuilles sont opposées, ovales, sessiles, très-entières. Les fleurs sortent des bifourchures de la tige, sont solitaires, sessiles, plus grandes que les feuilles.

Figure.

Cette espèce est représentée dans le *Phytographia* de Plukenet, pl. 275, fig. 3.

Lieu de sa naissance.

Elle croît naturellement en Asie & en Afrique.

SECONDE ESPECE.

La seconde espèce est la Centaurelle pédunculée. *Exacum pedunculatum. Exacum floribus pedunculatis. Linn. Sp. Plant.* 163. *Centaurium minus, Hypericoïdes, flore luteo, Lini capitulis. Pluk. Mant.* 43.

Description.

Les fleurs de cette espèce sont pédunculées, jaunes, à petites têtes de Lin.

Figure.

Elle est représentée dans le *Mantissa* de Plukenet, pl. 343, fig. 3.

Lieu de sa naissance.

Elle est annuelle, & croît naturellement dans l'Inde.

TROISIEME ESPECE.

La troisième espèce est la Centaurelle de la Guiane. *Exacum Guianense. Exacum foliis connatis, oblongis, acutis; floribus purpurascencibus. Aubl.* 68.

Description.

La racine de cette plante est menue, fibreuse & rameuse. Elle pousse une tige cylindrique qui se partage en deux branches qui se divisent de la même manière. La tige & les branches sont noueuses, & garnies à chaque nœud de deux feuilles opposées, disposées en croix. Ces feuilles sont sessiles, lisses, molles, longues, aiguës, larges à leur base, de couleur verte cendrée. De l'aisselle d'une feuille, & quelquefois de l'aisselle de deux, naît une fleur portée sur un petit péduncule. Le calice est arrondi, divisé en quatre parties aiguës. Chaque partie a dans le milieu de sa longueur une arête bordée d'un feuillet membraneux frangé. La corolle est d'une seule pièce, régulière : c'est un tube dont le bout supérieur s'évase, & est divisé en quatre lobes arrondis & ondés à leurs bords. Le tube est attaché dessous l'ovaire. Les étamines sont au nombre de quatre : deux longues, & deux plus courtes placées sur la paroi interne & presqu'inférieure du tube. Leur filet est garni à sa base de deux petits feuillets. L'anthère est longue, à deux bourses écartées par le bas. Le pistil est un ovaire oblong, à quatre angles; il est surmonté d'un style long & grêle, terminé par un stigmate à deux lames larges & aiguës. L'ovaire devient une capsule sèche, membraneuse, à deux loges remplies de semences très-menues : elle s'ouvre en deux valves.

Figure.

Cette espèce est représentée dans l'Histoire des Plantes de la Guiane Françoise par M. Aublet pl. 26, fig. 1.

Lieu de sa naissance.

Elle croît naturellement dans les endroits humides & marécageux de l'Isle de Cayenne & de la Terre-Ferme, de même que l'espèce suivante.

QUATRIEME ESPECE.

La quatrième espèce est la Centaurelle violette. *Exacum tenuifolium. Exacum foliis linearibus, floribus violaceis. Aublet. 70.*

Description.

Cette plante a une très-petite racine, fibreuse & rameuse : elle pousse une tige cylindrique, noueuse. Les nœuds sont fort écartés, garnis de deux petites feuilles opposées & disposées en croix. De l'aisselle des feuilles sortent des branches opposées qui donnent naissance à des rameaux garnis chacun à leur base d'une petite feuille. Les feuilles sont vertes, sessiles, très-petites, fort étroites & pointues. Entre les divisions des branches & celles des rameaux, & à leur extrémité entre deux feuilles, naît une fleur dont le péduncule est plus ou moins long. Le calice est divisé en quatre ou cinq parties longues, étroites & aiguës. Elles ont dans le milieu de toute leur longueur en dehors une arête bordée d'un petit feuillet. La corolle est violette, monopétale, régulière. C'est un tube long, renflé à sa partie supérieure, qui s'évase & se partage en quatre lobes aigus. Ce tube est attaché au-dessus de l'ovaire. Les étamines sont au nombre de quatre, placées sur la paroi interne & presqu'inférieure du tube. Leur filet est long, garni à sa base de deux petits feuillets. L'anthère est longue, à deux bourses écartées par le bas. Le pistil est un ovaire oblong, à quatre angles, surmonté d'un style terminé par un stigmate à deux lames larges & aiguës. L'ovaire devient une capsule membraneuse, sèche, à deux loges remplies de semences menues. Elle s'ouvre en deux valves. On trouve quelquefois des pieds de cette plante & de la précédente qui sont plus hauts ; & les feuilles de la précédente sont alors plus grandes.

Figure.

Cette espèce est représentée dans l'Histoire des Plantes de la Guiane Françoise par M. Aublet, pl. 26, fig. 2.

Propriétés médicinales.

Toutes les parties de cette espèce & de la précédente sont amères. On les emploie dans les tisanes fébrifuges.

EXCŒCARIA, *l'Arbre qui aveugle.*

Description générique.

Le caractère de ce genre de plante est d'avoir des fleurs mâles & femelles. Dans les fleurs mâles le chaton est cylindrique, couvert de fleurons. Il n'y a point de corolle. Les filamens des étamines sont au nombre de trois, filiformes. Les anthères sont rondes. Dans les fleurs mâles le chaton est le même que dans les fleurs femelles. Il n'y a point de corolle. Le germe du pistil est rond, à trois côtes. Les styles sont au nombre de trois. Les stigmates sont simples. Le péricarpe est une baie à trois coques, glabre, à petites loges sillonnées. Les semences sont solitaires, glabres.

CLASSE.

Ce genre fait partie de la vingt-deuxième classe de Linnæus, qui comprend les plantes diœciques diandriques. Cet Auteur n'en admet qu'une espèce.

ESPECE.

Cette espèce est l'Agalloche. *Excœcaria Agallocha. Linn. Sp. Plant. 145. Arbor excœcans. Rumph. Amb. 3, p. 237.* En Flamand, *Melk-Hout* & *Blint Hout.* A Malaca, *Caju Matta Buta.* A Baley, *Caju Coëda* & *Copal.* A Ternate, *Garo-Matta Buta.* A Macassar, *Sambuta.* A Amboine, *Matta Huri* & *Matta Huli.* Ailleurs, *Maccasuta*, *Maccabita*, *Babuta.*

Description.

Cet arbre n'est pas beau : il s'incline, & a un tronc recourbé : il est noueux, fendu, plein de cavités & de fosses : tantôt il n'a qu'une tige, tantôt plusieurs. Il penche tellement sur le rivage, qu'à peine un homme peut-il passer dessous. Ses feuilles sont belles, élégantes & brillantes. Ses petits rameaux forment une espèce d'arc. Ses fleurs sont d'un vert jaune, appuyées sur de courts péduncules. Quand elles sont vieilles, elles rougissent de même que le feu. Les rameaux & les branches, quand on les coupe, donnent du lait âcre & caustique. Lorsqu'il en saute sur les yeux, il rend aveugle. Le bois de cet arbre est gras & oléagineux. Son odeur approche de celle du Benjoin.

Figure.

Cette arbre est représenté dans l'*Herb. Amboin.* tome 2, pl. 79 & 80, & dans la seconde partie de cet Ouvrage.

Lieu de sa naissance.

Il croît naturellement dans l'Inde, dans les Isles de ces contrées sur le bord de la mer.

Propriétés économiques.

On emploie dans le pays le bois de cet arbre pour faire des espèces de flambeaux qui éclairent très-bien.

Observation.

Les cavités qui se trouvent dans son tronc servent de retraite aux vipères, aux grandes fourmis & aux abeilles.

Qualités nuisibles.

Le lait qui saute de cet arbre aux yeux, rend aveugle, ainsi que nous l'avons déjà observé ci-dessus.

FAGARA, *le Fagarier.*

NOMS GÉNÉRIQUES.

Ce genre de plante est connu sous les noms de *Pterota, Browne. Rhus. Brow. Fagara. Linn.*

Description générique.

Le caractère de ce genre est d'avoir le périanthe

du calice très-petit, à quatre folioles persistentes. Les pétales de la corolle sont au nombre de quatre, un peu oblongs, concaves, s'étendans. Les filamens des étamines sont au nombre de quatre, plus longs que la corolle. Les anthères sont ovales. Le germe du pistil est ovale. Le style est filiforme, de la longueur de la corolle. Le stigmate est à deux lobes, un peu obtus. Le péricarpe est une capsule globuleuse, à une loge, à deux lobes. La semence est unique, ronde, luisante.

CLASSE.

Ce genre fait partie de la quatrième classe de Linnæus, qui comprend les plantes tétrandriques monogyniques. Cet Auteur en admet quatre espèces, auxquelles nous en ajoutons une cinquième découverte par M. Aublet.

PREMIERE ESPECE.

La première espèce est le Cacatin, le Poivre des Indes, le Fagarier de la Guiane. *Fagara pentandra. Aublet. 78.*

Description.

Le tronc de cet arbre s'élève à quarante & même cinquante pieds, sur deux pieds & demi de diamètre. Son écorce est grisâtre, chargée d'épines. Le bois est blanc, dur & compacte. Il pousse de son sommet plusieurs branches qui se répandent en tout sens. Les branches & une partie des rameaux sont garnis de petites épines. L'extrémité des rameaux porte des feuilles alternes; elles sont ailées, à deux rangs de folioles opposées. Chaque rang est cylindrique. Sa partie inférieure est chargée de petits tubercules aigus. Le reste, où sont attachées les folioles, est lisse. Les folioles sont verdâtres, lisses, entières, ovales, terminées par une longue pointe : les plus grandes ont six pouces de longueur sur un pouce & demi de largeur; elles sont presque sessiles. Les fleurs naissent à l'extrémité des rameaux sur de grandes panicules éparses. Les branches & les rameaux de cette panicule ont à leur naissance une petite écaille. Le calice est d'une seule pièce, à cinq petites dentelures, garni à sa base de deux ou trois petites écailles. La corolle est à cinq pétales blancs, arrondis, concaves, attachés au fond du calice autour d'un disque. Les étamines sont au nombre de cinq, rangées sur le disque autour de l'ovaire, à l'opposé des pétales. Leur filet est grêle, blanc, plus long que les pétales : il porte une anthère à deux bourses qui s'ouvrent en deux valves. Le pistil est un ovaire à trois, à quatre ou à cinq côtes arrondies, surmonté de deux styles : chacun est courbé en dedans & terminé par un stigmate vert. L'ovaire devient un fruit à trois, quatre, & à cinq capsules roussâtres, attachées à un pivot qui en occupe le centre, & dont elles s'écartent dans leur maturité : elles s'ouvrent par leur face interne en deux valves, & laissent échapper une semence noire, luisante & huileuse. L'écorce des capsules est piquante & aromatique.

Figure.

Cette espèce est représentée dans les Plantes de la Guiane Françoise par M. Aublet, pl. 30.

Lieu de sa naissance.

Elle croît naturellement dans les forêts de la Grande-terre, qui sont vis-à-vis la Crique *Fouillée* qui partage l'Isle de Cayenne en deux parties. Sa fleur paroît dans le mois de Mai, & son fruit dans le mois d'Août.

SECONDE ESPECE.

La seconde espèce est le Fagarier Pterote, le bois de fer. *Fagara Pterota. Fagara foliolis emarginatis. Linn. Sp. Plant. 172. Amœn. Acad. 5, p. 393. Schinus foliis pinnatis, foliolis oblongis, petiolo marginato, articulato, inermi. Mat. Med. 533. Sp. Plant. 1, p. 389. Pterota subspinosa, foliis minoribus, per pinnas marginato-alatas dispositis; spicis geminatis, alaribus. Brow. Jam. 146. Lauro affinis, Jasmini elato folio, costâ mediâ membranulis utrinque extantibus alatâ, ligno duritie ferro vix cedente. Sloan. Jam. 137. Hist. 2, p. 25. Raj. Dendr. 86.* En Anglois, *Iron-Wood.*

Description.

Cet arbrisseau est à rameaux ridés. Les feuilles sont alternes, ailées, à trois paires. Le pétiole commun est échancré, articulé. Les folioles sont ovales, très-entières, échancrées, glabres. Les épis sont axillaires, sessiles, jumelles.

Figure.

Elle est représentée dans l'Histoire de la Jamaïque par Browne, pl. 5, fig. 1; & dans celle publiée par Sloane, tome 2, pl. 162, fig. 1.

Lieu de sa naissance.

Elle croît naturellement dans la Jamaïque.

Culture.

Cette espèce & les suivantes se multiplient par semences & par boutures. Il leur faut continuellement la serre chaude.

Propriétés médicinales.

Sa qualité est d'être un peu amère, aromatique. Sa vertu est échauffante, desséchante, stomachique. Elle convient dans le défaut d'appétit, & entre dans les compositions des Arabes.

Propriétés économiques.

Le bois en est extrêmement dur; il est très-bon pour les dents des roues des moulins.

TROISIEME ESPECE.

La troisième espèce est le Poivre du Japon. *Fagara piperita. Fagara foliolis crenatis. Linn. Sp. Pl. 172. Piper Japonicum, Sio & Sonsio. Kœmpf. Amœnit. 892. Naru Fatsi Kami*, en Japonois.

Description.

Cet arbrisseau est très-célèbre au Japon. Son tronc est rameux, & parvient à la longue à la hauteur de deux brassées. Son écorce est grosse, tuberculeuse, noire dans les jets : elle est d'un vert pourpre. Le bois est léger, foible. La moëlle est grande, lâche. Les pointes sont plus rares, longues d'un demi-pouce, rondes, d'un bai obscur, droites, & qui se séparent avec l'écorce. Les feuilles sont ailées, de la longueur d'un palme & au-delà, semblables aux feuilles de Fresne. Leurs folioles sont d'un vert gai,

gai, crénelées, crépues. Les grappes sont longues de six pouces; elles sont rameuses, & terminent les jets, ou sortent des aisselles de leurs feuilles: elles sont composées de fleurons herbacés, livides, ayant sept ou huit pétales étroits. Quand l'ombilic du fleuron est tombé, il s'élève des vaisseaux séminaux solitaires au nombre de deux, ronds, de la grosseur du poivre, rougeâtres entre les grappes avant la maturité, pointillés de tubercules épais, très-menus, membraneux; & lors de la maturité, roussâtres, plus durs & s'ouvrans. Chaque capsule renferme une semence attachée dans son fond par une fibre mince, de la grosseur d'un grain de Cardamome, ovale, un peu dure, couverte d'une peau d'un noir brillant.

Figure.

Cette espèce est représentée dans les *Amœnitates Exoticæ* de Kœmpfer, pl. 893.

Lieu de sa naissance.

Elle croît naturellement au Japon.

Propriétés alimentaires.

On emploie ses feuilles fraîches, son écorce desséchée, & sur-tout ses petits vaisseaux séminaux, pour assaisonner les alimens, au lieu de poivre ou de gingembre.

Propriétés médicinales.

Les Médecins conseillent les feuilles broyées de cette plante avec la farine de riz, réduites en pâte, pour appliquer sur les parties affectées de catarrhe.

QUATRIÈME ESPÈCE.

La quatrième espèce est le Fagarier du Port-au-Prince. *Fagara Tragodes. Fagara articulis pinnarum subtùs aculeatis. Linn. Sp. Plant.* 172. *Jacq. Americ.* 13. *Schinus Tragodes. Sp. Plant.* 1, *p.* 369. *Schinoïdes petiolis subtùs aculeatis. Hort. Cliff.* 489. *Rhus Obsoniorum, similis Leptophyllos; Tragodes Americana, spinosa; rachi medio appendiculis aucto. Pluk. Alm.* 319.

Description.

Cet arbrisseau est rameux, droit, haut de cinq pieds. Les épines ou pointes sont au nombre de deux, en forme d'alêne, recourbées, fortes, axillaires, brunâtres, luisantes. Il s'en trouve une semblable, mais plus petite, sur le dos de chaque articulation des feuilles. Les feuilles sont alternes, sessiles, ailées, articulées, ayant les folioles oblongues, amincies par la base, obtuses, très-entières, luisantes, sessiles. Les articulations sont ordinairement au nombre de six; celles des feuilles sont totalement très-semblables. Les fleurs sont petites, axillaires, rassemblées.

Figure.

Cette espèce est représentée dans l'*Almag.* de Plukenet, pl. 107, fig. 4; & dans l'Histoire de l'Amérique par Jacquin, pl. 14.

Lieu de sa naissance.

Elle croît naturellement dans l'Isle Saint-Domingue, aux environs du Port-au-Prince.

CINQUIEME ESPECE.

La cinquième espèce est le Fagarier octandrique. *Fagara octandra. Fagara foliis tomentosis. Linn. Syst. Veg. edit. XIII. Murray.* 134. *Mant.* 40. *Elaphrium tomentosum. Jacq. Americ.* 105. Chez les Hollandois, *Zaedelhout.*

Description.

Cet arbre, qui n'est pas trop beau, excède rarement la hauteur de vingt pieds. Il abonde en suc odorant, balsamique, glutineux. Son bois est blanc & très-léger. Son tronc se divise en un petit nombre de rameaux gros, longs, irréguliers, souvent supportés. Ses feuilles sont ailées, cotonneuses de chaque côté, tombantes toutes les années, sortantes des sommets des petits rameaux ensemble avec les fleurs, ou un peu après. Les folioles sont au nombre de quatre de chaque côté, avec une impaire, ovales, obtuses, crénelées, veineuses, à peine longues d'un pouce. Les grappes sont simples, longues d'un pouce ou d'un demi-pouce: plusieurs de ses fleurs ont un germe très-petit, caché dans le réceptacle, avec un double stigmate, & obtus, sans aucun style intermédiaire. Les fruits sont verts, de la grosseur d'un pois. Quand les valvules en sont brisées, il en distille un baume goutte à goutte. La semence est noire dans la partie nue, & blanche dans la partie couverte. La pulpe dont elle est fortement enveloppée est couleur d'écarlate, & totalement débarrassée des valvules de la capsule qui tombent.

Figure.

Cette espèce est représentée dans l'Histoire des Plantes de l'Amérique par Jacquin, pl. 71, fig. 1, 2, 3.

Lieu de sa naissance.

Elle croît naturellement à Curacao & dans les Isles voisines, dans les lieux sablonneux & caillouteux. Elle fleurit en Juillet & Août.

Propriétés économiques.

On emploie dans le pays le bois de cet arbre pour faire des selles.

FAGONIA, *le Fagon.*

Description générique.

Le caractère de ce genre de plante est d'avoir le périanthe du calice à cinq folioles lancéolées, droites, atténuées, très petites, tombantes. Les pétales de la corolle sont au nombre de cinq, en forme de cœur, s'étendantes, à onglets longs, menus, insérés au calice. Les filamens des étamines sont au nombre de dix, en forme d'alêne, droits, plus longs que le calice. Les anthères sont rondes, Le germe du pistil est quadrangulaire; le style en forme d'alêne; le stigmate simple. Le péricarpe est une capsule ronde, pointue, à cinq lobes, à dix valves, ayant les petites loges applaties. Les semences sont solitaires, rondes.

CLASSE.

Ce genre fait partie de la sixième classe de Tournefort, qui comprend les plantes à fleurs rosacées; & de la dixième de Linnæus destinée aux plantes décandriques monogyniques. Cet Auteur en admet trois espèces.

PREMIERE ESPECE.

La première espèce est le Fagon de Crète. *Fagonia Cretica. Fagonia spinosa, foliolis lanceolatis, planis, levibus. Linn. Syst. Veg. edit. XIII. Murr. 335. Mant. 380. Sp. Plant. 553. Hort. Upf. 103. Fagonia spinosa. Hort. Cliff. 160. Trifolium spinosum, Creticum. Bauh. Pin. 330. Prodr. 142. Clus. Hist. 2, p. 242.*

Description.

La tige de cette espèce est partagée en quatre, s'étendante, haute d'un pied, cannelée du côté supérieur, noueuse, articulée. Les rameaux sont alternes, s'étendans de deux façons différentes. Les feuilles sont opposées, pétiolées, ternées. Les pétioles sont bordés, de la longueur de la foliole. Les folioles sont égales, sessiles, linéaires, lancéolées, pointues, très-entières. Les stipules sont au nombre de quatre, en forme d'alêne, s'étendantes, épineuses, courtes, réfléchies. Les péduncules sont latéraux, axillaires, solitaires, à une fleur, alternes, droits, de la longueur du pétiole, sortans de la même aisselle avec le petit rameau. Le calice tombe. Les pétales sont violets, ongulés, s'étendans entre les sinus du calice, même par les onglets au-delà du calice. La capsule est penchée, ovale, à cinq angles applatis, ciliés.

Observation.

La fleur de cette plante est donc la même que celle du Malpighia, & son port celui du Tribular.

Figure.

Cette espèce est représentée dans l'Histoire des Plantes par Clusius, tome 2, p. 242.

Lieu de sa naissance.

Elle est annuelle, & croît naturellement dans l'Isle de Candie.

SECONDE ESPECE.

La seconde espèce est le Fagon d'Espagne. *Fagonia Hispanica. Fagonia inermis. Linn. Sp. Pl. 553. Fagonia Hispanica, non spinosa. Tourn. Inst. Rei Herb. 265.*

Description.

Cette espèce n'a point d'épine : c'est ce qui la distingue de l'espèce précédente.

Lieu de sa naissance.

Elle est bisannuelle, & croît naturellement en Espagne.

TROISIEME ESPECE.

La troisième espèce est le Fagon d'Arabie. *Fagonia Arabica. Fagonia spinosa, foliolis linearibus, convexis. Linn. Sp. Plant. 553. Shaw. Affric. 229. Fagonia Arabica, longissimis aculeis armata. Shaw. Affric. 229.*

Description.

Cette espèce a les épines très-longues. Ses folioles sont linéaires, convexes.

Lieu de sa naissance.

Elle croît naturellement dans l'Arabie.

Culture.

On multiplie toutes ces espèces par graines que l'on sème dans une planche de terreau à demeure; car elles ne peuvent pas être transplantées. Lorsqu'elles lèvent, on éclaircit les jeunes plantes à un pied de distance l'une de l'autre. Il ne leur faut plus ensuite d'autre culture que d'être débarrassées des mauvaises herbes. La première espèce ne donne des semences mûres, aux environs de Paris, que dans les années extrêmement chaudes; par conséquent on fera bien de la semer dès l'automne dans une couche chaude, qu'on couvre pendant les gelées avec des nattes ou quelqu'autre couverture, pour les garantir des frimats. Si on sème cette plante dans des pots, on mettra ces pots à l'abri pendant l'hiver. Au printemps suivant on dépotera les jeunes plantes pour les placer à demeure : c'est ainsi qu'elles fleurissent de bonne heure, & qu'on peut se procurer des semences mûres. On gouvernera de même la seconde & la troisième espèces.

FAGUS, *le Hêtre.*

NOMS GÉNÉRIQUES.

Ce genre de plante est connu sous les noms *Fagus, Castanea. Tourn.* Le Châtaignier, le Hêtre.

Description générique.

Le caractère de ce genre de plante est d'avoir des fleurs mâles & femelles sur le même pied. Les fleurs mâles sont attachées au réceptacle commun du chaton. Le périanthe de leur calice est monophylle, campanulé, fendu en cinq. Il n'y a point de corolle. Les filamens des étamines sont nombreux, environ au nombre de douze, de la longueur du calice, soyeux. Les anthères sont oblongues. Les fleurs femelles sont dans le bourgeon de la même plante. Le périanthe de leur calice est monophylle, à quatre dents, droit, aigu. Il n'y point de corolle. Le germe du pistil est couvert par le calice. Les styles sont au nombre de trois, en forme d'alêne. Les stigmates sont simples, réfléchis. Le péricarpe est une capsule ronde qui a été le calice, très-grande, environnée d'épines molles, à une loge, à quatre valves. Les semences sont deux noix ovales, à trois côtes, à trois valves, pointues.

Observation.

Dans le Hêtre les fleurs mâles sont rassemblées en rond, au nombre de trois. Dans le Châtaignier les mêmes fleurs sont rassemblées en cylindre depuis une jusqu'à deux.

CLASSE.

Ce genre fait partie de la dix-neuvième classe de Tournefort, qui comprend les arbres dont les fleurs sont à chaton; & de la vingt-unième de Linnæus, qui comprend les plantes monœciques polyandriques. Cet Auteur en admet trois espèces.

PREMIERE ESPÈCE.

La première espèce est le Châtaignier. *Fagus Castanea. Fagus foliis lanceolatis, acuminato serratis, subtùs nudis. Linn. Sp. Plant. 1416. Hort. Cliff.*

447. *Hort. Upf.* 287. *Roy. Lugdb.* 79. *Mat. Med.* 429. *Dalib. Parif.* 294. *Gron. Virg.* 150. *Caftanea fylveftris. Bauh. Pin.* 419. *Caftanea. Cam. Epit.* 118. En Suédois, *Caftanie-tra.* En Allemand, *Kaftanien-bacun.* En Anglois, *The Wood Chefnut Trée.* En Italien, *Caftagno.*

Defcription.

C'eft un arbre dont la racine eft rameufe & ligneufe. Son tronc eft grand, couvert d'une écorce liffe, noirâtre & tachetée. Ses feuilles font grandes, fermes, d'un beau vert, fort luifantes, & pofées alternativement fur les branches, dentelées par les bords, & relevées en deffous par des nervures affez faillantes. Ses fleurs répandent une odeur défagréable; elles font mâles & femelles fur un même individu. Les fleurs mâles font formées d'un calice d'une feule pièce, divifé en cinq parties, dans lequel font dix étamines ou environ. La plupart de ces fleurs font grouppées fur un filet en forme de chaton. Les fleurs femelles, qui fortent des mêmes boutons que les mâles, mais qui ne font point partie du chaton, ont un calice divifé en quatre parties, dans lequel eft un piftil qui fe divife par le haut en trois ftyles. L'embryon, qui forme la bafe du piftil, & qui fait partie du calice, devient un fruit ferme & épineux dans lequel font une ou plufieurs Châtaignes ou femences formées d'une groffe amande, laquelle eft recouverte par une enveloppe coriacée.

Figure.

Cette efpèce eft repréfentée dans le Traité des Arbres & Arbuftes par M. Duhamel; dans celui d'Evelin par Hunter; dans le Spectacle de la Nature, & dans la plupart des Collections des arbres fruitiers & foreftiers.

Lieu de fa naiffance.

Le Châtaignier fe trouve dans les grandes forêts. On en voit dans le Limofin, le Périgord, la Bretagne, la Picardie, le Languedoc, & même dans la Généralité de Paris. On cultive dans le Dauphiné & le Lyonnois une efpèce de Châtaignier, connu plus communément fous le nom de Marronnier, *Caftanea fativa:* on le cultive pareillement dans le Languedoc & la Provence. Ce Marronnier a une variété qui eft à feuilles panachées. *Caftanea fativa, foliis eleganter variegatis.*

Culture.

Le Châtaignier fe plaît dans les terres légères, dans les lieux les plus arides & les plus incultes: fables, roches, pierrailles, tout l'accommode. Il exige cependant quelque culture fi on en veut retirer une récolte affurée. On appelle châtaigneraie un terrein plus ou moins étendu qui eft planté de Châtaigniers greffés. Tout particulier qui defire fe faire un revenu par le moyen des châtaigneraies, a trois chofes à obferver: 1°. Il doit avoir dans fes domaines des pépinières de Châtaigniers; 2°. il doit planter fes châtaigneraies relativement à la qualité des terres & du climat; 3°. il faut qu'il faffe donner à fes châtaigneraies une culture fixe & méthodique.

Une pépinière de Châtaigniers eft un terrein mis hors de l'infulte des beftiaux, dans lequel on élève de femences les Châtaigniers, jufqu'à ce qu'ils foient affez forts pour être placés à demeure. Par le fecours des pépinières un père de famille, fans rien débourfer, trouve fous la main des Châtaigniers d'une belle venue, pour former des châtaigneraies, & pour remplacer les arbres qui ont péri dans les châtaigneraies déjà faites. Les plants de Châtaigniers levés dans les pépinières fouffrent moins de la tranfplantation que les plants des Châtaigniers levés dans les forêts ou dans les bois. Ceux-ci n'ont pas le pied auffi fourni de racines; ils font d'ailleurs nourris dans une terre engraiffée de la feuille des arbres. Pour l'emplacement d'une pépinière de Châtaigniers, on fait le choix d'un terrein médiocre, qui n'ait en profondeur qu'un pied & demi, fur un fonds de roche ou de glaife, & qui ait les quatre afpects du foleil. Une terre de médiocre qualité a plus de rapport avec les terreins qu'on deftine aux châtaigneraies, & l'expofition des quatre afpects du foleil prévient les accidens qui arrivent aux Châtaigniers par la tranfplantation; car les plants levés dans l'expofition qui eft tout-à-fait au nord, pour être tranfplantés du midi au couchant, périffent le plus fouvent.

Pour élever une pépinière avec fuccès, il faut préparer la terre par des labours fuffifans, & l'amender avec du terreau. On replante enfuite dans le mois de Mars les Châtaigniers qu'on a eu foin de choifir dans la plus groffe efpèce, & de conferver dans le fable. On les met dans un fillon fur un feul rang, éloignés entr'eux d'un pied. Les fillons feront efpacés d'un pied & demi ou de deux pieds, efpace fuffifant pour étendre les racines des jeunes pieds, & pour faciliter le labour.

Les Châtaigniers plantés germent dès la première fève; on dit pour lors que les Châtaigniers font en *porette.* Il faut les laiffer à eux-mêmes durant cette première année; mais au mois de Mars de la feconde année, on fait donner aux porettes un labour léger; & on choifit un jour de pluie dans le mois de Juin pour arracher les herbes qui les étouffent. Les labours feront continués d'année en année, en obfervant de donner les derniers plus profonds que les premiers, où l'on n'a fait pour ainfi dire que gratter la terre.

A la troifième année on commence à couper les branches latérales, afin de leur procurer une tige de belle crue. On coupe même les tiges qui viennent mal, pour qu'il en revienne une plus droite. Cette taille ne doit être faite que dans le mois de Mars. Si elle étoit faite dans le mois de Novembre, il feroit à craindre que le froid furvenant après la pluie ne causât des gerçures dans le bois: le plant en fouffriroit; il pourroit bien même en périr. Dès que les plants en pépinière font parvenus à cinq ou fix pouces de circonférence, & font hauts d'un pied & demi, il faut les tranfplanter dans les châtaigneraies. Les racines devenues trop groffes rendroient la levée des Châtaigniers difficile, & le fuccès de leur plantation incertain.

Tout Particulier qui veut planter une châtaigneraie, doit fixer le nombre des plants fur l'étendue & la qualité du terrein. Il faut planter plus épais dans les terres médiocres, parce que les Châtaigniers n'y prendroient pas l'accroiffement qu'ils auroient pris dans une terre d'une meilleure qualité. Par cette même raifon on réduit la tige des plantes à plus ou moins de hauteur avant de les placer à demeure. Dans le mois d'Octobre on fait faire des trous pour recevoir les arbres. Ce font des tranchées qui ont une toife en quarré d'ouverture fur un pied de profondeur: elles feront diftribuées par alignemens, foit en quarré fimple, foit en échiquier, autant que le terrein peut le permettre; & dans la diftance de cinq à fix toifes l'une de l'autre, dans les terres légères. Les plants de Châtaigniers feront placés à demeure dans les mois de Novembre &

de Décembre. On choisira pour cela de beaux jours, & on observera de donner aux plants les mêmes aspects du soleil qu'ils avoient dans la pépinière. Cette méthode procure divers avantages.

Les plants de Châtaigniers étant une fois mis en place, il est prudent de faire revêtir leur tige de paille, & de la garnir d'épines pardessus. La paille qui enveloppe l'écorce empêche le plant de bourgeonner, au moyen de quoi la sève se porte en entier vers la tête; elle garantit le plant des impressions du froid; elle met aussi l'écorce à couvert des ardeurs du soleil, qui la brûleroit, & mettroit par là le tronc du plant à découvert. Les épines servent à écarter les animaux qui pourroient ébranler les plants. La prudence exige encore que dans les châtaigneraies dont le sol est d'une terre très-légère ou sur la roche, on motte le pied des plants, afin de leur procurer un abri contre l'air chaud qui dessécheroit leurs racines. Pour cet effet on élève de la terre autour des plants à la hauteur d'un pied ou environ, sur l'étendue de quatre pieds, observant que la superficie en soit plate, afin que les eaux puissent s'y arrêter & pénétrer au pied de l'arbre. Une couche de Fougère chargée d'un demi-pied de terre, forme un excellent préservatif contre l'accident qu'on cherche à prévenir.

Les plants de la première sève se couronnent de jets auxquels il ne faut pas toucher jusqu'au mois de Mars suivant; pour lors on ébarbe les jets foibles ou inutiles: on y revient d'année en année, afin qu'au moyen de ce retranchement de jets la sève ne soit point détournée au préjudice des branches réservées pour la greffe. On greffe les Châtaigniers en flûte dans le mois de Mai. Le méchanisme de cette façon de greffer consiste à lever, sur l'écorce d'un Châtaignier sain & bien nourri, un chalumeau de la longueur d'un pouce & demi, chargé d'un ou de deux bons yeux, autrement dits bourgeons; ensuite à revêtir de ce chalumeau le tronçon d'une branche de Sauvageon, qui ayant été dépouillé de son écorce sur la longueur de deux pouces, se trouve de même calibre que le chalumeau. On peut lever plusieurs chalumeaux sur le même jet; mais ils ne feront pas également bons pour servir de greffe. Les quatre ou cinq premiers yeux, à commencer par le bas du jet qui tenoit au tronc, sont pour l'ordinaire borgnes; & s'ils ne le sont pas, ils donnent beaucoup de bois & très-peu de fruit. La partie qui fait le haut du jet n'étant pas encore formée au point qu'il le faut, se trouve cordée. Les élévations dans le bois forment dans l'écorce des sillons qui s'opposent à ce que le chalumeau puisse s'appliquer exactement sur le tronçon du Sauvageon. Le succès de la façon de greffer en fente dépend de plusieurs circonstances. Il faut 1°. que le tronçon de la branche du Sauvageon dépouillé de son écorce, soit exactement de calibre avec le chalumeau. S'il est trop gros, le chalumeau colle étroitement le bois, & ne permet pas l'accès à la sève; au moyen de quoi la greffe sèche par le défaut de nourriture. S'il est trop mince, l'air s'insinue entre le bois & le chalumeau, & par son poids & son ressort il fait refluer la sève.

Il faut 2°. que l'écorce du tronçon de la branche, ainsi que le chalumeau, soient coupés horisontalement dans une exacte proportion, afin que les lèvres de l'un & de l'autre se joignent aisément dans leurs approches; car pour peu que les lèvres soient pincées dans quelque partie de leur circonférence, il en provient un engorgement de sève qui occasionne le bourrelet.

Il faut 3°. que l'opération soit faite dans de beaux jours, & jamais par un temps de pluie, ou lorsque le vent du midi souffle. L'écorce dont on dépouille le Sauvageon laisse un suint sur le bois. Les eaux de la pluie détachent ce suint & prennent sa place. Le chalumeau en recouvrant ce bois enveloppe les parties d'eau qui s'y sont attachées, & qui ne peuvent en être séparées par la sève qui se présente. Le vent du midi fait aussi exhaler ce suint; il dessèche encore le chalumeau, ainsi que les lèvres du Sauvageon, & l'air se loge par-tout. Le vent du nord est le plus favorable pour la greffe; il fait un effet tout contraire à celui du midi; il maintient le chalumeau sur le bois du Sauvageon, resserre les bords extérieurs des lèvres de son écorce, & force même la sève de monter à l'extrémité de la greffe. Le nombre des entes qui sont à placer sur un Sauvageon, doit être proportionné à sa force & à sa vigueur. Un sujet foible ne peut nourrir les entes dont il est surchargé; elles sont suffoquées par l'abondance de la sève, lorsqu'elles sont en trop petit nombre sur un sujet fort & vigoureux. Il faut observer que les Sauvageons qui retiennent leurs feuilles pendant l'hiver ont bien plus de sève que ceux qui ne les retiennent point.

On donne le nom d'*Œuvre* aux jets du Châtaignier sur lequel on lève les greffes: on fait dans le pays un commerce de ces jets: on y fraude souvent sur l'espèce. Les personnes prudentes n'achètent point de ces *Œuvres*; elles tiennent dans le coin d'un verger des arbres de l'espèce du fruit qui convient à leur terrein; car les revenus des châtaigneraies dépend du choix du fruit dont les Sauvageons sont entés. Il y a différentes variétés de Châtaigniers; ils ne fructifient pas également à tous les aspects du soleil: les uns demandent le nord, les autres le midi & le couchant; il y en a aussi qui ne le cèdent point aux Chênes pour leurs tiges, mais qui rapportent peu de fruit: d'autres s'élèvent peu, & s'épuisent par l'abondance du fruit qu'ils donnent: il y en a aussi de hâtifs & de tardifs.

Dès que les bourgeons sont sortis de la greffe, ils se forment en rameaux; on en retarderoit le progrès si on en retranchoit la moindre feuille: il suffit pour lors de les garantir des coups de vent, de peur qu'ils ne cassent, & de les protéger contre le Sauvageon. Pour mettre les entes à l'abri des coups de vent, on attache à la tige de l'arbre un ou deux rameaux suffisamment garnis de bois, afin de former autour de la greffe une espèce de palissade. On protège les greffes contre le Sauvageon en ébarbant les jets qui paroissent sur la tige de l'arbre au-dessous de la greffe. Il y a cependant un cas où on fait bien de laisser subsister quelque jet sur le Sauvageon, c'est lorsqu'il est à craindre qu'une sève trop abondante ne suffoque les entes; mais les jets sont à retrancher dès qu'il n'y a plus de danger.

Il arrive quelquefois qu'il se forme une bosse dans quelques parties du Sauvageon, qui tient à la greffe. Cette bosse devient circulaire en grossissant, & prend la figure d'un bourrelet, d'où on lui a donné ce nom. Le bourrelet, quand il a été négligé, devient une maladie mortelle pour les entes. L'écorce du Sauvageon forme une espèce d'*étranguillon* autour du bois à mesure qu'elle se dilate, & la sève ne passe plus dans la greffe. On prévient les effets du bourrelet par un remède très-simple. Comme il est causé par un engorgement de sève, il faut avec la pointe de la lame d'une serpette ou d'un couteau, inciser perpendiculairement l'écorce en divers endroits sans offenser le bois, & ce, sur la longueur d'un pouce ou environ, à à prendre partie en dessus, partie en dessous de la soudure du Sauvageon avec la greffe.

Dans la troisième année de la greffe il y a des précautions à prendre, afin de former la tête du Châtaignier suivant le lieu où il est placé. Tout cultivateur qui a mis en place des plants de Châtaigniers, & qui les a fait enter, seroit modiquement payé de ses travaux & de sa dépense, s'il ne portoit son attention à faire tailler ces arbres suivant leur situation, & à les entretenir vigoureux par de fréquens labours. Le Châtaignier porte son fruit à l'extrémité des branches: il ne rapporte beaucoup qu'autant qu'il a de l'air & du soleil; c'est pour cela que nous avons dit qu'il falloit planter les Châtaigniers par alignement & par distance raisonnable. Dans les lieux bas cet arbre fait pointe, & cherche à respirer: il faut pour lors en élaguer les branches, & le faire filer avant de lui procurer une tête élevée: les branches qu'on laisseroit subsister en bas affameroient l'arbre sans donner du fruit.

Dans les lieux hauts ce n'est plus la même chose. Comme le Châtaignier est en plein air, sa tige s'élève peu, & a toujours une tête garnie: il faut pour lors retrancher les branches tortues & celles qui dans leur accroissement seroient mal placées. La tête de ces arbres doit représenter la houppe d'un bonnet quarré: on ne conserve pour lors qu'un petit nombre de maîtresses branches qui laissent le Châtaignier évuidé, & fournissent un nombre de branches moyennes subdivisées en un plus grand nombre de petites. Dans cette opération il faut couper les branches près du tronc, pour qu'il ne reste point de chicots à l'arbre. Les chicots empêchent l'arbre de se recouvrir: il s'y forme un trou par lequel les eaux de pluie s'insinuent dans le tronc, gagnent le cœur de l'arbre & le pourrissent.

Le Châtaignier donne souvent des branches qui l'épuisent & qui ne rapportent aucun fruit: on nomme ces branches *Branches Gourmandes*. Les branches à fruit en poussent aussi de petites qui dérobent la nourriture à la Châtaigne: on les nomme *Branches Chiffones*. Il faut nettoyer les Châtaigniers de temps en temps, afin de les purger de leurs mauvaises branches.

La grêle fait beaucoup de tort aux jeunes Châtaigniers. Il faut couper les branches qui sont maltraitées, afin que l'arbre pousse de nouveaux bois; car dès qu'une branche est endommagée, jamais elle ne se rétablit. Il faut couper pareillement les branches qui ont été fracassées par le vent, à moins qu'elles ne soient brisées qu'en partie: pour lors on les coupe en bec de flûte au-dessus de la plus légère apparence de fracture, en observant que la taille soit faite par dessous. Lorsque le Châtaignier commence à vieillir, on le ranime en coupant la tige au-dessous des maîtresses branches, à une distance plus ou moins grande de la soudure de la greffe.

On a observé que rien n'est meilleur pour rendre les Châtaigniers plus vigoureux, que de leur donner des labours: c'est pourquoi il ne faut pas les négliger. Un Châtaignier dans une terre à grain rapporte trois fois plus de fruit que n'en rapporte un Châtaignier de même tige & d'un même volume de branches, planté dans une terre en friche. Quand on a un terrein propre au Châtaignier, on fera bien d'en planter dans les bosquets d'été & d'automne, & d'en former des massifs & des avenues, quoique cet arbre ait le défaut d'étendre ses branches & de les laisser pendre fort bas.

Insecte qui se trouve sur le Châtaignier.

On trouve sur le Châtaignier un petit insecte qu'on nomme la Cigale noire. *Cicada tota nigra. Geoff.* 422. Elle est très-difficile à attraper; elle est d'un brun noir & luisant; & ses yeux, qui ne sont point saillans, sont d'un brun noirâtre. En la regardant de près, on voit sur l'écusson quelques points enfoncés.

Analyse chymique.

Dans l'analyse chymique qu'a fait M. Geoffroy, de 5 livres de Marrons dont on avoit ôté la peau, distillés à la cornue, il est sorti 12 onces 3 gros de liqueur limpide, presqu'insipide, & obscurément acide sur la fin; une livre 15 onces 2 gros 24 grains de liqueur un peu acide & austère; 2 onces 4 gros 48 grains de liqueur brune empyreumatique, fort acide; 9 onces de liqueur austère & un peu salée; 2 onces 2 gros 46 grains d'huile. La masse noire qui est restée dans la cornue pesoit 10 onces 4 gros, laquelle étant calcinée a laissé une once de cendres, dont on a tiré par la lixiviation 5 gros 20 grains de sel fixe purement alkali. La perte des parties dans la distillation a été d'onze onces 7 gros 6 grains, & dans la calcination, de 9 onces 4 gros. La substance de la Châtaigne est douce, un peu styptique, & rougit le papier bleu, d'où il est clair qu'elle abonde en beaucoup de sel essentiel alumineux, enveloppé de beaucoup de soufre.

Propriétés alimentaires.

Le fruit de cet arbre est d'une grande utilité. La récolte n'en est abondante que tous les deux ans. On le conserve en le mettant par lit dans du sable bien sec, dans des cendres, dans la fougère, en le laissant dans son brou. Les Montagnards vivent tout l'hiver de ce fruit qu'ils font sécher sur des claies, & qu'ils font moudre après l'avoir pilé, pour en faire du pain qui est nourrissant, mais fort lourd & indigeste. Les Habitans du Périgord, du Limosin & des montagnes des Cevennes, ne font usage d'autre pain que de celui de Châtaigne. On prétend que tous ces Peuples ont un teint jaune, effet produit par cette mauvaise nourriture. On fait aussi avec les Châtaignes une bouillie qu'on nomme *le Chatigna*. Tout le monde sait qu'on mange les Marrons bouillis avec l'eau & le sel, ou rôtis sous la cendre, ou grillés dans une poêle. On en fait aussi des compotes & des confitures sèches.

Préparations alimentaires.

1°. *Manière de faire le chocolat de Marrons ou de Châtaignes.* On prend huit *Marrons* frais que l'on fait cuire dans une suffisante quantité d'eau. Lorsqu'ils sont bien cuits on ôte la première peau, & on les dépouille entièrement de la pellicule qui se trouve au-dessous. On les met ensuite dans le même pot après en avoir jetté l'eau, & on les fait bouillir légèrement dans un poisson de lait; on passe ensuite au travers d'un tamis de crin ou d'une passoire ordinaire, & on remet cette pâte claire dans le même pot; on y ajoute un nouveau poisson de lait pour l'éclaircir encore, & un petit morceau de cannelle pour rendre la boisson plus agréable; on fait bouillir encore un moment, & on y ajoute un morceau de sucre; on agite alors la liqueur avec le moulinet à chocolat pour la faire mousser, & on remplit la tasse. On avalera ce chocolat aussi chaud qu'on pourra le supporter. Si l'on n'a que des Marrons secs, il faut se contenter de couper le lait avec l'eau dans laquelle on les aura fait cuire.

2°. *Méthode pour faire sécher les Châtaignes.* On les expose à une douce chaleur, soit qu'il y ait dans les cheminées des jambages creux ou grillés préparés pour cet effet, soit qu'on en remplisse de grandes claies destinées uniquement pour cette opération. On retourne ces fruits de temps à autres, jusqu'à ce qu'ils soient assez secs pour que la pellicule puisse s'en détacher : on les met pour lors dans un sac que l'on bat contre quelque corps dur; cette collision monde la *Châtaigne* de son écorce & de sa peau. Dans cet état on la conserve pour le besoin.

3°. *Manière de préparer les Châtaignes usitée chez les Paysans du Dauphiné.* On en met une quantité à volonté avec une suffisante quantité d'eau. Quand elles sont assez cuites pour être réduites en marmelade ou purée, on y ajoute du lait si l'on veut : voilà toute la façon.

4°. *Potage de Marrons.* Prenez un cent & demi de *Marrons*, ôtez-en la première peau; mettez les dans une poéle à marrons sur le feu, pour les faire chauffer & lever la seconde peau. Quand ils sont pelés, faites-les cuire avec du bouillon & un peu de sel. Etant cuits, mettez les plus gros à part, pilez les autres dans un mortier; mettez dans une casserole veau, jambon, racines & oignons; faites suer & attacher, & mouillez de bon bouillon; passez cette essence; mettez-la avec des Marrons pilés, & passez le tout à l'étamine. Si votre coulis n'est pas assez coloré, mettez-y du jus; faites mitonner des croûtes avec du bon bouillon; servez dessus le coulis de Marrons, & garnissez-le des marrons séparés.

5°. *Pâte de Marrons.* Vous ôterez la première peau de vos *Marrons*, & vous les ferez blanchir dans de l'eau; vous les nettoierez ensuite, & les mettrez dans un mortier avec un peu d'eau de fleurs d'orange, ou de l'eau toute pure, pour les humecter. Quand ils sont pilés, vous les passez par un tamis; vous pouvez y mettre un peu de marmelade de pommes pour leur donner plus de corps; vous pesez votre pâte; sur une livre de fruit, vous employez une livre de sucre cuit à la petite plume; vous délayez le tout avec une cuiller, & vous le mettez quelque temps sur le feu. Il ne faut pas dresser votre pâte qu'elle ne soit moins froide.

6°. *Marrons au Caramel.* Otez la première peau à de gros *Marrons*; faites-les cuire dans de l'eau jusqu'à ce que vous puissiez ôter la seconde : après les avoir fait égoutter & un peu ressuyer à l'étuve, faites cuire du sucre au caramel, que vous entretiendrez chaudement sur un petit feu; mettez les Marrons dans le sucre un à un, en les retournant avec une fourchette. En les retirant, vous leur mettrez à chacun une petite brochette pointue, pour les faire égoutter sur un clayon, en glissant le petit bâton dans la maille du clayon, pour que le caramel puisse sécher en l'air.

7°. *Marrons à la Limousine.* Faites cuire des *Marrons* à l'ordinaire : étant cuits, pelez-les & applatissez-les entre les mains; accommodez-les sur une assiette, & prenez de l'eau, du sucre, un peu de citron, ou de l'eau de fleurs d'orange; faites-en un syrop. Ce syrop étant fait, versez-le tout bouillant sur vos Marrons, & servez chaud ou froid. On peut, & c'est pour le mieux, laisser prendre un bouillon aux Marrons dans le syrop avant de les servir.

8°. *Compote de Marrons.* Faites cuire des *Marrons* dans la braise. Etant cuits, pelez-les, applatissez-les un peu dans vos mains, & mettez-les à mesure dans une petite poéle avec un peu de sucre clarifié légèrement; vous les ferez mitonner sur un petit feu pendant une demi-heure; vous les dresserez ensuite dans une compotière. Vous passerez pardessus du jus d'orange aigre ou de citron, & vous répandrez un peu de sucre en poudre; servez chaudement.

9°. *Marrons glacés.* Ayez de beaux *Marrons* de Lyon; faites-les cuire à la braise. Pendant ce temps ayez du sucre, clarifiez-le, faites-le cuire à perlé, pelez ensuite vos *Marrons*; après quoi jettez-les les uns après les autres dans le sucre; retirez-les aussi-tôt avec une cuiller, & jettez-les à mesure dans l'eau froide. Le sucre qui est autour se glacera aussi-tôt.

10°. *Marrons en chemise.* Faites griller des *Marrons* sur un petit feu pour ne point les colorer, jusqu'à ce que vous puissiez enlever facilement les deux peaux; vous les trempez ensuite dans du blanc d'œufs fouettés en neige, & les roulez tout de suite dans du sucre fin; mettez-les sur des tamis pour les faire sécher à l'étuve.

11°. *Marrons confits.* Prenez des *Marrons* de Lyon, choisissez les plus petits, ôtez la première peau, ayez de l'eau bouillante sur le feu dans deux poéles : dans l'une vous leur ferez prendre cinq ou six bouillons; ensuite vous les ôterez avec l'écumoire, & vous les remettrez dans l'autre poéle pour achever de les blanchir. Si en les piquant avec une épingle ils ne résistent point, c'est une marque qu'ils sont comme il faut. Otez-les de dessus le feu, tirez-les les uns après les autres pour en ôter la peau qui reste, & mettez-les à mesure dans de l'eau tiède; égouttez-les ensuite, & passez de l'eau fraîche pardessus pour les tenir plus blancs; mettez-les au sucre clarifié, faites-les frémir, ôtez-les de dessus le feu, & portez-les à l'étuve, ou bien laissez-les sur de la cendre chaude jusqu'au lendemain que vous augmenterez le sucre, s'ils n'en ont pas assez; faites-leur prendre un bouillon, & remettez-les à l'étuve jusqu'au lendemain.

12°. *Marrons confits tirés au sec.* Otez la première peau à de gros *Marrons.* Quand ils seront tous pelés, ayez deux poéles d'eau bouillante; faites-leur prendre trois ou quatre bouillons dans la première, & mettez-les avec l'écumoire dans la seconde pour achever de les blanchir, jusqu'à ce qu'en les piquant d'une épingle elle entre très-facilement : alors vous les ôterez du feu pour en prendre avec une écumoire, vous leur enleverez la petite peau pendant qu'ils sont chauds, & vous les jetterez à mesure dans une eau très-claire & un peu tiède; vous y passerez le jus d'un citron pour les conserver blancs : après les avoir égouttés, vous les mettrez dans un sucre cuit au petit lissé, dans lequel vous passerez encore du jus de citron; vous les remettrez ensuite pendant un quart d'heure sur un petit feu, pour les faire mijoter dans le feu sans qu'ils bouillent; vous les coulez ensuite doucement dans une terrine, & vous les mettez pendant vingt-quatre heures à l'étuve; vous les retirez du sucre pour les faire égoutter, & vous faites pour lors cuire le sucre à la grande plume; vous y jettez les *Marrons* pour leur faire prendre un bouillon; vous les ôtez incontinent du feu. Lorsque la chaleur du sucre sera un peu diminuée, vous le travaillerez sur le bord de la poéle : à mesure qu'il blanchit d'un côté, vous prenez un Marron avec une fourchette que vous retournez doucement dans le sucre blanchi; prenez garde de ne le point casser; dressez-les à mesure sur des grilles de fer d'archal; vous continuerez les autres de la même façon.

13°. *Biscuits de Marrons.* Faites cuire dans de

la cendre une vingtaine de *Marrons* : après les avoir bien essuyés & pelés, mettez-les dans un mortier pour les faire piler, en les arrosant avec un peu de blanc d'œuf. Quand ils seront bien pilés, vous les retirerez du mortier pour les mettre dans une terrine avec une demi-livre de sucre; battez-les bien avec une spatule jusqu'à ce que le sucre & les *Marrons* soient bien incorporés ensemble; vous y mettrez ensuite cinq blancs d'œufs fouettés que vous mêlerez bien encore; après quoi dressez vos biscuits sur des feuilles de papier blanc en rond, un peu plus gros qu'un macaron, ou en long, comme les biscuits à la cuiller; faites-les cuire dans un four doux : lorsqu'ils seront cuits de belle couleur, vous les leverez du papier quand ils seront presque froids.

14°. *Marrons à l'Arlequine.* Vous vous servez d'une compote de *Marrons* qui vous a déjà servi; dégouttez-les de leur syrop pour les faire un peu ressuyer à l'étuve : ensuite vous prenez le syrop de la compote. S'il n'est pas assez fort, vous y ajoutez un peu de sucre; faites-le cuire sur le feu & réduire au cassé; entretenez-le chaudement sur un petit feu, & y mettez les *Marrons* un à un pour les retourner avec une fourchette dans le sucre; & à mesure que vous les retirez, vous y jettez légèrement pardessus de la nompareille de toutes couleurs.

Propriétés alimentaires pour les bestiaux.

Dans les pays où il y a beaucoup de Châtaigniers on engraisse les pourceaux en leur faisant manger à discrétion des Châtaignes.

Propriétés médicinales.

On emploie la farine de Châtaigne pour arrêter la diarrhée. Cette même farine mélangée avec le miel & les fleurs de soufre, fournit un électuaire propre à ceux qui crachent le sang & qui toussent beaucoup. La décoction de Châtaignes, ou leur écorce rôtie & mise en poudre, convient dans les maux de ventre. La petite peau qui est sous l'écorce, pareillement mise en poudre & prise à la dose de deux gros, est très-bonne dans la dyssenterie, sur-tout si on y ajoute autant d'ivoire rapé. On conseille quelquefois dans l'ardeur d'urine & dans les picotemens de la poitrine, une émulsion faite avec la semence de pavot, l'eau d'orge & les Châtaignes. Si on pile les Châtaignes avec du vinaigre & de la farine d'orge, & qu'on les applique en cataplasme sur les mamelles, elles en amollissent la dureté, & dissolvent le lait qui s'y est coagulé. Si au contraire on les pile avec du sel & du miel, on prétend qu'elles guérissent la morsure des chiens enragés.

SECONDE ESPECE.

La seconde espèce est le Châtaignier nain de l'Amérique. *Fagus pumila. Fagus foliis lanceolato-ovatis, acutè-serratis, subtùs tomentosis; amentis filiformibus, nodosis. Linn. Sp. Plant.* 1416. *Gron. Virg.* 150. *Fagus foliis ovato-lanceolatis, serratis. Roy. Lugdb.* 79. *Castanea pumila, Virginiana, racemoso fructu, parvo in capsulis singulis, echinatis unico. Pluk. Alm.* 90. *Catesb. Car.* 1, *p.* 9. *Castanea Americana, foliis aversâ argenteâ lanugine villosis. Pluk. Alm.* 90. En Anglois, *The Chinkapin.*

Description.

C'est un arbrisseau qui a rarement plus de seize pieds de haut, & qui n'en a ordinairement que huit ou dix. Il a huit ou dix pouces d'épaisseur, & croît d'une manière fort irrégulière. Il a l'écorce raboteuse & écaillée. Ses feuilles sont dentelées, d'un vert foncé, le revers d'un blanc verdâtre, & croissent alternativement. De l'aisselle des feuilles sortent de longues pointes de fleurs blanchâtres comme celles des Châtaignes ordinaires, auxquelles succèdent des noix d'une figure cônique & de la grosseur d'une noisette. La coque qui renferme l'amande est de la même couleur & de la même consistance que celle d'une Châtaigne qui est renfermée dans une écorce pleine de piquans : il y en a ordinairement cinq ou six qui pendent en un peloton; elles sont mûres en Septembre.

Figure.

Cet arbrisseau est représenté dans l'Histoire de la Caroline par Catesby, tome 1, pl. 9; & dans l'*Almag.* de Plukenet, pl. 156, fig. 2.

Lieu de sa naissance.

Il croît naturellement dans l'Amérique Septentrionale.

Propriétés alimentaires.

Les noix de cet arbrisseau sont douces & plus agréables que les Châtaignes; elles sont d'un grand usage pour les Indiens qui en usent beaucoup pendant l'hiver.

TROISIEME ESPÈCE.

La troisième espèce est le Hêtre, le Fan, le Fonteau, le Foyard, le Fovinier. *Fagus sylvatica. Fagus foliis ovatis, obsoletè-serratis. Linn. Sp. Plant.* 1416. *Hort. Cliff.* 447. *Flor. Suec.* 785, 871. *Roy. Lugdb.* 79. *Mat. Med.* 428. *Dalib. Paris.* 294. *Fagus Bauh. Pin.* 419. *Cam. Epit.* 112. *Cæsalp. Syst.* 35. *Dod. Pempt.* 382. *Dalech. Hist.* 34. *Fagus Latinorum. Oxya Græcorum. Bauh. Hist.* 1, *p.* 117. En Anglois, *Beachtree.* En Allemand, *Buche Ræthe Buche.* En Suédois, *Bœk.* En Danois, *Bog.*

Description.

C'est un arbre dont la racine est rameuse & ligneuse. Sa tige est très-haute & très-droite. Son écorce est unie & blanchâtre. Ses feuilles sont alternes, pétiolées, ovales, avec quelques dentelures sur les bords, d'un vert clair & luisant. Ses fleurs sont à chatons, mâles ou femelles sur le même pied, axillaires. Les fleurs mâles sont composées d'une douzaine d'étamines & d'un calice campanulé divisé en cinq, rassemblées sur un réceptacle en forme de chaton sphérique. Les fleurs femelles sont composées de trois pistils placés dans un calice monophylle, à quatre découpures droites, aiguës. Son fruit est ovale, à quatre côtes, s'ouvrant en quatre parties, uniloculaire, contenant quatre semences triangulaires, espèce d'amande qu'on nomme *Faine.* Il est recouvert d'épines.

Variété.

Il s'en trouve une variété à feuilles panachées.

Figure.

Cette espèce est représentée dans le Spectacle de la Nature, tome 3.

Lieu de sa naissance.

Elle croît naturellement dans toutes les forêts de l'Europe.

Insecte qui se trouve sur cet arbre.

On trouve sur cet arbre une espèce de Puceron couvert d'un duvet cotonneux fort court, dont on peut le dépouiller, & pour lors il paroît vert. *Aphis Fagi lanata.*

Culture.

M. Duhamel a semé de la Faine dans l'automne & au printemps ; elle a également réussi : cependant on feroit mieux de conserver cette semence pendant l'hiver dans du sable ; on la garantit par ce moyen des mulots ou de plusieurs autres animaux qui en sont très-friands, & elle se dispose à lever plus promptement au printemps. Quand on fait des semis en grand, on répand du sable avec la semence ; & si le champ a été bien labouré, on y passe simplement la herse. Lorsqu'on veut semer du Hêtre en vue de l'élever en pépinière, on répand les semences sur des planches, on passe le rateau pardessus : & à la seconde ou troisième année, lorsque les jeunes hêtres ont six ou huit pouces de hauteur ; alors, au mois de Novembre, la terre étant bien pénétrée d'eau, on les arrache avec l'attention de ne point rompre les racines ; on coupe la racine pivotante, & on plante les jeunes arbres dans des rigoles à deux pieds de distance les uns des autres. Il faut labourer ces pépinières toutes les années, & élaguer de temps en temps les jeunes arbres. Quand ils ont quatre ou cinq pouces de circonférence à un pied au-dessus de terre, on peut les arracher pour les planter en avenue. Comme il lève beaucoup de Faines dans les forêts, on peut se dispenser d'en semer ; il suffit d'en arracher de petits sous les grands arbres, & de les mettre en pépinière. Les Hêtres ne réussissent point dans les terres qui ont peu de fond ; ils se plaisent dans un sable gras ou mêlé d'un peu d'argille ; ils viennent même très-beaux dans le sable pur, lorsque le terrein est un peu humide.

Propriétés alimentaires.

Les Faines se mangent comme les Châtaignes ; elles sont agréables au goût, un peu astringentes. Etant grillées, les Suédois en usent en guise de café. On en tire une huile très-propre aux usages de la cuisine ; elle est aussi douce que celle de noisettes. M. d'Isnard prétend que cette huile nouvellement tirée cause des pesanteurs d'estomac ; mais qu'elle perd cette mauvaise qualité en la conservant un an dans des cruches de grès bien bouchées qu'on enterre.

Observation médicinale.

Le 8 Janvier 1762 M. Selig a soutenu une thèse à Erlangen, dans laquelle il rapporte l'histoire d'une hydrophobie qui avoit été occasionnée, à ce qu'il dit, par des fruits de Hêtre dont le malade avoit mangé en quantité, après avoir été séchés sur une poêle chaude. Plusieurs Auteurs rapportent que leur usage a produit des maux de tête, des vertiges, des fièvres lypiriennes, des pleurésies & des dévoiemens ; mais aucun avant M. Selig ne lui a reconnu la propriété d'occasionner la rage.

Propriétés alimentaires pour les bestiaux.

Les porcs sont fort friands de la Faine ; ils la mangent avec avidité ; on leur en donne pour les engraisser.

Propriétés médicinales.

Les feuilles de Hêtre sont rafraîchissantes : on s'en sert en décoction à la dose d'une poignée dans une livre d'eau.

Propriétés vétérinaires.

Quand on les donne comme telles aux animaux, c'est à la dose de trois poignées dans deux livres d'eau.

Propriétés économiques.

Le bois de cet arbre est fendant & cassant lorsqu'il est sec ; mais il plie & fait ressort tant qu'il conserve de la sève ; c'est ce qui le fait rechercher pour les rames des galères & les carènes des vaisseaux. Il augmente beaucoup de volume lorsqu'il est mouillé ; c'est la raison pour laquelle les Carriers en font des coings. Il est de peu d'usage dans la charpente, parce qu'il est sujet aux vers. Feu M. Haller a observé que pour le préserver de ce défaut il faut le tremper dans l'eau avant de l'employer ; alors il conserve de sa sève, & les vers ne l'attaquent plus : il peut par ce moyen être substitué au chêne pour les bâtimens. C'est avec le bois de Hêtre qu'on fait les meilleurs affûts de canon ; il est aussi très-estimé pour les tables de cuisine. Les Menuisiers en meubles & les Ébénistes en font un grand usage : c'est de ce bois dont on se sert pour les goberges ou barres des couchettes. Les Layetiers & les Coffretiers l'emploient beaucoup : on en fait aussi ordinairement des cuillers à pots. Dans nos Provinces septentrionales les Charrons en font des jantes de roue. A Paris on l'emploie pour les brancards des chaises : on en fait aussi des butières, des attelles, des colliers, des pelles & des sabots. Les Boisselliers le préfèrent à tout autre bois pour les seaux & les boisseaux. Autrefois les Relieurs l'employoient au lieu de carton pour doubler le cuir qui couvre les livres. Les Fourbisseurs & les Gaîniers l'emploient encore au même usage. Les Couteliers en font ces manches de couteau qu'on nomme jambettes : c'est aussi un très-bon bois de chauffage. On fait avec le Hêtre un charbon excellent qui est d'usage pour la poudre à canon. Son écorce sert en plusieurs endroits à couvrir les maisons.

Propriétés d'ornement.

Le Hêtre se plante dans les avenues, les salles & les massifs des grands bosquets. On en fait aussi de belles palissades connues en plusieurs endroits sous le nom de hêtrises.

FERAMEA, *le Féramier.*

Description générique.

Le caractère de ce genre de plante est d'avoir le périanthe du calice monophylle, turbiné, à quatre dents. La corolle est monopétale, tubuleuse. Le tube est inséré au disque au-dessus du germe. Le lymbe est partagé en quatre lobes oblongs, aigus. Les filamens des étamines sont au nombre de quatre, courts, insérés au tube vers la base. Les anthères sont oblongues, linéaires, à deux loges.

loges. Le germe du pistil est attaché au calice, est inférieur. Le style est long. Le stigmate est rond, à deux lobes. Le péricarpe est à deux loges.

CLASSE.

Ce genre fait partie de la quatrième classe de Linnæus, qui comprend les plantes tétrandriques monogyniques. M. Aublet, qui a découvert ce nouveau genre, en rapporte deux espèces.

PREMIERE ESPECE.

La première espèce est le Féramier à bouquet. *Feramea corymbosa. Feramea foliis ovatis, acutis; pedunculis ternatis, corymbosis. Aubl.* 102.

Description.

Cet arbrisseau s'élève de sept à huit pieds. Son tronc a environ deux pouces de diamètre. Il pousse à deux pieds au-dessus de la terre des branches opposées, noueuses & rameuses; elles sont garnies de feuilles deux à deux, opposées & disposées en croix, vertes, lisses, fermes, luisantes, entières, ovales, terminées par une petite pointe en dessus. Entre leur attache il y a de chaque côté une stipule large & aiguë. Les fleurs naissent à l'extrémité des rameaux. Il y a ordinairement trois bouquets, portés chacun sur un péduncule long d'un pouce; celui du milieu est plus élevé. Chaque bouquet est composé de dix ou quinze fleurs, qui ont chacune leur péduncule particulier très-grêle : elles sont rangées près à près en forme d'éventail. Le calice est d'une seule pièce, évasé à son lymbe, qui est à quatre petites dents. La corolle est monopétale, blanche, attachée sur l'ovaire, autour d'un disque. Son tube est long, partagé à son pavillon en quatre lobes étroits & aigus. Les étamines sont au nombre de quatre, rangées sur la paroi interne & inférieure du tube, au-dessous de ses divisions. Leur filet est couvert. L'anthère est longue, à deux bourses. Le pistil est un ovaire emboîté dans le fond du calice avec lequel il fait corps. Il est couronné d'un disque, du centre duquel il sort un style terminé par un stigmate arrondi & à deux lames. L'ovaire coupé en travers paroît former deux loges.

Figure.

Cette espèce est représentée dans l'Histoire des Plantes de la Guiane Françoise par M. Aublet, pl. 40, fig. 1.

Lieu de sa naissance.

Elle croît dans les grandes forêts de la Guiane, au quartier de Caux; elle est en fleur au mois de Janvier.

SECONDE ESPECE.

La seconde espèce est le Féramier à fleur sessile. *Feramea sessiflora. Feramea foliis ovatis, acutis; floribus sessilibus, terminatricibus. Aubl.* 104.

Description.

Cet arbrisseau s'élève à six ou sept pieds. Son tronc a environ deux pouces de diamètre. Il pousse à un pied & plus au-dessus de terre, des branches opposées, noueuses, garnies de feuilles opposées & disposées en croix. Elles sont entières, vertes, luisantes, minces, fermes, ovales & terminées par une longue pointe; leur pédicule est très-court. Entre la naissance des deux pédicules opposés, il y a de chaque côté une stipule large & aiguë qui tombe de bonne heure. Les fleurs naissent à l'extrémité des rameaux; elles sont renfermées entre deux longues & larges stipules; elles sont partagées en trois paquets sessiles, composés chacun de trois ou quatre fleurs également sans péduncule. Le calice est d'une seule pièce, un peu évasé à son lymbe qui est à quatre petites dents. La corolle est blanche, monopétale, courte, attachée sur l'ovaire autour d'un disque. Son tube est grêle, long d'environ neuf lignes. Son pavillon est partagé en quatre lobes étroits & aigus. Les étamines sont au nombre de quatre, placées à la paroi interne & supérieure du tube, au dessous de ses divisions. Leur filet est court. L'anthère est longue, à deux bourses. Les quatre anthères en se réunissant forment l'orifice du tube. Le pistil est un ovaire qui fait corps avec le calice : il est couronné d'un disque, du centre duquel sort un style long, grêle, terminé par un stigmate à deux lames.

Observation.

Les fleurs exhalent une odeur très-agréable & fort approchante de celle que répandent les fleurs de Jasmin.

Figure.

Cette espèce est représentée dans l'Histoire des Plantes de la Guiane Françoise par M. Aublet, pl. 40, fig. 2.

Lieu de sa naissance.

Cet arbrisseau croît dans les grandes forêts de la Guiane au quartier de Caux.

FEROLIA, *la Férole.*

Observation.

M. Aublet, qui nous a donné ce genre, n'a pas connu les parties de la fleur. Le péricarpe est, suivant lui, un fruit à noyau, à peine charnu, applati, rond, échancré de chaque côté, ridé. Le noyau est ridé, ligneux, à deux loges. Les semences sont au nombre de deux, quelquefois il n'y en a qu'une. L'autre est abortive. Il n'y en a qu'une espèce rapportée dans l'Histoire des Plantes de la Guiane Françoise.

ESPECE.

Cette espèce est la Férole de la Guiane. *Ferolia Guianensis. Aublet. Suppl.* 7. *Ferolia arbor, ligno in modum marmoris variato. Barr. Franc. Equin. p.* 51.

Description.

Le tronc de cet arbre s'élève à quarante ou cinquante pieds sur environ trois pieds de diamètre. Il pousse à son sommet un grand nombre de branches : celles du centre sont perpendiculaires, & les autres sont horisontales, & s'étendent en tous sens; elles sont chargées d'une multitude de rameaux grêles & garnis de feuilles alternes, sessiles, lisses, entières, vertes en dessus & blanchâtres en dessous, ovales & terminées par une longue pointe; elles ont à leur aisselle un bourgeon enveloppé d'une écaille, terminée par un long filet. Les fruits naissent à l'extrémité des rameaux en forme de grappes. Ce sont des baies sèches, comprimées, arrondies, pointillées, ridées, bordées d'un feuillet membraneux. L'écorce est verdâtre & mince; elle couvre un noyau ridé, bosselé & osseux. Il est à deux loges, & chacune contient une amande, mais il arrive souvent qu'une des deux avorte.

Observation.

M. Aublet n'a pu, pendant tout le temps qu'il a parcouru l'intérieur des terres de la Guiane, se procurer la satisfaction d'observer les fleurs de cet arbre, qui n'est pas même connu des plus anciens Créoles, quoique son bois soit une branche de leur commerce. Ceux qui le font vont chercher cet arbre dans les vieilles forêts; & pour pouvoir le connoître, ils font des entailles sur tous les troncs qu'ils trouvent renversés depuis long-temps sur la terre, qui sont dépouillés de leur écorce, & dont l'odeur est entièrement détruite. Avec une espèce de serpe droite qu'ils suspendent au poignet, & que pour cette raison ils appellent *Manchette*, ils enlèvent des copeaux qu'ils polissent avec leur couteau; & ayant reconnu la nature du bois qu'ils desirent, ils le marquent pour le faire débiter, & ensuite transporter à leurs habitations. Il ne doit point paroître étonnant qu'ils ne connoissent pas cet arbre sur pied, puisqu'ils n'attaquent que de vieux troncs abattus.

Figure.

Cette espèce est représentée dans l'Histoire des Plantes de la Guiane Françoise par M. Aubl. pl. 372.

Lieu de sa naissance.

M. Aublet a trouvé un seul de ces arbres chargé de fruit au mois de Mai, dans la forêt qui est près du sault de la rivière d'Aroura.

Propriétés économiques.

L'écorce de cet arbre est lisse & cendrée. Lorsqu'on l'entaille, elle répand un suc laiteux. Si un arbre a trois pieds de diamètre, l'obier du tronc en a plus de deux; il est blanc, dur, pesant & compact. Le bois intérieur est dur, pesant & d'un beau rouge panaché de jaune; il prend un beau poli, & ressemble à du satin, ce qui lui a fait donner le nom de *Bois satiné*: il est aussi nommé *Bois de Férole*, du nom d'un ancien Gouverneur de Cayenne qui a été le premier à l'introduire dans le commerce.

FERRARIA, *la Ferrarie.*

Description générique.

Le caractère de ce genre de plante est d'avoir pour calice deux spathes alternes, en forme de carène, entortillées; chacune ne donne qu'une fleur. Les pétales de la corolle sont au nombre de six, oblongs, pointus, repliés, crépus, déchiquetés: les alternes sont plus petits. Les filamens des étamines sont au nombre de trois, s'appuyans sur le style. Les anthères sont rondes, didymes, hérissées. Le germe du pistil est inférieur, rond, à trois côtes, obtus. Le style est simple, droit. Les stigmates sont au nombre de trois, fendus en deux, en capuchon, échancrés, crépus. Le péricarpe est une capsule oblongue, à trois côtes, supérieurement plus grosse, à trois loges, à trois valves. Les semences sont nombreuses, rondes.

CLASSE.

Ce genre fait partie de la vingtième classe de Linnæus, qui comprend les plantes gyandriques triandriques. Cet Auteur n'en admet qu'une espèce.

ESPECE.

Cette espèce est la Ferrarie ondulée. *Ferraria undulata. Linn. Sp. Plant.* 1353. *Burm. Act. Mill. Ic.* 280 *Ferraria foliis nervosis.* E. N. C. 1761, *p.* 199. *Iris stellata, Cyclaminis radice, pullo flore. Barr. Ic.* 1216. *Narcissus Indicus, flore saturatè-purpureo. Rudb. Elys.* 2, *p.* 49, *Flos Indicus, è violaceo fuscus; radice tuberosâ. Ferr. Cult.* 168. *Moris. Hist.* 2, *p.* 344, *sect.* 4.

Description.

La racine de cette espèce est tubéreuse, semblable à celle du Cyclamen. Les feuilles sont nerveuses. La fleur est naine, d'un pourpre foncé ou d'un violet brunâtre.

Figure.

Cette espèce est représentée dans l'*Hort.* de Vienne par Jacquin, pl. 63; dans le Dictionnaire de Miller, pl. 280; dans les Ephémerides des Curieux de la Nature, année 1761, pl. 3, fig. 1; dans Barrelier, pl. 1216; dans les Champs Elysées de Rudbeck, tome 2, fig. 9; dans Ferrarius, sur la Culture des Fleurs, pl. 171; & dans l'Histoire des Plantes par Morison, tome 2, sect. 4, pl. 4, fig. 7.

Lieu de sa naissance.

Elle croît naturellement au Cap de Bonne-Espérance.

Observation.

Il y a une singularité dans la racine de cette plante, c'est qu'elle ne pousse que de deux années une; elle reste dans l'inaction l'année intermédiaire.

Figure.

On la multiplie par rejets ou cayeux qui naissent de la racine. Sa culture est la même que celle de l'Ixia & du Glayeul d'Afrique. Cette plante est trop délicate pour vivre en plein air dans nos climats; elle ne réussit pas non plus dans une serre. La meilleure méthode est de dresser devant la serre une planche de la largeur de quatre pieds, & de la couvrir de vitrages, pour qu'on puisse donner de l'air aux plantes quand il fait beau, & les garantir de la gelée pendant l'hiver. La plupart des plantes bulbeuses & tubéreuses de l'Afrique demandent d'être ainsi traitées.

Propriétés d'ornement.

Cette plante mérite d'être cultivée dans nos jardins à cause de la beauté de ses fleurs.

FERULA, *la Férule.*

NOMS GÉNÉRIQUES.

Ce genre de plante est connu sous les noms de *Ferula. Plin. Tourn. Nartex, Nartekia, Nartekion, Agasullis, Crioteon, Emmoniacon, Metopion, Ermoupoa, Elioustron. Diosc. Phryma. Plin. Ferulago. Gesn.*

Description générique.

Le caractère de ce genre est d'avoir l'ombelle universelle du calice multiple, globuleuse; la partielle semblable; l'enveloppe universelle caduque; l'enveloppe partielle polyphylle, linéaire, petite. Le périanthe propre est à peine notable. La corolle universelle est uniforme. Tous les fleurons sont fertiles. La corolle propre est à cinq pétales oblongs, un peu droits, égaux. Les filamens des étamines sont au nombre de cinq, de la longueur de la corolle. Les anthères sont simples. Le germe du pistil est turbiné, inférieur. Les styles sont au nombre de deux, réfléchis. Les stigmates sont obtus. Le fruit est ellyptique, plane, applati, marqué de chaque côté de trois lignes élevées, partagé en deux. Les semences sont au nombre de deux, très-grandes, planes de chaque côté, marquées de trois stries distinctes.

Observation.

Le péduncule de la première ombelle admet des péduncules latéraux opposés.

CLASSE.

Cette plante fait partie de la septième classe de Tournefort, qui comprend les plantes ombellifères; & de la cinquième de Linnæus, destinée aux plantes pentandriques digyniques. Cet Auteur en admet neuf espèces.

PREMIERE ESPECE.

La première espèce est la Férule commune. *Ferula communis. Ferula foliolis linearibus, longissimis, simplicibus. Linn. Sp. Plant.* 355. *Hort. Cliff. Hort. Upf.* 61. *Roy. Lugdb.* 99. *Sauv. Monsp.* 257. *Ferula Fœmina Plinii. Bauh. Pin.* 198. *Tourn. Inst.* 320. *Ferula. Dod. Pempt.* 321. *Lob. Hist.* 450. *Ferula tenuiore folio, seu Fœmina Plinii. Moris. Hist.* 3, *p.* 309, *sect.* 9. *Ferula major, seu Fœmina. Moris. Umbell.* 35. *Boerh. Lugdb.* 1, *p.* 64. *Ferula folio Fœniculi, semine latiore & rotundiore. Bauh. Hist.* 3, *p.* 43. *Raj. Hist.* 420.

Description.

Sa racine est vivace. Sa tige s'élève fort haut, sur-tout lorsqu'elle se trouve dans une bonne terre. Ses feuilles sont ailées. Les folioles sont linéaires, très-longues, simples.

Figure.

Cette espèce est représentée dans l'Histoire des Plantes par Morison, tome 3, sect. 9, pl. 15, fig. 3; & dans les Ombellifères de Morison, pl. 1, fig. 20.

Lieu de sa naissance.

Elle croît sur le haut des montagnes de Messine & ailleurs, dans la Sicile, l'Italie, nos provinces méridionales: on en trouve sur le chemin qui conduit de Montpellier à Frontignan.

Culture.

Cette espèce & toutes les suivantes ont des racines vivaces, ainsi qu'il est dit ci-dessus, qui durent plusieurs années; elles sont garnies d'une quantité de fibres fortes qui entrent profondément en terre, & se divisent en plusieurs plus petites qui s'étendent de tous côtés au loin. Leurs tiges sont annuelles, & meurent peu après la maturité des semences. Comme ces sortes de plantes s'étendent beaucoup, il faut les placer à quatre ou cinq pieds de distance l'une de l'autre: il ne faut pas non plus qu'elles soient auprès d'autres plantes, car elles les épuiseroient.

On multiplie ces plantes par graines que l'on sème en automne; car si on les conserve hors de terre jusqu'au printemps, elles sont très-sujettes à avorter; & celles qui réussissent restent un an en terre avant de lever. On sème ces graines en rigoles. On laissera un pied de distance d'une rigole à l'autre, & on jettera dans chaque rigole les graines à deux ou trois pouces de distance entr'elles. Quand les plantes sont semées, il faut avoir soin de débarrasser les mauvaises herbes; & on les éclaircit dans les endroits où elles sont trop épaisses, pour qu'elles puissent avoir assez de place pour croître. Deux ans après on les transplante à demeure. On fait cette opération en automne quand les feuilles sont desséchées. On arrache les racines pour ne pas les couper, & on les plante dans l'endroit qui leur est destiné. Il leur faut une terre grasse, argilleuse, sans être trop humide: rarement les gelées même les plus fortes leur sont nuisibles.

Observation.

Quand les tiges sont sèches, elles sont remplies d'une moëlle légère qui prend facilement feu. Ray dit qu'en Sicile le Peuple se sert de cette moëlle en guise d'amadou. C'est sans doute à cause de cet ancien usage que les Poëtes ont feint que Promethée déroba le feu du Ciel, & l'apporta sur la terre dans la partie creuse d'une Férule.

SECONDE ESPECE.

La seconde espèce est la Férule couleur vert d'eau. *Ferula glauca. Ferula foliis supradecompositis, foliolis lanceolato-linearibus, planis. Linn. Sp. Plant.* 355. *Hort. Cliff.* 95. *Roy. Lugdb.* 99. *Ferula folio glauco, semine lato, oblongo; quibusdam, Thapsia ferulacea. Bauh. Hist.* 3, *p.* 45. *Raj. Hist.* 420. *Tourn. Inst.* 321. *Boerrh. Lugdb.* 1, *p.* 64.

Description.

Les feuilles sont supérieurement décomposées. Les folioles sont lancéolées, linéaires, planes, d'un vert d'eau. Les semences sont larges, oblongues.

Lieu de sa naissance.

Cette espèce croît dans la Sicile & dans quelques lieux de l'Italie.

TROISIEME ESPECE.

La troisième espèce est la Férule de Tanger, *Ferula Tingitana. Ferula foliolis laciniatis, lacinulis tridentatis, inæqualibus, nitidis. Linn. Sp. Plant.* 356. *Hort. Cliff.* 95. *Hort. Upf.* 61. *Roy. Lugdb.* 99. *Ferula Tingitana, folio latissimo, lucido. Herm. Parad.* 165.

Description.

Les folioles sont laciniées, ayant les petites découpures à trois dents inégales, luisantes.

Figure.

Cette espèce est représentée dans l'*Herm. Parad.* pl. 165.

Lieu de sa naissance.

Cette espèce est bisannuelle, & croît naturellement dans la Sicile, la Barbarie.

QUATRIEME ESPECE.

La quatrième espèce est la Férule à larges feuilles. *Ferula Ferulago. Ferula foliis pinnatifidis, pinnis linearibus, planis, trifidis. Linn. Sp. Plant.* 356. *Hort. Cliff.* 95. *Roy. Lugdb.* 99. *Ferula latiore folio. Morif. Hist.* 3, p. 309, *sect.* 9. *Ferulago latiore folio. Bauh. Pin.* 148.

Description.

Les feuilles de cette espèce sont découpées en aîles. Les aîles sont linéaires, planes, fendues en trois.

Figure.

Cette plante est représentée dans l'Histoire des Plantes par Morison, tome 3, sect. 9, pl. 15, fig. 1.

Lieu de sa naissance.

Elle croît naturellement dans la Sicile.

CINQUIEME ESPECE.

La cinquième espèce est la Férule du Levant. *Ferula Orientalis. Ferula foliorum pinnis basi nudis, foliolis setaceis. Linn. Sp. Plant.* 356. *Hort. Cliff.* 95. *Roy. Lugdb.* 100. *Ferula Orientalis, folio & facie Cacryos. Tourn. Coroll.* 22. *Itin.* 3, *p.* 239.

Description.

Sa racine, dit Tournefort, est grosse comme le bras, longue de deux pieds & demi, branchue, peu chevelue, blanche, couverte d'une écorce jaunâtre, & qui rend du lait de la même couleur. La tige s'élève jusqu'à trois pieds, épaisse de demi-pouce, lisse, ferme, rougeâtre, pleine de moëlle blanche, garnie de feuilles semblables à celles de Fenouil, longues d'un pied & demi ou de deux, dont la côte se divise & se subdivise en brins aussi menus que ceux des feuilles de la *Cachrys Ferulæ folio, semine fungoso, levi*, de Morison, à laquelle cette plante ressemble si fort, qu'on se tromperoit si on n'en voyoit pas les semences. Les feuilles qui accompagnent les tiges sont beaucoup plus courtes & plus éloignées les unes des autres; elles commencent par une étamine longue de trois pouces, large de deux, lisse, roussâtre, terminée par une feuille d'environ deux pouces de long, découpée aussi menu que les autres. Au-delà de la moitié de la tige naissent plusieurs branches des aisselles des feuilles. Ces branches n'ont guères plus d'un empan de long, & soutiennent des ombelles chargées de fleurs jaunes, composées depuis cinq jusqu'à sept ou huit feuilles, longues d'une demi-ligne. Pour les graines, elles sont tout-à-fait semblables à celles de la Férule ordinaire, longues d'environ un demi-pouce sur deux lignes & demie de large, minces vers les bords, roussâtres, légèrement rayées sur le dos, amères & huileuses.

Figure.

Cette espèce est représentée dans les Voyages de Tournefort, tome 2, pl. 379.

Lieu de sa naissance.

Elle croît naturellement au Levant.

FERULA.

Observation.

M. Tournefort a trouvé aussi au Levant la Férule des Anciens, connue dans ce pays sous le nom de *Narthcca*, & qui est notre Férule ordinaire. Les tiges, dit Tournefort, en étoient assez fortes pour servir d'appui, mais en même-temps trop légères pour blesser ceux que l'on frappe; c'est pourquoi Bacchus, l'un des plus grands Législateurs de l'antiquité, ordonna sagement aux premiers hommes qui burent du vin de se servir de cannes de Férule, parce que souvent dans la fureur du vin ils se cassoient la tête avec les bâtons ordinaires. Les Prêtres du même Dieu s'appuyoient sur des tiges de Férule; & Pline remarque que les ânes mangent cette plante avec beaucoup d'avidité, quoiqu'elle soit un poison aux autres bêtes de somme. M. Tournefort dit n'avoir pas vérifié cette observation, parce qu'on ne nourrit que des moutons & des chèvres dans ces Isles désertes. La Férule de France & d'Italie est différente de celle de Grèce; ainsi quand Martial a dit que la Férule étoit le sceptre des pédagogues, à cause qu'ils s'en servoient à châtier les écoliers, il a parlé sans doute de l'espèce qui vient en Italie, en France & en Espagne sur les côtes de la Méditerranée: celle de Grèce sert aujourd'hui à faire des tabourets. On applique alternativement en long & en large les tiges sèches de cette plante pour en former des cubes arrêtés aux quatre coins avec des chevilles de bois. Ces cubes sont les plants des Dames d'Amargos. Quelle différence de ces plants & des ouvrages où les Anciens employoient la Férule! Plutarque & Strabon remarquent qu'Alexandre tenoit les Œuvres d'Homère dans une cassette de Férule à cause de sa légéreté: on en formoit le corps de la cassette, que l'on couvroit, suivant les apparences, de quelque riche étoffe, ou de quelque peau relevée de plaques d'or, de perles & de pierreries.

SIXIEME ESPECE.

La sixième espèce est la Férule à feuilles de Meum. *Ferula Meoïdes. Ferula foliorum pinnis utrinque appendiculatis, foliolis setaceis. Linn. Sp. Plant.* 356. *Hort. Cliff.* 95. *Roy. Lugdb.* 100. *Laserpitium Orientale, folio Mei, flore luteo. Tourn. Corol.* 23.

Description.

Les aîles de ses feuilles sont appendiculées de chaque côté; elles ont les folioles soyeuses, & sont semblables à celles du Meum. Les fleurs sont jaunes.

Lieu de sa naissance.

Elle croît naturellement au Levant.

SEPTIEME ESPECE.

La septième espèce est la Férule qui fleurit à ses nœuds. *Ferula nodiflora. Ferula foliolis appendiculatis, umbellis subsessilibus. Linn. Sp. Plant.* 356. *Ferula foliorum alis utrinque acutis, foliolis linearibus integerrimis; umbellis terminatricibus, subsessilibus. Roy. Lugdb.* 100. *Hort. Upf.* 61. *Libanotis Ferulæ folio & semine. Bauh. Pin.* 158. *Panax Asclepium, Ferulæ facie. Lob. Ic.* 783.

Description.

Cette Férule est petite; elle porte des ombelles à chaque nœud. Les ombelles sont sessiles. Les aîles des feuilles sont aiguës de chaque côté. Les folioles sont linéaires, très-entières.

Lieu

Lieu de sa naissance.

Elle croît naturellement dans l'Europe méridionale.

HUITIEME ESPECE.

La huitième espèce est la Férule du Canada. *Ferula Canadensis. Ferula lucida, Canadensis. Gron. Virg.* 147. *Hort. Ups.* 61. *Linn. Sp. Plant.* 356.

Description.

Les folioles de cette espèce sont rameuses, luisantes, linéaires.

Lieu de sa naissance.

Cette espèce croît naturellement dans la Virginie.

NEUVIÈME ESPÈCE.

La neuvième espèce est l'*Assa fœtida*, la Férule *Assa fœtida. Ferula Assa fœtida. Ferula foliolis alternatim sinuosis, obtusis. Linn. Sp. Plant.* 356. *Mat. Med.* 118. *Assa fœtida Disgunensis, umbellifera, Ligustico affinis. Kœmpf. Amœnit.* 535. En Perse, *Hinsigeh.*

Description.

La racine de cette plante dure plusieurs années; elle est grande, pesante, noire en dehors; lisse, lorsqu'elle est dans une terre limonneuse; raboteuse, & en quelque façon ridée, quand elle est dans le sable; simple assez souvent comme la racine de Panais; ordinairement partagée en deux ou en un plus grand nombre de branches un peu au-dessous de son collet qui sort de terre, & qui, comme la queue du Pourceau, est garni de fibrilles droites, semblables à des crins roides & d'un roux brun. La racine est revêtue d'une écorce charnue remplie de suc, aisée à enlever dans le moment que la racine sort de terre, lisse & humide en dedans. La substance de cette racine est pesante, solide comme celle de la Rave, très-blanche, remplie d'un suc gras, très-blanc, fort fétide, & qui saisit vivement l'odorat d'une odeur de Porreau: c'est ce suc épaissi que les Européens appellent *Assa fœtida*, & les Persans *Hiing*, & quelquefois indifféremment *Hinsigeh*, du nom de la plante. Sur la fin de l'automne, cette racine, à proportion de sa grosseur, pousse six à sept feuilles & même davantage, lesquelles sont dans leur vigueur durant l'hiver, & séchent au milieu du printemps. Cette feuille est branchue, plate, de la longueur d'une coudée, de la figure le plus souvent d'une feuille de Pivoine, de la même couleur & aussi lisse que celle de la Livesche, ayant la même odeur que le suc, mais plus foible; d'un goût âcre, aromatique & puant. La tige qui s'élève est simple, droite, cylindrique, lisse, verte, longue de six pieds, & même de six pieds & demi & au-delà, grosse de sept ou huit pouces par le bas, diminuant insensiblement, & se terminant en un petit nombre de rameaux qui portent des fleurs en parasol, comme les plantes férulacées, petites, pâles, blanches. Kœmpfer, qui ne les a point vues, croit qu'elles sont à cinq pétales. Ses semences sont applaties, d'un roux brun, olivaires, semblables à celles de la Berce ou du Panais des jardins, mais plus grandes & plus noires; elles ont une légère odeur de Porreau, & une saveur amère, désagréable.

Figure.

Cette espèce est représentée dans les Amœnités de Kœmpfer, pl. 536.

Lieu de sa naissance.

Elle naît dans deux endroits de la Perse, dans les champs & les montagnes qui sont autour de la ville de Heraat dans le Corasan, & sur le sommet des montagnes de la Province de Laar, lesquelles s'étendent depuis le fleuve Cuur jusqu'à la ville de Congo, le long du Golfe Persique.

Observation.

On dit que la racine de cette plante vit fort long-temps, & même autant que les hommes; aussi parvient-elle quelquefois à une grosseur extraordinaire.

Récolte de l'Assa fœtida.

Le suc de l'Hinsigeh ou l'*Assa fœtida*, la Merde aux diables des Européens, le Manger des Dieux des Américains. *Assa fœtida. Officin* Σιλφιον. *Diosc. & Theoph.* Οπὸς. *Hyppocr.* Οπὸς Μηδικὸς, Οπὸς Παρθικὸς, Οπὸς χυρηναϊκὸ, *nonnull. Laser & Laserpitium Plin. & Latin. Althit. Avic. Hiing, Persar. & Indor. Stercus Diaboli, nonnullor.*, est un suc concret, résineux, gommeux, d'une médiocre ténacité, d'un blanc jaunâtre, ou roussâtre, ou un peu brun, quelquefois même noirâtre; d'une odeur désagréable, qui approche de l'Ail ou du Porreau; d'une saveur âcre, un peu amere & nauséeuse: il découle de l'incision faite à la racine de la Férule décrite ci-dessus. Il faut, selon Kœmpfer, quatre opérations pour faire la récolte des racines & du suc. 1°. Vers la mi-Avril, temps où les feuilles de l'Hinsigeh deviennent pâles, s'affoiblissent, & sont sur le point de sécher: ceux qui en veulent faire la récolte montent en troupes sur le sommet des montagnes; ils se chargent chacun d'un certain canton, souvent fort éloignés les uns des autres. Quatre ou cinq hommes en société ramassent ordinairement ensemble deux mille pieds de cette plante: l'émulation les anime; ils travaillent avec joie. Munis d'un hoyau, ils commencent par creuser la terre qui environne la plante, & la découvrent un peu; ils emportent la queue des feuilles, enlèvent les fibres entortillées autour du collet de la racine, lesquelles ressemblent à une chevelure hérissée; la racine paroît alors comme un crâne ridé. Après l'avoir recouverte de terre, ils forment, avec des feuilles qu'ils ont arrachées, ou avec d'autres herbes, de petits fagots; ils les mettent sur la racine avec une pierre pardessus, de peur qu'ils ne soient emportés par le vent qui est souvent furieux sur ces montagnes. Cette précaution est nécessaire pour garantir des rayons du soleil la racine, qui se pourrit en un jour, si elle en a été frappée. Cette première opération, qui demande ordinairement trois jours, étant faite, les Ouvriers abandonnent les montagnes & retournent chez eux.

2°. Trente ou quarante jours après, les Ouvriers regagnent les montagnes, & chacun retourne à son canton pour retirer le fruit de son premier travail. Ils portent avec eux un couteau bien tranchant pour couper la racine; une spatule de fer de la grosseur du poing & d'une bonne largeur pour enlever la larme; un petit vase suspendu à leur ceinture pour recevoir la liqueur, & deux corbeilles pour y mettre le suc recueilli, & l'emporter à leur maison. Ils font deux classes de racines déjà préparées, afin d'y travailler alternativement de deux jours l'un; car il faut vingt-quatre heures, soit pour qu'une racine dont on a tiré le suc en fournisse de nouveau, soit pour épaissir celui qui en est déjà sorti.

Arrivés sur les montagnes, les Ouvriers découvrent leurs racines, & en coupent transversalement le sommet: c'est sur ce disque que s'amasse la liqueur sans être exposée à s'écouler, & deux jours après on la recueille. Pour la garantir de l'ardeur du soleil, ils la recouvrent, mais de manière que le fagot d'herbes ne touche pas le disque; ils absorberoient le suc qui s'y rend. Ils vont le lendemain faire la même opération dans un autre canton. Le troisième jour ils retournent au premier endroit, mettent la racine à découvert, & remportent avec leur spatule la liqueur amassée sur le disque, & en emplissent le vase suspendu à leur ceinture: alors, après avoir écarté la terre qui environne la racine, ils coupent la superficie du disque qui est sèche; ils en enlèvent le moins qu'ils peuvent, & à peine de l'épaisseur d'une paille d'avoine; car il suffit que la superficie extérieure sèche qui bouche les pores soit emportée, pour que le suc s'amasse de nouveau sur le disque. De temps en temps les Ouvriers vuident leurs plus petits vases dans de plus grands, ou déposent ce suc sur des feuilles à terre, afin qu'il se durcisse mieux au soleil; ils vont ensuite, c'est-à-dire le quatrième jour, au seul endroit préparé; ils coupent alternativement les racines trois fois, mais ils n'en recueillent le suc que deux fois; ils emportent cette récolte chez eux, & laissent les racines pendant huit ou dix jours sans y toucher. La quantité de suc que peut amasser une société de quatre ou cinq hommes est de cinquante livres. Le suc de cette première récolte est le moins estimé.

3°. Au bout de huit ou dix jours, ils vont faire une nouvelle récolte, en commençant par les racines de la première classe. Ils se comportent comme il vient d'être dit pour la première, & se retirent après avoir coupé trois fois les racines, & recueilli le suc deux fois.

4°. Trois jours après, ils retournent aux racines qu'ils coupent trois fois, & enfin les laissent exposées à l'air & aux rayons du soleil, ce qui les fait bientôt mourir; cependant si la plante avoit plus de vingt ans, comme les racines seroient fort considérables, on feroit encore quelques coupes, afin d'épuiser le suc.

Analyse chymique.

Dans l'analyse chymique qui a été faite, d'une livre d'*Assa fœtida* choisie, il est sorti 5 onces 3 gros de phlegme laiteux, de l'odeur d'ail & acide; une once 12 gros de phlegme roussâtre, soit acide, soit urineux; 2 onces 2 gros 36 grains d'huile fétide, jaunâtre, fluide & limpide; 11 onces 5 gros 24 grains d'huile rousse, & d'une consistence épaisse. La masse noire qui est restée dans la cornue pesoit 9 onces 2 gros, laquelle étant calcinée dans un creuset pendant trente heures, a laissé 2 onces 4 gros 36 grains de cendres grises, dont on a retiré 12 grains de sel fixe salé. La quantité des parties qui se sont perdues dans la distillation a été de deux onces 4 gros 12 grains; & dans la calcination, de 6 onces 5 gros 36 grains. On voit par cette analyse que l'*Assa fœtida* est composé de beaucoup de soufre fétide, soit subtil, soit grossier; d'une assez grande portion de sel acide; d'une petite quantité de sel volatil urineux, & d'un peu de terre, d'où il résulte un composé salin sulfureux, dont une grande portion se dissout dans l'esprit de vin, & la plus grande partie dans l'eau chaude.

Propriétés alimentaires.

Garzias dit qu'il n'y a point de simple plus employée dans toutes les Indes que l'*Assa fœtida*. Les Benjans ou Banianes sur-tout en mêlent ordinairement dans leurs potages & dans les légumes dont ils font leur nourriture; ils en frottent leur chauderon; c'est l'unique assaisonnement de tous leurs mets. Si ceci n'est pas une fable, dit un critique, il faut de deux choses l'une, ou que l'*Assa fœtida* de l'Inde ne sente point mauvais comme celui de Perse, ou que les Indiens aient un gosier de fer.

Propriétés médicinales.

L'*Assa fœtida* sert encore aux Indiens de remède contre le dégoût, pour fortifier l'estomac, pour chasser les vents & s'exciter à l'amour. Ce sont les Banianes qui en ont fait connoître l'usage aux Habitans de Laar dans les coliques venteuses & l'hydropisie, sur-tout dans la tympanite; cependant, dit Kœmpfer, les Médecins de Perse en font peu d'usage, à cause de la délicatesse & du goût de la nation.

L'*Assa fœtida* n'est pas fréquemment employé en Europe: il est très-discussif; & sa vertu détersive & antispasmodique est assez considérable pour le rendre spécifique dans les coliques venteuses, la passion hystérique, la stérilité, la suppression des règles, l'hydropisie ascite & la tympanite, l'asthme pituiteux, l'obstruction du foie, de la rate, du mésentère, l'épilepsie & les autres convulsions: outre cela, il pousse le fœtus & l'arrière-faix, tue les vers, excite à l'amour, fait passer la petite vérole & les autres éruptions, pourvu qu'on se serve avec précaution & à petite dose. On le prescrit depuis deux ou trois grains jusqu'à un scrupule & même un gros. Dans l'asthme on en fait cuire dans un œuf cuit mollement. Il est regardé comme excellent contre l'effet de l'opium & des autres narcotiques. Chr. Conr. Erndl la vante dans l'assoupissement qui est la suite de l'apoplexie. A l'extérieur, on la met en emplâtre sur le nombril, sur la vulve entre deux linges; ou l'on en fait recevoir la vapeur dans les accès hystériques. Dissous dans du vinaigre, on l'emploie avec succès dans l'ozène & dans le panaris.

Formules.

1°. Prenez *Assa fœtida*, un demi-gros; sel ammoniac, 18 grains; extrait de Coquelicot, suffisante quantité: mêlez, faites un bol pour exciter la transpiration.

2°. Prenez *Assa fœtida*, Myrrhe, de chacun un scrupule; extrait de Safran, 2 grains; conserve de fleurs de Soucy, suffisante quantité: mêlez, faites un bol pour exciter les règles.

3°. Prenez *Assa fœtida*, un scrupule; Castoreum, 6 grains; Succin préparé, 20 grains; extrait de Mélisse, suffisante quantité: mêlez, faites un bol pour donner dans la passion hystérique.

4°. Prenez *Assa fœtida*, graine de Génièvre, Castoreum, de chacun une demi-once; miel, quatre onces & demie: faites un électuaire, dont la dose est d'une once, contre le sommeil qui dure trop long-temps, après avoir pris de l'opium ou d'autres narcotiques.

Propriétés vétérinaires.

Si on fait infuser l'*Assa fœtida* dans du vinaigre avec de l'ail, du sel & du poivre, & si on en lave la langue du gros bétail après l'avoir ratissée, on le préservera des maladies contagieuses; & ce remède guérira le bubon qui se forme à la racine de leur langue. Les Maréchaux emploient l'*Assa fœtida* pour guérir les tumeurs & abcès des chevaux. En temps de contagion, on fera bien de mettre un morceau de cette drogue dans un trou fait à l'auge ou au ratelier des étables & écuries, ou de frotter les auges avec l'infusion ci-dessus. En un mot, cette substance est la panacée des chevaux, pour lesquels, mêlée avec du vin & de l'ail, elle est un puissant sudorifique.

FESTUCA, *le Fétu.*

Description générique.

Le caractère de ce genre de plante est d'avoir la base du calice à plusieurs fleurs, bivalve, droite, contenant des fleurons en épi menu. Les valvules sont en forme d'alêne, pointues : l'inférieure est plus petite. La corolle est bivalve. La valvule inférieure est plus grande : elle a la figure du calice ; mais elle le surpasse par la grandeur : elle est un peu cylindrique, pointue, terminée en pointe. Les filamens des étamines sont au nombre de trois, capillaires, plus courts que la corolle. Les anthères sont oblongues. Le germe du pistil est turbiné. Les styles sont au nombre de deux, courts, réfléchis. Les stigmates sont simples. Le péricarpe n'est autre chose que la corolle artistement fermée, & ne s'ouvre point. La semence est unique, menue, oblongue, très-pointue de chaque côté, sillonnée longitudinalement.

CLASSE.

Ce genre fait partie de la quinzième classe de Tournefort, qui comprend les plantes dont les fleurs sont à étamines, & de la troisième de Linnæus destinée aux plantes triandriques digyniques. Cet Auteur en admet seize espèces, dont les dix premières sont à panicule seconde, & les six autres à panicule égale.

PREMIERE ESPECE.

La première espèce est le Fétu Bromoïde. *Festuca Bromoïdes. Festuca paniculâ secundâ, spiculis erectis, levibus ; calycis alterâ valvulâ integrâ, alterâ aristatâ. Linn. Sp. Plant.* 110. *Festuca spicis erectis ad unum latus ; paleâ alterâ calycinâ minimâ, alterâ acuminatâ. Roy. Lugdb.* 68. *Gramen paniculatum, Bromoïdes, minus ; paniculis aristatis, unam partem spectantibus. Raj. Angl.* 3. 415. *Hist.* 1287. *Pluk. Alm.* 174. *Scheuch. Gram.* 297.

Description.

Cette espèce est semblable à la suivante ; mais ses feuilles sont plus larges. La panicule est en petits épis droits, lisse. Une valvule de son calice est entière ; l'autre est à arête. Les basles ne sont pas ciliés.

Figure.

Elle est représentée dans l'*Almag.* de Plukenet, pl. 33, fig. 10.

Lieu de sa naissance.

Elle croît naturellement dans la France & l'Angleterre.

SECONDE ESPÈCE.

Le seconde espèce est le Fétu des brebis. *Festuca ovina. Festuca paniculâ secundâ, coarctatâ, aristatâ ; culmo tetragono, medinsculo ; foliis setaceis. Linn. Sp. Plant.* 108. *Flor. Suec.* 95. 91. *Poa foliis setaceis, paniculâ ramosâ, floribus petiolatis, antrorsum spectantibus ; glumis subulatis. Roy. Lugdb.* 62. *Poa spiculis ovato-angustis, aristato-acuminatis. Flor. Lapp.* 55. *Gramen foliis junceis, brevibus, majus, radice nigrâ. Bauh. Pin.* 5. *Prodr.* 34. *Scheuch. Gram.* 270. *Gramen cristatum, paniculis nigricantibus. Lœs. Pruss.* 110. *Gramen capillatum, locustis pennatis, non aristatis. Vaill. Paris.* 92.

Description.

Les feuilles de cette espèce sont soyeuses, applaties : celle de la tige est plus large. La panicule est serrée, féconde. Les corolles sont pointues, à arêtes. Les racines sont petites, noirâtres.

Figure.

Cette espèce est représentée dans les Champs Elysées de Rudbeck, fig. 13 ; dans le *Flora Prussica* de Lœsel, pl. 24 ; dans l'Histoire des Plantes par Morison, tome 3, sect. 8, pl. 3, fig. 13 ; dans le *Phytographia* de Plukenet, pl. 34, fig. 2.

Lieu de sa naissance.

Elle croît naturellement sur les collines arides de l'Europe.

Propriétés alimentaires pour les bestiaux.

C'est la première nourriture des brebis : elles n'aiment pas les collines où il ne se trouve point de ce Chiendent ; cependant les bestiaux ne mangent pas les chalumeaux de ce Fétu, de même que celui des autres Chiendents : c'est une prévoyance de la nature pour ne pas empêcher la propagation des plantes.

Variété.

Linnæus donne pour variété de cette espèce le Fétu vivipare. *Festuca vivipara. Festuca spiculis viviparis. Linn. Sp. Plant.* 10. *Flor. Suec.* 1. n°. 94. *Poa spiculis ovato-angustis, acutis, vivipara. Flor. Lapp.* 56. *Gramen sparteum, Alpinum ; paniculâ spadiceo-viridi, unò plerumque versu dispositâ. Scheuch. Alp.* 457. *Gramen sparteum, montanum ; spicâ foliaceâ, gramineâ, majus & minus. Raj. Angl.* 3, *p.* 410. *Gramen paniculatum, sparteum, Alpinum ; paniculâ angustâ, spadice viridi, proliferum. Scheuch. Hist.* 213. En Suédois, *Blad-Swingel.*

Observation.

C'est une variété toujours constante de l'espèce ci-dessus.

Lieu de sa naissance.

Elle croît sur les montagnes de la Laponie, de la Suisse & de l'Ecosse.

TROISIÈME ESPECE.

La troisième espèce est le Fétu rouge. *Festuca rubra. Festuca paniculâ secundâ, scabrâ ; spiculis sexfloris, aristatis ; flosculo ultimo, mutico ; culmo semitereti. Linn. Sp. Pl.* 109. *Fl. Suec.* 93. 92. *Gramen Alpinum, pratense ; paniculâ duriore, laxâ, spadiceâ ; locustis majoribus.* 287.

Observation.

On distingue cette espèce de la précédente par

sa grandeur, par sa couleur rouge lors de sa maturité, par son chalumeau cylindrique, mais un peu plane d'un côté.

Lieu de sa naissance.

Elle croît naturellement dans les endroits secs & stériles de l'Europe.

QUATRIEME ESPECE.

La quatrième espèce est le Fétu Améthyste. *Festuca Amethystina. Festuca paniculâ flexuosâ, spiculis secundis, inclinatis, submuticis; foliis setaceis. Linn. Sp. Plant.* 109. *Roy. Lugdb.* 68. *Gramen montanum, foliis capillaribus, longioribus; paniculâ heteromallâ, spadiceâ, & velut Amethystina. Scheuch. Gram.* 276.

Description.

Les feuilles de cette espèce sont capillaires, plus longues. La panicule est flexible, hétéromale, d'une couleur d'Améthyste. Les petits épis sont secondaires, inclinés, sans barbe.

Lieu de sa naissance.

Elle croît naturellement en France, en Italie, en Angleterre.

CINQUIEME ESPECE.

La cinquième espèce est le Fétu rampant. *Festuca reptatrix. Festuca paniculâ oblongâ, ramis simplicibus, spiculis subsessilibus. Linn. Sp. Plant.* 108.

Description.

La racine de cette espèce est de la grosseur d'une plume d'oie, traçante au loin sous terre, garnie des rudimens larges des feuilles. Le chalumeau a plus d'un demi-pied. Les feuilles sont entortillées, filiformes. La panicule est oblongue, à rameaux alternes, seconds, très-simples, qui soutiennent de petits épis sessiles, alternes, nombreux, lancéolés, à six fleurs, pointus, sans barbe.

Lieu de sa naissance.

Cette espèce est vivace; elle croît naturellement dans l'Arabie, la Palestine.

SIXIEME ESPECE.

La sixième espèce est le Fétu un peu dur. *Festuca duriuscula. Festuca paniculâ secundâ, oblongâ; spiculis sexfloris, oblongis, levibus; foliis setaceis. Linn. Sp. Plant.* 108. *Festuca paniculâ nutante, infernè-ramosâ; spicis adscendentibus, hispidis, foliis setaceis. Roy. Lugdb.* 68. *Gramen pratense, paniculâ duriore, laxâ, unam partem spectante. Raj. Hist.* 1286. *Angl.* 3, *p.* 413. *Sch. Gram.* 285. *Gramen tenue-duriusculum & penè junceum. Bauh. Hist.* 2, *p.* 463. *Gramen foliis junceis, brevibus, minus. Bauh. Pin.* 5.

Observation.

Cette espèce convient avec le Fétu des buissons par ses feuilles radicales, filiformes, cannellées, & par ses caulinaires planes, graminées; elle en diffère par ses basles lisses.

Figure.

Elle est représentée dans l'Histoire des Plantes par Raj, tome 3, pl. 19, fig. 1.

Lieu de sa naissance.

Elle croît dans les prairies sèches de l'Europe.

SEPTIÈME ESPÈCE.

La septième espèce est le Fétu des buissons. *Festuca dumetorum. Festuca paniculâ spiciformi, pubescente; foliis filiformibus. Linn. Sp. Plant.* 109.

Description.

Les tiges sont hautes d'un pied ou d'un demi-pied, filiformes, cylindriques, à deux nœuds gonflés. Les feuilles sont radicales, hautes d'un pied, cylindriques, à peine aiguës des deux côtés. Les caulinaires sont plus courtes, cannellées. La panicule est petite, comme en épis. Les petits épis sont au nombre de dix ou de douze, oblongs, poileux, blanchâtres; les inférieurs sont jumeaux, pédiculés; les supérieurs sont sessiles, solitaires. Les basles sont terminées par une arête menue. Les bulbes naissent souvent entre les gaînes du chalumeau.

Lieu de sa naissance.

Ce Fétu est vivace, & croît naturellement en Espagne.

HUITIEME ESPECE.

La huitième espèce est le Fétu à queue de souris. *Festuca Myuros. Festuca paniculâ spiculâ nutante, calycibus minutissimis, muticis; floribus scabris, longiùs aristatis. Linn. Sp. Plant.* 109. *Roy. Lugdb.* 68. *Gramen festuceum, myurum; minori spicâ heteromallâ. Barr. Ic. t.* 99. *Scheuch. Gram.* 194. *Gramen murorum, spicâ longissimâ, Raj. Angl.* 3, *p.* 415. *Hist.* 286. *Moris. Hist.* 3, *p.* 115. *sect.* 8.

Description.

La panicule est en épis, flottante, très-longue. Les fleurs sont raboteuses, à arêtes longues. Leurs calices sont très-menus, sans barbe.

Figure.

Cette espèce est représentée dans les Plantes de Barrelier, pl. 99, fig. 1; & dans l'Histoire des Plantes par Morison, t. 3, sect. 8, pl. 7, fig. 43.

Lieu de sa naissance.

Elle croît naturellement en Angleterre, en Italie, en Barbarie.

NEUVIEME ESPECE.

La neuvième espèce est le Fétu rougeâtre. *Festuca spadicea. Festuca paniculâ secundâ, calycibus quinquefloris, flosculo ultimo, sterili; foliis levibus. Linn. Syst. Veg. edit. XIII. Murr.* 101. *Gramen Alpinum, latifolium; paniculâ heteromallâ, spadiceâ; locustis pinnatis. Scheuch. Gram.* 278.

Description.

Il est haut de quatre pieds. Ses fleurs sont grandes, semblables à celles de la treizième espèce. Les fleurons sont plus distans, aigus, noueux à la base. Les étamines sont violettes.

Lieu de sa naissance.

Il croît naturellement aux environs de Montpellier.

DIXIEME

DIXIEME ESPECE.

La dixième eſpèce eſt le Fétu Phœnicoïde. *Feſtuca Phœnicoïdes. Feſtuca racemo indiviſo, ſpiculis alternis, ſeſſilibus, teretibus; foliis involutis, mucronato-pungentibus. Linn. Syſt. Veg. edit. XIII.* 102. *Ger. Prov.* 95. *Gramen Phœnicoïdes, foliis convolutis, junceis, pungentibus. Bauh. Hiſt.* 2, p. 477.

Deſcription.

Les baſſes ſont pointues. Les feuilles ſont d'un vert d'eau. Les tiges ſont hautes de deux pieds.

Figure.

Cette eſpèce eſt repréſentée dans le *Flora Gall. Prov.* de Gerard, pl. 2, fig. 2.

Lieu de ſa naiſſance.

Elle croît naturellement dans les endroits maritimes, ſablonneux de la Provence; elle eſt vivace.

ONZIÈME ESPÈCE.

La onzième eſpèce eſt le Fétu brunâtre. *Feſtuca fuſca. Feſtuca paniculâ erectâ, ramoſâ; ſpiculis ſeſſilibus, carinatis, muticis. Linn. Sp. Plant.* 109.

Deſcription.

Le chalumeau eſt haut, rameux. Les feuilles ſortent des gaînes un peu larges, ſont étroites, longitudinalement entortillées, longues, en forme d'alêne. La panicule eſt droite, rameuſe & diviſée. Les petits épis ſont droits, longs d'un pouce, en caréne, ſans barbe, obſcurs, depuis ſeize juſqu'à vingt-quatre fleurons.

Lieu de ſa naiſſance.

Cette eſpèce croît naturellement dans la Paleſtine.

DOUZIEME ESPECE.

La douzième eſpèce eſt le Fétu qui ſe couche. *Feſtuca decumbens. Feſtuca paniculâ erectâ, ſpiculis ſubovatis, muticis; calyce floſculis majore, culmo decumbente. Flor. Suec.* 92. 93. *It. Scan.* 226. *Gramen montanum, avenaceum; locuſtis muticis, tumentibus, piloſum. Scheuch. Gram.* 70. *Gramen triticeum, paluſtre, humilius; ſpicâ muticâ, breviore. Moriſ. Hiſt.* 3, p. 177, *ſect.* 8. *Gramen avenaceum, parùm procumbens; paniculis non ariſtatis. Raj. Angl.* 3, p. 408. *Hiſt.* 1288. *Pluk. Alm.* 174. *Mont. Prodr.* 53.

Deſcription.

Cette eſpèce approche beaucoup du Melica. Son chalumeau ſe couche. Sa panicule eſt droite. Ses petits épis ſont ovales, ſans barbe. Les calices ſont à trois fleurons, plus grands que ces fleurons.

Figure.

Elle eſt repréſentée dans l'Hiſtoire des Plantes par Moriſon, tome 3, ſect. 8, pl. 1, fig. 6; dans l'*Almag.* de Plukenet, pl. 34, fig. 1; & dans le *Monti Prodromus*, pl. 2, fig. 1.

Lieu de ſa naiſſance.

Elle croît naturellement dans les pâturages ſtériles de l'Europe.

TREIZIEME ESPECE.

La treizième eſpèce eſt le Fétu plus élevé. *Feſtuca elatior. Feſtuca paniculâ ſecundâ erectâ, ſpiculis ſubariſtatis, exterioribus, teretibus. Linn. Sp. Pl.* 111. *Flor. Suec.* 91. 94. *Schreb. Gram.* 34. *Gramen arundinaceum, locuſtis viridi-ſpadiceis, loliaceis, breviùs ariſtatis. Scheuch. Gram.* 266. *Feſtuca paniculâ ſpicatâ, paniculis uno verſu inclinatis, ſubmuticis. Roy. Lugdb.* 68. *Gramen loliaceum, ſpicâ diviſâ, pratenſe, majus. Moriſ. Hiſt.* 3, p. 184. *Gramen ſpartum, ſpicâ Brizæ, paniculatâ & carniculatâ. Barr. Rar.* 1154. *Gramen paniculatum, elatius; ſpicis longis, muticis, ſquamoſis. Vaill. Pariſ.* 92. *Gramen arundinaceum, ſpicâ multiplici, Calamagroſtis.* 1. *Bauh. Pin.* 6. *ex Vaillant.*

Deſcription.

Ray dit qu'il a les feuilles étroites; cependant celui que Vaillant décrit pour l'eſpèce dont il s'agit, les a quelquefois larges d'un demi pouce, & longues d'un pied & demi: elles ſont rayées dans leur longueur. Leurs bords ſont fort âpres, quand on gliſſe les doigts deſſus de haut en bas. Cette plante eſt vivace, & ſa racine trace quelquefois. Ses panicules paroiſſent en Juin; ils ont juſqu'à huit ou dix pouces de longueur. Sa ſemence eſt noirâtre, longue d'une ligne & demie ſur une demi-ligne de largeur, ſillonnée d'un profond ſillon d'un côté, & arrondie de l'autre.

Figure.

Cette eſpèce eſt repréſentée dans l'Hiſtoire des Plantes par Moriſon, tome 3, ſect. 8, pl. 2, fig. 15; dans les Plantes de Barrelier, pl. 25; & dans les Chiendents de Schreber, pl. 2.

Lieu de ſa naiſſance.

Elle croît naturellement dans les prairies les plus fertiles de l'Europe.

Propriétés alimentaires pour les animaux.

C'eſt une excellente pâture pour les beſtiaux.

Variété.

Linnæus donne pour variété de cette eſpèce la plante connue ſous les phraſes de *Gramen pratenſe, majus; locuſtis tumidis. Buxb. Cent.* 5, p. 42. *Gramen arundinaceum, aquaticum; paniculâ avenaceâ. Raj. Angl.* 3, p. 411.

QUATORZIÈME ESPÈCE.

La quatorzième eſpèce eſt le Fétu flottant. *Feſtuca fluitans. Feſtuca paniculâ ramoſâ, erectâ; ſpiculis ſubſeſſilibus, teretibus, muticis. Linn. Sp. Plant.* 111. *Flor. Suec.* 90. 95. *Poa ſpiculis oblongis, erectis. Hort. Cliff.* 28. *Roy. Lugdb.* 62. *Gramen aquaticum, fluitans, multiplici ſpicâ. Bauh. Pin.* 2. *Theatr.* 41. *Scheuch. Gram.* 199. *Gramen loliaceum, fluitans; ſpicâ longiſſimâ, diviſâ. Moriſ. Hiſt.* 3, p. 183, *ſect.* 8.

Deſcription.

Cette eſpèce flotte dans l'eau. Sa panicule eſt longue, rameuſe, droite. Ses petits épis ſont ſeſſiles, cylindriques, ſans barbe.

Figure.

Elle eſt repréſentée dans l'Hiſtoire des Plantes

par Morison, tome 3, sect. 8, pl. 3, fig. 16; dans le *Flora Danica* d'Œder, pl. 237; & dans les Chiendents de Schreber, pl. 3.

Lieu de sa naissance.

Elle croît naturellement dans les fossés & les marais de l'Europe.

QUINZIEME ESPÈCE.

La quinzième espèce est le Fétu en crète. *Festuca cristata. Festuca paniculâ spicatâ, lobatâ; spiculis ovatis, latis, sexfloris, hirsutis. Lœfl.*

Description.

Les chalumeaux naissent plusieurs de la racine, à peine de la longueur du doigt. La panicule est en épis, presque ovale, différente de celle de l'Aira crété, à plusieurs fleurons hérissés & à chalumeau plus court, quoiqu'il en approche par le port.

Lieu de sa naissance.

Ce Fétu croît naturellement dans les collines stériles du Portugal.

SEIZIÈME ESPÈCE.

La seizième espèce est le Fétu à calice. *Festuca calycina. Festuca paniculâ coarctatâ, spiculis linearibus, calyce flosculis longiore, foliis basi barbatis. Linn. Sp. Plant.* 110. *Amœn. Acad.* 3, *p.* 400. *Festuca paniculâ coarctatâ, spiculis linearibus, muticis, longitudine calycis. Lœf. It.* 116.

Description.

Les racines radicales sont rassemblées en gazon. Les chalumeaux sont filiformes, étroits, de la longueur du doigt. La panicule est amincie, resserrée. Le calice est de la longueur du petit épi.

Lieu de sa naissance.

Elle est annuelle, & croît naturellement en Espagne.

FEUILLEA, *la Liane-à-Serpent.*

NOMS GÉNÉRIQUES.

Ce genre de plante est connu sous les noms de *Feuillea. Linn. Nhandiroba. Plum.*

Description générique.

Le caractère de ce genre est d'avoir des fleurs mâles & femelles sur des individus différens. Dans les fleurs mâles le périanthe du calice est campanulé, monophylle, à demi fendu en cinq, inférieurement rond, s'étendant supérieurement. La corolle est monopétale, en roue. Le lymbe est à demi fendu en cinq lobes, convexes, ronds. L'ombilic est fermé par une double petite étoile, regardant le mouvement du soleil, & par des rayons alternes plus longs. Les filamens des étamines sont au nombre de cinq, en forme d'alêne. Les anthères sont didymes, rondes. Le nectaire est à cinq filamens applatis, recourbés, alternes aux étamines. Dans les fleurs femelles le périanthe est comme dans les fleurs mâles; mais il est garni du germe à la base. La corolle est aussi la même que dans les fleurs mâles. L'étoile de l'ombilic est formée de cinq petites larmes en forme de cœur. Le germe du pistil est inférieur. Les styles sont au nombre de cinq, filiformes. Les stigmates sont en forme de cœur. Le péricarpe est une baie très-grande, charnue, à écorce dure, ovale, obtuse, environnée du calice. Les semences sont applaties, orbiculaires.

CLASSE.

Ce genre fait partie de la vingt-deuxième classe de Linnæus, qui comprend les plantes diœciques pentandriques. Cet Auteur en admet deux espèces.

PREMIÈRE ESPECE.

La première espèce est la Feuillée à trois lobes. *Feuillea trilobata. Feuillea foliis lobatis, subtùs punctatis. Linn. Syst. Veg edit. XIII. Murray.* 742. *Trichosanthes punctata, foliis quinquelobis, obtusis, subtùs glandulosis. Linn. Sp. Plant.* 1432. *Tricosanthes foliis palmatis, quinquepartitis; lobis trifidis, bifidis, subtùs glanduloso-punctatis. Amœn. Acad.* 3, *p.* 423.

Description.

La tige de cette espèce est anguleuse, de la grosseur d'un fil. Les feuilles sont pétiolées, en forme de cœur, partagées en cinq, nues, supérieurement raboteuses, seulement veinées en dessous. Le lobe intermédiaire est dilaté, à trois lobes; celui du milieu de ces trois est pointu; les latéraux sont plus courts, plus obtus, à deux lobes. Tous les lobes sont percés en dessus de pores mellifères opposés à celui du milieu. Les lobes latéraux n'ont qu'un ou deux pouces, ce qui les caractérise. Les vrilles & les petits bulbes se trouvent aux aisselles des feuilles. Browne prétend que cette espèce est dioïque.

Lieu de sa naissance.

Cet arbrisseau croît naturellement dans l'Inde Orientale.

SECONDE ESPECE.

La seconde espèce est la Feuillée à feuilles en forme de cœur. *Feuillea cordifolia. Feuillea foliis cordatis, angulatis. Linn. Sp. Plant.* 743. *Feuillea foliis crassioribus, glabris, quandoque cristatis, quandoque trilobis. Brow. Jam.* 374. *Nhandiroba scandens, foliis hederaceis, angulosis. Plum. Gen.* 20.

Observation.

On doute si cette plante est une espèce différente de la précédente.

Description.

Cette plante est sarmenteuse, en forme de Lierre, poussant de ses aisselles des vrilles simples, spirales. Les feuilles sont solitaires, épaisses, glabres, en forme de cœur, à peine anguleuses, très-entières ou sans division, dentelées, de la forme de la Bryone. Les grappes des fleurs sont rameuses. Celles-ci sont monopétales, en roue, fendues en plusieurs lobes, dont les uns sont stériles, les autres féconds.

Figure.

Cette espèce est représentée dans les Plantes du P. Plumier, pl. 209.

Variété.

Linnæus donne pour variété de cette espèce la plante connue sous les phrases de *Nhandiroba foliis trifidis. Codic. Plum. Feuillea foliis trilobis. Linn. Sp. Plant.* 1014. *Ghandiroba*, *Sarnhandiroba. Marg. Brasil. lib.* 1, *cap.* 22, *p.* 46. *Sloan. Catalog. p.* 85. *Hist. Jam. vol.* 1, *p.* 200. *Raj. Hist.* 1875. *Passifloræ affinis*, *Hederæ folio*, *Americana. Nhandiroba Brasiliensis. Pluk. Phyt.* 210.

Description.

Toute cette plante est sarmenteuse; elle pousse aux aisselles de ses feuilles une vrille repliée, simple. Les feuilles dans les rameaux sont simples, pétiolées, profondément découpées, à trois lobes lancéolés, très entiers : les deux extérieurs ont des appendices ou oreillettes. Les feuilles sont six fois plus petites vers les fleurs, triangulaires, pointues, à trois nervures. Les fleurs sont aux aisselles, sessiles, solitaires.

Figure.

Cette variété est représentée dans les Plantes du P. Plumier par Burmann, pl. 210.

Lieu de sa naissance.

Elle croît naturellement dans les Indes Occidentales.

FICUS, *le Figuier.*

NOMS GÉNÉRIQUES.

Ce genre de plante est connu sous les noms de *Ficus. Plin. Tourn. Linn. Suke*, *Sukaminos*, *Sukomoros*, *Kankramis*, *Karika*, *Ficus Indica*, *Oluntos*, *Ischas*, *Erineos. Theoph. Caprificus*, *Cottana. Plin. Chamæsyce. Dalech.*

Description générique.

On a cru anciennement que le Figuier ne portoit point de fleurs; mais maintenant les Botanistes sont assez d'accord que ce qui fait la chair de la Figue est un calice commun & charnu qui forme une espèce de bourse, où il ne reste qu'une petite ouverture qu'on nomme l'œil ou l'ombilic. Cette ouverture est entièrement fermée par des écailles qui forment les bords du calice. Ce calice, qui est pour ainsi dire caverneux, contient intérieurement une multitude de fleurs, dont les unes, qui sont près de l'ombilic, sont mâles, & renferment trois, quatre ou cinq étamines supportées par un assez long pédicule & un calice qui leur est propre. Les autres sont femelles; elles sont à l'extrémité d'un long pédicule, & disposées près de la queue de la Figue, au milieu desquelles se trouve un pistil formé d'un embryon & d'un long style qui se change en semence lenticulaire. Les Figues qui sont formées par ces différens organes sont des fruits plus ou moins gros, & plus ou moins ronds, suivant les variétés & les espèces dont la figure ressemble presque toujours à celle d'une poire. M. de la Hire, de l'Académie Royale des Sciences, est le premier qui a apperçu dans la figue les différentes parties de la génération. Voyez l'Histoire de l'Académie, année 1772.

CLASSE.

Ce genre fait partie de la dix-neuvième classe de Tournefort, qui comprend les *arbres amentacés*; & de la vingt troisième de Linnæus, destinée aux plantes polygamiques. Cet Auteur en admet douze espèces.

PREMIERE ESPECE.

La première espèce est le Figuier commun. *Ficus carica. Ficus foliis palmatis. Linn. Sp. Plant.* 1513. *Hort. Cliff.* 471. *Hort. Ups.* 305. *Mat. Med.* 478. *Amæn. Acad.* 1, *p.* 24. *Roy. Lugdb.* 211. *Gouan. Monsp.* 521. *Ficus communis. Bauh. Pin.* 457. *Ficus Dod. Pempt.* 812. En Allemand, *Feigen-Baum.* En Anglois, *Fig trée.* En Italien, *Fico*, *Ficaja.*

Description.

Le Figuier, dans les Provinces plus tempérées que les environs de Paris, devient un arbre considérable, sur-tout par sa grosseur. Dans notre climat, il est plutôt un grand arbrisseau qu'un arbre, & forme plus communément une touffe ou gros buisson, qu'il ne s'élève sur une tige. Ses bourgeons sont gros, un peu cannelés à l'extérieur, garnis de nœuds qui s'élèvent peu sur le bourgeon, & font autour comme une suture. Chaque nœud porte une feuille & un ou deux boutons ronds, composés de trois ou quatre écailles qui couvrent une petite Figue d'une ligne à une ligne & demie de grosseur. Ses boutons & ses feuilles sont disposés sur le bourgeon dans un ordre alterne, à des distances d'un à quatre pouces. Le bourgeon est terminé par un gros bouton à bois, long, cônique, aigu. Des premiers nœuds du bourgeon les Figues sortent de leurs enveloppes, grossissent; & lorsque la fin & le commencement de l'été sont chauds, une partie parvient en maturité en Septembre & Octobre, une partie tombe sans mûrir. Les gelées blanches & les pluies froides arrêtent ou diminuent la sève, qui, dans sa plus grande abondance & dans la plus belle saison, pourroit à peine suffire à la nourriture du grand nombre de Figues qui paroissent en automne. Les autres, quoiqu'elles demeurent attachées à l'arbre pendant l'hiver, & qu'elles semblent conservées sans altération, périssent au printemps, sans qu'aucune réussisse.

Les boutons des derniers nœuds du bourgeon demeurent fermés pendant l'hiver; & lorsque cette saison n'a pas été trop rigoureuse, & qu'ils n'ont pas été endommagés, les Figues sortent au printemps, en Avril ou au commencement de Mai, & parviennent facilement à maturité : celles-ci se nomment *Figues d'été*, *Figues-fleurs*, *premières Figues*; elles sont plus grosses que celles d'automne, & beaucoup moins nombreuses. Ces derniers nœuds portent ordinairement deux boutons qui donnent quelquefois leur fruit en même temps; souvent aussi l'un se développe & l'autre avorte, ou l'un donne son fruit dans la saison & l'autre est plus tardif : quelquefois encore il sort un fruit & un bourgeon; car de l'extrémité de chaque bourgeon il est ordinaire qu'il sorte plusieurs nouveaux bourgeons, quoiqu'il n'y paroisse que le bouton à bois terminal. Il peut aussi percer des branches dans le milieu & dans le bas du bourgeon, & généralement de tous les nœuds, quoiqu'il n'y ait point de bouton à bois apparent, pourvu que le bois soit jeune, car le vieux reperce difficilement.

Les feuilles du Figuier sont grandes, de longueur & largeur presqu'égales, simples & découpées en cinq parties, plus ou moins profondément suivant l'espèce, fortes & épaisses, rudes au toucher, placées alternativement sur la branche, & portées par de grosses & longues queues. Le dessous est d'un vert clair, relevé de nervures blanchâtres, fort saillantes. Le dedans est d'un vert assez foncé, un peu creusé de sillons correspondans aux nervures. Les bords sont ondés, & souvent quelques découpures sont échancrées.

Le fruit du Figuier n'est point, comme la plupart des autres fruits, précédé par une fleur ni formé de l'embryon du pistil. On peut le regarder comme le support ou le réceptacle commun d'un grand nombre de fleurs tant mâles que femelles, moins nécessaires aux succès de la Figue qu'à la propagation de l'arbre par les semences; & ses fleurs ne sont point attachées sur le support, comme les fleurs en épi ou en châton: mais elles sont renfermées dans le fruit comme dans une enveloppe sphérique, cônique ou pyriforme, suivant sa variété. Ce fruit n'a d'ouverture que par l'ombilic, encore est-il presqu'entièrement fermé par un grand nombre d'écailles imbriquées (environ deux cents) qui le bordent. Les fleurs mâles sont placées au-dessous de ces écailles, & composées d'un calice divisé en trois, quatre ou cinq échancrures ou petites feuilles, porté par un assez long pédicule, & de deux ou trois étamines terminées par leurs sommets. Les fleurs femelles sont placées vers la queue de la Figue au-dessous des mâles, dont elles diffèrent essentiellement, parce qu'au lieu d'étamines, elles ont un pistil formé d'un embryon, qui devient une semence lenticulaire, surmonté d'un ou deux longs styles. Les fleurs mâles s'ouvrent & fécondent les femelles. Lorsque la Figue est parvenue à un tiers de sa grosseur ou un peu plus, elle continue à prendre des accroissemens, & acquiert la grosseur, la forme, la couleur qui lui sont convenables.

Observation.

Nous avons dit que les fleurs paroissent moins nécessaires au succès de la Figue qu'à la propagation de l'arbre; car on recueille des Figues d'automne parfaitement mûres, très-bien conditionnées, & quelquefois meilleures que celles d'été, quoique les étamines de leurs fleurs mâles soient avortées, & que par conséquent les embryons de leurs fleurs femelles soient stériles.

Figure.

Cette espèce est représentée dans le Traité des Arbres Fruitiers de M. Duhamel, & dans l'Histoire des Insectes de Surinam par Mademoiselle de Merian, édition que nous avons publiée chez Desnos.

Lieu de sa naissance.

Le Figuier vient communément presque sans culture dans le Languedoc, la Provence, aux environs de Brest, & dans la Bretagne. On le cultive à Paris & dans les Provinces septentrionales de la France; mais il a peine à y passer l'hiver.

Variétés.

Les différentes variétés de Figues qu'on trouve en Provence sont, suivant Garidel, fameux Naturaliste de ces contrées, 1°. la Figue Cordelière ou Servantine. *Ficus sativa, fructu præcoci, subrotundo, albido, striato, intùs roseo. Tourn.* 662. Cette espèce est fort commune dans les vignes & les jardins de la Provence. Les Figues précoces qu'on appelle *Figues-fleurs*, sont les meilleures de ce genre.

2°. La grosse blanche ronde. *Ficus sativa, fructu globoso, albo, mellifluo. Tourn.* 662. Elle est connue en Provence sous le nom de *Figo blanco coumuno.* Elle vient dans les quartiers de Moulières, des Pays-Bas, du Semble & ailleurs.

3°. La grosse blanche longue. *Ficus sativa, fructu oblongo, albo, mellifluo. Tourn.* 662. Cette espèce a une écorce fort dure; elle ne mûrit bien que dans la partie la plus méridionale de la Provence, le long de la côte de la mer, à Cannes, à Antibes, & elle est commune dans le territoire de Tholonnet.

4°. La Figue de Marseille. *Figo Marseyeso. Ficus sativa, fructu parvo, serotino, albido, intùs roseo, mellifluo; cute lacerâ.* Cette espèce est fort commune dans les environs d'Aix; mais elle n'y mûrit pas si bien que le long des côtes maritimes, principalement à Marseille.

5°. La petite Figue blanche ronde. *Ficus sativa, fructu globoso, albido, omnium minimo. Tourn.* 662. Cette espèce est commune aux environs d'Aix. Le vulgaire la nomme *Figo Esquillarelo.*

6°. La Figue verte. *Ficus sativa, fructu viridi, longo pediculo insidente.* En Provençal, *Troumpo Cassaire.* Cette Figue est rouge comme du sang dans son intérieur; c'est une des meilleures: elle est commune sur les collines de Barret, de Moulières, & par toute la Provence.

7°. La plus grosse Figue blanche longue. *Ficus sativa, fructu albo, omnium maximo & oblongo, intùs suavè rubente & mellifluo. Garidel.* Il s'en trouve de cette espèce qui pèsent jusqu'à quatre ou cinq onces. On la cultive aux environs d'Aix, dans le quartier de Moulières, de Malovesse & du Malvalet.

8°. La Melitte ou Coucourelle. *Ficus sativa, fructu parvo, fusco, intùs rubente. Garid.* Cette espèce est des plus communes dans la Provence.

9°. La grosse violette longue. *Ficus sativa, fructu majori, violaceo, oblongo; cute lacerâ. Tourn.* 662. Elle est connue en Provence sous le nom de *grosso Figo Aouliquo.* Elle vient très-bien dans les terroirs d'Istres, de S. Chamas, & dans les autres endroits maritimes. Cette variété de Figuier fournit deux sortes de Figues: des précoces, vulgairement dites *Figos-flous*, & des automnales qui sont moins grosses que les précoces.

10°. La Figue violette. *Ficus sativa, fructu minori, violaceo; cute lacerâ. Tourn.* 662. Cette Figue ne diffère de la précédente que par sa grosseur: elle est commune en Provence.

11°. La grosse Bourjassote, connue sous le nom Provençal de *grosso Figo Bernissoto* ou *Bourjansoto. Ficus sativa, fructu atro-rubente, polline cæsio, asperso. Tourn.* 663. Cette espèce, dit M. Garidel, qui est une des plus délicates que nous ayons, vient dans les jardins & les enclos des environs d'Aix, de même qu'à la campagne.

12°. La petite Bourjassote, en Provençal, *pichoto Bernissoto. Ficus sativa, fructu globoso, atro-rubente, intùs purpureo; cute firmâ.* On trouve cette espèce dans plusieurs jardins des environs d'Aix, & dans plusieurs vignes de ce territoire.

13°. La Figue ronde petite, d'un noir pourpre & à fine écorce. *Ficus sativa, fructu rotundo, minore, atro-purpureo; cortice tenui. Garid.* En Provençal, *Figo Mavissonno.* Elle n'est pas commune aux environs d'Aix.

14°. La Figue nommée par les Provençaux *Figo Negrouno. Ficus sativa, fructu parvo, spadiceo, intùs dilectè-rubente. Garid.* On la trouve par toute la Provence dans les vignes & les champs.

15°. La Figue connue en Provence sous le nom de *Figo Graïssano. Ficus sativa, fructu rotundo, albo; mollis & insipidi saporis.* Cette espèce est commune; elle croît presque par-tout. Les Figues précoces que cet arbre nous fournit ne valent presque jamais rien.

16°. La Figue appellée par les Provençaux *Figo Roso.*

Roso. Ficus sativa, fructu magno, rotundo, depresso, spadiceo, circà umbilicum dehiscente, intùs suavè rubente. Garid. On la trouve dans le territoire de Tholonnet, de Perricard, de Gardane & ailleurs.

17°. La Figue surnommée en Provence *Cuou de Mulo. Ficus sativa, fructu oblongo, dilectè atro-rubente, mellifluo, intùs albo. Garid.* Elle est commune dans le territoire de Tholonnet & dans celui de Meyruc.

18°. La Figue vulgairement nommée aux environs d'Aix, *Figo daou Sant-Esprit. Ficus sativa, autumnalis; fructu magno, oblongo & obscurè violaceo.* Elle vient abondamment à Salon & Puhissanne.

19°. Le Figuier sauvage. *Figu'à fer* ou *Figuiero fero. Ficus sylvestris. Diosc. Pin.* 457. Cet arbre vient dans les vieux édifices & les masures.

20°. Enfin une autre espèce de Figuier sauvage nommé par Tournefort, *Ficus sylvestris; fructu minori, oblongo, atro-cœruleo.* On trouve cette variété à Vougnes & dans plusieurs autres endroits.

M. Duhamel, dans son Traité des Arbres, n'en rapporte que trois variétés, qui sont précisément celles qui réussissent dans tous les climats où le Figuier peut subsister. La première variété, selon lui, est la Figue blanche. *Ficus sativa, fructu globoso, albo, mellifluo. Tourn. Inst.* Ce Figuier est le plus commun dans les environs de Paris, & le plus propre à ce climat. Ses feuilles sont grandes, longues d'environ sept pouces & demi, & un peu plus larges, presque toutes divisées en cinq découpures moins profondes que celles de la plupart des autres Figuiers, & leurs crénelures sont peu profondes. Ses fruits ont deux pouces de diamètre sur autant ou un peu moins de hauteur. Leur plus grand renflement est vers la tête, & ils sont applatis par cette extrémité; l'autre s'alonge en pointe, & diminue presque régulièrement de grosseur jusqu'à la queue qui est grosse, bien ronde, & longue de trois à huit lignes. Des côtes très-peu saillantes & à peine apparentes sur quelques Figues, s'étendent de l'œil à la queue, & quelquefois se ramifient. La peau est lisse, d'un vert très-clair, tirant un peu sur le jaune, & souvent dégénérant en cette couleur vers l'œil. La chair est très-fondante, remplie d'un suc abondant, sucré & très-agréable; je dirois, d'un goût délicieux, si ces deux termes pouvoient convenir.

Les fruits d'automne sont plus abondans, plus arrondis, moins gros que ceux d'été, & dans les années chaudes, d'un goût plus excellent.

Il y a, suivant M. Duhamel, deux sous-variétés de ce Figuier. Le fruit de l'une est plus alongé, celui de l'autre est moins gros & plus arrondi: elle est connue sous le nom de Figue de Marseille. *Ficus sativa, fructu præcoci, albido, fugaci. Inst.* Sa maturité prévient peu celle de la Figue blanche, & son goût est moins agréable. Les autres caractères sont les mêmes.

La seconde variété de M. Duhamel est la Figue Angélique. *Ficus sativa, fructu parvo, fusco, intùs rubente. Inst.* Les feuilles de ce Figuier sont ordinairement un peu moins grandes que celles du précédent, découpées moins profondément, & plus longues que larges, ayant environ huit pouces de longueur sur six pouces & demi de largeur; la plupart ne sont divisées qu'en trois découpures. Les découpures latérales se réunissent en une de chaque côté, ou ne se distinguent que par une petite échancrure. Les crénelures des bords sont un peu plus marquées. Les queues sont beaucoup moins longues. Les plus gros fruits ont de vingt à vingt-quatre lignes de hauteur, & de dix-huit à vingt lignes de diamètre. Souvent leur diamètre est ellyptique, ayant trois ou quatre lignes de moins sur un côté que sur l'autre. Leur forme est à-peu-près la même que celle de la première variété, un peu plus alongée. La peau est jaune, tiquetée de points longs d'un vert blanchâtre. La pulpe sous la peau est rougeâtre ou fauve. La chair est blanche; mais les semences & la chair qui les enveloppe sont légèrement teintes de rouge. Ce Figuier donne peu de fruits de la première saison; mais il en produit abondamment en automne qui mûrissent assez bien, & sont fort bons.

La troisième variété est la Figue violette. *Ficus sativa, fructu parvo, globoso, violaceo, intùs rubente.* Les feuilles de ce Figuier sont beaucoup moindres que celles du Figuier de la première variété, & découpées très-profondément en cinq parties, dont quelques-unes ont souvent de moindres découpures ou des échancrures profondes. Les découpures sont bordées de crénelures très-marquées. La longueur des feuilles est de cinq à six pouces, & leur largeur presqu'égale: elles sont portées par des queues de médiocre grosseur, qui n'ont que deux ou trois pouces de longueur. Ses fruits sont bien arrondis sur leur diamètre, qui est de dix-huit à vingt lignes sur une hauteur presqu'égale. Ils ont à-peu-près la même forme que la Figue blanche. Lorsqu'ils ont acquis leur grosseur, les petites côtes ou lignes saillantes qui s'étendent suivant leur longueur, disparoissent & s'effacent presqu'entièrement. Leur peau est d'un violet foncé. La pulpe sous la peau est blanche ou teinte d'un rouge très-léger. La chair & les grains ou semences sont d'un rouge assez foncé. Cette Figue, très-abondante en automne, est bonne dans notre climat, lorsque l'année est chaude, excellente dans les climats plus tempérés. La sous-variété à fruit long, *Ficus sativa, fructu violaceo, longo, intùs rubente. Inst.*, Figue Poire, Figue de Bordeaux, a environ vingt-deux lignes de diamètre & trente-deux lignes de hauteur. Sa tête est bien arrondie, tant sur son diamètre qu'à son extrémité. L'autre côté s'alonge en pointe assez aiguë, dont l'extrémité près la queue est toujours verte, même dans la maturité du fruit. Dans tout le reste, la peau est d'un violet foncé ou rouge-brun, parsemé de petites taches ou points longs d'un vert clair. Les petites côtes sont fort apparentes. Le dessous de la peau est d'un rouge très-pâle. L'intérieur du fruit est plutôt fauve que rouge ou violet. Cette Figue est abondante aux deux saisons. Dans les années chaudes, elle est assez succulente & fort douce, mais presqu'insipide.

Linnæus ne rapporte que deux variétés du Figuier. Le Figuier au fruit duquel on fait la caprification, *Caprificus. Bauh. Hist.* 1, *p.* 134, & le Figuier nain. *Ficus humilis. Bauh. Pin.* 457. Ces Figuiers sont indigènes dans l'Asie & la partie méridionale de l'Europe.

Culture du Figuier suivant M. Duhamel.

1°. Les semences de nos Figues d'été laissées sur l'arbre au delà de leur maturité, & celles des Figues séchées au soleil qui nous viennent de nos Provinces méridionales, sont fécondes. On les répand sur de la terre meuble, dont on remplit des pots ou terrines qu'on place dans une couche, & on tamise pardessus un peu de terre, de sorte qu'elles en soient très-peu couvertes: elles lèvent fort bien, & le jeune plant fait des progrès assez rapides; mais ces semis sont moins propres à fournir des Figuiers d'un prompt rapport, qu'à procurer des variétés ou des espèces étrangères dont il est difficile de faire venir du plant. On propage plus ordinairement le Figuier par les marcottes & les boutures. Des branches de deux ans, & non de la dernière année (qui sont fort tendres & sujettes à s'échauffer & à pourrir), quand elles sont bien traitées, ainsi qu'il est d'usage, s'enracinent facilement. Pour les marcottes, on choisit des branches d'un, deux ou trois ans, ou même davantage. On les couche en terre, ou bien on les passe dans un panier, caisse ou pot rempli de terre, & on fait une ou plusieurs incisions à la partie enterrée. Ces branches poussent dans l'année des racines assez fortes pour qu'on puisse les serrer & les transplanter au printemps suivant. Ces boutures & ces marcottes se font vers la fin de Mars, avant que la sève du Figuier soit en mouvement. Les bonnes espèces de Figuier se multiplient encore par la greffe en sifflet sur les espèces communes.

2°. Le Figuier réussit dans toute sorte de terreins, pourvu qu'ils ne soient pas froids ni humides, ce qui rendroit ses fruits tardifs & insipides. Les cours pavées, les plus mauvaises terres, même entre les rochers, lui conviennent, si elles sont chaudes, exposées au midi ou au levant, & abritées du nord & du couchant par des hauteurs, ou mieux par des murs élevés. On peut cependant planter des Figuiers à toute exposition. Ceux qui seront au couchant ou même au nord, ne donneront pas de Figues d'automne; mais leurs fruits d'été mûrissans tard, rempliront le vuide entre les premières & les secondes Figues des arbres plantés au midi.

Dans notre climat, cet arbre a besoin d'être défendu des rigueurs de l'hiver, qui fait quelquefois périr toutes ses branches, & nous prive du fruit pendant deux ans. Les nouvelles branches qui sortent de la souche, n'en produisent que la troisième année; ou s'il ne fait périr que les bourgeons de l'année, il renverse toute notre espérance de la première saison. On prévient ces accidens en couvrant les Figuiers. 1°. Si les arbres sont plantés contre un mur que je suppose en bon état & capable d'empêcher les mauvais effets de la gelée, on abaisse une partie des branches près de terre; on attache les autres contre le mur, après les avoir inclinées aussi horisontalement qu'il est possible sans les rompre, & on les couvre toutes de lisière, feuilles, fougères, genêts, cosses de pois, bruyère, roseaux, &c. 2°. Si les Figuiers sont plantés en buisson loin des murs, lorsque la saison & la disposition du temps commencent à faire craindre de fortes gelées, on butte le pied de chaque Figuier, on rapproche toutes ses branches les unes des autres le plus près qu'on peut, on les lie en plusieurs endroits avec des liens d'osier ou de paille, on les enveloppe de grande paille retenue avec de pareilles ligatures; enfin on file un long lien de paille gros comme le bas de la jambe, avec lequel on couvre le tout depuis le pied jusqu'à la cime, faisant toutes ses révolutions les unes immédiatement contre les autres, afin que la gelée & le verglas ne puissent pénétrer. Un Figuier ainsi empaillé représente un cône ou une pyramide. Vers la mi-Mars on découvre le pied des Figuiers, & à mesure que la saison s'adoucit, on continue de les découvrir successivement, réservant à découvrir l'extrémité lorsqu'il n'y a plus rien à craindre des petites gelées & des pluies froides, c'est-à-dire, au commencement de Mai, un peu plutôt ou plus tard, suivant la température de l'année & le progrès des Figuiers; car lorsque les fruits ont environ trois lignes de diamètre, il faut les accoutumer à l'air, sauf à les couvrir de draps ou de paillassons, si l'on est menacé de quelques nuits trop froides, de peur qu'ils ne s'étiolent sous la paille, & qu'ensuite le soleil ne les fasse périr. Or l'exposition & la qualité des terreins peuvent avancer ou retarder leur progrès de près d'un mois.

Comme on élève ordinairement les Figuiers en buissons composés de plusieurs branches ou brins qui prennent naissance à fleur de terre, il est bon de rabattre chaque année jusques sur la souche quelques-uns des brins les plus gros & les plus élevés. Pendant que les autres donneront du fruit, la souche produira de nouveaux jets qui seront en rapport, lorsque ceux-là, ayant pris trop de hauteur, seront dans le cas d'être rabattus à leur tour. De ce retranchement il résulte plusieurs avantages: 1°. la multiplication des branches, & par conséquent celle des fruits; 2°. le bas de l'arbre s'entretient garni de jeune bois, le seul qui porte du fruit; 3°. les arbres tenus plus bas sont plus faciles à couvrir pendant l'hiver, & sont mieux abrités par les murs qui ferment le terrein où ils sont plantés.

3°. Après l'hiver on retranche sur les Figuiers tout le bois mort; on supprime aussi, ou l'on taille à un ou deux yeux, toutes les menues branches, dont on ne peut espérer aucun fruit, ou qui sont trop foibles pour en produire de bien conditionnés; car sur cet arbre, ce sont les gros bourgeons qui donnent le plus de fruit & le plus beau. De ces gros bourgeons même il est utile d'en raccourcir une partie, taillant les plus longs à un pied au plus, afin d'empêcher l'arbre de prendre trop de hauteur en peu d'années, & afin de faire pousser à ces gros bourgeons trois ou quatre bourgeons nouveaux, au lieu d'un seul que chacun produit ordinairement; car, je le répète, l'abondance des fruits suit de la multiplicité des nouvelles branches, ne sortant jamais qu'une fois du fruit de chaque œil du Figuier. Il faut encore retrancher les bourgeons gourmands, qui se connoissent aisément à leurs yeux & à la grande distance à laquelle ils sont placés; & s'ils sont nécessaires pour remplir quelques vuides, on les taille à trois ou quatre yeux.

Telle est toute la taille, si elle mérite ce nom, que demandent les Figuiers plantés en pleine terre. Ceux qu'on cultive en caisse sont de peu de rapport; ils exigent néanmoins quelques autres attentions, tant à la taille que dans le reste de leur culture. Quelques-uns conseillent, & la Quintinye en fait un précepte, de pincer au commencement de Juin les gros bourgeons nouveaux, afin que dans le même été chacun pousse plusieurs autres bourgeons propres à rendre plus abondante la récolte des premières Figues de l'année suivante. Cette pratique est sans doute avantageuse dans les terreins chauds & les bonnes expositions où les seconds bourgeons peuvent être bien aoûtés avant l'hiver.

Quoique les Figuiers subsistent bien dans les terreins les plus secs, cependant quelques voies d'eau jettées au pied dans les sécheresses, raniment l'action de la sève, & augmentent le volume des fruits. Une gouttelette d'huile d'olive mise avec un pinceau ou une paille à l'œil des Figues, lorsqu'elles ont acquis deux tiers de leur grosseur, avance leur maturité, & les fait plus grossir que celles à qui on n'a point fait cette opération.

Sur la Caprification.

Comme les Habitans de l'Archipel font leur principale nourriture des Figues, ils prêtent toute leur attention à ce qui peut en augmenter la fructification. Dans ces Isles & à Malte, il se trouve des Figuiers, tant sauvages que domestiques, qui ont besoin d'un secours bien singulier pour conduire leur fruit jusqu'à une parfaite maturité. Au moyen de ce secours, qu'on nomme *Caprification*, un de ces Figuiers, qui donneroit à peine vingt-cinq livres de Figues mûres & propres à sécher, en donne plus de deux cent quatre-vingt.

La Caprification étoit connue dès le temps d'Aristote. M. de Tournefort, dans son Voyage du Levant, nous instruit des circonstances de cette opération; & par les observations que M. le Commandeur le Godcheu a faites à Malte, on a encore acquis des idées fort justes sur la physique de la Caprification.

On cultive dans l'Archipel deux espèces de Figuiers: l'un domestique qui fournit les fruits, & l'autre sauvage que l'on nomme *Caprifiguier*, & dans le pays *Ornos*. Celui-ci donne naissance à des insectes qui servent à procurer aux Figues domestiques une maturité à laquelle elles ne parviendroient pas sans ce secours.

On sait que nos Figuiers produisent des Figues au printemps & en automne: les Caprifiguiers en produisent trois fois dans le cours d'une année. Les Naturels de l'Archipel leur donnent des noms différens. Les premières, qu'on nomme *Fornites*, & que nous appellerons *Figues d'automne*, paroissent en Août, & tombent sans mûrir en Septembre & Octobre. Les secondes Figues, qu'on nomme *Cratitives*, & que nous appellerons *Figues d'hiver*, paroissent à la fin de Septembre, & restent sur l'arbre jusqu'au mois de Mai: alors paroît la troisième espèce de Figues, qu'on nomme *Orni* dans le Levant, & que nous nommerons *Figues printannières*.

Aucune espèce de ces Figues ne mûrit; mais il s'engendre dans les Figues d'automne de petits vers de la piquure de certains moucherons qui y déposent leurs œufs, & qu'on ne voit voltiger qu'autour des Caprifiguiers. Dans les mois d'Octobre & de Novembre, les moucherons qui proviennent des vers qui se sont élevés dans les Figues d'automne, piquent les Figues d'hiver, & alors les Figues d'automne tombent. Les Figues d'hiver renferment jusqu'au mois de Mai les œufs de ces moucherons; alors les Figues du printemps commencent à se montrer. Lorsqu'elles sont parvenues à une certaine grosseur, & que leur œil commence à s'ouvrir, elles sont piquées en cet endroit par les moucherons qui se sont élevés dans les Figues d'hiver.

Les Figues du printemps sont beaucoup plus grosses que celles d'automne & d'hiver. Lorsqu'elles approchent de leur maturité, elles mollissent & deviennent jaunâtres: mais dans leur plus grand degré de maturité, elles ne contiennent point de liqueurs sucrées; elles sont intérieurement sèches & farineuses: au reste on apperçoit dans leur intérieur les fleurons & les graines comme dans nos Figues ordinaires.

Dans les mois de Mai ou de Juillet, quand les vers qui se sont métamorphosés dans ces Figues sont prêts à sortir sous la forme de moucherons, les Paysans les cueillent & les portent sur les Figuiers domestiques: c'est en cela que consiste le grand travail de la Caprification; car si l'on attend trop tard, les Figues printannières tombent, & la plus grande partie du fruit des Figuiers domestiques ne fait que languir. Quand on a transporté à temps les Figues du printemps sur les Figuiers domestiques, les moucherons qui sortent des Figues du printemps, entrent par l'ombilic des Figues domestiques qui sont alors grosses comme des noix, & ils y déposent leurs œufs.

Si l'on ouvre en différens temps ces Figues, on voit d'abord les moucherons qui se promènent çà & là dans l'intérieur de la Figue. Quelque temps après on apperçoit que tous les pepins sont extrêmement gros; & si on les ouvre, on trouve (*pour se servir de l'expression de M. le Godcheu*) qu'elles contiennent des amandes vivantes, c'est-à-dire, qu'il y a intérieurement des vers qui se nourrissent des amandes des Figues. En ouvrant les Figues, lorsqu'elles approchent de leur maturité, on voit les moucherons sortir des pepins; & bientôt après avoir desséché leurs aîles, ils s'envolent.

Quand les Poires nouent, il y a quelquefois des moucherons qui déposent leurs œufs dans l'œil de ces jeunes fruits. Les vers qui en naissent entrent dans le fruit par le canal des pistils, & se nourrissent de ce qu'ils rencontrent. Ces Poires grossissent beaucoup plus promptement que les autres, & elles tombent. Cette augmentation de grosseur vient-elle de ce que, le ver ayant détruit les organes qui vont au pepin, les sucs nourriciers se portent plus abondamment dans la chair du fruit; ou cette grosseur dépend-elle d'une extravasion de suc, comme il paroît par les gales qui viennent à l'occasion de la piquure des insectes? c'est ce qui n'est point décidé, dit M. Duhamel; mais il semble qu'il y a quelque rapport entre ce qui arrive aux fruits verreux, & ce qui résulte de la Caprification, d'autant que les Figues caprifiées ne sont jamais si bonnes que les autres. Le but de cette opération n'est que d'obtenir une plus grande quantité de fruits. M. le Godcheu remarque pour Malte, 1°. qu'il y a des Figuiers qu'il nomme domestiques, qui mûrissent leurs premiers fruits sans le secours de la caprification, mais qui ne peuvent s'en passer pour conduire à maturité leurs seconds fruits; 2°. qu'il y a des Figuiers qu'il nomme sauvages, qui ne donnent du fruit que dans une saison, & que ceux-là ne peuvent se passer de la Caprification; 3°. enfin que la Caprification fatigue les arbres, & que les Figuiers qui ont donné par ce moyen beaucoup de fruits dans une année, en donnent peu l'année suivante.

La chaleur du soleil ne suffit pas pour dessécher les Figues caprifiées, il faut encore les passer au four: c'est apparemment pour faire périr la semence vermineuse, car le four leur donne un goût désagréable.

Insecte qui se trouve sur cette plante.

Outre l'insecte dont nous venons de parler en traitant de la Caprification, il se trouve encore un autre insecte de la nature des Psylles. Il est brun en dessus, verdâtre en dessous. Ses antennes pareillement brunes, sont grosses, velues, & surpassent d'un tiers la longueur du corselet. Ses pattes sont jaunâtres. Ses aîles sont grandes, deux fois aussi longues que son ventre; elles sont placées verticalement sur les côtés, un peu inclinées, & forment ensuite un tout aigu; leur membrane est claire & fort transparente: mais elles ont des racines bonnes, bien marquées, sur-tout vers le bout. La trompe de cette Psylle est noire, & prend naissance de la partie inférieure du corselet, entre la première & la seconde paire de pattes. M. Geoffroy nomme cet insecte *Phylla fusca, antennis crassis, pilosis; alarum nervis fuscis. Geoff.* 484.

Propriétés alimentaires.

Les Figues nouvelles, quand elles sont bien mûres, si on en excepte les sauvages, sont une très-bonne nourriture; elles se digèrent très-facilement, & plus promptement qu'aucun autre fruit de la saison. Galien depuis l'âge de vingt-huit ans ne mangea que des Figues bien mûres & des raisins. Elles nourrissent médiocrement; elles amollissent le ventre; elles sont très-utiles dans les maladies des poumons, des reins & de la vessie. Si l'on en fait cependant un usage trop fréquent, elles causent des vents, elles nuisent au foie & à la rate, & rendent la chair mollasse & bouffie: elles sont nuisibles à ceux qui ont des obstructions, & qui ont le ventre trop humide. Il faut boire abondamment quand on mange des Figues, pour les empêcher de séjourner dans l'estomac & les intestins; car par leur séjour, elles peuvent occasionner des fièvres putrides. Plusieurs Auteurs prétendent que le fréquent usage des Figues sèches engendre les poux; d'autres nient ce fait, & observent seulement que la sueur de ceux qui en mangent beaucoup est fétide. Le suc de Figuier fait coaguler le lait de même que la Présure.

Préparations alimentaires.

Figues sèches ou liquides. On prend des Figues à demi mûres, on les pique du côté de la queue, & on les passe à l'eau bouillante quinze ou seize bouillons. Il faut les couvrir, ensuite les laisser refroidir à moitié dans cette eau; après quoi vous les tirez, & passez à l'eau fraîche; vous les mettez égoutter sur un tamis; & sur quatre livres de fruit, vous faites cuire quatre livres de sucre à perlé, & vous y mettez votre fruit. Il faut leur faire prendre ensuite trois ou quatre bouillons couverts, les ôter de dessus le feu, les bien écumer, & les mettre dans une terrine à l'étuve pour y passer la nuit. Le lendemain égouttez le syrop sans retirer le fruit de la terrine; faites-leur prendre dix ou douze bouillons, & rejettez-les sur votre fruit après l'avoir écumé. Un jour après vous faites la même chose, & vous les achevez à syrop de garde pour les liquider. Si vous les vuidez au sec, mettez-les égoutter, & arrangez les sur des ardoises ou feuilles de fer blanc, la queue en haut, en les poudrant d'un peu de sucre fin, & les mettant sécher à l'étuve, comme la Poire de Rousselet.

Propriétés médicinales.

Les cendres du bois de Figuier sont astringentes, détersives. On les emploie contre les hernies, la dyssenterie, & pour éclaircir & fortifier la vue. On se sert extérieurement du suc de Figuier contre les dartres, la gratelle, & pour guérir les porreaux & les cors des pieds; cependant on n'en doit faire usage qu'avec beaucoup de précaution, car il est très-caustique & dangereux. M. Chomel rapporte qu'une Dame en ayant mis plusieurs fois de suite sur un porreau qu'elle avoit à la paupière inférieure, s'étoit attiré une violente inflammation, laquelle jettant un peu de pus, étoit dégénérée en un ulcère rongeant qui avoit mangé la paupière inférieure & une portion des muscles de l'œil qui étoit tout à nud.

Chacun assure que les tiges de Figuier découpées au poids d'une livre, & bouillies dans une livre de vin, mêlées avec une livre & demie d'eau, font un bon sudorifique pour les hydropiques à la dose de quatre onces prises le matin.

Baglivi donne les feuilles de Figuier sauvage pour un spécifique dans la colique. La poudre de ses feuilles desséchées à la dose d'un gros, mêlée avec un scrupule de feuilles sèches d'Orme, & donnée au malade dans un bouillon, calme aussi-tôt la douleur.

Les Figues sèches sont plus d'usage en médecine que les fraîches (*C'est en Provence qu'on les sèche*). On les emploie dans les tisanes pectorales; on en met cinq ou six sur chaque pinte d'eau qu'on fait bouillir légèrement: on les prescrit aussi en gargarisme & bouillies dans du lait, pour les maux de gorge. Ettmuller, Sennert, Forestus & A. Minsict en ont plusieurs fois observé le succès.

On vante beaucoup, pour les maladies des poumons, le syrop fait avec ces fruits. Rien n'est meilleur pour l'enrouement & l'extinction de voix, que la préparation suivante qu'on prend par cuillerées. On fait macérer des Figues sèches dans de bonne eau-de-vie: on en exprime la teinture pour y mettre le feu, & on la laisse brûler comme à l'ordinaire. On recommande aussi beaucoup dans l'asthme la boisson faite avec les sommités d'Hyssope jettées dans une décoction de Figues toute bouillante, & infusées ensuite pendant quelque temps. L'eau où les Figues ont macéré convient dans les douleurs des reins, sur-tout si on soupçonne du gravier.

Galien attribue aux Figues la vertu de résister aux poisons. On fait des lavemens avec du lait & des Figues, qu'on prescrit dans les fièvres vermineuses avant d'ordonner les vermifuges. Les Figues sèches appliquées extérieurement en cataplasme, ou rôties, ou cuites dans du lait, dissipent ou font mûrir les tumeurs & percer les abcès. Elles sont très-bonnes pour faire suppurer les bubons pestilentiels. On les broie avec le levain & le sel; appliquées sur les hémorrhoïdes, elles en appaisent la douleur.

Formules.

1°. Prenez Réglisse sèche, ratissée & écrasée, 1 gros; *Figues* sèches, n°. XII: faites bouillir dans une livre d'eau commune jusqu'à la diminution de moitié; faites un julep à donner par cuillerées dans la toux violente, pour adoucir l'acrimonie des humeurs & faciliter l'expectoration.

2°. Prenez *Figues* grasses sèches, n°. XII; coupez-les par petits morceaux; macérez pendant deux ou trois heures dans une livre de lait chaud, ensuite faites bouillir légèrement; passez la liqueur, qui servira de gargarisme dans l'inflammation de la gorge & des amygdales.

3°. Prenez *Figues* grasses écrasées, deux onces; macérez pendant un jour entier dans une livre & demie d'esprit-de-vin; exprimez la teinture, & brûlez-la jusqu'à consistence de syrop, que l'on donnera par cuillerées dans la toux, l'enrouement & l'asthme.

4°. Prenez feuilles d'Hyssope, une poignée; *Figues* sèches, n°. VI: faites bouillir dans deux livres d'eau claire jusqu'à la diminution de la moitié; passez la liqueur, que l'on donnera toute chaude dans le paroxisme de l'asthme.

5°. Prenez rapure de Corne-de-cerf, une demi-once; *Figues* grasses, n°. VI; graine d'Ancholie & de Fenouil, de chacune deux gros; faites une décoction selon l'art dans une suffisante quantité d'eau. On donnera cette liqueur chaude par verrées, pour aider l'éruption de la petite vérole ou de la rougeole.

6°. Prenez riz mondé & lavé, une demi-once; *Figues* grasses, Dattes dont on aura ôté les noyaux, de chacune n°. VI; Jujubes, Sébestes, de chacune n°. XII; Raisins secs dont on aura ôté les pepins, six gros; feuilles de Pulmonaire & de Capillaire, de chacune une pincée; fleurs de Tussilage & de Coquelicot, de chacune une pincée: faites bouillir dans six livres d'eau commune jusqu'à la diminution de la troisième partie; passez cette décoction pectorale.

Propriétés économiques.

Les Serruriers & les Armuriers se servent ordinairement

nairement du bois de Figuier, parce qu'étant spongieux, il se charge facilement de beaucoup d'huile & de poudre d'émeril, qu'ils emploient pour polir leurs ouvrages.

SECONDE ESPECE.

La seconde espèce est le Figuier Sycomore. *Ficus Sycomorus. Ficus foliis cordatis, subrotundis, integerrimis. Linn. Sp. Plant.* 1513. *Hort. Cliff.* 471. *Roy. Lugdb.* 211. *Amœn. Acad.* 1, *p.* 26. *Hasselq. It.* 495. *Gron. Orient.* 329. *Ficus folio Mori, fructum in caudice ferens. Bauh. Pin.* 459. *Sycomorus. Bauh. Hist.* 1, *p.* 124. *Sycomorus, Ficus Pharaonis. Cam. Matth.* 103.

Description.

Il y a un bourgeon ou bouton à la base des feuilles; il est ovale, pointu, un peu recourbé au sommet, applati, ayant un bord un peu plus épais, composé de deux folioles ovales, pointues, concaves, linéaires à la base. Les bords s'embrassent alternativement, savoir, un bord de la foliole est couvert par l'autre bord de la foliole, & l'autre couvre le bord de l'autre; ou, pour être plus clair, un bord cache la feuille, & l'autre en est caché. Entre les feuilles du bourgeon est caché l'embryon de la feuille future ou l'embryon du bourgeon futur qui naît vers sa base, & qui est de la même longueur, & complet avant l'éruption de la nouvelle feuille: de là il se présente toujours deux feuilles outre celle qui végète.

Le calice est commun, orbiculé, rond, très-abaissé au sommet, un peu prolongé à la base, grand, concave, charnu, d'un rouge pâle, fermé au sommet par plusieurs écailles, dont les extérieures disposées sur un même rang sont plus courtes; les intérieures deux fois plus longues: toutes sont à demi lancéolées, aigues, réfléchies, amincies par le bord, très-entières. Dans la cavité de ce calice sont renfermées des fleurs femelles & mâles, comme dans l'espèce précédente. Les fleurs mâles sont plus près du bord du calice; les parties de leur fructification sont les mêmes que dans la Figue commune. Les fleurs femelles cachent la cavité entière. Le périanthe est le même que dans la Figue commune. Le germe est ovale, applati, très-petit, sessile comme les fleurs mâles, sans être pédunculé, ainsi que dans la Figue commune. Le style est aussi de même que dans le Figuier commun. Le stigmate est en masse, abaissé, endurci; l'un est attaché très-fortement à l'autre. La semence est ovale, très-petite, desséchée. La racine est celle d'un arbre, étendue très au large; & en effet c'est un arbre très-grand. Son tronc a quelquefois jusqu'à cinquante pieds de diamètre. Ses tubérosités & ses excavations rendent ce tronc inégal. Les rameaux sont en nombre, grands, très étendus en large, & ne regardant pas en dessus, inégaux, tubéreux. Les feuilles sont opposées, ovales, oblongues, très entières, pétiolées. Les pétioles sont cylindriques, plus menus. Les péduncules sont cylindriques, un peu gros, plus courts. Les stipules sont au nombre de trois, triangulaires vers la base du calice; elles ont formé auparavant le bouton ou bourgeon.

Observation.

Hasselquists, dans son Voyage de la Palestine, ne peut déterminer si la fructification de cette plante est hermaphrodite ou androgyne. Les fleurs hermaphrodites paroissent les mêmes avec les précédentes par le calice. La grande difficulté est de pouvoir découvrir la vraie structure de la fructification, à cause des fleurons qui sont très-petits, à cause de la croûte dont est enveloppé intérieurement le calice, composée de stigmates condensés, & à cause des canaux que fait l'insecte qui s'introduit dans ce fruit, & qui détruit tous les fleurons. Les fleurons femelles qui sont près des écailles sont frais sans être étendus, tandis que les autres qui sont dans la cavité sont fanés. Ces fleurons sont toujours accompagnés d'écailles, en sorte que le long de chacun d'eux au dos, il se trouve une écaille qui est placée sur le fleuron en forme de calice monophylle écailleux.

Figure.

Cette espèce est représentée dans l'Histoire des Plantes par Bauhin, tome 1, fig. 1 & 2; dans le *Cam. Epit.* p. 103, fig. 3.

Lieu de sa naissance.

Elle croît naturellement dans l'Egypte.

Observation.

On peut conférer cette espèce avec la plante connue sous la phrase de *Ficus Indica, Tiliæ folio subtùs albo & villoso, Polyrhizos. Pluk. Phytog.* 178, *fig.* 3.

Insecte qui perce le fruit de cet arbre.

Cet insecte est le Cynips de Sycomore. *Cynips Cycomori. Hasselq. It. Palest.* 426. La tête de cet insecte est hémisphérique, linéaire à la base, superficiellement convexe, excavée au milieu par un sinus longitudinal, & ronde aux côtés, un peu plus large par la cuirasse: celle ci est oblongue, convexe, divisée en trois segmens égaux, dont le premier est antérieurement pointu. L'abdomen est ovale, convexe, un peu plus large que le corps, un peu pointu à la base, à côtés un peu excavés le long de la base. Les antennes sont en masse, articulées, insérées au milieu de la tête, proche l'une de l'autre, presque deux fois plus longues que la tête. Les yeux sont au côté de la tête, au-dessous des antennes, proche le bord, très-petits, élevés. Les pieds sont au nombre de six, trois de chaque côté, tous attachés à la cuirasse, en masse, dénués d'onglets, ou qui sont du moins invisibles. Les aîles sont au nombre de six, membraneuses, très-menues; deux plus grandes, ovales; deux plus petites, oblongues, linéaires à un bord, rondes à l'autre, fermées, placées longitudinalement sur le dos. La pointe de la queue est triple, capillaire, menue, flexible, de la longueur du corps, un peu plus grosse à la pointe. Sa couleur est d'un brillant noir. Ses aîles sont blanches, réfléchissantes des rameaux pourpres. Ses pieds & sa pointe sont d'un blanc ferrugineux. Le bout des pieds est d'un ferrugineux foncé. La grandeur de cet insecte est la même que celle de la plus petite fourmi d'Egypte. La longueur de tout son corps est de trois quarts de ligne. Cet insecte pénètre dans le fruit du Sycomore.

Propriétés alimentaires.

Le fruit de cet arbre est assez agréable au goût lorsqu'il est bien mûr: il est mol, un peu aqueux, doux, avec une très-petite portion de saveur aromatique. M. Hasselquists dit qu'ayant une fois goûté de ce fruit, il a eu de la peine à s'en abstenir à la suite; cependant son réceptacle, quoiqu'assez charnu, n'offre pas grand'chose de bon, d'autant qu'il se trouve rongé intérieurement par un insecte dont les sillons pénètrent jusqu'à la dernière pellicule, & corrompent toute la substance charnue.

Propriétés économiques.

Le Sycomore a été employé anciennement par les Habitans d'Egypte pour faire des cercueils dans lesquels ils déposoient les corps morts après les avoir embaumés; & en effet cet arbre est très-propre à cet usage, parce qu'il se conserve pendant plusieurs siècles; les momies s'y conservent pendant deux mille ans. Comme le Sycomore est rameux, vaste & étendu au large, il jette une ombre considérable, qui devient d'une grande utilité aux Voyageurs de ces contrées désertes & brûlantes.

TROISIEME ESPECE.

La troisième espèce est le Figuier à feuilles de Nénuphar. *Ficus Nymphœifolia. Ficus foliis cordatis, subrotundis, mucronatis, integerrimis, glabris, subtùs glaucis. Linn. Syst. Veg. edit. XIII. Murray.* 774. *Mant.* 305. *Ficus foliis ovato-cordatis, integerrimis, glabris. Mill. Dict.* 9.

Description.

Ses feuilles sont très-grandes, pareilles à celles du Nénuphar jaune, ondulées, obtuses avec une pointe, suspendues, comme en écusson, glabres, blanches en dessous.

Lieu de sa naissance.

Elle croît naturellement dans l'Inde.

QUATRIEME ESPÈCE.

La quatrième espèce est le Figuier religieux. *Ficus religiosa. Ficus foliis cordatis, oblongis, integerrimis, acuminatis. Linn. Sp. Plant.* 1514. *Hort. Cliff.* 471. *Flor. Zeyl.* 372. *Amœn. Acad.* 1, *p.* 30. *Ficus Malabariensis, folio cuspidato, fructu rotundo, parvo, gemino. Pluk. Almag.* 144. *Areala. Rheed. Hort. Malab.* 1, *p.* 47. Chez les Brames, *Bipaloë.* Chez les Cingales de Ceylan, *Bhoudougas* & *Rhoogas.*

Description.

C'est un arbre qui s'élève à la hauteur de quarante ou cinquante pieds en étendant ses branches horisontalement, de manière qu'il forme une cime épaisse, hémisphérique, de trente-cinq à quarante pieds de diamètre. Sa racine est épaisse, & répand au loin ses rameaux fibreux, tant au-dessous qu'au-dessus de la terre: elle est couverte d'une écorce blanche qui rougit lorsqu'on l'a écorchée; ce que fait aussi celle du tronc, qui est cylindrique, de huit ou dix pieds de hauteur sur trois pieds de diamètre. Les jeunes branches sont vertes, assez épaisses & comme noueuses. Les feuilles sont disposées alternativement & circulairement, assez serrées le long des branches, & pendantes à un pédicule cylindrique à peine une fois plus court qu'elles; elles sont arrondies ou taillées en cœur, légèrement échancrées à leur origine dans les jeunes pieds, & terminées par une pointe égale au tiers de leur longueur, qui est de six à sept pouces, sur une largeur presqu'une fois moindre; leurs bords sont entiers, environnés d'une espèce de nerf mince & blanchâtre; leur substance est solide, épaisse, d'abord tendre & flexible, ensuite roide à mesure qu'elles vieillissent: elles sont lisses, d'un vert brun & luisant en dessus, plus clair en dessous, & relevées d'une nervure longitudinale, à cinq ou six côtes alternes & transversales de chaque côté, dont l'espace intermédiaire est rude par un nombre considérable de petites nervures qui s'y croisent en forme de réseau. Chaque branche est terminée par une pointe cônique, oblongue, lisse, verdâtre, formée par une stipule roulée en cornet, qui enveloppe la feuille à l'opposé du pédicule de laquelle elle est attachée sur la branche qu'elle quitte au moment de son développement. L'aisselle de chaque feuille porte deux enveloppes de fleurs, c'est-à-dire, deux Figues sphériques, sessiles, de cinq à six lignes de diamètre, creusées d'un petit ombilic en dessus, rougeâtres dans leur maturité, assez fermes, & entièrement pleines de petites graines noirâtres.

Figure.

Cette espèce est représentée dans l'*Almag.* de Plukenet, pl. 178, fig. 12; & dans l'*Hort. Malab.* tome, 1, pl. 27.

Observation.

On pourroit rappeller à cette espèce l'*Arbor Conciliorum. Rumph. Amb.* 3, *p.* 142.

Lieu de sa naissance.

Elle croît naturellement dans l'Inde.

Culture.

Cette espèce, ainsi que toutes les autres, se multiplie en été par boutures. Après avoir coupé les branches pour les boutures, on les met pendant deux ou trois jours dans un endroit sec & ombragé, autrement elles sont sujettes à se pourrir; car toutes les espèces de Figuier abondent en un suc laiteux, qui sort toutes les fois qu'elles sont blessées; c'est pourquoi il est nécessaire que la partie soit cicatrisée avant de la planter. Lorsque ces branches sont une fois cicatrisées, on les met dans des pots garnis d'un mélange de terre & de sable, & on enfonce ces pots dans une couche modérément chaude; on les garantit du soleil, & on les arrose ordinairement deux ou trois fois la semaine, si le temps est chaud: mais il faut cependant prendre garde que ces boutures n'aient trop d'humidité, car cela ne manqueroit pas de les faire périr. Lorsque les boutures ont pris assez racine pour être transplantées, on les met chacune séparément dans un petit pot rempli de terre ordinaire; on leur donne beaucoup d'air quand la saison le permet, pour qu'elles puissent acquérir de la force avant l'hiver. En automne on met les pots dans la serre chaude & dans une couche de tan, où on les laisse toujours; ensuite on les gouverne de la même manière que les autres plantes délicates des mêmes contrées: il s'en trouve cependant deux ou trois espèces qu'on peut gouverner plus durement; mais elles ne font pas pour lors grands progrès.

Propriétés médicinales.

La décoction de l'écorce de la racine de cet arbre se boit pour adoucir l'âcreté des humeurs, purifier le sang, & déraciner les fièvres les plus longues & invétérées. L'écorce de son tronc & de ses branches pilée & réduite en pâte avec de l'eau, s'applique sur les ulcères qu'il nettoie & guérit. Le suc exprimé de ses feuilles cuit avec l'huile, s'emploie en liniment dans les fièvres causées par la goutte.

Propriétés superstitieuses & religieuses.

L'Arealu est consacré par les Gentils du Malabar au Dieu *Vistnu* qu'ils croient être né sous cet arbre, & en avoir enlevé les fleurs, dont il est en effet dépourvu, puisqu'elles sont cachées dans cette enveloppe, que l'on appelle communément la Figue: en conséquence leur religion leur impose comme un devoir d'adorer cet arbre, de lui faire un culte qui consiste à élever autour de lui un mur de pierres, & de marquer en rouge son tronc ou le mur qui l'environne : c'est pour cela que les Chrétiens qui habitent les Indes, appellent cet arbre l'Arbre du Diable, *Arbor Diaboli*, selon van Rheede.

CINQUIEME ESPECE.

La cinquième espèce est le Figuier de Benjamin. *Ficus Benjamina. Ficus foliis ovatis, acuminatis, transversè striatis, margine levi. Linn. Syst. Veg. edit. XIII. Murr.* 774. *Ficus arbor, densioribus foliis, parvis, integris. Pluk. Phyt.* 243.

Description.

Les feuilles de ce Figuier sont ovales, pointues, striées transversalement, à bord lisse.

Figure.

Il est représenté dans le *Phytographia* de Plukenet, pl. 243, fig. 4.

SIXIEME ESPECE.

La sixième espèce est le Figuier de Bengale. *Ficus Benghalensis. Ficus foliis ovatis, integerrimis, obtusis; caule infernè-radicato. Linn. Sp. Plant.* 1514. *Hort. Cliff.* 471. *Amœn. Acad.* 1, *p.* 29. *Roy. Lugdb.* 212. *Trew. Ehret.* 50. *Ficus Americana, latiore folio, venoso. Pluk. Phyt.* 178. *Ficus Benghalensis, folio subrotundo, fructu orbiculato. Comm. Hort.* 1, *p.* 119. *Peralu. Rheed. Hort. Malab.* 1, *p.* 49. Chez les Brachmanes, *Vadhoë.*

Description.

La tige prend inférieurement racine. Les feuilles sont ovales, obtuses, très-entières, un peu épaisses. Le fruit est en rond, deux à deux, d'un rouge foncé.

Figure.

Cette espèce est représentée dans les *Plantæ Selectæ* de Trew, pl. 50; dans le *Phyt.* de Plukenet, pl. 178, fig. 1; dans l'*Hort.* de Commelin, tome 1, pl. 62; dans l'*Hort. Malab.* de Rheede, tome 1, pl. 28; & dans la seconde partie de cet Ouvrage.

Lieu de sa naissance.

Elle croît naturellement dans l'Inde.

Propriétés médicinales.

La liqueur des racines ou filamens qui pendent des rameaux par le dos, bue simplement avec de l'eau, & donnée en décoction, appaise la fièvre & purifie le sang. L'écorce de l'arbre broyée convient dans la maladie sacrée, en l'appliquant sur la partie affectée. On se lave le corps avec la décoction de son écorce contre la fièvre.

SEPTIÈME ESPECE.

La septième espèce est le Figuier des Indes. *Ficus Indica. Ficus foliis lanceolatis, integerrimis, petiolatis; pedunculis aggregatis, ramis radicantibus. Linn. Sp. Plant.* 1514. *Ficus Indica, foliis Mali Cotoneæ similibus, fructu Ficubus simili. Bauh. Pin.* 457. *Ficus Indica Theophrasti. Tabern. Hist.* 1370. *Amœn. Acad.* 1, *p.* 127. *Katou Alou. Rheed. Hort. Malab.* 3, *p.* 73. *Raj. Hist.* 1437. Chez les Brachmanes, *Doulo Vadhou.*

Description.

Les rameaux de ce Figuier prennent racine. Ses feuilles sont lancéolées, très-entières, pétiolées, semblables à celles du Coignassier. Les péduncules sont rassemblés. Le fruit est semblable aux Figues, rouge.

Figure.

Cette espèce est représentée dans l'*Hort. Malab.* tome 3, pl. 57.

Lieu de sa naissance.

Elle croît naturellement au Malabar.

Propriétés médicinales.

La décoction de l'écorce de cet arbre fait mûrir les abcès & les déterge; elle affermit les dents vacillantes. Cette décoction purifie les reins & fait uriner. On prépare un baume avec cette écorce cuite dans de l'huile avec des pieds de cancre. Ce baume guérit les ulcérations des reins, le tintement & même la surdité. Enfin avec la racine & l'écorce de cet arbre, on prépare un bain qui est bon pour guérir la lèpre & pour appaiser toutes les douleurs des articulations.

Variété.

Linnæus donne pour variété de cette espèce le Figuier connu sous les phrases de *Ficus foliis lanceolatis, integerrimis. Hort. Cliff.* 471. *Roy. Lugdb.* 212. *Ficus arborea, assurgens, utrinque brachiata; foliis ovatis, ramis appendiculas tenues, flexiles, dependentes, demittentibus Brow. Jam.* 110. *Ficus Indica, maxima; folio oblongo, funiculis è summis ramis dimissis, radices agentibus, se propagans; fructu minori, sphærico, sanguineo. Sloan. Jam.* 189. *Hist.* 2, *p.* 140. *Raj. Dendr.* 16. *Ficus Americana, Arbuti foliis non serratis, fructu Pisi magnitudine. Pluk. Alm.* 144. *Ficus Citri folio, fructu parvo, purpureo. Catesb. Car.* 3, *p.* 18. *Varinga latifolia. Rumph. Amb.* 3, *p.* 127. *Tsjela. Rheed. Hort. Malab. tom.* 3, *p.* 85. Chez les Brachmanes, *Asouaton.* En Portugais, *Morsegeiro.* Chez les Hollandois, *Vledermays-boom.*

Description.

Cet arbre croît jusqu'à une grosseur considérable, a une écorce douce, & est d'une couleur claire. Ses feuilles sont de la figure de celles d'un Citronnier. A l'égard de ses fruits, ils viennent trois ou quatre ensemble des aisselles des branches sur un pédicule qui n'a pas tout-à-fait un pouce de longueur : ils sont à-peu-près de la grosseur d'une prunelle sauvage, mais de la figure d'une Figue, & couverts d'une peau mince & purpurine, contenant de petites semences en pulpe de la même couleur; mais ils n'ont qu'un goût douceâtre & insipide.

Figure.

Cette espèce est représentée dans l'Histoire de

la Jamaïque par Sloane, tome 2, pl. 223; dans l'*Alm.* de Plukenet, pl. 178, fig. 4; dans l'Histoire de la Caroline par Catesby, tome 3, pl. 18; dans l'*Herb. Amboin.* tome 3, pl. 84; dans l'*Hort. Malab.* tome 3, pl. 63; & dans la seconde partie de cet Ouvrage.

Lieu de sa naissance.

Elle croît naturellement dans les Indes.

Propriétés alimentaires pour les animaux.

Les oiseaux & les autres bêtes sont fort avides de ses fruits. Les Chauve-souris font leur nid sur cet arbre.

Propriétés médicinales.

On prépare une décoction dans de l'eau commune avec l'écorce de cet arbre & du poivre-long; on lui attribue la vertu de guérir la toux invétérée & les autres affections du poumon. Le suc laiteux exprimé des racines & du fruit, est efficace dans les maladies des yeux.

HUITIÈME ESPÈCE.

La huitième espèce est le Figuier en grappes. *Ficus racemosa. Ficus foliis ovatis, acutis, integerrimis; caule arboreo, fructu racemoso. Linn. Sp. Plant.* 1515. *Amœn. Acad.* 1, *p.* 30. *Grossularia domestica. Rumph. Amb.* 3, *p.* 136. *Alty-Alu. Rheed. Hort. Malab.* 1, *p.* 43. *Raj. Hist.* 1434.

Description.

La tige est en arbre. Ses feuilles sont ovales, aiguës, très-entières, parsemées de points blancs. Son fruit est en grappes.

Figure.

Cette espèce est représentée dans l'*Herb. Amboin.* tome 3, pl. 87, 88; dans l'*Hort. Malab.* tome 1, pl. 25; & dans la seconde partie de cet Ouvrage.

Lieu de sa naissance.

Elle croît naturellement dans l'Inde.

NEUVIÈME ESPECE.

La neuvième espèce est le Figuier émoussé. *Ficus retusa. Ficus foliis obovatis, oblongis, obtusissimis; ramis angulatis, fructibus sessilibus. Linn. Syst. Veg. edit. XIII. Murr.* 774.

Description.

Ses feuilles sont ovales, oblongues, très-obtuses. Ses rameaux sont anguleux. Ses fruits sont sessiles.

DIXIEME ESPECE.

La dixième espèce est le Figuier nain. *Ficus pumila. Ficus foliis oblongo-ovatis, acutis, integerrimis, subtùs reticulatis; caule articulato, repente. Linn. Syst. Veg. edit. XIII. Murr.* 774. *Amœn. Acad.* 1, *p.* 30. *Ficus sylvestris, procumbens; folio simplici. Kœmpf. Amœn.* 803. *Varinga repens. Rumph. Amb.* 3, *p.* 134.

Description.

Les feuilles de cette espèce sont ovales, oblongues, pointues, pétiolées, très-réticulées en dessous, supérieurement herbacées. Les petits rameaux vers les feuilles sont environnés d'une strie élevée. Les péduncules sont axillaires, filiformes, solitaires. Le calice est inférieur, à trois feuilles.

Figure.

Cette espèce est représentée dans les *Amœn. Exoticæ* de Kœmpfer, pl. 804; dans l'*Herb. Amboin.* tome 3, pl. 85; & dans la seconde partie de cet Ouvrage.

Lieu de sa naissance.

Elle croît dans la Chine, au Japon.

ONZIEME ESPECE.

L'onzième espèce est le Figuier vénéneux. *Ficus toxicaria. Ficus foliis cordato-ovatis, subdenticulatis, subtùs tomentosis. Linn. Syst. Veg. edit. XIII. Murr.* 774. *Mant.* 305. *Ficus Padana. Burm. Ind.* 226.

Description.

Les feuilles sont en forme de cœur, ovales, dentelées, cotonneuses en dessous. Le fruit est très-rond & velu.

Lieu de sa naissance.

Cette espèce croît naturellement dans le village de Padan proche Sumetra.

Qualités délétères.

Ce Figuier est très-vénéneux.

DOUZIÈME ESPECE.

La douzième espèce est le Figuier maculé. *Ficus maculata. Ficus foliis oblongis, acuminatis, serratis. Linn. Sp. Plant.* 1515. *Ficus Castaneæ folio, fructu globoso, maculato. Plum. Sp.* 21.

Description.

Les feuilles de cette espèce sont oblongues, pointues, découpées à dents de scie, semblables à celles de la Châtaigne. Son fruit est globuleux, maculé.

Figure.

Cette espèce est représentée dans les Plantes de Plumier par Burmann, pl. 131, fig. 1.

Lieu de sa naissance.

Elle croît naturellement dans l'Amérique.

FILAGO, *l'Herbe-à-coton.*

Description générique.

Le caractère de ce genre de plante est d'avoir le calice commun formé de lames imbriquées, renfermant dans son disque plusieurs fleurons hermaphrodites; & dans sa circonférence, entre les écailles inférieures du calice, des fleurons femelles solitaires. Les corolles hermaphrodites sont en forme d'entonnoir, à lymbe fendu en quatre, droit. Les corolles femelles sont à peine visibles, filiformes, très-étroites, fendues en deux par l'ouverture. Dans les

les hermaphrodites, les filamens sont au nombre de quatre, capillaires, petits. L'anthère est cylindrique, ayant à son sommet quatre dents; il ne s'y trouve presque point de germe. Le style est simple. Le stigmate est aigu, fendu en deux. Dans les fleurs femelles, le germe est ovale, un peu grand, abaissé. Le style est filiforme. Le stigmate est fendu en deux, aigu. Il n'y a point de péricarpe. Les hermaphrodites ne donnent point de semences. Les semences des femelles sont ovales, applaties, glabres, petites. Il n'y a point d'aigrette. Le réceptacle est un disque nud, sans lames; mais les côtés sont garnis des lames du calice qui distinguent les feuilles.

CLASSE.

Ce genre fait partie de la douzième classe de Tournefort, qui comprend les fleurs à fleurons; & de la dix-neuvième de Linnæus, destinée aux plantes syngénésiques polygamiques. Cet Auteur en distingue sept espèces.

PREMIERE ESPECE.

La première espèce est l'Herbe-à-coton sans tige. *Filago acaulis. Filago floribus acaulibus, sessilibus; foliis floralibus, majoribus. Linn. Syst. Veg. edit. XIII. Murr.* 661. *Gnaphalium (species omnes.). Vaill. Act.* 1719, *p.* 314. *Gnaphalium roseum, hortense. Bauh. Pin.* 263. *Prodr.* 122. *Barr. Ic.* 127.

Description.

Cette espèce a rarement une tige. Ses fleurs sont sessiles, radicales, entre un rond foliacé. Ses feuilles florales sont plus grandes.

Figure.

Elle est représentée parmi les Plantes de Barrelier, pl. 127.

Lieu de sa naissance.

Elle croît naturellement dans les étangs desséchés de l'Europe méridionale & du Levant. Elle est annuelle.

SECONDE ESPECE.

La seconde espèce est l'Impie de Dodonée. *Filago Germanica. Filago paniculâ dichotomâ, floribus rotundatis, axillaribus, hirsutis; foliis acutis. Linn. Spec. Plant.* 1311. *Gnaphalium caule erecto, dichotomo; floribus in alis sessilibus. Flor. Lapp.* 299. *Flor. Suec.* 677, 779. *Gnaphalium vulgare majus. Bauh. Pin.* 263. *Gnaphalium Germanicum. Bauh. Hist.* 3, *p.* 158. *Gnaphalium. Fuchs. Hist.* 222. *Filago, seu Impia. Dod. Pempt.* En Allemand, *Ruhr-Kraut.* En Anglois, *Common Cudveed.*

Description.

La racine est simple, un peu dure. Sa tige est droite, divisée en deux, quelquefois en trois. Ses feuilles sont alternes, sessiles, simples, blanches, se prolongeant souvent sur la tige. Ses fleurs sont disposées en pyramide, au sommet des branches, ou axillaires, composées, flosculeuses. Ses semences sont solitaires, presqu'ovales, comprimées, sans aigrettes.

Figure.

Cette espèce est représentée dans l'Histoire des Plantes par Fuchsius, p. 222.

Lieu de sa naissance.

Elle est annuelle, & croît naturellement dans les champs.

Propriétés médicinales.

Les feuilles sont dessicatives, astringentes, répercussives; on s'en sert en décoction; on en tire une eau distillée.

TROISIEME ESPECE.

La troisième espèce est l'Herbe-à-coton en pyramide. *Filago pyramidata. Filago caule dichotomo, floribus pyramidatis, pentagonis, axillaribus; flosculis fœmineis, striatis. Linn. Sp. Plant.* 1311. *Gnaphalium medium. Bauh. Pin.* 263.

Description.

La tige a deux pouces; elle est droite. Les rameaux sont radicaux. Les feuilles sont lancéolées, un peu obtuses. Les fleurs sortent de la bifourchure de la tige, & sont terminales, sessiles, pentagonales, pyramidales, cotonneuses comme toute la plante, rassemblées.

Lieu de sa naissance.

Elle est annuelle, & croît naturellement en Espagne.

QUATRIEME ESPECE.

La quatrième espèce est l'Herbe-à-coton de montagne. *Filago montana. Filago caule erecto, diviso; floribus conicis, lateralibus, axillaribus. Linn. Sp. Plant.* 1311. *Flor. Suec.* 2. n°. 780. *Gnaphalium caule erecto, diviso; floribus pyramidatis, axillaribusque. Flor. Suec.* 1. n°. 678. *Gnaphalium caule erecto, ramoso; foliis brevissimis, glomeratis, sessilibus, dissitis propè summitates. Hall. Helv. edit.* 1. 705. *Gnaphalium minus repens. Bauh. Pin.* 263. *Gnaphalium minimum. Lob. Ic.* 481. *Bauh. Hist.* 3, *p.* 159. *Raj. Hist.* 296.

Description.

La tige est droite, divisée. Les feuilles sont très-courtes, à petits amas, sessiles. Les fleurs sont coniques, pyramidales, latérales & axillaires.

Figure.

Cette espèce est représentée dans les Plantes de Lobel, pl. 481.

Lieu de sa naissance.

Elle croît naturellement dans les endroits sablonneux & montueux de l'Europe.

CINQUIEME ESPECE.

La cinquième espèce est l'Herbe-à-coton de France. *Filago Gallica. Filago caule erecto, dichotomo; floribus subulatis, axillaribus; foliis filiformibus. Linn. Sp. Plant.* 1312. *Gnaphalium vulgare, medium. Moris. Hist.* 3, *sect.* 7. *Petiv. Herb. t.* 18. *Gnaphalium minimum alterum, nostras; Stœchadis citrinæ foliis tenuissimis. Pluk. Alm.* 172.

Description.

La tige est droite, fourchue. Les feuilles sont filiformes, cotonneuses, cependant glabres sans être hérissées. Les fleurs sont en forme d'alêne, axillaires.

Figure.

Cette espèce est représentée dans l'Histoire des Plantes par Morison, tome 3, sect. 7, pl. 11, fig. 14; dans l'*Herb.* de Pétiver, pl. 18, fig. 12; & dans l'*Almag.* de Pluk. pl. 298, fig. 2.

Lieu de sa naissance.

Elle croît naturellement dans la France, l'Angleterre.

SIXIEME ESPECE.

La sixième espèce est l'Herbe-à-coton des champs. *Filago arvensis. Filago floribus conicis, lateralibus; caule paniculato. Linn. Sp. Plant.* 1312. *Flor. Suec.* 2. *n°.* 781. *Gnaphalium paniculatum, hirsutum. Flor. Suec.* 1. *n°.* 679. *Gnaphalium majus, angusto, oblongo folio. Bauh. Pin.* 263. *Filago incana, tomentosa, erecta. Vaill. Act.* 1719, *p.* 391. *Filago caule recto, ramosissimo, foliis mollissimis, tomentosis; florum acervis sessilibus, in spicas coalescentibus. Hall. Helv. edit. II.* 66. *Spreading Cudweed. Hill.* 111.

Description.

La tige est cotonneuse, droite, très-rameuse, haute d'un pied & d'une coudée, à rameaux droits. Les feuilles sont serrées, cotonneuses, molles, linéaires. Les fleurs sont rassemblées en monceaux, appuyées le long de la tige sur les aisselles des feuilles. Les épis naissent si lâches, qu'ils terminent les rameaux. Le calice est cônique, tout cotonneux, blanc.

Figure.

Cette espèce est représentée dans le troisième volume du Systême Végétal de Hill.

Lieu de sa naissance.

Elle croît naturellement dans les champs sablonneux de l'Europe; elle est annuelle.

SEPTIEME ESPECE.

La septième & dernière espèce est l'Herbe-à-coton Léontopodie. *Filago Leontopodion. Filago caule simplicissimo, capitulo terminali, bracteis hirsutissimis, radiatis. Linn. Sp. Plant.* 1312. *Scop. Carn.* 266. *Jacq. Vindeb.* 150. *Gnaphalium Alpinum, magno flore, folio oblongo. Bauh. Pin.* 264. *Gnaphalium Alpinum, pulchrum. Bauh. Hist.* 3, *p.* 161. *Gnaphalium Alpinum. Clus. Hist.* 1, *p.* 328. *Leontopodium. Dod. Pempt.* 68. *Gnaphalium magno flore, brevi folio. Bauh. Pin.* 264.

Description.

La plante est blanchâtre, terminée par une étoile foliacée, lanugineuse, du centre de laquelle partent des fleurs hermaphrodites fendues en cinq. Sur ses bractées rayonnantes sont appuyées des fleurs, partie femelles divisées en quatre, partie incomplettes, dénuées d'étamines, de style & de germe. La racine est vivace.

Lieu de sa naissance.

Elle croît naturellement sur les montagnes de la Suisse, du Valais, de Corinthe, d'Autriche & de Sibérie.

FLAGELLARIA, *le Panambu.*

Description générique.

Le caractère de ce genre de plante est d'avoir le périanthe du calice égal, à six folioles ovales, persistentes, dont les extérieures sont plus aiguës: il n'y a point de corolle. Les filamens des étamines sont au nombre de six, filiformes, de la longueur presque du calice. Les anthères sont oblongues. Le germe du pistil est ovale, très-petit. Le style est de la longueur des étamines, fendu en trois. Les stigmates sont simples, un peu planes, persistens. Le péricarpe est un fruit à noyau, à une loge, couronné par une fleur. La semence est un noyau rond.

CLASSE.

Ce genre fait partie de la sixième classe de Linnæus, qui comprend les plantes hexandriques trigyniques. Cet Auteur n'en admet qu'une espèce.

ESPECE.

Cette espèce est le Panambu des Indes. *Flagellaria Indica. Linn. Sp. Plant.* 475. *Flor. Zeyl.* 133. *Amœn. Acad.* 1, *p.* 398. *Osbek. It.* 276. *Palm. Juncus levis. Rumph. Amboin.* 5, *p.* 120. *Panambu-Walli. Rheed. Hort. Malab.* 7, *p.* 99. *Raj. Suppl.* 573. A Malaca, *Rottang Utan.* A Amboine, à Hitoé, *Walo*, *Wala.* A Leytimore, *Waro*, *Wara*, *Aywara.* A Ternate, *Uriomo.* Chez les Brachmanes, *Silona.* En Portugais, *Rotao falso.* En Hollandois, *Wilde Rottang.*

Description.

Le rameau est arondinacé. Ses feuilles sont arondinacées, s'engaînant par la base, & couvrant le rameau, alternes, terminées par une vrille. Le rameau est terminé par une petite panicule. Sa fleur ressemble à celle du jonc.

Observation.

Cette plante a beaucoup de rapport avec le Rotang. Elle semble joindre, dit M. Adanson, la famille des Gramens à celle des Palmiers.

Figure.

Elle est représentée dans l'*Herbarium Amboinense*, tome 5, pl. 59, fig. 2; dans l'*Hort. Malab.* tome 7, pl. 53; & dans la seconde partie de cet Ouvrage.

Lieu de sa naissance.

Elle croît naturellement à Java, à Malabar, à Ceylan.

FONTINALIS, *la Fontenelle.*

Description générique.

C'est une plante de la famille des Mousses, qui a des fleurs mâles, des fleurs femelles. Les fleurs mâles ont pour calice une coëffe lisse, cônique. L'anthère est oblongue, à bord cilié, couvert d'un opercule pointu. Il n'y a point d'apophyse. Le péricarpe est en forme de burette, imbriqué, enveloppant l'anthère.

CLASSE.

Ce genre fait partie de la vingt-quatrième classe de Linnæus, qui comprend les plantes cryptogamiques mousses. Cet Auteur en rapporte quatre espèces.

PREMIERE ESPECE.

La première espèce est la Fontenelle anti-incendiaire. *Fontinalis antipyretica. Fontinalis foliis complicato carinatis, trifariis, acutis; antheris lateralibus. Linn. Sp. Plant.* 1571. *Flor. Suec.* 866. 961. *Fontinalis capitulis lateralibus. Roy. Lugdb.* 506. *Fontinalis triangularis, major, complicata, è foliorum alis capsulifera. Dill. Hist. Musc.* 254. *Muscus squamosus, foliis acutissimis, in aquis nascens. Vaill. Paris.* 140. *Muscus aquaticus, viticulis longis, minus ramosis, lucidis. Moris. Hist.* 3, *p.* 626, *sect.* 15. *Muscus aquaticus, Terrestri vulgari similis, major. Buxb. Cent.* 3, *p.* 39.

Description.

Cette mousse est vivace. Ses brins sont des cheveux bruns, peu branchus, quelquefois longs d'un pied, couverts de trois rangs de feuilles luisantes, transparentes, d'un vert clair, taillées à dents de scie, longues d'environ trois lignes sur deux de large, toujours pliées, & souvent fendues de la pointe à la base en deux parties collées ensemble. Les urnes naissent des aisselles des feuilles sur des pédicules qui n'ont que deux lignes de long, & sont enveloppées de membranes très-fines.

Figure.

Cette espèce est représentée dans le *Botanicon Paris.* de Vaillant, pl. 33, fig. 5; dans la troisième Centurie de Buxbaum, pl. 69, fig. 2; dans l'Histoire des Plantes par Morison, tome 3, sect. 15, pl. 6, fig. 32; & dans le *Flora Prussica* de Lœsel, pl. 52.

Lieu de sa naissance.

Elle croît naturellement dans les rivières de l'Europe.

Propriétés médicinales.

On l'emploie cuite avec la seconde bière pour les bains du pied dans la fièvre pectorale.

Propriétés économiques.

Cette Mousse broyée, mise entre la cheminée & la paroi en bois, empêche l'incendie d'y pénétrer.

SECONDE ESPECE.

La seconde espèce est la petite Fontenelle. *Fontinalis minor. Fontinalis foliis ovato-lanceolatis, trifariis, acutis, passim geminis; antheris terminalibus. Linn. Sp. Pl.* 1571. *Fontinalis triangularis, minor, carinata, è cymis capsulifera. Dill. Hist. Musc.* 257. *Fontinalis capitulis terminalibus. Roy. Lugdb.* 506.

Description.

Ses feuilles sont ovales, lancéolées, repliées en carène, triangulaires, au nombre de deux sur les rameaux les plus gros. Les anthères ou petites têtes sont terminales.

Figure.

Cette espèce est représentée dans l'Histoire des Mousses par Dillen, pl. 33, fig. 2.

Lieu de sa naissance.

Elle croît naturellement dans les fleuves de l'Europe.

TROISIEME ESPECE.

La troisième espèce est la Fontenelle écailleuse. *Fontinalis squamosa. Fontinalis foliis imbricatis, subulato-lanceolatis; capitulis lateralibus. Linn. Sp. Plant.* 1571. *Fontinalis squamosa, tenuis, sericea, atrovirens. Dill. Hist. Musc.* 259. *Fontinalis minor, lucens. Bauh. Hist.* 3, *p.* 778.

Description.

Les feuilles de cette espèce sont imbriquées, en forme d'alêne, lancéolées, d'un vert noir, luisantes. Les petites têtes sont latérales.

Figure.

Cette espèce est représentée dans le *Dill. Hist. Musc.* pl. 33, fig. 3.

Lieu de sa naissance.

On en trouve en Bretagne & en France.

QUATRIEME ESPECE.

La quatrième espèce est la Fontenelle ailée. *Fontinalis pennata. Fontinalis foliis bifariis, patentibus; capsulis lateralibus. Linn. Spec. Plant.* 1571. *Sphagnum pennatum, undulatum; vaginâ squamosâ. Dill. Hist. Musc.* 250. *Sphagnum cauliferum & ramosum, foliis crispis, crebris per caulem capitulis. Hall. Helv. edit. I.* 96. *Muscus terrestris, major; ramulis compressis, foliis superficie crispis. Vaill. Bot. Par.* 129.

Description.

Les tiges de cette espèce sont branchues seulement vers le bas, & poussent sur les côtés des brins disposés comme les pinnes des Fougères. Toutes ces parties sont couvertes de deux rangs de feuilles disposées en ailes, fort serrées, longues de deux lignes sur une demi-ligne de large, obtuses, transparentes, d'un vert gai & luisant, ondées très-proprement en travers. Des côtés de la tige pardessous naissent en Mars & Avril de petites gaînes frangées d'environ deux lignes de longueur, qui renferment chacune une petite urne ovale qui n'a pas une ligne de long. Cette plante a quelquefois quatre ou cinq pouces de longueur.

Figure.

Elle est représentée dans le *Dill. Hist. Musc.* pl. 32, fig. 9; dans les Plantes de Suisse par Haller, édit. 1, pl. 3, fig. 2; & dans le *Botanicon Parisiense* de Vaillant, pl. 27, fig. 4.

Lieu de sa naissance.

Elle naît ordinairement au tronc des arbres où elle s'attache fortement par ses rameaux; on en trouve aux environs de Paris; elle est fort commune en Suisse.

Observation.

On peut rapporter à cette espèce: 1°. le *Spagnum pennatum, undulatum; vaginâ squamosâ. Dill. Hist. Musc.* 250. *t.* 32, *fig.* 8: 2°. le *Spagnum pennatum, undulatum; vaginâ pilosâ. Dill. Hist. Musc.* 249. *Tab.* 32, *fig.* 7.

FORSKOHLEA, *la Forskohlée.*

Description générique.

Le caractère de ce genre de plante est d'avoir le périanthe du calice à cinq feuilles, plus long que la corolle. Ses pétales sont au nombre de dix, en forme de spatule. Ses étamines sont en pareil nombre. Il n'y a point de péricarpe. Les semences sont au nombre de cinq, réunies par une matière laineuse.

CLASSE.

Ce genre fait partie de la dixième classe de Linnæus, qui comprend les plantes décandriques pentagyniques. Cet Auteur n'en admet qu'une espèce.

ESPECE.

Cette espèce est la Forskolhée très-tenace. *Forskohlea tenacissima. Linn. Syst. Veg. edit. XIII. Murr.* 363. *Mant.* 72. *Chamædryfolia tomentosa, Mascatensis. Pluk. Alm.* 97. *Schaw. Affric.* 133.

Description.

La tige de cette espèce est haute de deux pieds, paniculée, cylindrique, hérissée, rouge, à rameaux alternes. Ses feuilles sont alternes, pétiolées, ovales, rayées, découpées à cinq ou six petites dents de scie, hérissées en crochet à leur partie supérieure. Les pétioles sont cylindriques, plus courts que les feuilles. Les fleurs sont axillaires, au nombre de deux, sessiles, hérissées, tombantes lors de la maturité du fruit.

Figure.

Cette espèce est représentée dans l'*Almag.* de Plukenet, pl. 275, fig. 6; & dans l'*Hort. Viennensis* de Jacquin, pl. 1.

Lieu de sa naissance.

Elle est annuelle, & croît naturellement dans l'Arabie & la Numidie.

FOTHERGILLA, *la Fothergille.*

Observation.

On qualifie de ce nom deux genres de plantes totalement différens, & même aussi de deux classes diverses. M. Fothergille, homme très-riche, épris de l'amour de s'immortaliser en faisant donner son nom à des plantes, a engagé plusieurs Botanistes à le faire, pour que si l'un manquoit, l'autre ne manquât pas; & il a réussi au-delà de ses espérances, puisqu'actuellement au lieu d'une plante qui porte son nom, il s'en trouve deux. Cependant pour ôter toute confusion dans ces deux genres, nous donnerons un nom différent au second, & nous le dénommerons *Lieutautia*, du nom de M. Lieutaut, premier Médecin du Roi, qui s'est distingué dans l'Anatomie, la Botanique, & dans ses différens écrits de Médecine-pratique, & qui n'a jamais aspiré, malgré son crédit & sa capacité, à faire porter son nom à aucune plante. Sa modestie mérite bien que nous lui fassions hommage de ce nouveau genre.

PREMIER GENRE.

Le premier genre de Fothergille est la Fothergille de la Caroline. *Fothergilla. Murr.*

Description générique.

Le caractère de ce genre est d'avoir le calice tronqué, très-entier. Il n'y a point de corolle. Le germe est fendu en deux. La capsule est à deux loges. Les semences sont solitaires, osseuses.

CLASSE.

Ce genre fait partie de la treizième classe de Linnæus, qui comprend les plantes polyandriques digyniques. Cet Auteur n'en admet qu'une espèce.

ESPÈCE.

Cette espèce est la Fothergille de Garden. *Fothergilla Gardeni. Linn. Syst. Veg. edit. XIII. Murr.* 418.

Description.

Cet arbuscule est semblable par ses feuilles & par son fruit à l'Hamamelis; mais il est très-différent par ses fleurs.

Figure.

Il a été cultivé dans le Jardin Royal de Trianon; mais il n'y subsiste plus actuellement: nous l'avons fait graver d'après l'individu que nous avons trouvé dans ce Jardin. Voyez la seconde partie de cet Ouvrage.

Lieu de sa naissance.

Il croît naturellement dans la Caroline.

SECOND GENRE.

Le second genre est la Fothergille de la Guiane. *Fothergilla Aubletii*, & suivant nous, *Lieutautia.*

Description générique.

Le caractère de ce genre est d'avoir le périanthe du calice monophylle, turbiné, à cinq dents obtuses. Les bractées sont au nombre de deux, opposées, concaves, échancrées, blanches à l'extérieur, découvrant la fleur avant son épanouissement, tombantes. La corolle est à cinq pétales blancs, échancrés, disposés en rond, insérés au disque au-dessous du calice. L'onglet des pétales est jaune. Les filamens des étamines sont au nombre de dix, oblongs, droits, élevés, au-dessous des pétales, insérés au disque. Les anthères sont oblongues, recourbées, glanduleuses vers la base, à deux loges. Le germe du pistil est attaché au calice, rond. Le style est long, poileux. Le stigmate est en tête, plane. Le péricarpe est une baie sèche, orbiculée, striée, blanchâtre, couronnée par les petites dents du calice, à trois loges. Les semences sont nombreuses, très-menues.

CLASSE.

Ce genre fait partie de la dixième classe de Linnæus, qui comprend les plantes décandriques monogyniques. M. Aublet, qui nous a fait connoître ce genre, n'en admet qu'une espèce.

ESPECE.

Cette espèce est la Lieutaut admirable de la Guiane. *Lieutautia mirabilis, nobis, Fothergilla mirabilis. Aublet.* 441.

Description.

Cet arbre est de moyenne grandeur. Son tronc s'élève de quatre à cinq pieds, & son diamètre est d'environ quatre à cinq pouces. Il est couvert d'une écorce grise. Son bois est blanc, cassant. De l'extrémité du tronc naissent de longues branches rameuses, rougeâtres, à quatre angles obtus, & garnis de feuilles deux à deux, opposées & disposées en croix; elles sont lisses, ovales, terminées par une longue pointe, d'un vert jaunâtre en dessus, & couvertes en dessous d'un léger duvet de couleur fauve, marquées de cinq nervures longitudinales, & de plusieurs transversales intermédiaires : les plus grandes ont six à sept pouces de longueur & trois de largeur. Leur pédicule est long d'un pouce, creusé en gouttière sur sa face supérieure, & convexe en dessous. Les fleurs sont portées sur de grandes grappes éparses qui terminent les branches & les rameaux. Le calice est couvert à sa base de deux petites feuilles ou écailles échancrées; il est en forme de cloche, arrondi par sa base, évasé à son lymbe, qui est un feuillet rougeâtre à cinq dentelures obtuses. Les pétales sont au nombre de cinq, ovales, légèrement échancrés, de couleur blanche, attachés par un onglet jaune ou rouge entre les dentelures du calice. Les étamines, au nombre de dix, sont rangées sur un disque au-dessous de l'insertion des pétales. Leurs filets sont jaunes, applatis, longs de cinq lignes, & portent une anthère de même longueur, au bas de laquelle est un corps glanduleux, long d'une ligne, placé extérieurement. Cette anthère est à deux bourses, dont chacune s'ouvre en deux valves. Le pistil est un ovaire arrondi, surmonté d'un style qui est garni de poils de distance en distance, & terminé par un stigmate arrondi, large & mousse. L'ovaire, conjointement avec le calice, devient une baie peu succulente, partagée en trois loges par des cloisons membraneuses, & remplies de semences menues.

Figure.

Cette espèce est représentée dans l'Histoire des Plantes de la Guiane Françoise, pl. 175.

Lieu de sa naissance.

M. Aublet l'a trouvée en fleur & en fruit au mois de Juillet dans l'Isle de Cayenne : il l'a aussi rencontrée dans ses voyages, en parcourant l'intérieur de la Guiane.

Fin du huitième Volume.

CONTINUATION

DE LA LISTE DES PLANTES

DE L'HISTOIRE UNIVERSELLE DU RÈGNE VÉGÉTAL,

Et uniquement de celles dont il est parlé au huitième Volume.

Nota. Les Annuelles seront toujours désignées par un A ; les Bisannuelles par un B, & les Perennelles par un P.

506. 2795. D*ICTAMNUS albus*, La Fraxinelle, page 1. P.
507. 2796. *Digitalis purpurea*, la Digitale couleur de pourpre, 3. B.
o. 2797. *Digitalis minor*, la petite Digitale, 4. P.
o. 2798. *Digitalis Thapsi*, la Digitale du Thapsus, *ibid.* P.
o. 2799. *Digitalis lutea*, la Digitale jaune, 5. P.
o. 2800. *Digitalis ambigua*, la Digitale ambiguë, *ibid.*
o. 2801. *Digitalis ferruginea*, la Digitale ferrugineuse, *ibid.* P.
o. 2802. *Digitalis obscura*, la Digitale à fleur obscure, *ibid.* P.
o. 2803. *Digitalis Canariensis*, la Digitale de Canarie, *ibid.* P.
508. 2804. *Dillenia Indica*, la Dillen des Indes, 6. P.
509. 2805. *Diodia Virginiaca*, la Diodienne de Virginie, 7
510. 2806. *Dionœa muscipula*, l'Attrape-mouche de Vénus, *ibid.*
511. 2807. *Dioscorea pentaphylla*, l'Inhame à cinq feuilles, 8. P.
o. 2808. *Dioscorea triphylla*, l'Inhame à trois feuilles, *ibid.* P.
o. 2809. *Dioscorea aculeata*, l'Inhame pointu, 9.
o. 2810. *Dioscorea bulbifera*, l'Inhame à bulbe, *ibid.*
o. 2811. *Dioscorea alata*, l'Inhame aîlé. 10.
o. 2812. *Dioscorea sativa*, l'Inhame cultivé, *ibid.* P.
o. 2813. *Dioscorea villosa*, l'Inhame velu, *ibid.*
o. 2814. *Dioscorea oppositifolia*, l'Inhame à feuilles opposées, 11.
512. 2815. *Diosma oppositifolia*, le Diosme à feuilles opposées, *ibid.* P.
o. 2816. *Diosma hirsuta*, le Diosme hérissé, 12. P.
o. 2817. *Diosma rubra*, le Diosme rouge, *ibid.* P.
o. 2818. *Diosma Ericoïdes*, le Diosme en forme de Bruyère, *ibid.* P.
o. 2819. *Diosma Capensis*, le Diosme du Cap. 13. P.
o. 2820. *Diosma capitata*, le Diosme en tête, *ibid.* P.
o. 2821. *Diosma cupressina*, le Diosme à feuilles de Cyprès, *ibid.* P.
o. 2822. *Diosma imbricata*, le Diosme à feuilles opposées en forme de tuiles, *ibid.* P.
o. 2823. *Diosma lanceolata*, le Diosme lancéolé, *ibid.* P.
o. 2824. *Diosma ciliata*, le Diosme cilié, *ibid.* P.
o. 2825. *Diosma crenata*, le Diosme crénellé, *ibid.* P.
o. 2826. *Diosma uniflora*, le Diosme à une fleur, 14. P.
o. 2827. *Diosma pulchella*, le Diosme très-beau, *ibid.* P.
513. 2828. *Diospyros lotus*, le Plaqueminier à petit fruit & à larges feuilles, 15. P.
o. 2829. *Diospyros Virginiana*, le Plaqueminier de Virginie, *ibid.* P.
514. 2830. *Dipsacus Fullonum*, le Chardon à Bonnetier commun, 16. B.
o. 2831. *Dipsacus laciniatus*, le Chardon à Bonnetier lacinié, 18. B.
o. 2832. *Dipsacus pilosus*, la Verge à-Pasteur, *ibid.* B.
515. 2833. *Dirca palustris*, le Bois de plomb des marais, 18.
516. 2834. *Disandra prostrata*, la Disandre couchée, 19.
517. 2835. *Dodartia Orientalis*, la Dodart Orientale, *ibid.* P.
o. 2836. *Dodartia Indica*, la Dodart des Indes, 20.
518. 2837. *Dodecatheon Meadia*, la Méade proprement dite, *ibid.* P.
519. 2838. *Dodonea viscosa*, la Dodonée visqueuse, 21. P.
520. 2839. *Dolichos Lablab*, le Haricot Lablab, *ibid.* P.
o. 2840. *Dolichos Sinensis*, le Haricot de la Chine, 22. A.
o. 2841. *Dolichos uncinatus*, le Haricot à crochets, *ibid.*
o. 2842. *Dolichos unguiculatus*, le Haricot à onglets, *ibid.* A.
o. 2843. *Dolichos sesquipedalis*, le Dolichos d'un demi-pied, 23. A.
o. 2844. *Dolichos altissimus*, le Dolichos très-haut, *ibid.*
o. 2845. *Dolichos ensiformis*, le Dolichos en forme d'épée, *ibid.* P.
o. 2846. *Dolichos tetragonolobus*, le Dolichos quadrangulaire, 24.
o. 2847. *Dolichos pruriens*, le Pois à gratter, *ibid.*
o. 2848. *Dolichos urens*, le Dolichos brûlant, 25. P.
o. 2849. *Dolichos minimus*, la Fève très-petite, 26.
o. 2850. *Dolichos Capensis*, la Fève du Cap, *ibid.*
o. 2851. *Dolichos Scaraboïdes*, le Phaséole en forme de Scarabé, *ibid.*
o. 2852. *Dolichos bulbosus*, le Phaséole bulbeux, 27.

o. 2853. *Dolichos trilobus*, le Phaséole à trois lobes, *ibid.*
o. 2854. *Dolichos aristatus*, le Dolichos à arête, *ibid.* A.
o. 2855. *Dolichos filiformis*, le Dolichos en forme de filet, *ibid.*
o. 2856. *Dolichos purpureus*, le Dolichos pourpre, *ibid.*
o. 2857. *Dolichos regularis*, le Phaséole régulier, 28.
o. 2858. *Dolichos lignosus*, le Dolichos ligneux, *ibid.* P.
o. 2859. *Dolichos polystrachios*, le Dolichos à plusieurs épis, *ibid.*
o. 2860. *Dolichos ensiformis*, le Dolichos en forme d'épée, *ibid.*
o. 2861. *Dolichos Soja*, le Phaséole Soja, 29.
o. 2862. *Dolichos Catiang*, le Dolichos Catiang, *ibid.*
o. 2863. *Dolichos biflorus*, le Dolichos à deux fleurs, 30.
o. 2864. *Dolichos repens*, le Dolichos rampant, *ibid.*
521. 2865. *Donatia fascicularis*, la Donate fasciculaire, *ibid.*
522. 2866. *Doronicum pardalienches*, le vrai Doronic, 31. P.
o. 2867. *Doronicum Plantagineum*, le Doronic à feuilles de Plantain, 32. P.
o. 2868. *Doronicum Bellidastrum*, le Doronic Pasquerette, *ibid.* P.
523. 2869. *Dorstenia Contrajerva*, le vrai Contrajerva, 33. P.
o. 2870. *Dorstenia Houstoni*, le Contrajerva d'Houston, 34. P.
o. 2871. *Dorstenia Drakena*, le Contrajerva Drakena, *ibid.* P.
o. 2872. *Dorstenia caulescens*, le Contrajerva à tige, *ibid.* P.
524. 2873. *Draba Aizoïdes*, la Drabe Aizoïde, *ibid.* P.
o. 2874. *Draba ciliaris*, la Drabe à cils, 35. P.
o. 2875. *Draba Alpina*, la Drabe des Alpes, *ibid.* P.
o. 2876. *Draba verna*, la Drabe du printemps, *ibid.* A.
o. 2877. *Draba Pyrenaica*, la Drabe des Pyrenées, *ibid.* P.
o. 2878. *Draba muralis*, la Drabe des murailles, 36. A.
o. 2879. *Draba hirta*, la Drabe hérissée, *ibid.*
o. 2880. *Draba incana*, la Drabe blanchâtre, *ibid.* B.
525. 2881. *Dracocephalum Virginiacum*, la Cataleptique, 37. P.
o. 2882. *Dracocephalum Canariense*, la Tête-de-dragon de Canarie, *ibid.* P.
o. 2883. *Dracocephalum pinnatum*, le Dracocéphale ailé, *ibid.*
o. 2884. *Dracocephalum peregrinum*, le Dracocéphale étranger, 39. P.
o. 2885. *Dracocephalum Austriacum*, le Dracocéphale d'Autriche, *ibid.* P.
o. 2886. *Dracocephalum Ruyschianum*, le Dracocéphale de Ruysch, *ibid.* P.
o. 2887. *Dracocephalum grandiflorum*, le Dracocéphale à grandes fleurs, *ibid.* A.
o. 2888. *Dracocephalum Sibiricum*, le Dracocéphale de Sibérie, 40. P.
o. 2889. *Dracocephalum Moldavicum*, le Dracocéphale de Moldavie, *ibid.* A.
o. 2890. *Dracocephalum canescens*, le Dracocéphale blanchâtre, *ibid.* A.
o. 2891. *Dracocephalum peltatum*, le Dracocéphale en forme de bouclier, 41. A.
o. 2892. *Dracocephalum Altajense*, le Dracocéphale d'Altajar, *ibid.* P.
o. 2893. *Dracocephalum nutans* le Dracocéphale penché, *ibid.* A.
o 2894. *Dracocephalum Thymiflorum*, le Dracocéphale à fleurs de Thym, *ibid.* A.
526. 2895. *Dracontium polyphyllum*, la Monstère à plusieurs feuilles, 42. P.
o. 2896. *Dracontium spinosum*, la Monstère épineuse, *ibid.*
o. 2897. *Dracontium fœtidum*, la Monstère puante, 43. P.
o. 2898. *Dracontium Camtschatense*, la Monstère de Camtschata, *ibid.*
o. 2899. *Dracontium pertusum*, la Monstère à feuilles percées, *ibid.* P.
o. 2900. *Dracontium pentaphyllum*, la Monstère de la Guiane, 44.
527. 2901. *Drimys Winteri*, la Plante-âcre de Winter. 45.
o. 2902. *Drimys axillaris*, la Plante-âcre axillaire, *ibid.*
528. 2903. *Drosera rotundifolia*, le Rossolis à feuilles rondes, *ibid.*
o. 2904. *Drosera longifolia*, le Rossolis à feuilles longues, 46.
o. 2905. *Drosera Capensis*, le Rossolis du Cap, *ibid.*
o. 2906. *Drosera Lusitanica*, le Rossolis du Portugal, *ibid.*
o. 2907. *Drosera Cistifolia*, le Rossolis à feuilles de Ciste, *ibid.*
o. 2908. *Drosera Indica*, le Rossolis des Indes, 47.
529. 2909. *Dryas pentapetala*, le Druas à cinq pétales, *ibid.* P.
o. 2910. *Dryas octapetala*, le Druas à huit pétales, *ibid.* P.
530. 2911. *Drypis spinosa*, le Drype épineux. 48. B.
531. 2912. *Duranta Plumieri*, la Durante de Plumier, *ibid.*
o. 2913. *Duranta Ellisia*, la Durante Elysienne, 49. P.
532. 2914. *Durio Zibethinus*, le Durion de Zibeth, *ibid.* P.
533. 2915. *Ebenus Cretica*, l'Ebène de Crète, 50. P.
o. 2916. *Ebenus Capensis*, l'Ebène du Cap, 51. P.
534. 2917. *Echinophora spinosa*, l'Echinophore épineuse, *ibid.* P.
o. 2918. *Echinophora tenuifolia*, l'Echinophore à feuilles menues, *ibid.* P.
535. 2919. *Echinops sphœrocephalus*, la Boulette ou l'Echinope, 52. P.
o. 2920. *Echinops spinosus*, l'Echinope épineux, *ibid.* P.
o. 2921. *Echinops ritro*, l'Echinope à petite tête, *ibid.* P.
o. 2922. *Echinops strigosus*, l'Echinope sec, 53. A.
536. 2923. *Echites biflora*, la Liane Mangle des François, *ibid.* P.
o. 2924. *Echites quinquangularis*, l'Echite quinquangulaire, *ibid.* P.
o. 2925. *Echites suberecta*, l'Echite droit, 54. P.
o. 2926. *Echites agglutinata*, l'Echite glutineux, *ibid.* P.
o. 2927. *Echites torulosa*, l'Echite charnu, *ibid.* P.

o. 2928. *Echites umbellata*, l'Echite ombellé, *ibid.*
o. 2929. *Echites trifida*, l'Echite fendu en trois. 55. P.
o. 2930. *Echites corymbosa*, le Gras de Galle, *ibid.*
o. 2931. *Echites spicata*, l'Echite en épi, *ibid.*
o. 2932. *Echites caudata*, la Liane à queue, 56. P.
o. 2933. *Echites scholaris*, la Liane des écoles, *ibid.* P.
537. 2934. *Echium fruticosum*, la Vipérine en arbrisseau, 57. P.
o. 2935. *Echium argenteum*, la Vipérine argentée, *ibid.*
o. 2936. *Echium capitatum*, la Vipérine en tête, *ibid.* P.
o. 2937. *Echium Plantagineum*, la Vipérine à feuilles de Plantain, 58. A.
o. 2938. *Echium lævigatum*, la Vipérine lisse, *ibid.* P.
o. 2939. *Echium Italicum*, la Vipérine d'Italie, *ibid.*
o. 2940. *Echium vulgare*, la Vipérine commune, *ibid.* B.
o. 2941. *Echium violaceum*, la Vipérine violette, 59. A.
o. 2942. *Echium Creticum*, la Vipérine de Candie, *ibid.* A.
o. 2943. *Echium Orientale*, la Vipérine du Levant, *ibid.*
o. 2944. *Echium Lusitanicum*, la Vipérine de Portugal, *ibid.* P.
538. 2945. *Eclipta erecta*, l'Eclipse droite, 60. B.
o. 2946. *Eclipta prostrata*, l'Eclipse couchée, *ibid.*
539. 2947. *Ehretia Tinifolia*, l'Ehret à feuilles de Viourne-Tin, 61. P.
o. 2948. *Ehretia spinosa*, l'Ehret épineux, *ibid.* P.
o. 2949. *Ehretia Bourreria*, l'Ehret Bourrer, *ibid.* P.
o. 2950. *Ehretia exsucca*, l'Ehret sans suc, 62. P.
540. 2951. *Elæagnus angustifolia*, l'Olivier sauvage ou de Bohême, *ibid.* P.
o. 2952. *Elæagnus Orientalis*, l'Olivier sauvage du Levant, 63. P.
o. 2953. *Elæagnus spinosa*, l'Olivier sauvage épineux, *ibid.* P.
o. 2954. *Elæagnus latifolia*, l'Olivier sauvage de Ceylan, *ibid.* P.
541. 2955. *Elæocarpus serrata*, l'Eléocarpe à feuilles découpées à dents de scie, 64. P.
542. 2956. *Elaïs Guinensis*, l'Elaïs de Guinée, *ibid.* P.
543. 2957. *Elate sylvestris*, le petit Dattier sauvage, 65. P.
544. 2958. *Elaterium Carthaginense*, l'Elatérion de Carthagène, 66. A.
o. 2959. *Elaterium trifoliatum*, l'Elatérion à feuilles ternées, *ibid.*
545. 2960. *Elatine hydropiper*, le Poivre-d'eau, 67. A.
o. 2961. *Elatine Alsinastrum*, l'Alsinastron à feuilles de Caille-lait, *ibid.*
546. 2962. *Elatostema pedunculatum*, l'Elastique pédunculé, 68.
o. 2963. *Elatostema sessile*, l'Elastique sessile, *ibid.*
547. 2964. *Elephantopus scaber*, le Pied-d'Eléphant raboteux, 69. P.
o. 2965. *Elephantopus tomentosus*, le Pied-d'Eléphant cotonneux, *ibid.*
548. 2966. *Ellisia Nyctelea*, l'Ellisienne Nyctélée, *ibid.* A.
549. 2967. *Elymus arenarius*, le Sitospèle sablonneux, 70. P.
o. 2968. *Elymus Sibiricus*, le Sitospèle de Sibérie, *ibid.* P.
o. 2969. *Elymus Philadelphicus*, le Sitospèle de Philadelphie, *ibid.* P.
o. 2970. *Elymus Canadensis*, le Sistopèle de Canada, *ibid.* P.
o. 2971. *Elymus Caninus*, le Sitospèle de Chien, 71. P.
o. 2972. *Elymus Virginianus*, le Sitospèle de Virginie, *ibid.* P.
o. 2973. *Elymus Europæus*, le Sitospèle d'Europe, *ibid.* P.
o. 2974. *Elymus Caput Medusæ*, le Sitospèle Tête de Méduse, *ibid.* P.
o. 2975. *Elymus Hystrix*, le Sitospèle Porc-épi, 72.
550. 2976. *Embothrium coccineum*, l'Embothrion couleur d'écarlate, *ibid.*
o. 2977. *Embothrium umbelliferum*, l'Embothrion ombellifère, *ibid.*
551. 2978. *Empetrum album*, l'Empetron blanc, *ibid.* P.
o. 2979. *Empetrum nigrum*, la grande Bruyère à fruits noirs, *ibid.* P.
552. 2980. *Enourea capreolata*, l'Enourou à vrille, 73. P.
553. 2981. *Eperua falcata*, l'Epéru de la Guiane, 74. P.
554. 2982. *Ephedra Distachia*, le Raisin de mer d'Espagne, *ibid.* P.
o. 2983. *Ephedra Monastachia*, l'Ephèdre de Sibérie, 75. P.
555. 2984. *Epidendrum Vanilla*, la vraie Vanille, *ibid.*
o. 2985. *Epidendrum Flos aëris*, la Fleur-d'air, 79.
o. 2986. *Epidendrum tenuifolium*, l'Epidendron à feuilles menues, *ibid.*
o. 2987. *Epidendrum spatulatum*, l'Epidendron en forme de spatule, 80.
o. 2988. *Epidendrum furvum*, l'Epidendron noir, *ibid.*
o. 2989. *Epidendrum coccineum*, l'Epidendron couleur d'écarlate, *ibid.*
o. 2990. *Epidendrum fecundum*, l'Epidendron fécond, *ibid.*
o. 2991. *Epidendrum lineare*, l'Epidendron linéaire, 81.
o. 2992. *Epidendrum punctatum*, l'Epidendron pointillé, *ibid.*
o. 2993. *Epidendrum caudatum*, l'Epidendron en queue, *ibid.*
o. 2994. *Epidendrum ovatum*, l'Epidendron ovale, *ibid.*
o. 2995. *Epidendrum ciliare*, l'Epidendron à cils, 82.
o. 2996. *Epidendrum nocturnum*, l'Epidendron de nuit, *ibid.*
o. 2997. *Epidendrum cucullatum*, l'Epidendron en capuchon, 83.
o. 2998. *Epidendrum nodosum*, l'Epidendron noueux, *ibid.*
o. 2999. *Epidendrum carinatum*, l'Epidendron à carêne, *ibid.*
o. 3000. *Epidendrum Aloifolium*, l'Epidendron en forme d'Aloës, *ibid.*
o. 3001. *Epidendrum guttatum*, l'Epidendron à goutte, 84.
o. 3002. *Epidendrum juncifolium*, l'Epidendron à feuilles de jonc, *ibid.*
o. 3003. *Epidendrum scriptum*, l'Epidendron écrit, 85.

o.

o. 3004. *Epidendrum retusum*, l'Ansjeli Maravora, 85.

o. 3005. *Epidendrum amabile*, la Vanille aimable, 86.

o. 3006. *Epidendrum cochleatum*, l'Epidendron en forme de coquille, *ibid.*

o. 3007. *Epidendrum tuberosum*, l'Epidendron tubéreux, 87.

o. 3008. *Epidendrum pusillum*, l'Epidendron nain, *ibid.*

o. 3009. *Epidendrum ensifolium*, l'Epidendron en forme d'épée, *ibid.*

o. 3010. *Epidendrum moniliforme*, l'Epidendron en forme de collier, *ibid.*

o. 3011. *Epidendrum ophioglossoïdes*, l'Epidendron en forme de langue de serpent, 88.

o. 3012. *Epidendrum ruscifolium*, l'Epidendron à feuilles de Houx-Frelon, *ibid.*

o. 3013. *Epidendrum Graminifolium*, l'Epidendron à feuilles de Chiendent, *ibid.*

556. 3014. *Epigæa repens*, l'Epigée traçante, 89. P.

557. 3015. *Epilobium angustifolium*, le petit Laurier rose, *ibid.* P.

o. 3016. *Epilobium latifolium*, le Chamœnerion à larges feuilles, 90. P.

o. 3017. *Epilobium hirsutum*, le Chamœnerion hérissé, *ibid.* P.

o. 3018. *Epilobium montanum*, le Chamœnerion de montagnes, *ibid.*

o. 3019. *Epilobium tetragonum*, le Chamœnerion à quatre côtes, *ibid.* P.

o. 3020. *Epilobium palustre*, le Chamœnerion des marais, 91. P.

o. 3021. *Epilobium Alpinum*, le Chamœnerion des Alpes, *ibid.* P.

558. 3022. *Epimedium Alpinum*, le Chapeau-d'Evêque des Alpes, 92. P.

559. 3023. *Equisetum sylvaticum*, la Presle des forêts, *ibid.* P.

o. 3024. *Equisetum arvense*, la Presle champêtre, *ibid.* P.

o. 3025. *Equisetum palustre*, la Presle des marais, 93. P.

o. 3026. *Equisetum fluviatile*, la Presle des rivières, *ibid.* P.

o. 3027. *Equisetum limonosum*, la Presle limoneuse, 94. P.

o. 3028. *Equisetum hyemale*, la Presle d'hiver, *ibid.* P.

o. 3029. *Equisetum giganteum*, la Presle gigantesque, *ibid.*

560. 3030. *Eranthemum Capense*, l'Eranthème du Cap, *ibid.*

o. 3031. *Eranthemum angustifolium*, l'Eranthème à feuilles étroites, 95. P.

o. 3032. *Eranthemum parvifolium*, l'Eranthème à feuilles petites, *ibid.* P.

561. 3033. *Erica vulgaris*, la Bruyère commune, *ibid.* P.

o. 3034. *Erica lutea*, la Bruyère jaune, 97.

o. 3035. *Erica Helicacaba*, la Bruyère Hélicacaba, *ibid.* P.

o. 3036. *Erica regerminans*, la Bruyère qui se produit, 98. P.

o. 3037. *Erica mucosa*, la Bruyère muqueuse, *ibid.* P.

o. 3038. *Erica Bergiana*, la Bruyère de Bergius, *ibid.* P.

o. 3039. *Erica depressa*, la Bruyère couchée, *ibid.* P.

o. 3040. *Erica pilulifera*, la Bruyère à pilules, *ibid.* P.

o. 3041. *Erica viridi-purpurea*, la Bruyère d'un vert pourpre, *ibid.* P.

o. 3042. *Erica pentaphylla*, la Bruyère à cinq feuilles, 99. P.

o. 3043. *Erica nigrita*, la Bruyère noire, *ibid.* P.

o. 3044. *Erica planifolia*, la Bruyère à feuilles planes, *ibid.* P.

o. 3045. *Erica scoparia*, la Bruyère à Balai, *ibid.* P.

o. 3046. *Erica arborea*, la Bruyère en arbre, *ibid.* P.

o. 3047. *Erica ramosa*, la Bruyère à rameaux, 100. P.

o. 3048. *Erica persoluta*, la Bruyère parfaite, *ibid.* P.

o. 3049. *Erica Tetralix*, la Bruyère Tétralix, *ibid.* P.

o. 3050. *Erica pubescens*, la Bruyère poileuse, *ibid.* P.

o. 3051. *Erica Abietina*, la Bruyère de Sapin, 101. P.

o. 3052. *Erica mammosa*, la Bruyère à mamellons, *ibid.* P.

o. 3053. *Erica Caffra*, la Bruyère Cafre, *ibid.* P.

o. 3054. *Erica triflora*, la Bruyère à trois fleurs, *ibid.* P.

o. 3055. *Erica baccans*, la Bruyère à baies, *ibid.* P.

o. 3056. *Erica Gnapheloïdes*, la Bruyère Gnaphéloïde, 102. P.

o. 3057. *Erica Corifolia*, la Bruyère à feuilles des Coris, *ibid.* P.

o. 3058. *Erica articularis*, la Bruyère articulée, *ibid.* P.

o. 3059. *Erica calycina*, la Bruyère à calice, *ibid.* P.

o. 3060. *Erica cinerea*, la Bruyère cendrée, *ibid.* P.

o. 3061. *Erica paniculata*, la Bruyère paniculée, 103. P.

o. 3062. *Erica australis*, la Bruyère australe, *ibid.* P.

o. 3063. *Erica Physoïdes*, la Bruyère Physoïde, *ibid.* P.

o. 3064. *Erica Empetrifolia*, la Bruyère à feuilles d'Empetrum, *ibid.* P.

o. 3065. *Erica tenuifolia*, la Bruyère à feuilles menues, *ibid.* P.

o. 3066. *Erica albens*, la Bruyère blanche, 104. P.

o. 3067. *Erica spumosa*, la Bruyère écumeuse, *ibid.* P.

o. 3068. *Erica capitata*, la Bruyère en forme de tête, *ibid.* P.

o. 3069. *Erica Melanthera*, la Bruyère Melanthère, *ibid.* P.

o. 3070. *Erica Absynthioïdes*, la Bruyère en forme d'Absynthe, *ibid.* P.

o. 3071. *Erica ciliaris*, la Bruyère à cils, 105. P.

o. 3072. *Erica tubiflora*, la Bruyère à fleurs en tube, *ibid.* P.

o. 3073. *Erica curviflora*, la Bruyère à fleurs courbes, *ibid.* P.

o. 3074. *Erica coccinea*, la Bruyère à fleurs d'écarlate, *ibid.* P.

o. 3075. *Erica Cerinthoïdes*, la Bruyère en forme de Cérinthé, *ibid.* P.

o. 3076. *Erica Fastigiata*, la Bruyère en faisceau, *ibid.*

o. 3077. *Erica cubica*, la Bruyère cubique, 106. P.

o. 3078. *Erica denticulata*, la Bruyère dentelée, *ibid.*

o. 3079. *Erica viscaria*, la Bruyère gluante, *ibid.* P.

o. 3080. *Erica granulata*, la Bruyère granulée, *ibid.* P.

o. 3081. *Erica comosa*, la Bruyère chevelue, *ibid.* P.

o. 3082. *Erica Plukenetii*, la Bruyère de Plukenet, 107. P.

o. 3083. *Erica Petiveri*, la Bruyère de Pétiver, *ibid.* P.

o. 3084. *Erica nudiflora*, la Bruyère à fleurs nues, *ibid.* P.

o. 3085. *Erica Bruniades*, la Bruyère aromatique, *ibid.* P.

o. 3086. *Erica imbricata*, la Bruyère imbriquée, 108. P.

o. 3087. *Erica umbellata*, la Bruyère ombellée, *ibid.* P.

o. 3088. *Erica purpurascens*, la Bruyère pourpre, *ibid.* P.

o. 3089. *Erica vagans*, la Bruyère errante, *ibid.* P.

o. 3090. *Erica herbacea*, la Bruyère herbacée, *ibid.* P.

o. 3091. *Erica multiflora*, la Bruyère à plusieurs fleurs, 109. P.

o. 3092. *Erica Mediterranea*, la Bruyère de la Méditerranée, *ibid.* P.

562. 3093. *Erigeron viscosum*, l'Herbe visqueuse de M. de Beaufort, *ibid.* P.

o. 3094. *Erigeron graveolens*, l'Herbe de M. de Beaufort à odeur forte, 110. A.

o. 3095. *Erigeron glutinosum*, l'Erigeron glutineux, *ibid.* P.

o. 3096. *Erigeron Siculum*, l'Erigeron de Sicile, *ibid.* A.

o. 3097. *Erigeron Carolinianum*, l'Erigeron de la Caroline, *ibid.*

o. 3098. *Erigeron Canadense*, l'Erigeron de Canada, 111. A.

o. 3099. *Erigeron Bonariense*, l'Erigeron de Bonaire, *ibid.* A.

o. 3100. *Erigeron Jamaïcense*, l'Erigeron de la Jamaïque, 111. P.

o. 3101. *Erigeron Philadelphicum*, l'Erigeron de Philadelphie, *ibid.* P.

o. 3102. *Erigeron Ægyptiacum*, l'Erigeron d'Egypte, *ibid.* A.

o. 3103. *Erigeron Gouani*, l'Erigeron de Gouan, 112.

o. 3104. *Erigeron acre*, l'Erigeron âcre, *ibid.* P.

o. 3105. *Erigeron Alpinum*, l'Erigeron des Alpes, *ibid.* P.

o. 3106. *Erigeron uniflorum*, l'Erigeron à une fleur, *ibid.* P.

o. 3107. *Erigeron gramineum*, l'Erigeron graminé, *ibid.* P.

o. 3108. *Erigeron camphoratum*, l'Erigeron camphré, 113. A.

o. 3109. *Erigeron tuberosum*, l'Erigeron à tubercules, *ibid.*

o. 3110. *Erigeron fœtidum*, l'Erigeron puant, *ibid.* P.

563. 3111. *Erinus Alpinus*, l'Agerate des Alpes, *ibid.* P.

o. 3112. *Erinus Africanus*, l'Agerate d'Afrique, 114.

o. 3113. *Erinus Peruvianus*, l'Agerate du Pérou, *ibid.*

o. 3115. *Erinus laciniatus*, l'Agerate laciniée, *ibid.*

564. 3116. *Eriocaulon triangulare*, la Rondale triangulaire, 115.

o. 3117. *Eriocaulon quinquangulare*, la Rondale à cinq angles, *ibid.* P.

o. 3118. *Eriocaulon sexangulare*, la Rondale à six angles, *ibid.* P.

o. 3119. *Eriocaulon setaceum*, la Rondale soyeuse, 116.

o. 3120. *Eriocaulon decangulare*, la Rondale à dix angles, *ibid.*

565. 3121. *Eriocephalus Africanus*, la Chevelure dorée d'Afrique, *ibid.* P.

o. 3122. *Eriocephalus racemosus*, l'Eriocéphale en grappes, 117. P.

566. 3123. *Eriophorum vaginatum*, la Chevelue en gaîne, *ibid.* P.

o. 3124. *Eriophorum Polystachion*, la Chevelue des arbres, 118. P.

o. 3125. *Eriophorum Virginicum*, l'Eriophore de Virginie, *ibid.* P.

o. 3126. *Eriophorum Cyperinum*, l'Eriophore Souchet, *ibid.*

o. 3127. *Eriophorum Alpinum*, l'Eriophore des Alpes, *ibid.* P.

567. 3128. *Erithalis fruticosa*, l'Herrera en arbrisseau, 119. P.

568. 3129. *Ervum Lens*, la Lentille, *ibid.* A.

o. 3130. *Ervum tetraspermum*, la petite Vesce des bleds, 120. A.

o. 3131. *Ervum hirsutum*, l'Ers hérissé, 121. A.

o. 3132. *Ervum Soloniense*, l'Ers de Sologne, *ibid.* A.

o. 3133. *Ervum Monanthas*, l'Ers Monathe, *ibid.* A.

o. 3135. *Ervum Ervilia*, la vraie Ers, *ibid.* A.

569. 3136. *Eryngium fœtidum*, le Panicaut puant, 122. P.

o. 3137. *Eryngium aquaticum*, le Panicaut aquatique, *ibid.* P.

o. 3138. *Eryngium planum*, le Panicaut nain, 123. P.

o. 3139. *Eryngium tricuspidatum*, le Panicaut à trois pointes, *ibid.* B.

o. 3140. *Eryngium maritimum*, le Panicaut de mer, *ibid.*

o. 3141. *Eryngium campestre*, le Panicaut commun, 124. P.

o. 3142. *Eryngium Amethystinum*, le Panicaut Améthyste, 125. P.

o. 3143. *Eryngium Alpinum*, l'Eryngion des Alpes, 126.

570. 3144. *Erysimum officinale*, le Vélar, *ibid.* A.

o. 3145. *Erysimum Barbarea*, l'Herbe de Sainte-Barbe, 127. P.

o. 3146. *Erysimum Alliaria*, l'Alliaire, *ibid.* B.

o. 3147. *Erysimum repandum*, le Vélar recourbé, 128. A.

o. 3148. *Erysimum Cheiranthoïdes*, le Vélar Cheirenthoïde, *ibid.* A.

o. 3149. *Erysimum Hieracifolium*, le Vélar à feuilles de Chichoracée, *ibid.* B.

571. 3150. *Erythrina herbacea*, le Corallodendron herbacé, 129. P.

o. 3151. *Erythrina Corallodendron*, le Bois-immortel, *ibid.* P.

o. 3152. *Erythrina picta*, le Corallodendron peint, 130. P.

o. 3153. *Erythrina crista galli*, le Corallodendron à crête de coq, *ibid.*

o. 3154. *Erythrina planisiliqua*, le Corallodendron à siliques planes, 137. P.

572. 3155. *Erythronium Dens canis*, la Dent de chien commune, *ibid.* P.

573. 3156. *Erythroxylon areolatum*, l'Erythroxylon de Carthagène, 132. P.

o. 3231. *Euphorbia Thymifolia*, l'Euphorbe à feuilles de Thym, *ibid.* A.
o. 3232. *Euphorbia parviflora*, l'Euphorbe à petites fleurs, *ibid.* A.
o. 3233. *Euphorbia canescens*, l'Euphorbe blanchâtre, 157. A.
o. 3234. *Euphorbia Chamæsice*, le grand Tithymale velu, *ibid.* A.
o. 3235. *Euphorbia Peplis*, le Peplion, *ibid.* A.
o. 3236. *Euphorbia Poligonifolia*, le Tithymale à feuilles de Renouée, *ibid.* A.
o. 3237. *Euphorbia graminea*, l'Euphorbe graminée, *ibid.*
o. 3238. *Euphorbia Ipecacuanhæ*, l'Euphorbe de l'Ipecacuanha, *ibid.* P.
o. 3239. *Euphorbia Portucaloïdes*, l'Euphorbe en forme de Pourpier, 158. P.
o. 3240. *Euphorbia Myrtifolia*, l'Euphorbe à feuilles de Myrte, *ibid.* A.
o. 3241. *Euphorbia Peplus*, le Tithymale des vignes, *ibid.* A.
o. 3242. *Euphorbia falcata*, l'Euphorbe ou Tithymale en forme de faux, *ibid.* A.
o. 3243. *Euphorbia exigua*, la petite Esule, 159. A.
o. 3244. *Euphorbia tuberosa*, le Tithymale tubéreux, *ibid.* P.
o. 3245. *Euphorbia Lathyris*, l'Epurge, *ibid.* B.
o. 3246. *Euphorbia Terracina*, le Tithymale de Terracine, 160. A.
o. 3247. *Euphorbia Apios*, le Tithymale Apios, *ibid.*
o. 3248. *Euphorbia Genistoïdes*, le Tithymale en forme de Genest, *ibid.* P.
o. 3249. *Euphorbia spinosa*, le Tithymale épineux, *ibid.* P.
o. 3250. *Euphorbia Epithymoïdes*, le Tithymale à fruits d'Epithyme, 161. P.
o. 3251. *Euphorbia dulcis*, le Tithymale doux des montagnes, *ibid.*
o. 3252. *Euphorbia Pithyusa*, le Tithymale à feuilles de Genièvre, *ibid.* P.
o. 3253. *Euphorbia Portlandica*, le Tithymale Portlandique, *ibid.* B.
o. 3254. *Euphorbia Paralios*, le Tithymale maritime, 162. P.
o. 3255. *Euphorbia Aleppica*, l'Euphorbe d'Alep, *ibid.* P.
o. 3256. *Euphorbia Pinea*, l'Euphorbe à feuilles de Pin, *ibid.*
o. 3257. *Euphorbia segetalis*, l'Euphorbe des blés, *ibid.* A.
o. 3258. *Euphorbia Helioscopica*, le Réveille-matin, *ibid.* A.
o. 3259. *Euphorbia serrata*, l'Euphorbe découpée à dents de scie, *ibid.* A.
o. 3260. *Euphorbia verrucosa*, l'Euphorbe à verrues, 163. B.
o. 3261. *Euphorbia corollata*, l'Euphorbe à corolle, *ibid.*
o. 3262. *Euphorbia Coralloïdes*, le Tithymale à tige de Corail, *ibid.* P.
o. 3263. *Euphorbia pilosa*, l'Euphorbe poileuse, *ibid.* P.
o. 3264. *Euphorbia Orientalis*, le Tithymale Oriental, 164.
o. 3265. *Euphorbia platyphylla*, l'Euphorbe à feuilles larges, *ibid.* A.
o. 3266. *Euphorbia Esula*, l'Esule, *ibid.* P.
o. 3267. *Euphorbia Cyparissias*, le Tithymale à feuilles de Cyprès, 165.
o. 3268. *Euphorbia Myrsinites*, le Tithymale Myrsinite, *ibid.* P.
o. 3269. *Euphorbia palustris*, le Tithymale des marais, *ibid.* P.
o. 3270. *Euphorbia hyberna*, le Tithymale d'Islande, 166. P.
o. 3271. *Euphorbia Dendroïdes*, le Tithymale en arbre à feuilles de Myrthe, *ibid.* P.
o. 3272. *Euphorbia Amygdaloïdes*, le Tithymale à feuilles d'Amandier, *ibid.*
o. 3273. *Euphorbia sylvatica*, le Tithymale des bois, *ibid.* P.
o. 3274. *Euphorbia Characias*, le Tithymale des ruisseaux, *ibid.* P.
583. 3275. *Euphrasia latifolia*, l'Euphraise à larges feuilles, 167. A.
o. 3276. *Euphrasia officinalis*, l'Euphraise commune, 168. A.
o. 3277. *Euphrasia tricuspidata*, l'Euphraise à trois pointes, *ibid.* A.
o. 3278. *Euphrasia odontites*, l'Euphraise pourpre & petite, 169. A.
o. 3279. *Euphrasia lutea*, l'Euphraise jaune, *ibid.* A.
o. 3280. *Euphrasia Linifolia*, l'Euphraise à feuilles de Lin, *ibid.* A.
o. 3281. *Euphrasia viscosa*, l'Euphraise visqueuse, *ibid.* A.
584. 3282. *Euryandra scandens*, l'Euryandre grimpante, 170.
585. 3283. *Exacum sessile*, la Centaurelle sessile, *ibid.*
o. 3283. *bis. Exacum pedunculatum*, la Centaurelle pédunculée, *ibid.* A.
o. 3284. *Exacum Guianense*, la Centaurelle de la Guiane, *ibid.*
o. 3285. *Exacum tenuifolium*, la Centaurelle violette, 171.
586. 3286. *Excœcaria Agallocha*, l'Agalloche, *ibid.* P.
587. 3287. *Fagara pentandra*, le Poivre des Indes, 172. B.
o. 3288. *Fagara pterota*, le Bois de fer, *ibid.* P.
o. 3289. *Fagara piperita*, le Poivre du Japon, *ibid.* P.
o. 3290. *Fagara Tragodes*, le Fagarier du Port-au-Prince, 173. P.
o. 3291. *Fagara octandra*, le Fagarier octandrique, *ibid.* P.
588. 3292. *Fagonia Cretica*, le Fagon de Crète, 174. A.
o. 3293. *Fagonia Hispanica*, le Fagon d'Espagne, *ibid.* B.
o. 3294. *Fagonia Arabica*, le Fagon d'Arabie, *ibid.*
589. 3295. *Fagus Castanea*, le Châtaignier, *ibid.* P.
o. 3296. *Fagus pumila*, le Châtaignier nain de l'Amérique, 179. P.
o. 3297. *Fagus sylvatica*, le Hêtre, *ibid.* P.
590. 3298. *Feramea corymbosa*, le Féramier à bouquet, 181. P.
o. 3299. *Feramea sessiliflora*, le Féramier à fleur sessile, *ibid.* P.
591. 3300. *Ferolia Guianensis*, la Férole de la Guiane, *ibid.* P.
592. 3301. *Ferraria undulata*, la Ferrarie ondulée, 182. P.
593. 3302. *Ferula communis*, la Férule commune, 183. P.
o. 3303. *Ferula glauca*, la Férule couleur vert d'eau, *ibid.* P.
o. 3304. *Ferula Tingitana*, la Férule de Tanger, *ibid.* B.
o. 3305. *Ferula Ferulago*, la Férule à larges feuilles, 184.

Fin de la Table du huitième Volume.

De l'Imprimerie de DEMONVILLE, rue S. Severin, 1778.

HISTOIRE
UNIVERSELLE
DU RÈGNE VÉGÉTAL.

HISTOIRE
UNIVERSELLE
DU RÈGNE VÉGÉTAL,

OU

NOUVEAU DICTIONNAIRE
PHYSIQUE ET ÉCONOMIQUE

DE TOUTES LES PLANTES QUI CROISSENT SUR LA SURFACE DU GLOBE :

CONTENANT leurs noms Botaniques & Triviaux dans toutes les Langues, leurs Claſſes, leurs Familles, leurs Genres & leurs Eſpèces; les endroits où on les trouve le plus communément; leur culture; les animaux auxquels elles peuvent ſervir de nourriture; leurs analyſes chymiques; la manière de les employer pour nos alimens, tant ſolides que liquides; leurs propriétés, non-ſeulement pour la Médecine des hommes, mais encore pour celle des animaux; les doſes & la manière de les formuler, & les différens uſages pour leſquels on peut s'en ſervir dans les Arts & Métiers, &c. &c. &c.

ON y a joint une Bibliothèque raiſonnée de tous les livres de Botanique, l'explication des différens termes uſités dans cette partie de l'Hiſtoire Naturelle, une notice de tous les ſyſtêmes, & enfin la liſte des Profeſſeurs & des Jardins Botaniques de l'Europe.

Ouvrage orné de 1200 Planches gravées en taille-douce par les meilleurs Maîtres, & deſſinées d'après nature.

Par M. BUC'HOZ, Docteur en Médecine, Médecin Botaniſte de Monſieur, & Médecin de Quartier Surnuméraire de ſa Maiſon; ancien Médecin de quartier de Monſeigneur le Comte d'Artois, & Médecin ordinaire de feu Sa Majeſté le Roi de Pologne; Aggrégé au Collège Royal & à la Faculté de Médecine de Nancy; Aſſocié des Académies de Mayence, de Châlons, d'Angers, de Dijon, de Béziers, de Caen, de Bordeaux & de Metz; Correſpondant de celles de Rouen & de Toulouſe; Membre de la Société Royale d'Agriculture de Rouen.

TOME NEUVIEME DU DISCOURS.

A PARIS,

Chez BRUNET, Libraire, rue des Écrivains, vis-à-vis le Cloître Saint-Jacques-la-Boucherie.

M. DCC. LXXVIII.

Avec Approbation, & Privilège du Roi.

HISTOIRE UNIVERSELLE DU REGNE VÉGÉTAL,

Ou nouveau Dictionnaire Physique & Économique de toutes les Plantes qui croissent sur la surface du Globe.

FRAGARIA, *le Fraisier.*

DESCRIPTION GÉNÉRIQUE.

Le caractere de ce genre de plante est d'avoir le pédicule du calice monophyle, plane, à demi découpé en dix; les découpures alternes sont extérieures, plus étroites. Les pétales de la corolle sont au nombre de cinq, un peu ronds, s'ouvrans, insérés au calice; les filamens des étamines sont au nombre de vingt, en forme d'alêne, plus courts que la corolle, insérés au calice; les antheres sont lunulaires, les germes du pistil sont nombreux, très-petits, ramassés en petite tête; les styles sont simples, insérés au côté du germe; les stygmates sont simples; la baie est le réceptacle commun des semences; le réceptacle est rond, ovale, pulpeux, moû, grand, colorié, tronqué par la base, il tombe; les semences sont nombreuses, très-petites, pointues, parsemées par toute la superficie du réceptacle.

CLASSES.

Ce genre de plante fait partie de la sixieme classe de Tournefort, qui comprend les fleurs rosacées, & de la douzieme de Linnæus, destiné aux plantes icosandriques, polyginiques. Cet Auteur en a décrit trois espéces.

PREMIERE ESPECE.

La premiere espéce est le Fraisier commun. *Fragaria vesca, Fragaria flagellis reptans. Linn. Esp. Plant.* 708. *Hort. Clif.* 192, *Hort. Upf.* 133. *Flor. suec.* 414, 450. *Mat. Medic.* 245. *Roy. Lugd. Bat.* 274. *Haller Helv.* 243. *Fragaria vulgaris Bauh. Pin.* 326. *Flor. Lapp.* 209. *Gron. Virg.* 56. *Fragaria fructu albo Bauh. Pin.* 326; en Allemand, *Erdber-kraut*; en Anglois, *Strawberry-plant.*; en Italien, *Fragole.*

Description.

Le Fraisier est une plante basse, qui jette dès sa racine des pédicules longs, rougeâtres, velus, qui soutiennent chacun trois feuilles, larges d'environ un pouce, sur deux travers de doigt de longueur, dentelés, de couleur verte en dessus, velues, blanchâtres, & nerveuses en dessous. Il sort aussi de la même racine d'autres pédicules ronds & velus, de même que les précédens; les derniers soutiennent chacun une fleur, composée ordinairement de cinq pétales blancs, disposés en rose, compris dans un calice découpé en dix parties; du milieu de ces fleurs s'éleve un petit bouton jaunâtre, lequel grossit peu à peu, & se change, après que la fleur est passée, en un fruit d'abord verd, pâle, puis rouge, moû, succulent, vineux, d'un goût doux, délicieux, & d'une odeur très-agréable. Cette plante produit encore quelques filamens longs, menus, qui serpentent à terre, & prennent racine, & que l'on appelle *coulans*; c'est par les secours de ces filamens que cette plante se multiplie, ainsi que nous le dirons en parlant de sa culture; sa racine est menue, noirâtre, garnie de filets.

Figure.

Le Fraisier est très-bien représenté dans le Traité des Arbres fruitiers, par M. *Duhamel*, pl. 1, page 262.

Lieu de sa croissance.

Il est vivace, & croît naturellement dans les endroits escarpés, stériles, rudes, de la partie Septentrionale de l'Europe.

Deuxieme espéce & Description.

La deuxieme espéce est le Fraisier monophyle. *Fragaria monophylla, Fragaria foliis simplicibus. Linn. Syst. Veg. Edit. XIII. Murr* 39. Cette espéce ne feroit-elle pas plutôt une variété de la premiere: car sa premiere feuille est ternée, mais sa hampe est plus longue, ses pétales plus petits, ses calices plus découpés. Voyez ce que nous en dirons ci-après, en parlant de l'Histoire Naturelle des Fraises, par M. Duchesne.

TROISIEME ESPECE.

La troisieme espéce est le Fraisier stérile. *Fragaria*

ſterilis, *Fragaria caule decumbente repente. Linn. Sp. Plant.* 709. *Roy. Lugdb.* 274. *Dalib. Pariſ.* 14. *Sauv. Monſp.* 177. *Huds. Angl.* 195. *Fragaria ſterilis, ſeu minima veſca, hirſuta, minime incana. Moris. Hiſt.* 2, *p.* 186. *Sect.* 2. *Fragaria Sylveſtris minime veſca ſeu ſterilis. Lob. &c.* 398.

Deſcription.

Ses rejettons ſont épars, applatis, couverts des ſtipules lanceolées, ferrugineuſes; ſes feuilles ſont ternées, ovales, découpées à dents de ſcie, émouſſées, plus lâches, poileuſes, ſoyeuſes, blanches en deſſus, à petiole très-poileux; ſes tiges portent des fleurs, ſont filiformes, couchées, lâches, à feuilles rares plus petites; ſes fleurs ſont ſolitaires, pedunculées, blanches. Cette eſpéce n'a point de coulant.

Figure.

Elle eſt repréſentée dans l'Hiſtoire des Plantes, par Moriſon, tom. 2, ſect. 2, pl. 19, fig. 5, & dans les planches de Lobel, pl. 648.

Lieu de ſa naiſſance.

Elle eſt vivace, & croît naturellement dans l'Angleterre, la Suiſſe.

Obſervation.

M. du Cheſne, fils, a publié une Hiſtoire naturelle des Fraiſes, dans laquelle il a établi des races, & une généalogie, de même que le célébre M. de Buffon a fait à l'égard des chiens. Il admet dans le Fraiſier dix races, auxquelles ſe doivent rapporter pluſieurs variétés.

Premiere Race.

La premiere race eſt le Fraiſier des mois. *Fragaria bis fructum ferens, Tournef.* 245, *Fragaria ſemper florens.* C'eſt la race la plus parfaite, d'où toutes les autres tirent leur origine. Elle croît naturellement à Bergemont, à l'origine des Alpes, ſur un côteau, au milieu d'un amas de montagnes. Ce Fraiſier fleurit & donne des fruits toute l'année, en obſervant quelques précautions. On en élevoit beaucoup à Trianon dans le Jardin Botanique du temps du feu Roi.

Deuxieme Race.

La deuxieme race eſt le Fraiſier des bois. *Fragaria ſylveſtris. Du Cheſne* 61. *Fragaria veſca ſylveſtris. Linn. Ex. Plant.* 709. Il eſt fort commun dans tous les bois de la France. On prétend qu'il peut le diſputer au Fraiſier de tous mois, pour être la race primitive des autres Fraiſiers. Le Fraiſier des bois ſe diviſe en pluſieurs variétés. On nomme la premiere, Fraiſier panaché. *Fragaria ſylveſtris variegata. Du Cheſne* 69. *Fragaria vulgaris, variegatæ, folio Tournef.* 294. M. de Juſſieu a trouvé cette variété à Meudon. La deuxieme variété de la deuxieme race eſt le Fraiſier blanc. *Fragaria ſylveſtris alba. Du Cheſne* 71. *Fragaria vulgaris fructu albo Vaill. Bot. Paris.* On trouve cette variété aſſez fréquemment dans les bois. La troiſieme variété eſt le fraiſier double. *Fragaria ſylveſtris multiplex. Du Cheſne* 74. *Fragaria fructu rotundo ſuaviſſimo flore duplici. Tournef.* 256. On prétend que cette variété nous vient d'Angleterre. La quatrieme eſt le Fraiſier à crochet. *Fragaria ſylveſtris Botry formis. Du Cheſne* 79. *Fragaria Botry formis uno petiolo novem Fraga gerens. Tonig. Eph. Nateur.* 1685, *pag.* 83. On ne retrouve plus cette variété, c'étoit peut-être une monſtruoſité. La cinquieme eſt le Fraiſier de Plimouth. *Fragaria ſylveſtris muricata. Du Cheſne* 82. *Fragaria flore viridi. Tourn.* 296. M. du Cheſne fait ſur cette variété un grand commentaire, qui tend à prouver que les Auteurs l'ont mal décrite, & qu'elle n'exiſte plus. On prétendoit cependant qu'elle venoit de Plimouth. La ſixieme eſt le Fraiſier coucou. *Fragaria ſylveſtris abortiva. Du Cheſne* 107. *Fragaria tradeſcanti Park.* 526. Cette variété fleurit toujours & avorte; c'eſt pourquoi on l'a détruit dans tous les Jardins.

Troiſieme Race.

La troiſieme race eſt le Fraiſier freſſant. *Fragaria Hortenſis. Du Cheſne* 113. *Fragaria parvi pruni magnitudine. Tourn.* 296. On le cultive à la Ville du Bois & dans pluſieurs Villages aux environs de Montlhery, à ſix lieues de Paris, de même qu'à Montreuil. M. du Cheſne, en ſemant le Fraiſier de bois, a gagné une variété à fruit. *Fragaria hortenſis alba. Du Cheſne* 118.

Quatrieme Race.

La quatrieme race eſt le Fraiſier ſans coulans. *Fragaria abſque flagellis. Du Cheſne* 119. Ce Fraiſier paroît provenir du Fraiſier des bois.

Cinquieme Race.

La cinquieme race eſt le Fraiſier de Verſailles. *Fragaria monophylla. Du Cheſne* 124. Le premier individu de cette race eſt venu de graine en 1761 à Verſailles.

Sixieme Race.

La ſixieme race eſt le Fraiſier verd. *Fragaria viridis. Du Cheſne* 155. Il nous vient d'Angleterre.

Septieme Race.

La ſeptieme race eſt le Capiton. *Fragaria moſchata. Du Cheſne* 145. *Fragaria peregrina hirſuta fructu rubro moſchata. Tourn.* 296. On cultive cette eſpéce, à cauſe de ſa groſſeur, pour parer les tables; elle différe de toutes les eſpéces précédentes, de même que la ſuivante, en ce que les fleurs mâles & femelles ſont ſur des individus différens.

Huitieme Race.

La huitieme race eſt le Frutillier. *Fragaria chiloenſis. Du Cheſne* 165. M. Freſier eſt le premier qui a apporté en France cette race. On en cultive des champs entiers aux environs de la Ville de la Conception.

Neuvieme Race.

La neuvieme race eſt le Fraiſier-Ananas. *Fragaria Ananaſſa.* Cette eſpéce ſemble s'approcher de l'Ananas par ſon parfum délicieux. Cette race nous vient de l'Amérique Septentrionale: il y en a une variété panachée.

Dixieme Race.

La dixieme race eſt le Fraiſier écarlatte. *Fragaria Virginiana. Du Cheſne* 204. Il nous vient de Virginie.

Obſervation ſur les Races.

M. du Cheſne regarde le Fraiſier des mois comme le pere de tous les Fraiſiers, & par cette raiſon il le met à la tête de l'arbre généalogique qu'il a placé au commencement de cette famille de plantes. Le Fraisier de bois qui n'en différe, selon lui, qu'en ce qu'il végete plus lentement, est immédiatement au-dessous, comme produit par lui. On voit plus bas sortir de cette race d'abord les trois variétés du Fraisier panaché, du Fraisier blanc, & du Fraisier coucou. Les deux premieres à feuilles panachées & à fruits blancs, se trouvent fréquemment, & sont visiblement de la race des Fraisiers de bois. Le Fraisier coucou, qui se distingue surtout par sa stérilité, paroît aussi n'en être qu'une variété défectueuse. Le Fraisier double, le Fraisier à crochet, & le Fraisier de Plimouth, qu'il place ensuite dans son Arbre généalogique, sont bien sûrement encore de la même race, mais ce sont moins des variétés que de simples individus extraordinaires; l'un par le nombre multiplié de ses pétales, le deuxieme par la conformation monstrueuse de ses fruits, & l'autre par plusieurs difformités, telles que l'absence des pétales qui sont remplacées par des appendices foliacées du calice, & l'avortement de ses ovaires, qui, changeant de forme, deviennent des piquans. Ces deux Fraisiers sont perdus; il n'y a que le Fraisier à fleurs doubles qu'on trouve encore, & dont on doit la conservation aux soins des curieux qui l'ont multiplié par ses coulans.

Il n'en est pas ainsi du Fraisier fressant, du Fraisier sans coulans, & du Fraisier de Versailles. Quoique nés une seule fois du Fraisier des bois, comme le Fraisier double, ils se reproduisent par leurs graines, & forment trois races distinctes : la premiere fort semblable à celle des Fraisiers des bois, est seulement plus forte & plus sujette à luxurier; le Fraisier blanc en est une variété, comme nous l'avons observé. On reconnoît la race du Fraisier sans coulans, par la privation de cette partie; les feuilles simples font reconnoître celle du Fraisier de Versailles; mais tous ces Fraisiers ont plusieurs caractères communs; le verd de leurs feuilles est le même; elles sont également blanches en-dessous : elles sont plissées dans leur jeunesse; leurs tiges à fleurs sont plus longues que les queues de leurs feuilles; leurs calices s'évasent à plat, & leurs fruits qui se colorent d'un rouge de sang, à moins qu'ils ne restent blancs, sont composés d'une pulpe juteuse fort légere & mêlée d'air : cette pulpe ne se boursouffle que rarement, & très-peu entre les ovaires; enfin elle laisse dans le centre du support autour du moyeu, un vuide qui occasionne souvent la rupture du reste; de sorte que la plûpart de ces fruits tombent quand ils sont mûrs. Toutes ces races & ces variétés peuvent donc se rapporter facilement à une origine commune : ce sont plusieurs branches d'une même souche. Le Fraisier de bois ordinaire est le seul des dix qui croisse naturellement dans les lieux sauvages, comme le Fraisier des mois.

Le Fraisier verd doit faire bande à part, s'il est vrai qu'il habite aussi quelque lieu inculte, comme on le prétend. Il paroît tenir plus particuliérement du Fraisier des mois par un peu plus de vivacité dans sa végétation que n'en a le Fraisier de bois; mais il différe de l'un & de l'autre, principalement par ses fruits plus compactes, dont la chair se boursouffle entre les ovaires, & qui reste toujours de couleur verte en-dessus : la couleur un peu plus brune de ses feuilles, leur grandeur moindre, la présence d'appendices sur leurs queues, la hauteur des tiges, la force des étamines & autres caractères particuliers auxquels on ne peut gueres assigner de causes, jettent encore de l'indécision sur l'origine de ce Fraisier. M. du Chesne le suppose né immédiatement du Fraisier des mois.

Si le Capiton n'est pas une plante originairement distincte du Fraisier, il est à croire qu'il est né du Fraisier verd, plutôt que de tout autre; il a de commun avec lui la solidité de ses fruits & la force de ses étamines : mais il en différe par sa grandeur, par l'absence des appendices des feuilles qui se voient dans l'autre, par la forme des bouquets de fleurs, la disposition des calices à se renverser, & plus encore par la séparation des sexes sur deux individus.

Le Fraisier écarlate différe du Fraisier des bois par un grand nombre de petits caracteres; cependant il ne peut gueres avoir pris naissance que de cette race : l'influence du climat paroît y avoir produit les principaux changemens, puisqu'on l'observe également dans les deux autres races de l'Amérique; les feuilles ne sont pas plissées dans le bourgeon; elles sont plus seches & d'une consistance coriacée; leur couleur est toute différente; les calices se referment sur le fruit, &c. Tous ces caracteres sont communs aux trois : la couleur & le parfum des fruits, la substance de leur chair, & son boursoufflement autour des ovaires, la forme des bouquets, dont les tiges sont très-courtes, & plusieurs autres petits caracteres, sont particuliers à celui-ci.

Le Futilier tire son origine du Capiton, comme le Fraisier écarlate du Fraisier des bois : il paroît en effet y avoir subi les mêmes changemens par l'influence du même climat. La grosseur prodigieuse de ses fleurs, de ses fruits, & de toutes ses parties, ainsi que leur velu, sont seulement particuliers à cette race.

Le Fraisier-Ananas présente une filiation d'une autre nature; il est metis du Fraisier écarlate & du Frutiller; il ressemble au premier par ses feuilles, ses tiges, ses fleurs; il se rapproche du second par sa force & par toutes les qualités de ses fruits, grosseur, couleur, substance & parfum.

Culture.

On remarque assez généralement que les plantes élevées dans les Jardins sont plus grandes que les individus sauvages de la même espéce; leur suc est plus abondant; mais il est en même-temps moins actif. Cette diminution de force est avantageuse dans la cerise, dans la poire, dans le melon, dans les racines & les herbes potageres, & dans d'autres plantes employées pour aliment; elle est désavantageuse au contraire dans celle qu'emploie la Médecine, parce qu'elles perdent leur vertu avec leur force. La Fraise est peut-être le seul fruit qui veut conserver cette nature sauvage : elle a, comme le gibier, un fumet qui ne demande pas à être affoibli; on lui procure de la grosseur en la cultivant, & l'on diminue la vivacité de son goût; mais heureusement cette différence est peu sensible. Une autre observation, c'est que les individus ainsi engraissés dépérissent promptement, & cessent en peu de temps de rapporter de bons fruits; c'est pourquoi on est obligé de les renouveller : ce qui se fait de deux manieres, soit de graine, soit par les coulans, qui sont les moyens que la nature nous présente.

Lorsque les Fraises sont assez mûres pour être mangées, les graines le sont assez pour qu'on puisse les semer; on les fait sécher à l'ombre sur du papier, après quoi on les frotte légérement dans les mains pour en détacher les graines les plus mûres; on jette ensuite la graine sur une terre fine sans la recouvrir; quand elle s'est pelotée naturellement, on y répand un peu de mousse hachée, pour empêcher le hâle & garantir le jeune plant d'être renversé par la pluie ou les arrosemens : on ôte la mousse quand les deux ou trois premieres feuilles de la plante sont développées; c'est ordinairement dans des pots qu'on séme la graine de Fraise; ces pots doivent avoir cinq ou six pouces de profondeur : on les met dans des terrines pleines d'eau, où on les enfonce en terre, d'où on les tire quand la plante a trois ou quatre feuilles; si le plant est assez fort on pourra le repiler dès le mois d'Octobre, & pour ne le pas risquer seulement au mois de Mars suivant : repiqué ou non, il n'exige aucun soin pendant l'hyver; pendant tout l'été il faudra avoir soin de biner, sarcler & arroser les jeunes plants. Sur la fin d'Avril de l'année suivante, c'est-à-dire vingt-un ou vingt-deux mois après qu'on les aura semées, on voit les Fraisiers donner leurs premieres fleurs; leurs fruits mûrissent avec les autres dans la saison; cependant il y a des pieds qui attendent la troisieme ou la quatrieme année pour donner; mais mis dans la serre chaude ils peuvent fleurir dès le onzieme mois : le Fraisier de mois a cela de particulier, qu'il fleurit au quatrieme mois.

En cueillant le fruit on examine les meilleures espéces, on les numérote, & on les met en pepiniere pour propager; on prend donc un individu, on le place au milieu d'une planche de cinq ou six pieds de long, & isolé, pour éviter que les coulans de l'un ne se mêlent avec ceux des voisins. Au mois d'Octobre la planche sera couverte de plants : si l'on n'a pas besoin d'une si grande quantité de pieds, & qu'on aime mieux qu'ils soient assez forts pour rapporter l'année suivante, il n'y a qu'à couper tous les cœurs qui sont aux extrémités des coulans, & ne conserver que les deux premiers; mais si l'on veut en avoir beaucoup, tout sera bon.

Il faut observer que le terrein de la pepiniere soit sableux & plus maigre que celui du Jardin où l'on veut planter les Fraisiers.

On portera dans les Jardins, à la fin d'Octobre, les pieds qui se trouveront les plus forts, & on les plantera comme il sera dit plus bas. On peut employer aussi les vieux pieds, en les déchirant, & supprimant leurs racines ligneuses pour les rajeunir. On replantera les petits pieds pour faire la seconde pepiniere, comme les Habitans de la Ville du Bois qui sont fort adonnés à cette culture; mais si les races qu'on veut propager sont plus fortes que la leur, il faudra augmenter les distances.

Dans une piece de terre de dix-huit pieds de large ou environ, ils font six rangs, mettant le premier à un pied & demi du bord, & les suivans à trois pieds les uns des autres. La longueur n'est pas limitée; mais s'ils veulent faire une seconde planche de même largeur à côté, ils laissent entre les deux un sentier d'un pied pour former un passage. C'est sur ces rangs qu'au mois de Novembre ils plantent les jeunes pieds cinq ou six à chaque touffe, à dix, douze ou quinze pouces de distance, les Fraisiers y jettent quelques racines pendant l'hiver, & au printems les coulans ne tardent pas à s'étendre. On attend la pluie pour sarcler, biner & en même-temps enfoncer en terre les racines des nouveaux cœurs, mettant une motte de terre sur le coulant pour qu'il ne puisse pas être dérangé. Les bons Cultivateurs coupent les tiges à fleurs dès qu'elles paroissent, parce que par ce moyen les pieds produisent plus de coulans & les nourrissent mieux; ce qui paroît d'autant plus vraisemblable, que par la raison contraire il est généralement d'usage de supprimer les coulans pour laisser les Fraisiers fructifier.

Sur la fin de Mai les gens de Montreuil & autres qui veulent acheter du plant, viennent examiner les espérances de l'année; ils choisissent les cantons qui leur plaisent, conviennent du prix avec les propriétaires & donnent des arrhes; on achete la dépouille d'une certaine étendue de terre : c'est par quarte qu'elle se mesure entr'eux; la quarte qui est la mesure d'un quartier, contient cinquante-six toises, c'est-à-dire un peu plus de six perches. La quantité de Fraisiers qui s'y trouvent se nomme aussi une quarte; elle vaut depuis vingt-quatre jusqu'à trente-deux livres, suivant la beauté & la rareté du plant, dans certaines années. Quelquefois l'acheteur visite le plan pendant la fleur pour la couper lui-même, d'autres attendent qu'il y ait du fruit pour en goûter. De toute façon ce n'est qu'après la Saint-Martin, à la fin de Novembre qu'ils enlévent le plant, & pendant cet espace de temps la terre se couvre de nouveaux milliers de coulans qu'on a toujours soin d'y enfermer à mesure dans les temps de pluie, en ôtant les herbes inutiles; lorsqu'ils ont payé le reste du prix, ils vont arracher le plant eux-mêmes, après une pluie, soulevant la terre avec une houe & tirant les Fraisiers avec la main par les feuilles, les racines viennent avec sans se rompre & sans emporter de terre. Revenus chez eux, ils les épluchent, coupent l'extrémité des racines, ôtent les mauvaises feuilles & les anciens coulans devenus inutiles; ils suppriment pareillement les cœurs trop foibles à l'extrémité, ne conservant à chaque coulant que le premier & le second de ces cœurs les plus près des vieux pieds; ils les mettent en dépôt pour leur faire passer l'hiver; il se trouve environ dans une quarte douze à quinze mille bons pieds après qu'ils sont épluchés; aussi le millier de plant coute-t-il environ quatre à cinq livres aux Bourgeois qui veulent en avoir.

En plantant les Fraisiers de cette dépouille, ils peuvent couvrir trois quartiers de terre; mais ils n'occupent pendant l'hiver dans le dépôt, qu'un bien plus petit espace qui se réduit environ à vingt-quatre pieds quarrés. C'est dans des plattes bandes de trois ou quatre pieds au bas d'un mur, que les gens de Montreuil font ces dépôts; pour cela ils ouvrent à un bout une petite tranchée où ils couchent les Fraisiers près à près, comme on fait ordinairement pour les buis nains & pour plusieurs autres plantes; après avoir garni d'un pouce de terre ce premier rang, ils en font un second qu'ils garnissent de même, & ainsi de suite. Le mieux est de déposer ainsi le plant dès le lendemain qu'on l'a levé; cependant il peut attendre plusieurs jours s'il le faut, pourvu qu'il soit dans un lieu frais; on le feroit également parvenir aux extrémités du Royaume & chez l'Etranger, pourvu qu'on eut soin d'emballer le paquet avec de la mousse humide, & d'en garnir l'intérieur entre chaque lit. Les Fraisiers doivent rester pendant quatre ans dans ce dépôt pour s'y fortifier, avant que d'être plantés : cette pratique est une des plus essentielles pour procurer aux Fraisiers leur grosseur, & sur-tout leur fertilité prodigieuse.

Les vieilles pepinieres servent encore aux Habitans de Montlheri une année, contre la Coutume de Montreuil, où l'on ne veut point de vieux pieds, qu'on nomme les meres; ils les laissent donc en place, & au printemps suivant les coulans poussent de nouveau, & font une seconde récolte de plants : quand ils détruisent leurs pepinieres, ils jettent les vieux pieds de Fraisiers qui ne valent plus rien, & ils y sement de l'orge, ensuite ils y remettent l'année d'après du Fraisier : on doit préférer néanmoins pour ce plant les terres neuves ou reposées de cinq ou six ans. Quand on ne peut vendre le plant dans le Pays, on attend la récolte des Fraises, pour ne pas tout perdre; mais les Fraises ne sont pas si belles, ni en si grande quantité qu'à Montreuil, où les Fraisiers ne fructifient que l'année suivante.

On n'éleve pas en pepinieres le Fraisier sans coulans; il talle si considérablement, qu'avec un seul vieux pied qu'on déchire on peut en former trente ou quarante, ne prennant qu'un cœur pour chaque, ce qui suffit : on peut donc le multiplier ainsi; on peut

peut aussi le multiplier de graines, puisqu'il fait race; mais ce moyen est plus long.

Avant de finir l'article des pepinieres, nous observerons que ceux qui n'ont qu'un petit terrein, & qui par conséquent n'ont pas la facilité d'en faire, peuvent renouveller & multiplier leurs Fraisiers, en déchirant en trois ou quatre chacun des pieds qu'ils détruisent, & replantant ces cœurs séparément. On doit toujours préférer les œilletons aux coulans qu'on auroit conservé.

Quant à la culture que demandent ensuite les Fraisiers, la premiere chose est le choix de la terre; celle de Montreuil, où ils réussissent bien, est une vraie terre franche, brune, qui ne s'attache pas plus aux mains que le sable, & où l'eau se trouve à huit, dix, douze ou quinze pieds en fouillant; elle est si bonne, qu'elle ne demande point même de fumier, si on en croit d'habiles Cultivateurs de ce canton: les terres neuves, comme seroient un pré, un gazon, une allée dans un parc, ou même des parties de terres labourées, doivent être préférées à celles qu'on auroit cultivées en potager depuis long-temps. Il faut au moins qu'il n'y ait point eu de Fraisier depuis douze ou quinze ans, mais les terres neuves valent toujours mieux.

La largeur des planches qu'on leur destine est de quatre pieds, & celle des sentiers de deux pieds. Cet espace est nécessaire pour sarcler & renforcer la planche, & pour cueillir commodément le fruit: on fait quatre rangs dans ces planches à un pied les uns des autres, & six pouces de bord, & l'on y plante les Fraisiers en échiquier, à huit, neuf à dix pouces de distance, ou même à un pied. Il ne faut que trois rangs pour les Fraisiers écarlates, à seize pouces de distance en tout sens; on ne fera pareillement que trois rangs pour les Fraisiers-Ananas; mais on éloignera chaque pied de vingt pouces dans les rangs: pour les Frutilliers, il ne faut que deux rangs, & les écarter à deux pieds dans les rangs; il faut avoir soin de placer entre chaque rang des Capitons & des Frutilliers des individus mâles pour féconder les femelles, & mettre au moins un mâle pour quatre femelles.

Il faut labourer la terre & la purger des racines vivaces avant de planter. Le temps que les gens de Montreuil destinent à la plantation est le mois de Mars ou d'Avril: ils tirent les Fraisiers du dépôt où ils ont passé l'hyver, & les portent à leurs places dans les quarrés, pour qu'ils prennent tout leur accroissement pendant l'été: ils plantent ordinairement deux pieds ensemble, mais ils mettent seuls ceux qui sont extrêmement forts. Ces Fraisiers ne doivent pas fleurir dans l'année; mais ils tallent considérablement, & préparent pour l'année suivante une récolte assez abondante pour dédommager de la non valeur de la terre pendant treize à quatorze mois.

Quant au plant qu'on tire des bois, on les leve au commencement de Septembre pour les planter sur le champ. Quelques personnes les plantent dès le mois d'Avril, afin qu'ils deviennent plus forts, & afin que la récolte en soit plus considérable: on peut, à proprement parler, transplanter les Fraisiers dans tous les mois de l'année, même pendant les plus grandes chaleurs de l'été, pourvu qu'on ait soin de les en garantir & de les arroser souvent. A l'égard des vieux pieds qu'on veut multiplier en les déchirant, quoiqu'on puisse le faire presqu'en tout temps, il vaut mieux choisir le mois de Septembre ou d'Octobre: le temps humide est toujours le plus favorable à ce replant.

Il faut sarcler la Fraisiere, ainsi qu'on fait pour les autres plantes, & de plus l'effiler, c'est-à-dire, supprimer les filets ou coulans que donnent si abondamment les Fraisiers. Cette derniere opération est très-essentielle: pour la faire, il faut choisir un temps sec; quand la terre est trop humectée on court risque d'arracher les pieds, au lieu de casser les coulans; on doit en outre tenir le pied d'une main, tandis qu'on arrache de l'autre. On réitere cette opération cinq à six fois dans une campagne.

Quand on a sarclé & éfilé, on donne ordinairement un serfouillage, ayant soin de rehausser les pieds des Fraisiers qui s'exhaussent toujours peu à peu.

Les Fraisiers, naturellement habitans des bois, ne peuvent s'accoutumer absolument au plein air; il leur faut un peu d'abri; les murs leur en donnent assez dans les petits Jardins: mais pour les cultiver dans les champs, il faut leur en procurer avec des paillassons de trois pieds & demi, ou quatre de haut.

On commence par en mettre un dans la longueur de la piece de terre à l'exposition du midi ou du levant, selon qu'elle se rencontre; ensuite on en met d'autres en travers, qui tombent d'équerre sur le premier, & sont comme des murs de refend, éloignés de vingt-quatre pieds les uns des autres; ils renferment aussi trois planches de quatre pieds, trois sentiers de deux pieds, & deux demi planches. Ce n'est qu'à l'entrée de l'hyver, à la Saint-Martin, qu'on place les paillassons autour des Fraisiers plantés au printemps précédent. Ils y restent jusqu'à ce qu'on détruise les Fraisiers, c'est-à-dire, près de dix-huit mois.

Lorsque les Fraises commencent à grossir, il faut avoir soin de couvrir la terre avec quelque chose qui empêche la pluie de les crotter, ce qui les mettroit hors d'état d'être mangées: les Hollandois y répandent du sable, plusieurs Cultivateurs de la paille brisée, & les Anglois de la mousse. Quand les Fraises sont mûres, il faut les cueillir, ayant soin de les toucher très-délicatement de peur de les briser; elles ne se conservent bonnes qu'un jour après être cueillies. Pour que les Fraises des bois soient mûres, il faut qu'elles soient rouges en totalité & d'une couleur assez foncée; les Fraises blanches prennent en mûrissant un œil jaunâtre & lustré, qui les distingue facilement de celles qui ne seroient pas mûres. Les Capitons sont ou blanchâtres, ou d'un rouge pourpré, mais toujours luisans dans leur maturité; celle des Fraises vertes se reconnoît de même à leur luisant. Les Fraises écarlates ont un avantage sur les autres; dès qu'elles rougissent elles sont bonnes à manger. La Fraise-Ananas est toujours assez pâle; elle veut être mangée avant qu'elle ait pris toute sa couleur. Plusieurs sont dans l'usage de couper toutes les feuilles des Fraisiers rez près de terre, quand leur fruit est passé, pour empêcher, dit-on, la trop grande quantité de coulans de pousser. Cette opération n'est pas des plus nécessaire. M. du Chesne croit même qu'elle est nuisible; quand on la fait on enléve la paille ou la mousse qui sont inutiles.

A la premiere récolte chaque pied de Fraisier fressant rapporte à Montreuil trois ou quatre cents Fraises; c'est la plus forte. On traite les Fraisiers pendant l'été & l'hyver qui suivent cette premiere récolte, comme on a fait l'année précédente: pour attendre la seconde récolte qui se fait au commencement de la troisieme année depuis la plantation, c'est-à-dire, à la fin de la troisieme depuis la formation des coulans dans la pepiniere; cette récolte est beaucoup moins abondante que l'autre; immédiatement après on détruit les Fraisiers.

Ordinairement on ne voit plus de Fraises à la fin de Juillet. Cependant on en aura plus tard, si on a retardé la fleuraison des Fraisiers, en les exposant au Nord, & les plantant dans une terre froide &

humide ; mais ces Fraises n'ont pas aussi bon goût.

On peut encore en coupant les fleurs lorsqu'elles paroissent, & arrosant les Fraisiers abondamment pendant l'été, les forcer à en produire de nouvelles qui donnent des Fraises en Septembre & Octobre, même en Novembre : on hâte aussi les Fraisiers en les plantant en espalier, & sur-tout au pied des murs de terrasse ; ils donnent aussi du fruit dès le mois de Mai en certaines expositions. Mais on est parvenu à en avoir beaucoup plutôt : l'art de la culture des primeurs force les Fraisiers à produire des fruits bien avant leur saison naturelle ; & quoique ces Fraises perdent quelque chose de leur parfum, le déchet en est moins considérable que celui des autres fruits hâtés. La chaleur empruntée du fumier ou du feu, l'abri des vitres qui empêche la communication de l'air extérieur, sont les deux mobiles de cette culture industrieuse : nous ne voulons pas en donner ici les régles, cela allongeroit trop cet article.

M. Richard, Jardinier Botaniste du Roi à Trianon, entend merveilleusement cette culture : il faut avoir vu par soi-même les soins & les peines que se donnoit cet habile Jardinier, pour fournir tous les jours de l'année des Fraises destinées à être servies sur la table de feu Louis XV.

Le Fraisier a plusieurs ennemis redoutables : le premier est le hanneton ; il est très-dangereux tandis qu'il est encore sous sa premiere forme, & qu'il vit en terre des racines qu'il dévore. Sa larve est connue à Paris sous le nom de verblanc ; à la Ville du Bois sous celui de guillot ; ailleurs sous ceux de taon, de lur, de lisette ; à Montreuil sous celui de ver à Fraisier. Cet insecte s'attache aux racines, & les ronge entiérement si on le laisse faire ; dès qu'on s'apperçoit qu'un pied en est attaqué par la flétrissure & le roulement de ses feuilles, il faut l'enlever, écraser la larve, & couper avec la serpette tout ce que la dent de l'insecte a rongé : on le replante ensuite, ayant soin de le couvrir avec un pot renversé. Le meilleur reméde pour éloigner les hannetons des Fraisiers, c'est de semer des laitues dans la planche ; les hannetons s'attachent préférablement à la laitue, & abandonnent le Fraisier. Le cloporte ou mille pied est aussi très-nuisible au Fraisier. Il faut avoir soin de tuer cet insecte, & de supprimer la partie des racines qu'il a endommagée : les lumbrics, ou vers de terre, font pareillement beaucoup de tort à cette plante ; les limaçons & différentes limaces entament souvent les meilleures Fraises, la mousse les éloigne. Ils font encore beaucoup de mal aux premieres feuilles des jeunes Fraisiers qu'on éleve de graine, ce qui ôte toutes les espérances.

ANALYSE CHYMIQUE.

M. Geoffroy a fait l'analyse chymique de cette Plante ; de cinq livres de Fraises mûres distillées au bain de vapeurs, il est sorti trois livres deux onces de liqueur limpide, d'une odeur & d'une saveur pénétrante & vineuse, agréable, d'abord obscurément acide, ensuite manifestement acide ; treize onces sept gros de liqueur limpide manifestement acide, un peu austere ; la masse séche qui est restée dans l'alambic, étant distillée à la cornue, a donné deux onces un demi gros de liqueur roussâtre, empyreumatique, manifestement acide & astringente ; une once six gros trente-six grains de liqueurs rousse, empyreumatique, soit acide, soit salée & alkaline urineuse ; une once cinq gros d'huile épaisse comme de l'extrait ; la masse noire qui est restée dans la cornue pésoit une once quatre gros, laquelle étant calcinée pendant seize heures dans un creuset, a laissé six gros de cendres d'un gris brun dont on a tiré par la lixiviation, deux gros vingt grains de sel fixe purement alkali ; la perte des parties dans la distillation, a été de neuf onces un gros, & dans la calcination de six gros. Les Fraises ont une saveur vineuse, agréable, elles ont un suc visqueux, mêlé & tempéré avec beaucoup de mucilage, ou avec des parties terreuses & aqueuses ; ce suc étant fermenté devient vineux, & pour lors on peut en retirer un esprit ardent ; mais si on le laisse fermenter trop long-temps, il s'aigrit, se pourrit & se corrompt. Le suc des feuilles rougit légérement le papier bleu, mais celui des racines donne une couleur rouge plus foncée à ce même papier, & les racines ont une saveur un peu styptique & amère. Les racines & les feuilles paroissent contenir un sel essentiel, tartareux, nitreux, mêlé avec beaucoup de souffre & de terre astringente.

Propriétés alimentaires.

Personne n'ignore que les Fraises sont un des fruits rouges les plus agréables, on les mange en dessert avec du sucre & de l'eau, du vin ou de la crême. Les gourmets les préférent à sec ; quelques personnes les mêlent avec des Framboises. Les Lapons mangent avec délices les Fraises crues, & ils les font aussi entrer avec certaines Framboises du Pays dans les Kappatialmes, dont Me Linnæus nous apprend la composition. Le lait de Rennes, dit-il, est gras, il a le goût du lait de vaches, il est impregné de beurre & de quelques parties d'une graisse analogue au suif ; les Lappons en font beaucoup de fromage : pendant les préparations nécessaires pour cela, c'est-à-dire, quand le lait commence à se cuire sur le feu, ils enlévent à mesure les peaux qui se forment dessus, & les mêlent tout ensemble avec des Framboises, des Fraises & autres fruits semblables ; ce mêlange est le kappatialme ; ils en emplissent des estomacs de Rennes desséchés à la fumée, puis ramoli dans l'eau chaude, & le laissent sécher ainsi, pour qu'il acquierre une consistance de fromage : le second estomac que nous nommons *raiseau* ou *bonnet*, est celui qu'ils employent par préférence. Le kappatialme est pour eux un mets délicat, d'usage aux desserts ; ils en présentent aux Etrangers, & sur-tout aux jeunes demoiselles, en place de confiture sucrée. Rien ne leur paroît plus agréable. Les Confiseurs mêlent quelquefois des Fraises comme des Framboises avec les Groseilles ou les Cerises confites entieres, mais elles perdent leur goût ; elles donnent un parfum très-agréable aux gelées ; on ne les confit point à sec. On fait des compotes de Fraises en glissant le fruit dans du sucre cuit à perlé, & lui faisant prendre un bouillon couvert. Le dégré de cette cuisson doit être différent, suivant chaque sorte de Fraises. Les Capitons, les Fraises-Ananas, & les Frutilliers y paroitroient les plus propres, comme solides & grosses.

La Fraise est aussi employée dans la saison, comme la Framboise, pour parfumer la crême des desserts montés ; elle entre de même dans la liqueur qu'on nomme *Ratafia des quatre fruits rouges :* on pourroit peut-être en faire un totalement différent avec ses graines seules, il se rapprocheroit vraisemblablement des ratafias de noyaux.

L'eau de Fraise est une boisson fort agréable, qu'on sert pendant la saison dans les cafés, ou aux collations, avec les autres rafraîchissemens. Dans les Pays de Forêts on mange beaucoup de Fraises. La consommation qui s'en fait à Compiegne pendant le séjour de la Cour y est considérable. Pour en fournir à Paris il a fallu cultiver des campagnes entieres en Fraisiers.

Le goût des Fraises cultivées est plus délicieux ; mais la Fraise de bois est plus salutaire. Son suc fermenté donne du vin dont on peut retirer de l'esprit ardent; mais si on le laisse fermenter trop long-temps, il s'aigrit & se corrompt. Dans les Pays chauds on fait une boisson avec le suc de Fraises. Le suc de limon & de l'eau en égale quantité, mêlés ensemble avec un peu de sucre, forment cette boisson qu'on appelle *bavaroise à la Greque*, & qui est fort agréable. En Italie on broie la pulpe des Fraises avec l'eau de rose, & on en fait ensuite avec le suc de citron une conserve délicieuse.

Préparations alimentaires.

1°. *Eau de Fraise.* Prenez une livre de *Fraises* bien mûres, & un quarteron de Groseilles rouges, mettez-les toutes dans une terrine, écrasez-les ensemble, versez-y une pinte d'eau fraîche, & huit onces de sucre, laissez infuser le tout pendant une demi-heure; vous la passerez ensuite à la chausse jusqu'à ce qu'elle soit bien claire, & vous la mettrez dans un pot rempli d'eau & de glace: cette eau est ordinairement un peu teinte de rouge. Mais si on la fait avec des Fraises blanches, elle n'a point de couleur. La Fraise écarlatte étant fort rouge, feroit plus propre à cet usage, si son parfum étoit aussi vif que celui des Fraises communes.

2°. *Compote de Fraises.* Ayez de belles *Fraises* qui ne soient point trop mûres, épluchez-les, & les lavez, faites-les égoutter sur un tamis, mettez dans une poële une demi-livre de sucre, avec un peu d'eau, & faites cuire à la grande plume, vous connoîtrez sa cuisson en soufflant au travers de l'écumoire, qui ait trempé dans le sucre, s'il s'envole comme de la plume, jettez-y les Fraises, & les descendez de dessus le feu, laissez-les reposer un peu de temps dans le sucre, en les remuant doucement avec la poële; vous leur ferez ensuite faire un petit bouillon, & vous les retirerez promptement, si les Fraises vouloient se lâcher, & ne point rester entieres; quand elles seront à moitié froides, vous les dresserez dans le compotier.

3°. *Confiture, marmelade de Fraises.* Faites cuire à la grande plume deux livres; en le retirant du feu, mettez-y une livre de bonnes *Fraises* pilées, que vous aurez passé au travers d'une étamine, en les bourrant avec une cuilliere de bois, jusqu'à ce que le tout soit passé; mêlez bien les Fraises avec le sucre; vous mettrez votre marmelade dans des pots, & vous ne la couvrirez que lorsqu'elle sera froide.

4°. *Massepains de Fraises.* Echaudez une livre d'amandes-douces, que vous mettez égoutter pour les piler très-fins dans un mortier; lorsqu'elles seront bien pilées, vous mettez deux poignées de *Fraises* lavées & bien égouttées, que vous repilez encore, jusqu'à ce que les *Fraises* soient incorporées avec les amandes; vous aurez une livre de sucre cuit à la plume, que vous mêlez avec les amandes & les *Fraises*. Mettez le tout dans une poële sur un feu très-doux, pour faire dessécher la pâte, jusqu'à ce qu'elle quitte la poële; retirez-la pour la mettre sur une feuille, & pour la laisser refroidir; lorsqu'elle sera froide, vous la mettrez dans le mortier avec trois blancs d'œufs frais; repilez encore cette pâte l'espace d'un bon quart-d'heure, en y ajoutant un peu de sucre fin en le pilant. Dressez ensuite les massepains de la grosseur & figure que vous jugerez à propos; faites-les cuire dans un four doux.

5°. *Massepains glacés de Fraises.* Prenez une demi-livre d'amande douce, que vous échaudez & pilez très-bien dans un mortier; il faut y mettre en plusieurs fois, en les pilant, un blanc d'œuf, & quelques gouttes d'eau de fleurs d'orange, pour empêcher qu'elles ne tournent en huile. Vous avez dans une poële une demi-livre de sucre cuit à la plume, mettez-y les amandes pilées, pour les faire dessécher sur un feu doux, jusqu'à ce qu'elles quittent la poële; retirez-les ensuite pour les mettre refroidir; lorsqu'elles font froides, remettez cette pâte dans le mortier pour la repiler, en y ajoutant deux blancs d'œufs frais, & un peu de sucre fin, après quoi vous dressez les massepains de la grandeur que vous voulez; faites-les cuire dans un four doux: quand ils seront presque cuits, retirez-les pour les glacer avec de la marmelade de *Fraises*, que vous délayez avec un peu de blanc d'œufs; il faut qu'elle ait la consistance d'une bouillie; couvrez-en tout le dessus des massepains; remettez-les au four pour faire sécher la glace.

6°. *Crême de Fraises.* Ayez une pinte de bonne crême que vous mettez dans une poële avec un quarteron de sucre, faites-la bouillir, jusqu'à ce qu'elle soit réduite à moitié. Vous prenez deux bonnes poignées de *Fraises* épluchées & lavées, que vous pilez dans un mortier; délayez-les dans la crême; lorsqu'elle est à moitié froide, vous y délayez gros comme un pois de pressure; passez incontinent votre crême dans une serviette pour la mettre dans le compotier que vous devez servir; mettez ce compotier à l'étuve pour faire prendre la crême; lorsqu'elle sera prise, vous la mettrez rafraîchir sur de la glace.

7°. *Glace de Fraises.* Pour faire trois demi-septiers de glaces de Fraises, vous prenez une demi-livre de Fraises avec un demi-quarteron de Groseilles rouges, que vous écrasez ensemble dans une terrine; ajoutez-y une demi livre de sucre avec une chopine d'eau; laissez infuser le tout ensemble, l'espace d'un quart-d'heure, passez ensuite plusieurs fois à la chausse; si votre eau n'est point claire, dès la premiere, vous la mettrez dans une terrine jusqu'à ce que vous les placiez à la glace.

8°. *Fraises au caramel.* Mettez dans une poële un quarteron de sucre, ou une demi-livre, suivant la quantité de *Fraises* que vous voulez faire, avec un peu d'eau; faites-le cuire jusqu'à ce qu'il soit au caramel, d'une belle couleur de canelle; retirez-le de dessus le feu pour le mettre sur une cendre chaude, & empêcher qu'il ne se prenne; trempez-y de grosses *Fraises*, en les tenant par la queue; mettez-les à mesure sur une feuille de cuivre frottée légérement de bonne huile d'olive, vous les dresserez ensuite, comme vous le jugerez à propos.

9°. *Fraises en chemise.* Fouettez un blanc d'œuf, prenez-en un peu de mousse, suivant la quantité de *Fraises* que vous voulez faire; passez-les dans cette mousse, & les roulez dans du sucre fin; vous les mettrez à mesure sur une feuille de papier blanc placé sur un tamis; serrez-les à l'étuve, que la chaleur en soit très-douce.

10°. *Fromage glacé de Fraises.* Prenez un panier de *Fraises*, que vous épluchez & écrasez bien, vous les mêlerez ensuite avec une pinte de crême, & trois quarterons de sucre; laissez le tout ensemble pendant une heure, après vous le passerez au tamis; mettez votre crême dans une salbotiere, pour la faire prendre à la glace; lorsque votre crême sera prise, vous la travaillerez comme les glaces; vous la retirerez ensuite de la salbotiere, pour la mettre dans le moule à fromage, que vous remettrez à la glace pour la soutenir, jusqu'à ce que vous soyez prêt à servir: vous aurez soin de tenir de l'eau chaude dans une marmite ou chaudron, pour enfoncer votre moule jusqu'à la hauteur du fromage, afin qu'il quitte le moule aisément; vous renversez votre compotier ou assiette sur le moule, & le renversez dessus.

11°. *Canetons glacés de Fraises.* Ecrasez dans une terrine deux livres de bonnes *Fraises* bien mûres, avec une demi-livre de Groseilles rouges ; mettez-y une pinte d'eau avec une livre de sucre ; laissez infuser le tout ensemble une bonne demi-heure, & le passez ensuite dans un tamis ; mettez-le dans une salbotiere pour faire prendre à la glace ; lorsque votre glace sera prise, vous la travaillerez, & la mettrez dans des moules à canetons ; vous les remettrez à la glace, après les avoir enveloppées de papier : lorsque vous serez prêt à servir, vous aurez de l'eau chaude dans un chaudron ou une marmitte, trempez-y les moules seulement pour que les canetons quittent le moule ; vous les aiderez à sortir, en donnant un coup par le bout, avec le plat de la main, en les présentant sur une assiette.

Observations & propriétés médecinales.

Les Fraises sont rafraîchissantes & humectantes : elles conviennent beaucoup dans les grandes chaleurs aux jeunes gens d'un tempéramment bilieux & sanguin. On prétend, dit l'Emery, qu'elles sont cordiales, & résistent au venin. Nous n'osons assurer ce fait ; si on en mange trop, elles portent à la tête, & enyvrent un peu : on remarque aussi que les urines contractent assez souvent l'odeur de Fraises. On ne peut trop recommander le soin de les laver avant d'en manger, parce que les crapauds & les insectes qui en aiment l'odeur, repairent souvent sur les Fraisiers, & jettent leur haleine ou leurs baves sur les fruits.

Nous ne conseillons pas de mettre les Fraises avec de la crême, cela est nuisible ; les Fraises ont un acide aisé à développer, qui agit sur le lait dans un estomac foible, ou déjà surchargé pour cause de coliques plus ou moins violentes, & même un vrai *cholera-morbus*. C. Hoffmann assure que les semences de Fraises passent si bien par les reins, qu'on les trouve souvent très-reconnoissables dans l'urine. Les femmes grosses ne doivent manger que très-peu de Fraises, parce qu'elles peuvent leur causer des coliques.

Il y a des gens que la seule odeur des Fraises fait trouver mal, comme il arriva au Président de Lhôpital à Essingues. Volchius rapporte qu'en Autriche une fille tomba en épilepsie pour avoir mangé trop de Fraises, & qu'elle y tomba depuis d'année en année, dans la saison que le Fraisier fleurit. Fabricius-Leidanus raconte qu'une femme ayant mangé des Fraises à son déjeûner, éprouva aussitôt les plus horribles symptômes, douleur d'estomac, gonflement des hypocondres, vertiges, syncopes, &c. dont elle ne pût être délivrée qu'à l'aide d'un vomitif. On rapporte aussi qu'une dame, quoiqu'elle aimât beaucoup les Fraises, n'en pouvoit manger que de deux années une alternativement. Une autre eût un long évanouissement pour en avoir mangé dix-huit. On ne doit pas cependant conclure de ces exemples singuliers que les Fraises soient mal-saines.

On fait avec les Fraises une eau distillée ; cette eau est cosmetique & détersive, propre à effacer les taches de rousseur ; on ordonne encore cette eau en gargarisme pour la squinancie ; on la prescrit comme cordiale & expectorante ; on la recommande dans la jaunisse, la gravelle, & même pour briser les pierres, soit des reins, soit de la vessie, principalement l'eau spiritueuse, ou la teinture des Fraises. Linnæus confirme ce sentiment ; mais il est à craindre qu'ébranlant la pierre & l'engageant dans les urétheres, sans pouvoir la chasser tout-à-fait au-dehors, elle ne cause de violentes douleurs de néphrétiques, & n'aille même jusqu'à altérer les reins ou les conduits urinaires, comme Konig dit l'avoir observé dans un Sénateur de Basle. Il faut observer que les Fraises n'ont pas seulement un goût vineux, mais qu'elles sont encore susceptibles d'une véritable fermentation vineuse, d'où elles passent aisément à la fermentation acide, & en dernier lieu à la putride.

Pour empêcher les engelures de revenir, on frotte en été les endroits qui en ont été affligés pendant l'hyver avec des Fraises, & on en applique dessus pendant la nuit. Les racines & les feuilles de Fraisier sont diurétiques & apéritives ; on s'en sert pour les obstructions des visceres & de la jaunisse : on les emploie fréquemment dans les décoctions & les tisanes diurétiques & apéritives, principalement les racines : on les associe avec celles d'oseille. Il faut observer que si on boit long-temps, & en grande quantité de la décoction des racines de Fraisier, qui est rouge, elle donne sa couleur aux excrémens, de sorte que l'on croiroit d'abord que le malade est attaqué d'un flux hépatique ; mais en changeant de boisson la couleur change également.

C. Hoffmann prétend que le Fraisier est un excellent diurétique dans les fiévres coliquatives. Simon Pauli conseille la décoction de cette plante aux enfans attaqués de la jaunisse. Selon le même Auteur, le Fraisier bouilli dans du vin rouge, & appliqué sur l'os pubis, arrête les fleurs blanches. Ce remede s'emploie aussi avec succès pour les pollutions nocturnes, & les gonorrhées qui ne sont pas virulentes. Nobilius attribue au Fraisier une vertu vulnéraire. Mappus dit que les feuilles de Fraisier, infusées au printemps dans du vin avec la racine d'auné & la pimprenelle, sont très-bonnes pour adoucir l'acrimonie du sang. M. Chomel assure que le Fraisier est utile dans toutes les longues maladies, sur-tout lorsqu'on soupçonne quelque altération dans le foie. Rulandus donne pour boisson ordinaire à ses malades la décoction de la racine de Fraisier bouilli avec les raisins secs, la réglisse & un peu de canelle : cette boisson est utile dans l'asthme & la vieille toux. Dans quelques Pays on applique des feuilles de Fraisier pilées sur les ulcères des jambes.

Formules.

1°. *Bouillon rouge.* Prenez racines & feuilles de chicorée sauvage, de pissenlit, de *Fraisier*, de bourrache, & de buglosse, de chacune une poignée ; racines d'oseilles & de chiendent, de chacune deux onces ; feuilles d'aigremoine, une poignée : faites bouillir dans neuf livres d'eau commune, pour un apozême rafraîchissant.

2°. Prenez des racines d'oseille & de *Fraisier*, de chacune une once ; feuilles d'oseille, d'endive, de laitue, de chacune demi poignée, avec un morceau de veau & une poule ; faites un bouillon, auquel vous ajouterez demi-once de sel de prunelle contre l'effervescence du sang.

3°. Prenez de la racine de pivoine, une demi-once ; racines de chicorée sauvage & de *Fraisier*, de chacune deux gros ; feuilles de chicorée sauvage, de laitue & d'aigremoine, de chacune une demi poignée ; fleurs de mélisse, deux pincées ; faites bouillir le tout avec une demi-livre de collet de mouton dans trois chopines d'eau, que vous réduirez à deux bouillons : passez par un linge avec une légere expression, & partagez-en deux doses, à prendre deux fois le jour, matin & soir, contre l'épilepsie.

4°. Prenez racines de chiendent, de *Fraisier*, de chacune une once, cuscute une demi-once ; faites bouillir dans trois livres d'eau commune, réduites à deux ; ajoutez sur la fin feuilles d'aigremoine, d'alleluia, de chacune deux poignées : donnez la décoction par verre, de trois heures en trois heures, aux enfans attaqués de fiévre lente, avec douleur cachectique du bas-ventre.

5°.

5°. Prenez graines de senevé, une once; pilez-les dans deux livres de décoction de racines de grande chélidoine, de *Fraisier* & d'oseille; passez en exprimant; prescrivez la décoction par verrées dans la jaunisse & les obstructions du foie.

6°. Prenez des racines d'oseille, de chicorée, de *Fraisier*, d'althéa & de nénuphar, de chacune une once; réglisse, une demi-once; faites cuire dans trois livres d'eau de fontaine, pour une ptisane à prendre contre le priapisme pour boisson ordinaire.

FRANKENIA, *la Franken.*

NOMS GÉNÉRIQUES.

Ce genre est connu sous les noms de *Franca Mich. Frankenia. Linn. Polygonum Barr.*

Description générique.

Le caractere de ce genre de plantes est d'avoir le perianthe du calice monophyle, un peu cylindrique, à dix côtés, persistant, ayant la bouche à cinq dents, aigue & ouverte. Les pétales de la corolle sont au nombre de cinq; les onglets sont de la longueur du calice, le lymbe est plane, les lames sont un peu rondes, s'ouvrans; le nectair est à onglet, canellé, pointu, inséré à chaque onglet des pétales; les filamens des étamines sont au nombre de six, de la longueur du calice; les antheres sont rondes, didymes; le germe du pystile est oblong; le style est simple, de la longueur des étamines; les stygmates sont au nombre de trois, oblongs, droits, obtus; le pericarpe est une capsule ovale, à une loge, & à trois valves; les semences sont nombreuses, ovales, très-petites.

CLASSE.

Cette plante fait partie de la sixieme Classe de Linnæus, qui comprend les plantes hexandriques, monogyniques. Cet Auteur n'en admet que trois espéces.

PREMIERE ESPECE.

La premiere espéce est la Franken lisse. *Frankenia lævis. Frankenia foliis Linearibus Basi ciliatis Linn. Sp. plant.* 473. *Frankenia foliis confertis Lugd. B.* 452. *Frankenia foliis aciformibus congestis. Sauv. Monsp.* 46. *Franca floribus solitariis sessilibus, foliis prismaticis triangularibus. Guet. Stamp.* 2, *pag.* 459. *Franca maritima supina saxatilis, glauca, ericoides semper vivens, flore purpureo. Mich. Gen.* 23. *Lychnis supina, maritima ericæ facie. Ray. Angl.* 3, *pag.* 38. *Anthyllis repens Italica Thymi foliis, Polygoni facie. Till. Pis.* 46. *Kali seu vermiculari marinæ non dissimilis planta Bauh. Hist.* 3, *pag.* 703. *Polygonum, fruticosum, supinum Ericoïdes cinereum Thymi filio, Hispanicum. Barr. jc.* 714. *Bocc. Mus.* 1, *pag.* 7. *Polygonum maritimum minus foliis serpylli Bauh. Pin.* 281.

Description.

Cette plante est couchée, toujours verte, d'un verd de mer, semblable à la bruyere; ses feuilles sont linaires, ciliées à la base; ses fleurs sont solitaires, sessiles, couleur de pourpre.

Figure.

Elle est représentée dans le *Michieli Nov. gen.* pl. 22, fig. 1re, dans les planches de Barrelier, pl. 714, *& dans le Musæum* de Bocone, pl. 11.

Lieu de sa naissance.

Elle est vivace, & croît naturellement dans le sable, au midi de l'Europe, sur le bord de la mer, aux environs de Livourne, le long d'un endroit qu'on nomme communément Cavalleggieri.

DEUXIEME ESPECE.

La deuxieme espéce est la Franken hérissée. *Frankenia hirsuta. Frankenia caulibus hirsutis floribus fasciculatis, terminalibus. Linn. Sp. plant.* 473. *Franca maritima supina multiflora candida, caulibus hirsutis, foliis quasi vermiculatis. Mich. gen.* 23. *Polygonum creticum, Thymi folio. Bauh. Pin.* 281. *Prod.* 131. *Alsine cretica, maritima, supina, caule hirsuto, foliis quasi vermiculatis Tourn. Cor.* 45.

Description.

Cette espéce est pareillement couchée; ses tiges sont hérissées; ses feuilles sont comme vermiculées, semblables à celles du thym; ses fleurs sont terminales, ramassées en bouquet, blanches.

Figure.

Elle est représentée dans le *Michieli nova genera*, pl. 22, fig. 2.

Lieu de sa naissance.

Elle croît naturellement dans la Pouille & la Crête.

TROISIEME ESPECE.

La troisieme espece est la Franken couverte de poussiere. *Frankenia pulverulenta. Frankenia foliis obovatis retusis subtùs pulveratis. Linn. Sp. plant.* 474. *Frankenia foliis ovalibus. Sauv. Monsp.* 168. *Franca, maritima, quadrifolia, supina, chamacyces folio & facie. Mich. gen. Anthyllis Valentina. Cliuf. Hist.* 2, *p.* 186. *Anthyllis marina, chamæsices foliis Bauh. Pin.* 282.

Description.

Cette espéce est annuelle, couchée; ses feuilles sont quatre à quatre, ovales, émoussées, poudrées en dessous.

Lieu de sa naissance.

Elle croît aux environs de Narbonne, de Livourne, en Italie, dans la Pouille.

FRAXINUS, *le Fréne.*

NOMS GÉNÉRIQUES.

Ce genre de plantes est connu sous le nom de *Fraxinus. Virg. Linn. Tourn. Mich. melia Boumelia, Hypocrat. Ornus Belon, Mich.*; en François, *Fréne.*

Description générique.

Le caractere de ce genre de plantes est d'avoir des fleurs hermaphrodites, & des fleurs femelles; dans les hermaphrodites, il n'y a aucun calice, ou bien le périanthe est monophyle, partagé en quatre, droit, aigu, petit; il n'y a aucune corolle, ou bien il se trouve quatre pétales linéaires, longs, aigus, droits; les filamens des étamines sont au nombre de deux, droits, beaucoup plus courts que la corolle;

les antheres sont droites, oblongues, à quatre sillons; le germe du pystil est oval, applati; le style est cylindrique, droit; le stygmate est un peu épais, fendu en deux; il n'y a point de péricarpe, à moins que ce ne soit la croute de la semence: celle-ci est lanceolée, applatie, membraneuse, a une loge dans les fleurs femelles; le calice, la corolle, le pystil, le péricarpe & la semence sont les mêmes que dans les fleurs mâles.

CLASSE.

Ce genre fait partie de la dix-huitieme Classe de Tournefort, qui comprend les arbres & arbrisseaux dont les fleurs sont à pétales & attachées aux fruits, & de la vingt-troisieme Classe de Linnæus, destinée aux plantes polygamiques, monœciques. Cet Auteur en admet trois espéces.

PREMIERE ESPECE.

La premiere espéce est le Frêne commun, le Frêne le plus élevé. *Fraxinus excelsior*, *Fraxinus foliolis serratis*, *floribus apetalis Linn. Sp. plant.* 1509. *Fraxinus floribus nudis Hort. Cliff.* 469. *Flor. Suec.* 830, 926. *Mat. Medic.* 475. *Roy. Lugdb.* 396. *Doliberd. Parif.* 306. *Fraxinus excelsior*, *Bauh. Pin.* 416. *Fraxinus Dod. Pempt.* 771; en Allemand, *Esche*, *Eschenbaum*; en Anglois, *Common-ash-tree*; en Italien, *Frassino*; en Suedois & en Danois, *Ask*.

Description.

Cet arbre s'éleve fort haut; sa racine est ligneuse, rameuse; son écorce est unie, cendrée; son bois est blanc, lisse, dur; ses branches sont opposées; il fleurit avant de feuiller; ses feuilles sont opposées, aîlées, terminées par une impaire, ayant les folioles oblongues, dentées par leurs bords, au nombre de cinq ou six paires, sur une côte; ses fleurs sont pedunculées, disposées au sommet en espece de grappe, ou de panicules, à pétales, hermaphrodites ou femelles, sur des pieds différens, quelquefois sur le même pied: les hermaphrodites sont composées de deux étamines, & d'un pystil conique, divisé en deux à son extrêmité supérieure, sans corolle ni calice; les femelles n'ont que le pystil; le fruit est une semence lanceolée, en forme de langue pointue, comprimée, renfermée dans une pellicule membraneuse uniloculaire.

Figure.

Cette espéce est représentée dans le Traité des Arbres & Arbustes, par M. Duhamel, & dans tous les Recueils des Plantes indigenes.

Lieu de sa naissance.

Il croît communément dans les terreins humides: on en trouve presque par toute la France.

Insectes qui se trouvent sur cet arbre.

On remarque sur cet arbre plusieurs sortes d'insectes: le premier est la cantharide du Frêne, la cantharide des boutiques. *Meloe vesicatorius. Meloe alatus viridissimus nitens antennis nigris. Linn. Syst. Nat. Edit. XII*, 679. C'est une espéce de mouches du genre des scarabées, d'une grosseur médiocre, oblongue, d'une très-belle couleur verte dorée, tirant quelquefois sur l'azur. L'odeur en est fort puante & fort désagréable; on s'en sert dans la Médecine. Voyez ce que nous en avons dit dans nos Lettres *sur les Animaux*, *& dans notre Dictionnaire Vétérinaire & des Animaux domestiques*. Nous en parlerons encore plus amplement dans notre *Histoire générale & économique des trois Regnes*, dont le Prospectus paroît depuis près de six mois.

Le deuxieme insecte est la psylle du Frêne. *Psylla. Fraxini excelsioris. Linn. Syst. Nat. Edit. XII*, 739. *Psylla nigro Luteoque variegata; alarum oris in apice fuscis Geoff.* 486. La tête de cet insecte est brune, & ses antennes sont fines & cetacées; le corcelet est brun, un peu noirâtre, avec une bande transverse, jaune antérieurement, & dans le milieu une raie jaune longitudinale, coupée par plusieurs petites raies ou pointes transverses, aussi de couleur jaune; le ventre est noirâtre, les pattes sont entremêlées de brun & de jaune; les aîles ont leur bord supérieur un peu brun, mais vers le bout, tout le bord est de cette couleur, de même que quelques-uns qui viennent s'y joindre: les aîles sont au moins de la moitié plus longues que le ventre.

Le troisieme insecte est le sphinx du troene. *Sphinx Ligustri*, *Sphinx alis integris posticis incarnatis*, *fasciis nigris*, *abdomine rubro*, *lingulis nigris. Linn. Syst. Nat. Edit. XII*, 799. Comme cet insecte se trouve aussi sur le troene, nous le décrirons en parlant de cet arbrisseau.

Le quatrieme est la phalene-chouette. *Phalæna gammica*, *phalæna bombyx spirilinguis*, *alis de flexis luteis*, *superioribus flavis nigro lineatis inferioribus fascia terminali nigra. Linn. Syst. Nat. Edit. XII*, 831. Nous avons décrit cet insecte, en parlant de l'*Artemisia abrotanum*.

Le cinquieme est la phalene, que Linnæus nomme *Phalæna noctua dommula*, *Phalæna noctua spirilinguis*, *alis atris sericæis maculis albo flavescentibus*, *inferioribus rubris nigro maculata. Linn. Syst. Nat. Edit. XII*, 854. Cette phalene est noire, luisante, son thorax a deux lignes blanches; sur sa poitrine il y a un point sous les aîles antérieures; l'abdomen est rouge pardessus, noir par-dessous, avec une ligne dorsale; les antennes sont très-étroites, noires; les aîles supérieures sont noires, avec deux taches jaunâtres vers la base, ensuite une jaune plus petite, après quoi deux blanches plus grandes réunies; enfin quatre très-petites, blanches; les aîles inférieures sont d'un rouge sali, avec différentes taches noires annexées au bord; en-dessous elles sont toutes de la même couleur; la larve de cette phalene est poileuse, noire, pointillée de blanc en trois manieres.

Le sixieme est la phalene du Frêne. *Phalæna noctua Fraxini*, *Phalæna noctua spirilinguis cristata*, *alis dentatis cinereo nebulosis*, *inferioribus supra nigris fascia cærulescentibus. Linn. Syst. Nat. Edit. XII*, 843. Cette phalene est très-grande; elle est à crête; ses aîles sont dentelées, cendrées, nébuleuses; les supérieures ont une tache blanche; les inférieures sont noires par-dessus, avec une bande bleuâtre.

La septieme est la grande biche. *Platycerus fuscus. Elythris tenuibus Capite lævi. Geoff.* 62. Cet animal ressemble beaucoup au grand cerf volant. Quelques personnes même ont cru qu'il n'en différoit que par le sexe, prenant celui-ci pour la femelle, & le cerf volant pour le mâle; mais quoiqu'ils se ressemblent beaucoup pour la forme, la grandeur & la couleur, il est prouvé que ces insectes sont de différentes espéces, & ne different pas seulement par le sexe, ayant rencontré, dit M. Geoffroy, plusieurs fois des biches accouplées ensemble, & jamais avec des cerfs volans: d'ailleurs, outre les grandes cornes qui leur manquent, la forme du corcelet n'est pas la même dans les uns & les autres: il est plus large dans les biches; mais sur-tout ces dernieres different du cerf volant par la conformation de leurs têtes: la larve de la grande biche se trouve dans les troncs des vieux Frênes à demi pourris.

Le huitieme & dernier insecte est le puceron du Frêne. *Aphis Fraxini nigro viridique variegatus. Geoff.* 494. Le mâle a la tête & le corcelet noirs ; le ventre est verd avec des anneaux noirs ; les antennes & les pattes sont panachés de verd pâle & de noir ; les aîles sont grandes, diaphanes, sans aucune autre couleur : le puceron a les deux appendices du bout du ventre bien marqués ; sa femelle est toute noire.

Culture.

Il y a des Cultivateurs qui font un commerce du Frêne, qu'ils élévent en pepiniere. Les espéces communes se multiplient suffisamment d'elles - mêmes par leurs semences qui tombent durant l'automne, lévent en grand nombre au printems dans les endroits où le bétail n'a pas été à portée de les manger. Quand on veut en élever, on cueille la graine vers les premieres gelées d'automne, & on la met sur le champ par couches avec de la terre pour la semer en Mars, & elle leve pour lors fort vite, ou bien on la seme en pleine terre, dès qu'elle est mûre, ce qui suffit pour qu'elle y leve au printems ; mais si on conserve la graine dans un lieu sec, pour ne la semer qu'au printems, elle est un an entier sans lever ; c'est ce qui arrive constamment à toutes les espéces de Frêne. Le jeune plant doit être soigneusement sarclé ; on peut changer de place en automne les plus vigoureux pieds, aussitôt que leurs feuilles commencent à tomber. Cette transplantation doit se faire avec la bêche, non en arrachant, ou bien on peut les tirer tous indistinctement de terre, & les repiquer chacun suivant leur dégré de force. Les plus forts seront espacés à un pied & demi, par rangées, écartées de trois pieds : au bout de deux ans qu'ils ont demeurés en pepiniere, ils sont communément en état d'être transplantés à demeure.

Pour faire un semis considérable, on peut semer ensemble la graine de Frêne & de l'Avoine dans une terre préparée, comme pour le grain seul ; l'année d'après la récolte de l'Avoine, tout le champ se trouvera couvert de jeunes Frênes, que l'on pourra transplanter quand ils auront un pied de haut. Au reste, quand on les laisseroit grandir davantage, il n'y a pas à craindre que le prolongement de leur pivot rendît leur transplantation & reprise plus difficile.

M. Duhamel en a transplanté qui avoient dix huit pouces de circonférence, & qui ont très-bien repris leur pivot étant coupé.

Dans le voisinage d'un endroit où il y a des Frênes en état, on trouve tous les ans sous les arbres beaucoup de jeunes plants qui ont levé de graine, pourvu que le gros bétail n'en ait pas approché ; car il en mange avidement les semences, & broute tout le jeune plant : les haies où ces graines tombent, peuvent favoriser la levée & les progrès ; aussi laisse-t-on assez volontiers croître les Frênes qui y viennent naturellement. Mais ils ont l'inconvénient de détruire la haie même, & de priver de nourriture la plûpart des plantes qui les avoisinent, ensorte que l'on prétend même que les racines en pénétrant dans les champs, épuisent la terre, empêchent le froment de profiter : en général le Frêne vient très-bien dans les terres aquatiques, & même submergées. Cependant l'espéce dont il s'agit réussit également sur les hauteurs dans les terreins secs ; elle subsiste même mieux dans de fort mauvaises terres que l'Orme & le Noyer.

En replantant les Frênes, on a coutume de ne pas les étêter, mais simplement les élaguer ; on peut néanmoins étêter ces arbres comme les autres : il est même assez d'usage d'étêter ceux qu'on tire des forêts. Attendu que n'ayant pas été élagués, ils ont pour l'ordinaire la tête mal faite. Evelyn veut que l'on élague le Frêne pendant l'été & la grande chaleur, opération, dit-il, moins dangereuse dans ce temps pour cet arbre, que si on le faisoit au printems. Cet Auteur Anglois conseille de transplanter le Frêne pendant l'automne, & non au printems. Columelle semble préférer cette derniere saison pour l'Italie.

On a beaucoup de peine à en faire réussir les marcottes ; mais si on éclate les branches auxquelles tiennent de vieux bois, un peu avant que les bourgeons se renflent, les branches mises en terre réussissent : un Frêne greffé sur un autre réussit très-bien ; c'est le moyen de se procurer les espéces que l'on feroit difficilement venir de graines.

En Espagne on plante fort près les uns des autres, & dans des endroits humides, les Frênes destinés aux lances, & on a soin qu'il ne s'y forme aucun nœud. Evelyn dit que l'on a remarqué dans les forêts, où le fauve avoit pelé les Frênes, jusqu'à la hauteur à laquelle ces animaux pouvoient atteindre, que les arbres n'en souffrirent aucunement. Notre climat n'a pas cet avantage : non-seulement les Frênes y périssent, quand ils sont privés de leur écorce, mais il s'en est même encore trouvé qui n'ont pû survivre à de profondes égratignures assez nombreuses, qui paroissoient plutôt avoir été faites par quelque animal, qu'avec un couteau.

Le Frêne soutient très-bien nos hyvers assez vigoureux. M. Miller dit que les Frênes greffés sur l'espéce commune sont sujets à des inconvéniens qui rendent préférables les arbres venus de graine : le sujet profitant beaucoup plus que la greffe, tout l'ancien tronc devient souvent deux fois aussi gros que la pousse de la greffe : d'ailleurs, si ces arbres sont trop exposés au vent, un coup un peu fort sépare la greffe déja parvenue à une hauteur & grosseur considérables. Ce Cultivateur ajoute que la greffe rend le bois de Frêne presque de nul usage.

Propriétés alimentaires pour l'homme.

On mange quelquefois en salade les jeunes feuilles de Frêne. Les Anglois mangent même en salade les racines vertes de cet arbre confites dans de la saumure faite avec du vinaigre & du sel. Sa semence se confit dans le vinaigre comme les capres.

Propriétés alimentaires pour les bestiaux.

Tout le gros bétail aime beaucoup les jeunes pousses & les fruits de Frêne, mais cette nourriture donne de l'acreté au beurre qui provient du lait des vaches qui en ont mangé ; c'est pourquoi on ne doit point laisser de Frêne à leur portée, quand on veut avoir de bon lait & de bon beurre : il y a des gens qui donnent au bétail les feuilles séches de Frêne ; mais le fourrage ne vaut presque rien.

Propriétés médicinales.

Les feuilles, écorces, bois & semences de Frêne, disent quelques Botanistes, sont incisifs, apéritifs, dissolvans, diurétiques, alexiteres, fébrifuges & sudorifiques. Les feuilles ne sont pas vulgairement en usage pour l'intérieur ; cependant plusieurs Auteurs avancent que le suc des feuilles & des sommités pris tous les matins en petite dose, guérit de l'hydropisie, à raison de sa vertu apéritive. Ils recommandent aussi l'usage de ses feuilles en guise de thé pour la poitrine & l'estomac : on appelle ces feuilles *Thé de Beaumont*. Si vous pilez de ces mêmes feuilles, & les appliquez sur les plaies récentes & dans les hémorragies, elles suppléent, dit Etmuller, au baume vulnéraire : aussi les gens de la campagne les employent toujours avec succès dans ces cas ; si vous les fumez avec partie égale de tabac, elles guérissent l'odontalgie. L'infusion de ces feuilles est aussi très-bonne pour les dartres & les érésipeles.

L'eau qu'on en tire par la distillation est bonne contre la surdité. Tragus attribue aussi à cette eau la vertu de guérir la jaunisse & le calcul, lorsqu'on en fait usage intérieurement. Les Anciens ont reconnu dans le bois de Frêne une vertu spécifique contre les venins, & sur-tout contre la morsure des viperes ; ils pensoient même que l'ombre de cet arbre étoit si pernicieuse aux serpens, qu'ils se seroient plutôt jettés dans les flammes que d'en approcher : c'est ce qui a fait dire à Pline le Naturaliste, que si on faisoit un cercle en partie de feu, & en partie de branches de cet arbre, les serpens choisissoient le feu préférablement aux approches des branches. Camerarius & Moyse Charas ont observé le contraire dans différentes expériences qu'ils ont faites : ainsi nous pouvons, appuyés sur l'autorité de ces habiles Observateurs, révoquer en doute avec raison toutes les choses surprenantes qui sont rapportées dans Pline sur l'antipathie qui regne entre les serpens & le bois de Frêne : nous pouvons aussi disputer la vertu alexitere aux feuilles de Frêne appliquées sur les morsures des viperes, tant que nous n'en aurons point de preuves certaines.

Nous rejetterons pareillement comme fabuleux & puéril tout ce que les anciens ont débité sur les prétendues vertus sympathiques de ce bois ; elles répugnent évidemment à la saine raison, & sont contraires à l'expérience. L'écorce & le bois de cet arbre ont, selon plusieurs Médecins, la vertu d'amollir la rate : on assure même, sans néanmoins aucune preuve solide, que si on boit d'ordinaire dans un gobelet de bois de Frêne, la rate se diminue insensiblement. C'est à cette fin que quelques Praticiens en ordonnent la décoction.

Cette décoction n'est pas moins bonne dans les fiévres intermittentes ; le célébre Hoffman l'a éprouvé différentes fois : elle produit le même effet que le quinquina, à raison de son amertume, & de la vertu astringente qui lui est propre.

Le Frêne est surnommé le Gaiac des Allemands ; ils le regardent comme diurétique & sudorifique, & lui attribuent les mêmes propriétés qu'on a découvertes dans le Gaiac ; c'est pourquoi ils le recommandent dans les maladies vénériennes : nous pouvons cependant assurer avec certitude que le Gaiac lui est beaucoup supérieur en vertu.

On tire des cendres de l'écorce de Frêne un sel alkali & très-diurétique. Simon Pauli l'ordonnoit au commencement de la petite vérole & de la rougeole, comme un puissant sudorifique, à la dose de douze à quinze grains, qu'il délayoit dans de l'eau de chardon béni, avec la corne de cerf préparée philosophiquement.

Lobel se servoit des cendres de l'écorce & des sommités, en place de cautere potentiel ; il les enfermoit dans un nouet, les mouilloit, les appliquoit, & entretenoit l'ouverture qu'il avoit faite par l'introduction des feuilles de lierre.

Le bois de Frêne, lorsqu'il est encore verd, mis dans le feu par un bout, donne par l'autre extrêmité une eau qui est très-propre contre la surdité si on introduit dans l'oreille du coton imbibé de cette liqueur. On prescrit souvent son écorce dans l'hydropisie & la rétention d'urine.

La graine de Frêne, connue sous le nom d'*Ornithoglossum*, est très-propre pour la néphrétique & le calcul. J. Ray la vante beaucoup pour la guérison de la jaunisse & de l'hydropisie. On tire de cette graine une huile empyreumatique qui est fort âcre & puissamment diurétique. Glauber la donne comme un excellent antinéphrétique.

On fait avec le Frêne un onguent très-bon contre les tumeurs scrophuleuses, les brûlures, les dartres & les cancers : on prend de la céruse & de l'huile d'olive, parties égales, qu'on fait cuire jusqu'à consomption d'un tiers ; on ajoute ensuite de la poudre d'écorce & du bois de Frêne en suffisante quantité pour faire un onguent.

M. l'Abbé de Vallemont assure que par la thérébration, vers le mois de Mars, on pourroit tirer des Frênes de ce Pays une espéce de manne qui auroit les mêmes vertus que celle de Calabre.

Les moins versés dans l'Histoire naturelle des drogues, ainsi que nous l'observerons ci-après, en parlant des espéces suivantes, savent que la manne qui se trouve dans les boutiques, n'est autre chose qu'un suc concret, blanc ou jaunâtre, qui se dissout facilement dans l'eau, & qui sort de lui-même, ou par incision, de même que les gommes du tronc & des branches des Frênes qui croissent dans la Calabre.

Les habitans du Pays distinguent de trois façons de manne ; ils appellent la premiere *spontanée* ; elle coule d'elle-même, sans aucune incision : la seconde ne sort que par l'incision que l'on fait à l'écorce des arbres : la troisieme enfin s'appelle manne des feuilles, ou manne en graines.

La spontanée commence à couler vers le midi, depuis la fin de Juin jusqu'au 20 Juillet ; elle est d'abord liquide, elle s'épaissit ensuite insensiblement, pour se transformer en grumeaux blancs : on ne la recueille ordinairement que le lendemain ; on la laisse même encore exposée pendant quelques jours à l'ardeur du soleil, & on a pour lors ce qu'on appelle manne choisie du tronc de l'arbre. Lorsque cette gomme cesse de couler sur la fin de Juillet, les Naturels du Pays font des incisions dans l'écorce jusqu'au cœur de l'arbre ; elle commence pour lors à couler de nouveau, même en plus grande quantité ; mais les grumeaux qui en proviennent sont plus gros, d'une couleur plus rousse, & souvent noire.

La manne des feuilles se recueille au mois de Juillet & au mois d'Août. Lorsque les fibres nerveuses des grandes feuilles & les veines des petites sont couvertes d'une petite goutte d'une liqueur très-claire, que la chaleur fait sécher, & qu'elle transforme en de petits grains blancs de la grosseur du froment, ces grains sont la manne des feuilles.

On a toujours observé que les années pluvieuses sont très-contraires à la récolte de la manne : ce sont les Frênes de la Calabre qui nous fournissent la manne qu'on trouve dans nos boutiques, ainsi que nous venons de l'observer, & que nous le dirons ci-après. Ces Frênes sont presque de la même espéce que les nôtres ; ils sont pourvus d'un même suc. On remarque sur les feuilles de nos Frênes, ainsi que sur celles des Frênes d'Italie, des grains mielleux : il n'est donc pas douteux qu'on ne peut extraire un suc aussi merveilleux, pour ne pas dire plus que celui que nous sommes obligés d'aller chercher dans les Provinces éloignées : ce suc sera plus analogue à notre tempérament, & ne sera ni altéré, ni falsifié ; il ne s'agit que de la méthode par laquelle nous pouvons nous le procurer, puisque nous sommes sûrs de son existence. Il est vrai qu'il ne sort pas spontanément de nos Frênes comme de ceux de Calabre : mais peut-on conclure de ce fait, contre les preuves certaines que nous avons, qu'il ne s'y trouve pas ? La seule conséquence qu'on en peut tirer, c'est qu'il n'y est pas en si grande abondance.

La térébration nous a paru, de même qu'à M. de Vallemont, le moyen le plus sûr pour parvenir à notre

notre but; c'est par ce moyen que nous tirons la seve & le suc de presque tous les arbres : serions-nous plus malheureux pour celui de Frêne ; en tout cas, si ce moyen est insuffisant pour y parvenir, nous pouvons avoir recours aux incisions profondes, à la compression & à mille autres expédiens que la nature, secondée de l'art, ne manque pas de nous suggérer. Nous nous contentons ici de les indiquer, & d'inviter tous les Naturalistes du Royaume à employer leur temps & leur étude pour parvenir à cette découverte ; c'est la vraie occasion de signaler leur zèle pour la patrie, & de rendre leurs travaux profitables à leurs Concitoyens.

M. de Clairon, Président de la Chambre des Comptes de Dôle en Franche-Comté, a découvert une infinité de vertus dans le bois de Frêne, & s'en est servi avec succès pour la guérison de plusieurs maladies chroniques.

Formules.

1°. Prenez une demi-once de cinq racines apéritives, feuilles de pimprenelle, de céterach, de chacune une poignée ; écorces de *Frêne*, de sureau, de chacune une demi-once ; baies de geniévre contuses, deux gros ; faites les cuire dans un pot de vin blanc : l'on prendra la décoction par verre contre l'hydropisie & la rétention d'urine.

2°. Prenez du bois de *Frêne*, lorsqu'il est encore verd, autant que vous jugerez à propos ; faites-le brûler, & amassez l'eau qui en sort, que vous garderez dans une bouteille : elle est propre contre la surdité, si vous l'introduisez dans l'oreille avec du coton imbibé de la même liqueur.

Propriétés économiques.

Le Frêne a le bois très-ferme, liant & élastique, tant qu'il conserve un peu de sa séve ; aussi en faisoit-on autrefois des arcs, & on s'en sert encore actuellement beaucoup dans le charronage. Les meilleurs brancards de berline & de chaise sont de ce bois, on en fait encore des essieux, des jantes de roue, des rames, des instrumens de labour, des mouffles & divers ouvrages de tour. On le préfère à l'orme pour des tenons ou mortoises ; on le débite aussi en planches, quelquefois même en piéces de charpente ; mais il est sujet à être piqué de vers. M. le Page dit qu'à la Louisiane le Frêne est plus commun, plus liant, & en général de meilleure qualité sur les coteaux voisins de la mer que dans les terres, & que comme il est plus dur que l'orme, les charrons en font des roues qu'il n'est pas nécessaire de ferrer dans un Pays tel que celui là qui n'a ni pierre ni gravier.

Suivant d'autres observations, plus un sol est substancieux, plus le Frêne y devient propre à la charpente : aussi y profite-t-il plus vîte qu'ailleurs. L'argile blanche est un de ces terreins où le Frêne réussit parfaitement : néanmoins son bois est alors plus blanc & moins fort que lorsqu'il a cru dans des terreins secs.

M. Miller, & quelques autres Auteurs, disent que le Frêne n'est sujet aux vers que lorsqu'on l'a coupé trop tôt en automne, ou trop tard au printems ; ils établissent donc pour régle de la coupe, depuis le mois de Novembre, ou même vers Noël, jusqu'en Février ; mais on excepte le cas où on veut faire servir le bois en perches. Le printems, selon ces Auteurs, est alors la meilleure saison, tant par rapport au Frêne, que tout autre bois liant : sans quoi les pluies d'hyver pourroient endommager le tronc.

On prétend que le Frêne se soutient particuliérement fort droit dans un terrein sec & pierreux, & qu'il y fournit quantité de perches. Les jeunes Frênes étant naturellement bien droits, on les dresse à la plane pour en former des échelles légeres, des hampes d'esponton, des perches que l'on emploie ordinairement en support le long des murs d'escaliers, & que l'on nomme *écuyers*. On en fait encore des manches de divers outils. Les perches de Frêne sont estimées dans les houblonieres : les Couvreurs en chaume s'en servent aussi.

En général le bois se conserve long-temps sain s'il est toujours au sec ; on veut que ce soit le meilleur bois pour encaquer les harengs : on en fait des cercles & autres ouvrages de tonnellerie. Il brûle bien & sans fumer, lors même qu'il est encore verd : son charbon est un de ceux qui durent le plus.

Les Frênes produisent quelquefois le long de leur tronc des tumeurs ou exostoses, dont le bois est assez beau, mais difficile à travailler. Ces endroits sont recherchés par les Armuriers. Les Auteurs Anglois parlent d'un Frêne bien veiné, que leurs ébénistes employent sous le nom d'ébene verd, parce qu'on y trouve de la ressemblance avec l'ébene.

Pour donner à la racine de Frêne une très-grande ressemblance avec le plus beau bois d'olivier, on y applique un vernis composé de laque, sandarac, marne, ambre & alun ; ce qui fait beaucoup mieux que l'huile de lin, recommandée pour cet effet par Cardan.

L'écorce de Frêne fournit un tan estimé pour tanner les filets : on a autrefois écrit sur l'écorce intérieure de cet arbre. Dans les exploitations de bois on le débite en moutons & en timons : on en voiture aussi en grume de plusieurs longueurs & grosseurs, telles que de huit à dix pieds de long, sur huit à neuf pouces de diamétre. Ces échantillons sont propres à faire des voitures pour charrier le vin, qu'on nomme *haquets* en certains endroits, & *souliviers* en d'autres.

Propriétés d'ornement.

On fait avec les Frênes de belles avenues ; ils conviennent aussi très-bien dans les grands bosquets. Les Normands, pour se préserver des vents du midi, s'en servent pour entourer les vergers où ils habitent, & qu'ils nomment masures.

Propriétés nuisibles.

Le voisinage des Frênes est nuisible aux plantes & aux fruits, non-seulement à cause de l'ombre de ses branches, mais aussi à cause de la grande étendue de ses racines.

DEUXIEME ESPECE.

La deuxieme espéce est le Frêne orne. *Fraxinus ornus*, *Fraxinus foliolis serratis floribus corollatis. Linn. Sp. Plant.* 1510. *Fraxinus floribus completis. Hort. Upf.* 304. *Hort. Cliff.* 470. *Lugdb.* 396. *Mat. Med.* 476. *Fraxinus humilior seu altera Theophrasti minore ac tenuiore folio. Bauh. Pin.* 416. *Fraxinus florifera Botryoides Moris. Præl.* 265. *Hort. Angl.* 33. *Fraxinus tenuiore & minore folio. Bauh. Hist.* 1. *pag* 177.

Description.

Cette espéce porte des fleurs blanches, en longues & grosses grappes ; à l'extrêmité des rameaux, dans le mois de Mai, il y a des individus où elles ne sont que mâles ; ses feuilles sont composées de sept à neuf folioles courtes, larges, arrondies, lisses, d'un très-beau verd, irréguliérement dentelées, &

sortent d'une espéce de gros nœud; ses fleurs ont une foible odeur d'amandes ameres.

Figure.

Cet arbre est représenté dans l'*Hort. Ang.* pl. 9e.

Lieu de sa naissance.

Il croît naturellement dans la partie méridionale de l'Europe, dans l'Italie, le Canada.

Observation.

Quelques Auteurs doutent si le Frêne n'est pas le *Fraxinus bubula. Pin. Fraxinus Sylvestris*, *Fraxinus cambro Britannica*, *ornus*; le *Quickbeam* ou *Quickentree* des Anglois; le Frêne d'Irlande. Cette espéce, suivant Mortimer, est fort commune dans le Pays de Galles, & donne de très-bonne huile des fleurs qui ont une odeur gracieuse. Evelyn dit que cet arbre s'éléve assez haut, fort droit; qu'il grossit peu, & que son écorce est lisse. Selon Columelle, l'ornus est un Frêne sauvage, arbuste dont la feuille est un peu plus large que celle des autres espéces, & qui produit par son beau feuillage un aussi bel effet que l'orme. On voit dans Virgile que l'espéce appellée *ornus*, vient d'elle-même sur les montagnes: le même Poëte observe que l'on a greffé avec succès le poirier sur l'*ornus*.

Culture.

Ce Frêne greffé sur la premiere espéce, ayant réussi, crut bien; c'est même un des moyens de se le procurer, quand on ne le multiplie pas de graines.

Propriétés d'ornement.

Il n'est jamais endommagé par les cantharides, ce qui le distingue des autres espéces, & ce qui est pour lui un grand avantage: le bel effet que produisent ses fleurs mêlées avec ses feuilles, sont une raison de plus pour engager à le multiplier; il décorera les bosquets à la fin du printems, & fera bien en massifs & en avenues. Columelle propose de planter l'ornus dans les vignes.

Propriétés médicinales.

C'est cet arbre qui nous fournit la maniere dont on fait tant d'usage en médecine: ce qui nous donnera occasion d'en parler ici.

De la Manne.

Man ou *Manna*, est un mot Hébreu, Chaldaïque, Arabe, Grec & Latin, que l'on donne à quatre sortes de substances. Les Hébreux, les Chaldéens, les Arabes & les nouveaux Grecs ont donné ce nom à un certain suc épais & mielleux, qu'ils s'imaginoient tomber du Ciel sur les feuilles de quelques arbres, & qu'ils appelloient *Miel céleste*. Dans la suite les Hébreux donnerent le même nom à la nourriture que Dieu leur envoya du Ciel dans le Désert, parce qu'elle étoit semblable à la Manne qu'ils connoissoient déjà; car c'étoit de petits grains ronds, blancs, de la figure & de la grosseur de la coriandre, qui tomboient du Ciel tous les matins comme la rosée, & qui se fondoient ensuite & se dissipoient dès que le soleil étoit levé.

On ne pourroit peut-être pas avancer, sans témérité, que la Manne dont les Israëlites ont été nourris par un bienfait de Dieu dans le Désert pendant tant d'années, étoit la même que celle qui est très connue par tout l'Orient. Mais si ce n'est pas la même chose, c'est du moins le même nom.

Lorsque cette rosée céleste, dit Saumaise, commença à tomber, pour sa premiere fois, en faveur des Israëlites qui étoient dans le Désert, comme ils ne savoient ce que c'étoit, ils se dirent les uns aux autres *Man-hu:* c'est de la Manne. A cause de la ressemblance qu'ils voyoient qu'elle avoit avec la Manne qu'ils connoissoient, ils ne demandoient pas ce que c'étoit, en parlant de la sorte, comme quelques-uns le prétendent; car ils prononcerent que c'étoit véritablement de la Manne. Mais comme la Manne qu'ils connoissoient étoit plutôt une espece d'assaisonnement qu'un aliment, Moïse, à la vérité, ne les détrompa point, en leur disant que ce n'étoit pas de la Manne: mais il leur déclara que ce seroit là désormais leur nourriture, les laissant penser tout ce qu'ils voudroient.

Outre cela, le nom de Manne, *Manna*, a été fort en usage chez les anciens Grecs, mais dans un sens bien différent: car c'est le nom qu'ils ont donné à de petits grains d'encens, quoiqu'ils aient connu ce suc mielleux qu'ils appelloient communément Δροσόμελι Ἀερόμελι Ἐλαιόμελι, c'est-à-dire, *Miel de rosée*, *Miel céleste*, *Huile mielleuse*. Enfin quelques Botanistes ont donné le nom de *Manne* à la graine d'une certaine herbe bonne à manger, qui s'appelle *Gramen dactyloides esculentum* C. B. P. 8. *Gramen Mannæ*, Matth. *Manna cœlestis Germanis*, Gesner. *Gramen Mannæ esculentum*. Adverf. Lob.

Nous ne parlerons pas ici de la Manne d'encens, non plus que de la Manne céleste & de la graine qu'on appelle Manne. Nous avons suffisamment parlé de cette derniere dans son article. Nous nous contenterons seulement d'examiner ce que c'est que ce suc mielleux si usité en Médecine.

Presque tous les Grecs anciens, les Latins & les Arabes en ont fait mention. Il paroît qu'Aristote a eu en vue ce miel céleste. « Lorsqu'il parle ainsi » des Abeilles, elles composent leurs rayons du suc » des fleurs, & font leur cire des larmes qui dé» coulent des arbres ». Et dans le Livre des *Secrets admirables*, « on dit qu'en certains endroits, » vers la Capadoce, on transporte du miel sans » rayon, qui est comme de l'huile. On rapporte qu'à » Trebisonde, Ville du Pont, il naît du *buis* un » miel d'une odeur très-forte, &c. On dit que dans » Lydie on ramasse sur les arbres beaucoup de » miel, dont on forme dans le Pays des pastilles » sans le secours de la cire, qui sont si dures, que » l'on n'en peut rien avoir qu'on ne les broie for» tement. On fait aussi dans la Thrace un miel qui » n'est pas si dur, mais qui est en grumeau, & par » petits grains ».

Il paroît que Theophraste, son Disciple, a eu une plus grande connoissance de ce miel; car nonseulement il a parlé du Miel céleste dans le troisiéme Livre de l'*Histoire des Plantes*, Chap. 9, où il s'explique ainsi: « Le Chêne est un arbre qui pro» duit beaucoup de choses, ce qui est encore con» firmé, si, comme le dit Hesiode, il porte le miel » des abeilles. Cette liqueur donc se forme dans l'air, & se repose plus volontiers sur les feuilles du » Chêne, que sur aucune autre ». Il en a parlé en» core dans un fragment de son Livre *sur les Abeilles*, que Pholius nous a conservé dans sa Bibliothéque. Il y distingue trois sortes de miel: le premier, qui est composé du suc des fleurs par les abeilles: le second qui se forme dans l'air lorsque la vapeur qui s'est élevée de la terre vient à tomber après avoir été digérée par le soleil; ce qui arrive particuliérement au temps de la moisson, & ce qui convient à notre manne: le troisiéme qui naît dans des cannes, & qui est le même que notre sucre.

Dioscoride rapporte que l'éleomeli coule d'un certain arbre, autour de Palmire en Syrie : il ajoute que c'est une huile plus épaisse que le miel, & d'une saveur douce ; & il assure que deux verrées de cette huile dans une *hémine* d'eau, (c'est-à-dire une chopine) purge la bile & guérit les crudités.

Galien, dans le troisiéme Livre des Alimens, Ch. 39, distingue le miel qui vient des plantes, d'avec celui qui vient des animaux ; & il parle ainsi du premier : « Il vient sur les feuilles des plantes ; » ce n'en est ni le suc ni le fruit, & il n'en fait » point partie ; mais c'est une espéce de rosée. Il » ne tombe pas ni aussi assiduement, ni aussi abon- » damment que la rosée. Je me souviens qu'un jour » en été, comme l'on avoit trouvé une grande » quantité de miel sur les feuilles des arbres, sur » les arbrisseaux & sur l'herbe, les gens de la cam- » pagne chantoient en dansant & en témoignant » leur joie. *Jupiter fait pleuvoir du miel.* La nuit qui » avoit précédé avoit été froide pour une nuit » d'été (c'étoit alors en été) ; & le jour précé- » dent le Ciel avoit été fort chaud & fort sec. Or, » les habiles Interprétes de la nature croyoient que » les exhalaisons qui s'étoient élevées de la terre & » des eaux, après avoir été atténuées & digérées » par la chaleur du soleil, avoient été réunies & » condensées par le froid la nuit suivante. Ce pro- » dige qui arrive rarement chez nous, arrive sou- » vent chaque année sur le Mont-Liban. On étend » alors des peaux sur la terre, on secoue ensuite » les arbres, & après avoir ramassé le miel qui en » est tombé, on en remplit des cruches & des va- » ses de terre. On appelle ce miel *Miel de rosée* & » *Miel céleste* ».

Il paroît qu'Hyppocrate a voulu parler de ce suc mielleux du Mont-Liban, dans le *Livre des Ulcères*. « Pour guérir les ulcères, dit-il, on met un autre » médicament dans le vin ; savoir un peu de miel » de cedre, &c. Il l'appelle *Miel de cedre*, parce » qu'on le recueille sur les cedres de cette Monta- » gne, comme on a coutume de recueillir la Manne » de Briançon, dans le Dauphiné, sur le méleze ».

Amynthes, au rapport d'Athénée, parle ainsi du Miel céleste dans le *Livre I des Habitations d'Asie* : « On le cueille avec les feuilles sur lesquelles il » est ; ensuite on le prépare, & on le façonne à » peu-près comme une masse de Syrie : quelques- » uns en font de petites boules ; & lorsqu'on en » veut prendre, on en casse de petites parcelles : » après les avoir fait fondre dans l'eau, & les avoir » passées, on les boit dans des tasses de bois, que » l'on appelle *tapetes*. Elles ont le goût du miel dé- » layé dans de l'eau, & même elles sont encore » plus agréables ». Tout cela convient assez bien à notre manne, ou à la manne que l'on emploie dans les boutiques.

Pline parle de ce suc mielleux d'une maniere fort agréable, mais avec peu de vérité. « Au point du » jour, dit-il, on trouve les feuilles des arbres cou- » vertes d'un miel en rosée : & si quelqu'un a été » à l'air de grand matin, il s'apperçoit que ses ha- » bits sont impregnés de cette liqueur, & que ses » cheveux se collent l'un contre l'autre, soit que ce » soit comme la sueur du Ciel, ou une espéce de sa- » live des astres, ou un suc de l'air qui se décharge ».

Les Poëtes Latins en ont aussi fait mention. Les Chênes, dit *Virgile*, Eglog. IV, *donneront un miel abondant, semblable à la rosée. On voyoit couler le miel du Chêne*, dit *Ovide*, Liv. 1er des Métamorphoses.

Les Arabes comprennent sous le nom de miel céleste, le téreniabin, la manne & le sacchar alhusar ou alasser, & ils parlent avec tant d'obscurité de ces différentes espéces de miel, que l'on ne sauroit démêler ce qu'ils veulent dire. Avicenne appelle manne toute sorte de rosée douce, qui tombe du Ciel sur les pierres ou sur les arbres, & qui s'épaissit en consistance de miel, ou se durcit comme la gomme, tel qu'est le téreniabin, le siracon & le miel que l'on apporte du Mont Casserien en rob ; (peut-être entend-il le miel gras & liquide du Mont Liban, qui a la consistance d'un syrop épais). » Le téreniabin ou le trungibin, dit-il ail- » leurs, est une rosée qui tombe pour l'ordinaire » dans le Corasseni, dans les Pays qui sont au-delà » du fleuve : dans notre Pays il tombe le plus sou- » vent sur l'alhagi. Le sacchar alasser est une manne » qui tombe sur l'alhusar, en forme de grains de » sel ».

Serapion dit que le téreniabin est une rosée qui tombe du Ciel, & qui est semblable à un miel dur & grené : « on l'appelle, dit-il, *miel de rosée* ; il » tombe ordinairement sur les arbres, dans une ré- » gion de l'Orient, appellée Corasseni. Ces arbres » ont des feuilles semblables aux épines vertes & » des fleurs rouges, & qui ne portent jamais de » fruit ».

La manne dont parle ici Serapion, n'est peut-être pas différente de celle que l'on ramasse sur l'alhagi, comme Avicenne vient de le dire. Je passe sous silence les autres Auteurs Arabes, des écrits desquels on ne peut rien tirer de certain sur la nature de la manne & ses différentes espéces. Il est seulement certain qu'ils ont connu ce suc appellé *manne* ou *miel céleste*, de même que les Latins & les Grecs.

Il se présente ici deux questions à examiner. La premiere, est si cette rosée ou miel céleste, telle que quelques anciens l'ont imaginée, a jamais existé.

La seconde, si notre manne tombe du Ciel sur les arbres & sur les plantes, ou si elle naît du sein même des arbres & des plantes.

Quant à la premiere question, j'avouerai ingénuement que je n'ai jamais connu cette espéce de rosée. On n'a jamais remarqué, du moins à mon avis, qu'il fût tombé du Ciel un suc mielleux sur les fleurs, sur les feuilles, ni sur les pierres. Quant au suc qui se trouve renfermé dans beaucoup de fleurs, il tire son origine des organes intérieurs de la plante. Le suc liquide & concret, que l'on remarque quelquefois sur les feuilles, est un suc qui est sorti par les pores des feuilles, ou qui est tombé des feuilles des autres arbres. Enfin, s'il paroît quelquefois sur les pierres des gouttes d'une liqueur mielleuse, ou cette liqueur est tombée des feuilles des arbres voisins, ou elle y a été apportée de quelqu'autre maniere. Bodæus à Stapel, dans les *Notes sur l'Histoire des Plantes de Théophraste*, rapporte une observation au sujet d'une manne excellente, très-blanche, abondante, & aussi douce que le sucre, que l'on avoit trouvé sur des saules, sur des pierres & sur la terre. De gros moucherons qui étoient en fort grand nombre la venoient déposer en si grande quantité, qu'à considérer le nombre de gouttes qui tomboient du saule où elles avoient été ramassées, on auroit dit que c'étoit une rosée : cette liqueur déposée goutte à goutte sur les feuilles & sur les pierres se durcissoit en fort peu de temps, & se changeoit en une manne très-pure, qui avoit la blancheur, la douceur, la consistance & la vertu de la meilleure manne ; & plusieurs la ramassoient pour s'en servir. On laissoit perdre ce qui étoit tombé à terre & dans des endroits sales. Il est vraisemblable ou que ce suc mielleux avoit été produit sur ces saules mêmes, ou que ces mouches l'avoient recueilli sur les autres plantes, & qu'elles s'en étoient remplies tellement, qu'elles étoient obligées de le déposer en différens endroits tel qu'ils l'avoient pris. Cela eſt d'autant plus probable, que l'on remarquoit dans ces moucherons certaines parties de leur corps qui ſortoient plus en dehors que les autres, où l'on voyoit des petits trous par où découloient en abondance de petites gouttes très-blanches, comme ſi c'eût été de la ſueur.

Pour ce qui eſt de l'autre queſtion, les Savans ſe ſont partagés en différentes opinions. Preſque tous les Anciens, ſoit Grecs, ſoit Arabes, ont cru que la manne que l'on recueille ſur les arbres, étoit formée de la vapeur de la terre, qui ayant été élevée par la chaleur du ſoleil, ſe condenſoit aſſez près de la terre par le froid de la nuit, de même que la roſée ou la gelée blanche, ou que c'étoit un ſuc excellent qui s'élevoit en vapeurs de la terre dans les chaleurs de l'été; qu'il ſe digéroit dans l'air, & ſe changeoit en une liqueur douce, qui étant condenſée par le froid de la nuit, tomboit en forme de roſée ſur les feuilles des arbres & des arbriſſeaux. *Ange Palea* & *Barthelemy de la Vieux-ville*, qui ont donné un Commentaire ſur Meſué, l'an 1543, ont été les premiers qui ont écrit que la manne étoit un ſuc épaiſſi de Frêne, ſoit de l'ordinaire, ſoit de celui qu'on appelle Frêne ſauvage.

Donat Antoine Altomarus, Médecin & Philoſophe de Naples, qui a été fort célébre vers l'an 1558, a confirmé ce ſentiment par les obſervations ſuivantes: « La manne eſt donc proprement, dit-il, » le ſuc ou l'humeur des arbres nommés ci-deſſus, » que l'on recueille tous les ans pendant pluſieurs » jours de ſuite dans la canicule. Car ayant fait cou» vrir les Frênes de toiles ou d'étoffes de laine pen» dant pluſieurs jours & pluſieurs nuits, enſorte » que la roſée ne pouvoit tomber deſſus, on ne » laiſſa pas d'y trouver & d'y recueillir de la » manne pendant ce temps-là. Or, cela n'auroit » pu être, ſi elle ne provenoit des arbres mêmes ».

2°. Tous ceux qui recueillent la manne, reconnoiſſent qu'après l'avoir ramaſſée, il en ſort encore des mêmes endroits d'où elle découle peu à peu, & s'épaiſſit enſuite par la chaleur du ſoleil.

3°. De plus, on rapporte qu'au tronc des Frênes il s'éleve ſouvent ſur l'écorce comme des petites véſicules ou tubercules remplis d'une liqueur blanche, douce & épaiſſe, qui ſe change en une excellente manne.

4°. Si on fait des inciſions dans ces arbres, & que dans l'endroit où elles ont été faites, on y trouve le même ſuc épaiſſi & coagulé; qui oſera douter après cela que ce ne ſoit le ſuc de ces arbres qui a été porté à leurs branches & à leurs tiges.

5°. Cela eſt encore confirmé par le rapport de ceux du Pays, qui aſſurent avoir vu de leurs propres yeux des cigales ou d'autres animaux qui avoient percé l'écorce de ces arbres, & en ſuçoient les larmes qui en découloient, & que les ayant chaſſés il étoit ſorti une nouvelle manne par ces trous & ces ouvertures.

6°. J'ai connu des hommes dignes de foi, qui m'ont aſſuré qu'ils avoient coupé pluſieurs fois des Frênes ſauvages pour en faire des cerceaux, & qu'après les avoir fendus & les avoir expoſés au ſoleil, ils avoient trouvé dans le même une aſſez grande quantité de manne.

7°. Ceux qui font du charbon, ont ſouvent remarqué que la chaleur du feu fait ſortir de la manne des Frênes voiſins.

Le même Auteur obſerve encore que quoiqu'il vienne beaucoup de manne ſur le Frêne, il ne s'en trouve jamais ſur les feuilles du Frêne ſauvage; qu'il ne s'en trouve que très-rarement ſur ſes branches ou ſur ſes rejettons, & que l'on n'en recueille que ſur le tronc même ou ſur les branches un peu groſſes. La cauſe de cela eſt peut-être que comme ce Frêne ſauvage ne croît que ſur des pierres & dans des lieux arides & montueux, il eſt plus ſec de ſa nature; c'eſt pourquoi il ne contient point une ſi grande quantité d'humidité; & cette humidité n'eſt point aſſez ſubtile ni aſſez déliée pour arriver juſqu'aux feuilles & aux petites branches. De plus, par rapport au lieu d'où l'on apporte la manne, on la diviſe en Orientale & en Européenne. La premiere nous eſt apportée de l'Inde, de la Perſe & de l'Arabie, & elle eſt de deux ſortes: la manne liquide qui a la conſiſtance du miel, & la manne dure. Pluſieurs ont fait mention de la manne liquide. Robert Conſtantin & Belon rapportent qu'on l'appelle en Arabie téreniabin, qui eſt un nom fort ancien, ils croyent que c'eſt le κέδρινον μέλι d'Hypocrate, ou le miel cedrin & la roſée du Mont Liban, dont Galien fait mention.

Belon, dans ſes Obſervations, remarque que les Moines ou les Calogers du Mont Sina ont une manne liquide qu'ils recueillent ſur leurs montagnes, & qu'ils appellent téreniabin, pour la diſtinguer de la manne dure. Garzias & Ceſalpin diſent que l'on trouve auſſi cette manne chez les Indiens, & même en Italie ſur le Mont Apennin, & qu'elle eſt ſemblable au miel blanc purifié, & ſe corrompt facilement. Cette manne liquide ne différe de la manne dure que par ſa fluidité: or, celle qui eſt ſolide a d'abord été fluide; elle ne s'épaiſſit point ſi le temps eſt humide. On ne nous en apporte plus à préſent.

Avicenne, Garzias & Acoſta parlent encore de pluſieurs eſpéces de manne qui ne ſont pas diſtinguées avec aſſez de ſoin. Cependant on en compte particuliérement trois eſpéces; ſavoir, celle que l'on appelle manne en grains, *manna maſtichina*, parce qu'elle eſt par grains très-durs, comme les grains de maſtic: celle que l'on appelle bombycine, *manna bombycina*, qui s'eſt durcie en larmes ou en grumeaux longs & cylindriques, ſemblables à des vers à ſoie, & qui eſt par petites maſſes, telle qu'étoit la manne d'Athenée, ou le miel céleſte des Anciens que l'on apportoit en maſſes. Telle eſt encore aujourd'hui la manne que l'on apporte par grumeaux, appellée communément manne en marrons.

La manne Européenne eſt de pluſieurs ſortes; ſavoir celle d'Italie, ou de Calabre & de Sicile, & celle de France ou de Briançon. Ces eſpéces de mannes ne ſont point liquides.

Si l'on conſidere les arbres ſur leſquels on recueille la manne, elle a encore différens noms. L'une s'appelle cedrine; c'eſt celle dont Hypocrate, Galien & Belon font mention. L'autre eſt nommée manne de Chêne, dont parle Theophraſte. Celle-ci manne de Frêne, qui eſt fort en uſage parmi nous. Celle-là manne du meleze, que l'on trouve dans le territoire de Briançon: une autre alhagine, dont ont parlé quelques Arabes & Rauvolfius.

De toutes ces eſpéces de manne, nous ne faiſons uſage que de celle de Calabre ou de Sicile, que l'on recueille dans ces Pays-là ſur quelques eſpéces de Frêne.

La manne de Calabre, *manna Calabra*, Off. eſt un ſuc mielleux, qui eſt tantôt en grain, tantôt en larmes, par grumeaux, & de figure de ſtalactites, friable, blanc lorſqu'il eſt récent, qui devient rouſſeâtre à la longueur du temps, & ſe liquéfie & acquiert la conſiſtance de miel par l'humidité de l'air, & qui a le goût agréable du ſucre avec un peu d'âcreté. La meilleure manne eſt celle qui eſt blanche ou jaunâtre, légere, en grains, ou par grumeaux creux, douce & agréable au goût, & la moins mal propre. On rejette celle qui eſt graſſe, mielleuſe, noirâtre & ſale. C'eſt mal à propos que quelques-uns quelques-uns préférent celle dont la substance est grasse & mielleuse, & que l'on appelle pour cela *manne grasse*; puisque ce n'est souvent qu'une manne gâtée par l'humidité de l'air; ou bien parce que les caisses où elle a été apportée ont été mouillées par l'eau de la mer ou par l'eau de la pluie, ou de quelqu'autre maniere: souvent même cette manne grasse n'est autre chose qu'un sucre épais, mêlé avec du miel & un peu de scammonée. C'est ce qui fait que cette manne grasse & mielleuse purge fortement. On rejette aussi certaines masses blanches, mais opaques, dures, pesantes, qui ne sont point en stalactites. Ce n'est que du sucre & de la manne que l'on a fait cuire ensemble jusqu'à la consistance d'un électuaire solide. Mais il est aisé de distinguer cette manne artificielle de celle qui est naturelle; car elle est compacte, pesante, d'un blanc opaque, & d'un goût tout différent de celui de la manne.

ANALYSE CHYMIQUE.

Par l'analyse chymique, de deux livres de manne choisie, distillée au bain de vapeurs, M. Geoffroy a tiré deux onces six gros quarante-huit grains de phlegme lympide, sans odeur & sans saveur, qui cependant a rendu un peu rouge la teinture de tournesol; ensuite la masse qui est restée, après avoir été séchée, réduite en poudre, & distillée dans une cornue, a donné une once un gros de liqueur lympide & manifestement acide, mais encore un peu urineuse: deux onces d'huile très-subtile & roussâtre, deux onces quatre gros d'une huile grossiere, résineuse & en grumeaux: la masse noire, qui est restée au fond de la cornue, pesoit six onces cinq gros douze grains; elle étoit dure, compacte & sans saveur: ayant été calcinée pendant huit heures au feu de reverbere, jusqu'à ce qu'il n'en sortît plus de fumée, il en est resté six gros six grains de cendres noirâtres, dont on a tiré par la lixiviation deux gros de sel alkali fixe. Les parties qui se sont perdues dans cette distillation ont été de sept onces deux gros douze grains, & dans la calcination de cinq onces sept gros six grains. La manne est donc composée de sel essentiel, ou de tartre très-abondant, & d'une petite partie de sel ammoniac, enveloppée d'une grande quantité de soufre, tant subtil que grossier.

Observations & propriétés médicinales.

Ces observations, de même que tout ce qui a été dit antérieurement, ont été tirées de la matiere médicale de Geoffroy; la Dissertation que ce savant Médecin a publiée sur cette substance, ne paroît rien laisser à desirer à son sujet.

Galien n'a point connu la vertu laxative de la manne, dit M. Geoffroy, quoiqu'il paroisse que Dioscoride ne l'ait pas ignorée; car il dit que l'éléomeli purge la bile & les humeurs crues. Actuarius est le premier parmi les Grecs, qui fasse mention de la vertu solutive de la manne: « la casse noire, dit-il, & » la manne purgent très-doucement. Si on ne prend » que trois ou quatre gros de casse, elle n'est pas » capable d'ébranler le ventre; il faut encore pren- » dre la manne en plus grande quantité, & elle purge » la bile jaune ».

Les Arabes lui ont donné la vertu de purger doucement, d'adoucir la gorge & la poitrine, & de nettoyer l'estomac: les nouveaux Médecins font un très-grand usage de la manne pour lâcher doucement le ventre, pour purger les humeurs séreuses, & pour chasser les matieres épaisses & aqueuses des premieres voies; elle passe pour le purgatif le plus doux, que l'on peut donner en toute sûreté aux vieillards, aux enfans, & même aux femmes enceintes & délicates.

Elle convient particuliérement, dit Rolfincius, aux maladies froides, aux complexions mixtes, dans les Pays tempérés. Elle adoucit l'acrimonie des humeurs, & elle dissout celles qui sont épaisses & aqueuses; c'est pourquoi on l'emploie heureusement dans les catarrhes, & dans la toux qui vient d'une pituite fluide & âcre, dans le commencement de la maladie; car elle précipite aussitôt cette humeur par les intestins. Elle est encore d'un grand secours dans les maladies de poitrine, sur-tout lorsque les poumons sont remplis d'une pituite tenace & aqueuse, comme dans l'asthme humoral. Elle est très-utile dans les maladies qui viennent de la bile, dans celles où il y a de l'inflammation, comme dans la pleurésie, la péripneumonie, la tension du bas-ventre, causées par une bile épaisse, & qui fermente, parce qu'elle dissout les humeurs & qu'elle les évacue par les selles, quoique quelques uns disent le contraire.

Elle est nuisible, dit Rolfincius, aux tempéramens chauds, & aux maladies qui naissent de chaleur, à moins qu'on n'y mêle des acides, comme les tamarins; autrement elle se change en bile & fomente une cacochymie chaude & seche. Rondelet & Duret croyent qu'elle est dangereuse pour les tempéramens bilieux. En effet, il ne faut point leur donner cette sorte de médecine, à moins qu'il ne soit nécessaire de purger. Mais quand il faut le faire, on ne sauroit employer un purgatif plus sûr & plus doux, en le tempérant, comme il convient, avec les acides, tels que les tamarins, la crême de tartre, le suc de limon, ou le nitre purifié, le sel Polychreste, ou même le pulpe de casse.

Mesué dit qu'elle opére lentement: aussi convient-il de la mêler avec d'autres purgatifs; c'est ce qui a été pratiqué par les nouveaux Médecins qui la prescrivent avec la casse, le sené & la rhubarbe. Elle a encore cet inconvénient, qu'elle fermente aisément, ou, comme dit Hoffmann, elle a, je ne sais quoi, de venteux. Aussi ne conseille-t-il de ne la donner qu'après l'avoir fait bouillir. Cependant il faut, selon l'avertissement de Rolfincius, que la décoction en soit légere, de peur qu'elle ne perde sa force par l'évaporation de ses parties légeres & subtiles. On objecte enfin qu'elle dissout les humeurs, & n'évacue que celles qui sont séreuses, d'où s'ensuivent une grande secheresse & une grande soif dans les maladies. Toutes ces raisons ont rendu dans le temps la manne suspecte à des Praticiens très-habiles.

Mais si on examine si scrupuleusement tous les purgatifs, il ne s'en trouvera aucun qui n'ait ses inconvéniens, puisque, selon le témoignage de Galien, ils semblent tous, en quelque façon, contraires à la nature; ce qu'il faut sur-tout entendre des hydragogues, qui agissent non-seulement en picotant les membranes des intestins, mais encore particuliérement en faisant fermenter, & en dissolvant la masse du sang & de la lymphe.

Puis donc qu'il est nécessaire d'employer les purgatifs, & même quelquefois les hydragogues, on doit préférer la manne à tous les autres, parce qu'elle a beaucoup plus de vertu, & que de tous les hydragogues, c'est celui qui fait moins de mal. On peut adoucir l'acrimonie qu'elle peut avoir en y mêlant des tamarins ou de la casse; elle sera tempérée si on la fait bouillir un tant soit peu avec les autres purgatifs. S'il faut, pour ainsi dire, lui donner de l'aiguillon, & la rendre plus efficace, on y joindra du sené ou de la rhubarbe; mais rien ne lui donne plus de vertus que quelques grains de tartre ſtibié, diſtribués en pluſieurs doſes, un grain pour chaque doſe. Par ce moyen on procurera une abondante évacuation d'humeurs bilieuſes ſans aucune incommodité, ſans nauſée, ſans vomiſſement & ſans tranchées : ainſi la manne ſera un reméde doux & bienfaiſant, pourvu qu'on l'emploie, comme les autres purgatifs, en temps & lieu, & en la façon convenable. La manne entre dans l'électuaire de caſſe de la Pharmacopée de Londres, & dans l'*électuaire diacarthami* de celle de Paris : on la fait encore actuellement dans preſque toutes les potions purgatives.

Formules.

1°. Prenez huile d'amandes douces deux onces, *manne* une once ; délayez dans un bouillon, à prendre le matin contre la colique.

2°. Prenez des feuilles & racines de gratiole un gros & demi ; faites-les infuſer pendant la nuit dans cinq onces d'eau de fontaine, délayez dans la colature une once de *manne* pour une médecine à prendre le matin dans l'hydropiſie.

3°. Prenez une once de racines d'iris, que vous ferez cuire dans un bouillon ; vous délayerez dans la colature une once de *manne* pour une médecine à prendre deux ou trois fois la ſemaine dans le cas d'hydropiſie.

4°. Prenez des feuilles de concombre ſauvage deux gros ; faites-les infuſer dans ſix onces d'eau de fontaine ; faites diſſoudre dans la colature une once de *manne* pour une médecine à prendre le matin contre la jauniſſe.

5°. Prenez ſené mondé trois gros ; ſemences d'anis & de coriandre, de chacune un demi gros ; faites-les infuſer dans cinq onces d'eau de fontaine ; vous ajouterez à la colature *manne* & vin émétique, de chacun une once pour une potion cathatico-émétique à prendre dans la léthargie.

6°. Prenez un gros de rhubarbe, que vous ferez infuſer pendant la nuit dans un gobelet de décoction de tamarin ; vous délayerez dans la colature une once de *manne* & une once de ſyrop de chicorée compoſé pour une médecine contre la lienterie.

7°. Prenez demi-once de ſemences de genêt, ſené mondé deux gros ; faites-les infuſer dans cinq onces d'eau de fontaine ; délayez dans la colature une once de *manne* pour une potion vomitive à prendre le matin.

8°. Prenez de la ſeconde écorce de *frangula* un gros, de la canelle un ſcrupule, que vous ferez infuſer dans cinq onces d'eau de fontaine ; vous délayerez dans la colature un gros de ſel végétal, de la *manne* & du ſyrop de fleurs de pêcher, de chacun une once, pour une potion purgative à prendre le matin.

9°. Prenez huit onces de décoction de tamarins, dans laquelle vous ferez infuſer un gros de feuilles de laureole ; vous délayerez dans la colature une once de *manne* fine, pour une potion à prendre dès l'aube du jour contre l'hydropiſie.

10°. Prenez une once de fleurs de roſes muſcades, que vous ferez infuſer pendant la nuit dans ſix onces d'eau de fontaine ; ajoutez à la colature une once & demie de *manne*, pour une médecine douce à prendre le matin.

11°. Prenez feuilles de ſureau ſechées ſix gros, ſel végétal un demi gros, canelle un ſcrupule ; faites-les cuire avec cinq onces d'eau de fontaine ; vous délayerez dans la colature de la *manne* & du ſyrop roſat ſolutif, de chacun une once, mêlez ; faites une médecine, à prendre contre les vapeurs hiſtériques & l'hydropiſie.

12°. Prenez eau de lys & huile d'amandes-douces, de chacun deux onces, *manne* une once & demie, pour une potion à prendre dans la paſſion iliaque.

13°. Prenez ſené mondé deux gros, rhubarbe un demi gros, anis deux ſcrupules ; faites-les infuſer dans cinq onces d'eau de fontaine ; vous délayerez dans la colature une once de *manne* & autant de ſyrop de chicorée compoſé, pour une potion purgative à prendre dans la colique venteuſe.

Toutes ces Formules ſont tirées des écrits de M. Marquet.

Propriétés vétérinaires.

Quand on donne aux animaux dans les breuvages de la manne, c'eſt depuis la doſe de trois onces juſqu'à une demi-livre, & même plus.

Formule.

Prenez aloës ſoccotrin en poudre, manne graſſe, de chacun deux onces ; ſel de prunelle, une demi-once ; miel, ſuffiſante quantité ; mêlez le tout dans la farine, donnez en pilules.

TROISIEME ESPECE.

La troiſieme eſpéce eſt le Frêne d'Amérique. *Fraxinus Americana. Fraxinus foliolis integerrimis petiolis teretibus. Linn. Sp. Plant.* 1510. *Gron. Virg.* 122. *Roy. Lugdb.* 533. *Fraxinus Caroliniensis, foliis anguſtioribus utrimque acuminatis pendulis. Caſteb. Car.* 1, pag. 80.

Deſcription.

Catesby, en parlant de ces Frênes, dit qu'ils ne ſont ordinairement ni grands, ni gros ; leurs feuilles ſont pointues par les deux bouts ; leurs ſemences, ajoute-t-il, ſont liées & pendent en grappes.

Figure.

Cette eſpéce eſt repréſentée dans l'Hiſtoire de la Caroline, par Catesby, Tom. 1, pl. 80.

Lieu de ſa naiſſance.

Elle croît naturellement dans la Virginie & la Caroline, dans les endroits humides.

Obſervation.

Miller donne le nom de *Fraxinus Carolina, latiori fructu.* Frêne de la Caroline ou du Canada, à feuilles de noyer, à un Frêne qui pourroit fort bien être cette troiſiéme eſpéce, ou du moins une de ſes variétés ; ſes feuilles n'ont communément, dit-il, que ſept folioles, dont celles du bas ſont par degrés, plus petites que celles de l'extrêmité, longues de quatre à cinq pouces ſur deux de largeur, d'un verd gai, légerement dentelées ; leur côte eſt cylindrique, & garnie d'un duvet court : les ſemences de cet arbre ſont plus grandes & plus blanches que celles de la premiere eſpéce. Le même Cultivateur Anglois nous a encore fait connoître un Frêne de la Nouvelle Angleterre, dont les folioles ſont terminées par une longue pointe. *Fraxinus ex Nova Anglicâ, Pinnis foliorum in mucronem productioribus.* Chaque feuille eſt compoſée de trois ou quatre paires de petites folioles d'un verd gai, ſans dentelures, très-écartées les unes des autres, & terminées par une large impaire qui a une très-longue pointe.

L'arbre produit de fortes branches, sans ordre, mais ne fait pas une grosse tige. On le trouve aussi en Canada & dans la Louisiane.

FRITILLARIA, *la Fritillaire.*

NOMS GÉNÉRIQUES.

Ce genre de plante est connu sous les noms de *Fritillaria. Tourn. Petilium. Linn. Edit.* 1. *Corona imperialis. Tourn.*

Description générique.

Le caractere de ce genre est de n'avoir point de calice; sa corolle est à six pétales, campanulée, s'ouvrant à la base; ses pétales sont oblongs, paralleles; le nectair est une fosse creusée dans la base de chaque pétale; les filamens des étamines sont au nombre de six en forme d'alene, s'approchant du style; les antheres sont quadrangulaires, oblongues, droites; le germe du pystil est oblong, a trois côtes obtus; le style est simple, plus long que les étamines; le stygmate est triple, s'ouvrant, obtus; le péricarpe est une capsule oblongue, obtuse, à trois lobes, à trois loges & à trois valves; les semences sont nombreuses, planes, semi-orbiculées en-dehors, disposées à double rang.

Observation.

La Fritillaire de Tournefort a nectair oblong & a péricarpe lisse: la couronne impériale de même est à nectair hémisphérique, & à péricarpe aigu par les bords.

CLASSES.

Ce genre fait partie de la neuvieme Classe de Tournefort, qui renferme les fleurs liliacées, & de la sixieme de Linnæus, destinée aux plantes hexandriques, monogyniques. Cet Auteur en admet six espèces.

PREMIERE ESPECE.

La premiere espéce est la Fritillaire impériale, la Couronne impériale. *Fritillaria imperialis. Fritillaria racemo comoso inferne nudo, foliis integerrimis. Hort. Upf.* 82. *Linn. Sp. Plant.* 435. *Petilium foliis Caulinis. Hort. Cliff.* 119. *Roy. Lugdb.* 30. *Lilium seu Corona imperialis: genus. Bauh. Pin.* 79. *Tusai. Clus. Hist.* 1, p. 127-128. *Corona imperialis sive Tusai. Bauh. Hist.* 2, p. 697; en Allemand, *Kayser-krone;* en Italien, *Corona imperiale.*

Description.

La racine de cette espéce est bulbeuse, a doubles écailles qui l'enveloppent à moitié; les petites racines sont horisontales; la tige s'éleve à la hauteur d'un pied, nue à la base, feuillée dans le milieu, colorée dans le haut; les feuilles sont courantes, sessiles, simples, très-entieres, rangées presqu'en spirale; les fleurs sont disposées en grappes, retombent, environnent la tige, & sont surmontées par une touffe de feuilles; elles sont liliacées, campanulées, évasées par le bas, composées de six pétales oblongs, parallèles; elles ont un nectair hémisphérique, en forme de petite fosse, creusé à la base du pétale, sans aucun calice; son fruit est une capsule oblongue, obtuse, à trois lobes, triloculaire, trivalve, remplie de semences planes, un peu convexes en-dehors, rangées à deux rangs.

Figure.

Cette espéce est représentée dans le *Florum imagines* de Trew; dans l'*Hort. Eyet*, & dans la seconde partie de cet ouvrage.

Lieu de sa naissance.

Elle vient originairement de Perse; on l'a apportée de Constantinople en Europe vers l'année 1570.

Variétés.

On distingue plusieurs variétés de cette plante: la commune, qui naît avec un simple rang de fleurs de couleur jaune; une autre, qui n'a, à la vérité, qu'un seul rang de fleurs, mais qui est d'un rouge de couleur d'écrevisse; on estime plus cette variété que la premiere, comme étant plus rare.

L'impériale simple, à fleur rouge clair, & dont la moitié est d'un jaune rougeâtre, est encore fort estimée; l'impériale double est la plus recherchée & la plus rare; ses fleurs naissent disposées en maniere de couronne, au-dessus desquelles paroît un bouquet de feuilles; chaque fleur est un lys à six feuilles, formant une espéce de cloche.

Culture.

On multiplie la couronne impériale de deux manieres, par ses semences ou par ses oignons: on seme cette plante dans le mois d'Août, & peu de temps après qu'on a recueilli la graine: cette voie est un peu longue, il faut l'abréger, & pour cet effet on plante les oignons dans le mois de Septembre ou d'Octobre. Lorsque la saison de cette opération est arrivée, on creuse en terre un trou de la largeur d'environ un chapeau, qu'on remplit de terre franche, mêlée avec du terreau ou du fumier de mouton; on prend ensuite l'oignon, qu'on plante & qu'on couvre environ un demi pouce de haut; cela fait, on lui fait pousser sa tige, & donner sa fleur au printemps. L'on ne déplante point les oignons de la couronne impériale, à moins que ce ne soit pour les replanter tout de suite ailleurs, ou pour en ôter les cayeux; on les replantera pour lors aussitôt; les oignons n'ont point de robes: quand on veut les tenir hors de terre, il faut les envelopper dans du papier, & les serrer dans des boîtes.

Observations médicinales.

La racine de cette plante est âcre, piquante, désagréable, rougeâtre & veneneuse, suivant les observations de Wepfer: on n'emploie que la racine, & on ne peut en conseiller l'usage intérieur.

Propriétés d'ornement.

On cultive cette fleur pour sa beauté; elle mérite une place dans les Jardins des Fleuristes; on en met dans les parterres au milieu de la platte bande, à longue distance, en l'entre-mêlant avec d'autres fleurs.

DEUXIEME ESPECE.

La deuxieme espéce est la couronne royale. *Fritillaria regia. Fritillaria racemo comoso inferne nudo, foliis crenatis. Linn. Sp. plant.* 435. *Corona regalis, lilii folio crenato. Dill. Hort. Elth.* 110.

Description.

La description que nous allons rapporter de cette

plante, est tirée de l'*Hortus Elthamensis*, par Dillen, qui de tous les Auteurs est celui qui a écrit le plus pertinemment. Cette plante, dit Dillen, donne le temps de la Canicule de nouvelles feuilles rondes, d'un noir verdâtre, & développe aussi une couronne feuillée, dont il sera parlé ci-après: les feuilles & cette couronne grandissent insensiblement, & lentement jusqu'à ce qu'elles ayent acquis toute leur grandeur; plus la plante approche de sa perfection, plus les feuilles s'allongent, brillent, & sont d'un verd gai; elles sont toujours couchées sur terre; & plusieurs d'entr'elles sont disposées en rond; elles ne sont ni trop minces, ni trop épaisses, assez semblables aux feuilles inférieures & jeunes du lys blanc, poussent d'abord à l'opposite l'une de l'autre, & se repondent ensuite en forme de croix, lisses, & d'un verd brillant, ayant la figure, lorsque la tige s'éleve, d'une langue, veinées longitudinalement, découpées à dents de scie vers les bords, & crenelées en blanc; du milieu de ses feuilles s'éleve lentement une tige, qui parvient ordinairement à sa grandeur au mois de Mars ou d'Avril, de la hauteur d'environ quatre pouces, portant en tout temps à son sommet, à l'instar de la couronne impériale ou de l'ananas, une couronne feuillée, composée de plusieurs folioles disposées les unes sur les autres en forme d'écailles: plus les folioles s'éloignent insensiblement du sommet, plus elles sont petites; ensorte qu'elles disparoissent ensensiblement entre les fleurs, à chacune desquelles cette espéce de foliole est supposée être le calice. Les folioles sont plus larges vers la base, plus étroites vers l'extrêmité; veinées & dentelées menu vers les bords, ainsi & de même que les feuilles; les fleurs, de même que la couronne feuillée, environnent la tige de chaque côté à plusieurs rangs; elles sont pendantes, d'une couleur herbacée, pâles, divisées jusqu'à l'onglet, en six segmens égaux; mais elles sont cohérentes dans le fond & entieres; de ces segmens vers la base sortent six étamines, chacune de chaque segment, courtes, terminées par un sommet un peu jaune & épais; du fond de la fleur s'éleve un embryon à trois côtés, ayant un style court, simple & recourbé, qui étant dissequé fait appercevoir un petit croissant à trois loges, renfermant deux rangs de semences dans chaque loge; les fleurs sont nues, d'une couleur verdâtre, ainsi que nous l'avons déja observé, ayant les bords de leurs lobes blanchâtres, & le milieu verd; la couronne feuillée & les fleurs occupent plus de la moitié de la tige; l'autre partie est nue jusqu'à la base; d'ailleurs les fleurs sont toujours couvertes, & ne se développent point. Si le diadême herbacé avoit quelque couleur remarquable, la plante dont il s'agit pourroit le disputer en supériorité avec l'hœmanthus & les autres plantes bulbeuses; elle n'en est cependant pas moins singuliére malgré ce défaut; elle n'a point d'odeur, mais seulement une saveur amére: la racine n'est pas moins particuliére que la plante; elle consiste dans une simple tubérosité pyramidale, distincte par plusieurs anneaux transversaux; plusieurs fibres sortent de la base de cette tubérosité, non pas dispersées, mais par sillon circulaire, distant du bord extérieur d'un demi pouce; ces fibres sont assez fréquentes, mais peu divisées, d'une couleur blanchâtre, & plus pâle que le reste de la racine: au surplus la partie inférieure de la tubérosité qui est entourée de fibres, est plane & égale, comme si on l'avoit coupée & applanie avec un couteau.

Figure.

Cette espéce est représentée dans *le Dillenii. Hort. Elth.* pl. 93, fig. 109.

Lieu de sa naissance.

Elle croît naturellement au Cap de Bonne-Espérance.

Culture.

Elle fleurit en Avril; ses feuilles meurent en Juin; elle donne rarement des semences mûres en France: aussi on ne l'y multiplie pas par graines, mais par cayeux, qui viennent autour du principal oignon, quoiqu'en petite quantité: pour qu'elle réussisse bien, on la met dans un pot plein de terreau, & on la conserve pendant l'hiver dans la serre chaude.

Propriétés d'ornement.

Les Amateurs ne cultivent cette plante qu'à cause de sa singularité; elle fait cependant variété dans les serres pendant l'hiver.

TROISIEME ESPECE.

La troisieme espéce est la Fritillaire de Perse, le Lys de Perse, le Lys de Suse. *Fritillaria Persica. Fritillaria racemo nudiusculo, foliis obliquis. Linn. Sp. Plant.* 436. *Hort. Ups.* 82. *Fritillaria racemo nudo Terminali. Hort. Cliff.* 119. *Fritillaria radice rotunda. Roy. Lugdb.* 30. *Lilium Persicum. Bauh. Pin.* 79. *Rudb. Elyse* 2, *p.* 183. *Lilium Susenium. Clus. Hist,* 1, *page* 130. *Fritillaria maxima flore obsolete purpureo. Tourn. Inst. rei Herb.* 377. *Lilio-Fritillaria, quod Lilium Persicam. Boerh. Lugdb.* 1, *p.* 141.

Description.

La racine de cette espéce est ronde; les feuilles inférieures sont au nombre de deux, ou de trois, ou de quatre verticillées, opposées, obliques; sa grappe de fleurs est terminale, un peu nud; les fleurs sont de couleur de pourpre passée.

Figure.

Cette espéce est représentée dans les Champs Elysées de Rudbeck, Tome 2, p. 183, fig. 1.

Lieu de sa naissance.

Elle croît naturellement en Perse: elle a été apportée de Suse en Europe en 1573.

Culture.

Elle fleurit en Mai; mais elle donne rarement des semences en notre climat, par conséquent on ne l'y multiplie que par cayeux; au surplus sa culture est la même que celle de l'espéce suivante.

QUATRIEME ESPECE.

La quatriéme espéce est la Fritillaire des Pyrenées. *Fritillaria Pyrenaica. Fritillaria caule multifloro, foliis infimis oppositis. Linn. Sp. plant.* 436. *Hort. Cliff.* 81. *Fritillaria flore minore. Bauh. Pin.* 64. *Fritillaria Pyrenæa. Clus. Hist.* 2, *p.* 256. *Part.* 10.

Description.

La tige de cette espéce est à plusieurs fleurs; les feuilles inférieures sont opposées; la fleur est petite.

Lieu de sa naissance.

Elle est vivace, & croît sur les Pyrenées.

CINQUIEME

CINQUIEME ESPECE.

La cinquiéme efpéce eft la Fritillaire peintade, le Damier. *Fritillaria meleagris. Fritillaria caule fubunifloro, foliis omnibus alternis. Linn. Sp. plant.* 436. *Hort. Upf.* 81. *Flor. fuec.* 2, n°. 283. *Fritillaria è foliorum alis florens. Hort. Cliff.* 119. *Fritillaria radice depreffa. Roy. Lugdb.* 30. *Fritillaria præcox purpurea variegata. Bauh. Pin.* 61. *Meleagris. Renealm. Specim.* 147. En Anglois, *Fritillary* & *Chequered tulip.*

Defcription.

C'eft une plante bulbeufe, dont la racine eft compofée de deux tubercules blancs ou jaunes, pâles, charnus, à demi ronds pour l'ordinaire, unis enfemble par leur bafe garnie de fibres. Du milieu de ces tubercules s'éleve une tige grêle, ronde, haute d'environ un pied, intérieurement fongueufe, qui porte cinq, fix ou fept feuilles étroites, aigues, médiocrement longues, placées alternativement, & embraffent la tige par leur bafe; le fommet de la tige porte des fleurs à fix pétales, difpofées en godet, à peu près comme la tulipe, grands, de diverfes couleurs & tachés réguliérement de blanc & de pourpre en échiquier; ce qui a fait donner à cette plante les noms de *Damier* & *Fritillaire*: le Damier étant appellé en latin *Fritillum.* Quelques-uns faifant allufion de ces taches au plumage des Peintades, nommées en latin *Meleagrides*, ont auffi appellé la Fritillaire *Meleagris.* Ses fleurs font panchées, fouvent il y en a plufieurs fur un même péduncule: on voit auffi de ces fleurs qui ne font pas tachées; à la fleur fuccéde un fruit oblong, anguleux, divifé en trois loges, qui contiennent chacune deux rangs de femences plates, anguleufes, pâles, & imitant la forme de l'oreille humaine. Les fleurs fortent des aiffelles des feuilles dans quelques cavités; la tige eft pointillée, & les fleurs le font tant en deffus qu'en-deffous; les fommets des étamines de la Fritillaire font communément jaunes, & M. Wahlbon fait obferver qu'intérieurement elles font diftribuées en quatre loges.

Figure.

Cette efpéce eft repréfentée dans le *Specimen* de Reneaulme, pl. 146, & dans les *Florum imagines* de Trew.

Variétés.

Il s'en trouve une infinité de variétés, auxquelles il a plû aux Fleuriftes de donner différens noms: les principales, fuivant Linnæus, font, 1°. le *Fritillaria alba variegata. Bauh. Pin.* 64. 2°. Le *Fritillaria alba præcox. Id.* 3°. Le *Fritillaria ferotina atro purpureo. Id.*

Lieu de fa naiffance.

Cette plante croît naturellement dans les endroits humides; on en trouve auffi dans les bleds, en Poitou, en Xaintonge; dans les prairies, le long de la Loire, du côté d'Orléans; à Gênes & à Covalon, en Dauphiné. Il y en a encore de particuliéres en Italie, en Perfe, en Efpagne, en Portugal & dans les Pyrenées.

Culture.

La Fritillaire réuffit mieux dans de grands pots qu'en planches; elle ne veut pas trop de foleil; il lui faut une terre graffe, humide & bonne, jufqu'à la profondeur de trois doigts: elle fleurit depuis Mars jufqu'en Mai. Comme cette plante ne peut pas fubfifter hors de terre, on la féme à la fin de Juin, pour ôter les cayeux, & on la replante auffitôt.

Propriétés médicinales.

Sa racine eft regardée comme émolliente, digeftive & réfolutive.

Propriétés d'ornement.

On la cultive dans les Jardins des Fleuriftes, à caufe de la fingularité de fa marbrure.

FUCHSIA, *la Fuchfe.*

DESCRIPTION GÉNÉRIQUE.

Le caractere de ce genre de plantes eft d'avoir le bord fupérieur du calice entier; fa corolle eft monopétale, en forme d'entonnoir; fon tube eft en maffe; le limbe eft plane, fendu en huit lobes pointus, dont les inférieurs font alternes. Les filamens des étamines font au nombre de quatre, de la longueur du tube; les antheres font didymes, rondes; le germe du pyftile eft oval, inférieur; le ftyle eft fimple, de la longueur des étamines; le ftigmate eft obtus. Le péricarpe eft une baye ronde, à quatre fillons & à quatre loges; les femences font nombreufes, ovales, difpofées à double rang.

Obfervation.

Plumier donne dans fes Genres à cette plante quatre étamines, & dans fon Hiftoire il en peint le plus fouvent huit.

CLASSE.

Cependant Linnæus a placé ce genre dans la neuviéme Claffe, parmi les plantes tetrandriques, monogyniques. Murray en admet deux efpéces.

PREMIERE ESPECE.

La premiere efpéce eft la Fuchfe à trois feuilles. *Fuchfia triphylla. Linn. Sp. plant.* 159. *Mill. Dict.* 4. *Fuchfia triphylla, flore coccineo. Plum. Gen.* 14. *Fuchfia pedunculis unifloris. Murray. Syft. veg.* 299.

Defcription.

La tige de cette efpéce eft herbacée, très-fimple; fes feuilles font ternes, lanceolées, feffiles; fa grappe eft terminale, droite; fa fleur eft couleur d'écarlatte, & fe trouve feule fur un péduncule.

Figure.

Cette efpéce eft repréfentée dans les Plantes de Plumier, par Burmann, pl. 133, fig. 1.

Lieu de fa naiffance.

Elle croît dans l'Amérique Méridionale.

DEUXIEME ESPECE.

La deuxiéme efpéce eft la Fuchfe à péduncule, qui porte plufieurs fleurs. *Fuchfia multiflora. Fuchfia pedunculis multifloris. Linn. Sift. veg. Edit. XIII. Murray*, 299. *Mutis.*

Observation.

Cette espéce ne varie de la premiere, que parce que ses péduncules sont à plusieurs fleurs.

Culture.

On multiplie ces plantes par graines, que l'on seme dans des pots pleins de terreau ; on enfonce les pots dans une couche chaude de tan, & on les gouverne de la même maniere que les autres graines qui nous viennent des Pays chauds ; elles levent dans un mois, ou au plus tard au bout de six semaines : on nettoye les mauvaises herbes de temps en temps, & on arrose souvent les jeunes plantes pour les faire mieux croître ; lorsque les jeunes plants sont parvenus à la hauteur d'environ deux pouces, on les transplante, & on les met chacun séparément dans un petit pot plein de terreau, qu'on enfonce de nouveau dans une couche chaude de tan ; on les garantit du soleil, jusqu'à ce qu'ils soient bien repris ; on leur donne tous les jours de l'air proportionnellement à la chaleur de la saison, & on les arrose souvent ; à mesure que la saison avance & devient chaude, on reléve davantage les vitres, afin de donner aux plantes une plus grande quantité d'air ; quand elles sont devenues assez grandes pour qu'elles atteignent les vitrages, on les met dans une étuve de tan, & on enfonce les pots dans la couche ; on observera de les tenir bien chaudement pendant l'hyver, & on ne leur donnera que très-peu d'eau dans cette saison ; mais on leur en donnera davantage pendant l'été, & même souvent : elles sont trop délicates pour vivre en plein air dans nos contrées, même dans le temps le plus chaud de l'année ; on les tiendra en conséquence continuellement dans une étuve, en observant de les placer en été de façon que l'on puisse souvent leur donner de l'air nouveau ; mais il leur faut sur-tout de la chaleur pendant l'hyver. Au moyen de ces soins ces plantes fleurissent, & font un très-bel effet dans une étuve, auprès des autres plantes exotiques.

FUCUS, *le Gouëmon.*

DESCRIPTION GÉNÉRIQUE.

Le caractere de ce genre de plante est d'avoir des fleurs femelles, composées de vésicules lisses, remplies d'une gelée, sur lesquelles on voit des points enfoncés qui contiennent des semences ; d'autres ont des vésicules lisses & creuses, parsemées intérieurement de poils, qui pourroient fort bien être les fleurs mâles. Ces plantes sont la plûpart d'une substance dure, mince & ramifiées en arbrisseau.

CLASSE.

Ce genre fait partie de la vingt-quatriéme Classe de Linnæus, qui comprend les plantes cryptogamiques, & de la Section des Algues : il y en a d'une infinité d'espéces, & parmi ces espéces il s'en trouve à tiges ou feuilles branchues doubles, ou toujours découpées en deux lobes ; d'autres sont rameuses, à feuilles séparées ; il s'en trouve aussi de rameuses à feuilles unies : quelques-unes n'ont pas les parties de la fructification en vésicules.

PREMIERE ESPECE.

La premiere espéce est le Gouëmon en grappe. *Fucus uvarius. Fucus caule fili-formi ramoso, foliis confertis ovatis fornicatis. Linn. Syst. Veg. Edit. XIII. Murr.* 811.

Description.

Ses feuilles sont ramassées en grappes, en forme de voute par derriere, membraneuses, pourpres, petites. M. Murray n'a pas vu les parties de la fructification de cette plante.

Lieu de sa naissance.

Elle croît dans l'Océan Asiatique.

DEUXIEME ESPECE.

La deuxiéme espéce est le Fucus nageur, le Sargazo des Espagnols. *Fucus natans. Fucus caule tereti ramosissimo, foliis lanceolato-serratis, fructificationibus globosis pedunculatis subaristatis. Linn. Sp. Plant.* 1628. *Flor. regl.* 389. *Roy. Lugdb.* 513. *Fucus folliculaceus, serrato folio. Bauh. Pin.* 365. *Lenticula marina, serratis foliis. Dalech, Hist.* 1397. *Sargazo Pis. Bras.* 2, *p.* 266.

Description.

Ce Fucus a les tiges arrondies, très-rameuses ; les feuilles en fer de lance, & à dents de scie ; les parties de la fructification en boule, portées sur un pédicule, & ornées de quelques poils.

Figure.

Cette espéce est représentée dans l'Histoire Naturelle du Brésil, par Pison, page 266.

Lieu de sa naissance.

Elle croît dans l'Océan, où elle est portée de tous côtés par les eaux, n'ayant pas de racines qui l'attachent à aucun corps.

Propriétés médicinales.

Les Portugais, les Hollandois boivent la décoction de cette plante pour se guérir de la difficulté d'uriner.

TROISIEME ESPECE.

La troisiéme espéce est le Fucus porte-grain. *Fucus acinarius, Fucus caule tereti ramoso; foliis linearibus, integerrimis, fructificationibus globosis pedunculatis. Linn. Sp. Plant.* 1628. *Fucus folliculaceus, Linariæ folio. Bauh. Pin.* 365. *Lenticula marina serapionis. Lob.* 2, *pag.* 256. *Acinaria imperati. Donat. marin.* 35.

Description.

Ce Fucus est cartilagineux, rougeâtre, filiforme, applati ; les parties de la fructification se trouvent vers les bords des rameaux supérieurs ; elles sont globuleuses, pédunculées, de la grandeur de la semence de chou, souvent à foliole en forme d'alêne vers la base.

Figure.

Cette espéce est représentée dans Donati, pl. 4, fig. 1re, & dans les planches de Lobel, 2, p. 256.

Lieu de sa naissance.

Elle croît dans l'Océan Méridional.

QUATRIEME ESPECE.

La quatriéme espéce est le Fucus porte - lendes. *Fucus lendigerus. Fucus caule tereti corymboso, foliis lanceolatis denticulatis, alternis, fructificationibus cymosis. Linn. Sp. Plant.* 1218.

Description.

Ce Fucus a la tige ronde, terminée en corymbe; les feuilles sont en fer de lance, dentées, alternes; les parties de la fructification sont disposées en bouquet.

Lieu de sa naissance.

Il croît à l'Isle de l'Ascension.

CINQUIEME ESPECE.

La cinquiéme espéce est le Fucus en toupie. *Fucus turbinatus, Fucus ramosus teres, fructificationibus turbinatis, membranâ cinctis. Linn. Sp. Plant.* 629. *Hort. Clift.* 478. *Fucus marinus vesiculas habens membranis extantibus alatas. Sloan. Jam.* 4, *Hist.* 2, *p.* 58.

Description.

Cette espéce a les feuilles rameuses, cylindriques; les parties de la fructification en toupie, ou en cône renversée, ou plutôt en triangle, & enveloppées d'une membrane.

Figure.

Cette espéce est représentée dans l'Histoire de la Jamaïque, Tome 2, pl. 20, fig. 6, & dans le Traité des Fucus, par Gmelin, pl. 5, fig. 1ere.

Lieu de sa naissance.

Elle croît dans l'Amérique, notamment dans la Jamaïque, & dans la partie de l'Océan qui baigne Sumatra.

SIXIEME ESPECE.

La sixiéme espéce est le Fucus à dents de scie. *Fucus serratus: Fucus fronde plana dichotoma serrata ad apices tuberculata. Linn. Sp. Plant.* 1626. *Hort. Cliff.* 478. *Flor. Suec.* 1144. *Fucus folio Dichotomo pleno serrato laciniato. Guett. Stamp.* 2, *p.* 402. *Flor. Lapp.* 462. *Fucus suralga latifolia major dentata. Moris. Hist.* 3, *p.* 648, *Sect.* 15.

Description.

Ce Fucus a les feuilles plates, toujours découpées en deux lobes à peu-près égaux, portant des dents de scie sur les bords, & des tubercules aux extrêmités.

Figure.

Il est représenté dans l'Histoire des Plantes, par Morison, Tom. 3, Sect. 15, pl. 9, fig. 1re.

Lieu de sa naissance.

Il croît dans l'Océan.

SEPTIEME ESPECE.

La septiéme espéce est le Fucus roulé. *Fucus volubilis. Fucus fronde spirali: margine dilatato, repando dentato. Linn. Sp. Plant.* 1627. *Epatica spiralis minor. Ginan. Adriat.* 1, *p.* 26. *Alga spiralis maritima Bocc. Sic.* 70.

Description.

Ce Fucus a les feuilles roulées par la base; leurs bords sont déployés, sinueux, dentés.

Figure.

Il est représenté dans les Plantes de Sicile, par Boccone, pl. 38, fig. 2, & dans l'Histoire de la Mer Adriatique, par Giman, Tom. 1, pl. 27.

Lieu de sa naissance.

Il croît dans la Mer Méditerranée.

HUITIEME ESPECE.

La huitiéme espéce est le Fucus véficuleux. *Fucus vesiculosus. Fucus fronde dichotoma integra, caule medium folium transcurrente, vesiculis verrucosis terminalibus. Linn. Sp. Plant.* 1626. *Flor. Lapp.* 466. *Flor. Suec.* 1002, 1145. *It. W-goth.* 168. *It. Oe.* 83. *Roy. Lugdb.* 514. *Guett. Stamp.* 2, *p.* 401, *Fucus marinus, seu quercus maritima vesiculas habens. Bauh. Pin.* 465. *Quercus marima. Lob. Sic.* 2, *p.* 255.

Description.

Il a les feuilles découpées en deux lobes, presque égaux, entiers; une côte regne au milieu de la feuille, & des tubercules ou vessies rudes au toucher terminent les lobes.

Figure.

Il est représenté dans Lobel, Chap. 2, p. 255.

Lieu de sa naissance.

Il croît dans l'Océan Atlantique.

Variété.

Linnæus donne pour variété de cette espéce le Fucus, connu sous la phrase de *Fucus maritima, seu quercus maritima foliorum extremis tumidis. Bauh. Pin.* 365.

NEUVIEME ESPECE.

La neuviéme espéce est le Fucus à lobes écartés. *Fucus divaricatus. Fucus fronde membranacea Lineari dichotoma divaricata integra: ramificationibus vesiculosis. Linn. Sp. Plant.* 1627. *Fucus Bullatus Fructicescens, caule nudo, foliis rectis compressis bifidis. Moris. Hist.* 3, *p.* 647, *Sect.* 150.

Description.

Cette espéce a les feuilles membraneuses, découpées en deux lobes étroits, entiers, & écartés, terminés par des vésicules.

Figure.

Elle est représentée dans l'Histoire des Plantes, par Morison, Sect. 15, pl. 8, fig. 5.

Lieu de sa naissance.

Elle croît en Angleterre & en Portugal.

DIXIEME ESPECE.

La dixiéme espéce est le Fucus enflé. *Fucus inflatus, Fucus fronde Bifida : laciniis ovato lanceolatis inflatis apice divisis. Linn. Sp. Plant.* 1627. *Flor. Lapp.* 468. *Flor. Suec.* 1004, 1148.

Description.

Ce Fucus a les feuilles découpées en deux lobes ovales, en fer de lance, enflés, divisés à leur extrêmité.

Lieu de sa naissance.

Il croît dans l'Océan Atlantique.

ONZIEME ESPECE.

La onziéme espéce est le Fucus cornu. *Fucus ceranoides. Fucus fronde Dichotoma plana integra : apicibus bifidis vesiculosis. Linn. Sp. Plant.* 1626. *Flor. Lapp.* 465. *Flor. Suec.* 1005, 1146. *Fucus humilis Dichotoma ceranoides latioribus foliis ut plurimùm verrucosis. Moris. Hist.* 3, *p.* 646, *Sect.* 15.

Description.

Il a les feuilles plattes, découpées toujours en deux lobes entiers, qui portent des vésicules à leur extrêmité.

Figure.

Il est représenté dans l'Histoire des Plantes, par Morison, Sect. 15, pl. 8, fig. 13.

Lieu de sa naissance.

Il croît dans l'Océan.

Variété.

Murray donne pour variété le Fucus déchiré. *Fucus lacerus. Fucus fronde dichotoma plana margine lacero. Linn. Sp. Plant.* 1627. *Fucus membranaceus ceranoides variè dissectus. Roy. Angl.* 3, *p.* 44.

Description.

Il a les feuilles plattes, découpées, toujours à deux lobes, dont tous les bords sont déchirés inégalement.

Lieu de sa naissance.

Il croît dans l'Océan Anglois.

DOUZIEME ESPECE.

La douziéme espéce est le Fucus en spirale. *Fucus spiralis. Fucus fronde dichotoma integra, caule folium percurrente, inferne nudo, vesiculis verrucosis terminalibus. Linn. Sp. Plant.* 1627. *Flor. Lapp.* 467. *Flor. Suec.* 1003, 1147. *Roy. Lugdb.* 514. *Fucus spiralis maritimus major. Ray. Angl.* 3, *p.* 41.

Description.

Il a les feuilles découpées en deux lobes entiers, terminés par des vésicules raboteuses, une côte qui regne au milieu de la feuille dans sa longueur, & qui est nue près de sa naissance.

Figure.

Il est représenté dans le *Flora Danica*, 286.

Lieu de sa naissance.

Il croît dans l'Océan.

TREIZIEME ESPECE.

La treiziéme espéce est le Fucus canelé. *Fucus canaliculatus. Fucus fronde plana dichotoma integerrima canaliculata lineari fructificationibus tuberculatis bipartitis obtusis. Linn. Sp. Plant.* 812.

Description.

Cette espéce est plusieurs fois fourchue, lisse, étroite & linéaire, ayant un côté convexe, & l'autre cannelé ; les vésicules sont terminales, partagées en deux, ou au nombre de deux, sessiles, parsemées de tubercules perforés.

Figure.

Elle est représentée dans le *Flora Danica*, pl. 244.

Variété.

Murray donne pour variété de cette espéce le Fucus entaillé. *Fucus excisus. Fucus fronde Lineari dichotoma hinc canaliculata, axillis divaricatis punctata. Linn. Sp. Plant.* 10.

Description.

Ce Fucus a les feuilles découpées, presque toujours en deux lobes étroits, linéaires, tous écartés, formant des angles presque arrondis.

Figure.

Cette variété est représentée dans l'Histoire des Plantes, par Morison, Sect. 15, pl. 8, fig. 11.

Lieu de sa naissance.

Elle croît dans la Mer Européenne.

QUATORZIEME ESPECE.

La quatorziéme espéce est le Fucus fourchu. *Fucus distichus. Fucus fronde plana dichotoma integerrima Lineari : fructificationibus tuberculatis mucronatis. Linn. Syst. Veg. Edit. XIII. Murray*, 812. *Fucus Linearis dichotomus planus Linearis acutus ; Vesiculis ovatis sparsis. Hud. Angl.* 473. *Œd. Flor. Dan.* 351. *Fucus filiformis. Gmel. Fuc.* 72.

Description.

Cette espéce différe de la précédente, en ce que la feuillaison est très-peu cannelée d'un côté, & en ce que les vésicules à l'instar de la silique sont longues & pointues ; la feuillaison a un nerf au milieu, & un tissu herbacé.

Figure.

Elle est représentée dans le *Flora Danica*, pl. 351, & dans les *Fucus* de Gmelin, pl. 1, fig. 1.

Lieu de sa naissance.

Elle croît naturellement dans la Norvege.

QUINZIEME ESPECE.

La quinziéme espéce est le Fucus noueux. *Fucus nodosus.*

nodosus. Fucus fronde compressa dichotoma, foliis dictichis integerrimis, vesiculis innatis solitariis, dilatatis. Linn. Syst. Veg. Edit. XIII. Murr. 812. *Oed. Dan.* 146. *Gmel. Fucus*, 78. *Baster. Opusc.* 6, *p.* 121. *Fucus caule compresso dichotomo medio ramorum in vesiculam dilatato. Roy. Lugdb.* 518. *Fl. Suec.* 1006, 1149. *Sp. Plant.* 1628. *Fucus caule tereti compresso dichotomo, vesicula medio ramorum innata, vesiculis axillaribus laxis. Hort. Cliff.* 479. *Fucus caule tereti compresso dichotomo, foliis oppositis minimis, vesicula in medio singuli rami. Flor. Lapp.* 464. *Guett. Stamp.* 2, *p.* 401. *Fucus maritimus vesiculis majoribus singularibus per intervalla dispositis. Moris. Hist.* 3, *p.* 647, *Sect.* 15. *Fucus maritimus nodosus. Dod. Pempt.* 781.

Description.

Le Fucus a les tiges applaties, toujours divisées en deux branches, dont le milieu renflé forme une vésicule.

Figure.

Il est représenté dans l'Histoire des Plantes, par Morison, Sect. 15, pl. 8, fig. 2.

Lieu de sa naissance.

Il croît dans l'Océan Atlantique.

SEIZIEME ESPECE.

La seiziéme espéce est le Fucus en forme de poire. *Fucus pyriferus. Fucus stipe filiformi dichotoma frondibus membranaceis, ensiformibus solitariis serratis, terminalibus petiolo inflatis. Linn. Syst. Veg. Edit. XIII. Murr.* 813. *Mant.* 311.

Description.

C'est le plus grand & le plus long de tous les Fucus; sa tige est filiforme, applatie, fourchue; ses feuillaisons sont petiolées, alternes, éloignées en forme d'épée, sans côte, membraneuses, ayant des petites dents, en forme de scie, alternes, éloignées, droites; les petioles s'enflent supérieurement vers la feuille en des espéces de vessie en forme de poires, tant pour la figure que pour la grandeur.

Lieu de sa naissance.

Le Fucus croît dans l'Océan d'Ethiopie; il s'éleve souvent du fond de la Mer en nâgeant, & forme presque des isles.

DIX-SEPTIEME ESPECE.

La dix-septiéme espéce est le Fucus à siliques. *Fucus siliquosus. Fucus fronde compressa foliis distichis alternis, integerrimis, fructiferis, pedunculatis oblongis, mucronatis. Linn. Syst. Veg. Edit. XIII. Murr.* 813. *Oed. Dan.* 106. *Gmel. Fucus* 31. *Fucus maritimus alter, tuberculis paucissimis. Bauh. Pin.* 365. *Fucus marinus quartus. Dod. Pempt.* 480.

Description.

Sa feuillaison est filiforme, applatie, flexible, ayant à chaque côté des angles en forme de dents, des rudimens de petioles, ou de fructifications; celles-ci sont filiformes, alternes, pédunculées en forme de bec; les feuilles sont lanceolées, plus petites que les fructifications.

Figure.

Cette espéce est représentée dans le *Flor. Dan.* pl. 106, & dans le *Gmelin Flor. Sibir.* pl. 2.

Lieu de sa naissance.

Elle vient naturellement dans l'Océan.

DIX-HUITIEME ESPECE.

La dix-huitiéme espéce est le Fucus filiculeux. *Fucus filiculosus. Fucus fronde filiformi compressa, foliis alternis subserratis, fructificationibus subglobosis, pedunculatis, mucronatis. Linn. Syst. Veget. Edit. XIII. Murr.* 813.

Description.

Dans cette espéce la feuillaison est filiforme, un peu applatie, à peine ramassée; les feuilles sont linéaires, lanceolées, dentelées, en forme de scie; les péduncules sortent des aisselles des feuilles; ils sont filiformes, presque plus longs par les feuilles.

DIX-NEUVIEME ESPECE.

La dix-neuviéme espéce est le Fucus allongé. *Fucus elongatus. Fucus fronde filiformi compressa dichotoma articulata geniculis tumidiusculis. Linn. Sp. Plant.* 813. *Fucus filiformis terriusculus sub dichotomus geniculis tumidiusculis. Huds. Angl.* 470.

Description.

Ce Fucus a les feuilles filiformes, applaties, droites, découpées en deux lobes, formées en oval allongé.

Figure.

Cette espéce est représentée dans l'Histoire des Plantes, par Morison, Sect. 15, pl. 8, fig. 7.

Lieu de sa naissance.

Elle croît dans la Mer, entre l'Angleterre & l'Espagne.

VINGTIEME ESPECE.

La vingtiéme espéce est le Fucus en forme de courroie. *Fucus loreus. Fucus fronde filiformi compressa dichotoma undique utrinque tuberculata. Linn. Syst. Veg. Edit. XIII. Murr.* 813.

Description.

La feuillaison est fourchue, allongée, linéaire, applatie, parsemée de chaque côté de tubercules élevés & fanés.

VINGT-UNIEME ESPECE.

La vingt-uniéme espéce est le Fucus en fenouil. *Fucus fœnicularius. Fucus fronde filiformi, ramosissima, vesiculis ovatis, terminatis foliolis, multi partitis obtusis, apice fructificantibus. Linn. Syst. Veg. Edit. XIII. Murr.* 813. *Gmel. Fuc.* 86. *Fucus folliculaceus, fœniculi foliis brevioribus. Bauh. Pin.* 365. *Fucus barbatus. Linn. Sp. Plant.* 1629. *Fucus maritimus: foliis tumidis Barbatis. Bauh. Pin.* 365. *Quercus maritima Barbata. Bauh. Prod.* 154.

Description.

Le Fucus a les vésicules ovales, alternes, à pédicules, & est terminé par des feuilles étroites, linéaires, solitaires, ou plusieurs ensemble, portant quelquefois des vésicules.

Lieu de sa naissance.

Il croît dans l'Océan.

VINGT-DEUXIEME ESPECE.

La vingt-deuxiéme espéce est le Fucus triangulaire. *Fucus triqueter. Fucus fronde ancipiti ramosa, foliis petiolatis, denticulatis, fructificationibus immersis, oblongis : triquetris. Linn. Syst. Veg. Edit. XIII. Murr.* 814. *Mant.* 312.

Description.

Sa feuillaison est linéaire, continuée, membraneuse, à rameaux latéraux; les rameaux sont simples, plus courts, fructifians, dentelés; les fructifications sont ovales, oblongues, vésiculaires, submergées, solitaires l'une après l'autre; les dernieres sont souvent pédunculées, a une petite vessie triangulaire dentelée : les vésicules, soit submergées, soit pécunculées, partent toutes d'une feuillaison aigue; cependant elles sont à trois angles.

Lieu de sa naissance.

Cette espéce se trouve dans la Mer Caspienne.

VINGT-TROISIEME ESPECE.

La vingt-troisiéme espéce est le Fucus granulé. *Fucus granulatus. Fucus fronde filiformi, ramosissima, ramulis acuminatis, vesiculis subrotundis, corniculatis, ramis foliisque acutis omnibus innatis. Linn. Syst. Veg. XIII. Murr.* 814.

Description.

Ce Fucus a les feuilles variqueuses, les branches filiformes, ramifiées, les vésicules ovales, noueuses, terminées par une pointe.

Figure.

Il est représenté dans le *Flora Danica*, pl. 591.

Lieu de sa naissance.

Il croît dans la Mer des Indes.

VINGT-QUATRIEME ESPECE.

La vingt-quatriéme espéce est le Fucus en forme de bruyere. *Fucus selaginoides. Fucus fronde filiformi ramosissima : ramis dichotomis, foliis subulatis alternis, basi vesiculosis. Linn. Syst. Veg. Edit. XIII. Murr.* 814. *Mant.* 134. *Fucus abies marina. Gmel. Fuc.* 83. *Fucus folliculaceus, foliis abrotani. Bauh. Pin.* 365. *Fucus crispus loricatus nigricann. Barr. jc. Bocc. mus.* 7.

Description.

La tige de cette espéce est filiforme, flexible, très-rameuse; les rameaux sont tuilés; les feuilles sont en forme d'alêne, très-courtes, véficuleuses, ovales à la base.

Figure.

Cette espéce est représentée dans le *Fucus* de Gmelin, pl. 2, A, fig. 1; dans le *Musæum* de Boccone, pl. 12, & dans les planches de Barrelier, pl. 129.

Lieu de sa naissance.

Elle croît dans l'Océan de Norwege.

VINGT-CINQUIEME ESPECE.

La vingt-cinquiéme espéce est le Fucus enchaîné. *Fucus concatenatus. Fucus caule tereti ramosissimo, fructificationibus oblongis concatenatis. Linn. Sp. Plant.* 1628. *Roy. Lugdb.* 514.

Description.

Ce Fucus a les tiges rondes, très-rameuses; les parties de la fructification formant des corps oblongs comme enchaînés.

Lieu de sa naissance.

Il croît dans l'Océan.

VINGT-SIXIEME ESPECE.

La vingt-sixiéme espéce est le Fucus piquant. *Fucus aculeatus. Fucus fronde filiformi compressa ramosissima, dentibus marginalibus subulatis alternis erectis. Linn. Syst. Veg. Edit. XIII. Murr.* 818. *Oe. Flor. Dan. Fucus angusti folius foliis dentatis. Ray. Angl.* 3, *p.* 48. *Fucus tenuifolius foliis dentatis. Moris. Hist.* 3, *pag.* 648.

Description.

Ce Fucus a les feuilles filiformes, applaties, très-rameuses, & sur les bords des petites dents alternes, droites.

Figure.

Il est représenté dans l'Histoire des Plantes, par Morison, Sect. 15, pl. 9, fig. 4, & dans le *Flor. Danica*, pl. 353.

Lieu de sa naissance

Il croît sur les côtes d'Angleterre & de France.

Variété.

Murray donne pour variété de cette espéce le Fucus semblable à la mousse. *Fucus muscoides. Fucus fronde tereti ramosissima, ramis sparsis, spinis mollibus alternis. Linn. Sp. Plant.* 1630. *Fucus muscoides. Gmel. Fuc.* 130. *Fucus virgatus. Gann. Norv.* 93. *Act. nidros.* 4, *p.* 83. *Fucus foliis ericæ similis. Ray. Hist.* 73.

Description.

Ce Fucus a la tige cylindrique, très-rameuse; ses rameaux sont touffus, & portent des épines molles, alternes : lorsque ce Fucus est sec, il ressemble parfaitement à une mousse.

Lieu de sa naissance.

Il croît naturellement dans l'Océan.

VINGT-SEPTIEME ESPECE.

La vingt-septiéme espéce est le Fucus en forme de lycopode. *Fucus lycopodioides. Fucus fronde filiformi tereti subramosa obtecta undique setis. Linn. Syst. Veg. Edit. XIII. Murr.* 814.

Description.

Sa feuillaison est droite, un peu rameuse, à peine haute d'un pied, garnie de chaque côté à la façon du lycopode, de folioles soyeuses, d'un demi pouce.

Figure.

Cette espéce est représentée dans le *Flora Danica*, pl. 357.

Lieu de sa naissance.

Elle croît dans la Mer de Norwege.

VINGT-HUITIEME ESPECE.

La vingt-huitiéme espéce est le Fucus hérissé. *Fucus hirsutus. Fucus filiformis, ramosissimus, sub dichotomus, undique hirsutissimus. Linn. Mant.* 134. *Fucus teres ramosus, ramulis imbricatis, lacinulis secundis incurvis. Huds.* 5, *Angl.* 470.

Description.

Ses tiges sont hautes d'un pied, de l'épaisseur d'un gros fil, très-rameux; ses rameaux sont obtus, cylindriques, garnis de chaque côté d'une toison très-épaisse, très-courte, comme celle du cerf.

Lieu de sa naissance.

Ce Fucus croît dans l'Océan.

VINGT-NEUVIEME ESPECE.

La vingt-neuviéme espéce est le Fucus discorde. *Fucus discors. Fucus fronde tereti inermi aculeatissima, foliis distichis subpinnatis, Linearis-lanceolatis serratis. Linn. Syst. veg. Edit. XIII. Mur.* 814.

Description.

Sa tige est de la grandeur d'un palme, cylindrique, garnie de chaque côté de petites pointes sans piquans très-serrés; ses feuilles sont disposées en fourches, planes, lisses, linéaires, lanceolées, à dents de scie, & souvent un peu aîlées.

TRENTIEME ESPECE.

La trentiéme espéce est le Fucus tendon. *Fucus tendo. Fucus filiformis, simplex, tenuissimus, subdiaphanus. Linn. Sp. Plant.* 1631. *Fucus indicus teres, setam piscatoriam referens, longissimus. Pluk. Alm.* 160. *Gramen sparteum setas equinas referens. Bauh. Pin.* 5. 11.

Description.

Ce Fucus a les feuilles filiformes, simples, très-délicates, presque diaphanes, longues.

Figure.

Il est représenté dans l'*Almag.* de Plukenet, pl. 184, fig. 3.

Lieu de sa naissance.

Il croît naturellement dans la Chine.

TRENTE-UNIEME ESPECE.

La trente-uniéme espéce est le Fucus en fil. *Fucus filum. Fucus filiformis simplex subfragilis opacus. Linn. Sp. Plant.* 1631. *Amæn. Acad.* 4, *p.* 259. *Fucus filiformis simplex. Flor. Lapp.* 459. *Flor. suec.* 1009, 1153. *Roy. Lugdb.* 513. *It. W-goth*, 168. *Guett. Stamp.* 2, *p.* 395. *Fucus seu filum maritimum Germanicum. Bocc. Mus.* 1, *p.* 271. *Alga nigro capillaceo folio. Bauh. Pin.* 364. *Filum maritimum Germanicum. Bauh. prodr.* 155. *Linum marinum. Bart. Act.* 1671, *p.* 118.

Description.

Ce Fucus a les feuilles comme des fils simples, opaques, presque cassantes.

Figure.

Il est représenté dans le *Musæum* de Boccone, pl. 9, fig. 9 : dans *les Amænit. Acad.* de Linnæus, Tom. 4, pl. 3, fig. 2 : & dans les Mémoires de Bartholin, année 1671, fig. 8.

Lieu de sa naissance.

Il croît naturellement dans l'Océan Atlantique.

TRENTE-DEUXIEME ESPECE.

La trente-deuxiéme espéce est le Fucus laineux. *Fucus lanosus. Fucus frondibus capillaceis dichotomis ramosissimis scabris. Linn. Syst. veg. Edit. XIII. Murr.* 815.

Description.

Ce Fucus est long d'un palme, raboteux, à points verticillés, quand on l'examine au microscope; il est couvert d'un duvet noir.

Lieu de sa naissance.

Il croît naturellement dans la Mer d'Islande.

TRENTE-TROISIEME ESPECE.

La trente-troisiéme espéce est le Fucus en bouquet. *Fucus fastigiatus. Fucus dichotomus ramosissimus teres uniformis fastigiatus. Linn. Sp. Plant.* 1631. *It. Oel.* 120. *Flor. Suec.* 1008, 1152. *Fucus caule linari dichotomo. Roy. Lugdb.* 514. *Fucus palmaris tenuis in orbem expansus, in segmenta bifida breviora teretia divisus. Moris. Hist.* 3, *p.* 649. *Sect.* 15. *Fucus marinus polyschides. Læs. Pruss.* 77.

Description.

Il a les feuilles cylindriques, uniformes, divisées par l'extrêmité en deux lobes obtus; les extrêmités rameuses forment un bouquet plus en-dessus.

Figure.

Il est représenté dans l'Histoire des Plantes par Morison, Sect. 15, pl. 9, fig. 9, & dans le *Flora Danica*, pl. 393.

Lieu de sa naissance.

Il croît dans la Mer Baltique.

TRENTE-QUATRIEME ESPECE.

La trente-quatriéme espéce est le Fucus fourchu. *Fucus furcellatus. Fucus superne dichotomus ramosissimus teres fastigiatus : apicibus acuminatis. Linn. Sp. Plant.* 1621. *Fucus parvus, segmentis prælongis teretibus acutis, Moris. Hist.* 3, *p.* 648, *Sect.* 15. *Fucus caprinus. Act. Nidros.* 4, *p.* 82. *Fucus lumbricalis. Gmel. Fuc.* 103.

Description.

Ce Fucus a les feuilles cylindriques, divisées par l'extrêmité en deux lobes pointus, formant le bouquet, plat en-dessus.

Figure.

Il est représenté dans l'Histoire des Plantes, par Morison, Sect. 15, pl. 9, fig. 4 : dans le *Flora Danica*, pl. 419, & dans le *Fucus* de Gmelin, pl. 6, fig. 2.

Lieu de sa naissance.

Il croît dans l'Océan, sur les côtes d'Angleterre.

TRENTE-CINQUIEME ESPECE.

La trente-cinquiéme espéce est le Fucus palmé. *Fucus palmatus. Fucus frondibus planis palmatis. Linn. Sp. Plant.* 1630. *Roy. Lugdb.* 515. *Fucus membranaceus ceranoides. Bauh. Prodr.* 155. *Fucus foliaceus humilis palmam humanam referens. Moris. Hist.* 3, *pag.* 646, *Sect.* 15.

Description.

Ce Fucus a les feuilles plates & palmées, ou en forme de main.

Figure.

Il est représenté dans l'Histoire des Plantes, par Morison, Sect. 15, pl. 8, fig. 1 ; & dans les Mémoires de Dronten, pl. 9.

Lieu de sa naissance.

Il croît dans l'Océan.

Observation.

Les Irlandois & les Ecossois tiennent ce Fucus dans leur bouche, parce qu'étant mâché, il a une odeur de violette assez forte.

TRENTE-SIXIEME ESPECE.

La trente-sixiéme espéce est le Fucus buccinal. *Fucus buccinalis. Fucus stirpe fistulosa fronde Pinato-palmata coriacea : foliolis ensiformibus integerrimis. Linn. Syst. veg. Edit XIII. Murr.* 814. *Mant.* 312. *Arundo indica fluitans. Bauh. Pin.* 19. *Krompetgræs vulgo.*

Description.

La racine de cette espéce est fibreuse, ligneuse ; sa tige est ligneuse, cylindrique, grossissant insensiblement depuis la base qui est amincie, fistuleuse, ensuite gonflé, enfin s'amincissant de nouveau, & pour lors s'étendant en une feuillaison lancéolée : cette feuillaison est terminale, sans côte coriacée, aîlée, ayant ses folioles en forme d'épée, glabres, très-entieres, amincies.

Lieu de sa naissance.

Elle croît naturellement dans l'Océan, au Cap de Bonne-Espérance.

TRENTE-SEPTIEME ESPECE.

La trente-septiéme espéce est le Fucus digité. *Fucus digitatus. Fucus fronde palmata, foliolis ensiformibus, stirpe tereti. Linn. Syst. veg. Edit. XIII. Murr.* 815. *Mant.* 134. *Oed. Dan.* 392. *Gmel. Fuc.* 202. *Huds. Angl.* 474, n°. 41. *Fucus hyperboreus fronde simplici palmata, caule longissimo. Gouan. Flor.* 61. *Fucus scoparius. Strom. Sinm.* 93. *Fucus arboreus polyschides edulis. Bauh. Pin.* 364. *Ray. Angl.* 46. *Fucus membranaceus polyphyllus major. Ray. Angl.* 46.

Description.

Sa tige est cylindrique, de la grosseur d'une canne ; sa feuillaison est palmée, ayant ses folioles en forme d'épée.

Figure.

Ce Fucus est représenté dans le *Flora Monsp.* par Gouan, pl. 3.

Lieu de sa naissance.

Il croît naturellement dans l'Océan Atlantique.

Propriétés alimentaires.

Ce Fucus peut servir d'aliment.

TRENTE-HUITIEME ESPECE.

La trente-huitiéme espéce est le Fucus qui se mange. *Fucus esculentus. Fucus fronde simplici indivisa ensiformi, petiolo Pinnato solium percurrente. Linn. Syst. veg. Edit. XIII. Murr.* 815. *Mant.* 135. *Oe. Dan.* 417. *Gmelin. Fuc.* 200. *Fucus Pinnatus. Act. Nidros.* 4. *Fucus folio plano ensiformi, caule Pinnato. Flor. Lapp.* 461. *Fucus longissimo, latissimo, tenuique folio. Bauh. Pin.* 364. *Prodr.* 154.

Description.

Sa feuillaison est très-grande, au travers de laquelle passe longitudinalement de chaque bord un petiole épais, quadrangulaire, large, sur lequel sont appuyées de chaque côté, au bas de la feuille, des petites aîles en forme d'épée, planes.

Figure.

Cette espéce est représentée dans le *Flora Danica*, pl. 419 : dans les Mémoires de Norwege, pl. 5, fig. 4: & dans l'Histoire des Fucus, par Gmelin, pl. 6, fig. 2.

Lieu de sa naissance.

Elle croît dans la Mer Atlantique.

Propriétés alimentaires pour l'homme.

Elle peut servir de nourriture à l'homme.

Propriétés alimentaires pour les bestiaux.

Elle sert en même temps de nourriture aux animaux.

TRENTE-NEUVIEME ESPECE.

La trente-neuviéme espéce est le Fucus porte-sucre. *Fucus saccharinus. Fucus fronde sub simplici ensiformi, stirpe tereti brevissimo, folio maximo ensiformi subsimplici. Linn. Sp. Plant.* 1630. *Flor. Lapp.* 460. *Flor. Suec.* 1010, 1151. *It. W-goth.* 169. *Fucus longissimo, latissimo, crassoque folio. Bauh. Prodr.* 154. *Ray. Hist.* 74. *E, N, C,* 1748, *p.* 450. *Fucus alatus seu phasnagoides. Bauh. Pin,* 364. *Fucus scoticus latissimus edulis dulcis. Sibb. Scoth.* 26.

Description.

Ce Fucus a la tige cylindrique, très-courte; la feuille

feuille fort grande, presque simple ou sinueuse, & en lame tranchante des deux côtés, & plus épaisse au milieu.

Figure.

Ce Fucus est représenté dans les Mémoires des curieux de la Nature, année 1748, pl. 9, fig. C. & 2. & dans le *Flora Danica*, page 416.

Propriétés alimentaires pour l'homme.

Cette plante, après avoir séjourné sur le rivage, se couvre d'une poussiere farineuse, qu'on recueille pour servir comme de sucre, & rendre les alimens plus doux : quand elle est macerée dans de l'eau, elle donne également un sucre qui est doux. On dit que les hommes en mangent en Ecosse.

Propriétés alimentaires pour les bestiaux.

Les brebis sont fort avides de ses feuilles, & celles qui s'en nourrissent deviennent très-grasses.

QUARANTIEME ESPECE.

La quarantiéme espéce est le Fucus sanguin. *Fucus sanguineus. Fucus frondibus membranaceis ovato oblongis, integerrimus petiolatis, caule tereti ramoso. Linn. Syst. Veg. Edit. XIII. Murr.* 815. *Mant.* 136. *Hudf. Angl.* 475, *N°* 43. *Fucus, seu alga folio membranaceo purpureo lapathi sanguinei figura & magnitudine. Moris. Hist.* 3, *p.* 645. *Ray. Angl.* 47.

Description.

Ce Fucus a sa tige cylindrique, rameuse; ses feuillaisons sont membraneuses, ovales, oblongues, très-entieres, petiolées, pourpres, de la figure & de la grandeur de *Lapathum* sanguin.

Figure.

Cette espéce est représentée dans le *Flora Danica*, pl. 349, & dans les Fucus de Gmelin. pl. 24, fig. 2.

Lieu de sa naissance.

Elle croît naturellement dans l'Océan Atlantique.

QUARANTE-UNIEME ESPECE.

La quarante-uniéme espéce est le Fucus cilié. *Fucus ciliatus. Fucus frondibus membranaceis lanceolatis proliferis ciliatis. Linn. Syst. Veg.* 815. *Mant.* 136. *Hudf. Angl.* 472, *n°* 31. *Fucus membranaceus, rubens angustifolius, marginibus ligulis armatis. Ray. Angl.* 47. *Fucus humilis membranaceus acaulos elegantissimus ruber, capillis longis fimbriatus. Moris. Hist.* 3, *p.* 646. *Fucus caulescens. Gmel. Fuc.* 173.

Description.

Ce Fucus est noir, petit, membraneux, sans tige, très-beau, rouge, comme frangé de cheveux longs, à feuillage prolifere.

Figure.

Cette espéce est représentée dans les Fucus de Gmelin, pl. 10, fig. 2.

Lieu de sa naissance.

Elle croît naturellement dans l'Océan Atlantique.

Variété.

Linnæus donne pour variété le Fucus connu sous le nom de *Fucus membranaceus purpureus latifolius pinnatus. Angl.* 47.

QUARANTE-DEUXIEME ESPECE.

La quarante-deuxiéme espéce est le Fucus frisé. *Fucus crispus. Fucus frondibus submembranaceis dichotomis, laciniis dilatatis. Linn. Syst. Veg. Edit. XIII. Murr.* 815. *Mant.* 138. *Fucus seu alga membranacea candida segmentis plurimùm laciniatis. Moris. Hist.* 3, *p.* 646, *Sect.* 15.

Description.

Les segmens sont laciniés, pourpres ou blancs; supérieurement plus larges, dentelés obtusément au sommet.

Figure.

Cette espéce est représentée dans l'Histoire des Plantes, par Morison, Tom. 3, Sect. 15, pl. 8, fig. 6.

Lieu de sa naissance.

Elle croît naturellement dans l'Océan Atlantique.

QUARANTE-TROISIEME ESPECE.

La quarante-troisiéme espéce est le Fucus crêpu. *Fucus crispatus. Fucus frondibus membranaceis sublinearibus ramosissimis crispis coloratis. Linn. Syst. Veg. Edit. XIII. Murr.* 816.

Description.

Ce Fucus est très-tendre, sanguin; ses feuillages sont membraneux, linéaires, très-rameux, crêpés, colorés.

QUARANTE-QUATRIEME ESPECE.

La quarante-quatriéme espéce est le Fucus aîlé. *Fucus alatus. Fucus Frondibus membranaceis subdichotomis nervosis : laciniis alternis decurrentibus bifidis. Linn. Syst. Veg. Edit. XIII. Murr.* 816. *Mant.* 135. *Flor. Angl.* 472, *n°* 33. *Fucus dichotomus parvus costatus membranaceus. Ray. Ang.* 44. *Fucus purpureus tenuiter divisus non geniculatus. Moris. Hist.* 3, *p.* 646.

Description.

Les feuillaisons de ce Fucus sont rameuses, pourpres, diaphanes, linéaires, ayant le nerf du milieu plus épais, les sommets dentelés.

Lieu de sa naissance.

Cette espéce se trouve dans l'Océan Septentrional.

QUARANTE-CINQUIEME ESPECE.

La quarante-cinquiéme espéce est le Fucus dentelé. *Fucus dentatus. Fucus frondibus membranaceis enerviis alternatim pinnatifidis : sinubus obtusis laciniis apice erosis. Linn. Syst. Veg. Edit. XIII. Murr.* 815. *Mant.* 135. *Fucus atomarius, Gmelin. Fuc.* 125. *Fucus membranaceus rubens, foliis latiusculis ad extrema dentatis. Moris. Hist.* 3, *p.* 646, *Sect.* 15.

Description.

La feuillaison de cette espéce est rouge, diaphane, ayant les sinus des déchiquetures en lobes obtus, & les lobes dentelés au sommet.

Figure.

Cette espéce est représentée dans l'Histoire des Plantes, par Morison, Tom. 3, Sect. 15, pl. 8, fig. 5. Dans le *Flora Danica*, pl. 352, & dans les Fucus de Gmelin, pl. 10, fig. 1.

Lieu de sa naissance.

Elle croît naturellement dans l'Océan Atlantique.

QUARANTE-SIXIEME ESPECE.

La quarante-sixiéme espéce est le Fucus rouge. *Fucus rubens. Fucus caule tereti ramoso, frondibus oblongis, undulatis, sinuatis. Linn. Sp. Plant.* 1630. *Roy. Lugdb.* 514. *Alga minor, suave rubens varie divisa. Mart. Cent.* 32.

Description.

Ce Fucus a la tige cylindrique, rameuse; ses feuilles sont oblongues, ondées, sinueuses, & d'un rouge agréable.

Figure.

Il est représenté dans la Centurie de Martin, pl. 32.

Lieu de sa naissance.

Il croît dans l'Océan.

QUARANTE-SEPTIEME ESPECE.

La quarante-septiéme espéce est le Fucus veineux. *Fucus venosus. Fucus fronde plana oblonga picta venis verrucosis. Linn. Syst. Veg. Edit. XIII. Murr.* 816. *Mant.* 312.

Description.

Sa feuillaison est oblongue, linéaire, de la largeur du doigt, sanguine, lisse, bordée de quelques dents ou déchiquetures. La superficie de la feuillaison est comme peinte de veines longitudinales, rameuses, élevées, plus épaisses à la superficie, un peu larges, serrées, lisses, d'un rouge foncé.

Lieu de sa naissance.

Il croît naturellement au Cap de Bonne-Espérance.

QUARANTE-HUITIEME ESPECE.

La quarante-huitiéme espéce est le Fucus à bandelettes. *Fucus vittatus. Fucus frondibus membranaceis divisis ensiformibus dentato crispatis. Linn. Syst. Veg. Edit. XIII. Murr.* 816. *Flor. Dan.* 353.

Description.

La feuillaison de ce Fucus est membraneuse, divisée, en forme d'épée, dentelée, frisée.

Figure.

Il est représenté dans le *Flora Danica*, pl. 353.

Variété.

Murray donne pour variété de cette espéce le Fucus orné. *Fucus ornatus. Fucus fronde plana oblonga prolifera ciliata ramentis foliaceis confertissimis. Linn. Mant.* 312.

Description.

Ce Fucus a la feuillaison oblongue, ou linéaire, ou lanceolée, sanguine, portant des semences à leur sommet; le bord est garni de cils très-épais de la même couleur; ces cils portent des folioles très-menues, déchirées ou découpées.

Lieu de sa naissance.

Il croît au Cap de Bonne-Espérance.

QUARANTE-NEUVIEME ESPECE.

La quarante-neuviéme espéce est le Fucus raclé. *Fucus ramentaceus. Fucus frondibus filiformibus, hinc ramentis foliaceis confertis. Linn. Syst. Veg. Edit. XIII. Murr.* 816. *Œd. Dan.* 356.

Description.

Les tiges de cette espéce sont longues d'un palme, simples, à raclures foliacées seulement d'un côté, serrées, linéaires, colorées; sa souche est tubuleuse.

Figure.

Cette espéce est représentée dans le *Flora Danica*, pl. 356.

Lieu de sa naissance.

Elle vient naturellement dans la Mer de Norwege.

CINQUANTIEME ESPECE.

La cinquantiéme espéce est le Fucus à plume. *Fucus plumosus. Fucus frondibus cartilagineis, lanceolatis, bipinnatis, plumosis, caule filiformi compressa ramosa. Linn. Sp. Plant.* 816. *Mant.* 134. *Œd. Dan.* 350. *Huds. Angl.* 473. *Fucoides purpureum eleganter plumosum. Ray. Angl.* 37.

Description.

Cette espéce est semblable à la précédente, mais aîlée à l'instar de l'hypne; elle est petite.

Figure.

Elle est représentée dans le *Flora Danica*, pl. 35.

Lieu de sa naissance.

Elle croît naturellement dans l'Océan Atlantique.

CINQUANTE-UNIEME ESPECE.

La cinquante-uniéme espéce est le Fucus à feuilles d'auronne. *Fucus abrotanifolius. Fucus fronde filiformi compressa bipinnata apicibus vesiculosis dilatatis terminatis fructificationibus hinc tuberculatis. Linn. Syst. Veg. Edit. XIII. Murr.* 816. *Fucus pinnatus, ramis dichotomis, extremitatibus dilatato vesiculosis. Læfl. it.* 174. *Fucus capensis. Gmel. Fuc.* 157.

Description.

Sa tige est filiforme, cylindrique, rameuse, presque semblable à celle du *Fucus versicolor vulgaris Gmelin.* Ses rameaux sont hauts de neuf pouces, opposés, aîlés, à petits rameaux, aussi aîlés avec une impaire, environ de deux pouces. Les petites aîles de ces rameaux sont fendues en plusieurs autres petites aîles, ayant les déchiquetures un peu épaiſſes, linéaires, obtuſes, fructifiantes ſouvent au ſommet. Les rameaux vers l'extrémité de la tige, les petits rameaux vers le haut des rameaux, & les aîles vers les ſommets des petits rameaux, ſont ſenſiblement plus petites; plus les aîles ſont aigues, plus elles ſont diviſées profondément. La ſubſtance de ces fleurs eſt glutineuſe, molle & lâche; ſa grandeur eſt ſouvent de deux pieds.

Lieu de ſa naiſſance.

Cette eſpéce croît naturellement au Cap de Bonne-Eſpérance.

CINQUANTE-DEUXIEME ESPECE.

La cinquante-deuxiéme eſpéce eſt le Fucus cartilagineux. *Fucus cartilagineus. Fucus fronde cartilaginea compreſſa ſupra decompoſito pinnata: laciniis linearibus. Linn. Sp. Plant.* 1630. *Roy. Ludb.* 515. *Guett. Eſtamp.* 2, *p.* 404. *Fucoides rubens variè diſſectum. Ray. Angl.* 3, *p.* 37. *Muſcus marinus tenuiſſime diſſectus ruber. Bauh. Pin.* 363. *Fucus verſicolor. Gmel. Fuc.* 158.

Deſcription.

Cette eſpéce a ſa tige cartilagineuſe, un peu cylindrique, applatie; les feuilles trois fois aîlées par les découpures, les ſegmens étroits, linéaires, rougeâtres.

Figure.

Elle eſt repréſentée dans le *Muſæum* de Seba, Tom. 3, pl. 102, fig. 1 & 2, & dans l'Hiſtoire des Fucus par Gmelin, pl. 17, fig. 2.

Lieu de ſa naiſſance.

Elle croît naturellement dans l'Océan Atlantique.

CINQUANTE-TROISIEME ESPECE.

La cinquante-troiſiéme eſpéce eſt le Fucus giganteſque. *Fucus gigantinus. Fucus fronde cartilagineâ filiformi compreſſa dichotoma, fructificationibus globoſis pedunculatis ſubjacente ariſtâ. Linn. Syſt. Veg. Edit. XIII. Murr.* 816.

Deſcription.

Ce Fucus eſt droit, roide, haut d'un palme, diaphane, filiforme, applati, coloré, un peu rameux au côté pour les fructifications; celles-ci ſont globuleuſes, petites, ſemblables à de la ſemence des choux de la petite eſpéce, appuyées ſur un court pédicule, ou petit rameau.

CINQUANTE-QUATRIEME ESPECE.

La cinquante-quatriéme eſpéce eſt le Fucus épineux. *Fucus ſpinoſus. Fucus aphyllus cartilagineus ramoſus, denticulis verticillato ternis. Linn. Syſt. Veg. Edit. XIII. Murr.* 817. *Mant.* 313. *Fucus denticulatus. Burm. Prod.* 28.

Deſcription.

La tige de cette eſpéce eſt cartilagineuſe, cylindrique, différemment rameuſe, haute d'un palme, diaphane, ſeule, à dents verticillées, le plus ſouvent ternes, ſans piquans.

Lieu de ſa naiſſance.

Elle croît au Cap de Bonne-Eſpérance.

CINQUANTE-CINQUIEME ESPECE.

La cinquante-cinquiéme eſpéce eſt le Fucus ſpermophore. *Fucus ſpermophorus. Fucus fronde membranacea dichotoma compreſſa capillacea fructificationibus pedunculatis lateralibus, foliis linearibus multifidis. Linn. Syſt. Veg. Edit. XIII. Murr.* 817.

Deſcription.

La tige eſt haute d'un palme, lâche, filiforme, applatie, membraneuſe, fourchue, en rameaux capillaires très-abondans; les péduncules ſont latéraux, ſolitaires, à fructification globuleuſe, de la grandeur de la ſemence de thym; vers la baſe de la tige ſe trouvent des feuilles linéaires, membraneuſes, plus larges que la tige, différemment fendues.

CINQUANTE-SIXIEME ESPECE.

La cinquante-ſixiéme & derniere eſpéce eſt le Fucus en forme de conferve. *Fucus conſervoïdes. Fucus frondibus membranaceis linearibus compreſſis ramoſis fructificationibus ſparſis ſeſſilibus ſubrotundis. Linn. Syſt. Veg. Edit. XIII. Murr.* 817. *Konig. Fucus verrucoſus. Gmel. Fuc.* 136. *Fucus filiformis teres ramoſiſſimus, ramis ſimplicibus veſiculis rotundis lateralibus. Hudſ. Angl.* 470.

Deſcription.

Ce Fucus a les feuilles preſque diviſées en deux lobes cylindriques, filiformes, très-rameuſes, ayant les rameaux inégaux & comme des ſoies.

Figure.

Il eſt repréſenté dans l'Hiſtoire des Fucus par Gmelin, pl. 14, fig. 1ere.

Lieu de ſa naiſſance.

Il croît naturellement dans l'Océan, ſur les côtes d'Angleterre.

Propriétés alimentaires pour l'homme.

Les habitans d'Iſlande mangent quelquefois en ſalade les feuilles du Fucus à ſucre, avant néanmoins qu'elles ſoient couvertes de cette ſubſtance; & quand elles en ſont couvertes, ils ont une méthode particuliére pour l'en tirer, ainſi que nous avons dit ci-deſſus, ils en uſent en guiſe de ſucre ordinaire.

Propriétés alimentaires pour les beſtiaux.

Les brebis ſont fort avides des feuilles de cette même plante; quand elles s'en nourriſſent, elles deviennent exceſſivement graſſes.

Propriétés médicinales.

Les Varechs ou Fucus tirent leurs vertus médicinales du ſel qui s'y trouve en plus ou moins grande quantité: auſſi ces plantes ſont-elles irritantes, apéritives, diurétiques, un peu fondantes, antiputrides, étant employées à l'intérieur, & vulnéraires, déſicatives, antiputrides, irritantes, étant appliquées à l'extérieur.

M. Miſſa, Médecin de Paris, nous a dit avoir vu

de bons effets du ſel lixiviel du Fucus pris intérieurement, pour la guériſon des écrouelles ; il m'a encore aſſuré qu'étant en Hollande, il avoit connu un empyrique qui ne ſe ſervoit d'autre choſe pour guérir cette maladie ſi rebelle à toute ſorte de remedes, que de cette plante, & qui réuſſiſſoit preſque toujours. Auſſi M. Vandermonde recommande très-expreſſément pour cette maladie, dans ſon Dictionnaire de Santé, la décoction de varech en guiſe de boiſſon ordinaire. On prend, dit-il, une très-petite poignée de cette plante marine, qui eſt préciſément la même que celle avec laquelle on couvre les paniers d'huître, on la fait bouillir dans deux pintes d'eau. L'uſage continué de cette boiſſon pendant un mois, ajoute ce Médecin, eſt très-ſalutaire ; c'eſt ſans doute à raiſon du ſel marin dont abonde le varech : & en effet un fameux Médecin d'Angleterre a obſervé que l'eau de la mer bue à la doſe d'une chopine par jour, étoit le meilleur fondant qu'on connoiſſe dans la cure des écrouelles.

Propriétés économiques.

Les Fucus ſervent d'engrais pour les terres peu éloignées de la mer. On en arrache avec des rateaux & des fourches, ſurtout en Janvier & Février, tandis que la mer eſt retirée. On appelle en général cet engrais *Paille marine*, *petit Foin*. On recueille dans les terres amandées avec les Fucus ou le Varech, la premiere année du bled, la deuxiéme de l'avoine de bonne qualité, mais à la troiſiéme année il eſt néceſſaire de répandre de nouveau Varech ; il s'emploie pour fertiliſer toutes les eſpéces de terre. Le Varech ſert encore à faire une eſpéce de ſoude, qui eſt de médiocre qualité, & contient beaucoup de ſel ; il s'en conſomme une grande quantité dans les verreries ; elle aide la fuſion du verre, mais elle lui donne une couleur verte, ce que ne fait pas la ſoude d'Alicante. Pluſieurs de ces plantes ſechées ſervent aux pauvres à faire de la litiere pour leurs beſtiaux, à faire des paillaſſes, à brûler pour ſe chauffer : on en fait uſage pour emballer le verre & les choſes fragiles.

Les Habitans des Iſles de Silieres, qui ſont très-pauvres, n'ont d'autre reſſource pour vivre que de faire la ſoude ; c'eſt au plus tard aux mois de Juin ou de Juillet qu'ils y travaillent ; ils emploient pour la faire indiſtinctement toutes ſortes d'Algues marines, & principalement le Varech ; chacune des Iſles a ſes limites, au-delà deſquelles les Habitans ne doivent point étendre leur récolte ; ils en ſont même fort jaloux, & ont grand ſoin d'empêcher que perſonne n'empiette ſur le territoire de ſes voiſins. Comme les rochers voiſins du rivage ne fourniſſent pas pour l'ordinaire aſſez de Varech, ils vont en pleine mer, quand le temps eſt beau, & placent leurs bateaux entre les pointes des rochers ; lorſque la marée ſe retire, & que leurs beſtiaux prennent terre, ils en ſortent pour couper le Varech ſur les rochers que la mer a découverte ; ils en chargent leurs bateaux, & quand la marée revient, elle les ſouleve ; ils y rentrent pour lors, & chacun porte ſa motte dans ſon iſle ; on étend la plante ſur le rivage pour la ſecher, & on a pour lors grand ſoin de la remuer pluſieurs fois ; quand elle eſt ſeche, on en fait des monceaux pareils à de petites meules de foin.

Le Varech ainſi préparé, on fait dans le ſable, de même que pour le kali, un creux circulaire de ſept pieds de diamétre ſur trois de profondeur ; on revêt les côtés de pierre, afin que le ſable où la terre ne s'écroule pas avec la ſoude, lorſqu'on eſt obligé de ſe ſervir de Varech, enſuite on allume un peu de bois qu'on met au fond de cette foſſe ; on jette légérement & avec précaution ſur le bois allumé le varech le plus ſec ; on entretient avec ſoin ce commencement de feu qui eſt d'abord très foible, juſqu'à ce qu'il ait gagné des forces ; on comble entiérement la foſſe avec le varech, que des enfans apportent au Maître brûleur, à meſure qu'il en a beſoin, bientôt la fumée de cette plante s'éléve, ſe mêle avec le vent ſous la forme d'un brouillard épais, & répand une odeur déſagréable ; & ſi le temps eſt calme, elle forme un nuage, qui reſte ſuſpendu en l'air, après même que l'opération eſt achevée. Quand on a mis dans le feu une grande quantité de varech, & quand il eſt dans ſa force, le tout reſſemble à des cendres bien chaudes ; on remue pour lors la ſoude avec des rateaux de fer d'un bout à l'autre de la foſſe, juſqu'à ce qu'il s'enſuive une vitrification parfaite. Lorſque toute la maſſe eſt fondue on la laiſſe repoſer, & quand elle eſt froide, on l'embarque. La ſoude eſt ſuſceptible de bien des différences, & pour brûler le varech il faut plus d'art qu'on ne ſçauroit croire. Le varech qui eſt le plus ſerré, dont les grains ſont petits, & dans lequel il y a un moindre mélange de terre & de ſable, doit être préféré. Il y a des Iſles qui ont la vogue ſur les autres pour la ſoude : celle de l'Iſle Saint-Martin eſt la meilleure de toutes.

M. le Pileur d'Apligny, dans un Eſſai qu'il a publié *ſur les moyens de perfectionner l'Art de la Teinture*, a fait part au Public de pluſieurs de ſes Obſervations ſur l'utilité de ce végétal, en liſant, dit-il, l'endroit de Pline, où ce Naturaliſte rapporte que l'Algue dont on fait le plus de cas eſt une eſpéce qui croît dans les pierres, près du rivage, laquelle a la vertu d'attacher ſi efficacement les couleurs aux laines que l'on veut teindre, qu'on ne peut jamais l'enlever.

J'ai penſé (*ce ſont les propres termes de M. Pileur d'Apligny*) que les ſels dont pluſieurs de nos Fucus ſont abondamment pourvus, joints à la matiere glutineuſe dont ils ſont remplis, pourroient bien produire cet effet. Je n'en ai pas, à la vérité, fait l'eſſai, ajoute cet Auteur, n'ayant pu encore m'en procurer : mais il y a tout à en eſpérer, d'après ce que M. Hume dit dans ſon Eſſai ſur le blanchiment des Toiles du varech qui croît le long des côtes d'Angleterre ; il contient, ſuivant M. Hume, plus de ſel que toutes les plantes qu'on connoiſſe. Mais il s'y trouve une autre ſubſtance qui le rend incapable de blanchir du moins les toiles fines, lorſqu'elles ſont parvenues à un degré paſſable de blancheur. Les Blanchiſſeurs ont remarqué que dans ces circonſtances il communiquoit à la toile une couleur jaune. Le même Auteur obſerve qu'après avoir fait ſécher de ce varech, l'avoir brûlé, & l'avoir tenu plus de deux heures en fuſion, la quantité qu'il avoit brûlée lui avoit fourni trois onces & demie de cendres, leſquelles lavées dans trois chopines d'eau froide lui donnerent, par l'évaporation, cinq gros quarante-ſix grains de ſel cryſtalliſé, qui contenoit du ſel marin, du ſoufre, & de l'alkali : la liqueur évaporée laiſſe quatre gros & demi d'un ſel jaune, qui lui ſemble un alkali très-fort : il fit une infuſion des mêmes cendres à l'eau tiéde, & lorſqu'il la fit bouillir à deſſein de la faire évaporer, il y tint pendant une demi-heure de la toile blanche, qui y contracta une couleur qu'on ne pût jamais faire paſſer : cette liqueur étant évaporée, lui donna quatre gros de ſel noir amer. Il a ſupputé par ces produits, que ces cendres ont un peu moins qu'un quart de ſoufre ; la même quantité de ſel marin, environ un quart de ſel alkali, & un peu plus d'un quart de terre.

Il est aisé de conclure de ces observations, remarque très-bien M. d'Appligny, 1°. qu'on trouveroit un grand profit à faire brûler le Varec, dont on rencontre vraisemblablement le pareil sur les côtes de Bretagne & de Normandie, & à faire usage de ses cendres, qui en Angleterre ne se vendent, dit M. Hume, qu'une livre sterling le millier; 2°. que ces cendres peuvent fort bien remplacer la soude, puisque les plantes maritimes qui la fournissent, ainsi que le Kali, ne diffèrent des plantes terrestres, que parce que celles-ci contiennent de l'alkali fixe & du tartre vitriolé: au lieu que le Varec ou plantes marines contiennent du sel marin, de l'alkali & du soufre. On entend ici le phlogistique, & non pas la combinaison du phlogistique avec l'acide vitriolique, qui est sa signification ordinaire. 3°. Enfin que la couleur fixe, dont le phlogistique contenu dans ces cendres pénètre la toile, ne peut être qu'un très-bon préservatif pour la teinture, bien plus efficace que la noix de galle, qu'on emploie à cet effet pour les noirs des laines & des soies, & pour la teinture des fils de coton, de lin & de chanvre. Le phlogistique contenu dans la noix de galle, est bien moins adhérent, par la raison qu'il est dans l'état huileux; & je pense, ajoute M. d'Appligny, que tout concourt à faire croire que ce Varec est véritablement l'Algue, que Pline dit être si utile pour assurer les teintures. Il se trouve cependant une circonstance qui semble contredire ce sentiment; c'est que Pline appelle cette plante *Alga maritima*, & non pas *marina;* & que l'Auteur Anglois dit que le Varec dont il parle, croît le long des côtes: mais tout le monde sait que beaucoup de plantes marines, dont la mer apporte les semences, croissent également sur les rivages continuellement baignés de ses eaux par le flux & reflux. Au surplus, que ce soit la même ou non, il n'est pas moins vrai de dire que celui ci seroit très-utile pour la teinture.

Pline nomme *Thalassion* ou *Fucus marinus* une plante qui ressembloit à la Laitue, & dont on se servoit de son temps pour donner un fond aux laines, avant de les passer dans la teinture de pourpre. Cet Auteur en distingue quatre sortes, une à feuilles longues, une autre à feuilles larges, qui paroît être la même que celle qu'il décrit ailleurs, & qu'on appelloit de son temps *Zostera* ou *Prason* (Porreau), à cause de la couleur verte de ses feuilles, qui étoient fort larges. On trouvoit cette espèce dans les bancs de sable près du rivage. Une troisième à feuilles crépues, dont on se servoit en Crète pour teindre les étoffes; & enfin une quatrième, qui, comme le Prason, naissoit au printemps, & périssoit pendant l'automne. Cette dernière croissoit dans les rochers, & avoit des feuilles capillacées, comme celles du Fenouil. On s'en servoit aussi en Crète pour teindre en pourpre. Il y avoit donc, du temps de Pline, deux espèces de Fucus en usage pour la teinture, l'une à feuilles capillacées, & l'autre à feuilles crépues. La teinture de cette dernière étoit fort solide, puisque Pline dit qu'elle attachoit la couleur aux laines qu'on vouloit teindre si fortement, qu'il étoit impossible de les déteindre. L'usage des Fucus dans la teinture est vraisemblablement fort ancien. Ce mot étoit même devenu générique pour toute sorte de matières colorantes, ainsi qu'on peut le remarquer dans différens passages d'Ovide & d'Horace.

M. de Réaumur a publié deux Mémoires sur les *Fucus.* D'après un de ses Mémoires, on pourroit conjecturer qu'il y a en France deux espèces de Fucus, qui paroissent être ceux que Pline nomme à feuilles crépues & à feuilles capillacées. Le premier est connu sous le nom botanique de *Fucus membranaceus, acaulis; argenteæ foliis Palmæ; in modum divisis marginibus laciniatis, & veluti crispis;* & l'autre, sous celui de *Fucus tenuifolius, minimus, colorum varietate elegans.* La variété & la vivacité des couleurs qui paroissent sur cette dernière, lui donnent une beauté très-particulière. Elle forme une touffe haute d'environ deux pieds, composée de plusieurs branches, dont les unes, ou une partie des unes, paroissent d'un fort beau bleu; les autres entières, ou en partie, sont d'un vert très gai; & d'autres enfin entières, ou en partie, sont d'une couleur pourpre tirant sur le violet. Toutes ces couleurs sont très-vives, & font ensemble un effet agréable. Mais cette beauté ne dure qu'autant qu'on laisse la plante dans l'eau. Aussi-tôt qu'on l'en a retirée, toutes ces couleurs disparoissent. Elle en prend alors une d'un brun léger & rougeâtre; mais cependant plus foncé dans certains endroits que dans d'autres. La raison de cette différence vient de ce que l'eau réfléchit beaucoup plus de lumière que l'air, & est par conséquent beaucoup moins éclairée intérieurement.

On trouve cette plante, quand la mer est basse, dans certains endroits où il reste de l'eau. Elle est rare sur les côtes du Poitou & de l'Aunis. C'est aux Observateurs qui sont à portée des côtes, à vérifier si ces deux espèces ne feroient pas réellement celles dont parle Pline, ou du moins si l'une des deux ne seroit pas la même que l'*Alga tinctoria* de Tournefort. M. le Pileur d'Appligny vient encore de renouveler ses conjectures à ce sujet dans une nouvelle brochure qu'il vient de publier (1776) *sur l'art de la teinture des fils & étoffes de coton.*

Dans le nord de la Hollande, on se sert du Varec pour soutenir les digues. On emploie aussi dans les verreries beaucoup de soude de Varec, pour fondre le verre commun, soit en table, soit en plat; car on n'emploie que la soude d'Alicante pour le verre blanc. Le principal défaut de la soude de Varec est de donner une couleur verdâtre au verre, outre qu'elle ne sert absolument qu'à aider à la fusion ou vitrification des matières, & qu'elle n'y donne aucune augmentation. Les Habitans des Provinces maritimes se servent encore du Varec pour les différens emballages qu'ils sont obligés de faire. Les paniers d'huîtres qu'on nous envoie des côtes de la mer, sont toujours couverts de Varec. On l'emploie sur-tout pour emballer les différens morceaux d'Histoire Naturelle.

FUMARIA, *la Fumeterre.*

NOMS GÉNÉRIQUES.

Ce genre de plante est connu sous les noms de *Fumaria. Fuchs. Capnos. Capnites. Capnogorgion. Calcocri. Cantaris. Corudalion. Marmarites. Diosc. Cnix. Ægypt. Capnorchis. Cysticapnos. Boerrh. Corydalis. Dill. Capnoides. Tourn. Cucularia. Bicucullata. March. Juss. Split. Ital.* En François, Fumeterre, Fiel-de-terre.

Description générique.

Le caractère de ce genre est d'avoir le périanthe du calice à deux pieces ou folioles opposées, égales, latérales, droites, aiguës, petites, qui tombent. La corolle est oblongue, en forme de tube, se ridant, à palais qui s'élève pour fermer la gueule. La lèvre supérieure est plane, obtuse, échancrée, réfléchie. Le neċtaire eſt la baſe de la lèvre ſupérieure, qui s'élève poſtérieurement, & qui eſt obtuſe. La lèvre inférieure eſt totalement ſemblable à la ſupérieure, à carène vers la baſe. Le neċtaire eſt une baſe à carène, quoique moins élevée. La gueule eſt tétragonale, obtuſe, fendue en deux perpendiculairement. Les filamens des étamines ſont au nombre de deux, égaux, larges, placés chacun entre chaque lèvre, renfermés, pointus. Les anthères ſont au nombre de trois à chaque filament, terminales. Le germe du piſtil eſt oblong, applati, pointu. Le ſtyle eſt court. Le ſtigmate eſt orbiculé, droit, applati. Le péricarpe eſt une ſilicule à une loge. Les ſemences ſont rondes.

CLASSE.

Ce genre fait partie de l'onzième claſſe de Tournefort, qui comprend les fleurs anomales; & de la dix-ſeptième de Linnæus, deſtinée aux plantes diadelphiques hexandriques. Cet Auteur en admet treize eſpèces, dont les deux premières ſont à deux éperons, & les onze autres ſeulement à un.

PREMIÈRE ESPECE.

La première eſpèce eſt la Fumeterre à capuchon. *Fumaria cucullaria. Fumaria ſcapo nudo. Linn. Sp. Plant.* 983. *Hort. Cliff.* 351. *Gron. Virg.* 103. *Roy. Lugdb.* 393. *Fumaria tuberoſa, inſipida. Corn. Canad.* 127. *Fumaria ſiliquoſa, radice grumoſâ, flore bicorporeo, ad labia conjunċto, Virginiana. Pluk. Alm.* 162. *Raj. Suppl.* 475. *Capnorchis Americana. Boerrh. Lugdb.* 1, *p.* 309. *Bicucullata Canadenſis, radice tuberoſâ, ſquammatâ. Aċt. Pariſ.* 1733.

Deſcription.

Ses feuilles ſont radicales, au nombre de deux, trois fois ternées, découpées, liſſes, menues. Leurs pétioles ſont rouges. La hampe eſt ſimple, cylindrique, de la longueur de la feuille, rouſsâtre. La grappe eſt terminale, ſimple, à fleurs ſuſpendues. Les petits pédicules ſont à une fleur. Les braċtées ſont au nombre de deux, oppoſées, ovales, aiguës, rouges, petites, près de la fleur. Le calice eſt ovale, applati, petit, blanc. La corolle eſt blanche. Le limbe eſt jaune, à deux lèvres, ayant ces lèvres égales, concaves, réfléchies, ovales, entières. La gueule eſt fermée, jaunâtre, à côtés dilatés par le bord, diſtillans un neċtar. Les éperons ſont au nombre de deux, égaux, diſtans, un peu applatis, preſque de la longueur de la corolle. Les étamines ſont trois filamens diſtinċts de chaque côté.

Figure.

Cette eſpèce eſt repréſentée dans l'*Almageſtum* de Plukenet, pl. 90, fig. 3.

Lieu de ſa naiſſance.

Elle croît naturellement dans la Virginie, au Canada.

Culture.

Elle fleurit en Mai; mais elle donne rarement des ſemences mûres en France. On la multiplie par drageons, qui pouſſent de ſa racine. On les replante en automne, lorſque les feuilles de cette plante commencent à ſe deſſécher. Il lui faut une expoſition ombragée & une terre légère.

Première Remarque.

M. Marchand a fait de cette plante un genre particulier, & l'a tirée du genre de la Fumeterre. Nous allons rapporter, d'après cet Auteur, ce qui peut l'y avoir déterminé. Pour cet effet, nous allons joindre à cet article le Mémoire de ce Botaniſte ſur ce nouveau genre.

Mémoire de M. Marchand ſur la Fumeterre à capuchon.

La méthode de ranger les plantes, aujourd'hui reconnue pour la meilleure & la plus générale par la plupart des Botaniſtes modernes, eſt la méthode qui enſeigne à ranger les plantes par la ſtruċture de leurs fleurs (*Syſtême de Tournefort*); parce qu'outre la connoiſſance parfaite qu'elle nous donne de la nature des plantes nouvelles & ci-devant inconnues, elle influe encore ſur quantité d'autres plantes dont pluſieurs Botaniſtes ont parlé; mais ſur leſquelles ils nous ont laiſſé ou fait naître des doutes, faute d'avoir caraċtériſé leur genre par une exaċte deſcription de la ſtruċture de leurs fleurs. La Fumeterre, par exemple, citée dans le Traité des Plantes de Cornuti, ſous le nom de *Fumaria tuberoſa inſipida*, laquelle fait partie du ſujet de ce Mémoire, eſt du nombre de ces plantes que l'on prétendoit connoître; mais elle nous a toujours laiſſés dans l'incertitude, juſqu'à ce que nous ayons eu un détail bien circonſtancié du caraċtère de ſa fleur, qu'apparemment M. Tournefort n'a pas pu examiner, n'ayant nullement fait mention de cette plante; mais de laquelle il auroit ſans doute établi un genre, s'il en avoit vu la fleur. La ſuite des obſervations & des temps, qui amènent toutes choſes à un certain dégré de connoiſſances, nous ayant été favorable cette année, j'ai ſaiſi l'occaſion d'examiner cette plante, qui eſt venue à ſa perfection. La ſtruċture particulière de la fleur de notre *Bicucullata*, la différence de ſon fruit, de ſa racine & de leur ſaveur, juſtifieront ce que nous avançons, ſuivant la deſcription que nous en allons faire d'après nature, ainſi qu'on le verra par la leċture de ce Mémoire, où j'eſpère faire connoître que notre plante n'eſt point la *Fumaria* qu'on vient de nommer, comme on l'a cru juſqu'à préſent; mais au contraire qu'elle mérite de conſtituer un nouveau genre de plante, principalement à cauſe de la ſtruċture particulière de ſa fleur. Nous dirons donc que notre *Bicucullata* fait une racine compoſée de pluſieurs tubercules oblongs, comprimés & entaſſés les uns ſur les autres, en manière d'écaille vers le haut de ſa racine, plus petits, plus ronds vers le bas, étant tous de figure & de groſſeur aſſez differentes & irrégulières, polis, luiſans ſur leur ſurface, colorés d'une teinte couleur de chair, durs & charnus. Ces tubercules enſemble compoſent un amas de racines environ de la groſſeur d'un pouce, entremêlées par le bas de pluſieurs autres petites racines fibreuſes & chevelues.

Toutes ces racines ſont d'un goût fort amer, âcre, & elles échauffent conſidérablement la bouche. Le reſte de la plante a un peu moins de ſaveur. D'entre cet amas de tubercules, ſortent, au commencement du mois d'Avril, pluſieurs feuilles en côtes, dont les queues ſont longues de cinq à ſix pouces, rougeâtres par le bas, tant en-dehors qu'en-dedans, charnues & aqueuſes, fort caſſantes, rondes, groſſes d'une ligne de diamètre, ordinairement terminées en trois branches, qui forment une manière de panache, dont chacune eſt garnie de cinq feuilles d'une ſubſtance très-mince, délicate & légère, rangées deux à deux & oppoſées, la cinquième feuille terminant toujours chaque branche; & ces feuilles n'ont point, ou presque point, de queues. Leur couleur est vert-pâle en-dessus, plus blanchâtre, tirant sur le vert de mer en-dessous, profondément découpées en manière de lanières, plus ou moins dentelées à leur extrémité; & chaque découpure est souvent inégalement terminée en pointe aiguë, ainsi que leurs angles rentrans. Incontinent après le développement & l'épanouissement des feuilles, il part, d'entre les tubercules des racines, une tige qui s'élève à la hauteur de six pouces ou environ, droite, grosse d'une ligne de diamètre par sa base, peu colorée, ou rougeâtre, lisse, luisante, ronde, un peu anguleuse, d'une substance charnue & comme transparente. Cette tige porte à son extrémité trois ou quatre fleurs, & rarement davantage, rangées alternativement, pendantes en-bas, soutenues chacune d'un pédicule court & délié, garni dans le milieu de deux fort petites feuilles vert-blanchâtre, terminées en pointe, lesquelles à leur origine embrassent le pédicule qui les soutient.

La fleur de cette plante est d'une figure singulière. Elle est composée de deux feuilles ou pétales creux, formés en manière de capuchons ou cornets, de couleur blanc-de-lait, dont la base est terminée en pointe obtuse. Ces cornets sont attachés au bas du pistil de la fleur, du côté de leur ouverture ou échancrure, & la partie inférieure de chaque cornet se relève en-dehors, & forme une espèce de cuilleron godronné, ondé par le bord, teint de couleur jaune-citron. Entre les bords de l'ouverture de chaque cornet, sont situées deux petites parties en façon de feuilles, bisarrement repliées & chiffonnées, de couleur blanc-jaunâtre, lesquelles s'élèvent au-dessus des cornets, & y embrassent le pistil, dont elles couvrent entièrement l'extrémité. Au bas de ces feuilles, on voit encore deux autres petites feuilles blanches, à-peu-près en forme de cœur, posées à la bifurcation des cornets, lesquelles couvrent l'origine des feuilles pliées dont on vient de parler. Ces dernières feuilles y paroissent en quelque manière tenir lieu de calice à la fleur de cette plante, dans le temps qu'elle est encore en embryon. Le centre de la fleur est occupé par un pistil de couleur verte, renflé par le bas, de la figure d'un pilier de balustre, surmonté d'une tête jaunâtre. Il est environné de quatre étamines blanches, très-fines, lesquelles portent des sommets de couleur jaune. Les parties de la fleur qu'on vient de décrire, étant passées, le seul pistil reste, & peu à peu devient une capsule grisâtre, membraneuse, transparente, rayée de fibres longitudinales, dans laquelle on trouve trois ou quatre graines inégalement rondes, de couleur roussе, tirant sur le rougeâtre. Ces graines sont attachées dans la capsule, les unes près des autres, sur une membrane blanchâtre & charnue, comme sur un placenta; mais ces parties sont si petites, qu'il n'est pas facile de les bien examiner sans le secours de la loupe. Cette plante est très-délicate, & a un air de légèreté qui fait appréhender de la toucher: aussi la cultive-t-on dans des vases, pour la mettre à l'abri, tant du grand froid, que des vents, & même de la chaleur du soleil, qui la fait promptement faner. Elle est naturellement fort passagère, sortant de terre au commencement du mois d'Avril, & étant entièrement passée à la fin de Mai, & souvent plutôt, particulièrement si les limaçons, qui en sont extrêmement avides, y peuvent atteindre. Elle est vivace, & se multiplie d'elle-même par ses tubercules, qui se jettent entre deux terres, sur-tout dans un terrein un peu frais. Cette plante vient originairement du Canada. Je lui ai donné le nom de *Bicucullata*, comme qui diroit, plante dont la fleur porte deux capuchons. Elle ne fleurit ici que très-rarement.

Ceux qui voudront se donner la peine de comparer la structure de la fleur de *Fumaria*, représentée dans les Elémens de Botanique, pl. 237, à la structure de la fleur de notre *Bicucullata*, que nous venons de décrire, reconnoîtront très-facilement la différence qu'il y a entre le caractère générique de ces deux genres de plantes. On remarquera en effet que, dans les mêmes Elémens de Botanique, il est dit que le caractère de la *Fumaria* est de porter des fleurs, qui ont quelqu'apparence de fleurs légumineuses, composées de deux feuilles, lesquelles forment une manière de gueule à deux mâchoires; au lieu que la structure des fleurs de notre *Bicucullata* est de donner des fleurs composées de six feuilles, dont les deux principales & les plus visibles ont la figure de capuchons.

Car, sans nous arrêter aux parties de la *Fumaria* de Cornuti, ainsi qu'il l'a décrite, comme à sa racine d'être semblable à celle du Satyrion, à ses feuilles découpées comme celles du Genièvre, & le tout sans saveur, on peut voir que ces parties ne conviennent nullement, ni à la racine, ni aux feuilles de notre plante, dont les feuilles & les fleurs en sont non-seulement différentes à l'extérieur, mais aussi dans toute leur structure; ce que je ne sais point avoir été observé par aucun des Botanistes qui ont fait mention de la plante de *Cornuti*, la plupart desquels ont simplement copié cet Auteur: d'où nous conclurons que notre plante, loin d'être une espèce de Fumeterre, doit, suivant la méthode de ranger les plantes par la structure de leurs fleurs, constituer un nouveau genre de plante, ainsi que nous l'avons dit.

Seconde Remarque.

Linnæus a cependant toujours placé cette plante dans le genre de Fumeterre; mais il subdivise ce genre en deux. Cette Fumeterre fait partie du premier sous-genre. D'ailleurs il suit pour sa méthode la fructification de la plante.

SECONDE ESPÈCE.

La seconde espèce est la Belle-Fumeterre. *Fumaria spectabilis. Fumaria floribus postice bilobis, caule folioso. Linn. Sp. Plant.* 983.

Description.

C'est une plante charmante, dont les fleurs sont très-belles & très-grandes. Son port est le même que celui de la Fumeterre bulbeuse; mais tout en est plus grand. Les rameaux sortent des aisselles des feuilles plus rares. La tige est droite. La grappe est sans bractées. Les corolles sont de la grandeur de l'articulation extérieure du pouce, divisées postérieurement en deux lobes égaux, ronds.

Figure.

Cette plante est représentée dans les *Amœn. Acad.* de Linnæus, tom. 7; & dans la seconde Partie de cet Ouvrage.

Lieu de sa naissance.

Elle croît naturellement dans la Sibérie.

Culture.

Elle passe l'hiver en plein air. Elle n'est pas plus

plus difficile à cultiver que la quatrième eſpèce.

Propriétés d'ornement.

Elle fait un très-bel effet dans nos jardins d'ornement.

TROISIÈME ESPÈCE.

La troiſième eſpèce, qui eſt la première des Fumeterres qui n'ont qu'un capuchon ou éperon, eſt la Fumeterre noble. *Fumaria nobilis. Fumaria caulibus ſimplicibus; bracteis flore brevioribus, indiviſis. Linn. Syſt. Veg. edit. XIII. Murray.* 529. *Fumaria caule ramoſo. Gmel. Flor. Sib.* 4, *p.* 66.

Deſcription.

Elle eſt très-ſemblable à la quatrième eſpèce, mais beaucoup plus grande. Ses feuilles radicales ſont depuis ſept juſqu'à neuf, longues de neuf pouces, deux fois aîlées. Ses hampes ſont depuis une juſqu'à deux, obliques, pentagonales. Ses feuilles caulinaires ſont au nombre de quatre, ſeſſiles, compoſées. La grappe eſt ſeconde, très-obtuſe. Les bractées ſont ovales, lancéolées, entières. Les fleurs ſont deux fois plus grandes que celles de la Fumeterre bulbeuſe, blanches, à limbe jaune, à odeur de Prime-vère, à lèvres qui ne ſont ni échancrées, ni découpées en ſcie. La gueule eſt noire au ſommet. Le calice eſt menu, dentelé.

Figure.

Cette eſpèce eſt repréſentée dans le *Flora Sib.* de Gmelin, pl. 34; & dans l'*Hort.* de Jacquin, pl. 116.

Lieu de ſa naiſſance.

Elle croît naturellement dans la Sibérie.

Culture.

Sa culture eſt la même que celle de l'eſpèce ſuivante.

Propriétés d'ornement.

Elle mérite auſſi d'occuper une place dans nos jardins.

QUATRIEME ESPECE.

La quatrième eſpèce eſt la Fumeterre bulbeuſe, le Pied-de-poule. *Fumaria bulboſa. Fumaria caule ſimplici, bracteis longitudine florum. Linn. Sp. Plant.* 983. *Fumaria caule ſimpliciſſimo, diphyllo; floribus calice deſtitutis. Linn. Sp. Plant.* 985. *Hort. Cliff.* 351. *Vir. Cliff.* 70. *Flor. Suec.* 585. 631. *Mat. Med.* 344. *Roy. Lugdb.* 394. *Fumaria bulboſa, radice cava, major. Bauh. Pin.* 143. *Piſtolochia. Fuſch. Hiſt.* 91.

Deſcription.

Cette eſpèce, de même que les autres eſpèces, a les folioles très-découpées, mattes, & d'un vert tirant ſur le bleu, moins cependant que celles de la Fumeterre commune, dont il ſera parlé ci-après. Chacune eſt diviſée en pluſieurs lobes, & repréſente aſſez bien en petit la Feuille de Pivoine. Elles ſont pour l'ordinaire deux & une ſur un nerf pourpre. Les nerfs ſont auſſi par deux & un ſur une queue pourpre, un peu creuſée en gouttière, & arrondie en-deſſous. Il n'y a ordinairement ſur chaque tige, que deux de ces queues, diſpoſées alternativement très-près les unes des autres. Dans l'aiſſelle de chacune eſt une fleur tirant ſur le jaune, quelquefois rouge, longue d'environ un pouce, compoſée d'un long talon recourbé, qui fait la baſe d'un tuyau aſſez court, marqué de carmin, & dont la partie ſupérieure eſt diviſée en deux eſpèces de lèvres, dont celle d'en-haut eſt fendue en deux; l'inférieure forme un canal ſous lequel ſont deux rebords très-ſerrés l'un contre l'autre. La racine de cette plante eſt une bulbe longue, inégale, groſſe comme une noix, applatie en-deſſous, un peu brune à l'extérieur, garnie de quelques courts filamens à ſa ſuperficie, blanche & creuſe en-dedans, fort amère, & dont les parties, en s'écraſant ſous la dent, font le même bruit que du verre qu'on briſeroit ainſi, mais ne ſe déſuniſſent pas de même. Les ſemences ſont luiſantes, & renfermées dans de petites gouſſes en forme de cornes.

Variétés.

Linnæus donne pour variétés de cette eſpèce celles qui ſont connues ſous les noms de *Fumaria bulboſa, radice non cavâ, minor. Bauh. Pin.* 144; & 2°. de *Fumaria bulboſa, radice non cavâ, major. Bauh. Pin.* 144.

Figure.

Cette eſpèce eſt repréſentée dans notre Traité Hiſtorique des Plantes de la Lorraine; & dans la ſeconde partie de cet Ouvrage.

Lieu de ſa naiſſance.

Elle eſt vivace, & croît naturellement dans les bois & les endroits ombrageux de l'Europe. Elle eſt printanière, & fleurit dès le commencement de Mars. On en trouve encore en fleur au mois d'Avril.

Culture.

Si l'on veut faire réuſſir cette plante dans nos jardins, il lui faut une terre légère, & un terrein ombragé. Elle craint la grande chaleur. Au ſurplus, elle n'exige point de culture.

Propriétés médicinales.

On emploie la racine de cette plante contre les vers, & pour la guériſon des ulcères malins. D'ailleurs elle peut ſervir aux mêmes uſages que la commune. Lobel rapporte que pluſieurs perſonnes l'ont employée au lieu de l'Ariſtoloche ronde, pour qui ils la prenoient.

Propriétés d'ornement.

On peut orner les parties de nos parterres qui ſe trouvent ombragées, en y cultivant cette plante, dont les fleurs font un très-bel effet au printemps.

CINQUIÈME ESPÈCE.

La cinquième eſpèce eſt la Fumeterre toujours verte. *Fumaria ſemper virens. Fumaria ſiliquis linearibus, paniculatis, caule erecto. Linn. Sp. Plant.* 384. *Hort. Upſ.* 207. *Fumaria caule erecto, ramoſo; ſiliquis filiformibus, corymboſis. Hort. Cliff.* 352. *Roy. Lugdb.* 394. *Fumaria ſiliquoſa, ſemper virens. Corn.* 57. *Moriſ. Hiſt.* 2, *p.* 259, *ſect.* 3. *Capnoïdes. t. Mill. Dict.*

Deſcription.

Cette eſpèce eſt toujours verte. Sa tige eſt rameuſe, anguleuſe. Ses fleurs ſont d'un jaune pâle.

Ses siliques sont cylindriques, longues, s'élevant, rassemblées, appuyées sur des pédicules particuliers, qui tous rassemblés au bout d'un péduncule commun, forment une espèce de bouquet.

Figure.

Elle est représentée dans les Plantes du Canada, par Cornute, pl. 57; dans l'Histoire des Plantes, par Morison, sect. 3, pl. 12, fig. 1; & dans le Dictionnaire de Miller, pl. 78.

Lieu de sa naissance.

Elle est annuelle, & croît dans la Virginie & le Canada.

Culture.

Cette plante est annuelle. Elle fleurit presque tout l'été, & les semences mûrissent en Juillet, Août & Septembre. Si on laisse tomber ces graines d'elles-mêmes, elles lèvent sans aucun soin; & les plantes qui en proviennent, n'exigent d'autre soin de culture, que d'être éclaircies dans les endroits où elles sont trop épaisses, & d'être débarrassées des mauvaises herbes.

Propriétés d'ornement.

On peut laisser croître ces plantes sur les murs & dans des endroits peu importans des jardins; car, si on les sème dans des plate-bandes de parterre, elles s'y répandent beaucoup, & y deviennent des mauvaises herbes, qu'il est difficile de détruire; mais elles conviennent très-bien sur des ruines ou sur des grottes. Elles y font même un très-bel effet par la continuation de leurs fleurs.

SIXIÈME ESPÈCE.

La sixième espèce est la Fumeterre jaune. *Fumaria lutea. Fumaria siliquis teretibus, caulibus diffusis, angulis obtusis. Linn. Syst. Veg. edit. XIII. Murray.* 530. *Mant.* 258. *Mill. Dict.* 4. *Fumaria lutea. Bauh. Pin.* 143. *Fumaria lutea montana. Dalech. Hist.* 1294. *Fumaria Tingitana, radice fibrosâ, perenni; flore albo, flavescente; siliquis curtis. Plum. Alm.* 262.

Description.

Elle est semblable à l'espèce suivante; mais elle est vivace. L'éperon de la corolle est rond, deux fois plus court que le tube. Les grappes sont sans bractées.

Figure.

Cette espèce est représentée dans l'*Almag.* de Plukenet, pl. 90, fig. 2.

Lieu de sa naissance.

Elle croît naturellement dans la Mauritanie.

Propriétés médicinales.

Toute cette plante, mangée fraîche, ou sèche, réduite en poudre, & prise avec du vin pendant plusieurs jours, est très-bonne dans la colique, pour atténuer & inciser les humeurs grossières, & les évacuer par les urines. C'est ce qui la rend encore utile dans l'hydropisie & dans les maladies de la peau. Elle fortifie, & en général produit le même effet que la Fumeterre commune.

SEPTIEME ESPECE.

La septième espèce est la Fumeterre Capnoïde. *Fumaria Capnoides. Fumaria siliquis linearibus, tetragonis; caulibus diffusis, acutangulis. Linn. Sp. Plant.* 984. *Fumaria semper virens & florens flore albo. Herm. Bat. Fumaria caule ramoso, diffuso; siliquis oblongis, radice perenni. Hort. Cliff.* 352. *Roy. Lugdb.* 394. *Fumaria quæ Split dicitur. Bauh. Hist.* 3, *p* 203. *Split. Cæs. Syst.* 272. *Split flore luteo. Rupp. Jen.* 217.

Description.

Sa racine est fibreuse. Ses tiges sont couchées, rameuses, à plusieurs angles. Sa fleur est d'un blanc jaunâtre. Ses siliques sont linéaires, à quatre côtés.

Lieu de sa naissance.

Cette espèce est annuelle. Elle croît naturellement dans la France, l'Italie & la Mauritanie.

Culture.

Si on plante quelques pieds dans un endroit, ou si on y en laisse tomber les semences, cette plante s'y multiplie promptement & abondamment par ses graines, qu'elle répand à une certaine distance, à cause de l'élasticité de ses valvules, lors de leur maturité.

Propriétés d'ornement.

Cette espèce est verte presque toute l'année, si on en excepte seulement le temps des gelées. Elle est toujours en fleur, & fait par-là un très-bel effet. Elle réussit parfaitement bien sur les murs & les rochers. Elle est très-propre pour orner les grottes & les ouvrages en rocaille. Elle pousse entre les joints.

HUITIÈME ESPECE.

La huitième espèce est la Fumeterre à neuf feuilles. *Fumaria Henneophylla. Fumaria foliis triternatis, foliolis cordatis. Linn. Sp. Plant.* 984. *Fumaria Hispanica, saxatilis; foliis amplioribus, cordiformibus, semine compresso. Tourn. Inst. Rei. Herb.* 422. *Fumaria henneaphyllos Hispanica, saxatilis. Bocc. Mus.* 2, *p.* 83. *Raj. Suppl.* 475. *Barr. Fumaria radice fibrosâ, foliis ad petiolum sinuatis, crassioribus. Pluk. Alm.* 162.

Description.

La racine de cette espèce est fibreuse. Ses feuilles sont trois fois ternées, ayant leurs folioles en forme de cœur. Sa semence est applatie.

Figure.

Elle est représentée dans le *Mus.* de Boccone, tom. 2, pl. 73; & dans les Planches de Barrelier, pl. 42.

Lieu de sa naissance.

Elle croît naturellement sur les vieilles murailles & les rochers, en Espagne & en Sicile.

Culture.

Cette plante est vivace. Elle se multiplie d'elle-même par ses semences, qu'elle répand. Elle vient très-bien dans une exposition ombragée, & sur des vieilles murailles ou sur des bâtimens.

NEUVIÈME ESPÈCE.

La neuvième espèce est la Fumeterre commune. *Fumaria officinalis. Fumaria pericarpiis monospermis, racemosis, caule diffuso. Linn. Sp. Plant.* 984. *Fumaria pericarpiis monospermis. Hort. Cliff.* 252. *Flor. Suec.* 584, 630. *Mat. Med.* 343. *Roy. Lugdb.* 394. *Hall. Helv. edit.* 1, 605. *Fumaria offic. & Diosf. Bauh. Pin.* 143. *Tourn. Inst.* 422. *Fumaria Fuchs. Hist.* 338. *Cam. epit.* 890. *Fumaria & Fumus terræ offic. Fumaria vulgaris. J. B.* 3, 201. *Park. Rai. Hist.* 405. *Capnos, Fumaria. Lob. Icon.* 757. *Fumus terræ. Brunsfels. Thal. Herba melancholifuga. Cat. Altdorf. Cerefolium felinum aut Columbinum nonnullorum. Corbei Pharm.* 36. En Allemand, *Erdrauch. Ackerraute, Taubenkrops*; en Anglois, *Fumitory*; en Suédois, *Jordrok, Aakerrok, Gallgræs*; en Danois, *Jordrog, Aakersissel*; en Italie, *Fumaria, Fumos terno.*

Description.

C'est une plante annuelle, dont la racine est menue, peu fibreuse, perpendiculaire, blanchâtre. Sa tige est creuse, lisse, avec plusieurs rameaux anguleux, opposés aux feuilles. Celles-ci sont alternes, pétiolées, aîlées, terminées par une impaire, dont les folioles sont pareillement aîlées & plusieurs fois découpées, obtuses. Ses fleurs sont en grappe, anomales, imitant les papilionnacées. Leur corolle est purpurine, oblongue, tubulée, divisée en deux espèces de lèvres; la supérieure est plane, obtuse, échancrée, réfléchie; l'inférieure est semblable; mais à sa base imitant une carêne, & qui forme un nectaire. L'ouverture des lèvres est tétragone, obtuse, & perpendiculairement divisée en deux. Son fruit est une petite silicule, uniloculaire, contenant des semences obrondes.

Figure.

Cette espèce est représentée dans les Plantes de Garsault, & dans toutes les Collections des Plantes usuelles.

Lieu de sa naissance.

Elle croît naturellement par toute l'Europe, dans les champs & les jardins.

Analyse Chymique.

Dans l'analyse chymique de cinq livres de Fumeterre fleurie, sans les racines, distillées à la cornue, il est sorti une livre quinze onces un gros soixante-six grains de liqueur limpide, presque sans odeur & sans saveur, obscurément acide: deux livres quatre onces six gros quarante-huit grains de liqueur d'abord limpide, un peu acide, ensuite rousse, de l'odeur & de la saveur du pain bis, empyreumatique sur la fin, manifestement acide, & enfin fort acide & austère: une once trois gros de liqueur brune, imprégnée de beaucoup de sel volatil-urineux-concret: une once six gros quinze grains d'huile épaisse comme du syrop.

La masse noire qui est restée dans la cornue, pesoit quatre onces cinq gros trente-six grains, laquelle étant bien calcinée, a laissé environ sept gros quatre grains de cendres, dont on a tiré par la lixiviation quatre gros trente grains de sel fixe purement alkali. La perte des parties dans la distillation a été de quatre onces vingt-sept grains; & dans la calcination, de deux onces six gros trente-deux grains. Cette plante est fort amère. Elle rougit le papier bleu. Elle contient un sel essentiel ammoniacal uni avec quelque portion de sel admirable de Glauber & avec beaucoup de soufre.

Propriétés médicinales.

On regarde la Fumeterre comme incisive, apéritive, stomachale & diurétique. La façon de s'en servir est d'en faire bouillir légèrement une petite poignée dans une chopine de petit-lait, & d'en continuer l'usage le matin à jeun pendant un assez long temps. Employée de cette manière, elle rend le sang plus coulant; elle incise les humeurs tenaces, & les évacue peu-à-peu; elle lève les obstructions, fortifie l'estomac, & excite les règles & les urines. On la prescrit dans la cachexie, les maladies hypocondriaques & scorbutiques, & dans l'ictère. Son suc mêlé avec celui de Cocléaria dans du lait de chèvre, donné au printemps, a guéri des hypocondriaques attaqués du scorbut, qui avoient essayé en vain beaucoup d'autres remèdes. Cette plante est encore un spécifique contre la gale, soit humide, soit sèche, contre les dartres & le feu volage. La plupart des Auteurs confirment dans leurs écrits les vertus que nous indiquons dans la Fumeterre.

Freitagius, in Aurorâ Medicorum, dit qu'il a donné avec succès le suc de Fumeterre & d'Herbe-aux-cuillers, dans du petit-lait de chèvre, sur-tout au printemps, à des hypocondriaques attaqués du scorbut, qui avoient été tourmentés en vain par d'autres remèdes. Rivière rapporte que le suc de Fumeterre, donné à la dose de trois onces, à une personne attaquée d'une jaunisse & d'un fréquent vomissement, avoit, dès la première prise, arrêté le vomissement; & que ce même remède étant continué pendant quelques jours, avoit entièrement guéri cette maladie.

S. Pauli assure qu'il a rétabli les plus galeux par l'infusion de cette plante dans du petit-lait, & par sa décoction dans de la biere; & qu'il a guéri, en très-peu de jours, une demoiselle de condition, âgée de sept ans, fort délicate, attaquée de la gale, par la décoction agréable, dons nous donnerons la préparation dans les formules. Voy. no. 1. Le même Simon Pauli avoit coutume de substituer l'eau distillée de Fumeterre à l'eau de Chardon-bénit, quand celui-ci manquoit. Camérarius observe, d'après Brassavola, que la poudre de Fumeterre a guéri un mélancolique qui en prenoit souvent.

Formules.

1°. Prenez *Fumeterre*, une poignée; Fraisier, Cuscute, de chacun demi-poignée; racines de Pissenlit & d'Oseille, de chacune deux gros; Cannelle choisie, trois gros: faites bouillir dans suffisante quantité de décoction de Tamarin dans du petit-lait; passez, clarifiez & adoucissez avec suffisante quantité de syrop d'Epine-vinette: ajoutez deux gros d'essence de Plantain pour chaque livre de cette décoction: faites un apozème, dont la dose est de six onces de trois heures en trois heures, ou de quatre heures en quatre heures.

2°. Prenez extrait de *Fumeterre*, de Gentiane, d'Absynthe, de petite Centaurée & de Cresson d'eau, de chacun un gros; élixir de propriété & extrait de Rhubarbe & de Quinquina, de chacun un gros & demi; Safran de Mars apéritif, & écorce d'Orange aigre en poudre, de chacun un demi-gros; syrop de Menthe crépue, suffisante quantité: mêlez: faites une opiate, dont la dose est d'un demi-gros, deux fois le jour, dans la cachexie & les obstructions des viscères.

3°. Prenez racines de Raifort fauvage, de petite Scrophulaire, d'Aulnée & d'Ofeille, de chacune demi-once; feuilles de *Fumeterre*, de Beccabunga, de Creffon de fontaine, de chacune une poignée; fommités de Pin & de Sapin, fleurs de petite Centaurée & de Génêt, de chacune une pincée; graines de Roquette, d'Ancholie, de Génièvre pilées, de chacune un gros: faites bouillir dans fix livres d'eau commune, réduites à cinq: ajoutez fur la fin petite Joubarbe, deux pincées; Herbe-aux-cuillers, une poignée: paffez & confervez cet apozème pour l'ufage. La dofe eft de fix onces, alliées avec une demi-once de fyrop de Limon, à prendre quatre fois le jour dans le fcorbut.

4°. Prenez chair de veau, une demi-livre; racines de Patience fauvage & de grande Bardane, lavées & coupées par tranches de chacune une once: faites bouillir le tout dans trois livres d'eau commune, réduites à deux: ajoutez jeunes pouffes ou fommités de Houblon & de *Fumeterre*, de chacune deux poignées: faites cuire pendant un quart-d'heure pour deux bouillons à prendre matin & foir contre les dartres & autres maladies de la peau.

5°. Prenez feuilles & fommités d'Eupatoire d'Avicenne, deux poignées; *Fumeterre*, une poignée: faites bouillir légèrement dans deux livres de petit-lait: faites prendre la décoction dans l'hydropifie commençante, & dans les maladies de la peau.

6°. Prenez des eaux de *Fumeterre* & de grand Raifort, de chacune deux onces & demie; du fel de *Fumeterre*, un demi-gros; du fyrop d'Abfynthe, une once, pour un julep à prendre dans le fcorbut, & à réitérer fouvent.

7°. Prenez fuc clarifié d'Alléluia, d'Ofeille ronde, de *Fumeterre*, de Beccabunga, de Creffon de fontaine, d'Herbe-aux-cuillers, d'Abfynthe, de Trefle d'eau, une livre; fyrop d'Alléluia, une once: mêlez: faites un julep que l'on prendra par cuillerées dans la cachexie, & les affections fcorbutiques.

Propriétés vétérinaires.

Quand on prefcrit aux animaux le fuc de cette plante, c'eft à la dofe de fix onces; & fon infufion à celle de deux poignées fur deux livres d'eau.

Propriétés économiques.

En Picardie, on fe fert de la Fumeterre pour faire cailler le lait.

DIXIÈME ESPECE.

La dixième efpèce eft la Fumeterre à vrilles. *Fumaria caprelata. Fumaria pericarpiis monofpermis, racemofis; foliis fcandentibus, fubcirrhofis. Linn. Sp. Plant.* 985. *Fumaria viticulis & capreolis plantis vicinis adherens. Bauh. Pin.* 143. *Fumaria major, fcandens; flore pallidiore. Raj. Hift.* 405.

Defcription.

Les péduncules partiaux font recourbés, & les dernières folioles fe changent en vrilles. Les péricarpes font monofpermes, en grappes. Les fleurs font pâles.

Figure.

Cette efpèce eft repréfentée dans le *Flora Danica* d'Œder, pl. 340.

Lieu de fa naiffance.

Elle croît naturellement en Angleterre, aux environs de Narbonne.

ONZIÈME ESPÈCE.

L'onzième efpèce eft la Fumeterre en épi. *Fumaria fpicata. Fumaria pericarpiis monofpermis, fpicatis; caule erecto; foliolis filiformibus. Linn. Sp. Plant.* 985. *Sauv. Monfp.* 263. *Fumaria tenuifolia, erecta, Hifpanica, purpurea. Barr. Ic.* 41. *Fumaria minor, tenuifolia, præcox, femine Lini. Morif. Hift.* 2, *p.* 262, *fect.* 3. *Capnos tenuifolia. Cluf. Hift.* 2, *p.* 208. *Fumaria minor, tenuifolia; caulibus procumbentibus & caducis. Bauh. Pin.* 194. *Fumaria foliis tenuiffimis, floribus albis, circa Monfpelium.* 193. *Fumaria minor, tenuifolia. Seg. Veron.* 2, *p.* 111.

Defcription.

Cet épi eft compofé de fleurons étroitement ferrés. Ses feuilles font couleur de vert d'eau. Les fleurs paroiffent au printemps.

Figure.

Cette efpèce eft repréfentée dans les Plantes de Barrelier, pl. 41; & dans l'Hiftoire des Plantes, par Morifon, fect. 3, pl. 12, fig. 13.

Lieu de fa naiffance.

Elle croît naturellement en Efpagne, en Portugal, aux environs de Vérone, & dans les Provinces méridionales de la France.

Culture.

Elle eft annuelle. Elle fleurit à-peu-près dans le même temps que l'efpèce commune. Quand on laiffe tomber fes femences d'elles-mêmes, elles réuffiffent mieux que quand on les sème.

DOUZIEME ESPÈCE.

La douzième efpèce eft la Fumeterre à clavicules. *Fumaria claviculata. Fumaria filiquis linearibus, foliis cirrhiferis. Linn. Sp. Plant.* 985. *Fumaria foliis cirrhiferis, floribus fpicatis. Hort. Cliff.* 351. *Roy. Lugdb.* 394. *Gort. Gelr.* 413. *Fumaria claviculis donata. Bauh. Pin.* 143. *Morif. Hift.* 2, *p.* 266, *f.* 3. *Fumaria alba, latifolia. Raj. Angl.* 3, *p.* 335. *Capnos alba, latifolia. Lob. Hift.* 438. *Dalech. Hift.* 1295. *Fumaria cum capreolis. Bauh. Hift.* 3, *p.* 240.

Defcription.

Cette plante eft annuelle. Sa tige eft foible, rameufe, filiforme. Les feuilles font aîlées, formées d'un double rang de folioles, & terminées par une vrille compofée. Les feuilles particulières font fouvent partagées en cinq, ayant deux folioles latérales appuyées fur le même pétiole propre. Les rameaux alternes fortent de chaque aîle de la feuille. Les épis terminent les rameaux. Les filiques font cylindriques, applaties, contenant trois ou quatre femences.

Figure.

Elle eft repréfentée dans l'Hiftoire des Plantes, par Morifon, pl. 12, fig. 3.

Lieu de fa naiffance.

Elle croît naturellement dans les endroits fablonneux, fur les rivages des lacs & des fleuves, en Angleterre.

TREIZIÈME ESPECE.

La treizième espèce est la Fumeterre en vessie. *Fumaria vesicaria. Fumaria siliquis globosis, acutis, inflatis, foliis cirrhiferis. Linn. Sp. Plant.* 785. *Hort. Ups.* 207. *Fumaria foliis cirrhiferis; siliquis ovatis, inflatis, pendulis. Hort. Cliff.* 351. *Roy. Lugdb.* 394. *Fumaria alba, vesicaria, capreolis donata, sub exitum autumni florens, Æthiopica. Pluk. Alm.* 400. *Cysticapnos Affricana, scandens. Bœrrh. Lugdb.* 1, *p.* 310.

Description.

Cette espèce approche beaucoup de la précédente. Les feuilles sont cependant moins divisées; & les péduncules sortent des aisselles. Ils renferment une, deux ou trois fleurs pédunculées. Les corolles sont plus grandes. Le fruit est pendant, enflé. Les semences sont nombreuses.

Figure.

Elle est représentée dans l'*Almag.* de Plukenet, pl. 335, fig. 3.

Lieu de sa naissance.

Elle croit naturellement dans l'Ethiopie. Elle est annuelle.

FUSANUS, *le Fusan.*

Description générique.

Le caractère de ce genre de plante est d'avoir des fleurs hermaphodites, & des fleurs mâles. Le calice des hermaphrodites est fendu en cinq, sans corolle. Les étamines sont au nombre de quatre. Le germe est inférieur. Les stigmates sont au nombre de quatre. Le fruit est à noyau. Les hermaphrodites mâles ont le calice, la corolle, les étamines, le pistil de la fleur mâle. Le fruit avorte. La fleur est monoïque.

CLASSE.

Ce genre de plante fait partie de la vingt-troisième classe, qui comprend les fleurs polygamiques monœciques. Il n'y en a qu'une espèce.

ESPECE.

Cette espèce est le Fusan applati. *Fusanus compressus.*

Description.

C'est un arbre qui porte des fruits sous la base du germe. L'enveloppe est à trois feuilles, distinctes par des petites glandes.

GALANTHUS, *la Perce-neige.*

NOMS GÉNÉRIQUES.

Ce genre de plante est connu sous les noms d'*Aerocorion. Plin. Passerina. Trag. Leucoium Clus. Mor. s.* 4. *Narcisso Leucoium. Swart. Eliganthemum. Ren. Sp. Nivaria. Sprekelia. Hist. Galanthus. Linn.*

Description générique.

Le caractère de ce genre de plante est d'avoir la spathe oblongue, obtuse, applatie, s'ouvrant par un côté plane, se fanant. Les pétales de la corolle sont au nombre de trois, oblongs, obtus, concaves, lâches, ouverts, égaux. Le nectaire est cylindrique, moitié plus court que les pétales, à trois folioles pétaloïdes, parallèles, échancrées, obtuses. Les filamens des étamines sont au nombre de six, capillaires, très-courts. Les anthères sont oblongues, pointues, se terminant en une soie, conniventes. Le germe du pistil est globuleux, inférieur. Le style est filiforme, plus long que les étamines. Le stigmate est simple. Le péricarpe est une capsule ovale, globuleuse, obtuse, à trois côtes, à trois loges, à trois valves. Les semences sont nombreuses, globuleuses.

CLASSE.

Ce genre de plante fait partie de la cinquième classe de Tournefort, qui comprend les plantes à fleurs polypétales cruciformes, & de la sixième classe de Linnæus, destinée aux plantes hexandriques monogyniques. Cet Auteur n'en admet qu'une espèce.

ESPECE.

Cette espèce est la Violette de Février, le Violier bulbeux, la Campane ou Cloche blanche, le Bayumandier d'hiver, la Perce-neige proprement dite. *Galanthus nivalis. Linn. Sp. Plant.* 413. *Hort. Cliff.* 134. *Hort. Ups.* 73. *Roy. Lugdb.* 35. *Leucoium bulbosum, trifolium, minus. Bauh. Pin.* 56. *Arangelia. Renealm. Sp.* 97. En Anglois, *Least Snow-drop.*

Description.

La racine de cette plante est bulbeuse, composée de plusieurs tuniques blanches, excepté l'extérieure, qui est brune, garnie en-dessous de fibres blanchâtres, d'un goût visqueux, peu âcre. Elle pousse trois, quatre ou cinq feuilles semblables à celles du Poireau. Ses feuilles sont fortes, luisantes, lisses & verdâtres. Du milieu de ces mêmes feuilles, s'élève une tige à la hauteur de plus d'un demi-pied, anguleuse, cannelée, creuse. Elle ne porte ordinairement qu'une seule fleur à sa sommité, quelquefois deux, rarement trois. Sa fleur sort d'une gaîne oblongue, applatie, obtuse, qui s'ouvre latéralement, pour lui donner passage, & se dessèche ensuite. Six pièces, qui ont l'apparence de pétales, sont un vrai calice d'une seule pièce, lequel enveloppe l'embryon, & fait corps avec lui. Trois de ses divisions sont internes relativement aux autres, longuettes, blanches, concaves, mousses, écartées & égales entr'elles; les trois autres, qui sont extérieures, blanches & rayées de vert, semblent être un nectaire. Elles sont bien plus courtes que les précédentes, & échancrées en cœur. L'embryon ou ovaire, que nous avons dit faire corps avec le calice, est arrondi & un peu ovale. Le style plus menu à la base que par le haut, est terminé en pointe verdâtre, & plus long que les étamines. Celles-ci, au nombre de six, & opposées à chacune des divisions du calice, sont très fines, surmontées de sommets oblongs, terminés en pointe, & qui s'ouvrent par leur partie supérieure. Le fruit est une capsule sèche, ovale, marquée de trois angles mousses, intérieurement divisée en trois loges, contenant des semences arrondies.

Figure.

Figure.

Cette espèce est représentée dans l'*Hortus Eystetensis*, partie du printemps ; & dans la plupart des Collections de Fleurs.

Lieu de sa naissance.

Elle croît naturellement au bas des montagnes de Vérone, de Trente, de Carniole, de Vienne. On en trouve aussi dans quelques bois à six ou sept lieues de Paris, tels que ceux des Abbayes du Jar & du Val, derrière le potager de Versailles. On en voit aux environs de Montpellier. On la cultive dans nos jardins.

Culture.

Quoique les fleurs de cette plante soient petites, elles font un assez joli effet, quand on en voit plusieurs ensemble. C'est pourquoi, au lieu de les mettre en bordure, il vaut mieux les planter par paquets d'une vingtaine. Comme elles réussissent bien au pied des arbres ou des haies, on peut en border des allées, & en garnir des endroits écartés. En ne les déplaçant pas, on leur donne lieu de multiplier prodigieusement. Au moins faut-il être toujours trois ans sans lever de terre les racines. La vraie saison de le faire est à la fin de Juin, lorsque leurs feuilles périssent. Dans un pays humide, il est à propos de les laisser une couple de mois hors de terre; ailleurs on peut les replanter sans délai. Cette plante ne commence à végéter qu'au mois de Décembre. Trop de froid arrête sa végétation; une trop grande chaleur la dessèche. Le degré de température qui lui convient, est un peu au-dessus du zéro du thermomètre de M. de Réaumur.

Observation.

Les fleurs de Perce-neige s'ouvrent peu. Elles commencent à paroître dès le mois de Janvier. Il y en a une variété qui donne des fleurs doubles, mais un peu plus tardives.

GAHNIA, *la Gahne.*

Description générique.

Le caractère de ce genre de plante est d'avoir l'enveloppe du calice à deux ou à cinq fleurs, univalve, à balle, ovale, lancéolée, repliée. Le calice propre est une balle bivalve, ayant les valves ovales, lancéolées, pointues, concaves; l'extérieure est un peu plus longue. La corolle est bivalve. La valvule extérieure est plus grande, ovale, concave, à trois dents au sommet; la balle est deux fois plus petite; l'intérieure est ovale, entière, très-petite. Les filamens des étamines sont au nombre de six, capillaires, très-courts. Les anthères sont linéaires, pointues au sommet, de la longueur de la corolle. Le germe du pistil est oblong. Le style est filiforme, droit, plus long que le calice, fendu profondément en deux. Les stigmates sont au nombre de deux, capillaires, réfléchis dans chaque divisure du style. La corolle devient le péricarpe, & nourrit la semence, qui est seule & oblongue.

CLASSE.

Ce genre fait partie de la sixième classe de Linnæus, qui comprend les hexandiques monogyniques. Il n'y en a qu'une espèce.

ESPECE.

Cette espèce est la Gahne élevée. *Gahnia procera. Forst. Caract. 52.*

Figure.

Les caractères en sont représentés dans le *Caracteres Generum*, par M. Forster, pl. 26.

Lieu de sa naissance.

Elle croît naturellement dans les Isles de la mer australe.

Étymologie.

MM. Forster ont donné à ce nouveau genre de plantes de Chiendent le nom de M. Henry Gahn, qui a soutenu une thèse, sous la présidence de Linnæus, sur les fondemens de l'Agrostographie.

GALAX, *la Viticelle.*

Description générique.

Le caractère de ce genre de plante est d'avoir le périanthe du calice composé de dix folioles, dont les extérieures sont alternes, plus courtes, lancéolées, réfléchies; les intérieures sont plus longues, lancéolées, aigues, droites. La corolle est monopétale, en forme de Casse. Le tube est cylindrique, de la longueur du calice. Le limbe est plane, fendu en cinq lobes obtus. Les filamens des étamines sont au nombre de cinq, courts. Les anthères sont rondes, conniventes entre la gueule de la corolle. Le germe du pistil est ovale, velu. Le style est filiforme, fendu par moitié en deux, de la longueur des étamines. Les stigmates sont ronds. Le péricarpe est une capsule ovale, à une loge, à deux valves, colorée, élastique. Les semences sont au nombre de deux, grandes, convexes, ovales, calleuses, qu'on prendroit pour une seule qui seroit à deux lobes.

CLASSE.

Ce genre fait partie de la cinquième classe de Linnæus, qui comprend les plantes pentandriques monogyniques. Cet Auteur n'en admet qu'une espèce.

ESPECE.

Cette espèce est la Viticelle sans feuilles. *Galax aphylla. Linn. Sp. Plant. 34. Viticella. Michiel. Gen. 24. Anonymos seu Belvedere. Clait. no. 4. Flor. Virg. 25.*

Description.

Les racines de cette espèce sont branchues & garnies de fibres. Il s'en élève des tiges cylindriques, dépourvues de feuilles.

Lieu de sa naissance.

Elle est vivace, & croît naturellement dans la Virginie.

GALEGA, *le Galega.*

NOMS GÉNÉRIQUES.

Ce genre de plante est connu sous les noms de *Galega. Linn. Tourn. Gralega. Caprago. Ruta Capraria.*

L

Cæſ. Avaneze. Caſtracera Ital. Indigo. Iſnard. Cracca. Linn. Syſt. Nat.

Deſcription.

Le caractère de ce genre de plante eſt d'avoir le périanthe du calice monophylle, tubulé, court, à demi-fendu en cinq, à dents en forme d'alêne, égales. La corolle eſt papilionacée. L'étendard eſt plus grand, ovale, réfléchi par le ſommet & par les côtés. Les aîles ſont oblongues, augmentées par l'appendice, preſque de la longueur de l'étendard. La carène eſt oblongue, applatie, droite, boſſue en-dehors vers le ſommet, aiguë en-haut. Les filamens des étamines ſont diadelphiques (ſimples & fendus en neuf). Les anthères ſont oblongues. Le germe du piſtil eſt menu, oblong. Le ſtyle eſt menu, plus court que le germe, montant. Le ſtigmate eſt un point très-petit, terminal. Le péricarpe eſt un légume très-long, applati, pointu, ayant des ſtries oblongues entre les ſemences. Celles-ci ſont nombreuſes, oblongues, réniformes.

CLASSE.

Ce genre fait partie de la dixième claſſe de Tournefort, qui comprend les plantes à fleurs papilionacées; & de la dix-ſeptième de Linnæus, deſtinée aux plantes diadelphiques décandriques. Cet Auteur en admet dix eſpèces.

PREMIERE ESPECE.

La première eſpèce eſt le Galega ou la Rhue de muraille. *Galega officinalis. Galega leguminibus ſtrictis, erectis; foliolis lanceolatis, ſtrictis, nudis. Linn. Sp. Plant.* 1062. *Galega. Hort. Cliff.* 362. *Hort. Upſ.* 208. *Mat. Med.* 349. *Galega vulgaris. Bauh. Pin.* 352. *Moriſ. Hiſt.* 2, *p.* 91, *ſ.* 2. En Allemand, *Geiſſraute*; en Anglois, *Goats-rue;* en Italien, *Caſtracara*, *Capraggine*, *Avaneſe.*

Deſcription.

La racine de cette eſpèce eſt rameuſe, ligneuſe, fibreuſe. Les tiges s'élèvent quelquefois à la hauteur d'un homme, ſont preſque ligneuſes, cannelées, creuſes, très-branchues. Les feuilles ſont alternes, aîlées, ayant leurs folioles ovales ou lancéolées avec une échancrure au ſommet, au nombre de ſept, quelquefois de neuf ſur chaque côté, terminées par une impaire. On trouve quelquefois une petite épine à la baſe de la foliole impaire. Les fleurs ſont axillaires, pendantes, papilionacées, bleues ou blanches. L'étendard eſt grand, ovale, recourbé au ſommet & aux côtés. Les aîles ſont oblongues, avec un appendice, de la grandeur à-peu-près de l'étendard. La carène eſt oblongue, applatie, droite, aiguë au ſommet, convexe en-deſſous. Le calice eſt d'une ſeule pièce, court, tubulé, à cinq dentelures égales, en forme d'alêne. Le fruit eſt un légume cylindrique, très-long, aigu, renfermant pluſieurs ſemences réniformes, oblongues.

Figure.

Cette eſpèce eſt repréſentée dans l'Hiſtoire des Plantes, par Moriſon, ſect. 2, pl. 7, fig. 9.

Lieu de ſa naiſſance.

Elle croît naturellement en Eſpagne, en Italie & en Afrique.

Culture.

On multiplie cette eſpèce par graines, que l'on ſème au printemps ou en automne en plein air ſur une couche de terreau. Quand les jeunes plantes commencent à lever, on nettoie les mauvaiſes herbes; & lorſqu'elles ſont aſſez fortes, on les tranſplante dans un terrein préparé à cet effet, & dans une terre bien meuble, d'où l'on a tiré toutes les mauvaiſes racines. On les plante par rangs d'un pied & demi de diſtance, & on les place chacune à un pied l'une de l'autre. On les arroſe juſqu'à ce qu'elles ſoient bien repriſes; après quoi elles ne demandent plus d'autre ſoin que d'être débarraſſées des mauvaiſes herbes. On bine pour cet effet la terre pendant l'été; & au printemps, on la bêche entre chaque rang. Cette légère culture ranime les racines, & fait pouſſer vigoureuſement les tiges; & ſi l'on coupe tous les ans les tiges par le bas, avant que les ſemences mûriſſent, les plantes en vivent plus long-temps, ſur-tout ſi la terre où elles ſont plantées, eſt légère & sèche. Au ſurplus ces plantes lèvent par-tout où la ſemence tombe; & pour lors on n'a d'autre ſoin que de les tranſplanter.

Analyſe chymique.

Dans l'analyſe chymique, le Galega donne beaucoup de phlegme acide, très-peu d'eſprit & de ſel concret-urineux, une médiocre quantité d'huile & de terre. Il paroît contenir un ſel eſſentiel-ammoniacal tellement mêlé avec le ſoufre & la terre, qu'il en réſulte un mixte mucilagineux.

Propriétés médicinales.

Cette plante paſſe pour un alexipharmaque, & un ſudorifique très-célèbre, propre à diſſiper puiſſamment le poiſon, ſur-tout celui qui eſt peſtilentiel. On en recommande l'uſage dans les patechies, les autres maladies peſtilentielles, & la peſte même, la rougeole, l'épilepſie des enfans, les morſures des ſerpens & des lombrics. On la mange crue ou cuite, ou on en donne le ſuc juſqu'à une ou deux cuillerées. On la preſcrit dans les bouillons & les apozèmes alexitères, à la doſe d'une poignée. On diſtille une eau avec toute la plante pilée & macérée dans du vin, que l'on donne dans les mêmes circonſtances depuis une once juſqu'à quatre. Malgré l'uſage qu'on en fait, ſes vertus paroiſſent douteuſes.

Propriétés vétérinaires.

On peut preſcrire pour les animaux la plante en boiſſon, infuſée à la doſe de deux poignées dans deux livres d'eau.

SECONDE ESPECE.

La ſeconde eſpèce eſt le Galega cendré. *Galega cinerea. Galega leguminibus ſtrictis, patentibus, pedunculatis; racemis oppoſiti-foliis; foliolis mucronatis, ſubtùs villoſis. Linn. Sp. Plant.* 1062. *Amœn. Acad.* 5, *p.* 403. *Galega herbacea, ſubcinerea, villoſa; foliis oblongis, pinnatis; ſpicis laxioribus ad alas. Brow. Jam.* 289. En Anglois, *The Small herbaceous goat-rue.*

Deſcription.

La tige de cette eſpèce eſt droite, ſans être flexible, frêle, cylindrique. Les feuilles ſont aîlées, avec une impaire. Les folioles qui ſont au nombre de trois ou de cinq paires, ſont linéaires-lancéolées, un peu obtuſes, quelquefois échancrées, toujours pointues, ſtriées à angle aigu, velues, cendrées en-deſſous. Les ſtipules ſont en forme d'alêne.

Les grappes sont opposées aux feuilles, longues, droites. Les fleurs sont solitaires, ou au nombre de deux, pédiculées. Les légumes sont linéaires, droits, divergens, à peine suspendus, poileux, cendrés.

Lieu de sa naissance.

Cette espèce croît naturellement dans la Jamaïque.

TROISIÈME ESPÈCE.

La troisième espèce est le Galega de Virginie. *Galega Virginiaca. Galega leguminibus retrofalcatis, compressis, villosis, spicatis; calicibus lanatis; foliolis ovali-oblongis, acuminatis. Linn. Sp. Plant.* 1063. *Amœn. Acad.* 3, *p.* 18. *Clitoria foliis pinnatis, caule decumbente. Hort. Cliff.* 498. *Gron. Virg.* 111. *Erebinthus. Mich. Gen.* 210. *Orobus Virginiacus, foliis fulvâ lanugine incanis; foliorum nervo in spinam abeunte. Pluk. Mant.* 142. *Cicer Astragaloïdes, Virginianus, hirsutus, pubescens; floribus amplis subrubentibus. Pluk. Alm.* 103.

Description.

Les tiges de cette espèce sont hautes d'un pied, se couchantes, filiformes, poileuses, pliées alternativement, suivant les nœuds. Les entre-nœuds sont droits. Les feuilles sont aîlées, solitaires à chaque nœud, de la longueur du doigt, ayant depuis onze jusqu'à dix-sept folioles, terminées par une impaire. Chaque foliole est attachée à des pétioles propres, très-courts, droits, le long d'un pétiole commun, s'ouvrante, hérissée, opposée, rude, verte, obtuse avec une pointe, dont les inférieures sont ovales; les supérieures sont ovales-oblongues. Des aisselles, il sort souvent un rameau semblable à la tige. Les stipules sont au nombre de deux ou de trois, linéaires, lancéolées, persistentes, à folioles moitié plus courtes, attachées aux articulations. La hampe part de l'aisselle. Elle est droite, presque haute d'un pied, donnant quelques fleurs alternes vers le sommet, entre les stipules florales, à trois feuilles presque sessiles. Le périanthe de ces fleurs est monophylle, découpé par moitié en cinq, droit, s'ouvrant, égal, ayant deux lobes supérieurs divisés moins profondément, poileux, persistent. La corolle est papilionacée, incarnate. L'étendard est plus grand, réfléchi de chaque côté, en forme de cœur. Les aîles sont obtuses, ovales, de la même couleur, de la longueur de l'étendard. La carène est à deux pétales plus pâles, obtus, presque de la longueur des aîles. Le germe est en forme d'alêne, applati, recourbé, poileux. Le style est pareillement en forme d'alêne, plus court. Le stigmate est simple. Le légume est long, droit, applati, hérissé. Les étamines sont diadelphiques, droites, blanches. Les anthères sont jaunes. Toute la plante, excepté la corolle & les étamines, est hérissée de poils gris.

Figure.

Cette espèce est représentée dans l'*Almag.* de Plukenet, pl. 23, fig. 2.

Lieu de sa naissance.

Elle croît naturellement dans la Virginie & le Canada. Elle est vivace.

Observation.

Lorsque cette plante se trouve dans son lieu natal, sa tige est toujours droite.

Culture.

Cette espèce, quoique peu délicate, est néanmoins difficile à conserver dans les jardins. Ses semences mûrissent rarement en France, & souvent ses racines périssent par la gelée en hiver. L'unique méthode pour pouvoir les conserver, est de les mettre dans des pots, & de placer ces pots à l'abri pendant l'hiver, pour y jouir de l'air quand il fait beau, & être garanti de la gelée quand il fait froid.

QUATRIÈME ESPÈCE.

La quatrième espèce est le Galega des rivages. *Galega littoralis. Galega leguminibus racemosis, tota villoso-tomentosa. Linn. Syst. Veg. edit. XIII. Murray.* 565. *Vicia littoralis, pedunculis multifloris; foliolis oblongis, tomentosis; stipulis integris; leguminibus sublinearibus. Jacq. Amer.* 206.

Description.

Cette espèce est bisannuelle, & se couche par ses tiges cylindriques, rameuses, velues, ou se soutient aux arbrisseaux voisins. Il n'y a point de vrilles. Les stipules sont lancéolées, pointues, velues, très-entières. Ses feuilles sont aîlées. Elles ont leur côte velue, sillonnée, longue de deux ou trois pouces. Les folioles sont environ au nombre de six de chaque côté, avec une impaire, oblongues, amincies à la base, obtuses, très-entières, extérieurement velues & cendrées, intérieurement molles, ayant leur duvet à peine visible & vert. Les grappes sont simples, serrées, terminales, augmentées souvent à leur naissance, dans l'aisselle de la feuille, d'une fleur ou de deux pédunculées. Les fleurs sont inodores, couleur de chair. L'étendard est plane, & s'ouvre beaucoup. La carène est lancéolée & aiguë. Il n'y a point de glande de nectaire. Le légume est velu, aigu, brunâtre, long d'un demi-pouce. Les semences sont oblongues, un peu cylindriques, obtuses de chaque côté, panachées de brun & de noir.

Figure.

Cette espèce est représentée dans l'Histoire des Plantes de la Jamaïque, pl. 124.

Lieu de sa naissance.

Elle croît naturellement sur les bords sablonneux de la mer de Carthagène.

CINQUIÈME ESPÈCE.

La cinquième espèce est le Galega velu. *Galega villosa. Galega leguminibus retrosolutis, villosis, pendulis, racemosis, littoralibus; foliolis glabris, lanceolatis. Linn. Sp. Plant.* 1065. *Flor. Zeyl.* 299. *Amœn. Acad.* 3, *p.* 19. *Securidaca Maderaspatensis; siliquis fulvis & villosis, plurimis circa ramulos stellatim positis. Pluk. Almag.* 399. *Coronilla Zeylanica, siliquis fuscis, hirsutis, pilosis; flore purpurascente. Burm. Zeyl.* 78.

Description.

Cette plante se couche. Sa tige est un peu cylindrique. Ses feuilles sont aîlées, composées de treize ou dix-sept folioles oblongues; les inférieures sont plus courtes & ovales. Toutes sont obtuses avec une pointe, glabres, striées à angle aigu. L'épi termine les rameaux, & est pédunculé. Les calices sont hérissés de gris. Les légumes sont en forme de faux parderrière, hérissés de gris. Les stipules sont soyeuses.

Figure.

Elle est représentée dans l'*Almag.* de Plukenet, pl. 59, fig. 6.

Lieu de sa naissance.

Elle croît naturellement dans l'Inde.

Variété.

Linnæus donne pour variété de cette espèce la plante connue sous le nom de *Coronilla Zeylanica, siliquis fuscis, hirsutis, pilosis, flore albo. Burm. Zeyl.* 78.

Figure.

Cette variété est représentée dans le *Burm. Thes. Zeyl.*, pl. 33.

SIXIEME ESPECE.

La sixième espèce est le Galega très-grand. *Galega maxima. Galega leguminibus strictis, ascendentibus, glabris; stipulis lanceolatis; foliolis oblongis, glabris, strictis. Linn. Sp. Plant.* 1063. *Flor. Zeyl.* 300. *Amœn. Acad.* 3, *p.* 19. *Vicia foliis glabris, venosis, oblongis; floribus gemellis, planis. Burm. Zeyl.* 228. *Vicia Zeylanica, elegans. Herm. Zeyl.* 37.

Description.

Cette plante est très-grande dans son genre. Sa tige est angulée, glabre, changeant différemment sa situation entre les nœuds. Les stipules sont lancéolées. Les feuilles sont ailées avec une impaire. Les feuilles sont d'une figure moyenne entre l'ovale & le lancéolé, obtuses vers la pointe, striées joliment en-dessous à angle droit. Les grappes sont terminales, très-longues. Les bractées sont ovales, pointues, alternes. Entre chacune, il y a trois péduncules filiformes, à autant de fleurs, dont les étendards sont plus larges que les feuilles. Les calices sont glabres. Les légumes sont ceux de la Vesce, glabres.

Figure.

Cette espèce est représentée dans le *Burm. Thes. Zeyl.*, pl. 108, fig. 2.

Lieu de sa naissance.

Elle croît naturellement dans l'Isle de Ceylan.

SEPTIÈME ESPÈCE.

La septième espèce est le Galega couleur de pourpre. *Galega purpurea. Galega leguminibus strictis, ascendentibus, glabris; racemis terminalibus; stipulis subulatis; foliolis oblongis, glabris. Linn. Sp. Plant.* 1063. 1063. *Flor. Zeyl.* 307. *Amœn. Acad.* 3, *p.* 19. *Caronilla Zeylanica, herbacea, flore purpurascente. Burm. Zeyl.* 77. *Astragalus Zeylanicus, purpureus, spicatus, elegans. Herm. Zeyl.* 33. *Pilæghas. Herm. Zeyl.* 7.

Description.

La tige de cette espèce est moins anguleuse, plus droite, roussâtre. Les feuilles sont ailées avec une impaire, composées de treize ou dix-sept folioles lancéolées, obtuses avec une pointe, glabres, striées à angle aigu. Les stipules sont en forme d'alêne, Les fleurs sont plus étroites que les feuilles. La grappe termine la tige. Elle a des bractées ovales. Entre chacune, il se trouve deux fleurs à péduncules capillaires. Les légumes sont comme ceux de la Vesce, montans par le sommet, applatis, un peu charnus.

Figure.

Elle est représentée dans le *Thesaur. Zeyl.* de Burmann, pl. 32.

Lieu de sa naissance.

Elle croît naturellement dans l'Isle de Ceylan & dans plusieurs contrées des Indes.

Culture.

On la multiplie par graines, qu'on sème au premier printemps sur une couche chaude; & lorsque les jeunes plantes qui en proviennent, sont assez fortes pour être transplantées, on les met chacune séparément dans un petit pot. On enfonce ces pots dans une couche chaude de tan, ayant soin de les garantir du soleil, jusqu'à ce que les jeunes plantes soient reprises. On les gouverne pour lors, comme on l'a répété plusieurs fois dans cet Ouvrage pour les autres plantes délicates que l'on conserve dans la serre chaude & dans le tan. Au moyen de ces soins, on peut avoir des semences mûres pendant l'été.

HUITIEME ESPECE.

La huitième espèce est le Galega des Caribées. *Galega Caribæa. Galega leguminibus strictis, glabris, pendulis, racemosis; foliolis oblongis, glabris; caule fructicoso. Linn. Syst. Veg. edit. XIII. Murray.* 565. *Jacq. Americ.* 212.

Description.

Cet arbrisseau est droit, rameux, menu, haut de deux pieds. Les stipules sont soyeuses, entières. Les feuilles sont ailées, longues de trois pouces, ayant environ dix folioles de chaque côté avec une impaire, ovales-oblongues, obtuses avec une pointe soyeuse, très-entières, glabres de chaque côté, Les grappes sont axillaires, lâches, simples, s'ouvrantes étroitement, solitaires, à six fleurs plus ou moins longues que les feuilles. Les fleurs sont inodores, panachées de rouge & de blanc. Les deux découpures supérieures du calice se découpent moins profondément, & sont plus courtes que les autres. La découpure inférieure surpasse les autres en longueur. L'étendard est obtus, échancré, & s'ouvrant beaucoup. Son onglet est court. La carène est ronde, en forme de faux, & pointue. Les étamines sont diadelphiques, & suivent la situation de la carène. De-là aussi le style, qui est tout entier, hérissé légèrement, monte à angle presque droit, & est terminé par un stigmate simple & un peu obtus. Le légume est linéaire, applati, plane, long, obtus avec une pointe, sillonné transversalement entre chaque semence, brun, glabre, à une loge, bivalve. Il pend vers la terre, où il est réfléchi jusques vers la grappe par le moyen du péduncule, qui est replié. Les semences sont luisantes, noires.

Figure.

Cette espèce est représentée dans l'Histoire des Plantes de l'Amérique, par Jacquin, pl. 125.

Lieu de sa naissance.

Elle croît naturellement dans les Isles Caribées, sur-tout dans les buissons des prairies.

NEUVIEME

NEUVIÈME ESPECE.

La neuvième espèce est le Galega des Teinturiers, l'Anil. *Galega tinctoria. Galega spicis lateralibus, pedunculatis; leguminibus strictis, pendulis; foliolis marginatis, subtùs villosis. Linn. Sp. Plant.* 1063. *Flor. Zeyl.* 302. *Amœn. Acad.* 3, *p.* 19. *Astragalus Zeylanicus, sericeus, siliquis oblongis, floribus purpureis aut carneis. Herm. Zeyl.* 34.

Description.

Cette plante est très-belle. Ses tiges sont nues, flexibles, glabres, anguleuses. Ses feuilles sont aîlées, formées par onze folioles oblongues, obtuses, échancrées, supérieurement glabres, soyeuses en-dessous, poileuses, striées; les inférieures sont plus courtes. Les péduncules sortent de chaque aile. Ils sont nuds, en épis au sommet, de la longueur des feuilles, glabres. Les calices sont velus. Les légumes sont glabres, semblables à ceux du Lathyrus.

Lieu de sa naissance.

Elle croît naturellement dans les endroits arides de l'Isle de Ceylan.

Propriétés économiques.

Cette plante est l'Anil avec lequel les Habitans de Ceylan font l'indigo. Cet indigo teint dans une couleur bleu pâle, & est meilleur que celui qu'on prépare sur la côte de Coromandel avec l'*indigofera.*

Propriétés d'ornement.

Elle mériteroit bien d'être cultivée, à cause de sa fleur, qui est très-belle.

DIXIÈME ESPÈCE.

La dixième espèce est le Galega en arbrisseau. *Galega fruticosa. Galega leguminibus binis, lateralibus, glabris; foliolis emarginatis, subtus sericeis; caule fruticoso. Linn. Sp. Plant.* 1063. *Flor. Zeyl.* 303. *Amœn. Acad.* 3, *p.* 19. *Bupilæ. Herm. Zeyl.* 14. *Burm. Zeyl.* 50. *pilæ Species. Herm. Zeyl.* 12.

Description.

Cet arbrisseau est ligneux, un peu cylindrique, roussâtre. Ses feuilles sont aîlées, formées le plus souvent par neuf folioles ovales, striées, échancrées, luisantes en-dessous, formées par des poils à peine visibles. Les légumes sortent de chaque aîle au nombre de deux, attachés à des péduncules propres en forme d'Orobe.

Lieu de sa naissance.

Elle croît naturellement dans l'Isle de Ceylan, à Campech.

Culture.

On la multiplie par graines, qu'on sème sur une couche chaude au premier printemps; & lorsque les plantes qui en proviennent, sont assez fortes pour être transplantées, on les met chacune séparément dans un petit pot, que l'on enfonce dans une couche chaude de tan, ayant la précaution de les bien garantir du soleil, jusqu'à ce qu'elles soient reprises. On les gouverne ensuite comme il est d'usage pour toutes les plantes délicates que l'on conserve dans l'étuve de tan. On les met pendant l'hiver dans la serre chaude.

GALENIA, *la Galiène.*

NOMS GÉNÉRIQUES.

Ce genre de plante est connu sous les noms de *Galenia. Linn. Sherardia. Pont. Kali, Boccon. Atriplex. Till.*

Description générique.

Le caractère de ce genre est d'avoir le périanthe du calice très-petit, concave, fendu en quatre lobes oblongs. Il n'y a point de corolle. Les filamens des étamines sont au nombre de huit, capillaires, presque de la longueur du calice. Les anthères sont didymes. Le germe du pistil est rond. Les styles sont au nombre de deux, simples, réfléchis. Les stigmates sont simples. Le péricarpe est une capsule ronde, à deux loges. Les semences sont au nombre de deux, oblongues, anguleuses.

CLASSE.

Ce genre fait partie de la huitième classe de Linnæus, qui comprend les plantes octandriques digyniques. Cet Auteur n'en admet qu'une espèce.

ESPÈCE.

Cette espèce est la Galiene d'Afrique. *Galenia Affricana. Linn. Sp. Plant.* 515. *Hort. Cliff.* 150. *Roy. Lugdb.* 209. *Frutex Affricana, folio Rosmarini tenuiore, flore & fructu Chenopodii. Boerrh. Lugdb.* 2, *p.* 267. *Sherardia. Pont. Epit.* 14. *Kali lignosum, flore muscoso, Rosmarini folio. Bocc. Mus.* 150. *Atriplex Affricana, lignosa, frutescens, Rosmarini foliis. Till. Pis.* 20.

Description.

Cet arbrisseau a le port du *Tetragonia*. Sa tige est à cylindre, à petites soies parsemées, réfléchies. Les feuilles sont opposées, linéaires, sessiles, vivaces. Les fleurs sont sessiles, blanches, dans une panicule fourchue.

Figure.

Il est représenté dans le *Musæum* de Boccone, pl. 110; & dans l'*Hortus Pisanus* de Tilli, pl. 15.

Lieu de sa naissance.

Il croît naturellement dans l'Afrique, au Cap de Bonne-Espérance.

Culture.

Il fleurit en Juillet & Août, mais rarement ses semences mûrissent en France. Il vit pendant l'hiver en plein air dans notre climat; cependant on fera bien de le mettre dans l'Orangerie ou sous un abri, avec les autres plantes exotiques dures, pour pouvoir lui donner facilement de l'air, lorsqu'il fait doux; car il suffit simplement de le garantir de la gelée. En été, on peut l'exposer au grand air, & on l'arrosera souvent pendant la sécheresse. On le multiplie par boutures, qu'on peut faire pendant tout l'été. On arrose souvent ces boutures. Elles prennent racines en moins de six semaines. On les gouverne alors comme il a été dit ci-dessus.

GALEOPSIS, *la Galéope.*

NOMS GÉNÉRIQUES.

Ce genre de plante est connu sous les noms de *Galeobdolon. Græc. Galephos. Diosc. Galeopsis. Tourn. Linn. Lamium. Pluk. Lamiastrum. Cannabiastrum. Heist. Tetrahit. Dill.*

Description générique.

Le caractère de ce genre est d'avoir le périanthe du calice monophylle, tubulé, à cinq dents, persistant, se terminant en barbes aiguës, de la longueur du tube même. La corolle est monopétale, roide. Le tube est court. Le limbe s'ouvre. La gueule est un peu plus large que le tube, de la longueur du calice. Au-dessus de la base de la lèvre inférieure, il y a de chaque côté une petite dent pointue, concave en-dessous. La lèvre supérieure est ronde, concave, découpée à dents de scie au sommet. La lèvre inférieure est fendue en trois lobes, dont les latéraux sont ronds; celui du milieu est plus grand, échancré, crénelé. Les filamens des étamines sont au nombre de quatre, en forme d'alêne, cachés sous la lèvre supérieure, dont deux sont plus courts. Les anthères sont rondes, fendues en deux. Le germe du pistil est fendu en quatre. Le style est filiforme, de la longueur des étamines, & disposé de même. Le stigmate est aigu, fendu en deux. Le péricarpe n'est autre chose que le calice devenu roide, droit, renfermant des semences dans son fond. Celles-ci sont au nombre de quatre, à trois côtés, & tronquées.

CLASSE.

Ce genre fait partie de la quatrième classe de Tournefort, qui comprend les plantes à fleurs labiées; & de la quatorzième de Linnæus, destinée aux plantes didynamiques gymnospermiques. Cet Auteur en admet trois espèces.

PREMIERE ESPECE.

La première espèce est la Galéope à fleurs rouges. *Galeopsis Ladanum. Galeopsis internodiis caulinis æqualibus; verticillis omnibus remotis. Linn. Sp. Plant.* 810. *Galeopsis ramis summis pubescentibus. Hort. Cliff.* 314. *Flor. Suec.* 492, 524. *Roy. Lugdb.* 319. *Dalib. Paris.* 181. *Siderits arvensis, angustifolia, rubra. Bauh. Pin.* 233. *Ladanum segetum folio latiore. Riv. Mon.* 24. *Galeopsis patula segetum, flore purpurascente. Tourn. Inst.* 185. *Boerh. Lugdb.* 1, *p.* 162. *Tetrahit verticillis paucioribus, flore purpureo. Cels. Ups.* 42. *Ladanum verticillis paucioribus, flore purpureo. Dill. Giss.* 135. *Ladanum segetum flore rubro & albo, quorumd. Bauh. Hist.* 3, *p.* 855. *Lamium arvense, annuum, angustifolium, rubrum, verticillis spinosis. Moris. Hist.* 3, *p.* 386. *Galeopsis patula segetum, flore albo. Tourn.* En Anglois, *Allheal;* en Allemand, *Korn Wultk;* en Suédois, *Hampnelde, Pibegræs.*

Description.

Les intervalles entre les nœuds de la tige sont égaux dans cette espèce. Ces nœuds sont à peine gonflés. Tous les anneaux sont éloignés. Les dents du calice sont à peine épineuses ou piquantes. Le casque de la corolle est crénelée. Sa couleur est pourpre ou blanche.

Figure.

Elle est représentée dans Rivin, parmi les monopétales, pl. 44.

Lieu de sa naissance.

Elle est annuelle, & croît naturellement par toute l'Europe, dans les jardins & les champs.

SECONDE ESPÈCE.

La seconde espèce est la Galéope tétrahit. *Galeopsis tetrahit. Galeopsis internodiis caulinis superiè incrassatis; verticillis summis, contiguis. Linn. Sp. Plant.* 810. *Galeopsis ramis summis, strigosis. Hort. Cliff.* 314. *Flor. Suec.* 491, 523. *Roy. Lugdb.* 315. *Dalib. Paris.* 181. *Galeopsis corollâ rubrâ vel albâ. Flor. Lapp.* 237. *Urtica aculeata, foliis serratis. Bauh. Pin.* 232. *Cannabis spuria. Riv. Mon.* 44. *Galeopsis procerior, caliculis aculeatis, flore purpurascente. Tourn. Inst.* 185. *Ladanum verticillis crebrioribus, flore purpureo, caule fulcrato. Dill. Giss.* 135. *Tetrahit verticillis crebrioribus, flore purpureo, caule fulcrato. Cels. Ups.* 41. *Lamium Cannabino folio, vulgare. Ray. Syn.* 241. *Cannabina flore purpurascente. Boerh. Lugdb.* 1, *p.* 159. *Cannabis sylvestris quorumd. Urticæ inerti affinis. Bauh. Hist.* 3, *p.* 854. *Galeopsis procerior, caliculis aculeatis, floribus candidis. Tourn.* En Anglois, *Nettle hempe;* en Allemand, *Hanfnessel, Taube Walnassel;* en Suédois, *Plister, Sugor, Pipsor, Piptæa, Daen, Hampart;* en Danois, *Hampenelde, Dounaldt, Agerpiibe, Rodsuer, Daa, Dœen, Do jen Pipgræs, Aakerpipe, Guulda, Guelauge, Pipæa.*

Description.

Dans cette espèce, les interstices qui se trouvent entre les nœuds de la tige, sont supérieurement grossis. Les anneaux supérieurs sont contigus. Les dents du calice sont épineuses ou piquantes. Le casque de la corolle est cannelée. Celle-ci est rouge ou blanche.

Figure.

Cette espèce est représentée dans les Fleurs monopétales de Rivin, pl. 44.

Variété.

Linnæus donne pour variété de cette espèce, la Galéope à corolle jaune, à lèvre inférieure maculée. *Galeopsis corollâ flavâ, labio inferiore maculato. Flor. Lapp.* 193. *Lamium Cannabinum, aculeatum; flore specioso, luteo; labiis purpureis. Pluk. Almag.* 204. *Cannabis Spuria, flore majore. Riv. Mon.* 45. *Cannabis Spuria, angustifolia, variegato flore, Polonica. Barr. Rar.* 1158.

Observation.

Cette variété diffère de l'espèce par sa corolle, qui est deux fois plus grande, jaune, & par le milieu de sa lèvre, qui est pourpre.

Figure.

Elle est représentée dans l'*Almag.* de Plukenet, pl. 41, fig. 4; & dans les Plantes Monopétales de Rivin, pl. 45.

Lieu de sa naissance.

L'espèce & la variété se trouvent parmi les légumes & les champs de l'Europe.

TROISIEME ESPECE.

La troisième espèce est l'Ortie-morte à fleur jaune, l'Ortie jaune, la Galéope jaune. *Galeopsis galeobdolon. Galeopsis verticillis sexfloris, involucro tetraphylo. Linn. Sp. Plant.* 810. *Leonurus foliis ovatis, serratis, acutis. Hort. Cliff.* 313. *Roy. Lugdb.* 310. *Flor. Suec.* 497, 525. *Dalib. Paris.* 182. *It. Scan.* 641 *Lamium folio oblongo, luteum. Bauh. Pin.* 231. *Urtica iners, tertia, seu Lamium flore luteo. Dod. Pempt.* 153. *Galeopsis sive Urtica iners, flore luteo. J. B.*

Description.

La racine de cette espèce est rameuse, fibreuse. Ses tiges s'élèvent à la hauteur d'un pied. Ses feuilles sont opposées, cordiformes; celles du sommet sont lancéolées, presque sessiles. Les fleurs sont verticillées de six en six, quelquefois de douze, labiées. La lèvre supérieure est creusée en cuiller, dentée à son extrémité; l'inférieure est divisée en trois parties, dont la moyenne est la plus grande; les latérales sont arrondies. La corolle est jaune. Les semences sont au nombre de quatre, oblongues, renfermées au fond du calice.

Figure.

Elle est représentée dans les Plantes de Garsault.

Lieu de sa naissance.

Elle croît naturellement dans les balmes & bords des bois de l'Europe. Elle est vivace.

Culture.

On ne cultive que rarement ces plantes dans les jardins. Quand il y en a une fois, elles n'y deviennent que trop communes; on est même obligé de les détruire comme des mauvaises herbes.

Propriétés médicinales.

La Galéope a une odeur de bitume, un goût un peu salé & astringent. Elle est vulneraire & emmenagogue. On emploie ses fleurs en infusion. On pile ses feuilles fraîches, & on les applique en cataplasme sur les ulcères. Macérées dans l'huile, elles sont utiles contre la brûlure & les plaies des tendons.

GALIPEA, *le Galipier.*

Description générique.

Le caractère de ce genre de plante est d'avoir le périanthe du calice monophylle, tubuleux, à quatre ou cinq angles, & à quatre ou cinq dents aiguës. La corolle est monopétale. Le tube est court, inséré au disque. Le limbe est fendu en quatre ou cinq lobes oblongs, aigus, inégaux. Les filamens des étamines sont au nombre de quatre, dont deux plus longs, fertiles, deux plus courts, stériles, insérés au tube de la corolle. Les anthères sont oblongues, obtuses, à deux loges. Le germe du pistil est rond, cylindrique ou pentagonal. Le style est long. Le stigmate est obtus, un peu épais, partagé en quatre.

CLASSE.

Ce genre fait partie de la quatorzième classe de Linnæus, qui comprend les plantes didynamiques angiospermiques. M. Aublet, qui nous a donné ce nouveau genre, n'en admet qu'une espèce.

ESPÈCE.

Cette espèce est le Galipier de la Guiane, l'Inga des Galipons. *Galipea trifoliata. Aublet.* 662.

Description.

Cet arbrisseau pousse plusieurs tiges branchues & rameuses, qui s'élèvent de cinq à six pieds. Elles sont grêles, cylindriques, couvertes d'une écorce lisse & verte. Leur bois est blanc & cassant. Elles sont chargées de feuilles digitées, à trois folioles lisses, vertes, ovales, terminées par une longue pointe mousse. La foliole du milieu a, dans les plus grandes, trois pouces de longueur sur un pouce de largeur. Ces folioles sont portées à l'extrémité d'un pédicule long d'un pouce & demi, convexe en-dessous, creusé en-dessus en gouttière, bordée d'un petit feuillet. Les fleurs naissent à l'extrémité des branches & des tiges, sur un péduncule, qui se partage vers son sommet en plusieurs rameaux garnis de petites fleurs, la plupart sessiles. Leur calice est d'une seule pièce, vert, arrondi par sa base; & ensuite il est à quatre ou cinq angles obtus, qui se terminent chacun par une dentelure. La corolle est d'une seule pièce. Son tube est fort court, & s'ouvre par le haut en quatre ou cinq lobes verdâtres, aigus. Les étamines sont au nombre de quatre, placées dans la partie moyenne & inférieure du tube, deux plus grandes & deux plus courtes. Les filets des deux courtes n'ont point d'anthères; ceux des deux plus grandes portent une anthère longue & à deux bourses. Le pistil est un ovaire arrondi en quatre ou cinq côtes, surmonté d'un style long, vert, terminé par un stigmate obtus & marqué de deux sillons, qui se croisent.

Figure.

Cette espèce est représentée dans l'Histoire des Plantes de la Guiane Françoise, par M. Aublet, pl. 269.

Lieu de sa naissance.

M. Aublet l'a trouvée sur les bords de la rivière d'Ourapu. Elle y étoit en fleur dans le mois de Septembre.

GALIUM, *le Caille-lait.*

NOMS GÉNÉRIQUES.

Ce genre de plante est connu sous les noms de *Galation. Gallerion. Galion. Dios. Galium Lat. Juss. Mollugo Plinii. Aparine. Tourn.* En François, *Caille-lait*; en Anglois, *Ladies. Bedstraw, Cheese, Rennet.*

Description générique.

Le caractère de ce genre est d'avoir le périanthe du calice très-petit, à quatre dents, supérieur. La corolle est monopétale, en roue, partagée en quatre, aiguë, sans tube. Les filamens des étamines font au nombre de quatre, en forme d'alêne, plus courts que la corolle. Les anthères font fimples. Le germe du piftil eft didyme, inférieur. Le ftyle eft filiforme, à demi-fendu en deux, de la longueur des étamines. Les ftigmates font globuleux. Les baies font sèches, au nombre de deux, globuleufes, réunies. Les femences font folitaires, en forme de reins, grandes.

CLASSE.

Ce genre fait partie de la première claffe de Tournefort, qui comprend les fleurs campaniformes; & de la quatrième claffe de Linnæus, qui comprend les plantes tétrandriques monogyniques. Cet Auteur en diftingue deux ordres, dont l'un à fruits glabres, & l'autre à fruits hériffés. Il y a dix-huit efpèces dans le premier ordre & fix efpèces dans le fecond.

PREMIERE ESPÈCE.

La première efpèce eft le Caille-lait en forme de Garance. *Galium rubioïdes. Galium foliis quaternis, lanceolato-ovatis, æqualibus, fubtùs fcabris, caule erecto, fructibus glabris. Linn. Sp. Plant.* 152. *Hall. Emendat.* 206. *Valantia articulata. Hill. VII.*

Defcription.

La tige de cette efpèce eft haute de neuf pouces, droite, anguleufe, fimple. Les feuilles font quatre à quatre, même cinq à cinq, ou fix à fix, ovales, nerveufes, âpres en-deffous. Les pétioles font à fleurs, fortent des aiffelles des feuilles, font plus courtes qu'elles, & portent à peine huit fleurs. Elles font blanches. Les fruits font liffes.

Figure.

Cette efpèce eft repréfentée dans le Syftême Végétal de Hill, t. VII, pl. 25.

Lieu de fa naiffance.

Elle croît naturellement dans le midi de l'Europe. M. Haller dit qu'elle croît en Suiffe.

SECONDE ESPÈCE.

La feconde efpèce eft le Caille-lait des marais. *Galium paluftre. Galium foliis quaternis, obovatis, inæqualibus; caulibus diffufis. Linn. Sp. Plant.* 153. *Flor. Suec.* 119, 126. *Galium caulibus diffufis, foliis quaternis, verticillatis. Flor. Lapp.* 52. *Galium paluftre, album. Bauh. Pin.* 335. En Anglois, *Marfh. Goofegraff.*

Defcription.

Ses tiges font couchées. Ses feuilles font quatre à quatre, verticillées, ovales, inégales.

Figure.

Elle eft repréfentée dans le *Flora Danica*, d'Œder, pl. 323.

Lieu de fa naiffance.

Elle croît naturellement dans les petits ruiffeaux limoneux de l'Europe. Elle eft vivace.

TROISIÈME ESPÈCE.

La troifième efpèce eft le Caille-lait des montagnes. *Galium montanum. Galium foliis fubquaternis, linearibus, lævibus; caule debili, fcabro; feminibus glabris. Galium caule recto; foliis fenis infernè canaliculatis. Hall. Gott.* 189. *Linn. Gott.* 231. *Galium montanum, altiffimum; foliis anguftis, albicantibus. Rupp. Jen.* 5.

Defcription.

La tige eft foible, raboteufe. Les feuilles de la tige font huit à huit, réfléchies, linéaires; celles des rameaux font quatre à quatre. Les fleurs font blanches, à bouquets fendus en trois, pourpres à l'extérieur, avant la floraifon. Les anthères font brunâtres. Les corolles font plus grandes que celles des autres efpèces.

Lieu de fa naiffance.

Elle eft vivace. On en trouve en Allemagne, aux environs de Génève.

QUATRIÈME ESPÈCE.

La quatrième efpèce eft le Caille-lait des Teinturiers. *Galium tinctorium. Galium foliis linearibus, caulinis fenis, ramorum quaternis, caule flaccido, pedunculis fubbifloris, fructibus glabris. Linn. Sp. Plant.* 153.

Defcription.

Les feuilles de cette efpèce font linéaires; les caulinaires font fix à fix; celles des rameaux font quatre à quatre. La tige eft flafque. Les péduncules font à deux fleurs. Les fruits font glabres.

Lieu de fa naiffance.

Elle croît naturellement dans l'Amérique.

Propriétés économiques.

On peut fe fervir des racines de cette plante pour teindre en rouge, d'où lui eft venu fon nom trivial.

CINQUIÈME ESPÈCE.

La cinquième efpèce eft le Caille-lait marécageux. *Galium uliginofum. Galium foliis fenis, lanceolatis, retrorfum ferrato-aculeatis, mucronatis, rigidis; corollis fructu majoribus. Linn. Sp. Plant.* 153. *Flor. Suec.* n°. 127. *Aparine foliis lineari-lanceolatis, acuminatis, rigidis, corollis fructu majoribus. Roy. Lugdb.* 255. *Aparine minor, paluftris, Parifienfis, flore albo. Flor. Lapp.* 58. *Mollugo montana, minor, Galio albo fimilis. Raj. Hift.* 482. *Angl.* 3, *p.* 224. *Galium album, minus. Pet. Herb.* 30. *Vaill. Parif.* 78. *Rubia quædam minor. Bauh. Hift.* 3, *p.* 716. En Danois, *Klammerurt, Smaa Mourt, Smaa Snert.*

Defcription.

M. Vaillant décrit ainfi cette plante: Sa fleur eft blanche, à quatre quartiers oppofés en croix. Elle a une ligne & demie ou deux lignes de diamètre. Sa tige n'eft guère plus groffe qu'une foie de fanglier, liffe, luifante, vert-gai. Ses fleurs naiffent fix à huit difpofées en rayons, & n'ont pas une ligne de large fur cinq à fix de long, pointues par les deux bouts. Elle fleurit en Juin & Juillet.

Figure.

Cette efpèce eft repréfentée dans l'*Herbarium* de Pétiver, fig. 6.

Lieu de sa naissance.

Elle croît naturellement dans les prairies aqueuses & stériles de l'Europe.

SIXIEME ESPÈCE.

La sixième espèce est le Caille-lait bâtard. *Galium spurium. Galium foliis senis, lanceolatis, carinatis, scabris, retrorsum aculeatis, geniculis simplicibus, fructibus glabris. Linn. Sp. Plant.* 154. *Hort. Upf.* 28. *Aparine semine læviore. Raj. Hist.* 484. *Aparine foliis crebrioribus & semine laviore. Morif. Hist.* 3, *p.* 332.

Description.

Cette espèce est foible & rameuse, à pétioles écartés & fendus en deux. La semence est ridée sans être pointue, & presque lisse lors de sa maturité. Toutes ses fleurs sont androgynes.

Figure.

Cette espèce est représentée dans le *Botanicon Parisiense* de Vaillant, pl. 4, fig. 3.

Lieu de sa naissance.

Elle croît naturellement dans les endroits cultivés de l'Europe. Elle est annuelle.

SEPTIÈME ESPECE.

La septième espèce est le Caille-lait des rochers. *Galium saxatile. Galium foliis senis, obovatis, obtusis, caule ramosissimo, procumbente. Linn. Sp. Plant.* 154. *Galium caule ramosissimo, foliis quinis, obtusè ovatis. Hort. Cliff.* 34. *Roy. Lugdb.* 257. *Galium saxatile, supinum, molliore folio. Juss. Act.* 1714, *p.* 492.

Description.

Cette espèce est assez semblable à la suivante; elle en diffère cependant, 1°. par ses tiges, qui sont toujours couchées & tapies contre terre; 2°. par ses feuilles, qui sont une fois plus larges, quoique aussi courtes, moins dures, d'un vert plus pâle, plus molasses, & ordinairement arrondies par leur extrémité, sur laquelle on n'apperçoit pas la pointe blanche qui se remarque aux feuilles de l'espèce suivante; 3°. par ses fleurs, qui sont presque de moitié plus grandes, & d'un blanc sale.

Figure.

Elle est représentée dans les Mémoires de l'Académie Royale des Sciences, année 1714, pl. 15, fig. 2.

Lieu de sa naissance.

Elle est attachée, en forme de gazon, sur les pentes humides des rochers de la vallée de Barcelonnette.

HUITIÈME ESPÈCE.

La huitième espèce est le Caille-lait menu. *Galium minutum. Galium foliis octonis, lanceolatis, mucronatis, serrato-aculeatis, glabris, incurvis, fructibus reflexis. Linn. Sp. Plant.* 154. *Galium foliis senis, cuneiformibus, lanceolatis, mucronatis, glabris. Hort. Upf.* 28. *Galium saxatile, supinum & pumilum, flore luteo. Tourn. Inst. Rei. Herb.* 1152.

Description.

Cette espèce est vivace, & s'élève tout au plus à la hauteur de quatre pouces. Elle donne pour racine quelques fibres, qui s'étendent obliquement, dont les plus longues n'ont à peine qu'une ligne d'épaisseur, & sont chargées, dans leur longueur, qui est ordinairement de trois à quatre pouces, de plusieurs autres fibres rameuses & chevelues. La couleur de ces racines, comme celle des autres espèces, tire sur le rouge. Du collet de ses racines, naissent une infinité de tiges, qui forment un petit gazon touffu. Leur hauteur n'excède guères cinq pouces. Il s'en trouve des pieds où elles sont beaucoup moins hautes. Celles de la circonférence du gazon se courbent un peu avant de se lever, & jettent quelques racines chevelues, qui partent des nœuds des tiges. Elles se ramifient ordinairement dès leur naissance; & leurs rameaux portent toujours des feuilles, qui y sont disposées par étage, & en rayons, au nombre de quatre, cinq ou six, dont les plus longues n'ont que quatre lignes de longueur, sur moins d'une ligne dans le fort de leur largeur, qui est vers leur milieu, leurs deux bouts étant pointus, & sur-tout le supérieur, qui se termine par une pointe blanchâtre, fort fine & fort aiguë. Elles sont lisses, glabres, d'un vert gai, ainsi que les tiges qui sont à quatre faces. L'extrémité des tiges & des rameaux est terminée par un petit bouquet, composé de trois à quatre fleurs blanches d'une seule pièce, arrosée & découpée pour l'ordinaire en croix, dont le diamètre en tout sens n'est que d'une ligne, ou tout au plus d'une ligne & demie. Quatre étamines fort courtes, à sommets d'un blanc sale ou verdâtres, naissent autour de l'embouchure du petit tuyau de cette fleur, lequel est enfilé par un style fourchu, qui part d'un embryon que couronne la fleur. Cet embryon devient par la suite un fruit à deux semences ovoïdes, appliquées l'une contre l'autre dans toute leur longueur, & qui noircissent en mûrissant. Ce fruit est du volume à-peu-près de celui du Caille-lait ordinaire à fleurs blanches. Toute la plante mâchée n'a qu'un goût d'herbe, & devient luisante en se séchant.

Figure.

Cette espèce est représentée dans les Mémoires de l'Académie Royale des Sciences, année 1714.

Lieu de sa naissance.

Elle croît naturellement dans la Russie. M. de Jussieu en a trouvé au sommet du Mont Ventou, sur-tout en descendant du haut de cette montagne vers Bédoin.

NEUVIÈME ESPÈCE.

La neuvième espèce est le Caille-lait nain. *Galium pusillum. Galium foliis octonis, hispidis, linearibus, acuminatis, subimbricatis; pedunculis dichotomis. Linn. Sp. Plant.* 154. *Rubeola saxatilis. Bauh. Pin.* 334. *Prodr.* 145. *Burs. XIX*, 17. *Aparine minima, seu Rubia saxatilis minima. Magn. Monsp.* 291, *ex Gerardo.*

Description.

Ses tiges sont nombreuses, hautes d'un doigt, anguleuses. Ses feuilles sont verticillées, à six ou huit folioles, lancéolées-linéaires ou simplement linéaires, aiguës, hérissées de toute part comme la tige, de poils qui s'étendent. Les rameaux font plus rares, alternes. Les verticelles ou anneaux des feuilles font fouvent si ferrés, que les feuilles paroissent être imbriquées. La panicule est plus rare, presque terminale, provenant de péduncules deux fois fourchus.

Lieu de sa naissance.

Elle croît naturellement dans les montagnes de la Provence.

DIXIEME ESPECE.

La dixième espèce est le Caille-lait commun, le petit Muguet. *Galium verum. Galium foliis octonis, linearibus, sulcatis ; ramis floriferis, brevibus. Hort. Cliff.* 34. *Flor. Suec.* 116, 126. *Mat. Med.* 46. *Roy. Lugdb.* 256. *Galium caule erecto, foliis plurimis, verticillatis, linearibus. Flor. Lapp.* 61. *Galium luteum. Bauh. Pin.* 335. *Galium. Dod. Pempt.* 335. *Galium verum. J. Bauh.* 3, 720. En Anglois, *Bedstraw, Cheese rening*; en Allemand, *Megerkraut, Labkraut, Waldstroch, Unser Fraven Bettstrok*; en Suédois, *Jungfru Mariæ Senghalm, Honinggræs, Maargræs, Gol Maara, Slige fro*; en Danois, *Trættegræs, Klammeruri, Mariæ Senghalm, Guul Mour, Jomfru, Mariæ Sengfoor, Marie fægre, Opskreed fægre.*

Description.

La racine de cette plante est longue, traçante, grêle, ligneuse, brune. Ses tiges s'élèvent environ à la hauteur d'un pied, grêles, un peu velues, quarrées, noueuses. Il sort le plus souvent de chaque nœud deux rameaux assez courts, au sommet desquels, de même qu'à celui des tiges, les fleurs naissent ramassées en grappes. Elles sont jaunes, monopétales, en godet, sans tube, découpées en quatre ou cinq parties en forme d'étoile. Ses feuilles sont verticillées, ordinairement au nombre de huit, linéaires, sillonnées, lisses & non velues. Quand la fleur du Caille-lait est passée, il lui succède pour fruit deux baies attachées ensemble & lisses, contenant chacune une graine seule & arrondie.

Figure.

Cette espèce est représentée dans les Planches Enluminées de Regneau, & dans la plupart des Collections Gravées de plantes indigènes.

Lieu de sa naissance.

Elle croît naturellement par toute l'Europe, dans les haies, les fossés & les prairies.

Insectes qui se trouvent sur cette plante.

On trouve sur cette plante deux espèces d'insectes : l'un est le Sphinx de l'Euphorbe ; nous en donnerons la description à l'article *Euphorbe* : l'autre est le Morio Sphinx. *Sphinx stellatum. Sphinx abdomine barbato, lateribus albo nigroque variis, alis postice ferrugineis. Linn. Syst. Nat. edit. XII*, 803. Cette espèce a treize lignes de longueur. Ses antennes sont grosses, brunes en-dessus, blanchâtres endessous. Son corps est gros, brun & velu. Ses aîles sont courtes pour sa grosseur ; les supérieures ont dix lignes de long. Elles sont brunes, avec quelques bandes transverses, ondées & nébuleuses, plus brunes & plus foncées. Les inférieures, fort courtes, sont d'un jaune couleur de rouille. L'extrémité du corps a de longs poils bruns. La chenille de ce Sphinx est rase, chagrinée, à seize pattes, & elle porte sur sa queue une corne ou pointe bleue, terminée de rouge.

Analyse chymique.

Dans l'analyse chymique qu'a fait M. Geoffroy, de quatre livres quatre onces de Caille-lait fleuri & frais, il est sorti dix onces six gros trente-six grains de liqueur limpide, qui avoit un peu d'odeur & le goût de la plante obscurément acide ; deux livres dix onces trente grains de liqueur d'abord manifestement acide, ensuite fort acide, & de plus en plus un peu austère, & enfin roussâtre, empyreumatique, fort acide & fort austère ; deux onces quatre gros quarante-huit grains de liqueur alkalineurineuse-volatile ; deux onces un gros quarante-huit grains d'huile épaisse comme de l'extrait. La masse noire qui est restée dans la cornue, pesoit sept onces trois gros trente-six grains, laquelle étant bien calcinée, a laissé deux onces de cendres grises, dont on a tiré par la lixiviation deux gros vingt grains de sel fixe alkali. La perte des parties dans la distillation a été de deux onces sept gros dix-huit grains ; & dans la calcination, de cinq onces trois gros trente-six grains. Le suc de Caille-lait à fleur jaune rougit le papier bleu, & coagule le lait. Borrichius a tiré, par la distillation des sommités de Caille-lait, un vinaigre de cette façon. Il a mis dans une cucurbite de verre quelques poignées de Caille-lait, & il les a distillées aussi-tôt, de peur qu'elles reçussent quelque changement par l'air ou par le retardement. Il est sorti d'abord une once de liqueur presqu'insipide, qui avoit cependant assez l'odeur des fleurs de Caille-lait ; trois onces environ de vinaigre agréable : enfin ayant poussé le feu, il a tiré presque deux gros de liqueur acide avec de l'huile jaune, d'une odeur agréable. Ce vinaigre, versé dans du lait bouillant, le coagule sur le champ, & fait séparer la sérosité des parties caséeuses, de même que le vinaigre ordinaire. Le Caille-lait à fleurs jaunes contient donc beaucoup d'acide subtil & volatil, mêlé avec une huile essentielle.

Propriétés alimentaires.

Gerard dit que les Habitans du Comté de Chester, près de la ville de Nantwich en Angleterre, où l'on fait d'excellent fromage, ont coutume de mêler les sommités fleuries de Caille-lait avec leur présure, & qu'on fait plus de cas des fromages qui ont été faits de cette manière, que de toute autre.

Propriétés médicinales.

Les Modernes prétendent que le Caille-lait est un spécifique contre l'épilepsie. MM. de Tournefort & Garidel prescrivent dans cette maladie, une cuillerée du suc tiré de ses fleurs. M. Tauvry dit qu'on peut aussi l'employer en poudre dans le même cas, à la dose d'un gros, ou en décoction, à celle d'une poignée dans une pinte d'eau. J'ai fait, dit M. Garidel, un grand nombre d'expériences avec le Caille-lait. J'ai observé qu'il lâche le ventre des épileptiques : c'est pour lors qu'on peut se promettre un bon effet, & voir bientôt calmer les mouvemens convulsifs. Emmanuel Tonig prétend que cette plante n'est propre à produire cet effet, que par l'acide qui domine en elle. Le Caille-lait, dont on se sert plus communément en Catalogne pour l'épilepsie, est aussi très-bon pour les vapeurs, les spasmes & les étourdissemens, ainsi que l'a observé le célèbre M. de Jussieu.

M. Chomel dit auſſi avoir vu pluſieurs perſonnes en faire uſage en infuſion théiforme, pour la migraine & les vapeurs qui portent à la tête. Quelques-uns en font auſſi prendre pour la goutte. Le ſyrop fait avec le ſuc de ſes fleurs, eſt fort apéritif, & propre à provoquer les mois. Tabernæmontanus aſſure que la décoction de cette plante eſt excellente pour guérir la gale sèche des enfans, pourvu qu'on les en baſſine ſouvent, ou qu'on leur en faſſe un bain. Cette plante paſſe pour vulnéraire & déterſive. Priſe intérieurement, elle guérit les pertes & le flux de ſang. Miſe dans les narines, elle arrête l'hémorrhagie du nez. Pilée & appliquée extérieurement, elle guérit l'éréſipèle & la brûlure.

Formules.

1°. Prenez, *Caille-lait* en poudre, & conſerve de fleurs de Pivoine mâle, de chacune une once; racines de Valériane ſauvage, ſix gros; poudre de Guttete, une demi-once; myrrhe & vers de terre en poudre, de chacun deux gros; ſyrop de ſtæchas, ſuffiſante quantité: mêlez; faites un opiate, dont la doſe eſt de deux ou trois gros matin & ſoir dans l'épilepſie.

2°. Prenez guy de Chêne, deux onces; de la racine de Pivoine mâle, une once: faites-les bouillir dans trois pintes d'eau réduites à deux: ajoutez ſur la fin de la racine de grande Valériane écraſée, une demi-once; des fleurs de Muguet, de Tilleul & de *Caille-lait jaune*, de chacune une pincée: paſſez enſuite le tout avec expreſſion, & ajoutez du ſyrop de Pivoine ſimple, deux onces pour une décoction antiſpaſmodique, à prendre tiède à la doſe de trois ou quatre verres dans le jour.

3°. Prenez ſuc de *Caille-lait* cueilli avant le jour: preſcrivez-en quatre onces chaque fois pendant cinq jours.

Propriétés vétérinaires.

Quand on preſcrit aux animaux le Caille-lait dans les maladies analogues à celles de l'homme, c'eſt à la doſe d'une demi-once en poudre, & ſon ſuc à la doſe d'une demi-livre.

Propriétés économiques.

Les panicules des fleurs de Caille-lait donnent une teinture jaune propre aux laines. M. Guettard a découvert que de ſes racines on peut tirer un rouge fort beau, qu'on pourroit ſubſtituer à celui qu'on tire de la Garance; mais l'inconvénient qu'on y trouve, c'eſt que les racines de cette plante ſont ſi menues, qu'elles n'en fourniroient que très-peu: ce qui eſt peut-être la ſeule cauſe qu'on n'en fait pas uſage. Cependant nous rapporterons ci-deſſous les Obſervations de M. Guettard au ſujet de la teinture qu'on peut tirer de cette plante, & des autres eſpèces de ſon genre.

Propriétés d'ornement.

Ses feuilles verticillées & ſes petites fleurs jaunes font un joli effet dans les gazons champêtres.

Obſervation.

On a nourri, lit-on dans l'Hiſtoire de l'Académie, année 1747, pendant du temps, des lapines pleines, avec une pâtée, dans laquelle il entroit de la racine de Caille-lait pulvériſée, que l'on méloit avec du ſon & des feuilles de Chou hachées, pour leur faire un aliment qu'elles puſſent manger. Elles s'en ſont aſſez bien accommodées, & leurs petits ſont venus à bien. Ce qu'il y a de ſingulier, c'eſt qu'elles ont eu leur lait teint d'un couleur de roſe aſſez vif, & que les os de leurs petits naiſſans ſe ſont trouvés fortement colorés de rouge, ſans que ceux des mères, qui ont été auſſi diſſéquées, en euſſent la plus légère teinture. Par quel moyen cette couleur, qui avoit pu paſſer de l'eſtomac de la mère aux os du fœtus, avoit-elle été empêchée d'agir ſur ſes propres os, auxquels elle devoit parvenir plus aiſément? Et ſi on veut ſuppoſer que l'état preſque cartilagineux des os du fœtus avoit favoriſé ſon action, n'y avoit-il pas dans le corps de la mère des parties qui ne fuſſent oſſifiées qu'au même degré? Il faudroit plus d'une expérience, conclut-on, pour éclaircir cette eſpèce de myſtère.

Mémoire de M. Guettard ſur la propriété qu'a la racine de Caille-lait & des autres plantes de la même famille, pour teindre en rouge.

Je n'eus pas plutôt lu, dit M. Guettard, les Mémoires que M. Duhamel a donnés ſur l'action des racines de la Garance, qu'il me vint en idée d'examiner ſi celles de quelques plantes de ſa claſſe, mais de genres différens, auroient la même vertu. Il étoit prouvé par ces Mémoires, que les racines de la Garance, priſes intérieurement, rougiſſoient les os; & il n'y avoit plus à craindre que cette connoiſſance tombât dans l'oubli où elle étoit tombée, après ce que quelques Auteurs en avoient dit, & comme cela auroit encore pu arriver, après l'obſervation même qui a été faite en Angleterre. Quoique cette obſervation ſoit bien plus détaillée que ce que l'on trouve ſur ce ſujet dans les Auteurs anciens, il falloit, comme M. Duhamel a fait, varier les expériences, les multiplier, examiner l'action différente ou ſimultanée que ces racines pouvoient avoir ſur les différentes parties du corps des animaux qu'on en nourriroit, pour établir quelque choſe de certain ſur ce ſujet ſingulier. C'eſt ce que l'on trouve dans le travail curieux & intéreſſant de M. Duhamel. (*Nous en parlerons en parlant de la Garance*). Il étoit donc inutile de le ſuivre avec les mêmes vues; mais je penſai qu'il ne le ſeroit pas d'éprouver ſi cette propriété ne s'étendoit pas à d'autres plantes que la Garance, & qui fuſſent de la même claſſe. Je ſavois déjà que les racines de toutes les plantes qui en étoient, & qui ſe trouvent aux environs de Paris, avoient une couleur rouge plus ou moins foncée. C'étoit déjà un préjugé capable de m'engager à faire ces eſſais; & l'opinion où je ſuis, avec pluſieurs Auteurs, qu'il y a du rapport & de l'analogie entre les plantes, non-ſeulement par les caractères tirés des fleurs, mais même par les vertus & les propriétés dont elles ſont douées, m'avoit preſque confirmé dans cette idée. Il ne me manquoit que d'avoir fait quelques expériences faciles à ſuivre, pour pouvoir établir cette opinion comme une vérité, du moins par rapport à la propriété de rougir les os. Je ne fus cependant déterminé à entreprendre ces expériences, que par la découverte que je fis longtemps après d'une eſpèce de Caille-lait à fleur jaune, qui vient ſur les côtes du bas-Poitou, & dont les racines ſont conſidérables par leur groſſeur, leur longueur, & la quantité qu'on en peut tirer d'un pied de quelques années. Ces racines ont, à quelque choſe près, le rouge de la Garance ordinaire. Les Habitans de ces côtes, que cette couleur a apparemment frappés, s'en ſervent pour donner, dans certain temps de l'année, une couleur rouge aux œufs. Cette expérience m'engagea encore plus à ſuivre ce que je m'étois propoſé.

Ayant donc fait ramasser de ces racines, & étant de retour à Paris, j'en nourris un poulet avec une certaine quantité mise en poudre. On méloit cette poudre avec la pâtée qu'on lui faisoit avaler. L'effet qui suivit de cette nourriture, fut le même que l'on en eut avec la Garance. Il faudroit répéter tout ce que l'on connoît sur cette matière, pour rapporter ce qui arriva à ce poulet. Il suffit de dire que ses os furent d'un beau couleur de rose, qui s'éteint peu-à-peu; que les cartilages, les membranes n'en furent point affectés; mais que les excrémens s'en chargeoient, & qu'ils étoient même d'un rouge assez vif. Enfin j'observai dans ce poulet tout ce qui est détaillé dans les différens morceaux qu'on a sur cette matière.

Ce succès ne me permit pas d'attendre longtemps à m'assurer de ce que les racines du Caille-lait à fleurs blanches, & de celui à fleurs jaunes, qui se trouvent dans nos campagnes, & de Grateron ordinaire, occasionneroient sur de semblables poulets. J'en fis donc nourrir avec les racines de ces trois plantes, mises aussi en poudre. Il n'y eut presque pas de différence dans les suites; & s'il y en a eu, elle ne vient probablement que de la quantité de poudre qui entra dans la pâtée de chacun des poulets.

Celui qui fut nourri avec le Caille-lait blanc, ne mangea que douze gros de la poudre des racines de cette plante; au lieu que celui qui le fut avec celles du Caille-lait jaune, en mangea seize gros. Les os du premier étoient un peu plus pâles. Il pourroit se faire que celles du Grateron fussent, à quantité égale, un peu plus fortes que les deux autres; car les os du poulet qui avoit mangé les racines de Grateron, furent aussi rouges que ceux du poulet qui avoit mangé seize gros de poudre de celles du Caille-lait à fleurs jaunes, quoique le premier n'eût été nourri qu'avec douze gros de racines qu'il avoit mangées, & que l'expérience n'eût duré que douze jours, ce qui faisoit par conséquent un gros par jour; au lieu que l'autre avoit mangé seize gros en neuf jours, & ainsi un peu moins de deux gros par jour.

Ces petites différences n'étoient pas assez importantes, pour que je travaillasse à constater ce qu'il peut y avoir là-dessus de certain, outre que cela peut dépendre de plusieurs autres causes. L'état actuel, par exemple, du poulet peut y contribuer en quelque chose: du moins il fait varier l'effet de cette nourriture, par rapport à toute l'habitude du corps; car je ne crois pas que la différence que l'on a observée dans ces poulets, vint de la nourriture même. Les deux qui furent nourris avec les racines de Caille-lait, devinrent très-maigres. Ils ne mangeoient pas volontiers; ils étoient échauffés: au lieu que celui qui le fut avec les racines de Grateron, mangeoit avec appétit; qu'il devint très-gras. Son embonpoint augmenta, bien loin de diminuer; & il augmenta même plus que celui de plusieurs autres poulets de la même couvée, qui étoient nourris avec du froment bouilli pur, dont l'autre mangeoit mêlé avec de la racine de Grateron en poudre. Autant celui-ci étoit gras, autant les autres étoient maigres.

Un ancien Auteur a rapporté qu'une vache ayant mangé du Caille-lait, avoit rendu du lait rouge. J'ai voulu voir, conséquemment à cette observation, si les plantes dont les racines coloroient les os, c'est-à-dire, si les tiges, les feuilles, les fleurs & leurs semences, mêlées ensemble, mais sans racines, changeroient aussi la couleur naturelle de ces os, si on en nourrissoit les mêmes animaux. Non-seulement les plantes dont j'ai déjà parlé, mais encore le Grateron à semences lisses, & celui à fleurs bleues, & qui est couché sur terre, n'y donnèrent pas la moindre teinte aux os. Tout ce que l'on observa, fut que les poulets mangeoient aussi difficilement que la plupart des autres, & qu'ils furent également échauffés.....

Les racines de Caille-lait & de Grateron colorant les os, malgré le changement qu'elles doivent souffrir dans le cours de la circulation, il n'y avoit guère lieu de douter qu'elles ne dussent, comme la Garance, colorer les étoffes: je m'en suis cependant assuré par des expériences. J'ai teint des morceaux de drap de laine blanche avec ces différentes racines. La couleur qu'ils ont prise, m'a paru différer peu de celle que la Garance donne; & je crois qu'on pourroit les rendre utiles, sur-tout celles du Caille-lait du bas-Poitou. Il est très-abondant. Ses racines tracent beaucoup. Elles sont grosses & en grand nombre. Il vient dans les sables les plus arides; & par-là il pourroit être cultivé dans les plus mauvaises terres. Le reste des rubiacées que l'on observe aux environs de Paris, ne permet guère de faire des expériences, sur-tout en grand, vu la finesse de leurs racines, & le temps qu'il faudroit pour en ramasser une certaine quantité. La Rubéole cependant pourroit être employée, comme on le verra tout à l'heure; mais il n'y en a point, après la Garance, dont on pût se servir plus utilement que du Caille-lait des bords de la mer. En peu d'heures, on pourroit en faire des fagots. Je n'ai donc pas daigné éprouver les autres racines. La couleur rouge qu'elles ont, me fait penser que leurs effets ne différeroient pas beaucoup de ceux des racines que j'ai examinées.....

On ne peut pas douter, après ce que M. Linnæus rapporte dans les Actes de l'Académie de Stockholm, pour l'année 1742, p. 20, que les racines de la Rubéole ordinaire, qui sont de celles dont je n'ai pas fait l'essai, ne pussent rougir les os, puisqu'elles sont employées pour teindre en rouge par certains Peuples du Nord, de même que celles d'une espèce de Caille-lait à fleurs blanches, & qui est différent du nôtre. L'on ne peut même se refuser que difficilement à penser que les racines de toutes les vraies rubiacées ne produisissent les mêmes effets, puisque l'on apprend par les descriptions de ces plantes, que différens Auteurs nous ont laissées, que leurs racines sont rouges, & même que quelques-unes étant battues & triturées, donnent un suc de la même couleur, comme Clusius le rapporte en parlant du Caille-lait à fleur rouge, dans son Histoire des Plantes Rares, p. 175.

Une observation que l'on fait souvent en examinant les herbiers, où l'on conserve de ces plantes, peut encore servir en quelque sorte de preuve. Les parties des feuilles de papier qui touchent ces racines, sont garancées. J'ai remarqué, dit M. Guettard, que celles du Caille-lait de nos campagnes, & qui a les fleurs bleues; que celui qui est désigné dans Columna par sa fleur qui est d'un pourpre noir, qui vient sur les montagnes, & qui a les feuilles fines & menues, avoient procuré cette teinture.

ONZIÈME ESPÈCE.

L'onzième espèce est le Caille-lait blanc. *Galium mollugo. Galium foliis octonis, ovato-linearibus, subserratis, patentissimis, mucronatis; caule flaccido; ramis patentibus. Linn. Sp. Plant.* 155. *Galium foliis pluribus, acutis; caule flaccido; ramis patentissimis. Hort. Cliff.* 34. *Roy. Lugdb.* 257. *Flor. Suec.* 117, 125. *Mollugo montana, angustifolia, ramosa, seu Galium album, latifolium. Bauh. Pin.* 334. *Rubia sylvestris lævis. Bauh. Pin.* 337. *Mollugo Belgarum. Lob. Ic.* 802.

Description.

Description.

La racine de cette espèce est la même que celle de la précédente. Sa tige est molle, flasque, & n'en diffère que par ses rameaux très-étendus. Ses feuilles sont verticillées, au nombre de huit, linéaires, ovales, légèrement dentelées en manière de scie, plus grandes que celles du Caille-lait jaune. La corolle des fleurs est blanche.

Figure.

Cette espèce est représentée dans le *Flora Danica* d'Œder, pl. 455.

Lieu de sa naissance.

Elle croît dans les mêmes endroits que l'espèce précédente.

DOUZIEME ESPÈCE.

La douzième espèce est le Caille-lait des bois, la Reine des bois. *Galium sylvaticum. Galium foliis octonis, lævibus, subtùs scabris; floralibus binis; pedunculis capillaribus; caule lævi. Linn. Sp. Plant.* 155. *Galium caule Tereti fulcrato; foliis octonis, glaucis & obtusis. Hall. Helv. edit. I*, 460. *Mollugo montana, latifolia, ramosa. Bauh. Pin.* 334. *Rubia sylvestris, lævis. Bauh. Hist.* 3, *p.* 716.

Description.

Les tiges de cette espèce sont hautes, foibles, anguleuses ou un peu cylindriques, lisses. Les feuilles sont verticillées, larges, lancéolées, raboteuses par le bord, & la carène d'un vert-d'eau. Les péduncules sont capillaires, allongés: souvent les derniers sont à deux fleurs; & aux environs, il y a deux folioles. Les fleurs sont très-menues, & courbées avant leur épanouissement.

Lieu de sa naissance.

Elle croît naturellement dans les forêts montagneuses, en Allemagne, dans l'Europe méridionale.

Propriétés médicinales.

Cette plante infusée en guise de Thé, est un excellent antispasmodique.

TREIZIÈME ESPECE.

La treizième espèce est le Caille-lait barbu. *Galium aristatum. Galium foliis quaternis, lanceolatis, æqualibus, margine scabris, caule diffuso, petalis caudatis, seminibus glabris. Linn. Sp. Plant.* 152. *Rubia lævis, linifolia, montis virginis. Bocc. Mus.* 75. *Barr. Ic.* 356, 583. *Galium lævigatum. Linn. Sp. Pl.* 1667. *Galium Baricum, caule debili, foliis octonis, lanceolato-linearibus, mucronatis; floribus aristatis. Turr. Diar. Ital.* 1764, *p.* 119.

Description.

Les tiges de cette espèce sont couchées, rameuses, lisses. Les feuilles sont quatre à quatre, lancéolées, sans nervures, glabres de chaque côté, raboteuses au bord, pointues. Les fleurs sont paniculées, blanches, à péduncules à trois fleurs. Les corolles sont fendues en quatre, plus rarement en trois, barbues au sommet, ou pointues. Les anthères sont jaunes. Les fruits sont glabres. Pendant l'automne, il varie plusieurs rameaux à quatre, cinq & six feuilles.

Figure.

Cette espèce est représentée dans les Plantes de Barrelier, pl. 356, 582.

Lieu de sa naissance.

Elle croît naturellement sur le Mont Venteux & de la Vierge, auprès de Naples, de même que sur le Mont de Balde.

QUATORZIÈME ESPÈCE.

La quatorzième espèce est le Caille-lait de Jérusalem. *Galium hierosolytanum. Galium foliis denis, lanceolato-linearibus; umbellis fastigiatis, fructibus glabris. Linn. Sp. Plant.* 156. *Amæn. Acad.* 5, *p.* 451.

Description.

Cette espèce approche beaucoup, pour son port, de la dix-huitième espèce.

Lieu de sa naissance.

Elle croît naturellement dans la Palestine.

QUINZIÈME ESPECE.

La quinzième espèce est le Caille-lait fendu en trois. *Galium trifidum. Galium foliis quaternis, linearibus; caule procumbente, scabro; corollis trifidis. Linn. Sp. Plant.* 153.

Description.

Sa tige est couchée, très-rameuse, à trois ou quatre rameaux écartés. Les feuilles sont linéaires, obtuses, un peu larges, glabres, un peu raboteuses en-dessous. Les péduncules sont le plus souvent ternes, très-menus, de la longueur des feuilles, à une fleur. Les fleurs sont très-petites, blanches, partagées en trois. Les étamines sont au nombre de trois. Le fruit est didyme, globuleux, lisse.

Figure.

Cette espèce est représentée dans le *Flora Danica*, pl. 48.

Lieu de sa naissance.

Elle croît naturellement dans le Canada.

SEIZIÈME ESPÈCE.

La seizième espèce est le Caille-lait vert-d'eau. *Galium glaucum. Galium foliis verticillatis, linearibus; pedunculis dichotomis, summo caule floriferis, caule lævi. Linn. Sp. Plant.* 156. *Roy. Lugdb.* 256. *Hort. Ups.* 27. *Sauv. Monsp.* 161. *Galium saxatile, glauco folio. Bocc. Mus.* 2, *p.* 172. *Rubia montana, angustifolia. Bauh. Pin.* 333. *Prodr.* 145.

Description.

Les tiges de cette espèce sont foibles, couchées, lisses. Les feuilles sont cinq à six, linéaires, lisses, d'un vert-d'eau en-dessous, à peine raboteuses par le bord; les inférieures sont réfléchies. Les ombelles sont fendues en trois, petites. Les fleurs sont blanches; leurs anthères sont jaunes.

Figure.

Cette espèce est représentée dans le *Musæum* de Boccone, tom. 2, pl. 116.

Lieu de sa naissance.

Elle croît naturellement dans la Tartarie, la Suisse, l'Autriche, aux environs de Montpellier. Elle est vivace.

DIX-SEPTIÈME ESPÈCE.

La dix-septième espèce est le Caille-lait pourpre. *Galium purpureum. Galium foliis verticillatis, lineari-setaceis; pedunculis capillaribus, folio longioribus. Linn. Sp. Plant.* 156. *Hort. Cliff.* 34. *Roy. Lugdb.* 256. *Galium nigro-purpureum, montanum, tenuifolium. Col. Ecph.* 1, *p.* 298. *Bauh. Pin.* 335.

Description.

Les feuilles de cette espèce sont verticillées, linéaires, soyeuses. Les péduncules sont capillaires, plus longs que les feuilles. Les fleurs sont d'un noir-pourpre. Les tiges sont aussi d'un noir-pourpre.

Lieu de sa naissance.

Cette espèce croît naturellement dans l'Italie.

DIX-HUITIÈME ESPÈCE.

La dix-huitième espèce est le Caille-lait rouge. *Galium rubrum. Galium foliis verticillatis, linearibus, patulis; pedunculis brevissimis. Linn. Sp. Plant.* 156. *Hort. Cliff.* 34. *Roy. Lugdb.* 256. *Scop. Carn.* 341. *Galium rubrum. Bauh. Pin.* 335. *Moris. Hist.* 3, *p.* 332. *Galium rubro flore. Clus. Hist.* 2. *p.* 175.

Description.

Les feuilles de cette espèce sont verticillées, linéaires, ouvertes. Les péduncules sont très courts. Les fleurs sont rouges.

Lieu de sa naissance.

Elle croît naturellement dans l'Italie.

Observation.

Les espèces dont nous venons de parler, sont à fruits glabres; les suivantes sont à fruits hérissés.

DIX-NEUVIÈME ESPÈCE.

La dix-neuvième espèce est le Caille-lait du nord. *Galium Boreale. Galium foliis quaternis, lanceolatis, trinerviis, glabris; caule erecto; seminibus hispidis. Linn. Sp. Plant.* 156. *Flor. Lapp.* 60. *Flor. Suec.* 118, 124. *Hort. Cliff.* 64. *Roy. Lugdb.* 257. *Hall. Helv.* 450. *Rubia pratensis, lævis, acuto folio. Bauh. Pin.* 333. *Prodr.* 145. *Burs. XIX*, 15. En Lapponie, *Mattara.*

Description.

Les racines sont filiformes & rouges. La corolle de ses fleurs est plane, sans être tubulée. Son fruit est hérissé de poils droits, couvert d'une écorce coriacée. Sa tige est droite. Ses feuilles sont quatre à quatre, verticillées, lancéolées, à trois nervures.

Lieu de sa naissance.

Cette espèce est vivace. Elle croît naturellement dans les prairies de l'Europe septentrionale.

Propriétés économiques.

Les femmes de Finlande teignent leurs laines & leurs étoffes avec les racines de cette plante.

VINGTIEME ESPECE.

La vingtième espèce est le Caille-lait maritime. *Galium maritimum. Galium foliis quaternis, hispidis; pedunculis unifloris, fructibus villosis. Linn. Syst. Veget. edit. XIII. Murr.* 127. *Mant.* 38. *Aparine maritima, incana, flore purpureo. Tourn. Ic.* 4.

Description.

La tige de cette espèce est branchue, hérissée, très-rameuse, ayant les derniers rameaux fourchus. Les feuilles sont quatre à quatre, plus rarement cinq à cinq; celles d'en-haut sont florales, souvent au nombre de deux: chacune est lancéolée, ovale, hérissée de chaque côté; les supérieuree sont subpétiolées. Les péduncules sont capillaires, plus courts que les feuilles, le plus souvent à une fleur, le plus rarement fendus en deux. Les fleurs sont petites.

Figure.

Cette espèce est représentée dans les Élémens de Botanique, par Tournefort, pl. 4.

Lieu de sa naissance.

Elle croît naturellement au Levant, suivant Schreber.

VINGT-UNIÈME ESPÈCE.

La vingt-unième espèce est le Caille-lait Bermudien. *Galium Bermudianum. Galium foliis quaternis, linearibus, obtusis; ramis ramosissimis. Linn. Sp. Plant.* 153. *Aparine foliis quaternis, obtusis, lævibus. Gron. Virg.* 16. *Rubia tetraphylla, glabra, latiore folio, Bermudensis; seminibus binis, atro purpureis. Pluk. Alm.* 324. *Raj. Suppl.* 261.

Description.

Les feuilles sont quatre à quatre, linéaires, obtuses. Les rameaux sont très-rameux. Les fleurs sont d'un noir-pourpre. Les semences sont comme couvertes de coton, au nombre de deux à chaque fleur.

Figure.

Cette espèce est représentée dans l'*Almag.* de Plukenet, pl. 248, fig. 6.

Lieu de sa naissance.

Elle croît naturellement dans la Virginie.

VINGT-DEUXIÈME ESPÈCE.

La vingt-deuxième espèce est le Caille-lait Grec. *Galium Græcum. Galium hirtum, foliis subsenis, lineari-lanceolatis, caulignosis. Linn. Syst. Veg. edit. XIII. Murr.* 127. *Mant.* 38. *Galium montanum, Creticum. Alp. Exot.* 167. *Aparine Græca, saxatilis, incana, tenuifolia. Tour. Cor.* 4.

Description.

Les tiges de cette espèce sont différemment fléchies, tortueuses, ligneuses ou en arbrisseau. Les rameaux sont droits, serrés, herbacés, hérissés de poils blancs, comme les feuilles, les péduncules & les germes. Les feuilles sont six à six, linéaires-lancéolées, sessiles, serrées, droites, de la longueur des internœuds, très-peu poileuses, vertes. Les péduncules sont plus longs que les feuilles, divisés, ombellés, à un petit nombre de fleurs, capillaires.

Figure.

Cette espèce est représentée dans les Plantes Exotiques d'Alpin, pl. 166.

Lieu de sa naissance.

Elle croît naturellement dans les Isles de l'Archipel.

VINGT-TROISIÈME ESPÈCE.

La vingt-troisième espèce est le Gratteron ou Rieble, le Philantrope. *Galium Aparine. Galium foliis octonis, lanceolatis, carinatis, scabris, retrorsum aculeatis; geniculis villosis, fructu hispido. Linn. Sp. Plant.* 157. *Aparine foliis lanceolatis, acuminatis, scaberrimis; corollis fructu minoribus. Roy. Lugdb.* 455. *Flor. Suec.* 120, 128. *Aparine foliis lanceolatis. Hort. Cliff.* 34. *Aparine vulgaris. Bauh. Pin.* 331. *Aparine. Dod. Pempt.* 353. En Anglois, *Aparine*; en Italien, *Speronella*; en Allemand, *Kleb kraut*; en Suédois, *Snærjegræs*, *Snærpegræs*, *Watnbinda*; en Danois, *Snarre Snorer*, *Snerpegræs*, *Snerjegræsf*, *Tinner*, *Tenal*, *Tanne*, *Drageren*, *Meldstoek*, *Dragorm*, *Klenje*, *Herkjegræs*, *Snerp*.

Description.

La racine de cette espèce est menue, fibreuse. Ses tiges sont grêles, quarrées, rudes au toucher, noueuses, pliantes, grimpantes, longues de trois ou quatre coudées. Ses feuilles sont verticillées au nombre de huit, lancéolées, couvertes de poils rudes, terminées par une petite épine. Ses fleurs naissent à l'extrémité des rameaux. Elles sont très-petites, divisées en quatre. Le fruit est fermé par deux baies velues, presque sphériques, remplies chacune d'une semence réniforme, creusée dans le milieu.

Figure.

Cette espèce est représentée dans le *Flora Danica*, pl. 495.

Lieu de sa naissance.

Elle est vivace, & croît naturellement dans les fossés, le long des chemins.

Propriétés médicinales.

On attribue au Gratteron une propriété incisive & apéritive, propre pour lever les obstructions, provoquer les urines, & exciter les sueurs. Simon Pauli assure qu'en Danemarck on se sert de l'eau distillée de cette plante pour les maux de poitrine & les vapeurs. Quelques-uns la font boire dans la pleurésie. M. Chomel dit que toute la plante de Gratteron en décoction à la dose d'une poignée dans une pinte d'eau, ou son suc, à la dose d'une once, soulage considérablement les malades affligés de la gravelle. Mayerne estime beaucoup ce suc, à la dose de deux onces, pour les hydropiques. M. Geoffroi dit que, suivant quelques Auteurs, le Gratteron pilé avec de la graisse de porc, & appliqué extérieurement, guérit les écrouelles.

Propriétés vétérinaires.

On s'en sert aussi pour résoudre les tumeurs dures dans les chevaux.

Propriétés économiques.

Les paysans mettent le Gratteron dans les entonnoirs où ils passent le lait, & qu'ils nomment couloirs. Les tiges & les feuilles de cette plante arrêtent par leur âpreté les poils & autres ordures.

VINGT-QUATRIEME ESPECE.

La vingt-quatrième espèce est le Caille-lait des environs de Paris. *Galium Parisiense. Galium foliis verticillatis, linearibus; pedunculis bifidis; fructibus hispidis. Linn. Sp. Plant.* 157. *Aparine foliis lineari-lanceolatis, acuminatis, flaccidis; corollis fructu minoribus. Roy. Lugdb.* 255. *Aparine minima. Raj. Angl.* 3, *p.* 225. *Galium Parisiense, tenuifolium, flore atro-purpureo. Tourn. Inst.* 664.

Description.

Ses tiges sont hautes d'un pied, frêles, à quatre côtes, raboteuses en-dehors. Ses feuilles sont verticillées sept à sept, lancéolées, pointues, raboteuses sur-tout par le bord. Les rameaux sont à fleurs, opposés, plus courts. Les péduncules sont nuds, à deux ou à trois fleurs. Les corolles sont jaunes, petites. Les semences sont hérissées.

Figure.

Cette espèce est représentée dans les Plantes d'Angleterre, par Raj, pl. 9, fig. 1.

Lieu de sa naissance.

Elle croît naturellement en Angleterre, en France. Elle est annuelle.

Culture générale.

On cultive rarement les Caille-laits dans les jardins. Ces plantes sont si petites, quelles n'ont aucune beauté. D'ailleurs elles sont sujettes à s'étendre beaucoup, & à couvrir toutes les plantes qui les environnent. Cependant, quand on les veut multiplier, on partage au printemps ou en automne, leurs racines, qui s'étendent très-vite, & viennent en toute sorte de sol, & à toute sorte d'exposition; cependant il s'en trouve quelques espèces auxquelles il faut un terrein sec.

GARCINIA, *le Magostan.*

NOMS GÉNÉRIQUES.

Ce genre de plante est connu sous les noms de *Garcinia. Linn. Magostan. Mangostans. Garc. Hussur. Daun Assam. Rumph.*

Description générique.

Le caractère de ce genre de plante est d'avoir le

périanthe du calice à quatre folioles rondes, concaves, obtuses, s'ouvrantes, persistentes. Les pétales de la corolle sont au nombre de quatre, ronds, concaves, s'ouvrans, un peu plus grands que le calice. Les filamens des étamines sont au nombre de seize, droits, posés en cylindre, simples, plus courts que le calice. Les anthères sont rondes. Le germe du pistil est ovale; à peine y a-t-il un style. Le stigmate est plane, s'ouvrant, fendu en huit, obtus, persistant. Le péricarpe est une baie coriacée, globuleuse, grande, à une loge, couronnée d'un stigmate. Les semences sont au nombre de huit, convexes d'un côté, anguleuses de l'autre, velues, charnues.

CLASSE.

Ce genre fait partie de l'onzième classe de Linnæus, qui comprend les plantes dodécandriques monogyniques. Cet Auteur en admet trois espèces.

PREMIERE ESPECE.

La première espèce est le Magostan de Java. *Garcinia Mangostana. Garcinia foliis ovatis; pedunculis unifloris. Linn. Sp. Plant. 635. Hort. Cliff. 183. Mangostans. Garc. Act. Angl. 431. Bont. Jam. 115. Mangostana. Rumph. Amb. 1, p. 132. Laurifolia Javanensis. Bauh. Pin. 461. Rai. Hist. 1662.* A Malaca, *Mangostan*; à Baley, *Mangis*.

Description.

Cet arbre est ordinairement très-grand. Sa feuille est comme celle du *Caju Mara*, mais plus grande & plus ferme, de la longueur d'une main, & de la largeur de quatre doigts, se terminant en rond de chaque côté. La fleur est comme celle du Brapput. Elle a depuis quatre jusqu'à cinq sommets ouverts, étendus en forme d'étoile, & de la grandeur d'un denier, qui portent intérieurement quelques étamines jaunes, & un pistil dans le centre, d'où provient un fruit qui, quand il est mûr, est de la grosseur d'une petite Pomme douce d'Amboine, d'une couleur roussâtre foncée; il paroît même noir de loin. Auprès du pétiole, il y a un pied ou calice en forme de croix, composé de quatre folioles épaisses, & à demi-concaves, ou en forme de cuiller, sur lesquelles ne pose pas immédiatement dessus le fruit. A la partie supérieure de ce fruit, on remarque une petite étoile plane, qui est composée de cinq ou six rayons longs, de couleur brunâtre. Autant on observe de rayons dans cette petite étoile, autant il y a de segmens dans la chair intérieure; & si ces rayons sont amples, les segmens le sont aussi; s'ils sont menus & grêles, il en est de même: en sorte que la chair intérieure est ordinairement distincte en cinq ou six segmens par des cellules particulières & luisantes. Cette chair est douceâtre, pleine de suc, & à demi transparente, & toutes ses parties séparées sont très-inégales; car pour l'ordinaire on en trouve une très-grande, qui porte un noyau plane & blanc, renfermé dans une cellule, à laquelle la chair est attachée. Les autres parties ou segmens sont plus petits, & souvent sans noyaux; souvent même, dans plusieurs fruits, on ne trouve point de noyau propre à la propagation de l'espèce. Sur la superficie intérieure de la pellicule, se trouvent cinq ou six cellules, dans lesquelles sont les parties les plus délicates du fruit, dont la saveur, dans ceux qui sont à demi-mûrs, est acidule; mais si douce & agréable dans les fruits mûrs, qu'on les prendroit pour des raisins dans leur maturité. Ils sont si pleins de sucs, que la plupart de ceux qui en mangent peuvent à peine s'en rassasier, à cause de leur bonne odeur, & de leur saveur agréable. Les gens du pays en font manger aux malades, quand ils ne peuvent supporter d'autre nourriture; & s'ils n'y trouvent point de goût, on désespère de leur santé. L'écorce du tronc est molle & facile à enlever. Le bois est extérieurement blanc, & intérieurement ferme & brunâtre, strié de fibres longitudinales; & si l'arbre est vieux, le bois est presque entièrement brunâtre, sans aucune partie extérieure blanche. *Cette Description est tirée de l'Herbarium Amboinense.*

Figure.

Cette espèce est représentée dans les Transactions Philosophiques, pl. 1; dans l'*Herbarium Amboinense*, tom. 1, pl. 43; & dans la seconde Partie de cet Ouvrage.

Lieu de sa naissance.

Elle croît naturellement à Java, à Malaca, à Sumatra, à Baleya.

Culture.

Comme il n'y a dans le fruit de ces arbres qu'un petit nombre de grains qui parviennent à leur maturité, car la plupart s'avortent, le moyen le plus sûr pour s'en procurer en Europe est de semer, dans le pays même, les graines dans des caisses remplies de la terre qui leur est propre; & quand les jeunes plantes ont acquis assez de force, on envoie les caisses en Europe: mais il faut avoir grand soin, dans leur traversée, de les garantir de l'eau de la mer, & ne les arroser que très-médiocrement dans les climats froids ou tempérés; car l'humidité leur est contraire. Lorsque les jeunes plants sont arrivés en Europe, on les transplante avec beaucoup d'attention, chacun séparément dans un pot plein de terreau, & on enfonce ce pot dans une couche de tan, en observant néanmoins de garantir les jeunes plants du soleil, jusqu'à ce qu'ils soient repris. On les gouverne pour lors de la même manière que les autres plantes des pays chauds.

Observation.

Quand les rameaux de cet arbre sont coupés, il en distille un suc sale & jaunâtre, aqueux, sans être épais. Il se forme en gomme molle, qui pend en forme de glace du tronc des sommets.

Propriétés alimentaires.

On mange ordinairement les fruits crus de cet arbre. Leur pulpe molle, succulente, & d'un goût délicieux, participant de la fraise & du raisin, les fait regarder comme les meilleurs fruits de l'univers; mais on ne peut en avoir en tout temps. On n'en a qu'en Novembre & Décembre. Si on ouvre ces fruits, la pellicule, qui est amère, se sépare de la chair; c'est pourquoi il faut avoir soin d'enlever cette pellicule, & de la jeter: aussi, quand les fruits sont mûrs, on les serre dans la main, pour les ouvrir, & pour en ôter cette substance.

Propriétés médicinales.

Dans le pays, on fait sécher l'écorce de cet arbre, & on s'en sert, comme médicament, dans la dyssenterie & le ténesme, de même que les écorces de Grenades; mais elle n'est pas si amère. Les Habitans de Macassar prennent pour le même usage l'écorce de cet arbre & les jeunes feuilles, avec

avec un peu de *Culit Lawan*. Ils mangent le tout ensemble, & sucent le suc, qui est un peu amer, avec une légère adstriction. Cette même écorce, broyée avec de l'eau, & prise en gargarisme, guérit les aphtes.

Propriétés économiques.

Les Teinturiers de la Chine emploient cette écorce, quand il faut teindre en noir. Elle sert même de base à leur teinture.

Propriétés d'ornement.

Ces arbres croissent naturellement en forme de pyramide. D'ailleurs leurs branches sont toujours garnies de grandes feuilles vertes, brillantes, ce qui les rend d'un joli aspect. Elles fournissent en outre une ombre bienfaisante dans les pays chauds: aussi ces arbres méritent-ils d'être cultivés dans tous les pays où il y a assez de chaleur pour que le fruit vienne en maturité.

SECONDE ESPECE.

La seconde espèce est le Mangostan de Celèbe. *Garcinia Celebica. Garcinia foliis lanceolatis, pedunculis trifloris. Linn. Sp. Plant.* 635. *Mangostana Celebica. Rumph. Amb.* 1, *p.* 134. A Malaca, *Mangostaan utan*; à Macassar, *Kiras*.

Description.

Cet arbre n'est pas haut; mais sa tête est belle, étendue; ses rameaux, ses jets & ses feuilles sont opposés deux à deux. Les feuilles sont semblables à celles de la première espèce; mais elles en diffèrent en ce qu'elles sont plus étroites & plus aiguës, longues de sept ou huit pouces, larges au-delà de trois doigts, pointues de chaque côté, épaisses & fermes, mais plus éloignées que celles de l'espèce précédente, tissues transversalement de petites côtes parallèles, très-menues, qu'on peut à peine distinguer. Dans les jeunes arbres, elles sont longues d'environ neuf pouces & demi, & larges de trois pouces & demi ou quatre pouces, pointues & si glabres, qu'à peine peut-on appercevoir les côtes. Les feuilles rompues conservent long-temps leur verdure. Des aisselles des feuilles, sortent d'autres petits rameaux plus courts, qui soutiennent une ou deux paires de feuilles; & entre ces paires, sont toujours placées trois petites têtes, jointes par des pétioles blanchâtres. La fleur forme un petit rond, composé de huit pétales d'un blanc sale, & concaves, dont quatre moyens, & quatre très-grands, qui s'appuient sur les plus petits, d'une odeur douce, mais d'une saveur désagréable. Dans le centre, est placée une petite tête plane, entourée aux côtés de quatre autres petites têtes, plus grandes que celle du milieu, dont chacune est environnée de petits grains en forme de sable, qui sont les étamines de la même couleur, & glutineuses. Les fruits sont ronds comme un petit globe, ou sphériques & semblables à ceux de l'espèce précédente. Quelques-uns sont plus grands les uns que les autres. Lorsqu'ils sont mûrs, ils sont d'un rouge jaune, comme la Pomme de Grenade, appuyés sur un péricarpe partagé en quatre, ou formé de quatre pétales plus petits que ceux de l'espèce précédente. La partie supérieure du fruit n'est pas surmontée d'une petite étoile, mais seulement d'une petite couronne, qui est excavée supérieurement, & plus large qu'à sa naissance. Ce fruit est divisé intérieurement de la même manière, a la même substance charnue, la même saveur que celui de l'espèce précédente, lorsqu'il est parfaitement mûr; car il est long-temps acide. Si on coupe l'arbre, il en coule un lait blanc & glutineux. Il fleurit lorsqu'il est de la grosseur du bras.

Figure.

Cette espèce est représentée dans l'*Herbarium Amboinense*, tom. 1, pl. 44; & dans la seconde Partie de cet Ouvrage.

Lieu de sa naissance.

Elle croît naturellement dans l'Inde; à Celèbe, auprès de Macassar.

Culture.

On la multiplie à Amboine par boutures. On fiche seulement en terre les petits rameaux, & ils y poussent.

Observation.

Le bois du tronc des vieux arbres, caché sous terre, se pétrifie. On ensevelit pour cet effet dans un endroit marécageux ce bois, & on jette pardessus une grande quantité de menue paille de riz. Il ne faut que trois ans pour que ce bois se pétrifie. On s'en sert dans le pays pour aiguiser les fers de lance.

Propriétés alimentaires.

On mange ce fruit, lorsqu'il est bien mûr, de même que celui de l'espèce précédente.

Propriétés médicinales.

Elles sont aussi les mêmes que celles du Mangostan véritable.

Propriétés d'ornement.

On cultive à Amboine cet arbre pour sa beauté. Il y fleurit toutes les années; mais il n'y donne point de fruit.

TROISIÈME ESPÈCE.

La troisième espèce est le Mangostan corne. *Garcinia cornea. Garcinia foliis lanceolatis, aveniis; pedunculis unifloris, cornuis. Linn. Syst. Veg. edit. XIII. Murray.* 368. *Lignum cornuum. Rumph. Amb.* 3, *p.* 55. A Amboine, *Hassur Loumahun*; à Malaca & à Macassar, *Malacca*; à Hitoë, *Lohussul*.

Description.

Le tronc de cet arbre vient très-haut; mais il n'est pas gros. Son écorce est noire. Au sommet, il se divise en de grandes branches, qui se subdivisent en d'autres plus petites. Les tiges des supérieures sont en quelque façon quarrées, sillonnées & recouvertes d'une écorce verte. Il sort de leurs articulations deux feuilles opposées, qui avec la paire suivante forment une espèce de croix oblique. Les feuilles sont grandes, longues depuis onze pouces jusqu'à quinze, larges de quatre pouces, plus courtes dans les vieux arbres, glabres, fermes & brillantes, ayant au milieu une grosse nervure. Elles sont glabres & sillonnées supérieurement; inférieurement leur dos est à trois angles qui s'élèvent, d'où partent de petites veines fines & transversales. Les pétioles sur lesquels sont appuyées les feuilles, sont gros & courts, dont quelques-uns font fi recourbés, que la partie inférieure eft fouvent la fupérieure. Le haut des rameaux eft terminé en deux folioles pliées comme une bourfe, & pointues, d'où fortent des nouvelles feuilles & des péduncules. Les feuilles tendres font fi luifantes, qu'on diroit qu'elles font toutes couvertes d'huile. Entre les feuilles d'en-haut du rameau même, part une fleur qui pend d'un péduncule recourbé, & qui a la forme d'une petite rofe, formée de quatre pétales fermes & jaunes, épais & ronds, réfléchis en-arrière par leurs parties concaves, & de quatre écailles épaiffes, à demi-concaves, fe couchant. La fleur renferme dans fon centre des étamines groffes, courtes & blanchâtres, qui ont une foible odeur; & au milieu de ces étamines, fe trouve un gros piftil. Le fruit vient feul. Il eft attaché fortement aux rameaux, de la groffeur d'une Prune. Il eft appuyé fur le péricarpe, qui eft formé par quatre pétales groffis & à demi-concaves, dont deux font plus grands; le fupérieur eft couronné par une verrue en forme de tête de clou. La couleur extérieure de ce fruit eft d'un brun obfcur. Sa partie intérieure eft remplie d'une chair muqueufe, dans laquelle fe trouvent cachés quelques offelets mous, feminaux, ayant la figure d'une demi-lune. Quand le fruit eft récent, il a une odeur réfineufe & puante. Lorfqu'il eft tombé, de la chair du fruit, de même que des endroits où on a coupé les rameaux, il fort une liqueur épaiffe & vifqueufe, qui fe jaunit en féchant & en fe condenfant. Le bois de cet arbre, lorfqu'il eft nouvellement coupé, eft blanc; mais il devient jaunâtre en féchant. Il eft très-dur, fort & difficile à couper. On diroit que c'eft de la corne. Il eft ftrié longitudinalement, & eft formé de petites fibres. Si on le coupe tranfverfalement, fes petites veines font difpofées autour du centre comme des rayons du foleil.

Figure.

Cette efpèce eft repréfentée dans l'*Herb. Amboin.*, tom. 3, pl. 30.

Lieu de fa naiffance.

Elle croît naturellement fur les montagnes les plus élevées de l'Ifle d'Amboine.

Propriétés économiques.

On emploie ce bois pour les bâtimens. On en conftruit les portes des Palais des Rois & des Princes des Indes. On fait auffi avec ce bois, des chevilles qui remplacent les clous.

GARDENIA, *la Gardenienne.*

Defcription générique.

Le caractère de ce genre de plante eft d'avoir le périanthe du calice monophylle, à cinq angles, partagé en cinq lobes droits, ferrés, en forme d'épée, verticaux, diftans, perfiftans. La corolle eft monopétale, en forme de taffe. Le tube eft cylindrique, plus long que le calice. Le limbe eft plane, partagé en cinq lobes ovales, de la longueur du tube, ayant le bord folaire plus droit. Il n'y a point de filamens. Les anthères font au nombre de cinq, linéaires, inférées à l'ouverture de la bouche audeffus de fa bafe, de la longueur de la moitié du lymbe, allongées derrière entre la gueule. Le germe eft inférieur. Le ftyle eft filiforme, de la longueur du tube, enfuite en forme de maffue, fe terminant par un ftigmate à deux lobes, ovale, obtus, grand. Le péricarpe eft une baie sèche, à deux loges. Les femences font nombreufes.

Obfervation.

Cette plante eft très-diftincte par les lobes verticaux du calice, dont un bord eft intérieur, & l'autre extérieur.

CLASSE.

Ce genre fait partie de la cinquième claffe de Linnæus, qui comprend les plantes pentandriques monogyniques. Ce Botanifte n'en admet qu'une efpèce.

ESPÈCE.

Cette efpèce eft la Gardenienne fleurie. *Gardenia florida. Linn. Sp. Plant.* 305. *Ellis. Act. Angl. vol.* 51, *p.* 392. *Jafminum ramo unifloro, pleno; petalis coriaceis. Ehret. Pict.*, *t.* 15. *Jafminum foliis lanceolatis, oppofitis, integerrimis; calycibus acutioribus. Mill. Ic. Cotsjopiri. Rumph. Amb.* 7.

Obfervation.

La plante, dit Linnæus dans fon *Mantiffa*, connue fous le nom de *Jafminum Zeylanicum, folio oblongo, flore albo, pleno, odoratiffimo. Burm. Zeyl.* 129. *Nandi ervatam major. Rheed. Hort. Malab.* 2, *p.* 105, forme un arbre très-différent de la Gardenienne, & paroît une efpèce de *Nerion* ou d'*Echites*, d'autant plus que la Gardenienne n'a ni piftil ni étamines. Conféquemment on eft encore incertain fur le genre de cette plante; & la définition générique que nous en avons rapportée d'après Linnæus, ne lui convient pas en tout point.

Defcription.

Nous décrirons ici cette plante, d'après la figure peinte qu'on nous a communiquée, & qu'on nous a affuré être très-exacte. Sa tige eft brunâtre, avec de petits nœuds inégalement diftans. Ses feuilles font oppofées, très-entières, pointues, ondulées, nerveufes. Sa fleur eft à l'oppofite des rameaux. Elle eft double. Les pétales font coriacés, blancs, difficiles à s'ouvrir.

Figure.

Cette efpèce eft repréfentée dans les Plantes Peintes d'Ehret, planche 15; & dans la feconde Partie de cet Ouvrage.

Lieu de fa naiffance.

Elle croît naturellement dans les Indes.

Culture.

Il faut pour cette plante obferver les mêmes précautions qu'on prend pour les plantes les plus délicates qui nous viennent des pays chauds. Il lui faut continuellement la ferre chaude, fi on veut qu'elle fleuriffe.

Propriétés d'ornement.

Elle mérite d'être cultivée, à caufe de fa beauté. C'eft la plus belle plante qu'on puiffe cultiver dans les ferres.

GARIDELLA, *la Garidel.*

NOMS GÉNÉRIQUES.

Ce genre de plante est connu sous les noms de *Garidella. Tourn. Linn. Nigellastrum. Magn.*

Description générique.

Le caractère de ce genre est d'avoir le périanthe du calice petit, à cinq folioles ovales, aiguës, qui tombent. On ne remarque point de corolle, à moins qu'on ne prenne le calice pour la corolle. Les nectaires sont au nombre de cinq, longs, égaux, à deux lèvres, dont l'extérieure est plane, fendue en deux lobes linéaires, obtus; l'intérieure est plus courte, simple. Les filamens des étamines sont le plus souvent au nombre de dix, en forme d'alêne, plus courts que la corolle. Les anthères sont droites, obtuses. Les germes du pistil sont au nombre de trois, oblongs, pointus, applatis, bivalves. La suture intérieure est plus convexe. Les semences sont nombreuses, courtes.

Observation.

La Garidel approche beaucoup de la Nielle.

CLASSE.

Ce genre fait partie de l'Appendix de Tournefort, & de la dixième classe de Linnæus, qui comprend les plantes décandriques trigyniques. Cet Auteur n'en admet qu'une espèce.

ESPECE.

Cette espèce est la Garidel en forme de Nielle. *Garidella Nigellastrum. Linn. Sp. Plant.* 608. *Hort. Cliff.* 170. *Hort. Upf.* 108. *Roy. Lugdb.* 481. *Garidella foliis tenuissimè divisis. Garid. Prov.* 203. *Nigellastrum raris & fœniculaceis foliis. Magn. Hort.* 143. *Nigella Cretica, folio fœniculi. Pin. Moris. Hist.* 3, *p.* 516. *Nigella Cretica, altera, odorata, tenuifolia. Raj. Hist.* 1071. *Ænanthe Indica, semine cordato. Barr. Rar. t.* 1240.

Description.

M. Garidel a décrit ainsi cette plante: Sa tige est menue, fibreuse, oblongue. Sa tige est haute d'un demi-pied, & même de deux pieds dans un terrein gras. Elle se divise en rameaux, dont la base est garnie de feuilles divisées très-délicatement. La fleur est en rose, composée de cinq pétales, d'autres fois de quatre, courbés, fendus en deux, & disposés en rond, d'un pourpre clair. Au milieu du calice, se trouve un pistil, qui se change en une petite tête composée de deux capsules, le plus souvent de trois, oblongues, bivalves, renfermant une semence brunâtre & ronde. Cette plante fleurit en Juin & Août. En automne, ses capsules gonflées de semences s'ouvrent, & les laissent tomber.

Figure.

Cette espèce est représentée dans les Plantes de Provence, par Garidel, pl. 39; dans l'*Hort. Monsp.* de Magnol, pl. 143; & dans l'Histoire des Plantes, par Morison, tom. 3, sect. 12, pl. 18, fig. 6.

Lieu de sa naissance.

Elle croît naturellement dans la Provence, dans l'Isle de Candie.

Culture.

On la multiplie par graines, qu'on sème en automne dans une plate-bande garnie de terreau, pour l'y laisser à demeure. Quand les jeunes plantes sont levées, on les débarrasse des mauvaises herbes, & on les éclaircit de façon qu'il se trouve quatre ou cinq pouces de distance les unes des autres. C'est-là uniquement en quoi consiste leur culture; & même quand les semences tombent d'elles-mêmes, ces plantes lèvent sans aucune culture.

GAURA, *le Gaura.*

Description générique.

Le caractère de ce genre est d'avoir le périanthe du calice monophylle, supérieur, qui tombe. Le tube est cylindrique, oblong, plus gros par la base, renfermant quatre glandes oblongues, qui en naissent. Le lymbe est partagé en cinq lobes oblongs, réfléchis. Les pétales de la corolle sont au nombre de quatre, oblongs, montans vers le côté supérieur, égaux, à onglets étroits, placés au tube du calice. Les filamens des étamines sont au nombre de huit, filiformes, supérieurement plus larges, droits, plus courts que la corolle. La glande nectarienne est conique entre la base de chacun. Les anthères sont oblongues, versatiles. Le germe du pistil est oblong, inférieur. Le style est filiforme, de la longueur des étamines. Les stigmates sont au nombre de quatre, cylindriques, ovales, s'ouvrans. Le péricarpe est une capsule ovale, à quatre angles applatis. Les semences sont solitaires, oblongues-anguleuses.

CLASSE.

Ce genre fait partie de la huitième classe de Linnæus, qui comprend les plantes octandriques monogyniques. Cet Auteur n'en admet qu'une espèce.

ESPECE.

Cette espèce est le Gaura bisannuel. *Gaura biennis. Linn. Sp. Plant.* 493. *Amœn. Acad.* 3, *p.* 26. *Act. Holmens.* 1756, *p.* 212. *Lysimachia Chamænerio similis, floridana; foliis nigris punctis; capsulis carinatis in ramulorum cymis. Pluk. Amalth.* 130.

Description.

Cette espèce tient le milieu entre l'*Epilobium* & l'*Œnothera*. Elle est haute, assez semblable au Chamænerion. Ses feuilles sont pointillées de noir.

Figure.

Elle est représentée dans l'*Almalth.* de Plukenet, pl. 428, fig. 2.

Lieu de sa naissance.

Elle croît naturellement dans la Virginie, la Pensylvanie. Elle est bisannuelle.

Culture.

Les fleurs paroissent en Septembre; & quand

l'automne est favorable, les semences mûrissent sur la fin d'Octobre. Si on les sème dans des plate-bandes, dès qu'elles sont mûres, elles réussissent beaucoup mieux que si on les sème au printemps. Quand les plantes lèvent, on nettoie les mauvaises herbes; & lorsqu'elles se trouvent trop épaisses, on en arrache quelques-unes que l'on met sur couche. En automne, on les transplante dans l'endroit où l'on veut qu'elles fleurissent, & où elles puissent avoir des semences mûres. Au surplus, elles n'exigent d'autre culture que de supporter leurs branches, pour empêcher que les vents d'automne ne les cassent.

Propriétés d'ornement.

Cette plante mérite d'occuper une place dans les grands parterres.

GAULTHERIA, *la Gaulthier.*

Description générique.

Le caractère de ce genre de plante est d'avoir le périanthe du calice double, approché, persistant. L'extérieur est plus court, à deux folioles semi-ovales, concaves, obtuses. Le périanthe intérieur est monophylle, fendu en cinq, campanulé, à segmens à demi-ovales. La corolle est monopétale, ovale, à demi-fendue en cinq, ayant le lymbe petit, replié. Le nectaire est à dix petits corps en forme d'alêne, droits, très-courts, enveloppant le germe entre les étamines. Les filamens des étamines sont au nombre de dix, en forme d'alêne, recourbés, plus courts que la corolle, insérés au réceptacle. Les anthères sont à deux petites cornes fendues en deux. Le germe du pistil est rond, aplati. Le style est cylindrique, de la longueur de la corolle. Le stigmate est obtus. Le péricarpe est une capsule ronde, à cinq angles obtus, applatie, à cinq loges, à cinq valves, couverte de chaque côté du périanthe intérieur, transformé en une baie ronde, colorée, ouverte au sommet. Les semences sont nombreuses, ovales, anguleuses, osseuses.

CLASSE.

Ce genre fait partie de la dixième classe de Linnæus, qui comprend les plantes décandriques monogyniques. Cet Auteur n'en admet qu'une espèce.

ESPÈCE.

Cette espèce est la Gaulthier couchée. *Gaultheria procumbens. Linn. Sp. Plant.* 565. *Kalm. Amœn. Acad.* 3, *p.* 14. *Duham. Arb.* 1, *p.* 286. *Vitis idæa, Canadensis, Pyrolæ folio. Tourn. Inst. Rei. Herb.* 608. *Anonyma pedunculis arcuatis. Cold. Noveb.* 98. En Suédois, *Thebuske*; chez les Sauvages du Canada, *Pollom.*

Description.

Ce petit arbuste, qui a presque le port de la Pervenche, a de même ses feuilles presque ovales, fermes, luisantes, & très-légèrement dentelées par les bords. Elles sont placées, de même que les fruits, à l'extrémité des petites branches. Assez souvent elles sont violettes pardessous.

Figure.

Cette espèce est représentée dans le Traité des Arbres, par M. Duhamel, tom. 1, pl. 113.

Lieu de sa naissance.

Elle croît en Canada, dans les terres sèches & arides, légères & sablonneuses.

Culture.

On la multiplie par semences & par des drageons enracinés.

Propriétés médicinales.

La racine de cet arbuste est recommandée en infusion, pour arrêter les diarrhées. En Canada & à l'Isle Royale, on prend cette infusion comme le Thé. Elle est agréable, & fortifie l'estomac.

GENIPA, *le Génipa.*

Description générique.

Le caractère de ce genre de plante est d'avoir pour périanthe le bord du germe, qui est entier, supérieur. La corolle est monopétale, en roue. Le tube est très-court, en forme d'entonnoir. Le lymbe est grand, partagé en cinq lobes ovales, aigus, qui s'ouvrent. Les filamens des étamines sont au nombre de cinq, en forme d'alêne, réfléchis, plus courts que la corolle. Les anthères sont rondes, conniventes. Le germe du pistil est ovale, inférieur. Le style est simple, court. Le stigmate est ovale, oblong, grand, de la longueur des étamines. Le péricarpe est une baie charnue, ovale, amincie de chaque côté, tronquée, à deux loges. Les semences sont nombreuses, applaties, angulées, se nichant.

CLASSE.

Ce genre fait partie de la cinquième classe de Linnæus, qui comprend les plantes pentandriques monogyniques. Cet Auteur n'en admet qu'une espèce.

ESPÈCE.

Cette espèce est le Génipa d'Amérique. *Genipa Americana. Linn. Sp. Plant.* 251. *Genipa fructu ovato. Plum. Sp.* 20. *Janipaba. Marcg. Bras.* 92. *Pis. Bras.* 67.

Description.

Les feuilles de cette espèce sont lancéolées, sinueuses, veineuses, très-entières, sessiles. Les pédoncules sont à plusieurs fleurs, en grappes. La corolle des fleurs est en forme d'entonnoir, &c. Voyez *la description générique.*

Figure.

Cette espèce est représentée dans les Plantes de l'Amérique de Plumier, par Burmann, pl. 136; & dans l'Histoire du Brésil, par Marcgrave, p. 92.

Lieu de sa naissance.

Elle croît naturellement dans l'Amérique méridionale.

Propriétés alimentaires.

Les fruits de cet arbre, lorsqu'ils viennent blets comme les Nèfles, sont bons à manger. On en tire une liqueur, qui est assez semblable au vin.

Propriétés

Propriétés médicinales.

On emploie avec succès ces fruits contre le flux de ventre. Ils appaisent les ardeurs du palais & de l'estomac, & ils sont également utiles aux malades & aux personnes en santé. Le vin qu'on en tire, a les mêmes propriétés; mais quand il est vieux, il n'est pas si astringent.

Propriétés économiques.

On tire de l'écorce de ce fruit, avant sa maturité, une liqueur, qui est d'abord aqueuse, & qui noircit ensuite. Les Sauvages s'en servent pour peindre leur corps; mais cette couleur noire disparoît d'elle-même le neuvième jour.

GENISTA, *le Genet.*

NOMS GÉNÉRIQUES.

Ce genre de plante est connu sous les noms de *Genista. Linn. Spatium. Genistella. Tourn. Albrakim Mesue.*

Description générique.

Le caractère de ce genre est d'avoir le périanthe du calice monophylle, petit, tubulé, à deux lèvres. La lèvre supérieure est à deux dents, divisée plus profondément. La lèvre inférieure est à trois dents, égale. La corolle est papilionacée. L'étendard est ovale, aigu, éloigné de la carène, totalement réfléchi. Les aîles sont oblongues, lâches, plus courtes que le reste. La carène est droite, échancrée, plus longue que l'étendard. Les filamens des étamines sont au nombre de dix, réunis, sortant de la carène. Les anthères sont simples. Le germe du pistil est oblong. Le style est simple, s'élevant. Le stigmate est aigu, enveloppé. Le péricarpe est un légume rond, gonflé, à une loge, à deux valves. Les semences sont solitaires, le plus souvent en forme de reins.

CLASSE.

Ce genre fait partie de la vingt-deuxième classe de Tournefort, qui comprend les arbres & arbrisseaux à fleurs papilionacées; & de la dix-septième de Linnæus, destinée aux plantes diadelphiques décandriques. Cet Auteur en admet quatorze espèces.

PREMIÈRE ESPÈCE.

La première espèce est le Genêt de Canarie. *Genista Canariensis. Genista foliis ternatis, tomentosis, petiolatis; ramis angulatis. Linn. Sp. Plant.* 997. *Hort. Cliff.* 355. *Mat. Med.* 347. *Roy. Lugdb.* 371. *Cytisus minoribus foliis; ramulis tenellis, villosis. Bauh. Pin.* 390. *Cytisus* 1. *Clus. Hist.* 1, *p.* 94.

Description.

Les feuilles de cette espèce sont ovales, pointues, poileuses de chaque côté. Les feuilles florales sont sessiles, menues. Le calice est fendu en trois; la partie inférieure est à trois dents. Les bouquets sont à cinq ou six fleurs. Les légumes sont blancs, velus. Les fleurs sentent bon.

Variété.

Linnæus donne pour variété de cette espèce la plante connue sous les noms de *Cytisus Canariensis, semper virens & incanus. Commel. Hort.* 2, *p.* 103. *Cytisus Canariensis, flore candido & citrino. Seb. Thes.* 2, *p.* 6. *Cytisus Canariensis. microphyllus angustifolius, prorsus incanus. Pluk. Alm.* 128.

Description.

Les feuilles de cette espèce sont semblables à celles de Lotier, dit Seba. Elles sont disposées trois à trois sur une queue, accompagnées, dans l'endroit où elles sortent, d'autres feuilles plus petites, & d'un vert-pâle. Ses fleurs sont légumineuses, blanches, semblables à celles du Genêt commun. Cette plante rampe sur terre, & pousse une petite tige fleurie à la hauteur d'un pied.

Figure.

Cette variété est représentée dans l'*Hort. Amsteld.* tom. 2, pl. 52; dans le *Thesaurus* de Seba, tom. 2, pl. 4, fig. 6, 7; & dans l'*Almag.* de Plukenet, pl. 277, fig. 6.

Lieu de sa naissance.

L'espèce principale, avec la variété, croît naturellement dans l'Espagne, les Isles de Canarie.

Propriétés alimentaires pour les insectes.

Les abeilles & autres petits insectes sucent les fleurs de cette plante.

SECONDE ESPÈCE.

La seconde espèce est le Genêt blanchâtre. *Genista candicans. Genista foliis ternatis, subtùs villosis; pedunculis lateralibus, sub quinque floris, foliatis; leguminibus hirsutis. Linn. Sp. Plant.* 997. *Amœn. Acad.* 4, *p.* 284. *Cytisus floribus lateralibus, foliis hirsutis, caule erecto, striato. Sauv. Monsp.* 191. *Sp. Plant.* 1, *p.* 740. *Cytisus Monspessulanus, Medicæ folio; siliquis densè congestis & villosis. Tourn. Inst.* 640. *Cytisus sylvestris, candicans. Cæsalp. Plant.* 113.

Description.

Cette espèce est semblable à la précédente; mais ses folioles sont plus grandes, ovales, poileuses endessous, aiguës de chaque côté. Ses petits rameaux sont latéraux, courts. Ses calices sont fendus en trois. Ses fleurs sont sans odeur. Ses feuilles florales sont pétiolées, à peine plus petites.

Lieu de sa naissance.

Elle croît en Italie, aux environs de Montpellier. Les fleurs paroissent en Juin & Juillet, & les semences sont mûres en automne.

TROISIÈME ESPECE.

La troisième espèce est le Genêt à feuilles de Lin. *Genista linifolia. Genista foliis ternatis, sessilibus, linearibus, subtùs sericeis. Linn. Sp. Plant.* 997. *Cytisus argenteus, linifolius, Insularum Stœchadum. Tourn. Inst. Rei. Herb.* 648.

Description.

Cet arbrisseau est petit, à rameaux noueux, dont

les dents restent après la chûte des feuilles. Les petits rameaux sont feuillés, anguleux, droits, soyeux. Les feuilles sont sessiles, ternées, plus serrées, alternes, ayant les folioles linéaires, égales, aiguës, repliées par le bord, cotonneuses-soyeuses en-dessous. Les grappes sont terminales. Le calice est partagé en trois. La partie inférieure est tendue en trois. La corolle est semblable à celle du Genêt des Teinturiers. Les légumes sont velus.

Lieu de sa naissance.

Cette espèce croît naturellement au Levant, en Espagne.

QUATRIEME ESPÈCE.

La quatrième espèce est le Genêt en forme de flèche. *Genista sagittalis. Genista ramis ancipitibus, articulatis; foliis ovato-lanceolatis. Linn. Sp. Plant.* 998. *Hort. Cliff.* 355. *Roy. Lugdb.* 371. *Genista herbacea, seu Chamæspartium. Bauh. Hist.* 1, *p.* 393. *Chamæ-Genista sagittalis. Bauh. Pin.* 395. *Chamæ-Genista sagittalis, Pannonica. Com. Hort. Chamægenista* 2. *Clus. Hist.* 1, *p.* 104. *Chamæspartium supinum, caule folioso, Hispanicum. Barr. Rar. t.* 570.

Description.

Les rameaux de ce Genêt sont aigus des deux côtés, articulés. Les feuilles sont ovales, lancéolées.

Figure.

Cette espèce est représentée dans le *Camerarii Hort.*, pl. 13; dans les Plantes Rares de Barrelier, pl. 570; & dans Miller, pl. 259, fig. 2.

Lieu de sa naissance.

Elle croît naturellement en Allemagne, en France. On en voit à Malesherbes; le long des bois, dans l'Orléanois, en Lorraine; à l'Éperou, en Languedoc.

CINQUIÈME ESPÈCE.

La cinquième espèce est le Genêt à trois dents. *Genista tridentata. Genista ramis triquetris, subarticulatis, foliis tricuspidatis. Linn. Sp. Plant.* 998. *Genistella fruticosa, Lusitanica, latifolia. Tourn. Inst.* 646. *Chamægenista caule foliato. Bauh. Pin.* 396. *Chamægenista peregrina. Dalech. Hist.* 177.

Description.

Cette espèce est très-semblable à la précédente, mais tout est plus grand; & les articulations des rameaux sont terminées en feuilles latérales, sans être entières, mais à trois pointes. Les légumes sont blancs, lainés.

Variété.

Linnæus donne pour variété de cette espèce le Genêt en arbrisseau. *Genista fruticosa, Lusitanica, angustifolia. Tourn. Inst. Rei. Herb.* 646.

Lieu de sa naissance.

Cette espèce croît naturellement dans le Portugal.

SIXIÈME ESPÈCE.

La sixième espèce est le Genêt des Teinturiers, l'Herbe à jaunir. *Genista tinctoria. Genista foliis lanceolatis, glabris; ramis striatis, teretibus, erectis. Linn. Sp. Plant.* 998. *Hort. Cliff.* 355. *Flor. Suec.* 587, 634. *Mat. Med.* 347. *Roy. Lugdb.* 371. *Gort. Gelr.* 416. *Genista tinctoria, Germanica. Bauh. Pin.* 395. *Genista tinctoria, vulgaris. Clus. Hist.* 1, *p.* 101. En Anglois, *Greenwodd, Dyer'sweed, Woodwaken;* en Allemand, *Kleiner deutscher Genister;* en Italien, *Ginestra de' Tintori.*

Description.

La racine de cet arbrisseau est ligneuse. Ses rameaux sont sans épines, striés, cylindriques, droits. Ses feuilles sont alternes, avec quelques stipules à peine visibles, sessiles, simples, entières, lancéolées. Ses fleurs sont jaunes, disposées en espèce d'épis au sommet des rameaux, au-dessous desquelles sont des bractées. Les fruits sont des légumes obronds, renflés, uniloculaires, à deux valvules, contenant plusieurs semences souvent réniformes.

Figure.

Elle est représentée dans le *Flora Danica* d'Œder, pl. 526.

Lieu de sa naissance.

Elle croît naturellement dans l'Allemagne, l'Angleterre, aux environs de Paris, d'Aix, de Montpellier, de Lyon, de Nancy, de Metz, de Besançon, d'Orléans, de Strasbourg, de Dijon & ailleurs.

Culture.

On élève aisément cette espèce, de même que toutes les autres, de semences; & on peut les greffer les unes sur les autres par approche & en écusson. C'est la seule façon de multiplier le Genêt à fleurs doubles, qui ne porte point de graines. Le Genêt reprend difficilement, quand on le transplante. Ces arbustes ne sont point difficiles sur la nature du terrein: ils viennent par-tout.

Analyse chymique.

Suivant l'analyse chymique, cette plante donne un phlegme acide & austère, une médiocre portion d'huile & de terre, un peu de sel volatil-urineux, & une assez grande quantité de sel alkali-fixe. Elle répand une odeur fétide, qui approche de celle du Sureau ou de l'huile empyreumatique. Ses feuilles sont amères, & ne rougissent pas le papier bleu: d'où M. Tournefort conclut que cette plante contient un sel essentiel semblable au sel naturel de la terre, mêlé intimement avec beaucoup d'huile fétide.

Propriétés alimentaires pour l'homme.

On confit au vinaigre les boutons de Genêt, & on les emploie dans les sauces, comme les Caprés; mais ces boutons sont ordinairement durs, & n'ont point le goût relevé de la Capre.

Propriétés alimentaires pour les animaux.

On prétend que les lièvres sont fort friands du Genêt. On s'en sert comme de rames, pour grimper les vers à soie, lorsqu'ils veulent filer.

Propriétés médicinales.

On se sert souvent de cette plante en Médecine. On la regarde comme fort apéritive. On fait bouillir les feuilles, les rameaux & les sommités du

Genêt dans du vin ou de l'eau, & on ordonne cette décoction aux hydropiques. La graine de cette plante, prise à la dose d'un gros & demi dans de l'hydromel le matin à jeun, purge violemment. Le suc qu'on tire par expression des branches tendres, est en même temps purgatif & vomitif. Il s'ordonne à la dose d'une once. On prescrit dans le rhumatisme, la goutte, l'hydropisie, les maladies du foie, de la rate & du mésentère, le syrop des fleurs de Genêt, ou leur infusion dans de l'eau commune, qu'on mêle avec des sommités de Menthe & de Sarriette. La dose est depuis une once jusqu'à deux. La fumigation de ces mêmes fleurs est utile aux hydropiques, pour désenfler les jambes. Dodoën ordonnoit avec succès l'infusion des tendrons de Genêt aux hydropiques, pour faire pousser les eaux & les urines. Claudius y ajoutoit du sel d'absynthe. Selon lui, ce remède est le plus grand spécifique contre l'hydropisie. Tout ce qui est sûr, c'est que le sel lixiviel qu'on tire de cette plante, a produit plusieurs fois de grands effets dans cette maladie. En faisant brûler sur une assiette d'étain de jeunes branches de Genêt vert, on en tire une huile noirâtre, fort caustique. On l'emploie contre les dartres.

Formules.

1°. Prenez racines de Raifort sauvage, de petite Scrophulaire, d'Aulnée & d'Oseille, de chacune demi-once; feuilles de Fumeterre, de Beccabunga, de Cresson de fontaine, de chacune une poignée; sommités de Pin & de Sapin, fleurs de petite Centaurée & de *Genêt*, de chacune une pincée; graines de Roquette, d'Ancholie, de Genièvre pilées, de chacune un gros: faites bouillir dans six livres d'eau commune, réduite à cinq: ajoutez sur la fin petite Joubarbe, deux pincées; herbes aux Cuillers, une poignée: passez & conservez cet apozème pour l'usage. La dose est de six onces, alliée avec une demi-once de syrop de Limon, à prendre quatre fois le jour dans le scorbut.

2°. Prenez Gratiole, Soldanelle, feuilles d'Yeble, de Cabaret, de Sureau, fleurs de *Genêt*, de Pêcher, de chacune une demi-poignée; écorce de Sureau, de Bourgêne, racines d'Iris commun & Esule, de chacune une once; pulpe de Coloquinte, une pincée: faites bouillir le tout dans l'urine, pour un cataplasme contre l'hydropisie de la tête.

3°. Prenez semences de persil, de Chardon-bénit & de *Genêt*, de chacune parties égales: reduisez le tout en poudre. La dose est de trois pincées dans un verre de vin blanc, contre la rétention d'urine.

4°. Prenez des sommités de *Genêt*, dont le pied est rouge, deux poignées: pilez-les à demi, & faites-les infuser pendant deux jours dans une pinte de vin blanc, pour un spécifique anti-pestilentiel, dont on prend tous les matins à jeun un verre avant de sortir de la maison.

Propriétés vétérinaires.

Quand on prescrit aux animaux les fleurs de Genêt, c'est en décoction, à la dose de deux poignées dans une livre & demie d'eau.

Propriétés économiques.

On fait des balais avec les tiges de Genêt. On peut s'en servir pour des liens. Dans le territoire de Pise, on l'emploie plus utilement. En le faisant rouir dans l'eau d'une source chaude, on en tire une espèce d'étoupe, qui devient un fil assez beau, & qui prend bien la teinture. On a fait voir à l'Académie des Sciences, en Juin 1763, de la toile faite de ce fil. Elle a paru bonne, mais grossière. La partie ligneuse, qui reste après que l'écorce s'est détachée par le rouissage, tombe en poussière dans la broue. A Pise, on s'en sert pour rembourrer les chaises, parce qu'elle a peu d'élasticité. Dans les villages, on comble les fossés avec le bois de ses grosses racines. On tire des fleurs de Genêt une couleur jaune fort en usage chez les Peintres & les Enlumineurs. Quand on les mêle avec le Pastel, elles donnent une couleur verte.

Propriétés d'ornement.

Le Genêt est très-propre pour décorer les bosquets. Il y fleurit au commencement de Juin. On préfère le Genêt d'Espagne, principalement celui à fleurs doubles, dont l'odeur est admirable.

SEPTIÈME ESPECE.

La septième espèce est le Genêt de Sibérie. *Genista Sibirica. Genista foliis lanceolatis, glabris; ramis æqualibus, teretibus, erectis. Linn. Syst. Veg. edit. XIII. Murray.* 536. *Mant.* 571.

Description.

Il est semblable au Genêt précédent; mais ses tiges ne sont pas striées ou anguleuses, à peine rayées, & il n'y a aucun poil sur la tige ou sur les feuilles. Celles-ci sont plus étroites. Les fleurs sont beaucoup éloignées, à épis en panicules.

Lieu de sa naissance.

Elle croît naturellement dans la Sibérie.

HUITIÈME ESPÈCE.

La huitième espèce est le Genêt fleuri. *Genista florida. Genista foliis lanceolatis, sericeis; ramis striatis, teretibus; racemis secundis. Linn. Sp. Plant.* 998. *Genista tinctoria, Hispanica. Clus. Hist.* 1, *p.* 101. *Genista tinctoria, frutescens, foliis incanis. Bauh. Pin.* 395.

Description.

Les rameaux de cette espèce sont striés, cylindriques. Les feuilles sont lancéolées, soyeuses, blanchâtres. Les grappes sont secondaires.

Lieu de sa naissance.

Elle croît naturellement en Espagne.

NEUVIEME ESPÈCE.

La neuvième est le Genêt poileux. *Genista pilosa. Genista foliis lanceolatis, obtusis; caule tuberculato, decumbente. Linn. Sp. Pl.* 999. *Hort. Cliff.* 355. *Flor. Suec.* 588, 635. *Roy. Lugdb.* 371. *Genista ramosa, foliis Hyperici. Bauh. Pin.* 395. *Chamægenista foliis Genistæ vulgaris. Bauh. Pin.* 395. *Chamægenista montana, hispida. Bauh. Pin.* 396. *Chamægenista prima. Clus. Hist.* 1, *p.* 103.

Description.

Cette espèce diffère sur-tout de la cinquième par ses rameaux, qui sont applatis de chaque côté, & qui se couchent, tandis que le Genêt des Teinturiers croît droit. La tige du Genêt poileux est tuberculée. Les feuilles sont lancéolées, obtuses.

Lieu de sa naissance.

Elle croît dans des monceaux de pierre voisins de la rivière d'Olnet, qui coule dans la Franche-Comté. On en trouve sur le Mont Loup, aux environs de Montpellier.

DIXIÈME ESPÈCE.

La dixième espèce est le Genêt couché par terre. *Genista humifusa. Genista foliis lanceolatis, ciliatis; ramis prostratis, striatis, pilosis. Linn. Sp. Plant.* 998. *Genista Orientalis, minima, humifusa; foliis subrotundis, ad oras pilosis. Tourn. Coroll.* 44.

Description.

Ses rameaux sont couchés, striés, poileux. Ses feuilles sont lancéolées. Ce Genêt est très-petit.

Lieu de sa naissance.

Cette espèce croît naturellement au Levant.

Observation.

Les Genêts dont nous venons de parler sont sans épines. Les quatre suivans sont épineux.

ONZIÈME ESPÈCE.

L'onzième espèce est le Genêt d'Angleterre. *Genista Anglica. Genista spinis simplicibus; ramis floriferis, inermibus; foliis lanceolatis. Linn. Sp. Plant.* 999. *Hort. Cliff.* 355. *Roy. Lugdb.* 371. *Genista minor, asphaltoïdes. Bauh. Pin.* 395. *Prodr.* 157. *Genistella aculeata. Lob. Ic.* 2. *Genistella. Dod. Pempt.* 670.

Description.

Cette espèce est très-petite, ses rameaux à fleurs, sans épines. Ses feuilles sont lancéolées. Ses épines sont simples.

Figure.

Elle est représentée dans Lobel, pl. 93.

Lieu de sa naissance.

Elle croît naturellement dans les buissons & endroits un peu humides de l'Angleterre.

DOUZIEME ESPÈCE.

La douzième espèce est le Genêt d'Allemagne. *Genista Germanica. Genista spinis compositis; ramis floriferis, inermibus; foliis lanceolatis. Linn. Sp. Plant.* 999. *Roy. Lugdb.* 371. *Gort. Gelr.* 457. *Genista spinosa, minor. Germanica. Bauh. Pin.* 395. *Genistella spinosa. Rivin. Tetr.* 67.

Description.

Cette espèce s'élève en buisson, à la hauteur de trois ou quatre pieds, sur plusieurs branches menues, armées d'épines composées & garnies de feuilles lancéolées, placées alternativement. Les branches florifères sont désarmées, & portent leurs fleurs en épis courts & lâches, d'un jaune vif. Il leur succède de courtes siliques, qui contiennent trois ou quatre semences.

Figure.

Elle est représentée dans les Plantes Tétrapétales de Rivin, pl. 67.

GENISTA.

Lieu de sa naissance.

Elle croît naturellement en Allemagne & en Flandre.

TREIZIÈME ESPÈCE.

La treizième espèce est le Genêt d'Espagne. *Genista Hispanica. Genista spinis decompositis; ramis floriferis, inermibus; foliis linearibus, pilosis. Linn. Sp. Plant.* 999. *Ger. Prov.* 483. *Genista spinosa, minor, Hispanica, villosissima. Bauh. Pin.* 395. *Genistella Monspeliaca, spinosa. Bauh. Prodr.* 157. *Genistella montis Ventosi, spinosa. Bauh. Hist.* 1, *p.* 400.

Description.

Cette espèce est un buisson qui parvient à la hauteur d'environ trois pieds, & dont les branches sont armées d'épines rameuses. Les anciennes sont couvertes d'une écorce grise, & les bourgeons d'une écorce verte. Les rameaux à fleurs sont dépourvus d'épines, & garnis de feuilles minces, velues, & de différentes formes; quelques-unes sont aussi déliées qu'un cheveu, & d'autres sont lancéolées. Les branches sont terminées par des épis de fleurs, auxquelles succèdent des siliques très-courtes & velues. Cette espèce approche beaucoup de la précédente.

Lieu de sa naissance.

Elle croît naturellement en Espagne, en Provence. M. de Tschoudy l'a trouvée sur le penchant d'un côteau, dans la Valteline.

Culture.

Elle se multiplie aisément de marcottes. Il faut choisir les branches inférieures les plus souples, & les coucher en Juillet, avec toutes les précautions requises. Elles feront bientôt enracinées la seconde automne, où il conviendra de les sevrer & de les transplanter.

Propriétés d'ornement.

Ses fleurs paroissent en Mai. Elles sont d'un jaune très-agréable. Cet arbuste est pour lors d'un effet charmant. On peut le placer sur les devans des massifs, dans les bosquets printaniers.

QUATORZIEME ESPECE.

La quatorzième espèce est le Genêt de Portugal. *Genista Lusitanica. Genista caule aphyllo, spinis decussatis. Linn. Sp. Plant.* 999. *Genista spartium, spinosum, minus. Bauh. Pin.* 394. *Scorpius secundus. Clus. Hist.* 1, *p.* 107. *Bauh. Hist.* 1, *p.* 403.

Description.

Ce Genêt est petit. Il a sa tige sans feuilles. Ses épines sont brisées.

Lieu de sa naissance.

Il croît naturellement en Espagne, en Portugal.

Culture générale.

On multiplie facilement toutes les espèces de Genêt par graines; comme ils ne prennent qu'un petit nombre de racines coriaces & peu subdivisées, il est avantageux de les semer à demeure. Ils en viendront

viendront mieux; cependant ils supportent très-bien d'être transplantés, quand ils sont jeunes. On peut donc en semer aussi dans de petites caisses pour les espèces qui sont un peu délicates, & dans une bonne planche de terre légère. A l'égard des autres, lorsqu'on répand ces graines en automne, elles lèvent sûrement le printemps suivant. Miller dit que les semis qu'on en fait en Mars ou Avril, ne paroissent qu'un an après; mais M. de Tschoudy a éprouvé le contraire, en mettant les caisses où il les avoit semées, sur une couche tempérée. Il ajoute que presque toutes les espèces peuvent reprendre par marcottes; il y a déjà réussi sur plusieurs.

Insecte qui se trouve sur le Genêt.

On trouve sur le Genêt la Phalène connue par Linnæus sous le nom de *Phalæna noctua Pisi. Phalæna noctua, spirilinguis, cristata; alis deflexis, ferrugineo-cinereis, bimaculatis; strigâ posticâ, pallidâ. Syst. Nat. edit. XII*, 854. Comme on trouve cette Phalène également sur le Pois, *Pisum*, nous en donnerons la description dans cet article.

GENTIANA, *la Gentiane.*

NOMS GÉNÉRIQUES.

Ce genre de plante est connu sous les noms de *Gentiana. Narke. Aloitis. Diosc. Asterias. Reneal. Centaurium minus. Tourn.*

Description générique.

Le caractère de ce genre est d'avoir le périanthe du calice aigu, partagé en cinq lobes oblongs, persistans. La corolle n'a qu'un pétale, inférieurement tubulé, sans être perforé, & supérieurement fendu en cinq, plane, se fanant, de figure différente. Les filamens des étamines sont au nombre de cinq, en forme d'alêne, plus courts que la corolle. Les anthères sont simples. Le germe du pistil est oblong, cylindrique, de la longueur des étamines, sans style. Les stigmates sont au nombre de deux, ovales. Le péricarpe est une capsule oblongue, cylindrique, pointue, légèrement fendue en deux par le sommet, à une loge & à deux valves. Les semences sont nombreuses, petites. Les réceptacles sont au nombre de deux; chacun est joint longitudinalement à la valvule.

CLASSE.

Ce genre fait partie de la première & seconde classe de Tournefort, qui comprennent les plantes à fleurs campaniformes & infundibuliformes; & de la cinquième de Linnæus, destinée aux plantes pentandriques digyniques. Cet Auteur en admet trente-une espèces, dont les neuf premières ont les corolles fendues en cinq, & sont campaniformes: les seize suivantes ont pareillement leurs corolles fendues en cinq, mais elles sont infundibuliformes; & les dernières n'ont pas leurs corolles fendues en cinq.

PREMIÈRE ESPECE.

La première espèce est la grande Gentiane, la Gentiane jaune. *Gentiana lutea. Gentiana corollis quinquefidis, rotatis, verticillatis; calycibus spathaceis. Linn. Sp. Plant.* 329. *Hall. Helv. edit.* 1, 479. *Gentiana floribus lateralibus, confertis, pedunculatis; corollis rotatis. Hort. Cliff.* 80. *Flor. Suec.* 201, 227. *Mat. Med.* 110. *Roy. Lugdb.* 432. *Sauv. Monsp.* 136. *Gentiana major, lutea. Bauh. Pin.* 187. *Flor. Lapp.* 96. *Gentiana. Cam. Epit.* 415. *Asterias. Renealm. Sp.* 64. *Gentiana vulgaris, major, Hellebori albi folio. J. Bauh.* En Allemand, *Enzian*; en Anglois, *Gentian.*

Description.

La racine de cette espèce est grosse, charnue, spongieuse, traçante. Le tronc principal est perpendiculaire. Les tiges s'élèvent à la hauteur de deux coudées. Elles sont simples, lisses. Les feuilles sont perfeuillées, radicales, embrassant la tige par le bas, unies & luisantes. On y voit des nervures qui partent de la base, & vont aboutir aux extrémités, comme les Plantains. Les fleurs sont verticillées, sessiles, monopétales, campaniformes, évasées & découpées en cinq dentelures. Le fruit est membraneux, ovale, pointu, à une seule loge, remplie de semences plates, orbiculaires & comme feuilletées.

Figure.

Cette espèce est représentée dans le *Specimen* de Renéaulme, pl. 63; dans Miller, pl. 439; & dans Barrelier, pl. 63.

Lieu de sa naissance.

Elle est vivace, & croît naturellement sur les Alpes de Norvège, de Suisse, d'Autriche, de Trente, sur les Pyrenées, les montagnes des Vosges & les Monts Apennins.

Culture.

Elle se plaît dans une terre légère & argilleuse, & à une exposition ombragée. Elle y vient beaucoup mieux que dans un terrein sec & à une exposition découverte. On la multiplie par graines, que l'on sème dans des pots dès qu'elles sont mûres; car si on les conserve jusqu'au printemps, elles ne réussissent point. On placera ces pots à l'ombre, & on aura soin de nettoyer les mauvaises herbes. Les plantes lèvent pour l'ordinaire au printemps. On les arrose suffisamment pendant la sécheresse, & on a la précaution de nettoyer exactement les mauvaises herbes. On les dépote en automne, ayant sur-tout l'attention de ne pas rompre ou endommager les racines. On les plante dans une plate-bande bien bêchée & préparée pour cet effet, garnie de terre argilleuse, & à une exposition ombragée. On donne à chaque pied environ six pouces de distance, en observant que l'extrémité de la racine soit un peu au-dessous de la surface de la terre; ensuite on presse la terre autour des racines. Ces plantes n'exigent plus pour lors d'autres soins, que d'être débarrassées des mauvaises herbes; & si le printemps suivant est sec, on les arrose convenablement, ce qui accélère beaucoup leur végétation. On les laisse pendant deux ans dans cette plate-bande ou pepinière; & pour lors elles seront assez fortes pour être transplantées à demeure. On pourra les enlever en automne, dès que les feuilles se sèchent; mais comme les racines de ces plantes pénètrent profondément dans la terre, comme les Carottes, il faut avoir attention, en les déterrant, de ne pas les couper ou rompre avec la bêche; car cela les affoiblit beaucoup, si elles n'en périssent pas. Quand elles sont une fois plantées à demeure, il ne faut d'autre culture que de bêcher la terre à l'entour, au commencement du printemps, avant qu'elles commencent à pousser, & nettoyer les mauvaises herbes au printemps. Les racines de ces plantes vivent plusieurs années; mais les tiges meurent toutes les automnes. Les mêmes racines ne poussent pas des fleurs deux ans de suite; ce n'est pour l'ordinaire que de trois ans en trois ans.

Propriétés médicinales.

La Gentiane est une des meilleures plantes dont on puisse se servir en Médecine. Sa racine est en usage. Elle est apéritive, stomachale, détersive, alexitère, vermifuge. Plusieurs croient qu'elle est un aussi bon spécifique contre les fièvres intermittentes, que le Quinquina, si on donne plusieurs fois au malade un gros de sa poudre & de son extrait. Simon Pauli nous avertit de ne point donner ce remède à des personnes maigres & desséchées, mais plutôt à celles d'un tempérament humide. Pena & Lobel nous donnent cette racine comme un excellent remède contre la peste; c'est pourquoi on l'emploie dans la thériaque. Elle est aussi très-bonne pour dilater les ulcères sinueux, & produire le même effet que l'éponge préparée avec la cire.

M. Coppin, Curé à Noirmont, en Franche Montagne des Bois, Diocèse de Basle, se sert avec succès de la racine de cette plante, pour guérir les Habitans de son village, attaqués de fièvres intermittentes. Il prend deux onces de cette racine. Il la met en poudre. Il la fait cuire dans un pot de vin rouge; ensuite il en fait un syrop, suivant la méthode ordinaire. Il donne une cuillerée de ce syrop au malade de demi-heure en demi-heure. L'infusion de cette plante dans du vin est excellente pour provoquer les mois, contre la cachexie & contre la goutte. Les anciens s'en servoient contre l'asthme & les vers. L'expérience a appris que c'est un excellent anti-septique. On s'en sert extérieurement dans les fistules.

La racine de Gentiane entre dans l'infusion amère, simple & purgative, dans le vin amer, dans la teinture amère, dans les esprits de Scordium, enfin dans la thériaque & le mithridate de la Pharmacopée de Londres. Elle entre encore dans la décoction amère, le syrop de Mercuriale, le diascordium, l'orviétan, la teinture stomachique amère, l'opiate de Salomon & de celle de Paris.

Observation.

On apporta il y a quelques années en Angleterre de la racine de Gentiane mêlée avec celle de Jusquiame. Cette racine mélangée ayant été malheureusement mise en usage, causa de grands maux aux personnes auxquelles on l'avoit administrée. Comme l'on faisoit pour lors beaucoup de recherches pour savoir ce que pouvoit être cette racine, quelques-uns soupçonnoient que c'étoit de la racine de Morelle; d'autres pensoient que c'étoit des racines de quelques plantes ombellifères, vénéneuses: mais en les comparant avec quelques racines sèches de Jusquiame, Miller découvrit que c'étoit précisément la même.

Formules.

1°. Prenez racines d'Aristoloche & de *Gentiane*, de chacune une once; des feuilles de Scordium, des sommités d'Absynthe, de Millepertuis & de petite Centaurée, de chacune demi-poignée: faites-les cuire dans une pinte de vin blanc; délayez dans la colature, miel, deux onces, pour une décoction vulnéraire, dont on fera souvent des injections dans l'ulcère fistuleux.

2°. Prenez racines d'Aristoloche ronde & de *Gentiane*, de chacune trois gros; racines de Garance, un gros & demi: coupez les racines par petits morceaux; faites-les bouillir dans quatre livres d'eau commune pendant un quart-d'heure: ajoutez feuilles de Bugle, de Sanicle, de Prunellier & de Pied-de-Lyon, de chacune un demi-gros; fleurs de petite Centaurée & de Millepertuis, de chacune une pincée: faites bouillir légèrement; ajoutez à cinq onces de cette décoction une demi-once de syrop de Lierre terrestre, pour un potion vulnéraire, qui est très-bien indiquée dans les plaies, les ulcères & les chûtes.

3°. *Syrop de Calabre ou Longue-vie.* Prenez du suc de Mercuriale, huit livres; des sucs de Bourrache & de Buglosse, de chacun deux livres: passez toutes ces liqueurs par un linge avec forte expression, & faites-les bouillir ensuite pendant un quart-d'heure, en les écumant toujours. Après que vous les aurez bien écumées, passez-les par une chausse de drap, & mêlez-y autant pesant de bon miel blanc, que vous aurez soin de faire bouillir & d'écumer. Il faut auparavant faire infuser sur les cendres chaudes, pendant deux jours, dans trois livres de vin blanc, six onces de racines de Glayeul ordinaire, & quatre onces de racines de Gentiane, coupées par petites tranches: passez ensuite cette infusion par un linge sans presser, & mêlez-la avec le suc des herbes & le miel: faites bouillir le tout ensemble dans une poële à confiture, jusqu'à ce que le syrop soit d'une consistance assez épaisse, ayant soin d'enlever toute l'écume qui s'y amasse en bouillant. Toute cette liqueur doit se réduire à huit livres de syrop.

Propriétés vétérinaires.

La Gentiane est la base de la poudre cordiale des Maréchaux. On la prescrit aux animaux, à la dose d'une once ou de deux.

Propriétés d'ornement.

Quand les tiges de cette plante fleurissent, elles forment un aspect assez joli, & comme elle se plaît dans une terre ombragée & humide, où il ne peut croître que très-peu de plantes pour servir d'ornement, elles ne doivent jamais manquer dans les beaux jardins.

SECONDE ESPECE.

La seconde espèce est la Gentiane pourpre. *Gentiana purpurea. Gentiana corollis quinquefidis, campaniformibus, verticillatis; calycibus subspathaceis. Linn. Sp. Plant.* 329. *Gentiana corollis campaniformibus, verticillatis; foliis imis, petiolatis, ellypticis. Hall. Helv. edit.* 1, 479. *Gentiana major, purpurea. Bauh. Pin.* 187. *Gentiana major, flore purpureo. Œd. Flor. Dan.* 50. *Gentiana major, alia. Cam. epit.* 416. *Coilentha. Renealm. Spec.* 65. *Gentiana purpurea. Hill. Gentiana.* 1. *seu major, purpureo flore. Clus. Pannon. p.* 277, 278. En Danois, *Sode, Sodrod, Sothenge, Skiarsode.*

Description.

Sa racine est très-amère. Sa tige n'est pas rameuse. Elle est droite, haute d'un pied, d'une coudée. Ses verticelles ou anneaux sont seulement au nombre de deux dans les feuilles supérieures. Le calice est en forme de spathe, à deux valves, marqué de quelques dents. La fleur est campaniforme, à cinq ou six segmens lancéolés, d'un pourpre obscur, dilatés dans leur base. On y remarque des points rangés en ligne. Le tube de la fleur est jaune. Les étamines sont réunies aux anthères.

Figure.

Cette espèce est représentée dans le *Flora Danica* d'Œder, pl. 50; dans les Observations de Jacquin, obser. seconde, pl. 39; & dans le Systême Végétal de Hill, pl. 54.

Lieu de sa naissance.

Elle croît sur les montagnes des Alpes, des Pyrenées & de la Norvège.

Observation.

Elle a beaucoup de ressemblance avec la première, tant pour sa description, que pour ses propriétés.

TROISIEME ESPECE.

La troisième espèce est la Gentiane ponctuée. *Gentiana punctata. Gentiana corollis quinquefidis, campanulatis, punctatis, verticillatis; calycibus quinquedentatis. Linn. Sp. Plant.* 329. *Gentiana major, flore punctato. Bauh. Pin.* 187.

Description.

Ses pétales sont pourpres, à points parsemés. Elle n'est différente de la précédente, que par la seule couleur de sa fleur.

Figure.

Elle est représentée dans la seconde partie des Observations de Jacquin, pl. 39.

Lieu de sa naissance.

Elle croît naturellement dans les montagnes de la Suisse, de la Sibérie, de l'Autriche, de la Styrie.

Observation.

Gmelin a trouvé dans la Sibérie une variété de cette espèce à feuilles linéaires, lancéolées, à fleurs terminales, ternes, à péduncules propres, à corolles jaunes, pointillées de pourpre.

Propriétés d'ornement.

Ces deux espèces pourroient très-bien occuper une place dans nos parterres, à cause de leurs fleurs.

QUATRIEME ESPECE.

La quatrième espèce est la Gentiane en forme d'Asclepias. *Gentiana Asclepiadea. Gentiana corollis quinquefidis, campanulatis, oppositis, sessilibus; foliis amplexicaulibus. Linn. Sp. Plant.* 329. *Gentiana foliis ovato-lanceolatis; floribus campanulatis, in alis sessilibus. Hall. Helv. edit.* 1, 478. *Gentiana floribus lateralibus, solitariis, sessilibus; corollis erectis. Hort. Cliff.* 80. *Roy. Lugdb.* 432. *Gentiana Asclepiadis folio. Bauh. Pin.* 187. *Dasystaphana. Renealm. Specim.* 67. En Anglois, *Twin Flowering Gentian. Hill.*

Description.

Sa tige est haute d'un pied, sans être rameuse. Sa racine est ligneuse, rameuse. Ses feuilles sont semblables, à cinq nervures, ovales, lancéolées, assez semblables à l'Asclepias, presque amplexicaules. Les fleurs sont au nombre de deux, sur des pétioles courts, appuyés sur deux feuilles. Le calice est campaniforme, pentagonal, plus court que le tube de la fleur, comme recoupé, à cinq segmens en forme d'alêne. La fleur est campaniforme, pentagone, bleue, à cinq segmens lancéolés, ayant à sa base de chaque côté un bord plus lâche, qui deux à deux forment un pli. Le tube de la fleur & quelquefois les segmens, sont maculés. Les anthères se rassemblent autour du tuyau. Celui-ci est simple, unique.

Figure.

Cette espèce est représentée dans le Systême Végétal de Hill, pl. 55.

Lieu de sa naissance.

Elle croît ordinairement dans les Alpes de Suisse, de Mauritanie & de Hongrie.

Culture.

On peut la multiplier par graines, de même que la première espèce; & elle demande aussi d'être gouvernée de même; mais il lui faut un terrain humide & argilleux: autrement elle ne réussit point. On peut aussi la multiplier par rejets qu'elle pousse de ses racines. On choisit, pour les détacher, l'automne, comme la saison la plus favorable. On ne doit les transplanter & séparer que chaque trois ans, si on veut les avoir en fleur.

CINQUIÈME ESPÈCE.

La cinquième espèce est la Gentiane pneumonanthe, la Gentiane d'automne. *Gentiana pneumonanthe. Gentiana corollis quinquefidis, campanulatis, oppositis, pedunculatis; foliis linearibus. Linn. Sp. Plant.* 330. *Gentiana floribus terminalibus, raris; corollis erectis, plicatis; foliis linearibus. Hort. Cliff.* 80. *Flor. Suec.* 202, 228. *Roy. Lugdb.* 432. *Dalib. Paris.* 81. *Gentiana angustifolia, autumnalis, major. Bauh. Pin.* 188. *Gentiana palustris, angustifolia. Bauh. Pin.* 188. *Pneumonanthe. Cord.* 1, *p.* 162. *Lobel. Ic. p.* 309. *Gleditsch. Mém. de l'Acad. de Berlin, t. VII. Gentiana minima, Barrel. Ic.* 51. *Camerar. Epit. p.* 418. En Anglois, *Linear Gentian*; en Suédois, *Hostklaaka.*

Description.

La racine de cette espèce est jaune, capillacée, à fibres cylindriques. Sa tige est haute d'un pied, droite, à peine rameuse. Ses feuilles sont tantôt ellyptiques & obtuses, tantôt linéaires, aiguës. Ses fleurs sont à peine sessiles dans les aisselles des feuilles, solitaires. Son calice est tubuleux, comme recoupé, à segmens en forme d'alêne. La fleur est du plus beau bleu, campaniforme, à cinq segmens triangulaires, à tube pointillé intérieurement. Entre les segmens de la fleur, il y a des plis, & cinq glandes autour du germe. Le fruit est gonflé au milieu. Les étamines sont rassemblées en un seul cône. Les semences sont très-menues, pointues.

Figure.

Cette espèce est représentée dans les Planches de Lobel, p. 309; dans les Mémoires de l'Académie de Berlin, tom. VII, fig. 6, 7, 8; dans Barrelier, pl. 51; dans Hill, pl. 55; & dans le *Flora Danica*, pl. 269.

Lieu de sa naissance.

Elle croît naturellement dans les prairies un peu humides de l'Europe. Elle est vivace.

Culture.

On la multiplie par graines, de la même manière que la première espèce, & on la gouverne aussi de même; mais comme elle ne pousse pas des racines si profondes, on peut la transplanter avec moins de risque. On fera bien cependant de la lever en motte. Il lui faut une terre forte, humide & argilleuse. Elle fleurit rarement dans une terre sèche & aride.

Propriétés médicinales.

Cette plante est vulnéraire. Elle est bonne contre les luxations.

Propriétés d'ornement.

Elle donne en automne de grandes fleurs bleues sur des tiges assez courtes. Elle orne très-bien les gazons, & elle s'y plaît. Depuis quelque temps, on en cultive en pots dans les jardins des Fleuristes.

Observation.

M. Gleditsch a fait de cette espèce un nouveau genre, & l'a tirée du genre des Gentianes. Nous allons rapporter ici l'observation qu'il a publiée à ce sujet dans les Mémoires de l'Académie de Berlin. « Il est bien rare, dit cet Auteur, de trouver quelque genre de plante où il n'y ait pas, dans quelqu'une des parties de la fructification, certaines choses qui s'éloignent du nombre, de la figure, de la situation ou de la proportion qu'observe la nature (Voyez *Fundam. Bot. Linn. Aphor.* 170). Cependant quoiqu'on puisse regarder cette observation comme une proposition évidente, & au-dessus de toute exception, l'intention de son célèbre Auteur n'est pas qu'on en fasse, pour ainsi dire, un asyle où puissent se refugier ces Botanistes qui sont trop amoureux des changemens & des conversions de genres, & qui se plaisent à en trouver par-tout. Ce n'est pas en effet du bon plaisir des Botanistes seuls, qu'il dépend de construire & de multiplier des genres de plantes; non plus qu'après les avoir construits & admis, de les ôter & de les retrancher. C'est pourquoi il n'est pas permis, pour constituer le caractère d'un genre, de choisir des signes qui soient vagues ou feints, d'en rejeter d'autres arbitrairement, quoique l'observation les présente comme les plus naturels dans les espèces de plantes; car il est d'une très-grande importance, dans les trois Règnes de la Nature, & en particulier dans le Règne Végétal, d'établir d'abord, autant qu'il est possible, d'une maniere incontestable, le caractère des genres, avant que de s'occuper à trouver une méthode bonne & certaine, ou à construire cent Systêmes nouveaux. Dès qu'on néglige la détermination des genres, toute la connoissance des plantes demeure imparfaite, ou même inutile. S'il faut donc dire les choses comme elles sont, c'est une véritable injure que font à la Botanique, & à ceux qui la cultivent, tous les Botanistes qui laissent la nature à l'écart, ou bien augmentent trop les genres des plantes, d'après leur propre génie, & diminuent les espèces naturelles; ou au contraire retranchent trop de genres, & multiplient excessivement les espèces. Les premiers, ceux qui poussent trop loin l'accroissement du genre des plantes, bien qu'ils embarrassent beaucoup les Apprentifs dans cette Science, méritent néanmoins plus d'indulgence que les seconds, parce que leur importune & obscure exactitude est pour l'ordinaire moins nuisible à la connoissance des végétaux, que les genres vagues qui sont construits par les derniers, lorsqu'ils en diminuent trop le nombre, en faisant concourir trop d'espèces différentes au même, en sorte qu'au lieu de l'usage & des secours que les genres devroient fournir pour la connoissance des plantes, il n'en naît que des difficultés & de la confusion.

Les genres vagues auxquels nous en voulons ici, peuvent aisément être distingués des autres aux marques suivantes. Les espèces qu'on y rapporte, diffèrent entr'elles par les parties des fleurs, souffrent toujours plusieurs exceptions, qui les mettent en contradiction avec le caractère générique qui les précède; & il arrive que tantôt une espèce, tantôt plusieurs, entrent tout à la fois dans différens genres, dans des ordres & des classes distinctes l'une de l'autre. Nous avons fourni une liste des genres vagues; & l'on ne doit pas douter que, vu l'ardeur singuliere des Botanistes à cet égard, & l'extrême abondance de nouvelles plantes, il ne s'en trouve encore davantage, & de plus vagues.

Cependant on ne doit pas compter au nombre de ces genres vagues ceux dans lesquels, pour me servir des expressions du célèbre M. Linnæus, il n'y a d'aberration que dans une ou deux des parties de la fructification. Ce n'est pas ici le lieu non plus de parler d'autres genres, auxquels le nom d'intermédiaire conviendroit, qui réunissent plusieurs genres naturels, & mettent par-là une liaison plus étroite entre les ordres & les classes: par exemple, les *Gramina* avec les autres à pétales, avec les liliacées, ou avec les ombellifères; ou bien ceux qui lient les plantes légumineuses papilionacées avec les légumineuses rosacées & polyangiospermiques, ou les papavéracées avec les siliqueuses, les siliqueuses avec les liliacées, les liliacées avec les polyangiospermes.

Si l'on veut des exemples des genres vagues, il suffira de produire les suivans, le *Fumaria*, la Centaurée, le *Rhamnus*, la Verveine, le *Convallaria*, le *Geranium* & la Gentiane. Ce Mémoire va rouler sur la Gentiane. J'y ferai l'application du caractère générique fourni par M. Linnæus, & je joindrai les exceptions qui se trouvent dans les différentes espèces les plus connues, qu'on a jusqu'à présent, d'un aveu presque universel, rapportées à la *Gentiana*. Comme cela ne peut guère être commodément exprimé qu'en Latin, nous conserverons dans cette langue les endroits de ce Mémoire, qui roulent sur de semblables détails.

Gentiana. Linn. 9. Plant. 226.

Cal. Perianthium *quinquepartitum*, *acutum*, *laciniis oblongis*, *persistentibus*.

Coroll. Petalum *unicum*, *infernè tubulatum*, *imperforatum*, *supernè quinquefidum*, *planum*, *marcescens*, FIGURA VARIA.

Stam. Filamenta *quinque*, *subulata*, *corollâ breviora*, antheræ *simplices*.

Pist. Germen. *Oblongum*, *cylindraceum*, *longitudine staminum*; styli *nulli*; stigmata *duo*, *ovata*.

Pericarpium. *capsula oblonga*, *teres*, *acuminata*, *apice leviter bifido*, *uniloculari*, *bivalvi*.

Semina *numerosa*, *parva*; receptacula, *duo singulæ valvulæ longitudinaliter adnata*.

M. Linnæus a agi par de bonnes raisons, en séparant de ce genre la Gentiane XII, *Clus.*, sous le nom de *Swertia*, & cela, non point à cause de sa forme de *corolle* roulée ou ouverte, ou, comme d'autres le prétendent, à cause de deux tubercules qui

qui font de petites éminences dans le pétale, à la base de chaque découpure; mais plutôt 1°. à cause de l'absence du tube dans le pétale; 2°. à cause de ces deux petites fossettes pleines de nectar (*foveolas nectariferas, ciliatas*), qui font assez considérables, & profondément placées dans chaque découpure du pétale, au côté intérieur, vers la base; 3°. à cause du *stigma* très-simple au pistil, lequel est court & épais.

C'est en posant sur un semblable fondement, sans nous arrêter à la ressemblance de la capsule séminale, ni à aucune autre conformité extérieure, que nous regardons comme entièrement distinctes du genre de la *Gentiane*, toutes les espèces dont les anthères sont en forme de cône ou de cylindre, comme cela se voit dans le *corymbium*, le *Jasion*, la Lobelie & les fleurs flosculeuses & semi-flosculeuses de Tournefort.

Il faut rapporter ici par exemple, *I. Gentiana angustifolia, autumnalis, major. Pin. quæ Pneumonanthe Lobelii & Tabernæmontani. II. Gentiana Asclepiadis folio. Clus. III. Gentianella Alpina, latifolia, magno flore. Pin.*

Mais comme la coalescence des filamens dans les plantes légumineuses, papilionacées, véritables, les distingue non-seulement de ces autres plantes légumineuses papilionacées, tout-à-fait semblables, quant à l'extérieur, dont les étamines sont absolument distinctes les unes des autres; mais aussi de ces autres plantes légumineuses, qui, outre les étamines distinctes, ont aussi une corolle rosacée inégale: de même la coalescence des anthères distingue les trois espèces de Gentiane que nous venons d'indiquer, & qu'on a comprises jusqu'à présent sous le genre des plantes de ce nom, & les range dans un genre, un ordre & une classe qui diffèrent entièrement, dès qu'on veut s'astreindre aux loix d'une saine méthode.

Il naît donc de-là un genre nouveau & distinct des autres, auquel, à cause de sa ressemblance extérieure avec quelques espèces de Gentiane, nous devons l'ancien nom & assez convenable de *Pneumonanthe*, que l'on fait avoir été donné autrefois à la première espèce par Lobel lui-même & *Tabernæmontanus*, & nous allons en fixer le caractère.

Pneumonanthe.

Cal. Perianthium *monophyllum, tubulosum, erectum, persistens, tubo corollæ brevius, laciniis quinque angustis vel linearibus, acutis, profundè divisum.*

Cor. Petalum *unicum, campanulatum, erectum, imperforatum; tubus amplissimus & longissimus.* Limbus *brevis, quinquefidus, plicatus, erectus vel semi-repandus.*

Stam. Filamenta *quinque, distincta inferiùs, latiora, compressa, tubo adnata, superiùs subulata, corollà breviora;* antheræ *quinque connatæ, in corpus conicum, basi secedentes.*

Pyst. Germen *oblongum, in medio ventricosum, ad basin tuberculis quinque parvis, melliferis instructum;* stylus *modo brevis, modo longus & simplex, intrà tubulum antherarum;* stigma *unum vel duo reflexa.*

Peric. Capsula *oblonga, teres, ventricosa, apice bifido, unilocularis, bivalvis.*

Sem. *numerosa, parva, variæ figuræ;* receptacula *duo, singulæ valvæ, secundum longitudinem adnata, ut in Gentiana.*

Species.

1. *Pneumonanthe foliis longis & angustis, floribus sessilibus, alaribus, campanulatis. Pneumonanthe. Lob. Icon. 309. Tabern. 1176. Gentiana angustifolia, autumnalis, major. Pin. 188. Rupp. Fl. Dan. p. 17. Gentiana floribus terminatricibus, raris; corollis erectis, plicatis; foliis linearibus. Linn. Hort. Cliff. p. 80. Gentiana foliis longis, angustis; floribus in alis caulis sessilibus. Hall. Enum. Stirp. Helv. p.* 478. Cette plante est gravée dans le *Flora Danica*, pl. 269.

SIXIÈME ESPÈCE.

La sixième espèce est la Gentiane Saponaire. *Gentiana Saponaria. Gentiana corollis quinquefidis, campanulatis, ventricosis, verticillatis; foliis trinerviis. Linn. Sp. Plant.* 330. *Gentiana floribus ventricosis, campanulatis, erectis, quinquefidis; foliis ovato-lanceolatis. Gron. Virg.* 29. *Gentiana major, Virginiana; floribus amplis, ochroleucis. Pluk. Alm.* 166. *Gentiana Virginiana, Saponariæ folio, flore cæruleo, longiore. Moris. Hist. 3, p. 484, sect. 12. Catesby. Carol. 1, p. 70.*

Description.

Cette espèce s'élève ordinairement à la hauteur de seize pouces. Ses tiges sont droites, & garnies de feuilles longues & fort pointues, placées vis-à-vis les unes des autres, & s'étendant horisontalement. Il sort des aisselles de ces feuilles quatre ou cinq fleurs bleues, monopétales, qui avant de s'ouvrir, ont une figure d'un rouleau, &, lorsqu'elles sont ouvertes, ressemblent à une coupe dont les bords sont divisés en cinq sections.

Figure.

Cette espèce est représentée dans l'*Almag.* de Plukenet, pl. 186, fig. 1; dans l'Histoire des Plantes par Morison, tom. 3, sect. 12, pl. 5, fig. 4; & dans l'Histoire des Plantes de la Caroline par Catesby, tom. 1, pl. 70.

Lieu de sa naissance.

Elle est vivace, & croît naturellement dans la Virginie, la Caroline, dans les fossés & les endroits ombragés & humides.

SEPTIEME ESPECE.

La septième espèce est la Gentiane velue. *Gentiana villosa. Gentiana corollis quinquefidis, campanulatis, ventricosis; foliis villosis. Linn. Sp. Plant.* 330. *Gentiana floribus ventricosis, campanulatis, erectis, quinquefidis; foliis oblongis, acuminatis, leviter villosis. Gron. Virg.* 145.

Description.

Les feuilles sont oblongues, pointues, velues. La corolle de la fleur est extérieurement pâle, intérieurement marquée de lignes panachées. Toute la plante est belle.

Lieu de sa naissance.

Elle est vivace, fleurit en automne, & croît dans la Virginie.

HUITIÈME ESPÈCE.

La huitième espèce est la Gentiane sans tige. *Gentiana acaulis. Gentiana corollâ quinquefidâ, campanulatâ, caulem excedente. Linn. Sp. Plant.* 330. *Gentiana corollâ campanulatâ, caulem longitudine excedente. Hort. Cliff.* 81. *Roy. Lugdb.* 432. *Hall. Helv. edit.* 1 & 2. *Sauv. Monsp.* 136. *Gentiana Alpina, latifolia, magno flore. Bauh. Pin.* 187. *Prodr.* 97. En Anglois, *Dwarf Gentian.*

Description.

Sa racine eſt grande, ligneuſe, à pluſieurs têtes. Vers la terre, il y a une petite roſe de feuilles fermes, à trois nervures ovales, lancéolées ou ellyptiques. Sa tige eſt preſque inclinée, couchée ſur terre, n'ayant qu'une ou deux paires de folioles, à une fleur; mais cette fleur eſt très-grande, & eſt même plus grande que toute la tige, d'un blanc foncé, à tube pointillé intérieurement. Les ſegmens du calice ſont ovales, lancéolés. La fleur eſt campaniforme, ventrue, à ſegmens lancéolés, plus larges dans la baſe, à plis intermédiaires, blancs entre-deux. Les étamines ſe réuniſſent par leurs anthères autour de la trompe. Celle-ci eſt longue, fendue en deux au ſommet. Le fruit eſt en forme de fuſeau. Les ſemences ſont ellyptiques, pointues de chaque côté, ſillonnées de toute part. Le germe eſt accompagné de cinq tubercules mellifères.

Figure.

Cette eſpèce eſt repréſentée dans le Syſtême Végétal de Hill, pl. 55 & 56; dans Swert, tome ſecond, pl. 11.

Lieu de ſa naiſſance.

Elle croît naturellement dans les montagnes de Suiſſe, d'Auvergne & des Pyrenées. Elle eſt vivace.

Variété.

Linnæus donne pour variété de cette eſpèce la *Gentiana Alpina, anguſtifolia, magno flore. Bauh. Pin.* 187. *Thylacitis. Renealm. Spec.* 70.

Culture.

On multiplie communément cette plante par ſes racines, qu'on partage; mais il ne faut pas faire ſouvent cette opération, ſi on veut qu'elle fleuriſſe. Il faut de même éviter de la tranſplanter trop ſouvent. Elle demande une terre molle & argilleuſe, & une expoſition ombragée. Elle s'y plaît beaucoup, & y fleurit régulièrement tous les ans. On la multiplie auſſi par graines. On sème ſes graines en automne dans des pots. Lorſqu'on les sème en bonne terre, les plantes qui en proviennent, fleuriſſent beaucoup mieux que celles qui ſont multipliées par rejets.

Propriétés d'ornement.

La fleur de cette plante eſt une des plus belles qu'on connoiſſe. Elle mérite conſéquemment une place dans nos parterres.

NEUVIÈME ESPÈCE.

La neuvième eſpèce eſt la Gentiane exaltée. *Gentiana exaltata. Gentiana corollis quinquefidis, coronatis, crenatis; pedunculo terminali, longiſſimo, dichotomo. Linn. Sp. Plant.* 331. *Centaurium minus, maritimum, amplo flore, cœruleo. Plum. Spec.* 3, *Ic.* 81.

Deſcription.

Sa racine eſt deſcendante, ferme, diviſée en pluſieurs petites fibres latérales. Sa tige eſt droite, ſimple, ſans diviſion, quadragonale, glabre. Ses feuilles ſont ſeſſiles, oppoſées, lancéolées, obtuſes, à trois nervures, glabres, très-entières. Les fleurs ſont belles, terminent la tige, ont des péduncules fourchus, & chacune un particulier. Leurs pétales ſont crénelés, s'ouvrans, ovales, de l'orifice deſquels s'élèvent cinq étamines, dont deux plus petites, & trois plus longues. Le calice eſt monophylle, partagé en cinq, droit, aigu, perſiſtent. Le germe eſt ovale, portant un ſtigmate en tête, plus long que les étamines. Le péricarpe eſt une capſule ovale, à deux loges, renfermant des ſemences nombreuſes, petites, noirâtres.

Figure.

Cette eſpèce eſt repréſentée dans les Plantes de Plumier, par Burmann, pl. 81, fig. 1.

Lieu de ſa naiſſance.

Elle croît naturellement dans l'Amérique. Elle eſt annuelle. On en voit une quantité à la *Vera-Cruz.*

Culture.

On la multiplie par graines, que l'on sème ſur une couche chaude, dès qu'elles ſont mûres. On gouverne les jeunes plantes qui en proviennent, de la même manière que toutes les plantes annuelles qui nous viennent des pays chauds; car elles ſont trop délicates pour vivre en plein air dans nos climats. Si on sème leurs graines en automne dans des pots qu'on enfonce dans une couche de tan, elles réuſſiſſent beaucoup mieux que ſi on les sème au printemps; & pour lors les plantes qui en proviennent, fleuriſſent de bonne heure. On peut s'en procurer des ſemences mûres.

DIXIÈME ESPÈCE.

La dixième eſpèce eſt la Gentiane du printemps. *Gentiana verna. Gentiana corollâ quinquefidâ, infundibuliformi, caulem excedente; foliis radicalibus, confertis, majoribus. Linn. Sp. Plant.* 331. *Gentiana flore unico, tubuloſo; foliis ad terram congeſtis, acutis. Hall. Hel. edit.* 1, 476. *Gentiana Alpina, verna, major. Bauh. Pin.* 188. *Gentianella verna, minor. Cluſ. Hiſt.* 315. *Ericoila, Renealm. Specim.* 75.

Deſcription.

Cette eſpèce approche beaucoup du Primevère. Elle eſt à peine amère. Ses feuilles radicales ſont ſerrées, plus grandes. Sa corolle eſt fendue en cinq, infundibuliforme, embraſſant la tige. Le ſtigmate eſt unique, grand, orbiculaire, concave.

Figure.

Elle eſt repréſentée dans le *Specimen* de Reneaulme, pl. 68.

Lieu de ſa naiſſance.

Elle croît naturellement ſur les Alpes de la Suiſſe, de l'Autriche, ſur les Pyrénées.

ONZIÈME ESPÈCE.

L'onzième eſpèce eſt la Gentiane des Pyrénées. *Gentiana Pyrenaica. Gentiana corollâ infundibuliformi-decemfidâ, æquali; laciniis exterioribus, rudioribus. Linn. Sp. Plant.* 221. *Mant.* 55.

Deſcription.

Cette eſpèce eſt très-ſemblable à la précédente;

sa corolle n'est pas fendue en cinq, mais également fendue en dix lobes obtus, alternes ou extérieurs, verts en-dessous, tous bleus intérieurement. Les feuilles sont linéaires ou linéaires-lancéolées. La tige est vivace, se couchant, à rameaux droits, à une fleur de la longueur du rameau.

Lieu de sa naissance.

Elle est vivace, & croît naturellement dans les Pyrénées.

DOUZIÈME ESPECE.

La douzième espèce est la Gentiane naine. *Gentiana pumila. Gentiana corollâ quinquefidâ, infundibuliformi, subserratâ; foliis lanceolato-linearibus. Linn. Syst. Veg. edit. XIII. Murray.* 221. *Jacq. Vindeb.* 215. *Observ.* 2, *p.* 29.

Description.

Les feuilles sont lancéolées, linéaires. Les tiges sont à une fleur. Les fleurs sont infundibuliformes, découpées à cinq lobes, ayant à peine des dents en forme de scie.

Figure.

Cette espèce est représentée dans les Observations de Jacquin, seconde Partie, pl. 49.

Lieu de sa naissance.

Elle vient naturellement aux environs de Vienne.

TREIZIÈME ESPÈCE.

La treizième espèce est la Gentiane de Bavière. *Gentiana Bavarica. Gentiana corollâ quinquefidâ, infundibuliformi, serratâ; foliis obtusis. Linn. Sp. Plant.* 331. *Gentiana foliis ovatis, caule unifloro; flore serrato. Hall. Helv.* 476. *Jacq. Observ.* 2. *Gentiana caule unifloro; flore hypocrateriformi, quinquefido; laciniis subrotundis, crenatis. Hort. Cliff.* 81. *Gentianella elegantissima, Bavarica. Camer. Hort.* 65.

Description.

Les feuilles de cette espèce sont ovales, obtuses. Sa tige est souvent couchée, longue de quatre pouces. Sa fleur est unique, grande, ayant le calice tubuleux, campanulé, souvent violet. La corolle est d'un beau bleu céleste.

Figure.

Cette espèce est représentée dans les Observations de Jacquin, Partie seconde, pl. 71; & dans le *Camer. Hort.*, pl. 15, fig. 2.

Lieu de sa naissance.

Elle croît naturellement sur les Alpes de la Suisse, de la Bavière & de la Suède.

Propriété d'ornement.

Elle mérite d'être cultivée à cause de la beauté de sa fleur.

QUATORZIÈME ESPÈCE.

La quatorzième espèce est la Gentiane dorée. *Gentiana aurea. Gentiana corollis quinquefidis, infundibuliformibus, acuminatissimis; fauce imberbi, muticâ; ramis oppositis. Linn. Sp. Plant.* 331. *Gentiana Alpina, pumila, flore aureo. Barr. Rar.* 3.

Description.

Sa tige est droite, haute de neuf pouces. Ses rameaux sont en nombre vers la racine, petits; & les latéraux opposés sont fort droits. Les feuilles radicales sont ovales, glabres, petites; les caulinaires sont semblables, plus grandes, sessiles, un peu obtuses. Les fleurs terminales sont en petit nombre en tête. Les calices sont droits, pédunculés, divisés en cinq lobes en forme d'alêne. Les corolles sont en forme d'entonnoir, ayant le tube de la longueur du calice, le lymbe jaune, les lobes au nombre de cinq, fort pointus, très-entiers, sans dents.

Figure.

Cette espèce est représentée dans les Plantes Rares de Barrelier, pl. 104, fig. 1.

Lieu de sa naissance.

Elle croît naturellement sur les Alpes de la Bourgogne & de la Lapponie, dans la Norvège.

QUINZIÈME ESPECE.

La quinzième espèce est la Gentiane couleur de neige. *Gentiana nivalis. Gentiana corollis quinquefidis, infundibuliformibus; ramis unifloris, alternis. Linn. Sp. Plant.* 332. *Gentiana corollis infundibuliformibus, quinquedentatis; ramis alternis, unifloris. Flor. Suec.* 204, 231. *Gentiana corollâ infundibuliformi, denticulo lacinii interposito. Flor. Lapp.* 95. *Gentiana humillima, caule ramoso, tubo floris longissimo. Hall. Hel. edit.* 1. 475. *Gentiana Alpina, æstiva, Centaureæ minoris folio. Bauh. Pin.* 188. *Gentiana IX. Œd. Flor. Dan.* 17.

Description.

La racine de cette espèce est fibreuse, très-petite, annuelle. La tige est simple, filiforme, en quelque façon droite ou légèrement inclinée, de la grosseur d'une soie de porc, plus grande de la longueur du doigt, distincte en quatre ou cinq nœuds, dont les supérieurs sont sensiblement plus longs. Les feuilles sont ovales, petites, sessiles, dont quatre radicales sont plus obtuses; les caulinaires sont pointues, opposées. Le rameau est très-simple; il est inséré seul à chaque articulation de la tige dans l'aisselle des feuilles, alternativement, suivant la longueur de la tige. Les rameaux inférieurs sont plus longs, sans être plus hauts; chacun est garni d'une paire de feuilles opposées, ou de deux, plus rarement de trois. La fleur est unique, droite, & termine chaque rameau, ayant le calice prismatique, pentagonal, légèrement à cinq angles, à peine à demi-fendu en cinq. Les découpures sont menues, droites. La corolle est en forme d'entonnoir; & le lymbe est petit, partagé en cinq, s'ouvrant, aigu. Entre chaque découpure est une petite dent de la même couleur; mais plus droite, réfléchie légèrement suivant le mouvement du soleil, de même que les déchiquetures.

Observation.

Souvent cette plante ne monte pas à la hauteur d'un travers de doigt, sans rameaux, n'ayant seulement qu'une fleur.

Figure.

Cette espèce est représentée dans la première édition des Plantes de Suisse, par Haller, pl. 7, fig. 5; & dans le *Flora Danica* d'Œder, pl. 17.

Lieu de sa naissance.

Elle est annuelle, & croît naturellement sur les montagnes de la Lapponie & de la Suisse, sur les Alpes & sur les Pyrénées.

Culture.

Elle réussit rarement dans les jardins; & quand on veut l'y conserver, il faut nécessairement la planter dans une terre approchante de celle où elle croît naturellement.

SEIZIÈME ESPECE.

La seizième espèce est la Gentiane aquatique. *Gentiana aquatica. Gentiana corollis quinquefidis, infundibuliformibus, terminalibus, sessilibus; foliis margine membranaceis. Linn. Sp. Plant.* 332. *Gentiana foliis margine membranaceis, basi coadunatis. Amœn. Acad.* 2. *p.* 343. *Gentiana humilis, aquatica, verna. Amm. Ruth.*

Description.

La racine est fibreuse, annuelle. Les feuilles radicales sont le plus souvent au nombre de quatre, plus grandes, ovales, plus obtuses. La tige est à peine de la longueur du pouce, tétragonale, à angles raboteux. Les feuilles calinaires sont opposées, ovales, aiguës, entourées d'un bord membraneux, à carène, réunies par la base. La fleur est terminale, sessile, bleue. Les rameaux sont alternes, un peu plus longs que la tige, qui se divisent en d'autres rameaux, qui portent des fleurs.

Figure.

Elle est représentée dans l'*Amm. Plant. Ruth.*, pl. 1, fig. 1.

Lieu de sa naissance.

Elle croît naturellement dans la Sibérie.

DIX-SEPTIÈME ESPÈCE.

La dix-septième espèce est la Gentiane ventrue. *Gentiana utriculosa. Gentiana corollis quinquefidis, hypocrateriformibus, calycibus plicato-alatis. Linn. Sp. Plant.* 332. *Scopeol. Carn.* 299. *Gentiana utriculis ventricosis. Bauh. Pin.* 188. *Gentianella cœrulea, cordata. Column. Ecphr.* 220. *Gentianella annua, azureo flore. Barr. Rar.* 18.

Description.

Cette espèce a les calices pliés, aîlés. Ses corolles sont bleues, fendues en cinq, en forme de tasse. Il s'en trouve d'azurées.

Figure.

Elle est représentée dans le *Columm. Ecphr.*, pl. 221; & dans les Plantes de Barrelier, pl. 48.

Lieu de sa naissance.

Elle croît naturellement sur les Alpes de la Suisse, de l'Autriche & de l'Italie. Elle est annuelle.

DIX-HUITIÈME ESPÈCE.

La dix-huitième espèce est la Gentiane exacoïde. *Gentiana exacoïdes. Gentiana corollis quinquefidis, hypocrateriformibus; calycibus membranaceo-carinatis; caule dichotomo; foliis cordatis. Linn. Sp. Plant.* 332. *Centaurium perfoliatum, florum calyce membranaceo, ventriculoso. Burm. Afric.* 208. *Centaurium luteum, flore amplo, capsulâ quatuor alis membranaceis. Pluk. Alm.* 208. *Seb. Muf.* 1.

Description.

Cette espèce est petite, à peine haute d'un doigt. Sa racine est petite, menue, fibreuse, noirâtre. Sa tige est simple, menue, droite, anguleuse, garnie de deux ou trois paires de feuilles qui l'enveloppent, de même que dans les plantes perfoliées. Elles sont petites, longues, larges & véneuses. Les fleurs viennent dans la divarication du haut de la tige. Elles sont renfermées comme dans une capsule lâche, ventrue, large, membraneuse, striée, qui tire son origine d'une base très-large, & qui se termine en quatre petites cornes étroites, aiguës, renfermant les fleurs, tant & si long-temps qu'elles n'ont pas acquis leur grandeur. Quand les fleurs sont épanouies, elles sortent en-dehors plus de moitié, & se développent en cinq pétales oblongs, étroits, égaux, jaunes.

Figure.

Elle est représentée dans les Plantes d'Afrique par Burmann, pl. 74, fig. 5; dans l'*Almag.* de Plukenet, pl. 275, fig. 4; & dans le *Musæum* de Seba, tom. 1, pl. 22, fig. 1.

Lieu de sa naissance.

Elle croît naturellement au Cap de Bonne-Espérance.

DIX-NEUVIÈME ESPÈCE.

La dix-neuième espèce est la petite Centaurée. *Gentiana Centaurium. Gentiana corollis quinquefidis, infundibuliformibus, caule dichotomo. Linn. Sp. Plant.* 332. *Gentiana foliis lineari-lanceolatis, caule dichotomo, corollis infundibuliformibus, quinquefidis. Linn. Sp. Plant.* 333. *Hort. Cliff.* 81. *Flor. Suec.* 205, 231. *Mat. Med.* 112. *Stylis simplicibus. Virid. Cliff.* 21. *Roy. Lugdb.* 7. *Dalib. Parif.* 81. *Centaurium minus. Bauh. Pin.* 278. *Tourn. Inst. Rei. Herb.* 122. *Erithræa. Renealm. Sp. Centaurium minus, Centaurea fel terræ. Offic. Centaurium minus, flore purpureo. J. Bauh.* 3, 353. *Centaurea. Brunsfels. Gentiana hydropica. Hoffm. Altdorff.* En Anglois, *Lesser Gentory*; en Allemand, *Tansendgül denkraut, Fieberkraut*; en Suédois, *Arun*; en Danois, *Tusindgyldin, Agarum*; en Italien, *Picciola Centaurea.*

Description.

La racine de cette espèce est menue, blanche, ligneuse, fibreuse. Ses tiges sont hautes d'un demi-pied. Elles s'élèvent d'entre les feuilles, & sont anguleuses, branchues. Les fleurs sont disposées en ombelles, à trois nervures; les radicales couchées par terre; les caulinaires sont oblongues, lisses, veinées. Les fleurs sont disposées en ombelle, infundibuliformes, dont le tube n'est pas perforé, le lymbe divisé en cinq parties planes. Le fruit est une

une capsule obongue, cylindrique, terminée en pointe, uniloculaire, bivalve, contenant des semences très-menues.

Figure.

Cette espèce est représentée dans le *Specimen* de Reneaulme, pl. 76.

Variété.

Linnæus donne pour variété de cette espèce la petite Centaurée, connue sous le nom de *Centaurium minus, pumilum, ramosissimum. It. Œland.* 157. *Rosea. Scan.* 10. *Centaurium minus, palustre, ramosissimum, flore purpureo. Vaill. Paris.* 32.

Figure.

Cette variété est représentée dans le *Botanicon Paris.*, pl. 6, fig. 1.

Lieu de sa naissance.

L'espèce & la variété croissent naturellement dans les lieux arides, par toute l'Europe, aux environs de la mer. Elles sont annuelles.

Observation.

La plante connue sous le nom de *Centaurium palustre, minimum, flore inaperto. Vaill. Paris.* 32, pl. 6, fig. 2, ou approche de cette espèce, ou c'est une espèce de *Sarothra.*

Analyse chymique.

Dans l'analyse chymique qu'on a faite, de cinq livres de cette plante fleuries sans les racines, il est sorti douze onces six gros trente-six grains de liqueur limpide, presque sans odeur, d'une saveur âcre & piquante, un peu acide; deux livres neuf onces vingt-un grains de liqueur d'abord limpide, âcre, ensuite roussâtre, moins âcre, fort acide, enfin d'une odeur & d'une saveur empyreumatique, qui sentoit la fumée, austère, alkaline, & enfin imprégnée de sel volatil-urineux; une once cinq gros six grains d'huile épaisse.

La masse noire qui est restée dans la cornue, pesoit huit onces, laquelle étant calcinée, a laissé une once trois gros cinquante-quatre grains de cendres, dont on a tiré par la lixiviation trois gros quarante grains de sel fixe-alkali. La perte des parties dans la distillation a été de douze onces sept gros trente-neuf grains, & dans la calcination, de six onces quatre gros dix-huit grains.

Les feuilles & les fleurs de petite Centaurée sont fort amères. Elles donnent une couleur rouge foncée au papier bleu. Elles paroissent contenir un sel essentiel, qui n'est pas différent du tartre vitriolé, mêlé avec un sel ammoniacal, & uni avec beaucoup d'huile âcre & épaisse.

Propriétés médicinales.

Les sommités fleuries de cette plante incisent puissamment les humeurs visqueuses, & lèvent les obstructions des viscères; aussi les recommande-t-on dans les maladies chroniques & les fièvres intermittentes. Elles ont aussi la vertu d'ouvrir les vaisseaux hémorroïdeux, & de faire couler les règles. On en fait macérer une pincée ou deux dans du vin, ou on les fait bouillir dans l'eau de Chardon-bénit, pour un verre de boisson. On en prescrit la poudre sèche à la dose d'un gros, & la conserve, jusqu'à une demi-once.

Rulandus, au rapport d'Ettmuller, guérissoit presque toutes les fièvres intermittentes, après avoir fait précéder le vomissement, avec la seule décoction des fleurs, ou même de la plante; & dans les maladies chroniques, il mêloit la racine de Cabaret avec la petite Centaurée.

Cette plante est utile pour faire revenir l'écoulement des hémorroïdes, ainsi que nous l'avons déjà observé, soit en l'employant intérieurement, soit en faisant des frictions à l'extérieur. Elle fortifie l'estomac, aide la digestion, & fait mourir les vers. Palmarius la vante comme spécifique dans les maladies contagieuses. Un gros de petite Centaurée en poudre, prise dans du vin ou dans de l'eau de Chardon-bénit, excite une sueur modérée.

Galien a publié un livre entier sur les vertus de la petite Centaurée. Simon Pauli la regarde comme un puissant secours & un vrai spécifique pour guérir la morsure des chiens enragés & des autres animaux vénimeux. C'est sans doute pour cette raison que Julien Palmarius emploie cette plante dans sa poudre fameuse contre la rage, qu'il dit être si efficace, qu'il n'a vu aucun homme en faire usage, sans avoir évité le malheur funeste qui suit cette maladie, de quelque manière qu'il ait vécu, pourvu cependant que les parties de la tête qui sont au-dessus des dents, n'aient pas été blessées; car si elles l'ont été, il n'y a guère d'espérance, de même que quand on lave dans l'eau froide la partie malade après la morsure, selon la remarque du même *Palmarius*. Nous donnerons la composition de cette poudre dans les Formules.

Fernel recommande fort un lavement fait avec la décoction de petite Centaurée, pour les douleurs de la sciatique. Cette plante est encore utile pour fermer les plaies récentes. Elle les déterge & les sèche; elle les agglutine & les remplit de chair. Simon Pauli assure qu'on ne peut trouver contre la crasse & la gale sèche de la tête un remède plus excellent que la petite Centaurée bouillie dans la décoction de Pois. Si on en lave la tête, cette liqueur emporte fort bien la crasse, & déterge la gale. Elle fait même mûrir des miliers de poux. On tire un sel des cendres de cette plante, qu'on dit propre à guérir la fièvre tierce, & rétablir les règles qui sont supprimées. On le donne à la dose d'un demi-gros.

On trouve de la petite Centaurée mêlée parmi les autres plantes vulnéraires de la Suisse. On la cueille ordinairement en automne, qui est le temps où elle est en fleurs. On la coupe vers le milieu de sa tige, & on prend par conséquent les feuilles qui sont attachées à cette tige, & les fleurs qui sont à son extrémité. On l'enveloppe dans de petits cornets de papier, & on la fait sécher de cette manière. Elle entre dans la *Thériaque* de la Pharmacopée de Londres. Celle de Paris l'emploie dans sa *Poudre contre la rage*, dans la *Décoction amère*, dans l'*Onguent mondificatif d'Ache*, &c., & son extrait, dans la *Thériaque céleste*. C'est la plante qui tient le premier rang parmi les médicamens amers; aussi convient-elle dans tous les cas où les amers sont indiqués pour suppléer la bile, qui pèche souvent, ou par inertie, ou par l'obstruction des canaux destinés à la faire couler dans le *duodenum*. On doit cependant dans ce dernier cas avoir attention de détendre, avant de faire usage des amers, dont on fait que l'action est toujours un peu irritante, & accompagnée de chaleur. Avant la découverte du Quinquina, on ne se servoit que de la petite Centaurée pour détruire les fièvres intermittentes. Elle réussit même encore à présent contre cette maladie beaucoup plus efficacement que le Quinquina.

Formules.

1°. *Poudre contre la rage, de Palmarius.* Prenez feuilles de Rhue, de Verveine, de petite Sauge, de Plantain, de Polypode, d'Absynthe vulgaire, de Menthe, d'Armoise, de Mélisse sauvage, de Bétoine, de Millepertuis & de *petite Centaurée*, de chacune parties égales. Il faut cueillir ces plantes dans le temps qu'elles ont le plus de force, c'est-à-dire, vers la pleine-lune de Juin, dans un temps serein. On les renferme ensuite dans du papier séparément, & on les sèche dans un lieu qui ne soit pas exposé au soleil ni à la pluie, de peur qu'elles ne se sèchent trop, ou qu'elles ne se moisissent. Quand elles sont sèches, on les conserve pour en faire usage dans le besoin, & on les renouvelle tous les ans. Lorsqu'il est nécessaire de se servir de ce remède, on réduit ces plantes en une poussière très-fine, dont on donne à ceux qui ont été mordus depuis un demi-gros jusqu'à un gros tous les jours le matin à jeun, trois heures avant le repas, dans une cuiller, avec deux fois autant de sucre, ou dans du vin, ou du cidre, ou du bouillon, ou dans du miel, sous la forme d'électuaire; quoiqu'il suffise d'en donner un demi-gros ou un gros, soit pour un homme, soit pour un animal, de quelque manière qu'il ait été blessé; cependant on peut porter la dose jusqu'à trois gros ou quatre gros, sur-tout s'il y a long-temps qu'on a été mordu, ou que la rage soit déjà arrivée.

Quelques-uns prennent un gros de cette poudre, avec un demi-gros de poudre de Vipère, dans du bon vin blanc, pendant neuf jours, & quelquefois pendant quinze jours. Pendant le temps qu'on fait usage de cette poudre, il ne faut pas laver la plaie dans l'eau fraîche; mais l'essuyer avec un linge sec ou avec une éponge, & y faire des fomentations deux ou trois fois le jour avec du vin ou de l'hydromel dans lequel on a mis un demi-gros de la poudre susdite. Ensuite on y met un onguent ou un emplâtre, de même que dans les autres plaies.

2°. *Bombe de M. Bagard contre la fièvre.* Prenez un gros de Quinquina en poudre, un gros de Cloportes aussi pulvérisées, & un gros de *petite Centaurée*: mêlez le tout ensemble: délayez ce mélange dans un bon gobelet de vin, & faites prendre cette boisson au malade dans le moment de l'accès, après l'avoir préalablement préparé par la saignée, le vomitif & le purgatif. Ce remède est si efficace, qu'il revient rarement un second accès. On réitère en ce cas le même remède à pareille dose; on est sûr d'une guérison radicale. C'est pour cette raison, que ce Médecin avoit coutume d'appeller son remède la *Bombe*. J'ai été témoin plusieurs fois de son efficacité, lorsque je suivois M. Bagard dans ses visites de l'Hôpital Militaire de Nancy.

3°. Prenez racines de Garance & de grande Chélidoine, de chacune une once; feuilles de grande Chélidoine, de *petite Centaurée* & d'Absynthe, de chacune demi-poignée: dissolvez dans la décoction une once du syrop des cinq racines apéritives, pour un apozème à prendre tous les matins pendant huit jours, contre la jaunisse & les pâles-couleurs.

4°. Prenez racines de Raifort sauvage, de petite Scrophulaire, d'Aulnée & d'Oseille, de chacune demi-once; feuilles de Fumeterre, de Beccabunga, de Cresson de fontaine, de chacune une poignée; sommités de Pin & de Sapin, fleurs de *petite Centaurée* & de Genêt, de chacune une pincée; graines de Roquette, d'Ancholie, de Génièvre, pilées, de chacune un gros: faites bouillir dans six livres d'eau commune, réduites à cinq: ajoutez sur la fin petite Joubarbe, deux pincées; herbe aux Cuillers, une poignée: passez & conservez cet apozème pour l'usage. La dose est de six onces, alliées avec une demi-once de syrop de Limon, à prendre quatre fois le jour dans le scorbut.

5°. Prenez Yvette & Germandrée, de chacune une poignée; sommités de *petite Centaurée*, une demi-poignée: faites bouillir dans trois livres d'eau réduites à deux livres: donnez cette liqueur chaude à la dose de quatre onces, quatre fois le jour, pour la sciatique & la goutte.

6°. Prenez racines de grande Consoude & de Guimauve, de chacune une demi-once; feuilles nouvelles de Langue-de-cerf, de Pyrole, de Veronique, de Pervenche, de Sanicle, de Lierre terrestre, de Bugle & de Capillaire, de chacune deux pincées; des fleurs de *petite Centaurée*, de Bouillon blanc & de Millepertuis, de chacune une pincée: faites bouillir le tout dans trois pintes d'eau commune, réduites à deux: ajoutez à la décoction du syrop de Pas-d'Ane, quatre onces, pour une décoction à prendre tiède, à la dose d'un verre, de trois heures en trois heures, dans le crachement de sang, les ulcères du poumon & autres ulcères internes.

7°. Prenez des sommités d'*Androsæmum*, autrement Toute-saine, de Millepertuis & de *petite Centaurée*, de chacune une poignée; semence de Toute-saine & de Millepertuis, de chacune deux gros: pilez-les; & les faites bouillir pendant une demi-heure dans une chopine & demie d'eau: lavez avec cette décoction les ulcères sordides.

8°. Prenez feuilles fraîches de *Cochlearia*, de Roquette, de Tortelle, de Trefle d'eau, de chacune une poignée; semences fraîches, broyées, de Cresson de jardin, & de Raifort aussi de jardin, de chacune deux onces; fleurs de *petite Centaurée*, une once; racines de Raifort sauvage, cinq onces: hachez-les & mettez dans un demi-muid de bière nouvelle & bouillante: usez-en pour boisson ordinaire dans le scorbut.

9°. Prenez une pincée & demie de Cuscute; feuilles d'Absynthe & sommités de *petite Centaurée*, de chacune demi-poignée: faites infuser le tout à froid dans une pinte de vin, pour en prendre un bon verre matin & soir contre les pâles-couleurs.

10°. Prenez racines d'Aristoloche & de Gentiane, de chacune une once; feuilles de Scordium, sommités d'Absynthe, de Millepertuis & de *petite Centaurée*, de chacune demi-poignée: faites-les cuire dans une pinte de vin blanc: délayez dans la colature, miel, deux onces, pour une décoction vulnéraire, dont on fera souvent des injections dans la fistule lacrymale.

11°. Prenez Gratiole verte, une pincée; *petite Centaurée* & Absynthe, de chacune demi-poignée; graines de Santoline & de Tanaisie, de chacune demi-once: faites bouillir dans du petit-lait, pour un lavement propre à faire mourir & chasser les vers, sur-tout les ascarides.

12°. Prenez racines d'Aristoloche ronde & de Gentiane, de chacune trois gros; racines de Garance, un gros & demi: coupez les racines par petits morceaux: faites-les bouillir dans quatre livres d'eau commune pendant un quart-d'heure. Ajoutez feuilles de Bugle, de Sanicle, de Prunelle & de Pied-de-Lyon, de chacune un demi-gros; fleurs de *petite Centaurée* & de Millepertuis, de chacune une pincée: faites bouillir légèrement. Ajoutez à cinq onces de cette décoction une demi-once de syrop de Lierre terrestre, pour une potion vulnéraire, qui est très-bien indiquée dans les plaies, les ulcères & les chûtes.

13°. Prenez feuilles de Rhue, de Verveine, de

petite Sauge, de Plantain, de Polypode, d'Absynthe vulgaire, de Menthe, d'Armoise, de Mélisse sauvage, de Bétoine, de Millepertuis & de *petite Centaurée*, de chacune parties égales : cueillez ces plantes au mois de Juin : faites-les sécher doucement : mettez-les en poudre, & conservez pour l'usage. Cette poudre doit être renouvellée toutes les années.

Propriétés vétérinaires.

Quand on en donne aux chevaux, dans les cas analogues à ceux de l'homme, c'est en infusion, à la dose d'une demi-poignée dans une demi-livre de vin ; en poudre, à la dose d'une demi-once ; & en extrait, à la dose de deux gros.

VINGTIEME ESPECE.

La vingtième espèce est la Gentiane maritime. *Gentiana maritima. Gentiana corollis quinquefidis, infundibuliformibus ; stylis geminis ; caule dichotomo, paucifloro. Linn. Syst. Veg. edit. XIII. Murray.* 222. *Mant.* 55. *Ger. Prov.* 311. *Gentiana corollis quinquefidis, infundibuliformibus ; caule simplici, apice dichotomo ; floribus pedunculatis. Gouan. Monsp.* 35. *Centaurium luteum, pusillum, non perfoliatum. Bauh. Pin.* 278. *Centaurium minus, luteum, latifolium & angustifolium, non perfoliatum. Bocc. Mus.* 2, *p....* *Barr. Ic.* 468, 469. *Centaurium luteum, novum. Colum. Ecphr.* 2, *p.* 78.

Description.

Cette espèce est semblable à la précédente ; mais les fleurs sont pédunculées, jaunes. Les feuilles sont à une seule nervure, sans être à trois.

Figure.

Elle est représentée dans le *Musæum* de Boccone, tom. 2, pl. 76 ; dans les Plantes de Barrelier, pl. 468, 469 ; & dans le *Column. Ecphr.*, tom. 2, pl. 77.

Lieu de sa naissance.

Elle est vivace, & croît naturellement sur le bord de la mer, dans l'Italie & la Provence.

VINGT-UNIÈME ESPÈCE.

La vingt-unième espèce est la Gentiane en épi. *Gentiana spicata. Gentiana corollis quinquefidis, infundibuliformibus ; floribus alternis, sessilibus. Linn. Sp. Plant.* 333. *Gentiana corollis infundibuliformibus, quinquefidis, laxè spicatis ; foliis lanceolatis. Sauv. Monsp.* 132. *Centaurium minus, spicatum, album. Bauh. Pin.* 278. *Prodr.* 130. *Bauh. Hist.* 3, *p.* 353. *Centaurium minus, album. Tabern. Icon.* 780.

Description.

Les feuilles de cette espèce sont lancéolées. Les fleurs sont disposées lâchement, en épis. Elles sont alternes, sessiles. Leur corolle est blanche, fendue en cinq, en forme d'entonnoir.

Figure.

Elle est représentée dans Tabernæmontanus, pl. 780 ; & dans le *Bauh. Prodr.* pl. 130.

Lieu de sa naissance.

Elle est annuelle, & croît naturellement dans les prés humides de l'Italie & des environs de Montpellier.

VINGT-DEUXIÈME ESPÈCE.

La vingt-deuxième espèce est la Gentiane verticillée. *Gentiana verticillata. Gentiana corollis quinquefidis, infundibuliformibus ; floribus verticillatis ; caule simplicissimo. Linn. Sp. Plant.* 333. *Centaurium minus, ad alas floridum. Plum. Sp.* 3.

Description.

La racine de cette espèce est vivace. Ses tiges sont nombreuses, hautes d'un palme, articulées. Ses feuilles sont lancéolées. Ses fleurs sont verticillées, sessiles, jaunes. Le limbe est fendu en cinq, aigu. Le nectaire provient d'une écaille ronde, qui est attachée à la base de chaque filament, entre le le tube de la corolle. Le style a un stigmate en forme de tête. La capsule est à demi-biloculaire.

Figure.

Elle est représentée dans les Plantes du P. Plumier, par Burmann, pl. 81, fig. 2.

Lieu de sa naissance.

Elle croît naturellement dans l'Amérique & dans l'Inde Orientale.

VINGT-TROISIÈME ESPÈCE.

La vingt-troisième espèce est la Gentiane à cinq feuilles. *Gentiana quinquefolia. Gentiana corollis quinquefidis, infundibuliformibus ; caule acutangulo ; foliis ovatis, amplexicaulibus. Linn. Sp. Plant.* 333.

Description.

Cette espèce est de la grandeur & de la figure de l'espèce suivante. Sa tige est sans division, à quatre côtés, ayant les angles membraneux. Les feuilles sont ovales, sessiles, amplexicaules, à trois nervures, aiguës. Les péduncules sont opposés, portant au sommet cinq fleurs pédiculées. Les calices sont très-courts, étroits. Les corolles sont en forme d'entonnoir, bleues, à petit lymbe & à gueule percée.

Figure.

Elle est représentée dans le *Flora Danica*, pl. 344.

Lieu de sa naissance.

Elle croît naturellement dans la Pensylvanie, le Danemarck.

VINGT-QUATRIEME ESPECE.

La vingt-quatrième espèce est la Gentiane à tige sans feuilles. *Gentiana aphylla. Gentiana corollis quinquefidis, hypocrateriformibus, caule aphyllo. Linn. Sp. Plant.* 334. *Jacq. Americ.* 17. *Hist.* 87. *Helleborine aphyllos, flore luteo. Plum. Sp.* 9.

Description.

Cette espèce est filiforme, à peine rameuse, sans feuilles, tendre, droite. Ses racines sont cylindriques, blanches, délicates, épaisses, en faisceau. Ses tiges sont simples, hautes de quatre pouces, luisantes, à une fleur, de couleur de paille, garnies de stipules opposées, très-courtes & éloignées, par lesquelles on distingue les articulations. La fleur est terminale, solitaire, de la hauteur d'un pouce, droite, sans odeur, jaunâtre. La corolle se fane. Ses semences sont comme celles de l'Orchide.

Figure.

Elle est représentée dans l'Histoire des Plantes de l'Amérique, par Jacquin, pl. 60, fig. 3.

Lieu de sa naissance.

Elle croît naturellement dans les forêts montueuses, vertes & humides de la Martinique. Elle fleurit en Mai & Décembre.

VINGT-CINQUIÈME ESPÈCE.

La vingt-cinquième espèce est la Gentiane amarelle. *Gentiana amarella. Gentiana corollis quinquefidis, hypocrateriformibus, fauce barbatis. Linn. Sp. Plant.* 334. *Gentiana corollis hypocrateriformibus, fauce barbatis. Hort. Cliff.* 81. *Flor. Suec.* 203, 229. *Roy. Lugdb.* 432. *Dalib. Parif.* 81. *Mat. Med.* 111. *Gentiana floribus confertis, faucibus membranulâ laciniatâ clausis, foliis ovato-acuminatis. Guett. Stamp.* 303. *Gentiana arvensis, flore lanuginoso. Bauh. Pin.* 188. *Gentiana autumnalis, ramosa. Bauh. Pin.* 188. *Opsantha. Reneal. Specim.* 71. En Anglois, *Autumnal Gentian, Fellwort.*

Description.

Cette espèce approche si fort de l'espèce suivante, qu'à peine l'en peut-on distinguer, sinon par le calice. Ses feuilles sont ovales, pointues. La corolle de ses fleurs est fendue en cinq, en forme de tasse, barbues.

Figure.

Elle est représentée dans le *Flora Danica* d'Œder, pl. 328.

Lieu de sa naissance.

Elle est annuelle, & croît naturellement dans les prés par toute l'Europe.

Propriétés médicinales.

Cette plante, suivant Linnæus, est amère, & douée d'une vertu tonique. Elle convient dans la pleurésie & la fièvre tierce.

VINGT-SIXIEME ESPÈCE.

La vingt-sixième espèce est la Gentiane champêtre. *Gentiana campestris. Gentiana corollis quadrifidis, fauce barbatis. Linn. Sp. Plant.* 334. *Gentiana corollâ hypocrateriformi, tubo villis clauso; calycis foliis alternis, majoribus. Flor. Lapp.* 94. *Flor. Suec.* 203. *Gentianella Alpina, unicaulis, Bellidis folio. Bocc. Mus.* 144. *Œd. Dan.* 367. *Gentiana purpurea, minima. Column. Ecph.* 1, *p.* 223. *Barr. Ic.* 97. *Gentianella Alpina, verna, minor. Bauh. Pin.* 188. *Cyrythalia. Renealm. Specim.* 72. En Suédois, *Stickel Blomma, Steckgræs, Stynggræs, Halsgræs*; en Danois, *Entzion, Stinggræs, Hollgræs, Glangurt.*

Description.

Cette espèce, qu'on peut confondre avec la précédente, si on ne l'examine pas avec attention, a les feuilles alternes du calice plus grandes. Sa corolle est couleur de pourpre, fendue en quatre, barbue intérieurement.

Figure.

Elle est représentée dans le *Column. Ecphr.*, pl. 221; dans les Plantes de Barrelier, pl. 97, fig. 2; dans le *Musæum* de Boccone, pl. 101; & dans le *Flora Danica* d'Œder, pl. 367.

Variété.

M. Murray donne pour variété de cette espèce, la plante connue sous la phrase de *Gentiana corollis quadrifidis, imberbibus; pedunculis tetragonis. Œd. Flor. Dan. Tab.* 318.

Lieu de sa naissance.

Elle croît naturellement dans les prés secs de l'Europe.

VINGT-SEPTIÈME ESPECE.

La vingt-septième espèce est la Gentiane ciliée. *Gentiana ciliata. Gentiana corollis quadrifidis, margine ciliatis. Linn. Sp. Plant.* 334. *Gentiana corollis hypocrateriformibus, laciniis margine barbatis. Hort. Cliff.* 81. *Gentiana angustifolia, autumnalis, minor; floribus ad latera pilosis. Bauh. Pin.* 188. *Gentianella, cærulea, oris pilosis. Bauh. Pin.* 108. *Gentianella cærulea, fimbricata, angustifolia, autumnalis. Column. Ecphr.* 1, *p.* 222.

Description.

Cette espèce a la fleur bleue, la corolle fendue en quatre, ciliée par le bord, & même beaucoup dans l'Amérique, médiocrement en Italie, & seulement découpée à dents de scie dans l'Irlande & la Norvège.

Figure.

Elle est représentée dans le *Flora Danica*, pl. 317.

Lieu de sa naissance.

Elle croît naturellement sur les montagnes de la Suisse, de l'Italie & du Canada.

VINGT-HUITIÈME ESPÈCE.

La vingt-huitième espèce est la Gentiane croisette. *Gentiana cruciata. Gentiana corollis quadrifidis, imberbibus; floribus verticillatis, sessilibus. Linn. Sp. Plant.* 334. *Gentiana floribus confertis, terminalibus; corollis quadrifidis, imberbibus, interjecto denticulo. Hort. Cliff.* 81. *Roy. Lugdb.* 432. *Dalib. Parif.* 80. *Gentiana cruciata. Bauh. Pin.* 188. *Gentiana minor. Cam. epit.* 417. *Tretorrhiza. Renealm. Sp.* 74. En Allemand, *Kreutz Kraut.*

Description.

Les feuilles de cette espèce sont lancéolées, à trois nervures, quatre à quatre. Les fleurs sont sessiles. Elles sortent en petit nombre des aisselles inférieures, & sortent plus serrées du sommet de la tige. Il y a deux folioles à chaque petit amas de fleurs. Leur calice est court, tronqué, à dents éloignées, courtes. Les corolles sont bleues, fendues en quatre, sans poils.

Figure.

Cette espèce est représentée dans le *Specimen* de Reneaulme, pl. 73.

Lieu

Lieu de sa naissance.

Elle croît naturellement sur les montagnes escarpées de la Hongrie, des Apennins, de la Suisse, de la Lorraine, le long des chemins, dans les endroits stériles.

Culture.

On la multiplie par semences ou par rejets. Il lui faut une terre argilleuse, & une exposition ombragée.

Propriétés médicinales.

La racine de cette espèce est stomachique, fébrifuge. Elle n'est presque pas d'usage en Médecine, quoique vantée par quelques Auteurs.

VINGT-NEUVIÈME ESPÈCE.

La vingt-neuvième espèce est la Gentiane sessile. *Gentiana sessilis. Gentiana corollis quadrifidis, floribus acaulibus, foliis ovatis. Linn. Sp. Plant.* 335. *Gentianoïdes flore luteo. Feuill. Peruv.* 3, *p.* 20.

Description.

Le P. Feuillée décrit ainsi cette plante: Sa racine se divise en quelques fibres. Elle a deux lignes d'épaisseur au collet. Elle est blanche, ronde, & longue environ de trois pouces. Sa tige ne s'élève guère que de deux pouces. Elle donne des feuilles alternes à deux lignes de distance les unes des autres. Elle a trois lignes d'épaisseur. Elle est ronde & chargée de poils blancs, qui la rendent rude au toucher. Les feuilles s'étendent presque horisontalement, singulièrement lorsqu'elles sont dans leur grandeur naturelle. Les moyennes ont trois pouces & demi de longueur, sur deux pouces de largeur. Elles ressemblent à celles de *Plantain velu à larges feuilles*, embrassent la moitié de la tige par leur base, & sont chargées de cinq nervures, qui n'atteignent pas jusqu'au bord de leur extrémité, si ce n'est celle du milieu, qui les traverse de leur base à leur pointe; & celle-ci est droite, au lieu que les latérales sont arcuées. Ces feuilles sont charnues, épaisses, un peu rudes, à cause du petit poil presque imperceptible, dont elles sont parsemées. Les branches de cette plante, qui sont fort courtes, soutiennent une ou deux fleurs jaunes. Leur calice est une pyramide quarrée & renversée, dont les faces ont deux lignes de largeur sur quatre de hauteur. Sur la base de chaque face, s'élève un pétale, dont la base est de la même largeur, longue de trois pouces, terminée en pointe un peu émoussée, jaune au-dedans, d'un vert clair par le dehors, & chargée d'un petit velu blanc. Le centre de cette fleur est occupé par une touffe d'étamines jaunes.

Figure.

Cette espèce est représentée dans les Plantes du P. Feuillée, tom. 3, pl. 14.

Lieu de sa naissance.

Elle croît naturellement au Chili, dans les prairies de Buénos-Aires.

Propriétés médicinales.

Les Naturels du pays se servent de cette plante dans leurs blessures; & l'appliquent ensuite en manière de cataplasme.

TRENTIÈME ESPECE.

La trentième espèce est la Gentiane filiforme. *Gentiana filiformis. Gentiana corollis quadrifidis, imberbibus; caule dichotomo, filiformi. Linn. Sp. Plant.* 335. *Gentiana corollis infundibuliformibus, quadrifidis; pedunculis ternis; foliis linearibus. Sauv. Monsp.* 132. *Gentiana caule dichotomo; foliis lineari-lanceolatis; floribus infundibuliformibus, quadrifidis, longissimè pedunculatis. Guett. Stamp.* 1, *p.* 305. *Dalib. Paris.* 82. *Centaurium palustre, luteum, minimum. Raj. Hist.* 1092. *Vaill. Paris.* 32. *Centaurium pusillum, luteum. Pin.* 278. *Magn. Monsp.* 232.

Description.

Cette plante est ordinairement branchue; cependant on la trouve quelquefois à tige simple. Sa fleur est jaune-pâle, d'une seule pièce, découpée sur le devant en quatre quartiers égaux & disposés en croix. Quatre étamines naissent des parois internes du tuyau, & se présentent chargées de leurs sommets, à son ouverture. Le pistil, qui est renfermé dans le tuyau, est ovale, & surmonté d'un style. Le calice est d'une seule pièce, découpé jusques vers sa base en quatre quartiers arrondis sur le dos. Le fruit n'a qu'une seule cavité. Il se fend en mitre de la pointe à la base, pour laisser échapper plusieurs semences noirâtres & très-menues. Cette plante est amère, & fleurit en Juin, Juillet & Août.

Figure.

Elle est représentée dans le *Botanicon Parisiense* de Vaillant, pl. 6, fig. 2; & dans le *Flora Danica*, pl. 324.

Lieu de sa naissance.

Elle est annuelle, & croît naturellement en France, autour des marres de Bondy & de la forêt de Sénart.

TRENTE-UNIÈME ESPECE.

La trente-unième espèce est la Gentiane hétéroclite. *Gentiana heteroclita. Gentiana floribus quadrifidis, irregularibus, caule brachiato. Linn. Syst. Veg. edit. XIII. Murr.* 223. *Mant.* 560.

Description.

Sa racine est annuelle, fibreuse. Elle a le port de la petite Centaurée. Sa tige est droite, haute de neuf pouces, branchue, fourchue, quadrangulaire. Ses feuilles sont opposées, sessiles, ovales, très-entières, glabres, charnues; les inférieures sont rondes, en forme d'alêne sous les ramifications les plus élevées, très-courtes. Les fleurs sont sessiles, solitaires dans les bifourchures du calice, pourpres. Le calice est tubuleux, recourbé, strié, à quatre dents, en forme d'alêne. Le tube de la corolle est de la longueur du calice. Le lymbe est partagé en deux lobes, qui le sont pareillement. Les deux supérieurs sont droits; les deux autres sont réfléchis, & renferment inférieurement l'anthère la plus grande. Ils s'ouvrent extérieurement. Les étamines sont au nombre de quatre, inégales, trois entre le tube; la quatrième est insérée à l'ouverture. La quatrième anthère est plus grande. Le germe du pistil est oblong. Le style est filiforme, flexible, plus long que les étamines. Le stigmate a deux lèvres, inférieurement velu, à lèvres réfléchies. La capsule est plus courte que le calice, bivalve, s'ouvrant élastiquement. Les semences sont nombreuses.

Lieu de sa naissance.

Elle croît naturellement dans les champs de Malabar.

Propriétés générales d'ornement.

La plupart des Gentianes forment un très-joli ornement dans les jardins, entr'autres la huitième espèce, qui, suivant Miller, est la plus belle fleur qu'on connoisse.

GEOFFROYA, *la Geoffroy.*

NOMS GÉNÉRIQUES.

Ce genre de plante est connu sous les noms de *Geoffroya*, *Umari.*

Description générique.

Le caractère de ce genre est d'avoir le périanthe du calice monophylle, campanulé, à demi-fendu en cinq lobes, dont les deux supérieurs s'ouvrent & sont divergens. La corolle est papilionacée. L'étendard est rond, échancré, plane, réfléchi. Les aîles sont de la longueur de l'étendard, obtuses, concaves. La carène est applatie, de la figure & de la longueur des aîles. Les filamens des étamines sont diadelphiques, de la longueur de la carène. Les anthères sont rondes. Le germe du pistil est rond. Le style est en forme d'alêne. Le stigmate est obtus. Le péricarpe est un fruit à noyau, grand, à sillon longitudinal de chaque côté. La semence est une noix ovale, ligneuse, un peu applatie, à sillon longitudinal de chaque côté, aiguë, bivalve.

CLASSE.

Ce genre fait partie de la dix-septième classe de Linnæus, qui comprend les plantes diadelphiques décandriques. Cet Auteur n'en admet qu'une espèce.

ESPECE.

Cette espèce est la Geoffroy épineuse. *Geoffroya spinosa. Linn. Sp. Plant.* 1043. *Jacq. Americ.* 28. *Umari. Marcg. Bras.* 121. *Raj. Hist.* 1518.

Description.

C'est un arbre qui n'est pas beau. Il est rameux, droit, haut de douze pieds. Ses épines sont rares, en forme d'alêne, souvent de la grandeur d'un pouce sur le tronc & les grosses branches. Les feuilles sont aîlées. La côte est glabre, supérieurement sillonnée, longue de quatre pouces. Les folioles sont le plus souvent au nombre de sept de chaque côté, avec une impaire, oblongues, obtuses, glabres, très-entières. Les grappes sont simples, épaisses, axillaires, longues de trois ou quatre pouces. Les fleurs sont à péduncules très-courts. Les corolles sont d'un brun sale; leur odeur est très-puante. Son fruit est assez semblable à une amande, revêtu d'une écorce très-légèrement cotonneuse. Sa couleur est d'un jaune verdâtre. Sa pulpe est molle, douce, nauséabonde, jaune. Elle teint les mains en couleur de fer, qui s'efface difficilement. La noix est blanche, & attachée fermement à la pulpe. Elle renferme un noyau blanc, d'une saveur farineuse & astringente.

Figure.

Cette espèce est représentée dans l'Histoire des Plantes de l'Amérique, pl. 180, fig. 62.

Lieu de sa naissance.

Elle croît naturellement à Carthagène. Elle y fleurit dans le mois de Mai & suivans.

Propriétés alimentaires.

On mange le fruit de cet arbre, mais après l'avoir fait cuire, & l'avoir broyé avec le noyau; on l'associe avec la chair ou le poisson, au lieu de farine. Quand on le mange cru, il provoque le vomissement.

GERANIUM, *le Bec-de-grue.*

NOMS GÉNÉRIQUES.

Ce genre de plante est connu sous les noms de *Geranium*, *Geranogeron*, *Pelonitis*, *Trika. Diosc. Echinastrum. Rom. Hieske. Afric. Pancaseolus rubertiana. Cæsalp. Rupertiana quorumd. Sanguinaria. Trag. Gruinalis. Riv. Pelarginion. Burm.* En François, Bec-de-grue, Bec-de-cicogne, Bec-de-pigeon.

Description générique.

Le caractère de ce genre est d'avoir le périanthe du calice à cinq folioles ovales, aiguës, concaves, persistentes. Les pétales de la corolle sont au nombre de cinq, en forme de cœur ou ovales, grands & s'ouvrans. Les filamens des étamines sont au nombre de dix, en forme d'alêne, s'ouvrant par le sommet; les alternes sont les plus longs, plus courts que la corolle. Les anthères sont oblongues, versatiles. Le germe du pistil est à cinq angles, à becs. Le style est en forme d'alêne, plus long que les étamines, persistent. Les stigmates sont au nombre de cinq, réfléchis. Le fruit est à cinq coques, en bec. Les semences sont solitaires, en forme de reins, souvent enveloppées d'une épiderme, à arêtes très-longues, qui se termine enfin en spirale.

CLASSE.

Ce genre fait partie de la sixième classe de Tournefort, qui comprend les plantes à fleurs rosacées; & de la seizième de Linnæus, destinée aux plantes monadelphiques ennéandriques. Cet Auteur en admet une infinité d'espèces, & plusieurs ordres.

PREMIER ORDRE.

Le premier ordre comprend les Géranions ayant sept étamines fertiles, & les péduncules ombellifères; & parmi ces Géranions, les uns sont en arbrisseaux, & d'autres herbacés.

PREMIÈRE ESPÈCE.

La première espèce est le Géranion luisant. *Geranium fulgidum. Geranium calycibus monophyllis; foliis tripartitis, incisis; intermediâ majore; umbellis geminis; caule fruticoso, carnoso. Linn. Sp. Plant.* 945. *Vir. Cliff.* 67. *Hort. Cliff.* 498. *Roy. Lugdb. Burm. Ger.* 52. *Geranium Africanum, folio Alceæ, flore coccineo, fulgidissimo. Dill. Hort. Elth.* 156.

Geranium Surinamense, Chelidonii folio, flore coccineo, petalis æqualibus. Till. Pis. 68. *Geranium calycibus monophyllis ; foliis dentatis, trifidis ; medio lobo semi-trilobo ; lateralibus minoribus, incisis. Hall. Gott.* 141.

Description.

Cette plante est en arbrisseau. Sa racine est tubéreuse. Sa tige est grosse, plus charnue que ligneuse, marquée par-ci-par-là de stipules. Ses rameaux sont ordinairement tortueux, irréguliers, raboteux par les cicatrices qui proviennent de la chûte des feuilles. Les feuilles sont partagées en plusieurs, divisées en trois grandes déchiquetures, épaisses, d'un vert obscur, qui tombent dans le temps de la fleuraison, ou qui se fanent entièrement, pétiolées, & où il se trouve des stipules ovales, oblongues, poileuses, persistentes. Le péduncule sort du milieu de la tige. Il se divise vers le milieu en deux ou trois péduncules, qui, en forme d'ombelle, soutiennent par leur enveloppe des fleurs irrégulières, dont la corolle est presque régulière, la plus brillante de toutes les espèces, qui, par sa belle couleur luisante d'écarlate, attire à elle tous les regards. Mais au contraire, quand cette fleur est fanée, cette plante devient la plus laide de toutes les espèces.

Figure.

Elle est représentée dans le *Dillenii Hort. Elth.*, pl. 130, fig. 157 ; & dans le *Tilli Hort. Pis.*, pl. 26.

Lieu de sa naissance.

Elle croît naturellement au Cap de Bonne-Espérance, dans l'Éthiopie.

Observation.

Les feuilles de cette plante tombent, en sorte qu'elle en est presque dénuée pendant trois ou quatre mois de l'été : on diroit même que la plante est morte ; mais en automne elle repousse d'autres feuilles. Elle n'a point de temps déterminé pour fleurir ; tantôt c'est au printemps, tantôt en été, & plus fréquemment en automne.

SECONDE ESPÈCE.

La seconde espèce est le Géranion ou Bec-de-grue salissant. *Geranium inquinans. Geranium calycibus monophyllis, foliis orbiculato-reniformibus, tomentosis, crenatis, integriusculis, caule fruticoso. Hort. Ups.* 195. *Burm. Ger.* 46. *Geranium calycibus monophyllis, foliis florentibus, erectis, foliis subcordatis. Hort. Cliff.* 345. *Roy. Lugdb.* 353. *Geranium Affricanum, arborescens, Malvæ folio pingui, flore coccineo. Dill. Hort. Elth.* 151. *Geranium Affricanum, arborescens, Malvæ folio, plano, lucido ; flore elegantissimo, kermesino. Mart. Cent.* 3. *Boerrh. Lugdb.* 262.

Description.

Cette plante est en arbrisseau. Sa racine est fibreuse. Sa tige est grosse, ligneuse, noueuse. Ses rameaux sont épais, charnus ou visqueux, distincts par-ci par-là par des écailles. Ses feuilles sont pétiolées, en forme de cœur, orbiculées, lobées, crénelées, épaisses, grasses, luisantes. Les péduncules sont au haut des rameaux, longs, portans des fleurs en forme d'ombelles, qui sont pédiculées & soutenues par une envéloppe. Les calices sont hérissés. Les pétales sont presque égaux, entiers, d'une couleur très-belle de kermès, luisante, tachés de taches ou de stries, éblouissant les yeux des passans par sa couleur très-belle. Cette fleur ne le cède qu'à celle de la première espèce. Il y en a plusieurs variétés.

Figure.

Cette espèce est représentée dans le *Dillenii Hort. Elth.* pl. 125, fig. 151.

Lieu de sa naissance.

Elle croît naturellement au Cap de Bonne-Espérance.

Observation.

Si on touche les feuilles de cette plante avec les doigts, elles les teignent en couleur de fer.

Propriétés d'ornement.

L'une & l'autre espèce servent d'ornement dans nos jardins, sur-tout pendant l'automne, dans un temps où les fleurs sont rares.

TROISIÈME ESPÈCE.

La troisième espèce est le Géranion bâtard. *Geranium hybridum. Geranium calycibus monophyllis, foliis suborbiculatis, glabris, crenatis, integris, caule fruticoso. Linn. Sp. Plant.* 511. *Mant.* 97. *Geranium Affricanum, arborescens, Malvæ folio pingui. Dill. Hort. Elth.* 152.

Description.

Cette espèce est semblable à la précédente ; mais plus petite. Ses feuilles ne sont pas cotonneuses, très-semblables à celles du Géranion-Oseille ; & à leur base, elles ne sont ni en coin, ni en forme de reins.

Observation.

On prétend que cette espècee provient du Géranion de l'espèce précédente, mêlé avec l'*Acetosum.*

Figure.

Elle est représentée dans le *Dillenii Hort. Elth.*, pl. 125, fig. 152.

Lieu de sa naissance.

Elle croît naturellement en Afrique.

QUATRIEME ESPÈCE.

La quatrième espèce est le Géranion à saveur d'Oseille. *Geranium acetosum. Geranium calycibus monophyllis, foliis glabris, obovatis, carnosis, crenatis, caule fruticoso. Linn. Sp. Plant.* 947. *Hort. Cliff.* 345. *Roy. Lugdb.* 352. *Burm. Ger.* 47. *Geranium Affricanum, frutescens, folio crasso & glauco, Acetosæ sapore. Com. Prælect.* 54.

Description.

Cette espèce est en arbrisseau. Sa racine est fibreuse. Sa tige est courte, ronde, glabre. Ses rameaux sont cylindriques, simples, gros, comme fongueux, succulents. Ses feuilles sont éparses, solitaires, à la naissance desquelles s'en trouvent souvent deux plus petites, ovales, inégalement crénelées, épaisses, charnues, succulentes, d'un vert d'eau, glabres, d'une saveur acide. Les fleurs font terminales, au nombre de trois ou quatre, appuyées fur un péduncule commun, dont les pétales font irréguliers, deux maculés, droits, écartés, plus étroits; les trois autres font plus larges, pendants, d'une couleur d'un rouge pâle. Les femences mûriffent plus rarement.

Figure.

Elle eft repréfentée dans le *Commelini Prœludia*, pl. 4.

Lieu de fa naiffance.

Elle croît naturellement en Afrique.

Culture.

On la multiplie facilement par boutures.

Propriétés médicinales.

En jugeant de cette plante par fa faveur, il paroît qu'elle doit avoir à-peu-près les mêmes vertus médicinales que l'Ofeille; mais elle eft cependant plus âcre.

CINQUIÈME ESPÈCE.

La cinquième efpèce eft le Géranion papilionacé. *Geranium papilionaceum. Geranium calycibus monophyllis, corollis papilionaceis, alis carinaque minutis, foliis angulatis, caule fruticofo. Linn. Sp. Plant.* 945. *Hort. Cliff.* 345. *Hort. Upf.* 197. *Roy. Lugdb.* 353. *Burm. Ger.* 49. *Geranium Affricanum, arborefcens, flore veluti dipetalo, eleganter variegato. Dill. Hort. Elth.* 154. *Geranium Affricanum, arborefcens, Malvœ folio mucronato, petalis florum inferioribus vix confpicuis. Mart. Cent.* 15.

Defcription.

Cette efpèce eft en arbriffeau, ridée. Sa tige eft groffe, ridée, noueufe, d'un pourpre obfcur, fes rameaux tuberculés, quand les feuilles tombent. Ses feuilles font en forme de cœur, anguleufes, lobées, découpées à dents de fcie, foncées, odorantes, dont les pétioles font ridés. Les fleurs font terminales, foutenues par un péduncule en forme d'ombelle, dont deux pétales font droits, écartés, en forme de cœur; les plus grands font entortillés; fouvent ils tombent. Ils font marqués d'une belle tache pourpre. Les trois inférieurs font très-petits, à peine vifibles, blanchâtres, plus rarement ftriés. Il y a autant d'étamines que de pétales; la fupérieure eft fendue en trois, comme en forme de tête, par fes trois anthères; les autres font ftériles. Les femences font plus petites, velues, entortillées fpiralement.

Figure.

Elle eft figurée dans le *Dillenii Hort. Elth.*, pl. 128, fig. 155; & dans la Centurie de Martyn, pl. 15.

Lieu de fa naiffance.

Elle croît naturellement au Cap de Bonne-Efpérance.

Propriétés d'ornement.

On cultive cette plante dans nos jardins, de même que la plupart des autres efpèces, tant pour l'ornement, que pour former variété.

SIXIÈME ESPÈCE.

La fixième efpèce eft le Géranion à feuilles

d'Hermannia. *Geranium hermannifolium. Geranium calycibus monophyllis; foliis reniformibus, crifpis fcabris; caule fruticofo. Linn. Syft. Veg. edit. XIII. Murray.* 511. *Berg. cap.* 177. *Mant.* 569.

Defcription.

Cette efpèce d'arbriffeau eft droite, à petits rameaux, poileux. Ses feuilles font en forme de Coing, pliées, dentelées au fommet, fans divifion, très-raboteufes. Ses fleurs font rouges.

Obfervation.

Il diffère en tout du Géranion crépu, par fes feuilles, qui font très-peu divifées.

Lieu de fa naiffance.

Il croît au Cap de Bonne-Efpérance.

SEPTIÈME ESPECE.

La feptième efpèce eft le Géranion crépu. *Geranium crifpum. Geranium calycibus monophyllis; foliis reniformibus, crifpis, fcabris; caule fruticofo. Linn. Syft. Veg. edit. XIII. Murr.* 511. *Mant.* 257. *Geranium calycibus monophyllis; foliis reniformibus, quinque lobis, plicatis, crenatis, crifpis; caule fruticofo. Berg. Cap.* 176.

Defcription.

Cet arbriffeau eft roide. Ses feuilles font menues, crépues, très-raboteufes en-deffus, à odeur de Méliffe très-forte. Ses fleurs font violettes. Ses péduncules font le plus fouvent à deux fleurs.

Lieu de fa naiffance.

Cette efpèce croît au Cap de Bonne Efpérance.

HUITIÈME ESPECE.

La huitième efpèce eft le Géranion raboteux. *Geranium fcabrum. Geranium calycibus monophyllis, foliis cuneiformi-trifidis, multifidis vel fcabris, caule fruticofo. Linn. Sp. Plant.* 946. *Amœn. Acad.* 4, *p.* 281. *Burm. Ger.* 39.

Defcription.

Ce Géranion a le port de l'*Hermannia*. Ses feuilles font comme celles de l'Anemone. Ses fleurs font rouges. Ses rameaux font de couleur de pourpre, entièrement raboteux.

Figure.

Il eft repréfenté dans le *Specimen* des Géranions, par Burmann, fig. 39.

Lieu de fa naiffance.

Il croît naturellement au Cap de Bonne-Efpérance.

NEUVIÈME ESPÈCE.

La neuvième efpèce eft le Géranion à feuilles de Bouleau. *Geranium Betulinum. Geranium calycibus monophyllis, foliis ovatis, inœqualiter ferratis, planis, caule fruticofo. Linn. Sp. Plant.* 946. *Burm. Ger.* 38. *Geranium frutefcens, folio fubrotundo, dentato, flore purpureo. Burm. Affric.* 92. *Geranium frutefcens, folio lato, dentato; flore magno, rubente. Burm. Affric.* 92. *Geranium fruticofum, Betulœ folio, Affricanum. Raj. Suppl.* 573.

Defcription.

Description.

Les rameaux de cette espèce sont gros, ligneux, pourpres, raboteux, d'où sortent des feuilles appuyées sur des pétioles très-courts, larges, gros, veineux, dentelées vers les bords, vertes, alternes. Les fleurs viennent au haut des rameaux, tantôt au nombre de deux, cependant le plus souvent au nombre de trois, jolies, d'une couleur de pourpre, qui sont appuyées sur des pétioles d'un demi-pouce. Leurs calices sont grands, oblongs, aigus, à cinq feuilles, hérissés, rougeâtres. Leurs corolles sont formées par cinq pétales grands, oblongs, égaux, ce qui rend ces fleurs régulières. Elles sont ornées de grandes étamines, oblongues, dont les sommets sont couleur de Grenade. A ces fleurs succèdent des fruits renfermés dans un grand péricarpe, fendu en cinq, hérissé, & se terminant en bec aigu.

Figure.

Cette espèce est représentée dans les Plantes d'Afrique, par Burmann, pl. 33; & dans le *Mant.* de Plukenet, pl. 415, fig. 3.

Lieu de sa naissance.

Elle croît naturellement au Cap de Bonne-Espérance.

DIXIÈME ESPÈCE.

La dixième espèce est le Géranion à feuilles en capuchon. *Geranium cucullatum. Geranium calycibus monophyllis, foliis cucullatis, dentatis, caule fruticoso. Linn. Sp. Plant.* 946. *Hort. Cliff.* 345. *Hort. Upsf.* 156. *Roy. Lugdb.* 353. *Burm. Ger.* 42. *Geranium Africanum, arborescens; foliis cucullatis, angulosis. Dill. Hort. Elth.* 155. *Geranium Africanum, arborescens, Ibisci folio rotundo, Carlinæ odore. Herm. Lugdb.* 274. *Seb. Muf.* 1. *Geranium Africanum, arborescens, Ibisci folio, angulofo; floribus amplis, purpureis. Mart. Cent.* 28. *Geranium Africanum, maximum. Riv. Pent.* 325.

Description.

Toute cette plante est poileuse, plus haute que les autres, plus roide, plus élevée. Les feuilles sont alternes, en forme de capuchon, ou resserrées par la base, sans lobes manifestes, ondulées, crénelées. Le tube du calice est plus court que son lymbe. Les pétales sont incarnats, à veines rouges; les deux supérieurs ont des veines d'un noir pourpre.

Figure.

Cette espèce est représentée dans le *Dillenii Hort. Elth.*, pl. 129, fig. 156; dans l'*Herm. Hort. Lugdb.* 275; dans le *Museum* de Séba, pl. 26, fig. 2; dans les *Cent.* de Martyn, pl. 28; & dans les Plantes de Rivin, pl. 325.

Lieu de sa naissance.

Elle croît naturellement en Afrique.

ONZIÈME ESPÈCE.

L'onzième espèce est le Géranion charnu. *Geranium carnosum. Geranium calycibus monophyllis, caule fruticoso, articulis carnosè gibbosis, foliis pinnatifidis, laciniatis, petalis linearibus. Linn. Sp. Plant.* 946. *Amœn. Acad.* 284. *Burm. Ger.* 51. *Geranium Africanum, carnosum; petalis angustis, albicantibus. Dill. Hort. Elth.* 153. *Geranium Africanum, folio Alceæ, flore albo. Boerrh. Lugdb.* 1. *p.* 164.

Description.

Cette plante est en arbrisseau, basse. Sa tige est grosse, ligneuse, d'un vert cendré. Ses rameaux sont cylindriques, croissant vîte, noueux aux aisselles des feuilles, & aux divarications des rameaux, glabres. Les feuilles sont découpées en aîles, pétiolées, solitaires, crénelées vers les bords, épaisses, & souvent repliées. Les fleurs sont terminales, plus rares, dont les pétales sont étroits, irréguliers concaves, blancs.

Figure.

Elle est représentée dans le *Dillenii Hort. Elth.*, pl. 127, fig. 154.

Lieu de sa naissance.

Elle croît naturellement dans l'Éthiopie.

DOUZIEME ESPÈCE.

La douzième espèce est le Géranion bossu. *Geranium gibbosum. Geranium calycibus monophyllis, caule fruticoso, geniculis carnosis, gibbosis; foliis subpinnatis, oppositis. Linn. Sp. Plant.* 916. *Burm. Ger.* 50. *Geranium calycibus monophyllis geniculis nodosis, foliis duplicato-pinnatifidis. Hort. Upsf.* 345. *Roy. Lugdb.* 354. *Geranium calycibus monophyllis, caule carnoso, nodoso, internodiis filiformibus, foliis lobato-pinnatifidis. Roy. Lugdb.* 354. *Geranium Africanum, noctu olens, tuberosum & nodosum, Aquilegiæ foliis. Herm. Lugdb.* 284. *Stiff. Bot.* 111. *Burm. Afric.*

Description.

Cette espèce est en arbrisseau. Sa racine est noueuse & fibreuse. Ses tiges sont droites, glabres, bossues, noueuses aux articulations. Ses feuilles sont opposées, pétiolées, aîlées à lobes, crénelées, épaisses, succulentes. Ses fleurs sont garnies de péduncules axillaires, longs. Elles sont soutenues par des péduncules particuliers, qui sont penchés, qui terminent les rameaux, & qui, comme en ombelle, partent du même centre. Les fleurs sont d'un jaune obscur, & assez semblables à celles du *Geranium triste*. Elles ont pendant la nuit de l'odeur comme ces dernières.

Figure.

Cette espèce est représentée dans l'*Herm. Lugdb.*, pl. 285; & dans les Plantes d'Afrique, par Burmann, pl. 37, fig. 2.

Lieu de sa naissance.

Elle croît naturellement en Afrique.

TREIZIÈME ESPECE.

La treizième espèce est le Géranion à feuilles en forme de bouclier. *Geranium peltatum. Geranium calycibus monophyllis, foliis quinquelobis, integerrimis, glabris, peltatis, caule fruticoso. Linn. Sp. Plant.* 947. *Hort. Cliff.* 345. *Roy. Lugdb.* 352. *Burm. Ger.* 48. *Mill. Dict. T.* 140. *Geranium Africanum; foliis inferioribus Asari, superioribus Staphisagriæ, maculatis, splendentibus, & Acetosæ sapore. Comm. Præl.* 52.

Description.

Cette espèce croît en arbrisseau, est basse, rameuse, ou sarmenteuse, glabre & noueuse. Sa racine est fibreuse. Les feuilles radicales ont à peine des lobes, sont en forme de cœur, sinueuses, pâles; les supérieures sont à cinq lobes, en forme de bouclier, glabres, marquées par un cercle plus ou moins jaune, charnues, succulentes, d'une saveur acide. Le haut des rameaux est terminé par des péduncules simples, menus, se penchans d'abord, ensuite élevés, se terminant en petits péduncules, dont chacun soutient une fleur irrégulière, qui a deux pétales larges, élevés & échancrés, marqués de taches rouges; les autres pendent, sont resserrés, & d'un rouge incarnat. Les semences sont oblongues, pointues.

Figure.

Elle est représentée dans le Dictionnaire de Miller, pl. 140; & dans les *Prœludia Bot.* de Commelin, pl. 4.

Lieu de sa naissance.

Elle croît naturellement en Afrique.

QUATORZIÈME ESPÈCE.

La quatorzième espèce est le Géranion à zône. *Geranium zonale. Geranium calycibus monophyllis, foliis cordato-orbiculatis, incisis, zoná notatis, caule fruticoso. Linn. Sp. Plant.* 947. *Hort. Upf.* 196. *Burm. Ger.* 43. *Geranium Africanum, arborescens, Alchemillæ hirsuto folio, floribus rubicundis. Commel. Prælud.* 51.

Description.

Cette espèce est ligneuse. Ses rameaux sont épais, visqueux & velus. Ses feuilles sont en forme de cœur, orbiculées, hérissées, dentelées inégalement vers les bords, marquées dans la superficie d'une zône plus ou moins pourpre ou noire. Les sommets des rameaux sont terminés par plusieurs fleurs, qui naissent du centre commun, en forme d'ombelle, sous la division de laquelle sont des bractées, raboteuses, ovales, pointues, persistentes. La corolle est irrégulière. Les deux pétales supérieurs sont droits & écartés, marqués de taches couleur de pourpre; les autres sont couleur de chair, inclinés. Les onglets sont légers, blancs.

Figure.

Elle est représentée dans les *Prœludia Botanica* de Commelin, pl. 1.

Lieu de sa naissance.

Elle croît naturellement au Cap de Bonne-Espérance.

QUINZIÈME ESPÈCE.

La quinzième espèce est le Géranion à feuilles de vignes. *Geranium vitifolium. Geranium calycibus monophyllis, foliis adscendentibus, lobatis, pubescentibus, caule fruticoso. Linn. Sp. Plant.* 947. *Hort. Upf.* 196. *Burm. Ger.* 40. *Geranium Africanum, arborescens, Vitis folio, odore Melissæ. Dill. Hort. Elth.* 152. *Geranium calycibus monophyllis, foliis cordiformibus, semi-trilobis, serratis, hirsutis. Hall. Gott.* 143.

Description.

Cette plante est ligneuse, ridée. Ses feuilles sont pétiolées, en forme de cœur, à trois lobes, trois fois plus petites que la feuille de la Vigne, hérissées & crénelées légèrement vers les bords; les rameuses sont opposées. Les péduncules sont beaucoup plus longs que les pétioles, droits depuis la partie supérieure des rameaux jusqu'aux aîles, soutenant plusieurs fleurs, rassemblées en une tête globuleuse, d'une couleur de pourpre, dont les calices sont hérissés. Les semences sont menues; le bec est très-court.

Observation.

L'odeur de cette espèce approche beaucoup de celle de la Mélisse; elle est cependant forte, & fait mal à la tête.

Figure.

Elle est représentée dans le *Dillenii Hort. Elth.*, pl. 126, fig. 153.

Lieu de sa naissance.

Elle croît naturellement au Cap de Bonne-Espérance.

SEIZIÈME ESPECE.

La seizième espèce est le Géranion en tête. *Geranium capitatum. Geranium calycibus monophyllis, foliis lobatis, undatis, villosis, caule fruticoso. Linn. Sp. Plant.* 947. *Hort. Upf.* 196. *Burm. Ger.* 41. *Geranium calycibus monophyllis, floribus capitatis, foliis cordatis, lobatis, crenatis, pilosis. Hort. Cliff.* 345. *Roy. Lugdb.* 353. *Geranium Africanum, frutescens, Malvæ folio, laciniato, odorato. Herm. Lugdb.* 277. *Geranium Malvæ folio. Riv. Pent.* 326. *Geranium calycibus monophyllis, foliis hirsutissimis, oblongis, semi-quinquelobis, undatis. Hall. Gott.* 142. *Geranium Malvæ folio, odoratum, flore purpureo capitis Bonæ-Spei. Breyn. Prodr.* 2, *p.* 23.

Description.

Cette plante est en arbrisseau, variant beaucoup par sa villosité. Sa tige est grosse, ligneuse, nue, couchée, ayant deux stipules en forme de cœur, réfléchies dans l'endroit d'où sortent les feuilles, qui sont pétiolées, & des aisselles desquelles sort un faisceau d'autres feuilles plus petites. Ces feuilles sont alternes, en forme de lobes, crénelées, d'une odeur aromatique, agréable. Dans quelques variétés, il s'en trouve à bords rouges. Les péduncules sortent des aisselles. Ils sont très-longs, simples, ordinairement réfléchis. Les fleurs sont nombreuses, rassemblées en une tête sphérique, le plus souvent pourpres. Elles varient beaucoup par leur couleur, de même que toute la plante par son duvet, en sorte qu'on pourroit la distinguer en Géranion lanugineux, velu, poileux & hérissé.

Figure.

Elle est représentée dans l'*Hermanni Hort. Lugdb.* pl. 278.

Lieu de sa naissance.

Elle croît naturellement au Cap de Bonne-Espérance.

DIX-SEPTIÈME ESPÈCE.

La dix-septième espèce est le Géranion du Mont

Tabulaire. *Geranium Tabulare. Geranium calycibus monophyllis, foliis cordatis, sublobatis, crenato-dentatis, glabris, subciliatis, caule subherbaceo. Linn. Sp. Plant.* 947. *Geranium calycibus monophyllis, foliis peltatis, rotundatis, angulosis, dentatis, glabris, caule fruticoso. Burm. Ger.* 44. *Geranium Affricanum, Hederæ arboreæ folio, flore purpureo. Raj. Suppl.* 514. *Geranium Affricanum, floribus rubellis, foliis glabris, cordiformibus, serratis, circulo purpureo inscriptis. Raj. Suppl.* 514.

Description.

Les tiges de cette espèce sont couchées, hérissées. La partie supérieure périt toutes les années. Les feuilles sont comme celles du Pied-de-Lyon, en forme de reins & de cœur, lobées, dentelées, nues, hérissées vers le bord, à ombilic serré, pourpre. Les péduncules sont très-longs, lisses. Les fleurs sont pourpres. Toute cette plante est assez semblable au Géranion à zône.

Figure.

Elle est représentée dans la Dissertation des Géranions, par Burmann, pl. 1, fig. 44.

Lieu de sa naissance.

Elle croît sur les montagnes du Cap de Bonne-Espérance.

DIX-HUITIÈME ESPÈCE.

La dix-huitième espèce est le Géranion du Cotylédon. *Geranium Cotyledonis. Geranium calycibus monophyllis, foliis cordato-orbiculatis, peltatis, cucullatis, crenatis, pubescentibus. Linn. Syst. Veg. edit. XIII. Murr.* 512. *Mant.* 569.

Observation.

Cette plante a été envoyée à M. Linnæus par Gordon. Elle ne lui avoit pas encore fleuri, lorsqu'il l'a placée dans son *Mantissa*.

Lieu de sa naissance.

Elle vient aussi au Cap de Bonne-Espérance.

Remarques.

Tous les Géranions dont nous venons de parler, sont ligneux, ont sept étamines qui portent des anthères, les feuilles alternes, & les péduncules à plusieurs fleurs; ceux dont nous allons parler, sont herbacés, à feuilles opposées, pareillement à sept étamines qui portent des anthères. Les uns & les autres viennent originairement d'Afrique.

DIX-NEUVIÈME ESPECE.

La dix-neuvième espèce est le Géranion à feuilles de Pied-de-Lyon. *Geranium Alchimilloïdes. Geranium calycibus monophyllis, foliis orbiculatis, palmatis, incisis, pilosis, caule herbaceo. Linn. Sp. Plant.* 948. *Virid. Cliff.* 345. *Hort. Ups.* 197. *Roy. Lugdb.* 354. *Burm. Ger.* 55. *Geranium calycibus monophyllis, longissimis, sessilibus, fructu assurgente, foliis palmatis, crenatis. Hort. Cliff.* 345. *Geranium Affricanum, Alchimillæ hirsuto folio, floribus albidis. Geranium Affricanum, folio Alchimillæ piloso, circulum nigrum insculpto, flore [illegible] do. Boerh. Lugdb.* 1, *p.* 262, *n°.* 20. *Geranium Æthiopicum, flore galeato, albo, folio Alchimillæ, rostris longissimis, nutantibus. Breyn. Prodr.* 2, *p.* 68.

Description.

Cette espèce est herbacée. Ses tiges sont simples, grosses, poileuses, couchées. Ses feuilles sont pétiolées, en forme de cœur, orbiculées, palmées, tantôt fendues en trois, tantôt en cinq, ayant trois crénelures profondes dans chaque découpure vers les bords, poileuses. Les péduncules sont axillaires, plus longs que les pétioles, portant quatre ou cinq fleurs irrégulières, dont la corolle est petite, réfléchie, incarnate, ayant les deux pétales supérieurs, couleur de sang au sommet. Les calices sont monophylles, poileux, à arètes; le bec est pointu.

Figure.

Elle est représentée dans l'*Herm. Hort. Lugdb.*, pl. 283.

Lieu de sa naissance.

Elle croît naturellement au Cap de Bonne-Espérance.

VINGTIÈME ESPÈCE.

La vingtième espèce est le Géranion jaune. *Geranium flavum. Geranium calycibus monophyllis, foliis trifariàm alternatim pinnatis, foliolis pinnatifidis, scapis hirtis. Linn. Syst. Veg. edit. XIII. Murr.* 512. *Burm. Prodr.* 19. *Mant.* 257.

Description.

Cette plante est hérissée. Ses feuilles sont fendues en plusieurs parties comme celles des Carottes. Les deux pétales supérieurs de la fleur montent; ceux du milieu sont concaves, connivents, renfermant d'abord un cinquième pétale.

Lieu de sa naissance.

Elle est vivace, & croît naturellement au Cap de Bonne-Espérance.

VINGT-UNIEME ESPÈCE.

La vingt-unième espèce est le Géranion très-odorant. *Geranium odoratissimum. Geranium calycibus monophyllis; caule carnoso, brevissimo; ramis herbaceis, longis; foliis cordatis. Linn. Sp. Plant.* 948. *Hort. Cliff.* 445. *Roy. Lugdb.* 354. *Burm. Ger.* 45. *Geranium Affricanum, humile; folio fragantissimo, molli. Dill. Hort. Elth.* 157. *Geranium calycibus monophyllis, foliis cordiformibus, obtusis, serratis, mollissimis. Hall. Gott.* 143. *Geranium Affricanum, folio Malvæ crasso, molli, odoratissimo; flosculo pentapetalo, albo. Boerrh. Lugdb.* 1, *p.* 263, *n°.* 22.

Description.

Cette plante est basse, en arbrisseau, & presque sans tige. Ses rameaux sont couchés, longs, simples. Ses feuilles sont droites, pétiolées, en forme de cœur, réniformes, crénelées, épaisses, grasses, molles, très-odorantes. Ses péduncules sont longs, vagues, se penchant avant la fleuraison, ensuite droits, portant ordinairement cinq fleurs, dont les pétales sont minces, oblongs; deux sont droits, & se rapprochent si près l'un de l'autre, qu'ils ne paroissent en former qu'un; les autres pendent. Les semences sont petites, hérissées, entortillées, quand elles sont mûres, comme garnies de plumes, suspendues par un filament menu.

Figure.

Elle est représentée dans le *Dillenii Hort. Elth.*, pl. 131, fig. 138.

Lieu de sa naissance.

Elle est vivace, & croît naturellement en Afrique.

Propriétés médicinales.

On prétend que cette plante est douée d'une vertu cordiaque & fortifiante, à cause de sa forte odeur.

VINGT-DEUXIÈME ESPÈCE.

La vingt-deuxième espèce est le Géranion à feuilles d'Alcée. *Geranium Alceoïdes. Geranium calycibus monophyllis, foliis ternatis, trifidis, laciniatis; caule herbaceo, hirto. Linn. Sp. Plant.* 948. *Geranium pedunculis multifloris, calycibus pentaphyllis, foliis lyrato-multifidis, cotyledonibus lobatis. Burm. Ger.* 36. *Geranium Affricanum, hirsutum, Uvæ crispæ folio laciniato, flore duabus maculis purpureis. Raj. Suppl.* 513.

Description.

Cette espèce a le port de l'espèce suivante, mais elle est quatre fois plus grande & poileuse, sans être glabre. Les feuilles sont semblables à celles de la Chélidoine laciniée, profondément fendues en trois, & laciniées. Les calices sont courts, à tube hérissé. Les fleurs sont semblables.

Figure.

Elle est représentée dans la Centurie de Martyn, pl. 16.

Lieu de sa naissance.

Elle est vivace, & croît naturellement au Cap de Bonne-Espérance.

VINGT-TROISIÈME ESPÈCE.

La vingt-troisième espèce est le Géranion à feuilles de Groseiller. *Geranium grossularioïdes. Geranium calycibus monophyllis, foliis cordatis, subrotundis, lobatis, crenatis; caule herbaceo, lævi. Linn. Sp. Plant.* 948. *Burm. Ger.* 53. *Geranium pedunculis bifloris, foliis cordatis, incisis, glabris; caulibus filiformibus, procumbentibus. Roy. Lugdb.* 351. *Geranium Affricanum, Uvæ crispæ folio, calyculis procumbentibus, floribus exiguis, rubellis. Herm. Lugdb.* 287. *Geranium Affricanum, flore minuto. Riv. Pent.* 337.

Description.

Les tiges de cette espèce sont tétragones, couchées, glabres comme toute la plante. Les feuilles sont rayées. Les péduncules sont capillaires, à deux ou trois fleurs menues, d'un pâle incarnat.

Figure.

Elle est représentée dans l'*Herm. Hort. Lugdb.*, pl. 289.

Lieu de sa naissance.

Elle est vivace, & croît naturellement dans l'Afrique.

VINGT-QUATRIEME ESPECE.

La vingt-quatrième espèce est le Géranion à feuilles d'Althæa. *Geranium althæoïdes. Geranium calycibus monophyllis, foliis cordato-ovatis, plicatis, sinuatis, crenatis; caule herbaceo, prostrato. Linn. Sp. Plant.* 949. *Hort. Cliff.* 345. *Roy. Lugdb.* 354. *Burm. Ger.* 54. *Geranium folio Altheæ, Affricanum, odore Melissæ. Boerrh. Lugdb.* 1, *p.* 253.

Description.

Cette plante est applatie, toute cotonneuse. Les pétales sont de la longueur du calice, d'un noir pourpre à l'extérieur, à bords blancs, rouges intérieurement; les deux supérieurs ont à leur base des stries ponctuées, sanguines.

Lieu de sa naissance.

Elle croît naturellement en Afrique; elle est vivace.

VINGT-CINQUIÈME ESPÈCE.

La vingt-cinquième espèce est le Géranion à feuilles de Coriandre. *Geranium coriandrifolium. Geranium calycibus monophyllis, foliis bipinnatis, linearibus, squarrosis; caule herbaceo, læviusculo. Linn. Sp. Plant.* 949. *Geranium foliis Coriandri. Riv. Pent. t.* 106. *Geranium Affricanum, Coriandri folio, floribus incarnatis, minus. Herm. Lugdb.* 279.

Description.

La tige de cette espèce est herbacée, un peu lisse. Ses feuilles sont doublement aîlées, linéaires, raboteuses, semblables à celles de la Coriandre. Ses fleurs sont incarnates; leurs calices sont monophylles.

Figure.

Elle est représentée dans l'*Herm. Hort. Lugdb.*, pl. 280.

Lieu de sa naissance.

Elle est annuelle, & croît naturellement dans l'Éthiopie.

VINGT-SIXIEME ESPECE.

La vingt-sixième espèce est le Géranion à feuilles de Myrrhis. *Geranium myrrhifolium. Geranium calycibus monophyllis, foliis bipinnatis, inferioribus cordatis, lobatis, caule herbaceo, calycibus strigosis. Linn. Sp. Plant.* 949. *Burm. Ger.* 59. *Berg. Cap.* 178. *Geranium Affricanum, Betonicæ folio laciniato & maculato, floribus incarnatis. Herm. Lugdb.* 279.

Description.

Les anthères, dans cette espèce, sont au nombre de cinq, comme dans les Cicutaires. La tige est herbacée, étendue, poileuse. Les feuilles sont ternées, découpées, à dents de scie, rayées, parsemées de poils un peu droits, ayant leur disque occupé par une tache large, roussâtre. La foliole intermédiaire est plus large, à demi-fendue en aîle. Le calice a deux découpures à trois nervures, deux à une nervure, & une à deux nervures. Les pétales sont au nombre de quatre, sans celui d'en-bas, d'un pâle incarnat; les supérieurs sont à veines pourpres.

Figure.

Figure.

Cette espèce est représentée dans l'*Herm. Hort. Lugdb.* pl. 281.

Variété.

Linnæus donne pour variété la plante connue sous les noms de *Geranium Affricanum, tuberosum; Anemonis folio; flore incarnato. Herm. Parad.* 179. *Geranium Æthiopicum Myrrhidis folio*, 3; *flore magno striato. Breyn. Cent.* pl. 129.

Figure.

Cette variété se trouve gravée dans l'*Herm. Parad.* pl. 178; & dans le *Breynii Cent.* pl. 59.

Lieu de sa naissance.

Elle est vivace, & croît naturellement au Cap de Bonne-Espérance.

VINGT-SEPTIÈME ESPECE.

La vingt septième espèce est le Géranion prolifique. *Geranium prolificum. Geranium calycibus monophyllis, scapis radicalibus, umbellâ compositâ, Linn. Sp. Plant.* 949. *Geranium Affricanum; myrrhidis folio; flore albicante; radice rapaceâ. Comm. Hort.* 2, *p.* 125.

Description.

La racine de cette espèce est comme celle d'une rave. Ses feuilles ressemblent à celles du myrrhis. Ses hampes sont radicales. Ses fleurs sont disposées en ombelle composée; elles sont blanches; leur calice est monophylle.

Figure.

Cette plante est représentée dans l'*Hort. Amsteld.* tom. 2, pl. 63.

Variétés.

Linnæus donne pour variétés de cette espèce, 1°. le *Geranium proliferum. Geranium calycibus monophyllis; foliis pinnatìm divisis; foliis tri & quinque-partitis, linearibus; radice turbinatâ. Burm. Ger.* 70. 2°. Le *Geranium pinnatum. Geranium calycibus monophyllis; foliis pinnatis; foliolis ovatis. Linn. Sp. Plant.* 1, *p.* 677. *Burm. Ger.* 66. *Geranium Affricanum; Astragali folio. Comm. Prælect.* 53. *Tab.* 3.

Lieu de sa naissance.

L'espèce & les variétés croissent au Cap de Bonne-Espérance.

VINGT-HUITIÈME ESPÈCE.

La vingt-huitième espèce est le Géranion à oreilles. *Geranium auritum. Geranium calycibus monophyllis, scapis radicalibus, umbellâ compositâ, divisâ; foliis ovalibus, simpliciusculis. Linn. Syst. Veg. Edit. XIII. Murray. Mant.* 433. *Geranium calycibus monophyllis, foliis oblongis, tripartitisque; pedunculis radicalibus. Linn. Sp. Plant.* 679. *Burm. Ger.* 61. *Geranium Affricanum, foliis plerumque auritis, floribus ex rubro purpurascentibus. Comm. Hort.* 2, *p.* 121. *Geranium calycibus monophyllis, foliis simplicibus, oblongo lanceolatis; radice tuberosâ. Burm. Ger.* 67. *Geranium calycibus monophyllis, foliis simplicibus, oblongo-lanceolatis; radice tuberosâ. Burm. Ger.* 67.

Geranium calycibus monophyllis, foliis ovato-hastatis, carnosis; radice rapaceâ. Burm. Ger. 71. *Geranium Capense, hirsutum; radice rapa, flore atro purpureo. Seb. Mus.* 1, *p.* 28.

Description.

Les feuilles de cette espèce sont radicales, pétiolées, ovales, oblongues, sans division ou à trois lobes, très entières, poileuses de chaque côté, à bord poileux, acides. Les hampes sont sans feuilles, poileuses, à plusieurs ombelles, à péduncules inégaux. Les ombelles sont globuleuses, à fleurs sessiles. Les calices sont incarnats, poileux. Les corolles sont d'un noir pourpre, à deux lèvres, à onglets qui s'ouvrent & qui sont pâles. Les deux pétales supérieurs sont oblongs, réfléchis; les trois inférieurs sont plus étroits, lancéolés. Les filamens sont blancs, rassemblés en cylindre, de la longueur des onglets du pétale. Les anthères sont au nombre de cinq, jaunes. Le style est pourpre.

Figure.

Cette plante est représentée dans le *Musæum* de Seba, tom. 1, pl. 18, fig. 4. Dans l'*Hort. Amsteld.* tom. 2, pl. 61; & dans la Dissertation de Burmann sur les Géranions, fig. 67 & 71.

Lieu de sa naissance.

Elle croît naturellement au Cap de Bonne-Espérance.

VINGT-NEUVIÈME ESPÈCE.

La vingt-neuvième espèce est le Géranion à lobe. *Geranium lobatum. Geranium calycibus monophyllis, caule truncato, scapis subradicalibus, umbellâ compositâ. Linn. Sp. Plant.* 950. *Geranium calycibus monophyllis, tubis longissimis, subsessilibus; radice subrotundâ, foliis lobatis, crenatis, hirsutis. Roy. Lugdb.* 352. *Burm. Ger.* 58. *Geranium Affricanum, noctu olens, tuberosum; vitis foliis hirsutis. Comm. Hort.* 2, *p.* 126. *Raj. Hist.* 3, *p.* 514, *n°.* 40. *Geranium Monomotapense, floribus atro-purpureis, foliis vitis viniferæ. Herb. Oldenl.*

Description.

Cette plante est herbacée, sessile. Sa racine est oblongue, ronde, grosse, tubéreuse, ligneuse, très-courte, poileuse. Ses feuilles ont de longs pétioles réfléchis & hérissés; elles sont découpées à dents de scie, fanées, presque en bouclier, divisées en trois ou cinq lobes, crénelées dans leur circonférence, poileuses. Les péduncules sont très-longs, de la longueur d'un pied, ou simples ou divisés, & supérieurement rameux. Les fleurs sont comme disposées en ombelles.

Figure.

Elle est représentée dans l'*Hort. Amsteld.* tom. 2, pl. 62.

Figure.

Elle est vivace, & croît naturellement au Cap de Bonne-Espérance.

Variétés.

Linnæus donne pour variétés de cette espèce la plante connue sous les phrases de *Geranium calycibus monophyllis, foliis ovatis, laciniatis, rugosis; radice turbinatâ. Burm. Ger.* 68. *Geranium calycibus monophyllis, foliis duplicato-pinnatifidis; laciniis linearibus obtusis; radice turbinatâ. Burm. Ger.* 69. Ces deux variétés sont représentées dans la dissertation de Burmann sur les Géranions, pl. 68 & 69.

TRENTIEME ESPECE.

La trentième espèce est le Géranion triste. *Geranium triste. Geranium calycibus monophyllis, sessilibus; scapis bifidis, monophyllis. Linn. Sp. Plant.* 950. *Geranium calycibus monophyllis; tubis longissimis, subsessilibus; radice subrotundâ. Hort. Cliff.* 344. *Hort. Ups.* 197. *Foliis pinnatifidis. Roy. Lugdb.* 352. *Burm. Ger.* 57. *Geranium triste. Corn. Canad.* 109. *Geranium noctu olens, Æthiopicum; radice tuberosâ, foliis myrrhidis, latioribus vel angustioribus. Breyn. Cent.* 126.

Description.

Cette plante est vivace, herbacée. Sa racine est épaisse, tubéreuse, noirâtre. Sa tige est poileuse, ordinairement distincte par sept ou huit articulations. Ses feuilles radicales sont doublement aîlées, très-longues & étendues très en large, divisées en des folioles fendues en aîles, disséquées profondément & laciniées, à déchiquetures, tantôt plus larges, tantôt plus menues, tantôt linéaires; leur superficie est ou glabre ou poileuse. Les péduncules, à la naissance des feuilles, sont très-longs, simples, qui, par leur enveloppe composée de bractées ovales, oblongues, échancrées comme de leur centre, soutiennent en forme d'ombelle de petites fleurs pédiculées. Les calices sont longs, tubuleux. Les pétales sont planes, égaux, mêlés d'un pourpre noirâtre, brunâtre & jaunâtre, formant une couleur assez triste, mais d'une odeur douce & très-suave après le coucher du soleil.

Figure.

Cette espèce est représentée dans les plantes du Canada par Cornutus, pl. 110; & dans la Centurie de Breynius, pl. 58.

Lieu de sa naissance.

Elle croît naturellement au Cap de Bonne-Espérance.

Propriétés alimentaires.

Cette plante a une saveur agréable; aussi la place-t-on parmi les plantes potagères. Elle forme un aliment rafraîchissant. Sa racine se sert sur la table, parmi les meilleurs mets, chez les Barbares, de même que chez nous les truffes, la terre-noix, &c.

Observation I.

Sa fleur qui sent très-bon pendant la nuit, est douée d'une qualité fortifiante qu'elle perd pendant le jour, de même que son odeur: mais sur le soir, aux approches de la lune, cette odeur se fait de nouveau sentir; elle est très-agréable, musquée, approchant de l'encens; & quoiqu'il pleuve pendant la nuit, elle subsiste toujours jusqu'à l'aurore; mais aussi-tôt l'arrivée du soleil, elle s'évanouit.

Observation II.

Les onze espèces suivantes de Géranion ont les feuilles comme celles du Myrrhis; les calices à cinq feuilles; cinq étamines à anthères, & les fruits inclinés.

TRENTE-UNIÈME ESPÈCE.

La trente-unième espèce est le Géranion Romain. *Geranium Romanum. Geranium pedunculis multifloris, floribus pentandris, foliis pinnatis, incisis; scapis radicalibus. Linn. Sp. Plant.* 951. *Burm. Ger.* 30. *Geranium myrrhinum, tenuifolium, amplo flore purpureo. Barr. Rar.* 568.

Description.

Cette espèce est très-semblable à la suivante; mais elle n'a point de tige. Il n'y a aussi aucune tache dans la base des pétales.

Figure.

Elle est représentée parmi les plantes rares de Barrelier, fig. 1245.

Lieu de sa naissance.

Elle est vivace, & croît naturellement à Rome.

Observation.

Il faut comparer avec cette espèce la plante connue sous les noms de *Geranium petræum. Magn. Monsp. Reg. Geranium fœtidum. Lob. Illustr.* 134. *Moris. Hist.* 2, *p.* 516, *sect.* 5, *tab.* 14, *fig.* 27. Probablement elle n'est qu'une simple variété.

TRENTE-DEUXIÈME ESPÈCE.

La trente-deuxième espèce est le Géranion cicutaire. *Geranium cicutarium. Geranium pedunculis multifloris, floribus pentandris, foliis pinnatis, incisis, obtusis. Linn. Sp. Plant.* 951. *Hort. Cliff.* 314. *Flor. Suec.* 579. 625. *Mat. Med.* 337. *Roy. Lugdb.* 352. *Hall. Helv. edit.* 1. 369. *Dalib. Paris.* 208. *Burm. Ger.* 33. *Geranium Cicutæ folio, minus & supinum. Bauh. Pin.* 319. *Geranium supinum. Dod. Pempt.* 63. En Allemand, *Wohl Riechender Storch-Schnabel.*

Description.

Cette plante est tendre & couchée. Ses tiges sont glabres, striées. Ses feuilles sont pétiolées, aîlées au-delà de la moitié; dont les folioles sont profondément découpées, menues, fendues en aîles. Les péduncules des fleurs sont au nombre de deux, à plusieurs fleurs pentandriques, d'une couleur pourpre ou blanche, ayant leur calice à arête. Les becs du fruit sont menus, longs.

Lieu de sa naissance.

Elle croît dans les endroits stériles, & les champs cultivés de l'Europe.

Propriétés médicinales.

Ce Géranion n'a aucune propriété bien connue. Cependant Dodoëns dit qu'il convient dans les blessures récentes & sanguinolentes, & dans les inflammations commençantes. Au reste, cette plante paroît être douée d'une vertu rafraîchissante, & quelquefois dessicative, avec une légère astriction.

TRENTE-TROISIEME ESPECE.

La trente-troisième espèce est le Géranion musqué. *Geranium moschatum. Geranium pedunculis multifloris; floribus pentandris, foliis pinnatis, incisis;*

cotyledonibus pinnatifidis. Linn. Sp. Plant. 951. *Burm. Ger.* 29. *Geranium Cicutæ folio, moschatum. Bauh. Pin.* 319. *Geranium moschatum, pediculis multifloris, pinnis foliorum integris, circumcisis. Hall. Helv.* 369. *Geranium moschatum. Rivin. Fl. Pent. Irreg. Raj.* 1057. *Geranium Cicutæ folio, erectum, Romanum. Bocc. Mus. part.* 2, *p.* 73. *Boerrh. Lugdb.* 1. *p.* 266. *Myrrhina Plinii, rostrum ciconiæ, seu acus moschata officinarum & pastoris. Lob. Ic. p.* 658.

Description.

Cette plante est annuelle, rameuse. Ses tiges sont fermes & presque ligneuses, rouges. Ses feuilles sont aîlées, ayant leurs folioles ovales, découpées profondément à dents de scie, sessiles, opposées avec une impaire, à odeur de musc. Les péduncules sont à plusieurs fleurs; celles-ci sont pentandriques; leur calice est à arête.

Figure.

Elle est représentée dans le *Musæum* de Boccone, tom. 2, pl. 82, & dans les plantes de Lobel, pl. 658.

Lieu de sa naissance.

Elle croît en Europe, en Italie & au Levant.

Observation.

On distingue cette espèce de la précédente par ses cotyledons qui sont découpés en aîles, & parce qu'il n'y a aucune cicatrice ou tache aux trois pétales supérieurs.

Propriétés médicinales.

Cette plante est douée d'une qualité ambrosiaque. Elle est anodine, vulnéraire, exanthématique. On l'emploie dans la dyssenterie, les petites véroles, le cancer, les tranchées. A l'extérieur, elle est excellente contre les exanthèmes. On la croit aussi utile pour faire uriner. Au surplus, c'est un excellent vulnéraire.

TRENTE-QUATRIEME ESPECE.

La trente-quatrième espèce est le Géranion de Chio. *Geranium Chium. Geranium pedunculis multifloris, floribus pentandris, foliis cordatis, incisis; superioribus lyrato-pinnatifidis. Linn. Sp. Plant.* 951. *Burm. Ger.* 35. *Geranium Chium, vernum, Caryophyllatæ folio. Tourn. Coroll.* 20. *Mart. Cent.* 4.

Description.

Les cotyledons dans cette espèce sont en forme de cœur, sans être obliques, entiers, émoussés, réguliers. Les tiges sont plus grandes que celles de la trente-deuxième espèce. Il n'y a aucune tache à la base des pétales supérieurs.

Figure.

Elle est représentée dans les Centuries de Martyn, pl. 4.

Lieu de sa naissance.

Elle est annuelle, & croît naturellement à Chio.

TRENTE-CINQUIEME ESPECE.

La trente-cinquième espèce est le Géranion à feuilles d'Althæa. *Geranium Malacoides. Geranium pedunculis multifloris, floribus pentandris, foliis cordatis, sublobatis. Linn. Sp. Plant.* 952. *Hort. Cliff.* 344. *Hort. Ups.* 198. *Roy. Lugdb.* 352. *Suav. Monsp.* 154. *Burm. Ger.* 34. *Geranium folio Althææ. Bauh. Pin.* 318. *Geranium Malacoides. Lob. Ic.* 662. *Geranium pedunculis bifloris, foliis ovatis, hirsutis, crenato-incisis, obtusis; caulibus procumbentibus. Roy. Lugdb.* 391.

Description.

Les feuilles du cotyledon sont à trois lobes, à longs pétioles, crenelées dans leur circonférence, amples; les caulinaires sont trois fois plus petites & plus aiguës, opposées. Les péduncules des fleurs sont axillaires, à six ou sept fleurs. Les calices, de même que toute la plante, sont poileux; les fleurs sont pentandriques; la corolle est égale, bleue; les becs sont menus.

Figure.

Cette espèce est représentée dans Lobel, p. 662.

Lieu de sa naissance.

Elle est annuelle, & croît naturellement dans les endroits maritimes de l'Italie, de l'Angleterre, & dans nos Provinces méridionales, sur les bords de la Méditerranée.

TRENTE-SIXIEME ESPECE.

La trente-sixième espèce est le Géranion maritime. *Geranium maritimum. Geranium pedunculis submultifloris, floribus pentandris, foliis cordatis, incisis, crenatis, scabris; caulinis procumbentibus. Linn. Sp. Plant.* 951. *Geranium pedunculis bifloris, foliis ovatis, hirsutis, crenato-incisis, obtusis; caulibus procumbentibus. Roy. Lugdb.* 451. *Geranium minimum, procumbens; folio Betonicæ. Moris. Hist.* 2, *p.* 512, *sect.* 5. *Geranium pusillum, maritimum; Althæa seu Betonicæ folio. Pluk. Phyt.* 31.

Description.

Les tiges de cette espèce sont couchées. Les feuilles sont en forme de cœur, découpées, crenelées, raboteuses. Les péduncules sont à plusieurs fleurs. Celles-ci sont souvent mutilées aux pétales. L'ombelle est souvent feuillue. Les fleurs sont pentandriques.

Figure.

Cette espèce est représentée par Morison, sect. 5, pl. 35, fig. 10.

Lieu de sa naissance.

Elle croît naturellement sur les bords de la mer en Angleterre.

TRENTE-SEPTIEME ESPECE.

La trente-septième espèce est le Géranion à feuilles d'un vert d'eau. *Geranium glaucophyllum. Geranium pedunculis multifloris, floribus pentandris, foliis ovatis, serratis, incanis, lineatis. Linn. Sp. Plant.* 952. *Geranium Ægyptium, glaucophyllon; rostris longissimis, plumosis. Dill. Hort. Elth.* 150. *Geranium pusillum, argenteum, Heliotropii minoris foliis. Schaw. Affric.* 260. *Geranium glaucum. Burm. Ger.* 62.

Description.

Ses feuilles sont très-semblables à celles de la

trente-cinquième espèce, mais lisses, sans être poileuses. La tige est très-simple, très-courte; il n'y en a même presque point. Les hampes sont depuis trois jusqu'à cinq fleurs. La corolle est pourpre, à trois raies noires à la base.

Figure.

Cette espèce est représentée dans le *Dillenii Hort. Elth.* pl. 128, fig. 150. Dans les plantes d'Afrique par Schaw, pl. 260; & dans les Géranions de Burmann. fig. 62.

Lieu de sa naissance.

Elle croît naturellement en Egypte.

TRENTE-HUITIEME ESPECE.

La trente huitième espèce est le Géranion ardouin. *Geranium arduinum. Geranium pedunculis submultifloris, floribus pentandris, foliis cordatis, quinque lobis; scapis radicalibus. Linn. Sp. Plant.* 952.

Description.

Ses feuilles sont en forme de cœur, à cinq lobes, crenelées, obtuses, raboteuses en dessous. Les hampes sont radicales. Il n'y a point de tige.

Lieu de sa naissance.

Cette espèce croît au Cap de Bonne-Espérance, suivant Burmann. Elle est vivace.

TRENTE-NEUVIEME ESPECE.

La trente-neuvième espèce est le Géranion en grue. *Geranium gruinum. Geranium pedunculis submultifloris, floribus pentandris, foliis ternatis, lobatis. Linn. Sp. Plant.* 952. *Burm. Ger.* 32. *Geranium pedunculis multifloris, pentandris. Hort. Cliff.* 498. *Hort. Upf.* 198. *Geranium pedunculis bifloris, pentandris; radice annuâ. Vir. Cliff.* 66. *Roy. Lugdb.* 352. *Geranium latifolium, acu longissimâ. Bauh. Pin.* 319. *Geranium speciosum, annuum, longissimis rostris, Creticum. Bauh. Hist.* 3, *p.* 479.

Description.

Cette espèce est haute & rameuse. Ses tiges sont fermes, ligneuses, comme hérissées. Ses feuilles de cotyledon sont en forme de cœur, à lobes hérissés, crenelées comme dans le Géranion à feuilles d'Althæa. Les autres sont ailées, à folioles sinuées, inégalement découpées à dents de scie, lancéolées. Les péduncules sont longs, supportant quatre, cinq & six fleurs, dont les pétales sont égaux, étendus, bleus & tombent. Les calices sont à arêtes. Le bec est droit, très-long.

Figure.

Cette espèce est représentée dans l'Hist. des Plantes, par Morison, sect. 15, fig. 2.

Lieu de sa naissance.

Elle croît naturellement dans la Crète.

Propriétés médicinales.

Les Empyriques prétendent que l'infusion de cette plante, prise intérieurement, brise les calculs des reins & de la vessie.

QUARANTIEME ESPECE.

La quarantième espèce est le Géranion à bec de cicogne. *Geranium ciconium. Geranium pedunculis multifloris, floribus pentandris, foliis pinnatis, pinnatifidis, obtusis. Linn. Sp. Plant.* 952. *Amœn. Acad.* 4, *p.* 282. *Burm. Ger.* 28. *Geranium Cicutæ folio, acu longissimâ. Bauh. Pin.* 139. *Prod.* 138. *Geranium Apulum, coriandrifolium. Col. Ecphr.* 1, *p.* 136. *Geranium folio Coriandri. Riv. Flor. Pentap.*

Description.

Ce Géranion a totalement le port & la figure de l'espèce précédente; mais celui-ci a les feuilles ailées, décourrantes, profondément fendues en ailes, obtuses, découpées. Sa tige est inclinée. Ses deux pétales supérieurs sont plus écartés. Les glandes sont entre les pétales. Les becs sont vêtus, oblongs, entortillés.

Figure.

Cette espèce est représentée dans le *Columnæ Ecphr.* pl. 135; & dans le Jardin de Vienne, par Jacquin, pl. 58.

Lieu de sa naissance.

Elle est annuelle, & croît naturellement dans la partie méridionale de l'Europe, dans le Valais, en Italie.

QUARANTE-UNIÈME ESPÈCE.

La quarante-unième espèce est le Géranion des Pyrénées. *Geranium Pyrenaicum. Geranium pedunculis bifloris, floribus pentandris, petalis bilobis, calycibus apice glandulosis. Linn. Syst. Veg. Edit. XIII. Murr.* 513. *Mant.* 97. *Geranium pedunculis bifloris, foliis multifidis, laciniatis, obtusis, inæqualibus; petalis bifidis. Burm. Ger.* 27. *Gerard. Gallo-Prov.* 434. *Geranium columbinum, perenne, Pyrenaicum, maximum. Tourn. Inst. Rei. Herb.* 268.

Description.

Les tiges de cette espèce sont velues. Les feuilles sont fendues en cinq, découpées, un peu obtuses, à bord rouge. Les folioles du calice ont à leur sommet une glande rouge. Les pétales sont deux fois plus longs que le calice, pourpres. Les étamines sont au nombre de cinq; les extérieures sont plus courtes. Les anthères avortent.

Figure.

Cette espèce est représentée dans le *Flora gallo-Provin.* pl. 16, fig. 2.

Lieu de sa naissance.

Elle croît naturellement dans les Pyrénées. Elle est vivace.

Observation.

Les espèces qui suivent sont batrachioïdes, dont les treize premières ont dix étamines qui portent des anthères & des péduncules à deux fleurs, & sont vivaces. Les dix suivantes n'ont de différence des autres qu'en ce qu'elles sont annuelles; & les trois dernières, qu'en ce que leurs péduncules ne supportent qu'une fleur.

QUARANTE-DEUXIÈME ESPÈCE.

La quarante-deuxième eſpèce eſt le Géranion tubéreux. *Geranium tuberoſum. Geranium pedunculis bifloris, foliis multipartitis, laciniis linearibus, ſubdiviſis, obtuſis. Linn. Sp. Plant.* 953. *Hort. Cliff.* 343. *Roy. Lugdb.* 350. *Burm. Ger.* 9. *Geranium tuberoſum, majus. Bauh. Pin.* 318. *Geranium bulboſum. Lob. Hiſt.* 377.

Deſcription.

Cette eſpèce eſt petite, à peine rameuſe. Sa racine eſt tubéreuſe. Ses feuilles ſont pétiolées, partagées en pluſieurs, diſtinctes par ſix déchiquetures plus grandes, ſupérieurement ſeſſiles à la naiſſance des péduncules. Les fleurs ſont en grand nombre, terminales, deux ſur chaque péduncule, régulières, dont le calice eſt à arêtes.

Figure.

Elle eſt repréſentée dans l'Hiſt. des Plant. par Moriſon, tom. 2, ſect. 3, pl. 16, fig. 21.

Lieu de ſa naiſſance.

Elle eſt vivace & croît naturellement en Angleterre, en Italie.

Propriétés médicinales.

Les Auteurs penſent que ce Géranion eſt aſtringent & deſſicatif; auſſi le preſcrivent-ils dans les plaies tant internes qu'externes. Dioſcoride & quelques autres diſent que ſes racines ſont bonnes à manger, & que, priſes à la doſe d'un gros dans du vin, elles ſont très-bien dans l'inflammation de la matrice. Pline ajoute qu'elles ſont très-utiles pour fortifier, & dans les cas de phthyſie.

QUARANTE-TROISIÈME ESPECE.

La quarante-troiſième eſpèce eſt le Géranion Macrorhizon. *Geranium Macrorhizum. Geranium pedunculis bifloris, calycibus inflatis, pyſtillo longiſſimo. Linn. Sp. Plant.* 953. *Hort. Cliff.* 343. *Roy. Lugdb.* 350. *Burm. Ger.* 10. *Geranium Batrachioïdes, odoratum. Bauh. Pin.* 318. *Moriſ. Hiſt.* 2, *p.* 514. *Geranium Batrachioïdes, longius, radicatum, odoratum. Bauh. Hiſt.* 3, *p.* 477. *Geranium Macrorhizon. Beſl. Eyſt. Vern.* 30. *Geranium Batrachioïdes alterum, longius, radicatum. Daleb. Hiſt.* 1280.

Deſcription.

Cette eſpèce eſt herbacée, rameuſe, glabre. Ses feuilles ſont pétiolées & en forme de bouclier. Les inférieures ſont à cinq lobes, découpées profondément & crénelées. Les ſupérieures ſont à trois lobes, à peine pétiolées. Les fleurs ſont au nombre de deux portées par des péduncules longs, terminaux, à la bifourchure deſquels il y a des bractées ſoyeuſes. Les pétales ſont égaux, entiers, pourpres, avec des pyſtils très-longs. Les calices ſont à arêtes & bordés.

Figure.

Elle eſt repréſentée dans l'*Hort. Eyſt.* partie du printemps, pl. 30, fig. 2.

Lieu de ſa naiſſance.

Elle croît naturellement en Allemagne & en Italie.

QUARANTE-QUATRIÈME ESPÈCE.

La quarante-quatrième eſpèce eſt le Géranion brunâtre. *Geranium phœum. Geranium pedunculis bifloris, foliiſque alternis, calycibus ſubariſtatis, caule erecto, petalis undulatis. Linn. Sp. Plant.* 953. *Burm. Ger.* 11. *Jacq. Vind.* 122. *Geranium pedunculis bifloris; alternatim cauli integro ſupernè mediuſculo-inſidentibus. Hort. Cliff.* 343. *Hort. Upſ.* 198. *Roy. Lugdb.* 358. *Geranium montanum, fuſcum. Bauh. Pin.* 318. *Geranium foliis ſemiquinquelobis, ſerratis; floribus ſpicatis, ex atro-purpureis. Hall. Helv.* 838. *Geranium phœum ſeu fuſcum, petalis rectis ſeu planis. Moriſ. Hiſt.* 2, *p.* 515, *ſect.* 3. *Geranium phæum, petalis planis, folio maculato. Herm. Lugdb. p.* 286. *Tourn. Inſt.* 267. *Gruinalis, montana, petalis nigro-fuſcis & obſcuris planiorib. Rupp. Jen. p.* 104.

Deſcription.

Cette plante eſt herbacée. Sa racine eſt tubéreuſe, rouge. Ses tiges ſont droites, à peine diviſées. Ses feuilles ſont alternes, à longs pétioles, preſque en forme de bouclier, orbiculées, ordinairement à cinq lobes, découpées profondément, dentelées, quelquefois maculées. Les caulinaires ſont ſeſſiles, diminuantes vers le haut, & oppoſées aux péduncules. Les péduncules ſortent tant des aiſſelles des feuilles que de la tige, qui eſt ſupérieurement un peu nue; ils ſont alternes, à deux fleurs, garnis de bractées. Les calices ſont à arête. Les pétales des fleurs ſont égaux, d'un pourpre obſcur, ou bruns, tantôt entortillés, tantôt s'ouvrans; & lorſqu'on les briſe, il en ſort une liqueur ſanguine.

Figure.

Elle eſt repréſentée dans l'Hiſt. des Plantes, par Moriſon, tom. 2, ſect. 3, pl. 16, fig. 18.

Lieu de ſa naiſſance.

Elle croît naturellement dans la Styrie, la Hongrie, la Suiſſe. Elle eſt vivace.

Variété.

Linnæus donne pour variété de cette eſpèce le *Geranium Batrachioïdes, hirſutum; flore atro-rubente. Bauh. Pin.* 318. *Geranium* 1, *pullo flore. Cluſ. Hiſt.* 2, *p.* 99.

QUARANTE-CINQUIÈME ESPÈCE.

La quarante-cinquième eſpèce eſt le Géranion à pétales réfléchis. *Geranium fuſcum. Geranium pedunculis bifloris, geminis, oppoſitifoliis; caule patulo, petalis integerrimis. Linn. Syſt. Veg. edit. XIII. Murr.* 514. *Mant.* 97. *Geranium pedunculis bifloris, foliis quinquelobis, inciſis; petalis reflexis. Mill. Dict. n°* 7. *Geranium phœum ſeu fuſcum, petalis reflexis. Moriſ. Hiſt.* 2, *p.* 515. *Geranium montanum fuſcum. Bauh. Pin.* 318.

Obſervation.

Linnæus a ſéparé cette eſpèce de la précédente comme malgré lui, à ce qu'il dit; & en effet elle lui convient par toute ſa corolle, qui eſt étendue, noire: mais elle en diffère par ſes feuilles roides; par ſa corolle qui eſt plus réfléchie, plus petite; par ſes pétales qui ſont orbiculés, pointus, très-entiers, planes; par ſes péduncules qui ne ſont pas solitaires, & qui portent des fleurs, mais dont deux sont distincts.

Lieu de sa naissance.

Elle croît naturellement dans la partie méridionale de l'Europe.

QUARANTE-SIXIÈME ESPÈCE.

La quarante-sixième espèce est le Géranion réfléchi. *Geranium reflexum. Geranium pedunculis bifloris, foliisque alternis, petalis reflexis, laciniatis, longitudine calycis mutici. Linn. Syst. Veg. edit. XIII. Murr.* 514 *Mant.* 256. *Geranium flore purpureo, reflexo, italicum. Bar. Ic.* 39.

Description.

La tige de cette espèce est haute d'un pied, fourchue ou fendue en deux, ouverte, poileuse. Ses feuilles supérieures sont alternes, à cinq lobes, cotonneuses, sans taches. Les fleurs sont penchées, à péduncules opposés aux feuilles, inclinés. Le calice est sans barbe. Les pétales sont rouges, découpés, sans être plus longs que le calice, réfléchis, s'ouvrans à leur base. Les étamines sont un peu plus longues que les corolles, penchées. Les anthères sont jaunes, à bord brunâtre.

Figure.

Cette espèce est représentée dans les Plantes de Barrelier, pl. 39.

Lieu de sa naissance.

Elle croît naturellement dans l'Italie. Elle est vivace.

Observation.

Elle approche beaucoup des deux précédentes.

QUARANTE-SEPTIÈME ESPÈCE.

La quarante-septième espèce est le Géranion à nœuds. *Geranium nodosum. Geranium pedunculis bifloris, petalis emarginatis; foliis caulinis, trilobis, integris, serratis, subtus lucidis. Linn. Syst. Veg. edit. XIII. Murr.* 514. *Mant.* 454. *Geranium pedunculis bifloris; foliis caulinis, trilobis, integris, serratis, summis, subsessilibus. Linn. Sp. Plant.* 953. *Hort. Cliff.* 343. *Roy. Lugdb.* 350. *Burm. Ger.* 7. *Geranium nodosum. Bauh. Pin.* 350. *Burm. Ger.* 7. *Geranium* 5, 6. *Plateau. Clus. Hist.* 2, *p.* 101. *Geranium magnum, folio trifido. Bauh. Hist. tom.* 3, *p.* 478.

Description.

Ses tiges sont couchées, plus applaties que dans le Géranion strié. Ses feuilles sont luisantes en dessous. Ses pétales sont échancrés, incarnats, à trois stries purpurines.

Lieu de sa naissance.

Elle est vivace, & croît naturellement dans le Dauphiné.

QUARANTE-HUITIEME ESPECE.

La quarante-huitième espèce est le Géranion strié. *Geranium striatum. Geranium pedunculis bifloris, altero breviore; foliis quinquelobis, lobis mediodilatatis, petalis bilobis, venoso-reticulatis. Linn. Sp. Plant.* 953. *Amœn. Acad.* 4, *p.* 282. *Burm. Ger.* 6. *Gruinalis petalis eleganter incisis. Rupp. Jen. p. Geranium Romanorum, versicolor sicut striatum. Mor. Hist. tom.* 2. *p.* 526. *Hist.* 1063. *Boerh. Lugdb. p.* 265. n°. 40.

Description.

Les feuilles de cette espèce sont hérissées, à cinq lobes ou à trois lobes, dilatées par le milieu, découpées à taches ferrugineuses vers les divisions. Les pétales sont blancs, à lignes pourpres, rouges, & à deux lobes. Les calices sont à arêtes, réfléchis avant la fleuraison.

Figure.

Cette espèce est représentée dans l'Hist. des Plantes, par Morison, tom. 2, sect. 5, pl. 20, fig. 24.

Lieu de sa naissance.

Elle croît naturellement en Italie. Elle est vivace.

QUARANTE-NEUVIÈME ESPÈCE.

La quarante-neuvième espèce est le Géranion des forêts. *Geranium sylvaticum. Geranium pedunculis bifloris, foliis subpeltatis, quinquelobis, inciso-serratis; caule erecto, petalis emarginatis. Linn. Sp. Plant.* 954. *Flor. Lapp.* 266. *Flor. Suec.* 572. 617. *Hort. Cliff.* 344. *Roy. Lugdb.* 351. *Burm. Ger.* 12. *Geranium Batrachioïdes, aconiti folio. Bauh. Pin.* 317. *Geranium* 2 *Batrachioïdes minus. Clus. Hist.* 2, *p.* 99. *Geranium foliis rugosis, semitrilobis; lobis dentatis, lateralibus, bipartitis; floribus purpureis. Hall. Helv. edit.* 1. 366.

Description.

Cette espèce est herbacée. Ses tiges sont droites, simples, fourchues, hérissées. Ses feuilles sont en forme de bouclier, à cinq lobes, découpées profondément, sessiles au haut de la tige. Les péduncules sont très-longs & fendus en deux, dont l'un est plus long que l'autre; & à chaque division il y a des bractées soyeuses. La corolle est égale. Le calice est à arête, raboteux. Les pétales sont obtus, égaux, pourpres, striés & blancs. Les becs sont courts, pointus, en forme d'alène.

Figure.

Elle est représentée dans l'Histoire des Plantes, par Morison, tom. 2, sect. 3, pl. 16, fig. 14; & dans le *Flora Danica*, pl. 124.

Lieu de sa naissance.

Elle croît naturellement dans les forêts du Nord de l'Europe, dans la Suède, la Laponie. Elle est vivace.

Propriétés médicinales.

Elle a une vertu styptique. On l'emploie pour arrêter le flux de sang. Elle est conséquemment vulnéraire.

CINQUANTIÈME ESPÈCE.

La cinquantième espèce est le Géranion des Marais. *Geranium palustre. Geranium pedunculis bifloris, longissimis, declinatis; petalis integris, foliis quinquelobo-incisis. Linn. Sp. Plant.* 954. *Amæn. Acad.* 4, *p.* 323. *Burm. Ger.* 13. *Geranium sanguineum, majus. Besl. Eyst. Vern.* 1. *Geranium Batrachioïdes, palustre, flore sanguineo. Dill. App.* 55. *Elth.* 160. *Hall. Opusc.* 109.

Description.

Cette espèce est semblable à la précédente; elle n'en diffère qu'en ce que ses pétales sont entiers, les péduncules longs, les petits pédicules recourbés avant la fleuraison & inclinés après. Ses rameaux sont très-écartés, à angles obtus. Les pétales sont à trois nervures, brunâtres, velus à la base.

Figure.

Elle est représentée dans l'*Hort. Eyst.* tom. 1, pl. 9, fig. 2; dans l'*Hort. Elth.* pl. 134, fig. 161, & dans le *Flor. Dan.* p. 596.

Lieu de sa naissance.

Elle est vivace, & croît naturellement dans la Russie & l'Allemagne.

CINQUANTE-UNIÈME ESPÈCE.

La cinquante-unième espèce est le Géranion des Prés. *Geranium pratense. Geranium pedunculis bifloris, foliis subpeltatis, multipartitis, pinnato-laciniatis, rugosis, acutis; petalis integris. Linn. Sp. Plant.* 954. *Hort. Cliff.* 344. *Flor. Suec.* 573. 618. *Roy. Lugdb.* 350. *Hall. Helv. edit.* 1, 367. *Burm. Ger.* 16. *Geranium Batrachioïdes, gratia Dei Germanorum. Bauh. Pin.* 318. *Geranium* 3 *Batrachioïdes, majus. Clus. Hist.* 2, *p.* 10.

Description.

Cette plante est herbacée, rameuse, à rameaux fourchus, noueux. Ses feuilles sont pétiolées, opposées, partagées en plusieurs, ridées, à découpures ailées, aiguës, inégales; les supérieures sont sessiles. Les péduncules sortent de la bifourchure, sont plus longs, à deux fleurs; les autres sont plus courts, plus fréquens. La corolle est égale. Ses pétales sont très-entiers, d'une couleur tantôt bleue, tantôt blanche, tantôt panachée de bleu & de blanc.

Lieu de sa naissance.

Elle croît naturellement dans les prés & les endroits humides de l'Angleterre, de l'Allemagne, de la Suède. Elle est commune dans les jardins.

Propriétés médicinales.

Elle est en grand usage parmi les Chirurgiens, pour guérir les tumeurs cancéreuses, squirrheuses & les abcès. Elle adoucit & absterge par son suc résineux, & qui sent bon.

CINQUANTE-DEUXIÈME ESPÈCE.

La cinquante-deuxième espèce est le Géranion argenté. *Geranium argenteum. Geranium pedunculis bifloris, foliis subpeltatis, septempartitis, trifidis, tomentoso-sericeis; petalis emarginatis. Linn. Sp. Plant.* 954. *Amœn. Acad.* 4, *p.* 324. *Burm. Ger.* 8. *Geranium argenteum, Alpinum. Bauh. Pin.* 318. *Pluk. Phyt.* 186. *Longius, radicatum. Pon. Bald.* 341. *Seg. Ver.* 1, *p.* 471. *Geranium argenteum montis Baldi. Bauh. Hist.* 3, *p.* 474.

Description.

Cette espèce est vivace, naine, basse, presque sans tige. Sa racine est grosse, simple & descendante. Ses feuilles sont orbiculées, en forme de bouclier, appuyées sur des pétioles très-longs, radicaux, divisés en sept découpures, dont chacune se subdivise en trois autres, & sont égales, cotonneuses, soyeuses, luisantes. Les péduncules s'élèvent de la racine, sont longs, fendus en deux vers le milieu, où il se trouve cinq bractées en forme d'alêne, environnant les péduncules. La corolle est pourpre, échancrée.

Figure.

Cette espèce est représentée dans les Plantes de Verone, par Seguier, tom. 1, pl. 10; & dans le *Phytog. de Plukenet*, pl. 186, fig. 3.

Lieu de sa naissance.

Elle est vivace, & croît sur le haut des rochers du mont Balde.

Propriétés médicinales.

La racine est un peu amère, & légèrement astringente.

CINQUANTE-TROISIÈME ESPÈCE.

La cinquante-troisième espèce est le Géranion maculé. *Geranium maculatum. Geranium pedunculis bifloris, caule dichotomo, erecto; foliis quinquepartitis, incisis, summis, sessilibus. Linn. Sp. Plant.* 955. *Gron. Virg.* 101. *Burm. Ger.* 17. *Geranium Batrachioïdes, Americanum, maculatum; floribus obsoletis, cæruleis. Dill. Hort. Elth.* 158. *& flore ruberrimo. Herm. Parad. Bat.* 180. *Raj. Hist. t.* 3, *p.* 511, *n°.* 10.

Description.

La racine de cette espèce est tubéreuse, grosse. La tige est droite, haute de deux pieds. Les feuilles sont divisées vers le pétiole, en cinq lobes, dentelées, maculées de jaune, opposées. Les péduncules sont à la naissance des feuilles, longs de neuf pouces, à deux fleurs. La corolle est ample, égale, plane, d'un pourpre bleu, striée. Le calice est poileux, divergent & à arête. Les semences sont petites, hérissées. Le bec est droit, simple, sans être replié, comme dans les autres espèces de Géranions Batrachioïdes.

Figure.

Elle est représentée dans le *Dillenii Hort. Elth.* pl. 32, fig. 159.

Lieu de sa naissance.

Elle croît naturellement dans la Virginie & la Caroline.

CINQUANTE-QUATRIÈME ESPÈCE.

La cinquante-quatrième espèce est le Géranion Batrachioïde des Pyrénées. *Geranium Pyrenaicum. Geranium pedunculis bifloris, foliis inferioribus, quinquepartito-multifidis, rotundatis, superioribus, trilobis; caule erecto. Linn. Syst. Veg. edit. XIII. Murr.* 514. *Huds. Angl.* 265. *Geranium pedunculis bifloris, foliis multifidis, laciniis obtusis, inæqualibus; petalis bifidis. Burm. Ger.* 25. *Geranium columbinum, Pyrenaicum; perenne, maximum. Tourn. Inst. Rei Herb.* 268. *Boerh. Lugdb.* 1, *p.* 265, *n°.* 44.

Description.

Cette espèce est rameuse. Ses tiges sont longues, couchées. Ses feuilles sont radicales, appuyées sur de longs pétioles réfléchis, glabres, divisées jusqu'au pétiole en cinq ou six segmens plus grands, qui se divisent de nouveau en des déchiquetures plus menues. De la bifourchure il s'élève très-souvent un péduncule menu, à deux fleurs. Les rameaux se terminent en plusieurs péduncules trois fois plus courts. La corolle est grande, pourpre. Les pétales sont découpés profondément, fendus en deux. Le caliçe est hérissé, à arêtes.

Lieu de sa naissance.

Elle croît naturellement sur les Pyrénées.

Observation.

Les Géranions dont nous allons donner les descriptions sont annuels, ont dix étamines à anthères & des péduncules à deux fleurs, excepté les trois derniers, dont les péduncules ne sont qu'à une fleur.

CINQUANTE-CINQUIEME ESPÈCE.

La cinquante-cinquième espèce est le Géranion de Bohème. *Geranium Bohemicum. Geranium pedunculis bifloris, petalis emarginatis, arillis hirtis, cotyledonibus trifidis, medio truncato. Linn. Syst. Veg. edit. XIII. Murr.* 514. *Mant.* 434. *Amæn. Acad.* 4. *p.* 323. *Burm. Ger.* 14. *Geranium Batrachioïdes, Bohemicum; capsulis nigris, hirsutis. Dill. Hort. Elth.* 159. *Geranium Bohemicum, Batrachioïdes, annuum, Raj. Hist.* 1063. *Geranium Batrachioïdes, minus, annuum, purpureo-cœruleum. Moris. Prælect.* 267; *Hist.* 2, *p.* 511, *sect.* 5.

Description.

Cette plante est poileuse, visqueuse. Les petits pédicules du fruit sont droits. Le calice est à arête, & a quatre ou cinq nervures. La corolle est bleue, un peu grande. Les fruits ou arilles sont hérissés, noirs.

Figure.

Elle est représentée dans le *Dillen. Hort. Elth.* pl. 133, fig. 160; & dans l'Histoire des Plantes, par Morison, tom. 2, sect. 5, pl. 15, fig. 1.

Lieu de sa naissance.

Elle est annuelle, & croît naturellement en Bohème.

CINQUANTE-SIXIEME ESPÈCE.

La cinquante-sixième espèce est l'Herbe-à-Robert, l'Herbe-à-Squinancie. *Geranium Robertianum; Geranium pedunculis bifloris, calycibus pilosis, decemangulatis. Linn. Sp. Plant.* 955. *Burm. Ger.* 18. *Geranium pedunculis bifloris, foliis quinque trive partitis, lobis pinnatifidis, calycibus hirsutis. Linn. Hort. Cliff.* 344. *Flor. Suec.* 578. 619. *Mat. Med.* 336. *Dalib. Paris.* 207. *Roy. Lugdb.* 351. *Geranium Robertianum, primum. Bauh. Pin.* 319. *Geranium* 3. *Fuchs. Hist.* 206. En Anglois, *Herb-Robert.* En Allemand, *Gottesgnad. Blutkraut. Robrechtskraut. Ruprechtskraut.* En Danois, *Robert Surt. Stinken de Storkenæb. Stinkende Skou Flock.*

Description.

La racine de cette espèce est menue, jaune. Ses tiges s'élèvent à la hauteur d'une coudée, velues, noueuses, rougeâtres, branchues, couvertes de poils. Les feuilles sont opposées, ayant leurs pétioles presque rouges & velues, divisées en cinq lobes étroits, qui sont encore découpés en manière d'aile, d'une couleur souvent rougeâtre. Le calice de ses fleurs est velu, à dix angles. La corolle est petite, inégale, ayant ses pétales entiers, dont les deux supérieurs sont plus grands, tantôt pourpres, tantôt blancs. Le bec est court & aigu.

Figure.

Cette espèce est représentée dans tous les Recueils de plantes officinales, indigènes, gravées.

Lieu de sa naissance.

Elle croît naturellement sur les rochers de la partie septentrionale de l'Europe. On en trouve aussi dans l'Arabie Heureuse. Elle a une odeur de bouc.

Analyse chymique.

Dans l'analyse chymique que M. Geoffroy a faite, de cinq livres de cette plante fleurie, sans les racines, distillées à la cornue, il est sorti 9 onces 1 gros 27 grains de liqueur limpide, d'abord d'une odeur & d'une saveur d'herbe, ensuite un peu acide; deux livres 10 onces 6 gros 42 grains de liqueur d'abord limpide, ensuite noirâtre, de plus en plus acide, un peu austère, qui avoit la saveur & l'odeur du pain bis, & enfin austère; une once 4 gros 18 grains de liqueur brune, un peu imprégnée de sel volatil urineux, & fort austère, 7 gros 10 grains d'huile épaisse. La masse noire restée dans la cornue pesoit 3 onces 5 gros 26 grains, laquelle étant bien calcinée, a laissé une once 60 grains de cendres, dont on a tiré par la lixiviation 4 gros 12 grains de sel fixe purement alkali. La perte des parties dans la distillation a été de 5 onces 7 gros 22 grains, & dans la calcination, de 2 onces 4 gros 37 grains. Les feuilles ont d'ailleurs une saveur styptique, salée & acidule. Elles rougissent le papier bleu, & ont l'odeur de bitume & de pétrole. On voit par-là que cette plante contient un sel essentiel, alumineux, uni avec un peu d'huile fœtide & de sel ammoniacal.

Propriétés médicinales.

L'Herbe-à-Robert est un bon vulnéraire & astringent, & plus tempéré que tous les autres, selon Ettmuller; aussi l'emploie-t-on fréquemment dans les potions & les décoctions vulnéraires. Il résout puissamment; il arrête le sang, & le dissout lorsqu'il est coagulé; il mondifie les plaies & les ulcères. Le vin dans lequel on a macéré pendant la nuit les feuilles pilées d'Herbe-à-Robert, arrête toute sorte d'hémorragie. Sa poudre, à la dose d'un gros, prise dans du bon vin, est fort utile pour dissiper les vents de la matrice. On emploie utilement les feuilles pilées ou bouillies dans du vin, en forme de cataplasme, sur les fluxions & les tumeurs douloureuses. Elles résolvent les tumeurs œdémateuses des pieds, étant pilées & mêlées avec du sel & du vinaigre. On s'en sert communément, dit J. Ray, pour les érésipèles, les ulcères & les plaies des mamelles & des parties de la génération. Ettmuller en recommande le suc mêlé avec de la térébenthine en en forme de baume, lequel étant appliqué dessus, guérit promptement, sûrement, & sans causer de peine. Fabricius Hildanus assure qu'on applique souvent avec succès la décoction de cette plante sur les cancers des mamelles. Haller regarde ce Géranion comme un grand vulnéraire. Cette plante résout le sang coagulé; employée en cataplasme, elle provoque, dit il, les urines, fait passer le lait aux femmes en couches, & convient dans les œdèmes & les érysipèles, pour la squinancie, les ardeurs de la bouche & les gerçures de la langue. Buxbaum prétend aussi que c'est un excellent vulnéraire, tant prise intérieurement qu'appliquée extérieurement. Crollius, dans son Traité des remèdes internes, attribue une grande vertu à sa poudre dans la fracture des os.

Propriétés vétérinaires.

On peut donner aux animaux, dans les cas analogues à ceux de l'homme, cette plante en poudre, à la dose d'une demi-once. Swenkfelt observe que si on donne de sa décoction au bétail qui rend du sang, elle le guérit.

CINQUANTE-SEPTIEME ESPÈCE.

La cinquante-septième espèce est le Géranion luisant. *Geranium lucidum. Geranium pedunculis bifloris, calycibus pyramidatis, angulatis, elevato-rugosis; foliis quinquelobis, rotundatis. Linn. Sp. Plant.* 955. *It. Gotl.* 228. *Flor. Suec.* 574. 620. *Dalib. Parif.* 208. *Sauv. Monsp.* 207. *Burm. Ger.* 19. *Geranium lucidum, saxatile. Bauh. Pin.* 318. *Geranium saxatile. Thal. Herc.* 44. *Geranium rotundifolium, saxatile, montanum. Col. Ecphr.* 1, *p.* 138. *Geranium lucidum. J. Bauh. Hist.* 3, *p.* 481. *Geranium foliis subrotundis, semiquinquefidis, rariter & longè pilosis. Hall. Helv. Edit.* 1. 368. *Geranium annuum, rotundifolium, montanum, saxatile, lucidum. Moris. Hist.* 2, *p.* 512, *Sect.* 5.

Description.

Cette espèce est tendre & rameuse. Ses rameaux sont plus tendres, à plusieurs fleurs. Ses feuilles sont pétiolées, opposées, rondes, à cinq lobes, dont chaque lobe est à trois dents glabres & luisantes. Le calice est pyramidal, anguleux, barbu & ventru. Les fleurs sont petites, au nombre de deux, appuyées sur des péduncules écartés. Les pétales sont entiers, pourpres. Les becs sont très-menus & droits.

Figure.

Cette espèce est représentée dans le *Columm. Ecphr.* tom. 1, pl. 137; dans l'Hist. des Plantes par Morison, tom. 2, sect. 5, pl. 15, fig. 6; & dans le *Flora Danica*, pl. 213.

Lieu de sa naissance.

Elle est annuelle, & croît naturellement sur les rochers ombrageux de l'Europe.

CINQUANTE-HUITIÈME ESPÈCE.

La cinquante-huitième espèce est le Géranion mol. *Geranium molle. Geranium pedunculis bifloris, foliisque floralibus, alternis; caule ramoso, erectiusculo; calycibus muticis, arillis levibus. Linn. Sp. Plant.* 955. *Burm. Ger.* 21. *Geranium pedunculis bifloris, foliis quinquepartito-multifidis, rotundatis; laciniis obtusiusculis, capsulis hirtis. Flor. Suec.* 577. 624. *Dalib. Parif.* 206. *Geranium pedunculis bifloris, foliis sparsis, reniformibus, semiquinquefidis, mollibus & latissimis. Hall. Helv. edit.* 1. 366. *Sauv. Monsp.* 207. *Geranium Columbinum, minus, majori flore & foliis bifidis. Magn. Monsp. Geranium Columbinum, villosum; petalis bifidis, purpureis. Vaill. Parif.* 79.

Description.

Cette espèce est herbacée. Ses tiges sont flasques, couchées. Ses feuilles sont pétiolées, presque rondes, fendues en plusieurs lobes obtus, mols, divisés inégalement. Les péduncules sont aux articulations des feuilles, opposés aux pétioles, ou alternes, un peu longs, solitaires. Les pétales sont égaux, fendus en deux, pourpres. Les calices sont hérissés, s'enflans, sans barbe.

Figure.

Elle est représentée dans le *Botanicon Parif.* de Vaillant, pl. 15, fig. 3.

Lieu de sa naissance.

Elle est annuelle, & croît naturellement sur les places stériles par toute l'Europe.

CINQUANTE-NEUVIEME ESPÈCE.

La cinquante-neuvième espèce est le Géranion de la Caroline. *Geranium Carolinianum. Geranium pedunculis bifloris, calycibus aristatis, foliis multifidis, arillis hirsutis. Linn. Sp. Plant.* 956. *Roy. Lugdb.* 351. *Gron. Virg.* 100. *Burm. Ger.* 28. *Geranium Columbinum, Carolinum; capsulis nigris, hirsutis. Dill. Hort. Elth.* 162.

Description.

La corolle de cette espèce est incarnate, à peine plus longue que le calice. Les épidermes sont hérissés, noirs. Les pédicules du fruit sont hérissés, sans être penchés.

Figure.

Cette espèce est représentée dans le *Dillenii Hort. Elth.* pl. 135, fig. 16.

Lieu de sa naissance.

Elle est annuelle, & croît naturellement dans la Caroline, la Virginie.

SOIXANTIEME ESPECE.

La soixantième espèce est le Géranion pied-de-Pigeon. *Geranium Columbinum. Geranium pedunculis bifloris, folio longioribus; foliis quinquepartito-multifidis, laciniis acutis, arillis glabris, calycibus aristatis. Linn. Sp. Plant.* 956. *Flor. Suec.* 576. 623. *Dalib. Parif.* 2?7. *Burm. Ger.* 22. *Geranium Columbinum, foliis dissectis, pediculis florum longissimis. Vaill. Parif.* 79. *Geranium foliis ad nervum quinquefidis, pediculo longissimo, caule prostrato. Hall. Helv. edit.* 1. 367. *Pes Columbinus Dod. Pempt.* 61. *Geranium Columbinum, Gerardi. Raj. Hist.* 1059. *Tabern. Icon.* 56.

Description.

La racine de cette espèce est blanche, simple & branchue. Ses tiges sont nombreuses, hautes de neuf pouces, & plus inclinées vers la terre. Ses feuilles font femblables à celles de la Mauve, découpées à plufieurs fegmens (le plus fouvent au nombre de fept fort apparens, ou du moins au nombre de cinq, dans les feuilles qui font au haut des tiges), plus petites cependant, plus blanches, moins liffes, dentelées à leur contour, portées fur de longues queues. Ses fleurs font au nombre de deux fur le même pédicule, à l'extrémité des tiges & des branches, placées le plus fouvent vis-à-vis les feuilles; elles font petites, d'une belle couleur de pourpre, à cinq pétales difpofés en rofe. Il s'élève de leur calice un piftil qui fe change enfuite en un fruit femblable à un bec de grue, marqué en fa longueur de cinq rainures, dans lefquelles font placées autant de capfules terminées par une queue menue, pointue, prefque d'un demi-pouce de longueur. Ces capfules font minces, un peu velues; elles fe détachent dans leur maturité de la bafe du fruit vers la pointe, & fe recoquillent en dehors; chacune renferme une graine oblongue, brune, lorfqu'elle eft mûre.

Figure.

Cette plante eft repréfentée dans le *Botanicon Parif.* de Vaillant, pl. 15, fig. 4.

Lieu de fa naiffance.

Elle croît naturellement par toute la France, la Suiffe, l'Allemagne.

Analyfe Chymique.

Elle a une faveur d'herbe falée, ftyptique & gluante; elle rougit le papier bleu, & contient un fel effentiel alumineux, délayé dans un phlegme vifqueux.

Propriétés médicinales.

Tournefort recommande le fyrop fait du fuc des feuilles pour la dyffenterie. Son extrait a la même vertu. On emploie fes feuilles dans les potions, les décoctions, les huiles & les onguens, pour les contufions & les plaies. De quelque manière que l'on donne cetre plante, elle arrête d'une manière furprenante le fang, de quelque endroit qu'il coule.

SOIXANTE-UNIÈME ESPÈCE.

La foixante-unième efpèce eft le Géranion blanchâtre. *Geranium incanum. Geranium pedunculis bifloris, calycibus ariftatis, petalis integris, arillis hirfutis, foliis fubdigitatis, pinnatifidis. Linn. Sp. Plant.* 957. *Amœn. Acad.* 6. *Affric.* 26. *Geranium pedunculis bifloris, foliis multipartitis, laciniis linearibus. Roy. Lugdb.* 331. *Burm. Ger.* 26. *Geranium Affricanum, tenuifolium, Robertiani divifuris. Pluk. Phyt.* 186.

Defcription.

Cette plante eft herbacée. Ses tiges font filiformes, noueufes, garnies par-tout d'écailles foyeufes. Ses feuilles font inférieures, parfemées & couchées, à longs pétioles, découpées en cinq, blanchâtres en deffous, à découpures linéaires très-menues. Les pédoncules font parfemés le long des canaux, tantôt oppofés aux pétioles, tantôt partant de leurs aiffelles, longs, garnis de bractées foyeufes, inférieurement à deux fleurs, fupérieurement à quatre fleurs, difpofées en forme de croix. Les calices font à arêtes & poileux. Les pétales font égaux, très-entiers. Les becs font courts.

Figure.

Cette efpèce eft repréfentée dans la Differtation des Géranions, par Burmann, fig. 26; dans le *Phytographia* de Plukenet, fig. 4.

Propriétés médicinales.

Elle croît naturellement au Cap de Bonne-Efpérance.

SOIXANTE-DEUXIEME ESPECE.

La foixante-deuxième efpèce eft le Géranion difféqué. *Geranium diffectum. Geranium pedunculis bifloris, foliis quinquepartito-trifidis, petalis emarginatis, longitudine calycis, arillis villofis. Linn. Sp. Plant.* 956. *Amœn. Acad.* 4, *p.* 282. *Burm. Ger.* 15. *Flor. Suec.* 2. *n°.* 622. *Geranium majus, foliis imis, longis, ad ufque pediculum divifis. Morif. Hift.* 2, *p.* 511. *Sect.* 5, *Vaill. Parif. Geranium foliis ad nervum quinquefidis, pediculis brevioribus, caule erecto. Hall. Helv. edit.* 1. 366.

Defcription.

Les feuilles de cette efpèce font partagées en cinq lobes linéaires, lancéolés. Les pétales font échancrés, d'un pourpre foncé. Les anthères font violettes. Les péduncules font droits. Les calices portent des fruits, s'ouvrent.

Figure.

Elle eft repréfentée dans l'Hiftoire des Plantes par Morifon, fect. 5, pl. 3, fig. 3; & dans le *Botanicon* de Vaillant, pl. 15, fig. 2.

Lieu de fa naiffance.

Elle croît naturellement dans la partie méridionale de l'Europe.

SOIXANTE-TROISIÈME ESPÈCE.

La foixante-troifième efpèce eft le Géranion à feuilles rondes. *Geranium rotundifolium. Geranium pedunculis bifloris, petalis integris, obtufiffimis, longitudine calycis; caule proftrato, foliis reniformibus, incifis. Linn. Sp. Plant.* 957. *Burm. Ger.* 20. *Geranium pedunculis bifloris, fubrotundis, multifidis; caule procumbente. Hort. Cliff.* 3 4. *Flor. Suec.* 575. 621. *Roy. Lugdb.* 351. *Hall. Helv. edit.* 1. 365. *Dalib. Parif.* 206. *Geranium folio Malvæ rotundo. Bauh. Pin.* 318. *Geranium alterum. Fuchf. Hift.* 205. *Geranium Columbinum, majus; flore minore, cœruleo. Vaill. Parif.* 79.

Defcription.

La tige de cette efpèce eft fourchue, cylindrique, poileufe, vifqueufe. Les pétioles font rouffâtres. Les feuilles font en forme de reins, rondes, poileufes, molles, vifqueufes, fur-tout en deffous, à lobes marqués d'un point rouge. Le calice eft à arêtes, ouvert, à trois rides longitudinales. Les pétales font en forme de coing, très-obtus, entiers, à trois ftries entières à la bafe. Les anthères font jaunes.

Figure.

Cette efpèce eft repréfentée dans le *Botanicon Parif.* de Vaillant, pl. 15, fig. 1.

Lieu de sa naissance.

Elle est annuelle, & croît naturellement dans les endroits cultivés de l'Europe.

Observation.

Plusieurs Auteurs confondent cette espèce avec la soixantième, & lui attribuent les mêmes propriétés.

SOIXANTE-QUATRIEME ESPECE.

La soixante-quatrième espèce est le Géranion nain. *Geranium pusillum. Geranium pedunculis bifloris, petalis bifidis, caule diffuso, foliis reniformibus, palmatis, linearibus, acutis. Linn. Sp. Plant.* 957. *Burm. Ger.* 23. *Geranium Columbinum, humile; flore cœruleo, minimo. Raj. Angl.* 3, *p.* 359. *Geranium Columbinum, tenuius, laciniatum. Bauh. Pin.* 308. *Prodr.* 138.

Description.

Sa tige est couchée, à peine poileuse. Ses feuilles sont plus disséquées, ayant quelques déchiquetures découpées jusqu'à la base. Ses pétales sont échancrés & pourpres. Ses anthères sont bleues.

Figure.

Cette espèce est représentée parmi les plantes d'Angleterre, par Ray, pl. 16, fig. 2.

Lieu de sa naissance.

Elle est annuelle, & croît dans différens endroits de l'Angleterre, de la France.

Observation.

Les trois espèces suivantes ont dix pétales à anthères, & des péduncules à fleurs, ainsi que nous l'avons déjà observé.

SOIXANTE-CINQUIÈME ESPÈCE.

La soixante-cinquième espèce est le Géranion de Sibérie. *Geranium Sibiricum. Geranium pedunculis subunifloris, foliis quinquepartitis, acutis; foliolis pinnatifidis. Linn. Sp. Plant.* 957. *Burm. Ger.* 3.

Description.

Ses tiges sont hautes d'un pied, couchées, écartées. Ses feuilles sont partagées en cinq, à lobes, découpées en aîles. Il sort un péduncule de chaque bifurcation. Sa tige est longue, à une fleur, articulée au milieu, à deux bractées opposées, en forme d'alêne. La corolle est blanche, à stries pourpres, à pétales à peine échancrés. Le calice est à cinq feuilles, à arêtes. Les arilles sont velus.

Figure.

Cette espèce est représentée dans le Jardin de Vienne, par Jacquin, pl. 19.

Lieu de sa naissance.

Elle est vivace, & croît naturellement dans la Sibérie.

SOIXANTE-SIXIEME ESPECE.

La soixante-sixième espèce est le Géranion sanguin. *Geranium sanguineum. Geranium pedunculis unifloris, foliis quinquepartitis, trifidis, orbiculatis. Linn. Sp. Plant.* 958. *Burm. Ger.* 3. *Geranium pedunculis simplicibus, unifloris. Hort. Cliff.* 343. *Flor. Suec.* 571. 616. *Roy. Lugdb.* 350. *Hall. Helv. edit.* 1. 365. *Dalib. Paris.* 206. *Geranium sanguineum, maximo flore. Bauh. Pin.* 318. *Geran. VII. Hœmatodes. Clus. Hist.* 2, *p.* 202. *Sanguinaria & Geranium sanguineum. Officin. Geranium sanguineum, maximo flore. Bauh. Pin.* 318. *Tourn. Inst. Rei Herb.* 267. *Geranium sanguineum, sive Hœmatodes, crassâ radice. J. Bauh.* 3. 478. *Sanguinaria radix & Geranium tertium Traj.* 548. *Geranium sanguinarium. Tab. Icon.* 774. En Allemand, *Blutwurtz. Rothe Hunerwartz.* En Suédois, *Ormgræs.* En Italien, *Geranio.* En Allemand, *Storch-Schnabel.*

Description.

La racine de cette espèce est épaisse, rouge & fibreuse. Ses tiges sont de la hauteur d'une coudée, nombreuses, rougeâtres, velues & noueuses. Ses feuilles sont opposées. Celles du sommet sont portées par de courts pétioles; elles sont arrondies, découpées en cinq parties, qui sont divisées en trois, velues, vertes en dessus, blanchâtres en dessous. Les péduncules sont axillaires, portans une seule fleur. Il se trouve deux feuilles florales sur le péduncule le plus élevé. Les fleurs sont polypétales, régulières, rosacées. Leurs pétales sont au nombre de cinq, cordiformes. Le calice est à cinq parties ovales, aiguës, concaves. Les étamines sont au nombre de dix. La corolle est grande & violette.

Figure.

Cette espèce est représentée dans *Tabernæmontanus*, pl. 774.

Analyse Chymique.

Ses feuilles sont styptiques & un peu salées; elles donnent une couleur rouge vive au papier bleu, de même que l'Alun; c'est par cette raison que sa vertu vulnéraire dépend sur-tout d'un sel alumineux, mêlé avec beaucoup de soufre & de terre, & avec un peu de sel volatil concret.

Propriétés médicinales.

On emploie utilement les feuilles de cette plante dans les décoctions & les bouillons vulnéraires, pour arrêter les catarrhes. On s'en sert extérieurement, pilées & appliquées sur les plaies.

Variété.

Linnæus donne pour variété de cette espèce la plante connue sous le nom de *Geranium Hæmatodes, Lancastriense; flore eleganter striato. Dillenii Hort. Elth.* 163.

Lieu de sa naissance.

Cette variété, de même que l'espèce principale, croît dans les prés secs & ombrageux de l'Europe. Elle est vivace.

SOIXANTE-SEPTIEME ESPECE.

La soixante-septième espèce est le Géranion épineux. *Geranium spinosum. Geranium pedunculis unifloris, caule carnoso, noduloso; spinis solitariis, strictis. Linn. Syst. Veg. edit. XIII. Murray.* 515. *Mant.*

98. *Geranium spinosum & nodosum, foliis reflexis. Burm. Affric.* 18. *Geranium pedunculis simplicibus, unifloris; foliis cuneiformi-sinuosis, ramis nodosis, spiniferis. Burm. Ger.* 16. n°. 2.

Description.

Cette plante est succulente. Sa tige est en arbrisseau, garnie de chaque côté de tubercules larges, inégaux, glabres. L'épine sort de chaque tubercule, est en forme d'alêne, ligneuse, longue d'un pouce, portant souvent une petite feuille au sommet. Les feuilles sont pétiolées, ovales, très-entières ou un peu crénelées, parsemées de points glanduleux. Le calice est à cinq pièces, barbu sous le sommet, de même que le Géranion des Européens, sans tube. Les étamines sont au nombre de dix, égales, & le style est comme dans les Géranions d'Europe. Les péduncules sont à une fleur.

Figure.

Elle est représentée dans les Plantes d'Afrique, par Burmann, pl. 31.

Lieu de sa naissance.

Elle croît naturellement au Cap de Bonne-Espérance.

Culture générale.

Le Géranion des prés se cultive pour l'ordinaire dans les jardins à cause de la beauté de ses fleurs bleues. Ses variétés à fleurs blanches & à fleurs panachées dégénèrent souvent, & reprennent la couleur bleue, si on les multiplie par semences, ce qui n'arrive point à celles qu'on multiplie par les racines qu'on sépare. Toute sorte de terrein & d'exposition convient à cette plante : il ne lui faut d'autre culture que de la débarrasser des mauvaises herbes. Si on laisse tomber ses semences d'elles-mêmes, ces plantes croissent sans aucun soin. Le *Geranium Maccorhizon* a sa racine vivace. Sa culture est la même que celle du Géranion des prés. Il en est de même du Géranion sanguin & de plusieurs Géranions vivaces de l'Europe. On les multiplie par semences ou par les racines qu'on partage en automne. Les Géranions annuels ne peuvent se multiplier par semences qu'on laisse tomber d'elles-mêmes, ou qu'on sème à demeure à l'instant même de leur maturité.

Toutes les espèces de Géranions d'Afrique se multiplient par graines que l'on sème dans une platebande vers la fin de Mars; les graines lèvent au bout d'un mois ou de six semaines, & dès le commencement de Juin les jeunes plantes qui en proviennent sont bonnes à être transplantées. On les enlèvera pour lors avec précaution, & on les mettra chacune séparément dans un pot rempli de bon terreau, en les plaçant d'abord à l'ombre, & ensuite avec les autres plantes d'orangerie. On les serre en automne dans l'orangerie. Lorsqu'on desire avoir en peu de temps de grandes plantes, & les voir fleurir promptement, on sème les graines au printemps sur une couche modérément chaude : elles y lèvent bien vîte; & les jeunes plantes qui en proviennent sont en état d'être transplantées bien long-temps avant celles qu'on sème en plein air; mais il faut prendre garde qu'elles ne *filent* pas, pour se servir du terme du Jardinier. Quand on les a transplantées dans des pots, on enfonce les pots dans une autre couche modérément chaude, observant de les bien couvrir, jusqu'à ce qu'elles soient reprises : on les habitue pour lors par degrés au grand air : on les y met au commencement de Juin; mais on les place pour lors avec les autres plantes exotiques à une exposition abritée. Quand les plantes poussent vigoureusement, elles fleurissent pendant l'été de la même année, & sont assez fortes avant l'hiver pour produire le plus bel effet possible dans une serre. Les Géranions d'Afrique en arbrisseau se multiplient communément par boutures : on les fait en Juin & Juillet dans une platebande ombragée : il ne leur faut que six semaines pour prendre racine; après quoi on les place à une bonne exposition bien abritée, & on les gouverne pour lors comme celles qui proviennent de graines.

Comme parmi les différentes espèces de Géranions en arbrisseau d'Afrique il s'en trouve des espèces dont les tiges sont plus succulentes les unes que les autres, on fera pour lors les boutures de celles-ci dans des pots remplis de terreau qu'on enfoncera dans une couche modérément chaude; on les garantira du soleil pendant la chaleur du jour, & on ne leur donnera que très-peu d'eau. Comme ces sortes de plantes sont sujettes à se pourrir par une trop grande humidité, on se contentera de les arroser modérément, & seulement de temps en temps. Quand les boutures seront bien reprises, on les séparera seulement, & on les mettra chacune séparément dans des petits pots remplis de terreau : on les laisse à l'ombre pendant quelques jours; après quoi, on les place à une exposition bien abtirée, & on les y laisse jusqu'en automne. Ces espèces de Géranions succulens doivent encore moins être arrosées en hiver que pendant l'été, attendu qu'elles sont sujettes à se moisir & à pourrir. Elles réussissent beaucoup mieux dans une serre vitrée que dans une orangerie; elles y ont plus de soleil & plus d'air. En général toutes les espèces de Géranions en arbrisseau sont très-propres pour garnir une orangerie : elles n'ont besoin seulement que d'être garanties de la gelée. Il leur faut beaucoup d'air quand le temps est doux, & les arroser pour lors une ou deux fois la semaine, sans cependant leur donner trop d'eau à la fois, sur-tout pendant les gelées. Au printemps on les endurcit par degrés; & vers le milieu ou sur la fin de Mai, on peut les ôter de la serre & les placer d'abord sous des arbres pendant quinze jours ou trois semaines, pour les habituer insensiblement au grand air; après quoi on les met dans une exposition qui soit à l'abri des vents violens & au soleil levant : elles y profitent mieux que dans une exposition du midi.

Comme ces espèces de Géranions en arbrisseau croissent très-promptement, elles remplissent bientôt les pots de leurs racines; & si on les laisse long-temps sans les changer pendant l'été, les racines passent par les trous du fond des pots, & s'implantent dans la terre : ces plantes poussent alors plus vigoureusement; mais quand on les laisse croître long-temps de cette sorte, il est difficile de les enlever; car si on casse les racines, toutes les jeunes branches périssent, & peu de temps après toute la plante : c'est pourquoi on ôtera tous les quinze jours ou trois semaines les pots de leurs places pendant l'été, & on coupera les racines qui peuvent passer par les trous, afin de les empêcher de pénétrer dans la terre. Ces plantes demandent aussi d'être changées de pots, au moins deux fois en été, savoir, trois semaines ou un mois après qu'on les a sorties de l'orangerie, & vers la fin d'Août ou au commencement de Septembre, afin qu'elles puissent avoir le temps de reprendre devant que de les mettre dans la serre. Lorsqu'on change ces plantes de pots, on

coupe

coupe avec soin toutes les racines qui sortent hors de la motte de terre, & on ôte la terre usée d'auprès des racines autant qu'il est possible, sans que les plantes en souffrent; & quand il est nécessaire, on les plante dans des pots plus grands que ceux dont on les a ôtées, ayant la précaution de mettre au fond du pot une quantité de terre nouvelle: ensuite on y range les plantes pardessus, & on prend sur-tout garde que la motte de terre d'auprès des racines ne soit plus haute que le bord du pot, afin qu'il reste de la place pour contenir l'eau que l'on donne à la plante.

On remplit le vuide tout au tour de la motte avec de la terre fraîche, que l'on presse modérément; & l'on secoue fortement le pot en frappant à terre avec le fond du pot, pour que la terre s'affaisse; après quoi on arrose bien la terre, & on attache le tronc à une baguette ou échalas, pour empêcher le vent de déplacer les racines avant qu'elles soient bien reprises.

La meilleure préparation de la terre dont on doit se servir pour y planter ces plantes, est de la terre de prés mêlée avec un quart ou un cinquième de terreau. Si la terre de prés n'est pas suffisamment meuble, au lieu de terreau on y associera du tan pourri, & lorsqu'elle est trop légère, on lui associera du fumier de vache pourri. On prépare ce mélange deux ou trois jours avant de l'employer, & on le remue bien trois ou quatre fois pour que le tout s'incorpore; mais une pareille opération est inutile quand on a de la bonne terre de potager, nettoyée de toute sorte de racines. Les plantes n'y profitent pas moins, sur-tout si on a eu la précaution de laisser cette terre pendant quelque temps en tas, & de la retourner deux ou trois fois pour en rompre les mottes & la rendre plus meuble. Au surplus, les Géranions en arbrisseau aiment mieux une terre aride qu'une terre trop grasse; ils y fleurissent beaucoup mieux.

Le Géranion à feuilles de Pied-de-Lyon ou Alchymiloïde se multiplie très-bien par graines que cette plante donne en quantité: il se multiplie aussi très-facilement par boutures; mais les plantes qui proviennent des semences sont préférables. Dans les jardins où on laisse tomber d'elles-mêmes des semences de cette espèce, il croît naturellement au printemps suivant une quantité de jeunes plantes, pourvu que les graines n'aient point été enterrées trop profondément en terre. Le Géranion très-odorant peut se multiplier également par graines ou par têtes qu'on enlève d'une tige courte & charnue: on dépouille ces têtes de leurs feuilles inférieures, pour que la tige qui doit être plantée soit nue; on met ces têtes chacune séparément dans un petit pot, ou deux ou trois ensemble si elles sont petites: ensuite on enfonce ces pots dans une couche chaude très-modérée, pour faire enraciner plutôt ces têtes; & si on les garantit du soleil, & qu'on les arrose modérément, elles prennent racines dans un mois ou six semaines. On les endurcit pour lors par degrés, & on les met au grand air; on les y laisse jusqu'en automne; on les place ensuite à l'abri pour y passer l'hiver.

Le Géranion triste, de même que les autres espèces qui en approchent le plus, se multiplie par les racines que l'on sépare: le meilleur temps pour cette opération est le mois d'Août, d'autant que les jeunes racines peuvent être assez grandes. Avant que le froid vienne, chaque portion de racine pousse pourvu seulement qu'elle ait un bouton: il lui faut une terre pareille à celle que nous avons indiquée ci-dessus. On enfonce ces pots, ou on les plante dans une vieille couche chaude garnie de vitrages pendant l'hiver. Ces espèces de plantes y profitent beaucoup mieux que dans une serre. On ouvre tous les jours les vitres quand il fait doux; & pendant les gelées on les couvre, pour que le froid ne pénètre point. On ne leur donne que très-peu d'eau en hiver, & on a bien soin de tenir les vitres fermées pendant cette saison dans les temps de pluie, pour que les plantes n'aient pas trop d'humidité. Moyennant tous ces petits soins, ces plantes profitent beaucoup, & fleurissent très-bien toutes les années. On peut encore les multiplier par semences.

Le Géranion à feuilles de Coriandre est une plante annuelle que l'on ne peut multiplier que par graines qu'on sème au printemps sur une couche modérément chaude, pour la faire lever plutôt. A moins que l'été ne soit chaud, les semences de cette espèce mûrissent rarement dans nos climats. Quand les jeunes plantes qui proviennent des graines sont assez fortes, on les transplante chacune séparément dans un petit pot, & on enfonce ce pot dans une couche modérément chaude, observant bien de les couvrir jusqu'à ce qu'elles soient bien reprises; on les habitue insensiblement par degrés au grand air, & on les y met totalement en Juin. Quand ces plantes ont rempli les pots de leurs racines, on les met dans des pots plus grands: elles y fleurissent pour lors, & donnent des semences mûres; après quoi les tiges ne tardent pas à périr.

Le Géranion à feuilles de Groselier se multiplie aussi par graines que l'on sème au printemps sur une couche modérément chaude, ou bien en plein air dans une platebande garnie de terreau. Les plantes y viennent aussi bien, mais elles y croissent moins vîte. Celles que l'on sème en plein air n'exigent d'autres soins que d'être débarrassées des mauvaises herbes, & de les éclaircir aux endroits où elles sont trop épaisses. Elles fleurissent en Juillet & Août; & si l'automne est favorable, les semences sont mûres en Septembre. Si les plantes de pleine terre ne donnent point de semences mûres dans ces climats, celles que l'on aura élevées sur couches fleuriront plutôt; par conséquent on ne courra aucun risque d'avoir des semences mûres. On peut conserver pendant l'hiver les espèces que l'on aura mises dans des pots, en enfonçant ces pots dans une vieille couche de tan sous un abri, & en les gouvernant de même que les espèces à racines tubéreuses.

On examinera souvent pendant l'hiver les Géranions en arbre, tandis qu'ils sont dans l'orangerie, pour en ôter les feuilles mortes; car si on les laisse, non-seulement elles rendent les plantes laides, mais en tombant elles forment une litière auprès des autres plantes; & si elles viennent à pourrir dans l'orangerie, elles rendent l'air infect, corrompu & humide, ce qui est très-préjudiciable à toutes les plantes: en conséquence, pour prévenir ce mal, il faut ôter ces feuilles toutes les semaines pendant l'hiver, & tous les quinze jours pendant l'été; car à mesure que les branches croissent, & qu'il vient de nouvelles feuilles à leurs extrémités, il y a toujours des feuilles inférieures qui meurent; & si on les laisse jusqu'à ce qu'elles tombent, elles rendent le pied de la plante très-laid.

GERARDIA, *la Gérard.*

NOMS GÉNÉRIQUES.

Ce genre de plante est connu sous les noms de *Gerardia. Plum. Digitalis. Pluk.*

Description générique.

Le caractère de ce genre de plante est d'avoir le périanthe du calice monophylle, à demi fendu en cinq, droit, aigu, persistant. La corolle est monopétale, se ride. Le tube est cylindrique, plus long que le calice. La lèvre supérieure est droite, obtuse, plane, plus large, échancrée. La lèvre inférieure est réfléchie, partagée en trois lobes, dont les latéraux sont échancrés; celui du milieu est plus petit, partagé en deux. Les filamens des étamines sont au nombre de quatre, à peine de la longueur du tube, dont deux un peu plus courts. Les anthères sont petites. Le germe du pistil est ovale, petit. Le style est simple, court. Le stigmate est obtus. Le péricarpe est une capsule ovale, à deux loges, à deux valves, s'ouvrant à la base. Les semences sont ovales, solitaires.

CLASSE.

Ce genre fait partie de la quatorzième classe de Linnæus, qui comprend les plantes didynamiques angiospermiques. Cet Auteur en admet six espèces.

PREMIÈRE ESPÈCE.

La première espèce est la Gérard tubéreuse. *Gerardia tuberosa. Gerardia foliis subovatis, tomentosis, repandis, longitudine caulis. Linn. Sp. Plant.* 348. *Gerardia humilis, Bugulæ foliis, Asphodeli radice. Plum. Gen.* 31.

Description.

La racine est composée de plusieurs touffes oblongues, perpendiculaires. Les feuilles sont ovales, cotonneuses, sinueuses ou ondelées, à bord courbé, appuyées sur des pétioles longs, gros & hérissés. Les tiges sont à peine plus hautes que les feuilles, portant en haut des fleurs monopétales.

Figure.

Cette espèce est représentée dans les Plantes de l'Amérique de Plumier, par Burmann, pl. 75, fig. 2.

Lieu de sa naissance.

Elle croît naturellement dans la partie la plus chaude de l'Amérique.

SECONDE ESPECE.

La seconde espèce est la Gérard à feuilles de Delphinion. *Gerardia Delphinifolia. Gerardia foliis linearibus, pinnatifidis, caule subramoso. Linn. Sp. Plant.* 848. *Amœn. Acad.* 4, *p.* 318.

Description.

La tige de cette espèce est haute d'un pied, tétragonale, un peu cylindrique, droite, lisse, à rameaux plus rares, alternes. Les feuilles sont opposées, linéaires, ailées, glabres. Les fleurs sont axillaires, ramassées depuis le milieu de la tige jusqu'au sommet, opposées, secondaires, à pédunculés très-courts. Le calice est tubuleux, à cinq dents linéaires, de la longueur du calice. Les corolles sont oblongues, à gueule ouverte & à lymbe rond, partagé en cinq lobes, dont les deux supérieurs sont plus courts. Les étamines sont au nombre de quatre. Les anthères sont didymes, dont deux ont l'épine de la base alongée vers le bas, & les deux autres, l'épine parallèle à l'anthère. Le style est de la longueur des étamines. Les stigmates sont obtus.

Lieu de sa naissance.

Elle est annuelle, & croît naturellement dans l'Inde.

TROISIÈME ESPÈCE.

La troisième espèce est la Gérard pourpre. *Gerardia purpurea. Gerardia foliis linearibus. Linn. Sp. Plant.* 848. *Digitalis foliis linearibus, floribus remotis. Gron. Virg.* 193. *Digitalis rubra, minor; labiis florum patulis, foliis parvis, angustis. Banist. Virg.* 1626. *Gron. Virg.* 1, *p.* 72. *Digitalis Virginiana, rubra; foliis & facie Antirrhini vulgaris. Pluk. Mant.* 65.

Description.

Les tiges sont hautes d'un pied, filiformes, très-simples ou branchues, lisses. Les feuilles sont linéaires, très-entières, opposées & souvent alternes. Les fleurs sont opposées, sessiles ou appuyées sur des péduncules à une fleur, filiformes. Les calices sont lisses, petits, campanulés, à cinq dents. Les corolles sont d'un pourpre très-foncé, en roue, ou campanulées, ou tubuleuses. C'est ainsi que varie la figure de la corolle.

Figure.

Cette espèce est représentée dans le *Mantissa* de Plukenet, pl. 388, fig. 1.

Lieu de sa naissance.

Elle est annuelle, & croît naturellement dans la Virginie, le Canada.

QUATRIEME ESPECE.

La quatrième espèce est la Gérard jaune. *Gerardia flava. Gerardia foliis lanceolatis, pinnato-dentatis; caule simplicissimo. Linn. Sp. Plant.* 848. *Anonymos floribus flavis, speciosis, Digitali æqualibus. Gron. Virg.* 94. *Digitalis lutea, elatior; Jaceæ nigræ foliis. Banist. Virg.* 1926. *Pluk. Mant.* 64. *Digitalis procerior, floridana; Jaceæ nigræ dissectis foliis, floribus albis, amplioribus. Pluk. Amalth.* 71.

Description.

La tige de cette espèce est haute d'un pied ou plus haute. Les feuilles sont opposées, lancéolées, pétiolées, semblables à celles du *Lycopus* ou de la Jacée, découpées en aile à la base, à sinus ouverts. L'épi est terminal, lâche, formé de fleurs opposées, grandes, jaunes. Les anthères se terminent en deux épines en bas. Il manque une cinquième étamine.

Figure.

Cette espèce est représentée dans le *Mantissa* de Plukenet, pl. 368; & dans l'*Amalthæum* de Plukenet, pl. 389, fig. 1.

Lieu de sa naissance.

Elle croît naturellement dans la Virginie, le Canada.

CINQUIÈME ESPÈCE.

La cinquième espèce est la Gérard pediculaire. *Gerardia pedicularis. Gerardia foliis oblongis, duplicato-serratis; caule paniculato, calycibus crenatis. Linn. Sp. Plant.* 849. *Pedicularis foliis lanceolatis, pinnatifidis, serratis; floribus pedunculatis. Gron. Virg.* 68. *Digitalis Verbesinæ foliis è regione binis, Americana, capsularum apicibus longissimis filamentis donata. Pluk. Mant.* 64. *Digitalis Mariana, Filipendulæ folio. Raj. Suppl.* 397.

Description.

Les corolles sont poileuses en dehors, oblongues. Les dents du calice sont crénelées. Quand la plante est sèche, elle devient noire, comme la Pédiculaire. Les feuilles sont opposées & les corolles ouvertes.

Lieu de sa naissance.

Elle croît naturellement dans la Virginie, le Canada.

Observation.

Cette plante approche beaucoup de la Pédiculaire triste.

SIXIÈME ESPECE.

La sixième espèce est la Gérard glutineuse. *Gerardia glutinosa. Gerardia foliis ovatis, serratis; bracteis linearibus, glabris. Osb. It. Linn. Sp. Pl.* 849.

Description.

La tige de cette plante est un peu cylindrique, droite, à rameaux plus courts. Les feuilles sont opposées, pétiolées, ovales, aiguës, plus larges que le pouce, découpées profondément à dents de scie, velues. Les grappes sont terminales, solitaires, composées de fleurs opposées, à pédoncules très-courts. Les calices sont aigus, partagés en cinq sections dont la supérieure est la plus grande. La bractée est filiforme. L'une ou l'autre est placée sous le calice, de la même longueur, hérissée de poils glutineux comme le calice.

Figure.

Cette espèce est représentée dans le Voyage d'Osbeck, pl. 9.

Lieu de sa naissance.

Elle croît naturellement dans la Chine.

GEROPOGON, *le Géropoge.*

Description générique.

Le caractère de ce genre de plante est d'avoir le calice commun, simple, à plusieurs folioles lancéolées, en forme d'alêne, à carène, droites, plus longues que la corolle. La corolle composée est imbriquée, uniforme. Les petites corolles sont hermaphrodites; il s'en trouve autant d'extérieures qu'il y a de folioles au calice; les intérieures sont en petit nombre, plus courtes. La corolle propre est monopétale, en forme de langue, tronquée, à cinq dents. Les filamens des étamines sont au nombre de cinq, très-courts. L'anthère est cylindrique, tubuleuse. Le germe du pistil est oblong. Le style est filiforme, de la longueur des étamines. Les stigmates sont au nombre de deux, recourbés, filiformes. Le péricarpe n'est autre chose que le calice oblong, droit, qui s'ouvre. Les semences du rayon sont en forme d'alêne, de la longueur du calice. L'aigrette est à cinq poils, étendue. Les semences du disque sont en forme d'alêne, plus courtes. L'aigrette est à plumes. Le réceptacle est nud.

CLASSE.

Ce genre fait partie de la dix-neuvième classe de Linnæus, qui comprend les plantes syngénésiques polygamiques égales. Cet Auteur en admet trois espèces.

PREMIERE ESPECE.

La première espèce est le Géropoge glabre. *Geropogon glabrum. Geropogon foliis glabris. Linn. Sp. Plant.* 1109. *Tragopogon gramineo folio, glabrum; flore dilute incarnato. Raj. Suppl.* 149. *Tragopogon calycibus corollâ radio longioribus; foliis integris, seminibus levibus; disci plumosis, radii setaceis. Hort Ups.* 243.

Description.

La racine est annuelle. La tige est courte, à rameaux écartés. Les feuilles sont glabres, graminées. Les péduncules sont à peine visiblement grossis en haut. Le calice est deux fois plus long que la fleur, à corolle pourpre. Quand la fleuraison est passée, le calice ne se resserre pas; mais il reste droit, lâche, ouvert. Toutes les semences sont lisses sans être raboteuses. Les semences du rayon sont en forme d'alêne, terminées par un petit calice formé par quatre ou cinq soies inégales, en forme d'alêne, ouvertes. Les semences du disque sont articulées au sommet, terminées par aigrette. Le disque est garni de lames.

Figure.

Cette espèce est représentée dans l'*Hortus* de Vienne, par Jacquin, pl 33.

Lieu de sa naissance.

Elle est annuelle, & croît naturellement en Italie.

Culture.

La culture des plantes de ce genre est la même que celle du *Tragopogon*. Voy. art. *Tragopogon*.

SECONDE ESPECE.

La seconde espèce est le Géropoge hérissé. *Geropogon hirsutum. Geropogon foliis pilosis. Linn. Sp. Plant.* 1109. *Tragopogon gramineis foliis, hirsutis. Bauh. Pin.* 275. *Tragopogon gramineo folio, suavè rubente flore. Colum. Ecph.* 1, *p.* 232.

Description.

Les feuilles de cette espèce sont hérissées, poileuses, graminées. Les fleurs sont d'un rouge tendre.

Figure.

Elle est représentée dans le *Columnæ Ecphrasis*, pl. 231.

Lieu de sa naissance.

Elle est annuelle, & croît naturellement en Italie.

TROISIEME ESPECE.

La troisième espèce est le Géropoge calyculé. *Geropogon calyculatum. Geropogon calycibus calyculatis. Linn. Syst. Veg. edit. XIII. Murray.* 592. *Hort. Tob.* 106.

Description.

La racine est vivace. Les tiges sont nombreuses, rameuses. Les fleurs sont terminales, penchées avant la fleuraison. Le calice est calyculé, à fleurons nombreux.

Figure.

Cette espèce est représentée dans l'*Hort.* de Vienne, par Jacquin, pl. 106.

GESNERA, *la Gesnère.*

NOMS GÉNÉRIQUES.

Ce genre de plante est connu sous les noms de *Gesneria. Linn. Gesnera. Plum.*

Description générique.

Le caractère de ce genre est d'avoir le périanthe du calice monophylle, supérieur, à demi fendu en cinq, aigu, persistant. La corolle est monopétale, recourbée. Le tube est un peu gros, à col resserré & à gueule en forme d'entonnoir. Le lymbe est fendu en cinq, obtus. Les sections supérieures sont communes; les trois inférieures sont planes, s'ouvrantes. Les filamens des étamines sont au nombre de quatre, plus courts que la corolle. Les anthères sont simples. Le germe du pistil est inférieur, applati. Le style est simple, disposé & long comme les étamines. Le stigmate est en tête. Le péricarpe est une capsule ronde, à deux loges, plus longue que le calice. Les semences sont nombreuses, rondes, environnées d'un bord membraneux.

CLASSE.

Ce genre fait partie de la quatorzième classe de Linnæus, qui comprend les plantes didynamiques angiospermiques. Cet Auteur en admet trois espèces.

PREMIERE ESPECE.

La première espèce est la Gesnère basse. *Gesnera humilis, Gesnera foliis lanceolatis, serratis, sessilibus; pedunculis ramosis, multifloris. Linn. Sp. Plant.* 850. *Gesnera humilis, flore flavescente. Plum. Gen.* 27. *Digitalis folio oblongo, serrato, ad foliorum alas florida. Sloan. Jam.* 60. *Hist.* 1, *p.* 162. *Raj. Suppl.* 396.

Description.

La racine de cette espèce est traçante. Sa tige est rameuse, inférieurement nue. Ses feuilles sont lancéolées, découpées à dents de scie, sessiles, rassemblées en haut, & tombantes. Les péduncules sont rameux, à trois fleurs. Les fleurs sont anomales, monopétales, parsemées, recourbées.

Figure.

Cette espèce est représentée dans les Plantes d'Amérique de Plumier, par Burmann, pl. 133, fig. 2; & dans l'Histoire des Plantes de la Jamaïque par Sloane, tom. 1, pl. 104, fig. 2.

Lieu de sa naissance.

Elle croît naturellement dans l'Amérique méridionale.

SECONDE ESPECE.

La seconde espèce est la Gesnère sans tige. *Gesnera acaulis. Gesnera foliis lanceolatis, ovatis, serratis, subpetiolatis, terminali-confertis, pedunculis trifloris, folio brevioribus. Linn. Sp. Plant.* 850. *Amœn. Acad.* 5, *p.* 400. *Gesneria rupestris, indivisa; foliis oblongis, rugosis, summo caule dispositis; floribus singularibus ad alas. Brow. Jam.* 262. *Rapunculo affinis, anomale, vasculifera; folio oblongo, serrato; flore conineo, tubuloso. Sloan. Jam.* 59. *Hist.* 1, *p.* 159.

Description.

Les tiges de cette espèce sont en terre dans les rochers. Les feuilles sont vers les sommets des rameaux, rassemblées, pétiolées, longues d'un palme, lancéolées, ovales, raboteuses, veineuses en dessous. Les péduncules sont communs, presque divisés vers la base. Les fleurs sont très-courtes, rassemblées, pédunculées. Le calice est en forme de cruche, divisé au-delà du milieu dans des lobes en forme d'épée.

Figure.

Cette espèce est représentée dans l'Histoire des Plantes de la Jamaïque, par Sloane, tome 1, pl. 102, fig. 1.

Lieu de sa naissance.

Elle croît naturellement dans la Jamaïque.

TROISIÈME ESPÈCE.

La troisième espèce est la Gesnère cotonneuse. *Gesnera tomentosa. Gesnera foliis ovato-lanceolatis; crenatis, hirsutis; pedunculis lateralibus, longissimis, confertis. Linn. Sp. Plant.* 851. *Hort. Cliff.* 318. *Jacq. Americ.* 179. *Gesneria erecta, foliis lanceolatis, rugosis, hirsutis; pedunculis longissimis, ramosis, ex alis superioribus. Brown. Jam.* 261. *Gesneria amplo Digitalis folio, tomentoso. Plum. Gen.* 27.

Description.

Cette plante est un arbrisseau, haute de deux, trois ou quatre pieds, élevée. Ses tiges sont cylindriques, recourbées, ordinairement simples, plus rarement rameuses, frêles, conservant de petites cicatrices après la chûte des feuilles. Les feuilles sont garnies de feuillaisons lancéolées, amincies de chaque côté, crénelées, ridées, cotonneuses au dos, raboteuses à leur superficie, veineuses, visqueuses, puantes, à pétioles très-courts, opposées, longues de cinq pouces. Les péduncules communs sont axillaires, solitaires, cylindriques, velus, droits, en bouquets vers le sommet, hauts d'un demi-pied, environ à dix fleurs. Les fleurs sont puantes, visqueuses, laides, extérieurement d'un vert sale, intérieurement d'un noir pourpre sale. Cette plante pénètre souvent par ses racines dans les fentes des rochers.

Figure.

Figure.

Elle eſt repréſentée dans l'Hiſtoire des Plantes de l'Amérique, par Jacquin, pl. 175, fig. 64; & dans celle de Plumier, par Burmann, pl. 134.

Lieu de ſa naiſſance.

Elle croît ſur les rochers maritimes de Cuba.

Culture.

Ces différentes eſpèces ſe multiplient par graines qu'on ſe procure du pays où elles croiſſent naturellement. Il faut les avoir dans leurs capſules: c'eſt le vrai moyen de conſerver les graines dans leur bonté; car comme elles ſont très-petites & légères lorſqu'on les ſépare de la cloiſon à laquelle elles ſont adhérentes, elles perdent bientôt leur vertu végétante: M. Miller dit en avoir fait pluſieurs fois l'expérience. On ſème ces graines, dès qu'elles arrivent, dans des pots garnis de terreau, qu'on enfonce dans une couche chaude: elles reſtent long-temps en terre avant de lever. Celles que l'on ſème en automne lèvent au printemps ſuivant: par conſéquent lorſqu'on les reçoit en automne, on enfonce les pots où on les a ſemées dans une couche de tan & dans la ſerre chaude. En hiver on arroſe modérément & de temps en temps la terre pour empêcher qu'elle ne ſe ſèche trop, obſervant néanmoins de ne lui pas donner trop d'humidité. Au printemps on ſort les pots de la ſerre chaude, & on les enfonce dans une couche chaude nouvellement faite, ce qui ſera lever les plantes plutôt. Lorſqu'elles ſont en état d'être tranſplantées, on les met chacune ſéparément dans un pot, & on enfonce ces pots dans une bonne couche chaude de tan, obſervant de les tenir entièrement à l'ombre juſqu'à ce qu'elles ſoient entièrement repriſes: on peut pour lors les gouverner de la même manière que les autres plantes délicates des pays chauds. En automne on met ces pots dans une ſerre chaude, & on les enfonce dans une couche de tan. On leur donne peu d'eau pendant l'hiver, car le trop d'humidité les fait périr. On laiſſe pour lors toujours ces plantes dans la ſerre chaude & dans le tan, autrement elles ne profitent point; cependant on leur donne de l'air pendant l'été lorſque le temps eſt chaud, & on les arroſe ſouvent dans cette ſaiſon, ayant cependant la précaution de ne leur pas donner trop d'eau à la fois. A meſure que les plantes font des progrès, il leur faut des pots plus grands, ſans l'être cependant trop; car elles ne réuſſiſſent pas dans des pots trop grands. Au moyen de ces précautions, elles fleuriſſent la ſeconde année, & on peut les garder trois ou quatre ans; mais elles ne vivent pas long-temps dans leur pays natal.

GETHYLLIS, *l'Abape.*

NOMS GÉNÉRIQUES.

Ce genre de plante eſt connu ſous les noms de *Gethyllis, Linn. Abapus. Adanſ.*

Deſcription générique.

Son caractère eſt d'avoir la ſpathe du calice lancéolée, monophylle, gonflée, à une fleur, membraneuſe. La corolle eſt monopétale, ſupérieure. Le tube eſt filiforme, le plus long de tous. Le lymbe eſt plane, partagé en ſix, égal, trois fois plus court que le tube, dont les ſections ſont lancéolées, égales. Les filamens des étamines ſont au nombre de douze ou de dix-huit, ſoyeux, appuyés ſur le tube, dont deux ou trois ſont approchés par la baſe, pour être inſérés dans un réceptacle ſix fois plus grand. Les anthères ſont oblongues. Le germe du pyſtil eſt obtus, ſeſſile entre la ſpathe, ſous le réceptacle de la corolle. Le ſtyle eſt filiforme, de la longueur des étamines. Le ſtigmate eſt fendu en trois, obtus. Le péricarpe eſt une capſule oblongue, ventrue, triangulaire, à trois loges. Les ſemences ſont nombreuſes.

Obſervation.

M. Adanſon obſerve que le *Gethyllis* de Linnæus, qu'il a appellé *Abapus*, parce que le nom de *Gethyllis* appartient au Poireau, ſelon Théophonte, eſt une vraie liliacée par ſa ſpathe & par la ſituation de ſes étamines. On ne peut même douter, ajoute-t-il, qu'elle ne ſoit de la ſection des narciſſes par la poſition de ſon calice ſur l'ovaire; & il y a toute apparence que des douze étamines qu'on lui attribue, il y en a ſix qui ne ſont autre choſe qu'un nectaire à ſix dents ou à ſix filets poſés au-deſſus d'elles ſur un ſecond rang, comme dans le *Pancratium*. C'eſt ce qu'on doit penſer de plus conforme à toutes les notions de Botanique au ſujet de cette plante d'Afrique, juſqu'à ce que nous en ayions une deſcription plus exacte.

CLASSE.

Elle fait partie, ſuivant Linnæus, de la douzième claſſe de ſon Syſtème, qui comprend les plantes dodécandriques monogyniques. Cet Auteur n'en admet qu'une eſpèce.

ESPECE.

Cette eſpèce eſt l'Abape d'Afrique. *Gethyllis Affra. Linn. Sp. Plant. 633. Hort. Cliff. 493.*

Deſcription.

La racine de cette eſpèce eſt bulbeuſe. Ses feuilles ſont nombreuſes, linéaires, de la longueur du doigt. La ſpathe eſt blanche vers la racine entre la gaîne commune des feuilles. Le tube de la corolle eſt trois fois plus long que les feuilles. Le lymbe eſt blanc, de même que les étamines. Les anthères ſont jaunes. Le fruit eſt couché entre la ſpathe.

Lieu de ſa naiſſance.

Elle croît naturellement en Afrique.

GEUM, *la Benoite.*

NOMS GÉNÉRIQUES.

Ce genre de plante eſt connu ſous les noms de *Geum. Linn. Caryophillata. Tourn.*

Deſcription générique.

Le caractère de ce genre eſt d'avoir le périanthe du calice monophylle, à demi fendu en dix lobes, dont les alternes ſont très-petits, aigus. Les pétales de la corolle ſont au nombre de cinq, ronds, à onglets, de la longueur du calice, étroits, insérés au calice. Les filamens des étamines sont nombreux, en forme d'alêne, de la longueur du calice auquel ils sont insérés. Les anthères sont courtes, un peu larges, obtuses. Les germes du pistil sont nombreux, rassemblés en petite tête. Les styles sont insérés au côté du germe, poileux, longs. Les stigmates sont simples. Il n'y a point de péricarpe. Le réceptacle commun des semences est oblong, hérissé, posé sur le calice, réfléchi. Les semences sont nombreuses, applaties, hérissées, à arête, au moyen du style qui est long & articulé.

CLASSE.

Ce genre fait partie de la sixième classe de Tournefort, qui comprend les plantes à fleurs rosacées, & de la douzième de Linnæus destinée aux plantes icosandriques polyginiques. Cet Auteur en admet cinq espèces.

PREMIERE ESPÈCE.

La première espèce est la Benoitte de Virginie. *Geum Virginianum. Geum floribus erectis, fructu globoso, aristis uncinatis, nudis; foliis ternatis. Hort. Cliff.* 195. *Gron. Virg.* 56. *Caryophyllata Virginiana, albo flore; minore; radice inodorâ. Herm. Parad.* 111.

Description.

Cette espèce diffère de la suivante uniquement par les pétales qui sont blancs, plus courts que le calice; par ses fleurs penchées, par ses péduncules grossis vers la fleur, par ses semences qui sont glabres, & par ses feuilles radicales qui sont deux fois ailées.

Figure.

Elle est représentée dans l'*Herm. Parad.* pl. 111.

Lieu de sa naissance.

Elle est vivace, & croît naturellement dans la Virginie, la Sibérie.

SECONDE ESPECE.

La seconde espèce est la Benoitte commune, la Recise, la Galiot, la Gariot, l'Herbe-Saint-Benoît. *Geum urbanum. Geum floribus erectis, fructu globoso, villoso; aristis uncinatis, nudis; foliis lyratis. Linn. Sp. Plant.* 716. *Hort. Cliff.* 195. *Flor. Suec.* 423. 460. *Mat. Med.* 249. *Roy. Lugdb.* 276. *Caryophyllata vulgaris. Bauh. Pin.* 321. *Caryophyllata. Dod. Pempt.* 137. *Caryophyllata vulgaris, flore parvo, luteo. J. Bauh.* 2. 398. *Cariophyllata. vulgaris Lob. Icon.* 693. *Herba Benedicta. Brusfels. Gariofilata vulgo. Cœs. Sanamunda quorumd.* En Allemand, *Benedicten Wurzel.* En Anglois, *Avens.*

Description.

La racine de cette plante est fibreuse, roussâtre. Ses tiges sont d'un pied de haut, velues & branchues. Ses rameaux sont alternes de même que ses feuilles, qui sont pétiolées, en forme de lyre, & dont les inférieures sont conjuguées, terminées par une impaire plus large que les autres, & les supérieures sessiles, découpées en trois lobes. Ses fleurs sont au sommet, rosacées, ayant cinq pétales de la grandeur du calice auquel ils sont attachés; le calice d'une seule pièce, & les découpures alternativement plus petites. Cette plante n'a point de péricarpe. Ses semences sont globuleuses, armées de pointes, longues, nues, courbées en hameçon.

Figure.

Cette espèce est représentée dans toutes les Collections gravées des plantes usuelles.

Lieu de sa naissance.

Elle se trouve par toute l'Europe, dans les terreins ombrageux & humides.

Culture.

Toutes les espèces de Benoitte ne sont pas délicates. Il leur faut une exposition ombragée. Toute sorte de terreins leur convient. On peut facilement les multiplier par graines que l'on sème en automne; car si on diffère de les semer jusqu'au printemps, elles ne lèvent pas la même année.

Analyse chymique.

Dans l'analyse chymique qu'a fait M^e. Geoffroy, de cinq livres de cette plante entière avec les racines, il est sorti 7 onces 3 gros 36 grains de liqueur limpide, légèrement aromatique, obscurément acide; 3 livres 2 onces 12 grains de liqueur d'abord limpide, manifestement acide, & enfin roussâtre & austère; 3 onces 36 grains de liqueur brune, imprégnée de beaucoup de sel volatil urineux; une once 4 gros 36 grains d'huile de la consistance de graisse. La masse noire qui est restée dans la cornue pesoit 9 onces 2 gros 36 grains, laquelle étant calcinée a laissé 3 onces 5 gros de cendres, dont on a tiré par la lixiviation 6 gros 32 grains de sel fixe purement alkali. La perte des parties dans la distillation a été de 8 onces 3 gros 60 grains, & dans la calcination, de 5 onces 5 gros 36 grains. Les racines fraîches distillées toutes seules, ont donné beaucoup de liqueur acide, odorante, aromatique, peu d'esprit volatil urineux, une médiocre portion d'huile, mais si pesante & si épaisse, qu'elle alloit au fond de l'eau. Les feuilles de Benoitte sont amères & styptiques, & leur suc rougit fort le papier bleu. Ainsi cette plante contient un sel ammoniacal, plus que rassasié d'acide, enveloppé dans de l'huile soit subtile, soit grossière.

Propriétés alimentaires.

Les Anglois se servent de la racine de cette plante pour conserver la drêche: il n'en faut qu'une petite quantité dans cette liqueur avec le houblon, pour l'empêcher de devenir âcre. Si on en met trop, elle donne à la bière un haut goût d'épice, mais fort bon. Parmi les Habitans de la Norwège il s'en trouve beaucoup qui aiment si fort ce goût, qu'ils ne seroient pas contens si leur bière ne s'en ressentoit pas. Il est certain, d'après des observations constantes, que la bière qui a pris le haut goût de cette racine ne se gâte jamais. Linnæus assure que cette liqueur acquiert par le moyen de cette racine un parfum très-agréable.

Propriétés médicinales.

La racine de Benoitte, cueillie au printemps, sent le clou de gérofle. M. Chomel dit avoir donné la décoction de cette plante à la dose d'une poignée dans un demi-setier de vin, au commencement du frisson des fièvres intermittentes: il survient une sueur abondante, & la fièvre est guérie plus promptement. Ce remède est encore stomachique. Tragus rapporte qu'il convient dans les maladies du foie. Nous avons connu un vieillard qui est parvenu à l'âge de 96 ans sans avoir jamais été malade, & qui avoit fait usage tous les matins de la décoction de cette plante. Cette racine est aussi céphalique & cordiale; elle convient dans les fluxions & les catharres. Paracelse conseille l'usage de cette plante, sur-tout dans cette dernière maladie: il la mêle avec la racine d'*Acorus Verus*. Simon Pauli prétend qu'on pourroit substituer la racine de Benoitte au *Contrayerva*.

L'extrait de cette racine convient aussi dans la diarrhée, le crachement de sang & les pertes des femmes. Un bon remède pour la palpitation de cœur, c'est l'infusion de cette racine sèche, concassée légèrement, faite dans un verre de vin blanc à la dose d'un gros, jusqu'à ce que la teinture soit devenue rouge. Cette racine est aussi employée comme vulnéraire. On recommande la tisane faite avec toute la plante après les chûtes ou les autres accidens dans lesquels il y a lieu de craindre qu'il n'y ait intérieurement du sang extravasé. On assure que cette racine infusée dans du vin blanc est un excellent emménagogue. Un vin stomachique très-vanté, est celui dans lequel on a fait infuser la racine de Benoitte.

Propriétés vétérinaires.

Quand on ordonne toute cette plante aux animaux dans les cas analogues à ceux de l'homme, c'est ordinairement en décoction, à la dose d'une poignée sur une livre d'eau; & les racines en poudre, à la dose d'une demi-once.

TROISIEME ESPECE.

La troisième espèce est la Benoitte aquatique. *Geum rivale. Geum floribus nutantibus, fructu oblongo, aristis plumosis. Linn. Sp. Plant.* 717. *Hort. Cliff.* 195. *Flor. Suec.* 424. 461. *Roy. Lugdb.* 276. *Geum rivale. Flor. Lapp.* 216. *Caryophillata aquatica, natante flore. Bauh. Pin.* 321. *Caryophyllata Septentrionalium. Lob. Ic.* 694. *Caryophyllata pratensis, purpurea. Frank. Spec.* 7. *Caryophyllata pratensis, benedicta, rubra. Till. Ab.* 15. *Caryophyllata montana, rubra, minor. Rudb. Cat.* 10. *Hort.* 23. *Caryophyllata montana, flore purpureo, papposo, natante. Lind. Wiks.* 7. En Anglois, *Water Avens.* En Allemand, *Wiesen Gaffel. Waffer Benedictenwurtz.* En Suédois, *Faarepuppor, Faarpungar, Baggpungar, Kattballer, Slaatkuller Humleblomster.* En Danois, *Koepatte, Botsmandsgræs, Botsmandsbuxer Toril.*

Description.

Cette espèce diffère peu de la précédente; cependant si on examine attentivement ses fleurs & ses fruits, on les trouvera très-différens. Ses fleurs sont penchées, rouges, striées. Ses fruits sont oblongs. La queue des semences est molle, plumeuse.

Figure.

Cette espèce est représentée dans l'Histoire des Plantes, par Morison, tome 2, sect. 4, pl. 26, fig. 7.

Variété.

Linnæus donne pour variété de cette espèce la plante connue sous le nom de *Caryophyllata altera. Bauh. Pin.* 322.

Propriétés médicinales.

Les Habitans du Canada font usage des racines de cette plante, au lieu du quinquina, dans les fièvres intermittentes.

QUATRIEME ESPECE.

La quatrième espèce est la Benoitte des montagnes. *Geum montanum. Geum flore inclinato, solitario; fructu oblongo, aristis plumosis, rectis. Linn. Sp. Plant.* 717. *Caryophyllata pinnis confertioribus, extremâ subrotundâ; tubis rectis. Hall. Helv. edit.* 1. 336. *Caryophyllata Alpina, lutea. Bauh. Pin.* 322 *Caryophyllata Alpina. Bon. Bald.* 342. *Caryophyllata montana. Cam. Epit.* 727.

Description.

La tige est à une fleur. Les feuilles sont hérissées. La fleur est ouverte. Les pétales sont échancrés, jaunes.

Figure.

Cette espèce est représentée dans notre Traité Historique des Plantes de la Lorraine, & dans la seconde partie de cet Ouvrage.

Variété.

Linnæus donne pour variété de cette espèce la plante connue sous les phrases de *Caryophyllata Alpina, minor. Bauh. Pin.* 322. *Prodr.* 139. *Caryophyllata Alpina, minima; flore aureo. Barr. Var.* 588. Cette variété est représentée dans les Plantes de Barrelier, pl. 399.

Lieu de sa naissance.

Elle croît naturellement sur les montagnes de la Suisse, de l'Autriche & du Dauphiné. Elle est vivace.

Propriétés d'ornement.

Cette espèce peut servir d'ornement dans un parterre.

CINQUIEME ESPECE.

La cinquième espèce est la Benoitte traçante. *Geum reptans. Geum foliolis uniformibus, incisis, alternis, minoribus; flagellis reptantibus. Linn. Sp. Plant.* 717. *Caryophyllata flagellis foliosis. Hall. Enum. Plant. edit.* 1. 19. *Caryophyllata Alpina, Apii folio. Bauh. Pin.* 322. *Caryophyllata Alpina, tenuifolia, incana; flore luteo, longiùs radicata. Barr. Rar.* 589. *Bocc. Muss.* 160. *Geum foliis pinnatis, trilobatis, incisis; flagellis reptans. Hall. edit.* 2, *tom.* 2, *p.* 53.

Description.

La racine est ligneuse, vivace, très-grande. Il y a beaucoup de feuilles parmi les tiges: les unes portent des fleurs & les autres sont rampantes. Les feuilles sont hérissées, pulpeuses, aîlées, au nombre de cinq ou six paires, avec quelques petites aîles entremêlées. Les premières sont petites; les dernières sont plus grandes. Celle qui est à l'extrémité est à trois ou cinq lobes, ronde, découpée profondément & dentelée. Les tiges sont un peu plus longues que les feuilles, parsemées de stipules ovales, lancéolées, & de folioles palmées, à une fleur. La fleur est très-grande, même de deux pouces, souvent double, jaune, quelquefois rouge, ayant les pétales échancrés & rayés. Ses semences sont hérissées. Ses tiges couchées sont parsemées de petites feuilles palmées.

Figure.

Cette espèce est représentée dans Gesner, parmi ses Planches en bois, pl. 137; dans Barrelier, pl. 400; & dans le *Musæum* de Boccone, pl. 128.

Lieu de sa naissance.

Elle croît naturellement dans la Suisse, sur les monts *Audon*, *Prapioz*, *Enzeindaz*, *Javernez*, *Fouly*, *Serin*, *Simplon*, *Schonbuhl*.

GINGIDIUM, *le Gingidion.*

Description générique.

Le caractère de ce genre de plante est d'avoir l'enveloppe universelle. Le calice a environ six folioles linéaires. La partielle de la même grandeur est composée du même nombre de folioles que l'universelle; celles-ci sont lancéolées, en alêne. Le périanthe est particulier, à cinq dents, en forme d'alêne, menu. La corolle universelle est à fleurons, dont ceux du rayon sont fertiles, & ceux du disque avortent. Les corolles propres ont cinq pétales ovales, lancéolés, en forme de cœur par leur sommet réfléchi. Les filamens des étamines sont au nombre de cinq, s'ouvrans, plus courts que la corolle. Les anthères sont rondes. Le germe du pistil est ovale. Les styles sont au nombre de deux, écartés, de la longueur des étamines. Les stigmates sont simples. Le péricarpe a un fruit ovale, tronqué, à huit stries, partagé en deux. Les semences sont au nombre de deux, convexes d'un côté, planes de l'autre.

CLASSE.

Ce genre fait partie de la cinquième classe de Linnæus. MM. Forster, qui sont les premiers qui l'ont découverte, n'en admettent qu'une espèce.

ESPECE.

Cette espèce est le Gingidion de montagne. *Gingidium montanum. Caract. Plant.* 42.

Figure.

Son caractère est représenté dans la planche 21 des Caractères des genres de Plantes découvertes par MM. Forster.

Lieu de sa naissance.

Elle croît dans les Isles de la mer Australe.

GINORA, *la Ginore.*

Description générique.

Le caractère de ce genre de plante est d'avoir le périanthe du calice monophylle, à tube campanulé, à lymbe fendu en six lobes lancéolés, s'ouvrans, colorés, persistans. Les pétales de la corolle sont au nombre de six, ronds, s'ouvrans, plus longs que le calice, insérés par des onglets longs au col du calice. Les filamens des étamines sont au nombre de douze, en forme d'alêne, ouverts, de la longueur du calice, insérés au calice. Les anthères sont en forme de reins. Le germe du pistil est rond, applati. Le style est en forme d'alêne, de la longueur de la corolle, persistant. Le stigmate est obtus. Le péricarpe est une capsule applatie, ronde, luisante, coloriée, à quatre sillons, à quatre valves, à une loge, s'ouvrant par le sommet. Les semences sont nombreuses, menues. Le réceptacle est rond, grand.

CLASSE.

Ce genre fait partie de l'onzième classe de Linnæus, qui comprend les plantes dodécandriques monogyniques. Cet Auteur n'en admet qu'une espèce.

ESPECE.

Cette espèce est la Ginore d'Amérique, la Rose de rivière. *Ginora Americana. Linn. Sp. Plant* 642. *Jacq. Americ.* 148.

Description.

Cet arbrisseau est très-beau; il a le port du myrthe, & s'élève à la hauteur de trois ou quatre pieds: il se divise en rameaux cylindriques, glabres, applatis à la naissance des petits rameaux & des feuilles, tous ligneux. Les feuilles sont lancéolées, aiguës, très-entières, glabres, s'ouvrantes, ayant des pétioles très-courts, opposées, longues d'un demi-pouce, nombreuses. Les péduncules sont à une fleur, menus, s'étendans, solitaires, longs d'un pouce, axillaires & terminaux. Les fleurs sont sans odeur, belles, presque d'un pouce de diamètre. Leur calice est rouge. La corolle est bleue. La capsule est d'un noir rouge; elle contrefait extérieurement une baie très-luisante. Les semences sont blanches. La capsule, avec le calice & le style, ou la partie du style, après que les semences sont sorties, demeure longtemps entière.

Figure.

Cette espèce est représentée dans l'Histoire des Plantes de l'Amérique, par Jacquin.

Lieu de sa naissance.

Elle croît aux environs de Cuba sur le bord des rivières.

GISEKIA, *le Giséchia.*

Description générique.

Le caractère de ce genre de plante est d'avoir le calice à cinq folioles ovales, concaves, aiguës, très-étendues. Le calice a le bord membraneux; il est rouge; d'ailleurs vert, inférieur, coriacé, persistant; il se ferme lors de la maturité des semences. Il n'y a point de corolle. Les étamines sont au nombre de cinq, deux fois plus longues que le calice. Les filamens sont en forme d'alêne. Les anthères sont rondes, rouges. Les pistils sont au nombre de cinq, plus courts que les anthères. Les germes sont en pareil nombre. Les styles sont très-fins, réfléchis. Les stigmates sont obtus. Les capsules

capsules sont au nombre de cinq, applaties, composées de valves menues, dont chacune renferme une semence applatie, obtuse d'un côté, aiguë de l'autre, noire, dure.

CLASSE.

Ce genre fait partie de la cinquième classe de Linnæus, qui comprend les plantes pentandriques pentagyniques. Cet Auteur n'en admet qu'une espèce.

ESPÈCE.

Cette espèce est le Gisechia Pharnacioïde. *Gisekia Pharnacioïdes. Linn. Syst. Veg. edit. XIII. Murr.* 251. *Mant.* 562. *Kolreutera Mollaginoïdes. Murray. Comm. Gott. Nov. tom.* 3, *p.* 67.

Description.

La plante est haute d'un demi palme, frêle, pleine de suc, semblable aux herbes de jardin. Les feuilles séminales sont au nombre de deux, linéaires. La racine est annuelle, petite, perpendiculaire. Les tiges sont en nombre, ordinairement trois, qui sortent de la racine, couchées, anguleuses, un peu flexibles, simples, rouges. Les feuilles sont lancéolées, étroites à la base, obtuses & ensuite échancrées, entières, divisées par la veine du milieu en deux plans, pleines de suc, vertes en dessus, & ayant au milieu une tache violette longitudinale, inférieurement d'un vert d'eau, à courts pétioles qui s'ouvrent beaucoup. Les radicales sont au nombre de quatre, plus grandes. Les caulinaires sont en petit nombre, alternes. Le péduncule est multiflore, angulé, tantôt alterne avec les feuilles, tantôt opposé. Les pédicules sont rassemblés en ombelle & réfléchis, appuyés sur une enveloppe écailleuse.

Figure.

Cette espèce est représentée dans les nouveaux Mémoires de l'Académie de Gottingue, tome 3, pl. 2, fig. 1.

Lieu de sa naissance.

Elle est annuelle, & croît naturellement dans leIndes Orientales.

GLABRARIA, *le Bois-Léger.*

Description générique.

Le caractère de ce genre de plante est d'avoir le calice fendu en cinq; les pétales au nombre de cinq; le nectaire du réceptacle à soies, de la longueur du calice; les étamines au nombre de trente, dont il s'en trouve toujours six réunies. Le fruit est à noyau.

CLASSE.

Ce genre fait partie de la dix-huitième classe de Linnæus, qui comprend les plantes polyadelphiques polyandriques. Cet Auteur n'en admet qu'une espèce.

ESPÈCE.

Cette espèce est le petit Bois-Léger. *Glabraria tersa. Linn. Syst. Veg. edit. XIII. Murray.* 581. *Mant.* 276. *Lignum leve, minus. Rumph. Amb.* 3, *p.* 71. A Amboine, *Halaur, Halaul.*

Description.

Cet arbre est en quelque façon semblable au Laurier camphre. Ses feuilles sont alternes, pétiolées, ovales, lancéolées, très-entières, glabres, pointues, cotonneuses en dessous, lisses cependant & d'un vert d'eau. Les petits amas de fleurs sont axillaires, en grappes, sans feuilles, beaucoup plus courts que les feuilles. Les calices ont la couleur de ceux de l'Elœagnus.

Figure.

Cette espèce est représentée dans l'*Herbar. Amb.* tome 3, pl. 44.

Lieu de sa naissance.

Elle croît naturellement dans l'Inde Orientale, dans les forêts élevées d'Amboine.

Propriétés économiques.

Le bois de cet arbre est un des plus légers. On l'emploie pour faire des bateaux. Il a cela de particulier, que lorsqu'il est exposé au soleil, il se fend; mais dès qu'il est remis dans l'eau, il se gonfle & se durcit.

GLADIOLUS, *le Glayeul.*

NOMS GÉNÉRIQUES.

Ce genre de plante est connu sous les noms de *Gladiolus. Plin. Tourn. Morif. Linn. Xiphion, Xiphos, Fasganon, Anaktorion, Arion, Macharonion. Diosc. Ensis, Pugio, Genitalis. Latin. Cunorunchion quorumd.*

Description générique.

Le caractère de ce genre est d'avoir les spathes bivalves; la corolle partagée en six; les pétales oblongs, obtus, dont les trois supérieurs sont connivens, les inférieurs s'étendent davantage; tous sont réunis par leurs onglets dans un tube court, courbé. Les filamens des étamines sont au nombre de trois, en forme d'alêne, insérés aux divisions alternes des pétales, & montent tous sous les pétales connivens. Les anthères sont oblongues. Le germe du pistil est inférieur. Le style est simple, de la longueur des étamines. Le stigmate est fendu en trois, concave. Le péricarpe est une capsule oblongue, ventrue, à trois côtes, obtuse, à trois loges & à trois valves. Les semences sont nombreuses, rondes, enveloppées dans une coiffe.

CLASSE.

Ce genre fait partie de la neuvième classe de Tournefort, qui comprend les plantes liliacées, & de la troisième de Linnæus destinée aux plantes triandriques monogyniques. Cet Auteur en admet douze espèces.

PREMIÈRE ESPECE.

La première espèce est le Glayeul commun, *Gladiolus communis. Gladiolus foliis ensiformibus, floribus distantibus. Linn. Sp. Plant.* 52. *Gladiolus foliis ensiformibus. Hort. Cliff.* 20. *Hort. Upf.* 16. *Gladiolus caule simplicissimo, foliis ensiformibus. Roy. Lugdb.* 17. *Gladiolus. Riv. Mon.* 163. *Gladiolus floribus uno versu dispositis, major & procerior. Bauh. Pin.* 41. *Gladiolus utrinque floridus. Bauh. Pin.* 41. En Allemand, *Schwerdt-Lilie. Schwertel.* En Anglois, *Flag*, *Glader.* En Italien, *Glajuolo.*

Description.

Sa racine est bulbeuse, solide. Sa tige s'élève à la hauteur de deux pieds; elle est simple, herbacée. Ses feuilles sont alternes, en forme d'épée, simples, très-entières, & embrassent la tige. Ses fleurs sont liliacées, ressemblent à celles de l'Iris. Les trois pétales supérieurs réunis; les inférieurs étendus, terminés par la réunion des onglets en un tube recourbé. Le calice est un spathe quelquefois plus long que la corolle, dont la couleur est pourprée. La capsule du fruit est oblongue, ventrue, à trois côtés obtus, à trois loges, à trois battans, contenant plusieurs semences obrondes, recouvertes d'une coiffe.

Figure.

Cette espèce est représentée dans les Champs Elysées de Rudbeck, tom. 2, fig. 15.

Lieu de sa naissance.

Elle croît naturellement dans les bleds, aux environs de Montpellier, dans un endroit nommé Lattes, & dans les terres incultes de la Provence méridionale & du Languedoc.

Culture.

Cette espèce fleurit sur la fin de Mai & en Juin. Ses semences mûrissent au commencement d'Août: elle ne demande aucun soin; & même dès qu'une fois elle se trouve dans un jardin, elle s'y multiplie si fort, qu'elle y devient même une mauvaise herbe très-incommode.

Propriétés alimentaires.

On assure que la décoction de sa racine rend le pain plus savoureux & de meilleur goût.

Propriétés médicinales.

Cette racine est âcre au goût, résolutive & diurétique. C'est la seule partie de cette plante qu'on emploie; mais elle paroît actuellement abandonnée. On prétend qu'elle est excellente pour la guérison des écrouelles, pilée & appliquée en cataplasme.

SECONDE ESPECE.

La seconde espèce est le Glayeul imbriqué. *Gladiolus imbricatus. Gladiolus foliis ensiformibus, floribus imbricatis. Linn. Sp. Plant.* 52.

Description.

Les feuilles sont en forme d'épée. Les fleurs sont petites, imbriquées vers un côté.

Lieu de sa naissance.

Elle croît naturellement dans la Russie citérieure. Elle est vivace.

TROISIÈME ESPECE.

La troisième espèce est le Glayeul aîlé. *Gladiolus alatus. Gladiolus foliis ensiformibus, petalis lateralibus, latissimis. Linn. Sp. Plant.* 53. *Sisyrinhium Viperarum. Pluk. Phytog.* 224.

Description.

La racine est un bulbe. La tige est haute de neuf pouces, un peu grosse, flexible entre les fleurs. Les feuilles sont en forme d'épée, striées, lisses, un peu obtuses. Les florales sont plus courtes. Le casque des corolles est en forme de faux, étroit. Les aîles sont de la même longueur, rhomboïdes, très-larges. La lèvre inférieure est partagée en trois folioles ovales d'une longueur égale.

Figure.

Cette espèce est représentée dans le *Phytographia* de Plukenet, pl. 124, fig. 6.

Lieu de sa naissance.

Elle croît naturellement en Afrique.

QUATRIEME ESPECE.

La quatrième espèce est le Glayeul plié. *Gladiolus plicatus. Gladiolus foliis ensiformibus, plicatis, villosis; scapo laterali, corollis regularibus. Linn. Sp. Plant* 53. *Ixis plicata. Amæn. Acad.* 4, *p.* 300. *Mill. Icon.* 155. *Sisyrinchium latifolium, floribus patentibus, vix difformibus. Breyn. Prodr.* 3, *p.* 22.

Description.

Le bulbe de cette espèce est à tuniques. Les feuilles sont imbriquées par le bord des deux côtés, pliées profondément le long des nerfs, & velues. La hampe est simple, nue, velue, haute d'un demi-pied, cylindrique. Les bractées sont sous chaque fleur, composées de trois folioles, lancéolées; celle d'en-bas est la plus grande. Les fleurs sont violettes, à tube un peu long.

Figure.

Cette espèce est représentée dans Miller, pl. 155, fig. 1; & dans le *Breynii Prodromus*, pl. 9, fig. 2.

Lieu de sa naissance.

Elle est vivace, & croît naturellement dans l'Ethiopie.

CINQUIEME ESPECE.

La cinquième espèce est le Glayeul triste. *Gladiolus tristis. Gladiolus foliis lineari-cruciatis, corollis campanulatis. Linn. Sp. Plant.* 53. *Gladiolus bifolius & biflorus, foliis quadrangulis. Trew. Select.*

Description.

Ses feuilles sont singulières, en forme d'épée; mais à carène élevée de chaque côté, très-obtuses & presque quadrangulaires, en forme de croix. Cette espèce varie par sa tige, qui est tantôt à deux fleurs, tantôt à plusieurs. La corolle est d'une couleur triste, campanulée.

Figure.

Cette espèce est représentée dans les *Plantæ Selectæ* de Trew, pl. 39.

Lieu de sa naissance.

Elle est vivace, & croît naturellement au Cap de Bonne-Espérance.

Culture.

Elle fleurit en Mai & au commencement de Juin. Comme cette espèce nous vient d'un pays chaud, il faut la garantir de la gelée pendant l'hiver; on plante conséquemment ses bulbes dans des pots remplis de terreau, & on met les pots dans l'orangerie pendant l'hiver, & à défaut d'orangerie, on les met simplement à l'abri. On la multiplie par cayeux & même par graines, qu'on sème sur la fin d'Août dans des pots pleins de terreau, & on place ces pots à une exposition ombragée jusqu'au milieu de Septembre; après quoi on les met dans un endroit où le soleil paroisse pendant la plus grande partie de la journée. En Octobre on les transporte sous un abri de couche chaude, pour les garantir de la gelée & des grandes pluies, & avoir facilement de l'air lorsqu'il fait beau. Les jeunes plantes paroissent au printemps : il leur faut un peu d'eau, une fois chaque huit ou dix jours; mais il ne faut pas leur en donner trop, de peur que les oignons qui sont si délicats ne pourrissent. Au mois de Mai, lorsque le temps des gelées est passé, on met les pots à une exposition ombragée, où ils puissent néanmoins jouir du soleil levant; & s'il fait sec, on les arrosera de temps en temps. Vers la fin de Juin, les feuilles de ces plantes tombent : on arrache pour lors les racines, on les mêle avec du sable, & on les tient dans un endroit sec jusqu'à la fin d'Août : on peut pour lors les planter de nouveau; & comme ces bulbes sont petits, on en met quatre ou cinq dans chaque pot : on les place dans un endroit où il ne paroisse que le soleil levant, jusqu'à la fin de Septembre : on leur donne pour lors le plein midi. En Octobre, on les met sous un abri de couche chaude, & on les gouverne pendant l'hiver de la même manière que lorsqu'on les a semés. Au printemps, on les met au grand air jusqu'à ce que les feuilles se fanent : on les arrache pour lors de terre, & on les plante en Août; mais on ne met pour lors qu'un bulbe dans chaque pot.

SIXIEME ESPECE.

La sixième espèce est le Glayeul ondulé. *Gladiolus undulatus. Gladiolus foliis ensiformibus, petalis lanceolatis, undulatis, subæqualibus. Linn. Syst. Veg. edit. XIII. Murr. 77. Mant. 27.*

Description.

Ce Glayeul a le port du Glayeul commun. Sa tige est haute d'un demi pied. Ses feuilles sont alternes. Les spathes propres sont à deux feuilles ou valvules, dont l'intérieure est la plus petite. Le tube de la corolle est long, en forme de filet. Le lymbe est partagé en six, égal. Les pétales sont lancéolés, rassemblés en forme de Lys. Les alternes sont sur-tout ondulés.

Observation.

Cette espèce tient le milieu entre les Ixia & les Glayeuls.

Lieu de sa naissance.

Elle est vivace, & croît naturellement dans l'Éthiopie.

SEPTIÈME ESPECE.

La septième espèce est le Glayeul recourbé. *Gladiolus recurvus. Gladiolus foliis ensiformibus, petalis subæqualibus, lanceolatis, recurvatis. Linn. Syst. Veg. edit. XIII. Murray. 77. Mant. 28. Gladiolus foliis linearibus, sulcatis; floribus uno versu dispositis, tubo floris longiore. Mill. Ic. 157.*

Description.

Cette espèce ne diffère de la précédente que par ses pétales qui sont pointus sans être ondulés, ou qui le sont moins; & par le tube de sa corolle qui n'est pas filiforme, mais qui est lâche ou suspendu.

Figure.

Elle est représentée dans Miller, pl. 235, fig. 2.

Lieu de sa naissance.

Elle croît naturellement au Cap de Bonne-Espérance.

HUITIEME ESPECE.

La huitième espèce est le Glayeul en épis. *Gladiolus spicatus. Gladiolus foliis linearibus, caule simplicissimo, floribus spicatis. Linn. Sp. Plant. 53. Roy. Lugdb. 19.*

Description.

La tige de cette espèce est très-simple. Ses feuilles sont linéaires. Ses fleurs sont en épis.

Lieu de sa naissance.

Elle croît naturellement en Afrique.

NEUVIÈME ESPÈCE.

La neuvième espèce est le Glayeul en forme de queue de Renard. *Gladiolus Alopecuroïdes. Gladiolus foliis linearibus, spicâ distichâ, imbricatâ. Linn. Sp. Plant. 54. Amæn. Acad. 4, p. 301.*

Description.

Le bulbe de cette espèce est simple. La tige est haute d'un pied, cylindrique, garnie des gaînes anguleuses des feuilles, un peu larges, nerveuses, terminées en feuille linéaire, aiguë. L'épi est terminal, fourchu, imbriqué de spathes ovales, doubles. L'inférieure est plus dure. Les fleurs sont petites, sessiles, à peine plus grandes que le Plantain.

Lieu de sa naissance.

Cette espèce croît naturellement dans l'Éthiopie. Elle est vivace.

DIXIEME ESPÈCE.

La dixième espèce est le Glayeul étroit. *Gladiolus angustus. Gladiolus foliis linearibus, floribus distantibus, corollarum tubo lymbis longiore. Linn. Sp. Plant. 53. Mill. Ic. 142. Gladiolus caule simplicissimo, foliis linearibus, floribus alternis. Roy. Lugdb. 19. Gladiolus foliis linearibus. Hort. Cliff. 20.*

Description.

Sa tige est très-menue & penchée presque jusqu'à terre, anguleufe de chaque côté, haute d'un pied. Ses feuilles font linéaires. Les fleurs font diftantes & alternes. Le tube des corolles eft plus long que les lymbes; elles font jaunes, tachetées de rouge.

Figure.

Cette efpèce eft repréfentée dans les Planches de Miller, pl. 142, fig. 2; & dans l'*Hort. Cliff.* pl. 6.

Lieu de fa naiffance.

Elle eft vivace, & croît naturellement dans l'Afrique.

Culture.

La culture eft la même que celle de la cinquième efpèce.

Propriétés d'ornement.

Cette efpèce mérite d'être cultivée dans nos jardins, à caufe de la beauté de fes fleurs.

ONZIEME ESPECE.

L'onzième efpèce eft le Glayeul rameux. *Gladiolus ramofus. Gladiolus caule ramofo, foliis linearibus. Linn. Sp. Plant.* 53. *Roy. Lugdb.* 19.

Defcription.

Sa tige eft rameufe. Ses feuilles font linéaires.

Lieu de fa naiffance.

Elle eft vivace, & croît naturellement dans l'Afrique.

DOUZIEME ESPECE.

La douzième efpèce eft le Glayeul en tête. *Gladiolus capitatus. Gladiolus caule ramofo, capitulis pedunculatis, radice tuberofâ. Linn. Sp. Plant.* 53.

Defcription.

Cette plante eft très-grande. Sa racine eft tubéreufe. Ses petites têtes font pédunculées. Ses fleurs font bleues.

Lieu de fa naiffance.

Elle croît naturellement en Afrique. Elle eft vivace.

GLAUX, *l'Herbe-au-lait.*

NOMS GÉNÉRIQUES.

Ce genre de plante eft connu fous les noms de *Glaux. Linn. Diofc. Eugalacton. Diofc. Glaucoïdes. Rupp.*

Defcription générique.

Le caractère de ce genre de plante eft de n'avoir point de calice, à moins qu'on ne prenne la corolle pour le calice. La corolle n'a qu'un pétale partagé en cinq, campanulé, droit, perfiftant, ayant les lobes obtus, repliés. Les filamens des étamines font au nombre de cinq, en forme d'alêne, droits, de la longueur de la corolle. Les anthères font rondes. Le germe du piftil eft ovale. Le ftyle eft filiforme, de la longueur des étamines. Le ftigmate eft en tête. Le péricarpe eft une capfule globuleufe, pointue, à une loge, à cinq valves. Les femences font au nombre de cinq, un peu rondes. Le réceptacle eft très-grand, globuleux, excavé par les femences.

CLASSE.

Ce genre fait partie de la cinquième claffe de Linnæus, qui comprend les plantes pentandriques monogyniques. Cet Auteur n'en admet qu'une efpèce.

ESPÈCE.

Cette efpèce eft l'Herbe-au-lait maritime. *Glaux maritima. Linn. Sp. Plant.* 301. *Hort. Cliff.* 43. *Flor. Suec.* 199. 210. *Roy. Lugdb.* 417. *Glaux foliis ellyptico-oblongis. Flor. Lapp.* 72. *Glaux maritima. Bauh. Pin.* 215. *Alfine bifolia, fructu Coriandri, radice geniculatâ. Lœf. Flor. Pruff.* 13. En Anglois, *Sea Milkwort, Blak Saltwort.* En Danois, *Strand Ifop.*

Defcription.

Les racines de cette efpèce font fibreufes. Ses tiges font grêles, baffes & rampantes; elles portent des feuilles oppofées & femblables à celles de l'Herniole. Sa fleur eft un godet blanchâtre ou purpurin, fans calice, découpé en rofette à cinq quartiers: il lui fuccède une capfule membraneufe qui renferme des femences rougeâtres & menues.

Figure.

Cette efpèce eft repréfentée dans le *Flora Pruffica* de Lœfel, pl. 3.

Lieu de fa naiffance.

Elle eft vivace, & croît dans les endroits falés & maritimes de l'Europe, principalement en Zélande & en Angleterre.

Propriétés alimentaires.

En plufieurs pays on eft dans l'habitude d'en faire faire ufage aux nourrices, foit dans le potage, foit en décoction, pour leur augmenter le lait.

GLECOMA, *le Lierre terreftre.*

NOMS GÉNÉRIQUES.

Ce genre de plante eft connu fous les noms de *Calaminta. Tourn. Chamæclema. Vaill. Camniciffos, Camaileuce, Selinitis. Diofc. Glecoma. Linn. Hederula. Heifter.*

Defcription générique.

Le caractère de ce genre eft d'avoir le périanthe du calice monophylle, tubulé, cylindrique, ftrié, très-petit, perfiftent, ayant le bord à cinq dents, pointu, inégal. La corolle eft monopétale, roide; le tube menu, aplati; la lèvre fupérieure droite, obtufe, à demi fendue en deux; la lèvre inférieure s'ouvrante, droite, obtufe, fendue en trois lobes, dont celui du milieu eft le plus grand, échancré. Les filamens des étamines font au nombre de quatre, fous la lèvre fupérieure, dont deux plus courts. Chaque paire d'anthères eft connivent, en forme de croix. Le germe du pistil est fendu en quatre. Le style est filiforme, incliné sous la lèvre supérieure. Le stigmate est fendu en deux, aigu. Le péricarpe n'est autre chose que le calice qui renferme les semences dans son sein. Les semences sont au nombre de quatre, ovales.

CLASSE.

Ce genre fait partie de la quatrième classe de Tournefort, qui comprend les plantes à fleurs labiées, & de la quatorzième de Linnæus destinée aux plantes didynamiques gymnospermiques. Cet Auteur n'en admet qu'une espèce.

ESPECE.

Cette espèce est le Lierre terrestre, la Terrette, l'Herbe de S. Jean, la Rondette. *Glecoma hederacea. Glecoma foliis reniformibus, crenatis. Linn. Sp Plant.* 807. *Hort. Cliff.* 307. *Flor. Suec.* 483. 518. *Roy. Lugdb.* 320. *Mat. Med.* 303. *Hedera terrestris, vulgaris. Bauh. Pin.* 306. *Chamæcissus. Fuchs. Hist.* 876. *Calamintha humilior, rotundiore folio. Tourn. Inst. Rei Herb.* 194. *Chamæcissus, sive hedera terrestris. J. B.* 3. *App.* 855. *Hedera terrestris. Dod. Pempt.* 394. *Ger. Raj. Hist.* 567. *Malacocissos. Lugdb.* 1311. *Chamæchma. Cord. Elatine. Brunsfels. Humilis Hedera. Adv. Corona terræ. Lob. Icon.* 613. En Anglois, *Ground Juy.* En Allemand, *Gundelreben, Gundermann, Mœrvurtzel, Donnerreben.* En Suédois, *Jordrefvor, Tusingodt.* En Danois, *Jordvedbende.* En Italien, *Edera terrestre.*

Description.

La tige de cette espèce est horisontale, rampante, stolonifère. Ses tiges sont rampantes, quarrées, grêles, velues, jettant des racines. Les feuilles sont opposées, deux à deux, simples, reniformes, crénelées, pétiolées. Les supérieures sont cordiformes, & portées par de longs pétioles. Les fleurs sont sessiles, axillaires, verticillées, au nombre de six, labiées, ayant le tube comprimé, la lèvre supérieure droite, obtuse, presque divisée en deux. La lèvre inférieure est grande, ouverte, obtuse, divisée en trois. La partie moyenne est évasée.

Figure.

Cette espèce est représentée dans notre troisième volume du Traité Historique des Plantes de la Lorraine, & dans la seconde partie de cet Ouvrage.

Lieu de sa naissance.

Elle est vivace, & croît naturellement par toute l'Europe, dans les champs, les haies.

Insectes qui se trouvent sur cette plante.

On trouve sur cette plante plusieurs insectes : le premier est la Phalène à découpures. *Phalæna bombyx, libatrix. Phalæna bombix, spirilinguis, cristata ; alis incumbentibus, dentato erosis, rufo-griseis ; puncto albo. Linn. Syst. Nat. edit. XII.* 831. Cette Phalène est longue de dix lignes. Ses antennes sont peu pectinées ; elles sont jaunâtres, avec un peu de blanc en devant à leur base. Les pattes de même couleur ont aussi des anneaux blancs, sur-tout aux tarses. La tête & le corselet sont jaunes. Les ailes sont fort découpées à leur bord postérieur ; elles sont jaunâtres, fauves, mêlées de brun & de couleur cendrée. Vers leur base elles ont une tâche blanche. Plus bas, vers le tiers de l'aîle, se trouve une raie transverse, cendrée, & une autre aux deux tiers de l'aîle ; cette dernière est double. Entre ces deux raies, vers le milieu de l'aîle, est un point blanc, & un peu plus bas deux petits points noirs. En dessous, les aîles sont d'un brun nébuleux : l'insecte les porte couchées sur son corps, un peu en toit. Sa chenille est verte avec une raie blanche en dessus le long du dos.

Le second est le Cynips de la gale du Lierre terrestre. *Cynips totus fuscus, thorace subvilloso, Gallæ Hederæ terrestris. Geoff.* 303. Ce petit insecte est renfermé dans une gale dure & ronde, qu'on trouve quelquefois dans la substance même de la feuille du Lierre terrestre.

Analyse Chymique.

Dans l'analyse chymique qu'on a fait de cette plante, de cinq livres de la plante entière & fraîche distillées à la cornue, il est sorti une livre 5 onces 18 grains de liqueur presque insipide & sans odeur, limpide, obscurément salée, & sur la fin obscurément acide ; 2 livres 8 onces 2 gros 18 grains de liqueur d'abord un peu acide, ensuite acide de plus en plus, un peu austère ; une once 36 grains de liqueur roussâtre, légèrement empyreumatique, un peu acide, un peu salée & urineuse ; 2 onces de liqueur roussâtre, imprégnée de sel volatil urineux ; une once 3 gros 34 grains d'huile de la consistance de la graisse.

La masse noire qui est restée dans la cornue pesoit 4 onces 6 gros 36 grains, laquelle étant bien calcinée a laissé 2 onces de cendres roussâtres, dont on a tiré par la lixiviation 6 gros 38 grains de sel fixe purement alkali. La perte des parties dans la distillation a été de 8 onces 6 gros 12 grains, & dans la calcination, de 2 onces 6 gros 36 grains.

Les feuilles du Lierre terrestre sont amères, un peu aromatiques ; elles ne changent presque point la couleur du papier bleu : c'est pourquoi M. Tournefort attribue les vertus de cette plante au soufre & à la terre que l'on en tire en grande quantité dans l'analyse chymique, & à un certain sel essentiel qui n'est pas fort différent du tartre vitriolé, & mêlé avec un peu de sel ammoniac ; c'est pourquoi à cause de ses parties bitumineuses, salines, terrestres & spiritueuses, elle est apéritive, détersive, discussive & vulnéraire, employée soit intérieurement, soit extérieurement.

Propriétés médicinales.

Le Lierre terrestre est pectoral, incisif, apéritif, discussif & vulnéraire, employé soit intérieurement, soit extérieurement. Toute la plante est en usage en médecine. Sa dose en décoction ou en infusion est une petite poignée sur une pinte d'eau. On fait avec ses feuilles & ses fleurs un extrait, une conserve & un syrop. Le syrop est très-estimé pour l'asthme. M. Chomel assure en avoir vu de bons effets. On prescrit le syrop & la conserve à la dose d'une once, & l'extrait à celle d'une demi-once.

Simon Pauli faisoit prendre aux malades de la poudre de cette plante avec autant de suc détrempé dans son eau distillée. Willis la conseille pour l'asthme, la toux opiniâtre & la phthysie, à la dose d'un demi gros. Si on en croit Jean Bauhin, le Lierre terrestre appliqué en cataplasme est très-propre pour appaiser les tranchées des femmes en couche. Quelques-uns attribuent à son suc tiré par le nez, la propriété de guérir la migraine.

Cette plante est aussi très bien indiquée dans les ulcères internes. Lobel la conseille dans la goutte. Ettmuller assure que rien n'est meilleur que le suc pris intérieurement, pour les chûtes où l'on soupçonne du sang extravasé ou caillé. Boyle l'ordonne encore dans les rhumatismes & l'ardeur d'urine. Rien n'est plus salutaire que sa décoction prise matin & soir avec un peu de sucre.

Le Lierre terrestre ne convient pas seulement intérieurement ; on l'emploie encore extérieurement. On fait un onguent excellent pour la brûlure avec son suc récemment exprimé & cuit avec la graisse d'une oie qui n'ait pas été rôtie.

Feu M. Maréchal, premier Chirurgien du Roi, s'est servi avec succès du Lierre terrestre pour les piqûres des tendons : il faisoit piler une partie de cette plante, & l'enfermoit dans un vaisseau de verre qu'il exposoit au soleil, jusqu'à ce qu'elle fût pourrie & réduite en huile ou suc épais. C'est de cette huile qu'il faisoit usage.

Formule.

1°. Prenez racine de Garance, de Tormentille & de Bistorte, de chacune une once ; feuilles de *Lierre terrestre*, de Véronique, de Millefeuille & de Verge-d'Or, de chacune une poignée ; sommités fleuries de Millepertuis & de Paquerette, de chacune une poignée : faites bouillir dans suffisante quantité d'eau commune réduite à quatre livres : délayez dans la colature syrop de rose fait avec le miel : faites un apozème vulnéraire, dont on donnera une once de trois heures en trois heures ou de quatre heures en quatre heures, pour déterger les ulcères internes & arrêter les hémorragies.

2°. Prenez un poulet ou viande de veau une demi-livre ; riz, une cuillerée ; racines de grande Consoude & de Tormentille, de chacune une once : faites bouillir dans suffisante quantité d'eau commune pour quatre bouillons : ajoutez sur la fin feuilles de *Lierre terrestre*, de Cerfeuil, de Pourpier, d'Ortie, de Plantain, d'Herbe-à-Robert & de Sanicle, de chacune une poignée. Le malade prendra un de ces bouillons de quatre heures en quatre heures dans toute sorte d'hémorragie.

3°. Prenez suc clarifié de *Lierre terrestre*, de Cerfeuil & de Véronique, de chacune six onces ; syrop de *Lierre terrestre*, deux onces. Mêlez, partagez en six prises, dont on en donnera une de quatre heures en quatre heures ou de six heures en six heures, dans le crachement ou le pissement de sang & de pus, & pour déterger les ulcères internes.

4°. Prenez extrait de *Lierre terrestre*, conserve de roses rouges & de racines de grande Consoude, de chacune une once ; Antihectique de Poterius, Succin réduit en poudre très-fine, de chacune quatre gros ; Corail rouge & Yeux d'Ecrévisse, de chacun deux gros ; syrop de *Lierre terrestre*, suffisante quantité. Mêlez, faites un électuaire antiphthysique. La dose est d'un gros & demi, trois ou quatre fois le jour.

5°. Prenez suc de *Lierre terrestre* clarifié, quatre onces ; encens réduit en poudre très-fine, un gros ; miel rosat, une once. Mêlez ; faites un looch pour le crachement de sang, l'empième & la vomique des poumons.

Propriétés vétérinaires.

J. Bauhin conseille aux Maréchaux de se servir de cette plante mêlée avec de l'avoine, pour expulser les vers des chevaux. Elle convient aussi à ces animaux, lorsqu'ils sont attaqués de la pousse. La dose de Lierre terrestre pour les animaux est d'une demi-once en poudre, de quatre onces en suc, & d'une poignée en infusion dans une livre d'eau.

GLEDITSIA, *le Févier.*

NOMS GÉNÉRIQUES.

Ce genre de plante est connu sous les noms de *Gleditsia. Clayt. Linn. Melilobus. Mitch.*

Description générique.

Son caractère est d'avoir des fleurs mâles & d'autres femelles ; néanmoins on trouve très-fréquemment quelques fleurs mâles sur les individus femelles, & quelques fleurs hermaphrodites sur les individus mâles.

La fleur mâle est un chaton long, compact, cylindrique. Le périanthe propre est à trois folioles ouvertes, petites, aiguës. Les pétales de la corolle sont au nombre de trois, ronds, sessiles, ouverts, en forme de calice. Le nectaire est turbiné, dont les bords sont les restes des parties de la fructification grossière. Les filamens des étamines sont au nombre de six, filiformes, plus longs que la corolle. Les anthères sont couchées, oblongues, applaties, didymes. La fleur hermaphrodite se trouve sur les mêmes chatons avec la fleur mâle, & est ordinairement terminale. Le périanthe du calice est à quatre folioles comme dans les mâles. Les pétales de la corolle sont au nombre de quatre. Le nectaire & les étamines sont les mêmes que dans les fleurs mâles ; le pistil, le péricarpe & la semence comme dans les fleurs femelles. La fleur femelle est un chaton lâche. Sur un individu différent, le périanthe propre du calice est comme dans les fleurs mâles ; mais il est à cinq folioles. Les pétales de la corolle sont au nombre de cinq, longs, aigus, droits, s'ouvrans. Les nectaires sont au nombre de deux, courts comme les filamens. Le germe du pystil est large, applati, plus long que la corolle. Le style est court, réfléchi. Le stigmate est gros, de la longueur du style auquel il est attaché, poileux supérieurement. Le péricarpe est un légume très-grand, large, très-applati, ayant plusieurs cloisons transversales, dont chacune est remplie de pulpes. Les semences sont solitaires, rondes, dures, luisantes.

CLASSE.

Ce genre fait partie de la vingt-troisième classe de Linnæus, qui comprend les plantes polygamiques dioeciques. Cet Auteur en admet deux espèces.

PREMIERE ESPECE.

La première espèce est le Févier à trois épines. *Gleditsia triacanthos. Gleditsia spinis triplicibus, axillaribus. Linn. Sp. Plant.* 1509. *Gleditsia. Hort. Ups.* 298. *Gron. Virg.* 183. *Gouan. Monsp.* 520. *Gleditsia spinosa. Duhamel. Arb.* 1, *p.* 266. *Melilobus. Mitch. Gen.* 15. *Cæsalpinoïdes foliis pinnatis, ac duplicato-pinnatis. Hort. Cliff.* 489. *Acacia Americana, Abruæ folio, triacanthos. Pluk. Mant.* 1, *Hort. Angl. t.* 21.

Description.

Les feuilles de cette espèce, de même que de la suivante, sont formées d'un filet principal, d'où il en part d'autres latéraux qui sont rangés à peu-près deux à deux, lesquels sont chargés d'environ seize folioles un peu dentelées par les bords, & presque ovales, terminées en pointe, & rangées alternativement sur les filets qui sont terminés par une seule foliole. Etant ainsi doublement composées, elles ressemblent assez à celles de Bonduc: mais souvent les feuilles sont simplement composées, & elles n'ont qu'un seul filet chargé de folioles. Les feuilles sont toujours placées alternativement sur les branches: elles se replient vers le soir les unes sur les autres, comme toutes celles qui sont empanées, & elles s'ouvrent lorsque le jour paroît. Dans l'automne elles se replient aussi, mais c'est pour ne plus s'ouvrir. Il sort des branches de cette espèce, un peu au-dessus de l'aisselle des feuilles, des épines très-fortes, qui acquièrent quelquefois trois à quatre pouces de longueur, & produisent souvent sur les côtés des épines moins grandes. Toutes ces épines sont dures, pointues & très-fermement attachées aux branches & même au tronc.

Figure.

Cette espèce est représentée dans le Traité des Arbres, par M. Duhamel, tom. 1, pl. 105; dans le *Mantissa* de Plukenet, pl. 352, fig. 2; & dans l'*Hort. Angl.* pl. 21.

Variété.

Linnæus donne pour variété de cette espèce la plante connue sous la phrase d'*Acacia*, *Abruæ folio, triacanthos; capsulâ ovali unicum semen claudente. Catesb. Carol.* 1, *p.* 43.

Description.

Cet arbre, dit Catesby, devient fort haut & fort étendu. Ses feuilles sont petites, pointues & opposées alternativement le long des queues, comme celles de la plupart des autres arbres de sa classe. Son fruit ressemble un peu à une Fève, & est renfermé dans une capsule ovale. Il est ordinairement par bouquets, de cinq ou six. Ses branches ont plusieurs épines très-grosses & fort pointues.

Figure.

Cette variété est représentée dans l'Histoire de la Caroline par Catesby, tom. 1, pl. 43.

Lieu de sa naissance.

L'espèce & la variété se trouvent naturellement dans la Virginie.

Culture.

Les feuilles de cet arbre paroissent au mois de Juin dans nos contrées, & les fleurs sur la fin de Juillet; mais ces arbres ne fleurissent pas ordinairement jusqu'à ce qu'ils soient forts. On les multiplie par graines que l'on tire de l'Amérique où ils croissent naturellement. On les sème au printemps sur une couche, & on les couvre d'un pouce de terreau. Si le printemps est sec, on les arrosera souvent, sans quoi elles ne leveroient pas la première année; car il arrive souvent qu'elles restent deux ans avant de germer: aussi, pour gagner du temps, on les sème dans des pots dès qu'on les a reçues, & on enfonce ces pots dans une couche modérément chaude, en observant de les arroser souvent. Quand les jeunes plantes sont levées, il faut les habituer insensiblement au grand air; car si on les laisse toujours sur la couche, elles s'affoiblissent extrêmement & filent. Pendant l'été on arrosera souvent les pieds qui sont dans les pots. A l'égard des pieds qui se trouvent en pleine terre, comme ils ne se ressentent pas si vîte de la sécheresse, on ne les arrosera que pendant les grandes sécheresses de l'automne. On place ces pots sur une couche vitrée, pour les garantir de la gelée; car la moindre gelée fait périr les pousses supérieures, & toute la plante en souffre considérablement. Au printemps suivant, on transplantera ces jeunes plantes dans une planche en pépinière, à un pied de distance l'une de l'autre. On laissera ainsi pendant deux ans ces plantes: on arrachera seulement les mauvaises herbes; & pendant l'hiver on étendra du tan pourri ou d'autre fumier sur la surface de la terre, pour garantir les racines de la gelée. Les deux ans passés en pépinière, on les transplantera à demeure: on choisira pour cette opération le printemps, & on les placera auprès d'un mur bien abrité, dans une bonne terre.

Propriétés économiques.

Si cette espèce devenoit commune en France, on pourroit, dit M. Duhamel, en les étêtant, les employer pour fermer de bonnes haies; car leurs épines sont très-fortes, & les arbres produisent beaucoup de branches. M. Aimen, Médecin de Bordeaux, a assuré à M. Duhamel en avoir déjà vu des haies auprès de Bordeaux. Le bois de cet arbre paroît dur & fendant. C'est tout ce qu'on peut dire d'un arbre qui est encore rare en France.

Propriétés d'ornement.

Le Févier a un feuillage très-agréable, qui a une petite odeur gracieuse, aussi-bien que sa fleur qui n'a pas beaucoup d'éclat, & qui paroît dans le mois de Mai ou de Juin. La beauté de sa feuille peut engager à en mettre dans les bosquets du printemps; mais ces arbres feront très-bien dans les bosquets d'été: ils ont, comme le faux *Acacia*, le défaut de s'éclater par le vent, quand deux branches aussi vigoureuses l'une que l'autre forment un fourchet.

SECONDE ESPECE.

La seconde espèce est le Févier sans épines. *Gleditsia inermis. Linn. Sp. Plant.* 1509. *Duhamel. Arbr.* 1, *p.* 266. *Acacia Javanica, non spinosa; foliis maximis, splendentibus. Pluk. Almag.* 6. *Acacia Americana non spinosa, flore purpureo, staminibus longissimis, siliquis planis, villosis. Mill. Icon.*

Description.

Les feuilles sont deux fois aîlées. Les partielles sont au nombre de quatre. Celles d'en bas sont les plus petites. Le pétiole commun est terminé par une épine douce.

Figure.

Cette espèce est représentée dans l'*Almag.* de Plukenet, pl. 123, fig. 3; & dans le Dictionnaire de Miller, pl. 5.

Lieu de sa naissance.

Elle croît naturellement à Java.

GLINUS, *la Rolofe.*

NOMS GÉNÉRIQUES.

Ce genre de plante eſt connu ſous les noms de *Glinus. Linn. Roloſa. Adanſ. Portulaca. Barr.*

Deſcription générique.

Le caractère eſt d'avoir le périanthe du calice à cinq folioles ovales, concaves, colorées intérieurement, perſiſtantes. La corolle eſt formée ſouvent par cinq filets planes, formant les pétales, étroits, plus courts que le calice, inégalement fendus en deux ou trois. Les filamens des étamines ſont environ au nombre de quinze, en forme d'alêne, planes, de la longueur du calice. Les anthères ſont droites, oblongues, applaties, didymes. Le germe du piſtil eſt pentagonal. Les ſtyles ſont au nombre de cinq, courts. Les ſtigmates ſont ſimples. Le péricarpe eſt une capſule ovale, à cinq loges, à cinq valves. Les ſemences ſont nombreuſes, rondes, à deux rangs ſous les valvules, tuberculées, attachées par la baſe à une petite membrane gonflée.

CLASSE.

Ce genre fait partie de l'onzième claſſe de Linnæus, qui comprend les plantes dodécandriques pentagyniques. Cet Auteur en admet deux eſpèces.

PREMIÈRE ESPÈCE.

La première eſpèce eſt la Roloſe en forme de Lotier. *Glinus Lotoïdes. Linn. Sp. Plant.* 663. *Lœfl. It.* 145. *Gron. Orient.* 143. *Alſine Lotoïdes Sicula. Bocc. Sic.* 21, *Moriſ. Hiſt.* 2, *p.* 551. *Alſine Heliotropio cognata. Cup. Cath. Portulaca Bœtica, luteo flore, Spuria aquatica. Barr. Rar.* 478. *Tourn. Inſt. Rei Herb.* 242.

Deſcription.

La racine de cette eſpèce eſt grande, ſimple, deſcendante profondément, à petites fibres latérales: elle paroît cependant annuelle. Les tiges ſont nombreuſes, longues, hautes environ d'un pied, couchées de chaque côté, glabres, rameuſes & comme articulées. Les articulations ſont plus groſſes par la partie inférieure vers les ramifications, poileuſes. Les rameaux ſont alternes, latéraux, encore rameux, ſemblables à la tige, plus poileux. Les feuilles ſont ovales, pétiolées, au nombre de deux, ou le plus ſouvent de trois, inſérées toujours à un côté de la tige ſans l'embraſſer. Le pétiole eſt un peu plus long que la moitié de la feuille, un peu plane en deſſus. Les fleurs ſont ſeſſiles, raſſemblées en tas aux articulations & aux feuilles, & naiſſent toujours de la partie couchée de la tige. Les péduncules ſont très-courts, environ de la longueur du calice, poileux. Le périanthe du calice eſt à cinq folioles ovales, aiguës, concaves, droites, perſiſtantes, poileuſes. Il n'y a point de corolle. Les filamens planes ſe réuniſſent ſouvent, & imitent des pétales petits, fendus inégalement en deux, d'un jaune vert, plus courts que le calice. Le nombre des filamens eſt incertain, & varie depuis neuf juſqu'à quatorze ou quinze; ils ſont ſillonnés, planes, un peu plus longs que la moitié du calice, inſérés également au réceptacle. Les anthères ſont oblongues, applaties, didymes, droites. Le germe du piſtil eſt ovale, à cinq angles ſanés, grand, ſans ſtyle. Les ſtigmates ſont au nombre de cinq, un peu longs & gros. La capſule eſt ovale, de la longueur du calice, à cinq angles, à cinq loges, à cinq valves membraneuſes, très-minces, s'ouvrantes au milieu de chaque cloiſon perpendiculairement juſqu'à la baſe. Les ſemences ſont nombreuſes, rangées dans un ſeul rang, ſous les valvules, petites, rondes, tuberculées, attachées par la baſe à une petite membrane gonflée; cependant elles n'en ſont pas couvertes, mais elles ſont attachées par ſon moyen au réceptacle. Celui-ci eſt conique, en forme d'alêne, à cinq angles applatis, s'ouvrant depuis les cloiſons, libre.

Figure.

Cette eſpèce eſt repréſentée dans les Plantes de Sicile par Boccone, pl. 11; & dans les Plantes rares de Barrelier, pl. 336.

Lieu de ſa naiſſance.

Elle croît naturellement depuis l'Eſpagne juſqu'à l'Aſie, aux environs des foſſés, dans les endroits inondés.

SECONDE ESPECE.

La ſeconde eſpèce eſt la Roloſe en forme de Dictamne. *Glinus Dictamnoïdes. Glinus caule rugoſo, foliis orbiculatis, tomentoſis. Linn. Syſt. Veg. edit. XIII. Murray.* 378. *Flor. Ind.* 113. *Alſine Lotoïdes, Dictamni Cretici facie, Maderaſpatana. Pluk. Amalth.* 10.

Deſcription.

La tige eſt ridée. Les feuilles ſont orbiculées, cotonneuſes, planes. Les fleurs ſont axillaires, verticillées.

Figure.

Cette eſpèce eſt repréſentée dans l'*Amalthœum* de Plukenet, pl. 356, fig. 6.

Lieu de ſa naiſſance.

Elle croît naturellement dans l'Inde.

GLOBBA, *la Globbe.*

Deſcription générique.

Le caractère de ce genre de plante eſt d'avoir la corolle égale, fendue en trois; le calice ſupérieur auſſi fendu en trois; la capſule à trois loges; les ſemences nombreuſes.

CLASSE.

Ce genre fait partie de la ſeconde claſſe de Linnæus, qui comprend les plantes diandriques digyniques. Cet Auteur en admet trois eſpèces.

PREMIERE ESPECE.

La première eſpèce eſt la Globbe Marantine. *Globba Marantina. Globba ſpicâ terminali-erectâ. Linn. Syſt. Veg. edit. XIII. Murray.* 67. *Mant.* 170.

Deſcription.

Description.

La tige de cette espèce est simple & herbacée. Les feuilles sont alternes, pétiolées, semblables totalement à celles du *Maranta*. Les pétioles sont membraneux, en gaîne, tronqués au sommet. L'épi est terminal, à fleurs éloignées & enveloppées. La bractée est ovale, à fleur plus longue.

Lieu de sa naissance.

Cette plante est vivace, & croît naturellement dans l'Inde Orientale.

SECONDE ESPECE.

La seconde espèce est la Globbe penchée. *Globba nutans. Globba spicâ terminali, pendulâ. Linn. Syst. Veg. edit. XIII. Murray.* 170. *Globba sylvestris. Rumph.* 6, *p.* 140. A Malaca, *Globba. Utan.*

Description.

La racine est grosse, traçante, fibreuse. La tige est très-droite & ferme, haute depuis 14 jusqu'à 18 pieds, verte, de la grosseur du bras d'un enfant par le bas, n'ayant des feuilles qu'à la hauteur de six pieds. Celles-ci sont disposées alternativement, lancéolées. Les fleurs sont à l'extrémité, disposées en grappes, pendantes en forme de petits globes.

Figure.

Cette espèce est représentée dans l'*Herbarium Amboinense*, tome 6, pl. 42 & 43.

Lieu de sa naissance.

Elle croît naturellement dans l'Inde Orientale.

TROISIÈME ESPÈCE.

La troisième espèce est la Globbe en forme de raisin. *Globba uviformis. Linn. Syst. Veg. edit. XIII. Murray.* 67. *Mant.* 171. *Rumph. Amb.* 6, *p.* 138. A Malaca, *Makui verum*, *feuminus.* A Macassar, *Caltimban minus* & *Ladja Lobbe. Lanequa' Globba.*

Description.

La racine de cette espèce est oblique, articulée, dure, grosse, garnie de fibres. Sa tige est haute de trois pieds avant que les feuilles se développent, & se termine en une pointe très-aiguë. Elle est ferme, ronde & verte. Les feuilles sont ondulées, pointues. Les fleurs sortent du milieu de la tige, & sont disposées en grappes. Les fruits sont semblables à des grains de raisins.

Figure.

Cette espèce est représentée dans l'*Herbarium Amboinense*, tome 6, pl. 59; & dans la seconde partie de cet Ouvrage.

Lieu de sa naissance.

Elle croît naturellement dans l'Inde Orientale.

GLOCIDION, *la Pointue.*

Description générique.

Le caractère de ce genre de plante est d'avoir des fleurs mâles & des fleurs femelles. Les fleurs mâles n'ont point de calice. Leurs pétales sont au nombre de six, ovales, concaves, s'ouvrans, égaux. Les filamens des étamines sont au nombre de trois, très-menus, invisibles. L'anthère est cylindrique, droite, formée par trois anthères réunies, didymes, marquées au sommet par une pointe. Les fleurs femelles n'ont pareillement point de calice. La corolle est composée de six pétales inférieurs, à trois lobes intérieurs. Le germe du pistil est globuleux, à six sillons, sans style. Les stigmates sont au nombre de six ou de huit, très-courts, très-petits, connivens. Le péricarpe est une capsule supérieure, applatie, ronde, à six loges, à six valves, douze fois striée, s'ouvrante. Les semences sont globuleuses, solitaires.

CLASSE.

Ce genre fait partie de la vingt-unième classe de Tournefort, qui comprend les plantes monœciques syngénésiques. MM. Forster, qui nous ont fait connoître ce genre, n'en rapportent qu'une espèce.

ESPECE.

Cette espèce est la Pointue à rameaux fleuris. *Glocidion ramiflorum. Forst. Caract. Plant.* 114.

Figure.

Ses caractères sont représentés dans les nouveaux genres de Forster, pl. 114.

Lieu de sa naissance.

Elle croît naturellement dans les Isles des mers Australes.

GLOBULARIA, *la Globulaire.*

NOMS GÉNÉRIQUES.

Ce genre de plante est connu sous les noms de *Globularia. Lob. Tourn. Alupon. Diosc. Alypon. Latin. Alypum. Miss.*

Description générique.

Le caractère de ce genre est d'avoir le périanthe commun imbriqué, à écailles de la longueur du disque, égales. Le périanthe propre est monophylle, tubulé, fendu en cinq, aigu, persistant. La corolle universelle est égale; la propre est monopétale, tubulée à la base. Le lymbe est partagé en cinq. La lèvre supérieure est très étroite, partagée en deux plus courtes. La lèvre inférieure est à trois lobes plus grands. Les filamens des étamines sont au nombre de quatre, simples, de la longueur de la petite corolle. Les anthères sont distinctes, se couchans. Le germe du pistil est ovale. Le style est simple, de la longueur des étamines. Le stigmate est obtus. Le péricarpe n'est autre chose que le calice propre connivent, & renferme la semence. Celle-ci est solitaire, ovale. Le réceptacle commun est oblong, distinct par les lames.

CLASSE.

Ce genre fait partie de la douzième classe de Tournefort, qui comprend les plantes à fleurs flosculeuses; & de la quatrième de Linnæus, destinée aux plantes tétrandriques monogyniques. Cet Auteur en admet sept espèces.

PREMIERE ESPECE.

La première espèce est le Turbith blanc, l'Arbrisseau terrible, l'Alype, la Globulaire en arbre, le Séné des Provençaux. *Globularia Alypum. Globularia caule fruticoso, foliis lanceolatis, tridentatis, integrisque. Linn. Sp. Plant.* 139. *Roy. Lugdb.* 190. *Globularia fruticosa, Myrtifolio tridentato. Tourn. Garid. Aix.* 210. *Alypum Monspeliensium, seu Frutex terribilis. Bauh. Hist.* 1, *p.* 598. *Niss. Act.* 1312. *p.* 336. *Thymelæa foliis acutis, capitulo Succisæ. Bauh. Pin.* 463. En Allemand, *Weisser Turbith.* En Languedocien, *lou pichou Séné.*

Description.

C'est un petit arbuste qui s'élève à la hauteur d'une coudée. Ses feuilles sont placées sans ordre, tantôt par bouquet, tantôt isolées, ayant quelque ressemblance à celles du Myrthe. Chaque branche porte pour l'ordinaire une seule fleur d'un beau violet, d'un pouce de large, à demi fleuron.

Figure.

Cette espèce est représentée dans les Mémoires de l'Académie, 1712, pl. 18.

Lieu de sa naissance.

Elle croît naturellement aux environs de Montpellier, dans les forêts du Royaume de Valence & d'Italie, sur les rochers & dans les endroits caillouteux.

Culture.

On l'élève aisément en pot, dit M. Duhamel; mais on a de la peine à la faire subsister en pleine terre.

Propriétés médicinales.

Tout cet arbuste a beaucoup d'amertume. C'est un purgatif très violent, d'où lui est venu le nom d'*Arbuste redoutable.* Les Charlatans d'Andaloufie en ordonnent la décoction dans la vérole; mais la grande violence de ce remède doit le faire bannir de la classe des médicamens.

Propriétés d'ornement.

Cette Globulaire est très-agréable à la vue dans le temps de la fleur. On n'est point encore parvenu à la naturaliser dans nos jardins.

SECONDE ESPECE.

La seconde espèce est la Globulaire de Bisnagare. *Globularia Bisnagarica. Globularia caule fruticoso, foliis radicalibus, cuneiformibus, retusis; caulinis lanceolatis. Linn. Sp. Plant.* 139. *Scabiosa Bisnagarica, seu Globularia frutescens, rigidis foliis, ad radicem rotundioribus, cordatis. Pluk. Alm.* 336. *Mor. Hist.* 3, *p.* 57.

Description.

La tige est en arbrisseau. Les feuilles radicales sont en forme de coing, roides, émoussées. Les caulinaires sont lancéolées.

Figure.

Cette espèce est représentée dans l'*Almag.* de Plukenet, pl. 58, fig. 5.

Lieu de sa naissance.

Elle croît naturellement dans les forêts de Bisnagare. Elle est vivace.

TROISIEME ESPECE.

La troisième espèce est la Globulaire commune, la Boulette, la Marguerite bleue. *Globularia vulgaris. Globularia caule herbaceo, foliis radicalibus, tridentatis; caulinis lanceolatis. Linn. Sp. Plant.* 139. *Flor. Suec.* 109. 116. *It. Œl.* 65. *Dalib. Paris.* 43. *Globularia caule folioso, foliis ovatis, integerrimis. Hort. Cliff.* 490. *Roy. Lugdb.* 190. *Hall. Helv. edit.* 1, 667. *Aphyllantes Anguillaræ. Cam. Hort.* 18. *Bellis cærulea, caule folioso. Bauh. Pin.* 262. En Suédois, *Borgskubba.*

Description.

La racine de cette plante est simple, petite, presque ligneuse. Sa tige est herbacée, feuillée, rameuse, haute de quelques pouces. Ses feuilles sont sessiles, entières. Les radicales sont dentelées. Les caulinaires sont alternes, lancéolées. Ses fleurs sont au sommet en manière de petits globes ou de têtes rondes. Elles sont composées, flosculeuses, ayant de petits fleurons bleus dont les étamines ne sont pas réunies, & qui sont divisés par leurs lymbes en quatre parties, rassemblés dans un calice commun, tuilé, de la longueur des fleurons. Chaque fleuron est porté par un calice particulier, à cinq dentelures, sur un réceptacle oblong, couvert de lames. Ses semences sont solitaires, ovales, renfermées dans le petit calice propre.

Figure.

Cette espèce est représentée dans le *Camerarii Hort.* pl. 7.

Lieu de sa naissance.

Elle croît en grande quantité aux environs de Montpellier, au pied des monts Jura & Saleva, & dans beaucoup d'autres contrées d'Italie & d'Allemagne.

Culture.

Elle fleurit en Juin, & produit des semences qui mûrissent en automne. On la multiplie par ses racines qu'on partage, comme il se pratique pour les Marguerites. On choisit le mois de Septembre pour faire cette opération. Il lui faut un terrein humide & argilleux, & une exposition ombragée. Elle y réussit beaucoup mieux que dans une terre légère & en plein air. Si on desire de les avoir en belle fleur, il ne faut les transplanter que tous les deux ans.

Propriétés médicinales.

Toute la plante est vulnéraire, détersive. On l'emploie en décoction ou en cataplasme, & pilée.

Propriétés d'ornement.

Les fleurs de cette plante, qui sont bleues, font un très-beau coup d'œil. Ses feuilles restent vertes toute l'année. Elle convient très-bien pour former des rampes d'escalier & des glacis dans les jardins placés sur des côteaux, avec d'autant plus de raison, qu'elle se plaît sur les montagnes.

Variétés.

Linnæus donne pour variétés de cette eſpèce, 1°. le *Bellis cærulea Apula. Tab. Hiſt.* 2, *p.* 709; 2°. le *Bellis cærulea Monſpeliaca. Tab. Hiſt.* 2, *p.* 709.

QUATRIEME ESPECE.

La quatrième eſpèce eſt la Globulaire épineuſe. *Globularia ſpinoſa. Globularia foliis radicalibus, crenato-aculeatis; caulinis integerrimis, mucronatis. Linn. Sp. Plant.* 139. *Globularia ſpinoſa. Tourn. Inſt. Rei Herb.* 476. *Bellis cærulea, ſpinoſa. Bauh. Pin.* 262. *Bellis ſpinoſa, flore globoſo. Bauh. Prodr.* 121.

Deſcription.

Les feuilles radicales de cette eſpèce ſont crénelées, épineuſes. Les caulinaires ſont très-entières, pointues. Les fleurs ſont bleues, diſpoſées en globe.

Lieu de ſa naiſſance.

Elle croît naturellement ſur les montagnes de Grenade.

Culture.

Elle ſe multiplie comme la Globulaire commune. Il lui faut une expoſition ombragée, & une terre humide & froide.

CINQUIEME ESPECE.

La cinquième eſpèce eſt la Globulaire en forme de cœur. *Globularia cordifolia. Globularia caule ſubnudo, foliis cuneiformibus, tricuſpidatis; intermedio minimo. Linn. Sp. Plant.* 139. *Globularia foliis radicalibus, cuneiformibus, retuſis, dentatis; denticulo intermedio, minimo. Hort. Cliff.* 491. *Roy. Lugdb.* 190. *Scabioſa Bellidis folio, humilis, caule nudo, radice repente, folio cordato. Moriſ. Hiſt.* 3, *p.* 50. *Bellis cærulea, montana, fruteſcens. Bauh. Pin.* 260.

Deſcription.

La racine de cette eſpèce eſt traçante. Sa tige eſt nue. Ses feuilles ſont cunéiformes, à trois pointes, dont celle du milieu eſt très-petite. La fleur eſt bleue.

Figure.

Elle eſt repréſentée dans l'Hiſtoire des Plantes par Moriſon, tome 3, ſect. 6, pl. 15, fig. dernière.

Lieu de ſa naiſſance.

Elle croît naturellement dans la Hongrie, l'Autriche, la Suiſſe & les Pyrenées.

Variété.

Linnæus donne pour variété de cette eſpèce la plante connue ſous les phraſes de *Globularia Alpina, minima, Origani folio. Tourn. Inſt. Rei Herb.* 467. *Scabioſa Bellidis folio, Pyrenaïca, minima. Moriſ. Hiſt.* 3, *p.* 51.

Culture.

La culture eſt la même que celle de l'eſpèce précédente.

SIXIEME ESPECE.

La ſixième eſpèce eſt la Globulaire à tige nue. *Globularia nudicaulis. Globularia caule nudo, foliis integerrimis, lanceolatis. Linn. Sp. Plant.* 140. *Globularia Pyrenaïca, folio oblongo, caule nudo. Tourn. Inſt. Rei Herb.* 467. *Scabioſa Bellidis folio, humilis; caule nudo, radice non repente. Moriſ. Hiſt.* 3, *p.* 50, *ſect.* 6. *Bellis cærulea, caule nudo. Bauh.* 262. *Raj. Hiſt.* 381.

Deſcription.

La tige de cette eſpèce eſt nue. Quelquefois il s'y trouve une foliole ou deux. Les feuilles ſont très-entières, lancéolées. La racine n'eſt pas traçante. La fleur eſt bleue.

Figure.

Cette eſpèce eſt repréſentée dans l'Hiſtoire des Plantes, par Moriſon, tome 3, ſect. 6, pl. 15, fig. 4.

Lieu de ſa naiſſance.

Elle croît naturellement dans les Pyrenées, ſur les montagnes d'Autriche. Elle eſt vivace. On en voit auſſi en grande quantité dans les bois, près de la Chartreuſe de Grenoble.

SEPTIÈME ESPÈCE.

La ſeptième eſpèce eſt la Globulaire Orientale. *Globularia Orientalis. Globularia caule ſubnudo, capitulis alternis, ſeſſilibus, foliis lanceolato-ovatis, integris. Linn. Sp. Plant.* 140. *Globularia Orientalis, floribus per caulem ſparſis. Tourn. Cor.* 35.

Deſcription.

La racine eſt vivace. Les feuilles ſont ovales; ſe terminant en pétiole, aiguës, entières, nues, nombreuſes. La tige eſt haute d'un pied, herbacée, très-ſimple. Les feuilles ſont très-petites, lancéolées, alternes, éloignées. Les petites têtes ſont au haut de la tige, depuis ſept juſqu'à dix, alternes, ſeſſiles.

Lieu de ſa naiſſance.

Elle croît naturellement dans la Natolie.

Culture.

Elle eſt un peu délicate, & demande d'être garantie de la gelée pendant l'hiver, en la tenant bien abritée. En été, on la place à l'air avec d'autres plantes exotiques dures, & on l'arroſe ſouvent pendant la ſechereſſe. On la multiplie par graines, ou par ſes racines qu'on partage.

GLORIOSA, *la Glorieuſe.*

NOMS GÉNÉRIQUES.

Ce genre de plante eſt connu ſous les noms de *Mendoni Hort. Mal. Arti. Brom. Niengala. Zeyl. Methonica. Herm. Lilium ſuperbum. Comm. Glorioſa. Linn. Methonica. Tourn.*

Deſcription générique.

Le caractère de ce genre eſt de n'avoir point de calice. Les pétales de la corolle ſont au nombre de ſix, oblongs, lancéolés, ondulés, très-longs, totalement réfléchis. Les filamens des étamines ſont au nombre de six, en forme d'alêne, plus courts que la corolle, droits, ouverts. Les anthères sont couchées. Le germe du pistil est globuleux. Le style est filiforme, plus long que les étamines, incliné. Le stigmate est triple, obtus. Le péricarpe est une capsule ovale, luisante, à trois loges, à trois valves. Les semences sont nombreuses, globuleuses, disposées à double rang.

Observation.

Ce genre a beaucoup de rapport avec l'*Erythronium* ou Dent-de-chien.

CLASSE.

Il fait partie de la sixième classe de Linnæus, qui comprend les plantes hexandriques monogyniques. Cet Auteur en admet deux espèces.

PREMIERE ESPECE.

La première espèce est la Glorieuse superbe. *Gloriosa superba. Linn. Sp. Plant.* 437. *Hort. Cliff.* 121. *Flor. Zeyl.* 122. *Roy. Lugdb.* 29. *Gloriosa foliis cirrhiferis. Mant.* 364. *Methonica Malabarorum. Herm. Lugdb.* 688. *Pluk. Alm.* 249. *Lilium Zeylanicum superbum. Comm. Hort.* 1, *p.* 69. *Rudb. Elys.* 2, *p.* 178. *Mendoni. Rheed. Hort. Malab.* 7.

Description.

La tige de cette espèce est haute d'une brasse, cylindrique, ayant deux rameaux opposés, latéraux. Cette tige, après avoir donné ses rameaux, pousse un péduncule de chaque aisselle des feuilles. Ses feuilles sont alternes, & ternes sous les rameaux. La fleur est penchée, de la figure d'une flamme pardessus des tasses, très-agréable à voir, couleur d'écarlate, jaune à la base, ensuite totalement couleur d'écarlate. Les pétales sont jaunes, lancéolés, longs, ondulés par les côtés, couleur d'écarlate, réfléchis près la base. La racine est rectangulaire, couchée, vénéneuse.

Figure.

Cette espèce est représentée dans l'*Herm. Hort. Lugdb.* pl. 689; dans l'*Almag.* de Plukenet, pl. 116, fig. 3; dans l'*Hort.* de Commelin, pl. 35; dans les Champs Elysées de Rudbeck, tome 2, fig. 7; & dans l'*Hort. Malab.* tome 7, pl. 107, fig. 57.

Lieu de sa naissance.

Cette plante est vivace, & croît naturellement à Malabar, à Ceylan.

SECONDE ESPECE.

La seconde espèce est la Glorieuse simple. *Gloriosa simplex. Gloriosa foliis acuminatis. Linn. Syst. Veg. edit. XIII. Murray.* 269. *Mant.* 62. *Gloriosa foliis ovato-lanceolatis, acutis. Mill. Dict.* 2.

Description.

Les feuilles ne sont pas à vrilles. Les fleurs sont bleues.

Lieu de sa naissance.

Cette espèce croît naturellement au Sénégal.

Culture.

La première espèce fleurit en Juin & Juillet; mais ses semences mûrissent rarement dans notre climat. Ses tiges meurent en automne. Ses racines restent dans l'inaction pendant tout l'hiver, & les nouvelles tiges paroissent en Mars. La seconde espèce ne donne point aussi de semences mûres dans ce pays: c'est ce qui fait qu'on multiplie l'une & l'autre par les racines. Celles de la première s'étendent sur-tout beaucoup, & multiplient très-promptement. Après que les tiges sont mortes, on peut enlever les racines de terre & les conserver dans du sable pendant l'hiver, en les tenant néanmoins dans un endroit chaud où elles ne puissent être endommagées par la gelée. Au printemps on les plante dans des pots garnis de terreau, & on enfonce ces pots dans une couche de tan dans l'étuve. D'autres préfèrent de laisser toujours les racines pendant l'hiver dans des pots, & les pots dans une couche chaude. On ne leur donnera que fort peu d'eau pendant l'hiver; car comme elles sont dans l'inaction, l'humidité fait souvent pourrir les racines. Les tiges paroissent vers la fin de Mars ou au commencement d'Avril. Il faut mettre pour lors des bâtons auprès pour les supporter; autrement elles se traînent sur les plantes voisines, & la première espèce s'y attache par ses vrilles qui sont à l'extrémité des feuilles. En été, lorsque ces plantes croissent, elles demandent d'être arrosées souvent: mais il ne faut pas leur donner une trop grande quantité d'eau; car elles sont sujettes à pourrir. Les racines qu'on n'a pas enlevées des pots pendant l'hiver, doivent être transplantées & séparées au commencement de Mars, avant qu'elles poussent de nouvelles fibres ou tiges; car il ne faut pas faire cette opération lorsqu'elles végètent. On ne plantera ces racines que dans des petits pots; car si elles ne sont ainsi bornées, elles ne donneront que des tiges foibles.

Propriétés d'ornement.

La première espèce est une des plus belles fleurs qu'on connoisse. Elle fait le plus bel effet qu'on puisse desirer dans une serre chaude ou dans une étuve, lorsqu'elle est en fleur; mais elle ne reste fleurie que douze ou quinze jours au plus.

Qualités dangereuses.

Cette plante qui est si belle & si agréable à la vue, est en revanche très-dangereuse. Ses racines, & même toutes ses différentes parties, sont douées d'une qualité vénéneuse: aussi se gardera-t-on bien de les placer dans des endroits fréquentés par les enfans. Les feuilles de la seconde espèce répandent aussi une odeur forte & désagréable. Quand on les touche, qu'on en approche de trop près, ou qu'on reste trop long-temps auprès d'elles, elles causent des maux de tête.

GLUTA, *la Glute.*

Description générique.

Ce genre de plante est monogynique. Son calice est en cloche & tombe. Ses pétales sont au nombre de cinq, inférieurement agglutinés à la colonne du germe. Ses filamens sont insérés au sommet de la colonne. Le germe est appuyé sur la colonne.

CLASSE.

Il fait partie de la vingtième classe de Linnæus, qui

qui comprend les plantes gynandriques pentandriques. Cet Auteur n'en admet qu'une espèce.

ESPECE.

Cette espèce est la Glute de Java. *Gluta Benghas. Linn. Syst. Veg. edit. XIII. Murray.* 683. *Mant.* 293.

Description.

C'est un arbre dont les rameaux sont feuillus au sommet. Les feuilles sont alternes, sessiles, lancéolées plus largement, longues d'un pied, veineuses, nues. Les feuilles dans les rameaux à fleurs sont seulement longues d'un palme, plus obtuses, plus serrées. La panicule est terminale, pédunculée. Les fleurs font de la grandeur de celles du Chou.

Observation.

La fructification de cet arbre est singulière. Le germe est pédiculé. Les étamines sont insérées vers la base du germe ; mais les pétales sont comme agglutinés par le moyen du pédicule entier du germe. Supposez les pétales séparés comme d'ordinaire par le pédicule, & vous aurez les étamines approchées du germe, comme dans les Grenadilles.

Lieu de sa naissance.

Cette espèce croît naturellement à Java.

GLYCINE, *la Bradlée.*

NOMS GÉNÉRIQUES.

Ce genre de plante est connu sous les noms de *Bradlea. Adans. Apios. Corn. Boerrh. Phaseoloïdes. Hort. Angl. Glycine. Linn.*

Description générique.

Le caractère de ce genre est d'avoir le périanthe monophylle, applati, à lymbe deux fois labié. La lèvre supérieure est échancrée, obtuse. La lèvre inférieure est plus longue, fendue en trois, aiguë; dont la dent intermédiaire est plus alongée. La corolle est papilionacée. L'étendart est en forme de cœur, dont les côtés sont réfléchis, le dos bossu, le sommet échancré, droit, repoussé par la carêne. Les aîles sont oblongues, ovales vers le sommet, petites, réfléchies par derrière. La carêne est linéaire, en forme de faulx, réfléchie en dessus, obtuse par le sommet, qui comprime en dessous l'étendart plus large vers le sommet. Les filamens des étamines sont diadelphiques (simples & fendus en neuf), un peu divisés au sommet, repliés. Les anthères sont simples. Le germe du pistil est oblong. Le style est cylindrique, replié en spirale. Le stigmate est obtus.

CLASSE.

Ce genre fait partie de la dixième classe de Tournefort, qui comprend les plantes à fleurs papilionacées; & de la dix-septième de Linnæus, destinée aux plantes diadelphiques décandriques. Cet Auteur en admet onze espèces.

PREMIERE ESPECE.

La première espèce est la Bradlée souterreine. *Glycine subterranea. Glycine foliis ternatis, radicalibus ; caulibus procumbentibus, flexuosis ; pedunculis bifloris. Linn. Sp. Plant.* 1023. *Decad.* 37. *Arachis Affricana. Burm. Ind.* 32. *Phaseoloïdes Mariana, procumbens, angustiori folio, triphyllos, flore gemello. Raj. Suppl.* 437. *Phaseolus Canadensis, minimus, siliquam terrâ condens. Hort. Paris.* 140. *Arachidna Phaseoloïdes Americana. Herm. Prodr.* 314. *Mandubi de Angola. Marcg. Bras.* 43. *Raj. Hist.* 919. *Manobi. Læt. Americ. c.* 13.

Description.

Les feuilles sont ternées, radicales, ayant leurs folioles oblongues, nues, un peu obtuses. Le pétiole est droit, long d'un palme, à trois côtés. Les tiges sont hautes d'un palme, nombreuses, attachées fortement à la terre, flexibles, rarement feuillées. Les péduncules sont axillaires, très-courts, penchés, à deux fleurs : celles-ci sont sessiles. Les bractées sont au nombre de deux, ovales, appuyées sur le calice. Le calice est fendu en quatre ; la partie supérieure est échancrée. La corolle est jaune. L'étendart est ovale, échancré, strié. Les aîles sont de la longueur de l'étendart, oblongues, obtuses. La carêne est conforme. Les étamines sont diadelphiques. Le germe est oblong. Le style est hérissé du côté supérieur. Le stigmate est obtus. Le péduncule, lorsqu'il est défleuri, pénètre en terre. Le légume est en forme de Lentille, un peu pointu de chaque côté.

Figure.

Cette espèce est représentée dans les Décades de Linnæus fils, pl. 17.

Lieu de sa naissance.

Elle croît naturellement dans le Brésil, à Surinam.

SECONDE ESPECE.

La seconde espèce est la Bradlée monoïque. *Glycine monoica. Glycine foliis ternatis, nudiusculis ; caule piloso, racemis pendulis, floribus fructiferis, apetalis. Linn. Sp. Plant.* 1023. *Fil. Dec.* 2. *Phaseolus Americanus, suprà & infrà terram fructus gerens. Boerrh. Lugdb.* 2, *p.* 28. *Glycine bracteata. Sp. Plant.* 1, *p.* 75. *Glycine foliis ternatis, pedicellis bracteatis. Gron. Virg.* 107.

Description.

Sa tige est grise, poileuse en dehors. Ses stipules sont ovales, droites. Les grappes sont penchées, à plusieurs fleurs. Les fleurs ont la figure de la *Vicia Cracca.* L'étendart est d'un pâle violet. Les aîles & la carêne sont blanches. Les fleurs ont des étamines & un pistil. Les mâles sont sans fruit. Les péduncules inférieurs sont plus longs, pendans, à une fleur. Cette fleur n'a que le rudiment du calice & du pistil : mais étant mutilée, elle est sans pétales ; de sorte que les loix de la fructification sont les mêmes que dans la violette admirable.

Figure.

Cette espèce est représentée dans les Décades de Linnæus fils, & dans la seconde partie de cet Ouvrage.

Lieu de sa naissance.

Elle croît naturellement dans les endroits humides & marécageux de l'Amérique Septentrionale.

TROISIEME ESPECE.

La troisième espèce est la Bradlée à trois lobes. *Glycine triloba. Glycine foliis ternatis, foliolis lobatis, caule prostrato, pedunculis bifloris. Linn. Syst. Veg. edit. XIII. Murray.* 549. *Mant.* 516. *Burm. Ind.* 162. *Phaseolus Aconitifolius, volubilis ; pedunculis subracemosis, foliis profundè-lobatis. Jacq. Obs.* 3, *p.* 2. *Dolichos trilobatus. Mant.* 101.

Description.

Toute la plante est couchée, sans être grimpante. Les feuilles sont ternées, ayant leurs folioles en lobes. Les péduncules sont à deux fleurs, jaunes, petits. Les légumes sont cylindriques.

Figure.

Cette espèce est représentée dans le *Flora Indica* de Burmann, pl. 50, fig. 1 ; dans les Observations de Jacquin, part. 3, pl. 52 ; & dans Plukenet, pl. 7.

Lieu de sa naissance.

Elle croît naturellement dans l'Inde.

QUATRIEME ESPECE.

La quatrième espèce est la Bradlée de Java. *Glycine Javanica. Glycine foliis ternatis, caule villoso, petiolis hirsutis, bracteis lanceolatis, minutis. Linn. Sp. Plant.* 1024.

Description.

La tige de cette espèce s'entortille comme celle de la Fève ; elle est parsemée de poils jaunes, réfléchis en dehors. Les feuilles sont comme celles du Phaseole. Les pédicules sont jaunes, à poils épais. Les stipules sont ovales, oblongues vers les pétioles, mais lancéolées vers les péduncules. Les péduncules sont de la longueur des feuilles, terminés par un épi ovale, oblong, épais. Les fleurs penchent, sont violettes, ayant dans les interstices des bractées très-menues.

Lieu de sa naissance.

Elle croît naturellement à Java.

CINQUIEME ESPECE.

La cinquième espèce est la Bradlée chevelue. *Glycine comosa. Glycine foliis ternatis, hirsutis ; racemis lateralibus. Linn. Sp. Plant.* 1024. *Gron. Virg.* 107. *Glycine foliis ternatis. Gron. Virg.* 1, *p.* 85. *Phaseolus Marianus, scandens, floribus comosis. Pet. Mus.* 453.

Description.

Cette plante est grimpante. Les feuilles sont ternées, hérissées. Les grappes sont latérales. Les fleurs sont bleues. Les semences sont à taches purpurines.

Lieu de sa naissance.

Elle croît naturellement dans la Virginie.

Culture.

La tige est annuelle, & meurt en automne. La fleur paroît au commencement de Juin, & ses semences mûrissent en Août. Cette plante est assez dure pour vivre en plein air dans notre climat. On la multiplie par graines, ou par ses racines qu'on partage. La première méthode est la meilleure. Quand on peut se procurer de bonnes graines, on les sème au printemps sur une couche garnie de terreau. Lorsque le temps est sec, on arrose souvent cette couche, autrement ces graines seroient long-temps en terre avant de végéter. Quand les jeunes plantes paroissent, on a la précaution de nettoyer les mauvaises herbes pendant l'été & en automne. Lorsque les tiges meurent, on étend un peu de tan sur la surface de la terre, pour garantir les racines de la gelée. Au printemps suivant on les transplante à demeure dans un endroit abrité, sans cependant être trop exposé au soleil, & dans une terre légère.

Si on multiplie cette plante par racines, il faut le faire au printemps, avant qu'elles commencent à pousser. Cette saison est la meilleure pour transplanter les plantes : mais il ne faut partager les racines que tous les trois ans ; car si on les transplante souvent, elles ne fleurissent point si bien.

SIXIEME ESPECE.

La sixième espèce est la Bradlée cotonneuse. *Glycine tomentosa. Glycine foliis ternatis, tomentosis ; racemis axillaribus, brevissimis ; leguminibus dispermis. Linn. Sp. Plant.* 1024. *Gron. Virg.* 106. *Ononis caule volubili. Gron. Virg.* 1, *p.* 81. *Ononis Phaseoloïdes scandens, floribus flavis, sessilibus. Dill. Hort. Elth.* 30.

Description.

Cette espèce est tantôt droite, tantôt elle s'entortille. Sa fleur est plus grande, jaune, rassemblée sans pédicules au haut de la tige vers les nœuds. Les feuilles sont larges, ridées. Les siliques sont hérissées, larges, roussâtres, applaties, renfermant deux ou trois semences noires, brillantes.

Figure.

Cette espèce est représentée dans le *Dill. Hort. Elth.* pl. 26.

Lieu de sa naissance.

Elle croît naturellement dans la Virginie.

Variété.

Murray donne pour variété de cette espèce le *Dolichos pubescens. Dolichos volubilis, caule pubescente, leguminibus ternis, subsessilibus, compressis, pilosis, nutantibus. Linn. Sp. Plant.* 1021.

Description.

Elle a le port du Phaseole commun ; mais toute la plante est plus molle, poileuse. Les folioles sont un peu nues en-dessus. L'intermédiaire est rhomboïde. Les latérales sont bossues en dehors, lancéolées en dedans. Les fleurs sont axillaires, ternes, sessiles, d'un blanc jaunâtre, avec une tache brunâtre dans l'étendart. Les légumes sont oblongs, poileux, un peu recourbés.

Lieu de sa naissance.

Cette variété croît dans l'Amérique.

Culture.

La racine de l'espèce principale est vivace. Sa tige est grimpante. La plante fleurit en Juin. Ses semences mûrissent en automne. Elle est trop délicate pour vivre en plein air dans notre climat.

SEPTIÈME ESPÈCE.

La septième espèce est la Bradlée bitumineuse. *Glycine bituminosa. Glycine foliis ternatis, floribus racemosis, leguminibus tumidis, villosis. Linn. Sp. Plant.* 1024. *Phaseolus Affricanus, hirsutus, bituminosus; siliquis bullatis, flore flavo. Herm. Lugd.* 492.

Description.

La tige s'entortille, est à angles obtus, poileuse. Les folioles sont ovales, glabres, poileuses en dessous. Les stipules sont ovales, pointues, nerveuses. Les grappes sont axillaires, plus longues que la feuille, poileuses. Les corolles sont jaunes, striées en dehors & au sommet. Les carênes sont violettes, un peu obtuses, comme celles de l'Hedysarum. Les étamines sont diadelphiques, non pas comme celles de l'Anonis. Les légumes sont hérissés, à bulles, comme ceux du Crotalaria.

Figure.

Cette espèce est représentée dans l'*Herm. Hort. Lugdb.* pl. 493.

Lieu de sa naissance.

Elle croît naturellement au Cap de Bonne Espérance.

Observation.

Elle a une odeur de bitume.

HUITIÈME ESPÈCE.

La huitième espèce est la Bradlée nummulaire. *Glycine nummularia. Glycine foliis ternatis, obtusissimis; racemis floribus geminis, leguminibus sessilibus, suborbiculatis, compressis. Linn. Syst. Veg. edit. XIII. Murray.* 559. *Mant.* 571.

Description.

La tige de cette espèce est herbacée, s'entortillant, anguleuse, poileuse. Les écailles sont alternes, éloignées, ternées, poileuses. Les folioles sont en forme de coing, orbiculées, égales, plus obtuses, plus larges que longues, poileuses. Les latérales sont sessiles.

Lieu de sa naissance.

Elle croît naturellement dans l'Inde Orientale.

NEUVIÈME ESPECE.

La neuvième espèce est la Bradlée Apios. *Glycine Apios. Glycine foliis impari-pinnatis, ovato-lanceolatis. Linn. Sp. Plant. Hort. Ups.* 227. *Glycine radice tuberosâ. Hort. Cliff.* 365. *Gron. Virg.* 107. *Roy. Lugdb.* 391. *Apios Americana. Corn. Canad.* 200. *Stiff. Bot.* 29. *Astragalus perennis, spicatus, Americanus, scandens caulibus, radice tuberosâ. Moris. Hist.* 2, *p.* 102, *sect.* 2.

Description.

Cette espèce est vivace, en épi, en tige grimpante. Sa racine est tubéreuse. Ses feuilles sont aîlées, impaires, ovales, lancéolées. Le genre de cette plante est incertain: elle approche beaucoup plus des astragales; mais sa corolle en est très-différente, sur-tout sa carène qui est linéaire, en forme de faulx. Ses fleurs sont d'un noir pourpre.

Figure.

Elle est représentée dans l'Histoire du Canada par Cornute, pl. 201; dans le *Bot.* de *Stiff.* pl. 29; & dans l'Histoire des Plantes par Morison, tome 2, sect. 2, pl. 9, fig. 1.

Lieu de sa naissance.

Elle croît naturellement dans la Virginie.

Culture.

Elle fleurit en Août; mais elle ne donne point de semences dans notre climat. Ses tiges meurent en automne. On la multiplie par racines ou tubérosités qu'on sépare de la principale. On fait cette opération sur la fin de Mars ou au commencement d'Avril, avant que le plante ait poussé. On plante ces racines à une exposition chaude; & pendant les fortes gelées, on les couvre avec du tan ou du fumier, pour les garantir de la gelée, car elles en sont susceptibles. Celles qui sont plantées auprès d'un mur à l'exposition du midi, profitent très-bien & fleurissent dans ces climats; tandis que celles qu'on a plantées ailleurs, même dans des pots, ne fleurissent presque jamais.

DIXIEME ESPÈCE.

La dixième espèce est la Bradlée en arbrisseau; l'Arbre de Haricot. *Glycine frutescens. Glycine foliis impari-pinnatis, caule perenni. Linn. Sp. Plant.* 1025. *Hort. Cliff.* 361. *Roy. Lugdb.* 391. *Phaseoloïdes frutescens, Caroliniana; foliis pinnatis, floribus cæruleis, conglomeratis. Hort. Angl.* 55.

Description.

Cette espèce est en arbrisseau. Sa tige est vivace. Ses feuilles sont aîlées avec une impaire. Ses fleurs sont bleues, conglomérées; elle approche beaucoup de la précédente.

Figure.

Elle est représentée dans le Jardin d'Angleterre, pl. 15.

Lieu de sa naissance.

Elle croît naturellement dans la Virginie, la Caroline & plusieurs autres contrées de l'Amérique Septentrionale. Elle fleurit dans nos climats, mais elle n'y a jamais produit de semences mûres.

Culture.

Cet arbrisseau grimpant se cultive dans plusieurs pépinières auprès de Londres. On l'y multiplie en marcottant ses jeunes branches en Octobre; il ne leur faut qu'une année pour les bien enraciner. On les sépare pour lors du principal pied, & on les place ou dans une pépinière pendant une autre année, ou à demeure. Il leur faut une bonne exposition bien abritée & une terre légère. Ces arbrisseaux supportent très-bien le froid de nos hivers, pourvu qu'on en couvre les racines avec de la paille, de la fougère, &c.

ONZIEME ESPECE.

L'onzième espèce est la Bradlée monophylle. *Glycine monophylla. Glycine foliis simplicibus, cordatis, caule pubescente, triquetro. Linn. Syst. Veg.*

edit. XIII. Murray. 549. Mant. 108. *Crotaria Azarina. Berg. Cap. 194. Lens Elatines folio singulari, minor, pilosa, floribus luteis. Pluk. Amalth.* 131.

Description.

Les tiges de cette espèce sont hautes de deux pieds, à trois côtes, rameuses, de la grosseur du fil, couchées & poileuses. Les stipules sont au nombre de deux. Ses feuilles sont en forme de cœur, très-entières, simples, poileuses de chaque côté, trois fois plus longues que les pétioles, à sommet, à pointes sans épines. Les péduncules sont axillaires, solitaires, à une fleur, capillaires, plus longs que les pétioles. L'enveloppe est un peu tendre, fendue en trois. Les corolles sont violettes. Le germe est oblong, velu. La carêne de la corolle est obtuse, semblable à celle de l'Hedysarum.

Lieu de sa naissance.

Elle croît au Cap de Bonne-Espérance.

Propriétés d'ornement.

La plupart de ces plantes peuvent servir d'ornement dans les jardins, à cause de la beauté de leurs fleurs.

GLYCYRRHIZA, la Réglisse.

NOMS GÉNÉRIQUES.

Ce genre de plante est connu sous les noms de *Glycyrrhiza, Glucurriza, Gluceraton, Glucufaton, Adipson, Lubiestaton, Omoionomios, Pentaomios, Scelitra.* En François, *la Réglisse.*

Description générique.

Le caractère de ce genre est d'avoir le périanthe du calice monophylle, tubulé, à deux lèvres, persistent. La lèvre supérieure est partagée en trois lobes, dont les latéraux sont linéaires; celui du milieu est plus large, fendu en deux. La lèvre inférieure est très-simple, linéaire. La corolle est papilionacée. L'étendart est ovale, lancéolé, droit, plus long. Les aîles sont oblongues, très-semblables à la carêne, mais un peu plus grandes. La carêne ou nacelle est à deux pétales, aiguë, ayant l'onglet de la longueur du calice. Les filamens des étamines sont diadelphiques (simples & fendus en neuf), droits. Les anthères sont simples, rondes. Le germe du pistil est plus court que le calice. Le style est en forme d'alêne, de la longueur des étamines. Le stigmate est obtus, montant. Le péricarpe est un légume ovale ou oblong, applati, aigu, à une loge. Les semences sont en petit nombre, en forme de reins.

CLASSE.

Ce genre fait partie de la dixième classe de Tournefort, qui comprend les plantes à fleurs papilionacées; & de la dix-septième de Linnæus destinée aux plantes diadelphiques décandriques. Cet Auteur en admet trois espèces.

PREMIERE ESPECE.

La première espèce est la Réglisse de Dioscoride. *Glycyrrhiza echinata. Glycyrrhiza leguminibus echinatis, foliis stipulatis. Linn. Sp. Plant.* 1046. *Roy. Lugdb.* 386. *Hort. Upf.* 230. *Glycyrrhiza capite echinato. Bauh. Pin.* 352. *Dulcis radix. Cam. Epit. Liquirizia di Dioscoride. Ital.*

Description.

La racine de cette espèce est semblable à celle de la suivante; son port lui ressemble aussi. Elle a des stipules & des feuilles florales en forme d'alêne. Ses feuilles sont aîlées; elles ont toutes leurs folioles, sur-tout les impaires, sessiles. Les légumes sont velus, en forme d'hérisson.

Figure.

Cette espèce est représentée dans notre Traité Historique des Plantes de la Lorraine.

Lieu de sa naissance.

Elle croît naturellement dans la Tartarie, l'Italie. Elle est vivace.

SECONDE ESPECE.

La seconde espèce est la Réglisse ordinaire. *Glycyrrhiza glabra. Glycyrrhiza leguminibus glabris, stipulis nullis. Linn. Sp. Plant. Hort. Cliff.* 490. *Mat. Med.* 362. *Roy. Lugdb.* 386. *Sauv. Monsp.* 232. *Glycyrrhiza siliquosa & germanica. Bauh. Pin.* 352. *Glycyrrhiza vulgaris. Dod. Pempt.* 341. En Allemand, *Lackritzen, Suss-holz.* En Anglois, *Liquorish.* En Italien, *Liquirizia, Regolizia, Logorizia.*

Description.

La racine de cette espèce est rameuse, rampante, traçante, jaune en dedans, roussâtre en dehors. Les tiges sont hautes de trois pieds & plus, branchues, ligneuses. Les feuilles sont alternes, aîlées, terminées par une foliole impaire & pétiolée. Les folioles sont ovales & pointues. Les fleurs sont axillaires, pétiolées, rassemblées, papilionacées, à quatre pétales. L'étendart ou pavillon est ovale, lancéolé, alongé. Les aîles sont oblongues, semblables à la carêne, & plus grandes. La carêne est composée de deux pétales. Le calice est tubulé, à deux lèvres. La lèvre supérieure est fendue en trois; l'inférieure est simple, linéaire. Le fruit est un légume ovale, applati, terminé en pointe, glabre, uniloculaire, contenant ordinairement une seule semence réniforme.

Figure.

Cette espèce est représentée dans la seconde partie de cet Ouvrage.

Lieu de sa naissance.

Elle croît naturellement dans l'Italie, l'Espagne, le Languedoc. On la cultive dans les jardins.

Culture.

Elle fleurit en Juin & Juillet. Sa graine est mûre en Septembre. La fin de l'automne est le meilleur temps pour lever ses racines. Elle réussit bien à l'ombre dans un sable gras & noir; au moyen de quoi, elle devient aussi grosse en France que partout ailleurs. Si l'on veut en mettre dans un pot, il est essentiel que ce soit dans un endroit où elle ne puisse nuire; car elle trace beaucoup, & est bien plus difficile à détruire que le Chiendent. On peut

la

la mettre dans un tonneau avec de la terre ou du sable noir & gras. On la multiplie de plant enraciné, que l'on couche à quatre bons doigts de profondeur en terre sans labourer. On a soin seulement de biner & de sarcler de temps en temps, afin qu'elle profite mieux. L'humidité abondante lui est très-préjudiciable.

Comme la récolte des racines n'est bonne que la troisième année, on peut dans la première semer pardessus le plant de Réglisse, mais clair, de l'Oignon, des Carottes, des Raiforts, des Laitues, que l'on aura soin de recueillir de bonne heure. En automne, on y mettra des Epinards, pour les couper au printemps. Aux approches de la gelée on coupe toute la fane de la Réglisse. On peut recueillir deux cents quintaux de racine de Réglisse dans un arpent & demi de terrein contenant quatre-vingt-seize mille plantes, dont il y aura vingt dans une verge quarrée. Déduction faite des frais de labour, engrais, plantation, sarclage de chaque année, récolte, &c., les dépouilles de la superficie & la récolte des racines se trouvent à la fin de la troisième année rendre le produit du terrein à peu-près égal au double de la mise. Pour en avoir les racines, on fait un grand trou autour & au-dessous de la plante, & on la coupe proprement sans la tordre, ce qui la feroit noircir. Cette plante est vivace. Ses racines reprennent très-aisément.

Propriétés médicinales.

On ne fait presque point de tisane sans racine de Réglisse, tant pour corriger par sa douceur la saveur désagréable des autres ingrédiens, que pour lui communiquer la vertu qui lui est propre pour appaiser la toux. Sa dose est d'une demi-once dans une pinte d'eau. On doit observer de ne la faire bouillir qu'un bouillon, de peur qu'elle ne rende la liqueur trop épaisse & trop gluante. Sa racine lorsqu'elle est sèche, est plus agréable que lorsqu'elle est verte & nouvelle : on ne doit alors l'infuser qu'à froid dans les tisanes ou même dans de l'eau simple. Cette même racine convient aussi dans les maladies des reins & de la vessie, dans la pleurésie & le crachement de sang. Simon Pauli vante beaucoup la poudre de cette racine, donnée soit avec de la moëlle de Casse, soit avec de la Térébenthine cuite.

Tragus avoit raison de préférer la Réglisse au sucre, quand on lui demandoit duquel on pourroit plutôt se passer en exerçant la Médecine; car l'on ne guérit aucune maladie avec le sucre, & l'on en guérit, ou du moins on en soulage une infinité avec la Réglisse, puisqu'il n'y a aucune maladie dans laquelle on ne la prescrive.

On prépare dans les boutiques trois différents sucs tirés des racines de cette plante : le blanc, le noir, & celui de Blois. Le blanc, que quelques-uns nomment Confection *Rebecha*, se fait ainsi : Prenez *Réglisse*, Iris de Florence en poudre, de chacun 6 gros; Amidon, 2 onces; sucre blanc pulvérisé, une once : mêlez avec suffisante quantité de mucilage de gomme adragant dissoute dans l'eau de fleur d'orange : faites une pâte solide dont on formera des tablettes ou des bâtons que l'on séchera à l'ombre.

Pour le noir, on le prépare de la façon suivante : Prenez extrait de *Réglisse*, sucre pulvérisé, de chacun deux livres; gomme arabique dissoute, une livre; mucilage de gomme adragant extrait dans l'eau de fleurs d'orange, une once & demie : mêlez, pour faire des tablettes, ou des rotules, ou de petits bâtons que vous sécherez à l'ombre.

La troisième espèce de suc se fait ainsi : Prenez de la gomme arabique concassée, six onces; du sucre, trois livres; de la *Réglisse* sèche, ratissée & pilée, deux livres : faites infuser la Réglisse pendant vingt-quatre heures dans trente livres d'eau de fontaine; partagez la colature en trois parties; faites dissoudre dans deux parties la gomme arabique à un feu lent; passez-la au travers d'un tamis; faites-la pour lors bouillir avec l'autre troisième partie jusqu'à consistance d'emplâtre, ajoutant le sucre sur la fin, & remuant continuellement pour donner de la blancheur.

On nous apporte d'Espagne une autre préparation de cette plante, connue sous le nom de *Jus de Réglisse*, qui en est uniquement l'extrait.

On fait avec le vin d'Espagne, la Cochenille & le Jus de Réglisse, une excellente teinture connue sous le nom de *Teinture de Fuller*, qu'on prescrit communément en Alsace & en Lorraine dans les rhumes.

TROISIEME ESPECE.

La troisième espèce est la Réglisse hérissée. *Glycyrrhiza hirsuta. Glycyrrhiza leguminibus hirsutis, foliolo impari-petiolato. Linn. Sp. Plant. 1046. Roy. Lugdb. 386. Glycyrrhiza Orientalis, siliquis hirsutissimis. Tourn. Corol. 26.*

Description.

Cette espèce a une foliole impaire, pétiolée. Ses siliques sont très-hérissées.

Lieu de sa naissance.

Elle croît naturellement au Levant.

GMELINA, *la Gmelin.*

NOMS GÉNÉRIQUES.

Ce genre de plante est connu sous les noms de *Gmelina. Linn. Lycium. Pluk. Michelia. Amm.*

Description générique.

Le caractère de ce genre est d'avoir le périanthe du calice monophylle, très-petit, globuleux, à quatre dents, persistent. La corolle est monopétale, ridée, ouverte, à lymbe fendu en quatre lobes, dont le supérieur est plus ample, en forme de voûte; l'inférieur & les latéraux sont obtus, plus petits, s'ouvrans, ronds. Les filamens des étamines sont au nombre de quatre, dont deux sont plus gros, & les autres courbés, se couchans. Les anthères les plus grosses sont partagées en deux. Les plus petites sont simples. Le germe du pistil est rond. Le style est de la longueur des étamines les plus petites. Le stigmate est simple. Le péricarpe est un fruit à noyau, globuleux; à une loge. La semence est une noix ovale, lisse, à deux loges.

CLASSE.

Ce genre fait partie de la quatorzième classe de Linnæus, qui comprend les plantes didynamiques angiospermiques. Cet Auteur n'en admet qu'une espèce.

ESPECE.

Cette espèce est la Gmelin d'Asie. *Gmelina Asiatica. Linn. Sp. Plant. 873. Flor. Zeyl. 230. Michelia spinosa, floribus luteis. Amm. Act. Petrop.* 8, *p.* 218. *Lycium Maderaspatanum, Indici Alpino putati æmulum; foliis minoribus & majoribus, bijugis. & grandioribus aculeis, horridum. Pluk. Alm.* 234. *Jambusa sylvestris, parvifolia. Rumph. Amb.* 1, *p.* 120. A Amboine, *Aycon.* A Malaca, *Caju mera.*

Description.

Cet arbre est à rameaux cylindriques, serrés. Ses feuilles sont opposées, pétiolées, ovales, cotonneuses en dessous, ayant souvent de chaque côté un lobe latéral, plus aigu, court. Les épines sont axillaires, opposées, horisontales, poileuses au sommet, de la longueur des pétioles. Les fleurs sont pédunculées, & sortent du sommet des petits rameaux tendres.

Figure.

Il est représenté dans les Mémoires de Pétersbourg, tome 8, pl. 18; dans l'*Almag.* de Pluk., pl. 305, fig. 3, & pl. 97, fig. 2; dans l'*Herbarium Amboinense*, tome 1, pl. 40; & dans la seconde partie de cet Ouvrage.

Lieu de sa naissance.

Il croît naturellement dans l'Inde.

Propriétés médicinales.

Les feuilles récentes de cette plante, broyées avec de l'eau, forment un excellent gargarisme pour nettoyer la bouche & fortifier les gencives.

Propriétés économiques.

Le bois de cet arbre est très bon pour les bâtimens.

GNAPHALIUM, *l'Immortelle.*

NOMS GÉNÉRIQUES.

Ce genre de plante est connu sous les noms de *Gnaphalium. Linn. Elychrysum. Tourn.* 259. *Dill. Hort. Elth.* 107. *Helychrysum. Vaill.* A. G. 17. 19. 21. 37. 38.

Description générique.

Son caractère est d'avoir le calice commun, rond, imbriqué, à écailles ovales, conniventes, supérieurement plus lâches; & pour corolle composée, de petites corolles hermaphrodites, tubuleuses, quelquefois mêlées avec de petites corolles femelles, sans pétales. La corolle propre dans les hermaphrodites est en forme d'entonnoir, à lymbe fendu en cinq, réfléchi : dans les femelles, s'il s'en trouve, il n'y a point de corolle. Les étamines dans les hermaphrodites sont formées par cinq filamens capillaires, très courts, & par une anthère cylindrique, tubuleuse; & le pistil, par un germe ovale, un style de la longueur de l'hermaphrodite. Le stigmate est fendu. Dans les fleurs femelles, le germe est pareillement ovale. Le style est filiformé, de la longueur de l'hermaphrodite. Le stigmate est fendu en deux, réfléchi. Il n'y a point de péricarpe : c'est le calice persistent, luisant. Les semences dans les hermaphrodites & les femelles, sont solitaires, oblongues, petites, couronnées par une aigrette. Le réceptacle est nud.

CLASSE.

Ce genre fait partie de la douzième classe de Tournefort, qui comprend les plantes à fleurs flosculeuses; & de la dix-neuvième de Linnæus, destinée aux plantes syngénésiques polygamiques superflues. Cet Auteur en admet quarante-sept espèces, dont les neuf premières espèces sont en arbrisseaux argyrocomiques.

PREMIERE ESPECE.

La première espèce est l'Immortelle charmante. *Gnaphalium eximium. Gnaphalium fruticosum, foliis sessilibus, ovatis, confertis, erectis, tomentosis; corymbo sessili. Linn. Syst. Veg. edit. XIII.* 620. *Mant.* 573. *Elychrysum Affricanum, foliis sessilibus, lanceolatis; capitulis congestis, ex rubello aureis. Edw. Av.* 183.

Description.

La tige de cette espèce est en arbrisseau, de la grosseur du doigt, cotonneuse. Les feuilles sont serrées, sessiles, ovales, un peu aiguës, cotonneuses, blanches de chaque côté. Le bouquet est terminal, sans péduncule commun. Les péduncules particuliers sont monophylles, le plus souvent à une fleur. Ses fleurs sont globuleuses, à calices de la longueur de la dernière articulation du doigt, imbriqués d'écailles rondes, raboteuses, concaves, obtuses, glabres, pourpres.

Figure.

Cette espèce est représentée dans les Oiseaux d'Edward, pl. 183.

Lieu de sa naissance.

Elle croît naturellement au Cap de Bonne-Espérance.

Observation.

Edward décrit ainsi cette plante. Ses fleurs ont la forme d'un Artichaut : leurs parties supérieures sont rouges ou couleur de rose : leurs inférieures sont aurores. Les feuilles de la plante sont d'un blanc sale, sans pédicules. Une substance cotonnée les couvre de même que la tige.

Propriétés d'ornement.

Cette plante mériteroit d'être plus connue qu'elle ne l'est, à cause de la beauté de ses fleurs.

SECONDE ESPECE.

La seconde espèce est l'Immortelle en arbre. *Gnaphalium arboreum. Gnaphalium fruticosum, foliis sessilibus, linearibus, suprà glabris, margine revolutis, floribus subcapitatis, pedunculis elongatis. Linn. Sp. Plant.* 1191. *Amœn. Acad.* 6. *Affric.* 13.

Description.

Cet arbrisseau est de la hauteur d'un homme, déterminément rameux. Ses feuilles sont semblables à celles du Romarin, serrées, sessiles, linéaires, aiguës, nues, repliées par le bord, cotonneuses en dessous comme les rameaux, à feuilles plus petites, alternes, éloignées. Le bouquet est tellement serré, qu'il paroît comme en tête. Les calices sont blancs, cendrés, velus. Le réceptacle est laineux.

Lieu de sa naissance.

Il croît naturellement au Cap de Bonne-Espérance.

TROISIÈME ESPECE.

La troisième espèce est l'Immortelle à grandes fleurs. *Gnaphalium grandiflorum. Gnaphalium fruticosum, foliis amplexicaulibus, ovatis, trinerviis, utrinque lanuginosis. Linn. Sp. Plant.* 1191. *Gnaphalium tomentosum, foliis inferioribus subrotundis; superioribus acuminatis. Burm. Affric.* 213. *Elycrysum Affricanum, lanuginosum, latifolium; calyce floris argenteo & amplissimo. Old. Affr.* 27.

Description.

Cette plante est particulière; elle est blanchâtre, & couverte de chaque côté d'un duvet blanc très-mol; elle a des rameaux longs de deux pieds, sans division, garnis inférieurement de feuilles très-fréquentes, qui embrassent les tiges par leur base large. Ces feuilles sont larges, planes, rondes, à cinq nervures, épaisses, très-molles, blanchâtres. Plus elles approchent du haut de la tige, plus elles sont étroites, oblongues & pointues. La tige est terminée par plusieurs fleurs rassemblées en forme d'ombelle, en forme de chevelure épaisse; chacune est appuyée sur des pétioles courbés, épais & fermes. Leur calice est très-large, écailleux, imbriqué, argenté, luisant. Les semences sont très-petites, oblongues, noires, ornées d'une aigrette ciliaire, molle, blanchâtre.

Figure.

Elle est représentée dans les Plantes d'Afrique par Burmann, pl. 76, fig. 1.

Lieu de sa naissance.

Elle croît naturellement au Cap de Bonne-Espérance.

QUATRIEME ESPECE.

La quatrième espèce est l'Immortelle en arbrisseau. *Gnaphalium fruticans. Gnaphalium fruticosum, foliis ovatis, amplexicaulibus; caule rigente, cimâ sessili. Linn. Mant.* 282.

Description.

Sa tige est en arbrisseau, de la grosseur du doigt, roide, déterminément rameuse, velue. Ses feuilles sont amplexicaules, serrées, ovales, à trois nervures, obtuses, pointues, de la grandeur de la dernière articulation du pouce, cotonneuses en dessous, velues en dessus; à la fin elles se dégarnissent de poils. Les fleurs sont terminales, rassemblées en petite tête sessile. Le calice est jaune en dehors, intérieurement blanc.

Observation.

Cette espèce diffère de l'espèce à grandes fleurs, par ses fleurs qui sont plus grandes, par ses feuilles qui ne s'étrécissent pas vers le sommet, par l'amas des fleurs qui ne sont pas pédunculées à péduncule commun, & par sa tige ligneuse, roide.

Lieu de sa naissance.

Elle croît naturellement au Cap de Bonne-Espérance.

CINQUIEME ESPECE.

La cinquième espèce est l'Immortelle couronnée. *Gnaphalium coronatum. Gnaphalium fruticosum, foliis sessilibus, lanceolatis; corymbis compositis, sessilibus; pedunculis aphyllis, calycibus coronatis. Linn. Sp. Plant.* 1191. *Gnaphalium foliis oblongis, acutis, crassis & incanis; floribus albis, umbellatis. Burm. Affric.* 188.

Description.

Les tiges sont ligneuses, à rameaux velus. Les feuilles sont lancéolées, très-cotonneuses. Les petits rameaux sortent des aisselles supérieures des feuilles. Le bouquet est terminal, sans péduncule commun. Les pédicules partiaux sont plus longs que la feuille qui est au-dessous: les latéraux sont plus longs que celui du milieu; ils supportent par leur sommet en tête plusieurs calices sessiles, hérissés, dilatés par le bord en un rayon rond, glabre, couleur de neige.

Figure.

Cette espèce est représentée dans les Plantes d'Afrique par Burmann, pl. 69, fig. 3.

Lieu de sa naissance.

Elle croît naturellement au Cap de Bonne-Espérance.

SIXIEME ESPECE.

La sixième espèce est l'Immortelle à deux couleurs. *Gnaphalium discolorum. Gnaphalium fruticosum, foliis sessilibus, lanceolatis; calycibus albis, squamis inferioribus, incarnatis. Linn. Sp. Plant.* 1191. *Gnaphalium pyramidale. Berg. Cap.* 465. *Gnaphalium frutescens, tomentosum; folio oblongo, floribus cymosis. Burm. Affric.* 224.

Description.

Les tiges de cette espèce sont en arbrisseau. Les feuilles sont lancéolées, cotonneuses, laineuses en dessous. Les péduncules sont communs, alongés. Les calices sont rassemblés. Les écailles inférieures sont au nombre de six, plus courtes, incarnates: les intérieures sont au nombre de douze, blanches, obtuses. Les fleurons sont au nombre de cinq.

Figure.

Cette espèce est représentée dans les Plantes d'Afrique par Burmann, pl. 79, fig. 4.

Lieu de sa naissance.

Elle croît naturellement au Cap de Bonne-Espérance.

SEPTIEME ESPECE.

La septième espèce est l'Immortelle en forme de Chausse-trape. *Gnaphalium muricatum. Gnaphalium fruticosum, foliis subulatis, umbellâ compositâ, calycibus subtrifloris, cylindricis. Linn. Sp. Plant.* 1192. *Gnaphalium caule fruticoso, foliis lanceolatis, contortis, fasciculatis; calycibus cylindricis, longis. Hort. Cliff.* 403. *Gnaphalium fruticosum, foliis lanceolatis, congestis; florum calyce tubuloso. Burm. Affr.* 221. *Argyrocome Capitis Bonæ Spei, Thymi foliis. Pet. Gaz. Xeranthemum Stœchadis citrinæ, foliis rigidis, pungentibus; flore albo, durinsculo. Pluk. Mant.* 190. *Gnaphaloïdes Æthiopicum, frutescens; Stœchadis citrinæ foliis spinosis. Pluk. Alm.* 92. *Raj. Suppl.* 193. *Eupatorioïdes Capitis Bonæ Spei, Saturejæ foliis rigidis. Pet. Cent.* 208. *Raj. Suppl.* 239. *Lychnis coronaria, Monomotapensis, globulifera; foliis ex albidis Genistæ aculeatæ. Pluk. Amalth.* 134.

Description.

La tige est filiforme, en arbrisseau. Les rameaux sont fasciculés vers les articulations, filiformes, simples. Les feuilles sont parsemées par toute la longueur de l'année précédente. De chaque aisselle il en sort le plus souvent cinq plus courtes, dont chacune est lancéolée, mais à bords réfléchis & à feuilles un peu entortillées. Ces rameaux sont terminés par quelques péduncules filiformes, courts: chacun soutient trois ou cinq fleurs, dont le calice est cylindrique, long, imbriqué, à écailles intérieures, très-longues, qui forment le rayon blanc.

Figure.

Cette espèce est représentée dans les Plantes d'Afrique par Burmann, pl. 79, fig. 1; dans le *Gazopographia* de Pétiver, pl. 7, fig. 3; & dans l'*Amalthæum* de Plukenet, pl. 406, fig. 6.

Lieu de sa naissance.

Elle croît naturellement dans l'Ethiopie.

Première Variété.

Linnæus donne pour première variété la plante connue sous les phrases de *Gnaphalium fruticosum, foliis rarioribus, capitatum. Burm. Affric.* 223. *Xeranthemum Affricanum, foliis brevioribus, canescentibus; floribus minimis, conglobatis, albis. Raj. Suppl.* 182. *Eupatorioïdes Capensis, capitatus. Pet. Gaz. Raj. Suppl.* 239. *Frutex Æthiopiæ, cineraceus; foliis Nepetæ aculeatis, floribus albis coronatus. Pluk. Phyt.* 410.

Description.

Les tiges de ses rameaux sont rouges. Les folioles sont éloignées, entre lesquelles se trouve un duvet très-mince. Les fleurs sont serrées, rassemblées en tête, courtes & velues.

Figure.

Cette espèce est représentée dans les Plantes d'Afrique par Burmann, pl. 79, fig. 2.

Seconde Variété.

La seconde variété est la plante qui se nomme en Botanique *Gnaphalium frutescens, foliolis lanceolatis, æqualibus umbellatum. Burm. Affric.* 223. *Elichrysum Æthiopicum, frutescens., Coridis foliis incanis, capitulis parvis, glomeratis. Pluk. Alm.* 72.

Description.

Les rameaux de cette espèce sont menus, ligneux, très-longs, divisés en différens autres plus petits, ronds, cendrés, qui portent plusieurs folioles rassemblées ensemble, fasciculées, égales, lancéolées, minces, courtes, sans piquants, très-semblables aux feuilles de la Camphrée. Les fleurs sont rassemblées au haut des petits rameaux, disposées en plusieurs ombelles très-petites, renfermées dans un calice oblong, cylindrique, d'un blanc luisant.

Figure.

Cette espèce est représentée dans les Plantes d'Afrique par Burmann, pl. 79, fig. 3.

HUITIEME ESPECE.

La huitième espèce est l'Immortelle en forme de Bruyère. *Gnaphalium Ericoïdes. Gnaphalium fruticosum, foliis sessilibus, linearibus; calycibus exterioribus rudibus, interioribus incarnatis. Linn. Sp. Pl.* 193. *Amœn. Acad.* 6. *Affric.* 57.

Description.

Cette plante est misérable par ses feuilles & ses fleurs appauvries: elle a ses rameaux vergés, roides, inégaux. Les feuilles sont linéaires, éloignées, très-menues. Les fleurs sont terminales, en petit nombre, sessiles. Le calice extérieur est rude, composé de folioles cendrées, vertes, cotonneuses; l'intérieur est formé d'écailles glabres, incarnates, oblongues.

Lieu de sa naissance.

Elle croît naturellement au Cap de Bonne-Espérance.

NEUVIÈME ESPÈCE.

La neuvième espèce est l'Immortelle à feuilles cylindriques. *Gnaphalium teretifolium. Gnaphalium fruticosum, ramosum; corymbis ramosis, foliis confertis, teretiusculis. Linn. Sp. Plant.* 1193. *Hort. Cliff.* 401. *Gnaphalium frutescens, foliis tenuissimis, teretibus, ramis creberrimis. Burm. Affric.* 217. *Millefolium Æthiopicum, Ericæ foliis, incanum; flore specioso. Pluk. Alm.* 251.

Description.

Les calices sont totalement glabres, extérieurement ferrugineux, intérieurement blancs. Les feuilles sont en forme d'alêne, nues, cotonneuses en dessous, à bords repliés. La fleur est belle, en bouquets rameux.

Figure.

Cette espèce est représentée dans les Plantes d'Afrique par Burmann, pl. 77, fig. 3; & dans l'*Almag.* de Plukenet, pl. 308, fig. 2.

Lieu de sa naissance.

Elle croît naturellement dans l'Éthiopie.

DIXIEME ESPECE.

La dixième est l'Immortelle pointue. *Gnaphalium mucronatum. Gnaphalium fruticosum, foliis subulatis, mucronatis; calycibus squamis subrotundis. Linn. Syst. Veg. edit. XIII. Murray.* 621. *Mant.* 283. *Gnaphalium fruticosum, foliis subulatis, tomentosis, mucronatis; calycibus subrotundis, majusculis, paniculatis. Berg. Cap.* 269. *Xeranthemum frutescens, foliis linearibus, angustissimis; capitulis sulphureis. Burm. Affric.* 179.

Description.

Cette espèce est en arbrisseau. Ses feuilles sont linéaires, pointues & cotonneuses. Les calices de ses fleurs sont jaunes, à écailles rondes, un peu grandes, paniculées.

Figure.

Elle est représentée dans les Plantes d'Afrique par Burmann, pl. 66, fig. 3.

Lieu

Lieu de sa naissance.

Elle croît naturellement au Cap de Bonne-Espérance.

ONZIEME ESPECE.

L'onzième espèce est le Stœchas citrin. *Gnaphalium Stœchas. Gnaphalium fruticosum, foliis linearibus, ramis virgatis, corymbo composito. Linn. Sp. Plant.* 1193. *Hort. Cliff.* 401. *Hort. Upf.* 256. *Gouan. Monsp.* 435. *Elichrysum, seu Stœchas citrina, angustifolia. Bauh. Pin.* 264. *Helychrysum, seu Chrysocome angustifolia, vulgaris. Moris. Hist.* 3, *p.* 401. *Chrysocome, seu Stœchas citrina, minor. Barr. Ic. Stæchas citrina. Dod. Pempt.* 268.

Description.

Les tiges de cette espèce sont filiformes, droites, garnies de duvet blanc. Ses feuilles sont linéaires, très-longues eu égard à leur largeur, cotonneuses, réfléchies par le bord. Les péduncules sortent des aisselles supérieures, sont longs, nuds, terminés par trois fleurs sessiles.

Figure.

Cette espèce est représentée dans les Plantes de Barrelier, pl. 278. 409. 410.

Lieu de sa naissance.

Elle croît naturellement en Espagne, aux environs de Tunis & de Montpellier.

Propriétés médicinales.

Ses fleurs sont médiocrement amères & un peu astringentes. Fernel dit qu'elles lèvent les obstructions, & qu'elles sont en même temps corroborantes. Schulze les dit bonnes contre la strangurie; il prescrit de les manger sur du pain avec du beurre qu'on aura étendu. En fumigation, elles dissipent le rhumatisme. Tragus a observé que le vin dans lequel on avoit fait bouillir ces fleurs, avoit la vertu de chasser les vers.

DOUZIEME ESPECE.

La douzième espèce est l'Immortelle en feu. *Gnaphalium ignescens. Gnaphalium fruticosum, foliis sublanceolatis, tomentosis, sessilibus; corymbis alternis, conglobatis; floribus globosis. Linn. Sp. Plant.* 1194. *Roy. Lugdb.* 149. *Elychrysum flore suavè-rubente. Boerrh. Lugdb.* 1, *p.* 120.

Description.

Cette plante est en arbrisseau. Ses feuilles sont lancéolées, cotonneuses, sessiles. Ses bouquets sont alternes, conglobés. Les fleurs sont globuleuses, d'un rouge tendre.

TREIZIEME ESPECE.

La treizième espèce est l'Immortelle dentelée. *Gnaphalium dentatum. Gnaphalium fruticosum, foliis cuneiformibus; sessilibus, dentatis; corymbo simplici. Roy. Lugdb.* 151. *Coma aurea, incana; foliis obtusis, tridentatis; capitulis oblongis. Burm. Afr.* 185.

Description.

Toute cette plante est blanchâtre; elle donne des rameaux tendres, à peine longs de neuf pouces, ronds, d'où sortent des feuilles qui sont à leur naissance très-petites, qui se dilatent insensiblement, obtuses au sommet, & à trois dents, épaisses, veineuses, blanchâtres. Les fleurs sont placées au haut des petits rameaux en petit nombre, & sont petites, rassemblées en têtes oblongues, dorées, luisantes.

Figure.

Elle est représentée dans les Plantes d'Afrique par Burmann, pl. 68, fig. 3.

Lieu de sa naissance.

Elle croît naturellement en Ethiopie.

QUATORZIÈME ESPÈCE.

La quatorzième espèce est l'Immortelle découpée à dents de scie. *Gnaphalium serratum. Gnaphalium fruticosum, foliis amplexicaulibus, lanceolatis, serratis, suprà nudis. Linn. Sp. Plant.* 1194. *Gnaphalium folio oblongo, acuto, molli; floribus ferrugineis. Burm. Affric.* 214. *Breyn. Prodr.* 3.

Description.

Cette plante est en arbrisseau. Ses rameaux sont longs d'un pied, ligneux, simples, ronds, verts, couverts d'un duvet mol, soyeux, garnis de feuilles alternes, larges à la base, embrassant la moitié de la tige, oblongues, aiguës, sinueuses aux bords, légèrement dentelées, molles, supérieurement vertes, inférieurement pâles. Le haut de la tige est terminé par une quantité de fleurs en tête, rassemblées à petites ombelles d'une couleur très-belle, ferrugineuse ou rougeâtre, luisantes, & conservant long-temps leur vigueur.

Figure.

Cette espèce est représentée dans les Plantes d'Afrique par Burmann, pl. 76, fig. 3; & dans le *Breynii Prodr.* pl. 18, fig. 2.

Lieu de sa naissance.

Elle croît naturellement dans l'Ethiopie.

QUINZIÈME ESPÈCE.

La quinzième espèce est l'Immortelle étendue. *Gnaphalium patulum. Gnaphalium fruticosum, foliis amplexicaulibus, spatulatis; ramis patentibus, corymbis aggregatis. Linn. Sp. Plant.* 1194. *Hort. Cliff.* 402. *n°.* 15. *Elychrysum folio oblongo, tomentoso, caulem amplectante, flore luteo. Boerrh. Lugdb.* 1, *p.* 121.

Description.

La tige est herbacée. Les rameaux s'étendent, les feuilles sont amplexicaules, spatulées, oblongues, cotonneuses. Les bouquets sont rassemblés, les fleurs sont blanches, ayant les écailles du câlice lancéolées.

Lieu de sa naissance.

Elle est vivace, & croît naturellement dans l'Ethiopie.

SEIZIÈME ESPÈCE.

La seizième espèce est l'Immortelle pétiolée.

Gnaphalium petiolatum. Gnaphalium fruticosum, foliis ovatis, integerrimis, petiolatis; floribus confertis, terminalibus. Linn. Sp. Plant. 1194. *Hort. Cliff.* 402. *Gnaphalium tomentosum, foliis orbiculatis, subtùs incanis. Burm. Affric.* 214.

Description.

Les rameaux de cette plante sont simples, rarement divisés, hauts d'un pied, ronds, pourpres, couverts d'un duvet mol, très-blanc, de même que les feuilles qui sont appuyées sur des pétioles courts, mais gros & fermes: elles sont orbiculées, grosses, très-entières, supérieurement d'un vert foncé, inférieurement blanchâtres, lanugineuses de chaque côté, semblables aux feuilles du Dictamne de Crète, plus petites au haut de la tige, & plus longues. Les fleurs viennent par paquets au sommet des rameaux; elles sont de couleur de soufre, très-élégantes & brillantes.

Figure.

Elle est représentée dans les Plantes d'Afrique par Burmann, pl. 76, fig. 2.

Lieu de sa naissance.

Elle croît naturellement en Ethiopie.

DIX-SEPTIEME ESPECE.

La dix-septième est l'Immortelle à feuilles épaisses. *Gnaphalium crassifolium. Gnaphalium fruticosum, foliis lato-lanceolatis, subpetiolatis, coriaceis, tomentosis; corymbo composito, caule prolifero. Linn. Syst. Veg. edit. XIII. Murray.* 621. *Mant* 112.

Description.

La tige de cette espèce est haute d'un pied, prolifère, rameuse, vivace, excepté le rameau qui donne des fleurs. Les feuilles sont pétiolées, lancéolées, supérieurement plus larges, obtuses, cotonneuses, très-épaisses, un peu roides, insensiblement plus étroites vers les fleurs: celles-ci sont nombreuses, à bouquet terminal, composé. Les calices sont d'un jaune pâle. Les corolles sont d'un jaune plus foncé. Les fleurons avant leurs fleuraisons paroissent blancs.

Lieu de sa naissance.

Cet arbrisseau croît naturellement au Cap de Bonne-Espérance.

DIX-HUITIEME ESPECE.

La dix-huitième espèce est l'Immortelle maritime. *Gnaphalium maritimum. Gnaphalium fruticosum, ramosissimum; foliis lanceolatis, sessilibus, acutiusculis; calycinis intimis, squamis aureis. Linn. Syst. Veg. edit. XIII. Murray.* 621. *Mant.* 283. *Gnaphalium sericeum, foliis oblongis, acutis; floribus cymosis. Burm. Affric.* 216.

Description.

Cet arbrisseau est haut de quatre pieds, beaucoup rameux, à rameaux poileux. Ses feuilles sont alternes, un peu serrées, sessiles, lancéolées, cotonneuses, cendrées: les plus jeunes sont plus blanches. Les bouquets sont terminaux, épais, ronds, pédunculés. Le calice est imbriqué, rude, blanc, poileux, à écailles un peu aiguës au sommet, brunâtres au bord, le rang intérieur étant doré & à rayons. Les fleurs sont dorées.

Figure.

Il est représenté dans les Plantes d'Afrique par Burmann, pl. 77, fig. 2.

Lieu de sa naissance.

Il croît naturellement sur les bords de la mer au Cap de Bonne-Espérance.

DIX-NEUVIEME ESPÈCE.

La dix-neuvième espèce est l'Immortelle traçante. *Gnaphalium repens. Gnaphalium suffruticosum, foliis linearibus, caule repente, recto; ramis erectis, simplicissimis. Linn. Syst. Veg. edit. XIII.* 621. *Mant.* 283.

Description.

La tige est traçante, jettant des racines, vivace, très-simple, filiforme, angulée, haute de quatre pieds. Les rameaux sont alternes, droits, très-simples, longs de deux pouces, feuillés, portant des fleurs. Les feuilles sont filiformes, nues, lâches, visqueuses, alternes, étendues, aiguës. Les petites têtes des fleurs sont terminales, conglomérées. Les calices sont obtus, à peu de fleurs, jaunâtres, de la grosseur d'un grain de Chenevis.

Lieu de sa naissance.

Cette espèce croît au Cap de Bonne-Espérance.

VINGTIÈME ESPÈCE.

La vingtième espèce est l'Immortelle cylindrique. *Gnaphalium cylindricum. Gnaphalium herbaceum, foliis sessilibus, oblongis, tomentosis; corymbis inæqualibus, calycibus glabris, cylindricis, sessilibus. Linn. Sp. Plant.* 1194. *Amœn. Acad.* 6. *Affric.* 58. *Gnaphalium Æthiopicum, minus, ramosum; capitulis coccineis. Pluk. Phyt.* 298.

Description.

Cette espèce est rameuse, couchée, longue de neuf pouces, toute cotonneuse. Les feuilles sont oblongues, sessiles. Les bouquets sont inégaux, nombreux. Les calices sont totalement cylindriques, & plus longs à proportion que dans les autres, de couleur incarnate & ferrugineuse, imbriqués, à écailles égales, ovales, un peu obtuses.

Figure.

Elle est représentée dans le *Phytographia* de Plukenet, pl. 293, fig. 4.

Lieu de sa naissance.

Elle croît naturellement au Cap de Bonne-Espérance.

VINGT-UNIEME ESPÈCE.

La vingt-unième espèce est l'Immortelle Orientale. *Gnaphalium Orientale. Gnaphalium subherbaceum, foliis lineari-lanceolatis, sessilibus; corymbo composito, pedunculis elongatis. Linn. Sp. Plant.* 1195. *Gnaphalium foliis confertis, angusto-lanceolatis; caule fruticoso, corymbo composito. Hort. Cliff.*

402. *Hort. Upſ.* 256. *Elychryſum Orientale. Bauh. Pin.* 264. *Prodr.* 123. *Elychryſum Affricanum fruteſcens, anguſtis & longioribus foliis, incanis. Commel. Hort.* 2, *p.* 109. *Helychryſum fruteſcens, latifolium; flore corymbifero, toto aureo. Moriſ. Hiſt.* 3, *p.* 86, *ſect.* 7. *Elychryſum latifolium, album; radice repente. Juſſ. Barr.* 88. *t.* 73.

Deſcription.

Cette eſpèce eſt herbacée. Ses feuilles ſont linéaires, lancéolées, ſeſſiles, blanchâtres. Ses pédoncules ſont alongés. Sa fleur eſt en bouquet composé, toute dorée.

Figure.

Cette eſpèce eſt repréſentée dans l'*Hort. Amſt.* tome 2, pl. 55; & dans l'Hiſtoire des Plantes par Moriſon, tome 3, ſect. 7, pl. 10, fig. dernière.

Lieu de ſa naiſſance.

Elle croît naturellement dans l'Afrique.

VINGT-DEUXIEME ESPECE.

La vingt-deuxième eſpèce eſt le Stœchas d'Allemagne, l'Immortelle ſablonneuſe. *Gnaphalium arenarium. Gnaphalium herbaceum, foliis lanceolatis; inferioribus obtuſis, caule ſimpliciſſimo, corymbo compoſito. Linn. Spec. Plant.* 1195. *Flor. Suec.* 674. 738. *Mat. Med.* 389. *Gmel. Sibir.* 2, *p.* 197. *Elychryſum ſeu Stœchas citrina, latifolia. Bauh. Pin.* 264. *It. Al.* 160. *Stœchas citrina, Germanica, latiore folio. Bauh. Hiſt.* 3, *p.* 153. *Raj. Hiſt.* 281.

Deſcription.

Cette eſpèce eſt herbacée. Sa tige eſt très ſimple. Ses feuilles ſont lancéolées; les inférieures ſont obtuſes; elles ſont toutes larges. Son bouquet eſt composé. Ses fleurs ſont couleur de citron.

Lieu de ſa naiſſance.

Elle eſt annuelle, & croît dans les champs ſablonneux de l'Europe.

Propriétés médicinales.

Elles ſont les mêmes que celles de l'onzième eſpèce.

VINGT-TROISIÈME ESPÈCE.

La vingt-troiſieme eſpèce eſt l'Immortelle brillante. *Gnaphalium rutilans. Gnaphalium herbaceum, foliis lanceolatis, caule infernè-ramoſo, corymbo decompoſito, terminali. Linn. Sp. Plant.* 1199. *Hort. Cliff.* 401. *Elychryſum Affricanum, folio oblongo, anguſto; flore rubello, poſteà aureo. Dill. Hort. Elth.*

Deſcription.

La tige de cette eſpèce eſt à peine diviſée vers la racine; elle eſt très-ſimple. Ses feuilles ſont alternes, linéaires, lancéolées, blanchâtres de chaque côté de même que la tige. Le bouquet eſt terminal, plus lâche, diviſé. Les fleurs ſont petites & menues, d'un rouge brillant.

Figure.

Cette eſpèce eſt repréſentée dans le *Dillenii Hort. Elth.* pl. 107, fig. 127.

Lieu de ſa naiſſance.

Elle eſt vivace, & croît naturellement dans l'Afrique.

VINGT-QUATRIÈME ESPÈCE.

La vingt-quatrième eſpèce eſt l'Immortelle imbriquée. *Gnaphalium imbricatum. Gnaphalium herbaceum, foliis lanceolatis, tomentoſis; caule ramoſo, ſquamis calycinis, reflexis. Linn. Sp. Plant.* 1195. *Gnaphalium incanum, anguſtifolium; calycis ſquamis ferrugineis, reflexis. Burm. Affric.* 226. *Gnaphalium paniculatum. Berg. Cap.* 256.

Deſcription.

Cette plante eſt très-rameuſe, molle & totalement blanche, garnie à ſes petits nœuds de feuilles alternes, étroites, ſeſſiles, molles & blanchâtres. Il ſort de leurs aiſſelles pluſieurs petits rameaux qui portent à leurs ſommets quelques fleurs; & ces petits rameaux ſe diviſent encore en d'autres qui produiſent à l'extrémité deux fleurs roides, blanches, ayant l'odeur du thym, dont le calice particulier eſt composé de pluſieurs écailles ferrugineuſes, toutes réfléchies par derrière, obtuſes, brillantes.

Figure.

Elle eſt repréſentée dans les Plantes d'Afrique par Burmann, pl. 80, fig. 2.

Lieu de ſa naiſſance.

Elle croît naturellement dans l'Ethiopie.

VINGT-CINQUIEME ESPECE.

La vingt-cinquième eſpèce eſt l'Immortelle en bouquet. *Gnaphalium cymoſum. Gnaphalium herbaceum, foliis lanceolatis, trinerviis, ſuprà glabris; caule infernè-ramoſo, racemo terminali. Linn. Sp. Plant.* 1195. *Berg. Cap.* 258. *Hort. Cliff.* 401. *Elychryſum Affricanum, folio longo, ſubtùs cano, ſuprà viridi; flore luteo. Dill. Hort. Elth.* 128. *Elychryſum Æthiopicum, numeroſis & anguſtis foliis. Pluk. Alm.* 134.

Deſcription.

Cette eſpèce eſt herbacée. Sa tige eſt inférieurement rameuſe. Ses feuilles ſont lancéolées, à trois nervures, glabres, vertes en deſſus, blanches en deſſous. Ses fleurs ſont toutes dorées, glabres, à écailles obtuſes. Les calices ſont liſſes.

Figure.

Elle eſt repréſentée dans le *Dillenii Hort. Elth.* pl. 107, fig. 128; & dans l'*Almag.* de Plukenet, pl. 279, fig. 1.

Lieu de ſa naiſſance.

Elle eſt vivace, & croît naturellement en Afrique.

VINGT-SIXIEME ESPÈCE.

La vingt-ſixième eſpèce eſt l'Immortelle à feuilles nues. *Gnaphalium nudifolium. Gnaphalium herbaceum, foliis ſeſſilibus, lanceolatis, trinerviis, nudis, reticulato-venoſis. Linn. Sp. Plant.* 1196. *Elychryſum quinquenervii folio. Pet. Gaz.* 82. *Chryſocome Æthiopica, Plantaginis folio. Breynii Cent.* 71.

Description.

Ses feuilles radicales sont lancéolées, ovales, à trois nervures, très-peu cotonneuses, mais totalement nues, à veines reticulées, raboteuses par le bord. La tige est simple, haute d'un pied, ayant inférieurement plusieurs petites feuilles plus lancéolées, & supérieurement elle est nue. Les fleurs sont dorées, formant un bouquet composé.

Figure.

Cette espèce est représentée dans le *Breyn. Cent.* pl. 71.

Lieu de sa naissance.

Elle croît naturellement dans l'Ethiopie.

VINGT-SEPTIÈME ESPECE.

La vingt-septième espèce est l'Immortelle jaune-blanche. *Gnaphalium luteo-album. Gnaphalium herbaceum, foliis semi-amplexicaulibus, ensiformibus, repandis, obtusis, utrinque pubescentibus; floribus conglomeratis. Linn. Sp. Plant.* 1196. *Roy. Lugdb.* 149. *Gouan. Monsp.* 434. *Elychrysum sylvestre, latifolium; capitulis conglobatis. Bauh. Pin.* 264. *Gnaphalium majus, lato, oblongo folio. Bauh. Pin.* 263. *Pluk. Alm.* 171. *Moris. Hist.* 3, *p.* 88, *sect.* 7. *Gnaphalium ad Stœchadem citrinam accedens. Bauh. Hist.* 3, *p.* 160.

Description.

Cette plante est très-laineuse. Ses feuilles sont à demi-amplexicaules, en forme d'épée, courbées, obtuses, poileuses de chaque côté. Ses fleurs sont conglomérées : leur calice est d'un jaune blanc, mol, à écailles ovales, lancéolées. Son rayon est femelle, multiplié.

Figure.

Elle est représentée dans l'*Almag.* de Plukenet, pl. 31, fig. 16; & dans l'Histoire des Plantes par Morison, tome 3, sect. 7, pl. 11, fig. 20.

Lieu de sa naissance.

Elle croît naturellement dans la Suisse, aux environs de Narbonne, en Espagne & en Portugal.

VINGT-HUITIÈME ESPÈCE.

La vingt-huitième espèce est l'Immortelle pédunculaire. *Gnaphalium pedunculare. Gnaphalium herbaceum, foliis spatulatis, subamplexicaulibus, subtùs tomentosis, calycinis squamis acutiusculis. Linn. Syst. Veg. edit. XIII. Murray.* 622. *Mant.* 284.

Description.

La tige de cette espèce est herbacée, haute d'un demi-pied, rameuse, couchée, à rameaux alongés. Les feuilles sont amplexicaules, spatulées (les supérieures sont lancéolées), alternes, vertes, un peu nues en dessus, cotonneuses en dessous. Les péduncules sont terminaux, très-longs, cotonneux, blancs, à feuilles très-rares, très étroites, terminés par un bouquet congloméré. Le calice est jaunâtre, à écailles aiguës.

Lieu de sa naissance.

Elle croît naturellement au Cap de Bonne-Espérance.

VINGT-NEUVIÈME ESPÈCE.

La vingt-neuvième espèce est l'Immortelle très-odorante. *Gnaphalium odoratissimum. Gnaphalium herbaceum, foliis decurrentibus, mucronatis, utrinque tomentosis, planis. Linn. Syst. Veg. edit. XIII. Murray.* 622. *Sp. Plant.* 1196. *Elychrysum foliis linearibus, decurrentibus, subtùs incanis; floribus corymbosis. Mill. Dict. t.* 131. *Elychrysum latifolium, villosum, alato caule, odoratissimum. Pluk. Alm.* 134. *Gnaphalium aureo-fulvum. Berg. Cap.* 257.

Description.

Cette espèce est herbacée. Ses feuilles sont totalement décourrantes, pointues de chaque côté, planes. Les fleurs sont dorées; elles ont une odeur très-forte, & sont disposées en bouquet.

Figure.

Elle est représentée dans le Dictionnaire de Miller, pl. 131, fig. 2; & dans l'*Alm.* de Plukenet, pl. 173, fig. 6.

TRENTIÈME ESPECE.

La trentième espèce est l'Immortelle sanguine. *Gnaphalium sanguineum. Gnaphalium herbaceum, foliis decurrentibus, lanceolatis, tomentosis, planis, apiculo nudo terminatis. Linn. Sp. Plant.* 1196. *Amœn. Acad.* 4, *p.* 78. *Gnaphalium Ægyptiacum, latiore folio, ramosius, flore ex albicante purpureo. Pluk. Mant.* 91. *Gron. Or.* 262. *Gnaphalium Syriacum. Barr. Ic.* 34. *Gnaphalio montano affinis, Ægyptiaca. Bauh. Pin.* 264. *Chrysocome Syriaca, flore atro-rubente. Breyn. Cent.* 146. *Baccharis Dioscoridis. Ranuw. It.* 285.

Description.

Cette espèce est rameuse, herbacée. Ses feuilles sont décourrantes, lancéolées, cotonneuses, planes, terminées par un petit sommet nud. Ses fleurs sont pourpres.

Figure.

Elle est représentée parmi les Plantes de Barrelier, pl. 34; dans le *Breynii Cent.* pl. 146; & dans le Voyage de Rauwolf, p. 285.

Lieu de sa naissance.

Elle croît naturellement dans l'Egypte, la Palestine, sur le mont Carmel & sur le mont Liban.

TRENTE-UNIÈME ESPÈCE.

La trente-unième espèce est l'Immortelle puante. *Gnaphalium fœtidum. Gnaphalium herbaceum, foliis amplexicaulibus, integerrimis, acutis, subtùs tomentosis; caule ramoso. Linn. Sp. Plant.* 1197. *Hort. Cliff.* 402. *Hort. Ups.* 256. *Gnaphalium Affricanum, latifolium, fœtidum; capitulo argenteo. Comm. Hort.* 2, *p.* 111. *Conyza Affricana, graveolens; capitulis argenteis. Pluk. Alm.* 117. *Moris. Hist.* 3, *p.* 115, *sect.* 7. *Elychrysum Affricanum, fœtidissimum, amplissimo folio. Tourn. Inst.* 454. *Vaill. Act.* 1719, *p.* 387. *Boerrh. Lugdb.* 1, *p.* 120.

Description.

Cette espèce est herbacée, puante. Sa tige est rameuse. Ses feuilles sont amplexicaules, très-entières,

entières, aiguës, cotonneuses en dessous. Ses petites têtes sont argentées ; il s'en trouve aussi de dorées : c'est une variété.

Figure.

Elle est représentée dans l'*Hort. Amst.* de Commelin, tome 2, pl. 56 ; dans l'*Almag.* de Plukenet, pl. 243, fig. 1 ; dans l'Histoire des Plantes par Morison, tome 3, sect. 7, pl. 20, fig. 32 ; & dans le *Flora Noribergensis* de Volkramer, p. 194.

Lieu de sa naissance.

Elle est annuelle, & croît naturellement dans l'Ethiopie.

TRENTE-DEUXIÈME ESPÈCE.

La trente-deuxième espèce est l'Immortelle ondulée. *Gnaphalium undulatum. Gnaphalium herbaceum, foliis decurrentibus, lanceolatis, undulatis, acutis, subtùs tomentosis ; caule ramoso. Linn. Spec. Plant.* 1197. *Hort. Cliff.* 102. *Elychrysum graveolens, acutifolium, caule alato. Dill. Hort. Elth.* 130.

Description.

La tige de cette espèce est rameuse, ailée. Les feuilles sont décourrantes, lancéolées, aiguës, ondulées, cotonneuses en dessous. Elle sent fort.

Figure.

Elle est représentée dans le *Dillenii Hort. Elth.* pl. 108, fig. 130.

Lieu de sa naissance.

Elle croît naturellement en Afrique.

TRENTE-TROISIEME ESPECE.

La trente-troisième espèce est l'Immortelle crépue. *Gnaphalium crispum. Gnaphalium herbaceum, foliis amplexicaulibus, spatulatis, tomentosis ; calycibus obtusissimis, plicato-undulatis, basi tomentosis. Linn. Sp. Plant.* 1197. *Berg. Cap.* 253. *Gnaphalium Pluk. Phyt.* 298.

Description.

Ses tiges sont simples, un peu dures, cotonneuses, ayant des petits rameaux qui sortent des aisselles, très-blanches comme toute la plante. Les feuilles sont spatulées, lancéolées, à demi amplexicaules, cotonneuses de chaque côté. Les bouquets sont sans feuilles. Les calices sont blancs, nuds, pliés, ondulés, ovales, lancéolés.

Figure.

Cette espèce est représentée dans l'*Almag.* de Plukenet, pl. 298, fig. 3.

Lieu de sa naissance.

Elle croît naturellement au Cap de Bonne-Espérance.

TRENTE-QUATRIEME ESPECE.

La trente-quatrième espèce est l'Immortelle à feuilles d'Hélianthème. *Gnaphalium Helianthemifolium. Gnaphalium herbaceum, foliis subamplexicaulibus, lanceolatis ; corymbis compositis, calycum squamis subplicatis. Linn. Sp. Plant.* 1197. *Gnaphalium Africanum, floribus minimis, albicantibus. Volk. Norib.* 194.

Description.

Les tiges sont vergées, rameuses, cotonneuses. Les feuilles sont sessiles, amplexicaules, ovales, obtuses, cotonneuses de chaque côté, très cotonneuses en dessous & blanches, ondulées, s'étendant, réfléchies. Le bouquet est composé, terminal, sessile. Les écailles du calice sont pliées.

Figure.

Cette espèce est représentée dans le *Flor. Norib.* de Volkramer, pl. 194.

Lieu de sa naissance.

Elle est vivace, & croît naturellement dans l'Ethiopie.

TRENTE-CINQUIEME ESPECE.

La trente cinquième espèce est l'Immortelle raboteuse. *Gnaphalium squarrosum. Gnaphalium herbaceum, foliis sessilibus, lingulatis, tomentosissimis ; calycum squamis interioribus, subulatis, recurvatis. Linn. Sp. Plant.* 1198. *Gnaphalium foliis oblongis, tomentosis, sessilibus ; capitulis foliosis, villosissimis. Roy. Lugdb.* 150. *Gnaphalium latiore folio, Æthiopicum ; flore roseo, calyculis spinosis. Pluk. Alm.* 171.

Description.

Les tiges de cette espèce sont ascendantes, simples, à peine hautes d'un pied, très-cotonneuses. Les feuilles sont en forme de langue, obtuses, cotonneuses. Les fleurs sont terminales, serrées. Les calices sont hérissés par la base, à écailles en forme d'alêne, nues, pourpres ou blanches, recourbées.

Figure.

Cette espèce est représentée dans l'*Almag.* de Plukenet, pl. 323, fig. 1.

Lieu de sa naissance.

Elle croît naturellement dans l'Ethiopie.

TRENTE-SIXIEME ESPECE.

La trente-sixième espèce est l'Immortelle étoilée. *Gnaphalium stellatum. Gnaphalium herbaceum, foliis sessilibus, lanceolatis, villosis ; calycibus acutis, extùs incarnatis. Linn. Sp. Plant.* 1198. *Amœn. Acad.* 6. *Affric.* 55. *Gnaphalium tomentosum, foliis undulatis, flore specioso. Burm. Affric.* 225.

Description.

Cette espèce est herbacée. Ses fleurs sont sessiles, lancéolées, velues, très-belles. Leurs calices, aussitôt qu'ils sont défleuris, sont très-ouverts, intérieurement pourpres, à sommets couleur de neige.

Figure.

Elle est représentée dans les Plantes d'Afrique par Burmann, pl. 80, fig. 1.

Lieu de sa naissance.

Elle croît naturellement au Cap de Bonne-Espérance.

TRENTE-SEPTIEME ESPECE.

La trente-ſeptième eſpèce eſt l'Immortelle à feuilles obtuſes. *Gnaphalium obtuſifolium. Gnaphalium herbaceum, foliis lanceolatis, caule tomentoſo, paniculato, floribus terminalibus, glomeratis, conicis. Linn. Sp. Plant.* 1198. *Gron. Virg.* 121. *Gnaphalium foliis lanceolatis, caule tomentoſo, corymbis ſuprà decompoſitis, floribus ſeſſilibus, confertis. Gron. Virg.* 1, *p.* 95. *Elychryſum obtuſifolium, capitulis argenteis, conglobatis. Dill. Hort. Elth.* 130. *Helychryſum Chryſocoma, Gnaphaloïdes Virginiana, annua; foliis obtuſioribus, capitulis argenteis, conglobatis. Moriſ. Hiſt.* 3, *p.* 88, *ſect.* 7.

Deſcription.

La tige eſt cotonneuſe, poileuſe, rameuſe, droite. Les feuilles ſont lancéolées, conglobées, inégales, ſeſſiles. Les calices ſont côniques, blancs, aigus. Les corolles ſont jaunes.

Figure.

Cette eſpèce eſt repréſentée dans le *Dill. Hort. Elth.* pl. 108, fig. 131; & dans l'Hiſtoire des Plantes par Moriſon, tome 3, ſect. 7, pl. 10, fig. 19.

Lieu de ſa naiſſance.

Elle eſt annuelle, & croît naturellement dans la Virginie, la Penſylvanie.

TRENTE-HUITIEME ESPECE.

La trente-huitième eſpèce eſt l'Immortelle perlée. *Gnaphalium Margaritaceum. Gnaphalium herbaceum, foliis lineari-lanceolatis, acuminatis, alternis; caule ſupernè-ramoſo, corymbis faſtigiatis. Linn. Sp. Plant.* 1198. *Hort. Cliff.* 401. *Hort. Upſ.* 255. *Gmel. Sib.* 2, *p.* 107. *Kalm. It.* 2, *p.* 257. *Gnaphalium latifolium, Americanum. Bauh. Pin.* 263. *Gnaphalium Americanum. Cluſ. Hiſt.* 1, *p.* 327. En Suédois, *Pærlegraës. Helychryſum ſeu Chryſocome repens, foliis deciduis, flore externè-albo, intùs flaveſcente. Moriſ. Hiſt.* 3, *p.* 88, *ſect.* 7, *Elychryſum Americanum, latifolium. Tourn. Inſt.* 453. *Vaill. Act.* 1719, *p.* 388. *Boerrh. Lugdb.* 1, *p.* 120.

Deſcription.

La tige de cette eſpèce eſt ſupérieurement rameuſe, à bouquets. Les feuilles ſont linéaires, lancéolées, pointues, alternes. Les fleurs ſont extérieurement blanches, intérieurement jaunes.

Figure.

Cette eſpèce eſt repréſentée dans l'Hiſtoire des Plantes par Moriſon, t. 3, ſect. 7, pl. 11, fig. 21.

Lieu de ſa naiſſance.

Elle croît naturellement dans l'Amérique Septentrionale, à Kamtſchatka. Elle eſt vivace.

TRENTE-NEUVIEME ESPECE.

La trente-neuvième eſpèce eſt l'Immortelle à feuilles de Plantain. *Gnaphalium Plantaginifolium. Gnaphalium ſarmentis procumbentibus, caule ſimpliciſſimo, foliis radicalibus, ovatis, maximis. Linn. Sp. Plant.* 1199. *Gron. Virg.* 121. *Gnaphalium ſtolonibus reptatricibus, longiſſimis; foliis ovatis, caule capitato. Gron. Virg.* 1, *p.* 95. *Gnaphalium Plantaginis folio, Virginianum. Pluk. Alm.* 171.

Deſcription.

Cette eſpèce a totalement le port de l'eſpèce précédente; mais ſes feuilles radicales ſont plus grandes d'un pouce, ovales. Sa tige eſt ſimple. Ses ſarmens ſont couchés.

Figure.

Elle eſt repréſentée dans l'*Almag.* de Plukenet, pl. 348, fig. 9.

Lieu de ſa naiſſance.

Elle eſt vivace, & croît naturellement dans la Virginie.

QUARANTIEME ESPECE.

La quarantième eſpèce eſt l'Immortelle Dioïque, le Pied-de-chat, le Piéchatier. *Gnaphalium Dioïcum. Gnaphalium ſarmentis procumbentibus, caule ſimpliciſſimo, corymbo ſimplici, terminali; floribus Dioïcis. Linn. Sp. Plant.* 1199. *Hort. Cliff.* 400. *Flor. Suec.* 672. 736. *Mat. Med.* 388. *Roy. Lugdb.* 147. *Gmel. Flor. Sib.* 2, *p.* 105. *Gnaphalium caule ſimpliciſſimo, floribus coloratis terminato. Flor. Lapp.* 305. *Gnaphalium montanum, flore rotundiore. Bauh. Pin.* 263. *Piloſella minor. Dod. Pempt.* 68. *Gnaphalium montanum, longiore folio. Bauh. Pin.* 263. En Allemand, *Katzenfuſſ.* En Anglois, *Catsfoot.* En Italien, *Gnafalio.*

Deſcription.

C'eſt une plante dont la racine eſt noire, ligneuſe, accompagnée de fibres. Ses feuilles ſont couchées ſur terre, oblongues, velues, vertes en deſſus, & comme argentées en deſſous, à-peu-près ſemblables à celles de la Piloſelle, mais cependant plus petites. Au milieu de ſes feuilles s'élèvent des tiges de la longueur d'environ neuf pouces, grêles, velues, blanchâtres, accompagnées de feuilles plus longues & moins larges que les précédentes. Au ſommet des tiges on trouve pluſieurs fleurs à fleurons, diſpoſées en forme d'étoile, ſoutenues chacune ſur un embryon, & renfermées dans un calice écailleux & luiſant. L'embryon ſe change en une graine oblongue, très-menue, preſqu'imperceptible, garnie d'une aigrette. Le temps ordinaire de la fleur de cette plante eſt le mois d'Avril, & plus ſouvent le mois de Mai.

Figure.

Cette eſpèce eſt repréſentée dans les Pemptades de Dodoëns, pag. 68.

Lieu de ſa naiſſance.

Elle croît ſpontanément ſans aucune culture dans les lieux ſecs, ſablonneux & incultes. On en trouve aux environs de Paris, à l'Eſperon & Lamalou dans le Languedoc, ſur les collines déſertes des Voſges, en Alſace, à Courteynon dans la Champagne, à Colmar dans la Provence, & dans pluſieurs autres endroits du Royaume.

Analyſe chymique.

Dans l'analyſe chymique, de trois livres & demie de Pied-de-chat fleuri, ſans les racines diſtillées au bain de vapeur, il eſt ſorti d'abord 2 livres

5 onces 3 gros 48 grains de liqueur insipide, ensuite obscurément acide. La masse noire qui est restée étant distillée à la cornue, a donné 7 gros 60 grains de liqueur limpide, manifestement acide, & un peu austère; 2 onces 4 gros 56 grains de liqueur brune imprégnée de sel urineux, & fort austère; 2 onces 5 gros 36 grains d'huile de la consistance de graisse, & plus pesante que l'eau.

La masse noire qui est restée dans la cornue pesoit 7 onces 1 gros 36 grains, laquelle étant calcinée pendant 13 heures, a laissé 3 onces 1 gros 6 grains de cendres blanchâtres, dont on a tiré par la lixiviation 1 gros 58 grains de sel fixe légèrement alkali. La perte des parties dans la distillation a été de 5 onces 52 grains, & dans la calcination, de 4 onces 30 grains.

Le Pied-de-chat contient un suc gluant & visqueux, composé de sel essentiel vitriolique ammoniacal & de beaucoup de soufre & de phlegme.

Propriétés médicinales.

On ordonne les fleurs de cette plante par pincées dans les tisanes & apozèmes béchiques. On en prépare aussi un syrop ou simple ou composé. Dans ce dernier on ajoute les Jujubes, les Sebestes & les béchiques adoucissans. L'un & l'autre conviennent dans le crachement trop abondant, dans le crachement de sang & la dyssenterie. Outre les vertus béchiques & adoucissantes dont est douée cette plante, on lui reconnoît encore une qualité vulnéraire & astringente. Les Suisses mêlent ordinairement les fleurs de Pied-de-chat dans le faltran qu'ils nous envoient. Son infusion ou sa décoction se prescrivent avec succès dans le flux immodéré des menstrues & les dyssenteries. On fait aussi avec les fleurs de Pied de chat une conserve qu'on prescrit depuis un gros jusqu'à une demi-once dans les maladies de poitrine.

Formules.

1°. Prenez racines de Guimauve, une once; feuilles de Capillaire, de *Pied-de-chat*, de chacune une poignée; fleurs de Pas-d'âne & de Violette, de chacune une pincée; semences de Pavot blanc broyées & suspendues dans un nouet, une demi-once: faites bouillir le tout dans huit onces d'eau de fontaine: délayez dans la décoction une once de syrop de Capillaire, pour un apozème à prendre tous les matins pendant huit jours contre l'acrimonie du sang, la phthysie, les ulcères du poumon.

2°. Prenez racine de Guimauve, une once; feuilles d'Adiante, de *Pied-de-chat*, de chacune une poignée; fleurs de Pas-d'âne, de Violette, de chacune une pincée, semences de Pavot blanc concassées & mises dans un nouet, une once, que l'on fera cuire dans huit onces d'eau de fontaine: l'on ajoutera à la décoction une once de syrop de Capillaire, pour un apozème à prendre le matin pendant quinze ou seize jours contre la phthysie.

3°. Prenez fleurs de Pas-d'âne, de Mauve, de Coquelicot & de *Pied-de-chat*, de chacune une pincée: versez dessus trois chopines d'eau bouillante, & laissez le tout infuser pendant une demi-heure; ajoutez à la décoction du syrop de Capillaire ou du sucre une once & demie, pour une infusion pectorale à prendre dans le rhume accompagné de toux & de chaleur de poitrine.

4°. Prenez de l'huile d'amandes douces, deux onces; syrop de Pas-d'âne, de Guimauve & de *Pied-de-chat*, de chacune une once: mêlez pour un looch à prendre à la cuillerée dans la fluxion de poitrine, la pleurésie & la toux violente.

QUARANTE-UNIÈME ESPÈCE.

La quarante-unième espèce est l'Immortelle des Alpes. *Gnaphalium Alpinum. Gnaphalium sarmentis procumbentibus, caule simplicissimo, capitulo terminali, aphyllo; floribus oblongis. Linn. Spec. Plant.* 1199. *Flor. Lapp.* 301. *Flor. Suec.* 673. 737. *Gnaphalium latiore folio, caule non ramoso, spicâ nudâ, fuscâ terminato. Hall. Helv. edit. I*, 701. *Gnaphalium Alpinum, minus. Bauh. Pin.* 2614. *Filago Alpina, minor, erecta. Scheuchz. Alp.* 133.

Description.

La tige est très-simple, plus courte que le doigt, à trois ou quatre feuilles lancéolées. Les feuilles radicales sont lancéolées, en forme de coing, supérieurement vertes, lisses, blanches, à coton strié en dessous. Vers la racine il y a des farmens. Les fleurs sont terminales, en petit nombre, striées. Le calice est cylindrique, sans feuilles, ventru à la base, à écailles nombreuses au sommet, lancéolées, aiguës, droites.

Figure.

Elle est représentée dans le *Flor. Dan.* pl. 332.

Lieu de sa naissance.

Elle croît naturellement dans les Alpes de la Laponie, de la Suisse: elle est vivace.

QUARANTE-DEUXIÈME ESPÈCE.

La quarante-deuxième espèce est l'Immortelle des Indes. *Gnaphalium Indicum. Gnaphalium herbaceum, foliis lanceolatis, caule herbaceo, ramosissimo, diffuso; corymbis inæqualibus. Linn. Sp. Plant.* 1200. *Flor. Zeyl.* 307.

Description.

La tige de cette espèce est très-rameuse, longue d'un demi-pied, couchée de chaque côté, cotonneuse. Les feuilles sont alternes, se terminant en pétioles, supérieurement plus larges, aiguës, cotonneuses, blanches. Les bouquets sont composés, terminant les rameaux. Les fleurs sont petites. Le calice est imbriqué, à écailles ovales, brunâtres, environnant le disque, à écailles dilatées, rondes, blanches.

Lieu de sa naissance.

Elle est vivace, & croît naturellement dans l'Inde, au Cap de Bonne-Espérance.

QUARANTE-TROISIEME ESPECE.

La quarante-troisième espèce est l'Immortelle pourpre. *Gnaphalium purpureum. Gnaphalium herbaceum, foliis lanceolatis, nudis; caule erecto, simplicissimo; floribus spicatis, lateralibus, sessilibus. Linn. Sp. Plant.* 1200. *Roy. Lugdb.* 148. *Gron. Virg.* 121. *Elychrysum spicatum, obtusifolium, basi angustiore. Dill. Hort. Elth.* 131. *Gnaphalium spicatum, majus, non ramosum, erectum, Virginianum; foliis obtusioribus. Morif. Hist.* 3, *p.* 92.

Description.

Les feuilles de cette espèce sont couvertes d'un duvet blanc. La tige est droite, très-simple. Les fleurs sont en épis & latérales, petites, pourpres & luisantes.

Figure.

Cette eſpèce eſt repréſentée dans le *Dill. Hort. Elth.* pl. 109, fig. 132.

Lieu de ſa naiſſance.

Elle croît naturellement dans l'Amérique Septentrionale.

QUARANTE-QUATRIEME ESPECE.

La quarante-quatrième eſpèce eſt l'Immortelle des bois. *Gnaphalium ſylvaticum. Gnaphalium caule ſimpliciſſimo, floribus ſparſis. Linn. Sp. Plant.* 1200. *Flor. Lapp.* 298. *Flor. Suec.* 675. 739. *Hort. Cliff.* 402. *Roy. Lugdb.* 148. *Gmel. Flor. Sibir.* 2, *p.* 106. *Gnaphalium majus, anguſto, oblongo folio, alterum. Bauh. Pin.* 263. *Gnaphalium rectum. Bauh. Hiſt.* 3, *p.* 160. En Allemand, *Ruhrkaut.* En Danois, *Muuſcurt, Skoukattefoëd.*

Deſcription.

La tige de cette eſpèce eſt très-ſimple. Les feuilles ſont longues, étroites. Les fleurs ſont éparſes par la tige.

Figure.

Cette eſpèce eſt repréſentée dans le *Flor. Dan.* pl. 254.

Lieu de ſa naiſſance.

Elle eſt biſannuelle, & croît naturellement dans les bois ſablonneux de l'Europe.

QUARANTE-CINQUIÈME ESPÈCE.

La quarante-cinquième eſpèce eſt le Gnaphalion couché. *Gnaphalium ſupinum. Gnaphalium caule herbaceo, ſimplici, procumbente. Linn. Syſt. Nat. edit. III. p.* 234. *Syſt. Veg. edit. XIII. Murray.* 623. *Gnaphalium ſupinum, Lavendulæ folio. Bocc. Muſ.* 107. *Gnaphalium oblongo folio. Sch. Alp.* 2, p. 134.

Deſcription.

La tige de cette eſpèce eſt herbacée, ſimple, couchée. Les feuilles ſont oblongues, ſemblables à celles de la Lavande. Les fleurs ſont éparſes.

Figure.

Cette eſpèce eſt repréſentée dans le *Muſæum* de Boccone, pl. 85.

Lieu de ſa naiſſance.

Elle croît naturellement dans les Alpes.

QUARANTE-SIXIÈME ESPÈCE.

La quarante-ſixième eſpèce eſt le Gnaphalion marécageux. *Gnaphalium uliginoſum. Gnaphalium herbaceum, caule ramoſo, diffuſo; floribus conſertis, terminalibus. Linn. Sp. Plant.* 1200. *Flor. Lapp.* 300. *Flor. Suec.* 676. 740. *Hort. Cliff.* 402. *Roy. Lugdb.* 142. *Gmel. Sibir.* 2, *p.* 105. *Gnaphalium longifolium, humile, ramoſum; capitulis nigris. Raj. Hiſt.* 295. *Angl.* 3, *p.* 18. *Gnaphalium annuum, ſerotinum; capitulis nigricantibus, in humidis gaudens. Moriſ. Hiſt.* 3, *p.* 92.

Deſcription.

Cette eſpèce eſt herbacée. Sa tige eſt rameuſe, couchée. Ses feuilles ſont longues. Ses fleurs ſont ſerrées, terminales, noirâtres.

Lieu de ſa naiſſance.

Elle croît dans les eaux croupiſſantes: elle eſt annuelle.

QUARANTE-SEPTIÈME ESPÈCE.

La quarante-ſeptième eſpèce eſt le Gnaphalion congloméré. *Gnaphalium conglomeratum. Gnaphalium herbaceum, foliis ſubamplexicaulibus, lanceolatis; calycum ſquamis interioribus, ſubulatis, recurvis. Linn. Sp. Plant.* 1200.

Deſcription.

Cette eſpèce a le port de la précédente. Ses tiges ſont rameuſes, couchées, hautes de neuf pouces, cotonneuſes. Ses rameaux ſont inégaux. Les fleurs ſont conglomérées, ſeſſiles, cotonneuſes. Les écailles intérieures du calice ſont plus longues, en forme d'alêne, cannelées, ferrugineuſes, recourbées.

Lieu de ſa naiſſance.

Elle eſt annuelle, & croît naturellement au Cap de Bonne-Eſpérance.

Culture générale.

L'onzième eſpèce ſe multiplie par boutures que l'on fait en Juin ou Juillet, ſur une couche de terreau qu'on couvre avec des chaſſis ou des paillaſſons. On les arroſe ſouvent, ſans néanmoins leur donner trop d'eau à la fois. Il ne leur faut que ſix ſemaines ou deux mois pour prendre racine: on les lève pour lors, & on les plante dans des pots pleins de terreau, ayant cependant la précaution de les tenir à l'ombre jusqu'à ce qu'elles ſoient bien repriſes: on les met pour lors au grand air dans un endroit bien expoſé, avec les autres plantes exotiques dures; & on les y laiſſe juſqu'à la fin d'Octobre: on les met enſuite ſous un abri pour les garantir de la gelée. Lorſqu'il fait doux, on les expoſe à l'air. Par ce moyen ces plantes deviennent beaucoup plus fortes que ſi on les laiſſoit toujours dans l'orangerie, où en général elles s'affoibliſſent; car il leur ſuffit ſeulement d'être préſervées de la gelée, d'autant qu'elles ſont aſſez dures pour vivre en plein air dans les hivers doux: elles réſiſtent même quelquefois dans les platebandes abritées, près d'un mur. La douzième eſpèce & la vingt-unième ſe cultivent de même. Pour les multiplier, on coupe les têtes en quelque temps que ce ſoit de l'été; & après avoir ôté les feuilles d'en bas, on en fait des boutures ſur des couches de terreau. On les couvre de cloches pendant la grande chaleur du jour, & on les arroſe ſouvent, mais peu à chaque fois. Quand elles ſont enracinées, on les tranſplante chacune dans un pot: on peut auſſi les planter en pleine terre; elles y réſiſtent parfaitement, pourvu qu'elles ſoient bien abritées & à une bonne expoſition. Plus on les gouverne durement, plus elles donnent de fleurs; car lorſqu'elles languiſſent dans une orangerie, elles ont de la peine à fleurir. En général la plupart ſe multiplient par ſemences, & les eſpèces les plus rares par boutures. Celles qui viennent des pays chauds, ſe conſervent très-bien dans l'orangerie. Quelques-unes réuſſiſſent dans la ſerre chaude.

Propriétés d'ornement.

La plupart de ces plantes conſervent leurs fleurs dans

dans leur beauté, même pendant l'hiver. Les Dames s'en servent pour lors en guise de pompons, & en ornent leurs appartemens.

GNETUM, *le Gnet.*

Description générique.

Le caractère de ce genre de plante est d'avoir des fleurs mâles & femelles. Dans les fleurs mâles il y a une écaille à chaton sans corolle. Il n'y a qu'un seul filament à deux anthères. Dans les fleurs femelles il y a aussi une écaille à chaton sans corolle. Le style est à deux stigmates, fendu en deux. Le fruit est à noyau monosperme.

CLASSE.

Ce genre fait partie de la vingt-unième classe de Linnæus, qui comprend les plantes monœciques monadelphiques. Cet Auteur n'en admet qu'une espèce.

ESPECE.

Cette espèce est le Gnet Gneumon. *Gnetum Gneumon. Linn. Syst. Veg. edit. XIII. Murr.* 724. *Mant.* 125. *Gneumon domestica. Rumph. Herb. Amb.* 1, *p.* 181. A Malaca, à Baley & à Banda, *Meninjo* & *Maninjo.* A Ternate, & dans les Isles adjacentes, *Gnemon* & *Gnemo.* A Amboine, *Utta Soa.* A Macassar, *Calang*, *Culang*, *Baliam.* A Java, *Soo*; & le fruit, *Nedinjo.*

Description.

Les rameaux sont serrés, articulés, plus larges sous les articulations. Les feuilles sont opposées, pétiolées, lancéolées, ovales, très-entières, lisses. Les chatons sont axillaires, pédunculés, deux partans de chaque aisselle, verticillés, à petits anneaux, partans d'une bractée orbiculaire, perfeuillés, très-entiers, supérieurement calleux, dans lesquels sont des fleurons. Les fleurs femelles sont placées supérieurement, au nombre de six ou sept. Les fleurs mâles sont vers le bord, ou placées inférieurement.

Figure.

Cette espèce est représentée dans l'*Herbarium Amboinense*, tome 1, pl. 71; & dans la seconde partie de cet Ouvrage.

Lieu de sa naissance.

Elle croît naturellement dans l'Inde.

Propriétés alimentaires.

Les feuilles tendres & jeunes de cet arbre cuites avec du lait de Calappus, fournissent un excellent potage aux Habitans d'Amboine. On cuit aussi dans cette Isle, les feuilles avec du poisson & du *Cadjang*: c'est un très-bon mets. On fait bouillir les fruits de la femelle, avant qu'ils rougissent, dans de l'eau; après quoi on jette cette eau, & on mange la chair extérieure avec le noyau ou la moëlle de Calappus: on expose ensuite à dessication les osselets ou noyaux intérieurs avec leur écorce striée; lorsqu'on les veut manger, on les met sur le feu, & on les y laisse jusqu'à ce que l'écorce extérieure s'ouvre; on mange pour lors ces osselets en forme de gland. Les Habitans d'Amboine ont pour proverbe qu'il n'y a rien de meilleur en l'eau que le poisson, & dans les forêts que l'arbre Gnemon.

Propriétés économiques.

On tire de l'écorce des rameaux, des filamens dont on se sert pour faire des filets propres à attraper le poisson.

GNIDIA, *la Dessene.*

NOMS GÉNÉRIQUES.

Ce genre de plante est connu sous les noms de *Dessenia. Adans. Rapunculus. Burm. Strutia. Roy. Gnidia. Linn.*

Description générique.

Le caractère de ce genre est d'avoir le périanthe du calice monophylle, en forme d'entonnoir, coloré, à tube filiforme, très-long, à lymbe partagé en quatre, plane. Les pétales de la corolle sont au nombre de quatre, sessiles, planes, plus courts que le calice, insérés dedans. Les filamens des étamines sont au nombre de huit, soyeux, droits, presque de la longueur de la fleur. Les anthères sont simples. Le germe du pistil est ovale. Le style est filiforme, inséré au côté du germe, de la longueur des étamines. Le stigmate est en tête, hérissé. Il n'y a point de péricarpe. Le fruit est dans le fond du calice. La semence est unique, ovale, aiguë obliquement.

Observation.

Ce genre diffère du Passerina par la seule corolle.

CLASSE.

Il fait partie de la huitième classe de Linnæus, qui comprend les plantes octandriques monogyniques. Cet Auteur en admet six espèces.

PREMIERE ESPECE.

La première espèce est la Dessene à feuilles de Pin. *Gnidia Pinifolia. Gnidia foliis sparsis, linearibus, floralibus, verticillatis. Linn. Syst. Veg. edit. XIII. Murray.* 308. *Mant.* 375. *Berg. Cap.* 122. *Valerianoïdes Æthiopica, frutescens. Seb. Mus.* 2, *p.* 32. *Rapunculus foliis nervosis, linearibus; floribus argenteis, non galeatis. Burm. Affric.* 112.

Description.

Les feuilles sont éparses, serrées, linéaires, pointues, obtuses, en carène. Le calice est blanc. Les pétales sont plus courts que le calice, blancs. Les étamines sont au nombre de quatre entre le tube, & un pareil nombre au-dessus du tube.

Observation.

La tige de cette plante est toute chargée, dit Séba, de feuilles étroites, semblables à celles du Romarin. Aux sommités de la tige s'élèvent de petites fleurs blanches, radiées, soutenues chacune par un pédicule particulier. Elle fleurit en Juillet. Les loges qui renferment la graine ont la forme d'une couronne.

Figure.

Elle est représentée dans les Plantes d'Afrique par Burmann, pl. 41, fig. 3; & dans le *Musæum* de Séba, tome 2, pl. 23, fig. 5.

Lieu de sa naissance.

Elle croît naturellement dans l'Ethiopie.

Culture.

On la multiplie ordinairement par boutures. On les plante en été dans des pots pleins de terreau, & on enfonce ces pots dans une couche modérément chaude : on met pardessus des cloches pour empêcher l'air de pénétrer, & on couvre ces cloches pendant le jour. Il ne faut que cinq ou six semaines à ces boutures pour prendre racine. On les habitue insensiblement au grand air. En hiver on les met dans une serre vitrée, aërée & sèche, pour pouvoir jouir de l'air quand il fait doux, & pour les garantir de la gelée & de l'air humide.

SECONDE ESPECE.

La seconde espèce est la Gnide rayonnée. *Gnidia radiata. Gnidia foliis subulatis, triquetris, acutis; capitulis terminalibus, sessilibus, radiatis; bracteis lanceolatis. Linn. Syst. Veg. edit. XIII. Murr.* 308. *Mant.* 67. *Burm. Prodr.* 12.

Description.

Cet arbrisseau est raboteux, prolifère. Les feuilles sont éparses, à trois côtes, pointues, glabres. Les petites têtes terminent les rameaux : elles sont rayonnées, à bractées lancéolées, plus larges que la feuille. Les fleurs sont velues en dehors. Le lymbe du calice est glabre intérieurement, de la longueur du tube. Les pétales sont au nombre de quatre, plus petits que le calice, poileux. Les étamines sont au nombre de huit, dont quatre en dehors, & quatre en la gueule.

Lieu de sa naissance.

Il croît naturellement dans l'Ethiopie.

TROISIÈME ESPECE.

La troisième espèce est la Gnide simple. *Gnidia simplex. Gnidia foliis omnibus linearibus, acutis; floribus terminalibus, sessilibus. Linn. Syst. Veg. edit. XIII. Murr.* 308. *Mant.* 67. *Burm. Prodr.* 12. *Gnidia viridis. Berg. Cap.* 125. *Thymelæa foliis Passerinæ. Breyn. Cent.* 10.

Description.

Les tiges de cette espèce sont hautes d'un demi-pied, inégales, parsemées de tubercules depuis la chûte des feuilles. Les feuilles sont éparses, linéaires, aiguës, droites, lisses. Les fleurs sont terminales, nues, sortant du sommet velu du rameau, ayant le calice, les pétales & les anthères jaunes. Les feuilles florales ne sont pas plus larges que les autres. Les pétales sont oblongs, pointus. Les étamines sont quatre dans la gueule, & quatre au-dessus.

Figure.

Cet arbrisseau est représenté dans le *Breyn. Cent.* pl. 6.

Lieu de sa naissance.

Il croît naturellement au Cap de Bonne-Espérance.

QUATRIEME ESPECE.

La quatrième espèce est la Gnide cotonneuse. *Gnidia tomentosa. Gnidia foliis sparsis, ovato-oblongis, glabris, margine scabris. Linn. Sp. Plant.* 308. *Gnidia pubescens. Berg. Cap.* 124.

Description.

Les sommets des rameaux sont laineux. Les feuilles d'en haut sont poileuses. Les fleurs sont cotonneuses, en tête, terminales. Les pétales sont petits, échancrés.

Lieu de sa naissance.

Cette espèce croît naturellement dans l'Éthiopie.

CINQUIEME ESPECE.

La cinquième espèce est la Gnide soyeuse. *Gnidia sericea. Gnidia foliis ovatis, tomentosis; floralibus quaternis; caule hirsuto, florum coronâ setis octo. Passerina sericea. Passerina foliis ovatis, tomentosis; floralibus quaternis, caule hirsuto, filamentis bifurcatis. Linn. Sp. Plant.* 513. *Amœn. Acad.* 4, p. 313. *Thymelæa sericea, foliis oblongis, floribus tubulosis, angustissimis. Burm. Affric.* 135. *Nectandra sericea. Berg. Cap.* 131.

Description.

La tige est menue, hérissée. Les feuilles sont opposées, sessiles, ovales, cotonneuses de chaque côté & soyeuses. Les fleurs sont terminales, sessiles, en petites têtes, blanches, extérieurement velues, soyeuses. Il y a quatre étamines entre le tube. A l'ouverture du tube sont placés quatre filamens partagés en deux, dans chaque bifurcation desquels se trouve une anthère.

Figure.

Cette espèce est représentée dans les Plantes d'Afrique par Burmann, pl. 43, fig. 2.

Lieu de sa naissance.

Elle croît naturellement dans l'Éthiopie.

SIXIEME ESPECE.

La sixième espèce est la Gnide à feuilles opposées. *Gnidia oppositifolia. Gnidia foliis oppositis, lanceolatis. Linn. Syst. Veg. edit. XIII. Murr.* 309. *Mant.* 375. *Thymelææ Affricanæ, sanamundæ, prioris Clusii facie. Pluk. Alm.* 367.

Description.

Les feuilles sont opposées, lancéolées. Les supérieures sont sanguines au sommet. Les fleurs sont terminales, extérieurement velues. Outre les callosités, il y a quatre étamines au-dessus de la gueule, quatre sous la gueule, quatre au milieu du tube.

Figure.

Cette espèce est représentée dans l'*Almag.* de Plukenet, pl. 323, fig. 7.

Variété.

Linnæus donne pour variété de cette espèce la Passerine lisse, *Passerina Lævigata, Passerina foliis ovatis, glabris, acutis; floribus obtusis. Linn. Sp. Plant.* 513. *Amœn. Acad.* 4, *p.* 312. *Thymelæa foliis planis, acutis; comâ & floribus purpureis. Burm. Affric.* 137.

Description.

Les tiges sont filiformes. Les feuilles sont opposées, ovales, glabres, aiguës. Les fleurs sont terminales, à tube long, filiforme. Le lymbe est fendu en quatre, obtus. Les étamines sont au nombre de quatre entre le tube, quatre au-dessus du tube de la corolle.

Figure.

Cette espèce est représentée dans les Plantes d'Afrique par Burmann, pl. 49, fig. 3.

Lieu de sa naissance.

Elle croît naturellement dans l'Ethiopie.

GOMPHRENA, *le Vadapu.*

NOMS GÉNÉRIQUES.

Ce genre de plante est connu sous les noms de *Vadapu. Malab. Amaranthoïdes. Tourn. Caraxeron. Vaill. Gomphrena. Linn.*

Description générique.

Le caractère de ce genre est d'avoir le périanthe du calice très-grand, coloré, persistent, applati, à deux folioles naviculaires, en carène à l'extérieur, conniventes par les bords intérieurs. La corolle est droite, à cinq pétales en forme d'alêne, à déchiquetures persistentes, rudes. Le nectaire est un tube cylindrique de la longueur de la corolle, à bouche fendue en cinq, ouverte, petite. Les filamens des étamines sont au nombre de cinq, à peine visibles, entre la bouche du nectaire. Les anthères ferment la bouche du nectaire, sont droites. Le germe du pistil est ovale avec une pointe. Le style est partagé en deux, filiforme. Les stigmates sont simples, de la longueur des étamines. Le péricarpe est une capsule ronde, fendue autour. La semence est unique, grande, ronde, à sommet oblique.

CLASSE.

Ce genre fait partie de la cinquième classe de Linnæus, qui comprend les plantes pentandriques dyginiques. Cet Auteur en admet sept espèces.

PREMIERE ESPECE.

La première espèce est le Vadapu globuleux. *Gomphrena globosa. Gomphrena caule erecto, foliis ovato-lanceolatis, capitulis solitariis, pedunculis diphyllis. Linn. Sp. Plant.* 326. *Hort. Cliff.* 86. *Hort.* 57. *Flor. Zeyl.* 115. *Vir. Cliff.* 22. *Roy. Lugdb.* 418. *Amarantho affinis Indiæ Orientalis, floribus conglomeratis, Ocymastri folio. Breyn. Cent.* 109. *Comm. Hort.* 1, *p.* 85. *Flos globosus. Rumph. Herb. Amboin.* 5, *p.* 289. *Coraxeron Ocymastrifolium, capitulis majoribus, purpureis. Vaill. Act.* 1722, *p.* 263. *Amaranthoïdes Indicum, foliis Ocymastri, capitulis purpureis. Herm. Parad.* 14. *Amaranthoïdes Lychnidis folio, capitulis purpureis. Tourn. Inst. Rei Herb.* 654. *Plum. Sp.* 20. *Burm. Zeyl.* 15. *Gnaphalio affinis, Ocymastri folio, flore ex purpurâ violaceo. Herm. Lugdb.* 294. *Wadapu. Rheed. Hort.*

Malab. 10, *p.* 73. *Wadampu. Herm. Zeyl.* 8. 27. 59. 62.

Description.

La tige de cette espèce est droite. Ses feuilles sont ovales, lancéolées, semblables à celles du Lychnide. Les fleurs sont conglomérées, en petite tête, pourpres. Les péduncules qui les supportent sont à deux feuilles.

Figure.

Cette espèce est représentée dans le *Breyn. Cent.* pl. 51; dans l'*Hort. Amsteld.* de Commelin, tome 1, pl. 45; dans l'*Herbarium Amboinense*, tome 5, pl. 100, fig. 2; & dans l'*Hort. Mal.* de Rhéede, pl. 37.

Lieu de sa naissance.

Elle est annuelle, & croît naturellement dans l'Inde.

Culture.

On ne peut la multiplier que par graines que l'on sème sur une bonne couche chaude au commencement de Mars, & quand elles sont encore renfermées dans leurs enveloppes. Il faut auparavant les faire tremper dans de l'eau pendant deux heures: cela facilite beaucoup leur végétation. Lorsque les jeunes plantes sont parvenues à la hauteur d'un demi-pouce, on les repique dans une autre nouvelle couche chaude à environ quatre pouces de distance les unes des autres, observant de les couvrir jusqu'à ce qu'elles soient bien reprises: on leur donne pour lors de l'air frais proportionnellement à la chaleur de la saison, & on les arrose souvent. Au bout d'un mois ou environ, si la couche a une chaleur convenable, les plantes seront assez fortes pour se toucher les unes aux autres; en conséquence on les élague, pour qu'elles ne deviennent pas trop foibles ni languissantes. On aura pour lors une couche chaude préparée; on y enfoncera un nombre suffisant de pots remplis aux trois quarts de terreau; & lorsque la couche sera suffisamment échauffée, on enlève les plantes avec leurs mottes, & on les plante chacune dans un pot séparé, observant de les couvrir jusqu'à ce qu'elles soient bien reprises; ensuite on les gouvernera de la même manière que les autres plantes exotiques tendres.

Quand les plantes ont rempli les pots avec leurs racines, on les enlève, & on rogne avec soin tout ce qui surpasse la superficie de la motte: on les met dans des pots plus grands; & lorsqu'on a une couche chaude assez profonde pour pouvoir y enfoncer ces pots, on est sûr que les plantes y fleurissent de bonne heure, & y croissent beaucoup plus vîte que si elles étoient exposées au grand air. En Juillet on les habitue par degrés à résister au grand air, & on les entremêle pour lors avec les autres plantes annuelles: on en conservera cependant un ou deux pieds dans la serre chaude, pour que les semences mûrissent mieux.

Propriétés d'ornement.

On cultive ces plantes pour servir d'ornement aux jardins d'hiver. Dans le Portugal & les pays chauds, on emploie leurs fleurs pour décorer les autels pendant l'hiver, parce qu'en faisant sécher ces fleurs à l'ombre, elles conservent pendant longtemps toute leur beauté.

SECONDE ESPÈCE.

La seconde espèce est la Tête aride vivace.

Gomphrena perennis. Gomphrena foliis lanceolatis, capitulis diphyllis, flosculis perianthio proprio distinctis. Linn. Sp. Plant. 326. *Amaranthoïdes perennis, floribus stramineis, radiatis. Dill. Hort. Elth.* 24.

Description.

Cette espèce est vivace. Ses feuilles sont lancéolées. Ses petites têtes sont à deux feuilles. Ses fleurons sont distincts par un périanthe propre.

Figure.

Elle est représentée dans le *Dillenii Hort. Elth.* pl. 20, fig. 22.

Lieu de sa naissance.

Elle croît naturellement à Bonaire.

Culture.

On la multiplie par graines qu'on sème au printemps sur une couche chaude. Quand les jeunes plantes qui en proviennent sont assez fortes, on les met chacune dans un petit pot, & on enfonce ces pots dans une autre couche chaude. Lorsque la racine est trop abondante pour pouvoir contenir dans le pot, on dépote ces plantes, & on les met dans de plus grands; ensuite on les habitue insensiblement à l'air, & on les met quelque temps après dans les platebandes abritées du parterre; on en conserve seulement quelques pieds en pots, pour donner de la graine, dans la serre chaude.

Propriétés d'ornement.

Ces plantes servent d'ornement dans les jardins, dans les salles & les églises, pendant une bonne partie de l'année.

TROISIEME ESPECE.

La troisième espèce est la Gomphrene hérissée, l'Amaranthoïde hérissée. *Gomphrena hispida. Gomphrena caule erecto, capitulis diphyllis, foliis crenatis. Linn. Sp. Plant.* 326. *Ninangani. Rheed. Hort Mal.* 9, *p.* 141. Chez les Brachmanes, *Madsjadada.*

Description.

La racine est fibreuse, capillaire, ligneuse, noirâtre. Les tiges sont droites, à quatre angles, noueuses, garnies de poils un peu longs, blanchâtres, ayant ordinairement dans chaque nœud deux branches latérales opposées. A chaque nœud il y a aussi deux feuilles opposées, petites, oblongues, étroites, crénelées, menues, molles, garnies de poils rares. Les fleurs sont nombreuses, bleues & rassemblées en petite tête. Chaque tête a deux bractées.

Figure.

Cette espèce est représentée dans l'*Hort. Malab.* tome 9, pl. 72.

Lieu de sa naissance.

Elle est annuelle, & croît naturellement à Malabar.

Propriétés médicinales.

On cuit à Malabar cette plante dans le beurre avec d'autres antinéphrétiques, & on en donne la décoction pour boisson aux esprits aliénés.

QUATRIEME ESPECE.

La quatrième espèce est l'Amaranthoïde du Brésil. *Gomphrena Brasiliana. Gomphrena caule erecto, foliis ovato-oblongis; capitulis aphyllis, globosis, pedunculatis. Linn. Sp. Plant.* 326. *Amæn. Acad.* 4, *p.* 10. *Amaranthæ affinis Brasiliana, glomeratis, parvisque floribus. Breyn. Cent.*

Description.

La tige est droite. Les feuilles sont ovales, oblongues. Les petites têtes sont pédunculées, globuleuses, à deux feuilles.

Figure.

Elle est représentée dans le *Breyn. Cent.* pl. 52.

Lieu de sa naissance.

Elle croît naturellement au Brésil.

CINQUIEME ESPECE.

La cinquième espèce est l'Amaranthoïde découpée à dents de scie. *Gomphrena serrata. Gomphrena caule erecto, bracchiato; capitulis solitariis, terminalibus, sessilibus; calycibus serratis. Linn. Sp. Pl.* 326.

Description.

La tige est droite, branchue. Les petites têtes sont solitaires, terminales, sessiles. Les calices sont découpés à dents de scie.

Lieu de sa naissance.

Elle croît naturellement dans l'Amérique.

SIXIEME ESPECE.

La sixième espèce est l'Amaranthoïde à épi interrompu. *Gomphrena interrupta. Gomphrena caule erecto, spicâ interruptâ. Linn. Sp. Plant.* 326. *Roy. Lugdb.* 419.

Description.

La tige de cette espèce est droite. L'épi est interrompu.

Lieu de sa naissance.

Elle croît naturellement dans l'Amérique.

SEPTIEME ESPECE.

La septième espèce est l'Amaranthoïde jaune. *Gomphrena flava. Gomphrena pedunculis oppositis, bifidis, tricapitatis; capitulo intermedio, sessili. Linn. Sp. Plant.* 326. *Gomphrena pedunculis ad alas geminatis, tricapitatis. Hort. Cliff.* 87.

Description.

Les pédundules sont opposés, fendus en deux, à trois petites têtes jaunes: celle du milieu est sessile.

Lieu de sa naissance.

Elle croît naturellement à la Vera Cruz.

GORDONIA, *la Gordone.*

Description générique.

Le caractère de ce genre de plante est d'avoir le calice simple, le style pentagonal à stigmate fendu

fendu en cinq ; la capfule à cinq loges ; les femences au nombre de deux, à aîle feuillée.

CLASSE.

Ce genre fait partie de la feizième claffe de Linnæus, qui comprend les plantes monadelphiques polyandriques. M. Murray n'en admet qu'une efpèce.

ESPÈCE.

Cette efpèce eft la Gordone Lafianthe. *Gordonia Lafianthus. Linn. Syft. Veg. edit. XIII. Murr.* 525. *Ellis. Act. Angl.* 1760, *p.* 518. *Hypericum Lafianthus. Hypericum floribus pentaginis, foliis lanceolatis, ferratis. Linn. Sp. Plant.* 1101. *Hort. Cliff.* 380. *Hypericum foliis lanceolatis, rigidis, denticulatis ; floribus alaribus, pedunculis longiffimis, capfulis lignofis. Mill. Dict. Alcea floridana, quinquecapfularis ; laurinis foliis, leviter crenatis ; feminibus coniferarum inftar alatis. Pluk. Amalth.* 7. *Catefb. Car.* 1, *p.* 44. *Amm. Act.* 7.

Defcription.

Cet arbre eft grand & fort droit. Ses branches forment une pyramide régulière. Ses feuilles font de la même figure que celles du Laurier commun ; mais elles font dentelées. Il commence à fleurir au mois de Mai, & continue à pouffer des fleurs pendant tout l'été. Ces fleurs font attachées à des pédicules longs de quatre ou cinq pouces : elles font monopétales, & divifées en cinq fegmens, qui entourent une touffe d'étamines dont les fommets font jaunes. A ces fleurs fuccèdent au mois de Novembre des capfules côniques dont le calice eft divifé. Lorfqu'elles font mûres, elles s'ouvrent & fe divifent en cinq fections, & laiffent voir de petites femences.

Figure.

Il eft repréfenté dans les Tranfactions Philofophiques, année 1770, pl. 11 ; & dans l'Hiftoire de la Caroline par Catefby, tome 1, pl. 44.

Lieu de fa naiffance.

Il garde fes feuilles toute l'année, & ne croît que dans les lieux humides, & fouvent même dans l'eau. On le trouve à Surinam, dans la Caroline ; mais non pas dans les Colonies plus feptentrionales.

Propriétés économiques.

Son bois eft un peu mou ; cependant Catefby dit en avoir vu de fort belles tables.

GORTERIA, *la Gortère.*

Defcription générique.

Le caractère de ce genre de plante eft d'avoir le calice commun monophylle, imbriqué, à écailles épineufes : les intérieures font fenfiblement plus longues, droites, foyeufes, roides. La corolle compofée eft radiée. Les petites corolles hermaphrodites font nombreufes dans le difque : les femelles font plus rares dans le rayon. La corolle propre de l'hermaphrodite eft en forme d'entonnoir, fendue en cinq ; celle de la femelle eft en forme de langue, lancéolée. Les filamens des étamines dans les hermaphrodites font au nombre de cinq, courts. L'anthère eft cylindrique, tubuleufe. Le piftil dans les hermaphrodites eft formé par un germe velu, par un ftyle filiforme de la longueur de la corolle, & par un ftigmate fendu en deux. Dans les femelles, le germe eft fané, fans ftyle & fans ftigmate. Le péricarpe eft le calice changé qui tombe. Les femences des hermaphrodites font folitaires, rondes. L'aigrette eft poileufe. Les femelles n'ont point de femences. Le réceptacle eft nud.

CLASSE.

Ce genre fait partie de la dix-neuvième claffe de Linnæus, qui comprend les plantes fyngénéfiques polygamiques fruftacées. Cet Auteur en admet cinq efpèces.

PREMIERE ESPECE.

La première efpèce eft la Gortère perfonnée. *Gorteria perfonata. Gorteria foliis lanceolatis, integris finuatifque ; caule erecto, floribus pedunculatis. Linn. Sp. Plant.* 1283. *Berg. cap.* 300. *Carduus Æthiopicus, perpufillus ; Pilofellæ foliis incanis, hifpidis ; Perfonatæ capitulis. Pluk. Phyt.* 273.

Defcription.

Les femences de cette plante prennent racine par le calice qui tombe, ce qui fait que le calice fe trouve à la bafe de la racine. Les tiges font hautes de neuf pouces, moins rameufes, un peu cylindriques, poileufes. Les feuilles font alternes, étroites, lancéolées, feffiles, hériffées, blanches, cotonneufes en deffous : les plus grandes font découpées de chaque côté, le plus fouvent à deux découpures profondes. Les calices font terminaux, ovales, monophylles, imbriqués d'écailles hériffées, pointues, dont les pointes intérieures font fenfiblement plus longues, droites, foyeufes, roides, à peine piquantes. Le rayon eft jaune, bleu à la bafe & en deffous.

Figure.

Cette efpèce eft repréfentée dans le *Phytographia* de Plukenet, pl. 273, fig. 6.

Lieu de fa naiffance.

Elle eft annuelle, & croît naturellement au Cap de Bonne-Efpérance.

SECONDE ESPECE.

La feconde efpèce eft la Gortère roide. *Gorteria rigens. Gorteria fcapis unifloris, foliis lanceolatis, pinnatifidis ; caule depreffo. Linn. Sp. Pl.* 1284. *Amœn. Acad.* 6. *Affr.* 80. *Arctotis ramis decumbentibus, foliis lineari-lanceolatis, rigidis, fubtùs argenteis. Mill. Dict. tom.* 49. *Arctotis foliis lanceolatis, fubtùs tomentofis, integris laciniatifve. Leyf. Orig.* 6. *Arctotheca foliis rigidis, leviter diffectis. Vaill. Act.* 1728. *n°.* 9. *Anemonofpermos foliis rigidis, tenuiter divifis, fubtùs incanis ; flore aureo, umbone nigricante. Raj. Suppl.* 182.

Defcription.

Les tiges fe couchent, font ligneufes ou pleinement nues. Les feuilles font lancéolées, pétiolées, roides, blanches, cotonneufes en deffous, dont les unes font fans divifion, les autres aîlées, fendues en cinq. La hampe fort de la bifourchure ou de la racine ; elle eft longue, à une fleur : au milieu il y a une ou deux folioles linéaires. Le calice eft fendu en six, caliculé, à écailles linéaires de la longueur du calice. La corolle est à rayon stérile, doré, noir à la base, & à disque jaune. Les semences sont à aigrette longue, simple. Le réceptacle est nud.

Figure.

Cette espèce est représentée dans le Dictionnaire de Miller, pl. 49.

Lieu de sa naissance.

Elle croît naturellement au Cap de Bonne-Espérance.

Culture.

Elle fleurit en Mai & Juin; mais elle donne rarement des semences dans notre climat: elle se multiplie aisément par boutures que l'on fait dans une plate-bande ombragée, en quelque temps de l'été que ce soit.

TROISIEME ESPECE.

La troisième espèce est la Gortère rude au toucher. *Gorteria squarrosa. Gorteria foliis lanceolatis, decurrentibus, recurvis, ciliato-spinulosis; floribus sessilibus. Linn. Sp. Plant.* 1284. *Amœn. Acad.* 6. *Affr.* 77. *Xeranthemum caulibus frutescentibus, provolutis, foliis ciliatis, hirsutis. Sp. Plant.* 1, *p.* 859. *Aster Affricanus, frutescens; splendentibus, parvis & reflexis foliis. Commel. Hort.* 2, *p.* 55.

Description.

La tige de cette espèce est ligneuse, prolifère, velue. Les rameaux sortent de la base de la tige. Les feuilles sont comme agglutinées à la base, recourbées. Les fleurs sont à rayons jaunes.

Figure.

Cette espèce est représentée dans l'*Hort.* de Commelin, tome 2, pl. 28.

Lieu de sa naissance.

Elle croît naturellement au Cap de Bonne-Espérance.

QUATRIEME ESPECE.

La quatrième espèce est la Gortère soyeuse. *Gorteria setosa. Gorteria foliis lanceolatis, decurrentibus, adnatis, ciliato-spinosis; floribus terminalibus. Linn. Sp. Plant.* 652. *Mant.* 287.

Description.

La tige est ligneuse. Les rameaux sont alternes. Les feuilles sont lancéolées, agglutinées à la base, recourbées, distantes, à trois épines soyeuses de chaque côté, & une au sommet. Les fleurs terminent les rameaux; elles sont jaunes, à rayon violet en dessous; elles sont nombreuses.

Observation.

Cette espèce diffère de la précédente par sa tige, qui n'est ni velue ni prolifère; par ses feuilles qui sont à la vérité recourbées, mais qui ne sont pas imbriquées au dos, cependant plus courtes, à soies marginales, plus longues, jaunes; par ses fleurs pédunculées sans être sessiles, & par son rayon violet en dessous.

Lieu de sa naissance.

Elle croît naturellement au Cap de Bonne-Espérance, sur les rochers des environs de la mer.

CINQUIEME ESPECE.

La cinquième espèce est la Gortère ciliaire. *Gorteria ciliaris. Gorteria foliis imbricatis, bifariàm ciliatis; ciliis exterioribus, spinâque terminali reflexis. Linn. Sp. Plant.* 1284. *Carlina foliis imbricatis, oblongis, reticulatis, & in aculeum aduncum desinentibus. Burm. Affric.* 151. *Carduus Affricanus, luteus; Atractylidis facie, extremo foliorum aculeo adunco. Raj. Suppl.* 196. *Aculeosa Æthiopica, Atractylidis facie. Pluk. Amalth.* 51. *Seb. Mus.* 1.

Description.

Dans cette plante, les feuilles cachent la tige par un artifice admirable de la nature; elles sont imbriquées, ciliées des deux côtés, ayant les cils extérieurs & l'épine terminale refléchis.

Figure.

Cette espèce est représentée dans les Plantes d'Afrique par Burmann, pl. 54, fig. 1; dans l'*Amalthæum* de Plukenet, pl. 354, fig. 3; & dans le *Musæum* de Séba, tome 1, pl. 23, fig. 1.

Lieu de sa naissance.

Elle croît naturellement dans l'Ethiopie.

GOSSYPIUM, *le Coton.*

NOMS GÉNÉRIQUES.

Ce genre de plante est connu sous les noms de *Gossypion. Latin. Gossupion, Eriophoron. Theoph. Xylon, Lanifera. Plin. Carpas. Cels. Bambagia. Cæsalp. Cudu Pariti. Malab. Outeen. Seneg. Xylon. Tourn.*

Description générique.

Le caractère de ce genre est d'avoir le périanthe du calice double. L'extérieur est monophylle, à demi fendu en trois, plane, plus grand. L'intérieur est monophylle, échancré obtusément de cinq manières, en forme de verre. Les pétales de la corolle sont au nombre de cinq, réunis à la base, en forme de cœur, planes, s'étendans. Les filamens des étamines sont nombreux, inférieurement réunis en cylindre, supérieurement lâches, insérés à la corolle. Les anthères sont réniformes. Le germe du pistil est rond. Le style est colomnaire, de la longueur des étamines. Les stigmates sont au nombre de quatre, un peu gros. Le péricarpe est une capsule obronde, pointue, à trois ou quatre loges, à trois ou quatre vulves. Les semences sont nombreuses, ovales, enveloppées de laine.

CLASSE.

Ce genre fait partie de la première classe de Tournefort, qui comprend les plantes campaniformes; & de la seizième de Linnæus, destinée aux plantes monadelphiques polyandriques. Cet Auteur en admet cinq espèces.

PREMIERE ESPÈCE.

La première espèce est le Coton herbacé. *Gossypium herbaceum. Gossypium foliis quinquelobis, caule herbaceo, levi. Linn. Sp. Plant.* 975. *Hort. Upf.* 203. *Mat. Med.* 341. *Gossypium caule decumbente. Hort. Cliff.* 350. *Roy. Lugdb.* 359. *Gossypium frutescens, semine albo. Bauh. Pin.* 430. *Gossypium Cam. Epit.* 203. *Rumph. Amboin.* 4, *p.* 53. En Hollandois, *Boomwol* & *Cattoen.* En Arabe, *Kotnon*, *Koton* & *Kotoun.* En Grec & en Latin, *Bombax*, *Bambax* : suivant Scaliger, *Bombyx*. En Italien, *Bombagia*. En Espagnol, *Algodon.* En Portugais, *Algaodon.* A Malaca, à Java & Macassar, *Capos.* A Ternate, *Capa.* A Amboine, à Hitoé, à Leytimore, *Abamabu.* A Banda, *Caramboa.* En Allemand, *Baumwolte.* En Anglois, *Cotton.*

Description générique.

La racine de cette espèce est rameuse. Sa tige est herbacée, cylindrique, rameuse. Ses feuilles sont alternes, découpées en cinq lobes, soutenus par de longs pétioles. Sa fleur est axillaire, enveloppée de deux calices, dont l'extérieur est composé de trois feuilles comme dans les mauves ; elle est monopétale, campaniforme, ouverte, divisée en cinq lobes. Le calice est double. Le fruit est pointu : c'est une capsule obronde, à quatre loges, à quatre battans, renfermant plusieurs semences ovales, enveloppées d'un duvet qu'on nomme *Coton.*

Figure.

Cette espèce est représentée dans l'*Herb. Amb.* tome 4, pl. 12 ; & dans la seconde partie de cet Ouvrage.

Lieu de sa naissance.

Elle croît naturellement dans l'Amérique ; elle est annuelle.

Culture.

Le Cotonnier herbacé se sème en Amérique dans un champ labouré, & il est bon à couper environ quatre mois après dans les pays chauds. On le moissonne comme le bled : c'est en Juin à Malte, suivant le Journal Economique, où l'on ajoute qu'on a soin d'arroser la graine avec de l'eau & de la cendre, pour l'empêcher d'être rongée des vers.

Quoiqu'on dise que cette plante herbacée est annuelle, elle se conserve cependant dans une serre chaude. Un habile Cultivateur, dans le Supplément du Dictionnaire Encyclopédique rapporte avoir fait une expérience sur ce végétal. Après que les jeunes plantes sont transportées, dit-il, on les place sur une couche vitrée, assez haute pour les couvrir, & on leur donne de l'air pendant les grandes chaleurs en les arrosant suffisamment. Il faut couvrir les couches dans les temps de pluie. Au moyen de ces soins, on les verra fleurir dès le commencement d'Avril, & ensuite former le fruit qui peut être mûr en Septembre ; & c'est par curiosité & pour voir cette espèce de pomme ou grosse noix, qui éclate lorsqu'elle est mûre, ne pouvant plus contenir le Coton, qu'on en cultive chez les Fleuristes. On a cru que peut-être on pourroit naturaliser cette plante dans les lieux les plus chauds de notre pays, puisqu'on y trouve quelques plantes spontanées qui le sont dans la Zone torride ; mais les variations trop subites & trop fréquentes de l'air, les vents froids & les pluies n'en laissent pas la moindre apparence. On a fait venir une certaine quantité de graine de la Sicile : il n'en a pas manqué un seul grain, même la seconde année ; tout a levé : mais ensuite les plantes n'ont pas voulu fleurir en plein air. Quant à l'espèce suivante, il n'est pas de la prudence de la conseiller à qui que ce soit ; elle exige de grands soins, & ne sert qu'à contenter la curiosité.

Propriétés médicinales.

La bourre qui environne la graine de cette plante, s'emploie très-fréquemment dans l'usage extérieur.

Propriétés vétérinaires.

On la fait avaler aux oiseaux de proie avec les médicamens qui doivent les purger.

Propriétés économiques.

Elle entre dans la composition des cordes d'amorce, des saucissons d'artifice ; on s'en sert à ouater beaucoup de choses qu'on veut rendre plus chaudes. Etant filée, on en fait des toiles, des bas, des velours, &c. C'est dans l'emploi de cette matière reçue brute des mains de la nature, que brille l'industrie humaine, soit dans la récolte, le moulinage, l'emballage & le filage, soit dans la manière de peigner le coton & l'étoupe, de le lustrer, d'en mêler diverses sortes pour différens ouvrages, de former le fil, de le devider, de l'ourdir, &c. On en fait des futaines, des basins & des bas d'une si grande finesse, qu'une paire du poids d'une once & demie jusqu'à deux, vaut depuis trois jusqu'à huit livres. Il entre dans une infinité d'étoffes où il se trouve tissu avec la soie, le fil & diverses autres matières. Le vrai secret du sieur Rouvière pour employer l'Apocyn, c'étoit de le mêlanger avec beaucoup de Coton, de soie ou de filoselle.

Observation.

On a observé que le Coton mis sur les plaies en forme de tente, y occasionne l'inflammation. Leuvenoch, qui a recherché la cause de cet effet au microscope, a trouvé que les fibres du Coton avoient deux côtés plats, d'où il a conclu qu'elles avoient comme deux tranchans ; que ces tranchans plus fins que les molécules dont les fibres charnues sont composées, plus fermes & plus roides, divisoient ces molécules, & occasionnoient par cette division l'inflammation.

Mémoire sur le Coton.

Les Isles Françoises de l'Amérique fournissent le meilleur Coton qui soit employé dans les Fabriques de Rouen & de Troies. Les Etrangers nos voisins tirent même le leur de la Guadeloupe, de Saint-Domingue & des contrées adjacentes. Celui qu'on appelle *de la Guadeloupe* est court ; la laine en est grosse, & la manière usitée de filer le Coton ne lui convient pas. Celui de Saint-Domingue peut être filé lorsqu'il est bien beau : on peut le mêler avec d'autres Cotons plus fins, & en faire certains ouvrages ; mais tous ces endroits en fournissent une autre espèce qu'on appelle *de Siam, blanc, à graine verte*, pour le distinguer d'un autre de la même qualité, mais d'une couleur différente : celui-ci est roux, l'autre est blanc. Sa laine est fine, longue & douce sous la main. Sa graine est plus petite que celle des autres Cotons, & la laine y est souvent adhérente. Cette graine est noire, lisse, quand le Coton a bien mûri. Si au contraire la culture & la récolte ont été mal conduites, la laine y demeure attachée; & ses extrémités qui en ont été séparées, sont vertes, surtout lorsque le Coton a été nouvellement recueilli. Cette espèce n'est point cultivée en Amérique, quoiqu'on convienne de sa supériorité, parce que sa graine étant petite, s'engage entre les cylindres du moulin, s'y écrase, tache la laine & la remplit d'ordures, défaut considérable qui en diminue beaucoup le prix; d'ailleurs ce Coton est trop léger pour les filasses des fabriques de Rouen, & il leur faudroit beaucoup plus de temps pour en filer une livre, que pour une livre de tout autre: ainsi elles ne l'estiment point, & sur leur mépris intéressé, on l'a abandonné. Ce même Coton est cultivé au Missisipi, climat qui ne lui convient pas comme les Isles de l'Amérique; aussi il n'y mûrit pas. La laine en est courte & fortement attachée à la graine; en sorte qu'il n'est pas possible d'en faire un bon usage.

L'arbrisseau qui donne les Cotons à l'Amérique (*seconde espèce*), est vivace; sept ou huit mois après avoir été planté de graine, il donne une récolte foible; il continue de rapporter de six en six mois pendant dix années. Celui des Indes & de Malte est annuel: il y a aussi quelque différence pour la qualité; celui de l'Amérique paroît plus soyeux.

Immédiatement après la récolte du Coton, on le porte aux moulins. Le méchanisme du moulin est fort simple; ce sont deux petits rouleaux cannelés, soutenus horisontalement; ils pincent le Coton qui passe entre leurs surfaces, & le dégagent de sa graine, dont le volume est plus considérable que la distance des rouleaux, qui tournent en sens contraire, au moyen de deux roues mises en mouvement par des cordes attachées à un même marche-pied, qu'un homme presse du pied, comme fait un Tourneur ou une Fileuse au rouet, tandis qu'avec ses mains il présente le Coton aux rouleaux qui le saisissent, l'entraînent, & le rendent dans un panier ou sac ouvert & attaché sous le chassis: ce qui vaut beaucoup mieux, parce que la poussière ne s'y mêle point & que le vent ne peut en emporter, même lorsque ce travail se fait à l'air, sous un simple angar, comme c'est assez la coutume.

Lorsque le Coton est séparé de sa graine, on le met dans de grands sacs de toile forte, longs d'environ trois aunes; on les emplit à force & à grands coups de pince de fer: on commence par les mouiller; puis on les suspend en l'air, la gueule ouverte, & fortement attachés à des cordes passées dans des poulies fixées aux poutres d'un plancher. Un homme entre dedans, & range au fond une première couche de Coton qu'il foule avec les pieds & un pilon. Sur cette couche, il en met une autre, qu'il enfonce & serre avec sa pince de fer: il continue de cette manière, jusqu'à ce que le sac soit entièrement plein. Pendant le travail, un autre homme a soin d'asperger de temps en temps le sac à l'extérieur avec de l'eau, sans quoi le Coton ne seroit point arrêté, & remonteroit malgré les coups de pince. On coud le sac avec de la ficelle; on pratique aux quatre coins des poignées pour le pouvoir remuer plus commodément. Ce sac ainsi conditionné s'appelle *une balle de Coton*; il contient plus ou moins, selon qu'il est plus ou moins serré, plus ou moins foulé: cela va ordinairement à trois cents, trois cents vingt livres.

On fabrique avec le Coton des toiles fines qu'on nomme *Mousselines*. Cette fabrique se divise naturellement en deux parties: le filage des Cotons fins & la fabrique des Toiles ou autres ouvrages dans lesquels on emploie ce fil. Lorsque l'on se proposera de ne fabriquer que des Mousselines fines, des Bas fins, il faudra séparer à la main le Coton d'avec la graine, cela facilitera le travail de l'ouvrière qui doit le filer: mais dans une fabrique plus étendue, il seroit à propos de recourir à une machine plus précise. Lorsqu'on doit filer, on ouvre les gousses pour en tirer les graines avec les doigts; on charpie le Coton en long, observant de ménager & de ne pas rompre les filamens qui composent son tissu, & l'on en forme des flocons gros comme le doigt. On peigne ensuite le Coton; quoique cette opération se fasse avec des cardes, cependant il ne faut point carder. *Carder le Coton*, c'est le mêler en tout sens, & le rendre rare & léger. Les opérations du peignage tendent à séparer les uns des autres les filamens, & à les disposer selon leur longueur, sans les plier, les rompre ni les tourmenter par des mouvemens trop répétés. Sans cette précaution il deviendroit mou & plein de nœuds qui le rendroient mauvais, & souvent même inutile. Cette opération est la plus difficile à apprendre, & la plus nécessaire à bien savoir; c'est elle qui conduit les ouvrages en Coton à leur perfection: on y réussit rarement d'abord; mais on prend l'habitude de la bien faire; & quand on l'a, elle ne fatigue plus. Elle consiste dans la manière de se servir des cardes, & de le faire passer d'une carde à l'autre en le peignant à fond. Pour y procéder, prenez de la main gauche la plus longue de vos cardes, en sorte que les dents regardent en haut, & que les pointes courbées soient tournées vers la main gauche; ménagez-vous la liberté du pouce, & la liberté de glisser la main d'un bout à l'autre de la carde; prenez de la main droite un flocon par le tiers de sa longueur ou environ; portez-en l'extrémité sur la carde; engagez-le dans les dents; aidez-vous du pouce gauche, si vous le trouvez à propos, en l'appliquant sur le Coton; tirez le flocon de la main droite sans le serrer beaucoup, il restera une partie de Coton prise par un bout dans les dents de la carde, & l'autre bout de ce Coton engagé sortira hors de la carde; réitérez quinze ou seize fois cette manœuvre jusqu'à ce que le flocon soit fini; remplissez, en procédant de la même manière, la carde d'un bout à l'autre avec de semblables flocons; observez seulement de n'en jamais trop charger à la fois.

La carde étant suffisamment garnie, fixez-la dans votre gauche, en la saisissant par le milieu & par le côté opposé à celui des dents; prenez de la droite la plus petite de vos cardes dans un sens opposé à l'autre, c'est-à-dire, les pointes en bas, & leur courbure tournée vers la droite. Pour la tenir, saisissez-la par les deux bouts entre le pouce & le doigt du milieu, l'index se trouvera placé sur son dos; posez-la sur les filamens de Coton qui sont au-dessus de votre carde, & les peignez légèrement, en commençant par les bouts de Coton, que vous tirerez un peu avec votre carde droite, afin d'enlever & d'étendre selon leur longueur tous les filamens de Coton qui n'ont pas été engagés dans les dents de la grande carde; continuez d'un bout à l'autre en approchant la petite carde de plus en plus des dents de la grande, en sorte qu'en dix-huit à vingt coups de cette sorte de peigne, le Coton qui sort en dehors soit bien peigné; faites la même opération pardessous, pour enlever ce qui s'y trouve de mal rangé, & qui n'a pu être atteint par les points de la petite carde, lorsqu'on s'en est servi en dessus. Cela fait, il se trouve du Coton engagé dans les deux cardes, dont les parties extérieures ont été peignées; mais il est évident que les bouts du Coton engagé dans l'intérieur de la grande carde ne l'ont point été; c'est pourquoi l'on fait

fait passer tout le Coton de la grande carde sur la petite sans changer leurs positions; mais en enfonçant seulement les dents de la petite dans le Coton engagé dans la grande, en commençant à l'endroit où il se montre en dehors, observant de tourner les cardes, de sorte que le Coton puisse se dégager peu à peu de l'une pour s'attacher à l'autre, peignant toujours à mesure qu'il s'attache, & qu'il sort de la grande pour charger la petite. Quand la petite carde aura recueilli tout le Coton de la grande sans le plier ni le rompre, les filamens qui le composent auront tous été séparés les uns des autres dans le courant de cette manœuvre, & il se trouvera en état d'être mis sur les quenouilles pour être filé.

Les quenouilles sont les cardes même, & l'opération consiste à faire passer le Coton de la petite carde sur la grande, s'attachant à l'y distribuer également & légèrement. Lorsque tout le Coton est mis sur la grande carde, on examine au jour s'il n'y a point d'inégalités. S'il y en a, on se sert de la petite carde pour les enlever; & ce qu'elle prend de Coton dans ces derniers coups, suffit pour la charger & la faire servir elle-même de quenouille comme la grande.

Le Coton est alors si facile à filer, que la manœuvre du filage devient une espèce de devidage; & le fil qui proviendra du Coton ainsi préparé, sera propre pour toute sorte de toiles. L'écheveau pesera depuis vingt jusqu'à trente grains, selon l'adresse de la Fileuse. Au demeurant, il est à propos de savoir qu'un écheveau de Coton contient toujours deux cents aunes de fil; que le numéro qu'il porte est le poids de ces deux cents aunes; ainsi que quand il s'agira d'un fil pesant vingt grains, il faudra entendre un écheveau de deux cents aunes de ce poids; d'où l'on voit que plus le poids de l'écheveau est petit, la longueur du fil demeurant la même, plus il faut que le fil ait été filé fin. Pour l'obtenir très-fin, il faut étouper le Coton.

Les ouvrages faits avec le Coton dont nous avons parlé, sont mousseux, parce que les bouts des filamens du Coton paroissent sur les toiles ou estames qui en sont faites. C'est cette espèce de mousse qui a fait donner le nom de Mousselines à toutes les toiles de Coton fines qui nous viennent des Indes, qui en effet ont toutes ce duvet. Pour réformer ce défaut, qui est considérable dans les estames & les mousselines très-fines, il faut séparer du Coton tous les filamens courts qui ne peuvent être pris en long dans le tors du fil, qui lui donnent de la grosseur sans lui donner de la liaison; c'est ce qu'on appelle *étouper*.

Pour étouper le Coton, choisissez les plus belles gousses de Coton de Siam blanc, qui aient la soie fine & longue; charpissez-les, & les démêlez sur les cardes, au point d'être mis sur les quenouilles; que votre Coton soit partagé entre vos deux cardes; alors vous tournez les deux cardes du même sens, & posez les dents de l'une sur les dents de l'autre, les engageant légèrement & de manière que les bouts du Coton qui sortent des cardes se réunissent; fermez la main droite, saisissant entre le pouce & l'index tous les bouts de Coton que vous tirerez hors de la carde; & sans lâcher prise, portez ce que vous aurez saisi sur la partie de la grande carde qui restera découverte, afin seulement d'en peigner les extrémités en les passant dans les dents; posez ensuite ce Coton sur quelque objet rembruni qui vous donne la facilité de le voir & de l'arranger; continuez cette opération jusqu'à ce que vous ayez tiré tout le Coton qui vous paroîtra long; peignez de rechef ce qui restera dans les cardes, & recommencez la même opération. Après cette seconde reprise, ce qui ne sera pas tiré sera l'étoupe du Coton, & ne pourra servir à des ouvrages fins.

Voulez-vous approcher encore davantage de la perfection, & donner du lustre à votre Coton? Faites de ce Coton, tiré des cardes dans l'étoupage, de petits flocons gros comme une plume, rassemblant les filamens longitudinalement, & les tordant entre les doigts assez fortement, en commençant par le milieu, comme si vous en vouliez faire un cordon: que ce tors se fasse sentir d'un bout à l'autre du flocon. Quand vous viendrez ensuite à le détordre, vous vous appercevrez que le Coton se sera alongé, & qu'il aura pris du lustre comme la soie. Si vous voulez charpir un peu ce Coton & le détordre, il n'en sera que plus beau. Pour le filer, on le met sur les quenouilles comme le Coton non lustré, observant de les charger peu si l'on veut filer fin. Le fil du Coton ainsi préparé sert à faire des toiles très-fines & des bas qui surpassent en beauté ce qu'on peut imaginer: ils ont l'avantage d'être ras & lustrés comme la soie. Le fil sera filé fin, au point que l'écheveau pourra ne peser que huit ou dix grains; mais il y a plus de curiosité que d'utilité à cette extrême finesse.

Le détail de toutes ces opérations paroîtra peut-être minutieux; mais si les objets sont petits, la valeur n'en est pas moins considérable. Un gros de Coton suffit pour occuper une femme tout un jour. Une once fait une aune de mousseline, qui vaut depuis douze livres jusqu'à vingt-quatre livres, suivant la perfection. Une paire de bas pesant une once & demie, deux onces, vaut depuis trois jusqu'à six & huit livres. Il n'y a nul inconvénient pour la Fileuse à employer deux heures de son temps à préparer le Coton qu'elle peut filer en un jour; puisque c'est de cette attention que dépend la solidité du fil, la célérité dans les autres opérations, & la perfection de tous les ouvrages qu'on en peut faire. L'habitude rend cet ouvrage très-courant.

On mêle encore les Cotons de différentes sortes. On a dit que le beau Coton de Saint-Domingue pouvoit être employé à certains ouvrages, & sur-tout qu'on le mêloit avantageusement. Employé seul, on en fileroit du fil pesant soixante-douze grains, qui serviroit en chaîne pour des toiles qu'on voudroit brocher sur le métier, ou pour des mouchoirs de couleur. En le mêlant par moitié avec des Cotons fins, le fil pesera cinquante-quatre à cinquante grains, & sera propre à tramer les toiles & mouchoirs dont nous venons de parler, & à faire des toiles fines qu'on pourra peindre. En mêlant trois quarts de Coton fin avec un quart de Coton de Saint-Domingue bien préparé & lustré, on en pourra faire les rayures des mousselines rayées, des mousselines claires & unies, & le fil en pesera trente-six à trente grains. Ce mêlange se fait dans la première opération lorsque le fil est en flocons. On met sur la carde tant de flocons d'une qualité & tant d'une autre, suivant l'usage qu'on en veut faire. Les Indiens ne connoissent point ces mêlanges. La diversité des espèces que la nature leur fournit, les met en état de satisfaire à toutes les fantaisies de l'art: au reste, les préparations qu'ils donnent à leurs Cotons, n'ont nul rapport avec ce qui vient d'être dit ci-dessus. Leur Coton recueilli, ils le séparent de la graine par deux cylindres de fer qu'ils roulent l'un sur l'autre; ils l'étendent ensuite sur une natte, & le battent pendant quelque temps avec des baguettes; puis avec un arc tendu, ils achèvent de le rendre rare, en lui faisant souffrir les vibrations réitérées de la carde, c'est-à-dire, qu'ils l'arçonnent. Quand le Coton a été bien arçonné, ils le font filer par des hommes & des femmes.

Voyons actuellement comment on file les Cotons fins : le rouet étant préparé, & la Fileuse ayant l'habitude de le faire tourner également avec le pied, pour commencer, elle fixera un bout de fil quelconque sur le fuseau d'ivoire ; elle le fera passer sur l'épinguer & dans le bouton d'ivoire ; de-là elle portera l'extrémité de ce fil, qui doit avoir environ quatre pieds de long, sur la grande carde qui doit servir de quenouille ; elle le posera sur le Coton à la partie la plus voisine du manche ; elle tiendra ce manche dans sa main gauche, faisant en sorte d'avancer le pouce & l'index au-delà des dents de la carde, vers les bouts du Coton, où elle saisira le fil à un pouce près de son extrémité, sans prendre aucun filament de Coton entre ses doigts. Tout étant en cet état, elle donnera de la main droite le premier mouvement au rouet qui doit tourner de gauche à droite. Ayant entretenu ce mouvement quelques instans avec son pied, le serin étant suffisamment tendu, on sent le fil se tordre jusques contre les doigts de la main gauche qui le tiennent proche le Coton sans lui permettre d'y communiquer. Prenez alors ce fil de votre droite entre le pouce & l'index, à six pouces de distance, & le serrez de façon que le tors que le rouet lui communique en marchant toujours, ne puisse pas s'étendre au-delà de votre main droite. Cela bien exécuté, il n'y a plus qu'un petit jeu pour former le fil ; mais observez qu'il ne faut jamais approcher de la tête du rouet plus près que de deux pieds & demi à trois pieds, & que les deux mains soient toujours à quelque distance l'une de l'autre, excepté dans les circonstances extraordinaires que l'on expliquera ailleurs. Le bout du fil qui est entre les deux mains, qui a environ six pouces de longueur, ayant été tors comme on l'a dit, sert à former à-peu-près quatre, cinq, six pouces de nouveau fil ; car en lâchant ce fil de la main gauche seulement, le tors montera dans la carde le long de sa partie qui y est posée, & y arrachera quelques bouts de Coton qui formeront un fil que vous tirerez hors de la carde en portant la main droite vers la tête du rouet, tandis que le tors aura le pouvoir de se communiquer au Coton. Dès que vous vous appercevrez que le tors cessera d'accrocher les filamens du Coton, vous saisirez le fil nouveau fait des deux doigts de votre gauche, comme ci-devant ; alors vous laisserez aller le fil que vous teniez de votre droite. Le tors qui étoit entre le rouet & votre droite venant à monter précipitamment jusqu'à votre gauche, vous donnera occasion de reprendre sur le champ votre fil de la droite à cinq ou six pouces de la gauche comme auparavant, & de continuer à tirer ainsi de nouveau fil de la carde. On parviendra à se faire une habitude de cette alternative de mouvement si grande, qu'il en devient d'une telle promptitude, que le rouet ne peut quelquefois pas tordre assez vîte, & que la Fileuse est obligée d'attendre ou de forcer le mouvement du rouet.

Le bout de fil de six pouces de long qui est intercepté entre les deux mains, & qui contient le tors qui doit former le nouveau fil, se formera inégalement, si on le laisse agir naturellement ; car étant plus vif au premier instant que vers la fin, il accrochera plus de Coton au premier instant que dans les instans suivans. Il est de l'adresse de la Fileuse de modérer ce tors, en roulant entre ses doigts le fil qu'elle tient de la droite dans un sens opposé au tors, afin d'en augmenter l'effet. Par ce moyen elle parviendra à former le fil parfaitement égal, si le Coton a été bien préparé. Celles qui commencent cassent leur fil, faute d'avoir acquis ce petit talent.

On a fait le rouet à gauche, afin que la main droite pût agir dans une circonstance d'où dépend toute la perfection du fil. On a fait pareillement tourner le rouet de gauche à droite, parce que sans cela le fil se tordroit dans un sens où il seroit incommode à modérer, soit en le tordant, soit en le détordant entre les doigts de la main droite.

Une autre adresse de la Fileuse, c'est de tourner sa carde ou quenouille de façon que le tors qui monte dedans trouve toujours une égale quantité de Coton à accrocher, & qu'il soit accroché par les extrémités des filamens, & non par le milieu de leur longueur. C'est par cette raison qu'il est très-essentiel que le Coton y soit également distribué, & que les brins soient bien détachés les uns des autres : mais quelqu'adroite que soit la Fileuse, il arrive quelquefois que le tors accroche une trop grande quantité de Coton, qui forme une inégalité considérable. Pour y remédier, il faut saisir l'endroit inégal tout au sortir de la carde, avec les deux mains, c'est-à-dire, du côté de la carde avec la gauche, comme si le fil étoit parfait, & l'autre bout avec la droite, & détordre cette inégalité en roulant légérement le fil entre les doigts de la droite, jusqu'à ce que le Coton étant ouvert, vous puissiez alonger cette partie trop chargée de Coton au point de la réduire à la grosseur du fil. Cette pratique est nécessaire : mais il faut faire en sorte de n'y avoir recours que quand on ne peut prévenir les inégalités ; elle retarde la Fileuse quand elle est trop souvent répétée. Une femme qui prépare bien son Coton, forme son fil égal dans la carde même.

Il est inutile d'avertir que lorsque le Coton qui est près du manche de la carde est employé, il faut avancer la main gauche sur les dents de la carde même, pour être à portée d'épurer sur le reste. Lorsque la carde commence à se vuider, il reste toujours du Coton engagé dans le fond des dents. Pour le filer, il faut approcher la main droite & filer à deux pouces près de la carde : on pourra par ce moyen aller chercher le Coton par-tout où il sera, & on l'accrochera en tordant un peu le fil entre les doigts de la droite, afin de rendre le tors du fil plus âpre à saisir les filamens épais. Lorsque l'opération devient un peu difficile, on abandonne ce Coton pour le reprendre avec la petite carde, & s'en servir à charger de nouvelles quenouilles. Toutes les fois que le fuseau est chargé d'une petite monticule de Coton filé, appellée *Sillon*, il faut avoir soin de changer le fil sur l'épinguer, c'est-à-dire, le transporter d'une dent dans une autre, & ne pas attendre que ce sillon s'éboule. Il faut remplir le fuseau de suite, autrement le fil ne peut se devider : il est perdu. Quand le fuseau sera plein à la hauteur des épaulemens, il faudra passer une épingle au travers du fil, & y arrêter le bout du fil.

Si l'on faisoit usage du fil de Coton au sortir du rouet, il auroit le défaut de se friser comme les cheveux d'une perruque ; il manqueroit de force ; il seroit cassant. Pour y remédier, on fait bouillir les fuseaux, tels qu'ils sortent de dessus le rouet, dans de l'eau commune, l'espace d'une minute. C'est pour résister à ce débouilli qu'on a fait des fuseaux d'ivoire. Ceux de bois deviennent ovales en dedans, & ne peuvent servir deux fois s'ils ne sont doublés de cuivre.

Une Fileuse bien habile peut filer mille aunes de fil ordinaire, & apprêter son Coton pour le filer chaque jour. On donne le nom de *Coton en laine* au Coton sorti de la coque, par opposition au Coton au sortir des mains de la Fileuse, qu'on appelle *Coton filé.*

Nous pourrions encore nous étendre ici sur le devidage du Coton, sur la description des instrumens qui servent au filage des Cotons fins, & sur les moyens de mettre le fil de Coton en œuvre, c'est-à-dire, d'en faire des mousselines & autres toiles; mais nous nous éloignerions par-là de notre but principal, qui est uniquement l'Agriculture avec l'emploi des substances végétales qu'elle nous fournit. On peut à ce sujet consulter *les Arts & Métiers* publiés par l'Académie.

SECONDE ESPÈCE.

La seconde espèce est le Coton en arbre. *Gossypium arboreum. Gossypium foliis palmatis, lobis lanceolatis, caule fruticoso. Linn. Sp. Plant.* 975. *Gossypium caule erecto. Hort. Cliff.* 350. *Gron. Orient.* 208. *Roy. Lugdb.* 359. *Gossypium latifolium. Rumph. Amboin.* 4, *p.* 37. *Gossypium arboreum, caule levi. Bauh. Pin.* 430. *Gossypium herbaceum, seu Xylon Maderaspatense, rubicundo flore, pentaphyllum. Pluk. Alm.* 172. *Cuduparili. Rheed. Hort. Malab.* 1, *p.* 55. *Xylon arboreum, flore flavo. Tourn. Inst. Rei Herb.* 101.

Description.

La tige de cette espèce est haute de plusieurs pieds. Ses branches sont longues, ligneuses, garnies de feuilles alternes, palmées, entre les sinus desquelles se trouve souvent une petite découpure, ce qui fait paroître ces sinus obtus. Sa fleur est jaune, & de l'étendue de celle de la Mauve, appellée *Rose d'Outremer.* Son fruit est plus gros que celui de l'espèce précédente; mais son Coton & sa graine sont tout-à-fait pareils.

Figure.

Cette espèce est représentée dans l'*Herb. Amb.* tome 4, pl. 13; dans l'*Almag.* de Plukenet, pl. 188, fig. 3; dans l'*Hort. Malab.* tome 1, pl. 31.

Lieu de sa naissance.

Elle croît naturellement dans les endroits sablonneux de l'Inde.

Propriétés médicinales.

Ses feuilles broyées & employées en onction sur la tête avec du lait de vache, procurent le sommeil, & appaisent les douleurs de tête & le vertige. Les fruits broyés & bus dans de l'eau, guérissent de la dyssenterie.

Observations & propriétés économiques.

On peut diviser ce Cotonnier en trois sous-espèces qu'on distingue, dit M. le Romain, dans le Dictionnaire Encyclopédique, par la finesse de la laine & la disposition des laines dans la gousse. La première donne un Coton commun dont on fait des matelas & des toiles ordinaires; la seconde un Coton très-blanc & extrêmement fin, propre aux ouvrages déliés, & la troisième un très beau Coton, qu'on appelle à la Martinique *Coton de pierre*, parce que les graines, au lieu d'être éparses dans sa gousse, comme elles le font aux autres, sont amoncelées, & si serrées les unes contre les autres, qu'on a de la peine à les séparer; en sorte que toutes ensemble occupent le milieu du flocon. On cultive aux Antilles une quatrième sous-espèce plus petite que les précédentes, quoiqu'elle leur ressemble à-peu-près par sa tige & par ses feuilles. Le Coton en est très-fin & d'une belle couleur de chamois: on l'appelle *Coton de Siam.* On fait de sa laine des bas d'une extrême finesse. La couleur en est recherchée. Les plus beaux se font dans l'Isle de la Guadeloupe.

TROISIEME ESPECE.

La troisième espèce est le Cotonnier hérissé. *Gossypium hirsutum. Gossypium foliis trilobis quinquelobisve, acutis; caule ramoso, hirsuto. Linn. Sp. Pl.* 975. *Mill. Dict. n°.* 4. *Xylon Americanum, præstantissimum; semine virescente. Tourn. Inst.* 101. *Gossypium frutescens, pentaphyllos, Barbadense. Alm.* 172.

Description.

La tige de cette espèce est hérissée, rameuse, en arbrisseau. Ses feuilles sont à trois lobes ou à cinq, aigues ou obtuses. Sa semence est verdâtre. Le Coton en est excellent.

Figure.

Cette espèce est représentée dans l'*Almag.* de Plukenet, pl. 299, fig. 1.

Lieu de sa naissance.

Elle est annuelle, & souvent bisannuelle; & croît naturellement dans l'Amérique.

QUATRIEME ESPECE.

La quatrième espèce est le Cotonnier religieux. *Gossypium religiosum. Gossypium foliis trilobis, acutis, subtùs uniglandulosis; ramulis nigro-punctatis. Linn. Syst. Veg. edit. XIII. Murr.* 522. *Gossypium frutescens, annuum; folio vitis, ampliore, quinquefido. Pluk. Almag.* 172.

Description.

Cet arbrisseau est à rameaux à peine poileux; mais, ainsi que les pétioles, il est parsemé d'atomes noirs. Ses feuilles sont en forme de cœur, profondément découpées, à trois lobes, & à cinq lobes dans un sol plus fertile, de la grandeur de la paume de la main, pointues, à une glande seulement sous la côte du milieu. Les étamines sont totalement monadelphiques.

Figure.

Il est représenté dans l'*Almag.* de Plukenet, pl. 188, fig. 2.

Lieu de sa naissance.

Il croît naturellement dans les Indes.

CINQUIEME ESPECE.

La cinquième espèce est le Cotonnier des Barbades. *Gossypium Barbadense. Gossypium foliis trilobis, integerrimis, subtùs triglandulosis. Linn. Sp. Pl.* 975. *Hort. Ups.* 204. *Gossypium frutescens, annuum; folio trilobo, Barbadense. Pluk. Alm.* 172.

Description.

Cette espèce est en arbrisseau. Ses feuilles sont à trois lobes, très-entières, garnies de trois glandes sous leurs côtes, ce qu'on n'observe pas dans la première espèce.

Figure.

Elle eſt repréſentée dans l'*Almag.* de Plukenet, pl. 188, fig. 1.

Lieu de ſa naiſſance.

Elle croît naturellement aux Barbades.

Culture générale.

La première eſpèce, ainſi que nous l'avons déjà obſervé, ſe ſème dans les Iſles de l'Archipel, à Malte, en Sicile, & dans le Royaume de Naples, au commencement de l'année, dans une terre bien labourée. Il ne lui faut que quatre mois pour mûrir. On la coupe pour lors avec la faucille, comme on fait le bled en France. Cette eſpèce périt toujours après la maturité de ſes graines.

La troiſième eſpèce eſt une plante qui meurt, comme la précédente, auſſi-tôt après la maturité de ſes graines. Quand cette plante a de la place pour s'étendre, ſes branches peuvent produire chacune quatre ou cinq gouſſes de Coton, & même davantage; & chacune de ces gouſſes eſt preſque de la groſſeur d'une pomme : auſſi en retire-t-on beaucoup plus de profit que d'aucune autre eſpèce, & le Coton eſt plus beau : auſſi ſa culture eſt-elle devenue un objet digne de l'attention des Colonies Angloiſes.

Comme toutes les eſpèces ſont fort délicates, elles ne viennent point en plein air dans nos contrées; cependant on en ſème ſouvent dans les jardins pour la curioſité. La première & la troiſième eſpèce donnent des ſemences mûres en France, pourvu qu'on les ait ſemées au commencement du printemps ſur une bonne couche chaude. Quand les jeunes plantes ſont levées, on les met chacune ſéparément dans un pot enfoncé dans une couche chaude de tan, pour accélérer leur végétation; & quand elles ſont trop hautes pour pouvoir reſter ſur la couche, on les met pour lors dans la ſerre chaude, & toujours dans le tan. Quand les racines ont rempli les pots, on les met dans de plus grands; & moyennant ces précautions, on pourra avoir des fleurs & des graines mûres pour l'automne.

Le Cotonnier en arbriſſeau, autrement la ſeconde eſpèce, vient très-facilement de graines, pourvu qu'on les ſème ſur une bonne couche chaude; & lorſqu'on les ſème au premier printemps, & qu'on accélère leur accroiſſement, comme nous avons dit ci-deſſus, ces jeunes plantes parviennent dès le premier été à la hauteur de cinq ou ſix pieds : mais il eſt très-difficile de les conſerver pendant l'hiver, à moins qu'on ne les ait endurcies inſenſiblement dès le mois d'Août, en leur donnant de l'air pendant les chaleurs; car ſi on les force pour lors, elles ſont ſi délicates, qu'il ne faut qu'un rien pour les faire périr. En automne, il faut les mettre dans la ſerre chaude & dans le tan, ſinon elles ne vivent pas dans notre climat.

GOUANIA, *la Gouan.*

Deſcription générique.

Le caractère de ce genre de plante eſt d'avoir des fleurs hermaphrodites & mâles ſur le même individu. Dans les hermaphrodites, le périanthe du calice eſt monophylle, ſupérieur, en forme d'entonnoir, à demi fendu en cinq, ayant le tube perſiſtent, les découpures ovales, aiguës, qui s'étendent & qui tombent. Il n'y a point de corolle. Les filamens des étamines ſont au nombre de cinq, en forme d'alêne, de la longueur du calice, & alternes au calice. Les anthères ſont rondes, couchées, en forme de coëffe. La coëffe eſt en capuchon, élaſtique. Le germe du piſtil eſt inférieur. Le ſtyle eſt en forme d'alêne, à demi fendu en trois. Les ſtigmates ſont obtus. Le péricarpe eſt un fruit ſec, à trois côtes, partagé en trois, en autant de ſemences. Les parties du fruit ſont au nombre de trois, rondes, à trois côtes, & deux fois aîlées. Dans les fleurs mâles, le calice, la corolle, les étamines, le ſtyle, ſont les mêmes que dans les hermaphrodites. Il n'y a point de germe, & les ſtigmates ſont fanés.

CLASSE.

Ce genre fait partie de la vingt-troiſième claſſe de Linnæus, qui comprend les plantes polygamiques monœciques. Cet Auteur n'en rapporte qu'une eſpèce.

ESPECE.

Cette eſpèce eſt la Gouan de Saint-Domingue. *Gouania Domingenſis. Gouania foliis glabris. Linn. Sp. Plant.* 1663. *Baniſteria foliis alternis, lanceolatis, ſerratis. Sp. Plant. edit. I, p.* 427. *Paullinia foliis ſimplicibus, lanceolatis, ſerratis. Hort. Upſ.* 97. *Rhamnus inermis, ramis cirrhiferis, ſcandentibus; foliis glabris. Jacq. Americ.* 17. *Lupulus ſylveſtris, Americana, claviculis donata. Pluk. Alm,* 229. 264.

Deſcription.

Cette plante a ſes feuilles ovales ou oblongues ovales, pointues ou obtuſes avec une pointe, dentelées à dents de ſcie inégalement, ſeulement ou légèrement crénelées, glabres, d'un vert foncé, pétiolées, longues de deux pouces. Les grappes ſont ornées d'une ou de deux folioles.

Figure.

Elle eſt repréſentée dans les Plantes de l'Amérique par Jacquin, pl. 179, fig. 4; & dans le *Phytographia* de Plukenet, pl. 263, fig. 3.

Lieu de ſa naiſſance.

Elle croît naturellement dans les forêts de Saint-Domingue.

GOUPIA, *la Goupi.*

Deſcription générique.

Le caractère de ce genre de plante eſt d'avoir le périanthe du calice monophylle, très petit, à cinq dents. Les pétales de la corolle ſont au nombre de cinq, inſérés au diſque du piſtil, lancéolés, ouvrant intérieurement une petite lame qui pend du ſommet. Les filamens des étamines ſont au nombre de cinq, aigus. Le péricarpe eſt une baie globuleuſe, à cinq ſtries, à une loge attachée au fond du calice. Les ſemences ſont au nombre de trois, quatre ou cinq, convexes d'un côté, planes de l'autre.

CLASSE.

Ce genre fait partie de la cinquième claſſe de Linnæus, qui comprend les plantes pentandriques pentagyniques.

pentagyniques. M. Aublet, qui nous a fait connoître ce genre, en admet deux espèces.

PREMIÈRE ESPECE.

La première espèce est le Goupi glabre. *Goupia glabra. Aubl.* 296.

Description.

Le tronc de cet arbre s'élève à soixante pieds & plus sur deux ou trois pieds de diamètre. Son écorce est lisse, grisâtre. Son bois est blanc & peu compacte : il pousse à son sommet plusieurs branches chargées de rameaux grêles qui s'inclinent vers la terre. Ceux-ci sont garnis de feuilles alternes, vertes, lisses, luisantes, fermes, entières, ovales, terminées par une longue pointe. La nervure qui les traverse dans toute leur longueur, ne les partage pas en deux portions égales; il y en a une plus large que l'autre. Leur pédicule est court, grêle, cylindrique, accompagné à sa naissance de deux petites stipules étroites qui tombent de bonne heure. Il naît de chaque aisselle des feuilles, de petits bouquets de fleurs ramassées en forme de tête sphérique. Le péduncule commun est long de deux pouces : celui de chaque fleur est un peu plus long & plus grêle. Lorsqu'elles sont épanouies, elles sont écartées les unes des autres. Le calice est verdâtre, d'une seule pièce, à cinq dents. La corolle est à cinq pétales jaunes, longs, étroits, fermes, terminés en pointe, d'où naît un feuillet de même figure que les pétales qui se couchent sur toute leur face supérieure. Ces pétales sont attachés par un onglet autour d'un disque qui couvre le fond du calice. Les étamines sont au nombre de cinq, placées sur le disque. Leur filet est très-court. L'anthère est jaune, à quatre côtes; elles entourent l'ovaire, & le couvrent en partie. Le pistil est un ovaire arrondi, surmonté de cinq stigmates aigus. L'ovaire devient une baie noire, sphérique, à cinq stries; elle est à une seule loge, remplie de deux, trois, quatre & cinq semences lisses, rondes, convexes d'un côté & applaties de l'autre.

Figure.

Cette espèce est représentée dans l'Histoire des Plantes de la Guiane Françoise par M. Aublet, pl. 116.

Lieu de sa naissance.

Elle croît dans les grandes forêts entre la crique des Galibis & la rivière de Sinemari, à près de trente lieues du bord de la mer. Elle est en fleur & en fruit dans le mois de Novembre.

Propriétés économiques.

On fait des pirogues avec le tronc de cet arbre.

SECONDE ESPECE.

La seconde espèce est le Goupi cotonneux. *Goupia tomentosa. Aubl.* 296.

Description.

Le tronc de cette espèce ne s'élève qu'à une hauteur moyenne de vingt à vingt-cinq pieds. Son tronc a environ huit pieds de long sur six pouces de diamètre. Son écorce est ridée, noirâtre, tachée de blanc. Son bois est peu compacte & blanc. Ses feuilles sont chargées en dessus & en dessous de quelques poils courts.

GRATIOLA, *la Gratiole.*

NOMS GÉNÉRIQUES.

Ce genre de plante est connu sous les noms de *Gratiola. Math. Digitalis. Tourn.* En François, *Gratiole, l'Herbe au pauvre homme.*

Description générique.

Le caractère de ce genre est d'avoir le périanthe du calice droit, partagé en cinq lobes en forme d'alêne, persistens. La corolle est monopétale, inégale. Le tube est plus long que le calice, anguleux. Le lymbe est partagé en quatre, petit. Le lobe supérieur est plus large, échancré, réfléchi; les autres sont droits, égaux. Les filamens des étamines sont au nombre de quatre, en forme d'alêne, plus courts que la corolle, dont deux inférieurs plus courts, stériles : les deux supérieurs sont attachés au tube du pétale. Les anthères sont rondes. Le germe du pistil est cônique. Le style est droit, en forme d'alêne. Le stigmate est connivent après la fécondation. Le péricarpe est une capsule ovale, pointue, à deux loges, à deux valves. Les semences sont nombreuses, petites.

Observation.

L'essence de ce caractère consiste dans les deux étamines stériles.

CLASSE.

Ce genre fait partie de la troisième classe de Tournefort, qui comprend les plantes à fleurs en masque; & de la seconde classe de Linnæus, destinée aux plantes diandriques monogyniques. Cet Auteur en admet six espèces.

PREMIERE ESPECE.

La première espèce est l'Herbe au pauvre homme, la Gratiole des boutiques. *Gratiola officinalis. Gratiola floribus pedunculatis, foliis lanceolatis, serratis. Linn. Sp. Plant* 24. *Mat. Med.* 18. *Gratiola. Riv. Mon.* 157. *Hort. Cliff.* 9. *Roy. Lugdb.* 292. *Dalib. Paris.* 8, *Sauv. Monsp.* 137. *Gratiola Centauroïdes. Bauh. Pin.* 276. *Digitalis minima, Gratiola dicta. Moris. Hist. Oxon. Tourn. Inst. Rei Herb. Gratia Dei. Cæsalp. Gratia Dei cujus semen Gelbeneck, Papaver spumeum forte. Anguill. Linesium seu Centauroïdes. Cord.* En Allemand, *Wilder auria.* En Anglois, *Hedge-Hyssop.*

Description.

La racine de cette espèce est rampante, horisontale, noueuse, avec des fibres perpendiculaires. Les tiges sont de la hauteur d'un pied, droites, noueuses, cannellées. Les feuilles sont opposées, deux à deux, lancéolées, arrondies, dentées à leur sommet en manière de scie, lisses, veinées, embrassant la tige, sessiles. Les fleurs sont axillaires, monopétales, irrégulières, tubulées, avec des lèvres. La lèvre supérieure est en cœur, relevée; l'inférieure est divisée en trois parties. Le fruit est une capsule arrondie, terminée en pointe, partagée en deux loges. Ses semences sont menues & roussâtres.

Figure.

Cette espèce est représentée dans le second

volume de notre Traité Historique des Plantes de la Lorraine, & dans les Monopétales de Rivin, pl. 57.

Lieu de sa naissance.

Elle est vivace, & croît dans les endroits humides de la Lusace, de la France & de la partie méridionale de l'Europe.

Culture.

On la multiplie aisément par ses racines qu'on partage. Le temps le plus propre pour cette opération est l'automne. Lorsque les tiges meurent, il faut à la Gratiole un terrein humide & une exposition ombragée; elle y profite très-bien: mais elle périt souvent pendant l'été dans un terrein sec, à moins qu'on ne l'arrose.

Analyse Chymique.

Dans l'analyse chymique qui a été faite, de cinq livres de Gratiole fleurie distillées à la cornue, il est sorti 15 onces 1 gros 63 grains de liqueur limpide, presqu'insipide & sans odeur, un peu acide, & obscurément salée; 3 livres 6 onces 2 gros 42 grains de liqueur d'abord limpide, acide de plus en plus, austère, roussâtre sur la fin, fort acide & fort austère; 2 onces 3 gros 48 grains de liqueur rousse, fort acide, un peu alkaline urineuse & austère; une once 6 gros d'huile épaisse comme de l'extrait. La masse noire qui est restée dans la cornue pesoit 4 onces 7 gros 12 grains, laquelle étant bien calcinée, a laissé une once 4 gros 36 grains de cendres. On a tiré par la lixiviation 5 gros 18 grains de sel fixe alkali. La perte des parties dans la distillation a été de 2 onces 45 grains, & dans la calcination, de 3 onces 2 gros 48 grains. Toute cette plante est sans odeur; elle a une grande amertume mêlée de quelque astriction; elle contient un sel essentiel tartareux avec beaucoup de soufre âcre & grossier.

Propriétés médicinales.

La Gratiole est le purgatif usité par les pauvres, d'où on lui a donné le nom d'Herbe aux gueux. C'est un des meilleurs hydragogues qu'on puisse donner. On s'en sert avec succès pour vuider les eaux dans l'hydropisie ascite, dans la cachexie & dans les fièvres intermittentes. On ne se sert ordinairement que de la tige, qu'on peut donner en substance au poids d'un gros, & en infusion jusqu'à deux gros. M. Tournefort prescrit de faire infuser une demi-poignée de ses feuilles avec deux onces de Manne dans un demi-setier d'eau, à laquelle on fait donner ensuite un léger bouillon; après quoi on coule le tout. M. Boulduc, de l'Académie Royale des Sciences, faisoit infuser les feuilles de Gratiole dans du lait, dont il donnoit un verre, soit pour purger les eaux de l'ascite, soit pour tuer & chasser les vers; car la plupart des Auteurs modernes assurent que cette plante est vermifuge par sa grande amertume. Non seulement les parties citées de cette plante sont purgatives, mais aussi sa racine. M. Boulduc a observé par plusieurs expériences que cette racine donnée au poids d'un demi-gros & même d'un gros, purge parfaitement bien, & qu'elle est spécifique pour la dyssenterie, pourvu que cette maladie ne soit pas trop invétérée: il prétend qu'elle peut être substituée à l'Ipecacuanha, dont elle imite la vertu astringente après avoir purgé.

Le même Auteur nous apprend fort au long que l'extrait préparé du suc tiré par expression de toute la plante & épaissi en consistence de syrop, selon l'art, au bain-marie, purge moins que celui qu'on prépare avec la décoction & l'infusion du marc faite dans l'eau. Ce dernier extrait purge mieux que l'autre. L'extrait fait avec l'esprit-de-vin est moins bon que ne l'a pensé Ettmuller; il fatigue beaucoup le malade par les tranchées; il purge véritablement plus par les selles, mais avec plus d'irritation. Pour corriger la malignité de ce purgatif, Schroder prétend qu'il y faut mêler la cannelle ou semence d'anis, & Camérarius conseille le suc de Calament. Ceux qui prétendent établir la purgative des mixtes végétaux dans une substance résineuse, verront dans la préparation des extraits que M. Boulduc a faits de la Gratiole, qu'on tire mieux par un menstrue aqueux les parties purgatives de cette plante, que par un sulfureux. Quoique l'extrait qu'il a tiré par ce dernier ait été assez fort, on doit remarquer avec ce célèbre Auteur qu'un esprit-de-vin bien déphlegmé n'auroit que peu ou rien tiré de ce mixte: c'est à ses parties aqueuses qu'on doit l'extraction qui se fait. On peut consulter les Mémoires de l'Académie Royale des Sciences, année 1705, & l'Histoire de la même année. Il est certain que cette plante est aussi un bon remède contre les vers, & qu'elle est vulnéraire. Cæsalpin dit que cette dernière qualité fut découverte par hasard sur un homme qui avoit été blessé dans un pré. On enveloppa la tête du blessé de cette herbe, à ce que dit cet Auteur, & le malade fut bientôt guéri de sa blessure. C'est grand dommage, dit M. de Fontenelle, que le hasard ne se mêle pas plus souvent qu'il ne fait dans ces sortes de cas; il est certain qu'on feroit plus de découvertes.

Formules.

1°. Prenez *Gratiole*, une demi-once; faites-la cuire dans une suffisante quantité de décoction émolliente pour un lavement purgatif.

2°. Prenez feuilles de *Gratiole* verte, deux gros, ou de *Gratiole* sèche, un gros; jettez dans six livres de lait bouillant; infusez pendant la nuit; faites prendre la colature le matin, pour une potion cathartique.

3°. Prenez feuilles de *Gratiole*, un gros; macérez pendant la nuit dans six onces d'eau de fontaine; passez & pilez dans la colature une demi-douzaine d'amandes douces; exprimez & délayez syrop violet ou de guimauve, une once.

4°. Prenez *Gratiole* verte, une poignée; petite Centaurée, Absynthe, de chacune une demi-poignée; graine de Tanaisie & de Santoline, de chacune une demi-once; faites bouillir dans du petit lait; donnez un lavement pour faire mourir & chasser les vers, sur-tout les Ascarides.

5°. Prenez *Gratiole*, Soldanelle, feuilles d'Yeble, de Cabaret, de Sureau; fleurs de Genêt, de Pêcher, de chacune une demi-poignée; écorce de Sureau, de Bourgène; racine d'Iris vulgaire & Esule, de chacune une once; pulpe de Coloquinte, une pincée: faites bouillir dans de l'urine, pour faire un cataplasme que l'on appliquera chaud dans l'hydropisie de la tête.

Propriétés vétérinaires.

Les Villageois d'Alsace faisoient prendre intérieurement aux bêtes à corne la décoction de cette plante, pour les garantir des maladies épizootiques qui régnoient parmi le bétail en 1748. Le succès en a été souvent heureux. On fait, suivant

M. l'Abbé Rozier, des infusions avec cette plante, pour les chevaux, à la dose de deux poignées dans une livre d'eau, ou bien on la macère dans du vin pour le même usage.

SECONDE ESPECE.

La seconde espèce est la Gratiole de Monnier. *Gratiola Monnieri. Gratiola foliis ovali-oblongis, pedunculis unifloris, caule repente. Linn. Sp. Plant.* 24. *Amœn. Acad.* 4, *p.* 306. *Monnieria minima, repens; foliis subrotundis, floribus singularibus, alaribus. Brow. Jam.* 269. *Monnieria ramosa, repens; foliis linearibus oppositis. Chret. Pict. t.* 14. *Anagallis aquatica, Portulacæ aquaticæ caule & foliis. Sloan. Jam.* 87. *Hist.* 1, *p.* 203.

Description.

Cette espèce de plante couvre tellement par sa ramification épaisse le sol, qu'on la prendroit pour une prairie. Ses tiges & ses rameaux sont cylindriques & traçans, & jettent de leurs aisselles de petites racines fibreuses. Ses feuilles sont ovales, oblongues, obtuses, très-entières, glabres, un peu grosses, à pétioles très courts, planes, opposées. De leurs aîles alternes sortent des péduncules solitaires, & plus ou moins longs que les feuilles, qui portent une fleur singulière & sans odeur. Le caractère de cette fleur, dit M. Jacquin, est d'avoir le périanthe persistent, à cinq folioles aiguës, droites, dont trois sont ovales, planes, étendues par le sommet; & parmi ces trois, il y en a une deux fois plus large qui s'oppose aux deux autres: les deux autres sont linéaires, concaves, disposées en croix avec la foliole la plus large & les deux autres, au dos de chacune desquelles est une bractée semblable, mais presque deux fois plus large, enfin qui tombe. La corolle est monopétale. Le tube est en forme d'entonnoir, droit, surpassant à peine le calice. Le lymbe est fendu en cinq lobes oblongs, obtus, planes, presqu'égalans le tube, très-étendus, dont deux qui forment le côté de la foliole du calice la plus large, sont un peu plus étroites. Les filamens des étamines sont au nombre de quatre, en forme d'alêne, nés dans le tube de la corolle, dont deux réfléchis de chaque côté, au côté du lobe de la corolle supérieure, surpassant le tube: les deux autres sont droits, courts, placés devant les lobes les plus étroits de la corolle. Les anthères sont oblongues, couchées. Le germe du pistil est ovale, deux fois plus court que le calice. Le style est filiforme, un peu plus court que la corolle, incliné vers les filamens les plus courts. Le stigmate est en tête, obtus. Le péricarpe est une capsule oblongue, ovale, à deux loges & à deux valves. Les semences sont nombreuses, oblongues, très-petites.

Figure.

Cette espèce est représentée dans les Observations de Jacquin, pl. 1; dans les Plantes peintes d'Ebret, pl. 14, fig. 2; & dans l'Histoire de la Jamaïque par Sloane, tome 1, pl. 129, fig. 1.

Lieu de sa naissance.

Elle croît naturellement dans la Jamaïque, dans l'Isle de Saint Domingue auprès du Cap François.

Qualité.

Cette petite plante est d'une saveur un peu amère.

TROISIEME ESPECE.

La troisième espèce est la Gratiole à feuilles rondes. *Gratiola rotundifolia. Gratiola foliis ovatis, trinerviis. Linn Syst. Veg. edit. XIII. Murray. Mant.* 174. *Tsjengapuspam. Rheed. Hort. Mal.* 9, *p.* 111.

Description.

Les tiges de cette espèce sont de la hauteur d'un doigt, quadrangulaires, lisses, traçantes par la base. Les feuilles sont opposées, sessiles, ovales, obtuses, lisses, à trois nervures, à une ou deux petites dents, en forme de scie, fanées. Les péduncules sont axillaires, solitaires, nuds, alternes, à une fleur, plus longs que les feuilles. Le calice est à cinq parties. Les étamines sont au nombre de deux. La capsule est applatie, ronde, à deux loges.

Figure.

Cette espèce est représentée dans l'*Hort. Malab.* tome 9, pl. 57.

Lieu de sa naissance.

Elle croît naturellement dans les endroits sablonneux du Malabar.

Propriétés médicinales.

Toute cette plante cuite dans du beurre est très-bonne contre la gonorrhée. La racine broyée avec le suc exprimé des feuilles & le *Sandalum* rouge, s'emploie à Malabar contre le mal des yeux, qui se nomme dans le pays *Edda Padello.*

QUATRIEME ESPECE.

La quatrième espèce est la Gratiole en forme d'Hyssope. *Gratiola Hyssopioïdes. Gratiola foliis lanceolatis, subserratis, articulo caulino brevioribus. Linn. Syst. Veg. edit. XIII. Murray.* 60. *Mant.* 174. *Gratiola Indica, minor, vera, seu Hyssopioïdes. Pluk. Alm.* 180.

Description.

La tige de cette espèce est filiforme, droite, lisse, haute d'un pied, ayant des articulations deux fois plus longues que la feuille. Les feuilles sont opposées, sessiles, ovales, lancéolées, lisses; les inférieures sont à une ou deux dents, en forme de scie. Les péduncules sont axillaires, alternes, solitaires, à une fleur, plusieurs fois plus longs que les feuilles. Le calice est très-petit. La corolle est beaucoup plus grande que les feuilles, se ridant.

Figure.

Cette plante est représentée dans l'*Almag.* de Plukenet, pl. 193, fig. 1.

Lieu de sa naissance.

Elle est annuelle, & croît naturellement dans les champs de Riz de Tranquebar.

CINQUIEME ESPECE.

La cinquième espèce est la Gratiole de Virginie. *Gratiola Virginiana. Gratiola foliis lanceolatis, obtusis, subdentatis. Linn. Sp. Plant.* 25. *Tsjeria Maya Nari. Rheed. Hort. Malab.* 9, *p.* 165.

Description.

Les feuilles de cette espèce sont lancéolées, obtuses, dentelées. Les fleurs sont en tube anguleux & presque carré, rayées extérieurement de lignes pourpres. Le lymbe est partagé en quatre lobes, dont le supérieur est fendu en deux, blanc, sans être réfléchi : les autres sont blancs, fendus en deux, égaux, à quelques filamens blancs, crépus, poileux intérieurement. Le calice est persistent, divisé en cinq segmens aigus. L'enveloppe est linéaire, à deux feuilles, couronnée supérieurement. La capsule est ovale, quelquefois pointue.

Figure.

Cette espèce est représentée dans l'*Hort. Malab.* tome 9, pl. 85.

Lieu de sa naissance.

Elle croît naturellement dans la Virginie & à Malabar.

SIXIEME ESPECE.

La sixième espèce est la Gratiole du Pérou. *Gratiola Peruviana. Gratiola floribus subsessilibus. Linn. Sp. Plant. 25. Gratiola latiore folio, flore albo. Feuill. Peruv. tom. 3, p. 23.*

Description.

La racine de cette plante est droite, épaisse environ de deux lignes, d'un blanc sale, & chargée de quelques petites fibres. Ses feuilles diffèrent de celles de la Gratiole ordinaire, en ce qu'elles sont un peu plus amples : elles ont jusqu'à quinze lignes de longueur sur six lignes de largeur, opposées vis-à-vis le long des tiges & des branches qu'elles embrassent par leur base, dentelées dans leur contour, d'un beau vert, & terminées en pointe. Ses fleurs qui naissent aux aisselles des feuilles, n'ont presque pas de pédicule. Le tuyau dont elles sont composées fort d'un calice à quatre pointes. Ce tuyau a six lignes de longueur, se divise à son évasement en quatre parties, chacune desquelles a vers le milieu de sa partie supérieure un angle rentrant qui forme la partie supérieure d'un cœur. Chacune de ces parties est traversée dans sa longueur de cinq lignes rouges qui partent du fond du tuyau, & se terminent vers le milieu de la longueur de chaque partie. Ces fleurs sont blanches après qu'elles sont passées. Le pistil qui vient du fond du calice, emboîté dans le trou du fond du tuyau, devient un fruit qui est une coque divisée en deux loges; elle s'ouvre de la pointe à la base, & on trouve dans ses loges plusieurs petites semences.

Figure.

Cette espèce est représentée dans le Journal du Pérou par le P. Feuillée, tome 3, pl. 17.

Lieu de sa naissance.

Elle croît naturellement dans les montagnes du Chili, à vingt-six degrés de hauteur du pole austral.

Propriétés médicinales.

Cette plante est d'un goût amer; elle est apéritive & purgative; elle est assez en usage parmi les Indiens, qui en boivent l'infusion lorsqu'ils croient être incommodés de quelques vers.

GREWIA, *la Grew.*

NOMS GÉNÉRIQUES.

Ce genre de plante est connu sous les noms de *Grewia. Linn. Kouradi. Mal. Kell, Koromsap. Seneg.*

Description générique.

Le caractère de ce genre est d'avoir le périanthe du calice à cinq folioles lancéolées, droites, coriacées colorées interieurement, s'étendantes, qui tombent. Les pétales de la corolle sont au nombre de cinq, de la figure du calice, souvent plus petits, échancrés par la base. Le nectaire sort de la petite écaille, inséré à chaque pétale vers la base, un peu gros, recourbé, incliné vers le bord qui environne le style. Les filamens des étamines sont très-nombreux, de la longueur des pétales, soyeux, insérés à la base du germe. Les anthères sont rondes. Le germe du pistil est pédiculé, rond, ayant un réceptacle colomnaire, droit, environné d'un bord pentagonal. Le style est filiforme, de la longueur des étamines. Le stigmate est obtus, fendu en quatre. Le péricarpe est une baie à quatre lobes, à quatre loges. Les semences sont solitaires, globuleuses, à deux loges.

CLASSE.

Ce genre fait partie de la vingtième classe de Linnæus, qui comprend les plantes gynandriques polyandriques. Cet Auteur en admet quatre espèces.

PREMIERE ESPECE.

La première espèce est la Grew Occidentale. *Grewia Occidentalis. Grewia foliis subovatis. Linn. Sp. Plant. 1367. Hort. Cliff. 433. Duham. Arbor. 276. Ulmifolia, arbor Affricana, baccifera; floribus purpureis. Pluk. Alm. 3, 3. Ulmi facie arbuscula Æthiopica, ramulis alatis, floribus purpurascentibus. Comm. Hort. 1, p. 165. Seb. Thes. 1, p. 46. Raj. Dendr. 13.*

Description.

Cet arbrisseau s'élève à la hauteur de dix ou douze pieds. Le tronc & les branches ressemblent fort aux mêmes parties de l'Orme à petites feuilles. L'écorce en est unie, comme celle du petit Orme lorsqu'il est jeune. Les feuilles ont aussi beaucoup de rapport avec les siennes, & elles tombent en automne. Les fleurs naissent solitaires à l'aisselle des feuilles le long des bourgeons; elles sont d'un pourpre brillant.

Figure.

Cette espèce est représentée dans le Traité des Arbres par M. Duhamel, tome 1, pl. 108; dans l'*Almag.* de Plukenet, pl. 237, fig. 1; dans l'*Hort. Amst.* de Commelin, tome 1, pl. 185; & dans le *Thes.* de Séba, tome 1, pl. 29, fig. 3.

Lieu de sa naissance.

Elle croît naturellement dans l'Ethiopie à Curacao.

Culture.

On peut multiplier ce *Grewia* par les boutures ou par les marcottes. Les boutures doivent être plantées & coupées en Mars, avant que les boutons commencent

commencent à s'enfler ; elles ne réussissent pas si bien après : il faut les planter dans des petits pots remplis d'une terre substancieuse & un peu forte. Ces pots seront enterrés dans une couche tempérée faite de tan, & garantis du soleil au milieu du jour. Au bout de quatre mois ou environ, elles seront bien enracinées : alors il faut les accoutumer peu à peu à l'air libre, & ensuite les placer dans une situation abritée jusqu'en automne qu'on les mettra dans la serre ; c'est dans ce même temps qu'il faut faire les marcottes. L'année suivante elles seront pourvues de bonne racines ; alors il conviendra de les planter chacune dans un pot rempli de terre onctueuse & douce. Ce *Grewia* veut être tenu constamment dans la serre ; il est trop délicat pour subsister en pleine terre dans nos climats : mais on fera bien de lui donner le plus d'air qu'il sera possible ; car il s'agit seulement de le parer de la gelée. Quand les feuilles sont tombées, il ne demande plus de fréquens arrosemens ; mais en été il est bon de lui donner souvent de l'eau par les temps secs. On peut aussi transplanter cet arbrisseau lorsque les feuilles commencent à tomber.

Propriétés d'ornement.

Ses fleurs sont charmantes : c'est dommage qu'il est trop délicat ; car il serviroit de la plus belle décoration pour nos bosquets d'été.

SECONDE ESPÈCE.

La seconde espèce est la Grew Orientale. *Grewia Orientalis. Grewia foliis sublanceolatis. Linn. Spec. Plant.* 1364. *Flor. Zeyl.* 324. *Grewia corollis obtusis. Roy. Lugdb.* 476. *Hort. Cliff.* 433. *Pai paraa seu Couradi. Rheed. Hort. Malab.* 5, *p.* 91. *Raj. Hist.* 1624. *Pluk. Phytog.* 50.

Description.

Cet arbre est médiocrement grand. Ses feuilles sont ovales, lancéolées, découpées à dents de scie, pétiolées. Les péduncules sortent des aisselles, sont cotonneux, fendus en trois & à trois fleurs.

Figure.

Cette espèce est représentée dans l'*Hort. Malab.* tome 5, pl. 46 ; & dans le *Phytographia* de Plukenet, pl. 50, fig. 4.

Lieu de sa naissance.

Elle croît naturellement dans l'Inde.

Culture.

Les graines de cette espèce ont été apportées du Sénégal par M. Adanson ; elle est tendre & délicate ; elle veut être plongée dans les lits de tan, dans la serre chaude : en été elle demande d'avoir souvent de l'air, & d'être arrosée trois ou quatre fois la semaine. En hiver on ne sauroit être trop sobre sur les arrosemens, ni entretenir trop de chaleur.

Propriétés d'ornement.

Cette espèce fleurit en Juin. Ses fleurs sont charmantes : c'est bien dommage que cet arbrisseau soit si délicat.

TROISIEME ESPECE.

La troisième espèce est la Grew d'Asie. *Grewia Asiatica. Grewia foliis cordatis. Linn. Syst. Veg. edit. XII. Murray,* 989. *Mant.* 122. *Microcos pedunculis axillaribus, confertis, dichotomis. Linn. Sp. Plant.* 734. *Flor. Zeyl.* 208. *Hamdamonias. Herm. Zeyl.* 3.

Description.

Cet arbre a les rameaux à peine cotonneux. Ses stipules sont lancéolées. Ses feuilles sont alternes, pétiolées, en forme de cœur, rondes, un peu aiguës, à cinq nervures, ayant à peine des lobes, cotonneuses en dessous, de la grosseur de la pomme. Les pétioles sont cylindriques, cotonneux, cinq fois plus courts que les feuilles. Les péduncules sont axillaires, le plus souvent quaternes, fendus en trois, à trois fleurs, moitié plus courts que les feuilles. Les pétales ne sont pas plus grands que le calice. Les baies sont petites, rouges, acides.

Lieu de sa naissance.

Cette espèce croît dans l'Isle de Ceylan & à Surate.

QUATRIEME ESPECE.

La quatrième espèce est la Grew Microcos. *Grewia Microcos. Grewia foliis ovato oblongis, floribus paniculatis. Linn. Syst. Veg. edit. XIII. Murr.* 689. *Microcos paniculâ terminali. Linn. Sp. Plant.* 733. *Flor. Zeyl.* 207. *Microcos foliis alternis, oblongis, acuminatis. Burm. Zeyl.* 159. *Scageri Cottam. Rheed. Hort. Mal.* 1, *p.* 105.

Description.

C'est un arbre dont les feuilles sont alternes, ovales, oblongues, pointues, à peine visiblement crénelées, nerveuses, pétiolées, un peu raboteuses. Les fleurs sont terminales, paniculées. Les calices sont cotonneux.

Figure.

Il est représenté dans l'*Hort. Mal.* tom. 1, pl. 56.

Lieu de sa naissance.

Il croît naturellement dans l'Inde, à Malabar, dans l'Isle de Ceylan.

GRIAS, *le Grias.*

Le caractère de ce genre de plante est d'avoir le périanthe du calice monophylle, en forme de verre, dont l'ouverture est fendue en quatre, & enfin déchirée. Les pétales de la corolle sont au nombre de quatre, ronds, concaves, coriacés. Les filamens des étamines sont nombreux, soyeux, plus longs que la corolle, insérés au réceptacle. Les anthères sont rondes. Le germe du pistil est un peu abaissé, enfoncé dans le calice. Il n'y a point de style. Le stigmate est un peu gros, tétragonal, crucial, excavé. Le péricarpe est un fruit à noyau, grand, à une loge, pointu à la base & au sommet. La semence est un noyau à huit sillons.

CLASSE.

Ce genre fait partie de la treizième classe de Linnæus, qui comprend les plantes polyandriques monogyniques. Cet Auteur n'en admet qu'une espèce.

ESPECE.

Cette eſpèce eſt le Grias à tige en fleur. *Grias cauliflora. Linn. Sp. Plant.* 732. *Calophyllum foliis tripedalibus, obovatis; floribus per caulem & ramos ſparſis. Brow. Jam.* 245. *Palmis affinis malus Perſica maxima, caudice non ramoſo, foliis longiſſimis, flore tetrapetalo, pallidè-luteo; fructu ex arboris trunco. Sloan. Jam.* 179. *Hiſt.* 2, *p.* 122.

Deſcription.

Les feuilles de cet arbre ſont très-grandes, longues de trois pieds. Les fleurs & les fruits ſortent par-ci par-là du tronc & des rameaux.

Figure.

Cette eſpèce eſt repréſentée dans l'Hiſtoire des la Jamaïque par Sloane, tome 2, pl. 217, fig. 2.

Lieu de ſa naiſſance.

Elle croît naturellement dans la Jamaïque & dans les autres pays chauds de l'Amérique.

Culture.

On multiplie cet arbre par ſes noyaux que l'on met en terre dès que le fruit a été cueilli. Les jeunes plants qui en proviennent doivent toujours être dans la ſerre chaude & dans une couche de tan; autrement ils ne profiteroient pas dans notre climat.

Propriétés alimentaires.

Les Eſpagnols des Indes occidentales confiſent le fruit de cet arbre, en envoient en Eſpagne pour des préſens. On le mange comme les Manges. Quelques Auteurs diſent que ce fruit, lorſqu'il eſt mûr, ſe ſert au deſſert.

GRIELUM, *la Griele.*

Deſcription générique.

Le caractère de ce genre de plante eſt d'avoir le périanthe du calice monophylle, qui s'étend, profondément fendu en cinq, plane à la baſe, aigu, égal, perſiſtent. Les pétales de la corolle ſont au nombre de cinq, s'étendans, grands, ovales, ſeſſiles, amincis par la baſe. Les nectaires ſont des glandes oblongues, environnant le germe, connées en une petite couronne. Les filamens des étamines ſont au nombre de dix, filiformes, un peu roides, égaux, perſiſtens, de la longueur du calice. Les anthères ſont ovales, oblongues, droites. Les germes du piſtil ſont au nombre de cinq, diſtincts, en forme d'alêne, droits, plus courts que les étamines, ſans ſtyle. Les ſtigmates ſont verruqueux. Les péricarpes ſont au nombre de cinq, oblongs, pointus, durs. Les ſemences ſont ſolitaires, oblongues.

CLASSE.

Ce genre fait partie de la dixième claſſe de Linnæus, qui comprend les plantes décandriques pentagyniques. Cet Auteur n'en admet qu'une eſpèce.

ESPECE.

Cette eſpèce eſt la Griele à feuilles menues. *Grielum tenuifolium. Linn. Syſt. Veg. edit. XIII. Murr.* 360. *Gen. Plant.* 578. *Geranium grandiflorum. Geranium pedunculis ſimplicibus, unifloris, foliis tripartito-multifidis, linearibus, tomentoſis. Linn. Sp. Plant.* 958. *Burm. Ger.* 1. *Ranunculo-Platycarpas. Burm. Affric.* 143.

Deſcription.

Les feuilles de cet arbriſſeau ſont comme celles de l'Aurone, blanchâtres, cotonneuſes, alternes. Les péduncules ſont à une fleur, ſans bractées. Les calices ſont glabres. Les corolles ſont jaunes.

Figure.

Cette eſpèce eſt repréſentée dans les Plantes d'Afrique par Burmann, pl. 33.

Lieu de ſa naiſſance.

Elle croît naturellement dans l'Éthiopie.

GRISLEA, *la Griſlée.*

Deſcription générique.

Le caractère de ce genre de plante eſt d'avoir le périanthe du calice monophylle, en forme d'alêne, campanulé, droit, à quatre dents, coloré, perſiſtent. Les pétales de la corolle ſont au nombre de quatre, ovales, ſortant des pétales du calice, très-menus. Les filamens des étamines ſont au nombre de huit, en forme d'alêne, droits, longs, montans. Les anthères ſont ſimples, droites, rondes. Le germe du piſtil eſt globuleux, pédiculé. Le ſtyle eſt filiforme, de la longueur des étamines. Le ſtigmate eſt ſimple. Le péricarpe eſt une capſule globuleuſe, plus courte que le calice, à une loge. Les ſemences ſont nombreuſes, rondes, très-petites. Le réceptacle eſt grand.

Obſervation.

Quelquefois les parties de la fleur en ont une cinquième de plus.

CLASSE.

Ce genre fait partie de la huitième claſſe de Linnæus, qui comprend les plantes octandriques monogyniques. Cet Auteur n'en admet qu'une eſpèce.

ESPECE.

Cette eſpèce eſt la Griſlée ſeconde. *Griſlea ſecunda. Linn. Sp. Pl.* 496. *Hort. Cliff.* 146. *Læfl. It.* 245.

Deſcription.

C'eſt un arbre à rameaux cylindriques, dont les feuilles ſont ovales, lancéolées, de la figure de celles d'un Laurier, oppoſées, très-entières, glabres, à nervures alternes, à pétioles courts. La grappe termine les rameaux; elle eſt ſimple, réfléchie en dehors, de la longueur des feuilles, le long de laquelle, depuis la baſe juſqu'au ſommet, ſont pluſieurs fleurs portées ſur des pédicules de la longueur du calice, toutes réfléchies en haut d'un côté. Les calices ſont verts, turbinés. Les pétales ſont à peine viſibles. Les étamines ſont droites, très-longues, pourpres. Les anthères ſont jaunâtres.

Lieu de ſa naiſſance.

Cet arbre croît naturellement dans l'Amérique.

GRONOVIA, *la Gronovienne.*

Description générique.

Le caractère de ce genre de plante est d'avoir le périanthe du calice monophylle, fendu en cinq au-delà du milieu, campanulé, coloré, persistent, ayant les lobes à demi lancéolés, droits. Les pétales de la corolle sont au nombre de cinq, les plus menus de tous, ronds, provenans des découpures du calice. Les filamens des étamines sont au nombre de cinq, capillaires, de la longueur de la corolle, insérés au calice, alternes avec les pétales. Les anthères sont droites, didymes. Le germe du pistil est inférieur. Le style est filiforme, plus long que les étamines. Le stigmate est obtus. Le péricarpe est une capsule ronde, colorée, à une loge. La semence est unique, ronde, grande.

CLASSE.

Ce genre fait partie de la cinquième classe de Linnæus, qui comprend les plantes pentandriques monogyniques. Cet Auteur n'en admet qu'une espèce.

ESPECE.

Cette espèce est la Gronovienne grimpante. *Gronovia scandens. Linn. Sp. Plant.* 292. *Hort. Cliff.* 74. *Gronovia scandens, lappacea ; pampineâ fronde. Linn. Spec. Plant.* 292. *Houst. Mart. Cent.* 1, *p.* 40. *Amm. Herb.* 346.

Description.

Cette plante est cucurbitacée, sent mauvais. Sa tige est grimpante par ses vrilles, très-rameuse, très haute. Ses feuilles sont brûlantes, semblables à celles de la vigne. Ses fleurs sont petites, tristes.

Figure.

Elle est représentée dans la première Centurie de Martyn, pl. 40.

Lieu de sa naissance.

Elle croît naturellement à la Vera-Cruz.

Culture.

Comme cette plante est fort délicate, il faut la semer au printemps sur une couche chaude; après quoi on la met dans une serre chaude & dans le tan, & on la gouverne de même que la Momordica. Moyennant ces soins, on peut se procurer de bonnes semences.

GUAREA, *la Guidonne.*

Description générique.

Le caractère de ce genre de plante est d'avoir le périanthe du calice à cinq dents; les pétales au nombre de quatre; le nectaire cylindrique, supportant les anthères à son ouverture; les étamines au nombre de huit; le stigmate orbiculé; la capsule à quatre loges & à quatre valves. Les semences sont solitaires.

CLASSE.

Ce genre fait partie de la huitième classe de Linnæus, qui comprend les plantes octandriques monogyniques. Cet Auteur n'en admet qu'une espèce.

ESPECE.

Cette espèce est la Guidonne Trichiloïde. *Guarea Trichiloides. Linn. Syst. Veg. edit. XIII. Murr.* 2?8. *Mant.* 22. *Jota. Marcg. Brasil.* 1?9. *Pis. Bras.* 79. *Trichilia Guara. Trichilia foliis pinnatis, glabris ; floribus octandris. Linn. Sp. Plant.* 551. *Trichilia foliis oblongo-ovatis, pinnatis, nitidis; racemis laxis. Brow. Jam.* 279. *Melia Guara, floribus octandris. Jacq. Americ.* 20. *Guidonia nucis juglandis foliis, major. Gen.* 4. *Plum.*

Description.

Le calice est un peu plane. Les pétales sont au nombre de quatre, linéaires. Le nectaire est de la longueur de la corolle, dans l'ouverture de laquelle sont des filamens avec des anthères très-courtes. Le réceptacle est cylindrique, couronné d'un bord glanduleux. Le stigmate est orbiculé. Le fruit est inconnu. Les fleurs sont octandriques.

Figure.

Cette espèce est représentée dans les Plantes du P. Plumier par Burmann, pl. 147, fig. 2.

Lieu de sa naissance.

Elle est vivace, & croît naturellement dans le Brésil & les autres endroits de l'Inde occidentale.

GUAJACUM, *le Gaïac.*

NOMS GÉNÉRIQUES.

Ce genre de plante est connu sous les noms de *Guajacon. Pluk. Lignum sanctum. Cæs.*

Description génériqua.

Le caractère de ce genre est d'avoir le périanthe du calice concave, à cinq folioles ovales, oblongues, dont les deux extérieures sont plus petites. Les pétales de la corolle sont au nombre de cinq, ovales, oblongs, concaves, s'étendans, à onglets linéaires. Les filamens des étamines sont au nombre de dix, droits. Les anthères sont oblongues. Le germe du pistil est en forme de coing, anguleux, pédiculé. Le style est court. Le stigmate est simple, aigu. Le péricarpe est un fruit anguleux, à angles applatis, à trois loges. Les semences sont des noix solitaires, dures.

CLASSE.

Ce genre fait partie de la dixième classe de Linnæus, qui comprend les plantes décandriques monogyniques, Cet Auteur en admet trois espèces.

PREMIERE ESPECE.

La première espèce est le Gaïac des boutiques. *Guajacum officinale. Guajacum foliolis bijugis, obtusis. Linn. Sp. Plant.* 546. *Guajacum foliis pinnatis, foliolis quaternis, obtusis. Hort. Cliff.* 187. *Mat. Med.*

207. *Guajacum foliis ferè impetiolatis, bijugis, obovatis & leniter radiatis; pinnis & ramulis dichotomis. Brow. Jam.* 225. *Guajacum flore cœruleo, fructu subrotundo. Plum. Gen.* 39. *Guajacum Jamaïcense, foliis velut muriâ conditis, spissiùs virentibus; flore subcœruleo. Pluk. Alm.* 180. *Guajacum magnâ matrice. Bauh. Pin.* 448. *Pruno vel Evonymo affinis arbor, folio alato, buxeo, subrotundo. Sloan. Jam.* 186. *Hist.* 2, *p.* 133. *Arbor ligni sancti, vel Guajacum. Seb. Thes.* 1, *p.* 86. *Guajacum Jamaïcense, Lentisci subrotundis foliis, latè-virentibus; flore albo. Pluk. Alm.* 180. En Anglois, *Guajacum.* En Italien, *Legno Sancto.* En Allemand, *Frant Sosen Holts.*

Description.

Cette espèce, dit Sloane, devient quelquefois un très-grand arbre, quelquefois aussi il n'est que médiocre, différence qui vient de la fertilité du terroir où il croît. Son tronc est le plus souvent cylindrique : mais ceux qui se trouvent dans l'Isle de S. Domingue, du côté du port de Paix, ne sont pas tout-à-fait cylindriques ; car si on les coupe transversalement, leur section représente la figure d'une Poire. Lorsqu'on regarde ces arbres de loin, ils ressemblent très-bien à nos Chênes. Les jeunes sont couverts d'une écorce un peu ridée. Ceux qui sont vieux ont l'écorce lisse, un peu épaisse, & qui se sépare en des lames minces ; elle est variée ou de couleur pâle, parsemée de tâches verdâtres, & un peu grise. Le tronc de cet arbre a peu d'aubier qui est pâle. Le cœur est de couleur vert d'olive foncé & brun. Son bois est très-solide, huileux, pesant, d'une odeur qui n'est pas désagréable, d'un goût amer & un peu âcre. Ses branches ont beaucoup de nœuds, & le plus souvent elles sont partagées en deux petits rameaux aussi noueux, lesquels portent à chaque nœud deux petites côtes opposées, longues d'environ un pouce, & chargées de 2 paires de feuilles, savoir, 2 feuilles à l'extrémité, & 2 autres vers le milieu. Chaque feuille est arrondie, longue d'environ un demi-pouce, large presque d'un pouce, lisse, ferme, compacte comme du parchemin, d'un vert pâle ; elles ont en dessous cinq petites nervures un peu saillantes ; elles n'ont point de queue, si ce n'est la côte commune sur laquelle elles sont rangées, & un peu rouges à l'endroit de leur attache ; elles sont un peu âcres & un peu amères au goût. Les fleurs naissent à l'extrémité des rameaux ; elles sont en grand nombre, & entièrement semblables & égales à celles du Citronnier ; car elles sont composées de cinq feuilles de couleur bleue, disposées en rose sur un calice qui a aussi cinq feuilles verdâtres, du fond duquel s'élève un pistil qui a la figure d'un petit cœur terminé en pointe, porté sur un pédicule un peu long. Ce pistil est accompagné d'environ vingt étamines bleues, qui ont chacune un petit sommet jaune ; il devient dans la suite un fruit de la grandeur de l'ongle, charnu, qui a la figure d'un cœur, & un peu creusé en manière de cuiller, d'une couleur de vermillon ou de cire rouge, lequel renferme une seule graine dure de la forme d'une olive, qui contient une amande plus petite que celle de l'olive, & enveloppée d'une pulpe fort tendre.

Figure.

Cette espèce est représentée dans l'*Almag.* de Plukenet, pl. 35, fig. 3 & 4 ; dans l'Histoire de la Jamaïque par Sloane, tome 2, pl. 222, fig. 3, 4, 5, 6 ; & dans le *Thesaurus* de Séba, tome 1, pl. 53, fig. 2.

Lieu de sa naissance.

Elle croît naturellement dans la Nouvelle-Espagne, la Jamaïque, dans presque toutes les Isles Antilles, & sur-tout dans celles de S. Domingue & de Sainte-Croix.

Culture.

Cet arbre ne peut se multiplier que par graines qu'on se procure des pays où il croît naturellement : il faut qu'elles soient fraîches, sans quoi elles ne leveroient point. Dès qu'elles sont arrivées, on les sème dans des pots remplis de terreau, & on enfonce ces pots dans une couche chaude. Si les graines sont bonnes, & si la couche est suffisamment chaude, les jeunes plants paroissent au bout de six semaines ou de deux mois tout au plus. Six semaines après, ils sont assez forts pour être transplantés ; on les enlève des pots où ils ont levé, en mottes, autant que faire se peut, & on les met chacun séparément dans d'autres petits pots garnis de terreau : on enfonce ces pots dans une nouvelle couche chaude de tan, ayant soin de garantir ces jeunes plants du soleil jusqu'à ce qu'ils soient repris ; alors on les gouvernera de la même manière que les autres plantes exotiques délicates qui nous viennent des mêmes contrées, en leur donnant beaucoup d'air quand il fait chaud. Ces jeunes plants demandent d'être souvent arrosés quand il fait chaud ; mais il faut avoir la précaution de ne leur pas trop donner d'eau à la fois, car une trop grande humidité ne manqueroit pas de les faire périr. Tant que ces plants sont jeunes, on peut les tenir pendant l'été dans une couche de tan : en automne on les met dans la serre chaude, & aussi dans le tan ; on les y laisse même toujours. On ne leur donnera que très-peu d'eau en hiver, & en été on leur donnera tous les jours beaucoup d'air. Au moyen de ces soins, ces jeunes arbres profitent très-bien en France ; mais ils y croissent lentement : il n'y a donc pas grande espérance qu'ils puissent faire beaucoup de progrès en Europe.

Analyse chymique.

Dans l'analyse chymique qu'on a faite, de cinq livres de bois de Gaïac noirâtre & résineux réduit en sciure, on a retiré par le moyen de la distillation 28 onces & 3 gros d'un phlegme tant acide qu'alkali, dont la première portion, qui étoit de 4 onces & de 7 gros & demi, & qui avoit l'odeur & le goût de bois de Gaïac, a donné des marques d'un sel purement alkali & urineux ; car elle a rendu troubles & laiteuses les solutions de Saturne & de sublimé corrosif. La seconde portion, qui étoit de 5 onces & 2 gros, avoit un goût plus vif ; & outre le sel alkali que l'on a reconnu par les épreuves que l'on a faites, elle contenoit encore un sel acide, qui s'est manifesté en donnant la couleur rougeâtre à la teinture bleue de Tournesol. Les troisième, quatrième & cinquième portions, qui étoient de 18 onces & 2 gros & demi, ont paru encore plus acides au goût, & ont donné la couleur de feu à la teinture de Tournesol : cependant elles ont toujours fait paroître un sel alkali ; car elles précipitoient la solution du sublimé corrosif. Il est sorti avec ces liqueurs 9 onces & 6 gros & demi d'une huile noire, épaisse, de la consistence du syrop, & plus pesante que l'eau ; 4 gros d'une huile plus subtile, jaunâtre, & qui nageoit sur l'eau. La masse noire qui est restée dans la cornue pesoit 33 onces & 7 gros ; ainsi il s'est perdu

insensiblement

insensiblement dans la distillation le poids de 7 onces & 7 gros & demi. Cette matière noire qui est restée dans la cornue, ou plutôt ce charbon de Gaïac étant calciné à un feu ouvert pendant 12 heures, jusqu'à ce qu'elle ne donnât plus de fumée, & qu'elle fût réduite en une cendre blanchâtre, pesoit 2 onces 6 gros & 12 grains. On a retiré de ces cendres par le moyen de la lixiviation 1 gros & 62 grains d'un sel fixe qui n'étoit pas purement alkali mais salé, qui précipitoit une poudre blanche de la solution du sublimé corrosif; ainsi il s'est évaporé 32 onces 60 grains.

Il est surprenant, dit M. Geoffroy, que dans cette analyse on ne retire que la moitié des principes dont le Gaïac est composé, & que l'autre moitié, presque toute entière composée d'une huile épaisse, & d'un sel acide alumineux ou vitriolique, soit tellement condensée que l'on ne peut l'élever dans des vaisseaux fermés par un feu très-violent, & que ce ne soit que par le moyen du feu de réverbère de douze heures que l'on puisse la séparer de la terre, & la dissiper par la flamme ou par la fumée.

Il faut encore observer que ce charbon de Gaïac, ou cette masse noire que l'on retire de la cornue, étant exposé à l'air, même deux ou trois jours après, s'enflamme aussi-tôt sans qu'on l'approche du feu, pourvu qu'après la distillation on ait fermé exactement le col de la cornue, & qu'on ait laissé refroidir d'eux-mêmes les vaisseaux & le fourneau. L'huile de Gaïac distillée est tellement condensée par l'acide avec lequel elle est unie, qu'elle se change très-facilement en une masse terreuse, noire & insipide, & qu'elle devient entièrement fixe. En effet, 8 onces & 6 gros d'huile noire de Gaïac distillée à la cornue de verre, donnent 7 livres & 2 gros & demi d'huile subtile & fluide, mais si remplie d'esprit acide, qu'elle donne la couleur d'un rouge foncé, ou la couleur de feu à la teinture de Tournesol: mais elle ne contient point de sel alkali, puisqu'elle ne change point la solution du sublimé corrosif. Il reste dans la cornue une once 2 gros 48 grains d'une masse noire, dure, mais spongieuse comme la pierre ponce, dont 10 gros étant mis dans un creuset à un feu très-violent, ont donné de la flamme pendant deux heures & demie: enfin le *Caput mortuum* qui reste dans le creuset, calciné pendant quatre heures, étoit dense, dur, insipide, noirâtre, & pesoit 2 gros.

L'huile de Gaïac pesante & récemment distillée, mêlée avec partie égale d'esprit de nitre rectifié, fermente aussi-tôt, s'élève & s'enflamme. Après la déflagration il reste une certaine substance spongieuse, raréfiée, légère, luisante & insipide, que l'on ne peut plus changer en aucune manière. Dans ces deux opérations l'huile & le sel acide se changent en une terre ou une substance insipide, pesante & friable, soit que ces parties de terre aient été auparavant dans le sel & l'huile, soit qu'elles aient été nouvellement produites par l'huile & le sel. On peut conclure de cette analyse du Gaïac, qu'il est composé d'un sel acide vitriolique, d'une huile & d'une terre unies si étroitement sous la forme d'une résine épaisse, qu'il est très-difficile de les séparer; & que de plus ce bois contient un sel ammoniacal qui est moins uni avec les autres principes, & dont la partie volatile urineuse s'envole d'abord dans la distillation.

L'Aubier ou le bois blanc, dont la moëlle brune du Gaïac est enveloppée, est beaucoup plus léger que le Gaïac même, & moins propre pour l'usage de la médecine: c'est ce que l'analyse confirme.

De 5 livres d'Aubier de Gaïac, il sort par la distillation à la cornue 31 onces 2 gros 18 grains d'un phlegme soit acide soit urineux; 6 onces 6 gros & demi d'une huile épaisse & pesante. La masse qui reste pèse 23 onces 3 gros & demi. Il se perd dans l'air 18 onces 3 gros 54 grains; c'est pourquoi l'union des principes est moins étroite dans cette substance que dans le cœur du bois, puisque la perte est moindre de huit onces dans le bois que dans l'Aubier. Enfin la masse noire qui reste étant bien calcinée, laisse une once 4 gros 44 grains de cendres blanches, dont on tire par la lixiviation 2 gros & 2 grains de sel fixe qui n'est pas purement alkali, mais salé.

L'analyse chymique démontre que l'écorce du Gaïac est bien différente du bois, soit par ses principes, soit par leur mêlange; car 5 livres d'écorce de Gaïac étant distillées à la manière accoutumée, donnent 24 onces 1 gros 32 grains de phlegme, soit alkali urineux, soit acide: de sorte cependant que les premières portions donnent des marques d'un acide plus foible, & paroissent remplies de beaucoup plus de sel alkali urineux que la liqueur qu'on tire du bois. Ensuite il sort 8 onces 3 gros 64 grains d'huile épaisse & pesante. Il reste au fond de la cornue une masse noire du poids de 19 onces 4 gros 54 grains, qui étant calcinée au feu de réverbère pendant 11 heures, a laissé 3 onces 6 gros 60 grains de cendres blanches, qui contenoient 7 gros 12 grains de sel purement alkali.

Il est manifeste par ces analyses qu'il y a une plus grande quantité de sel alkali, soit urineux, soit fixe, dans l'écorce que dans le bois; que la quantité de terre fixe ou de cendres est beaucoup plus grande, & qu'il y a moins d'huile & moins de sel acide; que la nature du sel acide est différente en l'un & en l'autre, puisque le sel acide du bois se condense en un sel salé fixe, & que celui de l'écorce se forme en un sel purement alkali: d'où l'on doit conclure que les vertus de l'une ou de l'autre sont bien différentes, & qu'on ne doit pas les employer indifféremment: aussi ce fait est-il confirmé par les expériences des plus habiles Médecins.

Observation.

M. Bourdelin, de l'Académie Royale des Sciences, a publié, dans le Recueil des Mémoires de cette Académie, année 1730, un Mémoire sur le sel lixiviel du Gaïac. Ce qui a donné lieu à ce Mémoire, c'est le fait suivant rapporté par M. Stahl. Ce Chymiste célèbre, en parlant des sels alkalis, observe qu'il se trouve quelques végétaux qui n'en donnent pas tant par l'opération ordinaire, c'est-à-dire, lorsqu'on se contente de les faire sécher & de les brûler, que lorsqu'on s'y prend d'une autre façon. Il rapporte pour exemple le bois de Gaïac dont il s'agit ici, & dont on ne tire, suivant lui, par l'incinération seule que très-peu de sel alkali: mais si l'on prend, dit M. Stahl, les rapures de ce même bois, qu'on les fasse bouillir un certain temps, que l'on en fasse évaporer la décoction lentement & jusqu'à siccité, la matière qui reste étant brûlée & légèrement calcinée, donne infiniment plus de sel.

Pour expliquer ce phénomène, dit M. Stahl, il est probable que les parties salines nitreuses qui sont contenues dans le Gaïac, y sont logées séparément & à quelque distance des parties huileuses qui sont renfermées dans leurs petites loges particulières. Cela fait que dans l'instant de la déflagration le feu pousse & chasse hors du mixte séparément les parties salines & huileuses, qui par ce moyen ne peuvent pas se toucher, se joindre, brûler ensemble, & ainsi combiner pour composer le sel alkali: au lieu que si par la coction on tire de leurs cellules chacun de ces deux principes, en forte qu'ils puissent se confondre librement ensemble dans l'eau, & que par le moyen de l'épaississement de la matière qui reste après l'évaporation poussée jusqu'à siccité, les particules salines & huileuses puissent s'accrocher ensemble, & se mêler les unes après les autres, & qu'alors on brûle cette matière, l'action du feu peut combiner plus facilement les deux principes, qui dans cet état se touchent immédiatement; & de cette combinaison fuit l'effet qu'on doit attendre, c'est-à-dire, la production du sel alkali. M. Stahl, dans cette explication de son expérience, ne s'écarte point de ses principes, & déduit toujours la formation du sel alkali d'une plante, du mélange & de l'union intime & durable qui se fait du sel essentiel de cette plante avec sa partie grasse par le moyen du feu & dans le sein du feu. M. Bourdelin rejette totalement cette explication de M. Stahl. Nous ne suivrons pas cet Auteur dans les détails où il entre au sujet de cette explication, comme ne faisant pas partie du plan de cet Ouvrage; nous nous contenterons seulement de rapporter ici les nouvelles expériences de M. Bourdelin. Comme il ne suffisoit pas à cet Académicien Chymiste de tirer le sel alkali de la décoction résineuse du Gaïac, mais qu'il falloit le comparer avec celui que fourniroit une pareille quantité de Gaïac brûlé à la façon ordinaire, il en a brûlé de trois façons différentes. Il a brûlé le Gaïac en morceaux, comme on le fait ordinairement; il en a brûlé en rapures, & enfin il a fait bouillir pour son expérience des rapures de Gaïac, desquelles il a tiré la résine par ce moyen; & ces mêmes rapures, après avoir été bouillies & dépouillées de leurs parties grasses, ont été séchées & brûlées ensuite.

« De quelque façon que j'aie brûlé le Gaïac, dit M. Bourdelin, soit en rapures qui eussent bouilli, soit en rapures qui n'eussent point bouilli, soit en substance, je veux dire, en morceaux, j'en ai toujours brûlé six livres à la fois. De ces trois façons différentes, la plus simple fut celle qui me donna à la première opération le plus de sel lixiviel. Six livres de Gaïac brûlé en morceaux, m'en fournirent 1 gros & 7 grains, c'est-à-dire, 79 grains. Pareil poids de rapures ne me donna que 39 grains. Je n'insisterai point ici sur la raison qui fit que les rapures me donnèrent moins de sel que le bois ». (*Peut-être y eut-il de la faute de M. Bourdelin, puisqu'il le dit lui même.*)

« Je pris six autres livres de Gaïac en morceaux, je les brûlai, je les réduisis en cendres que je calcinai ensuite dans le creuset: elles ne me fournirent en deux évaporations que 51 grains de sel savoir, 45 grains à la première, & 6 grains à la seconde. Je pris ensuite des rapures de Gaïac que j'avois fait bouillir pendant six heures, & qui pesoient 6 livres avant l'ébullition. Je les fis sécher pour les brûler. Leurs cendres calcinées & lessivées me fournirent en trois évaporations 58 grains de sel lixiviel. On voit par-là, ajoute M. Bourdelin, que si dans la première expérience le Gaïac en morceaux l'avoit emporté, par le produit du sel lixiviel, sur les rapures; dans celle-ci les rapures, quoique bouillies, & qui devoient avoir perdu une partie de leur sel, l'ont cependant réciproquement emporté sur le bois ».

Nous ne détaillerons pas ici l'expérience telle que la rapporte M. Bourdelin, qu'il dit avoir faite d'après M. Stahl; nous observerons seulement que de l'expérience de M. Bourdelin on peut conclure que ce Chymiste a eu raison de douter de l'exactitude & de la vérité de celle que rapporte M. Stahl. Tant s'en faut que les cendres de l'extrait résineux ne l'emportent par l'abondance de leur sel lixiviel sur celles des rapures de Gaïac brûlé à la façon ordinaire, qu'au contraire elles le cèdent en quantité même aux cendres des rapures qui ont bouilli, desquelles cet extrait résineux est le produit. Il ne se trouve donc plus rien d'étonnant ni de mystérieux dans l'opération de M. Stahl. La décoction emporte une partie du sel essentiel du Gaïac, & le confond avec la partie grosse de ce bois: de-là il résulte dans la décoction épaissie autant de sel fixe que l'ébullition a ôté de sel essentiel aux rapures. Ce qui est resté aux rapures après l'ébullition, se retrouve en sel lixiviel dans leurs cendres. Ainsi, tirer le sel lixiviel du Gaïac à la façon de M. Stahl, ce n'est que diviser un tout en deux parties; c'est obtenir par deux opérations ce qu'on peut obtenir par une seule; c'est augmenter les peines sans augmenter le profit.

Histoire du Gaïac.

Dans le même temps que l'Europe s'est enrichie des dépouilles du Nouveau Monde, elle a aussi été infectée d'une nouvelle maladie qui lui étoit inconnue jusqu'alors. La maladie vénérienne a commencé à paroître vers la fin de l'an 1494, & au commencement de 1495. Lorsque Charles VIII, Roi de France, assiégeoit la ville de Naples, elle se répandit dans l'armée des François & des Espagnols; & quand ces armées se retirèrent de Naples, elle se répandit par toute l'Europe: c'est pourquoi les François l'ont appellée *Maladie Néapolitaine*, & les Espagnols & les Italiens lui ont donné le nom de *Maladie des François.* Avant le temps dont nous venons de parler, les Médecins n'en avoient fait aucune mention.

La commune opinion sur l'origine de cette maladie, est qu'elle est endémique en Amérique, & que les Espagnols l'ont apportée en France: mais ce sentiment n'est confirmé par aucune preuve certaine; au contraire quelques-uns prétendent qu'elle s'est répandue en Amérique par les Européens. Ce qui est sûr, c'est que les sentimens, tant des Historiens que des Médecins sur l'origine de cette maladie, sont très-différens & tout-à-fait incertains. On peut les voir dans les Ouvrages de *Charles Musitan*, Néapolitain, qui traitent de cette maladie, & dans les savantes Notes & les Commentaires de *J. Devaux* qui a traduit ses Ouvrages. Il croit que la guerre de Naples entre les Espagnols & les François a donné occasion à cette maladie honteuse, par la fréquentation des soldats des deux armées avec les femmes débauchées de Naples, & que de-là ce virus contagieux s'est bientôt répandu par toute la terre.

Quoi qu'il en soit de l'origine de ce mal, il est certain qu'après avoir tenté en vain plusieurs remèdes en Europe, ce fut enfin en Amérique que l'on trouva d'abord le remède qui lui étoit propre. Un Espagnol étant dans l'Isle de S. Domingue étoit tourmenté de grandes douleurs causées par la vérole qu'il avoit reçue d'une Américaine. Son Domestique qui étoit Américain, & qui exerçoit la Médecine dans ce pays, lui fit boire de la décoction d'un bois appellé *Guaiacan;* ce qui le délivra, non-seulement de ses grands tourmens, mais le rétablit encore dans sa première santé. Plusieurs autres Espagnols infectés de cette maladie suivirent son exemple, & furent guéris par le même remède. Cette guérison s'étant aussi-tôt répandue par toute l'Espagne par le moyen de ceux qui étoient revenus de cette Isle, fut bientôt connue de toute la terre, & d'un très-grand usage, jusqu'à ce qu'on eût trouvé la manière de guérir ce mal par le moyen du vif-argent, qui fit tomber peu-à-peu le fréquent usage du Gaïac.

Propriétés médicinales.

Le bois de Gaïac est très en usage en médecine. Il faut que ce bois soit dur, pesant & d'une couleur citrine. Il est diaphorétique, fondant, atténuant, stimulant & cordial. Il y a long-temps qu'il est connu en Europe. On l'a mis en usage dès qu'on a connu la maladie vénérienne, ainsi que nous l'avons observé ci-dessus. En Amérique il réussit parfaitement bien dans la cure de la vérole de ce pays, qu'on appelle le *Pian*, où le Mercure ne réussit pas; mais il manque souvent pour la guérison de la vérole Européenne. On donne le Gaïac en tisane, ordinairement marié avec les autres sudorifiques. On le prend rapé ou coupé par morceaux; on en met deux onces sur deux pintes d'eau; on fait infuser pendant vingt-quatre heures, afin que l'eau pénètre le bois, & que l'ébullition en fasse mieux l'extraction; puis on fait bouillir jusqu'à la réduction de la moitié. Telle est la tisane de Gaïac, qu'on édulcore avec quelque peu de Réglisse pour corriger son goût. Elle convient dans tous les cas où les sudorifiques sont nécessaires, dans les maladies cutanées. C'est un spécifique sur la fin des gonorrhées & chaude-pisses, dans les fleurs blanches, dans des poulains lorsqu'on traite par extinction, dans l'hydropisie, la goutte & les rhumatismes.

Il est une autre tisane de Gaïac qu'on appelle *Royale*. Elle diffère de la première en ce que l'on y a joint quelques purgatifs. Son usage est assez bon. Deux ou trois verres dans une matinée purgent assez doucement. L'écorce de Gaïac n'est pas d'un si commun usage que le bois. Pour s'en servir il faut la choisir pesante & récente. On l'emploie de la même façon que le bois, & dans les mêmes cas. La résine qui découle de l'arbre n'est guères employée dans l'intérieur, & elle ne mérite pas même de l'être. Pour l'extérieur, c'est un grand remède en fumigation. On tire du Gaïac une huile extrêmement vantée par quelques-uns; mais la décoction du bois ayant la même vertu lui est préférable. Cette décoction, au rapport de Nicol, a réussi en même temps sur 3000 hommes attaqués de la vérole, & dans un état si désespéré, qu'on doutoit de leur rendre la santé.

Ulric de Hutten, malade depuis neuf ans d'une vérole très-mauvaise, ayant été traité onze fois inutilement avec le mercure, fut entièrement guéri par l'usage seul de la décoction de Gaïac, comme il le rapporte lui-même dans son Traité, qui a pour titre *De Guajaci Medicinâ & Morbo Gallico. c. 26. Moguntiæ.* 1519. *in*-4°. Cependant on ne tarda pas à s'appercevoir que cette décoction n'étoit pas sans danger pour bien de gens, & qu'elle ne convenoit pas dans tous les cas; mais seulement pour cette espèce de vérole qui est unie à une cachexie scrophuleuse ou scorbutique; ensuite dans les maladies locales & commençantes, & enfin pour dissiper les douleurs provenantes de cause vérolique que le mercure n'auroit pas fait évanouir: elle est d'ailleurs efficace, dit Vogel, pour corriger les autres impuretés du sang, & pour les expulser par la voie des sueurs, ainsi que pour le rhumatisme, la goutte, la gale, le psora, les achores, les glandes enflammées des enfans: elle a été employée dans ce dernier cas avec succès, unie à la Réglisse, par *Kuchler*. Monavius la met encore au nombre des remèdes convenables contre le tremblement. Alph. Ferreus & Jachinus disent avoir éprouvé ses bons effets contre l'épilepsie; Schreiferus, extérieurement contre le cancer; Heister, contre l'anasarque: mais en faisant usage de cette décoction, il est nécessaire d'observer un régime chaud; autrement les humeurs restent en stagnation sous la peau, occasionnent l'œdème & des accidens très-graves: c'est sans doute à cela qu'il faut rapporter ce qui a été vu par Hen. de Heers, que des Mélancoliques sont tombés dans l'*Elephantiasis*; que d'autres ont été attaqués de jaunisse & d'autres maux considérables, & un autre enfin de goutte sereine. Hoffman a appris à tirer du bois de Gaïac, par le moyen de l'eau, une résine particulière qui a la propriété des Errhins.

On donne le nom de *Gomme de Gaïac* à la résine naturelle dont nous avons parlé ci-dessus; & quoiqu'elle ne mérite pas d'être employée intérieurement, cependant quelques Auteurs prétendent qu'elle convient dans les affections catharrales & dans les impuretés des humeurs: on la prescrit commodément sous la forme de pilules, à la dose de 4, de 6 ou de 8 grains.

L'huile noire qu'on tire du Gaïac, & qui est épaisse & fort acide, est très-bonne contre la carie des os, le mal de dents, & pour déterger les vieux ulcères. Lorsqu'elle est rectifiée, elle peut s'employer intérieurement dans l'épilepsie, la paralysie, & pour faire sortir l'arrière-faix après l'accouchement. Sa dose est depuis deux gouttes jusqu'à six. L'esprit de Gaïac rectifié favorise la transpiration, & excite la sécrétion des urines: on le donne depuis demi-gros jusqu'à un gros & demi. On obtient aussi du bois de Gaïac, ainsi que nous l'avons dit ci-dessus, un sel essentiel qui est apéritif & sudorifique; il peut servir, ainsi que tous les autres sels alkalis, à tirer les teintures des végétaux. Sa dose est depuis dix grains jusqu'à un demi-gros, dans une liqueur appropriée.

Formules pharmaceutiques & magistrales.

1°. Prenez rapure de bois de *Gaïac*, 3 onces; écorce de *Gaïac*, une once; eau de fontaine, 6 liv.; faites macérer pendant vingt-quatre heures; ensuite faites bouillir jusqu'à la diminution de la moitié; passez au travers d'un linge. Le malade en prendra trois, quatre ou cinq verres tous les jours, pour guérir la maladie vénérienne, le rhumatisme & la paralysie.

2°. Prenez *Gaïac*, 4 onces; écorce de *Gaïac*, Sassafras, de chacune une demi-once; bois d'Aloës, 2 gros; Réglisse ratissée & concassée, 1 gros; graines de Coriandre, un gros & demi: faites macérer dans 7 livres d'eau pendant vingt-quatre heures, ensuite faites bouillir jusqu'à la diminution de la moitié; ajoutez sur la fin raisins secs, une demi-once; laissez refroidir la décoction; passez-la au travers d'une étoffe; gardez-la pour l'usage.

3°. Prenez sciure de *Gaïac*, 4 onces; macérez pendant un jour dans 4 livres d'eau commune; faites bouillir jusqu'à la diminution de la moitié; ajoutez sur la fin Séné mondé, une once; Turbith, Hermodattes, de chacun deux gros. Le malade prendra le matin à jeun une demi-livre de la colature, pour la paralysie & le rhumatisme.

4°. *Teinture & extrait résineux de Gaïac.* Prenez sciure fine de *Gaïac*, à volonté; mettez-la dans un matras de verre, & versez pardessus de l'esprit-de-vin bien rectifié, à la hauteur de trois ou quatre travers de doigt; macérez pendant huit jours & huit nuits à une chaleur tempérée de sable: la teinture sera d'un rouge foncé; séparez-la de la poussière, & gardez-la pour l'usage, ou distillez-la à un feu très-doux jusqu'à la consistence d'extrait; alors séchez bien l'extrait à la chaleur du bain-marie ou du soleil. La masse qui reste est l'*Extrait résineux de Gaïac.* Cette teinture & cet extrait passent pour sudorifiques & diaphorétiques.

5°. *Esprit & huile fétide de Gaïac.* Prenez poussière de *Gaïac*, à volonté; mettez-la dans une cornue à laquelle vous adapterez un récipient, & commencez la distillation au feu de réverbère, en commençant par un feu doux, que vous augmenterez peu-à-peu jusqu'au plus grand degré, & que vous continuerez jusqu'à ce qu'il ne coule plus rien, & que le récipient ne paroisse plus obscurci par des nuages. Les vaisseaux étant refroidis, ôtez le récipient, & séparez exactement l'huile épaisse & noire de l'esprit. Cet esprit, dont la couleur est rubiconde, étant distillé de nouveau dans l'alambic de verre, devient limpide & dépouillé de toute huile : il est un peu acide au goût; mais après quelques semaines il devient rouge de nouveau à cause du soufre qu'il renferme. On dissout l'huile épaisse & noire dans de l'esprit de vin; enfin on la passe au travers du papier gris, & on la conserve; ou bien on la mêle avec trois fois autant de sel commun, calciné & pulvérisé; & étant distillée dans la cornue de verre ou bien de sable, il sort une liqueur rouge & moins puante que l'on conserve pour l'usage.

L'esprit de Gaïac excite la sueur & les urines; on le donne depuis un gros jusqu'à une demi-once dans la décoction du même bois, pour les catarres, les douleurs de rhumatisme & de paralysie. Quelquefois on le joint aussi aux sudorifiques & aux alexipharmaques, & on l'estime dans les maladies pestilentielles & les fièvres malignes.

6°. *Huile essentielle de Gaïac.* Prenez rapure de *bois de Gaïac*, 4 livres; sel marin, une livre; eau commune, 24 livres : macérez dans un vaisseau fermé pendant deux ou trois mois; ensuite distillez à un feu violent dans un alambic muni d'un réfrigérent. De cette manière il sortira une eau trouble chargée d'huile essentielle qui va peu-à-peu au fond de l'eau. Lorsque cette liqueur est entièrement limpide, on la verse, & il reste au fond une huile jaune, odorante, transparente : c'est l'*Huile essentielle* de Gaïac. Cette huile est très-efficace pour séparer les humeurs nuisibles d'avec le sang; elle les chasse par la transpiration & par les sueurs. Quelques-uns la recommandent aussi dans les maladies vénériennes, depuis 4 gouttes jusqu'à 12, dans une décoction de Gaïac ou dans de l'eau distillée de ce bois; ils veulent qu'on en donne tous les jours pendant quelques semaines.

7°. Prenez Æthiops minéral & Cloportes préparées, de chacune 4 gros; huile distillée de Succin & de *Gaïac*, de chacune un gros & demi; gomme ammoniaque en poudre, un gros; syrop du Roi Sapor, suffisante quantité : mêlez, faites une opiate selon l'art pour les tumeurs carcinomateuses.

Observation.

Il y a des Chirurgiens qui ont prétendu pouvoir substituer du Buis au Gaïac.

Propriétés économiques.

On se sert du bois de Gaïac pour des ouvrages de tour & de marqueterie. Dans les Colonies on en fait des roues & lanternes pour les moulins à sucre. En Europe on en fabrique des jattes. Ce bois brûle difficilement.

SECONDE ESPECE.

La seconde espèce est le Gaïac saint. *Guajacum sanctum. Guajacum foliis multijugis, obtusis. Linn. Sp. Plant.* 547. *Guajacum foliis pinnatis, foliolis obversè-ovatis, integerrimis. Roy. Lugdb.* 208. *Guajacum flore cœruleo, fimbriato; fructu tetragono. Plum. Gen.* 39. *Guajacum Americanum, Lentisci folio. Comm. Hort.* 1, *p.* 171. *Guajacum propè modum sine matrice. Bauh. Pin.* 448. *Jasminum vulgò Americanum, seu Evonymo affinis Occidentalis, alatis Rusci foliis, nucifera; cortice ad genicula fungoso. Pluk. Alm.* 139. *Hoaxacan, seu Lignum sanctum. Hern. Nov. Pl. Hist.*

Description.

Cette espèce est moins haute que la précédente. Son bois est aussi solide & aussi pesant, mais de couleur de Buis. Son écorce qui est un peu plus épaisse, est noirâtre en dehors, parsemée de plusieurs taches grises, & sillonnée de rides réticulaires & transversales; elle est pâle en dedans, & d'un goût légèrement amer. Ses branches sont disposées de la même manière que dans la première espèce; mais elles sont bleues & un peu dentelées. Les fruits sont quadrangulaires comme ceux de notre Fusain ordinaire, de couleur de cire, partagés intérieurement en quatre loges, dans chacune desquelles est contenue une seule graine osseuse, rouge, qui a presque la figure d'une petite olive.

Figure.

Cette espèce est représentée dans l'*Alm.* de Plukenet, pl. 94, fig. 4; & dans l'*Hort. Amstld.* de Commelin, tome 1, pl. 88.

Lieu de sa naissance.

Elle croît naturellement dans l'Amérique, dans l'Isle de S. Jean du port Ricci, & dans l'Isle de S. Domingue.

Culture.

On multiplie cette espèce de même que la première, par graines. Ses propriétés sont les mêmes.

TROISIEME ESPECE.

La troisième espèce est le Gaïac d'Afrique. *Guajacum Affrum. Guajacum foliolis multijugis, acutis. Linn. Sp. Plant.* 547. *Guilandinoïdes. Hort. Cliff.* 489. *Acacia Affricana, Acaciæ similis; foliis Myrti, parvis, aculeatis, pinnatis; flore coccineo, tetrapetaloïde. Walth. Hort.* 2. *Affra arbor, Acaciæ similis; foliis Myrti aculeatis, splendentibus. Boerrh. Lugdb.* 2, *p.* 57.

Description.

Les rameaux sont roides. Les feuilles sont alternes, aîlées, à huit paires. Le pétiole commun est échancré, articulé, cannelé. Les folioles sont ovales, oblongues, opposées, très-entières, pointues, glabres, un peu roides, vivaces, raccourcies très-légèrement par la base intérieure. Les stipules sont abaissées sur les rameaux, en forme d'alène, très-petites.

Figure.

Cette espèce est représentée dans l'*Hort. Walth.* pl. 2.

Lieu de sa naissance.

Elle croît naturellement dans l'Éthiopie, la Chine, au Cap de Bonne-Espérance.

Culture.

Elle n'a point encore fleuri en Europe; elle garde ses feuilles pendant toute l'année, & vit dans l'orangerie pendant l'hiver. Au mois de Mai on la sort avec les autres plantes; elle ne fait simplement que croître, & il est très-difficile de la multiplier par marcottes.

GUETTARDA,

GUETTARDA, *la Guettarde.*

NOMS GÉNÉRIQUES.

Ce genre de plante est connu sous les noms de *Guettarda. Linn. Halesia. Brown.*

Étymologie.

Cette plante a été nommée *Guettarda*, du nom de M. Guettard, fameux Botaniste François, qui le premier a découvert des glandes dans les plantes.

Description générique.

Le caractère de ce genre est d'avoir le périanthe du calice monophylle, turbiné, à six dents. La corolle est monopétale, cylindrique. Le tube est long, inséré sur l'ovaire, en disque. Le lymbe est fendu en six lobes aigus, velus. Les filamens des étamines sont au nombre de six, très-courts, insérés à la gueule de la corolle. Les anthères sont oblongues, à deux loges. Le pistil est un germe rond, attaché au calice, couronné par le disque. Le style est de la longueur du tube de la corolle, à six sillons. Le péricarpe est une baie globuleuse, à six loges, couronnée des petites dents du calice. La coque de chaque loge est frêle. Les semences sont nombreuses, très-menues, anguleuses.

CLASSE.

Ce genre fait partie de la sixième classe de Linnæus, qui comprend les plantes monœciques polyandriques. Cet Auteur en admet une espèce, & M. Aublet une autre.

PREMIERE ESPECE.

La première espèce est la Guettarde à fleur couleur d'écarlate. *Guettarda coccinea. Guettarda folio amplissimo, ovato, acuto; florum racemis erectis, terminalibus; flore coccineo. Aubl.* 317.

Description.

Le tronc de cet arbre s'élève de dix à douze pieds sur sept à huit pouces de diamètre. Son écorce est gersée & roussâtre. Son bois est blanc, peu compact; il pousse à son sommet plusieurs branches à quatre angles, droites, chargées de rameaux opposés, cannelés & couverts d'un duvet roussâtre; ils ont en naissant deux stipules qui les embrassent; ils sont garnis de feuilles deux à deux, opposées & disposées en croix. Les feuilles sont lisses, entières, ovales, terminées par une longue pointe, vertes en dessus, & cendrées en dessous, avec des nervures apparentes & roussâtres; les plus grandes ont quatorze pouces de longueur sur sept de largeur. Leur pédicule est cylindrique, cannelé, long de deux pouces, renflé à sa naissance, & accompagné de deux stipules larges & aiguës, qui tombent de bonne heure, & qu'on ne rencontre qu'aux jeunes feuilles. Les fleurs naissent à l'extrémité des rameaux en grosse panicule droite, dont les branches sont opposées & rameuses. Les branches & les rameaux sortent d'entre deux petites écailles. Le calice de la fleur en a aussi deux à sa base. Les rameaux portent trois fleurs, dont une intermédiaire est sessile. Le calice est d'une seule pièce, de couleur purpurine, en forme de coupe; il contient l'ovaire, & fait corps avec lui. La partie qui déborde l'ovaire est jaune, à quatre dentelures fermes. La corolle est monopétale. Son tube est long de deux pouces & plus; il est rouge, vif, courbé, évasé par le haut, & partagé en six lobes jaunes, dont la face interne est couverte de poils de la même couleur. Ce tube est attaché autour d'un disque qui couvre l'ovaire. Les étamines sont au nombre de six, placées sur la paroi supérieure & interne du tube, au-dessous de ses divisions; leurs filets sont courts, blancs. Les anthères sont longues, jaunes, & à deux bourses partagées par un sillon. Le pistil est un ovaire renfermé dans le calice, couvert d'un disque, du centre duquel s'élève un style long, blanc, terminé par un stigmate vert, à six rayons. L'ovaire devient une baie succulente, rouge, de la grosseur d'une Cerise, couronnée par les divisions du calice; elle est à six loges séparées par des cloisons. Chaque loge contient une petite coque remplie de semences menues, triangulaires & chagrinées.

Figure.

Cette espèce est représentée dans l'Histoire des Plantes de la Guiane Françoise par M. Aublet, pl. 123.

Lieu de sa naissance.

Elle est commune dans l'Isle de Cayenne & dans la Terre-Ferme; elle croît dans les taillis & au bord des savanes; elle est en fleurs & en fruits dans presque tous les mois de l'année.

Propriétés alimentaires.

Sa baie est douce & bonne à manger.

Propriétés médicinales.

Le bois de cet arbre est amer. La décoction de ses feuilles est employée par les Créoles, en fomentation, en bain & en douche pour guérir les enflures.

SECONDE ESPECE.

La seconde espèce est la Guettarde argentée. *Guettarda speciosa, Linn. Sp. Plant.* 1408. *Osbeck. It.* 275. *Aublet.* 320. *Halesia arborescens, foliis subrotundis, subtùs argenteis; spicis florum bigeminis, sustentaculis longis, alaribus. Brow. Jam.* 205.

Description.

Cet arbre a le port de l'*Hernandia*. Ses feuilles sont très-amples, ovales, rondes au sommet, avec une pointe, nues, très-entières, argentées en dessous, à veines alternes, pétiolées, dont les pétioles sont beaucoup plus courtes que la feuille. Les épis des fleurs sont deux fois doubles. Les péduncules sont longs, axillaires. Les fleurs ont le même caractère que l'espèce précédente.

Figure.

Il est représenté dans l'Histoire de la Jamaïque par Browne, pl. 20, fig. 1.

Lieu de sa naissance.

Il croît naturellement à Java, dans la Jamaïque.

GUAPIRA, *la Guapire.*

Description générique.

Le caractère de ce genre de plante est d'avoir le périanthe du calice, à quatre ou cinq folioles courtes, rondes & aiguës. La corolle est monopétale, tubuleuse. Le lymbe s'étend, & est à quatre ou cinq dents. Les filamens sont au nombre de six, dont trois plus longs & trois plus courts, insérés au réceptacle du pistil. Le germe du pistil est ovale. Le style est cylindrique. Le stigmate est fendu en cinq ou six lobes linéaires, aigus. Le péricarpe est une baie monospermique, ovale, à six stries, couronnée des petites dents de la corolle qui devient pulpeuse. La semence est unique, enveloppée d'une membrane blanche.

CLASSE.

Ce genre fait partie de la sixième classe de Linnæus, qui comprend les plantes hexandriques monogyniques. M. Aublet, qui nous a fait connoître ce genre, n'en admet qu'une espèce.

ESPECE.

Cette espèce est la Guapire de la Guiane. *Guapira Guianensis. Aubl.* 308.

Description.

Le tronc de cet arbre a dix à douze pieds de hauteur, & sept à huit pouces de diamètre. L'écorce est lisse, verte. Son bois est blanc, léger & cassant; il pousse à son sommet des branches droites & éparses: elles sont noueuses & cylindriques, garnies de deux feuilles opposées; & quelquefois, surtout à l'extrémité des rameaux, il s'en trouve quatre rangées autour d'un nœud. Les feuilles sont vertes, molles, lisses, terminées en pointe; leur pédicule est long d'un pouce; les plus grandes ont six pouces de longueur sur deux & demi de largeur. Les bourgeons qui terminent les rameaux sont couverts d'écailles velues & roussâtres. Les fleurs naissent en grappes sur un long péduncule qui sort d'entre deux jeunes pousses à l'extrémité des rameaux. Le calice est formé de quatre ou cinq petites écailles. La corolle est d'une seule pièce; c'est un tube charnu qui s'évase à son sommet, & dont le bord est à cinq ou six dentelures. Les étamines sont placées au dessous de l'ovaire: il y en a six, dont trois sont plus grandes, & trois plus petites. Leurs filets sont applatis, blancs & striés. Les anthères sont vertes, écartées par le bas. Le pistil est un ovaire ovoïde, surmonté d'un style blanc, charnu, cannelé, terminé par un stigmate à six rayons. L'ovaire, conjointement avec la corolle, devient une baie rouge à cinq ou six côtes couronnées par les pointes de la corolle; & souvent le style & les stigmates subsistant, ces côtes se séparent facilement, & laissent à découvert une substance rouge, succulente & douceâtre, sous laquelle est une membrane blanche qui contient une amande blanche, tendre, dont les deux cotyledons sont roulés.

Figure.

Cette espèce est représentée dans l'Histoire des Plantes de la Guiane Françoise, pl. 119.

Lieu de sa naissance.

Elle croît naturellement dans les haies de l'Habitation de Loyola.

GUILANDINA, *le Bonduc.*

NOMS GENERIQUES.

Ce genre de plante est connu sous les noms de *Bonduc, Ponæ. Iniamboi. Bras. Caretti. Malab. Mates. Ind. Echinotes. Clus. Ouri. Seneg. Guilandina. Linn.*

Description générique.

Le caractère de ce genre est d'avoir le périanthe du calice monophylle, campanulé; le lymbe fendu en quatre, égal, s'étendant. Sa corolle est composée de cinq pétales lancéolés, concaves, sessiles, égaux, insérés à la gueule du calice, un peu plus grands que le calice. Les filamens des étamines sont au nombre de dix, en forme d'alêne, droits, insérés au calice, & plus courts que lui; les alternes sont plus petits. Les anthères sont obtuses, crénelées. Le germe du pistil est oblong. Le style est filiforme, de la longueur des étamines. Le stigmate est simple. Le péricarpe est une silique de forme rhomboïde, avec une suture convexe dans sa partie supérieure; elle renferme des semences dures & osseuses qui sont séparées par des cloisons.

CLASSE.

Ce genre fait partie de la dixième classe de Linnæus, qui comprend les plantes décandriques monogyniques. Cet Auteur en admet cinq espèces.

PREMIERE ESPECE.

La première espèce est le grand Bonduc commun. *Guilandina Bonduc. Guilandina aculeata, pinnis ovatis, foliolis aculeis, solitariis. Linn. Sp. Plant.* 545. *Guilandina caule fructuque aculeatis. Hort. Cliff.* 158. *Bonduc vulgare, majus, polyphyllum. Plum. Gen.* 25. *Acacia gloriosa, Lentisci folio, spinosa; flore spicato, luteo; siliquâ magnâ, muricatâ. Pluk. Almag.* 4. *Lobus echinatus, fructu flavo, foliis rotundioribus. Sloan. Jam.* 144. *Hist.* 2, *p.* 40. *Frutex Globulorum. Rumph. Amb.* 5, *p.* 89. *Cæsalpinia aculeis recurvis, foliolis ovatis. Flor. Zeyl.* 157. En Indien, *Klitsji* seu *Kalitsji*. A Macassar, *Rogare*, & à Java, *Sahu*.

Description.

Les rameaux de cette espèce sont ligneux, solides, glabres, épineux. Les feuilles sont doublement ailées, à folioles ovales, glabres, sans pointes soyeuses. Dans chaque feuille particulière il y en a trois paires éloignées. Les fleurs sont glabres sur des grappes plus lâches, & sont plus labiées.

Figure.

Cette espèce est représentée dans l'*Almag.* de Plukenet, pl. 2, fig. 2; dans l'*Herbarium Amboinense*, tome 5, pl. 4; & dans la seconde partie de cet Ouvrage.

Lieu de sa naissance.

Elle croît naturellement dans les Indes.

Culture.

Cette espèce, la seconde & la quatrième étant natives des pays chauds, ne vivent point en hiver dans notre climat, si on n'a le soin de les mettre pendant cette saison dans une serre chaude, & si on n'enfonce les pots où elles sont dans une couche de tan: on les multiplie par graines; celles de cette espèce & de la seconde sont si dures, que si on ne les fait tremper deux ou trois jours dans l'eau avant de les semer, pour les amollir, elles restent des années entières sans végéter. On plante ensuite ces graines dans des pots, & on enfonce les pots dans une couche de tan. Quand les jeunes plantes sont levées & bonnes à être transplantées, on les met chacune séparément dans un pot plein de terreau ; on enfonce ces pots dans une couche modérément chaude de tan, & on les garantit du soleil jusqu'à ce qu'elles soient reprises ; après quoi on les gouverne de la même manière que toutes les autres plantes exotiques délicates : on leur donne beaucoup d'air quand il fait chaud, & on ne les arrose que légèrement. Quand les jeunes plantes sont parvenues à une hauteur à ne pouvoir plus rester sur couche, on les transporte dans la serre chaude, & on les enfonce dans le tan : elles y feront de grands progrès pourvu qu'on ne leur donne pas trop d'eau, sur-tout pendant l'hiver ; car ces sortes de plantes ne supportent aucune humidité pendant la froide saison. La quatrième espèce que nous décrirons ci-après, demande d'être gouvernée de même que les deux autres ; mais ses graines viennent sans avoir été trempées dans l'eau : il est encore à observer que les jeunes plantes qui proviennent de ces graines sont très-difficiles à changer d'un pot à l'autre ; car leurs racines sont grosses & charnues, & ont peu de fibres ; en sorte que si l'on n'y prête pas beaucoup d'attention, toute la terre d'auprès d'elle tombe, ce qui souvent fait périr les tiges presque jusqu'à la racine, quelquefois même toute la plante ; on n'arrosera cette plante que fort légèrement en tout temps, mais sur-tout pendant la froide saison. L'humidité les fait souvent périr dans très-peu de temps.

Propriétés médicinales.

Les feuilles récentes broyées avec du vinaigre mêlé d'eau, & prises le matin, provoquent les menstrues, & sont bonnes dans les obstructions de la rate. Les graines constipent.

Propriétés superstitieuses.

Les soldats d'Amboine, avant d'aller au combat, sont dans l'usage de manger quarante de ces graines pendant plusieurs jours de suite : ils prétendent que cela les rend durs au combat & invulnérables.

Propriétés économiques.

Dans les Moluques, on fait avec ces plantes des espèces de haies.

Propriétés d'amusement.

On emploie dans le pays leurs grains pour jouer à un jeu qui se nomme *Tsjoncka.*

SECONDE ESPECE.

La seconde espèce est le petit Bonduc commun. *Guilandina Bonducella. Guilandina aculeata, pinnis oblongo-ovatis, foliolis aculeis, geminis. Linn. Spec. Plant.* 545. *Guilandina aculeata, foliolis ovalibus, acuminatis. Flor. Zeyl.* 156. *Hort. Upsf.* 101. *Bonduc vulgare, minus, polyphyllum. Plum. Gen.* 25. *Crista Pavonis, Glycyrrhizæ folio, minor, repens, spinosissima ; flore luteo, spicato, minimo ; siliquâ latissimâ, echinatâ ; semine rotundo, cinereo. Breyn. Prodr.* 3. *App.* 33. *Globuli majores. Rumph. Amb.* 5, *p.* 92. *Lobus echinatus, fructu Cæsio, foliis longioribus. Sloan. Jam.* 144. *Hist.* 2, *p.* 41. *Caretti. Hort. Malab.* 2, *p.* 35. En Hollandois, *Groote Praatjes.* A Malaca, *Catti Catti*, ou *Klitsji Besaar*, & *Lacki Lacki.* A Amboine, *Schit Ela.* En Hébreux, *Schaid.*

Description.

Les rameaux sont velus, remplis d'une moëlle fongueuse. Les feuilles sont doublement aîlées, à folioles ovales, obtuses, avec une pointe ou soie dans chaque feuille particulière, de six, sept ou huit paires. Les fleurs sont en grappes ou en épis, à calice cotonneux.

Figure.

Cette espèce est représentée dans le *Breyn. Prod.* pl. 28 ; dans l'*Herbarium Amboinense*, tome 5, pl. 49, fig. 1.

Lieu de sa naissance.

Elle croît naturellement dans les Indes.

Observation.

Ses propriétés sont les mêmes que celles de l'espèce précédente.

TROISIEME ESPECE.

La troisième espèce est le Bonduc bagatelle. *Guilandina nuga. Guilandina caule inermi, foliis petiolo primario subtùs aculeis, geminis. Linn. Sp. Pl.* 546. *Nugæ sylvarum. Rumph. Amboin.* 5, *p.* 94. A Malaca, *Catti Catti Ponte* & *Schit Haut.* A Amboine, *Schit.* En Hollandois, *Kleene Praatjes.*

Description.

La tige & les rameaux sont ronds, sans épines. Les feuilles ont au-dessous de leur premier pétiole deux épines. Les légumes sont lisses.

Figure.

Cette espèce est représentée dans l'*Herbarium Amboinense*, tome 5, pl. 50 ; & dans la seconde partie de cet Ouvrage.

Lieu de sa naissance.

Elle croît naturellement à Amboine.

Propriétés médicinales.

La décoction des racines de cette plante dans de l'eau est très-bonne contre le calcul & la néphrétique.

QUATRIEME ESPECE.

La quatrième espèce est le Morunga, le Bois Néphrétique, la Noix Behen. *Guilandina Moringa. Guilandina inermis, foliis subpinnatis, foliolis inferioribus, ternatis. Linn. Sp. Plant.* 546. *Flor. Zeyl.* 155. *Mat. Med.* 202. *Lignum peregrinum aquam cœruleam reddens. Bauh. Pin.* 416. *Moringha Zeylanica, foliorum pinnis pinnatis, flore majore, fructu anguloso. Burm. Zeyl.* 162. *Morungu. Rheed. Hort. Mal.* 6, *p.* 19. *Rumph. Amb.* 1, *p.* 184. *Moringa Lentisci folio, fructu magno, anguloso, in quo semina Ervi. Bauh. Hist.* 1, *p.* 435. *Raj. Hist.* 1745. *Morinha Acostæ. Herm. Zeyl.* 37. *Moringa. Clus. Exot.* 278. *Ferr. Flor.* 385. *Balanus Myrepsica. Dal. Pharm.* 368. *Balanus Myrepsica, siliquâ triangulari, semine minore, alato. Breyn. Prodr.* 2, *p.* 22. *Comm. Mal.* 13. *Glans unguentaria. Dalech. Hist.* 1684. *Bauh. Pin.* 402. *Raj. Hist.* 1738. *Nux unguentaria. Bauh. Hist.* 1, *p.* 317. *Nux Behen Zeylanica, siliquâ trian-*

gulari, feminibus alatis. Herm. Lugdb. 692. *Prodr.* 357. *Comm. Hort.* 1, *p.* 219. *Arbor exotica, Lentisci foliis. Bauh. Pin.* 399. *Lignum Nephreticum. Park. Theatr.* 1664. *Raj. Hist.* 1804. *Katumurungha. Herm. Zeyl.* 62.

Description.

Cette espèce est sans épine. Ses feuilles sont doublement aîlées. Ses folioles inférieures sont ternées. Son légume est très-long, à trois côtes, à trois valves, lisse, à une loge. Les semences sont alternes, éloignées, rassemblées longitudinalement. Linnæus ne l'a pas vue en fleur; mais le fruit lui a paru si éloigné du Bonduc, qu'il croit qu'on en pourroit faire un autre genre; en sorte qu'il invite ceux qui le conservent d'examiner attentivement ses fleurs.

Rheede, dans son *Hort. Malab.*, décrit ainsi cet arbre: Il est haut d'environ vingt-cinq pieds, & gros d'environ cinq. Son écorce est blanchâtre en dedans, noirâtre en dehors, d'une odeur & d'une saveur fort semblables à celle du Cresson ou du Raifort sauvage. Ses rameaux sont d'un bois blanchâtre, couverts d'une écorce verte. L'écorce de la racine est jaunâtre; elle a la même saveur que celle du tronc. Les feuilles sont aîlées, terminées par une feuille impaire; de manière que leur côte commune, qui est longue d'environ une coudée, porte de chaque côté trois côtes plus petites, garnies de petites feuilles, comme l'est l'extrémité de la côte commune. Les fleurs sont en grappes éparses au haut des tiges. Le calice est composé de cinq feuilles. La fleur est aussi composée de cinq pétales presqu'égaux, de couleur de chair, au milieu desquelles sont dix étamines, dont les cinq inférieures sont plus longues & réfléchies vers le bas. A ces fleurs succèdent des fruits ou gousses cylindriques, longues de deux pieds, triangulaires, cannelées, dont l'écorce est d'une couleur herbacée, & la substance intérieure blanchâtre & fongueuse; elles contiennent un grand nombre de graines triangulaires, cannelées, qui renferment une amande blanche, luisante, âcre & amère.

Figure.

Cette espèce est représentée dans le *Thesaurus Zeylanicus*, pl. 75; dans l'*Herb. Amb.* pl. 74 & 75.

Lieu de sa naissance.

Elle croît naturellement dans l'Isle de Ceylan, l'Egypte & l'Amérique.

Propriétés médicinales.

On racle les racines, & on s'en sert comme du Raifort dont elles ont le goût âcre & piquant. Les Indiens font différentes préparations avec les parties de l'arbre; ils s'en servent contre les convulsions, le vertige, les fièvres, l'œdème, le mal de dents, l'enflure des joues. Ils boivent le suc pur de l'écorce du Mouringou avec de l'eau & de l'ail, contre les douleurs de membres causées par le froid. Les feuilles chaudes, appliquées sur les tumeurs même véroliques des testicules, font l'office de résolutifs: leur suc tue les vers des ulcères phagédéniques, & guérit la gale & les autres maladies de la peau.

Observation.

Linnæus, dans sa Matière Médicale, prétend que le *Ben* ou *Noix de Ben* est le fruit de cet arbre, & que le *Bois Néphrétique* est tiré de son tronc. Quoi qu'il en soit, nous allons exposer ce que les Auteurs rapportent de ces deux substances médicinales.

De la Noix de Ben.

La Noix de Ben, telle qu'on la trouve dans nos boutiques, est de la grosseur d'une aveline, de figure tantôt oblongue, tantôt arrondie, couverte d'une coque blanchâtre & médiocrement épaisse, fragile, contenant une amande assez grosse, couverte d'une pellicule fongueuse, blanche, de la consistance d'une aveline ou d'une amande grasse & amère. On estime celle qui est récente, pleine, blanche, & qui se sépare aisément de sa coque. Elle se nomme en Arabe *Ben*, & dans les boutiques, *Nux Ben*, *Balanus Myrepsica* & *Glans Unguentaria.* Avant Linnæus personne n'a donné la description entière de l'arbre qui porte ce fruit. Belon qui l'a vu auprès d'une montagne d'Arabie nommée *Pharagou*, dans le chemin du Caire au mont Sinaï, dit qu'il ressemble au Bouleau par sa grandeur, par ses rameaux & par son tronc qui est blanc. Jean Bauhin a décrit les fruits & non les fleurs. Aldinus a donné la description de l'arbre encore tout jeune, tel qu'il étoit dans le Jardin de Farnèse; mais il n'a point fait celle des fleurs ni des fruits. Le fruit, suivant Bauhin, est une gousse longue d'un palme, remplie de deux cosses, cylindrique, grêle, partagée intérieurement en deux loges, renflée depuis son pédicule jusqu'à son milieu, contenant une noisette dans chaque loge.

Propriétés médicinales.

L'huile que contient la noix de Ben est d'une saveur un peu amère; elle est sans odeur & ne rancit point. On a dit que prise intérieurement elle purgeoit par haut & par bas; mais elle nuit à l'estomac, & Avicenne lui a reconnu un peu de causticité: aussi ne l'emploie-t-on plus aujourd'hui. Extérieurement en fomentation ou en liniment, elle est apéritive & résolutive.

Propriétés économiques.

Elle n'est plus d'usage que pour tirer les odeurs des fleurs odorantes, pour falsifier les essences, & pour l'embaumement des corps.

Du Bois Néphrétique.

Le Bois Néphrétique considéré en grands morceaux, paroît composé de deux substances: l'extérieure est d'une couleur pâle jaunâtre; l'intérieure & médullaire est brunâtre, tirant un peu, tantôt sur le rougeâtre obscur, tantôt sur le noirâtre ou le gris. Ces deux substances, lorsqu'on les ratisse, sont d'une odeur foible balsamique, d'une saveur un peu amère, légèrement âcre & aromatique. L'infusion dans l'eau simple est d'une couleur bleuâtre qui domine plus à la surface, ce qui l'a fait nommer par plusieurs *Bois de Santal bleu*, quoique fort mal à propos: mais cette couleur bleue communiquée à l'eau est si foible & si pâle, qu'elle ne peut presque s'appercevoir, à moins que les rayons du soleil ne dardent dessus à travers les vitres. Tournefort a donné la description suivante de l'arbre d'où on le tire. Il est semblable, dit-il, au Poirier par sa substance & sa grandeur. Ses feuilles naissent alternativement sur les rameaux; elles ont la forme de celle des pois chiches, mais plus épaisses, sans découpures, de la longueur d'un demi-pouce, larges de quatre lignes, d'un vert

vert brun, & parſemées d'un duvet fort doux, reluiſantes en deſſous par un duvet argenté: elles ont une nervure au milieu aſſez groſſe. Les fleurs ſont attachées au haut des rameaux. Suivant Hernandez, elles ſont d'un jaune pâle, petites, longues & diſpoſées en épi. Les calices ſont d'une ſeule pièce, partagés en cinq parties, ſemblables à une corbeille, couverts d'un duvet roux.

Propriétés médicinales.

Ce bois agit dans le corps par ſes principes amers, un peu âcres & légèrement auſtères, partie en détergeant & en irritant doucement, partie en reſſerrant légèrement: on peut par conſéquent le mettre au nombre des apéritifs, des laxatifs, des diurétiques ſtrictement pris, & des ſpécifiques lithontriptiques. Le nom qu'il porte lui vient de ce qu'il eſt utile dans la Néphrétique. On peut auſſi s'en ſervir avec beaucoup de ſuccès contre l'hydropiſie aſcite, la ſuppreſſion d'urine, le calcul, & même pour réſoudre les obſtructions des autres viſcères, guérir le ſcorbut, & chaſſer les vers des inteſtins. On le preſcrit ordinairement en infuſion dans de l'eau ou du vin. L'infuſion dans l'eau pouſſe ſimplement par les urines; & l'autre, qui eſt chargée de la ſubſtance réſineuſe la plus tendre, non-ſeulement pouſſe par les urines, mais encore par les ſueurs. La doſe varie ſuivant le but qu'on ſe propoſe & la diverſité des ſujets; elle eſt ordinairement depuis un gros juſqu'à une demi-once pour les adultes. On le dit bon auſſi contre la gale. A trop forte doſe, il excite les nauſées.

CINQUIEME ESPECE.

La cinquième eſpèce eſt le Chicot, le Bonduc du Canada. *Guilandina Dioica. Guilandina inermis, bipinnata, baſi apiceque ſimpliciter pinnatis. Linn. Sp. Plant.* 546. *Gen. Plant.* 2. 518. *Bonduc Canadenſe, polyphyllum, non ſpinoſum, mas & fœmina. Duham. Arb.* 1, *p.* 108.

Deſcription.

C'eſt un arbre qui s'élève à la hauteur de plus de trente pieds ſur un tronc droit. Les Canadiens l'ont nommé *Chicot*, parce que ſes branches courtes & en petit nombre lui donnent en effet un air très-chétif lorſqu'il a perdu ſes feuilles: mais comme elles ſont prodigieuſes, quelques-unes ayant plus d'un pied & demi de long, lorſque ſa tête en eſt hériſſée, elle paroît conſidérable.

Figure.

Cet arbre eſt repréſenté dans le Traité des Arbres par M. Duhamel, tome 1, pl. 103.

Lieu de ſa naiſſance.

Il eſt indigène au Canada.

Culture.

Il demande une terre légère, qui ne ſoit pas trop humide. Ses ſemences ſont extrêmement dures: il faudra, pour hâter leur germination, les répandre dans de petites caiſſes qu'on mettra dans des couches chaudes, où on les arroſera fréquemment, en obſervant de les tranſporter dans des couches nouvelles, à meſure que les premières perdront leur chaleur. Malgré ces précautions, M. le Baron de Tſchoudy doute qu'elles lèvent la même année; car il dit en avoir ſemé qui ont reſté en terre pendant trois ans.

Propriétés d'ornement.

Comme on ne ſait pas encore le temps ni l'effet de la fleur de cet arbre, on ne peut pas encore lui aſſigner une place, comme arbre d'ornement, dans les différens endroits où il pourroit figurer: mais l'appareil de ſon feuillage ne peut qu'embellir les boſquets d'été, où le peu de longueur de ſes branches donnera la facilité de placer près les uns des autres pluſieurs individus de cette eſpèce.

GUNDELIA, *la Gundele.*

NOMS GÉNÉRIQUES.

Ce genre de plante eſt connu ſous les noms de *Gundelia. Tourn. Hacub. Arab. Alkardeg. Serap. Silybum. Rauv.*

Deſcription générique.

Le caractère de ce genre eſt de n'avoir preſque point de calice commun, excepté les feuilles qui environnent le réceptacle compoſé. La corolle compoſée eſt tubuleuſe, uniforme. Les petites corolles ſont au nombre de cinq, hermaphrodites, égales. La corolle propre eſt monopétale, en forme de maſſe, à lymbe ventru, fendu en cinq, droit. Les filamens des étamines ſont au nombre de cinq, capillaires, très-courts. L'anthère eſt cylindrique, tubulée, longue. Le germe du piſtil eſt ovale, enfoncé au réceptacle, couronné d'écailles très-petites, inférieur. Le ſtyle eſt filiforme, plus long que la corolle. Les ſtigmates ſont au nombre de deux, repliés. Il n'y a point de péricarpe. Les ſemences ſont enfoncées dans le réceptacle, & cachées; elles ſont ſolitaires, rondes, pointues, couronnées d'un bord ſale: les latérales avortent. Le réceptacle commun eſt cônique, couvert de chaque côté de réceptacles particuliers diviſés par des lames à trois pointes. Le réceptacle partiel eſt cônique, obtus, à quatre angles, tronqué, à cinq petites foſſes dont l'une eſt dans le centre; les autres ſont excavées dans la circonférence pour l'inſertion des cinq fleurons.

CLASSE.

Ce genre fait partie de la douzième claſſe de Tournefort, qui comprend les plantes dont les fleurs ſont à fleurons; & de la dix-neuvième de Linnæus, deſtinée aux plantes ſyngénéſiques polygamiques raſſemblées. Cet Auteur n'en admet qu'une eſpèce.

ESPECE.

Cette eſpèce eſt la Gundele de Tournefort. *Gundelia Tournefortii. Linn. Spec. Plant.* 1315. *edit.* 1, *p.* 814. *Gronov. Orient.* 251. *Gundelia Orientalis, Acanthi aculeati folio, capite glabro. Tourn. Cor.* 51. *Itin.* 2, *p.* 108. *Eryngium Syriacum, foliis Chamæleontis longis & ſpinoſis. Moriſ. Hiſt.* 3, *p.* 167. *Schybum Dioſcoridis, ſeu Hacub. Alkardeg Serapionis. Rauw. It.* 74.

Deſcription.

La tige de cette plante eſt haute d'un pied, épaiſſe de cinq ou ſix lignes, liſſe, d'un vert gai, rougeâtre en quelques endroits, dure, ferme, branchue, accompagnée de feuilles assez semblables à celles de l'Acanthe épineuse, découpées jusques vers la côte, & recoupées en plusieurs pointes garnies de piquans très-fermes. Les plus grands de ces piquans ont demi-pied ou huit pouces de largeur sur environ un pied de long. La côte est purpurine; la nervure velue, blanchâtre, relevée, cotonneuse; le fond des feuilles d'un vert gai; leur consistence dure & ferme : elles diminuent jusqu'au bout des branches, lesquelles sont quelquefois couvertes d'un petit duvet. Toutes les parties soutiennent des chapiteaux semblables à ceux du Chardon à Bonnetier, longs de deux pouces & demi sur un pouce & demi de diamètre, environnés à leur base d'un rang de feuilles de mêmes tissure & figure que le bas, mais de la longueur seulement de deux pouces. Chaque chapiteau est à plusieurs écailles longues de sept ou huit lignes, creuses & piquantes, parmi lesquelles sont enchassés les embryons des fruits. Ils sont d'environ cinq lignes de long, d'un vert pâle, pointus au bas, épais d'environ quatre lignes, relevés de quatre coins, creusés à leurs sommités de cinq fosses ou chatons à bords dentés, de chacun desquels sort une fleur d'une seule pièce, longue de demi-pouce; c'est un tuyau blanchâtre ou purpurin clair, évasé jusqu'à une ligne & demie de diamètre, fendu en cinq pointes d'un purpurin sale, lesquelles, bien loin de s'écarter en pavillon d'entonnoir, se rapprochent plutôt. Le dedans de la fleur est d'un purpurin plus agréable. De ses parois se détachent cinq filets ou piliers qui soutiennent une gaine jaunâtre, rayée de purpurin, surmontée par un filet jaune & poudreux, ce qui fait voir que ces fleurs sont de vrais fleurons qui portent chacun sur une jeune graine enfermée dans les embryons des fruits, & ces embryons sont divisés en autant de capsules ou de loges qu'il y a de fleurons. La plupart de ces embryons avortent excepté celui du milieu, qui pressant les autres les fait périr. Toute la plante rend du lait fort doux, lequel se grumèle comme celui de la Carline de Columna. Telle est la description que Tournefort a donnée de cette plante dans ses Voyages.

Figure.

Elle est représentée dans les Voyages de Tournefort, tome 2, p. 250; dans les Voyages de Rauwolf, pl. 74; & dans les Planches de Miller, pl. 287.

Variété.

Linnæus donne pour variété de cette espèce la plante connue par Tournefort sous la phrase de *Gundelia Orientalis, Acanthi aculeati folio, floribus intensè purpureis, capite araneosâ lanugine obsito. Tourn. Cor.* 51.

Lieu de sa naissance.

Elle est vivace, & croît naturellement dans l'Amérique, la Syrie, aux environs d'Alep, par tout le Levant, dans des terres sèches & fortes.

Culture.

On multiplie cette plante par graines que l'on sème au commencement de Mars à demeure dans une platebande bien exposée, garnie de terre neuve sans être grasse. Lorsque les jeunes plantes paroissent, il faut avoir soin de nettoyer les mauvaises herbes; & à mesure qu'elles croissent, on les éclaircit à deux pieds de distance les unes des autres; après quoi elles n'exigent plus d'autre culture que d'être débarrassées des mauvaises herbes. Si la gelée est forte en hiver, on les couvrira avec de la paille de pois; mais il faut ôter cette couverture quand il fait doux. Il ne leur faut qu'un an pour fleurir; elles s'épanouissent en Mai : leurs feuilles & leurs tiges périssent en automne; mais leurs racines sont vivaces pendant plusieurs années.

Propriétés d'ornement.

Cette plante figure très-bien parmi les autres fleurs dans les parterres.

GUNNERA, *la Gunner.*

Description générique.

Le caractère de ce genre de plante est d'avoir un chaton dont les écailles sont à plusieurs fleurs, sans calice ni sans corolle. Le germe est à deux dents. Les styles sont au nombre de deux. La semence est solitaire.

CLASSE.

Ce genre fait partie de la vingtième classe de Linnæus, qui comprend les plantes gynandriques diandriques. Cet Auteur n'en admet qu'une espèce.

ESPÈCE.

Cette espèce est la Gunner d'Afrique. *Gunnera perpensa. Linn. Syst. Veg. edit. XIII. Murray.* 682. *Mantis.* 121. *Petasites Affricanus, Calthæ palustris folio. Herm. Lugdb.* 488. *Petasitidis folio, Bliti fructu. Raj. Hist. App. Blitum Affricanum, Calthæ palustris folio, caule nudo, cubitali; spicam pedalem sustinente. Pluk. Alm.* 68.

Description.

Les feuilles de cette espèce sont radicales, en forme de cœur, obtuses, lisses, veineuses, courbées, dentelées, crénelées, à pétioles à peine poileux. La hampe est nue, à deux pieds. Le chaton est terminal, long, composé, à partiaux épars, simples, distincts, à bractées lancéolées, courtes. Les fleurons sont unis.

Figure.

Cette espèce est représentée dans l'*Almag.* de Plukenet, pl. 18, fig. 2.

Lieu de sa naissance.

Elle est vivace, & croît naturellement au Cap de Bonne-Espérance.

GYNOPOGON, *la Femelle barbue.*

Description générique.

Le caractère de ce genre de plante est d'avoir le périanthe du calice inférieur, monophylle, très-petit, persistent, à demi fendu en cinq lobes linéaires, aigus, droits. La corolle est monopétale, entortillée. Le tube est cylindrique, gonflé sur le sommet, resserré à l'ouverture. Le lymbe est plane, partagé en cinq lobes ovales, en forme de cœur. Les filamens des étamines sont au nombre de cinq, très-courts, insérés au tube au-dessus du milieu. Les anthères sont linéaires, droites, entre le tube. Le germe du pistil est ovale. Le style est filiforme, moitié plus court que le tube. Le stigmate est globuleux, didyme, velu au sommet. Le péricarpe est une baie pédiculée, globuleuse, coriacée, remplie d'un noyau. La semence est un noyau cartilagineux, à deux loges, à semences solitaires.

Observation.

Le fruit avorte ordinairement, son noyau étant dénué de semences. Les germes sont découpés, à deux petites loges dispermiques.

CLASSE.

Ce genre fait partie de la cinquième classe de Linnæus, qui comprend les plantes pentandriques monogyniques. MM. Forster, qui nous ont fait connoître ce genre, en rapportent deux espèces.

PREMIERE ESPÈCE.

La première espèce est la Femelle barbue étoilée. *Gynopogon stellatum. Gynopogon foliis verticillatis. Forst. Caract. Plant.* 36. Les feuilles de cette espèce sont verticillées.

SECONDE ESPECE.

La seconde espèce est la Femelle barbue grimpante. *Gynopogon scandens. Gynopogon foliis oppositis. Forst. Caract. Plant.* 36. Les feuilles de cette espèce sont opposées. La tige est grimpante.

Figure.

Le caractère de ce genre est gravé dans les Nouveaux Genres de MM. Forster, pl. 18.

Lieu de sa naissance.

Elles croissent l'une & l'autre dans les Isles de la mer du Sud.

GYPSOPHILA, *la Gypsophile.*

NOMS GÉNÉRIQUES.

Ce genre de plante est connu sous les noms de *Gypsophila. Linn. Saponaria. Haller. Caryophyllus. Bauh. Alsine. Plukenet.*

Description générique.

Le caractère de ce genre est d'avoir le périanthe du calice campanulé, anguleux, partagé en cinq folioles ovales, persistentes. Les pétales de la corolle sont au nombre de cinq, ovales, obtus, s'étendans, sessiles. Les filamens des étamines sont au nombre de dix, en forme d'alêne, s'étendans. Les anthères sont rondes. Le germe du pistil est globuleux. Les styles sont au nombre de deux, filiformes, s'ouvrans. Les stigmates sont simples. Le péricarpe est une capsule globuleuse, à une loge, à cinq valves. Les semences sont nombreuses, rondes.

CLASSE.

Ce genre fait partie de la dixième classe de Linnæus, qui comprend les plantes décandriques digyniques. Cet Auteur en admet dix espèces.

PREMIERE ESPECE.

La première espèce est la Gypsophile traçante. *Gypsophila repens. Gypsophila foliis lanceolatis, staminibus corollâ emarginatâ brevioribus. Linn. Sp. Plant.* 501. *Amœn. Acad.* 3, *p.* 23. *Saponaria caule simplici, foliis subulatis, planis, ex alis ramulosa. Hort. Cliff.* 166. *Saponaria foliis glaucis, pulposis, angustis, heteromallis. Hall. Helv. edit.* 1. 380. *n°.* 6. *Rupp. Jen.* 117. *Alsine Orientalis, altissima; gramineo folio, flore albo. Buxb. Cent.* 3, *p.* 32. *Alsine angustifolia. Caryophylloïdes, multiflora, glabra, purpurascens; radice astragali. Pluk. Alm.* 22. *Caryophyllus saxatilis, foliis gramineis; minor. Bauh. Pin.* 211. *Burs. XI.* 126.

Description.

La racine est très-longue, de plusieurs pieds. Les tiges sont nombreuses & très-rameuses, hautes d'un demi-pied. Les feuilles sont ordinairement inclinées d'un côté, d'un vert d'eau, un peu épaisses, très-frêles, à pointe aiguë. Les fleurs sortent du haut de la tige sur les rameaux nuds comme en ombelle. Le calice est court, lâche, en forme de cloche, coupé vers le milieu. La fleur est d'une couleur de chair pâle, à bractées en forme de cœur, aiguës. Les anthères sont roussâtres. La poussière est violette.

Figure.

Cette espèce est représentée dans la troisième Centurie de Buxbaum, pl. 60; dans l'*Almag.* de Plukenet, pl. 75, fig. 2; & dans les Plantes de Provence par Gerard, pl. 15, fig. 2.

Lieu de sa naissance.

Elle est vivace, & croît naturellement dans les montagnes de la Sibérie, de l'Autriche, de la Suisse, des Pyrenées.

Culture.

On ne cultive cette espèce, de même que les suivantes, que dans les jardins de Botanique pour faire variété. On les multiplie toutes par graines, que l'on sème sur une couche ordinaire. Lorsqu'elles sont assez fortes pour être transplantées, on les place à demeure; après quoi elles n'exigent plus d'autres soins que d'être débarrassées des mauvaises herbes. Les racines vivent plusieurs années, & produisent annuellement des fleurs.

SECONDE ESPECE.

La seconde espèce est la Gypsophile couchée. *Gypsophila prostrata. Gypsophila foliis lanceolatis, levibus; caulibus diffusis, pistillis corollâ campanulatâ longioribus. Linn. Sp. Plant.* 581. *Alsine angustifolia, caryophylloïdes, multiflora, glabra, purpurascens; radice astragali. Pluk. Alm.* 22.

Description.

Les tiges de cette espèce sont en nombre, couchées, lisses, cylindriques, hautes d'un pied, roussâtres aux articulations. Les feuilles sont lancéolées, glabres. La panicule est branchue, à trois fourches. Le péduncule intermédiaire est plus simple, droit vers le triangle. La corolle est blanche. Les pétales sont obtus, s'étendans, cannelés au sommet. Les étamines sont moitié plus courtes que la corolle. Les anthères sont jaunes. Les styles sont un peu plus longs que la corolle.

Observation.

Cette espèce est très-semblable à la précédente : mais elle en diffère par sa racine, qui est à peine traçante ; par les nœuds de sa tige, qui sont moins pourpres ; par les folioles du calice, qui ne sont pas en carène ; par ses corolles plus petites, blanches sans être rouges ; par ses anthères jaunes ; par ses styles divergens, plus longs que le pétale ; par ses feuilles moins charnues.

Figure.

Cette espèce est représentée dans l'*Almag.* de Plukenet, pl. 75, fig. 2.

Lieu de sa naissance.

Elle croît naturellement sur les Alpes de l'Europe.

TROISIEME ESPECE.

La troisième espèce est la Gypsophile paniculée. *Gypsophila paniculata. Gypsophila foliis lanceolatis, scabris ; floribus dioïcis, corollis revolutis. Linn. Spec. Plant.* 583. *Amœn. Acad.* 3, *p.* 23. *Alsine frutescens, Caryophylli folio, flore parvo, albo. Gerb. Tanaïs.* 15.

Description.

Les feuilles sont raboteuses au bord, aiguës, lancéolées. Les fleurs sont dioïques. Les étamines sont stériles & cachées dans le fond de la fleur. Les pétales sont repliés, plus petits que dans les autres espèces du genre. Les styles sont plus longs que la corolle. Linnæus dit n'avoir pas vu sa fleur mâle.

Lieu de sa naissance.

Elle est vivace, & croît naturellement dans les déserts sablonneux de la Sibérie, de la Tartarie, à Tawrow, Bielogrod.

QUATRIEME ESPECE.

La quatrième espèce est la Gypsophile très-haute. *Gypsophila altissima. Gypsophila foliis lanceolatis, subtrinerviis, rectis. Linn. Sp. Plant.* 582. *Saponaria calycibus pentaphyllis, corymbis fastigiatis, foliis lanceolatis, caule adscendente. Hort. Ups.* 107. *Lichnis caulibus dichotomis, &c. Gmel. Sib.* 4, *p.* 143.

Observation.

Cette espèce diffère de la précédente par sa grandeur, qui est double ou quadruple des autres parties. Sa structure est la même, quoique l'espèce soit différente. La tige est droite, haute d'un demi-pied. Les feuilles sont de la longueur & de la largeur du doigt.

Figure.

Elle est représentée dans le *Flora Sibirica* de Gmelin, pl. 60.

CINQUIEME ESPECE.

La cinquième espèce est la Gypsophile d'Espagne, la Lychnide d'Espagne. *Gypsophila Struthium. Gypsophila foliis linearibus, axillaribus, confertis, teretibus. Linn. Sp. Plant.* 582. *Læfl. It.* 73. *Saponaria caule simplici, foliis linearibus, ex alis foliorum confertis, teretibus. Hort. Cliff.* 166. *Roy. Lugdb.* 444. *Saponaria Lychnidis folio, flosculis albis. Bauh. Pin.* 206. *Kali vermiculatum, albo, globoso flore. Barr. Rar.* 64. *Bocc. Mus.* 2, *p.*

Description.

La tige est inférieurement ligneuse. Des aisselles des feuilles sortent des rudimens foliacés. Les feuilles sont charnues, à demi cylindriques, plus longues que les internœuds.

Figure.

Cette espèce est représentée dans les Plantes de Barrelier, pl. 119 ; & dans le *Musæum* de Boccone, tome 2, pl. 122.

Lieu de sa naissance.

Elle est vivace, & croît naturellement en Espagne.

Propriétés économiques.

Les Anciens se servoient de cette plante en guise de savon, & aujourd'hui les Espagnols en font le même usage.

SIXIEME ESPECE.

La sixième espèce est la Gypsophile à bouquets pointus. *Gypsophila fastigiata. Gypsophila foliis lanceolato-linearibus, obsoletè-triquetris, levibus, obtusis, secundis. Linn. Sp. Plant.* 582. *Amœn. Acad.* 3, *p.* 23. *Lychnis Gypsophila. Gmel.* 4. *Saponaria calycibus pentaphyllis, corymbis fastigiatis, foliis linearibus, caule adscendente. It. Gotl.* 282. *Flor. Suec.* 346. 379. *Sauv. Monsp.* 145. *Saponaria petalis ovatis, foliis glaucis, pulposis, linearibus. Hall. Jen.* 117. *Caryophyllus saxatilis, floribus gramineis, umbellatis corymbis. Bauh. Pin.* 211. *Polygonum majus, erectum, angustifolium ; floribus candidis. Mentz. Pug.*

Description.

La tige de cette espèce n'est pas couchée comme celle de la précédente, avant la fleuraison. De-là les feuilles sont secondes ; elles sont aussi lancéolées, linéaires, à trois côtes, fanées, lisses, obtuses.

Figure.

Cette plante est représentée dans le *Flora Jenensis*, par Haller, pl. 2, fig. 1 ; dans le *Mentzelii Pugillus*, pl. 2, fig. 2 ; & dans le *Flor. Sib.* tome 4, pl. 61, fig. 1.

Lieu de sa naissance.

Elle est vivace, & croît naturellement sur les rochers de la Gothlande, de la Prusse & de la Suisse.

SEPTIEME ESPECE.

La septième espèce est la Gypsophile perfeuillée. *Gypsophila perfoliata. Gypsophila foliis ovato-lanceolatis semi-amplexicaulibus. Linn. Sp. Pl.* 583. *Saponaria foliis lanceolatis, calycibus campanulatis, angulatis. Hort. Cliff.* 165. *Spergula multiflora, foliis inferioribus Saponariæ, superioribus Behen similibus. Dill. Hort. Elth.* 368.

Description.

Les feuilles sont ovales, lancéolées : les inférieures sont raboteuses : les supérieures sont très-glabres.

Figure.

Figure.

Cette eſpèce eſt repréſentée dans le *Dill. Hort. Elth.* pl. 276, fig. 357.

Lieu de ſa naiſſance.

Elle croît naturellement en Eſpagne, au Levant.

Variété.

Linnæus donne pour variété de cette eſpèce la Gypſophile cotonneuſe. *Gypſophila tomentoſa. Gypſophila foliis lanceolatis, ſubtrinerviis, tomentoſis; caule pubeſcente. Linn. Sp. Plant.* 583. *Amœn. Acad.* 4, *p.* 271. *Linum ſylveſtre, latifolium; flore albicante. Barr. Rar.* 670.

Deſcription.

La tige eſt poileuſe. Les feuilles ſont lancéolées, à trois nervures, cotonneuſes. La fleur eſt blanchâtre.

Figure.

Cette variété eſt repréſentée dans les Plantes Rares de Barrelier, pl. 1002.

Lieu de ſa naiſſance.

Elle eſt vivace, & croît naturellement en Eſpagne.

HUITIEME ESPECE.

La huitième eſpèce eſt la Gypſophile des murailles. *Gypſophila muralis. Gypſophila foliis linearibus, planis; calycibus aphyllis, caule dichotomo, petalis crenatis. Linn. Sp. Plant.* 583. *Amœn. Acad.* 3, *p.* 23. *Gypſophila foliis linearibus, planis; pedunculis ſimplicibus, capillaribus, longis, unifloris; petalis emarginatis. Gerard. Prov.* 408. *Saponaria calycibus pentaphyllis, corollis crenato-emarginatis, foliis ſubulatis, planis. Flor. Suec.* 347. 380. *Saponaria foliis linearibus. Flor. Lapp.* 171. *Caryophyllus minimus, muralis. Bauh. Pin.* 211. *Lychnis parva, paluſtris; foliis acutis, lanceolatis; floſculis purpureis. Mentz. Pug. t.* 7.

Deſcription.

Cette eſpèce eſt ſemblable à la dernière; mais elle n'a point d'écailles au calice.

Figure.

Elle eſt repréſentée dans le *Mentzilli Pugillus*, pl. 7, fig. 4.

Lieu de ſa naiſſance.

Elle eſt annuelle, & croît naturellement en Suède, en Allemagne & en Suiſſe, le long des chemins.

NEUVIEME ESPECE.

La neuvième eſpèce eſt la Gypſophile roide. *Gypſophila rigida. Gypſophila foliis lineari-lanceolatis, planis; caule dichotomo, pedunculis bifloris, petalis emarginatis. Linn. Sp. Plant.* 583. *Amœn. Acad.* 3, *p.* 24. *Saponaria caule bracchiato, capillaceo folio, calyce campanulato, floribus ſparſis. Sauv. Monſp.* 145. *Tunica minima. Dalech. Hiſt.* 1191.

Deſcription.

La tige de cette eſpèce eſt fourchue. Les feuilles ſont linéaires, lancéolées, planes. Les péduncules ſont à deux fleurs. Les pétales ſont échancrés.

Lieu de ſa naiſſance.

Cette eſpèce eſt vivace, & croît naturellement aux environs de Montpellier, & peut-être dans la Flandre.

DIXIEME ESPECE.

La dixième eſpèce eſt la Gypſophile ſaxifrage. *Gypſophila ſaxifraga. Gypſophila foliis linearibus, calycibus angulatis, ſquamis duabus, corollis crenatis. Linn. Sp. Plant.* 584. *Dianthus ſaxifragus. Sp. Pl.* 1, *p.* 413. *Dianthus radice repente, ramis decumbentibus, foliis ſubulatis. Roy. Lugdb.* 444. *Dianthus calyce lato & breviſſimo. Hall. Helv. edit.* 1. 381. *Caryophyllus ſaxifragus, ſtrigoſior, ſeu Caryophyllus ſylveſtris, flore minimo. Bauh. Pin.* 211. *Lychnis pumila, caryophyllata; flore rubello, Italis Hæmorrhoïdalis Aldrovando. Barr. Rar.* 64.

Deſcription.

La tige de cette eſpèce eſt haute d'un palme, droite, filiforme, fourchue. Les feuilles ſont linéaires, aiguës. Le calice eſt environné de quatre folioles moitié plus courtes que le tube. Les pétales ſont très-entiers, échancrés, d'un incarnat pâle, ayant à la baſe trois ſtries pourpres, fanées.

Figure.

Cette eſpèce eſt repréſentée dans les Plantes Rares de Barrelier, pl. 998.

Lieu de ſa naiſſance.

Elle croît naturellement en Autriche, en Suiſſe, en France. Elle eſt vivace.

HÆMANTHUS, *l'Aimantos.*

NOMS GÉNÉRIQUES.

Ce genre de plante eſt connu ſous les noms d'*Hæmanthus. Comm. Dill. Aimantos. Græc. Dracunculoïdes. Boerrh.*

Deſcription générique.

Le caractère de ce genre eſt d'avoir l'enveloppe du calice à ſix feuilles, très-grande, ombellifère. Les feuilles ſont droites, oblongues, perſiſtentes. La corolle eſt monopétale, droite, partagée en ſix lobes droits, linéaires. Le tube eſt très-court, anguleux. Les filamens des étamines ſont au nombre de ſix, en forme d'alêne, inſérés au tube de la corolle, plus longs que la corolle. Les anthères ſont couchées, oblongues. Le germe du piſtil eſt inférieur. Le ſtyle eſt ſimple, de la longueur des étamines. Le ſtigmate eſt ſimple. Le péricarpe eſt une baie ronde, à trois loges. Les ſemences ſont ſolitaires, à trois côtes.

CLASSE.

Ce genre fait partie de l'Appendix de Tournefort & de la ſixième claſſe de Linnæus, qui comprend les plantes hexandriques monogyniques. Cet Auteur en admet quatre eſpèces.

PREMIERE ESPECE.

La première espèce est l'Aimantos couleur d'écarlate. *Hæmanthus coccineus. Hæmanthus foliis linguiformibus, planis, levibus. Linn. Sp. Plant.* 412. *Roy. Lugdb.* 42. *Hæmanthus foliis obtusis, basi truncatis. Comm. Hort.* 2, *p.* 127. *Narcissus Indicus, puniceus. Ferr. Cult.* 137. *Narcissus Indicus, serpentarius. Hern. Mexic.* 885.

Description.

Les feuilles de cette espèce sont en forme de langue, planes, lisses, opposées, couchées à terre. La hampe de la fleur est haute d'un pied, d'un vert pâle, tachée, imitant la peau d'un serpent. La racine est bulbeuse. La fleur est couleur d'écarlate.

Figure.

Cette espèce est représentée dans l'*Hort.* de Commelin, tome 2, pl. 64; dans la Culture des Fleurs par Ferrarius, pag. 137; & dans l'*Hernandez*, pl. 899.

Lieu de sa naissance.

Elle est vivace, & croît naturellement au Cap de Bonne-Espérance.

SECONDE ESPECE.

La seconde espèce est l'Aimantos à cils. *Hæmanthus ciliaris. Hæmanthus foliis linguiformibus, ciliatis. Linn. Sp. Plant.* 413. *Lilium Affricanum, sphæricum; floribus obsoletè-puniceis, minoribus. Herm. Lugd.* 375. *Bulbus oblongus, Æthiopicus; foliis guttatis, & cilii instar pilosis. Breyn. Cent. t.* 39.

Description.

Le bulbe de cette espèce est grand. Ses feuilles sont comme celles de l'espèce précédente, mais ciliées, plus étroites, & presque comme celles du Narcisse. Les cils sont brunâtres.

Figure.

Elle est représentée dans le *Breyn. Cent.* pl. 39.

Lieu de sa naissance.

Elle est vivace, & croît naturellement au Cap de Bonne-Espérance.

TROISIEME ESPECE.

La troisième espèce est l'Aimantos couleur de Grenade. *Hæmanthus puniceus. Hæmanthus foliis lanceolato-ovatis, undulatis, erectis. Linn. Sp. Plant.* 413. *Hort. Cliff.* 127. *Hort. Ups.* 88. *Roy. Lugdb.* 42. *Hæmanthus Colchici foliis, perianthio herbaceo. Dill. Hort. Elth.* 167. *Trew. Chret.* 44. *Hyacintho affinis, Affricana; caule maculato. Seb. Mus.* 1, *p.* 20. *Satyrium è Guineâ. Swert. Flor.* 1, *p.* 62. *Moris. Hist.* 3, *p.* 491, *sect.* 12. *Rudb. Elys.* 2, *p.* 210.

Description.

Cette plante qui est d'une grande beauté, se nourrit par sa racine bulbeuse qui pousse dans de petites fibres, lesquelles servent à tirer le suc de la terre. Le tronc qui s'élève ensuite est un fond vert, & varié en outre de quantité de taches très-baies; de sorte cependant qu'à mesure qu'il approche de sa petite tête fleurie, le vert qui est sous le brun paroît davantage, jusqu'à ce qu'enfin il se montre dans tout son éclat lorsqu'il est épanoui. Au reste, il est garni d'espace en espace de bourses qui aboutissent en feuilles très-larges, d'un beau vert, & qui le disputent à celles du Colchique. De petites fleurs soutenues d'une seule tige, creusées en forme de tuyaux, divisées en six grandes pièces, courbées en dehors, d'une belle couleur d'écarlate, & garnies de six longues veines & d'un pilon au milieu, s'assemblent pour former un parasol dont l'effet est très-agréable à la vue. Telle est la description que Séba donne de cette plante.

Figure.

Elle est représentée dans le *Dill. Hort. Elth.* pl. 140, fig. 2; dans les *Plantæ Selectæ* de Trew, pl. 44; dans le *Musæum* de Séba, tome 1, pl. 12, fig. 1, 2, 3; dans le *Florileg.* de Swert, tome 1, fig. 3; dans l'Histoire des Plantes par Morison, tome 3, sect. 12, pl. 12, fig. 11; & dans les Champs Elysées de Rudbeck, tome 2, pag. 210, fig. 3.

Lieu de sa naissance.

Elle est vivace, & croît naturellement dans la Guinée.

QUATRIEME ESPECE.

La quatrième espèce est l'Aimantos en carène. *Hæmanthus carinatus. Hæmanthus foliis linearibus, carinatis. Linn. Sp. Plant.* 413. *Mill. Dict.*

Description.

Cette espèce ne diffère des précédentes que par ses feuilles qui sont linéaires & en carène.

Figure.

Elle est représentée parmi les Planches du Dictionnaire de Miller.

Lieu de sa naissance.

Elle croît naturellement au Cap de Bonne-Espérance.

Culture.

La première & la quatrième espèces sont difficiles à multiplier en Europe, d'autant que leurs oignons ne poussent que très-peu de caieux : aussi en Hollande on fournit les jardins des oignons qu'on tire du Cap de Bonne-Espérance, où ces plantes croissent naturellement. Elles sont l'une & l'autre trop délicates pour vivre au grand air pendant la froide saison dans nos climats; c'est pourquoi on plante les oignons de ces plantes dans des pots garnis de terre légère & sablonneuse, & on met ces pots pendant l'hiver dans la serre chaude. Pendant cette saison les feuilles poussent & sont dans leur pleine vigueur. On lave les oignons lorsque les feuilles sont fanées, & on les conserve hors de terre jusqu'en Août. On les empote pour lors de nouveau, & on les laisse dehors jusqu'à la fin de Septembre; on les met pour lors dans la serre chaude. Dans le temps qu'elles poussent, elles demandent souvent d'être arrosées; mais il faut bien se garder de leur donner trop d'eau à la fois. On peut faire une couche en planche au-devant de la serre, qu'on couvre avec des vitres pendant l'hiver. On plante dans cette planche les Aimantos avec les Glayeuls d'Afrique, les Ixias, les Cyclamens de Perse, &c. Ils y fleurissent plus constamment, & y poussent des tiges beaucoup plus hautes que ceux qu'on met dans des pots.

La troisième espèce se multiplie par ses racines qu'on partage, ou pour mieux dire par caïeux. Le meilleur temps pour cette opération est le printemps, avant que les plantes poussent de nouvelles tiges: c'est aussi le vrai temps de les changer, & de leur donner de nouveaux pots. On multiplie encore cette espèce par graines; c'est même la méthode préférable. On les sème aussi-tôt leur maturité dans des pots pleins de terreau : on tient ces pots dans la serre chaude pendant tout l'hiver. Si l'on enfonce les pots dans une couche de tan & dans la serre chaude entre les intervalles des autres plantes, les semences seront plus prêtes à végéter. Au printemps on les sortira de la serre chaude, & on enfoncera ces pots dans une couche vitrée. Les plantes ne manqueront pas de lever: on leur donnera pour lors de l'air tous les jours. Lorsque la douceur de la saison le permettra, & quand elles seront assez fortes pour être transplantées, on les mettra chacune séparément dans un petit pot rempli de terreau, que l'on enfoncera dans une couche chaude pour faciliter les reprises. On les adoucira pour lors par degrés; ensuite on les mettra dans la serre chaude, & on les y laissera. Si l'on veut que ces plantes profitent & fleurissent dans ce climat, en hiver on aura la précaution de ne pas trop leur donner d'humidité, de peur qu'elles ne pourrissent; en été on leur donnera beaucoup d'air quand il fera chaud, & on les arrosera souvent, sur-tout dans le temps de leur fleuraison.

Propriétés d'ornement.

Ces sortes de plantes méritent une place distinguée dans les serres, à cause de la beauté de leurs fleurs & de celle de leurs baies.

HÆMATOXYLUM, *le Bois de sang.*

NOMS GÉNÉRIQUES.

Ce genre de plante est connu sous les noms d'*Hæmatoxylum. Lat. Aimatoxulon. Græc.* En François, Bois de sang, Bois de Campêche.

Description générique.

Le caractère de ce genre est d'avoir le périanthe du calice partagé en cinq lobes ovales, persistens. Les pétales de la corolle sont au nombre de cinq, ovales, égaux, un peu plus grands que le calice. Les filamens des étamines sont au nombre de dix, en forme d'alêne, presque plus longs que la corolle. Les anthères sont petites. Le germe du pistil est ovale, oblong. Le style est simple, de la longueur des étamines. Le stigmate est un peu gros, échancré. Le péricarpe est une capsule lancéolée, obtuse, à une loge, à deux valves naviculaires, renfermant quelques semences oblongues, applaties.

CLASSE.

Ce genre fait partie de la dixième classe de Linnæus, qui comprend les plantes décandriques monogyniques. Cet Auteur n'en admet qu'une espèce.

ESPECE.

Cette espèce est le Bois de sang de Campêche, le Bois de Campêche. *Hæmatoxylum Campechianum. Linn. Sp. Plant.* 549. *Hort. Cliff.* 160. *Roy. Lugdb.*

465. *Jacq. Observ.* 20. *Lignum Campechianum, species quædam. Sloan. Jam.* 213. *Hist.* 2, *p.* 183. *Catesb. Car.* 3, *p.* 66.

Description.

Cet arbre vient fort haut. Son tronc est droit; & ses fleurs, lorsqu'elles sont dans leur perfection, font un très-joli effet. Ses feuilles cannelées sont composées les unes de quatre, les autres de cinq paires de lobes placés vis-à-vis les uns des autres, & ont la figure d'un cœur. Il sort du bout des branches plusieurs épis de petites fleurs jaunes à cinq feuilles, dont chacune, avant de s'ouvrir, est couverte d'un calice violet. A ces fleurs succèdent de petites cosses blanches d'environ deux pouces de long, qui, lorsqu'elles sont mûres, s'ouvrent en se fendant par le milieu, & laissent voir cinq ou six petites semences plates.

Figure.

Cette espèce est représentée dans l'Histoire des Plantes de la Jamaïque par Sloane, tome 2, pl. 10, fig. 1, 2, 3, 4; & dans l'Histoire de la Caroline par Catesby, tome 2, pl. 66.

Lieu de sa naissance.

Elle croît naturellement dans l'Amérique, aux environs de Campêche.

Observation.

On ne sait que trop quels terribles démêlés cet arbre a causés entre les Espagnols & les Anglois. Catesby engage beaucoup les Habitans des Colonies méridionales Angloises de cultiver cet arbre, pour n'être plus obligés de le tirer des Espagnols. Si, dit-il, sur un rocher ces arbres en quatre ans de temps portent des semences & grossissent jusqu'à huit pouces de diamètre, il est à croire qu'ils viendront encore plus vîte lorsqu'on les plantera dans un terrein humide & profond, tels qu'il s'en trouve beaucoup dans la Jamaïque & dans plusieurs autres Isles de l'Amérique Angloise.

Culture.

On cultive cet arbre dans quelques jardins des Curieux pour la variété. On nous apporte les graines de l'Amérique. Quand elles sont fraîches, elles germent facilement sur une bonne couche chaude. Si on tient les plants qui en proviennent dans une couche modérément chaude, ils croissent la même année à la hauteur d'un pied. Tant qu'ils sont jeunes, ils sont en général bien garnis de feuilles; mais dans la suite ils font peu de progrès, & n'ont même souvent que quelques feuilles. Au surplus, ces plants sont fort délicats; c'est pourquoi ils demandent toujours la serre chaude & le tan: on les arrosera aussi souvent. M. Miller dit que de son temps il se trouvoit quelques-uns de ces arbres qui avoient au moins six pieds de haut, & qui y profitoient comme dans leur pays natal.

Propriétés alimentaires pour l'homme.

Les feuilles de cet arbre mises dans des sauces, donnent un goût semblable à celui de plusieurs épices. Le fruit se nomme en Angleterre *Graine des quatre épices.* Si on met de ces graines digérer dans l'eau-de-vie, on en retirera par la distillation une liqueur d'une odeur agréable, qui devient délicieuse au goût, & propre à fortifier l'estomac, en y ajoutant une quantité suffisante de sucre. Cette liqueur est très-estimée dans les Isles.

Propriétés alimentaires pour les oiseaux.

Les Ramiers, les Grives, les Perroquets sont avides de ses graines.

Propriétés économiques.

Le bois de cet arbre est dur, compact, d'un beau brun marron, tirant quelquefois sur le violet & le noir; on en voit à fond brun taché de noir très-régulièrement. On en fait des meubles très-précieux, & il prend un très-beau poli sans jamais se corrompre. Les Luthiers emploient ce bois, qui a quelquefois le coup d'œil de l'écaille, pour faire des archets. On s'en sert dans la teinture. Sa décoction est fort rouge, lorsqu'on fait usage d'alun; mais si on n'y en ajoute point, la décoction devient jaunâtre, & au bout de quelque temps noire comme de l'encre: aussi fait-on usage de cette décoction pour adoucir & velouter les noirs; c'est ce velouté qui fait tout le mérite des noirs de Sedan.

HALESIA, *l'Hales.*

Description générique.

Le caractère de ce genre de plante est d'avoir le périanthe du calice monophylle, très-petit, supérieur, à quatre dents, persistent. La corolle est monopétale, campanulée, ventrue, ayant l'ouverture à quatre lobes, obtuse, étendue. Les filamens des étamines sont au nombre de dix, rarement de seize, en forme d'alène, droits, un peu plus courts que la corolle. Les anthères sont oblongues, obtuses, droites. Le germe du pistil est oblong, inférieur. Le style est filiforme, plus long que la corolle. Le stigmate est simple. Le péricarpe est une noix dépouillée, oblongue, étrécie de chaque côté, tétragonale, à angles membraneux, à deux loges. Les semences sont solitaires.

Observation.

Ce genre approche beaucoup du Styrax.

CLASSE.

Il fait partie de l'onzième classe de Linnæus, qui comprend les plantes dodécandriques monogyniques. Cet Auteur en admet deux espèces.

PREMIERE ESPECE.

La première espèce est l'Hales Tetraptère. *Halesia Tetraptera. Halesia foliis lanceolato-ovatis, petiolis glandulosis. Linn. Sp. Plant.* 636. *Halesia fructibus membranaceo-quadrangulatis. Ellis. Act. Angl. v.* 51, *p.* 931. *Frutex Padi foliis serratis, floribus monopetalis, albis, campaniformibus; fructu crasso, tetragono. Catesb. Carol.* 1, *p.* 64.

Description.

Le tronc de cet arbrisseau est mince. Quelquefois il s'élève de la même racine deux ou trois tiges à la fois, ordinairement à la hauteur de dix pieds. Ses feuilles ont la figure de celles du Poirier. Dans les mois de Février & de Mars, il pousse des fleurs blanches en forme de cloche, qui pendent des côtes des branches par des pédicules d'un pouce de long, auxquels elles sont attachées deux ou trois ensemble. Il sort du milieu de la fleur quatre étamines, avec un pistil rouge qui les passe d'un demi-pouce. A ces fleurs il succède des semences renfermées dans des capsules oblongues, à quatre angles, & se terminant en pointes.

Figure.

Cette espèce est représentée dans l'Histoire de la Caroline par Catesby, tome 1, pl. 64; & dans la seconde partie de cet Ouvrage.

Lieu de sa naissance.

Elle croît naturellement dans la Caroline.

SECONDE ESPECE.

La seconde espèce est l'Hales Diptère. *Halesia Diptera. Halesia foliis ovatis, petiolis levibus. Linn. Sp. Plant.* 636. *Halesia fructibus ovatis, petiolis levibus. Linn. Sp. Plant.* 636. *Halesia fructibus alatis. Ellis. Act. Angl. v.* 51.

Description.

Les feuilles de cette espèce sont six fois plus grandes que celles de la précédente, sans être cotonneuses en dessous. Les fruits sont pointus, à deux aîles opposées, grandes, & deux menues.

Figure.

Cette espèce est représentée dans les Transactions Philosophiques, tome 51, pl. 931, fig. 6.

Lieu de sa naissance.

Elle croît naturellement dans la Caroline.

Culture.

On multiplie ces deux espèces par graines, lorsqu'on peut s'en procurer de fraîches du pays natal. On les sème dans des pots dès qu'elles arrivent, & on enfonce ces pots en terre à l'exposition du levant. Les graines sont souvent un an en terre avant de lever; par conséquent il ne faut point déranger la terre jusqu'à ce qu'on n'ait plus rien à espérer de la germination des graines. Lorsque les jeunes plants ont paru, on les garantit du soleil, & on les arrose légèrement & souvent; car tandis que ces plants sont jeunes, le trop d'humidité feroit pourrir leurs tiges. L'automne suivant on place les pots dans un endroit à l'abri de la gelée, & où l'on puisse néanmoins donner de l'air quand il fait beau. Au printemps suivant, avant que ces jeunes plants commencent à pousser, on les met chacun séparément dans un petit pot, que l'on enfonce dans un endroit à l'abri des rayons du soleil. En été on les place à une exposition ombragée, & en hiver on les garantit de la gelée. Au printemps suivant on pourra les dépoter, & les planter à demeure en pleine terre.

HALLERIA, *l'Haller.*

Description générique.

Le caractère de ce genre de plante est d'avoir le périanthe du calice monophylle, à demi fendu en en trois, plane, s'étendant, très-obtus, persistent. Le lobe supérieur est deux fois plus large. La corolle est monopétale, se ridant. Le tube est rond à la base, réfléchi à sa gueule ventrue. Le lymbe est oblique, droit, fendu en quatre. Le lobe supérieur est le plus long, obtus, échancré. Les lobes latéraux sont plus courts, plus larges, plus aigus. Le lobe inférieur est très-court, très-menu, très-aigu. Les filamens des étamines sont au nombre de quatre, soyeux, droits, insérés au tube, plus longs que la corolle, dont deux sont encore plus longs. Les anthères sont rondes, didymes. Le germe du pistil est ovale, se terminant en un style plus long que les étamines. Le stigmate est simple. Le péricarpe est une baie ronde, à deux loges. Les semences sont souvent solitaires.

CLASSE.

Ce genre fait partie de la quatorzième classe de Linnæus, qui comprend les plantes didynamiques angiospermiques. Cet Auteur n'en admet qu'une espèce.

ESPÈCE.

Cette espèce est l'Haller luisante. *Halleria lucida. Linn. Sp. Plant.* 872. *Hort. Cliff.* 323. *Halleria foliis ovatis, longitudinaliter serratis. Roy. Lugdb.* 289. *Lonicera foliis lucidis, acuminatis, dentatis; fructu rotundo. Burm. Affric.* 244. *Solamen flore Periclymeni. Amm. Herb.* 591.

Description.

Cet arbre jette des rameaux très-larges, longs & lâches; ils sont ronds, jaunâtres, portant deux feuilles appuyées sur des pétioles longs presque d'un pouce. Ces feuilles sont larges, s'étrécissant insensiblement, pointues, dentelées aux bords, luisantes, d'un vert pâle, glabres. Les fleurs naissent à l'origine des rameaux; & dans leur partie inférieure où il n'y a point de feuilles, elles pendent, sont longues, étroites, tubuleuses, rougeâtres, garnies d'étamines longues & d'un style aigu, renfermé dans un calice à trois angles, obtus, d'un vert d'eau. La baie est ronde, glabre, verte, de la forme des Cerises, & ornée d'un style particulier aigu. Les semences qui y sont renfermées sont anguleuses, applaties, glabres, d'un vert jaunâtre.

Figure.

Cette espèce est représentée dans les Plantes d'Afrique par Burmann, pl. 89, fig. 3.

Lieu de sa naissance.

Elle croît naturellement dans l'Ethiopie, de même que la variété suivante.

Variété.

Linnæus donne pour variété de cette espèce l'arbrisseau connu sous les phrases d'*Halleria foliis lanceolato-ovatis, supernè-serratis. Roy. Lugdb.* 289. *Lonicera folio acuto, serrato; flore pendulo, fructu oblongo. Burm. Affric.* 243.

Description.

Cet arbre croît à la hauteur de quatorze pieds. Il porte des rameaux lâches, longs de deux pieds, divisés en d'autres plus petits qui sont ronds, très-glabres, verts, portant deux feuilles opposées, presque sessiles, oblongues, aiguës, dentelées, à dents de scie vers les bords, veineuses, glabres, vertes. De leurs aisselles sortent deux fleurs pendantes qui ont un pétiole d'un pouce, rond & vert. Leur calice est obtus, petit, partagé en cinq, vert. La corolle n'est composée que d'un seul pétale oblong, tubulé, insensiblement dilaté, réfléchi légèrement vers le bord, rond, couleur de sang. Les étamines sont un peu plus longues, jaunâtres, droites, ornées d'anthères jaunes. Le fruit est une baie calyculée, oblongue, aiguë, verte, glabre, renfermant intérieurement des semences rondes, applaties, glabres, d'une couleur brunâtre.

Figure.

Cette variété est représentée dans les Plantes d'Afrique par Burmann, pl. 89, fig. 1.

Lieu de sa naissance.

Elle croît naturellement en Ethiopie.

Culture.

On peut multiplier ces arbres par boutures; on les fait en Juin dans des pots pleins de terreau, & on enfonce ces pots dans une couche modérément chaude. Les boutures prennent bientôt racine. On les laisse ensuite pendant l'été: mais en hiver il faut les enfermer avec les Myrthes & les autres plantes exotiques dures, qui demandent beaucoup d'air quand il fait doux. On peut aussi les multiplier par graines qui mûrissent en Septembre.

Propriétés d'ornement.

Comme ces arbrisseaux conservent leur verdure pendant l'hiver, ils forment dans les orangeries une très-belle variété.

HAMAMELIS, *le Trilope.*

Description générique.

Le caractère de ce genre de plante est d'avoir l'enveloppe du calice à trois fleurs & à trois folioles. Les deux folioles intérieures sont rondes, petites, obtuses; la troisième est extérieure, plus grande, lancéolée. Le périanthe est double: l'extérieur est à deux feuilles, moindre, rond; l'intérieur est droit, à quatre folioles oblongues, obtuses, égales. Les pétales de la corolle sont au nombre de quatre, linéaires, égaux, très-longs, obtusément réfléchis. Le nectaire est à quatre folioles tronquées, attachées à la corolle. Les filamens des étamines sont au nombre de quatre, linéaires, plus courts que le calice. Les anthères sont à deux cornes, réfléchies. Le germe du pistil est ovale, velu, se terminant en deux styles, de la longueur des étamines. Les stigmates sont en tête. Il n'y a point de péricarpe. La semence est une noix ovale, à demi couverte par le calice, obtuse, sillonnée de chaque côté par le sommet, à deux petites cornes horisontales, à deux loges & à deux valves.

CLASSE.

Ce genre fait partie de la quatrième classe de Linnæus, qui comprend les plantes tétrandriques digyniques. Cet Auteur n'en admet qu'une espèce.

ESPECE.

Cette espèce est le trilope de Virginie. *Hamamelis*

Virginiana. Linn. Sp. Plant. 180. *Gron. Virg.* 139. *Cold. Noveb.* 18. *Catesb. Car.* 3, *p.* 2. *Duhamel. Arb.* 1, *p.* 287. *Trilopus. Mitch. Gen.* 22. *Pistacia Virginiana, nigra; Coryli foliis. Pluk. Alm.* 298.

Description.

Ce petit arbrisseau ne s'élève guères qu'à deux ou trois pieds sur une tige ligneuse, très-basse, qui se divise en plusieurs branches divergentes. Les branches sont garnies de feuilles aussi larges, & à-peu-près de la même forme que celles du Noisetier; mais d'un vert plus foncé, & festonnées plutôt que dentelées. Les fleurs naissent aux côtés des branches, & ne paroissent qu'après la chûte des feuilles, quelquefois en Octobre, quelquefois en Décembre: elles ne sont d'aucune apparence.

Figure.

Il est représenté dans l'Histoire de la Caroline par Catesby, tome 3, pl. 2; & dans le Traité des Arbres & Arbustes de M. Duhamel, tome 1, pl. 114.

Lieu de sa naissance.

Il croît naturellement dans la Virginie. Il fleurit en automne. Ses semences ne sont mûres qu'au printemps suivant.

Culture.

Cet arbuste aime une terre légère & fraîche. L'air & l'ombre lui plaisent également. Il faut le placer de manière qu'il soit paré du midi & du couchant. Exposé au soleil, il ne fait que languir; & la pâleur de son feuillage indique assez son besoin. On le multiplie aisément par les marcottes qu'il faut faire en Juillet. La seconde automne, elles seront très-bien enracinées. Les semences ne lèvent jamais que la seconde année. Il faut les semer en Avril dans des caisses remplies de terre légère & fraîche, qu'on mettra le premier hiver sous une caisse à vitrage. Au printemps on les plongera dans une couche tempérée & ombragée. L'année suivante, au mois de Mars, on plantera les petits arbrisseaux chacun dans un petit pot qu'on enterrera contre un mur au nord. Un an ou deux après cette première transplantation, on les enlevera avec la motte moulée par le pot, pour les placer au lieu de leur demeure.

Propriétés d'ornement.

Le goût de la variété est le seul de qui cet arbrisseau puisse attendre une place dans les jardins. On peut le planter sur le devant des bosquets d'été.

HAMELLIA, *la Duhamel.*

Description générique.

Le caractère de ce genre de plante est d'avoir le périanthe du calice partagé en cinq, aigu, très-petit, supérieur, droit, persistent. La corolle est monopétale. Le tube est à cinq angles, très-long. Le lymbe est partagé en cinq, égal, petit, aigu. Les filamens des étamines sont au nombre de cinq, en forme d'alêne, inférés vers le milieu de la corolle. Le germe du pistil est ovale, à sommet cônique, inférieur. Le style est filiforme, de la longueur de la corolle. Le stigmate est linéaire, obtus. Le péricarpe est une baie ovale, sillonnée, à cinq loges, couronnée. Les semences sont nombreuses, rondes, applaties, très-petites.

CLASSE.

Ce genre fait partie de la cinquième classe de Linnæus, qui comprend les plantes pentandriques monogyniques. Cet Auteur n'en admet qu'une espèce.

ESPECE.

Cette espèce est la Duhamel qui s'étend. *Hamellia patens. Hamellia racemis patentibus. Linn. Sp. Plant.* 246. *Jacq. Americ.* 16. *Periclymenum arborescens, ramulis inflexis, flore luteo. Plum. Icon.* 218.

Description.

Cet arbrisseau est haut de cinq pieds. Ses grappes s'étendent, & ne sont pas divisées régulièrement. Les extérieures sont fendues en deux, & chacune a environ six fleurs. Le périanthe des fleurs & le germe sont couleur d'écarlate. La corolle est couleur de vermillon.

Figure.

Il est représenté dans l'Histoire des Plantes de l'Amérique par Jacquin, pl. 50; & peut-être dans les Plantes du P. Plumier par Burmann, pl. 218.

Lieu de sa naissance.

Il croît naturellement à Saint-Domingue sur le penchant des montagnes.

Culture.

Cette plante ne produit point de semences dans nos contrées. On la multiplie par graines qu'il faut se procurer des pays où elle croît naturellement. On les sème dans de petits pots, & on enfonce ces pots dans une couche modérément chaude. Les jeunes plants lèvent pour l'ordinaire au bout d'environ cinq ou six semaines. On les gouverne de la même manière que les autres plantes du même pays, c'est-à-dire, qu'on leur donne convenablement de l'air quand il fait chaud, & on les arrose légèrement. Lorsque les jeunes plants sont assez forts pour être transplantés, on les met chacun séparément dans un petit pot, que l'on enfonce de nouveau dans une couche chaude. On les garantit du soleil jusqu'à ce qu'ils soient repris; on leur donne pour lors de l'air & de l'eau proportionnellement à la chaleur de la saison. En automne, on met ces plantes dans une serre chaude & dans le tan, & on les y laisse toujours. Comme on apporte rarement des graines dans nos contrées, on multiplie plus particulièrement cette plante par boutures. On les fait dans de petits pots qu'on enfonce dans une couche modérément chaude, & qu'on couvre avec des cloches. Elles y prennent racine en moins de six semaines; après quoi on les gouverne comme les plants venus de graines.

HARTOLOGIA, *l'Hartologie.*

Description générique.

Le caractère de ce genre, suivant Linnæus dans la sixième édition de son *Genera Plantarum*, est d'avoir le périanthe droit, à cinq folioles ovales, pointues, perſiſtentes. Les pétales ſont au nombre de cinq, ovales, à onglets de la longueur du calice. Le nectaire eſt à cinq pétales ovales, en forme d'alêne, plus petits que les pétales ordinaires, caducs. Les filamens des étamines ſont au nombre de cinq, filiformes, droits, plus longs que les pétales. Les anthères ſont ovales, ſe couchant. Le germe du piſtil eſt à trois angles, obtus, émouſſé, à trois cavités. Le ſtyle eſt filiforme, droit, de la longueur des étamines. Le ſtigmate eſt obtus. Le péricarpe eſt à trois loges.

Obſervation.

Murray, dans la treizième édition qu'il a donnée du *Syſtema Vegetabilium* de Linnæus, prétend que ce genre n'eſt qu'une eſpèce de *Dioſma*. Voy. art. *Dioſma*.

HASSELQUISTIA, *l'Haſſelquiſte.*

Deſcription générique.

Le caractère de ce genre de plante eſt d'avoir l'ombelle univerſelle du calice à ſix rayons, qui s'étendent. La partielle a douze rayons. L'enveloppe univerſelle eſt multiple, à folioles ſoyeuſes, courtes. La partielle eſt ſemblable, de la longueur de la petite ombelle. Le périanthe propre eſt très-menu, à cinq dents. La corolle univerſelle eſt rayonnée. Les fleurons du diſque ſont ſtériles. La corolle propre eſt à cinq pétales, en forme de cœur. Les filamens des étamines ſont au nombre de cinq, capillaires, plus longs que la corolle. Les anthères ſont rondes. Le germe du piſtil eſt inférieur, turbiné. Les ſtyles ſont filiformes, de la longueur des étamines, recourbés. Les ſtigmates ſont obtus. Il n'y a point de péricarpe. Le fruit du rayon eſt orbiculé, applati, plane, échancré au ſommet & à la baſe, partagé en deux. Celui du diſque eſt globuleux, didyme, partagé en deux. Les ſemences du rayon ſont ovales, planes, convexes par le milieu, liſſes, bordées. Celles du diſque ſont hémiſphériques, en forme de burette latéralement, reſſerrées par le bord.

CLASSE.

Ce genre fait partie de la cinquième claſſe de Linnæus, qui comprend les plantes pentandriques digyniques. Cet Auteur n'en admet qu'une eſpèce.

ESPECE.

Cette eſpèce eſt l'Haſſelquiſte d'Egypte. *Haſſelquiſtia Ægyptiaca. Linn. Sp. Plant.* 355. *Amœnit. Acad.* 4, *p.* 270. *Paſtinaca Orientalis, foliis eleganter inciſis. Buxb. Cent.* 3, *p.* 16.

Deſcription.

La racine eſt fuſiforme, plus étroite que le doigt, blanche, annuelle. La tige eſt haute d'un demi-pied, droite, cylindrique, blanche, hériſſée, enfin raboteuſe. Les rameaux ſortent des aiſſelles ſupérieures, ſont ſimples. Les feuilles ſont alternes, éloignées, pétiolées, aîlées, au nombre de cinq, fendues en aîles. Les ſupérieures ſont plus aîlées, dentelées, obtuſes, raboteuſes en deſſous par les côtes. Le pétiole eſt raboteux. La gaîne eſt ventrue, blanche, laineuſe à la baſe & au bord ſupérieur, pourpre au bord inférieur. Le péduncule eſt terminal à tous les rameaux, pentagonal. L'ombelle s'étend. Les petites ombelles ſont au nombre de dix, dont cinq dans la circonférence. Le rudiment de la petite ombelle centrale eſt un corpuſcule mort, vicié, pédiculé, à trois angles, charnu, abaiſſé, noir, ſupérieurement blanchâtre, à poils blancs. L'enveloppe eſt très-petite, en forme d'alêne, réfléchie, à cinq feuilles. Les petites enveloppes ſont de moitié plus petites. Celles des extérieures ſont à trois feuilles, en forme d'alêne, ſe penchant, plus courtes que la petite ombelle. L'ombelle à fruit eſt connivente. Les fleurs ſont blanches, rayonnées, même celles des petites ombelles, intérieures. Les étamines ſont blanches; les anthères vertes, & les ſtyles blancs.

Figure.

Cette eſpèce eſt peut-être celle qui eſt repréſentée dans la troiſième Centurie de Buxbaum, pl. 27; & dans l'*Hort.* de Jacquin, pl. 87.

Lieu de ſa naiſſance.

Elle croît naturellement dans l'Arabie.

Culture.

Elle eſt annuelle & très-difficile à cultiver en France; car quand elle lève au commencement du printemps, elle ne donne point de ſemences mûres la même année; & celle qui lève en automne vit rarement pendant l'hiver: conſéquemment le moyen le plus ſûr pour avoir de bonnes ſemences dans ce climat, c'eſt de ſemer la plante dans des pots vers le milieu d'Août, en les mettant dans un endroit où il y ait ſeulement le ſoleil du matin, ayant ſoin de les arroſer convenablement, d'enlever les mauvaiſes herbes à meſure qu'elles viennent, & d'éclaircir les plantes aux endroits où elles ſont trop épaiſſes. En Octobre on met les pots ſous un abri ordinaire, où les plantes peuvent jouir de l'air libre quand il fait doux, & être néanmoins à l'abri de la gelée. Si au printemps ſuivant on dépote les plantes, & ſi on les met en pleine terre, elles fleuriront en Juin, & leurs ſemences mûriront en Août.

HEBENSTRETIA, *la Valérianoïde.*

NOMS GÉNÉRIQUES.

Ce genre de plante eſt connu ſous les noms d'*Hebenſtretia. Linn. Valerianella. Commel. Kaaps. Ind. Vaill. Cheiranthos. Vaill.*

Deſcription générique.

Le caractère de ce genre eſt d'avoir le périanthe du calice monophylle, tubulé, perſiſtent, à demi fendu en deux lèvres, dont la ſupérieure eſt droite, courte, plus menue. L'inférieure eſt lancéolée, plus longue, réfléchie, rude. La corolle eſt monopétale, inégale. Le tube eſt cylindrique, plus court que le calice. La lèvre eſt unique, aſcendante, plus large en dehors, fendue en quatre, de la longueur de la lèvre inférieure du calice. Les filamens des étamines ſont au nombre de quatre, partans du bord latéral inférieur de la lèvre de la corolle, deux de chaque côté. Parmi ces quatre filamens, deux ſe trouvent plus courts que les deux autres. Les anthères font oblongues, latérales. Le germe du piftil eft oblong. Le ftyle eft filiforme, de la longueur de la corolle. Le ftigmate eft menu. Le péricarpe eft une capfule oblongue, s'ouvrant de deux manières différentes. Les femences font au nombre de deux, oblongues, convexes d'un côté, à trois fillons, planes de l'autre.

CLASSE.

Ce genre fait partie de la quatorzième claffe de Linnæus, qui comprend les plantes didynamiques angiofpermiques. Cet Auteur en admet trois efpèces.

PREMIERE ESPECE.

La première efpèce eft la Valérianoïde dentelée. *Hebenftretia dentata. Hebenftretia foliis linearibus, dentatis; fpicis lævibus. Linn. Sp. Plant.* 878. *Hort. Cliff.* 497. 326. *Roy. Lugdb.* 300. *Burm. Affric.* 109. *Berg. Cap.* 153. *Valerianella Affricana, foliis anguftis, flore maculâ rubicante notato. Commel. Hort.* 2, *p.* 247. *Valerianoïdes flore monopetalo, femine unico, oblongo. Raj. Suppl.* 245. *Pedicularis foliis anguftiffimis, dentatis, floribus fpicatis. Burm. Affric.* 114.

Defcription.

La tige de cette efpèce eft droite, haute d'un pied, à rameaux fimples, afcendans vers la racine & fous l'épi. Les feuilles font alternes, éparfes, linéaires, hériffées, dentelées, droites, à plufieurs folioles rameufes de chaque aiffelle. L'épi eft terminal, feffile, oblong, inférieurement ftérile. Les bractées font feffiles, en forme d'alêne, imbriquées en douze rangs longitudinaux, à une fleur; car l'épi eft compofé d'anneaux à cinq fleurs, mais alternes. La corolle eft blanche, rouge à fa gueule dorfale, fingulière par fes étamines fituées fur le bord de la fiffure. Les inférieures font recourbées.

Figure.

Cette efpèce eft repréfentée dans les Plantes d'Afrique par Burmann, pl. 41, fig. 1, & 42, fig. 2, & dans l'*Hort. Amft.* tome 2, pl. 109.

Lieu de fa naiffance.

Elle croît naturellement dans l'Ethiopie.

Obfervation.

Les fleurs de cette plante font fans odeur le matin: à midi, elles font puantes, naufeeufes; & le foir, elles ont une odeur d'Ambrofie.

SECONDE ESPÈCE.

La feconde efpèce eft la Valérianoïde à feuilles entières. *Hebenftretia integrifolia. Hebenftretia foliis integerrimis. Linn. Sp. Plant.* 878. *Hort. Cliff.* 497. *Roy. Lugdb.* 300.

Defcription.

Elle approche beaucoup de l'efpèce précédente. Ses feuilles font feulement très-entières, au lieu d'être dentelées.

Lieu de fa naiffance.

Elle croît naturellement dans l'Ethiopie.

TROISIEME ESPECE.

La troifième efpèce eft la Valérianoïde en forme de cœur. *Hebenftretia cordata. Hebenftretia foliis fubcarnofis, feffilibus. Linn. Syft. Veg. edit.* XIII. *Murr.* 477. *Mant.* 420.

Defcription.

La tige eft ligneufe, droite, blanche, liffe, peu & fupérieurement rameufe. Les feuilles font alternes ou oppofées, feffiles ou amplexicaules, en forme de cœur, obtufes, à peine crénelées, charnues, boffues en deffous. L'épi eft terminal, feffile. Les corolles font blanches, à gueules incarnates. Les anthères font applaties, jaunes.

HEDERA, *le Lierre.*

NOMS GÉNÉRIQUES.

Ce genre de plante eft connu fous les noms d'*Hedera. Plin. Tourn. Kiffos, Kittos, Kiffaron, Chrufocarpos, Kemos, Dionufion, Itiuterion. Diofc. Aruch. Arab. Soubites. Celt. Helix. Mitch.* En François, *Lierre.*

Defcription générique.

Le caractère de ce genre eft d'avoir les fleurs difpofées en ombelle, compofées d'un calice découpé en cinq qui eft affis fur l'embryon, de cinq pétales & de cinq étamines formées comme des alênes. L'embryon devient une baie ronde, à une feule cellule, renfermant quatre ou cinq femences larges, convexes d'un côté, & anguleufes de l'autre.

CLASSE.

Ce genre fait partie de la vingt-unième claffe de Tournefort, qui comprend les arbres & les arbriffeaux à fleurs rofacées; & de la cinquième de Linnæus, deftinée aux plantes pentandriques monogyniques. Cet Auteur en admet deux efpèces.

PREMIÈRE ESPECE.

La première efpèce eft le Lierre commun. *Hedera Helix. Hedera foliis ovatis lobatifque. Linn. Sp. Plant.* 292. *Flor. Lapp.* 91. *Flor. Suec.* 190. 209. *Hort. Cliff.* 74. *Mat. Med.* 98. *Roy. Lugdb.* 223. *Hall. Helv. edit.* 1. 164. *Hedera arborea. Hedera pœtica. Hedera humilis, repens. Bauh. Pin.* 305. En Allemand, *Epheu.* En Anglois, *Ivy.* En Italien, *Edera, Ellera, Edra.* En Suédois, *Heder, Murgron.* En Danois, *Vedbende Vintergront.*

Defcription.

C'eft un grand arbriffeau dont la racine eft ligneufe, horifontale; le bois tendre & poreux; les tiges farmenteufes, grimpantes, s'attachant aux arbres & aux vieilles murailles par des vrilles rameufes qui s'y implantent comme des racines. Les feuilles font alternes, quelquefois panachées, ce qui ne forme que des variétés pétiolées, fermes, luifantes, ovales & lobées; celles de l'extrémité des branches quelquefois abfolument ovales; les inférieures prefque triangulaires. Les fleurs font vertes, raffemblées à l'extrémité des tiges, & difpofées en efpèce de grappes rondes, en forme d'ombelle, dont l'enveloppe eft dentelée; elles font rofacées, compofées de cinq pétales oblongs, ouverts, courbés à leur sommet. Le périanthe ou calice propre est très-petit, à cinq dentelures, posé sur un germe. Le fruit est une baie ronde, uniloculaire, renfermant cinq grosses semences arrondies d'un côté, anguleuses de l'autre.

Figure.

Cette espèce est représentée dans la Collection des Plantes de Garsault.

Lieu de sa naissance.

Elle croît naturellement sur les arbres pourris & dans les haies de l'Europe.

Culture.

Le Lierre se multiplie aisément par ses coulans, par les marcottes & par les boutures, qu'il faut faire en Avril & en Juillet. On peut aussi semer ses baies au printemps dans un lieu frais & ombragé; mais le meilleur parti est d'arracher des Lierres qui grimpent après les arbres. Ceux qu'on trouve rampans à terre, sont si foibles qu'ils seroient très-long-temps sans produire d'effet.

Analyse chymique.

Dans l'analyse chymique qui a été faite, de trois livres 12 onces de feuilles de Lierre distillées dans la cornue, on a tiré une livre 13 onces de phlegme d'abord limpide, d'une odeur un peu aromatique, d'un goût d'abord un peu âcre, un peu amer, & enfin acide; 6 onces 6 gros 36 grains de liqueur acide, âcre, empyreumatique, roussâtre, trouble, qui a donné des marques d'un sel acide & urineux; 3 onces 4 gros d'huile d'abord limpide & jaunâtre, ensuite épaisse. La masse noire qui est restée pesoit 9 onces 5 gros. La perte des parties dans cette distillation a été d'environ 11 onces. Cette masse noire étant calcinée au feu de reverbère, n'a laissé que 2 onces de cendres, qui ont donné par la lixiviation 6 gros 15 grains de sel alkali fixe.

On voit par cette analyse que les feuilles de Lierre contiennent quelques particules subtiles & âcres, & un sel essentiel qui n'est point différent de la crême de tartre, savoir, un sel salé, mêlé avec une huile épaisse.

C'est par ces parties âcres, subtiles & irritantes, que les feuilles de Lierre terrestre attirent & font suppurer; & c'est par leur huile grossière, tempérée par les sels acides & alkalis, qu'elles détergent, qu'elles sont incrassantes & empêchent l'inflammation.

La larme qu'on tire du Lierre, distillée dans la cornue au poids de deux livres, a donné 3 onces 6 gros de phlegme limpide, qui avoit l'odeur de cette résine, d'un goût acide; ensuite une once 6 gros d'une liqueur acide, roussâtre; enfin 2 gros 54 grains de liqueur alkaline qui fermentoit avec les acides, très-limpide; 2 onces 5 gros 18 grains d'huile jaunâtre; 7 onces 24 grains d'huile roussâtre & fluide, qui paroissoit contenir un peu d'acide.

La masse noire qui est restée pesoit 10 onces 5 gros, laquelle étant calcinée pendant vingt-six heures dans un creuset, est devenue roussâtre, & n'a plus pesé que 7 gros 60 grains. On a retiré de ces cendres 8 grains de sel fixe alkali. La perte dans la distillation a été de 5 onces 5 gros 27 grains.

La résine contient une huile plus ténue que les feuilles; elle a plus de sel alkali & moins de sel acide. Quoiqu'elle laisse plus de charbon que les feuilles, elle donne cependant moins de cendres ou de terre inutile; d'où l'on peut conclure que la résine contient une moindre quantité de terre, mais que les sels & les huiles sont unis trop intimément pour pouvoir être séparés par un feu fermé.

Propriétés médicinales.

Les feuilles ont une saveur un peu âcre; ses baies un goût acidule. Il découle de son bois un suc qui s'épaissit. On le nomme *Gomme de Lierre.* Sa saveur est âpre & âcre. Les feuilles du Lierre sont astringentes, vulnéraires & détersives. Ses baies sont purgatives par le haut & par le bas. Sa racine est détersive & résolutive. On fait avec les feuilles des décoctions qu'on emploie dans les douleurs d'oreilles & de dents; on s'en sert aussi en cataplasme; on les applique sur les cautères; on les met pareillement en usage pour la teigne. On emploie les baies en infusion dans du vin. En général l'usage intérieur de cette plante est dangereux, quoique néanmoins on recommande sa racine pulvérisée contre le ver solitaire. Boyle assure dans ses Expériences physiques que les baies de Lierre ont été très-utiles dans une certaine peste qui régnoit à Londres. On les pulvérisoit dans du vinaigre, ou on les prenoit dans du vin blanc pour exciter la sueur. Palmarius est du même avis dans son Traité de la Peste & des Maladies Contagieuses.

Propriétés économiques.

Le bois qu'on tire des gros troncs de Lierre est quelquefois employé par les Tourneurs : ils en font des vases à boire, auxquels on attribuoit autrefois la vertu de laisser filtrer l'eau & de retenir le vin, lorsqu'on y mettoit des deux liqueurs. Le bois de sa racine sert aux Cordonniers à ôter le morfil de leur tranchet lorsqu'ils l'ont éguisé. La décoction de ses feuilles noircit les cheveux. Dans les campagnes on en met dans la lessive pour enlever les taches d'encre & de fruit.

Propriétés d'ornement.

On fait avec le Lierre de fort beaux berceaux; on en forme des guirlandes pour lier les arbres des bosquets; on l'emploie pour couvrir les murailles.

SECONDE ESPÈCE.

La seconde espèce est le Lierre à cinq feuilles, la Vigne Vierge. *Hedera quinquefolia. Hedera foliis quinatis, ovatis, serratis. Linn. Sp. Plant.* 292. *Hort. Cliff.* 74. *Roy. Lugdb.* 223. *Gron. Virg.* 24. *Vitis hederacea, Indica. Stapel. Theatr.* 364. *Edera quinquefolia, Canadensis. Corn. Canad.* 99. *Helix. Mitch. Gen.* 30.

Description.

Les feuilles sont cinq à cinq, ovales, découpées à dents de scie. Les grappes sont fendues en trois, deux fois fourchues, & en dernier lieu ombellées. Le calice est très court, à dents obtuses, rouge au sommet. Les pétales sont oblongs, obtus, voûtés au sommet, verts. La glande du réceptacle est plus haute que le calice, environnant le germe, à quelques crans. Les étamines sont filiformes, un peu plus courtes que la corolle. Le style est unique, de la longueur des étamines. Le germe est supérieur, à quatre spermes. Le nombre des fleurs varie de cinq à quatre.

Figure.

Cette espèce est représentée dans les Plantes du Canada par Cornute, pl. 100.

Lieu de sa naissance.

Elle croît naturellement au Canada, en Virginie.

Culture.

Elle se multiplie aisément de boutures qu'on fait en automne.

Propriétés d'ornement.

On s'en sert pour tapisser des murs dans des cours trop étroites, ou à des expositions trop froides pour pouvoir y élever des espaliers. On en formeroit des buissons & des espèces d'arbres par des soutiens, & au moyen de la tonte; & son beau feuillage les rendroit propres à orner les bosquets d'été.

Observation.

Autrefois le Lierre étoit consacré par la religion. Il entouroit les thyrses des Bacchantes, ces armes redoutables des Prêtresses de Bacchus. On s'en couronnoit aux fêtes de ce Dieu, en chantant les dithyrambes. Il tomboit en festons des bords de ses autels. Déchu de ces honneurs, on ne le tire plus guères de l'obscurité des forêts.

HEDYCARYA, *l'Arbre-doux.*

Description générique.

Le caractère de ce genre de plante est d'avoir des fleurs mâles & des fleurs femelles. Dans les fleurs mâles, le périanthe du calice est monophylle, plane, en roue, fendu en huit ou dix lobes lancéolés, égaux. Il n'y a point de corolle. Les étamines n'ont point de filamens. Les anthères sont nombreuses, au nombre de cinquante, oblongues, à quatre sillons, barbues au sommet, sessiles par tout le fond du calice. Dans les fleurs femelles il n'y a point de corolle, mais un calice pareil à celui des mâles. Les pédicules du pistil sont courts, nombreux, cylindriques, élevans au milieu du calice des germes globuleux, applatis. Il n'y a point de style. Les stigmates sont des mamelons dispersés sur les germes. Les péricarpes sont des noix au nombre de six ou de dix, pédiculées, globuleuses, osseuses, monospermiques. Les semences sont des noyaux solitaires, globuleux. Le réceptacle est commun, au milieu du calice, laineux.

CLASSE.

Ce genre fait partie de la vingt-deuxième classe de Linnæus, qui comprend les plantes dioeciques polyandriques. MM. Forster, qui nous ont fait connoître ce genre, n'en admettent qu'une espèce.

ESPECE.

Cette espèce est le vrai Arbre-doux. *Hedycarya arborea. Forst.* 128.

Figure.

Son caractère est représenté dans les nouveaux genres de Forster, pl. 66.

Lieu de sa naissance.

Elle croît naturellement dans les Isles de la mer du Sud.

HEDYOTIS, *l'Oreillette.*

NOMS GÉNÉRIQUES.

Ce genre de plante est connu sous les noms d'*Hedyotis. Linn. Eduotis. Græc. Auricularia. Dalech. Valerianella. Burm. Chaiaver. Ind.*

Description générique.

Le caractère de ce genre est d'avoir le périanthe du calice monophylle, partagé en quatre, supérieur, persistent, à lobes linéaires & aigus. La corolle est monopétale, en forme d'entonnoir, un peu plus longue que le calice, à demi fendue en quatre lobes ouverts, égaux. Les filamens des étamines sont au nombre de quatre, en forme d'alêne, insérés vers les sinus de la corolle. Les anthères sont rondes. Le germe du pistil est rond, inférieur. Le style est filiforme, de la longueur des étamines. Les stigmates sont au nombre de deux, un peu gros. Le péricarpe est une capsule globuleuse, didyme, à deux loges, s'ouvrant le long du calice coronal par une fente transversale. Les semences sont en petit nombre, anguleuses.

CLASSE.

Ce genre fait partie de la quatrième classe de Linnæus, qui comprend les plantes tétrandriques monogyniques. Cet Auteur en admet trois espèces.

PREMIERE ESPECE.

La première espèce est l'Auriculaire en arbrisseau. *Hedyotis fruticosa. Hedyotis foliis lanceolatis, petiolatis; corymbis terminalibus, involucratis. Linn. Sp. Plant.* 117. *Flor. Zeyl.* 63. *Amœn. Acad.* 1, *p.* 392. *Valerianella foliis nervosis, acutis; flosculis in caulium summo quasi involucratis. Burm. Zeyl.* 227. *Arbor Zeylanica, folio Caryophylli barbati. Herm. Zeyl.* 35. *Vœranya. Herm. Zeyl.* 4.

Description.

Cette espèce a le port du *Phyllitis*. Sa tige est tétragonale. Ses feuilles sont opposées, lancéolées, pétiolées, glabres, nerveuses, très-entières. Ses stipules sont ovales, rhomboïdales, larges, courtes. Les bouquets sont terminaux, branchus ou fendus en trois. Le calice est fendu en quatre. La corolle est en forme d'entonnoir, fendue en quatre. Les filamens sont un peu plus longs que la corolle. Les anthères sont oblongues. Le germe est au-dessous du calice. Le style est unique, fendu en deux, obtus.

Figure.

Elle est représentée dans le *Burm. Thes. Zeyl.* pl. 107.

Lieu de sa naissance.

Elle croît naturellement dans l'Isle de Ceylan.

SECONDE ESPECE.

La seconde espèce est la vraie Auriculaire. *Hedyotis Auricularia. Hedyotis foliis lanceolato-ovatis, floribus verticillatis. Linn. Sp. Plant.* 147. *Flor. Zeyl.* 64. *Mat. Med.* 47. *Amœn. Acad.* 1, *p.* 391. *Valerianella palustris, foliis nervosis, oblongis; flosculis ad caulium nodos inter foliorum sinus collectis.*

Burm. Zeyl. 227. *Muriguti. Rheed. Hort. Malab.* 10, *p.* 63. *Mentha Zeylanica, aquatica, inodora, latifolia. Herm. Zeyl.* 158. *Planta Zeylanica, Menthæ aquaticæ in insulâ Zeylon nascentis species. Raj. Dendr.* 134. *Auricularia Dal. Pharm.* 160. *Auricularia Indorum, ad surditatem efficax. Anglis, Carwolt vulgò. Marlow. Obs.*

Description.

Les tiges sont glabres, longues. Les rameaux sont longs, articulés, alternes. Les feuilles sont lancéolées, ovales, sessiles, glabres, nerveuses, très-entières, opposées, suspendues. Les stipules sont dentelées, joignant les péduncules. Les fleurs sont verticillées, nombreuses, appuyées sur des péduncules particuliers sortant de chaque aisselle.

Figure.

Cette espèce est représentée dans le *Burm. Thes. Zeyl.* pl. 108, fig. 1.

Lieu de sa naissance.

Elle croît naturellement dans l'Isle de Ceylan.

Propriétés médicinales.

Cette plante passe pour un spécifique contre la surdité.

TROISIEME ESPECE.

La troisième espèce est l'Auriculaire herbacée. *Hedyotis herbacea. Hedyotis foliis lineari-lanceolatis, caule herbaceo, dichotomo; pedunculis geminis. Linn. Sp. Plant.* 147. *Flor. Zeyl.* 65.

Description.

La tige de cette espèce est haute d'un demi pied, herbacée, fourchue, s'étendante. Les feuilles sont opposées, lancéolées, rarement recourbées, à peine pétiolées. Les péduncules sont au nombre de deux; à une fleur, presque de la longueur des feuilles à chaque ramification de la tige. La corolle est en forme d'entonnoir, ce qui la rend différente des Oldenlendes.

Lieu de sa naissance.

Elle croît naturellement dans l'Isle de Ceylan.

HEDYSARUM, *le Sainfoin.*

NOMS GÉNÉRIQUES.

Ce genre de plante est connu sous les noms d'*Hedysarum*, *Onobrychis*, *Alhagi. Tourn. Hedysarum. Linn.*

Description générique.

Le caractère de ce genre est d'avoir le périanthe du calice monophylle, à demi fendu en cinq lobes en forme d'alêne, droits, persistens. La corolle est papilionacée, striée. L'étendart est réfléchi, applati, ovale, oblong, échancré, long. Les aîles sont oblongues, plus étroites que les autres, droites. La carêne est droite, applatie, plus large en dehors, presque rectangule, obtuse, fendue en deux depuis la base jusqu'à la bosse. Les filamens des étamines sont diadelphiques (simple & fendu en neuf.), réfléchis à angle droit. Les anthères sont rondes, comprimées. Le germe du pistil est menu, comprimé, linéaire. Le style est en forme d'alêne, réfléchi. Le stigmate est très-simple. Le péricarpe est un légume à articulations obrondes, comprimées, monospermiques, à deux valves. La semence est réniforme, solitaire.

Observation.

L'*Onobrychis* de Tournefort a un légume à une seule articulation. L'*Hedysarum* du même a plusieurs articulations liées en forme de chaîne. L'*Alhagi* a les feuilles alternes.

CLASSE.

Ce genre fait partie de la dixième classe de Tournefort, qui comprend les plantes à fleurs papilionacées; & de la dix-septième de Linnæus, destinée aux plantes diadelphiques décandriques. Cet Auteur en admet cinquante-deux espèces, dont les treize premières sont à feuilles simples, la quatorzième à feuilles conjugées, les vingt-trois suivantes à feuilles ternées, & les quinze dernières espèces à feuilles aîlées.

PREMIERE ESPECE.

La première espèce est le Sainfoin à tige épineuse. *Hedysarum Alhagi. Hedysarum foliis simplicibus, lanceolatis, obtusis; caule ramoso, spinoso. Linn. Sp. Plant.* 1051. *Gron. Orient.* 228. *Genista Spartium spinosum, foliis Polygoni. Bauh. Pin.* 304. *Genista spinosa, flore rubro. Wheel. Itin. Agul. Rauv. Itin.* 74.

Description.

La tige de cette espèce est ligneuse, épineuse. Les feuilles sont simples, lancéolées, obtuses. Les fleurs sont rouges.

Figure.

Elle est représentée dans les Voyages de Rauvolf, pl. 74.

Lieu de sa naissance.

Elle croît naturellement dans la Tartarie, la Perse, la Syrie, la Mésopotamie.

Culture.

On multiplie cette espèce par graines, que l'on sème souvent un an en terre avant de végéter: c'est pourquoi on les sème dans des pots pleins de terreau, qu'on enfonce dans une couche modérément chaude. Quand les jeunes plantes ne paroissent pas pour le commencement de Juin, on ôte les pots de la couche, & on les place dans un endroit où il n'y ait que le soleil levant; on nettoie seulement les mauvaises herbes. En automne on enfonce ces pots dans une vieille couche de tan, sous un abri où ils soient à couvert de la gelée & des grandes pluies pendant l'hiver, & au printemps on les enfonce dans une couche chaude. Quand les jeunes plantes qui en proviennent sont bonnes à être transplantées, on les met chacune séparément dans un petit pot plein de terreau, & on enfonce ces pots de nouveau dans une couche modérément chaude. On garantit les jeunes plantes du soleil jusqu'à ce qu'elles soient reprises: on les habitue insensiblement au grand air, pour les y laisser entièrement depuis le mois de Juin jusqu'en Octobre : on les place pour lors dans l'orangerie. Elles résistent même quelquefois pendant l'hiver en pleine terre dans une planche bien exposée au midi.

Observation.

C'est sur cet arbrisseau que l'on ramasse la Manne de Perse, qui est une exsudation de son suc nourricier. C'est ordinairement près de Tauris, ville de Perse, que se fait cette récolte.

SECONDE ESPECE.

La seconde espèce est le Sainfoin à feuilles de Buplevrum. *Hedysarum Buplevrifolium. Hedysarum foliis simplicibus, lanceolatis, acutis; caule inermi. Lin. Sp. Plant.* 1051. *Ornithopodium Maderaspatanum, Buplevri folio. Pet. Gaz.* 18. *Scorpioides Maderaspatanum, graminis Leucanthemi foliis, siliquis nodosis. Pluk. Amalth.* 189.

Description.

Les feuilles de cette espèce sont simples, lancéolées, aiguës, semblables à celles du Buplevrum. La tige est sans épines. Les stipules sont à lames, de la longueur des pétioles. Les siliques sont noueuses, lisses, égales, droites.

Figure.

Elle est représentée dans le *Gazop.* de Pétiver, pl. 11, fig. 12; & dans l'*Amalth.* de Plukenet, pl. 443, fig. 4.

Lieu de sa naissance.

Elle croît naturellement dans l'Inde.

TROISIEME ESPECE.

La troisième espèce est le Sainfoin à feuilles de Nummulaire. *Hedysarum Nummularifolium. Hedysarum foliis simplicibus, cuneiformibus. Linn. Spec. Plant.* 1631. *Flor. Zeyl.* 288. *Burm. Ind.* 164. *Onobrychis Maderaspat. Nummulariæ folio, Ornithopodii siliquis. Pet. Gaz.* 41. *Hedysarum monophyllum, repens, folio Nummulariæ rotundo, siliculis hispidis, parvis. Burm. Zeyl.* 113. *Genista articulata, repens; foliis crassiculis, rotundis; flore cærulescente, siliquis glabris, nullis articulis vel interstitiis distinctis. D. Pryon.*

Description.

Cette espèce est rampante, articulée. Ses feuilles sont simples, en forme de coing, semblables à celles de la Nummulaire. Ses fleurs sont bleuâtres. Ses siliques sont glabres, sans aucun nœud, petites.

Figure.

Elle est représentée dans le *Gazopographia* de Pétiver, pl. 26, fig. 4.

Lieu de sa naissance.

Elle croît naturellement dans les Indes.

QUATRIEME ESPECE.

La quatrième espèce est le Sainfoin monoliforme. *Hedysarum monoliforme. Hedysarum foliis simplicibus, ovatis; leguminibus monoliformibus. Linn. Syst. Veg. edit. XIII. Murray.* 559. *Mant.* 102. *Burm. Ind.* 168.

Description.

Les tiges sont hautes de neuf pouces, couchées. Les stipules sont partagées en deux, striées, aiguës, rudes au toucher. Les feuilles sont orbiculées, petites, pétiolées, lisses, obtuses. Les petites têtes sont axillaires. Les légumes sont fasciculés, pédunculés, droits, souvent à cinq articulations, globuleux, poileux, un peu grands.

Figure.

Cette espèce est représentée dans le *Burm. Flor. Ind.* pl. 49, fig. 3.

Lieu de sa naissance.

Elle est vivace, & croît naturellement dans l'Inde.

CINQUIEME ESPECE.

La cinquième espèce est le Sainfoin à feuilles de Styrax. *Hedysarum Styracifolium. Hedysarum foliis simplicibus, cordato-orbiculatis, retusis, suprà glabris. Linn. Sp. Plant.* 1052.

Description.

La tige de cette espèce est ligneuse, velue, de même que toute la plante. Les stipules sont lancéolées.

Lieu de sa naissance.

Elle croît naturellement en Asie.

SIXIEME ESPECE.

La sixième espèce est le Sainfoin en forme de rein. *Hedysarum reniforme. Hedysarum foliis simplicibus, reniformibus; caule tereti. Linn. Sp. Plant.* 1051. *Burm. Ind. t.* 52.

Description.

Les tiges de cette espèce sont filiformes. Les feuilles ont la figure de l'*Asarum*; mais elles sont petites, souvent émoussées, nues, à pétioles plus longs. Les stipules sont menues. La grappe est terminale, à deux fleurs, où il y a une ou deux fleurs aux aisselles supérieures. Les légumes sont lisses, articulés, à plusieurs nœuds.

Figure.

Elle est représentée dans le *Flora Indica* de Burmann, pl. 52, fig. 1.

Lieu de sa naissance.

Elle croît naturellement dans l'Inde.

SEPTIÈME ESPECE.

La septième espèce est le Sainfoin monophylle. *Hedysarum Sororium. Hedysarum foliis simplicibus, reniformibus, emarginatis; caule triquetro. Linn. Syst. Veg. edit. XIII. Murray.* 559. *Mant.* 270. *Glycine monophyllos; caule volubili, floribus paniculatis, linearibus. Burm. Ind.* 161. *Lens Maderaspatana, Nummulariæ folio. Pet. Gaz. t.* 32.

Description.

La tige de cette espèce est herbacée, lâche, à trois côtes, lisse, haute d'un pied. Les feuilles sont simples,

simples, réniformes, échancrées, lisses. Le pétiole est presque de la longueur de la feuille. Les stipules sont au nombre de deux, ovales, petites, pétiolées, appuyées tellement sur la base des pétioles, qu'on diroit que c'est une feuille très-étroitement ternée. Les grappes sont latérales, axillaires, capillaires, plus longues que les feuilles, à deux pédicules. Les légumes sont ellyptiques, lisses, aigus, avec une carène inférieure à l'un ou à l'autre sinus.

Figure.

Cette espèce est représentée dans le *Flora Indica* de Burmann, pl. 50, fig. 2; & dans le *Gazopog.* de Pétiver, pl. 32, fig. 1.

Lieu de sa naissance.

Elle croît naturellement dans l'Inde Orientale.

Observation.

Elle est très-semblable à la précédente, mais sa tige a trois côtes. Ses stipules foliacées & ses péduncules capillaires l'en distinguent.

HUITIÈME ESPÈCE.

La huitième espèce est le Sainfoin du Gange. *Hedysarum Gangeticum. Hedysarum foliis simplicibus, ovatis, acutis; basi stipulatis. Linn. Sp. Plant.* 1052. *Hedysarum monophyllum, latifolium; siliculis plurimis, spicâ longâ digestis. Burm. Zeyl.* 113. *Onobrychis Gangetica, monophyllos; siliculis singularibus, levibus, foliorum per internodia discriminatis. Pluk. Alm.* 270. *Onobrychis Zeylanica, folio singulari, oblongo, rotundo. Raj. Suppl.* 453. *Phaseolus montanus. Herb. Amb.* 6, *p.* 176. A Amboine, *Kutjang Gœnong.*

Description.

Les feuilles sont de l'étendue d'une main, oblongues, ovales. La tige est en sous-arbrisseau, inclinée, rameuse. Les légumes sont articulés, découpés à dents de scie. Les fleurs sont menues, un peu jaunes.

Observation.

Cette espèce approche beaucoup de la cinquième, mais elle est plus grande.

Figure.

Elle est représentée dans le *Burm. Thes. Zeyl.* pl. 49, fig. 2; dans l'*Almag.* de Plukenet, pl. 50, fig. 3; dans l'*Herb. Amb.* tome 6, pl. 66; & dans la seconde partie de cet Ouvrage.

Lieu de sa naissance.

Elle croît naturellement dans l'Inde.

Culture.

Cette plante est trop délicate pour vivre en plein air dans nos climats. On la multiplie par graines, que l'on sème de bonne heure au printemps sur une couche chaude; & lorsque les jeunes plantes ont paru, & qu'elles sont assez fortes pour être transplantées, on les met chacune séparément dans un petit pot, & on enfonce ce pot dans une autre couche chaude. On les garantit du soleil jusqu'à ce qu'elles soient reprises; ensuite on les gouverne comme les autres plantes délicates. Il faut les mettre en automne dans la serre chaude.

Propriétés médicinales.

Ses feuilles sont d'excellens vulnéraires: on les emploie extérieurement pour les plaies.

NEUVIÈME ESPECE.

La neuvième espèce est le Sainfoin maculé. *Hedysarum maculatum. Hedysarum foliis simplicibus, ovatis, obtusis. Linn. Sp. Plant.* 1051. *Hort. Cliff.* 449. *Hort. Upf.* 233. *Flor. Zeyl.* 290. *Roy. Lugdb.* 385. *Hedysarum humile, Capparidis folio maculato. Dill. Hort. Elth.* 170.

Description.

Les feuilles de cette espèce sont simples, ovales, obtuses, maculées, semblables à celles du Caprier.

Figure.

Elle est représentée dans le *Dillenii Hort. Elth.* pl. 141, fig. 161.

Lieu de sa naissance.

Elle croît naturellement dans l'Inde.

DIXIEME ESPECE.

La dixième espèce est le Sainfoin secret. *Hedysarum latebrosum. Hedysarum foliis simplicibus, ovatis, serrulatis; leguminibus occultatis, bracteâ fornicatâ, supinâ, scariosâ. Linn. Syst. Veg. edit. XIII.* 560. *Mant.* 170. *Lens Maderasp. Elatines folio. Pet. Gaz. t.* 30.

Description.

La tige est ligneuse, nue, à rameaux rares, vergés, écartés, cylindriques. Les feuilles sont simples, alternes, pétiolées, éloignées, ovales, à peine visiblement découpées à dents de scie, épineuses, glabres, de la grandeur du *Vaccinium Myrtille.* Les fleurs sont axillaires. Le péduncule est très-court, à deux fleurs, à bractée feuillée. La bractée est couchée, en voûte, en forme de nacelle, cachant la fructification, ferrugineuse. Le légume est monospermique, rhomboïde, pointu.

Figure.

Elle est représentée dans le *Gazopographia* de Pétiver, pl. 30, fig. 11.

Lieu de sa naissance.

Elle croît naturellement dans l'Inde.

ONZIÈME ESPÈCE.

L'onzième espèce est le Sainfoin en Gaîne. *Hedysarum vaginale. Hedysarum foliis simplicibus, cordato-oblongis; petiolis simplicibus, stipulis vaginalibus. Linn. Sp. Plant.* 1052. *Flor. Zeyl.* 287. *Genista articulata, repens; foliis crassiusculis, planis, acutis. Burm. Zeyl.* 104. *Hedysarum monophyllum, repens; siliculis glabris, non crenatis. Herm. Zeyl.* 33. *Undupyali alia species, folio singulari, oblongo. Herm. Zeyl.* 5. 10.

Description.

C'est une plante herbacée qui se couche. Les feuilles inférieures sont ovales, échancrées à la base. Les supérieures sont plus oblongues & en forme de cœur, lancéolées, plus aiguës. Toutes font glabres, veineufes, s'appuyant fur des pétioles fimples, un peu cylindriques. Les ftipules font pointues, enveloppant la tige en forme de gaîne. Les épis font longs, vers les fommets des tiges, étroits. Les rameaux font en petit nombre. Les légumes font cylindriques, glabres, articulés, droits.

Figure.

Cette efpèce eft repréfentée dans le *Thef. Zeyl.* de Burmann, pl. 49, fig. 1.

Lieu de fa naiffance.

Elle croît naturellement dans l'Ifle de Ceylan.

DOUZIÈME ESPECE.

La douzième efpèce eft le Sainfoin à trois côtes. *Hedyfarum triquetrum. Hedyfarum foliis fimplicibus, cordato-oblongis; petiolis alatis, ramis triquetris. Linn. Sp. Plant.* 1032. *Flor. Zeyl.* 286. *Onobrychis Zeylanica, monophyllos; caule triangulo, petiolis foliorum alatis. Burm. Zeyl.* 176. *Onobrychis Zeylanica, Aurantii folio. Petiv. Sicc.* 247. *Raj. Suppl.* 247. *Phafeolus montanus.* 7. *Rumph. Amb.* 6, *p.* 146.

Defcription.

La tige eft triangulaire. Les feuilles font en forme de cœur, oblongues, pointues, un peu échancrées à la bafe. Les pétioles ont de chaque côté une membrane, font échancrés aiguëment au fommet, de la forme de l'Orange, à pétiole très-court, un peu cylindrique. La grappe a des fleurs très-petites. Les légumes font longs, polyfpermiques, hériffés, velus, membraneux, à peine articulés.

Figure.

Cette efpèce eft repréfentée dans le *Burmann. Thef. Zeyl.* pl. 81; & dans le *Flor. Ind.* pl. 49, fig. 2.

Lieu de fa naiffance.

Elle croît naturellement dans l'Inde.

TREIZIEME ESPECE.

La treizième efpèce eft le Sainfoin conifère. *Hedyfarum ftrobiliferum. Hedyfarum foliis fimplicibus, bracteis ftrobilorum cordatis, obtufis. Linn. Sp. Pl.* 1053. *Flor. Zeyl.* 287. *Onobrychis Indiæ Orientalis, Fagi foliis alternis, filiculis fpicâ longâ difpofitis. Raj. Suppl.* 234. *Carpinus Zeylanica, filiculofa; five arbufcula Zeylanica, filiculofa, Carpino fimilis. Burm. Zeyl.* 54. *Carpinus Zeylanica. Herm. Zeyl.* 53, 70.

Defcription.

Cet arbre eft à feuilles oblongues, ovales, fimples, alternes, très-entières, pétiolées. Les ftipules font en forme d'alêne. Les rameaux font cylindriques. Les cônes fortent des aiffelles des feuilles, comme celles du Charme, fur un péduncule fimple, flexibles, compofées de bractées en forme de cœur, feffiles, obtufes, nombreufes, imbriquées comme l'enveloppe de la Commeline, grandes, entre chacune defquelles fe trouve le rudiment de la fleur.

Figure.

Cette efpèce eft repréfentée dans le *Flora Zeylanica.* pl. 3.

Lieu de fa naiffance.

Elle croît naturellement dans l'Inde.

QUATORZIÈME ESPÈCE.

La quatorzième efpèce eft le Sainfoin à deux feuilles. *Hedyfarum diphyllum. Hedyfarum foliis binatis, floralibus, feffilibus. Linn. Sp. Plant.* 1053. *Flor. Zeyl.* 291. *Hedyfarum herbaceum, procumbens; foliis geminatis, fpicis foliatis, terminalibus. Brow. Jam.* 301. *Hedyfarum minus, diphyllum. Sloan. Jam.* 73. *Hift.* 1, *p.* 185. *Raj. Suppl.* 450. *Onobrychis Maderafpatana, diphyllos; filiculis clypeatis, hirfutis; minor. Pluk. Alm.* 270. *Nelam Mari. Rheed. Hort. Mal.* 9, *p.* 161. *Raj. Suppl.* 404. *Mehafwœnna. Herm. Zeyl.* 18, 59.

Defcription.

Les tiges de cette efpèce font cylindriques, fe couchant, rameufes vers la racine. Les pétioles font filiformes, de la longueur des feuilles. Les feuilles font conjuguées ou binées fur chaque pétiole, attachées à de petits pétioles très-courts, ovales, à un côté plus étroit. Des aiffelles des feuilles fortent des péduncules de leur longueur, fupportant deux ou trois fleurs, qui naiffent chacune entre une paire de feuilles feffiles & plus pointues. Les légumes font applatis, articulés, compofés de trois ou quatre articulations rondes, hériffonnées.

Figure.

Cette efpèce eft repréfentée dans l'*Almag.* de Plukenet, pl. 246, fig. 2; & dans l'*Hort. Malab,* tome 9, pl. 82.

Lieu de fa naiffance.

Elle croît naturellement aux Indes; elle eft annuelle.

Variété.

Linnæus donne pour variété de cette efpèce l'*Hedyfarum bifolium, foliolis ovatis, filiculis afperis, geminis, inarticulatis. Burm. Zeyl.* 114.

Figure.

Cette variété eft repréfentée dans le *Burmanni Thef. Zeyl.* pl. 50, fig. 1.

QUINZIEME ESPÈCE.

La quinzième efpèce eft le Sainfoin joli. *Hedyfarum pulchellum. Hedyfarum foliis ternatis, bracteis ftrobilorum orbiculatis, conjugatis. Linn. Sp. Plant.* 1053. *Flor. Zeyl.* 292. *Hedyfarum trifoliatum, frutefcens; flore & fructu inter duo foliola abfconditis. Burm. Zeyl.* 116. *Onobrychis Maderafp. triphylla, filiculis eleganter foliaceis. Raj. Suppl.* 234. *Onobrychis Indica, triphyllos; foliis amplis, mucronatis; filiquis parvis in fpicam longam ex alis inter bina foliola circinata arctè conniventia reconditis. Pluk. Amalth.* 161. *Palæghas. Herm. Zeyl.* 36.

Defcription.

La tige de cette efpèce eft en arbriffeau. Les rameaux font anguleux, obtus. Les ftipules font ovales, pointues, découpées, caduques. Les feuilles font ternées, à pétioles courts. Le pétiole particulier du milieu eft plus long. Les folioles font latérales, rondes, ovales. L'intermédiaire eft quatre fois plus grande, ovale, oblongue, obtuse. Toutes sont courbées au bord. Les épis ou cônes sortent des aisselles, sont plus longs que la feuille, composés de pédicules alternativement fourchus, courts, dans lesquels se trouvent quelques fleurons droits, à deux folioles qui les renferment, & qui sont orbiculées, sessiles, courbées au bord, conniventes en une seule. Les légumes sont glabres, à deux ou trois articulations.

Figure.

Cette espèce est représentée dans le *Thes. Zeyl.* de Burmann, fig. 52; & dans l'*Amalthæum* de Plukenet, pl. 433, fig. 7.

Lieu de sa naissance.

Elle croît naturellement dans l'Inde.

SEIZIÈME ESPÈCE.

La seizième espèce est le Sainfoin Sparte. *Hedysarum Spartium. Hedysarum foliis ternatis simplicibusque, subtomentosis; caule dichotomo, floribus geminis, leguminibus articulatis, hispidis. Linn. Syst. Veg. edit. XIII. Murray. 560. Burm. Ind. 166. Spartium Persicum, monophyllum & triphyllum. Garz. Herb.*

Description.

La plante est blanche, cotonneuse. Les tiges sont ligneuses, striées, fourchues. Les stipules sont très-courtes, obtuses. Les feuilles sont solitaires & ternées, oblongues, cotonneuses. Les fleurs sont éparses, pédiculées, au nombre de deux ou solitaires. Le calice est très-court, à cinq dents. La corolle est jaune, à onglet de la longueur du calice. Le lymbe est plane. Le légume est orbiculé, applati, hérissé de soies rouges, à trois articulations monospermes.

Figure.

Cette espèce est représentée dans le *Flor. Ind.* pl. 51, fig. 2.

Lieu de sa naissance.

Elle croît naturellement dans l'Inde.

DIX-SEPTIÈME ESPÈCE.

La dix-septième espèce est le Sainfoin rayé. *Hedysarum lineatum. Hedysarum foliis ternatis, oblongis, lineatis; racemis axillaribus, pendulis. Linn. Sp. Plant.* 1054.

Description.

La tige de cette espèce est droite. Les feuilles sont rayées le long des nerfs. Les grappes sont sans division, de la longueur des feuilles. Les fleurs pendent à des pédicules lâches. Les légumes sont rhomboïdales, à une seule articulation, monospermiques.

Figure.

Elle est représentée dans le *Burm. Flor. Ind.* pl. 53, fig. 1.

Lieu de sa naissance.

Elle croît naturellement dans l'Inde.

DIX-HUITIEME ESPECE.

La dix-huitième espèce est le Sainfoin réfléchi en dehors. *Hedysarum retroflexum. Hedysarum foliis ternatis, lineatis; racemis erectis, leguminibus pendulis, multi-articulatis. Linn. Syst. Veg. edit. XIII. Murr.* 560. *Mant.* 103.

Description.

C'est un arbrisseau dont les feuilles sont ternées, ovales, cotonneuses, soyeuses en dessous. Les grappes sont latérales & terminales, à péduncules suspendus, filiformes. Les légumes sont applatis, courbés à un bord, depuis quatre jusqu'à sept articulations.

Lieu de sa naissance.

Il est vivace, & croît naturellement dans l'Inde.

DIX-NEUVIÈME ESPÈCE.

La dix-neuvième espèce est le Sainfoin ombellé. *Hedysarum umbellatum. Hedysarum foliis ternatis, pedunculis umbelliferis, caule fruticoso. Linn. Spec. Plant.* 1053. *Flor. Zeyl.* 293. *Hedysarum arborescens, trifoliatum; floribus ex alis foliorum, siliquis copiosis, glabris. Burm. Zeyl.* 115. *Folium Crocodili. Rumph. Herb. Amb.* 4, *p.* 112. *Waldamini, Mahapilæ. Herm. Zeyl.* 21.

Description.

C'est un arbrisseau à rameaux ligneux: les inférieurs sont cylindriques, brunâtres; les supérieurs sont anguleux, velus. Les feuilles sont pétiolées, ternées. Les folioles sont ovales, pétiolées: l'intermédiaire est deux fois plus grande. Les péduncules sortent des aisselles des feuilles, portent une petite ombelle, sont solitaires, plus courts que les pétioles. Les fleurs sont blanches. Les légumes sont articulés, applatis, lisses, recourbés.

Figure.

Cette espèce est représentée dans le *Burm. Thes. Zeyl.* pl. 51; dans l'*Herbar. Amboin.* tome 4, pl. 52; & dans la seconde partie de cet Ouvrage.

Lieu de sa naissance.

Elle croît naturellement dans l'Inde.

Observation.

Les Crocodiles font leurs nids dans ces plantes.

Propriétés alimentaires.

Les Pauvres d'Amboine se nourrissent de ses feuilles, qui ne sont pas un mets bien exquis.

VINGTIÈME ESPÈCE.

La vingtième espèce est le Sainfoin à deux articulations. *Hedysarum biarticulatum. Hedysarum foliis ternatis, caule suffruticoso, leguminibus biarticulatis. Linn. Sp. Plant.* 1054. *Flor. Zeyl.* 296. *Hedysarum triphyllum, siliculis peltatis, geminis, inarticulatis. Burm. Zeyl.* 114. *Onobrychis Zeylanica, trifolia, minor, perennis. Raj. Suppl. pl.* 457.

Description.

La tige est en arbrisseau. Les feuilles sont ternées comme celles du Trefle, à folioles ovales, oblongues, glabres, égales. Les fleurs sont en épis.

Les légumes sont velus, composés le plus souvent de deux articulations orbiculées.

Figure.

Cette espèce est représentée dans le *Thes. Zeyl.* de Burmann, pl. 50, fig. 2.

Lieu de sa naissance.

Elle croît naturellement dans l'Inde.

VINGT-UNIEME ESPÈCE.

La vingt-unième espèce est le Sainfoin hétérocarpe. *Hedysarum heterocarpon. Hedysarum foliis ternatis, floribus spicatis, leguminibus articulatis, infimo monospermo, stipulis setaceis. Linn. Sp. Plant.* 1454. *Flor. Zeyl.* 298. *Hedysarum trifoliatum, siliculis inferioribus solitariis, superioribus articulatis. Burm. Zeyl.* 117.

Description.

Les tiges de cette espèce sont cylindriques, un peu dures. Les stipules sont pointues, en forme de soie. Les feuilles sont ternées, pétiolées. La feuille du milieu est la plus alongée. Les folioles sont ovales, un peu oblongues, obtuses. Les épis des fleurs sont étroits. Les légumes inférieurs sont à une articulation; les autres à plusieurs, de là ondés.

Figure.

Cette espèce est représentée dans le *Thes. Zeyl.* de Burmann, pl. 53, fig. 1.

Lieu de sa naissance.

Elle croît naturellement dans l'Inde, dans l'Isle de Ceylan.

VINGT-DEUXIEME ESPECE.

La vingt-deuxième espèce est le Sainfoin visqueux. *Hedysarum viscidum. Hedysarum foliis ternatis, leguminibus membranaceis, levibus, integris; caule ramisque hispidis. Linn. Sp. Plant.* 1054. *Flor. Zeyl.* 295. *Hedysarum trifoliatum, viscosum; siliquis articulatis, peltatis. Burm. Zeyl.* 114. *Hedysarum Zeylanicum, trifoliatum, viscosum; Phaseoli folio subrotundo, siliculis compressis, hirsutis. Herm. Zeyl.* 36. *Phaseolus viscosus, spicato flore ac fructu villoso. Burm. Zeyl.* 187.

Description.

La tige de cette espèce est ligneuse. Les feuilles sont menues, larges, rhomboïdes, rondes: celle du milieu est deux fois plus grande. Les rameaux supérieurs sont hérissés de poils, étendus, visqueux. Les légumes sont ovales, oblongs, membraneux, lisses, obtus de chaque côté.

Lieu de sa naissance.

Cette espèce croît naturellement dans les Indes.

VINGT-TROISIEME ESPECE.

La vingt-troisième espèce est le Sainfoin de Canada. *Hedysarum Canadense. Hedysarum foliis simplicibus ternatisque, floribus racemosis. Linn. Sp. Pl.* 1054. *Hort. Ups.* 232. *Hedysarum foliis radicalibus, simplicibus; caulinis ternatis, floribus laxè-spicatis, leguminibus undulatis. Hort. Cliff.* 365. *Roy. Lugdb.* 385. *Hedysarum triphyllum, Canadense. Corn. Canad.* 44. *Onobrychis major, perennis, Canadensis, triphylla; siliculis articulatis, asperis, triangularibus. Moris. Hist.* 2, *p.*130.

Description.

La plante est droite, presque lisse. Les folioles sont lancéolées. Les stipules sont en forme d'alêne. La tige est striée, anguleuse.

Figure.

Cette espèce est représentée dans les Plantes du Canada par Cornute, pl. 45; & dans l'Histoire des Plantes par Morison, sect. 2, pl. 11, fig. 9.

Lieu de sa naissance.

Elle est vivace, & croît naturellement dans la Virginie, le Canada.

Culture.

On la multiplie par graines que l'on sème au commencement d'Avril, quand les plantes qui en proviennent sont assez fortes: on les transplante à demeure, lorsqu'elles sont trop épaisses; autrement on les laisse dans les endroits où on les a semées.

VINGT-QUATRIEME ESPECE.

La vingt-quatrième espèce est le Sainfoin blanchâtre. *Hedysarum canescens. Hedysarum foliis ternatis, subtùs scabris, caule hispido, floribus racemosis, conjugatis. Linn. Sp. Plant.* 1054. *Hort. Ups.* 232. *Hedysarum foliis ternis solitariisque; caule hispido, fruticoso. Hort. Cliff.* 365. *Gron. Virg.* 108. *Roy. Lugdb.* 385. *Hedysarum triphyllum, maximum, scandens, caule trigono, hirtis uncinatis, spicis amplis, terminalibus. Brow. Jam.* 301. *Hedysarum triphyllum, fruticosum (supinum); flore purpureo. Sloan. Jam.* 73. *Hist.* 1, *p.* 185. *Raj. Suppl.* 458. *Onobrychis Americana, floribus spicatis, foliis ternatis, canescentibus; siliculis asperis. Pluk. Alm.* 270.

Description.

La tige de cette espèce est ligneuse, droite. Les feuilles sont pétiolées, ternées, ovales, ayant leur foliole intermédiaire pétiolée. La tige & toute la plante sont très-raboteuses de poils. Les stipules sont en forme d'alêne.

Figure.

Elle est représentée dans l'Histoire de la Jamaïque par Sloane, tome 1, pl. 118, fig. 2; & dans l'*Almag.* de Plukenet, pl. 308, fig. 5.

Lieu de sa naissance.

Elle est vivace, & croît naturellement dans la Virginie & la Jamaïque.

Culture.

Elle se multiplie par semences, qu'on sème sur une couche chaude: il lui faut toujours la serre chaude & le tan, si on veut qu'elle réussisse dans ce pays, de même que toutes les autres espèces qui nous viennent des pays chauds.

VINGT-CINQUIEME ESPECE.

La vingt-cinquième espèce est le Sainfoin de Maryland. *Hedysarum Marylandicum. Hedysarum foliis ternatis, foliolis subrotundis; caule frutescente, ramosissimo; leguminibus articulatis, levibus. Linn. Sp. Plant.*

Plant. 1055. *Gron. Virg.* 109. *Hedysarum trifoliatum, siliquâ breviore. Dill. Hort. Elth.* 174. *Hedysarum triphyllum, Marylandicum, minus; siliquis compressis, articulatis, asperis, brevioribus. Raj. Suppl.* 455.

Description.

La tige est en arbrisseau, très-rameuse. Les feuilles sont ternées, ayant leurs folioles rondes. Les légumes sont applatis, articulés, lisses.

Figure.

Cette espèce est représentée dans le *Dill. Hort. Elth.* pl. 144, fig. 171.

Lieu de sa naissance.

Elle croît naturellement dans la Caroline, la Virginie.

VINGT-SIXIÈME ESPECE.

La vingt-sixième espèce est le Sainfoin en arbrisseau. *Hedysarum frutescens. Hedysarum foliis ternatis, subovatis, subtùs villosis; caule frutescente. Linn. Sp. Plant.* 1055. *Gron. Virg.* 109. *Hedysarum foliis ternatis, ovato-lanceolatis, subtùs villosis; caule frutescente, villoso. Mill. Dict. n°.* 16.

Description.

La tige de cette espèce est ligneuse, velue. Les feuilles sont ternées, ovales, lancéolées, velues en dessous.

Lieu de sa naissance.

Elle croît naturellement dans la Virginie.

VINGT-SEPTIEME ESPECE.

La vingt-septième espèce est le Sainfoin à fleur verte. *Hedysarum viridifolium. Hedysarum foliis ternatis, acutiusculis; caule erecto, racemis longissimis, erectis. Linn. Sp. Plant.* 1055. *Gron. Virg.* 109. *Onobrychis Americana, floribus spicatis, foliis ternis, canescentibus; siliquis asperis. Pluk. Almag.* 276.

Description.

La tige est droite. Les feuilles sont ternées, un peu aiguës. Les grappes sont très-longues, droites. Les siliques sont âpres.

Lieu de sa naissance.

Cette espèce croît naturellement dans la Virginie.

VINGT-HUITIEME ESPECE.

La vingt-huitième espèce est le Sainfoin en forme de jonc. *Hedysarum junceum. Hedysarum foliis ternatis, lanceolatis; leguminibus uniarticulatis, rhombeis; pedunculis lateralibus, subumbellatis. Linn. Sp. Plant.* 1053. *Linn. Decad.* 1. *Hedysarum triphyllum, flosculis albis, polyanthis. Amm. Ruth.* 154. *Cytisus saxatilis, Meliloti folio, ad caulem appresso; floribus in foliorum alis. Amm. Ruth.* 282.

Description.

La racine de cette espèce est vivace. La tige est herbacée, haute de deux pieds, en forme de jonc, vergée, sillonnée, glabre, poileuse vers le sommet, rameuse. Les rameaux sont de la longueur & de la structure du calice, alternes, en plus petit nombre. Les feuilles sont alternes, pétiolées, réfléchies, ternées, ayant les folioles lancéolées, pétiolées, glabres, très-entières, un peu obtuses, pointues avec une pointe: les deux inférieures sont opposées, à plus courts pétioles. Les pétioles sont de la longueur des feuilles, à demi cylindriques, glabres. Les stipules sont latérales, persistentes, en forme d'alêne, droites, ensuite s'étendantes, très-courtes, pourpres. Les grappes sont axillaires, droites, à un petit nombre de fleurs, sans feuilles, un peu plus longues que les feuilles. Les péduncules sont le double plus longs que les pétioles, filiformes, glabres. Les pédicules sont de la même figure. Les fleurs sont à l'extrémité, au nombre de huit, deux à deux, droites, pédiculées. Les bractées sont ovales, petites, à peine visibles. Le calice est vert. Ses lobes sont aigus: les trois supérieurs sont près les uns des autres; les deux inférieurs sont écartés. La corolle est papilionacée, blanche. L'étendart est réfléchi, large, rond, à peine échancré, strié, couleur de sang à la base. Les aîles sont ovales, rondes au sommet. La carêne est fendue en haut depuis le sommet jusqu'au milieu. Les lobes sont ronds. Les filamens des étamines sont pâles, diadelphiques. Les anthères sont jaunâtres. Le légume est ovale, applati, pointu, monospermique, à peine plus grand que le calice, applati. Les semences sont solitaires, jaunâtres, oblongues, de la grandeur du légume.

Figure.

Cette espèce est représentée dans les Planches de Linnæus fils. Décad. 1, pl. 4.

Lieu de sa naissance.

Elle croît naturellement dans l'Inde.

VINGT-NEUVIÈME ESPÈCE.

La vingt-neuvième espèce est le Sainfoin violet. *Hedysarum violaceum. Hedysarum foliis ternatis, ovatis; floribus geminatis, leguminibus nudis, venosis, monospermis. Linn. Sp. Plant.* 1055. *Hedysarum foliis ternatis, lanceolatis; leguminibus monospermis. Gron. Virg.* 108.

Description.

Les fleurs sont violettes, jumelles, attachées pour l'ordinaire à des pédicules propres, conglomérées; dans les unes, partant des aisselles des feuilles, & dans d'autres, attachées par-ci par-là à des péduncules filiformes. Les légumes sont trois fois plus longs que le calice, ovales, applatis, aigus, glabres, articulés, monospermiques.

Lieu de sa naissance.

Cette espèce croît naturellement dans la Virginie.

TRENTIÈME ESPECE.

La trentième espèce est le Sainfoin paniculé. *Hedysarum paniculatum. Hedysarum foliis ternatis, lineari-lanceolatis; floribus paniculatis. Linn. Spec. Plant.* 1056. *Gron. Virg.* 108. *Onobrychis Mariana, triphylla; Passifloræ pentaphyllæ angustiori folio & facie, siliquis dentatis, asperis. Pluk. Mant.* 140.

Description.

Les feuilles de cette espèce sont ternées, linéaires, lancéolées. Les fleurs sont paniculées, pourpres. Les légumes sont rhomboïdes.

Figure.

Cette plante eſt repréſentée dans le *Mant.* de Plukenet, pl. 432, fig. 6.

Lieu de ſa naiſſance.

Elle croît naturellement dans la Virginie.

TRENTE-UNIEME ESPÈCE.

La trente-unième eſpèce eſt le Sainfoin à fleurs nues. *Hedyſarum nudiflorum. Hedyſarum foliis ternatis, ſcapo florifero, nudo; caule folioſo, angulato. Linn. Sp. Plant.* 1056. *Hedyſarum caule nudo, longiſſimo folio, ferè florifero, angulato. Gron. Virg.* 1, *p.* 86.

Deſcription.

La tige de cette eſpèce eſt feuillée, anguleuſe. Les feuilles ſont ternées. La hampe eſt menue & à fleurs. Les fleurs ſont pourpres.

Lieu de ſa naiſſance.

Elle croît naturellement dans la Virginie.

TRENTE-DEUXIÈME ESPÈCE.

La trente-deuxième eſpèce eſt le Sainfoin traçant. *Hedyſarum repens. Hedyſarum foliis ternatis, obcordatis; caulibus procumbentibus, racemis lateralibus. Linn. Sp. Plant.* 1056. *Hedyſarum caulibus procumbentibus, racemis lateralibus, ſolitariis; petiolis pedunculo longioribus. Gron. Virg.* 1, *p.* 86. *Trifolium procumbens, Trifolii frugiferi folio. Dil. Hort. Elth.* 172.

Deſcription.

Les tiges de cette eſpèce ſont couchées. Les feuilles ſont ternées, en forme de cœur. Les grappes ſont latérales, ſolitaires. Les fleurs ſont panachées de blanc & de rouge.

Figure.

Elle eſt repréſentée dans le *Dill. Hort. Elth.* pl. 142, fig. 169.

Lieu de ſa naiſſance.

Elle croît naturellement dans la Virginie.

TRENTE-TROISIÈME ESPÈCE.

La trente-troiſième eſpèce eſt le Sainfoin à hameçon. *Hedyſarum hamatum. Hedyſarum foliis ternatis, nervoſis, nudis; ſpicis ſeſſilibus, leguminibus diſpermis, obtuſis, acumine uncinatis. Linn. Sp. Pl.* 1056. *Amœn. Acad.* 5, *p.* 403. *Trifolium procumbens, foliis ciliatis, nervoſis; ſiliculis monoſpermibus, acuminatis, quinqueſtriatis. Brow. Jam.* 298. *Anonis non ſpinoſa, minor, glabra, procumbens; flore luteo. Sloan. Jam.* 75. *Hiſt.* 1, *p.* 187.

Deſcription.

Les tiges de cette eſpèce ſont herbacées, un peu glabres. Les rameaux ſont alongés, alternes, couchés. Les feuilles ſont ternées, lancéolées, le plus ſouvent très entières, nues, nerveuſes obliquement. Les ſtipules ſont membraneuſes, amplexicaules, à ſommet ſoyeux de chaque côté. Les petites têtes des fleurs ſont terminales, enfin latérale, ſeſſiles, feuillées. Les bractées ſont imbriquées, poileuſes, fendues en deux, terminées par une foliole ſimple, très-petite, pointue. Les fleurs ſont ſeſſiles entre les bractées. Les légumes ſont en carène, anguleuſes aux côtés, à deux articulations, dont l'extérieur eſt terminé par une arête en forme d'alêne, recourbée en hameçon, s'élevant hors de l'épi.

Figure.

Cette eſpèce eſt repréſentée dans le *Theſ. Zeyl.* de Burmann, pl. 106, fig. 2; & dans l'Hiſtoire de la Jamaïque, tome 1, pl. 119, fig. 2.

Variété.

Linnæus donne pour variété de cette eſpèce le *Trifolium ſuberectum, ſubhirſutum; ſiliculis minoribus, ſingularibus. Brow. Jam.* 299. *Loto pentaphyllo, ſiliquoſo ſimilis. Anonis non ſpinoſa, foliis Ciſti inſtar glutinoſis & odoratis. Sloan. Jam.* 74. *Hiſt.* 1, *p.* 186.

Figure.

Cette variété eſt repréſentée dans l'Hiſtoire de la Jamaïque par Sloane, tome 1, pl. 119, fig. 1.

Lieu de ſa naiſſance.

Elle croît naturellement dans la Jamaïque, l'Iſle de Ceylan.

TRENTE-QUATRIEME ESPECE.

La trente-quatrième eſpèce eſt le Sainfoin à trois fleurs. *Hedyſarum triflorum. Hedyſarum foliis ternatis, obcordatis; caulibus procumbentibus, pedunculis unifloris, ternis. Linn. Sp. Plant.* 1057. *Flor. Zeyl.* 297. *Hedyſarum trifoliatum, repens; Acetoſellæ folio glabro, caule hirſuto. Burm. Zeyl.* 119.

Deſcription.

Cette herbe ſe couche. Ses rameaux ſont filiformes, très-longs, rameux. Ses feuilles ſont ternées, ayant les folioles égales, ovales, très-petites, glabres. Les péduncules ſortent des aiſſelles des feuilles, le plus ſouvent au nombre de trois, capillaires; chacun eſt à une fleur, rarement fendu en deux, ou à deux fleurs.

Figure.

Elle eſt repréſentée dans le *Theſ. Zeyl.* de Burmann, pl. 54, fig. 2.

Variété.

Linnæus donne pour variété de cette eſpèce l'*Hedyſarum trifoliatum, repens; folio ovali, glabro; caule hirſuto, ſiliquâ planâ, articulatâ. Burm. Zeyl.* 118.

Figure.

Cette variété eſt repréſentée dans le *Theſ. Zeyl.* de Burmann, pl. 54, fig. 1.

Lieu de ſa naiſſance.

Elle eſt annuelle, & croît naturellement dans l'Inde.

TRENTE-CINQUIEME ESPECE.

La trente-cinquième eſpèce eſt le Sainfoin barbu.

Hedysarum barbatum. Hedysarum foliis ternatis, floribus cernuis, racemosis; calycibus pilosis, leguminibus biarticulatis. Linn. Sp. Plant. 1055. *Amœn. Acad.* 5, *p.* 403.

Description.

Les tiges de cette espèce sont couchées, longues, velues. Les feuilles sont ternées. Les folioles sont ovales, oblongues, cotonneuses en dessous. Les pétioles sont poileux. Les stipules sont membraneuses, en forme d'épée, soyeuses au sommet. Les grappes sont axillaires & terminales, solitaires, droites, de la longueur des feuilles. Les bractées sont membraneuses, en forme de nacelle, nues, pointues, de la longueur des petits pédicules. Les pédicules sont au nombre de deux, à une fleur. Les calices sont à demi fendus en cinq, barbus à longs poils, recourbés d'abord dès l'épanouissement. La corolle est à peine de la longueur du calice. Les légumes sont à deux articulations, applatis, membraneux.

Lieu de sa naissance.

Cette espèce croît naturellement dans la Jamaïque.

TRENTE-SIXIEME ESPECE.

La trente-sixième espèce est le Sainfoin en forme de queue de Lièvre. *Hedysarum Lagopodioides. Hedysarum foliis ternatis, ovatis, obtusis; spicis hirsutis. Linn. Sp. Plant.* 1057.

Description.

Les folioles sont ovales, obtuses, nues, terminées par une soie très-petite. Les épis sont ovales, épais, hérissés. Les fleurs sont distinctes entr'elles par des bractées ovales, en forme d'alêne, pointues, de la longueur des fleurs. Les pédicules sont hérissés. Les calices sont très-courts, terminés par trois soies hérissées. Les corolles sont petites. Les légumes sont monospermiques.

Figure.

Cette espèce est représentée dans le *Flor. Ind.* de Burmann, pl. 53, fig. 2.

Lieu de sa naissance.

Elle croît naturellement dans la Chine.

TRENTE-SEPTIEME ESPECE.

La trente-septième espèce est le Sainfoin qui s'entortille. *Hedysarum volubile. Hedysarum foliis ternatis, ovato-oblongis; caule volubili. Linn. Spec. Plant.* 1057. *Hort. Cliff.* 499. *Roy. Lugdb.* 385. *Hedysarum trifolium, scandens; folio longiore, splendente. Dill. Hort. Elth.* 173.

Description.

La tige de cette espèce est grimpante, s'entortille. Les feuilles sont ternées, ovales, oblongues, luisantes.

Figure.

Elle est représentée dans le *Dillenii Hort. Elth.* pl. 143, fig. 170.

Lieu de sa naissance.

Elle croît naturellement dans l'Amérique Septentrionale.

TRENTE-HUITIÈME ESPÈCE.

La trente-huitième espèce est le Sainfoin argenté. *Hedysarum argenteum. Hedysarum foliis pinnatis, subtùs tomentoso-lucidis; leguminibus articulatis, scapo aphyllo. Linn. Syst. Veg. edit. XIII. Murr.* 562. *Astragalus grandiflorus. Astragalus acaulis, hirsutus; scapis erectis, spicatis; foliolis ovatis, obtusis, villosis. Linn. Sp. Plant.* 1071. *Astragalus Tragacanthæ folio, non ramosus; floribus luteis. Amm. Ruth.* 168.

Description.

Les feuilles ont neuf pouces de long. Leurs folioles sont au nombre de dix-sept, ovales, obtuses, hérissées sur-tout en dessous. Les hampes sont grosses, poileuses, terminées par un épi un peu gros. Les calices sont hérissés. Les corolles sont grandes, jaunes.

Lieu de sa naissance.

Cette espèce est vivace; elle croît communément en Sibérie.

TRENTE-NEUVIÈME ESPÈCE.

La trente-neuvième espèce est le Sainfoin des Alpes. *Hedysarum Alpinum. Hedysarum foliis pinnatis, leguminibus articulatis, glabris, pendulis; caule erecto. Linn. Sp. Plant.* 1057. *Hort. Ups.* 232. *Jacq. Vind.* 266. *Hedysarum saxatile, siliquâ levi, floribus purpureis, inodorum. Amm. Ruth.* 116. *n°.* 152. 153.

Description.

La tige est droite. Les feuilles sont aîlées, composées de dix-sept folioles ovales, lancéolées. Les légumes sont articulés, glabres, suspendus.

Figure.

Cette espèce est représentée dans le *Flor. Sibir.* de Gmelin, tome 4, pl. 10.

Variété.

Linnæus donne pour variété de cette espèce l'*Onobrychis semine clypeato, levi. Bauh. Pin.* 350. *Prodr.* 149.

Lieu de sa naissance.

L'espèce principale croît en Sibérie, & la variété en Suisse.

QUARANTIEME ESPECE.

La quarantième espèce est le Sainfoin obscur. *Hedysarum obscurum. Hedysarum foliis pinnatis, stipulis vaginalibus, caule erecto, flexuoso; floribus racemosis, pendulis. Linn. Sp. Plant.* 1057. *Astragalus caulescens, erectus; stipulis vaginalibus. Spec. Plant.* 1, *p.* 756. *Astragalus caule erecto, ramoso, spicâ purpureâ nitente terminato. Hall. Hel.* 567. *edit.* 1.

Description.

La tige est flexible. Les stipules sont amplexicaules, longues d'un pouce. Les folioles sont exactement elliptiques, à une petite soie pointue.

Figure.

Cette espèce est représentée dans les Plantes de Suisse par Haller, pl. 14.

Lieu de sa naissance.

Elle est vivace, & croît naturellement en Sibérie, en Suisse.

QUARANTE-UNIÈME ESPÈCE.

La quarante-unième espèce est le Sainfoin d'Espagne. *Hedysarum coronarium. Hedysarum foliis pinnatis, leguminibus articulatis, aculeatis, nudis, rectis; caule diffuso. Linn. Sp. Plant.* 1058. *Hort. Cliff.* 365. *Hort. Upf.* 231. *Roy. Lugdb.* 385. *Onobrychis semine clypeato, aspero; major. Bauh. Pin.* 350. *Onobrychis altera. Dod. Pempt.* En Allemand, *Beil kraut.* En Anglois, *French Honey Suckle.* A Malte, *Scilla.*

Description.

La racine est rameuse. Les tiges sont herbacées, cannelées, rameuses, diffuses, hautes de deux pieds. Les péduncules sont plus longs que les feuilles. Celles-ci sont alternes, ailées, terminées par une impaire plus grande que les autres, ayant leurs folioles ovales, épaisses, charnues. Les fleurs sont papilionacées, d'un beau rouge. Le fruit est un légume long, applati, nud, droit, hérissé de pointes, qui diffère de celui du Sainfoin ordinaire par ses articulations marquées comme celles d'une chaîne.

Lieu de sa naissance.

Elle croît naturellement dans les prairies d'Espagne. On la cultive à Malte.

Culture.

Elle est excellente pour faire des prairies artificielles. La Gazette économique de Florence rapporte à son sujet un Mémoire qui a été présenté, le 12 Septembre 1760, à la Société de Géorgofites de Gênes. Nous avons aussi publié en 1770, dans nos Lettres périodiques sur les Végétaux, un extrait de ce Mémoire & quelques réflexions à ce sujet: c'est cet extrait que nous allons rapporter ici, comme renfermant tout ce qui peut concerner la culture de cette plante.

Extrait d'un Mémoire sur la Sulla.

Les Habitans du territoire de Seminara dans la Calabre ultérieure, Royaume de Naples, forment, lit-on dans le Mémoire en question, des prairies artificielles d'une plante nommée *Sulla*, *Scilla*, inconnue peut-être au reste de l'Univers, mais digne de l'attention des Amateurs par la singularité même de sa culture. Il règne, dit-on, dans ce pays une opinion fondée sur une pratique suivie depuis un temps immémorial, que la *Sulla* ne réussit que dans une terre forte, creteuse, blanche, la plus propre, quand elle est bien préparée, à produire des grains de la plus belle qualité. C'est dans les seuls champs de cette espèce que la *Sulla* se sème, suivant une méthode qui paroît cependant extravagante, puisqu'après les moissons faites au commencement de Juillet, la graine est jettée au hasard pardessus le chaume, auquel on met le feu le lendemain, sans y apporter après cela aucune espèce de soin ni de culture.

Cette graine couverte seulement des cendres des chaumes brûlés, pénètre d'elle-même dans la terre, & commence à végéter au mois de Novembre, quatre mois après avoir été semée. Chaque plante produit plusieurs tiges, qui croissent lentement pendant tout l'hiver: mais au retour du printemps, la terre se trouve la plus épaisse & la plus agréable qu'on puisse voir; & si le mois d'Avril est un peu pluvieux, les plantes qui y croissent s'élèvent jusqu'au-dessus de la hauteur d'un homme. On feroit très bien de tremper la graine de *Sulla* dans de l'eau pure avant de la semer, ou dans quelque eau propre à en hâter la végétation. La gousse de la graine étant épaisse, sa dureté peut être la cause qui en retarde la germination. La figure de cette plante a peu de ressemblance avec aucune des plantes connues de nos prairies. La fleur en est d'un beau rouge, & à-peu-près de la forme de celle du Genêt. On peut commencer à faucher la *Sulla* au mois de Mai, dans le temps même de sa fleur. On la donne pour lors en vert aux chevaux & aux mulets, qu'elle purge & engraisse en peu de jours. Cet excellent fourrage est si recherché, qu'on n'est point dans l'usage de le faner. On en sème un peu de temps à autre pour se procurer la graine, qui est plus petite, mais assez ressemblante à celle de l'Esparcette.

Après la récolte de la *Sulla*, qui dure dans ce pays jusqu'à la fin de Juin, on laisse reposer la terre jusqu'en automne: on la laboure pour lors suivant la méthode ordinaire, pour être ensemencée en grains; & la moisson est à proportion plus riche dans les champs qui ont été sullés, *sullati*.

Il suffit qu'après la moisson on mette de nouveau le feu au chaume, pour que, sans autre culture, le mois de Novembre suivant la *Sulla* recouvre de nouveau le champ, après avoir été une année, pendant le temps de la culture & de la récolte du bled, cachée dans le sein de la terre, sans préjudicier en aucune façon à la qualité de ce dernier, & sans qu'il en ait paru la moindre apparence, même à fleur de terre, avant le mois de Novembre de l'année de repos ou de jachère, temps où la *Sulla* germe & croît avec le même succès que la première année qu'on l'a semée. C'est ainsi que des champs une fois sullés donnent pendant l'espace de quarante ans successifs & même au delà, régulièrement & alternativement de deux années l'une, une récolte abondante de *Sulla*, & l'autre une moisson du plus beau bled, sans que, pour conserver une prairie aussi singulière, il faille d'autres soins que de répandre de la graine la première année, de la manière indiquée ci-dessus.

La méthode facile de semer la *Sulla*, la qualité supérieure de ce fourrage, celle de contribuer à préparer les terres pour la récolte des grains, sa longue durée dans les terres les plus compactes, qu'elle pénètre & qu'elle divise par ses propres forces; toutes ces circonstances singulières prouvent assez son utilité, pour exciter l'attention des Cultivateurs.

Tel est le contenu du Mémoire adressé à la Société de Gênes. Quoiqu'il n'y ait pas lieu de douter, d'après les Paysans de Seminara, qu'une plante qui pivote aussi profondément, & qui s'étend avec autant de force que la *Sulla*, ne demande pas préférablement une terre excellente, il n'est cependant pas vraisemblable qu'elle ne se plaise que dans les terres blanches. On peut présumer qu'elle viendroit très-bien dans toutes les terres argilleuses où les Trefles & la Luzerne réussissent; c'est du moins le sentiment de M. le Marquis de Grimaldi, Seigneur de Messimeri, Auteur de ce Mémoire. Ce Curieux s'est engagé envers la Société de Gênes, à faire des essais sur la *Sulla* (*Ils ne nous sont pas encore parvenus.*). Il a proposé une triple expérience: 1°. de suivre la méthode de Seminara; 2°. de cultiver la *Sulla* suivant la manière usitée pour les autres prairies artificielles; 3°. de la semer en plein dans les terres qui ont porté des Trefles ou Luzernes, immédiatement

immédiatement après les pluies de Septembre. En 1768, M. Grimaldi, en envoyant à la Société Economique de Berne, des graines de cette plante, lui attesta de nouveau que la *Sulla* une fois bien établie, non seulement peut durer trente ans, au moyen d'une culture alternative de bled de deux ans en deux ans, mais qu'elle subsiste même un siècle. Il observe en outre qu'après la moisson on ne se contente pas, comme il l'avoit dit dans son Mémoire, de l'incinération par l'incendie des chaumes; on laboure encore le champ, mais très-légèrement, pour ne point blesser la tête des racines, qui doivent repousser dans le mois de Novembre suivant. Il ajoute aussi que, suivant la nature du sol ou les divers usages du pays, on observe quelques différences dans la culture de la *Sulla*. Dans tel endroit, la récolte de cette herbe se fait alternativement avec la moisson des grains, comme il a été dit ci-dessus. Ailleurs, on fait consécutivement trois moissons de grains pendant trois années, & successivement aussi pendant trois années, la récolte de la *Sulla*.

Dans l'Isle de Malte, qui ne produit pas des herbages naturels, on supplée à la disette du fourrage, dit M. le Marquis de Grimaldi, par les prairies artificielles de *Sulla*. Les Maltois prétendent qu'il faut choisir la graine de deux ans, & du produit d'un bon sol. La meilleure à leur avis vient de la petite Isle de Gozo. On n'estime pas celle de Malte même. La graine de bonne qualité qui a été récoltée par un temps sec, & qui n'a point été trop fatiguée, peut se conserver dix ans.

La *Sulla* aime par préférence une terre forte & humide; cependant elle réussit bien dans les terres de moindre qualité. On se contente d'en répandre la graine pardessus le bled peu de temps avant la moisson. Cinq boisseaux, qui ne coûtent guères, suffisent pour couvrir une portion de champ où l'on aura semé un boisseau de bled. La raison pour laquelle on préfère de ne semer la *Sulla* qu'un ou deux jours avant de scier le bled, c'est pour éviter qu'elle n'essuie une pluie avant d'avoir été enterrée par les pieds des Moissonneurs, des Glaneurs & du bétail. Il ne faut pas se donner la peine de l'ensevelir plus profondément; elle risqueroit de ne pas lever. Il n'est pas à craindre que les fourmis & les oiseaux la détruisent, ou qu'elle se corrompe à l'air. Sur la première pluie la *Sulla* lève, & pour lors il est essentiel d'empêcher tout bétail d'entrer dans le champ où elle a été semée.

Dans les années où il lève une certaine quantité d'herbes sauvages, ce qui arrive rarement à Malte, il faut les arracher à la main. On ne pourroit sarcler avec aucun instrument la *Sulla*, même légèrement, sans risquer de lui faire du mal.

Voilà toute la culture qu'exige cette plante. Ses tiges s'élèvent jusqu'à la hauteur de cinq pieds. On les coupe dès que la première fleur paroît, & avant que la graine se forme. On peut très-bien la sécher, la serrer en petites gerbes ou paquets; elle n'épuise point la terre. On peut, après l'avoir récoltée, donner un labour au champ, avant de le préparer pour les semailles du bled. On a essayé à Malte de la laisser jusqu'à une seconde année, mais elle a rarement repoussé; & tous les Cultivateurs assurent qu'elle n'y produit jamais une troisième récolte. Malgré cela cette plante doit être de la plus grande utilité par-tout où elle réussit aussi bien qu'à Malte, quelques variétés & modifications de culture que puisse exiger la diversité des climats & du sol: cependant l'expérience prouve que souvent les plantes qui paroissoient les plus revêches, se laissent enfin naturaliser. On assure à cet égard qu'on n'a rien à craindre de la part de la *Sulla*; mais, il est bon de le répéter, la graine doit être de deux ans: il faut la semer pendant la plus grande chaleur de l'été, & se bien garder de l'enterrer trop avant. Cette dernière précaution est fondée sur les raisons suivantes.

Cette graine est renfermée dans une gousse épineuse qui sert à la fixer dans la terre. Dans cette enveloppe il faut qu'elle éprouve fortement l'influence de l'air pour se dégager: cela s'effectue par l'ardeur des rayons du soleil. On sait par expérience que les chaleurs de Juillet & d'Août ne suffisent pas pour opérer ce développement, lorsque la graine n'est pas au moins de l'année précédente, ce qui prouve qu'elle demande à être long-temps exposée à l'ardeur du soleil pour qu'elle puisse germer. Il ne faut donc point s'étonner si la *Sulla* ne lève pas toujours dans l'année qu'elle a été semée: il suffit de laisser reposer le champ sans labour. L'année suivante, la première pluie d'automne fait lever & paroître la plante. Lorsque la *Sulla* pousse trop fort avant l'hiver, on peut la faire pâturer par les bestiaux: on l'empêchera par ce moyen de pousser des tiges fortes & vigoureuses, que le bétail auroit peine à bien broyer. Le Rédacteur des Mémoires de la Société Economique de Berne observe qu'une des circonstances les plus remarquables de la fécondité de la *Sulla* dans les champs de Calabre, est celle de sa durée presqu'incroyable. Après qu'elle a été une fois semée, quoique de deux années l'une alternativement, sa racine repousse de sa propre force, & rend de nouveau un fourrage abondant. Cette circonstance rapportée dans le Mémoire dont on a donné ci-dessus l'extrait, paroît contredite par la relation de Malte, qui a été raportée ensuite aussi ci-dessus en forme de supplément, puisqu'elle dit expressément que la *Sulla* ne dure jamais jusqu'à la troisième année. Il faudroit donc, pour lever une pareille contradiction, qu'il fût prouvé par l'expérience que la *Sulla* par sa nature demande un repos alternatif d'un an, & même davantage.

S'il est vrai que cette plante puisse dormir sous la terre pendant toute une année, pour reparoître ensuite avec une vie nouvelle, ce seroit un motif d'espérer qu'elle survivroit de même sous la terre à la rigueur de nos hivers. Il paroît au reste que la *Sulla* fait habituellement sa végétation pendant l'hiver, ce qui peut sans doute arriver encore à d'autres plantes arrêtées dans leur accroissement par les chaleurs excessives de l'été dans ce pays.

Ce qui est rapporté dans la relation de Malte touchant la dureté de la graine, & la nécessité d'un degré de chaleur extraordinaire pour la faire lever, pourroit bien n'être qu'un préjugé ou une erreur. La raison qui retarde la végétation de cette plante jusqu'en Novembre, ne doit sûrement provenir que du défaut d'humidité de la terre avant cette saison dans l'Isle de Malte; ce qui paroît d'autant plus probable, si l'on fait réflexion qu'on exige pour la culture de cette plante une terre forte & argilleuse, & qu'on observe en même temps que si la graine ne lève pas dès la première année, elle levera infailliblement dans le mois de Novembre de l'année suivante.

Propriétés alimentaires pour les bestiaux.

Le fourrage de cette plante est excellent pour les chevaux & mulets qu'on fait beaucoup travailler. Il échaufferoit & engraisseroit trop ceux qu'on ne fatigue point. Les vaches & les brebis nourries de cette herbe donnent du lait en abondance.

Propriétés médicinales.

On attribue en Médecine au Sainfoin d'Espagne

une vertu incisive & apéritive, lorsqu'on le prend intérieurement; & quant à l'extérieur, il passe pour vulnéraire & déterſif.

QUARANTE-DEUXIÈME ESPÈCE.

La quarante-deuxième espèce est le Sainfoin flexible. *Hedyſarum flexuoſum. Hedyſarum foliis pinnatis, leguminibus articulatis, aculeatis, flexuoſis; caule diffuſo. Linn. Sp. Plant.* 1058. *Onobrychis major, annua; ſiliculis articulatis, aſperis, clypeatis, undulatim junctis; flore purpureo-rubente. Moriſ. Hiſt.* 2, *p.* 130. *Raj. Hiſt.* 909. *Hedyſarum ſiliquâ undulatâ. Riv. Tetr.* 213.

Deſcription.

La tige est couchée. Les feuilles ſont aîlées. Les fleurs ſont d'un rouge pourpre. Les légumes ſont articulés, pointus, flexibles.

Figure.

Cette eſpèce eſt repréſentée parmi les Plantes tétrapétales de Rivin, pl. 213.

Lieu de ſa naiſſance.

Elle eſt annuelle, & croît naturellement en Aſie.

QUARANTE-TROISIEME ESPECE.

La quarante-troiſième eſpèce eſt le Sainfoin bas. *Hedyſarum humile. Hedyſarum foliis pinnatis, leguminibus articulatis, aſperis; corollæ alis obſoletis, ſpicis hirſutis; caulibus depreſſis. Linn. Sp. Plant.* 1058. *Hedyſarum clypeatum, minus; flore purpureo. Raj. Hiſt.* 929. *Onobrychis ſemine clypeato, aſpero; minor. Bauh. Pin.* 350. *Prodr.* 149. *Polygalo Geſneri affine caput gallinaceum. Bauh. Hiſt.* 2, *p.* 336.

Deſcription.

La racine eſt vivace. L'épi eſt poilеux. L'étendart des fleurs eſt de la longueur de la carêne: elles n'ont preſque point d'aîles. Le calice eſt hériſſé, deux fois plus court que la corolle, terminé en ſoies.

Lieu de ſa naiſſance.

Cette eſpèce croît naturellement en Eſpagne, & aux environs de Narbonne.

QUARANTE-QUATRIEME ESPECE.

La quarante-quatrième eſpèce eſt le Sainfoin très-épineux. *Hedyſarum ſpinoſiſſimum. Hedyſarum foliis pinnatis, leguminibus articulatis, aculeatis, tomentoſis; caule diffuſo. Linn. Syſt. Veg. edit. XIII.* 562. *Hort. Upſ.* 231. *Hedyſarum Hiſpanicum, ſupinum, anguſtifolium; floribus parvis ex albo purpuraſcentibus. Boerrh. Lugdb.* 2, *p.* 51. *Onobrychis minor, foliolis cordatis, ſiliquis magnis, aſperis, compreſſis. Pluk. Phyt.* 50.

Deſcription.

La tige eſt couchée. Les feuilles ſont aîlées. Les fleurs ſont petites, d'un blanc pourpre. Les légumes ſont le plus ſouvent à deux articulations orbiculées, également pointues.

Figure.

Cette eſpèce eſt repréſentée dans le *Phytographia* de Plukenet, pl. 50, fig. 2.

Lieu de ſa naiſſance.

Elle eſt annuelle, & croît naturellement en Eſpagne & en Portugal.

Culture.

On la multiplie par graines, que l'on ſème au commencement d'Avril dans un endroit à demeure. Il ne lui faut plus alors d'autre culture que d'être éclaircie dans les endroits où elle eſt trop épaiſſe, & nettoyer les mauvaiſes herbes. Elle fleurit en Juillet. Ses ſemences ſont mûres en automne.

QUARANTE-CINQUIEME ESPECE.

La quarante-cinquième eſpèce eſt le Sainfoin de Virginie. *Hedyſarum Virginianum. Hedyſarum foliis pinnatis, caule fruticoſo, leguminibus articulatis, glabris, pedunculatis, erectis. Linn. Sp. Pl.* 1058. *Gron. Virg.* 174.

Deſcription.

La tige eſt ligneuſe. Les feuilles ſont aîlées. Les légumes ſont articulés, glabres, péduncules, droits.

Lieu de ſa naiſſance.

Elle croît naturellement dans la Virginie.

QUARANTE-SIXIEME ESPECE.

La quarante-ſixième eſpèce eſt le Sainfoin nain. *Hedyſarum pumilum. Hedyſarum foliis pinnatis, caule ſuffruticoſo, corollarum vexillis, carinâ aliſque vexillo brevioribus, leguminibus monoſpermis. Linn. Spec. Plant.* 1059.

Deſcription.

Ce petit arbriſſeau eſt haut d'un palme. Ses feuilles ſont aîlées, de la longueur de la tige, à aîles ovales, oblongues. L'étendart eſt plus court que la carêne. Les aîles ſont deux fois plus longues que le calice, mais moitié plus courtes que l'étendart. Le calice eſt liſſe, à dents en forme d'alêne, très-courtes.

Lieu de ſa naiſſance.

Cette eſpèce croît naturellement en Eſpagne.

QUARANTE-SEPTIÈME ESPÈCE.

La quarante-ſeptième eſpèce eſt le Sainfoin ordinaire, l'Eſparcette en Dauphiné. *Hedyſarum Onobrychis. Hedyſarum foliis pinnatis, leguminibus monoſpermis, aculeatis; corollarum alis calyce brevioribus, caule elongato. Linn. Sp. Plant.* 1059. *Hedyſarum foliis pinnatis, leguminibus ſubrotundis, aculeatis. Hort. Cliff.* 365. *Hort. Upſ.* 231. *Roy. Lugdb.* 385. *Sauv. Monſp.* 233. *Onobrychis folio Viciæ, fructu echinato; major. Bauh. Pin.* 350. *Caput gallinaceum Bulgarum. Lob. Ic.* 2, *p.* 81. En Allemand, *Halnen Topf.* En Anglois, *Cock shead Vetch. Sainfoin.* En Italien, *Sinfito.*

Deſcription.

La racine de cette plante eſt dure, ligneuſe, fibreuſe, noire en dehors, blanche en dedans. Sa tige a environ un pied; elle eſt droite ou inclinée, dure. Ses feuilles ſont alternes, aîlées, compoſées de folioles ovales, lancéolées, terminées par un ſtylet. Ses fleurs ſont axillaires, portées ſur de longs péduncules, accompagnées de deux feuilles florales, papilionacées, ſtriées, purpurines, dont l'étendart eſt réfléchi, comprimé, ovale, oblong, échancré. Ses aîles ſont oblongues, droites, plus courtes que le calice. Sa carêne eſt droite, comprimée, large à l'extérieur, preſque tronquée, diviſée en deux depuis ſa baſe juſqu'à ſa convexité.

Son calice est d'une seule pièce divisée en cinq découpures droites & pointues. Quand la fleur est passée, il lui succède un fruit légumineux, sous-orbiculaire, irrégulier, renflé, hérissé de pointes, ne contenant qu'une semence en forme de reins.

Figure.

Cette espèce est représentée dans le *Flora Austriaca* de Jacquin, pl. 38.

Variété.

Linnæus donne pour variété de cette espèce la plante connue sous le nom d'*Onobrychis incana*, *foliis longioribus*. C. B. *Burs. XIX*. 138.

Lieu de sa naissance.

L'espèce principale croît sur les endroits escarpeux & créteux de la Sibérie, de la Bohème, de l'Angleterre, de la France, principalement dans le Dauphiné.

Culture.

On se sert du Sainfoin pour faire des prairies artificielles. Nous en tirerons la culture d'un Traité publié par M. France, Membre de l'Académie de Châlons. L'Auteur dans ce Traité considère le Sainfoin sous quatre aspects différens: 1°. comme objet de culture, 2°. comme fourrage & pâturage, 3°. comme denrée commerçable, 4°. comme objet de défrichement.

La meilleure & la plus essentielle préparation à donner aux terres, est de les bien labourer. L'usage général des Laboureurs est de n'entamer que la superficie, usage qui n'est fondé sur aucun principe, ou plutôt qui est contre tout principe, & qui trompe souvent leurs espérances. L'abandon de cette mauvaise pratique est absolument nécessaire pour la culture du Sainfoin, qui veut être semé dans une terre ameublie, à une profondeur convenable, pour que la jeune racine, qui se détermine toujours en plongeant, trouve dans les premiers temps de sa croissance une terre facile à pénétrer. Une fois parvenue au fond du sillon, elle aura déjà acquis assez de force pour s'introduire dans la terre ferme, & aller chercher sa nourriture à une grande profondeur, sans rien prendre ou peu de chose à la terre de surface, qui, pendant cinq années que le Sainfoin la couvre, s'enrichit dans le repos; la fraîcheur que l'herbage y retient la pénètre; le travail des récoltes l'affermit; les feuilles qui s'y attachent y périssent; & après leur défrichement, ces plantes & leurs racines retournées y déposent un nouvel engrais: ainsi après les destructions des prairies, le sol se trouve renouvellé, amélioré, & propre à porter du beau froment.

Quoiqu'il soit reconnu que les terres rouges sont les plus propres pour la culture du Sainfoin, cette préférence fondée sur ce que cette espèce de sol a plus de profondeur, n'est pas une exclusion pour les autres. On peut assurer, d'après l'expérience, qu'il vient très-bien sur les terres grises & sur les terres blanches: on en a semé sur toutes les espèces de sol, & il est très-bien venu.

Si le Sainfoin peut être semé sur toutes les espèces de sol, il peut l'être aussi dans toutes les saisons & avec toute sorte d'autres graines. On en a semé en Mars avec de l'Avoine, en Avril avec de l'Orge, en Mai avec du Sarrasin, en Août avec du Seigle; il a toujours réussi: mais il paroît que la meilleure méthode est de le semer seul à la fin d'Août: on y gagne, en ce que la plante ayant joui toute seule d'une nourriture qu'elle eût été obligée de partager avec d'autres, fait des progrès plus rapides; & dès le printemps suivant, elle se trouve en état de donner une première dépouille honnête. Ceci n'infirme pas ce qu'on a avancé, que le Sainfoin va chercher sa nourriture dans la profondeur du sol, si l'on fait attention que la graine semée sur la surface, & enterrée à la herse, y prend sa première croissance; que sa racine s'y forme, & qu'il faut qu'elle la traverse avant de s'insinuer dans l'intérieur. Au surplus, ce qui semble arrêter la plupart des Laboureurs, c'est qu'ils se persuadent que le Sainfoin veut être semé dans une terre chargée d'engrais, ce qui les priveroit d'une suite de récoltes en grains. L'observation est importante; mais on n'exige point d'eux un si grand sacrifice: voici plutôt un nouveau moyen de leur conserver leurs fumiers & leurs récoltes ordinaires.

Le Sainfoin peut se passer de fumier; il ne s'en trouve point dans l'intérieur du sol d'où il tire sa substance; il n'est question que de pourvoir à ses besoins pendant son enfance, & c'est ce qu'on fait par le moyen des labours. On leur conseille donc de faire choix dans leurs terres les plus éloignées de celles qu'ils ne cultivent point, ou qu'ils ne cultivent qu'à perte: on leur conseille, dis-je, de choisir celles qui ont le plus de fond, de les labourer au commencement de l'automne aussi profondément qu'il sera possible, & de répéter ce labour dans le courant de Novembre. La terre sera ainsi préparée pour recevoir toutes les influences de l'air, & se chargera pendant l'hiver d'une abondance de subsistance pour la nourriture du Sainfoin. Cette opération, qui se fait après celle des semailles des gros grains, ne prend rien sur leurs travaux ordinaires. Au printemps suivant, ils peuvent semer le Sainfoin avec de l'Avoine ou du Sarrasin; ou s'ils veulent mieux faire, ils attendront l'automne. Les labours que ce retard les engagera à multiplier, tourneront à l'avantage du Sainfoin, qui doit être semé sur un léger labour & enterré à la herse. Ils se garderont bien de faire marcher le rouleau, ni même le dos de la herse pour applanir le terrein, sur-tout s'il survenoit de la pluie après l'opération: mais quand toutes les plantes seront sorties de terre, cette opération se fera utilement par un temps sec, principalement pour raffermir & donner de la consistence au sol.

Après avoir exposé les avantages du Sainfoin quant à la culture, il n'est pas moins intéressant de décrire ceux que l'on retire de son usage. Le premier & le plus essentiel est de s'approvisionner d'une bonne & abondante nourriture pour tous les animaux de basse-cour que l'on nourrit avec du foin, & de se mettre en état d'en augmenter le nombre, au grand bénéfice de la ferme. Le temps le plus convenable pour faucher le Sainfoin, est lorsqu'il est en pleine fleur. Les rameaux des plantes sont tendres & succulens. Lorsqu'il est fauché avec attention & à propos, toute cette fleur y reste. Il est fin, délicat & savoureux. Les chevaux & les bestiaux le mangent avec délices.

La plupart des Laboureurs attendent pour le couper qu'il soit tout-à-fait en graine, parce que jusques-là il prend toujours quelque accroissement, ce qui augmente un peu la quantité: on convient même qu'il peut être un peu plus nourrissant pour des chevaux de travail; mais ils ne pensent pas qu'ils se privent par-là d'une seconde coupe, qui est toujours importante quand il survient de la pluie, qui fait promptement reverdir la prairie, & qui surpasse aussi toujours dans les années de sécheresse la petite augmentation qu'ils auroient ménagée en différant le premier fauchage. Or ce bénéfice est entièrement perdu quand ils le font trop tard, parce que ne pouvant faire le second que dans l'arrière-saison, le soleil n'a pas assez de force, & ne reste plus assez long-temps sur l'horison pour faner promptement : les pluies surviennent, & le foin est perdu avec le temps & la peine; perte d'autant plus considérable, que l'expérience apprend que le Regain est le fourrage sec qui convient le mieux aux vaches; il entretient l'abondance du lait : le Sainfoin de la première coupe au contraire le tarit.

D'autres encore plus mal avisés, guidés par un faux principe d'intérêt, ne se contentent pas de laisser monter le Sainfoin en graine : ils attendent qu'elle soit mûre; ils la détachent de la plante, & croient nourrir leurs chevaux avec la paille qui reste. S'ils savoient combien ils se trompent à leur désavantage, ils changeroient bientôt de méthode. Ne voient-ils pas que toute la plante qui a porté son fruit jusqu'à parfaite maturité s'est épuisée jusqu'au point de se dessécher ? D'ailleurs le Sainfoin ayant souvent perdu toutes ses feuilles dans l'opération de l'extraction de la graine, il ne reste plus que des bâtons. Quelle substance peut avoir une tige desséchée pour alimenter des animaux qui ont besoin d'une nourriture forte & succulente ? Ils croient avoir beaucoup gagné parce qu'ils ont recueilli une graine de défaite qui leur procure quelque argent; mais ils ne pensent pas que leurs chevaux mal nourris dépérissent, perdent de leur valeur, & n'ont plus la même vigueur ni le même courage, pour faire bien & promptement les travaux auxquels ils les emploient : ainsi ce qu'ils gagnent par le prix qu'ils retirent de leur graine ne peut faire compensation avec ce qu'ils perdent par la mauvaise qualité de leur fourrage : cependant il y auroit du ridicule à proscrire de leurs récoltes la graine de Sainfoin, à prêcher l'établissement des prairies artificielles, & à en ôter les moyens; ils se trouvent naturellement, ces moyens, dans la pratique du fauchage, lorsque le Sainfoin est en fleur. Après cette première coupe, les plantes ne tardent pas à réparer les pertes qu'elles ont faites; elles se hâtent de reproduire de nouvelles fleurs qui fournissent de la graine, & c'est celle-là qu'un Cultivateur intelligent doit recueillir : cependant on ne lui reprocheroit pas, s'il avoit une prairie plus que suffisante pour l'approvisionnement de sa grange, d'en mettre un canton en réserve pour recueillir la graine de la première saison; on convient qu'elle fournit davantage que la seconde, & cette précaution seroit sage.

Il y a plusieurs façons de faire cette récolte : les uns fauchent le Sainfoin, l'enlèvent quand il est sec, & le battent dans la grange; les autres le transportent sur le champ, & égrappent sur pied les grains que les plantes leur offrent; d'autres enfin font faucher le Sainfoin comme l'Avoine avec la faux garnie de crochets. Le matin à la rosée ils le ramassent en petites bottes avec des rateaux (*Ouvrage qu'il faut cesser aussi-tôt que le soleil commence à sécher la terre*). Sur les dix heures du matin ils se transportent sur le champ, y étendent des draps, prennent d'une main une poignée de Sainfoin, & avec une baguette ils frappent légèrement de l'autre sur le bout de la poignée qui présente la graine, qui cède au moindre effort & tombe sur les draps. Les Batteurs jettent & éparpillent derrière eux les poignées battues. Ce foin est presque suffisamment fané après cette opération; ses feuilles sont conservées, & il fait encore un assez bon fourrage. Cette dernière méthode est préférable aux deux premières. Après la première coupe du Sainfoin, l'usage le plus avantageux que l'on puisse faire de la seconde pousse, est de le faire pâturer; cependant si le temps permet d'en faucher une partie, il n'y faut pas manquer. Il est d'expérience que le Sainfoin mangé en vert, fait abonder le laitage, & lui donne une qualité supérieure; mais c'est le Regain qu'il convient de donner aux vaches pendant l'hiver.

Le Sainfoin souffre le pâturage, non-seulement des bêtes à corne, mais encore des bêtes à laine. Cette proposition contraire à l'opinion de plusieurs Cultivateurs, qui regardent la dent du mouton comme un poison mortel pour cette plante, est prouvée par quatre années consécutives d'expériences.

Cependant comme les expériences en agriculture veulent être répétées en différens cantons & sur différentes natures de sol, avant de faire foi, on pense 1°. qu'il est à propos de ne faire celle-ci qu'avec précaution, & d'abord sur une petite étendue; 2°. de respecter les Sainfoins dans les temps de pluie, dans la crainte de trop paîtrir & de corroyer le sol; 3°. de s'abstenir absolument de ceux qui sont dans leur jeunesse, pour leur donner le temps de se porter jusqu'à l'âge de deux ans; 4°. de recommander aux bergers de ne point fixer trop long-temps leurs troupeaux sur le même endroit, mais de leur faire parcourir la prairie, pour les empêcher de brouter l'herbe trop près; 5°. enfin de leur en interdire absolument l'entrée au commencement de Février.

Il n'est peut-être pas inutile d'observer que si l'on veut faire paître les vaches sur le Sainfoin, il faut n'y laisser aller les bêtes à laine que quand il n'y aura plus de quoi fournir aux premières. Les bêtes à corne ne peuvent manger après les moutons : ceux-ci laissent une odeur sur le pâturage qui dégoûte celles-là; d'ailleurs les bêtes à corne ne dépouillent que l'herbe d'une certaine hauteur, & le mouton à qui il ne faut que de l'herbe courte, trouve encore après elles de quoi se nourrir abondamment.

On vient d'observer les avantages du Sainfoin dans l'usage qu'on en peut faire comme nourriture des animaux : considérons-le à présent comme denrée commerçable. Suivant le calcul qu'en a fait M. France, le produit d'un journal de bonne terre à Seigle, rend en six ans seulement 87 liv. 10 s., tandis qu'en Sainfoin il rend 115 liv. 10 s. (*Ce calcul est fait uniquement pour la Champagne, où réside ce Cultivateur*). Il est donc certain que le rapport pécuniaire du Sainfoin surpasse celui du Seigle & de l'Avoine; que le premier n'a demandé que la préparation de trois labours avant les semailles, & que les autres ont exigé les frais de deux labours au moins par chaque année; que le prix de la semence du Seigle & de l'Avoine excède de beaucoup le prix de la semence de Sainfoin, puisqu'on a semé quatre fois celle-ci contre une fois seulement celle-là; que la terre qui a porté le Sainfoin est comme renouvellée au bout de six années, & améliorée pour recevoir du froment, & pour une suite de récoltes d'autres grains; & que celle qui a porté du Seigle a commencé dès la première année à se détériorer, & se ressent déjà de l'épuisement. Les frais de la récolte sont à-peu-près les mêmes; mais ceux de battage, de criblage, & les soins qu'il faut prendre du Seigle dans le grenier, sont tous à la charge de celui-là. Le Sainfoin une fois dans la grange, tout est dit.

Dans le calcul qu'a fait M. France on ne parle point de la seconde coupe de Sainfoin, qu'on aura dû faire chaque année, ni de sa consommation en pâturage, ni de la graine qu'on aura recueillie; on se contente d'en faire compensation avec les pailles de Seigle & d'Avoine dont on n'a pas parlé aussi dans ce calcul.

Le

Le dernier avantage à retirer du Sainfoin est, comme on l'a dit précédemment, d'améliorer le sol & de le préparer, sans y mettre d'autres amendemens, à porter du froment immédiatement après que le Sainfoin aura été défriché.

Plusieurs Cultivateurs paroissent encore douter de cette propriété, quoiqu'un simple rai[illegible]nement suffise pour les en convaincre; mais on n'en [illegible]ne point d'autre ici que l'expérience. On assure qu'une récolte faite en 1763, un champ de Sainfoin défriché, contenant deux journaux, sans avoir reçu d'amendement après le défrichement, a rendu 1455 gerbes de froment. Ce produit est assez beau pour qu'on ne demande pas mieux; on auroit peine à l'obtenir sur une terre bien fumée. Si donc quelques Particuliers n'ont pas réussi, on ne craint pas de le dire, c'est qu'ils s'y sont mal pris, & que le défrichement a été mal fait. Il faut défricher le Sainfoin dans l'automne; il doit être retourné de façon que les racines soient exposées à l'air. Dans le courant de l'hiver on donnera un labour plus profond que le premier; vers le 15 Avril, un troisième encore plus profond, & vers le 10 Mai on semera du Sarrasin à raison de quatre boisseaux par journal, qu'on enterrera légèrement à la charrue. Lorsqu'il sera en pleine fleur, on le coupera avec la faux; & le lendemain on fera marcher la charrue pour l'enfouir, comme l'on fait le fumier. La terre en cet état, on l'ensemencera en froment les derniers jours de Septembre: on pourra s'assurer d'une récolte abondante, & supérieure en qualité à celle qui auroit été faite sur les fumiers.

Les Cultivateurs doivent apporter des soins à la graine du Sainfoin; elle est sujette à tromper, & il est nécessaire de s'assurer de sa fécondité avant d'en faire usage. La première attention consiste à ne recueillir cette graine que lorsqu'elle est mûre, ce qui se reconnoît lorsque les premiers grains de l'épi ont pris une couleur jaunâtre, quoique ceux de la pointe soient encore verts. Si l'on attendoit plus long-temps, elle mûriroit trop; & le moindre vent occasionneroit une perte que l'opération de la faux tripleroit. La seconde est de ne point récolter la graine des plantes qui ont déjà six à sept années; l'expérience apprend qu'il y en a beaucoup d'infidelles. On ne conseille pas non plus de laisser mûrir celle qui croît sur les plantes qui n'ont encore qu'une année: cela les fatigue trop, & l'on a vu des champs périr pour leur avoir laissé porter graine jusqu'à la maturité dans cette première jeunesse; du moins on n'a pu attribuer qu'à cela la perte qu'on a soufferte. C'est sur des plantes de deux, trois ou quatre ans que l'on peut être assuré de recueillir la meilleure graine. On croit s'être apperçu que lorsqu'elle est recueillie, la pluie qui tombe dessus lui fait tort; ainsi il faut en faire la récolte par un temps sec, l'enlever de dessus les draps à mesure qu'elle est battue, la porter dans l'aire de la grange pour la vanner tout de suite, l'étendre aussi-tôt dans un grenier, & la remuer quatre ou cinq fois par jour; après quoi, si elle paroît entièrement séchée, on peut la mettre en tas.

Propriétés alimentaires pour les animaux.

Le Sainfoin est le foin le plus appétissant, le plus nourrissant & le plus engraissant qu'on puisse donner aux chevaux & aux autres bestiaux; il les ragoûte singulièrement; il donne beaucoup de lait aux vaches: il faut cependant observer de ne pas donner cette plante verte aux bestiaux; il faut même les habituer peu-à-peu à celle qui est sèche, & ne leur en donner qu'une petite quantité à la fois, car ils le mangent avec trop d'avidité. De plus, le Sainfoin leur procure tant de sang, qu'on en a vu

en danger d'être suffoqués. Sa graine est très-propre à nourrir les poules, à les échauffer, & à les faire pondre souvent.

Propriétés médicinales.

Le Sainfoin est déterſif, apéritif & sudorifique: il étoit fort en usage chez les Anciens; mais les Modernes l'ont rejetté de la classe des médicamens. Dioscoride & Galien se servoient de ses feuilles [illegible] & appliquées en cataplasme, pour résoudre [illegible] & les enflures. Pline rapporte que la [illegible] ces mêmes feuilles dans le vin, est un [illegible] dans la strangurie. Cette même dé[illegible] en boi[illegible] sudorifique, pourvu que le [illegible]damment.

On a observé que le Sai[illegible]ion. [illegible] foin, bien séché & conservé[illegible] étant recueilli avec l'odeur du Thé; aussi le fait-on p[illegible] des boîtes, a[illegible] personnes pour du Thé vert. Ses [illegible]te à quelques [illegible] tournent de même; mais il faut avoir [illegible] se con[illegible] les cueillir un peu avant la fleur. [illegible]ion de

QUARANTE-HUITIEME ESPECE.

La quarante-huitième espèce est le Sainfoin des rochers. *Hedysarum saxatile. Hedysarum foliis pinnatis, leguminibus monospermis, corollarum alis brevissimis, scapis subradicalibus. Linn. Sp. Plant.* 1059. *Onobrychis saxatilis, foliis viciæ angustioribus & longioribus; Aqui-Sextiensis. Tourn. Inst.* 390. *Garid. Aix. Allion. Nicæens.* 124. *Hedysarum foliis pinnatis, foliolis linearibus, leguminibus monospermis, sulcatis, levibus; petalis inæqualibus. Ger. Prov.* 584.

Description.

Les racines sont ligneuses sous terre. La tige est très-courte: il n'y en a presque point; de sorte que les hampes sont presque radicales. Les feuilles sont linéaires. L'épi est comme celui de l'espèce précédente, mais blanc. Les ailes de la corolle sont à peine plus longues que le calice, ou plus courtes que l'étendart & la carène.

Lieu de sa naissance.

Cette espèce croît naturellement dans la Provence & dans les environs de Nice.

QUARANTE-NEUVIÈME ESPÈCE.

La quarante-neuvième espèce est le Sainfoin tête de coq. *Hedysarum caput galli. Hedysarum foliis pinnatis, leguminibus monospermis, cristatis, aculeatis; petalis æqualibus, caule diffuso. Linn. Sp. Pl.* 1059. *Onobrychis fructu echinato, minor. Bauh. Pin.* 350. *Prodr.* 149. *Burs. XIX.* 135.

Description.

La tige est couchée. Les feuilles sont ailées. Les pétales de la corolle sont égaux par leur longueur, à peine plus longs que le calice. Les fruits sont très-grands, très-crêtés & épineux. Les épis sont courts. Les corolles sont à peine plus longues que le calice.

Lieu de sa naissance.

Cette espèce est annuelle; elle croît naturellement sur les rivages de la mer en Provence.

CINQUANTIÈME ESPÈCE.

La cinquantième espèce est le Sainfoin crête de coq.

Hedysarum crista galli. Hedysarum foliis pinnatis, leguminibus monospermis, aculeatis; cristæ laciniis lanceolatis, denticulatis. Linn. Syst. Veg. edit. XIII. Murr. 563. Onobrychis, seu caput galli minus, fructu maximo, insigniter echinato. Triumf. Obs. 65.

Description.

Cette espèce est annuelle. Ses feuilles sont aîlées. Les pétales de ses fleurs sont égaux en longueur. Les légumes sont monospermiques. Les déchiquetures de la crête sont pointues, lancéolées, dente...

CINQUANTE-UNIÈME ES...CE.

La cinquante-unième espèce ...é Sainfoin en crin. *Hedysarum crinatum. Hedysarum foliis pinnatis, ...exis, caule fruticoso. racemis longis, leguminib... Murr. 563. Mant. 102. Linn. Syst. Veg. edit.* ...

...scription.

Cette esp... la fructification si semblable à l'*Hedysa... agopodioïdes & barbatum*, qu'il n'y a pas n'est ...e différence que d'un œuf à un œuf; mais sa ...é. Ses ...euilles sont aîlées, à cinq folioles oblong... droi..., haute, ligneuse, & presque en

Figure.

Elle est représentée dans le *Flora Indica* de Burmann, pl. 53.

Lieu de sa naissance.

Elle croît naturellement dans l'Inde.

CINQUANTE-DEUXIEME ESPECE.

La cinquante-deuxième espèce est le Sainfoin cornu. *Hedysarum cornutum. Hedysarum foliis pinnatis, linearibus; caule fruticoso, pedunculis persistentibus, spinescentibus; leguminibus monospermis, levibus. Linn. Sp. Plant. 1060. Onobrychis Orientalis, frutescens, spinosa; Tragacanthæ facie. Tourn. Coroll. 26. It. 2, p. 108.*

Description.

La tige de cette espèce est ligneuse, basse, dure. Les stipules sont membraneuses, petites, pointues. Les feuilles sont aîlées, à sept ou neuf folioles lancéolés, linéaires. Les péduncules sont axillaires, solitaires, simples, pointus, persistens; en épines cylindriques, de la longueur des feuilles, écartées du rameau. Les fleurs sont au nombre de trois ou quatre, alternes, pédiculées, situées au-dessous du sommet du péduncule.

Figure.

Cette espèce est représentée dans le Voyage de Tournefort, tome 2, p. 108.

Lieu de sa naissance.

Elle croît naturellement au Levant.

HEISTERIA, *l'Heister.*

Description générique.

Le caractère de ce genre de plante est d'avoir le périanthe du calice monophylle, campanulé, fendu en cinq, petit, persistent. La corolle est

composée de cinq pétales ovales, aigus, concaves, s'étendans. Les filamens des étamines sont au nombre de dix, ovales, aigus, planes, droits; les alternes sont plus courts. Les anthères sont rondes. Le germe du pistil est rond, abaissé. Le style est droit, court. Le stigm...e est fendu en quatre, obtus. L...péricarpe ...t un fruit à noyau, oblong, à for... ...et abai..., appuyé sur un calice très-grand, ...ré. La semence est une noix ovale, obtuse.

CLASSE.

Ce genre fait partie de la dixième classe de Linnæus, qui comprend les plantes décandriques monogyniques. Cet Auteur n'en admet qu'une espèce.

ESPECE.

Cette espèce est l'Heister couleur d'écarlate, le Bois Perdrix, l'Arbre des Tourterelles. *Heisteria coccinea. Linn. Syst. Veg. edit. XIII. Murr. 336. Sp. Plant. 1663.*

Description.

Elle est semblable à un Laurier. C'est un arbre haut de vingt pieds, rameux sans être beau. Ses feuilles sont oblongues, très-entières, amincies au sommet en une pointe en forme de faux, luisantes, à courts pétioles, alternes, longues d'un demi-pied. Les fleurs sont petites, péduncúlées, axillaires, à corolles blanches. Le calice dans la fleur est vert & petit; dans le fruit, couleur d'écarlate, à lymbe très-grand & qui s'étend beaucoup, à découpures longues, courtes & très-obtuses.

Figure.

Cette espèce est représentée dans l'Histoire des Plantes de l'Amérique par Jacquin, pl. 81.

Lieu de sa naissance.

Elle croît naturellement dans l'Amérique, dans les forêts touffues de la Martinique vers les torrens; elle fleurit en Février & Mars; elle porte du fruit en Juin.

HELENIUM, *la Brassavole.*

NOMS GÉNÉRIQUES.

Ce genre de plante est connu sous les noms de *Brassavolus. Adans. Heleniastrum. Vaill. Helenia, Helenium. Linn.*

Description générique.

Le caractère de ce genre est d'avoir le calice commun, simple, monophylle, s'étendant, partagé en plusieurs folioles ordinairement au nombre de vingt, qui s'amincissent insensiblement. La corolle composée est radiée. Les petites corolles sont hermaphrodites, nombreuses dans le disque. Les femelles sont en nombre égal aux découpures du calice dans le rayon. La corolle propre aux hermaphrodites est tubulée, plus courte que le calice, à cinq dents. La corolle femelle est en langue, plus large en dehors, fendue en trois au sommet, plus longue que le calice. Dans les fleurs hermaphrodites, les filamens des étamines sont au nombre de cinq, capillaires, très-courts. L'anthère est cylindrique, tubuleuse. Le germe est oblong. Le style est filiforme, de la longueur des étamines.

Le ſtigmate eſt fendu en deux. Dans les fleurs femelles, le germe eſt oblong. Le ſtyle eſt très-court. Le ſtigmate eſt fendu en deux. Le péricarpe n'eſt autre choſe que le calice changé. Les ſemences ſont ſolitaires, ovales, anguleuſes. L'aigrette eſt à petit calice, à cinq dents, petite. Le réceptacle eſt nud, convexe. Les lames du calice diſtinguent ſeulement les fleurons du rayon.

CLASSE.

Ce genre fait partie de la dix-neuvième claſſe de Linnæus, qui comprend les plantes ſyngénéſiques polygamiques ſuperflues. Cet Auteur n'en admet qu'une eſpèce.

ESPECE.

Cette eſpèce eſt la Braſſavole, l'Helene automnale. *Helenium autumnale. Helenium foliis ſerratis. Linn. Syſt. Veg. edit. XIII. Murr.* 639. *Helenium foliis decurrentibus. Hort. Cliff.* 418. *Hort. Upſ.* 266. *Gron. Virg.* 126. *Roy. Lugdb.* 180. *Chryſanthemum Americanum, perenne; caule alato. Pluk. Amalth.* 43. *Aſter luteus, alatus. Corn. Can.* 52. *Heleniaſtrum folio longiore & anguſtiore. Vaill. Act.* 1720, *p.* 406.

Deſcription.

Toute la plante eſt extrêmement amère. Elle approche beaucoup de la Camomille. Ses feuilles ſont oblongues, entières, pointues, légèrement découpées à dents de ſcie. Ses fleurs ſont belles, dorées, de la même couleur.

Figure.

Elle eſt repréſentée dans l'Hiſtoire des Plantes par Moriſon, tome 3, ſect. 6, pl. 6, fig. 74; dans l'*Amalth.* pl. 372, fig. 4; & dans les Plantes de Canada, pl. 63.

Lieu de ſa naiſſance.

Elle eſt vivace, & croît naturellement dans les endroits humides de l'Amérique Septentrionale.

Culture.

On multiplie cette plante par graines, ou par racines qu'on partage. Cette dernière méthode eſt la préférable dans nos contrées, d'autant que les graines y mûriſſent rarement: mais ſi on ſe procure des graines de l'étranger, il faut les ſemer dès le commencement de Mars ſur une couche de terreau; & ſi elles ne lèvent point la première année, il ne faut pas pour cela déranger la terre, puiſqu'elles reſtent ſouvent un an en terre ſans lever: on nettoie ſeulement les mauvaiſes herbes, & on attend que ces graines lèvent. Quand les jeunes plantes ſont levées, ſi la ſaiſon eſt ſèche, on les arroſe ſouvent, ce qui accélère beaucoup leur végétation. On les éclaircit dans les endroits où elles ſont trop épaiſſes; & les pieds qu'on a arrachés, ſe mettent dans d'autres platebandes à un pied de diſtance les uns des autres: on les garantit du ſoleil juſqu'à ce qu'ils ſoient repris, & on les arroſe pendant la ſéchereſſe. En automne, on les tranſplante tous à demeure. Ces plantes fleuriront le printemps ſuivant, & leurs fleurs ſe ſuccéderont juſqu'aux gelées. Leurs racines vivent pluſieurs années, & fourniſſent beaucoup de rejets par leſquels on peut les multiplier.

Le vrai temps pour tranſplanter les vieilles racines & les partager, eſt la fin d'Octobre, lorſque les fleurs ſont paſſées, ou au commencement de Mars, un peu avant qu'elles commencent à pouſſer: mais ſi le printemps eſt ſec, il faut les arroſer convenablement, autrement elles ne donnent pas beaucoup de fleurs la même année. Il ne faut changer ces plantes que de deux ans en deux ans. Si l'on veut qu'elles fleuriſſent bien, il leur faut une terre plus humide que ſèche, pourvu néanmoins qu'elle ne ſoit point trop forte ou trop humide pendant l'hiver: mais ſi on les plante dans un terrein ſec, il faut les arroſer ſouvent & abondamment pendant la ſéchereſſe, pour leur faire produire beaucoup de fleurs.

Propriétés d'ornement.

Cette plante mérite d'être cultivée dans nos parterres, pour la beauté de ſes fleurs.

HELIANTHUS, *le Soleil.*

NOMS GÉNÉRIQUES.

Ce genre de plante eſt connu ſous les noms de *Corona Solis. Tourn. Helianthus. Linn. Voſakan. Ind. Kleonia. Græc.*

Deſcription générique.

Son caractère eſt d'avoir le calice commun imbriqué, étendu, à écailles oblongues, pointues, un peu larges à la baſe, s'ouvrant de chaque côté aux ſommets. La corolle compoſée eſt radiée. Les petites corolles ſont hermaphrodites, très-nombreuſes dans le diſque. Les petites corolles femelles ſont en plus petit nombre, un peu plus longues dans le rayon. La corolle propre aux hermaphrodites eſt tubuleuſe, fendue en cinq. La corolle propre aux femelles eſt en forme de langue, lâche, à deux ou trois dents. Les étamines des hermaphrodites ſont compoſées de cinq filamens capillaires, courts, & d'une anthère cylindrique, tubuleuſe. Leurs piſtils ont un germe ovale. Le ſtyle eſt filiforme, de la longueur des étamines. Les ſtigmates ſont au nombre de deux, filiformes. Le piſtil des femelles eſt très-ſemblable à celui des hermaphrodites. Il n'y a point de péricarpe. Le calice eſt changé. Ses ſemences ſont ſolitaires, ovales. L'aigrette eſt capillaire, ſeſſile. Le réceptacle eſt ſoyeux, à ſoies plus courtes que le calice.

CLASSE.

Ce genre fait partie de la quatorzième claſſe de Tournefort, qui comprend les plantes à fleurs radiées; & de la dix-neuvième de Linnæus, deſtinée aux plantes ſyngénéſiques polygamiques ſuperflues. Cet Auteur en admet treize eſpèces.

PREMIERE ESPECE.

La première eſpèce eſt le Soleil commun, le Soleil annuel. *Helianthus annuus. Helianthus foliis omnibus cordatis, trinervatis; floribus cernuis. Linn. Sp. Plant.* 1276. *Helianthus radice annuâ. Virid. Cliff.* 88. *Hort. Cliff.* 419. *Hort. Upſ.* 268. *Roy. Lugdb.* 180. *Helenium Indicum, maximum. Bauh. Pin.* 276. *Herba maxima. Dod. Pempt.* 264. *Chryſis. Reneal. Spec.* 84. *Corona Solis. Tabern. Icon.* En Allemand, *Sonnen-Blume.* En Anglois, *Sun-Flower, Turn-Sol.* En Italien, *Corona del Sole.*

Deſcription.

La racine de cette eſpèce eſt rameuſe, très-fibreuse. La tige est haute de sept ou huit pieds, droite, rude, rameuse, remplie d'une moëlle blanche. Les feuilles supérieures sont alternes; les inférieures sont opposées : elles sont toutes simples, très-entières, en forme de cœur renversé, pointues au sommet, rudes au toucher. Leurs nervures s'unissent à leur base. La fleur est au sommet, pédunculée & solitaire, radiée, composée d'un grand nombre de fleurons hermaphrodites dans le disque, dans la circonférence de quelques demi-fleurons femelles qui sont stériles. Les fleurons cylindriques sont plus courts que le calice commun, renflés à leur base, divisés en cinq, portés sur de petits calices diphylles. Les demi-fleurons sont à languette, lancéolés, entiers, très-longs. Les semences sont solitaires, oblongues, obtuses, à quatre angles opposés, couronnées par les calices propres de chaque fleuron qui tombent dans leur maturité, contenues par le calice commun sur un large réceptacle plane, garni de lames lancéolées, aiguës.

Figure.

Cette espèce est représentée dans le *Specimen* de Reneaulme, pl. 84.

Lieu de sa naissance.

Elle est annuelle, & croît naturellement dans le Pérou, au Mexique.

Culture.

On la multiplie aisément par graines : on la sème au mois de Mars sur une terre substancieuse. Lorsque les jeunes plantes qui proviennent de cette graine ont six pouces de hauteur, on peut les lever en motte pour les transporter dans de grandes platebandes de pareille terre exposées au grand soleil. On les y arrose fréquemment jusqu'à ce qu'elles aient repris; ensuite elles n'exigent d'autre soin que d'être arrosées à propos.

Propriétés médicinales.

Si on en croit les livres, cette plante est douée de vertus qui la rendent très-précieuse. On prétend que si on fait avaler dans du bouillon autant de ses graines pulvérisées qu'il y a de jours que dure la fièvre tierce ou quarte, deux heures avant qu'elle doive prendre, ce remède la chasse & l'empêche de revenir. Nous ne garantissons pas un pareil fait. Galien dit que trente grains pris dans du bouillon purgent très-bien la bile & les sérosités, & font vomir tout ce qu'on a de mauvais dans l'estomac. Les feuilles broyées avec de la farine appaisent l'inflammation des yeux, & l'enflure des mamelles causée par le nouvel accouchement des femmes. Les mêmes feuilles mises en emplâtre avec du vinaigre, guérissent le feu sauvage. La graine fournit une huile excellente pour la gale & la rogne.

Formules.

Prenez, dit-on, un disque entier garni de fleurs de cette plante, & les graines d'une pareille bien mûres, avec le disque même sur lequel elles posent; mettez-les dans une bouteille; versez pardessus de bonne eau-de-vie qui surnage de quatre doigts; bouchez bien la bouteille, & la tenez au soleil pendant dix jours, & la nuit en lieu sec : après quoi séparez l'eau-de-vie; mettez tout le reste à la presse, & mêlez avec l'eau-de vie ce qui en sortira. Vous ferez calciner le marc entre deux pots bien lutés, à un bon feu; dans un jour il sera réduit en cendres : vous tirerez le sel de cette cendre, que vous mêlerez avec l'eau de-vie, dans laquelle il se dissoudra; gardez bien cette liqueur; donnez-en une cuillerée dans un demi-verre de vin blanc à jeun, à ceux qui sont attaqués de paralysie, de chancre, d'hydropisie, de *noli me tangere*, de la fièvre quarte, & à ceux qui ont le cerveau pourri; vous mettrez sur le mal un linge mouillé de cette liqueur, & elle le desséchera. Ceux qui ont la pierre ou la gravelle aux reins, en boiront à jeun deux ou trois doigts avec du vin blanc, ce qui les guérira.

Propriétés alimentaires pour les animaux.

La fleur de cette plante est fort utile aux abeilles dans l'arrière-saison, où la plupart des autres fleurs sont passées. Ses graines font une excellente nourriture pour la volaille domestique.

Propriétés économiques.

L'huile qu'on tire de ses graines est bonne à brûler pendant la nuit.

Propriétés d'ornement.

Ses fleurs sont très-bonnes pour orner de grands & de petits jardins.

Observation.

Cette plante s'incline par son sommet, de façon qu'elle présente au soleil le disque de sa fleur; & comme cet astre change de situation pendant le cours de la journée, la fleur en change aussi quand il fait beau, regardant le matin l'orient, à midi le sud, & le soir l'occident.

SECONDE ESPECE.

La seconde espèce est le Soleil des Indes. *Helianthus Indicus. Helianthus foliis omnibus cordatis, trinervatis; pedunculis æqualibus, calycibus foliosis. Linn. Syst. Veget. edit. XIII. Murray.* 650. *Mant.* 117. *Corona Solis minor.* 111. *Tabern. Hist.* 1147.

Description.

Peut-être cette plante n'est qu'une variété de l'espèce précédente, mais une variété constante. Ses feuilles sont convexes au-dessus du disque, d'un vert plus obscur. Les pédoncules sont supérieurement moins grossis, mais d'une égale grosseur, d'où les fleurs sont moins penchées. Les écailles du calice, excepté le rang de dedans, naissent à folioles pétiolées, pendantes.

Lieu de sa naissance.

Elle est annuelle : on la cultive en Egypte.

TROISIEME ESPECE.

La troisième espèce est le Soleil à plusieurs fleurs. *Helianthus multiflorus. Helianthus foliis inferioribus, cordatis, trinervatis; superioribus erectis. Linn. Spec. Plant.* 1277. *Helianthus radice tereti, inflexâ, perenni. Hort. Cliff.* 419. *Hort. Ups.* 268. *Roy. Lugdb.* 180. *Helenium Indicum, ramosum. Bauh. Pin.* 277. *Corona Solis minor, fœmina. Tabern. Ic.* 764. *Chrysanthemum Americanum, majus, perenne, Floris Solis foliis & floribus. Mor. Hist.* 3, *p.* 23. *Pluk. Phyt.* 159.

Description.

Description.

Cette espèce produit d'assez grandes fleurs qui durent long-temps. On en a une succession continue depuis le mois de Juillet jusqu'en Octobre. Sa tige & ses péduncules sont raboteux. Ses feuilles sont en forme de cœur, ovales. Ses calices sont imbriqués, lâches, sans être rudes au toucher, ou penchés.

Figure.

Elle est représentée dans *Tabernæmontanus*, pl. 764; & dans le *Phytographia* de Plukenet, pl. 159, fig. 2.

Lieu de sa naissance.

Elle croît naturellement dans la Virginie; elle est vivace.

Culture.

Cette espèce qui est vivace, & les autres qui le sont pareillement, produisent rarement des semences dans nos contrées; aussi ne les multiplie-t-on que par leurs racines, sur-tout quand elles tracent.

Propriétés d'ornement.

Elle est actuellement commune dans les jardins de France & d'Angleterre; elle a une fleur grande, jolie, belle, estimable, & très-propre à garnir les platebandes d'un grand parterre. On l'entremêle aussi dans les bosquets avec les arbrisseaux, ou dans les grandes allées sous les arbres: elle est aussi d'un grand ornement pour les jardins des villes, d'autant plus que cette plante vient sans fumier, & qu'elle dure long-temps en fleur. On se sert de cette fleur pour orner les Salles & les cheminées, précisément dans un temps où il ne se trouve point d'autres fleurs. La variété à fleurs doubles est la plus estimée.

QUATRIEME ESPECE.

La quatrième espèce est le Topinambour, la Poire de terre, le Jérusalem Artichoque des Anglois. *Helianthus tuberosus. Helianthus foliis ovato-cordatis, triplinerviis. Linn. Sp. Plant.* 1277. *Gron. Virg.* 129. *Helianthus radice tuberosâ. Hort. Cliff.* 419. *Hort. Ups.* 268. *Roy. Lugdb.* 180. *Helenium Indicum, tuberosum. Bauh. Pin.* 277. *Chrysanthemum latifolium, Brasilianum. Bauh. Prodr.* 70. *Flos Solis Farnesianus. Col. Ecphr.* 2, *p.* 11. En Allemand, *Indianische Zucker-Wurzel.*

Description.

Cette espèce forme une tige plus ou moins grosse, suivant le terrein où elle croît. Il y en a de deux à trois pouces de diamètre, & de plus de douze pieds de hauteur. L'écorce en est verte, rude au toucher. Des différens points de cette tige sortent des feuilles larges vers la queue, & qui se terminent en pointe; elles sont d'un vert foncé, rudes au toucher. Au haut de la tige, il croît des boutons, qui, en s'épanouissant, produisent des fleurs radiées comme le Tournesol ordinaire, qui est la première espèce, mais plus petites, & rarement elles portent graines en France. Au pied de cette plante on trouve en terre de gros tubercules d'un rouge verdâtre & de figure irrégulière, dont cependant la plupart ressemblent assez à nos Poires.

Figure.

Elle est représentée dans le *Columm. Ecphr.* tome 2, pl. 13.

Lieu de sa naissance.

Elle est vivace, & croît naturellement dans le Brésil.

Culture.

Le Topinambour se multiplie prodigieusement en Europe de lui-même, par la multitude de caïeux que produit un seul tubercule chaque année; en sorte qu'il est difficile de l'exclure entièrement d'un terrein dont il a pris possession. On en plante, soit au printemps, soit en automne, les caïeux ou les morceaux des gros tubercules. Dans ce dernier cas, chaque morceau doit être garni d'un œilleton: on les espace loin les uns des autres. En automne, lorsque les tiges viennent à périr, on peut lever de terre les tubercules pour les manger.

Propriétés alimentaires pour l'homme.

La Poire de terre n'a pas les mêmes propriétés que la Pomme: elle a beaucoup plus de crudité, & un goût d'Artichaut qui ne plaît pas à tout le monde; c'est ce qui est la cause qu'on n'en mange pas si communément. On prépare cependant sa racine, qui est la seule partie qu'on mange, à la sauce blanche, après avoir été cuite dans l'eau; d'autres la fricassent au beurre avec l'oignon. On conserve cette racine tout l'hiver jusqu'à Pâques.

Propriétés alimentaires pour les animaux.

Les bestiaux mangent les feuilles de cette plante; on prétend même qu'on pourroit en donner pour nourriture aux vers-à-soie.

Propriétés économiques.

Son écorce préparée comme celle du Chanvre, peut servir aux mêmes usages; on en peut faire des cordes très-fortes. Ses tiges grosses & ligneuses brûlent très-bien, & seroient une ressource dans les pays où le bois est rare. Sa moëlle peut servir à faire des mèches comme celles de Sureau.

CINQUIEME ESPECE.

La cinquième espèce est le Soleil ou Tournesol à dix pétales. *Helianthus decapetalus. Helianthus caule infernè-lævi; foliis triplinerviis, lanceolato-cordatis; radiis decapetalis, pedunculis scabris. Linn. Sp. Plant.* 1277.

Description.

Cette espèce est très-semblable à la troisième; mais elle en diffère en ce que sa tige est à peine de la hauteur d'un homme, raboteuse, inférieurement glabre. Ses feuilles sont plus lancéolées, ovales sans être en forme de cœur, opposées, à trois nervures, ciliées à la base. La corolle est à dix rayons. Le calice a vingt écailles, est rude au toucher, hérissé, à folioles non ondulées, & très-rarement nées en feuille.

Lieu de sa naissance.

Elle vient en Canada.

Culture.

Cette espèce & les suivantes sont très-dures; elles viennent presque dans toute sorte de terrein & à toute sorte d'exposition. On les multiplie par leurs racines, qu'on partage en petites têtes; & dans un an au plus elles s'étendent & se multiplient considérablement. La meilleure saison pour cette opération est le mois d'Octobre. Aussi-tôt après que les fleurs sont passées, ou au commencement du printemps, on nettoie les mauvaises herbes.

SIXIEME ESPECE.

La sixième espèce est le Tournesol feuillé. *Helianthus frondosus. Helianthus calycibus squarrosis, undulatis, frondosis; radiis octopetalis, foliis ovatis, caule infernè-glabro. Linn. Sp. Plant.* 1277. *Amœn. Acad.* 4, *p.* 290.

Description.

Cette espèce approche beaucoup de la précédente. Ses rayons à peine sont-ils au-delà de huit. Ses fleurs sont droites. Sa tige est haute de quatre pieds, solitaire. Ses feuilles sont découpées à dents de scie, aiguës, larges. Ses péduncules sont raboteux. Les feuilles du calice sont écartées, aiguës, ciliées, hérissées, fléchies en forme d'ondes, & l'écaille d'en bas est souvent en forme de feuille.

Lieu de sa naissance.

Elle croît naturellement en Canada.

SEPTIEME ESPECE.

La septième espèce est le Soleil écrouelleux. *Helianthus stramosus. Helianthus radice fusiformi. Linn. Sp. Plant.* 1277. *Hort. Cliff.* 420. *Roy. Lugdb.* 181. *Chrysanthemum Canadense, latifolium, altissimum. Morif. Blæs.* 250. *Chrysanthemum Canadense, latifolium, elatius. Bocc. Sic.* 52. *Chrysanthemum Canadense, tomentosum vulgò. Herm. Lugdb.* 143. *Morif. Hist.* 3, *p.* 23.

Observation.

Cette espèce paroît être une variété de la suivante. Sa racine est fusiforme. La structure de la fleur en fait la seule différence.

Figure.

Elle est représentée dans les Plantes de Sicile par Boccone, pl. 27, fig. 4.

Lieu de sa naissance.

Elle croît naturellement dans le Canada.

HUITIEME ESPECE.

La huitième espèce est le Soleil gigantesque. *Helianthus giganteus. Helianthus foliis alternis, lanceolatis, scabris, basi ciliatis, caule stricto, scabro. Linn. Sp. Plant.* 1278. *Helianthus foliis lanceolatis, sessilibus. Gron. Virg.* 129. *Chrysanthemum Virginianum, altissimum, angustifolium; puniceis caulibus. Morif. Hist.* 3, *p.* 24, *sect.* 6.

Description.

La tige de cette espèce est haute de dix pieds, hérissée ou raboteuse. Les feuilles sont lancéolées, à trois très-petites nervures, découpées à dents de scie, raboteuses de chaque côté, alternes, se terminant en pétioles ciliés. Les péduncules sont raboteux, hérissés. Les fleurs sont à rayon le plus souvent de dix pétales, fendus en deux par le sommet. Les deux premières feuilles des rameaux sont opposées: celles des tiges sont garnies de deux stipules. Les fleurs penchent plus pendant la nuit.

Figure.

Cette espèce est représentée dans l'Histoire des Plantes par Morison, tome 3, sect. 6, pl. 7, fig. 66.

Variété.

Linnæus donne comme variété la plante connue sous le nom de *Chrysanthemum Virginianum, elatius, angustifolium; caule hirsuto, viridi. Pl. Alm.* 99.

Figure.

Cette variété est représentée dans l'*Almag.* de Plukenet, pl. 159, fig. 5.

Lieu de sa naissance.

Elle est vivace, & croît naturellement dans la Virginie, le Canada.

NEUVIEME ESPECE.

La neuvième espèce est le soleil très-haut. *Helianthus altissimus. Helianthus foliis alternis, glabris; petiolis ciliatis, caule strictè glabro. Linn. Sp. Plant.* 1278. *Chrysanthemum Virginianum, altissimum; puniceis caulibus. Morif. Hist.* 3, *p.* 24, *sect.* 6.

Description.

Cette espèce est la sœur de la précédente, de la même structure & de la même hauteur; mais ses feuilles ont un quart de largeur de plus, différentes par leurs dents en forme de scie, à trois nervures à la base, pétiolées, plus larges, & presque ovales-lancéolées. Toute la tige est non-seulement lisse, mais pourpre. Les calices sont à folioles moins nombreuses, & plus courts. Le rayon est le plus souvent à seize fleurons. Les lames sont vertes, tandis que dans la précédente elles sont noires.

Figure.

Cette espèce est représentée dans l'Histoire des Plantes par Morison, t. 3, sect. 6, pl. 7, fig. 67.

Lieu de sa naissance.

Elle croît naturellement dans la Pensylvanie.

DIXIEME ESPECE.

La dixième espèce est le Soleil lisse. *Helianthus levis. Helianthus foliis oppositis, trinerviis, lanceolatis, serratis, levibus; caule pedunculisque glabris. Linn. Sp. Plant.* 1278. *Gron. Virg.* 129.

Description.

La tige de cette espèce est de la hauteur d'un homme, glabre, brunâtre, couverte d'une rosée vert d'eau. Les feuilles caulinaires sont opposées, lancéolées, découpées à dents de scie, plus à la base, très-entières, pétiolées, à trois nervures. Les feuilles des rameaux sont alternes, le plus souvent très-entières, très-glabres. Les péduncules sont lisses. Les folioles du calice sont en forme d'alène, lisses, étendues, un peu plus courtes que le disque. Le rayon est souvent à treize fleurons.

Lieu de sa naissance.

Cette espèce croît naturellement dans la Virginie.

ONZIEME ESPECE.

L'onzième espèce est le Soleil à feuilles étroites. *Helianthus angustifolius. Helianthus foliis alternis, linearibus. Linn. Sp. Plant. 1279. Gron. Virg. 129. Flos Solis Marianus, foliis alternis, angustissimis, setaceis. Pet. Mus. 103.*

Description.

La tige est pourpre, haute d'un demi-pied. Les feuilles sont linéaires, pointues, raboteuses, entortillées au bord, pâles en dessous. Le disque de la corolle est brunâtre. Le rayon est d'un jaune foncé, échancré.

Lieu de sa naissance.

Cette espèce croît naturellement dans la Virginie.

DOUZIEME ESPECE.

La douzième espèce est le Soleil écarté. *Helianthus divaricatus. Helianthus foliis oppositis, sessilibus, ovato-oblongis, trinerviis; paniculâ dichotomâ. Linn. Sp. Plant. 1279. Chrysanthemum Virginianum, repens; foliis asperis, binatim sessilibus, acuminatis. Moris. Hist. 3, p. 22, sect. 6.*

Description.

La tige de cette espèce est à peine de la hauteur d'un homme, supérieurement très-lisse, à poils épars, âpres, pourpre, couverte d'une rosée vert d'eau. Les fleurs sont en panicule sur des rameaux fourchus, petites, péduncülées. Le péduncule du milieu est simple. Les péduncules sont raboteux.

Figure.

Cette espèce est représentée dans l'Histoire des Plantes par Morison, tome 3, sect. 6, pl. 7, fig. 66.

Lieu de sa naissance.

Elle est vivace, & croît naturellement dans l'Amérique Septentrionale.

TREIZIEME ESPECE.

La treizième espèce est le Soleil d'un rouge noir. *Helianthus atro-rubens. Helianthus foliis oppositis, spatulatis, crenatis, triplinerviis, scabris; squammis calycinis, erectis, longitudine disci. Linn. Sp. Plant. 1279. Gron. Virg. 128. Mill. Dict. 9. Corona Solis minor, disco atro-rubente. Dill. Hort. Elth. 111. Corona Solis Caroliniana, parvis floribus; folio trinervio, amplo, aspero; pediculo alato. Mart. Cent. 20.*

Description.

Les feuilles de cette espèce sont opposées, spatulées, crénelées, à trois nervures, raboteuses. Les fleurs sont petites. Leur pédicule est ailé. Les écailles du calice sont droites, de la longueur du disque. Celui-ci est d'un rouge noir. L'aigrette des semences est à deux arêtes.

Lieu de sa naissance.

Elle est bisannuelle, & croît naturellement dans la Virginie, la Caroline.

Propriétés d'ornement.

Toutes ces différentes espèces peuvent occuper des places dans les platebandes des grands parterres, pour former variété. Quoiqu'elles ne soient pas aussi belles que les trois premières espèces, elles peuvent néanmoins ajouter à la variété; & comme plusieurs d'entr'elles fleurissent tard, on a une succession de fleurs pendant plus long-temps dans la saison.

HELICONIA, *l'Helicone.*

Description générique.

Ce genre approche beaucoup du Musa. Il a une spathe universelle & des partielles. Il n'a point de calice. Sa corolle est à trois pétales. Le nectaire est à deux feuilles. La capsule est à trois coques.

CLASSE.

Ce genre fait partie de la cinquième classe de Linnæus, qui comprend les plantes pentandriques monogyniques. M. Murray n'en rapporte qu'une espèce.

ESPECE.

Cette espèce est le Bihai. *Heliconia Bihai. Linn. Syst. Veg. edit. XIII. Murr. 204. Mant. 211. Musa Bihai. Musa spadice erecto, spathis persistentibus. Linn. Sp. Plant. 1477. Musa spadice erecto, spathis rigidis, amplexicaulibus, distichè & alternatim sitis. Brow. Jam. 364. Folium Mensarium. Rumph. Amb. 5, p. 141. Bihai amplissimis foliis, florum vasculis variegatis. Plum. Gen. 50. Bihai. Ovied. l. 8, c. 9.*

Description.

Cette plante est haute de trois pieds. Ses feuilles sont radicales, oblongues, aiguës de chaque côté, de la longueur des pétioles. La hampe est droite. Les spathes sont membraneuses, un peu rouges. Les corolles sont safranées.

Figure.

Elle est représentée dans l'*Herb. Amb.* tome 5, pl. 62, fig. 2; & dans la seconde partie de cet Ouvrage.

Lieu de sa naissance.

Elle croît naturellement dans la partie la plus chaude de l'Amérique.

Variétés.

Linnæus rapporte deux variétés de cette plante. La première est connue sous le nom de *Bihai amplissimis foliis, florum vasculis coccineis. Plum. Gen. 50. Icon. 59*; & la seconde sous celui de *Bihai amplissimis foliis, florum vasculis subnigris. Plum. Gen. 50.*

HELICTERES, *l'Isora.*

Description générique.

Le caractère de ce genre de plante est d'avoir le périanthe du calice monophylle, tubuleux, à demi-ovale, s'étendant obliquement, inégalement fendu en cinq, coriacé. Les pétales de la corolle sont au nombre de cinq, oblongs, égaux par leur largeur, attachés au réceptacle, plus longs que le calice, à onglets longs, à base à une petite dent latérale de chaque côté. Le nectaire est à cinq folioles en forme de pétales, lancéolé, très-petit, couvrant le germe. Les filamens des étamines sont au nombre de dix ou plus, très-courts. Les anthères sont oblongues, latérales. Le réceptacle est filiforme, très-long, recourbé, portant au sommet un germe ovale. Le style est en forme d'alêne, plus long que le germe. Le stigmate est fendu en cinq. Les capsules sont au nombre de cinq, souvent entortillées spiralement, à une loge. Les semences sont nombreuses, anguleuses.

Observation.

Jacquin & d'autres ont observé en quelques espèces, des fleurs polyandriques dodécandriques & des capsules droites.

CLASSE.

Ce genre fait partie de la vingtième classe de Linnæus, qui comprend les plantes gynandriques décandriques. Cet Auteur en admet six espèces.

PREMIERE ESPECE.

La première espèce est l'Isora de Baru, le Majagua de Playa. *Helicteres Barvensis. Helicteres decandra, foliis cordatis, serratis; floribus decandris, fructu contorto, apicibus rectis. Linn. Syst. Veg. edit. XIII. Murr. 688. Mant. 122. Jacq. Americ. 236. Helicteres Arbor Indiæ Orientalis, siliquâ varicosâ, & funiculi in modum contortuplicatâ. Pluk. Alm.* 181.

Description.

Ce petit arbre est droit, haut de douze pieds, un peu rameux, ayant les rameaux plus jaunes; les péduncules & les pétioles cotonneux. Les feuilles sont rondes, en forme de cœur, aiguës, découpées à dents de scie, anguleuses, ridées, cotonneuses en dessous & blanchâtres, poileuses à la superficie, pétiolées, alternes, tombantes toutes les années. Les stipules sont en forme d'alêne. Les péduncules sont à plusieurs fleurs, terminaux, gros. Sur les péduncules particuliers se trouvent des glandes vertes, applaties, grandes, sans nombre fixe, noires quand elles se dessèchent. Les fleurs sont sans odeur; elles ont un calice d'un jaune verdâtre, à fosse blanchâtre, & à lèvres quelquefois entières ou à peine divisées. Les pétales sont blancs. Les anthères sont comme formées de deux, jaunes; cachant totalement le germe. Le nectaire & les filamens, les sommets des capsules s'élèvent toujours dans cette espèce.

Figure.

Cette espèce est représentée dans l'Histoire des Plantes de l'Amérique par Jacquin, pl. 149.

Lieu de sa naissance.

Elle croît naturellement dans les rivages de la mer de l'Isle Baru.

Propriétés économiques.

Les Habitans du pays emploient l'écorce du tronc & des rameaux principaux pour lier en guise de corde.

SECONDE ESPECE.

La seconde espèce est le vrai Isora. *Helicteres decandra, foliis cordatis, serratis; fructu toto contorto. Linn. Sp. Plant.* 1366. *Jacq. Americ.* 236. *Helicteres villosa & fruticosa, foliis cordatis, acuminatis, serratis. Brow. Jam.* 330. *Helicteres. Hort. Cliff.* 433. *Helicteres Arbor Indiæ Orientalis, siliquâ varicosâ, & funiculi in modum contortuplicatâ. Pluk. Alm.* 181. *Frutex Indicus, fructu è styli apice egresso, sextuplici; funiculo in spiram convoluto, constante. Raj. Hist.* 1765. *Isora Murri. Rheed. Hort. Mal.* 6, *p.* 55. Chez les Brames, *Tannini*. En Portugais, *Pao de Chanco*. En Hollandois, *Schoosboonen*.

Description.

Cet arbre est de la hauteur d'un Prunier. Ses rameaux sont couverts d'une écorce épaisse, dure, d'une couleur cendrée, intérieurement verte. Le bois est dur & blanc. La racine est jaune, amère. Les feuilles sont épaisses, roides, hérissées en dessous, âpres, semblables à celles du Mûrier, larges, crénelées, à courts pétioles. Les fleurs sont décandriques. Les fruits sont variqueux & entortillés, en forme de petite corde.

Figure.

Cette espèce est représentée dans l'*Almag.* de Plukenet, pl. 245, fig. 2; & dans l'*Hort. Malab.* tome 6, pl. 30.

Lieu de sa naissance.

Elle croît naturellement à Malabar, dans la Jamaïque.

Culture.

On multiplie toutes les espèces par graines, que l'on sème au printemps sur une couche chaude; & quand les jeunes plants qui en proviennent sont assez forts pour être transplantés, on les met chacun séparément dans un pot plein de terreau, & on enfonce ce pot dans une couche de tan, observant de garantir ces jeunes plants du soleil jusqu'à ce qu'ils soient repris. Au surplus, on les gouverne comme toutes les autres plantes délicates des pays chauds, c'est-à-dire, qu'il leur faut la couche de tan & la serre chaude.

Propriétés médicinales.

Le suc de la racine de cet arbre convient dans l'empyème & dans les affections de poitrine.

TROISIEME ESPECE.

La troisième espèce est l'Isora à feuilles étroites. *Helicteres angustifolia. Helicteres foliis lanceolatis, integerrimis, fructu ovato, recto. Linn. Sp. Plant.* 1366.

Description.

C'est un arbre. Ses feuilles sont lancéolées, nues en dessus, cotonneuses en dessous, pétiolées, très-entières, pointues. Les fleurs sont pétiolées, éparses. Le calice est cotonneux. Les pétales sont au nombre de cinq, augmentés d'une dent de chaque côté à la base des lames. Le réceptacle est de la longueur de la fleur, filiforme, au sommet duquel il y a dix petites étamines & un style. La capsule est ovale, cotonneuse, très-peu tortillée; mais composée de cinq capsules parallèles, droites, approchées l'une de l'autre.

Figure.

Cette espèce est représentée dans le Voyage d'Osbeck, pl. 5.

Lieu

Lieu de sa naissance.

Elle croît naturellement dans la Chine.

QUATRIEME ESPÈCE.

La quatrième espèce est l'Isora pentandrique. *Helicteres pentandra. Helicteres foliis ovatis, floralibus, coloratis. Linn. Syst. Veg. edit. XIII. Murr.* 688. *Mant.* 294. *Spiriploca. Allemand. Mss.*

Description.

Les feuilles sont alternes, ovales, pointues, découpées à dents de scie. Les florales sont d'un pourpre obscur. Les calices sont hérissés, à soies rameuses. Les pétales sont de la longueur du calice. Les étamines sont au nombre de cinq. Les capsules sont entortillées, poileuses.

Lieu de sa naissance.

Cette espèce croît naturellement à Surinam.

CINQUIEME ESPECE.

La cinquième espèce est l'Isora de Carthage. *Helicteres Carthaginensis. Helicteres foliis cordatis, serratis; floribus polyandris, fructu oblongo, recto. Linn. Sp. Plant.* 1366. *Jacq. Americ.* 30.

Description.

Ce petit arbre croît à la hauteur de douze pieds, est droit. Ses feuilles sont cotonneuses de chaque côté. Les fleurs sont très-puantes, paroissant quelquefois avant les feuilles, le plus souvent avec elles. Le calice est d'un brun jaunâtre. Les pétales sont pourpres.

Figure.

Cette espèce est représentée dans l'Histoire des Plantes de l'Amérique par Jacquin, pl. 180.

Lieu de sa naissance.

Elle croît naturellement à Carthagène.

SIXIEME ESPECE.

La sixième espèce est l'Isora sans pétale. *Helicteres apetala. Helicteres foliis quinquelobis, floribus dodecandris, apetalis; siliquis divaricatis. Linn. Spec. Plant.* 1366. *Jacq. Americ.* 30. *An Maepalxochi. Hern. Mex.* 383. 459.

Description.

Cet arbre est joli, haut de quarante pieds, ayant une tête très-belle. Ses feuilles sont pliées, à demi fendues en cinq, glabres à la superficie, velues au dos, ayant plus d'un pied de diamètre, nombreuses. Les lobes sont ovales, ronds, aigus, très-entiers. Les pétioles sont cylindriques, longs de neuf pouces. Les panicules sont lâches, grandes, nombreuses autour des extrémités des petits rameaux. Les fleurs sont très puantes & nombreuses, d'un jaune sale avec des taches pourpres. Les pétales & le nectaire y manquent toujours.

Figure.

Cette espèce est représentée dans l'Histoire des Plantes de l'Amérique par Jacquin, pl. 181, fig. 98.

Lieu de sa naissance.

Elle croît naturellement dans l'Amérique Méridionale.

HELIOCARPUS, *l'Héliocarpe.*

NOMS GÉNÉRIQUES.

Ce genre de plante est connu sous les noms d'*Heliocarpus. Linn. Montia. Houst.*

Description générique.

Le caractère de ce genre est d'avoir le périanthe du calice coloré, à quatre folioles linéaires, longues, un peu larges, s'étendantes, caduques. Les pétales de la corolle sont au nombre de quatre, linéaires, beaucoup plus courts que le calice, plus étroits. Les filamens des étamines sont au nombre de seize, en forme d'alêne, presque de la longueur du calice. Les anthères sont didymes, linéaires, couchées. Le germe est rond. Les styles sont au nombre de deux, droits, de la longueur des étamines. Les stigmates sont aigus, distans. Le péricarpe est une capsule turbinée, ovale, pédunculée, applatie, perpendiculairement environnée de rayons rameux, en aîles, à deux loges. Les semences sont solitaires, ovales.

CLASSE.

Ce genre fait partie de l'onzième classe de Linnæus, qui comprend les plantes dodécandriques monogyniques. Cet Auteur n'en admet qu'une espèce.

ESPECE.

Cette espèce est l'Héliocarpe d'Amérique. *Heliocarpus Americana. Linn. Sp. Plant.* 643. *Hort. Cliff.* 211. *Trew. Ehret.*

Description.

Sa tige est en arbre, d'une hauteur humaine, de la grosseur du pouce, droite, cylindrique, en quelque façon lisse, cendrée, parsemée de points blancs, élevés, oblongs, transversaux & calleux; un peu raboteuse. Les feuilles sont parfaitement en forme de cœur, pointues, inégalement découpées à dents de scie, un peu raboteuses, vertes, de la largeur de la main, ayant des pétioles cylindriques, serrés, presque de la longueur des feuilles, dont les inférieurs penchent en bas, les intermédiaires sont très-étendus, & les supérieurs droits. De chaque côté des pétales se trouve une stipule en forme d'alêne, plane, réfléchie, courte, qui tombe.

Figure.

Cette espèce est représentée dans l'*Hort. Cliff.* pl. 16; dans les *Plantæ Selectæ* de Trew, pl. 45; & dans la seconde partie de cet Ouvrage.

Lieu de sa naissance.

Elle croît à la Vera-Cruz.

Culture.

Elle demande d'être cultivée comme les plantes délicates. Pour qu'elle fleurisse dans ce pays, il lui faut soixante-cinq ou soixante-dix degrés de chaleur.

HELIOPHYLLA, *l'Héliophylle.*

Description générique.

Le caractère de ce genre de plante est d'avoir le périanthe du calice à quatre folioles qui s'étendent, oblongues, concaves, membraneuses, tombantes : les deux extérieures sont vésiculeuses à la base. La corolle est en forme de croix, à quatre pétales ronds, planes, sessiles. Les nectaires sont au nombre de deux, sortans du réceptacle, recourbés vers la vessie du calice. Les filamens des étamines sont au nombre de six, en forme d'alêne, droits, de la longueur du calice, dont deux opposés sont plus courts. Les anthères sont oblongues, droites. Le germe du pistil est cylindrique. Le style est plus court que le germe. Le stigmate est obtus. Le péricarpe est une silique cylindrique, bordée, pointue, à deux loges, à deux valves. Les semences sont nombreuses.

CLASSE.

Ce genre fait partie de la quinzième classe de Linnæus, qui comprend les plantes tétradynamiques siliqueuses. Cet Auteur en admet deux espèces.

PREMIERE ESPECE.

La première espèce est l'Héliophylle à feuilles entières. *Heliophylla integrifolia. Heliophylla foliis lanceolatis, indivisis. Linn. Sp. Plant.* 926. *Sebæ Muf. Burm. Cheiranthus foliis lanceolatis, integerrimis, subhirsutis, acutis ; siliquis teretibus, torulosis ; caule herbaceo. Amœn. Acad.* 6. *Affric.* 23. *Leucoium Affricanum, cæruleo flore, latifolium. Herm. Lugdb.* 364. *Nasturtium petræum, Æthiopicum ; siliquâ in plurimos loculos. Pluk. Phyt.* 432.

Description.

Les feuilles sont charnues, à poils blancs qui s'étendent. Les premières de la tige & des rameaux sont opposées : les autres sont alternes. Les calices sont bossus à la base, diaphanes. Les corolles sont comme celles du Lin, ou de l'Anagallis Monelle bleu.

Figure.

Cette espèce est représentée dans le *Musæum* de Séba, tome 1, pl. 17, fig. 5 ; dans l'*Herm. Hort. Lugdb.* pl. 365 ; dans le *Phyt.* de Plukenet, pl. 432, fig. 2 ; & dans la seconde partie de cet Ouvrage.

Lieu de sa naissance.

Elle est annuelle, & croît naturellement dans les endroits sablonneux & incultes du Cap de Bonne-Espérance.

Culture.

On la sème dans ce pays sur couche ; & quand les jeunes plants sont assez forts, on les transplante dans des pots.

SECONDE ESPECE.

La seconde espèce est l'Héliophylle à feuilles de Corne-de-cerf. *Heliophylla Coronopifolia. Heliophylla foliis linearibus, pinnatifidis. Linn. Sp. Plant.* 927. *Leucoium Affricanum, cæruleo flore, angusto ; Coronopi folio. Herm. Lugdb.* 364. *Seb. Muf.* 1. *Leucoium Affricanum, flore Lini cærulei, Molluginis folio. Pluk. Alm.* 213.

Description.

Toute la plante est glabre. Les feuilles sont linéaires, ailées, à feuilles de Coronope ou Corne-de-cerf. Les fleurs sont d'un bleu de Lin.

Figure.

Elle est représentée dans l'*Herm. Hort. Lugdb.* pl. 367 ; dans le *Musæum* de Séba, tome 1, pl. 17, fig. 5 ; & dans l'*Almag.* de Plukenet, pl. 200, fig. 3.

Lieu de sa naissance.

Elle est annuelle, & croît naturellement au Cap de Bonne-Espérance.

HELIOTROPIUM, *l'Héliotrope.*

Observation.

On donne ce nom en général à toutes les plantes qui tournent le disque de leurs fleurs vers le soleil, ou qui sont sensiblement affectées par cet astre. Comme le soleil change de situation pendant le cours de la journée, ces fleurs en changent aussi : elles regardent le matin l'orient, à midi le sud, & l'occident le soir. Ce mouvement est particulièrement nommé *nutation*, parce qu'il s'exécute, non par une torsion de la tige, mais soit par une nutation réelle, soit parce que les fibres de la tige se raccourcissent du côté de l'astre. Le genre dont il s'agit ici sera néanmoins le seul que nous nommerons particulièrement Héliotrope.

Description générique.

Le caractère de ce genre est d'avoir le périanthe du calice monophylle, tubulé, à cinq dents, persistent. La corolle est monopétale, en forme de tasse. Le tube est de la longueur du calice. Le lymbe est plane, à demi fendu en cinq, obtus. Les lobes les plus petits sont alternes, plus aigus ; les plus grands sont interjacens. La gueule est nue. Les filamens des étamines sont au nombre de cinq, très-courts dans la gueule. Les anthères sont petites, couvertes. Les germes du pistil sont au nombre de quatre. Le style est filiforme, de la longueur des étamines. Le stigmate est échancré. Il n'y a point de péricarpe : ce n'est que le calice droit, changé, renfermant les semences dans son sein. Les semences sont au nombre de quatre, ovales, pointues.

CLASSE.

Ce genre fait partie de la seconde classe de Tournefort, qui comprend les plantes infundibuliformes ; & de la cinquième de Linnæus, destinée aux plantes pentandriques monogyniques. Cet Auteur en admet neuf espèces.

PREMIÈRE ESPECE.

La première espèce est l'Héliotrope du Pérou, la Banille, l'Herbe de la Vanille. *Heliotropium Peruvianum. Heliotropium foliis lanceolato-ovatis, caule fruticoso, spicis numerosis, aggregato-corymbosis. Linn. Sp. Plant.* 187. *Heliotropium foliis ovato-lanceolatis, spicis plurimis, confertis ; caule fruticoso. Mill. Dict.*

Description.

Les tiges sont hautes de deux pieds, ligneuses, hérissées, inférieurement à rameaux plus longs. Les feuilles sont ellyptiques ou ovales, oblongues, rayées, ridées, poileuses, raboteuses, vertes de chaque côté, à pétioles plus courts. Les péduncules sont hérissés vers les extrémités, fendus en deux ou fourchus. Les épis sont seconds, recourbés. Les corolles sont bleuâtres, semblables à celles de l'espèce suivante.

Figure.

Cette espèce est représentée dans le Dictionnaire de Miller, pl. 143.

Lieu de sa naissance.

Elle croît naturellement au Pérou.

Culture.

On la multiplie par graines que l'on sème au printemps sur une couche chaude; & quand les jeunes plants qui en proviennent sont assez forts, on les met chacun dans un pot, & on enfonce les pots dans une couche. On multiplie aussi cette espèce par boutures que l'on fait au mois de Juin dans des pots qu'on enfonce dans une couche chaude, & qu'on garantit du soleil jusqu'à ce que les boutures soient reprises. Il faut à cette plante pendant l'hiver la serre chaude.

Propriétés d'ornement.

Cette plante est aujourd'hui fort à la mode dans les jardins des Curieux, à cause de l'odeur de ses fleurs.

SECONDE ESPÈCE.

La seconde espèce est l'Héliotrope d'Inde. *Heliotropium Indicum. Heliotropium foliis cordato-ovatis, acutis, scabriusculis; spicis solitariis, fructibus bifidis. Linn. Sp. Plant.* 187. *Flor. Zeyl.* 70. *Heliotropium foliis ovatis, acutis; spicis solitariis. Hort. Cliff.* 45. *Roy. Lugdb.* 405. *Heliotropium Americanum, cœruleum. Dod. Mem.* 83. *Pluk. Phyt.* 245.

Description.

La racine de cette espèce est blanche, ligneuse, dure, fibreuse, & légèrement âcre. Elle pousse une tige droite, entre-ronde & quarrée, revêtue d'un poil dur & hérissé, violette depuis son milieu jusqu'au haut & moëlleuse. La tige est garnie, surtout vers le bas, de plusieurs feuilles, six à chaque nœud, partagées en deux bouquets opposés, chacun composé de trois feuilles; une plus grande, longue quelquefois de trois à quatre pouces, large de deux, & de deux petites qui sortent des aisselles, chacune de son côté. Elles sont toutes chagrinées, violettes sur la tranche; & les pédicules des plus grandes sont ailés jusqu'à la tige qu'ils embrassent. La côte du milieu des feuilles est velu par le dessous, de même que la tige, qui produit vers le bas quelques branches quarrées, & quelquefois deux pédicules recourbés vers l'extrémité comme la queue d'un scorpion, chargés en dessus de deux rangs de petites fleurs gris de Lin tirant sur le bleu. Chaque fleur est un tuyau dont l'extrémité s'élargit tout-à-coup & s'applanit, & dont le bord est recoupé en cinq feuilles rondes. Le milieu de la fleur, à l'endroit où elle s'évase, est jaunâtre, & forme une ouverture de la figure d'une étoile, à cinq pointes, chacune de ces pointes regardant le milieu de sa feuille. Cette ouverture laisse voir cinq filets fort courts, naissans du fond, & attachés aux côtés de la fleur. Quand elle est tombée, les graines se forment le long du pédicule deux à deux, de la figure de deux cœurs attachés ensemble, & au pédicule par leur base. Les graines sont brunes, striées en dehors, & chacune composée de deux parties égales, divisées entr'elles de la base à la pointe.

Figure.

Cette espèce est représentée dans les Mémoires de Dodart, page 83, & dans le *Phytog.* de Plukenet, pl. 245, fig. 4.

Lieu de sa naissance.

Elle est annuelle, & croît naturellement dans l'une & l'autre Inde.

Variété.

Linnæus rapporte pour variété la plante connue sous la phrase d'*Heliotropium Americanum, cœruleum; foliis Hormini angustioribus. Herm. Lugdb.* 307. *Sloan. Jam.* 98.

Culture.

Il faut semer cette plante au printemps sur une couche, & la transplanter en un lieu très-chaud.

TROISIEME ESPECE.

La troisième espèce est l'Héliotrope à petites fleurs. *Heliotropium parviflorum. Heliotropium foliis ovatis, rugosis, scabris, oppositis, alternis; spicis conjugatis. Linn. Sp. Plant.* 155. *Mant.* 201. *Heliotropium Barbadense, flore albo, minimo. Dill. Hort. Elth.* 173. *Heliotropium angiospermum. Murr. Plant. Gott. p.* 217. *Heliotropium Indicum, foliis Hormini, minus. Burm. Zeyl.* 121. *Flor. Zeyl.* 470. *Heliotropium Americanum, Hormini angustis foliis, annuum, minus. Raj. Suppl.* 271.

Description.

Cette espèce approche beaucoup de la précédente. Sa tige est droite, poileuse, haute d'un pied. La plupart de ses feuilles sont opposées, excepté celles du milieu de la tige, qui sont alternes, pétiolées, ovales, très-ridées, un peu raboteuses, luisantes, aiguës. Les péduncules sont à feuilles opposées ou sortent de la bouffissure de la tige, plus longs que les feuilles, droits. Les épis sont au nombre de deux, recourbés, imbriqués. Les corolles sont menues, percées, blanches, à fond jaune.

Figure.

Elle est représentée dans le *Dillenii Hort. Elth.* pl. 146, fig. 175.

Lieu de sa naissance.

Elle est annuelle, & croît naturellement dans les Indes.

QUATRIEME ESPECE.

La quatrième espèce est l'Héliotrope d'Europe, l'Herbe aux verrues, la Verrucaire, le Tournesol. *Heliotropium Europæum. Heliotropium foliis ovatis, integerrimis, tomentosis, rugosis; spicis conjugatis. Linn. Sp. Plant.* 187. *Hort. Upf.* 33. *Sauv. Monsp.* 305. *Heliotropium foliis ovatis, integerrimis; spicis conjunctis. Hort. Cliff.* 45. *Roy. Lugdb.* 404. *Heliotropium majus Dioscoridis. Bauh. Pin.* 253. En Allemand, *Krebs-Blume, Sonnen-Wirbel.* En Provençal, *dei Toveros.* En Latin, *Verrucaria, Herba Cancri.*

Description.

C'est une plante dont la racine est simple, menue & ligneuse. Sa tige est haute d'un demi-pied, droite, remplie de moëlle cylindrique, branchue, un peu velue. Ses feuilles sont alternes, placées à l'origine des rameaux, pétiolées, ovales, très-entières, cotonneuses, ridées. Ses fleurs sont au sommet, en forme d'épi, disposées d'un seul côté. L'épi est recourbé en manière de crosse. Elles sont monopétales, infundibuliformes, ridées à leur centre, découpées à leurs bords en dix parties alternativement inégales. Ses semences sont au nombre de quatre pour chaque fleur; elles sont courtes, cendrées, anguleuses d'un côté, convexes de l'autre, contenues dans un calice droit.

Figure.

Cette espèce est représentée parmi les Plantes de Garsault, & dans le Dictionnaire de Matière Médicale. art. *Héliotrope.*

Lieu de sa naissance.

Elle est annuelle, & croît au bord des chemins, dans les terreins sablonneux. On en voit dans le Lyonnois, la Provence, la Bourgogne, la Picardie, la Champagne & ailleurs; mais principalement dans la partie méridionale de la France, & même pour mieux dire, de l'Europe.

Propriétés médicinales.

On prétend qu'en frottant les verrues avec l'herbe d'Héliotrope ou avec sa semence, on les fait passer insensiblement. Garidel dit que cela ne réussit pas toujours, & qu'il a souvent vu l'expérience du contraire. Cette plante pilée & appliquée sur les ulcères chancreux & scrophuleux, y fait merveille. La décoction de ses feuilles avec la semence de Cumin est vermifuge, & convient dans le calcul. Lemery assure aussi qu'elle est emménagogue.

CINQUIEME ESPECE.

La cinquième espèce est la petite Herbe aux Verrues, le petit Héliotrope. *Heliotropium supinum. Heliotropium foliis ovatis, integerrimis, tomentosis, plicatis; spicis solitariis. Linn. Sp. Plant.* 187. *Heliotropium minus, supinum. Bauh. Pin.* 253. *Heliotropium supinum. Clus. Hist.* 2, *p.* 47.

Description.

Cette plante pousse plusieurs tiges, longues à peu-près comme la main, couchées par terre, branchues, un peu lanugineuses. Ses feuilles sont semblables à celles de l'espèce précédente, mais plus petites. Ses fleurs sont aussi courbées en queue de scorpion aux sommités des branches, & de couleur blanche. Lemery dit que les semences ne sont point jointes quatre à quatre comme dans l'espèce précédente, mais qu'elles naissent ordinairement seules, & quelquefois deux à deux, plus grosses, rousses, & enveloppées d'une membrane. La racine est petite & noirâtre en dehors.

Observation.

Sa graine se recueille dans le temps de la moisson.

Figure.

Cette espèce est représentée dans le *Flora Monsp.* de Gouan.

Lieu de sa naissance.

Elle croît naturellement en Provence & aux environs de Montpellier.

SIXIEME ESPECE.

La sixième espèce est l'Héliotrope en arbrisseau. *Heliotropium fruticosum. Heliotropium foliis lineari-lanceolatis, pilosis; spicis solitariis, sessilibus. Linn. Sp. Plant.* 187. *Amœn. Acad.* 4, *p.* 394. *Heliotropium fruticosum, hirsutum; foliis lanceolatis, minoribus; spicis singularibus, terminalibus. Brow. Jam.* 151. *Heliotropium minus, Lithospermi foliis. Sloan. Jam.* 95. *Hist.* 1, *p.* 214.

Description.

Cette espèce est en arbrisseau, hérissée. Ses feuilles sont linéaires, lancéolées, poileuses. Ses épis sont solitaires, sessiles, terminaux.

Figure.

Elle est représentée dans l'Histoire de la Jamaïque par Sloane, tome 1, pl. 132, fig. 4.

Lieu de sa naissance.

Elle croît naturellement dans la Jamaïque.

SEPTIÈME ESPÈCE.

La septième espèce est l'Héliotrope de Curassao. *Heliotropium Curassavicum. Heliotropium foliis lanceolato-linearibus, glabris, aveniis; spicis conjugatis. Linn. Sp. Plant.* 188. *Hort. Cliff.* 45. *Hort. Upf.* 53. *Roy. Lugdb.* 405. *Dalib. Paris.* 57. *Burm. Ind.* 41. *Heliotropium Indicum, procumbens, glaucophyllon; floribus albis. Pluk. Alm.* 182. *Heliotropium maritimum, minus; folio glauco, flore albo. Sloan. Jam. Hist.* 1, *p.* 213. *Heliotropium Curassavicum, foliis Lini umbilicati. Moris. Hist.* 3, *p.* 452. *sect.* 11. *Heliotropium Americanum, procumbens; facie Lini umbilicati. Herm. Parad.* 183.

Description.

Sa tige est cylindrique, très-glabre, couverte d'une rosée couleur vert d'eau. Les feuilles sont lancéolées, un peu obtuses, très-entières, droites, pétiolées, alternes ou opposées. Les épis sont au nombre de deux, à péduncule commun, recourbés. Les corolles sont blanches, à fond jaune, à gueule étendue.

Figure.

Elle est représentée dans le *Flora Indica* de Burmann, pl. 16, fig. 2; dans l'*Almag.* de Plukenet, pl. 36, fig. 3; dans l'Histoire de la Jamaïque par Sloane, tome 1, pl. 132, fig. 3; dans l'Histoire des Plantes de Morison, tome 3, sect. 11, pl. 31, fig. 12; & dans l'*Herm. Parad.* pl. 183.

Lieu de sa naissance.

Elle croît naturellement dans les endroits maritimes de la partie la plus chaude de l'Amérique. Elle est annuelle.

HUITIÈME ESPÈCE.

La huitième espèce est l'Héliotrope du Levant. *Heliotropium Orientale. Heliotropium foliis linearibus, glabris, aveniis; floribus sparsis, lateralibus. Linn. Sp. Plant.* 188.

Description.

Cette plante est petite, couchée, traçante. Les feuilles sont linéaires, alternes. Les fleurs sont sessiles, alternes, solitaires, parsemées entre les feuilles.

Lieu de sa naissance.

Elle est annuelle, & croît naturellement en Virginie.

NEUVIÈME ESPECE.

La neuvième espèce est l'Héliotrope Gnaphaloïde. *Heliotropium Gnaphaloïdes. Heliotropium foliis linearibus, obtusis, tomentosis; pedunculis dichotomis; spicarum floribus quaternis, caule frutescente. Linn. Sp. Plant.* 188. *Heliotropium arboreum, maritimum, tomentosum; Gnaphalii Americani foliis. Sloan. Jam.* 93. *Hist.* 1, *p.* 213. *Heliotropium Gnaphaloïdes, littoreum, frutescens, Americanum. Pluk. Alm.* 182.

Description.

Cette plante est ligneuse, droite, ordinairement haute de deux pieds, plus rarement de six. Elle a des rameaux cylindriques, peu divisés: les plus jeunes sont cicatrisés en bas par la chûte des feuilles, formant ensemble une chevelure convexe, blanchâtre, ordinairement très-belle, & que l'on voit de loin de dessus mer. Ses feuilles sont en forme de coing, linéaires, obtuses, épaisses, cotonneuses de chaque côté, d'un vert d'eau, sessiles, nombreuses, éparses & rassemblées au haut des rameaux: celles d'en bas se desséchent par degrés. Les péduncules communs sont cylindriques, cotonneux, droits, un peu plus longs que les feuilles, terminaux, peu dans chaque rameau, supérieurement fendus en deux ou en trois. Chaque pédicule qui naît de cette division se termine en épis secondaires, le plus souvent fendu lui-même en deux, quelquefois aussi simple. Les calices des petites fleurs sont connés, en sorte qu'on ne peut pas tirer la fleur d'un épi sans arracher l'autre. Les corolles sont blanches.

Figure.

Cette espèce est représentée dans l'Histoire des Plantes de l'Amérique par Jacquin, pl. 173, fig. 11; dans l'Histoire des Plantes par Morison, tome 3, sect. 11, pl. 28, fig. 6; & dans l'*Almag.* de Plukenet, pl. 193, fig. 5.

Lieu de sa naissance.

Elle croît naturellement sur les bords de la mer des Isles Barbades, de la Jamaïque, de Cuba & de l'Isle Saint Eustache. Elle fleurit en Décembre & en Janvier.

HELONIAS, *l'Hélonienne.*

Description générique.

Le caractère de ce genre de plante est de n'avoir point de calice. Les pétales de la corolle sont au nombre de six, oblongs, égaux, tombans. Les filamens des étamines sont au nombre de six, en forme d'alêne, un peu plus longs que la corolle. Les anthères se couchent. Le germe du pistil est rond, à trois côtes. Les styles sont au nombre de trois, courts, réfléchis. Les stigmates sont obtus. Le péricarpe est une capsule ronde, à trois loges. Les semences sont rondes.

CLASSE.

Ce genre fait partie de la sixième classe de Linnæus, qui comprend les plantes hexandriques triginiques. Cet Auteur en admet trois espèces.

PREMIERE ESPÈCE.

La première espèce est l'Hélonienne en bulle. *Helonias bullata. Helonias foliis lanceolatis, nervosis. Linn. Syst. Veg. edit. XIII. Murray.* 287. *Veratrum racemo simplicissimo, corollis patentibus, staminibus longioribus. Mill. Icon.* 181. *Helonias foliis radicalibus, lanceolatis. Amæn. Acad.* 3, *p.* 12. *Ephemerum Phalangoïdes, Virginianum; flosculis arbuteis, bullatis, in spicam dispositis. Pluk. Alm.* 135. *Morif. Hist.* 3, *p.* 606, *sect.* 15.

Description.

La racine de cette espèce est charnue. Les feuilles sont radicales, lancéolées, nerveuses, striées, aiguës. La tige est très-simple, droite, cylindrique, garnie de quelques écailles lancéolées, éloignées, mais serrées vers la base, ovales. La grappe est terminale, ovale, pourpre. Les anthères sont bleues. Les péduncules sont très-simples, de la longueur de la corolle.

Figure.

Cette espèce est représentée dans les *Amœn. Acad.* de Linnæus, tome 3, pl. 1, fig. 1; dans l'*Almag.* de Plukenet, pl. 174, fig. 5; dans l'Histoire des Plantes par Morison, tome 3, sect. 15, pl. 2, fig. 1; & dans le Dictionnaire de Miller, pl. 272.

Lieu de sa naissance.

Elle croît naturellement dans les endroits marécageux de la nouvelle Suède, en Pensylvanie.

SECONDE ESPECE.

La seconde espèce est l'Hélonienne en forme d'Asphodèle. *Helonias Asphodeloïdes, Helonias foliis caulinis, setaceis. Linn. Sp. Plant.* 485. *Asphodelus minor, albus. Pluk. Mant.* 29.

Description.

La tige de cette espèce est très-simple, haute de deux pieds. Les feuilles sont alternes ou éparses, linéaires, soyeuses, droites, lisses, raboteuses par le bord. La grappe est terminale, simple, à péduncules plus longs que la fleur. Les fleurs sont blanches. Elle est très-semblable à l'Asphodèle, mais ses styles sont au nombre de trois, recourbés.

Figure.

Cette espèce est représentée dans le *Mantissa* de Plukenet, pl. 342, fig. 3.

Lieu de sa naissance.

Elle croît naturellement dans la Pensylvanie.

TROISIEME ESPECE.

La troisième espèce est l'Hélonienne menue. *Helonias minuta. Helonias foliis linearibus, scapis ramosis. Linn. Syst. Veg. edit. XIII. Murray. 288. Mant. 225.*

Description.

Le bulbe est cônique, gros en raison de la plante, tronqué & bordé en dessus, ayant au sommet des écailles linéaires, conniventes. Les feuilles sont radicales, linéaires, charnues, aiguës, plus longues que les hampes, digitales. Les hampes sont nombreuses, très-courtes, un peu cylindriques, enveloppées à la base par des écailles, rameuses. Les rameaux ou pédicules sont à une fleur. La corolle est à six pétales, s'étendante, couleur de neige. Les filamens des étamines sont au nombre de six, plus courts que la corolle. Les anthères sont en flèche, droites, plus longues que les filamens. Le germe est oblong. Les styles sont au nombre de trois, membraneux, attachés au germe en forme de pyramide. La plante est naine.

Lieu de sa naissance.

Elle croît naturellement dans les endroits graveleux auprès de la ville du Cap de Bonne-Espérance.

Fin du neuvième Volume.

CONTINUATION

DE LA LISTE DES PLANTES

DE L'HISTOIRE UNIVERSELLE DU RÈGNE VÉGÉTAL,

Et uniquement de celles dont il est parlé au neuvième Volume.

Nota. Les Annuelles seront toujours désignées par un A ; les Bisannuelles par un B, & les Perennelles par un P.

603. 3356. *Fragaria vesca*, le Fraisier commun, page 1. P.
o. 3357. *Fragaria monophylla*, le Fraisier monophylle, *ibid.*
o. 3358. *Fragaria sterilis*, le Fraisier stérile, *ibid.* P.
604. 3359. *Frankenia levis*, la Franken lisse, 9. P.
o. 3360. *Frankenia hirsuta*, la Franken hérissée, *ibid.*
o. 3361. *Frankenia pulverulenta*, la Franken poudreuse, *ibid.* A.
605. 3362. *Fraxinus excelsior*, le Frêne commun, 10. P.
o. 3363. *Fraxinus Ornus*, l'Orne, 13. P.
o. 3364. *Fraxinus Americana*, le Frêne d'Amérique, 18. P.
606. 3365. *Fritillaria Imperialis*, la Couronne Impériale, 19. P.
o. 3366. *Fritillaria Regia*, la Couronne Royale, *ibid.* P.
o. 3367. *Fritillaria Persica*, la Fritillaire de Perse, 20. P.
o. 3368. *Fritillaria Pyrenaïca*, la Fritillaire des Pyrenées, *ibid.* P.
o. 3369. *Fritillaria Meleagris*, la Fritillaire Pintade, 21. P.
607. 3370. *Fuchsia triphylla*, la Fuchse à trois feuilles, *ibid.* P.
o. 3371. *Fuchsia multiflora*, la Fuchse à péduncules, *ibid.* P.
608. 3372. *Fucus uvarius*, le Gnemon en grappe, 22.
o. 3373. *Fucus natans*, le Sargazo des Espagnols, *ibid.*
o. 3374. *Fucus acinarius*, le Fucus porte-grain, *ibid.*
o. 3375. *Fucus lendigerus*, le Fucus porte-lendes, 23.
o. 3376. *Fucus turbinatus*, le Fucus en toupie, *ibid.*
o. 3377. *Fucus serratus*, le Fucus à dents de scie, *ibid.*
o. 3378. *Fucus volubilis*, le Fucus roulé, *ibid.*
o. 3379. *Fucus vesiculosus*, le Fucus à vessie, *ibid.*
o. 3380. *Fucus divaricatus*, le Fucus à lobes écartés, *ibid.*
o. 3381. *Fucus inflatus*, le Fucus enflé, 24.
o. 3382. *Fucus ceranoïdes*, le Fucus cornu, *ibid.*
o. 3383. *Fucus spiralis*, le Fucus en spirale, *ibid.*
o. 3384. *Fucus canaliculatus*, le Fucus cannellé, *ibid.*
o. 3385. *Fucus distichus*, le Fucus fourchu, *ibid.*
o. 3386. *Fucus nodosus*, le Fucus noueux, *ibid.*
o. 3387. *Fucus Pyriferus*, le Fucus en forme de Poire, 25.
o. 3388. *Fucus siliquosus*, le Fucus à siliques, *ibid.*
o. 3389. *Fucus siliculosus*, le Fucus à silicules, *ibid.*
o. 3390. *Fucus elungatus*, le Fucus alongé, *ibid.*
o. 3391. *Fucus loreus*, le Fucus en forme de courroie, *ibid.*
o. 3392. *Fucus Fœnicularius*, le Fucus en Fénouil, *ibid.*
o. 3393. *Fucus triqueter*, le Fucus triangulaire, 26.
o. 3394. *Fucus granulatus*, le Fucus granulé, *ibid.*
o. 3395. *Fucus Selaginoïdes*, le Fucus en forme de bruyère, *ibid.*
o. 3396. *Fucus concatenatus*, le Fucus enchaîné, *ibid.*
o. 3397. *Fucus aculeatus*, le Fucus piquant, *ibid.*
o. 3398. *Fucus Lycopodioïdes*, le Fucus en forme de Lycopode, *ibid.*
o. 3399. *Fucus hirsutus*, le Fucus hérissé, 27.
o. 3400. *Fucus discors*, le Fucus discorde, *ibid.*
o. 3401. *Fucus tendo*, le Fucus tendon, *ibid.*
o. 3402. *Fucus filum*, le Fucus fil, *ibid.*
o. 3403. *Fucus lanosus*, le Fucus laineux, *ibid.*
o. 3404. *Fucus fastigiatus*, le Fucus en bouquet, *ibid.*
o. 3405. *Fucus furullatus*, le Fucus fourchu, *ibid.*
o. 3406. *Fucus palmatus*, le Fucus palmé, 28.
o. 3407. *Fucus buccinalis*, le Fucus buccinal, *ibid.*
o. 3408. *Fucus digitatus*, le Fucus digité, *ibid.*
o. 3409. *Fucus esculentus*, le Fucus bon à manger, *ibid.*
o. 3410. *Fucus saccharinus*, le Fucus porte-sucre, *ibid.*
o. 3411. *Fucus sanguineus*, le Fucus sanguin, 29.
o. 3412. *Fucus ciliatus*, le Fucus à cils, *ibid.*
o. 3413. *Fucus crispus*, le Fucus frisé, *ibid.*
o. 3414. *Fucus crispatus*, le Fucus crépu, *ibid.*
o. 3415. *Fucus alatus*, le Fucus aîlé, *ibid.*
o. 3416. *Fucus dentatus*, le Fucus dentelé, *ibid.*
o. 3417. *Fucus rubens*, le Fucus rouge, 30.
o. 3418. *Fucus venosus*, le Fucus veineux, *ibid.*
o. 3419. *Fucus vittatus*, le Fucus à bandelettes, *ibid.*
o. 3420. *Fucus ramentaceus*, le Fucus raclé, *ibid.*
o. 3421. *Fucus plumosus*, le Fucus à plumes, *ibid.*
o. 3422. *Fucus Abrotanifolius*, le Fucus à feuilles d'Auronne, *ibid.*
o. 3423. *Fucus cartilagineus*, le Fucus cartilagineux, 31.

o. 3424. *Fucus gigantinus*, le Fucus giganteſque, *ibid.*
o. 3425. *Fucus ſpinoſus*, le Fucus épineux, *ibid.*
o. 3426. *Fucus ſpermophorus*, le Fucus ſpermophore, *ibid.*
o. 3427. *Fucus Confervoïdes*, le Fucus en forme de Conferva, *ibid.*
609. 3428. *Fumaria cucullaria*, la Fumeterre à capuchon, 34. P.
o. 3429. *Fumaria ſpectabilis*, la belle Fumeterre, 35.
o. 3430. *Fumaria nobilis*, la Fumeterre noble, 36. P.
o. 3431. *Fumaria bulboſa*, la Fumeterre bulbeuſe, *ibid.* P.
o. 3432. *Fumaria ſemper virens*, la Fumeterre toujours verte, *ibid.* A.
o. 3433. *Fumaria lutea*, la Fumeterre jaune, 37. P.
o. 3434. *Fumaria Capnoïdes*, la Fumeterre Capnoïde, *ibid.* A.
o. 3435. *Fumaria henneophylla*, la Fumeterre à neuf feuilles, *ibid.* P.
o. 3436. *Fumaria officinalis*, la Fumeterre commune, 38. A.
o. 3437. *Fumaria caprelata*, la Fumeterre à vrilles, 39. A.
o. 3438. *Fumaria ſpicata*, la Fumeterre en épis, *ibid.* A.
o. 3439. *Fumaria claviculata*, la Fumeterre à clavicules, *ibid.* A.
o. 3440. *Fumaria veſicaria*, la Fumeterre en veſſie, 40. A.
610. 3441. *Fuſanus compreſſus*, le Fuſan applati, *ibid.* P.
611. 3442. *Galanthus nivalis*, le Violier bulbeux, *ibid.* P.
612. 3443. *Gahnia procera*, la Gahne élevée, 41.
613. 3444. *Galax aphylla*, la Viticelle ſans feuilles, *ibid.* P.
614. 3445. *Galega officinalis*, le Galega de murailles, 42. P.
o. 3446. *Galega cinerea*, le Galega cendré, *ibid.*
o. 3447. *Galega Virginiaca*, le Galega de Virginie, 43. P.
o. 3448. *Galega littoralis*, le Galega des rivages, *ibid.* P.
o. 3449. *Galega villoſa*, le Galega velu, *ibid.*
o. 3450. *Galega maxima*, le Galega très grand, 44.
o. 3451. *Galega purpurea*, le Galega couleur de pourpre, *ibid.*
o. 3452. *Galega Caribæa*, le Galega des Caribées, *ibid.* P.
o. 3453. *Galega tinctoria*, le Galega des Teinturiers, 45.
o. 3454. *Galega fructicoſa*, le Galega en arbriſſeau, *ibid.*
615. 3455. *Galenia Affricana*, la Galiene d'Afrique, *ibid.* P.
616. 3456. *Galeopſis ladanum*, la Galeope à fleurs rouges, 46. A.
o. 3457. *Galeopſis Tetrahit*, la Galéope Tétrahit, *ibid.* A.
o. 3458. *Galeopſis Galeobdolon*, l'Ortie-morte à fleurs jaunes, 47. P.
617. 3459. *Galipea trifoliata*, le Galipier de la Guiane, *ibid.* P.
618. 3460. *Galium rubioïdes*, le Caille-lait en forme de Garence, 48.
o. 3461. *Galium paluſtre*, le Caille-lait des marais, *ibid.* P.
o. 3462. *Galium montanum*, le Caille-lait des montagnes, *ibid.* P.
o. 3463. *Galium tinctorium*, le Caille-lait des Teinturiers, *ibid.*
o. 3464. *Galium uliginoſum*, le caille-lait marécageux, *ibid.* P.
o. 3465. *Galium ſpurium*, le Caille-lait bâtard, 45. A.
o. 3466. *Galium ſaxatile*, le Caille-lait des rochers, *ibid.*
o. 3467. *Galium minutum*, le Caille-lait menu, *ibid.* P.
o. 3468. *Galium puſillum*, le Caille-lait nain, *ibid.* P.
o. 3469. *Galium verum*, le Caille-lait commun, 50. P.
o. 3470. *Galium mollugo*, le Caille-lait blanc, 52. P.
o. 3470. *bis. Galium ſylvaticum*, le Caille-lait des bois, 53.
o. 3471. *Galium ariſtatum*, le Caille-lait barbu, *ibid.* P.
o. 3472. *Galium Hieroſolitanum*, le Caille lait de Jéruſalem, *ibid.*
o. 3473. *Galium trifidum*, le Caille-lait fendu en trois, *ibid.*
o. 3474. *Galium glaucum*, le Caille-lait vert d'eau, *ibid.* P.
o. 3475. *Galium purpureum*, le Caille-lait pourpre, 54.
o. 3476. *Galium rubrum*, le Caille-lait rouge, *ibid.*
o. 3477. *Galium boreale*, le Caille-lait du nord, *ibid.* P.
o. 3478. *Galium maritimum*, le Caille-lait maritime, *ibid.*
o. 3479. *Galium Bermudianum*, le Caille-lait Bermudien, *ibid.*
o. 3480. *Galium Græcum*, le Caille-lait Grec, *ibid.* P.
o. 3481. *Galium aperine*, le Philantrope, 55. P.
o. 3482. *Galium Pariſienſe*, le Caille-lait des environs de Paris, *ibid.* A.
619. 3483. *Garcinia Mangoſtana*, le Mangoſtan de Java, 56. P.
o. 3484. *Garcinia Celebica*, le Mangoſtan de Celèbe, 57. P.
8. 3485. *Garcinia cornea*, le Mangoſtan corne, *ibid.* P.
620. 3486. *Gardenia florida*, la Gardenienne fleurie, 58. P.
621. 3487. *Garidella nigellaſtrum*, la Garidel en forme de vielle, 59. A.
622. 3488. *Gaura biennis*, le Gaura biſannuel, *ibid.* B.
623. 3489. *Gaulteria procumbens*, la Gaultier couchée, 60. P.
624. 3490. *Genipa Americana*, le Genipa d'Amérique, *ibid.* P.
625. 3491. *Geniſta Canarienſis*, le Genêt de Canarie, 61. P.
o. 3492. *Geniſta candicans*, le Genêt blanchâtre, *ibid.* P.
o. 3493. *Geniſta Linifolia*, le Genêt à feuilles de Lin, *ibid.* P.
o. 3494. *Geniſta ſagittalis*, le Genêt en forme de flêche, 62. P.
o. 3495. *Geniſta tridentata*, le Genêt à trois dents, *ibid.* P.
o. 3496. *Geniſta tinctoria*, le Genêt des Teinturiers, *ibid.* P.
o. 3497. *Geniſta Sibirica*, le Genêt de Sibérie, 63. P.
o. 3498. *Geniſta florida*, le Genêt fleuri, *ibid.* P.
o. 3499. *Geniſta piloſa*, le Genêt poileux, *ibid.* P.

o.

o. 3574. *Geranium Arduinum*, le Géranion d'Ardouin, 88. P.
o. 3575. *Geranium Gruinum*, le Géranion en Grue, *ibid.* A.
o. 3576. *Geranium Ciconium*, le Géranion à bec de Cicogne, *ibid.* A.
o. 3577. *Geranium Pyrenaïcum*, le Géranion des Pyrenées, *ibid.* P.
o. 3578. *Geranium tuberosum*, le Géranion tubéreux, 89. P.
o. 3579. *Geranium Macrorhizum*, le Géranion Macrorhizon, *ibid.* P.
o. 3580. *Geranium phœum*, le Géranion brunâtre, *ibid.* P.
o. 3581. *Geranium fuscum*, le Géranion à pétales réfléchis, *ibid.* P.
o. 3582. *Geranium reflexum*, le Géranion réfléchi, 90. P.
o. 3583. *Geranium nodosum*, le Géranion à nœuds, *ibid.* P.
o. 3584. *Geranium striatum*, le Géranion à stries, *ibid.* P.
o. 3585. *Geranium sylvaticum*, le Géranion des forêts, *ibid.* P.
o. 3586. *Geranium palustre*, le Géranion des marais, *ibid.* P.
o. 3587. *Geranium pratense*, le Géranion des prés, 91. P.
o. 3588. *Geranium argenteum*, le Géranion argenté, *ibid.* P.
o. 3589. *Geranium maculatum*, le Géranion maculé, *ibid.* P.
o. 3590. *Geranium Pyrenaïcum*, le Géranion Batrachioïde des Pyrenées, *ibid.*
o. 3591. *Geranium Bohemicum*, le Géranion de Bohème, 92. A.
o. 3592. *Geranium Robertianum*, l'Herbe-à-Robert, *ibid.* B.
o. 3593. *Geranium lucidum*, le Géranion luisant, 93. A.
o. 3594. *Geranium molle*, le Géranion mol, *ibid.* A.
o. 3595. *Geranium Carolinianum*, le Géranion de la Caroline, *ibid.* A.
o. 3596. *Geranium Columbinum*, le Géranion pied de-Pigeon, *ibid.*
o. 3597. *Geranium incanum*, le Géranion blanchâtre, 94.
o. 3598. *Geranium dissectum*, le Géranion disséqué, *ibid.* A.
o. 3599. *Geranium rotundifolium*, le Géranion à feuilles rondes, *ibid.* A.
o. 3600. *Geranium pusillum*, le Géranion nain, 95. A.
o. 3601. *Geranium Sibiricum*, le Géranion de Sibérie, *ibid.* P.
o. 3602. *Geranium sanguineum*, le Géranion sanguin, *ibid.* P.
o. 3603. *Geranium spinosum*, le Géranion épineux, *ibid.* P.
629. 3604. *Gerardia tuberosa*, la Gérarde tubéreuse, 98.
8. 3605. *Gerardia Delphinifolia*, la Gérarde à feuilles de Delphinion, *ibid.* A.
o. 3606. *Gerardia purpurea*, la Gérarde pourpre, *ibid.* A.
o. 2607. *Gerardia flava*, la Gérarde jaune, *ibid.*
o. 3608. *Gerardia pedicularis*, la Gérarde pédiculaire, 99.
o. 3609. *Gerardia glutinosa*, la Gérarde glutineuse, *ibid.*
630. 3610. *Geropogon glabrum*, le Géropoge glabre, *ibid.* A.
o. 3611. *Geropogon hirsutum*, le Géropoge hérissé, *ibid.* A.
o. 3612. *Geropogon calyculatum*, le Géropoge calyculé, 100. P.
631. 3613. *Gesnera humilis*, la Gesnère basse, *ibid.* P.
o. 3614. *Gesnera acaulis*, la Gesnère sans tige, *ibid.*
o. 3615. *Gesnera tomentosa*, la Gesnère cotonneuse, *ibid.*
632. 3616. *Gethyllis Affra*, l'Abape d'Afrique, 101.
633. 3617. *Geum Virginianum*, la Benoitte de Virginie, 102. P.
o. 3618. *Geum urbanum*, la Benoitte commune, *ibid.* P.
o. 3619. *Geum rivale*, la Benoitte aquatique, 103. P.
o. 3620. *Geum montanum*, la Benoitte des montagnes, *ibid.* P.
o. 3621. *Geum reptans*, la Benoitte traçante, *ibid.* P.
634. 3622. *Gingidium montanum*, le Gingidion de montagnes, 104.
635. 3623. *Ginora Americana*, la Rose de rivière, *ibid.* P.
636. 3624. *Gisekia pharnacioïdes*, le Gisekia pharnacioïde, 105.
637. 3625. *Glabraria tersa*, le petit Bois léger, *ibid.* P.
638. 3626. *Gladiolus communis*, le Glayeul commun, *ibid.* P.
o. 3627. *Gladiolus imbricatus*, le Glayeul imbriqué, 106. P.
o. 3628. *Gladiolus alatus*, le Glayeul allé, *ibid.* P.
o. 3629. *Gladiolus plicatus*, le Glayeul plié, *ibid.* P.
o. 3630. *Gladiolus tristis*, le Glayeul triste, *ibid.* P.
o. 3631. *Gladiolus undulatus*, le Glayeul ondulé, 107. P.
o. 3632. *Gladiolus recurvus*, le Glayeul recourbé, *ibid.* P.
o. 3633. *Gladiolus spicatus*, le Glayeul en épis, *ibid.* P.
o. 3634. *Gladiolus Alopecuroïdes*, le Glayeul en forme de queue de Renard, *ibid.* P.
o. 3635. *Gladiolus angustus*, le Glayeul étroit, *ibid.* P.
o. 3636. *Gladiolus ramosus*, le Glayeul rameux, 108. P.
o. 3637. *Gladiolus capitatus*, le Glayeul en tête, *ibid.* P.
639. 3638. *Glaux maritima*, l'Herbe-au-lait maritime, *ibid.* P.
640. 3639. *Glecoma Hederacea*, le Lierre terrestre, 109. P.
641. 3640. *Gleditsia triacanthos*, le Févier à trois épines, 110. P.
o. 3641. *Gleditsia inermis*, le Févier sans épines, 111. P.
642. 3642. *Glinus Lotoïdes*, la Rolose en forme de Lotier, 112. A.
o. 3643. *Glinus Dictamnoïdes*, la Rolose en forme de Dictamne, *ibid.*
643. 3644. *Globba Marantina*, la Globbe Marantine, *ibid.* P.
o. 3645. *Globba nutans*, la Globbe penchée, 113.
o. 3646. *Globba uviformis*, la Globbe en forme de raisin, *ibid.*
644. 3647. *Glocidion ramiflorum*, la Pointue à rameaux fleuris, *ibid.*

653. 3721. *Gnidia Pinifolia*, la Deſſene à feuilles de Pin, *ibid.* P.
o. 3722. *Gnidia radiata*, la Gnide rayonnée, 134. P.
o. 3723. *Gnidia ſimplex*, la Gnide ſimple, *ibid.* P.
o. 3724. *Gnidia tomentoſa*, la Gnide cotonneuſe, *ibid.* P.
o. 3725. *Gnidia ſericea*, la Gnide ſoyeuſe, *ibid.* P.
o. 3726. *Gnidia oppoſitifolia*, la Gnide à feuilles oppoſées, *ibid.*
654. 3727. *Gomphrena globoſa*, le Vadapu globuleux, 135. A.
o. 3728. *Gomphrena perennis*, la Tête-aride vivace, *ibid.* P.
o. 3729. *Gomphrena hiſpida*, la Gomphrène hériſſée, 136. A.
o. 3730. *Gomphrena Breſiliana*, l'Amaranthoïde du Bréſil, *ibid.*
o. 3731. *Gomphrena ſerrata*, l'Amaranthoïde découpée à dents de ſcie, *ibid.*
o. 3732. *Gomphrena interrupta*, l'Amaranthoïde à épi interrompu, *ibid.*
o. 3733. *Gomphrena flava*, l'Amaranthoïde jaune, *ibid.*
655. 3734. *Gordonia Laſianthus*, la Gordoné Laſianthe, 137. P.
656. 3735. *Gorteria perſonata*, la Gortère perſonnée, *ibid.* A.
o. 3736. *Gorteria rigens*, la Gortère roide, *ibid.* P.
o. 3737. *Gorteria ſquarroſa*, la Gortère rude au toucher, 138. P.
o. 3738. *Gorteria ſetoſa*, la Gortère ſoyeuſe, *ibid.* P.
o. 3739. *Gorteria ciliaris*, la Gortère à cils, *ibid.* P.
657. 3740. *Goſſypium herbaceum*, le Coton herbacé, 139. A.
o. 3741. *Goſſypium arboreum*, le Coton en arbre, 143. P.
o. 3742. *Goſſypium hirſutum*, le Cotonnier hériſſé, *ibid.* A.
o. 3743. *Goſſypium religioſum*, le Cotonnier religieux, *ibid.* P.
o. 3744. *Goſſypium Barbadenſe*, le Cotonnier des Barbades, *ibid.* B.
658. 3745. *Gouania Domingenſis*, le Gouan de S. Domingue, 141. P.
659. 3746. *Goupia glabra*, le Goupi glabre, 145. P.
o. 3747. *Goupia tomentoſa*, le Goupi cotonneux, *ibid.* P.
660. 3748. *Gratiola officinalis*, la Gratiole des boutiques, *ibid.* P.
o. 3749. *Gratiola Monnieri*, la Gratiole de Monnier, 147.
o. 3750. *Gratiola rotundifolia*, la Gratiole à feuilles rondes, *ibid.*
o. 3751. *Gratiola Hyſſopioides*, la Gratiole en forme d'Hyſſope, *ibid.*
o. 3752. *Gratiola Virginiana*, la Gratiole de Virginie, *ibid.*
o. 3753. *Gratiola Peruviana*, la Gratiole du Pérou. 148.
661. 3754. *Grewia Occidentalis*, la Grew Occidentale, *ibid.* P.
o. 3754. *bis. Grewia Orientalis*, la Grew Orientale, 149. P.
o. 3755. *Grewia Aſiatica*, la Grew d'Aſie, *ibid.* P.
o. 3756. *Grewia Microcos*, la Grew Microcos, *ibid.* P.
662. 3757. *Grias cauliflora*, le Grias à tige en fleur, 150. P.
663. 3758. *Grielum tenuifolium*, la Griele à feuilles menues, *ibid.* P.
664. 3759. *Griſlea ſecunda*, la Griſlée ſeconde, *ibid.* P.
665. 3760. *Gronovia ſcandens*, la Gronovienne grimpante, 151.
666. 3761. *Guarea Trichiloïdes*, la Guidonne Trichiloïde, *ibid.* P.
667. 3762. *Guajacum officinale*, le Gaïac des boutiques, *ibid.* P.
o. 3763. *Guajacum ſanctum*, le Gaïac ſaint, 156. P.
o. 3764. *Guajacum Affrum*, le Gaïac d'Afrique, *ibid.* P.
668. 3765. *Guettarda coccinea*, la Guettarde à fleur couleur d'écarlate, 157. P.
o. 3766. *Guettarda ſpecioſa*, la Guettarde argentée, *ibid.* P.
669. 3767. *Guapira Guianenſis*, la Guapire de la Guiane, 158. P.
670. 3768. *Guilandina Bonduc*, le grand Bonduc commun, *ibid.* P.
o. 3769. *Guilandina Bonducella*, le petit Bonduc commun, 159. P.
o. 3770. *Guilandina nuga*, le Bonduc bagatelle, *ibid.* P.
o. 3771. *Guilandina Moringa*, le Bois Néphrétique, *ibid.* P.
o. 3772. *Guilandina Dioïca*, le Bonduc du Canada, 161. P.
671. 3773. *Gundelia Tournefortii*, la Gundele de Tournefort, *ibid.* P.
672. 3774. *Gunnera perpenſa*, la Gunner d'Afrique, 162. P.
673. 3775. *Gynopogon ſtellatum*, la Femelle-barbue étoilée, 163.
o. 3776. *Gynopogon ſcandens*, la Femelle-barbue grimpante, *ibid.*
674. 3777. *Gypſophila repens*, la Gypſophile traçante, *ibid.* P.
o. 3778. *Gypſophila proſtrata*, la Gypſophile couchée, *ibid.* P.
o. 3779. *Gypſophila paniculata*, la Gypſophile paniculée, 164. P.
o. 3780. *Gypſophila altiſſima*, la Gypſophile très-haute, *ibid.* P.
o. 3781. *Gypſophila Strathium*, la Gypſophile d'Eſpagne, *ibid.* P.
o. 3782. *Gypſophila faſtigiata*, la Gypſophile à bouquets pointus, *ibid.* P.
o. 3783. *Gypſophila perfoliata*, la Gypſophile perfeuillée, *ibid.*
o. 3784. *Gypſophila muralis*, la Gypſophile des murailles, 105. A.
o. 3785. *Gypſophila rigida*, la Gypſophile roide, *ibid.* P.
o. 3786. *Gypſophila ſaxifraga*, la Gypſophile ſaxifrage, *ibid.* P.
675. 3787. *Hæmanthus coccineus*, l'Aimantos couleur d'écarlate, 166. P.
o. 3788. *Hæmanthus ciliaris*, l'Aimantos à cils, *ibid.* P.
o. 3789. *Hæmanthus puniceus*, l'Aimantos couleur de Grenade, *ibid.* P.
o. 3790. *Hæmanthus carinatus*, l'Aimantos en carène, *ibid.* P.
676. 3791. *Hæmatoxylum Campechianum*, le Bois de ſang de Campèche, 167. P.
677. 3792. *Haleſia tetraptera*, l'Hales tétraptère, 168. P.
o. 3793. *Haleſia diptera*, l'Hales diptère, *ibid.* P.
678. 3794. *Halleria lucida*, l'Haller luiſante, 169. P.

Fin de la Table du neuvième Volume.

De l'Imprimerie de DEMONVILLE, rue S. Severin, 1778.

www.ingramcontent.com/pod-product-compliance
Lightning Source LLC
LaVergne TN
LVHW050029070726
842526LV00015B/56
* 9 7 8 2 0 1 9 9 4 5 7 4 9 *